Chemie der Nahrungs- und Genußmittel sowie der Gebrauchsgegenstände

Von

Dr. phil., Dr.-Ing. h. c. J. König

Geh. Reg.-Rat, o. Professor an der Westfäl. Wilhelms-Universität Münster i. W.

Zweiter Band

Die Nahrungsmittel, Genußmittel und Gebrauchsgegenstände, ihre Gewinnung, Beschaffenheit und Zusammensetzung

Fünfte, umgearbeitete Auflage

Springer-Verlag Berlin Heidelberg GmbH

1920

Chemie der Nahrungs- und Genußmittel sowie der Gebrauchsgegenstände

Lehrbuch
über ihre Gewinnung, Beschaffenheit und Zusammensetzung

Von

Dr. phil., Dr.-Ing. h. c. J. König
Geh. Reg.-Rat, o. Professor an der Westfäl. Wilhelms-Universität Münster i. W.

Fünfte, umgearbeitete Auflage

Springer-Verlag Berlin Heidelberg GmbH
1920

ISBN 978-3-642-49527-4 ISBN 978-3-642-49818-3 (eBook)
DOI 10.1007/978-3-642-49818-3

Ursprünglich erschienen bei Julius Springer in Berlin 1920

Softcover reprint of the hardcover 5th edition 1920

Vorrede zur fünften Auflage.

Die neue Auflage erscheint entgegen sonstigem Brauch in geringerem Umfange als ihre dickleibige Vorgängerin, die vierte Auflage. Veranlassung hierzu hat die Absicht gegeben, das Buch zu einem Lehrbuch umzugestalten. Aus dem Grunde ist bei vielen strittigen Fragen die geschichtliche Entwickelung gekürzt und nur der neueste Stand der Frage kurz dargelegt. Aus der Ernährungslehre sind dieses Mal nur die drei wichtigsten Abschnitte, die Verdaulichkeit und der Wärmewert der Nahrungsmittel sowie der Nahrungsbedarf des Menschen wieder aufgenommen, weil sie für die Zwecke dieses Buches ausreichen. Eine wesentliche Raumersparnis ist auch dadurch erzielt, daß die chemische Zusammensetzung der Nahrungs- und Genußmittel sowie die ihrer Asche nicht mehr bei jedem Nahrungs- und Genußmittel aufgeführt, sondern am Schluß in zwei übersichtliche Tabellen II und III zusammengedrängt ist und bei der Behandlung der einzelnen Gegenstände an der betreffenden Schriftstelle oder in den Anmerkungen nur die Zahlenwerte aufgeführt sind, die für das Verständnis und die Beurteilung besonders beachtet zu werden verdienen. Dadurch ist der Leser allerdings, wenn er unter Umständen beim Lesen die allgemeine Zusammensetzung eines Gegenstandes und die seiner Asche kennenlernen will, gezwungen, die jedesmal angegebene Nummer in der betreffenden Tabelle nachzuschlagen, aber die Anordnung hat auch den Vorteil, daß die Behandlung der einzelnen Gegenstände durch die stetig wiederkehrenden Zahlentabellen nicht zu sehr auseinandergerissen wird, sondern eine bessere Übersicht gewährt, daß andererseits die Zusammenstellung aller Nahrungs- und Genußmittel in einer Tabelle einen Vergleich zwischen der Zusammensetzung der einzelnen Sorten erleichtert.

Die Quellenangaben für die Untersuchungsergebnisse habe ich bis auf einzelne Stellen dieses Mal auch fehlen lassen, weil die älteren Angaben entweder zum Allgemeingut oder überflüssig geworden, die neuen aber in den Nachträgen zum I. Bande dieses Werkes, welcher die Behandlung des Schrifttums auf diesem Gebiet zum besonderen Zweck hat, ausgiebig enthalten sind.

Infolge dieser Raumersparnis ist es möglich gewesen, selbst bei vermindertem Umfange alle neuesten Forschungen auf diesem Gebiete zu berücksichtigen und mitzuverwerten; viele Abschnitte sind völlig umgearbeitet bzw. erweitert. Der früher fehlende Abschnitt „Gebrauchsgegenstände“ konnte dem Nahrungsmittelgesetze vom 14. Mai 1879 entsprechend neu aufgenommen und eine Tabelle über die Konstanten aller bekannten Fette und Öle neu zugefügt werden. Letztere hat Dr. J. Großfeld in Osnabrück bereitwilligst ausgearbeitet, während Herr Dr. A. Scholl, Abt.-Vorsteher an hiesiger Versuchsstation, die Freundlichkeit hatte, die Korrekturen mitzulesen und das Inhaltsverzeichnis anzufertigen. Beiden Herrn sage ich an dieser Stelle für die freundliche Unterstützung meinen verbindlichsten Dank.

Im übrigen war es mir vergönnt, die Neubearbeitung noch selbst durchführen zu können.

Eine weitere Auflage zu erleben, darf ich wohl nicht mehr erwarten. Sicher erwarten darf ich aber, daß die Aufgabe, welche sich dieses Lebenswerk gesetzt hat, für alle Zukunft eine fortgesetzte und vollkommenere Bearbeitung durch berufenere Fachgenossen erfahren wird.

Münster i. W., im Herbst 1920.

Der Verfasser.

Inhaltsübersicht.

Seite

Einleitung. Vorbegriffe (Nährstoff, Nahrungsmittel, Nahrung, Genußmittel, Nährstoffverhältnis, Nährwert) 1

I. Teil: Die allgemeinen Bestandteile der Nahrungs- und Genußmittel.

Wasser 6

Stickstoffhaltige Bestandteile 7

Proteine und ihre Abkömmlinge 7

Allgemeine Eigenschaften der Proteine 7

Fällungsmittel 8; Färbungsreaktionen 8; Elementarzusammensetzung 8; Molekulargewicht 8; Verbrennungswärme 9.

Umsetzungserzeugnisse der Proteine 9

Weiterer Abbau der Aminosäuren 10

durch Fäulnis 10; durch Hefe 10; durch Enzyme 11; durch Störung des Stoffwechsels 11; durch überhitzten Wasserdampf und Oxydation 12.

Konstitution der Proteine 12

Aufbau aus Aminosäuren 12; Verschiedene Kerne der Proteine 15.

Bestimmung der Proteine 16

Die einzelnen Proteine 16

Einfache Proteine 17

Protamine 17; Histone 17; Albumine 18; Tierische Albumine 18; Pflanzliche Albumine 19; Globuline 19; Tierische Globuline 20; Pflanzliche Globuline 21; Kleberproteine 22.

Zusammengesetzte Proteine 23

Phosphorproteine (Casein) 23; Ovovitellin 24; Ichthulin 24; Nucleoproteine 24; Glykoproteine 25; Chromoproteine 25.

Veränderte oder denaturierte Proteine 27

Geronnene Proteine 27; Acid- und Alkaliproteine 27; Proteosen und Peptone 28; Kyrine 29; Giftige Proteine 29.

Gerüstproteine 30

Kollagen 30; Chondrogen 30; Elastin 31.

Enzyme 31

Die bei der Spaltung der Proteine auftretenden Aminosäuren 36

Vorkommen 36

Bildung 37

Allgemeine Eigenschaften 37

Chemische Unterschiede 38

Aliphatische Aminosäuren 38

Glykokoll 38; Alanin 38; Serin 38; Valin 38; Leucin 39.

Aminodicarbonsäuren und deren Säureamide 39

Asparaginsäure 39; Asparagin 39; Glutaminsäure 40; Glutamin 40.

Diaminocarbonsäuren 40

Arginin 40; Ornithin 41; Lysin 41.

Schwefelhaltige Aminosäuren 41

Cystin 41; Cystein 42.

Seite
Glykosamin 42
Homocyclische Aminosäuren 42
Phenylalanin 42; Tyrosin 43.
Heterocyclische Aminosäuren 43
Tryptophan 43; Histidin 44; Prolin 44.
Die durch Fäulnis der Proteine entstehenden Spaltungserzeugnisse 44
Indol 44; Skatol 45; Kresol und Phenol 45; Mercaptan 45; Fäulnisbasen (Ptomaine) 45; Monoamine 45; Diamine 45; Sonstige Basen 45.
Spaltungserzeugnisse der Nucleoproteine 47
Nucleine 47; Nucleinsäuren 48; Pyrimidinbasen 48; Nucleinbasen oder Xanthinstoffe 49; Xanthin 50; Hypoxanthin 50; Adenin 50; Theobromin 50; Theophyllin 51; Coffein 51.
Die Gruppe des Harnstoffs 51
Harnsäure 51; Allantoin 52; Harnstoff 53; Kreatin 54; Kreatinin 54; Carnin 54; Guanidin 54.
Sonstige Stickstoffverbindungen des Tier- und Pflanzenreiches 55
Lecithin und sonstige Phosphatide 55; Cerebroside 56; Vitamine 56; Cholin 57; Betain 57; Trigonellin 57; Stachydrin 57; Lupinenalkaloide 57; Glykoside 58; Amygdalin 58; Glycyrrhizin 59; Myronsäure 59; Sinalbin 60; Solanin 60; Vicin 60; Convicin 60; Ammoniak und Salpetersäure 61.
Fette und Wachse 61
Fette 61
Allgemeines 61
Vorkommen 61; Chemische Eigenschaften 61; Physikalische Eigenschaften 62; Schmelz- und Erstarrungspunkt 62; Elementarzusammensetzung und Verbrennungswärme 64.
Nebenbestandteile der Fette und Öle 64
Veränderungen an der Luft (Ranzigwerden) 65
Einteilung der Fette 65
Ester der Fette 66
Ester des Glycerins 66; Ester der Sterine 68.
Spaltung und Verseifung der Fette 68
Die einzelnen Bestandteile der Fette und Öle 69
Die Säuren 69
Gesättigte Säuren 69; Ungesättigte Säuren 71; Ungesättigte hydroxylierte Säuren 74; Sonstige Säuren 74.
Salze der Fettsäuren 75
Die Alkohole 76
Glycerin 76; Einwertige homocyclische Alkohole 77; Cholesterin 77; Phytosterin 78.
Wachse 79
Bestimmung und Untersuchung der Fette 80
Stickstofffreie Extraktstoffe bzw. Kohlenhydrate 82
Konstitution der Kohlenhydrate 82
Synthese der Zuckerarten 85
Abbau der Zuckerarten 86
Allgemeine Eigenschaften der Zuckerarten 87
1. Die alkoholische Natur derselben 87

Seite

2. Die Aldehyd- und Ketonnatur derselben 87
   a) Verbindungen mit Phenylhydrazin 87
   b) Reduktionsvermögen 88
   c) Verhalten gegen polarisiertes Licht 88
   d) Vergärbarkeit derselben 88
      α) Alkoholische Gärung 88
      β) Säuregärungen 90
         1. Milchsäuregärung 90; 2. Buttersäuregärung 90; 3. Citronensäuregärung 90.
      γ) Schleimige Gärung 90
      δ) Cellulosegärung 90

A. Pentosen 90
Arabinose, Xylose, Ribose (Lyxose) 91
Methylpentosen 92
Unterschiede der Pentosen und Hexosen 92

B. Hexosen 93
I. Monosaccharide oder Monohexosen (Monosen) 93
   Hexite 93
   Hexosen 94
      1. d-Mannose 95
      2. d-Glykose (oder Dextrose) 95
      3. d-Galaktose 97
      4. d-Fructose (oder Lävulose), Ribose 98
      5. Sorbinose 99
II. Disaccharide oder Saccharobiosen (Biosen) 99
      1. Saccharose oder Rohrzucker 101
      2. Lactose oder Milchzucker 102
      3. Maltose oder Maltobiose 102
      4. Mykose oder Trehalose 103
      5. Melibiose 103
      6. Turanose 103
III. Trisaccharide oder Saccharotriosen 103
      1. Rhamninotriose 104
      2. Raffinose 104
      3. Melezitose 104
      4. Gentianose 105
      5. Lactosin 105
IV. Tetrasaccharide (Lupeose und Stachyose) 105
V. Polysaccharide (Saccharokolloide) 105
   1. Die Stärke und die ihr nahestehenden Polysaccharide, welche durch Hydrolyse d-Glykose bilden 106
      a) Stärke 106; b) Dextrine 109; c) Gallisin oder Amylin 110; d) Glykogen 110; e) Lichenin 110.
   2. Das Inulin und andere Kohlenhydrate, welche zur d-Fructosegruppe zu gehören scheinen 110
      a) Inulin 110; b) Lävulin 111; c) Triticin 111; d) Scillin 111; e) Carageenschleim 111.
   3. Pentosan- und Hexosankolloide 111
      a) Gummi oder Arabin 111; b) Pflanzenschleime 112; c) Pektine 113.
VI. Cyclohexite, Cyclosen 113

Seite
1. Inosit (Scillit, Quercin) . . . 114
2. Quercit . . . 114
Bitterstoffe . . . 114
Saponine . . . 115
Farbstoffe . . . 116
Gerbstoffe . . . 117
Organische Säuren . . . 118
1. Ameisensäure 118; 2. Essigsäure 118; 3. Buttersäure 119; 4. Valeriansäure 120; 5. Oxalsäure 120; 6. Glykolsäure 121; 7. Milchsäure 121; 8. Malonsäure 122; 9. Fumarsäure 122; 10. Bernsteinsäure 122; 11. Äpfelsäure 123; 12. Weinsäure 123; 13. Citronensäure 124.
Zellmembran, Rohfaser, Cellulose . . . 125
Salze oder Mineralstoffe der Nahrungsmittel . . . 128
Verdaulichkeit (Ausnutzbarkeit) der Nahrungsmittel . . . 129
1. Wirkung des Speichels 129; 2. Wirkung des Magensaftes 130; 3. Wirkung der Galle 131; 4. Wirkung des Pankreassaftes 132; 5. Wirkung des Darmsaftes 133; 6. Fäulnis- und Gärungsvorgänge im Darm 134; 7. Vorgänge im Dickdarm 135.
Verdaulichkeit und Ausnutzung der einzelnen Nahrungsmittel 136
a) Tierische Nahrungsmittel . . . 136
b) Pflanzliche Nahrungsmittel . . . 138
Verschiedene Einflüsse auf die Ausnutzung der Nahrung . . . 140
1. Persönlichkeit (Individualität) und Alter 140; 2. Menge der Nahrung 140; 3. Fasten 140; 4. Magenkrankheiten 141; 5. Ein- oder mehrmalige Nahrungsaufnahme 141; 6. Muskelarbeit 141; 7. Gleichzeitiger Genuß von Trink- und Mineralwasser 141; 8. Genuß von Alkohol 142; 9. Einfluß von Borsäure und Borax 143; 10. Bedeutung der Mineralstoffe 144.
Ermittlung der Verdaulichkeit bzw. Ausnutzung . . . 147
Wärmewert der Nahrungsmittel . . . 148
Wärmeabgabe vom Körper . . . 148
Wärmewert der Nährstoffe und Nahrungsmittel durch künstliche Verbrennung 149
Nahrungsmittelbedarf des Menschen . . . 153
1. Soll die Nahrung aus dem Tier- oder Pflanzenreich stammen? 153; 2. In welcher Weise soll der Nahrungsbedarf zum Ausdruck gebracht werden? 155; 3. Die Größe des Proteinbedarfs 156; 4. Verhältnis zwischen tierischen und pflanzlichen Nahrungsmitteln 157; 5. Nahrungsbedarf nach Alter und Arbeitsleistung 159; 6. Verteilung der Nahrung auf die einzelnen Mahlzeiten 162; 7. Nahrung für besondere Zwecke 162.
Ermittelung der Kostsätze . . . 163

II. Teil: Die einzelnen Nahrungs- und Genußmittel.

Milch . . . 164
Begriff 164; Entstehung 165; Gewinnung 165; Allgemeine Eigenschaften 166; Reaktion 166; Spez. Gewicht 166; Spez. Wärme 166; Gefrierpunkt 166; Elektrolytische Leitfähigkeit 166; Brechungsindex 166; Viscosität 166.
Chemische Zusammensetzung . . . 166
Wasser 167; Proteine 167; Sonstige Stickstoffverbindungen 167; Fett 168; Milchzucker 169; Citronensäure 169; Fermente bzw. Enzyme 169; Antigene und Vitamine 169; Mineralstoffe 170; Gase 171.

Seite

Einflüsse auf die Zusammensetzung 171

Veränderungen und Fehler der Milch durch Kleinwesen und sonstige Ursachen 171

1. Milchsäurebakterien 172; 2. Colibakterien 172; 3. Caseasebakterien 172; 4. Anaerobe Bakterien 172; 5. Farbstofferzeugende Bakterien 172; 6. Schleimbildende Bakterien 172; 7. Krankheiten erregende Bakterien 173; 8. Hefen- und Mycelpilze 174; 9. Sonstige Fehler 175.

Beseitigung der Milchfehler und Haltbarmachung der Milch 176

Verfälschungen der Milch 177

Untersuchung der Milch 177

Die verschiedenen Milcharten 178

Frauenmilch 178

Allgemeine Eigenschaften 178; Chemische Zusammensetzung 178; Einflüsse auf die Zusammensetzung 179.

Kuhmilch 181

Allgemeine Eigenschaften 181

Einflüsse auf die Zusammensetzung 181

1. Rasse und Eigenart 181; 2. Dauer des Milchendseins 181; 3. Jahreszeit und Tage 182; 4. Melkzeit 183; 5. Gebrochenes Melken 183; 6. Die einzelnen Striche 184; 7. Fütterung 184; 8. Futterwechsel 187; 9. Witterung und Pflege 188; 10. Bewegung und Arbeit 188; 11. Sexuelle Erregung 189; 12. Gefrieren 189; 13. Kochen, Filtrieren 190; 14. Arzneimittel 190; 15. Krankheiten 190.

Vorschriften für den Verkehr mit Milch 190

Ziegenmilch 191

Allgemeine Eigenschaften 191; Einflüsse auf die Zusammensetzung 192.

1. und 2. Rasse und Dauer des Milchendseins 192; 3. Fütterung 193; 4. und 5. Melkzeit und gebrochenes Melken 193; 6. Arbeit 194.

Verfälschungen und Verunreinigungen 194

Schafmilch 194

Milch von sonstigen Wiederkäuern (Büffel, Zebu, Kamel, Lama, Renntier) 196

Milch von Einhufern (Stute, Esel, Maultier) 197

Milch von sonstigen Tieren 197

Milcherzeugnisse 198

Pasteurisierte und sterilisierte Milch 198

Kondensierte oder eingedickte Milch und Trockenmilch 199

Verschieden zubereitete Milch (Buddisierte, Homogenisierte, Backhaus', Biederts, Gärtners Milch u. a.) 200

Gärungserzeugnisse aus Milch 201

Kefir 201; Kumys 202; Mazun 203; Yoghurt 203; Leben raib 204; Mezzoradu 204; Taette 204; Sonstige Erzeugnisse 204.

Verfälschungen 205

Milchähnliche Erzeugnisse 206

Erzeugnisse der Aufrahmung und Verbutterung 206

Magermilch 206

A. Aufrahmverfahren bei freiwilligem Antrieb (durch Handarbeit) 207

1. Das alte oder holsteinsche bzw. holländische Verfahren 207; 2. Das Devonshireverfahren 207; 3. Das Swartzsche Verfahren 207; 4. Das Cooleysche Verfahren 208; 5. Das Beckersche Verfahren 209.

B. Aufrahmverfahren bei unfreiwilligem Auftrieb durch Zentrifugalkraft . . 208

1. Zentrifugen für den Kraftbetrieb 208; 2. Desgl. für den Handbetrieb 208.

Seite

Rahm 210

Butter (vgl. unter Fette S. 315)

Buttermilch 211

Käse 212

Begriff und Einteilung 212

Herstellung 213

Reifung 214

Umsetzungen bei der Reifung 215

Milchzucker 215; Fett 215; Stickstoffsubstanz 217; Mineralstoffe 219.

Ursachen der Käsereifung 219

Käsefehler 221

Verfälschungen, Nachmachungen und Verunreinigungen 222

Erforderliche Prüfungen und Bestimmungen 224

Die einzelnen Käsesorten 224

Rahm- oder überfetteter Käse 224; Fettkäse 225; Halbfettkäse 228; Magerkäse 229; Quarg (Topfen) 231; Molkenkäse 231; Käse aus sonstigen Milcharten 232; Schafkäse (Roquefort) 232.

Margarine-(Kunstfett-)Käse 233

Pflanzenkäse 234

Molken 235

Eier 237

Begriff 237

Zusammensetzung 237

Eiklar 238; Eigelb 238.

Eierdauerwaren 239

Verderben und Frischhalten der Eier 240

Untersuchung der Eier 241

Eßbare Vogelnester 241

Fleisch 242

Begriff 242; Gewinnung 242; Struktur und allgemeine Beschaffenheit 242.

Bestandteile 243

Wasser 244; Stickstoffverbindungen 244; Fett 245; Stickstofffreie Extraktstoffe 246; Mineralstoffe 246.

Fehlerhafte Beschaffenheit des Fleisches 247

Physiologische Abweichungen 248

Pathologische Abweichungen 248

Fleisch von vergifteten Tieren 248

Mit Parasiten behaftetes Fleisch 249

Mit Infektionskeimen behaftetes Fleisch 251

Nach der Tötung auftretende Veränderungen 252

Fleischvergiftungen 254

Fehlerhafte und verbotene Behandlung des Fleisches 255

Frischhaltung und Färbung des Fleisches 255

Verfälschungen des Fleisches 257

Untersuchung des Fleisches 257

Die einzelnen Fleischsorten:

Fleisch von Säugetieren und Vögeln bzw. Warmblütern 258

Muskelfleisch 258

Rindfleisch 259; Kalbfleisch 259; Schaffleisch 259; Ziegenfleisch 260;

Seite

Schweinefleisch 260; Pferdefleisch 260; Hundefleisch 260; Fleisch von Wild und Geflügel 260.

Zusammensetzung dieser Fleischsorten 261

Schlachtabgänge von Säugetieren und Vögeln 262

Blut 263; Zunge 264; Lunge 264; Herz 264; Niere 264; Milz 265; Leber 265; Gehirn 266; Drüsen 266; Kuheuter 266; Schweineschwarte 267; Knochen und Knorpel 267; Fettgewebe 268.

Fleischdauerwaren 268

Entziehung von Wasser bzw. Trocknen des Fleisches 269; Anwendung von Kälte 270; Abhaltung von Luft 271; Fehler und Verunreinigungen von Büchsenfleisch 272; Salzen und Räuchern 273; Sonstige Frischhaltungsmittel 276; Untersuchung 276.

Die einzelnen Fleischdauerwaren:

Würste 277

Begriff und Herstellung 277; Wurstsorten 277; Fehler und schädliche Veränderungen der Würste 278; Untersuchung der Würste 279.

Pasteten 279

Fleisch von Fischen bzw. Kaltblütern 280

Muskelfleisch 280

Begriff 280

Allgemeine Beschaffenheit 280

Bestandteile 280

Wasser 280; Stickstoffverbindungen 280; Fett 281; Stickstofffreie Extraktstoffe 282; Mineralstoffe 282.

Fehlerhafte Beschaffenheit des Fischfleisches 282

Krankheiten und fehlerhafte Behandlung des Fischfleisches 283

Innere Teile der Fische und Fischbrut 284

Kaviar 284

Begriff 284

Gewinnung und Sorten 285

Chemische Zusammensetzung 285

Wasser 285; Stickstoffverbindungen 285; Fett 286; Freie Säuren 286; Mineralstoffe 287.

Verfälschungen 287

Fischsperma 287

Aalbrut 288

Fischdauerwaren 288

Trocknen der Fische 288

Salzen bzw. Marinieren 289

Räuchern bzw. Salzen und Räuchern 290

Einlegen in Gelee und Öl 291

Fleisch von wirbellosen Tieren 291

Austern 291

Miesmuschel 292

Sonstige Muscheln 292

Weichtiere 292

Krustentiere 293

Verfälschungen, fehlerhafte Beschaffenheit und Verunreinigungen 294

Erzeugnisse aus Fleisch und sonstigen tierischen Stoffen 295

Fleischextrakt 295

Seite

Begriff . . . 295
Gewinnung . . . 296
Chemische Zusammensetzung . . . 296
Wasser 296 ; Stickstoffverbindungen 296; Stickstofffreie Extraktstoffe 297; Mineralstoffe 297.
Nährwert . . . 297
Verfälschungen und Untersuchung . . . 297
Fleischsäfte . . . 297
Begriff . . . 297
Herstellung . . . 298
Zusammensetzung . . . 298
Verfälschungen und Untersuchung . . . 298
Bouillonwürfel . . . 298
Speise- und Suppenwürzen . . . 299
Speise- und Suppenwürzen aus abgebauten Proteinen . . . 299
Desgl. aus nicht abgebauten Proteinen . . . 299
Hefenextrakte . . . 300
Bratenbrühen . . . 300
Soja und Miso, japanische . . . 300
Soja und Miso, chinesische . . . 301
Suppentafeln, kondensierte bzw. gemischte Suppen . . . 302
Gemische aus Fleisch, Mehl, Gemüsen und Fett . . . 303
Desgl. von Fleischextrakt und desgl. . . . 303
Desgl. von Mehl, Fett und Gewürzen . . . 303
Zusammensetzung . . . 303
Protein- und Proteosen- bzw. diätetische Nährmittel . . . 304
Nährmittel mit unlöslichen oder genuinen Proteinen . . . 304
Erzeugnisse aus Fleischabfällen 304; aus Milch 305; aus Blut 305; aus pflanzlichen Abfällen 306.
Nährmittel mit löslichen Proteinen . . . 307
Durch chemische Hilfsmittel löslich gemachte Proteine 308; Durch überhitzten Wasserdampf löslich gemachte Proteine 310; Durch proteolytische Enzyme löslich gemachte Proteine 310.
Knochenextrakt (Ossosan) . . . 313
Gelatine . . . 313
Begriff und Herstellung . . . 313
Lecithine . . . 314
Begriff und Gewinnung . . . 314

Butter, Speisefette und Speiseöle . . . 315
Butter und Butterschmalz . . . 315
Begriff . . . 315
Gewinnung . . . 316
Säuerung des Rahmes 316; Verarbeitung des Rahmes 317; Ausarbeitung der Butter 318; Ausbeute an Butter 319.
Zusammensetzung . . . 319
Beeinflussung der Beschaffenheit . . . 319
Durch das Futter 319; Durch die Art der Verarbeitung der Butter 320; Durch die Art der Aufbewahrung 320.
Beschaffenheit des Butterfettes . . . 320
Bakterienfehler der Butter . . . 321

Seite

Verfälschungen und Nachmachungen der Butter 322
Untersuchung der Butter 322
Ziegen-, Schaf- und Büffelbutter 322
Schweineschmalz 323
Begriff 323
Gewinnung 323
Beschaffenheit des Fettes 324
Verfälschungen, Nachmachungen u. a. 324
Untersuchung 325
Rindstalg und Hammeltalg 325
Begriff und Gewinnung 325
Beschaffenheit des Fettes 326
Verfälschungen und Untersuchung 327
Gänseschmalz 327
Fischfette 327
Fischöle 327
Trane 327
Lebertran 327
Begriff 327; Gewinnung 328; Beschaffenheit 328; Verfälschungen und Untersuchung 328.
Knochenfett 329
Margarine 329
Begriff 329; Herstellung 330; Zusammensetzung 330; Verfälschungen und Untersuchung 331.
Sana 331
Kunstspeisefett 332
Pflanzenbutter, Cocosfett, Palmkernfett, Palmin 332
Begriff 332; Gewinnung 333; Beschaffenheit 334.
Pflanzenöle 334
Gewinnung 334; Reinigung 335.
Einteilung 335
Olivenöl 335; Sesamöl 336; Baumwollsaatöl 336; Erdnußöl 337; Mohnöl 338; Sonnenblumenöl 338; Rüböl 338; Leinöl 339; Bucheckernöl, Kürbiskernöl 339; Maisöl, Walnußöl 339.
Gehärtete Öle 340

Mehle und ihre Rohstoffe 342
A. Rohstoffe der Mehle 342
I. Die Getreidearten (Cerealien) 342
1. Weizen 342
a) Nacktweizen 342; b) Spelzweizen 342.
Beschaffenheit und Bewertung 343
Zusammensetzung 343; Einflüsse auf die Zusammensetzung 344.
2. Roggen 345
3. Gerste 346
4. Hafer 350
5. Mais 350
6. Reis 352
7. Sorgho- oder Mohrenhirse 353
8. Rispen- und Kolbenhirse 354
9 Buchweizen 354

Seite

II. Hülsenfrüchte (Leguminosen) . . . 354
1. Bohnen . . . 355
2. Erbsen . . . 357
3. Linsen . . . 358
4. Verschiedene sonstige Hülsenfrüchte . . . 358
5. Sojabohne . . . 358
6. Ombanui . . . 359
7. Lupinen . . . 359
Verunreinigungen und Verfälschungen der Getreidearten und Hülsenfrüchte . . . 360
III. Ölgebende Samen . . . 362
1. Mohnsamen . . . 362
2. Erdnuß . . . 363
3. Cocosnuß . . . 363
4. Bucheckern . . . 363
5. Haselnuß oder Lambertsnuß . . . 363
6. Walnuß, Hikory- und Pekannuß . . . 363
7. Mandeln . . . 364
8. Paranuß . . . 364
Sonstige seltene Samen, Früchte und Pflanzenteile . . . 364
Samen der Quinoa oder Reismelde . . . 364
Kastanien oder Maronen . . . 364
Johannisbrot . . . 364
Zuckerschotenbaum . . . 365
Banane . . . 365
Dschugara . . . 365
Wassernuß und Chufannuß . . . 365
B. Mehle . . . 365
Begriff 365; Gewinnung, Trocknung und Lagerung des Getreides 366; Reinigung 366; Mahlung 366; Flachmüllerei 366; Hochmüllerei 366; Entschälung (Dekortikation) 367; Sonstige Verfahren 368.
Die verschiedenen Mahlerzeugnisse . . . 369
1. Weizenmehl . . . 370
Die besonderen Eigenschaften desselben . . . 371
2. Roggenmehl . . . 372
3. Gerstenmehl . . . 373
4. Hafermehl (Haferflocken) . . . 373
5. Maismehl . . . 374
6. Reismehl bzw. Kochreis . . . 374
7. Hirsemehle . . . 375
8. Buchweizenmehl . . . 375
9. Hülsenfrucht- (Leguminosen-) Mehle . . . 375
10. Sonstige Mehle (Haselnuß-, Kastanien-, Eichel-, Bananen-, Staubmehl) . 375
Verunreinigungen und Verfälschungen der Mehle . . . 376
Besonders zubereitete Mehle und Suppenmehle . . . 377
Kindermehle . . . 377
Suppenmehle . . . 378
Backmehl . . . 379
Puddingpulver und Cremepulver . . . 379
Paniermehl . . . 380

Einleitung.

Vorbegriffe.

Nährstoff, Nahrungsmittel, Nahrung und Genußmittel, Nährstoffverhältnis, Nährwert.

Die Lebensvorgänge im menschlichen Körper bedingen, wie bei jedem organischen Wesen, einen stetigen Zerfall von Körpersubstanz; fortwährend spalten sich verwickelt zusammengesetzte Verbindungen in einfachere und werden als solche aus dem Körper ausgeschieden. Soll letzterer auf seinem Bestande erhalten und lebensfähig bleiben, so muß ihm für diesen stetigen Verlust ein entsprechender Ersatz geleistet werden.

Dieses geschieht durch die in Speise und Trank zugeführten Nährstoffe.

Unter „Nährstoff" oder „Nahrungsstoff" verstehen wir einen einzelnen Bestandteil der Nahrungsmittel, der z. B. wie Zucker, Fett, Protein, Wasser usw. als ein selbständiger, chemischer Körper angesehen werden kann und irgendeinen der wesentlichen stofflichen Bestandteile des Körpers zu ersetzen vermag bzw. zur Wärmeerzeugung dienen kann.

Ein „Nahrungsmittel" ist ein Gemisch von verschiedenen Nährstoffen oder setzt sich aus verschiedenen Nährstoffen zusammen; so nennen wir Milch ein Nahrungsmittel, weil sie mehrere Nährstoffe, nämlich: Casein (Albumin), Fett, Milchzucker und Salze enthält. Mit diesem Nahrungsmittel ernährt sich der Mensch in den ersten Monaten seines Lebens allein. Alsdann aber greift er gleichzeitig zu anderen Nahrungsmitteln (wie Brot, Kartoffeln, Gemüse, Fleisch usw.).

Keines dieser Nahrungsmittel ist für sich allein geeignet, den Menschen auf die Dauer vollauf zu ernähren; er gebraucht vielmehr zu seiner vollen Ernährung ein Gemisch der verschiedensten Nahrungsmittel, und dieses für die völlige Ernährung des Menschen hinreichende Gemisch von verschiedenen Nahrungsmitteln und Nährstoffen nennen wir „Nahrung".

Neben den Nahrungsmitteln nimmt der Mensch noch täglich eine größere oder geringere Menge anderer Stoffe zu sich, welche zwar nicht durchaus notwendig sind, um die Lebenstätigkeit zu erhalten, auch nicht zum Aufbau der Körperorgane oder Bestandteile dienen, welche er sich aber nicht entgehen läßt, wenn ihm dazu die Mittel gegeben sind. Es sind dies die sog. „Genußmittel", welche wie z. B. die alkoholischen Getränke, Kaffee, Tee, Schokolade, Tabak, Gewürze usw. vorzugsweise durch einen oder mehrere darin enthaltene besondere Stoffe (Alkohol, Coffein, Theobromin, Nicotin oder ein ätherisches Öl) einen wohltuenden und anregenden Einfluß auf die Nerven ausüben und die ganze Lebenstätigkeit steigern

„Genußmittel" sind also zur Ernährung des Menschen dienende Stoffe, welche im Sinne des Gesetzes vom Körper zwar verbraucht, aber nicht zu dem Zweck genossen werden, um irgendeinen Stoff im Körper zu ersetzen, sondern nur um eine nervenanregende Wirkung hervorzurufen.

Unter „Nährstoffverhältnis" versteht man das Verhältnis der Stickstoffsubstanz[1]) zu Kohlenhydraten + Fett, wobei Fett vorher durch Multiplikation mit 2,3 auf den Nähr- oder Verbrennungswert[2]) der Kohlenhydrate zurückgeführt wird. Es enthalten z. B. im Mittel:

---

[1]) Berechnet durch Multiplikation des gefundenen Stickstoffs mit 6,25.

[2]) Im Mittel liefert 1 g Fett = 9300 und 1 g Kohlenhydrate = 4000 calorien; also ist der Verbrennungswert des Fettes 2,3 mal höher als der der Kohlenhydrate.

	Stickstoffsubstanz	Fett	Kohlenhydrate (oder stickstofffreie Extraktstoffe)
Milch	3,00 %	3,30 %	4,80 %
Kartoffeln	2,08 %	0,15 %	20,00 %

Also entfallen auf 1 Teil Stickstoffsubstanz stickstofffreie Stoffe:

$$\text{Milch, } x : 1 = (3{,}30 \times 2{,}3 + 4{,}80) : 3{,}00, \quad x = \frac{7{,}6 + 4{,}80}{3{,}00} = 4{,}1,$$

$$\text{Kartoffeln, } x : 1 = (0{,}15 \times 2{,}3 + 20{,}00) : 2{,}08, \quad x = \frac{0{,}35 + 20{,}00}{2{,}08} = 9{,}8.$$

Das Nährstoffverhältnis (Nh. : Nfr.) in der Milch ist demnach wie 1 : 4,1, das in der Kartoffel wie 1 : 9,8.

Weil wir im allgemeinen die Nahrungsmittel um so höher schätzen, je mehr Stickstoffsubstanz und Fett dieselben enthalten; so pflegen wir diejenigen Nahrungsmittel, welche ein enges Nährstoffverhältnis besitzen, also, wie z. B. Milch, auf 1 Teil Stickstoffsubstanz nur wenig stickstofffreie Stoffe enthalten, im Gegensatz zu den Nahrungsmitteln mit weitem Nährstoffverhältnis, wie Kartoffeln, als „nährreich" zu bezeichnen.

Im übrigen verstehen wir unter „Nährwert" die Gesamtmenge der den Wert eines Nahrungsmittels für die Ernährung des Menschen bedingenden Bestandteile bzw. Eigenschaften. Als Hauptbestandteile werden bis jetzt allgemein nur Protein, Fett und Kohlenhydrate zur Bewertung herangezogen, weil diese Nährstoffgruppen in den Nahrungsmitteln durchweg in größter Menge vorhanden sind, die wesentlichste Bedeutung für unsere und der Tiere Ernährung haben und sich mehr oder weniger genau durch die Analyse bestimmen lassen, während die Rohfaser (Cellulose) für die menschliche Ernährung nur eine untergeordnete Bedeutung besitzt und die Mineralstoffe überall in solchen Mengen vorhanden zu sein pflegen, daß sie als unentgeltlich mit in den Kauf genommen werden. Von der Berücksichtigung der mancherlei den Nahrungsmitteln anhaftenden, noch unfaßbaren und unwägbaren Stoffe (besonderen Geschmack- und Reizstoffe) kann vollends noch keine Rede sein.

Vielfach wird unter „Nährwert" der „Wärmewert", die Verbrennungswärme der Nahrungsmittel bzw. die Summe der Verbrennungswärme der einzelnen Nährstoffe (Protein, Fett und Kohlenhydrate), ausgedrückt in Calorien, verstanden, indem man einerseits den ausnutzungsfähigen Anteil, andererseits auch den für die Verdauung notwendigen Energieaufwand bzw. sonstigen Energieverlust mit in Betracht zieht. Letzterer wird für Fett und Kohlenhydrate nur gering veranschlagt, während er für Protein nach Abzug des Harnstoffwertes (5,711—0,877) = 4,834 zu 27% desselben angenommen wird. So kommt es, daß für je 1 g der physiologisch ausnutzbaren Nährstoffe:

	Protein	Fett	Kohlenhydrate
Statt der Rohcalorien	5,71	9,3	4,0
Reincalorien (Sanitätskommission)	3,4	9,0	3,7
oder von M. Rubner	4,1	9,3	4,1

Calorien angenommen werden.

Die Berechnung des Nährwertes durch Multiplikation des Nährstoffgehaltes mit vorstehenden Faktoren ist aber aus verschiedenen Gründen nicht angängig. Zwar wird auch bei der Oxydation (Verbrennung) der Nährstoffe im menschlichen oder tierischen Körper die in ihnen in ruhender (latenter) Form aufgespeicherte, direkt oder indirekt durch Sonnenlicht und -wärme gebildete potentielle Energie, in gleicher Weise wie beim Verbrennen der Kohle unter dem Dampfkessel, in erkennbare aktive Form, in kinetische Energie umgewandelt; aber diese Umwandlung verläuft hier nicht wie bei einer thermodynamischen Maschine (Dampfmaschine), bei der theoretisch die gesamte Verbrennungswärme (Calorien als Maßstab des Brennstoffwertes) in Arbeit umgesetzt werden kann, weil letztere aus der Wärme entsteht und ihr proportional ist; die Umsetzungen (Oxydation) der Nährstoffe, die Verbrennungsreaktionen, im menschlichen oder tierischen Körper verlaufen vielmehr wie bei einer chemodynamischen Maschine, bei der ein Teil in dynamische (freie) Energie zum Vollzug der Organfunktionen übergeht[1]), ein Teil als Wärme (thermische Energie) zur Deckung des Wärmeverlustes vom Körper auftritt, wie z. B. bei einem galvanischen Element, bei dem nach Schließung des elektrischen Stromes ein Teil der chemischen Energie in elektrische, ein anderer in thermische Energie umgewandelt wird. Das Verhältnis zwischen der gebildeten elektrischen und thermischen Energie bei einem galvanischen Element ist aber nicht immer gleich, sondern je nach der Füllung des Elementes usw. verschieden. Ebenso ist der Bruchteil, der von der Verbrennungswärme im Körper als dynamische (freie) und als thermische Energie auftritt, bei den einzelnen Nährstoffen verschieden groß.

Nach M. Rubner ist bei 30—33° der kritische Punkt, bei dem der Körper keine Wärme mehr zur Deckung des Wärmeverlustes zu erzeugen hat. M. Rubner hat aber nachgewiesen, daß bei der kritischen Temperatur die Proteine 15—20% weniger für die Arbeitsleistungen des ruhenden Körpers hergeben als die kalorisch gleichen Mengen von Fetten und Kohlenhydraten. Bei niederen Temperaturen jedoch wird das im Überschuß zugeführte Protein ebenfalls wie Fett und Kohlenhydrate zur Deckung eines Teiles des Wärmebedürfnisses mit verwendet.

Nach dem Nernstschen Wärmetheorem läßt sich allerdings annehmen, daß im Menschen- wie Tierkörper die freie Energie der Verbrennungswärme (der dynamische Anteil des Calorienwertes) sehr groß und ungefähr gleich der gesamten Verbrennungswärme ist. Man könnte „den Nährwert" hiernach auch gleich der Summe der freien Energie (dynamischen Wärme) der Nährstoffe setzen, der also, wie R. Höber[2]) sagt, durch die bei der Umwandlung zur Disposition gestellte maximale Arbeitsleistung bestimmt ist. R. Höber sowohl wie C. Oppenheimer[3]) weisen aber darauf hin, daß, wenn dieses zutreffend wäre, dann erstens die „isodynamen" Mengen der verschiedenen Nährstoffe für die Leistungsfähigkeit im weitesten Sinne des Wortes einander gleichwertig sein und zweitens die Protoplasten bzw. die einzelnen Organe nach Art der thermodynamischen Maschinen arbeiten, d. h. die Gesamtenergie des Nähr- bzw. Feuerungsmaterials erst in Wärme umwandeln und dann aus dieser Wärme ihren Aufwand an äußerer Arbeit bestreiten müßten. Für erstere Annahme fehlen aber bis jetzt alle Grundlagen, und letztere ist unwahrscheinlich. Denn die einzelnen Organe (Maschinerien) im Organismus funktionieren nicht isotherm und reversibel, und wenn sie das nicht tun, wenn sie sich also irreversibel betätigen, was sicher der Fall ist, so kann bald ein größerer, bald ein kleinerer Bruchteil der freien Energie in Wärme umgewandelt werden. Die etwaige Definition des Nährwertes durch die dynamische (freie) Energie der Nährstoffe gewährt daher auch keinen Vorteil, weil wir über den Grad ihrer Ausnutzbarkeit nichts wissen und das Verhältnis zwischen ausnutzbarer freier Energie und gebundener kein bestimmtes ist, sondern Schwankungen unterliegt.

Dazu kommt, daß Protein und Fett für die Ernährung noch andere Aufgaben zu erfüllen haben, als bloß Wärme zu liefern. Aus dem Protein entstehen die für die Umsetzungen bei der Verdauung, sowie in den Geweben und Organen notwendigen Enzyme, es entstehen daraus die Proteine des Blutes und der Gewebe; die Proteine sind in Pflanzen wie Tieren die eigentlichen Träger des organischen Lebens, und werden daher in Nahrungs- wie Futtermitteln stets höher bewertet und bezahlt als Fett und Kohlenhydrate. Die proteinreichen Fleischsorten sind stets teurer als die fettreichen, die proteinreichen Hülsenfruchtmehle teurer als die stärkereichen Getreidemehle.

---

[1]) Die durch die Organ- und Zellentätigkeit bzw. Muskelbewegung geleistete Arbeit geht schließlich auch in Wärme über oder kann auch, wenn die Arbeitsleistung nach außen übertragen wird, zum Teil wieder in potentielle Energie umgewandelt werden (z. B. beim Heben eines Gewichtes in die potentielle Energie des gehobenen Gewichtes), die dann beim Fallen des Gewichtes ebenfalls den Endzustand der Wärme annimmt.

[2]) R. Höber, Physikalische Chemie d. Zelle u. Gewebe 1914, 4. Aufl., S. 753.

[3]) Biochem. Zeitschr. 1917, **79**, 302; vgl. auch dort R. Höber 1917, **82**, 68.

Das Fett macht die Nahrung schlüpfrig und schmackhaft, vermindert das Volumen der Nahrung und erhöht damit die Ausnutzungsfähigkeit; aus dem Grunde wird auch es, obschon es zu einer angemessenen Menge durch Kohlenhydrate von gleichem Caloriengehalt vertreten werden kann, stets höher bewertet und bezahlt als die Kohlenhydrate[1]). Während der Calorienwert des Fettes rund 2,3 mal höher ist als der der Kohlenhydrate, ist sein Handelspreis gegenüber letzteren 3—4 mal höher. Es erscheint daher richtiger, das Wertverhältnis zwischen Protein, Fett und Kohlenhydraten nicht aus physiologischen Werten, sondern aus den Marktpreisen abzuleiten und daraus den Nährgeldwert bzw. Preiswert zu berechnen. Hierzu sind auch bereits verschiedene Wege eingeschlagen, von denen aber bis jetzt noch keiner vollständig befriedigt hat. Am richtigsten würde man, wenn man von besonderen Nebeneigenschaften der Nahrungsmittel absieht, das Wertverhältnis zwischen den drei Nährstoffen aus dem Gehalt und Marktpreise der gangbarsten Nahrungsmittel nach der „Methode der kleinsten Quadrate" berechnen können. Letztere aber, die auf 3 Unbekannte eingestellt ist, läßt sich bei den Nahrungsmitteln, von denen die tierischen vorwiegend nur Protein und Fett, die pflanzlichen vorwiegend nur Protein und Kohlenhydrate enthalten, nur mit 2 Unbekannten durchführen. Eine mit R. Plonskier für verdauliche Nährstoffe und Marktpreise Münsters durchgeführte Rechnung ergab rund folgende Wertverhältnisse:

	Protein		Fett		Kohlenhydrate
Tierische Nahrungsmittel	8,0	:	2,0	:	1,0
Pflanzliche „	3,0	:	2,0	:	1,0

Daß der Wertsfaktor für tierische Stickstoffsubstanz sich hier erheblich höher als bei pflanzlicher herausstellt, zeigt, welcher höhere Wert der ersteren im Handel gegenüber Fett und Kohlenhydraten eingeräumt wird; wie denn überhaupt die tierischen Nährstoffe durchweg 3—4 mal höher bezahlt werden als die pflanzlichen (mit Ausnahme in den meisten Gemüsen). Um mit Hilfe vorstehender Wertsfaktoren den Nährgeldwert oder richtiger Preiswert zu erhalten, multipliziert man den Gehalt der Nahrungsmittel z. B. an Nährstoffen für 1 kg mit diesen Wertsfaktoren, addiert die einzelnen Werte und vergleicht die Summe derselben mit dem Marktpreise in folgender Weise:

Nährstoffe	Fleisch in 1 kg g	Fleisch Preiswerteinheiten	Milch in 1 kg g	Milch Preiswerteinheiten	Weizenmehl in 1 kg g	Weizenmehl Preiswerteinheiten	Erbsenmehl in 1 kg g	Erbsenmehl Preiswerteinheiten
Stickstoffsubstanz . . .	190 × 8	= 1520	30 × 8	= 240	88 × 3	= 264	230 × 3	= 690
Fett.	80 × 2	= 160	33 × 2	= 66	10 × 2	= 20	13 × 2	= 26
Kohlenhydrate	5 × 1	= 5	47 × 1	= 47	720 × 1	= 720	530 × 1	= 530
Summe der Preiswerteinheiten.		1685		353		1004		1246
Wenn diese kosten[2]) . .	250 Pf.		22 Pf.		45 Pf.		65 Pf.	
So erhält man für 1 Mark Preiswerteinheiten . . .	$\frac{1685 \times 100}{250}$	= 672	$\frac{353 \times 100}{22}$	= 1604	$\frac{1004 \times 100}{45}$	= 2235	$\frac{1246 \times 100}{65}$	= 1778
Oder 1000 Preiswerteinheiten kosten. . . .	149 Pf.		61 Pf.		45 Pf.		52 Pf.	

[1]) Welche besondere Bedeutung gerade Protein und Fett für die Ernährung haben, hat recht deutlich die letzte ernste Kriegszeit gezeigt. Die allgemein beobachtete Gewichtsabnahme bei Erwachsenen konnte vorwiegend nur in dem Mangel an Fett und Protein, die geringe Milcherzeugung beim Milchvieh nur in dem Mangel an Protein gesucht werden, während Kohlenhydrate noch als ausreichend bezeichnet werden konnten.

[2]) Nach Friedenspreisen.

Auf diese Weise läßt sich der Nährgeldwert bzw. der Preiswert auf einen einheitlichen und vergleichbaren Ausdruck bringen und daraus die größere oder geringere Preiswürdigkeit eines Nahrungsmittels leicht übersehen. Freilich erhält man auf diese Weise nur einen Ausdruck für den Preiswert der eigentlichen verdaulichen Nährstoffe, nicht aber gleichzeitig einen Ausdruck für die jedem Nahrungsmittel noch anhaftenden besonderen Stoffe (Geruch- und Geschmackstoffe, Basen, Amide u. a.), deretwegen ein Nahrungsmittel besonders beliebt ist und höher bezahlt wird. Aber jeder kann sich bei Berechnung des Preiswertes der eigentlichen Nährstoffe leicht Rechenschaft darüber geben, ob diese Nebenstoffe und Imponderabilien ihm das wert sind, um was es sich teurer stellt als ein anderes, an sich weniger zusagendes Nahrungsmittel. Für die Massenernährung und die der weniger bemittelten Bevölkerung kommt es zweifellos in erster Linie darauf an, die nötige Nährstoffmenge zu beschaffen, die Genußmittelstoffe sind dabei entweder von geringer Bedeutung oder lassen sich häufig auf einfache und billige Art durch die Zubereitung erreichen. Auch darf man selbstverständlich nur solche Nahrungsmittel miteinander vergleichen, welche in ihrer Beschaffenheit und Konstitution gleichartig sind.

I. Teil.

Die allgemeinen Bestandteile der Nahrungs- und Genußmittel.

Bei den Nahrungs- und Genußmitteln pflegt man folgende Stoffgruppen zu unterscheiden, nämlich: 1. Wasser, 2. Protein (bzw. Stickstoffverbindungen), 3. Fette, 4. Kohlenhydrate (auch stickstofffreie Extraktstoffe genannt), 5. Rohfaser (Zellstoff) und 6. Mineralstoffe (Asche). Mit Ausnahme von Wasser schließt jede dieser Gruppen wiederum eine große Anzahl recht verschiedenartiger Stoffe ein, die für die Beurteilung der einzelnen Nahrungs- und Genußmittel maßgebend sind und hier daher vorab kurz besprochen werden mögen.

Wasser.

Das Wasser pflegt häufig als nebensächlicher Bestandteil der Nahrungs- und Genußmittel angesehen zu werden, gehört aber durchweg zum Wesen derselben. Denn abgesehen davon, daß es lösliche Stoffe der Nahrungs- und Genußmittel in Lösung, kolloide Stoffe in der Schwebe erhält, darf es in zahlreichen Fällen eine gewisse Grenze nicht überschreiten, wenn anders die Nahrungs- und Genußmittel als rein oder gut bezeichnet werden sollen. So bedeutet einerseits ein durch künstlichen Zusatz verursachter hoher Wassergehalt bei Hackfleisch, Wurstwaren, Milch, Milcherzeugnissen, oder die Streckung von Bier, Wein, Branntwein, Essig mit Wasser eine Verfälschung; andererseits kann ein zu geringer Entzug von Wasser infolge mangelhafter Austrocknung, z. B. bei Dauerwaren aller Art, bei Getreide, Mehl, Kaffee, Tee u. a., die Beschaffenheit und Haltbarkeit derselben beeinträchtigen.

Das Wasser ist aber auch ein wichtiger Nährstoff, insofern es einerseits die durch die Verdauung löslich gewordenen Nährstoffe ins Blut und in die Organe überführt, wo es deren Umsetzungen vermittelt, andererseits das vom Körper für den Lebensvorgang verbrauchte Wasser wieder ersetzen muß. Diese Menge beträgt etwa $^1/_3$ l Verlust durch die Lunge, $^2/_3$ l durch die Haut, 1—2 l durch den Harn, sie wird außer dem in den Nahrungsmitteln selbst vorkommenden Wasser durch Trinkwasser, Kaffee-, Teeaufguß oder alkoholische Getränke gedeckt.

Der Gehalt der Nahrungs- und Genußmittel an Wasser schwankt in weiten Grenzen; sogenannte lufttrockene Waren, wie Mehl, Körnerfrüchte, Gewürze, pflegen durchweg 10—14%, Kuhmilch 86—89%, Fleisch (je nach dem Fettgehalt) 60—80%, Brot 33—45%, Kartoffeln 71—80%, Gemüse und Obst 80—90%, Bier und Wein 85—90% Wasser zu enthalten.

Bestimmung des Wassers. Das Wasser wird meistens **a) indirekt** bestimmt, indem man feste Stoffe nach entsprechender Pulverung oder Flüssigkeiten nach dem Eindunsten im Wasser-, Luft- oder Vakuumtrockenschrank, oder über Schwefelsäure (bzw. Phosphorsäureanhydrid) mit und ohne Anwendung von Wärme und Vakuum bis zur Gewichtsbeständigkeit trocknet und den Wassergehalt aus der Gewichtsabnahme (Gewicht der Stoffe vor und nach dem Trocknen) berechnet. Bei Stoffen, die neben Wasser noch andere flüchtige Bestandteile (z. B. Kohlensäure, flüchtige Öle, Alkohol) enthalten, können diese für sich bestimmt und vom Gesamtverlust abgezogen werden.

b) Direkt bestimmt man das Wasser dadurch, daß man es entweder in Chlorcalcium auffängt, wenn die sonst flüchtigen Stoffe von letzterem nicht auch festgehalten werden, oder dadurch, daß man es mit hochsiedenden Kohlenwasserstoffen (z. B. Petroleum, Toluol, Schmieröl und Terpentinöl u. a.) überdestilliert, in genau kalibrierten Meßröhren auffängt und die sich absetzende Wassermenge abliest.

Stickstoffhaltige Bestandteile.

Die Gruppe der stickstoffhaltigen Bestandteile der Nahrungs- und Genußmittel umfaßt zahlreiche und recht verschiedenartige Verbindungen, nämlich:

A. Proteine und deren Abkömmlinge:
1. die Proteine (einfache, zusammengesetzte und veränderte);
2. den Proteinen nahe stehende (proteinähnliche) Stoffe (Gerüstsubstanzen bzw. Keratine, Enzyme);
3. Spaltungs- bzw. Umsetzungserzeugnisse der Proteine (aliphatische, homo- und heterocyclische Mono- und Diaminoverbindungen, Nucleine, Nucleinsäuren, Nuclein- bzw. Xanthinbasen, Harnstoffgruppe, Fäulnisbasen bzw. Ptomaine).

B. Besondere Stickstoffverbindungen (Phosphatide, Alkaloide, Glykoside, Ammoniak und Salpetersäure).

A. Proteine und ihre Abkömmlinge.

Begriff. Unter „Proteine“[1]) verstehen wir hochmolekulare kolloide organische Stoffe, die neben Kohlenstoff, Wasserstoff, Stickstoff und Sauerstoff durchweg Schwefel, in einzelnen Fällen auch Phosphor, Eisen und Jod enthalten, einige gemeinsame Fällungs- und Farbenreaktionen zeigen, sowie bei der Zersetzung, sei es durch Säuren, Alkali, Enzyme oder Fäulnisbakterien, in wechselnder Menge eine Reihe Mono-, Diaminosäuren und sonstige Verbindungen der aliphatischen, homo- und heterocyclischen Reihe liefern und aus diesen wieder aufgebaut werden können.

Die Bezeichnung „Protein“ (von πρωτεύειν = den ersten Platz einnehmen) verdanken sie ihrer Bedeutung als eigentlichem Träger des organischen Lebens.

Eigenschaften. Die Proteine gehören zu den Kolloiden und kommen im tierischen Organismus als Kolloidsole vor. Sie werden bei ihrer Darstellung meistens ohne Veränderung der chemischen Eigenschaften in den Gelzustand übergeführt. Werden sie aus ihrer „Lösung als hydrophile Kolloide“ durch Fällungsmittel in den Gelzustand übergeführt so kann diese Zustandsänderung „irreversibel“ sein, z. B. bei Fällung durch Hitze (Koagulation), durch Schwermetallsalze und zuweilen auch durch Alkohol; sie ist „reversibel“ bei der Fällung durch Neutralsalze der Alkalien und Erdalkalien (Aussalzung).

Die meisten Proteine sind im trockenen Zustande amorph, andere haben die Eigenschaft, mit wechselnden Mengen Mineralstoffen zu krystallisieren (Albumine). — Alle Proteine sind löslich in Alkali und konz. Säuren, einige auch in Wasser (Albumine), andere in Salzlösungen (Globuline), andere in 60—70proz. Alkohol (Kleberproteine). — Die Lösungen sind gegen tierische Membrane nur sehr unvollkommen, durch künstliche Pergamentmembrane gar nicht diffusionsfähig und drehen die Ebene des polarisierten Lichtes sämtlich nach links. — Ihre Reaktion ist ähnlich wie die der Aminosäuren amphoter, gegen Phenolphthalein sauer, gegen Lackmus wenig sauer oder neutral, gegen Lackmoid alkalisch. — Die Proteine können ebenso wie die Aminosäuren H-Ionen und OH-Ionen abspalten und daher als amphotere Elektrolyte mit Basen wie Säuren Salze bilden. — Ein oder mehrere Wasserstoffatome können durch Halogene (Cl, Br, J und F) ersetzt werden. — Alle Proteine werden aus ihren

[1]) Früher und vielfach noch jetzt, besonders in medizinischen Schriften, findet man für diese Nährstoffgruppe auch die Bezeichnung „Eiweiß“ oder „Eiweißstoffe“ (vom Weißen der Eier, dem Eiklar, welches fast ausschließlich hieraus besteht). Das gibt aber leicht zu Verwechslung Veranlassung, weil man unter Eiweiß oder Albumin eine besondere Gruppe unter den Proteinen versteht. Man sollte daher für die Gesamtgruppe die Bezeichnung „Protein“ wählen.

Lösungen durch Erhitzen oder durch Zusatz von Alkohol ausgefällt (**koaguliert**) und in eine unlösliche Modifikation übergeführt (denaturiert).

Fällungsmittel. Die Proteine werden aus ihren Lösungen gefällt durch Alkohol, Schwefelsäure, Salzsäure, Metaphosphorsäure — durch Orthophosphorsäure nur aus sehr konz. Lösungen —, durch Ferrocyanwasserstoff (Ferrocyankalium und Essigsäure), Gerbsäure, Pikrinsäure, Trichloressigsäure, Phosphorwolfram- und Phosphormolybdänsäure, Jodkalium-Jodquecksilber (Brückes Reagens) u. a.

Bei der Fällung mit Schwermetallen (Kupfersulfat, Blei-, Zink- und Uranylacetat, Quecksilberchlorid u. a.) bilden sich Verbindungen der Proteine mit den betreffenden Metallen. — Auf der Bildung der Quecksilberverbindung beruht wahrscheinlich die giftige und desinfizierende Wirkung des Quecksilberchlorids.

Außer von Schwermetallen werden die Proteine auch durch viele organische Basen und Farbbasen (Malachitgrün, Brillantgrün, Neufuchsin, Auramin u. a.) gefällt.

Färbungsreaktionen. Die Biuretreaktion: blau- bis rotviolette Färbung der stark alkalischen Lösung der Proteine mit einigen Tropfen einer stark verdünnten Kupfersulfatlösung; die Reaktion gilt als eigenartig für Protein. — Die Millonsche Reaktion: rosa- bis schwachrote Färbung der Flüssigkeit bzw. des Niederschlages durch salpetrige Säure enthaltende Mercurinitratlösung; Reaktion herrührend von Tyrosingruppen. — Die Adamkiewiczsche Reaktion: Auftreten von roten, grünen oder violetten Ringen, wenn einer Lösung von entfettetem Protein in Eisessig konz. Schwefelsäure unterschichtet wird. Die Reaktion wird der Tryptophangruppe zugeschrieben. — Die Liebermannsche Reaktion: blaue bis blauviolette Färbung von entfettetem Protein durch Kochen mit konz. Salzsäure; sie soll von der Furfurolgruppe herrühren. — Die Molischsche Reaktion: Violette Färbung einer Proteinlösung nach Vermischen mit einigen Tropfen einer alkoholischen Lösung von α-Naphthol und nach Zusatz von konz. Schwefelsäure; Thymol liefert carminrote Färbung; die Reaktionen werden ebenfalls einer Furfurolgruppe zugeschrieben. — Die Reichlsche Reaktion: Versetzen der Proteinlösung mit einigen Tropfen eines aromatischen Aldehyds in Alkohol, dem gleichen Volumen verdünnter Schwefelsäure oder konz. Salzsäure und 1 Tropfen einer oxydierenden Substanz (Ferrisulfat); Auftreten von Färbungen: dunkelblau mit Benzaldehyd, blau bis violett mit Salicylaldehyd, rot mit Vanillin usw. Die Reaktion rührt anscheinend von Indol- und Skatolgruppen her.

Elementarzusammensetzung. Die bis jetzt ermittelte Elementarzusammensetzung der einzelnen Proteine zeigt vielfach Unterschiede, weil die Gewinnung im unveränderten Zustande mitunter recht schwierig und die Trennung unsicher ist. So wurden für die einzelnen Proteingruppen folgende Schwankungen gefunden:

		Kohlenstoff %	Wasserstoff %	Stickstoff %	Schwefel %	Phosphor %
Tierische	Globuline	49,83—52,71	6,91—7,77	15,17—16,06	1,03—2,00	—
	Albumine	52,19—53,93	6,97—7,26	15,00—15,93	1,09—2,25	—
	Caseine (Kuhmilch)	52,69—54,00	6,81—7,07	15,60—15,91	0,77—0,83	0,85—0,88
Pflanzliche	Globuline	50,30—52,82	6,65—7,21	16,18—18,88	0,40—1,30	—
	Albumine	50,61—53,15	6,67—6,79	15,59—17,32	1,28—1,99	—
	Glutenin	52,34—52,90	6,83—7,00	17,10—17,49	1,00—1,08	—
	Kleberproteine	52,70—54,31	6,80—7,60	16,63—18,01	0,78—1,09	—

Im allgemeinen enthalten die pflanzlichen Proteine derselben Gruppe 1—2% Stickstoff mehr und sind durchweg etwas kohlenstoffärmer als die tierischen Proteine. Im übrigen sind nach den bisherigen Trennungsverfahren die Unterschiede so gering und schwankend, daß sich die einzelnen Proteine hiernach nicht erkennen lassen.

Molekulargewicht. Für das Molekulargewicht der Proteine besitzen wir nur annähernd richtige Angaben, weil es einerseits schwer hält, die Proteine rein und unzersetzt zu erhalten, andererseits aber die üblichen Verfahren zu seiner Bestimmung versagen. G. Lieberkühn schlägt als geringste Formel $C_{72}H_{112}N_{18}SO_{22}$ vor, F. Stohmann $C_{720}H_{1161}$, $N_{187}S_5O_{220}$, Hofmeister für Serumalbumin $C_{450}H_{720}N_{116}S_6O_{140}$ (= 10 166 Molekulargewicht), Jaquet für Hämoglobin $C_{758}H_{1203}N_{195}O_{218}FeS_3$ (= 16 659 Molekulargewicht), während W. Vaubel das Molekulargewicht von 4572 (für Serum- und Muskelalbumin) bis 16 730 (für Oxyhämoglobin) berechnet hat.

Die Verbrennungswärme der Proteine wird von 5353—5942 calorien für 1 g angegeben (vgl. weiter unten S. 149).

Umsetzungserzeugnisse der Proteine. Bei der Zersetzung der Proteine, sei es bei der Hydrolyse durch Säure[1]) oder Alkali, sei es bei der Einwirkung von proteolytischen Enzymen (Pepsin, Trypsin, Papain) oder Fäulnisbakterien treten regelmäßig eine Anzahl von Aminosäuren und sonstigen Verbindungen auf, als welche besonders folgende bis jetzt nachgewiesen sind:

Aliphatische Reihe:

1. Monoamino-monocarbonsäure: Glykokoll, δ-Alanin, δ-Valin, l-Leucin, δ-Isoleucin
2. Amino-oxy-monocarbonsäure: l-Serin (Aminomilchsäure)
3. Monoamino-dicarbonsäure: l-Asparaginsäure, δ-Glutaminsäure
4. Diamino-monocarbonsäure: Lysin, Ornithin, Arginin
5. Diamino-trioxy-dodekansäure
6. Schwefelhaltige Aminosäuren (Cystein und Cystin, Thioaminomilchsäuren)
7. Glykosamin (Chitosamin).

Homocyclische Reihe:

1. Phenol
2. Kresol
3. Phenylessigsäure
4. l-Phenylalanin
5. Paraoxyphenylessigsäure
6. Tyrosin (Paraoxyphenyl-α-aminopropionsäure).

Heterocyclische Reihe:

1. l-Tryptophan (β-Indol-α-Aminopropionsäure)
2. l-Histidin
3. l-Prolin (α-Pyrrolidincarbonsäure)
4. l-Oxyprolin
5. Indol und Skatol
6. Skatolcarbonsäure
7. Skatolessigsäure
8. Pyridin und Pyrrol
9. Pyrimidinbasen (Cytosin und Uracil).

Damit ist die Reihe aber noch nicht erschöpft; bis jetzt hat man durch Hydrolyse 70—80% des Proteinmoleküls wiedergefunden bzw. aufgeklärt. Nimmt man das mittlere Molekulargewicht der Spaltungserzeugnisse (nach den Diaminosäuren) zu rund 140 und das Molekulargewicht des Proteins zu 15 000—17 000 an, so müssen in einem Molekül mindestens 100—120 verschiedene Radikale bzw. Bausteine vom obigen Molekulargewicht vorhanden sein. Wenn man bedenkt, daß bei 3 verschiedenen Bausteinen im Molekül schon 6, bei 4 Bausteinen 24, bei 5 Bausteinen 120 verschiedene Anordnungen bzw. Proteinmoleküle möglich sind, so zählen

---

[1]) Bei der Hydrolyse mit Salzsäure oder Schwefelsäure verfuhr E. Fischer zur Trennung in der Weise, daß die erhaltenen Aminosäuren zunächst von der überschüssigen Mineralsäure befreit wurden; dann wurde der Rückstand mit Alkohol versetzt und in dieses Gemisch Salzsäuregas geleitet; aus den salzsauren Aminosäureestern wurden durch Behandeln mit Alkali oder Alkalicarbonat die freien Ester gewonnen und diese durch fraktionierte Destillation bei einem geringeren und stärkeren Vakuum in verschiedene Gruppen zerlegt. Hieraus ließen sich dann durch Verseifen mit Wasser oder Baryt, durch Anwendung verschiedener Lösungsmittel, durch fraktionierte Krystallisation und auf sonstigen mühsamen Wegen die freien Aminosäuren trennen und rein darstellen.

die Modifikationen bei 100 verschiedenen Bausteinen nach Milliarden. Daraus erklärt sich, daß es in der Pflanzen- und Tierwelt unendlich viele verschiedene Proteine geben und nicht nur jede Pflanzen- und Tierart, sondern auch jede Zellart ihre besonderen Proteine enthalten kann.

Die Spaltungserzeugnisse treten bei den einzelnen Proteinen in sehr verschiedener Menge auf, wie folgende Tabelle zeigt:

Spaltungserzeugnis	Tierische Proteine						Pflanzliche Proteine					
	Albumin aus Pferdeserum nach E. Abderhalden	**Ovalbumin** nach Osborne	**Vitellin** nach Osborne	**Casein** nach Abderhalden	**Fibrin** nach Abderhalden	**Knochenleim-Glutin** nach E. Fischer	**Legumin** aus Erbsen	**Edestin** aus Hanfsamen	**Globulin** aus Baumwollsamen	**Leukosin** aus Weizenembryo	**Gliadin** aus Weizensamen	**Glutamin** aus Weizensamen
							nach Osborne und Mitarbeitern					
	%	%	%	%	%	%	%	%	%	%	%	%
Glykokoll . . .	0	0	0	0	3,00	16,50	0,38	3,80	1,20	0,94	0,68[1])	0,89
Alanin	2,68	2,22	0,75	0,90	3,60	0,80	2,08	3,60	4,50	4,45	2,00	4,65
Valin	?	2,50	1,87	1,00	1,00	1,00	?	+	+	0,18	0,21	0,24
Leucin	20,48	10,71	9,87	10,50	15,00	2,10	8,00	20,90	15,50	11,34	5,61	5,95
Prolin	1,04	3,56	4,18	3,10	3,60	5,20	3,22	1,70	2,30	3,18	7,06	4,23
Phenylalanin .	3,08	5,07	2,54	3,20	2,50	0,40	3,75	2,40	3,90	3,83	2,35	1,97
Asparaginsäure	3,12	2,20	2,13	1,20	2,00	0,56	5,30	4,50	2,90	3,35	0,58	0,91
Glutaminsäure.	1,52	9,10	12,95	10,70	10,40	1,88	16,97	14,00	17,20	6,73	37,33	23,42
Serin	0,60	?	?	0,43	0,80	0,40	0,53	0,33	0,40	—	0,13	0,74
Cystin	2,53	0,20	—	0,06	—	—	nicht bestimmt	0,25	—	—	0,45	0,02
Oxyprolin . .	—	—	—	0,25	—	3,00		2,00	—	—	—	—
Tyrosin	2,10	1,77	3,37	4,50	3,50	—	1,55	2,13	2,30	3,34	1,20	0,74
Arginin	—	4,91	7,46	4,84	3,00	7,62	11,71	14,17	13,51	5,94	3,16	4,72
Histidin . . .	—	1,71	1,90	2,60		0,40	1,69	2,19	3,46	2,83	0,61	1,76
Lysin	—	3,76	4,81	5,80	4,00	2,75	4,98	1,65	2,06	2,75	0	1,92
Ammoniak . .	1,20	1,34	1,25	1,80	nicht angegeben		2,05	2,28	2,33	1,41	5,11	4,01
Tryptophan . .	vorhanden	vorhanden	vorhanden	1,50	—	0	vorhanden	vorhanden	vorhanden	vorhanden	ca. 1,00[1])	vorhanden

Bei der Spaltung durch Säuren und Enzyme entstehen vorwiegend die Aminoverbindungen, bei der durch Alkali und Fäulnis die Verbindungen der homo- und heterocyclischen Reihe, wobei dann als sekundäre Spaltungserzeugnisse noch Ameisensäure, Essigsäure, Propionsäure, Valeriansäure, Oxalsäure usw. auftreten. Bemerkenswert ist es, daß die Aminosäuren sämtlich α-Aminosäuren sind. Die durch Säuren- und Enzymspaltung auftretenden Verbindungen sind, mit Ausnahme von Glykokoll und Serin, sämtlich optisch aktiv, die durch Alkali und Druck auftretenden Verbindungen meistens inaktiv.

Weiterer Abbau der Aminosäuren. Die entstehenden Aminosäuren können auf verschiedene Weise weiter abgebaut werden, nämlich: ***a) durch Fäulnis.*** Über die durch Einwirkung von Fäulnis- (und sonstigen) Bakterien bewirkten Umsetzungen vgl. weiter unten unter „Fäulnis der Proteine", S. 44.

b) Durch Hefe. Eine besonders eigenartige Umsetzung der Aminosäuren bewirkt die gärende Hefe, die, wie F. Ehrlich[2]) zuerst nachgewiesen hat, alle α-Aminosäuren zu dem primären Alkohol mit der nächst niederen Anzahl von C-Atomen asymmetrisch

---

[1]) Nach E. Abderhalden.

[2]) Berichte der deutsch. chem. Gesellschaft 1906, **39**, 4072; 1907, **40**, 1027.

abbaut, und zwar nicht nur die aus dem Hefeprotein selbst sich abspaltenden, sondern auch die künstlich zugesetzten Aminosäuren. So entsteht aus Valin Isobutylalkohol, aus l-Leucin Isoamylalkohol, aus Isoleucin der aktive δ-Amylalkohol usw. F. Ehrlich nimmt einen Abbau über die Oxysäuren, Aldehyd (und Ameisensäure) zu Alkohol an, während Neubauer und Fromherz[1]) glauben, daß durch Oxydation erst eine Iminosäure, durch Desaminierung die Ketonsäure, hieraus durch CO_2-Abspaltung der Aldehyd und daraus durch Reduktion (H_2-Anlagerung) der Alkohol entsteht. (Vgl. auch unter Fäulnis der Proteine S. 44.)

c) Durch Spaltungen und Umsetzungen des Proteins und der Aminosäuren in höheren Pflanzen. E. Schulze und Mitarbeiter haben nachgewiesen, daß sich aus dem Reserveprotein der Samen beim Keimen durch die vorhandenen proteolytischen Fermente ähnliche Aminoverbindungen bilden wie durch Trypsin bei den Tieren, nämlich: Valin, Leucin, Phenylalanin, Tyrosin, Asparagin- und Glutaminsäure, Lysin, Histidin, Arginin, Guanidin und Ammoniak; Skatol ist in Celtis reticulosa, Indol in Orangen- und Jasminblüten, Pyrrolidin in Mohrrübenblättern nachgewiesen. Umgekehrt kann in den Pflanzen aus diesen Spalterzeugnissen wieder Protein aufgebaut werden. Indem aus einem Teil der Monoaminosäuren Ammoniak abgespalten wird und dieses sich mit einer nicht veränderten Monoaminosäure vereinigt, entstehen Diaminosäuren; aus Asparaginsäure wird Asparagin, aus Glutaminsäure Glutamin gebildet. Von dem Asparagin aber ist es bekannt, daß es unter Hinzutritt von Glykose bei höheren Pflanzen zum Aufbau von Protein verwendet werden kann. Bei den Coniferen sind nach E. Schulze Asparagin und Glutamin zum größten Teil durch Arginin ersetzt. Auch ist von A. Emmerling nachgewiesen, daß mit der Bildung des Reserveproteins in den Samen der Gehalt sämtlicher Organe an Aminoverbindungen abnimmt. Andererseits erleiden die Aminosäuren in den Pflanzen auch sonstige Umsetzungen; das in absterbenden Pflanzen auftretende Enzym, die Tyrosinase, führt das Tyrosin ($C_6H_4(OH) \cdot C_2H_3(NH_2) \cdot COOH$) in Homogentisinsäure ($C_6H_3(OH)_2 \cdot CH_2 \cdot COOH$) über, wodurch das Dunkelwerden der Rübensäfte und der angeschnittenen Stengel hervorgerufen wird. Die in Pflanzen weit verbreiteten Betaine stammen nicht von lecithinartigen Muttersubstanzen ab, sondern werden nach Engeland, E. Schulze und Trier[2]) als Nebenerzeugnisse des Stoffwechsels wahrscheinlich durch Methylierung der Aminosäuren gebildet, so durch dreifache Methylierung des Glykokolls ($CH_2(NH_2) \cdot COOH$) das Betain selbst $\left(CH_2 \cdot N\begin{cases}(CH_3)_3 \\ OH\end{cases} \cdot COOH\right)$; das Stachydrin kann als Dimethylbetain des Prolins aufgefaßt werden.

d) Umsetzungen im Tierkörper bei Störung des Stoffwechsels. Im normalen Säugetierkörper werden die Aminosäuren vollständig verbrannt und erscheinen nicht wieder in den Ausscheidungen. Bei Störungen des Stoffwechsels, besonders bei schwerer Degeneration der Leber, treten manche der genannten Aminoverbindungen entweder als solche (z. B. Cystin zuweilen neben etwas Tyrosin und Leucin bei der Cystinurie)[3]) oder im veränderten d. h. teilweise abgebauten Zustande im Harn auf. Hierbei werden die Aminosäuren in ähnlicher Weise wie durch Bakterien über die Stufe der um ein C-Atom ärmeren Fettsäure mit und ohne gleichzeitige Abspaltung der Aminogruppe zerlegt. Hierher gehört die Bildung von Aceton bei Diabetikern, das aus Fettsäuren mit gerader Kohlenstoffkette (4, 6 oder 8 Atome C) entsteht und daher aus Aminoverbindungen mit einem Atom Kohlenstoff mehr gebildet werden kann. Bei der Alkaptonurie, bei der aus Phenylalanin und Tyrosin Homogentisinsäure (vgl. vorstehend) gebildet und der Harn dunkel gefärbt wird, wird einerseits die Aminogruppe $CHNH_2$ abgespalten, andererseits werden 2 bzw. 1 OH an den Benzolkern angelagert. Auch können sich die Aminosäuren mit

---

[1]) Zeitschr. f. physiol. Chem. 1911, **70**, 326.

[2]) Zeitschr. f. physiol. Chem. 1910, **67**, 46.

[3]) Die Diaminosäuren gehen hierbei als Diamine (Putrescin, Cadaverin) in den Harn über.

anderen Säuren verbinden, so z. B. Glykokoll mit Benzoesäure zu Hippursäure. Durch Abspaltung von COO und Oxydation wird aus Cystein $CH_2(SH) \cdot CH(NH_2) \cdot COOH$ Taurin $C_2H_4\langle{}^{SO_3H}_{NH_2}$, aus Tryptophan durch oxydative Abspaltung die im Hundeharn vorkommende Kynurensäure gebildet. Von dem Arginin nimmt man an, daß es unter Abspaltung von $CH(NH_2)$ in γ-Guanidinobuttersäure und unter weiterer Abspaltung von $2\,CH_2$ in Guanidinoessigsäure und von dieser in Methylguanidinoessigsäure oder Kreatin übergehen kann, während es nach A. Kossel und Dakin durch die in vielen Organen, besonders in der Leber, verbreitete Arginase leicht in Harnstoff und Ornithin gespalten wird. (Über sonstige Umsetzungen der Aminosäuren vgl. auch unter Fäulnis der Proteine S. 44.)

Der stickstofffreie Rest der abgebauten Aminosäuren kann auch, wie dieses von Glykokoll, Alanin, Leucin, Asparagin und Glutamin an pankreasdiabetischen und phloridzindiabetischen Tieren nachgewiesen ist, zur Bildung von Zucker (Glykogen), und weil letzterer erwiesenermaßen in Fett übergehen kann, zur Bildung von Fett Verwendung finden.

e) Umsetzungen der Proteine durch überhitzten Wasserdampf und Oxydation. Wie durch Säuren, Alkali, Enzyme und Bakterien können die Proteine auch durch überhitzten Wasserdampf und durch Oxydationsmittel aufgespalten werden, und treten hierbei ähnliche Erzeugnisse auf wie bei der Spaltung durch erstere Mittel.

Bei der Oxydation mit Wasserstoffsuperoxyd unter Zusatz von Platinmohr bei Bruttemperatur bildet sich Oxyprotein, welches noch alle Gruppenreaktionen der Proteine gibt, aber nicht mehr durch Schwermetallsalze und Alkohol (in alkalischer Lösung) gefällt wird.

Durch Behandeln mit Kaliumpermanganat entsteht die dem ursprünglichen Protein noch nahestehende Oxyprotsulfonsäure; wird diese in alkalischer Lösung mit Kaliumpermanganat weiter behandelt, so erhält man die Peroxyprotsäure und hieraus nach Abspaltung der Oxalsäure durch Barytwasser durch weitere Oxydation die Kyroprotsäure, amorphe Biuretkörper, die nur mehr 42—43% C, 5,8—6,4% H und 9,0—11,0% N enthalten. Als Enderzeugnisse dieser Oxydation werden neben Fettsäuren, Oxal-, Bernstein- und Benzoesäure auch Oxamid, Oxaminsäure, Harnstoff und Guanidin genannt. In saurer Lösung, auch mit Chromsäure und Wasserstoffsuperoxyd, werden neben den genannten stickstofffreien Säuren als Stickstoffverbindungen Nitrile, Aminosäuren, Blausäure, Ammoniak und Salpetersäure angegeben.

Bei der Oxydation mit Bromlauge erhielten Skraup und Witt außer den genannten stickstofffreien Säuren Leucin, aktives Prolin, Lysin, Histidin (aber keine Glutaminsäure, Asparaginsäure, kein Phenylalanin und Arginin). Bei der Behandlung der Proteine mit konz. Salpetersäure entstehen Oxalsäure, Oxyglutarsäure und Oxycapronsäure, sonst im wesentlichen Nitrosubstitutionserzeugnisse, das Xanthoprotein, welches gelb gefärbt ist, durch Alkali rot wird und keine Millonsche Reaktion mehr gibt, weil das Tyrosin selbst nitriert ist. Das Xanthoprotein ist giftig; im Harn erscheint Xanthomelanin oder ein verwandter Körper.

Konstitution der Proteine. *1. Aufbau aus Aminosäuren.* Über die Konstitution der Proteine bzw. über die Art und Weise der Bindung der in ihnen nachgewiesenen Radikale sind die Ansichten noch geteilt. P. Schützenberger, H. Schiffer u. a. neigten zu der Annahme, daß die Proteine, weil sie beständig die Biuretreaktion ($NH_2 \cdot CO$ $NH \cdot CO \cdot NH_2$) liefern, aus Ureiden bzw. Oxamiden zusammengesetzt sein müßten. Als dann bei der Spaltung der Proteine regelmäßig Aminosäuren und von den Diaminosäuren regelmäßig „Arginin" ($HN:\underset{\displaystyle NH_2}{\underset{|}{C}} \cdot NH \cdot CH_2 \cdot CH_2 \cdot CH_2 \cdot \underset{\displaystyle NH_2}{\underset{|}{CH}} \cdot COOH = \delta$-Guanidin-$\alpha$-Aminovaleriansäure) aufgefunden wurden und A. Kossel nachwies, daß die den Proteinen nahestehenden Protamine im Fischsperma im wesentlichen nur aus Arginin neben Lysin und Histidin bestehen, da glaubte er annehmen zu dürfen, daß die Proteine durch Anlagerung von Monoaminosäuren an Arginin als Kern gebildet würden.

E. Fischer zeigte dann aber, daß man durch Verkettung von Aminosäuren allein miteinander zu Körpern, den sogenannten Peptiden, gelangen könne, welche sich in vielfacher Hinsicht den Proteinen ähnlich verhielten. Er gelangte zu diesen Peptiden auf zwei verschiedenen Wegen.

Nach dem einen Verfahren stellte er durch Einleiten von Salzsäuregas in ein Gemisch (bzw. eine Lösung) von Aminosäure in Äthyl- oder Methylalkohol die Ester her, z. B.:

$$CH_2(NH_2) \cdot COOH + C_2H_5 \cdot OH = CH_2(NH_2) \cdot COO \cdot C_2H_5 + H_2O .$$

Aus dem Glykokoll-Äthylester entsteht durch Erwärmen auf 160—180° das Diketopiperazin und Alkohol, nämlich:

$$2\,CH_2(NH_2) \cdot COO \cdot C_2H_5 = NH{<}{CO \cdot CH_2 \atop CH_2 \cdot CO}{>}NH + 2\,C_2H_5 \cdot OH .$$

Durch Kochen mit Salzsäure wird der Piperazinring aufgespalten und das 1. Dipeptid, das Glycylglycin erhalten:

$$NH{<}{CO \cdot CH_2 \atop CH_2 \cdot CO}{>}NH + H_2O = CH_2(NH_2) \cdot CO \cdot NH \cdot CH_2 \cdot COOH .$$

Aus dem Glycylglycin läßt sich durch Kochen mit alkoholischer Salzsäure der Äthylester $CH_2(NH_2) \cdot CO \cdot NH \cdot CH_2 \cdot COO \cdot C_2H_5$ herstellen und durch Behandeln dieses Esters mit Chloracetylchlorid $(CH_2Cl) \cdot COCl$ erhält man den Chloracetylglycylglycinester $Cl \cdot CH_2 \cdot CO \cdot NH \cdot CH_2 \cdot CO \cdot NH(CH_2) \cdot COO \cdot C_2H_5$, hieraus durch Verseifen mit Natronlauge das Chloracetylglycylglycin

$$Cl \cdot CH_2 \cdot CO \cdot NH \cdot CH_2 \cdot CO \cdot NH \cdot CH_2 \cdot COOH$$

und durch Behandeln mit Ammoniak das Diglycylglycin

$$NH_2 \cdot CH_2 \cdot CO \cdot \mid NH \cdot CH_2 \cdot CO \cdot \mid NH \cdot CH_2 \cdot COOH,$$

ein Tripeptid. Oder man verlängert die Kette am Carboxyl, indem man die endständige Gruppe $NH_2 \cdot CH_2 \cdot COOH$ durch Behandeln mit Phosphorpentachlorid in das Chlorid $NH_2 \cdot CH_2 \cdot COCl$ überführt und hieran den Aminosäureester anlagert. Auf diese Weise hat es E. Fischer unter Benutzung auch anderer Aminosäuren als Glykokoll durch Verkettung bis zu einem Heptapeptid und zur Darstellung von 70 Polypeptiden gebracht. Je höher aber die Verkettung der Aminosäuren steigt, um so schwieriger wird sie, d. h. um so langsamer und unvollständiger verläuft die Reaktion, so daß es sich fragt, ob es möglich ist, auf diese Weise zu einem wirklichen Proteinmolekül mit unzähligen Verkettungen zu gelangen. Die Polypeptide zeigen aber alle Eigenschaften der Peptone, besonders auch die Biuretreaktion, und zwar um so stärker, je höher die Verkettung ist. Daraus kann schon gefolgert werden, daß die Proteine in der Tat durch Verkettung von Aminosäuren der verschiedensten Art entstehen müssen. Hierfür lassen sich aber noch andere Gründe anführen, nämlich:

a) Die Polypeptide werden durch Hydrolyse mit Säuren wieder in Aminosäuren übergeführt, z. B.

$$\underset{\text{Glycylalanylleucin}}{(NH_2)CH_2 \cdot CO \cdot (NH)CH \cdot CH_2 \cdot CO \cdot (NH)CH : [CH_2]_4 \cdot COOH} + 2\,H_2O$$

$$= \underset{\text{Glycin}}{(NH_2)CH_2 \cdot COOH} + \underset{\text{Alanin}}{CH_3 \cdot CH(NH_2) \cdot COOH} + \underset{\text{Leucin}}{CH_3 \cdot [CH_2]_3 \cdot CH(NH_2) \cdot COOH} .$$

Aber nicht nur durch Säuren, sondern auch durch dieselben Enzyme, welche die Proteine hydrolysieren, können die Peptide wieder in die Aminosäuren übergeführt werden, z. B. durch Pankreassaft, die Enzyme des Blutplasmas usw. Indes verhalten sich die Polypeptide gegen die Enzyme und Blutplasmasorten verschieden; so kann Pankreassaft wohl Alanylglycin, Tetraglycylglycin, aber nicht Glycylalanin bzw. Diglycylglycin hydrolysieren. Wenn man die beiden racemischen Aminosäuren d-, l-Alanin- und d-, l-Leucin verkuppelt, erhält man zwei Racemkörper, und zwar:

B d-Alanin — d-Leucin + l-Alanin — l-Leucin und
A d-Alanin — l-Leucin + l-Alanin — d-Leucin.

Von diesen vier Kombinationen (je zwei in jedem Racemkörper) kann Pankreassaft nur das eine Dipeptid von A, nämlich d-Alanin, l-Leucin spalten, gegen die anderen Kombinationen ist er unwirksam.

Das Plasma von Meerschweinchen spaltet Glycyltyrosin sehr rasch, das Plasma von Pferd und Menschen jedoch vermag das gar nicht; gegen höhere Polypeptide ist das Plasma aller Tiere unwirksam. Die Polypeptide verhalten sich hiernach gegen Enzyme in ähnlicher Weise verschieden wie die Kohlenhydrate. Auch hier müssen wie bei den Kohlenhydraten die Enzyme zu den Polypeptiden wie Schloß und Schlüssel aufeinanderpassen.

b) Bei der Spaltung der Proteine werden analoge Kombinationen von Aminosäuren erhalten, wie sie in den Polypeptiden künstlich aufgebaut werden können. So liefert Seide — aus den Proteinen Fibroin und Sericin bestehend — bei der Hydrolyse die Dipeptide Glycylalanin und Glycyltyrosin, deren Eigenschaften mit denen der synthetisch dargestellten Dipeptide übereinstimmen. Man hat auch aus den Proteinen ein Tripeptid — z. B. aus Glykokoll, l-Tryptophan und δ-Glutaminsäure bestehend — und ein Tetrapeptid — z. B. aus zwei Glykokoll und je einem Alanin und Tyrosin bestehend — hergestellt, die mit den synthetisch dargestellten Verbindungen viele Eigenschaften gemein haben, in anderen aber wieder davon abweichen, so daß für letztere eine andere Kombination als bisher gewählt werden muß, um für das ab- und aufgebaute Tri- bzw. Tetrapeptid gleiche Eigenschaften zu erhalten. E. Fischer nimmt einstweilen eine amidartige Bindung bei der Verkuppelung an, wobei sowohl Lactam- als Lactimbildung[1]) eintreten kann.

c) Mit vollständig abgebautem Protein läßt sich eine volle Ernährung erzielen. E. Abderhalden behandelte z. B. Casein der Reihe nach mit Pepsin-Salzsäure, darauf nach Neutralisation mit Pankreassaft und weiter mit Darmsaft, um mit Hilfe des darin von Cohnheim nachgewiesenen Erepsins die letzten Reste Pepton, die vom Trypsin nicht angegriffen waren, abzubauen und in Aminosäuren überzuführen. Mit solchem tief abgebauten Protein konnte Abderhalden u. a. wochenlang Hunde vollauf ernähren, d. h. nicht nur Stickstoffgleichgewicht, sondern auch meistens Stickstoffansatz bzw. Wiederherstellung des ursprünglichen Körpergewichtes erreichen.

Dieselben Ergebnisse wurden bei Hunden erzielt, wenn der Abbau des Proteins nicht durch die proteolytischen Enzyme, sondern durch 5—25 proz. Schwefelsäure erfolgte.

Der Tierkörper kann nicht nur aus verschiedenen Proteinen, sondern es können auch verschiedene Tierkörper aus demselben Protein ihr arteigenes Körperprotein aufbauen, ohne daß die Eigenart des Tieres sich ändert. Notwendig ist es nur, daß alle Bausteine (Aminosäuren) vorhanden sind, aus denen das Tier seine Körperproteine je nach der Art und dem Bedürfnis in den verschiedensten Verhältnissen selbst wieder zusammenfügen kann[2]). Hieraus erklärt sich einerseits die Verschiedenheit des Körperproteins vom Nahrungsprotein, andererseits auch die stets gleichbleibende Zusammensetzung des Blutes wie der Zellen eines Tierkörpers und vielleicht auch die Vererbung der Eigenheiten einer bestimmten Art, indem das neugeborene Tier, dem schon durch die Placenta bestimmte Bau-

---

[1]) Unter Lactamform versteht man die Form $\begin{matrix}-NH\\ |\\ -CO\end{matrix}$, bei der nur 1 H des Amids mit einer OH-Gruppe austritt, unter Lactimform die Form $\begin{matrix}-N\\ \|\\ -COH\end{matrix}$, bei der infolge Wasserabspaltung die beiden H der NH_2-Gruppe mit O austreten.

[2]) Fehlt unter dem Aminosäuregemisch z. B. das Tryptophan, so gibt der Tierkörper Stickstoff von sich her; ohne Tryptophan also kann er nicht auskommen. Aus dem Grunde ließ sich auch bis jetzt mit abgebauter Seide oder abgebautem Leim allein kein Stickstoffgleichgewicht oder Stickstoffansatz beim Tierkörper erzielen, weil ihnen verschiedene Bausteine (Aminosäuren) fehlen, welche die Proteine enthalten und die wir zum Teil noch nicht kennen.

steine zugeführt wurden, schon ganz spezifisch gebaute Zellen mitbringt, deren Bau von nun an für die ganze weitere Entwicklung maßgebend ist. Denn alle tierischen — ebenso pflanzliche — Zellen enthalten proteolytische Enzyme, und ist anzunehmen, daß die im Verdauungskanal abgebauten und bei bzw. nach Durchtritt durch die Darmwandung wieder aufgebauten Proteine in den Körperzellen nochmals abgebaut und mit den Bausteinen wieder solche Verbindungen wie Leim, Elastin und Keratin (Haare) aufgebaut werden können, die je nach dem Bedürfnis und der Art erforderlich sind.

d) Wenn man Blut durch den Mund in den Darmkanal einführt, so werden seine Proteine völlig zerlegt, wieder zu Proteinen aufgebaut, wie sie dem Körper eigen sind, und das Blut dieses Tierkörpers zeigt keine abnormen Eigenschaften. Ganz anders aber verhält sich das letztere, wenn dem Tiere, z. B. Kaninchen, fremdes Blut, z. B. von einem Hunde, unter die Haut gespritzt, also mit Umgehung des Darmkanals in den Kreislauf gebracht wird. Das Blutplasma des Kaninchens zeigt alsdann nach einiger Zeit die Eigenschaft, bei Zusatz von Hundeplasma einen Niederschlag hervorzurufen und ist imstande, die roten Blutkörperchen des Hundes so zu verändern, daß der Blutfarbstoff aus ihnen austritt. Fügt man zu dem Blutplasma des Kaninchens Blutplasma, z. B. vom Pferd, so treten die genannten Reaktionen nicht ein; sie sind ganz spezifisch für die Blutart, die unter die Haut gespritzt worden ist. Von diesem Verhalten machen wir jetzt schon in dem biologischen Verfahren den umfangreichsten Gebrauch, um Blutflecken für gerichtliche Beweiserhebungen, Verfälschungen von Wurst mit Pferdefleisch usw. nachzuweisen. Das Blut zerlegt die ihm direkt zugeführten fremden Proteine mit Hilfe von aus den Körperzellen zuwandernden Enzymen, aber in anderer Weise als der Darm; es bilden sich und verbleiben in dem Blutplasma des geimpften Tieres aus den oder durch die Fremdkörper Stoffe, die sich letzteren gegenüber außerhalb des Tierkörpers in ähnlicher Weise verhalten wie die Antitoxine gegen die Toxine.

2. Verschiedene Kerne der Proteine. Nach den Untersuchungen von E. Fischer und E. Abderhalden bleiben selbst bei lange dauernder Trypsinverdauung ein oder mehrere Polypeptide übrig, welche für Trypsin unangreifbar sind und erst durch Säuren aufgespalten werden können. Dieses für Trypsin unangreifbare Polypeptid stimmt mit dem früher von Kühne u. a. erhaltenen Antiprotein überein. Bei der Einwirkung von Trypsin auf Proteine wird nämlich ein Teil der Aminosäuren (Tyrosin, Leucin und Tryptophan) leicht abgespalten, während ein unangreifbarer Rest zurückbleibt, der vorwiegend Phenylalanin, Glykokoll und Pyrrolidincarbonsäure einschließt. Letzteren Teil nannte man Anti-, ersteren (leicht spaltbaren) Teil Hemiprotein und unterschied zwischen Anti- und Hemipepton; ebenso sollte auch die Pepsinverdauung eine Anti- und Hemiproteose liefern.

Aus Fibroin der Seide entstehen durch Trypsinwirkung zwei saure Antipeptone, die bei der Säurespaltung Lysin, Arginin, Glutaminsäure, Ammoniak liefern; das durch vorsichtige Säurespaltung aus dem Glutin (bzw. Glutin-Antipepton) sich bildende krystallinische Pepton, das Kyrin (Glutokyrin), enthält Lysin, Arginin, Glutaminsäure und Glykokoll.

Aber nicht allein Glutin, sondern auch alle Proteine lassen sich außer durch Trypsin auch durch verdünnte Säuren, Alkali, Permanganat in alkalischer Lösung in verschiedene Teile zerlegen, von denen ein Teil sich rasch in Proteosen, Peptone und Aminosäuren überführen läßt, während der andere Teil erhalten bzw. auf der Peptonstufe stehenbleibt und die Biuretreaktion gibt, selbst wenn alles Tyrosin aus dem Protein entfernt ist.

Die leicht angreifbaren Proteine, z. B. Casein und Globin, enthalten beide kein Glykokoll, aber viel Tyrosin und Tryptophan, das schwer angreifbare Serumglobulin und der gegen Trypsin sehr widerstandsfähige Leim sind dagegen reich an Glykokoll und ist letzterer frei von Tyrosin und Tryptophan. Andere Aminoverbindungen und Spaltungserzeugnisse sind in beiden Teilen des Proteins (der Anti- und Hemigruppe) vorhanden. Man kann hiernach im Proteinmolekül entweder einen Kern mit verschieden kondensierten Schichten (ähnlich wie beim Stärkekorn und der Zellmembran) oder mehrere koordinierte Kerne (Peptone und Peptide) annehmen, von denen die einen durch Trypsin und Säuren leicht, die anderen schwer abgespalten werden.

Die wichtigste Gruppierung ist die oben besprochene Säureamidbildung der α-Aminosäuren, daneben aber ist wohl eine Vereinigungsform wie im Arginin anzunehmen, so daß man die **Proteine als Säureamide aus** α **- Aminosäuren** z. B. als

$$\left(\begin{array}{c}-CO|-NH-\underset{\displaystyle C_nH_{2n+1}}{\underset{|}{CH}}-CO|-NH-\underset{\displaystyle C_nH_{2n+1}}{\underset{|}{CH}}-CO-|NH\end{array}\right)$$

auffassen kann, von denen eine das Arginin

$$\left(HN=\underset{\displaystyle NH_2}{\underset{|}{C}}-NH\cdot CH_2\cdot CH_2\cdot CH_2\cdot\underset{\displaystyle NH_2}{\underset{|}{\overset{*}{CH}}}\cdot COOH\right) \text{ ist.}$$

Bestimmung der Proteine. Die Proteine werden durchweg in der Weise bestimmt, daß man die Stoffe nach dem Verfahren von Kjeldahl verbrennt und den gefundenen Stickstoff unter der Annahme, daß die Proteine durchschnittlich 16% Stickstoff enthalten, mit $\frac{100}{16} = 6{,}25$ multipliziert und die so erhaltene Menge als Protein — richtiger Stickstoffsubstanz — bzw. Rohprotein bezeichnet. Diese Berechnung schließt aber größere und geringere Fehler ein. Denn einerseits enthalten alle Nahrungs- und Genußmittel außer Proteinen eine nicht unwesentliche Menge von Amiden, Basen u. a. mit wesentlich höherem Stickstoffgehalt als 16%, andererseits sind aber auch die Proteine im Stickstoffgehalt nach S. 8 nicht unwesentlich verschieden. Den ersten Fehler kann man durch Trennung der Proteine von den Nichtproteinen umgehen, indem man erstens in wässeriger Verteilung mit Kupferhydroxyd (entweder mit diesem als solchem nach Stutzer oder durch Zusatz von Kupfersulfat und einer zur völligen Fällung nicht ganz ausreichenden Menge Natronlauge nach Barnstein) fällt, den Niederschlag nach dem Auswaschen verbrennt und aus dem so gefundenen Stickstoffgehalt das „Reinprotein" berechnet.

Der verschiedene Gehalt der Proteine selbst an Stickstoff hat aber bis jetzt nur bei Milch und Milcherzeugnissen Berücksichtigung gefunden, indem man bei diesen, weil das Casein durchschnittlich nur etwa 15,7% Stickstoff enthält, den gefundenen Stickstoffgehalt mit 6,37 zu multiplizieren pflegt. Bei den pflanzlichen Nahrungsmitteln liegt aber der Stickstoffgehalt der Proteine durchweg höher als 16%, und müßte der Faktor bei einem Gehalt an 16,66% N im Protein = 6,00, bei einem Gehalt von 17,5% N = 5,71 und bei einem Gehalt von 18% N = 5,55 lauten. Die Untersuchungen über die einzelnen Proteine der Nahrungs- und Genußmittel sind aber bis jetzt noch zu spärlich, um hiernach eine Gruppenteilung vornehmen zu können, und werden auch dadurch erschwert, daß in den einzelnen Nahrungs- und Genußmitteln Proteine von verschiedenem Stickstoffgehalt vorkommen. Man pflegt daher bis jetzt nur eine Trennung in „Roh- und Reinprotein" vorzunehmen, allgemein in beiden Fällen den Stickstoffgehalt mit 6,25 zu multiplizieren, und wenn diese Ergebnisse auch nicht richtig sind, so sind sie doch untereinander vergleichbar.

Die einzelnen Proteine.

Eine auf rein chemischer Grundlage beruhende wissenschaftliche Einteilung der Proteine, etwa nach Art und Menge der sie zusammensetzenden Aminoverbindungen, ist wegen der Unsicherheit der Trennungs- und Bestimmungsverfahren bis jetzt noch nicht möglich.

Außerdem gibt es nach S. 9 durch verschiedene Anordnung der Bausteine im Proteinmolekül eine Unzahl verschiedener Proteine, die sich durch die Hydrolyse bis jetzt nicht unterscheiden lassen.

Man benutzt daher noch immer einige rohe Unterscheidungsmerkmale (Herkunft, Löslichkeit, Gerinnbarkeit und andere physikalische Eigenschaften) zu einer Einteilung[1]). Man kann hiernach folgende Gruppen unterscheiden:

[1]) Diese Einteilung ist erst recht nicht befriedigend, wenn die Ansicht E. Fischers zutreffen sollte, daß alle bis jetzt unterschiedenen Proteine Mischungen mehrerer Proteine sein sollen.

1. Einfache Proteine[1]) (Protamine, Histone, Globuline, Albumine, Kleberproteine, auch Prolamine und Glutenine genannt);
2. Zusammengesetzte Proteine (Phosphor-, Nucleo-, Glyko- und Chromoproteine);
3. Veränderte Proteine (geronnene, Acid- und Alkaliproteine, Proteosen und Peptone u. a.);
4. den Proteinen nahestehende Stickstoffverbindungen (Gerüstproteine und Enzyme).

Einfache Proteine.

Protamine.

Unter „Protamine" versteht man hochmolekulare, schwefelfreie, stickstoffreiche (mit 25—30% N) Proteine von stark basischer Natur, die zum größten Teil aus Diaminosäuren (bis 90% des Gesamtstickstoffs), hauptsächlich aus Arginin aufgebaut sind[2]).

Die freien Basen sind leicht löslich in Wasser, bläuen Lackmus, ziehen aus der Luft Kohlensäure an, koagulieren nicht beim Kochen und geben sämtlich die Biuretreaktion. Aus ihrer Verbindung mit Säuren werden sie durch Ammoniak gefällt; auch durch phosphorwolframsaures Natrium, Pikrat u. a. selbst in schwach alkalischer Lösung; durch Ammonsulfat und Kochsalz werden sie aus der wässerigen Lösung ausgesalzen. Sie besitzen giftige Eigenschaften.

Die Protamine kommen vorwiegend im Fischsperma (auch Menschensperma) vor; bei den Fischen werden sie je nach der Fischart als Salmin, Sturin, Clupein, Combrin, Cyprinin usw. benannt.

Bei der völligen Hydrolyse des Salmins erhielt Kossel in Prozenten des Gesamtstickstoffs: 89,2% Arginin, 3,25% Serin, 1,65% Aminovaleriansäure und 4,3% Pyrrolidincarbonsäure; Sturin lieferte 63,5% Arginin, 11,8% Histidin und 8,4% Lysin; Cyprinin in derselben Weise nur 8,7% Arginin, dagegen 30,3% Lysin.

Aus dem Salminplatindoppelsalz berechnete sich für das Salmin die Formel $C_{98}H_{186}N_{54}O_{21}$. Durch Pepsin werden die Proteine nicht angegriffen; Trypsin, Erepsin, Hefepreßsaft und Papayotin bilden vorstehende Aminosäuren.

Über die Beziehungen der Protamine zu den Proteinen vgl. S. 12.

Histone.

Die „Histone" sind den Protaminen nahestehende Proteine; sie unterscheiden sich von diesen nur durch einen geringeren Gehalt an Stickstoff sowie durch einen geringeren Gehalt an Hexonbasen (30—42% des Gesamt-N) im Verhältnis zu den Monoaminosäuren. Im übrigen haben sie dieselben Eigenschaften wie die Protamine. Neutrale Lösungen von Histon geben mit salzarmen Lösungen von Ovalbumin, Casein und Blutserum bzw. Serumglobulin einen Niederschlag, der in Säuren und Alkalien löslich ist, aber auch bei Salzgegenwart durch Ammoniak nicht gefällt wird. Die Histone kommen in der Natur nicht frei, sondern in Verbindung mit anderen Stoffen vor, z. B. mit Nucleinsäure, Nuclein in den Kernen von Blutkörperchen, in der Thymusdrüse, in unreifen Spermatozoen von Fischen, in Verbindung mit Hämatin im Hämoglobin. Diese Verbindungen werden durch Salzsäure zerlegt.

Das Pferdeglobin lieferte bei der vollständigen Hydrolyse nach E. Abderhalden: 4,19% Alanin, 29,04% Leucin, 2,34% α-Pyrrolidincarbonsäure, 4,24% Phenylalanin, 1,73% Glutaminsäure, 4,43% Asparaginsäure, 0,31% Cystin, 0,56% Serin, 1,04% Oxy-α-Pyrrolidincarbonsäure, 1,33% Tyrosin, 4,28% Lysin, 20,96% Histidin, 5,42% Arginin und etwas Tryptophan, also die-

[1]) Man unterscheidet auch 2 Hauptgruppen, nämlich native bzw. genuine und denaturierte Proteine, und rechnet zu ersteren auch die einfachen Proteine. Es ist aber zu berücksichtigen, daß wir die Proteine bei ihrer Darstellung aus Pflanzen und Tieren nicht im ursprünglichen (nativen oder genuinen), sondern in einem bereits mehr oder weniger veränderten Zustande erhalten.

[2]) Die Kenntnis über diese Proteine verdanken wir vorwiegend den Arbeiten A. Kossels.

selben Spaltlinge wie andere Proteine, wobei der hohe Gehalt an Histidin gegenüber dem Arginin bemerkenswert ist.

Protamine und Histone sind bis jetzt in Pflanzen nicht nachgewiesen.

Albumine.

Die „Albumine" zeichnen sich dadurch vor den anderen Proteinen aus, daß sie in kaltem Wasser löslich sind und bei Anwesenheit von Neutralsalzen durch Erwärmen auf 70° oder bis zum Sieden unlöslich abgeschieden werden oder gerinnen (koagulieren). Die Gerinnung tritt in einer alkalischen Lösung[1]) nicht und in einer neutralen Lösung nur unvollständig ein; die Lösung muß vielmehr schwach sauer sein. Am besten setzt man zu der siedend heißen Lösung auf je 10—15 ccm Flüssigkeit von Essigsäure 1—3 Tropfen, oder von Salpetersäure 15—20 Tropfen zu. Ist ferner die Eiweißlösung salzarm, so setzt man 1—2% Kochsalz zu. Sie sind in neutraler Lösung durch volle Sättigung mit $(NH_4)_2SO_4$ oder $MgSO_4 + Na_2SO_4$ fällbar, durch $MgSO_4$ allein oder NaCl nicht fällbar. Durch langsames Verdunsten einer halb gesättigten Salzlösung können sie krystallinisch erhalten werden. Über die Elementarzusammensetzung vgl. S. 8.

Die Albumine enthalten unter den Proteinen am meisten Schwefel, nämlich 1,09—2,25%; sie liefern bei der Hydrolyse kein Glykokoll.

a) Tierische Albumine.

α) Ovalbumin. Das Eiklar bzw. Eiereiweiß wird allgemein als der Typ der Albumine angesehen. In Wirklichkeit herrscht über seine Beschaffenheit noch keine Klarheit. Einige rechnen es sogar zu den Globulinen, andere nehmen darin nur ein einziges Protein, wieder andere zwei oder drei verschiedene Proteine an. Osborne und Campbell unterscheiden darin vier verschiedene Proteine, nämlich das Ovomucin, welches durch Verdünnen der Lösungen des Eiklars mit Wasser oder durch Dialyse gefällt wird; das Ovoalbumin, fällbar in der mit der gleichen Menge gesättigter Ammonsulfatlösung versetzten Lösung mit Essigsäure; Conalbumin, der nicht krystallisierbare Anteil des Albumins, und das Ovomucoid, erhalten aus dem albuminfreien Filtrat durch Fällen mit Ammonsulfat oder Alkohol. Letztere drei Proteine nimmt auch Langstein im Eiklar an, hält aber das ganze Eiklar für ein Globulin (S. 21), von dem $^2/_3$ durch gesättigte Kaliumacetatlösung als Euglobulin abgeschieden werden können. Zweifellos liefern die verschiedenen Proteine[2]) bei der Hydrolyse mit verdünnter Salzsäure reichliche Mengen Glykosamin (S. 42) — für Euglobulin werden 11%, für Ovomucoid sogar 35% angegeben — und durch Hydrolyse mit starker Salzsäure anscheinend auch Glykose, weshalb das Ovalbumin auch wohl zu den Glykoproteinen gerechnet wird.

β) Laktalbumin. Wenn man Milch durch schwaches Ansäuern mit Essigsäure oder durch Sättigen mit Kochsalz von Casein befreit hat, läßt sich das Albumin durch Erwärmen in Flocken abscheiden. Durch Sättigen der Milch mit Magnesiumsulfat kann man neben Casein auch das in geringer Menge vorhandene Laktoglobulin entfernen. Das Laktalbumin gerinnt in salzfreier Lösung bei 72°; es enthält 15,77% Stickstoff und 1,73% Schwefel; es liefert bei der Hydrolyse kein Glykokoll; $[\alpha]D = -37°$.

γ) Serumalbumin. Dasselbe findet sich reichlich im Blutstrom, Blutplasma, in der Lymphe, in vielen anderen tierischen Flüssigkeiten; das unter pathologischen Verhältnissen

---

[1]) Aus dem Grunde kann in einem eiweißhaltigen Harn, der alkalisch oder neutral reagiert, die Reaktion bei der einfachen Kochprobe überhaupt ausbleiben, während in einem Harn, der Bicarbonate enthält, eine Trübung eintreten kann, ohne daß Eiweiß vorhanden ist. Daher ist der Säurezusatz bei der Prüfung des Harns auf Albumin nach dem Kochen unerläßlich.

[2]) Für das Ovomucin (bzw. Euglobulin) und Ovomucoid wurden weniger Kohlenstoff und Stickstoff, dagegen mehr Schwefel als in den Albuminen gefunden.

in den Harn übergehende Eiweiß ist größtenteils Serumalbumin. Die Gerinnungstemperatur liegt gewöhnlich bei 80—85°, wechselt aber je nach dem Salzgehalt; salzarme Lösungen gerinnen weder beim Kochen noch auf Zusatz von Alkohol; $[\alpha]D = -62{,}6$ bis $-64{,}6°$.

δ) Muskelalbumin. Aus den toten Muskeln lassen sich durch kaltes Wasser mehrere Proteine ausziehen, welche beim Kochen bzw. Erwärmen gerinnen. Das Myoalbumin ist anscheinend gleich mit dem Serumalbumin und rührt wahrscheinlich von Blut oder Lymphe her.

Die anderen in Wasser löslichen Proteine des Muskels, das Myosin, Myogen und Myoglobulin, verdanken ihre Löslichkeit dem gleichzeitigen Salzgehalt des Muskelsaftes und gehören zu der folgenden Gruppe der Proteine, zu den Globulinen.

b) Pflanzliche Albumine.

Auch in den Pflanzen ist das Albumin sehr weit verbreitet; es tritt aber mehr in der lebenstätigen Pflanzenzelle als in den Reservestoffbehältern auf. Der beim Kochen von Gemüsearten, Obst usw. auftretende weiße Schaum besteht aus Albumin. Indes kann nicht alle Stickstoffsubstanz, welche durch Ausziehen mit kaltem Wasser gelöst wird, durch Erhitzen gerinnt und durch Aussalzen ausfällt, als Albumin angesehen werden. Infolge des Gehaltes an löslichen und zum Teil alkalisch beschaffenen Salzen in den Pflanzenstoffen werden durch Wasser aus letzteren auch Proteine gelöst, welche zu der folgenden Gruppe, nämlich zu den Globulinen gehören, von denen sich das wirkliche Albumin schwer trennen und unterscheiden läßt. Indes haben Th. Osborne und Mitarbeiter Albumine und Globuline aus Pflanzensamen zusammen mit 10 proz. Kochsalzlösung gelöst und die Lösung der Dialyse unterworfen. Hierdurch gehen die Albumine mit den Salzen in das Dialysat über, während die Globuline ungelöst zurückbleiben. Die Albumine werden aus dem Dialysat, die Globuline nach Wiederauflösen in 10 proz. Kochsalzlösung durch Erhitzen auf verschieden hohe Temperatur gefällt.

Die pflanzlichen Albumine besitzen im allgemeinen die Eigenschaften der tierischen Albumine, so das Leukosin aus Weizen, Roggen, Gerste, das Legumelin aus Leguminosensamen, das Ricin aus Ricinussamen. Die pflanzlichen Albumine unterscheiden sich nur dadurch von den tierischen, daß sie auch durch Ganzsättigung mit Kochsalz und Magnesiumsulfat und durch Halbsättigung mit Ammoniumsulfat gefällt werden.

Globuline.

Die Globuline sind unlöslich in Wasser, dagegen löslich in 5—15 proz. Neutralsalzlösungen, werden durch Verdünnung mit Wasser oder durch Ganzsättigung mit Kochsalz oder Magnesiumsulfat oder durch Halbsättigung mit Ammonsulfat ausgefällt und durch Erhitzen zum Gerinnen gebracht (koaguliert). Sie sind in schwach säure- oder alkalihaltigem Wasser löslich und scheiden sich beim Neutralisieren wieder aus; die Lösung in der geringsten Menge Alkali wird auch durch Kohlensäure gefällt; von überschüssiger Kohlensäure kann aber der Niederschlag wieder gelöst werden. Die Salzmenge bzw. der Gehalt der Salzlösungen behufs Lösung der Globuline ist verschieden und gibt es besonders unter den pflanzlichen Globulinen verschiedene unterschiedliche Gruppen.

Die Globuline sind schwache Säuren und reagieren mit Lackmus sauer. Ihr Unlöslichwerden durch Wasser wird den $H^{\cdot}$-Ionen desselben zugeschrieben. Andererseits werden sie als amphotere Elektrolyte angesprochen, deren kolloidale Lösung in Wasser nur bei Gegenwart anderer Elektrolyte[1]) (Neutralsalze) durch Bildung freier Ionen dauerhaft ist. Die Fällung durch Zusatz von mehr Salz beruht auf Störung des Gleichgewichts zwischen Globulin, Wasser und Neutralsalz.

Durch Fällung mit Alkohol werden die Globuline verändert (irreversibel). Die tierischen Globuline krystallisieren nicht.

[1]) Zucker und Harnstoff lösen die Globuline nicht.

a) Tierische Globuline.

α) Serumglobulin (auch Paraglobulin, fibrinoplastische Substanz oder Serumcasein genannt); dasselbe kommt im Plasma, Serum und in anderen tierischen Flüssigkeiten vor, wird aus dem Blutserum durch Neutralisation oder schwaches Ansäuern mit Essigsäure, Verdünnung mit dem 10—15fachen Raumteil Wasser gefällt und kann durch wiederholtes Auflösen in verdünnter Kochsalzlösung und Fällen mit Wasser rein gewonnen werden. Es bildet im feuchten Zustande eine schneeweiße, feinflockige, weder zähe noch elastische Masse und besteht wahrscheinlich aus zwei oder mehr Proteinen; die Gerinnungstemperatur bei einem Gehalt von 5—10% Kochsalz in der Lösung liegt bei + 75°, die spez. Drehung $[\alpha]D$ ist = —47,8°.

Die Lösungen des Serumglobulins in 5—10 proz. Kochsalzlösung werden durch Sättigen der Lösung mit Magnesiumsulfat oder durch Versetzen mit dem gleichen Raumteil einer gesättigten Ammonsulfatlösung vollständig, durch Sättigen mit Kochsalz nur unvollständig gefällt.

β) Fibrinogen in Blutplasma[1]), Chylus, Lymphe und in einigen Trans- und Exsudaten. Bei der freiwilligen Gerinnung des Blutes scheidet sich ein Teil der Proteine des Blutplasmas unlöslich aus, nämlich das Fibrinogen und das vorstehende Serumglobulin sowie Serumalbumin.

Das Fibrinogen wird durch Auffangen von Blut in einer gesättigten Lösung von Magnesiumsulfat, Abfiltrieren der Blutkörperchen und Fällen des Filtrats mit dem gleichen Raumteil einer gesättigten Kochsalzlösung erhalten, indem man die Fällungen rasch filtriert, mit 8 proz. Kochsalzlösung behandelt, die Lösungen durch wiederholtes Fällen mit gesättigter Kochsalzlösung und Wiederauflösen in 8 proz. Kochsalzlösung reinigt. Das Fibrinogen kann durch Dialysieren von Kochsalz befreit und rein dargestellt werden.

Unter Fibrin oder Blut-Faserstoff versteht man das bei der sogenannten spontanen Gerinnung des Blutes aus dem Fibrinogen durch ein Ferment (Thrombin)[2]) sich bildende Protein; das Fibrin schließt sich daher als Umwandlungserzeugnis dem Fibrinogen an und kann durch Schlagen des Blutes während der Gerinnung als elastische, faserige Masse (Faserstoff) gewonnen werden; es verhält sich bezüglich seiner Löslichkeit wie die koagulierten Proteine und wird ebenso wie das ursprüngliche Fibrinogen von verdünnten Neutralsalzlösungen gelöst.

Nach Hammersten bilden sich bei der Blutgerinnung aus 100 Fibrinogen 77—80% Fibrin.

Die Lösung des Fibrinogens in 5—10 proz. Kochsalzlösung gerinnt bei 52° bis 55° und wird durch einen gleichen Raumteil einer gesättigten Kochsalzlösung gefällt (Unterschied von Serumglobulin). Das Fibrinogen wirkt kräftig zersetzend auf Wasserstoffsuperoxyd; spez. Drehung $[\alpha]D$ = —52,5°.

γ) Muskel-Globuline; aus den toten, blutfrei gemachten Muskeln lassen sich durch verdünnte Salzlösungen (physiologische Kochsalzlösung, 5 proz. Magnesiumsulfatlösung)[3]) 2 verschiedene Globuline, das Myosin und Myogen, herstellen, die sich durch ihre verschiedene Gerinnungstemperatur und Fällbarkeit durch Salz unterscheiden; so ergibt sich:

	Myosin	Myogen
Gerinnung bei	47°	56°
Fällung durch Magnesiumsulfat bei einem Salzgehalt von . . .	50%	100%

[1]) Die Blutflüssigkeit vor der Gerinnung nennt man Plasma, die nach der Gerinnung, die also kein Fibrinogen mehr enthält, Serum.

[2]) Das Thrombin wird als das Calciumsalz eines Polypeptids angesehen, und soll durch Proteolyse aus höheren Vorstufen bei Gegenwart von ionisierten Ca-Salzen entstehen. In den Gefäßen soll das Fibrinogen nach R. Klinger durch NaCl-haltige Abbauerzeugnisse, die im Überschuß vorhanden sind, vor Gerinnung geschützt werden.

[3]) Die durch Neutralsalzlösungen ausziehbaren Muskelproteine bilden das Muskelplasma, die Lösung noch gerinnender Proteine, aus dem toten Muskel ausgepreßt, das Muskelserum.

Das Myosin gerinnt sehr leicht aus seinen Lösungen und geht in einen unlöslichen fibrinähnlichen Zustand, in Myofibrin, über.

Auf der Gerinnung des Myosins beruht die Totenstarre; sie soll durch ein Muskelferment hervorgerufen werden; möglicherweise ist die sich bildende Milchsäure allein oder gemeinsam mit dem Ferment die Ursache der Gerinnung bzw. Totenstarre.

Das, was nach dem Ausziehen des toten Muskels mit Wasser und Salzlösungen mit anderen unlöslichen Bestandteilen der Muskelfaser zurückbleibt, heißt Muskelstroma, welches weder der Nucleoprotein- noch Glykoproteingruppe angehört, sondern den geronnenen Proteinen ähnlich ist und sich in verdünntem Alkali zu einem Albuminat löst.

δ) Die Eier-Globuline. Das im Eigelb vorhandene Vitellin wird auch wohl zu den Globulinen gerechnet, gehört aber richtiger zu den Phosphorproteinen (vgl. S. 24).

Beim Verdünnen des Eiklars mit Wasser scheidet sich ein Protein aus, das ebenfalls zu den Globulinen gerechnet und auch von Magnesiumsulfat gefällt wird; das Eiklarglobulin gleicht dem Serumglobulin und gerinnt in der Salzlösung, die eine Modifikation bei 57,5°, die andere bei 67,0°.

ε) Laktoglobuline; auch in der Milch wird ein Globulin (einige mg in 1 l) angenommen, welches daraus nach dem Fällen des Caseins mit Kochsalz oder durch Sättigen des Filtrats vom Casein mit Magnesiumsulfat gewonnen werden kann.

Reichlicher tritt das Globulin im Colostrum auf. Es teilt die Eigenschaften des Serumglobulins. Beim Erwärmen einer 5—10 proz. Kochsalzlösung tritt bei 72° Trübung, bei 75 bis 76° Gerinnung ein.

b) Pflanzliche Globuline.

Aus den Pflanzen und Pflanzenteilen aller Art lassen sich bei dem hohen löslichen Salzgehalt derselben selbst durch Wasser allein, oder durch verdünnte Salzlösungen durchweg in großer Menge Proteine ausziehen, welche sämtlich zu der Gruppe der Globuline gehören, im einzelnen aber manche Verschiedenheiten zeigen. Selbst in einem und demselben Pflanzenteile, besonders in den Samen gibt es verschiedene Arten Globuline, welche sich durch ihre Löslichkeit in Salzlösungen von verschiedenem Gehalt, durch ihre größere oder geringere Fällbarkeit mit anderen Salzen wie Ammonsulfat, durch ihre Gerinnungstemperatur unterscheiden oder sich der Dialyse gegenüber verschieden verhalten und dadurch trennen lassen. So lassen sich nach Osborne aus Lupinensamen, dessen Protein fast ganz aus Globulin besteht, durch fraktionierte Fällung mit Ammonsulfat 2 Globuline, ein schwer lösliches (Conglutin α) und ein leicht lösliches (Conglutin β) abscheiden.

Ferner wurde ein Teil dieser Proteine als Pflanzencaseine bezeichnet, weil sie wie das tierische Milchcasein in schwach alkalihaltigem Wasser löslich sind und daraus durch verdünnte Säuren und durch Lab in Flocken gefällt werden können, z. B. Legumin, Glutenin und Conglutin. Eine andere Gruppe faßte Osborne, dem wir vorwiegend die Aufklärung über die pflanzlichen Globuline verdanken, wegen ihrer Ähnlichkeit mit dem tierischen Myosin als Myosine zusammen und unterschied sie von den Edestinen (ἐδεστός = eßbar) oder den Phytovitellinen — letztere Bezeichnung wegen ihrer Ähnlichkeit mit dem Ovovitellin —. Beide Gruppen sind in 10 proz. Kochsalzlösung löslich, aber durch den Stickstoffgehalt verschieden; die Edestine enthalten 18,10—18,84%, die Myosine 16,18—16,88% Stickstoff. Jetzt ordnet Th. R. Osborne[1]) die Samenglobuline nach Pflanzenfamilien und bezeichnet die einzelnen Globuline nach den Pflanzennamen, z. B. Globuline der Leguminosen (Legumin aus Bohnen, Erbsen, Wicken, Linsen, Vicilin aus denselben Samen, Glycinin aus Glycine hispida, Phaseolin aus Phas. radiatus, Conglutin α und β aus Lupinen u. a., Globuline aus Ölsamen (Edestin aus Hanfsamen, Excelsin aus Bertholletia excelsior), Amandin aus Prunus amygdalus, Corylin aus Corylus avellana u. a. aus den verschiedensten Ölsamen), Globuline aus Getreidearten. Letztere enthalten verhältnismäßig nur geringe

[1]) Vgl. E. Abderhalden, Biochem. Handlexikon 1911, 4. Bd., S. 1.

Mengen Globuline, bei den Leguminosen und Ölsamen besteht mitunter die Hälfte des Proteins aus Globulinen.

Die stickstoffreichen Globuline liefern bei der Hydrolyse auch viel Arginin.

Die meisten pflanzlichen Globuline lassen sich aus Kochsalzlösung krystallinisch entweder als Oktaeder, Sphäroide oder hexagonale Platten darstellen.

Kleberproteine.

Aus Weizenmehl läßt sich durch Einteigen mit Wasser und Auswaschen als zähe elastische Masse der Kleber gewinnen, der sich durch Behandeln mit 70vol.-proz. Alkohol in 2 Teile, einen in Alkohol löslichen Teil (von Osborne Prolamin genannt) und in einen unlöslichen Teil, Glutenin (früher Glutencasein genannt) zerlegen läßt.

Die in Alkohol löslichen Proteine sind bis jetzt nur in den Samen der Getreidearten gefunden.

Von der Beschaffenheit und Menge des Klebers ist zweifellos die Backfähigkeit des Weizenmehles mit abhängig. Aus anderen Getreidemehlen läßt sich kein zusammenhängender Kleber gewinnen.

a) Prolamine (in Alkohol lösliche Proteine). H. Ritthausen hat in dem alkohollöslichen Teil des Weizenklebers 3 verschiedene Proteine nachgewiesen, die er als Glutenfibrin, Gliadin und Mucedin unterschied. Fr. Kutscher[1]) nimmt nur 2 verschiedene Proteine, Glutenfibrin und ein zweites, an, während Kjeldahl, Osborne, E. Fleurent den alkohollöslichen Teil für ein einheitliches Protein halten. J. König und P. Rintelen[2]) haben daher diese Frage ebenfalls geprüft und sind zu denselben Ergebnissen wie H. Ritthausen gelangt. Man muß danach im Gesamtweizenkleber 4 verschiedene Proteine unterscheiden, nämlich:

	Glutenin oder Glutencasein	Glutenfibrin	Gliadin	Mucedin
Verhalten gegen Alkohol .	unlöslich	löslich in 88—90 proz. Alkohol	löslich in 60—70 proz. Alkohol	löslich in 30—40 proz. Alkohol
Kohlenstoffgehalt	52,34—52,99%	54,31—55,30%	52,70—52,76%	53,33—54,00%
Stickstoffgehalt	17,10—17,49%	16,86—16,89%	17,77—18,01%	16,63—16,83%

Dafür, daß in dem alkohollöslichen Teil des Weizenklebers je nach der Stärke des Alkohols verschiedene Proteine enthalten sind, spricht auch wohl der Umstand, daß die spez. Drehung der durch Alkohol von verschiedenem Gehalt gelösten Kleberproteine verschieden gefunden

[1]) Fr. Kutscher zieht seine Schlüsse aus den hydrolytischen Spaltungserzeugnissen, die bei dem Gliadin und Mucedin als gleich und nur für Glutenfibrin (mit der doppelten Menge von Tyrosin) verschieden gefunden wurden. Die sonstigen Werte von Fr. Kutscher weichen aber zum Teil sehr weit von denen anderer Untersucher ab; er findet z. B. für Glutaminsäure 13,07—19,81%, während Abderhalden für das gesamte alkohollösliche Protein 36,50%, Osborne 37,33% Glutaminsäure angibt. Die Hydrolyse der einzelnen Fraktionen scheint daher der Wiederholung bedürftig.

[2]) Zeitschr. f. Unters. d. Nahr.- u. Genußm. 1904, 8, 401. König und Rintelen verfuhren in der Weise, daß sie den entfetteten Weizenkleber mit 65 proz. Alkohol behandelten, die klare Lösung durch Zusatz von abs. Alkohol auf 85—90% Alkohol brachten und den entstandenen Niederschlag abfiltrierten. Aus dem Filtrat gewannen sie das Glutenfibrin. Der entstandene Niederschlag wurde wieder in 65 proz. Alkohol gelöst und von der Lösung die Hälfte des Alkohols abdestilliert. Der beim Erkalten gebildete Niederschlag bildete das in 60—70 proz. Alkohol lösliche Gliadin, während der in 30—40 proz. Alkohol löslich gebliebene Anteil als Mucedin angesehen wurde.

wurde, nämlich für Protein löslich in 50 proz. Alkohol = —98,45°, in 60 proz. = —96,66° in 70 proz. = —91,55°, in 80 proz. = —92,28°.

In anderen Getreidearten fehlt das eine oder andere dieser Proteine, oder das Verhältnis von alkohollöslichem zu alkoholunlöslichem Teil ist verschieden von dem im Weizen, worauf es beruhen mag, daß sich aus ersteren kein Kleber gewinnen läßt. Im übrigen sind auch im Roggen und in der Gerste ungefähr je 4%, im Mais 5%, im Hafer 1,25% in Alkohol lösliche Proteine gefunden, während sie beim Weizen 50—60% des Gesamtstickstoffs ausmachen, also etwa 6—8% betragen.

b) Glutenin (auch Glutencasein, Pflanzenfibrin genannt) ist der in Alkohol, Wasser und Salzlösungen unlösliche Teil des Weizenklebers. Das Glutenin ist löslich in sehr verdünnter Kali- oder Natronlauge und kann daraus durch schwaches Ansäuern mit Salzsäure oder Essigsäure gefällt werden. Auch die anderen Getreidesamen enthalten ähnliche Proteine.

Zusammengesetzte Proteine.

1. Phosphorproteine.

Die Phosphorproteine, auch Nucleoalbumine, Phosphorglobuline, Paranucleoproteide[1]) genannt, unterscheiden sich dadurch von anderen Proteinen, daß sie Phosphor enthalten und bei der Verdauung mit Pepsinsalzsäure Nuclein, aber bei der Hydrolyse keine Nucleinsäure oder Purin- (Xanthin-) Basen liefern, weshalb diese Nucleine im Gegensatz zu den aus Nucleinproteinen entstehenden Nucleinen auch Para- oder Pseudonucleine genannt werden.

Casein. Die Caseine der einzelnen Milcharten verhalten sich in etwa verschieden. Die Untersuchungen beziehen sich meistens auf das Casein der Kuhmilch.

Es wird dadurch erhalten, daß man die vierfach verdünnte Milch schwach ansäuert und das Koagulum durch wiederholtes Lösen mit $^1/_{100}$ N.-Kalilauge und Wiederfällen, und zuletzt durch Behandeln mit Alkohol und Äther reinigt. Bei Frauen-, Stuten- und Eselinnenmilch entsteht durch Salzsäure keine eigentliche Fällung, sondern nur eine Opalescenz — daher „Opalisin" genannt —; Fällung tritt bei diesen erst nach Dialyse der Milch ein.

Das Casein ist eine Säure und ist in der Milch anscheinend als Caseincalcium — als Di- und Tricalciumcasein mit 1,55% bzw. 2,36% Kalk — vorhanden; es hält Fett und Calciumphosphat in der Schwebe bzw. bildet mit letzterem eine Art Doppelsalz. Mit dem Casein, auf Zusatz von Essigsäure, fallen Fett und Calciumphosphat gleichzeitig aus. Freies Casein ist in Wasser unlöslich, in Alkali sehr leicht löslich. Außer durch Essigsäure wird es auch durch Sättigen mit Natriumchlorid, Magnesium- oder Natriumsulfat gefällt; von Ammoniumsulfat und Kalialaun gehören hierzu weit geringere Mengen.

Durch die Fällungsmittel wird nicht alles Casein gefällt; ein Teil bleibt als Molkenprotein in Lösung. Elementarzusammensetzung vgl. S. 8, spez. Drehung in neutraler Lösung = —80°. Durch Säurehydrolyse entsteht kein Glykokoll, dagegen verhältnismäßig viel Tyrosin, Lysin, Glutaminsäure und Tryptophan. Es wird auch als einziges natives Protein von Erepsin angegriffen. Das durch Pepsinsalzsäure gebildete Paranuclein enthält 4,05—4,31% Phosphorsäure. Durch Labferment wird das Casein ebenfalls in Paracasein und Molkenprotein gespalten und ersteres gefällt, wenn gleichzeitig lösliche Kalksalze vorhanden sind. Das Paracaseincalcium ist nämlich unlöslich und bedingt das Gerinnen der Milch bzw. die Käsebildung.

---

[1]) Ein Grund für diese verschiedenen Bezeichnungen, die nur verwirren, ist schwer zu finden, weil sie keine Aufklärung über die Eigenschaften in sich schließen. Die Bezeichnung „Albumine" oder „Proteide" ist hier ebensowenig empfehlenswert als anderswo. Am richtigsten wäre noch die Bezeichnung „Phosphorglobuline", aber dadurch wird die Beziehung zu der folgenden Gruppe, der sie zweifellos näher stehen, verwischt.

Vitellin, Ovovitellin. Eigelb wird mit Äther ausgeschüttelt, der Rückstand mit 10 proz. Kochsalzlösung behandelt, filtriert und das Filtrat reichlich mit Wasser versetzt. Hierbei scheidet sich das Vitellin wie ein Globulin aus — weshalb es auch wohl zu den Globulinen gerechnet wird. Das durch Wasser ausgeschiedene Vitellin kann durch wiederholtes Auflösen in verdünnter Kochsalzlösung und Fällen mit Wasser gereinigt werden; es gerinnt in der Kochsalzlösung bei 70—75°. Das Vitellin ist stets von Lecithin begleitet und wird auch wohl für eine Verbindung mit diesem gehalten. Durch Behandeln mit warmem Alkohol kann man es jedoch von Lecithin befreien und das so gereinigte Vitellin enthält immer noch Phosphor (0,84—1,24%) neben 0,88—1,04% Schwefel, 16,38% Stickstoff und 51,74% Kohlenstoff, und liefert außerdem durch Behandeln mit Pepsinsalzsäure ein Nuclein (Paranuclein mit 2,52—4,19% Phosphor).

Ichthulin. Das in den Eiern der Fische vorkommende Ichthulin steht dem Ovovitellin nahe, unterscheidet sich aber dadurch von ihm, daß es auch eine Kohlenhydratgruppe enthält, weshalb es auch zu den Mucinen gerechnet wird. Es kommt in den Fischeiern zum Teil krystallinisch als sogenannte Dotterplättchen vor und kann dadurch gewonnen werden, daß man die Fischeier (Rogen) mit Sand zerreibt, von Eihäuten durch Kolieren befreit und das Kolat entweder mit Essigsäure oder durch Sättigen mit Kochsalz oder durch viel Wasser usw. fällt.

J. König und J. Grossfeld fanden im Mittel von 7 Sorten im reinen Ichthulin 15,70% Stickstoff, 0,89% Phosphor und 1,18% Schwefel.

Das Ichthulin ist klar löslich in Alkalien, die opalescierenden Salzlösungen werden durch Kohlensäure gefällt.

2. *Nucleoproteine.*[1]

Die Nucleoproteine sind Verbindungen von Nucleinsäuren mit einem oder mehreren einfachen Proteinen (z. B. Protamin, Histon oder Albumin usw.). Sie sind in der Natur sehr weit verbreitet (im Blut, Sperma, Magensaft, Pankreas, vorwiegend aber in den Zellkernen des Tier- wie Pflanzenreichs — von letzterem besonders in der Hefe). Die im Fischsperma vorkommenden Nucleoproteine sind im allgemeinen nucleinsaures Protamin oder Histon. Die in den Organen der Säugetiere vorhandenen Nucleoproteine haben vielfach eine weit verwickeltere Zusammensetzung. Sie teilen aber sämtlich die Eigenschaft, daß sie zum Teil in Wasser, sämtlich aber als schwache Säuren in verdünntem Alkali löslich sind, aus der Lösung durch Säuren gefällt werden und der Niederschlag im Überschuß der Säuren wieder gelöst wird. Beim Erhitzen mit Schwefelsäure oder Alkali spalten sie Phosphorsäure und geronnenes Protein ab. Durch Pepsinsalzsäure werden sie in Protein und Nucleinsäure gespalten; ersteres geht in Albumosen und Peptone über; die Nucleinsäure liefert dagegen durch weitere Spaltung im Gegensatz zu den Phosphorproteinen Xanthinbasen und Pyrimidine. Der Vorgang ist, wenn im Molekül mehrere Proteine vorhanden sind, verwickelt und wird wie folgt gedacht:

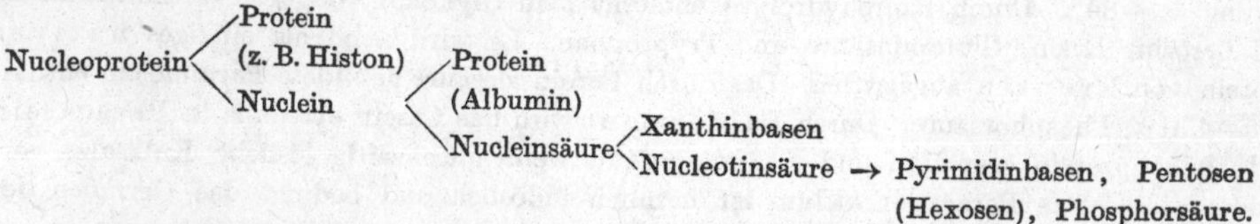

Wie über diesen Vorgang, so bestehen auch noch darüber Zweifel, ob die Nucleoproteine vorgebildet als solche in den tierischen und pflanzlichen Organen vorkommen und nicht viel-

[1]) Statt dieser Bezeichnung findet man fast allgemein die Bezeichnung „Nucleoproteide". Da aber die hierher gehörigen Körper sämtlich die Eigenschaften der Proteine tragen und Proteid keine Wesensbeschaffenheit ausdrückt, so empfiehlt sich die Bezeichnung „Nucleoprotein", weil sie den Unterschied von anderen Proteinen genügend zum Ausdruck bringt.

leicht bei der Darstellung aus den vorhandenen Nucleinsäuren und Proteinen gebildet werden. Einige der Nucleoproteine enthalten auch noch Kohlenhydratkomplexe und treten dadurch in Beziehung zu den Glykoproteinen.

3. Glykoproteine.

Glykoproteine nennt man solche Proteine, welche ausgesprochene Säuren sind und bei der Spaltung durch siedende Mineralsäuren neben Protein ein reduzierendes Kohlenhydrat bzw. einen Abkömmling davon, aber keine Xanthinkörper liefern. Sie sind entweder phosphorfrei (echte Mucine, Mykoide oder Mucinoide und Chondroproteide) oder phosphorhaltig (Phosphoglykoproteine). Das abgespaltene Kohlenhydrat ist ein noch unbekanntes amidiertes Polysaccharid, aus dem durch Kochen mit Säuren das Glykosamin entsteht.

a) Tierische Glykoproteine.

α) Echte Mucine. Dieselben sind schleimig, unlöslich in Wasser, aber bei Gegenwart einer Spur Alkali löslich. Die Lösung derselben mit einer Spur Alkali ist fadenziehend und gibt mit Essigsäure einen Niederschlag, der sich zähe zusammenballt und im Überschuß der Säure nicht löst. Sie werden von den großen Schleimdrüsen, von der sogenannten Schleimhaut (Haut der Schnecken usw.) abgesondert und finden sich im Bindegewebe und weit verbreitet im tierischen Körper. Die Mucine reagieren sauer und geben die Farbenreaktionen der Proteine (S. 8).

Die Mucine unterscheiden sich sowohl durch einen niedrigeren Kohlenstoff- (48—50%) als besonders durch einen niedrigeren Stickstoffgehalt (11,7—13,6%) von den anderen Proteinen. Ein Teil des Schwefels im Mucin ist durch Alkali abspaltbar, ein anderer nicht.

Das Mucin des Froschlaiches soll Galaktosamin, das der Atmungswege Mykosamin liefern.

Durch Einwirkung von starken Säuren entstehen aus den Mucinen Tyrosin, Leucin und Lävulinsäure.

Unter „Mykoide" oder „Mucinoide" versteht man phosphorfreie Glykoproteine, die weder echte Mucine noch Chondroproteine sind.

β) Chondroproteine (Chondromykoide); es sind solche Glykoproteine, welche als Spaltungserzeugnisse beim Behandeln mit Säuren Protein und eine kohlenhydrathaltige Ätherschwefelsäure, die Chondroitinsäure ($C_{18}H_{27}NSO_{17}$) liefern. Das Chondroprotein oder -mykoin ist in dem Knorpel enthalten; durch längeres Behandeln mit Schwefelsäure liefert die Chondroitinsäure eine stickstoffhaltige Substanz, das Chondroitin, welches dem arabischen Gummi ähnlich ist und auch wohl tierisches Gummi genannt wird.

Zu dieser Gruppe gehört auch das unter pathologischen Verhältnissen im Tierkörper sich bildende Amyloid (mit 48,86—50,38% C, 6,65—7,02% H, 13,79—14,07% N, 2,65 bis 2,89% S).

Über die ebenfalls eine Kohlenhydratgruppe enthaltenden Proteine des Ovoalbumins vgl. S. 21, Ichthulin S. 24.

b) Pflanzliche Glykoproteine.

Von den Pflanzen ist in der Jamswurzel ein mucinähnliches, schleimiges Protein gefunden, welches aus der wässerigen Lösung durch Essigsäure gefällt wird und beim Kochen mit verdünnter Schwefelsäure Glykosamin, ferner auch Tyrosin und Glutaminsäure u. a. liefert.

4. Chromoproteine.

Zu den Chromoproteinen werden bis jetzt die zwei für das Tier- und Pflanzenleben wichtigen Farbstoffe, das Hämoglobin und Chlorophyll, gerechnet, die trotz der verschiedenen Farbe in der chemischen Konstitution einige Beziehungen zeigen.

a) Hämoglobin, roter Blutfarbstoff der Wirbeltiere. Das Hämoglobin ($C_{758}H_{1203} \cdot N_{195}O_{216}FeS_3$) bildet den Hauptbestandteil der Blutkörperchen und besteht aus einem Protein, dem Globin (einem Histon S. 17), und aus dem nicht proteinartigen Bestandteil, dem Hämatin ($C_{32}H_{32}N_4FeO_4$). Dieses ist ein eisenhaltiges Pyrrolderivat (mit 4 Pyrrolkernen), für welches R. Willstätter nebenstehende Verkettungen annimmt. Hiernach ist das Eisen zweiwertig, vermag aber in komplexer Form noch zwei weitere Stickstoffatome zu binden; die Pyrrole sind außerdem noch durch eine Seitenkette verkuppelt. Dem Vorhandensein des Eisens verdankt der Blutfarbstoff bzw. das Hämatin die verschiedenen Stufen der Sauerstoffbindung; ist das Eisen in Ferroform vorhanden, so hat man Hämochromogen, das durch Reduktion aus dem Hämatin erhalten wird; geht durch Aufnahme von Sauerstoff das Ferroeisen in dreiwertiges Ferrieisen über, so erhält man das stabile Methämoglobin (α-Hämatin, Hämin), und wird noch mehr Sauerstoff aufgenommen bzw. zugeführt, so entsteht eine Art Peroxyd, das Oxyhämoglobin, eine labile Bindungsform. 1 g Hämoglobin vermag 1,34 ccm Sauerstoff (bzw. Kohlenoxyd) zu binden.

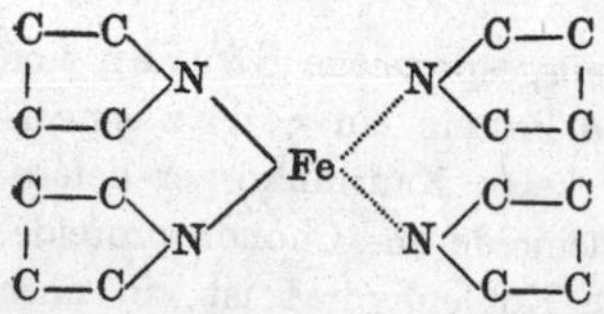

C—C C—C
N N
C—C C—C
Fe
C—C C—C
N N
C—C C—C

Die verschiedenen sauerstoffhaltigen Stufen unterscheiden sich durch ihr verschiedenes Spektrum; das Oxyhämoglobin hat z. B. zwei scharfe, gut begrenzte Spektralstreifen im Gelb und Grün, das Methämoglobin nur einen Streifen. Das Hämoglobin ist zum Unterschiede von Globin und allen einfachen Proteinen rechtsdrehend ($[\alpha]D = +10{,}4°$), der Paarling, das Globin linksdrehend ($[\alpha]D = -54{,}2°$).

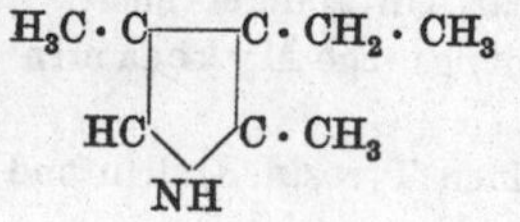

$H_3C \cdot C$ — $C \cdot CH_2 \cdot CH_3$
HC — $C \cdot CH_3$
NH

Durch Reduktion des Hämatins, des nichtproteinartigen Paarlings des Hämoglobins, erhält man das Hämopyrrol $C_8H_{13}N$, welches als Dimethyläthylpyrrol aufgefaßt wird. Gleichzeitig entsteht eine Hämopyrrolcarbonsäure.

Kocht man von Serum befreite Blutkörperchen mit Amylalkohol und Salzsäure, so erhält man Hämin, $C_{34}H_{33}N_4FeClO_4$, welches an Stelle des Eisens die Chloroferrigruppe enthält. Das Hämin krystallisiert in kleinen braunen Tafeln des triklinen Systems [1]).

Durch Lösen des Hämatins in Schwefelsäure und Verdünnen mit Wasser, oder durch Einwirkung von mit Bromwasserstoff gesättigtem Eisessig auf dasselbe erhält man das Hämatoporphyrin ($C_{32}H_{36}N_4O_6$), welches eine Dioxysäure ist und wie das Hämatin selbst durch stärkere Reduktionsmittel (Jodwasserstoff und Phosphoniumjodid) in Hämopyrrol übergeht. Durch Erhitzen mit methylalkoholischer Kalilauge und Pyridin geht das Hämatoporphyrin unter Abspaltung von 2 Hydroxylgruppen in Hämoporphyrin $C_{32}H_{34}N_4O_4$ über, das mit den Porphyrinen des Chlorophylls isomer ist.

b) Chlorophyll $[C_{32}H_{30}ON_4Mg](CO_2CH_3)(CO_2C_{20}H_{39})$. Neben diesem blaugrünen Chlorophyll a unterscheidet R. Willstätter noch ein gelbgrünes b, welches 2 Atome H weniger und 1 Atom O mehr enthält. Während beim Hämoglobin eine Paarung von Hämatin mit Globin angenommen wird, so liegt beim Chlorophyll eine Esterbildung mit Phytol vor. Man kann nämlich aus dem Chlorophyll durch Behandeln mit Säuren eine wachsartige Substanz Phäophytin abscheiden, die durch Verseifung mit Alkalien neben hochmolekularen N-haltigen Säuren mit 34 C-Atomen einen N-freien ungesättigten primären Alkohol mit 20 C-Atomen ($C_{20}H_{39} \cdot OH$), das Phytol, liefert. Letzteres macht etwa ein Drittel des Moleküls des Chlorophylls aus und kann auch durch Chlorophyllasen nach Art einer Alkoholyse abgespalten werden. Durch die Behandlung des Chlorophylls mit konz. alkoholischen Alkalien erhält man die verschiedenartigen Phylline, die sich zur carboxylfreien Stammsubstanz, dem Ätiophyllin

---

[1]) Diese Krystalle erhält man auch, wenn man für den mikroskopischen Nachweis Blut auf dem Objektträger mit Kochsalz und Essigsäure erwärmt.

$C_{31}H_{34}N_4Mg$ abbauen lassen, welches wie das Hämatin aus 4 Pyrrolderivaten besteht und sich nur dadurch von letzterem unterscheidet, daß an Stelle des verkuppelnden Eisens in vorstehender Formel das Magnesium (8% ausmachend) tritt. Durch Entfernung des Magnesiums mit Säuren entsteht hieraus das Ätioporphyrin $C_{31}H_{36}N_4$, das sich auch aus dem Hämatin gewinnen läßt. Wenngleich sich somit Blutfarbstoff und Chlorophyll auf dieselbe Grundsubstanz zurückführen lassen, so zeigen sie doch in dem Auf- wie Abbau große Verschiedenheiten.

Veränderte oder denaturierte Proteine[1]).

Zu dieser Gruppe können die geronnenen, die Acid- und Alkaliproteine sowie die Proteosen und Peptone gerechnet werden, wenngleich sich letztere schon ziemlich weit von den ursprünglichen Proteinen entfernen.

Geronnene Proteine.

Die Proteine werden als Kolloide aus ihren Lösungen leicht „ausgeflockt", d. h. aus dem „Hydrosol-" in den „Hydrogel"zustand übergeführt. Dieser Vorgang, auch Denaturierung oder Koagulation genannt, ist irreversibel.

Am einfachsten wird die Gerinnung durch Erwärmen der Lösung erreicht, und wird dieses in salzsaurer Lösung oder bei saurer Reaktion ausgeführt, so gerinnt (koaguliert) jedes Protein bei einer bestimmten Temperatur, die gewebsbildenden Proteine im allgemeinen bei niedrigerer Temperatur als die Albumine und Globuline.

Die Denaturierung kann auch durch Fällung mit Alkohol, Formaldehyd, Metallsalzen u. a. hervorgerufen werden; ferner durch Enzyme (vgl. unter Fibrin S. 20, Myosin S. 21 und Casein S. 23).

Alle denaturierten Proteine sind in Wasser und Salzen unlöslich, in Säuren und Alkalien löslich; ihre Zusammensetzung, chemische Natur, Reaktionen, Salzbildung usw. sind erhalten geblieben.

Das Aussalzen der Proteine aus ihren neutralen Lösungen durch unorganische Salze (Natriumchlorid, Zink-, Magnesium- und Ammoniumsulfat u. a.) bedingt keine Denaturierung, wenigstens nur eine sehr langsame. Die Proteine werden aus ihren Lösungen durch Neutralsalze nicht gefällt, sondern als solche ausgeschieden bzw. anderswie verteilt, indem sich das Protein als feste Phase von der Salzlösung als flüssiger Phase trennt. Da dem ausgesalzenen Protein Salz und Wasser nur mechanisch anhaften und die einzelnen Proteine durch verschiedene Mengen Neutralsalze ausgeschieden werden, so dient das Aussalzen vielfach zur Trennung der einzelnen Proteine. Eine saure Reaktion befördert das Aussalzen, d. h. Proteinsalze werden durch geringere Mengen Neutralsalze ausgeschieden als die freien Proteine.

Acid- und Alkaliproteine.

Acid- und Alkaliproteine entstehen durch Einwirkung ganz geringer Mengen Säuren und Alkalien auf Proteine; die Bildung gibt sich in der Wärme bei Salzmangel äußerlich gar nicht, bei Salzgegenwart durch eine Fällung zu erkennen, welche einer Koagulation gleich kommt.

Acidprotein entsteht z. B. beim Erhitzen einer Proteinlösung auf ihren Gerinnungspunkt in Gegenwart der geringsten Menge Säure; bei niedrigerer Temperatur erfordert die Bildung entweder längere Zeit oder mehr Säure. Das Myosin der Muskeln geht außerordentlich leicht (durch einen Tropfen $^1/_{10}$ N-Salzsäure) in Acidmyosin über, welche Verbindung Syntonin genannt worden ist. Der Übergang von Protein in Acidprotein wird durch die Gegenwart von Pepsin beschleunigt. Bei der Magenverdauung entstehen zweifellos Acidproteine.

Das Alkaliprotein bildet sich im allgemeinen noch schneller bei niederer Temperatur und geringerer Konzentration als das Acidprotein. Schon durch 0,2 proz. Natronlauge wird

[1]) Englische und amerikanische Physiologen wenden für diese Art Proteine die Bezeichnung „Metaproteine" oder auch „Proteane" an.

Serumalbumin in $2^1/_2$ Stunden bei Zimmertemperatur in Alkalialbumin übergeführt; auch findet hierbei schon infolge beginnender Spaltung des Albumins eine schwache Ammoniakentwicklung statt. Bei längerer Einwirkung von mehr Alkali wird neben Stickstoff auch Schwefel abgespalten und die spez. Drehung der Proteine erhöht. Alkaliproteine werden in Eidotter, Muskeln und Gehirn angenommen. Durch längere Einwirkung von Alkali auf Acidprotein geht dieses in Alkaliprotein über, aber es gelingt nicht umgekehrt, Alkaliprotein durch Säuren in Acidprotein umzuwandeln.

Durch die vollständige Neutralisation des Lösungsmittels mit Alkali bzw. Säure werden die Albuminate bei Zimmertemperatur gefällt, die Lösung eines Alkali- oder Acidalbuminates in Säuren wird leicht, eine Lösung in Alkali dagegen, je nach dem Alkaligehalt, schwer oder gar nicht durch Sättigen mit Kochsalz gefällt.

Bei Einwirkung von konz. Säuren oder Alkalien auf Protein bilden sich Gallerten und treten alsbald tiefgehende Umsetzungen ein.

Proteosen und Peptone.

Der S. 9 geschilderte Abbau der Proteine durch Hydrolyse, sei es mit Hilfe von Enzymen, Säuren oder Alkalien, erfolgt nicht ohne weiteres bis zu den einfachen Aminosäuren, sondern es bilden sich je nach der Stärke und Dauer der Einwirkung der Agenzien in verschiedenen Abstufungen Zwischenerzeugnisse, die als Proteosen, Peptone, Kyrine und Polypeptide bezeichnet werden.

Proteosen.[1] Unter „Proteosen" versteht man diejenigen löslichen Spaltungserzeugnisse des Proteins, die nicht mehr koagulieren, aber durch Salze, am vollkommensten durch Ammonsulfat (Kühne) oder Zinksulfat (A. Bömer), bei saurer Reaktion ausgesalzen werden können und die nicht oder nur schwierig diffusionsfähig sind.

Die Gruppe der Proteosen bildet aber keine einheitliche Abbaustufe; man unterscheidet zwischen primären Proteosen (Proto- und Heteroproteosen), die den ursprünglichen Proteinen noch ziemlich nahestehen und durch Kupferacetat und Natriumchlorid aussalzbar sind, sowie den sekundären (oder Deutero-)Proteosen, die sich hiervon weiter entfernen, nur mehr durch Ammon- oder Zinksulfat ausgesalzen werden und sich der nächstfolgenden Abbaustufe, den Peptonen, nähern. Über Hemi- und Antiproteose vgl. S. 15.

Die Proteosen entstehen vorwiegend bei der Verdauung der Proteine mit Pepsinsalzsäure und beim Behandeln derselben mit verdünnter $^1/_{10}$- oder $^1/_4$ N.-Säure (Salz- oder Schwefelsäure) bei Zimmer- oder Bruttemperatur aus dem zuerst gebildeten Acidprotein; sie finden sich aber auch unter den Spaltungserzeugnissen durch Trypsinverdauung oder bei Einwirkung verdünnter Alkalien auf Proteine bzw. Alkaliproteine gleichzeitig neben Peptonen in der Weise, daß im ersteren Falle die Peptone gegen die Proteosen zurücktreten, in letzterem Falle gegen diese vorwalten.

Die Proteosen geben im allgemeinen noch die Fällungs- und Färbungsreaktionen der ursprünglichen Proteine (S. 8). Die Biuretreaktion ist rotviolett; mit Essigsäure und Ferrocyankalium sowie mit Salpetersäure geben sie in der Kälte Niederschläge; diese verschwinden beim Erhitzen, kehren aber in der Kälte wieder. Die Proteosen sind in verdünntem Alkohol zum Teil löslich; durch stärkeren Alkohol werden sie gefällt.

Quantitative Bestimmung. Die Proteosen werden aus den sauren Lösungen durch Aussalzen mit Ammon- oder Zinksulfat gefällt und quantitativ ($N \times 6{,}25$) bestimmt. Die Trennung von den Peptonen ist aber nicht scharf, weil auch diese und zum Teil hochmolekulare Polypeptide mitgefällt werden können.

---

[1]) Statt dieser Bezeichnung findet man in den Lehrbüchern durchweg „Albumosen"; weil aber nicht die Albumine allein, sondern alle Proteine, auch die Globuline u. a. gleiche Abbauerzeugnisse liefern, so ist die Bezeichnung Proteosen zweifellos richtiger (vgl. auch Anm. S. 7).

Peptone. Unter „Peptone“ versteht man die Spaltungserzeugnisse der Proteine, die weder durch Wärme koaguliert, noch durch Neutralsalze gefällt werden können, die auch durch Essigsäure und Ferrocyankalium sowie durch Salpetersäure nicht mehr gefällt werden, diffusionsfähig sind und die Fällungs- und Färbungsreaktionen der Proteine nur zum Teil geben. Die Biuretreaktion tritt ausnahmslos (rein rot) ein.

Über die Entstehung der Peptone neben Proteosen vgl. vorstehend, über Hemi- und Antipepton S. 15. Auch durch das Ferment „Papayotin“ werden Peptone gebildet. Diese und die Pepsinpeptone werden durch Trypsin weiter (zu Antipepton) abgebaut.

Die Peptone sind amphotere Elektrolyte, aber der Säurecharakter überwiegt, sie sind zweibasische Säuren und einsäurige Basen, linksdrehend, schwefelfrei, z. T. in 96 proz. Alkohol löslich, durch Schwermetalle nicht fällbar. Sie werden gefällt durch Gerbsäure, Trichloressigsäure und Phosphorwolframsäure; die Niederschläge sind im Überschuß der Fällungsmittel löslich.

Zur quantitativen Fällung verwendet man phosphorwolframsaures Natrium und eine schwefelsaure Lösung, wobei aber zu berücksichtigen ist, daß einerseits organische Basen aller Art mitgefällt werden, andererseits Pepton sich der Fällung entziehen kann. Der Niederschlag ist in Alkohol und Aceton löslich.

Durch Behandeln der Histone mit Pepsinsalzsäure erhält man ein Histonpepton (oder richtiger eine Deuterohistose), das in neutraler Lösung mit Natriumpikrat gefällt wird.

Die Protamine liefern durch mehrstündiges Erwärmen mit 10 proz. Schwefelsäure peptonartige Körper, die Protone, die eine rein rote Biuretreaktion liefern und Albuminlösungen nicht mehr fällen.

Über die Fleischsäure ($C_{10}H_{15}N_3O_5$) vgl. unter Nucleinsäuren S. 48.

Auch in den Pflanzen entstehen durch proteolytische Enzyme Stickstoffverbindungen, welche den Proteosen und Peptonen gleichen.

Kyrine. Kyrine sind stark basische Abbauerzeugnisse der Proteine, die durch mehrwöchige Behandlung derselben mit 12—17 proz. Schwefelsäure bei Bruttemperatur entstehen. Sie können als Kerne des Proteinmoleküls aufgefaßt werden, die bei der weiteren Spaltung durch starke siedende Schwefelsäure ausschließlich Arginin, Lysin und Glutaminsäure liefern, das Glutokyrin außerdem auch Glykokoll, das Globinokyrin Histidin. Die Kyrine liefern eine bordeauxrote Biuretreaktion und werden in wässeriger Lösung durch Phosphorwolframsäure gefällt.

Peptide. S. 13 ist schon erwähnt, daß das Fibroin der Seiden bei der Hydrolyse (mit 70 proz. Schwefelsäure bei Zimmertemperatur) Dipeptide liefert, welche gleiche Eigenschaften mit den künstlich dargestellten Peptiden besitzen. Auch bei der Hydrolyse von Protaminen, Edestin und Gliadin sind solche Dipeptide gefunden worden. Man kann hiernach auch die Kyrine und Peptone als mehr oder weniger abgebaute Polypeptide ansehen.

Giftige Proteine (Toxiproteosen oder Peptotoxine usw.). Durch Fäulnis- und Infektionsbakterien werden aus den Proteinen nicht selten giftige Spaltungsstoffe erzeugt, die unter der allgemeinen Bezeichnung „Toxine“ zusammengefaßt werden. Die Bildungsweise ist ohne Zweifel ähnlich der durch die proteolytischen Enzyme. Denn auch die gereinigten Proteosen (Albumosen) und Peptone wirken nach Neumeister, wenn sie direkt in die Blutbahn übergeführt werden, giftig, sei es als solche oder durch noch beigemengte, nicht entfernbare giftige Stoffe (Toxine). Ebenso erzeugen pathogene Bakterien giftige Stoffe, Toxine, die als veränderte Proteine aufgefaßt werden müssen (vgl. unter „Fäulnisstoffe“ S. 44). Umgekehrt gibt es auch proteinartige Stoffe, die sog. Alexine (von ἀλέξειν = abwehren) oder Schutzstoffe im Blutserum, welche eine bakterientötende oder bactericide Wirkung ausüben, indem sie den Tierkörper entweder gegen die Infektion einer bestimmten Bakterie „immun“ oder gegen das von letzterer erzeugte Gift „giftfest“ machen.

Den Proteinen nahestehende Stickstoffverbindungen.

Zu denjenigen Stickstoffverbindungen, die den Proteinen noch nahestehen oder mehr oder weniger ähnlich sind, können in erster Linie die Gerüstproteine (Gerüststoffe) und weiter auch die Enzyme bzw. Fermente gerechnet werden.

Gerüstproteine.

Die Gerüstproteine (Skleroproteine)[1]) bilden zum großen Teile wichtige Bestandteile des tierischen Knochengerüstes oder der tierischen Hautgebilde und leiten hiervon ihre Bezeichnung ab. Sie sind im Tierkörper durchweg in ungelöstem Zustande vorhanden und gegen chemische Lösungsmittel sowie Agenzien durchweg unempfindlich, d. h. sie sind ganz unlöslich in Wasser und Salzlösungen, kaum löslich in Säuren und Alkalien. Sie teilen aber viele Eigenschaften mit den Proteinen, z. B. annähernd gleiche Elementarzusammensetzung, Farbenreaktionen, Salzbildung usw., und können durch Fermente oder Säuren in derselben Weise wie die Proteine abgebaut werden.

Im jugendlichen Zustande sind die Gerüste weich und biegsam, mit zunehmendem Alter werden sie fester und härter, schließlich sogar, ohne daß sich die prozentuelle Zusammensetzung und die chemischen Reaktionen wesentlich ändern, steinhart, zumal wenn noch Kalkablagerungen hinzukommen. Von den Gerüstproteinen sind für die menschliche Ernährung wichtig:

a) Kollagen und Leim. Das Kollagen oder die leimgebende Substanz, der Hauptbestandteil der Bindegewebsfibrillen, als Ossein der organischen Substanz des Knochengewebes und gleichzeitig mit Chondrogen im Knorpelgewebe. Man erhält es aus den Knochen als Rückstand durch längeres Ausziehen mit Salzsäure und Auswaschen derselben, aus den Sehnen durch Auslaugen mit Kalkwasser oder verdünnter Alkalilauge, welche das Protein und Mucin nicht, das Kollagen aber lösen.

Durch anhaltendes Kochen mit Wasser geht das Kollagen in Leim, auch Glutin oder Kolla genannt, über, indem dasselbe vielleicht Wasser aufnimmt. Der Leim ist farblos und in dünneren Schichten durchsichtig; er quillt, ohne sich zu lösen, in kaltem Wasser auf; in heißem Wasser löst er sich zu einer klebrigen Flüssigkeit, die in der Kälte bei genügendem Gehalt erstarrt (gelatiniert), woher auch der Name „Gelatine" rührt. Eine Gallerte aus einer 0,5—1,0 proz. Lösung schmilzt bei 30°. Kollagen und Leim haben nahezu dieselbe chemische Zusammensetzung, welche den Formeln $C_{102}H_{151}N_{31}O_{39}$ oder $C_{76}H_{124}N_{24}O_{29}$ entspricht (50% C, 17,7—18,6% N, 0,25—0,50% S?). $[\alpha]$ D = —167,5°.

Pepsin und Salzsäure führen Leim in Gelatinose (oder Glutinose) und Leimpepton über, deren Lösungen nicht mehr gallertartig erstarren. Durch Trypsin wird Leim nur sehr langsam angegriffen und unter Bildung von etwas Gelatinose in Antipepton (S. 15) übergeführt.

Durch vollständige Hydrolyse mit Säuren und durch Fäulnis entstehen dieselben Spaltungserzeugnisse wie bei den Proteinen, nur kein Tyrosin und Tryptophan und anscheinend kein Indol und Skatol. Über die Glykokollbildung vgl. S. 38. Wegen des Fehlens der Tryptophan- und Tyrosingruppe wird der Leim nicht als voller Proteinersatzstoff bei der tierischen Ernährung angesehen.

Wegen des Fehlens der Tyrosin- und Tryptophangruppe gibt der Leim keine Millonsche und keine Adamkiewicz-Hopkinsche Farbenreaktion. Die Biuretreaktion ist blauviolett. Säuren und Schwermetalle bewirken in Leimlösungen keine Fällungen, Ferrocyankalium und Essigsäure nur eine Trübung bei starker Kälte (—30°). Dagegen wird Leimlösung wie die der Proteine durch Gerbsäure, Phosphorwolframsäure, Phosphormolybdänsäure bei Gegenwart von Säuren, von Metaphosphorsäure, von Quecksilberchlorid bei Gegenwart von Salzsäure und Kochsalz, von Alkohol besonders bei Gegenwart von Neutralsalzen gefällt.

b) Chondrogen und Chondrin. Die Knorpel enthalten 4 Stoffe, nämlich das Chondromucoid, die Chondroitinschwefelsäure (S. 25), das Kollagen und ein diesem ähnliches

[1]) Die vielfach verwendete Bezeichnung „Albuminoide" für diese Stoffgruppe ist irreführend.

Gerüstprotein (auch Albumoid genannt). Das Kollagen ist dem der Knochen gleich. Durch Ausziehen des Knorpels mit verdünnten Säuren bei 40° erhält man ein Gemisch von Glutin mit Chondroitinschwefelsäure, durch Dämpfen unter Druck ein solches von Glutin, Mucoid und der Säure. Was früher als Chondrin bezeichnet wurde, war ein solches Gemisch. Es teilt die Eigenschaften des Knochenleims, nur wird es durch Gerbsäure nicht gefällt, weil die Chondroitinschwefelsäure die Fällung verhindert.

c) Das ***Elastin,*** Bestandteil der elastischen Fasern in allen Bindegeweben, besonders im Nackenband (Ligamentum nuchae) der größeren Säugetiere. Zur Gewinnung desselben wird das Nackenband zuerst mit Ätheralkohol entfettet, längere Zeit mit Wasser, mit 1 proz. Kalilauge, mit Wasser und Essigsäure und zuletzt behufs Lösung der Mineralstoffe mit 10 proz. Salzsäure gekocht. Das Elastin bildet im feuchten Zustande gelblichweiße Fasern oder Häute, im trockenen Zustande ein gelblichweißes Pulver. Durch peptische und tryptische Verdauung entstehen Elastosen und Elastinpeptone.

Bei der Hydrolyse durch starke Alkalilauge und starke Mineralsäuren entstehen dieselben Spaltungserzeugnisse wie bei der Zersetzung der Proteine [viel Glykokoll, bis zu 25,75%, und auch geringe Mengen (0,34%) Tyrosin]. Bei der Fäulnis des Elastins sind Indol und Skatol nicht beobachtet.

Das Elastin in feiner Verteilung wird auch vom Menschen zu 50—60% ausgenutzt.

Es gibt außer der Biuret- auch die Millonsche und die Xanthoproteinsäurereaktion.

Zu der Gruppe der Gerüstproteine gehören auch die Keratine als Hauptbestandteil der Horngewebe, der Epidermis, Haare, Wolle, Nägel, Hufe, Hörner, Federn, das Reticulin als Stützgewebe der Lymphdrüsen (ferner auch in Milz, Leber, Nieren) und die Skeletine in den Stütz- und Deckgebilden der wirbellosen Tiere, nämlich das Spongin, die Hauptmasse des Badeschwammes, das Conchiolin in den Schalen von Muscheln und Schnecken. Diese Stoffe haben noch ebenso wie das Kollagen, Chondrogen und Elastin manche Beziehungen zu den Proteinen, indem sie mehr oder weniger mit chemischen Reagenzien, Verdauungssäften usw. dieselben Spaltungserzeugnisse liefern.

Auch das Fibroin und Sericin der Rohseide können noch hierher gerechnet werden. Das Sericin gleicht dem Glutin.

Das Chitin der Gliedertiere, wahrscheinlich das Aminoderivat eines Kohlenhydrates, gehört nicht mehr zu den Proteinen.

Enzyme (Fermente).

Unter „Enzyme" bzw. „Fermente" verstehen wird durchweg stickstoffhaltige, den Proteinen nahestehende Verbindungen, welche von den Zellen abgesondert werden und die Eigenschaft besitzen, unter gewissen Bedingungen bei anderen chemischen Verbindungen Umsetzungen zu bewirken bzw. Reaktionen zu veranlassen, ohne selbst bei diesen Umsetzungen oder Reaktionen eine Zersetzung oder eine Einbuße zu erleiden.

Je nachdem die Wirkung des Enzyms an die Zelle gebunden ist und sich nur in dieser äußert, oder je nachdem das Enzym auch von der Zelle ohne Störung der Wirkung sich trennen läßt und getrennt von dieser wirkt, unterscheidet man zwischen geformten und ungeformten Fermenten. Die geformten Fermente, die also nur in oder durch die Organismenzelle wirken, bei denen also die Umsetzungen einfach als Lebensäußerungen des Lebewesens aufgefaßt werden (z. B. nach Pasteur bei der Hefe) nennt man jetzt Fermente schlechtweg, während man unter Enzymen die ungeformten Fermente, d. h. die aus der Organismenzelle abtrennbaren wirksamen Verbindungen zu verstehen pflegt. So sind Diastase, Pepsin, Invertase usw. Enzyme, die Fäulniserreger dagegen Fermente. Die meisten enzymisch wirkenden Stoffe lassen sich von dem Organismus bzw. der Zelle trennen, ohne daß sie in ihrer Wirkung eine Einbuße erleiden. Früher wurde die Hefe als ein Ferment (geformtes) aufgefaßt, weil die alkoholische Gärung an die Hefezelle gebunden und nur bei deren Vorhandensein in der Zuckerlösung selbst möglich sein sollte. Jetzt hat man auch das für die alkoholische

Gärung wirksame Enzym getrennt von der Zelle (extracellulär) als Zymase im Hefepreßsaft (E. Buchner) dargestellt.

Fermente und Enzyme unterscheiden sich dadurch, daß die Wirkung der Fermente durch Zusätze von arseniger Säure, Phenol, Salicylsäure, Borsäure, Fluornatrium, Chloroform, Äther u. dgl. aufgehoben werden kann, indem die Lebenstätigkeit der Zelle durch diese Zusätze keine Einbuße erleidet. Die Wirkungen der Enzyme werden aber aufgehoben z. B. durch Blausäure, Jodcyan, Jod, Kohlenoxyd, Arsenwasserstoff und Quecksilberchlorid.

Die Wirkunsgweise der Fermente bzw. Enzyme besteht darin, daß sie eine Spaltung bestehender chemischer Verbindungen bewirken entweder unter Anlagerung von Wasser (hydrolytische Spaltung) oder von Sauerstoff (oxydative Spaltung).

Zu den hydrolytischen Spaltungen gehören: 1. Der Abbau der Kohlenhydrate durch die diastatischen Enzyme, z. B. Invertase (Sukrase), Amylase (Diastase), Glykase, Maltase, Laktase, Cytase usw., 2. die Spaltung der Glykoside, z. B. durch Emulsin, Myrosin usw., 3. die Spaltung der Fette durch Steapsin oder Lipase, 4. der Abbau der Proteine durch Pepsin, Trypsin, Erepsin usw., 5. die Spaltung des Harnstoffs durch Urease, 6. die Milchsäurebildung durch den Bac. acidi lactici.

Oxydative Spaltungen werden bewirkt 1. durch solche Enzyme bzw. Fermente, welche a) den zur Oxydation nötigen Sauerstoff von außen entnehmen, z. B. aus der Luft; hierzu gehören die Oxydasen wie Lakkase, Tyrosinase, Onoxydase, Malase usw., ferner Mycoderma aceti, welches letztere den Äthylalkohol zu Essigsäure oxydiert (vergärt), b) den Sauerstoff anderen Verbindungen entnehmen können z. B. dem Wasserstoffsuperoxyd, die indirekt wirkenden Oxydasen; 2. durch Enzyme, welche den intramolekularen Sauerstoff einer und derselben Verbindung zur Oxydation eines Teiles des im Molekül enthaltenen Kohlenstoffs auf Kosten des anderen verwenden, indem sie ersteren bis zur Sättigung oxydieren bzw. die Kohlenstoffkette sprengen; hierzu gehören die die alkoholische Gärung verursachenden Enzyme, wobei der Zucker wie folgt zerfällt:

$$C_6H_{12}O_6 = 2\,C_2H_5 \cdot OH + 2\,CO_2\,.$$

Vorgänge der hydrolytischen Spaltung sind z. B. der Zerfall des Rohrzuckers (Saccharose) unter dem Einfluß der Hefe, nämlich der Invertase in Glykose und Fructose:

$$\underset{\text{Saccharose}}{C_{12}H_{22}O_{11}} + \underset{\text{Wasser}}{H_2O} = \underset{\text{Glykose}}{C_6H_{12}O_6} + \underset{\text{Fructose}}{C_6H_{12}O_6}\,.$$

Die Stärke zerfällt unter dem Einfluß der Maltase (Diastase) des Malzes in Maltose und Achroodextrin:

$$\underset{\text{Lösl. Stärke}}{10\,(C_{12}H_{20}O_{10})} + \underset{\text{Wasser}}{8\,H_2O} = \underset{\text{Maltose}}{8\,C_{12}H_{22}O_{11}} + \underset{\text{Achroodextrin}}{C_{24}H_{40}O_{20}}\,.$$

Das Amygdalin wird durch das Enzym Emulsin in Zucker, Bittermandelöl und Blausäure (bzw. Benzaldehydcyanhydrin) gepalten:

$$\underset{\text{Amygdalin}}{C_{20}H_{27}NO_{11}} + \underset{\text{Wasser}}{2\,H_2O} = \underset{\text{Zucker}}{2\,(C_6H_{12}O_6)} + \underset{\text{Bittermandelöl}}{C_6H_5 \cdot COH} + \underset{\text{Blausäure}}{HCN}.$$

Auf einer oxydativen Spaltung beruht die Überführung von Hydrochinon in Chinon durch die Lakkase:

$$\underset{\text{Hydrochinon}}{2\,C_6H_4{<}^{OH}_{OH}} + O_2 = \underset{\text{Chinon}}{2\,C_6H_4{<}^{O}_{O}} + 2\,H_2O.$$

Darüber, wie diese Wirkungen der Enzyme zustande kommen, herrschen zur Zeit noch Meinungsverschiedenheiten. Viele nehmen nach dem Vorgange von Berzelius eine sog. katalytische Wirkung an; die Enzyme sollen durch einfache Berührung (Kontakt) mit anderen Stoffen Umsetzungen bewirken, in ähnlicher Weise wie z. B. Kaliumhypochlorit durch Kobaltoxyd, Wasserstoffsuperoxyd durch Kaliumbichromat, Alkohol durch Schwefelsäure bei der Ätherbildung, zersetzt werden, ohne daß Kobaltoxyd bzw. Kaliumbichromat bzw. Schwefelsäure dabei eine Änderung erfahren. Auch wird nach dieser Hypothese angenommen, daß vorübergehend eine Zwischenverbindung zwischen dem umzusetzenden Stoff und dem Enzym eintritt, daß diese Doppelverbindung eine wesentlich andere Beschaffenheit als der ursprüngliche Stoff besitzt und unter anderem leicht Wasser aufnimmt, wodurch das Enzym wieder frei gemacht, der andere Stoff aber zersetzt wird. Solche Zwischenverbindungen aber hat man bis jetzt noch nicht nachweisen können.

Aus dem Grunde dachten sich v. Liebig und Nägeli den Vorgang in der Weise, daß die Enzyme sich in besonderen Schwingungen befinden und die zersetzungsfähige Verbindung zu molekularen Schwingungen zu veranlassen vermögen, infolgedessen die Moleküle der Verbindung zerfallen.

Für die rein physikalische oder Kraftwirkung der Enzyme ist besonders auch Arthus eingetreten und hat O. Nasse sie sogar mit der elektrischen Kraft verglichen, die bei der Spaltung von chemischen Verbindungen in deren Ionen tätig ist. Die Kraft läßt sich aber von dem Stoff nicht trennen und so ist einleuchtend, daß die Wirkung der Enzyme auch von deren chemischen Natur abhängig ist. Die Enzyme haben die größte Ähnlichkeit mit dem Protoplasma, sowohl was die Zusammensetzung wie das Verhalten gegen chemische Reagenzien betrifft, und stellt Gautier sogar die Behauptung auf, daß sie sich in ihrer chemischen Zusammensetzung denjenigen Zellen nähern, von denen sie herrühren.

Daß die chemische Natur der Enzyme von wesentlichem Einfluß auf die Art ihrer Wirkung ist, hat in letzterer Zeit besonders Emil Fischer nachgewiesen. Er erhielt durch Einwirkung von Salzsäuregas auf eine Lösung von Glykose in Methylalkohol zwei isomere Methyläther der Glykose (Glykoside); unter Austritt von Wasser aus der Glykosekette wird das Methyl in die Aldehydgruppe eingeführt und deren Kohlenstoff infolge hiervon asymmetrisch; es bilden sich also zwei stereoisomere Methylglykoseäther von folgender Konfiguration:

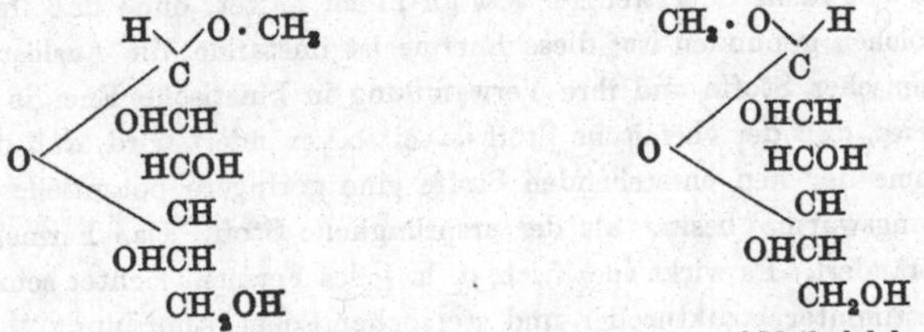

α-Methylglykosid	β-Methylglykosid
H \ / O · CH_3	CH_3 · O \ / H
C	C
O < OHCH	O < OHCH
HCOH	HCOH
CH	CH
OHCH	OHCH
CH_2OH	CH_2OH

Von diesen Glykosiden wird nur das β-Methylglykosid durch das Enzym „Emulsin" gespalten, die stereo-isomere Form α bleibt dagegen völlig unangegriffen.

Umgekehrt vermag das in der Bierhefe vorkommende, glykosidspaltende Ferment oder die Invertase nur das α-Methylglykosid zu zerlegen, ist dagegen wirkungslos auf das β-Methylglykosid.

Derartige Fälle sind verschiedene beobachtet worden; das Emulsin kann wohl Glykoside und den Milchzucker (in Glykose und Galaktose) aber keine anderen Disaccharide zerlegen; umgekehrt vermögen die von verschiedenen Milchhefen abgeschiedenen wirksamen Stoffe wohl den Milchzucker aber keine Glykoside umzuwandeln.

Hieraus folgt, daß die Wirkung eines Enzyms sich auf eine gewisse Anzahl von Stoffen beschränkt und sich nach der Struktur der chemischen Körper richtet. Eine Wirkung der Enzyme ist nach E. Fischer nur möglich, wenn zwischen dem wirkenden Enzym und dem zu zerlegenden Körper eine stereo-chemische Beziehung besteht; das Enzym und die Stoffe, auf welche es einwirkt, müssen eine ähnliche chemische Struktur besitzen, oder die Struktur derselben muß wenigstens in einer gewissen Beziehung zueinander stehen; sie müssen sich, wie E. Fischer sagt, zueinander wie Schlüssel und Schloß verhalten.

In ähnlicher Weise erklärt P. Ehrlich die Wirkung der Toxine; nach ihm müssen eigenartige sterische Konfigurationen, die „haptophore Gruppe" der Toxine, eine zu ihnen passende „haptophore Gruppe" im Protoplasma der Zelle finden, an der sie und mit ihr das Gesamtmolekül Toxin haften; dann erst kann die „toxophore Gruppe" ihre Wirkung auf die Zelle ausüben. Fehlt die entsprechende „haptophore Gruppe", so ist das Toxin auf die Zelle unwirksam.

Man hat die Wirkung der Enzyme vielfach mit der von Säuren und Basen verglichen. Letztere verhalten sich aber gegenüber den verschiedenen zerlegbaren Stoffen im wesentlichen gleich, während die Enzyme Unterschiede machen. Letztere sind zwar nicht immer auf einen und denselben Grundstoff angewiesen, so können, wie schon gesagt, das Emulsin auch Milchzucker spalten, die fettspaltenden Enzyme auch Glykoside zerlegen und umgekehrt. Die Fermente müssen dann aber die ihnen passende Atomgruppe (eine bestimmte sterische Atomgruppierung) vorfinden. Auch verhalten sich die Lösungen von Enzymen einerseits, von Säuren und Basen andererseits nach G. Bredig insofern verschieden, als die letzteren sich z. B. durch die Gefrierpunktserniedrigung als wahre Lösungen bekunden, die Enzymlösungen jedoch diesen Gesetzen nicht gehorchen, sie sind kolloide Lösungen. Bemerkenswert ist es, daß sich kolloide Lösungen von Gold und Platin (erhalten durch Zerstäuben von metallischem Draht an der Kathode unter Wasser oder schwach alkalischem Wasser mittels des elektrischen Lichtbogens) gegen Wasserstoffsuperoxyd, bezüglich der Oxydation von Alkohol zu Essigsäure, von Pyrogallol, gegen Guajak- und Aloinlösung usw., wie nicht minder gegen die S. 32 angegebenen Enzymgifte genau so verhalten wie die pflanzlichen und tierischen Enzyme.

Die Entstehungsweise der Enzyme ist noch unbekannt; Hüfner nimmt an, daß sie durch Oxydation aus den Proteinen entstehen, Wróblewski hält sie für Proteosen. Jedenfalls entstehen sie ausnahmslos in den Zellen und wird bei allen enzymischen Vorgängen Wärme frei, ihre Wärmetönung ist positiv. Allen den vorhergehend beschriebenen Vorgängen über die Art und Wirkung der Enzyme trägt wohl folgende Begriffserklärung von C. Oppenheimer[1]) am besten Rechnung:

„Ein Ferment ist das materielle Substrat einer eigenartigen Energieform, die von lebenden Zellen erzeugt wird und mehr oder weniger fest an ihnen haftet, ohne daß ihre Wirkung an den Lebensprozeß als solchen gebunden ist; diese Energie ist imstande, die Auslösung latenter (potentieller) Energie chemischer Stoffe und ihre Verwandlung in kinetische Energie (Wärme, Licht) zu bewirken in der Weise, daß der chemische Stoff dabei so verändert wird, daß der neu entstehende Stoff oder die Summe der neu entstehenden Stoffe eine geringere potentielle Energie, d. h. eine geringere Verbrennungswärme besitzt als der ursprüngliche Stoff. Das Ferment selbst bleibt bei diesem Prozeß unverändert. Es wirkt spezifisch, d. h. jedes Ferment richtet seine Tätigkeit nur auf Stoffe von ganz bestimmter struktureller und stereochemischer Anordnung."

Die große Anzahl der Enzyme (oder löslichen Fermente) läßt sich folgendermaßen einteilen[2]):

Name	Vorkommen	Stoffe, auf welche das Enzym wirkt	Erzeugnisse der Einwirkung
a) Hydratisierende Enzyme.			
α) Enzyme, die Kohlenhydrate spalten:			
Invertase oder Sukrase	Hefe, Schimmelpilze	Saccharose	Glykose und Fructose
Amylase oder Diastase	Vorwiegend Malz, aber allgemein verbreitet in pflanzlichen u. tierischen Zellen	Stärke u. Dextrine	Maltose
Glykase oder Maltase	Hefe, Schimmelpilze	Maltose u. Dextrin	Glykose
Lactase	Kefir, Milchhefe	Lactose	Glykose und Galaktose
Trehalase	Hefe Frohberg	Trehalose	Glykose
Inulase u. a. . .	Topinambur-, Dahlia-Knollen, Cichorien usw.	Inulin	Fructose

[1]) Carl Oppenheimer, Die Fermente und ihre Wirkungen. Leipzig 1900.

[2]) Vgl. Jean Effront, Die Diastasen, übersetzt von M. Büchler. Wien 1900.

Name	Vorkommen	Stoffe, auf welche das Enzym wirkt	Erzeugnisse der Einwirkung
		β) Enzyme, welche Glykoside spalten:	
Emulsin	Bittere Mandeln, Pilze	Amygdalin (u. a. Glykoside)	Glykose, Bittermandelöl und Blausäure
Myrosin	Senf- u. sonstige Cruciferensamen	Myronsaures Kalium	Glykose, Allylsenföl u. saures schwefelsaures Kalium
Rhamninase . .	Früchte von Rhamnus infect.	Xanthorhamnin	Rhamnetin und Rhamninotriose
		γ) Enzyme, welche Fette spalten:	
Steapsin	Pankreassaft,	Fette	Glycerin und Fettsäuren
Lipase	Blut, Ricinussamen	Fette	Glycerin und Fettsäuren
		δ) Enzyme, welche die Proteine umwandeln bzw. zerlegen:	
Lab oder Chymosin	Magenschleimhaut, besonders im Labmagen vom Kalbe und Schafe, Artischocke	Casein	Paracasein u. Molkeneiweiß
Plasmase oder Thrombin . .	Blutserum	Fibrinogen	Fibrin
Pepsin	Magensaft	Proteine	Proteosen und Peptone
Trypsin oder Pankreatin . . .	Pankreassaft	Proteine	Proteosen, Pepton (Antipepton) u. Aminosäuren
Erepsin	Darmsaft, Blut	Proteosen, Peptone, Peptide, Protamine	Aminosäuren
Nuclease . . .	Darmschleimhaut, Pankreas, Thymus	Nucleinsäuren	Purinbasen und Pyrimidine
Arginase . . .	Leber, Dünndarmschleimhaut, Thymus usw.	Arginin	Ornithin und Harnstoff
Papayotin . . .	Blätter und unreife Früchte von Carica Papaya	desgl.	Wie bei Pepsin
Endotryptase . .	Hefe, Samen (?)	desgl.	Aminosäuren
		ε) Enzym der Harnstoff-Zersetzung.	
Urease	Harn	Harnstoff	Ammoniumcarbonat
		b) Oxydierende Enzyme (Oxydasen):	
Lakkase	Saft des Lakkbaumes und in einer Reihe ander. Pflanzen	Uruschiksäure, Tannin, Anilin	Oxyuruschicksäure, Oxydationsstoffe
Tyrosinase u. a. .	Saft der Zuckerrüben und vieler Pilze und absterbender Pflanzen	Tyrosin, Phenylalanin	Homogentisinsäure (Dioxyphenylessigsäure)
		c) Enzyme, welche eine Spaltung der Kohlenstoffkette bewirken:	
Zymase	Hefe	verschied. Zuckerarten	Alkohol u. Kohlensäure
Carboxylase . . .	desgl.	Brenztraubensäure	Acetaldehyd u. Kohlensäure

Die chemische Zusammensetzung der Enzyme ist bis jetzt noch nicht mit Sicherheit ermittelt. Denn es hält sehr schwer, sie rein darzustellen; sie haften meistens den Proteinen und anderen Stoffen fest an.

Die Angaben über den C-Gehalt schwanken von 40,50—53,20%; über den N-Gehalt von 4,30—17,80%, S-Gehalt von 0—1,30%.

Einige Enzyme, z. B. die Oxydasen, scheinen sogar stickstofffrei zu sein und zu der Gruppe der Gummiarten zu gehören.

Die Wirkung der Enzyme ist bei einer Temperatur von 0° eine langsame oder ganz unterdrückte; sie steigt im allgemeinen mit der Temperatur bis 40° an, erreicht zwischen 40—60° ihren höchsten Wert und nimmt von 70 oder 80° an wieder ab. Jedes Enzym hat jedoch sein Temperaturoptimum, d. h. eine bestimmte Temperatur, bei der es am stärksten wirkt. Im getrockneten Zustande können die Enzyme bis über 100° ohne Vernichtung ihrer Wirksamkeit erhitzt werden.

Einige Enzyme wirken nur in saurer, andere nur in neutraler oder alkalischer Lösung; Gegenwart von Wasser und bei einzelnen auch von Luft ist aber ein notwendiges Erfordernis für ihre Wirkung. Im allgemeinen ist der Grad der Wirkung vom Verhältnis der verwendeten Enzymmenge zu der des Rohstoffs abhängig, jedoch mit der Maßgabe, daß mit einer sehr kleinen Menge Enzym eine recht beträchtliche Stoffumwandlung hervorgerufen werden kann.

Die Enzyme sind fast diffusionsunfähig und haben die gemeinsame Eigenschaft, daß sie Wasserstoffsuperoxyd zersetzen, was am besten in einer frisch bereiteten alkoholischen Lösung von Guajacharz gezeigt werden kann. Man setzt zu 2—3 ccm derselben einige Tropfen Wasserstoffsuperoxyd und der vermutlichen Enzymlösung; bei Anwesenheit eines Enzymes tritt starke Blaufärbung auf, die auf einer Umwandlung der Guajaconsäure beruht. Vollständig zuverlässig ist aber dieses Verfahren zum Nachweis von Enzymen nicht; denn einerseits kann die Blaufärbung auch noch von anderen Körpern als von Enzymen hervorgerufen werden, dann auch können die Enzyme durch Anwesenheit anderer Stoffe, durch Kochen usw. unter Umständen ihr Färbevermögen verlieren, ohne daß sie in ihrer enzymischen Wirkung Einbuße erlitten haben. Man stellt daher zweckmäßig zwei Versuche an; in dem einen Versuch versetzt man die Guajaclösung mit frischer Enzymlösung, in dem anderen Versuch mit gekochter Enzymlösung; gibt die frische Lösung eine Blaufärbung, die erhitzte nicht, so darf man die Gegenwart eines Enzyms annehmen.

Die bei der Spaltung der Proteine auftretenden Aminosäuren.

Bei der Spaltung (Hydrolyse) der Proteine durch Säuren, Alkalien oder Enzyme entstehen, wie schon S. 9 angegeben ist, eine Reihe Aminosäuren, die sowohl der aliphatischen als auch der homo- und heterocyclischen Reihe angehören. Diesen 3 Gruppen möge noch eine vierte zugefügt werden, die ausschließlich bei der Zersetzung durch Alkali oder Fäulnis entsteht und Verbindungen der vorstehenden drei Klassen einschließt.

Die aliphatischen Aminosäuren zergliedern sich in Monoaminomonocarbonsäuren, Monoaminodicarbonsäuren, Diaminomonocarbonsäuren und schwefelhaltige Aminosäuren

Diese und die Aminosäuren der homo- und heterocyclischen Reihe haben verschiedene Eigenschaften gemeinsam, die hier zunächst aufgeführt werden mögen, nämlich:

Vorkommen. In Samenkeimlingen — besonders bei Lupinen, Wicken und anderen Leguminosen beobachtet —, in etiolierten Pflanzen mehr als in grünen, in Pflanzensäften, besonders von Wurzelgewächsen, daher vielfach in Zuckerrübenmelasse, in Pilzen, Mutterkorn, in Fleisch- und Fisch- (Krabben-)Extrakten, im reifenden Käse und überall da, wo Proteine, sei es durch Autolyse, Bakterien, Enzyme eine Zersetzung erleiden; auch können sie frei im tierischen Körper besonders in pathologischen Fällen auftreten.

Bildung. Allgemein bei der Hydrolyse der Proteine, sei es durch Säuren oder Alkalien (auch Barytwasser), oder durch proteolytische Enzyme (Pepsin, Trypsin, Erepsin, Papayotin in Carica Papaya, Bromelin in der Ananas u. a.), oder durch Fäulnisbakterien oder bei der Gärung bzw. Selbstgärung der Hefe.

Allgemeine Eigenschaften. Die Aminogruppe befindet sich bei allen Aminosäuren in α-Stellung, die β-, γ-Aminosäuren sind bei der hydrolytischen Spaltung bis jetzt noch nicht beobachtet.

Die Aminosäuren haben sämtlich ein asymmetrisches Kohlenstoffatom und bilden daher drei optisch verschiedene Formen, die l-, δ-, und die inaktive δ, l-Form. Bei der Hydrolyse entsteht stets eine der aktiven Formen. Die aktive Form wird aber durch die Behandlung mit Säuren oder Alkalien — schon zum Teil bei der Hydrolyse[1]) — leicht racemisiert und in die δ, l-Form umgewandelt. Der Racemkörper kann aber wieder wie sonst in die aktiven Formen gespalten werden, sei es durch Vermittelung der Brucin- oder Cinchoninsalze, sei es durch Pilze, die darauf gezüchtet werden. In letzterem Falle bleibt die körperfremde, d. h. die bei der Hydrolyse nicht erhaltene Form bestehen, während die andere Form verzehrt bzw. verbraucht wird. Derselbe Vorgang pflegt im Tierkörper stattzufinden. In pathologischen Fällen können die hierher gehörigen Aminosäuren verschieden abgebaut werden.

Löslichkeit: Durchweg löslich in Wasser, bald leicht, bald schwer, unlöslich oder doch sehr schwer löslich in absolutem Alkohol und Äther. Das z. B. in Alkohol leicht lösliche Prolin kann auf diese Weise von anderen Aminosäuren getrennt werden.

Geschmack: Die hier auftretenden α-Aminosäuren schmecken im allgemeinen süß; die β- und γ-Aminosäuren sind geschmacklos.

Reaktion: Die Monoaminosäuren der aliphatischen Reihe sind neutral und bilden sowohl mit Säuren als mit Basen Salze. Die Diaminosäuren (auch das l-Histidin) reagieren in wässeriger Lösung alkalisch und verhalten sich im allgemeinen wie Ammoniak; sie ziehen Kohlensäure aus der Luft an, lösen Silberoxyd und fällen andererseits Schwermetalle aus ihren Lösungen.

Chemische Unterschiede: Unter den chemischen Unterschieden mögen hier nur kurz die aufgeführt werden, welche für die quantitative Bestimmung von Belang sind. In dieser Hinsicht unterscheiden sich die Mono- und Diaminosäuren zunächst dadurch, daß die Diaminosäuren durch Phosphorwolframsäure annähernd quantitativ gefällt werden, die Monoaminosäuren sich aber der Fällung entziehen.

Die Aminogruppe wird außerdem dadurch quantitativ bestimmbar, daß sie durch salpetrige Säure in freien Stickstoff und Oxysäure zerlegt wird, z. B.:

$$\underset{\text{Glykokoll}}{CH_2(NH_2)\cdot COOH} + HNO_2 = \underset{\text{Oxyessigsäure}}{CH_2(OH)\cdot COOH} + H_2O + 2\,N.$$

Die Menge des freigewordenen Stickstoffs ist daher gleich der doppelten Menge des in der Aminogruppe enthaltenen Stickstoffs.

Aber nur der Aminosäure-Stickstoff wird auf diese Weise frei, z. B. aus den Diaminosäuren Lysin und Ornithin werden 4 Atome Stickstoff frei; der Stickstoff dagegen, der, wie z. B. im Arginin und Histidin anderweitig gebunden ist, wird nicht angegriffen.

Auch der Säureamid-Stickstoff wird durch salpetrige Säure nicht abgespalten. Die Säureamide kocht man erst mit Säure, z. B. Asparagin mit Salzsäure, und erhält:

$$\underset{\text{Asparagin}}{(NH_2)OC\cdot CH_2\cdot CH(NH_2)\cdot COOH} + HCl + H_2O = \underset{\text{Asparaginsäure}}{HOOC\cdot CH_2\cdot CH(NH_2)\cdot COOH} + \underset{\text{Chlorammonium}}{NH_4Cl}$$

und

$$HOOC\cdot CH_2\cdot CH(NH_2)\cdot COOH + NH_4Cl + 2\,HNO_2 = HOOC\cdot CH_2\cdot CH(OH)\cdot COOH + 3\,H_2O + HCl + 4\,N.$$

[1]) Aus dem Grunde können die bei der Hydrolyse der Proteine gefundenen Mengen Aminosäuren nur als Niedrigstwerte angesehen werden.

Aus dem nach dem Kochen mit Säure durch Zersetzung mehr erhaltenen Stickstoff kann man unter Berücksichtigung des aus der salpetrigen Säure und der Aminosäure entbundenen Stickstoffs die Menge des Säureamidstickstoffs berechnen. Selbstverständlich muß man hierbei das fertig gebildete Ammoniak ebenfalls berücksichtigen und in Abzug bringen. Man bestimmt es in einem besonderen Teile der Flüssigkeit entweder mit Kalkmilch in der Kälte oder mit Magnesia im Vakuum (bei etwa 40°).

Auch lassen sich die Aminosäuren titrimetrisch bestimmen, indem der Lösung Formaldehyd zugesetzt wird; hierdurch entstehen Methylenverbindungen von saurem Charakter, z. B. $CH_2 : N \cdot CH_2 \cdot COOH$.

I. Aliphatische Aminosäuren.

A. Monoaminomonocarbonsäuren.

Glykokoll, Aminoessigsäure, Glycin $CH_2(NH_2) \cdot COOH$; auch Leimzucker, Leimsüß genannt, weil es zuerst (1820) aus Leim durch Kochen mit verdünnter Schwefelsäure erhalten wurde.

Durch hydrolytische Spaltung der Proteine liefern besonders viel Glykokoll das Fibroin in den Seiden (bis 37,5%), der Leim (bis 19,25%), Elastin (25,75%), die Globuline einige Prozente bis 3,5%, dagegen die Albumine, Casein, Globin gar kein Glykokoll. Hippursäure zerfällt durch die gleiche Behandlung in Benzoesäure und Glykokoll. Umgekehrt paart sich das Glykokoll im Tierkörper mit Benzoesäure zu Hippursäure, mit Toluylsäure zu Tolursäure, mit Phenylessigsäure zu Phenylacetursäure. Das Glykokoll läßt sich auf verschiedene Weise künstlich darstellen; die einfachste Darstellung ist die aus Monochloressigsäure und Ammoniak:

$$CH_2Cl \cdot COOH + NH_3 = CH_2(NH_2) \cdot COOH + HCl.$$

Es krytsallisiert aus Wasser in farblosen Prismen, die bei 170° schmelzen.

Alanin, α-Aminopropionsäure $CH_3 \cdot CH(NH_2) \cdot COOH$. Über Vorkommen, Bildung u. a. vgl. vorstehend. Als Spaltungserzeugnis bei der Hydrolyse sämtlicher bis jetzt untersuchten Proteine gefunden. Die angegebenen Mengen schwanken zwischen 0,5—4,65%, Elastin 6,6%, Fibroin der Seiden dagegen 18,0—23,8%, Sericin 5,0—9,2%. Das bei der Hydrolyse auftretende Alanin ist das δ-Alanin. Künstliche Darstellung wie bei Glykokoll. Es krystallisiert je nach dem Lösungsmittel bald in Nadeln, bald in dünnen Prismen; die Krystalle schmelzen bei 250° und zersetzen sich unter Gasentwicklung bei 297°; $[\alpha]_D^{20}$ in wässeriger Lösung $= +2{,}7°$, vom salzsauren Salz $= +10{,}4°$. Von den bis jetzt festgestellten 18 Bausteinen der Proteine sind 6, nämlich Serin, Isoleucin, Phenylalanin, Tyrosin, Histidin und Tryptophan Derivate der α-Aminopropionsäure.

Serin, α-Amino-β-oxypropionsäure, α-Aminoäthylenmilchsäure $CH_2(OH) \cdot CH(NH_2) \cdot COOH$. Es kommt als l-Serin im Schweiß vor und bildet sich bei der Hydrolyse der Proteine in Mengen von 0,06—7,8% (Salmin), wobei aber große Verluste anzunehmen sind. Synthetisch kann es aus Glykokollaldehyd, Blausäure und Ammoniak erhalten werden.

Es krystallisiert aus wenig Wasser bei 0° in Prismen oder sechsseitigen Tafeln, die bei 207° (korr. 211°) schmelzen und bei 223° sich zersetzen; $[\alpha]_D^{20}$ des reinen Serins in wässeriger Lösung $= -6{,}83°$, in salzsaurer Lösung $= +14{,}45°$.

Valin, α-Aminoisovaleriansäure $\frac{CH_3}{CH_3}\!\!>\!CH \cdot \overset{*}{C}H(NH_2) \cdot COOH$. Über Vorkommen, Bildung usw. vgl. vorstehend. Bei der Säurehydrolyse der Proteine entsteht δ-Valin in schwankenden Mengen von 0,13—5,6%, Horn lieferte bis 5,7%. Die Krystalle des Valins (Blättchen) schmelzen im zugeschmolzenen Capillarrohr bei 306° (korr. 315); $[\alpha]_D^{20}$ schwankt für verschieden gewonnenes Valin in salzsaurer Lösung zwischen +25,9 bis +28,7°, in wässeriger Lösung $= +6{,}42°$. Das δ-Valin schmeckt schwach süß und gleichzeitig bitter; bei der Hefegärung wird es in Isobutylalkohol $\frac{CH_3}{CH_3}\!\!>\!CH \cdot CH_2OH$ übergeführt.

Leucin, α-Aminoisobutylessigsäure $\genfrac{}{}{0pt}{}{CH_3}{CH_3}\!\!>\!CH \cdot CH_2 \cdot \overset{*}{C}H(NH_2) \cdot COOH$. Über Vorkommen, Bildung usw. vgl. S. 36 u. f. Bei der Hydrolyse der Proteine entsteht l-Leucin; es macht einen wesentlichen (4,43—20,88%) Teil unter den Spaltungserzeugnissen aus. Die Seiden liefern nur 0,7—7,5% Leucin, Elastin 21,38%. Künstlich kann das l-Leucin aus dem entsprechenden Halogenderivat der Capronsäure durch Einwirkung von Ammoniak erhalten werden.

$[\alpha]_D^{20}$ des l-Leucins in wässeriger Lösung $= +10{,}34°$, in salzsaurer Lösung $= -15{,}5°$; Schmelzp. der atlasglänzenden Blättchen von l-Leucin bei 293—295°. Durch Hefegärung wird Leucin in Isoamylalkohol $\genfrac{}{}{0pt}{}{CH_3}{CH_3}\!\!>\!CH \cdot CH_2 \cdot CH_2OH$ übergeführt.

Bei der Hydrolyse der Proteine entsteht neben dem Leucin auch Isoleucin, α-Amino-β-methyl-β-äthylpropionsäure $\genfrac{}{}{0pt}{}{CH_3}{C_2H_5}\!\!>\!\overset{*}{C}H \cdot \overset{*}{C}H(NH_2) \cdot COOH$. Es kommt auch in der Rübenmelasse vor und kann daraus gewonnen werden. Es ist nach F. Ehrlich die Muttersubstanz des bei der Hefegärung entstehenden δ-Amylalkohols $\genfrac{}{}{0pt}{}{CH_3}{C_2H_5}\!\!>\!\overset{*}{C}H \cdot CH_2OH$.

B. Monoaminodicarbonsäuren und deren Säureamide.

Asparaginsäure, Aminobernsteinsäure $HOOC \cdot CH_2 \cdot \overset{*}{C}H(NH_2) \cdot COOH$. Sie kommt in Pflanzen meistens mit oder in ihrem Säureamid, dem Asparagin weit verbreitet vor und ist als Spaltungserzeugnis der Proteine schon frühzeitig nachgewiesen. Hlasiwetz und Habermann fanden (1873) durch Hydrolyse mit Zinnchlorür und Salzsäure bei Eieralbumin 23,8%, bei Casein 9,3% Asparaginsäure. Solche Mengen sind aber in den neueren Untersuchungen (Hydrolyse mit Salzsäure und Schwefelsäure) nicht gefunden; die Mengen bewegen sich zwischen 0,3—4,5%. Die hierbei entstehende Säure ist die l-Asparaginsäure, die auch aus Rübenmelasse gewonnen werden kann oder auch dadurch, daß man das l-Asparagin mit Säuren bzw. Alkalien kocht (S. 37). Die l-Asparaginsäure schmeckt sauer, nicht süß. Sie krystallisiert in rhombischen Blättchen oder Säulen mit dem Schmelzp. 270—271°; $[\alpha]_D^{20}$ in salzsaurer Lösung $= +25{,}7°$, in alkalischer Lösung $= +4{,}36°$; durch Erwärmen auf 75° wird sie inaktiv. Bei der Fäulnis entsteht aus l-Asparaginsäure Bernsteinsäure und Propionsäure (und etwas Ameisensäure). Über die Spaltung von δ, l-Asparaginsäure vgl. S. 37.

Asparagin, Aminobernsteinsäureamid $(NH_2)OC \cdot CH_2 \cdot \overset{*}{C}H(NH_2) \cdot COOH$. Es ist das weit verbreitetste Abbauerzeugnis der Reserveproteine in unterirdischen Pflanzenorganen — so zuerst in Spargelschößlingen gefunden, woher es den Namen hat —, und in den Keimlingen.

E. Schulze fand z. B. in der Trockensubstanz etiolierter Lupinenkeimlinge 20% Asparagin. Das in der Natur vorkommende Asparagin ist l-Asparagin, welches durch Kochen mit Wasser racemisiert wird; wird δ, l-Asparagin gärender Hefe zugesetzt, so wird l-Asparagin aufgenommen, δ-Asparagin bleibt zurück. Das aus Pflanzen gewonnene l-Asparagin krystallisiert mit 1 Mol. H_2O in rhombischen, linkshemiedrischen Krystallen; $[\alpha]_D^{20}$ in wässeriger Lösung $= -6{,}14°$, in salzsaurer Lösung $= +37{,}27°$; bei 75° in wässeriger Lösung wird l-Asparagin inaktiv, über 75° linksdrehend. Sein Geschmack ist fade, der des δ-Asparagins süß.

Das in den Pflanzen aus Protein abgespaltene Asparagin kann auch wieder zum Aufbau von Protein verwendet werden. Es ist ein ausgezeichneter Nährstoff für Hefe, Schimmelpilze, Algen und sonstige niedere Pflanzen. In phanerogamen Pflanzen wird es zu Protein aufgebaut, wenn gleichzeitig Glykose vorhanden ist. Die Ansichten über die Bedeutung des Asparagins für die tierische Ernährung sind noch geteilt. Bei Fleischfressern und omnivoren Tieren scheint es nicht als Ersatz des Proteins eintreten zu können. Bei Wiederkäuern dagegen ist es ebenso wie Ammoniumacetat, wenn sie einem proteinarmen Futter zugelegt werden, imstande, Protein zu ersetzen, wenn auch nur in der Weise, daß beide zunächst zur Ernährung der Darmbakterien dienen und diese dann das erforderliche Protein liefern. Bei Milchtieren (Ziegen) verschlechtert es anscheinend die Beschaffenheit der Milch (Gehalt an Trockensubstanz und Fett), übt aber auf ihre Menge, wenn auch keinen so günstigen Einfluß wie Protein, so doch einen besseren als Kohlenhydrate aus.

Über die quantitative Bestimmung vgl. S. 37.

Glutaminsäure, Aminoglutarsäure oder Aminonormalbrenzweinsäure $HOOC \cdot CH_2 \cdot CH_2 \cdot \overset{*}{C}H(NH_2) \cdot COOH$. Die Glutaminsäure ist die stete Begleiterin der Asparaginsäure sowohl in Pflanzenkeimlingen und Pflanzensäften (Melasse) als auch bei der Hydrolyse der Proteine durch Säuren, Alkalien oder Enzyme. Hlasiwetz und Habermann geben (1873) die Menge der bei der Spaltung des Caseins durch Zinnchlorür und Salzsäure sich bildenden Glutaminsäure zu 23,8% an. Bei der Salzsäurehydrolyse der Kleberproteine sind von Osborne noch größere Mengen, nämlich 23,42—37,17% gefunden; die Globuline lieferten 12,23—30,50%, die tierischen Albumine 7,00—11,10% Glutaminsäure, also bedeutend mehr als von Asparaginsäure.

Die sich hier bildende Säure ist die δ-Glutaminsäure, die durch Erwärmen mit Barythydrat racemisiert wird. Sie schmeckt fade und nur schwach sauer. Sie bildet rhombisch-sphäroidisch-hemiedrische Krystalle, die unter Zersetzung bei 202,0—202,5°, rasch erhitzt bei 213° schmelzen; $[\alpha]_D^{20}$ in wässeriger Lösung $= +20{,}43°$, in salzsaurer Lösung $= +30{,}85°$. Beim Kochen mit Kupferhydroxyd bildet sich das kennzeichnende Kupfersalz $Cu \cdot C_5H_7NO_4 + 2^1/_2\,H_2O$, das sich erst in 3400 Teilen Wasser löst; auch die Verbindung mit Salzsäure, das Chlorhydrat $C_5H_2NO_4 \cdot HCl$, trikline Nadeln bildend, ist schwer löslich.

Bei der Fäulnis entstehen aus δ-Glutaminsäure Buttersäure und Ameisensäure, bei der Hefegärung, wenn gleichzeitig Zucker zugegen ist, Bernsteinsäure. Wird racemische Glutaminsäure an Kaninchen verfüttert, so wird die δ-Glutaminsäure fast vollständig verbrannt, die l-Glutaminsäure (als körperfremd) teilweise oder fast ganz im Harn ausgeschieden.

Glutamin, Säureamid der Glutaminsäure, $(NH_2)OC \cdot CH_2 \cdot CH_2 \cdot CH(NH_2) \cdot COOH$. Es steht zur Glutaminsäure in demselben Verhältnis, wie Asparagin zur Asparaginsäure, und kommt mit diesem als δ-Glutamin auch überall in Pflanzenkeimlingen und Pflanzensäften vor. Es wird aber nicht als Proteinspaltungs-, sondern als synthetisches Erzeugnis angenommen. Das δ-Glutamin bildet, aus Wasser krystallisiert, farblose rhombische Tafeln; $[\alpha]_D^{20}$ für Glutamin aus Runkel- oder Zuckerrüben in wässeriger Lösung ist schwankend, nämlich von $+5{,}8°$ und $+6{,}45°$. Das Kupfersalz $Cu(C_5H_9N_2O_3)_2 + 2\,H_2O$ ist wie das der Glutaminsäure schwer löslich.

C. Diaminomonocarbonsäuren.

Hierzu wurden früher Arginin, Lysin und Histidin gerechnet, die, weil sie 6 Atome C enthalten, Hexonbasen genannt wurden. Das Histidin wird aber als Imidazol-α-Aminopropionsäure jetzt der heterocyclischen Reihe, dagegen das Ornithin als sekundäres Spaltungserzeugnis dieser Gruppe zugeteilt. Die Diaminocarbonsäuren werden durch alle Alkaloid-Fällungsmittel gefällt.

Arginin, δ-Guanidin-α-Aminovaleriansäure $NH : C(NH_2) \cdot NH \cdot CH_2 \cdot CH_2 \cdot CH_2 \cdot \overset{*}{C}H(NH_2) \cdot COOH$. Aus dieser Konstitutionsformel erklärt sich, daß das Arginin durch Behandeln mit Barythydrat zerfällt in:

$$CO\begin{matrix} \diagup NH_2 \\ \diagdown NH_2 \end{matrix} + (NH_2)CH_2 \cdot CH_2 \cdot CH_2 \cdot CH(NH_2) \cdot COOH$$

Harnstoff + Ornithin (α-δ-Diaminovaleriansäure).

Das Arginin wurde zuerst von E. Schulze in etiolierten Lupinen- und Kürbiskeimlingen, dann bei der Hydrolyse der Proteine des Kiefernsamens mit Salzsäure bis zu 10% der Trockensubstanz gefunden. A. Kossel fand dasselbe besonders reichlich unter den Spaltungserzeugnissen der Protamine, nämlich zwischen 58,2—88,8% des Gesamtstickstoffs; auch die Histone liefern bei der Hydrolyse reichliche Mengen Arginin (12,0—37,0%); bis jetzt ist es bei der Spaltung sämtlicher Proteine und proteinartigen Verbindungen in Mengen von einigen Zehnteln bis zu 16,6% gefunden.

Das sich bei diesen Spaltungen bildende Arginin ist das δ-Arginin; wird dieses mit Barytwasser oder mit konz. Schwefelsäure oder δ-Argininnitrat für sich erhitzt, so erhält man das racemische δ, l-Arginin, und indem man hierauf arginasehaltigen Leberpreßsaft einwirken läßt, bleibt l-Arginin unangegriffen, weil nur das δ-Arginin in Harnstoff und Ornithin gespalten wird.

Synthetisch kann das δ-Arginin aus Ornithin und Cyanamid erhalten werden. Es ist in seiner Lösung rechtsdrehend und krystallisiert aus einer zum Syrup eingedickten wässerigen Lösung in rosettenförmigen Drusen von rechtwinkligen oder zugespitzten Tafeln und dünnen Prismen, die bei 207° schmelzen. Mit Säuren gibt das Arginin krystallisierende Verbindungen und mit Salzen kennzeichnende Doppelsalze. Über sonstige Eigenschaften vgl. S. 12.

Das beim Keimen der Pflanzen zunehmende Arginin nimmt später wieder ab, ohne daß Stickstoff verlorengeht, es wird also ohne Zweifel ähnlich wie Leucin, Asparagin und Tyrosin wieder zum Aufbau von Protein verwendet. Im normalen Tierkörper wird das Arginin entweder durch die in den Organen (besonders Leber) enthaltene Arginase[1]) in Harnstoff und Ornithin bzw. ganz in Harnstoff umgewandelt oder auch verbrannt. Bei der Fäulnis geht δ-Arginin in δ, l-Ornithin und dieses in Tetramethylendiamin (Putrescin) über.

Ornithin. α-δ-Diaminovaleriansäure $CH_2(NH_2)\cdot CH_2\cdot CH_2\cdot \overset{*}{C}H(NH_2)\cdot COOH$. Es entsteht bei der Spaltung der Proteine mit Alkalien (sekundär aus Arginin) und bei Einwirkung von Arginase auf Arginin (vgl. vorstehend). Das δ-Ornithin entsteht auch durch Spaltung von Ornithursäure, Dibenzoyl-α-δ-Diaminovaleriansäure $(C_6H_5\cdot CO)_2\cdot CH(NH_2)\cdot CH_2\cdot CH_2\cdot CH(NH_2)\cdot COOH$; die nach Verfüttern von Benzoesäure an Hühner gebildet und in den Exkrementen ausgeschieden wird. Das Ornithin krystallisiert nicht; in saurer Lösung ist es rechtsdrehend; die wässerige Lösung reagiert alkalisch, löst die Oxyde von Silber, Quecksilber und Kupfer. Bei der Fäulnis von Ornithin entsteht Tetramethylendiamin (Putrescin).

Lysin, α-ε-Diaminocapronsäure $CH_2(NH_2)\cdot CH_2\cdot CH_2\cdot CH_2\cdot \overset{*}{C}H(NH_2)\cdot COOH$. Aktives Lysin kommt in keimenden und unreifen Samen, in vielen tierischen Säften bei der Verdauung, Selbstgärung der Hefe vor und bildet sich bei der Hydrolyse der Proteine, wobei es selten fehlt. Die gebildeten Mengen sind aber im allgemeinen geringer (0,25—5,90%) als die von Arginin; unter den hydrolytischen Spaltungserzeugnissen der alkohollöslichen Kleberproteine fehlt es ganz, bei der Spaltung der Histone und Protamine ist es wieder in größerer Menge (bis 28,8%) vertreten; auch Hefenprotein liefert 11,34% Lysin. Wie durch Benzoylierung aus Lysin die Lysursäure, Dibenzoyllysin $(C_6H_5\cdot CO)_2\cdot CH(NH_2)\cdot CH_2\cdot CH_2\cdot CH_2\cdot CH(NH_2)\cdot COOH$ (Homologe der Ornithursäure) entsteht, so kann aus letzterer durch Erhitzen mit Salzsäure das Lysin zurückgewonnen werden.

Das Lysin krystallisiert nicht. Das Carbon und Chlorid des Lysins sind rechtsdrehend. Im normalen Tierkörper wird das Lysin verbrannt; bei der Fäulnis geht es in Pentamethylendiamin (Cadaverin) über.

D. Schwefelhaltige Aminosäuren.

Cystin, α-δ-Diamino-β-Dithiodilaktylmilchsäure, $HOOC\cdot \overset{*}{C}H(NH_2)\cdot CH_2\cdot S{-}S\cdot CH_2\cdot \overset{*}{C}H(NH_2)\cdot COOH$. Das Cystin findet sich bei Cystinurie (S. 11), in Blasen- und

[1]) Auch in Hefepreßsaft soll Arginase vorhanden sein (Shiga).

Nierensteinen, im Harn, ist möglicherweise auch in geringer Menge normaler Bestandteil des Harns (besonders von Hunden); das l-Cystin wird künstlich durch Erwärmen von aktiver α-Amino-β-Chlorpropionsäure $CH_2Cl \cdot CH(NH_2) \cdot COOH$ mit Bariumsulfhydrat $Ba(SH)_2$ erhalten. Das l-Cystin entsteht auch bei der Hydrolyse aller schwefelhaltigen Proteine und zwar in um so größerer Menge, je höher der Schwefelgehalt derselben ist. Bei der Spaltung schwefelhaltiger Proteine wurden 0,2—2,53%, bei der der Keratine (Haare, Nägel, Hufe usw.) 3,20—14,53% Cystin gefunden. Das l-Cystin racemisiert beim Erhitzen mit Salzsäure auf 165° und aus dem δ, l-Cystin kann man durch Asperg. niger das δ-Cystin gewinnen.

Das l-Cystin ist sehr schwer löslich in Wasser (9000 Teilen bei gewöhnlicher Temperatur) und Alkohol, löslich in Mineralsäuren, leicht löslich in Alkali. Aus ammoniakalischer Lösung wird es durch Essigsäure krystallinisch ausgeschieden. Es bildet farblose hexagonale Tafeln mit gleichlangen Seiten. $[\alpha]D$ in 1 proz. ammoniakalischer Lösung = —142°, in salzsaurer Lösung = —214° bis —224° (für verschiedene Cystine).

Bei Einführung des Cystins in den Tierkörper auf dem Verdauungswege steigt die Menge des oxydierten, nicht aber die des neutralen Schwefels. Wird gleichzeitig kohlensaures Natron gegeben, so findet eine Vermehrung des Taurins bzw. der Taurocholsäure in der Galle statt. Bei der Fäulnis bildet es Schwefelwasserstoff, Methylmercaptan und Äthylsulfid. Durch Reduktion geht es in Cystein über.

Cystein, α-Aminothiomilchsäure $(HS) \cdot CH_2 \cdot CH(NH_2) \cdot COOH$. Bei der Reduktion mit Zinn und Salzsäure zerfällt das l-Cystin in 2 l-Cystein. Umgekehrt kann letzteres durch Oxydation wieder in Cystin umgewandelt werden. Das l-Cystein bildet sich bei der Hydrolyse des Proteins als sekundäres Erzeugnis neben dem Cystin.

Das weiße lockere Krystallpulver zeigt eine von Cystin verschiedene Krystallform. $[\alpha]D$ für das Chlorhydrat = —12,6°. Das l-Cystein nimmt in neutraler Lösung beim Schütteln begierig Sauerstoff auf und wird oxydiert. Spuren einer Eisenlösung beschleunigen die spontane Oxydation.

Im Anschluß hieran möge auch erwähnt sein:

Glykosamin, $HOH_2C \cdot (HCOH)_3 \cdot CH(NH_2) \cdot COH$, d. h. ein Aminzucker, in welchem eine OH-Gruppe durch eine NH_2-Gruppe ersetzt wird. Beim kurzen Kochen mit verdünnten Säuren — konz. Säuren wirken zerstörend — von Glykoproteinen, den Mucinen, auch von Eieralbumin erhält man das auch im Chitin vorkommende Glykosamin als sekundäres Spaltungserzeugnis, das reduzierend wirkt, aber keine freie NH_2-Gruppe enthält und von Hefe nicht vergoren wird. Es ist im Protein wahrscheinlich ursprünglich als acetyliertes Glykosamin vorhanden, weil das aus Chondromucoid abgespaltene Glykosamin stets in Verbindung mit Essigsäure gefunden ist. Das Mucin aus Froschlaich soll Galaktosamin enthalten. Die Molischsche Reaktion (S. 8) deutet darauf hin, daß im Proteinmolekül Kohlenhydrat- (Pentose-, d. h. furfurolliefernde) Gruppen vorhanden sind, die man, weil sie direkt nicht reduzieren, als Polysaccharide ansieht. Für Eieralbumin werden 10—15%, für die Mucine 30,0—36,9% Glykosamin, d. h. reduzierende Substanz angegeben.

II. Homocyclische Aminosäuren.

Phenylalanin, β-Phenyl-α-Aminopropionsäure oder α-Aminohydrozimtsäure $C_6H_5 \cdot CH_2 \cdot CH(NH_2) \cdot COOH$. Über Vorkommen und Bildung vgl. S. 38. Bei der Hydrolyse sämtlicher Proteine entsteht es in Mengen von 1,0—6,5%; Leim und Seide liefern durchweg geringere Mengen (0,2—3,9%). Durch Trypsin wird kein Phenylalanin abgespalten; es bleibt wahrscheinlich als Polypeptid bestehen. Aus warmen Lösungen krystallisiert das l-Phenylalanin in Blättchen, aus verdünnten in feinen Nadeln. Schmelzp. bei 278° (korr. 283°) unter Zersetzung; $[\alpha]_D^{20}$ in wässeriger Lösung = —35,1° (in anderen Fällen sind —38,1° bis —40,3° gefunden). Geschmack schwach bitter.

In der wachsenden Pflanze wird das bei der Keimung abgespaltene Phenylalanin wohl zweifellos wieder zum Aufbau von Protein verwendet; im Tierkörper wird freies Phenylalanin wie andere Aminosäuren verbrannt, bei der Fäulnis entstehen daraus β-Phenylpropionsäure (Hydrozimtsäure) und Phenylessigsäure, bei der Hefengärung in Anwesenheit von Zucker Phenyläthylalkohol.

Tyrosin, p-Oxy-β-Phenyl-α-Aminopropionsäure $C_6H_4(OH) \cdot CH_2 \cdot \overset{*}{C}H(NH_2) \cdot COOH$. Es wurde zuerst im alten Käse (τυρός) gefunden, woher es den Namen hat. Vgl. weiter unten S. 217. Das Tyrosin tritt regelmäßig bei der Hydrolyse der Proteine — mit Ausnahme von Leim und einigen verwandten Stoffen — auf, stets begleitet von Leucin. Die angegebenen Mengen bei den Proteinen und Keratinen schwanken durchweg zwischen 1—5%, bei den Seiden zwischen 2—10%. Das Tyrosin spaltet sich sehr leicht aus dem Protein ab, zum Teil schon durch einfaches Stehen mit Säuren. Künstlich wird es aus p-Aminophenylalanin $C_6H_4(NH_2) \cdot CH_2 \cdot CH(NH_2) \cdot COOH$ durch Einwirkung von salpetriger Säure erhalten.

Das l-Tyrosin ist zum Unterschiede von Leucin sehr schwer löslich in Wasser. Es krystallisiert in farblosen, seideglänzenden feinen Nadeln, die sich zu Büscheln vereinigen; Schmelzp. 314—318° (korr.); $[\alpha]_D^{20}$ einer 4proz. Lösung in 21proz. Salzsäure = —8,64° (bei anderer Konzentration und verschiedenen Tyrosinen schwankend bis —16,2°). Geschmack fade. Über das Verhalten gegen Millons Reagens[1]) vgl. S. 8.

Das Tyrosin kann Pilzen wie phanerogamen Pflanzen als Nährstoff dienen. Das während etwa 1 Woche bei der Keimung gebildete Tyrosin läßt sich nach 2—3 Wochen nicht mehr nachweisen. Im Tierkörper wird freies Tyrosin unter normalen Verhältnissen verbrannt. Wird δ, l-Tyrosin dem Körper zugeführt, so wird fast nur das l-Tyrosin angegriffen, während das körperfremde δ-Tyrosin größtenteils im Harn ausgeschieden wird. Bei Alkaptonurie wird es in Homogentisinsäure übergeführt, ebenso durch das Ferment Tyrosinase, eine pflanzliche Oxydase (S. 11).

Bei der Vergärung von Tyrosin mit Zucker und Hefe entsteht p-Oxyphenyläthylalkohol, bei der Fäulnis, auch bei der Darmfäulnis, entstehen aus ihm p-Oxyphenylpropionsäure, p-Oxyphenylessigsäure, p-Kresol und Phenol, welche zum Teil als Ätherschwefelsäuren ausgeschieden werden.

III. Heterocyclische Aminosäuren.

Tryptophan, β-Indol-α-Aminopropionsäure, $C_{11}H_{12}O_2N_2$. In dem Tryptophan nimmt man wie im Indol einen Benzol- und Pyrrolring an. Es wurde zuerst in tryptischen Verdauungsflüssigkeiten durch die Violettfärbung mit Chlor und Brom erkannt. Es findet sich unter Umständen in keimenden Samen und reifendem Käse, entsteht als l-Tryptophan bei der Einwirkung von Fermenten (Trypsin, Pankreatin) oder Bakterien auf Protein und bei der Hydrolyse.

```
      CH
HC       C——C · CH2 · *CH(NH2) · COOH.
HC       C     CH
      CH    NH
```

Durch Säuren wird es leicht zerstört, weshalb es meistens unter den Erzeugnissen der Säurespaltung fehlt oder nur in geringer Menge gefunden wird. Die größte Menge von 1,5% wurde bei der Caseinspaltung ermittelt. Leim und Zein (Mais) liefern überhaupt kein Tryptophan; deshalb können diese, weil das Tryptophan zum Aufbau der Körperproteine durchaus notwendig ist, für die Ernährung nicht als voller Ersatz des Proteins angesehen werden. Das l-Tryptophan wird leicht racemisiert, das δ, l-Tryptophan bildet sich auch aus β-Indolaldehyd und Hippursäure bei Gegenwart von Natriumacetat und Essigsäureanhydrid. Rasch erhitzt, wird es bei 260° gelb und schmilzt gegen 289°. In wässeriger Lösung ist es linksdrehend (je nach der Konzentration von —29,75 bis —40,3°); in alkalischer und saurer Lösung schwach rechtsdrehend. Geschmack süßlich.

---

[1]) Weitere Farbenreaktionen sind die von Piria (rote Färbung von Tyrosinsulfosäure mit Eisenchlorid), Denigès (Rotfärbung mit formaldehydhaltiger Schwefelsäure) u. a.

Das Tryptophan ist bei der bakteriellen Proteinzersetzung die Vorstufe des **Indols** und im Tierkörper die Muttersubstanz der **Kynurensäure** (S. 12).

Histidin, l-β-Imidazol-α-Aminopropionsäure, $C_6H_9O_2N_3$. Anfänglich wurde es als Diaminomonocarbonsäure und Hexonbase angesehen, jetzt wird es zu den heterocyclischen Aminosäuren gerechnet, weil in ihm ein Imidazol angenommen wird. Über Vorkommen und Bildung vgl. S. 17. Bei der Hydrolyse der Proteine, Histone und Protamine tritt l-Histidin regelmäßig in Mengen von 0,39—3,35% auf, besonders reichlich bei Sturin (12,90%) und Globin (10,96%). Auch bei der Verdauung der Proteine mit Pepsin-Salzsäure wird l-Histidin abgespalten. Es bildet blätterige Krystalle; Schmelzp. gegen 253° unter Zersetzung; $[\alpha]D$ in wässeriger Lösung $= -39{,}74°$, in Salzsäure je nach ihrer Konzentration $= +2{,}14$ bis $+9{,}49°$. Geschmack süß.

$$\mathrm{CH}\begin{array}{l}\diagup\!\!\!\!= \mathrm{N}\ \ \text{—C}\cdot CH_2\cdot CH(NH_2)\cdot COOH\\ \qquad\qquad\ \ \|\\ \diagdown \mathrm{NH—CH}\end{array}$$

Prolin, α-Pyrrolidincarbonsäure, $C_5H_9O_2N$. Die bei der Säurespaltung der Proteine bis jetzt festgestellten Mengen schwanken durchweg zwischen 1—6%, bei Zein (Mais) wurden 9,0%, bei Hordein (Gerste) 13,7%, bei Milchcasein (durch Barytwasser) 7,7% festgestellt. Das gebildete Prolin ist ein primäres Spaltungserzeugnis und l-Prolin. Die racemische und δ-Form entstehen wie gewöhnlich (S. 37).

$$\begin{array}{ccc} H_2C & — & CH_2 \\ | & & | \\ H_2C & & \overset{*}{C}H\cdot COOH \\ & \diagdown NH \diagup & \end{array}$$

Leicht löslich in Wasser und Alkohol, unlöslich in Äther, krystallisiert aus Alkoho l in flachen Nadeln; Schmelzp. 220—222°; $[\alpha]_D^{20}$ in 7,39 proz. Lösung $= -77{,}4°$.

l-Oxyprolin, l-Oxy-α-Pyrrolidincarbonsäure findet sich im Emmentaler Käse und entsteht bei der Säurehydrolyse wahrscheinlich sekundär aus Aminooxy- oder Aminodioxyvaleriansäure.

$$\begin{array}{ccc} H_2C & — & CH(OH) \\ | & & | \\ H_2C & & \overset{*}{C}H\cdot COOH \\ & \diagdown NH \diagup & \end{array}$$

Die durch Fäulnis der Proteine entstehenden Spaltungserzeugnisse.

Bei der **Fäulnis** der Proteine — und auch bei ihrer Zersetzung durch Alkalien — bilden sich noch besondere Erzeugnisse, die auch in verdorbenen Nahrungsmitteln auftreten können. Die Fäulnisbakterien spalten nämlich durch Ausscheidung von Enzymen das Protein in der gleichen Weise wie Trypsin und siedende Säuren in Proteosen, Peptone und α-Aminosäuren. Letztere werden aber, weil sie für die Bakterien die besten Nährstoffe sind, weiter abgebaut. Entweder wird CO_2 abgespalten und es entsteht ein um ein C-Atom ärmeres Amin, oder es wird die Aminogruppe (NH_2+H) als Ammoniak abgespalten und es bildet sich die entsprechende Fettsäure, oder es finden beide Abspaltungen gleichzeitig statt, so daß eine um 1 C-Atom niedere Fettsäure entsteht (z. B. aus Asparaginsäure $H\,\boxed{OOC}\cdot CH_2\cdot CH\,\boxed{(NH_2)}\cdot COOH + 2\,H = $ Propionsäure $CH_3\cdot CH_2\cdot COOH + NH_3 + CO_2$). Oder es kann bei Luftzutritt bzw. bei Mitwirkung aerober Bakterien neben letzterem Vorgang gleichzeitig eine **Oxydation** stattfinden und eine noch tiefer gehende Spaltung eintreten (vgl. unter 3).

Die hauptsächlichsten hierbei auftretenden Verbindungen sind folgende:

1. Indol, C_8H_7N. Das Indol wird als eine Kombination bzw. Zusammenwachsung von einem Benzolring mit einem Pyrrolring angesehen. Es bildet sich beim Schmelzen der Proteine mit Alkali und bei jeglicher Art Fäulnis, auch im Darm — daher in den Faeces —, im Käse usw., wahrscheinlich aus Tryptophan als Vorstufe (S. 37), indem hiervon die α-Aminopropionsäure über Indolpropionsäure, Indolessigsäure und Skatol zu Indol abgespalten wird. Auch Typhus-, Cholerabakterien erzeugen Indol. Es ist in dem ätherischen Öl vieler Blüten (Jasmin, Orangen) enthalten, kann durch Erhitzen vieler Indigoderivate, besonders von Oxindol,

$$\begin{array}{ccccc} & CH & & & \\ & 4 & & & \\ HC & 3\ \text{Bz.} & 5\,C & \text{Pr.} & 3\ CH \\ HC & 2 & 6\,C & 1 & 2\ CH \\ & 1 & & & \\ & CH & & NH & \end{array}$$

mit Zinkstaub oder Zinn und Salzsäure, ferner durch Erhitzen von o-Nitrozimtsäure mit Kali und Eisenteilen erhalten werden.

Das Indol ist mit heißen Wasserdämpfen leicht flüchtig und krystallisiert aus heißem Wasser in glänzenden weißen Blättchen mit 52° Schmelzpunkt; es ist schwer löslich in kaltem Wasser, dagegen leicht löslich in Äther, Alkohol, Benzol und Chloroform. Setzt man zu der Lösung desselben in Benzol eine Lösung von Pikrinsäure in Ligroin, so scheidet sich das Pikrat $C_8H_7N \cdot C_6H_2(NO_2)_3OH$ in glänzenden roten Nadeln aus.

Vermischt man 10 ccm einer sehr verdünnten Indollösung (von 0,03—0,05 g auf 1000) mit 1 ccm Kaliumnitritlösung (von 0,02%) und unterschichtet mit konz. Schwefelsäure, so färbt sich die Berührungsschicht prächtig purpurfarben. Die Reaktion ist als „Indol- oder Cholerarot-Reaktion" bekannt, weil Kulturen der Cholerabacillen gleichzeitig Indol und Nitrit enthalten und diese Reaktion ebenfalls geben.

Im Tierkörper wird das Indol zu Indoxyl C_8H_7NO oxydiert und erscheint im Harn als indoxylschwefelsaures Kalium (Indican) $SO_2\!\left\langle\begin{matrix}OC_8H_6N\\OK\end{matrix}\right.$

2. Skatol, Methylindol $C_8H_6(CH_3)N$ — das Methyl wird an das Kohlenstoffatom Nr. 3 im Pyrrol angelagert gedacht. Das Skatol bildet sich bei der Fäulnis und künstlichen Darstellung stets neben Indol. Das künstlich aus Indol dargestellte Skatol besitzt keinen stechenden Kotgeruch. Das Skatol bildet aus Ligroin blendendweiße Blättchen, die bei 95° schmelzen. Mit Kaliumnitrit und konz. Schwefelsäure gibt es keine Rotfärbung, wie das Indol, sondern eine weißliche Trübung. Bezüglich der sonstigen Eigenschaften verhält es sich dem Indol ähnlich. Neben Skatol entstehen bei der Fäulnis vielfach noch Skatolaminoessigsäure oder Methylindolaminoessigsäure $C_6H_4\!\left\langle\begin{matrix}C(CH_3)\\NH\end{matrix}\right\rangle\!C \cdot CH(NH_2) \cdot COOH$, Skatolcarbonsäure $C_6H_4\!\left\langle\begin{matrix}C(CH_3)\\NH\end{matrix}\right\rangle\!C \cdot COOH$ und Skatolessigsäure $C_6H_4\!\left\langle\begin{matrix}C(CH_3)\\NH\end{matrix}\right\rangle\!C \cdot CH_2 \cdot COOH$.

3. p-Kresol und Phenol. Neben Indol und Skatol gilt Phenol als kennzeichnendes Fäulniserzeugnis; man denkt sich nach Bienstock seine Entstehung aus Tyrosin durch Desaminierung, Kohlensäureabspaltung und gleichzeitige Oxydation bei Luftzutritt bzw. bei Mitwirkung von aeroben Bakterien wie folgt:

p-Oxy-β-phenyl-α-aminopropionsäure $C_6H_4 \cdot OH \cdot CH_2 \cdot CH(NH_2) \cdot COOH$.
p-Oxy-β-phenylpropionsäure . . . . $C_6H_4 \cdot OH \cdot CH_2 \cdot CH_2 \cdot COOH$.
p-Oxyphenylessigsäure . . . . . . $C_6H_4 \cdot OH \cdot CH_2 \cdot COOH$.
p-Kresol . . . . $C_6H_4 \cdot OH \cdot CH_3$.
Phenol . . . . $C_6H_5 \cdot OH$.

4. Mercaptan und Schwefelwasserstoff. In ähnlicher Weise wie vorstehend Tyrosin kann Cystein $(HS)CH_2 \cdot CH(NH_2) \cdot COOH$ zu → β-Thiomilchsäure $(HS)CH_2 \cdot CH_2$ $COOH$ → Thioglykolsäure $(HS)CH_2 \cdot COOH$ → Methylmercaptan $(HS)CH_3$ → H_2S abgebaut werden.

5. Fäulnisbasen, Septicine, Ptomaine. Hierzu gehört eine Reihe basischer Stoffe, die zuerst in Leichen (πτῶμα) gefunden worden sind und, weil sie viele Eigenschaften mit den Pflanzenalkaloiden (Coniin, Morphin, Delphinin) teilen[1]), auch wohl Fäulnis- oder Leichenalkaloide genannt werden, obschon sie eine ganz andere Konstitution besitzen als die bekannten Pflanzenalkaloide. L. Brieger hat in menschlichen Leichenteilen nicht weniger als 30 verschiedene Basen feststellen können, die sich wie folgt unterscheiden lassen:

a) Monoamine. Sie können bei der Fäulnis aus den Monoaminosäuren durch Abspaltung von CO_2 entstehen, z. B.:

---

[1]) Wegen vieler ähnlichen Reaktionen der Ptomaine und Pflanzenalkaloide bietet in forensischen Fällen die Untersuchung der Leichen auf letztere vielfach große Schwierigkeiten.

aus Glykokoll $CH_2(NH_2) \cdot COOH \rightarrow$ Methylamin $CH_3 \cdot NH_2 + CO_2$

„ δ, l-Valin $\frac{CH_3}{CH_3}\!>\!CH \cdot CH(NH_2) \cdot COOH \rightarrow$ Isobutylamin $\frac{CH_3}{CH_3}\!>\!CH \cdot CH_2 \cdot NH_2 + CO_2$

„ Phenylalanin $C_6H_5 \cdot CH_2 \cdot CH(NH_2) \cdot COOH \rightarrow$ Phenyläthylamin $C_6H_5 \cdot CH_2 \cdot CH_2 \cdot NH_2 + CO_2$.

Ebenso entsteht aus Tyrosin p-Oxyphenylamin. Mono-, Di- und Trimethylamin, Äthylamin, Phenyläthylamin, p-Oxyphenyläthylamin sind regelmäßig bei der Proteinfäulnis, die 3 Methylamine auch in der Heringslake, p-Oxyphenyläthylamin auch im Mutterkorn beobachtet worden.

b) Diamine. Diese entstehen durch Abspaltung von CO_2 aus Diaminosäuren oder deren Abkömmlingen, z. B. Tetramethylendiamin oder Putrescin $H_2N \cdot CH_2 \cdot CH_2 \cdot CH_2 \cdot CH_2 \cdot NH_2$ aus Ornithin $H_2N \cdot CH_2 \cdot CH_2 \cdot CH_2 \cdot CH(NH_2) \cdot COOH$, Pentamethylendiamin oder Cadaverin (Saprin) $H_2N \cdot (CH_2)_5 \cdot NH_2$ aus Lysin $H_2N \cdot (CH_2)_4 \cdot CH(NH_2) \cdot COOH$.

Die auf diese Weise entstehenden Amine werden proteinogene Amine genannt. Sie werden aber nicht allein durch Fäulnisbakterien, sondern auch durch Hefe und durch den tierischen Organismus gebildet. So baut die Hefe durch Entcarboxylierung das Tyrosin zu p-Oxyphenyläthylamin ab und bildet aus diesem ebenso wie aus dem Tyrosin den entsprechenden Alkohol, Tyrosol. Dasselbe p-Oxyphenyläthylamin entsteht in der hinteren Speicheldrüse der Raubfische und soll hier das Gift „Tyramin“ ausmachen. Das Cystin bzw. Cystein wird im tierischen Organismus durch Entcarboxylierung zu Taurin abgebaut (S. 42) und unter pathologischen Bedingungen treten auch Putrescin und Cadaverin im Harn auf.

c) Sonstige Basen.

Neurin. L. Brieger gelang es, aus fauligem Fleisch die giftige Base der Hirnsubstanz, nämlich das Neurin $C_5H_{13}NO = C_2H_3 \cdot N(CH_3)_3 \cdot OH$ (Trimethylvinylammoniumhydroxyd), ferner das dem Neurin oder Cholin $CH_3 \cdot CH_2 \cdot OH \cdot N(CH_3)_3 \cdot OH$ (Thrimethyloxyvinylammoniumhydroxyd) nahestehende Neuridin $C_5H_{14}N_2$ nachzuweisen, welches letztere mit dem Cadaverin isomer und in dem gewonnenen Zustande so lange giftig ist, als es noch andere Fäulnisstoffe beigemengt enthält, völlig rein aber nicht giftig ist.

Muscarin. Auch der giftige Bestandteil des Fliegenschwammes, das Muscarin $C_5H_{13}NO_2 = N \begin{cases} CH_2 \cdot CHO \\ \equiv (CH_3)_3 \\ OH \end{cases}$ (Oxycholin), isomer mit dem Betain, konnte unter den Basen der Fäulnis von Rind- und Fischfleisch nachgewiesen werden; eine aus faulem Käse und Leim sowie faulender Hefe gewonnene Base hatte eine dem Muscarin ähnliche Wirkung.

Methylguanidin. Das in gefaultem Pferdefleisch gefundene Methylguanidin $(HN)C\!<\!\begin{matrix} NH_2 \\ NH(CH_3) \end{matrix}$ entstammt vielleicht dem Kreatin; 2 mg desselben sollen Meerschweinchen schon nach 20 Minuten töten.

Ferner wurden bei der Fäulnis noch als Basen nachgewiesen:

Gadinin $C_7H_{17}NO_2$ bei der Fäulnis verschiedener Fische und in Leichen.

Mydin $C_8H_{11}NO$ in Leichen und bei der Einwirkung von Typhusbacillen auf peptonisiertes Bluteiweiß.

Mydatoxin $C_6H_{13}NO_2$ in Leichen und faulendem Pferdefleisch; die Base ist stark alkalisch und giftig.

Mytilotoxin $C_6H_{15}NO_2$ aus giftigen Miesmuscheln (Mytilus edulis); sehr stark giftig.

Sardinin $C_{11}H_{11}NO_2$ aus verdorbenen Sardinen.

Hierher sind auch die durch pathogene Bakterien aus Proteinen erzeugten Gifte zu rechnen, z. B.:

Das Typhotoxin $C_7H_{17}NO_2$; es bildet sich bei der Einwirkung von Typhusbacillen auf Fleisch als eine starke giftige Base. Das Tetanotoxin $C_5H_{11}N$ (isomer mit Piperidin) und das Tetanin $C_{13}H_{30}N_2O_4$ durch Behandeln von Rindfleisch mit Tetanusbacillen; es findet sich ferner in gefaulten Kadavern. Das Erysipelin $C_{11}H_{13}NO_3$ bei Rotlauf (Erysipelas), das Ekzemin $C_7H_{15}NO_2$ bei Ekzem, das Pleuricin $C_5H_5N_2O_2$ bei Pleuritiskranken, ein Ptomain $C_{15}H_{10}N_2O_6$ bei Rotzkrankheit, ein desgleichen $C_9H_9NO_4$ bei Influenzakranken. Auch diese Basen sind giftig und teilen die allgemeinen Eigenschaften der Ptomaine.

Letztere bilden sich durchweg nur im Anfange der Fäulnis (bis zum dritten Tage) und nehmen dann wieder ab. Die meisten der eigentlichen Ptomaine sind entweder gar nicht oder nur verhältnismäßig schwach giftig. Wenn man aber bedenkt, daß das eigentliche Leichengift nur in den winzigsten Mengen, z. B. durch das Ritzen der Haut mittels eines mit Leichenflüssigkeit bestrichenen Pfeiles der wilden Volksstämme oder durch den Stich eines Insektes, Blutvergiftung und den Tod des Menschen bewirken kann, so muß das eigentliche Leichengift aus etwas anderem als aus Ptomainen bestehen. Vielleicht sind es enzymartige Verbindungen, die große Massenwirkungen hervorzurufen imstande sind, ohne daß sie selbst dabei eine Einbuße erfahren.

Spaltungserzeugnisse der Nucleoproteine.

Die bei der Spaltung der Nucleoproteine nach S. 24 auftretenden Proteine (Protamine, Histone, Albumine) liefern bei der weiteren Hydrolyse dieselben Aminoverbindungen wie die einfachen Proteine. Dagegen erfahren die anderen Spaltungserzeugnisse, die Nucleine eine abweichende Umsetzung.

1. Die Nucleine.

Unter „Nuclein" verstand man ursprünglich den Kern der Eiterzellen; später fand man aber ähnliche Stoffe als Kerne in der Hefe, überhaupt in zellreichen Organen des Tier- und Pflanzenreiches, und weiter bei der Verdauung gewisser Proteine (der Phosphornucleine und Nucleoproteine). Diese Stoffe zeichnen sich sämtlich durch einen hohen Gehalt an Phosphor (2—10%) aus und gibt man dem Hefennuclein wohl die Formel $C_{29}H_{42}N_{13}P_3O_{23}$. Die von verschiedenen Nucleinen ausgeführten Elementaranalysen stimmen aber nur annähernd mit dieser Formel.

Die Nucleine sind unlöslich in Wasser, Alkohol und Äther; sie werden von Pepsin nicht, dagegen von Pankreatin durch lange fortgesetzte Einwirkung mehr und mehr gelöst; in Alkali sind sie mehr oder weniger leicht löslich. Dasselbe zerlegt sie bei längerer Einwirkung oder beim Erwärmen in Protein und Nucleinsäuren. Hiernach sind die Nucleine als eine Verbindung von Protein mit Nucleinsäuren aufzufassen, als phosphorreiche Nucleoproteine, und kann man durch Fällen von Protein in saurer Lösung mit Nucleinsäuren Verbindungen herstellen, welche den Nucleinen gleichen. Die Nucleine stehen zwischen den Nucleoproteinen und Nucleinsäuren; sie sind stärker sauer als die Nucleinsäuren und in Säuren, auch im Überschuß, nur schwer löslich. Sie geben noch die Proteinreaktionen. Durch Kochen mit verdünnten Säuren liefern die Nucleine außer Phosphorsäure die Xanthinstoffe oder Nucleinbasen und Pyrimidinbasen, viele auch Kohlenhydrate (Pentosen und Hexosen). Man unterscheidet hierbei:

a) Echte Nucleine, welche bei der Spaltung der Nucleoproteine mit Säuren Phosphorsäure und Xanthinkörper liefern — nach Kossel wird das Auftreten von Protein hierbei als erstes Erfordernis eines echten Nucleins angesehen —.

Behufs Darstellung derselben behandelt man Zellen und Gewebe mit Pepsin-Salzsäure, den Rückstand mit sehr verdünntem Ammoniak, fällt mit Salzsäure und wiederholt die Behandlung mit Pepsin-Salzsäure usw.

b) Pseudonucleine oder Paranucleine sind solche Nucleine, welche bei der Spaltung durch Säuren keine Xanthinkörper liefern, daher aus Protein und einer Pseudo- oder Paranucleinsäure bestehen. Die Paranucleine werden als unlöslicher Rückstand bei der Verdauung von gewissen Phosphorproteinen oder Phosphoglykoproteinen mit Pepsin-Salzsäure erhalten. Beide Arten Nucleine geben starke Proteinreaktionen.

2. Nucleinsäuren.

Unter „Nucleinsäuren" versteht man phosphor- und stickstoffhaltige, aber schwefelfreie organische Säuren, die bei der Hydrolyse organisch (wahrscheinlich esterartig) gebundene Phosphorsäure, Purin- (unter Umständen auch Pyrimidin-)Basen sowie ein Kohlenhydrat (Hexose oder Pentose) abspalten. Die Hydrolyse kann durch Schwefelsäure oder Nucleasen bewirkt werden, die sich unter anderem in den wässerigen Auszügen der Darmschleimhaut, in Pankreas, Leber, Hirn, Schilddrüse usw., auch im Weizenembryo finden. Ähnlich verhalten sich Schimmelpilze und Bakterien, für welche nucleinsaures Natrium — freie Nucleinsäure ist bactericid — einen guten Nährboden abgibt. Im Tierkörper bewirken die Nucleinsäuren nach Verfütterung eine vermehrte Phosphorsäure-, aber keine vermehrte Harnsäureausscheidung, sie werden dabei in Allantoin übergeführt oder zu Harnstoff abgebaut.

Die Nucleinsäuren sind durchweg schwer löslich in Wasser; beim Übergießen des trockenen Pulvers mit Wasser entsteht eine schleimige Masse; in Alkalien sind sie leicht löslich; aus der Lösung werden sie durch Säuren gefällt. Gegen schwaches Alkali sind sie ziemlich beständig, in saurer Lösung tritt dagegen schon bei gewöhnlicher Temperatur Spaltung ein. In neutraler Lösung sind sie rechtsdrehend. Die Biuretreaktion tritt bei ihnen nicht ein, wohl aber die Pentosen- bzw. Hexosenreaktion.

Die Nucleinsäuren werden nach der Art ihres Vorkommens unterschieden, z. B.:

Thymusnucleinsäure oder Adenylsäure $C_{43}H_{57}N_{15}O_{30}P_4$ aus der Thymusdrüse des Kalbes;

Salmonucleinsäure $C_{40}H_{56}N_{14}O_{26}P_4$ aus dem Lachssperma,

Hefennucleinsäure $C_{29}H_{42}N_{13}O_{23}P_4$ aus Hefe,

Triticonucleinsäure $C_{41}H_{61}N_{16}O_{10}P_4$ aus dem Weizenembryo.

Hierzu kann auch die Inosinsäure $C_{10}H_{13}N_4O_8P$, gerechnet werden, die im Muskelfleisch und daher im frischen Fleischextrakt vorkommt und aus je 1 Mol. Phosphorsäure, Hypoxanthin und Pentose besteht.

Die im Muskelfleisch und im Fleischextrakt vorkommende Phosphorfleischsäure, Carniferrin, auch „Nucleon" genannt, die bei der Spaltung Kohlensäure, Bernsteinsäure Paramilchsäure und bei der Trypsinverdauung Fleischsäure $C_{10}H_{15}N_3O_5$ liefert, soll mit dem Antipepton gleich oder nahe verwandt sein (S. 29). Sie gibt eine rote Biuretreaktion, wird durch die Alkaloidreagenzien, nicht aber durch Neutralsalze gefällt.

3. Pyrimidinbasen.

In den drei beim Abbau der Nucleinsäuren auftretenden Pyrimidinbasen Uracil, Thymin und Cytosin wird ein Kohlenstoff-Stickstoffring mit 2 Stickstoffatomen in Metastellung angenommen, nämlich wie folgt:

```
 1         6           1         6            1          6
 HN————————CO          HN————————CO           N══════════C·NH2
 |         |           |         |            |          |
 OC2       5CH         OC2       5C·CH3       OC2        5CH
 |         ||          |         ||           |          ||
 HN————————CH          HN————————CH           HN—————————CH
 3         4           3         4            3          4
      Uracil                Thymin                 Cytosin.
```

Uracil, 2,6-Dioxypyrimidin $C_4H_4N_2O_2$ kommt ebenso wie die beiden anderen Pyrimidine nicht in freiem Zustande vor, sondern wird erst bei der Autolyse der Organe oder bei der Hydrolyse der Nucleinsäure gebildet. Es kann aus Harnstoff und Acrylsäure synthetisch dargestellt werden; es krystallisiert aus Wasser in rosettenförmig angeordneten Nadeln, die, rasch erhitzt, bei 338° unter Gasentwicklung schmelzen und beim Kochen mit Alkali nicht zersetzt werden.

Thymin, 5-Methyl-2, 6-Dioxypyrimidin $C_5H_6N_2O_2$ kann durch Methylierung des Uracils künstlich dargestellt werden, krystallisiert aus Wasser in kleinen Nadeln oder dendritisch bzw. sternförmig gruppierten Blättchen, die sich bei vorsichtigem Erhitzen sublimieren lassen, und, rasch erhitzt, bei 318° zusammensintern und bei 331° schmelzen.

Cytosin, 2-Oxy-6-Aminopyrimidin $C_4H_5N_3O + H_2O$ läßt sich künstlich aus 2-Äthylmercapto-6-Oxypyrimidin durch Behandeln mit Phosphoracetylchlorid, weiter mit Ammoniak und Bromwasserstoffsäure künstlich darstellen; krystallisiert in perlmutterglänzenden Blättchen, die bei 100° 1 Mol. Wasser verlieren, über 320—325° sich zersetzen. Durch salpetrige Säure geht es in Uracil über.

4. *Die Nucleinbasen oder Xanthinstoffe.*

Unter den durch Spaltung mit Mineralsäuren aus den Nucleinen entstehenden Nucleinbasen oder Xanthinstoffen versteht man stickstoffhaltige organische Basen, die sämtlich untereinander und zur Harnsäure in naher Beziehung stehen, und weil sie aus einem Alloxur- und Harnstoffkern bestehen, Alloxurbasen oder wegen ihrer Ableitung von dem Purin, einem Diazindiazol $C_5H_4N_4$, auch „Purinbasen" genannt werden.

In dem Purin nimmt E. Fischer einen Kohlenstoff-Stickstoffkern an, in welchem die verschiedenen Wasserstoffatome durch Hydroxyl-, Amid- oder Alkylgruppen in nachstehender Weise ersetzt gedacht werden:

```
        6
1 HN———CO
   |    |   7
2 CO  5 C—NH   8
   |    ||    >CH
3 HN———C—N //
        4  9
```
Xanthin
= 2. 6-Dioxypurin.

```
        6
1 HN———CO
   |    |   7
2 CO  5 C—NH   8
   |    ||    >CO
3 HN———C—NH
        4  9
```
Harnsäure
= 2, 6, 8-Trioxypurin.

```
       1    6
(CH3)N———CO
      |    |   7
   2 CO  5 C—NH   8
      |    ||    >CO
(CH3)N———C—NH
       3   4  9
```
Carnin
= 1, 3-Methylharnsäure.

```
       1    6
(CH3)N———CO   7
      |    |  N(CH3)
   2 CO  5 C<      \
      |    ||      >CH
(CH3)N———C—N //    8
       3   4  9
```
Coffein
= 1, 3, 7-Trimethylxanthin.

Außer als Spaltungsstoffe der Nucleinsäure kommen die meisten Glieder dieser Gruppe auch natürlich vorwiegend im Fleischsaft, den Vögelauswürfen, spurenweise auch im Harn vor. Aber auch in den pflanzlichen Nahrungs- und Genußmitteln sind Abkömmlinge derselben vertreten, so das Coffein in Kaffee, Tee, Kola, das Theophyllin im Tee, das Theobromin im Kakao. Die Xanthinstoffe finden sich auch im Kartoffelsaft und in gekeimtem Samen. Das in den Pflanzen viel verbreitete „Vernin" $C_{16}H_{20}N_8O_8 + 3\,H_2O$ steht insofern mit dieser Gruppe in Verbindung, als es beim Kochen mit Salzsäure Guanin liefert.

Die bei der Spaltung der Nucleine auftretenden 4 Basen Xanthin, Guanin, Hypoxanthin und Adenin zeigen außer durch die gemeinschaftliche Zurückführung auf den Purinkern auch noch dadurch eine Ähnlichkeit, daß durch Einwirkung von salpetriger Säure das Guanin in Xanthin, das Adenin in Hypoxanthin übergeführt werden kann. Diese Umwandlung wird auch durch die Fäulnis bewirkt. Bei der Einwirkung von Salzsäure liefern sämtliche 4 Basen Ammoniak, Glykokoll, Kohlensäure und Ameisensäure. Sie liefern mit Mineralsäuren krystallisierende Salze, die mit Ausnahme der Adeninsalze von Wasser zersetzt werden. Sie sind leicht löslich in Alkalien; aus saurer Lösung werden sie durch Phosphorwolframsäure gefällt, ebenso nach Zusatz von Ammoniak und ammoniakalischer Silberlösung als Silberverbindungen. Ferner ist den Xanthinkörpern eigenartig, daß sie, mit Ausnahme von Coffein und Theobromin, von Fehlingscher Lösung bei Gegenwart eines Reduktionsmittels wie Hydroxylamin oder Natriumbisulfit gefällt werden.

Im Pflanzen- und Tierkörper werden die Xanthinbasen und Nucleoproteine ohne Zweifel synthetisch aufgebaut. Denn sie entstehen z. B. im Sperma vom Rheinlachs, wenn gar keine Nahrung aufgenommen wird Der wachsende Organismus vermehrt seinen

Zellbestand bei ausschließlicher Ernährung mit purinfreier Milch, und bei beginnender Entwicklung des Vogelembryos treten reichlich Purinbasen auf, trotzdem der Eidotter hiervon frei ist.

Im einzelnen ist noch folgendes zu bemerken:

a) ***Xanthin*** $C_5H_4N_4O_2$ = 2,6-Dioxypurin (S. 49), kommt sehr verbreitet vor in den Muskeln, Leber, Milz, Pankreas, Nieren, Karpfensperma, Thymus, Gehirn, bei den Pflanzen in den Keimlingen, Kartoffelsaft, Zuckerrüben, Tee usw. Das Xanthin ist amorph oder stellt körnige Massen von Krystallblättchen oder mit 1 Mol. Wasser auch rhombische Platten dar. Es ist unlöslich in Alkohol und Äther, nur sehr wenig löslich in Wasser, ferner schwer löslich in verdünnten Säuren, dagegen leicht löslich in Alkalien. Eine wässerige Xanthinlösung wird von essigsaurem Kupfer beim Kochen gefällt, bei gewöhnlicher Temperatur von Quecksilberchlorid und ammoniakalischem Bleiessig, nicht jedoch von Bleiessig allein. Das Xanthinsilber ist in heißer Salpetersäure löslich, aus welcher Lösung leicht eine Doppelverbindung auskrystallisiert.

b) ***Guanin*** $C_5H_3N_4O(NH_2)$ oder Aminoxanthin = 2 Amino-6-Oxypurin. Es kommt in vielen tierischen Organen: Leber, Milz, Pankreas, Hoden, Lachssperma, Fischschuppen, in geringer Menge auch in den Muskeln vor, reichlich in den Spinnen- und Vögelauswürfen (Guano), ferner in den jungen Sprossen verschiedener Pflanzen.

Das Guanin ist ein farbloses, amorphes Pulver; aus seiner Lösung in konz. Ammoniak kann es sich beim Verdunsten derselben in kleinen Krystallen ausscheiden. In Wasser, Alkohol und Äther ist es unlöslich; von Mineralsäuren wird es ziemlich leicht, von fixen Alkalien leicht, von Ammoniak dagegen nur schwer gelöst.

c) ***Hypoxanthin*** oder ***Sarkin*** $C_5H_4N_4O$ = 2-Oxypurin; es ist ein ständiger Begleiter des Xanthins in den Geweben, besonders reichlich im Sperma von Lachs und Karpfen, spurenweise in Knochenmark, Milch und Harn; auch in den Pflanzen kommt es neben dem Xanthin vor.

Das Hypoxanthin bildet kleine farblose Krystallnadeln, löst sich schwer in kaltem, leichter in siedendem Wasser (70—80 Teilen), in Alkohol ist es fast unlöslich, von verdünnten Alkalien und Ammoniak wird es leicht, auch von Säuren gelöst.

d) ***Adenin,*** $C_5H_3N_4(NH_2)$ = 6-Aminopurin, Hauptbestandteil der Zellkerne, findet sich in Pankreas, Thymusdrüse, Karpfensperma, im Harn bei Leukämie und in den Teeblättern.

Das Adenin krystallisiert mit 3 Mol. Wasser in langen Nadeln, die an der Luft allmählich und beim Erwärmen rasch trübe werden. Bringt man dieselben in eine zur Lösung ungenügende Menge Wasser und erwärmt letztere, so werden die Krystalle bei $+53°$ plötzlich trübe, was für Adenin besonders kennzeichnend ist.

Dasselbe ist in 1086 Teilen kalten Wassers, in warmem Wasser leichter löslich, in Äther unlöslich, in heißem Alkohol etwas löslich; in Säuren und Alkali wird es leicht gelöst, von Ammoniak leichter als das Guanin, aber schwerer als Hypoxanthin.

Von großer Bedeutung für die Nahrungsmittelchemie sind die zu dieser Gruppe gehörigen Basen: das Theobromin, Coffein und Theophyllin.

e) Das ***Theobromin*** $C_5H_2(CH_3)_2N_4O_2$ = 2, 6-Dioxy- 1, 7-Dimethylpurin oder 1, 7-Dimethylxanthin, kommt vorwiegend in den Kakaosamen (Kernen wie Schalen) und in kleiner Menge auch in den Colanüssen vor. Darstellung und quantitative Bestimmung vgl. in Bd. III unter „Kakao". Das Theobromin läßt sich auch künstlich aus Xanthin in der Weise herstellen, daß man eine alkalische Xanthinlösung mit Bleiacetat fällt und das Xanthinblei mit Methyljodid erhitzt

$$\underset{\text{Xanthinblei}}{C_5H_2PbN_4O_2} + \underset{\text{Methyljodid}}{2\,CH_3J} = \underset{\text{Theobromin}}{C_5H_2(CH_3)_2N_4O_2} + \underset{\text{Bleijodid}}{PbJ_2}.$$

Das Theobromin ist ein weißes krystallinisches Pulver (rhombisches System), sublimiert unzersetzt, schmilzt im zugeschmolzenen Rohr bei 329—330°, und ist unlöslich in Ligroin; 1 Teil Theobromin löst sich in 1600 Teilen Wasser von 17°; ferner lösen je 100 ccm:

Alkohol abs.	Äther	Benzol	Chloroform
0,007 g	0,004 g	0,0015 g	0,025 g Theobromin.

Das Theobromin ist einerseits eine schwache Base, die sich mit einer Haloidsäure und mit Gold- und Platinchlorid, andererseits aber auch mit Basen (Natrium, Barium, Silber usw.) verbindet. Löst man Theobromin in ammoniakalischem Wasser und setzt Silbernitrat zu, so erhält man Theobrominsilber, und wenn man letzteres mit Methyljodid erhitzt, Methyltheobromin oder Coffein:

$$\underset{\text{Theobrominsilber}}{C_5HAg(CH_3)_2N_4O_2} + \underset{\text{Methyljodid}}{CH_3J} = \underset{\text{Coffein}}{C_5H(CH_3)_3N_4O_2} + \underset{\text{Silberjodid.}}{AgJ}$$

Man kann das Theobromin durch Anwendung von titrierter Silbernitratlösung sogar quantitativ bestimmen, indem man einen Überschuß der letzteren zusetzt und im Filtrat das überschüssige Silber durch Rhodanammonium zurücktitriert.

f) ***Theophyllin,*** $C_5H_2(CH_3)_2N_4O_2$ = 2, 6-Dioxy-1, 3-Dimethylpurin oder 1, 3-Dimethylxanthin; das Theophyllin ist isomer mit dem Theobromin, das eine Methyl hat nur eine andere Stellung im Purinkern.

Es bildet monokline Tafeln oder Nadeln (aus heißem Wasser), die bei 264° schmelzen. Es ist leicht löslich in warmem Wasser, schwer löslich in kaltem Alkohol und gibt die Murexidreaktion. Aus Theophyllinsilber und Methyljodid kann ebenfalls wie aus Theobromin Coffein dargestellt werden.

g) ***Coffein*** oder ***Thein,*** Methyltheobromin $C_5H(CH_3)_3N_4O_2$ oder Trimethylxanthin = 2, 6-Dioxy-1, 3, 7-Trimethylpurin, in Kaffeesamen (sog. Bohnen) und Kaffeeblättern, Colanüssen, im chinesischen und Paraguaytee, in geringer Menge in Kakaosamen, in Guarana (aus den Früchten der Paulinia sorbilis zubereitet).

Das Coffein oder Thein kann synthetisch aus Theobromin und Theophyllin (beide Dimethylxanthin), wie schon vorstehend gezeigt ist, dargestellt werden. Es krystallisiert in feinen seideglänzenden Krystallen mit 1 Mol. H_2O, welches es bei 100° verliert; es sublimiert unzersetzt und schmilzt bei 234—235°. Es lösen je 100 Teile:

	Wasser	Alkohol 85 proz.	Alkohol absol.	Äther	Schwefelkohlenstoff	Chloroform	
Bei 15—17°:	1,35 g	2,3 g	0,61 g	0,044 g	0,059 g	12,97 g	Coffein.
In der Siedehitze:	45,5 g (bei 65°)	—	3,12 g	3,6 g	0,454 g	19,02 g	„

Das Coffein ist eine schwache Base; es schmeckt schwach bitterlich; die Salze desselben werden wie die des Theobromins durch Wasser leicht zerlegt.

Einem Hunde oder Kaninchen eingegeben, geht es, ebenso wie das Theobromin in Methylxanthin und in den Harn über. Das Coffein liefert wie Harnsäure die Murexidreaktion; es bildet beim Eindampfen mit konz. Salpetersäure einen gelben Fleck von Amalinsäure, der sich in Ammoniak mit purpurroter Farbe löst. Mit etwas Chlorwasser verdampft, hinterläßt das Coffein einen purpurroten Rückstand, der beim stärkeren Erhitzen goldgelb, mit Ammoniak aber wieder rot wird.

5. Die Gruppe des Harnstoffs.

Zur Gruppe des Harnstoffs werden Harnsäure, Allantoin, Harnstoff, Kreatin, Kreatinin und Carnin gerechnet, die durch die Harnsäure mit der vorhergehenden Gruppe, den Purin- oder Nucleinbasen in Verbindung stehen, dann aber unter sich vielfache Beziehungen haben, indem sie sich ineinander überführen lassen, bzw. bei der Spaltung Harnstoff liefern. Von den Gliedern dieser Gruppe ist nur das Allantoin auch in den Pflanzen vertreten.

a) ***Harnsäure,*** $C_5H_4N_4O_3$ = 2, 6, 8-Trioxypurin (S. 49), kann auch als Diharnstoff aufgefaßt werden, in welchen das Radikal Trioxyacryl $-OC-\overset{|}{C}=\overset{|}{C}-$ getreten ist, also

$$CO\left\langle\begin{matrix}NH-CO-C-NH\\ \qquad\qquad\ \ \| \\ NH-\!-\!-\!-C-NH\end{matrix}\right\rangle CO.$$

Die Harnsäure kommt ausschließlich als Erzeugnis des Stoffwechsels vor, sei es in den Körperorganen oder Säften (Blut, Leber, und als harnsaures Natrium in Gichtknoten), sei es im Harn oder in den Auswürfen, besonders in dem breiigen Harn der Vögel (Guano), der Reptilien und wirbellosen Tiere (sowohl frei wie als harnsaures Ammon). Aus den Vogel- usw. Auswürfen (Guano) erhält man die Harnsäure durch Auskochen mit Natronlauge, solange noch Ammoniak entweicht, und durch Fällen der Lösung mit Salzsäure; auch aus Harn scheidet sich die Harnsäure durch Zusatz von Salzsäure nach längerem Stehen quantitativ aus.

Künstlich erhält man die Harnsäure durch Erhitzen von Harnstoff mit Glykokoll auf 200°:

$$C_2H_3(NH_2)O_2 + 3\,CO(NH_2)_2 = C_5H_4N_4O_3 + 3\,NH_3 + 2\,H_2O$$

oder aus Acetessigester und Harnstoff, oder durch Erhitzen von Trichlormilchsäureamid mit Harnstoff:

$$CCl_3{-}CH(OH){-}CO(NH_2) + 2\,CO(NH_2)_2 = C_5H_4N_4O_3 + 3\,HCl + NH_3 + H_2O.$$

Umgekehrt zerfällt die Harnsäure durch längeres Erhitzen mit Wasser in Harnstoff und Dialursäure (bzw. in Kohlensäure und Ammoniak):

$$C_5H_4N_4O_3 + 2\,H_2O = C_4H_4N_2O_4 + CO(NH_2)_2.$$

Beim Kochen der Harnsäure mit Oxydationsmitteln (wie Wasser und Bleisuperoxyd, Wasser und Braunstein, Kalilauge und Ferricyankalium, Ozon und Kaliumpermanganat) entsteht Allantoin (vgl. unter b).

Durch Einwirkung von Phosphoroxychlorid ($POCl_3$) entsteht 2, 6, 8-Trichlorpurin, woraus sich Xanthin und hieraus weiter Theobromin und Coffein herstellen lassen.

Die Harnsäure bildet weiße, kleine, schuppenförmige, bei langsamer Ausfällung wetzsteinförmige Krystalle, die fast unlöslich in Wasser (in 14 000—15 000 Teilen bei 20°), ferner unlöslich in Alkohol und Äther sind. Sie ist eine schwache zweibasische Säure, bildet aber vorwiegend nur primäre Salze; auch diese sind meistens sehr schwer löslich in Wasser; dagegen sind harnsaures Lithium, harnsaures Piperazin ($C_4H_{10}N_2$ = Diäthylendiamin) und harnsaures Formin [Urotropin = Hexamethylentetramin $(CH_2)_6N_4$] leicht löslich; aus dem Grunde finden Lithiumcarbonat, Piperazin- und Forminverbindungen Anwendung zum Lösen von Harnsäureausscheidungen in den Organen.

Zum qualitativen Nachweis von Harnsäure verdampft man eine kleine Menge derselben mit etwas Salpetersäure im Wasserbade zur Trockne; es hinterbleibt ein rötlicher Rückstand, der auf Zusatz von verdünntem Ammoniak (oder Ammoniumcarbonat) purpurrot und auf weiteren Zusatz von Ätzalkalien rot- bzw. blauviolett wird (Murexid-Reaktion). Eine Auflösung von Harnsäure in etwas Soda erzeugt auf einem mit Silbernitrat getränkten Papier einen dunkelbraunen Fleck von metallischem Silber. Beim Kochen von Harnsäure mit Fehlingscher Lösung wird Cu_2O gefällt, indem sich gleichzeitig Allantoin bildet; wenn viel Kali zugegen ist, löst Harnsäure 1—1,5 Mol. CuO zur lasurblauen Flüssigkeit, die bald einen weißen Niederschlag von harnsaurem Kupferoxydul ausscheidet.

b) Allantoin, $C_4H_6N_4O_3 = CO\left\langle\begin{array}{l} NH{-}CH{-}NH \\ \qquad\;\; | \\ HN{-}CO \quad NH_2 \end{array}\right\rangle CO$ (Glyoxyldiureid), findet sich im Harn der Kälber, der neugeborenen Kinder, der Schwangeren, der Allantoisflüssigkeit der Kühe, ferner in den Trieben mehrerer Bäume (Platane, Roßkastanie, Ahorn).

Über seine Bildung aus Harnsäure vgl. vorstehend. Da nach Fütterung von Harnsäure an Hunde eine vermehrte Menge Allantoin im Harn auftritt, so entsteht letzteres im Tierkörper auch wahrscheinlich aus Harnsäure. Synthetisch kann es auch durch Erhitzen von 1 Teil Glyoxylsäure mit 2 Teilen Harnstoff gewonnen werden.

Das Allantoin bildet farblose, oft sternförmige Drusen bzw. Prismen, ist in kaltem Wasser und Alkohol schwer, in siedendem sowie in Äther leicht löslich. Es verbindet sich direkt mit Metalloxyden. Die Murexidreaktion gibt das Allantoin nicht.

c) ***Harnstoff*** oder Carbamid, $H_2N \cdot CO \cdot NH_2$, im Harn aller Säugetiere, besonders der Fleischfresser, der Amphibien usw.; Menschenharn enthält 2—3%. Da der Harnstoff das letzte Umsetzungserzeugnis der Proteine im Tierkörper ist, so findet er sich in allen tierischen Flüssigkeiten und Organen (Blut, Lymphe, Leber, Niere, Muskel usw.); größere Mengen in allen Organen der Plagiostomen; auch in der Glasflüssigkeit des Auges, im Schweiß, Speichel, in den Molken ist Harnstoff nachgewiesen. Die von einigen Seiten behauptete Bildung des Harnstoffs bei der Oxydation der Proteine wie das Vorkommen in Pilzen bedarf wohl noch weiterer Nachprüfung.

Aus Harn gewinnt man den Harnstoff durch Eindampfen und Fällen mit starker Salpetersäure; der Niederschlag wird in kochendem Wasser gelöst, mit etwas Kaliumpermanganatlösung entfärbt, mit Bariumcarbonat zersetzt, das Gemisch zur Trockne verdampft und aus dem Rückstand der Harnstoff mit starkem Alkohol ausgezogen.

Der Harnstoff kann aber auf verschiedene Weise künstlich dargestellt werden; die erste künstliche Darstellung war die von Wöhler (1828) aus cyansaurem Ammon beim Eindampfen der wässerigen Lösung desselben durch einfache Umlagerung:

$$\underset{\text{Ammoniumcyanat}}{NCO(NH_4)} = \underset{\text{Harnstoff.}}{H_2N \cdot CO \cdot NH_2}$$

Durch Erhitzen sowohl von kohlensaurem als carbaminsaurem Ammon auf 120° in verschlossenen Gefäßen:

$$\underset{\text{Ammoniumcarbonat}}{(NH_4)_2CO_3} = \underset{\text{Harnstoff}}{H_2N \cdot CO \cdot NH_2} + 2\,H_2O \quad \text{und} \quad \underset{\text{Ammoniumcarbaminat}}{H_2N \cdot CO \cdot O(NH_4)} = \underset{\text{Harnstoff.}}{H_2N \cdot CO \cdot NH_2} + H_2O$$

Aus Carbonylchlorid und Ammoniak durch Einleiten von Kohlenoxyd in ammoniakalische Kupferchlorürlösung und auf noch manche andere Weise kann Harnstoff künstlich dargestellt werden.

So einfach und vielseitig aber die künstliche Darstellung des Harnstoffs ist, so wenig Klarheit herrscht bis jetzt über die Entstehungsweise desselben aus den Proteinen im Tierkörper. Die schon öfter gemachte Angabe, daß er bei der direkten Oxydation der Proteine entsteht, wird bezweifelt.

Der Harnstoff bildet lange, nadelförmige, gestreifte, tetragonale Krystalle, die kühlend, salpeterähnlich schmecken und in Wasser und Alkohol leicht löslich sind. Derselbe schmilzt bei 132°. Er verhält sich Säuren und Salzen gegenüber wie eine einwertige Base.

Erwärmt man bis zum wiederbeginnenden Erstarren im Reagensrohr, so bildet sich unter Ammoniakentwicklung Biuret:

$$\underset{\text{Harnstoff}}{H_2N \cdot CO \cdot NH_2 + H_2N \cdot CO \cdot NH_2} = \underset{\text{Biuret.}}{H_2N \cdot CO \cdot NH \cdot CO \cdot NH_2} + NH_3$$

Löst man die Schmelze in Wasser und Alkalilauge, setzt dann einige Tropfen verdünnter Kupfersulfatlösung hinzu, so erhält man wie bei den Proteinen eine violette Färbung (Biuretreaktion).

Versetzt man Harnstoffkrystalle mit 1 Tropfen einer wässerigen Furfurollösung und 1 Tropfen Salzsäure, so entsteht eine violette bis purpurrote Färbung.

Beim Erhitzen mit Wasser über 100°, ferner beim Kochen mit Säuren und Alkalien zersetzt sich der Harnstoff in Kohlensäure und Ammoniak.

Dieselbe Umsetzung vollziehen sehr rasch gewisse Spaltpilze; daher der starke Geruch nach Ammoniak bzw. kohlensaurem Ammon in Bedürfnisanstalten, Viehställen usw.

Wie alle Amide, so wird auch der Harnstoff als Carbamid durch salpetrige Säure in Kohlensäure und freies Stickstoffgas zerlegt:

$$CO(NH_2)_2 + 2\,NHO_2 = CO_2 + 3\,H_2O + 4\,N\,.$$

Natriumhypobromit (Brom bei Gegenwart von Alkalilauge) bewirkt dieselbe Umsetzung:

$$CO(NH_2)_2 + 3\,NaOBr = CO_2 + 2\,H_2O + 3\,NaBr + 2\,N.$$

Wenn Alkali im Überschuß vorhanden ist, so entwickelt sich nur Stickstoffgas und kann aus dessen Raummaß die Menge des zersetzten Harnstoffs berechnet werden (Verfahren von Knop-Wagner).

Diese Reaktion kann, wenn keine anderen störenden Stickstoffverbindungen (wie Ammoniak) vorliegen, zur quantitativen Bestimmung benutzt werden.

Die Titration des Harnstoffs mit Mercurinitrat wird jetzt meistens durch das Kjeldahl-Verfahren ersetzt.

d) ***Kreatin,*** $C_4H_9N_3O_2$, leitet sich von Imidoharnstoff $C(NH)\langle{}^{NH_2}_{NH_2}$ oder Guanidin ab und ist als Methylguanidinessigsäure $= C(NH)\langle{}^{NH_2}_{N(CH_3)(CH_2 \cdot COOH)}$ oder Methylglykocyamin aufzufassen. Es kommt vorwiegend im Muskelsaft, Fleischextrakt vor, ferner in geringerer Menge im Blut, Gehirn, Amniosflüssigkeit und Harn.

Künstlich erhält man das Kreatin durch Erhitzen von Methylamidoessigsäure (Sarkosin) mit Cyanamid:

$$\underset{\text{Sarkosin}}{NH(CH_3) \cdot CH_2 \cdot COOH} + \underset{\text{Cyanamid}}{C{\equiv}N \,/\, NH_2} = \underset{\text{Kreatin.}}{C(NH)\langle{}^{NH_2}_{N(CH_3)(CH_2 \cdot COOH)}}$$

Beim Erhitzen mit Bariumhydroxyd zerfällt das Kreatin in Sarkosin und Harnstoff:

$$\underset{\text{Kreatin}}{C(NH)\langle{}^{NH_2}_{N(CH_3)(CH_2 \cdot COOH)}} + H_2O = \underset{\text{Sarkosin}}{NH(CH_3) \cdot CH_2 \cdot COOH} + \underset{\text{Harnstoff.}}{CO(NH_2)_2}$$

Das Kreatin krystallisiert mit 1 Mol. H_2O in farblosen, rhombischen Säulen, löst sich bei Zimmertemperatur in 74 Teilen Wasser und 9419 Teilen absolutem Alkohol, in der Wärme löst sich mehr; in Äther ist es unlöslich. Durch Erhitzen mit verdünnten Säuren geht es unter Wasserabspaltung über in:

e) ***Kreatinin,*** $C_4H_7N_3O$ oder $C(NH)\langle{}^{NH - CO}_{N(CH_3) - CH_2}$ (mit Bindung CO—CH_2), Glykolylmethylguanidin oder Methylglykocyanidin, d. h. ein Methylguanidin, in welchem 2 H-Atome der Aminogruppe durch den zweiwertigen Rest der Glykolsäure, das Glykolyl $-CH_2-CO-$ vertreten sind. Es findet sich vorwiegend im ermüdeten Muskel, ferner in geringer Menge im Blut und Harn und dann auch neben Kreatin im Fleischextrakt. Ohne Zweifel nimmt es überall seine Entstehung aus dem Kreatin durch Wasserentziehung. Umgekehrt kann es durch Erwärmen mit Basen unter Wasseraufnahme wieder in Kreatin übergeführt werden. Das Kreatinin bildet farblose, neutrale Prismen, löst sich bei 16° in 11,5 Teilen Wasser und 10,2 Teilen absoluten Alkohols; es verbindet sich mit Säuren und Basen.

f) ***Carnin*** $C_5H_2(NH_2)_2N_4O_3 =$ 1, 3-Dimethylharnsäure oder 2, 6, 8-Trioxy-, 1, 3-Dimethylpurin; seine Zugehörigkeit zu dieser Gruppe ist auch dadurch begründet, daß es durch Oxydationsmittel in Hypoxanthin übergeführt werden kann. Es kommt in Froschmuskeln und Fischfleisch vor und ist zuerst im amerikanischen Fleischextrakt gefunden. Das Carnin gibt die sog. Weidelsche Xanthinreaktion.

g) ***Guanidin*** $CH_5N_3 =$ Iminoharnstoff $NH_2 \cdot C(NH) \cdot NH_2$. Es entsteht bei der Oxydation des Guanins, ferner synthetisch durch Erhitzen von Cyanamid mit Ammoniumchlorid:

$$\underset{\text{Cyanamid}}{N \vdots C \cdot NH_2} + NH_4Cl = \underset{\text{Guanidin.}}{NH_2 \cdot C(NH) \cdot NH_2} + HCl$$

Das Guanidin kommt nach E. Schulze auch in den Pflanzen, besonders in den etiolierten Wickenkeimlingen[1]) natürlich vor und ist eine starke, einwertige Base, welche sich direkt mit Säuren verbindet. Es bildet farblose, in Wasser und Alkohol lösliche Krystalle.

---

[1]) Über die Gewinnung des Guanidins aus Wickenkeimlingen vgl. E. Schulze: Zeitschr. f. physiol. Chemie 1893, **17**, 193 u. Landw. Versuchsstationen 1896, **46**, 65.

Das Methylguanidin, $NH_2 \cdot C(NH) \cdot NH(CH_3)$, wird beim Kochen einer Kreatinlösung mit Quecksilberoxyd oder Bleisuperoxyd usw. erhalten; es gehört zu den Ptomainen, findet sich in den Cholerabacillenkulturen, sowie in faulem Fleisch und bildet giftige, zerfließliche Krystalle.

Sonstige Stickstoffverbindungen des Tier- und Pflanzenreiches.

Außer den vorstehenden, teils im ursprünglichen Zustande, teils als Spaltungsstoffe der Proteine im Tier- und Pflanzenreich vorkommenden Stickstoffverbindungen, die sich in bestimmte Gruppen unterbringen lassen, gibt es noch verschiedene andere Stickstoffverbindungen in den Nahrungsmitteln, die zum Teil vereinzelt stehen, daher hier auch getrennt besprochen werden mögen. Hierzu gehören:

1. Lecithin* und *sonstige Phosphatide (aus der Gruppe der Lipoide)[1]). Unter „Phosphatide" versteht man stickstoff- und phosphorhaltige Verbindungen, welche in mancher Hinsicht (Löslichkeit und physikalischen Eigenschaften) den Fetten nahestehen, sich aber dadurch von ihnen unterscheiden, daß sie mit Wasser kolloidale Lösungen geben, aus denen sie durch Säuren gefällt werden. Es sind halbfeste, wachsartige oder feste, farblose oder schwachgelbliche, stark hygroskopische Stoffe; mit wenig Wasser bilden sie die sog. Myelinformen, mit viel Wasser aber kolloidale Lösungen, die im verdünnten Zustande filtrierbar sind.

Die Phosphatide sind leicht löslich in Äther, Chloroform, Benzol, Tetrachlorkohlenstoff, Dichloräthylen sowie in heißem Alkohol und Essigäther, schwer löslich in Aceton und Methylacetat. Sie nehmen rasch Sauerstoff auf und verändern sich. Durch Alkali werden sie rasch gespalten; organische Säuren wirken in der Kälte nicht, unorganische Säuren langsam ein; auch Fermente bewirken Spaltung.

Die Phosphatide finden sich weit verbreitet in fast allen Teilen der Tiere und Pflanzen (besonders reichlich im Gehirn, dem Eigelb, dem Sperma und Rogen der Fische, in den Samen der Leguminosen usw.).

Man teilt sie je nach dem Gehalt an Stickstoff und Phosphor ein in:

Monoaminomonophosphatide	(N : P wie 1 : 1)
Monoaminodiphosphatide	(N : P wie 1 : 2)
Diaminomonophosphatide	(N : P wie 2 : 1) usw.

Zu den Monoaminomonophosphatiden gehören die Kephaline des Gehirns und die wichtigsten unter ihnen, die Lecithine, welche von den Phosphatiden am weitesten verbreitet und am genauesten untersucht sind.

Die Lecithine, z. B. $C_{42}H_{84}NPO_9$, können als eine Glycerinphosphorsäure aufgefaßt werden, worin die zwei Hydroxylwasserstoffe des Glycerinrestes durch die Radikale der Fettsäuren (Öl-, Palmitin- oder Stearinsäure) und der Wasserstoff des Phosphorsäurerestes durch Cholin (Trimethyloxyäthylammoniumhydroxyd) ersetzt sind, also z. B. für das Oleinpalmitinlecithin:

$$C_3H_5 \begin{cases} O \cdot C_{18}H_{33}O \\ O \cdot C_{16}H_{31}O \\ O \cdot PO \begin{matrix} \diagup OH \\ \diagdown O \cdot C_2H_4(CH_3)_3N \cdot OH \end{matrix} \end{cases}$$

Ebenso kennt man ein Distearin-, Dipalmitin- und Dioleolecithin bzw. Gemische hieraus, als welche sie meistens in den tierischen wie pflanzlichen Fetten vorkommen.

---

[1]) Die Gruppe der organischen Lipoide wird eingeteilt in:
a) Phosphor- und stickstoffhaltige Lipoide oder Phosphatide;
b) Phosphorfreie und stickstoffhaltige Lipoide oder Cerebroside (Glykoside);
c) Phosphor- und stickstofffreie Lipoide oder Cholesterine bzw. Phytosterine (Sterine).

Durch Barytwasser zerfallen die Lecithine in die Fettsäuren, Glycerinphosphorsäure und Cholin, z. B. Distearinlecithin:

$$\underset{\text{Distearinlecithin}}{C_{44}H_{90}NPO_9} + 3\,H_2O = 2\,\underset{\text{Stearinsäure}}{C_{18}H_{36}O_2} + \underset{\text{Glycerin-phosphorsäure}}{C_3H_9PO_8} + \underset{\text{Cholin}}{C_5H_{15}NO_2}$$

Dieser Umsetzung verdankt auch wahrscheinlich das in tierischen und pflanzlichen Stoffen vorkommende Cholin seine Entstehung.

Weil das Nervengewebe (Gehirn) vorwiegend durch einen hohen Gehalt an Phosphatiden ausgezeichnet ist, wird das Lecithin jetzt vielfach als nervenstärkendes Mittel empfohlen und für diese Zwecke fabrikmäßig hergestellt.

2. Protagon und ***Cerebroside.*** Das Protagon, $C_{100}H_{308}N_5PO_{35}$, in der weißen Substanz des Gehirns ist eine Verbindung — nach anderer Annahme ein Gemisch — von Phosphatiden (Lecithin) und Cerebrosiden. Für eine Verbindung spricht der Umstand, daß durch wiederholtes Umkrystallisieren aus heißem Methyl- und Äthylalkohol, Chloroform oder Eisessig ein Körper von beständiger Zusammensetzung (66,57% C, 10,98% H, 2,39% N, 0,93% P, 0,73% S) erhalten wird, der sich durch Barythydrat in Cerebroside, Phosphatide (bzw. Fettsäure, Glycerinphosphorsäure und Cholin) spalten läßt.

Die Cerebroside sind stickstoffhaltige — aber phosphorfreie — Glykoside, die durch Hydrolyse mit Säuren in Galaktose und eine stickstoffhaltige Verbindung (Aminocerebrinsäure?) gespalten werden.

3. Vitamine (Lebensstoffe). Der Umstand, daß bei ausschließlichem Genuß von geschältem Reis bei Menschen und Tieren die Beriberikrankheit (Appetitlosigkeit, Gewichtsabnahme, Lähmungen u. a.), bei fast ausschließlichem Genuß von Dauerwaren, wie eingepökeltem Fleisch, Trockengemüse, kondensierter Milch der Skorbut (Schwellungen des Zahnfleisches, an der Kniekehle und den Waden, Herzschwäche, Abmagerung usw.), daß ferner bei Kindern nach fortwährendem Genuß von hochsterilisierter Milch und Kindermehlen der infantile Skorbut oder die Barlowsche Krankheit (Anämie, Muskelschwäche, Schmerzen in den Beinen, Herzschwäche, Atrophie des Knochengewebes usw.) auftreten, während bei Genuß von ungeschältem Reis bzw. von frischen oder nur schwach gekochten Nahrungsmitteln (Fleisch, Milch, Gemüse usw.) diese Krankheiten nicht auftreten, hat Veranlassung zu der Annahme gegeben, daß in letzteren Fällen besondere eigenartige Stoffe vorhanden sind, die zur vollen Wirkung durchaus erforderlich erscheinen, aber durch die Zubereitung der Nahrungsmittel entfernt werden.

In der Tat wollen Suzuki und Mitarbeiter in der Schale und Silberhaut des Reiskornes[1]) einen stickstoffhaltigen Stoff, das Oryzanin gefunden haben, durch dessen Beigabe zur Nahrung die Beriberikrankheit sowohl verhindert als aufgehoben werden kann. Das Rohoryzanin gibt mit p-Diazobenzolsulfonsäure eine blutrote Färbung und durch zweistündiges Erhitzen mit 3 proz. Salzsäure zwei Säuren, nämlich eine α-Säure, $C_{10}H_8NO_2$, und eine β-Säure, $C_{18}H_{16}N_2O_9$. Der Reis soll 0,4—0,5% und mehr dieses Stoffes enthalten. Auch in Milch und Hefe glaubt man solche Stoffe gefunden zu haben, in Milch z. B. 0,1—0,3 g in 1 l. Hier werden die Stoffe allgemein „Vitamine" genannt. C. Funk gibt für das Vitamin bzw. Oryzanin aus Reisschalen folgende Formeln: $C_{24}H_{19}O_9N_5$ und $C_{26}H_{20}O_9N_4$ (Schmelzp. 229° und 233°) an und hält es für eine vierbasische Säure, die von Nicotinsäure begleitet wird. Funk ist der Ansicht, daß die Wirkung, welche den Lipoiden für die Ernährung zugeschrieben wird, in Wirklichkeit den Vitaminen zukomme, weil sie mit den Lipoiden durch Alkohol gelöst würden. Sie sollen vorwiegend den Kohlenhydratstoffwechsel beeinflussen, während Uhlmann auf Grund vieler Versuche mit dem fabrikmäßig aus Reiskleie hergestellten Orypan behauptet, daß die Vitamine allgemein anregend auf die Drüsentätigkeit wirken und besonders auch die Verdauungsdrüsen zu einer größeren Absonderung anregen und dadurch die Verdauung

[1]) Durch Ausziehen mit Alkohol, Fällen des Auszuges mit Phosphorwolframsäure und Zersetzen des Niederschlages mit Barythydrat.

beschleunigen und erhöhen. Von anderer Seite (E. Abderhalden) wird indes die Bedeutung der Vitamine noch in Zweifel gezogen.

4. *Cholin* (Sinkalin, Bilineurin), $C_5H_{15}NO_2 = N \begin{matrix} \diagup C_2H_4 \cdot OH \\ \equiv (CH_3)_3 \\ \diagdown OH \end{matrix}$, Trimethyloxyäthylammoniumhydroxyd. Es kommt neben Muscarin im Fliegenschwamm sowie in anderen Schwämmen vor, ferner in 2—3 Tage alten Leichen, in Heringslake, aber besonders nach den Untersuchungen von E. Schulze als regelmäßiger Betsandteil in einer Reihe von Samen, wie Wicke, Erbse, Hanf, Bockshorn, Areca-Nuß, Erdnuß, Linse, in verschiedenen Pilzen, Hopfen, Mutterkorn, in Baumwolle-, Buchenkern-, Cocosnuß-, Palmkern- und Sesamkuchen, in den Keimpflanzen der Wicke, der gelben und weißen Lupine, der Sojabohne, der Gerste, dem Kürbis usw., in den Kartoffeln und Rüben. Nach E. Schulze ist das Cholin durchweg vorgebildet in den Pflanzen enthalten und bildet sich nicht erst durch Umsetzung des Lecithins. Künstlich erhält man es durch Erhitzen von Äthylenoxyd mit Trimethylamin und Wasser.

Das Cholin bildet zerfließliche Krystalle von stark alkalischer Reaktion, absorbiert Kohlensäure, schmilzt unter Zersetzung bei 232—241°; die gut krystallisierenden Salze des Cholins sind meistens zerfließlich; es wird als nicht giftig bezeichnet. Durch Oxydation entsteht daraus Betain, mit konz. Salpetersäure Muscarin, S. 46.

5. *Betain* (Lycin, Oxyneurin), $C_5H_{11}NO_2 + H_2O = (HOOC \cdot CH)N(CH_3)_3 \cdot OH$ oder $\begin{matrix} CH_2 \cdot N(CH_3)_3 \\ | \qquad | \\ CO—O \end{matrix}$, Anhydrid des Trimethylhydroxylglykokolls. Es ist in der Pflanzenwelt sehr weit verbreitet, es wurde in den Keimlingen von Wicken, Weizen und Gerste, in der Zuckerrübe (zu 0,10—0,25%) bzw. in der Melasse, in den Stengeln und Blättern von Lycium barbarum, im Baumwollesamen und auch in der Miesmuschel (vgl. S. 46) gefunden; es entsteht wahrscheinlich aus den Proteinspaltungserzeugnissen, weniger durch Oxydation des Cholins; es tritt als freie Base auf.

Künstlich kann das Betain erhalten werden aus Trimethylamin und Chloressigsäure, aus Glycin, Methyljodid, Ätzkali und Holzgeist.

Es krystallisiert aus Alkohol in großen Krystallen, die an der Luft zerfließen und bei 100° 1 Mol. Wasser verlieren; es ist nicht giftig.

6. *Trigonellin* $C_7H_7NO_2$, welches als das Methylbetain der Nicotinsäure $\begin{matrix} CH \cdot C —— CO \\ CH \begin{matrix} \diagup \\ \diagdown \end{matrix} \quad \rangle CH \qquad \rangle O \\ CH : N(CH_3) \end{matrix}$ aufgefaßt wird, wurde im Samen von Trigonella foenum graecum, Coffea arabica, in den Samen von Erbse und Hanf sowie in Keimpflanzen gefunden. Es ist nicht giftig.

7. *Stachydrin* $C_7H_{13}NO_2 + H_2O = C_4H_6 \cdot N(CH_3)_2 \cdot COOH$ oder

$$\begin{matrix} H_2C —— CH_2 \\ H_2C \qquad CH—CO \\ N —— O \\ CH_3 \quad CH_3 \end{matrix}$$

(Methylbetain der Hygrinsäure, Dimethylbetain der α-Pyrrolidincarbonsäure). Es kommt in den Stachysknollen und in den Blättern vor. Es bildet farblose durchsichtige Krystalle, die an der Luft zerfließen und schon über konz. Schwefelsäure ihr Krystallwasser verlieren. Die Lösungen reagieren neutral und haben einen unangenehmen süßlichen Geschmack. Es ist nicht giftig und geht — 1 g für den Tag beim Menschen — unverändert in den Harn über.

8. *Die Lupinenalkaloide.* Über die Lupinenalkaloide liegt eine große Anzahl von Untersuchungen vor und scheinen die verschiedenen Arten von Lupinen auch verschiedene Arten von Alkaloiden zu enthalten.

a) Lupanin, $C_{15}H_{24}N_2O$, kommt in den blauen Lupinen (Lupinus angustifolius) und auch in den weißen Lupinen (Lupinus albus) vor.

Es wird zwischen einem flüssigen und festen Lupanin unterschieden; das **flüssige** Lupanin krystallisiert beim Stehen im Vakuum über Schwefelsäure, ist sehr zerfließlich und rechtsdrehend. Die Salze sind meistens weniger löslich und krystallisieren leichter als die des festen Lupanins. Das Chlorhydrat $C_{15}H_{24}N_2O \cdot HCl + 2\,H_2O$ krystallisiert in Prismen und schmilzt bei 132—133°; die Goldchloridverbindung $C_{15}H_{24}N_2O \cdot HCl \cdot AuCl_3$ schmilzt bei 198—199°, ist unlöslich in kaltem Wasser und absolutem Alkohol.

Das **feste** Lupanin ist neben dem flüssigen in den weißen Lupinen enthalten; es kann durch wenig Äther von dem löslicheren flüssigen Lupanin getrennt und aus Ligroin umkrystallisiert werden. Es bildet monokline Krystalle vom Schmelzp. 99°, ist sehr leicht löslich in Wasser, Alkohol, Äther, Chloroform, weniger in Benzol, fast unlöslich in Ligroin vom Siedep. 45—60°, schmeckt sehr bitter, reagiert alkalisch, ist optisch inaktiv. Das Chlorhydrat $C_{15}H_{24}N_2O \cdot HCl + 2\,H_2O$ schmilzt bei 105—106°, ist leicht löslich in Alkohol, unlöslich in Äther; das Platindoppelsalz $(C_{15}H_{24}N_2O \cdot HCl)_2 \cdot PtCl_4$ bildet glänzende, orangegelbe Krystalle, ebenso das Golddoppelsalz $C_{15}H_{24}N_2O \cdot HCl \cdot AuCl_3$, welches unter Zersetzung (wie das Platinsalz) bei 182—183° schmilzt.

b) Lupinin, $C_{21}H_{40}N_2O_2 = C_{21}H_{38}N_2(OH)_2$, in den Samen der gelben und schwarzen Lupinen (Lupinus luteus bzw. L. niger). Über die Feststellung der Natur der Alkaloide der gelben Lupinen sind wohl die meisten Untersuchungen angestellt.

Anfänglich rechnete man diese Körper unter dem Namen „Lupinin" wegen des bitteren Geschmackes unter die Gruppe der Bitterstoffe, später wiesen Beyer und Siewert ihre Alkaloidnatur nach. Letzterer will in den Lupinenalkaloiden Conhydrin und Dimethylconhydrin (die Schierlingsalkaloide), welchen nach Schulz die Formeln $C_8H_{17}NO_2$ und $C_7H_{15}NO$ zukommen, erkannt haben; G. Baumert findet jedoch durch eingehende Untersuchungen, daß die Lupinenalkaloide mit den Schierlingsalkaloiden nicht in Beziehung gebracht werden dürfen, sondern als selbständige Gruppe anzusehen sind. Für das gut krystallisierende Lupinin findet er die empirische Formel $C_{21}H_{40}N_2O_2$, welches als ein tertiäres Diamin aufzufassen ist. Willstätter und Fourneau halten das Lupinin ebenfalls für eine tertiäre Base, deren Sauerstoff als Hydroxyl vorhanden ist, und die am Stickstoff keine Methylgruppe enthält, sie geben dem Lupinin die einfache Formel $C_{10}H_{19}NO$; es soll ihm ein dem Cinchonin und Chinin ähnliches Ringsystem zukommen.

Das Lupinin schmilzt bei 67—68°, siedet im Wasserstoffstrom unzersetzt bei 255—257°, riecht fruchtartig und schmeckt stark bitter; es liefert beim Erhitzen mit konz. Salzsäure bei 180° Anhydrolupinin $C_{21}H_{38}N_2O$ und bei 200° Dianhydrolupinin $C_{21}H_{36}N_2$.

c) Lupinidin, ein Gemenge der öligen Base $C_8H_{15}N$ mit dem krystallinischen Hydrat $C_8H_{15}N + H_2O$ (d. h. eine Auflösung des letzteren in ersterer) verbleibt in dem **flüssigen**, von Lupinin befreiten Anteil und kann daraus durch Umwandlung in das schwefelsaure oder jodwasserstoffsaure Salz rein gewonnen werden.

Das Lupinidin ist als Monoamin aufzufassen und dem Paraconiin isomer, welches dem Coniin in seinen Eigenschaften sehr nahe kommt.

Die Base $C_8H_{15}N$ bildet ein dickflüssiges Öl, ist leicht löslich in Alkohol und Äther, in heißem Wasser schwerer löslich als in kaltem, riecht nach Schierling, schmeckt stark bitter oxydiert sich rasch an der Luft und wirkt wie ein schwaches Gift, dem Curare ähnlich.

9. Glykoside (stickstoffhaltige); diese sind esterartige Verbindungen, die durch Behandeln mit Säuren oder Enzymen in eine Zuckerart (meistens Glykose) und in einen oder mehrere andere Körper gespalten werden (vgl. auch unter Glykose S. 96). Die meisten Glykoside sind stickstofffrei; von den stickstoffhaltigen Glykosiden sind die Cerebroside schon S. 56 erwähnt; ferner mögen noch genannt werden:

a) Amygdalin, $C_{20}H_{27}NO_{11} + 3\,H_2O = C_6H_5 \cdot CHO \cdot (C_{12}H_{21}O_{10})$ CN (Mandelsäurenitrildiglykose), in den bitteren Mandeln (2,5—3,5%), in den Kernen der Äpfel (0,6%), Kirschen (0,82%), Pflaumen (0,96%), Pfirsiche (2,0—3,0%), in den Kirschlorbeerblättern, sowie zahlreichen Familien der Pomaceen, Amygdalaceen, Sorbusarten und der strauchartigen Spiraeaceen.

Es krystallisiert aus starkem Alkohol in wasserfreien, glänzend weißen Blättchen, aus wässerigen Lösungen mit 3 Mol. Wasser in durchsichtigen, prismatischen Prismen.

Es löst sich in 12 Teilen kalten und in jeder Menge kochenden Wassers, in 904 Teilen kalten und 11 Teilen siedenden Alkohols von 95%, in Äther ist es unlöslich; die Lösungen drehen die Ebene des polarisierten Lichtes nach links, es schmilzt unter Zersetzung bei 200°. Von konz. Schwefelsäure wird es mit blaßvioletter Farbe gelöst. Beim Erwärmen mit verdünnter Schwefelsäure dagegen und mit einer geringen Menge Emulsin zerfällt es unter Aufnahme von Wasser nach folgender Gleichung in Glykose, Bittermandelöl und Blausäure:

$$\underset{\text{Amygdalin}}{C_{20}H_{27}NO_{11}} + 2\,H_2O = \underset{\text{Zucker}}{2\,C_6H_{12}O_6} + \underset{\text{Benzaldehyd-cyanhydrin}}{C_6H_5\cdot CH\cdot OH\cdot CN} \quad \text{oder} \quad \underset{\text{Bittermandelöl oder Benzaldehyd}}{C_6H_5\cdot COH} + \underset{\text{Blausäure.}}{HCN}$$

Technisch wird das Bittermandelöl in der Weise hergestellt, daß man die entfetteten bitteren Mandeln in einer Destillierblase mit 80 Teilen Wasser — zur Darstellung von Bittermandelwasser mit 1 Teil Alkohol — und 0,5 Teilen verdünnter Schwefelsäure (1 : 5) zu einer gleichmäßigen Masse anrührt, 12—24 Stunden stehen läßt, darauf auf freiem Feuer oder besser mittels gespannter Wasserdämpfe destilliert.

Dem Gehalt der Kirsch- und Pflaumenkerne an Amygdalin verdanken die Kirsch- und Zwetschenbranntweine ihren Gehalt an Blausäure.

*b) **Glycyrrhizin*** (Glycyrrhizinsäure, Süßholzzucker), $C_{44}H_{63}NO_{18}$, kommt bis 8% an Kalk und Ammoniak ($NH_4\cdot C_{44}H_{62}NO_{18}$) gebunden in der Süßholzwurzel (Glycyrrhiza glabra und echinata), sowie in der Wurzel von Polypodium vulgare und pennatifidum, im Kraut von Myrrhis odorata und in der Rinde von Chrysophyllum glycyphlaeum vor.

Das Glycyrrhizin verhält sich wie eine dreibasische Säure.

Durch fünfstündiges Kochen von 1 Teil Glycyrrhizin mit 50 Teilen verdünnter Schwefelsäure (1 bis 1,5 : 50) zerfällt das Glycyrrhizin in Glycyrrhetin ($C_{32}H_{47}NO_4$) und Parazuckersäure ($C_6H_{10}O_8$):

$$\underset{\text{Glycyrrhizin}}{C_{44}H_{63}NO_{18}} + 2\,H_2O = \underset{\text{Glycyrrhetin}}{C_{32}H_{47}NO_4} + \underset{\text{Parazuckersäure,}}{2\,C_6H_{10}O_8}$$

Das Glycyrrhizin (bzw. das Glycine) dient zur Versüßung von Arzneimitteln und alkoholischen Getränken wie Bier und Likören.

*c) **Myronsäure*** $C_{10}H_{19}NS_2O_{10}$, als myronsaures Kalium, $KC_{10}H_{18}NS_2O_{10}$, vorwiegend im schwarzen Senfsamen (Sinapis nigra und juncea) aber auch in den meisten Cruciferensamen.

Das myronsaure Kalium krystallisiert aus Alkohol in kleinen seidenglänzenden Nadeln, aus Wasser in kurzen, rhombischen Säulen. Es ist leicht löslich in Wasser, schwer löslich in verdünntem Alkohol, kaum löslich in absolutem Alkohol, unlöslich in Äther und Chloroform. Es ist geruchlos, reagiert neutral und besitzt einen kühlen, bitteren Geschmack. Durch das Enzym Myrosin des schwarzen Senfsamens wie auch durch einen wässerigen Auszug des weißen Senfsamens zerfällt das myronsaure Kalium in Glykose, Monokaliumsulfat und Allylsenföl nach folgender Gleichung:

$$\underset{\text{Myronsaures Kalium}}{KC_{10}H_{18}NS_2O_{10}} = \underset{\text{Glykose}}{C_6H_{12}O_6} + \underset{\text{Saures Kaliumsulfat}}{KHSO_4} + \underset{\text{Allylsenföl.}}{C_3H_5\cdot NCS}$$

Emulsin, Hefe und Speichel bewirken diese Umsetzung nicht, die Mengen des myronsauren Kaliums im schwarzen Senfsamen bzw. Mehl werden zu 0,6—5,0% angegeben, die Mengen des daraus entstehenden Senföls zu 0,3—1,0%, während Rübsen- und Brassicasamen 0,032—0,154%, im entfetteten Zustande 0,23—0,79% Senföl liefern.

d) Sinalbin, $C_{30}H_{44}N_2S_2O_{16}$; dasselbe ist an Stelle des myronsauren Kaliums, neben rhodanwasserstoffsaurem Sinapin $C_{16}H_{23}NO_5 \cdot HCNS$, in dem Samen des weißen Senfs (Sinapis alba) enthalten.

Das Sinalbin krystallisiert in kleinen glasglänzenden Nadeln, es ist leicht löslich in Wasser und in 3,3 Teilen kochenden Alkohols von 85%, unlöslich in absolutem Alkohol, Äther und Schwefelkohlenstoff. Es färbt sich durch die geringste Spur Alkali gelb, durch Salpetersäure vorübergehend rot, reduziert alkalische Kupferlösung.

In wässeriger Lösung zerfällt es — ebenso wie in den angefeuchteten Senfsamen — durch Myrosin in Glykose, saures schwefelsaures Sinapin und Sinalbinsenföl:

$$\underset{\text{Sinalbin}}{C_{30}H_{44}N_2S_2O_{16}} = \underset{\text{Glykose}}{C_6H_{12}O_6} + \underset{\text{Saures schwefelsaures Sinapin}}{C_{16}H_{23}NO_5 \cdot H_2SO_4} + \underset{\text{Sinalbinsenföl (Rhodanacrinyl).}}{C_7H_7O \cdot NCS}$$

Über die Menge des Sinalbins im Senfsamen liegen keine Angaben vor; dagegen wird die Menge des rhodanwasserstoffsauren Sinapins in den Senfsamen, auch in dem schwarzen Senfsamen zu 10—13% angegeben.

e) Solanin, $C_{52}H_{93}NO_{18} + 4^1/_2\, H_2O$; es findet sich neben Solanein, $C_{52}H_{83}NO_{13}$, in allen Teilen der Kartoffelpflanzen (in den Knollen zu 0,032—0,068%), besonders in den Schalen (0,24%) und Keimen der Kartoffel, ferner in anderen Solanumarten.

Das Solanin bildet feine seidenglänzende Nadeln vom Schmelzpunkt 244°, ist fast unlöslich in kaltem Wasser, unlöslich in Benzol, Ligroin, Chloroform, Äther und Essigäther, wenig löslich in kaltem, leicht löslich in heißem Alkohol. Es reagiert schwach alkalisch, reduziert Silber-, aber keine alkalische Kupferlösung. Beim Kochen mit verdünnten Säuren zerfällt Solanin wie Solanein in Zucker und Solanidin:

$$\underset{\text{Solanin}}{C_{52}H_{93}NO_{18}} = 2\,\underset{\text{Zucker}}{C_6H_{12}O_6} + \underset{\text{Solanidin}}{C_{40}H_{61}NO_2} + 4\,H_2O \quad \Big| \quad \underset{\text{Solanein}}{C_{52}H_{83}NO_{13}} + H_2O = 2\,\underset{\text{Zucker}}{C_6H_{12}O_6} + \underset{\text{Solanidin.}}{C_{40}H_{61}NO_2}$$

Das Solanin gilt als giftig.

f) Vicin, $C_8H_{15}N_3O_6$. Diese Stickstoffverbindung ist im Samen der Wicken und Saubohnen, in kleinen Mengen auch im Runkelrübensaft nachgewiesen worden.

Es krystallisiert in fächerartigen Büscheln feiner Nadeln, löst sich in 108 Teilen Wasser von 22,5°, ist wenig löslich in kaltem Weingeist, fast unlöslich in absolutem Alkohol, dagegen leicht löslich in verdünnter Kalilauge, Kalk- und Barytwasser, weniger in Ammoniak. Die Elementarzusammensetzung des Vicins ist im Mittel 38,5% C, 6,0% H, 17,2% N und 38,3% O.

Beim Kochen mit verdünnter Kalilauge oder besser mit verdünnter Schwefelsäure zerfällt das Vicin in Zucker (Glykose oder Galaktose?) und Divicin, $C_4H_7N_4O_2$, mit 33,24—33,84% C, 4,84—4,58% H, 38,94—38,45% N und 23,06—23,13% O. Man gewinnt letzteres aus dem Divicinsulfat durch Zerlegen mit Kali und Umkrystallisieren aus Wasser in flachen Prismen. Es reduziert Silberlösung und gibt gelöst, mit Eisenchlorid und etwas Ammoniak versetzt, eine tiefblaue Färbung. Beim Schmelzen mit Kali geben Vicin wie Divicin Ammoniak und Cyankalium.

g) Convicin, $C_{10}H_{15}N_3O_8 \cdot H_2O$; es scheidet sich aus den syrupartigen Mutterlaugen von der Darstellung des Wickenvicins aus und läßt sich von letzterem trennen durch Behandeln mit verdünnter Schwefelsäure, worin sich Vicin leicht und schnell löst. Aus Saubohnen gewinnt man das Convicin durch Ausziehen mit 80 proz. Weingeist; es krystallisiert, nachdem der Alkohol abdestilliert ist, in glänzenden Blättchen aus. Es ist sehr wenig löslich in Wasser und in Alkohol; es bleibt beim Kochen mit Kalilauge unverändert, beim Schmelzen mit Kali wird Ammoniak, aber kein Cyankalium gebildet; es ist in Salz- und Schwefelsäure unlöslich; beim Kochen mit 25—30 proz. Salz- oder Schwefelsäure liefert es Alloxantin.

Durch Oxydation mit Salpetersäure geht Vicin $C_8H_{15}\,N_3O_6$ in Allantoin $C_4H_6N_4O_3$, Convicin $C_{10}H_{15}N_3O_8 \cdot H_2O$ in Alloxanthin $C_8H_4NO_7 \cdot 2\,H_2O$, über.

Hieraus erhellt die nahe Beziehung zwischen Vicin und Convicin. Letzteres ist wahrscheinlich ebenfalls ein Glykosid.

10. Ammoniak und Salpetersäure. Außer den vorstehenden Stickstoffverbindungen kommen in den Pflanzen noch vielfach Ammoniak und Salpetersäure vor. In den reifen Samen findet man Salpetersäure nicht; in den grünen Pflanzen der Gramineen und Leguminosen ist sie bis zu 0,1% enthalten. Sehr bedeutend dagegen kann der Salpetersäuregehalt in den Rübensorten werden.

So wurden z. B. gefunden:

	Rübensaft	Futterrüben	Zuckerrüben
Salpetersäure	0,013—0,285%	0,041—0,407%	0,324—0,926%
Ammoniak	0,006—0,028%	0,005—0,008%	0,147—0,196%

Das Ammoniak soll in Form von phosphorsaurem Ammonmagnesium vorhanden sein.

In tierischen Nahrungsmitteln kommen Salpetersäure und Ammoniak unter regelrechten Verhältnissen nicht vor. Etwa gefundene Salpetersäure dürfte von einem künstlichen Zusatz, Ammoniak durchweg von Zersetzungen herrühren.

Fette und Wachse.

Unter „Fette" bzw. „Öle" im engeren Sinne versteht man die neutralen Ester des dreiwertigen Alkohols, des Glycerins und höherer Fettsäuren (der Essigsäure- und Acrylsäurereihe), unter „Wachse" vorwiegend die esterartigen Verbindungen von höheren Fettsäuren mit ein- und zweiwertigen, in Wasser unlöslichen höheren Alkoholen der Fettsäurereihe.

In der praktischen Nahrungsmittelanalyse verstehen wir unter „Fett" bzw. „Öl" durchweg den durch Ausziehen der Stoffe mit Äthyl- oder Petroläther erhaltenen Rückstand, der außer den eigentlichen Fetten (und bei pflanzlichen Nahrungsmitteln außer den eigentlichen Wachsen) auch noch freie Fettsäuren, den Fetten nahestehende Stoffe (Phosphatide, Lecithine, Sterine, ätherische Öle u. a.), stickstoffhaltige Stoffe (Alkaloide), Kohlenwasserstoffe, Harze, Farbstoffe u. a. — allerdings diese durchweg nur in geringer Menge — einschließt.

Fette.

Allgemeines.

Vorkommen usw. Die für die menschliche Ernährung dienenden Fette entstammen sowohl dem Pflanzen- wie Tierreich. In den Pflanzen entsteht das Fett wahrscheinlich aus Kohlenhydraten; denn bei Ablagerung bzw. Zunahme des Fettes als Reservestoff nehmen die Kohlenhydrate ab; dabei ist aber die Bildung aus Proteinen unter Umständen — aus stickstofffreien Komplexen bei Umsetzungen des Proteins — vielleicht nicht ausgeschlossen. In den Tieren kann das Fett ebenfalls sowohl aus Kohlenhydraten — in der Regel —, als auch aus Protein entstehen, weiter aber hier selbstverständlich aus dem Fett der Nahrung, das als solches oder von welchem Teile desselben im Körper abgelagert werden.

Man gewinnt die Fette entweder durch Ausschmelzen (Schmalz, Talg), Auskochen mit Wasser, Zentrifugieren und mechanische Durcharbeitung (Butter), Auspressen (vorwiegend bei Ölsamen), Ausziehen mit chemischen Lösungsmitteln (Schwefelkohlenstoff, Benzin, Benzol, Tetrachlorkohlenstoff, Aceton); die so gewonnenen Fette, vorwiegend die Pflanzenfette, müssen noch besonders gereinigt werden, was auf verschiedene Weise (durch Filtrieren, Klären, durch Schwefelsäure, Zinkchloride, schwache Alkalien u. a.) und durch Bleichen (mit Absorptionsmitteln, Ozon, Wasserstoffsuperoxyd u. a.) zu geschehen pflegt.

Allgemeine Eigenschaften. Die Fette sind je nach dem Vorwalten der Glyceride der höheren Fettsäuren der Essigsäurereihe (Palmitin, Stearin) fest (Talg), halbfest (Butter, Schmalz) oder je nach dem Vorwalten des Ölsäureglycerids, des Oleins, flüssig (die meisten Pflanzenfette).

Die reinen Fette (reinen Glyceride) sind neutral, farb-, geruch- und geschmacklos — durch Beimengungen und Zersetzungen verlieren sie diese Eigenschaften —. Sie sind sämtlich unlöslich in Wasser, schwer löslich in Alkohol[1]), leicht löslich in Äthyl-, Petroläther und Schwefelkohlenstoff, Tetrachlorkohlenstoff und Chloroform (vgl. vorstehend). Die Fettsäuren sind in Alkohol leichter löslich als die Glyceride und die Glyceride niederer Fettsäuren leichter löslich als die höherer Fettsäuren. Umgekehrt lösen sich einige Körper in Ölen, z. B. Schwefel und Phosphor in geringer Menge schon bei gewöhnlicher Temperatur; auch Seifen werden von den Fetten gelöst, und nehmen Lösungen von Fett in Äther und Petroleumäther nicht unbedeutende Mengen Seife auf. Luft nehmen die Fette (4—5 ccm von 100 ccm Öl) nur wenig, Kohlensäure dagegen in erheblicher Menge auf (brausender Lebertran).

Sie erzeugen auf Papier einen durchscheinenden Flecken, der beim Erwärmen nicht verschwindet. Sie lassen sich ohne Veränderung auf 300° erwärmen, zerfallen bei noch höheren Temperaturen unter Verbreitung eines unangenehmen, die Schleimhäute reizenden Geruches von Acrolein $CH_2 : CH \cdot CHO$ (vom Glycerin der Fette herrührend). Die Fettsäuren zerfallen hierbei in niedere Fettsäuren, Kohlensäure, Kohlenoxyd, Wasser und Kohlenwasserstoffe. Erfolgt die Erhitzung unter 20—25 Atm. Druck, so können sich z. B. aus Fischtran petroleumartige Kohlenwasserstoffe bilden (Erdölbildung nach C. Engler).

Beim Schütteln flüssiger Fette mit Wasser, welches Pflanzenschleim, Albumin, Gummi u. a. gelöst enthält, werden sie in feinste Tröpfchen verteilt, bleiben in der Schwebe und bilden Emulsionen.

Die geringste Menge Fett läßt sich nach Lichtfort dadurch erkennen, daß zwischen Papier zerdrückter, mit den Fingern nicht berührter Campher auf Wasser hin und her kreist, diese kreisende Bewegung aber sofort verliert, sobald auf die Oberfläche des Wassers eine Spur Fett gebracht wird, z. B. wenn man sie mit einer Nadel berührt, die man über das Kopfhaar gestrichen hat[2]).

Physikalische Eigenschaften. Das spez. Gewicht der festen Fette schwankt von 0,900—0,950, der fetten Öle von 0,900—0,930, Mineralöle 0,85—0,92, Harzöle 0,96—1,00 bei 15°. Freie Fettsäuren erniedrigen das spez. Gewicht — bei 5% um 0,0007 —; durch Einwirkung von Luft und Licht auf Öle nimmt das spez. Gewicht zu. Fette mit Glyceriden wasserlöslicher Fettsäuren pflegen ein etwas höheres spez. Gewicht zu besitzen als Fette ohne solche Glyceride. Im übrigen hat das spez. Gewicht nur wenig Bedeutung für die Beurteilung der Fette und Öle.

Das optische Drehungsvermögen der Fette und Öle ist meistens nur sehr gering; es wird bedingt durch den geringen Gehalt an Cholesterin ($[\alpha]_D = -31{,}12$ bis $-36{,}61°$)[3]) und Phytosterin ($[\alpha]_D = -34{,}2$ bis $-36{,}4°$) und beträgt im 200 mm-Rohr in der Regel nur einige Minuten nach links; nur bei Sesamöl ist es infolge des Gehaltes an Sesamin ($[\alpha]_D = +68{,}36°$) höher ($+1{,}9$ bis $+4{,}6°$); auch Ricinus-, Croton-, Stillingia-, Chaulmugra-, Hydnocarpus- und Lubraboöl zeigen wegen eines Gehaltes an optisch aktiven Säuren ein größeres Drehungsvermögen; erstere beide $+8{,}6$ bis $+16{,}4°$. Das Drehungsvermögen der Harzöle beträgt im 200 mm-Rohr $+272{,}8$ bis $+230{,}4°$.

Die Lichtbrechung der Fette und Öle weicht ebenfalls nicht sehr weit voneinander

---

[1]) Nur Ricinus-, Croton- und Olivenöl sind leichter löslich in Alkohol, ebenso freie Fettsäuren. Bei erhöhtem Druck und einer gewissen Temperatur bilden die Fette und Öle mit abs. Alkohol eine homogene Lösung. Die Temperatur, bei der sich während des Abkühlens die Mischung wieder trübt, wird die kritische Lösungstemperatur genannt.

Ähnlich verhalten sich die Fette und Öle dem Eisessig gegenüber.

In Eisessig (spez. Gew. 1,0562) ist Ricinusöl bei gewöhnlicher Temperatur löslich, andere Öle bei höheren Temperaturen.

[2]) Hiermit hängt zweifellos auch die wellenberuhigende glättende Wirkung größerer Mengen Öl auf Meereswellen zusammen; eine Erklärung dieser Erscheinung ist noch nicht gegeben.

[3]) Bei dem Isocholesterin aus Wollfett ist $[\alpha]_D = +60{,}0°$; infolgedessen ist das Wollfett stark rechtsdrehend ($+11{,}1°$).

ab (1,4410—1,4840), aber sie ist für die einzelnen Fette und Öle nur geringen Schwankungen unterworfen und läßt sich mit den neuen Refraktometern sehr genau bestimmen. Man kann aus einem abnormen Brechungsexponenten für ein Fett oder Öl wohl schließen, daß es nicht rein ist, andererseits ist aber die Übereinstimmung eines für ein fragliches Fett oder Öl gefundenen Brechungsexponenten mit dem normalen Wert noch kein Zeichen der Reinheit, weil der gefundene Brechungsexponent durch Mischen verschiedener Fette und Öle erreicht werden kann.

Der Brechungsindex der Fette und Öle ist in erster Linie von den vorhandenen Glyceriden und Fettsäuren abhängig; so fand z. B. F. Guth (vgl. hierzu die Ester des Glycerins S. 66) folgende Skalenteile:

	α-Monoglycerid	α-Diglycerid	Triglycerid	Fettsäure
Palmitinsäure bei 75°	25,3	23,8	23,0	10,3
Stearinsäure „ 75°	28,8	25,3	23—24	11,3
Ölsäure „ 40°	60,1	58,8	56,5	44,2

Hiernach nimmt die Lichtbrechung mit der Sättigung des Glycerins ab, d. h. die gesättigten Triglyceride haben infolge der hohen Refraktion des Glycerins einen niedrigeren Brechungsindex als die Diglyceride, und diese wieder einen niedrigeren als die Monoglyceride, die Säuren wiederum einen niedrigeren Brechungsindex als die Glyceride, die festen Säuren desgleichen einen weit niedrigeren als die Ölsäure. Aus dem Grunde zeigen die an Olein reichen Pflanzenfette einen höheren Brechungsindex als die tierischen Fette, und steigt im allgemeinen der Brechungsindex mit der Jodzahl an. Durch Erhitzen und durch Oxydation (Ranzigwerden, lange Aufbewahrung) wird derselbe erhöht.

Schmelz- und Erstarrungspunkt. Unter Schmelzpunkt der Fette versteht man den Wärmegrad, bei dem sie aus dem festen in den klar geschmolzenen Zustand übergehen. Dieser Übergang ist aber bei den gemischten Glyceriden nicht immer scharf, sondern erstreckt sich auf einen gewissen Temperaturabstand (zwischen Flüssigwerden oder Zusammensintern und Klargeschmolzensein oder Durchsichtigwerden). Man pflegt daher auch wohl den Anfangs- und Endpunkt des Schmelzens zu unterscheiden. Geschmolzene Fette zeigen nach dem Abkühlen nicht wieder sofort den gleichen, sondern gewöhnlich einen erniedrigten Schmelzpunkt.

Auch zeigen einzelne Glyceride mitunter einen doppelten Schmelzpunkt. Sie schmelzen, wenn sie aus dem geschmolzenen Zustande schnell abgekühlt sind, erst bei einem niedrigen Wärmegrad, werden dann beim weiteren Erwärmen wieder fest und zeigen bei noch weiterem Erwärmen erst den richtigen Schmelzpunkt, den sie dann auch weiter beibehalten. Sie sind hierbei aus der labilen in die stabile Form übergegangen. Krystallinische Glyceride haben von Anfang an den richtigen Schmelzpunkt. Bei krystallinen Stoffen oder chemischen Individuen fällt der Schmelzpunkt auch mit dem Erstarrungspunkt zusammen. Bei den Fetten (gemischten Individuen) ist dieses anders. Läßt man sie nach dem Schmelzen unter Wegnahme der Wärmequelle wieder abkühlen, so hält sich die Temperatur beim Festwerden infolge Freiwerdens der latenten Schmelzwärme eine Zeitlang auf der gleichen Höhe oder steigt sogar wieder etwas an. Unter „Erstarrungspunkt" (Titertest) versteht man daher die höchste Temperatur, welche das wieder ansteigende Thermometer in dem erstarrenden Fett anzeigt. Er ist im allgemeinen ausgeprägter als der Schmelzpunkt und liegt bei den Fetten durchweg niedriger als der Schmelzpunkt.

Man unterscheidet außer dem Schmelz- und Erstarrungspunkt den Tropf- und Kältepunkt. Unter „Tropfpunkt" versteht man nach Ubbelohde den Wärmegrad, bei dem ein Tropfen des Fettes unter seinem eigenen Gewicht von der gleichmäßig erwärmten Masse abfällt, deren Menge oder Gewicht den Tropfen nicht beeinflußt. Gewöhnlich ist der Tropfen dann noch nicht klar geschmolzen.

Unter „Kältepunkt" versteht man die Temperatur, bei der Öle vom dünnflüssigen in den salbenartigen Zustand übergehen.

Elementarzusammensetzung und Verbrennungswärme. Diese wurden wie folgt gefunden:

Fette	Kohlenstoff	Wasserstoff	Sauerstoff	Calorien für 1 g
Tierische . . .	75,63[1])—77,07%	11,87—12,03%	11,36—12,50%	9462—9492 Cal.
Pflanzliche . .	75,61 —78,20%	11,19—12,33%	9,72—12,73%	9323—9619 „

Die Fette haben daher trotz der großen Unterschiede in der Konsistenz eine ziemlich gleichmäßige Elementarzusammensetzung; von den Pflanzenfetten haben nur Palmkern-, Nigerkuchen- und Ricinussamenfett einen geringeren Kohlenstoffgehalt, nämlich von 74—75%.

Ebenso ist es mit dem Wärmewerte; Ricinusöl liefert auch hier weniger, nämlich nur 8850 Cal. für 1 g.

Alle durch Oxydation veränderten (alten) Öle und Fette mit erniedrigter Jodzahl haben eine geringere Verbrennungswärme als unveränderte Fette.

Nebenbestandteile der Fette und Öle. Die Rohfette und besonders die pflanzlichen Rohöle enthalten vielfach mehr oder weniger Albumin, Schleimstoffe, Farbstoffe, organische Salze u. a. beigemengt. Aber auch die hiervon gereinigten Fette und Öle sind nicht frei von nichtfettartigen und fettähnlichen Stoffen. Sie werden unter der Bezeichnung „Unverseifbares"[2]) zusammengefaßt.

Die Menge des Unverseifbaren in reinen Speisefetten und -ölen ist an sich nicht hoch; sie beträgt bei den tierischen Speisefetten 0,15—0,50%, bei pflanzlichen 0.23—1,65%. In den nicht im isolierten Zustande oder nur diätetisch genossenen Fetten ist die Menge höher, z. B. im Eieröl 4,50%, in Lebertranen schwankt sie zwischen 0,54—7,83%. In den Pflanzensamenfetten wurden 1,50—7,37%, im Kartoffel- und Rübenfett 10—11% Unverseifbares gefunden.

a) Bestandteile des Unverseifbaren. Zu den unverseifbaren Bestandteilen werden die Sterine gerechnet, obschon sie, wie vorstehend gesagt ist, zum Teil an Fettsäure gebunden sind (über die verschiedenen Sterine vgl. S. 55). Ferner gehören hierher die Lecithine (S. 55), das Protagon und die Cerebroside (S. 56). Die Sterine und Lecithine sind, obschon nur in geringer Menge vorhanden, sehr wichtig zur Kennzeichnung einzelner Fette und Öle.

Hierzu kommen bei einzelnen Fetten noch besondere Bestandteile, z. B. beim Sesamöl das stark rechtsdrehende Sesamin (S. 62) mit 67,55% C, 5,55% H und 27,00% O, und ein gelbes Öl, welches 77,07% C, 11,17% H und 11,76% O enthält und der Träger der kennzeichnenden Sesamölreaktionen ist. Der dickflüssige braune, unverseifbare Anteil im Baumwollsaatöl enthält 81,61% C, 11,29% H und 7,10% O, und im Heufett konnte Verf. sogar einen Kohlenwasserstoff ($C_{20}H_{42}$, mit 84,49% C und 14,89% H; Schmelzp. 71,4°) nachweisen.

b) Freie Fettsäuren. Zu den Nebenbestandteilen der Fette und Öle gehören auch die freien Fettsäuren, die, weil sie beim Verseifen gebunden werden, in dem Unverseifbaren nicht mit zum Ausdruck gelangen. Die Speisefette und Öle — auch nichtranzige und verdorbene — enthalten aber neben den Neutralestern meistens noch geringe Mengen freier Fettsäuren, wovon ihre Beschaffenheit mit abhängig ist. Nur die besten Sorten Schmalze und Talge können als fast frei von freien Säuren bezeichnet werden; in den schlechteren Sorten kann der Gehalt hieran 1% — auf Ölsäure berechnet — erreichen. In guten Lebertranen wurden 0,25—0,69%, in frischem Butterfett 0,50% freie Säuren (als Ölsäure) gefunden; in lange bei Luft- und Lichtzutritt aufbewahrter Butter steigt der Gehalt leicht auf 3,5% und mehr.

In Pflanzenfetten ist der Gehalt durchweg viel höher; so wurden in dem besten Pflanzenöl, dem Olivenöl, 1,17—27,16% freie Säure (als Ölsäure) gefunden. Pflanzenöle aus unreifen Samen oder durch warme Pressung gewonnene Öle sind reicher an freien Säuren als solche aus reifem Samen bzw. durch kalte Pressung oder auf chemischem Wege gewonnene Öle.

---

[1]) Für Kuhbutterfett gefunden; die anderen tierischen Fette ergaben zwischen 76,50—77,07% Kohlenstoff.

[2]) Erhalten durch Verseifen der Fette und Öle und durch Ausschütteln derselben mit Äther oder Petroläther.

Veränderungen der Fette an der Luft, das Ranzigwerden. Alle flüssigen Fette nehmen beim Liegen an der Luft Sauerstoff auf und werden dickflüssig, die sog. trocknenden Öle (Hanföl, Leinöl, verschiedene Trane) bilden bei großer Ausbreitung sogar feste und harte Schichten[1]). Das spez. Gewicht der Öle nimmt bei diesem Vorgang zu, ebenso steigt der Gehalt an in Petroläther unlöslichen Oxyfettsäuren, während die „Jodzahl" (vgl. S. 63) abnimmt. Der Vorgang beruht daher auf einer Oxydation und Polymerisation.

Beim Zutritt von Luft tritt auch das Talgig- und Ranzigwerden der Fette auf, aber hierzu ist noch weiter der Zutritt von Licht und die Gegenwart einer wenigstens geringen Menge Wasser erforderlich. Fehlt eine dieser drei notwendigen Bedingungen, so tritt das Ranzigwerden nicht oder nur in geringem Grade auf. Auch sind die beim Ranzigwerden auftretenden Veränderungen anderer Art und tiefgehender als beim Dickflüssig- oder Festwerden der Öle.

Die Ranzigkeit kennzeichnet sich stets durch einen eigenartigen, unangenehmen, scharfen Geruch und Geschmack der Fette. Wodurch diese bedingt werden und welches die Ursachen des Ranzigwerdens sind, darüber herrscht zur Zeit noch keine Klarheit. In ranzigen Fetten treten freie Fettsäuren auf, auch freies Glycerin will man darin nachgewiesen haben. Aber hierdurch können der unangenehme scharfe Geruch und Geschmack nicht allein bedingt sein. Denn man findet in Fetten häufig viel freie Fettsäuren, ohne daß sie ranzig sind, während umgekehrt zuweilen ranzige Fette nur wenig freie Fettsäuren enthalten, wenngleich vielfach mit dem Ranzigkeitsgrad ein hoher Fettsäuregehalt zusammenfallen kann. Man muß vielmehr annehmen, daß das Ranzigwerden zwar in erster Linie durch eine Spaltung der Glyceride eingeleitet wird, daß dann aber die freigewordenen Fettsäuren (besonders Ölsäure) und vorwiegend das Glycerin eine weitere Umsetzung durch Oxydation, Esterbildung usw. erleiden. In der Tat sind in ranzigen Fetten Aldehyde, Ester niederer Fettsäuren, Alkohole, hydroxylierte Fettsäuren, Lactone, Anhydride angeblich festgestellt worden. Auch gebildete Diglyceride (z. B. Dierucin in altem Rüböl) mögen Mitursache sein können.

Vielfach ist angenommen, daß zum Ranzigwerden nur eine gewisse Menge Wasser und der Zutritt von Luft- und Licht erforderlich sei, daß andererseits durch die Anwesenheit von Wasser allein oder von gebildeter Milchsäure (z. B. bei Butter) eine Spaltung der Glyceride stattfinden könne. Das ist aber nicht anzunehmen. Wahrscheinlich leiten Fermente, welche den Fetten anhaften, oder auch besondere Bakterien die Spaltung der Glyceride ein, und es ist anzunehmen, daß die freigewordenen Fettsäuren und das Glycerin in statu nascendi durch Einwirkung von Luft und Licht zu den Stoffen umgesetzt werden, welche die Träger der Ranzigkeit sind.

Beimengungen (z. B. von Casein, Milchzucker, viel Wasser z. B. bei Butter) oder Verunreinigungen, höhere Temperaturen, begünstigen das Ranzigwerden. Auch werden Fette mit den Glyceriden niederer Fettsäuren, wie Butter und Cocosfett, eher ranzig als Fette mit Glyceriden nur höherer Fettsäuren.

Daraus, daß dem Ranzigwerden durch Pasteurisieren und Zusatz antiseptisch wirkender Stoffe vorgebeugt werden kann, läßt sich schließen, daß hierbei Enzyme bzw. Kleinwesen beteiligt sein müssen. Auch hat man festgestellt, daß eine Reihe Bakterien und Pilze ein fettspaltendes Enzym (Lipaseenzym) abscheiden, so z. B. Penicillium glaucum und P. Roqueforti, Cladosporium butyri, gemeinschaftlich mit Oidium lactis, Bac. fluorescens liquefaciens, Bac. mesentericus, Bact. prodigiosum, eine Rosahefe u. a.

Einteilung der Fette. Wie für die Proteine so gibt es auch für die Fette keine umfassende Einteilung, die sich auf rein chemischer Grundlage aufbauen läßt. Nur die zwei Hauptgruppen sind auch durch einen Bestandteil in chemischer Hinsicht scharf unterschieden:

[1]) Durch Anwesenheit von Blei- und Manganoxyden sowie durch Wärme wird dieser Vorgang gefördert; es entstehen die sog. Firnisse bzw. Sikkative.

I. Pflanzliche oder phytosterinhaltige Fette.

II. Tierische oder cholesterinhaltige Fette.

Beide Gruppen zerlegt man dann nach ihrer physikalischen Beschaffenheit in flüssige und feste Fette, obschon dieser Unterschied ganz von der Temperatur abhängt, bei der die Fette beobachtet werden. In Ermangelung von etwas Besserem gibt man noch folgende weitere Einteilung:

I. Pflanzliche Fette. A. Flüssige pflanzliche Fette.

	Jodzahl
1. Nicht trocknende Öle mit hohem Gehalt an Ölsäure (Olivenöl, Mandelöl, Erdnußöl u. a.)	75—100
2. Schwach oder halb trocknende Öle mit einem Gehalt an Eruca-, Rapin- oder Linolensäure neben Ölsäure (Cruciferenöle, Sesam-, Cotton-, Mais- und Bucheckernöl u. a.)	100—140
3. Trocknende Öle mit den trocknenden Säuren, wie Linol-, Linolen-, Isolinolensäure u. a. (Hanföl, Leinöl)	150—190

B. Feste pflanzliche Fette. Diese werden wohl wieder in solche mit einem merklichen Gehalt an flüchtigen Säuren (Cocos- und Palmkernfett) und solche mit hohem Gehalt an Stearin, d. h. an Glyceriden nichtflüchtiger Fettsäuren (sog. Japanwachs, Muskat- und Kakaofett u. a.) eingeteilt, ohne damit alle bei gewöhnlicher Temperatur festen pflanzlichen Fette unterbringen zu können.

II. Tierische Fette. A. Tierische flüssige Fette (Öle). Die tierischen Öle können sowohl von Landtieren (Klauenöl, Schmalzöl u. a.) mit Jodzahlen von 60—80, als auch von Seetieren mit stark ungesättigten Säuren (Clupanodon-, Therapinsäure u. a.) herrühren. Die Leberöle der letzteren (Lebertran) enthalten viel, die Öle des Gesamttieres (die Fischöle oder Trane) wenig Cholesterin und sonstige Gallenbestandteile.

B. Die festen tierischen Fette stammen nur von Landtieren und können in solche mit hohem Stearingehalt (Rinder- und Hammeltalg u. a.) und solche mit hohem Gehalt an flüchtigen Fettsäuren (Butter) unterschieden werden.

Ester der Fette. Die Fette bestehen nach der Begriffserklärung (S. 61) aus den Estern des dreiwertigen Glycerins und sonstiger ein- oder zweiwertigen Alkohole.

Ester des Glycerins. Das Glycerin kann als dreiwertiger Alkohol drei Reihen von Estern bilden, nämlich, je nachdem ein, zwei oder drei Wasserstoffatome des Hydroxyls durch einen Säurerest ersetzt sind, Mono-, Di- und Triglyceride. Sind die eingetretenen Säureradikale gleich, so bezeichnet man die Glyceride als einfache, sind sie verschieden, als gemischte Glyceride. Hierbei sind, wenn man die Stellungen im Molekül mit α, β, γ, die Säureradikale mit R_1, R_2 und R_3 bezeichnet, folgende Kombinationen möglich:

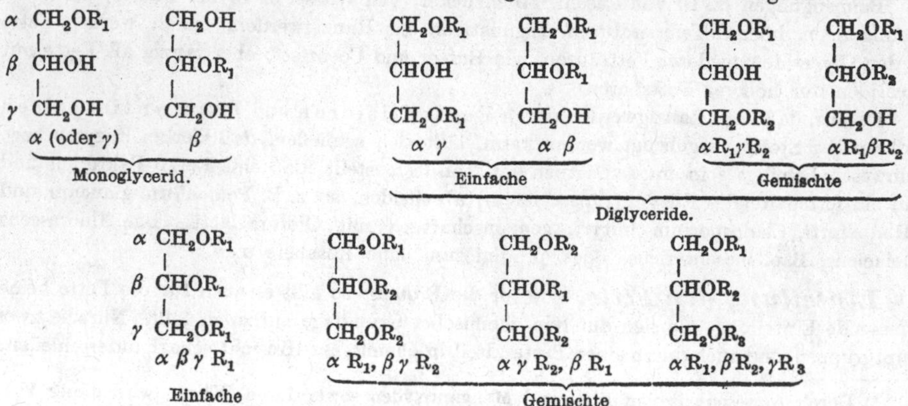

Wenn alle drei Wasserstoffatome des Hydroxyls durch verschiedene Säureradikale vertreten sind, wie in letzterem Falle, so sind noch weitere Kombinationen dadurch möglich, daß R_1, R_2 und R_3 ihre Stellung im Molekül wechseln. So sind z. B. von Palmitostearoolein 3 Isomere möglich, je nachdem die Palmitinsäure oder die Stearinsäure oder die Ölsäure die β-Stellung einnimmt.

Monoglyceride sind bis jetzt in Fetten und Ölen nicht gefunden und von den Diglyceriden nur das Dierucin $C_3H_5 \begin{cases} OH \\ (O \cdot C_{22}H_{41}O)_2 \end{cases}$ in altem Rüböl.

Man hat es daher in den Fetten und Ölen nur mit Triglyceriden zu tun, und nahm man früher allgemein an, daß in ihnen nur einfache Triglyceride vorkämen, die man je nach dem vorhandenen Säureradikal als Palmitin, Stearin, Olein — jetzt wohl zweckmäßiger als Tripalmitin, Tristearin und Triolein — unterschied. In letzter Zeit sind aber vielfach gemischte Glyceride in den Fetten und Ölen nachgewiesen worden, und empfiehlt es sich, dafür nach A. Bömer folgende Bezeichnungen anzuwenden: 1. Wenn nur 2 verschiedene Säureradikale vorhanden sind, dasjenige Säureradikal als das Stammwort zu nehmen, das zweimal vertreten ist, z. B. Palmitodistearin, Stearodipalmitin und Oleodistearin usw.; 2. wenn dagegen 3 verschiedene Säureradikale vorhanden sind, zunächst die der gesättigten Fettsäuren mit steigendem Kohlenstoffgehalt und darauf das der ungesättigten Fettsäuren anzugeben, z. B. Palmitostearoolein und nicht Palmitooleostearin oder Stearopalmitoolein usw. Da die α- und γ-Stellung als gleichwertig anzunehmen sind, so würde es auch genügen, nur die β-Stellung anzugeben:

I.	II.	III.	IV.
α $CH_2O \cdot C_{16}H_{31}O$	$CH_2O \cdot C_{18}H_{35}O$	$CH_2O \cdot C_{16}H_{31}O$	$CH_2O \cdot C_{18}H_{35}O$
β $CHO \cdot C_{18}H_{35}O$	$CHO \cdot C_{16}H_{31}O$	$CHO \cdot C_{18}H_{35}O$	$CHO \cdot C_{16}H_{31}O$ usw.
γ $CH_2O \cdot C_{18}H_{35}O$	$CH_2O \cdot C_{18}H_{35}O$	$CH_2O \cdot C_{18}H_{33}O$	$CH_2O \cdot C_{18}H_{33}O$
α-Palmito-$\beta\gamma$-distearin	β-Palmito-$\alpha\gamma$-distearin	α-Palmito-β-stearo-γ-olein	β-Palmito-α-stearo-γ-olein
oder einfacher:			
α-Palmitodistearin	β-Palmitodistearin	Palmito-β-stearoolein	β-Palmitostearoolein

Wenn das Ölsäureradikal in letzterem Falle die β-Stellung einnimmt, würde man dieses durch die Bezeichnung Palmitostearo-β-olein ausdrücken und auf diese Weise die Anordnung im Molekül genügend kennzeichnen können[1]).

Künstlich lassen sich die Glyceride durch Erhitzen von Glycerin mit Fettsäuren unter Einleiten von trockener Luft oder durch Erhitzen von α-, β-, Mono-, Di-, Trichlorhydrin (oder Bromhydrin) mit den Natrium- oder Silbersalzen der Fettsäuren darstellen.

Einfache Triglyceride:

Gesättigte Fettsäuren:

Tributyrin $C_3H_5(O \cdot C_4H_7O)_3$, im Butterfett[2]), $D\frac{20}{4}$ 1,0324; $N\frac{20}{D}$ 1,4859.

Trilaurin $C_3H_5(O \cdot C_{12}H_{23}O)_3$, im Lorbeeröl, $D\frac{60}{4}$ 0,8944; $N\frac{60}{D}$ 1,4404; Schmelzpunkt 46,4°.

Trimyristin $C_3H_5(O \cdot C_{14}H_{27}O)_3$, in Muskatbutter, Cochenille u. a., $D\frac{60}{4}$ 0,8848; $N\frac{80}{D}$ 1,4428; Schmelzp. 55—56°.

Tripalmitin $C_3H_5(O \cdot C_{16}H_{31}O)_3$, in Palmöl und vielen Fetten, Japan- und Myrtenwachs; $D\frac{80}{4}$ 0,8657; $N\frac{80}{D}$ 1,4382; Schmelzp. 65,1°.

---

[1]) Die Stellung der Säureradikale bei Formel I wird auch wohl als „as"-Palmitodistearin (asymmetrische Stellung), die Stellung II als „s"-Palmitodistearin (symmetrische) bezeichnet.

[2]) Nach neuen Untersuchungen von C. Amberger kommt die Buttersäure in der Butter nur als gemischtes Glycerid vor.

Tristearin $C_3H_5(O \cdot C_{18}H_{35}O)_3$, in den meisten, besonders in gehärteten Fetten; $D\frac{80}{4}$ 0,8621; $N\frac{80}{D}$ 1,4399; Schmelzp. 71,5°.

Ungesättigte Fettsäuren:

Triolein $C_3H_5(O \cdot C_{18}H_{33}O)_3$, in allen, besonders den flüssigen nicht trocknenden Fetten, D_{18} 0,9153; Erstarrungsp. —4° bis —5°.

Trierucin $C_3H_5(O \cdot C_{22}H_{41}O)_3$, im Kapuzinerkressenöl; Schmelzp. 31°.

Gemischte Triglyceride:

α-Palmitodistearin, $C_3H_5{<}^{O \cdot C_{16}H_{31}O}_{(O \cdot C_{18}H_{35}O)_2}$, im Schweineschmalz, Butterfett, Schmalz; dünne, lange Tafeln. Schmelzp. 68,5 °(korr.); Umwandlungsp. 51,5° (korr.).

β-Palmitodistearin, $C_3H_5 \begin{cases} O \cdot C_{18}H_{35}O \\ O \cdot C_{16}H_{31}O \\ O \cdot C_{18}H_{35}O \end{cases}$, im Hammeltalg; Schmelzp. 63,3° (korr.). Pferdeschweifähnliche Büschel feiner Nadeln.

Stearodipalmitin $C_3H_5{<}^{O \cdot C_{18}H_{35}O}_{(O \cdot C_{16}H_{31}O)_2}$, im Schweineschmalz, Talg, Butterfett; Schmelzp. 58,2° (korr.), Umwandlungsp. 47,1° (korr.).

Oleodipalmitin $C_3H_5{<}^{O \cdot C_{18}H_{33}O}_{(O \cdot C_{16}H_{31}O)_2}$, im Talg, Kakaofett usw.; Schmelzp. 37—38°

Ebenso sind weiter Oleodistearin im Samenfett von Stearodendron Stuhlmanni Engl., Stearodiolein im Menschenfett, Butyropalmitoolein und andere gemischte Glyceride im Butterfett (vgl. S. 320), Palmitostearoolein und Myristopalmitoolein im Kakaofett gefunden worden.

2. Ester der Sterine. Man nahm früher allgemein an, daß die in den Fetten und Ölen in sehr geringer Menge gefundenen Cholesterine und Phytosterine in freiem Zustande vorhanden seien. Mit Hilfe des Digitonins (Windaus), welches mit den freien Sterinen eine in Wasser, Aceton, Essigester, Benzol, Äther unlösliche, in Äthylalkohol (95%), Methylalkohol und Eisessig sehr schwer lösliche Doppelverbindung eingeht, haben Klostermann und Opitz u. a. indes nachgewiesen, daß die Phytosterine der Pflanzenfette vorwiegend in Esterform vorhanden sind. Von den tierischen Fetten enthielt nur der Lebertran nennenswerte Cholesterinester (von 0,516 g Gesamtcholesterin in 100 g Tran waren 0,244 g = 47% gebunden), während die festen tierischen Fette nur wenig Cholesterinester ergaben[1]). Die Sterine sind wahrscheinlich an Ölsäure gebunden. Im Blutserum wird außer dem Ölsäureester noch ein Palmitinsäurecholesterinester angenommen.

Spaltung und Verseifung der Fette (Ester). Die Glyceride können durch Alkalihydroxyde in wässeriger oder alkoholischer Lösung, durch starke Metallhydroxyde, durch Schwefelsäure, überhitzten Wasserdampf und Enzyme (Steapsin, Lipase) gespalten, d. h. in Glycerin und Fettsäuren zerlegt werden. Die Zerlegung der Fette mit Alkalien bzw. starken Metallhydroxyden heißt Verseifung, und die dabei entstehenden fettsauren Salze heißen Seifen. Die Verseifung mit Alkali verläuft unter Bildung von Di- und Monoglyceriden als Zwischenerzeugnissen in drei Stufen; z. B. bei Oleodipalmitin:

$$C_3H_5{<}^{O \cdot C_{18}H_{33}O}_{(O \cdot O_{16}H_{31}O)_2} + KOH = C_3H_5{<}^{OH}_{(O \cdot C_{16}H_{31}O)_2} + C_{17}H_{33} \cdot COOK$$

$$C_3H_5{<}^{OH}_{(O \cdot C_{16}H_{31}O)_2} + KOH = C_3H_5{<}^{(OH)_2}_{O \cdot C_{16}H_{31}O} + C_{15}H_{31} \cdot COOK$$

$$C_3H_5{<}^{(OH)_2}_{O \cdot C_{16}H_{31}O} + KOH = C_3H_5(OH)_3 + C_{15}H_{31} \cdot COOK\,.$$

[1]) Das Wollfett enthält 20—25% Isocholesterin, das auch zum großen Teil in Esterform vorhanden ist.

Eine vollständige Verseifung tritt nur durch einen Überschuß von Alkali ein.

Außer durch Erhitzen der Fette mit Metallhydroxyden lassen sich die fettsauren Salze (Seifen) der letzteren auch dadurch gewinnen, daß man die leichtlöslichen Kaliseifen mit den Metallchloriden oder Acetaten (z. B. NaCl, $CaCl_2$, $BaCl_2$, $Pb[C_2H_3O_2]_2$) fällt, z. B.

$$2\,C_{17}H_{33} \cdot COOK + (C_2H_3O_2)_2Pb = (C_{17}H_{33} \cdot COO)_2Pb + 2\,C_2H_3O_2 \cdot K\,.$$

Die fettsauren Kalisalze bilden die weichen (grünen) oder Schmierseifen, die fettsauren Natronsalze die harten oder Kernseifen, die Bleisalze die Bleipflaster.

Durch Wasser werden die fettsauren Alkalisalze hydrolytisch in freie Fettsäure und Alkali gespalten, z. B,

$$C_{17}H_{33} \cdot COOK + H_2O = C_{17}H_{33} \cdot COOH + KOH\,.$$

Die Seifen der höheren Fettsäuren (z. B. Natriumstearat) werden durch gleiche Mengen Wasser stärker hydrolysiert als die niederer Fettsäuren (z. B. Natriumpalmitat).

Die freien Fettsäuren sind in Wasser nur schwach dissoziiert; durch die freien Wasserstoffionen des Wassers bilden sich fortgesetzt undissoziierte Fettsäuren, während die Hydroxylionen des Alkalis frei bleiben und die alkalische Reaktion bewirken. Auf diesem Vorgang soll die reinigende Wirkung der Seife beruhen. Das freie Alkali soll den an Fasern und Haut klebenden Schmutz lösen und in Emulsion überführen, während der Schaum der sauren fettsauren Salze den Schmutz umhüllt und wegführt. Nach einer anderen Erklärung werden die Schmutzteilchen und Fett von organischen Fasern adsorbiert; die Seife besitzt aber im Schaum eine außergewöhnlich große Oberflächenspannung; dadurch, daß sich die Seife an den Fasern anreichert, wird die Oberflächenspannung der Fasern erniedrigt, die Seife verdrängt die anhaftenden Schmutzteilchen und verhindert diese, sich wieder festzusetzen.

Die einzelnen Bestandteile der Fette und Öle.

Die Säuren.

a) Gesättigte Säuren der Reihe $C_nH_{2n}O_2$. Die hierher gehörigen Säuren mit einfacher Kohlenstoffbindung sind einsäurig und einwertig. Sie lassen sich auf gleiche Weise künstlich herstellen, nämlich unter anderem:

1. Durch Oxydation der primären Alkohole und der Aldehyde.
2. Aus dem nächst niedrigen Natriumalkyl und Kohlensäure:

$$CH_3 \cdot Na + CO_2 = CH_3 \cdot COO\ Na \text{ (Natriumacetat).}$$

3. Aus den Alkylcyaniden (Nitrilen) durch Kochen mit Säuren oder Alkalien·

$$CH_3 \cdot CN + 2\,H_2O + HCl = CH_3 \cdot COOH + NH_4Cl \quad \text{oder}$$

$$CH_3 \cdot CN + H_2O + KOH = CH_3 \cdot COOK + NH_3.$$

4. Aus den Säurechloriden durch Einwirkung von Wasser:

$$CH_3 \cdot COOCl + H_2O = CH_3 \cdot COOH + HCl.$$

5. Aus den Oxyfettsäuren durch Erhitzen mit Jodwasserstoff:

$$CH_2(OH) \cdot COOH + 2\,HJ = CH_3 \cdot COOH + H_2O + J.$$

Umgekehrt entstehen aus den Halogensäuren die Oxysäuren:

$$CH_2Cl \cdot COOH + KOH = CH_2(OH) \cdot COOH + KCl.$$

Durch Destillation fettsaurer Salze mit Natriumformiat entstehen die Aldehyde der ersteren:

$$CH_3 \cdot COONa + H \cdot COONa = Na_2CO_3 + CH_3 \cdot CHO.$$

Durch Destillation fettsaurer Salze allein entstehen Ketone:

$$(CH_3\cdot COO)_2\cdot Ca = CaCO_3 + CH_3\cdot CO\cdot CH_3 \text{ (Propylketon).}$$

Durch Destillation der Salze mit Alkalihydroxyd entstehen die um 1 C-Atom niedrigeren Kohlenwasserstoffe:

$$CH_3\cdot COONa + NaOH = Na_2CO_3 + CH_3\cdot H = (CH_4) \text{ (Methan).}$$

Aus diesen Umsetzungen geht hervor, daß die Fettsäuren aus Alkylen und einer Carboxylgruppe bestehen.

Die Stellung eingelagerter Atome oder Radikale im Moleküle wird durch α, β, γ usw. bezeichnet, nämlich mit α, wenn das Atom oder Radikal an das erste C-Atom, mit β, wenn es an das zweite C-Atom hinter dem endständigen C-Atom (rechts) angelagert ist usw., z. B.:

$$\underset{\gamma}{CH_3}\cdot \underset{\beta}{CH(OH)}\cdot \underset{\alpha}{CH(CH_3)}\cdot COOH\text{ ,}\qquad \underset{\gamma}{CH_2(OH)}\cdot \underset{\beta}{CH_2}\cdot \underset{\alpha}{CH_2}\cdot COOH$$

α-Methyl-β-Oxybuttersäure $\qquad$ γ-Oxybuttersäure.

Die gesättigten Fettsäuren sind teils frei, teils gebunden im Pflanzen- und Tierreich sehr weit verbreitet.

Die Eigenschaften der hauptsächlichsten in den Fetten und Ölen vorkommenden gesättigten Säuren erhellen aus folgender Tabelle:

Name und Formel der Säure	Vorkommen im Fett von	Aggregatzustand bzw. Krystallisation	Erstarrungspunkt °C	Schmelzpunkt °C	Siedepunkt (Druck in Klammern) °C	Spez. Gewicht (Temperatur in Klammern)	Brechungsindex (Temperatur in Klammern)	Calorien für 1 g Cal.	Verhalten gegen Wasser	Mit Wasserdämpfen	Geruch und Geschmack
1. Buttersäure $CH_3\cdot(CH_2)_2\cdot COOH$	Butter, Lebertran, Krotonöl	Flüssig	−19°	−2° bis +2°	163,5° (760)	0,9590 (20)	1,3991 (20)	5,939	Leicht löslich, mischbar	Destillierbar	Ranzig, beißend
2. Capronsäure, Isobutylessigsäure $\begin{matrix}CH_3\\CH_3\end{matrix}\!>CH\cdot(CH_2)_2\cdot COOH$	Butter, Cocosfett,	Desgl.	−18°	−8°	202° (760)	0,9274 (20)	1,4164 (20)	—	Löslich, nicht mischbar	Desgl.	Schweißähnlich
3. Caprylsäure (normale) $CH_3\cdot(CH_2)_6\cdot COOH$	Desgl.	Desgl.	+12°	+16,5°	236° (760)	0,9100 (20)	1,4285 (20)	7,916	In 400 Teilen koch. Wasser	Desgl.	Desgl.
4. Caprinsäure $CH_3(CH_2)_8\cdot COOH$	Desgl.	Feine Blättchen	—	31,3°	270° (760)	0,8850 (40)	1,4286 (40)	8,427	In 1000 Teilen koch. Wasser	Desgl.	Desgl.
5. Laurinsäure $CH_3(CH_2)_{10}\cdot COOH$	Lorbeeröl, Cocosfett, Walratöl u. a.	Aus Alkohol in Nadeln	—	43,5°	227,5° (100)	0,8830 (20)	1,4307 (20)	8,843	Schwach löslich in kaltem Wasser	Noch zum Teil Desgl.	—
6. Myristinsäure $CH_3(CH_2)_{12}\cdot COOH$	Muskatbutter, Palm-, Dikafett u. a.	Blättchen	—	53,6°	250,5° (100)	0,8622 (53,8)	1,4308 (60)	9,004	Unlöslich	Nicht mehr	—
7. Palmitinsäure $CH_3\cdot(CH_2)_{14}\cdot COOH$	In den meisten Fetten, besonders im Palmöl	Büschelförmige Nadeln od. Schuppen	62,6°	62,6°	271,5° (100)	0,8527 (62)	1,4269 (80)	9,226	Unlöslich (in Alkohol schwach)	Desgl.	Geruch- und geschmacklos
8. Stearinsäure $CH_3(CH_2)_{16}\cdot COOH$	In den meisten Fetten	Glänzende Blättchen	69,3	69,3	291° (100)	0,8454 (69,2)	1,4300 (80,0)	9,429	Unlöslich (in Alkohol löslich)	Desgl.[1]	Desgl.

Außer den vorstehenden aliphatischen gesättigten Säuren in Fetten und Ölen werden noch angegeben:

Essigsäure $CH_3\cdot COOH$, die als Triacetin in geringer Menge in einigen Fetten und im Samenöl des Spindelbaumes (Evonymus europaeus) vorkommen soll;

[1] Mit überhitztem Wasserdampf unzersetzt destillierbar.

Isobuttersäure $\frac{CH_3}{CH_3}>CH \cdot COOH$, spurenweise in Sesamöl;

Isovaleriansäure $\frac{CH_3}{CH_3}>CH \cdot CH_2 \cdot COOH$, in Tran von Delphinusarten; $D\frac{20}{4} = 0,931$, Siedep. 173,7 $_{(760)}$;

Isocetinsäure $CH_3(CH_2)_{13} \cdot COOH$, im Kurkasöl; Blättchen vom Schmelzp. 55°;

Arachinsäure $CH_3 \cdot (CH_2)_{18} \cdot COOH$, im Erdnußöl und im Fruchtkernöl von Nephelium lappaceum; kleine glänzende Blättchen; Schmelzp. 77°; schwer löslich in kaltem, leicht löslich in heißem Alkohol;

Behensäure $CH_3 \cdot (CH_2)_{20}COOH$, im Samenöl von Moringa oleifera; Schmelzp. 83—84°, Erstarrungsp. 77—79°.

Lignocerinsäure $CH_3 \cdot (CH_2)_{22} \cdot COOH$, im Erdnußöl; aus Alkohol verfilzte Nadeln; Schmelzp. 80,5°.

Im Ricinusöl ist auch als einzige Oxysäure die Dioxystearinsäure $C_{17}H_{33}(OH)_2$ COOH nachgewiesen; Schmelzp. 141—143°.

Nach vorstehender Übersicht sind die ersten Glieder dieser Säurereihe ätzende Flüssigkeiten von stechendem Geruch, mit Wasser in jedem Verhältnis mischbar; die mittleren Glieder von Capron- bis Caprylsäure sind ölig, von ranzigem Geruch, in Wasser schon schwerer löslich; die höheren Glieder sind fest, paraffinartig und geruchlos. Die Säuren sind sämtlich in Äther und heißem Alkohol löslich, die höheren Glieder sind aber in kaltem Alkohol nicht oder schwer löslich. Das spez. Gewicht nimmt mit steigendem C-Gehalt ab; Schmelzpunkt, Siedepunkt, Brechungsindex dagegen nehmen zu.

Die festen Fettsäuren bilden auch eutektische Gemenge, d. h. Mischungen derselben in gewissem Verhältnis zeigen einen konstanten Schmelz- und Erstarrungspunkt (eutektischen oder kryohydratischen Punkt), als wenn eine einheitliche Verbindung vorläge. Diese Mischungen lassen sich durch Umkrystallisieren nicht mehr trennen.

b) Ungesättigte Fettsäuren (Acrylsäurereihe). Zu den ungesättigten Fettsäuren gehören 4 Reihen: die Acryl- oder Ölsäurereihe $C_nH_{2n-2}O_2$, die Linolsäurereihe $C_nH_{2n-4}O_2$, die Linolensäurereihe $C_nH_{2n-6}O_2$, die Isansäurereihe $C_nH_{2n-8}O_2$. Hierzu kommen noch die ungesättigten hydroxylierten Säuren der Ricinolsäurereihe $C_nH_{2n-2}O_3$.

Diese Säuren sind sämtlich einbasisch (die hydroxylierten zwei- bzw. mehrwertig) und haben eine oder mehrere Kohlenstoff - Doppelbindungen. Sie werden in der Regel aus den Fetten und Ölen gewonnen, lassen sich aber auch durch Oxydation der entsprechenden Alkohole und Aldehyde künstlich darstellen oder durch Behandeln der Halogenfettsäuren mit alkoholischem Kalihydrat z. B.:

$$\underset{\text{Jodpropionsäure}}{CH_2J \cdot CH_2 \cdot COOH} + KOH = \underset{\text{Acrylsäure.}}{CH_2 : CH \cdot COOH} + KJ + H_2O.$$

Die sämtlichen ungesättigten Säuren lagern leicht so viel Halogenatome an, als freie Kohlenstoffvalenzen vorhanden sind, z. B. die Ölsäurereihe $C_nH_{2n-2}O_2$ 2 Atome, die Linolsäurereihe $C_nH_{2n-4}O_2$ 4 Atome, die Linolensäurereihe $C_nH_{2n-6}O_2$ 6 Atome usw.

Dieses Verhalten bietet die Möglichkeit, die einzelnen ungesättigten Fettsäuren und Glyceride zu unterscheiden; so betragen die Jodzahlen (Prozente adsorbierten Jods)[1]:

	Säuren				Triglyceride			
	Ölsäure	Linolsäure	Linolensäure	Erucasäure	Triolein	Trilinolein	Trilinolenin	Trierucin
Molekulargewicht . .	282,3	280,3	278,2	338,3	884,8	878,0	872,7	1053,0
Jodzahl (theoretische)	90,0	181,2	273,8	75,1	86,1	173,4	261,9	72,4

[1]) Auch Cholesterin und Phytosterin addieren 2 Atome Brom oder Jod, d. h. für das Molekulargewicht 370,4 (für Formel $C_{27}H_{46}O$) beträgt die theoretische Jodzahl 68,6.

Durch Oxydation (Bildung von Oxyfettsäuren) und Polymerisation nimmt die Jodaufnahmefähigkeit ab.

Auch Halogenwasserstoffe in überschüssiger Menge und in konzentrierter Form werden bei gewöhnlichem Druck und gewöhnlicher Temperatur entsprechend den freien Valenzen angelagert, und bewirken durch längeres Erhitzen oder unter Druck eine Reduktion zu gesättigten Säuren. So geht die Ölsäure durch Behandeln mit Jodwasserstoff bei Gegenwart von Phosphor bei 200—210° in Stearinsäure über:

$$C_{17}H_{33} \cdot COOH + 2\,HJ = C_{17}H_{35} \cdot COOH + 2\,J.$$

Selbst durch Wasserstoff allein bei höherer Temperatur unter Druck läßt sich mit Hilfe eines Katalysators (Platin, Palladium, Nickel oder Nickeloxyd) eine Sättigung erreichen; auf diese Weise können alle ungesättigten Fettsäuren mit 18 Atomen Kohlenstoff, also außer der Ölsäurereihe auch die der Linolsäure-, Linolensäurereihe und die Clupanodonsäure (mit 4, 6 und 8 freien Valenzen) mehr oder weniger ganz in Stearinsäure übergeführt werden. Dieser Vorgang findet zur Zeit in dem Härten bzw. Hydrieren der Öle eine technische Verwendung.

Durch Behandeln der ungesättigten Säuren mit verdünnter alkalischer Permanganatlösung läßt sich auch Hydroxyl anlagern und die Anzahl der freien Valenzen bestimmen. So geht:

Ölsäure $C_{18}H_{34}O_2$ in Dioxystearinsäure $C_{18}H_{34}(OH)_2O_2$,
Linolsäure $C_{18}H_{32}O_2$ in Sativinsäure $C_{18}H_{32}(OH)_4O_2$,
Linolensäure $C_{18}H_{30}O_2$ in Linusinsäure $C_{18}H_{30}(OH)_6O_2$

usw. über.

Durch salpetrige Säure bei gewöhnlicher Temperatur oder durch schweflige Säure bei höherer Temperatur unter Druck werden die höheren Säuren der Reihe $C_nH_{2n-2}O_2$ in feste, stereoisomere Säuren, z. B. die Ölsäure in Elaidinsäure $C_{18}H_{34}O_2$, übergeführt.

Durch schmelzendes Kali werden die Säuren abgebaut. Es entstehen eine um 2 Kohlenstoffatome ärmere Säure und als Nebenerzeugnisse Oxal- und Essigsäure.

Durch starke Oxydationsmittel (Permanganat in saurer Lösung, Chromsäure, Ozon) werden alle ungesättigten Fettsäuren in 2 Komponenten (gesättigte Säuren) gespalten und läßt sich auf diese Weise der Ort der Doppelbindung im Molekül feststellen (vgl. Ölsäure).

Dieses läßt sich nach Baruch auch in der Weise erreichen, daß die ungesättigten Fettsäuren durch Behandeln mit Halogen und alkoholischer Kalilauge in Säuren mit dreifacher Bindung übergeführt werden. Diese lagern unter dem Einfluß von konz. Schwefelsäure Wasser an und gehen in Ketonsäuren über, welche durch Hydroxylamin oximiert werden. Die Oxime erleiden unter dem Einfluß von konz. Schwefelsäure eine Umlagerung in Säureamide, die sich durch rauchende Salzsäure hydrolytisch spalten lassen, und aus der Natur dieser Spalterzeugnisse kann man auf den Ort der Doppelbindung schließen.

α) Säuren der Reihe $C_nH_{2n-2}O_2$, Ölsäurereihe. Die niederen Glieder dieser Reihe sind ohne Zersetzung flüchtig und lösen sich auch noch in Wasser. Mit steigendem Molekulargewicht nimmt die Löslichkeit in Wasser und das spez. Gewicht ab, der Siedepunkt steigt, so daß die höheren Glieder nur unter stark vermindertem Druck unzersetzt destilliert werden können.

In kaltem Alkohol sind diese Fettsäuren leichter löslich als die Glieder der gesättigten Fettsäurereihe mit gleichem Kohlenstoffgehalt. Bemerkenswert ist, daß die Bleisalze der höheren Säuren dieser Reihe in Äther und Benzol löslich sind, nur das erucasaure Blei ist in kaltem Äther schwer löslich.

Die drei ersten Glieder dieser Reihe, die Acrylsäure ($C_3H_4O_2$), Crotonsäure ($C_4H_6O_2$) und Angelikasäure ($C_5H_8O_2$) sind bis jetzt in Fetten nicht gefunden. Die der letzteren isomere Säure:

1. Tiglinsäure $C_5H_8O_2$, [$CH_3 \cdot CH : C(CH_3) \cdot COOH$ Methylcrotonsäure] findet sich im Crotonöl und Röm. Kümmelöl. D_{76} 0,9641, Siedep. $_{(760)}$ 198,5°, Schmelzp. 64,5°. Sie zerfällt durch Oxydation mit Permanganat in Kohlensäure, Acetaldehyd und Essigsäure.

2. Hypogäasäure $C_{16}H_{30}O_2$, [$CH_3(CH_2)_7CH : CH(CH_2)_5 \cdot COOH$] im Erdnußöl. Farblose Krystalle; Schmelzp. 43°, Siedep. $_{(10)}$ 230°. Durch Einleiten von salpetriger Säure geht sie in die stereoisomere Gaidinsäure $CH_3(CH_2)_5 \cdot CH : CH(CH_2)_7 \cdot COOH$ (Schmelzp. 39°) über. Die im Walratöl vorkommende, der Hypogäasäure isomere Physetölsäure $C_{16}H_{30}O_2$ liefert bei der Oxydation keine Sabacinsäure und mit salpetriger Säure keine Stereoisomere, wie erstere.

3. Ölsäure $C_{18}H_{34}O_2$, $\left[\begin{array}{l} CH_3 \cdot (CH_2)_7 \cdot CH \\ \qquad\qquad\quad \| \\ \qquad\qquad HC \cdot (CH_2)_7 \cdot COOH \end{array}\right]$, Doppelbindung zwischen dem 9. und 10. Kohlenstoffatom, in den meisten natürlichen, besonders den flüssigen Fetten. $D_{(15)}$ 0,898, Erstarrungsp. 4°, Schmelzp. 14°, Siedep. $_{(100)}$ 286°, Brechungsexp. $_{(20)}$ 1,4620. Durch salpetrige Säure geht sie in die stereoisomere Elaidinsäure über, in welcher man eine umgekehrte Stellung der Atomgruppen im Molekül, nämlich $\begin{array}{r} CH_3(CH_2)_7 \cdot CH \\ \| \\ HOOC \cdot (CH_2)_7CH \end{array}$ annimmt. Erstarrungsp. 44—45°, Schmelzp. 51—52°, Siedep. $_{(100)}$ 288°. Sie geht durch Reduktion wie die Ölsäure in Stearinsäure über und liefert wie die Ölsäure durch Schmelzen mit Ätzkali Palmitinsäure, Essigsäure und Oxalsäure.

Künstlich sind noch dargestellt Isoölsäure $C_{18}H_{34}O_2$ (Erstarrungsp. 43—44°, Schmelzp. 44—45°) aus β-Oxystearinsäure, ferner 2, 3-Ölsäure $C_{18}H_{34}O_2$ (Erstarrungsp. 52°, Schmelzp. 59°) aus α-Bromstearinsäure.

Der mit der Ölsäure isomeren

4. Rapinsäure $C_{18}H_{34}O_2$ im Rüböl wurde früher die Formel $C_{18}H_{34}O_3$ beigelegt; erstere aber ist richtig, weil die Jodverbindung der Säure bei der Reduktion Stearinsäure liefert.

Außer der Jecoleinsäure $C_{19}H_{36}O_2$ und Gadoleinsäure $C_{20}H_{38}O_2$ (Schmelzp. 24,5°), beide in Fischölen, gehört noch weiter in diese Reihe:

5. Eruca- oder Brassicasäuren $C_{22}H_{42}O_2$ im Rüböl, Senfsamenöl, Traubenkernöl und als Trierucin im Kapuzinerkressenöl. Schmelzp. 33—44°, Siedep. $_{(30)}$ 281°. Nach den Spaltungserzeugnissen findet sich die doppelte Bindung zwischen dem 13. und 14. Kohlenstoffatom vom Carboxylkohlenstoffatom an gerechnet, also: $CH_3(CH_2)_7 \cdot CH : CH \cdot (CH_2)_{11} \cdot COOH$. Die aus ihr durch Behandeln mit verd. Salpetersäure bei 60—70° entstehende Brassidinsäure $C_{22}H_{42}O_2$ (Erstarrungsp. 56°, Schmelzp. 65°, Siedep. $_{(15)}$ 265°) ist wahrscheinlich die Stereoisomere und hat die umgekehrte Anordnung der Atomgruppen im Molekül.

β) Ungesättigte Säuren der Reihe $C_nH_{2n-4}O_2$***, Linolsäurereihe.*** Außer den allgemeinen Eigenschaften der ungesättigten Fettsäuren S. 71 und 72 mag noch bemerkt sein, daß die Säuren dieser Reihe mit salpetriger Säure keine festen stereoisomeren Säuren bilden, aber — auch ihre Salze — begierig Sauerstoff aufnehmen, fest werden und daher trocknende Säuren genannt werden. Der aufgenommene Sauerstoff wird einerseits zur Sättigung der freien Valenzen, andererseits zur Bildung von Oxyden verwendet; Oxyde und Peroxyde unterstützen als Katalysatoren den Vorgang.

Die Blei- und Bariumsalze sind in Äther löslich.

Linolsäure $C_{18}H_{32}O_2$ in vielen, besonders in den trocknenden und halbtrocknenden Ölen (Leinöl, Hanföl, Mohnöl, Nußöl u. a.). $D_{(14)}$ 0,9206, Schmelzp. unter —18°. Sie geht durch Oxydation in Tetraoxystearinsäure, durch Reduktion in Stearinsäure über. Die Linolsäure muß wegen der 4 freien Valenzen zwei Doppelbindungen oder eine dreifache Bindung haben. Ubner und Klimont nehmen eine Doppelbindung zwischen dem 9. und 10., die zweite vielleicht zwischen dem 10. und 11. Kohlenstoffatom an.

Als Isomere $C_{18}H_{32}O_2$ werden genannt Taririnsäure im Fett der Früchte einer Picramnia (Schmelzp. 50,5°), Telfairiasäure im Telfairiaöl (Erstarrungsp. 6°, Siedep. $_{(13)}$ 220—223°), Eläomargarinsäure im japanischen Holzöl und Samenöl von Eläococca vernicia (Schmelzp. 48°) und die dieser stereoisomere Eläosterinsäure (Schmelzp. 71°).

γ) Ungesättigte Säuren der Reihe $C_nH_{2n-6}O_2$*, Linolensäurereihe.* Von den Säuren dieser Reihe ist nur mit Sicherheit die im Leinöl gefundene

Linolensäure $C_{18}H_{30}O_2$ bekannt. Früher wurde sie für Linolsäure gehalten, muß aber wegen ihrer hohen Jodzahl (241,8—245) wohl als selbständige Säure angesehen werden. Auch bildet sie ein Hexabromid vom Schmelzp. 177° bzw. 180—181°. Sie zieht begierig Sauerstoff aus der Luft an und liefert bei der Oxydation in alkalischer Lösung mit Kaliumpermanganat Limusinsäure $C_{18}H_{30}O_2(OH)_6$. Das Vorkommen der isomeren Säuren $C_{18}H_{30}O_2$, der Isolinolensäure und der Jecorinsäure (im japanischen Sardinenöl) ist nur aus ihren Derivaten geschlossen worden.

δ) Ungesättigte Säuren der Reihe $C_nH_{2n-8}O_2$*, Isansäurereihe.* Die Säuren dieser Reihe sind noch wenig untersucht; man schließt auf ihre Natur aus der Bildung eines Octobromids und aus der hohen Jodzahl (z. B. 344 für Clupanodonsäure). Gerechnet werden hierzu die:

Isansäure $C_{14}H_{20}O_2$ im Samenöl von I'Sano Nüssen (Kongo); krystallisiert in Blättchen; Schmelzp. 41°, oxydiert sich an der Luft unter Rosafärbung.

Therapinsäure $C_{17}H_{26}O_2$ im Dorschlebertran.

Clupanodonsäure $C_{18}H_{28}O_2$ im Sardinen-, Herings- und Walöl. Sie besitzt Fischgeruch und oxydiert sich an der Luft unter Bildung eines Firnisses.

c) Ungesättigte hydroxylierte Fettsäuren $C_nH_{2n-2}O_3$.

Von den Säuren dieser Reihe ist nur die Ricinolsäure mit ihren Derivaten und eine im Quittensamenöl vorkommende Säure von derselben Rohformel $C_{18}H_{32}(OH) \cdot COOH$ bekannt.

Ricinolsäure $C_{18}H_{32}(OH) \cdot COOH$ im Ricinusöl. Schmelzp. 4—5°, $[\alpha]_D = +6{,}67°$. Sie addiert 2 Atome Halogen und 2 Hydroxylgruppen; sie wird bei gewöhnlicher Temperatur zähflüssig und polymerisiert. Durch Reduktionsmittel (z. B. Jodwasserstoff und Phosphor) geht sie in Stearinsäure, durch salpetrige Säure in die stereoisomere Ricinelaidinsäure über, welcher man im Vergleich zur Ricinolsäure folgende Strukturformel zuschreibt:

$$\begin{array}{c} CH_3 \cdot (CH_2)_5 \cdot CH(OH) \cdot CH_2 \cdot CH \\ \| \\ HOOC \cdot (CH_2)_7 \cdot CH \end{array} \qquad \begin{array}{c} CH_3 \cdot (CH_2)_5 \cdot CH(OH) \cdot CH_2 \cdot CH \\ \| \\ HC \cdot (CH_2)_7 \cdot COOH. \end{array}$$

Ricinolsäure (cis-Form) Ricinelaidinsäure (trans-Form)

Durch starkes Erhitzen von ricinolsaurem Barium soll die Ricinolsäure in eine besondere Modifikation, die Ricinsäure (Schmelzp. 81—82°), und durch Einwirkung von Schwefelsäure in eine Ketonsäure, die Isoricinolsäure, beide mit denselben Bruttoformeln $C_{18}H_{34}O_3$, umgewandelt werden.

d) Sonstige Säuren.

Japansäure $C_{20}H_{40}(COOH)_2$, als Glycerid zusammen mit Palmitinsäure im Japanwachs, wird als zweibasische Säure angesehen, gehört wahrscheinlich der Bernsteinsäurereihe an und geht durch Erhitzen auf 200° in eine Ketonsäure $\begin{array}{l} C_{10}H_{20} \\ C_{10}H_{20} \end{array}\!\!>\!CO$ über. Schmelzp. 117,8°.

Chaulmugrasäure $C_{18}H_{32}O_2$ neben Palmitinsäure im giftigen Samenöl von Hydnocarpusarten, Paractogenus Kurzii; Schmelzp. 68—69°, $[\alpha]_D^{20} = +61{,}8$, Siedep. $_{(20)}$ 247°. Sie wird als cyclische Säure angesehen, weil sie trotz vier fehlender Valenzen nur 2 Atome Brom oder Jod addiert und daher wie aus sonstigen Umsetzungen angenommen werden muß, daß 2 H-Atome durch Ringschluß vertreten werden. Dasselbe gilt von der isomeren

Hydnocarpussäure $C_{18}H_{32}O_2$, die nur eine ungesättigte Bindung enthält. Schmelzpunkt 60,4°, $[\alpha]_D^{20} = +70,0°$.

Salze der Fettsäuren. Die Kaliumsalze der niederen wie höheren Fettsäuren sind in Wasser wie in Alkohol löslich, und zwar die der flüssigen leichter löslich als die der gesättigten festen Fettsäuren und von diesen wieder die Kaliumsalze der Säuren mit niedrigerem Molekulargewicht löslicher als die mit hohem; das Kaliumsalz der Stearinsäure ($C_{18}H_{36}O_2$) ist löslicher als das der Arachinsäure ($C_{20}H_{40}O_2$) und dieses wieder leichter als das der Cerotinsäure ($C_{26}H_{52}O_2$).

Die Natriumsalze sind in Wasser und Alkohol schwerer löslich als die Kaliumsalze, weshalb erstere aus Lösungen von Kaliumsalzen durch Natriumchlorid ausgesalzen werden können:

$$C_{15}H_{31} \cdot COOK + NaCl = C_{15}H_{31} \cdot COONa + KCl\,.$$

Natriumcarbonat ist nicht imstande, Kaliumseife in Natronseife überzuführen. Die Salze der niederen, in Wasser selbst leicht löslichen Fettsäuren, z. B. die in der Cocosfettseife vorhandenen laurin- und myristinsauren Natriumsalze werden nur durch konzentrierte, nicht aber durch verdünnte Salzlösungen (wie Meerwasser) ausgefällt.

In Äthyl- und Petroläther sind die fettsauren Alkaliseifen nur wenig, in wasserhaltigem Äther mehr löslich.

Die Lithiumsalze verhalten sich in ähnlicher Weise wie die Natriumsalze; aus einer 50proz. alkoholischen Lösung der Kaliumsalze lassen sich durch Lithiumacetat Stearin- und Palmitinsäure abscheiden, während die Salze der anderen Fettsäuren, auch Ölsäure, in Lösung bleiben. Dieses Verhältnis ist aber zur quantitativen Trennung der Fettsäuren nicht geeignet.

Die Calcium- und übrigen Erdalkalisalze der niederen Fettsäuren, bis zur Capronsäure hinauf, sind in Wasser leicht löslich, das caprylsaure Calcium ist schon erheblich schwerer löslich, caprin- und laurinsaures Calcium lösen sich nur in großen Mengen kochenden Wassers; die Erdalkalisalze der höheren Fettsäuren sind in Wasser nicht, in Alkohol sehr wenig löslich. Diese Eigenschaft der fettsauren Erdalkalisalze wird zur Trennung der Fettsäuren durch partielle oder fraktionierte Fällung benutzt, z. B. lösliche Calcium- oder besser Bariumsalze zur Trennung sämtlicher höheren Fettsäuren von den niederen, lösliche Magnesiumsalze zur Trennung der höheren Fettsäuren unter sich.

Die Bleisalze unterscheiden sich dadurch, daß die der ungesättigten Säuren (der Ölsäure, Linolsäure usw.) in Äther und Benzol löslich, die der höheren festen gesättigten Fettsäuren (Palmitin-, Stearin-, Arachinsäure usw.) darin unlöslich bzw. fast unlöslich sind.

Die Cadmium-, Silber- und Kupfersalze der flüchtigen und löslichen Buttersäure (und Capronsäure) sind löslich, die der flüchtigen unlöslichen Fettsäuren (Capryl- und Caprinsäure) mehr oder weniger löslich, die der noch höheren Fettsäuren unlöslich. Dieses Verhalten der genannten Schwermetallsalze wird einerseits zur quantitativen Bestimmung der flüchtigen Säuren, andererseits der flüchtigen Säuren unter sich benutzt.

Acetylverbindungen der Fettsäuren. Der in der Hydroxylgruppe der Oxyfettsäuren — auch der Alkohole — vorhandene Wasserstoff läßt sich durch Acetyl (C_2H_3O) ersetzen, indem man die abgeschiedenen unlöslichen Fettsäuren mehrere Stunden am Rückflußkühler mit Essigsäureanhydrid kocht. Dadurch, daß man die Menge der aufgenommenen Acetylgruppe durch Verseifen mit Alkali bestimmt (Acetylzahl), kann man auf die Menge der vorhandenen Hydroxylgruppen bzw. Oxysäuren schließen[1]). Normale Fette und Öle zeigen nur eine niedrige Acetylzahl, durch Ranzigwerden (Oxydation unter Luftzutritt) nimmt sie wesentlich zu.

---

[1]) Es ist aber festgestellt, daß auch das Hydroxyl der Carboxylgruppe durch Essigsäureanhydrid Wasser abspalten kann.

Alkohole.

a) Dreiwertige Alkohole der Formel $C_nH_{2n+2}O_3$.

Glycerin (Ölsüß, Glycerinum, Propenylalkohol oder Propantriol) $C_3H_8O_3$ oder $C_3H_5(OH)_3$ oder $CH_2(OH)—CH(OH)—CH_2(OH)$. Es ist der einzige in der Natur (in den Fetten) vorkommende dreiwertige Alkohol.

Das Glycerin entsteht auch in kleineren und größeren Mengen bei der alkoholischen Gärung und findet sich daher in Wein und Bier, wird jetzt auch aus Zucker und Nährlösungen durch Hefe technisch hergestellt.

Synthetisch kann es dargestellt werden aus Propenylbromid und Silbernitrat und Verseifen des Glycerinessigsäureesters mit Basen:

$$C_3H_5Br_3 + 3\ AgC_2H_3O_2 = C_3H_5(C_2H_3O_2)_3 + 3\ AgBr$$

$$C_3H_5(C_2H_3O_2)_3 + 3\ KOH = C_3H_5(OH)_3 + 3\ KC_2H_3O_2\,.$$

Das Propenyltrichlorid oder Trichlorhydrin geht mit Wasser bei 160° ebenfalls in Glycerin über. Auch aus Allylalkohol $CH_2 : CH \cdot CH_2OH$ durch Oxydation mit Kaliumpermanganat oder aus Dioxyaceton $CH_2(OH) \cdot CO \cdot CH_2(OH)$ durch Reduktionsmittel kann Glycerin dargestellt werden. Im großen erhält man dasselbe durch Verseifen der Fette entweder:

a) mit Alkali (z. B. aus Tristearin) $C_3H_5(C_{18}H_{35}O_2)_3 + 3\,KOH = C_3H_5(OH)_3 + 3\,KC_{18}H_{35}O_2$

b) oder mit überhitztem Wasserdampf (z. B. aus Tripalmitin)

$$C_3H_5(C_{16}H_{31}O_2)_3 + 3\ H_2O = C_3H_5(OH)_3 + 3\ C_{16}H_{32}O_2\,.$$

Bei diesen Umsetzungen wird Glycerin technisch als Nebenerzeugnis gewonnen.

Das Glycerin ist eine farblose, rein süß schmeckende — daher der Name von γλυκύς — schwer bewegliche, sirupartige Flüssigkeit von neutraler Reaktion, welche in wasserfreiem Zustande bei 15° ein spez. Gewicht von 1,2653 hat, unter 0° zu einer weißen, erst wieder bei +17° schmelzenden Krystallmasse erstarrt, und bei 290° bzw. unter 12 mm Druck bei 170° unzersetzt siedet und mit überhitztem Wasserdampf bei 140—200° übergetrieben werden kann; Brechungsindex bei 12,5—12,8° = 1,4758. Es fühlt sich schlüpfrig an und verursacht infolge Wasserentziehung auf der Haut, besonders aber auf den Schleimhäuten, das Gefühl von Wärme bzw. ein brennendes Gefühl. Denn das Glycerin zieht begierig Wasser — an der Luft bis 50% — an, ist mit diesem, wie mit Alkohol in allen Verhältnissen mischbar; in Äther, Chloroform und fetten Ölen ist es unlöslich.

Bei gewöhnlicher Temperatur verdampft das Glycerin nur äußerst langsam, in merklicher Menge dagegen bei 100°, bei welcher Temperatur und bei 760 mm Barometerstand seine Spannkraft schon 64 mm beträgt. Von 5 g über Schwefelsäure völlig ausgetrocknetem Glycerin entweicht nach Clausnitzer regelmäßig in je 2 Stunden 0,1 g = 2% desselben. In einem mit Papierkappe bedeckten Kölbchen kann Glycerin im Luftbade bei 100—110° völlig eingetrocknet werden, ohne daß merkliche Mengen — nämlich nur 1—2,2 mg in je 2 Stunden — entweichen.

Verdünnte Glycerinlösungen können nach Hehner ohne Glycerinverlust eingedampft werden, bis der Glyceringehalt 70% beträgt; wasserfreies Glycerin dagegen kann in einer Schale bei 150—200° ohne jeden Rückstand abgedampft werden.

Das Glycerin besitzt ein bedeutendes Lösungsvermögen für viele Salze und verbindet sich mit Basen; es löst Kaliumhydroxyd, alkalische Erden und Bleioxyd auf; Kalk, Strontian und Baryt können aus solchen Lösungen bis auf einen geringen Rest ausgefällt werden, dagegen wird durch Glycerin die Ausfällung von Eisenoxyd, Kupferoxyd usw. durch Kalilauge verhindert.

Durch Eintröpfeln von Glycerin in ein abgekühltes Gemisch von Schwefel- und Salpetersäure erhält man Glycerintrinitrat (fälschlich Nitroglycerin genannt) $C_3H_5(ONO_2)_3$

als farb- und geruchloses, giftiges Öl, schwer löslich in Wasser, leicht löslich in Alkohol, Äther und Chloroform, bei —20° krystallisierend.

Beim Kochen mit Eisessig gibt Glycerin Diacetin $C_3H_5OH(OC_2H_3O)_2$, mit Essigsäureanhydrid dagegen Triacetin $C_3H_5(OC_2H_3O)_3$. Beim Schütteln mit Natronlauge und Benzoylchlorid bilden sich Di- und Tribenzoat. Mit überschüssiger Jodwasserstoffsäure destilliert, liefert es Isopropyljodid, welches durch Silbernitrat umgesetzt werden kann, nämlich

$$C_3H_5(OH)_3 + 5\,HJ = C_3H_7J + 3\,H_2O + 2\,J_2 \text{ und } C_3H_7J + AgNO_3 = C_3H_7NO_3 + AgJ.$$

Durch vorsichtige Oxydation des Glycerins mit verdünnter Salpetersäure oder Brom entsteht ein Gemenge von Glycerinaldehyd $CHO \cdot (HCOH) \cdot CH_2OH$, die sog. Glycerose, welche durch Kondensation mit Ätznatron in inaktive Acrose, eine der Glykose verwandte Verbindung, umgewandelt wird.

Bei der Oxydation mit Kaliumpermanganat in alkalischer Lösung wird das Glycerin zu Kohlensäure, Oxalsäure, Ameisensäure und Propionsäure zerlegt; wenn man hierbei genau nach der Vorschrift von Benedikt und Zsigmondy — 0,3 bis 0,4 g Glycerin in 500 ccm Wasser, 10 g Kalihydrat und dazu gepulvertes Permanganat — verfährt, zerfällt das Glycerin glatt in Oxalsäure und Kohlensäure:

$$C_3H_8O_3 + 4\,KMnO_4 = K_2C_2O_4 + K_2CO_3 + 4\,MnO_2 + 4\,H_2O.$$

Kaliumbichromat und Schwefelsäure verbrennen Glycerin vollständig zu Kohlensäure und Wasser:

$$2\,C_3H_8O_3 + 7\,O_2 = 6\,CO_2 + 8\,H_2O\,.$$

Qualitative Reaktionen auf Glycerin. 1. Durch wasserentziehende Mittel (wie Kaliumbisulfat) oder durch rasches Erhitzen des Glycerins — auch beim Verbrennen der Glyceride — entsteht Acrolein $CH_2 \cdot CH \cdot CHO$: $C_3H_8O_3 = C_3H_4O + 2\,H_2O$. Das Acrolein, welches bei 50° siedet, ist an seinem äußerst unangenehmen stechenden Geruch und daran zu erkennen, daß es die Augen zu Tränen reizt.

2. Glycerin treibt Borsäure aus Boraxlösungen aus. Man versetzt zu dem Zweck eine glycerinhaltige Flüssigkeit und Boraxlösung mit einigen Tropfen Lackmustinktur und mischt; bei Gegenwart von Glycerin tritt Rotfärbung auf, die beim Erwärmen verschwindet, beim Erkalten aber wieder eintritt.

3. Eine mit Glycerin oder glycerinhaltiger Flüssigkeit befeuchtete Boraxperle färbt die Flamme grün.

4. Kupfersalzlösungen, mit genügenden Mengen Glycerin versetzt, geben mit Kalilauge eine dunkelblaue Färbung.

Zur quantitativen Bestimmung zieht man durchweg zuckerfreie Rückstände mit Alkohol bzw. Alkohol-Äther aus oder man benutzt eine der vorstehenden Umsetzungen mit Jodwasserstoff oder Oxydationsmitteln.

b) Einwertige homocyclische Alkohole.

Diese Alkohole werden unter dem Namen „Sterine" zusammengefaßt und im allgemeinen nach dem S. 64 angegebenen Verfahren gewonnen. Behufs näherer Untersuchung müssen sie wiederholt umkrystallisiert werden. Die tierischen und pflanzlichen Sterine besitzen wahrscheinlich eine gleiche Zusammensetzung und Konstitution, aber verschiedene physikalische Eigenschaften, so daß sie als Isomere anzusehen sind.

1. Tierische Sterine, Cholesterine (von χολή Galle, στερεός fest, weil zuerst in der Galle als Hauptbestandteil der Gallensteine gefunden). Man gibt dem im Tierreich vorkommenden Cholesterin jetzt die Formel $C_{27}H_{46}O$; es ist nach Windaus ein einwertiger, ungesättigter sekundärer Alkohol, dessen Hydroxylgruppe in einem hydrierten Ring zwischen zwei CH_2-Gruppen nach folgender Anordnung liegen soll:

$$\begin{matrix} CH_3 \\ CH_3 \end{matrix}\!\!>\!CH \cdot CH_2 \cdot CH_2 \cdot C_{17}H_{26} \cdot CH : CH_2$$
$$CH_2 \cdot CH(OH) \cdot CH_2$$

Das Cholesterin ist hiernach als ein komplexes Terpen anzusehen.

Die Menge in den einzelnen tierischen Fetten ist sehr verschieden, z. B.:

Butter und Schweineschmalz, Rindstalg	Lebertran	Eieröl	Fischspermafett	Fischeierfett
0,10—0,35 %	0,8—0,9 %	4,49 %	11,2—17, 9%	3,9—14,0 %

Wegen der Doppelbindung addiert Cholesterin Halogene. Der Wasserstoff des Hydroxyls kann sowohl durch Metalle als durch Säurereste ersetzt werden. Durch Oxydationsmittel wird es zu Cholestenon (einem Keton) $C_{27}H_{44}O$ oxydiert, welches durch Reduktionsmittel in Cholestanol $C_{27}H_{48}O$ übergeführt wird. Durch Erhitzen auf 310—315° geht es in das isomere β-Cholesterin (Schmelzp. 160°) über. Eigenartig ist es, daß das freie Cholesterin gegen Gifte wie Tetanolysin, Kobralysin, Saponin als Gegengift wirkt, daher einen natürlichen Schutzstoff für den Tierkörper bildet. Darauf beruht auch die Fällung bzw. Bindung durch Digitonin:

$$\underset{\text{Cholesterin}}{C_{27}H_{46}O} + \underset{\text{Digitonin}}{C_{55}H_{94}O_{28}} = \underset{\text{Sterid}}{C_{82}H_{140}O_{29}}.$$

Besonders auch ist das freie Cholesterin ein Antikörper für Hämolysine (d. h. Stoffe, welche Blutkörperchen aufzulösen imstande sind). Diese Wirkungen hören aber auf, wenn der Hydroxylwasserstoff gesättigt ist, die Cholesterinester wirken nicht mehr antitoxisch, sondern sogar selbst hämolytisch.

Freies wie gebundenes Cholesterin werden anscheinend nur schwer im Tierkörper verdaut, sondern entweder als solche im Kot ausgeschieden oder zu Koprosterin $C_{27}H_{48}O$ — verschieden von Cholestanol — reduziert. Das im Wollfett neben Cholesterin vorkommende Isocholesterin besitzt einige andere Eigenschaften als ersteres (vgl. nachstehende Übersicht).

2. *Pflanzliche Sterine, Phytosterine* $C_{27}H_{46}O$. Die pflanzlichen Sterine haben vielfach die gleiche Zusammensetzung wie die tierischen, aber wegen der verschiedenen physikalischen Eigenschaften eine andere Konstitution. Diese ist indes bis jetzt noch unbekannt. Ihre Menge in den Pflanzenfetten erreicht nicht die Höhe der des Cholesterins in den tierischen Fetten. So werden angegeben in:

	Kottonöl	Mohnöl	Leinöl	Erbsen- u. Calabarbohnenfett
Phytosterin	0,18%	0,25%	0,13%	rd. 5%

In den Pflanzenfetten waltet die gebundene Form vor. Es kommen in ihnen vielfach Gemische isomorpher Phytosterine vor, so in den Calabarbohnenfetten, Rübölen, von denen das eine nur eine, das andere zwei Doppelbindungen hat. Man unterscheidet neben dem gewöhnlichen Phytosterin das:

Sitosterin $C_{27}H_{44}O + H_2O$ im Fett von Weizen, Roggen und Mais;

Stigmasterin $C_{30}H_{48}O$ oder $C_{30}H_{50}O$ im Calabarbohnenfett neben dem gewöhnlichen Phytosterin;

Phasol $C_{30}H_{48}O$ neben Phytosterin in den Samenschalen von Phaseolus vulgaris;

Lupeol $C_{26}H_{42}O_2$ (?) in den Lupinenschalen.

Die Cholesterine wie Phytosterine sind in Wasser und Alkalien unlöslich, meistens schwer löslich in kaltem, löslich in heißem Alkohol, meistens leicht löslich in Äther, Chloroform, Schwefelkohlenstoff, Benzol; sie geben durch Erhitzen mit Benzoesäure im zugeschmolzenen Rohr auf 200°, durch Erwärmen und Eindampfen mit Ameisensäure, Eisessig oder Essigsäureanhydrid und anderen Fettsäuren leicht Ester, die ebenso wie die verschiedenen physikalischen Eigenschaften (Krystallisation, Schmelzpunkt und optisches Verhalten) zu ihrer Unterscheidung dienen können. Diese Unterschiede mögen in folgender Tabelle aufgeführt werden:

Bezeichnung	Krystallisation	Schmelzpunkt	Optisches Verhalten $[\alpha]_D$ (in Ätherlösung)	Essigsäureester[1]		Benzoesäureester	
				Krystalle	Schmelzpunkt	Krystalle	Schmelzpunkt
Cholesterin	Dünne Tafeln mit rhomb. Umriß des triklinen Systems	148,4—150,8° (korr.)	− 31,1°[2]	Monokline Tafeln oder Nadeln	114,3—114,8° (korr.)	Rechtwinklige Tafeln	145,5—151,0° (unk.)
Jsocholesterin	Feine Nadeln	137—138° (unk.)	+ 60°	Nicht krystallisierend	unter 100°	Feine Nadeln	190—191° (unk.)
Phytosterin	Dünne breite Nadeln mit und ohne Zuspitzung	138,0—143,8° (korr.)	− 36,4°[2]	Glänzende Blättchen	125,6—137,0° (korr.)	—	143,0—147,0° (unk.)
Sitosterin	Desgl. und auch cholesterinähnlich	141° (korr.)	− 26,7°	Weiße Schuppen	127° (unk.)	—	145,5° (unk.)
Stigmasterin	Wie Phytosterin	170° (unk.)	− 44,7°	—	141° (unk.)	—	160° (unk.)

Qualitative Reaktionen des Cholesterins und Phytosterins. 1. Durch konz. Schwefelsäure und wenig Jod werden die Sterine bald violett, blau, grün und rot.

2. Hager-Salkowskische Reaktion: Beim Auflösen von wenigen Zentigrammen Sterinen in 2 ccm Chloroform und Hinzufügen von 2 ccm Schwefelsäure (spez. Gew. 1,76) färbt sich die Chloroformlösung blutrot, kirschrot bis purpurn, die Säureschicht grün fluorescierend.

3. Liebermannsche Reaktion: Beim Eintröpfeln von konz. Schwefelsäure in eine kalt gesättigte Lösung der Sterine in Eisessig tritt eine rosenrote und dann dauernde Blaufärbung auf.

4. Tschugaewsche Reaktion: Man löst Cholesterin in Essigsäureanhydrid, setzt Acetylchlorid im Überschuß und ein Stückchen Zinkchlorid zu; beim Erwärmen tritt je nach dem Cholesteringehalt eine eosinähnliche rote oder Rosafärbung auf, welche auch eine grünlichgelbe Fluorescenz zeigt. Die Reaktion tritt am stärksten nach 5 Minuten langem Kochen auf. Empfindlichkeit 1:80000.

Das Isocholesterin zeigt diese Reaktionen nicht oder in anderer Weise.

Wachse.

Unter „Wachse" sind im wesentlichen feste Ester aus den höheren Gliedern der gesättigten Fettsäuren und ein- oder zweiwertigen Alkoholen zu verstehen (S. 61).

Es gibt aber auch bei gewöhnlicher Temperatur flüssige Wachse, z. B. Spermacetöl (Döglingtran), welches eine ungesättigte flüssige Fettsäure der Ölsäurereihe und auch eine geringe Menge Glycerin (1,3% = 13,2% Glycerid) enthält. Andererseits enthalten die Wachse auch freie Fettsäuren (z. B. Bienenwachs etwa 14% Cerotinsäure), freie Alkohole und sogar

[1]) Die Ameisensäureester zeigen ebenfalls große Unterschiede, nämlich:

	Krystallform	Schmelzpunkt
Cholesterinester	Feine Nadeln des monokl. Systems	95,5—96,0° (unkorr.)
Phytosterinester	dünne Blättchen	103—113° (unkorr.)

[2]) In Chloroformlösung zeigen folgendes optisches Verhalten $[\alpha]_D$:

Cholesterin aus Gallensteinen . . . . (—36,6° +0,249 p)

Phytosterin aus Calabarbohnen . . . . —34,2°

hochschmelzende Kohlenwasserstoffe, z. B. Bienenwachs 12—17%; ein Kohlenwasserstoff „Heptakosan" ($C_{27}H_{56}$), schmilzt bei 60,5°, ein anderer „Hentriakontan" ($C_{31}H_{64}$) bei 64°. Zu den Wachsen können auch die Sterinester (S. 68) gerechnet werden.

Einige der bekanntesten Wachse enthalten als Hauptbestandteil:

			Schmelzp. in ° C.
Walrat	Palmitinsäurecerylester	$C_{15}H_{31} \cdot COO \cdot C_{16}H_{33}$	53,5
Bienenwachs	Palmitinsäuremyricylester	$C_{15}H_{31} \cdot COO \cdot C_{30}H_{61}$	72
Chinesisches Wachs	Cerotinsäurecerylester	$C_{25}H_{51} \cdot COO \cdot C_{26}H_{53}$	82
Carnaubawachs	Cerotinsäuremyricylester	$C_{25}H_{51} \cdot COO \cdot C_{30}H_{61}$	—
Cochenillewachs	Coccerinsäurecoccerylester	$(C_{31}H_{61}O_3)_2 : C_{30}H_{60}$	106
Wollfett	Stearinsäurecholesterinester	$C_{17}H_{35} \cdot COO \cdot C_{27}H_{45}$	65

Im Bienenwachs wird außer dem Myricylalkohol $C_{30}H_{62}O$ ein noch höherer Alkohol $C_{31}H_{64}O$, an Cerotinsäure gebunden, angenommen, im Wollfett desgleichen ein Lanolinalkohol $C_{12}H_{24}O$ (Schmelzp. 102—104°), eine Lanopalminsäure $C_{16}H_{32}O_3$ (Schmelzp. 87—88°) und eine Dioxysäure. Im Wollfett werden außerdem gegen 50% freie Alkohole (Cholesterin und Isocholesterin) angenommen.

Die hauptsächlich in den Wachsen vorkommenden Fettsäuren zeigen mit steigendem Molekulargewicht auch einen steigenden Schmelzpunkt, z. B.

	Carnaubasäure $C_{24}H_{48}O_2$	Cerotinsäure $C_{26}H_{52}O_2$	Melissinsäure $C_{30}H_{60}O_2$	Phyllostearylsäure $C_{33}H_{66}O_2$
Schmelzp.	72,5°	77,8°	90°	94—95°

Dasselbe ist bei den Alkoholen der Fall:

	Cetylalkohol $C_{16}H_{34}O$	Carnaubylalkohol $C_{24}H_{50}O$	Cerylalkohol $C_{26}H_{54}O$	Myricylalkohol $C_{30}H_{62}O$	Phyllostearylalkohol $C_{33}H_{68}O$
Schmelzp.	50°	68—69°	79°	88°	68—70°?

Die Alkohole liefern beim Erhitzen mit organischen Säuren und Schwefelsäure ebenso wie die niedrigeren Glieder leicht Ester, z. B. mit Essigsäure:

$$C_{16}H_{33} \cdot OH + CH_3 \cdot COOH = H_2O + CH_3 \cdot COO \cdot C_{16}H_{33} \text{ (Essigsäurecetylester).}$$

Beim Schmelzen mit Natron- oder Kalikalk entsteht unter Abspaltung von $2\,H_2$ das Alkalisalz der entsprechenden Fettsäure

$$C_{15}H_{31} \cdot CH_2OH + NaOH = 2\,H_2 + C_{15}H_{31} \cdot COONa \text{ (palmitinsaures Natrium).}$$

Durch Destillation unter vermindertem Druck zerfallen die Ester in die Säure und Olefine, z. B. Palmitinsäurecetylester:

$$C_{16}H_{31}C_2 \cdot C_{16}H_{33} = C_{16}H_{32}O_2 + C_{16}H_{32} \text{ (Ceten).}$$

Durch Kochen mit Alkalihydroxyden werden sie wie die Glyceride verseift, z. B. Palmitinsäuremyricylester:

$$C_{15}H_{31} \cdot COO \cdot C_{30}H_{61} + KOH = C_{15}H_{31} \cdot COOK + C_{30}H_{62}O.$$

Die Wachse sind aber nicht so leicht verseifbar und nicht so leicht löslich in Äther, Chloroform, Benzin usw. wie die Fette (Glyceride). Sie erzeugen, wenn sie im geschmolzenen oder gelösten Zustande auf Papier gebracht werden, wie die Fette, einen sog. Fettflecken, entwickeln aber, wenn sie nicht gleichzeitig ein Glycerid enthalten, beim Erhitzen keinen Acroleingeruch.

Bestimmung und Untersuchung der Fette.

Unter „Fett" versteht man bei der Analyse der Nahrungs- und Genußmittel den Ätherauszug der wasserfreien Substanz, d. h. alle aus der wasserfreien Substanz durch wasserfreien Äther ausziehbaren, bei einstündigem Trocknen im Wasserdampf-Trockenschrank nicht flüchtigen Bestandteile. (Vgl. hierzu S. 61.)

Einen Teil der das Fett begleitenden Stoffe (Alkaloide, organische Säuren u. a.) kann man dadurch entfernen, daß man den Rückstand des Ätherauszuges mit Petroläther aufnimmt und das Filtrat mit Wasser ausschüttelt; ätherische Öle lassen sich durch Destillation mit Wasserdampf entfernen, Farbstoffe durch Behandeln mit gereinigter Tierkohle, die allerdings auch einen Teil des Fettes adsorbiert.

Jedenfalls sollen sich die näheren Untersuchungen des Fettes auf das gereinigte, wasserfreie, klare Fett beziehen, welches dadurch erhalten wird, daß man das flüssige oder durch Erwärmen flüssig gemachte Fett in der Wärme durch Filtrierpapier filtriert.

I. Physikalische Untersuchungsverfahren.

Hiervon hat die Bestimmung des spez. Gewichtes (S. 62), des optischen Drehungsvermögens, Drehung der Ebene des polarisierten Lichtes (S. 62) sowie anderer physikalischen Eigenschaften für die Untersuchung und Beurteilung der Speisefette und -öle keine oder nur in seltenen Fällen eine Bedeutung. Dagegen findet die Bestimmung des Lichtbrechungsvermögens (S. 63) mit Hilfe des Zeißschen Refraktometers sowie die des Schmelz- und Erstarrungspunktes zur Unterscheidung und Beurteilung der Reinheit der Fette und Öle recht häufig Anwendung.

II. Chemische Untersuchungsverfahren.

Von diesen mögen hier nur die häufig wiederkehrenden und wichtigsten genannt werden, nämlich:

1. Säurezahl und Säuregrad. Hierunter versteht man die Zahl, welche angibt, wieviel Milligramme Kaliumhydroxyd zur Neutralisation der in 1 g Fett bzw. Öl vorhandenen freien Fettsäuren erforderlich sind (S. 64). Auch drückt man den Gehalt an freien Fettsäuren auf Ölsäure berechnet aus (1 ccm N-Alkalilauge = 0,2823 g Ölsäure).

2. Verseifungszahl (Köttstorfersche Zahl). Die Verseifungszahl gibt an, wieviel Milligramme Kaliumhydroxyd zur Verseifung von 1 g Fett erforderlich sind.

3. Acetylzahl. Die Acetylzahl der Fettsäuren oder Fette gibt an, wieviel Milligramme Kaliumhydroxyd zur Neutralisation der aus 1 g der acetylierten Fettsäuren oder Fette durch Verseifung erhaltenen Essigsäure erforderlich sind (S. 75).

4. Reichert-Meißlsche und Polenskesche Zahl. Die Reichert-Meißlsche Zahl gibt die Anzahl Kubikzentimeter $^1/_{10}$ N.-Lauge an, welche zur Neutralisation der aus 5 g geschmolzenem und filtriertem Fett unter bestimmten Bedingungen abdestillierten flüchtigen, wasserlöslichen Fettsäuren erforderlich sind.

Die Polenskesche Zahl dagegen gibt diejenige Anzahl Kubikzentimeter $^1/_{10}$ N-Lauge an, welche zur Neutralisation der unter denselben Bedingungen abdestillierten flüchtigen, in Wasser unlöslichen Fettsäuren erforderlich sind.

Die Reichert-Meißlsche Zahl gibt vorwiegend einen Wert für den Gehalt an Butter- und Capronsäure, die Polenskesche Zahl für den an Caprylsäure.

Nach diesen Verfahren werden indes nicht sämtliche flüchtigen, wasserlöslichen und -unlöslichen Fettsäuren gefunden, sondern nur ein gewisser Anteil (z. B. von Buttersäure etwa 90%) unter den bestimmt vorgeschriebenen Bedingungen. Es müssen diese daher sehr genau innegehalten werden. Außerdem schwankt die Reichert-Meißlsche Zahl bei Butterfett, je nach der Art, Haltung, Fütterung der Tiere und nach Jahreszeit in ziemlich weiten Grenzen (17—33, in der Regel 26—32). Durch Ranzigwerden der Fette und auch durch Einblasen von Luft (sog. geblasene Öle) wird diese Zahl meistens erhöht.

5. Jodzahl. Die Jodzahl gibt an, wieviel Jodchlorid, ausgedrückt in Prozenten Jod, ein Fett oder eine Fettsäure aufzunehmen vermag.

Die Jodzahl ist abhängig von der Menge und Art der ungesättigten Fettsäuren und zum geringen Teil von der Menge an Cholesterin und Phytosterin (S. 78).

Durch die infolge Pressung oder längerer Aufbewahrung bei Luftzutritt eintretende Oxydation (Bildung von Oxyfettsäuren) und Polymerisation der Fette und Öle wird die Jodzahl erniedrigt.

6. Hehnersche Zahl. Die Hehnersche Zahl gibt die prozentuale Ausbeute der Fette an in Wasser unlöslichen Fettsäuren einschließlich der unverseifbaren Bestandteile der Fette an. Über die Trennung der festen gesättigten Fettsäuren von den flüssigen ungesättigten durch die Bleisalze vgl. S. 75, über die Bedeutung der Bestimmung von Cholesterin und Phytosterin vgl. S. 78.

Sonstige Verfahren zur Unterscheidung einzelner Fette werden bei diesen selbst erwähnt werden.

Sogenannte stickstofffreie Extraktstoffe bzw. Kohlenhydrate.

Unter „stickstofffreien Extraktstoffen" versteht man in der Futter- und Nahrungsmittelanalyse diejenigen organischen Verbindungen, welche außer Wasser, Protein, Fett, Rohfaser und Mineralstoffen in den Nahrungs- bzw. Futtermitteln vorhanden sind und dadurch berechnet werden, daß man Wasser, Protein, Fett, Rohfaser und Mineralstoffe addiert und diesen Betrag bei der Berechnung auf Prozent von 100 abzieht. Die stickstofffreien Extraktstoffe schließen demgemäß die verschiedenartigsten Körper ein, nämlich außer den eigentlichen Kohlenhydraten und ihren Abkömmlingen Pektin-, Bitter-, Farbstoffe, organische Säuren usw.; auch ist einleuchtend, daß sich alle Fehler und Mängel der chemischen Analyse für die sonstigen Bestandteile der Futter- und Nahrungsmittel in dieser Gruppe vereinigen, so daß die Angabe für die „stickstofffreien Extraktstoffe" auch der Menge nach höchst ungenau ist.

In den meisten Fällen bilden die Kohlenhydrate den Hauptanteil dieser Nährstoffgruppe, weshalb dieselbe auch mit der einfachen Bezeichnung „Kohlenhydrate" zusammengefaßt wird. Die hierher gehörigen organischen Stoffe mögen hier, soweit sie die Nahrungsmittelchemie betreffen, kurz beschrieben werden.

Kohlenhydrate.

Die Gruppe der Kohlenhydrate verdankt ihren Namen dem Umstande, daß sie neben Kohlenstoff den Wasserstoff und Sauerstoff in dem Verhältnisse enthält, in welchem diese beiden letzteren Elemente Wasser bilden.

Da indes neben denjenigen Stoffen, welche die Eigenart der Kohlenhydrate besitzen, noch andere Verbindungen bestehen, in denen 2H und 1 O oder ein Vielfaches hiervon mit Kohlenstoff verbunden ist, wie beispielsweise Essigsäure $C_2H_4O_2$, Milchsäure $C_3H_6O_3$, Pyrogallol $C_6H_6O_3$ usw., Verbindungen, welche eine ganz andere Beschaffenheit besitzen, als die mit dem Namen Kohlenhydrate bezeichneten, so mußte die Begriffserklärung noch enger gefaßt werden, und man bezeichnete eine Zeitlang[1]) mit Kohlenhydraten nur die wahren Zuckerarten, die stets mindestens 6 Atome Kohlenstoff oder Vielfache hiervon, ferner mindestens 5 Atome Sauerstoff mit 10 Atomen Wasserstoff oder Vielfache von diesen enthalten.

Nachdem aber erwiesen ist, daß es auch Zuckerarten bzw. diesen nahestehende Körper gibt, die nur 5 Atome Kohlenstoff enthalten, so geht heute der Begriff Kohlenhydrate wieder weiter, indem man zu denselben auch solche Verbindungen rechnet, welche weniger oder mehr als 6 Atome Kohlenstoff enthalten, die aber bezüglich der Konstitution, des chemischen und optischen Verhaltens, sowie gegen Enzyme ein gleiches oder ähnliches Verhalten wie die wahren Zuckerarten zeigen.

Während über die sonstigen chemischen Baustoffe des Tier- und Pflanzenreiches noch keine klare Einsicht in die Natur derselben erzielt ist, hat die Konstitution der Kohlenhydrate in den letzten Jahrzehnten eine wesentliche Aufklärung erfahren, die wir vorwiegend den wichtigen Untersuchungen von Kiliani, B. Tollens, E. Fischer u. a. verdanken.

Konstitution der Kohlenhydrate. Die Kohlenhydrate werden jetzt allgemein als die Aldehyde oder Ketone mehrwertiger Alkohole bzw. Abkömmlinge hiervon aufgefaßt und rechnet man hierzu im weiteren Sinne alle ähnlich konstituierten

Verbindungen, welche Wasserstoff und Sauerstoff in demselben Verhältnis wie Wasser enthalten und die je nach dem Gehalt an Kohlenstoff und den Aldehydalkoholen in Diosen, Triosen, Tetrosen, Pentosen, Hexosen, Heptosen, Oktosen, Nonosen usw. eingeteilt werden, also:

	CHO	CHO	CHO	CHO		
CHO	CHOH	$(CHOH)_2$	$(CHOH)_3$	$(CHOH)_4$	CHO	
CH_2OH	CH_2OH	CH_2OH	CH_2OH	CH_2OH	$(CHOH)_5$	usw.
Glykolyl-	Glycerose,	Erythrose,	Arabinose,	Glykose,	CH_2OH	
aldehyd, Diose	Triose	Tetrose	Pentose	Hexose	Heptose	
$C_2H_4O_2$	$C_3H_6O_3$	$C_4H_8O_4$	$C_5H_{10}O_5$	$C_6H_{12}O_6$	$C_7H_{14}O_7$	

Von diesen Aldehydalkoholen kommen in den Nahrungsmitteln nur die Pentosen und Hexosen in Betracht; die bekannten Aldehydalkohole mit weniger oder mehr Kohlenstoffatomen kommen. entweder in Nahrungsmitteln nicht vor oder sind nur künstlich dargestellt. Auch von den Pentosen sind bis jetzt nur die Anhydride derselben $C_5H_8O_4$, die Pentosane oder die zugehörigen Alkohole $C_5H_{12}O_5$, die Pentite (d. h. in einer Form „Adonit") natürlich fertig gebildet in den Pflanzen vorgefunden; nur die Gruppe der eigentlichen Zuckerarten, die Hexosen, ist sowohl durch die zugehörigen Alkohole, als die Anhydride bzw. deren Vielfache in der Natur weit verbreitet.

Die Kohlenhydrate sind, obschon sie Hydroxylgruppen besitzen, keine Elektrolyte, d. h. sie werden durch den elektrischen Strom nicht in H- oder OH- und Restgruppen zerlegt, unterliegen beim Auflösen in Wasser keiner Ionisation oder Dissoziation. Sie sind indifferente neutrale Körper, die weder Basen- noch Säureeigenschaften besitzen.

Bei den ***Hexosen*** unterscheidet man, je nachdem sie als Aldehyd- oder Ketonalkohole aufgefaßt werden, zwischen Aldohexosen und Ketohexosen, denen man folgende Konstitutionsformeln beilegt:

Fertig gebildet gedacht:			Zwei C-Atome durch O verbunden gedacht:			
CHO	1	CH_2OH		CHOH		CH_2OH
HCOH	2	CO		CHOH		COH
HCOH	3	HCOH	O	CHOH		CHOH
HCOH	4	HCOH		CH	O	COOH
HCOH	5	HCOH		CHOH		CH
CH_2OH	6	CH_2OH		CH_2OH		CH_2OH
Aldose		Ketose.		Aldose		Ketose.

Für die Bindung zweier C-Atome durch O nach Art des Äthylenoxyds ($<^{CH_2}_{CH_2}>O$) bzw. der Lactone spricht, wie Tollens annimmt, die Nichtoxydierbarkeit der Zuckerarten an der Luft und die Oxydierbarkeit beim Erwärmen mit alkalischen Lösungen (Fehlingscher Lösung). Hierdurch wird vorübergehend Wasser aufgenommen und die Bindung der 2 C-Atome durch O gelöst, so daß sich momentan Aldehyde und Ketone bilden. Sie sind also nicht fertig gebildet, sondern in tautomeren oder desmotropen Formen vorhanden.

Bei den Aldosen sind 4, bei den Ketosen gleichwie bei den Pentosen 3 asymmetrische Kohlenstoffatome vorhanden, indem z. B. das bei den Aldosen mit Nr. 2 bezeichnete C-Atom mit CHO, H, OH und $C_4H_9O_4$, das mit Nr. 3 bezeichnete C-Atom mit $C_2H_3O_2$, H, OH und $C_3H_7O_3$ usw. verbunden ist. Aus dem Grunde sind nach der van't Hoffschen Regel bei den Aldohexosen $2^4 = 16$, bei den Ketohexosen $2^3 = 8$ stereoisomere Verbindungen möglich. Die Stereoisomerie beruht auf der Asymmetrie des 2. Kohlenstoffatoms.

Die meisten Hexosen drehen die Ebene des polarisierten Lichtes je nach der Stellung der H- und OH-Atome entweder nach rechts oder links oder bilden durch racemische Vereinigung der beiden aktiven Formen inaktive Modifikationen; man unterscheidet daher zwischen dextrogyren = d, lävogyren = l und inaktiven = d, l-Hexosen; jedoch beziehen sich die Vorzeichen nach E. Fischer nicht auf das wirkliche Drehungsvermögen, sondern auf die Lagerung der H- und OH-Atome, die sich wie ein Gegenstand zu seinem Spiegelbilde verhalten, z. B.:

d-Glykose (Dextrose)	l-Glykose	d-Fructose	l-Fructose	d-Sorbose
CHO	CHO	CH_2OH	CH_2OH	CH_2OH
HCOH	HOCH	CO	CO	CO
OHCH	HCOH	HOCH	HCOH	HOCH
HCOH	HOCH	HCOH	HOCH	HCOH
HCOH	HOCH	HCOH	HOCH	HOCH
CH_2OH	CH_2OH	CH_2OH	CH_2OH	CH_2OH

Die d-Fructose dreht die Ebene des polarisierten Lichtes in Wirklichkeit nicht nach rechts, sondern nach links.

Außer durch die verschiedene Lagerung der H- und OH-Atome ist auch eine Verschiedenheit dadurch bedingt, daß bei den Aldosen die Gruppen CHO und CH_2OH bald oben, bald unten stehen.

Ähnlich wie die Hexosen verhalten sich die Pentosen, bei welchen jedoch, weil nur 3 asymmetrische Kohlenstoffatome vorhanden sind, nur $2^3 = 8$ Stereoisomere möglich sind, z. B.:

d-Arabinose	l-Arabinose (gewöhnl. Arabinose)	l-Xylose	d-Xylose (gewöhnl. Xylose).
CHO	CHO	CHO	CHO
HOCH	HCOH	HOCH	HCOH
HCOH	HOCH	HCOH	HOCH
HCOH	HOCH	HOCH	HCOH
CH_2OH	CH_2OH	CH_2OH	CH_2OH

Durch Vermischen gleicher Teile der d- und l-Form entstehen die inaktiven d, l-Formen[1]). Von den stereoisomeren Zuckerarten sind die meisten bekannt.

Reduktion und Oxydation. Durch Reduktion der Hexosen bzw. Pentosen mit Natriumamalgam, zuerst in saurer dann in alkalischer Lösung, erhält man die zugehörigen Alkohole, Hexite bzw. Pentite, durch schwache Oxydationsmittel (Chlor, Brom oder Salpetersäure) die entsprechenden einbasischen Hexon- bzw. Pentonsäuren (Pentaoxy- bzw. Tetraoxymonocarbonsäuren), durch stärkere Oxydation die entsprechenden zweibasischen Dicarbonsäuren (Zuckersäuren bzw. Glutarsäuren), also bei den Hexosen:

d-Glykose		d-Hexit (d-Sorbit)		d-Glykonsäure (Pentaoxymonocarbonsäure)		d-Zuckersäure (Tetraoxydicarbonsäure).
CHO		CH_2OH		COOH		COOH
HCOH		HCOH		HCOH		HCOH
HOCH	Durch Reduktion entsteht:	HOCH	Durch Oxydation entsteht:	HOCH	Durch weitere Oxydation entsteht:	HOCH
HCOH		HCOH		HCOH		HCOH
HCOH		HCOH		HCOH		HCOH
CH_2OH		CH_2OH		CH_2OH		COOH

Desgleichen bei den Pentosen:

l-Arabinose		l-Arabit		l-Arabonsäure (Tetraoxymonocarbonsäure)		l-Trioxyglutarsäure (Trioxydicarbonsäure).
CHO		CH_2OH		COOH		COOH
HCOH	Durch Reduktion entsteht:	HCOH	Durch Oxydation entsteht:	HCOH	Durch weitere Oxydation entsteht:	HCOH
HOCH		HOCH		HOCH		HOCH
HOCH		HOCH		HOCH		HOCH
CH_2OH		CH_2OH		CH_2OH		COOH

---

[1]) Diese kann man dadurch in die aktiven Formen spalten, daß man die inaktive Form, z. B. mit aktiven Basen wie Cinchonin, in gut krystallisierende Salze überführt und sie entweder nach ihren verschiedenen Flächen oder nach ihrer verschiedenen Löslichkeit trennt.

Umgekehrt lassen sich die Alkohole durch Oxydation, die Carbonsäuren durch Reduktion wieder in die Zuckerarten überführen. Bei diesen Umwandlungen und auch bei der Bildung der Acetate (S. 88) bleibt die Konfiguration bestehen.

Von den Hexiten sind bis jetzt in den Pflanzen gefunden: Mannit, Sorbit und Dulcit, von den Pentiten nur der der Ribose entsprechende Adonit. Von den Pentiten wie Trioxyglutarsäuren mit je 2 asymmetrischen Kohlenstoffatomen sind 4 Raumisomere, von den Tetraoxymonocarbonsäuren ebenso wie von den Pentosen 8, von den Hexiten und Tetraoxydicarbonsäuren (Zuckersäuren) 10, von den Hexonsäuren wie bei den Hexosen 16 Raumisomere möglich.

Synthese der Zuckerarten. Man nimmt als erstes Umwandlungserzeugnis aus Kohlensäure und Wasser in den Pflanzen Formaldehyd CH_2O oder $H \cdot CH:O$ an, aus welchem durch sechsfache Kondensation Zucker $C_6H_{12}O_6$, durch n-fache Kondensation unter Wasseraustritt Stärke n $C_6H_{10}O_5$ entstehen kann, nämlich: $CO_2 + H_2O = CH_2O(H \cdot CH:O) + O_2$ und $6 (CH_2O) = C_6H_{12}O_6$ (Acrose) oder $n\ 6 (CH_2O) - n\ H_2O = n\ C_6H_{10}O_5$ (Stärke). In der Tat erhält man nach E. Fischer durch Kondensation des Formaldehyds mit alkalischen Basen Methylenitan, Acrose, i-Fructose, also Körper, welche die Eigenschaften der Zuckerarten besitzen.

Auch der künstliche Aufbau der d-Glykose aus der Glycerose ist von E. Fischer gezeigt worden. Bei der Oxydation des Glycerins[1]) $CH_2OH \cdot CHOH \cdot CH_2OH$ mit Salpetersäure oder Brom oder Wasserstoffsuperoxyd entsteht die Glycerose, ein Gemenge von Glycerinaldehyd $CH_2OH \cdot CHOH \cdot CHO$ und Glycerinketon $CH_2OH \cdot CO \cdot CH_2OH$, welches sich durch verdünnte Natronlauge zu α-Acrose bzw. i-Fructose kondensiert. Letztere geht durch Reduktionsmittel (Natriumamalgam in i-Mannit, dieser durch Oxydation der Reihe nach in i-Mannose und i-Mannonsäure über. Die i- (oder d- + l-) Mannonsäure läßt sich aber durch das Strychnin- und Morphinsalz bzw. durch Erhitzen mit Pyridin in d- und l-Mannonsäure spalten. Aus dem d-Mannonsäurelacton (Anhydrid derselben) entsteht einerseits durch Reduktion d-Mannose und d-Mannit, andererseits aus d-Mannose und Phenylhydrazin das d-Glykosazon, welches letztere durch Kochen mit Salzsäure Glykoson und dieses durch Reduktion d-Fructose liefert.

Einen anderen Ausgangspunkt für den künstlichen Aufbau der Zuckerarten bildet das Glykol $CH_2OH \cdot CH_2OH$ (erhalten aus Äthylenbromid $CH_2Br \cdot CH_2Br$) bzw. der Glykolaldehyd $CH_2OH \cdot CHO$ (erhalten aus Chlor- oder Brom- oder Jodacetaldehyd $CH_2Cl \cdot CHO$); letzterer geht durch Kondensation mit verdünnter Natronlauge in Tetrose $CH_2OH(CHOH)_2CHO$ über, die ebenso wie die Glycerose in naher Beziehung zu den Pentosen und Hexosen steht.

Indes haben schon der Glykolaldehyd $CH_2OH \cdot CHO$ und der Glycerinaldehyd $CH_2OH \cdot CHOH \cdot CHO$ bzw. das Glycerinketon $CH_2OH \cdot CO \cdot CH_2OH$ an sich manche Eigenschaften mit den wahren Zuckerarten (Hexosen) gemein, so daß wir zuckerähnliche Verbindungen von 2 Atomen C (Diosen) und von 3 Atomen C an (Triosen) kennen; hieraus bzw. aus den Tetrosen, Pentosen und Hexosen lassen sich die Zuckerarten mit mehr Atomen C in der Weise aufbauen, daß man z. B. eine Hexose mit mäßig konz. Blausäure behandelt; es bildet sich unter direkter Anlagerung von HCN das Cyanhydrin der Hexose; dieses gibt durch Behandeln mit Salzsäure oder Alkali unter Abspaltung von Ammoniak die Hexosecarbonsäure und diese läßt sich durch Behandeln mit Natriumamalgam

[1]) Das Glycerin läßt sich künstlich, wie folgt, herstellen: Aus rohem Holzgeist oder Calciumacetat durch Destillation läßt sich Aceton $CH_3 \cdot CO \cdot CH_3$ gewinnen, hieraus durch Reduktion Isopropylalkohol $CH_3 \cdot CH(OH) \cdot CH_3$; dieser liefert durch Behandeln mit Chlor Propylenchlorid $CH_2Cl \cdot CH(OH) \cdot CH_2Cl$ und durch Behandeln mit Chlorjod weiter $CH_2Cl \cdot CHCl \cdot CH_2Cl$ Propenyltrichlorid (Allyltrichlorid oder Trichlorhydrin). Hieraus aber entsteht durch Erhitzen mit viel Wasser auf 160° Glycerin $CH_2OH \cdot CHOH \cdot CH_2OH$, so daß es möglich ist, die Zuckerarten durch das Glycerin hindurch künstlich aus ihren Elementen aufzubauen.

in das nächst höhere Glied, in eine Heptose und durch weitere Reduktion in Heptit umwandeln, also:

$$
\begin{array}{ccccccccc}
\text{CHO} & & \text{CN} & & \text{COOH} & & \text{CHO} & & \text{CH}_2\text{OH} \\
(\text{CHOH})_4 & & \text{HCOH} & & \text{HCOH} & & \text{HCOH} & & \text{HCOH} \\
\text{CH}_2\text{OH} & \rightarrow & (\text{CHOH})_4 & \rightarrow & (\text{CHOH})_4 & \rightarrow & (\text{CHOH})_4 & \rightarrow & (\text{CHOH})_4 \\
\downarrow & & \text{CH}_2\text{OH} & & \text{CH}_2\text{OH} & & \text{CH}_2\text{OH} & & \text{CH}_2\text{OH} \\
\text{Hexose} & & \text{Hexosecyan-} & & \text{Hexoseoxy-} & & \text{Heptose} & & \text{Heptit.} \\
 & & \text{hydrin} & & \text{carbonsäure} & & & &
\end{array}
$$

Oder man erwärmt eine Hexose längere Zeit mit Blausäure und Ammoniak, wodurch das Ammoniaksalz der Hexosecarbonsäure $C_7H_{13}O_8 \cdot NH_4$ erhalten wird; durch Kochen des letzteren mit Bariumhydroxyd erhält man das Bariumsalz $(C_7H_{13}O_8)_2 \cdot Ba$, welches mit Schwefelsäure zerlegt wird; die freie Säure spaltet sich beim Verdampfen in Wasser und das Lacton[1]) (Anhydrid) $C_7H_{12}O_7$, welches mit Natriumamalgam in die Heptose $C_7H_{14}O_7$ übergeht.

In dieser Weise sind weiter die Octose und Nonose aufgebaut worden.

Abbau der Zuckerarten. Umgekehrt kann man aus den Hexosen Pentosen gewinnen, indem man die durch Oxydation der Hexosen mit Chlorwasser erhaltenen Hexonsäuren, bzw. deren Kalium- oder Calciumsalze bei Gegenwart von Ferriacetat mit Wasserstoffsuperoxyd behandelt; so läßt sich aus d-Glykose d-Arabinose, aus dieser durch Oxydation d-Arabonsäure und aus letzterer in vorstehender Weise d-Erythrose synthetisch darstellen:

$$
\begin{array}{ccccccccc}
\text{CHO} & & \text{COOH} & & \text{CHO} & & \text{COOH} & & \text{CHO} \\
\text{HCOH} & & \text{HCOH} & & \text{HOCH} & & \text{HOCH} & & \text{HCOH} \\
\text{HOCH} & & \text{HOCH} & & \text{HCOH} & & \text{HCOH} & & \text{HCOH} \\
\text{HCOH} & \rightarrow & \text{HCOH} & \rightarrow & \text{HCOH} & \rightarrow & \text{HCOH} & \rightarrow & \text{CH}_2\text{OH} \\
\text{HCOH} & & \text{HCOH} & & \text{CH}_2\text{OH} & & \text{CH}_2\text{OH} & & \\
\text{CH}_2\text{OH} & & \text{CH}_2\text{OH} & & & & & & \\
\text{d-Glykose} & & \text{d-Glykonsäure} & & \text{d-Arabinose} & & \text{d-Arabonsäure} & & \text{d-Erythrose.}
\end{array}
$$

Auch läßt sich der Abbau der Zuckerarten aus den Oximen bewirken, indem man z. B. das d-Glykosoxim (erhalten durch längeres Behandeln der alkoholischen Lösung von d-Glykose mit Hydroxylamin $NH_2 \cdot OH$) mit Essigsäureanhydrid und Natriumacetat behandelt und aus dem erhaltenen Pentaacetylglykonsäurenitril durch Alkali erst Blausäure und weiter durch Salzsäure die Acetylgruppen abspaltet, also:

$$
\begin{array}{ccc}
\text{CH:N(OH)} & \text{CN} & \\
\text{HCOH} & \text{HCOCOCH}_3 & \text{HCO} \\
\text{HOCH} & \text{CH}_3\text{COOCH} & \text{HOCH} \\
\text{HCOH} & \text{HCOCOCH}_3 & \text{HCOH} \\
\text{HCOH} & \text{HCOCOCH}_3 & \text{HCOH} \\
\text{CH}_2\text{OH} & \text{CH}_2\text{OCOCH}_3 & \text{CH}_2\text{OH} \\
\text{d-Glykosoxim} & \text{Pentaacetylglykonsäurenitril} & \text{d-Arabinose.}
\end{array}
$$

Künstliche Glykoside. Ebenso wie für den künstlichen Aufbau der Zuckerarten hat E. Fischer auch für die Synthese der Glykoside den Weg gezeigt. Leitet man in die Lösungen der Zuckerarten in Methyl-, Äthyl- oder Benzylalkohol trockenes Salzsäuregas, so bilden sich die Äther der Zuckerarten als die einfachsten Glykoside, z. B.:

$$
\underset{\text{Glykose}}{C_6H_{12}O_6} + \underset{\text{Methylalkohol}}{CH_3 \cdot OH} = \underset{\text{Methylglykosid}}{C_6H_{11}O_6 \cdot CH_3 + H_2O}
$$

$$
\underset{\text{Glykose}}{C_6H_{12}O_6} + \underset{\text{Benzylalkohol}}{C_6H_5 \cdot CH_2 \cdot OH} = \underset{\text{Benzylglykosid.}}{C_6H_{11}O_6 \cdot C_6H_5 \cdot CH_2 + H_2O}
$$

---

[1]) Die Lactonbildung beim Eindampfen oder Stehenlassen der Hexosencarbonsäuren (Hexonsäuren) beruht, falls man γ-Lagerung annimmt, auf folgendem Vorgang:

$$
\underbrace{CH_2OH \cdot \underset{\delta}{HCOH} \cdot \underset{\gamma}{HCOH} \cdot \underset{\beta}{HCOH} \cdot \underset{\alpha}{HCOH} \cdot COOH}_{\text{Glykonsäure}} \mid \text{weniger } H_2O \mid CH_2OH \cdot HCOH \cdot \underline{CH \cdot HCOH \cdot HCOH \cdot CO} \atop \hspace{6em} O
$$

Letzteres schmeckt bitter; vielleicht sind die Bitterstoffe der Pflanzen ebenfalls als Glykoside aufzufassen.

In derselben Weise lassen sich durch trockenes Salzsäuregas zwei oder mehrere Zuckermoleküle aneinander lagern und künstlich die Di- bzw. Polysaccharide darstellen.

Über die Konstitution der beiden stereo-isomeren Methylglykoside und über ihr Verhalten gegen Enzyme vgl. S. 33.

Allgemeine Eigenschaften der Zuckerarten.

1. Die ***alkoholische Natur*** der Zuckerarten gibt sich dadurch zu erkennen, daß

a) sich der alkoholische Wasserstoff außer durch Alkyle (vgl. vorstehend) durch Metalle ersetzen läßt, indem z. B. durch Behandeln mit Kalk, Baryt, Bleioxyd Saccharate gebildet werden, die den Alkoholaten entsprechen und durch Kohlensäure zersetzt werden können;

b) sie sich bei Anwesenheit unorganischer Säuren mit Aldehyden (besonders mit Chloral und Ketonen) unter Wasseraustritt verbinden;

c) der Wasserstoff der Hydroxyle leicht durch Säureradikale vertreten werden kann (vgl. vorstehend die Bildung von Acetylester); bei der Einwirkung von Salpeterschwefelsäure entstehen Salpetersäureester nach Art des Glycerinnitrats [sog. Nitroglycerins $CH_2(ONO_2) \cdot CH(ONO_2)CH_2(ONO_2)$], gewöhnlich als Nitrokörper bezeichnet; die Pentabenzoylverbindungen entstehen durch Schütteln mit Benzoylchlorid und Natronlauge;

d) durch Einwirkung von Chlorsulfonsäure $HClSO_3$ Ätherschwefelsäuren entstehen.

2. Die ***Aldehyd-*** und ***Ketonnatur*** offenbart sich außer durch die bereits vorstehend erwähnte Reduktionsfähigkeit mittels Natriumamalgam zu Alkoholen, die Oxydationsfähigkeit zu Säuren, durch die Fähigkeit, sich mit Blausäure zu Cyanhydrinen zu verbinden, durch die Bildung von Oximen mittels Hydroxylamin noch durch folgende Eigenschaften:

a) Durch die Fähigkeit, sich mit Phenylhydrazin zu verbinden; in konz. Lösungen verbindet sich ein Mol. Phenylhydrazin (als Acetat) mit einem Mol. Zucker zu Hydrazon:

$$\underset{\text{Glykose}}{C_6H_{12}O_6} + \underset{\text{Phenylhydrazin}}{H_2N \cdot NH(C_6H_5)} = \underset{\text{Glykose-Phenylhydrazin.}}{C_6H_{12}O_5 : N \cdot NH(C_6H_5)} + H_2O$$

Die Hydrazone sind meistens leicht löslich in Wasser, krystallisieren dagegen aus Alkohol in farblosen Nadeln.

In verd. Lösungen mit überschüssigem Phenylhydrazin dagegen[1]) verbindet sich ein Mol. Zucker mit zwei Mol. Phenylhydrazin zu Osazonen:

$$C_6H_{12}O_6 + 2\,C_6H_5 \cdot NH \cdot NH_2 = \underset{\text{Glykosazon.}}{C_6H_{10}O_4(N \cdot NH \cdot C_6H_5)_2} + 2\,H_2O + H_2$$

Der Wasserstoff wird nicht frei, sondern bildet mit einem Teile des Phenylhydrazins Anilin und Ammoniak.

Die Hydrazone der Aldohexosen und Ketohexosen sind verschieden, die Osazone dagegen gleich; bei dem zunächst gebildeten Hydrazon wird eine der Aldehyd- oder Ketongruppe benachbarte Alkoholgruppe zu CO oxydiert, während 2 H-Atome mit überschüssigem Phenylhydrazin Anilin und Ammoniak bilden; auf die so entstandene Aldehydo- und Ketogruppe wirkt von neuem Phenylhydrazin ein, so daß aus d-Glykose, d-Mannose und d-Fructose ein und dasselbe Osazon entsteht:

$$\begin{array}{l} CH_2OH\text{—}(CHOH)_3\text{—}C\text{————}CH \\ \qquad\qquad\qquad\qquad\ \ \| \qquad\qquad\ \ \| \\ \qquad\qquad\qquad N \cdot NH \cdot C_6H_5 \quad N \cdot NH \cdot C_6H_5\,. \end{array}$$

Die Osazone sind gelb gefärbte, leicht krystallisierende Verbindungen, fast unlöslich in Wasser, schwer löslich in Alkohol. Durch Reduktion mit Zinkstaub und Essig-

---

[1]) Behufs Ausführung der Reaktion fügt man zu 1 Teil Hexose usw. 2 Teile Phenylhydraz n, 2 Teile 50 proz. Essigsäure sowie gegen 20 Teile Wasser, und erwärmt bis zu einer Stunde auf dem Wasserbade, wobei sich das Osazon meist krystallinisch abscheidet.

säure entsteht aus Glykosazon Isoglykosamin $CH_2OH(CHOH)_3 \cdot CO \cdot CH_2 \cdot NH_2$, welches mit salpetriger Säure Fructose liefert. Mit konz. Salzsäure werden die Osazone in Phenylhydrazin und die sog. Osone gespalten:

$$C_6H_{10}O_4(N \cdot NH \cdot C_6H_5)_2 + 2\,H_2O = \underset{\text{Glykoson.}}{CH_2OH \cdot (CHOH)_3 \cdot CO \cdot COH} + 2\,NH_2 \cdot NH \cdot C_6H_5$$

b) Die Zuckerarten reduzieren alkalische Metallsalzlösungen, so ammoniakalische Silberlösung, Fehlingsche Kupferlösung, Sachssesche Quecksilberlösung, und alkalische Wismutlösung, indem sie dabei selbst zu Kohlensäure, Ameisensäure, Oxalsäure oder anderen Säuren oxydiert werden.

Von den Di- und Polysacchariden reduzieren nur Maltose und Milchzucker direkt, die anderen müssen vorher entweder durch Säuren oder Enzyme in Monosaccharide umgewandelt, d. h. invertiert werden.

c) Fast alle natürlich vorkommenden Zuckerarten (bzw. Kohlenhydrate) sind optisch aktiv, indem ihre Lösungen die Polarisationsebene ablenken. Das spez. Drehungsvermögen — $[\alpha]_D$ gleich Winkel, um welchen die Polarisationsebene durch eine Flüssigkeit, enthaltend je 1 g Substanz in 1 ccm, in einer 100 mm langen Schicht abgelenkt wird — ist nicht nur abhängig von der Temperatur und dem Gehalt der Lösung sowie von der Anwesenheit inaktiver Stoffe, sondern auch von der Zeit nach dem Auflösen der Zuckerarten, indem manche derselben eine Muta- (Bi- und Multi-) Rotation zeigen, d. h. in frisch bereiteter Lösung stärker optisch aktiv sind, als nach längerem Stehen; d-Glykose dreht z. B. in frischbereiteter Lösung doppelt so stark, als nach dem Stehen; bei gewöhnlicher Temperatur wird die Drehung meist nach 24 Stunden beständig. Man hat aus den einzelnen Zuckerarten eine niedrig- und hochdrehende Modifikation dargestellt und nimmt an, daß es einige Zeit dauert, bis zwischen beiden ein beständig bleibendes Gleichgewicht hergestellt ist[1]). Der Eintritt der beständigen Drehung kann daher meistens durch kurzes Erhitzen der Lösungen erreicht werden. Auch durch Zusatz von 0,1% Ammoniak wird die Mutarotation aufgehoben. Die Drehung wird auch durch die Art des Lösungsmittels sowie durch die Gegenwart von Säuren, Alkalien und Salzen mehr oder weniger beeinflußt.

3. Gärungen. Die Zuckerarten (bzw. Kohlenhydrate) unterliegen unter der Einwirkung von Hefen und Bakterien leicht Gärungen, wobei neben Kohlensäure bald Alkohol, bald Säuren auftreten.

α) Alkoholische Gärung. Durch Hefe bzw. durch deren Enzym, die Zymase, werden viele Hexosen nach folgender Gleichung gespalten:

$$\underset{\text{d-Glykose}}{C_6H_{12}O_6} = \underset{\text{Kohlensäure}}{2\,CO_2} + \underset{\text{Äthylalkohol.}}{2\,CH_3 \cdot CH_2OH}$$

In Wirklichkeit bilden sich bei der Gärung neben Kohlensäure und Äthylalkohol infolge von Nebengärungen einige Nebenerzeugnisse wie Glycerin, Bernsteinsäure, Milchsäure u. a. Auch nimmt man eine Spaltung des Hexosenmoleküls in Zwischenerzeugnisse (z. B. $CH_2OH \cdot CO \cdot CH_2OH$ Dioxyaceton oder Brenztraubensäure $CH_3 \cdot CO \cdot COOH$) an (vgl. S. 593).

Jedoch nicht alle Zuckerarten vergären nach E. Fischer mit Hefe.

1. Zunächst sind nur solche Zuckerarten vergärbar, welche 3 Atome C oder ein Vielfaches hiervon enthalten, also die Triosen, Hexosen und Nonosen; die zwischenliegenden Zuckerarten, die Tetrosen, Pentosen, Heptosen und Oktosen vergären nicht.

Daß reine Arabinose mit reiner Hefe nicht vergärt, ist mehrfach nachgewiesen; jedoch kann die Hefe in Ermangelung von anderen geeigneten

[1]) So konnte Tanret aus der Glykose eine +22,5° drehende und eine +104° drehende Modifikation darstellen, während die konstante Drehung 52,5° beträgt.

Stoffen die Arabinose zu ihrem Wachstum benutzen. Andere Pilze und Bakterien greifen indes Arabinose an, liefern aber — mit Ausnahme von Bac. aethaceticus und Fäulnisbakterien — keinen Alkohol, sondern je nach ihrer Natur Milchsäure, Buttersäure u. a.

2. Aber auch nicht alle Hexosen, auf welche es hier wesentlich ankommt, vergären mit Hefe. Von den 16 möglichen Aldohexosen haben sich bis jetzt nur drei, die d-Glykose, d-Mannose und d-Galaktose, von den Ketohexosen nur eine, die d-Fructose als vergärbar erwiesen; die d-Talose ist unvergärbar, und gibt E. Fischer diesen Zuckerarten folgende Konstitutionsformeln:

Vergärbare Hexosen:				Nicht vergärbar
CHO	CHO	CHO	CH_2OH	CHO
HCOH	HOCH	HCOH	CO	HOCH
OHCH	HCOH	HOCH	HOCH	HOCH
HCOH	HCOH	HOCH	HCOH	HOCH
HCOH	HCOH	HCOH	HCOH	HCOH
CH_2OH	CH_2OH	CH_2OH	CH_2OH	CH_2OH
d-Glykose	d-Mannose	d-Galaktose	d-Fructose	d-Talose.

Die d-Fructose ist vergärbar, weil die noch vorhandenen drei asymmetrischen C-Atome genau so angeordnet sind wie bei der d-Glykose und d-Mannose; wenn dagegen die Hydroxylgruppen alle oder zum größten Teil auf der einen Seite stehen, wie bei der d-Talose, so sind die Hexosen, auch die der l-Reihe angehörenden von vorstehenden Hexosen, nicht vergärbar.

3. Nur die Monosaccharide (Hexosen) werden durch Hefe vergoren; die Disaccharide werden vor ihrer Vergärung durch besondere Enzyme in Monosaccharide gespalten und dann erst vergoren.

So unterliegt die Saccharose erst der Spaltung in d-Glykose und d-Fructose durch die in der Hefe vorhandene Invertase[1]) (auch Invertin genannt), während die Maltose, die früher als direkt vergärbar angenommen wurde, durch die in der Hefe gleichzeitig vorhandene Maltase[1]) in zwei Moleküle d-Glykose zerlegt wird.

Die Milchzuckerhefe (Kefir) vergärt keine Saccharose und keine Maltose enthält aber auch nicht die Enzyme Invertase und Maltase (oder Glykase), dagegen das Ferment Lactase, welches Milchzucker in d-Glykose und d-Galaktose spaltet.

Das Disaccharid Trehalose wird durch ein Ferment des Aspergillus niger, durch Grünmalz und durch Frohberghefe schwach, die Melitriose durch Unterhefe, nicht aber durch Oberhefe gespalten. Sie ist durch Invertase der Hefe in Melibiose und d-Fructose spaltbar.

Von den Glykosiden werden einige durch das Enzym Emulsin, nicht aber durch die Enzyme der Hefe, andere umgekehrt durch letztere, nicht aber durch Emulsin gespalten (vgl. S. 33).

Aus diesem verschiedenen Verhalten der Zuckerarten gegen verschiedene Enzyme schließt E. Fischer, daß zwischen den wirksamen Enzymen und dem angreifbaren Zucker eine Ähnlichkeit der molekularen Konfiguration, des asymmetrischen Baues der Moleküle bestehen muß, welche sich in ähnlicher Weise verhalten wie Schlüssel und Schloß (vgl. auch S. 14).

[1]) Die beiden Enzyme Invertase und Maltase lassen sich nur aus getrockneter Hefe gewinnen; oder man kann die Hydrolyse dadurch nachweisen, daß man der frischen Hefe Toluol oder Thymol zusetzt, wodurch wohl die gärende, nicht aber die hydrolytische Wirkung der Hefe aufgehoben wird. Die aus den Disacchariden gebildeten Monosaccharide lassen sich dann in der Flüssigkeit durch Darstellung der Phenylhydrazinverbindungen nachweisen.

Es ist wahrscheinlich, daß das **Protoplasma** der Zellen sich ähnlich verhält, wie die Enzyme, und die einzelnen Zuckerarten auch im tierischen Lebensvorgang ein verschiedenes Verhalten zeigen, insofern als die gärfähigen Zuckerarten leichter aufgenommen, oxydiert und in Glykogen übergeführt werden als die nicht gärfähigen Zuckerarten. Tatsächlich lassen sich die gärfähigen Zuckerarten (d-Glykose, d-Mannose, d-Galaktose und d-Fructose) durch gleichzeitige Oxydation und Reduktion ineinander überführen.

β) **Säuregärungen.** Wie durch Hefe so können die Zuckerarten (bzw. Kohlenhydrate) auch durch andere Kleinwesen gespalten werden.

1. Die **Milchsäuregärung** wird durch den in saurer Milch, faulendem Käse, Magensaft, Sauerkraut usw. vorhandenen Milchsäurebacillus, Bacillus acidi lactici, und andere Bakterien in zuckerhaltigen Lösungen hervorgerufen, wobei die Zuckerarten (Rohr-, Milchzucker, Gummiarten, Stärke) in Milchsäure zerfallen:

(Glykose) $C_6H_{12}O_6 = 2\,C_3H_6O_3$ und (Lactose) $C_{12}H_{22}O_{11} + H_2O = 4\,C_3H_6O_3$.

Die Gärung verläuft am stärksten bei 45—55° und bei einem nicht zu hohen Gehalt an freier Säure, weshalb bei der künstlichen Darstellung der Gärungsmilchsäure von Anfang an Zink- oder Calciumcarbonat zugesetzt wird. Wenn die Milchsäurebakterienkulturen unrein sind, so tritt Buttersäuregärung ein.

2. **Buttersäuregärung.** Milchsaures Calcium geht bei Gegenwart von Käse oder Fleisch, unter Entwicklung von Kohlensäure und Wasserstoff, in buttersaures Calcium über:

$$2\,C_3H_6O_3 = C_4H_8O_2 + 2\,CO_2 + 4\,H.$$

Dasselbe wird durch das Bacterium lactis aërogenes (**Escherich**) bewirkt. Bei der Gärung des mit Calciumcarbonat versetzten Glycerins durch Bacillus subtilis entsteht neben Normalbutylalkohol und etwas Weingeist Buttersäure. Ebenso wird Stärke bzw. Glycerin bei 40° durch Bacillus subtilis und Bacillus boocopricus bei Zusatz von Nährsalzen in vorwiegend Buttersäure neben Essigsäure, etwas Bernsteinsäure und Weingeist gespalten.

3. **Citronensäuregärung.** Durch gewisse, dem Penicillium glaucum ähnliche Pilze, wie Citromyces pfefferianus und glaber, wird Glykose in **Citronensäure** umgewandelt und kann letztere auf diese Weise im großen gewonnen werden.

γ) **Schleimige Gärung.** Der Bacillus viscosus sacchari verwandelt Saccharose, andere kettenförmig aneinandergereihte Bakterien verwandeln Glykose unter Entwicklung von Kohlensäure in einen **schleimigen**, gummiartigen Stoff, wobei in letzterem Falle auch **d-Mannit** und Milchsäure entstehen.

δ) **Cellulosegärung.** Die Cellulose, die als Anhydrid der d-Glykose aufzufassen ist, wird durch einen im Darmkanal der Tiere, im Teich- und Kloakenschlamm vorkommenden Bacillus, vorwiegend Bacillus amylobacter, in Kohlensäure, Sumpfgas, Essigsäure, Isobuttersäure usw. gespalten.

Hiermit aber ist die Anzahl der Bakterien, welche die Zersetzung der Kohlenhydrate bewirken, noch nicht erschöpft; ohne Zweifel leben im Wasser wie im Boden verschiedene kleinste Lebewesen, welche sich an dieser Zersetzung beteiligen.

Die Eigenschaften der Zuckerarten, Metallsalze zu reduzieren, polarisiertes Licht abzulenken und durch Hefe vergoren zu werden, benutzen wir auch zur **quantitativen** Bestimmung derselben.

A. Pentosen.

Von den Kohlenhydraten mit weniger als 6 Atomen Kohlenstoff kommt für die Nahrungsmittelchemie zunächst nur der 4wertige Alkohol, der in der Alge Protococcus vulgaris vorkommende **i-Erythrit** (Phycit) $CH_2OH \cdot (HCOH)_2 \cdot CH_2OH$ in Betracht, aus dem durch

Oxydation mit verd. Salpetersäure die Erythrose (Tetrose) $CHO \cdot (HCOH)_2 \cdot CH_2OH$ entsteht. Der Erythrit kommt auch noch als Erythrin oder Orsellinsäureerythrinester in vielen Flechten und einigen Algen vor.

Eine größere Bedeutung für die Nahrungsmittelchemie dagegen hat die nächst höhere Gruppe der Kohlenhydrate, die der Pentosen $C_5H_{10}O_5$; zwar sind letztere als solche in der Natur, d. h. als fertige Baustoffe der Pflanzen bis jetzt noch nicht gefunden, und von den zugehörigen 5wertigen Alkoholen, den Pentiten, kennt man bis jetzt nur den Adonit, $CH_2OH \cdot (HCOH)_3CH_2OH$; indes bilden dieselben in Form von Anhydriden als Pentosane n $C_5H_8O_4$ in Gummi-, Schleimarten, wie in der Zellmembran vielfach Bestandteile der Pflanzen.

Der Adonit $C_5H_7(OH)_5$ findet sich im Adonisröschen (Adonis vernalis), ist optisch inaktiv, schmilzt bei 102°, geht durch schwache Oxydationsmittel in die zugehörige Aldopentose, in die inaktive Ribose über, die sich umgekehrt wieder durch Reduktionsmittel in Adonit verwandeln läßt.

Die Pentite, l-Arabit und Xylit sind bis jetzt nur künstlich aus den zugehörigen Aldopentosen durch Reduktion dargestellt.

Der Adonit unterscheidet sich von den anderen Pentiten dadurch, daß er mit Benzaldehyd eine krystallinische Verbindung von Dibenzaladonit bildet:

$$C_5H_{12}O_5 + 2\,C_6H_5CHO = C_5H_8O_5 \cdot (C_6H_5 \cdot CH)_2 + 2\,H_2O.$$

Für die bis jetzt dargestellten Aldopentosen gelten folgende Konstitutionsformeln und Eigenschaften:

	l-Arabinose	d-Arabinose	l-Xylose	d-Ribose	d-Lyxose
1. Konstitutionsformel	CHO HCOH HOCH HOCH CH_2OH	CHO HOCH HCOH HCOH CH_2OH	CHO HCOH HOCH HCOH CH_2OH	CHO HCOH HCOH HCOH CH_2OH	CHO HOCH HOCH HCOH CH_2OH
2. Schmelzpunkt	160°	160°	144—145°	—	101°
3. Drehungswinkel $[\alpha]_D$	+104,5 bis 105,5°	linksdrehend	+20 bis 21° [1])	—19,4°	—13,9°
4. Osazone, Schmelzp. $C_5H_8O_3(N_2HC_6H_5)_2$	160°	160°	160°	154—155°	155—160°

Die l-Arabinose wurde zuerst erhalten aus der Metapektinsäure des Rübenmarkes durch Kochen mit Schwefelsäure, dann auf dieselbe Weise aus Gummi arabicum, Kirsch-, Tragantgummi, Diffusionsschnitzeln, Biertrebern usw.

Die d-Arabinose dagegen ist nur künstlich aus d-Glykosoxim durch Abbau (S. 86) und aus d-Glykonsäure durch Oxydation mit Wasserstoffsuperoxyd dargestellt.

Die Xylose ist zuerst aus Holzgummi gewonnen worden; man zieht Holz mit schwacher Natronlauge, Kalk oder Ammoniak aus und kocht das erhaltene Gummi mit 5proz. Schwefelsäure; sie ist als Xylan n $C_5H_8O_4$ auch in größerer Menge in Heu, Stroh, Kleie usw. enthalten.

Die l-Ribose kann durch Oxydation von Adonit, die d-Ribose aus Nucleinsäuren und aus l-Arabinose durch Oxydation derselben zu l-Arabonsäure und durch Erhitzen der letzteren mit Pyridin (Umlagerung in Ribonsäure) dargestellt werden.

In derselben Weise wird d-Lyxose künstlich aus l-Xylose über l-Xylonsäure und d-Lyxonsäure gewonnen.

Bei den ***Methyl-Pentosen*** ist ein Wasserstoff des endständigen Alkohols H_2COH durch Methyl ersetzt $CH_3 \cdot HCOH$. Sie entstehen sämtlich durch Hydrolyse entweder von Glykosiden oder den Anhydriden, den Methyl-Pentosanen. Die l-Rhamnose (Isodulcit, Rhamnodulcit, Hesperidinzucker) entsteht aus dem Glykosid Quercitrin oder Xanthorhamnin

[1]) Die Xylose besitzt wie die Arabinose Mutarotation; die frische Lösung zeigt Drehung $[\alpha]_D$ + 38,8°.

durch Hydrolyse neben Quercetin bzw. Rhamnetin. Sie wird als Methyl-l-Lyxose (siehe vorstehend) aufgefaßt, $CH_3 \cdot HCOH(HCOH)_3 \cdot CHO$.

Rhodeose, $C_6H_{12}O_5$, aus Glykosiden der Jalapenwurzeln, aus Convolvulin gewonnen, ist wahrscheinlich Methyl-l-Arabinose.

Fukose, $C_6H_{12}O_5$, aus Seetang (Fucusarten) gewonnen, ist wahrscheinlich das Antilogon der Rhodeose, also Methyl-d-Arabinose.

Chinovose, $C_6H_{12}O_5$, entsteht als Methylpentose aus Äthylglykosid $C_6H_{11}O_5 \cdot C_2H_5$, welches neben Chinovasäure aus dem in den Chinaarten vorkommenden Chinovit durch Spaltung mit alkohol. Salzsäure erhalten wird.

Diese vier Methylpentosen haben folgende Eigenschaften:

	l-Rhamnose	Rhodeose	Fukose	Chinovose
Schmelzpunkt der Pentose .	122—126° [1]	—	130—140°	—
Schmelzpunkt des Osazons .	185° (korr.)	176,5°	177,5°	193—194°
Molekulare Drehung $[\alpha]_D$ . .	+8,6 bis +9,2° [2]	+ 75,2°	—75 bis —76°	—

Auch ***Dipentosen*** sind in der Natur gefunden, z. B.:

Arabinon, $C_{10}H_{18}O_9$ (?), beim Hydrolysieren von Cheddagummi, schwerer in Alkohol löslich als Arabinose. In letztere zerfällt sie bei weiterer Hydrolyse; $[\alpha]_D = +202°$.

Vicianose, $C_{11}H_{20}O_{10}$, aus dem blausäureliefernden Glykosid, Vicianin, der Samen von Vicia angustifolia, Schmelzp. 210°, $[\alpha]_D = +39,7°$. Zerfällt bei der Hydrolyse in Glykose und Arabinose.

Die Pentosen unterscheiden sich dadurch von den Hexosen, daß sie mit Hefe nicht vergären (vgl. S. 88) und beim Kochen mit Salz- oder Schwefelsäure nicht Lävulinsäure, sondern Furfurol liefern:

$$\underset{\text{Pentose}}{C_5H_{10}O_5} = C_5H_4O_2 \text{ oder } C_4H_3O \cdot CHO \text{ oder } O\left\langle\begin{matrix} CH \cdot C \cdot CHO \\ | \quad\quad \| \\ CH \cdot CH \end{matrix}\right. + 3\,H_2O$$

Furfurol = Aldehyd der Brenzschleimsäure.

Das Furfurol kann in kleinsten Mengen durch Xylidin und Anilin (essigsaures Anilinöl auf Papier gegossen und getrocknet) an der Rotfärbung erkannt werden.

Das Furfurol bildet sowohl mit Phenylhydrazin als Phloroglucin Verbindungen nach folgenden Gleichungen:

$$\underset{\text{Furfurol}}{C_4H_3O \cdot CHO} + \underset{\text{Phenylhydrazin}}{NH_2 \cdot NH \cdot C_6H_5} = \underset{\text{Furfurolphenylhydrazon.}}{C_4H_3O \cdot CH{:}N \cdot NH \cdot C_6H_5} + H_2O$$

$$\underset{\text{Furfurol}}{2\,C_5H_4O_2} + \underset{\text{Phloroglucin}}{C_6H_3 \begin{cases} {}_1\,OH \\ {}_3\,OH \\ {}_5\,OH \end{cases}} = \underset{\text{Furfurolphloroglucin.}}{C_6H_3 \begin{matrix} (O \cdot C_5H_3O)_2 \\ OH \end{matrix}} + 2\,H_2O$$

Da die Verbindung sowohl mit Phenylhydrazin als auch mit Phloroglucin in Wasser und säurehaltigem Wasser fast unlöslich ist und die Pentosen wie die Pentosane usw. die obige Umsetzung erleiden, so gibt nach B. Tollens die Destillation der Nahrungs- und Futtermittel mit Salzsäure und die Fällung des Furfurols im Destillat mit Phenylhydrazin oder Phloroglucin — seit einiger Zeit wird nur das letztere angewendet — ein einfaches Mittel ab, die Pentosanverbindungen bzw. die Furfuroide quantitativ zu bestimmen.

Die Methylpentosane liefern Methylfurfurol und Methylfurfurol-Phloroglucid, welches in Alkohol löslich ist und dadurch von der gesamten Phloroglucidmenge getrennt werden kann.

Sonstige qualitative Reaktionen: 1. Mit einer gesättigten Lösung von Phloroglucin in starker Salzsäure geben pentosanhaltige Stoffe beim Erwärmen Kirschrotfärbung (hierauf beruht der Nachweis von Holzstoff in Papier mittels Phloroglucin-Salzsäure). 2. Mit salzsaurem Orcin (0,5 g Orcin in 30 ccm Salzsäure von 1,19 spez. Gewicht und dazu 30 ccm Wasser) geben dieselben beim Kochen Blaufärbung.

---

[1] Für Rhamnoseanhydrid $C_6H_{12}O_5$ (weiße Nadeln).

[2] Für Rhamnosehydrat $C_6H_{12}O_5 + H_2O$. Das Anhydrid zeigt Mutarotation; endgültiger $[\alpha]_D$ in alkoholischer Lösung —9,0°.

B. Hexosen.

Die Hexosen kommen in größerer Mannigfaltigkeit in der Natur vor, als die Pentosen bzw. deren Anhydride; nicht nur die zugehörigen Alkohole finden sich natürlich in mehreren Gliedern, sondern auch mehrere Hexosen als solche allein, oder zu mehreren miteinander vereinigt. Man teilt daher diese Gruppe in folgende Abteilungen ein:

I. Monosaccharide oder Monohexosen (oder Monosen),
II. Disaccharide oder Saccharobiosen,
III. Trisaccharide oder Saccharotriosen,
IV. Tetrasaccharide oder Saccharotetrosen,
V. Polysaccharide, amorph oder schwer krystallisierbar, und zwar
  1. Hexosan- oder Saccharo-Kolloide,
    a) Glykosane,
    b) Fructosane.
  2. Pentosan- und Hexosan-Kolloide (Gummi, Schleime, Pektine),
VI. Abkömmlinge des gesättigten Ring-Kohlenwasserstoffs C_6H_{12} (Cyclohexite, Cyclosen).

I. Die Monosaccharide oder Monohexosen (Monosen).

Von den 16 möglichen stereoisomeren Aldohexosen kommen in der Natur fertig gebildet vor nur die d-Glykose, d- und l-Mannose und d-Galaktose, von den 8 stereoisomeren Ketohexosen nur die d-Fructose und Sorbinose oder Sorbose. Die anderen Glieder dieser Reihe sind nur künstlich dargestellt. Erstere mögen daher hier auch nur Berücksichtigung finden.

1. Hexite. Die zu den Hexosen gehörigen, in der Natur vorkommenden 6wertigen Alkohole sind der Mannit, Sorbit und Dulcit; sie besitzen folgende Eigenschaften:

	l-Mannit	d-Mannit	l-Sorbit	d-Sorbit	Dulcit
Konstitutionsformel	CH_2OH HCOH HCOH HOCH HOCH CH_2OH	CH_2OH HOCH HOCH HCOH HCOH CH_2OH	CH_2OH HOCH HCOH HOCH HOCH CH_2OH	CH_2OH HCOH HOCH HCOH HCOH CH_2OH	CH_2OH HCOH HOCH HOCH HCOH CH_2OH
Schmelzpunkt	163—164°	165—166°	77°	60° [1])	186°
Drehung bei Gegenwart von Borax	links	bis +43°	—1,4°	+1,4°	inaktiv

d-Mannit oder gewöhnlicher Mannit (Mannitol, Mannazucker), kommt in der Manna, dem eingetrockneten Safte der Mannaesche (Fraxinus ornus) vor, aus welchem er durch Auskochen und Krystallisation (in feinen glänzenden Nadeln) gewonnen werden kann. Er findet sich weit verbreitet in Pflanzen, besonders in Pilzen. Er bildet sich durch Fermentwirkung aus Glykose bei der Mannitgärung im Wein, bei der Milch- und Schleimsäuregärung im Sauerkraut, bei längerem Stehen im Spargelsaft und künstlich bei der Reduktion von d-Mannose und d-Fructose mit Natriumamalgam, bei der schleimigen Gärung von Saccharose. Der Mannit schmeckt sehr süß. Durch schwache Oxydation mit Salpetersäure liefert er d-Mannose und d-Fructose, durch stärkere Oxydation d-Mannozuckersäure, Erythritsäure und Oxalsäure.

Der ***Links-*** oder ***l-Mannit*** entsteht aus l-Mannose, bzw. aus l-Arabinosecarbonsäure durch Reduktion mit Natriumamalgam in schwach alkalischer Lösung, wie ebenso inaktiver Mannit, (d, l-Mannit) aus inaktiver Mannose (d, l-Mannonsäure); letzterer ist gleich mit dem synthetisch dargestellten α-Acrit aus der α-Acrose.

[1]) Schmilzt wasserfrei bei 103—104°.

d-Sorbit findet sich im Saft der Vogelbeeren (Sorbus aucuparia) und entsteht durch Reduktion der d-Glykose, sowie neben d-Mannit durch Reduktion der d-Fructose.

l-Sorbit ist bis jetzt nur künstlich durch Reduktion von l-Glykose erhalten worden.

Dulcit (auch Dulcin, Dulkose, Melampyrit, Melampyrin, Evonymit genannt) ist in zahlreichen Pflanzensäften, z. B. von Melampyrum-, Rhinanthus-, Evonymus-Arten und besonders in der Dulcit-Manna von Madagaskar vorhanden. Künstlich wird der Dulcit aus Lactose und Galaktose mit Natriumamalgam erhalten.

Durch Oxydation mit Salpetersäure liefert er Schleimsäure; Dulcit ist also der Alkohol der d-Galaktose und l-Galaktose.

2. Hexosen. Den durch schwache Oxydation aus den 6wertigen Alkoholen hervorgehenden Hexosen schreibt man eine gleiche Konstitution wie den Alkoholen zu, selbstverständlich, indem an Stelle der einen Alkoholgruppe eine Aldehydgruppe treten muß; auch wird für die zugehörigen 1basischen Hexonsäuren und 2basische Zucker- bzw. Schleimsäure mit Ausnahme der endständigen Aldehyd- bzw. Alkoholgruppe, die in eine bzw. zwei Carboxylgruppen verwandelt werden, dieselbe Atomlagerung wie bei den zugehörigen Alkoholen oder Hexosen angenommen. Die Hexosen sind die Aldehyde der 6wertigen Alkohole.

Über die Strukturformel der hier zu behandelnden Aldo- bzw. Ketohexosen vgl. S. 83.

Eine gemeinsame Eigenschaft der Hexosengruppe ist die, daß sie beim Behandeln mit Salz- oder Schwefelsäure nicht wie Pentosen Furfurol, sondern Lävulinsäure liefern.

$$\underset{\text{Hexose}}{C_6H_{12}O_6} = \underset{\text{Lävulinsäure}}{C_5H_8O_3} \text{ oder } \underset{\beta\text{-Acetylpropionsäure}}{CH_3{\cdot}CO{\cdot}CH_2{\cdot}CH_2{\cdot}COOH} \text{ oder } \underset{\gamma\text{-Ketovaleriansäure}}{CH_3{\cdot}\overline{C(OH){\cdot}CH_2{\cdot}CH_2{\cdot}COO}} + 2\,H_2O + CO$$

Die Umsetzung erfolgt am leichtesten bei der d-Fructose oder Lävulose, weshalb die Säure den Namen Lävulinsäure erhalten hat.

Die sonstigen allgemeinen Eigenschaften der hier in Betracht kommenden Aldo- und Ketohexosen erhellen aus folgender Übersicht:

Eigenschaften:	Aldohexosen			Ketohexosen	
	d-Mannose	d-Glykose	d-Galaktose	d-Fructose	Sorbose
1. Schmelzpunkt[1]) . . .	132°	144—146°	161—170°	95—100°	151°
2. Spez. Gewicht[1]) . . .	—	1,54—1,57	—	1,669 (17,5°)	1,654 (15°)
3. Verhalten gegen Hefe.	vergärt	vergärt	vergärt	vergärt	vergärt nicht
4. Desgl. gegen Fehlingsche Lösung	wirken sämtlich reduzierend				
5. Desgl. gegen polarisiertes Licht $[\alpha]_D^{20}$	+13,5 bis +14,2°	+52,50°[2])	+83,8°[2])	—92 bis —93°	—43,1°
6. Schmp. des Hydrazons $C_6H_{12}O_5{:}N{\cdot}NH_2{\cdot}C_6H_5$	gegen 200°	145—146°	158—162°	155—156°	—
7. Desgl. des Osazons $C_6H_{10}O_4(:N{\cdot}NH_2{\cdot}C_6H_5)_2$	204—205°	204—205°	182—184°	204—205°	164°
8. Liefert mit Salpetersäure bzw. Oxydationsmitteln (H_2O_2, HgO usw.)	Mannozuckersäure	Zuckersäure	Schleimsäure	d-Erythronsäure und Glykolsäure	Trioxyglutarsäure

[1]) Schmelzpunkt und spez. Gewicht beziehen sich auf wasserfreien Zucker.

[2]) Wegen der Mutarotation nach längerem Stehen.

Im einzelnen ist zu diesen Zuckerarten noch folgendes zu bemerken:

1. Mannose ist wie der Mannit in den drei Formen als d-, l- und (d, l-) Mannose bekannt; die letzten zwei Formen sind jedoch bis jetzt nur künstlich dargestellt.

Die d - Mannose oder Seminose wird neben d-Fructose durch gemäßigte Oxydation mit Platinmohr oder Salpetersäure aus gewöhnlichem d-Mannit gewonnen, ferner aus dem Schleim der Salepwurzelknollen oder aus der sog. Reservecellulose (Seminin) verschiedener Pflanzensamen, besonders der Steinnuß durch Hydrolyse beim Kochen mit verd. Schwefelsäure, weshalb sie auch Seminose genannt wird.

Im übrigen teilt sie die allgemeinen Eigenschaften der Hexosen S. 87 und S. 94.

2. Glykose ist der Aldehyd des Sorbits und besteht ebenfalls in den 3 Formen als d-, l- und (d, l-) Glykose. Für die Nahrungsmittel kommt nur die d - Glykose, früher auch Dextrose oder Traubenzucker genannt, in Betracht.

Sie kommt neben der d-Fructose (der Lävulose oder dem Fruchtzucker) in vielen süßen Früchten (besonders den Weintrauben), im Honig und Harn (bei der Harnruhr, Diabetes mellitus), neben Stärke, Dextrinen und Saccharose in vielen lebenden Pflanzenteilen (Blätter, Blüten, Rinden, Wurzeln und Knollen) vor und entsteht durch hydrolytische Spaltung von Polysacchariden (wie Saccharose, Stärke, Cellulose) und von Glykosiden; fabrikmäßig wird sie aus Stärke durch Kochen mit verd. Schwefelsäure als sog. Stärkezucker gewonnen.

Über die Darstellung von Stärkezucker im großen vgl. S. 427. Aus dem technisch gewonnenen Stärkezucker läßt sich durch Umkrystallisieren aus Methylalkohol chemisch reiner Stärkezucker darstellen.

Die durch Auskrystallisieren erhaltene Glykose enthält Krystallwasser und besitzt die Formel $C_6H_{12}O_6 \cdot H_2O$.

Fr. Soxhlet stellt chemisch reine d - Glykose aus Saccharose in folgender Weise dar:

In ein auf 45° erwärmtes Gemisch von 500 ccm Alkohol (90%) und 20 ccm konz. Salzsäure werden 160 g Rohrzucker unter Rühren eingetragen; nach 2 Stunden ist der Rohrzucker invertiert und aus dem Gemisch scheiden sich nach 6—10 Tagen Glykosekrystalle aus, welche abgesaugt, gepreßt und getrocknet werden. Jetzt wird eine Hauptmenge von 1 kg Rohrzucker in 3 l Alkohol (von 90%) und 120 ccm konz. Salzsäure zum Invertieren angesetzt und 2 Stunden auf 45° erwärmt. In die erkaltete Lösung trägt man etwas von der früher bereiteten wasserfreien Glykose ein. Nach 36 Stunden ist alsdann über die Hälfte, nach 4 Tagen sämtliche Glykose als feines Pulver ausgefallen. Dieses wird mit 90 proz. und absolutem Alkohol gewaschen und aus reinstem Methylalkohol (von 0,810 spez. Gewicht für schnelle Krystallisation und von 0,820—0,825 für langsame Krystallisation) bei 20° umkrystallisiert.

Reine d-Glykose kann man ferner aus erstarrtem Naturhonig erhalten, indem man letzteren mittels Pressen durch poröse Unterlagen von Sirup befreit und aus Alkohol umkrystallisiert.

Endlich liefert aus diabetischem Harn auskrystallisierter Zucker durch Umkrystallisieren reine d-Glykose, jedoch läuft man leicht Gefahr, Verbindungen der d-Glykose mit Chlornatrium oder auch Maltose zu erhalten.

Dagegen scheidet sie sich sowohl aus Methyl- oder Äthylalkohol, wie auch aus konzentrierten wässerigen Lösungen bei 30—35° als Anhydrid ab.

Das Glykosehydrat bildet Warzen oder blumenkohlartige Massen, welche aus sechsseitigen, das Licht doppelt brechenden Täfelchen bestehen; es schmilzt zwischen 80—86°.

Die wasserfreie Glykose schmilzt beim vorsichtigen Erhitzen bei 144—146° zu einer amorphen Masse, welche mit Wasser allmählich wieder Krystalle liefert. Bei 170° entsteht unter Austritt von 1 Mol. H_2O eine Verbindung $C_6H_{10}O_5$, welche mit Wasser ebenfalls wieder in d-Glykose übergeht.

Oberhalb 200° tritt Zersetzung ein, indem sich eine braunschwarze Masse abscheidet, welche allgemein mit dem Namen Caramel benannt wird.

Die d-Glykose ist weniger süß als Saccharose, nach **Herzfeld** und **Th. Schmidt** süßen 1,53 Teile wie ein Teil Saccharose. In Wasser und verdünntem Alkohol ist sie leicht löslich, schwer löslich in absolutem Alkohol, unlöslich in Äther und Chloroform.

Das Verhalten der d-Glykose gegen polarisiertes Licht (S. 88) bedarf noch einiger Erläuterungen. Das spez. Drehungsvermögen beträgt nach **B. Tollens**:

für das Anhydrid $C_6H_{12}O_6$ . . . $[\alpha]_D = 52{,}50^\circ + 0{,}018796\,p + 0{,}00051683\,p^2$

für das Hydrat $C_6H_{12}O_6 + H_2O$ $[\alpha]_D = 47{,}73^\circ + 0{,}015534\,p + 0{,}0003883\,p^2$,

worin p den Prozentgehalt der Lösung an Anhydrid bzw. Hydrat bezeichnet.

Das spez. Drehungsvermögen wächst nicht proportional mit der Konzentration, sondern ist in verdünnten Lösungen anfangs gering, nimmt allmählich zu und steigt bei 10 proz. Lösung auf 52,74° bzw. 47,92° und bei 100 proz. Lösung auf 59,51 bzw. 53,17°. Eine besondere Eigentümlichkeit der d-Glykose besteht in der Mutarotation (vgl. S. 88).

In konzentrierter kalter Schwefelsäure löst sich d-Glykose ohne Schwärzung (Saccharose und auch Fructose schwärzen sich). Es entsteht Glykose-Schwefelsäure, aus der Alkohol eine Verbindung von Diglykose mit Alkohol abscheidet.

Salzsäuregas liefert nach **Gautier** Diglykose oder Dextrin.

Konzentrierte Alkalien zersetzen in der Wärme die d-Glykose schnell, indem die Flüssigkeit eine gelbe bis braune Farbe annimmt, wobei flüchtige Stoffe — Milchsäure, Ameisensäure, Essigsäure —, ferner amorphe Massen, wie Glucinsäure, Saccharinsäure usw. entstehen.

Verdünnte, ätzende und kohlensaure Alkalien scheinen, wenn auch sehr langsam, so doch in derselben Richtung zu wirken.

Dem Kalk wird die Fähigkeit zugeschrieben, aus der d-Glykose das sog. Saccharin $C_6H_{10}O_5$ zu bilden (vgl. S. 429 Anm. 1).

Es bilden sich aber mit Kalk und Baryt auch Glykosate $C_6H_{12}O_6 \cdot CaO$ und $C_6H_{12}O_6 \cdot BaO$, die durch Alkohol gefällt werden.

Mit Chlornatrium bildet d-Glykose eine krystallinische Verbindung von der Formel $2\,C_6H_{12}O_6 \cdot NaCl + H_2O$, die sich zuweilen beim Verdunsten von diabetischem Harn abscheidet.

Ammoniak zersetzt die d-Glykose beim Erhitzen unter Bildung von wenig bekannten stickstoffhaltigen Huminsäuren, sowie α-Glykosin $C_6H_8N_2$ und β-Glykosin $C_7H_{10}N_2$.

Aus den Salzen verschiedener Metalle, wie Gold, Silber, Platin, Quecksilber, Kupfer, Wismut usw., besonders in alkalischer Lösung, findet meist eine Abscheidung der betreffenden Oxydule oder Metalle unter Oxydation der Glykose zu Ameisensäure, Oxalsäure, Kohlensäure und Glykolsäure statt. Ähnlich jenen Metallsalzen verhalten sich auch Ferricyankalium, Indigo, Lackmus usw.

Silbernitrat mit Ätzkali und so viel Ammoniak, daß sich das ausgeschiedene Silberoxyd wieder löst, gibt bei Gegenwart von Glykose einen Silberspiegel.

Pikrinsäure liefert mit Glykose in alkalischer Lösung eine blutrote Färbung von Pikraminsäure.

Die d-Glykose geht mit den verschiedenartigsten organischen Stoffen Doppelverbindungen ein; so sind die mit den Alkylen (Methyl, Äthyl, Benzyl) schon oben S. 86 erwähnt. Auch kennt man Verbindungen mit Mercaptanen, mit Phenolen, mit Resorcin, Brenzcatechin, Orcin, Pyrogallol, Phloroglucin, Guajacol, dann Doppelverbindungen mit Aldehyden, Ketonen, Oxysäuren, endlich mit stickstoffhaltigen Körpern, mit Phenylhydrazin (vgl. S. 87), mit Hydroxylamin, Anilin, Diamidobenzol, Amidoguanidin usw.

Beim Erhitzen mit Acetanhydrid und Natriumacetat entstehen Glykose-Acetate, und zwar als höchste acetylierte Verbindung Glykosepentacetat. Die in der Natur vorkommenden Verbindungen dieser Art heißen Glykoside.

Die ***Glykoside*** werden durch Hydrolyse mehr oder weniger leicht in eine Zuckerart (meistens d-Glykose) und in irgendeine andere, der aliphatischen oder aromatischen Reihe angehörende Verbindung gespalten.

Die Spaltung erfolgt durchweg entweder durch chemische Agenzien (meistens Säuren) oder durch Fermente, z. B. Emulsin, Myrosin, Erythrozym, Betulase usw., oder ferner durch einige Schimmelpilze, denen das Glykosid oder eines der Spaltungserzeugnisse als Nährstoff dient. Letztere begleiten das Glykosid meistens in den Pflanzen; jedes Enzym vermag durchweg nur ein bestimmtes oder nur wenige Glykoside in seine Bestandteile zu zerlegen.

Wenn mehrere Zuckerreste in einem Glykosidmolekül vorkommen, so sind dieselben wahrscheinlich als Polysaccharide im Molekül vorhanden. So spaltet nach E. Fischer das Amygdalin mit Hefenenzymen erst 1 Mol. Zucker ab unter Bildung eines neuen Glykosids (Mandelnitrilglykosid = Amygdonitrilglykosid) und letzteres kann durch Emulsin weiter zerlegt werden, also:

$$\underset{\text{Amygdalin}}{C_{20}H_{27}NO_{11}} + H_2O = \underset{\text{Zucker}}{C_6H_{12}O_6} + \underset{\text{Mandelnitrilglykosid.}}{C_{14}H_{17}NO_6}$$

$$\underset{\text{Mandelnitrilglykosid}}{C_{14}H_{17}NO_6} + H_2O = \underset{\text{Zucker}}{C_6H_{12}O_6} + \underset{\text{Benzaldehyd}}{C_6H_5 \cdot CHO} + \underset{\text{Blausäure.}}{HCN}$$

Mit Emulsin verläuft die Spaltung des Amygdalins auf einmal ohne Bildung des Zwischenglykosids (vgl. S. 32).

Da Hefenenzyme die Maltose in 2 Mol. Glykose spalten, so nimmt man an, daß die Glykosereste in dem Glykosid in ähnlicher Weise gebunden sind wie in den Disacchariden oder Diglykosen (vgl. S. 99).

Die meisten Glykoside bilden neben Zucker nur ein sonstiges Spaltungserzeugnis, z. B.:

$$\underset{\text{Salicin}}{C_{13}H_{18}O_7} + H_2O = \underset{\text{d-Glykose}}{C_6H_{12}O_6} + \underset{\text{Saligenin,}}{C_7H_8O_2}$$

bei einigen werden jedoch neben Zucker mehrere Glykosidverbindungen abgespalten, z. B. außer bei Amygdalin bei Populin und Sinigrin (myronsaurem Kalium):

$$\underset{\text{Populin}}{C_{20}H_{22}O_8} + 2\,H_2O = \underset{\text{d-Glykose,}}{C_6H_{12}O_6} + \underset{\text{Benzoësäure,}}{C_7H_6O_2} + \underset{\text{Saligenin}}{C_7H_8O_2}$$

$$\underset{\text{Sinigrin}}{C_{10}H_{16}NKS_2O_9} + H_2O = \underset{\text{d-Glykose,}}{C_6H_{12}O_6} + \underset{\text{Allylsenföl,}}{C_3H_5 \cdot NCS} + \underset{\text{saures schwefels. Kalium.}}{KHSO_4}$$

Die Glykoside sind in der Natur außerordentlich weit verbreitet, die in den Nahrungsmitteln vorhandenen werden bei diesen selbst besprochen werden.

Zu den Glykosiden werden auch viele Gerbsäuren gerechnet und sind als solche bereits erkannt: die Gerbsäure aus Rubus villosus, China- und Chinovagerbsäure sowie die Kaffeegerbsäure (vgl. weiter S. 117).

Qualitativ wird die Glykose außer durch die Gelbfärbung mit Natronlauge, durch die Bildung von Hydrazon und Osazon sowie durch die Bildung von Zuckersäure und die Reduktion von Metallsalzlösung dadurch erkannt, daß sie mit α-Naphthol bei Gegenwart von konz. Schwefelsäure eine blauviolette Färbung zeigt. Letztere tritt auch mit Stoffen auf, welche Glykose abspalten (wie Saccharose, Lactose, Cellulose). Phenol, Resorcin und Thymol geben ähnliche Färbungen.

Quantitativ kann Glykose, wenn sie als einziger Zucker in Lösung ist, bestimmt werden durch: Polarisation, Reduktion von Fehlingscher (Kupfersulfat-) Lösung oder Sachssescher (Quecksilberjodid-) Lösung, gewichtsanalytisch und titrimetrisch, und durch Gärung.

3. d-Galaktose (Raumformel vgl. S. 89). Von den drei möglichen Galaktosen (als Aldehyde des Dulcits), der (d, l-) Galaktose, l-Galaktose und d-Galaktose hat nur die letztere, die d-Galaktose, für die Nahrungsmittelchemie Bedeutung; sie bildet sich neben d-Glykose bei der Hydrolyse der Lactose, Stachyose, Raffinose, dem Galaktan verschiedener Pflanzen (Carragheen-Moos, isländischem Moos, Meeresalgen, Leguminosensamen[1]), Gummiarten). Alle diese Stoffe liefern bei der Oxydation mit Salpetersäure Schleimsäure. Die d-Galaktose krystallisiert oft erst nach langem Stehen bald in sechseckigen Säulen, bald in Nadeln; durch Erhitzen mit Kalilauge wird sie in d-Tagatose, Pseudotagatose, Ketosen um-

[1]) Der in Lupinensamen vorkommende, schön krystallisierende „Galaktit"-$C_9H_{18}O_7$ ist nach E. Fischer gleich mit „α-Äthyl-Galaktosid" $C_6H_{11}O_6 \cdot C_2H_5$.

gewandelt; mit Methylalkohol und Salzsäuregas gibt sie ein α- und β-Methyl-d-Galaktosid von 111 bzw. 173—175° Schmelzpunkt, von denen das letztere durch Emulsin gespalten wird. Die Abhängigkeit der spez. Drehung von dem Prozentgehalt (p = 5 bis 35%) und der Temperatur (t = 10 bis 30°) wird nach Meißl durch folgende Formel ausgedrückt:

$$[\alpha]^t_{(D)} = 83{,}883 + 0{,}0785\,p - 0{,}209\,t.$$

Die Mutarotation kann in derselben Weise wie bei d-Glykose (S. 88) aufgehoben werden. Über die sonstigen Eigenschaften vgl. S. 94.

4. d-Fructose (Fruchtzucker bzw. Linksfruchtzucker), früher Lävulose genannt, Raumformel vgl. S. 84. Die d-Fructose begleitet die d-Glykose in vielen Pflanzen, besonders in den süßen Früchten und im Honig. Der aus letzterem beim Stehen sich ausscheidende feste Anteil besteht vorwiegend aus d-Glykose, der flüssige sirupöse Anteil vorwiegend aus d-Fructose. Zur Darstellung der letzteren kann man das Inulin benutzen, welches durch 15—24 stündiges Erhitzen mit verd. Schwefelsäure auf dem Wasserbade in verschlossener Flasche eine gelbliche Lösung liefert, aus welcher durch Umkrystallisieren aus Alkohol die d-Fructose rein gewonnen werden kann. Sie entsteht ferner, wie schon oben S. 95 gesagt ist, neben d-Glykose bei der Inversion der Saccharose, weshalb das Gemisch dieser beiden Zuckerarten auch „Invertzucker" genannt wird. Auch Raffinose und Stachyose liefern bei der Hydrolyse Fructose neben Glykose und Galaktose.

In den unreifen Roggenpflanzen kommt ein Kohlenhydrat, die Secalose oder β-Lävulin vor, welches, in ähnlicher Weise wie Inulin behandelt, in d-Fructose übergeht.

Letztere entsteht endlich, wie schon erwähnt, neben d-Mannose bei der Oxydation des Mannits, sowie aus d-Glykosazon, das sowohl aus d-Glykose als auch aus d-Mannose dargestellt werden kann. Diese Bildungsweise zeigt, daß die d-Fructose in einer genetischen Verbindung mit der d-Glykose und d-Mannose steht.

Die d-Fructose krystallisiert sehr schwer; in ganz reinem Zustande bildet sie kugelig angeordnete, bis 10 mm lange Nadeln, die bei 95° schmelzen. Über 100° erhitzt, verliert dieselbe Wasser; es bilden sich Kondensationserzeugnisse, die stärker drehen als die natürliche d-Fructose. Sie ist sehr hygroskopisch, schmeckt ebenso süß wie Saccharose, in kaltem absol. Alkohol ist sie fast unlöslich; wenn sie durch Kochen damit in Lösung gebracht wird, scheidet sie sich jedoch erst nach längerem Stehen wieder aus.

Das spezifische Drehungsvermögen wird infolge der Mutarotation (S. 88) verschieden angegeben; nach den meisten Beobachtungen schwankt für eine 10 proz. Lösung und 20° Temperatur der Wert von $[\alpha]_D$ zwischen —92° bis —93°.

Mit Hefe vergärt sie anfangs langsamer als die d-Glykose, so daß natürlich vergorene Süßweine, wenn die Gärung nicht zu lange angedauert hat, sondern durch Alkoholzusatz, wie man sagt, stumm gemacht sind, eine größere Menge d-Fructose enthalten und infolgedessen eine verhältnismäßig stärkere Linksdrehung zeigen als der ursprüngliche Most.

Durch Reduktion geht die d-Fructose in d-Mannit und d-Sorbit über, durch Oxydation mit Quecksilberoxyd wird sie in d-Erythronsäure $CH_2OH(CHOH)_2COOH$ und Glykolsäure (Oxyessigsäure) $CH_2OH \cdot COOH$ gespalten. Alkalien wandeln sie zum Teil in d-Glykose und d-Mannose um. Über die sonstigen Eigenschaften vgl. S. 94.

Die (d, l-) Fructose oder α-Acrose wurde von E. Fischer unter den Kondensationserzeugnissen der Glycerose gefunden; hieraus läßt sich durch Hefengärung die nicht gärfähige l-Fructose gewinnen.

Die d-Fructose hat eine kennzeichnende qualitative Reaktion: Sie gibt mit salzsaurem Resorcin (0,5 g Resorcin in 30 ccm Salzsäure von 1,19 spez. Gewicht + 30 ccm Wasser) eine Rotfärbung; hierdurch kann d-Fructose neben anderen Zuckerarten erkannt werden.

Gegen α-Naphthol und konz. Schwefelsäure verhält sich Fructose wie Glykose. Sie liefert aber bei der Oxydation mit Salpetersäure keine Zuckersäure (S. 94), sondern d-Erythronsäure $CH_2OH \cdot (HCOH)_2 \cdot COOH$, und reduziert Fehlingsche und Sachssesche Lösung in einem anderen

Verhältnis als Glykose. Dieses Verhalten dient zur quantitativen Bestimmung derselben neben der Glykose.

5. d-Sorbinose oder ***d-Sorbose*** $C_6H_{12}O_6$, als zweite natürlich vorkommende Ketohexose findet sich im Saft der Vogelbeeren (Sorbus aucuparia) und kann daraus gewonnen werden, indem man den Saft längere Zeit an der Luft stehen und gären läßt, alsdann von der Pilzvegetation durch Filtrieren befreit und die abgeschiedene Sorbose durch öfteres Umkrystallisieren reinigt; sie bildet rhombische Krystalle, die sich in $^1/_2$ Teilen Wasser lösen. Mit Salz- und Schwefelsäure liefert sie Lävulinsäure (S. 94), mit Salpetersäure oder sonstigen Oxydationsmitteln Trioxyglutarsäure $COOH(CHOH)_3COOH$. Der Methylsorbit schmilzt bei 120—122°.

Gegen Resorcin-Salzsäure verhält sich die Sorbose wie die Fructose; auch liefert sie wie diese mit Methylphenylhydrazin $H_2N \cdot N\langle^{C_6H_5}_{CH_3}$ eine reichliche Abscheidung von d-Sorbose-Methylphenylosazon $C_6H_{10}O_4 : N \cdot N\langle^{C_6H_5}_{CH_3}$. Die Aldosen liefern damit nur Hydrazone (S. 94). Beim Erhitzen mit Fehlingscher Lösung scheidet Sorbose nur $^4/_5$ der Menge Kupfer ab, welche mit Glykose erhalten wird.

Da Sorbose mit Hefe nicht vergoren wird, kann sie leicht von den anderen Hexosen getrennt werden.

II. Die Disaccharide oder Saccharobiosen $C_{12}H_{22}O_{11}$.

Die hierher gehörigen Zuckerarten bestehen aus je 2 Molekülen der Monohexosen und können daher auch Dihexosen[1]) genannt werden. Sie sind als ätherartige Anhydride der Hexosen aufzufassen, indem die Bindung entweder durch die Alkohol- oder die Aldehyd- oder Ketogruppe vermittelt wird. Zu dieser Gruppe gehören u. a. folgende fünf Zuckerarten: Saccharose, Lactose, Maltose, Mykose (oder Trehalose) und Melibiose. Über zwei Dipentosen vgl. S. 92). Lactose und Maltose enthalten noch oder bilden leicht die Aldosegruppe $CHOH \cdot CHO$, weil sie beim Kochen Fehlingsche Lösung direkt reduzieren, mit Phenylhydrazin Osazone und bei der Oxydation mit Bromwssaer einbasische Säuren $C_{12}H_{22}O_{12}$ Lacto- und Maltobionsäure bilden. In der Saccharose dagegen, welche diese Eigenschaften nicht teilt, scheinen die reduzierenden Gruppen der d-Glykose und d-Fructose beiderseits gebunden zu sein. Man schreibt daher diesen drei Disacchariden folgende Konstitutionsformeln zu:

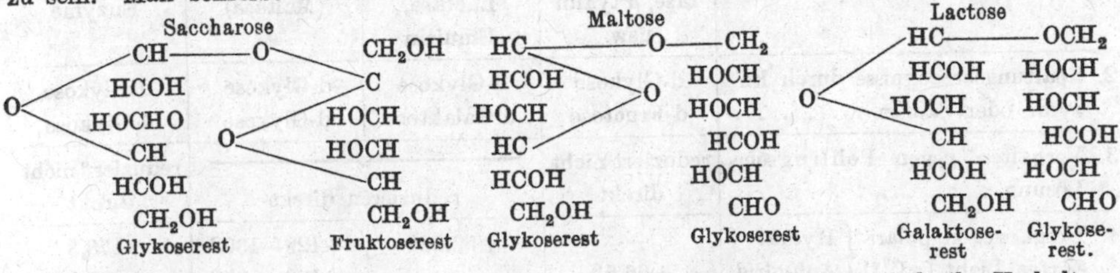

Mit den Konstitutionsformeln für Maltose und Lactose stimmt auch ihr Verhalten gegen Hefenauszug (Glykoseenzym) und Emulsin oder Synaptase überein. Die Maltose wird von Hefenauszug leicht gespalten und ist als α-Glykoseglykosid aufzufassen, während Lactose nur durch Emulsin in ihre Bestandteile zerlegbar, daher als β-Glykosegalaktosid zu deuten ist; beide Disaccharide verhalten sich daher wie α-Methylglykosid und β-Methylglykosid (vgl. S. 86).

Die Saccharose wird, bevor sie vergärbar ist, durch das in der Hefe vorhandene Enzym, die Invertase, gespalten; ähnlich wirkt das Ptyalin des Speichels und die Pankreas-(Bauchspeichel-) Diastase.

Früher hielt man Maltose und Lactose für direkt vergärbar, E. Fischer hat aber nachgewiesen, daß wie die Saccharose erst durch Hefeninvertase, so

[1]) Sie werden auch einfach „Biosen" genannt, was aber nicht zweckmäßig erscheint; denn darnach müßte man Trisaccharide auch „Triosen" bezeichnen, was aber aus dem Grunde nicht zweckmäßig ist, weil unter Triosen Zucker mit 3 Atomen Kohlenstoff verstanden werden.

die Maltose durch Hefenglykase (oder Maltase) und Lactose durch die Milchhefenlaktase in Monosaccharide oder Monohexosen gespalten werden und letztere erst der Gärung, d. h. der Zerlegung in Alkohol und Kohlensäure unterliegen.

Bei der Spaltung überträgt das Enzym 1 Mol. Wasser (H_2O) auf das Disaccharid und bewirkt die Bildung von zwei Hexosen:

$$\underset{\text{Saccharose}}{C_{12}H_{22}O_{11}} + \underset{\text{Invertase}}{H_2O} \rightarrow \left.\begin{matrix} C_6H_{12}O_6 \ \text{d-Glykose} \ ([\alpha]_D = +52{,}5°) \\ C_6H_{12}O_6 \ \text{d-Fructose} \ ([\alpha]_D = -93°) \end{matrix}\right\} \text{Invertzucker (linksdrehend).}$$

Dieselbe hydrolytische Spaltung (oder Hydrolyse) kann durch Erwärmen mit verdünnten Säuren (Salzsäure, Schwefelsäure, Oxalsäure, Citronensäure, auch Kohlensäure unter Druck, ferner mit einigen unorganischen Salzen, Glycerin) bewirkt werden; auch hier verläuft der Vorgang nach der Gleichung:

$$C_{12}H_{22}O_{11} + H_2O = 2\,C_6H_{12}O_6.$$

Die Schnelligkeit der Reaktion steht nach Ostwald in genauer Beziehung zu der Affinitätsgröße der Säuren (Wasserstoffionenkonzentration).

Bei zu langem oder zu starkem Erhitzen findet eine Rückbildung, Reversion, statt, indem die Hexosen, besonders Fructose, eine rückläufige Kondensation zu dextrinähnlichen Stoffen bzw. Diglykosen oder Difructosen $C_{12}H_{22}O_{11}$ erleiden.

Eine künstliche Darstellung der Disaccharide ist bis jetzt noch nicht mit Sicherheit gelungen; denn die durch Behandeln der Monohexosen mit Alkalien entstehenden Kondensationserzeugnisse sind von den natürlich vorkommenden Disacchariden verschieden.

Die allgemeinen Eigenschaften der genannten vier Disaccharide[1]) erhellen aus folgender Übersicht.

Eigenschaften		Saccharose	Lactose	Maltose	Mykose (Trehalose)
1. Spaltbar durch die Enzyme . .		Hefen-Invertase, Ptyalin usw.	Milchhefen-Lactase, Emulsin	Hefen-Glykase (Maltase)	Hefen-Enzyme
2. Spaltungserzeugnisse durch Enzyme oder Säuren		d-Glykose d-Fructose	d-Glykose d-Galaktose	d-Glykose d-Glykose	d-Glykose d-Glykose
3. Verhalten gegen Fehlingsche Lösung		reduziert nicht direkt	reduzieren direkt		reduziert nicht direkt
4. Desgl. gegen polarisiertes Licht $[\alpha]_D^{20}$ [2])	Hydrat	—	+52,53°	+129—130°	+178,3°
	Anhydrid	+66,5°	—	+136—137°	+197,1°
5. Desgl. gegen Phenylhydrazin: Bildung von Osazon, Schmelzp.		kein Osazon	200°	206°	kein Osazon
6. Desgl. bei der Oxydation mit Salpetersäure		d-Zuckersäure, i-Wein- u. Oxalsäure	d-Zuckersäure und Schleimsäure	d-Zuckersäure	d-Zuckersäure
7. Desgl. mit Essigsäureanhydrid, Oktaacetester $C_{12}H_{14}O_3(OCOCH_3)_8$ Schmelzpunkt		67°	95—100°	156—158°	97—98°

[1]) Die hierher zu rechnende Turanose bildet sich bei der teilweisen Hydrolyse aus Melezitose, die Melibiose desgleichen aus Raffinose; sie sind daher keine selbständigen Disaccharide.

[2]) Drehung nach 24stündigem Stehen.

1. Saccharose, Saccharobiose oder ***Rohrzucker*** $C_{12}H_{22}O_{11}$. Die Saccharose findet sich im Saft vieler Pflanzen und ist vielleicht neben Stärke der erste Umwandlungsstoff, der sich durch die Vermittlung des Chlorophylls aus dem Wasser und der aufgenommenen Kohlensäure in den chlorophyllhaltigen Teilen der Pflanze bildet. Dieselbe begleitet fast stets die d-Glykose und d-Fructose in den Pflanzen; während aber letztere sich vorwiegend in den Früchten finden, ist die Saccharose meist in dem Stamme der Pflanzen enthalten. Letztere wird in den Pflanzen durch Säuren in Invertzucker übergeführt; daß aber neutrale oder schwach saure Pflanzensäfte die löslichen Kohlenhydrate vorwiegend in Form von Saccharose, stark saure Säfte dagegen infolge der stärkeren Einwirkung der Säuren in Form von Invertzucker enthalten sollen, trifft wenigstens für die Früchte nicht zu (vgl. S. 471).

Es wurde an Saccharose gefunden in der Blattkrone einer Zuckerrübe 2 g, in 1 kg Rebenblätter 16 g; Mais enthält 7—9%, Zuckerhirse 15%, Zuckerrohr 20%, Ananas 11%, Äpfel enthalten 1—5%, Erdbeeren 6,3%, Aprikosen 6%, Bananen 5%, Zuckerrüben in der Regel 15—17%, in einzelnen Fällen bis gegen 20%. Ferner findet sich Saccharose oft in bedeutenden Mengen in dem Safte der Birken, des Ahorns, verschiedener Palmen, in Feigen, Kirschen, Cactus, Kleeblüte usw. Selbstverständlich wird dieselbe vielfach begleitet von verschiedenen Hexosen.

Die aus den Blüten von den Bienen gesammelte Saccharose wird durch die von den Insekten abgesonderte Säure oder durch vorhandene Fermente größtenteils in Invertzucker übergeführt.

Die Handelssaccharose, der Rohrzucker, wird entweder aus Zuckerrüben oder dem Zuckerrohr gewonnen (vgl. die Abschnitte „Zuckerrüben" S. 441 und „Zucker" S. 409).

Die Saccharose krystallisiert in monoklinen Prismen, deren spez. Gewicht 1,580 beträgt; dieselbe ist leicht löslich in Wasser; 100 Teile Wasser lösen bei 15° 195 Teile, bei 50° 250 Teile, bei 100° 470 Teile Saccharose.

In absolutem Alkohol ist Saccharose fast unlöslich, mit der Verdünnung durch Wasser nimmt ihre Löslichkeit zu.

Für die Abhängigkeit der spezifischen Drehung der Saccharose von dem Prozentgehalt der wässerigen Lösungen an Zucker (= p) und von der Konzentration (Zucker in 100 ccm = c) sind verschiedene Gleichungen aufgestellt, unter anderen:

Von B. Tollens für spezifisches Gewicht der Lösungen bei 17,5°, bezogen auf Wasser von 17,5°, und für Lösungen bis 25% Gehalt und für Temperatur von 20°:

$$[\alpha]_D^{20} = 66{,}386 + 0{,}015\,035\,p - 0{,}000\,3986\,p_2.$$

Landolt berechnet für $c = 4{,}5 - 27{,}7$, $[\alpha]_D^{20} = 66{,}67 - 0{,}0095\,c$ (wahre ccm).

Zur Berechnung der spezifischen Drehung für eine von 20° abweichende Temperatur kann zwischen 12 und 25° die Formel:

$$[\alpha]_D^t = [\alpha]_D^{20} - 0{,}0144\,(t - 20)$$

angewendet werden.

Bei einem geringeren Zuckergehalt als $p = 4$ scheint die spez. Drehung eine stetige schwache Abnahme zu erfahren.

Auch das Lösungsmittel zeigt einen Einfluß; unter sonst gleichen Verhältnissen (10 Teile Zucker + 90 Teile Wasser oder statt letzteren 23 Teile Wasser + 67 Teile Äthylalkohol oder Aceton oder Methylalkohol) ist $[\alpha]_D^t$ für Wasser = 66,50, für Alkohol = 66,83°, für Aceton = 67,40°, für Methylalkohol = 68,63°.

Erheblich wird die Drehung beeinflußt, und zwar vermindert durch die Gegenwart der Salze von Alkalien und Erdalkalien; Bleiessig zeigt keinen Einfluß, Ammoniak in größeren Mengen erhöht dagegen die Polarisation merklich.

Vorsichtig erhitzt, schmilzt Saccharose bei 160° und erstarrt darauf zu einem durchsichtigen amorphen Glase, dem sog. Gerstenzucker, welcher allmählich, besonders in feuchten Räumen von außen nach innen wieder in den undurchsichtigen, krystallinischen Zustand übergeht. Bei höherer Temperatur bräunt sich die Masse unter Bildung von Caramel.

Mit oxydierenden Körpern behandelt, erleidet die Saccharose entweder teilweise oder vollständige Zersetzung, die sich mitunter durch Explosion oder Entzündung äußert. Ein Gemisch von chlorsaurem Kalium mit Saccharose explodiert beim Reiben, verpufft dagegen auf Zusatz von konz. Schwefelsäure. Salpetersäure von mäßiger Konzentration wirkt erst invertierend, dann oxydierend, indem gelbe Dämpfe von Stickstoffoxyd neben Kohlensäure, Blausäure usw. entweichen, während Zuckersäure und Oxalsäure in wechselnden Mengen zurückbleiben.

Rauchende Salpetersäure mit Schwefelsäure bildet explosives Saccharosenitrat.

Übermangansäure und Chromsäure zersetzen die Saccharose zu Ameisensäure, Essigsäure, Oxalsäure und Kohlensäure. Die Halogene bilden mit Saccharose Verbindungen, aus welchen nach dem Behandeln mit Silberoxyd oder Bleioxyd Glykonsäure entsteht.

Mit Basen bildet die Saccharose Saccharate, z. B. mit Kalk die Verbindungen: $C_{12}H_{22}O_{11} \cdot CaO + 2\,H_2O$, fällbar durch Alkohol, $C_{12}H_{22}O_{11} \cdot 2\,CaO$, welche Verbindung beim Abkühlen krystallisiert, und weiter $C_{12}H_{22}O_{11} \cdot 3\,CaO$, welche Verbindung in Wasser schwer löslich ist.

Ähnliche Saccharate bilden Strontian, Baryt und Bleioxyd.

Qualitative Reaktionen. Mit einer alkoholischen Lösung von α-Naphthol, Diphenylamin, Thymol, Phloroglucin oder Resorcin gemengt, gibt Saccharose auf Zusatz von konz. Schwefelsäure oder Salzsäure rote, violettrote oder blaue Farbenerscheinungen.

Zur quantitativen Bestimmung der Saccharose sind vorwiegend zwei Verfahren in Gebrauch:

1. Das gewichtsanalytische oder titrimetrische Verfahren durch Reduktion von Metallsalzlösungen nach Überführung der Saccharose in Invertzucker.

2. Das saccharimetrische Verfahren durch Polarisation, wenn nur Saccharose in Lösung ist. Ist neben Saccharose Glykose vorhanden, so kann man den Saccharosegehalt dadurch finden, daß man die gesamte Drehungsverminderung mit 0,5725 multipliziert. Bei Anwesenheit von Invertzucker wendet man die Clergetsche Formel an.

2. Lactose, Lactobiose oder ***Milchzucker,*** $C_{12}H_{22}O_{11} + H_2O$. Die Lactose kommt in der Milch der Säugetiere vor, ferner in der Amniosflüssigkeit der Kühe und in einigen pathologischen Sekreten. Kuh-, Ziegen- und Schafmilch enthalten durchweg 4—5%, Esel-, Pferde- und Schafmilch mehr, durchweg 5—6% Lactose. Der Ursprungsstoff ist noch unbekannt, möglicherweise Glykose. Technisch wird die Lactose aus den bei der Käsebereitung abfallenden Molken (vgl. S. 236) gewonnen, indem man letztere eindampft und den sich ausscheidenden Milchzucker durch Umkrystallisieren reinigt.

Die Lactose krystallisiert in rhombischen Prismen, die bei 140° Wasser verlieren und bei 205° unter Zersetzung schmelzen; spez. Gew. 1,53—1,54. Sie ist unlöslich in Alkohol, löslich in 6 Teilen kalten und 2,5 Teilen heißen Wassers; sie schmeckt nur schwach süß. Wie sie gleich den Hexosen alkalische Kupferlösung beim Kochen reduziert, so reduziert sie ammoniakalische Silberlösung schon in der Kälte. Durch Milchsäurebakterien geht sie leicht in Milchsäure über (S. 90).

Die Lactose besitzt ausgesprochene Mutarotation (vgl. S. 88). Bei Gegenwart von etwas Ammoniak tritt sofort konstante Drehung (+ 52,5°) ein. Viel Ammoniak und Alkalien vermindern die Drehung.

Die Lactose teilt im allgemeinen die Eigenschaften der Glykose, nur liefert sie bei der Oxydation mit Salpetersäure neben Zuckersäure auch Schleimsäure.

Qualitativ kann man sie auch daran erkennen, daß sie mit Ammoniak bzw. mit Bleiessig und Ammoniak beim Erwärmen eine rote Färbung gibt.

Zur quantitativen Bestimmung benutzt man an Stelle der Polarisation wegen der Mutarotation meistens die Reduktion von Fehlingscher Lösung.

3. Maltose, Maltobiose oder der ***Malzzucker*** $C_{12}H_{22}O_{11} + H_2O$. Die Maltose entsteht neben dextrinartigen Körpern durch Einwirkung verschiedener Fermente, wie vorzugsweise der Diastase, des Ptyalins und des Pankreasfermentes sowie durch Einwirkung von verdünnter Schwefelsäure auf Stärke. Durch Diastase wird die Maltose nicht weiter verändert, durch Kochen mit verdünnten Säuren dagegen wird sie unter Wasseraufnahme in 2 Moleküle d-Glykose gespalten.

Zur Darstellung der Maltose werden nach Soxhlet 2 kg Kartoffelstärke mit 9 l Wasser kalt gemischt, darauf im Wasserbade verkleistert und nach dem Erkalten auf 60—65° mit Malzaufguß bis zum Verschwinden der Jodreaktion verzuckert. Aus dem eingedickten Sirup gewinnt man die Maltose durch Ausziehen und wiederholtes Umkrystallisieren mit 90proz. Alkohol (vgl. auch „Maltose" S. 426). Die Maltose krystallisiert mit 1 Mol. Krystallwasser.

Das Hydrat bildet feine, weiße, harte Nadeln, welche in Wasser sehr leicht, auch in Äthyl- und Methylalkohol löslich sind. Die Maltose zeigt Mutarotation.

Die Abhängigkeit der Enddrehung von der Konzentration und Temperatur der Maltoselösungen läßt sich nach Meissl durch folgende Formel ausdrücken:

$$[\alpha]_D = 140,375 - 0,01837\, p - 0,095\, t.$$

Fehlingsche Lösung wird durch Maltose schwächer reduziert als durch d-Glykose, indem sie nur $^2/_3$ soviel Kupfer abscheidet wie letztere. Durch verdünnte Säuren invertiert, reduziert die Maltose $^5/_3$ so stark wie die ursprüngliche Lösung.

Essigsaures Kupfer (Barfoeds Reagens) wird durch Maltose nicht reduziert (Unterschied von d-Glykose, welche reduzierend wirkt).

Über die Konstitution und sonstige Eigenschaften vgl. S. 89 u. 100).

Die Isomaltose $C_{12}H_{22}O_{11}$ ist der Maltose isomer, bildet sich als Zwischenerzeugnis beim Maischvorgang, ferner aus d-Glykose beim Behandeln mit Salzsäure. Ihr Drehungsvermögen $[\alpha]_D$ ist $= +70°$; ihr Osazon schmilzt bei 150—153°; sie reduziert Fehlingsche Lösung schwächer als Maltose (40%) und vergärt nur sehr langsam mit Hefe. Durch weitere Einwirkung von Säure und Diastase geht sie in Maltose über.

4. Die ***Mykose*** oder ***Trehalose*** $C_{12}H_{22}O_{11} + 2\,H_2O$. Die Trehalose findet sich in der orientalischen Trehala, im Mutterkorn, in verschiedenen Pilzen, beispielsweise in Agaricus muscarius bis zu 10% der Trockensubstanz, in Boletus edulis (3—4%) u. a.

Man erhält dieselbe durch Ausziehen der Pilze mit Alkohol, Behandeln des Auszuges mit Bleiessig und durch wiederholtes Umkrystallisieren aus alkoholischer Lösung. Sie bildet große, schöne Krystalle, die bei 97,5° schmelzen und bei 130° ihr Krystallwasser verlieren.

Über die sonstigen Eigenschaften vgl. S. 100.

5. Die ***Melibiose*** $C_{12}H_{22}O_{11} + 2\,H_2O$ bildet sich neben d-Fructose als Zwischenerzeugnis bei der teilweisen Hydrolyse der Raffinose oder Melitose bzw. Melitriose; sie zerfällt bei der weiteren Hydrolyse in d-Glykose und d-Galaktose, schmilzt unter allmählichem Verlust des Wassers bei 80—95°; $[\alpha]_D = +129,4°$ (Hydrat) und $+143°$ (Anhydrid).

6. Die ***Turanose*** $C_{12}H_{22}O_{11}$ entsteht ebenfalls als Zwischenerzeugnis neben d-Glykose bei der teilweisen Hydrolyse der Melezitose; sie bildet eine weiße amorphe Masse; $[\alpha]_D = +65°$ bis $+68°$; ihr Osazon schmilzt bei 215—220°. Sie geht durch verdünnte Säuren nur schwierig in 1 Mol. Glykose und 1 Mol. Fructose über.

III. Trisaccharide oder Saccharotriosen $C_{18}H_{32}O_{16}$.

Man kann annehmen, daß die Trisaccharide in ähnlicher Weise, wie die Disaccharide aus zwei Hexosen unter Austritt von 1 Mol. H_2O, durch Aneinanderlagerung von 3 Hexosen unter Austritt von 2 H_2O entstehen:

$$3\,C_6H_{12}O_6 - 2\,H_2O = C_{18}H_{32}O_{16} + 2\,H_2O.$$

Umgekehrt zerfallen die Trisaccharide bei der Hydrolyse mit verd. Säuren oder Enzymen unter Aufnahme von 2 Mol. H_2O wieder in 3 Mol. Hexosen. Zu dieser Gruppe werden gerechnet: Rhamninotriose, Raffinose, Melezitose und Gentianose.

1. Rhamninotriose $C_{18}H_{32}O_{16}$, aus dem Glykosid Xanthorhamnin gewonnen, welches durch das Enzym Rhamninase (in den Gelbbeeren) und mit verd. Schwefelsäure in folgender Weise zerlegt wird:

$$\underset{\text{Xanthorhamnin}}{C_{48}H_{66}O_{29}} + 4\,H_2O = \underset{\text{Rhamnasin}}{C_{12}H_{10}O_5} + 2\,\underset{\text{Rhamninose}}{C_{18}H_{32}O_{14}}$$

$$\underset{\text{Rhamninose}}{C_{18}H_{32}O_{14}} + 2\,H_2O = 2\,\underset{\text{Rhamnose}}{C_6H_{12}O_5} + \underset{\text{Galaktose.}}{C_6H_{12}O_6}$$

Die Rhamnose ist eine Methylpentose (vgl. S. 92).

2. Raffinose (Raffinotriose, Melitose, Melitriose, Gossypose, Pluszucker) $C_{18}H_{32}O_{16} + 5\,H_2O$. Sie zerfällt bei der Hydrolyse in je 1 Mol. d-Glykose, d-Fructose und d-Galaktose, die durch Sauerstoff verkuppelt gedacht werden: $C_6H_{11}O_5 \cdot O \cdot C_6H_{10}O_4 \cdot O \cdot C_6H_{11}O_5$ (vgl. S. 99).

Raffinose findet sich in der Melasse, und zwar in um so größeren Mengen, je mehr die Saccharose durch den Entzuckerungsvorgang aus derselben entfernt ist; aus dieser scheidet sie sich nicht selten nach langem Stehen in Form von spießigen Krystallen aus.

Ritthausen erhielt aus Baumwollensamen durch Ausziehen mit 70 proz. Alkohol einen Zucker, welchen er Melitose nannte, indes hat Tollens nachgewiesen, daß dieser Zucker mit der aus der Melasse gewonnenen Raffinose gleich ist.

Auch wurde dieser Zucker in größerer Menge in der ägyptischen Manna von Eucalyptusarten, in der Gerste und im gekeimten Weizen nachgewiesen.

Die Raffinose bildet dünne Nadeln oder Prismen, welche 15% Wasser enthalten, dieses aber bei langsamem Erhitzen, ohne zu schmelzen, verlieren.

In Wasser ist Raffinose leicht, in starkem Alkohol schwer löslich, ihre spez. Drehung (des Hydrats) in 10 proz. Lösung ist $[\alpha]_D = +104{,}5°$, also bedeutend höher als die der Saccharose, weshalb dieselbe früher, weil sie in der Zuckerindustrie mehr Saccharose als vorhanden vortäuschte, auch Pluszucker genannt wurde.

Fehlingsche Lösung wird nicht direkt, sondern erst nach der Hydrolyse reduziert. Bei der teilweisen Hydrolyse durch verd. Säuren entstehen Melibiose und d-Fructose, durch das Enzym Emulsin Galaktose und Saccharose. Durch Unterhefe wird die Raffinose vollständig aufgeschlossen und vergoren, durch Oberhefe wird sie nur zu Fructose und Melibiose abgebaut und nur zu $^1/_3$ vergoren.

Mit Salpetersäure vorsichtig oxydiert, gibt sie Schleimsäure und Zuckersäure.

Mit Schwefelsäure erhitzt, entsteht Lävulinsäure.

Qualitativ kann die Raffinose an dem Verhalten gegen Unter- und Oberhefe (S. 89), an der Reaktion auf Fructose (S. 98) und an der Bildung von Schleimsäure erkannt werden.

Quantitativ wird sie neben Saccharose durch Polarisation der Lösung vor und nach der Inversion nach der Creydt-Herzfeldschen Formel:

$$Z\ (\text{Saccharose}) = \frac{0{,}5124\,P - J}{0{,}839} \quad \text{und}\quad R\ (\text{Raffinose}) = \frac{P - Z}{1{,}85}$$

bestimmt, worin P = direkte Polarisation $= Z + 1{,}85\,R$ und J = Polarisationsverminderung $= 0{,}3266\,Z + 0{,}949\,R$ bedeutet.

3. Melezitose $C_{18}H_{32}O_{16} + 2\,H_2O$. Sie kommt in der Manna von Brianzon, dem Ausschwitzungsstoff auf den jungen Zweigen des Lärchenbaumes (mélèze = Pinus larix L.) vor, ferner neben Saccharose im Turanjbin, einem Ausscheidungsstoff von Alhagi Maurorum, welcher in Persien als Nahrungs- und Abführmittel dient. Sie krystallisiert aus der konz. wässerigen Lösung von Turanjbin aus und kann daraus durch Alkohol gefällt werden. Sie bildet monokline Krystalle, die das Krystallwasser bei 100° verlieren und so süß wie d-Glykose sind; die wasserfreie Melezitose schmilzt bei 146—148°; spez. Gewicht bei 17,5° = 1,540;

$[\alpha]_D = +88,6°$ für die wasserfreie Substanz; 100 Teile Wasser von 17,4° lösen 28,3 Teile wasserhaltige Melezitose; in kaltem Alkohol ist sie kaum, in kochendem wenig löslich; sie reduziert nicht direkt Fehlingsche Lösung und vergärt nicht mit Hefe.

Bei der teilweisen Hydrolyse zerfällt sie in d-Glykose und Turanose (vgl. S. 103).

4. Die ***Gentianose*** $C_{18}H_{32}O_{16}$, die aus dem Saft der Wurzel von Gentiana lutea durch Fällen mit Alkohol gewonnen wird; sie bildet Täfelchen von Schmelzpunkt 210°, $[\alpha]_D$, kalt gelöst $= +33,4$, kochend gelöst $= +65,7°$; sie reduziert nicht direkt Fehlingsche Lösung, vergärt aber mit Hefe (vgl. S. 89); bei teilweiser Hydrolyse mit verd. Schwefelsäure oder Enzymen liefert sie erst Fructose und Gentiobiose; letztere zerfällt dann in 2 d-Glykose.

5. ***Lactosin*** $C_{18}H_{32}O_{16}$, in der Wurzel der Caryophyllaceen, aus denen es in ähnlicher Weise wie vorstehend die Gentianose aus den Wurzeln von Gentiana lutea gewonnen werden kann. Das Lactosin bildet kleine glänzende Täfelchen, ist leicht löslich in Wasser, schwer in Alkohol (350 Teilen), $[a]_D = +211,7°$, reduziert Fehlingsche Lösung nicht direkt, zerfällt beim Kochen mit verdünnter Schwefelsäure in Galaktose und andere Hexosen.

Zu den Trisacchariden gehört auch die Mannino-Triose $C_{18}H_{32}O_{16}$, die sich bei teilweiser Hydrolyse der in der Eschenmanna vorkommenden Manneo-Tetrose bildet.

IV. Tetrasaccharide oder Saccharotetrosen.

Die hierhergehörenden Zuckerarten: Lupeose $C_{24}H_{42}O_{21}$ aus Leguminosensamen (Lupinen u. a.) und die Stachyose[1]) $C_{24}H_{42}O_{21} + 4\,H_2O$ aus Stachysknollen (Stachys tuberifera) und die Manneo-Tetrose $C_{24}H_{42}O_{21} + 4\,H_2O$ aus der Eschenmanna werden für gleich gehalten, denn sie liefern bei der Hydrolyse sämtlich 1 d-Glykose, 1 d-Fructose und 2-Galaktose, die Stachyose und Manneo-Tetrose bei teilweiser Hydrolyse durch verd. Schwefelsäure oder Essigsäure d-Fructose und obige Mannino-Triose

	Lupeose	Stachyose		Manneo.Tetrose
$[\alpha]_D =$	$+132°$	$+137°$ (Hydrat)	$+148,4°$ (Anhydrid)	150° (Anhydrid)

Stachyose und Manneo-Tetrose haben auch gleiche Krystallform (trikline Tafeln).

V. Polysaccharide, Saccharo-Kolloide.

Während die Di-, Tri- und Tetrasaccharide unter Abspaltung von Wasser in der Weise entstanden sind, daß sie aus $n\,C_6H_{12}O_6$ Verbindungen von $n\,C_6H_{12}O_6 - (H_2O)_{n-1}$ gebildet haben, gibt es eine große Menge von Stoffen, welche als die wirklichen Anhydride der Hexosen aufzufassen sind, deren Zusammensetzung der empirischen Formel $C_6H_{10}O_5$ entspricht, die aber durchweg ein weit höheres Molekulargewicht, nämlich $n\,(C_6H_{10}O_5)$, besitzen und in ihren Eigenschaften von den Hexosen weit mehr abweichen als die Di-, Tri- und Tetrasaccharide. Die Einzelgruppen $C_6H_{10}O_5$ sind wahrscheinlich durch verkettende Sauerstoffatome verbunden, hängen also esterartig aneinander, ähnlich wie bei den Disacchariden (vgl. S. 99). Zu der Klasse der Polysaccharide gehören aber auch noch Körper, welche sich durch ein Mehr oder Weniger von einem oder mehreren Molekülen H_2O von der allgemeinen Formel $n\,C_6H_{10}O_5$ unterscheiden, also außer Körpern z. B. von der Zusammensetzung $C_{36}H_{60}O_{30}$ auch solche von der Formel z. B. $C_{36}H_{58}O_{29}$ oder $C_{36}H_{64}O_{32}$.

Die Polysaccharide sind meist amorph, in Wasser bald leicht, bald schwer löslich, oder in kaltem Wasser wie Alkohol gar nicht löslich oder in heißem Wasser nur aufquellend (z. B. Stärke). Durch poröse Membran diffundieren sie meist sehr schwer oder verhalten sich wie Kolloide, die gar nicht diffundieren.

---

[1]) Nach osmotischen Versuchen von J. Hasenbäumer und Verf. ist Stachyose ebenso wie Raffinose ein Trisaccharid.

Durch Kochen mit verdünnten Säuren oder durch Einwirkung von ungeformten Enzymen werden sie hydrolysiert, d. h. sie nehmen mehr und mehr Wasser (oder H + OH) auf und gehen schließlich in Monohexosen über, die mit Hefe vergären und Fehlingsche Lösung reduzieren. Ihre alkoholische Natur äußert sich dadurch, daß sie mit Essigsäure und Salpetersäure Acetyl- bzw. Salpetersäureester bilden.

Man kann annehmen, daß aus den einzelnen Zuckerarten durch Abspaltung von einer größeren oder geringeren Anzahl Moleküle Wasser analoge Reihen entstehen, die sich nur durch ihre verschiedene Kondensationsstufe und Löslichkeit unterscheiden.

Solche Reihen bilden z. B.:

1. d-Glykose, Maltose (Isomaltose), Dextrine, Amylodextrine, Stärke, Cellulose;
2. d-Fructose (Lävulose), Lävulin, Inulin,

wobei in letzterem Falle der der Stärke entsprechende unlösliche Körper fehlt.

3. Gemischte Anhydride der Galaktose, Mannose und Pentosen als Galaktane, Mannane, Pentosane in Gummiarten, Pflanzenschleimen, Pektinstoffen und Hemicellulosen.

Die Gegenwart dieser Anhydride (durch die Silbe „an" bezeichnet) in den Polysacchariden läßt sich zunächst durch Kochen mit Salz- oder Schwefelsäure nachweisen; hiermit liefern die Pentosane nach S. 92 Furfurol, die Hexosane nach S. 94 Lävulinsäure. Die einzelnen Hexosen lassen sich außer an der Zuckerart selbst durch Oxydation mit Salpetersäure erkennen, womit die Glykose Zuckersäure, die Mannose Mannozuckersäure, die Galaktose Schleimsäure (vgl. S. 94) liefert; die d-Fructose läßt sich unter Umständen durch die Resorcinreaktion (S. 98) erkennen.

1. Stärke und die ihr nahestehenden Polysaccharide, welche durch Hydrolyse d-Glykose bilden.

a) Stärke $n(C_6H_{10}O_5)$. Über die Größe des n herrscht noch keine Klarheit. Viele Forscher nehmen an, daß die Stärke aus kleinen Gruppenmolekülen (2, 3 oder 4, 5 $C_6H_{10}O_5$) besteht und diese wieder zu einem großen Molekül z. B. 54 mal $2\,C_6H_{10}O_5 = C_{648}H_{1080}O_{540}$ und mehr zusammengelagert sind.

Auch über die Entstehung der Stärke in den Pflanzen sind die Ansichten noch geteilt. Meistens nimmt man als erstes Umwandlungserzeugnis von Kohlensäure und Wasser Formaldehyd an (S. 85), der durch weitere Kondensation entweder in Stärke oder Zucker umgewandelt werden soll. Die gebildete Stärke soll augenblicklich durch Diastase gelöst und als Maltose oder als Stärke-Kalium (transitorische Stärke) aus dem Blatt zu den Reservestoffbehältern übergeführt werden. Nach der anderen Ansicht wird zuerst Zucker gebildet und dieser wandert zu den Reservestoffbehältern, um dort in Stärke umgewandelt zu werden. Für diese Ansicht spricht der Umstand, daß in etiolierten Blättern sowohl aus formaldehydschwefligsaurem Natrium als auch aus Lösungen von Glykose, Fructose, Galaktose und Saccharose — nicht aus Lactose, Raffinose, Inosit — bei Berührung mit diesen Lösungen Stärke — auch ohne Kohlensäureaufnahme — gebildet werden kann.

Die Stärke häuft sich in den Reservestoffbehältern (Samen, Knollen, Stämmen usw.) in erheblicher Menge an, z. B. in Getreidekörnern 60—75%, Kartoffeln 15—22%, Cassavaknollen (trocken) 80—88%.

Die Stärke kommt in den Pflanzen stets in der für die betreffende Art bestimmten Form als einfaches oder zusammengesetztes Korn vor. Sie ist fast immer geschichtet, d. h. die Körner zeigen übereinanderliegende, um einen Kern oder auch wohl um mehrere Kerne geordnete Schichten.

Die Stärkekörner sind unter dem Mikroskop doppeltbrechend, so daß man bei Anbringung von zwei Nicols ein schwarzes, oder nach Einschaltung eines Gipsplättchens ein farbiges Interferenzkreuz erhält. Diese Eigenschaft deutet auf eine krystallinische Struktur hin.

Besonders eigenartig für Stärke, sowohl in unlöslicher Form von Körnern wie in gelöster Form, ist ihre Blaufärbung mit Jod; beim Erhitzen verschwindet die Färbung, nach dem Abkühlen erscheint sie wieder.

Bei Behandlung der Stärke mit Speichel oder verdünnten Säuren, ebenso bei Stärkekörnern in bereits gekeimten Samen beobachtet man, daß ein Teil der Stärke sich leicht löst, während ein anderer Teil gewissermaßen als Skelett die äußere Form des ursprünglichen Stärkekorns beibehält. Nägeli nennt den letzteren Teil die Stärkecellulose, andere nennen ihn Farinose, während nach ersterem für den leichtlöslichen Anteil die Bezeichnung Stärkegranulose eingeführt ist.

Arth. Meyer ist indes der Ansicht, daß es gar keine Stärkecellulose oder Farinose gibt, daß die sich mit Jod blaufärbende Substanz aus einer einzigen Stärkesubstanz besteht, wovon verschiedene Schichten infolge mechanischer Verhältnisse verschieden dicht sind. Was früher als Stärkecellulose bezeichnet ist, waren teils Zellreste, teils ungelöste Stärkesubstanz, teils durch Behandlung mit Agenzien aus der Stärkesubstanz gebildete Umwandlungsstoffe wie das Amylodextrin, welches durch Einwirkung von Säuren und Fermenten aus der Stärkesubstanz entsteht und durch Jod in verdünnter Lösung rot gefärbt wird.

Die Beobachtung, daß Stärkekörner mancher Pflanzen, wie beispielsweise Chelidonium, Sorghum vulgare (Klebhirse), Oryza glutinosa (Klebreis) usw., sowie auch andere Stärkekörner, welche, mit Salzsäure unter gewissen Vorsichtsmaßregeln behandelt, zum Unterschiede von gewöhnlicher Stärke durch Jod rot gefärbt werden, führt Meyer auf das Vorhandensein größerer Mengen Amylodextrin zurück, die durch ein Ferment während des Wachstums gebildet werden.

Über die technische Gewinnung der Stärke aus verschiedenen Rohstoffen vgl. weiter unter „Stärkemehl" (S. 381).

Die technisch gewonnene Stärke enthält immer noch Wasser bis 20% und mehr, ferner durchweg neben geringen Mengen Protein, Fasern und Mineralstoffen auch Spuren verschiedener Säuren, was beim Verhalten der Stärke zu Wasser in Betracht kommt.

Das spez. Gewicht der lufttrockenen Stärke (auf Wasser von 17—18° bezogen) beträgt 1,503—1,504, das der wasserfreien Kartoffelstärke 1,650, von trockenem Arrowroot 1,545.

Durch warmes Wasser von 50—80° quellen die Stärkekörner; es entsteht eine gelatinöse Masse, der sog. Stärkekleister, in welcher jede Spur der ursprünglichen Form des Stärkekorns verloren ist. Da die Stärke im Zustande des Kleisters nicht die Eigenschaft hat, zu diffundieren, ferner durch Gefrieren wieder ausgeschieden wird, so ist keine eigentliche, sondern eine kolloidale Lösung in Wasser anzunehmen. Durch das Gefrieren geht das „Sol" in „Gel" über.

Mit Wasser unter starkem Druck längere Zeit erhitzt, wird Stärke in wirkliche Lösung übergeführt, desgleichen findet Lösung statt bei Gegenwart verschiedener Salze, wie beispielsweise Chlorzink, Chlorzinn, Chlornatrium usw.

Beim Kochen mit Säuren tritt auch zuerst Lösung, dann aber sehr schnell eine Veränderung, und zwar eine Spaltung und Hydrolysierung des Stärkemoleküls ein; es bildet sich zuerst das Amylodextrin neben Dextrin, Zwischenerzeugnisse der ursprünglichen Stärke zur Isomaltose, Maltose bzw. d-Glykose.

Bei längerer Einwirkung von verdünnten Säuren in der Siedhitze oder auch durch manche Enzyme, wie Ptyalin, Pankreas, Diastase, ferner durch die in keimenden Samen stets vorhandenen diastatischen Fermente, meist schon bei gewöhnlicher Temperatur löst sich die Stärke nach einiger Zeit vollkommen auf, indem sich Maltose bzw. d-Glykose bildet.

Das Stärkemolekül soll, wie viele annehmen, bei der Hydrolyse stufenweise und allmählich in Dextrinarten und diese weiter nach Bildung verschiedener Phasen schließlich in Glykose umgewandelt werden.

Andere vertreten jedoch die Ansicht, daß nicht der Reihe nach eine Umwandlung, sondern daß eine Spaltung in verschiedene Gruppen stattfindet, von denen einige als Dextrine, andere indes nach H_2O-Aufnahme als Maltose oder Glykose zutage treten.

Unter der Annahme der allmählichen Umwandlung der Stärke durch Säure oder Diastase scheinen nach dem Verhalten zu Jod, zu Fehlingscher Lösung und polarisiertem Licht folgende Zwischenerzeugnisse aufzutreten:

Bezeichnung der Zwischenerzeugnisse		Qualitative Reaktionen	Drehungsvermögen $[\alpha]_D^{20}$	Reduktionsvermögen gegen Fehlingsche Lösung, wenn das der d-Maltose = 100
Stärkearten	Stärke	Jodreaktion blau	+197 bis 204°	0
	Lösliche Stärke (Amylodextrin)		+196°	0
Dextrinarten	Erythrodextrin	Jodreaktion violett und rot	+196°	1
	Achroodextrin u. Maltodextrin	Jodreaktion fehlend	+192° u. +174,5°	10
Isomaltose.		desgl.	+140°	80
Maltose		Fehlingsche Lösung wird reduziert, Barfoeds Reagens nicht	+137°	100
d-Glykose		beide Lösungen werden reduziert	+52°	150

Lintner und Düll[1]) denken sich den Abbau der Stärke unter Bildung von Erythrodextrin wie folgt:

$$\text{Stärke n } 54\,(C_6H_{10}O_5) \text{ zerfällt in } \underset{\text{Amylodextrin}}{54\,(C_{12}H_{20}O_{10})} + 3\,H_2O = \underset{\text{Erythrodextrin}}{3\,[(C_{12}H_{20}O_{10})_{17}\cdot C_{12}H_{22}O_{11}]}$$

$$\underset{\text{Erythrodextrin}}{3\,[(C_{12}H_{20}O_{10})_{17}\cdot C_{12}H_{22}O_{11}]} + 6\,H_2O = \underset{\text{Achroodextrin}}{9\,[(C_{12}H_{20}O_{10})_5\cdot C_{12}H_{22}O_{11}]}$$

$$\underset{\text{Achroodextrin}}{9\,[(C_{12}H_{20}O_{10})_5\cdot C_{12}H_{22}O_{11}]} + 45\,H_2O = \underset{\text{Isomaltose}}{54\,(C_{12}H_{22}O_{11})} = \underset{\text{Maltose}}{54\,(C_{12}H_{22}O_{11})}$$

Die Ansichten über den Verlauf dieses Vorganges, ob die verschiedenen Dextrine überhaupt, neben- oder nacheinander entstehen, sind, wie schon gesagt, noch sehr geteilt.

Mit 2- und mehrproz. Kali- oder Natronlauge quillt Stärke zu dickem, durchscheinendem Kleister auf, löst sich und läßt sich durch Alkohol fällen; löst man die Fällung in Wasser und fällt wieder mit Alkohol, so erhält man Verbindungen von $C_{24}H_{39}O_{20}K$ oder $C_{24}H_{39}O_{20}Na$ als alkalisch reagierende Niederschläge, welche nach ihrer Zusammensetzung beweisen, daß die Stärke mindestens 24 C im Molekül enthält. Vielleicht wandert die Stärke in dieser löslichen Verbindung als Stärkekalium in den Pflanzen von einem Organ in das andere.

Beim Schmelzen mit Kali liefert Stärke Oxalsäure und Essigsäure, beim Destillieren mit Kalk Metaceton.

Mit stärkerer Schwefel- oder Salzsäure längere Zeit erhitzt, entsteht neben Humin- und Ameisensäure Lävulinsäure, mit Salpetersäure, die anfänglich auch erst invertierend wirkt, Zuckersäure, Wein- und Oxalsäure; rauchende Salpetersäure liefert Salpetersäureester, Mono-, Di- und Tetranitrostärke (Xyloidin genannt).

Chlor, Brom und Silberoxyd oxydieren die Stärke zu Glykonsäure $[CH_2OH\cdot(HCOH)_4\cdot COOH]$.

---

[1]) C. J. Lintner fand für ein Erythrodextrin nach dem Beckmannschen Verfahren ein Molekulargewicht von 10 $(C_{12}H_{20}O_{10})$, wir nach dem osmotischen Verfahren für dasselbe 13 $(C_6H_{10}O_5)$, für ein anderes Erythrodextrin 11 $(C_{12}H_{20}O_{10})$; für ein diastatisches Achroodextrin fanden wir 8 $(C_{12}H_{20}O_{10})$, Lintner 6 $(C_{12}H_{20}O_{10})$.

Mit Jod (Jod in Jodkalium gelöst) bildet sich Jodstärke, die aber wohl nicht als eigentliche chemische Verbindung angesehen wird; einige halten sie jedoch für eine solche $(C_6H_{10}O_5)_8J$, während die blaue Jodstärke mit 18% Jod die Zusammensetzung $(C_{24}H_{40}O_{20}J)_4HJ$ haben soll. Die Jodstärke wird ebenso wie durch Kochen (vgl. oben) auch durch schweflige Säure, arsenige Säure, unterschwefligsaures Natrium, Alkali oder sogar durch Alkohol zerlegt.

Mit Essigsäureanhydrid liefert die Stärke ein Stärke-Triacetat $C_6H_7O_5(C_2H_3O_2)_3$, welches durch Alkali wieder zu Stärke usw. zerlegt wird.

Während Stärke für Hefe unzugänglich ist, wird sie durch Milchsäure und Buttersäurebakterien angegriffen und gespalten, weshalb Stärkekleister leicht säuert.

Qualitativ wird die Stärke mikroskopisch und durch die Blaufärbung mit Jod erkannt. Nach Befeuchten mit alkoholischer α-Naphthollösung entsteht beim Auftröpfeln von konz. Salzsäure oder Schwefelsäure dunkelrotviolette Färbung.

Quantitativ wird sie bestimmt: 1. durch Wägen in Substanz, indem man sie entweder in Kalilauge (Mayrhofer) oder in Salzsäure (Baumert) löst und wieder abscheidet; 2. durch Verflüssigen, sei es mittels Malzauszuges oder höheren Druckes, indem die gelöste Stärke durch Säuren weiter hydrolysiert und die gebildete Glykose durch Fehlingsche Lösung bestimmt wird; 3. durch direkte Hydrolyse der stärkehaltigen Stoffe (C. J. Lintner); 4. durch Polarisation der mittels Salzsäure hergestellten Stärkelösung (Lintners oder Ewers Verfahren).

b) Dextrine n $(C_6H_{10}O_5)$, Stärkegummi, Röstgummi, Leiokome. Die vorstehend erwähnten Dextrine bilden entweder dickflüssige Sirupe oder nach Austrocknung amorphe Pulver. Durch den thermophilen Bacillus macerans können jedoch bei 48° auch krystallisierte Dextrine (Amylodextrine α und β) erhalten werden.

Das Dextrin des Handels, auch Stärkegummi genannt, wird gewonnen entweder durch direktes Erhitzen von Stärke mit überhitztem Wasserdampf auf 150—160° oder aber durch Einwirkung von verdünnten Säuren (z. B. $^9/_{1000}$ Salpetersäure) oder Diastase auf Stärkekleister, bis eine genommene Probe keine Reaktion auf Stärke mehr gibt.

Durch mehrmaliges Lösen in wenig Wasser und wiederholtes Ausfällen mit Alkohol werden die beigemengten Zuckerarten entfernt und der Rückstand bei möglichst niedriger Temperatur zur Trockne gebracht. Man erhält ein der Stärke ähnliches Pulver, oft mit einem Stich ins Gelbliche, welches in der gleichen Menge Wasser sich zu einer schleimigen, neutral reagierenden Flüssigkeit von schwach süßlichem Geschmack löst und den polarisierten Lichtstrahl stark nach rechts dreht, daher der Name Dextrin.

Fehlingsche Lösung ist in der Kälte ohne Einwirkung auf Dextrin, in der Wärme dagegen tritt infolge Bildung von Glykose unter Umständen Reduktion des Kupfers ein.

Barfoeds Reagens (Kupferacetatlösung 1 : 5 mit 1% freier Essigsäure) wird auch in der Wärme durch Dextrin nicht reduziert (Unterschied von Glykose, welche Kupferoxydul abscheidet).

Die Dextrine sind nicht direkt gärungsfähig. Bei Gegenwart von Diastase werden sie aber durch Hefe vergoren, indem sie zunächst in d-Glykose verwandelt werden. Ebenso gehen sie beim Kochen mit verdünnten Säuren in d-Glykose über.

Bleiessig fällt Dextrinlösung auf Zusatz von Ammoniak.

Durch Barythydrat, Kalkwasser und Alkohol wird Dextrin aus seiner wässerigen Lösung ausgefällt.

Die Dextrine verbinden sich mit Phenylhydrazin.

Unter Dextran versteht man teils einen in unreifen Rüben und auch in der Melasse natürlich vorkommenden, teils einen bei der schleimigen Gärung sich bildenden Gallertstoff, Froschlaichsubstanz, Gärungsgummi oder auch Viscose genannt. Diese Stoffe sind teils löslich in Wasser und drehen die Ebene des polarisierten Lichtes ($[\alpha]_D$ = etwa 200°) nach rechts, teils quellen sie nur in Wasser auf und lösen sich in Kalkmilch.

Gallisin oder Amylin $C_{12}H_{20}O_{10}$ oder n $(C_6H_{10}O_5)$ soll bei der üblichen Herstellung des Stärkezuckers bzw. -sirups sich bilden und in der Handelsware bis zu 20% enthalten sein.

Es wird durch Hefe nicht vergoren, dreht das polarisierte Licht schwächer als Dextrin (nämlich $[\alpha]_D = 68{,}036 + 0{,}1715\,q$) und reduziert Fehlingsche Lösung nur ungefähr halb so stark wie d-Glykose (5 : 11).

Der qualitative Nachweis geschieht dadurch, daß man eine Stärkezuckerlösung mit Hefe (Weinhefe) versetzt und solange der Gärung unterwirft, bis die Flüssigkeit vollkommen blank erscheint, also aller vergärbare Zucker zersetzt ist.

c) Glykogen $n(C_6H_{10}O_5) + x\,H_2O$ oder $C_{36}H_{62}O_{31}$. Dieses dem Erythrodextrin ähnliche Polysaccharid findet sich vorwiegend in den Lebern der Pflanzenfresser, auch des Menschen oft in großer Menge aufgespeichert und bildet sich besonders nach dem Genuß von d-Glykose und d-Fructose, aber auch von anderen Zuckerarten, wie Galaktose, Saccharose, Raffinose, Maltose. Andere Kohenhydrate schützen das Glykogen vor Zersetzung und wirken ersparend.

Auch aus Pilzen ist ein Zucker dargestellt, welcher mit dem Glykogen höchstwahrscheinlich gleich ist.

In heißem Wasser ist Glykogen zu einer opalisierenden Flüssigkeit löslich, welche auf Zusatz von Kali oder Essigsäure klar wird. Durch Alkohol werden die Lösungen gefällt.

Jod färbt Glykogen braun bis rot, welche Farbe beim Erhitzen oder auf Zusatz von reduzierenden Stoffen verschwindet, beim Erkalten wieder auftritt.

Die Lösung des Glykogens dreht die Ebene des polarisierten Lichtes sehr stark nach rechts; $[\alpha]_D$ wird zu +196,6 bis 211° angegeben.

Beim Erhitzen mit Wasser auf 150—160° bildet Glykogen gärungsfähigen Zucker, welcher Fehlingsche Lösung reduziert, ebenso verhält sich dieser Körper verdünnten Säuren und diastatischen Fermenten gegenüber wie Dextrin.

Man hat gefunden, daß Fermente bei Gegenwart von freier Kohlensäure Glykogen nur langsam in Glykose umzuwandeln vermögen und folgert daraus, daß das Auftreten von aus dem Glykogen gebildeter Glykose im Harn bei Diabetes auf eine verhältnismäßige Verminderung der Kohlensäure in den Geweben der Leber zurückzuführen ist.

Qualitativ wird das Glykogen an seinem Verhalten gegen Jod erkannt.

Quantitativ wird es entweder polarimetrisch oder gewichtsanalytisch bestimmt, indem man die Organe mit Kalilauge löst, die Lösung durch Fällen mit Salzsäure und Kaliumquecksilberjodid von Proteinen und Fett befreit und aus der Lösung das Glykogen durch Fällen mit Alkohol abscheidet.

d) Lichenin $n(C_6H_{10}O_5)$. Das Lichenin oder die Moosstärke, welches sich im isländischen Moos und in anderen Flechten findet, läßt sich durch Ausziehen der mittels alkalischen Wassers vom Bitterstoff befreiten Flechte mit konz. Salzsäure gewinnen, indem man den Auszug schnell filtriert und mit Alkohol fällt. Getrocknet bildet das Lichenin eine farblose, spröde Masse, welche in kaltem Wasser aufquillt, in kochendem sich löst, beim Erkalten sich aber wieder abscheidet.

Reines Lichenin wird, wahrscheinlich infolge von vorhandener Licheninstärke, durch Jod blau gefärbt. Mit verdünnten Säuren liefert Lichenin d-Glykose. Außerdem enthält es Pentosane und Methylpentosane.

Bleiessig fällt das Lichenin aus seinen Lösungen; Eisessig gibt Lichenintriacetat.

2. Das Inulin und andere Kohlenhydrate, welche zur d-Fructose-Gruppe zu gehören scheinen.

Das erste Glied dieser Reihe, welches der Stärke entspricht, ist bis jetzt nicht bekannt, wie auch andere Glieder dieser Kette noch nicht aufgefunden sind. Das Anfangsglied dieser Linksreihe entspricht dem Amylodextrin der Rechtsreihe, nämlich:

a) Das ***Inulin***[1] $C_6H_{10}O_5$ oder $n(C_6H_{10}O_5)$. Das Inulin kommt vorzugsweise in den unterirdischen Organen der Compositen, Campanulaceen, Lobeliaceen, Gardeniaceen vor

[1] Hierfür bestehen noch die verschiedensten Bezeichnungen: Alantin, Menyanthin, Sinistrin, Synantherin u. a.

und bildet den Reservestoff für die folgende Wachstumszeit. Zuerst wurde es in den Wurzeln von Inula Helenium nachgewiesen, welcher es seinen Namen verdankt. Die Dahlien- oder Georginenknollen enthalten bis zu 42%, Cichorien bis zu 50% Inulin in der Trockensubstanz.

Im Herbst sind die Pflanzenorgane am reichsten an Inulin, im Frühjahr nimmt dasselbe ab, indem es in Lävulin bzw. Synantherin umgewandelt wird.

Das Inulin findet sich in den Pflanzen im aufgelösten Zustande, niemals im festen. Da reines Wasser bei niedrigen Temperaturen nur wenig Inulin aufzulösen imstande ist, so müssen andere Stoffe die Löslichkeit desselben in den inulinreichen Pflanzen befördern helfen.

Man gewinnt das Inulin am besten aus Georginenknollen durch kochendes Wasser, welchem zur Neutralisation der Pflanzensäuren kohlensaures Calcium zugesetzt wird. Die erhaltenen wässerigen Auszüge läßt man durch Stehen sich klären, filtriert und dampft ein. Dabei scheidet sich das Inulin als krystallinischer Körper (Sphärokrystalle) aus.

Das Inulin geht durch Kochen mit säurehaltigem Wasser in d-Fructose über, indem wie bei Stärke als Zwischenstufen Dextrine, so hier Pseudoinulin und Lävulin vorübergehend gebildet werden. Durch Fermente, wie Diastase, Speichel und Hefe wird es fast gar nicht verändert.

Inulin ist in warmem Wasser leicht löslich, scheidet sich aber beim Erkalten, besonders beim Gefrierenlassen und durch Alkoholzusatz wieder aus. Die Lösung ist etwas opalisierend und wird durch Jod nicht gefärbt. Fehlingsche Lösung wird durch Inulin nicht direkt reduziert; $[\alpha]_D = -36$ bis $-37°$.

Mit Mineralsäuren liefert Inulin „Lävulinsäure", mit Salpetersäure dieselben Oxydationserzeugnisse wie d-Fructose (S. 94).

b) Lävulin $C_6H_{10}O_5$ oder $n(C_6H_{10}O_5)$. Das Lävulin pflegt vorwiegend im Frühjahr neben Inulin, im Herbste dagegen neben rechtsdrehenden Zuckerarten in einer Menge von 8—12% in Topinamburknollen vorzukommen.

Auch in unreifen Roggenkörnern ist dieses Kohlenhydrat (β-Lävulin) und zwar bis zu 45% der Trockensubstanz nachgewiesen.

Das Lävulin ist optisch inaktiv und indifferent gegen Fehlingsche Lösung. Durch verdünnte Säuren wird dasselbe in d-Fructose, der auch d-Glykose beigemengt ist, verwandelt. $[\alpha]_D$ des Gemenges $= -46{,}8°$.

Mit Hefe vergärt das Lävulin leicht.

Als weniger wichtig und in nur sehr geringer Menge vorkommend seien hier noch zu dieser Gruppe gehörend die drei linksdrehenden Kohlenhydrate genannt:

c) Triticin $C_6H_{10}O_5$ oder $C_{12}H_{22}O_{11}$, dargestellt aus der Queckenwurzel, Triticum repens, welches mit Hefe nicht vergärt;

d) Irisin $C_{36}H_{62}O_{31}$, in der Wurzel von Iris pseudacorus;

e) Scillin oder ***Sinistrin*** $C_6H_{10}O_5$, in der Meerzwiebel, Scilla maritima;

f) Carragheenschleim aus dem Knorpeltang, einer Meeresalge, deren Abkochung ein beliebtes Hustenmittel liefert. Der Schleim liefert bei der Hydrolyse neben Galaktose auch viel Fructose.

3. Pentosan- und Hexosan-Kolloide.

Wie d-Glykose und d-Fructose, so finden sich die Mannose und Galaktose durch Anhydride als Reservestoffe in den Pflanzen vertreten z. B. Mannane in vielen Samenarten (Kaffee, Datteln), Steinnuß, Salepschleim, Galaktane in Leguminosensamen, Agar-Agar u. a. Daß die Pentosen in der Natur fast nur durch ihre Anhydride, die Pentosane, vertreten sind, ist schon S. 91 erwähnt.

Vielfach sind diese Anhydride nebeneinander vertreten, so in den Hemicellulosen (vgl. S. 127), dann aber noch besonders in den Gummi-, Schleimarten und Pektinen.

a) Gummi oder ***Arabin.*** Als Gummi im engeren Sinne bezeichnet man diejenigen Stoffe, welche bei verschiedenen Pflanzen meist nach Verwundung der Rinde als dicke Flüssigkeiten nach außen gelangen und an der Luft zu einer glasigen Masse eintrocknen.

Die Gummistoffe, denen häufig Harz beigemengt ist und die alsdann den Namen Gummiharz führen, sind entstanden durch Umwandlung der Zellsubstanz. Sie sind entweder in Wasser löslich (Gummi arabicum), oder darin nur aufquellbar (Tragant), oder aber nur teilweise löslich wie die Gummiharze, bei denen das Harz zurückbleibt. In Alkohol ist Gummi unlöslich.

Man gibt dem Gummi die einfache Formel n $C_6H_{10}O_5$ oder dem Hydrat die Formel $C_{12}H_{22}O_{11}$, oder wegen des Vorkommens von Pentosanen darin die Formel $C_{11}H_{20}O_{10}$; wahrscheinlich ist indes, daß dem Gummi ein sehr hohes Molekulargewicht zukommt.

Gummi reduziert Fehlingsche Lösung nicht, wohl aber nach dem Invertieren, indem aus ihm Galaktose und Arabinose (siehe S. 91) gebildet werden.

Die natürlichen Gummi sind meist Verbindungen der Arabinsäure oder des Arabins, des Metarabins, Cerasins, des Bassorins und noch anderer Kohlenhydrate mit den Basen Kalk, Kali, Magnesia usw.

Verdünnte Säuren führen Gummi in d-Galaktose und Arabinose über, Fermente wie Diastase und Hefe sind ohne Einfluß.

α) Gummi arabicum ist der eingetrocknete Pflanzensaft einer in Arabien, Nubien, Guinea und anderen Teilen Afrikas einheimischen Acacia-Art. Ihm ist ein im Mark der Zuckerrübe vorkommender Körper ähnlich.

Vermischt man eine Gummilösung mit Salzsäure und fällt mit Alkohol, so erhält man das Araban oder die Arabinsäure als einen voluminösen weißen Niederschlag, welcher mit Alkohol ausgewaschen und getrocknet eine glasig harte Kruste bildet von der Zusammensetzung $C_{12}H_{22}O_{11}$, oder bei 120° getrocknet, die Formel $C_6H_{10}O_5$ besitzt. $[\alpha]_D$ für die aus Zuckerrüben erhaltene Arabinsäure = —88,7°.

β) Kirschgummi ist ein Gemisch von Meta-Arabin mit wenig Bassorin (Hauptbestandteil von Tragantgummi); dasselbe ist in Wasser wenig löslich, seine Löslichkeit wird indes bedeutend erhöht bei Gegenwart von freiem Alkali.

Ähnlich verhält sich das Tragantgummi, welches mit Wasser keine eigentliche Lösung sondern eine gallertartige Flüssigkeit bildet, die sich nicht filtrieren läßt.

Die Tragante verschiedenen Ursprungs sind verschieden zusammengesetzt. Der Hauptbestandteil des Fadentragants ist Bassorin ($C_{11}H_{20}O_{10}$), welches vollständig unlöslich ist und bei der Hydrolysierung Galaktose und Arabinose liefert. Nach v. Fellenberg ist es der Methylester der Bassorinsäure (vgl. Pektin). Arabin ist in dem Fadentragant nicht vorhanden.

In anderen Sorten Tragantgummi sind durch Hydrolyse neben Spuren von Glykose und Galaktose nachgewiesen: Xylose, Arabinose und Fucose (Methylpentose).

b) Pflanzenschleime. Die mit diesem Namen benannten schleimigen Auszüge, welche im Pflanzenreich sehr verbreitet sind, haben die Eigenschaft, in kaltem Wasser in einen Zustand der Aufquellung, welche der Auflösung nahe kommt, überzugehen, wobei die Flüssigkeit indes nicht gallertartig unbeweglich wird, sondern nur eine zähe, fadenziehende schleimige Beschaffenheit erhält.

Es finden sich häufig Verbindungen, welche zwischen Gummi und Pflanzenschleim stehen, so daß es nicht möglich ist, diese Körper streng auseinander zu halten.

Die Pflanzenschleime sind unwirksam gegen Lackmuspapier, ebenso gegen Fehlingsche Lösung. Mit verdünnten Säuren gehen sie in Glykose über; oft wird auch Galaktose gebildet.

α) Leinsamenschleim ($C_6H_{10}O_5$). Die in den jungen Samen von Linum usitatissimum vorhandene Stärke scheint beim Reifen des Samens sich zum Teil in jenen Schleim umzuwandeln, welcher in den Membranen der äußeren Zellen abgelagert ist und beim Behandeln der Zellpartien mit Wasser ein außerordentlich starkes Aufquellen der Substanz zur Folge hat.

Der durch Abseihen und Ausdrücken von Samen getrennte Schleim, welcher sich durch Übergießen der Leinsamen mit Wasser (1 : 3) gebildet hat, wird durch Alkohol, dem etwas Salzsäure zugesetzt ist, gefällt und durch Auswaschen mit Alkohol und Äther rein gewonnen.

Mit verdünnter Säure wird der Leinsamenschleim in ein Gemenge von rechtsdrehender Glykose und Gummi zersetzt, wobei nach mehreren Untersuchungen etwa 60% der ersteren entstehen. Durch konz. Salpetersäure wird der Leinsamenschleim zum Teil in Schleimsäure übergeführt. Die Leinsamen enthalten ca. 6% dieses Schleimes.

β) Flohsamenschleim ($C_{36}H_{58}O_{29}$) aus den Samen von Plantago psyllium.

γ) Salepschleim aus den Knollen verschiedener Orchisarten.

δ) Quittenschleim ($C_{18}H_{28}O_{14}$) aus dem Samen von Cydonia vulgaris. Durch Kochen des trockenen Schleims mit dem 150fachen Gewicht verdünnter Schwefelsäure scheiden sich Flocken aus, die sich mit Jod und Schwefelsäure blau färben, zur Hälfte in Kupferoxyd-Ammoniak lösen und ganz die Eigenschaften der Cellulose teilen. In der Flüssigkeit befindet sich Gummi und Zucker, welcher letztere rechtsdrehend ist und Fehlingsche Kupferlösung reduziert. Die Menge der ausgeschiedenen Cellulose beträgt etwa 34%.

Die Spaltung kann nach folgender Gleichung verlaufend gedacht werden:

$$\underset{\text{Schleim}}{C_{18}H_{28}O_{14}} + \underset{\text{Wasser}}{H_2O} = \underset{\text{1 Cellulose}}{C_6H_{10}O_5} + \underset{\text{2 Gummi.}}{2\,(C_6H_{10}O_5)}$$

ε) Althaeaschleim aus der Wurzel von Althaea officinalis und noch viele andere in der Arznei sowohl, als auch zur Herstellung mancher Nahrungsmittel Verwendung findende schleimigen Pflanzenauszüge verhalten sich ganz ähnlich dem Leinsamenschleim; sie werden sämtlich aus ihren wässerigen Lösungen durch Alkohol, dem etwas Salzsäure zugesetzt ist, gefällt.

Althaeaschleim liefert mit Salpetersäure Schleimsäure. Andere Schleime gehören der Glykose- bzw. Stärkereihe an.

c) Pektine. Unter „Pektine“ oder „Pektinstoffe“ versteht man eine Reihe Stoffe, welche den Flüssigkeiten, in denen sie enthalten sind, eine gallertartige Beschaffenheit erteilen, die beim Erwärmen verschwindet, in der Kälte aber sich wieder einstellt.

Sie sind besonders in den Obstfrüchten und in Wurzelgewächsen vorhanden und die Ursache des Gelatinierens nach dem Kochen derselben und Erkalten (Fruchtgelees). Die Pektine gleichen den Pflanzengummis und -schleimen und stehen, wenn sie auch in ihrer Zusammensetzung ($C_{32}H_{48}O_{32}$) hiervon abweichen, den Kohlenhydraten sehr nahe.

Das Pektan (auch Pektose genannt) als kolloidale aufgeschwemmte oder gallertartige Substanz bildet mit Cellulose das Mark der Obstfrüchte und Wurzelgewächse.

Durch Behandeln mit Alkalien und Kalk geht das Pektan in Pektine und Pektinsäure über. Die hierbei entstehende Metapektinsäure ist der Arabinsäure ($C_{12}H_{22}O_{11}$ oder $C_{10}H_{18}O_9$) aus Gummi arabicum sehr ähnlich; sie reagiert sauer, bildet Salze und liefert bei der Hydrolyse Arabinose.

Bei der Hydrolyse mit Säuren und Pektase entstehen Pektose, d-Glykose, d-Galaktose und vorzugsweise Pentosen.

Die Pektine verhalten sich daher ähnlich dem Gummi arabicum oder sind auch der Stärkereihe vergleichbar. Das Pektan würde als Anfangsglnd der Stärke, das Pektin, Metapektin usw. den Dextrinen entsprechen. v. Fellenberg hält das Pektin für den Methylester der Pektinsäure, weil es durch Einwirkung von Alkalien in Pektinsäure und Methylalkohol zerfällt.

VI. Cyclohexite, Cyclosen.

Abkömmlinge des gesättigten Ringkohlenwasserstoffs C_6H_{12}.

Während die Pentosen und Hexosen offene und geradlinig verlaufende Kohlenstoffketten besitzen, liegt den Cyclohexiten eine geschlossene Kette von 6 mal CH_2 oder C_6H_{12}, dem Cyclohexan, zugrunde; je nachdem in diesem Ring je 1 H durch 1 (OH), 2 (OH), 3 (OH) vertreten ist, erhält man 1wertige, 2wertige, 3wertige Cyclite (oder auch Cyclohexan-Monol, Cyclohexan-Diol bis Cyclohexan-Hexol).

Ein 4wertiger Cyclit, der Butit $C_6H_{12}O_4$ oder $C_6H_8(OH)_4$ (Cyclohexan-Tetrol) ist in der Rübenmelasse-Entzuckerungslauge gefunden.

Hier kommen vorwiegend nur der 6wertige Inosit und der 5wertige Quercit und einige Abkömmlinge in Betracht:

1. Inosit ($C_6H_{12}O_6$ oder $C_6H_6(OH)_6$ Cyclohexan-Hexol).

CHOH
HOHC / \ CHOH
HOHC \ / CHOH
CHOH

Der Inosit, gewöhnlicher oder inaktiver Inosit, ist sowohl im Pflanzenreich, als auch im Tierreich in den verschiedenen Organen des tierischen Körpers, auch im Harn von Diabetikern, nachgewiesen worden; der in den grünen Schnittbohnen vorkommende Inosit wird auch Phaseomannit und der in Nußblättern vorkommende Nucit genannt.

Der i-Inosit bildet mit Wasser große monokline Tafeln $C_6H_{12}O_6 + 2\,H_2O$. Schmelzpunkt (wasserfrei) 218°.

Von den Glykosen ist Inosit zunächst durch sein Verhalten gegen Säuren verschieden, mit denen er keine Lävulinsäure bildet; ebensowenig reduziert er alkalische Kupferlösung, ist optisch inaktiv, gärt nicht mit Hefe, bildet dagegen mit Käseferment Äthylen- und Äthylidenmilchsäure.

Die im Kautschuk gefundene Dambose ist mit Inosit identisch[1]).

Der Scillit $C_6H_{12}O_6$, enthalten in den Nieren und Leber des Hundshaifisches (Scyllium canicula) und anderen Knorpelfischen, ferner

Quercinit $C_6H_{12}O_6$, welcher aus den Mutterlaugen des Quercits erhalten werden kann, scheinen dem Inosit sehr ähnliche Körper zu sein.

Das Phytin bzw. die Phytinsäure in verschiedenen Samen ist Inositphosphorsäure $C_6H_6[PO(OH_2)]_6$.

2. *d-Quercit* $C_6H_{12}O_5$ oder $C_6H_7(OH)_5$ Cyclohexan-Pentol. Der Quercit oder Eichelzucker wird dadurch gewonnen, daß man Eicheln auskocht, den Auszug mit Kalk kocht, filtriert, neutralisiert und durch Hefe die gärungsfähigen Stoffe fortschafft. Quercit, welcher nicht gärt, krystallisiert beim Eindampfen der Lösung in Nadeln aus; er ist der Rhamnose (S. 91) isomer.

Schmelzpunkt 222°; $[\alpha]_D = +24{,}3°$; Fehlingsche Lösung wird nicht reduziert, desgleichen wird derselbe von verdünnten Säuren nicht verändert. Bei vorsichtiger Oxydation mit Salpetersäure liefert d-Quercit Schleimsäure, Trioxyglutarsäure und Malonsäure.

Die in den Früchten von Illicium religiosum vorkommende Shikimisäure wird als ein Anhydroerzeugnis des Quercits aufgefaßt, in welchem 1 OH durch COOH ersetzt ist, $C_6H_6\begin{smallmatrix}\diagup(OH)_3\\ \diagdown COOH\end{smallmatrix}$.

Bitterstoffe.

Mit dem Namen „Bitterstoffe" bezeichnet man einige aus Kohlenstoff, Wasserstoff und Sauerstoff bestehende, in den Pflanzen fertiggebildet vorkommende Stoffe, welche einen bitteren Geschmack besitzen. Viele derselben, die in den menschlichen Nahrungs- und Genußmitteln eine Bedeutung besitzen, sind Glykoside (S. 97), z. B.:

Absinthiin $C_{30}H_{40}O_8$ in den Blättern von Artemisia Absinthium, zerfällt bei der Hydrolyse in d-Glykose und einen harzigen und flüchtigen Körper.

Chinovin $C_{30}H_{48}O_8$ in den Chinarinden, zerfällt bei der Hydrolyse in Chinovose (Methylpentose S. 92) und Chinovasäure $C_{24}H_{38}O_4$.

Colocynthin $C_{56}H_{84}O_{23}$ in der Frucht von Citrus Colocynthis, spaltbar in Glykose und Colocynthein $C_{44}H_{64}O_{13}$.

Digitalisglykoside. Die Blätter von Digitalis purpurea enthalten drei Glykoside, nämlich:

Digitonin $C_{27}H_{46}O_{14}$, spaltbar in Glykose + Galaktose und Digitogenin $C_{15}H_{24}O_3$;

---

[1]) Die im Kautschuk gefundenen Bornesit und Dambonit sind Mono- bzw. Dimethyl-i-Inosit.

Digitalin $C_{35}H_{56}O_{14}$, spaltbar in Glykose + Digitalose $C_7H_{14}O_5$ (Äthylpentose) und Digitaligenin $C_{22}H_{30}O_3$;

Digitoxin $C_{34}H_{54}O_{11}$, spaltbar in Digitoxose $C_6H_{12}O_4$ (?) und Digitoxigenin $C_{22}H_{32}O_4$.

Gentiopikrin $C_{16}H_{20}O_9$ in der Wurzel von Gentiana lutea, spaltbar in Glykose und Gentiogenin $C_{10}H_{10}O_4$.

Menyanthin $C_{30}H_{46}O_{14}$, im Kraut von Menyanthes trifoliata, spaltbar in 2 Glykose und Menyanthol C_8H_8O.

Von sonstigen Bitterstoffen seien noch aufgeführt:

Agaricin $C_{16}H_{30}O_5 + H_2O$ (?), im Harz des Lärchenschwammes (Polyporus officinalis), eine zweibasische Säure.

Aloin, je nach der Aloesorte unterschieden als
Barbaloin $C_{16}H_{16}O_7 + 3\,H_2O$, Kapaloin $C_{16}H_{16}O_7$, Nataloin $C_{16}H_{18}O_7$ (?), sämtlich als Anthrachinonabkömmlinge angesehen.

Angelicin $C_{18}H_{30}O$, Hydrocarotin, in der Mohrrübe und Angelikawurzel neben Angelikasäure.

Cantharidin $C_{10}H_{12}O_4$ oder $C_7H_9(CH_2 \cdot COOH \cdot O \cdot CO)$, eine Lactonsäure, der blasenziehende Stoff der spanischen Fliegen und Maiwürmer.

Capsaicin, wahrscheinlich $C_{17}H_{24}NO\begin{cases} O \cdot CH_3 \\ OH \end{cases}$, im spanischen Pfeffer, anscheinend der einzige N-haltige Bitterstoff.

Cnicin $C_{27}H_{24}O_8$, in den Blättern von Cnicus benedictus.

Helenin $C_{15}H_{20}O_2$, in Alantwurzel (Inula Helenium), ein Naphthalinderivat.

Hopfenbitter $C_{29}H_{46}O_{10}$, zu 0,004% in den Hopfenzapfen und zu 0,11% in den Hopfendrüsen, dem Lupulin.

Pikrotoxin (Cocculin) $C_{30}H_{34}O_{13}$, in den Kokkelskörnern, den Früchten von Menispermum (Cocculus), ein Gemenge von Pikrotoxinin $C_{15}H_{16}O_6$ und Pikrotin $C_{15}H_{18}O_7$.

Quassiin $C_{32}H_{42}O_{10}$ (?), im Holz von Quassia amara.

Santonin $C_{15}H_{18}O_3$, im Wurmsamen (2—3%) und in den Blütenköpfen von Artemisia maritima, ein Naphthalinderivat.

Die Untersuchung auf Bitterstoffe erfolgt nach dem Stass-Ottoschen bzw. Dragendorffschen Verfahren.

Saponine.

Unter „Saponine" versteht man eine Gruppe stickstoffreier Glykoside, welche die besondere Eigenschaft besitzen, in wässeriger Lösung seifenartig zu schäumen. Sie gelten allgemein als giftig und werden daher „Sapotoxine" genannt. Sie sind sehr weit verbreitet in den Pflanzen — 52 Familien der Mono- und Dicotylen — und dienen vorwiegend dazu, schaumhaltigen Flüssigkeiten (Bier, Limonaden) und sonstigen Zubereitungen (Zuckerbackwaren) eine größere Schaumhaltigkeit zu verleihen. Auch dienen sie an Stelle von Seife zum Waschen, weil sie Farbstoffe nicht angreifen.

Die Saponine bilden durchweg weiße amorphe Pulver, die einen brennenden oder kratzenden, mitunter auch bitteren Geschmack besitzen, weshalb einige auch, wie z. B. Digitalin (vorstehend), zu den Bitterstoffen gerechnet werden. Sie sind in Wasser löslich, in Alkohol nur wenig, in Äther, Benzol, Chloroform unlöslich; schwer dialysierbar, besitzen klebende Eigenschaften und halten kleine Mengen unorganischer Stoffe kräftig fest.

Verschiedene Saponine entsprechen nach ihrer Elementarzusammensetzung der Formel $C_nH_{2n-10}O_{18}$, andere der Formel $C_nH_{2n-8}O_{10}$. Dem in der Seifenwurzel (Saponaria officinalis) vorkommenden Saponin gibt man die Formel $C_{32}H_{54}O_{18}$, dem Githagin aus Agrostemma githago die Formel $C_{17}H_{26}O_{10} + H_2O$.

Die Saponine liefern bei der Hydrolyse mit verdünnten Säuren Glykose und Sapogenine, z. B. das Githagin:

$$2\,C_{17}H_{26}O_{10} + 6\,H_2O = 4\,C_6H_{12}O_6 + 2\,C_5H_8O \text{ (Agrostemma-Sapogenin).}$$

In derselben Weise verläuft die Umsetzung bei Quillajasäure $C_{19}H_{30}O_{10}$ und Sapotoxin $C_{17}H_{26}O_{10}$, beide in der Rinde von Quillaja saponaria.

Infolge dieser hydrolytischen Spaltung reduzieren die Saponine nach dem Kochen mit verdünnter Schwefel- oder Salzsäure Fehlingsche Lösung. Die entstehenden Sapogenine sind unlöslich in Wasser, löslich in Alkohol und Eisessig.

Mit konz. Schwefelsäure, besonders mit Selenschwefelsäure, geben die Saponine kennzeichnende rote oder gelbrote Färbungen.

Am sichersten aber ist ihr Nachweis durch Hämolyse. Die Saponine haben nämlich wie sonstige Hämolysine die Eigenschaft, die roten Blutkörperchen zu lösen. Durch hinreichenden Zusatz von Cholesterin kann diese Wirkung aufgehoben werden.

Farbstoffe.

Die natürlichen Farbstoffe der Pflanzen und Tiere (Pigmente) fallen nur dann unter die Gruppe der stickstofffreien Extraktstoffe (bzw. Kohlenhydrate), wenn sie entweder keinen Stickstoff enthalten und daher bei der üblichen Multiplikation des letzteren mit 6,25 nicht zu den Stickstoffsubstanzen gerechnet werden, oder wenn sie nicht in Äther löslich sind. Insofern gehören:

1. Von den in den Tieren vorkommenden Farbstoffen nur die Lipochrome, besondere gelbe und rote Farbstoffe in den Fettgeweben, im Eidotter Luteine genannt, hierher. Über ihre Natur ist noch wenig bekannt. Sie sind unlöslich in Wasser, löslich in Alkohol, Äther, Benzol, Chloroform, Ölen und Fetten.

Von den stickstoffhaltigen tierischen Farbstoffen ist der wichtigste, das Hämoglobin, schon S. 26 besprochen. Aus dem Hämoglobin entsteht eine Reihe anderer Farbstoffe, sowohl im Blut selbst, als in anderen Flüssigkeiten (auch Harn) und Organen (auch Kot). Den Blutfarbstoffen stehen u. a. nahe die Gallenfarbstoffe, nämlich Bilirubin $C_{16}H_{18}N_2O_3$ (von gleicher Zusammensetzung mit dem aus dem Hämatin entstehenden Hämatoporphyrin) und Biliverdin $C_{16}H_{18}N_2O_4$ (Oxydationserzeugnis von Bilirubin).

Auch die Melanine, schwarze bis braunschwarze Pigmente in der Chorioidea, Iris, in den Haaren, der Haut der Neger etc. werden hierher gerechnet; sie bestehen wahrscheinlich aus cyclischen, den Proteinen entstammenden Komplexen.

2. Von den natürlichen in Pflanzen vorkommenden Farbstoffen (Pigmenten) sind nur Chlorophyll und Indigo stickstoffhaltig. Über Chlorophyll vgl. S. 26).

Von den stickstofffreien Pflanzenfarbstoffen haben zwei Gruppen, die Carotinoide und die Anthocyane, vorwiegend durch die Untersuchungen von K. Willstätter, eine wesentliche Aufklärung erfahren.

a) Die Carotinoide sind fast stete Begleiter des Chlorophylls, das Carotin (nach seinem Vorkommen in den Möhren Daucus Carota benannt), nach G. und Fr. Tobler ein Umsetzungserzeugnis des absterbenden Chlorophylls, ist nach K. Willstätter ein ungesättigter Kohlenwasserstoff von der Formel $C_{40}H_{56}$. Sein Begleiter, das Xanthophyll $C_{40}H_{56}O_2$ ist als Oxyd des Carotins aufzufassen. Das Carotin ist in Petroläther erheblich löslich, das Oxyd nur in Alkohol. Beiden gelben Pigmenten ist eine große Affinität zum Sauerstoff eigen. Das Lutein im Eidotter ist ein Isomeres des Xanthophylls.

Ein drittes Carotinoid, das Fucoxanthin, in den Braunalgen, hat die Zusammensetzung $C_{40}H_{54}O_6$; es ist dem Carotin und Xanthophyll in chemischer Beziehung ähnlich, aber durch die beträchtlichen basischen Eigenschaften der ätherartig gebundenen Sauerstoffatome vor ihnen ausgezeichnet.

Der in den Tomaten (Lycopodium esculentum) vorkommende gelbe Farbstoff, das Lycopin, ist ein Isomeres des Carotins.

b) Die Anthocyane sind noch weiter in der Pflanzenwelt verbreitet als die Carotinoide. Es sind Glykoside, die durch 20proz. Salzsäure in Zucker (Glykose) und die eigentlichen

Farbstoffkomponenten, die Anthocyanidine gespalten werden. Letztere haben phenolischen Charakter. Als Farbstoffkomponente wurden nachgewiesen:

Phloroglucin $C_6H_3(OH)_3$ oder dessen Methylester bei sämtlichen untersuchten Anthocyanidinen; im 2. Erzeugnis entweder

p-Oxybenzoesäure $C_6H_4(OH) \cdot COOH$ aus Pelargonidin oder
Protocatechusäure $C_6H_3(OH)_2 \cdot COOH$ aus Cyanidin oder
Gallussäure $C_6H_2(OH)_3 \cdot COOH$ aus Delphinidin bzw. Methylester dieser Oxysäure.

Cyanin der Kornblume[1]): 2 Mol. Glykose und Cyanidin $C_{15}H_{10}O_6$.
Idanin der Preißelbeere: 1 Mol. Galaktose und Cyanidin $C_{15}H_{10}O_6$.
Pelargonin der Scharlachpelargonie ist ein Diglykosid des Pelargonidins $C_{15}H_{10}O_5$.
Delphinin des Rittersporns zerfällt in 2 Mol. Glykose, 2 Mol. p-Oxybenzoesäure und 1 Mol. Delphinidin $C_{15}H_{10}O_7$.
Oenin der Weintraube ist ein Monoglykosid des Oenidins $C_{17}H_{14}O_7$ (Dimethylester des Delphinidins).
Das Anthocyan der Heidelbeere ist verschieden von dem der roten Weintrauben, weil es ebenso wie das Anthocyan der Stockrose oder schwarzen Malve als Monoglykosid neben Zucker das Anthocyanidin Myrtillidin liefert.

Die Anthocyane sind basische Farbstoffe. Das Ringsauerstoffatom ist 4wertig anzunehmen, weshalb sie mit Säuren Oxoniumsalze bilden. Diese Verbindungen sind rot, die neutralen violett, die Alkalisalze blau.

Gerbstoffe.

Unter „Gerbstoffe" versteht man solche Pflanzenstoffe, welche mit tierischen Häuten eine unlösliche Verbindung bilden, Protein- wie Leimlösung fällen und zusammenziehend schmecken. Sie werden auch Gerbsäuren genannt, weil sie eine schwache, aber insofern deutliche saure Beschaffenheit besitzen, als sie aus kohlensauren Alkalien die Kohlensäure austreiben.

Sie sind sehr verbreitet in der Pflanzenwelt, und zwar scheinen sie ein Assimilationserzeugnis der chlorophyllgrünen Blätter zu sein.

Ihre physiologische Bedeutung ist nicht aufgeklärt, man weiß nur, daß der in den Blättern gebildete Gerbstoff in andere Organe, wie in die Rinde, den Stamm und die Wurzeln, fortgeführt, hier oft in großen Mengen aufgespeichert wird, ohne im Frühjahr bei beginnendem Wachstum wieder zur Bildung neuer Triebe verwendet zu werden.

Man unterscheidet zweierlei Arten Gerbsäuren:

1. Die durch normale physiologische Vorgänge gebildete Gerbsäure, welche vorwiegend in der Rinde, dem Holzkörper und den Wurzeln abgelagert ist.

2. Die durch pathologische Vorgänge entstandene Gerbsäure, welche nach ihrem Vorkommen in den Gallen auch Gallusgerbsäure genannt wird.

Die erstere, vorwiegend aus der Eichenborke gewonnen, findet zum Gerben des Leders Verwendung, färbt Eisenchlorid grün und liefert bei der trockenen Destillation vorwiegend Brenzcatechin, während die pathologische Gerbsäure nicht zum Gerben geeignet ist, Eisenchlorid blau färbt[2]) und bei der trockenen Destillation Pyrogallol bildet. Letztere wird unter dem Namen Acidum tannicum als Arzneimittel und zur Tintenbereitung benutzt.

Viele Gerbstoffe liefern bei der Hydrolyse Zucker und werden als Glykoside aufgefaßt, z. B. die in der Wurzel von Rubus villosus enthaltene Gerbsäure, die Chinagerbsäure der

---

[1]) In der Kornblume als Kaliumsalz vorhanden.

[2]) Eine andere Reaktion auf Gerbsäure ist folgende: Setzt man zu einem Tropfen Gerbsäurelösung 1 ccm $^1/_{100}$ Normal- (oder noch verdünntere) Jodlösung und schüttelt, so erhält man eine farblose Flüssigkeit; setzt man dann einen Tropfen stark verdünnten Ammoniaks zu, so entsteht eine schön rote Färbung.

echten Chinarinde, die Chinovagerbsäure der falschen Chinarinde und besonders die Kaffeegerbsäure $C_{21}H_{28}O_{14}$, welche durch salpetrigsäurehaltige Salpetersäure in Zucker- und Kaffeesäure gespalten wird; aus letzterer entsteht dann Oxalsäure, Brenzcatechin und Blausäure

$$\underset{\text{Kaffeesäure}}{\overset{C_6H_3(OH)_2}{\overset{|}{CH{=}CH\cdot COOH}}} + NO_2H = \underset{\text{Oxalsäure}}{C_2H_2O_4} + \underset{\text{Brenzcatechin}}{C_6H_4(OH)_2} + \underset{\text{Blausäure.}}{HCN}$$

Man gibt daher der Kaffeegerbsäure folgende Konstitutionsformel:

$$C_6H_3\begin{cases} CH:CH{-}COOH \\ O\cdot C_6H_{11}O_5 \\ O\cdot C_6H_{11}O_5 \end{cases}$$

Nach E. Fischer sind die Tannine acylartige Verbindungen der Zuckerarten mit Phenolcarbonsäuren, z. B. das aus chinesischen Zackengallen dargestellte Tannin ist eine Verbindung von 1 Mol. Glykose mit 10 Mol. Gallussäure[1]). Auch gelang es ihm durch Verkuppelung[2]) von Zucker mit Gallussäure eine Pentagalloyl-Glykose darzustellen, welche die wesentlichsten Eigenschaften des natürlichen Tannins teilte. Die Penta-(Digalloyl)-Glykose in derselben Weise aus m-Digallussäure darzustellen, gelang noch nicht.

Ein voll befriedigendes Verfahren der quantitativen Bestimmung der Gerbsäure in gerbsäurehaltigen pflanzlichen Nahrungs- und Genußmitteln ist noch nicht gefunden; denn alle Verfahren leiden an dem Fehler, daß auch andere Verbindungen, welche mit den zu verwendenden Agenzien ähnliche Reaktionen bzw. Fällungen geben, mit als Gerbsäure bestimmt werden. Meistens schüttelt man Gerbstofflösungen mit zubereiteter tierischer Haut und bestimmt die Menge der organischen Stoffe vor und nach der Bindung der Gerbsäure, sei es gewichtsanalytisch oder durch Titration mittels Kaliumpermanganatlösung.

Organische Säuren.

Zu der Gruppe der sogenannten stickstofffreien Extraktstoffe müssen auch die vielfach im Pflanzenreiche verbreiteten und bei Bereitung der Nahrungsmittel zum Teil verwendeten organischen Säuren gerechnet werden, soweit sie nicht Bestandteile der Fette, d. h. des Ätherauszuges sind. Die Zahl der im Pflanzen- und Tierreich, wie auch in Nahrungsmitteln als Umwandlungserzeugnisse vorkommenden Säuren ist eine so außerordentlich große, daß hier nur die hauptsächlichsten aufgeführt werden können.

1. Ameisensäure $CH_2O_2 = H\cdot COOH$. Dieselbe findet sich im freien Zustande in den Ameisen, den Brennstacheln mancher Insekten, den Brennhaaren der Nesseln, den Fichtennadeln, im Bienenhonig (?), Schweiß etc. Außerdem entsteht dieselbe bei der Oxydation kohlenstoffreicher Verbindungen, wie z. B. des Zuckers, der Stärke und auch eiweißartiger Verbindungen. Über ihre Darstellung vgl. S. 69.

Als Äthylester findet die Ameisensäure Verwendung zur Bereitung der künstlichen Rumessenz.

Die Ameisensäure, eine farblose Flüssigkeit von stechendem Geruch und stark saurem Geschmack, siedet bei 99° und erstarrt unter 0° zu einer krystallinischen Masse. Sie besitzt die Eigenschaft der Aldehyde, die edlen Metalle zu Oxydul oder Metall zu reduzieren, wobei sie selbst in Kohlensäure umgewandelt wird: $H\cdot COOH + 2\,AgNO_3 = 2\,Ag + 2\,HNO_3 + CO_2$. Ebenso führt sie $HgCl_2$ in $HgCl$ über: $2\,HgCl_2 + H\cdot COOH = Hg_2Cl_2 + CO_2 + 2\,HCl$.

Auf diesen Eigenschaften beruht sowohl ihr Nachweis wie auch die quantitative Bestimmung.

2. Essigsäure $C_2H_4O_2 = CH_3\cdot COOH$. Die Essigsäure kommt frei und in Form von Salzen im Pflanzen- und Tierkörper selbst nur in verhältnismäßig geringen Mengen, doch

[1]) Das Tannin wurde 70 Stunden mit 5 proz. Schwefelsäure bei 100° erhitzt.

[2]) Fein gepulverter Zucker wurde 24 Stunden mit Chloroform, Chinolin und einem Überschuß von Tricarbomethoxygalloylchlorid geschüttelt.

aber vielverbreitet vor, so in dem Safte vieler Bäume, mancher Früchte, im Schweiße, in der Muskelflüssigkeit, im Harn usw.; als Triacetin im Sesamöl, als n-Hexyl- und n-Octylessigester im Samenöl von Heracleum giganteum und im Öl der Früchte von Heracleum spondylium.

Künstlich kann die Essigsäure ähnlich wie die Ameisensäure (vgl. S. 69) gewonnen werden.

Technisch wird die Essigsäure im großen aus dem durch trockene Destillation des Holzes gewonnenen Holzessig oder durch Oxydation alkoholhaltiger Flüssigkeiten infolge der Lebenstätigkeit des Essigbildners (Mycoderma aceti) als eine bis zu 6—12% Essigsäure enthaltende Flüssigkeit gewonnen, aus der durch Neutralisation mit Soda Natriumacetat hergestellt wird.

Die wasserfreie Essigsäure bildet bei niedrigen Temperaturen eine blätterig krystallinische Masse, den sog. Eisessig, welcher bei 16,7° zu einer scharf riechenden Flüssigkeit schmilzt, bei 20° ein spez. Gewicht von 1,0497 hat und bei 118° siedet. Dieselbe mischt sich in allen Verhältnissen mit Wasser, jedoch in der Weise, daß im Anfange eine Kontraktion unter Zunahme des spez. Gewichtes eintritt, bis die Zusammensetzung der Lösung dem Hydrate $C_2H_4O_2 + H_2O$ entspricht; dieses enthält 76,9% wasserfreie Säure und hat ein spez. Gewicht von 1,0748 bei 15°. Von da an nimmt bei weiterer Verdünnung das spez. Gewicht wieder ab, so daß eine 43 proz. Lösung dasselbe spez. Gewicht besitzt wie wasserfreie Essigsäure. Der gewöhnliche Essig enthält 3,5—4,0% Essigsäure.

Qualitativ wird die Essigsäure — ihre Salze nach Erwärmen mit Schwefelsäure — an ihrem Geruch oder nach Erwärmen mit Alkohol und Schwefelsäure an dem Fruchtestergeruch des Äthylacetats erkannt. Alkaliacetate geben beim Erhitzen mit Arsentrioxyd das widerlich riechende Alkarsin (Kakodyl).

Quantitativ bestimmt man die Essigsäure durch Titration mit N.-Lauge, wenn sie nicht frei ist, nach Destillation unter Ansäuerung mit Schwefel- oder Phosphorsäure. Gleichzeitig vorhandene Ameisensäure kann durch Mercurichlorid bestimmt werden.

Die nächstfolgende Säure, die Propionsäure oder Propansäure $CH_3 \cdot CH_2 \cdot COOH$, wird außer auf künstliche Weise durch rein chemische Vorgänge auch durch Spaltpilzgärung aus äpfelsaurem und milchsaurem Kalk gebildet und kann auf diese Weise in Nahrungsmitteln vorkommen.

3. Buttersäure $C_4H_8O_2$. Hiervon sind zwei Isomere möglich:

1. $CH_3 \cdot CH_2 \cdot CH_2 \cdot COOH$	2. $\begin{matrix} CH_3 \\ CH_3 \end{matrix}\!\!>\!CH \cdot COOH$
Normale Buttersäure, Äthylessigsäure, Butansäure oder Gärungsbuttersäure.	Isobuttersäure, Dimethylessigsäure oder Methylpropansäure.

Die normale Buttersäure 1 kommt frei und gebunden im Pflanzen- und Tierreich vor; frei z. B. in der Fleischflüssigkeit und im Schweiß, gebunden als gemischter Glycerinester vorwiegend in der Kuhbutter (S. 320), als Hexylester in Heracleum giganteum, als Octylester im Öl von Pastinaca sativa. Sie bildet sich bei der Buttersäuregärung von Zucker, Stärke und Milchsäure durch Bakterien, besonders Bacillus subtilis (im Käse etc.) und Bacillus boocopricus, ferner bei der Verwesung und Oxydation von Proteinen. Künstlich bzw. synthetisch wird sie aus der entsprechenden Verbindung in ähnlicher Weise wie Ameisensäure und Essigsäure gewonnen (S. 69).

Die normale Buttersäure ist eine dicke, ranzig riechende Flüssigkeit, die in der Kälte erstarrt und bei 163° siedet; spez. Gewicht bei 20° = 0,9587. Sie ist in Wasser und Alkohol leicht löslich, wird aus der wässerigen Lösung durch Salze ausgeschieden und ist mit Wasserdämpfen flüchtig.

Das Calciumsalz $Ca(C_4H_7O_2)_2 + H_2O$ ist in der Wärme schwerer in Wasser löslich als in der Kälte.

Die Menge der Buttersäure in der Butter wird aus der Reichert-Meißlschen Zahl erschlossen. Die quantitative Bestimmung neben Essigsäure geschieht in der Weise, daß man die freien abdestillierten Säuren mit Bariumhydroxyd titriert und in den Salzen den Bariumgehalt bestimmt. Auch ist das Bariumbutyrat in Alkohol löslich, das Bariumacetat unlöslich.

Die **Isobuttersäure** kommt frei im Johannisbrot (Schoten von Ceratonia siliqua), als Octylester im Öl von Pastinaca sativa, als Äthylester im Krotonöl vor.

Sie ist der normalen Buttersäure sehr ähnlich; Siedep. = 155°, spez. Gew. bei 20° = 0,9490. Ihr Calciumsalz $Ca(C_4H_7O_2)_2 + 5\,H_2O$ ist im Gegensatz zu dem der letzteren in heißem Wasser löslicher als in kaltem.

4. Valeriansäure, Baldriansäure $C_5H_{10}O_2$. Hiervon sind 4 Isomere möglich:

1. $CH_3 \cdot (CH_2)_3 \cdot COOH$
n-Valeriansäure, n-Propylessigsäure,

2. $(CH_3)_2 \cdot CH \cdot CH_2 \cdot COOH$
Isovaleriansäure, Isopropylessigsäure, 3-Methylbutansäure.

3. $\begin{matrix} CH_3 \\ C_2H_5 \end{matrix} \!\!>\! \overset{*}{C}H \cdot COOH$
Methyläthylessigsäure, 2-Methylbutansäure.

4. $(CH_3)_3 \cdot C \cdot COOH$
Trimethylessigsäure, Pivalinsäure, Dimethylpropansäure.

Von diesen Valeriansäuren haben nur die Isovaleriansäure (2) und die Methyläthylessigsäure (3) für die Nahrungsmittelchemie eine Bedeutung, insofern, als ein Gemisch derselben frei und in Form von Estern im Tier- und Pflanzenreich, besonders in der Baldrianwurzel (Valeriana officinalis) und Angelikawurzel (Angelica Archangelica) vorkommt; aus letzteren kann das Säuregemisch durch Kochen mit Wasser oder Sodalösung gewonnen werden. Ein ähnliches Gemenge erhält man durch Oxydation von Gärungsamylalkohol mittels Chromsäuregemisch. Die Methyläthylessigsäure hat ein asymmetrisches Kohlenstoffatom, ist daher, wie der entsprechende Amylalkohol (Methyläthylcarbinol $\begin{matrix} CH_3 \\ CH_3 \cdot CH_2 \end{matrix} \!\!>\! CH \cdot CH_2OH$), in zwei optisch aktiven und einer optisch inaktiven Form denkbar. Das spez. Drehungsvermögen der Methyläthylessigsäuren $[\alpha]_D$ beträgt $\pm$ 17°85′. Infolgedessen ist auch das aus Baldrianwurzel usw. bzw. aus Gärungsamylalkohol gewonnene Säuregemisch von Isovaleriansäure und Methyläthylessigsäure, welches die gewöhnliche offizinelle Valeriansäure bildet, ebenfalls optisch aktiv.

Über weitere Glieder der Essigsäure-Reihe vgl. S. 70.

5. Oxalsäure (Kleesäure, Äthandisäure) $C_2H_2O_4 = HOOC \cdot COOH$. Sie findet sich in vielen Pflanzen, besonders als Kaliumsalz in den Oxalis-, Rumex- und in Salsola-Arten, als Calciumsalz krystallinisch in vielen Pflanzenzellen z. B. im Rhabarber in solcher Menge, daß dasselbe beim Kauen ein Knirschen zwischen den Zähnen verursacht.

Synthetisch wird sie gebildet:

a) durch rasches Erhitzen von ameisensaurem Natrium auf 440°:

$$2\,NaOOC \cdot H = NaOOC \cdot COONa + H_2;$$

b) durch Überleiten von Kohlensäure über metallisches Natrium bei 350—360°:

$$2\,CO_2 + 2\,Na = NaOOC \cdot COONa.$$

c) aus Dicyan (Dinitril der Oxalsäure) durch Erwärmen mit Salzsäure bzw. Wasser:

$$NC \cdot CN + 4\,H_2O = HOOC \cdot COOH + 2\,NH_3.$$

Die Oxalsäure bildet sich ferner durch Oxydation von Glykol $HOH_2C \cdot CH_2OH$, Glykolsäure $HOH_2C \cdot COOH$, Glyoxal $OHC \cdot CHO$, Glyoxylsäure $OHC \cdot COOH$; dann als vorletztes Oxydationserzeugnis bei der Oxydation der Kohlenhydrate wie Zucker, Stärke usw.

Technisch wird sie gewonnen durch Schmelzen von Sägespänen mit Ätzkali in eisernen Pfannen bei 200—220°; die Schmelze wird ausgelaugt, die Oxalsäure als Calciumoxalat gefällt und letzteres mit Schwefelsäure zerlegt.

Die freie Oxalsäure krystallisiert mit 2 Mol. Wasser in monoklinen Prismen, welche an trockener Luft schon bei 20° verwittern; sie löst sich in 9 Teilen Wasser von mittlerer Temperatur, leicht in Alkohol, schwerer in Äther. Die wasserhaltige Oxalsäure schmilzt beim raschen Erhitzen bei 101°, die wasserfreie bei 189°; letztere krystallisiert aus starker Schwefel- und Salpetersäure. Mit konz. Schwefelsäure erhitzt, zerfällt sie in CO_2, CO und H_2O; beim raschen Erhitzen für sich allein entsteht auch Ameisensäure CH_2O_2 und CO_2. Unter dem Einfluß des Lichtes zersetzt sich eine wässerige Lösung der Oxalsäure in CO_2 und H_2O. Beim Schmelzen mit Alkalien oder Natronkalk zerfällt dieselbe in Carbonat und Wasserstoff $K_2C_2O_4 + 2\,KOH = 2\,K_2CO_3 + H_2$.

Durch Salpetersäure wird die Oxalsäure nur langsam, dagegen durch Kaliumpermanganat in saurer Lösung rasch zu CO_2 und H_2O oxydiert, eine Eigenschaft, die in der Maßanalyse vielfache Anwendung findet.

Zu ihrer wie umgekehrt zur Erkennung von Kalk dient die Eigenschaft, daß Oxalsäure bzw. ihre Salze mit Calciumsalzen einen Niederschlag geben, der sowohl in Wasser als verdünnter Essigsäure unlöslich ist.

In größeren Mengen genossen, ist die Oxalsäure **giftig**.

6. Glykolsäure (Oxyessigsäure) $CH_2(OH) \cdot COOH$. Sie findet sich in **unreifen** Weintrauben und in den grünen Blättern des wilden Weines (Ampelopsis hederacea) und bildet sich

a) durch gemäßigte Oxydation des Glykols mit verdünnter Salpetersäure oder Platinschwamm und Luft $CH_2OH \cdot CH_2OH + O_2 = CH_2OH \cdot COOH + H_2O$;

b) durch Reduktion der Oxalsäure mit Natriumamalgam $COOH \cdot COOH + 2\,H_2 = CH_2OH \cdot COOH + H_2O$;

c) aus Aminoessigsäure durch Einwirkung von salpetriger Säure $CH_2(NH_2) \cdot COOH + NO_2H = CH_2(OH) \cdot COOH + N_2 + H_2O$.

Sie entsteht ferner bei der Oxydation von Glycerin und Glykosen mit Silberoxyd.

Die Glykolsäure ist leicht löslich in Wasser und Alkohol und krystallisiert aus Aceton; die Krystalle schmelzen bei 80°.

7. Milchsäure $C_3H_6O_3$. Von der Milchsäure unterscheidet man mehrere Isomere:

1. $\overset{\beta}{CH_3} \cdot \overset{\alpha}{CH}(OH) \cdot COOH$

Äthylidenmilchsäure oder Gärungs-Milchsäure oder (d-, l-) Milchsäure, α-Oxypropionsäure

d-Milchsäure oder Fleischmilchsäure, Paramilchsäure. — l-Milchsäure.

2. $\overset{\beta}{CH_2}(OH) \cdot \overset{\alpha}{CH^2} \cdot COOH$

Äthylenmilchsäure oder Hydracrylsäure oder β-Oxypropionsäure.

Für die Nahrungsmittelchemie hat vorwiegend nur die Äthyliden- oder (d-, l-) Gärungsmilchsäure mit der rechtsdrehenden Fleischmilchsäure Bedeutung. Die Äthylenmilchsäure soll zwar auch spurenweise im Fleisch bzw. Fleischextrakt vorkommen, indes hat sie mit der l-Milchsäure vorwiegend nur theoretisches Interesse.

Die Gärungs- oder (d-, l-) Milchsäure entsteht unter dem Einfluß des Milchsäurebacillus, Bacillus acidi lactici, bei der Gärung von Milchzucker, Rohrzucker, Gummi und Stärke, indem man den Lösungen der Kohlenhydrate faulenden Käse und, weil die freie Milchsäure die Entwicklung des Bacillus beeinträchtigt, zur Neutralisation der Säure Calcium- oder Zinkcarbonat zusetzt. Die auf diese Weise erhaltenen schwer löslichen milchsauren Salze werden durch Schwefelsäure zersetzt. Dauert die Gärung sehr lange, so geht die Milchsäuregärung in Buttersäuregärung über, indem sich aus dem unlöslichen milchsauren Calcium lösliches buttersaures Calcium bildet. Die Gärungs- oder (d-, l-) Milchsäure findet sich in der sauren Milch, im Sauerkraut, in sauren Gurken, im Bier, Wein, ferner im Magensaft. Im Wein bildet sich die Milchsäure außer bei der Gärung beim Säurerückgang durch CO_2-Abspaltung aus Äpfelsäure.

Künstlich kann sie erhalten werden aus α-Propylenglykol ($CH_3 \cdot CH(OH) \cdot CH_2OH$) durch Oxydation mit Platinschwamm, aus α-Chlorpropionsäure ($CH_3 \cdot CHCl \cdot COOH$), aus Brenztraubensäure ($CH_3 \cdot CO \cdot COOH$) durch nascierenden Wasserstoff, aus α-Aminopropionsäure oder Alanin ($CH_3 \cdot CH(NH_2) \cdot COOH$) durch salpetrige Säure, aus Äthylaldehyd, Blausäure und Isoäpfelsäure ($CH_3 \cdot C(OH) \cdot (COOH)_2$) durch Erhitzen auf 140°.

Die Gärungsmilchsäure bildet einen in Wasser, Alkohol und Äther löslichen Sirup; sie ist einbasisch und zweiwertig, sowie optisch-inaktiv. Sie enthält ein (oben mit α bezeichnetes) asymmetrisches Kohlenstoffatom. Läßt man in der Lösung eines inaktiven milchsauren Salzes (z. B.

Ammoniumlactat) Penicillium glaucum wachsen, so bleibt die rechtsdrehende Modifikation, die Rechts- (d-) oder Para- oder Fleischmilchsäure übrig; die linksdrehende (l-) Modifikation erhält man bei der Spaltung einer Rohrzuckerlösung durch den Bacillus acidi laevolactici. Auch läßt sich die (d-, l-) Gärungsmilchsäure mittels Strychnin in die beiden Bestandteile, die Rechts- und Linksmilchsäure zerlegen.

Die rechtsdrehende (d-) Milchsäure oder Fleischmilchsäure, $[\alpha]_D = +3{,}5°$ [1]), kommt in den tierischen Flüssigkeiten, besonders im Muskelfleisch vor und läßt sich am bequemsten aus dem v. Liebigschen Fleischextrakt gewinnen.

Zur quantitativen Bestimmung der Milchsäure (besonders im Wein) benutzt man entweder ihre Eigenschaft, in Äther löslich zu sein, oder mit Barium ein in Wasser lösliches Salz zu bilden.

8. ***Malonsäure*** (Propandisäure) $HOOC \cdot CH_2 \cdot COOH$. Sie findet sich als Calciumsalz in den Zuckerrüben, und entsteht bei der Oxydation der Äpfelsäure ($HOOC \cdot CH(OH) \cdot CH_2 \cdot COOH$) durch Kaliumbichromat, oder von Quercit (S. 114), Propylen ($CH_3 \cdot CH : CH_2$) oder Allylen ($CH_3 \cdot C \vdots CH$) durch Kaliumpermanganat und auf sonstige synthetische Weise.

Die Malonsäure ist in Wasser und Alkohol leicht löslich; sie krystallisiert in triklinen Tafeln, die bei 132° schmelzen; beim Erhitzen über den Siedepunkt zerfällt sie in Essigsäure und Kohlensäure.

9. ***Fumarsäure*** $HOOC \cdot CH : CH \cdot COOH$, kommt frei in Fumaria officinalis, isländischem Moos, und einigen Pilzen, besonders den Champignons, vor; über ihre Beziehungen zur Äpfelsäure vgl. diese; sie bildet sich auch aus Monobrom- bzw. Monochlorbernsteinsäure durch Kochen ihrer wässerigen Lösungen, aus Dibrom- und Isodibrombernsteinsäure mit Jodkalium.

Die Fumarsäure ist in kaltem Wasser schwer löslich; aus heißem Wasser krystallisiert sie in kleinen weißen Nadeln; sie sublimiert gegen 200° und zerfällt bei höherer Temperatur teilweise in Maleinsäureanhydrid und Wasser.

10. ***Bernsteinsäure*** $C_4H_6O_4 = HOOC \cdot CH_2 \cdot CH_2 \cdot COOH$ (gewöhnliche oder Äthylenbernsteinsäure zum Unterschiede von der isomeren Methylbernsteinsäure oder Isobernsteinsäure $CH_3CH(COOH)_2$. Die Äthylenbernsteinsäure kommt fertig gebildet im Bernstein, aus dem sie durch trockene Destillation gewonnen wird, ferner in einigen Braunkohlen, Harzen, Terpentinölen, in der Lattich- und Wermutpflanze sowie in vielen tierischen Säften vor. Sie entsteht bei der Oxydation der Fette, bei der alkoholischen Gärung und beim Gären von äpfelsaurem Calcium und weinsaurem Ammon. Die Beziehungen zwischen Bernsteinsäure, Äpfel- und Weinsäure treten auch dadurch zutage, daß sich erstere durch Reduktion mittels Jodwasserstoff aus der letzteren herstellen läßt, nämlich:

$$\underset{\text{Weinsäure.}}{HOOC \cdot CH(OH) \cdot CH(OH) \cdot COOH} + 2\,HJ = \underset{\text{Äpfelsäure.}}{HOOC \cdot CH(OH) \cdot CH_2 \cdot COOH} + H_2O + 2\,J$$

$$\underset{\text{Äpfelsäure.}}{HOOC \cdot CH(OH) \cdot CH_2 \cdot COOH} + 2\,HJ = \underset{\text{Bernsteinsäure.}}{HOOC \cdot CH_2 \cdot CH_2 \cdot COOH} + H_2O + 2\,J$$

Umgekehrt läßt sich die Bernsteinsäure durch schwache Oxydationsmittel in Äpfel-, und diese in Weinsäure überführen.

Die Bernsteinsäure krystallisiert in monoklinen Prismen, die bei 185° schmelzen; sie destilliert bei 235° unter Zersetzung in Wasser und Bernsteinsäureanhydrid. Sie löst sich in 20 Teilen Wasser bei gewöhnlicher Temperatur und besitzt einen schwach sauren, unangenehmen Geschmack. Sie gibt mit Ferrisalzen einen rötlichbraunen Niederschlag von basisch bernsteinsaurem Eisenoxyd, welche Eigenschaft zu ihrer Erkennung wie zur Trennung von Eisen und Aluminium dient.

---

[1]) Dieses ist die höchste beobachtete Rechtsdrehung; diese nimmt mit der Bildung des Esteranhydrids $C_6H_{10}O_5$ in der wässerigen Lösung allmählich ab und geht schließlich sogar in Linksdrehung über.

11. Äpfelsäure (Oxyäthylenbernsteinsäure) $C_4H_6O_5$ oder $HOOC \cdot \overset{*}{C}H(OH) \cdot CH_2 \cdot COOH$. Sie besitzt ein asymmetrisches Kohlenstoffatom, kann daher in drei Modifikationen vorkommen als Rechts (d-), Links- (l-) und inaktive (d-, l-) Äpfelsäure. Von diesen kommt die linksdrehende Äpfelsäure im freien Zustande vor: in den unreifen Äpfeln, Weintrauben, Stachel- und Johannisbeeren, in den Vogelbeeren (Sorbus aucuparia), in den Beeren des Sauerdorns (Berberis vulgaris), des Sanddornes (Hippophae rhamnoides) usw., als Calciumsalz in den Blättern des Tabaks, als saures Kaliumsalz in den Blättern und Stengeln des Rhabarbers. Sie entsteht durch Behandeln der Asparaginsäure und des Asparagins mit salpetriger Säure (S. 37) sowie aus Monobrombernsteinsäure:

$$HOOC \cdot CHBr \cdot CH_2 \cdot COOH + AgOH = HOOC \cdot CH(OH) \cdot CH_2 \cdot COOH + AgBr.$$

Diese, die gewöhnliche Äpfelsäure, bildet zerfließliche, aus feinen Nadeln bestehende Krystalldrusen, die sich leicht in Wasser und Alkohol, wenig in Äther lösen und gegen 100° schmelzen. Beim Erhitzen auf 100° entstehen Anhydrosäuren, bei 140—150° vorwiegend Fumarsäure (über ihre Beziehungen zur Bernsteinsäure vgl. vorstehend). Das neutrale Calciumsalz $CaC_4H_4O_5 + H_2O$ ist schwer löslich, das saure Salz $Ca(C_4H_5O_5)_2 + 6\,H_2O$ ist leicht löslich in warmem, schwer löslich in kaltem Wasser.

Die inaktive (d-, l-) Äpfelsäure erhält man aus der inaktiven Traubensäure, (d-, l-) Weinsäure, durch Reduktion (siehe vorstehend) und diese läßt sich mit Hilfe der Cinchoninsalze in Rechts- und Linksäpfelsäure spalten; ebenso kann man die Rechtsäpfelsäure aus Rechtsweinsäure mit Jodwasserstoff und aus Rechtsasparagin mit salpetriger Säure, die Linksäpfelsäure aus l-Asparagin oder l-Asparaginsäure darstellen. Die beiden optisch-aktiven Äpfelsäuren lassen sich mittels Phosphorpentachlorids in Chlorbernsteinsäuren und durch Behandeln der letzteren mit feuchtem Silberoxyd ineinander überführen.

12. Weinsäure $C_4H_6O_6 = HOOC \cdot \overset{*}{C}H(OH) \cdot \overset{*}{C}H(OH) \cdot COOH$ (Dioxyäthylenbernsteinsäure). Die Weinsäure hat zwei asymmetrische Kohlenstoffatome, tritt daher, weil mit denselben gleiche Atomgruppen in Bindung sind, in 4 Modifikationen auf, nämlich als 1. Rechts- (d-) oder gewöhnliche Weinsäure, 2. als Links- (l-) Weinsäure, 3. als (d-, l-) Weinsäure oder Traubensäure oder Paraweinsäure, spaltbar in Rechts- und Linksweinsäure, 4. als optisch inaktive und nicht spaltbare Mesoweinsäure oder Antiweinsäure oder (i-) Weinsäure. Man gibt diesen Weinsäuren folgende Strukturformeln:

$$\begin{array}{ccc} COOH & COOH & COOH \\ H\overset{*}{C}OH & HO\overset{*}{C}H & H\overset{*}{C}OH \\ HO\overset{*}{C}H & H\overset{*}{C}OH & H\overset{*}{C}OH \\ | & | & | \\ COOH & COOH & COOH \\ \text{1. (d-) Rechtsweinsäure} & \text{2. (l-) Linksweinsäure} & \text{4. (i-) Mesoweinsäure} \end{array}$$

3. Traubensäure = (d-, l-) Weinsäure.

Von diesen Weinsäuren kommen natürlich nur die Traubensäure und die Rechtsweinsäure oder gewöhnliche Weinsäure vor; die Links- und Mesoweinsäure werden nur auf künstliche Weise gewonnen.

a) Traubensäure oder (d-, l-) Weinsäure $C_4H_6O_6 + H_2O$. Sie findet sich zuweilen neben der gewöhnlichen Rechtsweinsäure im Traubensaft und wird bei der Darstellung der letzteren gebildet, wenn Weinsteinlösungen über freiem Feuer besonders bei Gegenwart von Tonerde eingedampft werden.

Sie entsteht ferner bei der Oxydation von Mannit, Dulcit und Schleimsäure mittels Salpetersäure oder von Fumarsäure und Sorbinsäure mittels Kaliumpermanganat. Auch erhält man sie synthetisch aus isodibrombernsteinsaurem und dibrombernsteinsaurem Silber beim Kochen mit Wasser, neben Mesoweinsäure aus Glyoxal $CHO \cdot CHO$ durch Behandeln mit Blausäure und Salzsäure und sonstwie.

Die Traubensäure krystallisiert in rhombischen Prismen, die in trockener Luft schon bei gewöhnlicher Temperatur verwittern; sie ist in Wasser schwerer löslich als die gewöhnliche Weinsäure. Ihre Salze oder Racemate sind denen der Weinsäure sehr ähnlich, zeigen aber keine hemiedrischen Flächen. Sie ist optisch inaktiv; um sie in ihre optisch aktiven Formen zu zerlegen, läßt man nach Pasteurs Vorgange in einer Traubensäurelösung Penicillium glaucum wachsen, wodurch die Rechtsweinsäure zerstört wird, die Linksweinsäure übrig bleibt. Oder man verwendet zur Trennung Lösungen von Salzen der Traubensäure; aus einer Lösung von traubensaurem Cinchonin krystallisiert zuerst das linksweinsaure Cinchonin, aus der von traubensaurem Chinidin zuerst das rechtsweinsaure Chinidin aus.

Läßt man ferner eine Lösung von traubensaurem Natrium-Ammonium unterhalb $+28°$ krystallisieren, so scheiden sich große rhombische Krystalle mit rechts- und linkshemiedrischen Flächen aus; erstere drehen die Polarisationsebene nach rechts und liefern die gewöhnliche (Rechts-) Weinsäure, letztere mit Linksdrehung die Linksweinsäure.

Umgekehrt läßt sich durch Vermischen von konz. Lösungen gleicher Mengen Rechts- und Linksweinsäure wieder Traubensäure gewinnen.

b) Rechtsweinsäure, gewöhnliche Weinsäure. Sie kommt sehr verbreitet in den Früchten vor, besonders im Traubensaft sowohl frei wie als saueres weinsaures Kalium (Weinstein $KC_4H_5O_6$), welches sich in krystallinischen Drusen beim Gären und Lagern des Weines in dem Maße abscheidet wie der Alkoholgehalt zunimmt. Aus dem Weinstein gewinnt man die freie Weinsäure durch Kochen desselben mit Kreide unter Verteilung in Wasser, wobei sich unlösliches saures weinsaures Calcium und lösliches neutrales weinsaures Calcium bilden. Letzteres wird dann mit Chlorcalcium gefällt und das vereinigte Calciumsalz mit Schwefelsäure zerlegt.

Die (gewöhnliche) Rechtsweinsäure entsteht außer aus Traubensäure durch Oxydation von Methyltetrose $CH_3(CHOH)_3CHO$, d-Zuckersäure und Lactose mittels Salpetersäure.

Sie krystallisiert in großen monoklinen Prismen, die, rasch erhitzt, bei 167—170° schmelzen, sich leicht in Wasser (1 Teil Säure in 0,76 Teilen Wasser von 15°) und Alkohol, nicht aber in Äther lösen. Die Lösungen drehen die Ebene des polarisierten Lichtes nach rechts, $[\alpha]_D$ schwankt für $t = 10—30°$ und p-Gehalt $= 50—20\%$ zwischen $+5{,}93°$ bis $12{,}93°$. Beim Erhitzen mit Wasser auf 165—175°, ebenso beim Kochen mit konz. Alkalilaugen wird sie zum Teil in Traubensäure und Mesoweinsäure umgewandelt.

Von den Salzen der d-Weinsäure sei erwähnt, daß das bereits genannte saure Kaliumsalz (der Weinstein oder Cremor tartari) in Wasser schwer, das neutrale Salz $K_2C_4H_4O_6 + {}^1/_2\,H_2O$ dagegen leicht löslich ist; durch Säuren wird aus letzterem das saure Salz gefällt; das Kalium-Natriumsalz oder Seignettesalz $KNaC_4H_4O_6 + 4\,H_2O$ krystallisiert in rhombischen Säulen mit hemiedrischen Flächen. Das Calciumsalz $CaC_4H_4O_6 + H_2O$ bildet sich aus neutralen weinsauren Salzen durch Fällen mit Calciumchlorid; es ist in Säuren und Alkalien löslich; aus der alkalischen Lösung wird es beim Kochen wieder gallertartig gefällt (Unterschied von anderen organischen Säuren). Der Brechweinstein ist weinsaures Antimonylkalium $KOOC \cdot CHOH \cdot CHOH \cdot COO(SbO) + {}^1/_2\,H_2O$.

Die Weinsäure bzw. der Weinstein finden vielfache Anwendungen z. B. in der Färberei, als Bestandteile der Brausepulver, Backpulver usw.

Bezüglich der Anti- oder Mesoweinsäure sei erwähnt, daß sie bei der Oxydation von Sorbinol (Parasorbinsäure) und Erythrit mittels Salpetersäure, von Maleinsäure und Phenol mittels Kaliumpermanganat gebildet wird.

13. Citronensäure $C_6H_8O_7 + H_2O$, oder Oxytricarballylsäure $= COOH \cdot CH_2 \cdot C(OH) \cdot COOH \cdot CH_2 \cdot COOH$ oder

$$\begin{array}{l} CH_2 \cdot COOH \\ | \\ C\begin{cases} OH \\ COOH \end{cases} \\ | \\ CH_2 \cdot COOH. \end{array}$$

Sie ist frei in den Früchten der Citrone (Citrus medica) und Orange (C. aurantium), mit Äpfelsäure gemischt in den Johannis- und Stachelbeeren, als citronensaures Kalium oder

Calcium im Milchsaft von Lactuca sativa, Gartenlattich, Kopfsalat etc. enthalten. In geringer Menge kommt dieselbe auch als normaler Bestandteil in der Kuhmilch vor.

Behufs Darstellung scheidet man sie aus Citronensaft durch Calciumcarbonat als unlösliches citronensaures Calcium ab und zerlegt letzteres mit verdünnter Schwefelsäure. Oder man läßt Glykoselösungen durch Citromyces Pfefferianus und glaber vergären, welche Pilze aus Zucker Citronensäure zu erzeugen vermögen.

Synthetisch kann sie aus Dichloraceton $CH_2Cl \cdot CO \cdot CH_2Cl$ durch Einwirkung von Blausäure und Salzsäure, durch Überführung der gebildeten Dichloracetonsäure $CH_2Cl \cdot C(OH) \cdot COOH \cdot CH_2Cl$ mittels Cyankalium in das Dicyanid und durch Verseifen des letzteren mit Salzsäure dargestellt werden. Die Citronensäure bildet verwitternde Krystalle, die wasserfrei bei 153° schmelzen, ist stechend sauer, löslich in 4 Teilen Wasser, leicht löslich in Alkohol, sehr wenig in Äther.

Zur Erkennung der Citronensäure benutzt man das Calciumsalz, welches bei mäßiger Konzentration in kaltem Wasser löslich, in heißem dagegen unlöslich ist. Es entsteht nämlich auf Zusatz von so viel Kalkwasser zu einer Lösung von Citronensäure oder ihrer Salze, daß dieselbe alkalisch reagiert, in der Kälte keine Trübung, während beim Kochen ein Niederschlag von Calciumcitrat entsteht, welcher sich beim Erkalten oft vollständig wieder auflöst.

Chlorcalcium bildet mit Citronensäure keine Fällung. Auf Zusatz von Ammoniak scheidet sich nur in konz. Flüssigkeiten Calciumcitrat aus, während in verdünnteren Lösungen erst beim Kochen eine Trübung bzw. ein Niederschlag erfolgt.

Mit Kali bildet die Citronensäure keine unlösliche Verbindung — ein sicheres Unterscheidungsmerkmal von Weinsäure.

Durch Erhitzen auf 175° geht die Citronensäure in Aconitsäure

$$\begin{array}{ccc} COOH & COOH & COOH \\ | & | & | \\ CH_2 - & C = & CH \end{array}$$

über. Diese Säure findet man ebenfalls in verschiedenen Pflanzen wie im Eisenhut (Aconitum Napellus), in Equisetum fluviatile, im Zuckerrohr, in der Runkelrübe.

Die *quantitative Bestimmung der Bernstein-, Äpfel-, Wein- und Citronensäure* ist umständlich und nicht genau. Die *Weinsäure* läßt sich einigermaßen dadurch annähernd quantitativ von den anderen trennen, daß sie in essigsaurer Lösung saures weinsaures Kalium abscheidet. Die *Bernsteinsäure* bzw. ihr Bariumsalz ist gegen Permanganat ziemlich beständig und läßt sich nach Ansäuerung mit Äther ausziehen. *Bernsteinsäure* und *Äpfelsäure* zusammen lassen sich aus der Alkalität ihrer Alkalisalze berechnen. *Äpfelsäure* und *Citronensäure* unterscheiden sich dadurch, daß das Bariumcitrat schon durch geringe Mengen, das Bariummalat erst durch größere Mengen Alkohol gefällt wird.

Zellmembran, Rohfaser, Cellulose.

Wenn die Pflanzenstoffe mit Wasser, Alkohol, Äther, verdünnten Säuren und Alkalien behandelt werden, so werden die vorstehend kurz besprochenen Stoffe (Stickstoffverbindungen, Fette, Wachse, Zucker, Stärke und verwandte Anhydride, Bitter-, Gerb- und Farbstoffe, organische Säuren) mehr oder weniger ganz entfernt, und zurück bleibt die *Zellenmembran*, die sog. *Rohfaser*, deren Hauptbestandteil die *Cellulose*, das Anhydrid der d-Glykose ist. Insofern bildet die Zellmembran bzw. Rohfaser das Endglied der Reihe d-Glykose, Dextrin, Stärke; in Wirklichkeit ist sie indes ein recht vielseitiges Gebilde.

In der ersten Entwicklungszeit der Pflanzen besteht die Zellmembran durchweg aus reiner Cellulose, mit fortschreitender Entwicklung werden jedoch noch andere Stoffe, die sog. *Inkrusten* in sie *abgelagert* bzw. aus ihr gebildet. Zu diesen Einlagerungen bzw. Inkrusten werden in den *unverholzten* Membranen gerechnet die *Bitterstoffe*, *Farbstoffe*, *Gerbstoffe* und besonders die *Pektin*verbindungen, die nach der wiederholt bestätigten Ansicht *Payens* hauptsächlich in der Mittellamelle abgelagert sind; ebenso werden die gummi-, harz- und schleimgebenden Stoffe als Bestandteile der Zellmembran zu den Inkrusten gerechnet. Zu diesen Stoffen treten in den verholzten Membranen die nie fehlenden aromatischen Stoffe des Holzes, das Hadromal, Coniferin und Vanillin, ferner das Suberin oder der Korkstoff. Dem von Fr. Czapek aufgefundenen Hadromal, einem aromatischen Aldehyde, verdanken die verholzten Membranen die Holzstoff- oder Ligninreaktionen (Violettfärbung mit Phloroglucin-Salzsäure und Gelbfärbung mit schwefelsaurem Anilin); das Coniferin und das Vanillin sind ebenfalls aromatische Aldehyde, während das Suberin in den verkorkten Membranen, in denen nach van Wisselingh die Cellulose fehlt, sich aus Estern der Cerin- und Phellonsäure zusammensetzen soll. Zu letzteren Stoffen gehört auch noch das Cutin, welches als wachsartiger Körper verseifbar ist.

Der Menge nach zu den wichtigsten Inkrusten der Zellmembran gehört aber das Lignin worunter man allgemein im chemischen Sinne denjenigen Bestandteil der Zellmembran versteht, der einen höheren Kohlenstoffgehalt als Cellulose besitzt und mit ihr eng verbunden ist, d. h. dieselbe entweder durchdringt oder umhüllt. Letzteres muß daraus geschlossen werden, daß die chemischen Eigenschaften der Cellulose (Löslichkeit in Kupferoxydammoniak, Violettfärbung mit Chlorzinkjod, Blaufärbung mit Jod unter Zusatz assistierender Mittel, wie Schwefelsäure, Phosphorsäure usw.) durchweg in der Zellmembran erst deutlich hervortreten, wenn das Lignin durch oxydierende Mittel beseitigt ist. Von den übrigen Inkrusten der Zellmembran unterscheidet sich nämlich das Lignin dadurch, daß es nicht wie diese durch Behandeln mit Säuren und Alkali, sondern durch Oxydationsmittel von der Cellulose getrennt werden kann.

Auch läßt sich die Cellulose dadurch von dem Lignin und Cutin trennen, daß man die Zellmembran entweder mit 72proz. Schwefelsäure (Ost und Wilkening), oder mit 1proz. Salzsäure unter 6—7 Atm. Druck (J. König und E. Rump), oder mit gasförmiger Salzsäure, nach Anfeuchten der Membran (J. König und E. Becker), oder mit 42proz. Salzsäure (Willstätter) behandelt. Hierdurch wird die Cellulose gelöst, während das Lignin und Cutin quantitativ zurückbleiben. Durch Behandlung dieses Rückstandes mit Wasserstoffsuperoxyd und Ammoniak wird das Lignin oxydiert und das Cutin als Rückstand erhalten.

Man nimmt von verschiedenen Seiten an, daß ein Teil der Inkrusten mit der Cellulose chemisch (esterartig) verbunden ist und unterscheidet z. B. folgende fünf Klassen von Cellulose:

1. Lignocellulosen, Verbindungen von Cellulose mit Lignonen bzw. Ligninsäuren, z. B. in Jute, Holz und Stroh;
2. Pectocellulosen, Verbindungen von Cellulose mit Pektinstoffen, z. B. in Flachs, Neuseeländer Flachs (Phormium tenax), Hanf, Ramie, Espartogras;
3. Mucocellulosen, Verbindungen von Cellulosen mit Schleimstoffen, z. B. in Algen, Flechten, Obstfrüchten, Wurzelgewächsen, Quitte, Salep und verschiedenen Hülsenfrüchten;
4. Adipo- (Kork-) Cellulosen, Verbindungen von Cellulose mit Phellonsäure ($C_{22}H_{42}O_3$) und anderen Säuren, z. B. im Kork;
5. Cutocellulosen, Verbindungen von Cellulose mit Stearocutinsäure ($C_{28}H_{48}O_4$) und Oleocutinsäure ($C_{15}H_{20}O_4$), z. B. in Abfällen von Flachs sowie in der Epidermis der Blätter und Stengel.

Die Untersuchungen von J. König, Fr. Hühn und E. Rump haben aber ergeben, daß sich, wie schon angegeben, Cellulose, Lignin und Cutin durch chemische Agenzien trennen lassen und jeder Bestandteil mikroskopisch die Struktur der betreffenden Cellulose besitzt. Es handelt sich also nur um eine mechanische Vermengung; die Gemengteile sind so innig in- und durcheinander verwachsen bzw. geschichtet, gleichsam verkittet, daß sie sich ohne chemischen Eingriff nicht oder nur stellenweise erkennen lassen[1]). Aber auch sonst bildet die Zellmembran ein recht vielseitiges Gebilde, denn außer dem Anhydrid der d-Glykose, dem vorwiegendsten Bestandteil, enthält sie noch die Anhydride anderer Zuckerarten,

[1]) Daß zwischen Cellulose und Cutin keine chemische Verbindung bestehen kann, geht auch daraus hervor, daß das Cutin selbst eine wachsartige, also gesättigte chemische Verbindung ist.

nämlich Galaktane (besonders in den Samen der Leguminosen und vielen anderen Pflanzen), Mannane (meistens neben Galaktanen z. B. in Kaffeesamen, Cocosnüssen, Sesamsamen) und die Pentosane in allen Zellmembranen. Auch befinden sich diese Bestandteile in verschiedener Löslichkeitsform in der Zellmembran.

1. Ein Teil der Bestandteile ist unter 2—3 Atm. Druck schon mit Wasser allein löslich und kann etwa als Protoform (Proto-Glykosan, Proto-Pentosan, Proto-Lignin) bezeichnet werden.

2. Ein anderer Teil wird durch Kochen oder Dämpfen (bei 2—3 Atm. Druck) mit 2—3 proz. Schwefel- oder Salzsäure gelöst und umfaßt die Hemicellulosen (Hemi-Hexosane, Hemipentosane, Hemi-Lignine), auch Reservecellulosen genannt. Die Galaktane und Mannane werden auf diese Weise ganz, die Pentosane bis auf einen kleinen Rest gelöst, so daß

3. als schwer löslicher Teil die wahre Cellulose und das wahre Lignin (braun gefärbt) übrig bleiben, die als Ortho - Cellulose und Ortho - Lignin unterschieden werden können.

Das Cutin wird als Wachs weder von Säuren noch von Oxydationsmitteln angegriffen, kann aber durch Alkalien verseift werden, wodurch indes auch die Lignine gelöst werden können. Es enthält 69—73% C und 11—12% H und würde nach seiner Elementarzusammensetzung Nonyl- bzw. Caprinsäure-Cetyl- bzw. Oktadekylester[1]) sein können.

Das Lignin, welches unter Einlagerung von Methyl- bzw. Methoxylgruppen und unter Abspaltung von Sauerstoff entsteht, hat je nach der Stärke dieses Vorganges 50—70% C; v. Fellenberg gibt dem Ortho-Lignin des Holzes die hypothetische Formel $C_{22}H_{19}(CH_3)_2O_9$, woraus sich je nach Art der Darstellung unter Austritt von z. B. 2 H_2O (mit 70 proz. Schwefelsäure) oder durch Ein- und Austritt von O und H (bei der Kalischmelze) u. a. die für Ortho-Lignin von J. König oder für Ligninsäure von Lange gefundene Zusammensetzung erklären läßt.

Die Sauerstoffabspaltung bzw. die Reduktion des Lignins kann so weit gehen, daß nach den Untersuchungen von T. F. Hanausek besonders bei den Compositen in der Fruchtwand, Spreublättern und Hüllschuppen, auch in den Wurzeln (Griebel) als Umwandlungserzeugnis der Zellsubstanz eine kohleartige Masse entsteht, die, an sklerotische Elemente gebunden, 70—76% C enthält, und gegen konz. Säuren und Alkalien, ja sogar gegen Chromsäure-Schwefelsäure-Gemisch widerstandsfähig ist; sie wird „Phytomelan" genannt.

Die Orthocellulose besitzt die allgemeine Formel n $C_6H_{10}O_5$ wie die Stärke; sie bildet unter Aufnahme von H_2O die Hydrocellulose ($C_{12}H_{22}O_{11}$?) und durch Aufnahme von O (im Licht, durch Ozon, H_2O_2 und sonstige Oxydationsmittel) die Oxycellulose ($C_{24}H_{40}O_{21}$ oder $C_{36}H_{60}O_{31}$?). Man hat der Cellulose verschiedene Strukturformeln gegeben, die aber bis jetzt nur als Phantasiegebilde anzusehen sind.

Die reine Cellulose von 1,25—1,45 spez. Gewicht ist unlöslich in Wasser, Alkohol, Äther, Diastaselösung, kalter verdünnter Kalilauge und in verdünnten Säuren. Durch Kupferoxydammoniak oder durch eine Lösung von Zinkchlorid in Essigsäureanhydrid wird reine Cellulose (Baumwolle, Papier) gelöst; die Fasern verlieren ihre Struktur und nehmen eine schleimige Beschaffenheit an. Aus dieser Lösung wird die Cellulose durch Säuren unverändert in Form eines gallertartigen Niederschlages gefällt; der Niederschlag bildet nach dem Trocknen eine hornartige Masse. Die aus den Pflanzen gewonnene Cellulose ist aber in diesem Reagens meistens nicht oder nur teilweise löslich.

Jod für sich allein färbt Cellulose nur braun oder gelb; unter gleichzeitigem Zusatz von sog. assistierenden Verbindungen wie Jodwasserstoff, Jodkalium, Jodzink, Schwefelsäure und Phosphorsäure wird sie durch Jod blau gefärbt. Am besten eignet sich hierzu Chlorzink-Jodlösung.

In konz. Säuren und Alkalilösungen ist die Cellulose löslich und erleidet Zersetzungen, indem sie teils in Dextrin und Zucker, teils in Humussäuren usw. zerfällt.

---

[1]) Der durch Verseifen erhaltene Alkohol ergab bei dem Cutin aus Roggenkleie z. B. 80,34% C, 13,36% H, Schmelzp. 55—56°; die Säure 69,09% C, 10,97% H, Schmelzp. ungefähr 30°.

Bringt man zu 30 Gewichtsteilen kalter Schwefelsäure 1 Gewichtsteil reine Cellulose Baumwolle), so wird dieselbe aufgelöst, nimmt eine kleisterartige und nach 15 Minuten eine zuckersirupähnliche Beschaffenheit an. Die so veränderte Cellulose wird Amyloid oder Hydrocellulose genannt.

Das Verhalten der Cellulose gegenüber Schwefelsäure wird benutzt zur Darstellung von Pergamentpapier. Man zieht ungeleimtes Papier schnell durch konz. Schwefelsäure, welche mit $^1/_4$ Vol. Wasser verdünnt war, wäscht mit Wasser so lange aus, bis alle Säure entfernt ist, und trocknet. Das durch die Einwirkung der Schwefelsäure gebildete Amyloid schlägt sich auf und zwischen den Papierfasern nieder, so daß letztere verkittet werden und das Papier große Festigkeit und Dichte erlangt.

Rauchende Salpetersäure oder ein Gemisch von konz. Salpetersäure mit Schwefelsäure bilden aus Cellulose Pyroxylin oder Schießbaumwolle, einen Salpetersäureester, welcher wohl fälschlich als Nitrocellulose bezeichnet wird. Je nach der Konzentration der Säure oder der längeren oder kürzeren Einwirkung derselben auf Baumwolle entstehen Di-, Tri-, Tetra- oder Hexanitrate.

Die explosible unlösliche Schießbaumwolle besteht ihrer Zusammensetzung nach vorwiegend aus Cellulosehexanitrat $C_{12}H_{14}(O \cdot NO_2)_6O_4$, das in Äther-Alkohol lösliche Pyroxylin, das Kollodium dagegen wesentlich aus dem Tetranitrat $C_{12}H_{16}(O \cdot NO_2)_4O_6$ und Pentanitrat $C_{12}H_{15}(O \cdot NO_2)_5O_5$. Durch Auflösen der Kollodiumwolle in Nitroglycerin oder durch Auflösen der Schießbaumwolle in Essigäther erhält man die Sprenggelatine bzw. die Masse für das rauchlose Pulver.

Seit einiger Zeit dient auch die Cellulose zur Darstellung von Kunstseide, wozu eine Reihe von Verfahren in Gebrauch sind. Die Cellulose wird entweder nitrifiziert und mit Schwefelammonium denitrifiziert, oder in Kupferoxydammoniak gelöst und durch ein Bad von verdünnter Salzsäure, Schwefelsäure, Oxalsäure, Weinsäure, Citronensäure und verdünnter Carbolsäure in eine Masse umgewandelt, die einen festen Faden liefert; oder Cellulose wird durch Behandeln mit Alkalilauge und Schwefelkohlenstoff in eine lösliche Masse (Viscose) verwandelt; oder sie wird durch Lösen in Zinkchlorid erst in Hydrat umgewandelt und hieraus durch Magnesiumacetat und Acetylchlorid unter Anwendung von Nitrobenzol Cellulosetetraacetat $C_{12}H_{16}(O \cdot COCH_3)_4O_6$ hergestellt, welches als Grundmasse für die Darstellung der Kunstseide dient.

Die Kunstseide ist gegenüber der Naturseide bis jetzt noch wenig haltbar, weshalb sie sich noch nicht allein, sondern bei Anwendung von Naturseide als Kette nur als Schuß verwenden läßt.

Die Cellulose gleicht auch dadurch den Kohlenhydraten, daß sie durch den Bacillus amylobacter bei Gegenwart einer Spur Stickstoffsubstanz zu Kohlensäure (CO_2) und Sumpfgas (CH_4) oder unter Umständen zu Wasserstoff vergärt. Da dieser Bacillus auch in Teichschlamm und in Sümpfen, ferner in Abortschlamm und im Darmkanal enthalten ist, so beruht hierauf die Sumpfgasbildung in Teichen und Sümpfen, sowie die Entstehung der Darmgase bei den Darmfäulnisvorgängen.

Zur quantitativen Bestimmung der Rohfaser in den Pflanzen bedient man sich entweder der Behandlung mit $1^1/_2$ proz. Schwefelsäure und $1^1/_2$ proz. Kalilauge (Henneberg-Stohmannsches bzw. Weender-Verfahren), oder des Dämpfens mit Glycerin vom spez. Gewicht 1,23, welches in 1 l 20 g konz. Schwefelsäure enthält (Verfahren von J. König).

Zur quantitativen Gewinnung des Lignins und Cutins eignet sich am besten die Behandlung der Zellmembran (Rohfaser) mit entweder 1 proz. Salzsäure unter 6—7 Atm. Druck während 5—6 Stunden oder die Behandlung mit gasförmiger Salzsäure. Durch Oxydation dieses Rückstandes mit Wasserstoffsuperoxyd und Ammoniak bleibt das Cutin zurück.

Die Salze oder Mineralstoffe der Nahrungsmittel.

Die mineralischen Bestandteile (oder die sog. Asche) der pflanzlichen und tierischen Nahrungsmittel sind der Art nach dieselben; sie bestehen vorwiegend aus: Kali, Natron, Kalk, Magnesia, Eisenoxyd, Phosphorsäure, Schwefelsäure, Chlor, Kieselsäure, neben welchen sich geringe Mengen Tonerde, Mangan, Kupfer, in vereinzelten Fällen auch Jod, Brom, Fluor, und wie neuerdings nachgewiesen wurde, ziemlich häufig Borsäure finden. Diese wurde zuerst in Fucus vesiculosus und Hostera marina, dann in der Weinasche und in den Weintrauben und allgemein in den Obst- und Beerenfrüchten nachgewiesen.

Letztere selteneren Bestandteile der Pflanzenaschen müssen selbstverständlich auch in den tierischen Aschen vorkommen, wenn die Pflanzen den Tieren zur Nahrung dienen und dieselben nicht im Kot und Harn ausgeschieden werden.

Sonst unterscheiden sich die Pflanzenaschen von den tierischen durch einen mehr oder weniger hohen Gehalt an Kieselsäure, durch einen geringeren Gehalt an Chlor und vorzugsweise dadurch, daß sie durchweg auf dieselbe Menge Natron viel mehr Kali enthalten. Da die Kaliumsalze nach G. Bunge bei ihrem Weg durch den Körper die Natriumsalze in erheblicher Menge mit ausführen, so macht sich bei vorzugsweise pflanzlicher Nahrung ein erhöhtes Bedürfnis nach Kochsalz geltend, um den Körper auf seinem Natriumsalzbestande zu erhalten.

Während der Gehalt der tierischen Organe und Flüssigkeiten — mit Ausnahme von Blut — an Mineralstoffen nur geringen Schwankungen unterworfen ist, ist derselbe in den Pflanzen und Pflanzenteilen je nach Bodenart und Düngung sehr verschieden. Die meisten Pflanzen und Pflanzenteile liefern alkalisch reagierende Aschen; einige jedoch, besonders Samen, infolge Überschusses an Säuren (vorwiegend Phosphorsäure) auch sauer reagierende Aschen.

Die Menge der Mineralstoffe wird in der Regel durch Verbrennen der Stoffe, bis keine Kohlenteilchen mehr sichtbar sind, bestimmt. Der so erhaltene Verbrennungsrückstand heißt „Rohasche". Wenn man in dem Rückstand die vorhandene Menge Kohlenstoff, Sand, Ton und Kohlensäure bestimmt und diese vom Gesamtverbrennungsrückstand abzieht, erhält man die „Reinasche". Hierin werden die einzelnen Bestandteile nach dem üblichen Gange der quantitativen chemischen Analyse bestimmt.

Da bei dem üblichen Verbrennen leicht Schwefel und Phosphor mit verflüchtigt werden, so verascht man für genaue Bestimmungen dieser Bestandteile einen Teil unter Zusatz von Bariumhydroxyd oder Natriumcarbonat.

Bei Gegenwart von Blei und Zink, die ebenfalls beim Veraschen zum Teil flüchtig sind, löst man die Stoffe entweder durch Schwefelsäure (Kjeldahl-Verfahren) oder mit Salpetersäure-Schwefelsäure. Auch Phosphor wird auf diese Weise quantitativ gewonnen.

Verdaulichkeit (Ausnutzbarkeit) der Nahrung.

Der Wert der Nahrungsmittel hängt wesentlich mit von ihrer Verdaulichkeit ab. Die tierischen Nahrungsmittel sind im allgemeinen wesentlich leichter und höher verdaulich als die pflanzlichen und von letzteren stehen die Leguminosen und Gemüsearten den Getreidearten und den Erzeugnissen daraus in der Verdaulichkeit wesentlich nach. Dieser Umstand verdient daher bei der Wertschätzung wie nicht minder bei der Aufstellung von Kostsätzen die größte Beachtung.

1. Wirkung des Speichels bei der Verdauung. Die Verdauung der Nahrungsmittel beginnt mit der Zerkleinerung und Einspeichelung im Munde. Der Speichel wird aus drei Drüsen (Ohrspeichel-, Unterkiefer- und Unterzungendrüse) abgesondert und enthält neben Eiweiß, Mucin, Rhodankalium u. a. das wichtige diastatische Ferment, das Ptyalin[1]). Die Menge des vom Menschen abgesonderten Speichels wird auf 1000—2000 g im Tage geschätzt. Die Wirkungen des Speichels auf die Nahrungsmittel bestehen in folgendem:

a) Durch das ***Ptyalin*** wird die ***Stärke*** — verkleisterte schnell, rohe erst allmählich (2 bis 3 Stunden) — genau wie beim Mälzvorgang über (Amylo-, Erythro- und Achroo-) Dextrin zu Maltose abgebaut. Andere Enzyme sind im Speichel nicht mit Bestimmtheit nachgewiesen.

[1]) Das Ptyalin wirkt am besten bei neutraler oder schwach saurer Reaktion bei 35—45°; es wirkt aber auch bei alkalischer Reaktion.

b) Der Speichel durchfeuchtet die Nahrungsbissen, macht sie schlüpfrig und bewirkt auf diese Weise ein besseres Hinabgleiten in den Magen.

c) Er fügt der Nahrung eine größere Menge Wasser hinzu und wirkt lösend auf die Nährstoffe; er stellt gleichsam einen wässerigen Auszug derselben her, welcher von dem Magensaft leichter verarbeitet werden kann und aufnahmefähiger wird.

d) Infolge der schaumigen Beschaffenheit des Speichels und der kauenden Bewegung wird den Nahrungsbissen atmosphärische Luft beigemengt, welche von Einfluß auf manche Zersetzungen und Umbildungen im Magen und Darm ist.

2. Wirkung des Magensaftes. Der Magensaft, eine farblose, wasserklare, leicht filtrierbare Flüssigkeit von stark saurer Reaktion und saurem Geschmack wird von zwei Drüsenarten abgesondert, nämlich:

1. den Pylorus- oder Schleimdrüsen, welche die Pylorusstellen einnehmen und cylindrische, am Grunde zum Teil etwas verzweigte, mit cylindrischen Zellen ausgekleidete Schläuche bilden; 2. den Fundus-, Lab- oder Pepsindrüsen im größeren, rötlichen Teil der Schleimhaut, den vorigen ähnlich gestaltet, nur mit zwei Zellenarten versehen, nämlich a) Haupt- oder adelomorphen Zellen, in allen Teilen der Drüsen und im Drüsenhals ausschließlich vorhanden, cylindrisch, den Zellen der Pylorusdrüsen ähnlich, b) Beleg- oder delomorphen Zellen, früher auch Lab- oder Pepsinzellen genannt, rundlich, im Drüsenkörper wandständig, hinter den Hauptzellen liegend, aber keine zusammenhängende Schicht bildend.

Durch das Cylinderepithel der Pylorusdrüsen wird Schleim von alkalischer Reaktion abgesondert, jedoch scheinen auch diese Drüsen die beiden Zymogene (Enzyme), Pepsin und Lab, zu enthalten.

Vorwiegend aber werden die beiden Enzyme von den Fundusdrüsen geliefert, und zwar das Pepsin von den Hauptzellen, die Salzsäure von den Belegzellen. Die Absonderung des Magensaftes, dessen Menge auf $^1/_{10}$ des Körpergewichtes geschätzt wird, wird durch das leidenschaftliche Verlangen nach Speisen und das Gefühl der Befriedigung bei ihrem Genuß hervorgerufen, kann aber durch gewisse Reizstoffe unterstützt werden — Fett hemmt die Absonderung des Magensaftes —. Die Wirkungen des Magensaftes auf die Verdauung sind mannigfaltiger als die des Speichels.

a) Die ***freie Salzsäure,*** die in den Belegzellen aus Chloriden des Blutes auf noch unbekannte Weise abgespalten wird und im menschlichen Magensafte 0,45—0,58% ausmacht, verwandelt die Proteine in Acidproteine und weiter in Gemeinschaft mit dem Pepsin in Peptone. Milchsäure kommt im Magensaft nicht vor; dagegen kann sie im Mageninhalt auftreten, entweder als Fleischmilchsäure aus Fleischnahrung oder als Gärungsmilchsäure von der Gärung der Kohlenhydrate.

b) Das ***Pepsin,*** in den Hauptzellen als „pepsinogene" Substanz, als Zymogen, vorhanden, wird erst durch Säure (Salzsäure) aus letzterem gebildet und wirksam. Es verwandelt hydrolytisch die Proteine in Proteosen und Peptone (vgl. S. 28).

c) Das ***Labferment*** (Chymosin) der Pylorusdrüsen, spaltet Casein hydrolytisch in Paracasein und etwas lösliches Protein (Molkenprotein); bei Gegenwart von Kalksalzen wird das Paracasein unlöslich, und dieses wird durch den Magensaft in ein lösliches Pepton und unlösliches Paranuclein abgebaut, letzteres aber zu löslicher Paranucleinsäure (vgl. S. 47).

d) Das vom Fundusteil des Magens abgesonderte ***Steapsin*** vermag fein verteilte Fette (Milch- und Eierfett) in Glycerin und Fettsäure zu spalten — auf nicht emulgierte Fette ist der Magensaft ohne Einwirkung —.

e) Auf ***Kohlenhydrate*** ist der Magensaft ohne Einwirkung.

Die Wirkung des Magensaftes läßt sich durch die des Pankreas ersetzen; deshalb läßt sich der Magen exstirpieren, ohne daß dadurch die Ernährung erheblich gestört wird.

3. Wirkung der Galle. Der mit dem saueren Magensaft durchtränkte und zum Teil umgeänderte Speisebrei, der Chymus, behält seine von dem saueren Magensaft herrührende sauere Reaktion bei, wird aber durch Vermischung mit den alkalischen Säften der Galle und der Bauchspeicheldrüse nach abwärts mehr und mehr alkalisch.

Die Galle ist das Absonderungserzeugnis der Leber. Sie ist ein Gemenge von der Absonderung der Leberzellen (Lebergalle) sowie der in der Gallenblase angesammelten Blasengalle. Die Lebergalle enthält 3—4%, die Blasengalle 8—12% und mehr feste Stoffe. Die erste ist innen gelb gefärbt, die Blasengalle gelbgrün bis dunkelgrün. Die Galle besitzt einen süßlich stark bitteren Geschmack, schwachen moschusähnlichen Geruch und eine gegen Lackmus alkalische Reaktion.

Die Bildung der Galle beruht auf einer Zellentätigkeit, anscheinend verknüpft mit einer Oxydation. Die Galle wird beständig abgesondert. Die wesentlichen Bestandteile der Galle entstehen erst in der Leber, und zwar die Gallenfarbstoffe wohl sicher aus dem Blutfarbstoff; denn das normale Blut, auch das der Leber zuströmende Blut, enthält keine Gallenbestandteile, auch nicht nach Unterbindung oder Exstirpation der Leber. Nur wenn der Abfluß der Galle aus der Leber behindert ist, wird das Blut gallehaltig; die Gewebe färben sich gelb, es tritt die Gelbsucht (Icterus) auf und in dem grünlichbraunen Harn, durch welchen die in das Blut übergegangene Galle ausgeschieden wird, lassen sich Gallensäuren und Gallenfarbstoffe nachweisen[1]).

Die Galle ist nämlich durch folgende eigenartigen Bestandteile ausgezeichnet:

a) Durch 2 Säuren, die Taurocholsäure ($C_{26}H_{45}NSO_7$) und Glykocholsäure ($C_{26}H_{43}NO_6$), welche beide, an Natrium gebunden, als Natriumsalze vorhanden sind.

b) Durch 2 Farbstoffe, einen gelbbraunen bzw. rotgelben, Bilirubin ($C_{32}H_{36}N_4O_6$) und einen grünen, Biliverdin ($C_{32}H_{36}N_4O_8$).

Das Bilirubin stammt anscheinend aus dem Hämatin des Blutes her, kommt vorwiegend als Bilirubinkalk in den Gallensteinen vor und geht durch Oxydation in Biliverdin und andere Farbstoffe über.

c) Durch folgende, häufig vorkommende Bestandteile: Cholesterin, Lecithin, Fette und Salze (Seifen) der Fettsäuren (Myristinsäure in der Rindergalle), Harnstoff (in den Gallen des Menschen und der meisten Tiere spurenweise, in denen von Haifisch und Rochen dagegen als Hauptbestandteil in großen Mengen). Die Gallensteine bestehen beim Menschen durchweg aus Cholesterin (Cholesterinsteine).

Die Galle besitzt entweder eine neutrale oder alkalische Reaktion. Die Farbe ist bei verschiedenen Tieren wechselnd, goldgelb, gelbbraun, olivenbraun, braungrün, gras- oder blaugrün.

Die Menge der Gallenabsonderung wird verschieden, von 327—950 ccm in 24 Stunden, angegeben. Beim Hungern nimmt die Absonderung naturgemäß ab, nach Nahrungsaufnahme steigt sie wieder an. Viel Protein in der Nahrung, besonders Fleischnahrung, befördert die Absonderung, während Kohlenhydrate sie herabsetzen; über die Wirkung des Fettes ist man noch nicht einig.

Die Wirkung der Galle bei der Verdauung ist im einzelnen noch nicht aufgeklärt.

---

[1]) Behufs Nachweises der Gallenfarbstoffe mischt man nach v. Pettenkofer zweckmäßig etwas der gallehaltigen Flüssigkeit mit konz. Schwefelsäure mit der Vorsicht, daß die Temperatur nicht höher als bis 60 oder 70° steigt, setzt dann unter Umrühren mit einem Glasstabe tropfenweise eine 10 proz. Rohrzuckerlösung zu. Bei Gegenwart von Galle erhält man eine schön rote Flüssigkeit, die bei gewöhnlicher Temperatur allmählich blauviolett wird.

Da diese Reaktion auf der Bildung von Furfurol aus Zucker beruht, so kann man die Reaktion auch in der Weise anstellen, daß man die Galle in Alkohol löst, diese Lösung mit Tierkohle reinigt bzw. entfärbt, zu je 1 ccm der alkoholischen Lösung 1 Tropfen Furfurollösung und 1 ccm konz. Schwefelsäure zusetzt und dann abkühlt, um ein Erwärmen zu vermeiden.

a) Die im Chymus gelösten Proteine, Pepsin und Leim sollen durch die Gallensäuren, die durch den sauren Magensaft aus den Salzen abgeschieden werden, gefällt werden, um später durch die Einwirkung des Sekrets der Bauchspeicheldrüsen wieder in Lösung zu gehen.

Die Peptonisierung, d. h. die Wirkung des Pepsins, wird durch die Galle von 1% aufwärts vermindert und bei 20% fast ganz aufgehoben. Die Glykocholsäure als solche soll die Tätigkeit des Pepsins nicht beeinträchtigen, während nach einigen Angaben schon 0,2%, nach anderen 0,5% Taurocholsäure hinreichen, um die Wirkung des Pepsins aufzuheben. Die Galle verhindert eine faulige Zersetzung des Darminhaltes.

b) Auf die stickstofffreien Extraktstoffe (Stärke, Gummi, Dextrin usw.) übt frische Galle verschiedener Tiere eine mehr oder minder schwache diastatische Wirkung aus; 0,2% Taurocholsäure und 0,5—1,0% Glykocholsäure als solche dagegen hemmen oder verhindern die diastatische Wirkung der Galle. Es scheint somit, daß der hemmende Einfluß dieser Säuren bzw. deren Natriumverbindungen durch andere in der Galle natürlich vorkommende Stoffe teilweise aufgehoben wird.

c) Von größter Bedeutung ist die Galle für die Verdauung des Fettes. Denn bei Ausschluß der Galle vom Darmkanal ist ebenso wie bei Ikterischen die Fettaufsaugung wesentlich herabgesetzt; ferner wird bei Abwesenheit von Galle das Verhältnis von Fettsäuren und Neutralfett derart verändert, daß etwa 80—90% des mit dem Kot unausgenutzt ausgestoßenen Fettes aus Fettsäuren bestehen, dagegen unter regelrechten Verhältnissen nur etwa 50% bzw. 30—40%. Nach der einen Ansicht bringt die Galle die Fette in einen feinverteilten Zustand, in eine Emulsion und befördert dadurch ihre Aufnahme, nach der anderen vermag dieselbe — wie ebenso das Pankreas — die Glyceride in freie Fettsäuren und Glycerin zu spalten, d. h. zu verseifen, indem sich durch Umsetzung mit den gallensauren Natriumsalzen fettsaures Natrium bildet.

Nach anderer Ansicht werden die freien Fettsäuren von den Gallensäuren gelöst bzw. locker gebunden und von diesen auf bereits vorhandene neutrale Seifen bzw. Alkali übertragen, ohne dabei selbst eine Zersetzung zu erleiden, so daß durch eine verhältnismäßig kleine Menge Gallensäuren große Mengen freie Fettsäuren in neutrale oder saure Seife umgewandelt werden können. Aus den Fettsäuren der Seifen und Glycerin wird dann nach Aufnahme — wahrscheinlich in den Lymphzellen der Darmschleimhaut — wieder Neutralfett zurückgebildet.

4. Wirkung des Pankreassaftes. Der Pankreassaft oder Bauchspeichel wird von der Pankreasdrüse abgesondert, deren absondernde Grundmassen aus kernführenden Zellen bestehen. Er wird vom Pflanzenfresser beständig, vom Fleischfresser nur nach Nahrungsaufnahme[1]) abgesondert.

Der Pankreassaft ist meistens eine klare farb- und geruchlose Flüssigkeit von alkalischer Reaktion (letztere von Alkalicarbonat herrührend). Die täglich abgesonderte Menge Saft ist je nach der Nahrung wechselnd; sie wird zu 500—800 ccm angegeben. Die Absonderung nimmt nach Aufnahme von Nahrung rasch zu, erreicht innerhalb der drei ersten Stunden den Höchstbetrag, fällt von da an, um in der 5.—7. Stunde, in welchen gewöhnlich größere Mengen Nahrung aus dem Ventrikel in den Darm übergehen, wieder anzusteigen. Säuren, wie Salz- und Milchsäure, Fette und Senföl wirken fördernd, Alkalicarbonate hemmend auf die Absonderung von Pankreassaft. Er enthält mehrere Enzyme, von denen das proteinlösende, fettspaltende und verzuckernde Enzym die wichtigsten sind. Die Nahrung ist in der Weise von Einfluß, daß der Saft nach Brotnahrung besonders reich an diastatischem, nach

[1]) Als Ursache der Absonderung wird ähnlich wie bei der Magensaftabsonderung ein Stoff „Sekretin" angenommen, das aus dem durch Säuren in den Epithelien des oberen Darmabschnittes gebildeten „Prosekretin" aktiviert wird. Das Sekretin soll durch die Blutgefäße dem Pankreas zugeführt werden und die Drüsenzellen zur Absonderung anregen. Nach anderer Ansicht soll die Absonderung auf dem Wege des Reflexes durch das Nervensystem zustande kommen.

Milchnahrung reich an steaptolytischem, nach Fleischnahrung besonders reich an proteolytischem Enzym ist.

a) Das ***proteinverdauende*** Enzym, das ***Pankreatin*** oder ***Trypsin*** findet sich in der Drüse nicht selbst vor, sondern als Zymogen, Trypsinogen, aus welchem es bei der Absonderung des Saftes durch die im Dünndarmsekret vorhandene „Enterokinase" gebildet wird. Diese Spaltung wird auch durch Liegen der Drüsen an der Luft, Einwirkung von Sauerstoff, Säuren, Platinmohr, Alkohol usw. bewirkt.

Das Trypsin ist löslich in Wasser, unlöslich in Alkohol; nur das unreine, nicht das reine Trypsin ist löslich in Glycerin. Wird die wässerige Lösung des Trypsins mit wenig Säuren zum Sieden erhitzt, so zerfällt das Trypsin in geronnenes Eiweiß und Pepton; bei einem Gehalt von 0,25—0,5% Natriumcarbonat wird das Trypsin bei 50°, in neutraler Lösung bei 45° vernichtet. Bei Temperaturen zwischen 30—40° ist die Wirkung des Trypsins am günstigsten, und zwar in alkalischer Lösung bei einem Gehalt von 0,2—0,3% Natriumcarbonat; auch in neutraler Lösung wirkt das Trypsin rasch, freie Säuren (auch Salicylsäure) dagegen hemmen die Verdauung. Borax (und auch Cyankalium) sind von günstigem, Quecksilber-, Eisen- und andere Salze von ungünstigem Einfluß, ebenso die Anhäufung von Verdauungserzeugnissen.

Die hauptsächliche Wirkung des Trypsins besteht in der Lösung bzw. Verdauung der Proteine; es entstehen wie durch Pepsin erst Proteosen und Peptone; letztere werden dann weiter nacheinander zu Aminosäuren abgebaut; zuerst wird das Tyrosin, das Tryptophan und auch das Cystin abgespalten; dann folgen erst die anderen Aminosäuren (vgl. S. 9). Die Umsetzung der Proteine durch Trypsin geht also viel weiter als die durch Pepsin; zum Unterschiede von der Pepsinverdauung bildet sich bei der Trypsinverdauung wahres Pepton, welches durch Ammonsulfat nicht mehr gefällt wird; bei lang fortgesetzter Verdauung bleibt nur das Antipepton übrig (vgl. S. 15). Das Trypsin spaltet auch Polypeptide, aber nicht alle (vgl. S. 14).

b) Das ***fettspaltende Enzym,*** das ***Steapsin*** oder die ***Lipase;*** außer der Überführung der Fette in Emulsion[1]) besitzt der Pankreassaft auch die Eigenschaft, Fette hydrolytisch zu spalten, d. h. in freie Fettsäuren und Glycerin in derselben Weise wie bei der Verseifung zu zerlegen (vgl. S. 68). Die freien Fettsäuren werden durch die Alkalien der Galle bzw. des Darmsaftes und des Pankreassaftes selbst in fettsaures Alkali übergeführt und sind gleich wie das Glycerin löslich und aufnahmefähig.

c) Das ***stärkelösende Enzym*** oder die ***Pankreasdiastase.*** Die wichtigste Wirkung des Bauchspeichels ist unzweifelhaft die durch den Mundspeichel eingeleitete Überführung der stickstofffreien Extraktstoffe, der Stärke, des Dextrins, Gummis in löslichen und resorptionsfähigen Zucker (Maltose). Sogar rohe Stärke und rohes Glykogen werden durch die Pankreasdiastase hydrolysiert. 1 g Bauchspeichel soll 4—5 g Stärke in Zucker umzuwandeln imstande sein. Da neben Maltose auch geringe Mengen Glykose durch den Pankreassaft gebildet werden und außerdem Milchzucker (Lactose) durch ihn in Galaktose und Glykose zerlegt wird, so nimmt man an, daß in ihm auch noch die Enzyme Glykase bzw. Lactase vorhanden sind.

Mit der Einwirkung des Bauchspeichels oder pankreatischen Saftes auf die eingenommene Nahrung hat die verdauende Tätigkeit des Magens und Darmes ihren Höhepunkt erreicht; denn wenn die Verdauung auch im Darm noch fortgesetzt wird, so ist dessen Wirkung doch eine erheblich schwächere als die des Bauchspeichels.

5. Wirkung des Darmsaftes. Der Darm des Menschen ist durchschnittlich siebenmal so lang wie die Körperlänge vom Scheitel bis zum After — bei den von Pflanzen lebenden Völkern etwa $^1/_5$ länger —. Der Darmsaft ist die von den zahlreichen Lieberkühnschen Drüsen der Darmschleimhaut abgesonderte Verdauungsflüssigkeit; dazu gesellt sich aber im

[1]) Die Emulgierung der Fette wird durch eine geringe Menge freier Fettsäuren in den Fetten und durch gleichzeitige alkalische Beschaffenheit der Flüssigkeit wesentlich gefördert.

Duodenum noch etwas Saft der kleinen traubenförmigen Brunnerschen Drüsen. Derselbe fließt während der Verdauung am reichlichsten, ist hellgelb, opaleszierend und dünnflüssig; er enthält Proteine und mehrere Fermente, und besteht aus ca. 97,6% Wasser, 0,8% Proteinen, 0,9% sonstigen organischen Stoffen, 0,7% Mineralstoffen. Die Reaktion ist bald alkalisch (gegen Lackmus), bald sauer, besonders nach fettreicher Nahrung. Über die abgesonderte Menge liegen keine sicheren Angaben vor. Er enthält mehrere Fermente, welche zunächst die eingeleitete Verdauung fortsetzen.

a) Das Ferment ***„Erepsin"*** greift echte (native) Proteine nicht an, bewirkt aber eine weitere Spaltung der durch Pepsin und Trypsin gebildeten Verdauungserzeugnisse, der Proteosen und Peptone; selbst das von Trypsin nicht spaltbare Antipepton wird von Erepsin in α-Pyrrolidincarbonsäure und Phenylalanin zerlegt[1]). Auch Casein und Nucleinsäuren werden durch das Erepsin gespalten. Der Darmsaft vermag nämlich auch Milch zu koagulieren. Über die „Enterokinase" vgl. vorstehend.

b) ***Fette*** werden durch den alkalischen Darmsaft emulgiert und durch eine vorhandene Lipase gespalten.

c) Auf ***Polysaccharide*** (Stärke) besitzt der Darmsaft nur eine geringe diastatische Wirkung. Dagegen werden die Disaccharide in Monosaccharide zerlegt, die vorher gebildete Maltose durch Maltase in 2 Mol. Glykose, Saccharose durch Invertase in Glykose und Fructose, Lactose (Milchzucker) durch die Lactase in Glykose und Galaktose — die Laktase kommt im Darmsaft nur bei jungen und solchen Tieren vor, die in der Nahrung Milchzucker aufnehmen.

6. Fäulnis- und Gärungsvorgänge im Darm. Neben den vorstehenden enzymatischen Vorgängen spielen sich im Darm auch Gärungs- und Fäulnisvorgänge ab, die durch Mikroorganismen, die mit den Speisen und Getränken in den Darm gelangen, verursacht werden.

a) Die ***Fäulnis*** (Gärung) der Proteine wird durch Anaerobien (Bacillus putrificus) hervorgerufen; bei der Zersetzung können aber auch gleichzeitig Aerobien mit beteiligt sein. Hierbei entstehen Indol, Skatol, Phenol, Kresole und aromatische Oxysäuren (vgl. S. 45).

Unter pathologischen Bedingungen (Cystinurie, Cholera, Dysenterie, akute Enteritis) entstehen auch die Diamine Putrescin, Cadaverin (vgl. S. 46).

b) Die ***Fette*** unterliegen kaum einer Zersetzung, höchstens einer spärlichen Spaltung in Glycerin und Fettsäuren.

c) Einer stärkeren Gärung unterliegen dagegen die ***Kohlenhydrate,*** aus denen vorwiegend unter dem Einfluß von Bacterium lactis aerogenes und B. coli commune Essig-, Milch-, Bernstein-, Butter- und Valeriansäure, außerdem Alkohol und Kohlensäure entstehen. Neben den genannten regelmäßigen Bakterien sind auch noch zahlreiche andere Keime tätig und treten bei diesen Gärungen auch die Darmgase auf, die außer aus Kohlensäure und Stickstoff aus größeren und geringeren Mengen Wasserstoff (2,1—43,3%) und Methan (0,9—55,9%) bestehen.

d) Auch die ***Cellulose*** wird im Darm von Herbi- und Omnivoren (auch beim Menschen) — nicht aber bei Fleischfressern — unter dem Einfluß von Spaltpilzen zu Essigsäure, Buttersäure, Wasserstoff und Methan, etwa nach folgender Gleichung, vergoren:

$$21\,(C_6H_{10}O_5) + 11\,H_2O = 26\,CO_2 + 10\,CH_4 + 12\,H + 19\,(C_2H_4O_2) + 13\,(C_4H_8O_2).$$

100 g Cellulose würden daher unter Aufnahme von 5,82 g Wasser liefern:

Kohlensäure	Methan	Wasserstoff	Essigsäure	Buttersäure
33,63 g	4,70 g	0,35 g	33,51 g	33,63 g

Die übelriechenden Darmgase (Schwefelwasserstoff u. a.) rühren von der Fäulnis der Proteine her.

Die Gallensäuren hemmen die Fäulnis und Gärung.

---

[1]) E. Abderhalden konnte im Darminhalt (Duodenum, Jejunum, Ileum) sämtliche Monoaminosäuren — mit Ausnahme von Oxyprolin — und auch die Diaminosäuren, die mit ersteren bei der künstlichen Hydrolyse entstehen (S. 9), nachweisen.

7. Vorgänge im Dickdarm. Der Dickdarm enthält nur sehr geringe Darmsaftfermente; deshalb überwiegen in ihm die Fäulnis- und Gärungszersetzungen über die eigentlichen Verdauungsumsetzungen. Dazu ist die aufsaugende Tätigkeit der Dickdarmwandung größer, als die absondernde; aus dem Grunde wird der Darminhalt, welcher beim Eintritt in den Dickdarm noch breiig wässerig ist, im weiteren Verlaufe stetig wasserärmer und dicker. Es werden aber nicht allein Wasser und die in Lösung gebrachten Verdauungserzeugnisse aufgenommen, sondern unter Umständen auch unveränderte lösliche Stoffe, wie flüssiges Eiereiweiß, Milch und ihre Proteine, Fleischsaft, Leimlösung usw. Die Formung des Unverdauten und die Bildung des Kotes erfolgt im unteren Teile des Dickdarmes. Vom unteren Teile des Dünndarms und vom Coecum an nimmt der Darminhalt den eigenartigen (fäkalen) Geruch an. Die Farbe wird durch die Menge der beigemischten Gallenfarbstoffe bedingt. Die Reaktion ist infolge der Säuregärung im Darm in der Regel sauer, kann aber bei Bildung von viel Ammoniak alkalisch werden; Absonderung von viel Schleim begünstigt neutrale Reaktion. Die Konsistenz ist vom Wassergehalt abhängig; normaler Menschenkot enthält rund 75% Wasser. Je schneller der Inhalt des Dickdarms sich fortbewegt, je weniger also aufgesaugt wird, um so wasserreicher wird der Kot; reine Fleischkost bewirkt mehr trockenen, zuckerreiche Kost mehr wasserreichen Kot.

Die Menge und Zusammensetzung des Kotes (als unausgenutzten Anteiles der Nahrung) hängt in erster Linie von der Art und Menge der Nahrung ab. Der erwachsene Mensch scheidet bei gemischter Kost im Durchschnitt täglich 150—175 g frischen = etwa 37—44 g wasserfreiem Kot aus. Die Menge kann aber je nach der Nahrung (ob viel Fleisch- oder Pflanzenkost) zwischen 70—300 g (ja bis 500 g) frischen Kot betragen. So schwankt die Menge der Kot-Trockensubstanz:

	bei vorwiegender Fleischkost	gemischter Kost	Pflanzenkost
zwischen	15—25 g	30—40 g	80—120 g

Der Kot bei gemischter Nahrung enthält im Durchschnitt:

Wasser	Organ. Stoffe	Stickstoff	Mineralstoffe	Kali	Phosphorsäure
75,0%	21,6%	1,3%	3,4%	0,35%	0,57%

Als unverdaute Reste findet man Gewebe tierischer oder pflanzlicher Nahrungsmittel wie Haare, Horngewebe, Holzfaser, Obstkerne, Spiralgefäße von Pflanzenzellen, ferner Bruchstücke sonst wohl verdaulicher, aber durch Kauen zu wenig zerkleinerter Stoffe, wie Bruchstücke von Muskelfasern, Sehnen, Knorpelstückchen, Flocken von Fettgewebe, Stücke von hartem Eiweiß, Pflanzenzellen, und etwas rohe Stärke, ferner unverändertes Mucin, vereinzelte Fetttröpfchen und Kalkseifen in Krystallnadeln.

Dazu gesellen sich reichliche Mengen Spaltpilze aller Art, Hefe u. a.; die Anzahl der Mikrophytenkeime in 1 mg Kot wird zu 1000—2 000 000 und mehr angegeben. Die Mineralstoffe bestehen durchweg aus unlöslichen Phosphaten und Carbonaten.

Diesen Bestandteilen gesellen sich aber noch mehr oder weniger Epithelien und Säfte der Schleimhäute der Verdauungsorgane bei[1]); ja, die im Kot vorhandenen Mengen an Stickstoffverbindungen und Fetten können unter Umständen die in den unverdauten Speiseresten vorhandenen Mengen hiervon bei weitem übersteigen[2]), so daß es, wie zuerst W. Prausnitz

---

[1]) Selbst im Hungerzustande wird eine geringe Menge Kot ausgeschieden, dessen Bestandteile nur von den Verdauungsorganen herrühren können.

[2]) Nach hiesigen Versuchen betrug der Stoffwechselstickstoff 18—33% des Gesamtstickstoffs im Menschenkot. Die Stoffwechselerzeugnisse im Kot sind nach M. Rubner je nach der Nahrung sehr verschieden und betrugen z. B. bei Genuß von:

Gemüse	Obst	Getreidearten mit Kleie	Feinem Weizenbrot
16—22%	9—21,3%	7—8%	2—3%

Von 100 resorbierten Calorien trafen bei Genuß von:

Mohrrüben	Äpfeln	Kohlrüben	Erdbeeren	Wirsing
8,0%	10,0%	21,0%	31,8%	42,6%

auf Stoffwechselerzeugnisse.

geltend gemacht hat, richtiger ist, von mehr oder weniger kotliefernden als unverdaulichen oder unverdauten Teilen der Nahrungsmittel zu sprechen.

Dieser Anschauung hat sich auch M. Rubner angeschlossen und die Berechnung der Verdaulichkeit der Nahrungsmittel auf Grund der für Protein, Fett und Kohlenhydrate angenommenen Verdaulichkeitskoeffizienten bzw. der Verluste hieran im Kot als nicht zulässig bezeichnet. Theoretisch ist dieses zwar richtig, aber für die praktische Beurteilung eines Nahrungsmittels zu Zwecken der Ernährung ist es gleichgültig, ob die bei seinem Verzehr im Kot ausgeschiedenen Bestandteile von ihm selbst oder zum Teil auch von Körpersäften herrühren. Denn wenn bei Verzehr eines Nahrungsmittels in einem Falle 25%, in einem anderen nur 10% der Bestandteile im Kot ausgeschieden werden, also verlorengehen, so muß man selbstverständlich von ersterem zur Deckung des Bedarfs 15% mehr verabreichen als von letzterem, einerlei ob das im Kot Ausgeschiedene vom Nahrungsmittel selbst oder infolge seiner ungünstigeren Eigenschaften bei der Verdauung zur Hälfte oder einem Drittel von Körpersäften herrührt. Nahrungsmittel- bzw. Nahrungsbestandteile minus Kotbestandteile geben uns stets einen Ausdruck dafür, was von ihnen im Körper zur Deckung des Bedarfs zurückgehalten ist; denn was an Stoffwechselprodukten mit ausgeschieden wird, muß doch auch wieder durch die Nahrung ersetzt werden.

M. Rubner glaubt weiter, daß es für die Beurteilung der Verdaulichkeit eines Nahrungsmittels genüge, den Stickstoff- und Calorienverlust im Kot zu ermitteln. Aber damit finden wir auch nicht den wahren Nährwert der Nahrungsmittel. Denn daß wir bei der Bemessung der erforderlichen Calorien das Fett als solches neben Kohlenhydraten als Calorienquelle nicht unberücksichtigt lassen dürfen, hat wohl am schlagendsten die vergangene Kriegszeit gelehrt und ist schon S. 3 und 4 dargelegt worden. Dann aber geht von den in der Nahrung zugeführten und im Kot ausgeschiedenen Calorien bei der Darmfäulnis bzw. -gärung in Form von Darmgasen (Wasserstoff, Methan und Mercaptan) je nach dem Nahrungsmittel ein größerer oder geringerer Teil verloren, den wir also bei der alleinigen Ermittelung des Calorienverlustes im Kot nicht mitfassen. Um daher die wirkliche verdauliche bzw. verdaute und physiologisch nutzbare Menge eines Nahrungsmittels zu finden, müßte man nicht nur die sichtbaren, sondern auch die unsichtbaren Ausgaben und womöglich auch die für die Verdauung aufzuwendenden Calorien bestimmen, die ebenfalls für jedes Nahrungsmittel verschieden sind. Weil aber nicht nur die einzelnen Nahrungsmittel, sondern auch Gemische derselben je nach Art ihrer Zusammenstellung, wie M. Rubner angibt, sich verschieden verhalten und die einzelnen Versuchspersonen je nach Alter — jugendliche Personen nutzen aus pflanzlichen Nahrungsmitteln fast alle wertvollen Stoffe aus — und je nach der Beschäftigung ein verschiedenes Ausnutzungsvermögen besitzen, so wäre eine außerordentlich große Anzahl von ausgedehnten Versuchen erforderlich, um selbst auf diese Weise zu einem richtigeren Ausdruck für den wirklichen Nährwert eines Nahrungsmittels zu gelangen.

Die für Protein, Fett und Kohlenhydrate berechneten bzw. angenommenen Ausnutzungskoeffizienten sind allerdings ungenau, nur Wahrscheinlichkeitswerte, und weil sie Körpersäfte mit einschließen, zu niedrig; weil aber einerseits die mehr oder weniger kotliefernde Eigenschaft als besondere Eigentümlichkeit für die Ausnutzung mit in Betracht gezogen werden muß, andererseits der verdaute Anteil der Cellulose, der den Calorienverlust durch Darmgase aufzuwiegen vermag, nicht in Rechnung gezogen wird, so geben die nach den Verdaulichkeits-Koeffizienten berechneten ausnutzbaren Nährstoffe Protein, Fett und Kohlenhydrate bis jetzt noch immer einen annähernden und wenigstens richtigeren Ausdruck für den Nährwert der Nahrungsmittel als die Rechnung mit Rohnährstoffen.

Die Verdaulichkeit (bzw. Ausnutzung) der Nahrungsmittel.

Die Verdaulichkeit bzw. Ausnutzung der Nahrungsmittel läßt sich qualitativ zum Teil schon aus der mikroskopischen Untersuchung des Kotes erschließen.

So fand J. Möller auf Veranlassung von W. Prausnitz, daß gesunde Personen selbst bei schwachen Darmerkrankungen die Stärke der Getreidearten und Kartoffeln fast vollständig verdaut hatten, auch dann, wenn die stärkehaltigen Nahrungsmittel nur unvollständig mechanisch aufgeschlossen waren. Hieraus folgt, daß auch die zarten Zellen des Mehlkerns der Getreidearten und der Kartoffelknollen der Verdauung unterliegen.

Dagegen befindet sich im Kot mehr unverdaute Stärke bei Genuß von Hülsenfrüchten und grünem Gemüse. Die derbwandigen Zellen der reifen Hülsenfrüchte scheinen, obwohl sie aus fast reiner Cellulose bestehen, gar nicht verdaut zu werden, so daß nur jener Teil der Leguminosenstärke, der nach mechanischer Zertrümmerung der Zellen aus diesen herausgefallen ist, der Ernährung zugute kommt.

Die Stärke unreifer Hülsenfrüchte dagegen wird ebenso vollständig verdaut wie die der Getreidearten, d. h. mit Einschluß der Zellmembranen des stärkehaltigen Gewebes.. Unverdaut bleibt bei beiden nur die Schale, obwohl auch diese (d. i. die Palisadenschicht und die unter ihr gelegene Schicht der sog. Trägerzellen) aus fast reiner Cellulose besteht. Grünes Gemüse, sogar der breiig zubereitete Spinat, wird nur unvollständig verdaut. Aus dem Grunde empfiehlt sich grünes Gemüse nicht als Krankenkost.

Die Kleberschicht der Getreidearten verhält sich den Hülsenfrüchten ähnlich; ihre aus reiner Cellulose bestehenden Membranen werden nicht verdaut, ihr aus Protein und Fett bestehender Inhalt nur in soweit, als er durch Zerreißen der Zellen frei geworden ist. Die alte Streitfrage, ob feines oder grobes, kleberreiches Mehl, muß daher zugunsten des feinen Mehles ausfallen.

Fr. Kermauner unterwarf in derselben Weise den menschlichen Kot bei gemischter oder Fleischkost einer mikroskopischen Untersuchung und fand, daß auch vom Fleisch unverdaute Reste in den Kot übergehen, die je nach Verhältnissen schwanken; in drei Versuchen betrugen die unverdauten Reste 0,2—1,04% des genossenen Fleisches.

In ähnlicher Weise verfuhr M. Rubner, um die dem Kot beigemengten Verdauungs- und Körpersäfte zu ermitteln.

Die quantitative Ausnutzung der Nahrungsmittel kann jedoch nur durch eine quantitative Bestimmung der in der Nahrung aufgenommenen und der im Kot ausgeschiedenen Bestandteile festgestellt werden. Hier bietet sich aber, abgesehen davon, daß der Kot, wie vorstehend gezeigt ist, mehr oder weniger Körpersäfte mit einschließt, eine große Schwierigkeit, weil nur der Säugling mit einem Nahrungsmittel allein, der Milch, ernährt werden kann, der erwachsene Mensch aber eine gemischte Kost verlangt und nur für wenige Tage mit einem einzelnen Nahrungsmittel für sich allein ernähren läßt. Aus dem Grunde hält es schwer, den dem betreffenden Nahrungsmittel entsprechenden Kot genau abzugrenzen und zu sammeln. Immerhin geben die Ergebnisse einen relativ richtigen Anhalt für die Ausnutzungsfähigkeit eines Nahrungsmittels bzw. einer Nahrung.

Die Ergebnisse dieser Versuche sind am Schlusse dieses Buches in Tabelle I zusammengestellt. Sie geben noch zu folgenden Bemerkungen Veranlassung:

a) Tierische Nahrungsmittel.

1. Die Milch als alleiniges Nahrungsmittel wird vom Erwachsenen weniger gut ausgenutzt als vom Säugling. Die Stickstoff-Ausnutzung natürlicher (ungekochter) Milch wurde in einem Versuch zu 93,6%, die gekochter Milch zu 91,8% gefunden. Rohe natürliche Milch gilt wegen des Enzymgehaltes allgemein als bekömmlicher bzw. verdaulicher als gekochte oder lange erhitzte (sterilisierte) Milch. Auch sollen Lipoide (S. 55) und Vitamine (S. 56) durch Kochen abnehmen.

2. Von Käse und Milch wurden, als die Gabe von 200 g Käse auf 517 g neben 2,2 l Milch erhöht wurde nur 88,7% Trockensubstanz, 95,1% Stickstoffsubstanz und 88,5% Fett ausgenutzt. Mäßige Mengen Käse dagegen werden so gut wie Milch verdaut.

3. Fischfleisch ist, auch nach künstlichen Verdauungsversuchen, ebenso hoch ausnutzbar wie Rindfleisch (bzw. Fleisch von Warmblütern). Bei Menschen kann es bis auf

1—2% als ganz verdaulich angesehen werden. Auch hat Fischfleisch bei wesentlich gleichem Gehalt an Fleischbasen ohne Zweifel die gleiche physiologische Wirkung. Wenn es dennoch als geringwertiger für die Ernährung angesehen wird, so hat das darin seinen Grund, daß es einerseits wasserreicher ist, also in gleicher Gewichtsmenge weniger Trockensubstanz und durchweg auch weniger Fett als das Fleisch warmblütiger Tiere enthält, andererseits weichlicher ist und einen faden (weniger kräftigen) Geschmack als letzteres besitzt. Aus denselben Gründen wird auch Kalbfleisch nicht so vollwertig eingeschätzt wie Rindfleisch.

4. Von Fett können große Mengen bis zu 200 g verdaut werden; dadurch wird dann die Ausnutzung der Kohlenhydrate herabgesetzt; bei einer Gabe von 100 g Fett wurden z. B. 98,4% der Kohlenhydrate, bei einer solchen von 193—300 g Fett nur 93,2—93,8% der Kohlenhydrate verdaut. Bei einer Gabe von 350 g Fett im Tage wurden nur 87,3% statt 92,2% Kohlenhydrate bei einer täglichen Einnahme von 194,7 g Fett ausgenutzt. Auch ist die zu bewältigende bzw. verträgliche Menge Fett individuell sehr verschieden. Nach sämtlichen übereinstimmenden Versuchen wird Butterfett höher ausgenutzt als die sonstigen Fette, weil es zweifellos leichter verseifbar ist als letztere. Die geringere Ausnutzung von Speckfett gegenüber den anderen Fetten hat offenbar darin seinen Grund, daß das Fett noch in einer Membran eingeschlossen bzw. mit einer solchen umgeben ist.

5. Die Proteine der Proteinnährmittel, die meistens aus Fleisch, Milch, Blut oder auch aus Weizen, Mais, Reis bei der Stärkefabrikation gewonnen werden, sind im allgemeinen sowohl nach Verdauungsversuchen am Menschen, als mit künstlichem Magensaft[1]) so hoch verdaulich wie die Proteine des Fleisches. Sie können aber für die Ernährung nur in Betracht kommen, wenn sie billiger als in Fleisch und Milch zu erstehen sind, weil man sonst letztere in natürlichem und zusagendem Zustande verwenden würde.

b) Pflanzliche Nahrungsmittel.

1. Bei den Getreidearten werden die Erzeugnisse aus Weizen am höchsten ausgenutzt; die gröberen Weizenmehle bzw. -brote verhalten sich so günstig wie die feinsten Roggenmehle. Das macht sich auch sogar bei einer gemischten, aus Fleisch und Pflanzen bestehenden Kost (vgl. Tab. I unter „Gemischte Nahrung") geltend, indem die Kost unter Beigabe von Weizenbrot um 4,5—11,3% höher ausgenutzt wird als die unter Beigabe von Roggenbrot.

Reis- und Maiserzeugnisse kommen in der Ausnutzungsfähigkeit den aus Weizen gleich.

Im übrigen ist die Ausnutzungsfähigkeit der Getreidearten wesentlich vom Feinheitsgrade der Mahlung abhängig, je feiner sie sind, d. h. je weniger Schalenteilchen (Rohfaser) sie enthalten, um so höher werden sie ausgenutzt, offenbar weil durch den Reiz der Schalenteilchen auf die Darmwandung eine schnellere Entleerung und damit eine schlechtere Ausnutzung bzw. eine größere Absonderung oder Beimischung von Darmepithelien und -säften bewirkt wird. Dieses gilt für alle kleiereichen Brote, besonders aber für die nach Gelink, Simons, Klopfer hergestellten Ganzbrote. Auch die unter Aufschließung der Kleie nach Schlueter und Finkler hergestellten Vollkornbrote verhalten sich nicht günstiger (vgl. S. 368 und 369).

[1]) E. Salkowski prüfte die Nährmittel auf ihre Nährfähigkeit (Verdaulichkeit und Körpergewicht) und fand, daß in Prozenten der verzehrten Mengen vom Hunde verdaut wurden:

Fleischalbuminat				Blutkoagulum					Aleuronat (aus Weizen)	Protein (aus Pferdebohnen) trocken
feucht	trocken			trocken			entfärbt			
	1	2	3	1	2	1	feucht	trocken		
93,62%	93,07%	92,47%	88,95%	89,78%	96,06%	95,55%	80,14%	83,41%	96,37%	94,37%

Die getrockneten Erzeugnisse wurden hiernach gerade so hoch oder gar höher ausgenutzt als die feuchten.

Durch Verwendung von nur entschältem (dekortiziertem) Getreidekorn und Herstellung von Ganzbrot erhält man zwar mehr und protein- (kleber-) reicheres Brot, der Vorteil wird aber zum Teil wieder dadurch aufgewogen, daß solches Brot schlechter als das aus feineren Mehlen ausgenutzt wird. Man wird daher von dem Ganzbrot bzw. -mehl nur in Notzeiten Gebrauch machen, dagegen in getreidereichen Jahren zweckmäßig die feineren, schalenfreieren Mehle verwenden, um die Verdauungsarbeit zu erleichtern.

Hefenbrot wird nach einigen Versuchen etwas höher ausgenutzt als Sauerteigbrot, weil die im Sauerteig in größerer Menge vorhandenen Bakterien eine reichlichere Abscheidung von Darmsäften und damit die Bildung größerer Kotmengen zur Folge haben sollen. Nach anderen Versuchen hat der Säuregrad indes nur einen geringen Einfluß auf die Ausnutzung; von wesentlichem Einfluß hierauf sind die Individualität, die Beschäftigung und Gewohnheit (vgl. S. 140).

2. Die Hülsenfrüchte sind bekanntlich schwerer ausnutzbar als die Getreidearten; nur die feineren Hülsenfruchtmehle nähern sich in der Ausnutzung den letzteren. Daß die in hartem Wasser gekochten Hülsenfruchtmehle schwerer weich und schlechter ausgenutzt werden als die in weichem Wasser gekochten, hat seinen Grund darin, daß das Legumin derselben mit dem Kalk bzw. der Magnesia des harten Wassers eine unlösliche Verbindung bildet.

3. Kartoffeln werden, wenn sie nicht in zu großen Mengen verzehrt werden, verhältnismäßig hoch ausgenutzt[1]), dagegen sind Gemüse und Pilze, besonders deren Stickstoffsubstanz, schlecht (etwa nur zu $^2/_3$) verdaulich bzw. wenig ausnutzungsfähig. Hierbei ist auffallend, daß die Rohfaser (Cellulose) des Obstes und der jungen Gemüse vom Menschen ziemlich hoch, z. B. nach Rubner bis zu 90%, die von Getreide nur bis zu 40% ausgenutzt wird[2]); dasselbe ist bei den Pentosanen der Fall. Nach hiesigen Versuchen wurden in einer protein- und fettreichen Nahrung von den verzehrten Pentosanen 93,1%, in einer protein- und fettarmen Nahrung 81,3% ausgenutzt. Wenn daher M. D. Swartz[3]), angibt, daß von den Galaktanen in den Meeresalgen nur 25% vom Menschen ausgenutzt wurden, so erscheint das etwas niedrig, da die Galaktane wie die Pentosane zu den Hemicellulosen gehören, die durch verdünnte (2proz.) Schwefelsäure gleichmäßig gut und hoch hydrolysierbar sind.

4. Der Kakao ist bezüglich seiner Stickstoffsubstanz und seiner Kohlenhydrate schwer verdaulich, dagegen zeigt das Fett eine gute und hohe Ausnutzungsfähigkeit. R. O. Neumann[4]) hat nachgewiesen, daß die Verdaulichkeit des fettreichen Kakaos eine bessere und höhere ist, als die des stark entfetteten (fettarmen) Kakaos. Es wurden in Versuchen bei ihm selbst in Prozenten der verzehrten Menge ausgenutzt:

Nährstoff	Gemischte Nahrung (Cervelatwurst, Briekäse, Roggenbrot, Schmalz, Zucker)					35 und 100 g Kakao +350 g Zucker	
	+0	+35 g Kakao		+100 g Kakao			
		fettreich	fettarm	fettreich	fettarm	fettreich	fettarm
Protein . .	82,0%	77,4%	72,2%	59,4%	52,0%	45,0%	24,8%
Fett . . .	95,9%	93,8%	92,6%	90,4%	86,3%	87,1%	82,8%

[1]) M. Hindhede fand z. B. in einem 95-tägigen Versuche, in welchem eine 72 kg schwere Versuchsperson durchschnittlich im Tage 3690 g Kartoffeln und 230 g Margarine verzehrte, daß von den Bestandteilen der Kartoffeln in Prozenten verdaut wurden:

Trockensubstanz	Stickstoffsubstanz	Fett	Kohlenhydrate	Asche	Calorien
97,8%	85,4%	97,8%	99,3%	87,6%	97,9%

[2]) Jugendliche Personen mit gesundem Darm nehmen aus pflanzlichen Nahrungsmitteln alle wertvollen Stoffe auf.

[3]) Malys Jahresber. f. Tierchemie **1911**, 543.

[4]) Archiv f. Hygiene 1906, **58**, 1.

In anderen Versuchen fand R. O. Neumann die Verdaulichkeit des Kakaofettes zu 94,7%. Pinkussohn[1]) gibt zwar an, daß fettarmer Kakao die Magensaftabsonderung stärker anrege als fettreicher; aber das erscheint wenig wahrscheinlich, weil das Aroma des Kakaos, welches wie alle Aromaarten die Magensaftabsonderung wesentlich begünstigt, vorwiegend an das Fett gebunden ist. Auch verdient der fettreiche Kakao schon deshalb den Vorzug, weil das Fett den Hauptnährwert desselben bedingt.

Verschiedene Einflüsse auf die Ausnutzung der Nahrung.

Über den Einfluß verschiedener Umstände auf die Ausnutzung der Nahrungs- und Genußmittel sind noch folgende Versuche angestellt:

1. Einfluß der Persönlichkeit (Individualität). Es fanden folgende Ausnutzung[2]):

Ausgenutzt von	K. B. Lehmann bei 4 Personen		M. P. Neumann im Mittel von 4 Versuchen		Dementjeff			
	Brot: wenig sauer %	stark sauer %	Brotesser: schlechter Lebensweise: sitzende %	guter bewegende %	Soldatenbrot Student %	Soldatenbrot Diener %	Vollbrot Student %	Vollbrot Diener %
Trockensubstanz	89,9—93,5	90,9—93,9	88,6	91,1	—	—	—	—
Protein	71,0—79,6	71,6—80,6	63,6	73,1	68,4	82,1	64,8	85,7

Hiernach kann ein bei einer einzelnen Person angestellter Versuch nicht als allgemein maßgebend angesehen werden.

Jugendliche Personen nehmen nach M. Rubner fast alle wertvollen Stoffe auf, während ältere Personen größere Mengen unverwertet lassen.

2. Einfluß der Menge der Nahrung. Grodbody und Mitarbeiter[3]) verabreichten an 3 Versuchspersonen die gewohnte Kost und vermehrten diese alsdann erheblich — bei 2 Personen um mehr als das Doppelte — und fanden im Mittel folgende prozentuale Ausnutzung:

	Protein	Fett
Gewohnte Kost	93,0%	94,9%
Stark vermehrte Kost	95,1%	95,0%

Die prozentuale Ausnutzung ist daher bei stark vermehrter Kost dieselbe geblieben; nur verlor sich bei letzterer der Appetit und trat das Gefühl der Schwere im Unterleib ein. Bei 2 Personen stellte sich auch eine muköse Colitis ein, die 3 Wochen anhielt.

3. Einfluß einer unzureichenden (Fasten-)Nahrung. Gorokhow ließ kräftige Soldaten in je 5 Zeitabschnitten von je 3 Tagen fasten und dieselben dann abwechselnd eine unzureichende, aus Schwarzbrot, Zucker und Teeaufguß bestehende Nahrung verzehren, während die reichliche Nahrung aus Weißbrot, Milch, Fleisch, Butter, Zucker und ebenfalls Teeaufguß bestand; er fand im Mittel von 16 bzw. 23 Versuchen:

Nahrung	Ausnutzung des Stickstoffs in Proz.	Stickstoff am Körper
Unzureichende	69,1%	— 5,42 g
Reichliche	92,9%	+ 3,36 g

Die pflanzliche Nahrung (hier Schwarzbrot) ist erheblich geringer ausgenutzt als eine gemischte, aus Weißbrot, Milch und Fleisch bestehende Nahrung; der Körper büßt ferner bei ersterer Nahrung und während des Fastens ziemlich viel Stickstoffsubstanz ein, die durch die darauffolgende reichlichere Nahrung wieder schnell ersetzt wird.

---

[1]) Zeitschr. f. Untersuchung d. Nahrungs- u. Genußmittel 1906, **12**, 599.

[2]) Vgl. M. P. Neumann, Brotgetreide und Brot. 1914, S. 508.

[3]) Journ. of Physiol. 1903, **28**, 257; Chem. pathol. Dept. Univ. Coll. London.

4. Einfluß von Magenkrankheiten. C. v. Noorden ermittelte die Ausnutzung bei Magenkrankheiten (Ausfall der Pepsinverdauung) und fand im Mittel von 7 Fällen und 13 Einzelversuchen für eine aus Fleisch, Milch, Weißbrot, Zwieback usw. bestehende Nahrung:

In der täglichen Nahrung				Ausgenutzt in Prozenten der verzehrten Mengen			Täglicher Stickstoff am Körper
Trockensubstanz g	Stickstoff g	Fett g	Kohlenhydrate g	Trockensubstanz %	Stickstoff %	Fett %	g
367	16,6	89,4	158,8	92,4	92,7	93,8	+ 2,5

Die Ausnutzung der Nahrung ist hier völlig gleich mit der unter regelrechten Verhältnissen; die Salzsäure-Pepsinverdauung scheint daher für die Ausnutzung der Nahrung nicht unbedingt notwendig zu sein; diese verläuft auch durch die alleinige Darmverdauung regelrecht. Wenn dennoch bei Magenkranken Körpergewicht und -kräfte stark und rasch abnehmen, so liegt das ausschließlich an der verringerten Nahrungsaufnahme und der dadurch bedingten Unterernährung.

5. Einfluß ein- und mehrmaliger Nahrungsaufnahme. J. Ranke hat an sich selbst nachgewiesen, daß, wenn er die nötige Stoffmenge nur in Form von Fleisch (1832 g) in einer Mahlzeit genoß, 12% der Trockensubstanz unausgenutzt blieben, dagegen nur 5%, wenn er die Fleischmenge auf drei Mahlzeiten verteilte. Smirnow findet sogar für den Menschen bei 5maliger Aufnahme der Kost die Ausnutzung des Nahrungsproteins um rund 2%, den Stickstoffansatz um rund 2 g für den Tag größer als bei 3maliger Nahrungsaufnahme[1]).

Hiernach dürfte der beim Menschen erfahrungsgemäß ausgebildete Brauch, die tägliche Kost nicht auf einmal, sondern auf mindestens drei Mahlzeiten verteilt aufzunehmen, als durchaus zweckmäßig zu erachten sein.

6. Einfluß der Muskelarbeit. Atwater und Shermann[2]) ermittelten die Aufnahme, Verdauung und Umsetzung der Nahrung bei Radfahrern während eines 6tägigen Versuchs mit folgendem Ergebnis:

Tägliche Radfahrer-Leistung Engl. Meilen	Nahrungsaufnahme			Stickstoff-Stoffwechsel				
	Protein	Fett	Kohlenhydrate	Stickstoff-Einnahme	Kot-Stickstoff	Ausgenutzt Menge	Ausgenutzt Prozente	Stickstoff-Verlust vom Körper
334,6	169 g	181 g	585 g	29,4 g	1,8 g	27,6 g	93,8%	8,6 g
303,8	179 „	198 „	559 „	29,1 „	2,5 „	26,6 „	91,7 „	7,1 „
287,7	211 „	178 „	509 „	36,0 „	2,2 „	33,8 „	93,9 „	5,1 „

In derselben Weise fand Chas. E. Wait[3]), daß von den Nährstoffen einer gemischten Kost bei Ruhe und Arbeit in Prozenten der eingenommenen Nährstoffe ausgenutzt wurden:

	Stickstoff-Substanz	Fett	Kohlenhydrate	Calorien
Bei Ruhe (Mittel von 18 Versuchen)	92,2%	94,5%	98,4%	93,0%
„ Arbeit („ „ 9 „)	92,0%	94,3%	98,6%	93,2%

Nach beiden Versuchsreihen hat die Arbeit die Ausnutzung der Nahrung nicht beeinträchtigt.

7. Einfluß des gleichzeitigen Genusses von Trink- und Mineralwasser. Stan. Ružička[4]) verteilte den täglichen Wasserbedarf von 2955 ccm einerseits auf den ganzen

[1]) Bei Hunden machte sich indes nach J. Munk ein derartiger Einfluß nicht geltend.

[2]) U. S. Depart. of Agric. Bull. 98. Washington 1901; Zeitschr. f. Untersuchung d. Nahrungs- u. Genußmittel 1902, **5**, 976.

[3]) Office of Experim. Stations Bull. 117. Washington 1902.

[4]) Archiv f. Hygiene 1902, **45**, 409.

Tag, andererseits vorwiegend auf die Zeit während und nach der Nahrungsaufnahme; van de Weyer und Wyborg[1]) dagegen ließen 2 Personen vor jeder der zwei Hauptmahlzeiten einerseits gewöhnliches Trinkwasser, andererseits Mineralwasser (den alkalisch-eisenhaltigen Säuerling von Spa), nämlich je 450 bzw. 270 ccm, einnehmen. In beiden Fällen wurde eine Erhöhung der Ausnutzung der Nahrung beobachtet, nämlich:

Erhöhung der Ausnutzung durch	Trocken-substanz	Stickstoff-Substanz	Fett	Kohlen-hydrate	Mineral-stoffe
1. Reichliche Wasseraufnahme gegenüber einer mäßigen	0,9%	2,0%	0,6%	0,3%	7,3%
2. Mineralwasser gegenüber gewöhnl. Wasser	—	2,1%	?	1,2%	—

Hiernach hat reichlicher Wassergenuß während der Nahrungsaufnahme eher fördernd als hemmend auf die Verdauung gewirkt. Das Ergebnis ist um so auffälliger, als ein Teller Suppe, die durchweg noch verdauungsanregende Stoffe enthält, die Verdauung, wie Ružička angibt, beeinträchtigt hat. Allgemein gilt trockenes Essen (ohne gleichzeitigen Genuß von wesentlichen Mengen von Wasser und Getränken) als am bekömmlichsten.

Für Mineralwasser kann dagegen geltend gemacht werden, daß es durch seinen höheren Gehalt an Salzen und Kohlensäure die Absonderung der Verdauungssäfte zu befördern imstande ist.

8. Einfluß des Alkohols. Daß größere Mengen Alkohol in regelmäßigem Genuß zerstörend auf den Verdauungs- und ganzen Lebensvorgang wirken, bedarf keiner näheren Begründung. Es fragt sich nur, wie mäßige Mengen wirken. R. O. Neumann[2]) genoß in einer ersten Versuchsreihe eine Nahrung, die bei ihm Stickstoffgleichgewicht bewirkte[3]). In einem zweiten Versuchsabschnitt legte er dieser Grundnahrung von 20—100 g steigende Mengen Alkohol zu; in einem dritten Versuchsabschnitt ersetzte er 78 g Fett der Nahrung durch 100 g Alkohol von gleichem Calorienwert, während er in einem vierten Versuchsabschnitt den Fettgehalt einseitig um 76,8 g erhöhte. Der Gehalt an Protein von 112,79 g und der an Kohlenhydraten blieb in allen Versuchsabschnitten gleich. Die Ergebnisse waren folgende:

Versuchsabschnitt, Nahrung	In der Nahrung			Stickstoff-Substanz im Kot	Stickstoff-Substanz ausgenutzt		Gehalt an Stickstoff				Stickstoff am Körper
	Fett	Alkohol	Calorien im ganzen				im Kot	Harn	ausgeschieden im ganzen	in der Nahrung im ganzen	
	g	g	Cal.		g	Proz.	g	g	g	g	g
1. Normal	116,5	0	2590	17,68	95,06	84,32	2,83	15,15	17,98	18,04	+0,06
2. Mit Alkohol	116,5	100	3310	17,37	95,37	84,60	2,78	13,24	16,02	18,04	+2,02
3. Ersatz von Fett durch Alkohol	38,5	100	2583	17,25	95,49	84,71	2,76	15,49	18,25	18,04	—0,21
4. Erhöhte Menge Fett .	193,3	0	3304	17,68	95,06	84,32	2,83	12,79	15,62	18,04	+2,42

Hier hat eine Erhöhung der Calorien durch Alkohol fast die gleiche Menge Protein am Körper erspart wie die durch Fett, und bei Ersetzung des Fettes in der ein Stickstoffgleichgewicht bedingenden Nahrung durch Alkohol von gleichem Calorienwert konnte das Stickstoffgleichgewicht nahezu erhalten werden.

[1]) Ann. de la Soc. roy. des scienc. méd. et nat. de Bruxelles 1906, **15**, 31.

[2]) Archiv f. Hygiene 1899, **13**, 66; 1902, **41**, 85.

[3]) Die Nahrung bestand aus 200 g Ochsenfleisch, 400 g Roggenbrot, 90 g Schweinefett und 200 g kondensierter Milch mit zusammen 112,7 g Protein, 116,5 g Fett und 254,6 g Kohlenhydrate (zusammen = 2590 g Calorien).

Zu denselben Ergebnissen gelangen Offer[1]), Rosenfeld[2]) und Clopatt[3]); sie genossen in einem Vor- und Nachzeitabschnitt keinen Alkohol und ersetzten in einem mittleren Zeitabschnitt entweder einen Teil des Fettes durch eine entsprechende Menge Alkohol (60, 100 bis 120 g) oder legten letzteren der Nahrung zu; in allen Fällen konnte die proteinersparende Wirkung des Alkohols deutlich nachgewiesen werden; die Ausnutzung des Stickstoffs (bzw. der Stickstoffsubstanz) stellte sich bei den beiden ersten Versuchen wie folgt:

	Nach Offer wurden von 18,25 g Nahrungs-Stickstoff ausgenutzt			2. Nach Rosenfeld wurden von 11,73 g Nahrungs-Stickstoff ausgenutzt:		
	I. Ohne Alkohol	II. Mit Alkohol	III. Ohne Alkohol	I. Ohne Alkohol	II. Mit Alkohol	III. Ohne Alkohol
Menge.	15,71 g	15,65 g	15,67 g	9,96 g	10,81 g	10,59 g
Oder Proz.	86,08%	85,76%	85,87%	84,91%	92,24%	90,28%

Die Ausnutzung der Nahrung, wenigstens der Stickstoffsubstanz, wird hiermit durch den gleichzeitigen Genuß einer mäßigen Menge Alkohol nicht beeinträchtigt.

Die Proteinersparung durch Alkohol dagegen ist von vielen Seiten, besonders von R. Rosemann[4]), bestritten worden, bis letzterer selbst durch seinen Schüler K. Krieger[5]) hierfür direkt einen Beweis brachte. Krieger genoß eine Nahrung mit 17,2 g Stickstoff und 1855 Cal. (35 Cal. für 1 Körperkilo) und verrichtete dabei leichte wie schwere Arbeit (tägliche Radtour von 50 km); in einem Abschnitt der letzteren genoß er so viel Alkohol (1600 ccm Wein), als dem durch die Arbeitsleistung erhöhten Calorienbedarf entsprach. Der Stickstoffausgleich stellte sich in den einzelnen Versuchsabschnitten täglich wie folgt:

Leichte Arbeit ohne Alkohol	Schwere Arbeit ohne Alkohol	Zwischenzeit-abschnitt	Schwere Arbeit mit Alkohol	Nachzeitabschnitt
Vorversuch: 5 Tage	9 Tage	4 Tage	9 Tage	4 Tage
— 0,227 g	— 1,859 g	— 0,443 g	— 0,121 g	— 0,447 g

Hieraus geht hervor, daß der Alkohol in der Tat Protein am Körper erspart und ist es auch wahrscheinlich, daß er als Energiestoff an der Arbeitsleistung beteiligt gewesen ist.

9. Einfluß der Borsäure und des Borax. Aus vielen Versuchen, so von Forster und Schlenker[6]), Chittenden und Gies[7]), Liebreich[8]), A. Hefter[9]) und E. Rost[10]) mußte geschlossen werden, daß die Beigabe von Borsäure und Borax, die viel zur Haltbarmachung der Nahrungsmittel verwendet werden, in täglichen Mengen von 1—3 g in einer sonst gleichmäßigen Nahrung beim Menschen — in einigen Fällen nur beim Hund beobachtet — eine erhöhte Ausscheidung von Trockensubstanz, Stickstoffsubstanz, bzw. auch von Fett zur Folge hatte. R. O. Neumann[11]) konnte indes diese Ergebnisse nicht bestätigen; nach seinen bei sich selbst angestellten Versuchen, in welchen er 3 bzw. 5 g Borax in einer Nahrung von Fleisch, Brot, Schmalz und Zucker einnahm, blieb die Ausscheidung von Stickstoffsubstanz und Fett im Kot mehr oder weniger gleich.

[1]) Wiener klin. Wochenschr. **12**, 1009.
[2]) Therapie d. Gegenwart 1900, Februarheft.
[3]) Skandin. Archiv f. Physiol. 1901, **11**, 354.
[4]) Außer in Pflügers Archiv 1900/01, **78** vgl. Deutsche med. Wochenschr. 1900, Beilage 13, 83; ebendort 1899, Beilage 19, 303; ebendort 1898, Beilage 19, 135; ebendort 1901, Nr. 3, 47. Ferner Zeitschr. f. diät. u. physikal. Therapie 1900, I, 700; ebendort 1898, I, 138. Ferner Deutsche med. Wochenschr. 1898, Beilage 36, 272; 1899, Nr. 19, 303.
[5]) K. Krieger, Inaug.-Dissert. Münster i. W. 1913 u. Pflügers Archiv f. d. ges. Physiol. 1913, **151**, 479.
[6]) Archiv f. Hygiene 1884, **2**, 75.
[7]) Amer. Journ. of Physiol. 1898, **1**, 1.
[8]) Vierteljahrsschr. f. gerichtl. Medizin 1900, 83.
[9]) Arbeiten a. d. Kaiserl. Gesundheitsamte 1903, **19**, 97.
[10]) Ebendort 1903, **19**, 1.
[11]) Ebendort 1903, **19**, 89.

Die Ausnutzung des Nahrungsstickstoffs war mehr oder weniger gleich geblieben; die Harnmenge schien durch die Beigabe der Borverbindungen zuzunehmen, aber ohne daß der Harnstickstoff erhöht gewesen wäre; der Stickstoffansatz am Körper war während der Beigabe von Borsäure und Borax eher etwas größer als geringer.

Dieser Widerspruch in den vorstehenden Ergebnissen bedarf jedenfalls noch der Aufklärung.

Auffallend ist die allgemein beobachtete Körpergewichtsabnahme während der Beigabe von Borsäure und Borax. Sie hat nach weiteren, von M. Rubner[1]) angestellten Respirationsversuchen mit und ohne Borsäure zweifellos ihren Grund in der erhöhten Wasserdampfabgabe (Lunge und Haut) und in dem erhöhten Stoffwechsel; der Mehrverbrauch an Energie durch die Beigabe der Borsäure — von Borax ist nach Rubner dasselbe anzunehmen — kann um 22%, der Umsatz an stickstofffreien Stoffen im Körper um 28,2—29,8% (also rund um 30%) erhöht werden.

Bemerkenswert ist ferner, daß die Borverbindungen im Körper aufgespeichert werden können; denn nach R. O. Neumann (l. c.) erforderte die vollständige Ausgabe von Borax nach mehrtägiger Einnahme 18 Tage; nach G. Sonntag[2]) war der Körper nach einmaliger Gabe von 3 g Borsäure erst nach 5, 8 und 9 Tagen von Borsäure befreit.

10. Bedeutung der Mineralstoffe für den Stoffwechsel. Die Minera stoffe sind nicht nur für den wachsenden Organismus zur Bildung des Blutes und zum Aufbau des Knochenskeletts sowie aller Gewebe und Organe erforderlich, sondern sie spielen auch für den ausgewachsenen Körper noch fortgesetzt eine wichtige Rolle, indem sie[3]):

a) die osmotische Spannung in den Zellen und Geweben, in Blut und Säften vermitteln und dadurch indirekte Träger von Energie sind;

b) die Reaktion des Blutes und der Gewebssäfte sowie den Ablauf vieler Fermentwirkungen, besonders im Verdauungskanal regeln;

c) als Katalysatoren, als Sauerstoffüberträger für die Oxydationen wirken und in die Zersetzung und Assimilation der organischen Stoffe, besonders der Proteine im Zellprotoplasma eingreifen;

d) die im lebenden Protoplasma ununterbrochen ablaufenden autochthonen Vergiftungs- und Entgiftungsvorgänge vermitteln, wobei sie sich durch ihren teilweisen Antagonismus das Gleichgewicht halten.

Im allgemeinen sind die Mineralstoffe in der Nahrung in solchen Mengen vorhanden, daß sie die vorstehenden Aufgaben zu erfüllen in der Lage sind. Nur für einzelne Fälle wird eine besondere Beigabe von Mineralstoffen neben der sonstigen Nahrung für zweckmäßig gehalten. Solche Mineralstoffe sind:

a) Kalk, Magnesia und ***Phosphorsäure.*** Die drei Mineralstoffe sind in erster Linie zum Aufbau des Knochengerüstes notwendig; sie sind aber auch an dem sonstigen Stoffwechsel beteiligt, wenn auch die frühere Ansicht, wonach die Umsetzung des Phosphors im geraden Verhältnis zu der des Stickstoffs stehen soll, nach neueren Untersuchungen nicht mehr zutrifft. Den Bedarf und die Ausscheidungswege der drei Mineralstoffe ersehen wir aus folgenden Angaben:

	Täglicher Bedarf eines Erwachsenen	Davon wurden ausgeschieden im Harn	Kot
Kalk	1,0—1,5 g	5—10%	95—90%
Magnesia	0,4—0,6 „	20—40%	80—60%
Phosphorsäure (P_2O_5)	2,5—4,5 „	60—80%	40—20%

Der Bedarf an Magnesia in der Nahrung ist daher viel geringer als der an Kalk; in den Knochen und Geweben kommen auch auf 1 Teil Magnesia rund 10 Teile Kalk. Unter pathologischen

---

1) Arbeiten a. d. Kaiserl. Gesundheitsamte 1903, **19**, 70.

2) Ebendort 1903, **19**, 110.

3) Vgl. A. Albu und C. Neuberg, Der Mineralstoffwechsel. Berlin, Jul. Springer, 1906, S. 168.

Verhältnissen, vorwiegend bei Knochenkrankheiten (Osteomalacie und Rachitis)[1]), kann eine erhöhte Ausfuhr dieser Mineralstoffe, besonders von Kalk, oder eine zu geringe Ausnutzung des verabreichten Kalkes und der Phosphorsäure statthaben, so daß eine besondere Beigabe dieser Mineralstoffe neben der sonstigen Nahrung oder eine Hebung der Verdauungstätigkeit notwendig bzw. wünschenswert erscheint. Der Gehalt einiger wichtigen Nahrungsmittel an den drei Mineralstoffen ist folgender für 1 kg:

Tierische Nahrungsmittel				Pflanzliche Nahrungsmittel			
Nahrungsmittel	Kalk g	Magnesia g	Phosphorsäure g	Nahrungsmittel	Kalk g	Magnesia g	Phosphorsäure g
Knochen	128,60	11,60	198,86	Graubrot	0,15	0,13	1,21
Fleisch	0,25	0,32	3,71	Weizenmehl	0,36	0,38	2,49
Blut	0,11	0,06	0,69	Reis (geschält)	0,12	0,45	2,14
Frauenmilch	0,48	0,06	0,66	Bohnen, Erbsen	1,49	2,24	10,71
Kuhmilch	1,58	0,17	1,89	Kartoffeln	0,29	0,51	1,91
Käse (Fett-)	19,75	0,89	22,49	Weißkraut	4,47	0,48	3,25
Eier	0,75	0,08	2,59	Spinat	2,02	1,08	3,35

Hiernach enthalten Fleisch, Getreidemehl, Reis, Kartoffeln und Hülsenfrüchte mehr Magnesia als Kalk und in einem anderen Verhältnis, als unser Körper sie bedarf, während der Gehalt der Nahrungsmittel an Phosphorsäure allgemein in dem Verhältnis höher ist, wie der Körper sie verlangt. Es fehlt daher der menschlichen Nahrung eher an Kalk als an Magnesia und Phosphorsäure und empfehlen Emmerich und Loew bei der Brotbereitung auf 1 kg Weizenmehl 2,9 g Kalk in Form von Chlorcalcium zuzusetzen[2]). In anderen Fällen wird sich auch, besonders in der Zeit des starken Wachstums, ein Zusatz von 2- bzw. 3basischem Calciumphosphat empfehlen. Aus dem Grunde empfahl J. v. Liebig s. Zt. als Lockerungsmittel für die Brotbereitung Natriumbicarbonat und saures (Mono-) Calciumphosphat anzuwenden[3]).

b) Eisen. Bei der Blutarmut (Anämie), sowohl bei der typischen Bleichsucht, der Chlorose, wie auch bei der Blutarmut nach Blutverlusten, ferner bei der Blutleere (Leukämie) glaubt man die mangelhafte Blutbildung bzw. -beschaffenheit auf Mangel an Eisen in der Nahrung oder mangelhafte Verdauung zurückführen und durch Beigabe von Eisen zur Nahrung heben zu können. Als künstliche Eisennährmittel sind für den Zweck eine ganze Anzahl unorganischer Eisensalze und organischer Verbindungen (Hämoglobin, Hämatogen, Hämatin usw.) in Gebrauch. Letztere müssen als verwickelt zusammengesetzte Proteine zunächst vollständig abgebaut werden, damit das in ihnen enthaltene Eisen zur Wirkung gelangen kann. Aus dem Grunde sind nach E. Abderhalden die unorganischen Nährsalze wirksamer.

[1]) Die Knochenkrankheiten werden auf vorwiegend drei Ursachen zurückgeführt, nämlich: entweder auf Kalkarmut in der Nahrung oder mangelhafte Ausnutzung des Kalkes in der Nahrung oder auf verringerte Alkalescenz des Blutes infolge Überganges freier Säuren (Milchsäure u. a.) in dieses, wodurch die Kalksalze in den Knochen gelöst werden, oder darauf, daß, wie andere Physiologen meinen, bei Osteomalacie auch eine Funktionsstörung der Ovarien oder eine Erkrankung der Schilddrüse eintritt.

[2]) Emmerich und Loew berechnen z. B., daß in einem Mittagsmahl von 500 g Fleischsuppe, 300 g Fleisch, 250 g Kartoffeln, 50 g Butter, 60 g Brot und 500 g Bier nur 0,214 g Kalk enthalten sind.

[3]) In anderen Fällen können auch kalkreiche Nahrungsmittel (Kuhmilch, Käse, Gemüse) zur Anreicherung mit Kalk dienen. Hierbei ist allerdings zu berücksichtigen, daß diese verhältnismäßig schwer zu verdauen sind, was besonders bei Kindern von der Kuhmilch gegenüber der leichtverdaulichen Frauenmilch gilt.

Vielfach werden die unorganischen Eisensalze als Magenmittel (Stomachicum) aufgefaßt, die nur eine geregelte Verdauung der in der Nahrung genügend vorhandenen Eisenverbindungen bewirken sollen.

Verschiedene Untersuchungen über den Eisengehalt der Nahrungsmittel (von Bunge, Häusermann u. a.) ergaben für 100 g Trockensubstanz:

	Eisen		Eisen
1. Blutserum und Eiereiweiß	0—Spur mg	7. Rote Kirschen	10,0—10,5 mg
2. Milch, Reis, Graupen, Weizenmehl Nr. 0	1,0—1,9 ,,	8. Äpfel, Kohl (äußere Blätter)	13,2—16,5 ,,
3. Feigen, Himbeeren	2,0—4,0 ,,	9. Rindfleisch	16,6 ,,
4. Haselnüsse, rohe Gerste, Kohl (innere Blätter), Roggen, geschälte Mandeln	4,0—5,0 ,,	10. Spargel	20,0 ,,
5. Weizen, Heidelbeeren, Kartoffeln, Erbsen	5,0—6,5 ,,	11. Eidotter (Eigelb)	10,4—23,9 ,,
6. Kirschen (schwarze), Bohnen, Erdbeeren, Karotten, Linsen	7,0—9,5 ,,	12. Spinat	32,7—39,1 ,,
		13. Kopfsalat, Winterkohl	54,7—55,0 ,,
		14. Schweineblut	226 ,,
		15. Hämatogen	290 ,,
		16. Hämoglobin	340 ,,

Man sieht hieraus, daß Reis, der innere Mehlkern der Getreidearten und Milch zu den eisenärmsten Nahrungsmitteln gehören; hieraus erklärt sich vielleicht, daß Kinder und weibliche Personen, die sich vorwiegend mit Milch und Weißbrot ernähren, häufig an Bleichsucht leiden und daß Milch, die gern hiergegen verordnet wird, die Bleichsucht befördert.

Eisenreich dagegen sind: Rindfleisch, Eigelb, Spinat und alle grünen, d. h. chlorophyllhaltigen pflanzlichen Nahrungsmittel und würden diese bei Bleichsüchtigen in erster Linie in der anzuordnenden Nahrung mit zu berücksichtigen sein[1]).

*c) **Kochsalz.*** Das Kochsalz, im gewöhnlichen Leben schlechtweg „Salz" genannt, spielt sowohl für die Verdauung als auch für den Säftestrom und die osmotischen Vorgänge im Körper eine große Rolle.

Das Kochsalz hat eine größere Wasseraufnahme zur Folge und erhöht die Säfteströmung; mit letzterer findet auch eine erhöhte Proteinumsetzung statt und finden wir nach Kochsalzgenuß eine vermehrte Harnstoffausscheidung. Aber nicht diese Umstände sind es, welche dem Kochsalz in unserer Nahrung einen hohen Wert beilegen, es hat nach den Untersuchungen von G. Bunge noch eine weit wichtigere Aufgabe. Kochsalz ist mehr oder minder in allen Nahrungsmitteln, in pflanzlichen sowohl wie in den tierischen, enthalten. Aber die pflanzlichen Nahrungsmittel enthalten im Verhältnis zum Natron viel mehr Kali als die tierischen Nahrungsmittel. Während z. B. die tierischen Stoffe auf 1 Äquivalent (23) Natrium 1—3 Äquivalente Kalium (39,1) enthalten, kommen bei den pflanzlichen Nahrungsmitteln (Weizen, Roggen, Bohnen, Erbsen usw.) auf 1 Äquivalent Natrium 10—20 Äquivalente Kalium[1]). Dementsprechend nimmt der Pflanzenfresser in seiner täglichen Nahrung im Verhältnis zum Natron viel mehr Kali auf als der Fleischfresser; nach den Berechnungen G. Bunges enthält die tägliche Nahrung:

	Kali	Natron	Chlor
1. Für 1 kg Fleischfresser:			
Bei Ernährung mit Rindfleisch	0,1820 g	0,0355 g	0,0310 g
,, ,, ,, Mäusen	0,1434 ,,	0,0743 ,,	0,0652 ,,
2. Für 1 kg Pflanzenfresser:			
Bei Ernährung mit Klee	0,3575 ,,	0,0226 ,,	0,0433 ,,
,, ,, ,, Rüben und Haferstroh	0,2923 ,,	0,0674 ,,	0,0603 ,,
,, ,, ,, Riedgräsern	0,3353 ,,	0,0934 ,,	0,0739 ,,
,, ,, ,, Wicken	0,5523 ,,	0,1102 ,,	0,0596 ,,

---

[1]) Durch besondere Zufütterung von Eisen an Kühe wurde der Eisengehalt der Milch nach genauen Bestimmungen S. 171) nicht oder nur ganz unwesentlich erhöht; dagegen soll durch Düngung mit Eisensalzen bei Spinat der Eisengehalt (S. 453) erhöht werden können. Für gewöhnlich enthält aber der Boden genug Eisen zur Versorgung der Pflanzen.

Hiernach nehmen Fleisch- und Pflanzenfresser für dieselbe Gewichtseinheit (1 kg Körpergewicht) annähernd dieselben Mengen Chlor und Natron in der Nahrung zu sich, nur die Kalimengen sind verschieden; sie sind in der Nahrung der Pflanzenfresser bedeutend überwiegend.

Wirkliche Versuche mit Kali- und Natronsalzen als Zugabe zur Nahrung ergaben aber, daß eine erhöhte Aufnahme von Kalisalzen eine erhöhte Ausscheidung von Natronsalzen zur Folge hatte, wie umgekehrt die Natronsalze eine Mehrausscheidung von Kalisalzen bewirkten.

Eine erhöhte Zufuhr von Kalisalzen muß somit die Ausscheidung des Natrons aus dem Blut begünstigen und den Körper daran ärmer machen. Die pflanzlichen Nahrungsmittel und gerade die, welche der Mensch vorzugsweise genießt [Getreide, Hülsenfrüchte, Kartoffeln[1]) usw.], sind im Verhältnis zu den tierischen Nahrungsmitteln sehr reich an Kali; ihr Gehalt an Kochsalz ist zu gering, um den gesteigerten Verlust zu decken; deshalb muß bei vorwiegender Pflanzenkost dem Körper Kochsalz als solches, damit er nicht daran verarmt, zugeführt werden.

Mit diesen Versuchen und Schlüssen steht die Tatsache im Einklang, daß das Kochsalz als solches vorzugsweise von den Volksklassen beliebt und begehrt wird, welche sich vorwiegend von Pflanzenkost ernähren, daß dagegen die nur von Fleisch und tierischen Stoffen lebenden Volksstämme (z. B. die Jäger-, Fischer- und Hirtenstämme in Nordasien) kein Bedürfnis nach Kochsalz zeigen.

Ermittlung der Verdaulichkeit bzw. Ausnutzung der Nahrungsmittel und Nahrung. Die Ausnutzung der Nahrungsmittel und Nahrung wird dadurch gefunden, daß man die Gesamtmenge und die der einzelnen Bestandteile für die eingenommene Nahrung und für den dieser entsprechenden Kot feststellt, letztere Menge von der in der Nahrung abzieht und aus der Differenz zwischen Einnahme und Ausgabe die verdauliche bzw. die vom Körper ausgenutzte Menge der Nahrung erfährt (vgl. S. 136). Bestimmt man gleichzeitig die Menge des Harns und seinen Stickstoffgehalt, so kann man durch Vergleich der Menge des Stickstoffs im Harn + Kot mit der in der Nahrung leicht erfahren, ob Stickstoff (d. h. Stickstoffsubstanz, Protein) im Körper angesetzt oder von ihm abgegeben oder ob bei Gleichheit der Menge Stickstoffgleichgewicht vorhanden gewesen ist. Denn außer im Kot und Harn scheidet der Körper keine wesentlichen Mengen Stickstoffverbindungen aus; die durch den Atem und die Haut etwa verdunsteten Mengen Ammoniak sind nur äußerst gering und gasförmiger Stickstoff tritt nur ausnahmsweise — bei abnormer Bakterientätigkeit im Darm, bei Genuß größerer Mengen Salpetersäure — auf.

So einfach dieses Verfahren auch seinem Wesen nach ist, so schwierig ist doch seine Ausführung im einzelnen. Denn sowohl die genaue Feststellung und Untersuchung der eingenommenen Nahrung als die Abgrenzung des der Nahrung entsprechenden Kotes erfordert größte Umsicht und Erfahrung. Es muß dieserhalb auf die Ausführungen im III. Bd., 1. Teil, 1910, S. 713 verwiesen werden.

Noch schwieriger wird die Ausführung, wenn der Gesamtstoffwechsel ermittelt werden soll. Es müssen dann auch die gasförmigen Einnahmen und Ausgaben (Sauerstoff, Kohlensäure, Wasserdampf, Wasserstoff, Sumpfgas) genau bestimmt werden, was nur mit Hilfe des Respirationsapparates möglich ist (vgl. III. Bd., 1910, 1. Teil, S. 719). Mit Hilfe dieser Größen läßt sich dann nicht nur die Menge, sondern auch die Art des Um- und Ansatzes berechnen. Der respiratorische Quotient $\frac{CO_2}{O_2}$ gibt z. B., wenn er gleich 1 ist, an, daß vorwiegend Kohlenhydrate verbraucht sind, daß dagegen, wenn er kleiner als 1 (etwa 0,7—0,8) ist, vorwiegend entweder Fette oder Proteine abgebaut und oxydiert sein müssen, weil sie zur Oxydation einer größeren Menge Sauerstoff als die Kohlenhydrate bedürfen.

---

[1]) In je 1 kg der natürlichen Nahrungsmittel sind z. B. enthalten:

Tierische Nahrungsmittel	Kali	Natron	Pflanzliche Nahrungsmittel	Kali	Natron
Blut	0,85 g	3,40 g	Getreidemehle	3,50 g	0,30 g
Fleisch (fettarm)	4,45 „	0,50 „	Hülsenfrüchte	11,20 „	1,00 „
Milch	1,77 „	0,59 „	Kartoffeln	6,01 „	0,30 „
Eier	1,11 „	1,53 „	Kohlarten	5,13 „	0,81 „

Wärmewert der Nahrungsmittel.

Der menschliche Körper, der im Mastdarm eine Temperatur von 37°, im Blut von 38 bis 39° besitzt, verliert einerseits durch Wärmeabstrahlung an die kältere Außenluft fortgesetzt Körperwärme; andererseits erfordert die Wasserverdunstung von der Haut und durch die Lungen wie nicht minder die Erwärmung der eingeatmeten Luft und der genossenen Speisen auf die Körpertemperatur eine fortgesetzte Wärmezufuhr. Die auf diese Weise erforderliche Wärme beträgt rund 2 500 000 Wärmeeinheiten (cal.)[1]) und verteilt sich nach K. Vierordt[2]) wie folgt:

a) Erwärmung der Atemluft. Der erwachsene Mensch atmet im Tag etwa 10 000 l oder rund 13 000 g Luft ein bzw. aus. Die Temperatur der eingeatmeten Luft beträgt durchschnittlich etwa 12°, während die ausgeatmete Luft etwa 37° hat. Es muß daher die eingeatmete Luft um etwa 25° erwärmt werden. Da Luft eine Wärmekapazität von 0,26 (Wasser = 1) besitzt, so beträgt dieser Wärmeaufwand bzw. Verlust:

$$13\,000 \times 25 \times 0{,}26 = 84\,500 \text{ cal.}$$

b) Erwärmung der Nahrung oder Wärmeabgabe in Urin und Kot. Urin und Kot verlassen den Körper durchweg mit einer Temperatur von 37°. Da wir die Nahrung nur mit einer durchschnittlichen Temperatur von etwa 12° zu uns nehmen, so beträgt die in diesen Ausscheidungen (etwa 2000 g für den Tag) abgegebene Wärmemenge:

$$2000 \times 25 = 50\,000 \text{ cal.}$$

c) Wasserverdunstung von der Haut. Wenn Wasser aus dem flüssigen Zustande in den gasförmigen übergeführt werden soll, ist Wärme notwendig; wir sagen daher auch wohl, beim Verdampfen des Wassers wird Wärme gebunden oder entsteht Kälte. Auch bei der Verdunstung des Wassers durch die Haut muß Wärme aufgewendet werden. Um 1 g flüssiges Wasser in Wasserdampf umzuwandeln, sind 582 Calorien erforderlich.

Da von der ganzen Körperoberfläche im Tage etwa 660 g Wasser verdunstet werden, so gibt demnach der Körper für diese Leistung her:

$$582 \times 660 = 384\,060 \text{ cal.}$$

d) Wasserverdunstung durch die Lungen. Durch die Lungen werden im Durchschnitt im Tage in der Atemluft 330 g Wasser gasförmig ausgeschieden; hierzu sind erforderlich:

$$582 \times 330 = 192\,060 \text{ cal.}$$

e) Wärmestrahlung der Haut. Wie bereits bemerkt, ist die Gesamtwärmeabgabe des menschlichen Körpers auf 2 500 000 Wärmeeinheiten für den Tag festgestellt worden. Ziehen wir die Summe der unter 1—4 genannten Wärmemengen, nämlich 710 680 cal. von dieser Größe ab, so erhalten wir als Rest die Wärme, welche der Körper durch Strahlung an die Luft abgibt. Sie beträgt 1 789 320 cal. und bedingt somit **den größten Wärmeverlust.**

Prozentual verteilt sich hiernach die Wärmeabgabe wie folgt:

	%		%	
Haut	87,0	Strahlung	71,5	
		Wasserverdunstung	15,5	23,2
Atem . . .	11,1	Wasserverdunstung	7,7	
		Erwärmung der Atemluft . . .	3,4	
Wärmeabgabe in Kot und Urin			2,0	

[1]) Unter „Wärmeeinheit" versteht man die Wärmemenge, welche erforderlich ist, um 1 g Wasser um 1° zu erwärmen, kleine Calorie (cal.), oder auch um 1 kg Wasser um 1° zu erwärmen, große Calorie (Cal.).

[2]) K. Vierordt, Grundriß der Physiologie des Menschen.

Die vorstehende Wärmemenge muß auf irgendeine Weise durch die zuzuführende Nahrung geliefert werden. Denn bei Entzug der Nahrung entnimmt der Körper die nötigen Nährstoffe seinem Bestande oder er hört zu leben auf, wenn letzterer erschöpft ist. Die aufgeführte Wärmemenge bezieht sich auch nur auf den ruhenden Organismus für seine regelmäßigen inneren Lebensvorgänge. Sobald der Organismus noch besondere Arbeit leisten soll, so muß ihm entsprechend mehr Nahrung zugeführt werden.

Die von den Nahrungsmitteln bzw. den Nährstoffen bei ihrer Oxydation gelieferte Wärme hängt einzig von ihrem Gehalt an Kohlenstoff und Wasserstoff ab. 1 g Kohlenstoff liefert bei der Oxydation zu Kohlensäure 8080, 1 g Wasserstoff bei der Oxydation zu Wasser 34 460 Wärmeeinheiten (cal.).

Die Proteine zerfallen bei ihrer Zersetzung zum größten Teil in Harnstoff, zum geringen Teil in Harnsäure (Fleischfresser) oder Hippursäure (Pflanzenfresser) und sonstige Stickstoffverbindungen. Aus 100 Teilen Protein können theoretisch 33,45 Teile Harnstoff entstehen, nämlich:

	C	H	N	O
100 Gewichtsteile Protein enthalten	53,53	7,06	15,61	23,80%
33,45 „ daraus entstehender Harnstoff	6,69	2,23	15,61	8,92 „
Stickstofffreier Rest	46,84	4,83	—	14,88%

Dieser „stickstofffreie Rest“ der Proteine kann entweder direkt verbrannt oder erst in Fett umgewandelt werden und auf diese Weise ebenfalls Wärme liefern, während die Verbrennungswärme des ausgeschiedenen Harnstoffs, 2542 cal. für 1 g, für tierische Energiezwecke verlorengeht.

Die künstliche Verbrennung der Nährstoffe bzw. der Nahrungsmittel lieferte u. a. folgende Wärmewerte (cal.) für 1 g Substanz[1]):

1. Wärmewert der Proteine (wasser-, fett- und aschefrei).

Tierische Proteine		Pflanzliche Proteine[2])	
Serumalbumin	5942 u. 5832	Legumin	5600, 5632 u. 5793
Eieralbumin	5735 u. 5687	Vicillin	5683
Blutfibrin	5637, 5529 u. 5709	Glycinin	5668
Hämoglobin	5885 u. 5910	Phaseolin	5726
Milchcasein	5859, 5426 u. 5742	Conglutin (4)	5436 (5355—5542)
Syntonin	5908	Edestin	5657
Vitellin	5745 u. 5781	Globulin (Baumwollsamen)	5596
Eidotter (entfettet)	5841	Desgl. (Weizen)	5358
Fleisch entfettet:		Excelsin	5737
Warmblüter (22)	5629 (5581—5735)	Gliadin	5738
Kaltblüter (Fische 9) . .	5695 (5619—5736)	Glutenin	5704

Im Mittel ergeben sich aus diesen und noch einigen anderen Bestimmungen für 1 g tierische Proteine 5765, für 1 g pflanzliche Proteine 5648 cal., also für letztere wegen des durchschnittlich niedrigeren Gehaltes an Kohlenstoff etwas weniger. Als Mittel von beiden würden sich 5707 cal. herausstellen. Da 1 g Protein 0,3345 g Harnstoff (mit 2542 cal. und

[1]) Die Bestimmungen wurden ausgeführt von M. Rubner (Zeitschr. f. Biol. 1885, **21**, 200; 1894, **30**, 73), besonders von Fr. Stohmann u. Mitarbeitern (Journ. f. prakt. Chemie 1885, **31**, 273; **32**, 93, 407, 420; 1890, **42**, 361; 1891, **44**, 336; 1892, **45**, 305), Th. B. Osborne (E. Abderhalden, Biochem. Handlexikon 1911, S. 1ff.), A. Köhler (Zeitschr. f. physiol. Chemie 1900/01, **31**, 479, für Fleisch warmblütiger Tiere) und A. Splittgerber u. J. König (Bedeutung der Fischerei für die Fleischversorgung im D. R. 1909, S. 141, für Fischfleisch). In diesen Quellen ist auch die sonstige Literatur angegeben, weshalb ich mich mit der Aufführung dieser Quellen begnüge.

[2]) Vorwiegend Globuline.

0,021 g cal. Lösungswärme) liefert, so würden von 5707 cal. 851 + 14 cal. abzuziehen sein, so daß 5707 — 865 = 4842 Wärmeeinheiten für 1 g Protein als verwendbar übrigbleiben würden. Nach M. Rubner gehen 19,5% des Wärmegehaltes des Proteins in den Harn über, wonach nur $\frac{5707 \times 80,5}{100} = 4594$ cal. verwendbar bleiben würden.

2. Den Proteinen nahestehende Stickstoffverbindungen.

Elastin	5961	Chondrin	5131 u. 5342
Wollfaser	5510 u. 5564	Ossein	5040 u. 5410
Hautfibroin	5355	Fibroin	4979 u. 5096
Pepton[1]	5299	Chitin	4650 u. 4655

3. Abkömmlinge der Proteine und sonstige Stickstoffverbindungen.

Glykokoll ($C_2H_5NO_2$)	3129 u. 3133	d, l-Phenylalanin ($C_9H_{10}NO_2$)	6752
Alanin ($C_3H_7NO_2$)	4355 u. 4371	Asparagin ($C_4H_8N_2O_3$)	3514 u. 3397
Leucin ($C_6H_{13}NO_2$)	6525 u. 6536	Kreatin, kryst. ($C_4H_9N_3O_2 \cdot H_2O$)	3714
Sarkosin ($C_3H_7NO_2$)	4506	Desgl., wasserfrei	4275
Hippursäure ($C_9H_9NO_3$)	5668 u. 5659	Harnsäure ($C_5H_4N_4O_3$)	2750 u. 2754
Asparaginsäure ($C_4H_7NO_4$)	2899 u. 2911	Guanin ($C_5H_5N_5O$)	3892
Glutaminsäure ($C_5H_9NO_4$)	3702	Coffein ($C_8H_{10}N_4O_2$)	5231
Harnstoff (CH_4N_2O)	2542 u. 2530		

4. Fette, Fettsäuren und deren Ester (nach Stohmann).

Tierische Fette[2]:		Dibrassidin	9484
Gewebsfette, von Warmblütern (8) (9464—9492 cal.), Mittel	9485	Tribrassidin	9714
Kuhbutterfett	9231	Palmitinsäurecetyläther	10153
Fischfette (4) 9273—9416, Mittel	9342	*Alkohol:*	
		Glycerin ($C_3H_8O_3$)	4317
Pflanzenfette:		Äthylalkohol	6981 u. 7183
Leinöl	9323	Cetylalkohol ($C_{16}H_{34}O$)	10348
Olivenöl	9328 u. 9471		
Mohnöl	9442	*Fettsäuren:*	
Rüböl	9489 u. 9619	Caprinsäure ($C_{10}H_{20}O_2$)	8463
Erdnußöl (nach O. Kellner)	9474	Laurinsäure ($C_{12}H_{24}O_2$)	8844
		Myristinsäure ($C_{14}H_{28}O_2$)	9134
Ester:		Palmitinsäure ($C_{16}H_{32}O_2$)	9226
Trilaurin ($C_{39}H_{74}O_6$)	8930	Stearinsäure ($C_{18}H_{36}O_2$)	9429
Trimyristin ($C_{45}H_{86}O_6$)	9196	Behensäure ($C_{22}H_{44}O_2$)	9801
Dierucin ($C_{47}H_{88}O_5$)	9519	Erucasäure ($C_{22}H_{42}O_2$)	9739
Trierucin ($C_{69}H_{128}O_6$)	9742	Behenolsäure ($C_{22}H_{40}O_2$)	9672

Die mittlere Verbrennungswärme der Fette in der menschlichen Nahrung wird man daher für 1 g auf rund 9300,0 cal. veranschlagen können.

---

[1]) Das Pepton war aus Blutfibrin mit 5630,1 cal. hergestellt; es hat daher infolge von Wasseranlagerung eine geringere Verbrennungswärme als der zugehörige Proteinstoff.

[2]) Die letzten Versuche Stohmanns über die Verbrennungswärme der Fette (tierische Fette) im verdichteten Sauerstoff ergaben um 1,4% höher liegende Werte als nach dem ersten, dem Kaliumchloratverfahren; die Verbrennungswärmen der Pflanzenfette werden daher auch wohl noch etwas höher liegen. Auch ergaben die letzten Versuche, daß durch Ranzigwerden der Fette die Verbrennungswärme entsprechend der gebildeten Menge freier Fettsäuren abnimmt.

5. Kohlenhydrate.

Pentosen:

Arabinose $C_5H_{10}O_5$	3714 u. 3722
Xylose „	3740 u. 3746
Rhamnose $C_6H_{12}O_5$	4379
Desgl., kryst. $C_6H_{12}O_5 \cdot H_2O$	3909
Fucose $C_6H_{12}O_5$	4341

Hexosen (Monosaccharide):

d-Glykose $C_6H_{12}O_6$	3762 u. 3743
d-Fructose „	3755
Galaktose „	3721
Sorbose „	3714

Disaccharide:

Rohrzucker $C_{12}H_{22}O_{11}$	3962 u. 3955
Milchzucker $C_{12}H_{22}O_{11}$	3951
Desgl., kryst. $C_{12}H_{22}O_{11} \cdot H_2O$	3737
Maltose $C_{12}H_{22}O_{11}$	3949
Desgl., kryst. $C_{12}H_{22}O_{11} \cdot H_2O$	3722
Trehalose $C_{12}H_{22}O_{11}$	3947
Desgl., kryst. $C_{12}H_{22}O_{11} \cdot 2\,H_2O$	3550

Trisaccharide:

Raffinose oder Melitose $C_{18}H_{32}O_{16}$	4021
Desgl., kryst. $C_{18}H_{32}O_{16} \cdot 5\,H_2O$	3400
Melecitose $C_{18}H_{32}O_{16}$	3914

Polysaccharide:

Stärke (nach Stohmann) $x\,(C_6H_{10}O_5)$	4182
Desgl. (nach Kellner)	4148
Dextrin $x\,(C_6H_{10}O_5)$	4112
Inulin $C_{36}H_{62}O_{31}$	4134
Cellulose $x\,(C_6H_{10}O_5)$	4185 u. 4185

Alkohole:

Erythrit $C_4H_{10}O_4$	4132
Pentaerythrit $C_5H_{12}O_4$	4859
Arabit $C_5H_{12}O_5$	4025
Mannit $C_6H_{14}O_6$	3998
Dulcit $C_6H_{14}O_6$	3976
Perseit $C_7H_{16}O_7$	3943

Phenole:

Quercit $C_6H_{12}O_5$	4294
Inosit $C_6H_{12}O_6$	3680

Nimmt man aus den 5 ersten Gruppen der durchweg in der menschlichen Nahrung vertretenen Kohlenhydrate (ohne Krystallwasser) das Mittel, so erhält man rund 3900 cal. für 1 g Kohlenhydrate; weil aber die Stärke in unserer Nahrung vorzuherrschen pflegt, so wird man den mittleren Verbrennungswert der Kohlenhydrate (bzw. der stickstofffreien Extraktstoffe) in den Nahrungsmitteln gleich rund 4000 cal. für 1 g setzen können.

6. Organische Säuren.

Oxalsäure $C_2H_2O_4$	571
Malonsäure $C_3H_4O_4$	1960
Bernsteinsäure $C_4H_6O_4$	3019
Weinsäure $C_4H_6O_6$	1745
Citronensäure $C_6H_8O_7$	2397
Benzoesäure $C_7H_6O_2$	6281
Salicylsäure $C_7H_6O_3$	5162

Es ist früher — so auch eine Zeitlang von J. v. Liebig — angenommen worden, daß sich die Nährstoffe im Tierkörper bezüglich des Wärmewertes anders verhalten als außerhalb des Körpers, weil sie in letzterem durchweg nicht glatt zu Kohlensäure und Wasser verbrennen, sondern Zwischenerzeugnisse bilden, die erst allmählich oder gelegentlich in die Endoxydationsstoffe zerfallen und auf diese Weise vielleicht mehr Wärme (bzw. Energie) liefern, als bei der rasch verlaufenden Verbrennung im Calorimeter. Abgesehen davon, daß eine solche Annahme vollständig dem Gesetz über die Beständigkeit der Energie widerspricht, hat auch M. Rubner durch direkte Versuche nachgewiesen, daß bei der Verbrennung der einzelnen Nährstoffe innerhalb und außerhalb des Körpers gleiche Wärmemengen (Energie) entstehen, nämlich unterhalb des kritischen Punktes und im Hungerzustande (Hund):

Verbrennung:	Fett	Syntonin	Muskelfleisch	Saccharose	Glykose	Stärke
Im Tierkörper	100	225	243	234	256	232
Im Calorimeter	100	213	235	235	255	229

In ähnlicher Weise fand O. Kellner durch Versuche beim Rind, daß bezüglich des physiologischen Nutzeffektes isodynam sind:

100 Erdnußöl = 178 Kleberprotein = 235 Stärke = 242 Strohstoff (Cellulose).

Die Nährstoffe liefern daher im Tierkörper dieselben Wärme- und Energiewerte und in demselben Verhältnis wie bei der Verbrennung im Calorimeter.

Hierbei aber ist zu berücksichtigen, daß von dem zugeführten calorischen Wert der einzelnen Nährstoffe ein verschiedener Anteil in physiologisch nutzbarer Form dem Körper zugute kommt. Denn abgesehen davon, daß ein Teil der Calorien in Harn und Kot als unverwertet wieder ausgeschieden wird, wird ein Teil der Calorien für die Verdauungsarbeit verbraucht. So kommen von dem Gesamtwärmewert des aschen- und fettfreien Muskelfleisches (Proteine) = 545,7 (Cal. für 100 g) nach Abzug der im Kot und Harn ausgeschiedenen Calorien nur 400 Cal. oder 73,3% dem Körper wirklich zugute (vgl. auch unter Vorbegriffe S. 2), während die 940 Cal. von Fett und 395,5 Cal. von Saccharose (für je 100 g Substanz) keine wesentlichen Verluste im Kot und Harn erleiden, sondern dem Körper als vollwertig zugeführt werden. Aus dem Grunde setzt M. Rubner zur Berechnung des Calorieninhalts der Nahrungsmittel den Verbrennungswert von je 1 g zu:

Protein	Fett	Kohlenhydrate
4,1	9,3	4,1 Cal.

an, während die Kriegssanitätsordnung auch noch die bei der Verdauungsarbeit aufzuwendende Wärmemenge in Abzug bringt und folgende Werte annimmt:

3,4	9,0	3,7 Cal.

Letztere Werte für alle Nahrungsmittel anzuwenden, ist zweifellos nicht angängig; denn die Verdauung der pflanzlichen Nahrungsmittel erfordert viel größeren Wärmeaufwand als die der tierischen Nahrungsmittel, und unter den pflanzlichen Nahrungsmitteln sind die Leguminosen und Gemüsearten ungleich schwerer verdaulich als die Cerealien und ihre Erzeugnisse. Für die zur Verdauung der Nahrungsmittel vom Menschen aufzuwendende Wärme- (Energie-) Menge besitzen wir bis jetzt noch keinerlei Anhaltspunkte[1]). Es ist daher wohl am richtigsten, daß man die im Calorimeter gefundenen Verbrennungswärmen zugrunde legt, indem man für Protein den im Harn ausgeschiedenen Energievorrat in Abzug bringt, nämlich nach M. Rubner 19,5% des Proteins, also 5707 × 0,195 = 1112, so daß der dem Körper in 1 g Protein zugeführte Wärmeinhalt 5,707—1,112 = 4,595 Cal.[2]) beträgt. Da die menschliche Nahrung neben Stärke durchweg auch Zuckerarten und organische Säuren mit weniger als 4182 Calorien (Stärke) enthält, so können für Kohlenhydrate im allgemeinen nur 4,0 Cal. angesetzt werden und würden daher folgende Wärmewertsfaktoren

Protein	Fett	Kohlenhydrate
4,6	9,3	4,0

[1]) O. Kellner hat solche Unterlagen beim Pflanzenfresser geschaffen und gefunden, daß durch die Methangärung im Darm 10,1% bei der Stärke und 9,6% bei der Saccharose, durch Gärung und Fäulnis überhaupt 43,6% der Stärke und 54,8% der Saccharose verlorengehen, daß ferner der Verlust an potentieller Energie durch die Kau- und Verdauungsarbeit beträgt bei:

Körnerarten und Ölkuchen	Kleeheu	Weizenstroh
0—0,2%	30%	80%

Der Verlust ist also um so größer, je rohfaserreicher und schwerer verdaulich das Futtermittel ist. Wenn Stärke = 100 gesetzt wurde, so war das Verhältnis für die Verwertung als dynamische Energie, auf Fettansatz berechnet, wie folgt:

Protein	Fett	Saccharose	Stärke (Rohfaser)
95	223	71	100

[2]) Ich habe dafür früher 4,834 angesetzt, indem ich angenommen habe, daß aus 1 g Protein theoretisch 0,3428 g Harnstoff gebildet werden, der einen Wärmewert von 2,537 Cal. für 1 g besitzt. Der Faktor 4,1 für Protein von M. Rubner erklärt sich in der Weise, daß er außer den 19,5% Energieverlust im Harn den im Kot zu rund 10% angenommen hat, denn 5707 × 0,805 × 0,900 = 4,135. Für Fett und Kohlenhydrate nimmt M. Rubner keinen Energieverlust an und setzt deren Verbrennungswärme = 9,3 bzw. 4,1, was nicht gerechtfertigt ist, weil auch sie nicht restlos ausgenutzt werden.

für die dem Körper zugeführten Nährstoffe auf einer gleichmäßigen Grundlage beruhen. Indem man den Gehalt der Nahrungsmittel an rohen Nährstoffen mit diesen Faktoren multipliziert, erhält man die Roh-Calorien und durch Multiplikation der verdaulichen Nährstoffe hiermit die Rein-Calorien, z. B. für 1 kg Erbsen:

Rohnährstoffe		Verdauliche Nährstoffe	
Stickstoffsubstanz . . .	233,5 × 4,6 = 1074,1	Stickstoffsubstanz . . .	169,8 × 4,6 = 781,1
Fett	18,8 × 9,3 = 174,8	Fett	6,0 × 9,3 = 55,8
Kohlenhydrate	526,5 × 4,0 = 2106,0	Kohlenhydrate	458,5 × 4,0 = 1834,0
Summe der Rohcalorien	3354,9	Summe der Reincalorien	2670,9

Auf diese Weise erhält man wenigstens einen annähernden Ausdruck für den Calorieninhalt der Nahrungsmittel, aber auch nur einen annähernden; denn abgesehen davon, daß die Verdaulichkeit nur bei einigen wenigen Nahrungsmitteln direkt bestimmt ist und bei den anderen (meisten) mit größerer oder geringerer Wahrscheinlichkeit angenommen werden muß, setzen sich auch die einzelnen Nährstoffgruppen (Stickstoffsubstanz, Fett und Kohlenhydrate) nach ihrer jetzigen analytischen Bestimmung aus so mancherlei Komponenten mit verschiedenem Wärmewert zusammen, daß die Multiplikation des Gesamtausdrucks mit einer Wertszahl als recht unvollkommen erscheint. Die Stickstoffsubstanz z. B. wird durch Multiplikation des gefundenen Stickstoffs — unter Annahme von 16% darin — mit 6,25 berechnet. Die Amide, Basen u. a. enthalten aber durchweg viel mehr Stickstoff (S. 16) und kommen für die Energieabgabe im tierischen Körper vielfach überhaupt nicht in Betracht. Betain z. B. verläßt nach Völtz bei Hunden den Körper bis zu 89% als solches im Harn, Asparagin wird nach O. Kellner vom Wiederkäuer ganz in Harnstoff umgesetzt, während die Basen des Fleischextrakts den Körper ohne Energieabgabe verlassen (M. Rubner), oder die Gesamtstoffe des Fleischextrakts nur zu zwei Drittel dem Körper zugute kommen (Frentzel und Toryama). Aus dem Grunde wird der in vorstehender Weise für Stickstoffsubstanz (oder Protein) berechnete Wärmewert etwas zu hoch sein und der Fehler nur dadurch ausgeglichen, daß die Werte für Fette und Kohlenhydrate entsprechend zu niedrig sind[1]). Von einer Berücksichtigung des physiologischen Nutzungswertes sind wir noch vollends weit entfernt. Immerhin können die nach verdaulichen Nährstoffen berechneten Wärmewerte, die Rein-Calorien genannt werden mögen, bei Berechnung von Kostsätzen genügend sichere Anhaltspunkte liefern.

Bestimmung der Verbrennungswärme. Die Verbrennungswärme der Nährstoffe und Nahrungsmittel wird dadurch ermittelt, daß man diese in einer Sauerstoffatmosphäre unter Druck in Bomben, die mit Wasser umgeben sind, in den Calorimetern verbrennen läßt und aus der Erhöhung der Temperatur des umgebenden Wassers auf die entwickelte Wärmemenge schließt (vgl. III. Bd., 1. Teil 1910, S. 79). Auf gleichem Grundsatz beruht die Ermittlung der durch Genuß von Nahrungsmitteln im Tierkörper entwickelten Verbrennungswärme.

Nahrungsmittelbedarf des Menschen.

Für die Beurteilung der Bedeutung der einzelnen Nahrungsmittel ist es auch von Belang, kennenzulernen, in welcher Weise und in welcher Menge dieselben für die Ernährung des Menschen verwendet werden können bzw. sollen. Da entsteht denn die erste Frage, nämlich:

1. Soll die Nahrung des Menschen aus dem Tier- oder Pflanzenreich gedeckt werden?

Als Allesesser kann der Mensch sein Nahrungsbedürfnis aus Nahrungsmitteln sowohl des Tier- als Pflanzenreiches befriedigen. So genießen Jäger- und Hirtenvölker (z. B. Sa-

[1]) Versuche, den Wärmewert des eßbaren Teiles der einzelnen Nahrungsmittel direkt zu bestimmen, sind bis jetzt nur vereinzelt (z. B. bei Milch und Fleisch) ausgeführt und stoßen wegen der Vielseitigkeit derselben und wegen ihrer Zusammensetzung ebenfalls auf Schwierigkeiten.

mojeden, Kirgisen und Eskimos), die noch auf der niedrigsten Kulturstufe stehen, nur Erzeugnisse der Tierwelt, umgekehrt ganze Negerstämme ausschließlich Pflanzenkost. Die Hindus z. B. dürfen nicht mal Erzeugnisse aus dem Tierreich anrühren. Auch gibt es bei uns eine Gesellschaftsklasse, die Vegetarier, die in der strengsten Richtung behauptet, daß ähnlich wie für den Affen so auch für den Menschen eine ausschließliche Pflanzennahrung die naturgemäßeste sei. Die andere, weniger strenge Richtung der Vegetarier gestattet neben Pflanzenkost keinen Genuß von Fleisch, wohl aber den Genuß solcher tierischen Erzeugnisse, welche, wie Milch, Käse, Butter, Eier u. a. ohne Schlachtung der Tiere gewonnen werden.

Diesen äußersten Ernährungsrichtungen gegenüber ist zu berücksichtigen, daß der Mensch bezüglich der Verdauungseinrichtungen zwischen dem Fleisch- und Pflanzenfresser steht, also für ihn eine aus tierischen und pflanzlichen Nahrungsmitteln bestehende gemischte Nahrung am naturgemäßesten ist. Denn schon nach dem Gebiß steht der Mensch zwischen Fleisch- und Pflanzenfresser; es fehlen ihm der Vor- und Blättermagen der Wiederkäuer; die ganzen Verdauungsorgane machen beim Pflanzenfresser 15—20% des Körpergewichtes aus, während der Darmkanal beim Fleischfresser nur 5—6% des Körpergewichtes und beim Menschen 7—8% wiegt. Der Mensch nähert sich daher in seiner Verdauungseinrichtung eher dem Fleisch- als Pflanzenfresser.

Dann auch erfordern die pflanzlichen Nahrungsmittel eine viel größere Verdauungstätigkeit als die tierischen. Die pflanzlichen Nährstoffe (Protein, Stärke usw.) sind durchweg in Zellen mit festen Wandungen eingeschlossen und gestatten den Verdauungssäften nur schwer Zutritt. Die Zellwandungen (Rohfaser) üben einen Reiz auf die Darmwandungen aus und bewirken eine schnelle Entleerung des Darminhaltes und infolgedessen eine geringere Ausnutzung.

Diese mechanische Wirkung der pflanzlichen Nahrungsmittel wird noch unterstützt dadurch, daß bei massenhafter Einführung von Stärke und Zucker im Darm leicht eine Art Gärung oder Fäulnis entsteht, welche die Bildung von Säuren (Buttersäure) zur Folge hat. Diese bewirken ebenfalls eine verstärkte Darmbewegung und damit eine schnellere Entleerung bzw. schlechtere Ausnutzung des Inhaltes (vgl. S. 138). Die geringere Ausnutzung der pflanzlichen Nahrungsmittel bedingt aber weiter, daß man, um den vollen Bedarf an Nährstoffen zu decken, bei ausschließlicher Pflanzenkost dem Körper eine viel größere Masse zuführen muß, als bei gemischter Kost. So sind z. B., um dem Körper 110—130 g Protein zuzuführen, erforderlich:

Käse	270 g	Mais	1000 g
Fleisch (mager)	550 „	Schwarzbrot	1800 „
Erbsen	500 „	Reis	2000 „
Weizenmehl	900 „	Kartoffeln	5000 „

Das sind also bei Reis, Kartoffeln, Schwarzbrot, Mais Mengen, die wir kaum bewältigen können. Wenn nun auch durch Zusammenstellung proteinreicher Pflanzenstoffe (wie der Leguminosen, Erbsen, Bohnen usw.) mit proteinärmeren das Volumen der einzuführenden Pflanzenkost wesentlich herabgemindert werden kann, so folgt doch aus dem Gesagten, daß zur Befriedigung des Nahrungsbedürfnisses aus reiner Pflanzenkost ausgezeichnete Verdauungsorgane erforderlich sind, welche wir nur in den seltensten Fällen beim Menschen antreffen werden.

Die größere Anstrengung zur Bewältigung der Pflanzenkost bedingt aber einen Verlust an Kraft, die bei leichter verdaulicher Nahrung für andere Zwecke verwendet werden kann. Tatsächlich beweist, wie R. Virchow sagt, die Geschichte, „daß die höchsten Leistungen des Menschengeschlechtes von solchen Völkern ausgegangen sind, welche von gemischter Kost lebten und leben".

Aus diesen Gründen beziehen sich die nachstehenden Angaben auf eine gemischte, d. h. aus tierischen und pflanzlichen Nahrungsmitteln bestehende Kost.

2. **In welcher Weise soll der Nahrungsbedarf zum Ausdruck gebracht werden?**

Früher war es gebräuchlich, den Nahrungsbedarf des Menschen nur nach der erforderlichen Menge der drei Rohnährstoffe Protein, Fett und Kohlenhydrate anzugeben. Nachdem man dann die Verdaulichkeit für einzelne Nahrungsmittel festgestellt hat und für die anderen Nahrungsmittel mit mehr oder weniger Wahrscheinlichkeit berechnen kann, fügt man den Mengen der Rohnährstoffe die der verdaulichen Nährstoffe zu oder gibt nur diese an, indem man gleichzeitig den Wärmewert des Kostsatzes hinzufügt. So wurden in der täglichen Kost[1]) von 89 Arbeitern bei mäßiger Arbeit und durchweg freier Wahl der Nahrung im Mittel gefunden:

Lebendgewicht	Rohnährstoffe			Verdauliche[2]) Nährstoffe			Nährstoffverhältnis[3]) Nh : Nfr wie 1:	Calorien[4]) für	
kg	Protein g	Fett g	Kohlenhydrate g	Protein g	Fett g	Kohlenhydrate g		Rohnährstoffe	verdauliche Nährstoffe
70	105	63	466	89,6	56,7	432,0	5,6	2891	2650
1	1,5	0,9	6,5	1,28	0,81	6,17	5,6	41,3	37,9
Für 1 Körperkilo Calorien:									
Menge .	6,9	8,4	26,0	5,9	7,3	24,7	—	41,3	37,9
Verhältnis zueinander	17 :	20 :	63	16 :	19 :	65	—	52 :	48

Dadurch, daß der Nahrungsbedarf je nach der Lebenslage und -arbeit auf die Gewichtseinheit von 1 Körperkilo zurückgeführt wird, gewinnen die Zahlen an Einheitlichkeit und Übersichtlichkeit, und dadurch, daß man neben den Gewichtsmengen der Nährstoffe auch ihre Wärmewerte aufführt, ersieht man leicht, in welchem Verhältnis die einzelnen Nährstoffe an dem benötigten Calorien- (oder Energie-)Gehalt beteiligt sind.

Vielfach ist es gebräuchlich geworden, den Nahrungsbedarf nur in Calorien auszudrücken, indem man es für gleichgültig erklärt, in welcher Form die Calorien verabreicht werden. Von dieser Ansicht ausgehend würden z. B. vorstehende Mengen (2650) ausnutzbarer Calorien gedeckt werden können durch:

Fleisch, mittelfett	Milch	Butter	Schmalz	Brot	Kartoffeln
1,655 kg	3,943 kg	0,348 kg	0,300 kg	1,250 kg	3,100 kg

Hiernach sind also rund 350 g Butter isodynam mit rund 1700 g mittelfettem Fleisch und 3150 g Kartoffeln, d. h. man würde also bezüglich der Wärmezufuhr zum Körper mit 350 g Butter so weit kommen wie mit 1700 g Fleisch und 3150 g (etwa der zehnfachen Menge) Kartoffeln. Die Unmöglichkeit, nach diesem Grundsatz die Ernährung durchzuführen, leuchtet hier von selber ein; denn eine Menge von 1700 g Fleisch würden wir nur mit Unlust dauernd aufnehmen und die von 3150 g Kartoffeln dauernd nicht bewältigen können. Aber auch in engeren Grenzen können durch alleinige Berücksichtigung der Wärmewerte unhaltbare Ver-

---

[1]) Vgl. hierzu die Zusammenstellung von R. O. Neumann in Archiv f. Hygiene 1902, **45**, 1.

[2]) Für eine gemischte Nahrung kann man die Ausnutzung des Proteins zu 85%, die des Fettes zu 90% und die der Kohlenhydrate zu 95% annehmen.

[3]) Man bringt Fett durch Multiplikation mit 2,3 auf den Wert der Kohlenhydrate, addiert das Produkt zu dem Gehalt an letzteren und dividiert diese Summe durch den Proteingehalt.

[4]) Man multipliziert, wie S. 152 begründet wurde, den Gehalt an Protein (Roh- wie verdaulichem) mit 4,6, den an Fett mit 9,3 und den an Kohlenhydraten mit 4,0, addiert und erhält so die Summe entweder an Roh- oder Reincalorien.

hältnisse in den Kostvorschriften auftreten, da man dieselben Mengen „Calorien" durch recht verschiedene Mengen der einzelnen Nährstoffe erreichen kann; es ist aber, besonders für Krankendiät, gewiß nicht gleichgültig, ob man in einer Speise einmal 60,93 g, das andere Mal 36,39 g Protein verabreicht, oder dieselbe Calorienmenge einmal durch 114,93 g Fett und 332,12 g Kohlenhydrate, das andere Mal durch 178,91 g Fett und 191,50 g Kohlenhydrate erreicht. Jedenfalls genügt die alleinige Angabe von Wärmewerten in Kostsätzen nicht, um den Wert der letzteren für die Ernährung voll beurteilen zu können.

3. Wie groß soll die Proteinmenge in der Nahrung des Erwachsenen sein?

Über diese Frage ist und wird noch immer viel gestritten. Voit u. v. Pettenkofer forderten auf Grund ihrer umsichtigen Erhebungen der Kost der Arbeiter Münchens in der täglichen Nahrung des Erwachsenen (bei mäßiger Arbeit) 118 g Protein, 56 g Fett und 500 g Kohlenhydrate mit rund 3060 Rohcalorien. Dieser Kostsatz ist in der Folge vielfach angezweifelt und besonders die Menge von Protein als zu hoch bezeichnet worden. So fanden als ausreichend in der täglichen Kost von Erwachsenen bei Ruhe bzw. mittlerer Arbeit:

C. A. Meinert 72 g, Rechenberg 65 g, Demuth 55 g, Hirschfeld an sich selbst 43,5 g, 38,9 g und 38,4 g; Klemperer und Mitarbeiter konnten sich mit 33—40 g Protein ins Stickstoffgleichgewicht[1]) setzen, und Chittenden hält 48,75 g Protein in der Kost von Studenten und Athleten für genügend. Nach M. Hindhede kamen Arbeiter in Kopenhagen bei fast ausschließlicher Kartoffelnahrung und mittlerer Arbeit mit 31,25—37,50 g Protein in der Nahrung aus, und der Proteinumsatz — gemessen an der Stickstoffausscheidung im Harn — ging bei ihm selbst von einem Höchstbetrage von 35 g bei schwerer Arbeit auf 18 g bei leichter Arbeit ohne Nachteil herunter[2]).

H. C. Bowie fand aber bei acht erwachsenen Personen mit einem Körpergewicht von 60—112 kg vor ihrem Eintritt in das Heer den Proteinverbrauch — nach der Stickstoffausscheidung im Harn gemessen — zu 92,0 bis 147,0 g im Tag, und wenn man die von Hultgren und Landergren für schwedische, von W. O. Atwater für amerikanische Arbeiter bei freier Wahl ermittelten Kostsätze in Erwägung zieht, nämlich:

In der Tagesnahrung	Schwedische Arbeiter bei		Amerikanische Arbeiter bei			
	mittlerer Arbeit	schwerer Arbeit	geringer Arbeit	mittlerer Arbeit	angestrengter Arbeit	äußerst angestrengter Arbeit
Protein	134,4 g	188,6 g	125 g	150 g	175 g	200 g
Fett	79,4 „	101,1 „	125 „	150 „	250 „	350 „
Kohlenhydrate	485,0 „	673,1 „	450 „	500 „	650 „	800 „
Calorien	3466 Cal.[3])	4832 Cal.[3])	3520 Cal.	4060 Cal.	5705 Cal.	7355 Cal.

[1]) d. h. der in Kot und Harn ausgeschiedene Stickstoff war gleich dem in der Nahrung aufgenommenen.

[2]) M. Hindhede (Deutsches Archiv f. klin. Med. 1913, **111**, 366) nimmt an, daß der bei Kartoffelnahrung im Kot ausgeschiedene Stickstoff ausschließlich von Darmsäften herrühre und der im Harn ausgeschiedene Stickstoff als Maß für den Stickstoff-(bzw. Protein-)Bedarf angesehen werden könne. Diese Annahme ist aber nicht richtig. Denn wenn der Kotstickstoff auch nur von den Darmsäften herrührt, so ist er doch infolge der Nahrung dem Körper entzogen und muß durch die Nahrung indirekt wieder ersetzt werden. Der wirkliche Stickstoff-(bzw. Protein-)Bedarf ergibt sich daher stets aus der Summe von Harn- + Kotstickstoff.

[3]) Unter Zurechnung der Calorien aus 22,0 g und 24,7 g Alkohol.

also Mengen an Protein[1]), die bei weitem die unter deutschen Verhältnissen überwiegen, so kann man die ursprüngliche Forderung von Bischof, Voit und v. Pettenkofer gar nicht so übertrieben hoch finden, wie sie hingestellt werden. Nach A. Stosse verzehrten auf Grund von Ermittelungen bei 1065 belgischen Arbeitern, täglich an verdaulichen Nährstoffen:

	Protein in g			Fett in g			Kohlenhydrate in g			Calorien		
	85	85—100	105	60	60—99	99—150 und darüber	375	375 bis 599	über 600	3050	3500 bis 4000	über 4000
Anzahl der Arbeiter in Proz.	57,6	28,7	13,7	12,2	45,4	42,4	10,7	72,3	17,0	38,6	43,4	18,0

Diese unter ähnlichen klimatischen Verhältnissen gewonnenen Kostsätze nähern sich ebenfalls den obigen Forderungen, und wenn in einzelnen Fällen eine wesentlich geringere Menge Protein zur Herstellung des Stickstoffgleichgewichtes ausgereicht hat, so handelt es sich um Ausnahmen, die entweder durch die Individualität oder Gewohnheit (gleichsam besondere Trainierung des Körpers) bedingt waren oder sind. Demuth bezeichnet mit Recht alle Kostsätze, in denen die Proteinmenge für den Erwachsenen unter 90 g sinkt, als ungenügend, auch wenn die nötige Calorienmenge erreicht wird. Auch empfiehlt es sich, im Einzelfall und bei Massenernährungen eher etwas zu viel als zu wenig Protein zu verabreichen. Denn eine zu geringe, wenn auch nur um ein wenig zu geringe Menge Protein wird eine schlechtere Ausnutzung der Nahrung, eine Unterernährung bzw. einen Proteinverlust vom Körper hervorrufen, der sich nur allmählich wieder ersetzen läßt und bei Gesundheitsstörungen verhängnisvoll werden kann, während ein geringer Überschuß an Protein, wie M. Rubner sagt, als ein Sicherheitsfaktor anzusehen ist, ähnlich der Sicherheit einer Brücke, die stets stärker gebaut zu werden pflegt, als jemals die höchst zugelassene Belastung ausmacht[2]).

4. In welchem Verhältnis soll der Nahrungsbedarf durch tierische und pflanzliche Nahrungsmittel gedeckt werden?

In den ersten Lebensmonaten des Menschen kann der Nahrungsbedarf nur durch Milch gedeckt werden.

Im Durchschnitt wird man daher den täglichen Bedarf für den Stoffwechsel des Kindes im ersten Jahre für ein Körperkilo bei Aufnahme von 140—150 g Muttermilch oder durch ebensoviel Kuhmilch nach Zusatz von 5—6 g Milchzucker und nach Verdünnen mit einem Drittel Wasser wie folgt veranschlagen können:

Nahrung	Rohnährstoffe			Reinnährstoffe (verdaulich)			Calorien		Verhältnis der Calorien in Form von
	Protein g	Fett g	Kohlenhydrate g	Protein g	Fett g	Kohlenhydrate g	rohe Cal.	reine Cal.	Protein : Fett : Kohlenhydrate
Muttermilch	3,0	5,5	9,5	2,8	5,3	9,4	103	100	100 : 382 : 291
Kuhmilch unter Zusatz von Milchzucker	3,4	3,6	12,0	3,2	3,4	11,8	97	93	100 : 214 : 308

[1]) Ähnlich hohe Kostsätze fand neuerdings S. Sundström für 120 durchschnittlich 24 Jahre alte Studenten in Skandinavien und erwachsene Bauern in Finnland, nämlich:

	Protein	Fett	Kohlenhydrate	Calorien
Skandinavien	157 g	191 g	380 g	3984
Finnland	136 „	83 „	580 „	4000

[2]) In demselben Sinne spricht sich E. Abderhalden (Grundlagen der Ernährung. Berlin, Julius Springer 1917, S. 76—89) aus. Er hält eine tägliche Gabe von 120 g Protein für den Erwachsenen für zu hoch; man könne auch mit 80 g oder gar 60 g auskommen, aber man solle die Proteinmenge auch nicht unterschreiten; denn „wir befinden uns in der Lage einer Person, die gerade so viel verdient, daß sie mit Mühe und Not ihre Ausgaben decken kann. Sie bleibt so lange schuldenfrei, als nicht größere Ansprüche zu befriedigen sind. Eine einmalige Unterschreitung bewirkt, daß das mühsam aufrechterhaltene Gleichgewicht für immer in Unordnung gerät."

Selbstverständlich sind diese Zahlen den mannigfachsten Schwankungen unterworfen; der Stoffbedarf der Knaben ist z. B. für gleiches Körpergewicht durchweg etwas größer als der der Mädchen; auch richtet er sich nach der Individualität, nach Jahreszeit und anderen Ursachen.

Die Ernährung nur mit Muttermilch aber kann, wenn sie überhaupt erfolgt, selten durch das ganze Säuglingsalter durchgeführt werden. Meistens werden nach dem ersten Halbjahr mehr und mehr Kuhmilch oder Milchmehlsuppen nebenher verabreicht.

Auch später bildet die Milch durchweg einen geringen Bestandteil der Nahrung. Außerdem soll von der für den Erwachsenen erforderlichen Proteinmenge tunlichst ein Drittel in Form von tierischen Nahrungsmitteln (Fleisch) vorhanden sein. C. Voit forderte seinerzeit in der täglichen Nahrung eines Erwachsenen 230 g Fleisch mit etwa 18 g Knochen, 21 g anhängendem Fett und 191 g reinem Fleisch. Diese Menge dürfte auch bei ausreichendem Einkommen unter normalen Zeitverhältnissen im allgemeinen zutreffen. Das Fleisch kann von Warm- wie Kaltblütern herrühren; es kann aber auch abwechselnd ganz oder teilweise durch Käse, Milchspeisen oder durch aus Schlachtabfällen bereitete Wurst ersetzt werden.

So erhält man durch folgende Mengen Nahrungsmittel nahezu gleiche Proteinmengen, nämlich:

Nahrungsmittel	Rohnährstoffe			Verdauliche Nährstoffe			Wärme- (Energie-)		Preis[1]) im Kleinhandel
	Protein g	Fett g	Kohlenhydrate g	Protein g	Fett g	Kohlenhydrate g	Rohwerte Cal.	Reinwerte Cal.	Pfg.
100 g Fleisch (mittelfett)	19,0	8,0	0,3	18,2	7,5	0,3	163,0	154,6	25
550 „ Vollmilch	18,1	18,8	26,4	16,9	17,8	26,1	363,6	347,6	12
600 „ Magermilch	19,8	1,2	27,0	18,5	1,1	26,7	210,2	202,1	6
75 „ Fettkäse (Schweizer)	19,5	21,0	2,2	18,2	19,4	2,0	293,8	272,1	22
60 „ Halbfettkäse	19,0	8,6	1,0	17,8	8,1	0,9	171,7	160,8	12
50 „ Magerkäse	19,0	1,3	0,8	17,8	1,1	0,7	101,7	94,9	7
150 „ (3) Eier	18,7	18,0	1,0	18,1	17,1	0,9	257,4	245,8	30
100 „ Fleisch-(Mett-)Wurst	19,0	40,0	—	18,2	37,4	—	459,4	431,5	22
100 „ Leber	19,5	3,8	3,3	17,3	3,5	3,1	138,2	124,5	20
Durch vorwiegend pflanzliche Gerichte: 4 g Fleischextrakt (7 Pf.), Gewürze (1 Pf.) und dazu jedesmal									
a) 100 g Reis od. Weizenmehl + 10 g Aleuronat oder Energin oder 15 g Hefenprotein + 8 g Butter . . .	19,0	8,0	75,0	16,2	7,2	71,2	461,8	426,6	20
b) 100 g Nudeln + 20 g Magerkäse + 8 g Butter	19,0	8,0	75,0	16,2	7,2	71,2	461,8	426,2	23
c) 70 g Hülsenfruchtmehl + 8 g Butter	19,0	8,0	38,5	16,2	7,2	36,5	316,1	287.4	17
d) 60 g Hülsenfruchtmehl + 25 g Speck	19,0	18,0	33,0	16,2	16,2	31,3	387,1	356,3	19

Hiernach kann man, besonders bei Milch und Milcherzeugnissen, für weniger Geld nicht nur gleiche Proteinmengen, sondern auch mehr Fett und dazu noch mehr Milchzucker erhalten als bei Fleisch. Ja, es lassen sich auch unter Mitverwendung von Fleischextrakt aus pflanzlichen Nahrungsmitteln für weniger Geld Speisen herstellen, die bei gleichem Gehalt an Rohprotein das Fleisch an verdaulichem Protein zwar nicht erreichen, dafür aber dem Körper noch größere Mengen Kohlenhydrate in Form von Stärke zuführen. Jedenfalls wird man an

[1]) Preise für Münster i. W. vor dem Kriege 1914/18.

einzelnen Tagen wechselweise das Fleisch recht wohl durch vorstehende Nahrungsmittel oder Nahrungsmittelgemische ersetzen können, ohne nachteilige Folgen für die Ernährung befürchten zu müssen, ein Umstand, der besonders in Fleischnotzeiten, die von Zeit zu Zeit regelmäßig wiederzukehren pflegen, Beachtung verdient.

5. Nahrungsbedarf je nach Alter und Arbeitsleistung.

Der Nahrungsbedarf für die Körpergewichtseinheit je nach Alter, Klima, Temperatur und Arbeitsleistung ist verschieden.

a) Das Alter macht sich insofern geltend, als das Kind für 1 kg Körpergewicht zwei- bis dreimal mehr Nährstoffe bedarf, als der Erwachsene, weil infolge der verhältnismäßig größeren Körperoberfläche zum Körpergewicht die Wärmeabstrahlung bzw. der Stoffwechsel ein größerer ist. So scheiden z. B. nach Camerer für 1 Körperkilo in 24 Stunden aus:

	Harnstoff	Kohlensäure	Wasser durch die Haut und Lunge
Kinder von 10 kg Gewicht	1,40 g	32,0 g	47,0 g
Erwachsene von 70 kg Gewicht	0,50 „	13,0 „	14,0 „

Für die Einheit, nämlich 1 qm Körperoberfläche[1]), muß dagegen die Wärmeerzeugung nahezu gleich sein, nämlich 1300—1400 Calorien beim Menschen[2]).

Der Säugling erfordert auf 1 kg Körpergewicht etwa 110 ccm Milch (Kuhmilch) mit etwa 3,5 g Protein, 4,0 g Fett und 5,3 g Milchzucker. Mit zunehmendem Körpergewicht kann die Nährstoffmenge geringer werden, z. B. nach Siegert für Protein auf je 1 kg Körpergewicht betragen:

	7—8 kg (1—2 Jahre),	13—18 kg (3—6 Jahre),	85 kg	50 kg (Gesamtgewicht)
Protein	4,0—3,5 g	2,0—1,8 g	1,3 g	1,0 g (für 1 Körperkilo)

b) Bei kalten Temperaturen ist der Stoffwechsel infolge der größeren Wärmeabstrahlung naturgemäß höher als bei warmen Temperaturen und daher der Nahrungsbedarf, besonders an Fett, im nordischen Klima größer als im südlichen und tropischen Klima. Dagegen ist der Wärmeverlust und damit der Nahrungsbedarf in demselben Klima im Winter und Sommer nicht wesentlich verschieden. K. E. Ranke fand nämlich für den Erwachsenen und Tag:

Jahreszeit	Wasser		Wärmeverlust durch		
	aufgenommen	gebildet	Wasserverdunstung	Strahlung und Leitung	im ganzen
Winter	3064,5 g	427,7 g	952,9 g	2277,7 g	3230,6 g
Sommer	3589,6 „	438,0 „	1457,3 „	1843,7 „	3310,0 „

Im Sommer verliert daher der Körper weniger Wärme durch Leitung und Strahlung, verdunstet aber durch die Haut mehr Wasser, so daß die Summe des Wärmeverlustes im Sommer und Winter und damit auch der Nahrungsbedarf nahezu gleich ist.

c) Dagegen hat die Arbeitsleistung einen erheblichen Einfluß auf den Nahrungsbedarf. Durch die Arbeit wird die Abgabe von Kohlensäure und Wasserdampf wesentlich vermehrt, dagegen erfährt der Stickstoffumsatz nicht in demselben Maße eine Erhöhung. So fand Wolpert, daß die Kohlensäureabgabe durch die Arbeit gegenüber Ruhe

---

[1]) Die Körperoberfläche O (in qcm) berechnet sich nach M. Rubner aus dem Körpergewicht g (Gramm) nach der Formel $O = k\sqrt[3]{g^2}$, worin k einen Faktor, beim Menschen 125, bedeutet.

[2]) M. Rubner fand bei verschieden großen Hunden die Wärmeerzeugung für 1 qm Körperoberfläche gleichmäßig zu 1143 Cal.

Nach C. Voit gilt das Gesetz aber nur für den normalen Ernährungszustand. Gutgenährte homoiotherme Tiere erfordern unter gleichen Bedingungen, besonders bei gleicher Umgebungstemperatur, für 1 qm Oberfläche 943—1078 Cal. (bei Mensch, Hund, Schwein, Gans, Huhn); nur das Kaninchen hat einen geringeren Bedarf, nämlich 776 Cal. Auch im Hungerzustande werden die Werte geringer.

um 13—47% vermehrt wurde, während nach Versuchen von Zasietzki und Krummacher der Stickstoffumsatz durch mittlere Arbeitsleistung nur von 13,4 g auf 14,7 g, also um rund 10% stieg.

Bei der Muskelarbeit werden vorwiegend Kohlenhydrate verbraucht[1]).

Die für verschiedene Arbeitsleistung eines 65,5 kg schweren Arbeiters benötigte Energiemenge bestimmte M. Rubner mit folgendem Ergebnis:

Wärmemenge:	Ruhe- (Hunger-) Zustand	Sehr mäßige Arbeit	Mittlere Arbeit	Angestrengte Arbeit	Sehr schwere Arbeit
Im ganzen	2303	2445	2864	3362	4410 Cal.
Für 1 qm	1180	1220	1420	1830	2400 „

Durch 1 Cal. (große) können 425 kg/m Arbeit geleistet werden oder wenn man mit M. Rubner die mittelmäßige Arbeitsleistung eines Menschen auf 201 600 kg/m veranschlagt, so sind hierfür 474 Cal. erforderlich. Da aber nur etwa 25%[2]) der Wärmeenergie in Arbeit umgesetzt werden, so wären für die mittlere Arbeitsleistung 474 × 4 = 1896 Cal. erforderlich, und weil die gesamte bei mittlerer Arbeitsleistung erforderliche Energie 2864 Cal. beträgt, so verblieben für die innere Arbeitsleistung (Blutbewegung, Atmung) nur 2864 — 1896 = 968 Cal., d. h. also nicht einmal die Hälfte des Kraftumsatzes eines hungernden (ruhenden) Menschen (2303 Cal.).

Der letztere benutzt außer für die innere Arbeitsleistung den Kraftwechsel, um die von der Körperoberfläche durch Strahlung, Leitung und Wasserverdunstung verlorengehende Wärme zu decken; geht der Mensch zur äußeren Arbeit über, so fällt ein großer Teil jener Zersetzung, welche unterhalten wird, um die Abkühlung zu decken, weg, indem die bei der Arbeit entwickelte Wärme den Wärmeverlust vom Körper decken hilft, d. h. indem die ursprünglich entwickelte Körperwärme nach Umsetzung in Arbeit wieder in Wärme übergeht.

Zieht man von dem Kraftverzehr bei angestrengter Arbeit die Menge, welche nicht gerade durch die zur Arbeit nötigen Umsetzungen gedeckt werden muß, nämlich 968 Cal. ab, so würden 3362 — 968 = 2394 Cal. übrigbleiben, welchen bei $^1/_4$ Ausnutzung für Arbeitsleistung (= 600 Cal.) ein täglicher Arbeitswert von 255 000 kg/m oder ein Zuwachs von 26% gegenüber den Arbeitern bei mittlerer Arbeit entsprechen würde.

Da der Stoffumsatz aber nur eine Vermehrung von 17% erfahren hat, so müssen vermutlich die angestrengtesten Arbeiter mit einer größeren Nutzleistung als 25% arbeiten, und weil der Kraftwechsel bei mäßiger Arbeit nicht viel größer ist als in der Ruhe und im Hungerzustand, so kann der Mensch ohne Zweifel unter Umständen noch weit mehr Wärmeenergie in Arbeit oder sonstige Kräfteformen umwandeln.

Wenngleich wir daher noch nicht darüber klar sind, in welchem genauen Verhältnis der Kraftverzehr und der Kraftwechsel zur Arbeitsleistung steht, so sehen wir doch, daß der menschliche Organismus durch eine weise, kunstgerechte Einrichtung sparsamer arbeitet als eine Dampfmaschine, indem von ihm mindestens 20—35%, von der besteingerichteten Dampfmaschine aber höchstens 10% der Wärmeenergie in Arbeit umgesetzt werden.

Unter Berücksichtigung der angegebenen und sonstigen Verhältnisse kann man daher die je nach Alter und Arbeitsleistung im gemäßigten Klima erforderliche Menge Nährstoffe im Durchschnitt für die Körpergewichtseinheit, nämlich für 1 Körperkilo, und insgesamt wie folgt veranschlagen:

---

[1]) Dieses kann man aus dem zu ermittelnden Verhältnis zwischen dem eingeatmeten Sauerstoff und der ausgeatmeten Kohlensäure während der Arbeit, aus dem sog. respiratorischen Quotienten $\frac{CO_2}{O_2}$ schließen (vgl. S. 147).

[2]) Andere Physiologen nehmen nur eine Kraftausnutzung von 20% der eingenommenen Calorien an; es würden 474 × 5 = 2370 Cal. behufs Leistung von 204 600 kg/m aufgenommen werden müssen.

Personen, Alter, Geschlecht und Arbeitsleistung		Körpergewicht, mittleres	Für 1 Körperkilo erforderlich								Für gesamtes mittleres Körpergewicht		Nährstoffverhältnis Nh : Nfr wie
			Rohnährstoffe			Verdauliche Nährstoffe[2]			Energie		Energie		
			Protein	Fett	Kohlenhydrate	Protein	Fett	Kohlenhydrate	Rohwerte	Reinwerte	Rohwerte	Reinwerte	
		kg	g	g	g	g	g	g	Cal.	Cal.	Cal.	Cal.	1:
Wachstumszeit	1—2 Jahre	6[1])	3,8	5,5	9,5	3,6	5,3	9,4	107	103	856	824	6,0
	2—4 „	14[1])	4,0	3,5	10,0	3,7	3,3	9,7	91	86	1274	1204	4,5
	6—8 „	25[1])	3,0	2,5	11,0	2,7	2,3	10,6	81	76	2025	1900	5,6
	16—18 „	50[1])	2,0	1,5	7,5	1,7	1,3	7,1	53	49	2650	2450	5,7
Männer bei	Ruhe	70	1,4	0,8	5,7	1,2	0,7	5,4	37	34	2590	2380	5,3
	mittlerer Arbeit		1,7	0,9	7,2	1,45	0,8	6,8	45	41,5	3150	2905	5,4
	schwerer Arbeit		2,0	1,4	7,5	1,7	1,3	7,1	52	48	3640	3360	5,4
Frauen bei mittlerer Arbeit		65	1,3	0,7	6,0	1,1	0,6	5,7	36	33	2340	2145	5,7
Im Alter	Männer	67	1,5	1,0	5,0	1,3	0,9	4,7	36	33	2412	2211	4,9
	Frauen	62	1,3	0,8	4,8	1,1	0,7	4,6	33	30	2046	1860	5,1

Zur Deckung des täglichen Nahrungsbedarfes können rund folgende Mengen Nahrungsmittel gerechnet werden:

Beschäftigung	Fleisch g	Milch g	Käse (Mager) g	Brot g	Kartoffeln g	Gemüse g	Sonstige pflanzliche Nahrungsmittel g	Butter oder Schmalz oder Talg g
Kind von 6—8 Jahren (22—25 kg schwer) .	100	250	25	300	200	150	100 g Mehl	25
Erwachsene (70 kg schwer)								
bei Ruhe	150	250	20	450	500	300	50 g Reis	25
„ mittlerer Arbeit .	180	250	30	500	600	300	100 g Mehl	35
„ schwerer Arbeit .	200	250	30	550	800	300	80 g Erbsen	60

In diesen Kostsätzen sind enthalten:

Beschäftigung	Rohnährstoffe			Verdauliche Nährstoffe			Energie-		Verhältnis der verdaulichen Nährstoffe zueinander				
	Protein	Fett	Kohlenhydrate	Protein	Fett	Kohlenhydrate	Rohwerte	Reinwerte	Protein	:	Fett	:	Kohlenhydrate
	g	g	g	g	g	g	Cal.	Cal.					
Kind von 6—8 Jahren .	76,0	45,0	284,0	66,9	41,4	269,8	1904	1772	19	:	11	:	70
Erwachsene (70 kg):													
bei Ruhe	99,0	58,6	394,0	84,1	52,7	374,3	2576	2374	16	:	10	:	74
„ mittlerer Arbeit .	119,2	67,6	473,0	101,3	60,8	449,3	3069	2829	17	:	10	:	73
„ schwerer Arbeit .	140,2	98,6	508,0	119,2	88,7	482,6	3594	3304	18	:	13	:	69

[1]) Das Körpergewicht schwankt:

in den Jahren	1—2	2—4	6—8	16—18
Körpergewicht	6—11	11—17	18—30	40—60 kg

[2]) Über die Verdauungskoeffizienten der Nahrungsmittel vgl. Tab. I am Schluß.

Die Wärme- (Energie-) Reinwerte verhalten sich dagegen wie folgt:

Bei Ruhe			Bei mittlerer Arbeit			Bei schwerer Arbeit		
Protein	Fett	Kohlenhydrate	Protein	Fett	Kohlenhydrate	Protein	Fett	Kohlenhydrate
16	21	63	17	20	63	17	25	58

Hiernach werden die benötigten größeren Energiewerte mehr durch erhöhte Mengen von Kohlenhydraten und Fett als von Protein gedeckt, und sucht man bei schwerer und sehr schwerer Arbeit die Energiemenge außer durch Erhöhung der Kohlenhydrate durch Erhöhung der Fettmenge zu erreichen, um das Volumen der Nahrung nicht zu stark zu vergrößern.

Den Nährstoffbedarf der erwachsenen Frauen, deren Arbeitsleistungen im Durchschnitt auch geringer sind als die der Männer, kann man auf $^4/_5$ von dem der Männer veranschlagen.

Selbstverständlich können vorstehende Kostsätze verschiedentlich abgeändert werden, ohne daß der Gehalt an Nährstoffen und die Nährwirkung dadurch beeinträchtigt werden. Fleisch kann z. B. wechselweise an einzelnen Tagen durch Milch und Milcherzeugnisse, Wurst, Eier usw. (vgl. S. 158) ersetzt werden; auch Brot, Kartoffeln, Gemüse, Mehle u. a. können je nach dem vorhandenen Vorrat in anderem als dem angegebenen Mengenverhältnis herangezogen werden und sich teilweise vertreten; indes empfiehlt es sich, die Kostsätze nicht zu einseitig, sondern aus mehreren Nahrungsmitteln zusammenzusetzen und damit tunlichst jeden Tag wenigstens für je eine Woche zu wechseln, weil dadurch die Lust zum und der Genuß am Essen erhöht wird.

6. Verteilung der Nahrungsmittel auf die einzelnen Mahlzeiten. In der Regel pflegt die Nahrung in drei Mahlzeiten eingenommen zu werden; hierzu kommen bei Arbeitern noch Zwischenspeisen (zweites Frühstück und Vesper). Die Nährstoffmengen verteilen sich dann zu etwa $^2/_{10}$ auf Frühstück, zu $^4/_{10}$ auf Mittagessen[1]), zu $^1/_{10}$ auf Zwischenspeisen und zu $^3/_{10}$ auf Abendessen. Von dem Fett wird im allgemeinen die Hälfte im Mittagessen eingenommen. Von nicht unwesentlichem Belang ist es auch, daß das Mittag- und auch tunlichst das Abendessen warm eingenommen wird; als zweckmäßigste Temperaturen werden 40 bis 50° — bei Kindern nicht über 38° — bezeichnet.

7. Nahrung für besondere Zwecke. Kranke erhalten je nach der Krankheit $^1/_4$, $^2/_4$ oder $^3/_4$ der Kostsätze, wobei jedoch, ebenso wie bei der Ernährung im Alter, auf eine tunlichst leichte Verdaulichkeit und auf einen etwas reichlicheren Gehalt an Protein — unter Umständen auch an Fett — Bedacht zu nehmen ist.

Bei Mastkuren (Überernährung) führt man dem Körper tunlichst viel Fett zu, z. B. in einem derartigen Kostsatz (250 g Fleisch, 1 l Milch, $^1/_4$ l Sahne, 350 g Roggen-Weizenbrot, 40 g Zucker, 150 g Butter, 50 g Kognak, Gemüse, Suppen usw.) 127 g Protein, 234 g Fett und 325 g Kohlenhydrate mit über 4000 Calorien.

Umgekehrt sucht man durch Unterernährung bei Fettleibigen eine Entfettung herbeizuführen. Man wendet da drei Verfahren an. Bei der sogenannten Bantingkur werden neben verhältnismäßig viel Protein tunlichst wenig Kohlenhydrate verabreicht, z. B. für Erwachsene durch tunlichst viel mageres Fleisch oder Käse, wenig Brot ohne Kartoffeln etwa 122 g Protein, 40 g Fett und 100 g Kohlenhydrate mit 1333 Calorien; die Örtel- (oder Schweninger-)Kur schreibt ähnliche Kostsätze vor, gleichzeitig aber eine gesteigerte Muskeltätigkeit (durch Bergbesteigen usw.); bei der Ebsteinschen Entfettungskur wird die gewöhnliche Menge Protein, weniger Kohlenhydrate, aber tunlichst viel Fett vorgeschrieben, z. B. 102 g Protein, 85 g Fett und 47 g Kohlenhydrate mit 1448 Calorien. Am zweckmäßigsten dürfte die Entfettung nach Landois durch folgende Maßregeln zu erreichen sein, nämlich durch: 1. Gleichmäßige Enthaltung aller Nahrungsmittel; jede einseitige Kostbeschränkung ist nachteilig. 2. Enthaltung des Genusses von Flüssigkeiten während der

[1]) In den Volksküchen soll das Mittagessen tunlichst die Hälfte des Nährstoffbedarfs enthalten.

Mahlzeiten. 3. Steigerung der Muskeltätigkeit durch Arbeit. 4. Beförderung der Wärmeabgabe durch kühle Bäder, leichte Bekleidung, kühle und kurze Bettruhe. 5. Anwendung schwacher Abführmittel.

Ermittlung der Kostsätze. Die bei den einzelnen Kostsätzen aufgeführten Mengen Nahrungsmittel verstehen sich selbstverständlich für den eßbaren Teil und sind auch stets hierauf zu beziehen. Wenn die Kost in gemeinsamen Speiseanstalten verabreicht wird, so ermittelt man deren Menge und Gehalt einfach dadurch, daß man eine der Durchschnittsperson zufallende gleiche Nahrungsmenge nimmt, diese gehörig mischt, trocknet und auf Gehalt untersucht. Handelt es sich um den Kostsatz einer einzelnen Person, so ermittelt man das Körpergewicht, die Arbeitsleistung und berechnet hiernach die durchweg benötigte Nährstoff- bzw. Calorienmenge. Gleichzeitig sieht man zu, wieviel der Grundnahrungsmittel (Brot, Kartoffeln, Fleisch oder Wurst, Milch) unter Entfernung der nicht eßbaren Teile im Durchschnitt für den Tag zur Verfügung stehen, bestimmt oder berechnet darin den Nährstoff- und Caloriengehalt und legt hierzu soviel sonstige Nahrungsmittel (Gemüse, Mehl zu Suppen, Käse, Fett, Kaffeeaufguß, Bier u. dgl.) zu, daß die gewünschte Summe an Nährstoffen bzw. Calorien herauskommt. Da bei der Zubereitung (Kochen, Braten usw.) noch Verluste auftreten können, so wägt man von den dieser Zubereitung zu unterwerfenden Nahrungsmitteln zweckmäßig die doppelte Menge ab, bereitet sie vorschriftsmäßig zu und verwendet die eine Hälfte zur Ernährung, die andere zur Untersuchung.

II. Teil.

Die Nahrungs- und Genußmittel.

Milch.

Die Milch ist eines der wichtigsten Nahrungsmittel des Menschen. Nicht nur, daß sie in den ersten Lebensmonaten die ausschließliche Nahrung des Kindes bildet, sie nimmt auch beim erwachsenen Menschen bald als solche, bald in Form von daraus hergestellter Butter oder Käse usw. unter den Nahrungsmitteln eine hervorragende Stellung ein.

Man kann den Verbrauch an Milch als solcher im Durchschnitt der Bevölkerung zu $^1/_4$—$^1/_3$ l, den Verbrauch an Butter zu 20—30 g, den an Käse zu 8—15 g für den Tag und Kopf der Bevölkerung veranschlagen, so daß der Gesamtverbrauch rund $1^1/_4$ l Milch für den Kopf und Tag beträgt[1]).

Begriff. Unter „Milch" im allgemeinen versteht man die von der Milchdrüse der weiblichen Säugetiere nach einem Geburtsakte[2]) längere Zeit über abgesonderte, für die Ernährung ihrer Säuglinge bestimmte Flüssigkeit.

Die Milch aller Säuger bildet eine weiße bis gelblichweiße, in dickeren Schichten undurchsichtige, in dünnen Schichten bläulich durchscheinende Flüssigkeit, welche neben gequollenen und gelösten Proteinen, Milchzucker und Salzen (ferner neben Lymphkörnchen und Zellresten aus der Milchdrüse) sehr fein verteiltes Fett in der Schwebe enthält, also eine Emulsion darstellt, und einen milden süßlichen Geschmack sowie durchweg eine amphotere, d. h. sowohl eine schwach sauere als auch schwach alkalische Reaktion besitzt.

Milchplasma ist Milchflüssigkeit ohne Fett (wie z. B. die vollständig entrahmte Milch).

Milchserum ist Milchflüssigkeit ohne Fett und Casein (z. B. die durchsichtige gelbliche Flüssigkeit nach dem Gerinnen der Milch). Das Serum von Voll-, Mager-, Buttermilch und Rahm ist gleich; die Erzeugnisse unterscheiden sich im wesentlichen nur durch den verschiedenen Fettgehalt.

Colostrum, Colostral- oder Biestmilch ist die in den ersten Tagen nach dem Jungen von der Milchdrüse abgesonderte Flüssigkeit, die gegenüber der gewöhnlichen Milch eine andere Zusammensetzung und einige Besonderheiten besitzt.

Im gewöhnlichen Leben und für den Handel versteht man unter Milch besonders die Kuhmilch, die überall und seit den ältesten Zeiten als menschliches Nahrungsmittel verwendet wird.

Zum Begriff „Handelsmilch" gehört noch besonders die Voraussetzung einer vollständigen Entnahme der aus dem Euter gesunder Kühe zur Melkzeit durch regelrechtes (d. h. ununterbrochenes und vollständiges) Ausmelken erhältlichen Milch. Die feilgehaltene und verkaufte Milch soll also das ganze Gemelke umfassen.

---

[1]) W. Hempel (Zeitschr. f. angew. Chemie 1907, 1633) schätzt die Menge der jährlich in Deutschland erzeugten Kuhmilch auf 19 Milliarden, die der Ziegenmilch auf 60 Millionen Liter.

[2]) Deshalb fällt Milch, die mitunter von jungfräulichen Rindern (bzw. Kalbinnen) abgesondert wird, nicht unter den Begriff Milch.

Entstehung. Die Milch nimmt letzten Endes ihre Entstehung aus der Nahrung und dem daraus gebildeten Blut, aber sie ist kein einfaches Abseiherzeugnis aus letzterem, weil sie Stoffe wie Casein, Milchzucker und die Glyceride von niederen Fettsäuren enthält, die im Blut nicht vorkommen, oder die Mineralstoffe Kali und Natron[1]) in einem anderen Verhältnis als das Blut enthält. Andererseits kann die Milch nicht, wie von anderer Seite angenommen wird, flüssig gewordene Milchdrüsensubstanz allein sein, indem die Alveolarzellen beim Reiz der Drüsen einfach verflüssigt werden. Denn einerseits füllt sich das Euter schon lange vor dem Melken strotzend an, und andererseits kann durch Unterbindung der Arteria pudenda die Milchabsonderung aufgehoben werden. Es erscheint vielmehr wahrscheinlich, daß die Milch zum größten Teil aus dem reichlich zuströmenden Blut durch eine besondere Tätigkeit der Drüsenzellen erzeugt wird, indem ein Teil der Drüsenbläschenzellen sich abtrennt und zerfällt. So soll z. B. durch einen Fermentationsvorgang aus dem Blutserumalbumin und aus der Nucleinsäure der Kerne der Milchdrüsenzellen Casein entstehen, während die milchabsondernden Zellen nach Arnold die aus der Nahrung und vom Körper zugeführten Fettstoffe in wasserlöslicher Form erhalten und daraus in ihrem Protoplasma das Fett bilden sollen. Durch Digestion der frischen, unmittelbar nach dem Tode entnommenen Drüse bei Körpertemperatur soll nach Thierfelder ein reduzierender Körper, wahrscheinlich Milchzucker, gebildet werden, jedoch ist die Entstehung des letzteren noch nicht geklärt.

Gewinnung der Milch. Die Verbrauchs- und Handelsmilch (von Kühen, Ziegen, Schafen) wird allgemein durch das Melken gewonnen[2]). Man unterscheidet hierbei zwischen „Strippen“ und „Fausten“, zwischen „nassem“ und „trockenem“ Melken. Beim Strippen gleitet die Faust oder einige Finger an der Zitze von oben nach unten, so daß die ganze Zitze abgestreift wird, beim Fausten umfaßt die ganze Hand die Zitze und entleert durch einen von der Fingerreihe von oben nach unten gehenden Druck die Luft und damit die Milch aus der Zitze. Beim nassen Melken wird die Hand vorher mit Milch befeuchtet, beim trockenen Melken bleibt sie trocken. Das „Fausten“ und trockene Melken verdient den Vorzug, weil durch feuchtes Melken mehr Verunreinigungen mit in die Milch gelangen; empfehlenswert ist gegebenenfalls ein geringes Einfetten mit Vaselin. Wesentlich dabei ist ein vollständiges Ausmelken des Euters; denn es liefert, weil die letzte ermolkene Milch am fettreichsten ist, nicht nur eine fettreichere Milch, sondern richtet die Säuger auch auf eine größere Milcherzeugung ab. Zu dem Zweck folgt nach dem Hegelundschen Melkverfahren auf das erste trockene Ausmelken mit der Faust ein Nachmelken, bei dem man durch Schwingen der Zitzen und Kneten der Euterviertel unter besonderen Griffen zur Hergabe auch der letzten geringen Menge Milch zu reizen sucht. Auch durch kreuzweises Ausmelken erhält man angeblich mehr und fettreichere Milch als durch einseitiges gleichzeitiges Ausmelken.

Vielfach hat man auch versucht, das Melken mit der Hand durch Melkmaschinen zu ersetzen. Sie bestehen aus einer Dampfmaschine und Luftpumpe zur Evakuierung eines Behälters, der durch Rohr- und Schlauchleitungen mit den Zitzen des Euters der Kühe in Verbindung gesetzt wird. Bis jetzt aber haben sich diese Maschinen wegen der vielfachen mit ihnen verbundenen Übelstände noch nicht eingeführt.

Von größtem Belang ist auch zur Erzielung einer guten Milch außer der Gesundheit der Kühe, die selbstverständlich ist, die Reinlichkeit beim Melken. Nicht nur die Kuhställe, Kühe und Melkgefäße sollen tunlichst rein gehalten, sondern die Euter und Striche vor jedem Melken gewaschen und nur von gesunden Personen mit reingewaschenen Händen und rein-

---

[1]) Das Blut ist verhältnismäßig reich an Natriumsalzen, die Milch dagegen reich an Kaliumsalzen.

[2]) Beim Gewinnen der Milch anderer Säuger für Zwecke einer Untersuchung bedient man sich der „Milchpumpen“.

licher Kleidung gemolken werden. Dieses gilt besonders für aseptisch zu gewinnende, für Säuglinge bestimmte Milch bzw. Vorzugsmilch. Hierzu sollen die Euter und Zitzen noch besonders mit Desinfektionsmitteln wie Borsäure oder Formalin behandelt, die Melkeimer sterilisiert und mit Wattefilter versehen sein, worauf die Milch ermolken wird. Ferner sind an die Melkpersonen noch besondere Anforderungen zu stellen, nicht minder an das Futter. Dasselbe darf der Milch keinerlei Beigeschmack verleihen und muß von der besten Beschaffenheit sein. (Vgl. Preuß. Ministerialerlaß vom 26. Juli 1912 betreffend Grundsätze für den Verkehr mit Milch.)

Allgemeine Eigenschaften. Die nachstehenden Ausführungen gründen sich vorwiegend auf Untersuchungen der Kuhmilch; sie gelten aber bei der Ähnlichkeit der Milch aller Säuger auch für diese.

1. Reaktion. Die Frischmilch reagiert infolge ihres Gehaltes an Mono- und Biphosphaten gegen Lackmus amphoter oder amphichromatisch, d. h. sowohl sauer als alkalisch; deshalb gerinnt sie nicht beim Kochen, dagegen ohne Änderung der Reaktion auf Zusatz von Lab. Gegen Lackmoid reagiert die Milch alkalisch, gegen Phenolphthalein sauer.

2. Das spezifische Gewicht der verschiedenen Milchsorten schwankt zwischen 1,008—1,045, bei Kuhmilch zwischen 1,028—1,034. Die höchste Dichte der Kuhmilch liegt nicht wie die des Wassers bei +4,0°, sondern bei —0,3°. Der Ausdehnungsquotient derselben wächst mit der Temperatur sowie mit dem Gehalte an Trockensubstanz und ist bei 5—15° größer als der des Wassers.

3. Die spezifische Wärme der Milch beträgt nach Fleischmann, wenn sie bei Temperaturen, die über dem Schmelzpunkt des Butterfettes liegen, aufbewahrt und untersucht wird, im Vergleich zu Magermilch, Rahm und Butter im Mittel:

Vollmilch	Magermilch	Rahm	Butterfett
0,9351 (bei 28,2°)	0,9455 (bei 27,7°)	0,8443 (bei 27,6°)	0,5207 (bei 31,2°)

Vaillant findet die spezifische Wärme der Kuhmilch zu 0,9406—0,9523; Johnson und Hammer fanden dagegen ähnliche Werte wie Fleischmann.

4. Der Gefrierpunkt liegt bei der Frauenmilch um 0,50—0,63°, bei Kuhmilch in der Regel um 0,54—0,56° tiefer als der Gefrierpunkt des Wassers.

5. Elektrolytische Leitfähigkeit. Der Leitungswiderstand der Milch wird zu 180—304 Ohm — bei Kuhmilch in der Regel zu 204—240 Ohm, bei Frauenmilch zu 175 bis 666 Ohm — oder die elektrolytische Leitfähigkeit im Vergleich zu $^1/_{50}$ N.-Chlorkaliumlösung zu 1,635 bis 1,677 — bzw. zu $45{,}7 \times 10^{-4}$ bis $54{,}2 \times 10^{-4}$, bei Frauenmilch zu $15—37 \times 10^{-4}$ — angegeben. Durch Entrahmen nimmt die Leitfähigkeit zu.

6. Der Brechungsindex betrug nach Valentin, wenn das Refraktometer bei Wasser von 16° auf 1,33427 eingestellt war, bei Frauenmilch 1,3475 (bei Frauencolostrum 1,3518); bei Kuhmilch 1,3470—1,3500. Jörgensen fand für Kuhmilch 1,3470—1,3515, für Labsera der Kuhmilch 1,3433 und 1,3465. Zwischen Milch und Serum bestand kein besonderes Verhältnis. W. Fleischmann fand bei 17,4—17,6° für Labserum 1,343 880; für Serum der freiwilligen Gerinnung 1,343 937.

7. Die Viscosität wurde von Cavazzoni bei 47° wie folgt gefunden:

Frauenmilch	Kuhmilch	Ziegenmilch
1,41—2,56	1,67—2,03	2,01—2,12

Die Viscosität sinkt mit der Stärke der Entrahmung.

Chemische Zusammensetzung. Die Bestandteile der Milch sind bei allen Säugern im wesentlichen dieselben, nur ihr Mengenverhältnis in den Milcharten pflegt verschieden zu sein; auch zeigen dieselben Bestandteile in ihren Eigenschaften einige Verschiedenheiten. Die wesentlichsten Bestandteile sind außer Wasser: Proteine, Fett, Milchzucker und Salze; hierzu gesellen sich noch in sehr geringer Menge Fleischbasen u. a., Lecithin, Cholesterin, Citronensäure und weiter verschiedene Fermente, die aber weniger der

Milch als solcher ursprünglich angehören, als den der Milch selbst im Euter beigemengten Bakterien entstammen.

1. Wasser. Der Wassergehalt der Milch der Säuger ist recht verschieden und richtet sich selbstverständlich nach dem Gehalt an festen Bestandteilen. Im allgemeinen steigt und fällt der Wassergehalt umgekehrt wie der Fettgehalt, d. h. je größer letzterer, um so niedriger ist ersterer und umgekehrt[1]).

2. Proteine. Unter den Proteinen der Milch überwiegt

a) das Casein; nur die Frauenmilch enthält weniger Casein als Albumin (vgl. Anm. 1 und S. 178). Das Casein ist in der Milch in gequollenem Zustande als Caseincalcium vorhanden — nach Courant als Dicaseincalcium in Verbindung mit Calciumphosphat —; durch Zusatz von wenig Säure wird der Verbindung das Calcium entzogen und das Casein als saure Verbindung gefällt. Durch Lab wird es unter Abscheidung von Calciumphosphat in eine andere Modifikation, Paracasein, und in eine geringe Menge von leicht löslichem Molkenprotein umgewandelt. Sind lösliche Calciumsalze vorhanden, so wird das Paracasein als Käse ausgefällt; entzieht man der Milch die löslichen Calciumsalze vorher durch Ammoniumoxalat, so findet die besagte Spaltung zwar auch statt, aber das Paracasein fällt nicht aus. Setzt man nachträglich Calciumchloridlösung zu, so wird es wieder gefällt (vgl. S. 23 und 213). Auch beim Erhitzen der Milch auf 130—150° tritt Gerinnung ein; die beim Kochen der Milch sich bildende Haut besteht ebenfalls aus Casein.

b) Lactoglobulin (vgl. S. 18).

c) Lactoalbumin (vgl. S. 21).

Nach Fällung dieser Proteine verbleibt in der Milch ein Rest sonstiger Stickstoffverbindungen, unter denen auch noch proteinartige Verbindungen vorhanden sind, die man wohl Lactoprotein, Opalisin oder als Reststickstoff-Substanz bezeichnet hat.

Hierzu gehört auch als Umsetzungserzeugnis des Caseins, das Molkenprotein (auch Galaktin genannt), welches für ein Pepton (S. 29) gehalten wird, während nach anderer Ansicht in der Milch hiervon regelmäßig etwa 0,08—0,19% vorkommen sollen.

3. Sonstige Stickstoffverbindungen. Spurenweise will man in der Milch auch nachgewiesen haben: Harnstoff (nach Schöndorf bei Frauenmilch 0,038—0,065%), Kreatin, Kreatinin, Xanthin und Hypoxanthin, Phosphorfleischsäure (0,057—0,124%), Schwefelcyannatrium (0,0021—0,0046 g in 1 l) und Ammoniak (3—4 mg für 1 l frischer Milch). Die Angabe von Blyth, daß in der Kuhmilch auch 2 Alkaloide (Galaktin und Lactochrom), und ebenso die Angabe Biscaros und Bellonis, daß darin eine als Ureid aufzufassende Orotsäure vorkommen sollen, bedarf noch wohl der Nachprüfung.

---

[1]) So enthalten die wichtigsten Milchsorten:

Milchsorte	Spez. Gewicht	In der natürlichen Substanz						In der Trockensubstanz			
		Wasser %	Casein %	Albumin %	Fett %	Milchzucker %	Mineralstoffe %	Casein und Albumin %	Fett %	Milchzucker %	Mineralstoffe %
Frauenmilch	1,0312	87,62	0,67	0,89	3,75	6,82	0,25	12,60	30,29	55,09	2,02
Kuhmilch Niederungsvieh . .	1,0315	87,97	2,78	0,51	3,25	4,78	0,71	27,35	27,02	39,73	5,90
Kuhmilch Höhenvieh . . .	1,0317	87,08	2,85	0,56	3,95	4,84	0,72	26,46	30,61	37,39	5,54
Ziegenmilch	1,0318	87,05	2,81	0,75	3,93	4,65	0,81	27,49	30,35	35,91	6,25
Schafmilch (Milchschaf) .	1,0383	82,82	4,46	0,98	6,12	4,73	0,89	31,66	35,62	27,54	5,18
Büffelmilch	1,0376	82,04	5,02	0,53	6,93	4,61	0,87	30,90	38,59	25,67	4,84
Renntiermilch	1,0887	65,40	8,48	1,56	19,05	4,05	1,46	29,01	55,06	11,71	4,22
Stutenmilch	1,0406	89,96	1,36	0,75	0,88	6,67	0,38	20,99	8,76	66,47	3,78
Eselmilch	1,0333	89,90	0,79	1,06	1,25	6,58	0,42	18,32	12,38	65,14	4,16

4. Fett. Das Fett befindet sich in der Milch in Form äußerst feiner, mikroskopisch kleiner Tröpfchen (Milchfettkügelchen genannt), deren Größe in den einzelnen Milcharten von einem äußerst kleinen (nicht mehr meßbaren) Durchmesser bis zu einem solchen von 0,0309 mm (letztere Größe bei Schafmilch) schwankt. Auch bei einem und demselben Säuger ist die Größe der Milchkügelchen je nach Rasse, Lactationszeit und Fütterung Schwankungen unterworfen. Der Durchmesser der Fettkügelchen in der Frauenmilch schwankt zwischen 0,001—0,020 mm (oder 1,0—20 μ), in der Kuhmilch zwischen 0,2—10,0 μ und beträgt im Durchschnitt etwa 2,0—3,0 μ. Eines der größten Fettkügelchen in der Kuhmilch wiegt nach den angestellten Berechnungen 0,000 000 49 mg, das mittlere Volumen derselben ist nach Gutzeit im Rahm mit 23,5% Fett = 14,1 μ^3, in der Magermilch mit 0,12% Fett nur = 0,6 μ^3 (1 μ^3 = 0,000 000 001 ccm), weil beim Aufrahmen die größten Fettkügelchen in den Rahm übergehen, die kleineren in der Magermilch verbleiben. Die Angaben über die in 1 l Kuhmilch enthaltene Anzahl Fettkügelchen lauten sehr verschieden, Schellenberger berechnet sie bei den einzelnen Kuhrassen zu 1944—6308 Milliarden, Soxhlet bei einem Fettgehalt von 3,5% zu 691—2291 Billionen mit einer Oberfläche von 512—710 qm.

Beachtenswert aber ist es, daß nach den Untersuchungen Gutzeits die Fettkügelchen aller Größenordnung in dem Gemelk einer Kuh dieselbe chemisch-physikalische Beschaffenheit besitzen.

Die Fettkügelchen befinden sich in der Milch im unterkühlten Zustande und bilden mit dem in ihr in gequollenem Zustande vorhandenen Casein eine Emulsion.

Die frühere Annahme, daß dieselben mit einer besonderen Haptogenmembran (Casein oder einer Art Fibrin) umgeben seien, ist von Soxhlet bestritten worden; er begründet das damit, daß sich alle Erscheinungen bezüglich des Verhaltens des Fettes in der Milch auch ohne Annahme einer solchen Membran aus dem einfachen emulsionsartigen unterkühlten Zustande erklären lassen. Nach V. Storch u. a. ist es jedoch wahrscheinlich, daß die Fettkügelchen durch Flächenmolekularattraktion feste Bestandteile der Milch auf sich verdichten und sich mit einer gewissen, wenn auch sehr dünnen schleimigen Hülle umgeben.

Die Fetttröpfchen steigen beim Stehen der Milch, weil sie ein geringeres spezifisches Gewicht als Wasser — nämlich spezifisches Gewicht bei 15° = 0,9228 bis 0,9369 — besitzen, an die Oberfläche (Rahmbildung) und zwar mit um so größerer Geschwindigkeit, je größer ihr Durchmesser oder mit anderen Worten je kleiner ihre Oberfläche im Verhältnis zu ihrer Masse ist. Im Rahm (bzw. Sahne) finden sich daher vorwiegend die größeren Fettkügelchen, in der abgerahmten Milch die kleineren und kleinsten, je nach der Dauer der Aufrahmung. Eine vollständige Aufrahmung des Fettes findet unter gewöhnlichen Verhältnissen niemals statt, weil die Milch allmählich gerinnt und dadurch das Aufsteigen der Fettkügelchen unmöglich macht. Durch Zentrifugieren der Milch kann eine fast vollständige Aufrahmung erzielt werden.

Die Menge des Fettes ist nicht nur bei den einzelnen Säugern (vgl. Anm. S. 167), sondern auch bei demselben Säuger je nach Individualität, Rasse, Fütterung usw. sehr verschieden.

Die chemische Zusammensetzung des Fettes aller Milcharten ist dagegen im wesentlichen gleich. Die bis jetzt im Milchfett nachgewiesenen Fettsäuren sind:

Ameisensäure . .	CH_2O_2	Caprylsäure . . .	$C_8H_{16}O_2$	Stearinsäure . . .	$C_{18}H_{36}O_2$
Essigsäure	$C_2H_4O_2$	Caprinsäure . . .	$C_{10}H_{20}O_2$	Arachinsäure (oder	
Buttersäure . . .	$C_4H_8O_2$	Myristinsäure . .	$C_{14}H_{28}O_2$	Butinsäure gt.) .	$C_{20}H_{40}O_2$
Capronsäure . . .	$C_6H_{12}O_2$	Palmitinsäure . .	$C_{16}H_{32}O_2$	Ölsäure	$C_{18}H_{34}O_2$

Die Fettsäuren sind, an Glycerin gebunden, teils als Triglyceride teils als gemischte Glyceride vorhanden. So konnte A. Bömer neben etwas Tristearin Stearodipalmitin und Palmitodistearin nachweisen. Man kann annehmen, daß von den Glyceriden 7—8% auf die von niederen Fettsäuren, etwa 30—32 % auf die von Ölsäure und 60—62 % auf die von höheren gesättigten Fettsäuren entfallen.

Der Cholesteringehalt des Milchfettes beträgt 0,25—0,55%.

Der Gehalt an Lecithin geht dem an Fett im allgemeinen parallel und beträgt z. B. 0,011% bei Stutenmilch und 0,083% bei Schafmilch, Frauenmilch ergab 0,020—0,080%, Kuhmilch 0,036—0,116% (und dazu nach Koch noch 0,027—0,045 Cephalin), Ziegenmilch enthält 0,036—0,075% Lecithin. Durch Kochen der Milch soll der Gehalt an Lecithin und damit der diätetische Wert abnehmen. Beim Aufrahmen der Milch geht das Lecithin vorwiegend in den Rahm über.

5. Milchzucker (Lactose) und ***sonstige stickstofffreie Extraktstoffe.*** Das ausgeprägte Kohlenhydrat der Milch ist der Milchzucker oder die Lactose. Ihre Menge ist in der Milch der Säuger zwar sehr verschieden, aber von allen Bestandteilen der Milch, besonders bei einem und demselben Säuger, neben Salzen den geringsten Schwankungen unterworfen (vgl. Anm. S. 167 und Tabelle II am Schluß Nr. 1—39).

Neben Lactose haben H. Ritthausen u. a. in der Milch noch ein dextrinartiges Kohlenhydrat — Herz ein Amyloid — nachgewiesen. Das von Marchand u. a. behauptete Vorkommen von Milchsäure in frischer Milch — in aufbewahrter Milch ist sie stets vorhanden — ist von anderer Seite bezweifelt.

Dagegen ist Citronensäure als ein besonderes Erzeugnis der Milchdrüse ein beständiger Bestandteil der Milch, z. B. bei Frauenmilch 0,54 g, bei Kuhmilch 0,54—2,24 g, bei Ziegenmilch 1,0—1,5 g, bei Schafmilch 2,10 g, bei Büffelmilch 0,11—1,94 g in 1 l. Ihr Gehalt nimmt nach Obermeyer beim Kochen der Milch ab. Nach Engfeld enthält die Milch auch beständig Aceton, nämlich 0,48—2,42 mg in 1 l Milch verschiedener Säuger.

6. Ferment- bzw. ***Enzymgehalt der Milch.*** Die Milch enthält verschiedene Fermente, von denen einige der Milch ursprünglich (originär) entstammen, also aus dem Protoplasma der Drüsenzellen herrühren, andere dagegen von Bakterien gebildet werden, die von außen durch die Zitzenöffnung in die Drüsenkanäle, möglicherweise in die Drüsenbläschen, einwandern und mit der Milch entleert werden.

1. Zu den der Milch ursprünglich angehörenden Fermenten werden gerechnet:
   a) Oxydasen, von denen die einen (Aerooxydasen) den Sauerstoff der Luft zu aktivieren und auf leicht oxydable Körper (Gujactinktur, Paraphenylendiamin) zu übertragen vermögen, während die anderen (die Anaerooxydasen oder Peroxydasen) der Gegenwart von Wasserstoffsuperoxyd bedürfen, aus dem sie den Sauerstoff abspalten, aktivieren und auf farbstoffbildende Körper übertragen.
   b) Katalase (auch Superoxydase genannt). Sie spaltet aus Wasserstoffsuperoxyd Sauerstoff ab, aber ohne ihn zu aktivieren.
   c) Diastase (Amylase). Von einigen Seiten wird in der Milch auch ein stärkelösendes Ferment angenommen; vielleicht ist darin auch eine Lactase und Lipase vorhanden.
2. Zu den durch Bakterien gebildeten Fermenten gehören:
   a) Reduktase. Sie hat die entgegengesetzte Wirkung der Oxydasen, indem sie Farbstoffe (z. B. Methylenblaulösung) zu reduzieren (entfärben) und in eine Leukoverbindung umzuwandeln vermag. Die Aldehydkatalase oder FM-Reduktase oder Hydrogenase vermag diese Reduktion auch bei Gegenwart von Formaldehyd zu bewirken.
   b) Casease. Die Caseasebakterien, die vorwiegend bei der Käsereifung tätig sind, sondern zwei Enzyme ab, von denen das eine die Eigenschaft des Labenzyms, das andere die des Trypsins besitzt.

Im allgemeinen ist die Anfangsmilch (Colostralmilch) reicher an Fermenten als die spätere Milch, die Frauenmilch hieran reicher als die anderer Säuger. Durch Krankheiten der Milch bzw. des Euters kann der Fermentgehalt in unnatürlicher Weise zunehmen.

5. Antigen-, Antikörper-, bzw. ***Antitoxin-*** und ***Vitamingehalt*** der Kuhmilch. Allgemein wird behauptet, daß Kinder, die mit Muttermilch ernährt werden, weniger ansteckenden Krankheiten anheimfallen, als die, welche mit artfremder Milch aufgezogen werden; andererseits pflegt Milch allgemein als erstes Heilmittel bei auftretenden Vergiftungen angesehen und angewendet zu werden. Wie alle tierischen Zellen und alle eiweißhaltigen zellfreien Gewebsflüssigkeiten, so kann auch die Milch Antigene, d. h. solche Körper enthalten, die wie z. B. die Präcipitine in anderen Organismen unter geeigneten Bedingungen die Bildung spezifisch wirkender Antikörper auslösen. Kaninchen, denen subcutan Kuhmilch injiziert wurde, liefern z. B. ein Blutserum, das mit Kuhmilch vermengt eine Fällung, ein Präcipitat, liefert. Schwieriger ist die Beantwortung der Frage, wie diese Antikörper bzw. Antitoxine aus der Muttermilch in den Körper übergehen können. Denn die künstlich hergestellten Antitoxine wirken nur, wenn sie direkt ins Blut eingespritzt werden; bei der Einführung derselben durch den Mund sollte man annehmen, daß die den Proteinen anhaftenden Antitoxine wie die Proteine im Darm vollständig zu Aminosäuren usw. abgebaut werden und als solche ins Blut übergehen. Weil aber die obige Tatsache begründet zu sein scheint, so nimmt man an, daß der Säugling bis zu einem gewissen Alter imstande ist, Proteine mit anhaftenden Antitoxinen als solche ohne Abbau in die Blutbahn aufzunehmen, und daß sowohl die artgleiche als artfremde Milch natürlich wie künstlich immuner Säuger antitoxische Eigenschaften annehmen kann.

Im übrigen besitzt die rohe Milch, die selbst bei aseptischer Gewinnung mehrere tausend Keime in 1 ccm enthalten kann, infolge ihres Gehaltes an Leukocyten auch eine keimtötende, bactericide Eigenschaft; denn die Bakterien nehmen in der Milch in den nächsten Stunden nach der Gewinnung, besonders bei kühler Aufbewahrung, deutlich ab.

Noch weniger sicher als der Antitoxingehalt ist die Annahme von Vitaminen in der Milch, die nach C. Funk 0,1—0,3 g in 1 l betragen, den eigentlichen Nährwert der Milch mit bedingen, aber durch Kochen bzw. Sterilisieren zerstört werden sollen (vgl. S. 56).

8. Mineralstoffe. In der Milch walten zum Unterschiede vom Blut die Kaliumsalze gegenüber den Natriumsalzen vor[1]). Nach A. Trunz nimmt bei Kuhmilch der Gehalt der Asche an Kali und Phosphorsäure mit fortschreitender Lactation ab, an Natron dagegen zu, während der Gehalt an Kalk und Magnesia sich auf annähernd gleicher Höhe hält (vgl. Tabelle III, Nr. 3 am Schluß). Auf die gleiche Menge Calciumsalze entfallen im Anfange der Lactation 2 Teile, am Ende 3 Teile Casein, woraus sich erklären würde, daß die Milch altmilchender Kühe weniger leicht durch Lab gefällt wird als die Milch frischmilchender Kühe. Der Phosphor ist zur Hälfte als Calciumphosphat vorhanden, zur anderen Hälfte an Casein (und an Lecithin) gebunden. Das Calcium verteilt sich zu $^3/_5$ auf Phosphorsäure, zu $^2/_5$ auf Casein.

Nach Fr. Stohmann enthält die Ziegenmilch ähnlich wie die Getreidearten auf 1 Teil Phosphorsäure 2 Teile Stickstoff.

Das Vorkommen von fertig gebildeter Schwefelsäure ist vielfach bestritten. Tillmans und Sutthoff konnten indes in verschiedenen Milcharten 22,8—92,1 mg fertig gebildete Schwefelsäure in 1 l nachweisen (in Kuhmilch 10,4%, in Ziegenmilch 5,8% und in Stutenmilch 4,0% des Gesamtschwefels).

Der Gehalt an Kochsalz schwankt nach Poetschke bei reiner Milch zwischen 0,112—0,335% (etwa 4,5% der Asche) und richtet sich wesentlich nach dem Futter und Tränkwasser.

---

[1]) Fr. Söldner berechnete die einzelnen mineralischen Bestandteile der Milch auf Salze und denkt sich die Bindung derselben in Gramm für ein Liter Milch wie folgt:

Dicalciumphosphat .	0,671 g	Calciumcitrat	2,133 g	Dikaliumphosphat .	0,835 g
Tricalciumphosphat .	0,806 „	Dimagnesiumphosphat	0,336 „	Kaliumcitrat	0,495 „
Calciumoxyd (an Casein gebunden) . .	0,465 „	Magnesiumcitrat . .	0,495 „	Chlorkalium	0,830 „
		Monokaliumphosphat	1,156 „	Chlornatrium	0,962 „

Die etwaige Schwefelsäure ist bei dieser Berechnung auf Salze nicht berücksichtigt. Der Gehalt an citronensauren Salzen erscheint nach dem durchschnittlichen Gehalt an Citronensäure sehr hoch.

Der Eisengehalt (Fe) der Milch beträgt 0,5—1,4 mg in 1 l; er kann durch Beifütterung von Eisensalzen nicht gehoben werden.

G. Pfyl fand in roher Milch 0,8—1,1 mg Kieselsäure in 1/2 l Milch; sie kann beim Sterilisieren der Milch in ungebrauchten Flaschen bis 13,2 mg erhöht werden.

Im gesunden Zustande ist die absolute Menge und das Verhältnis der Mineralstoffe zueinander bei demselben Säuger[1]) nur geringen Schwankungen unterworfen. Durch Krankheiten des Säugers wie der Milch kann jedoch das Verhältnis der Mineralstoffe zueinander wesentlich verändert werden.

9. Gase. Die Milch enthält geringe Mengen Gase — in der Regel 7 bis 9 ccm in 100 ccm Milch —; sie bestehen vorwiegend aus Kohlensäure und Stickstoff und nur zum geringen Teil aus Sauerstoff[2]). Beim Stehen in offenen Gefäßen, besonders beim Kochen, nimmt der Gehalt vorwiegend an freier Kohlensäure ab. Beim Aufbewahren der Milch in Gefäßen nimmt nach Marschall der Sauerstoff der eingeschlossenen Luft schnell ab, der an Kohlensäure zu; bei sterilisierter oder präservierter Milch soll solcher Gasaustausch nicht auftreten.

10. Einflüsse auf die Zusammensetzung. Auf die Zusammensetzung der Milch sind verschiedene Umstände von Einfluß, wie z. B. Veranlagung des Einzeltieres, Rasse, Art des Melkens, Zeit nach dem Kalben, Melkzeit, Art und Menge des Futters, Witterung u. a. Hiernach kann die Zusammensetzung der Milch großen Schwankungen unterworfen sein, die bei der Milch der einzelnen Säuger, besonders bei der Kuhmilch, noch eingehender besprochen werden.

Veränderungen und Fehler der Milch durch Kleinwesen und andere Ursachen.

Die gesunde Milchdrüse gibt an sich eine keimfreie Milch ab. Durch die Ausführungsgänge der Zitzen können aber, wie schon gesagt, Bakterien aller Art eindringen und trotz des Schließmuskels an dem oberen Zitzenkanal in die Höhlungen und Kanäle, ja vielleicht in die Drüsenbläschen, wandern, woraus sie beim Melken mit der Milch entleert werden. Außerdem fallen hierbei Bakterien von der Körperoberfläche in die Milch.

Selbst bei aseptisch gewonnener Milch können je nach der Sorgfalt der Ausführung des Melkens 250—5000 Keime für 1 ccm mit in die Milch gelangen. Eine auf gewöhnliche Art, aber reinlichst gewonnene, richtig behandelte und vor allem gut gekühlte Milch pflegt im Durchschnitt etwa 50 000 Bakterienkeime zu enthalten, die sich beim Versand bald um das Doppelte erhöhen können. Hierzu können sich bei Krankheiten des Euters, der Kühe und der Melkpersonen unter Umständen noch mancherlei pathogene Bakterien gesellen, die auch beim Menschen Krankheiten hervorrufen.

Als Kleinwesen dieser Art kommen in der Milch vor:

---

[1]) Bei verschiedenen Säugern ist jedoch die Menge wie das Verhältnis der Mineralstoffe der Milch verschieden und letzteres kommt anscheinend der Zusammensetzung des gesamten wachsenden jungen Körpers nahe. Es scheint, als wenn der Säuger, wie Pages sagt, aus dem Blut nur die Mineralstoffe in solchem Verhältnis in der Milchdrüse sammelt, in welchem der Säugling ihrer bedarf, um zu wachsen und dem mütterlichen Körper gleich zu werden.

[2]) Von Setschenow und E. Pflüger wurden für Kuhmilch, von E. Külz für Frauenmilch gefunden:

Milchart	Gase in 100 ccm Milch				In Prozenten der Gesamtmenge Gas		
	Gesamt- ccm	Sauerstoff ccm	Kohlensäure ccm	Stickstoff ccm	Sauerstoff %	Kohlensäure %	Stickstoff %
Kuhmilch . .	6,7—8,4	0,1—0,24	5,87—7,51	0,75—1,48	1,2—3,2	90,0—77,3	9,0—19,5
Frauenmilch .	7,41	1,27	2,60	3,54	17,1	35,1	47,8

1. *Milchsäurebakterien.* Hiervon gibt es eine große Anzahl, wofür eine einheitliche Einteilung bis jetzt noch nicht gefunden ist. H. Weigmann[1]) unterscheidet drei Hauptgruppen, nämlich: a) Sammelart Streptococcus lacticus, b) Sammelart der plumpstäbchenförmigen Milchsäurebakterien Bacterium acidi lactici und c) Sammelart der Milchsäurelangstäbchen Bacterium caucasicum. Der zweiten Sammelart nahe verwandt sind

2. Die ***Coli-Aerogenes-Bakterien.*** Alle diese Bakterien zerlegen den Milchzucker nach der Gleichung: $C_{12}H_{22}O_{11} + H_2O = 4\,C_3H_6O_3$ in Milchsäure und bewirken durch diese die freiwillige oder spontane Gerinnung der Milch. Sie erzeugen durchweg 0,5—0,6% Milchsäure.

3. *Caseasebakterien.* Diese Gruppe ist ebenso vielseitig wie die Gruppe der Milchsäurebakterien. Weil sie außer einem Labferment ein trypsinartiges Ferment (S. 133) erzeugen bzw. Protein abbauen, so werden sie auch als peptonisierende, und weil sie in der frischen Milch vorkommen, auch als Euterkokken bezeichnet. Sie bilden Säure und Lab und verflüssigen Gelatine. Bekannte Bakterien dieser Art sind Staphylococcus pyogenes albus, St. pyog. aureus, Micrococcus caseiliquifaciens Freudenreich (bei der Reifung des Emmenthaler Käses tätig), Proteus vulgaris, Erd-, Heu- und Kartoffelbacillen (Bacillus vulgaris, Bac. mesentericus vulgaris, Bac. mycoideus, Bac. butyricus u. a.).

4. *Anaerobe Bakterien* der ***Buttersäure-*** u. ***Propionsäuregärung*** z. B. für erstere der Granulobacillus saccharobutyricus immobilis und desgleichen mobilis, Bac. putrificus Bienstock, Plectridium foetidum Weigmann, und für letztere Bacterium acidi propionici in 3 Formen. Der Bildung dieser Säuren geht wahrscheinlich die der Milchsäure aus Milchzucker voraus, und aus der Milchsäure entstehen die genannten Säuren, z. B. $2\,C_3H_6O_3 = C_4H_8O_2 + 2\,H_2 + CO_2$. Da neben Wasserstoff und Kohlensäure fäulnisartig riechende Stoffe entstehen, so werden die genannten Bakterien auch wohl als Fäulniserreger angesehen.

5. *Farbstofferzeugende Bakterien.* Durch verschiedene Bakterien können Milch und Milcherzeugnisse (Butter, Käse) fremde Färbungen annehmen:

a) Blaufärbungen. Durch Bacterium syncyaneum Hueppe werden erst auf der Oberfläche der Milch schmutzigblaue Flecken erzeugt, die sich allmählich ausbreiten und dann der Milch von oben nach unten fortschreitend eine schiefergraue Färbung erteilen. Wahrscheinlich nimmt dies Bacterium seinen Ursprung aus gewissen Futterpflanzen. Die Blaufärbung, die auch bei Butter und Käse auftreten kann, wird durch eine fluorescierenden Farbstoff erzeugende Bakterie Bacterium cyanofluorescens hervorgerufen.

b) Rotfärbungen. Wenn Milch gleich beim Melken rötlich erscheint, so rührt die Färbung meistens von Blut her, welches infolge von Verletzungen in der Drüse oder den Zitzen mit der Milch austritt[2]). Erst später auftretende Rotfärbungen pflegen durch rotfärbende Bakterien (Bac. lactis erythrogenes, Bac. lactorubrifaciens u. a.) oder durch eine Rosahefe hervorgerufen zu werden. Bacterium synxanthum färbt die Milch gelb und bringt sie gleichzeitig zum Gerinnen. In der Luft vorkommende gelbe Mikrokokken und Sarcinen können Milch ebenfalls gelb und gelbrot färben.

c) Schwarzfärbungen durch Bakterien sind bis jetzt bei Milch nicht, wohl aber bei Käse durch eine Monilia- und Cladosporiumart vorgekommen.

6. *Schleimbildende Bakterien.* Das Schleimig- oder Fadenziehendwerden der Milch äußert sich darin, daß sie sich oft in meterlange, feine seidenglänzende Fäden ausziehen läßt;

---

[1]) H. Weigmann, Mykologie der Milch. Leipzig 1911, S. 44. Vgl. auch J. König, Chemie d. Nahr.- u. Genußm., Berlin 1914, III. Bd., 2. Teil, S. 259.

[2]) M. Schrodt fand in einer rötlichgelben Milch vereinzelte Blutzellen und bei flockig-schleimiger Beschaffenheit folgende Zusammensetzung:

Spez. Gewicht	Wasser	Casein	Albumin	Fett	Zucker	Salze
1,0208%	91,58%	1,17%	4,02%	1,14%	1,02%	1,07%

Die Milch stammte aus dem einen, allmählich versiegenden Strich einer anscheinend kranken Kuh während des Weideganges.

beim Ausgießen zeigen sich manchmal dicke, froschlaichartige Massen, und wenn man die Milch durch ein Sieb laufen läßt, hängen an den Sieblöchern lange, dicke Fäden herab[1]).

Die Erreger von schleimiger Milch gehören zum Teil den Milchsäurebakterien an, z. B. der Streptococcus Güntheri, Streptococcus hollandicus, welcher die lange Wei (fadenziehende Molke) verursacht, Micrococcus viscosus von Schmidt (Mülheim); auch andere Bakterien z. B. Actinobacter du Lait (Duclaux), Micrococcus lactis viscosus können diesen Milchfehler verursachen. Die Bakterien stammen entweder aus Oberflächenwasser, schlechter Streu oder von sumpfigen Weiden. Auch einzelne Pflanzen, wie Drosera rotundifolia und Pinguicula vulgaris sind Träger von schleimbildenden Bakterien. Mit diesen Pflanzen wird die in Schweden und Norwegen beliebte „Tätmjölk" (eine sauere und geronnene Dickmilch) erzeugt. Der Schleimstoff ist entweder Galaktan oder ein protein-mucinartiger Stoff. Der Genuß schleimiger Milch oder von Erzeugnissen daraus ist anscheinend nicht nachteilig.

7. Krankheiten erregende Bakterien. Die Krankheitserreger (pathogene oder parasitische Bakterien) können einerseits von dem Säuger (hier Kühen) selbst herrühren, andererseits von den mit der Milch in Berührung kommenden Personen stammen und durch die Milch auf andere übertragen werden.

a) Krankheitserreger von den Kühen selbst. Hierzu gehören wieder Erreger von Euter- und solche von anderen Tierkrankheiten.

α) Euterentzündungen (Mastitis). Euterentzündungen werden durch verschiedene Bakterien, z. B. Streptococcus pyogenes verursacht, der Abscesse und Geschwüre, oder durch Streptococcus lanceolatus, der Entzündungen der Schleimhäute im Hals, in den Bronchien, oder durch Staphylococcus pyogenes bzw. Staphyl. pyog. aureus, der eiterige Entzündungen hervorruft. Die Streptokokkenmastitis heißt auch „gelbe Galt". Bei der Mastitis werden in der Milch auch viele Leukocyten ausgeschieden; sie zeigt häufig eine eitriggelbe Farbe, starke alkalische Reaktion und mitunter einen salzigen Geschmack infolge Verminderung der Phosphate und Erhöhung des Kochsalzgehaltes; gerade die beständigsten Anteile der Milch, z. B. die „fettfreie Trockensubstanz", ist mitunter den größten Schwankungen unterworfen.

Außer den genannten Bakterien können auch die der Koli-Aerogenesgruppe und darunter der Bacillus Guillebeau a und b beteiligt und die Bildner von giftartigen Stoffen sein.

β) Sonstige auf den Menschen übertragbare Tierkrankheiten. Hierzu gehören: 1. Die Rindertuberkulose. Die Tuberkelbazillen gehen bei Eutertuberkulose selbstverständlich mit in die Milch über; aber auch bei sonstiger Tuberkulose kann dieses der Fall sein. Zwar weist der Rindertuberkelbacillus (Typus bovinus) von dem des Menschen (Typus humanus), obschon sie derselben Art angehören, als Standortsvarietät manche Verschiedenheiten auf, so daß R. Koch zuletzt (1901) die Ansicht vertrat, daß der Erreger der Rindertuberkulose nicht der der Menschentuberkulose sein könne und umgekehrt. Spätere Versuche aber haben ergeben, daß in der Tat aus

[1]) Die chemischen Veränderungen von Milch, welche, anscheinend gesund aus dem Euter kommend, bald schleimig wurde, bestanden nach Girardin in einer außergewöhnlichen Herabminderung des Caseins, einer starken Erhöhung des Albumins, einer starken Verminderung des Fettes, Milchzuckers und der Asche. Es wurden gefunden:

	Casein	Albumin	Fett	Zucker u. Asche
In gesunder Milch	4,79%	0,39%	4,46%	4,46%
In fadenziehender Milch von 13 Kühen	0,24—3,23%	4,79—11,02%	0,05—1,44%	0,20—2,78%

Der Fehler wurde hier angeblich durch das Verfüttern von Hopfenklee und blühendem Weißklee erzeugt.

Schleimige Milch von an Euterentzündungen leidenden Kühen zeichnete sich durch höheren Fettgehalt, aber sehr viel geringeren Milchzuckergehalt aus. Es enthielt:

	Fett	Zucker
Die Milch aus zwei gesunden Strichen	1,49%	4,85%
Die Milch aus zwei kranken Strichen	3,25%	1,73%

Rindertuberkulose, besonders bei Kindern, und zwar vom Darm aus, Menschentuberkulose entstehen kann und daher tuberkelhaltige tierische Milch für den Menschen ansteckungsfähig ist.

Die Milch eitertuberkulöser Kühe nimmt nach A. Monvoisier nach und nach die Zusammensetzung des Blutserums an. Aus der Milch können die Tuberkelbacillen in Butter und Käse übergehen. Bei nicht zu großen ursprünglichen Mengen halten sich dieselben in Milch etwa 8 Tage, in Butter 10—14 Tage, in Käse etwa 2 Monate lebensfähig.

2. Maul- und Klauenseuche. Wenngleich der Erreger der Maul- und Klauenseuche noch nicht entdeckt ist, ist doch erwiesen, daß Milch von maul- und klauenseuchekranken Kühen beim Menschen Auftreten von Übelkeit und Fieber, auf der Schleimhaut des Mundes, der Zunge, an Lippen, Nase u. a. Blasen erzeugt. Die Menge der Milch pflegt ab-, dagegen der Gehalt an festen Bestandteilen, besonders an Fett, zuzunehmen; es sind Fettgehalte bis 21,6% festgestellt; die absolute Fettmenge ist jedoch vermindert. Im übrigen ist die Veränderung der Milch bei den einzelnen Tieren verschieden. Mit dem Nachlassen der Krankheit nimmt die Milch nach und nach die normale Beschaffenheit an.

3. Enteritis (cholerineartige Darmerkrankung). Die Erreger dieser Erkrankung (Streptokokken, Coli- und Paratyphusbakterien) können leicht in die Milch gelangen und beim Menschen, besonders bei Kindern, diarrhöische Erkrankungen verursachen.

Auch die Erreger von Milzbrand, Kuhpocken, Aktinomykose (Strahlenpilz) können in die Milch übergehen und Erkrankungen ähnlicher Art beim Menschen hervorrufen.

b) Krankheitserreger vom Menschen. Auch die Erreger ansteckender Menschenkrankheiten können durch die Milch übertragen werden. Am häufigsten ist die Verbreitung von Typhus und Paratyphus durch Milch beobachtet worden. Der Erreger des Typhus ist nämlich ein Wasserbewohner, und weil Wasser in ausgedehntem Maße zur Reinigung der Gefäße verwendet wird, so ist damit die Möglichkeit einer Verunreinigung der Milch mit Typhuserregern gegeben. Auch Unreinlichkeit und Unachtsamkeit in der Behandlung von typhuskranken Personen in den Milchwirtschaften können Ursache zur Verbreitung des Typhus durch Milch werden. Die Typhuserreger halten sich in süßer gekühlter Milch 11—14 Tage lebensfähig; bei Säuerung derselben nimmt die Lebensfähigkeit schnell ab; ein Säuregrad, entsprechend 0,4% Milchsäure tötet sie innerhalb 24 Stunden ab; Sauerrahmbutter und Buttermilch enthalten nur selten noch Typhuskeime.

Dasselbe gilt von Cholerabacillen; sie nehmen schon nach 10 Stunden in der Milch ab und sind meistens schon abgetötet, wenn die Milch sauer geworden ist. Cholera wird daher wohl nur selten durch Milch übertragen.

Von Diphtherie sind anscheinend nur 2 Fälle der Übertragung als sicher ermittelt anzusehen, obschon die rohe lebenswarme Kuhmilch ein guter Nährboden für Diphtheriebacillen ist.

Von der Verbreitung anderer ansteckenden Menschenkrankheiten durch Milch ist bis jetzt nichts bekannt.

8. Hefen- und Mycelpilze in der Milch. Für die Vergärung des Milchzuckers kommen besondere Milchzuckerhefen in Betracht, die teils echte Saccharomyces-, teils Torulahefen sind. Letztere haben besondere Bedeutung für die Bereitung von Kumys und Kefir (vgl. S. 202).

Unter den Mycelpilzen sind besonders wichtig Oidium-Arten, die unter dem Sammelnamen Oidium lactis zusammengefaßt wurden und von denen O. moniliaforme, O. nubilum und O. gracile den Steckrübengeschmack von Milch und Butter hervorrufen.

Cladosporium herbarum, von schlecht eingebrachtem Futter herrührend, verursacht mitunter schwarze Rasen an Decken und Wänden der Molkereiräume oder auf Käsen. Penicillium glaucum äußert mitunter ähnliche Wirkungen oder macht durch Spaltung des Butterfettes die Butter ranzig; Penicillium brevicaule bewirkt in Milch und Butter einen lauch- bis steckrübenartigen bzw. scharfen bis fauligen Geruch und Geschmack. Andere Penicillium-Arten sind bei der Reifung von Käse (Roquefort und Camembert) vorteilhaft tätig. Die Gattung Mucor ist im Molkereibetriebe seltener vertreten; Mucor mucedo und M. racemosus finden sich mitunter auf ranziger Butter. Letztere Art erteilt auch dem norwegischen Gammelost den scharfen Geschmack.

9. Sonstige Milchfehler. Außer den vorstehenden Milchfehlern gibt es noch verschiedene, deren Ursachen entweder noch unbekannt oder anderer Art sind, nämlich:

a) Grießige und sandige Milch zeichnet sich vor normaler Milch, wahrscheinlich infolge von Euterkatarrh oder Entzündung der Schleimhäute, durch das Auftreten von weichen bzw. harten Konkrementen aus.

b) Träge, d. h. schwer entrahmende Milch entsteht vielfach durch Aufnahme besonderer Pflanzen oder Futtermittel (Rüben, Steckrüben u. a.) oder sie ist durch fortgeschrittenes Lactationsstadium bedingt[1]).

c) Das rasche Nachlassen und Aufhören der Milchabsonderung pflegt mit Verdauungsstörungen oder Krankheitsursachen verbunden zu sein.

d) Fischige Milch tritt selten und meist nur bei einzelnen Kühen auf. Die Ursache ist noch nicht bekannt, es scheint aber, als ob das Futter schuld daran sein könne. So will man beobachtet haben, daß Fischmehl sowie Gras von Marschwiesen, auf welchen bei Überschwemmungen Crustaceen zurückbleiben, fischige Milch, dann allerdings bei mehreren Tieren zugleich, verursacht haben.

e) Vorzeitig gerinnende Milch scheint durch ein besonders starkes Auftreten entweder von Milchsäurebakterien oder — in den weitaus meisten Fällen wohl — von solchen Bakterien hervorgerufen zu werden, welche ein labartiges Enzym in größerer Menge auszuscheiden vermögen.

f) Die nicht gerinnende Milch und der nicht säuernde, nicht verbutternde Rahm dagegen verdanken ihre Entstehung solchen Bakterien, welche ein kräftig peptonisierendes tryptisches Enzym erzeugen und durch Auflösen des Caseins seine Fällung durch Milchsäurebakterien verhindern. Milch und Rahm, die in dieser Weise verändert sind, lassen sich nur sehr schlecht verbuttern und schäumen dabei sehr stark.

g) Käsige Milch hat ungefähr dieselbe Ursache, es tritt hier nur infolge des Überwiegens von säuernden Bakterien vor der Auflösung des Caseins eine Abscheidung desselben auf.

h) Der seifige Geschmack, der gelegentlich des Auftretens von viel peptonisierenden Bakterien in der Milch beobachtet wird, wird scheinbar von besonderen Bakterien verursacht.

i) Bittere bzw. salzig-bittere Milch entsteht zunächst durch manche Futtermittel und Pflanzen. Die Knollen und Blätter der meisten Cruciferen, ferner Lupinen, Wicken, Sedum- und Laucharten, die Hundskamille, der Reinfarn, dumpfig gewordenes Stroh werden als die Ursache von bitterer Milch angesehen. Zumeist rührt der bittere Geschmack der Milch von besonderen Bakterien her. Am häufigsten dürften es wohl die schon im Euter auftretenden sog. lab- und säurebildenden Mikrokokken sein (Micrococcus Cohn und M. casei amari von Freudenreich), seltener andere peptonisierende Bakterien (Bac. liquefaciens lactis amari von Freudenreich, Vertreter der Kartoffel- und Heubacillen, der Colibakterien); auch Hefen sind als Erreger der bitteren Milch nachgewiesen.

Salzig-bittere Milch besitzt einen salzig-bitteren Geschmack, anscheinend infolge eines einseitig erhöhten Gehaltes an Chlornatrium, während Kali, Kalk, Magnesia und Phosphorsäure und auch Milchzucker zurücktreten.

k) Gärende und schäumende Milch wird durch gasbildende Bakterien bzw. Hefen verursacht.

l) Faulige Milch dürfte dem Zusammenwirken von Coli- und Aerogenesbakterien (Stallgeruch und Stallgeschmack der Milch, soweit er nicht unmittelbar von Kot herrührt) sowie peptonisierenden und Buttersäurebakterien zuzuschreiben sein.

m) Milch mit Rübengeruch und Rübengeschmack, die bei Fütterung von Steckrüben, Rübenblättern, Spörgel u. dgl., manchmal auch durch die Tätigkeit von Bakterien entsteht, hat meist einen etwas fauligen Geruch und Geschmack.

n) Sog. stickige Milch ist Milch, welche infolge der Aufbewahrung in geschlossenen Kannen einen scharfen unangenehmen Geruch angenommen hat.

---

[1]) Träge Milch enthielt in einem Falle nach L. Marcas 13,83% Trockensubstanz und 5,69% Fett gegenüber 11,62% Trockensubstanz und 3,30% Fett bei normaler Milch.

Alle Milch solcher Art, wie Milch mit außergewöhnlichem, unangenehmem Geruch oder Geschmack, mit außergewöhnlichem Aussehen, sowie Milch von kranken Tieren ist vom Verkauf auszuschließen.

Beseitigung von Milchfehlern und Haltbarmachung der Milch.

1. Beseitigung von Milchfehlern. Um die vorstehend angegebenen Milchkrankheiten und Milchfehler bekämpfen oder beseitigen zu können, muß zunächst die Ursache der fehlerhaften Beschaffenheit der Milch festgestellt werden. Rührt diese nur von einer oder einzelnen Kühen her, so sind letztere von der Milchgewinnung einfach auszuschließen; wenn schlechtes, verdorbenes Futter oder die Einstreu die fehlerhafte Beschaffenheit verursachen, so können diese ausgeschlossen werden.

Schwieriger gestaltet sich die Beseitigung der Milchfehler, wenn dieselben ihre Ursache in Verunreinigungen des Stalles, der Milchaufbewahrungsräume und der Milchgerätschaften haben. Es muß dann eine gründliche Reinigung und Desinfektion derselben vorgenommen werden. Wo man über gespannten Dampf verfügt, wird man diesen als das wirksamste Desinfektionsmittel verwenden, indem man alle Milchgerätschaften (Milchseiher, Kühler, Milchsatten, Versandgefäße usw.) so lange dem überhitzten Dampf aussetzt, bis sie genügend heiß geworden sind. In Ermangelung von gespanntem Dampf brüht man die Gerätschaften wiederholt mit kochendem Wasser unter Zusatz von Soda oder Natronlauge aus oder reinigt sie mit Kalkwasser (bzw. Kalkmilch) unter Anwendung einer Bürste, so daß alle Ecken und Fugen mitberührt werden. Ebenso lassen sich die Futtertröge und Futterkrippen behandeln. Eine vollständige Desinfektion des ganzen Stalles wie des Milchaufbewahrungsraumes ist aber kaum möglich. Die Abwaschung mit Chlorkalklösung (bzw. mit 3 proz. Phenollösung) oder ein frischer Kalkanstrich kann hier unter Umständen gute Dienste leisten, wenn dabei alle Fugen und Ritzen mitberücksichtigt werden. Auch hat man für den Zweck Verstäubungsapparate (so von Messter, Japy) eingerichtet, bei denen als Desinfektionsmittel Karbol-, Kreolin- oder Lysolwasser verwendet werden. Man wird aber von solcher Stall- bzw. Milchraumdesinfektion nur eine Einschränkung, kaum eine vollständige Beseitigung des Übels erwarten dürfen. Wie gegen alle Milchverunreinigungen, so wirken auch gegen die Milchfehler am besten die Vorbeugungsmittel, welche in der größten Reinlichkeit bzw. Reinhaltung der Tiere, des Stalles nebst Futter und Streu, der Futtertröge und Milchgerätschaften, wie nicht minder auch in der Reinlichkeit der Dienstpersonen bestehen.

2. Haltbarmachung der Milch. Zur Einschränkung bzw. Beseitigung von Krankheiten und Fehlern der Milch kann auch diese selbst einer verschiedenen Behandlung unterworfen werden, nämlich durch:

a) Entfernung des Schmutzgehaltes. Jede Milch, auch die von gesunden Kühen, kann dadurch leicht die Keime zu einer fehlerhaften Veränderung aufnehmen, daß sie unreinlich ermolken und aufbewahrt wird. (Über die zweckmäßige Art des Melkens vgl. S. 165.) Da die dort angegebenen Vorsichtsmaßregeln beim Melken aber durchweg noch nicht beachtet werden und auch, z. B. bei Weidegang, nicht immer beachtet werden können, so soll jede Milch wenigstens von Schmutzteilchen befreit werden. Dieses sucht man durch Filtrieren oder Zentrifugieren zu erreichen. Als Filtriermittel benutzt man Seihtücher (Haarsiebe) oder Metallsiebe im kleinen, Kies-, Sand-, Cellulose- und ähnliche Filter in verschiedener Anordnung im großen. Die Siebe oder Filter müssen indes nach jedem Gebrauch sorgfältigst gereinigt werden; geschieht dies nicht, so reichern sie sich bei vorhandenen Milchresten mit Bakterien an und wirken eher schädlich als nützlich. Aus dem Grunde sind die Milchreinigungszentrifugen mit schwacher Umdrehung vorzuziehen.

b) Haltbarmachung durch Abkühlen. Durch schnelle Abkühlung der frisch gemolkenen Milch, wie sie in größeren Betrieben jetzt überall durch besondere Milchkühler durchgeführt wird, und durch kühle Aufbewahrung kann die Entwicklung der Zersetzungen bewirkenden Bakterien gehemmt werden. Gefrorene Milch, die in neuester Zeit von einigen großen Milchversorgungsanstalten hergestellt wird, hält sich lange Zeit frisch; keimfrei aber ist sie nicht.

c) Haltbarmachung durch Pasteurisieren bzw. Sterilisieren. Die Abtötung der meisten Milchbakterien und besonders der Seuchenerreger läßt sich mit Sicherheit nur durch Erhitzen auf höhere Temperaturen erzielen (vgl. hierüber weiter unten S. 198).

d) Haltbarmachung durch chemische Mittel. Um einer schnellen Säuerung der Milch vorzubeugen, ist von alters her ein Zusatz von kohlensaurem oder doppeltkohlensaurem Natrium (auch wohl Kalkmilch) in Gebrauch; auch werden wohl Borsäure, Borax, Salicylsäure, Benzoesäure und deren Salze, Fluornatrium, Formalin und Wasserstoffsuperoxyd (vgl. unter „Buddisierte" Milch S. 200) zur Frischhaltung vorgeschlagen und angewendet. Alle diese Frischhaltungsmittel wirken entweder nur auf kurze Zeit oder erteilen der Milch, wenn sie in wirksamen Mengen zugesetzt werden, einen unangenehmen Geschmack. Weil sie der Milch den Schein einer besseren Beschaffenheit, nämlich der Frische, erteilen sollen, sind sie verboten.

Verfälschungen der Milch.

Außer durch vorstehende natürliche Ursachen kann aber Handelsmilch noch durch Verfälschungen eine fehlerhafte Beschaffenheit annehmen; als solche kommen vorwiegend vor:

1. Zusatz von Wasser,
2. größerer oder geringerer Fettentzug (Entrahmung) oder Zusatz von entrahmter Milch zu Vollmilch,
3. gleichzeitige Entrahmung und Wasserzusatz.

Ferner ist noch zu beachten:

4. der Zusatz von Frischhaltungsmitteln (Natriumcarbonat und -bicarbonat, Borsäure [Borax], Salicylsäure, Benzoesäure, Formaldehyd),
5. Zusatz von Zuckerkalk (besonders zu Sahne),
6. Zusatz von Farbstoffen,
7. zu hoher Gehalt an Schmutz (Kotteilchen usw.).

Untersuchung der Milch.

Eine vollständige Untersuchung der Milch, wobei auch die Stickstoffverbindungen (Casein, Globulin und Albumin) und der Milchzucker usw. zu bestimmen sind, kommt meistens nur für physiologische Zwecke in Betracht. Meistens handelt es sich bei Untersuchung der Milch um den Nachweis von Verfälschungen und dafür gelten folgende Bestimmungen:

a) unbedingt notwendig:

1. des spez. Gewichtes bei 15° (s),
2. des Fettgehaltes (f),
3. der Trockensubstanz (t),
4. des spez. Gewichtes der Trockensubstanz (m) bzw. des Fettgehaltes der Trockensubstanz,
5. der fettfreien Trockensubstanz;

b) wünschenswert:

1. des spez. Gewichtes des Serums,
2. des Lichtbrechungsvermögens des Serums,
3. der Mineralstoffe der Milch,
4. desgl. des Serums,
5. der qualitative Nachweis von Salpetersäure.

Nicht selten ist auch die Feststellung des Schmutzgehaltes und Säuregrades der Milch von Belang.

Ferner sind häufig wichtig die Feststellung der Frische (durch Alkoholzusatz), des nicht erhitzten (rohen) und erhitzten Zustandes (durch Prüfung auf Albumin- und Fermentgehalt, die Prüfung auf Frischhaltungsmittel, Farbstoffe, Saccharose bzw. Zuckerkalk.

Eine etwa notwendig werdende mykologische Untersuchung der Milch muß zweckmäßig einem Bakteriologen von Fach vorbehalten bleiben.

Die verschiedenen Milcharten.

Frauenmilch.

Allgemeine Eigenschaften. Die Frauenmilch, von angeblich süßlich-fadem Geschmack und weißer Farbe mit einem Stich ins Gelbliche, besitzt wie alle Milch eine amphotere (gegen Phenolphthalein saure, gegen Lackmus alkalische) Reaktion, jedoch waltet die alkalische vor[1]).

Die Frauenmilch gerinnt nicht oder nur feinflockig. Mit Säure tritt indes Gerinnung ein, wenn ihre Menge etwa 2,5 ccm $^1/_{10}$ N.-Säure (Milchsäure) für 10 ccm Milch beträgt, oder wenn man die Milch einfrieren läßt; mit Lab desgleichen, wenn man gleichzeitig ansäuert.

Vielleicht hängt diese Erscheinung damit zusammen, daß die Milch sonstiger Säuger (Kuh, Kaninchen, Katze u. a.), die leicht gerinnt, nach Kreidl und Neumann im Ultramikroskop sichtbare kleinste Teilchen, sogenannte Lactokonien enthält, die das Plasma neben Fetttröpfchen dicht erfüllen und höchst wahrscheinlich Caseinteilchen sind. Die Frauenmilch ist dagegen frei hiervon; man sieht im Plasma mittels des Ultramikroskops nur Fetttröpfchen, die sich frei und lebhaft bewegen können; das ist auch wohl der Grund, daß die Frauenmilch beim Stehen leicht, schon binnen wenigen Stunden, aufrahmt.

Über die physikalischen Eigenschaften der Frauenmilch vgl. S. 166.

Was die Menge der Milchabsonderung anbelangt, so hängt sie wesentlich von der Eigenart der Frauen und ihrer Ernährung ab. Da der Säugling von 5—6 kg Körpergewicht 0,75—1,50 l Milch zum Wachstum notwendig hat und die meisten Frauen den Säugling zu stillen in der Lage sind, so dürfte auch diese Menge in der Regel von den Drüsen abgesondert werden[2]). In anderen Fällen ist die Menge nicht ausreichend, in vereinzelten Fällen so hoch, daß sie für 2 Säuglinge ausreicht. Im allgemeinen nimmt die Menge der Milch bis zur 28. Woche nach der Geburt zu und von da allmählich ab, so daß der Säugling von dieser Zeit ab einer Beigabe von Kuh- oder sonstiger Milch oder geeigneten Kindermehlen (am besten Hafermehl mit und ohne eingedickte Milch) bedarf.

Chemische Zusammensetzung. ***1. Stickstoff-Substanz.*** Wie gegen Säuren und Lab verhält sich das Casein der Frauenmilch auch in der chemischen Zusammensetzung von anderen Milchcaseinen verschieden, indem es weniger Phosphor (0,26% gegen 0,6—1,0% bei letzteren) enthält und bei der Verdauung mit Pepsinsalzsäure nur wenig Paranuclein (S. 47) liefert. Seine Menge tritt, ebenfalls abweichend von anderen Milcharten, in der Frauenmilch gegen Albumin zurück; man kann rund folgende Verteilung zwischen den beiden Proteinen und dem Reststickstoff (S. 167) in Prozenten des Gesamtstickstoffs annehmen, nämlich:

Casein-Stickstoff	Albumin-Stickstoff	Rest-Stickstoff
40%	50%	10%

Über den Gehalt an Harnstoff vgl. S. 167, an Lecithin S. 169.

2. Fett. Der Durchmesser der Fettkügelchen beträgt 0,9—22,0 μ. Das Frauenmilchfett hat eine niedrige Reichert-Meißlsche Zahl, nämlich 2—3 gegen 20—34 bei Kuhmilch; die Jodzahl (43,4—46,3) ist etwas höher als bei letzterer; die übrigen Konstanten zeigen keine wesentlichen Abweichungen. Der prozentuale Fettgehalt steht im allgemeinen im umgekehrten Verhältnis zur abgesonderten Milchmenge, so daß bei einer und derselben Frau die absolute Menge des im Tage erzeugten Fettes bei wechselnden Milchmengen nahezu gleich ist.

---

[1]) Courant fand, daß 10 ccm zur Neutralisation erforderten:

0,20—0,55 $^1/_{10}$ N.-Lauge und 0,9—1,25 $^1/_{10}$ N.-Säure.

A. Szili gibt an, daß normale (reife) Frauenmilch zur Neutralisation für 1 Liter 125 ccm $^1/_{50}$ N.-Natronlauge (= 0,0025 Grammäquivalente Alkali) gebraucht und die $H^\cdot$-Ionenkonzentration $0,55 \times 10^{-7}$ beträgt; im Anfange (1. bis 7. Tag) ist sie $0,75 \times 10^{-7}$ gleich der von destilliertem Wasser, so daß also die Frauenmilch in physikalischem Sinne neutral ist, wie Blutplasma.

[2]) Festgestellt wurden bei 27 Ammen Schwankungen von 0,65—3,13 kg, im Mittel 1,75 kg Milch m Tage.

3. Citronensäure; ihre Menge ist zu 0,024—0,070% gefunden.

4. Mineralstoffe; ihre Menge ist etwa 1/3 geringer als bei Kuhmilch; über Zusammensetzung der Asche vgl. Tabelle III, Nr. 1, am Schluß. Der Eisengehalt der Frauenmilch wird mit 1,3—7,2 mg in 1 l, also wesentlich höher als bei Kuhmilch angegeben. Der sehr schwankende Kalkgehalt von 0,291—2,791 g in 1 l soll mit dem Fortschreiten der Lactation allmählich etwas abnehmen und Kalk- wie Eisenzugabe zur Nahrung den Gehalt der Milch hieran nicht erhöhen.

Im Durchschnitt kann man den Gehalt der Frauenmilch für 1 l wie folgt annehmen:

Rohnährstoffe						Verdauliche Nährstoffe			Calorien für 1 l	
Trockensubstanz	Casein	Albumin	Fett	Milchzucker	Salze	Casein + Albumin	Fett	Milch-Zucker	rohe	reine
127,66 g	6,91 g	9,18 g	38,67 g	70,33 g	2,58 g	15,28 g	37,51 g	69,27 g	715 Cal.	697 Cal.

Kali	Natron	Kalk	Magnesia	Eisenoxyd	Phosphorsäure	Schwefelsäure	Chlor
0,769 g	0,246 g	0,495 g	0,101 g	0,006 g	0,572 g	0,048 g	0,446 g

Der Gehalt der Frauenmilch ist indes wie der jeder anderen Milch großen Schwankungen unterworfen, z. B. Fettgehalt von 1,0—6,1%, Wassergehalt von 90,5—84,7% usw. (vgl. Tabelle II, Nr. 1—4 und Tabelle III, Nr. 1).

5. Einflüsse auf die Zusammensetzung der Frauenmilch. Neben der Eigenart und der persönlichen Anlage sind noch besonders folgende Umstände von Belang:

a) Die Zeit nach dem Gebären (Entfernung in der Lactation).

Durchweg ist im Colostrum, das etwa 8 Tage anhält, der Gehalt an Stickstoffsubstanz (vorwiegend Albumin)[1]) höher als in der späteren Milch; mitunter ist der Gehalt hieran noch bedeutend höher als unten angegeben ist; so gibt E. Pfeiffer für den Gehalt an Stickstoffsubstanz in der Frauenmilch an:

1. Tag	3. bis 7. Tag	2. Woche	2. Monat	7. Monat nach der Geburt
8,60%	3,40%	2,28%	1,84%	1,52%

Der Zucker verhält sich nach E. Pfeiffers Untersuchungen umgekehrt; die Menge desselben ist am ersten Tage gering, nimmt anfangs stark, dann langsamer zu. Der Fettgehalt schwankt während der Milchabsonderungszeit; er scheint im allgemeinen anfangs zu steigen, um später wieder zu fallen.

b) Die Brustdrüse, ob aus der rechten oder linken Brustdrüse. In 2 Fällen war die Milch aus der rechten Drüse gehalt- und fettreicher als die aus der linken Drüse; in einem dritten Falle machte sich das umgekehrte Verhältnis geltend. Eine bestimmte Beziehung ist also nicht vorhanden.

c) Die Haarfarbe und das Alter. Ebensowenig hat sich die Ansicht, daß Frauen mit gleichfarbigem Haar auch annähernd eine gleich zusammengesetzte Milch führen, bestätigt.

Die Untersuchungen haben indes ergeben, daß die Milch von Frauen mit verschiedenen Haarfarben allerdings verschieden zusammengesetzt ist, daß aber die Milch gleichfarbiger, aber verschiedener Frauen ganz denselben Schwankungen unterworfen ist.

Dagegen scheint das Alter der Frauen von Einfluß auf die Zusammensetzung der Milch zu sein, indem nach E. Pfeiffer die Milch älterer Frauen weniger Fett, dagegen mehr Stickstoffsubstanz, Zucker und Salze enthält, als die jüngerer Frauen.

d) Erste und letzte Milch aus der Drüse. Nach mehreren Untersuchungen wurde bei fraktionierter Entnahme der Milch aus der Drüse gefunden:

	Erster Anteil (37,7 g)	Zweiter Anteil (31,1 g)	Dritter Anteil (37,8 g)
Fett	2,24%	3,66%	5,62%

In allen Fällen nimmt daher bei einer und derselben Absonderung aus der Drüse das Fett erheblich zu, während Stickstoffsubstanz und Milchzucker absolut und relativ abnehmen

[1]) Nach H. Lejoux enthält das Colostrum der Frauenmilch ein Mucin (Lactomucin), also ein Glykoprotein (S. 25), welches wahrscheinlich mit dem von Bert im Harn von Milchkühen aufgefundenen Lactogen identisch ist.

(Tabelle II, Nr. 3). Hieraus muß man schließen, daß die Ausscheidung einzelner Stoffe, besonders des Fettes, aus dem Drüsengewebe unter der Mitwirkung nervöser Apparate erfolgt, die durch verschiedene Reize, z. B. das Saugen, in wechselnde Bewegung gesetzt werden können. Aus diesem Verhalten erklären sich auch vielleicht die anscheinenden Widersprüche, die in den Angaben verschiedener Analytiker über die Zusammensetzung der Frauenmilch bestehen. Jedenfalls soll man die ganze Menge einer Milchabsonderung zu Untersuchungen verwenden.

e) Die Ernährung. Bei der Frauenmilch scheint die Nahrung von viel größerem und tiefer gehendem Einfluß auf deren Zusammensetzung zu sein als bei Kuhmilch.

Im Mittel vieler Versuche ergaben sich in der Frauenmilch bei ärmlicher Nahrung 2,99% Fett, bei reichlicher 4,65% Fett (vgl. weiter Tabelle II, Nr. 4).

Das Verhältnis von Proteinen zu Fett war bei mangelhafter Nahrung 1 : 1,6, bei reichlicher Nahrung dagegen 1 : 2,2.

Proteinreiche Nahrung vermehrt nach E. Pfeiffer den Protein- und Fettgehalt, vermindert dagegen den Zucker- und Salzgehalt, während eine proteinarme Kost sich umgekehrt verhält.

Bier scheint vielfach nicht nur die Milchabsonderung als solche zu befördern, sondern auch eine fettreichere Milch zur Folge zu haben. Ammen, die an eine gewöhnliche oder spärliche Nahrung gewöhnt sind, liefern mitunter, wenn sie eine reichliche, an Fett und Kohlenhydraten reiche Nahrung erhalten, eine so fettreiche und im Verhältnis zum Fett so proteinarme Milch, daß die Kinder nur eine mangelhafte Entwicklung zeigen. A. Stift beobachtete in einem Falle in einer neutral reagierenden Frauenmilch 8,03% Fett, bei welcher das Kind nicht gedeihen wollte. Nicht minder üben fehlerhafte, verdorbene Nahrungsmittel, ranzige Butter, gesäuerte Speisen usw. wie bei anderen Säugern einen wesentlichen Einfluß auf die Beschaffenheit der Frauenmilch aus, der sich auch bei dem Säugling in Magen- und Darmerkrankungen geltend macht.

Für das Gedeihen und die gute Entwicklung des Säuglings ist daher von größtem Belang, auf eine richtig bemessene und gut beschaffene Nahrung Rücksicht zu nehmen, wenngleich für die Beschaffenheit der Frauenmilch in erster Linie die persönliche Anlage mit maßgebend sein mag.

6. Sonstige Einflüsse. Daß übermäßige körperliche Anstrengungen, Gemütserregungen aller Art bei den stillenden Frauen von größtem Einfluß auf die Beschaffenheit der Milch sind, ist eine ganz bekannte Tatsache. Ob die Menstruation von Einfluß ist, ist noch nicht sicher festgestellt. Dagegen wirken Krankheiten gewiß nachteilig.

Auch können Krankheitsstoffe durch die Milch übertragen werden, gerade wie bei Kuhmilch (vgl. S. 174). Selbst Arzneimittel können in die Milch übergehen (vgl. Kuhmilch S. 190).

Als Ersatz der Muttermilch verwendet man meistens Verdünnungen von Kuhmilch mit Zuckerwasser[1]); über sonstige Ersatzmittel vgl. unter Kindermehlen, S. 377, bzw. besonders zubereitete Kuhmilch, S. 201.

---

[1]) Als Zuckerlösung verwendet man entweder Milchzucker (am zweckmäßigsten), Rohrzucker oder Nährzucker (nach Soxhlet: Malzzucker, Dextrin und Salze). Man rechnet dabei je nach dem Alter bzw. Gewicht des Säuglings z. B. mit folgenden Mengen:

Alter des Säuglings	Menge der Kuhmilch im Tage g	5 proz. Zuckerlösung g	Flaschen	
			Anzahl	à g
1. Lebenswoche	150	150	6	50
2. „	300	300	6	100
3. und 4. Lebenswoche	400	200	6	100
2. und 3. Lebensmonat	600	300	6	150
4. „ 5. „	800	200	6	165
6. „	1000	—	6	165
Spätere Lebensmonate	1200	—	6	200

Kuhmilch.

Allgemeine Eigenschaften. Die vorstehenden Ausführungen über Begriff, Entstehung, Gewinnung und Eigenschaften der Milch im allgemeinen (S. 166—175) beziehen sich in erster Linie auf die Kuhmilch. Es kann daher hierauf verwiesen werden und bleibt noch übrig, an dieser Stelle die Umstände zu besprechen, welche auf Menge und Beschaffenheit (Zusammensetzung) der Kuhmilch von Einfluß sind.

Zusammensetzung. Im Durchschnitt kann man die absolute Menge der Kuhmilch an Bestandteilen für 1 l wie folgt veranschlagen:

Rohnährstoffe						Verdauliche Nährstoffe			Calorien für 1	
Trockensubstanz	Casein	Albumin	Fett	Milchzucker	Salze	Casein + Albumin	Fett	Milchzucker	rohe	reine
126,36 g	28,88 g	5,16 g	35,07 g	49,82 g	7,43 g	31,83 g	33,24 g	49,32 g	682,0 Cal.	652,8 Cal.

Kali	Natron	Kalk	Magnesia	Eisenoxyd	Phosphorsäure	Schwefelsäure	Chlor
1,831 g	0,608 g	1,669 g	0,192 g	(0,002 g)	1,953 g	0,159 g	0,979 g

Auf den prozentualen wie absoluten Gehalt der Kuhmilch üben aber eine Reihe von Umständen einen Einfluß aus, so daß der prozentische Gehalt der Handelsmilch folgenden Schwankungen unterliegt:

Spez. Gewicht bei 15°	Wasser	Fett	Fettfreie Trockensubstanz
1,0270—1,0350	86,0—89,5%	2,3—5,0%	7,8—10,5%

Über weitere Gehaltsschwankungen und die mittlere Zusammensetzung vgl. Tabelle II, Nr. 5—10 und Tabelle III, Nr. 2 und 3.

Auf die Zusammensetzung der Kuhmilch sind vorwiegend folgende Umstände von Einfluß:

1. Rasse und Eigenart der Einzelkuh. Im allgemeinen liefern die Niederungsrassen mehr Milch mit geringerem Fettgehalt, die Höhenrassen dagegen weniger, aber fettreichere Milch. Das trifft aber nicht immer zu. So enthielt die Milch von 8 Schwyzer Kühen (einer Höhenrasse) durchschnittlich nur 3,05%; auch andere Höhenrassen weisen in der Milch mitunter keinen höheren Fettgehalt auf als Niederungsrassen. Die Milch von Kühen mit sehr hohem Milchertrag enthält vielfach viel und bei reichlichem Futter sogar mehr Fett als die Milch von weniger ertragreichen Kühen. Es finden sich in jeder Stallung bei gleicher Pflege und Fütterung immer Kühe, die viel und gute, und solche, die wenig und geringhaltige Milch liefern. K. Teichert fand z. B. in der Milch der Allgäuer Kühe Unterschiede von 2,49—4,89%, E. Ramm in Milch von 5 Guernseykühen einen Unterschied von 3,25—9,50% Fett. Selbst bei 10 besten Kühen der Allgäuer Rasse schwankte der durchschnittliche Milchertrag zwischen 8,87—11,64 kg für den Tag, der Fettgehalt zwischen 2,32—4,12%. Man muß hiernach annehmen, daß entweder die Größe der Milchdrüse und ihre Eigenschaft, bei ihrer Verflüssigung in verschiedenem Mengenverhältnis der Bestandteile zu zerfallen, oder der verschiedene Nervenreiz und Blutdruck einen bestimmenden Einfluß auf die Absonderungsgröße und -art der Drüse besitzen und diese sowohl für die einzelnen Rassen wie für die einzelnen Kühe derselben Rasse verschieden sein können. Daß diese Eigenschaften durch die Zuchtwahl beeinflußt werden können, ist wohl zweifellos; nach Beobachtungen M. Fischers scheinen sich die günstigen Eigenschaften eher vom Vater, der von leistungsfähigen Eltern stammt, als von der Mutter zu vererben.

2. Dauer des Milchendseins. Die Milch jeder einzelnen Kuh unterliegt während der Zeit des Milchendseins (Lactation) einer geringen Änderung. Die erste Milch nach dem Kalben, das Colostrum (oder Colostralmilch) hat eine von der späteren normalen Milch vollständig abweichende Zusammensetzung (vgl. Tab. II, Nr. 5 u. 6); sie ist bei durchweg geringem Gehalt an Fett und Milchzucker einseitig reich an Stickstoffsubstanz, und zwar an Albumin + Globulin reicher als an Casein. Aber schon am zweiten Tage geht dieser Gehalt, vorwiegend an Globulin, herunter, indem Fett und Milchzucker steigen, so daß die Milch durchschnittlich am siebenten Tage die normale Beschaffenheit angenommen hat[1]).

Aber auch während des weiteren Verlaufes treten noch geringe Änderungen auf. Die Menge der Milch ist im ersten Monat nach dem Kalben am höchsten und nimmt von da regelmäßig ab.

Die prozentuale Zusammensetzung der Milch ändert sich in der Weise, daß der Gehalt an Trockensubstanz und Fett in den ersten vier Monaten nach dem Kalben sich auf ungefähr gleicher Höhe hält, oder, wie vielfach das Fett, im 2., 3. und 4. Monat eine ganz geringe Abnahme erfährt, um vom 5. Monat sowohl in Prozenten der natürlichen Milch als der Trockensubstanz (also im Verhältnis zu den anderen Milchbestandteilen), besonders in den letzten Monaten, deutlich zu steigen[2]); dementsprechend müssen die anderen Bestandteile, Casein, Albumin usw., prozentual etwas abnehmen. Aus früheren Untersuchungen von nur wenigen Kühen hatte man das Gegenteil geschlossen und mag dieses auch bei anderen Tieren oder Rassen vorkommen.

Die Dauer der Milchabsonderung nach dem Kalben ist sehr verschieden; viele Kühe liefern von einem Kalben bis zum anderen fortgesetzt Milch; bei anderen schwankt die Absonderungszeit von 270—400 Tagen; im Durchschnitt beträgt sie rund 300 Tage. Durch reichliches Futter läßt sich die Zeit der Milchabsonderung verlängern.

Der Milchertrag einer nachfolgenden Lactationszeit wird am meisten begünstigt, wenn zwischen den einzelnen Lactationszeiträumen eine Ruhepause (Trockenzeit) verbleibt. Nach dem sechsten und siebenten Kalben pflegt die Milchleistung überhaupt abzunehmen.

3. Einfluß von Jahreszeit und Tag. Nach verschiedenen Untersuchungen bei größeren Herden pflegt der niedrigste Fettgehalt der Milch meistens in die Frühjahrsmonate (Februar bis April), der höchste in die Herbstmonate (Oktober bis November) zu fallen. So fand Hittcher in der Milch der mehr als 100 Kopf großen Herde in Tapiau im Mittel von 12 Jahren im April 2,87%, im Oktober 3,45% Fett. Diese Schwankung hängt nicht mit dem verschiedenen Futter, sondern damit zusammen, daß das Kalben durchweg, besonders bei Weidewirtschaft, in den Wintermonaten von Dezember bis März stattfindet und die Milch um so fettärmer ist, je näher sie zum letzten Kalben, und um so fettreicher, je weiter sie vom letzten Kalben entfernt gewonnen wird (vgl. unter Nr. 2).

Auch von einem Tage zum andern können Unterschiede in der Menge wie im Gehalt der Milch auftreten. Daß dies bei Einzelkühen öfter vorkommt, ist allgemein bekannt. Aber auch bei Mischmilch größerer Herden sind von verschiedenen Seiten[3]) solche

---

[1]) A. Emmerling fand am Tage nach dem Kalben in dem Kuhcolostrum 8,32% Globulin und 0,58% Albumin, am 6. Tage nach dem Kalben nur mehr 0,04% Globulin und 0,20% Albumin.

[2]) So fanden Fleischmann und Hittcher im Mittel von 10 Kühen (Holländer Schlag):

Zeit nach dem Kalben:	1	2	3	4	5	6	7	8	9 Monate
	kg	kg	kg	kg	kg	kg	kg	kg	kg
Milchertrag (täglicher)	17,07	15,17	14,50	11,59	11,34	10,17	8,20	6,95	6,05
	%	%	%	%	%	%	%	%	%
Trockensubstanz . .	11,44	11,34	11,38	11,35	11,46	11,69	11,58	11,97	12,22
Fett der Milch . . .	3,00	2,94	2,98	3,09	3,19	3,32	3,24	3,37	3,60

[3]) So beobachtete Klose bei der Proskauer Herde von 70 Stück während 30 aufeinanderfolgenden Tagen im März und Juli bei gleichmäßiger Fütterung, sowie im Mai und Oktober 1912 bei 1—3 maligem Futterwechsel folgende größten Unterschiede von einem Tage zum anderen:

März 1912			Mai 1912			Juli 1912			Oktober 1912		
Milchmenge	Lactodensimetergrade	Fett	Milchmenge	Lactodensimetergrade	Fett	Milchmenge	Lactodensimetergrade	Fett	Milchmenge	Lactodensimetergrade	Fett
45 kg	0,8°	0,16%	58 kg	0,9°	0,25%	57 kg	1,2°	0,35%	36 kg	1,2°	0,40%

J. M. Krasser fand in der Mischmilch von 6 Kühen als größte Unterschiede von einem Tage zum anderen 0,694% Fett und 0,775% Trockensubstanz.

Schwankungen festgestellt. Aus dem Grunde wird bei Milchverfälschungen der Stallprobe von einigen Fachmännern nur ein bedingter Wert zuerkannt.

4. Die Melkzeit, d. h. die verschiedene Tagesmilch. Bei zweimaligem Melken ist die Abendmilch, bei dreimaligem Melken die Mittagmilch am fettreichsten, indem der Fettgehalt der Abendmilch bei dreimaligem Melken wieder etwas heruntergeht (vgl. Tabelle II, Nr. 8—10 und Nr. 15). Unter Umständen kann bei einzelnen Kühen besonders in der Morgenmilch der Fettgehalt 1% niedriger sein als in der Abendmilch.

Diese Unterschiede haben nach W. Fleischmann darin ihren Grund, daß zwischen den einzelnen Melkzeiten verschieden lange Zwischenräume liegen. Wenn nämlich zwischen den Melkzeiten gleiche Zeiträume liegen und sich auch alle für das Befinden der Kühe maßgebenden Einflüsse annähernd gleich bleiben, so lassen sich bestimmt ausgeprägte, nur auf die Tageszeiten zurückzuführende Unterschiede zwischen Morgen- und Abendmilch nicht nachweisen; wenn dagegen die Zwischenräume zwischen den Melkzeiten ungleich sind[1]), so wird nach der längeren Pause mehr Milch, aber Milch mit etwas weniger Trockensubstanz und Fett, und nach der kürzeren Pause weniger Milch aber dann mit etwas höherem Gehalt an Trockensubstanz und Fett entleert. Dementsprechend sind bei dreimaligem Melken die Unterschiede zwischen Mittag- und Morgenmilch größer, als zwischen Abend- und Mittagmilch.

Die Beziehungen zwischen der Menge der Milch und dem Zwischenraum zwischen den einzelnen Melkzeiten treffen aber nicht immer zu.

In einzelnen Fällen war bei zweimaligem Melken die Menge der Abendmilch, in anderen die der Morgenmilch im Mittel ganzer Herden höher und der Fettgehalt in beiden Fällen erniedrigt. Auch bei Mittag- und Abendmilch trifft die Regel durchweg nicht zu, indem die Mittagmilch bei größerer Menge gleichzeitig fettreicher als die Abendmilch bei geringer Menge zu sein pflegt.

Der durchschnittliche höhere Gehalt der Abendmilch, oder der Mittag- und Abendmilch gegenüber der Morgenmilch bzw. der Unterschied zwischen Mittag- und Abendmilch muß daher noch wohl auf andere, bis jetzt noch unbekannte Ursachen als allein auf die verschieden lange Pause zwischen den einzelnen Melkzeiten zurückgeführt werden.

Was den Unterschied im Milchertrage bei zwei- und dreimaligem Melken anbelangt, so erhält man nach einer Reihe von Untersuchungen durch dreimaliges Melken 5—20% Milch und 10—20% feste Stoffe mehr, als durch zweimaliges Melken[2]).

5. Gebrochenes Melken. Die letzte ermolkene Milch pflegt bei weitem fettreicher zu sein, als die mittlere und erste. In der Tabelle II, Nr. 10 ist die Zusammensetzung der Milch in drei Fraktionen bei gebrochenem Melken aufgeführt. Wenn man das Gemelke in etwa 10 Anteile teilt, so hat der letzte Anteil einen fast rahmartigen Fettgehalt von 9—10%. Der Fettgehalt nimmt daher beim Melken nicht unerheblich zu, nur nicht stetig, sondern ruckweise auf einmal. Die anderen Bestandteile der Milch nehmen dementsprechend in der Trockensubstanz ab. Die prozentuale Zusammensetzung der fettfreien Trockensubstanz bleibt dagegen gleich. Am beständigsten verhält sich der Milchzucker. Man erhält daher eine um so bessere, fettreichere Milch, je schärfer die Milchdrüse ausgemolken wird (vgl. Nr. 6). Man erklärt die Zunahme der Milch an Fett damit, daß die freien Fettkügelchen bei der Absonderung

---

[1]) In der Regel pflegen die Zwischenzeiten zwischen den einzelnen Melkungen zu betragen:

	Bei zweimaligem Melken		Bei dreimaligem Melken		
	morgens	abends	morgens	mittags	abends
Zeit des Melkens .	4—5 Uhr	7 Uhr	4—5 Uhr	12 Uhr	7 Uhr
Zwischenzeit . . .	9—10 Stunden	14—15 Stunden	9 Stunden	8 Stunden	7 Stunden

[2]) Die Frage, ob man recht häufig, z. B. dreimal und nicht zweimal im Tage melken soll, hängt außer von der Milchergiebigkeit wesentlich davon ab, ob der durch dreimaliges Melken bedingte Mehrertrag den Mehraufwand an Arbeitskosten zu decken imstande ist; frischmilchende Kühe von hoher Milchergiebigkeit sollen unter allen Umständen dreimal im Tage gemolken werden.

der Milch in dem schwammigen Drüsengewebe hängen bleiben und erst durch das letzte Pressen bzw. Herausdrücken entfernt werden.

Dieser Umstand verdient besonders Beachtung, wenn die Milch, wie in Kuranstalten, direkt aus dem Euter genossen wird. Die ersten Genießer erhalten eine wesentlich fettärmere Milch als die, welche die letzten Anteile des Gemelkes bekommen.

Um ferner für eine Stallprobe eine gute Durchschnittsmilch von einer Kuh und von einer ganzen Herde zu erhalten, ist es notwendig, darauf zu achten, daß die einzelnen und sämtliche Zitzen des Euters vollständig ausgemolken werden.

6. Die einzelnen Striche oder Zitzen und die Art des Melkens. Die einzelnen Striche oder Zitzen eines Euters sondern nicht nur eine verschiedene Menge Milch, sondern auch Milch von verschiedenem Gehalt, besonders an Fett, ab. Dabei folgt die Zunahme der Milch eines jeden Striches an Fett der des ganzen Euters[1]). Die eine Zitze kann die doppelte und dreifache Menge von der einer anderen liefern. Im allgemeinen sind die hinteren Viertel ergiebiger als die vorderen und die rechten Striche wieder ergiebiger als die linken, weil die rechten Striche einer stärkeren Behandlung mit der rechten Hand unterliegen. Nach den bedeutenden Unterschieden in Menge und Beschaffenheit der Milch eines jeden Euterviertels während jeder Melkung ist man genötigt, nicht nur jede Kuh, sondern sogar jedes einzelne Euterviertel als Individuum aufzufassen. (Über die praktische Nutzanwendung vgl. vorstehend Nr. 5.)

7. Fütterung. Auf den Gehalt und die Beschaffenheit der Milch sind auch die Menge und Art des Futters von großem Einfluß.

a) Die Menge des Futters. Da eine Kuh von 500 kg bei einem mittelguten Milchertrage von 10 l durchschnittlich in letzteren 350 g Stickstoffsubstanz, 360 g Fett und 500 g Milchzucker absondert, so ist einleuchtend, daß sie täglich eine entsprechend größere Menge Futter notwendig hat als ein gleichschweres Tier bei voller Ruhe und ohne Milchabsonderung. Die drei Nährstoffe des Futters, Protein, Fett und Kohlenhydrate, äußern aber ihren Einfluß in verschiedener Weise.

α) Protein. Nach den weitgehendsten Erfahrungen und Versuchen ist die Menge der Milch in erster Linie — aber selbstverständlich innerhalb gewisser Grenzen — von der Menge des Proteins im Futter abhängig[2]), indem man durch Erhöhung der Proteingabe (1,25 kg

---

[1]) Aus den Untersuchungen der letzten Zeit von H. Svoboda, R. Hanne und P. Koestler möge nur das Ergebnis bei einer Kuh aus den Untersuchungen Svobodas hier mitgeteilt werden:

Anteil des Gemelkes	Milchmenge aus Zitze				Trockensubstanz, Zitze				Fett, Zitze			
	vorn rechts g	vorn links g	hinten rechts g	hinten links g	vorn rechts %	vorn links %	hinten rechts %	hinten links %	vorn rechts %	vorn links %	hinten rechts %	hinten links %
Erster	236	228	236	242	9,86	10,20	10,18	9,88	0,25	0,90	0,60	0,58
Mittlerer	1050	1150	700	560	12,56	11,94	10,20	10,05	3,23	2,90	0,75	0,65
Letzter	246	221	234	272	15,81	15,36	11,32	11,03	7,15	6,56	2,10	1,90

Die Stickstoffsubstanz der Milch schwankte zwischen 2,94—3,27%, Milchzucker 5,04—5,48%, Salze zwischen 0,68—0,78% und fettfreie Trockensubstanz zwischen 8,66—9,61%.

[2]) C. J. Koning findet in einem Versuch bei guter Fütterung (Serradella, Leinkuchen, Hafermehl) und schlechter Fütterung (Kartoffeln, Roggenmehl und Randgras) keine Unterschiede in der Milchmenge, nämlich:

Fütterung	Milchmenge	Spez. Gewicht	Trockensubstanz	Fett: Milch	Fett: Trockensubstanz	Reduktase
Gute	6,45 l	1,0301	11,44%	3,36%	29,27%	7,2
Schlechte	6,43 l	1,0303	10,86%	2,74%	25,19%	10,9

In dem höheren Gehalt an Trockensubstanz und Fett hat sich indes auch hier die Wirkung der guten Fütterung gegenüber der schlechten geltend gemacht.

verdauliches Protein für 500 kg Lebendgewicht) über das durchschnittliche Maß hinaus durchweg eine gewisse und entsprechende Steigerung der Milchmenge hervorrufen kann. Der Fettgehalt der Milch wird dagegen durch eine erhöhte Proteingabe in der Regel nur wenig, etwa nur um 0,1—0,2% erhöht. Je nach Eigenart der Einzeltiere können von dieser Regel indes Abweichungen eintreten.

β) Fett bzw. Öl. Die Erhöhung der Fett- bzw. Ölmenge hat nach vielen Versuchen, so von O. Kellner, Baumert und Falcke u. a., eher eine Erniedrigung als eine Erhöhung des Milch- und Fettertrages bewirkt. Wo eine geringe Erhöhung des Milchertrages eintrat, wurde eine geringe Erniedrigung des prozentualen Fettgehaltes festgestellt, und wo der Milchertrag erniedrigt wurde, war der Prozentgehalt an Fett etwas erhöht; im allgemeinen war bei Ersatz der verdaulichen Kohlenhydrate durch eine gleichwertige Menge verdaulichen Fettes — bis zu der Höchstmenge von rund 1 kg Fett auf 1000 kg Lebendgewicht — die Milchmenge und das Gewicht des ermolkenen Fettes etwas herabgesetzt. Dabei scheinen die einzelnen Öle sich verschieden zu verhalten. Bei Rapsölfütterung war nach Versuchen von Knieriem und Buschmann die ausgeschiedene Menge Fett stark, bei Leinölfütterung etwas vermindert, während sie bei Fütterung von Cocosöl gleich geblieben war.

Fr. Soxhlet hatte seinerzeit behauptet, daß Öle und Fette (Sesamöl, Leinöl, Talgstearin), wenn sie in feiner Emulsion verabreicht werden, den Fettgehalt einseitig zu erhöhen vermögen, aber nicht in der Weise, daß diese als solche in die Milch übergehen, sondern daß sie Körperfett verdrängen und gleichsam in die Milch abschieben[1]).

Die zahlreichen seit dieser Zeit angestellten Versuche aber haben ergeben, daß das Milchfett, wenn größere Mengen Öle oder Fette im Futter verabreicht werden, die physikalischen und chemischen Eigenschaften (Konsistenz, Schmelzpunkt, Verseifungs- und Jodzahl) des Futterfettes, nicht aber die des Körperfettes annimmt, so daß die gewonnenen Milch- bzw. Butterfette sich fast wie künstliche Gemische von natürlichem Milch- bzw. Butterfett mit den betreffenden Futterfetten verhalten. Hierbei tritt aber vorher im Darm eine Verseifung der Futterfette und weiter eine Wiederneubildung von Körperfett ein, weil nicht alle Bestandteile des Futterfettes im Körper- bzw. Milchfett auftreten, andere Bestandteile eine Umwandlung erleiden. So lassen sich im Körperfett der mit Baumwollesaatmehl und Sesammehl gefütterten Schweine die färbenden Stoffe, welche die Halphensche Reaktion (bei Baumwollesaatöl) und die Boudouinsche oder Soltsiensche Reaktion (bei Sesamöl) liefern, nachweisen, während nach verschiedenen Versuchen wohl der färbende Stoff des Baumwollesaatöles, nicht aber der des Sesamöles in das Milch- bzw. Butterfett übergeht. Ob auch die Fettsäuren des Cocosfettes, welche die Polenskesche Zahl bedingen, d. h. die mit Wasserdämpfen flüchtigen, in Wasser unlöslichen Fettsäuren, mit in das Milch- bzw. Butterfett übergehen, ist bis jetzt nicht eindeutig festgestellt. Die meisten Versuche sprechen für einen solchen Übergang.

Aber ein kennzeichnender Körper der Futterfette, das Phytosterin, ist bis jetzt weder in einem Körper- noch dem Milch- bzw. Butterfett nachgewiesen; es wird entweder als Phytosterin oder nach Umwandlung als Koprosterin im Kot ausgeschieden, oder er fährt im Körper eine Umwandlung zu Cholesterin. Denn bis jetzt ist in allen tierischen Fetten und auch dem Milchfett nur Cholesterin nachgewiesen (A. Bömer).

γ) Kohlenhydrate bzw. stickstofffreie Extraktstoffe. Nach Beigabe von Melasse oder Rohzucker tritt häufig eine Erhöhung des Milchertrages ein; Zucker und wohlriechende Stoffe (Reizstoffe) erhöhen die Freßlust der Tiere und bewirken dadurch eine erhöhte Milch-

[1]) Fr. Soxhlet hat das daraus geschlossen, daß das Milchfett nach der Ölfütterung einen höheren Schmelzpunkt angenommen und weniger flüchtige Fettsäuren enthalten hatte.

absonderung, aber auf eine Erhöhung des Fettgehaltes sind sie ohne Einfluß. Vielfach wird behauptet, daß die Milchleistung der Kühe von den vorhandenen Stärkewerten (im Sinne O. Kellners) abhängig sei und mit diesen steige und falle. Das ist aber nur der Fall, wenn in den verabreichten Stärkewerten eine genügende Menge Protein (verdauliches) vorhanden ist. Denn wenn dieses nicht der Fall wäre, so müßte, weil die Stärkewerte Kellners nichts anderes als Wärmewerte sind, nach Erhöhung besonders von Fett bzw. Öl eine Steigerung des Milch- und Fettertrages eintreten; das ist aber nicht der Fall. Eine Erhöhung des Milchertrages durch eine erhöhte Menge Stärkewerte kann nur erfolgen, wenn gleichzeitig eine entsprechend erhöhte Menge Protein verabreicht wird[1]).

b) Die Art des Futters. Wenngleich im allgemeinen durch das Futter, wie vorstehend begründet, wohl die Menge, weniger aber die chemische Zusammensetzung der Milch beeinflußt werden kann, so scheinen doch einige Futtermittel eine einseitige Erhöhung des Fettgehaltes der Milch zu bewirken. Dies wird z. B. nach mehreren Versuchen von Cocosnußkuchen und Palmkernkuchen bzw. -mehl behauptet. Als gedeihliche, günstige Futtermittel für Milchkühe gelten auch Leinkuchen bzw. -mehl, Getreideschrot bzw. -kleie, Malzkeime, Trockentreber, Zuckerschnitzel u. a. neben gutem Wiesen- und Kleeheu. Diese Art Futtermittel sollen auch, und zwar als Trockenfutter, einzig verabreicht werden, wenn es sich um Erzielung von Kindermilch handelt. Für diese gelten als ungeeignet alle Futtermittel, welche erfahrungsgemäß Geschmacksfehler der Milch verursachen. Als solche Futtermittel gelten z. B. alle Kohlarten in zu großen Mengen — Runkelrüben sollen nicht über 20 kg für den Kopf und Tag verfüttert werden —, Rübenblätter, Rübenschnitzel, frische Biertreber, Schlempe aller Art, Pülpe, Sauerfutter jeglicher Art, rohe Kartoffel und deren Kraut, Senfkuchen, Rapskuchen — wenn auch Senföl als solches nicht in die Milch übergeht —, Ricinuskuchen, Wicken, Lupinen, alle lauchartigen Gewächse, Gewürzkräuter aller Art, überhaupt alle Futtermittel, welche wegen ihres Gehaltes an scharf riechenden und schmeckenden Stoffen der Milch einen eigenartigen Geruch und Geschmack erteilen. Gefährlich sind weiter alle ranzigen, verschimmelten und gar fauligen Futtermittel (vgl. auch unter Milchfehler S. 175).

Die eigenartigen Geruch- und Geschmackstoffe der Futtermittel können nicht nur in die Körpersäfte und von da in die Milch übergehen, sondern sammeln sich auch in der Stalluft und auf der Haut der Tiere usw. an und werden von hier aus von der Milch aufgenommen. Daß auch Farbstoffe des Futters in die Milch übertreten, geht daraus hervor, daß Milch wie Butter nach Einführung von Weide und Grünfutter (besonders Spörgel) als Futtermittel eine schöne gelbe Farbe annimmt, die wahrscheinlich aus dem Chlorophyll herrührt.

Reizstoffe bzw. milchtreibende Stoffe, wie angeblich Anis, Fenchel, Kümmel, Schwefel- und Antimonpräparate, können unter Umständen die Aufnahme eines an sich reizlosen, fadens Futters erhöhen, vermögen aber die Zusammensetzung der Milch von Kühen nicht nachweislich zu verbessern (vgl. auch unter Ziegenmilch, S. 193).

[1]) A. Buschmann, der dem Protein nicht die führende Rolle für die Milchleistung zuschreiben zu müssen glaubte, fand in Wirklichkeit in einem Versuch:

Futter	Verdauliche Nährstoffe im Futter				Milchertrag		
	Reinprotein	Fett	N-freie Extraktstoffe	Stärkewerte	Menge Milch	Fett %	Fett Menge
Proteinreich . . .	0,72 kg	0,23 kg	4,95 kg	4,60 kg	13,10 kg	3,18	416 g
Proteinarm	0,50 „	0,22 „	4,50 „	5,40 „	12,65 „	3,02	382 „

Hiernach hat die proteinreiche Fütterung trotz niedrigerer Stärkewerte eine höhere Milchleistung aufzuweisen, als die proteinärmere Fütterung.

Als günstige Futtermittel für Milchkühe gelten auch Weide- und Grünfutter; sie erhöhen durchweg den Milch- und Fettertrag[1]) und liefern auch eine recht wohlschmeckende Milch. Diese ist aber trotzdem als Kindermilch weniger geeignet, weil sie in der Zusammensetzung großen Schwankungen unterliegt und die Kühe, besonders in der Übergangszeit, häufig an Durchfall leiden.

Allgemein wird angenommen, daß wasserreiche Futtermittel auch eine wasserreiche Milch, also mehr Milch, aber mit niedrigerem Fettgehalt zur Folge haben. Tangl und Zeitscheck konnten indes, als sie 25—83% der Futtertrockensubstanz durch wasserreiche Futtermittel ersetzten, eine solche Wirkung nicht feststellen. Die Tiere nahmen durchschnittlich 30% Wasser (zusammen im Futter + Tränkwasser) mehr auf, lieferten aber bei Fütterung von Kartoffeln und Kürbisfleisch weniger und nur bei der von Maisschlempe, Rüben und Luzerne mehr Milch, und diese hatte in allen Versuchen nahezu die gleiche Zusammensetzung (z. B. Fett im Mittel bei Trockenfütterung 3,96%, bei wässeriger Fütterung 3,86%). Auch Th. Weiser konnte bei vergleichsweiser Fütterung von frischer und Trockenschlempe bzw. Trockenfutter weder einen Unterschied im Fettgehalt noch in der Refraktion des Serums feststellen. Die Frage bedarf daher noch der weiteren Prüfung.

Dagegen kann bei starker Schlempefütterung Alkohol in die Milch übergehen — H. Weller fand sogar 0,97%, Völtz nur 0,1 bis 0,2% — und der Milch einen unangenehmen Geschmack nach Fuselöl erteilen.

Bei Wasseraufnahme nach Belieben, bei Selbsttränke, soll etwas mehr Milch (9,74 l) als bei zugemessener Tränke (9,41 l Milch) abgesondert, aber die Zusammensetzung der Milch nicht verändert werden.

Salzbeigabe zum Futter erhöht zwar auch die Wasseraufnahme, aber nicht die Milchmenge. Auch nimmt nach Verabreichung von Salzen (Phosphate und Sulfate von Kalium, Calcium und Magnesium) die Milch keinen höheren Salzgehalt an.

Eisenfuttermittel haben keine Erhöhung des Eisengehaltes zur Folge (vgl. S. 171) und Kalisalpeter geht bei verabreichten Mengen von 2 g im Futter nicht in die Milch über; bei größeren Mengen (5—10 g), die aber in Wirklichkeit kaum vorkommen, kann unter Umständen in der Milch eine Salpetersäurereaktion auftreten.

8. Futterwechsel. Von wesentlichem Einfluß auf die Zusammensetzung ist auch der Futterwechsel. Bei jedem Futterwechsel, besonders beim plötzlichen Übergang von der Trocken- zur Grünfütterung oder umgekehrt, bzw. von schlechterer zur besseren Fütterung, bei Einschaltung eines fremdartigen Kraftfuttermittels in die Futtergabe auf einmal usw. kann die Milch für mehrere Tage eine unregelmäßige schlechte Beschaffenheit annehmen, die sich häufig erst nach 14 Tagen wieder ganz verliert. Um daher eine in

---

[1]) W. Fleischmann erhielt im Mittel von 12 Jahren und 121—137 Kühen folgende Ergebnisse:

Fütterung	Milchmenge für den Tag	Trockensubstanz	Fett in der Milch	Fett in der Trockensubstanz
Stall (Winter)	8,99 kg	11,71%	3,11%	26,56%
Weidegang (Sommer) . .	9,25 „	11,87%	3,27%	27,54%

K. Teichert fand desgleichen im Mittel einer großen Anzahl Allgäuer Kühe folgende Gehalte und Erträge bei Weidegang, Grün- und Trockenfütterung:

Fütterungsweise	Gehalt der Milch: Lactodensimetergrade	Fett	Fettfreie Trockensubstanz	Ertrag in 365 Tagen: Milch	Fett	Fettfreie Trockensubstanz
Weidegang	32,9	3,674%	9,219%	3246 kg	119,26 kg	299,24 kg
Grünfütterung im Stall	32,3	3,714%	9,086%	2804 „	104,14 „	254,77 „
Heu und Grummet . .	33,0	3,685%	9,256%	2700 „	99,50 „	249,91 „

Menge und Beschaffenheit tunlichst gleichmäßige Milch zu erhalten, soll man stets allmählich von einer Fütterungsweise zur anderen übergehen.

Alle diese Umstände dürfen bei der Kontrolle, besonders bei der sog. Stallprobe, nicht außer acht gelassen werden.

9. Temperatur, Witterung und Pflege. Die Temperatur kann im allgemeinen insofern einen Einfluß auf den Milchertrag äußern, als bei kalter Witterung die Wärmeabstrahlung vom Körper größer ist als bei warmer Witterung, daher die Milchkühe, wenn sie denselben Milchertrag liefern sollen, entsprechend mehr Nährstoffe zur Deckung des Wärmeverlustes einführen müssen. Gegen die weiteren, stärkeren Wirkungen der durch die Fütterung sowie die Lactationszeit bedingten Einflüsse treten, wie wir gesehen haben, die Unterschiede in der Zusammensetzung der Milch, die durch die verschiedene Temperatur während der kalten und warmen Jahreszeit verursacht sein könnten, zurück. Aber plötzlicher Witterungs- und Temperaturwechsel können unter Umständen eine ganz ungewöhnliche Beschaffenheit der Milch hervorrufen.

So fand Verf., daß bei Weidegang in einer Viehherde, deren Mischmilch durchschnittlich rund 3,00% Fett enthielt, bei Eintritt von nasser und kalter Witterung der Fettgehalt auf 1,78% herunterging. Aber auch bei Stallfütterung kann plötzlicher Witterungswechsel störend wirken; W. Kirchner teilt z. B. mit, daß im Versuchsstall in Kiel nach einem heftigen Schneesturm während der Nacht der Milchertrag von 5 Kühen von 29,53 kg (abends vorher) auf 27,88 kg am anderen Morgen, der Fettgehalt von 3,19% auf 2,98% herunterging, um bis zum Abend des anderen Tages wieder die ursprüngliche Höhe zu erreichen.

Aus dem Grunde sucht man allgemein in Milchviehställen eine tunlichst gleichmäßige Temperatur zu erhalten.

Sogar ein Ortswechsel oder plötzliche Beunruhigungen können die Menge wie Zusammensetzung der Milch ungünstig beeinflussen, während Backhaus beobachtete, daß durch Körperpflege (Putzen, Kratzen), d. h. durch Unterhaltung einer regelmäßigen physiologischen Hauttätigkeit, der Milchertrag nicht unerheblich gesteigert werden kann.

10. Bewegung und Arbeit. Während mäßige Bewegung auf Weiden und Wiesen einen günstigen Einfluß auf die Milchabsonderung ausübt, beeinträchtigt starke Bewegung und große Arbeit die Menge und Beschaffenheit der Milch in nicht geringem Grade[1]).

Naturgemäß nimmt die Menge der Milch je nach dem Grade der Anstrengung ab; denn die Stoffe, welche sonst in der Milch zur Ausscheidung gelangen, werden für die Arbeitsleistung verbraucht. Wir sehen in den unten aufgeführten Fällen, daß der Wassergehalt der Milch, zweifellos infolge der gesteigerten Wasserverdunstung von der Haut während der Arbeitsleistung, ab-, der Gehalt an Trockensubstanz und Fett etwas zunimmt, so daß die absolute Menge an Trockensubstanz und Fett gleich geblieben ist. Aber es kann wohl keinem Zweifel unterliegen, daß Kühe, als Arbeitstiere verwendet, mit der Zeit ihre Eigenschaft als Milchvieh verlieren.

---

[1]) So fanden:

Th. Henkel im Mittel von sieben Allgäuer Kühen nach Eisenbahnversand und Marsch				Stillich im Mittel von zwei Kühen nach 9—10stündiger Arbeit und Ruhe			
1893	Milchmenge kg	Trockensubstanz %	Fett %	Milch nach	Milchmenge kg	Trockensubstanz %	Fett %
18./9. morgens vor d. Marsch	20	13,32	4,58	Arbeit	6,73	13,32	4,33
18./9. abends nach „ „	16	13,58	4,92	Ruhe	7,33	13,11	4,09
19./9. morgens nach d. „	13,5	14,18	5,27				

Bei Eisenbahnversandkühen betrug der Fettgehalt nach Reiß und Rusche in 63 Fällen nur 1,20—2,62%, im Mittel 2,33%.

11. Sexuelle Erregung und Kastration. Die Brunst (Rindrigkeit) äußert sich je nach der Eigenart der Einzelkühe sehr verschieden. In vielen Fällen hat weder die Menge noch die Zusammensetzung während der Brunst eine Änderung erfahren. In anderen Fällen hat die Menge wie auch der Fettgehalt wesentlich abgenommen, um bald wieder auf die normale Höhe hinauf zu gehen. Bei anderen Kühen tritt sogar eine Erhöhung des Fettgehaltes auf. Bei einer an fortdauernder Brunst (Stiersucht) leidenden Kuh fand F. Schaffer 14,78% Trockensubstanz, 5,72% Stickstoffsubstanz, 3,80% Fett und ein spez. Gewicht von 1,0383.

Jedenfalls empfiehlt es sich nicht, Milch brünstiger Kühe als Kindernahrung zu verwenden.

Die Kastration (Entfernung der Eierstöcke) der Kühe, welche allerdings wegen ihrer Gefährlichkeit selten ausgeführt wird, scheint mitunter eine einseitige Steigerung des Fettgehaltes der Milch zur Folge zu haben[1]).

Die einseitige Steigerung des Fettgehaltes soll nach Lejoux jedoch nur eintreten, wenn die Kastration während der Rindrigkeit vorgenommen wird. Zu anderen Zeiten bleibt die Kastration bei gesunden Kühen ohne Einfluß auf den Fettgehalt; eine fettreiche Milch bleibt fettreich, eine fettarme bleibt fettarm.

Die Milch kastrierter Kühe soll ferner einen angenehmeren Geschmack besitzen. Die tägliche Milchabsonderung wird durch die Kastration nicht merklich verändert, aber sie ist eine mehr geregelte, und infolgedessen eine jährlich erhöhte.

Daß auch jungfräuliche Rinder, sogar Kalbinnen, Milch absondern können, ist bekannt. Diese Milch hat bald eine regelrechte, bald eine außergewöhnliche Zusammensetzung.

12. Gefrieren der Milch. Im Winter kommt es mitunter vor, daß Milch auf dem Versand gefriert. Es findet dann ähnlich wie beim Gefrieren des Zucker- und Salzwassers eine Entmischung der Milch statt. Es bilden sich in der Milch Eistäfelchen, die zwar alle Milchbestandteile einschließen, aber in einem je nach dem Gefrieren verschiedenen Verhältnis.

Gefriert die Milch schnell, so daß ihr zum Aufrahmen keine Zeit gelassen ist, so wird der flüssige Teil durchweg etwas mehr Fett enthalten, weil die zwischen den Eisplättchen ablaufende Flüssigkeit stets eine gewisse Menge Fett mit fortreißt. Gefriert dagegen die Milch langsam, so daß die Milch aufrahmt, d. h. das Fett in die Höhe steigt, so können die Eisplättchen leicht Fett mechanisch mit einschließen und umgekehrt einen höheren Fettgehalt annehmen als der flüssige Teil.

So fand P. Vieth in einem durch Abkühlen von Milch in einer Salzlösung von —10° angestellten Versuch, daß der gebildete, aus feinen Krystallblättchen bestehende Eisblock in seinem oberen Teil eine scharf abgegrenzte Rahmschicht (mit 25,30% Trockensubstanz und 18,94% Fett), in seinem unteren Teil eine Magermilch-Eisschicht (mit 7,86% Trockensubstanz und 0,68% Fett) enthielt, während der inwendig in dem Eisblock eingeschlossene flüssige Teil 19,58% Trockensubstanz und 5,44% Fett ergab.

C. Mai erhielt für oberes lockeres Eis 7,7—11,0%, für hartes Eis an der Wandung 2,9 bis 5,8%, für flüssig gebliebene Milch 2,0—3,3% Fett bei 3,4—3,7% Fett in der ursprünglichen Milch.

Die Entmischung der Milch durch Gefrieren kann daher sehr verschieden verlaufen. Durch völliges Auftauenlassen und Mischen wird jedoch die ursprüngliche Milch wiederhergestellt.

---

[1]) So wurde im Mittel mehrerer Analysen gefunden:

Milch nicht kastrierter Kühe				Milch kastrierter Kühe			
Wasser	Casein	Albumin	Fett	Wasser	Casein	Albumin	Fett
87,63%	3,12%	1,18%	3,10%	86,59%	3,11%	1,04%	4,01%

13. Kochen, Pasteurisieren, Filtrieren und Versand der Milch. Mitunter wird Milch, welche für den Versand bzw. Marktverkauf bestimmt ist, auf 70—80° erhitzt oder gekocht und dann durch Leinwand geseiht, um sie, besonders im Sommer, haltbarer zu machen. Wenn die Erhitzung in geschlossenen Dampftöpfen unter Druck geschieht, so kann dieselbe keinen merklichen Einfluß auf den Gehalt äußern; erfolgt jedoch das Erhitzen bzw. das Kochen in offenen Gefäßen, so bewirkt dasselbe naturgemäß infolge der Wasserverdunstung eine geringe prozentuale Zunahme an allen Bestandteilen. Die vorwiegend aus Casein (und Albumin) bestehende Haut schließt auch Fett ein — H. Droop-Richmond fand darin 43,50% Trockensubstanz und 24,90% Fett. Durch das Kochen und Pasteurisieren bzw. Sterilisieren nehmen naturgemäß Lactalbumin, Bakterien und Enzyme ab; auch der Gehalt an Lecithin und die Verdaulichkeit der Milch soll hierdurch eine Einbuße erleiden.

Das Filtrieren der ungekochten oder gekochten Milch ist dagegen nur von gutem Einfluß; Schmutz, Bakteriengehalt und -bildung erfahren dadurch eine Abnahme; auch die Säuerung geht in der filtrierten Milch langsamer vor sich als in unfiltrierter Milch.

Durch den Versand kann eine mehr oder weniger starke Aufrahmung statthaben, so daß die oberen Milchschichten in den Milchgefäßen um 0,5—2,0% fettreicher sein können als die unteren. Die Milch muß daher in den Gefäßen nach dem Versand, um beim Einzelverkauf eine gleichmäßig zusammengesetzte Milch oder um eine richtige Durchschnittsprobe zu erhalten, vorher gehörig durchgemischt werden, was zweckmäßig und erfolgreich mit dem sog. Rahmverteiler erreicht werden kann.

14. Übergang von Arzneimitteln und Giften in die Milch. Nach verschiedenen Mitteilungen sollen von den verabreichten Arzneimitteln: Äther, Asa foetida, Arsen, Alkohol, Blei, Colchicum, Euphorbin, Jod, Morphium, die verschiedensten Salze, Salicylsäure, Schierling, Quecksilber, Terpentinöl, Brechweinstein, Veratrin, größere oder geringere Mengen durch die Milch ausgeschieden werden können.

Hierdurch sucht man zu erklären, daß milchende Kühe, weil sie einen Teil der aufgenommenen Gifte in der Milch wieder ausscheiden, nicht so stark unter der Aufnahme von giftigem oder schädlichem Futter (z. B. an Schlempemauke nach Schlempefütterung) leiden, wie Ochsen und Mastkühe. R. Braungart führt eine Reihe giftiger Unkräuter auf Wiesen und Futterfeldern an, deren Beseitigung aus dem Futter behufs Verhütung der großen Kindersterblichkeit bei künstlicher Ernährung er für wichtiger hält, als die Sterilisation der Milch.

15. Milch kranker Kühe und Milch als Trägerin von Krankheitserregern. Hierüber vgl. S. 171 und 173.

Vorschriften für den Verkehr mit Milch (Kuhmilch).

Eine einheitliche Regelung des Verkehrs mit Milch ist für das ganze deutsche Reich wegen der örtlichen Verschiedenheiten nicht angängig. Dagegen hat das Kgl. Preußische Ministerium durch Erlaß vom 26. Juli 1912 für die Regelung des Verkehrs mit Kuhmilch als Nahrungsmittel für den Menschen bis jetzt geltende Grundsätze aufgestellt, von denen hier einige wichtige mitgeteilt werden mögen:

III. *Allgemeine Anforderungen an die Beschaffenheit der Milch.* Vom Verkehr auszuschließen ist Milch.

a) die so verunreinigt ist, daß 0,5—1 l davon nach halbstündigem Stehen in einem zylindrischen oder flaschenförmigen Glasgefäß aus ganz oder fast farblosem Glase mit ebenem Boden, dessen Durchmesser ungefähr der Hälfte der Höhe entspricht, bis zu der das Gefäß mit Milch gefüllt ist, einen deutlich wahrnehmbaren Bodensatz erkennen läßt;

b) die einen Zusatz von fremdartigen Stoffen, insbesondere von Wasser, Eis oder Konservierungsmitteln erhalten hat; zulässig ist ein Zusatz von Milcheis bei frischer Milch, von Lab oder Säurebakterien bei saurer Milch und saurer Sahne;

c) die übelriechend, faulig, verfärbt, blutig, schleimig oder bitter ist;

d) die kurz vor oder in den ersten Tagen nach dem Abkalben gewonnen ist, solange sie beim Kochen gerinnt oder nach Aussehen, Geruch und Geschmack die Eigenschaften gewöhn licher Milch nicht besitzt;

e) von Kühen, deren Allgemeinbefinden erheblich gestört ist, sofern nicht ein Tierarzt die Milch für verkaufsfähig erklärt. Krankheiten, deren Vorhandensein die Milch einer Kuh genußuntauglich macht, sind insbesondere alle fieberhaften Erkrankunegn, ferner Entzündungen und Ausschläge am Euter, andauernde Durchfälle und andere schwere Verdauungsstörungen, krankhafte Ausflüsse aus den Geschlechtsteilen.

Milch von Kühen, die mit Maul- und Klauenseuche oder mit Tuberkulose im Sinne des § 10 Abs. 1 Nr. 12 des Viehseuchengesetzes vom 26. Juni 1909 behaftet oder einer dieser Seuchen verdächtig sind, darf nur nach Maßgabe und unter Beobachtung der Vorschriften der §§ 154ff., insbesondere des § 162 Abs. 1 unter e, und der §§ 305, 311 der viehseuchenpolizeilichen Anordnung des Ministers für Landwirtschaft, Domänen und Forsten vom 1. Mai 1912 (Reichs- und Staatsanzeiger vom 1. Mai 1912) in den Verkehr gebracht werden.

f) von Kühen, die mit stark wirkenden, in die Milch übergehenden Arzneimitteln behandelt werden oder in den letzten drei Tagen behandelt worden sind, so besonders mit Aloe, Arsen, Brechweinstein, Arekolin, Nießwurz, Quecksilberpräparaten, Jod, Eserin, Pilocarpin, Strychnin oder anderen Alkaloiden;

g) von Kühen, die mit schimmeligen, fauligen, ranzigen oder sonst verdorbenen Futtermitteln mit Ricinuskuchen oder Senftrebern gefüttert worden sind.

IV. *Bezeichnungen der Handelsmilch.* 1. Als frische Milch kann nur solche Milch gelten, die weder beim Aufkochen noch beim Vermischen mit gleichen Teilen Spiritus von 70 Volumprozenten gerinnt.

Frische Milch darf nur unter den Bezeichnungen Vollmilch (d. h. vollwertige Milch) oder Magermilch (d. h. magere, fettarme Milch) in den Handel gebracht werden.

Als „Vollmilch“ kurzweg, ohne nähere Kennzeichnung ihrer Beschaffenheit, darf nur solche Milch bezeichnet werden, die eine gründliche Mischung des vollen Gemelkes mindestens einer Kuh aus wenigstens einer Melkzeit darstellt, der, abgesehen von Vollmilcheis, nichts zugesetzt und nichts von ihren Bestandteilen entzogen ist und die zugleich wenigstens 2,7% Fett enthält.

Vollmilch, für die ein Fetthegalt von 2,7% nicht gewährleistet werden soll oder kann, ist als „Vollmilch zweiter Güte“ oder „Vollmilch mit weniger als 2,7% Fettgehalt“ zu bezeichnen.

Alle frische Milch, an deren Fettgehalt Veränderungen vorgenommen worden sind, darf nur als „Magermilch“ bezeichnet werden. Die Angabe eines gewährleisteten Mindestfettgehaltes daneben ist gestattet.

Es kann vorgeschrieben werden, daß Magermilch nur in besonders geformten oder gefärbten Gefäßen eingeführt, feilgehalten und verkauft werden darf.

Über weitere Vorschriften, auch für „Vorzugsmilch“ vgl. des Verf. Untersuchung der Nahrungsmittel usw. 1914, III. Band, 2. Teil (S. 271).

Ziegenmilch.

Allgemeine Eigenschaften. Die Ziegenmilch ist im allgemeinen der Kuhmilch ähnlich; durchweg pflegt sie indes mehr Fett und Albumin zu enthalten als Kuhmilch. Ihre Farbe hat einen Stich ins Gelbliche. Sie besitzt eine größere Klebrigkeit und kleinere Fettkügelchen, weshalb sie schwerer aufrahmt als Kuhmilch. Durch Lab kann sie dagegen in kürzerer Zeit zum Gerinnen gebracht werden; der Käsestoff bildet eine kompakte Masse, die als schwer verdaulich gilt. Während das Casein der Frauen-, Eselin- und Stutenmilch durch Pepsinsalzsäure vollständig verdaut wird, soll das Ziegenmilchcasein 12% Rückstand hinterlassen. Die Ziegenmilch hat durchweg einen eigenartigen Geruch und Geschmack; derselbe soll im allgemeinen bei gehörnten Ziegen mehr hervortreten als bei zahmen ungehörnten; wenn die Ziegenböcke, die einen besonderen Geruch verbreiten, aus den Ställen ferngehalten werden, so macht sich der eigenartige Geruch nicht oder weniger geltend, ein Beweis, daß der Geruch vorwiegend auf die Beschaffenheit der Stalluft zurückzuführen ist. Wenn die Ziegen sauber gehalten werden, tritt diese Eigenschaft nicht hervor.

Der Milchertrag der Ziegen schwankt von 0,3—3,0 l, in Einzelfällen bis 5 l im Tage und beträgt durchschnittlich im Jahre etwa das 10—12fache des Lebendgewichtes (35 kg), nämlich 350—420 kg, während er bei mittelguten Kühen durchschnittlich nur das 5—6fache des Lebendgewichtes (500 kg), nämlich 2500—3000 kg ausmacht. Daraus folgt aber nicht, daß die Erzeugung von 1 l Ziegenmilch nur halb mal so viel kostet als 1 l Kuhmilch; denn die Ziege als kleines Tier verzehrt auch für die Körpergewichtseinheit mehr Futter als die Kuh und bedarf, um einen guten Milchertrag zu liefern, einer besonders reichlichen Gabe von Protein.[1])

Zusammensetzung. In 1 l Ziegenmilch sind durchschnittlich enthalten:

Rohnährstoffe						Verdauliche Nährstoffe			Calorien für 1 l	
Trockensubstanz	Casein	Albumin	Fett	Milchzucker	Salze	Casein, Albumin	Fett	Milchzucker	rohe	reine
133,63 g	29,40 g	7,33 g	40,55 g	47,98 g	8,38 g	34,36 g	38,28 g	47,46 g	738 Cal.	704 Cal.

Über prozentische Zusammensetzung der Ziegenmilch und ihre Schwankungen vgl. Tab. II, Nr. 11—17, über die der Asche Tab. III, Nr. 10—11.

Auf die Zusammensetzung der Ziegenmilch sind dieselben Umstände von Einfluß, wie auf die der Kuhmilch, nämlich:

1. Rasse und Eigenart der Einzeltiere [2]).

2. Dauer des Milchendseins.

Das Colostrum der Ziege unterscheidet sich von dem der Kuh dadurch, daß es zwar auch eine erhöhte Menge Casein, besonders Albumin, aber auch gleichzeitig noch größere Mengen Fett (in einem Falle 24,5% bei 35,9% Trockensubstanz) enthält.

Indes geht das Colostrum bei der Ziege alsbald (am zweiten und dritten Tage) in normale Milch über.

---

[1]) Für je 1000 kg Lebendgewicht (= 2 Kühe und = 30 Ziegen) kann man im Durchschnitt rechnen:

Tier	Melktage	Tägliche Milchmenge	Fettmenge		Tägliche Nährstoffmenge im Futter	
			im Tage	in der Lactationszeit	Verdauliches Protein	Stärkewerte
Kuh	320	16 l	0,560 kg	179,2 kg	2,0—2,2 kg	11—12 kg
Ziege	280	30 l	1,200 „	336,0 „	4,0—5,0 „	20—21 „

Die Vorteile der Ziegenhaltung beruhen darin, daß die Ziegen auch mit geringwertigen und kleinen Mengen von Abfällen und Futtermitteln auskommen, die für eine Kuh nicht ausreichen.

[2]) A. Völcker fand z. B. für eine Schwyzer und Tibetziege, Fr. Stohmann für 2 Ziegen derselben Rasse bei demselben Futter, folgenden Gehalt:

Rasse	Trockensubstanz	In der Trockensubstanz			Dieselbe Rasse	Trockensubstanz	In der Trockensubstanz	
		Casein	Albumin	Fett			Casein + Albumin	Fett
Schwyzer Rasse . .	12,19%	20,10%	3,12%	31,50%	Ziege I	14,87%	28,01%	33,50%
Tibetrasse	18,35%	17,07%	19,20%	38,68%	„ II	12,40%	29,33%	26,16%

K. Alpers fand bei gleichem Fettgehalt von 4,22% im Mittel mehrerer Proben in Milch von Schwarzwälder Ziegen 8,71% und in der von Sahneziegen 9,74% fettfreien Trockenrückstand.

Von da an hält sich die Menge und Zusammensetzung der Milch bis in den sechsten Monat auf gleicher Höhe; in den letzten vier Monaten nimmt, wie bei der Kuh, die Milchmenge ab, dagegen nach E. Ujhelyi der Gehalt an Trockensubstanz, Stickstoffsubstanz und Fett zu, während sich der Milchzucker auf nahezu gleicher Höhe hält (Tabelle II, Nr. 14)[1]).

3. Fütterung. Mehr noch als bei den Kühen wirkt die Menge und Art des Futters bei den Ziegen auf die Menge und den Gehalt der Milch. Die zahlreichen Versuche von Fr. Stohmann, A. Morgen und Mitarbeitern[2]) haben folgendes ergeben:

a) Das Protein wirkt in erster Linie fördernd auf die Milchleistung; diese hat aber eine Grenze. Bei einer großen Gabe von verdaulichem Protein (über 5—6 kg für den Tag und 1000 kg Lebendgewicht) nimmt die Milchmenge zwar noch zu, aber der prozentische Gehalt wie die absolute Menge an Fett nimmt ab.

b) Das Fett in dem Futter ist bei Ziegen und Schafen von besonderem und eigenartigem Einfluß. Es erhöht bis zu einer Menge von 1 kg für den Tag und 1000 kg Lebendgewicht sowohl die Menge wie den Fettgehalt der Milch, besonders bei gleichzeitigem hohem Gehalt des Futters an verdaulichem Protein. Eine Steigerung des Futterfettes über 1,5 kg für den Tag und 1000 kg Lebendgewicht hinaus äußerte keine Wirkung mehr.

c) Die Kohlenhydrate können, in thermoäquivalenten Mengen verabreicht, Protein und Fett nicht ersetzen, sondern erniedrigen den Ertrag wie den Gehalt der Milch.

d) Amide, Asparagin und Ammoniumacetat wirken als Zugabe zu einem an sich ausreichenden Futter nicht besser als Kohlenhydrate; in einem proteinarmen, aber genügenden Stärkewert enthaltenden Futter können sie bis 32,2% im Mittel für die Milchbildung verwertet werden.

e) Reizstoffe (wie Fenchel) können in einem an sich faden, reizlosen Futter die Futteraufnahme und den Milchertrag erhöhen; wie Fenchel wirken auch Malzkeime, Palmkernkuchen, Cocoskuchen und Melasse; diese müssen daher neben den Nährstoffen noch besondere Reizstoffe besitzen.

f) Kalk- und phosphorsäurearmes Futter ändert nach G. Fingerling in der ersten Zeit den Milchertrag und den Gehalt der Milch an Kalk und Phosphorsäure nicht, indem die Ziegen den Bedarf hieran aus ihrem Körperbestande zuschießen; erst bei längere Zeit fortgesetzter kalk- und phosphorsäurearmer Fütterung wird auch die Absonderung von Milch — einschließlich Kalk und Phosphorsäure — geschädigt. Werden dann wieder Kalk und Phosphorsäure im Futter zugeführt, so ergänzt der Körper den Verlust an Kalk und Phosphorsäure rasch und die Milch steigt allmählich wieder an. Organische Phosphorverbindungen (wie Casein, Phytin, Lecithin, Nuclein) werden so hoch ausgenutzt wie die Phosphorsäure im Dinatriumphosphat, vermögen aber ebensowenig wie letzteres die Menge der Milch oder der Milchasche an Kalk und Phosphorsäure — weder prozentual noch absolut — zu erhöhen.

4. Einfluß der Melkzeit. Der Einfluß der Melk-(Tages-)Zeit macht sich bei der Ziege in derselben Weise wie bei der Kuh geltend (Tabelle II, Nr. 15).

Der Milchertrag ist nach Hucho bei zweimaligem Melken um 20% höher als bei einmaligem und bei dreimaligem um 15% höher als bei zweimaligem Melken; der Fettgehalt verhielt sich in ersterem Falle wie 4,15 : 4,25%, in letzterem Falle wie 3,03 : 3,35%, war also in beiden Fällen bei dem öfteren Melken höher.

5. Einfluß des gebrochenen Melkens. Auch bei der Ziege ist die zuletzt ermolkene

---

[1]) Fr. Stohmann hatte s. Zt. mit zunehmender Lactationszeit nur eine Zunahme an Stickstoffsubstanz, dagegen eine Abnahme an Fettgehalt festgestellt.

[2]) Von letzteren Versuchsreihen seien in Tabelle II, Nr. 16 und 17 nur zwei zur Erläuterung mitgeteilt.

Milch fettreicher als die zuerst ermolkene, und liefern die einzelnen Zitzen der Ziege eine verschiedene Milch[1]).

6. Einfluß der Arbeit. Angestrengte Bewegung äußert sich nach Th. Henkel (Bd. I, 1903, S. 264) bei der Ziege etwas anders als bei der Kuh. Übereinstimmend nimmt bei beiden Säugern der Milchzucker der Milch im ersten Gemelk nach angestrengter Bewegung ab, das Fett dagegen deutlich (und Protein sowie Asche wahrscheinlich) zu; abweichend jedoch ist die Erscheinung, daß bei der Ziege die Milch des zweiten Gemelkes nach der Bewegung — bis auf den Milchzucker — wieder annähernd die regelmäßige Zusammensetzung annimmt, daß insbesondere die auch hier auffallende einseitige Zunahme des Fettgehaltes der Milch sich nicht mehr auf das zweite Gemelk erstreckt. Der Einfluß der Bewegung scheint sich bei der Ziege wieder eher zu verwischen als bei der Kuh.

7. Beziehungen zwischen den einzelnen Bestandteilen der Ziegenmilch. F. Stohmann fand, daß mit dem Fettgehalt der Milch der Kalkgehalt proportional abnimmt[2]), und zwischen Stickstoffsubstanz und Phosphorsäure sich eine Beziehung in der Weise herausstellte, daß auf 1 Teil Phosphorsäure 1,92 Teile Stickstoff kamen, also annähernd ein Verhältnis, wie es von W. Mayer für die Getreidesamen nachgewiesen ist.

Verfälschungen und Verunreinigungen der Ziegenmilch. Die Ziegenmilch bildet nur selten einen Handelsartikel; sie wird vorwiegend von den Besitzern, denen genügendes Futter für eine Kuh fehlt, selbst genossen.

Sie wird aber vielfach aus dem Grunde besonders für die Ernährung von Säuglingen empfohlen und teurer bezahlt, weil die Ziegen weniger mit Krankheiten, besonders mit Tuberkulose, behaftet sein sollen als das Rindvieh. Das scheint jedoch nicht richtig zu sein, da auch Ziegen mit Tuberkulose festgestellt sind.

Ohne Zweifel wird die Ziegenmilch von Krankheiten der Ziegen in ihrer Zusammensetzung (vgl. Bd. I, 1903, S. 265) ebenso verändert wie die der Kühe und kann auch nicht minder die Trägerin von Krankheitskeimen bilden. Sie muß daher für den Gebrauch gerade so behandelt werden wie die Kuhmilch.

Wo sie eine Handelsware bildet, wird sie gern mit der wohlfeileren Kuhmilch oder mit Wasser versetzt; eine Entziehung des Fettes, eine Entrahmung, dürfte seltener sein, weil das Ziegenmilchfett als solches nicht oder nur selten für die Butterbereitung usw. verwendet wird.

Schafmilch.

Die Schafmilch unterscheidet sich von der Kuh- und Ziegenmilch durch einen wesentlich höheren Gehalt an Trockensubstanz, Casein und besonders an Fett. Sie besitzt eine weiße bis gelbliche Farbe, reagiert bald schwach sauer, bald amphoter. Sie erfordert zum Verkäsen mehr Lab und rahmt schwerer auf als Kuhmilch. Das Schafmilchfett enthält auch mehr wasserunlösliche flüchtige Fettsäuren als das Kuhmilchfett.

In Deutschland (Ostfriesland) und Holland dient vorwiegend das Marsch- oder friesische Milchschaf zur Milchgewinnung. Dieses zeichnet sich nämlich durch hohe Milchergiebigkeit

---

[1]) E. Ackermann fand z. B.

Anteil	Milchmenge			Trockensubstanz			Fett		
	1.	2.	3.	1.	2.	3.	1.	2.	3.
Rechte Zitze	100 g	102 g	51 g	11,16%	11,95%	12,56%	3,25%	4,13%	4,80%
Linke „	76 „	83 „	80 „	11,45%	11,75%	11,93%	3,60%	4,00%	4,16%

[2]) So ergab sich für Fett- und Kalkgehalt:

	11. Mai	14. Mai	23.—29. Mai	25.—31. Juli	22.—28. August
Fettgehalt der Milch . . .	7,14%	5,86%	5,49%	4,17%	3,93%
Kalkgehalt der Asche . .	30,82%	28,32%	28,02%	22,50%	20,89%

aus, vereint mit großer Fruchtbarkeit — mitunter wirft es vier Lämmer — und rascher Entwicklung (Frühreife); das halbjährige Tier erreicht 40—50 kg Lebendgewicht, mit 1¼ Jahr 75—90 kg (auf reichen Weiden). Mit einem Jahre wird das Milchschaf schon geschlechtsreif und liefert neben einer reichlichen Menge Wolle unmittelbar nach dem Absetzen der Lämmer während 2—3 Monaten 3—5 l, von da an bis zum Oktober 1,5—2 l Milch täglich; von Oktober an nimmt der Milchertrag rasch ab und hört 2—3 Monate vor dem Lammen ganz auf [1]).

Hucho erhielt von fünf Nichtmilchschafen bis 5 Monate nach dem Lammen im Durchschnitt täglich 0,551 l Milch. Zuweilen werden die Mutterschafe (Nichtmilchschafe) im Juli, nachdem die Lämmer abgesetzt sind, noch einige Tage gemolken und die Milch zur Käsebereitung verwendet. Solche Schafe liefern nach Fleischmanns Erhebungen während 8 Jahre zwischen 6,75—82,8 g Milch für den Tag und Kopf. Letztere Milch ist mitunter sehr fettreich (bis 12,87% Fett in der Milch bei 72,51% Wassergehalt), für gewöhnlich aber scheint die Milch der Nichtmilchschafe nicht so fettreich zu sein wie die der eigentlichen Milchschafe. In 1 l Schafmilch (deutsches Milchschaf) sind durchschnittlich enthalten:

Rohnährstoffe						Verdauliche Nährstoffe			Calorien	
Trockensubstanz	Casein	Albumin	Fett	Milchzucker	Salze	Stickstoffsubstanz	Fett	Milchzucker	rohe	reine
178,37 g	45,97 g	10,17 g	63,54 g	49,11 g	9,24 g	52,85 g	60,01 g	48,60 g	1048 Cal.	996 Cal.

Kali	Natron	Kalk	Magnesia	Eisenoxyd	Phosphorsäure	Schwefelsäure	Chlor
2,243 g	0,411 g	2,875 g	0,133 g	0,095 g	2,793 g	0,133 g	0,705 g

Über die prozentuale Zusammensetzung und deren Schwankungen vgl. Tabelle II, Nr. 18—21, über die Asche Tabelle III, Nr. 12. Im übrigen machen sich beim Schaf dieselben Einflüsse auf die Zusammensetzung wie bei der Ziege geltend.

Das Colostrum ist reich an Stickstoffsubstanz (17,46%), aber auch an Fett (10,89%). Von der Stickstoffsubstanz sind rund 75% Casein. Das Colostrum geht in 3—4 Tagen in gewöhnliche Milch über. Ihr Gehalt pflegt von Anfang an (April) bis zuletzt (Oktober) zu steigen, z. B. beim Zackelschaf: Fett von 4,25 auf 9,65%, Stickstoffsubstanz von 4,55 auf 9,33. Das Futter und besonders auch sein Fettgehalt — 1 kg für 1000 kg Körpergewicht — äußert beim Milchschaf in noch ausgeprägterer Weise einen Einfluß auf Menge und Fettgehalt der Milch als bei der Ziege (vgl. S. 193).

Das Scheren der Schafe äußert sich in ähnlicher Weise auf die Zusammensetzung der Milch derselben, wie Bewegung und Arbeit bei Kühen und Ziegen; die Milchmenge nimmt ab, während der Fettgehalt derselben zu steigen pflegt.

Bei den Tataren bereitet man aus der auf 30—44° erwärmten Schafmilch durch Impfen mit altem „Katyk" oder auch durch Zusatz von Lab eine saure Milch, „Katyk" genannt, die als durststillendes Mittel, aber auch als Heilmittel in Kuranstalten dient. Ebenso wird daraus in Sardinien ein alkoholisches Getränk „Gioddu" (vgl. weiter unten S. 204) hergestellt. Meistens aber, wie in Frankreich (Larzack), Holland, den Karpathen und Italien, dient die Schafmilch zur Bereitung von Käse [2]).

[1]) Die Angaben über die Milchleistungen der Milchschafe sind sehr schwankend. In Ostfriesland rechnet man mit einem Gesamtmilchertrag von 500—600 l für das Jahr. Das ist aber wohl zu hoch. Andere wahrscheinlichere Angaben für 270 Lactationstage lauten:

Milchschaf	Ostfriesisches	Ungarisches	Larzack
Milchmenge	200—300 l	100—150 l	100—200 l
Fettgehalt	6,12%	7,87%	7,75%

[2]) Nach Fleischmanns Versuchen werden aus 100 Teilen Milch bei 1,8—4,2% Verlust 27—36 Teile Käse und 71—61 Teile Käsemilch erhalten.

Milch von sonstigen Wiederkäuern.

Außer von den Wiederkäuern Rind, Ziege und Schaf wird auch noch die Milch vom Büffel, Zebu, Kamel, Lama und Renntier zur menschlichen Ernährung verwendet — ohne Zweifel auch noch von sonstigen Tieren dieser Gruppe, indes ist bis jetzt nur die Milch der genannten Tiere untersucht.

1. Büffelmilch. Das Büffelrind wird in Ungarn, Siebenbürgen, China und Ostindien vielfach behufs Gewinnung von Milch gezogen; auch liefert die Büffelkuh bei guter Weide ziemlich hohe Milcherträge, nämlich bis zu 2000 l im Jahre (nach Ujhelyi in 264—313 Melktagen 848—1850 l, im Mittel 1437 l mit 115,35 kg Fett, nach anderen Angaben in 459 Tagen 2753 kg), aber die Milch (von rein weißer Farbe) besitzt ebenso wie das Fleisch der Büffelkuh einen nicht angenehmen (moschusartigen) Geruch und Geschmack; die aus der Milch gewonnene Butter wird jedoch gerühmt. Von der Stickstoffsubstanz (5,55%) sind 0,53% Albumin; das Fett, welches zwischen 4,9—16,0% schwankt, ist verhältnismäßig reich an flüchtigen Fettsäuren (Reichert-Meisslsche Zahl = 34,2) nach Peckow. Gleiches Futter wirkt bei Büffelkühen fördernder auf die Milchleistung als bei Kühen. Das Colostrum verhält sich wie beim Schaf (Tabelle II, Nr. 22). Die Büffelmilch enthält nach Baintner und Irk 0,011—0,194% (Mittel 0,07%) Citronensäure[1]).

2. Zebumilch. Das Zeburind — von der Größe unserer stärksten Ochsen — wird in ganz Indien und in Afrika als Haustier bzw. als Milchtier gehalten; es liefert nach d'Abzac in der Lactationszeit von 471 Tagen 2279 kg Milch.

3. Kamelmilch. Das Kamel dient in Asien und Afrika vorwiegend als Last- und Zugtier; es leistet große Dienste bei nur geringer Nahrung (Mimosen und andere dornige Sträucher der Wüste). Das Muttertier liefert aber auch Milch, welche wegen ihres süßen, reinen und angenehmen Geschmackes gerühmt wird und dadurch der Frauenmilch gleicht, daß sie durch Lab oder Säuren ein feinflockiges Gerinnsel liefert; aus dem Grunde wird sie auch als Ersatz der Muttermilch empfohlen. Auch dient dieselbe den Kirgisen ebenso wie die Stutenmilch zur Darstellung des Kumys (vgl. weiter unten S. 202).

4. Lamamilch. Das Lama oder Schafkamel dient in Peru und Chili ebenfalls vorwiegend als Lasttier, liefert den dortigen Einwohnern aber auch Fleisch und Milch, vertritt also hier die Stelle, welche das Renntier im hohen Norden Europas und Asiens einnimmt.

5. Renntiermilch. Das Renntier ist als Zug-, Milch- und Schlachttier für die Polarvölker, Lappen, Samojeden und Tungusen, unentbehrlich; Fleisch und Milch des Renntieres liefern ihnen wohlschmeckende Nahrung, die Haut festes Leder und Pelzwerk; aus den Sehnen machen sie Zwirn, aus den Gedärmen Stricke und aus den Knochen Löffel. Man rechnet für die notwendigsten Bedürfnisse einer Familie 200 Renntiere. Dieselben nähren sich von allerlei Pflanzen, im Winter nur von Flechten, fressen Pilze und sogar Fliegenschwämme. Zur Deckung des Milchbedarfs im Winter wird die Renntiermilch des Sommers gekocht, in Renntierblasen gefüllt, zum Gefrieren gebracht und auf Eis aufbewahrt. Von dem mittleren Gehalt der Renntiermilch an Stickstoffsubstanz (10,04%) sind 1,51% als Albumin angegeben; daneben sollen nach Warenskiöld noch 0,46% Globulin, 0,46% bzw. 0,51% sonstige Stickstoffverbindungen vorhanden, der Rest Casein sein. Der Lecithingehalt beträgt nach Stollberg 0,21%.

Hiernach sind, soweit dieses aus den Analysen (vgl. Tabelle II, Nr. 23—27) geschlossen werden kann, die Büffel- und Renntiermilch außerordentlich fettreich, während sich die Zusammensetzung der Milch von Zebu, Kamel und Lama der der Kuhmilch nähert.

---

[1]) Pappel und Richmond haben den Zucker der Büffelmilch für eine besondere Zuckerart, „Tewfikose", gehalten; Porcher aber hat nachgewiesen, daß er nur Milchzucker ist.

Milch von Einhufern.

Von der Milch der „Einhufer" dienen vorwiegend die des Pferdes (Stutenmilch) und die des Esels als menschliches Nahrungsmittel; vereinzelt gelangt auch die Milch des Maultieres für diesen Zweck zur Verwendung.

1. Stutenmilch. Die Steppenvölker des südöstlichen Rußlands, die Tataren, Kalmücken, Mongolen und Kirgisen, welche Völker sozusagen fast ganz auf Pferden leben, benutzen auch das Fleisch und die Milch des Pferdes als Hauptnahrungsmittel. Die Stutenmilch ist von weißer Farbe, von aromatischem, süßem und zugleich etwas herbem Geschmack; sie liegt leichter auf der Zunge als Kuhmilch. Ihre Reaktion ist durchweg alkalisch; sie behält diese Reaktion bei kühler Witterung oft mehrere Tage, ohne zu gerinnen. Bei warmer Witterung tritt dagegen häufig innerhalb der ersten 24 Stunden nach dem Melken eine spontane Alkohol- oder Milchsäuregärung ein. Gegen Ende der Lactation, wenn das Fohlen abgesetzt ist, enthält die Stutenmilch häufig nur noch 0,1—0,2% Fett. Nach Denigès soll in der Stutenmilch außer dem Milchzucker noch ein sonstiges rechtsdrehendes Kohlenhydrat vorhanden sein. Das Colostrum der Stutenmilch enthält neben viel Stickstoffsubstanz (7,34%) auch eine erhöhte Menge Fett (2,25%). Das gefällte Casein ist feinflockig, wie bei der Frauenmilch. Die Stutenmilch wird besonders zur Bereitung von Kumys oder Milchbranntwein (vgl. S. 202) verwendet.

2. Eselmilch. Die Eselmilch, welche in ihrem Nährstoffverhältnis der Frauenmilch am nächsten steht und durchweg wie diese mehr Albumin (1,06%) als Casein (0,79%) enthält, wird an manchen Orten, so besonders in Frankreich, als Ersatz der Muttermilch für Kinder verwendet. Sie gilt ebenso wie die Pferdemilch als heilsames Nahrungsmittel für Schwindsüchtige und sonstige Krankheiten (Skrophulose usw.)[1]. Der Gehalt an Lecithin soll 0,02%, der an Citronensäure 0,1% betragen. Die Eselmilch hat angeblich die kleinsten Milchkügelchen und eine weiße Farbe mit einem Stich ins Bläuliche. Sie schmeckt fade süßlich, ähnlich wie gewässerte Kuhmilch. Nach dem Abfohlen enthält die Eselmilch häufig nur 0,10% Fett, das Colostrum dagegen nur wenig erhöhte Stickstoffsubstanz, bis 8,12% Fett.

3. Maultiermilch. Die Maultiermilch gleicht in der Beschaffenheit und Zusammensetzung der Stuten- und Eselmilch; ihre Farbe ist weiß mit einem Stich ins Gelbliche; sie hat nach Aubert und Colby eine alkalische Reaktion, die sie erst nach achttägigem Stehen verliert; auch sie gerinnt mit Säuren wie erstere beiden Milcharten schwer und feinflockig.

Die nähere Zusammensetzung dieser Milcharten ist in Tabelle II, Nr. 28—30, die der Asche in Tabelle III, Nr. 13—17 angegeben.

Milch von sonstigen Tieren.

Außer den aufgeführten Milcharten sind noch mehrere andere untersucht, welche wohl kaum für menschliche Ernährungszwecke verwendet werden, deren Zusammensetzung aber des allgemeinen Interesses wegen hier mitgeteilt werden möge; es sind dies die Milch von: Kaninchen, Elefanten, Hund, Schwein, Meerschwein (Delphinus phocaena), Grindwal (Globicephalus Melas), Blauwal (Balaenoptera Sibbaldi), Walfisch (Bartenwal, Familie der Baläniden) und Nilpferd (Hippopotamus amphibius). Über die Zusammensetzung dieser Milcharten vgl. Tabelle II, Nr. 31—39 und desgl. über die der Asche Tabelle III, Nr. 18—20.

---

[1]) Diese Anschauung stammt wahrscheinlich aus dem Altertum von Varro her, welcher der Eselmilch heilkräftige Wirkung zuschrieb. Bei den Römern galt sie nach Plinius auch als Verschönerungsmittel, weshalb Poppaea, die Gemahlin des Domitius Nero, stets 500 Eselinnen mit sich geführt haben soll, um in deren Milch zu baden.

Der Fettgehalt der Hundemilch wird durch proteinreiche, besonders aber auch, wie bei Ziege und Schaf, durch fettreiche Nahrung wesentlich erhöht [1]). Das Colostrum der Hündin unterscheidet sich nicht wesentlich von der gewöhnlichen Milch. Dagegen ist das Colostrum des Schweines wesentlich reicher an Stickstoffsubstanz (15,56%) und auch reicher an Fett (9,53%) [2]). Die Milch der Meeres-Säugetiere ist durch einen außergewöhnlich hohen Fettgehalt ausgezeichnet.

Milcherzeugnisse.

Pasteurisierte und sterilisierte Milch.

Unter „pasteurisierter" Milch versteht man Milch, die behufs Abtötung der wachsenden Lebensformen der Kleinwesen auf mäßige Temperaturen (60—80°), unter „sterilisierter" Milch solche, die behufs Abtötung auch der Dauerformen der Kleinwesen (der Sporen) auf höher als 100° erhitzt worden ist.

Bei der Pasteurisierung unterscheidet man Niedrig- (auch Dauer-) und Hochpasteurisierung. Die Niedrigpasteurisierung bei 65—70° nimmt längere Zeit (45—60 Minuten) in Anspruch und wird bei unterbrochenen Betrieben angewendet. Bei der Hochpasteurisierung (90—95°) dauert die Abtötung der wachsenden Bakterienformen durchweg nur einige Minuten (5—10 Minuten); sie wird meistens bei ununterbrochenen (kontinuierlichen) Betrieben angewendet. Zu den Pasteurisierverfahren kann auch das Soxhletsche Verfahren, bei welchem die Milch in Verbrauchsflaschen (für die Kinderernährung) im kochenden Wasser erhitzt wird, gerechnet werden. Die Flaschen werden nach genügender Erhitzung mit einer Gummiplatte bedeckt, welche beim Erkalten so fest eingesogen wird, daß sie den Inhalt vor Luftzutritt schützt.

Zum Pasteurisieren im großen werden verschiedene Apparate angewendet, einfache Kesselapparate mit getrennter Führung, wobei die kalte nicht mit der bereits erhitzten Milch zusammenkommt, und Wärmerückgewinnungs- oder Rückkühlapparate, bei denen die zufließende kalte Milch von der ausfließenden heißen Milch vorgewärmt wird.

Man pasteurisiert vielfach die Vollmilch und benutzt diese weiter zur Entrahmung mittels der Zentrifugen. Weil hiermit aber manche Übelstände (schlechtere Entrahmung, Nichtbeseitigung übler Gerüche u. a.) verbunden sind, so pasteurisiert man jetzt meistens Magermilch und Rahm für sich, wobei eine bessere Butter erzielt wird und die Magermilch sich unbeschadet höher (90—95°) erhitzen läßt.

Das Sterilisieren bezweckt auch die Vernichtung der Dauersporen, die bei 120—122° erreicht zu werden pflegt und mit gespannten Wasserdämpfen vorgenommen wird. Da aber bei dieser Temperatur die Beschaffenheit der Milch wesentlich beeinträchtigt wird, so erhitzt man meistens nur auf 102—104° und wendet dabei auch wohl die fraktionierte Sterilisation an, bei der die Milch erst auf 102—104° erhitzt, dann bis auf Bruttemperatur, bei der die Sporen keimen, abgekühlt und schließlich nochmals auf 102—104° erhitzt wird, um auch die ausgewachsenen Keime abzutöten.

Das Erhitzen der Milch, besonders das Sterilisieren bewirkt indes verschiedene Veränderungen, die ihr nicht zum Vorteil gereichen.

1. Das Albumin gerinnt schon bei Wärmegraden über 60°; das Casein wird weniger quell- und bei höheren Temperaturen weniger verkäsbar; die Fettkügelchen werden bei gleichzeitiger Durchrührung zertrümmert und in kleinere Kügelchen umgewandelt; der Milch-

---

[1]) Die Menge der Milch einer 34 kg schweren Hündin wird von C. Voit zu 115—168 g für den Tag angegeben.

[2]) Katzencolostrum ergab in 100 ccm: 81,63 g Wasser, 3,12% Casein, 6,96% Albumin, 3,33% Fett, 4,91% Milchzucker und 0,58% Asche.

zucker wird bei längerer und stärkerer Erhitzung zum Teil caramelisiert, und verleiht der Milch ein gelbes Aussehen sowie einen Kochgeschmack. Diese Erscheinungen treten bei fettreicher Milch weniger hervor als bei fettarmer. Auch der Lecithingehalt soll durch das Erhitzen abnehmen.

2. Die Enzyme werden vernichtet, die Diastase in der Regel bei 65°, Reduktase und Katalase bei 73—75° während 30 Minuten langem Erhitzen.

3. Die pathogenen Bakterien sterben ab:

	Tuberkel-,	Typhus-,	Diphtherie-,	Dysenteriebazillen	Choleravibrionen
bei Temperatur	60°	60°	55—60°	60°	55—60°
in Minuten	20	2	—	10	—

Andere Bakterienkeime gehen bei richtiger Pasteurisierung auf 50—100 für 1 ccm zurück.

4. Die prozentuale Zusammensetzung der pasteurisierten Milch ist dieselbe wie die der angewendeten ursprünglichen Milch, da dieser bei richtiger Ausführung nichts entzogen oder zugesetzt wird.

Das spez. Gewicht der pasteurisierten Milch ist durchweg etwas höher als das der entsprechenden rohen Milch. Dagegen ist das spez. Gewicht des Spontanserums der pasteurisierten Milch um etwa 0,4 Spindelgrade niedriger als bei dem Spontanserum der rohen Milch.

Sollen aber diese Haltbarmachungsverfahren ihren Zweck erfüllen, so muß die pasteurisierte und sterilisierte Milch sofort nach dem Erhitzen abgekühlt und kühl aufbewahrt werden.

Kondensierte oder eingedickte Milch.

Behufs Haltbarmachung wird die Milch schon seit lange eingedickt (kondensiert) und seit einigen Jahren auch bis zu einem Pulver eingetrocknet.

1. Kondensierte oder ***eingedickte Milch.*** Die Herstellung geschieht wesentlich nach zwei Verfahren.

Nach dem Scherffschen Verfahren (in Deutschland üblich) wird die Milch durch 1—2stündiges Erhitzen auf 100—113° bei 2—4 Atmosphären Druck sterilisiert, dann im Vakuum bei 65—70° auf die Hälfte oder ein Drittel des ursprünglichen Volumens eingedampft. Nach Campbell (England) wird die Milch im Separator zunächst entrahmt und vom größten Teile des Schmutzes befreit, dann konstant auf 60° erwärmt in großen Behältern, durch die filtrierte Luft geblasen wird, bis die Masse auf $^1/_5$ des ursprünglichen Volumens eingedickt ist. Dann wird der inzwischen ebenfalls auf 60° gehaltene Rahm dem Kondensat wieder beigemischt und dieses in Flaschen gefüllt. Andere Verfahren sind ähnlich; häufig wird aber der Rahm nicht wieder zugesetzt.

Bei der mit Rohr- bzw. Rübenzucker eingedickten Milch pflegt man 0,5 kg Zucker auf 4—5 l natürliche oder 2,0—2,5 kg Zucker auf 4—5 l eingedickte Milch — also ungefähr auf 1 Teil Milchtrockensubstanz 1 Teil Zucker — zuzusetzen.

Diese Herstellungsweisen gelten für einzudickende Voll- wie Magermilch[1]).

Das Fett der eingedickten Vollmilch darf nicht klumpig ausbuttern; es läßt sich dann durch Erwärmen der Milchgefäße in 40—50° warmem Wasser und Schütteln nicht mehr, wie das bloß aufgerahmte Fett, wieder gleichmäßig mit der Milch vermischen.

---

[1]) Aus der eingedickten Magermilch werden durch Zusatz von Zucker, Alkohol und Essenzen auch Liköre (Milchpunsch) hergestellt.

Die im Handel unter dem Namen „Milchlin", Kronolin oder Kraftalbumin vorkommenden Erzeugnisse waren nichts anderes als schwach eingedickte Magermilch (mit 10,77% Trockensubstanz, 3,96% Stickstoffsubstanz, 0,25% Fett, 5,63% Zucker und 0,91% Mineralstoffen), der durch Zusatz von wenig Mineralsalzen (glycerinphosphorsauren?) ein vollmilchähnliches Aussehen verliehen wurde. Eine ähnliche Zusammensetzung hatte eine sog. Nährsalzmilch.

Als Frischhaltungsmittel werden Borax, Borsäure, Salicylsäure und besonders Benzoesäure angewendet.

Die hauptsächlichste Verfälschung besteht darin, daß der Milch Fett entzogen und das Erzeugnis hieraus als kondensierte Vollmilch ausgegeben wird.

2. Trockenmilch, Milchpulver. Zur Herstellung von Trockenmilch werden verschiedene Verfahren angewendet.

Nach dem N. Ekenbergschen Verfahren wird die Milch auf der Oberfläche eines auf 30—40° erhitzten rotierenden Zylinders unter vermindertem Druck, nach dem Just-Hatmakerschen Verfahren auf der Oberfläche von zwei durch überspannten Wasserdampf auf 120° erhitzten, in 1—$^1/_2$ mm Entfernung gegeneinander rotierenden Zylindern unter gewöhnlichem Druck eingedunstet, als feste Haut von den Zylindern abgeschabt und gepulvert.

Nach einem dritten Verfahren (Truford Company Limited) wird Milch usw. in einer Vakuumpfanne eingedampft. Die eingedampfte Masse wird durch komprimierte Luft zerstäubt, gelangt als feiner Regen in von heißer Luft durchströmte Kammern, wird hier vollständig getrocknet und schließlich wieder in Sammelkammern als Pulver aufgefangen.

Um die Quellbarkeit des Caseins zu erhalten, werden der Trockenmilch wohl 0,1 bis 0,3% Natriumbicarbonat, in anderen Fällen 2—3% Rohr- bzw. Rübenzucker, oder Zuckerkalk zugesetzt. Auch Mischungen mit Hafer-, Grieß- und Walzmehl werden daraus hergestellt.

Wie Vollmilch, so werden auch Halbfett-, Mager- und Buttermilch, ferner auch Rahm und Molken eingetrocknet.

Wenn die Eintrocknung regelrecht verlaufen ist, so muß beim Verrühren von 1 Teil Trockenmilch mit 8 Teilen warmen Wassers (etwa 30°) eine gleichmäßige milchige Emulsion entstehen.

Im übrigen erleiden die Bestandteile und Eigenschaften der Milch durch das Eindicken und Eintrocknen dieselben Veränderungen wie durch das Sterilisieren. Die Verdaulichkeit erleidet dagegen hierdurch höchstens für das Fett eine geringe, sonst keine Einbuße.

Der Entzug von Fett bei Verarbeitung von Vollmilch oder die Bezeichnung Halbfettmilcherzeugnisse als Vollmilcherzeugnisse ist als Fälschung anzusehen.

Die Erzeugnisse dürfen auch nicht bräunlich gefärbt sein und weder einen ranzigen Geruch noch Geschmack besitzen.

Über die Zusammensetzung dieser Erzeugnisse vgl. Tabelle II, Nr. 40—44 und Nr. 45—49.

Verschieden zubereitete Milchsorten.

Von Zeit zu Zeit begegnet man neuen Vorschlägen, um Kuhmilch entweder auf einfache Weise haltbar oder für die Kinderernährung verdaulicher bzw. der Frauenmilch ähnlicher zu machen. Zu dieser Art Erzeugnissen gehörten in den letzten Jahren:

1. Buddisierte Milch (Perhydrasemilch). Hierunter versteht man eine nach dem Vorschlage von Budde mit Wasserstoffsuperoxyd (Perhydrol) behandelte Milch; sie soll infolge dieser Behandlung keimfrei sein. Da aber schon ein Gehalt von 0,05 g Wasserstoffsuperoxyd in 1 l Milch dieser einen wahrnehmbaren, unangenehmen Geschmack erteilt, so darf die Milch auch kein Wasserstoffsuperoxyd mehr enthalten. Durch defribriniertes Blut soll der Überschuß wieder entfernt werden. Andererseits vernichtet ein Zusatz von 0,03% H_2O_2 nicht alle Bakterien in der Milch.

2. Homogenisierte Milch wird nach dem Verfahren von Gaulin in der Weise hergestellt, daß die auf 85° vorgewärmte Milch unter einem Druck von 250 Atmosphären durch sehr feine Kanäle zwischen zwei federnden, fest aufeinandergepreßten Achat- oder Metallflächen hindurchgepreßt wird. Hierdurch werden die Milchfettkügelchen in feinste Tröpfchen zerteilt, und eine derartige Milch rahmt im sterilisierten Zustande selbst bei längerem Aufbewahren nicht auf, sondern zeigt eine vollkommen gleichmäßige — homogene — Beschaffenheit.

Die Zusammensetzung der ursprünglichen Milch wird durch diese beiden Verfahren (1. und 2.) nicht verändert.

3. Backhaussche Kindermilch. Unter besonderen Vorsichtsmaßregeln gewonnene Kuhmilch wird durch Zentrifugieren in Rahm und Magermilch getrennt. Die Magermilch wird, während der Rahm einstweilen kühl gestellt wird, bei 40° mit einer in solchen Verhältnissen zusammengestellten Mischung von Lab, Trypsin und Natr. carbonic. versetzt, daß bis zur Zeit von einer halben Stunde das Trypsin 30% des Caseins der Milch in eine leicht lösliche Form überführt, nach welcher Zeit die beigesetzte Menge Lab den Rest des Caseins ausfällt und die Trypsinwirkung hemmt. Hierauf wird durch eingeleiteten Dampf auf 80° erhitzt und die Molke durch 5 Minuten bei dieser Temperatur stehengelassen. Dann wird dieselbe abgegossen, filtriert und mit $^1/_2$ Volumen Wasser, $^1/_2$ Volumen Rahm und der entsprechenden Menge Milchzucker versetzt; zuletzt wird sie in Portionsflaschen zu 125 g gefüllt und sterilisiert.

In ähnlicher Weise wurden nach dem Verfahren, das jetzt aufgegeben zu sein scheint, noch drei andere Mischungen hergestellt, welche je nach dem Alter des Kindes der Muttermilch angepaßt wurden.

4. Gaertnersche Fettmilch. Sie wird in der Weise hergestellt, daß die Kuhmilch zunächst mit Wasser so verdünnt wird, daß der Caseingehalt dem der Frauenmilch gleichkommt; dann wird sie bei 30—36° so zentrifugiert, daß der abfließende Teil einen der Frauenmilch gleichen Fettgehalt annimmt.

5. Voltmers Muttermilch. Voltmer vermischt die gekochte Kuhmilch mit Wasser, Sahne und Zucker, so daß das Gemisch die Zusammensetzung der Frauenmilch annimmt, behandelt das Gemisch mit Pankreasferment und kocht schließlich in einem luftdicht verschlossenen Kessel 1 Stunde bei 100—105°, bzw. dampft im Vakuum ein.

6. Biedertsche Rahmgemenge. Sie werden in 5 verschiedenen Verhältnissen durch Mischen von Magermilch, Rahm, Milchzucker und Wasser in der Weise hergestellt, daß die Zusammensetzung mit steigendem Gehalt an Protein und Fett der der Frauenmilch angepaßt wird.

In ähnlicher Weise dürften auch die Löfflundschen Erzeugnisse aus Kuhmilch für Zwecke der Kinderernährung hergestellt sein.

Über die Zusammensetzung der Milchsorten Nr. 3—6 vgl. Tabelle II, Nr. 50—56.

Gärungserzeugnisse aus Milch.

Beim Aufbewahren der Milch, besonders in warmen Räumen tritt unter dem Einfluß der natürlich vorhandenen Milchsäurebakterien alsbald eine saure Gärung ein, infolge deren das Casein gefällt und die Milch dick wird, indem sich das Fett gleichzeitig oben ansammelt und eine Rahmschicht bildet. Derartige Milch heißt auch Setzmilch, Dickmilch oder Schlippermilch. — Die aus Magermilch gewonnene saure Milch ist beim Feilhalten und Verkaufen als solche zu bezeichnen. — Zur Beschleunigung des Dickwerdens der Milch bedient man sich auch wohl eines Zusatzes von Lab.

Es werden aber unter dem Einfluß von Bakterien, Hefen- und Mycelpilzen aus der Milch noch verschiedene andere eigenartige sauer-alkoholische oder nur saure Erzeugnisse gewonnen, bei denen nicht nur der Milchzucker, sondern auch das Casein und Albumin eine teilweise Umsetzung erfahren.

Die Umsetzung beruht nach A. Ginzberg darauf, daß dem Casein Kalk und Phosphorsäure entzogen und es wie Albumin hydrolysiert wird. Außer Milchsäure, Alkohol, Kohlensäure und Peptonen neben den unveränderten Bestandteilen der Milch finden sich noch geringe Mengen Glycerin, Bernsteinsäure, Butter- und Essigsäure.

1. Kefir (Kefyr, Kifyr, Kiafyr, Kafyr, im Kaukasus auch Kephor, Kyppe genannt, von Kefy = Wonnetrank) ist das mit Hilfe der Kefirkörner vorwiegend aus Kuhmilch, aber auch aus Ziegen- und Schafmilch hergestellte dickflüssige, emulsionsartige, etwas schleimige Getränk (bzw. Speise). Die Umwandlung der Milchbestandteile wird durch verschiedene Mikroorganismen bewirkt, die in Symbiose tätig sind, über deren Wirkung im einzelnen noch keine volle Klarheit herrscht. Nach W. Kuntze kommen bei der Herstellung des Kefirs mit Hilfe der Kefirkörner mindestens 7 verschiedene Kleinwesen in Betracht, nämlich echte Milchsäurebakterien, solche der Coliaerogenesgruppe und besonders solche der Sammelart Bacterium caucasicum (Lactobac. caucasicus Beijerinck, Bac. caucasicus Freudenreich), zwei Hefearten (Torula Kefir und Saccharomyces fragilis), ferner zwei Buttersäurebakterien, ein Bacillus esterificans Maassen und Bac. Kefir, welche Ester erzeugen sowie in Gemeinschaft mit den Hefen Fäden bilden, diese umspinnen und die Körnerbildung verursachen.

Zur Bereitung des Kefirs werden die Körner oder Klümpchen erst 4—5 Stunden in lauwarmem (30—35°) Wasser aufgeweicht, dann, nach Abgießen des gelblich gefärbten Wassers, in Zeitabschnitten von 3—4 Stunden 3—5 mal (mitunter auch noch öfter) in etwa 20° warme Milch übergeführt, bis die Körner gequollen sind und sich an der Oberfläche ansammeln. Die Lebensfähigkeit der Pilze merkt man an dem knisternden Geräusch beim Umschütteln der Milch. Die schwammige Körnermasse wird abgeseiht, mit kaltem Wasser abgespült, dann wird von ihr ein Eßlöffel voll zu $^1/_2$ l gekochter und wieder abgekühlter Milch gesetzt und diese in einem mit Mull bedeckten Gefäß 8—12 Stunden bis 15—20 Stunden unter öfterem Umschütteln stehengelassen. Diese Milch, im Kaukasus Sakwasta genannt, wird rahmähnlich und nimmt einen angenehmen süßsäuerlichen Geruch an.

Man trennt die Pilze von der Milch mittels eines Siebes und wäscht sie gut ab, um sie von neuem zu gebrauchen. Die in Gärung befindliche Hefenmilch gießt man dagegen in Champagnerflaschen, und zwar bis zu etwa $^1/_3$ derselben, und füllt die anderen $^2/_3$ mit gekochter und wieder abgekühlter Milch oder auch zu gleichen Volumteilen hinzu. Die Flaschen, welche nicht ganz vollgefüllt sein dürfen, werden darauf verkorkt, zugebunden und in Räumen mit 14—15° Lufttemperatur hingelegt, indem man sie alle zwei Stunden tüchtig durchschüttelt. Nach 24 Stunden erhält man schwachen, nach 48 Stunden mittleren und später starken Kefir. Soll die Gärung gehemmt werden, so legt man die Flaschen auf Eis. Wenn sich beim Schütteln der Flaschen ein fester Schaum bildet, welcher nicht leicht zergeht, so ist es Zeit, den Kefir zu genießen. Je mehr Hefenmilch man nimmt und je weniger frische Milch, desto eher wird der Kefir reif; ebenso tritt der Zeitpunkt der Reife bei höheren Temperaturen eher ein, aber in beiden Fällen nicht zum Vorteil des Kefirs. Bei langem Aufbewahren wird die Masse infolge Auflösung des Caseins durch das Caseaseenzym der Buttersäurebakterien mehr und mehr dünnflüssig.

Die Hauptsache ist, den Gärungsvorgang so zu leiten, daß nicht die Milchsäure, sondern die Alkohol- und Kohlensäurebildung vorherrscht.

Je länger die Gärung anhält, um so mehr nimmt die Menge an Milchzucker ab, die an Alkohol und Milchsäure zu. Der Gehalt an letzterer soll 1% nicht überschreiten; in fehlerhaft zubereitetem Kefir kann er bis 2% steigen.

Der Gehalt an Proteosen und Pepton wird zu 0,1—0,3% angegeben. Die leichte Verdaulichkeit dürfte wesentlich darauf beruhen, daß das Casein sämig und feinflockig wird.

2. Kumys ist das aus Stuten- (zum Teil auch Kamel- und Esel-) Milch mit Hilfe von altem Kumys oder an der Sonne eingetrocknetem Kumysabsatz zubereitete dünnflüssige Getränk (Milchwein, Vinum lactis oder Lac fermentatum). Über die Erreger der Kumysgärung liegen bis jetzt nur dürftige Angaben vor. Wahrscheinlich ist neben einem Saccharomyces und den gewöhnlichen Milchsäurebakterien ein spezifischer Kumysbacillus tätig, der die Merkmale der Lactobacillen trägt.

Zweifellos beruht auch die Bereitung des Kumys auf einer Milchsäure- und alkoholischen Gärung, verbunden mit einer teilweisen Peptonisierung der Proteine; die Umsetzung verläuft hier verhältnismäßig rascher und tiefer als beim Kefir. Alter, 5—7 tägiger Kumys enthält bis zu 2% Alkohol. Infolge der dünnflüssigen Beschaffenheit können vom Kumys größere Mengen — täglich 3 bis 5 l — genossen werden als vom Kefir.

3. Mazun ist das durch Säure- und Alkoholgärung aus Büffel-, Schaf- oder Ziegenmilch, neuerdings auch aus Kuhmilch mit Hilfe eines Stückes alten Mazuns hergestellte Nahrungs- und Genußmittel, das entweder direkt gegessen (mit dem Löffel genommen) oder nach Verdünnen und Verrühren mit Wasser getrunken oder als Ansäuerungsmaterial bzw. als Gärungserreger bei der Butterbereitung — um der Butter ein angenehmes Aroma zu erteilen — oder zur Bereitung von Milchspeisen verwendet wird.

Auch die unter Benutzung von Mazun bei der Butterbereitung gewonnene Buttermilch wird genossen, sowie der nach dem Abpressen gewonnene Quarg (Than), der mit Mehl versetzt und an der Sonne getrocknet wird. Der getrocknete Than wird Tschorathan genannt; er liefert, mit Spinat und Reis zusammengekocht und mit Pfefferminz und anderen Gewürzen schmackhaft gemacht, im Winter eine beliebte Speise, Thanapur genannt. Der Mazun findet daher eine vielseitige Verwendung; er stammt ursprünglich aus Armenien. Seine Bereitung erfolgt in der Weise, daß die zuvor aufgekochte Milch auf Blutwärme gebracht und dann mit einem in Milch oder Wasser verriebenen Stück alten Mazuns[1]) versetzt wird. Das Gemisch wird in einem mit einem dicken Tuch umhüllten Topf in einem mäßig warmen Raume aufbewahrt und ist nach 12—18 Stunden zum Genusse reif. Die Reifung erfolgt also viel schneller als bei Kefir und Kumys, bei denen sie durchweg einige Tage (2—5) dauert. Kann der Mazun nicht sofort verwendet werden, so wird er, um eine zu starke Säuerung zu vermeiden, in einem kühlen Raume aufbewahrt.

H. Weigmann, Gruber und Huß fanden in der Mikroflora des Mazuns Lactobacillen, die sie Bacterium Mazun nennen, Hefen, die sie als Sacchar. Pasteurianus identifizierten, Milchsäurebakterien und Oidien sowie weiter einen sporenbildenden Bacillus Mazun, der stark peptonisierende Eigenschaften besitzt und wegen der Erzeugung des käseartigen Geruches besonders für den sogenannten Than sowie für das Eintreten des Reifegeschmackes wichtig zu sein scheint. A. Kalanthariantz und P. Lindner haben im Mazun neun verschiedene Arten Hefen nachgewiesen und darunter drei, die Milchzucker vergären. Eine Anomalushefe (Nr. 481 der Sammlung des Instituts für Gärungsgewerbe in Berlin) erzeugte einen angenehmen Fruchtestergeruch, eine andere, die α-Mazunhefe, verursachte den sauren und eigenartigen aromatischen Mazungeruch.

4. Yoghurt (Ja-urt oder Yaourte der Griechen und Türken) ist ebenso wie Mazun eine unter verschiedenen Namen in den Balkanstaaten aus Büffel-, Schaf- und Ziegenmilch (bzw. auch Kuhmilch) in der Wärme zubereitete Sauermilch.

Auch hier wird die abgekochte Milch auf 40—45° abgekühlt, mit einem Rest älterer Dickmilch oder „Maja" geimpft und in einem mit Pelzwerk umhüllten Topfe (Kochkiste) bei 50° so lange hingestellt, bis sie ein festes, porzellanartiges Coagulum — ohne wesentliche Molkenausscheidung — gebildet hat, was in der Regel schon nach 8—10 Stunden, also noch schneller als beim Mazun, einzutreten pflegt. Mitunter wird auch die Milch beim Aufkochen gleichzeitig bis zur Hälfte eingedampft. Wenn die geimpfte und in einem Ziegenbalg aufgehängte Milch häufig bewegt wird, so bleibt sie flüssig und wird unter der Bezeichnung „Schüttelyoghurt" als Getränk genossen. Die dem Than bzw. Tschorathan beim Mazun entsprechenden Zubereitungen heißen hier Podkwassa (Bulgarien) oder Maja (Türkei) oder Keschk (Syrien bis Afghanistan).

Normaler Yoghurt enthält als Erreger der Gärung einerseits unbewegliche Langstäbchen (Bacterium bulgaricum) und andererseits Milchsäurestreptokokken, die in Form von Diplokokken oder in kürzeren oder längeren Ketten auftreten.

Die Yoghurtlangstäbchen, die den spezifischen Organismus des Yoghurts darstellen, kommen in zwei verschiedenen Formen vor. Bei der einen Form färbt sich der Bakterienleib mit Methylenblau stets gleichmäßig blau, während bei der anderen, wenigstens in den ersten Tagen der Kultur, metachromatische Körnchen auftreten. Diese Körnchen

---

[1]) In Ermangelung von altem Mazun wird auch wohl Sauerteig, der Lactobazillen enthält, genommen.

wechseln in Zahl und Größe erheblich und färben sich nach dem angegebenen Verfahren violett bis rötlich; in überfärbten Präparaten erscheinen sie schwarzblau.

Biologisch unterscheiden sich die beiden Formen der Yoghurtstäbchen hauptsächlich durch ihr verschiedenes Säurebildungsvermögen. Die Körnchenbakterien bilden durchschnittlich bis 1,4% Milchsäure, die körnchenfreien Langstäbchen etwa die doppelte Menge.

Hieraus erklären sich die verschiedenen Angaben über den Säuregehalt des Yoghurt. Der in Westeuropa hergestellte Yoghurt pflegt 0,3—0,5%, der echte bulgarische Yoghurt 1,0—1,5% Milchsäure zu enthalten. Guerbet gibt den Säuregehalt verschieden zubereiteter Yoghurtmilch zu 0,31—1,26% Milchsäure, den an flüchtiger Säure (Essigsäure) zu 0,011—0,019%, für solchen aus Maya zu 0,620% Milchsäure und zu 0,017% bzw. 0,026% Essigsäure an. Bertrand und Weisweiller ließen ein von Metschnikoff bezogenes Ferment 30 Tage einwirken, während welcher Zeit das Casein von 3,11% auf 2,75% abnahm, der lösliche Stickstoff dagegen von 0,056% auf 0,103%, die Milchsäure von 0,41 auf 2,29% stieg, das Fett unverändert blieb. Der Alkoholgehalt schwankt nach mehreren Angaben von Spuren bis 0,25%.

5. Leben raib oder ägyptisches Leben. Das „Leben raib" der Ägypter ist ein aus Büffel-, Kuh- oder Ziegenmilch mit Hilfe von altem, „Roba" genanntem Leben hergestelltes süßsäuerliches Getränk, welches dem Kefir ähnlich ist, sich aber dadurch von ihm unterscheidet, daß die Alkoholgärung gegen die Säuerung zurücktritt, und daß das Casein der Milch flockig und nicht wie beim Kefir fein geronnen ist. Die Milch wird wie bei Yoghurt aufgekocht, auf 40° abgekühlt, mit altem Leben (Roba) geimpft und an einen warmen Ort gestellt, wo sie nach 6 Stunden zur Gerinnung gelangt. Rist und Khoury[1]) wiesen im Leben raib fünf verschiedene Organismen nach, einen Streptobacillus lebenis, einen Bacillus lebenis, einen Diplococcus lebenis, eine echte Hefe- und Mykodermaart. Die Hefe vergärt Glykose, Saccharose und Maltose, aber keine Lactose; in Gemeinschaft mit ersteren beiden Bacillen und der Mykoderma versetzt die Hefe dagegen die Lactose in alkoholische Gärung.

6. Mezzoradu oder Gioddu (sardinisch Cieddu) ist ein auf Sizilien hergestelltes, dem Leben raib völlig ähnliches Getränk. Die Verarbeitung der Milch geschieht unter Zusatz von altem Gioddu genau wie dort. Grisconi fand im Gioddu einen Bacillus sardous. Im sardinischen Cieddu hat Samarini eine Art Lactobacillus und Milchsäurestreptokokken nachgewiesen.

7. Taette (auch Tätmjölk, Longmjölk, Piima u. a. genannt) ist eine besonders zubereitete Sauermilch der Skandinavier, die jetzt auch vereinzelt in Deutschland, z. B. von der Firma Bolle in Berlin, hergestellt wird. Die Kuhmilch wird abgekocht, auf 30° abgekühlt, mit früher hergestellter, genußfertiger „Taette" geimpft und 3 Tage bei gleichbleibender Temperatur gehalten.

Nach Olsen-Sopp wirken bei der Herstellung der Taette, die schleimig, kohlensäure- und alkoholhaltig ist, einen säuerlich aromatischen Geruch, sowie angenehmen, mildsauren Geschmack besitzt und beim Trinken im Munde ein kühlendes Gefühl hervorruft, mehrere Mikroben in Symbiose mit, nämlich hauptsächlich ein Streptobacillus, ein Lactobacillus und eine Saccharomyces-Hefe, während die meist gleichzeitig auftretenden Torula- und Monilia-Hefen, Lactococcus und Oidium lactis, nur als Begleitorganismen auftreten.

8. Sonstige ähnliche Milcherzeugnisse. Außer den vorstehenden Milcherzeugnissen, deren Darstellung auf mehr oder weniger derselben Grundlage beruht, gibt es noch verschiedene andere, die hiervon weiter abweichen, die aber doch zu dieser Gruppe gerechnet werden können. Hierzu gehören:

a) Der ***Galaktonwein*** A. Bernsteins. Sterilisierte Milch wird mit einem von Bernstein aufgefundenen Bacterium peptofaciens geimpft, 8 Tage bei 20—30° aufbewahrt, sodann

---

[1]) Ann. de l'Inst. Pasteur 1902, **16**, 65.

erhitzt und filtriert, um das ungelöst gebliebene (nicht peptonisierte) Casein zu entfernen. Das gelblichrote Filtrat, „Galakton" genannt, wird eingedampft und kann nach dem Sterilisieren unverändert aufbewahrt und durch Imprägnieren mit Kohlensäure schmackhaft gemacht werden. Setzt man eine milchzuckervergärende Hefe hinzu, so erhält man ein dem Bier ähnliches alkoholisches Getränk. Durch Zusatz von Zucker kann der Alkoholgehalt erhöht werden. Es wurden in einer Probe neben Spuren von Butter- und Essigsäure 0,2% Milchsäure, Proteosen, eine Spur Tyrosin und 0,7% gebundenes Ammoniak gefunden.

b) ***Arakà*** oder ***Ojràn*** ist ein in Sibirien von den Burjaten, Tungusen, Tataren u. a. aus Milch hergestelltes alkoholisches Getränk. Man läßt nach Sn. v. Zaleski die Milch in großen Gefäßen gären und destilliert sie dann in einfachen Retorten. Das erste Destillat enthält etwa 7—8% Alkohol, ist aber wegen der vorhandenen flüchtigen Säuren unangenehm schmeckend. Durch wiederholte Destillation wird die Araka nicht nur alkoholreicher, sondern auch wohlschmeckender.

c) ***Molkenchampagner, Molkenpunsch*** sind durch Gärung aus Molken hergestellte alkoholische Getränke. Ekstrand benutzt hierzu verschiedene milchzuckervergärende Hefen, Appel sterilisiert erst mit Citronensäure und vergärt das Gemisch mit einer Reinkultur von Saccharomyces Kefir; auf diese Weise werden kumys- bzw. kefirähnliche Getränke erhalten. Durch Zusatz von Zucker, Honig, Malz und Kräutern können alkoholreichere Getränke von entsprechendem zusagenden Beigeschmack erhalten werden. „Galazyme" heißt nach Farines ein schäumendes Getränk aus Milch, Rohrzucker und Bierhefe.

Aus den vergorenen Molken kann in üblicher Weise Molkenessig gewonnen werden.

Aus den Molken von Schafkäse wird durch saure Gärung in den ungarischen Karpathen ein moussierendes säuerliches Getränk Arda, in den slawonischen Karpathen ein desgleichen Skuta gewonnen.

Man hat auch versucht, natürliche Milch mit Kohlensäure zu sättigen und unter dem Namen Milchchampagner oder Brausemilch in den Handel zu bringen. Aber die letztere Art Erzeugnisse haben sämtlich nur eine geringe Bedeutung.

d) Unter ***Skyr*** versteht man in Island ein aus Milch durch saure Gärung und durch Zusatz von Lab hergestelltes Getränk, das auch zur Sirupdicke eingekocht wird.

e) ***Lactomaltose*** ist eine unter Zusatz von Malzaufguß gesäuerte Milch. Als Mikroben fanden sich nach Kossowicz darin: Bacterium Güntheri, Oidium lactis, Bacillus subtilis, eine bewegliche Buttersäurebakterie und Hefen (Saccharomyceten).

Über die Zusammensetzung einiger dieser Erzeugnisse vgl. Tabelle II, Nr. 57—64.

Verfälschungen.

Als Verfälschungen vorstehender Milcherzeugnisse können folgende vorkommen:

1. Verwendung einer anderen als der regelrecht zu verwendenden Milch, z. B. bei der Kumysbereitung die Verwendung von Kuhmilch statt der Stuten-, Kamel- oder Eselmilch; Verwendung von Magermilch an Stelle von Vollmilch, wo letztere regelmäßig verwendet zu werden pflegt.

2. Der Zusatz von Zucker vor der Vergärung, womöglich gleichzeitig mit dem von Wasser, ohne daß dieser Zusatz genügend deklariert wird.

3. Die Verwendung einer fremdartigen oder unreinen Fermentmasse (schleimliefernde oder Buttersäurebakterien in zu großer Menge) und Belegung des Erzeugnisses mit einem Namen, der auf die Verwendung der richtigen Ursprungsfermentmasse schließen läßt.

Gewisse Hefen, die sonst Butterbukettstoffe erzeugen, spalten nach H. Weigmann, wenn sie im Übermaß vorhanden sind, das Butterfett und können damit das Ranzigwerden der Flüssigkeit bewirken. Andere wirken unter Bildung bitterschmeckender Stoffe zersetzend auf die Proteine.

4. Künstliches Imprägnieren der Erzeugnisse mit Kohlensäure ohne Deklaration.

5. Künstlicher Zusatz von Zucker oder Alkohol oder Milchsäure nach der Vergärung zur Verbesserung des Geschmackes oder zur Vortäuschung eines durch saure oder alkoholische Gärung gewonnenen Erzeugnisses.

Als Verunreinigungen können Schwermetalle, von den Gerätschaften oder den Flaschenverschlüssen herrührend, vorkommen.

Das Vorkommen von pathogenen Keimen ist nicht ausgeschlossen, aber im allgemeinen bei diesen Erzeugnissen nicht so wahrscheinlich wie in Naturmilch, weil sie in Konkurrenz mit den Gärungserregern und der sauren Beschaffenheit der Flüssigkeiten abzusterben pflegen, z. B. Typhusbazillen nach 48 Stunden bei der Kefirgärung; Tuberkelbazillen leisten allerdings der Kefirgärung länger (mehr als 5 Tage) Widerstand.

Milchähnliche Zubereitungen.

Milchähnliche Zubereitungen bzw. nachgemachte Milch werden mehrfach im Handel angetroffen. Eine Sorte derselben, Mandel-, Paranuß- oder Lahmanns vegetabilische Milch, wird in der Weise gewonnen, daß man fettreiche Samen (süße Mandeln bzw. Paranüsse, Erdnüsse u. a.) mit kochendem Wasser brüht, von der Haut befreit, trocknet, dann unter Zusatz von Wasser sehr fein zerreibt oder zermahlt und durch ein feines Tuch seiht. Die milchartige Emulsion wird teils als solche genossen oder mit Saccharose (vegetabile Milch) versetzt und dementsprechend verdünnt. Als Vorteil dieser Fettsamenemulsionen wird angegeben, daß sie mit Magensaft ein feinflockiges Gerinnsel geben. Die Mandelmilchemulsion dient auch an Stelle von Kuhmilch zur Herstellung der Kunstbutter „Sana".

Durch Auskochen von gemahlenen, in schwach alkalischem Wasser eingeweichten Sojabohnen und anderen Samen kann man ebenfalls Emulsionen erhalten, die unter Zusatz von Zucker und Kaliumphosphat milchähnlich werden.

Andere Erzeugnisse werden in der Weise gewonnen, daß man aus frisch gefälltem Casein oder gelöstem Kleber (bzw. Hefe), Fett (Baumwollesaatöl, Sesamöl) und Saccharose bzw. Invertzucker unter Zusatz von etwas Natriumcarbonat Emulsionen herstellt und z. B. als „Kunstmilch", „Kalf room" in den Handel bringt.

Eine „Mielline" bestand seinerzeit aus einer Emulsion von Fett und Natronseife. Diese Art Zubereitungen sollen zur Herstellung von Zwieback (S. 389) dienen.

Über die Zusammensetzung einiger dieser Erzeugnisse vgl. Tabelle II, Nr. 65—70.

Erzeugnisse der Aufrahmung und Verbutterung.

Der größte Teil der erzeugten Kuhmilch dient zur Gewinnung von Butter. Hierbei werden erhalten: Magermilch, Rahm, Butter und Buttermilch.

Magermilch (abgerahmte Milch).

Unter „Magermilch" oder abgerahmter Milch versteht man die durch freiwilligen Auftrieb (Handarbeit) oder durch unfreiwilligen Auftrieb (Zentrifugenbetrieb) als Nebenerzeugnis gewonnene entrahmte fettarme Flüssigkeit (Milchplasma), welche infolge des Entzuges von Fett ein höheres spez. Gewicht sowie eine geringere Dickflüssigkeit und Viscosität als die ursprüngliche Milch besitzt.

Früher kannte man nur die Aufrahmung bei freiwilligem Auftrieb durch Handarbeit; diese ist jetzt fast ganz durch Zentrifugenbetrieb ersetzt. Durch letzteren läßt sich eine viel stärkere Entrahmung bis auf 0,1% Fett und darunter erzielen, während die nach dem alten Verfahren durch Handbetrieb gewonnene Magermilch durchweg noch 0,5—0,7% Fett zu enthalten pflegte. Der Aufrahmungsgrad ist daher bei Zentrifugenarbeit erheblich höher.

Unter „Aufrahmungsgrad" versteht man das Verhältnis der absoluten Menge des in der ursprünglichen Milch enthaltenen Fettes zu der Menge des in den Rahm übergegangenen

Fettes; er wird meistens in Prozenten ausgedrückt und gibt daher an, wie viele Teile Fett von 100 Teilen des in der Milch enthaltenen Fettes in den Rahm übergegangen sind.

A. Aufrahmung bei freiwilligem Auftrieb (durch Handarbeit).

Läßt man Milch an der Luft in offenen Gefäßen ruhig stehen, so steigen die Fettkügelchen infolge ihres geringeren spez. Gewichtes nach oben; es bilden sich zwei Schichten, die obere, der Rahm, und die untere, welche aus der mehr entfetteten oder abgerahmten Milch besteht. In dieser Hinsicht verhalten sich alle Milchsorten gleich, wenn auch die Zeit des Aufrahmens, bis wann sich die meisten Fettkügelchen oben angesammelt haben, verschieden ist.

Die Fettkügelchen verdichten auf ihrer Oberfläche durch einfache Attraktion die sonstigen Milchbestandteile, und so kommt es, daß der Rahm nie aus reinem Milchfett allein besteht, sondern auch stets Casein, Albumin, Milchzucker und Salze eingeschlossen enthält.

Da der Inhalt einer Kugel mit dem Kubus des Durchmessers, die Oberfläche aber nur mit dem Quadrat desselben wächst, so verdichten die größeren Fettkügelchen durch Flächenanziehung verhältnismäßig nicht so viel Casein, Milchzucker usw. auf ihrer Oberfläche wie die kleineren; sie werden daher eher und rascher in die Höhe steigen als die letzteren[1]).

Aus diesen Gründen rahmt eine Milch um so schneller und höher auf, je größer der Fettgehalt gegenüber den sonstigen Milchbestandteilen (besonders dem Casein), je geringer die Steighöhe und der Luftdruck und je länger die Zeitdauer der Aufrahmung ist. In den Temperaturgraden zwischen 2—10° steigt auch die Aufrahmung mit der Höhe der Temperatur an. Eine weitere Steigerung der Temperatur und eine lange Zeitdauer der Aufrahmung sind aber nicht angezeigt, weil hierdurch eine Säuerung der Milch begünstigt wird, welche das Aufsteigen der Fettkügelchen beeinträchtigt.

Zu den Verfahren der Entrahmung durch freiwilligen Auftrieb, die jetzt nur mehr sehr wenig und in ganz kleinen Wirtschaften angewendet werden, gehören folgende:

1. Das alte oder sog. holländische bzw. holsteinsche oder Satten-Verfahren.

Man bringt die frische Milch entweder direkt in flache, 12 cm hohe, 4—8 l fassende Gefäße oder Satten von Holz und stellt sie in kalte unterirdische Räume, in denen die Temperatur im Sommer und Winter höchstens zwischen 10—15° schwankt (holsteinsches Verfahren), oder man kühlt die kuhwarme Milch vorher rasch durch Einstellen größerer Gefäße in kaltes Brunnenwasser auf etwa 15° ab und behandelt sie dann nach Umfüllen in flachere 8—12 cm hohe, 4—6 l fassende Satten von Kupfer, Holz oder Ton (holländisches Verfahren).

Das Gussandersche Verfahren, bei welchem 7,5 l fassende Weißblechsatten von 5 cm Höhe angewendet werden und die Aufrahmung bei 16—24° vorgenommen wird, zeigt hiervon nur geringe Unterschiede.

2. Das Devonshireverfahren. Das Verfahren unterscheidet sich nur dadurch von den ersteren, daß das an einem kühlen Ort zum Aufrahmen aufgestellte Gefäß in ein Wasserbad gebracht und hierin auf einer Herdplatte so lange erhitzt wird, bis der Rahm kleine Blasen aufzuwerfen beginnt; darauf wird das Gefäß wieder 12 Stunden an den früheren Ort gestellt und nach dieser Zeit der sehr zähe Rahm (Clotted cream) abgenommen, um sofort zur Buttergewinnung verwendet zu werden.

3. Das Swartzsche Abrahmverfahren. Die sofort nach dem Melken mit einem Milchkühler abgekühlte Milch wird in 57 cm hohe Gefäße aus Weißblech oder verzinntem Stahlblech, die zwischen 20—50 l fassen, gefüllt und dann in kaltes Wasser gestellt, welches durch Eis oder fortwährend zufließendes Wasser auf einer Temperatur von 2° bis höchstens 10° gehalten wird. Das Verfahren erfordert nicht nur weniger Arbeitsaufwand, sondern liefert auch eine stets süße Abrahmmilch, was bei den anderen Verfahren nicht der Fall ist.

---

[1]) Tatsächlich enthält die abgerahmte Milch auch nur mehr wenige große Fettkügelchen, und gibt dieses ein Mittel ab, mikroskopisch abgerahmte Milch von der natürlichen ganzen Milch zu unterscheiden.

4. Das Cooleysche Verfahren. Cooley hat das Swartzsche Kaltwasserverfahren dahin abgeändert, daß er mit der Seitenkühlung eine Oberflächenkühlung verbunden hat.

5. Becker erhitzte die Milch in luftdicht schließenden Gefäßen erst auf 50—70° und stellte diese dann in kaltes Wasser (5—18°), worin sie 24—72 Stunden gelassen wurden.

B. Entrahmung der Milch durch unfreiwilligen Auftrieb mittels Zentrifugalkraft.

Die Entrahmung durch Zentrifugen beruht auf dem bekannten physikalischen Gesetz, daß Körper von ungleichem spez. Gewicht, wenn sie der Zentrifugalkraft unterworfen werden, sich trennen, indem die spezifisch leichteren Anteile sich zunächst der Zentrifugalachse ansammeln, während die spezifisch schwereren Anteile sich um so weiter von dieser entfernen, je spezifisch schwerer sie sind. Bei Milch hat das Fett ein geringeres spez. Gewicht als die anderen Bestandteile der Milch; wird dieselbe daher in einer Trommel in drehende Bewegung versetzt, so wird infolge der Zentrifugalkraft das Fett bzw. der Rahm sich zunächst der Trommelachse abscheiden, während die abgerahmte Milch den äußeren Raum der Trommel einnimmt. Um nach diesem Grundsatz die Milch zu entrahmen, sind schon in früheren Zeiten vielfache Versuche angestellt, aber erst 1877 gelang es dem Maschinenbauer Lefeldt, das Verfahren durch eine geeignete Zentrifuge zu einem praktisch durchführbaren zu gestalten. Seit der Zeit sind eine Reihe derartiger Zentrifugen hergestellt, welche zwar alle auf demselben Grundsatz beruhen, aber in der praktischen Handhabung einige Unterschiede aufweisen. Man unterscheidet zunächst:

1. Zentrifugen für den Kraftbetrieb, und zwar

a) solche, bei denen Rahm und Magermilch durch nachfließende Vollmilch fortgesetzt verdrängt werden und an getrennten Stellen abfließen; hierzu gehören z. B. G. de Lavals Patent-Separator, die Milchzentrifuge von Lefeldt und Lentsch, die Balancezentrifuge der Hollerschen Karlshütte, der Viktoria-Separator von Watson, Laidlaw & Co. in Glasgow u. a.;

b) solche, bei denen, wie bei der dänischen Milchzentrifuge von Burmeister & Wains, Rahm und Magermilch herausgeschält werden (Schälzentrifugen).

Bei anderen, älteren Zentrifugen, z. B. der von Fesca, fließt nur die Magermilch beständig ab, der Rahm verbleibt bis zum Stillstande der Zentrifuge in der Trommel; sie gestatten daher nur einen intermittierenden Betrieb. Einige Zentrifugen haben ferner eine senkrechte, andere eine wagerechte Umdrehungsachse.

2. Zentrifugen für den Handbetrieb. Diese haben in der letzten Zeit eine große Verbreitung gefunden, und gehören hierher die Handzentrifugen von Lefeldt und Lentsch, der Bergedorfer Alfa-Laval-Hand-Separator, Alfa-Colibri, Alfa-Baby, Handbalance der Hollerschen Karlshütte, Viktoria-Separator von Watson, Laidlaw & Co., Ludloffs Handmilchzentrifuge, Zentrifuge Westfalia u. a.

Über die Vor- und Nachteile dieser verschiedenen Zentrifugen vgl. die Lehrbücher von W. Fleischmann, W. Kirchner und F. Stohmann über Milchwirtschaft. Bei sonst gleicher Arbeitsweise, d. h. Entrahmung, sind Einfachheit der Bedienung, leichte Reinigung bzw. Reinhaltung sowie Schnelligkeit und Grad der Entrahmung als wesentliche Vorzüge mit in Betracht zu ziehen. Über die Leistungsfähigkeit der einzelnen Zentrifugen (d. h. über den zu erzielenden Entrahmungsgrad) unter verschiedenen Versuchsbedingungen sind eine Reihe von Versuchen mitgeteilt, aus denen hervorgeht, daß die Entrahmung der Milch durch Zentrifugen um so vollkommener gelingt:

a) je wärmer die zu entrahmende Milch ist;

b) je größer die Umdrehungsgeschwindigkeit der Trommel, d. h. je größer die Tourenzahl derselben (meistens für eine Minute gemessen) ist:

c) je weniger Milch in einer bestimmten Zeit durch die Trommel geht.

W. Fleischmann hat auf Grund seiner Versuche für diese Beziehungen folgende Formel aufgestellt:

$$\text{Fettgehalt der Magermilch } f = C \cdot \frac{\sqrt{M}}{u^2} \cdot 1{,}035^{40-t}$$

worin bedeutet:

C eine Konstante, die für jede Zentrifuge bestimmt werden muß,
M die in der Stunde entrahmte Milchmenge,
u die Drehgeschwindigkeit der Trommel,
t die Entrahmungswärme.

Diese Formel besagt also, daß der prozentische Fettgehalt der Magermilch umgekehrt proportional ist dem Quadrat der Maßzahl u für die Drehgeschwindigkeit und direkt proportional der Quadratwurzel aus der Maßzahl M für die in der Stunde entrahmte Milchmenge; die Abhängigkeit der Größe f von der Entrahmungswärme t ergibt sich in der Weise, daß, wenn f' den prozentualen Fettgehalt der Magermilch bei 40° bedeutet, zwischen den Temperaturen 13—40° folgende Beziehung, nämlich $f = f' \cdot 1{,}035^{40-t}$ statt hat. Wenn man daher die Konstante C festgestellt hat und unter M', u' und f' die mittleren vorgeschriebenen Werte dieser drei Größen versteht, so läßt sich der Wert f für alle Werte von u' zwischen $^1/_2\, u'$ und $2\, u'$, für alle Werte von M zwischen $^1/_2\, M'$ und $2 \cdot M'$ und für alle Werte von t zwischen 20 und 40 genau berechnen.

Unter Einhaltung der richtigen Bedingungen wird man daher mit jeder Zentrifuge einen gleich hohen Entrahmungsgrad erzielen können. Nur läßt sich nicht jede Milch gleich gut entfetten. Lange gestandene oder weit versandte, sog. „träge" Milch wird auch durch Zentrifugieren in geringerem Grade entrahmt als frische Milch; ebenso Milch von altmilchenden Kühen in etwas geringerem Grade als Milch von frischmilchenden Kühen[1]).

Über die Zusammensetzung der Magermilchsorten vgl. Tabelle II, Nr. 71—73.

Die Magermilch enthält nach Formenti durchweg eine etwas höhere fettfreie Trockensubstanz als die entsprechende Vollmilch. Der Lecithingehalt darin ist etwas vermindert (Vollmilch enthielt nach Bordas 0,058%, Magermilch 0,018%, Rahm 0,334% Lecithin). Infolge des niedrigeren Fettgehaltes hat die Zentrifugenmagermilch durchweg ein etwas höheres spez. Gewicht (nämlich um 0,002—0,003) höher als die Sattenmagermilch.

Die süße Magermilch wird jetzt vielfach direkt als Nahrungsmittel verwendet und verdient wegen der in derselben verbliebenen Casein- und Zuckermenge für diesen Zweck alle Beachtung, da sie zu einem verhältnismäßig niedrigen Preise abgegeben werden kann und abgegeben wird. Freilich hat sie wegen des fehlenden Fettes nicht den Nährwert und Wohlgeschmack der Vollmilch und soll für Kinderernährung keine Verwendung finden. Auch muß sie ausdrücklich nur unter dem Namen „Magermilch" feilgeboten werden. Nach der Preuß. Ministerialverordnung muß jede frische

[1]) Sind in der Milch Fremdkörper enthalten, so werden diese, wenn sie ein höheres spez. Gewicht als Magermilch besitzen und die Reibungswiderstände des Serums überwinden können, gegen die Gefäßwandung getrieben und lagern sich hier als schmierige Schlammschicht ab. Die Zusammensetzung des Zentrifugenschlammes schwankt nach mehreren Analysen in weiten Grenzen, nämlich:

Wasser	Stickstoffsubstanz	Fett	Asche
20,51—74,77%	17,32—26,88%	0,31—76,60%	0,13—10,19%

Der Schlamm besteht hiernach außer Schmutz (Kot) durchweg wesentlich aus Casein und Albumin, die in unvollkommen gequollenem Zustande in der Milch enthalten sind; mit diesen wird auch ein Teil der Bakterien, besonders von Tuberkelbacillen, ausgeschleudert und im Schlamm abgeschieden. Die anderen — gewöhnlichen wie pathogenen — Bakterien, welche ein geringeres spez. Gewicht als Milch haben, gehen in den Rahm über oder verbleiben in der Magermilch.

Weil aber die Tuberkelbacillen sich vorwiegend im Schlamm ansammeln und letzterer auch sonstige mechanisch mitgerissene Bakterien enthalten kann, so soll der Zentrifugenschlamm durch Verbrennen oder sonstwie unschädlich gemacht werden.

Milch, an deren Fettgehalt Veränderungen vorgenommen worden sind, als „Magermilch" bezeichnet werden. Ferner empfiehlt es sich, dieselbe, wenn sie für den direkten Verbrauch bestimmt ist, mehr noch als Vollmilch sorgfältigst zu sterilisieren. Letzteres ist in den jetzt weit verbreiteten Sammelmolkereien leicht zu ermöglichen und kann die Zentrifugenmagermilch stets tunlichst frisch und in süßem Zustande abgegeben werden. Die Magermilch wird jetzt auch vielfach ganz eingetrocknet (S. 200).

Rahm.

Unter „Rahm" (Sahne, Schmand, Obers) versteht man die unmittelbar aus Milch gewonnene fettreiche Flüssigkeit ohne fremdartige Zusätze irgendwelcher Art. Rahm bzw. Sahne oder Obers ohne nähere Bezeichnung und Kaffeerahm muß mindestens 10%, Doppelrahm 20% und Schlagrahm (bzw. -Sahne) mindestens 25% Fett enthalten.

Man unterscheidet süßen, d. h. frischen, und sauren Rahm, welcher durch Aufbewahren auf natürlichem Wege oder durch Zusatz von Lab oder Säurebakterien sauer geworden ist; er soll mindestens 10% Fett enthalten.

Von Rahm aus Schafmilch, die bedeutend fettreicher als Kuhmilch ist, kann man dort, wo er, wie in Ungarn, auch eine Marktware bildet, einen höheren Mindestgehalt an Fett, nämlich 15% usw., verlangen.

Die Menge wie Zusammensetzung des Rahmes hängt nicht nur von dem Fettgehalt der Milch, sondern ebenso sehr von der Art der Aufrahmung ab. Beim Zentrifugieren der Milch läßt sich das Fett durch Verminderung der zufließenden Menge der Milch oder durch Erhöhung der Umdrehungszahl der Trommel sowie durch stärkere Vorwärmung der Milch nicht nur fast ganz ausschleudern, sondern es läßt sich auch ein fettreicherer Rahm gewinnen. Mit der sog. Schälmaschine läßt sich ein so fettreicher Rahm gewinnen, daß er sich ohne Behandlung im Butterfaß durch Kneten und Auswaschen direkt auf Butter (Rahmbutter) verarbeiten läßt.

Der nach dem Devonshireverfahren erhaltene Rahm (Clotted cream) ergab 45,58 bis 68,59% Fett.

Der Zentrifugenbetrieb wird meistens so eingerichtet, daß von 100 Teilen Vollmilch 15 Teile Rahm entfallen, welcher dann bei einem mittleren Fettgehalt der Milch 18—20% Fett enthält. Beträgt der Fettgehalt einer Vollmilch 3,4%, der Aufrahmungsgrad 93,5%, die Rahmmenge 15,5%, so läßt sich der Fettgehalt des Rahmes nach der Gleichung $\frac{3,4 \cdot 93,5}{15,5} = 20,5\%$ berechnen.

Über die Zusammensetzung des Rahms vgl. Tabelle II, Nr. 75—77.

Neben Fett enthält Rahm alle anderen Bestandteile der Milch[1]). Das spez. Gewicht und die prozentuale Zusammensetzung des Serums des Rahms sind dieselben, wie bei der ursprünglichen Milch und der Magermilch.

Das Lecithin scheint nach Bordas in erhöhter Menge in den Rahm überzugehen (S. 169).

Der Rahm wird außer zu direktem Verzehr zum geringen Teil zur Herstellung von Käse, zum bei weitem größten Teil zur Herstellung von Butter verwendet. Für letzteren Zweck wird derselbe jetzt vielfach pasteurisiert und mit „Rahmsauer" (Reinkultur von vorwiegend Milchsäurebakterien) versetzt, um eine fehlerfreie Butter zu erzielen (vgl. unter „Butter" S. 316).

Der Wert des Rahms wird einzig durch seinen Fettgehalt bedingt und kann, wie folgt, berechnet werden:

[1]) Zwischen Fett- und Trockensubstanzgehalt besteht nach P. Vieth eine feste Beziehung derart, daß, je höher der Fettgehalt des Rahms, desto geringer die sonstigen Beimengungen aus der Milch sind, z. B.:

Trockensubstanz	21,0%	25,0%	30,0%	35,0%	40,0%	50,0%	60,0%
Fett	12,1%	16,5%	22,0%	27,5%	33,0%	44,0%	55,0%

Ist a der ortsübliche Preis eines Liters Milch in Pfennigen (z. B. 20 Pf.) und F der Fettgehalt des Rahms (z. B. 10%), so erhält man annähernd den Wert eines Liters Rahm (x) nach folgender Gleichung:

$$x = \frac{a \times F}{3,4}, \quad \text{also} \quad \frac{20 \times 10}{3,4} = \text{rund } 60 \text{ Pf.}$$

Als Verfälschung des Rahms kommt vorwiegend ein Zusatz von Zuckerkalk als Verdickungsmittel vor.

Butter.

Die aus Rahm herzustellende Butter soll in dem weiter unten folgenden Abschnitt „Fette und Öle" (S. 315) behandelt werden.

Buttermilch.

„Buttermilch" ist die beim Verbuttern von Milch oder Sahne nach Entfernung des Butterfettes übrigbleibende Flüssigkeit. Sie bildet das mehr oder weniger veränderte Serum des Rahms und enthält teilweise geronnenes Casein, mehr oder weniger Fett (0,2—5,5%, meistens 0,2—0,8%) teils in Form kleinster Butterklümpchen, teils in Form von Fetttröpfchen neben den sonstigen Milchbestandteilen. Der Milchzucker ist zum Teil in Milchsäure (0,11—0,62%) übergeführt, wodurch sie einen angenehm säuerlichen Geschmack und eine diätetische Bedeutung erlangt.

Buttermilch aus saurem Rahm, aus dem mehr Butter als aus süßem Rahm gewonnen zu werden pflegt, enthält dementsprechend durchweg weniger Fett (z. B. 0,32—70%) als die aus süßem Rahm (nämlich 1,15—1,97% nach vergleichenden Versuchen mit ersterem). Durch Kühlen des Rahmes während der Butterung wird der Fettgehalt der Magermilch auch erniedrigt (z. B. nach zwei Versuchen von Storch 0,94% gegenüber 4,84% bei nicht gekühltem Rahm).

Beim Milchbuttern gehen nach Fjord 11,17% des Milchfettes in die Buttermilch über. Über die chemische Zusammensetzung vgl. Tabelle II, Nr. 74. Die Buttermilch enthält etwas weniger Stickstoffsubstanz als der Rahm.

Die beim Kneten der Butterkügelchen abfließende Buttermilch ist ärmer an Casein als die ursprüngliche freie Buttermilch; es kommen nämlich auf 1 Teil Casein:

	Buttermilch	Abgeknetete Flüssigkeit
Milchzucker	1,48 Teile	5,24—6,48 Teile.

Dieser Unterschied erklärt sich daraus, daß ein Teil des Caseins beim Buttern in feste Form übergeführt, von den Butterklümpchen eingeschlossen und dadurch verhindert wird, mit den gelösten Serumbestandteilen (vorwiegend Milchzucker) abzufließen.

Die Sera von zugehöriger Vollmilch, Magermilch, Sahne und Buttermilch haben gleiche Zusammensetzung. Auch das spez. Gewicht der Sera von Rahm und Buttermilch (1,026 im Durchschnitt) ist bei Verarbeitung von roher Milch und rohem Rahm gleich, wird dagegen etwas kleiner bei Verarbeitung von bei 85—90° pasteurisierter Vollmilch.

Beim Aufbewahren der Buttermilch nehmen infolge der Milchsäuregärung der Gehalt an Trockensubstanz und das spez. Gewicht mehr und mehr ab.

Bei der Verbutterung des Rahms wird vielfach ein Wasserzusatz gemacht. Derselbe soll aber 25% des Butterungsgutes nicht übersteigen und muß beim Feilhalten und Verkaufen dort, wo er den Käufern nicht bekannt ist, angegeben werden.

Wegen ihrer diätetischen Wirkung werden aus der Buttermilch auch Dauerwaren hergestellt. Sie wird pasteurisiert, unter Zusatz von Milchsäurekulturen bei 36° der weiteren Säuerung bis zu einem gewissen Gehalt überlassen, zur Trockne verdampft und das gemahlene Pulver mit Zucker, Weizenmehl und Roborat versetzt. Nach anderen Vorschlägen nimmt man für den gleichen Zweck die Buttermilch von bereits gesäuertem Rahm oder statt der Buttermilch auch gesäuerte Magermilch.

Käse.

1. Begriff[1]. Käse ist das aus Milch, Rahm, teilweise oder vollständig entrahmter Milch (Magermilch), Buttermilch oder Molke oder aus Gemischen dieser Flüssigkeiten durch Lab oder durch Säuerung (bei Molke durch Säuerung und Kochen) abgeschiedene Gemenge aus Proteinen, Milchfett und sonstigen Milchbestandteilen, das meist gepreßt, geformt und gesalzen, auch mit Gewürzen versetzt und entweder frisch oder auf verschiedenen Stufen der Reifung zum Genusse bestimmt ist.

Es werden unterschieden:

1. nach der Tierart, von der die verwendete Milch gewonnen ist: Kuhkäse, Schafkäse, Ziegenkäse usw.;
2. nach dem Fettgehalt des Käses:
   a) Rahmkäse (Sahnenkäse) mit mindestens 50% Fett,
   b) Fettkäse (vollfetter Käse) mit mindestens 40%,
   c) dreiviertelfetter Käse mit mindestens 30%,
   d) halbfetter Käse mit mindestens 20%,
   e) viertelfetter Käse mit mindestens 10%,
   f) Magerkäse mit weniger als 10%
   Fett, auf Trockenmasse berechnet[2]).
3. Je nach Abscheidung des Käses und der Konsistenz (nach K. Teichert):
   I. Labkäse (durch Lab gefällt):
   A. Weichkäse
   1. ohne Reifung des Teiges; hierzu gehören die meisten Rahmkäse (Gervais, Mascarpone, Fromage à la crême).
   2. mit Reifung des Teiges; hierzu gehören u. a. Backstein-, Brie-, Camembert-, Gorgonzola, Limburger, Neufchateller, Romadour-, Stracchino-, Stiltonkäse aus Kuhmilch; Brinsen-, Liptauer und Arnautenkäse aus Schafmilch und einige Ziegenmilchkäse.

---

[1]) Bei den Ausführungen über Käse sind die Beschlüsse des Reichsgesundheitsrates, ausgearbeitet im Gesundheitsamt, mit zugrunde gelegt.

[2]) Auf Grund der vorliegenden Analysen ergibt sich bei den nach dem Fettgehalt unterschiedenen Käsesorten etwa folgender Gehalt an den sonstigen Bestandteilen:

Käseart	Wasser		In der Trockensubstanz										
			Fett		Stickstoffsubstanz (N×6,25)		In Wasser lösliche Stickstoffsubstanz	Ammoniak	Milchzucker	Säure = Milchsäure	Asche	Kochsalz	Fett zu Stickstoffsubstanz (N×6,25) wie 100:
	Schwankungen %	Mittel %	Schwankungen %	Mittel %	Schwankungen %	Mittel %	%	%	%	%	%	%	
Rahmkäse	30,0—62,0	42,00	50,0—80,0	64,50	42,0—16,0	27,50	3,75	0,20	2,67	0,25	5,08	—	20— 75
Fett- (bzw. Vollfett-) Käse	28,1—56,6	36.45	40,0—50,0	47,55	45,0—38,0	41,89	9,83	0,22	1,68	1,71	7,17	2,83	85— 115
Dreiviertelfettkäse	22,0—56,8	37,25	30,0—40,0	34,25	59,0—49,0	53,55	16,55	0,44	1,40	2,05	8,75	4,45	125— 190
Halbfettkäse	22,0—63,5	45,50	20,0—30,0	26,52	64,0—56,0	58,02	17,41	0,45	2,65	1,95	10,86	4,65	200— 300
Einviertelfettkäse	33,6—57,9	47,60	10,0—20,0	16,15	71,0—59,0	65,60	19,68	0,50	3,74	2,55	11,95	—	300— 700
Magerkäse	35,0—65,0	52,35	unter 10	4,55	86,5—77,5	80,15	20,54	0,48	3,65	2,50	9,15	—	800—4000
Quarg *)	73,0—80,0	76,70	1,8—4,9	2,80	85,0—82,0	84,10	8,40	—	6,45	3,55	6,74	—	—
Ziegenkäse	24,6—58,8	38,90	38.0—51,0	45,85	45,0—35,0	40.85	6,10	0,35	1,67	1,21	10,41	6.89	75— 115
Schafkäse	29,0—60,7	40,25	35,0—58,0	50,50	45,0—25,0	38,50	5,77	0,33	1,87	2,09	7,04	4,02	50— 120

*) Es gibt auch Fettquarg, für den A. Burr (Milchwirtschaftl. Zentralbl. 1910, 6, 392) im Mittel 54,66% Wasser und 64,00% Fett in der Trockensubstanz fand.

B. Hartkäse z. B. Allgäuer Rund-, Cheddar-, Chester-, Edamer, Emmentaler, Goudakarmesan-, Tilsiter Käse und andere aus Kuhmilch; Roquefortkäse aus Schafmilch.

II. Sauermilchkäse (Abscheidung des Käses durch die Milchsäure der Mager- oder Buttermilch); hierzu gehören: Harzer, Kräuter-, Kümmel- (Thüringer), Mainzer Handkäse, Nieheimer Hopfenkäse, Schabziger (Schweiz) u. a.

4. Außerdem unterscheidet man je nach der Art wie dem Ort der Herstellung eine Anzahl Käsesorten. Dabei kommen viele Sorten in verschiedenen Fettstufen (als Voll-, Halbfett- und Magerkäse) vor.

Margarinekäse sind käseartige Zubereitungen, deren Fettgehalt nicht oder nicht ausschließlich der Milch entstammt.

Margarinekäse unterliegt den Bestimmungen des Gesetzes vom 15. Juni 1897, betreffend den Verkehr mit Butter, Käse, Schmalz und deren Ersatzmitteln, sowie den Bekanntmachungen vom 4. Juli 1897 und 23. Oktober 1912, betreffend Bestimmungen zur Ausführung des genannten Gesetzes.

Herstellung. Das Wesen der Käseherstellung beruht zunächst auf der Ausfällung des Caseins und dem Reifenlassen. Erstere ist für süße und sauere Milch verschieden.

a) Süße Milch. Zur Bereitung des Käses aus süßer (sei es ganzer oder abgerahmter) Milch wird die letztere im allgemeinen nach Erwärmen auf 31—35° mit Labflüssigkeit [1]) ver-

---

[1]) Das zur Gerinnung bzw. zum Dicklegen der Milch notwendige Lab wird aus dem Labmagen von Kälbern gewonnen, der während der Zeit, wo die Tiere noch kein festes Futter aufnehmen, am gehaltreichsten an Labenzym ist. Das Lab wird in dreierlei Formen angewendet: 1. Als Natur- und Käselab, erhalten durch Ausziehen des frischen oder getrockneten Labmagens mit salzhaltigem Wasser — vielfach unter Zusatz von Gewürzen — zur direkten Verwendung dieses Auszuges. Weil aber diese Auszüge von wechselndem Gehalt an Enzym und wechselnder Wirkung sind, so wird jetzt 2. Labessenz bzw. Labextrakt vorgezogen. Für die Darstellung desselben gibt es mehrere Vorschriften; nach Soxhlet wird der Labmagen, um schleimärmere und gehaltreichere Auszüge zu erhalten, mindestens 3 Monate vorher getrocknet, dann zerschnitten; auf 100 g zerschnittene Masse verwendet man 1 l Wasser, dem 50 g Kochsalz und 40 g Borsäure zugesetzt sind; hiermit bleibt die Masse unter öfterem Umschütteln 8 Tage in Berührung. Nach dieser Zeit setzt man noch 50 g Kochsalz zu und filtriert. 3. Labpulver, d. h. getrocknete, entfettete, fein zerschnittene Magenschleimhaut, aus welcher für den jedesmaligen Gebrauch ein Auszug bereitet wird.

Die günstigste Temperatur für die Labwirkung ist die Blutwärme (37—40°); über 45° — nach anderen erst bei 56° — wird die Wirkung aufgehoben.

Vorheriges Kochen der Milch, Alkalien und alkalisch reagierende Salze, direktes Sonnenlicht, sowie ein geringer Zusatz von Wasser zur Milch verzögern, ein geringer Kochsalzzusatz sowie eine beginnende Milchsäuregärung begünstigen die Labwirkung.

Durch Zusatz von löslichen Kalksalzen, Chlorcalcium — 25 g CaO auf 100 kg Milch — kann die Gerinnungsfähigkeit gekochter Milch wiederhergestellt werden.

Außer im Labmagen findet sich noch in anderen tierischen Organen, wie Pankreas, Hoden, ein Enzym, welches Milchcasein zum Gerinnen bringt; ferner äußern eine gleiche Wirkung Auszüge aus einer Reihe von Pflanzen bzw. Pflanzenteilen, z. B. von Feigen, Ackerdisteln, Saflor, von Stengeln, Blättern und Blüten des Labkrautes (Galium mollugo L.), von Carica papaya, von frischen Blättern von Cynara Scolymus, Carduus-Arten, von Samen von Whitania coagulans, Datura stramonium, Clematis vitalba, Pinguicula vulgaris; die Artischokenblüten von Cynara Scolymus und Carlina corymbosa werden noch jetzt in Italien vielfach zum Dicklegen der Milch benutzt.

Auch manche Bakterien, besonders die der Milch, ferner Bacillus pyocyaneus, Mesentericus vulgatus, Bacillus prodigiosus, manche Tyrothrixarten u. a. scheiden ein Enzym mit Labwirkung aus.

Bei den Pflanzen wie Rumex acetosa und Oxalis acetosella, welche Milch ebenfalls zum Gerinnen bringen, handelt es sich nicht um eine Enzym-, sondern um eine Säurewirkung.

setzt, wodurch das Casein in 25—30 Minuten in den geronnenen Zustand (Paracaseinkalk, S. 217) übergeführt wird; das gerinnende Paracasein schließt das Fett ganz, den Milchzucker zum geringen Teil mit ein und setzt sich zu Boden. Die überstehende Molke läßt man abfließen oder abschöpfen, knetet die geronnene Masse wiederholt aus und beschwert sie schließlich zwischen Pressen nach und nach mit einem Gewicht (bis zu 25 kg), um den letzten Teil der Molke auszupressen. Fließt keine Molke mehr ab, so zerkleinert man den Quarg mit den Händen oder der Käsemühle, setzt Salz (etwa 25 g für 1 kg) zu, und gibt der Masse durch heftiges Stoßen oder Pressen in Käseformen eine besondere Form. Nachdem die geformte Masse durch längeres Verweilen (12—14 Stunden) in der Käsepresse die nötige Festigkeit erlangt hat, wird dieselbe unter täglichem Umwenden 14 Tage lang auf Käsebrettern getrocknet und kommt dann zum Reifen in den Käsekeller. Dieses ist schon nach 4—6 Wochen so weit gediehen, daß der Käse genossen werden kann, jedoch wird derselbe bei manchen Sorten um so schmackhafter, je älter er wird.

Bei den meisten Käsen dauert das Reifen mehrere Monate. Manche Käsesorten werden auch ungereift gegessen, z. B. der französische Gervais- (Rahm-) Käse, ferner der Sauermilchquarg, der mit Salz und Kümmel als Stippkäse oder schichtweise mit Rahm als Schichtkäse bezeichnet wird.

Die aus süßer (sowohl ganzer als abgerahmter) Milch hergestellten Käse lassen sich, wie gesagt, in zwei große Gruppen zerlegen, in Weich- und Hartkäse.

Der Weichkäse wird in der Weise hergestellt, daß man die Fällung der Milch durch weniger Lab bei niederen Temperaturen vornimmt und die Käsemasse keinem oder nur einem sehr gelinden äußeren Druck aussetzt, während man zur Bereitung von Hartkäse bei höheren Temperaturen durch größeren Zusatz labt und eine mehr oder weniger starke Pressung anwendet.

Fast alle Labkäse werden im Bruche künstlich gefärbt, der Farbstoff — entweder Orleanfarbstoff in alkoholischer Natronlauge oder Safranfarbstoff in alkoholischer Lösung — pflegt mit dem Lab beim Dicklegen zugesetzt zu werden.

Aus 9—14 l Milch gewinnt man 1 kg Käse.

b) Saure Milch. Bei Anwendung von saurer Milch zur Käsebereitung ist ein Zusatz von Lab nicht erforderlich. Die vorhandene Säure (Milchsäure) entzieht dem Casein den Kalk und fällt das unlösliche Protein „Casein" aus; es findet also hierbei eine Zersetzung der Caseinkalkverbindung der Milch, nicht aber wie beim Dicklegen durch Lab eine Umwandlung (Spaltung) des Caseins in Paracasein und lösliches Molkenprotein statt. Dem feinflockigen Gerinnsel erteilt man durch Erwärmen der sauren Milch eine festere Vereinigung.

Im übrigen ist die Verarbeitung des Caseingerinnsels, das Pressen, Formen, Reifenlassen usw. dieselbe wie bei Labkäse. Der Sauermilchkäse erfährt häufig noch besondere Zusätze z. B. von Kümmel (Kümmelkäse) oder Gewürzkräutern (Kräuterkäse).

Die vorstehende Beschreibung gibt nur den allgemeinen Gang der Gewinnung der Käsemasse an; in Wirklichkeit werden durch geringe Unterschiede in der Temperatur und Dauer des Erwärmens beim Dicklegen, in der Stärke und Dauer des Pressens, Formens, und besonders durch Unterschiede im Ausreifenlassen der Käsemasse sehr verschiedene Sorten Käse gewonnen.

Reifung der Käse. Die Reifung der Käse besteht in einer Umsetzung der Bestandteile der Käsemasse, besonders des Paracaseins bzw. des Caseins, in einfachere Verbindungen, in einem Abbau, unter gleichzeitiger Bildung von besonderen aromatischen Geruch- und Geschmackstoffen.

Die Ursachen dieser Umwandlungen sind Kleinwesen und von diesen abgeschiedene Enzyme.

Bei den Labhartkäsen erfolgt die Reifung gleichzeitig durch die ganze Masse; bei den Labweichkäsen dagegen von außen nach innen. Bei letzteren zerlegt die reichlicher vorhandene Milchsäure im Innern den Paracaseinkalk in milchsauren Kalk und unlösliches milchsaures Paracasein, welches als Kern im Innern von der Milchsäure gegen jeden weiteren Angriff geschützt ist.

Auch bei den Sauermilchkäsen erfolgt die Reifung von außen nach innen und bildet sich auch bei ihnen im Innern ein unlöslicher Kern, der aber aus sauer reagierendem Casein besteht.

Chemische Umsetzungen beim Reifen. Den chemischen Umsetzungen beim Reifen der Käse unterliegt vorwiegend das Paracasein bzw. Casein; sie erstrecken sich aber auch auf Milchzucker und Fett.

a) Umsetzung von Milchzucker und Bildung von Säuren. Die Reifung des Käses beginnt nach H. Weigmann mit der Bildung von Milchsäure aus dem Milchzucker durch reichlich vorhandene Milchsäurebakterien. Die Bildung setzt schon im Bruch ein und ist im frischen Käse am höchsten, die Menge der Säure = Milchsäure beträgt z. B. nach Laxa im jungen Backsteinkäse 3,21—4,42%, im gereiften nur mehr 1,12—2,16%. Zwischen letzterer Menge schwankt der Säuregehalt der Käse überhaupt. Mit der Länge der Reifung nimmt der Gehalt an Milchsäure (bzw. Säure) ab, sei es dadurch, daß sie von Paracasein bzw. Casein, Kalkphosphat oder entstehendem Ammoniak gebunden, sei es dadurch, daß sie durch Kleinwesen, besonder Schimmelpilze umgesetzt wird. Die Umsetzung verläuft in den äußeren Schichten in der Regel rascher als in den inneren Schichten; Eikles und Kahn fanden z. B. in der Trockensubstanz von Harzkäsen außen 0,89—0,94% und innen 1,35—3,38% freie Säuren. Es kann aber der Gehalt hieran im Innern, besonders wenn basische Stoffe zur Bindung vorhanden sind, geringer sein als in den äußeren Schichten.

Durch Umsetzung der Lactate können Propionsäure, Essigsäure und Ameisensäure entstehen, von denen die beiden letzteren in geringer Menge als Nebenerzeugnisse der Milchsäurebildung aufzutreten pflegen.

Die Propionsäure ist eine ausgesprochene Säure des Käses und wird durch besondere Bakterien (Bacterium acidi propionici a und b und einen Bacillus acidi propionici) bei der Zersetzung des Käsestoffs und Milchzuckers gebildet. O. Jensen fand in verschiedenen Käsen z. B. folgende Mengen:

Propionsäure	Essigsäure	Ameisensäure
0,022—0,910%	0,007—0,319%	Spur bis 0,014%

In Käsen, bei deren Reifung Schimmelpilze die Hauptrolle spielen, sind diese Säuren nicht, oder nur in sehr geringen Mengen vorhanden, weil sie von diesen Pilzen verzehrt werden.

Auch Valeriansäure und Buttersäure sind vielfach in Käse — besonders in verdorbenen Käsen[1]) — nachgewiesen. Die Buttersäure kann naturgemäß durch Spaltung der Glyceride des Fettes entstehen. Schabzieger[2]) und andere Sauermilchkäse sind reich an Buttersäurebacillen. Sie kann auch ebenso wie die Valeriansäure aus Milchsäure und milchsauren Salzen, möglicherweise auch aus Bernsteinsäure und Proteinen, ihre Entstehung nehmen.

Da einige Milchsäurebakterien aus Milchzucker neben Milchsäure, Essigsäure und Ameisensäure auch Äthylalkohol bilden, so kann auch dieser in Käsen in geringer Menge auftreten. Letztere wird natürlich bedeutender, wenn auch Hefen, wie z. B. Saccharomyces (Torula) tyrocola im Edamer Käse mit tätig sind.

b) Veränderungen des Fettes. Die Untersuchungen, welche über die Veränderungen des Fettes beim Reifen des Käses angestellt worden sind, erstrecken sich einesteils auf die Umsetzung des vorhandenen, anderenteils auf die Bildung von neuem Fett.

α) Umsetzung des vorhandenen Fettes. Vereinzelt (Kirsten) ist behauptet worden, daß beim Reifen der Käse überhaupt keine Spaltung der Fette eintrete, oder diese nur ge-

---

[1]) Duclaux fand in fehlerhaftem Kantalkäse 0,3%, O. Jensen in Romadourkäse 0,157% Valeriansäure.

[2]) O. Jensen fand im Schabzieger Käse 0,445% Buttersäure.

ring sei (Weidmann, E. Schulze, Benecke u. a.). Die gebildeten Fettsäuren sollten, wie auch behauptet worden ist, aus Proteinen und Milchzucker ihre Entstehung genommen haben. Andere Untersucher (H. Weigmann, K. Windisch, O. Jensen u. a.) haben jedoch eine namhafte Spaltung des Fettes in freie Fettsäuren und Glycerin beim Reifen der Käse festgestellt und als deren Ursache Schimmelpilze, Bakterien oder Enzyme (Lipasen) bezeichnet. Infolgedessen tritt eine außerordentlich starke Vermehrung der freien Fettsäuren auf. Die freien flüchtigen Fettsäuren bleiben nach K. Windisch nur in geringer Menge in dem Käse erhalten, ihre größte Menge verdunstet oder wird durch Bakterien aufgezehrt. Daher erklärt sich die Abnahme der Reichert-Meißlschen Zahl und der Verseifungszahl der Fette beim Reifen der Käse. Infolge des Anwachsens der freien, nicht flüchtigen Fettsäuren nimmt die Refraktometerzahl der Käsefette erheblich ab. Die Jodzahlen der Fette nehmen zuerst etwas ab (wohl durch die Spaltung von Ölsäure), alsdann aber stetig zu. Als Ursache für letztere Tatsache dürfte die Bildung von aldehyd- und ketonartigen Stoffen aus dem bei der Spaltung der Fette frei werdenden Glycerin anzusprechen sein. In den reifen Käsen konnte keine Spur Glycerin nachgewiesen werden, wohl aber flüchtige Stoffe, die Silbernitrat reduzierten.

Hieraus erklärt sich, daß unter Umständen die Reichert-Meißlsche Zahl im Käsefett erhöht erscheint. Denn eine Bildung von flüchtigen Fettsäuren aus nichtflüchtigen konnte K. Windisch nur in geringer Menge bei einem sehr alten (643 Tage alten) Margarine-Romadurkäse nachweisen.

Dagegen werden die Glyceride der niederen flüchtigen Fettsäuren stärker gespalten als die der nichtflüchtigen Fettsäuren. Aus dem Grunde sind die Konstanten des Neutralfettes der Käse nach dem Reifen von denen des Fettes der frischen Käse mehr oder weniger verschieden[1]). Protein und Milchzucker sind bei der Bildung der eigentlichen Fettsäuren nur in geringem Grade beteiligt.

Infolge der Fettspaltung, die nur in überreifen Käsen vollständig vonstatten geht, finden sich in den Käsen auch durchweg die flüchtigen, nicht löslichen Fettsäuren (Capron-, Capryl- und Caprinsäure)[2]), die in Verbindung mit Ammoniak wesentlich an der Bildung des Käsearomas[3]) mit beteiligt sind.

In fettärmeren Käsen verläuft die Fettspaltung nach O. Jensen schneller und vollständiger als in Fettkäsen, weil in ersteren das Fett besser verteilt ist.

In den äußeren Schichten der Käse finden sich durchweg mehr freie Fettsäuren als im Innern; die Fettspaltung scheint daher ebenso wie beim Ranzigwerden der Butter in hohem Maße von der Anwesenheit von Sauerstoff abhängig zu sein.

β) Neubildung von Fett. Vielfach — zuerst von Blondeau — ist behauptet worden, daß beim Reifen des Käses in ähnlicher Weise wie es beim Stehen des Colostrums der Fall sein soll, die absolute Fettmenge zunehme. Hierauf wird das Speckigwerden des reifenden Käses zurückgeführt und der Umstand, daß die äußere, reifere und speckige Schicht, auf Trockensubstanz berechnet, mehr Fett zu enthalten pflegt als die innere, weniger reife und kreidige Schicht. Das Speckigwerden der reifenden Käse hängt aber wohl mit der Veränderung des Paracaseins bzw. des Caseins zusammen und die Zunahme der Trockensubstanz (auch der kochsalzfreien) an Fett — vielfach bei allen Weichkäsen — kann auch darin ihren

---

[1]) Die Reichert-Meißlsche und Verseifungszahl des Neutralfettes sind durchweg etwas niedriger als die vom saueren Gesamtfett, kommen aber denen des Fettes vom frischen Käse näher als die Konstanten vom Gesamtfett. Jedenfalls soll man das Neutralfett des reifen Käses zur Ermittlung der Fettkonstanten anwenden.

[2]) K. v. Fodor fand in einem fehlerhaft gereiften Liptauer Käse so viel freie Caprinsäure, daß derselbe einen kratzenden Geschmack besaß.

[3]) Bei Roquefortkäse wird das Aroma durch Buttersäureester bedingt; bei anderen Käsen (Emmentaler) wirken dabei auch Aminosäuren oder Fäulniserzeugnisse (z. B. bei Limburger Käse) mit.

Grund haben, daß andere Stoffe (Milchzucker, Stickstoffsubstanz) von Bakterien zersetzt und veratmet werden, wodurch relativ, d. h. prozentual der Gehalt an Fett zunimmt, zumal wenn man als Fett den Ätherauszug ansieht, der außer wirklichem Fett auch noch andere ätherlösliche Stoffe einschließt, die sich beim Reifen des Käses bilden.

Aus dem Grunde ermittelte A. Müller das Verhältnis des Fettes zum Gesamtstickstoff (bzw. Protein), O. Kellner desgleichen zum Kalk, U. Weidmann sowie F. Benecke und E. Schulze desgleichen zu Phosphorsäure beim Reifen des Käses, also zu Bestandteilen, deren absolute Menge während der Reifung als unveränderlich angenommen werden kann und fanden, daß unter Berücksichtigung von Abfällen für Abschabsel und auch der Kochsalzaufnahme bei der Käsereifung keine oder nur eine sehr geringe Fettzunahme statthat, welche letztere innerhalb der Versuchsfehler liegt. Zwar wissen wir aus Untersuchungen von O. Laxa, A. Perrier u. a., daß gewisse Schimmelpilze und Hefen Fett zu bilden und auf zuspeichern imstande sind, und man könnte annehmen, daß diese die Fettbildung im reifenden Käse vermittelten; aber diese Art Pilze treten in reifenden Käsen wohl kaum in größeren Mengen auf, andererseits ist durch mehrfache Untersuchung festgestellt und schon hervorgehoben, daß ebenso viele Schimmelpilze Fette und Fettbestandteile aufnehmen und veratmen, so daß eine Vermehrung des Fettgehaltes beim Reifen des Käses durch Neubildung nicht anzunehmen ist.

c) Umsetzung der Stickstoff-Substanz. Das eigentliche Wesen der Käsereifung beruht, wie schon gesagt, auf der Umsetzung des Paracaseins bzw. Caseins unter gleichzeitiger Bildung des eigenartigen Käsegeruchs. Das durch Lab abgeschiedene Paracasein unterscheidet sich dadurch von dem durch Säure abgeschiedenen Casein, daß es schon ein teilweise umgewandeltes (peptonisiertes) Milchcasein (S. 23 und 167) ist, während das Säurecasein noch ein Milchcasein ist, dem nur der Kalk, bzw. die Kalksalze entzogen sind. Letzteres braucht daher bei den Sauermilchkäsen eine Säuerung nicht mehr durchzumachen, wogegen bei dem Labcasein erst eine Säuerung notwendig ist, um den Paracaseinkalk in freies Paracasein und milchsauren Kalk zu zerlegen. Im übrigen bilden sich bei der weiteren Reifung der Käse aus dem Paracasein und dem Casein im wesentlichen dieselben Umsetzungserzeugnisse; nur ihre Menge ist je nach der Art und Käsebereitung verschieden.

Unter dem Einfluß von säure- und lababscheidenden Bakterien, auch Casease-Bakterien[1]) genannt, entstehen wie durch die Einwirkung von Pepsin und Trypsin Proteosen und Peptone (auch Caseone oder Caseosen genannt), die dann weiter zu Aminosäuren und bis zu Ammoniak abgebaut werden. Hierbei entsteht auch ein besonderes Protein, das Caseoglutin, das in Wasser und Salzwasser unlöslich, dagegen in 70proz. Alkohol löslich ist. Auch wird darin ein in Wasser lösliches, in der Hitze gerinnbares Tyroalbumin und unlösliches Tyrocasein angenommen. Diese Proteine unterscheiden sich nur wenig im Stickstoffgehalt, sollen aber die weiteren Spaltungserzeugnisse in verschiedener Menge liefern. Unter letzteren wurde Tyrosin und Leucin schon frühzeitig, Phenylaminopropionsäure 1885 von E. Schulze und Röse im Emmentaler Käse nachgewiesen. W. Bissegger hat dann auch in letzterem sämtliche Spaltungserzeugnisse vorgefunden, welche bei der hydrolytischen Spaltung des Caseins (S. 10) auftreten. Von den Diaminosäuren fehlte nur das Arginin, weil es gleich weiter gespalten wird. Auch Glutaminsäure und Tyrosin sollen zum Teil weiter gespalten werden. Dagegen fanden sich im normalen Emmentaler Käse keine durch sekundäre Umsetzungen entstehende Fäulnisbasen[2]).

---

[1]) Babcock u. a. haben in der Milch ein besonderes selbständiges proteolytisches Enzym, die „Galaktase", angenommen. Anscheinend ist dieses aber nichts anderes als das Enzym Casease.

[2]) Von verschiedenen Seiten ist auch behauptet worden, daß bei diesem Spaltungsvorgang im Käse Aminbasen (Methyl-, Äthyl-, Amyl-, Butylamin, auch Trimethylamin) auftreten sollen. K. Windisch u. a. konnten diese aber in verschiedenen Käsen nicht oder nur in sehr geringer Menge nachweisen.

Die α-**Pyrrolidincarbonsäure** konnte als primäres Spaltungserzeugnis nachgewiesen werden[1]).

Bondzinsky unterscheidet zwischen „Umfang" und „Tiefe" der Reifung. Unter „Umfang" der Reifung versteht er die Menge der wasserlöslichen stickstoffhaltigen Stoffe, welche während des Reifevorganges gebildet werden, und unter „Tiefe" die Stickstoffverbindungen, welche durch Phosphorwolframsäure nicht gefällt werden, also vorwiegend die Monoaminosäuren.

O. **Jensen** untersuchte in dieser Richtung Hartkäse (mit weniger oder mehr Molken) und Weichkäse in wasserreicherem sowie trocknerem Zustande und fand, daß der „Umfang" der Reifung bei den Hartkäsen gewöhnlich kleiner als bei den Weichkäsen ist, daß dagegen beide Sorten bezüglich der Tiefe sich umgekehrt verhalten[2]), d. h. die reifen harten Käse besitzen in Prozenten des Gesamtstickstoffs weniger wasserlöslichen, aber hierunter mehr Monoaminosäuren-Stickstoff als die reifen Weichkäse. Die Hartkäse reifen gleichzeitig durch die ganze Masse, bei den Weichkäsen schreitet die Reifung von außen nach innen; dabei wird in letzteren Käsen fast die gesamte Stickstoffsubstanz in wasserlösliche Form übergeführt, indem die Menge der Monoaminosäuren prozentual abnimmt. Junge Weichkäse und solche, welche wie Roquefort durch Schimmelpilze im Innern reifen und trockener sind, ähneln bezüglich des Umfanges und der Tiefe der Zersetzung den Hartkäsen.

Die Menge des gebildeten **Ammoniaks** scheint mehr der Menge der gelösten Gesamt-Stickstoffverbindungen als dem Monoaminosäuren-Stickstoff proportional zu sein.

---

[1]) **Bissegger** und **Winterstein** geben für die Verteilung der wichtigsten Stickstoffverbindungen im **Emmentaler Käse**, auf wasser-, fett- und aschefreie Trockensubstanz berechnet, folgende Zahlen an:

Alter des Käses	Gesamt-Stickstoff	Protein-Stickstoff		Stickstoff in Form von							Wasserlösliche organische Stoffe
		Gesamt-	gerinnbar	Pepton	Basen	Lysin	Alloxurbasen	Aminosäuren	Ammoniak	wasserlöslich. Extrakt	
Mon.	%	%	%	%	%	%	%	%	%	%	%
8	14,48	11,57	0,45	1,04	1,13	0,56	0,03	1,50	0,06	4,32	22,76
11	14,73	11,57	0,28	0,82	1,07	0,47	0,03	1,74	0,48	4,28	22,02

In anderen Fällen geht die Umsetzung vorwiegend nur bis zur Bildung von löslichen Proteinen, in geringem Maße bis zu Aminosäuren. So fanden **Eckles** und **Rahn** im **reifen Harzkäse** in Prozenten des Gesamtstickstoffs:

Unlösliche Proteine	Albumosen + Peptone	Amide	Ammoniak
3,6%	86,2%	6,7%	3,5%

[2]) Die Untersuchung ergab z. B. für den Emmentaler Hartkäse und den Limburger Weichkäse folgende Werte:

Reife und Schicht	Hartkäse (Emmentaler)					Weichkäse (Limburger)				
	In Proz. des Gesamt-N			In Proz. des löslichen N		In Proz. des Gesamt-N			In Proz. des löslichen N	
	Löslicher N %	Monoaminosäure-N %	Ammoniak-N %	Aminosäure-N %	Ammoniak-N %	Löslicher N %	Monoaminosäure-N %	Ammoniak-N %	Aminosäure-N %	Ammoniak-N %
Nicht ganz reif (5—6 Mon.) außen	29,22	12,57	—	43,02	—	55,10	12,58	4,51	22,83	7,85
Nicht ganz reif (5—6 Mon.) innen	35,82	17,36	—	48,47	—	24,82	5,27	4,37	21,23	17,60
Reif: innen (bei Limburger außen)	33,15	17,35	2,37	52,34	7,15	99,82	4,33	11,97	4,52	11,99

Ähnliche Beziehungen fand O. Laxa in reifen Neufchâteler-, Brie- und Camembertkäsen. Unter starker Abnahme oder völligem Verschwinden von Casein[1]) herrschten im Innern Proteosen und Peptone, in der Oberfläche Amide vor; Ammoniak dagegen fand sich im Gegensatz zu vorstehenden Untersuchungen gleichmäßig in der ganzen Masse verteilt.

Das Ammoniak ist teils frei, teils gebunden neben freien Säuren vorhanden[2]).

d) Mineralstoffe. Bei gesalzenen Käsen wandert während des Reifens Kochsalz in das Innere derselben, dagegen gehen andere lösliche Aschenbestandteile (Phosphate) in die Rinde über, wo sie auf eine noch nicht aufgeklärte Weise unlöslich werden und sich anreichern. Infolgedessen ist das Abschabsel verhältnismäßig reich an kochsalzfreier Asche; es wurden in der Trockensubstanz 15,25% der letzteren gefunden. Im übrigen tritt ein Verlust an Mineralstoffen nicht ein. Bei nicht oder nur schwach gesalzenen Käsen bestehen die Mineralstoffe vorwiegend aus Calciumphosphat (Tabelle III, Nr. 21 und 22).

e) Gewichtsverlust. Die Käse nehmen beim Reifen ständig an Gewicht ab. Der Gewichtsverlust beträgt je nach dem anfänglichen Wassergehalt und der Dauer der Reifung einige wenige bis 40%, von der Zeit des Lagerns ab bis zur Reife 7—12%, er wird vorwiegend durch die Verflüchtigung von Wasser und zum geringen Teil durch Abreibung und Abschabung hervorgerufen. Der Wassergehalt nimmt bei mehrmonatiger Lagerung um $^1/_5$—$^1/_3$ ab. Ein ganz geringer Teil des Verlustes kann von den bei der chemischen Umsetzung sich bildenden flüchtigen Stoffen (Kohlensäure, Alkohol, Essigsäure, Ameisensäure u. a.) herrühren.

Ursachen der Käsereifung. Als Ursache der Käsereifung werden jetzt allgemein Mikroorganismen (Bakterien, Oidien, Hefen, Mycodermen, bei einigen auch Schimmelpilze), die vorwiegend der Milch (S. 172 u. 174), dem Gebrauchswasser, der Luft und bei Labkäsen auch dem

[1]) Infolge der starken Zersetzung des Caseins in der Oberfläche nimmt der Fettgehalt in ihr prozentual zu. So ergab beim Neufchâteler Käse die Trockensubstanz in der Oberfläche im Mittel zweier Proben 57,71%, im Innern 51,71%.

[2]) K. Windisch fand z. B. in der Trockensubstanz der reifen Käse an Ammoniak:

Frühstückkäse 290 Tage alt		Camembert-Käse 291 Tage alt		Neufchâteller Käse 291 Tage alt		Roquefort-Käse 674 Tage alt	
frei	gebunden	frei	gebunden	frei	gebunden	frei	gebunden
1,237%	1,017%	1,088%	0,722%	0,709%	0,938%	0,366%	0,505%

Desgleichen ferner an Milchsäure:

2 Tage alt	9 Tage alt	2 Tage alt	18 Tage alt	4 Tage alt	20 Tage alt	5 Tage alt	20 Tage alt
2,200%	0,729%	2,201%	0,409%	2,841%	0,891%	2,119%	0,970%

Hiernach ist häufig mehr Ammoniak in — wahrscheinlich durch Milchsäure oder durch Fettsäuren — gebundenem als in freiem Zustande vorhanden, indem freies wie gebundenes Ammoniak mit dem Alter der Käse stetig zunehmen.

Die Tatsache, daß beim Ausschmelzen von Käsen, die erhebliche Mengen von freiem Ammoniak enthalten, Fette erhalten werden, die reich an freien Fettsäuren sind, daß also im Käse freies Ammoniak und freie Fettsäure nebeneinander bestehen, erklärt K. Windisch durch die Annahme, daß in dem frischen Käse die einzelnen Fettkügelchen mit einer Hülle von Paracasein umgeben sind, die ihrerseits wieder mit Milchzuckerlösung durchtränkt ist, und daß die Bildung von freiem Ammoniak und freien flüchtigen Fettsäuren auf zwei verschiedenen Schauplätzen verläuft, nämlich die Ammoniakbildung in der Paracaseinschicht und die gleichzeitige Bildung der freien flüchtigen Fettsäuren — als Erzeugnisse der gleichen Zersetzung — in den erstarrten Fetttröpfchen. Während das entstandene Ammoniak die in der Paracaseinhülle oder in deren Nähe entstehende freie Säure neutralisiert, aber nicht in die festen Fettkügelchen eindringt, können im Innern derselben freie Fettsäuren und in der Paracaseinhülle auch freies Ammoniak bestehen bleiben, wenn die in dieser entstandenen freien Säuren zur Neutralisation nicht ausreichen.

verwendeten Lab entstammen[1]), sowie die von diesen abgeschiedenen Enzyme angesehen. Jedoch herrscht noch keine volle Klarheit darüber, in welcher Weise diese Kleinwesen einzeln oder zusammen an dem Reifevorgang beteiligt sind. Infolgedessen begegnet man vielen verschiedenen Anschauungen über die Art und den Umfang der Wirkung der beteiligten Kleinwesen. In einem allerdings stimmen alle Anschauungen überein, nämlich darin, daß die Reifung mit einer Tätigkeit der Milchsäurebakterien und der Bildung von Milchsäure als wesentlichem Vorgang beginnt. Nur darin sind die Ansichten verschieden, wie die eigentliche Käsereifung, d. h. die Umsetzung des Paracaseins bzw. Caseins zustande kommt. Duclaux, Adametz u. a. sind der Ansicht, daß die eigentliche Käsereifung von den der Erd-, Heu- oder Kartoffelbacillengruppe angehörenden Tyrothrixbakterien (wozu u. a. Bacillus nobilis Adametz, Clostridium licheniforme gehören) verursacht werde. Babcock und Russell halten — wenigstens für Cheddarkäse — die ursprünglich in der Milch vorhandene Galaktase (vgl. vorstehend S. 217, Anm. 1) für den einzigen oder doch eigentlichen Erreger der Käsereifung. v. Freudenreich hat anfänglich — im Emmentaler Käse — die Milchsäurebakterien als die einzigen Erreger nicht nur der Milchsäurebildung, sondern auch der Peptonisation des Caseins angesehen, später aber in Gemeinschaft mit O. Jensen auch dem verflüssigenden Kokkus (Micrococcus casei liquefaciens), den den süßen Geschmack bedingenden Milchsäurelangstäbchen (Bacterium casei α—ε) sowie den Propionsäurebakterien eine Rolle zugeschrieben. Ohne auf die sonstigen Ansichten über den Reifungsvorgang der Käse hier näher einzugehen, sei nur bemerkt, daß die Ansicht H. Weigmanns wohl die meiste Wahrscheinlichkeit für sich hat. Er nimmt an, daß bei der Käsereifung eine Reihe von ständigen Milchbewohnern beteiligt sind, die zum Teil in Symbiose oder Metabiose wirken und je nach dem Vorwalten des einen oder anderen Kleinwesens die verschiedenen Sorten der Käse bedingen.

Nach Weigmann beginnt die Reifung aller Käsesorten mit der Bildung von Milchsäure durch Milchsäurebakterien und wird hierdurch in eine bestimmte Richtung geleitet. Die Milchsäuregärung dauert nur kurze Zeit[2]), während welcher auch der Sauerstoff verbraucht wird. Gleichzeitig mit den Milchsäurebakterien wirken auch von Anfang an die Lab und Säure bildenden Kokken, die in jeder Milch vorhanden sind, durch das von ihnen aus geschiedene Caseaseenzym peptonisierend auf das Paracasein bzw. Casein und werden hierin (in der Bildung von Caseosen und Peptonen) von den Milchsäurebakterien sogar unterstützt.

Die gebildete Milchsäure wird aber nach und nach vermindert, indem sie einerseits durch Alkali bildende Mikroben, Ammoniakbildner (z. B. durch peptonisierende Bakterien der Erd-, Heu- und Kartoffelbacillengruppe u. a.) gebunden oder durch Mycelpilze (z. B. Oidium- und Penicilliumarten, auch Hefen an der Außenseite der Käse, besonders der Weichkäse) verzehrt und veratmet wird. Durch Verminderung der Milchsäure gelangen die den Käsestoff auflösenden Organismen mehr und mehr zur Wirkung. In diesen Vorgang schiebt sich bei vielen Käsen auch die Loch- und Augenbildung ein, die auf einer Entwicklung von Gas — nicht von Luft — beruht. Als solche gasbildende Bakterien sind anzusehen: Coli-Aerogenesbakterien, einige diesen nahestehende Milchsäurebakterien, die den Milchzucker oder milchsauren Kalk verzehrenden bzw. umsetzenden Buttersäurebakterien (besonders im Schabziger Käse), die sog. Propionsäurebakterien (Bacterium acidi propionici a und b), die Valeriansäure- u. a. Bakterien. Überschreiten diese Gaserzeuger ein gewisses Maß, so tritt das fehlerhafte Blähen der Käse ein. Ob die Proteine an der Gasbildung beteiligt sind, ist noch zweifelhaft. Dagegen liefert das bei der Fettspaltung entstehende Glycerin bei der Vergärung durch die genannten Bakterien Gas, das zur Augenbildung dient.

Die bei diesen allgemeinen Reifungsvorgängen tätigen Organismen bilden auch vielfach schon Käsegeruch und -geschmack. Die verschiedenen Käsesorten haben aber eine in Geruch, Geschmack

---

[1]) Frische Käse enthalten in 1 g mitunter bis 1000 Millionen Bakterienkeime, die mit fortschreitender Reifung mehr oder weniger in der Anzahl abnehmen.

[2]) Nach Boekhout und J. Ott de Vries bei Edamer Käse nur wenige Tage, während welcher Kochsalz zugesetzt wird. Die eigentliche Reifung des Edamer Käses dauert etwa 3 Monate.

und Dichtigkeit so verschiedene Beschaffenheit, daß die allgemeinen Vorgänge bei den einzelnen Käsen in verschiedener Weise verlaufen oder zu den allgemeinen noch besondere Reifungserreger hinzutreten müssen.

Bei den Weich- und Sauermilchkäsen, die von außen nach innen reifen, stellen sich gleich nach der Formung auf der Rinde große Mengen von Oidien, Hefen, Mycodermen, Cladosporien ein und bilden die rotgelbe Schmiere, in welcher sich auch besonders die sog. verflüssigenden, peptonisierenden Kokken entwickeln. Unter diesen ist in dem rotgelben Überzug der gewöhnlichen Käse nach Limburger Art, der Holländer, Tilsiter, Schweizer und auch Emmentaler Käse besonders das Bacterium linens tätig, welches, solange die Käse noch feucht genug sind, einen rotbraunen Farbstoff sowie einen flauen Käsegeruch erzeugt und unter fortwährender neuen Caseinzersetzung die Oberfläche der Käse schmierig macht. Das mit der Thyrothrixbakterie Clostridium licheniforme vergesellschaftete Plectridium foetidum Weigmann, eine aerobe Bakterie, erzeugt ebenso wie Bacillus casei limburgensis den starken stinkenden Limburger-Käse-Geruch.

Beim Harzerkäse (Sauermilchkäse) ist vorwiegend Oidium lactis, beim Roquefortkäse eine Abart des grünen Pinselschimmels (Penicillium glaucum), der Schimmel Penicillium Roqueforti, beim Brie- und Camembertkäse ein weißer Schimmel, Penicillium album oder auch Pen. camemberti genannt, bei der Reifung tätig.

Außer den genannten wirken aber bei der Reifung der Käse zweifellos noch verschiedene andere Bakterien und Mycelpilze mit, deren Art wie Wirkung bis jetzt noch nicht bekannt sind.

Durch Anwendung der für eine bestimmte Käsesorte maßgebenden reingezüchteten Organismen ist man mit der Herstellung einer Käsesorte nicht mehr an einen bestimmten Ort gebunden, sondern kann unter Innehaltung der sonstigen Herstellungsbedingungen überall Käse von bestimmter und verschiedener Art und Beschaffenheit gewinnen.

Käsefehler. Käsefehler sind Abweichungen von der allgemeinen normalen Beschaffenheit der Käse. So sind unregelmäßig gestaltete, geplatzte, rissige, von für die betreffende Käsesorte fremdem Schimmel befallene, mißfarbige, fleckige Käse allgemein fehlerhaft; ebenso blähende, rißlerige sowie „kurze“ oder bröckelige Käse; Gläsler, spaltende Gläsler treten bei Hartkäsen der Emmentaler Art auf.

Flecken zeigen sich nicht bloß außen, sondern auch innen an Käsen (blaue, schwarze, rostfarbige Punkte bzw. Flecken im Teig). Streifen oder Schichtfärbungen schreiten meist von außen nach innen fort (blaue oder blauschwarze Backsteinkäse, braunrote Tilsiter oder Romadurkäse). Mißfärbungen zeigen sich im Teig von Cheddar-, Gouda-, Edamer, Tilsiter, Parmesan- usw. Käsen.

Geschmacksfehler sind: bitter, seifig, talgig, unrein, sauer, ranzig, zu stark salzig, „nach Stall“, faulig.

Das Platzen und Reißen bei Hartkäsen entsteht durch zu trockene und warme Luft, durch Zugluft wie auch durch Stoßen und Werfen bei der Behandlung und beim Versand. Bei Weichkäsen, speziell bei denen nach Limburger Art, bewirkt zu niedrige Kellertemperatur und zu starkes Salzen das Weißschmierigwerden[1]), das sich in einer weißen Farbe außer- und innerhalb, in einer schmierigen Beschaffenheit der Rinde und in einem scharfen salzigen Geschmack geltend macht. Zu hohe Kellertemperatur bewirkt das Laufen der Weichkäse.

Das Blähen der Hartkäse hat seine Ursache in dem zu starken Auftreten gewisser gasbildenden Mikroorganismen. Zumeist sind es Coli- und Aerogenesbakterien, hier und da aber auch Hefen, vielleicht auch sog. Buttersäurebakterien. Die erste Gruppe von Bakterien bewirkt ausschließlich die im Beginn der Reifung oder noch während der ersten Behandlung des Käses auftretende Blähung; so entstehen z. B. bei Emmentaler Käsen schon beim Pressen die sog. Preßler und ladtönigen Käse, oder die Blähung tritt während des Salzens bzw. im Keller im Verlauf der ersten Reife auf. Entstehen dabei größere in der Nähe der Rinde liegende Blasen, so heißt der

---

[1]) Solche weißschmierig gewordenen Käse sind nicht zu verwechseln mit den Weißlackern, einer weichen Labkäsesorte, die im bayrischen Allgäu in quadratischer Form und in der Größe von $2-2^1/_2$ Pfd. bereitet werden.

Käse järbhohl oder randhohl, verteilen sich die Gase auf die ganze Käsemasse, so daß viele kleine Augen entstehen, dann nennt man den Käse einen Rißler. Ob die nachträglich, d. h. im späteren Verlauf der Reifung eintretenden Blähungen ebenfalls den Coli- und Aerogenesbakterien oder Hefen bzw. Buttersäurebakterien zuzuschreiben sind, ist noch nicht ermittelt; wahrscheinlich entstehen sie durch die eine oder durch die andere Gruppe. Zur Vermeidung des Blähens wird Zusatz von Salpeter (etwa 50 g auf 100 kg Milch) empfohlen.

Gläsler sind Schweizerkäse, die gar keine oder zu schwache Lochung zeigen. Nicht selten besitzen diese Käse schief- oder querlaufende Schlitze und Spalten, in welchem Falle sie dann spaltende Gläsler genannt werden. Die Gläslerkäse sind im Gebrauch meist normal bis fein, während die blähenden Käse selten einen guten, meist seifigen, süßlich-faden bis kuhigen Geschmack besitzen; vielfach sind sie auch mißfarbig. Die Mißfärbungen in Cheddarkäsen sind ebenfalls durch Colibakterien verursacht.

Bei Schweizerkäsen mit zu dichtem Teig treten kleine weißliche Krystalldrusen, sog. Salzsteine, auf, welche hauptsächlich aus Tyrosin und anderen organischen krystallisierenden Zersetzungserzeugnissen der Käse bestehen.

Mit Bezug auf die fehlerhaften äußeren und inneren Färbungen sei auf § 62 des II. Bandes des Lafarschen Handbuches der technischen Mykologie verwiesen. Es möge hier nur noch besonders erwähnt werden, daß die Blau- und Blauschwarzfärbungen an Limburger und Backsteinkäsen meist chemischen Ursprungs und durch Eisenverbindungen, manchmal auch durch Kupfer und Blei herbeigeführt sind. Die Blaugrünfärbung im Parmesankäse ist durch Kupfer verursacht.

Das Bankrotwerden kann nach K. Teichert außer durch chemische und bakteriologische Wirkungen, durch Eindringen von Holzsaft (vorwiegend Weißtannen-, aber auch Rottannenholz) — nachweisbar durch Phloroglucin-Salzsäure — verursacht werden.

Die durch Genuß von Käse (sowohl frischem wie altem) hervorgerufenen Vergiftungserscheinungen (Übelkeit, Erbrechen und starke Diarrhöen) werden wohl in den meisten Fällen durch besondere pathogene Varietäten von Colibakterien, manchmal vielleicht auch durch sog. peptonisierende Bakterien (Flüggesche sporenbildende Milchbakterien) oder anaerobe Buttersäurebakterien bewirkt. Der chemische Nachweis der von solchen Bakterien in Käse gebildeten toxischen Körper (Tyrotoxicon Vaughans, Tyrotoxin Dokkums) gelingt selten[1]). H. Kühl fand bei einer Käsevergiftung, bei der fertiggebildete Gifte im Käse nicht nachgewiesen werden konnten, als Erreger mit Bacterium lactis aerogenes Escherig übereinstimmende Bakterien, die nicht sofort, sondern erst nach gewisser Zeit giftig wirkten.

Verfälschungen, Nachahmungen und Verunreinigungen des Käses. Als Zuwiderhandlungen gegen das Nahrungsmittelgesetz und das Gesetz vom 15. Juni 1897 oder eines von beiden sind anzusehen:

1. Die Unterschiebung von Margarinekäse als Käse.

Käse und käseartige Zubereitungen, denen nachträglich nicht der Milch entstammende Fette zugesetzt sind — z. B. um sie streichfähig zu machen —, sind als Margarinekäse anzusehen und unterliegen daher denselben gesetzlichen Bestimmungen wie diese.

2. Der Verkauf und das Feilhalten von Käsen, deren Fettgehalt nicht der vorgeschriebenen Bezeichnung entspricht.

3. Das Feilhalten und der Verkauf von Ziegen- und Schafkäsen, zu deren Herstellung eine Kesselmilch verwendet worden ist, die nicht mindestens zur Hälfte aus Ziegen- bzw. Schafmilch bestand.

4. Wenn im Inlande hergestellte ausländische Käsearten unter Bezeichnungen (z. B. in ausländischer Sprache usw.) oder Marken feilgeboten und in den Verkehr gebracht werden, welche eine Täuschung des Käufers hervorzurufen geeignet sind; doch gilt dies nicht für solche Käse-

---

[1]) Lepierre gibt für ein aus Schafkäse hergestelltes giftiges Alkaloid die Elementarzusammensetzung $C_{16}H_{24}N_2O_4$ an.

namen, die Gattungsbezeichnungen geworden sind (Emmentaler, Edamer, Tilsiter, Camembert, Gervais usw.). Wenn diese im Inlande hergestellt werden, sind an sie die gleichen Anforderungen zu stellen wie an die aus dem Auslande eingeführten Käse.

5. Die Herstellung, der Verkauf und das Feilhalten von Käse mit zu hohem Wassergehalt. Es kommt bei manchen frischen Käsesorten vor, daß sie in betrügerischer Absicht zu wasserreich gemacht werden; bei Käsen, welche eine Reifung durchmachen und haltbar sein sollen, verbietet sich ein solches Vorgehen von selbst. Magere Käse sind an sich wasserreicher als fette, und ganz frische wasserreicher als etwas ältere.

6. Der Zusatz von stärkemehlhaltigen Stoffen (Kartoffelbrei usw.) und sonstigen minderwertigen organischen Stoffen, sowie der Verkauf und das Feilhalten von Käsen mit derartigen Zusätzen, sofern diese Zusätze nicht zur Herstellung besonderer Käsearten (Kartoffelkäse usw.) dienen und deklariert sind.

7. Der Zusatz von anorganischen Stoffen — ausgenommen Kochsalz, sowie geringe Mengen Salpeter (0,05—0,1%) und Natriumbicarbonat — und von Frischhaltungsmitteln, sowie der Verkauf und das Feilhalten von derartig hergestellten Käsen. Von außen dürfen die Käse mit Öl oder Paraffin behandelt oder mit einer dünnen Schicht überzogen werden; die Verwendung von Bariumsulfat und sonstigen schädlichen Stoffen zu dieser Umhüllung ist unzulässig.

8. Die Herstellung, der Verkauf und das Feilhalten von Margarinekäsen ohne oder mit weniger als 5% Sesamöl in 100 Teilen Fremdfett oder mit Sesamöl von unvorschriftsmäßiger Beschaffenheit.

9. Der Verkauf und das Feilhalten von verdorbenem Käse.

Ein Käse ist dann als verdorben zu bezeichnen, wenn er für den menschlichen Genuß nicht mehr geeignet ist. Mit Käsefehlern behaftete Käse sind nicht ohne weiteres verdorben, ebensowenig überreife und angeschimmelte Käse.

10. Üblich ist bei manchen Käsen das Färben; die hierzu verwendeten Farben müssen unschädlicher Natur sein.

11. Als mehr oder weniger zufällige Beimengungen kommen vor: Spuren von Blei, Kupfer, Zink und Eisen, herrührend aus den Herstellungsgefäßen oder der Verpackung.

12. Für Genußzwecke dürfen — auch in Mischungen oder Zubereitungen — als verboten zum Schutze der Gesundheit nicht in den Verkehr gebracht werden:

a) Käse, zu dessen Herstellung Milch verwendet ist, die nach den „Festsetzungen über Speisefette und Speiseöle" (vgl. Milchfehler S. 172) zur Herstellung von Butter für Genußzwecke nicht verwendet werden darf;
b) Margarinekäse, zu dessen Herstellung Milch der bezeichneten Art verwendet worden ist;
c) Margarinekäse, zu dessen Herstellung Fette oder Öle verwendet worden sind, die nach den „Festsetzungen über Speisefette und Speiseöle" für Genußzwecke nicht in den Verkehr gebracht werden dürfen;
d) Käse oder Margarinekäse, bei deren Herstellung die nachbezeichneten Stoffe verwendet worden sind:

Ameisensäure, Benzoesäure, Borsäure, Fluorwasserstoffsäure, Salicylsäure, schweflige Säure, Salze oder Verbindungen dieser Säuren, unterschwefligsaure Salze (Thiosulfate), Formaldehyd oder solche Stoffe, die bei ihrer Verwendung Formaldehyd abgeben.

13. Als außergewöhnliche Verunreinigungen können im Käse noch vorkommen:

a) Die Maden der der Stubenfliege ähnlichen Käsefliege (Piophyla casei). Das Weibchen dieser Fliege legt in Spalten, Risse und Löcher der Käse mehrere hundert Eier, aus denen sich in kurzer Zeit Maden entwickeln. Diese fressen nur Käse, bohren sich immer tiefer ein und entwickeln sich in 2—3 Wochen zu einem 1 cm langen, mit schwarzem Köpfchen versehenen Wurm, der sich auf oder unter den Käsebänken zu einer Larve verpuppt, aus der nach 8—10 Tagen die Fliege hervorgeht.
b) Käsemilbe (Acarus siro L. oder Acarus domesticus Deg.), vorwiegend an älteren, längere Zeit nicht gereinigten Käsen, Käseabfällen. Die Milbe ist weißlichgrau gefärbt, hat bräun-

liche Beine und Schnabel; der Rücken ist zuweilen mit zwei dunkleren Flecken, der Kopf mit zwei Borsten versehen, die Vorderfüße sind verdickt.

Erforderliche Prüfungen und Bestimmungen. Bei der Untersuchung von Käse sind im allgemeinen, sofern es sich nicht um die Beantwortung bestimmter Einzelfragen handelt, folgende Prüfungen und Bestimmungen auszuführen:

1. Sinnenprüfung;
2. Bestimmung des Wassergehaltes;
3. Bestimmung des Fettgehaltes;
4. Prüfung auf fremde Fette;

in besonderen Fällen auch:

5. Bestimmung des Stickstoffs;
6. Prüfung auf Frischhaltungsmittel;
7. Prüfung auf sonstige fremde Stoffe (Mineralstoffe, Stärkemehl, Schwermetalle usw.).

Margarinekäse ist außerdem auf den vorgeschriebenen Gehalt an Sesamöl zu untersuchen, dagegen auf die Art der fremden Fette nur in besonderen Fällen.

Die einzelnen Käsesorten.

Käse aus Kuhmilch.

Es gibt je nach der Art wie dem Ort der Herstellung eine große Anzahl Käsesorten, die in Konsistenz, Geruch und Geschmack außerordentlich verschieden sind. Wir pflegen sie aber, wie schon S. 212 gesagt ist, vorwiegend nach dem Fettgehalt einzuteilen, nämlich in:

1. Rahm- oder ***überfette Käse.*** Hierzu gehören als reiner Rahmkäse z. B. der italienische „Mascarpone“, der serbische „Kajmak“ und der britische Rahmkäse; als Mischungen von Rahm und Milch sind anzusehen: Gervais-, Neufchâteler und Briekäse, die auch in Deutschland hergestellt und viel genossen werden. Auch der italienische Stracchino- und der englische Stiltonkäse können hierher gerechnet werden, obschon letztere beiden in der Regel nur einen ganz geringen Zusatz von Rahm erhalten. Die genannten Käse gehören zu den Weichkäsen.

Die reinen Rahmkäse werden entweder wie der Kajmak durch einfaches Gerinnenlassen der Milch und Salzen des abgeschöpften Rahms oder durch Koagulation des Rahms mittels Säure — bei dem Mascarpone durch Zusatz von Treber „agra“ — gewonnen. Die Molken läßt man auf Leinen abtropfen und bringt die Masse in Holzzylinder mit durchlöchertem Boden. Die Reifung erfolgt in einem oder wenigen Tagen.

Der in Frankreich heimische, aber auch in Deutschland hergestellte Gervaiskäse wird in der Weise gewonnen, daß man die möglichst fettreiche und nötigenfalls mit Rahm versetzte Milch mit sehr wenig Lab bei 17—18° in etwa 24 Stunden dick legt, die Molken tunlichst abtropfen läßt und die salbendicke Masse in die mit Seidenpapier ausgekleideten Formen gibt, in welchen sie sofort oder nach Lagerung während einiger Tage in den Handel gebracht wird.

Zur Bereitung des Neufchâteler Käses wird die tierwarme Milch bei einer Lufttemperatur von 15° in Steinguttöpfe geseiht, mit Lab versetzt, 24 Stunden unter Bedecken mit wollenen Decken stehen gelassen; darauf wird der Bruch in einen mit einem feinen Tuch ausgekleideten Korb von Weidengeflecht gegeben, 12 Stunden abtropfen gelassen und so weiter verarbeitet; das Reifen dauert 5—6 Wochen. O. Laxa fand im Innern des Neufchâteller Käses vorwiegend Milchsäurebakterien von der Art des Bacterium lactis acidi, an der Oberfläche vorwiegend Penicillium album und Oidium.

Für den Briekäse wird die Milch und etwas Rahm im Sommer bei 25°, im Winter bei 30° in 30 Minuten bis 2 Stunden dick gelegt, der Bruch in Binsentellern geformt, nach 24 Stunden in Strohteller oder in Zinkreifen gelegt und gesalzen; dann kommen die letzteren 8 Tage lang in den Trockenraum bei 15—16°, in welchem die einzelnen Käse sich mit Schimmel überziehen, 14 Tage lang in den Reifungsraum bei 12—14°, wo die Schimmelung bis zur blaugrünen und rötlichen Färbung weiter fortschreitet, bis sie etwa 4 Wochen nach Beginn der Fabrikation fertig sind.

Der Stiltonkäse wird in England in der Weise zubereitet, daß man ein Gemisch von Milch und Rahm bei Tierwärme in 60 Minuten dick legt, den Bruch mittels eines Tuches in Körbe bringt, einige Stunden abtropfen läßt, salzt, die Masse 3—4 Tage lang in Formen, aus diesen zum Abtrocknen in Tücher und zuletzt in den Reifungsraum überführt, wo die Käse nach 18 Monaten tischreif werden.

Der italienische Stracchinokäse wird im allgemeinen wie der Gorgonzolakäse (s. den folgenden Abschnitt), und zwar in 2 Sorten, nämlich aus ganzer Milch und aus dieser unter Zusatz von Rahm, bereitet.

Chemische Zusammensetzung (vgl. Tabelle II, Nr. 80—87).

Über den Unterschied in der Zusammensetzung zwischen der äußeren und inneren Schicht des Neufchâteler Käses gibt O. Laxa, auf Trockensubstanz berechnet, folgende Werte an:

	Fett	Casein	Proteosen + Pepton	Amide	Ammoniak	Säure, flüchtige
Oberfläche	57,71%	1,89%	16,46%	12,17%	1,07%	1,70%
Inneres	51,71%	5,80%	30,72%	2,75%	0,84%	0,54%

Die Umsetzungen verlaufen daher an der Oberfläche am stärksten, weshalb der Fettgehalt prozentual steigt. Das Innere ist reicher an Proteosen, aber ärmer an Amiden; Ammoniak verteilt sich ziemlich gleichmäßig.

Musso und Menozzi fanden in dem Stracchinokäse 0,064—2,041% (?) Ammoniak und 0,907—2,079% Milchsäure; P. Vieth dagegen in englischem Rahmkäse nur 0,14—0,31% Milchsäure[1]).

2. Fettkäse. Der Fettkäse wird im allgemeinen aus natürlicher, ganzer Milch gewonnen; er enthält daher Casein (d. h. Stickstoffsubstanz) und Fett in annähernd demselben Verhältnis, wie sie in der natürlichen Milch vorkommen; nur der Milchzucker und ein Teil der Salze der letzteren fehlen in ihm, sonst würde der Fettkäse einer konzentrierten Milch gleichkommen. Wegen des höheren Fettgehaltes besitzen die Fettkäse nicht nur einen größeren Nährwert, sondern auch einen besseren Wohlgeschmack als die Halbfett- und Magerkäse.

Bei einigen Käsen dieser Art wird der frischen Milch etwas Sahne, bei anderen etwas entsahnte Milch zugesetzt.

Die Fettkäse werden als Weich- und Hartkäse hergestellt.

a) Zu den bekannten ***Weichkäsen*** dieser Art gehören der Camembert-, Gorgonzola- und Münster Käse. Die Herstellung dieser Käse hat das mit anderen gemeinsam, daß die Milch durch Zusatz von nur wenig Lab bei niedriger Temperatur während einer längeren Zeit zum Gerinnen gebracht wird und die Molken nicht wie bei Hartkäse abgepreßt, sondern in durchlöcherten Formen dem freiwilligen Austritt überlassen werden.

Die Weichkäse verlieren während ihrer 1—3 monatigen Reifung 15—40% an Gewicht.

Beim Camembertkäse bemißt man unter Mitverwendung von Käsefarbe den Zusatz von Lab so, daß das Gerinnen der Milch in etwa 75 Minuten eintritt. Die Käsemasse kommt in runde durchlöcherte Blechformen von 13 cm Höhe und 12 cm Durchmesser, worin sie 24 Stunden verbleibt, indem die Formen 3—4 mal gewendet werden. Die fester gewordene Masse wird in niedrigere Formen von 7 cm Höhe und 12 cm Durchmesser übergeführt, bleibt darin 3 Tage und wird in

---

[1]) O. Jensen fand im Briekäse folgende Mengen flüchtiger Säuren und Ammoniak:

Käse	Ammoniak	Flüchtige Säuren	Capronsäure	Buttersäure	Essigsäure	Ameisensäure
Oberfläche	0,3698%	0,0727%	0,0128%	0,0466%	0,0120%	0,0008%
Inneres	0,1615%	0,0923%	0,0139%	0,0572%	0,0204%	0,0013%

den letzten 48 Stunden zweimal gesalzen. Die weitere Kellerbehandlung erstreckt sich unter Regelung der Feuchtigkeit und der Temperatur der Luft auf wiederholtes Wenden der Käse. Nach 14 Tagen bilden sich an der Oberfläche rötlichbraune Flecken sowie Rasen grünlich-weißer Pilzbildungen. Die Reifung dauert 4—8 Wochen. Jeder Käse wiegt 320—325 g.

Die für die Reifung hergestellten Reinkulturen bestehen 1. aus Milchsäurebakterien, 2. Oidium, Penicillium album (P. camemberti), Mycodermen und Hefen, 3. den Bakterien, welche die Reifung an der Oberfläche beginnen und die rote Färbung bedingen.

Für den in Oberitalien hergestellten Gorgonzolakäse wird die Abendmilch bei 25° dick gelegt und der Bruch über Nacht in einem Tuche abtropfen gelassen; mit der folgenden Morgenmilch verfährt man in derselben Weise, nur läßt man den Bruch nicht so lange abtropfen. Letzterer wird in Formen gebracht, welche abwechselnd mit einer Lage kalten und warmen Bruches gefüllt und von denen zwei aufeinander gelegt werden. Nach 6 Stunden wird die Masse mit den Händen weiter verarbeitet, darauf 3—4 Tage in einen 20° warmen Raum gestellt, die Käse aus den Formen herausgenommen, gesalzen, auf Stroh gelegt und diese Behandlung unter täglichem Wenden 8—10 Tage fortgesetzt. Von da ab werden die Käse etwa einen Monat lang täglich abgerieben, indem man sie während dieser Zeit 3—4 mal mit Salzwasser abwäscht, dann in einen kühlen Raum bringt, wo sich die Käse im Innern wie an der Oberfläche mit Schimmel überziehen und nach 4—5 Monaten reif werden.

Der Münster Käse (Elsaß) wird in ähnlicher Weise hergestellt wie der Limburger Käse (vgl. S. 228).

b) Als ***Hartkäse*** kommen von den Fettkäsen vorwiegend in Betracht: Cheddar, Chester, Edamer, Emmentaler, Gloucester, Gouda, Tilsiter u. a. Käse. Ihre Herstellung unterscheidet sich von der der Weichkäse vorwiegend dadurch, daß die Milch bei höherer Temperatur und mit größeren Mengen Lab in kürzerer Zeit zum Gerinnen gebracht und der Bruch zur tunlichsten Entfernung der Molken und Gewinnung eines festen Teiges mehr oder weniger stark gepreßt wird. Bei manchen Hartkäsen wird zu dem Zweck der Bruch noch gröblich zerkleinert und nachgewärmt. Infolgedessen reifen die Hartkäse langsamer und zeigen eine längere Haltbarkeit als Weichkäse.

Das Salzen wird entweder im Teige, oder durch Einlegen in Salzwasser oder durch Trockenbeizen und Einreiben mit Salz von außen vorgenommen.

Die Reifung nimmt 4—12 Monate in Anspruch; die Hartkäse enthalten im frischen Zustande 40—50% Wasser und verlieren während der Reifung 10—25% an Gewicht.

Über die Herstellung der einzelnen Fettkäse, von denen der Edamer Käse als eigenartiger Typ besonders berücksichtigt werden möge, sei noch folgendes bemerkt:

Bei Bereitung des Edamer (oder Eidamer) Käses (vorwiegend in Nordholland betrieben) wird die Milch im Sommer bei 32—34°, im Winter bei 34—36° in 8—15 Minuten unter Zusatz von Orleanfarbstoff dick gelegt, der Bruch unter schwachem Salzen in eine kugelige Form gebracht hierin 4—5 Minuten, d. h. so rasch gepreßt, daß die Temperatur der Masse nicht unter 28° sinkt, die feste Käseform 1—2 Minuten in 52—55° warme Käsemilch gelegt und weiter gepreßt (bis 8 kg Druck auf 1 kg Käse); die festen Käse werden unter Bestreuen mit Salz in eine Salzlake gebracht. Am zweiten Tage wälzt man die Käse in feuchtem Salz, bringt sie in die Standformen zurück und setzt das Salzen 9—10 Tage fort, bis die Käse ganz von Salz durchdrungen sind und sich hart anfühlen. Nachdem sie wieder einige Stunden in die Salzlake gelegt und mit Wasser abgewaschen sind, werden sie in einem luftigen Raume, dessen Temperatur nicht unter 6° sinken und nicht über 22° steigen soll, auf Holzgestelle gelegt, wo sie 1 Monat unter täglichem Umwenden liegen bleiben; dann weicht man sie 1 Stunde in 20—25° warmem Wasser ein, bürstet sie ab, legt sie 20—40 Minuten zum Trocknen in die Sonne, bringt sie in den Lagerraum zurück, wiederholt diese Behandlung nach 14 Tagen, reibt sie mit Leinöl ein und läßt sie im Käseraum ausreifen. Das Ausreifen dauert im Sommer 12—18, im Winter 18—24 Wochen, mitunter werden sie schon mit 6 Wochen verkauft. Käse, welche nicht versendet werden, färbt man entweder gar nicht (weiße Edamer) oder nur mit Colcothar; die Exportkäse werden gewöhnlich gelb (mit einer Lösung von Orlean in Leinöl) oder rot gefärbt mit einer

Farbe, welche besteht aus: 36,5% Turnesol, 2,5% Berlinerrot und 61,0% Wasser. 16,5 kg dieser Mischung genügen, um 1000 Stück Käse zu färben.

Nach Boekhout und Ott de Vries sind bei der Reifung des Edamer Käses vorwiegend Milchsäurebakterien der Sammelart Streptococcus lacticus tätig, und in geringer Menge Milchsäurelangstäbchen, welche für sich oder in Gemeinschaft mit den säure- und labbildenden oder verflüssigenden Kokken wohl die Geschmeidigkeit des Käseteiges, aber nicht zugleich den typischen Käsegeruch und -geschmack bewirken. Die Erreger für letztere sind noch unbekannt. Um die Wirkung der Gärungserreger der Gruppe der Coli-Aerogenesbakterien zurückzudrängen oder in gewissen Grenzen zu halten, setzte man früher die sog. „lange Wei", eine an Milchsäurebakterien reiche, fadenziehende Molke zu; heute verwendet man Reinkulturen von normalen, nicht fadenziehenden Milchsäurebakterien.

Die unter dem allgemeinen Namen „Holländischer Käse" bekannte Käseart stammt meistens aus Südholland bzw. aus der dort gelegenen Stadt Gouda, weshalb er auch Goudakäse genannt wird; derselbe wurde früher nur aus Vollmilch, jetzt vereinzelt auch aus halbfetter und Magermilch gewonnen.

Der Emmentaler Käse ist der bedeutendste und feinste unter den Schweizer Käsen; er wird in mühlsteinartigen Formen von 80—100 cm Durchmesser und 10—15 cm Höhe bis zu einem Gewicht von 50—100 kg für das Stück hergestellt. Bei der Bereitung wird die ganze Morgenmilch unter Zusatz des Rahms der vorhergehenden Abendmilch auf 40—42° erwärmt, darauf mit der kühlen Abendmilch versetzt und bei etwa 33—35° in 25—35 Minuten dick gelegt. Der Bruch wird mit dem Käsemesser lang und quer durchschnitten, mit der Käsekelle heraufgeholt („verzogen") und so lange verrührt, bis die Stücke die Größe von Erbsenkörnern erhalten haben. Letztere werden dann noch bei 55—56° nachgewärmt, mit dem Rührstock verrieben, bis sie fest und hart geworden sind, und schließlich gepreßt. Die ganze Bearbeitung läuft darauf hinaus, die Molken tunlichst zu beseitigen und das Blähen der Käse zu vermeiden. Die Emmentaler bzw. Schweizer Käse werden sämtlich trocken gesalzen, indem man nach dem Formen Kochsalz auf der Oberfläche verreibt. Der Käse reift in 4—5 Monaten, erreicht aber erst nach einem Jahre den besten Geschmack.

In letzter Zeit wird auch eine Art Emmentaler Weichkäse in Schachteln hergestellt. Die Flora ist bereits vorstehend S. 221 beschrieben.

Zur Vermeidung der Käsefehler (geblähte Käse mit großen, unregelmäßigen Öffnungen, Gläsler mit keinen oder wenigen normalen Augen, scharfen Rissen im Innern, Rißler mit vielen kleinen, unregelmäßigen Öffnungen) wird die Milch mit einer Kultur von Milchsäurelangstäbchen dick gelegt, welche man dadurch erhält, daß man selbstbereitetes Lab aus zerkleinerten Labmägen mit Molken bzw. Schottenwasser behandelt.

Der Tilsiter oder Ragniter Käse wird in Ost- und Westpreußen aus Voll- und Magermilch in Rundformen von 16—30 cm Durchmesser und 7—11 cm Höhe in Gewichten von 3—12 kg hergestellt. Die Milch wird bei 34° in 20 Minuten gelabt, der Bruch auf 44° nachgewärmt, in die Formen gefüllt, gepreßt und dann von außen gesalzen. Die Reifung erfolgt in 4—6 Monaten. Auf 1 kg Käse werden 12—15 l Milch verbraucht; der Gewichtsverlust beträgt 14—15%.

Die Chester-, Gloucester- und Cheddarkäse werden durchweg ebenfalls aus ganzer Morgen- und Abendmilch — auch aus teilweise entrahmter Milch — dargestellt, indem man die Milch bei 27—32° in 45—75 Minuten dick legt, und den Bruch im allgemeinen wie sonst weiter behandelt. Der Chesterkäse erfordert 6—10 Monate, der Gloucester 4—6 Wochen und der Cheddarkäse 2—3 Monate zum Ausreifen.

Der Cheddarkäse gehört zu den sauren Käsen und besitzt einen obstartigen Geruch. Die Flora besteht bis zu 99% aus Vertretern der Sammelart Streptococcus lacticus neben vereinzelten säure- und labbildenden Bakterien sowie Hefen und Monilien, die den Str. lacticus in der Bildung von Obstestern unterstützen.

Über die ***Zusammensetzung*** der Fettkäse vgl. Tabelle II, Nr. 88—101.

Die Bestandteile der weichen Fettkäse sind, wie schon oben S. 218 gezeigt ist, im reifen

Zustande weiter abgebaut als die harten Fettkäse[1]). Beim Reifen der harten Fettkäse nimmt der Zersetzungs-Stickstoff in der äußeren Schicht (Speckschicht) ab, im Innern dagegen zu[2]). Für das Ammoniak und die flüchtigen Säuren fand O. Jensen im Äußeren und Inneren des Emmentaler Käses folgende Beziehungen:

Schicht	Ammoniak	Capronsäure	Buttersäure	Propionsäure	Essigsäure
Äußere	0,094%	0,093%	0,123%	0,281%	0,090%
Innere	0,128%	0,012%	0,018%	0,422%	0,168%

Hiernach scheinen die durch Spaltung der Fette entstehende Capron- und Buttersäure auch bei den Hartkäsen vorwiegend in der äußeren Schicht, dagegen die aus Milchsäure, milchsauren Salzen oder auch Paracasein entstehende Propionsäure und Essigsäure vorwiegend im Innern gebildet zu werden.

3. Halbfettkäse. Die vorstehend genannten Fettkäsesorten kommen durchweg auch in den verschiedensten niederen Fettstufen als Dreiviertelfett-, Halbfett- und Viertelfettkäse vor. Die Herstellung der letzteren ist im allgemeinen dieselbe wie die der Fettkäse. Durchweg nur als Halbfettkäse kommen vor der Limburger-, Romadur-Käse als Weichkäse (S. 212) und der Battelmatt-, Greyerzer- und Parmesan- (bzw. Lodisan-) Käse als Hartkäse (S. 213). Im einzelnen mag noch folgendes bemerkt sein:

Limburger oder Backsteinkäse. Derselbe stammt ursprünglich aus der belgischen Provinz Lüttich, wird aber vorwiegend in Limburg auf den Markt gebracht. Die nach zwölfstündigem Stehen entrahmte Milch wird bei 30° in 60—90 Minuten dick gelegt, der Bruch zerteilt und in die aus Holz gefertigten viereckigen Kästen (à 15 cm breit und lang und 8 cm hoch) gebracht, deren Seitenwände durchlöchert sind. Nachdem die Molken abgelaufen und die Käsemasse fester geworden ist (nach etwa 24 Stunden), werden die Stücke auf mit Stroh bedeckte Tische oder Bretter gelegt, wo sie, um noch fester zu werden, unter häufigem Wenden etwa 8 Tage liegen bleiben. Sie werden dann von allen Seiten mit Salz bestreut und mit der breiten Seite übereinandergeschichtet, um sie nach einigen Tagen wieder in der früheren Weise autzustellen. Werden die Käse dabei zu trocken, so wäscht man sie mit einem in Salzwasser befeuchteten Tuche ab und packt sie in Kisten oder Körbe, worin sie einer 2—3 monatigen Reifung überlassen werden. Man gewinnt aus 100 kg Milch 12—13 kg Käse (à Stück von etwa 0,5 kg von 12 cm im Geviert und 5 cm Höhe).

Die bei der Reifung tätigen Organismen sind schon vorstehend S. 221 angegeben.

Der Romadurkäse wird auch Romatour-, Réaumatour- (von Rahm), Ramandoud-, Raumatour-, Romandoux-, Romandour- (so in Allgäu ausgesprochen) und Remoudoukäse genannt; letztere Bezeichnung gilt als die richtigere, weil der Käse in der Provinz Lüttich aus der letzten fettreichen Milch gewonnen wurde und sich der Name von *remoudre* = nachmelken ableitet; jetzt wird dieser Käse auch im Allgäu in derselben Weise wie Backsteinkäse aus Vollmilch oder aus einem Gemisch dieser und schwach entrahmter Milch hergestellt.

---

[1]) Musso, Menozzi und Bignamini fanden z. B. für den Gorgonzola- (weich) und den Emmentaler (hart) Käse folgende Zusammensetzung:

Käse	Wasser	Casein	Albumin	Pepton	Amide	Ammoniak	Fett	Asche
Gorgonzola (weich) .	33,37%	5,66%	0,87%	1,74%	17,52%	0,79%	37,47%	3,38%
Emmentaler (hart) .	39,41%	21,14%	0,49%	0,74%	4,00%	0,11%	26,53%	4,37%

[2]) So fand St. Szanyi beim Trappisten-Hartkäse in Prozenten des Gesamtstickstoffs:

	Wasserlöslicher Stickstoff		Caseosen-Stickstoff		Pepton-Stickstoff		Aminosäure-Stickstoff		Ammoniak-Stickstoff	
Alter in Wochen . .	3	11	3	11	3	11	3	11	3	11
	%	%	%	%	%	%	%	%	%	%
Speckschicht, äußere .	17,84	17,21	7,44	1,94	7,50	7,12	6,21	5,98	1,29	1,14
Folgende 1 cm tiefe .	20,53	23,81	3,88	7,59	9,90	15,32	8,54	14,02	1,40	1,30
Kern, innerer	20,88	24,82	3,00	(1,37)	10,60	13,42	9,10	11,81	1,46	1,61

Der Greyerzer Käse wird im allgemeinen wie der Emmentaler Rundkäse hergestellt. Man legt die mit Safranpulver versetzte Milch bei 32—34° in 30—35 Minuten dick, wärmt auf 57° bis zu 69° nach, verrührt den Bruch zu Erbsengröße, bringt ihn in die Formen und preßt 24 Stunden lang unter allmählicher Steigerung des Druckes bis zu 18 kg. Die gepreßten Käse werden durch Verreiben mit Salz von außen gesalzen und darauf in den Käsekeller mit 10—12° Lufttemperatur gebracht, wo sie in 4—6 Monaten ausreifen.

In ähnlicher Weise werden die Battelmattkäse, sowohl der Vorarlberger als die Schweizerischen Käse, gewonnen; man pflegt nur bei etwas höherer Temperatur (38—40°) dick zu legen, nicht so stark nachzuwärmen (50—54°) und schwächer zu pressen; infolge der geringeren Pressung reifen diese Käse etwas schneller aus.

Der Parmesan- (Grana-) Käse wird südlich vom Po, der Lodisankäse nördlich vom Po gewonnen, letzterer aus etwas stärker entrahmter Milch, so daß er durchweg etwas fettärmer als ersterer ist. Wesentlich für die Herstellung beider aber ist es, daß die Milch einen gewissen Säuregrad besitzt. Im Sommer verwendet man für den Parmesankäse die nach zwölfstündigem Stehen entrahmte Abendmilch zusammen mit der Morgenmilch, im Winter läßt man die Milch zum Entrahmen längere Zeit stehen, so daß die Winterkäse fettärmer sind als die Sommerkäse. Die Herstellung ist im übrigen ganz ähnlich der des Emmentaler Käses. Infolge der größeren Härte geht die Reifung beim Parmesankäse nur sehr langsam vonstatten; die Käse erreichen häufig erst in 2—3 Jahren die volle Reife, halten sich dann aber jahrelang, ohne an Güte zu verlieren.

Die Flora des reifenden Parmesankäses besteht vorwiegend aus Milchsäurebakterien verschiedener Art, sowie aus säure- und labbildenden Kokken. Die Nebenflora, welche die eigentliche Reifung vollzieht, ist noch unbekannt; wahrscheinlich gehören hierzu nach Fascetti Bact. casei ε und Mycoderma.

Über die ***Zusammensetzung*** halbfetter Käse vgl. Tabelle II, Nr. 102—112.

Der Umfang und die Tiefe der Zersetzung sind auch bei diesen Käsen je nach dem Verlauf der Reifung recht verschieden[1]).

Über den Gehalt der äußeren und inneren Schichten des Romadurkäses an flüchtigen Säuren und Ammoniak gibt O. Jensen folgende Zahlen:

Schichten	Ammoniak	Gesamte flüchtige Säuren	Capronsäure	Buttersäure	Valeriansäure	Propionsäure	Essigsäure	Ameisensäure
Äußere . . .	0,374%	0,818%	0,0232%	0,1003%	0,1550%	0,4529%	0,0822%	0,0046%
Innere . . .	0,341%	0,895%	0,0058%	0,0440%	0,1581%	0,5180%	0,1140%	0,0046%

Die Bildung der flüchtigen Säuren verläuft daher beim Romadurkäse wie beim Emmentaler Käse (S. 221). Bei Romadurkäse tritt noch eine größere Menge Valeriansäure auf.

4. Magerkäse. Viele Vertreter der Vollfett- und Halbfettkäse werden auch aus Magermilch hergestellt, so der Camembert-, Holländer, Limburger, Romadur- und Tilsiter Käse. Die Magerkäse werden zum Teil

a) aus süßer Magermilch durchweg in derselben Weise wie die betreffenden Sorten aus Voll- oder teilweise entrahmter Milch nach Holländer oder Schweizer Art hergestellt, nur die Temperatur und Dauer der Dicklegung, die Höhe des Druckes beim Pressen, die Dauer der Pressung ist vielfach abweichend und verschieden. Bei dem nach Holländer (Gouda-) Art hergestellten Magerkäse wählt man z. B. die Gerinnungswärme um 4° (Zentrifugenmagermilch) oder um 3° (Büttenmagermilch) niedriger als bei Anwendung von Vollmilch, den Druck unter

[1]) Musso, Menozzi und Bignamini fanden z. B. im Mittel von 2 Proben Grana- und 4 Proben Greyerzer Käsen folgende Gehalte:

Käse	Wasser	Casein	Albumin	Pepton	Amide	Ammoniak	Fett	Asche
Grana . . .	34,37%	23,44%	0,85%	0,55%	17,69%	0,32%	17,78%	5,06%
Greyerzer . .	26,31%	20,57%	0,63%	0,89%	7,80%	0,26%	35,59%	5,77%

der Presse nur doppelt so hoch, als das Gewicht des Käses beträgt, und vollendet die Reifung in 12—26 Wochen nach der Herstellung. Hierher gehören u. a.:

Der dänische Exportkäse (oder Holsteiner Lederkäse), der nach Goudaart in zylindrischen Formen von 5—12 kg Gewicht hergestellt wird.

b) Käse aus saurer Milch, Sauermilchkäse. Bei diesen wird die Gerinnung nicht durch Lab, sondern durch Milchsäure erreicht, indem man entweder die gesäuerte bzw. geronnene Milch auf etwa 35° erwärmt, oder indem man süße Magermilch mit einer genügenden Menge Sauermilch oder Buttermilch versetzt und dann erwärmt. Ein Überschuß von Säure ist zu vermeiden, weil er die Ausbeute beeinträchtigt und einen ranzig seifigen Geschmack bewirkt. Die Quargmasse wird umgerührt, auf noch höhere Temperaturen (bis 50°) erwärmt, zum Abtropfen der Molken in leinene Beutel gebracht und in diesen gepreßt. Der von Molken befreite Quarg wird auf Quargmühlen gemahlen, mit Salz und Gewürzen versetzt und sei es mit der Hand oder durch Pressen in die betreffenden Formen gebracht. Zu diesen Sauermilchkäsen gehören u. a.:

Der Kräuterkäse (Grüner Käse, Glarner Schabzieger[1]). Die mehr oder weniger entrahmte Milch wird in kupfernen Kesseln erhitzt, nach und nach mit kalter Buttermilch versetzt, wieder erwärmt, aber so, daß die Milch noch nicht gerinnt. Letzteres wird durch Zumischen von sauren Molken („Sauern" oder „Etschern") erreicht. Der von Molken befreite Quarg wird nach dem Abkühlen in durchlöcherte Fässer gefüllt, worin er unter Beschwerung mit auf Bretter gelegten Steinen eine 3—6wöchige Gärung durchmacht.

Der so vorbehandelte Quarg geht an die Ziegermüller, welche ihn unter Zusatz von 4—5 kg Salz und 2,5 kg getrockneten Blättern des Ziegenklees (Melilotus coerulea) auf 100 kg Quarg zu einer gleichartigen Masse vermahlen und in konische, mit einem Tuch ausgekleidete Holzformen pressen, worin die Masse auf Holzgestellen in einem kühlen Speicher getrocknet und dann in Fässern verpackt wird. Das Trocknen dauert 2—6 Monate, völlig reif sind die Käse aber erst nach 12 Monaten.

Handkäse. Zu den aus saurer Magermilch bereiteten Käsen gehören eine Reihe verschiedener Käsesorten, die unter dem Namen „Handkäse" zusammengefaßt werden, wie z. B. Harzer, Thüringer, Nieheimer, Mainzer Käse, Dresdener Bierkäse, Olmützer und viele andere Käse. Die Gewinnung des Quargs ist schon vorstehend angegeben. Letzterer wird dann wie beim Kräuterkäse nach dem Vermahlen mit Salz und verschiedenen Gewürzstoffen (meistens Kümmel) vermischt.

Bei dem Nieheimer Handkäse wird die gesäuerte Magermilch auf 45—50°, beim Mainzer Handkäse auf 26—28° erwärmt, der ausgeschiedene Quarg in Leinwandtüchern abtrocknen gelassen, gesalzen, mit Kümmel versetzt, durchgeknetet und so entweder mehrere Tage stehen gelassen oder gleich in Laibchen geformt und dem Reifen überlassen. Um die Quargmasse besser formen zu können, setzt man in Nieheim etwas Milch und Bier zu; die Mainzer Käschen werden, wenn sie sich mit Schimmel überzogen haben, mit Molken, Wein oder Bier abgewaschen und dieses 3—4 Wochen fortgesetzt; sie sind nach 3—4 Monaten reif. Der Nieheimer Käse wird in ausgebrautem Hopfen ausreifen gelassen.

Die Sauermilchkäse reifen wie die Weichkäse von außen nach innen. Bei dem Harzer Käse wird außer durch echte Milchsäurebakterien als Hauptvertreter der Flora die Reifung von der Oberfläche aus (Rahn und Eckles) scheinbar durch Oidium lactis eingeleitet und durch Hefen, eine peptonisierende Mycoderma, sowie durch einen gelben, stark peptonisierenden Kokkus unterstützt. Im Innern trifft man Milchsäurelangstäbchen an. Der typische Harzkäsegeschmack rührt von der Mycoderma her.

Bei dem Schabzieger ist eine stark peptonisierende Fäulnisbakterie, Bacterium Zopfii, ferner auch Bact. aerogenes mittätig, während später Milchsäurelangstäbchen und Buttersäure-

---

[1]) Nicht zu verwechseln mit dem aus Molken (vgl. unter 6) hergestellten Zieger.

bakterien in den Vordergrund treten, welche letztere diesen Käsen den eigenartigen, ranzigen, buttersauren Geruch und Geschmack erteilen.

Je nachdem die verwendete Milch mehr oder weniger entrahmt ist oder je nach der Mitverwendung von etwas (1/2 l) Vollmilch erhält man Magerkäse mit 10—20% Fett oder mit unter 10% Fett in der Trockensubstanz. Ich habe sie infolgedessen in der Tabelle II, Nr. 113—124 in Einviertelfettkäse und Magerkäse angeordnet.

Die Um- und Zersetzung verläuft in diesen Käsen wie bei Fett- und Halbfettkäsen[1]).

Zu den Sauermilchkäsen gehört auch der norwegische Pultkäse (Pultost, Knaost) und der schwedische Gammelost (Altkäse).

5. Quarg- (oder ***Quark, Quargeln***) und ***Caseinpulver.*** Das durch Erwärmen der sauren Magermilch auf etwa 40° und Abtropfenlassen des Gerinnsels in leinenen Beuteln oder durch schwaches Pressen erhaltene Gerinnsel wird vielfach für sich allein, oder nach Vermischen mit Gewürzen (Kümmel) und Salz oder nach schichtenweisem Durchsetzen mit Rahm (Schichtkäse) frisch verzehrt oder auf Kochkäse verarbeitet.

Das Gerinnsel, Quarg, Quark, Quargeln, wird in Ostpreußen auch Glumse, in Schlesien Weichquarg, in Sachsen Matz, im nördlichen Deutschland Stippkäse, in München Topfen genannt.

Der Quarg enthält im frischen Zustande 70—80% Wasser, durch starkes Pressen oder Trocknen kann es wesentlich verringert werden. Er besteht wesentlich aus Wasser und Casein. Der Fettgehalt hängt ganz von dem Grad der Entrahmung der Milch ab und schwankt zwischen 1—8% (Tabelle II, Nr. 125—129).

Den Kochkäse bereitet man in der Weise, daß man den Sauerquarg fein zerreibt, in einem Topfe an einem warmen Orte solange stehen läßt, bis die Masse infolge eingetretener Gärung gallertartig („dottrig") geworden ist; diese wird dann mit Salz, Gewürzen (Kümmel) und Butter vermischt und das Gemisch in einem Topfe solange auf das Feuer gebracht, bis das Ganze zu einer gleichartigen Masse geschmolzen ist. Letztere erstarrt beim Erkalten zu einer Gallerte und wird als solche genossen. Auch fertige (oder verlaufene) Sauermilchkäse lassen sich in genannter Weise zu Kochkäse verarbeiten.

Die entrahmte Milch wird auch auf Casein verarbeitet, indem man sie entweder durch Zusatz von Säure (meistens Essigsäure) oder Lab zum Gerinnen bringt und das Gerinnsel trocknet. Dadurch, daß man das Gerinnsel in Alkali löst und durch Säure wieder ausfällt, kann es gereinigt werden. Die Säurecaseine unterscheiden sich von den Labcaseinen durch ihren bedeutend geringeren Gehalt an Mineralstoffen (Tabelle II, Nr. 130 u. 131). Die gereinigten und getrockneten Caseine enthalten meistens nur mehr geringe Mengen Fett, die Handelscaseinpulver dagegen bei 6—12% Wasser noch 1,0—4,2% und dabei die Säurecaseine 2,2—2,9%, die Labcaseine 5,4—7,8% Mineralstoffe (vorwiegend Calciumphosphat).

6. Molkenkäse (Mysost) und Zieger. Die Molken werden vielfach entweder einfach eingedampft und als Molkenkäse (Mysost) bezeichnet, die bei den Molken aus Vollmilch fettreicher sind als die aus Molken von Magermilch. Auch setzt man beim Eindunsten Rahm zu und erhält auf diese Weise den Sahnenmolkenkäse. Alle Sorten sind besonders reich an Milchzucker (und 0,1—1,23% Milchsäure). Oder man verarbeitet die Molken auf Zieger bzw. Ziegerkäse. Die völlig süßen Molken (Sirte) der Süßmilchkäserei werden mit etwas

---

[1]) So fand O. Jensen im schweizerischen Magerkäse folgenden Gehalt an Ammoniak und flüchtigen Säuren:

Schicht	Ammoniak	Gesamte flüchtige Säuren	Capronsäure	Buttersäure	Propionsäure	Essigsäure	Ameisensäure
Äußere	0,353%	0,814%	0,1682%	0,2552%	0,2775%	0,1080%	0,0046%
Innere	0,455%	0,623%	0,0986%	0,1496%	0,2405%	0,1200%	0,0138%

sauren Molken (Molkenessig, Etscher, auch Schotten genannt) versetzt und auf 70° erhitzt. Das sich hierbei abscheidende Gerinnsel, der Ziegerquarg (Serai genannt), aus Albumin und noch vorhandenem Fett bestehend, wird mit der Schöpfkelle abgeschöpft; nach Abscheiden des Vorbruchs wird eine geringere Menge saurer Molken zugesetzt, die Mischung zum Kochen erhitzt und eingedunstet. Man gibt den Vorbruch wieder zu, verrührt das Ganze, schöpft den Zieger wieder ab, läßt die Molken abtropfen und verarbeitet ihn wie üblich auf Käse. Vielfach setzt man dem Vorbruch noch Rahm zu und erhält auf diese Weise einen fettreichen Molkenkäse (Tabelle II, Nr. 132—136).

Der Zieger wird vielfach als arzneiliches Wurmmittel empfohlen.

Käse aus sonstigen Milcharten.

Von anderen Milcharten liefert besonders die Schafmilch sehr geschätzte Käsesorten, von denen der Roquefort-Käse, so benannt nach dem Herstellungsort, dem Dorfe Roquefort auf der Hochebene von Larzai im Departement Aveyron, weltbekannt ist. Der Roquefort-Käse ist ein Hartkäse; er ist vielfach aus Schaf- und Ziegenmilch bereitet, soll aber nur aus Schafmilch bereitet werden. Die Herstellung geschieht getrennt, insofern als die Schafherdenbesitzer den Käse nur bis zum Formen fertigstellen, die Ausreifung dagegen von den Kellerbesitzern vorgenommen wird. Auch unterscheidet sich die Herstellung des Roquefort-Käses dadurch von der anderer Käse, daß beim Einfüllen in die Käseformen eine reichliche Aussaat von Penicilliumsporen gemacht wird und die Ausreifung bei niedrigen Temperaturen (4—5°) erfolgt.

Die Abendmilch der Schafe (Larzacschafe) wird nach dem Abschäumen und $^3/_4$stündigem Stehen bis fast zum Kochen erhitzt, abgekühlt und über Nacht in glasierten Tonsatten aufgestellt. Am anderen Morgen wird der Rahm, welcher verbuttert wird, abgeschöpft, die zwölfstündige Magermilch mit der ganzen Morgenmilch vermischt und bei 33—35° durch Lab — zuweilen auch durch die Waldartischocke (Cinara scolymus) — dick gelegt. Der Bruch wird zerkleinert und nach Entfernung der Käsemilch durch gelindes Drücken in zylindrische, unten durchlöcherte Näpfe von 9 cm Höhe und 21 cm Weite gebracht, in welchen man 3 gleichdicke Schichten des Bruches bildet und zwischen je zwei derselben eine Lage von scharf gebackenem und dann der Schimmelung ausgesetztem Brot, sog. „Schimmelbrot“ (bereitet aus gleichen Teilen Weizen- und Gerstenmehl unter Zusatz von Sauerteig und starkem Essig), streut. Die Käsemasse in den Formen wird 10 bis 12 Stunden lang schwach gepreßt, aus denselben herausgenommen, in Tücher eingeschlagen und 10—12 Tage in eine Trockenkammer gelegt.

Von dem Trockenraum kommen die Käse dann zur Nachtzeit in die Felsenhöhlen, welche in die 3 Abteilungen: „Grotte“ (la cave) als „Reifungsraum“, in den „Salzraum“ (le saloir) und den „Wägeraum“ (le poids) zerfallen. Letztere beiden Räume liegen über der Grotte. In dem Wägeraum werden die Käse sortiert, indem die schadhaften entfernt werden; in dem Salzraum werden sie gesalzen, indem man erst die eine Seite, dann die andere mit Salz bestreut und jedesmal 24 Stunden stehen läßt; nach sorgfältigem Reinigen und abermaligem Sortieren werden die Käse in die Grotten gebracht, in welche aus zahlreichen Spalten fortwährend feuchte kalte Luft einströmt und in denen die Temperatur zwischen 4—5° schwankt. Die Käse bedecken sich hier allmählich mit einer gelben und rötlichen Kruste, auf welcher alsbald ein weißes dichtes Schimmelwachstum emporwuchert. Wenn letzteres 5—6 cm erreicht hat, wird der Schimmel abgekratzt und dieses alle 8—14 Tage wiederholt; auf diese Weise verlieren die Käse 28—30% an Gewicht. Die Reifung nimmt 30—50 Tage in Anspruch und wird, wie schon gesagt, vorwiegend durch den grünen Pinselschimmel (Penicillium glaucum) hervorgerufen, der sowohl das Casein bis zu Ammoniak abbaut, als auch das Fett spaltet.

In Mecklenburg, auf der holländischen Insel Texel (Tessel) in der Nordsee, in Skanno (Apenninen) und in der Provinz Ancona in Italien, ferner in den Karpathen werden ebenfalls aus Schafmilch Käse bereitet, die sehr gesucht sind.

Der in den mährisch-schlesischen Karpathen und Ungarn hergestellte „Brinsenkäse", der serbische „Katschkawalj" bzw. „Kaschkaval", der in geröstetem Zustande genossen zu werden pflegt, die italienischen Schafkäsesorten (Skanno, Viterbo und Ricotta) haben auch eine größere Bedeutung für den Handel. Der italienische Schafkäse wurde früher mit dem Rundstoße, wird aber jetzt mit der englischen Käsepresse hergestellt. Der „Ricotta" ist eine Art „Quarg", aber zum Unterschiede von dem Kuhmilchquarg „sehr fettreich".

Ebenso dient Ziegenmilch zur Bereitung von Käse, so in Deutschland im Riesengebirge, in Frankreich in Mont d'Or, St. Claude und in Savoyen, ferner in der Schweiz, Italien usw.

In Calabrien und Sicilien wird auch Büffelmilch, im Norden von Schweden und Norwegen auch Renntiermilch zur Käsebereitung verwendet. Das Dicklegen dieser Milchsorten erfolgt wie bei der Kuhmilch durch Lab; auch die Behandlung des Bruches ist ähnlich wie bei Kuhmilchkäse. Der Büffelmilchkäse wird geräuchert, indem man ihn dem Rauch angezündeter, wohlriechender Kräuter aussetzt.

Über die Zusammensetzung vgl. Tabelle II, Nr. 137—147. Die Käse sind entsprechend dem Gehalt der Milch verhältnismäßig fettreich, wenn natürliche, nicht entrahmte Milch verwendet worden ist. Stutenmilchkäse, der vereinzelt hergestellt sein mag, enthält ebensoviel Casein wie Fett.

Die Reifungsvorgänge verlaufen bei diesen Käsen zweifellos wie bei Kuhmilchkäsen[1]).

Margarine- (Kunstfett-) Käse.

Wie bei der Butter, so wird auch beim Käse das Milchfett durch andere Fette ersetzt; das der Margarine (Kunstbutter) entsprechende Erzeugnis ist der Margarinekäse. Die ersten Versuche zur Herstellung von Kunstkäse sind in Amerika (1873) angestellt worden. Von dort verbreitete sich die Kunstkäse-Fabrikation nach England, Dänemark und zuletzt auch (1883) nach Deutschland; eine große Ausdehnung aber hat dieselbe hier bis jetzt nicht angenommen.

Die Hauptaufgabe bei der Herstellung des Margarinekäses besteht in der Bereitung der künstlichen Vollmilch aus Magermilch und Fett. Für den Zweck wird zunächst aus Magermilch und Fett eine Art künstlicher Fettrahm hergestellt und dieser mit weiteren Mengen Magermilch soweit verdünnt, daß die künstliche Fettmilch mehr oder weniger den Fettgehalt der natürlichen Kuhmilch erreicht. Als Fettzusatz benutzte man anfänglich Schweineschmalz, jetzt wohl nur Oleomargarin oder Cocosnußfett. Das Oleomargarin muß nicht nur gleichmäßig in Emulsion in der Magermilch verteilt, sondern die Größe der einzelnen Fetttröpfchen auch auf die der Fetttröpfchen der Milch gebracht werden; denn wenn dieses nicht erreicht wird, so fließen die Fetttröpfchen beim Dicklegen zu größeren Fettmassen zusammen, welche entfernt werden müssen und damit die Gleichmäßigkeit des herzustellenden Kunstkäses beeinträchtigen.

Die Herstellung der Emulsion kann mit dem Emulsor wie folgt vorgenommen werden:

Derselbe besteht aus einer Metallscheibe, deren Oberflächen mit strahlenförmig (radial) vom Mittelpunkt ausgehenden Rillen bedeckt sind. Die Scheibe dreht sich mit großer Geschwindigkeit um ihren Mittelpunkt als Achse in einem Metallmantel, dessen Innenraum der Metallscheibe angepaßt und nur wenig größer als diese ist, so daß die Oberflächen der Metallscheibe die Wände des Metallmantels beinahe berühren. Oberhalb des Emulsors sind zwei mäßig große, durch Dampf heizbare Bottiche mit doppelten Wandungen angebracht; in den einen Bottich wird das Zusatzfett, in den anderen Magermilch gegeben. Die Menge des Fettes wird so bemessen, daß auf 100 l

[1]) O. Laxa fand z. B. in Schafkäsen (mit 38,9—51,9% Wasser, 18,6—23,8% Stickstoffsubstanz und 24,8—33,5% Fett) folgende Umsetzungserzeugnisse im natürlichen Käse:

Casein	Pepton	Amide	Ammoniak	Gesamtsäuren	Flüchtige Säuren
8,87—18,90%	1,93—8,66%	0,95—3,59%	0,01—0,15%	1,94—2,62%	0,22—0,63%

Magermilch 3 kg Fett kommen. Sollen z. B. 1000 l Magermilch verkäst werden, so stellt man zunächst den Fettrahm in der Weise her, daß man auf 1 Teil Fett 2—3 Teile Magermilch oder für Verarbeitung von 1000 l Magermilch auf 30 kg Fett 60 kg oder auch 90 kg Magermilch nimmt, diese in den genannten Bottichen auf 60—70° erwärmt, dann beide — die Magermilch nach Zusatz von Käsefarbe in doppelter Menge wie das Fett — in den in Gang gesetzten Emulsor fließen läßt und dort bei 50 000 Umdrehungen in der Minute aufs innigste miteinander vermischt.

Die erhaltene schaumige, gleichmäßige Flüssigkeit gibt man alsdann zu der übrigen Magermilch (940 kg), die unterdessen auf 33° erwärmt ist, mischt und verkäst das Gemisch (mit etwa 3% Fett) in üblicher Weise, indem man die für die einzelnen Käsesorten (Edamer, Holländer [Gouda-], Limburger, Romadur- und Münster Käse) üblichen Verfahren auch bei den entsprechenden Margarinekäsen innezuhalten pflegt.

Man stellt auch hier Margarine - Fettkäse und Margarine - Magerkäse her (Zusammensetzung Tabelle II, Nr. 148 u. 149). Auch begegnet man im Handel einem unter Verwendung von Cocosfett hergestellten Margarine - Kräuterkäse, der nach Buttenberg und König 40,3—61,15% Wasser und 12,11—21,36% Fett enthält.

K. Windisch verfolgte auch beim Reifen von Margarinekäse, der unter Verwendung eines Fettgemisches von 55% Oleomargarin, 40% Neutrallard und 5% Sesamöl hergestellt war, die Frage, ob sich hierbei, wie für Kuhmilchkäse behauptet worden ist, freie flüchtige Fettsäuren bilden. Er fand, daß die freien Säuren beim Reifen ebenso wie beim Milchfettkäse zu- und dementsprechend die Refraktometerzahl abnehmen; indes konnte nach diesen wie anderen Untersuchungen eine Neubildung freier flüchtiger Fettsäuren nicht beobachtet werden. Die Zersetzung des Caseins geht beim Reifen wie bei den Milchkäsen vor sich und kann so weit gehen, daß schon in der Kälte der Geruch nach Ammoniak auftritt und beim Erwärmen Ströme von Ammoniak sich entwickeln.

Der Margarinekäse hat, wie K. Windisch richtig bemerkt, neben dem Milchkäse nur dann eine wirtschaftliche Berechtigung, wenn er zu einem entsprechend niedrigeren Preise als Milchkäse verkauft wird. Bis zum Jahre 1898 war aber gerade das Umgekehrte der Fall [1]).

Über die Vorschriften für die Herstellung des Margarinekäses vgl. weiter S. 329 unter „Margarine".

Pflanzenkäse.

Aus den Samen der Sojabohnen werden in Japan und China und aus den Samen von Parkia africana in Afrika (Sudan) ohne Milch käseähnliche Erzeugnisse hergestellt, welche das mit dem Milchkäse gemein haben, daß sie einen ähnlichen Reifungsvorgang durchmachen.

1. Sojabohnenkäse. Man kann hiervon zweierlei Erzeugnisse unterscheiden, nämlich:

a) Natto, Hamananatto. Der Natto der Japaner wird zum Teil wie der Miso zubereitet. Die Sojabohnen werden 5 Stunden bis zum völligen Weichwerden in Kochsalzlösung gekocht, die heiße Masse wird in Anteilen von je 500 g in Stroh gewickelt und nach Zubinden an beiden Enden einen oder mehrere Tage in einem warmen Raum (Keller) belassen.

Der „Hamananatto" wird in gleicher Weise zubereitet, nur wird dem gekochten Sojabohnenbrei Weizenmehl zugemischt.

b) Tofu, Taofu, Teon - Fou, Kori - Tofu. Diese Art Erzeugnisse gleichen dem Milchquarg. Der Tofu der Japaner bzw. der Tao-fu oder Teon-Fou der Chinesen werden in der Weise

---

[1]) So kostete je 1 kg Käse nach K. Windisch:

Echter Edamer	Kunst-Edamer	Echter Romadour	Kunst-Romadour
1,04 M.	1,15 M.	1,27 M.	1,35 M.

Bei solchen Preisverhältnissen wird jeder Käufer die echten Käsesorten den Kunsterzeugnissen vorziehen. Aus dem Grunde haben die Margarinekäse noch keine Bedeutung für den Handel gefunden; man begegnet ihnen bis jetzt kaum auf dem Lebensmittelmarkt.

gewonnen, daß man die weißen (bzw. gelben) Sojabohnen in Wasser aufquellen läßt, darauf zwischen zwei harten Steinen unter stetigem Aufguß von etwas Wasser zermahlt, den weißen Brei in einer Pfanne kocht, ihn dann behufs Entfernung der Hülsen usw. durch ein Tuch seiht, die geseihte Flüssigkeit entweder mit einer Salzlösung oder Milchsäure versetzt, das Gerinnsel preßt und in Stücke von je 150 g zerschneidet. Für den Verzehr werden letztere noch in einem Auszug aus Curcuma-Rhizom gekocht. In ungepreßtem frischen Zustande enthält das Gerinnsel 80—90%, in stark gepreßtem oder ausgefrorenem Zustande 17—20% Wasser und heißt dann Kori-Tofu.

2. Daua-Daua oder *Afiti* aus Parkia africana K. Br. Die Samen werden entweder einen ganzen Tag in Wasser gekocht oder 3 Tage stehen gelassen, gereinigt, enthülst und dann nochmals gekocht, bis die Kerne zerdrückbar weich geworden sind. Darauf setzt man Salz, roten Pfeffer und die enthülsten und gekochten Körner von Hibiscus sabdariffa zu, stampft die ganze Masse, formt daraus Kuchen und trocknet diese an der Sonne oder verzehrt sie auch frisch. In anderen Teilen Afrikas ist die Herstellung etwas abweichend.

Während beim Reifen des Nattos 3 Mikrokokkenarten und eine Bacillusart, welche letztere große Ähnlichkeit mit dem Bac. fluorescens liquefaciens besitzt, die Umsetzung der Stoffe in der Sojabohne, besonders der Proteine in Peptone und Amide, bewirken, sind nach H. Fincke bei der Bereitung der Daua-Daua zwei aerobe Bakterien — ein kleineres und ein größeres Stäbchen — mit endogener Sporenbildung tätig, welche stark proteinspaltende Wirkung bis hinab zu Ammoniak besitzen, ferner zwei anaerobe Bakterien, von denen die eine ein Säurebildner (vermutlich Buttersäurebacillus), die andere ein Fäulnisbacillus ist und das Protein unter Gas- und Geruchentwicklung zersetzt. Die Aromastoffe dürften auch hier durch Symbiose dieser Bakterien entstehen.

Im Natto fand K. Yabe unter den Umsetzungserzeugnissen außer Peptonen Leucin, Tyrosin, Guanin, Xanthin und Hypoxanthin, aber keine Hexonbasen.

Ähnliche Umsetzungserzeugnisse dürften auch beim Reifen des Daua-Daua-Käses sich bilden[1]).

Über die Zusammensetzung der Pflanzenkäse vgl. Tabelle II, Nr. 150—153.

Molken.

Die bei der Käsefabrikation nach Dicklegen der Milch usw. gewonnenen Flüssigkeiten, welche für gewöhnlich unter dem Namen „Molken" zusammengefaßt werden, lassen sich nach W. Fleischmann unterscheiden in:

1. „Käsemilch", d. ist die Flüssigkeit, welche bei Verarbeitung der Labkäse zunächst zurückbleibt,

---

[1]) H. Fincke fand für Daua-Daua folgende chemische Zusammensetzung:

Wasser %	Fett (Äther-Auszug) %	Protein in Form von: Gesamt-Protein %	Rein-protein %	Prote-osen %	Pepton + Basen %	Amiden %	Ammo-niak %	Zucker %	Säure = Milch-säure %	Roh-faser %	Asche %
17,45	35,40	5,89	2,42	0,12	0,58	0,24	1,05	0	1,74	3,38	2,73

Die Asche enthielt 1,24% Sand, aber kein Kochsalz. Das Fett lieferte folgende Konstanten:

Fett	Refraktometer-zahl bei 40°	Säuregrad	Verseifungszahl	Jodzahl	Reichert-Meißl-Zahl	Hehnersche Zahl
Parkiasamen	58,8	2,5	184,5	91,6	0,6	95,5
Daua-Daua-Käse . .	56,5	3,17	187,2	88,9	3,3	93,5

Das Fett erleidet hiernach ebenfalls eine teilweise Zersetzung, Spaltung der Glyceride unter Bildung von freien und flüchtigen Säuren; auch waren im wässerigen Auszuge Ammoniakseifen nachweisbar.

2. „Molken", d. i. die Flüssigkeit, welche aus Käsemilch übrigbleibt, nachdem aus derselben der Ziegerkäse oder auch die sog. Käsemilchbutter ausgeschieden wurde,
3. „Quargserum", d. i. die Molke der Sauermilchkäserei.

Hierzu kommt die Molke im engeren Sinne, die sog. Apotheker- oder medizinische Molke, welche auf künstlichem Wege bereitet wird.

v. Pettenkofer gibt z. B. zur Darstellung der letzteren folgende Vorschrift: 1 kg Milch wird mit 0,1 g Citronensäure und 0,6 g Labmagen versetzt, 15 Minuten lang gekocht und dann durch dichte Leinwand abgeseiht.

Über die Zusammensetzung vgl. Tabelle II, Nr. 154—157. Die Stickstoffsubstanz, die von 0,4—1,3% schwankt, besteht vorwiegend aus dem Milchalbumin neben Casein in besonderer Modifikation, die als „Pepton" bezeichnet werden kann (S. 29). Auch geringe Mengen Amide sind vorhanden.

Im Quargserum ist der Gehalt durchweg am höchsten, in der Preßmolke auch etwas höher als in der Käsemilch.

Der Fettgehalt ist gering und schwankt von Spuren bis 1,15%, beim Verkäsen von Vollmilch ist er naturgemäß größer als beim Verkäsen von entrahmter Milch. Käsemilch pflegt durchweg mehr (0,4—0,5%) Fett zu enthalten als Molken und Quargserum.

Der Milchzucker, der nur zum geringen Teil in den Käse übergeht, ist der wesentlichste Bestandteil der Molken; ein Teil desselben ist in Milchsäure übergeführt; der Gehalt hieran schwankt von 0,03—0,89%. Der Säuregrad der frischen Molken richtet sich ganz nach dem der verwendeten Milch. Die Temperatur beim Einlaben und die Schnelligkeit der Labwirkung sind ohne Einfluß auf den Säuregehalt der Molken; beim Stehen der Milch und in den Preßmolken nimmt er indes zu und ist naturgemäß im Quargserum am höchsten.

Die Mineralstoffe bestehen vorwiegend aus Kaliumphosphat und -chlorid (Tabelle III, Nr. 9 und 11.

Wegen des Gehaltes an teilweise abgebautem Protein und an Milchsäure gelten die Molken als diätetisches, die Verdauung beförderndes Mittel.

Die in den Molkereien bei der Käsebereitung gewonnenen Molken dienen außer zur Ziegerbereitung meistens als Schweinefutter und werden als solches neben Körnern (Gerste, Mais usw.) mit Vorteil verwendet.

Wegen des hohen Milchzuckergehaltes werden die Molken auch (vorzugsweise in der Schweiz) zur Herstellung von Milchzucker benutzt.

Die Herstellung wird jetzt wie die der Saccharose aus Rübensäften vorgenommen. Die Molken werden unter Vermeidung eines Überschusses von Säure, welche eine Inversion der Lactose bewirken könnte, also nötigenfalls unter Zusatz von Calciumcarbonat nach Abschöpfung des Bruches bis zum Sirup eingedampft und der Krystallisation überlassen. Der auskrystallisierte Milchzucker wird abgeschleudert, der Sirup zunächst durch Erhitzen von noch vorhandenem Albumin befreit, dann im Vakuum weiter eingedampft und der Krystallisation überlassen. Die Mutterlauge kann zur Düngung, das abgeschöpfte Albumin zur Fütterung verwendet werden. Der auskrystallisierte Milchzucker wird dadurch gereinigt (raffiniert), daß man ihn in einem doppelwandigen Kessel löst, die Lösung mit Knochenkohlenpulver, etwas Essigsäure und Magnesiumsulfat behandelt, die Abscheidungen durch Filterpressen entfernt, die Lösung bis zur Konzentration von 35° Bé eindunstet und der Krystallisation überläßt. Man gewinnt auf diese Weise ein erstes und durch weiteres Eindampfen des abgeschleuderten Sirups ein zweites Produkt. Die Ausbeute beträgt etwa 4% aus der Milch.

Auch verwendet man die Molken zur Darstellung von Molken-Champagner oder von Essig (Molkenessig).

Man läßt die von Zieger befreiten Molken (Schotten) einige Zeit in lauwarmem Zustande stehen; die in denselben vorhandene Milchsäure verwandelt den unzersetzten Milchzucker in gärungsfähigen Zucker, welcher unter selbständiger Hefebildung oder nach Zusatz von Hefe in weinige Gärung übergeht und Alkohol bildet. Dadurch, daß man die gärende Flüssigkeit mit Zucker und aromatischen Substanzen versetzt, dann in Flaschen abzieht und längere Zeit liegen läßt, soll man ein angenehm schmeckendes, gesundes, moussierendes Getränk (den Molkenchampagner) erhalten. Andererseits liefert der Alkohol den Stoff zu der im weiteren Verlaufe eintretenden Essigsäuregärung. Der Molkenessig besteht vorwiegend aus einem sehr verdünnten Gemisch von Milch- und Essigsäure, welches, wie schon erwähnt, zur Gewinnung des Ziegers und Molkenkäses dient.

Über die Gewinnung des Molkenkäses siehe S. 231. Auch hat man versucht, aus den Molken ein Molkenbrot herzustellen. Man verdampft zu dem Zweck die Molken auf etwa $^1/_7$ ihres Volumens, rührt mit Mehl an und verfährt unter Zusatz von Hefe wie bei der Brotbereitung.

Eier.

Begriff. **Unter der Bezeichnung „Eier" versteht man im Handel allgemein nur die Eier von Haushühnern (Hühnereier), die bei uns ausschließlich den Markt einnehmen.**

Die Eier von anderen Vögeln pflegen unter Angabe der Vogelart, von der sie stammen, unterschieden zu werden, z. B. als Enten-, Gänse- und Putereier, die auch noch vereinzelt im Handel vorkommen. An den Küsten werden auch viel die Eier von Seevögeln vertrieben, wovon die der Seemöve in ähnlicher Weise geschätzt werden wie die Kibitzeier unter den Eiern von Landvögeln.

Es gibt wohl kaum einen Vogel, dessen Eier nicht zur Ernährung des Menschen verwendet werden könnten. Erfreulicherweise ist aber der öffentliche Verkauf und Verbrauch der Eier nützlicher Vögel nicht gestattet.

Die Singvögel legen nur in der Brutzeit eine beschränkte Anzahl Eier, Haushühner das ganze Jahr hindurch im ganzen zwischen 250—300 Stück, Enten zwischen 200—250 Stück.

Der Geschmack der Eier ist sehr verschieden, je nach dem Futter der Tiere; die Eier der im Freien lebenden, von Körnern und Würmern sich ernährenden Hühner sind wohlschmeckender als die der Tiere, welche in Zwangsräumen mit allerlei Abfällen gefüttert werden.

Über die in der Zusammensetzung den Vogeleiern ähnlichen Fischeier, den Rogen oder Kaviar vgl. S. 284.

Die nachstehenden Ausführungen beziehen sich vorwiegend auf die am meisten untersuchten Hühnereier; sie gelten aber wegen der gleichmäßigen Zusammensetzung und Beschaffenheit aller Vogeleier auch für diese.

Zusammensetzung. Die Eier zerfallen in drei äußerlich sehr verschiedene Teile, nämlich in die Schalen, Eier-Weiß oder Eiklar und Eigelb oder Dotter. Die absolute Menge an diesen drei Teilen ist wie das Gesamtgewicht bei den einzelnen Vogelarten wie auch bei den künstlich gezüchteten Spielarten (Haushühnern u. a.) sehr verschieden, aber auf 100 Teile Ei berechnet ist die Menge hieran ziemlich gleich[1]).

[1]) So ergaben die bei uns gangbarsten Eier:

Eier	Absolute Gewichtsmengen von einem Ei						In 100 g des ganzen Eies			In 100 g Ei-Inhalt	
	Gesamtgewicht		Gesamt-Ei-Inhalt	Eiklar	Eidotter	Schalen	Eiklar	Eidotter	Schalen	Eiklar	Eidotter
	Schwankungen g	Mittel g	g	g	g	g	%	%	%	%	%
Hühnereier	30,0— 72,0	**53,0**	47,0	31,0	16,0	6,0	58,5	30,0	11,5	66,0	34,0
Enteneier	56,5— 74,0	**67,7**	60,0	36,0	24,0	7,7	53,2	35,4	11,4	60,8	39,2
Gänseeier	130,0—180,0	**159,0**	141,0	85,0	58,0	18,0	53,4	35,3	11,3	60,2	39,8
Kibitzeier	—	**25,0**	22,5	20,0		2,5	90,0		10,0	—	—
Mövenei	90,0—120,0	—	—	—		—	—		—	—	—

Noch übereinstimmender ist prozentual die Zusammensetzung des Ei-Inhaltes[1], was insofern nicht befremden kann, als das Ei ein Sekretionserzeugnis des Chylus und Blutes ist, die in ihrer Zusammensetzung bei den einzelnen Vögeln von keiner wesentlichen Verschiedenheit sind (vgl. Tabelle II, Nr. 158—164 am Schluß). Dagegen haben das Eier-Weiß bzw. Eiklar und Eigelb (Eidotter) eine wesentlich verschiedene Zusammensetzung[2].

Trotzdem in einem Ei das Eigelb nur etwa die Hälfte des Gewichtes vom Eiklar beträgt, enthält es wegen des geringeren Wasser- und weit höheren Fettgehaltes mehr Nährstoffe als das Eiklar. So verteilt sich die absolute Menge Nährstoffe in einem Hühnerei von durchschnittlich 53 g wie folgt:

		Wasser	Trocken-Substanz	Stickstoff-Substanz	Fett	Stickstofffreie Extraktstoffe	Salze	Calorien
Von einem Hühnerei	31 g Eiweiß	26,54 g	4,46 g	3,96 g	0,07 g	0,22 g	0,21 g	18,75 Cal.
	16 „ Eigelb	8,15 „	7,85 „	2,57 „	5,07 „	0,05 „	0,16 „	59.17 „

Auch die Art der Stoffe im Eiklar und Eigelb ist sehr verschieden.

1. *Eiklar.* (Eierweiß). Die Trockensubstanz des Eiklars besteht fast ganz aus:

a) Albumin (Eiweiß), von dem es noch nicht sicher erwiesen ist, ob es aus einem oder mehreren bzw. aus wie vielen Proteinen es besteht (vgl. S. 18). Das durch Hydrolyse mit verdünnter Salzsäure sich reichlich bildende Glykosamin (S. 42) soll für das Wachstum des jungen Vogels dieselbe physiologische Bedeutung haben wie der Milchzucker in der Milch für die Entwicklung der jungen Säugetiere.

Bei der Hydrolyse des Eialbumins wurden alle S. 9 und 10 erwähnten Aminoverbindungen gefunden, nur kein Glykokoll.

b) Fett (Ätherauszug 0,03—0,20%) kommt kaum in Betracht; dagegen enthält Eiklar reduzierende

c) Kohlenhydrate (etwa 0,50%), von denen es noch nicht sicher ist, ob sie frei oder gebunden an Proteine vorkommen. Mörner erhielt aus Eiklar durch Dialyse 0,3—0,5% Zucker.

d) Mineralstoffe (vgl. Tabelle III, Nr. 26—28 am Schluß).

2. *Eigelb* (Eidotter). Das Eigelb hat eine vielseitigere Zusammensetzung als das Eiklar. Die wichtigsten Bestandteile sind folgende:

a) Vitellin, ein zu den Phosphorproteinen (S. 24) gehörendes Protein, welches mit Pepsin-Salzsäure Paranuclein abscheidet und bei der Hydrolyse sich wie das Eiklar verhält.

b) Fett, welches sich durch seine hohe Refraktometerzahl, besonders durch den hohen Gehalt an unverseifbaren Bestandteilen (Lecithin, Cholesterin bis 10%) und durch den Gehalt an Luteinen von anderen Fetten unterscheidet und hierdurch von anderen Fetten unterschieden werden kann.

---

[1]) Vgl. Anmerk. 1 vorhergehende Seite.

[2]) Beim Hühnerei haben die Teile des Eies folgende prozentuale Zusammensetzung:

Hühnerei	In der natürlichen Substanz					In der Trockensubstanz			
	Wasser %	Stickstoff-Substanz %	Fett %	Kohlenhydrate %	Asche %	Stickstoff-Substanz	Fett	Kohlenhydrate	Asche
Gesamtinhalt.	73,67	12,57	12,02	0,67	1,07	47,73	45,67	2,54	4,06
Eiklar . . .	85,61	12,77	0,25	0,70	0,67	88,74	1,74	4,86	4,66
Eigelb . . .	50,93	16,05	31,70	0,29	1,02	32,72	64,61	2,08	0,59

Die Schalen bestehen vorwiegend aus Calciumcarbonat; sie enthalten:

Calciumcarbonat	Magnesiumcarbonat	Calcium- u. Magnesiumphosphat	Organische Stoffe
89—97%	0—2%	0,5—5%	2—5%

Die braunschaligen Eier haben nach Langworthy keine andere Zusammensetzung als die weißschaligen.

c) Lecithin. Das Lecithin ist teils frei (in Äther löslich), teils gebunden (an Vitellin?, in Alkohol löslich) vorhanden. Ein anderer Teil des hierdurch nicht gelösten Phosphors entfällt auf Nuclein und unorganische Phosphorsäure[1]). Man nimmt an, daß das Lecithin (freies wie gebundenes) im Eigelb als Distearyllecithin oder als ein Gemisch von gleichen Teilen Dipalmityl-, Distearyl- und Dioloyllecithin mit 3,84—3,94% Phosphor vorhanden ist.

Trier hat im Eigelblecithin auch Aminoäthylalkohol (Colamin) nachgewiesen. Nach Mc Collum, Halpin und Drescher wird das Eigelblecithin auch aus Fett und lecithinfreier Nahrung gebildet; sie geben darin 3% Lecithin, 6,39% Cephalin und 9,39% Phosphatide an.

d) Cholesterin. Dasselbe ist zu 4—5% im Eieröl enthalten und kann ebenfalls zum Nachweis von Eigelb in Nahrungsmitteln dienen.

e) Lutein, ein dem Xanthophyll (S. 116) isomerer Farbstoff, von dem man das Vitellorubin (rot) und Vitellolutein (gelb) unterscheidet. Es kommt auch im Blutserum und in manchen Pflanzen vor; seine gelbe ätherische Lösung wird auf Zusatz von wässeriger salpetriger Säure sofort entfärbt[2]).

Barbieri nennt den aus entfettetem Eigelb durch 95 proz. Alkohol ausgezogenen besonders gereinigten Farbstoff „Ovochromin"; er ist außerdem löslich in Wasser und Fetten und enthält 42,60% C, 6,70% H, 8,08% N, 1,60% S, 0,24% Fe und 40,78% O; er gibt keine Biuretreaktion.

f) Mineralstoffe. Nach der in Tabelle III am Schluß mitgeteilten Zusammensetzung kommen in der Asche auf 89,53 Teile Säure-Ionen — sogar ohne nicht angegebene Schwefelsäure — nur 23,81 Teile Basen-Ionen. Es macht sich also auch infolge des hohen Gehaltes des Eigelbes an organisch gebundenem Phosphor derselbe Überschuß an Säure-Ionen geltend wie beim Fischrogen (vgl. S. 287).

Eierdauerwaren.

Sowohl aus den ganzen Eiern wie aus dem Eiklar und Eigelb werden durch Zusatz von Kochsalz, Sterilisieren, durch Eintrocknen für sich oder unter Zusatz von Bindemitteln Dauerwaren hergestellt und mit den verschiedensten Phantasienamen in den Handel gebracht, z. B. Dauerwaren aus ganzen Eiern mit der Bezeichnung Puregg (gefärbt mit einem Anilinfarbstoff), Desikkated Eggs, solche aus Eigelb mit der Bezeichnung Ovon, Ovamin, Ovolin, Omletin, Genuine-Eigelb-Safran, Hyper-Samphire, Ice cream powder usw. Wegen des starken Verbrauchs von Eiklar zur Herstellung von photographischen Platten bzw. zu photochemischen Zwecken sind die Dauerwaren aus dem Eigelb am verbreitetsten. Sie kommen teils in flüssigem, teils in teigförmigem, teils in krümelförmigem Zustande vor, indem sie gleichzeitig durch Zusatz von Kochsalz, Borsäure, Borax, Salicylsäure, salicyl-

[1]) Nach A. Juckenack verteilt sich der im Eigelb vorhandene Phosphor wie folgt:

Ei von		Phosphor in Form von				In Alkohol unlöslich	
		Gesamt-Phosphorsäure	Gesamt-Lecithinphosphorsäure	von letzterer löslich in Äther	von letzterer löslich in Alkohol	als Nuclein	in unorganischer Bindung
Huhn . .	in 100 g Dotter	1,279 g	0,823 g	0,478 g	0,345 g	0,178 g	0,278 g
Ente . .	in 100 g Dotter	1,255 „	0,861 „	0,643 „	0,218 „	0,178 „	0,216 „
Huhn . .	im Dotter von einem Ei	0,2046 g	0,1317 g	0,0765 g	0,0552 g	—	—
Ente . .	im Dotter von einem Ei	0,3012 „	0,2066 „	0,1543 „	0,0523 „	—	—

Das Eiklar enthält kein Lecithin; die Gesamtphosphorsäure in einem Eiklar beträgt etwa 0,0105 g.

[2]) Diese Reaktion läßt sich insofern zum Nachweise von Eigelb verwenden, als die Nichtentfärbung zeigt, daß ein anderer gelber Farbstoff als Lutein oder neben diesem vorliegt.

saurem Natrium, Sulfiten usw. haltbar gemacht sind. Man begegnet auch Dauerwaren aus Eigelb unter der Bezeichnung Spriteigelb, Methyleigelb, die durch Zusatz von Sprit (Äthyl-) oder Methylalkohol haltbar gemacht sind.

Sehr häufig erfährt aber das Eigelb für die Herstellung von Dauerwaren Zusätze von Mehl, Stärke, Zucker, pflanzlichem Fett, Proteinen (Casein) unter Zusatz von gelben Anilinfarbstoffen.

Als Eierersatzmittel sind im Handel auch Mischungen von nur Stärkemehl oder Casein und Farbstoff oder gelbgefärbte Mischungen von Magermilchpulver und Weizenmehl mit und ohne Zusatz von Lockerungsmitteln (Backpulvern) vorgefunden. Besonders während der Kriegszeit kamen derartige Erzeugnisse unter den lockendsten Bezeichnungen in den Handel.

Dabei sind die Präparate vielfach von Schimmelpilzen und Bakterien durchsetzt. Bei reinen Waren muß die Zusammensetzung d. h. der Gehalt an Protein, Fett und Mineralstoffen dem vorstehend (S. 238, Anm. 2 und Tabelle II, Nr. 168 u. 169) für die Trockensubstanz berechneten Gehalt natürlicher Eier entsprechen.

Bei der Bestimmung und Beurteilung des Lecithingehaltes aus dem Gehalt an Phosphorsäure ist zu berücksichtigen, daß das Lecithin beim Aufbewahren (Altern) der Eierdauerwaren mehr oder weniger abzunehmen pflegt.

Verderben und Frischhalten der Eier.

Die Eier sind vielfach dem Verderben durch Bakterien und Schimmelpilze ausgesetzt. Die Kleinwesen gelangen entweder durch die Begattung[1]) in das Ei oder können auch an schwachen Stellen der Eischalen von außen in das Ei dringen; es scheinen nur bewegliche Bakterien durch die Schale dringen zu können. Meistens sind es Staphylo- und Streptokokken und Stäbchen, die als Schwefelwasserstoff- und Farbstoffbildner unterschieden werden. Häufig sind Bacillus oogenes hydrosulfureus Zörckendörffer, Bacterium fluorescens (Flügge), Bact. putidum (Flügge) und Bact. prodigiosum (Ehrenberg). Schimmelpilze (Penicillium, Aspergillus, Mucor) und Coccidien erzeugen stellenweise eine graugrüne Verfärbung der Schale, desgleichen zwischen Schale und Eihaut, im Eiklar und Eigelb olivengrüne oder schwarze Pilzkolonien, die beim Durchleuchten als Flecken erscheinen, weshalb solche Eier auch als Fleckeier (Heueier) bezeichnet werden. Sie kennzeichnen sich wie sonstwie verdorbene Eier auch dadurch, daß das Eiklar und Eigelb beim Durchschlagen der Eier durcheinanderfließt.

Dem Umsichgreifen der Kleinwesen in den Eiern sucht man dadurch vorzubeugen, daß man sie entweder in Kühlräumen kalt aufbewahrt, oder indem man den Luftzutritt abhält, sei es dadurch, daß man sie mit einer undurchlässigen Schicht (Firnis, Fett, Paraffin, Wachs, Vaseline, Collodium u. a.) überzieht, sei es in Lösungen von Wasserglas, Kochsalz oder Kalkwasser legt. Weniger wirksam ist das Einbetten in Asche, Sägemehl, Häcksel, Kleie, Ölsaaten oder sonstige Sämereien. Am gebräuchlichsten und zweckmäßigsten ist eine neutrale 40proz. Wasserglaslösung. Ist diese alkalisch, so kann Alkali ebenso wie aus feuchter Holzasche in das Ei dringen und dieses verderben; auch Kalkwasser und Kochsalzlösungen können beim Aufbewahren darin in die Eier eindringen.

Die Eier nehmen bei der Aufbewahrung stetig an Gewicht ab und naturgemäß bei trockener Aufbewahrung mehr als in Flüssigkeit und bei Umhüllungen. Fr. Prall fand die tägliche Gewichtsabnahme bei trockener Aufbewahrung zu durchschnittlich 0,0369 bis 0,0793%, in Kalkwasser zu 0,0253% in Prozenten des ursprünglichen Gewichtes der Eier.

Die Gewichtsabnahme wird in erster Linie durch Wasserverdunstung bewirkt. Hiernach müßte ihr spezifisches Gewicht zunehmen. Weil aber gleichzeitig der Luftgehalt allmählich zunimmt, so wird das spezifische Gewicht der Eier beim Aufbewahren entsprechend geringer.

---

[1]) Eier unbegatteter Tiere sind durchweg keimfrei.

Frische Eier haben nach Drechsler ein Volumgewicht von 1,0784 bis 1,0914, im Mittel von 1,0845; im April und Mai erfährt das Volumgewicht beim Aufbewahren der Eier eine tägliche Verminderung von 0,0018, im Juni und Juli eine solche von 0,0017. Eier, welche ein Volumgewicht von 1,05 besitzen, sind demnach mindestens drei Wochen alt und sollten als dem baldigen Verderben entgegengehend nicht mehr verkauft werden; ist das Volumgewicht auf 1,015 gesunken, so zeigen die Eier schon Zeichen der Fäulnis[1]).

Untersuchung der Eier. Die Untersuchung der natürlichen Eier beschränkt sich, da eine Verfälschung ohne Verletzung der Eier nicht möglich ist, vorwiegend nur auf die Feststellung der Frische bzw. Verdorbenheit. Als Mittel für diesen Zweck dient für gewöhnlich die Durchsichtigkeit. Man umschließt das Ei mit der hohlen Hand und hält es dicht vor dem beschatteten Auge gegen helles Licht, oder man bedient sich des Eierspiegels, Ovoskops oder der Eierlupe. Frische Eier sind durchscheinend und hell, bebrütete oder verdorbene erscheinen dunkel oder fleckig.

Bei der Kälteprüfung berührt man die beiden Enden des Eies nacheinander mit der Zunge. Das lebende, frische Ei fühlt sich an der Spitze kalt, am stumpfen Ende warm an. Verdorbene faule Eier sind an beiden Enden kalt.

Auch das spezifische Gewicht kann für den Zweck herangezogen werden (vgl. vorstehend). Reinhardt hat hierfür einen besonderen Eierprüfer „Ovarum", J. Großfeld ein Eier-Aräometer eingerichtet.

Sicher läßt sich die Beschaffenheit der Eier nur durch Aufschlagen und durch eine mykologische Untersuchung feststellen.

Die chemische Untersuchung erstreckt sich einerseits auf die Ermittlung der chemischen Zusammensetzung nach allgemein üblichen Verfahren, andererseits auf die Bestimmung des Lecithins, Cholesterins und die Prüfung auf Lutein in Eierdauerwaren.

Eßbare Vogelnester.

Die Nester der Salangaschwalbe (Collocalia fuciphaga oder esculenta), die ihre Nester unter Verzehr von Meeresalgen (Porphyra vulgaris, Enteromorpha compressa, Laminaria japonica, Gelidium cornuum u. a.) aufbaut, werden wie letztere vielfach zu den pflanzlichen Nahrungsmitteln gerechnet. Weil sie aber nicht die die proteinarmen Meeresalgen kennzeichnenden Galaktane enthalten, sondern vorwiegend aus Protein (63—70% der Trockensubstanz) bestehen, so ist die andere Ansicht, wonach sie als Erzeugnis des Speichels aufgefaßt werden, wohl die richtige, weshalb sie zweckmäßig den Vogeleiern als Erzeugnis von Chylus und Blut angereiht werden.

Die Stickstoffsubstanz wird zu den Glykoproteinen (S. 25) gerechnet; denn sie liefert beim Erwärmen mit 3,3 proz. Salzsäure reichliche Mengen reduzierender Stoffe und Glykosamin, während in der Restsubstanz durch weitere Hydrolyse auch die Hexonbasen (Lysin, Histidin und Arginin) nachgewiesen wurden.

Die eßbaren Vogelnester gelten als verdauunganregendes Nahrungsmittel und werden hoch bezahlt.

Über die Zusammensetzung vgl. Tabelle II, Nr. 170.

[1]) Zur raschen Bestimmung des spezifischen Gewichtes der Eier bedient man sich im allgemeinen einer Kochsalzlösung von 1,027 spez. Gewicht (oder von 60 g Kochsalz in 1 l Wasser). Frische Eier legen sich in der Richtung der Längsachse auf den Boden des mit der Kochsalzlösung gefüllten Gefäßes (Becherglas), über 3 Wochen alte Eier stellen sich auf die Spitze, schwimmend bleibende Eier sind als verdorben anzusehen.

Fleisch.

Begriff. Unter „Fleisch" im engeren Sinne versteht man die Muskeln bzw. das Muskelfleisch des tierischen Körpers, also hier aller eßbaren Tiere von den Vertebraten bis hinab zu den Amphibien.

Unter „Fleisch" im weiteren Sinne bzw. im Sinne des N.M.G. und des RStrGB. sind alle zum Genuß für Menschen bestimmten und geeigneten Teile von Säugetieren, Vögeln, Fischen usw. zu verstehen, während das Gesetz betr. die Schlachtvieh- und Fleischbeschau dagegen nur alle eßbaren Teile warmblütiger Tiere unter den Begriff „Fleisch" bringt, also nicht nur Muskelfleisch, sondern auch sämtliche eßbaren Schlachtabgänge, Fette der Tiere (unverarbeitet oder zubereitet), jedoch nicht Butter und geschmolzene Butter (Butterschmalz);

Würste und ähnliche Gemenge von zerkleinertem Fleische fallen ebenfalls unter das Schlachtvieh- und Fleischbeschau-Gesetz.

Andere Erzeugnisse aus Fleisch, insbesondere Fleischextrakte, Fleischpeptone, tierische Gelatine, Suppentafeln, gelten bis auf weiteres nicht als Fleisch.

Ebenso fällt Fleisch von Fischen, Amphibien (Fröschen), von Krusten- und Weichtieren (Krebsen, Seemuscheln, Schnecken), als von Kaltblütern herrührend, nicht unter das genannte Gesetz.

Gewinnung des Fleisches. Das Fleisch wird durch Schlachten der Tiere auf zweierlei Weise gewonnen, nämlich:

1. Dadurch, daß das Blut größtenteils im Körper bleibt, z. B. bei Federvieh durch Abdrehen des Kopfes, bei Wild durch Abschießen.

2. Dadurch, daß das Blut aus dem Körper entfernt wird; hierfür gibt es drei Verfahren, nämlich:

a) Schlachtung nach erfolgter Betäubung durch Stirnschlag.

b) Tötung durch Schuß bzw. durch Schußmaske.

c) Tötung durch Bruststich oder Halsschnitt (das Schächten).

Von diesen Verfahren wird für die Beschaffenheit und Haltbarkeit des Fleisches das letzte wohl als das beste angesehen, weil es die vollkommenste Entblutung des Tierkörpers herbeiführt. Weil es aber als grausam und Tierquälerei gilt, so pflegt man jetzt allgemein von den beiden anderen Verfahren a und b Gebrauch zu machen. Am wenigsten geeignet erscheint der Genickstich oder Genickschlag, bei welchem die Tiere gleichsam in die eigenen Blutgefäße verbluten.

Struktur, allgemeine Beschaffenheit und Eigenschaften des Fleisches.

1. Das Fleisch besitzt eine festweiche Beschaffenheit und besteht aus einzelnen Fasern (Schläuchen, Röhren), die durch Bindegewebe zusammengehalten werden. Durch Zusammenlagern mehrerer Fasern entstehen Bündel. Jede Faser (Röhre, Schlauch) ist von einer strukturlosen glashellen Hülle, dem Sarkolemma umschlossen, während der Inhalt aus feinen contractilen Fäden, den Muskelfibrillen, runden Kernen und dem proteinreichen Sarkoplasma (einer feinkörnigen Substanz zwischen den Fibrillenbündeln) besteht. Bei den willkürlichen Muskeln sind die Fasern quergestreift, bei den unwillkürlichen (Lunge, Niere, Milz u. a. mit Ausnahme des Herzens) glatt (ungestreift). Die Muskelfasern sind von einem weichen Maschenwerk von Blutcapillaren, in deren Nähe auch Lymphgefäße vorkommen, umsponnen.

1. Die Farbe des Muskelfleisches hängt von der Menge des aufgenommenen Blutfarbstoffes (Hämochromogen) ab[1]. Sie schwankt von blaßrot (Kalb), rosenrot bis braun-

---

[1]) Nach anderer Ansicht ist der Farbstoff des Muskels (Myohämatin) vom Blutfarbstoff verschieden.

rot (Rind, Pferd). Bei den „weißen" oder „blassen" quergestreiften Muskeln (Geflügel, Fische, Kaninchen, ganz junge und mit Milch ernährte Kälber) sind die Fasern meist breiter, ärmer an Sarkoplasma, ihre Querstreifung ist dichter, ihre Längsstreifung ist weniger hervortretend und ihre unmittelbar dem Sarkolemma anliegenden Kerne sind weniger zahlreich als in den roten Fasern, in denen sie zwischen den Fibrillen liegen. Die weißen Muskeln sind durchweg etwas reicher an Trockensubstanz, Stickstoffsubstanzen und Extraktivstoffen, dagegen ärmer an Phosphatiden als die roten Muskeln (Quagliariella).

3. Die Reaktion der lebenden Muskeln ist neutral (schwach alkalisch oder auch amphoter); nach dem Tode tritt die Muskelstarre ein, die mit einer Abnahme des Glykogens und bei den quergestreiften — nicht bei den glatten — Muskelfasern mit dem Auftreten einer sauren Reaktion infolge Bildung von Fleischmilchsäure verbunden ist. Das Erstarren beruht auf einer Gerinnung des Myosins (vgl. S. 244), ob infolge der sich bildenden Milchsäure oder eines vorhandenen Fermentes, ist noch nicht ausgemacht. Ebenso ist die Entstehung der Milchsäure, die nach Aufhören der Sauerstoffversorgung auftritt, noch unklar. Nach Verlauf einiger Stunden hört die Muskelstarre auf, der Muskel wird wieder biegsam und elastisch; gleichzeitig nimmt der Säuregehalt zu. Es ist aber noch nicht sicher, ob das Wiederweichwerden der parallel quergestreiften Muskeln auf etwaigem Lösen des geronnenen Myosins infolge der auftretenden größeren Säuremengen beruht. Hierzu würde die Säuremenge schwer ausreichen. Aber sie hat die günstige Wirkung, daß das Fleisch, welches unmittelbar nach dem Schlachten unschmackhaft und zäh ist, nach längerem Aufbewahren — nötigenfalls auf Eis — zart und wohlschmeckend wird.

Die Säurung, Reifung des Fleisches wird bekanntlich bei dem dichtgefügten Fleisch von Wild ziemlich weit, bis fast zur beginnenden Fäulnis (Hautgout) getrieben. Infolge der sauren Gärung genügt schon eine Temperatur von 60—70° dazu, um das Bindegewebe mit Hilfe der vorhandenen Fleischmilchsäure zu lösen, d. h. in Leim überzuführen.

Durch zu langes Lagern, zumal bei höheren Temperaturen und im Sonnenlicht, wird das Fleisch mißfarbig, geht in Fäulnis über und nimmt eine alkalische Reaktion an.

4. Von wesentlichem Einfluß auf die Beschaffenheit des Fleisches ist das Alter der Tiere.

In der Jugend ist die Röhrenwandung der Muskelfaser dünn und zart, das Bindegewebe im allgemeinen gering. Mit dem Älterwerden der Tiere, ebenso wie bei schlechter Ernährung werden die Wandungen fester und tritt mehr Bindegewebe auf; der in den Röhren eingeschlossene Saft und Inhalt, welcher vorzugsweise die Beschaffenheit und den Wohlgeschmack des Fleisches bedingt, wird geringer. Daher ist das Fleisch junger und wohlgenährter Tiere zarter und wohlschmeckender als das alter und schlecht genährter Tiere[1]). Auch Körperarbeit macht das Fleisch fest und zähe.

Bei den Säugetieren und Vögeln ist das Fleisch der weiblichen Tiere zarter und fetter, aber meistens weniger schmackhaft als das der männlichen Tiere. Beim Schwein ist das Fleisch der Sau ebenso geschätzt wie das des Ebers; bei der Gans wird dem Weibchen stets der Vorzug vor dem Männchen gegeben.

Durch die Kastration wird ein zarteres, fetteres und schmackhafteres Fleisch erzielt, und werden aus dem Grunde die zur Mast bestimmten Schweine und Schafe vielfach kastriert.

Die Bestandteile des Fleisches. Wenngleich das Muskelfleisch der verschiedenen Tiere und die Fleischteile ein und desselben Tieres im Aussehen und Geschmack sehr verschieden sind, so enthalten sie doch, wenigstens das Muskelfleisch, mehr oder weniger dieselben chemischen Bestandteile, wenn auch in verschiedenen Mengen.

---

[1]) Bei der Mast ausgewachsener Tiere wird nicht die Muskelfaser, sondern vorwiegend der Fleischsaft erhöht. W. Henneberg und Mitarbeiter fanden z. B. in einem gemästeten Tiere gegenüber einem nicht gemästeten eine Erhöhung des Albumins in der fettfreien Fleischtrockensubstanz von 167,1 auf 249,1 g.

1. Wasser. Der Wassergehalt des Fleisches hängt wesentlich von seinem Fettgehalt ab, je höher letzterer, um so niedriger ersterer[1]).

Mit zunehmendem Fettgehalt treten die anderen Bestandteile, vorzugsweise aber das Wasser, prozentual zurück.

Dieses bezieht sich auf gleiche Gewichtsmengen Fleisch; nimmt man jedoch die ganzen Stücke verschiedener Körperteile von gleichartigen Tieren einmal ungemästet und dann im gemästeten Zustande, so erhält man nach Versuchen von W. Henneberg und Mitarbeitern andere Beziehungen. Diese bestimmten in den ganzen Fleischstücken (Hals, Brust, Lappen, Blatt, Karbonade, Karré, Keule) den Gehalt an Fleischfaser, Fett usw. bei ungemästeten und diesen entsprechenden, gemästeten Tieren mit folgendem Ergebnisse (die Fleischstücke enthielten im ganzen):

	Fleischfaser	Sehnen	Fett	Knochen
1. Nicht gemästet . . .	11,891 kg	2,488 kg	3,939 kg	2,530 kg
2. Fett	11,740 „	1,818 „	11,296 „	2,566 „
3. Hochfett	12,740 „	1,992 „	13,373 „	2,902 „

Hiernach wird wenigstens bei erwachsenen Tieren die Fleischsubstanz durch die Mästung kaum und bei wachsenden gemästeten Tieren nur verhältnismäßig wenig vermehrt; in absoluter Menge nimmt wesentlich das Fett zu, welches zwischen die Fleischfasern eingelagert wird.

In dem fettfreien d. h. von dem sichtbaren anhängenden Fett- und Zellgewebe befreiten Muskelfleisch ist der Wassergehalt keinen großen Schwankungen unterworfen; denn nach verschiedenen Untersuchungen schwankte der Wassergehalt des fettfreien Muskelfleisches nur zwischen 74,04—78,85%. Bei den landwirtschaftlichen Schlachttieren ist das Muskelfleisch vom Kalb am wasserreichsten, das vom Schwein am wasserärmsten.

2. Stickstoffverbindungen. Die Stickstoffverbindungen des frischen Muskelfleisches können durch Pressen oder Behandeln mit 10—15 proz. Neutralsalzlösungen in zwei Gruppen zerlegt werden, nämlich in Verbindungen des Muskelplasmas, des neutralen oder alkalisch reagierenden Preßsaftes, und in die des Muskelstromas, des in den Neutralsalzlösungen unlöslichen Rückstandes. Letztere Stickstoffverbindungen sind noch wenig bekannt, über erstere gehen die Ansichten noch auseinander.

a) Zu den Stickstoffverbindungen des **Muskelstromas** gehören vorwiegend das Bindegewebe (eine leimgebende Stickstoffverbindung), das Sarkolemma (wahrscheinlich eine elastinartige Stickstoffverbindung) und anscheinend auch Nucleoproteine.

b) Im **Muskelplasma** nimmt Kühne nur eine, v. Fürth zwei und Halliburton von vornherein fünf verschiedene Stickstoffverbindungen an. Wahrscheinlich sind an der Gerinnung wenigstens zwei verschiedene Proteine beteiligt, nämlich das Myosin und Myogen. Das Myosin gehört zu den Globulinen, koaguliert zwischen 44—50°, ist in Neutralsalzen löslich und wird durch Halbsättigung mit Ammoniumsalz oder durch Wasser oder bei der Dialyse gefällt. Es geht bei der Gerinnung in die Modifikation Myosinfibrin über.

Das Myogen steht in seinen Eigenschaften zwischen den Albuminen und Globulinen; es ist löslich in destilliertem Wasser, koaguliert bei 55—65° und wird bei der Dialyse nicht

[1]) So ergaben mehrere Analysen im Mittel:

Rindfleisch	In der natürlichen Substanz					In der Trockensubstanz			
	Wasser %	Stickstoffsubstanz %	Fett %	Sonstige N-freie Stoffe %	Mineralstoffe %	Stickstoffsubstanz %	Fett %	Sonstige N-freie Stoffe %	Mineralstoffe %
Mager	74,23	20,56	3,50	0,56	1,25	79,79	13,59	2,17	4,45
Mittelfett	70,96	19,86	7,75	0,43	1,00	68,04	26,68	1,47	3,44
Fett	55,31	18,92	24,53	0,29	0,95	42,35	54,89	0,64	2,12

und durch Ammonsulfat erst jenseits der Halbsättigung gefällt. Es soll im Säugetiermuskelplasma das Myosin um das 3—4fache übertreffen. Bei der Gerinnung geht es in die Modifikation „Myogenfibrin" über.

c) Das eigentliche **Albumin,** das erst bei 73° gerinnt, rührt von zurückgebliebenen Blutresten her, ist also ein Serumalbumin (vgl. S. 19).

d) **Fleischbasen,** von denen Kreatin und Kreatinin — letzteres wahrscheinlich im Muskel nicht präformiert —, Carnosin (wahrscheinlich ein Dipeptid aus Histidin und Alanin) und die Purinbasen (Xanthin, Hypoxanthin) die wichtigsten sind. Über die Eigenschaften dieser Fleischbasen vgl. S. 49 und 54 . Im Liebigschen Fleischextrakt will man gegen 17 verschiedene Fleischbasen[1]) gefunden haben (vgl. weiter unten S. 295).

Hierher gehören auch noch die Inosinsäure (eine Nucleinsäure S. 48), die sich in Phosphorsäure, Hypoxanthin und Pentose spalten läßt, das Inosin (ebenfalls aus Hypoxanthin und Pentose bestehend) und die Phosphorfleischsäure (S. 48).

Der Gehalt an Fleischbasen ist nicht nur im Fleisch verschiedener Tiere, sondern auch in den Fleischsorten desselben Tieres verschieden. Die quergestreiften Muskeln sind nach Cabella im allgemeinen reicher an Kreatin als die glatten Muskeln, die Brustmuskeln bei den Vögeln reicher hieran als die Schenkelmuskeln. Das Muskelgewebe der wirbellosen Tiere enthält anscheinend überhaupt kein Kreatin.

e) Als **Aminosäuren** im Liebigschen Fleischextrakt werden Alanin, Valin, Asparaginsäure, Phenylalanin u. a. genannt. Auch im frischen Muskelfleisch werden Mono- und Diaminosäuren aufgeführt; größere Mengen dürften indes wohl durch nachträgliche Zersetzung bei der Reife gebildet sein. Bei der Fäulnis des Fleisches treten selbstverständlich größere Mengen von Aminosäuren und Ammoniak auf.

Die Stickstoffverbindungen des von anhängendem Fett tunlichst befreiten reinen Muskelfleisches mit rund 14% Stickstoff verteilen sich in Prozenten des Gesamtstickstoffs wie folgt:

Unlöslich in Wasser, Salzlösung (Fasern)	Löslich in 10 proz. Salzlösung (Myosin u. Myogen)	Löslich in heißem Wasser (Bindegewebe)	Löslich in kaltem Wasser		
			Albumin	Basen	Aminosäuren
4,0%	70,0	4,5%	10,0%	6,5%	5,0

f) Der **Gesamt-Stickstoffgehalt** des tunlichst vom anhängenden Fett befreiten Muskelfleisches im wasserhaltigen Zustande schwankt nach verschiedenen Untersuchungen, wie folgt:

	Rind %	Kalb %	Schaf %	Schwein %	Pferd %	Kaninchen %
Schwankungen .	2,97—3,84	3,07—3,31	3,03—3,22	3,12—3,36	3,10—4,02	2,94—3,50
Mittel	3,45	3,18	3,15	3,25	3,63	3,20

g) **Elementarzusammensetzung und Wärmewert der fett- und aschenfreien Fleisch-Trocken-Substanz:**

	Kohlenstoff %	Wasserstoff %	Stickstoff %	Schwefel %	Sauerstoff %	Wärmewert für 1 g cal.
Schwankungen	52,11—52,86	6,95—7,38	15,45—16,92	0,42—1,15	22,44—24,56	5561—5735
Mittel	52,58	7,17	16,49	0,65	23,11	5641

3. Fett. Nach Abtrennung des zwischen den Muskelfasern eingelagerten Fettes enthält das Muskelfleisch durchweg noch 0,5—3,5% Fett. Es besteht vorwiegend aus den Triglyceriden der Palmitin-, Stearin- und Ölsäure. A. Bömer fand im Rinds- und Hammeltalg 1,5—3,0% Tristearin (73° korr. Schmelzp.), ferner auch gemischte Glyceride, näm-

[1]) Die früher im Liebigschen Fleischextrakt bzw. Fleisch angenommene Fleischbase „Carnin" wird von Haiser und Wenzel als ein Gemisch von Hypoxanthin und Inosin angesehen.

lich 4—5% Palmitodistearin (63,3° korr. Schmelzp.) und 4—5% Stearodipalmitin (57,7° korr. Schmelzp.). Das Fleischfett enthält 0,1—0,2% Cholesterin.

Im wasserfreien Muskelfleisch gibt A. Constantino 0,115% Phosphor (oder 16,34% des Gesamtphosphors) als Lecithinphosphor (= 2,93% Lecithin) an; Nerking fand in der Fleischtrockensubstanz von Kaninchen und Igel 2,59% bzw. 3,71% Lecithin, im Herzmuskel, in der Lunge, Niere etwa die doppelte, im Gehirn die 5fache und im Rückenmark etwa die 10fache Menge Lecithin. Erlandsen hält das Lecithin im Ochsenmuskel für ein Monoamino-Monophosphatid ($C_{43}H_{80}NPO_9$), das im Ochsenherz vorkommende, das Cuorin, für ein Diamino-Diphosphatid ($C_{71}H_{125}N_2P_2O_{21}$).

Die Fleisch- und Gewebsfette[1]) der Warmblüter haben eine nur wenig schwankende fast gleiche Elementarzusammensetzung und fast gleichen Wärmewert, nämlich im Mittel:

Kohlenstoff	Wasserstoff	Sauerstoff	Wärmewert für 1 g
76,55%	11,96%	11,49%	9485 cal.

4. Stickstofffreie Extraktstoffe. Hierzu gehören Kohlenhydrate und Säuren.

a) Kohlenhydrate. Als solche sind in erster Linie Glykose (direkt reduzierend und gärfähig) und wahrscheinlich auch Maltose und Glykogen (S. 110) zu nennen. An beiden Kohlenhydraten wurden z. B. in frischem Muskelfleisch gefunden:

	Rindfleisch	Kalbfleisch	Schweinefleisch	Pferdefleisch
Glykose	0,100—0,381%	wenig bis 0,255%	0,100—0,208%	0,142—0,417%
Glykogen	0,050—0,180 „	—	—	0,250—0,940 „

Embryonales Fleisch, Katzen- und Hundefleisch enthalten noch größere Mengen Glykogen als Pferdefleisch. Bei gut ernährten (fetten) Tieren (Pferden) ist der Glykogengehalt höher als bei mageren Tieren. Beim Lagern des Fleisches nimmt der Glykogengehalt und auch wohl der der Glykose ab. Außer Glykose und Glykogen sind im Fleisch an Kohlenhydraten noch Pentosen (0,42%, wahrscheinlich als Bestandteil der Proteine) und Inosit (S. 114) gefunden.

b) Organische Säuren. Die Hauptmenge der Säuren macht die Fleischmilchsäure (Paramilchsäure $CH_3 \cdot CH(OH) \cdot COOH$) aus; der Gehalt des regelrecht gereiften Fleisches (S. 255) daran beträgt 0,05—0,07%; sie ist z. T. an Basen gebunden. H. Einbeck fand im frischen Fleisch auch Bernsteinsäure (z. B. 0,133 g in 1,8 kg Rindfleisch) und Fumarsäure, die sich aus der Bernsteinsäure bilden soll. Ferner sind noch spurenweise Buttersäure, Essigsäure und Ameisensäure gefunden worden.

c) Mineralstoffe. Die mineralischen Bestandteile des Muskelfleisches der Säugetiere machen 0,8—1,8% des natürlichen, oder 3,2—7,5% des wasserfreien Fleisches aus. Sie bestehen vorwiegend aus Kalium- und Calciumphosphat sowie Chlornatrium (vgl. Tabelle III, Nr. 29—31 am Schluß).

Von dem Phosphor sind 66—80% in kaltem Wasser löslich; 15—20% desselben bestehen aus Lipoidphosphor (Phosphatiden), 2—5% aus Nucleinphosphor, der Rest aus unorganischer Phosphorsäure, vorwiegend aus Alkaliphosphat bestehend. Der an sich geringe Kieselsäuregehalt (0,001%) hängt wesentlich vom Bindegewebe ab.

Prozentuale Verteilung der Bestandteile im Fleisch. Unter Zugrundelegung der vorstehenden Ausführungen läßt sich der prozentuale Gehalt des von eingelagertem Fett befreiten, reinen Muskelfleisches an den genannten Bestandteilen durch folgende Übersicht wiedergeben:

---

[1]) Für die gereinigte Membran der Fettgewebe wurde folgende mittlere Elementarzusammensetzung gefunden:

50,85% C, 7,34% H, 15,70% N, 0,72% Asche.

		%
Wasser		74,0 —77,0
In kaltem Wasser unlöslich	Muskelfaser	0,6 — 1,3
	Bindegewebe	2,0 — 3,5
	Myosin Myogen	12,0 —14,0
In kaltem Wasser löslich	Albumin	1,5 — 3,5
	Fleischbasen	0,50— 1,10
	Kreatin + Kreatinin	0,10— 0,38
	Carnosin	0,07— 0,25
	Purinbasen	0,13— 0,26
	Aminosäuren	0,80— 1,20
	Phosphorfleischsäure	0,06— 0,24
	Harnstoff	0,01— 0,03
Fett		0,5 — 3,5

		%
Sonstige stickstofffreie Stoffe	Milchsäure	0,05 —0,07
	Buttersäure	Sehr geringe Mengen
	Essigsäure	
	Ameisensäure	
	Inosit	
	Glykogen	0,0 —0,20[1]
	Glykose	0,10—0,25
Salze		0,80—1,80
In den Salzen:	Kali	0,30 —0,50
	Natron	0,07 —0,12
	Kalk	0,02 —0,10
	Magnesia	0,02 —0,08
	Eisenoxyd	0,003—0,01
	Phosphorsäure	0,40 —0,50
	Schwefelsäure	0,003—0,04
	Chlor	0,01 —0,07

Von diesen Bestandteilen gehen nach obiger Übersicht durch kaltes Wasser in Lösung die sog. Extraktivstoffe, nämlich Albumin, die Fleischbasen, Zucker, die stickstofffreien Säuren und fast vollständig die Salze.

Durch kochendes Wasser gerinnt das Eiweiß und wird unlöslich; statt dessen wird alsdann das Bindegewebe zum Teil gelöst, welches in Leim übergeht.

Außerdem wird durch kochendes Wasser das Fett flüssig und geht zum Teil mit in die Fleischbrühe.

Die Menge der in Wasser löslichen Bestandteile des Fleisches beträgt zwischen 4—8%; durch Alkohol (von 80—90%) werden 1,5—3% gelöst.

Unterschiede zwischen quergestreiften und glatten Muskelfasern. Die vorstehenden Ausführungen verstehen sich vorwiegend für quergestreifte Muskelfasern. Die glatten Muskelfasern enthalten aber im allgemeinen dieselben Bestandteile, nur in etwas anderem Verhältnis. Von Myosin, Albumin, ferner auch Nucleoproteinen und Phosphatiden sind in den glatten Muskelfasern entweder der eine oder der andere Bestandteil in etwas größerer, die Fleischbasen dagegen allgemein in geringerer Menge vorhanden als in den quergestreiften Muskelfasern. Die Leber pflegt einseitig reich an Glykogen zu sein. Die glatten Muskelfasern enthalten durchweg mehr Wasser und Chloride, vielfach auch weniger Kali und verhältnismäßig mehr Natron als quergestreifte Muskelfasern.

Fehlerhafte Beschaffenheit des Fleisches.

Kein anderes Nahrungsmittel ist in solchem Maße Verunreinigungen und ungewöhnlichen Veränderungen ausgesetzt als das Fleisch. Teils sind sie Folgen von Krankheiten der Tiere, teils die einer fehlerhaften Behandlung des Fleisches nach dem Schlachten. Der Genuß derartig veränderten Fleisches hat oft zu schweren Massenerkrankungen geführt.

Da gesundheitsschädliches Fleisch meist keine für den Laien auffällige Veränderungen zeigt, andererseits auch durch die übliche Zubereitung häufig nicht in einen unschädlichen Zustand gebracht werden kann, so ist in neuerer Zeit von den meisten Kulturstaaten eine gesetzlich geregelte Fleischbeschau eingeführt worden, deren Ausübung Sachverständigen

[1]) Im Pferdefleisch bis 0,9%, in embryonalem, Katzen- und Hundefleisch durchweg noch mehr Glykogen.

obliegt. Für das Deutsche Reich gilt das Gesetz betreffend die Schlachtvieh- und Fleischbeschau vom 3. Juni 1900. Dieses und andere Gesetze unterscheiden:

1. „Taugliches" Fleisch, welches von normaler Beschaffenheit ist und in gesundheitlicher Hinsicht zu Bedenken keinen Anlaß gibt[1]).

2. „Untaugliches" Fleisch, welches wegen der mit seinem Genuß verbundenen Gefahren für die menschliche Gesundheit von der Verwertung als Nahrungsmittel ausgeschlossen werden muß. Dieser Begriff deckt sich mit dem von „gesundheitsschädlichem" Fleisch, als welches das Fleisch angesehen werden muß, nach dessen Genuß — sei es in rohem oder zubereitetem Zustande — erfahrungsgemäß Erkrankungen beim Menschen auftreten oder auf dem der begründete Verdacht ruht, daß es möglicherweise schädlich wirken kann.

Auch gehört hierher solches Fleisch, welches, ohne gesundheitsschädlich zu sein, so hochgradig verändert (bzw. verdorben) ist, daß es als menschliches Nahrungsmittel nicht verwendet werden kann.

3. „Bedingt taugliches" Fleisch, welches in seinem natürlichen Zustande zum Genusse für Menschen ohne Gesundheitsgefährdung nicht verwendbar ist, aber durch entsprechende Behandlung seiner gefährlichen Eigenschaften entkleidet werden kann (z. B. finniges und trichinöses Fleisch durch Kochen, Dämpfen, Pökeln, Aufbewahren im Kühlhaus).

4. „Minderwertiges", d. h. in seinem Nahrungs- und Genußwert erheblich herabgesetztes Fleisch, welches mit mäßigen Abweichungen in bezug auf Haltbarkeit, Zusammensetzung, Geruch, Farbe usw. behaftet ist und deswegen nicht in den freien Verkehr gebracht werden darf.

5. „Nachgemachtes" Fleisch, welches ein bestimmtes Fleisch zu sein scheint, das es in Wirklichkeit nicht ist.

Die dem Fleische anhaftenden Fehler lassen sich wie folgt einteilen:

1. Physiologische Abweichungen. Hierzu gehört z. B. Fleisch von ungeborenen oder totgeborenen (bzw. von zu früh, unter 8 Tage alten geschlachteten) Tieren, von krepierten oder zu Tode gehetzten Tieren, oder von Tieren nach plötzlichen Todesfällen, wenn sie unmittelbar nach dem Tode ausgeweidet sind. Diese Arten Fleisch gelten als genußuntauglich (gesundheitsschädlich bzw. verdorben).

2. Pathologische Abweichungen.

a) Fleisch von vergifteten Tieren. Fleisch von mit Strychnin, Eserin, Pilocarpin, Colchicin, Apomorphin und Veratrin vergifteten Tieren hat sich nach Verfütterung an Hunde als nicht und bei Strychnin nur dann als giftig erwiesen, wenn die Vergiftung hiermit kurz vor der Schlachtung erfolgt war.

Die unter Umständen an Tiere verfütterte arsenige Säure sammelt sich nur in sehr geringen Mengen (z. B. in einem Falle bei $^1/_2$jähriger Fütterung zu 0,000191 g in $^1/_2$ kg Muskelfleisch, zu 0,001 g in je $^1/_2$ kg Milz und Nieren, zu 0,000064 g in $^1/_2$ kg Leber) im Tierkörper an, so daß nach dem Genuß der Organe solcher Tiere keine schädlichen Wirkungen zu erwarten sind. Dasselbe gilt von Fleisch von Tieren, die an chronischer Bleivergiftung verendet sind.

Man wird daher das Fleisch von Schlachttieren, welche nicht allzu kurze Zeit vor der Schlachtung und nicht mit zu großen Giftmengen behandelt worden sind, sofern sie keine Anzeichen der überstandenen Krankheit mehr zeigen, als vollwertig betrachten dürfen. Sind die betreffenden Krankheitserscheinungen noch vorhanden, so ist das Fleisch als minderwertig zu betrachten; dagegen sind Leber, Nieren, Magen, Darm und Euter von der Verwendung zur menschlichen Ernährung auszuschließen.

Als verdorben ist auch das Fleisch solcher Tiere zu betrachten, welche wegen zufälliger Vergiftungen notgeschlachtet werden mußten.

Auch bei der Zubereitung des Fleisches können zuweilen Gifte in dasselbe gelangen.

---

[1]) Diese Begriffsbestimmung ist nach R. Ostertag nicht ganz ausreichend, weil Fleisch von einem nur mit unerheblichen Erkrankungen behafteten Tier genußtauglich sein kann.

b) Mit tierischen Parasiten behaftetes Fleisch. Von den zahlreichen tierischen Parasiten der Schlachttiere kommen für die Fleischhygiene in ernsterer Weise nur wenige in Betracht, welche teils direkt, teils nach Durchgang durch einen anderen Wirt im menschlichen Körper sich weiter entwickeln können, manchmal unter gefährlichen Krankheitserscheinungen. Zu ersteren gehören die Rinder- und Schweinefinne und die Trichine, zu letzteren die Echinokokken und die Larven von Pentastomum taenioides.

α) Die **Rinderfinne** (Cysticercus inermis) ist die vorwiegend in den Kaumuskeln beim Rinde vorkommende, gelegentlich auch bei der Ziege und dem Reh aufgefundene geschlechtslose Zwischenform (Larve) des sich im menschlichen Darm entwickelnden, ziemlich häufigen Bandwurms (Taenia saginata). Aus den aus dem menschlichen Darm ins Wasser oder auf den Dünger geratenden Eiern desselben entwickelt sich im Magen des Rindes ein Embryo, der durch die Magen- oder Darmwand in das Bindegewebe oder den Blutkreislauf gelangt und sich dann an geeigneten Stellen des Körpers festsetzt und zur Finne entwickelt. Diese bildet stecknadelkopf- bis erbsengroße, rundliche Blasen, die aus einer bindegewebigen Hülle und dem Parasiten selbst bestehen, an welchem sich die mit Flüssigkeit gefüllte Schwanzblase und der in diese eingestülpte Scolex (Hals und Kopf) unterscheiden lassen. Zur völligen Entwicklung der Finne gehört ein Zeitraum von 18 Wochen; sie ist dann 4—8 mm lang und 3 mm breit.

Durch zweistündiges Kochen, 14tägiges Pökeln in 25 proz. Kochsalzlösung, viertägiges Gefrieren bei —8 bis —10° (und durch dreiwöchiges Aufbewahren des Fleisches) wird der Parasit getötet.

β) Die **Schweinefinne** (Cysticercus cellulosae) ist die geschlechtslose Zwischenform des sog. dünnen oder Einsiedlerbandwurmes des Menschen (Taenia solium). Sie unterscheidet sich von der Rinderfinne durch den Besitz eines doppelten Hakenkranzes am Scolex, gleicht aber in der Entwicklung der Rinderfinne. Die Finne ist mit freiem Auge erkennbar und erscheint als grauweißes Bläschen von der Größe einer Erbse; auch den Kopf kann man mit freiem Auge erkennen, er hat die Größe eines Stecknadelkopfes und ein mattweißes Aussehen.

Die Schweinefinne wird nur durch Kochen oder Pökeln abgetötet.

Der ganze Tierkörper, mit Ausnahme des Fettes, ist als untauglich zum Genuß anzusehen, wenn das Fleisch wässerig oder verfärbt ist oder wenn die Schmarotzer, lebend oder abgestorben, verhältnismäßig häufig auftreten. Liegen solche Zustände nicht vor, so kann das Fleisch als „bedingt tauglich" angesehen werden. Leber, Milz, Nieren, Magen und Darm der finnigen Tiere sind genußtauglich, wenn die Organe finnenfrei befunden sind.

Anm. 1. In einigen Gegenden Mitteleuropas, besonders in den russischen Ostseeprovinzen und der französischen Schweiz, kommt in Fleisch und Eingeweiden des Hechtes, der Quappe, des Barsches, der Forelle und anderer Fische die Finne eines im Menschen entwicklungsfähigen Bandwurms, des Bothriocephalus latus, vor. Es empfiehlt sich daher, diese Fische nur in völlig garem Zustande zu genießen.

Anm. 2. Die dünnhalsige Finne (Cysticercus tennicollis), die geschlechtslose Zwischenform des Hundebandwurms (Taenia marginata) kommt beim Schwein und Schaf, vorwiegend in Netz und Gekröse bzw. Leber beim Kalbe vor. Sie stellt eine bis apfelgroße, durchscheinende, mit einer weißen Flüssigkeit gefüllte Blase vor, in welcher ein kleines weißes Knötchen (die Kopfanlage) zu erkennen ist.

Nur die veränderten Fleischteile sind als genußuntauglich anzusehen.

γ) Die **Trichine** (Trichina spiralis) gehört zu den Nematoden und schmarotzt als geschlechtsreifes Tier im Darm und als eingekapselte Larve in den Muskeln des Schweines und Hundes, manchmal auch in Katzen, Füchsen, Bären, Dachsen, Ratten.

Das Schwein erwirbt die Trichine vermutlich meist durch das Verzehren trichinöser Ratten. Aus der sich im Magensaft lösenden Kapsel wandert die Muskeltrichine zunächst in den Darm, wo am zweiten Tage die Begattung der 3—5 mm langen Weibchen durch die 1,2—1,5 mm langen Männchen stattfindet. Jedes Weibchen gebärt dann etwa 1500 Embryonen, welche durch den Lymphstrom in die Blutbahn und dann in die Muskeln gelangen, und sich nach 6—7tägiger Wanderung an den Sehnen und Aponeurosen festsetzen. Drei Wochen nach der Invasion haben die Tiere ihre endgültige Länge von 0,8—1 mm erreicht und sind gekrümmt oder gewunden. Im Verlaufe des zweiten Monats beginnt die Bildung der Kapsel, welche am Ende des dritten unter allmählicher Verkalkung vollendet ist, ohne daß der Parasit abstirbt. Die volle Verkalkung des letzteren erfolgt erst nach ungefähr 10 Jahren. In verkalkten Kapseln läßt sich die Trichine durch Behandlung mit Essigsäure wieder sichtbar machen.

Wird die eingekapselte Muskeltrichine im Schweinefleisch vom Menschen gegessen, so wird die kalkartige Kapsel durch den sauren Magensaft gelöst. Die freigewordenen Trichinen begatten sich, das Weibchen gebärt nach 6 Tagen 500—1500 lebendige Junge, die wie beim Schweine die Darmwandungen durchbohren, in die Muskeln wandern, sich hier entwickeln und einkapseln. Die eingekapselte Trichine bleibt eingelagert in den Muskeln.

Die Erscheinungen nach Genuß von trichinenhaltigem Fleisch sind Appetitlosigkeit und Erbrechen, gedunsenes Anschwellen des Gesichtes und der Extremitäten, heftige Schmerzen in den Muskeln und Schlaffheit in den Gliedern, Atembeschwerden, Mundklemme und Fieber usw.

Trichinenepidemien treten nur bei Genuß von rohem oder ungarem Fleisch auf. Das beste Mittel, trichinöses Fleisch unschädlich zu machen, ist daher anhaltendes Kochen.

Die Trichine stirbt schon bei 56°. Dabei aber muß das Fleischstück ordentlich durchgekocht sein; soweit dasselbe noch rötlich erscheint, oder soweit noch rötlicher Saft heraustritt, sind die Trichinen noch lebendig.

Einsalzen, Räuchern und Austrocknen haben ebenfalls das Absterben der Trichinen zur Folge, wenn die Einwirkung der Agenzien lange genug stattgefunden hat.

Für den Nachweis der Trichinen im Fleische ist eine mikroskopische Untersuchung bei 30 bis 40facher Vergrößerung erforderlich. Wenn durch die mikroskopische Untersuchung von mindestens je 6 aus den Zwerchfellpfeilern, dem Rippenteile des Zwerchfells, den Kehlkopfmuskeln und den Zungenmuskeln entnommenen Präparaten in mehr als 8 Präparaten Trichinen festgestellt sind, so ist der ganze Tierkörper, ausgenommen Fett, als genußuntauglich für den Menschen anzusehen; in allen anderen Fällen gilt das Fleisch wie das Fett als bedingt tauglich. Bei einem trichinenhaltigen Hund ist ausnahmslos der ganze Tierkörper als genußuntauglich für Menschen zu erachten.

δ) Die **Miescherschen Schläuche** sind schlauchförmige, am häufigsten im Muskelfleisch des Schweines und Schafes vorkommende Schmarotzer, die fast ausnahmslos länger als die Trichinenkapseln sind und unter Umständen eine beträchtliche Größe (über 1,5 cm Länge und 3 mm Breite) erlangen können. Teilweise und ganz verkalkte Mieschersche Schläuche bilden weiße Pünktchen oder Streifen. Die verkalkten Miescherschen Schläuche können leicht mit Trichinen verwechselt werden.

Bezüglich der Beurteilung gilt dasselbe, was vorstehend unter Schweinefinne gesagt ist.

ε) Der **Hülsenwurm** (Echinococcus) ist der in den Eingeweiden mehrerer Schlachttiere vorkommende Finnenzustand von Bandwürmern des Hundes (Taenia Echinococcus), deren Brut im menschlichen Körper wieder zur Finne, dem Echinococcus, auswächst und die sehr gefährliche Echinokokkenkrankheit (Wasserblasen) hervorruft. Die reifen Glieder des Hundebandwurms werden abgestoßen und verursachen ein Jucken im After; durch Belecken oder Reiben des Afters bleiben die reifen Bandwurmglieder an der Zunge und Nase des Hundes haften und können wenn sich der Mensch von Hunden belecken oder wenn derselbe, wie häufig Kinder es tun, die Hunde vom Butterbrot usw. beißen läßt, auf den Menschen übertragen werden. Daher die Gefahr des Spielens der Kinder mit Hunden.

Man unterscheidet den vielgestaltigen Hülsenwurm, eine erbsen- bis kindskopfgroße mit Flüssigkeit gefüllte, mit einer grauweißen Haut umgebene Blase (beim Rind, Schwein und Schaf vorkommend) und den vielkammerigen Hülsenwurm, eine haselnuß- bis faustgroße, knotenartige Geschwulstbildung, hauptsächlich in der Leber des Rindes vorkommend.

Als genußuntauglich gelten nur die befallenen Fleischteile, das übrige Fleisch ist genußtauglich.

ζ) Der **Gehirnblasenwurm,** ein Schmarotzer im Gehirn und Rückenmark des Schafes (auch der Ziege) ist die Ursache der Drehkrankheit und bildet den Jugendzustand eines Hundebandwurms (Taenia coenurus). Der Schmarotzer hat längliche oder rundliche Gestalt und eine wechselnde Größe (hirsekorn- bis hühnereigroße).

Beurteilung wie Hülsenwurm.

η) **Lungenwürmer,** weiße, fadenförmige, 30—80 mm lange Schmarotzer in den Lungen, Luftröhrenästen, besonders der Schafe und Schweine. Beurteilung wie Hülsenwurm.

ϑ) **Leberegel** (Distomum hepaticum), blattförmige Würmer in den Gallengängen und der Gallenblase von Schafen und Rindern. Beurteilung wie Hülsenwurm.

$\varkappa$) **Räude,** eine vorwiegend bei Schafen (auch Ziegen) vorkommende Hautkrankheit, die durch spinnenartige Tierchen (Milben), welche zwischen den Oberhautschuppen leben, verursacht wird. Das Fleisch ist genußtauglich. Die ganze Haut dagegen ist in Verwahrsam zu geben.

c) Fleisch von mit Infektionskrankheiten behafteten Tieren. Als untauglich zum Genuß für den Menschen ist der ganze Tierkörper (Fleisch mit Knochen, Fett, Eingeweiden und den zum Genuß für den Menschen geeigneten Teilen der Haut sowie das Blut) anzusehen, wenn folgende Infektionskrankheiten bzw. Mängel vorliegen:

α) Milzbrand, β) Rauschbrand, γ) Rinderseuche, δ) Tollwut, ε) Rotz (Wurm), ζ) Rinderpest, η) eiterige und jauchige Blutvergiftung.

Bei den folgenden Infektionskrankheiten und Mängeln ist der ganze Tierkörper nur bei starker Erkrankung, bei schwacher Erkrankung sind nur die veränderten Fleischteile als genußuntauglich anzusehen, nämlich:

Krankheit	1. Ganzer Tierkörper genußuntauglich	2. Nur die veränderten Fleischteile genußuntauglich
ϑ) Tuberkulose	Bei hochgradiger Abmagerung.	Bei sichtbarer Abmagerung[1])
$\varkappa$) Schweineseuche und Schweinepest	Desgleichen ohne schwere Allgemeinerkrankung	Desgl.[2])
λ) Schweinerotlauf	Bei erheblicher Veränderung des Muskelfleisches und des Fettgewebes	Bei Nichtvorhandensein der Eigenschaften unter Nr. 1[3])
μ) Starrkrampf	Bei mangelhafter Ausblutung und sinnfälliger Veränderung des Muskelfleisches	Desgl.
ν) Gelbsucht ϱ) Wassersucht	Bei hochgradiger Erkrankung	Bei geringgradiger Erkrankung
σ) Geschwülste Verletzungen, Entzündungskrankheiten	An zahlreichen Stellen des Körpers, bei Störung des Allgemeinbefindens	An vereinzelten Stellen bzw. ohne Störung des Allgemeinbefindens kurz vor der Schlachtung

Bei Maul- und Klauenseuche ohne Begleitkrankheit, und weiter bei Strahlenpilzkrankheit und Traubenpilzkrankheit (Botriomykose), Nesselfieber (Backsteinblattern, einer leichten Form des Rotlaufs der Schweine) sind nur die veränderten Fleischteile als genußuntauglich zu entfernen

Von den Infektionskrankheiten gelten Rinderpest, Lungenseuche, Wild- und Rinderseuche, Rauschbrand, Kälberdiphtherie und -ruhr, Schweinerotlauf, -seuche, -pest, Geflügelcholera und -diphtherie als nicht übertragbar auf den Menschen. Indes gilt das

---

[1]) Ein Organ ist auch dann als tuberkulös anzusehen, wenn nur die zugehörigen Lymphdrüsen tuberkulöse Veränderungen aufweisen.

[2]) Das Fleisch kann sogar bedingt tauglich sein, wenn die Erkrankung ohne Störung des Allgemeinbefindens usw. verlaufen ist.

[3]) Desgl. bei Schweinerotlauf. Hierbei sind indes Blut und Abfälle stets zu vernichten.

Fleisch als minderwertig und dürfen Tiere, welche an Rinderpest, Wild- und Rinderseuche sowie an Rauschbrand gelitten haben, entweder überhaupt nicht in den Verkehr gebracht werden, oder das Fleisch von Tieren, die an Rotlauf, an Schweineseuche und -pest gelitten haben, soll nur in gekochtem Zustande verkauft werden.

Als mittelbar oder unmittelbar übertragbar auf den Menschen werden angesehen: Die Rindertuberkulose, Milzbrand, Rotz, Maul- und Klauenseuche, Tollwut, Aktinomykose, septikämische Wunderkrankungen u. a. Die letzteren verlaufen unter schweren Allgemeinerscheinungen der Vergiftung und werden zuweilen durch eiterungerregende Kokken, meistens aber durch Stäbchenbakterien der Coligruppe verursacht.

Die Fleischbacillen bilden fast alle die bis jetzt noch wenig bekannten Toxine, die durch Kochhitze teils zerstört werden, teils aber auch gegen dieselbe widerstandsfähig sind, so daß auch gekochtes Fleisch unter Umständen giftig wirken kann. Außerdem scheinen diese Bakterien — wenigstens bei an sich kranken Personen — auch die Darmwand durchdringen zu können und werden meist in den Organen der an Fleischvergiftung Verstorbenen gefunden. Da die Bakterien sich auch bei niederer Temperatur vermehren, so kann durch Aufbewahren die Giftigkeit des sie enthaltenden Fleisches erhöht werden. Pökeln und Salzen verhindert eine Weiterentwicklung der schon im Fleische vorhandenen Bakterien nicht, da es selten mehr als 6% Kochsalz enthalten wird, die Bakterien aber erst bei Konzentrationen von 8—10% in der Entwicklung gehemmt und getötet werden. Dagegen wird ein normales Fleisch durch die konzentrierte Pökellauge gegen das Eindringen der Bakterien von außen geschützt.

d) Nach der Tötung auftretende (postmortale) Veränderungen des Fleisches. Völlig gesundes Fleisch kann nach dem Schlachten durch unrichtige Behandlung in einen verdorbenen oder gesundheitsschädlichen Zustand übergehen und ebenfalls wie bei Infektionskrankheiten der Tiere eine gesundheitsschädliche Beschaffenheit annehmen.

Das Muskelfleisch, die Gewebe, das Blut wie die Lymphe lebender gesunder Tiere sind nach verschiedenen Untersuchungen als bakterienfrei anzusehen. Beim Lagern (Reifen) des Fleisches geschlachteter Tiere geht allerdings — auch bei Fernhaltung von Mikroben — außer der Bildung von Milchsäure (S. 255) noch eine weitere Zersetzung vor sich, es tritt die sog. Autodigestion oder Autolyse (Selbstverdauung) auf, bei der die Proteine nach E. Salkowski u. a. zum Teil in Proteosen (wenig), Aminosäuren (Leucin, Tyrosin), Nucleinbasen und Ammoniak umgewandelt werden. Diese Umsetzung wird aber nicht durch Bakterien, sondern durch die in allen Organen ursprünglich vorhandenen Enzyme bewirkt. Man läßt diese bei dem Wildfleisch, das ein dichteres Gefüge als das der Schlachttiere besitzt und trotz höheren Blutgehaltes schwerer fault als letzteres, häufig bis zur beginnenden Fäulnis (bis zur Bildung des vielfach beliebten Hautgout), d. h. so weit vor sich gehen, daß sich neben der üblichen Fleischsäure auch Spuren von Schwefelwasserstoff bilden.

Von diesen natürlichen, die Reifung des Fleisches bedingenden Vorgängen sind diejenigen Zersetzungen verschieden, die durch Mikroben verursacht werden, welche nachträglich infolge fehlerhafter Behandlung (unreiner Verarbeitung und Aufbewahrung) in das Fleisch gelangen.

Zu diesen postmortalen Veränderungen gehören:

α) Die stinkende, saure Gärung; sie tritt nach Eber besonders am Fleische von Schlachttieren und Wild ein, wenn es lebenswarm verpackt wird. Dieser Zustand, der beim Wilde als „verhitzt", bei den Schlachttieren als „stickig" bezeichnet wird, äußert sich in unangenehm säuerlichem Geruch, grünlicher Verfärbung der Unterhaut, unter Umständen auch der Muskeln und in weicher Konsistenz des Fleisches. Chemisch kann starke Säurebildung, Schwefelwasserstoff, aber kein Ammoniak nachgewiesen werden. Wenn auch bisher Gesundheitsstörungen durch den Genuß solchen Fleisches nicht beobachtet worden sind, so ist dasselbe doch als verdorben, wenigstens aber als minderwertig zu bezeichnen.

β) Die Ansiedlung von Insektenlarven, Schimmelpilzen, Leuchtbakterien (phosphorescierendes Fleisch), von Bac. prodigiosus und cyanogenes, welche letztere eine Rot- und Blaufärbung hervorrufen; diese Organismen sind, da tiefergreifende Veränderungen durch sie nicht hervorgerufen werden, und das gewöhnliche Aussehen des Fleisches durch einfaches Abwaschen wieder hergestellt werden kann, in gesundheitlicher Hinsicht unbedenklich, machen das Fleisch aber auch minderwertig.

γ) Die Fäulnis. Sie ist von allen postmortalen Veränderungen des Fleisches die wichtigste und verbreitetste. Gesundes Fleisch fault auch bei längerer Aufbewahrung zunächst nur an der Oberfläche, dagegen solches von krepierten und septisch erkrankten Tieren auch schnell im Innern. Das Fleisch von Rindern, Pferden, Schweinen bleibt bei zweckmäßiger Aufbewahrung in luftigen, kühlen Räumen im Sommer 3—4, im Winter bis 10 Tage frisch, die übrigen Fleischsorten etwas weniger lange.

Bei allen höheren Fäulnisgraden ist das Bindegewebe zwischen den Muskeln graulich verfärbt, teilweise zerfallen und schmierig; das Fleisch erscheint auf der Schnittfläche porös, mit Luftblasen durchsetzt. Das Fett ist grünlich, das Knochenmark weich, grünlich bis braun. Der stark faulige Geruch wird durch Kochen nicht beseitigt. Bei der gewöhnlichen Fleischfäulnis treten zunächst Aerobier (Bacterium vulgare, Bact. coli, Micrococcus pyogenes u. a.) auf, die erst den Zucker vergären und dann die Proteine abbauen. Nachdem die aus dem Zucker[1]) entstehenden Säuren durch das aus den Proteinen gebildete Ammoniak neutralisiert sind und die Flüssigkeit alkalisch geworden ist, treten auch säureempfindliche Anaerobier (wie Bacillus putrificus) auf, welche erstere zurückdrängen.

Bei diesem Vorgang entstehen die S. 44 aufgeführten Umsetzungserzeugnisse, die Ptomaine, die aber nicht die eigentlichen Träger der Fleischvergiftungen sind. Die meisten Ptomaine sind entweder nicht oder nur schwach giftig. Bekanntlich wird gefaultes und ekelhaft riechendes Fleisch aller Art, z. B. auch von Wild, Gärströmling ohne Schaden verzehrt, während mitunter von Fäulnispilzen befallenes, aber äußerlich noch unverändertes Fleisch, wenigstens in ungekochtem Zustande, giftig wirkt. Man nimmt daher an, daß das eigentliche Fleischgift sich nur im Anfang der Fäulnis bildet und dieses durch weitere Fäulnis zersetzt wird.

Der Vorgang ist noch nicht genügend aufgeklärt. Man hat bei den im Sommer häufig vorkommenden Vergiftungen durch Hackfleisch und sonstige Fleischerzeugnisse Bakterien gefunden, die vorwiegend zu den Gruppen Bacterium proteus und Bacterium coli[2]) gehören, und nimmt an, daß diese sowohl ein Ektotoxin (bzw. Ektoenzym) an die Flüssigkeit abgeben, als auch ein an die Bakterienzelle gebundenes, nur durch Zerstörung der Zelle freiwerdendes Endotoxin (bzw. Endoenzym) enthalten, daß daher diese Art Fleischvergiftungen sowohl auf einer Intoxikation wie Infektion beruhen bzw. beruhen können.

δ) Fleischvergiftung durch spezifische Bakterien. Zu den spezifischen Erregern von Fleischvergiftungen gehören:

1. Die Bakterien der ***Colityphusgruppe,*** von der man zwei Gruppen unterscheidet, nämlich: 1. die des Bacterium Paratyphi B und 2. die des Bacterium enteritidis Gärtner. Sie können entweder aus Organen und Fleisch kranker Schlachttiere herrühren, oder nach dem Schlachten aus der Außenwelt in das Fleisch gelangen; die Paratyphus-B-Bakterien sind in der Außenwelt — Fleisch, Wurst, Wasser, Milch und Eis —, die Enteritidisbakterien vom Typus Gärtner in Fleisch, Wurst und Milch gefunden worden. Diese Bakterien erzeugen wie vorstehend Endo- und Ektotoxine, manche auch anscheinend kochbeständige Toxine. Im übrigen sind sie von den Fäulnisbakterien vollständig verschieden. Das mit den Giftbakterien befallene Fleisch ist äußerlich unverändert.

Die nach Genuß des mit Bact. enteritidis G. behafteten Fleisches auftretenden Krankheitserscheinungen sind folgende: Darmkatarrh (Enteritis), grünliche Durchfälle, Erbrechen, hohes Fieber, Schwindel, Schläfrigkeit, Gliederschmerzen, große Schwäche und ein Abschälen der Haut.

---

[1]) Durch Zusatz von Zucker läßt sich Fleisch bekanntlich haltbar machen.

[2]) Auch der in Milch vorkommende peptonisierende Bacillus peptonificans, ein Sporenbildner, soll hierher gehören.

2. Von diesen ***Fleischvergiftungen*** sind streng nach Ursache und Erscheinung die ***Wurstvergiftungen*** verschieden. Diese treten nicht selten bei Genuß von Würsten aus leicht zersetzlichen Stoffen, aber auch von Schinken und anderen Fleischgerichten auf. Die Krankheitserscheinungen, „Botulismus" genannt, sind folgende: Erbrechen, Würgen, Schwindelgefühl, Sehstörungen, Schlingbeschwerden, Muskelschwäche, große Hinfälligkeit, Verstopfungen, Ab- oder Zunahme der Speichel- und Schleimabsonderung des Mundes und Rachens, Fehlen von Fieber, von Sensibilitäts- und Gehirnstörungen, häufig Atmungs- und Herzstörungen. Die eigenartigen Symptome (Mydriasis, Ptosis usw.) treten frühestens 12 bis 14 Stunden nach dem Genuß auf. Oft sind sie von gastero-intestinalen Erscheinungen eingeleitet; sie entwickeln sich allmählich und verschwinden erst nach Wochen. Ein Drittel der Fälle verläuft in der Regel tödlich.

Als Erreger der Wurstvergiftungen hat van Ermengem einen obligat anaeroben, sporenbildenden Spaltpilz, den Bacillus botulinus, erkannt; er soll auch in pflanzlichen Nahrungsmitteln auftreten können.

3. Die bei der ***Fischvergiftung*** auftretenden Krankheitserscheinungen, Ichthyosismus genannt, sind fast völlig gleich mit den bei der Wurstvergiftung auftretenden Erscheinungen und werden wahrscheinlich auch durch Bacillus botulinus oder eine nahe verwandte Art verursacht. Vielleicht wirken hierbei auch noch andere Bakterien (z. B. Bact. vulgare und verwandte Arten) mit. Da bei großen Fischsendungen häufig nur einzelne Stücke als giftige beobachtet sind, so glaubt man, daß es sich in diesen Fällen um kranke Fische handelt, in denen pathogene Bakterien das Gift schon bei Lebzeiten oder nach dem Tode erzeugt haben.

Der Giftstoff soll ein besonderes Ptomain, das Ptomatropin, sein.

4. Die nach dem Genuß von ***Muscheln*** auftretenden ***Vergiftungen*** weisen in den meisten Fällen andere Symptomenkomplexe auf als die botulinischen. Bardet hat bei zahlreichen durch Miesmuscheln und Austern hervorgerufenen Vergiftungen entweder die Erscheinungen von Urticaria und Albuminurie oder die einer schweren toxischen Enteritis beobachtet. Brosch beschreibt eine tödliche Austernvergiftung mit den Anzeichen des Botulismus. Die Krankheitserscheinungen traten schon wenige Stunden nach dem Genuß der Muscheln auf und endeten nach 12 Stunden tödlich.

In anderen Fällen erinnerten die Krankheitserscheinungen an die einer Curarevergiftung; das Gift wirkte lähmend, ließ die Herztätigkeit intakt und tötete durch Asphyxie infolge Lähmung der Brustmuskeln. Brieger stellte aus den giftigen Muscheln eine widerlich riechende Base her, das „Mytilotoxin", die nach E. Salkowski eine Temperatur von 110° ohne Schädigung erträgt, durch Kochen mit Sodalösung aber zerstört wird; der Sitz des Giftes soll vorwiegend in der Leber sein.

Die giftigen Muscheln besitzen einen süßlichen, ekelerregenden Geruch, die Kochbrühe erscheint bläulich verfärbt, das Fleisch gelblich, während es bei gesunden Tieren weiß ist. Alkohol wird durch giftige Muscheln stark goldgelb gefärbt, durch ungiftige ganz unmerklich.

Die Erreger des Muschelgiftes sind noch unbekannt. Nach Galeotti und Zardo sind dabei Bakterien der Proteus- und Coligruppe beteiligt. Die giftigen Muscheln finden sich vorwiegend in verschmutztem, stehendem Gewässer; frische Muscheln aus reinem Meerwasser sind durchweg ungefährlich.

5. Auch durch ***Schimmelpilze*** erleidet das Fleisch beim Aufbewahren nach Butjagin namhafte Veränderungen, wenn diese auch nicht giftiger Art sein mögen. Der Gesamtstickstoff verringert sich nur unerheblich, aber die in Wasser löslichen Stickstoffverbindungen, die Alkalität und flüchtigen Säuren nehmen zu; das Fett und damit die Trockenmasse des Fleisches nehmen erheblich ab; Ammoniak tritt etwas später auf als Kohlensäure; letztere wird nicht nur aus dem Fett, sondern auch aus anderen Bestandteilen des Fleisches erzeugt. Penicillium glaucum wirkt schneller zerstörend als Aspergillus niger.

Fehlerhafte bzw. verbotene Behandlung des Fleisches.

Hierzu gehören:

1. Die falsche Art des Schlachtens und das Aufblasen des Fleisches. Über die unrichtige Art des Schlachtens vgl. S. 242.

Bei Kälbern und Schafen sowie bei den Lungen der Schlachttiere pflegt auch nicht selten ein Aufblasen des Fleisches stattzufinden, welches bei den Lungen mit dem Munde, bei ganzen Tieren mittels eines Blasebalges vorgenommen wird; im letzteren Falle wird die zugespitzte Kanüle des Blasebalges durch eine zuvor angelegte Hautwunde in die Unterhaut gepreßt und die eingepreßte Luft durch Streichen mit der Hand über den ganzen Körper verteilt. Durch diese Behandlung sollen das Fleisch bzw. die Körperteile ein umfangreicheres, ansehnlicheres Aussehen annehmen, also der Scheinwert des Fleisches erhöht werden. Schon aus dem Grunde ist dasselbe verwerflich, noch mehr aber, wenn man bedenkt, daß durch das Einblasen von Luft — von der unappetitlichen Ausatmungsluft des Menschen abgesehen — leicht verderbliche Keime in das Fleisch und die Körperteile eingeführt werden können, welche dem Fleische unter Umständen sogar eine direkt gesundheitsschädliche Beschaffenheit verleihen können.

Das Aufblasen des Fleisches ist daher in vielen Bezirken mit Recht verboten, und wird nach einer Reichsgerichtsentscheidung aufgeblasenes Fleisch im Sinne des § 367[1] des Strafgesetzbuches als verdorben angesehen.

2. Die Frischhaltung und Färbung des Fleisches bzw. der Fleischwaren durch künstliche Mittel. Das von frischgeschlachteten Tieren gewonnene Fleisch unterliegt[1]) bald nach dem Schlachten gewissen physiologischen Veränderungen, die sich im Starrwerden des Gewebes (der sog. Totenstarre) und einer Säurebildung zu erkennen geben. Die Färbung des Muskulatur wird durch den Luftzutritt gesättigter, scharlachfarben. Dieser Farbenwechsel ist besonders deutlich an frischen Schnittflächen wahrzunehmen. Der Vorgang rührt davon her, daß in den der Luft nicht zugänglichen Fleischteilen der Muskelfarbstoff reduziert wird, d. h. seines Sauerstoffes verlustig geht und sich dabei in das mehr violettrote Hämoglobin verwandelt. Bei Luftzutritt entsteht durch Sauerstoffaufnahme das blutrote Oxyhämoglobin.

An den Vorgang der eben geschilderten einfachen Säuerung schließt sich dann die saure Gärung (vgl. S. 252) an. Das Muskelgewebe verliert seine Starrheit, wird mürbe, wasserreicher und büßt allmählich die Fähigkeit ein, auf den Schnittflächen eine lebhaftrote Farbe anzunehmen. Die Oberfläche des Fleisches und die Schnittflächen werden dunkelbraunrot, später gelblichbraun oder graubraun. Hack- und Schabefleisch kann seine rote Farbe unter Umständen schon innerhalb weniger Stunden verlieren, während bei großen Fleischstücken der Farbenumschlag erst nach einigen Tagen eintritt. Diese Vorgänge bezeichnet man als das Reifwerden des Fleisches und derartiges Fleisch als altschlachten.

Die später eintretende Fäulnis oder ammoniakalische Gärung des Fleisches ist von eigenartigen Farbenveränderungen nicht begleitet, wenn auch nicht selten eine bräunlichgrünliche Verfärbung, besonders in der Nähe der Knochen, zu beobachten ist.

Auch beim Kochen und Braten verliert das Fleisch seine rote Farbe und wird graubraun. Der Muskelfarbstoff zerfällt beim Erwärmen zwischen 70—80° in Eiweiß und einen braunen Farbstoff Hämatin. Wenn das Braten des Fleisches nur kurze Zeit andauert, so daß die Wärme im Innern des Fleischstückes nicht bis auf 70° steigt, so bleibt das Fleisch in der Mitte rosarot gefärbt, weil die dort erreichten Wärmegrade nicht genügt haben, um den Muskelfarbstoff zu zersetzen.

Die natürliche Verfärbung des Fleisches beim Aufbewahren sucht man außer durch Aufbewahrung in der Kälte, durch Gefrieren, von alters her durch Pökeln und Räuchern zu verhindern. Über die Art und Wirkung dieser Haltbarmachung vgl. unter „Fleischdauerwaren" S. 268.

---

[1]) Vgl. Kaiserl. Gesundheitsamt, Denkschrift über das Färben der Wurst sowie des Hack- und Schabefleisches. Berlin 1898.

Statt dieser von alters her bekannten und erlaubten Mittel zur Erhaltung der Farbe und Frische des Fleisches werden jetzt auch angewendet:

a) Künstliche Farbstoffe zur Erhaltung der roten Farbe; als solche werden genannt: Fuchsin, Cochenille, Carmin als ammoniakalischer Auszug aus der Cochenille, Azofarbstoffe, Rosalin, Tropäolin, Carminsurrogat, Bloodkouleur, Himbeerrot usw.

Die Anwendung dieser und anderer Farbstoffe zur Auffärbung von Fleisch und Fleischwaren ist auf Grund des § 21 des Gesetzes, betreffend die Schlachtvieh- und Fleischbeschau, durch Bekanntmachung des Bundesrats vom 2. Februar 1902 verboten. Nur die Gelbfärbung der Margarine und der Wursthüllen, bei denen diese herkömmlich und als künstliche ohne weiteres erkennbar ist, ist gestattet, sofern diese Verwendung nicht anderen Vorschriften zuwiderläuft.

b) Besondere Frischhaltungsmittel, als da sind: Borsäure und deren Salze; Formaldehyd und Stoffe, die bei ihrer Verwendung Formaldehyd abgeben; Alkali- und Erdalkalihydroxyde und -carbonate; schweflige Säure und deren Salze sowie unterschwefligsaure Salze; Salicylsäure und deren Verbindungen; chlorsaure Salze.

Diese Frischhaltungsmittel gelten einerseits als gesundheitsschädlich, andererseits erfüllen sie nur scheinbar ihren Zweck. Die Borsäure und Borate, die in Mengen bis zu 3% verwendet werden, geben dem Fleische ein saftiges, frisches Aussehen, unterdrücken auch wohl einen schlechten Geruch, halten aber die Zersetzung nicht oder kaum wesentlich zurück, wenn nicht große Mengen angewendet werden. Selbst 5 proz. Borsäurelösungen waren nicht imstande, das Wachstum der Fleischvergiftungsbacillen van Emergems zu hemmen. Solche Mengen verbieten sich aber für die Haltbarmachung des Fleisches von selbst, da, abgesehen von ihrer gesundheitsnachteiligen Wirkung, 3—4 proz. Borsäurelösungen dem Fleisch einen widerlich süßen Geruch und ein schmieriges Aussehen verleihen.

Ähnlich verhalten sich die schweflige Säure und ihre Salze, von denen vorwiegend das Natriumsulfit (bis zu 0,3% SO_2) angewendet wird. Sie erhalten wohl die rote Farbe, nicht aber die Frische des Fleisches und nicht den mit dem roten Aussehen verbundenen höheren Genußwert desselben. Gärtner hat nachgewiesen, daß Hackfleisch, welches mit 0,1—0,4% Natriumsulfit versetzt war, nach 24stündigem Liegen bei Zimmertemperatur mehr Bakterien aufwies als Hackfleisch, das gleichlange, aber ohne Sulfitzusatz, im Eisschrank aufbewahrt war. Da das Sulfit aber auch selbst verdorbenem, faulem Fleisch das Aussehen frischen Fleisches, also den Schein einer besseren Beschaffenheit erteilt, so verbieten sich die schweflige Säure und ihre Salze ebenso wie Borsäure und Borax außer ihrer evtl. Gesundheitsschädlichkeit schon auf Grund des § 10 des N. M. G.

Der Formaldehyd, der bald gasförmig, bald in Lösung zur Haltbarmachung des Fleisches verwendet wird, hemmt zwar das Bakterienwachstum, aber pathogene Bakterien werden erst bei Zusätzen von mindestens 1% Formaldehyd abgetötet; weil aber solche Mengen sich durch Geruch und Geschmack unangenehm zu erkennen geben, so verbieten sich solche Zusätze schon von selbst. Auch ist der Formaldehyd deshalb verwerflich, weil er desodorierend wirkt, daher bei einem in Zersetzung begriffenen, faulen Fleisch den Geruch verdeckt. Das formaldehydabspaltende Hexamethylentetramin ist dem Formaldehyd gleich zu beurteilen. Die anderen genannten Frischhaltungsmittel kommen bei Fleisch und Fleischwaren nicht oder nur wenig in Betracht. Sie sind auch sämtlich als Frischhaltungsmittel bei Fleisch und Fleischwaren ebenso wie die künstlichen Farbstoffe verboten.

Statt ihrer werden jetzt auch vielfach Aluminiumsalze (Acetat), Benzoesäure und Benzoate neben Dinatriumphosphat angewendet, deren Anwendung bis jetzt bei Fleisch und Fleischwaren nicht verboten ist. Von der Benzoesäure gilt dasselbe wie von der schwefligen Säure; sie erhält wohl die rote Farbe des Fleisches aber nicht seine Frische[1]). Wenn sie nach K. B. Leh-

---

([1] Mezger, Jessen und Hepp haben z. B. festgestellt, daß Hacksalz, das Benzoesäure, phosphorsaures Natron, Kochsalz, Salpeter und etwas Zucker enthielt, in angewendeten Mengen von 0,25—0,4% bei einem in fortschreitender Zersetzung begriffenen Fleisch wohl eine rote Farbe

mann auch nicht als gesundheitsschädlich anzusehen ist, so empfiehlt sie sich, selbstverständlich nur unter Deklaration, als Frischhaltungsmittel nur da, wo es, wie bei der Margarine und den Fruchtsäften bzw. bei proteinarmen und saueren Stoffen, auf Verhütung der Schimmelbildung ankommt.

3. Verfälschungen des Fleisches. Die Verfälschungen des Fleisches bestehen vorwiegend darin, daß a) den besseren Fleischsorten minderwertige untergeschoben werden; so wird Pferdefleisch (auch Büffelfleisch) für Rindfleisch (besonders in den Brüh- und Dauerwürsten), Fohlenfleisch für Kalbfleisch, Ziegenfleisch für Schaffleisch, Rindfleisch für Hirschfleisch, Schaffleisch für Rehfleisch, Hundefleisch für Schweinefleisch, Kaninchen-, Katzen- oder Hundefleisch für Hasenfleisch, Katzenfleisch für Kaninchenfleisch usw. ausgegeben.

Bei diesen Unterschiebungen kommt nicht der Nährwert des untergeschobenen Fleisches, sondern lediglich der Marktwert in Betracht; derartige Unterschiebungen sind nach § 263 des Strafgesetzbuches für das Deutsche Reich als Betrug anzusehen (vgl. auch Preußische Kammergerichtsentscheidung vom 18. Oktober 1886);

b) dem Fleisch bei der Verarbeitung zu Hackfleisch und Fleischwürsten Wasser beigemengt wird.

Untersuchung des Fleisches.

Für die Beurteilung des Fleisches und der Fleischwaren kommen tierärztliche, mikroskopische, serologische, bakteriologische und chemische Untersuchungsverfahren in Betracht. Hiervon sind die ersten die wichtigsten; denn dem Tierarzt fallen zu: die Untersuchungen am lebenden Tier, die Beurteilung des Schlachtbefundes (auch des Auslandsfleisches), der Nachweis von Parasiten, des Fleisches von mit ansteckenden oder Infektionskrankheiten behafteten Tieren, die Unterscheidung der einzelnen Fleischsorten. Handelt es sich um Beurteilung von durch Genuß von Fleisch und Fleischerzeugnissen verursachten Gesundheitsstörungen beim Menschen, so muß ein Arzt oder ärztlicher Bakteriologe hinzugezogen werden, während die chemischen Untersuchungen einzig Geltung haben, wenn es sich um den Nachweis von Frischhaltungsmitteln, Farbstoffen und Verfälschungen durch fremde Zusätze einerseits, andererseits um Ermittlung der chemischen Zusammensetzung (Feststellung des Nährwertes), also um die Bestimmung des Wassers, Proteins bzw. der Stickstoffverbindungen, des Fettes und der Asche[1]) handelt.

Zur Ermittlung der chemischen Bestandteile des Fleisches werden die Knochen und das anhängende Fett tunlichst abgetrennt und das rückständige Fleisch entweder fein zerhackt oder in der Fleischmühle fein zerfasert; von der zerkleinerten, gut gemischten Probe dienen aliquote Teile zu den einzelnen Bestimmungen in üblicher Weise.

Nur die Bestimmung des Fettes erfordert abweichende Maßnahmen, da das getrocknete Fleisch, auch wenn es feinst mit Sand verrieben wird, kaum alles Fett an den Äther abgibt. Man bringt daher das zerkleinerte Fleisch zweckmäßig entweder mit Pepsin-Salzsäure oder Salzsäure und Schwefelsäure, wie bei Käse, in Lösung und schüttelt letztere mit Äther aus.

Auch können chemische Bestimmungen unter Umständen den tierärztlichen bzw. ärztlichen Befund unterstützen, nämlich die Bestimmung von:

1. Wasser. Ein Wassergehalt von 85% und mehr spricht für embryonales oder mit Wasser vermischtes Fleisch. Das Fleisch der Warmblüter hat selten mehr als 77%; das Verhältnis von Wasser zu organischem Nichtfett [d. h. Trockensubstanz — (Fett + Salze)] ist nach Feder wie 4 : 1; ein Verhältnis von 5 : 1 bedeutet künstlichen Wasserzusatz und daher eine Verfälschung. Nur bei kranken Tieren, z. B. räudekranken Pferden, kann das Fleisch ein solches Verhältnis oder gar wie 5,5 : 1 erreichen.

---

erhalten, aber nicht die wirkliche Zersetzung hintanhalten konnte. Einem faulig gewordenen Fleisch wurde durch solchen Zusatz ein normaler Geruch und besseres Aussehen, also der Schein einer besseren Beschaffenheit erteilt.

[1]) Die Kohlenhydrate werden hierbei wegen der vorhandenen geringen Menge meistens nicht bestimmt, sondern gegebenenfalls aus der Differenz von 100 angenommen.

2. Ammoniak. Frisches, normales Fleisch enthält kein Ammoniak; ein Gehalt von 0,02% und mehr spricht für zersetztes Fleisch.

3. Glykogen. Rind-, Kalb-, Schaf- und Schweinefleisch enthalten nur bis 0,2% Glykogen, Pferde-, Katzen-, Hunde- und embryonales Fleisch bis 1,0% und mehr[1]).

4. Jod- und Refraktometerzahl des Fettes. Eine höhere Jodzahl des Fleischfettes und eine höhere Refraktometerzahl als 51,5 spricht für Pferdefleisch.

5. Der Nachweis von größeren Mengen Ammoniak, der Nachweis von Schwefelwasserstoff bzw. Mercaptan, Indol, Skatol, Phenol, Ptomainen beweist die ***Verdorbenheit*** eines Fleisches; jedoch gibt sich diese schon durch die Sinnenwahrnehmungen (äußeres Aussehen, Geruch und Geschmack) kund.

Die einzelnen Fleischsorten und Fleischdauerwaren.

Der Mensch verzehrt Fleisch und Körperteile von Vertretern fast des ganzen Tierreiches, so von Säugetieren, Vögeln, Reptilien, Fischen, Krebsen und Weichtieren. Indes machen sich bei den einzelnen Völkern große Unterschiede geltend. Was von dem einen Volk als Nahrungsmittel verschmäht wird, wird von dem anderen als Leckerbissen angesehen[2]). Unter den Fleischsorten nimmt allgemein das Fleisch von Warmblütern den ersten Platz ein.

I. Das Fleisch von Säugetieren und Vögeln bzw. Warmblütern.

Das Fleisch dieser beiden Tierklassen besitzt eine im allgemeinen gleiche physikalische Beschaffenheit und chemische Zusammensetzung, jedoch zeichnet sich das Fleisch der Vögel durchweg durch einen eigenartigen feineren Geschmack aus und wird ebenso wie das Fleisch von Wild höher eingeschätzt, weshalb es in der Verwendung zur Ernährung der Bevölkerung gegen das Fleisch der landwirtschaftlichen Schlachttiere zurücktritt. Im übrigen werden von allen Tieren dieser Art außer dem Muskelfleisch größtenteils auch die inneren Organe zur menschlichen Ernährung verwendet, und aus dem Muskelfleisch wie letzteren Organen werden Dauerwaren hergestellt, die hier anschließend ebenfalls besprochen werden mögen.

A. Muskelfleisch der Säugetiere und Vögel.

Das Muskelfleisch macht durchweg 30—45% des Körpergewichtes oder 40—70% des Schlachtgewichtes[3]) aus. Letzteres beträgt 50—65% des Körper- (oder Lebend-) Gewichtes. Mit der Einlagerung von Fett bei Mast nehmen das Fleisch und andere Körperteile prozentual an Gewicht ab.

---

[1]) Das Glykogen nimmt beim Aufbewahren des Fleisches (bzw. der Würste) regelmäßig ab; aus dem Fehlen oder einer geringen Menge an Glykogen kann daher noch nicht geschlossen werden, daß kein Fleisch der genannten Art vorliegt.

[2]) Während man in Norddeutschland den Sperling unbeachtet läßt, nimmt er in Süddeutschland die Stellung ein, wie dort der Krammetsvogel. Alte Krähen werden durchweg verschmäht, aus jungen Krähen bereitet man dagegen eine gesuchte Krähenpastete. Ebenso verschieden werden Katzen- und Hundefleisch eingeschätzt.

Fast alle Arten der Insekten werden von irgendeinem Volke des Erdreiches gegessen. Die Römer aßen z. B. die Larven des Bock- und Hornkäfers; die Kreolen kochen und essen die Küchenschwabe; die Araber bereiten aus den Heuschrecken Gerichte; mehrere Völker essen Ameisen und Termiten roh oder zubereitet; die Inder bereiten aus den Termiten durch Rösten ein Kaffeersatzmittel; die Siamesen verzehren Ameiseneier; die Singhalesen nähren sich von bestimmten Bienenarten; die Chinesen verwenden die Puppe der Seidenraupe zur Herstellung von Gerichten.

[3]) Unter Schlachtgewicht versteht man das Körpergewicht nach Abzug der Gewichte von Haut, Kopf, Füßen (bis zum Schienbein), Organen der Brust-, Bauch- und Beckenhöhle, Magen-

Die gangbarsten Fleischsorten in dieser Gruppe zeigen folgende äußeren Unterschiede:

1. Rindfleisch. Das Fleisch von jungen Rindern hat ein blaßrotes, feinfaseriges, das von Ochsen ein hell- bis dunkelrotes und je nach dem Alter derberes, das von abgemolkenen Kühen ein helleres und derberes Aussehen.

Das Rind-(Ochsen- oder Kuh-) Fleisch ist von allen Fleischsorten der Schlachttiere am meisten mit Blut angefüllt; es besitzt ein dichteres Gewebe als andere Fleischsorten und enthält daher in demselben Raumteil mehr Nährstoffe; aus diesem Grunde und weil außerdem sein Geschmack voller und reicher als der anderer Fleischsorten ist, hat sich allgemein die Ansicht geltend gemacht, daß es von allen Fleischsorten das nahrhafteste ist. Das Fleisch ist mehr oder weniger mit Fett durchwachsen. Smorodinzew findet im Ochsenfleisch 0,028% Carnitin, 0,2464% Carnosin und 0,057% Methylguanidin.

2. Kalbfleisch. Das Fleisch junger Kälber ist blaß, blaßrot oder graurot, das der mit Milch ernährten Kälber fast weiß, das älterer Kälber rot; Fett ist meistens nicht vorhanden, und niemals zwischen den einzelnen Muskeln abgelagert. Smorodinzew konnte aus 8000 kg Kalbfleisch 14 g Carnosin gewinnen. Das Kalbfleisch enthält mehr Bindegewebe, liefert infolgedessen mehr Gelee als Rindfleisch, die Faser ist zähe und weicht beim Kauen den Zähnen aus, weshalb Kalbfleisch für schwerer verdaulich gehalten wird als anderes Fleisch. Kälber unter einem Alter von 10—14 Tagen werden allgemein nicht als „schlachtfähig" angesehen[1]).

3. Schaf- (Hammel-) Fleisch. Das Schaf-(Hammel-) Fleisch hat feinere, dichte Muskelfasern und ein loseres Gewebe als Rindfleisch, ferner eine hell- bis ziegelrote, bei älteren Tieren dunkelrote Farbe; es gilt allgemein als leicht verdaulich, weshalb es gern als Krankenkost empfohlen wird. Es ist nicht mit Fett durchwachsen, aber die Muskeln von gemästeten Tieren sind reichlich von Fett umgeben. Smorodinzew fand im Schaffleisch 0,045%

---

und Darminhalt, Luftröhre, Zwerchfell, Rückenmark, Ziemer und Hoden, Euter usw. Beim Rindvieh verteilen sich die einzelnen Organe nach E. v. Wolff prozentual wie folgt:

Mastzustand des Ochsen	Blut %	Kopf %	Zunge und Schlund %	Herz %	Lunge und Luftröhre %	Leber %	Milz %	Därme %	Fleisch ohne Knochen u. Fett %	Knochen %	Fett im Fleisch %	Fett an d. Nieren, Netz u. Darm %	Abfälle %
1. Mittelgenährt . . .	4,7	2,8	0,6	0,4	0,7	0,9	0,2	2,0	36,0	7,4	2,0	4,3	38,0
2. Halbfett	4,2	2,7	0,6	0,5	0,7	0,8	0,2	1,5	38,0	7,3	7,9	5,4	30,2
3. Fett	3,9	2,6	0,5	0,5	0,6	0,8	0,2	1,4	35,0	7,1	14,7	8,0	24,7

Tier		Lebendgewicht kg	Reines Schlachtgewicht %	Gesamt-Schlacht-Abfälle %	Prozentualer Gehalt an Knochen %	Muskelfleisch %	Fett %	Eingeweide, Fell usw. %
Schwein	mager . .	42,2	73,7	26,3	8,3	47,6	20,0	24,1
	fett . . .	83,4	82,8	17,2	5,6	37,3	39,4	17,7
Kalb		117,1	62,1	37,9	12,4	45,5	11,0	31,1
Schaf		54,0	55,5	44,4	7,7	32,4	24,1	35,8

[1]) Das Fleisch „nüchterner" bzw. unreifer (nur 1—3 Tage alter) Kälber gilt als schädlich, welche Ansicht um so berechtigter ist, als vielfach Krankheiten der Kälber die Ursache des frühen Abschlachtens bilden.

Das Fleisch von zu früh geborenen Kälbern ist, weil es in seiner naturgemäßen Entwicklung gehemmt wurde, vom Reichsgericht durch Erkenntnis vom 27. September 1883 als verdorben erklärt worden.

Carnitin, 0,096% Carnosin, 0,028% Methylguanidin und die doppelte Menge Purine als im Pferdefleisch (0,008%).

Bei größerem Fettgehalt nimmt das Hammelfleisch jedoch einen eigentümlich talgigen Geschmack an, der im allgemeinen nicht beliebt wird. Je weißer das Fett, um so besser soll das Fleisch sein. Der Hammel liefert im Alter von 2—4 Jahren das beste Fleisch; dieses ist wieder im Herbst am besten. Lämmer sollen erst im Alter von einigen Monaten geschlachtet werden.

4. Ziegenfleisch. Das Ziegenfleisch ist im allgemeinen heller gefärbt als Schaffleisch, jedoch wechselt de Farbe je nach dem Alter von hell- bis dunkelrot. Eigenartig ist das Fehlen des Fettes in der Unterhaut — das Fett ist mehr in der Bauchhöhle abgelagert — und der eigentümliche Ziegengeruch, der besonders bei dem Fleisch der Ziegenböcke hervortritt.

5. Schweinefleisch. Das Fleisch von Schweinen (Mastschweinen) ist blaß- bis rosarot, zum Teil weiß (blasse Muskeln), stark mit Fett durch- und umwachsen, die Faser ist fein; alte Tiere besitzen ein dunkelrotes, festes und fettarmes Fleisch. Der Verbrauch von Schweinefleisch nimmt einen großen Umfang ein, weil sich das Schwein gegenüber anderen Haustieren sehr leicht und billig mästen, das Fleisch aber bei seinem hohen Fettgehalt sehr leicht aufbewahren läßt. Den Ägyptern, Juden und Mohammedanern war zwar der Genuß des Schweinefleisches wegen der ihm häufig anhaftenden Krankheiten verboten, aber von den meisten heidnischen Völkern wurde dasselbe nicht wenig geschätzt.

6. Pferdefleisch. Das Pferdefleisch hat im allgemeinen eine dunkelrote Farbe, die bei längerem Liegen einen bläulichen, fast schwarzen Schimmer erhält. Die Fleischfasern sind fein, eng miteinander verbunden und schwer zerquetschbar[1]). Das Fett ist nicht in die Muskeln eingelagert, sondern umgibt dieselben; es ist weich und gelblich gefärbt.

Smorodinzew fand in 1 kg Pferdefleisch 0,58 g Kreatin, 0,07—0,09 g Purinkörper, 1,82 g Carnosin, 0,11 und 0,83 g Methylguanidin und 1,17 bzw. 0,2 g Carnitin.

Fleisch von gesunden Pferden enthält durchschnittlich 74,7% Wasser. Bei kranken, besonders bei räudekranken Pferden kann aber der Gehalt an Wasser bis 82% hinaufgehen, das Fleisch also 5 mal mehr Wasser als organisches Nichtfett (Stickstoffsubstanz) enthalten. Solches Fleisch fühlt sich naß und schwammig an; das Wasser quillt aus ihm, selbst in unzerkleinertem Zustande in stetigen Tropfen hervor (C. Amberger).

7. Hundefleisch. Dasselbe hat je nach Rasse, Alter und Ernährung eine verschiedene, meistens dunkelbraune Farbe; die Fasern sind im allgemeinen fein und nur wenig mit Fett durchwachsen. Letzteres befindet sich meistens unter der Haut und zwischen den Muskeln; es ist meistens schmierig und besitzt nicht selten einen unangenehmen Geruch.

8. Fleisch von Wild und Geflügel. Das Fleisch von Wild und Geflügel ist feinfaseriger und besitzt ein dichteres Gewebe als das Fleisch der landwirtschaftlichen Schlachttiere. Man läßt es daher vor seiner Anwendung gern eine Art Zersetzung durchmachen, indem man es mehrere Tage nach dem Töten der Tiere in kühlen und luftigen Räumen liegen läßt (vgl. S. 252).

Man unterscheidet bei Geflügel zwischen hellem und dunkelem Muskelfleisch

---

[1]) Die Abneigung gegen das Pferdefleisch liegt zum Teil in dem wenig zusagenden süßlichen Geschmack desselben, vorzugsweise aber daran, daß das Pferd als edles und stolzes Tier dem Menschen sehr erhebliche Dienste leistet, welche eine Verwendung des Fleisches für Zwecke des Essens als eine Herabwürdigung des Tieres erscheinen lassen. Dazu kommt, daß die Aufzucht und Pflege des Pferdes eine den anderen Schlachttieren gegenüber sehr kostspielige ist, daß daher gesunde und wohlgenährte Pferde wegen des niedrigen Fleischpreises nicht geschlachtet werden können. Meistens gehen nur abgetriebene, alte oder durch Unglücksfälle aller Art (durch Krankheiten) beschädigte Tiere an den Metzger. Fleisch von jungen und wohlgenährten Pferden, die vielleicht nur wegen Beinbruchs oder einer sonstigen, rein äußerlichen Beschädigung geschlachtet werden mußten, besitzt dagegen einen hohen Nährwert.

(vgl. S. 243). Das Muskelfleisch als solches enthält nur sehr wenig Fett eingelagert; das Fett findet sich vielmehr an verschiedenen inneren Körperteilen[1]) und unter der Haut, jedoch bei den wild in der Natur lebenden Tieren infolge der stärkeren Bewegung in viel geringerem Grade als bei den im Hause ernährten Tieren. Das Fleisch der Männchen schmeckt hier, wie auch bei anderen Tieren, voller und kräftiger als das der Weibchen, während letzteres zarter als ersteres ist.

Im allgemeinen werden, wenigstens von den zivilisierten Völkern, nur die gras- und pflanzenfressenden Tiere genossen; das Fleisch des fleischfressenden Wildes und Geflügels hat einen unangenehmen Geschmack und wird durchweg verschmäht.

Das Fleisch der in der Natur wild lebenden Tiere dieser Art (z. B. Ente) pflegt meistens wohlschmeckender zu sein, als das der mit Küchenabfällen und Fleischresten aufgezogenen gezähmten Tiere.

Als unerlaubt und strafbar kommen im Handel mit Wild und Geflügel folgende Ungehörigkeiten vor:

1. Inverkehrbringen von krepierten Tieren (Geflügel) an Stelle von geschlachteten und nachträgliche Beibringung einer Schlachtwunde. (Die Haut ist nicht rein weißlich, sondern bläulich und bräunlich gefleckt; bei nachträglich beigebrachter Schlachtwunde fehlen die blutunterlaufenen blauen oder bläulichen Flecken in den die Schlachtwunde — auch beim Abdrehen des Kopfes — umgebenden Gewebe.)

2. Vergiftetes Wild und Geflügel, welches durch Verzehren von zur Vertilgung von Feldmäusen und Ratten ausgestreuten Phosphorpastillen, strychnin- oder arsenhaltigen Mitteln verendet ist.

3. In Schlingen oder Fallen gefangenes Haarwild (also Fehlen einer Schußwunde).

4. Unterschieben von alten Tieren als junge oder vor längerer Zeit erlegten Tieren als frische. (Junges Federwild hat weiche und mit Blut gefüllte Federn, junge Gänse haben eine zerreißbare Schwimmhaut, junge Hasen zerreißbare Ohren oder sog. Löffel; ein grünlich gefärbter Steiß bei Geflügelwild deutet auf längere Aufbewahrung nach dem Erlegen.)

Zusammensetzung der vorstehenden Fleischsorten.

Während das tunlichst fettarme Fleisch vorstehender Tierarten eine nahezu gleiche Zusammensetzung (S. 247) besitzt, weist das Fleisch eines und desselben Tieres je nach Alter, Mastzustand und den einzelnen Körperstellen namhafte, durch den Fett- wie Abfall gehalt bedingte Unterschiede auf[2]).

Das abgetrennte Muskelfleisch und Fettgewebe zeigen dagegen unter sich nur geringe Schwankungen im prozentischen Gehalt.

Für die in Verkehr gebrachten Fleischstücke lassen sich indes keine allgemein gültigen Zahlen für die chemische Zusammensetzung angeben. Um einigen Anhalt hierfür zu bieten, habe ich in der Tabelle II, Nr. 171—218 am Schluß einige Mittelwerte für die chemische Zusammensetzung des Fleisches vorstehender Tiere je nach ihrem Fettgehalt zusammengestellt, worauf hier verwiesen sei.

[1]) Das Schlachtgewicht, also Körpergewicht nach Abzug von Kopf, Füßen, Darm- bzw. Magen- bzw. Kropfinhalt, Haut bzw. Federn, betrug nach einigen Ermittlungen bei Gänsen 69,5 bis 73,6%, bei Enten 70,2—74,4% des Körpergewichtes. In Prozenten des Schlachtgewichtes wurden u. a. gefunden:

	Gans (fett)	Ente (wilde)	Junger Hahn	Haushuhn (fett)	Kaninchen (zahm)	Hase
Knochen	9,3%	10,5%	18,1%	15,4%	11,9%	—
Fleisch + Fett	81,1 „	79,4 „	71,4 „	74,4 „	79,3 „	—
Innere eßbare Teile.	9,6 „	10,1 „	10,5 „	11,2 „	8,8 „	7,9%

[2]) Siehe Anmerk. *, Seite 262.

Aus diesen Zahlen ist ersichtlich, daß der Wassergehalt des Fleisches bei allen Tieren ausschließlich vom Fettgehalt abhängt; je höher letzterer, um so niedriger ersterer und umgekehrt. Von allen Tieren erreichen Schwein, Schaf und Gans in Prozenten des Schlachtgewichtes wie des Fleisches sowohl bei nicht gemästeten als gemästeten Tieren im Durchschnitt den höchsten Fettgehalt, das Fleisch von Wild und Geflügel ist, wenn die Tiere im gezähmten Zustande nicht gemästet sind, verhältnismäßig fettarm. Der kräftige, anregende Geschmack des letzteren wird vielfach einem höheren Gehalt an Fleischbasen zugeschrieben, aber diese Ansicht ist noch nicht erwiesen; zwar sind im Hühnerfleisch verhältnismäßig viel, nämlich 0,9—1,1% Fleischbasen gefunden, aber solche Mengen werden auch für Fleisch der landwirtschaftlichen Schlachttiere angegeben. Auch der Gehalt an Albumin, leimgebendem Gewebe und Muskelfaser ist im wesentlichen von dem letzterer nicht verschieden.

B. Schlachtabgänge von Säugetieren und Vögeln.

Die Menge der Schlachtabgänge ist bei den einzelnen Tieren (vgl. S. 259, Anm.) nicht unbedeutend; sie beträgt durchweg 1/3 des Lebendgewichtes und ist prozentual um so geringer, je fetter das Tier ist. Die Abgänge bestehen aus: Haut, Magen- und Darminhalt, Blut, Lunge, Herz, Niere, Leber, Milz, Zunge, Gehirn, Drüsen, Schwarte, Knochen, Knorpeln und Fettgewebe. Diese Abgänge werden jedoch fast ausnahmslos auf irgendeine Weise in der Küche verwertet, sei es direkt, sei es durch Verarbeiten zu Würsten usw. In der Struktur unterscheiden sich diese Abgänge dadurch vom Muskelfleisch, daß die unwillkürlichen Muskelorgane (Lunge, Niere, Milz usw. mit Ausnahme des Herzens) glatte Muskelfasern besitzen und infolgedessen das Zerkauen erschweren, indem sie den Zähnen ausweichen. In der chemischen Zusammensetzung sind sie dadurch verschieden, daß sie entweder einen höheren Gehalt an leimgebendem Gewebe oder anderen Proteinen als Muskelfleisch besitzen. Im Gehalt an Sterinen und Phosphatiden übertreffen sie meistens das Muskelfleisch, sind aber ärmer an Basen (Kreatin) als letzteres (vgl. S. 247). Im allgemeinen besitzen diese Abgänge nicht den frischen, kräftigen Geschmack des Muskelfleisches, sondern haben alle mehr oder minder einen Beigeschmack. Diese Umstände tragen dazu bei, daß diese Schlachtabgänge bei gleichem Nährstoffgehalt durchweg viel geringer bezahlt werden als das Muskelfleisch.

*) (Anm. zu S. 261): In Deutschland pflegt das Fleisch je nach den Körperstellen in folgende, bei allen landwirtschaftlichen Schlachttieren nahezu gleiche Klassen eingeteilt zu werden:

Klasse	Körperstelle	Mittlere Menge Abfälle (Knochen, Sehnen) %	Wertsverhältnis (annäherndes)
I.	Schwanz-, Lendenstück (Keule bei Schaf und Kalb, Schinken beim Schwein), Rücken- und Lendenwirbel (Kotelettenstück beim Schwein, Nierenbraten beim Kalb)	10—12	100
II.	Hochrippenstück, hinteres Halsstück bzw. Bruststück, Kamm und Vorderschinken beim Schwein	17—20	75
III.	Hals, Brust, Bauch	25—30	60
IV.	Kopf mit Backen, Beine	35—55	40

A. Beythien zerlegte die in Dresden eingekauften Fleischstücke vorstehender 4 Klassen bei Rind, Schaf und Schwein in reines Muskelfleisch, Fettgewebe und Knochen und fand folgende Schwankungen:

Muskelfleisch	Fettgewebe	Knochen
34,53—64,26%	54,39—19,59%	2,54—16,74%.

Dazu beim Schwein noch 3,74—8,54% Schwarte.

Was bei den einen Tieren jedoch als ungenießbar und weniger wertvoll gilt, wird bei anderen wieder sehr geschätzt, z. B. die Leber. Der muskelreiche Magen der Vögel (mit Inhalt wie bei Schnepfen und Krammetsvögeln) bildet einen Leckerbissen, während der Magen der Wiederkäuer nur durch besondere Zubereitung zu einer schmackhaften Speise wird und der Mageninhalt als lästiger Unrat entfernt werden muß. Man verarbeitet den Magen mit den fettreichen Teilen des Darmes und mit dem Netz zu sog. „Flecken", „Kütten" oder „Kaldaunen" bei Rind und Hammel, oder zu dem schon mehr geschätzten „Gekröse" oder „Inster" bei Kalb und Lamm. Die Gedärme der Wiederkäuer dienen als Wurstbehälter und werden in diesem Zustande selten mitgegessen.

Die Haut der Haustiere findet nur beim Schwein sowie als gefüllter Kalbs- und Schweinskopf (Kalbskopf à la tortue) in der Küche Verwendung.

1. Blut. Das Blut, welches 3—7% des Lebendgewichtes ausmacht, besteht aus den Blutkörperchen und dem Plasma; die Blutkörperchen bestehen ihrerseits wieder aus dem Hämoglobin (S. 26, 10—15% des Blutes) und dem von diesem durchtränkten Stroma, welches neben einem Protein (Nucleoprotein) als Hauptbestandteil in geringer Menge Fette, Kohlenhydrate (Glykose), Harnstoff, Milchsäure und Kaliumverbindungen enthält. Das Blutplasma, worin die Blutkörperchen schwimmen, besteht aus dem Blutfaserstoff, dem Fibrinogen (S. 20) und dem Blutserum, welches als Proteine Globulin (S. 20) und Albumin (S. 18), ferner verschiedene nichtproteinartige Stickstoffverbindungen, Fette, Kohlenhydrate, Farbstoffe (Luteine) und als unorganische Stoffe vorwiegend Natriumverbindungen ($NaCl$ und Na_2HPO_4) enthält[1]).

Das Blutplasma enthält etwa 7—8% Proteine, wovon nur 0,1—0,3% Fibrinogen (Faserstoff) sind. Der Gehalt an Ammoniak beträgt nach Henriques im Mittel 0,27 mg in 100 ccm Blut.

Läßt man das aus den Adern strömende Blut in einen von einer Kältemischung umgebenen Behälter fließen, oder vermischt man es mit Salzlösungen von bestimmter Konzentration und läßt stehen, so setzen sich die Blutkörperchen zu Boden und man erhält in der überstehenden Flüssigkeit das Plasma; läßt man das aus der Ader abgelassene Blut an der Luft gerinnen, so scheiden sich Blutkörperchen und Faserstoff (Fibrin) ab, und zurückbleibt das Serum, während durch Schlagen (Peitschen) des Blutes der Faserstoff abgeschieden werden kann und defibriniertes Blut (d. h. Blutkörperchen-Serum) erhalten wird.

Trotz des hohen Nährwertes wird das Blut nur in mäßigem Umfange zur menschlichen Ernährung verwendet. Direkt als solches wird es wohl nur von den Wilden genossen. Wir genießen dasselbe nur in Gemeinschaft mit anderen Nahrungsmitteln, entweder im Fleisch, das noch immer etwas Blut enthält, oder in Wurstebrot, Blutwurst, die aus Blut, Kräutern, Speck unter Zusatz von Mehl hergestellt werden. Zur Herstellung von Blutwurst verwendet man fast ausschließlich Schweineblut.

Das Blut von anderen Tieren läßt man häufig entweder wegfließen oder trocknet es ein zu sog. Blutmehl, das vorzugsweise als Dünger dient. Aus Blut unter Beimengung von Kleie, Melasse und sonstigen Stoffen hat man auch Futtermittel hergestellt, welche als sog. Kraftfutter für Vieh, besonders für Pferde empfohlen werden[2]).

[1]) Rinderblut hat z. B. nach Abderhalden folgenden Gehalt an einzelnen Bestandteilen, in 1000 Teilen:

Wasser %	Hämoglobin %	Protein %	Fett %	Cholesterin %	Lecithin %	Zucker %	Kali %	Natron %	Kalk %	Eisenoxyd %	Chlor %	Phosphorsäuren anorgan.	Phosphorsäuren organ.
80,89	10,31	6,98	0,057	0,193	0,235	0,070	0,041	0,364	0,007	0,054	0,308	0,017	0,040

[2]) Technisch wird das Blut auch noch zur Darstellung von Albumin und als Klärmittel benutzt.

Der allgemeinen Anwendung des Blutes steht entgegen, daß es sehr wenig haltbar und häufig mit Krankheitskeimen, besonders wenn es von kranken und an Infektionskrankheiten leidenden Tieren stammt, behaftet ist.

2. Zunge. Die Zunge fast aller Schlachttiere gehört zu den geschätzteren Fleischsorten; sie ist durchweg sehr fett. Um derselben eine schöne rote Färbung zu erteilen, wird sie mit Salz und Salpeter eingelegt; sie wird alsdann in diesem Zustande entweder direkt verwendet, oder getrocknet und geräuchert, oder auch zu Wurst verarbeitet.

Die Zunge ist auch mit manchen Fehlern und Krankheiten behaftet; am häufigsten kommen auf derselben Entzündungen (bedingt durch ätzende Stoffe und spezifische Gifte, von Aphthenseuche, Rinderpest, Skorbut, Diphtherie der Kälber usw.) und infektiöse Granulationen vor; häufig findet sich in den Tonsillen der Strahlenpilz, der das Auftreten aktinomykotischer Erosionen bewirkt; auch Tuberkulose wird angetroffen.

3. Lunge. Die Lunge besteht neben einigen glatten Muskelfasern vorwiegend aus elastischem und Bindegewebe; wegen eines geringen Blutgehaltes enthält sie auch etwas Albumin. Sie wird mit dem Herz, Schlund, Milz als sog. „Geschlinge" meist nur von Kalb, Hammel, Schwein und Lamm, seltener von Ochsen verwendet.

Nerking fand in der Trockensubstanz der Kaninchenlunge 5,96% Lecithin.

Am meisten geschätzt wird die Kälberlunge; an ihrer Stelle werden gern Schweinelungen verkauft.

Die Lunge ist, weil sie direkt mit der Außenluft in Verbindung steht, leicht verschiedenen Verunreinigungen und Fehlern ausgesetzt, nämlich außer den durch eigenartige Krankheitserreger (Lungenseuche, Lungentuberkulose, infektiöse Pneumonie usw.) verursachten Krankheiten solchen, bei denen keine besonderen Krankheitserreger mitwirken wie Bronchopneumonie infolge Einatmung fremder Stoffe, Wurmpneumonien (vom Lungenwurm, Strongylus), Schimmelmykosen (durchweg von einem pathogenen Aspergillus), traumatische Entzündungen (durch Eindringen von Fremdkörpern) und dgl. Fehler mehr.

Die gesunde Lunge fällt nach Herausnahme aus dem Brustkorb alsbald zusammen; dieses wird verhindert, wenn man die Lungen nach der Schlachtung mehrere Stunden lang im geschlossenen Brustkorb beläßt. Mit Vorliebe aber erteilt man den Kälberlungen durch Aufblasen — das jetzt überall verboten ist — ein ansehnlicheres, umfangreicheres Aussehen.

4. Herz. Das Herz ist der einzige unwillkürliche Muskel, welcher aus quergestreiften Muskelfasern besteht; das Fleisch desselben ist bei gesunden Tieren derb und mager; die Farbe braunrot; der Überzug glatt und glänzend; bei gut ausgebluteten Tieren enthält es nur wenig Blut. Je nachdem dasselbe in der Diastole oder Systole zum Stillstand gekommen ist, hat es eine runde oder kegelförmige Gestalt. Das Herz wird meistens mit dem sog. „Geschlinge" zur Wurstbereitung benutzt; nur aus dem Kalbs- und Schweineherz stellt man selbständige Gerichte her.

Das Herz der einzelnen Schlachttiere zeigt in der Zusammensetzung besonders im Fettgehalt größere Schwankungen als die Lunge. Nerking fand in der Trockensubstanz vom Kaninchenherzen 5,86% Lecithin.

Bei finnenhaltigen Schweinen finden sich auch im Herzen derselben Finnen. Einen häufigen Fehler des Herzens bilden die Petochine, d. h. Blutungen in dem Herzbeutel (Peri- oder Epikardium), als Teilerscheinung toxischer und infektiöser Allgemeinerkrankungen unter den serösen Häuten.

5. Niere. Die Nieren sind von einer mehr oder weniger Fett enthaltenden Kapsel, der Nierenfettkapsel, überzogen.

Die Farbe der Nieren ist rotbraun, nur bei hochgemästeten Rindern, Schafen und besonders Schweinen werden sie infolge von Fetteinlagerung graubraun. Die Nieren sind derb, haben eine glatte, glänzende Oberfläche mit zahlreichen roten Pünktchen. Das Nierenparenchym zeigt auf der Schnittfläche denselben Glanz wie auf der Oberfläche.

Das Gewicht der Nieren beträgt beim Pferde und Rinde ungefähr $^{1}/_{300}$ (= 1500 g bzw. 950 g), beim Schwein ungefähr $^{1}/_{150}$ (=420 g) des Körpergewichtes.

Von den Nieren der Schlachttiere sind besonders die des Kalbes, Schweines, Hammels und auch der Hasen am meisten geschätzt.

Für die Proteine der Nieren gibt E. Gottwaldt in Prozenten der Nierensubstanz (von Hunden) im Durchschnitt von 6 Analysen folgende Zahlen:

Gesammt-Protein	Serum-Albumin	Leim	Globulin nach Hammarsten's Verfahren	Globulin, durch Natronlösung ausgezogen	In Natriumcarbonat lösliche Proteinverbindungen
6,01%	1,26%	1,44%	3,74%	5,24%	1,53%

Nach anderen Untersuchungen sollen indes die Nieren kein Albumin, sondern nur ein bei 52° gerinnendes Globulin enthalten, ferner ein Nucleoprotein mit 0,37% Phosphor, Lecithalbumin und eine mucinähnliche Substanz. Unter den Extraktivstoffen sind nachgewiesen: Xanthinkörper, Harnstoff, Harnsäure, Glykogen, Inosit, Leucin, Taurin, Cystin, Betain und drei Phosphatide, ein dem Cephalin ähnliches Monoaminophosphatid und weiter noch ein Di- und Triaminophosphatid.

Nerking gibt in der Trockensubstanz der Kaninchennieren 5,02% Lecithin an.

Auch die Nieren sind mit manchen Fehlern und Krankheiten behaftet. Außer Mißbildungen, Schrumpfungen, Kalk- und Pigmentablagerungen ist besonders die Nephritis zu erwähnen, die durch das Auftreten zahlreicher, meist kleiner, rot behofter Abscesse in der Rinden- und Markschicht der Niere gekennzeichnet oder als weiße Fleckniere bekannt ist. Die Pyelonephritis bacillosa des Rindes, bedingt durch den Bac. bovis renalis, ruft eine Erweiterung und Verdickung des einen oder beider Harnleiter hervor. Auch gelangen durch hämatogene Infektion Rotzknoten und Tuberkeln in den Nieren zur Entwicklung.

6. Milz. Die Milz besteht vorwiegend aus sehnigem Bindegewebe und wird nur selten in der Küche verwendet; meistens dient sie mit dem Fleisch zur Darstellung von Fleischbrühe.

Besonders eigenartig für die Milz sind eisenhaltige Albuminate, ein eisenhaltiges Phosphatid, und eisenreiche Ablagerungen, welche letztere aus einer Umwandlung der roten Blutkörperchen hervorgehen und aus eisenreichen Körnchen von solchen bestehen.

Von Krankheitskeimen wird die Milz wie andere Organe des Körpers befallen; besonders tritt dieses in dem akuten Milztumor (Geschwulst), bei Milzbrand und Stäbchenrotlauf hervor.

7. Leber. Die Leber sämtlicher Haustiere hat im gesunden Zustande eine zuerst bläulich schimmernde, dann rotbraune Grundfarbe; sie ist festweich, das Parenchym glänzend. Unter den Lebern sind die des Rehes, der Gans und Ente als Delikatessen berühmt; aus ihnen wie aus den Lebern des Kalbes und Lammes werden selbständige Gerichte bereitet. Auch die Lebern der Hühner, Tauben, ferner einiger Süßwasserfische, so von Hecht, Aalraupe, sind beliebt. Die Lebern vom Schwein, Hammel und Rind werden durchweg nur zur Wurstbereitung verwendet.

Das Gewicht der Lebern ist bei den einzelnen Tieren sehr schwankend, besonders auch je nachdem die Tiere während der Verdauung oder nach größerer Hungerpause geschlachtet werden.

Außer dem bei 45° gerinnenden Albumin (2,0—3,0%) werden in der Leber noch ein bei 75° gerinnendes Globulin und ein bei 70° gerinnendes Nucleoalbumin angegeben, ferner ein Nucleoprotein mit 0,145% Phosphor und eisenhaltige Proteinkörper (das Ferratin Schmiedebergs); in der Rinderleber fand man 0,025—0,028%, in der Kaninchenleber 0,011—0,014% Eisen. Leimbildner werden zu 2,7—4,8% angegeben.

Die stickstoffhaltigen Extraktivstoffe sind dieselben wie beim Fleisch; nur Carnosin und Carnitin und methylierte Purine sind nicht gefunden.

Für Harnstoff wurden von Brunet und Rolland 0,062—0,068% angegeben.

Unter den in Äther löslichen Bestandteilen findet sich neben Lecithin (bis 2,35%) und geringen Mengen Cholesterin vielfach auch ein schwefel- und phosphorhaltiger Körper, das Jecorin Drechsels, welches für eine lockere Verbindung von Glykose mit Lecithin gehalten wird.

Besonders beachtenswert in der Leber ist auch der hohe Gehalt an Glykogen, welches sich vorwiegend aus den Kohlenhydraten, die zu der Hexosengruppe gehören, bildet und als Energie-Aufspeicherungsstoff angesehen wird. Aber auch noch verschiedene andere Stoffe können von Einfluß auf die Glykogenbildung sein.

Die Menge des gebildeten Glykogens ist bei pflanzlicher Kost größer als bei tierischer; so beträgt nach K. B. Hofmann die Menge Glykogen bei reiner Fleischkost etwa 7%, bei gemischter 14,5%, bei reiner Pflanzenkost 17% des Lebergewichtes. Weiss fand bei Reis- und Rohrzuckerfütterung in der Leber eines Huhnes 2,31% Glykogen, in den Muskeln 0,47%. Die Leber der Rinder enthält 2,88—8,34%, der Knochenfische 1,1—6,4%, der Knorpelfische 0,3—1,6% Glykogen. Die reduzierenden Stoffe der Leber werden von Carles zu 1,55—8,90% angegeben.

Von Krankheiten der Leber sind zu nennen:

Die Angiomatosis, welche sich als mehrfache, blutig durchtränkte, blaurote Herde von der Größe eines Hirsekornes bis zu der einer Kirsche zu erkennen gibt; die Muskatnußleber, die infolge einer Rückstauung des Blutes bei Herz- und Lungenfehlern auftritt; die fettige Metamorphose der Leber — zu unterscheiden von der Fettinfiltration —; Blutungen (Hämorrhagien); die bacilläre Nekrose, wobei die befallenen Stellen trübe, brüchig erscheinen und von einem roten Hofe umgeben sind; Entzündungen wie bei der interstitiellen Hepatitis, welche einerseits zu erheblicher Umfangsvermehrung, andererseits -verminderung führt; Geschwülste (Tumoren); infektiöse Granulationen (Tuberkeln, Rotzneubildungen und Aktinomykome) und weiter von den parasitären Krankheiten vorwiegend die Echinokokken, Leberegel (vgl. S. 250).

8. Gehirn. Das Gehirn wird vorwiegend vom Kalb gegessen. Es enthält außer Albumin (2—3%) und Globulin einen eigenartigen stickstoff- und phosphorhaltigen Körper, Protagon, welcher durch Kochen mit Baryt Lecithin und Cerebroside liefert, ferner große Mengen Lipoide (Cholesterin und Phosphatide); nach Fränkel und Linnert bestehen 54,43 bis 62,62% der Trockensubstanz des Gehirns der Schlachttiere aus Lipoiden; Nerking gibt für Kaninchenhirn 12,41% Cholesterin an. Auch Jecorin ist im Gehirn nachgewiesen. N. Masuda fand im Gehirn von Rind, Pferd, Schwein 73,15% Wasser, 1,38—1,70% Stickstoff, 0,25—0,40% Phosphor, 2,79—6,11% Fettsäuren und 2,51—4,46% Cholesterin (unverseifbares).

9. Drüsen, Bauchspeicheldrüse und Thymusdrüse (als Kalbsmilch, Milchfleisch oder Bröschen bekannt). Die Thymusdrüse[1]) ist reich an Albumin (14,0%). Leimbildnern (6,0%) und Xanthinstoffen, besonders an Adenin, wovon sie 0,179% enthalten soll.

In der Pankreasdrüse werden ein ungesättigtes Monophosphatid (Vesalthin) und ein gesättigtes Diaminophosphatid angegeben.

Die Kalbsbröschen gelten allgemein als leicht verdaulich und werden daher als Krankennahrungsmittel besonders hochgeschätzt.

10. Kuheuter. Die Zusammensetzung des Kuheuters, welches auch vielfach gegessen wird, richtet sich ganz nach der eingeschlossenen Milch (vgl. Tab. II, Nr. 228 u. 229).

Da das Euter vielfachen Krankheiten (Entzündungen, Geschwülsten, infektiösen Granulationen) ausgesetzt ist, so ist dasselbe mit Vorsicht zu verwenden.

---

[1]) Für die Lymphocyten (weißen Blutkörperchen) aus der Thymusdrüse fand Lilienfeld in der Trockensubstanz:

Albumin	Leukonuclein	Histon	Lecithin	Fette	Cholesterin	Glykogen
1,76%	68,79%	8,67%	7,51%	4,02%	4,40%	0,80%

11. Schweineschwarte. Sie wird vorwiegend zur Wurstbereitung verwendet. Die Stickstoffsubstanz besteht zu rund 80% aus leimgebender Substanz; an Albumin wurden darin nur 0,46% von 35,32% Gesamtstickstoff-Substanz gefunden.

12. Knochen und Knorpel. Die Knochen bestehen vorwiegend aus einer leimgebenden Grundlage, dem Knochenknorpel, und anorganischen Salzen (Erdphosphaten), welche der leimgebenden Grundlage so eingebettet sind, daß sich die Mengung mikroskopisch nicht nachweisen läßt. In den Lücken und Kanälchen der Knochen befindet sich die Nährflüssigkeit, welche flüssiges Fett (Triolein), Kochsalz, Alkalisulfate und geringe Mengen Albumin enthält. Dazu gesellt sich bei den Röhrenknochen das Knochenmark.

a) Der Gehalt der Knochen an den gesamten Bestandteilen ist sehr schwankend, sowohl nach Art der Knochen wie nach dem Alter des Tieres; nämlich:

Wasser	Leimgebende Substanz	Fett	Mineralstoffe
von 5—50%	15—50%	0,5—20%	20—70%

Die Mineralstoffe bestehen vorwiegend aus Calciumphosphat mit geringen Mengen Calciumcarbonat, Calciumfluorid und Magnesiumphosphat.

Der Gehalt an diesen Bestandteilen wechselt vorwiegend je nach dem Alter der Tiere. Mit zunehmendem Alter nimmt der Wassergehalt ab, der Gehalt an Calciumphosphat und Fett prozentual zu, während der an Leim mehr oder weniger gleich bleibt.

Für die Verwendung in der Küche sind die fett- und leimreichen Knochen die besten.

Wenn nämlich die Knochen gekocht werden, so geht die stickstoffhaltige Knorpelsubstanz zum Teil in Lösung; sie verwandelt sich in eine lösliche Form, in „Leim“ oder „Gelatine“ (vgl. S. 30). Je weicher und schwammiger die Knochen sind, desto mehr Leim enthalten sie.

Die Röhren-(Lenden- und Bein-) Knochen geben nur wenig Leim an kochendes Wasser ab, weil das Wasser nicht in die feste Masse einzudringen vermag. Sollen diese tunlichst ausgenutzt werden, so müssen sie in kleinere Stücke zerlegt (gesägt) werden.

Der größte Teil des Fettes der Knochen geht mit dem Leim, geschmolzen, in das kochende Wasser über.

Besser als die Röhrenknochen eignen sich die zelligen Knochen (der Rückenwirbel, die Rippen und flachen Knochen) zum Auskochen.

Während nach Edw. Smith durch 7stündiges Kochen bei den Röhrenknochen 6—19% ihres Gewichtes in Lösung gehen, werden bei den letzteren in derselben Zeit 16—24% gelöst.

Durch die hausübliche Kochung wird keine so große Menge wie vorstehend gelöst; wir fanden die Menge für je 100 g Rindsknochen wie folgt:

Trockensubstanz	Stickstoffsubstanz	Fett	Sonstige organische Stoffe	Mineralstoffe
1,39—7,29 g	0,18—2,84 g	0,65—4,11 g	0,09—0,58 g	0,09—0,20 g

b) Knorpeln. An den Knochenenden befinden sich meistens die Knorpeln. Diese sind bei den jungen Tieren vorwiegend und enthalten im Verhältnis zum Leim weniger Mineralstoffe als Knochen. Die Mineralstoffe bestehen vorwiegend aus Natrium- und Kaliumsulfat sowie Chlornatrium; Calcium- und Magnesiumphosphat treten sehr zurück.

Die den Knochen und auch dem Fleisch anhaftenden Sehnen werden in der Küche meistens nicht verwendet, sie bestehen vorwiegend aus Kollagen[1]).

[1]) J. Gies fand z. B. für die Achillessehne des Ochsen folgende Zusammensetzung:

Wasser %	Globulin + Albumin %	Mucoid %	Elastin %	Kollagen %	Fett %	Extraktstoffe %	Mineralstoffe %	Schwefelsäure (SO_3) %	Phosphorsäure (P_2O_5) %	Chlor %
62,87	0,22	1,28	1,63	31,59	1,04	0,89	0,47	0,031	0,039	0,147

c) Knochenmark. Das in den Röhrenknochen eingeschlossene Mark besteht vorwiegend aus Fett (40—98%) von festflüssiger Beschaffenheit. Als Stickstoffverbindungen sind nachgewiesen Serumalbumin, -globulin, Mucin, ein eisenhaltiges Nucleoprotein, das Pentosan enthält, und die Purinbasen (0,031% Guanin, 0,017% Adenin, 0,007% Hypoxanthin und 0,003% Xanthin). Von Lecithin wurden von Bolle in Prozenten des Knochenmarkes 0,32—1,17%, in Prozenten des Fettes 1,05—2,96%, von Cholesterin in Prozenten des Fettes 0,29% gefunden. Der Lecithingehalt nimmt mit zunehmendem Alter der Tiere ab. Der Gehalt an Ölsäure wird von Nerking zu 47,4—77,9%, an Stearinsäure zu 36,3—14,2%, an Palmitinsäure zu 16,4—7,8% angegeben.

13. Fettgewebe. Außer dem im Muskelsaft und zwischen den einzelnen Muskelfasern abgelagerten Fett finden wir im Tierkörper (besonders bei gemästeten Tieren) große Anhäufungen von mehr oder weniger reinem Fett, so um Herz und Nieren, unter der äußeren Haut, im Darmnetz, überhaupt da, wo das die Gefäßwandungen umgebende Bindegewebe dem Durchtritt der Fettlösung den geringsten Widerstand entgegensetzt.

Das Fett ist im Bindegewebe abgelagert; in letzterem befinden sich die Fettzellen. Diese bestehen aus einer zarten Membran, welche die Fetttröpfchen so einschließt, daß die gewöhnlichen Lösungsmittel des Fettes (Schwefelkohlenstoff, Äther usw.) nicht lösend auf dasselbe einwirken. Erst wenn diese Membran zerstört oder zerrissen ist, wird das Fett durch diese Agenzien gelöst. Dem sauren Magensaft vermag die Membran keinen Widerstand zu leisten.

Das Bindegewebe wird von der Grundsubstanz „Kollagen" gebildet (vgl. S. 30).

Das Fettgewebe aller Schlachttiere hat nahezu gleiche Zusammensetzung; auch die Fette, ihre Elementarzusammensetzung von den verschiedenen Tieren und den verschiedenen Körperstellen desselben Tieres (vgl. S. 64) zeigen keine wesentlichen Unterschiede; sie bestehen aus den Glyceriden der Palmitin-, Stearin- und Ölsäure. Nur in den physikalischen Eigenschaften zeigen sie einige Unterschiede. Das Fettgewebe dient zur Gewinnung der tierischen Fette (Rinds- und Hammeltalg, Schweineschmalz). Hierüber vgl. unter Abschnitt „Fette und Öle".

14. Innere Teile von Wild und Geflügel. Die inneren Teile von Wild und Geflügel (Lunge, Herz, Niere, Leber) haben, wenn man von dem durchweg geringeren Fettgehalt absieht, im großen und ganzen dieselbe chemische Zusammensetzung wie die der landwirtschaftlichen Schlachttiere. Unter den inneren Organen von Wild und Geflügel besitzt die Leber der Gans und Ente eine besondere Bedeutung, weil sie wegen ihrer umfangreicheren Verwertung zur Herstellung von Gänseleberpastete durch besondere Fütterung und Haltung künstlich vermehrt zu werden pflegt. Über die Bestandteile der Leber vgl. S. 265, über die des Gänsefettes, das auch eine wichtige Rolle im Handel spielt, vgl. weiter unten unter „Fette und Öle" S. 323 u. ff.

Über die allgemeine Zusammensetzung der inneren Organe und Schlachtabgänge vgl. Tab. II, Nr. 219—243.

Fleischdauerwaren.

Zur Haltbarmachung der Fleisch- und Eßwaren überhaupt sind seit alters her die verschiedensten Verfahren in Anwendung gebracht und werden noch täglich solche verbessert und ersonnen.

Dieselben verfolgen alle den einen Zweck, die Zersetzung der Nahrungsmittel durch Gärung und Fäulnis zu verhindern. Zur Zersetzung der Nahrungsmittel sind folgende Bedingungen erforderlich, nämlich:

1. Eine hinreichende Feuchtigkeit. Organische Stoffe und auch Nahrungsmittel erleiden beim Aufbewahren keine Zersetzung, wenn der Wassergehalt etwa 12% nicht überschreitet.

2. Eine gewisse Wärme, durchweg zwischen 10—45°. Bei niedrigen Temperaturen unter und einige Grade über Null wird das Wachstum der Kleinwesen bzw. die Wirkung von Enzymen und Sauerstoff, wodurch die Zersetzung bewirkt wird, verhindert oder verzögert, bei höheren Temperaturen (70° und mehr) werden Kleinwesen und Enzyme mehr oder weniger vernichtet.

3. Zutritt von Luft und Licht. Zutritt von Luftsauerstoff ist unter allen Umständen erforderlich. Dieser kann aber durch den gleichzeitigen Zutritt von Licht unterstützt werden, z. B. bei den Fetten (Ranzigwerden), bei Milch, Bier und Wein[1]). Umgekehrt vermag starkes Sonnenlicht (besonders ultraviolette Sonnenstrahlen) das Protoplasma und Bakterien zu vernichten und daher reinigend zu wirken, z. B. bei klarem und hellem, von Schwebestoffen freiem Wasser.

4. Anwesenheit von Enzymen und Bakterien. Die in den Zellen vorhandenen Enzyme setzen auch nach dem Ableben des Tier- und Pflanzenkörpers ihre Wirksamkeit fort, beschleunigen Umsetzungen (Autolyse), die unter Umständen den Genußwert der Nahrungsmittel erhöhen, z. B. beim Reifen des Fleisches. Diese Umsetzungen bereiten aber auch den Boden für das Wachstum der Bakterien vor und sind daher in einem gewissen Grade nachteilig. Die Enzyme wie Bakterien werden entweder durch Sterilisieren oder Gifte vernichtet. Diese Mittel sollen aber nur so angewendet werden, daß die Bakterien vernichtet werden, die Enzyme dagegen erhalten bleiben (z. B. bei Milch). Die Aufgabe der Verfahren der Dauerwarenherstellung ist, entweder eine oder mehrere dieser Bedingungen aufzuheben.

Die beim Fleisch üblichen Verfahren sind in kurzer Beschreibung folgende:

1. Die Entziehung von Wasser bzw. das Trocknen des Fleisches.

Charque, Patentfleischmehl usw. Das Trocknen des Fleisches (Entziehen von Wasser) ist unzweifelhaft das vollkommenste und beste Verfahren zur Haltbarmachung; denn hierbei findet kein Verlust an Nährstoffen statt. Am meisten ist dieses Verfahren, welches schon von den Ägyptern angewendet wurde, bis jetzt bei den Fischen in Gebrauch.

In den Tropen benutzt man zum Trocknen von sonstigem Fleisch die Sonnenwärme; in Brasilien, Uruguay usw. zerschneidet man das frische Fleisch in dünne Schnitte und trocknet diese entweder einfach an der Luft unter Verreibung mit etwas Zucker (Charque dulce), oder man salzt die dünnen Schnitte erst in Fässern ein, übergießt sie mit einer salzreichen Lösung und trocknet sie (Carne secca), oder endlich man preßt das eingesalzene Fleisch erst zwischen Steinen vor dem Trocknen aus (Carne Tessajo). Die letzteren beiden Verfahren entziehen dem Fleisch selbstverständlich den wertvollen Fleischsaft[2]).

Der Pemmican oder Pinenkephan der Inder wird ebenfalls in der Weise gewonnen, daß man in schmale Streifen geschnittenes Fleisch (früher vorwiegend Büffelfleisch, jetzt auch das der verschiedenen Jagd- und Haustiere) trocknet, dann fein zerstößt und mit gleichen Teilen Fett zu einer breiartigen Masse verarbeitet. Mitunter gibt man getrocknete wildwachsende Früchte und Beeren hinzu.

Bei der Trocknung des Fleisches durch natürliche Wärme behält das Fleisch aber noch verhältnismäßig viel Wasser. Da es aber nur längere Zeit haltbar wird, wenn der Wassergehalt 14% nicht übersteigt, so hat man auch vielfach versucht, das Fleisch durch künstliche Wärme auf diesen Wassergehalt zu bringen. Man verwendet für den Zweck fettarmes Fleisch, zerschneidet es in Scheiben, trocknet und pulvert das getrocknete Fleisch staubfein.

---

[1]) Bei den alkoholischen Getränken sucht man durch Anwendung hölzerner Lagerfässer einen gewissen Luftzutritt zu unterhalten, um die Bildung von Bukettstoffen zu unterstützen.

[2]) Die fettreichen Fleischstücke der Charque sind, weil die selteneren — es werden durchschnittlich $^1/_4$ fette und $^3/_4$ magere Charque gewonnen —, die gesuchtesten. Am La Plata kosteten früher 1 kg Charque 20—30 Pf.; fette Stücke etwa 8 Pf. mehr.

Viele Verfahren dieser Art haben sich aber nicht dauernd gehalten; das eine Zeitlang hergestellte Erzeugnis „Carne pura" kommt wohl nur mehr vereinzelt im Handel vor.

Für die hierher gehörige für die russische Armee von der Gesellschaft „Volksernährung" (Narodnoc Prodowolitwo) hergestellte Fleischdauerware wird das Fleisch vor dem Trocknen anscheinend gekocht oder gedämpft.

M. Buchner läßt ganze Fleischstücke gefrieren, trocknet sie dann bei mäßiger Wärme, ohne daß das Fett schmilzt, im Vakuum, und will auf diese Weise den Wassergehalt auf nur 8—10% bringen.

Nach Davis und Emmet wird durch das Trocknen die koagulierbare Stickstoffsubstanz um etwa 30% erniedrigt, die wasserlösliche um 22% erhöht.

Die Verdaulichkeit des Fleisches erleidet durch das Trocknen keine Einbuße; von dem Protein des Fleischpulvers wurden durch künstliche Verdauung 93,6—97,6% verdaut. Wohl aber ist gegebenenfalls darauf zu achten, daß dem Fleischpulver nicht die Rückstände von der Fleischextraktfabrikation oder Stärkemehl oder sonstige wertlosere Stoffe beigemengt sind.

2. Anwendung von Kälte. Für gewöhnlich pflegt man das Fleisch dadurch einige Zeit vor Zersetzung zu schützen bzw. frisch zu erhalten, daß man es auf Eis legt oder in Eisschränken aufbewahrt. In letzteren aber wird die Temperatur selten unter +4 bis 6° erniedrigt, und da selbst bei 0° das Wachstum der Bakterien nicht ganz aufhört, so läßt sich auf diese Weise eine nur einige Tage dauernde Frischhaltung erreichen. Um das Fleisch für längere Zeit haltbar zu machen, läßt man die ausgeschlachteten Tierleiber (ganz oder in Stücken) nach dem Schlachten entweder sofort 3 Tage lang bei —20° gefrieren und hebt sie bis zum Versand bei —6° auf (Chicago), oder man bewirkt das Gefrierenlassen (Australien) allmählich durch zwölftägiges Aufbewahren bei —6° und weitere Aufbewahrung und Versendung in Gefrier- oder Kühlräumen. Auch trockene Luft wird für die Aufbewahrung empfohlen. Die Abkühlung wird jetzt meistens durch flüssige Luft oder Kohlensäure, durch Ammoniak oder Methyläther oder durch Kältemischungen von Eis, Kochsalz unter Zuhilfenahme von schwefliger Säure erreicht.

Das gefrorene Fleisch hält sich wochenlang frisch und läßt sich in Kühlräumen auf weite Strecken versenden. Es gebraucht zum Auftauen 12—36 Stunden, erfährt aber im Nährwert (in der Verdaulichkeit) keine Beeinträchtigung und läßt sich wie frisches Fleisch zum Kochen und Braten verwenden. Nach Richardson und Scherubel hielt sich Fleisch, welches bei +2 bis 4° aufbewahrt wird, nur 7 Tage, dagegen zeigte gefrorenes Fleisch bei Aufbewahrung in Kühlräumen in Temperaturen unter —9° selbst nach 554 Tagen keine Veränderung im chemischen, histologischen und bakteriologischen Befunde[1]). Emmett und Grindley konnten bei 23tägiger Aufbewahrung von gefrorenem Fleisch keine wesentlichen Veränderungen feststellen, dagegen nahm bei 43- und nach Wright bei 160tägiger Aufbewahrung der Gehalt an Wasser und unlöslichem bzw. koagulierbarem Protein etwas ab, die Menge an wasserlöslichen Stoffen (Proteosen, Pepton und Fleischbasen) etwas zu. Bei gefrorenem Hühnerfleisch machte es keinen Unterschied, ob das Huhn vorher ausgeweidet war oder nicht. Die gleichzeitige Anwendung von Frischhaltungsmitteln hat einen geringeren Einfluß auf die Haltbarkeit als höhere Kälte.

---

1) Die Zusammensetzung von frischem und gefrorenem Fleisch war z. B. im Mittel folgende:

Fleisch	Wasser	Stickstoffsubstanz	Fett	Mineralstoffe	In Wasser lösl. Stoffe	Löslicher Stickstoff in Form von: Ammoniak	Albumin	Albumosen	Gesamt
Frisches	76,35%	21,81%	1,43%	1,23%	6,01%	0,029%	0,41%	0,024%	0,81%
Gefrorenes	76,39 „	21,94 „	1,65 „	1,23 „	5,94 „	0,028 „	0,41 „	0,023 „	0,80 „

Der Basenstickstoff betrug in beiden Fällen 0,36%.

Gefrorenes Fleisch zeigt den Übelstand, daß es nach dem Auftauen verhältnismäßig schnell verdirbt. Man erklärt diese Erscheinung dadurch, daß beim Auftauen das Bindegewebe des Fleisches gelockert wird und sich auf das unterkühlte Fleisch Wasserdampf und mit diesem eine erhöhte Menge Bakterien aus der Luft niederschlägt.

3. Abhaltung der Luft. Der Abhaltung von Luft geht durchweg ein Kochen oder Braten der Fleischstücke voraus. Durch das Kochen oder Braten wird einerseits das lösliche Albumin, welches für die Fäulnisbakterien ein geeignetes Nährmittel abgibt, in den geronnenen unlöslichen Zustand übergeführt, andererseits werden die Fäulniskeime selbst getötet. Gleichzeitig erfährt auch die chemische Zusammensetzung des Fleisches eine Veränderung, indem der Gehalt an Wasser abnimmt, das Bindegewebe z. T. in Leim übergeführt wird und Teile des Fleisches (Stickstoffverbindungen, Fett und Salze) in die Koch- oder Bratbrühe übergehen[1]). Um daher in dieser Art Dauerwaren die volle Zusammensetzung des Fleisches zu erhalten, müssen letztere mitverwendet werden, was auch zu geschehen pflegt.

Der zweite zu beachtende Umstand besteht in der vollständigen Abtötung der Bakterienkeime, in der genügenden Sterilisierung. Durch einfaches Kochen und übliches Braten erreicht wegen des schlechten Wärmeleitungsvermögens des Fleisches die Temperatur im Innern der Stücke keine 100° oder erst nach sehr langer Einwirkung, so daß hierdurch im Innern der Stücke kaum eine genügende Sterilisierung zu erreichen ist. Diese wird erst erreicht, wenn man die Gefäße mit den Fleischstücken in gespanntem Dampf entweder 80—96 Minuten bei 116—117° oder 50—70 Minuten bei 120,5° erhitzt. So erhitzte Dauerwaren sind völlig steril und unbegrenzt haltbar. Durch solche hohe Erhitzung erleiden die Dauerwaren aber leicht eine Zerfaserung, weshalb man sich mit einer niedrigeren, durch Erhitzen in einem Salzbade zu erreichenden Temperatur von 100—110° begnügt.

Da gesundes frisches Fleisch keine Bakterienkeime enthält, sondern nur in den äußeren Teilen aus der Luft aufnimmt, so genügt für dieses auch meistens eine volle Sterilisierung der äußeren Teile der Fleischstücke.

Eine weitere Bedingung für die Haltbarmachung besteht in der vollständigen Abschließung der Luft beim Aufbewahren.

Die Abhaltung von Luft bzw. der darin enthaltenen zersetzenden Keime kann auf zweierlei Art erzielt werden, nämlich:

---

[1]) Grindley und Mojonnier fanden z. B. bei großen Schwankungen im Mittel einer Anzahl Proben folgende Zusammensetzung des Fleisches vor und nach dem Kochen bzw. Braten:

Fleisch	Wasser %	Stickstoff-substanz %	Fett %	Mineralstoffe %	Fleisch	Wasser %	Stickstoff-substanz %	Fett %	Mineralstoffe %
Frisches	71,25	21,14	6,17	1,05	Frisches	52,50	13,14	33,75	0,71
Gekochtes	60,32	30,02	8,59	0,83	Gebratenes	42,88	19,00	37,11	0,83
Verlust in Proz. des natürl. Fleisches .	32,15	1,84	0,64	0,51	Verlust in Proz. des natürl. Fleisches .	14,68	0,16	8,52	0,13

Fettreiche und große Fleischstücke verlieren unter sonst gleichen Verhältnissen weniger von ihren Bestandteilen als fettarme und kleine Stücke.

Die unfiltrierten Kochbrühen enthielten im Mittel 0,3% Albumin, 0,6% sonstige Stickstoffverbindungen, 0,7% stickstofffreie Stoffe, 1,3% Fett und 0,5% Mineralstoffe.

Die beim Braten in das Bratenfett mit übergehenden Stickstoffverbindungen schwankten zwischen 0,05—0,62%.

Pellerini fand in den Brühen von Büchsenfleisch im Mittel rund 80% Wasser, 2,47—3,23% Gesamtstickstoff und 1,84—2,07% Mineralstoffe.

a) Durch einen luftdichten Überzug mit flüssigen, aber bald festwerdenden Massen bzw. Einlegen in Flüssigkeiten, z. B. von Gummi, Zucker, Melasse, Sirup, Kollodium, Harz, Öl, Fett, Leim, Gelatine, Hausenblase, Paraffin, gekochter Stärke, Agar-Agar, ferner durch Einlegen in Lösungen von Casein oder Salzen wie Wasserglas, endlich durch feste Umhüllungen wie Salzkrystalle, tierische Membrane, Zinnfolie. Hierbei ist besonders darauf zu achten, daß keine Luft eingeschlossen bleibt [1]).

b) Durch Einschließen in luftdichte Gefäße (Büchsenfleisch), entweder mit vorhergehender oder nachfolgender Keimtötung oder unter Entfernung der Luft mittels Wasserdampfes bzw. unter Ersatz derselben durch andere Gase wie Kohlensäure, Kohlenoxyd, schweflige Säure, Stickstoffoxyd.

Kohlensäure und Kohlenoxyd besitzen fäulniswidrige Wirkungen. Gamgee tötet die Tiere mit Kohlenoxyd und durchtränkt darauf das Fleisch mit diesem und schwefliger Säure (sterilisierte Schlachtung).

Am gebräuchlichsten jedoch ist es, das Fleisch nach dem Erhitzen einfach in luftdichten Büchsen aufzubewahren; man erhält auf diese Weise das sog. Büchsenfleisch.

Das älteste Verfahren dieser Art ist das von Appert (1809); Fleisch und sonstige Eßwaren werden kurze Zeit gekocht, dann in Blech- oder Glasgefäße gebracht, bis diese fast ganz damit gefüllt sind; nachdem die Gefäße bis auf eine kleine Öffnung verschlossen sind, werden sie in ein kochendes Wasserbad — für Blechgefäße auch in einen Autoklaven — gestellt und, wenn der Inhalt 90—100° oder mehr erreicht hat, luftdicht verschlossen.

Das Appertsche Verfahren ist im Laufe der Zeit in der mannigfaltigsten Weise abgeändert worden, jedoch ohne daß das Grundwesen ein anderers geworden ist.

In den Haushaltungen bedient man sich statt der Blechgefäße jetzt allgemein der Weckschen Einmachgläser, die nach Erhitzung einfach durch aufzulegende Gummiringe und Glasdeckel gedichtet werden können. Das Fleisch bzw. ganze Tiere (Feldhühner, Krammetsvögel u. a.) werden unter Zusatz von Salzen und Gewürzen entweder gekocht oder mit Butter gebraten samt der Koch- oder Bratbrühe in die Gläser gefüllt und darin noch 60—80 Minuten bei 100° erhitzt. Darauf werden die Gläser geschlossen. Der Fettgehalt der Brühe ist zweckmäßig so groß, daß sich oben eine abschließende Fettschicht bildet.

Fehler und Verunreinigungen des Büchsenfleisches.

Da nach § 12 des Gesetzes betreffend die Schlachtvieh- und Fleischbeschau vom 3. Juni 1900 die Einfuhr von Fleisch in luftdicht verschlossenen Büchsen oder ähnlichen Gefäßen in das Zollinland verboten ist, hat der Verkehr mit sog. Büchsenfleisch wesentlich abgenommen und beschränkt sich nur auf inländische Erzeugnisse von wenigen Firmen. An sich können dem auf diese Weise eingelegten Fleisch verschiedene Fehler anhaften, nämlich:

1. Es ist nicht ausgeschlossen, daß Fleisch von kranken oder mit pathogenen Krankheiten behafteten Tieren verwendet wird.

2. Die Fleischfaser zeigt nicht selten eine derbe Struktur, weil Fleisch alter, abgetriebener und nicht regelrechter Tiere verwendet wird; dabei ist die Fleischfaser von dem aus dem Bindegewebe beim Erhitzen gebildeten Leim umschlossen. Diesem Umstande ist wohl der im allgemeinen nicht zusagende Geschmack des Büchsenfleisches zuzuschreiben. Carlinfanti und Manetti behaupten auch, daß Büchsenfleisch durch Pepsin weniger leicht gelöst würde als frisches Fleisch.

3. Aus den Blechbüchsen und beim Verlöten derselben gelangen nicht selten Metalle (Blei, Zinn) in das Fleisch.

[1]) Das einzulegende Fleisch wird von nicht verwendbaren Teilen befreit, in Stücke zerschnitten, diese werden — bei Fischen evtl. in verdünnten Lösungen von Essigsäure und Salz — gekocht, nach dem Kochen in die Dosen gelegt und mit der heißen Lösung von z. B. Gelatine übergossen. Die beim Erkalten sich bildenden Hohlräume werden entweder mit Essig oder heißer Lösung des Einbettungsmittels, z. B. Gelatine, ausgefüllt.

4. Infolge Undichtigkeiten in der Lötung oder im Falz kann durch keimhaltige Luft schädliche Zersetzung im Fleisch hervorgerufen werden.

5. Infolge Verwendung fehlerhaften Fleisches, unsauberer Behandlung und ungenügenden Sterilisierens können dieselben Umsetzungen durch dieselben Bakterien stattfinden, die S. 253 erwähnt sind. Auch durch Genuß von Büchsenfleisch sind schon mehrfach Vergiftungen vorgekommen.

6. Durch bakterielle Tätigkeit bilden sich Gase, die eine beulenartige Auftreibung der Büchsen, eine sog. Bombage zur Folge haben. Die Büchsen geben beim Anbohren ein pfeifendes Geräusch[1]), indem die unter Druck stehenden Gase entweichen. Diese bestehen, wenn sie durch Bakterientätigkeit entstanden sind, vorwiegend aus Stickstoff und Kohlensäure neben Schwefelwasserstoff u. a.

Die Bombage kann aber auch durch chemische Umsetzungen hervorgerufen werden, z. B. durch Einwirkung von Säuren (Milchsäure) auf die Metallwandung; das Gas besteht dann vorwiegend aus Wasserstoff.

Der Inhalt von bombierten Büchsen soll vom Verkehr ausgeschlossen werden.

7. Infolge chemischer Umsetzungen sind auch verschiedene Abscheidungen im Büchsenfleisch beobachtet, z. B. Ferrophosphat, Zinnoxyd, Magnesiumammoniumphosphat, Tyrosin u. a.

8. Wenn das zum Einbetten der Fleischstücke verwendete Gelee flüssig ist, so deutet dieses ebenfalls auf eine nachteilige Zersetzung hin. Letztere erleiden auch mitunter die zu demselben Zweck angewendeten Öle und Fette, welche einerseits Fette aus dem Fleisch aufnehmen, andererseits in dieses eintreten. Der Inhalt in Büchsen mit flüssigem Gelee ist für den Verzehr zu verwerfen.

4. Salzen (Pökeln) und ***Räuchern.*** Das Salzen und Räuchern sind zwei verschiedene Verfahren zur Haltbarmachung des Fleisches, werden aber meistens miteinander verbunden.

Zum Salzen verwendet man von altersher allgemein Kochsalz, dem 0,5—1,0% Salpeter (Kalisalpeter) zugesetzt werden; durch letzteren wird die Salzungsröte[2]) erzeugt,

---

[1]) Ein solches Geräusch kann auch entstehen, wenn infolge eines vorhandenen Vakuums Luft eintritt.

[2]) Diese Farbe, die sog. Salzungsröte, tritt erst allmählich und nach längerer Einwirkung des Salzgemisches ein, nachdem schon vorher die ursprüngliche Färbung des Fleisches verschwunden ist. Ungenügend lange gepökeltes Fleisch zeigt infolge des unvollkommenen Eintritts der Salzungsröte in der Mitte des Stückes eine graue Farbe. Es handelt sich somit beim Pökeln nicht um eine Erhaltung des ursprünglichen Fleischfarbstoffes, wie auch aus dem Verhalten des Pökelfleisches beim Kochen hervorgeht. Denn während nicht gepökeltes Fleisch in der Hitze seine rote Farbe verliert, behält das Pökelfleisch seine Färbung, die nur durch die beim Kochen eintretende Gerinnung der Proteinkörper einen etwas helleren Ton annimmt.

Das Räuchern ist auf die Farbe des in der Regel vorher gepökelten Fleisches ohne wesentlichen Einfluß; vielleicht wird infolge der dabei eintretenden Wasserentziehung und des Einflusses der Rauchbestandteile die Farbe etwas dunkler.

Bei Wurst (Salami-, Cervelat-, Mett-, Schlack-, Plockwurst usw.) liegen die Verhältnisse ähnlich; auch hier tritt nach dem Zusatz von Salz, Salpeter und zuweilen auch von Zucker zwar anfänglich eine Graufärbung, aber allmählich die Salzungsröte ein, die von der Mitte aus gegen die Oberfläche fortschreitet, ungefähr 4 Wochen zur Vollendung erfordert und als Gärung (Fermentation) bezeichnet wird.

Die durch die Salzungsröte bedingte Farbe ist zwar verschieden von der natürlichen Farbe des Fleisches, indes scheint sie mit dem Muskelfarbstoff insofern in Zusammenhang zu stehen, als die Erfahrung gelehrt hat, daß die Salzungsröte bei Verwendung von kernigem, farbstoffreichem Fleisch besonders schön eintritt.

Hieraus erklärt es sich, daß die Wurstfabrikanten mit Vorliebe das farbstoffreiche, weniger wasserhaltige Fleisch von Bullen und mageren Kühen zur Wurstbereitung verwenden.

und zwar, wie **Kisskalt, Haldane** u. a. annehmen, durch das aus dem Salpeter infolge Reduktionsvorgänge entstehende Nitrit. Zur Erzielung der Salzungsröte wird aber auch Zusatz von Zucker (0,6%) empfohlen; außerdem werden auch Gewürze (Wacholder, Thymian, Lorbeer, Pfeffer, Ingwer u. a.) zugesetzt.

Man unterscheidet beim Salzen des Fleisches zwei Verfahren, nämlich das Einsalzen und Pökeln.

a) Einsalzen. Die Fleischstücke, besonders Rindfleisch, werden mit Kochsalz bzw. dem Gemisch (z. B. 100 kg Kochsalz, 0,6 kg Kalisalpeter und 0,6 g Zucker) eingerieben und unter Bestreuen mit Salz in Fässern übereinander geschichtet. Das Wasser des Fleisches löst das Salz allmählich auf, tritt unter dem Druck der Stücke aus und bildet die Lake.

b) Pökeln. Beim Pökeln werden die Fleischstücke, besonders Schweinefleisch, in die fertige gehaltreiche Salzlösung von 15—25% Gehalt gelegt; bei diesen Lösungen werden außer vorstehendem Gemisch auch noch die genannten Gewürze (unter Umständen auch etwas Rotwein) zugefügt. Das Eindringen des Salzes in das Fleisch wird mitunter durch Herstellung eines Vakuums (Hamburger Rauchfleisch) oder durch Druck (2—4 Atm.) beschleunigt (Schnellpökelungsverfahren).

Nach dem Morganschen Schlachtverfahren wird die Salzung des Fleische sdirekt beim geschlachteten Tiere durch Einführung der Kochsalzlösung in die Aorta unter Druck von etwa 6 Atm. vorgenommen.

Beim Einsalzen wie Pökeln tritt einerseits Salz in das Fleisch ein, andererseits treten außer Wasser auch organische und unorganische Stoffe aus dem Fleisch in die Lake infolge osmotischer Vorgänge aus[1]), und letztere Menge kann bei genügend langer Einsalzung oder -pökelung theoretisch so groß werden, daß der Gehalt an gelösten Stoffen im Fleisch und in der Lake gleich ist.

So lange läßt man die Salzlösung wohl nicht einwirken; indes treten auch bei weniger langer Einwirkung nicht zu unterschätzende Verluste auf[2]).

---

[1]) J. v. Liebig empfahl daher als Pökelflüssigkeit 50 kg Wasser, 18 kg Kochsalz und 1/4 kg Natriumphosphat; zu je 5,5 kg dieses Salzwassers sollten noch 3 kg Fleischextrakt, 750 g Chlorkalium und 300 g Natriumsalpeter zugesetzt werden; durch diese Pökelflüssigkeit sollte die Auslaugung des Fleisches vermieden werden. Das Verfahren hat sich aber wegen des hohen Preises von Fleischextrakt nicht eingeführt.

[2]) E. Voit konnte z. B. für 1000 g frisches Fleisch nach der Einsalzung folgende Veränderungen feststellen:

Aufgenommenes Salz	Verloren				
	Wasser	Organ. Stoffe	Protein	Extraktivstoffe	Phosphorsäure
43,0 g	97,7 g	4,8 g	2,4 g	2,5 g	0,4 g
Oder	10,4%	2,1%	1,1%	13,5%	8,5%

E. Polenske fand bei sechsmonatigem Einpökeln von 3 Fleischstücken noch größere Verluste, nämlich:

	Gewicht der Fleischstücke	Gewicht der Pökellake	Verlust in Prozenten	
			Protein	Phosphorsäure
Fleischstück Nr. 1	965 g	1941 g	7,77%	34,72%
„ „ 2	1035 g	1659 g	10,09%	54,46%
„ „ 3	1050 g	1643 g	13,78%	54,60%

Beim Kochen des Pökelfleisches treten weitere Verluste auf; Fr. Nothwang fand z. B.:

	Wassergehalt	Verlust an	
		Extraktstoffen	Phosphorsäure
Frisches Fleisch, gekocht	54,4—58,3%	50 —60%	35%
Pökelfleisch, gekocht	46,2—47,2%	65,6—67,9%	39,5—44,5%

Der Höchstbetrag der Stoffentziehung ist schon nach 2 Wochen erreicht.

Das Pökeln in der Lake bedingt einen weit größeren Verlust an Bestandteilen, als das Einlegen in Salz. Von dem Protein gingen in der Lake 2,14%, von der Phosphorsäure 50,1% verloren, während bei dem in Salz eingelegten Fleisch der Verlust an Protein nur 1,3%, an Phosphorsäure nur 33% betrug. Das Eindringen von Kochsalz in das Pökelfleisch hängt wesentlich von der Menge des verwendeten Kochsalzes, sowie von der Art und Größe der Fleischstücke ab[1]). Die Einpökelung unter Druck scheint weit wirksamer zu sein, als die nach gewöhnlichem Verfahren. Das im interstitiellen Bindegewebe vorhandene Fett schützt die Muskelfaser vor zu tief greifender Einwirkung des Salzes. Beim Kochen oder Dünsten stößt das Pökelfleisch das aufgenommene Kochsalz zum größten Teil wieder aus, wodurch es weniger unangenehm für den Geschmack wird.

Die Salpetersäure des Salpeters wird beim Einsalzen bzw. Pökeln infolge von Reduktionsvorgängen in salpetrige Säure übergeführt.

Das Fleisch verliert beim Einsalzen neben geringen Mengen Proteinen wesentlich seine Extraktivstoffe (Fleischbasen), ferner Kali- und Phosphorsäure, wodurch sowohl sein Nährwert als sein Wohlgeschmack beeinträchtigt wird; es wird härter und zäher und gleicht mehr und mehr einem ausgekochten bzw. minderwertigen Fleisch.

Aus dem Grunde widersteht das Pökelfleisch nach längerem Genuß, und steht hiermit vielleicht auch das häufige Auftreten des Skorbuts oder des Scharbocks, d. h. der Mund- und Zahnfleischfäule, bei den Schiffsmannschaften in Zusammenhang, die als Fleisch fast ausschließlich Pökelfleisch verzehren.

Nach anderer Annahme sollen die nachteiligen Wirkungen des dauernden Genusses von eingesalzenem bzw. gepökeltem Fleisch vorwiegend durch die Entziehung der Vitamine hervorgerufen werden (vgl. S. 56).

Die Wirkung der Salzlösung auf das Wachstum der Bakterien ist verhältnismäßig nur gering. In der Salzlake (Heringslake) sind bis 1 Million Bakterienkeime in 1 ccm gefunden, der Strahlenpilz Streptothrix gedeiht noch üppig in Bouillon mit 6% Kochsalz, die Salzhefe Wehmers und Torula epizoa halten sich sogar in 24proz. Salzlösungen noch längere Zeit entwicklungsfähig; die Schweinerotlaufbacillen sind nach Petri in einer 24proz. Kochsalzlösung erst nach 26 Tagen abgetötet; auch die üblichen Fäulnisbakterien können anscheinend hohe Salzgehalte bis zu 10% vertragen. Jedenfalls begünstigt der Übertritt von Proteinen bzw. Extraktivstoffen des Fleisches in die Lake das Wachstum der Bakterien.

Aus dem Grunde wird das gesalzene Fleisch behufs besserer Haltbarmachung meistens noch geräuchert. Die durch die Salzung bewirkte Lockerung der Fleischfaser begünstigt das Eindringen des Rauches in die Fleischstücke.

c) Das ***Räuchern des Fleisches.*** Zum Räuchern des gesalzenen Fleisches verwendet man Laubholz (als am besten gilt Buchenholz und Wacholder); harzreiches Nadelholz ist dazu

---

[1]) Fr. Nothwang fand z. B. für verschiedene eingesalzene Fleischsorten folgende Gehalte:

	Wasser	Kalisalpeter (KNO_3)	Kochsalz ($NaCl$)
Roher Schinken	59,70—61,89%	0,197—0,328%	4,15—5,86%
Gekochter Schinken . . .	52,29—65,56%	Spur —0,142%	1,85—5,35%
Kasseler Rippspeer	52,58%	Spur	8,70%
Corned-Beef	57,32%	0,082%	2,04%
Schlackwurst	49,69%	Spur	2,77%

Tillmans und Splittgerber fanden in gepökelten Fleischsorten 0,0300—0,222% Kaliumnitrat. In gesalzenen Lebern hat man bei 68—69% Wasser einen Kochsalzgehalt von 11,7 bis 12,5% festgestellt.

Kuschel gibt an, daß die Fleischtrockensubstanz, wenn Fleischstücke von 150 g in festes Salz gelegt wurden, schon nach 8 Tagen 15,45—15,87% Kochsalz enthielt, und daß Temperaturen von 4—37° keinen Einfluß auf die Größe der Salzaufnahme hatten.

nicht geeignet. Das langsame (wochenlange) Räuchern bei etwa 25° wird in der Regel im Rauchfang (über dem Herdfeuer), das beschleunigte Räuchern bei höheren (100°) Temperaturen in besonderen Kammern vorgenommen.

Außer dieser von alters her üblichen Räucherung werden im Großbetriebe auch Schnellräucherungsverfahren angewendet, bei denen aber von Räuchern eigentlich keine Rede sein kann. Man legt die Fleischwaren, besonders Rohwürste, entweder in Holzessig, bestreicht sie mit Holzteer und läßt sie an einem zugigen Platz austrocknen, indem man die Behandlung öfters wiederholt; oder man verdampft Holzessig, dem etwas Kreosot und Wacholderöl zugesetzt ist, legt hierin die Fleischstücke oder bestreicht sie damit unter öfterer Wiederholung nach der Verdunstung; oder man verwendet eine Lösung von Glanzruß unter Zusatz von Kochsalz, in welche Lösung die Fleischstücke bzw. Würste je nach ihrer Größe verschieden lange eingetaucht werden. Diese Verfahren, welche sich überall und zu jeder Zeit ausführen lassen, sind jetzt wohl am meisten in Gebrauch.

Die Wirkung des Räucherns besteht

α) in der gleichmäßigen Austrocknung; $^3/_4$ kg frisches Fleisch liefern etwa $^1/_2$ kg Rauchfleisch;

β) in der Abtötung von Bakterienkeimen; letztere Wirkung wird weniger den Phenolen (Kreosot) und sonstigen aromatischen Stoffen als den Aldehyden der Fettsäurereihe zugeschrieben.

Pathogene Bakterien werden durch den Holzrauch nicht sicher abgetötet.

5. Anwendung von sonstigen Frischhaltungsmitteln. Außer Kochsalz und etwas Kalisalpeter werden zur Haltbarmachung des Fleisches in neuester Zeit auch Borsäure, Borax, schweflige Säure und deren Salze[1]) sowie Formaldehyd angewendet. Sie dienen aber nur meistens zur Haltbarmachung für kurze Zeit[2]), z. B. bei Hackfleisch, erfüllen ihren Zweck auch nur in beschränktem Maße, und ist ihre Anwendung wie die noch sonstiger Frischhaltungsmittel bei Fleisch und Fleischdauerwaren nach § 21 des Gesetzes, betr. die Schlachtvieh- und Fleischbeschau, vom 3. Juni 1900 auf Grund der Verordnung vom 19. Februar 1902 verboten (vgl. S. 256). Andere Salze, die nicht verboten sind, z. B. sog. Hacksalze, haben auch nur eine beschränkte, haltbar machende Wirkung (vgl. S. 256). Dasselbe gilt auch von Wasserstoffsuperoxyd und ozonisierter Luft, welche zur Beseitigung von üblen Gerüchen des Fleisches bzw. ihrer Aufbewahrungsräume vorgeschlagen worden sind.

Untersuchung der Fleischdauerwaren.

Trockenes Fleischpulver kann ohne weiteres in Untersuchung genommen werden; Gefrier- und Rauchfleisch wird erst von den nicht verwendbaren Teilen befreit, dann entweder mit dem Hackmesser oder in der Fleischmühle fein zerkleinert, gemischt und wie natürliches Fleisch (S. 257) untersucht.

Bei eingelegtem bzw. Büchsenfleisch muß die Einmachflüssigkeit (Pökellake oder Marinieressig oder Bouillon) oder die Einbettmasse (Öl, Fett, Gelee u. a.) zunächst von dem Fleisch abgetrennt und für sich untersucht werden. Die Flüssigkeit wird einfach abgegossen und für sich auf gelöste Stickstoffverbindungen, Fett, Salze und Frischhaltungsmittel, Schwermetalle u. a. untersucht; Öl wird ebenfalls einfach abgegossen, festes Fett durch vorsichtiges Erwärmen zum Schmelzen gebracht, beide werden dann unter Berücksichtigung des Umstandes, daß in sie auch Fett des eingelegten Fleisches eingetreten ist, auf Beschaffenheit und die Fettkonstanten untersucht.

---

[1]) Natriumsulfit dringt fast ebenso schnell in das Fleisch ein und entzieht dem Fleisch fast ebensoviel Wasser wie Kochsalz und Salpeter. Borsäure und Borax dringen nur langsam in das Fleisch ein und entziehen ihm auch nur wenig Wasser.

[2]) Nur Borsäure und Borax werden öfters auch bei Fleischdauerwaren (Büchsenfleisch, Würsten) angewendet.

Bei einer gelatinierten Einhüllmasse kann man sich am schnellsten durch eine Wasser- und Stickstoffbestimmung (wasser- und aschefreie Gelatine enthält 17—18% Stickstoff) von der Natur derselben überzeugen.

Die übrigbleibenden Fleischstücke werden durch schnelles Abspülen mit kaltem oder heißem Wasser von anhängender Flüssigkeit bzw. Gelatine oder durch Eintauchen in Aceton von anhängendem Fett gereinigt, von etwa vorhandenen Knochen befreit, zerkleinert und wie natürliches Fleisch untersucht.

Die einzelnen Fleischdauerwaren.

Zu den Fleischdauerwaren gehören entsprechend den zur Haltbarmachung angewendeten Verfahren: Getrocknetes Fleisch (Fleischpulver), Gefrierfleisch, Büchsenfleisch in verschiedenen Zubereitungen, gesalzenes und geräuchertes (fettarmes Fleisch oder Rauchfleisch, Schinken, Speck, Rippspeer, Zunge, Gänsebrust u. a.). Über die Zusammensetzung dieser Art Erzeugnisse vgl. Tabelle II, Nr. 244—263 am Schluß. Als besondere Arten gehören zu den Fleischdauerwaren auch Würste und Pasteten.

Würste.

Begriff. Würste sind Fleischwaren, zu deren Bereitung gehacktes Muskelfleisch und Fett, ferner Blut und Eingeweide, d. h. Leber, Lunge, Milz, Herz, Nieren, Rindermagen und Gekröse, sowie Hirn, Zunge, Knorpel (Schweinsohr) und Sehnen der verschiedensten Schlachttiere (Rind, Kalb, Schaf und Schwein) unter Zuhilfenahme von Salz, Gewürzen, Zucker, Wasser, Bier und Wein, unter Umständen auch Milch und Eiern, verwendet werden. Als weitere Zutaten sind bei einzelnen Wurstarten Zwiebel, Knoblauch, Schnittlauch, Citronenschalen, Trüffel, Sardellen und ähnliche Stoffe gebräuchlich.

Die Wurstmasse wird in Hüllen aus gereinigtem Darm, Magen oder Blase vom Rind, Schwein und Schaf oder in Hüllen aus Pergamentpapier eingefüllt.

Unter Verwendung von Teilen des Pferdes hergestellte Wurstwaren sollen nur unter entsprechender Bezeichnung verkauft werden.

Aus Fischfleisch wird ebenfalls Wurst, Fischwurst, hergestellt; auch sie soll der Deklarationspflicht unterliegen.

Wurstsorten. Nach den Hauptbestandteilen der Würste unterscheidet man[1]):

1. Fleischwürste. Sie bestehen aus Schweine-, Kalb-, Schaf- oder Rindfleisch. Je nach der Art ihrer Herstellung werden unterschieden:

a) Dauerwürste; hierzu gehören: Cervelat-, Plock- oder Mettwurst, Salami, Gothaer Wurst u. a.;

b) mit Wasser abgeriebene Würste, sog. ***Anrührwürste*** (Koch-, Brat- und Brühwürste nach Münchener Art); zu diesen gehören: Frankfurter und Wiener Würste, Knoblauchwurst, Bockwurst, Knackwurst, Dünn- und Dickgeselchte u. a. m.

2. Blutwürste. Sie enthalten meist Schweineblut (auch Rinds-, Kalbs- und Schafsblut), Schweinefleisch und Speck.

Hierher gehören die Blutwurst, auch Rotwurst genannt, Schwarzwurst, der Schwartemagen und bei Anwendung von gepökelter oder abgekochter ganzer Schweinszunge die Zungenwurst[2]), manchmal auch von Leber und Grütze die „Grützwurst".

3. Leberwürste. Sie enthalten außer Leber: Lunge, Nieren, Sehnen, Knorpel sowie das sogenannte Geschlinge und Fett des Schweines und Rindes, in manchen Gegenden gebrühte Rindsköpfe und Rindsmagen bei gewöhnlichen Leberwürsten.

---

[1]) Nach den vorläufigen Vereinbarungen der Fr. Vereinigung deutscher Nahrungsmittelchemiker (vgl. Zeitschr. f. Untersuchung d. Nahrungs- u. Genußmittel 1909, **18**, 36; 1910, **20**, 344).

[2]) Statt der Zunge verwendet man auch vielfach andere Fleischteile, z. B. Herz; selbstverständlich dürfen solche Erzeugnisse nicht „Zungenwurst" genannt werden.

4. Weißwürste. Sie enthalten Kalbfleisch oder Kalbs- oder Schweinegekröse neben Schweinefleisch.

5. Leberkäse. Hierunter versteht man eine nicht in Hüllen gefüllte gebackene Wurstmasse, deren Hauptbestandteile rohe und feingewiegte Rinds-, Schweine-, Schaf- oder Bockleber, zuweilen auch nur Rind-, Schweine- und Kalbfleisch bilden. Für die Beurteilung ist der jeweils herrschende örtliche Gebrauch maßgebend. In manchen Gegenden (Baden) rechnet man den Leberkäse nicht zu den Wurstwaren, sondern zu den pastetenartigen Nahrungsmitteln und ist dort ein Zusatz von Mehl und Eiern üblich.

Fischwurst wird aus entgrätetem und zerkleinertem Fischfleisch (Kabeljau, Köhler) und Schweinefleisch oder zerhacktem Speck unter Zusatz von Gewürzen hergestellt. Sie müssen vor dem Genuß 25 Minuten in siedendem Wasser gehalten werden.

Je nach den sonstigen Zutaten oder Hauptbestandteilen bezeichnet man auch Erzeugnisse dieser Art als Erbswurst, Kartoffelwurst, Grützwurst, Trüffelwurst, Milchwurst (Zusatz von Quarg) u. a.

Die Fleischwürste werden, wie schon angeführt, entweder geräuchert, gekocht oder gebraten, die übrigen Arten sämtlich in gekochtem Zustande, und zwar entweder frisch oder geräuchert oder nachträglich gebraten genossen.

Über die Zusammensetzung verschiedener Wurstsorten vgl. Tabelle II, Nr. 264 bis 281.

Fehler und schädliche Veränderungen der Würste. Die Würste erleiden einerseits infolge Anwendung unreiner Rohstoffe, andererseits infolge unrichtiger Herstellung, Behandlung und Aufbewahrung verschiedene Veränderungen, die unter Umständen zur Bildung von giftigen Stoffen führen können. Die wichtigsten Fehler und Veränderungen sind folgende:

1. Bildung von Hohlräumen infolge mangelhaften Stopfens; gleichzeitiges Auftreten von Schimmelpilzen.

2. Weich- und Schmierigwerden, grünliche Verfärbung. Diese Erscheinungen pflegen infolge Bakterientätigkeit aufzutreten, entweder wenn die verwendeten Därme ungenügend gereinigt, die Würste nicht genügend geräuchert oder in feuchten, dumpfigen, nicht genügend gelüfteten Räumen aufbewahrt werden. Das Fleisch verliert seine rote Farbe, wird fahl, das Fett mißfarbig, gelb oder grünlich und öfters ranzig.

Das Grauwerden mit fortschreitendem Alter ist meistens eine natürliche Erscheinung (S. 273 Anm. 2).

3. Selbstleuchten, vorwiegend bei Wellwürsten aus geklopftem Kalbfleisch, infolge lebhafter Zersetzung bei oberflächlichem Sotten oder bei Anwendung unreiner Därme.

4. Wurstgift (vgl. S. 254). Weiche und schmierige Würste mit grünlich verfärbtem Fett und widerlichem Geruch sind immer verdächtig.

Unerlaubte Zusätze bzw. ***Verfälschungen.*** Als solche sind anzusehen:

1. Verwendung von schlechtem und verdorbenem Fleisch oder Fett, die durch fäulniswidrige Mittel wieder aufgefrischt und mit gutem Fleisch bzw. Fett vermischt werden. Als verdorben gilt auch Fleisch von zu früh geborenen Kälbern, Hoden, Gebärmutter mit und ohne Früchte.

2. Unterschiebung von als minderwertig oder ekelhaft angesehenen Fleischsorten.

3. Zusatz von sog. Wurstbindemitteln: Mehl, Stärke, Eieralbumin, Quarg (Casein), Kleber, Agar-Agar u. a., um eine bessere Beschaffenheit vorzutäuschen. Anwendung von Stärkemehl soll bei gewissen Würsten, z. B. Leber- und Blutwürsten — nicht aber bei Fleischwürsten —, bei Deklaration bis zu 2% gestattet sein. Der Zusatz von proteinhaltigen Bindemitteln ist ebenfalls unzulässig.

4. Zusatz von Wasser (vgl. S. 257). Dauerwürste sollen nicht mehr als 60%, Würste für den augenblicklichen Verzehr nicht mehr als 70% Wasser enthalten.

5. Auffärbung mit fremden Farbstoffen[1]) (vgl. S. 256) und Anwendung von Frischhaltungsmitteln, mit Ausnahme von Kochsalz und etwas Salpeter; es gelten hier dieselben Bestimmungen wie bei Fleisch (S. 256).

Untersuchung der Würste. Außer der üblichen Bestimmung[2]) von Protein, Fett und Mineralstoffen ist besonders wichtig:

1. Die Bestimmung des Wassers behufs Nachweises einer etwaigen Wasserbeimengung (vgl. S. 257). Eine Federsche Verhältniszahl von 4 bedeutet auch bei Wurst schon Wasserzusatz.

2. Bestimmung der Stärke; sie geschieht meistens nach dem Verfahren von J. Mayrhofer (vgl. vorstehend Nr. 3).

Der Nachweis der proteinhaltigen Bindemittel ist unsicher.

3. Bestimmung des Glykogens (vgl. unter Fleisch S. 246).

Der Nachweis fremder Fleischsorten (Pferdefleisch) geschieht am sichersten durch eine serologische Untersuchung.

4. Bestimmung des Bindegewebes, dessen Menge bei guten Würsten etwa 2,5—3,0% beträgt, bei schlechten dagegen, nach Seel und Schubert besonders bei den Kriegswürsten in den verflossenen Kriegsjahren, wesentlich erhöht ist.

5. Untersuchung auf Frischhaltungsmittel und Farbstoffe.

6. Prüfung auf Verdorbenheit und Trichinen.

Pasteten.

Die Pasteten des Handels und die ähnlich hergestellten „Pains" bilden Gemenge von zerhacktem Fleisch mit Fett und Gewürzen; sie stehen daher den Würsten in der Art der Zusammensetzung nahe, unterscheiden sich aber dadurch von letzteren, daß zu ihrer Darstellung nicht die Schlachtabfälle und schlechteren Fleischstücke, sondern nur bestes Fleisch und bestes Fett verwendet, daß sie ferner zum Zwecke längerer Aufbewahrung nicht in Därme oder Membranen gefüllt, sondern in Metall- oder Porzellangefäßen, luftdicht verschlossen, aufbewahrt werden. Für den alsbaldigen Genuß wird die Pastete in sog. Blätterteig (aus Mehl, Eiern, Butter) eingefüllt. Die weitverbreitete Straßburger Gänseleberpastete besteht aus zerkleinerter Gänseleber, unter Umständen auch Gänsefleisch, Gänsefett, Trüffeln und Gewürzen.

Über die Zusammensetzung dieser Fleischdauerwaren vgl. Tabelle II, Nr. 282 bis 288.

Verunreinigungen und Verfälschungen kommen bei diesen Erzeugnissen, die allgemein hoch im Preise stehen, meistens nicht vor.

Die Untersuchung erfolgt, wenn die Fleischmasse gleichmäßig fein verteilt ist, wie bei zerkleinertem Fleisch. Wenn sich ganze Fleischstücke, in Fett eingebettet, finden, muß das Fett nach Verflüssigung von Fleischteilen abgetrennt und müssen beide Teile getrennt für sich untersucht werden.

---

[1]) Die künstliche Färbung der Würste täuscht nicht nur die Frische, sondern auch eine größere Menge des Fleisches vor, weil auch das zerhackte Fett durch den Farbstoff mit gefärbt wird oder mit gefärbt werden kann.

[2]) Für die Untersuchung wird die Hülle abgetrennt und der Inhalt entweder (bei Weichwürsten) in einer Reibschale durcheinander gemischt oder (wie bei Hartwürsten bzw. bei Würsten mit groben Fleisch- und Fettstücken) mittels eines Hackmessers oder einer Fleischmühle fein zerkleinert und gemischt.

II. Fleisch von Fischen bzw. Kaltblütern.

A. Muskelfleisch.

Begriff. Wie bei den Warmblütern, so versteht man auch bei den Fischen unter Fleisch im engeren Sinne die Muskeln, das Muskelfleisch aller eßbaren Fische, dagegen unter Fleisch im weiteren Sinne alle eßbaren Teile der Fische, also auch Fett, Rogen, Sperma, Leber u. a.

Die Anzahl der von den Menschen genossenen Fische ist sehr groß; man unterscheidet Salzwasser- und Süßwasserfische, fette und magere Fische. Einige Fische führen je nach ihrer Entwicklung oder Zubereitung verschiedene Bezeichnungen; der Kabeljau (Gadus morrhua) heißt z. B. jung „Dorsch“, entwickelt, frisch „Kabeljau“, getrocknet in ganzem, von Kopf und Eingeweiden befreitem Zustande „Stockfisch“, gesalzen und getrocknet in diesem Zustande „Laberdan“, aufgeschlitzt und flach ausgebreitet, gesalzen und auf Klippen oder Felsen getrocknet „Klippfisch“, gesalzen aber nicht getrocknet „Salzfisch“.

Struktur und allgemeine Beschaffenheit. Das Muskelfleisch der Fische besteht, wie bei den Warmblütern, aus einzelnen quergestreiften Muskelfasern, die durch Bindegwebe verbunden werden, aber dicker zu sein pflegen als bei den Warmblütern und mehrere Innervationsstellen besitzen, während die Muskelfaser der letzteren nur eine Innervationsstelle hat. Das Muskelfleisch fast aller Fische ist von weißem Blut weiß bzw. blaß gefärbt; es gibt aber auch solche mit rot gefärbten Muskeln (Lachs, Karpfen, Stör). Vgl. S. 242.

Der Geschmack des Fischfleisches hängt wesentlich von seinem Fettgehalt ab und ist sehr verschieden; bei einigen Fischsorten wird er durch das Trimethylamin $N \cdot (CH_3)_3$ mitbedingt[1]). Der eigenartige Geschmack ist vielen Menschen nicht zusagend. Dieser Umstand trägt wesentlich dazu bei, daß man das Fischfleisch für weniger verdaulich und weniger nahrhaft hält. Die Verdaulichkeit ist aber dieselbe wie beim Fleisch der Warmblüter (vgl. S. 137 u. Tab. I, Nr. 4).

Auch im Nährwert steht es letzterem nicht nach. Das Fischfleisch enthält aber mehr Wasser und weniger Fett; es ruft daher für gleiche Gewichtsmengen nicht das Sättigungsgefühl wie das Warmblüterfleisch hervor. Bei Zufuhr gleicher absoluten Mengen Nährstoffe kann aber ein solcher Unterschied nicht bestehen, weil die Nährstoffe von derselben Art und Beschaffenheit sind wie beim Warmblüterfleisch.

Zusammensetzung. Das Fleisch der Fische enthält die gleichen chemischen Bestandteile wie das der Warmblüter; nur das Mengenverhältnis ist zum Teil abweichend. Seine Reaktion ist sauer bis amphoter.

1. Wasser. Der Wassergehalt ist durchweg höher als im Fleisch der Warmblüter; er geht bei den fettarmen Fischen bis 84,0% hinauf, tritt aber bei den fettreichen Fischen wie beim Fleisch der Warmblüter um so mehr zurück, je fettreicher sie sind (vgl. Tab. II, Nr. 289—324).

2. Stickstoffverbindungen. Für die einzelnen Stickstoffverbindungen sind beim frischen Fischfleisch folgende Gehalte angegeben:

Stroma (Fleischfaser)	Bindegewebe (Leim)	Myosin	Albumin	Stickstoff in Form von Basen	Stickstoff in Form von Aminosäuren
7,0—12,1%	0,60—3,50%	(2,9—8,7%)	0,84—2,53%	0,18—0,61%	0,011—0,146

[1]) Das Trimethylamin, welches außer in der Heringslake auch in Maikäfern, Flußkrebsen, ferner in Mutterkorn, Fliegenpilz, Rübenblättern nachgewiesen ist, setzt, in verhältnismäßig kleiner Menge genossen, die Temperatur des Körpers herab, in größeren Mengen bewirkt es auch ein Sinken der Pulsfrequenz und eine Abnahme der Energie des Herzschlages.

Die Angaben über den Gehalt an einzelnen Basen lauten sehr verschieden; wir fanden im frischen Fischfleisch 0,009—0,045% Kreatin, 0,029—0,083% Kreatinin und 0,015 bis 0,081% Xanthinbasen; Gautier gibt 0,25%, Yoshimura im Lachs 0,31% und Okuda sogar 0,421—0,754% Kreatin sowie 0,064—0,660% Kreatinin an. Letztere Gehalte dürften entschieden zu hoch sein. Im übrigen sind im wässerigen Auszuge von Fischfleisch auch Carnosin, die Hexonbasen (auch Methylguanidin, Betain) und verschiedene Monoaminosäuren (Taurin, Tyrosin, Leucin, Alanin u. a.) nachgewiesen, die auch bei der Hydrolyse der Proteine auftreten.

Die Elementarzusammensetzung und der Wärmewert der Stickstoffsubstanz (des wasser-, fett- und aschenfreien Fleisches) wurde im Mittel von 10 verschiedenen Sorten wie folgt gefunden:

Kohlenstoff	Wasserstoff	Stickstoff	Schwefel	Sauerstoff	Wärmewert für 1 g
52,85%	7,47%	16,48%	1,17%	22,03%	5695 cal.

3. Fett. Das Fett der Fische ist bei Zimmertemperatur durchweg flüssig bzw. flüssig-fest. Die seßhaften (ruhenden) Fische enthalten weniger Fett als die Oberflächen- (schwimmenden) Fische, ein Zeichen, daß das Fett als Energiequelle dient. Während der Laichzeit, in welcher die Fische keine Nahrung zu sich nehmen, wird das Muskelfleisch reicher an Wasser, dagegen ärmer an Protein und Fett; letzteres nimmt um so mehr ab, je fettreicher das Fleisch gegenüber dem von fettarmen Fischen ist. Nach H. Lichtenfelt verbrauchte z. B. 1 kg Fisch während 39 Hungertagen für den Tag 0,67 g Protein und 0,53 g Fett. Vorwiegend vermindern sich die unlöslichen Proteine, während die löslichen bald zu-, bald abnehmen. Aus dem Grunde ist die Zusammensetzung des Fischfleisches je nach der Zeit des Fanges nicht unbedeutenden Schwankungen unterworfen. So schwankte das Fleisch von Clupea pilchardus nach Milone in der Zeit von März bis Juni für Wasser zwischen 67,89—76,83%, für Protein zwischen 17,25—10,87%, für Fett zwischen 7,29—1,13%, für Mineralstoffe zwischen 1,62—2,23%.

Von größerem Einfluß auf die Zusammensetzung und den Geschmack des Fischfleisches, besonders auf seinen Fettgehalt, ist die Menge und Art des Futters. Besonders Karpfen, die auch mit zunehmendem Alter an Fett zunehmen, lassen sich durch künstliche Fütterung in ähnlicher Weise wie Säugetiere mästen.[1]) Fettreiche Futtermittel bewirken nach hiesigen Versuchen einen stärkeren Fettansatz als fettarme Futtermittel; jedoch kann auch durch leicht verdauliche Kohlenhydrate (wie Maisschrot, Melasse) ein hoher Fettansatz erzielt werden. Das Verhältnis zwischen Wasser- und Proteingehalt des fettfreien Fleisches wird dagegen durch die Fütterung nicht oder nur wenig verändert.

Auch die Beschaffenheit, besonders die Jodzahl des Fischfettes richtet sich bei künstlicher Fütterung wesentlich nach der Art des Futtermittelfettes. Dabei ist die Jodzahl der Eingeweidefette durchgehend niedriger als die der zugehörigen Körperfette. Darnach scheint, ähnlich wie bei den Warmblütern, das Fett um so dünnflüssiger zu sein, je mehr es vom Körperzentrum entfernt ist.

Die Elementarzusammensetzung der Fischfette und ihr Wärmewert wurden im Mittel von vier verschiedenen Sorten wie folgt gefunden:

Kohlenstoff	Wasserstoff	Sauerstoff	Wärmewert für 1 g
76,47%	11,66%	11,87%	9342 cal.[2])

---

[1]) Fr. Lehmann erhielt z. B. für Karpfen bei Naturnahrung und künstlicher Fütterung mit Mais und Fleischmehl, Mais und Lupinen oder Lupinen folgende Gewichtsvermehrung und Zusammensetzung des Fleisches:

Karpfen:	Gewicht eines Tieres	Reines Fleischgewicht	Ausbeute an Fett für 1 Tier	Prozentuale Zusammensetzung des Fleisches: Wasser	Stickstoffsubstanz	Fett	Asche
Künstlich gefüttert .	1000 g	443,4 g	42,9 g	73,47%	16,67%	8,73%	1,13%
Nicht gefüttert . . .	895 g	409,0 g	10,9 g	78,65%	17,38%	2,57%	1,22%

[2]) Vgl. Anm. *) S. 282.

4. Kohlenhydrate bzw. ***stickstofffreie Extraktstoffe.*** Hierüber liegen bis jetzt bei Fischfleisch keine besonderen Untersuchungen vor, jedoch ist anzunehmen, daß sie der Art nach dieselben sind wie beim Fleisch der Warmblüter, wenn die Menge auch verschieden ist.

5. Mineralstoffe. Die Menge an Mineralstoffen ist annähernd gleich mit der im Warmblüterfleisch (vgl. Tab. II, Nr. 289—324 u. Tab. III, Nr. 40—46). Die prozentuale Verteilung der Mineralstoffe ist aber verschieden. Das Kali tritt gegen das Natron im Fischfleisch zurück und der Chlorgehalt ist entsprechend dem Natrongehalt — auch bei Süßwasserfischen — erheblich höher als in der Asche des Warmblüterfleisches. Von der Gesamt-Phosphorsäure (0,301—0,485) des natürlichen Fischfleisches fand J. Katz 0,029—0,046% oder rund 10% derselben in Alkohol löslich, d. h. in Form von Phosphatiden vorhanden.

Fehlerhafte Beschaffenheit des Fischfleisches.

Der Wert des Fleisches der Fische ist nach Gattungen und Arten verschieden. So besitzt Aal und Lachs ein sehr fettes Fleisch; Karpfen und Schleie liefern ein besseres Fleisch als andere Weißfisch- (Cypriniden-) Arten; der Hecht besitzt ein festeres Fleisch als alle übrigen Süßwasserfische.

Ferner wechselt die Güte des Fleisches nach der Größe der Fische und der Jahreszeit. Am besten ist es in der Zeit, die in der Mitte zwischen zwei Laichperioden liegt. Je mehr sich der Fisch der Laichzeit nähert, desto mehr nimmt das Fett ab. Die Zeit unmittelbar nach dem Laichen ist die ungünstigste.

Physiologische und krankhafte Erscheinungen können das Fischfleisch in einen minderwertigen oder verdorbenen und selbst gesundheitsschädlichen Zustand versetzen.

a) Eine nicht naturgemäße Ernährung äußert häufig einen schlechten Einfluß auf die Beschaffenheit des Fischfleisches. Die Forellenarten aus Teichwirtschaften, in denen diese Fische mit dem Fleisch von Warmblütern oder Seefischen gemästet werden, verlieren das wohlschmeckende, aromatisch-kernige Fleisch, wie es die in Wildgewässern bei Naturnahrung aufgewachsenen Forellen zeigen. Beim Karpfen beeinflußt das Futterfett das Körperfett in hohem Maße; mit Gersten- oder Lupinenschrot gemästete Karpfen sind bedeutend schlechter im Geschmack, als die bei reiner Naturnahrung oder nur mäßiger Beifütterung von künstlichen, pflanzlichen Futterstoffen aufgewachsenen Fische. Fische aus trüben Gewässern mit stark schlammigem Untergrund schmecken häufig schlechter als solche aus Gewässern mit klarem Wasser und festem Boden.

Durch Verunreinigung der Gewässer mit Chemikalien kann das Fleisch der in ihnen lebenden Fische einen eigenartigen, widerlichen Geschmack annehmen.

b) Von tierischen Parasiten der Fische, die auch den Menschen gefährlich werden können, ist nur die in Hechten und Quappen vorkommende Finne des breiten Bandwurmes (Bothriocephalus latus) von Bedeutung.

c) Auch Vergiftung durch Fische kommt vor. Robert unterscheidet grundsätzlich folgende Arten von Fischvergiftungen:

1. Hoher Fettgehalt der Fische kann bei Menschen mit empfindlichen Verdauungsorganen als „relatives" Gift wirken.

2. Fischdauerwaren können Blei und Zinn enthalten und hierdurch giftig wirken.

3. Zu lange aufgehobene oder ungeschickt konservierte Fische können durch bakterielle Zersetzung giftig werden. Nach den Symptomen zerfallen diese Fischvergiftungen in 3 Gruppen. Beim Ichtyosismus choleriformis tritt choleraartiger Brechdurchfall ein; beim Ichtyosismus exanthematicus entwickeln sich roseartige oder scharlachartige Hautausschläge; beim Ichtyosismus neuroticus treten schwere Nervenkrankheiten, ja Nervenlähmungen auf.

---

*) Anm. 2 zu S. 281. Dieser von König und Splittgerber ermittelte Wärmewert ist um 150 cal. niedriger als der des Fettes von Warmblütern. Der Unterschied dürfte dadurch bedingt sein, daß die Fischfette längere Zeit aufbewahrt waren und ohne Zweifel etwas Sauerstoff aufgenommen hatten.

4. Auch in lebenden Fischen können sich durch Bakterienerkrankungen gefährliche Toxine und Toxalbumine bilden (z. B. durch den Bacillus piscicidus agilis des Karpfens).

5. Bei manchen Fischen können auch in normalem Zustande einzelne innere Organe dauernd oder doch zu gewissen Zeiten für den Menschen giftig sein. So erzeugt der Rogen der Barbe zur Laichzeit bei vielen Menschen die sog. Barbencholera. Die ostasiatischen Igelfische oder Bläser (Tetrodon u. a.) erzeugen die sog. Fuguvergiftung. Aalarten enthalten ein Gift, das, roh, dem Schlangengift ähnliche Wirkungen zeigt; ebenso sind rohe, frische Neunaugen giftig.

6. Schließlich enthalten manche Fische Giftdrüsen, und zwar in der Haut oder im Maule. Nach Entfernung des Kopfes bzw. der Haut sind diese Fische ungiftig. Hierher gehören die Cottiden (Knurrhalm, Seeskorpion usw.), manche Rochen (Seeadler, Stechrochen), das Petermännchen und viele andere.

Anreihend seien hier kurz die

Krankheiten der Fische.

erwähnt, indem bezüglich aller Einzelheiten auf Hofers „Handbuch der Fischkrankheiten" (München 1904) verwiesen sei.

Allgemeine Infektionskrankheiten werden bei Fischen durch Bakterien und Sporozoen hervorgerufen. Unter den zahlreichen Bakterienerkrankungen sind von besonderer wirtschaftlicher Bedeutung die Furunculose der Salamander und die verschiedenen Formen der „Rotseuche" der Cypriniden; von den Sporozoenkrankheiten die Coccidiose der Karpfen und die Beulenkrankheit der Barben. (Ob die weit verbreitete Pockenkrankheit des Karpfens wirklich mit einer Sporozoeninfektion zusammenhängt, ist sehr zweifelhaft.)

2. Besondere Krankheiten treten bei allen Organen der Fische auf.

Unter den Hautkrankheiten sind von besonderer Bedeutung die Erkältungskrankheiten, die Verpilzung durch Saprolegniaceen sowie die verschiedenen Flagellaten und Infusorieninfektionen der Haut; unter den Kiemenerkrankungen spielt der Befall der Kiemen durch parasitische Protozoen, Würmer und Krebse eine große Rolle.

3. Von den Darmerkrankungen sind in erster Linie Darmentzündungen und katarrhe zu nennen. Die zahlreichen Darmparasiten werden gewöhnlich vom Fische ohne große Beschwerden ertragen. Auch Bluterkrankungen (durch Sporozoen) kommen vor. Große Bedeutung hat die sog. Drehkrankheit der Salmonidenbrut erlangt, durch die in Zuchtanstalten große Werte vernichtet werden. Ihr Erreger ist ein im Kopfknorpel schmarotzendes Sporozoon.

4. Seit dem Erscheinen von Hofers Handbuch sind zahlreiche weitere Fischkrankheiten bekannt geworden. Neuerdings bringt auch ein Jahresbericht die Fortschritte auf dem Gebiete der Fischkrankheiten.

Über Fischsterben durch Wasserverunreinigung finden sich genauere Angaben in König, Untersuchung landwirtschaftlich und gewerblich wichtiger Stoffe, 4. Auflage 1911, S. 1051—54.

Fehlerhafte Behandlung des Fischfleisches.

Im allgemeinen fault Fischfleisch schneller als das der Warmblüter. Besonders schnell tritt Zersetzung bei Fischen ein, welche eines unnatürlichen Todes gestorben oder mit Kokkelskörnern[1]), Strychnin oder Dynamit gefangen worden sind. Solche Fische verraten sich durch blasses Aussehen, außerordentliche Weichheit und einen oft stark aufgetriebenen Leib.

Nicht selten werden auch verdorbene Fische feilgeboten. Fische, die schon längere Zeit abgestorben sind, zeigen dunkle Kiemen von gelblicher oder graurötlicher Farbe. Die Augen sind trübe und eingesunken. Das Fleisch ist welk, leicht ablösbar, der Geruch unangenehm, der Leib zuweilen aufgetrieben und von blauer Farbe. Die Haut ist verfärbt und entweder trocken oder mit Schleim bedeckt. Hält man solchen Fisch horizontal, so biegt sich der Schwanz nach unten; im Wasser

---

[1]) Kokkelskörner sind der Samen des auf Ceylon und Java heimischen Kokkelskörnerstrauches (Anamirta coccolus).

sinkt der Fisch nicht unter. Um solchen Fischen ein frisches Aussehen zu verleihen, färbt man zuweilen die Kiemen mit Blut oder Anilinfarben; doch lassen sich diese Färbungen durch den Übergang der Farbe in das Wasser und durch den unnatürlichen Farbenton leicht entdecken.

Faule Fische sind vollkommen welk, sehen sehr blaß aus und sind mit einer schleimigen, übelriechenden Masse überzogen. Durch Entfernen der trüben Augen und Färbung der Kiemen versucht man zuweilen die Fäulnis zu verdecken.

Frische Fische dagegen kennzeichnen sich durch die frische rote Farbe und den frischen Geruch der Kiemen. Die Augen sind durchsichtig und stehen hervor, das Fleisch ist derb und elastisch, die Haut glänzend mit fest haftenden Schuppen. Maul und Kiemendeckel sind geschlossen. Ein solcher Fisch biegt sich, horizontal gehalten, nicht und sinkt im Wasser unter.

Das Verdorbensein von Fischdauerwaren erkennt man ebenfalls häufig schon an dem äußeren Ansehen des Fleisches und an dem Geruch. So haben verdorbene Bücklinge, Neunaugen usw. einen widerlich ranzigen Geruch und Geschmack, das Fleisch derselben ist schmierig weich. Guter Kabeljau darf nicht ranzig, nicht fleckig sein und nicht in zerbröckelten Stücken aus der Tonne kommen; bei Laberdan soll man die kleine, „Ragnet" genannte Gattung vorziehen, weil sie weniger Neigung zum Verderben besitzt; das Fleisch des Stockfisches muß weiß und nicht rötlich sein, es darf keine Flecken, keinen Schimmel und keine weiche Konsistenz haben. Das Fleisch von verdorbenen, fauligen Fischen zeigt häufig eine alkalische Reaktion, während gesundes Fleisch schwach sauer reagiert; fauliges Fischfleisch zeigt ferner auch verschwommene Querstreifung der Muskulatur.

Verfälschungen kommen bei Fischdauerwaren insofern vor, als den teueren und selteneren Fischsorten geringwertigere untergeschoben werden, so z. B. den Anchovis (Engraulis encrasicholus oder Clupea encras L.) Sardellen, Sprotten und Pilchards.

Auch werden neuerdings im Handel vielfach Seefische mit Phantasienamen, die an die Namen wertvoller Süßwasserfische erinnern (z. B. „Seelachs", „Seeforelle") belegt, um ihnen so im Binnenlande leichteren Absatz zu verschaffen.

Untersuchung des Fischfleisches. Die chemische Untersuchung des Fischfleisches erfolgt nach den allgemeinen und gleichen Verfahren wie beim Fleisch der Warmblüter[1]) (S. 257).

B. Innere Teile der Fische und Fischbrut.

Von den inneren Teilen der Fische gilt vorwiegend die Leber vom Hecht (Esox lucius L.) und der Aalraupe (Lota vulgaris L.) als besonders wohlschmeckend (vgl. Tab. II, Nr. 337—339). Ebenso hoch wird der Rogen (Kaviar) und das Sperma einiger Fische eingeschätzt. Auch kann hierher die junge Aalbrut gerechnet werden. Über die Leber der genannten Fische liegen bis jetzt m. W. Untersuchungen nicht vor[2]).

1. Kaviar. Begriff. Unter Kaviar versteht man die von Häuten und Sehnen befreiten und eingesalzenen Fischeier (Rogen, Laich).

---

[1]) Zur Gewinnung des reinen Fleisches müssen Kopf, Schwanz, Flossen, Haut, Eingeweide und Gräten entfernt werden. Die Entfernung der Gräten bereitet einige Schwierigkeit. Bei einigen Fischen läßt sich das Grätengehäuse durch geübte Hand ganz herausziehen. Bei anderen verfährt man zweckmäßig in der Weise, daß man den Fisch nach vorheriger Entfernung der genannten ersten 5 Teile mit etwas Wasser kocht oder dunstet, dann das Fleisch von den Gräten loslöst, das Fleisch mit Kochbrühe für sich eintrocknet, den Rückstand wägt, zerkleinert und weiter untersucht, während die gesammelten Gräten gewogen und von dem ursprünglichen Gewichte abgezogen werden, um die angewendete Fleischmenge zu erhalten.

[2]) Die Eingeweide mancher Fische sind sehr fettreich; in den Eingeweiden von Maränen fand A. Scholl im hiesigen Laboratorium 14,85—53,50%, im Mittel von 6 Proben 30,57% Fett, in den von Karpfen 2,47—7,92%, in den von Felchen (7 Stück) 6,34% Fett.

***Gewinnung* und *Sorten*.** Um die Häute und Sehnen zu entfernen, drückt man den Kaviar durch Siebe. Man unterscheidet flüssigen oder körnigen und gepreßten oder sog. Serviettenkaviar (Paionsnaja).

Der flüssige oder körnige Kaviar wird in der Weise hergestellt, daß man den Rogen auf schräge Bretter legt, mit Salz bestreut, die Lake ablaufen läßt und ihn dann in Tonnen verpackt.

Den gepreßten Kaviar gewinnt man in der Weise, daß man den Rogen in eine Salzlake fallen läßt und dann die Kochsalzlösung wieder abpreßt.

In Deutschland ist fast nur der körnige Kaviar in Gebrauch und unterscheidet man davon zwei Sorten, nämlich:

1. Russischen Kaviar, der am unteren Lauf der Wolga, am Ural, Uralsee, Kaspischen See vorwiegend aus dem Rogen der drei Störarten Stör, Hausen und Sterlet gewonnen wird. Er ist voll- und größkörniger als die folgende Sorte, frei von Häuten und schleimigen Beimengungen und wird unter der Bezeichnung „Malossol-" bzw. „Astrachan-Kaviar" am meisten geschätzt.

Im frischen Zustande sieht der Rogen der genannten drei Fische weiß aus, schmeckt fade, nimmt aber durch die Behandlung und Aufbewahrung unter Bildung freier Fettsäuren eine schwärzliche und dunkelgraue Farbe an. Durch diese Art Reifung soll der Kaviar erst seinen eigenartigen Geschmack annehmen. Die Körner, von der Größe eines Koriandersamens, sind um so durchscheinender, je frischer der Kaviar ist. In Rußland selbst wird auch frischer Kaviar gegessen. Große Störe liefern bis zu 50 kg Kaviar.

2. Deutschen oder Elbkaviar; derselbe wird an der Nordsee und dem unteren Lauf der Elbe gewonnen, ebenfalls aus dem Rogen des Störs, aber auch vieler anderen minderwertigen Fische, z. B. Elblachs, Barsch, Hecht, Forelle, Dorsch u. a. Er ist nicht nur kleinkörniger als der russische Kaviar, sondern hat auch eine schmierigere Beschaffenheit und schmeckt schärfer als dieser.

Auch der sog. amerikanische Kaviar besteht aus dem Rogen mehrerer Fische und gilt als minderwertig. Die Art des italienischen Kaviars ist nicht näher bekannt; er ist mit dem russischen Kaviar im Fettgehalt gleich. Dagegen hat der Rogen mancher Fische, z. B. von Kabeljau (Dorsch) und von Süßwasserfischen (Karpfen, Hecht, Saibling) nur einen verhältnismäßig geringen Fettgehalt, nämlich 1,27—4,44% gegen 9,24—18,50% der besseren Sorten.

Der Dorschkaviar, der in Schweden und Norwegen viel genossen wird, wird stark gesalzen und gewürzt. Durch Pressen und Trocknen wird aus dem Rogen von Fischen in den Dardanellen ein Fischrogenkäse hergestellt.

***Zusammensetzung*.** Die Fischeier enthalten verschiedene, den Vogeleiern gleiche oder ähnliche Stoffe[1]) und werden als Nahrungsmittel auch wohl in diese Gruppe gerechnet. Im einzelnen ist folgendes zu bemerken:

a) Wasser. Wie Muskelfleisch, so enthält auch der Fischrogen bei annähernd gleichem Gehalt an Protein und Asche um so mehr Wasser, je geringer sein Fettgehalt ist und umgekehrt[2]).

b) Stickstoffverbindungen. α) Proteine. Nach Durchtreiben der Ovarien durch ein Sieb bleiben die Eihäute zurück, und wenn die ganzen Eier stark verrieben und koliert werden, so erhält man auf dem Koliertuch die Eischalen. Eischalen (von Saibling) wie Eihäute (von Kabeljau) bestehen neben wenig Fett (0,74—1,90%) und Mineralstoffen aus Proteinen von folgendem Gehalt in der fett- und aschefreien Trockensubstanz:

Eischalen . 15,82% N, 0,14% P, 0,80% S | Eihäute . . 15,64% N, 0,84% P, 1,03% S

[1]) Das Albumin, Clupeovin, liefert bei der Hydrolyse die gleichen Spaltungserzeugnisse wie das Hühnerei-Vitellin.

[2]) Vgl. folgende Anmerkung und Tabelle II, Nr. 325—334.

Die Proteine bestehen zum größten Teil aus dem Ichthulin, welches aus der kolierten Flüssigkeit der zerriebenen Eier durch einfache Verdünnung mit Wasser oder durch Zusatz von Essigsäure oder mäßigen Mengen Kochsalz ausgefällt werden kann. Aus dem Filtrat bzw. Dekantat vom Ichthulin gewinnt man beim Erhitzen oder Eindampfen das Albumin. Von K. Linnert u. a. ist behauptet, daß Kaviar keine Xanthinbasen enthalte; J. König und J. Großfeld konnten indes in Kaviarsorten 0,009—0,036% Xanthin nachweisen; außerdem fanden sie an Basen Kreatinin, Thymin (5-Methyl-2, 6-Dioxypyrimidin, 0,35%) und an Aminosäuren Taurin, l-Tyrosin und Glykokoll[1]).

Protamine, die einen wesentlichen Bestandteil des Fischspermas bilden, konnten im Fischrogen (Kaviar) nicht nachgewiesen werden. Dagegen lieferten Ichthulin und Albumin bei der Hydrolyse mit Schwefelsäure (bzw. Salzsäure) die Hexonbasen Arginin, Histidin und Lysin, ferner Xanthinbasen, Thymin, Cytosin (6-Amino-2-Oxypyrimidin) und Uracil (2, 6-Dioxypyrimidin), sowie die bekannten Aminosäuren (Tyrosin, Leucin, vereinzelt Glutaminsäure u. a.).

Für die Elementarzusammensetzung wurde gefunden:

Ichthulin	52,98% C,	7,71% H,	15,77% N,	1,18% S,	0,89% P
Albumin	—	—	15,52% N,	1,37% S,	0,44% P

Das Albumin ist wahrscheinlich ein vitellinähnliches Nucleoalbumin.

c) Fett. Das Fett der Fischrogen und auch das des Kaviars ist durch einen hohen Gehalt an Cholesterin (3,91—14,00%) und Lecithin (0,96—59,19%) ausgezeichnet[2]). Der Ätherauszug schließt außer Lecithin auch noch sonstige Stickstoffverbindungen ein.

d) Freie Säuren. Die geringwertigen Kaviarsorten sind durch einen hohen Gehalt an freien Säuren von den besseren Sorten unterschieden; außerdem nimmt der Säuregehalt beim Aufbewahren des Kaviars schnell zu[3]).

[1]) Über die Menge und Verteilung der Stickstoffverbindungen können nachstehende von uns ermittelte Zahlen dienen:

Kaviar	Wasser %	Eischalen (N × 6,25) %	Albumin (N × 6,25) %	Ichthulin (N × 6,25) %	Basen + Aminosäuren %	Von dem Nichtprotein-Stickstoff in Form von: Gesamt %	Basen %	Ammoniak %	Aminosäuren %	Unbestimmt %	Fett (Ätherauszug) %	Asche %
Dorsch-	59,39	2,26	0,85	5,94	15,31	1,574	0,011	0,275	1,079	0,217	4,44	9,81
Elb-	55,53	2,20	3,32	13,87	3,51	0,445	0,054	0,055	0,247	0,090	15,36	6,21
Astrachan-	46,06	3,09	3,37	15,55	7,50	0,476	0,065	0,055	0,156	0,200	16,12	8,31

[2]) J. König und J. Großfeld fanden für den Cholesterin- und Lecithingehalt sowie für die Jod- und Verseifungszahl folgende Werte (in Prozenten des Fettes):

Kaviar	Jodzahl	Verseifungszahl	Cholesterin %	Lecithin %
Dorsch-	164,4	175,3	14,00	0,96
Elb-	107,6	191,4	4,35	12,92
Russischer	133,9	187,1	3,91	10,67

Noch viel höhere Gehalte an Lecithin gaben die Fette der Rogen von:

Kabeljau	Saibling	Hering	Karpfen
35,19%	41,10%	43,61%	59,19%

[3]) W. Niebel fand in russischem Kaviar 0,16—0,51%, in deutschem 0,98—4,21% und in amerikanischem 1,24—6,76% freie Fettsäuren.

J. König und J. Großfeld bestimmten die in Wasser löslichen Säuren als Milchsäure und die unlöslichen Fettsäuren als Ölsäure durch Ausziehen des mit Wasser erschöpften Rückstandes

Der russische Kaviar, als der beste, enthält nach den unten mitgeteilten Analysen am wenigsten Säure, die wasserlösliche Säure hält sich beim Aufbewahren ziemlich beständig, während die freie Fettsäure regelmäßig zunimmt, bis zuletzt beide, in erster Linie die wasserlösliche Säure, wenn sich nach längerer Aufbewahrung Schimmel einstellt, wieder abnehmen.

e) Mineralstoffe. In dem ungesalzenen Fischrogen sind Kali und Natron in nahezu gleichen Mengen vorhanden, in gesalzenem Rogen (Kaviar) tritt das Kali naturgemäß um so mehr zurück, je stärker die Salzung ist. Im Mittel berechnet J. Großfeld nach den in Tab. III, Nr. 46—48 aufgeführten Analysen für die Basen- und Säure-Ionen folgende Werte:

	Rogen (ungesalzen)	Rogen (gesalzen)
Basen-Ionen	24,52	34,87
Säure-Ionen	203,76	106,07

Hiernach überwiegen die Säure-Ionen bedeutend die Basen-Ionen, was darin seinen Grund hat, daß die Fischrogen eine bedeutende Menge organisch gebundenen Schwefel und Phosphor in Form von Proteinen und Lecithin enthalten.

Der Kaviar wird bei mangelhafter Aufbewahrung leicht schimmelig und ranzig, wobei der Gehalt an Säure stark zunimmt, die Färbung dunkler und der Geruch unangenehmer wird; die Eier schrumpfen ein und werden schmierig (seifig).

Fauliger, in Gärung übergegangener, schimmeliger und gallig-bitter schmeckender Kaviar ist als verdorben zu bezeichnen.

Was in Deutschland als Elbkaviar verkauft wird, soll vielfach zersetzter amerikanischer Kaviar sein.

Als Verfälschungsmittel werden genannt Bouillon, Öl, Sago, Weißbier usw.; als Frischhaltungsmittel Borsäure und Salicylsäure, als Färbemittel Beinschwarz.

Die Untersuchung des Kaviars erfolgt im allgemeinen wie die von Fleisch bzw. Vogeleiern. Handelt es sich um Rogen bzw. Fischeier, die noch in Häuten eingeschlossen bzw. mit Sehnen und Fasern durchsetzt sind, so wird der Rogen durch ein grobmaschiges Sieb von 6 mm Lochweite durchgeseiht.

Über die allgemeine Zusammensetzung der Kaviararten vgl. Tab. II, Nr. 325—334.

2. Fischsperma. Das Fischsperma, welches ebenso wie der Rogen auch vom Menschen (z. B. im Hering) mitgegessen wird, hat dadurch ein besonderes Interesse erlangt, daß darin von A. Kossel u. a. zuerst die basischen Proteine, die Protamine, nachgewiesen wurden. Statt dieser werden im Sperma anderer Fische Histone, Verbindungen der Protamine mit Nucleinsäure, gefunden (vgl. S. 17). Durch Verrühren der Testikel mit Wasser und durch Kolieren erhält man eine milchige Flüssigkeit, aus der sich durch Zusatz von etwas Essigsäure die Spermasubstanz fällen läßt, während sich in dem Filtrat hiervon das Albumin und in dem Filtrat von letzterem die Basen und Aminosäuren bestimmen lassen.

---

mit Alkohol-Äther, indem der Kaviar in verschlossenen Gefäßen wie üblich in einem kühlen Raum (Keller) aufbewahrt wurde; die Ergebnisse waren folgende:

Zeit der Aufbewahrung	Russischer Kaviar			Elbkaviar			Dorschkaviar		
	Milchsäure %	Ölsäure %	Gesamtsäure %	Milchsäure %	Ölsäure %	Gesamtsäure %	Milchsäure %	Ölsäure %	Gesamtsäure %
Im Anfange	0,50	1,57	2,07	0,52	1,91	2,43	1,26	2,28	3,54
Nach 33 Tagen	0,48	2,10	2,58	0,52	2,48	3,00	1,38	2,45	3,83
Nach 61 „	0,33	2,82	3,15	0,34	2,32	2,66	1,16	2,51	3,67

Wir fanden auf diese Weise folgende Verteilung des Stickstoffs in natürlichem Herings- und Karpfensperma:

Gesamt-N	Spermasubstanz-N	Albumin-N	Basen- u. Aminosäuren-N
4,12 bzw. 3,07%	3,49 bzw. 1,76%	0,06 bzw. 0,04%	0,57 bzw. 1,17%

Die aschefreie Trockensubstanz der Spermasubstanz enthielt 18,43 bzw. 16,54% Stickstoff, 4,46 bzw. 3,74% Phosphor und 0,53 bzw. 0,20% Schwefel.

An Basen wurden Xanthin und Kreatinin nachgewiesen, bei der Hydrolyse der Spermasubstanz außer Xanthinbasen Arginin, Histidin, Lysin, Prolin, Valin und Serin.

Das Fett des Spermas ist wie das des Rogens reich an Cholesterin (11,2—17,9%) und Lecithin (20,2—20,7%)[1].

Über die allgemeine Zusammensetzung des Spermas vgl. Schlußtabelle II, Nr. 335 und 336.

3. Aalbrut. Die junge Aalbrut, welche im Winter oder Frühjahr aus dem Meere in die Flüsse aufsteigt, bildet besonders in Frankreich unter dem Namen „civelles" oder „piballes" ein gesuchtes Nahrungsmittel. Sie enthält gegenüber dem Protein und Fett verhältnismäßig viel stickstofffreie Stoffe (vgl. Tab. II, Nr. 340 u. 341). Von dem Phosphor sind 5—10% organisch gebunden.

C. Fischdauerwaren.

Bei der Herstellung von Fischdauerware kommen dieselben Grundsätze zur Anwendung, wie bei der von Dauerwaren aus Warmblüterfleisch (vgl. S. 268). Man unterscheidet also auch hier folgende Verfahren:

1. Das Trocknen der Fische. Zum Trocknen werden wie auch bei den Warmblütern vorwiegend fettarme Tiere, z. B. bei uns Schellfisch (bzw. Köhler, Kabeljau) verwendet. Die Fische werden sofort nach dem Fange von Kopf und Eingeweiden befreit, an Stangen aufgehängt und so lange getrocknet, bis sie eine stockharte Beschaffenheit haben (daher der Name Stockfisch).

Vom Stockfisch unterscheidet man drei Formen, nämlich die Rundfischform, bei der zwei Fische an der Schwanzwurzel zusammengebunden sind, die Rotscheerform, wo die von Kopf und Eingeweide befreiten Fische bis zum Schwanz der Länge nach gespalten sind, und den Russenfisch, d. h. einen gespaltenen Stockfisch, bei dem der Fisch außer am Schwanz auch am Kopf verbunden bleibt.

Klippfisch (früher auch Laberdan genannt) ist gesalzener Stockfisch; die von Kopf und Eingeweiden befreiten Fische werden an der Bauchseite aufgeschlitzt, flach ausgebreitet, gesalzen oder in Salzlake gelegt, nach etwa drei Wochen von anhängendem Salz befreit und dann auf Sand- oder Felsenboden getrocknet[2].

Salzfisch ist ein halbfertiger Klippfisch, der gesalzen, aber nicht getrocknet ist[3].

Stock-, Klipp- und Salzfische können nach dem Abwaschen nicht direkt gekocht oder gebraten werden, sondern müssen erst der Wässerung unterworfen, d. h. mehrere Tage in Wasser gelegt werden, damit die Fleischfaser wieder aufquillt. Durch Anwendung von Soda-, Pottasche- (auch einfacher Aschen-) Lösung kann die Zeit des Wässerns abgekürzt

---

[1] Die Jodzahl des Spermafettes von Hering und Karpfen betrug 129 bzw. 105, die Verseifungszahl 209 bzw. 182.

[2] Der Abfall der Klippfische an Gräten uud Haut beträgt nach A. Weitzel noch etwa 20%.

[3] Durch das Trocknen bzw. durch das Salzen und Trocknen scheint eine gewisse Zersetzung des Proteins stattzufinden; denn Buttenberg und v. Noël fanden in 100 g Fleisch:

	Stockfisch	Klippfisch	Salzfisch
Ammoniak	153,0—289,0 mg	53,3—118,1 mg	30,2—37,1 mg

werden. Durch das Wässern nehmen die Fischdauerwaren wieder Wasser auf, verlieren aber gleichzeitig Protein und Mineralstoffe (außer Kochsalz)[1]).

Die Stockfische werden leicht von Ungeziefer befallen, besonders von dem Speckkäfer (Dermestes darlarius) und einem kleinen blauen Käfer (Necrobia rufipes Geer); die Käfer wie Larven lassen sich am einfachsten durch Hitze (50—60° und mehr) abtöten. Auf dem Klippfisch kommen keine Käfer vor, aber nicht selten Pilze, von denen einer als Torula pulvinata Farlow, ein anderer (rot gefärbter) als Diplococcus gadidarum nachgewiesen ist; hiergegen schützen in erster Linie Sauberkeit, ferner helle, trockene und luftige Räume sowie Ausschwefeln derselben.

2. Salzen bzw. ***Marinieren der Fische.*** Das Salzen bzw. Marinieren wird vorwiegend bei Heringen vorgenommen. Werden die Heringe entgrätet, ausgenommen und von den Köpfen befreit, so kommen sie als Bismarckheringe, wenn auch noch vom Schwanz befreit, als Rollmöpse in den Handel. Die etwas kleineren Heringe, die nicht entgrätet werden, heißen Delikateßheringe und die ganz kleinen Sardinen. Behufs Salzens werden die Fische entweder 4 Tage lang in eine Lösung von Salz, Essig und Wasser gelegt, oder nach einem zweiten Verfahren erst 1—2 Stunden in eine konzentrierte Salzlösung, darauf 2—3 Tage lang in 4—5proz. Essig. Nach dieser Vorbehandlung werden sie in Büchsen eingelegt, mit Essig übergossen und mit verschiedenen Zutaten versehen, nämlich: Zwiebeln, Senfkörner, schwarzer Pfeffer, Nelkenpfeffer, Lorbeerblätter (Bismarckheringe und Sardinen), dazu noch eine Schote von spanischem Pfeffer und eine Gurke (Rollmops) oder statt letzterer eine Hagebutte (Delikateßheringe). Matjesheringe heißen die Heringe, die noch nicht gelaicht haben, die als besonders fettreich und wohlschmeckend gelten. Sardellen, wahrscheinlich dieselbe Fischart wie die Sardinen (Sardines à l'huile), werden vor dem Einsalzen ausgenommen. Sardellen enthielten nach A. Röhrig 0,80—3,13%, im Mittel 1,71% Fett, während der Fettgehalt der Sardinen zwischen 7—12% angegeben wird.

Appetitsild sind enthäutete und entgrätete Sardellen (Brislinge) in besonderer feiner Zubereitung (Essig, Salz, Pfeffer u. a.).

Die Bratheringe werden nach dem Entfernen der Eingeweide und nach dem Waschen erst in Mehl eingetaucht, in Schweineschmalz gebraten, nach dem Abkühlen in Büchsen gelegt und darin mit 6—8%igem Essig und Zwiebeln überschichtet.

Statt Essig und Salz wird zum Einlegen auch wohl Bouillon verwendet.

Durch das Salzen bzw. Marinieren tritt unter Aufnahme von Kochsalz vorwiegend Wasser aus dem Fleisch aus. Aber auch sonstige Bestandteile des Fleisches gehen in nicht unwesentlicher Menge in die Brühe über, so besonders Albumin, Fleischbasen, Aminosäuren und Fleischsalze (neben Kochsalz)[2]).

---

[1]) Buttenberg und v. Noël erhielten für den Wassergehalt und die Verluste an Protein und Mineralstoffe in Prozenten der ungewässerten Fische im Mittel folgende Ergebnisse:

		Stockfisch	Klippfisch	Salzfisch
Wassergehalt	ungewässert (natürliche Substanz)	14,67%	34,90%	59,02%
	gewässert	80,45%	71,68%	78,62%
Verlust in Prozenten der ungewässerten Fische	Protein	10,87%	5,22%	5,22%
	Mineralstoffe (außer Kochsalz)	2,08%	0,91%	0,91%
Ursprünglicher Kochsalzgehalt		0,20—1,57%	16,38—20,18%	12,25—17,86%

[2]) J. König und A. Splittgerber bestimmten Menge und Gehalt der Brühen mit folgendem Ergebnis:

Nähere Angaben	Bratheringe g	Marinierte Heringe g	Matjesheringe g	Heringe in Bouillon g
Gesamtinhalt der Büchse	3555	6696	—	765
Davon a) Heringe	2145	4778	—	315
b) Brühe ohne Zutaten	1340	1544	—	450
c) Zutaten	70	374	—	—

(Fortsetzg. d. Anm. auf nächster Seite.)

Das Fleisch muß demgemäß an den genannten Bestandteilen etwas abnehmen[1]) bzw. an Nährwert verlieren, indes wird dadurch die Elementarzusammensetzung und der Wärmewert der fett- und aschefreien Fleischtrockensubstanz (S. 245) nicht wesentlich beeinträchtigt[2]).

3. Räuchern* bzw. *Salzen und Räuchern der Fische. Behufs Räucherns legt man die Fische (Heringe, Sprotten) entweder direkt, oder wie Aale, Butte, Schellfische usw. nach vorheriger Entfernung von Eingeweiden in eine Salzlösung, trocknet sie dann (nach 2 Stunden) in geschlossenen Öfen über glühenden, wenig rauchenden Holzscheiten und weiter im Rauch, den man durch Überdecken des Feuers mit Holzspänen und Eichenlohe erzeugt. Über die Wirkung des Rauches vgl. S. 276.

Fortsetzung der Anm. 2 von vorhergehender Seite.

Nähere Angaben	Bratheringe g	Marinierte Heringe g	Matjesheringe g	Heringe in Bouillon g
Fett in der Brühe	140,4	—	87,6	—
Gesamtalbumin	0,270	1,409	1,350	0,074
In 1 l Brühe Gramm				
Basenstickstoff	10,1	12,0224	16,343	1,703
Ammoniakstickstoff	—	0,256	—	0,066
Abdampfrückstand	141,49	161,70	253,86	30,485
Asche	54,94	68,98	143,825	11,100
Organische Substanz	86,55	92,72	110,035	19,385

Die Brühe machte hiernach 23,05—58,82% des Gesamtinhaltes der Büchsen aus. Bei den Matjesheringen betrug der Abfall 24%, das reine Fleisch also 76%.

In Prozenten des Basenstickstoffs wurden gefunden:

Kreatin	Kreatinin	Xanthinbasen
1,70—8,75%	0,21—12,03%	2,08—15,82%

Für die Heringslake erhielten wir folgende Ergebnisse: In 1 l Lake waren 50 g Schwebestoffe und 1,549 g Fett vorhanden.

1 l der filtrierten Lake ergab:

Abdampfungsrückstand	darin Mineralstoffe	darin organische Stoffe	Albuminstickstoff	oder Albumin	Fleischbasenstickstoff	durch Phosphorwolframsäure fällbarer Stickstoff	Aminosäurenstickstoff
322,8115 g	289,193 g	33,622 g	0,944 g	5,900 g	5,277 g	0,470 g	1,151 g

Die Mineralstoffe enthielten außer Kochsalz 1,30% Phosphorsäure, 1,53% Schwefelsäure, 0,85% Magnesia und keinen Kalk.

S. Isaac konnte in der Heringslake reichlich Guanin und Hypoxanthin, dagegen Adenin und Xanthin nur spärlich nachweisen; Schmidt-Nielsen fand schon in den ersten Wochen des Einlegens Tryptophan in der Lake.

Das aus dem Heringsfleisch durch Kochen mit Wasser ausgeschmolzene Fett zeigte eine deutlich erhöhte Säure- und Acetylzahl; dagegen eine verminderte Jodzahl, was auf eine Bildung von Oxyfettsäuren aus ungesättigten Fettsäuren schließen läßt.

Über die Zusammensetzung der Asche vgl. Tab. III, Nr. 58—61.

[1]) Die Zusammensetzung der genannten vier Heringsdauerwaren war folgende:

Wasser %	Rohprotein %	Reinprotein %	Albumin %	Leim %	Basenstickstoff %	Fett %	Asche %
58,58—66,07	19,39—23,83	11,25—18,66	0,18—0,87	0,98—2,14	0,54—0,79	6,90—15,94	2,47—8,70

Die Bratheringe hatten naturgemäß den geringsten Gehalt an Albumin.

[2]) Nur die in Bouillon eingelegten Heringe zeigten geringere Werte, nämlich in der fett- und aschefreien Trockensubstanz 14,72% Stickstoff und 5356 cal. für 1 g.

4. Einlegen in Gelee oder Öl oder dgl. Behufs Einlegens in Gelee werden die Fische gereinigt, in Stücke zerlegt und dann in einer verdünnten Lösung von Essig und Salz regelrecht gekocht. Nach dem Kochen werden die Stücke in kleine Dosen gelegt und mit einer heißen Lösung von Gelatine übergossen. Die beim Erkalten entstehenden Hohlräume werden vor dem Schließen der Dosen mit verdünntem Essig ausgefüllt.

Behufs Einlegens in Öl bleiben die Sardinen nach Entfernen der Köpfe und Eingeweide 12 Stunden in Salz liegen, werden dann auf Hürden in besonderen Öfen oder im Freien getrocknet, 2—3 Minuten in ein auf 200° erhitztes Ölbad getaucht, hierauf in Blechkästen verpackt, mit siedendem Öl übergossen und schließlich noch 1 Stunde in einem siedenden Wasserbade erhitzt. Als bestes Öl gilt Olivenöl, der Billigkeit halber wird auch wohl Mohnöl oder ein anderes Öl angewendet.

Bei letzterem Verfahren kann das zum Einbetten verwendete Öl in die Fische und umgekehrt Fett der Fische in das Einbettöl übertreten.

Durch Vermengen des Fischfleisches mit Fett bzw. Butter erhält man Pasteten (S. 279), z. B. Anchovispastete bzw. die Sardellenbutter.

Über die allgemeine Zusammensetzung der Fischdauerwaren vgl. Tab. II, Nr. 342 bis 412.

Die bei den in Büchsen eingelegten Fischen vorkommenden Fehler und Verunreinigungen sind dieselben wie beim Fleisch der Warmblüter (S. 272). Auch die Untersuchung wird wie bei diesem S. 276 vorgenommen.

III. Fleisch von wirbellosen Tieren.

Von den Muschel- und Krustentieren dient, wie schon S. 258, Anm. 2, gesagt ist, eine große Anzahl für die Ernährung des Menschen, viele davon jedoch mehr als Leckerbissen denn als Nahrungsmittel. In dieser Hinsicht stehen

1. die wirbellosen Weichtiere (Mollusken) oben an und unter diesen:

a) die ***Auster*** (Ostrea edulis L.). Die Austern kommen mit Ausnahme der Ostsee an allen Meeresküsten Europas vor; sie siedeln sich haufenweise auf festem Gestein oder Erdreich an und bilden die sog. Austernbänke. Die auf felsigem Grund gewachsenen (die sog. Felsaustern) gelten für besser als die Sand- und Lehmaustern.

An der französischen und englischen Küste sammelt man die Austern in besonders gemauerten, durch Schleusen mit dem Meere zusammenhängenden Gräben, den sog. Austernparks, wo man sie durch die Aufbewahrung der auf den Austernbänken gefangenen Austern gleichsam mästet und wohlschmeckender macht, besonders auch von dem ihnen häufig anhaftenden Geruch nach Schlamm befreit. Hier erteilt man ihnen auch vielfach durch ein eigentümliches Verfahren eine grünliche Färbung, weil die grünlich gefärbten Austern den gelblichen oder weiß gefärbten vorgezogen zu werden pflegen.

Die geschätzten Austern von Marennes, die sog. Groenbarden, werden dadurch grün gefärbt, daß man sie unmittelbar nach dem Fange einige Monate im Meere hält, wo sie sich von einer Alge (Navicula Ostrearia) ernähren können; infolgedessen lagert sich der bläuliche Farbstoff der Alge in den Oberhautzellen der Kiemen ab und wandelt deren bräunliche oder gelbliche Farbe in Grün um.

Als beste Austern gelten in Deutschland die sog. Natives-Austern aus den englischen Austernparks von Whitestable und Colchester; sie unterscheiden sich von allen anderen Sorten durch eine geringere Größe und schönere Form der Schale und zeichnen sich durch eine zarte und saftige Beschaffenheit des Fleisches aus. Darnach folgen die holländischen Austern, besonders die aus den Seeländer Austernparks; die Austern von Ostende gehen meistens als holländische Austern durch. Die letzteren sind größer als die geschätzten englischen Austern; noch größer sind die holsteinischen Austern von der Westküste Schleswig-Holsteins, welche sich außer durch Größe auch durch eine stärkere Schale von anderen Sorten unterscheiden.

Ferner bringt man für Deutschland von Borkum aus eine sog. „Fischauster" in den Handel, welche in der Nordsee außerhalb der nahe der Küste belegenen Austernbänke vorkommt und ein nicht zartes Fleisch von fischigem Beigeschmack besitzt. Dasselbe ist bei der amerikanischen Auster der Fall, welche jetzt ebenfalls frisch wie eingemacht nach Deutschland gelangt. Auch sie ist wie die holsteinische Auster durch eine größere und stärkere Schale ausgezeichnet. In Frankreich werden die Austern der Bretagne und Normandie am meisten geschätzt, in Italien die „Arsenalauster", die Pfahlauster von Triest.

Die eßbare Auster soll nicht unter drei und nicht über fünf Jahre alt sein; man erkennt das Alter auf der linken stärker gewölbten Schale an der Anzahl der blättrigen Schichten, die sich jährlich um eine vermehren, so daß 4 Ränder um die ursprüngliche Schale herum ein Alter von 5 Jahren bedeuten. Während der Zeit der Fortpflanzung, Mai bis August, ist die Auster, wie die wirbelhaltigen Fische während der Laichzeit, am wenigsten schmackhaft oder gilt dann sogar als giftig bzw. krank.

*b) **Miesmuschel*** (Mytilus edulis L.). Sie kommt in fast allen Meeren rings um Europa in unzähliger Menge — aber auch im Süßwasser z. B. der Wolga — vor, verdirbt aber leicht, weshalb sie meistens gekocht bzw. gebacken verzehrt wird.

c) Von den ***sonstigen Muscheln*** werden noch gegessen:

Herzmuschel (Cardium L.), die an den Küsten von Holland, England und Südeuropa vorkommt;

Kammuschel (Pecten Mull., Ostrea L.), von der mehrere Sorten in europäischen Meeren vorkommen und von den Einwohnern gegessen werden;

Klaffmuschel (Mya arenaria L.), auch Piep- oder Piesauster (von Penis) genannt, weil sie beim Ausgraben das eingesaugte Wasser ausspritzt; häufig in der Nordsee[1]);

Teichmuschel (Anodonta Lam.) in stehenden und schlammigen Gewässern;

Mesodesma chilensis (zu Semele Schum. gehörig), in der heißen Zone vorkommend.

d) Hierher gehören auch: der ***Tintenfisch*** (Sepia L.); das Fleisch wird als zähe und schlecht bezeichnet, aber gegessen; Seepolyp (Octopus); Seeigel (Echinus L.) und Seegurke (Trepang, Holothuria edulis Lesson), zwischen den Molukken auf dem Meeresgrund lebend; durch Trocknen, Räuchern und Würzen werden daraus beliebte Gerichte hergestellt.

e) Unter den ***Weichtieren*** dienen auch die Schnecken, vorwiegend die Schnirkelschnecken (Helix L.), als Nahrungsmittel. In Süddeutschland, besonders in der Gegend von Ulm, wird, wie in Frankreich, die große Weinbergschnecke in eigens eingerichteten Schneckengärten mit Kohl und Salat gemästet und im Herbst, Winter und Frühjahr, wenn das Gehäuse mit einem Deckel verschlossen ist, verzehrt. Auch in Italien und Sizilien dienen kleinere Arten der Schnirkelschnecke als Nahrungsmittel, wo sie wie in anderen katholischen Ländern eine beliebte Fastenspeise abgeben. Im Sommer hat der Genuß von Schnecken mitunter Erkrankungen hervorgerufen.

Die Burgunderschnecke dürfte der Weinbergschnecke gleichen.

Zur menschlichen Ernährung werden auch verwendet die Sumpfschnecke (Paludina

---

[1]) Im Durchschnitt haben die Klaffmuscheln ein Gewicht von je 300—330 g, sind 13 cm lang und 7,5—8 cm breit. Die Gewichte der einzelnen Teile betragen:

Schalen	Siphonalröhre	Herzteil	Sonstiger Muschelinhalt
45,9%	9,1%	12,5%	32,5%

Für die menschliche Ernährung kommt vorwiegend das Strandausternfleisch (Herzteil) zur Verwendung, aus dem durch Kochen, Backen und Braten unter Mitverwendung von Mehl, Eigelb und Butter verschiedene wohlschmeckende Gerichte, auch eine Pastete (z. B. Marke Krebskoch) wie oben hergestellt werden.

vivipara L.), welche in stehenden Gewässern Deutschlands, Frankreichs und Nordamerikas, und die Flügelschnecke (Strombus L.), welche in tropischen Meeren vorkommt.

Die chemische Zusammensetzung der Weichtiere anlangend (vgl. Tab. II, Nr. 377 bis 398), so gibt A. B. Griffiths für einzelne Bestandteile nachfolgende Zahlen an:

Albumin	Gelatine	Kreatin	Milchsäure	
			frische Muskeln	totenstarre Muskeln
2,4—4,9%	1,0—1,6%	0,1—1,3% (?)	0,164—0,251%	0,462—0,526%

Das Fleisch der Weichtiere enthält durchweg verhältnismäßig viel stickstofffreie Extraktstoffe; unter diesen befanden sich nach M. Heuseval bei der Auster 0,7—0,9% Glykogen. Die Asche des Fleisches der Weich- und Krustentiere (Muschel) gleicht der des Warmblüterfleisches, nur der Gesamtinhalt der Austern ist reich an Chlornatrium und Kalksalzen, dagegen verhältnismäßig arm an Kali (vgl. Tab. III, Nr. 49—57).

2. Krustentiere. Unter den Krustentieren dient als Nahrungsmittel für die Menschen in erster Linie der im Meere, besonders in der Ost- und Nordsee, lebende größte aller Krebse

a) der ***Hummer*** (Homarus vulgaris Edw.), dessen blauschwärzliche Schale durch Kochen rot wird. Der Hummer ist durchweg 18—30 cm lang, kann aber eine Länge von 50 cm erreichen; die mittelgroßen gelten als die besten. In der Zeit vom April bis Oktober ist das Fleisch des Hummers, welches grobfaserig ist und als schwer verdaulich angesehen wird, am wohlschmeckendsten. Nach P. Buttenberg wurden vom Büchsenhummerfleisch durch künstliche Verdauung 96,05% der Stickstoffsubstanz gelöst. Der Hummer kommt im verschiedensten Zustande, frisch, gekocht, mariniert und in Büchsen eingelegt in den Handel.

b) Zu dieser Gruppe von Nutztieren gehören auch die ***Garneelenkrebse*** (Crangon vulgaris L.), von denen der gemeine Granatkrebs in der Ost- und Nordsee, die blaßblaugrüne, graupunktierte „gemeine Garneele“ an den Meeresküsten Nordeuropas, die gepanzerte Garneele und der fleischrote „italienische Granat“ im Mittelmeer vorkommt. Das durchweg wohlschmeckende Fleisch dieser Garneelenkrebse wird bald im frischgekochten, bald im eingesalzenen oder getrockneten Zustande gegessen.

c) In den Süßwässern ist die Klasse der Krustentiere bzw. die Ordnung der Schalenkrebse durch den ***Flußkrebs*** (Astacus fluviatilis F.) vertreten. Derselbe ernährt sich von lebenden und toten Tieren, wird etwa 10—15 cm lang und häutet sich im August; das Fleisch ist am wohlschmeckendsten in den Monaten ohne r, also Mai bis August; die grünlichbraun gefärbte Schale wird beim Kochen rot, weil durch die Siedhitze der blaue, das untere Rot (nach Kornfeld wahrscheinlich „Alizarin“) verdeckende Farbstoff zerstört wird.

Die Krebse sollen frisch gekocht werden. Nimmt ein Krebs durch Kochen einen gestreckten Körper an, so war derselbe schon vor dem Kochen tot. Der Genuß von Krebsen ruft mitunter Nesselsucht hervor.

Die ganzen Krebse wie Schalen werden getrocknet, gepulvert und in diesem Zustande zur Bereitung von Suppen verwendet

d) Unter den Krustentieren sind ferner aus der Gattung der Kurzschwänze als eßbar die ***Krabben*** oder ***Taschenkrebse*** zu nennen, von denen sich der „gemeine oder breite Taschenkrebs“ (Platycarcinus pagurus L.), dessen Fleisch und Eier geschätzt werden, ferner die „Strandkrabbe“ oder „gemeine Krabbe“ (Carcinus maenas L.) an den europäischen Küsten, besonders in der Nordsee, finden.

Die in Büchsen eingelegten Krabben, die leicht verderben, werden meistens mit großen Mengen Borsäure haltbar gemacht. Die Haltbarmachung läßt sich nach P. Buttenberg auch durch Zusatz von 5% Kochsalz und 0,25—0,50% Weinsäure erreichen.

P. Buttenberg fand in 100 g Fleisch von eingemachten Krabben 19,6—1088,0 mg Ammoniak. Für brauchbares Fleisch soll der Gehalt nicht über 100 mg Ammoniak in 100 g Fleisch hinausgehen.

Aus den Krabben wird auch ein Krabbenextrakt hergestellt.

Vom Wasserfrosch (Rana esculenta L.) werden die Schenkel (Froschschenkel) verzehrt.

Im Anschluß hieran mag auch die Riesenschildkröte (Chelonia Mydas L.) erwähnt werden, deren Fleisch unter allen Schildkröten den angenehmsten Geschmack hat und vorwiegend zur Suppenbereitung, aber auch zur Herstellung eines Extraktes dient.

Über die allgemeine chemische Zusammensetzung des Fleisches der Krustentiere[1]) vgl. Tab. II, Nr. 400—412.

An besonderen Bestandteilen wurden von Griffiths noch gefunden:

Fleisch von	Albumin	Gelatine	Kreatin	Milchsäure	
				frisch	totenstarr
Hummer	2,7%	1,0%	0,1%	0,177%	0,491%
Flußkrebs	2,4%	1,1%	0,1%	0,211%	0,486%

Im Krabbenextrakt fanden D. Ackermann und Fr. Kutscher folgende Stoffe: Tyrosin, Leucin, Lysin, Hypoxanthin, Arginin, Betain, Crangitin ($C_{13}H_{20}N_2O_4$), Neosin, Crangonin ($C_{13}H_{26}N_2O_3$); ferner Pyridinmethylchlorid und Fleischmilchsäure, während Bernsteinsäure vollkommen fehlte.

Verfälschungen, fehlerhafte Beschaffenheit und Verunreinigungen.

1. Verfälschungen kommen bei dieser Art Nutztieren ebenso wie bei den Fischen nur insofern vor, als den besseren Sorten schlechtere, besonders bei Austern, untergeschoben werden. Auch den wertvolleren und wohlschmeckenderen Ostseekrabben (Palaemon squilla L.) werden gern die Nordseekrabben (Crangon vulgaris L.) untergeschoben. Die Ostseekrabben unterscheiden sich von den Nordseekrabben durch die stärker hervortretende Stirnstacheln, die länger gestielten Augen, die größere Anzahl von Fühlfäden, die teilweise mit Scheren versehenen Gangbeine und die hellrote Schwanzflosse. Sie nehmen beim Kochen einen roten Farbenton an; um diesen bei den Nordseekrabben zu erzielen, werden sie mitunter in Fuchsinwasser gekocht. Das Fuchsin läßt sich durch Aufkochen der Krabben in Alkohol nachweisen.

2. Von größerer Bedeutung sind die bei dieser Art Tieren vorkommenden Verunreinigungen und Gifte. Über Vergiftungen nach Genuß von Muscheltieren und auch von Hummerfleisch ist verschiedentlich berichtet. Über die Natur des Fisch- und Muschelgiftes vgl. S. 254. Die giftige Wirkung der Austern hat man vielfach einer Färbung mit Grünspan zugeschrieben; das ist aber nicht anzunehmen, denn von giftigen Austern genügt häufig ein einziges Stück, um choleraähnliche Erkrankungen hervorzurufen.

Die kupferhaltigen Austern sind nicht dunkelgrün, sondern grasgrün gefärbt, und läßt sich darin das Kupfer auf bekannte Weise nachweisen.

Der Verkauf von Austern in den Monaten Mai bis August — in heißen Sommern hält die krankhafte Erscheinung bis in den Oktober an — ist mit Recht verboten.

Die Auster soll frisch, d. h. lebend gegessen werden, weil sie nach dem Absterben außerordentlich schnell in Zersetzung übergeht.

Gute und frische Austern schließen bei Herausnahme aus dem Wasser ihre Schalen, besitzen eine bläuliche Farbe, sowie klares, reines Schalenwasser; bei toten Austern klaffen die Schalen auseinander und bleiben offen; verdorbene Austern sind mißfarbig und sehr weich, riechen nicht mehr frisch und tragen auf der inneren Schalenseite meistens einen schwärzlichen Ring. Ihre Leber ist vergrößert.

Die giftigen Miesmuscheln sind weniger pigmentiert (heller, radiär gestreift), ihre Schalen sind zerbrechlicher als bei den gleichmäßig dunkel gefärbten ungiftigen Muscheln; die Leber der giftigen Muscheln ist ferner größer, mürber und reich an Fett sowie Pigment.

Auch hier muß vor der Verwendung toter Muscheln, welche bei Herausnahme aus dem Wasser ihre Schale nicht schließen, ebenso wie vor dem Genuß der Leber (als dem Sitz des Giftes)

---

[1]) Die Asche des Hummer- und Flußkrebsfleisches hat dieselbe prozentuale Zusammensetzung wie die des Fleisches der Muscheltiere (vgl. Tab. III, Nr. 50 u. 51).

und vor dem der Kochbrühe gewarnt werden. Ferner wird empfohlen, die Muscheln in Sodalösung, welche das Gift zerstört, zu kochen; den Überschuß an Soda (Alkali) soll man durch Zusatz von Salzsäure abstumpfen.

Hummer- und Krebsdauerwaren werden in Blech- wie Glasgefäßen leicht schwarz; das tritt dann ein, wenn das Fleisch mit dem Saft eingelegt wird; denn dieser ist, besonders bei Krebsen, die in sumpfigen Wässern leben, sehr leicht dem Verderben ausgesetzt. Legt man das Hummer- und Krebsfleisch auf Gazetuch und läßt es in einem Topf 5 Minuten unter Dampf stehen, so fließt der Saft aus, und das Fleisch, welches allerdings einen gelblichen Schein annimmt, hält sich dann monatelang sehr gut.

Hummerdauerwaren sollen nicht über 20 mg, Krabbendauerwaren nicht über 200 mg Ammoniak in 100 g Fleisch enthalten.

Erzeugnisse aus Fleisch und sonstigen tierischen Stoffen.

Fleischextrakt.

Begriff. Unter Fleischextrakt versteht man den eingedickten albumin-, leim- und fettfreien Wasserauszug des Fleisches.

Gewinnung. Der Fleischextrakt wird durch Behandeln des tunlichst fett- und sehnenfreien, zerkleinerten Fleisches entweder mit kaltem oder etwa 80° heißem Wasser, durch Filtrieren und Eindunsten der Lösung im Vakuum erhalten; wenn das Fleisch mit kaltem Wasser ausgezogen wird, so muß es behufs Abscheidung des Albumins vor dem Eindampfen erst auf 80° erwärmt werden. Denn zum Begriff von Fleischextrakt bzw. einer guten normalen Beschaffenheit des Fleischextraktes gehört, daß er wie von Fett, so auch von Albumin und Leim tunlichst frei ist.

Der Liebigsche Fleischextrakt wird angeblich in der Weise gewonnen, daß das durch Maschinen zerkleinerte magere Fleisch unter Zusatz von Wasser in Hochdruckapparaten zerkocht, die Brühe durch Fettseparatoren und Klärkessel von Fett, Albumin und Fibrin befreit, dann filtriert und im Vakuum zum dicken Brei eingedunstet wird, indem man die Flüssigkeit während des Eindampfens noch ein oder mehrere Male durch Filterpressen bringt. Die eingedickte Masse wird in größere zum Versand bestimmte Behälter gefüllt, aus welchen sie an den Einfuhrorten in kleine Büchsen umgefüllt wird. Bei dieser Darstellungsweise erklärt sich die Anwesenheit von löslichen Proteinen (Proteosen), die sich hierbei durch teilweise Hydrolyse der Proteine bilden können. Auf diese Weise müßte der Fleischextrakt aber auch mehr oder weniger Leim enthalten, der sich nur schwer darin nachweisen und bestimmen läßt. Nach anderen Mitteilungen wird der Fleischextrakt in Südamerika in der Weise hergestellt, daß das zerkleinerte Fleisch frisch getöteter Tiere mit der gleichen Menge Wasser durch Dampf auf 80—94° erhitzt wird, wobei letztere Temperatur nicht überschritten werden darf, um die Bildung von Leim zu vermeiden. Indessen ist die Bildung von Leim (Glutin) auch bei dieser Temperatur nicht ausgeschlossen[1]).

Man verwendet zur Herstellung des Extraktes meistens das Fleisch von Rindern im Alter von mindestens 4 Jahren — der Extrakt von Fleisch von jüngeren Tieren ist pappig und schmeckt fade wie Kalbfleisch —; der Extrakt von Ochsenfleisch ist von dunkler Farbe und kräftigem, in konzentriertem Zustande wildbretähnlichem, in verdünntem Zustande angenehmem Geschmack; der Extrakt von Kuhfleisch ist heller in der Farbe und milder im Geschmack.

---

[1]) Das bei der Herstellung des Fleischextraktes abfallende Fett wird wie Rindstalg verwendet; aus den ausgezogenen Fleischrückständen wird das Fleischfuttermehl, aus den Knochen mit anhängenden Knorpeln und Fleischresten das Fleischdüngemehl hergestellt. Die Fleischrückstände und das abfallende Albumin finden auch wohl zur Herstellung menschlicher Nahrungsmittel (Tropon u. a.) Verwendung.

Der Extrakt von Pferdefleisch, dessen Brühe beim Eindampfen wie Milch auf der Oberfläche Häute bildet, ist dick und schleimig, löst sich nicht klar in Wasser und hat einen eigenartigen fettigen Geschmack.

In Australien wird auch Schaffleisch zur Fleischextraktbereitung verwendet; der eigenartige Geschmack des Schaffleischs wird sich aber ebenso wie der von Fleisch anderer Tiere auch im Extrakt kundgeben.

Der Liebigsche Fleischextrakt besitzt die Konsistenz einer steifen Schmierseife oder dicken Salbe und eine hell- bis dunkelbraune Farbe. Er löst sich leicht in Wasser, reagiert sauer und ist hygroskopisch. Mitunter ist er von körnigen Ausscheidungen (Kreatin und Kaliumphosphat) durchsetzt.

Außer dem festen Liebigschen gibt es auch flüssige Fleischextrakte (Cibils, Kemmerich, Koch, Maggi) im Handel; sie sind, sofern sie nicht durch weniger starkes Eindampfen unter Zusatz von Kochsalz hergestellt sind, durch besonderes Behandeln des Fleisches mit Enzymen, mit Wasser unter höherem Druck oder mit Chemikalien gewonnen, weichen daher in der Zusammensetzung von dem Liebigschen Fleischextrakt ab und mögen im nächsten Abschnitt besprochen werden.

Zusammensetzung (vgl. Tab. II, Nr. 413—422). ***1.*** Der ***Wassergehalt*** schwankt bei den festen Fleischextrakten in der Regel zwischen 17,0—23,0%, bei den flüssigen zwischen 55,0—66,0%.

2. Stickstoffverbindungen. a) Unlösliche und koagulierbare Proteine sollen in guten Fleischextrakten nicht vorkommen; in einigen Sorten werden hiervon 0,19—0,30% angegeben. b) Proteosen schwanken bei den festen Fleischextrakten zwischen 5,0—17,5%, bei den flüssigen zwischen 2,0—9,0%. c) Die Fleischbasen[1]) bilden den Hauptbestandteil (rund 50%) des Fleischextraktes; hiervon sind die wichtigsten Kreatin (0,8—3,5%), Kreatinin (0,6—6,5%) und die Xanthinbasen (0,30—2,0%); im ganzen werden 18 verschiedene Basen im Fleischextrakt aufgeführt[1]). d) Von Aminosäuren (9,6—13,0%)[2]) wurden gefunden: Aminovaleriansäure, Aminobuttersäure, Asparaginsäure, Glykokoll, Glutaminsäure, Phenylalanin, α-Prolin und Taurin. e) Phosphorfleischsäure; von dem im Fleischextrakt vorhandenen, rund 3% betragenden Phosphorgehalt sind rund 10% organisch gebunden, die vorwiegend auf Phosphorfleischsäure (vgl. S. 48) entfallen dürften. f) Für das Vorkommen noch sonstiger, den Proteinen nahestehender Stickstoffverbindungen spricht der Gehalt an organisch gebundenem Schwefel, der zwischen 0,135—0,48% angegeben wird. K. Micko schließt auf das Vorkommen proteinartiger Stoffe (vielleicht auch Peptide) außer Proteosen auch daraus, daß bei der Hydrolyse der Fleischextrakte viel mehr Aminosäuren (nämlich 2,93—4,10% Formol-Aminosäure-Stickstoff gegen 0,97—1,30% als fertig gebildet im Fleischextrakt vor der Hydrolyse) entstehen, als der Proteosenmenge entsprechen[3]). Unter den Aminosäuren macht die Glutaminsäure den Hauptanteil aus.

---

[1]) Als solche Basen werden angegeben: Kreatin, Kreatinin, Kreatosin (dessen Goldsalz nach Krimberg die Zusammensetzung $C_{11}H_{28}N_3O_4Au_1Cl_8$ haben soll), Xanthin, Hypoxanthin, Adenin, Carnitin, Carnosin, Histidin, Ignotin, Carnomuscarin, Methylguanidin, Neosin, Neurin, Novain, Oblitin, Vitiatin und Cholin.

Guanin, Carnin und Dipeptide sind in den neuen Untersuchungen nicht gefunden worden.

[2]) Als Asparaginsäure berechnet, entsprechend 0,96—1,30% Stickstoff (durch Formol titrierbar).

[3]) Bigelow und Cook fanden für amerikanische Fleischextrakte folgende Verteilung der Stickstoffverbindungen in Prozenten des Gesamtstickstoffes im Mittel:

Fleisch-extrakte	Unlösliche u. koagulierbare Proteine	Proteosen	Gesamt-Fleisch-basen	Kreatin + Kreatinin	Xanthin-basen	Sonstige Fleisch-basen	Ammoniak	Amino- und andere N-Verbindungen
Feste	3,96%	18,65%	49,53%	13,56%	3,71%	32,22%	5,18%	22,67%
Flüssige . . .	5,98%	10,94%	55,00%	13,17%	4,99%	36,75%	5,28%	22,84%

3. Stickstofffreie Extraktstoffe. a) Fett; die an sich geringe Menge Ätherauszug (bis 0,66%) besteht nur wiederum zum Teil aus wirklichem Fett; auch soll letzteres in gutem Fleischextrakt nicht vorkommen. b) Inosit (S. 114) ist zu 0,36% gefunden worden, c) Glykogen zu 0,7%. d) Bedeutender sind die Mengen organischer Säuren, wovon, auf Milchsäure berechnet, bis 12,60% (im festen Extrakt) angegeben werden; die Hauptmenge der organischen Säuren dürfte auch aus Fleischmilchsäure bestehen; außerdem wurden gefunden Bernsteinsäure (0,8%) und Essigsäure (0,3%).

4. Mineralstoffe. Die Mineralstoffe des Fleischextraktes bestehen vorwiegend aus Phosphaten und Chloriden der Alkalien (vgl. Tab. III, Nr. 39).

Nährwert. Der Fleischextrakt gehört wegen des hohen Gehaltes an Fleischbasen, die eine nervenerregende Wirkung besitzen, zu den Genußmitteln.

M. Rubner hat dem Fleischextrakt jeden Wert für die Ernährung abgesprochen, weil er an einem Hunde gefunden zu haben glaubte, daß der Fleischextrakt den respiratorischen Gaswechsel in keiner Weise beeinflusse und keinen Einfluß auf die Wärmebildung habe. Der Verbrauch an Stoffen wird durch den Fleischextrakt nach Rubner weder angeregt noch unterdrückt; die Bestandteile des Fleischextraktes verlassen, wie Rubner aus der Untersuchung des Harnes nach Fleischextraktgaben schließt, im großen und ganzen unverändert, d. h. ohne Spannkraftverlust den Körper; infolgedessen soll der Fleischextrakt bei Berechnung der Verbrennungswärme des Fleisches unberücksichtigt bleiben.

Aber schon E. Pflüger hat nachgewiesen, daß die Extraktstoffe des Fleisches in weitem Umfange am Stoffwechsel teilnehmen und den Harnstoff vermehren, und J. Frentzel sowie N. Toriyama haben gezeigt, daß die stickstofffreien Extraktivstoffe (die organischen N-freien Säuren, Glykose, Glykogen u. a.) zu etwa $^2/_3$ ihrer Menge am Stoffwechsel teilnehmen, d. h. dem Körper Energie liefern. Auch ist nicht abzusehen, weshalb diese Stoffe und die in nicht unbedeutender Menge vorhandenen Proteosen und Aminosäuren sich im Fleischextrakt anders verhalten sollten, als in sonstigen Nahrungsmitteln.

Eine andere Ansicht, daß der Fleischextrakt sogar giftig sei, ist dadurch entstanden, daß man den Fleischextrakt unrichtigerweise an Tiere einseitig und in zu großen Mengen verabreicht hat. In mäßigen Mengen (5—10 g) angewendet, hat der Fleischextrakt eine anregende Wirkung wie jede Fleischbrühe und ist in jeder Haushaltung fast unentbehrlich geworden.

Verfälschung und Untersuchung. Eigentliche Verfälschungen kommen beim Fleischextrakt wohl kaum vor; dagegen finden sich im Handel minderwertige Erzeugnisse, die entweder große Mengen Wasser enthalten oder einen Zusatz von Leim oder Kochsalz oder Pflanzenauszügen (Hefeextrakten) erfahren haben.

Guter Fleischextrakt soll nach v. Liebig folgenden Anforderungen genügen:

1. Er soll kein Albumin und Fett (oder letzteres nur bis zu 1,5%) enthalten, 2. der Wassergehalt soll 21% nicht übersteigen, 3. in Alkohol von 80% sollen 60% (56—65%) löslich sein, 4. der Stickstoffgehalt soll 8,5—9,5% betragen, 5. der Aschengehalt soll zwischen 15—25% liegen, die neben geringen Mengen Kochsalz vorwiegend aus Phosphaten bestehen.

Leim und unlösliche Stickstoffverbindungen sollen überhaupt nicht und Proteosen nur bis zu einer gewissen Menge (etwa 10%) vorhanden sein.

Neben der Untersuchung auf diese Bestandteile ist auch die auf Kreatin und Kreatinin sowie auf Xanthinbasen besonders wichtig.

Fleischsäfte.

Begriff. „Fleischsaft“ ist der flüssige Teil der Muskelfaser, der in natürlichem Zustande entweder durch Auspressen des Fleisches oder auf sonstige Weise erhalten und bei einer unter dem Gerinnungspunkt der löslichen Proteine liegenden Temperatur durch Eindampfen eingedickt wird[1]).

Zum Wesen der Fleischsäfte als Unterschied von den Fleischextrakten gehört also, daß sie noch die löslichen und gerinnbaren Proteine enthalten.

Herstellung. Man kann die Pressung des tunlichst vom Fett befreiten Fleisches kalt und warm (aber bei höchstens 60°) vornehmen. Sollen die gerinnbaren Proteine beim Eindampfen nicht ausgefällt werden, so muß das Eindampfen bei niedriger Temperatur (höchstens 60°) im Vakuum geschehen.

Zusammensetzung. Die Fleischsäfte müssen nach ihrer Herstellung eine dem Fleischextrakt ähnliche Zusammensetzung besitzen, mit dem Unterschiede, daß sie infolge des Gehaltes an unlöslichen und gerinnbaren Proteinen verhältnismäßig weniger Fleischbasen (30—40% der Stickstoffsubstanz) enthalten.

Nach amerikanischen Vereinbarungen soll die Trockensubstanz der Fleischsäfte in Prozenten derselben enthalten:

a) rund 33% oder $^1/_3$ gerinnbare Proteine;
b) nicht mehr als 40% Fleischbasen (Kreatinin usw.);
c) nicht mehr als 15% Mineralstoffe, und zwar
  α) nur 2,5% Chlornatrium, berechnet aus dem gesamten Chlorgehalt;
  β) nicht mehr als 4% und nicht weniger als 2% Phosphorsäure.

4. Der Gehalt der organischen Substanz an Stickstoff soll mindestens 14% betragen. Enthält die organische Substanz weniger als 14% Gesamtstickstoff[2]), so sind die Fleischsäfte verdächtig, mit fremden, stickstofffreien organischen Stoffen vermengt worden zu sein, enthält sie mehr, so sind Beimengungen von Fleischextrakt oder hydrolysierten Proteinen anzunehmen.

Verfälschungen. Diesen Anforderungen hat bis jetzt kaum einer der bisher untersuchten Handelsfleischsäfte genügt. Als Verfälschungen werden angegeben:

1. Ersatz der gerinnbaren Muskelproteine durch Eieralbumin oder Blutserum.
2. Mischung von Fleischextrakt mit Eieralbumin (woraus seinerzeit der sog. Fleischsaft „Puro" bestand) oder Serumalbumin.
3. Zusatz von Glycerin, Zucker, Dextrinen, Kochsalz (bei den meisten) usw., ohne daß diese Zusätze deklariert werden.

Nennenswerte Mengen Fett sollen auch in diesen Erzeugnissen nicht vorkommen.

Auch Pfeffer-, Tomaten- und Capsicumbestandteile sind beobachtet. Nur zwei Handelsfleischsäfte konnten als einigermaßen den obigen Anforderungen entsprechend angesehen werden (vgl. Tab. II, Nr. 423—426).

Untersuchung. Die Fleischsäfte werden im allgemeinen wie Fleischextrakte untersucht. Besonders wichtig ist die Bestimmung der Menge der unlöslichen und gerinnbaren Proteine sowie die Prüfung auf Hämoglobin. Die Untersuchung auf die Art der gerinnbaren Proteine wird nach dem Verfahren von K. Micko durch Ermittlung der Gerinnungstemperatur nach Halbsättigung mit Ammoniumsulfat, außerdem serologisch ausgeführt. Auf Hämoglobin wird spektroskopisch geprüft.

Bouillonwürfel bzw. Fleischbrühwürfel.

„Bouillonwürfel" bzw. „Fleischbrühwürfel" (auch Bouillontafeln, Bouillonkapseln, gekörnte Fleischbrühen, Kraftbrühen usw. genannt) sind (bzw. sollen sein) Gemische von Fleischextrakt mit Kochsalz, Fett, Gemüse- bzw. Suppen-

[1]) Diese in den nordamerikanischen Staaten geltende Begriffserklärung kann auch für hiesige Verhältnisse angenommen werden.

[2]) Der Stickstoffgehalt der organischen Substanz des Fleischextrakts beträgt durchschnittlich 15%.

kräuterauszügen und sonstigen Würzen, dazu bestimmt, schnell eine gebrauchsfähige Suppe als Ersatz einer Fleischbrühe zu liefern.

Der Wert der Bouillonwürfel ist wesentlich vom Gehalt an Fleischextrakt abhängig, von dem zwischen 5,0—25,0% in den Würfeln verlangt werden, in der Regel bei mittelmäßigen Erzeugnissen 7,0—15,0% vorhanden zu sein pflegen. K. Micko verlangt für einen Würfel von 4 g Gewicht 25%, also 1 g festen Fleischextrakt[1]), so daß auf 100 g Würfel 2,25 g Stickstoff (in 15% fettfreier organischer Substanz), 0,75 g Gesamt-Kreatinin, 0,19 g Xanthin (= 0,08% Xanthin-N) und 0,82% Phosphorsäure entfallen.

Der Gehalt dieser Erzeugnisse, ohne das Wort „Ersatz", an Kreatin soll 0,45%, der an Stickstoff, als Bestandteil der den Genußwert bedingenden Stoffe, soll mindestens 3% betragen, der an Fett soll 8%, der an Kochsalz 65% nicht übersteigen.

Diesen Forderungen entsprechen aber recht viele von der großen Anzahl der Handelsbouillonwürfel[2]) nicht; mitunter enthalten sie sogar Gelatine beigemengt, wie man denn früher unter Bouillontafeln (Bouillonextrakt) überhaupt Gelatineerzeugnisse verstand, die aus Knochen und Knorpeln hergestellt wurden.

Für die Untersuchung und Beurteilung ist besonders die Bestimmung des Kreatins und Kreatinins sowie der Xanthinbasen wichtig, die wie beim Fleischextrakt vorgenommen wird.

Über die Zusammensetzung von Bouillonwürfeln vgl. Tab. II, Nr. 427—433.

Speise- und Suppenwürzen.

Die große Anzahl von Speise- und Suppenwürzen, die zur Zeit im Handel vorkommen, häufig rasch verschwinden, aber durch neue ergänzt werden, werden aus pflanzlichen und nur vereinzelt aus tierischen Stoffen zubereitet; sie sollen aber denselben Zwecken wie Fleischextrakt und Bouillonwürfel dienen, und mögen sie daher im Anschluß hieran besprochen werden. Hierzu gehören:

1. Speise- und Suppenwürzen aus abgebauten Proteinen und Pflanzenauszügen. Für die Herstellung dieser Art Würzen werden Proteine (Casein, Kleber und andere Abfälle) durch Dämpfen mit und ohne Säuren hydrolysiert (abgebaut) und diese Lösung durch Zusatz von Auszügen aus Suppenkräutern, Gemüsen, Pilzen und Kochsalz gewürzt.

Als Pflanzen, welche für diesen Zweck Verwendung finden, werden genannt:

Mohrrüben, Karotten, Wirsing, Weißkohl, Spinat, Knollensellerie, Lauch, Pastinaken, Bohnen, Kerbel, Zwiebeln, Liebesäpfel, Sauerampfer, Tamarinden, Wallnüsse, Bockshornkleesamen, Pilze (Champignons, Trüffel u. a.), Gewürze (Blätter von Dragon, Thymian, Majoran; ferner Pfeffer, Kümmel, Muskatnuß, Gewürznelken, Ingwer u. a.).

Die verwendeten Rohstoffe werden sorgfältigst gereinigt und die vereinigten Lösungen im Vakuum eingedunstet. Als Prototyp gehört z. B. Maggis Suppenwürze zu dieser Gruppe.

Die organische Substanz derselben enthält 13—15% Stickstoff; sie besteht aus geringen Mengen Proteosen (und Ammoniak), vorwiegend aus Aminosäuren und Pepton (bzw. Basen). Als Basen kommen nur Vertreter der Puringruppe (Xanthine) in Betracht; etwa vorhandenes Kreatin bzw. Kreatinin sowie ein höherer Gehalt an Hypoxanthin unter den Xanthinen, könnte nur aus mitverwendetem Fleischextrakt herrühren.

2. Speise- und Suppenwürzen ohne abgebaute Proteine. Eine zweite Gruppe von Suppen- und Speisewürzen wird in der Hauptsache durch Ausziehen von Suppenkräutern, Gewürzen, Pilzen u. a. mit Wasser und Eindunsten der Auszüge unter Zusatz von mehr oder weniger Kochsalz gewonnen.

---

[1]) Man behauptet, daß ein höherer Gehalt als 15% Fleischextrakt in den Bouillonwürfeln im allgemeinen nicht zusagend sei.

[2]) Von den vielen Bouillonwürfeln des Handels sind in der Schlußtabelle II, Nr. 434—462 nur einige aufgeführt.

Die Vertreter dieser Gruppe sind meistens ärmer an Gesamtstickstoff (nur 8—11% der organischen Substanz), aber reicher an Aminosäuren.

Mitunter erteilt man den Erzeugnissen, z. B. einem fälschlicherweise so genannten „Pflanzenextrakt Ochsena", durch Zusatz von Fett einen den Bouillontafeln ähnlichen Fettgehalt.

3. Hefenextrakte. Eine besondere Art der letzten Gruppe bilden die Hefenextrakte. Sie werden durch Entbittern der Hefe (durch Waschen mit Wasser, Sodalösung oder Essigsäure) und Dämpfen unter Zusatz von Kochsalz hergestellt. Diese Art Erzeugnisse, die bald fest, bald dickflüssig sind, sind durch einen hohen Gehalt an Xanthinbasen (darunter vorwiegend Adenin und Guanin) bei gleichzeitigem Fehlen von Kreatin und Kreatinin sowie durch das Hefengummi[1]) vor anderen Würzen ausgezeichnet.

Von den Xanthinbasen waltet das Adenin und Guanin vor; so fand K. Micko in 100 g Hefenextraktwürze 0,87 g Adenin, 0,77 g Guanin, 0,22 g Hypoxanthin und nur 0,03 g Xanthin[2]).

4. Bratenbrühen (Tunken, Saucen). Außer Auszügen der genannten Pflanzen und Kochsalz werden hierzu noch verwendet Zucker (bzw. Zuckercouleur), Mehl und Auszüge aus den entsprechenden Fleischsorten der Warm- und Kaltblüter (von letzteren z. B. Garneelen, Hummer, Anchovis, Shoings, Harvey, Lobster u. a.).

Diese Erzeugnisse enthalten daher außer Xanthinbasen auch noch geringe Mengen von Kreatin und Kreatinin, wenn wirklich Fleischauszüge mitverwendet sind.

5. Japanische und chinesische Soja (auch Soya oder Shoya und Schoyu genannt) und Miso. Diese Erzeugnisse, die rein pflanzlicher Herkunft sind, nehmen unter den Speisewürzen eine besondere Stellung ein und sind im ganzen Welthandel verbreitet. Zu ihrer Gewinnung dient dieselbe Grundmasse, der Koji, der aus verkleistertem geschältem Reis durch Impfen mit dem Schimmelpilz Aspergillus Oryzae Cohn (oder Eurotium Oryzae) und durch 3—4tägige Einwirkung des Pilzes bei 20° erhalten wird.

a) Japanische Soja. Der Koji, der ein kräftiges Saccharose und Maltose invertierendes Enzym enthält, wird zunächst mit teils gedämpftem, teils geröstetem Weizen und weiter mit halbweich gekochten Sojabohnen gemischt; das Gemenge wird in 20—25° warmen Räumen mehrere Tage, bis der Kojipilz es mit Mycel durchsetzt hat, der Reifung überlassen, darauf mit Kochsalz und Wasser vermischt und in Gärbottiche gebracht, worin es unter öfterem Umrühren mehrere Monate (unter Umständen Jahre) verbleibt, bis die Masse dünnflüssig geworden ist. Diese wird durch baumwollene oder leinene Beutel abfiltriert oder gepreßt. Die ersten Filtrate und die ältesten Erzeugnisse liefern die besten Sorten Shoya.

---

[1]) Die wässerige oder ammoniakalische Hefengummilösung bleibt auf Zusatz von ammoniakalischer Kupferlösung (Kupfersulfat + Ammoniak) vollkommen klar; fügt man aber etwas Natron- oder Kalilauge zu, so entsteht ein klumpiger Niederschlag.

[2]) F. C. Cook gibt für Hefenextrakt und Rindfleischextrakt (selbst hergestellten) nahezu gleiche Gehalte an Xanthinbasen an, nämlich für die fettfreie Trockensubstanz im Mittel von je 4 Proben Rindfleischextrakt und 2 Proben Hefenextrakt folgenden Gehalt:

Extrakt	Stickstoff in Form von				Kreatin	Kreatinin	Asche	Kochsalz	Phosphorsäure		Säure $= {}^{1}/_{10}$ N.-Alkali für 1 g
	Gesamt %	Proteosen %	Xanthinbasen %	Aminosäure %	%	%	%	%	Gesamt %	Organisch %	ccm
Rindfleisch . .	11,82	0,55	0,88	8,37	3,32	3,16	20,94	2,47	3,16	0,31	14,51
Hefe	7,43	0,49	0,85	4,42	—	—	28,87	2,84	3,81	0,37	13,92

Die selbst hergestellten Rindfleischextrakte enthielten in 84,85% Trockensubstanz 6,87% Fett, die Hefenextrakte in 73,04% Trockensubstanz 0,97% Fett (Ätherauszug).

Die japanische Soja bildet eine dunkelbraune Flüssigkeit von eigenartig scharfem Geschmack und feinem lieblichen Geruch.

b) Die chinesische Shoya oder „Tao-Yu“ (Bohnenöl) wird anscheinend nur aus schwarzen Sojabohnen zubereitet.

Die Bohnen werden gekocht, nach Abgießen des Wassers auf Tellern von geflochtenem Bambus ausgebreitet, an der Sonne getrocknet und nach dem Abkühlen mit Blättern von Hibiscus tiliaceus bedeckt. Auch hier stellt sich ein Aspergillus ein, der aber auf keinem anderen Nahrungsmittel vorkommt. Wenn er Sporen gebildet hat, wird die Masse in Salzlösung, dann einige Tage in die Sonne gebracht und gekocht. Die abgegossene und durchgeseihte Flüssigkeit wird, mit Palmenzucker und Sternanis gekocht und eingedunstet, bis sich Salzkrystalle an der Oberfläche abscheiden. Nach dem Abkühlen ist die Shoya genußfähig. Die dickflüssigsten Sorten gelten als die besten.

Die chinesische Shoya bildet eine schwarzbraune klare Flüssigkeit, welche beim Verdünnen mit Wasser trübe, aber auf Zusatz von Kochsalz wieder klar wird; mitunter findet sich in derselben ein zäher Bodensatz.

Das japanische und chinesische Miso werden in ähnlicher Weise wie Shoya gewonnen und verwendet, nämlich zur Bereitung von Suppen und anderen Speisen. Im fertigen Zustande bildet das Miso einen steifen, zumeist rötlich gefärbten Brei.

c) Zur Darstellung des japanischen Miso oder Nuka Miso verwendet man 5 Teile Sojabohnen, 3,25—6 Teile Reis- oder Gerstenkoji, 1,5—2 Teile Kochsalz und etwa 1 Teil Wasser. Die Bohnen werden wie zur Shoyabereitung gedämpft, gröblich zu Brei zerstoßen und dann mit Salz und Wasser gemischt. Je nach der Art des darzustellenden Erzeugnisses läßt man die gedämpften Bohnen mehr oder minder abkühlen. Soll das Miso in kurzer Zeit fertig sein, so läßt man die Temperatur der Bohnen nur auf 70—90° sinken und verwendet verhältnismäßig viel Koji (6 Teile) und wenig Salz (1,5 Teile); in diesem Falle ist das Miso schon in vier Tagen fertig. Umgekehrt läßt man die Bohnen, bevor sie mit Koji gemischt werden, völlig erkalten und nimmt nur wenig Koji und Salz, wenn die Reife des Erzeugnisses erst nach einem halben Jahre eintreten soll.

Von wesentlichem Einfluß auf die Güte des Miso ist auch wie beim Wein das Faß. Dasselbe wird niemals gewaschen und gilt um so wertvoller, je älter es ist.

In fertigem Zustande bildet das Miso einen steifen, zumeist rötlich gefärbten Brei.

d) Zur Bereitung des chinesischen Miso, Tao-tjung oder Bohnenbrei genannt, werden Bohnen der weißen Soja während zweier Tage in kaltem Wasser gequellt, von den Hülsen befreit, gekocht und behufs Abkühlung auf Bambusteller ausgebreitet. Weiter wird ein Gemisch von gleichen Teilen Reis und Klebreismehl in einer eisernen Schale leicht geröstet und nach dem Abkühlen mit den Bohnen gemischt; das Gemisch wird in einen Korb gegeben, der inwendig mit Blättern derselben Hibiscusart ausgekleidet ist, die zur Tao-Yu-Bereitung benutzt wird. Man bedeckt den Inhalt des Korbes mit Blättern und einem Deckel und überläßt ihn zwei Tage der Ruhe. Das Gemisch wird klebrig, feucht und von süßlichem Geschmack. Man trocknet die feuchte Masse, bringt sie in einen Topf, worin sich eine Salzlösung befindet und beläßt sie solange darin, bis eine herausgenommene Bohne salzig schmeckt, also bis die Salzlösung bis in das Innere der Bohne gedrungen ist. Auf Verlangen fügt man bisweilen noch ein wenig Palmzucker hinzu, und das Gericht ist genußfähig, wenn es die Konsistenz eines steifen Breies angenommen hat und die Bohnen orangefarben erscheinen.

Der Tao-tjung ist ein zäher, gelblicher oder rötlicher Brei, der sehr salzig schmeckt, einen säuerlichen Geruch hat und worin die Bohnenbruchstücke noch deutlich sichtbar sind.

In ähnlicher Weise werden auf Java noch andere Pilze verwendet, um Leguminosensamen verdaulicher zu machen, z. B. zum Aufschließen der Preßrückstände von der Erdnußölgewinnung der Pilz Rhizopus Oryzae und eine Oosporaart. Die Mycelfäden der Pilze dringen durch die Zellhäute und bringen diese unter Überführung des Inhaltes der Zellen in den löslichen Zustand zum Zerfall.

Shoya wie Miso, besonders erstere, bilden in den Erzeugungsländern selbst hervorragende Nahrungs- und Genußmittel. Von der Shoya werden in Japan angeblich 500—800

Millionen Liter im Jahr hergestellt; über die Hälfte der Sojabohnenernte wird zur Misobereitung verwendet. Der Verbrauch an Shoya soll in Japan 60—100 ccm für den Tag und Kopf betragen.

Zusammensetzung (vgl. Tabelle II, Nr. 444—448). Shoya wie Miso sind schwach alkoholische Erzeugnisse; sie enthalten geringe Mengen Alkohol (0,15—1,92%) und organische, flüchtige und nichtflüchtige Säuren neben noch mehr oder weniger unvergorenem Zucker [1]). Daß verhältnismäßig viel Zucker unvergoren bleibt, hat seinen Grund in dem hohen Gehalt an zugesetztem Kochsalz, welches die Gärung verlangsamt.

Die Proteine der Rohstoffe erfahren bei der Herstellung von Shoya und Miso ebenfalls eine Umsetzung (vorwiegend Hydrolyse); 30—50% derselben werden in Aminoverbindungen übergeführt; nachgewiesen sind z. B. im Miso Tyrosin, Leucin, Asparaginsäure, im Tamari, einem ähnlichen Erzeugnis, auch die Hexonbasen, in der Shoya neben Ammoniak (0,166%) und Basen (0,361 g) auch eine krystallisierende wohlriechende Verbindung (0,46 g in 100 ccm, mit 49,84% C, 9,66% H, 11,84% N und 28,66% O).

An Zuckerarten fanden sich Glykose, Galaktose und Maltose.

Verfälschung und Verdorbenheit. Als Verfälschung ist es anzusehen, daß die Würzen mit einer Bezeichnung belegt werden, auf welche sie nach dem Ursprunge, d. h. dem Ort der Herstellung und der Art der verwendeten Rohstoffe keinen Anspruch haben. Auch ein zu hoher Kochsalzgehalt im Verhältnis zu organischer Substanz ist als Verfälschung anzusehen. Als verdorben gelten verschimmelte sowie faulig riechende und schmeckende Erzeugnisse.

Der Nachweis der Echtheit ist im allgemeinen schwer zu erbringen, weil es sich um wässerige Auszüge aus den verschiedensten Rohstoffen handelt. Sind die Erzeugnisse vorwiegend aus hydrolysierten Proteinen gewonnen, so enthalten sie verhältnismäßig viel Stickstoff in Prozenten der organischen Substanz. Erzeugnisse aus Fleisch und Fleischextrakt geben sich durch einen Gehalt an Kreatin und Kreatinin, solche aus Hefe durch den Gehalt an Hefengummi und durch einen hohen Gehalt an Xanthinbasen im Verhältnis zu anderen Stickstoffverbindungen zu erkennen.

Suppentafeln, kondensierte bzw. gemischte Suppen.

„Suppentafeln, kondensierte oder gemischte Suppen" bilden Gemische von Mehl, Gemüsen, Gewürzen, Kochsalz mit Fleisch, Fleischextrakt und Fett (meistens Rinds- und Schweinefett), welche dazu dienen sollen, durch einfaches Kochen eine fertige, schmackhafte Suppe bzw. Speise zu liefern.

Die Mehle werden vorher durch Entschälen, Anfeuchten und Darren besonders zubereitet, die Gemüse (S. 299) sorgfältig gereinigt und gegebenenfalls gebrüht oder gedämpft oder geröstet; sie werden dann unter Zusatz von Gewürzen und Kochsalz mit Fett, gekochtem,

[1]) Die Schwankungen im Gehalt für 100 ccm Würze bzw. Brei waren nach mehreren Analysen folgende:

Würze	Gehalt	Spez. Gewicht	Trockenrückstand	Gesamt-Stickstoff	Zucker	Dextrin	Alkohol	Säure: flüchtige = Essigsäure	Säure: nicht flüchtige = Milchsäure	Rohfaser	Asche	Kochsalz	Phosphorsäure
			g	g	g	g	g	g	g	g	g	g	g
Shoya	Niedrigst . .	1,130	28,75	0,72	1,28	0,69	0,15	0,10	0,45	—	14,67	7,64	0,15
	Höchst . . .	1,199	39,93	1,47	9,31	4,14	0,45	0,16	1,08	—	25,25	23,01	0,74
			%	%	%	Fett %	%	%	%	%	%	%	%
Miso	Niedrigst . .	—	40,73	1,63	11,38	5,10	0,95	0,02	0,14	1,79	7,78	5,99	—
	Höchst . . .	—	51,55	2,30	11,63	7,87	1,92	0,05	0,27	2,68	15,62	12,91	—

zerkleinertem (gehacktem) Fleisch bzw. Fleischpulver oder mit Fleischextrakt in Rührmaschinen gemischt, durch Fülltrichter in Matritzenhöhlen gebracht und hier in die gewünschte Form (Tafel- oder Wurstform) gepreßt. Je nach dem Gehalt an Fleisch oder Fleischextrakt oder nur an Fett kann man diese Erzeugnisse in drei Gruppen teilen, nämlich:

1. Gemische von Fleisch, Mehl, Gemüsen und Fett. So bestand bzw. besteht die vielfach besprochene Rumfordsuppe aus 13,5% groben Fleischstücken, 31,8% Graupen, 44,7% feinem Mehl und 10% Kochsalz; das Suppenpulver (German Army food) aus Fleischfasern, Getreide- und Erbsenmehl, Gemüseteilen und Kochsalz; eine Fleischleguminose aus 86 Teilen Leguminosenmehl und 14 Teilen trocknem Fleischpulver.

Für die Darstellung von Fleischteigwaren gibt Scheurer-Kestner schon 1872 folgende Vorschrift:

Man rührt 550—575 g Mehl mit 50 g Sauerteig und 300 g frischem, gehacktem Ochsenfleisch zusammen, setzt das zur Teigbildung nötige Wasser hinzu und läßt es 2—3 Stunden an einem warmen Ort stehen. Darauf formt und bäckt man das Brot wie gewöhnlich; um eine zu starke Säuerung zu vermeiden, setzt man dem Teig 1 g Natriumbicarbonat zu.

Durch Zusatz von Speck kann der Geschmack verbessert werden. Bei der Gärung eines derartigen Brotteiges soll sich nach Scheurer-Kestner ein Enzym bilden, welches ähnlich wie das Verdauungsenzym von Carica papaya und die Enzyme der sog. „fleischfressenden" Pflanzen eine vollständige Verdauung des Fibrins und der dasselbe begleitenden Proteine bewirkt.

J. Nessler stellte Fleischteigwaren in der Weise her, daß er rohes oder gedämpftes Fleisch fein zerhackte, mit Mehl und Eiern vermischte, aus dem Teig dünne Scheiben formte und diese rasch trocknete. Auch die deutsche und andere Militärverwaltungen lassen aus Weizenmehl, frischem Fleisch, Fleischextrakt, Schweinefett usw. einen Fleischzwieback bereiten.

Nach anderen Vorschriften werden dem Mehl 10—25% trockenes Fleischpulver zugesetzt, für besondere Sorten auch Gewürz, wie Kümmel oder Citronensäure (für Marinezwecke). Nachdem der Teig fertiggestellt ist, wird derselbe in die gewünschte Form gepreßt oder (für kleine Biskuits) ausgestochen und diese auf Horden bei hoher Temperatur getrocknet und gebacken.

2. Gemische von Fleischextrakt mit Mehl, Fett und Gewürzen. An Stelle des natürlichen Fleisches bzw. des trockenen Fleischpulvers verwendet man zur Darstellung dieser Art Dauerwaren auch Fleischextrakt. Selbstverständlich dürfen diese mit den Dauerwaren aus ganzem Fleisch nicht verwechselt werden, denn sie enthalten nur die als Genußmittel dienenden Stoffe des Fleisches und nicht auch die Nährstoffe desselben, unterscheiden sich also von ersteren wie Fleischextrakt von natürlichem Fleisch.

Die russische Armee verwendete Hafer- und Kartoffeldauerwaren mit Fleischextrakt, welche von der Aktiengesellschaft „Volksernährung" (Narodnoc Prodowolstwo) dargestellt wurden.

Ebenso hat man schon mehrfach versucht, Fleischextraktzwiebacke herzustellen. Gail Booden kocht 25,5 kg Fleisch $5^1/_2$ Stunden lang in 24 l Wasser mit 10 kg Gemüse und 250 g Zucker; er erhält so 11 l Fleischbrühe, die, mit 49,8 kg Weizenmehl vermischt und verbacken, 237 Zwiebacke liefern.

Thiel zerhackt frisches Fleisch, zieht es mit Wasser aus, stellt mit diesem Auszug Brotteig her und verbäckt denselben zu Zwieback.

3. Gemische von Mehl mit Fett allein und Gewürzen. Diese Art Mischungen sind am weitesten verbreitet. Die Mischungen mit Fleisch oder Fleischextrakt treten gegen sie mehr und mehr zurück. Zu dieser Gruppe gehört auch die Erbswurst S. 278.

Die ***chemische Zusammensetzung*** dieser Erzeugnisse weist je nach der Mischung große Verschiedenheiten auf (vgl. Tab. II, Nr. 463—500). Die Mischungen mit Fleisch und Fleischextrakt sind bei gleicher Grundmenge von Mehl, Gemüsen, Fett und Kochsalz, also z. B. in Prozenten der fettfreien Trockensubstanz bei vorhandenen gleichen Mehlarten naturgemäß reicher an Stickstoffsubstanz als die Mischungen ohne Zusatz von Fleisch oder Fleischextrakt. Auch die aus Hülsenfrüchten hergestellten Erzeugnisse zeichnen sich gegenüber den aus Getreidemehlen durch höheren Gehalt an Stickstoffsubstanz sowie auch an Phosphorsäure aus. Die Menge an Fett ist bei den einzelnen Erzeugnissen sehr verschieden; hiervon wie von seiner Art und Beschaffenheit hängt wesentlich der Geschmack der Erzeugnisse ab. Auch der Gehalt an Kochsalz bedingt mit den Geschmack; jedoch ist seinem Zusatze von selbst eine Grenze gesetzt, weil diese Erzeugnisse für sich allein eine volle Suppe oder Speise liefern sollen und ein zu salziger Geschmack die Zurückweisung des Erzeugnisses zur Folge haben würde.

Zum Nachweise der Echtheit der Erzeugnisse, d. h. zur Entscheidung darüber, ob die Bezeichnung dem Wesen des Erzeugnisses entspricht, muß hier in erster Linie die mikroskopische Untersuchung herangezogen werden. Sie gibt leicht Aufschluß, ob Fleischteile vorhanden und welche Mehlarten verwendet sind. Die Mitverwendung von Fleischextrakt — auch von Fleisch — kann durch eine Untersuchung auf Kreatin und Kreatinin erwiesen werden. Beschaffenheit und Art des Fettes läßt sich durch eine Bestimmung der freien Säure, Jod- und Verseifungszahl sowie Refraktion ermitteln.

Verschimmelte Erzeugnisse sind als verdorben anzusehen. Ein höherer Wassergehalt als 12—14% hat leicht Verschimmelung zur Folge. Ein hoher Gehalt an Bakterien deutet auf Verwendung unreiner Rohstoffe oder unsaubere Herstellung und Aufbewahrung.

Protein- und Proteosen- (bzw. diätetische) Nährmittel.

In den letzten Jahren sind eine Reihe von Protein- und Proteosennährmitteln in den Handel gebracht, die teils zur Anreicherung einer vorwiegend aus Pflanzen bestehenden Kost mit Protein, teils zur Ernährung von Kranken bei gestörter Verdauungstätigkeit dienen sollen; die ersteren enthalten die Proteine in mehr oder weniger natürlichem Zustande, bei den letzteren Nährmitteln sind dieselben aufgeschlossen, d. h. in eine in Wasser lösliche Form übergeführt. Diese Erzeugnisse werden meistens aus Blut und Abfällen, aus Fleisch, aus Milch und auch aus pflanzlichen Abfällen (der Stärkefabrikation) gewonnen. Die gleichartige Beschaffenheit und der gleichartige Nutzungszweck rechtfertigen aber, daß dieselben hier zusammen und im Anschluß an Fleischwaren behandelt werden.

Man kann diese Art Nährmittel in zwei Hauptgruppen einteilen, nämlich:

A. solche mit unslöslichen oder genuinen Proteinen,

B. solche mit aufgeschlossenen Proteinen, und zwar aufgeschlossen

a) durch chemische oder

b) physikalische Hilfsmittel (überhitzten Wasserdampf),

c) durch proteolytische und andere Enzyme.

A. Protein-Nährmittel mit unlöslichen oder genuinen Proteinen.

Hierzu gehören unter anderen:

1. Erzeugnisse aus Fleischabfällen.

a) Tropon Finklers. Anscheinend durch Behandeln der Rückstände von der Fleischextraktherstellung mit sehr verdünntem Alkali (0,2—2 proz. Natronlauge) und Fällen der gelösten Proteine mit Säure gewonnen.

Die den Abfällen anhaftenden Farb-, Geruch- und Geschmackstoffe werden durch Kochen der Fällung mit einer 10 proz. Wasserstoffsuperoxydlösung[1]) zerstört, dann wird durch Auswaschen mit Wasser, Alkohol, Äther, Benzin das Fett usw. entfernt und so durch Trocknen ein reines, geschmack- und fast farbloses, nur aus Proteinen bestehendes Erzeugnis erhalten.

Auch der in den Fleischrückständen vorhandene Leim soll entfernt werden.

---

[1]) Statt Wasserstoffsuperoxyd soll auch unterchlorige oder phosphorige Säure mit Vorteil verwendet werden können.

Aus pflanzlichen Proteinabfällen der Weizen-, Reis- und Maisstärkefabrikation wird ebenfalls ein Tropon gewonnen. Die Erzeugnisse haben in wasser- und aschenfreiem Zustande die Elementarzusammensetzung fast reiner Proteine[1]).

Aus dem Tropon und auch den folgenden Proteinen werden durch Vermischen mit Mehl oder Kakao noch verschiedene gemischte Nährmittel hergestellt; aus dem Tropon und Jod ein Jodtropon als Heilmittel.

b) Soson. Das von den Extraktivstoffen befreite Fleisch (und sonstige Abfälle) wird nach der Entfettung mit dem 3—4fachen Gewicht von 70—90proz. Alkohol unter Druck, also bei einer über dem Siedepunkte des Alkohols liegenden Temperatur erhitzt, wodurch die Masse eine helle Farbe annimmt und alle unangenehm riechenden und schmeckenden Verunreinigungen der Fleischabfälle beseitigt werden. Letzterer Zweck wird durch Zusatz von Ammoniak oder schwefliger Säure noch befördert, ohne daß das Enderzeugnis in seiner Beschaffenheit wesentlich verändert wird.

2. Erzeugnisse aus Milch (Magermilch).

a) Plasmon oder Caseon. Die Magermilch wird auf 70° erhitzt, mit 50proz. Essigsäure — $2^1/_2$ l derselben auf 1000 l Magermilch — versetzt, der gebildete Quarg durch ein Seihtuch abgeseiht, in einer Knetmaschine behufs Neutralisation mit einer entsprechenden Menge Natriumbicarbonat vermengt, darauf der lockere schneeige Quarg durch einen trockenen Luftstrom bei 40—50° getrocknet und gepulvert.

b) Kalkcasein. Das Casein der Milch wird entweder in Kalkwasser gelöst und wieder mit einer äquivalenten Menge Phosphorsäure gefällt oder es wird umgekehrt verfahren. Jedenfalls enthält das Kalkcasein eine große Menge Calciumphosphat.

c) Nutrium. Wahrscheinlich aus schwach entrahmter Milch unter Zusatz von Kochsalz hergestellt.

d) Lactarin. Anscheinend getrockneter Milchquarg.

e) Eulactol. Anscheinend aus noch schwächer entrahmter Milch als Nutrium.

3. Erzeugnisse aus Blut.

a) Euprotan. Nach A. Jolles in der Weise aus Blut erhalten, daß Blutkörperchenbrei mit der dreifachen Menge 0,01proz. Schwefelsäure erhitzt, mit Ammoniak neutralisiert und mit Wasserstoffsuperoxyd oxydiert wird. Bei dem Euprotan β werden die Proteine erst aus dem Blut ausgesalzen.

b) Protoplasmin (Plönnis-Berlin). Die Blutkörperchen werden aus dem defibrinierten Blut ausgeschieden, das klare Serum wird erhitzt und das Protein zum Gerinnen gebracht; letzteres wird durch Waschen gereinigt, bei 105—110° während einer Stunde sterilisiert, darauf im Vakuum getrocknet, gemahlen und gesiebt; der schwache Geruch und Beigeschmack läßt sich durch Zusatz von Gewürz verdecken.

Das Protoplasmin bildet ein graues Pulver, welches mit Wasser nach kurzer Zeit aufquillt und in diesem Zustande verschiedenen Speisen zugesetzt werden kann.

c) Hämose. Sie ist ein aus frischem Rinderblut von H. Stern in Berlin hergestelltes Erzeugnis ähnlicher Art wie das Protoplasmin; sie hat eine dem Eisenoxyd ähnliche rotbraune Farbe und soll vorwiegend als Mittel gegen Blutarmut (Bleichsucht usw.) dienen.

Denselben Zweck verfolgt:

d) Hämatin-Albumin Dr. Niels R. Finsens. Frisches Blut wird auf übliche Weise von Fibrin befreit und mit der sechsfachen Menge Wasser, welches 5 g Citronensäure auf je 1 l Blut enthält, verdünnt. Beim Erwärmen auf 90° gerinnt das Albumin; es wird abgeseiht, ausgewaschen, ausgeschleudert, getrocknet und gepulvert. Zur Darstellung von 1 kg Hämatin-Albumin gehören 6 kg frisches Blut. Das Hämatin-Albumin bildet in trockenem Zustande ein rotbraunes Pulver ohne Beigeschmack und Geruch. Es soll wie Kakaopulver in Wasser aufgeschlemmt ge-

[1]) H. Lichtenfeld fand z. B. für fett- und aschefreie Trockensubstanz:

Tierisches Tropon	51,81% C	7,91% H	16,13% N	0,79% S
Pflanzliches „	51,63% C	7,31% H	16,84% N	0,56% S

nommen werden, und zwar von Erwachsenen dreimal täglich ein Teelöffel voll, von Kindern die Hälfte.

e) Roborin. Das Roborin wird von den Deutschen Roborin-Werken in Berlin aus sorgfältig aufgefangenem Blut durch Verarbeitung des letzteren zu Calciumalbuminat gewonnen; es bildet ein dunkelbraunes Pulver von schwach alkalischer Reaktion, welches nur zum geringen Teil in Wasser löslich ist. Das Roborin soll in Gaben von täglich 1,5—3,0 g genossen werden, wird aber angeblich auch mit anderen Nahrungsmitteln, wie Milch, in Gaben bis 100 g täglich genossen, gut vertragen.

f) Hämogallol (Kobert). Stromafreie konz. Blutlösung vom Rind wird mit konz. wässeriger Lösung von Pyrogallol (Pyrogallussäure) im Überschuß versetzt; der sich bildende rotbraune Niederschlag — ein Reduktionserzeugnis vom Blutfarbstoff — wird unter möglichstem Abschluß von Luftsauerstoff auf dem Saugfilter erst mit Wasser gewaschen, bis das Filtrat auf Silberlösung nicht mehr reduzierend wirkt, dann noch mit Alkohol gewaschen und schließlich bei möglichst niedriger Temperatur getrocknet. Das Hämogallol ist ein rotbraunes, in Wasser unlösliches, geschmackloses Pulver, welches 45—50% Hämoglobin enthalten soll.

g) Hämol. Stromafreie, nicht zu konz. Blutlösung vom Rind wird mit chemisch reinem Zinkstaub (bzw. Eisenstaub) geschüttelt, wodurch der gesamte Blutfarbstoff gefällt wird; der Niederschlag wird so lange mit Wasser gewaschen, als sich noch etwas löst, dann feucht vom Filter genommen und in destilliertes Wasser eingetragen, worin das eingeschlossene, im Überschuß zugesetzte Zink rasch zu Boden sinkt und abgeschlemmt werden kann. Der letzte Rest des vom Hämoglobin gebundenen Zinks (Zinkperhämoglobin) wird durch kohlensaures Ammon und nicht zu wenig Schwefelammonium beseitigt, das ausgefällte Schwefelzink abfiltriert, das Filtrat durch einen Luftstrom von Schwefelammonium befreit und durch vorsichtiges Neutralisieren mit Salzsäure gefällt. Der ausgewaschene und scharf getrocknete Niederschlag bildet das Hämol des Handels, welches äußerlich dem Hämogallol gleicht und ebenfalls in Wasser unlöslich ist.

h) Hämoglobin. Der Blutkörperchenbrei wird bei einer Temperatur von 35—40° getrocknet, dann gelöst und in geeigneter Weise in Lamellenform gebracht.

Ähnliche Erzeugnisse wie a) bis h) sind:

i) Sanguinin.

k) Hämatogen, für welches 57,44% Wasser und 23,52% Hämoglobin angegeben werden.

l) Myogen, aus Albumin des Blutserums.

Die Nährmittel aus Blut sollen wegen ihres Gehaltes an Eisen[1]) meistens als diätetische Mittel gegen Bleichsucht dienen und werden für den Zweck besonders viel dem Kakao und der Schokolade zugesetzt, um sie zusagender zu machen. Unorganische Eisenverbindungen werden aber für zweckmäßiger gehalten, als eisenhaltige Proteine.

4. Proteine aus pflanzlichen Abfällen. Bei der Verarbeitung der Getreide- und Hülsenfrüchte auf Mehl und Stärke bzw. sonstige Stoffe werden vielfach die Proteine als Nebenerzeugnisse gewonnen, so besonders bei der Weizen-, Mais- und Reisstärkefabrikation. Vielfach wurden bzw. werden diese Proteine nur für technische oder Viehfütterungszwecke verwendet; seit einiger Zeit ist man auch bemüht, sie für die menschliche Ernährung nutzbar zu machen.

Der Weizenkleber wird nach dem sorgfältigen Auswaschen der Stärke tunlichst frisch, ohne daß er in Säuerung übergeht, in dünne Scheiben ausgewalzt und durch einen warmen Luftstrom oder auf sonstige Weise ausgetrocknet. Über die Gewinnung der Proteine aus Reis und Mais bei der Stärkefabrikation vgl. unten unter Stärkemehl S. 381.

Die hierher gehörenden Proteine werden Aleuronat oder Roborat[2]), auch wohl Weizenprotein, Pflanzeneiweiß oder Energin (aus Reis) und dergleichen genannt.

---

[1]) Es ergaben z. B.:

	Hämatin-Albumin	Hämose	Roborin	Hämogallol
Eisenoxyd	0,387%	0,268%	0,38—1,17%	0,33%

[2]) Ein aus Weizenkleber hergestelltes sog. Kraftdessert „Visvit" enthielt 77,82% Gesamtprotein, davon waren 0,46% wasserlöslich; ferner 0,43% Lecithin.

Unter Plantose (mit 75,8—81,2% Protein) versteht man ein aus Rapskuchen durch Behandeln mit Wasser und Koagulieren der wässerigen Lösung hergestelltes Proteinnährmittel; Edon (mit 92% Protein) ist wahrscheinlich in derselben Weise aus Baumwollesamen, Bioson (mit 65,99% Protein und 6,72% Fett) aus Kakao gewonnen.

Hierher gehört auch das Hefenprotein (die Nährhefe und die sog. Mineralhefe). Das Hefenprotein wurde zuerst aus Brauereihefe von M. Delbrück und Hayduck gewonnen. Zur Gewinnung der Mineralhefe wendet Delbrück eine sehr verdünnte Zuckerlösung und als Mineralstoffe Ammoniumsulfat (auch Harnstoff oder Harn), Kaliumphosphat, Calcium- und Magnesiumsalze an und leitet durch die Lösung einen starken Luftstrom[1]. Die abgeschöpfte Hefe wird wie die Brauereihefe durch Waschen mit Wasser oder Sodalösung entbittert, gepreßt und in besonderer Weise getrocknet. Die Art des Trocknens hat indes keinen Einfluß auf die Heilwirkung der Hefe, weil nach den Untersuchungen von Winckel auch die vollständig abgetötete Hefe (durch ihre Nucleine) dieselben Heilwirkungen besitzt wie die Hefe, bei der durch eine besondere Trocknung die Enzyme und die Lebensfähigkeit der Zellen erhalten bleiben.

Die Brauereihefe (mit rund 55,5% Protein) ist etwas proteinreicher als die Mineralhefe (mit rund 49,5% Protein); dafür enthält letztere aber etwas mehr Fett. Etwa 88% des Hefenproteins bestehen aus Reinprotein.

Bei Hunden wurden von der Brauereihefe 77—78% organische Stoffe und 89—90% Protein, von der Mineralhefe 70—71% organische Stoffe und 84—85% Protein verdaut.

Mitunter findet man in der Nährhefe des Handels auch Zusätze von Stärkemehl, Kochsalz oder Calciumcarbonat in wechselnden Mengen.

Über die Zusammensetzung der genannten Nährmittel, die fortgesetzt durch neue ergänzt werden oder unter anderer Bezeichnung im Handel erscheinen, vgl. Tab. II, Nr. 501 bis 523.

Die sämtlichen Proteine, auch die aus pflanzlichen Abfällen, werden gleich hoch wie im natürlichen Fleisch verdaut (vgl. Tabelle I und S. 138) und können daher recht wohl zur Erhöhung des Proteingehaltes in Suppen, Brot u. a. dienen, wenn ihr Preis ein angemessener, d. h. nicht höher als die des Proteins in den Nahrungsmitteln ist, aus denen sie gewonnen sind. Zwar können sie als Zusatzmittel zur Erhöhung des Nährwertes einer nicht ausreichenden Kost einen höheren Preis beanspruchen, aber dafür sind sie im Geschmack weniger zusagend als die natürlichen Nahrungsmittel.

B. Protein-Nährmittel mit vorwiegend löslichen Proteinen.

Die Nährmittel dieser Art sind älter als die unter A. aufgeführten Nährmittel mit unlöslichen Proteinen. Sie gelten in erster Linie als diätetische Mittel für Kranke. Man bewirkte anfänglich die Löslichkeit der Proteine durch Magen-, oder Pankreassaft oder pflanzliche proteolytische Enzyme und empfahl diese auf verschiedene Art löslich gemachten Proteine je nach der Art der Krankheit der Verdauungsorgane (Magen- oder Darmkrankheit), vorwiegend bei Magenkrankheiten oder auch Blutarmut, nervösen Leiden usw. Die Anwendung der proteolytischen Enzyme ist aber verhältnismäßig umständlich und teuer. Auch haben die Untersuchungen von E. Abderhalden (S. 14) gezeigt, daß die ersten hydrolytischen Umsetzungserzeugnisse (die Proteosen und Peptone) im Darm noch weiter abgebaut werden müssen, um wieder zu Protein umgewandelt zu werden. Aus diesen Gründen werden solche Erzeugnisse jetzt nur mehr selten angetroffen; meistens bedient man sich behufs Überführung der Proteine in den löslichen Zustand physikalisch-chemischer Hilfsmittel, nämlich des Dampfdruckes mit und ohne Zusatz von Lösungsmitteln oder chemischer Lösungsmittel allein.

---

[1] Infolge der starken Lüftung wird der Zucker in starker Verdünnung nicht zu Alkohol, sondern zu Milchsäure umgesetzt und letztere mit dem vorhandenen Ammoniak zu Protein verarbeitet.

I. Durch chemische Hilfsmittel löslich gemachte Protein-Nährmittel.

Diese Art Nährmittel entfernen sich am wenigsten von den ursprünglichen Proteinen. Zum Lösen der letzteren können Säuren[1]) wie Alkalien angewendet werden; am meisten bedient man sich der letzteren.

1. Erzeugnisse aus Casein und Milch. Als Rohstoff eignet sich besonders das Casein der Milch, welches als saure Verbindung leicht Alkali bindet und dadurch löslich wird. Auch wird es an sich, besonders aber in seiner Verbindung mit Alkalien, vom Darm leicht aufgenommen und vermag den Stickstoffbedarf des Körpers vollständig zu decken.

Zu den Nährmitteln dieser Art gehören:

a) Nutrose (oder Caseinnatrium). Dieselbe wird dadurch hergestellt, daß das trockene Casein mit der berechneten Menge Natriumhydroxyd gemischt und das Gemisch mit 94 proz. Alkohol gekocht wird. Die Nutrose[2]) bildet ein weißes, geruchloses, fast völlig geschmackloses und leichtlösliches Pulver.

b) Sanatogen (aus 95% Casein und 5% glycerinphosphorsaurem Natrium bestehend). Das Casein wird bei 22—28° aus der mit dem doppelten Raumteil Wasser verdünnten Magermilch durch 3—4 proz. Essigsäure gefällt und so lange mit Methylalkohol gewaschen, bis die ablaufende Flüssigkeit weniger als 15% Wasser enthält. Darauf wird die feuchte Masse mit 5% glycerinphosphorsaurem Natrium gemischt, mit Äther ausgezogen und bei gelinder Temperatur getrocknet. Das Sanatogen bildet ein weißes, geruchloses Pulver, welches fast ganz in Wasser löslich ist und durch Säuren gefällt wird. Es soll stets mit kalten Flüssigkeiten angerührt genossen werden, und zwar täglich dreimal je ein Tee- oder Eßlöffel voll. Eine Probe enthielt 0,81% Schwefel und 2,32% Phosphorsäure in 5,57% Asche.

c) Eucasin (Caseinammoniak). Über fein gepulvertes, trockenes Casein wird Ammoniakgas (oder zur Herstellung des salzsauren Salzes Salzsäure) geleitet, oder das Casein wird in Flüssigkeiten, welche, wie Alkohol, Äther, Ligroin, Benzol, dasselbe nicht merklich lösen, verteilt und in die Flüssigkeit Ammoniakgas (oder Salzsäuregas) bis zur Sättigung eingeleitet.

Das Eucasin ist ein weißes, geruchloses, etwas fade schmeckendes Pulver, welches sich in kaltem Wasser löst und in diesem Zustande den verschiedenen Speisen und Getränken zugesetzt wird. Für dasselbe werden 0,53% Ammoniak, 0,77% Schwefel, 1,26% Phosphorsäure und 0,98% Kali angegeben.

d) Galaktogen. Das Casein wird aus ausgepreßtem Quarg in ähnlicher Weise wie vorstehende Erzeugnisse — vielleicht durch ein Kalisalz — löslich gemacht. Es ist ein weißes Pulver, welches in Wasser unter Bildung einer milchigen Emulsion fast ganz löslich ist. Von 6,14% Asche waren 1,60% Phophorsäure, 0,35% Kalk und 2,87% Kali.

e) Eulactol. Es wird durch Zusatz von Kohlenhydraten und pflanzlichen Proteinen (Legumin, zum Teil durch Alkalien löslich gemacht) sowie durch Zusatz von Nährsalzen (Calciumphosphat, Chlornatrium und Natriumbicarbonat) zu Milch und Eindampfen des so erhaltenen Gemisches im Vakuum hergestellt. Es ist ein gelbliches Pulver von fettiger Beschaffenheit und schwachem angenehmen Geruch. Von 4,31% Asche waren 0,29% Phosphorsäure, 0,15% Kalk und 1,26% Kali.

f) Milcheiweiß „Nicol". Entrahmte sterilisierte Milch wird mit Säure gefällt, der Nieder-

---

[1]) Schon J. v. Liebig hatte seiner Zeit vorgeschlagen, für Kranke, denen keine feste Nahrung gereicht werden kann, eine Fleischbrühe herzustellen, welche dem Körper auch die löslichen Proteine des Fleisches zuführt. Zu dem Zweck soll das frische Fleisch (1/4 kg Rind- oder Hühnerfleisch) fein zerhackt, mit etwa 100 ccm destilliertem Wasser, dem man 4 Tropfen reine Salzsäure und 0,8 bis 1,6 g Kochsalz zusetzt, gut durchgerührt und etwa 1 Stunde in Berührung gelassen werden. Darauf wird ohne Druck und Pressung durch ein Haarsieb abgeseiht, der zuerst ablaufende trübe Teil zurückgegossen, bis die Flüssigkeit klar abfließt, der Fleischrückstand mit etwa 1/4 l destilliertem Wasser ausgewaschen und die so erhaltene eiweißhaltige Fleischbrühe kalt genossen.

[2]) Für die Nutrose wird folgende Elementarzusammensetzung angegeben:

51,01% C, 6,67% H, 14,95% N, 0,76% S, 0,81% P 2,07% Na.

schlag (Casein) in Sodalösung gelöst, die Lösung wieder mit Säure gefällt und letztere ausgewaschen. Die ausgefällte und getrocknete Masse soll dann durch abwechselnde Behandlung mit Salzsäure und Natron in den löslichen Zustand übergeführt werden, so daß das fertige „Nicol" eine Casein-Chlornatriumverbindung von neutraler bis ganz schwach saurer Reaktion darstellt. Das Nicol wird in Mehl- und Grießform in den Handel gebracht und besitzt eine gelblichweiße Farbe; es enthält 1,63% Chlornatrium.

g) Sanitätseiweiß „Nicol". Es ist ein Gemisch von Milcheiweiß „Nicol" mit einem aus Rinderblut nach besonderem Verfahren hergestellten eisenhaltigen Protein, in welchem das Eisen nur organisch gebunden ist. Es enthält 3,32% Chlornatrium und 0,12% Eisenoxyd.

h) Ovolactin. Durch Zusatz von Soda löslich gemachtes Protein mit Milch und etwas Pepsin.

i) Sog. Milchfleischextrakt. Es mag auch hierher gerechnet werden, obschon es kein Kreatin bzw. Kreatinin, also kein Fleischextrakt enthielt. Es sah diesem nur ähnlich und enthielt 0,80% Proteosen sowie 0,13% Xanthinbasen.

2. Erzeugnisse aus Blutproteinen.

a) Fersan (A. Jolles). Frisches Rinderblut wird mit dem doppelten Maßteil einer 1 proz. Kochsalzlösung versetzt und zentrifugiert. Der sich ausscheidende Blutkörperchenbrei wird mit Äther ausgeschüttelt und die ätherische Lösung mit konz. Salzsäure behandelt, wodurch ein eisen- und phosphorhaltiger Proteinkörper ausfällt. Dieser wird abfiltriert, mit absolutem Alkohol gewaschen, im Vakuum getrocknet und gepulvert. Man erhält so das Fersan als ein dunkelbraunes, geruchloses Pulver von säuerlichem Geschmack, das in verdünntem Alkohol völlig, in Wasser nahezu vollständig löslich ist und beim Kochen nicht gerinnt.

Ein ähnliches Erzeugnis ist das Globon, das angeblich durch Spaltung eines Nucleoproteins bzw. Nucleoalbumins mit Alkalien gewonnen wird.

b) Sicco (Schneider) oder Hämatogen sicc. genannt, wird aus frischem Blut gewonnen, indem dasselbe defibriniert, von Fett befreit, gereinigt und im Vakuum eingedampft wird. Das schwarzbraune Pulver ist geschmack- und geruchlos, in kaltem Wasser löslich, die wässerige Lösung gerinnt beim Kochen wie frische Albuminlösung.

c) Ferratin. Es ist ein künstliches eisenhaltiges Proteinnährmittel.

100 Teile Eiereiweiß oder anderes Eiweiß werden in 2000 Teilen kaltem destillierten Wasser gelöst und nacheinander mit:

1. 25 Teilen weinsaurem Eisen (in 250 Teilen destilliertem Wasser gelöst und mit 10 proz. Natronlauge neutralisiert);
2. 100 Teilen einer 10 proz. Lösung von neutralem weinsauren Natrium;
3. 38 Teilen einer 10 proz. Natronlauge

versetzt, auf 90° erwärmt und $2^1/_2$—4 Stunden bei niedriger Temperatur stehen gelassen. Darauf versetzt man die alkalische Lösung mit 25 proz. Weinsäurelösung bis zur saueren Reaktion und beseitigt den Überschuß der Weinsäure durch 25 proz. Ammoniak, von dem man so viel zusetzt, daß wieder deutliche alkalische Reaktion eintritt. Die Lösung bleibt längere Zeit sich selbst überlassen (oder wird kurze Zeit auf 90° erwärmt), worauf durch Zusatz von 25 proz. Weinsäurelösung das gebildete Eisenalbuminat ausgefällt wird. Der gebildete Niederschlag wird ausgewaschen, durch nochmaliges Lösen und Fällen gereinigt und schließlich bei hoher Temperatur getrocknet. Das trockene Pulver ist rötlich-gelb gefärbt und kommt in zweierlei Form, als freies, in Wasser unlösliches Ferratin und als in Wasser leicht lösliche Natriumverbindung in den Handel.

d) Hämoglobinalbuminat, dessen Herstellung unbekannt ist, enthält die Proteine in löslicher Form und neben diesen Alkohol und Zucker.

e) Hämalbumin (Dahmen) soll aus 49,17% Hämatin + Hämoglobin, 46,23% Serumalbumin + Globulin und 4,60% Blutsalzen bestehen.

Die aus Blut hergestellten Erzeugnisse enthalten als wesentlichen Bestandteil auch Eisen, und sollen deswegen als Mittel gegen Bleichsucht dienen; es ergaben:

	Fersan	Sicco	Ferratin	Hämoglobin	Hämalbumin
Eisenoxyd	0,36%	0,44%	7,07%	0,05%	1,25%

f) Sanguinol. Dasselbe wird in ähnlicher Weise, wie Fersan, Sicco und andere Nährmittel, und zwar aus steril gesammeltem Kalbsblut durch Trocknen desselben bei niedriger Temperatur in einem Strome steriler Luft gewonnen. Es ist ein dunkelbraunes, geruchloses, in Wasser leicht lösliches Pulver, welches 0,48% Wasser und 42,5% Hämoglobin enthalten und an dunklen, trockenen Plätzen lange haltbar sein soll.

g) Mutase. Unter diesem Namen wird ein Nährmittel in der Weise gewonnen, daß man Rohstoffe der verschiedensten Art in durchlöcherten Zentrifugen mittels einbrausenden Wassers wäscht und durch Quetsch- und Mahlvorrichtungen zu einem gleichmäßig feinen Brei verarbeitet. Dieser Brei wird bei stets niedrig gehaltener Temperatur, ohne Zusatz von chemischen Mitteln, in besonderen Apparaten weiter verarbeitet, und es gelingt durch rein mechanische Hilfsmittel ohne Temperaturerhöhung, die löslichen Proteine, Kohlenhydrate und Nährsalze von der unlöslichen Stärke, Cellulose usw. zu trennen. Die erhaltene fast klare Flüssigkeit wird im Vakuum eingedunstet und zur Trockne verdampft. Die Mutase bildet ein weißgelbes Pulver, welches fast vollständig in Wasser löslich ist.

Bezüglich der Verdaulichkeit der Erzeugnisse dieser Art gilt dasselbe, was von den vorstehenden Nährmitteln S. 307 gesagt ist. Da sie wegen ihrer Löslichkeit die Verdauungstätigkeit erleichtern können, also unter Umständen einen diätetischen Wert besitzen, so können sie auch einen entsprechend höheren — aber angemessen höheren — Preis beanspruchen.

Über ihre Zusammensetzung vgl. Tab. II, Nr. 524—538.

II. Durch überhitzten Wasserdampf mit und ohne Zusatz von chemischen Lösungsmitteln löslich gemachte Protein-Nährmittel.

Über die Einwirkung von überhitztem Wasserdampf auf Proteine liegen viele Untersuchungen vor, auf welche hier nicht näher eingegangen werden kann. Es entstehen hierbei ähnliche Umsetzungserzeugnisse wie bei der natürlichen Verdauung. Nimmt man die Erhitzung längere Zeit und mit Hilfe von stärkeren Säuren vor, so tritt eine völlige Hydrolyse bzw. ein vollständiger Abbau bis zu den Aminosäuren (S. 9) ein. So weit wird aber die Hydrolyse bis jetzt meistens nicht vorgenommen. Man treibt die Hydrolyse meistens nur bis zur Bildung von Proteosen und Peptonen bzw. Polypeptiden, erhält also auf diese Weise Erzeugnisse, welche die Magenverdauung unterstützen bzw. ersetzen können. Zu diesen Erzeugnissen gehören:

1. Die Leube-Rosenthalsche Fleischlösung, die durch 10—15stündiges Erhitzen von knochen- und fettfreiem Fleisch unter Druck (im Papinschen Topf) mit 0,2 proz. Salzsäure, durch Neutralisieren der Lösung mit Natriumcarbonat und Eindampfen der Masse bis zur Breikonsistenz erhalten wird.

In ähnlicher Weise dürften aus Fleisch und anderen Stoffen durch Wasserdampf unter Druck mit und ohne Zusatz von etwas Natriumcarbonat und Salzsäure folgende Erzeugnisse hergestellt sein: 2. Fleischsaft Karsan, 3. Toril, 4. „Carvis" Fleischsaft Brunnengräber, 5. Johnstons Fluidbeef, 6. Valentines Meat juice, 7. Savory & Moores Fluidbeef, 8. Brand & Co's. Fluidbeef, 9. Kemmerichs, 10. Kochs und 11. Boleros Fleischpepton, 12. Mietose; 13. Somatose wird wahrscheinlich durch längeres Behandeln von Fleisch oder Fleischrückständen der Extraktherstellung mit verdünntem Ammoniak oder fixem Alkali gewonnen, während 14. Bios ein peptonisiertes Pflanzenprotein sein soll.

Daß die Hefenextrakte durch Dämpfen mit überhitztem Wasserdampf gewonnen werden, ist schon S. 300 gesagt worden.

Über die Zusammensetzung der ersten Erzeugnisse vgl. Tab. II, Nr. 539—553.

III. Durch proteolytische Enzyme löslich gemachte Protein-Nährmittel.

Über die Einwirkung der proteolytischen Enzyme auf die Proteine vgl. S. 9, 130 u. 133.

Man kann dreierlei Erzeugnisse dieser Art unterscheiden, nämlich die durch Pepsin + Säuren, durch Pankreatin oder Trypsin und die durch proteolytische Pflanzenenzyme hergestellten Peptone.

1. Pepsinpeptone. Diese werden entweder mit frischer Magensaftlösung (von Schweinemägen) oder auch mit fertigem trockenem Pepsinpulver unter Zusatz von Säuren (Salzsäure oder auch einer organischen Säure wie Weinsäure) gewonnen.[1] Auch benutzt man Pepsinpulver als solches bzw. Lösungen hiervon direkt, um die verdauende Tätigkeit des Magens zu unterstützen.

Für die Darstellung von sog. Peptonen mittels des Pepsins lautet z. B. eine von Petit gegebene Vorschrift also:

„1 kg Rindfleisch wird nach Entfernung des Fettes und der Sehnen fein zerhackt und 12 Stunden lang bei einer Temperatur von 50° mit 10 l salzsäurehaltigem Wasser (0,40 g HCl für 1 l) und einer genügenden Menge Pepsin (etwa 10 g gutes Pepsinum porci) unter häufigem Umrühren digeriert; nach 12 Stunden wird koliert und erkalten gelassen, dann durch ein feuchtes Filter filtriert, um sämtliches Fett zu entfernen, und, nachdem man sich überzeugt hat, daß die Flüssigkeit mit Salpetersäure keine Fällung mehr gibt, das Filtrat nach genauer Neutralisation der freien Salzsäure mittels Natriumcarbonats entweder im Wasserbade bis zu einer bestimmten Konzentration oder im Vakuum bis zur Trockne verdampft; 1 kg Fleisch liefert ungefähr 250 g trockenes Pepton."

Weil die Leimpeptone nicht den Nährwert der Proteinpeptone besitzen, außerdem die Fleischbasen für die Ernährung mancher Kranken als nachteilig angesehen werden und die vielen Salze der Peptonerzeugnisse aus ganzem Fleisch diarrhoeische Kotentleerungen bewirken, so wird das Fleisch vorher vielfach mit kochendem Wasser ausgezogen und aus dem Rückstand bzw. aus den Rückständen der Fleischextraktfabrikation eine Peptonlösung hergestellt. Die Salze, so das wichtige phosphorsaure Kalium, und eventuell auch die Fleischbasen, werden je nach Bedürfnis wieder zugesetzt.

Das eigentliche „Pepton" an sich besitzt einen bitteren, herben Geschmack; wie Th. Weyl angibt, schmecken die Peptonerzeugnisse durchweg um so schlechter, je gehaltreicher an Pepton sie sind. Th. Weyl setzt daher seinem mit E. Merck dargestellten Caseinpepton — sei es durch Einwirkung von Pepsin in salzsaurer oder durch Einwirkung des Pankreasfermentes in alkalischer Lösung gewonnen — Fleischextrakt zu, um den Geschmack aufzubessern.

2. Pankreaspeptone. Wie das Pepsin in saurer Lösung, so vermag das „Pankreatin" oder „Trypsin"[2] in alkalischer Lösung (einer solchen von Natriumcarbonat oder Kalkwasser) Proteine zu lösen und umzusetzen. Die hierbei entstehenden Erzeugnisse sind aber wesentlich andere, als die durch Pepsinverdauung erhaltenen (vgl. S. 133).

Weil aber die Proteine durch Pankreatin eine tiefergreifende Zersetzung erleiden und diese Art Erzeugnisse weniger haltbar sind als die Pepsinpeptone, so begegnet man ihnen nur mehr selten im Handel.

---

[1]) Die Darstellung des Pepsins selbst geschieht im allgemeinen wie die der Enzyme überhaupt, nämlich nach folgenden Verfahren:

Die Mägen frischgeschlachteter Schweine, Kälber oder Schafe werden zunächst von Schleim und Speiseresten gereinigt, dann wird durch Aufkratzen der Labdrüsen und durch kräftiges Schütteln mit wenig lauwarmem Wasser der Labsaft entzogen, die pepsinhaltige Flüssigkeit verdünnt, filtriert und mit Quecksilberchlorid oder Bleiacetat ausgefällt. Der entstehende Niederschlag wird auf einem Filter gesammelt, ausgewaschen, in Wasser verteilt und durch Einleiten von Schwefelwasserstoff zersetzt; das gebildete Sulfid wird abfiltriert, das Filtrat bei einer Temperatur von höchstens 50° zur Sirupdicke eingedunstet und aus dem Sirup das Pepsin durch Alkohol abgeschieden.

Oder man zieht die in Alkohol gelegte, getrocknete und zerriebene Magenschleimhaut mit Glycerin aus und fällt aus der Lösung das Pepsin durch Alkohol.

[2]) Zur Darstellung des Pankreatins im großen pflegt man nach dem allgemein üblichen Verfahren die zerriebene Pankreasdrüse mit Glycerin auszuziehen und aus der Lösung das Ferment durch Alkohol zu fällen, oder man erzeugt in dem mit Wasser verdünnten Saft der Drüse durch Kollodiumlösung einen voluminösen Niederschlag, welcher das Pankreatin mechanisch mit niederreißt, und entfernt aus dem gesammelten Niederschlage das Kollodium durch ein Gemisch von Äther und Alkohol.

3. Pflanzenpepsinpeptone. Durch die in dem Werk: „Die insektenfressenden Pflanzen" von Darwin veröffentlichten Untersuchungen wissen wir, daß auch viele Pflanzen ein pepsinartiges proteinlösendes Enzym absondern; dieses findet sich z. B. in den abgezapften Flüssigkeiten aus den Bechern der Sarracenien, aus den kannenartigen Blattschläuchen der Nepenthesarten; auch die Pinguicula-, die Utricularia- und Aldovandraarten gehören hierher, ebenso der „Sonnentau" (Drosera), an dessen Wimperköpfchen der Blätter deutliche Tröpfchen bemerkbar sind, welche aus einem süßen, klebrigen, die Insekten festhaltenden Saft bestehen. Ist ein Insekt gefangen, so ändert sich sofort die chemische Zusammensetzung der Flüssigkeit; dieselbe wird, indem die Wimperdrüsen Buttersäure, Ameisensäure und Pepsin ausscheiden, stark sauer und nimmt eine dem Magensaft ähnliche Beschaffenheit an. Das Blatt oder die Blüte schließt sich dann über der gefangenen Beute fest zusammen und bildet gleichsam einen temporären Magensack, der sich nach beendeter Verdauung wieder öffnet.

K. Goebel und O. Loew[1]) teilen die tierfangenden Pflanzen in zwei Gruppen, von denen die eine wie z. B. Kannenpflanze (Nepenthes), Fettkraut (Pinguicula), Drosophyllum, Sonnentau (Drosera) und Venusfliegenfalle (Dionaea muscipula) ein wirklich verdauendes Enzym abscheiden, während die andere Gruppe wie z. B. Sarracenia, Cephalotus und Utricularia nur die in Wasser löslichen Proteine und Ammoniak aufnehmen, ohne daß Fäulnis auftritt. Sie scheiden einen fäulnishemmenden Saft aus; bei diesen beruht der Zerfall der gefangenen Insekten auf der Tätigkeit von Bakterien.

a) Am reichlichsten ist ein proteinlösendes Enzym, das Papayotin oder Papain, im Melonenbaum, Carica Papaya enthalten, welcher in Ostindien heimisch ist und auch in den Tropenländern des amerikanischen Festlandes angebaut wird[1]). Alle Teile der Pflanze enthalten diesen verdauenden Stoff, vorwiegend aber die nicht ganz reifen Früchte, aus denen auch das Enzym, das „Papayotin" oder „Papain" dargestellt wird.

Die Früchte werden zu dem Zwecke ausgepreßt, der erhaltene Milchsaft wird mit Wasser verdünnt, zur Abscheidung der harzigen Stoffe einige Tage stehen gelassen, dann filtriert und das Ferment mit Alkohol gefällt, oder man setzt gleich anfangs so viel Alkohol zu, daß eine geringe Fällung von Papayotin entsteht, welche die Verunreinigungen mit niederreißt, und gießt dann die klare Flüssigkeit in die etwa siebenfache Menge 90 proz. Alkohols. Der Niederschlag wird in leinenen Beuteln gesammelt, gut ausgepreßt und bei mäßiger Wärme getrocknet. Um ein Verderben der wässerigen Lösung zu vermeiden, kann man etwas Chloroform zusetzen. In solcher Form kommt das Papayotin zu uns. Man pflegt es durch Lösen in Wasser, Wiederfällen mit Alkohol zu reinigen und das Pulver mit Mehl oder Zucker zu vermischen.

Das Papayotin oder Papain unterscheidet sich von dem tierischen Pepsin dadurch, daß es in salzsaurer Lösung nicht wie letzteres wirksam ist, sondern in 0,2 proz. Salzsäurelösung ohne jeglichen lösenden Einfluß auf Protein und Fleisch bleibt, dagegen in 0,15—0,20 proz. alkalischer (Kali-) Lösung oder in 0,2 proz. Milchsäurelösung bei 50° in wenigen Stunden das 70—85fache seines Gewichtes an Fleisch aufzulösen vermag.

Es ist vielfach in derselben Weise wie Pepsin zur Löslichmachung der Proteine verwendet worden; seine Verwendung[2]) scheint aber abgenommen zu haben.

---

[1]) Schon Humboldt beschreibt 1859 die lösende Wirkung des Saftes dieses Baumes, welche den Eingeborenen sehr wohl bekannt ist und von denselben für kulinarische Zwecke insofern benutzt wird, als sie das Fleisch alter Tiere einige Tage vor der Zubereitung in die Blätter der Papaya hüllen oder mit dem Saft der Früchte bestreichen, wodurch das Fleisch mürbe und zart wird wie das von jungen Tieren.

[2]) Man hat vorwiegend gegen dieselbe geltend gemacht, daß der Saft der Papaya einen öligen, unangenehm riechenden und schmeckenden Stoff enthält, welcher in Dosen von 0,02—0,4 g ein Wurmmittel abgeben und einen tiefgehenden Einfluß auf die Magenschleimhaut ausüben soll. Diese Bedenken scheinen dann aber überwunden worden zu sein.

b) Auch der Saft der Agave besitzt eine stark proteinlösende Eigenschaft. Wenn man nach V. Marcano einige Tropfen diesen Saftes bei 35—40° auf zerhacktes und mit Wasser bedecktes Fleisch einwirken läßt, so soll das Fleischfibrin nach Ablauf von 36 Stunden gelöst sein. Marcano hält das Lösungserzeugnis des Fleisches durch Agavesaft für wirkliches Pepton, während R. Neumeister der Ansicht ist, daß die durch Papain erzielten Verdauungserzeugnisse mehr denen der Einwirkung des überhitzten Wasserdampfes als denen der Pepsinverdauung gleichkommen.

c) Auch in Keimlingen gewisser Pflanzen (Gerste, Mohn, Rüben, Mais), ja sogar im Sauerteig will man ein proteolytisches Enzym gefunden haben.

Die Zusammensetzung der durch proteolytische Enzyme künstlich löslich gemachten Proteine richtet sich nicht nur nach der Art der vorhin aufgeführten Enzyme, sondern vor allem danach, in welcher Weise und wie lange die Enzyme auf die Proteine eingewirkt haben. Die Zusammensetzung der Erzeugnisse aus einer und derselben Bezugsquelle wird daher immer gewissen Schwankungen unterliegen; dazu aber kommt, daß die Verfahren zur quantitativen Bestimmung der einzelnen Arten von Stickstoffverbindungen, besonders die Verfahren zur Bestimmung der Proteosen, Peptone und der Basen keineswegs genau sind; aus dem Grunde geben die in Tab. II, Nr. 554—571 aufgeführten Zahlen nur einen annähernden Ausdruck für die wirkliche Zusammensetzung dieser Art Nährmittel.

Knochenextrakt (Ossosan).

Engelhardt hat neuerdings aus entfetteten Knochen auf Veranlassung von C. von Noorden einen Knochenextrakt (Ossosan) hergestellt, der als Fleischextraktersatz dienen soll und nach G. Popp enthält: 32,44% Wasser, 53,43% organische Stoffe, 8,17% Stickstoff oder 51,06% Stickstoffsubstanz, 12,72% Kochsalz und 1,41% sonstige Mineralstoffe; Kreatinin und Purinkörper waren naturgemäß nicht vorhanden. Das Ossosan hat sich nach C. von Noorden als Zusatz zu Speisen sehr bewährt.

Gelatine.

Begriff. Die Gelatine des Handels ist ein besonders gereinigter Leim, der aus Knochen, Knorpeln, Haut u. a. gewonnen wird, geruch-, geschmack- und farblos, vielfach auch künstlich gefärbt ist.

Herstellung. Man gewinnt den Leim entweder durch Dämpfen von Knochen, Knorpeln u. a. bei der Darstellung von Knochendüngemehl, oder man zieht die Knochen mit Salzsäure behufs Lösung des Calciumphosphats aus, wäscht das rückständige Kollagen (Ossein) bzw. das Chondrogen der Knorpel mit Wasser aus, bis es farb-, geruch- und geschmacklos ist, läßt die Masse unter Wasser erweichen und aufquellen, preßt sie aus, übergießt wieder mit Wasser und schmilzt im Wasserbade bei mäßiger Temperatur.

Der geschmolzenen öligen Masse werden auf 5 kg 7,5 g in warmem Wasser gelöste Oxalsäure, welche die gefärbte Lösung in eine weiße verwandelt, darauf $^1/_2$ l Weingeist und 15 g weißer Zucker zugesetzt, um die Gallerte geschmeidiger zu machen. Sollen die Gelatinefolien gefärbt werden, so löst (bzw. verreibt) man den Farbstoff (z. B. Carmin in Ammoniak für Rot, Saffranauszug für Gelb, bzw. Anilinfarbstoffe) in einem kleinen Teil der Gelatineschmelze (bzw. -lösung) und vermischt diesen mit der Hauptmenge. Die Gelatinelösung wird dann auf polierte Glasplatten ausgegossen, welche vorher mit geschlämmtem rotem Eisenoxyd geputzt und mit Talkerde abgerieben sind. Letztere erteilt den Folien einen lebhaften Glanz.

Außer in Tafeln kommt die Gelatine auch in Pulverform vor.

Die verschiedenen Qualitäten der Gelatine werden nach dem auf den Originalumhüllungen angebrachten Druck mit Gold-, Silber-, Kupfer- und Schwarzdruck unterschieden; für Speisezwecke sollen vorwiegend die zwei ersteren besseren Sorten — Gold- und Silberdruck — Verwendung finden.

Die Gelatine dient zu zahlreichen Verwendungen in der Technik (Klärung von Wein und Bier), im Haushalt zur Bereitung gallertartiger Speisen, z. B. der Fleisch- und Fischgelees (Sülzen, Aspiks) sowie unter Zusatz von Wein oder Fruchtsäften zur Herstellung von süßen Geleespeisen. Die aus ihr hergestellten Kapseln dienen zum Einhüllen von Heilmitteln sowie zu Injektionen.

Zusammensetzung. Die Gelatinetafeln sind meistens etwas wasserreicher als das Gelatinepulver; erstere pflegen zwischen 13,0—17,5%, letzteres zwischen 11—12% Wasser zu enthalten; der Aschengehalt schwankt bei beiden zwischen 1,0—2,7%; der Stickstoffgehalt zwischen 14,8—15,7%.

Da bei der Herstellung der Gelatine schweflige Säure, sei es zur Lösung des Calciumphosphats aus den Rohstoffen, sei es zum Bleichen des Leimes, verwendet wird, so ist eine Verunreinigung der Gelatine hiermit von vornherein zu erwarten. In der Tat fand man in einer Reihe von Gelatineproben von Spuren bis 0,262% schweflige Säure neben größeren Mengen Schwefelsäure (0,105—1,593%). Die schweflige Säure findet sich in der Handelsgelatine in freiem Zustande, möglicherweise auch in absorbiertem Zustande; sie kann daraus weder durch Lüften noch durch Kochen mit Wasser, wohl aber durch Wässern, z. B. durch 12stündiges Liegen in fließendem Wasser, fast vollständig entfernt werden.

O. Köpke fand als weitere Verunreinigung in 12 Proben Gelatine Spuren bis 0,3 mg Arsen für 10 g Gelatine und dabei in einer Sorte Golddruck (10 g) die größte Menge, nämlich 0,3 mg. Das Arsen rührt entweder aus den verwendeten Säuren oder dem Kalk oder aus Lederabfällen (Glacéleder) her, die wegen Behandlung der Häute mit Kalk und Schwefelarsen nicht selten arsenhaltig sind, weil das Arsen durch das weitere Gerbeverfahren nicht immer wieder entfernt wird.

Kržižan fand in französischer und belgischer Gelatine 0,014 bzw. 0,026% Kupfer, welches in Form von Kupfersulfat behufs Grünfärbung zugesetzt war.

Lecithine.

Begriff. Unter „Lecithin" versteht man fettähnliche esterartige Verbindungen der Glycerinphosphorsäure mit zwei Fettsäureradikalen einerseits und dem Cholin (Trimethyloxäthylammoniumhydroxyd) andererseits. Sie fallen unter die größere Gruppe der Phosphatide bzw. Lipoide (vgl. S. 55). Sie werden als nervenstärkende Mittel jetzt vielfach fabrikmäßig hergestellt und im Handel vertrieben. Eine besondere Eigenschaft des Lecithins ist die Bildung einer kolloidalen Lösung mit Wasser.

Gewinnung. Das Lecithin ist in der Natur weit verbreitet (vgl. S. 64). Für gewöhnlich wird es aus Eigelb gewonnen, dessen Trockensubstanz 16—18% Lecithin — angeblich physikalisch oder chemisch an Eivitellin gebunden — enthält.

Diese Verbindung wird schon durch Behandeln mit Äthyl- oder Methylalkohol zerlegt. Aber die Auszüge mit letzteren enthalten gleichzeitig Fett, Fettsäuren, Farbstoff, Cholesterin u. a., wodurch das Lecithin wenig haltbar wird. Reine Erzeugnisse liefert dagegen die Ausziehung mit Essigester. Dieser löst in der Kälte Fett, Fettsäuren und Cholesterin, aber kein Lecithin. Wenn man daher das Eigelb erst mit kaltem, dann mit warmem Essigester behandelt, so erhält man reines Lecithin, dessen Phosphorgehalt 3,7—3,9% beträgt, also dem Stearyllecithin $C_{44}H_{88}NPO_4$ mit 3,69% oder dem Oleyllecithin $C_{44}H_{86}NPO_4$ mit 3,86% Phosphor entspricht. Hierdurch wird aber nur ein Teil des Lecithins des Eigelbs (etwa die Hälfte = 9—10%) gewonnen, weil auch ein Teil desselben durch kalten Essigester gelöst wird, bzw. auch durch heißen Essigester ungelöst bleibt. Diese Übelstände beseitigen C. Baumann und J. Großfeld dadurch, daß sie die Auszüge aus Eigelb, Fischrogen oder auch Pflanzensamen mit Alkohol, welcher am ersten die Verbindung Lecithalbumin spaltet, verdampfen, die Rückstände mit Essigsprit aufnehmen und der Einwirkung von

Wasserstoff bei Gegenwart von Palladium aussetzen, aber nur so weit, daß die Jodzahl der Gesamtlecithine von 60—70 auf 45—40 bzw. die Jodzahl des Gesamtauszuges auf 55—50 gefallen ist. Durch diese teilweise Hydrierung werden die ungesättigten Fettsäuren des Öles nicht verändert, die leicht löslichen Anteile des Lecithins werden aber dadurch unlöslich abgeschieden und können mit dem ungelöst gebliebenen Anteil durch Lösen in heißem Essigester gewonnen werden. Auf diese Weise erhält man auch aus dem Fischrogen nicht nur mehr, sondern auch ein reineres Lecithin — mit 3,73% Phosphor —.

Die Lecithine aus Pflanzensamen reinigt Burr in der Weise, daß er das mit Alkohol ausgezogene rohe Lecithin erst mit Natriumbicarbonat und wässerigem Aceton, dann mit reinem Aceton behandelt. Die äußeren Schichten (Schalen) der Hülsenfrüchte sind reicher an Lecithin als der innere Teil des Samens.

Die Pflanzenlecithine scheinen eine andere Zusammensetzung zu besitzen als die tierischen Lecithine und auch unter sich je nach der Samenart verschieden zu sein.

Der Wert der Handelslecithine ist in erster Linie von dem Gehalt an Lecithinphosphorsäure (bzw. Phosphor) abhängig; für 17 Proben wurden folgende Schwankungen gefunden:

Stickstoff	Phosphor	Verhältnis von N : P wie
1,58—2,51%	2,51—3,94%	1 : 1,27—2,22%

Reines Eierlecithin enthält 3,7—3,9% Phosphor. Die Lecithine, selbst die reinen Sorten, sind wenig haltbar.

Speisefette und Speiseöle.

Die allgemeine Konstitution der Fette und Öle ist schon S. 66, ihre Bedeutung für die Ernährung des Menschen S. 162 sowie ihre Verdaulichkeit S. 138 besprochen. Hier mögen noch die Gewinnung und die besonderen Eigenschaften der wichtigsten Speisefette und Speiseöle kurz behandelt werden. Im allgemeinen werden die tierischen Fette wegen ihres zusagenderen Geschmackes und ihrer Schmierfähigkeit für die menschliche Ernährung den Pflanzenfetten vorgezogen; in ihrer Verdaulichkeit und ihrem Nährwert können aber beide als gleich angesehen werden. Nur das Milch-(Butter-)Fett nimmt wegen seiner abweichenden Konstitution eine gewisse Ausnahmestellung ein. Es wird neben dem Schweine- und Gänseschmalz unter den tierischen Fetten am höchsten geschätzt, während von den Pflanzenfetten von jeher das Olivenöl und in letzter Zeit auch das Cocos- und Palmkernfett die weiteste Verbreitung besitzen. Außerdem werden von letzteren auch Baumwollsaatöl, Erdnuß-, Sesam-, Raps- und Rüböl sowohl für sich allein als auch besonders viel zur Herstellung der Margarine verwendet.

Butter und Butterschmalz.

Begriff. Butter ist das durch schlagende, stoßende oder schüttelnde Bewegung (Buttern) aus dem Rahm — seltener auch unmittelbar aus Milch durch Zentrifugalkraft — abgeschiedene innige Gemisch von Milchfett und wässeriger Milchflüssigkeit, das durch Kneten zu einer gleichmäßigen, zusammenhängenden Masse verarbeitet und von der anhaftenden Buttermilch sowie dem etwa zum Kühlen und Waschen verwendeten Wasser möglichst befreit ist.

Unter der Bezeichnung „Butter“ schlechthin versteht man Kuhbutter. Ziegenbutter und Schafbutter sind die der Butter entsprechenden Erzeugnisse aus Ziegen- und Schafmilch.

Je nach der Bereitungsweise, ob aus süßem, gesäuertem Rahm oder aus Molken, unterscheidet man: Süßrahmbutter, Molkenbutter oder Vorbruchbutter[1]), je nach der Jahreszeit und Fütterungsweise: Winterbutter, Sommerbutter, Stallbutter, Grasbutter, Spörgelbutter, außerdem je nach der Güte: Teebutter, Tafelbutter, Tischbutter, Molkereibutter als die besten Sorten, dagegen Landbutter, Bauernbutter, Faßbutter, Packbutter (Faktoreibutter), Kochbutter, Dauerbutter als die schlechteren Sorten.

Vielfach, namentlich in Norddeutschland, wird die Butter gesalzen.

Dauerbutter ist stets gesalzen.

Butterschmalz (Schmelzbutter oder Schmalzbutter, in Süddeutschland auch Rindsschmalz oder einfach Schmalz genannt) ist das durch Schmelzen von Butter und durch größtmögliche Trennung des Fettes von den anderen Bestandteilen (Wasser, Casein, Milchzucker, Salze) erhaltene, zuweilen auch mit Kochsalz versetzte Butterfett[2]).

Butterschmalz besteht daher vorwiegend nur aus Butterfett; es enthält im ungesalzenen Zustande in der Regel nicht mehr als 0,5% nichtfetter Bestandteile (Wasser, Casein, Milchzucker, Salze), während der Gehalt hieran bei ungesalzener Butter 15—16% beträgt.

Über die chemische Zusammensetzung verschiedener Buttersorten vgl. Tab. II, Nr. 572—581.

Gewinnung. Die Butter wird ausnahmslos dadurch gewonnen, daß Rahm einer kräftigen Bewegung unterworfen wird, wodurch die einzelnen im unterkühlten Zustande vorhandenen flüssigen Fetttröpfchen unter Verlust ihrer Schmelzwärme fest werden und dadurch, daß ein Zusammenballen von erstarrten mit flüssigen Tröpfchen unter gleichzeitigem Erstarren der letzteren eintritt, zu größeren Körnchen oder Klumpen ausgeschieden werden. Letztere schwimmen in der Buttermilch, halten aber immer noch einen Teil des Milchserums so eingeschlossen, daß es auf mechanischem Wege nicht vollständig entfernt werden kann.

Die vom Butterfett eingeschlossene Milch ist kein zufälliger Bestandteil oder gar eine Verunreinigung, sondern ein wesentlicher Bestandteil der Butter, der erst das Butterfett zu Butter macht.

Während die Milch als eine gleichförmige Emulsion von Milchserum mit wenig flüssigem Butterfett aufgefaßt werden kann, die sich in die fettreichere Emulsion, den Rahm, und in die fettarme Emulsion, die Magermilch, zerlegen läßt, in welchen beiden Emulsionen aber das Fett noch flüssig ist, bildet die Butter gleichsam die fettreichste Emulsion aus Rahm, in welcher das Fett gänzlich — in der Buttermilch nur zum Teil — erstarrt, d. h. fest ist. Auch das Casein wird durch die mechanische Bewegung aus dem flüssigen kolloidalen Zustande in den festen übergeführt.

Die Butter wird teils aus süßem, teils aus saurem Rahm oder auch aus saurer Milch direkt gewonnen. Der süße Rahm, wie er nach dem Zentrifugalverfahren (S. 208) oder nach dem Swartzschen Kaltwasserverfahren erhalten wird, wird aber nicht direkt verarbeitet, sondern muß, um eine gute Ausbeute zu erzielen, eine gewisse „Reife" durchmachen, d. h. auch zu einem gewissen Grade säuern.

In Wirklichkeit wird also die Butter stets aus gesäuertem Rohstoff (Rahm oder Milch) hergestellt; der süße Rahm unterscheidet sich nur dadurch von dem sauren, daß er weniger sauer ist als letzterer.

Säuerung des Rahms. Die Säuerung des Rahms bzw. der Milch wird von altersher dadurch erreicht, daß man sie bei Temperaturen von 12—15° mehr oder weniger sich

---

[1]) Molken- oder Vorbruchbutter wird dadurch gewonnen, daß man die sauren Molken auf etwa 80° erhitzt, das sich hierbei abscheidende, aus Eiweiß und Fett bestehende Gerinnsel, „Vorbruch", abschöpft und unter Zusatz von Wasser und Rahm auf Butter verarbeitet.

[2]) Wenn geschmolzenes Butterfett sehr langsam erstarrt, findet unter Umständen eine Entmischung statt, wobei sich am Boden des Gefäßes vorwiegend feste Glyceride abscheiden, während zu oberst ein mehr oder weniger klares Öl abgeschieden wird.

selbst (der Selbstsäuerung) überläßt oder daß man den Rahm mit rein gesäuerter Magermilch (dem Säurewecker) versetzt, um die Säuerung zu unterstützen. Auf diese Weise kann man auch, wenn die Milch tunlichst rein gewonnen und tunlichst rein weiter behandelt wird, in derselben Milchwirtschaft stets eine Butter von gleichmäßig guter Beschaffenheit herstellen. Bei Verarbeitung von Mischmilch aus verschiedenen Wirtschaften mit teilweise sehr unrein gewonnener Milch, z. B. in den Sammelmolkereien, gelingt es aber vielfach nicht, durch einfache Selbstsäuerung des Rahmes dauernd eine stets fehlerfreie und gut beschaffene Butter von feinem Aroma und Geschmack zu erhalten. Aus dem Grunde hat H. Weigmann hierfür die Anwendung einer Reinkultur, ein Rahmsauer, als Säurewecker empfohlen, die jetzt allgemein angewendet wird. Die Reinkultur besteht aus Magermilch, der gewisse, für die Säuerung des Rahmes besonders geeignete Milchsäurebakterien zugesetzt werden. Unter letzteren nimmt das Bacterium lactis acidi Leichmann oder der Streptococcus lacticus die erste Stelle ein. Mit dieser Reinkultur wird in den Molkereien bei 95° sterilisierte Magermilch nach dem Abkühlen auf 25—30° geimpft und bei dieser Temperatur werden die Bakterien zur Entwicklung gebracht. Von diesem Säurewecker setzt man rohem Rahm 7%, pasteurisiertem Rahm 10—20% zu; wenn der Rahm, was sich empfiehlt, pasteurisiert ist, so kühlt man ihn erst auf 6—8° ab und läßt den Säurewecker im Sommer bei 10—12°, im Winter bei 12—14°, also am besten bei tunlichst niedriger Temperatur langsam einwirken und behufs Gewinnung von sog. Süßrahmbutter nur so lange, daß der süße Milchgeschmack nicht unterdrückt wird. Auf diese Weise erzielt man eine Butter von stets gleichmäßigem Wohlgeschmack. Um auch ein feines Aroma zu erzeugen, hat man weitere Reinkulturen vorgeschlagen und als Aromaträger erkannt: Vertreter der Coli-Aerogenes-Gattung, auch sogar peptonisierende Bakterien, mehr aber noch Hefen (besonders Torula), Monilia, Cladosporien u. a. Derartige Reinkulturen scheinen aber bis jetzt in der Technik der Butterbearbeitung noch keine Anwendung gefunden zu haben.

Beim Milchbuttern erreicht man die Säuerung im allgemeinen in der Weise, daß man die Abendmilch des einen Tages mit der Morgenmilch des folgenden Tages mischt und sie solange — etwa 36 Stunden bis zum 3. Tage — stehen läßt, bis sie anfängt, dicklich (leberdick) zu werden. Hierbei entwickeln sich die sauren wie aromabildenden Bakterien, welche der Butter den gewünschten Geruch und Geschmack verleihen[1]).

Verarbeitung des Rahmes bzw. ***der Milch.*** Als geeignetste Anfangstemperatur für die Verbutterung werden angegeben:

Süßer Rahm	Saurer Rahm	Gesäuerte Milch
13°	16°	18°

[1]) Über den Verlauf der Bakterienbildung bei Selbstsäuerung des Rahms macht Conn folgende Angaben:

Frischer Rahm enthält, je nach der Behandlung, in 1 ccm 34 000—36 000 000 Keime. Während der ersten 48—60 Stunden der Reifung findet eine starke Vermehrung der Bakterien auf $1^1/_2$ Billionen in 1 ccm statt. Nach dieser Zeit sinkt die Zahl schnell und ist nach 70 Stunden ziemlich gering. Die verschiedenen Bakteriengruppen sind bei Beginn der Reifung ungefähr in folgendem Verhältnis vorhanden: Peptonisierende 2—10%; Bakterien, welche nicht peptonisieren und nicht säuern, 5—75%; Bacterium lactis acidi wenige; Bacterium lactis aerogenes wenige. Die peptonisierenden Bakterien vermehren sich nur in den ersten 12 Stunden, nehmen dann ab und sind in späteren Reifungsstufen ganz verschwunden; die nicht verflüssigenden und nicht säuernden Bakterien verschwinden ebenfalls; die Zahl des Bacterium lactis aerogenes nimmt weder zu noch ab; dagegen steigt die Zahl des Bacterium lactis acidi in der Hauptreifungszeit nach etwa 48 Stunden auf über 90%. Der reife Rahm enthält fast ausschließlich (98%) zwei Rassen von Milchsäurebakterien. Wenn aber auch die Nichtsäurebakterien prozentual erheblich abnehmen, so findet doch immerhin eine Vermehrung derselben statt, und wenn die Säuerungsbakterien bei der Reifung auch die Hauptrolle spielen, so sind sie doch nicht als die einzigen Reifungsbakterien zu betrachten.

Beim Milchbuttern wird erst der Rahm durch Zentrifuge oder sonstwie von der Milch getrennt und dieser für sich weiter verarbeitet. Hierzu sind verschiedene Maschinen vorgeschlagen, z. B. der Butterextraktor von Johansen, der Butterseparator von de Laval u. a.

Süßer und saurer Rahm werden außer der verschiedenen Anfangstemperatur auf gleiche Weise verarbeitet, nur bedarf der süße Rahm einer stärkeren und etwas längeren mechanischen Bewegung bzw. Durcharbeitung als der saure Rahm. Hierzu werden Butterungsapparate bzw. Butterfässer sowohl aus Holz — am besten Eichenholz — als auch aus Metall, meistens aus emailliertem Eisen angewendet. Erstere bedürfen nach jeder Benutzung einer sorgfältigen Reinigung, während metallene Gefäße den Nachteil haben, daß sie von der Milchsäure leicht angegriffen werden, und wegen ihres größeren Wärmeleitungsvermögens im Winter einer zu starken Abkühlung, im Sommer einer zu starken Erwärmung ausgesetzt sind. Aus dem Grunde werden letztere vielfach mit einem Wassermantel umgeben.

Die Butterfässer bzw. Maschinen sind sehr verschieden eingerichtet, nämlich:

1. Stoßbutterfässer, d. h. solche, bei denen ein durchlöcherter Stempel stoßweise auf und ab bewegt wird.

2. Butterfässer mit Rühr- oder Schlagvorrichtung, bei denen die Bewegung des Rahms einerseits durch eine stehende, andererseits durch eine liegende Welle bewirkt wird. Zu ersterer, wohl am weitesten verbreiteten Art der Einrichtung gehören z. B. das Holsteinsche Butterfaß, das Ahlbornsche Butterfaß mit doppelter Welle u. a. Bei den meisten dieser Butterfässer sind noch Schlagleisten angebracht, um durch Anprallen an diese die Erschütterung des Rahms zu erhöhen.

3. Butterfässer mit Schüttelbewegung. bei denen durch Drehung eines einfachen oder mit Einsätzen versehenen Hohlgefäßes der Rahm erschüttert wird. Hierzu gehört z. B. das Schweizer mühlsteinförmige Butterfaß.

Durch alle diese Vorrichtungen, die den Gewohnheiten und den jeweiligen durch die Menge des Rohstoffes bedingten Bedürfnissen angepaßt werden, kann derselbe Zweck, nämlich die Fetttröpfchen durch Erschütterung zum Erstarren zu bringen und diese nach dem Festwerden zu Butterkörnchen zu vereinigen, erreicht werden. Infolge der hierbei freiwerdenden Schmelzwärme pflegt die Temperatur in dem Butterungsgut um 4—5° C zu steigen.

Da vielfach eine gelbgefärbte Butter einer weißgefärbten vorgezogen wird, die Milch aber nur zur Zeit der Grünfütterung eine natürlich gelb gefärbte Butter liefert, so wird dem Rahm (bzw. der Sauermilch) vor dem Verbuttern eine Lösung von künstlichem Farbstoff (Orlean, Anatto, Saflor, Safran oder Mohrrübengelb u. a., gelöst in Öl), zugesetzt.

Die Ausarbeitung der Butter. Die bei der mechanischen Verarbeitung des Rahms sich bildenden Butterklümpchen oder -körnchen sind kleine Massen der erstarrten Emulsion, die inwendig noch Buttermilch in feinster Verteilung einschließen und äußerlich infolge Capillaritätswirkung noch mit Buttermilch behaftet sind. Ersterer Teil Buttermilch, der den eigenartigen Geschmack und das Aroma der Butter bedingt, muß erhalten, letzterer aber tunlichst entfernt werden. Zu dem Zweck werden die Butterkörnchen zunächst entweder durch ein Sieb aus der Buttermilch abgeseiht oder im großen auch durch eine Zentrifuge abgeschleudert. Die so gewonnenen kleinen Butterklümpchen werden dann entweder durch Waschen (Abspülen) mit kaltem Wasser oder durch Kneten (im großen durch besondere Knetvorrichtungen) von der äußerlich anhaftenden Buttermilch — vielfach unter Mitverwendung von kaltem Wasser — gereinigt. Die zu weit gehende Reinigung mit wiederholt zu erneuerndem Wasser empfiehlt sich aber nicht, weil das Aroma dadurch leidet. Die Schüttel- (Schwing-) oder Kollerbutterfässer sind jetzt auch vielfach gleichzeitig mit Knetvorrichtungen (Butter- und Knetmaschinen oder Knetbirnen) versehen, so daß also die Butterbereitung vom Rahm bis zur verkaufsfertigen Butter in einem einzigen Gefäß vorgenommen wird. Soll die Butter gesalzen werden, so setzt man beim Verkneten die gewünschte Menge Kochsalz (2—5% der Butter) zu. Das Kochsalz muß eine Körnigkeit von

von 0,75—1,0 mm besitzen und nur tunlichst wenig Magnesiumsalze enthalten. Steinsalz ist wegen seiner Schwerlöslichkeit nicht geeignet.

Ausbeute an Butter. Im allgemeinen rechnet man auf 1 kg Butter je nach dem Fettgehalt der Milch und der Art ihrer Verarbeitung 25—35 l Milch bei einem Ausrahmungsgrad von 85—95%, d. h. Prozente des aus der Milch in die Butter übergegangenen Fettes. Auf die Ausbeute machen sich z. B. folgende Einflüsse geltend:

1. Aufrahmverfahren. Bei starker Entrahmung gebraucht man zur Gewinnung einer gleichen Menge Butter naturgemäß weniger Milch als bei geringerer Entrahmung; so wurde von der gleichen Milch bei Zentrifugalentrahmung aus 28,37 l, bei Sattenentrahmung (Holsteinscher) aus 34,35 l Milch 1 kg Butter gewonnen.

2. Art des Verbutterungsgutes. Saurer Rahm liefert mehr Butter als süßer Rahm; Babcock erhielt z. B. aus 100 Teilen saurem Rahm 13,31 Teile, aus dem gleichen, aber süßen Rahm nur 11,69 Teile Butter. Milchbuttern gibt die geringste Ausbeute; nach Schrodt und Du Roi gingen z. B. beim Milchbuttern nur 82,49%, beim Rahmbuttern dagegen 87,39% des Milchfettes in die Butter über.

3. Gehalt des Rahmes an Fett. Aus gehaltreichem Rahm läßt sich eine größere Ausbeute erzielen als aus verdünntem Rahm.

4. Butterungsvorrichtung. Je nach dem angewendeten Butterfaß bzw. der Buttermaschine schwankte unter sonst gleichen Verhältnissen der Ausbutterungsgrad zwischen 88,5—92,8%.

Zusammensetzung. Die Zusammensetzung der auf verschiedene Weise gewonnenen Butter schwankt in der Regel zwischen folgenden Grenzen:

Wasser	Casein	Fett	Milchzucker	Mineralstoffe	Kochsalz
8—18%	0,25—1,00%	80—90%	0,20—0,80%	0,10—2,50%	0—2,25%

Der Gehalt an Wasser, Casein und Milchzucker kann aber infolge mangelhaften Ausknetens, besonders bei sog. Land- oder Bauernbutter, mehr oder weniger über die Höchstgrenzen hinausgehen. Der Gehalt an Wasser kann auch durch künstliches Hineinarbeiten von Wasser eine Erhöhung erfahren, der Gehalt an Salzen desgleichen durch einen größeren Zusatz von Kochsalz. Über die mittlere Zusammensetzung der gangbarsten Buttersorten vgl. Tab. II, Nr. 572—581.

Einflüsse auf die Beschaffenheit der Butter. Gute Butter muß von gleichmäßiger, streichfähiger Beschaffenheit, weder zu weich, noch zu hart oder krümelig sein. Sie muß einen reinen Buttergeschmack, keinerlei fremdartigen Geschmack, ferner ein angenehmes, aber nicht zu stark hervortretendes Aroma besitzen. Geschmack und Geruch treten bei Butter aus gesäuertem Rahm kräftiger hervor als bei solcher aus süßem, d. h. weniger saurem Rahm, jedoch gelten Geschmack wie Aroma von Süßrahmbutter vielfach als feiner. Wenn Butter gesalzen oder gefärbt ist, so müssen Salz wie Farbstoff in der Butter gleichmäßig verteilt sein; die Butter darf weder streifig, noch gefleckt, noch marmoriert erscheinen.

Die Eigenschaften der Butter werden beeinflußt durch:

1. Art des Futters. Grünfutter (besonders sonniges Gebirgsgras, Grünklee, Spörgel) haben eine angenehm schmeckende, gelbe Butter (sog. Maibutter), Trockenfütterung eine weiße Farbe (Strohbutter) zur Folge.

Zwar geht kein Futterfett als solches in die Milch bzw. Butter über; aber bei einseitiger und langer Verfütterung eines fett- bzw. ölreichen Futtermittels nimmt das Milch- bzw. Butterfett nach und nach die Eigenschaften des Futterfettes bzw. -öles an.

Beim Verfüttern von viel Stroh, von Erbsen-, Wickenschrot, von Rübenblättern bzw. -köpfen, von Trockenschnitzeln, Baumwollsaat-, Cocosnuß- und Palmkernkuchen bzw. -mehl werden Milchfett und Butter hart und krümelig; beim Verfüttern von Haferschrot, Weizenkleie, Mais, Reismehl und Rapskuchen dagegen weich. Eine zu weiche Beschaffenheit der Butter läßt sich durch

Zufüttern von Cocosnuß- und Palmkernkuchen, eine zu harte Butter durch Zufüttern von Rapskuchen oder Mais verbessern bzw. beseitigen.

Durch zu üppig gewachsenes Grünfutter (nach Fäkaldüngung) kann die Butter leicht eine weiche, ja ölige Beschaffenheit, durch starke Rübenfütterung einen Rübengeschmack annehmen.

2. Art der Verbutterung. Daß die Art der Säuerung des Rahmes auf Geschmack und Aroma der Butter von Einfluß ist, ist schon vorstehend auseinandergesetzt. Buttermilch als Säurewecker bewirkt leicht eine ölige (weiche) Beschaffenheit der Butter[1]). Auch eine unrichtige Temperatur der Säuerung und des zu verbutternden Rahmes kann die Beschaffenheit beeinträchtigen; durch Anwendung eines fettreichen Rahmes oder einer zu hohen Temperatur, sei es bei der Säuerung, sei es bei der Butterung, wird z. B. vielfach eine trübe Butter erhalten, die infolge Verteilung des Wassers in Form sehr kleiner Tröpfchen auch in dünner Lage nicht durchscheinend ist.

Der prozentuale Wassergehalt kann je nach dem Butterungsverfahren verschieden sein. So wurde durch vergleichende Untersuchungen gefunden:

	Butter gewonnen						Präservierte Butter	Dauer- für den Schiffsbedarf
	aus süßem Rahm	aus saurem Rahm	durch Milchbuttern	durch Rahmbuttern	durch Zentrifugieren des Butterrahmes	durch Verkneten des Butterrahmes		
Wasser	12,96%	13,27%	16,44%	14,07%	13,30%	13,86%	12,22%	11,13%

Die für den Schiffsbedarf bestimmte Butter pflegt bei niedrigem Wassergehalt einen etwas größeren Gehalt an Kochsalz zu enthalten, nämlich für obige beiden Sorten 3,00 bzw. 2,23% Salz. Infoge dieser Umstände und weil für diese Art Butter pasteurisierter Rahm verwendet zu werden pflegt, ist dieselbe sehr haltbar und verträgt weite Seereisen, ohne zu verderben.

Mangelhaftes Auskneten bzw. Auswaschen hat nicht nur einen hohen Wassergehalt, sondern auch eine geringe Haltbarkeit zur Folge. Bunt, streifig, flammig wird eine Butter, wenn die zu knetenden Teilchen ungleichmäßig warm und kühl sind.

3. Art der Aufbewahrung. Durch Belichtung der Butter während nur einiger Stunden wird das gelbe Butterfett weiß und nimmt eine talgige Beschaffenheit an. Diese Wirkung wird vorwiegend von blauen und violetten Lichtstrahlen ausgeübt, weshalb für Molkereien, in welchen feine Butter hergestellt werden soll, die Verwendung von gelben oder roten Glasfenstern empfohlen wird. Unter dem Zutritt von Luft wird die Butter leicht ranzig (vgl. S. 65), und zwar um so schneller, je weniger sie ausgewaschen bzw. ausgeknetet wurde.

Auch nimmt die Butter an der Luft begierig alle riechenden Stoffe auf und verändert dadurch ihren Geruch und Geschmack. Einer aus im Stalle gekühlter Milch gewonnenen Butter haftet der Stallgeruch an, eine im Schrank neben Obst usw. aufbewahrte Butter nimmt den Geruch dieses, und zwar häufig in unangenehmer Art auf.

Beschaffenheit des Butterfettes. Das Butterfett (mit 75,63% C, 11,87% H u. 12,50% O) unterscheidet sich dadurch von anderen tierischen Fetten — insbesondere auch vom Körperfette der Kuh —, daß es neben den Glyceriden der Ölsäure, Palmitinsäure und Stearinsäure beträchtliche Mengen von Laurin- und Myristinsäure und ferner auch Buttersäure, Capron-, Capryl- und Caprinsäure enthält[2]). Sowohl die niederen wie die höheren Fettsäuren kommen vorwiegend in Form von gemischten Glyceriden vor. C. Amberger konnte außer 2,4% Triolein in dem gehärteten alkohollöslichen Teil des Butterfettes z. B. Butyrodiolein, Butyropalmitoolein und Oleodipalmitin nach-

---

[1]) Eine ölige (weiche) Butter kann auch durch zu lange Bearbeitung des Rahms beim Pasteurisieren verursacht werden.

[2]) C. Amberger fand auch ein unbekanntes Glycerid mit dem Schmelzpunkt 67,9°, dessen Säuren bei 55,5° schmolzen.

weisen, während die unlöslichsten Glyceride des Butterfettes nach den Untersuchungen von C. Amberger und A. Bömer aus Stearodipalmitin, Palmitodistearin sowie aus geringen Mengen Tristearin bestehen. Das Butterfett enthält wie alle tierischen Fette Cholesterin, doch ist sein Gehalt hieran (0,3—0,5%) wesentlich höher als der des Körperfettes von Rind, Schaf, Schwein usw.

Bakterienfehler der Butter. Außer den durch die Fütterung, Behandlung und Verarbeitung des Rahmes sowie durch die Aufbewahrung bedingten, vorstehend schon erwähnten Fehlern der Butter gibt es noch mehrere andere, welche durch Bakterien allein hervorgerufen werden.

Naturgemäß werden alle Bakterien, welche schon der Milch eine fehlerhafte Beschaffenheit erteilen (vgl. S. 172 u. ff.) auch in die Butter übergehen und bei dieser ebenfalls nachteilig wirken können[1]). Selbst die pathogenen Bakterien (Cholera-, Typhus- und Tuberkelbakterien), welche in der Milch vorkommen, können von dieser aus in die Butter gelangen und sich darin 20—30 Tage lebensfähig erhalten. Sie sterben in schlechter, besonders in ranziger Butter eher ab als in guter.

Jede Butter, auch die aus Zentrifugenrahm gewonnene, enthält von Natur aus eine große Anzahl Bakterien, die je nach der Gewinnungsweise zwischen mehreren Tausend bis 20 Millionen in 1 g Butter schwanken können. Anfänglich nehmen selbst bei kühl[2]) aufbewahrter Butter die Bakterien an Zahl zu, gehen aber dann allmählich und in ranziger Butter schneller als in guter mehr und mehr zurück. Außer Hefen, Oidium, Penicillium, Aspergillus will man in Butter bis 87 Bakterienarten gefunden haben, unter denen die Milchsäurebakterien vorwiegen. Für gewöhnlich werden durch diese Kleinwesen die normale Säuerung und Aromabildung hervorgerufen. Mitunter aber treten neue Kleinwesen hinzu oder das eine oder andere tritt in seiner Wirkung zu sehr hervor und werden hierdurch besondere Fehler bewirkt, nämlich u. a.:

1. Steckrüben-, Kohl-, Futter- bzw. ***Stallgeschmack*** der Butter. Der nach reichlicher Fütterung von Steckrüben oder Kohlblättern auftretende Steckrüben- oder Kohlgeschmack wird auch unter Umständen beobachtet, wenn gar keine Rüben oder Kohl gefüttert werden. Der Fehler wird nach H. Weigmann dann durch einen besonderen Vertreter der Coli-Aerogenes-Bakterien verursacht, wozu bei Rübengeschmack auch eine Penicilliumart und verschiedene Oidiumarten, vielleicht auch Actinomyces odorifera und Bac. fluorescens liquefaciens sich gesellen. Die Bakterien erwerben sich wahrscheinlich im Kot der Tiere die Eigenschaft der Geruchserzeugung.

2. Der ***„Staff“*** (staffige Butter), d. h. ein fader süßlicher Geschmack der Butter, entsteht durch eine Penicilliumart, wahrscheinlich Pen. Roqueforti oder glaucum in Gemeinschaft mit Oidium lactis. Das Wachstum geht vom Holz der Aufbewahrungstonnen aus, dessen Saft ausgelaugt ist.

3. Bittere Butter kann durch Milchzucker vergärende Hefen entstehen[3]).

4. „Rotfleckige“ Butter wird durch eine Rosahefe oder ein Bacterium butyri rubri hervorgerufen.

Daß beim Ranzigwerden der Butter auch Bakterien und Pilze mittätig sind, ist S. 65 schon gesagt. Auch beim Entstehen der „öligen“ bzw. „geilen“ Butter — letztere als Vorstufe der ersten — können Oidien, Hefen, Cladosporien, Coli- und peptonisierende Bakterien mittätig sein.

---

[1]) Milch von Tieren, die mit Rinderpest, Milzbrand, Rauschbrand, Wild- und Rinderseuche, Tollwut oder Blutvergiftung behaftet sind oder an Eutertuberkulose leiden, darf überhaupt nicht zur Bereitung von Butter verwendet werden (vgl. auch unter Margarine).

[2]) Man will in der Butter Mikroben gefunden haben, die sich selbst bei —6° noch vermehren.

[3]) „Salzbitter“ wird auch eine Butter, wenn das zugesetzte Kochsalz viel Magnesium- oder Natriumsulfat enthält; „futterigbitter“ von verdorbenem oder eingesäuertem Futter (Kohlblätter usw.).

Verfälschungen und Nachahmungen der Butter. Die hauptsächlichsten Verfälschungen der Butter bzw. des Butterschmalzes sind:

1. Absichtliche Erhöhung des Wassergehaltes oder Belassung von zuviel Buttermilch in der Butter;
2. Zusätze von anderen Fetten tierischen oder pflanzlichen Ursprungs;
3. Zusatz von anderen Frischhaltungsmitteln als Kochsalz;
4. Zusatz von fremden Stoffen, wie Quarg, Kartoffelbrei, Getreidemehl u. a.

Als Nachahmungen der Butter und des Butterschmalzes kommen vorwiegend in Betracht die renovierte oder sog. Prozeßbutter sowie butterähnliche Fette oder Fettmischungen anderen Ursprungs (z. B. Margarine, Oleomargarin usw.).

Das Wiederauffrischen der Butter besteht darin, daß man ranzige oder sonstwie verdorbene Butter mit Luft behandelt, mit Milch emulgiert und dann wieder in der Kirne bzw. dem Butterfaß ausbuttert.

Untersuchung der Butter. Für die Beurteilung der Beschaffenheit und Reinheit einer Butter kommen vorwiegend folgende Ermittlungen in Betracht:

1. Gehalt an Wasser. Auf Grund des § 11 des Gesetzes, betr. den Verkehr mit Butter vom 15. Juni 1897, hat der Bundesrat bzw. Reichskanzler folgende Bekanntmachung erlassen:

„Butter, welche in 100 Gewichtsteilen weniger als 80 Gewichtsteile Fett oder im ungesalzenen Zustande mehr als 18 Gewichtsteile, im gesalzenen[1]) Zustande mehr als 16 Gewichtsteile Wasser enthält, darf vom 1. Juli 1902 ab gewerbsmäßig nicht verkauft und feilgehalten werden."

2. Reichert-Meißlsche (und Polenskesche) Zahl, sowie Verseifungszahl (S. 81). Die Reichert-Meißlsche Zahl schwankt bei reinem Butterfett in der Regel zwischen 26—32, die Verseifungszahl zwischen 222—232, die Polenskesche Zahl zwischen 1,5—3,0; indes werden erstere beiden Zahlen je nach dem Futter, Futterfett, Lactationszeit u. a., besonders bei Einzelkühen, mitunter weit unterschritten, so daß sich aus diesen Zahlen allein nicht immer ein unantastbares Urteil abgeben läßt.

3. Verhalten unter dem Polarisationsmikroskop. Reine frische Butter erscheint isotrop, d. h. gleichmäßig dunkel, einmal geschmolzene Fette (Talg, Schweinefett, Oleomargarine, wiederaufgefrischte Butter und Cocosfett) zeigen dagegen mehr oder weniger deutliche Polarisationserscheinungen. In älterem Butterfett finden sich allerdings auch mitunter Krystallbildungen, indes sind diese von ersteren unschwer zu unterscheiden.

4. Cholesterin- und Phytosterinbestimmung zum Nachweise von Pflanzenfett überhaupt.

5. Baudouinsche Reaktion zum Nachweise von Sesamöl, Halphensche Reaktion zum Nachweise von Baumwollsaatöl, Prüfung auf Arachinsäure zum Nachweise von Erdnußfett, während Cocosnuß- und Palmkernfett an den unterschiedlichen Konstanten: Reichert-Meißlsche Zahl 5,0—8,5, Polenskesche Zahl 8,5—17,8 und Verseifungszahl 242—269 erkannt werden können.

6. Geruch- und Geschmacksprobe. Sie gibt am ersten Aufschluß über etwaige Unbrauchbarkeit oder Verdorbenheit. Unter Umständen kann die Reaktion von H. Kreis und die Bestimmung des Säuregrades (S. 81) diesen Befund unterstützen. Reine, gute Butter zeigt nur 5—8 Säuregrade. Höhere Pilze lassen sich auch durch das Mikroskop nachweisen.

7. Zusätze von Quarg, Kartoffelbrei, Getreidemehl u. a. lassen sich durch die quantitative Untersuchung der Butter und das Mikroskop nachweisen.

Ziegen-, Schaf- und Büffelbutter.

Diese Buttersorten kommen wohl nur selten als solche im Handel vor. Immerhin liegt die Möglichkeit vor, daß der Rahm dieser Milcharten mit solchem der Kuhmilch zusammen

[1]) Für den Kochsalzgehalt der Butter sind keine bestimmten Grenzen festgesetzt. Nach den Entwürfen zu Festsetzungen über Speisefette und Speiseöle soll Dauerbutter höchstens 5%, sonstige Butter und Butterschmalz höchstens 3% Kochsalz enthalten.

verbuttert und dieses Gemisch als Butter, d. h. Kuhbutter in den Handel gebracht wird. Die genannten Buttersorten werden wie die Kuhbutter hergestellt.

Ziegenbutter. Die Ziegenbutter pflegt selbst im Sommer zur Grünfutterzeit eine weiße Farbe zu besitzen; der Geschmack wird vielfach als „stark" (strenge) bezeichnet. K. Fischer u. a. fanden ihn aber angenehm süßlich, nußartig. Auch haftete der frischen Ziegenbutter kein eigenartiger Geruch an, wie er bei der Ziegenmilch beobachtet wird. Bei längerem Stehen wird sie leichter ranzig als Kuhbutter.

Schafbutter. Auch die Schafbutter unterscheidet sich von der Kuhbutter in der Regel durch eine sehr weiße Farbe. Sie wird von Martin als weich, schwierig knetbar und schwer trocken zu erhalten bezeichnet. Wegen ihres geringwertigen Aussehens, aber guten Geschmackes soll sie besonders für Koch- und Backzwecke geeignet sein.

Das Ziegen- und Schafbutterfett besitzt die gleichen Konstanten (Reichert-Meißlsche, Verseifungs-, Jodzahl u. a.), wie Kuhbutterfett, unterscheidet sich aber dadurch beständig von letzterem, daß beide Butterfette eine höhere Polenskesche Zahl (4,0—8,5) als Kuhbutterfett (S. 322) besitzen, ohne daß die Reichert-Meißlsche Zahl entsprechend höher ist. An dieser erhöhten Polenskeschen Zahl können Ziegen- und Schafbutter auch in Buttergemischen ähnlich wie Cocosfett und Kuhbutter nach Fütterung von Cocoskuchen erkannt werden.

Über die Zusammensetzung der Ziegen-, Schaf- und Büffelbutter vgl. Tab. II, Nr. 579—581.

Schweineschmalz.

Begriff. Unter Schweineschmalz — in Norddeutschland auch einfach Schmalz genannt — versteht man in der Regel bei uns vorwiegend nur das aus dem Bauchwandfett (Liesen, Flomen, Lünte, Schmer, Wammenfett) ausgeschmolzene Fett, im weiteren Sinne als Schweinefett auch das aus Rückenspeck und dem Fettgewebe von anderen Körperteilen ausgeschmolzene Fett.

Je nach der Bereitungsweise, Güte und Herkunft unterscheidet man: Rohschmalz, Dampfschmalz, Neutralschmalz, raffiniertes Schweineschmalz, deutsches Schweineschmalz, amerikanisches Schweineschmalz usw.

Bratenschmalz ist das durch Erhitzen von Schweineschmalz unter Zusetzung von Gewürzen, Zwiebeln, Äpfeln und dergleichen gewonnene Erzeugnis.

Schmalzöl (Specköl) ist das aus Schweineschmalz bei niedriger Temperatur (10—15°) durch Pressung gewonnene Öl. Der dabei verbleibende Preßrückstand heißt Schmalz-Stearin (Solarstearin). Das Schmalzöl dient als Schmieröl oder zu Beleuchtungs- und auch Speisezwecken.

Raffiniertes Schmalz (Refined lard) ist ein Gemisch von vorstehendem Schmalzstearin mit Dampfschmalz, bis die gewünschte Steifigkeit erreicht ist.

Gewinnung. Die Gewinnung des Schweineschmalzes geschieht zum Teil über freiem Feuer, zum Teil durch Wasserdampf in doppelwandigen Kesseln (wie bei Talg); meistens aber in eisernen Kesseln unter Druck (2,5—2,7 Atm. bei 130°) durch unmittelbare Einwirkung von Dampf. Diese Arbeit wird in Amerika fast ausschließlich in großen Schlächtereien und Packhäusern (packing houses) ausgeführt und werden dabei folgende Sorten unterschieden:

a) Neutral-Lard (Neutralschmalz) als feinste Sorte, gewonnen aus dem Netz- und Gekrösefett des Schweines (leaf lard), indem das Fettgewebe unmittelbar nach dem Schlachten des Tieres gewaschen, in Eiswasser gelegt, dann mit Hilfe einer Maschine in kleine Stücke zerschnitten und gerade wie Talg „premier jus" bei 40—50° ausgeschmolzen wird; der nicht ausgeschmolzene Teil des Fettgewebes wird geringeren Sorten Schmalz zugesetzt. Zur Entfernung des anhaftenden Geruches wird dasselbe nach dem Ausschmelzen 48 Stunden in kaltes Wasser und dann noch 48 bis 72 Stunden in eine auf nahezu 0° abgekühlte Salzlake gelegt, oder man wäscht das Schmalz mit

Wasser unter Zusatz von etwas Natriumcarbonat, Chlornatrium oder einer verdünnten Säure. Das Neutral-Lard verdankt seinen Namen dem geringen, nur 0,25% betragenden Säuregehalt und wird fast ausschließlich zur Darstellung der feinsten Margarinesorten benutzt.

b) Leaf-Lard (Liesenschmalz); dasselbe wird durch Ausschmelzen der ganzen Liesen mittels Dampfes unter Druck hergestellt; der erste ausschmelzende Teil wird auch als Neutral-Lard in den Handel gebracht; der letzte, weniger gute Anteil zu den minderwertigen Sorten verwendet.

c) Choice Kettle-rendered-Lard oder Choice-Lard (ausgewähltes Schmalz), gewonnen aus den nicht zur Darstellung von „Neutral-Lard" verarbeiteten Liesen und Rückenspeck, welche, nachdem von letzterem die Schwarte entfernt ist, beide zusammen nach Zerreißen in Stücke in doppelwandigen, offenen Kesseln oder auch durch Dampf unter Druck ausgeschmolzen werden.

d) Prime Steam-Lard (bestes Dampfschmalz). Zu diesem am meisten hergestellten Schmalz sollen sämtliche Fetteile des Schweines in dem Verhältnisse verwendet werden, in welchem sie sich beim Schwein finden; Liesen und Rückenspeck sind aber häufig davon ausgeschlossen.

e) Butchers-Lard (Schlächterschmalz); es wird über freiem Feuer ausgeschmolzen, wird aber aus Amerika nicht ausgeführt.

f) Offgrade-Lard, aus gesalzenem Speck ausgeschmolzen, ist die minderwertigste Sorte.

Außer diesen für Speisezwecke dienenden Schmalzsorten werden von gefallenen Schweinen, aus Abfällen der Packhäuser noch mehrere Sorten Schweinefett gewonnen, die aber nur für technische Zwecke verwendet werden.

Beschaffenheit. Das Schweinefett (mit 76,54% C, 11,94% H u. 11,52% O) besteht vorzugsweise aus den Triglyceriden der Palmitin-, Stearin- und Ölsäure, daneben finden sich auch mehr oder weniger leinölsäurehaltige Glyceride. Die festen Triglyceride bestehen nach den Untersuchungen von A. Bömer aus α-Palmitodistearin (Schmelzpunkt 68,5° korr.) und einem Stearodipalmitin (Schmelzpunkt 58,2° korr.).

Das Vorkommen von Tristearin im Schweinefett ist nicht erwiesen, ebensowenig das von Heptadekyldistearin sowie von Laurin- und Myristinsäure, wie behauptet worden ist.

Die unverseifbaren Bestandteile des Schweinefettes bestehen im wesentlichen nur aus Cholesterin; Phytosterine kommen in Schweinefetten nicht vor.

Das Schweineschmalz enthält nur Spuren von Wasser.

Schweineschmalz kann infolge ungewöhnlicher Fütterung (Fische bzw. fettreiche tranige Fischmehle, Spülicht) oder medikamentöser Behandlung, auch infolge bestimmter Krankheiten der Schweine einen ungewöhnlichen Geruch und Geschmack annehmen; auch kann das Fett von Ebern einen widerlichen (urinösen) Geruch und Geschmack besitzen.

Reines Schweineschmalz ist sehr haltbar; Fett mit Gewebsteilen oder größeren Mengen Wasser verdirbt leichter.

Als ***Verfälschungen, Nachahmungen und Verunreinigungen*** von Schweineschmalz kommen hauptsächlich in Betracht:

1. Zusatz von anderen tierischen Fetten, insbesondere Talg (Preßtalg, Rindertalg oder Hammeltalg);
2. Zusatz von Pflanzenfetten oder -ölen, vornehmlich Baumwollsamenöl und -stearin, ferner Cocosfett, Palmkernfett, Erdnußöl, Sesamöl usw.; vorwiegend zu Schmalzstearin;
3. Gleichzeitiger Zusatz von Talg und Pflanzenfetten oder -ölen;
4. Zusatz von Wasser oder Belassung von zuviel Wasser im Schweineschmalz;
5. Zusatz von Frischhaltungsmitteln (oder Farbstoffen);
6. Zusatz von anderen fremden Stoffen, z. B. von Stärkemehl oder Mineralstoffen; zuweilen wurde auch beobachtet, daß das Schweinefett mit Alkalien teilweise verseift wurde, um größere Mengen Wasser zu binden.

Auch können von Tieren, die mit Krankheiten behaftet sind, gesundheitsschädliche Keime in das Schweineschmalz gelangen, weil die Krankheitserreger durch das Ausschmelzen des Fettes nur dann vernichtet werden, wenn es entweder in offenen Kesseln verflüssigt oder in Dampfapparaten vor dem Ablassen nachweislich auf mindestens 100° erwärmt worden ist.

Untersuchung. Das reine Schweineschmalz ist durch seine Wulstbildung beim Erstarren kenntlich.

1. Wasser. Reines Schmalz enthält nur Spuren Wasser; wenn das bei 70° geschmolzene Fett trübe erscheint, so enthält es 0,3% und mehr Wasser oder sonstige Verunreinigungen.

2. Zusatz von Pflanzenfetten und -ölen, selbst von gehärteten, läßt sich durch die Phytosterinprobe erkennen — Sesam- und Baumwollsaatöl durch ihre qualitativen Reaktionen, Cocos- und Palmkernfett durch ihre wesentlich höheren Verseifungszahlen —. Bei Zusatz von natürlichen Pflanzenölen ist die Jodzahl wichtig (vgl. Tab. IV am Schluß)

3. Zusatz von Rinds- oder Hammeltalg läßt sich einerseits durch die beim Auskrystallisieren aus Äther erhaltenen Krystalle — diese bilden bei den Talgen büschelförmig angeordnete, von einem Zentrum ausgehende, harte Drusen, bei dem Schweineschmalz zarte, lose zusammenhängende Büschel mit schräg abgeschnittenen Tafeln — andererseits aus der Schmelzpunktsdifferenz nach E. Polenske oder besser nach A. Bömer und Limprich nachweisen, welche letztere die Schmelzpunktsdifferenz zwischen dem Schmelzpunkt des Glycerids und dem der daraus dargestellten Fettsäuren als Anhaltspunkt vorschlagen.

4. Die Verdorbenheit (ranzig, sauer-ranzig, faulig, dumpfig, schimmelig, bitter usw.) wird schon genügend durch den Geruch und Geschmack erkannt; die Säureprüfung kann aber auch durch die Bestimmung des Säuregrades, der bei reinem Schweineschmalz zwischen 0,5—1,5° liegt, durch die Reaktion von H. Kreis und den Nachweis von Kleinwesen unterstützt werden.

Rindstalg und Hammeltalg.

Begriff. Rindstalg (Rindertalg, Rindsfett) bzw. Hammeltalg (Hammelfett) Schaffett) ist das aus fettreichen Teilen von Rindern bzw. Schafen ausgeschmolzene Fett. Zu ihrer Herstellung verwendet man hauptsächlich das Gekröse-(Micker-)Fett, Netzfett, Nierenfett, Herzfett, Mittelfellfett, Sackfett (Hodensackfett von Ochsen), Eingeweidefett (Magenfett, Darmfett, Lungenfett), seltener andere fettreiche Körperteile.

Rindstalg ist fast weiß, grauweiß, schwach gelblich, bei bestimmter Fütterung (Weidemast) auch stark gelb, von schwachem, eigenartigem Geruch und Geschmack und fester Konsistenz; das Sackfett ist das weichste, das Eingeweidefett das härteste Fett. Rindertalg enthält nur Spuren von Wasser.

Der Hammeltalg ist dem Rindstalg ähnlich; er ist brüchig, weiß und in frischem Zustande fast geruchlos. Der Rindstalg schmilzt bei 37—38°, der Hammeltalg etwas höher, bei 38—40°.

Gewinnung. Die Gewinnungsweise der beiden Talgsorten ist auch gleich.

Das Fettzellgewebe wird vorher zerschnitten, zerrissen bzw. zerquetscht, was sowohl im kleinen durch Handarbeit mittels Messers als auch durch besonders eingerichtete Maschinen (Fleischhackmaschinen) im großen geschehen kann. Darauf wird die zerkleinerte Masse behufs Ausschmelzens des Fettes erwärmt, und zwar entweder über offenem Feuer oder mit Wasserdampf, der in den Zwischenraum von doppelwandigen Kesseln geleitet wird. Da bei ersterem Verfahren leicht übele Gerüche auftreten, so wird im großen durchweg nur das Ausschmelzen mittels Wasserdampfes ausgeführt. Auch soll zur Erzielung einer guten Ware die Temperatur der Talgmasse tunlichst 50° nicht überschreiten. Nach zweistündigem Erwärmen pflegt das Fett ausgeschmolzen zu sein; es sammelt sich oben auf, während Hautgewebe und Schmutz sich größtenteils zu Boden gesenkt haben. Man läßt die Fettschicht abfließen und bewirkt auf diese Weise eine annähernde Trennung der Bestandteile; vielfach wird auch das flüssige Fett nebst Bodensatz durch Blechsiebe oder Leinenbeutel gegossen und der Rückstand (Grieben, Griefen, Griebenkuchen)[1]) mittels einer Spindelpresse abgepreßt.

Das abgelassene oder abgepreßte Fett, das noch trübe ist, wird dadurch gereinigt (geläutert), daß man es bei 40° schmilzt und entweder mit Wasser und Kochsalz durchmischt, oder indem man Wasserdampf einleitet. Die Kochsalzlösung[2]) nimmt die Schmutzteilchen auf, das oben aufschwimmende Fett wird abgelassen oder abgeschöpft und bildet nach dem Erstarren den Feintalg oder Premier jus.

Aus dem Feintalg wird das für die Margarine- (Kunstbutter-) Bereitung wichtige Oleomargarin dadurch gewonnen, daß derselbe bei niedriger Temperatur geschmolzen, in längliche Kästen von verzinntem Eisenblech abgelassen und 24—48 Stunden in einem Raume belassen wird, der dauernd auf etwa 26—27° erwärmt ist. Während dieser Zeit krystallisieren die schwer schmelzbaren Teile, das Stearin usw. zum Teil aus, während der leicht schmelzbare Teil flüssig bleibt; die halbflüssige Masse wird zwischen Leinentüchern ausgepreßt, die ausgepreßte flüssige Masse als Oleomargarin, der Preßrückstand als Preßtalg oder Preßlinge in den Handel gebracht.

Man gewinnt aus dem Talg etwa 50—60% Oleomargarin mit 20—25° Schmelzpunkt und 50—40% Stearin (Preßtalg) von 40—50° Schmelzpunkt.

Feintalg (Premier jus) ist also der aus frischen, ausgewählt guten Teilen bei nicht zu hoher Temperatur ausgeschmolzene und sorgfältig gereinigte Rinder- bzw. Hammeltalg.

Oleomargarin ist der aus gereinigtem Rindstalg (Feintalg) bzw. Hammelfeintalg durch Auspressen bei mäßiger Temperatur gewonnene niedriger schmelzende Anteil des Talges. Oleomargarin ist ein lichtgelbes, mehr oder weniger körniges, geruchloses Fett von mildem Geschmack, das auf der Zunge sofort schmilzt. Seine Zusammensetzung hängt wesentlich von der Pressungstemperatur ab; je niedriger diese ist, desto niedriger sind Schmelz- und Erstarrungspunkt. Oleomargarin findet entweder unmittelbar zu Speisezwecken Verwendung oder wird zu Margarine und Kunstspeisefett verarbeitet.

Preßtalg (Rinderstearin) ist der bei der Gewinnung des Oleomargarins als Preßrückstand verbleibende höher schmelzende Anteil des Rinder- bzw. Hammeltalges; er zeigt in der Regel einen Erstarrungspunkt über 50°. Preßtalg dient ebenfalls zur Herstellung von Margarine und Kunstspeisefett

Beschaffenheit des Fettes. Die Talgfette (mit 76,56% C, 11,97% H u. 11,47% O) bestehen aus den Glyceriden der Stearin-, Palmitin- und Ölsäure, die teils als Triglyceride, teils als gemischte Glyceride vorhanden sind. Als unlöslichste Glyceride erkannte A. Bömer Tristearin (Schmelzpunkt 73,0° korr.), Palmitodistearin (Schmelzpunkt 63,3° korr.) und Dipalmitostearin (Schmelzpunkt 57,5° korr.). Die Menge des Tristearins betrug etwa 3%, die des Palmitodistearins und Dipalmitostearins je etwa 4—5%. In einem Rindstalge fand A. Bömer etwa 1½% Tristearin.

Rinds- und Hammeltalg enthalten nur geringe Mengen (0,1—0,2%) von unverseifbaren Stoffen (Cholesterin).

---

[1]) Die Grieben enthalten meistens noch viel Fett, nämlich:

Wasser	Stickstoffsubstanz	Fett	Asche
9,52%	58,25%	25,49%	6,74%

Sie werden durchweg als Schweine- oder Hundefutter verwendet.

[2]) Statt Wasser und Kochsalz wird zur Läuterung auch Wasser und Schwefelsäure, Salpetersäure, Bleizucker, Alaun, Salpeter, Weinstein, Kaliumbichromat oder Soda usw. angewendet.

Die gelbe oder gelbliche Farbe des Talges sucht man durch Zusatz einer blauen Farbe (Indigo) oder durch Farbstoffabsorptionsmittel (z. B. ¾% Tierkohle als bestes Mittel, 5% Bleichpulver, 8% Spodium, 20% Kaolin usw.) oder durch oxydierende Mittel, Oxydationsbleiche (wie durch Ozon, Einleiten heißer Luft, durch Permanganat und Salzsäure bzw. Schwefelsäure, Braunstein und Schwefelsäure, Wasserstoffsuperoxyd usw.) zu beseitigen.

Als *Verfälschungen der Talge* werden angegeben: Palmkernfett, Baumwollstearine, Paraffin, Harz, Harzöl, Wollfett, Knochenfett und Fischtalge. Jedoch dürften derartige Zusätze selten sein. Daß bei Gewinnung der Talge von kranken Tieren auch Keime mit in diese übergehen können, ist schon bei Schmalz (S. 324) erwähnt.

Für die Untersuchung der Talge kommen dieselben Untersuchungsverfahren wie beim Schmalz in Betracht. Wollfett kann an dem gleichzeitigen hohen Gehalt an Unverseifbarem (Cholesterin und Isocholesterin) erkannt werden. Zolltechnisch werden die Talge nach dem Finkenerschen Verfahren auf den Erstarrungspunkt untersucht. Fette mit einem Erstarrungspunkt unter 30° werden als schmalzartige Fette, mit einem solchen zwischen 30—45° als Talge, mit einem solchen über 45° als Kerzenstoffe bezeichnet.

Gänseschmalz.

„Gänseschmalz" ist das aus Eingeweide- und Brustfett der Gänse in vielen Haushaltungen gewonnene Fett, das wegen seines angenehmen Geschmackes als Speisefett geschätzt und auch vielfach im Handel verbreitet ist. Es ist durchscheinend, weiß bis blaßgelb und von körniger Konsistenz. Wegen seines niedrigen Schmelzpunktes erhält es für seine Verwendung als Streichfett im Haushalte vielfach einen Zusatz von Schweinefett. Dieser Zusatz läßt sich schwer nachweisen und muß für Handelsfett deklariert werden.

Das Gänsefett besteht im wesentlichen aus Glyceriden der Palmitin-, Stearin- und Ölsäure.

J. Klimont und E. Meißl fanden im Gänsefett als schwerlöslichstes Glycerid ein Stearodipalmitin vom Schmelzpunkt 59°.

Das Gänsefett fällt unter die Bestimmungen des Gesetzes, betr. die Schlachtvieh- und Fleischbeschau, vom 3. Juni 1900; es ist daher der Zusatz von Frischhaltungsmitteln (Borsäure, Formaldehyd usw., vgl. S. 256) und ein solcher von Farbstoffen — sofern sie beim Gänsefett überhaupt Anwendung finden sollten — verboten.

Fischfette.

Man pflegt dreierlei Fischfette zu unterscheiden: Fischöle, Trane und Lebertran. Von diesen kommt vorwiegend nur letzterer als Heil- und Stärkungsmittel für die menschliche Ernährung (besonders für rhachitische Kinder) in Betracht, die Fischöle wohl nur nach Härtung derselben, die Trane höchstens im hohen Norden.

Fischöle. Sie werden durch Auskochen mit Wasser oder durch Pressen des fettreichen Fleisches z. B. von Menhaden (Alosa Menhaden), Hering oder der fettreichen Abfälle (Köpfe, Eingeweide, u. a.) bei der Herstellung von Fischdauerwaren, z. B. von Sardellen, Sardinen, Sprotten gewonnen. Sie enthalten gegenüber den anderen Fischfetten mitunter bemerkenswerte Mengen fester Fettsäureglyceride[1]).

Trane. Sie werden aus dem Speck verschiedener Seefische, vorwiegend verschiedener Walfischarten, Delphin und Meerschwein durch Ausschmelzen, ähnlich wie Talg (S. 325) gewonnen und mitunter ähnlich wie dieser raffiniert (entstearinisiert) und gebleicht. Der Delphin- und Meerschweintran setzt in der Kälte Walrat (Palmitinsäurecetylester) ab und enthält viel Glyceride der flüchtigen Fettsäuren (Valeriansäure).

Fischöle wie Trane finden vorwiegend in der Lederindustrie und zu Beleuchtungszwecken Verwendung.

Lebertran (Leberöl). Unter Lebertran versteht man das aus den Lebern von Kabeljau (Gadus morrhua L.), Dorsch (Gadus callarias L.) und Schellfisch (Gadus aegle-

---

[1]) Über die Elementarzusammensetzung und den Wärmewert der Fischfette vgl. S. 281.

finus L.) gewonnene Fett. Das aus den Lebern des Seyfisches, Köhlers, Seehechtes und Pollack erhaltene Öl wird auch unter dem Namen Seytran (Kohlfischtran) in den Handel gebracht. Der Dorschlebertran bzw. -öl gilt als der beste.

Gewinnung. Der Lebertran wurde früher dadurch gewonnen, daß man die Leber faulen und das Fett freiwillig austreten ließ oder auch auspreßte (brauner Lebertran). Jetzt werden die Lebern frisch mit Wasser ausgekocht oder auch durch Einleiten von Wasserdampf entfettet, wobei man für besonders gute Sorten eine Kohlensäureatmosphäre statt Luft — die leicht eine Oxydation bewirkt — anwendet (blanker, heller Lebertran). Den in der Wärme erhaltenen Lebertran läßt man nötigenfalls ausfrieren, um etwa mitgelöste feste Fettsäuren abzuscheiden.

Beschaffenheit. Der reine Lebertran (Dorschlebertran) bildet eine hell- bis braungelbe, viscose Flüssigkeit von eigenartigem Geruch und Geschmack (Konstanten vgl. Tabelle IV). Als höhere gesättigte Fettsäuren[1]) fester Glyceride sind Stearin- und Palmitinsäure in geringer Menge nachgewiesen. An ungesättigten Säuren gibt H. Bull außer Ölsäure $C_{18}H_{34}O_2$ eine der Palmitinsäure entsprechende Säure $C_{16}H_{30}O_2$, ferner eine Gadoleinsäure $C_{20}H_{38}O_2$ und die Erucasäure $C_{22}H_{42}O_2$ an. Wegen der hohen Jodzahl des Lebertrans (bis 181) müssen aber noch weniger gesättigte Säuren als die der Ölsäurereihe vorhanden sein und hat man auch solche der Reihe $C_nH_{2n-6}O_2$ nachgewiesen, die aber von der Linolensäure verschieden sein sollen.

Als unverseifbare Anteile (vorwiegend Cholesterin) werden 0,5—7,8% angegeben.

Unter den Basen (0,035—0,050%) werden genannt: Trimethylamin, Butylamin, Hexylamin, Dihydrolutidin, Morrhuin ($C_{19}H_{27}N_3$) und Asselin ($C_{25}H_{32}N_4$); Gallenstoffe sollen nur in unreinen Lebertransorten (etwa 0,30%) vorkommen und die färbende Substanz soll nach Kühne zu den Lipochromen gehören. Über den Gehalt an sonstigen Bestandteilen findet man im Mittel folgende Angaben:

Olein[2])	Stearin und Palmitin	Schwefel	Phophor	Jod	Brom	Chlor	Schwefelsäure	Phosphorsäure
98,81%	0,98%	0,041%	0,018%	0,030%	0,004%	0,102%	0,061%	0,071%

Als Ursache der Heilwirkung des Lebertranes hat man vielfach eine besondere aktive Substanz (teils Jod, teils Gallenbestandteile) angenommen; nach Heyerdahl ist diese aber nur auf die leichte Verdaulichkeit des Fettes zurückzuführen.

Anwendung. Da der natürliche Lebertran, auch die besten Sorten, nicht angenehm zu nehmen ist, pflegt man ihn entweder mit Kohlensäure unter Druck zu sättigen (Brauselebertran) oder mit entrahmter Milch (Zentrifugalmagermilch) bei 39° zu emulgieren (Lebertran-Milchemulsion). Der Medizinallebertran besteht aus einer Emulsion von Lebertran (500 g mit einer wässerigen Lösung von je 5 g arabischem Gummi und Tragant, 1 g Leim, 84 g Zuckersirup, 5 g Calciumhypophosphit, Zimtwasser und etwas Benzaldehyd).

Verfälschungen. Wegen des hohen Preises von echtem Lebertran kommen häufig Verfälschungen mit billigen anderen Leberölen, Fischtranen oder auch Lein-, Cotton-, Rapsöl u. a. vor.

Der Nachweis dieser Verfälschungen dürfte in vielen Fällen, selbst durch Ermittlung der sämtlichen Fettkonstanten kaum zu erbringen sein. Die Specktrane von Walfisch u. a. lassen sich unter Umständen durch eine erhöhte Reichert-Meißlsche Zahl (vorwiegend Valeriansäure),

---

[1]) Die von einigen Seiten angegebenen niederen, gesättigten Fettsäuren (Essig-, Butter-, Valerian- und Caprinsäure) sollen nach E. Salkowski und Steenbusch Erzeugnisse der Leberfäulnis sein.

[2]) Nach anderen Angaben wurden durch Verseifen des Fettes gefunden:

Flüssige Säuren	Feste Säuren	Glycerin
92,7—87,0%	6,7—12,7%	10,0—11,0%

Die Elementaranalyse ergab nach Verf. 78,11% C, 11,61% H u. 10,28% O.

die bei dem Lebertran 2,0, bei den Specktranen bis 23,5 beträgt, nachweisen. Über die zur Prüfung des Medizinallebertranes auf Reinheit gegebenen Vorschriften vgl. Deutsches Arzneibuch.

Das Ranzigwerden des Lebertrans beruht wahrscheinlich auf der Bildung von Oxyfettsäuren.

Knochenfett.

Von den Knochenfetten wird das in den Röhrenknochen vorhandene Markfett, welches 48—98% des Knochenmarkes ausmacht, meistens für sich genossen und im allgemeinen sehr geschätzt (über die Zusammensetzung vgl. S. 268). Man unterscheidet ferner Knochenöl und Knochenfett.

Knochenöl. Die tunlichst frischen Knochen (Röhrenknochen) werden durch Kreissägen zerkleinert und in Kesseln mit Wasser mehrere Stunden ausgekocht, indem das Wasser mittels Dampfschlangen erhitzt wird. Das nach ruhigem Stehen sich an der Oberfläche ansammelnde Öl wird abgeschöpft und durch Zusatz von Kochsalz und schließlich durch Erwärmen von Wasser und Schmutz (Leim) befreit. Man kann das Knochenöl in ähnlicher Weise wie Oleomargarin aus Talg (S. 326) oder wie Schmalzöl (S. 323) aus festem Knochenfett durch Schmelzen und langsame Krystallisation gewinnen.

Das Knochenöl dient vorwiegend zum Einfetten feiner Maschinen.

Aus den Klauen der Wiederkäuer und Huftiere wird in derselben Weise durch Wasser oder auch durch Sonnenwärme das Klauenöl erhalten, welches dem Knochenöl zugemischt wird.

Knochenfett. Auf vorstehende Weise erhält man aus den Knochen nur einen Teil des Fettes, nämlich vorwiegend nur den flüssigen. Um das ganze Knochenfett bis auf etwa 1—3% auszuziehen, werden die Knochen mittels Brechmaschinen (Desintegratoren) oder Stampfwerke zerkleinert und nun entweder mit Wasser unter 1—2 Atm. gedämpft oder mit chemischen Lösungsmitteln (Benzin oder Tetrachlorkohlenstoff u. a.) ausgezogen. Beim Dämpfen mit Wasser wird je nach dem angewendeten Druck mehr oder weniger Leim gelöst, wovon das Fett getrennt werden muß. Der Rückstand bildet nach der Zerkleinerung das Knochenmehl, das zur Düngung und auch zur Fütterung dient.

Das durch Dämpfen gewonnene Knochenfett ist durchweg reiner als das durch Benzin erhaltene. Es enthält in der Regel 1,0—1,5% Wasser und als Verunreinigung auch Kalkseifen und Leim. Die chemische Zusammensetzung ist dem des Rindertalges ähnlich. Es dient meistens zur Seifenfabrikation, kann aber auch zur menschlichen Ernährung verwendet werden.

Margarine.

Begriff. Unter „Margarine" (auch Kunstbutter, oder früher Sparbutter, Kochbutter, holländische, Wiener Butter, Butterine usw. genannt) versteht man nach dem Gesetz sowohl vom 12. Juli 1887 als vom 15. Juni 1897 „diejenigen der Milchbutter bzw. dem Butterschmalz ähnlichen Zubereitungen, deren Fettgehalt nicht ausschließlich der Butter entstammt"[1].

Zur leichteren Erkennbarkeit von Margarine und Margarinekäse müssen nach der Bundesrats-Bekanntmachung vom 4. Juli 1897 in 100 Gewichtsteilen der angewendeten Öle bei Margarine mindestens 10 Gewichtsteile, bei Margarinekäse mindestens 5 Gewichtsteile Sesamöl vorhanden sein.

---

[1]) „Ähnlich" ist hier nicht wie „weinähnlich" zu verstehen. Weinähnlich kann auch ein Getränk sein, ohne daß die Möglichkeit besteht, es mit Wein zu verwechseln. Hier ist nach dem Urteil des Reichsgerichts vom 3. Juni 1899 bzw. 25. November 1909 jede Fettzubereitung zu verstehen, welche Eigenschaften besitzt, zufolge derer sie im allgemeinen Verkehr mit Milchbutter oder Butterschmalz verwechselt werden kann. Geruch und Geschmack brauchen hierbei nicht berücksichtigt zu werden.

Herstellung. Ursprünglich (1870/71) wurde nach der Vorschrift von Mège-Mouriès die Margarine nur aus Oleomargarin (S. 326) und Milch (30 kg Oleomargarin, 25 l Kuhmilch, 25 l Wasser und lösliche Teile von 100 g zerkleinerter Milchdrüse) durch Verarbeitung in einem Butterfaß, durch Salzen, Färben usw. hergestellt.

Seit der Zeit sind verschiedene andere Fette in Anwendung gekommen, nämlich: Premier jus (S. 326), Neutral-Lard (S. 323), Baumwollsamenöl (Cottonöl) oder Baumwollsamenstearin, Erdnußöl, Cocosfett, Palmkernfett und Sesamöl, mitunter auch Preßtalg, Maisöl, Mowrahfett[1]) u. a.

Neutral-Lard und Feintalg werden indes nur zu den feineren Sorten Margarine verwendet, zu den geringwertigen Sorten nimmt man gewöhnliche Talge oder gar Preßtalg und verschiedene Pflanzenöle in solchem Gemisch, daß eine ziemlich geschmacklose Fettmasse entsteht.

Im allgemeinen hat jede Margarinefabrik ihre besonderen Vorschriften für die Herstellung ihrer Marken, die meist streng geheim gehalten werden. Um der Margarine die der Butter eigene Eigenschaft des Bräunens und Schäumens beim Braten zu verleihen, werden verschiedene Zusätze (z. B. solche von Eigelb und Zucker) verwendet[2]).

Die Verarbeitung bzw. Vermischung der Fette und Öle erfolgt im allgemeinen wie folgt:

Die festen Fette werden zunächst bei möglichst niedriger Temperatur geschmolzen, mit den flüssigen Ölen, der vorgeschriebenen Menge Milch (meistens gesäuerter und vorher verbutterter Milch) oder dem Rahm usw. und Butterfarbe (in Öl gelöst) in ein Butterfaß (Kirne) gebracht und das Ganze mittels maschineller Vorrichtung mehrere Stunden heftig durcheinander gerührt (gekirnt). Die hierdurch dickflüssig gewordene, rahmähnliche Emulsion (vom Aussehen der Mayonnaisentunke) wird in eine flache Rinne abgelassen, worin sie eiskalten Wasserstrahlen einer Brause ausgesetzt wird, infolgedessen das Fett erstarrt und die Beschaffenheit der ausgekirnten Butter annimmt. Die erstarrte lockere Fettmasse gelangt hierauf in ein Gefäß, in welchem sie nach Bestreuen mit Salz durch geriefte Walzen, die sich gegeneinander bewegen, ausgeknetet wird, um schließlich nach längerem Stehen auf einer Knetmaschine nochmals ausgeknetet, zu würfelförmigen Stücken geformt oder in Kübel bzw. Fässer verpackt zu werden.

Die chemische Zusammensetzung der Margarine ist im allgemeinen der der Butter ähnlich (vgl. Tab. II, Nr. 586). Jedoch ist der Wassergehalt in regelrecht hergestellter Margarine meist etwas geringer als in der Butter; außerdem ist die Margarine meistens gesalzen. Ferner unterscheidet sich das Fett der Margarine von dem Butterfett in chemischer Hinsicht wesentlich dadurch, daß ihm der hohe Gehalt des Butterfettes an wasserlöslichen flüchtigen Fettsäuren fehlt.

Die Veränderungen, welche die Margarine und Schmelzmargarine durch mangelhafte Zubereitung, Aufbewahrung u. dgl. erleiden kann, sind denen der Butter und des Butterschmalzes ähnlich, doch beobachtet man bei alter Margarine seltener ein Ranzigwerden als ein sog. Fleckigwerden, d. h. eine Bildung von Kolonien von Penicillium glaucum u. a.

Im allgemeinen pflegt die Margarine weniger Bakterienkeime (0,7—6 Mill. in 1 g) zu enthalten als Butter, indes können nicht nur aus der verwendeten Milch, sondern auch aus dem Talg (S. 327) bzw. Schmalz (S. 324) pathogene Keime in die Margarine übergehen und werden auch Fälle mitgeteilt, wo durch Margarine ansteckende Krankheiten verbreitet sein sollen.

---

[1]) Durch die Verwendung der Fette von Hydnocarpusarten („Cardamon"- oder „Maratti"-Fett genannt) zur Herstellung von Margarine seitens einer Altonaer Fabrik sind im Jahre 1910 zahlreiche Vergiftungen (Erbrechen usw.) hervorgerufen, die im wesentlichen auf die in diesen Fetten vorhandene Chaulmugrasäure zurückzuführen waren.

[2]) Zur Verbesserung des Geruchs und Geschmacks bzw. zur Erzielung eines der Butter ähnlichen Geruches hat man auch Zusätze von Cumarin, Melilotin, flüchtigen Fettsäuren, Aldehyden und Estern dieser Säuren, Rösterzeugnissen von Fleisch, Mehl und Brot und anderen Stoffen empfohlen. Sie scheinen sich aber nicht bewährt zu haben.

Als *Verfälschungen* der Margarine kommen hauptsächlich in Betracht:

1. Absichtliche Erhöhungen des Wassergehaltes der Margarine;
2. Verwendung verdorbener oder für den menschlichen Genuß schädlicher oder untauglicher Fette[1]);
3. Zusatz von anderen Frischhaltungsmitteln als Kochsalz;
4. Zusatz von fremden Stoffen, z. B. unverseifbaren Fetten und Ölen (Paraffin, Ceresin usw.).

Die *Untersuchung* der Margarine auf die üblichen Bestandteile (Wasser, Stickstoffsubstanz, Fett, Zucker, Salze) auf Farbstoffe, Frischhaltungsmittel, Verdorbenheit erfolgt wie bei Butter. Auf den vorgeschriebenen Gehalt an Sesamöl prüft man mit der Baudouinschen Reaktion, die Anwesenheit von Butterfett und Palmfetten (Cocos- und Palmkernfett) ergibt sich aus der erhöhten Reichert-Meißlschen und Polenskeschen Zahl bzw. deren Verhältnis zueinander. Hydnocarpusfett gibt sich durch die starke Rechtsdrehung zu erkennen.

Außer den gesetzlichen Bestimmungen für die Herstellung der Margarine bestehen noch besondere Vorschriften über:

1. die Gefäße und Umhüllungen, Feilhalten und Verkauf derselben;
2. die Räume, in denen sie hergestellt, aufbewahrt, verpackt und feilgehalten wird;
3. öffentliches Angebot und Schriftstücke, welche sich auf die Lieferung von Margarine beziehen (vgl. die Ausführungsbestimmungen vom 4. Juli 1897 zu dem Gesetz, betr. den Verkehr mit Butter usw., vom 15. Juni 1897).

Sana.

Sana ist eine Margarine, welche, um eine von Krankheitskeimen freie oder hieran arme Masse zu erhalten, anstatt mit Kuhmilch oder deren Erzeugnissen mit Mandelmilch zubereitet ist.

Süße Mandeln werden nach dem Patent von Liebreich und Michaelis mit sterilem Wasser so lange gewaschen, bis letzteres klar abläuft, darauf in gekochtes und auf 75° wieder abgekühltes Wasser gebracht, wodurch die Haut abgelöst wird. Nach Trennung der Samen von den Schalen und kurzer nochmaliger Waschung der ersteren mit sterilem Wasser gelangen die Samen auf ein Metallsieb und von hier aus auf einen Walzenstuhl mit Porzellanwalzen, um zu einem Brei verarbeitet zu werden. Der ausgepreßte Brei liefert die Mandelmilch, die in einer Kirne nach und nach mit einem Gemisch von 70 Teilen niedrig schmelzendem (vorher auf 75° erwärmtem) Oleomargarin, 15 Teilen

[1]) Ebenso wie zu Butter (Kuh-, Ziegen- oder Schafbutter) und zu Käse dürfen zur Herstellung von Margarine, Speisefetten oder -ölen nicht verwendet werden:

1. Milch von Tieren, die mit Rinderpest, Milzbrand, Rauschbrand, Wild- und Rinderseuche, Tollwut oder Blutvergiftung behaftet sind oder die an Eutertuberkulose leiden oder bei denen das Vorhandensein von Eutertuberkulose als in hohem Grade wahrscheinlich anzusehen ist;
2. Fett, zu dessen Herstellung Teile von gefallenen Tieren oder bei der Fleischbeschau als untauglich beanstandete Teile geschlachteter Tiere verwendet worden sind;
3. Fett, zu dessen Herstellung bei der Fleischbeschau als bedingt tauglich beanstandete tierische Teile verwendet worden sind, es sei denn, daß diese nach Maßgabe der Vorschriften des Fleischbeschaugesetzes zum Genusse für Menschen brauchbar gemacht worden sind;
4. solche Arten von Fetten und Ölen, deren Unschädlichkeit für den Menschen nicht feststeht.
5. Fette oder Öle, denen die auch bei Fleisch verbotenen Frischhaltungsmittel zugesetzt worden sind, nämlich: Ameisensäure, Benzoesäure, Borsäure usw.
6. Dasselbe gilt für Farbstoffe jeder Art, jedoch unbeschadet ihrer Verwendung zur Gelbfärbung der Margarine, insofern diese Verwendung nicht anderen Vorschriften zuwiderläuft.

Neutral-Lard und 15 Teilen Sesamöl versetzt und bei 35° mit demselben verarbeitet wird. Die Emulsion geht bei dieser Temperatur innerhalb einer Stunde vor sich. Die erstarrte Emulsion bleibt 12 Stunden bei 18,7° stehen, kommt dann auf die Knetmaschine, woselbst sie gleichzeitig gesalzen wird. Nach abermaligem sechsstündigem Stehen wird nochmals durchgeknetet und hierbei 2% einer konzentrierten Mandelmilch nebst etwas Eigelb zugesetzt — der Zusatz des letzteren hat den Zweck, daß die Sana beim Erhitzen sich bräunt —. Nach nochmaliger gründlicher Durchknetung ist die Sana für den Gebrauch fertig.

Die Sana pflegt, wenn auch die verwendeten Fette und Öle rein waren, nur wenige Keime — es wurden 40 000—200 000 Keime in 1 g gefunden — zu enthalten. Jedoch sind auch Fälle beobachtet, wo Sana der Träger ansteckender Krankheiten war.

Die Verdaulichkeit des Fettes wird von H. Lührig zu 97,5%, also hoch, angegeben.

Über die Zusammensetzung vgl. Tab. II, Nr. 587.

Kunstspeisefett.

Begriff. Kunstspeisefette im Sinne des Gesetzes vom 15. Juni 1897 sind diejenigen dem Schweineschmalz ähnlichen Zubereitungen, deren Fettgehalt nicht ausschließlich aus Schweinefett besteht. Ausgenommen sind unverfälschte Fette bestimmter Tier- oder Pflanzenarten, welche unter den ihrem Ursprung entsprechenden Bezeichnungen in den Verkehr gebracht werden.

Über den Begriff „ähnliche“ (vgl. S. 329, Anm.) Zubereitung ist nach dem Urteil des Reichsgerichts vom 3. Juni 1899 jede menschliche Tätigkeit, durch welche ein Naturerzeugnis zur wirtschaftlichen Verwendung erst geeignet gemacht oder ihm eine Verwendungsfähigkeit verschafft wird, die ihm als Rohstoff nicht zukommt. Raffinieren, Pressen und die Anwendung bestimmter Temperaturen beim Erkalten sind Zubereitungen.

Jede dem Schweineschmalz ähnliche Fettmischung ist als Kunstspeisefett anzusehen, und muß jedes zum Mischen verwendete einzelne Fett unverfälscht, d. h. rein und unvermischt sein. Die Mischung muß wie Schweineschmalz weiß sein.

Aus dem Grunde werden die zu verwendenden Fette auch entweder vor oder nach dem Mischen entfärbt. Das Entfärben geschieht entweder durch Absorptionsmittel (Walkerde, Kieselgur, Knochenkohle oder Rückstände der Blutlaugenfabrikation), oder durch Oxydationsmittel (Ozon, Wasserstoffsuperoxyd, Kaliumpermanganat, Natriumsuperoxyd, Belichtung u. a.), oder durch Reduktionsmittel (schweflige Säure) oder vereinzelt durch Zusatz von Komplementärfarben (Methylviolett, Chlorophyll).

Als flüssige Fette kommen vorwiegend Baumwollsaatöl, Sesamöl, Erdnußöl u. a., als feste Talg, Preßtalg, geringwertige Schweineschmalze, Schmalzstearin, Cocosfett u. a.) zur Anwendung. Die Fette werden geschmolzen und in solchem Verhältnis innig miteinander vermischt, daß eine schmalzähnliche, streichfähige Masse entsteht. Eine solche Mischung erhält man z. B. aus 1 Teil Preßtalg, 1 Teil Hammeltalg, 6 Teilen Cottonöl und 6 Teilen Schweinefett. Um bei einem solchen Gemisch den anhaftenden fremden Geschmack zu verdecken, werden mitunter noch Zusätze von Zwiebeln, Gewürzen, geröstetem Brot u. a. gemacht.

Pflanzenbutter, Cocosfett, Palmkernfett, Palmin.

Unter dem Namen „Pflanzenbutter“ oder Palmin und sonstigen verschiedenen Phantasienamen (Palmona, Kunnol, Lauraol, Gloriol, Molleol, Ceres, Vegetaline u. a.) werden jetzt vielfach Speisefette in den Verkehr gebracht, die vorwiegend aus Cocosfett, zuweilen auch aus Palmkernfett und anderen Pflanzenfetten hergestellt werden.

Cocosfett. Cocosfett (Cocosöl, Cocosnußöl, Cocosbutter) ist das aus dem getrockneten Kernfleisch (Kopra mit 60—68% Fett), der Frucht der Cocospalme[1]) (Cocos nucifera oder C. butyracea) durch Pressung gewonnene und gereinigte Fett.

Palmkernfett. (Palmkernöl) ist das aus den Fruchtkernen[2]) der Ölpalme (Elaeis guineensis oder E. melanococca mit 45—50% Fett) durch Auspressung oder durch Ausziehung mit Lösungsmitteln gewonnene und gereinigte Fett.

Das aus dem Fruchtfleisch[2]) der Ölpalme (mit 46—66% Fett) gewonnene Fett wird Palmfett (Palmöl, Palmbutter) genannt. Es kommt für Speisezwecke nicht oder kaum in Betracht.

Cocos- wie Palmkernfett sind fest und weiß — letzteres auch gelblich gefärbt — nur das Cocosfett ist, wenn es aus gutem frischem Kernfleisch gewonnen wird, im frischen Zustande direkt genießbar. Beim Aufbewahren der Früchte oder des ausgepreßten Fettes werden letztere — besonders das Palmfett — infolge vorhandener Lipasen leicht ranzig und ungenießbar. Für die Verwendung als Nahrungsmittel außerhalb der Gewinnungsgebiete müssen die Fette besonders gereinigt und zubereitet werden.

Verarbeitung des Cocosfettes. Die Verarbeitung des Cocosfettes, zu dessen Gewinnung an sich tunlichst nur reine, frische Früchte verwendet werden sollen, erstreckt sich auf Beseitigung der freien Fettsäuren, der Riechstoffe und besondere Zubereitung des gereinigten Fettes für den Verkehr.

Zur Beseitigung der freien Fettsäuren ist zuerst ein Auswaschen mit Alkohol oder eine Behandlung mit Magnesia vorgeschlagen; ferner sind angewendet Ammoniak, Kalk, Borax, Wasserglas u. a.; die meisten Fabriken arbeiten mit Natronlauge und Soda, indem sie die gebildeten Seifen sich unten absetzen lassen und vom Neutralfett trennen.

Die Riechstoffe werden durch strömenden überhitzten Wasserdampf entfernt.

Das so behandelte Cocosfett bildet eine schneeweiße, geruch- und geschmacklose Masse, die wie Butter in bestimmte Formen gefüllt und als solche in den Handel gebracht wird. Dieses Fett ist nicht streichfähig. Die Streichfähigkeit kann erreicht werden durch Kneten mittels Walzmaschinen mit Riffelwalzen oder durch Vermischen (Emulgieren) mit flüssigen Pflanzenölen, wozu besondere Vorrichtungen (Zentrifugalemulsoren) dienen. Mit Hilfe der letzteren lassen sich auch streichfähige Fettemulsionen herstellen.

Durch Verarbeiten (Emulgieren) des raffinierten Cocosfettes mit Milch, Eigelb, Zucker, Kochsalz und Farbstoffen in Birnen, wie sie bei der Herstellung der Margarine gebraucht werden, lassen sich auch ohne Mitverwendung tierischer Fette butterähnliche Erzeugnisse herstellen, die sich in ihren Eigenschaften (Geruch, Geschmack und Streichfähigkeit) nicht von der üblichen Margarine unterscheiden.

Die verschiedenen Erzeugnisse müssen aber im Handel durch entsprechende Benennungen unterschieden werden.

Ungefärbte, harte, nicht streichfähige Erzeugnisse mit und ohne Zusatz von anderen Pflanzenfetten müssen eine Bezeichnung, z. B. Cocosfett, Cocosbutter führen, welche die Herkunft wiedergibt. Die oben hierfür angeführten Phantasienamen (Ceres, Vegetaline, Kunnol usw.) sind nicht zulässig; höchstens die Bezeichnung Palmin kann als ausreichend angesehen werden.

Streichfähig gemachte Cocosfette, d. h. Gemische von Cocosfett und anderen Fetten, werden gesetzlich in ungefärbtem Zustande als Kunstspeisefette, im gefärbten Zustande als Margarine angesehen und unterliegen den gesetzlichen Bestimmungen wie diese.

---

[1]) Die Cocosfrucht besteht aus etwa 30—47% Faserschicht, 11—20% Steinschale, 18—28% Kernfleisch und Samenschale und etwa 45% Cocosmilch.

[2]) Die Palmfrucht besteht aus rund etwa 25% Fruchtfleisch, 55% Steinschale und 20% Samenkern.

Beschaffenheit des Cocos- und Palmkernfettes. Beide Fette bestehen vorwiegend aus Glyceriden[1]) der Capryl-, Caprin-, Laurin-, Myristin- und Ölsäure; hierzu gesellen sich bei Palmkernfett noch Glyceride der Palmitinsäure. Die Glyceride des Cocosfettes bestehen nach A. Bömer und E. Baumann zum weitaus größten Teile aus Caprylolauromyristin (Schmelzp. 15°) und Myristodilaurin (Schmelzp. 33°). Cocos- und Palmkernfette sind von allen Fetten — auch von dem des Palmfruchtfleisches — durch eine hohe Verseifungszahl, hohe Polenskesche Zahl und niedrige Jodzahl unterschieden; in der Reichert-Meißlschen Zahl werden sie nur durch Butterfett übertroffen. Die genannten Konstanten betragen nämlich bei beiden Fetten:

	Jodzahl	Verseifungszahl	Polenskesche Zahl	Reichert-Meißlsche Zahl
Cocosfett	8—10	254—262	16,8—18,2	6,0—8,5
Palmkernfett	13—17	242—252	8,5—11,0	4,0—7,0

An diesen Konstanten können beiderlei Fette, auch im Gemisch mit anderen Fetten, wenn ihre Menge darin etwa 20% und mehr beträgt, erkannt und nachgewiesen werden. Unverseifbare Bestandteile (Sterine) enthalten beide Fette auch weniger als alle anderen Fette. ***Verfälschungen*** kommen indes bei ihnen selten vor.

Pflanzenöle.

Außer den festen Cocos-, Palmkern- u. a. Fetten werden auch noch eine Reihe flüssiger Pflanzenöle zu Speisezwecken verwendet, von denen in zivilisierten Ländern in erster Linie Oliven-, Sesam-, Erdnuß-, Baumwollsamen-, Mohn- und Sonnenblumenöl, in zweiter Linie Rüb-, Lein-, Bucheckern-, Mais-, Kürbiskern- und Walnußöl in Gebrauch sind. In den exotischen Ländern werden noch viele andere Sorten Pflanzenöle genossen, die in Farbe, Geruch, Geschmack und Kältebeständigkeit unseren Anforderungen nicht entsprechen[2]).

Gewinnung. Die Gewinnung und Verarbeitung der Pflanzenspeiseöle ist im allgemeinen gleich und besteht kurz in folgendem:

Die geernteten reifen, in dünnen Lagen (besonders Oliven) oder auch in Silos aufbewahrten Früchte und Samen werden zur Gewinnung von Speiseölen zunächst sorgfältig gereinigt, weil alle Beimengungen den zu gewinnenden Ölen leicht einen fremdartigen Geschmack erteilen. Das Reinigen geschieht in ähnlicher Weise wie bei der Verarbeitung der Samen und Früchte auf Mehle durch Sieb- und Ventilationsvorrichtungen, durch Trieure, Magnete, Bürsten und Waschen.

Die gereinigten Rohstoffe werden dann gemahlen bzw. gequetscht und entweder durch Pressen oder durch chemische Lösungsmittel (Schwefelkohlenstoff, Benzin, Chloroform, Schwefeläther, Tetrachlorkohlenstoff u. a.) von Öl befreit. Das Ausschmelzen oder Auskochen des Öles (bzw. Fettes) mit Wasser wird jetzt wohl kaum mehr ausgeübt. Die Speiseöle werden durch Pressen gewonnen, weil dieses reinere Öle liefert und auch infolge des Fehlens von Verlusten an chemischen Lösungsmitteln billiger ist[3]).

Zum Zerkleinern der Ölsaaten benutzt man entweder Stampf- oder Schlagwerke, Walz- oder Quetschwerke, Schleuder- oder Schleuderkreuzmühlen, zum Pressen entweder Hebel-, Keil-, Spindel-, Kniehebel- oder hydraulische Pressen.

---

[1]) Die Elementarzusammensetzung wurde wie folgt gefunden:

Cocosfett.	74,16% C	11,73% H	14,11% O
Palmkernfett	74,13% C	11,77% H	14,10% O

[2]) Giftige Öle und Fette bzw. solche, die eine besondere Nebenwirkung besitzen, wie z. B. Ricinusöl, Krotonöl, Njamlungöl und Hydnocarpusfett sind natürlich vom Genuß ausgeschlossen.

[3]) Außerdem lassen sich die entfetteten Preßrückstände besser zur Fütterung verwenden als die Ausziehrückstände.

Das Pressen geschieht bald kalt, bald warm, bald bei geringerem, bald bei höherem Druck. Ölärmere Saaten erfordern einen höheren Druck als ölreichere. Der anzuwendende Druck schwankt zwischen 1—500 Atmosphären. Auch durch Erwärmen wird die Ausbeute an Öl erhöht, aber seine Güte erniedrigt. Weiter sind die Öle erster Pressung (Vorschlagöle) von besserer Beschaffenheit als die der zweiten und dritten Pressung unter erhöhtem Druck erhaltenen Öle (Nachschlagöle).

Die Preßrückstände der Ölsaaten werden wegen ihres hohen Proteingehaltes und auch wegen ihres durchweg noch 8—10% betragenden Fettgehaltes mit großem Vorteil zur Fütterung verwendet und sind sehr gesucht. Die durch chemische Lösungsmittel entfetteten Rückstände enthalten durchweg nur 2—3% Fett und sind trotz des etwas höheren Proteingehaltes weniger gesucht, weil sie meistens einen Beigeruch und -geschmack besitzen.

Reinigung (Raffinieren) der Öle. Über das Entfärben und Bleichen der Öle vgl. vorstehend S. 326, Anm. 2 und S. 332. Die meisten durch Pressen hergestellten Pflanzenöle enthalten indes noch Verunreinigungen, wie Eiweiß-, Schleimstoffe und Harze, wovon sie befreit werden müssen. Dieses pflegt durch Filtration oder Zentrifugieren oder durch Ausfällen mit Gerbsäure und Alaun oder häufiger durch Lösen mit Natronlauge, z. B. bei Leinöl und Baumwollsaatöl — man wendet Lösungen von 6 bis 25° Bé. bei 30 bis 45° an — oder durch Lösen bzw. Zerstören mit konz. Schwefelsäure (1,85 spez. Gewicht), z. B. bei Rüböl zu geschehen.

Demargarinierung (Entstearinisierung). Eine wesentliche Eigenschaft der Speiseöle ist ihre Kältebeständigkeit, d. h. die Eigenschaft, auch bei niedrigen Temperaturen klar zu bleiben bzw. sich nicht zu trüben. Man erreicht die Kältebeständigkeit dadurch, daß man die Öle (besonders Olivenöl und Baumwollsaatöl) langsam und längere Zeit auf 6—8° (nötigenfalls noch tiefer) abkühlt und die die Trübung bewirkenden festen Glyceride (Stearin) entfernt.

Mitunter rührt die Trübung auch von eingeschlossenem Wasser her. Dieses kann man durch calciniertes Glaubersalz oder auch Kochsalz u. a. entfernen.

Das Wasser, welches bis zu 0,5% von Öl gelöst wird, befördert auch das Ranzigwerden.

Zur Verbesserung des Geschmacks werden wohl dieselben Mittel angewendet, die für Margarine S. 330, Anm. 2, angegeben sind. Am meisten erreicht man die Geschmacksverbesserung durch Vermischen (Verschneiden) verschiedener Öle miteinander.

Einteilung der Pflanzenöle. Je nach ihrer Verwendung unterscheidet man:

1. Tafel- und Salatöle, die zum Anrichten der Salate und anderer kalten Speisen verwendet werden; hierzu dienen bei uns vorwiegend: Oliven-, Erdnuß-, Sesam-, Mohn- und Sonnenblumenkernöl.

2. Koch-, Back- und Bratöle. An diese werden nicht so hohe Anforderungen gestellt wie an erstere Öle. In den heißen Klimaten verwendet man zum Kochen und Braten außer Olivenöl alle möglichen Pflanzenöle, bei uns vorwiegend nur Rüböl und Cottonöl.

Zum Appretieren von Brot, Reis, Kaffee u. a. werden in unzulässiger Weise auch wohl Mineralöle und flüssiges Paraffin angewendet.

3. Einmachöle zur Frischhaltung von Nahrungsmitteln (wie Sardellen, Sardinen u. a.). Hierzu verwendet man vorwiegend die besten Öle, die auch als Tafel- und Salatöle dienen. Um ihr Ranzigwerden zu verhindern, werden sie sterilisiert.

Über die Konstanten der vor- und nachstehend beschriebenen Fette vgl. Tabelle IV am Schluß.

Von den Pflanzenölen seien noch besonders hervorgehoben:

Olivenöl (Baumöl). Olivenöl, das beste und gesuchteste Pflanzenöl, ist das aus dem Fruchtfleisch, meistens aus dem Fruchtfleisch und Samenkern des Olivenbaumes (Olea europaea culta L.) durch Auspressen gewonnene und gereinigte Öl.

Das aus dem Fruchtfleisch, das 75—80% der frischen Frucht ausmacht, freiwillig ausfließende oder durch schwache Pressung erhaltene Öl heißt auch Jungfernöl, Provenceröl,

Aixeröl oder Nizzaöl und wird für das beste gehalten. In Handelskreisen werden das aus dem Fruchtfleisch allein und das aus den Kernen gewonnene Fett für nicht wesentlich verschieden gehalten[1]). Die Güte des Olivenöles hängt wesentlich von der Stärke der Pressung ab; das der ersten Pressung ist besser als das der Nachpressungen, welches auch Nachmühlenöl oder Höllenöl genannt wird.

Der durch 2—3maliges Pressen erhaltene Rückstand (Sansa) enthält noch 10—20% Öl, welches durch Ausziehen mit Schwefelkohlenstoff oder Tetrachlorkohlenstoff gewonnen zu werden pflegt und als Sulfuröl bezeichnet wird.

Ein mit Grünspan gefärbtes Olivenöl wird im Handel Malagaöl genannt.

Das sog. marokkanische „Olivenöl", welches eine auffallend hohe Jodzahl hat, stammt nach Edw. A. Sasserath nicht vom Ölbaum (Olea europaea L.), sondern von dem Arganbaume (Arganum sideroxylon); es wird daher mit Unrecht als Olivenöl bezeichnet.

Eigenschaften. Olivenöl ist bei gewöhnlicher Temperatur flüssig, schwach strohgelb bis goldgelb, bisweilen auch grünlichgelb. Der Geschmack wechselt mit der Herkunft, der Bereitungsweise und dem Alter des Öles. Es gehört zu den nichttrocknenden Ölen.

Das Olivenöl (mit 76,84% C, 11,63% H u. 11,53% O) enthält sehr wechselnde Mengen (2—25%) fester Fettsäuren, die neben geringen Mengen Arachinsäure aus Palmitinsäure und Stearinsäure bestehen. An flüssigen Fettsäuren sind vorwiegend Ölsäure, daneben aber auch mehr oder minder geringe Mengen Linolsäure vorhanden. Die unverseifbaren Stoffe des Olivenöles (0,5—1,5%) enthalten ebenso wie die aller anderen Pflanzenfette Phytosterin, doch ist dessen Menge nur gering. Selbst das demargarinierte Olivenöl trübt sich noch meistens bei etwa 2—4° und scheidet bei etwa —6° weiteres „Stearin" aus.

Zur *Verfälschung* dienen namentlich Sesamöl, Erdnußöl, Baumwollsamenöl, Rüböl, ferner auch, aber seltener, trocknende Öle, wie Mohnöl, Leinöl; vereinzelt ist ein Zusatz von Mineralöl beobachtet worden. Sesam- und Baumwollsaatöl geben sich durch ihre eigenartigen Reaktionen, die anderen Öle durch die erhöhte Jodzahl zu erkennen; diese schwankt bei reinem Olivenöl zwischen 79—88.

Sesamöl. Sesamöl ist das durch Pressen der schwarzen und weißen Samen von Sesamum indicum und S. orientale (mit 50—55% Fett) gewonnene Fett. Es ist hellgelb, ohne besonderen Geruch und hat einen milden Geschmack. Aus dem Grunde bildet es ein beliebtes Tafel- oder Salatöl.

Das Sesamöl (mit 76,78% C, 11,52% H u. 11,70% O) besteht aus den Glyceriden der Palmitinsäure, Stearinsäure, Ölsäure sowie Leinölsäure und enthält in dem Unverseifbaren (0,95—1,32%) außer Phytosterin zwei wohl gekennzeichnete Körper, von denen der eine, das Sesamin, schön krystallisierende, bei 123° schmelzende Nadeln bildet und die verhältnismäßig hohe Rechtsdrehung des Öles (+1,9° bis +4,6°) verursacht, während der zweite, ein Öl, das H. Kreis für einen phenolartigen Körper hält, dem er den Namen Sesamol gibt, die Ursache der Rotfärbung mit Furfurol und Salzsäure ist[2]).

Die Jodzahl des Sesamöles ist bis jetzt zwischen 103—116,8 gefunden; sie liegt in der Regel zwischen 105—115.

Baumwollsamenöl (Cottonöl, Baumwollsaatöl, auch Nigeröl genannt). Baumwollsamenöl ist das aus dem Samen verschiedener Arten der Baum-

[1]) Der Kern mit 17—23% Schalen und 2—5% Samen macht auch nur 1/3 bis 1/4 der frischen Frucht aus und enthält auch weit weniger Fett als das Fruchtfleisch, nämlich:

	Fruchtfleisch	Steinschale	Samen
Wasser	30,07%	9,22%	10,50%
Fett	51,90%	2,84%	31,88%

[2]) Diese (Baudouinsche) Reaktion dient zum Nachweis von Sesamöl in anderen Fetten (Margarine und Margarinekäse). Mit Salzsäure und Zinnchlorür (Bettendorf-Soltsien) liefert es eine rote, mit Wasserstoffsuperoxyd und Schwefelsäure (Kreis) eine olivgrüne Reaktion.

wollstaude (Gossypium, mit 17—25% Fett) durch Pressung gewonnene und gereinigte Öl.

Über die Reinigung (Raffinieren, Entfärben) und Demarganierung vgl. S. 332 und 335. Die beim Raffinieren mit Alkali sich bildenden Seifenflocken, welche den Farbstoff mit niederreißen, gibt den sog. Seapstock ab, der verschiedentliche Verwendung findet.

Die Gewinnung des Öles ist umständlicher als bei anderen Ölsamen, weil außer der üblichen Reinigung die Samen einerseits durch besondere maschinelle Vorrichtungen von der Faser (Egreniermaschinen, Linter genannt), andererseits von der Schale (durch sog. Huller) befreit werden müssen bzw. befreit zu werden pflegen. Der Samen besteht aus etwa 45% Schalen und 55% Samenkern, der lose in den Schalen liegt und zwischen 30—40% Fett enthält. Das kältebeständige ungebleichte Öl wird vorwiegend als Butteröl bzw. als Back- und Bratöl, das gebleichte Öl als Speiseöl und Schmalzöl bzw. auch zur Margarineherstellung und zum Einmachen von Sardinen u. a. benutzt. Da gegen das Baumwollsaat- oder Cottonöl vielfach noch ein Vorurteil besteht, so wird es meistens unter der Bezeichnung Tafel- oder Salatöl in den Handel gebracht oder dient zum Vermischen mit anderen gesuchteren Speisölen (Oliven-, Sesam-, Erdnußöl u. a.).

Eigenschaften. Das rohe Baumwollsaatöl (mit 76,40% C, 11,53% H u. 12,07% O) ist dunkelorange bis rotbraun gefärbt; es findet als solches keinerlei Verwendung. Das raffinierte Öl besitzt in der Regel eine hellgelbe Farbe.

Das Baumwollsamenöl besteht vorwiegend aus den Glyceriden der Palmitin-, Öl- und Leinölsäure und enthält etwa 0,7—1,7% unverseifbare Stoffe (vorwiegend Phytosterin). Da es bei der Raffination für Speisezwecke stets mit Alkalien behandelt wird, ist der Säuregehalt der Handelsöle meist nur sehr gering.

Die Jodzahl des Baumwollsamenöles beträgt im allgemeinen 105—117, die des Baumwollsamenstearins 89—104.

Zum Nachweise von Baumwollsaatöl dient in erster Linie die kennzeichnende Halphensche Reaktion, d. h. die Rotfärbung mit Amylalkohol und einer 1 proz. Lösung von Schwefel in Schwefelkohlenstoff. Kapok- und Baobaöl geben dieselbe Reaktion.

Der die Halphensche Reaktion verursachende Körper kann beim Füttern von Baumwollsamenrückständen sowohl in das Butterfett als auch in das Körperfett der Schweine und Rinder übergehen, so daß also bei diesen Fetten eine positive Halphensche Reaktion auftreten kann, ohne daß die betreffenden Fette eine Beimischung von Baumwollsamenöl enthalten.

Erdnußöl (Arachis-, Madras-, Erdeichel-, Achantinus- oder Katjanöl). Erdnußöl ist das aus den Samen der Erdnuß (Arachis hypogaea L. mit 35—50% Fett) nach Entfernung der Samenhaut und der Keime gewonnene Öl.

Die Erdnüsse, die aus rund 25% Hülsen und 75% Samen bestehen, werden erst von anhaftendem Schmutz (Erde, Sand und beigemengten Stengelteilen) gereinigt und darauf enthülst; die Samenkerne werden weiter von den roten, dünnen Samenhäutchen — unter gleichzeitiger Loslösung der Keime — befreit und die gereinigten Kerne in üblicher Weise gepreßt. Die Öle der ersten und zweiten kalten Pressung dienen meistens als Speiseöl, die der dritten warmen Pressung nur zu technischen Zwecken. Die Reinigung der Speiseöle beschränkt sich meistens nur auf eine Filtration.

Eigenschaften. Das Erdnußöl (mit 75,73% C, 11,57% H u. 12,70% O) ist fast farblos und geruchlos und hat keinen besonders kennzeichnenden Geschmack. Es ist vor allen anderen Speisefetten und Ölen chemisch dadurch gekennzeichnet, daß es neben Glyceriden der Ölsäure, Leinölsäure und Stearinsäure Arachinsäure ($C_{20}H_{40}O_2$) und Lignocerinsäure ($C_{24}H_{48}O_2$) in Mengen von etwa 5% — Tortelli und Ruggeri fanden in 7 Erdnußölproben 4,31—5,40% Arachin- und Lignocerinsäure vom Schmelzpunkt 74,1 bis 75,4° — enthält, während diese Säuren in anderen Ölen (Olivenöl, Rüböl) nur spurenweise vorkommen sollen.

Die Jodzahl des Erdnußöles liegt in der Regel zwischen 85 und 102.

Der Gehalt des Erdnußöles an unverseifbaren Stoffen beträgt 0,4—1,0%.

Als ***Verfälschungsmittel*** für Erdnußöl sind Sesamöl, Baumwollsamenöl, Mohnöl und Rüböl zu beachten.

Für den Nachweis des Sesamöles kommen die qualitativen Reaktionen[1]) in Betracht. Das Erdnußöl erkennt man an der Schwerlöslichkeit der Kaliumsalze der Arachin- und Lignocerinsäure und an der aus den festen Bleisalzen hergestellten Arachinsäure durch Krystallisation der festen Fettsäuren aus Alkohol.

Mohnöl. Mohnöl ist das aus den Samen des Mohnes (Papaver somniferum L. mit 40—55% Fett) gewonnene Öl. Der Mohnsamen muß durch Bürstmaschinen vor der Pressung sorgfältig gereinigt und tunlichst frisch verwendet werden, weil er beim Lagern leicht schimmelig wird und ein ranziges Öl liefert.

Das durch die erste kalte Pressung aus guter und gut gereinigter Mohnsaat erhaltene Öl bildet ein beliebtes Speiseöl; das durch die heiße Nachpressung erhaltene „rote Mohnöl" ist als Speiseöl nicht geeignet.

Das Mohnöl (mit 76,75% C, 11,42% H u. 11,83% O) ist fast farblos, höchstens schwach goldgelb gefärbt, fast geruchlos und von angenehmem Geschmack. Es gehört zu den trocknenden Ölen; es enthält vorwiegend Glyceride von Linolsäure und Ölsäure neben solchen von Linolensäure, Palmitinsäure und Stearinsäure und etwa 0,5% unverseifbare Stoffe.

Sonnenblumensamenöl (Sonnenblumenöl). Sonnenblumenöl ist das aus den geschälten Samen der Sonnenblume (Helianthus annuus L. mit 25—35% Fett) gewonnene Öl.

Die Samen, die rund 55% Kerne und 45% Schalen enthalten, werden erst durch Sieben gereinigt, dann enthülst und gepreßt. Nur die erste kalte Pressung liefert ein gutes und beliebtes Speiseöl.

Das kalt gepreßte Sonnenblumenöl ist von hellgelber Farbe, angenehmem Geruch und mildem Geschmack. Es gehört wie das Mohnöl zu den trocknenden Ölen und enthält die Glyceride derselben Fettsäuren.

Rüböl (Rapsöl, Kohlsaatöl, Kolzaöl). Rüböl ist das aus Samen verschiedener Brassica-Arten (mit 33—42% Fett) gewonnene und gereinigte (raffinierte) Öl.

Das in üblicher Weise durch Pressen gewonnene Öl wird durch konz. Schwefelsäure raffiniert (S. 335).

Die Brassicaöle (mit 78,03% C, 12,04% H u. 9,93% O) sind gekennzeichnet durch eine verhältnismäßig niedrige Verseifungszahl (168—179), die durch den Gehalt des Öles an Erucasäure ($C_{22}H_{42}O_2$) bedingt ist. Ferner soll das Rapsöl nach L. Archbutt auch Arachinsäure — er fand 1,4% — enthalten. Die früher als Rapinsäure ($C_{18}H_{34}O_2$) bezeichnete Säure ist eine Isomere der Ölsäure mit 2 Atomen O. Möglicherweise sind aber noch geringe Mengen Linol- und Linolensäure vorhanden. Heiß gepreßte Rüböle enthalten auch Schwefelverbindungen, kalt gepreßte dagegen nach G. Hefter nicht.

Die Jodzahl des Rüböles beträgt 94—106.

Die ***Verfälschungen*** des Rüböles bestehen vorwiegend in Zusätzen von trocknenden Ölen (Leinöl, Mohnöl), die man durch die erhöhte Jodzahl erkennt, von Tran, von Harzöl, das

[1]) Hierbei ist zu berücksichtigen, daß in Fabriken, die Erdnußöl und Sesamöl mit denselben Maschinen und Preßtüchern herstellen, bei Erdnußölen häufiger die sehr empfindliche Baudouinsche Reaktion auf Sesamöl auftritt, während die Soltsiensche Zinnchlorürreaktion in solchen Fällen, wenn es sich um in ordnungsmäßigen Betrieben gewonnene Öle handelt, nicht einzutreten pflegt. — H. Kreis empfiehlt für solche Fälle die von ihm angegebene Reaktion mit Wasserstoffsuperoxyd-Schwefelsäure, die bei Gegenwart von weniger als 5% Sesamöl nicht mehr deutlich eintritt. Am sichersten aber ist der Nachweis des Sesamins mittels mikroskopischer Untersuchung und der von A. Bömer angegebenen Farbenreaktion mit Essigsäureanhydrid und konzentrierter Schwefelsäure, die nicht eintritt, wenn das Erdnußöl nur Spuren von Sesamöl enthält.

durch seine starke Rechtsdrehung, und von Paraffinöl, das durch die Bestimmung des Unverseifbaren erkannt wird.

Die Erucasäure wird durch die Schwerlöslichkeit des Bleisalzes in Äther und durch den Schmelzpunkt der daraus abgeschiedenen Säure (33—34°) nachgewiesen.

Leinöl (Flachsöl). Leinöl ist das aus dem Leinsamen (Linum usitatissimum L. mit 33—42% Fett) gewonnene Öl.

Der Leinsamen wird vor dem Pressen durch Sieben und Trieuren gereinigt, vereinzelt auch noch geröstet und dann gepreßt. Das Öl wird durch Filterpressen, weiter durch Knochenkohle oder Aluminiumsilikatpulver oder auch durch Natronlauge bzw. Schwefelsäure entfärbt und entschleimt.

Das kalt gepreßte, gereinigte Leinöl dient im frischen Zustande in einigen Ländern als Speiseöl. Es ist zitronengelb gefärbt, von eigenartigem Geruch, aber mildem Geschmack; bei der Aufbewahrung wird es bitterschmeckend.

Das Leinöl (mit 77,53% C, 11,13% H u. 11,34% O) gehört zu den trocknenden Ölen; es besteht hauptsächlich aus den Glyceriden von Linolsäure, Linolensäure und Isolinolensäure neben solchen von Ölsäure, Palmitinsäure und Myristinsäure und enthält bis 1,2% unverseifbare Stoffe.

Wegen des hohen Gehaltes an Linolensäure[1]) hat es von allen Ölen die höchste Jodzahl (nach Hübl bis 188, nach Wijs bis 205). Hieran kann es auch erkannt werden.

Verfälschungen des an sich billigen Leinöles kommen wohl nur bei dem zu technischen Zwecken verwendeten Leinöl mit Mineralölen vor.

Bucheckernöl (Buchenkernöl, Buchelnußöl, Buchelöl). Bucheckernöl ist das aus den Samen der Rotbuche (Fagus silvatica L. mit 25—30% Fett) gewonnene Öl. Die frisch gesammelten Bucheckern werden getrocknet und sowohl unentschält als auch entschält gepreßt, und zwar erstere nur warm, letztere kalt und warm. Die kalt gepreßten entschälten Bucheckern liefern das beste Speiseöl (76,65% C, 11,47% H u. 11,88% O). Es hat eine hellgelbe Farbe, einen angenehmen Geschmack und ist sehr haltbar.

Kürbiskernöl. Kürbiskernöl ist das aus den Samen des gemeinen Kürbisses (Cucurbita pepo L. mit rund 40% Fett) gewonnene Öl. Die Samen werden unenthülst und entschält verwendet; der Entschälung geht gewöhnlich eine Röstung der Samen vorher. Kaltgepreßtes Öl ist hellgelb gefärbt und als Speiseöl direkt verwendbar; heißgepreßtes Öl aus gerösteter Saat muß erst mit Natronlauge raffiniert werden, wird aber auch als Speiseöl, vorwiegend in Ungarn und Rußland, verwendet.

Maisöl (Kukuruzöl). Maisöl ist das aus den bei der Stärkefabrikation entfernten Samenkeimen des Maises (Zea Mais L.) gewonnene und gereinigte Öl.

Die Maiskeime, die im reinen Zustande 33—36%, im technisch gewonnenen Zustande 15—18% Fett enthalten, werden entweder gepreßt oder mit Fettlösungsmitteln ausgezogen. Das dunkelgefärbte Rohöl (mit 75,70% C, 11,36% H u. 12,94% O) wird mit Natronlauge raffiniert[2]). Letzteres ist ein hell-goldgelbes Öl von eigenartigem Geruch und einem an frisches Mehl erinnernden Geschmack.

Neben den drei üblichen Fettsäuren, Stearin-, Palmitin- und Ölsäure, werden auch Arachin- und Hypogäasäure, als flüssige Säuren Linol- und Ricinolsäure, als flüchtige Säuren Capron-, Capryl- und Caprinsäure angegeben. Die unverseifbaren Bestandteile (etwa 2%) bestehen vorwiegend aus Lecithin und Sitosterin.

---

[1]) Fahrion gibt das Verhältnis der Säuren wie folgt an:

Palmitin- u. Myristinsäure	Ölsäure	Linolsäure	Linolensäure	Isolinolensäure	Glycerinrest	Unverseifbares
8,0%	17,5%	26,5%	10,0%	33,5%	4,3%	0,8%

[2]) Zum Bleichen ist auch hydroschweflige Säure vorgeschlagen.

Walnußöl (Nußöl) ist das aus den Samen der Walnuß (Juglans regia L.) gewonnene, sehr geschätzte Speiseöl. Es wird nur im kleinen hergestellt; die Nüsse müssen 2—3 Monate gelagert haben. Der von der Steinschale befreite Samen enthält frisch rund 48%, lufttrocken 58% Fett. Das kaltgepreßte Öl ist fast farblos; es hat einen angenehmen Geruch und nußartigen Geschmack. Das Walnußöl (mit 77,46% C, 11,83% H u. 10,71% O) gehört zu den trocknenden Ölen; seine Fettsäuren bestehen hauptsächlich aus Ölsäure und Leinölsäure; daneben kommen auch geringe Mengen Linolen- und Isolinolensäure vor; in den festen Fettsäuren will man auch Myristin- und Laurinsäure gefunden haben.

Gehärtete Öle.

Gewinnung. Unter „gehärteten Öle" versteht man die durch Hydrierung, Anlagerung von Wasserstoff an die ungesättigten Fettsäuren, aus dem flüssigen in den festen Zustand übergeführten Öle bzw. Fette, indem die ungesättigten Fettsäuren (Ölsäure, Leinölsäure, Linolensäure) in Stearinsäure umgewandelt werden. Die Anlagerung von Wasserstoff geschieht allgemein nach dem Verfahren von Sabatier und Sendersens mit Hilfe eines Katalysators (Kontaktsubstanz) bei Temperaturen, die zwischen gewöhnlicher Lufttemperatur bis 160° schwanken und um so niedriger sein können, je höher der Druck ist. Als Katalysatoren werden meistens metallisches Nickelpulver, Nickeloxyde, auch Nickelsalze (Nickelformiat, Nickelborat), dann aber auch Platin, Palladium, Iridium angewendet. Mit Palladium und Tierkohle läßt sich sogar eine vollständige Überführung der ungesättigten Säuren in gesättigte Säuren — also Jodabsorption = 0 — erreichen; indes wird die Hydrierung in der Regel nur so weit getrieben, bis die Öle fest werden, aber noch streichfähig bleiben.

Die Art der Ausführung ist in den einzelnen Fabriken etwas verschieden; in den Bremen-Besigheimer Ölfabriken in Bremen verfärbt man wie folgt:

In einem doppelwandigen Autoklaven wird das zu härtende Öl mit dem mit Öl angerührten Katalysator — auf Kieselgur verteiltes, im Wasserstoffstrome reduziertes Nickel — unter Druck bei 100—150° einem Wasserstoffstrome entgegengeführt, indem das Öl in einem kontinuierlichen Strome von oben herabrieselt, während der Wasserstoff von unten her in den Autoklaven übergeführt wird. Nach Verlauf von 1/2 bis 1 Stunde — je nach der gewünschten Härte des Öles — ist der Härtungsprozeß beendet, worauf das gehärtete Öl durch Filterpressen von dem Katalysator befreit und durch Behandlung mit Wasserdampf im Vakuum desodoriert wird (A. Bömer).

Veränderungen der Fette durch Härten (Hydrieren). Die durch das Hydrieren der Öle bewirkten Veränderungen sind kurz folgende:

1. Je nach dem Grade der Hydrierung findet eine teilweise oder vollständige Sättigung der ungesättigten Fettsäuren statt; so kann z. B. aus Triolein Dioleostearin, Oleodistearin und Tristearin, aus Dioleopalmitin entweder Oleostearopalmitin oder Distearopalmitin entstehen. Auch können sich hierbei die Isomeren (vgl. S. 67) bilden. Es scheint, daß die weniger gesättigten Fettsäuren, die Leinöl- und Linolensäure, eher umgewandelt werden als die Ölsäure.

Infolge dieser Umwandlungen findet eine Erhöhung des Schmelz- und Erstarrungspunktes, eine Erniedrigung der Refraktometer- und Jodzahl statt, während die Verseifungszahl nur wenig verändert wird.

2. Die nur teilweise hydrierten weichen und mittelharten Erzeugnisse gleichen in Geruch und Geschmack, Schmelzpunkt und Konstanten dem Schweineschmalz, die stark und fast vollständig hydrierten Öle in allen Eigenschaften dem Rinds- und Hammeltalg.

3. Die Sterine, Cholesterin und Phytosterin, werden durch mittelmäßiges Hydrieren nicht verändert. Durch starkes und vollständiges Hydrieren soll auch für diese eine Veränderung eintreten können.

4. Auch die Farbstoff-Reaktionen verursachenden Stoffe erfahren nur zum Teil eine Veränderung; z. B. blieb nach A. Bömer die Halphensche Reaktion bei gehärtetem Baumwollsaatmehl aus; dagegen trat die Baudouinsche Reaktion — auch die von Soltsien — in gehärtetem Sesamöl sogar auffallend stark hervor. Auch die Tortelli - Jaffesche Reaktion (gelbrosa- bzw. hellgrüne Färbung von Tranen beim Schütteln von Fettlösungen in Chloroform mit Essigsäure und bromhaltigem Chloroform) bleibt bei gehärteten Tranen bestehen.

5. Die Härtung der an sich zur menschlichen Ernährung geeigneten Öle beeinträchtigt, wenn die Härtung nur bis zu einem gewissen Grade, bis zur Streichfähigkeit des Fettes, geschieht, den Nährwert derselben nicht; nur die sehr stark und vollständig hydrierten Fette dürften wie Preßtalg schwerer verdaulich sein. Geringe Mengen etwa in den gehärteten Ölen verbliebener Mengen Nickel, die im Höchstfalle zu 6 mg in 1 kg gehärtetem Fett gefunden wurden, können nach K. B. Lehmann nicht schädlich sein.

III. Teil.

Mehle und ihre Rohstoffe.

A. Rohstoffe der Mehle.

I. Die Getreidearten.

Unter „Getreide“ versteht man die ausgedroschenen oder gerebelten reifen Früchte von Weizen, Roggen, Gerste, Hafer, Mais, Reis, Hirse und Buchweizen, die, mit Ausnahme des Knöterichgewächses „Buchweizen“, zu den Gräsern (Gramineen)[1] gehören und im Handel entweder wie Spelt- (bespelzter) Weizen, Gerste (bespelzte), Hafer und Hirse von Spelzen umschlossen oder wie Nacktweizen, Roggen, Nacktgerste, Mais und Reis entspelzt vorkommen (Codex alim. austr.).

Die Getreidearten sind neben Kartoffeln für die Menschheit die wichtigsten Nahrungsmittel, weil sie uns das tägliche Brot liefern. Der jährliche Verbrauch an Getreide kann zu 100—130 kg für den Kopf der Bevölkerung oder zu 150—200 kg für den Kopf eines Erwachsenen angenommen werden.

Die Getreidearten sind besonders reich an Stärke, wovon sie 50—68% enthalten; der Pentosangehalt beträgt 5—10%; der Gehalt an Protein schwankt zwischen 8—15%, der an Fett zwischen 1—2%, nur Hafer und Mais enthalten mehr Fett, nämlich 4—6%.

Die Mineralstoffe (Asche) bestehen vorwiegend aus phosphorsaurem Kali. Auf 1 Teil Phosphorsäure entfallen durchschnittlich 2 Teile Stickstoff.

Die Getreidearten unterscheiden sich von anderen Samen und Früchten besonders durch den Gehalt an Kleber, d. h. in Alkohol löslichen Proteinen.

1. Weizen. Arten. Bei Weizen mit zahlreichen Spielarten unterscheidet man 2 Hauptgruppen, nämlich:

a) Nackte Weizensorten: der gemeine Weizen (Triticum sativum vulgare Lam.); der englische Weizen (Tr. sativum turgidum Lam.), der Hartweizen (Tr. sativum durum Lam.), der Zwerg-, Bingel- oder Igelweizen (Tr. compactum Holst.) und der polnische Weizen (Tr. polonicum L.).

b) bespelzte Weizensorten: Dinkel, Spelz (Triticum Spelta L.); Zweikorn, Emmer (Tr. dicoccum Schrank) und Einkorn (Tr. monococcum L.).

Jede Unterart hat wieder, je nachdem sie begrannt oder nicht begrannt ist, ein weißes, gelbes oder rotes Korn hat, bald als Winter-, bald als Sommerfrucht angebaut wird, sehr viel Spielarten.

Die Spelzweizen werden vorwiegend nur in Süddeutschland angebaut; der Dinkel als Winterfrucht, der Emmer auch als Sommerfrucht, während sich das Einkorn mit bescheidenen Ansprüchen auch auf den Höhen mit steinigem Boden findet. Die weiteren Ausführungen beziehen sich auf Nacktweizen.

Die Weizensorten werden sämtlich auf Graupen, Grieße und Mehle verarbeitet und nehmen unter den Mehlerzeugnissen in Europa den größten Umfang ein; die Nacktweizen dienen auch zur Herstellung von Stärkemehl.

---

[1]) Auch noch andere Gramineensamen besitzen mit den genannten annähernd gleiche Zusammensetzung; so gleicht der Samen von Glyceria fluitans nach Hartwich und Hakanson in der Stärkeart dem Hafer.

Die Spelzweizen, von der gleichen Zusammensetzung wie Nacktweizen, liefern nach dem Schälen zwar auch ein feines und backfähiges Mehl, dieses wird aber meistens mit dem Mehl von Nacktweizen vermischt.

Der unreife Spelz liefert in gedörrtem Zustande das sog. Grünkorn, welches in Form von Graupen oder Mehl vorwiegend zur Bereitung von Suppen dient.

Beschaffenheit des Kornes und Bewertung. Der Weizen pflegt im Handel nach seinem Hektolitergewicht bewertet zu werden. Dieses wie andere äußere Eigenschaften zeigen bei den einzelnen Arten Nacktweizen große Schwankungen[1]). Im allgemeinen steigt das Hektolitergewicht mit dem 1000 - Korngewicht und der Weizen wird um so höher bezahlt, je höher dieses Gewicht ist. Es hängt von der Dichte, nicht von der Größe des Kornes ab und kann nur für Weizen derselben Sorte und aus derselben Gegend als Wertmesser dienen.

Je größer und dünnschaliger das Korn, um so höher ist seine Mehlausbeute.

Von wesentlichem Einfluß auf die Bewertung des Weizens ist auch die Beschaffenheit des Kornes, ob glasig (hart) oder mehlig (weich). Unter glasigem (hartem) Weizen versteht man solchen, dessen Mehlkern hornartig durchscheinend ist, unter weichem Weizen solchen, dessen Mehlkern eine reinweiße, weiche, an unglasiertes Porzellan erinnernde Beschaffenheit besitzt. Die glasigen Körner können bei den einzelnen Weizensorten zwischen 5—95% bzw. die mehligen zwischen 95—5% schwanken, wobei dann von dem größeren Anteil meistens noch 10—50% eine Mittelstufe einnehmen können. Glasiger Weizen wird wegen seines höheren Klebergehaltes durchweg höher bewertet als weicher Weizen.

Eine bräunlichgelbe hornartig schimmernde Färbung wird bei Weizen einer strohgelben vorgezogen.

Zusammensetzung. Proteine. Der Weizen zeichnet sich von allen Getreidearten durch einen hohen Gehalt an alkohollöslichen Proteinen aus, die zusammen mit dem alkoholunlöslichen Glutenin (auch Glutencasein genannt) den Kleber (S. 22) bilden. Von ihm hängt wesentlich die Beschaffenheit (Backfähigkeit) des Weizenmehles mit ab. Der Klebergehalt steigt und fällt im allgemeinen mit dem Gesamtproteingehalt, aber das Verhältnis ist kein bestimmtes, regelmäßiges, sondern schwankt nicht nur bei den einzelnen Weizensorten, sondern ist auch bei demselben Weizen in den einzelnen Jahren verschieden[2]). Vom Gesamtprotein des Weizens sind in Prozenten desselben rund 59—85% Kleberproteine und von letzteren 50—60% in 60—70 proz. Alkohol löslich und 10—25% unlöslich (Glutenin).

Außerdem enthält der Weizen Albumin (Leukosin mit 16,80% N), Globulin (Edestin genannt mit 18,39% N) und Amide[3]).

Fett. Das Weizenfett (rund 2% des Kornes mit 77,19% C, 11,97% H u. 10,84% O) ist vorwiegend im Keim (mit 10—15% Fett) und in der Kleberschicht abgelagert. Es besteht

[1]) Die Schwankungen betragen z. B.:

Spez. Gewicht		Hektolitergewicht		1000 Korngewicht		Teile des Korns		
Schwank.	Mittel	Schwank.	Mittel	Schwank.	Mittel	Schalen	Mehlkern	Keim
1,3766—1,4396	1,4131	72—82 kg	76 kg	25—50 g	32 g	13,0%	85,0%	2,0%

[2]) So fand A. Czerhati für ungarischen Weizen in den Jahren 1900—1903:

Gesamt-Protein	Gehalt an trockenem Kleber			
	1900	1901	1902	1903
12%	7,39%	8,07%	9,87%	8,26%
14%	9,28%	9,99%	12,65%	10,11%
16%	10,98%	11,83%	15,22%	10,73%

[3]) Die Stickstoffverbindungen verteilen sich etwa wie folgt:

Gesamt-Protein	Gesamt-Kleber	In Alkohol		Albumin (Lenkosin)	Globulin (Edestin)	Amide
		unlöslich	löslich			
10—16%	6,0—15,0%	1,5—3,5%	5,0—11,0%	0,3—0,4%	0,5—2,0%	0,5—1,0%

vorwiegend aus den Glyceriden der Palmitin-, Stearin- und Ölsäure. Sein Lecithingehalt wird zu 0,15 bis 0,65% angegeben.

Kohlenhydrate. Die Kohlenhydrate (stickstofffreie Extraktstoffe) bestehen vorwiegend aus Stärke (55—70%). Zwar werden im Weizen auch 2—3% Zucker und ebensoviel Dextrin angegeben, aber diese scheinen sich erst beim Lagern, Zerkleinern bzw. Behandeln des Weizens durch vorhandene diastatische Fermente zu bilden; denn wenn man die Wirkung der letzteren durch Ausziehen mit Alkohol ausschließt, findet man durchweg nur 0,1—0,3% fertig gebildeten und nur 1% durch Hydrolyse sich bildenden Zucker.

Die Pentosane (6—9%) finden sich vorwiegend in der Schale (20—30%) und nur zum geringen Teil im Mehlkern (2—4%).

Über die Zusammensetzung der Mineralstoffe vgl. Tab. III, Nr. 62—65.

Einflüsse auf die Zusammensetzung. Die Zusammensetzung des Weizens, besonders der Gehalt an Protein bzw. Kleber, wird durch mehrere Umstände beeinflußt, nämlich:

a) Weizensorte. Der englische (Square head) Weizen gilt allgemein als besonders protein- bzw. kleberarm.

b) Korngröße und Korngewicht. Im allgemeinen sind kleine Körner, Hinterkörner und Körner von geringem Korngewicht protein- bzw. kleberreicher als große, Vorderkörner bzw. solche von hohem absolutem Gewicht bei Weizen von demselben Jahrgang[1]).

c) Kornbeschaffenheit. Glasiger (harter) Weizen ist, wie bereits bemerkt, durchweg protein- bzw. kleberreicher als mehliger Weizen von demselben Jahrgang[2]). Die Glasigkeit soll entweder dadurch entstehen, daß bei der Reifung des Kornes die Anhäufung von Protein vorwaltet, die Ablagerung von Stärke zurücktritt, oder dadurch, daß beim glasigen Korn die Stärkekörner im Protoplasma lückenlos eingelagert sind und von diesem verkittet werden, während beim mehligen Korn zwischen den Stärkekörnern Lufträume entstehen sollen, welche die Zellen undurchsichtig, „mehlig", erscheinen lassen sollen. E. Prior unterscheidet (allerdings bei Gerste) zwischen einer Glasigkeit, die entweder durch wasserlösliche N-freie Stoffe oder durch alkohollösliche N-freie Stoffe oder durch stickstoffhaltige (alkohollösliche) bedingt wird.

d) Sommer- und Winterweizen. Sommerweizen pflegt unter denselben klimatischen Verhältnissen prozentual mehr Protein (bzw. Kleber) zu enthalten, als Winterweizen[3]). Man führt das darauf zurück, daß beim Sommerweizen infolge der kürzeren Wachstumszeit (140 Tage) weniger Stärke im Verhältnis zum Protein gebildet und abgelagert wird, als beim Winterweizen mit 300 Wachstumstagen in unseren Breitengraden.

e) Klima und Witterung. Aus denselben Gründen pflegt Weizen aus südlichen (warmen) Gegenden protein- und kleberreicher zu sein als Weizen aus nördlichen Gegenden,

---

[1]) So ergaben im Durchschnitt mehrerer Analysen:

	Kleine Körner	Große Körner	Hinterkörner	Vorderkörner	Absolutes Gewicht von 1000 Körnern (1900) nach Czerhati		
	nach Marek		nach v. Gohren		Bis 30 g	30—35 g	über 35 g
Protein	15,53%	14,35%	18,33%	13,14%	13,79%	12,90%	12,65%
	(In der Trockensubstanz)				(Natürliche Substanz)		

[2]) So fand A. Czerhati für ungarischen Weizen vom Jahrgang 1903:

Mehligkeit . .	bis 10%	10—20%	20—30%	30—40%	40—50%	50—60%	über 60%
Protein	19,19%	15,75%	15,13%	14,94%	14,21%	13,99%	14,48%

In den drei vorhergehenden Jahren wurden zwar andere Proteingehalte gefunden, aber diese nahmen mit der größeren Mehligkeit ebenfalls regelmäßig ab.

Aber auch im Mittel von mehreren 100 Analysen verschiedener Jahrgänge und Weizensorten ergab glasiger Weizen 14,61%, mehliger 13,14% Protein in der Trockensubstanz.

[3]) Siehe nebenstehende Anm. 1 S. 345.

wo er noch bis zum 58.—60. ° n. Br. wächst. Als besonders kleberreich gilt der russische Steppen-(Sommer-) Weizen, in welchem bis 28,76% Protein in der Trockensubstanz gefunden sind[1]).

Damit hängt auch zusammen, daß der Weizen in warmen trockenen Jahren mehr Protein enthält, als in kalten und nassen Jahren[2]).

f) Boden und Düngung. Der Weizen liebt einen guten nährfähigen Boden von genügend wasserhaltender Kraft und starke Düngung; so konnte der Gehalt der Trockensubstanz an Protein von 16,25% bei ungedüngtem Weizen auf 21,43% nach Düngung mit Stickstoff und auf 22,37% bei Düngung mit Stickstoff und Phosphorsäure erhöht werden. Der prozentuale Gehalt an Mineralstoffen wird durch die Düngung nicht oder nicht wesentlich beeinflußt.

Roggen. Der Roggen kommt nur in einer Art (Secale cereale L.) vor, aber je nach Größe und Farbe des Kornes, als Winter- oder Sommerroggen ebenfalls wie Weizen in vielen Spielarten. Der Roggen stellt indes an Boden, Düngung und Klima — er geht bis zum 70. ° n. Br. hinauf — geringere Anforderungen als der Weizen.

Auch bezüglich der äußeren Beschaffenheit gleicht der Roggen dem Weizen[3]). Die Farbe des Roggenkornes ist grau- bis blaugrün und gelb bis gelbbraun, welcher Unterschied durch die blau gefärbten Aleuronzellen und die Dicke der Haut bzw. Schale des Kornes bedingt ist. Ist letztere dünn, so tritt mehr der blaue Ton hervor, ist sie dick, so umgekehrt der gelbe und braune Ton um so mehr, je dicker die Schale ist.

Zusammensetzung. Auch in der chemischen Zusammensetzung gleicht der Roggen dem Weizen. Nur bildet er keinen Kleber, weil ihm entweder eines der Kleberproteine fehlt oder letztere in ihm in einem anderen Verhältnis vorhanden sind als im Weizenkleber. Der Gehalt an Gliadin (mit 17,72% N) beträgt durchschnittlich 4—5% wie beim Weizen. Albumin

[1]) So ergaben:

Weizen Art und Herkunft	Anzahl der Analysen	In der natürlichen Substanz						In der Trockensubstanz				
		Wasser %	Stickstoffsubstanz %	Fett %	Stickstofffreie Extraktstoffe %	Rohfaser %	Asche %	Stickstoffsubstanz %	Fett %	Stickstofffreie Extraktstoffe %	Rohfaser %	Asche %
Deutscher Winterweizen	132	13,37	11,41	1,68	69,23	2,42	1,89	13,17	1,95	79,91	2,79	2,18
Deutscher Sommerweizen	38	13,37	13,89	1,80	66,32	2,26	2,36	16,03	2,08	76,56	2,61	2,72
Russisch. (Sommerweizen ?)	33	12,63	18,72	1,58	62,93	2,19	1,95	21,41	1,81	72,04	2,51	2,23
Rumänischer	7900	12,21	12,67	1,65	69,43	2,23	1,81	14,43	1,88	79,09	2,54	2,06
Bulgarischer	13	12,71	14,14	1,91	66,59	2,85	1,80	16,20	2,19	76,28	3,27	2,06

Beim bulgarischen Weizen zerfielen die N-freien Extraktstoffe in 56,67% reine Stärke, 7,67% Pentosane und 2,25% sonstige N-freie Extraktstoffe.

[2]) P. Melikoff fand z. B.:

Witterung	Weicher Sommerweizen		Halbharter Sommerweizen	
	1000-Korngewicht	Protein i. d. Trockensubstanz	1000-Korngewicht	Protein i. d. Trockensubstanz
Feucht 1895 bzw. normal 1898	32,8 g	15,91%	26,5 g	16,71%
Trocken 1899	30,3 g	20,30%	26,1 g	25,46%

[3]) So beträgt:

Spez. Gewicht		Hektolitergewicht		1000-Korngewicht		Teile des Kornes		
Schwank.	Mittel	Schwank.	Mittel	Schwank.	Mittel	Schalen	Mehlkern	Keim
1,330—1,580	1,415	64—80 kg	71,0 kg	20—50 g	30 g	16,0%	80,5%	3,5%

(Leukosin mit 16,66% N) und Globulin (Edestin mit 18,19% N) verhalten sich wie beim Weizen.

Der Gesamtproteingehalt ist beim Roggen unter sonst gleichen Verhältnissen durchschnittlich um 0,3—1,5% niedriger als beim Weizen[1]. 5—10% des Gesamtproteins bestehen aus Amiden. Bezüglich der anderen chemischen Bestandteile (Fett, Stärke u. a.)[2] verhält sich der Roggen genau wie der Weizen (S. 344).

Auch die verschiedenen Einflüsse auf die Zusammensetzung äußern sich in ähnlicher Weise wie bei Roggen, nur treten sie (z. B. Klima, Düngung) wegen der größeren Anspruchslosigkeit des Roggens bei ihm nicht so stark hervor. Ferner ist zu beachten, daß

a) grüner, d. h. grün durchschimmernder Roggen infolge der dünneren Haut bzw. Schale einen etwas höheren Gehalt an Protein hat als gelb aussehender Roggen;[3]

b) Roggenkörner von hohem Korngewicht im Gegensatz zu Weizen proteinreicher sind als Körner von niedrigem Korngewicht[4].

Der Roggen dient vorwiegend nur zur Mehl- und Brotherstellung, ein kleiner Teil auch als Kaffee-Ersatz.

Gerste. Bei den Gersten unterscheidet man:

a) als bespelzte, d. h. mit den Spelzen verwachsene Gersten: die zweizeilige (Hordeum sativum distichum L.), die vierzeilige (H. sativum tetrastichum L.) und sechszeilige Gerste (H. sativum hexastichum L.); hiervon gibt es wieder Sommer- und Wintergersten;

b) als nackte, d. h. beim Dreschen aus den Spelzen fallende Gerste, die Kaffee- oder Jerusalemgerste (H. nudum L.).

Hiervon dient nur die zweizeilige Gerste als Sommergerste vorwiegend zur Malz- und Bierbereitung; die sechszeilige für Brennereizwecke. Die nackte Gerste findet vorwiegend zur Gerstenkaffe-Erzeugung Verwendung, erscheint aber nur selten auf dem Markt. Hierneben werden aber auch die bespelzten Gersten in gekeimtem und gedarrtem Zustande zur Darstellung von Malzkaffee verwendet, oder sie werden ohne vorherige Keimung direkt gedarrt und geröstet und liefern den Gerstenkaffee, oder sie werden geschält und poliert und dienen als sog. Rollgerste, Perlgerste oder Gerstengraupen zur menschlichen Ernährung, oder sie dienen im gequetschten Zustande als Gerstenflocken oder im gemahlenen Zustande als Gerstengrieß oder Gerstenschleimmehl zu demselben Zweck.

Beschaffenheit des Kornes. Die Spelzen sind zum Unterschied von Weizen und Roggen mit dem Korn fest verwachsen. Sie machen 9,0—16,0% des Kornes aus. Unter der Schale liegt die Aleuronschicht in 2—6 Reihen — bei Weizen und Roggen nur in 1 Reihe. Die Kleberzellen sind wie beim Roggen blau gefärbt.

---

[1] Der Roggen hat im Mittel zahlreicher Analysen folgende mittlere Zusammensetzung:

Wasser	Protein	Fett	Zucker	Dextrin	Stärke	Pentosane	Rohfaser	Asche
13,37%	11,75%	1,81	2,11%	4,12%	55,60%	6,50%	2,65%	2,09%

Der Wassergehalt schwankt von 8,0—18,5%, Proteine von 7,5—19,5%, Rohfaser von 1,5—4,0%.

[2] H. Ritthausen gibt für Roggen ein in Alkohol lösliches Gummi ($C_6H_{10}O_5$) an.

[3] So enthielten nach Röttger und Fest:

Farbe der Körner	Gesamt-Stickstoffsubstanz	Reinprotein	Glutencasein (in Wasser unlöslich)	In 70proz. Alkohol unlösl. Proteine	Stickstoffsubstanz (in 1proz. Essigsäure unlöslich)	Stickstoffsubstanz (in 1proz. Sodalösung unlöslich)
Gelbe Körner	7,38— 9,31%	6,38%	5,19%	5,77%	5,09%	2,83%
Grüne „	8,56—12,89 „	7,30 „	5,54 „	6,32 „	5,92 „	3,03 „

[4] Nothwang und Gwallig z. B. fanden Stickstoffsubstanz in der Trockensubstanz:

	Leipziger Roggen				Schlanstädter Roggen		
1000-Korngewicht	20—30 g	30—40 g	40—50 g	über 50 g	20—30 g	30—40 g	40—50 g
Stickstoffsubstanz	14,37%	15,50%	15,97%	18,66%	13,73%	14,49%	14,85%

Spez. Gewicht, Hektoliter- und 1000-Korngewicht sind bei den einzelnen Gerstensorten großen Schwankungen unterworfen[1]). Im allgemeinen haben gute, feinspelzige Gersten ein hohes, stärkearme und grobspelzige Gersten ein niedriges Hektolitergewicht. Das trifft aber für bauchige Gerste nicht immer zu; sie kann, weil sie sich schwieriger zusammenlegt, ein niedriges Hektolitergewicht haben, und doch dabei stärkereich sein.

Unter „Sperrigkeitsgrad" versteht man die Zahl, welche angibt, wieviel Kubikzentimeter von 100 g der Gerste eingenommen werden. Je niedriger der Sperrigkeitsgrad ist, um so höher ist das Hektolitergewicht und umgekehrt.

Wie bei Weizen und Roggen unterscheidet man auch bei Gerste zwischen glasigen, halbglasigen und mehligen Körnern.

Unter „Auflösungsgrad" (Mehligkeitsgrad) versteht man die Summe der ursprünglichen mehligen + der durch Einweichen in Wasser und Wiedertrocknen mehlig gewordenen Körner, unter „Mürbheitsgrad" die vorstehende Summe + der halben Summe der halbglasigen (übergehenden)Körner[2]). Eine Gerste ist im allgemeinen um so besser für Brauzwecke, je höher dieser Grad ist; denn mit steigendem Auflösungs- bzw. Mürbheitsgrad nimmt die Extraktausbeute zu.

Unter „Extraktausbeute" ist die Menge der durch Behandeln mit Malzauszug löslichen Stoffe der gemahlenen Gerste zu verstehen.

Man trennt die Gersten auch in vollbauchige, bauchige und flache oder sichtet sie nach ihrer Dicke in solche von 2,8, 2,5 und 2,2 mm Durchmesser und Ausputz. Die vollbauchigen und bauchigen Gersten sowie die von 2,8 und 2,5 mm Durchmesser sind die geeignetsten für Brauzwecke. Für letztere ist auch die chemische Zusammensetzung von Belang, indem hierfür die proteinarmen und stärkereichen Sorten den Vorzug verdienen.

Zusammensetzung. Das dem Weizengliadin entsprechende, in Alkohol lösliche Kleberprotein wird von Osborne als Hordein ($[\alpha]_D = -114,8°$) bezeichnet; es soll beim Keimen der Gerste eine Umwandlung erfahren und in alkohollösliches Bynin ($[\alpha]_D = -108°$) übergehen. Nach W. Kraft sind aber beide Proteine als gleich anzusehen. Das Hordein lieferte durch die Hydrolyse 36,3—41,3%, das Bynin 32,9% Glutaminsäure gegenüber 31,5 bis 37,3% beim Weizengliadin; dagegen doppelt so viel Prolin (5,88—13,73%) als Gliadin (nämlich nur 2,40 bzw. 7,06%). Moufang will in der Gerste 0,04—0,57% Ammoniak gefunden haben, Leberle und Lucas konnten aber nur 0,038—0,067%, im Mittel nur 0,052% nachweisen[3]). An Amiden werden von Werenskiöld 0,23—2,09%, im Mittel 0,82% angegeben.

[1]) Man kann folgende Grenz- und Mittelwerte annehmen:

Spez. Gewicht		Hektolitergewicht		1000-Korngewicht	
Schwank.	Mittel	Schwank.	Mittel	Schwank.	Mittel
1,290—1,490	1,4100	58—75 kg	66—68 kg	30—55 g	38—42 g

[2]) Es gibt zwei Arten von glasigen Körnern, nämlich eine Art Glasigkeit, welche beim Einweichen und Trocknen verschwindet, also die Beschaffenheit des Malzes nicht beeinträchtigt, und eine andere, welche auch nach dem Weichen und Trocknen bestehen bleibt, also die Auflösung beeinträchtigt. Diese Glasigkeit wird vorwiegend von Proteinen, erstere von wasserlöslichen stickstofffreien Stoffen verursacht.

[3]) Nach Osborne verteilen sich die Proteine in der Gerste wie folgt:

Gesamtprotein	Albumin (Leukosin)	Globulin (Edestin)	Hordein (alkohollöslich)	Sonstige unlösliche Proteine
10,75%	0,3%	1,95%	4,0%	4,5%
E. Prior fand folgende Gehaltsschwankungen:				
—	1,39—2,79%	0,74—1,79%	1,31—6,01%	4,47—8,62%

Das für Brauzwecke unmaßgebliche Hordein soll vorwiegend in der Nähe des Keimlings, das Leukosin und Edestin sollen vorwiegend in den Aleuronkörnern, die für den Brau-

In den Gerstenkeimen wird von Léger, Gäbel u. a. ein Alkaloid, Hordenin, angegeben, welches als β-p-Oxyphenyläthyldimethylamin $C_6H_4 \cdot OH \cdot CH_2 \cdot CH_2 \cdot N(CH_3)_2$ aufgefaßt wird; es soll die wirksame Substanz des wässerigen Auszuges der Gerstenkeime gegen Diarrhöe, Ruhr und choleraähnliche Erkrankungen bilden.

Das Fett (etwa 2% mit 76,29% C, 11,77% H und 11,94% O) soll neben Palmitin-, Stearin- und Ölsäure auch Linol- und Linolensäure, als Unverseifbares Sitosterin und Parasitosterin enthalten. Das in ihm vorkommende Lipoid wird als Diphosphatid aufgefaßt[1]).

Die unlöslichen Kohlenhydrate sind auch bei der Gerste vorwiegend durch die Stärke als Glykosan vertreten; Brown will aber in den Spelzen Galaktan, Mannan, Araban und Xylan nachgewiesen haben. Bei dem hohen Gehalt der Gerste an Diastase enthält sie je nach der Behandlung und dem Wassergehalt leicht mehr lösliche Kohlenhydrate als andere Getreidearten.

In der Samenhaut des Gerstenkornes wird auch Gerbstoff angenommen, welcher ihre Halbdurchlässigkeit mit bewirken soll.

Einflüsse auf die Zusammensetzung. Auf die Zusammensetzung der Gerste machen sich dieselben Einflüsse geltend wie beim Weizen S. 344, nämlich:

a) Gerstensorten. Bei einem vergleichenden Anbauversuch lieferte Hannagerste 9,59%, Chevaliergerste 11,89% Protein.

b) Korngewicht. Hierüber lauten bei der Gerste die Untersuchungsergebnisse nicht eindeutig, indem bald die größeren (schwereren), bald die kleineren für proteinreicher gefunden wurden[2]).

c) Beschaffenheit des Kornes. α) Glasige Körner bzw. Gersten mit viel glasigen Körnern, sind auch bei Gerste proteinreicher (um durchweg 2%) als mehlige Körner bzw. Gersten mit viel mehligen Körnern[3]). Da der obere Teil der Ähre mehr glasige Körner zu enthalten pflegt, als der untere Teil der Ähre, so sind die Körner aus der oberen Ähre meist proteinreicher als die aus der unteren Ähre.

β) Die Stärke und Extraktausbeute verhalten sich umgekehrt wie das Protein; sie nehmen mit sinkendem Protein zu und umgekehrt, d. h. also, mehlige Gersten mit hohem Mürb-

---

vorgang nur von untergeordneter Bedeutung sind, sich vorfinden, das unlösliche Protein vorwiegend in der Peripherie des Mehlkörpers abgelagert und von letzterem vorwiegend die Bewertung der Gerste für das Braugewerbe abhängig sein.

[1]) Für das Gerstenfett wurden von Wallerstein folgende Werte gefunden:

Freie Fettsäuren	Glycerin	Neutral-fett	Reichert-Meißl-Zahl	Ver-seifungszahl	Jodzahl	Ätherzahl	Unverseif-bares	Phosphor-säure
8,39%	9,05%	83,85%	0,03	182,1	114,6	165,6	4,7%	0,0027%

In Prozenten des Fettes werden 4,24 und 7,29% Lecithin und 6,08% Phytosterin angegeben. E. Schulze fand in Prozenten der Gerstenkörner 0,74% Lecithin.

[2]) L. Kießling fand z. B. im Mittel von 672 Einzelanalysen für wasserfreie Körner:

1000-Körnergewicht	45,25 g	46,40 g	52,10 g	53,35 g
Protein	13,28%	13,53%	14,86%	14,91%

In anderen Fällen konnten aber solche Beziehungen nicht gefunden werden.

W. Hoffmeister fand z. B. in Körnern von mittlerem Korngewicht mehr Protein als in den von großem und kleinem Gewicht:

1000-Körnergewicht (je 13 Sorten) . . .	52,9 g	40,4 g	27,7 g
Protein in der Trockensubstanz	12,72%	14,22%	12,91%

[3]) E. Jalowetz fand z. B. folgende Gehalte:

	Mehlige Gerste	Halbglasige	Glasige Körner
Protein	7,25%	9,93%	10,62%

Ähnliche Befunde ergaben sich in vielen anderen Untersuchungen.

heitsgrad bzw. Auflösungsgrad (S. 347) enthalten mehr Stärke und liefern eine höhere Extraktausbeute als glasige bzw. an glasigen Körnern reiche Gersten[1]).

Vielfach pflegt mit der Steigerung des Proteingehaltes um 1% der Stärkegehalt um rund 1% abzunehmen. Die Extraktausbeute liegt durchschnittlich um 12—14% höher als der Stärkegehalt.

Im allgemeinen gelten die proteinarmen Gersten (mit 7,5—9,0% Protein) als die besten für Brauereizwecke; jedoch gibt es hiervon auch Ausnahmen, weil die Natur der Proteine für die Extraktausbeute auch eine Rolle mitspielt (S. 347, Anm. 3). Proteinreiche Gersten erhitzen sich leicht beim Keimen (auf der Tenne) und erschweren außerdem die Kühlführung der Haufen, die zur Erzielung weitgehender Enzymbildung bzw. -wirkung durchaus notwendig ist. Auch beeinträchtigen proteinreiche Gersten das Abläutern der Würze und die Haltbarkeit des Bieres.

γ) Von wesentlichem Einfluß auf die Güte einer Gerste, besonders für Brauzwecke, ist auch der Gehalt an Spelzen, der weniger von der Gerstenart als von klimatischen Verhältnissen bedingt zu sein scheint; je feinspelziger (-schaliger) eine Gerste ist, um so besser ist sie für Brauzwecke, um so mehr Extraktausbeute liefert sie; grobe Spelzen enthalten ferner bittere Stoffe, welche den Geschmack des Bieres in ungünstiger Weise beeinflussen. Bei dünnspelzigen Gersten (mit vielfach gekräuselten Spelzen) beträgt der Spelzengehalt 7,0—8,0%, bei grobspelzigen 10,0—11,0%, bei einigen Wintergersten bis 12,0% der Korntrockensubstanz.

d) Klima und Witterung. Wie die Zusammensetzung des Weizens wird auch die der Gerste wesentlich durch das Klima, ob Winter- oder Sommergerste, beeinflußt[2]).

e) Boden und Düngung. Ein sand- und kalkhaltiger Lehmboden in gutem Düngungszustand sagt der Gerste am meisten zu. Eine Stickstoffdüngung empfiehlt sich für Braugerste nur dann, wenn der Boden daran Mangel hat. Salpeterdüngung vermindert in solchem Falle die Spelzenmenge, erhöht aber den Gehalt an Protein und glasigen Körnern. Kalidüngung äußert nur dann eine Wirkung, wenn Kali im Boden in zu geringer Menge vorhanden ist; es erhöht dann den Gehalt an Stärke und vermindert den an Protein.

Bei später Aussaat (etwa Ende April oder Anfang Mai), wenn die Wachstumszeit um etwa 14 Tage verkürzt wird, findet eine geringere Stärkebildung statt, das Körnergewicht ist vermindert, während der prozentuale Gehalt an Protein erhöht ist[3]).

---

[1]) O. Wenglein ermittelte im Mittel mehrerer Gerstensorten folgende Gehalte:

Protein	8—10%	10—11%	11—12%	12—13%	13—14%	14—16%
Stärke	63,69%	62,61%	61,73%	60,55%	59,68%	58,76%
Extraktausbeute	78,29%	77,37%	76,49%	75,37%	74,54%	73,40%

Dieselben Beziehungen machen sich für Gerste aus verschiedenen Ländern und Jahren geltend; so fanden Jais und Wendlein:

In der Trockensubstanz	Bayern 1	Bayern 2	Österreich 1	Österreich 2	Ungarn 1	Ungarn 2	Mähren 1	Mähren 2
Protein	9,69%	10,06%	10,19%	11,63%	13,06%	14,19%	9,44%	10,31%
Stärke	63,98%	61,81%	63,04%	62,07%	60,74%	59,72%	64,11%	63,31%

[2]) Im Mittel mehrerer hundert Analysen der Gerste aus verschiedenen Ländern ergibt sich folgende Zusammensetzung:

Wasser	Protein	Fett	Zucker	Dextrin	Stärke	Pentosane	Rohfaser	Asche
12,95%	10,15%	2,12%	2,23%	3,50%	54,85%	7,50%	4,55%	2,15%

Dieser Gehalt an Protein entspricht ungefähr dem der deutschen Gerste; russische Gerste enthält bei gleichem Wassergehalt durchschnittlich 12,5%, mährische als besonders geschätzte Braugerste durchschnittlich 9,5% Protein.

[3]) Kißling fand z. B. im Mittel von 3 Gerstensorten:

	1000-Körnergew.	Stärke	Protein
Frühsaat, 5. April 1907	48,5 g	62,80%	11,25%
Spätsaat, 4 Wochen später	46,5 g	59,47%	13,37%

Hafer. Von den Arten des Hafers bildet meistens nur der gemeine oder Rispenhafer (Avena sativa L.) eine Handelsware. Er wird aber in vielen Spielarten angebaut. Der Fahnen-, Kamm- oder Stangenhafer (Avena orientalis) gilt nur als Unterart des ersteren. Der Hafer liefert den Rohstoff für die Herstellung von Hafergrütze (geschälter Hafer), Haferflocken oder Quäker-Oats (geschälter und gequetschter Hafer) und gemahlen von Hafergrieß und Hafermehl (Kindernährmehl). In Skandinavien und im Spessart dient das Hafermehl auch zur Brotbereitung.

Die Haferkörner sind von den Spelzen eingeschlossen, aber nicht mit ihnen verwachsen. Es gibt aber auch nackten Hafer.

Je nach dem Gehalt des Haferkorns an Spelzen ist sein spez. Gewicht, Hektolitergewicht usw. großen Schwankungen unterworfen [1]).

Die Zusammensetzung anlangend, so enthält auch der Hafer ein in Alkohol lösliches Protein, das Avenin [2]), welches bei der Hydrolyse dieselben Spaltungserzeugnisse liefert wie das Gliadin des Weizens, nur die Menge der Glutaminsäure (18,4%) ist um rund die Hälfte geringer als bei letzterem. Das Globulin des Hafers gleicht dem Legumin der Hülsenfrüchte.

Etwa 3—8%, im Mittel 5% des Gesamtstickstoffs des Hafers bestehen aus Nichtproteinen (Amiden).

Das Fett (mit 75,71% C, 11,64% H und 12,65% O) enthält 2,53% unverseifbare Bestandteile und rund 0,5—0,6% Lecithin; der Säuregehalt beträgt 0,05—0,13%.

Bezüglich der Kohlenhydrate gilt das bei Weizen S. 344 Gesagte.

Die ***Zusammensetzung*** [3]) wird von denselben Umständen beeinflußt wie beim Weizen.

Der Hafer verträgt eine starke Stickstoffdüngung; unter günstigen Verhältnissen kann der Proteingehalt bis auf 18,8% gesteigert werden. Kleine Körner sind proteinreicher und rohfaserärmer als große Körner.

Die Asche des Hafers besitzt wie die anderer Getreidearten eine saure Beschaffenheit und soll nach H. Weiske eine ungünstige Wirkung auf die Knochenbildung äußern. Hiergegen aber, spricht, daß Hafermehl und Haferflocken als diätetische und Kindernahrungsmittel sehr geschätzt werden.

Mais. Von den vielen Varietäten und Sorten des Maises (Zea Mays L., auch Kukuruz, Türkenweizen, Welschkorn genannt) sind folgende von Wichtigkeit:

a) Der gemeine Mais, mit rundlichen, an der Basis plattgedrückten und keilförmigen Körnern von weißer, gelber bis rötlicher Farbe.

b) Pferdezahnmais, dessen Körner eine der Rinde (Kunde) in der Krone des Pferdeschneidezahnes sehr ähnliche Vertiefung besitzen, welche das kennzeichnende Merkmal dieser Maissorte bildet.

c) Kleinkörniger Mais, der im Vergleich mit den beiden vorgenannten Maissorten kleine scharfkantige Körner von roter oder orangegelber, seltener von weißer bis blaßgelber Farbe hat.

---

[1]) So schwanken beim Hafer:

Spez. Gewicht	Hektolitergewicht	1000-Körnergewicht	Spelzen
1,290—1,420	35,0—60,0 kg	20,0—42,9 g	24,0—30,6%

[2]) Janson will im Hafer ein in Alkohol lösliches Alkaloid gefunden haben, welches er ebenfalls „Avenin" nennt, und welches als nervenerregender Stoff die eigenartige Nährwirkung des Hafers verursachen soll. Bis jetzt ist diese Angabe noch nicht bestätigt worden.

[3]) Der Hafer besitzt im Mittel mehrerer hundert Analysen folgende mittlere Zusammensetzung:

Wasser	Protein	Fett	Zucker	Dextrin	Stärke	Pentosane	Rohfaser	Asche
12,85%	10,45%	5,35%	1,35%	1,89%	43,01%	11,50%	10,55%	3,05%

Der Wassergehalt schwankt von 8,0—20,0%, Protein 7,0—18,5%, Fett von 3,0—10,0%, Rohfaser von 4,0—18,0%.

d) Der Zuckermais (Sweet Corn, Sugar Corn) besitzt im reifen Zustande verschrumpfte Körner.

Aus dem Mais wird in erster Linie der Maisgrieß, Maisgrütze (bzw. Maismehl) hergestellt, der zur Bereitung von „Puddings", „Polenta" oder „Mameliga" (Maisgrieß mit Milch) und auch von Brot (Proja der Serben) bzw. Nudeln (gequetscht) verwendet wird; in umfangreicher Weise dient der Mais auch zur Gewinnung von Stärke (dem in der Küche verwendeten Mondamin), ferner auch in der Brennerei und Brauerei zur Bereitung von Branntweinen und Bier (Bosa); im gerösteten Zustande wird er auch dem gerösteten Kaffee untergemischt. Der Zuckermais wird auch zur Bereitung von Gemüse und Gemüsedauerwaren verwendet.

Beschaffenheit des Korns. Die das Maiskorn umgebende Frucht- und Samenschale sind außerordentlich widerstandsfähig. Der eingeschlossene Mehlkern besteht aus einem äußeren hornartigen und inneren weichen Teil. Der hornartige (glasige) Teil, in welchem die Stärkekörnchen dichter gelagert sind, enthält nach Schindler 12,0%, der mehlige Anteil nur 8,0% Protein. Der Keim macht etwa 10% des Kornes aus und wird nach Abtrennung wegen seines hohen Fettgehaltes (20—25%) zur Ölgewinnung (S. 339) benutzt. Die Stärkekörner sind rundlich-eckig, beim Zuckermais (mit 4—5% Zucker und 14 bis 16% Dextrin) dagegen amorph von der Beschaffenheit des Amylodextrins.

Zusammensetzung. Als eigenartige Proteine enthält der Mais das in Alkohol lösliche Zein und das Globulin Edestin [1]) neben Albumin (Leukosin). Von der Gesamtstickstoffsubstanz (Protein) sind 2—6%, im Mittel 3,5%, in Form von Amiden vorhanden.

Das Fett (mit 75,70% C, 11,36% H und 12,94 % O) enthält nach Borghesani 0,24% Lecithin. Über das im Maiskeim enthaltene Maisöl vgl. S. 339.

Über die ***Einflüsse*** auf die ***Zusammensetzung*** [2]) liegen nur wenige Untersuchungen vor. In verschiedenen ungarischen Maissorten schwankte in der Trockensubstanz Protein von 9,72—13,90%, Fett von 4,12—6,96%, Rohfaser von 1,42—3,25%, Pentosane von 4,20—6,67%, Asche von 1,06—2,06%.

Die Körner desselben Maiskolbens besitzen nach Hopkins eine sehr gleichmäßige Zusammensetzung, während die Körner verschiedener Maiskolben stark voneinander abweichen können; so betrugen die Unterschiede zwischen 50 verschiedenen Maiskolben derselben Spielart: Protein 8,35—13,88%, Fett 3,95—6,02%, Asche 1,09—1,74%.

Die Mahlerzeugnisse des Maises gelten allgemein als vorzügliche Nahrungsmittel. Es werden ihm aber auch schädliche Wirkungen zugeschrieben, nämlich die Ursache der Entstehung der Pellagra, einer Art Hautkrankheit, welche schließlich auch zur Entzündung der inneren Organe

---

[1]) Bei der Hydrolyse lieferten Zein und Edestin des Maises gegenüber Weizen-Gliadin und Edestin, S. 10, folgende Spaltungserzeugnisse:

	Alanin %	Valin %	Leucin %	Prolin %	Phenylalanin %	Asparaginsäure %	Glutaminsäure %	Serin %	Tyrosin %	Arginin %	Histidin %
Zein . . .	9,74	1,88	19,55	9,04	6,55	1,71	26,71	1,02	3,55	1,55	0,82
Edestin .	—	—	—	4,10	3,10	—	18,70	—	—	—	—

Langstein fand für Zein ähnliche Werte.

[2]) Im Mittel einiger hundert Analysen hat der Mais folgende Zusammensetzung:

Wasser	Protein	Fett	Zucker	Dextrin	Stärke	Pentosane	Rohfaser	Asche
13,32%	10,05%	4,76%	2,23%	2,47%	59,09%	4,38%	2,25%	1,45%

Von den Pentosanen sind 0,4—0,5% Methylpentosane. Der Zuckermais enthält nur mehr Zucker (4,69%) und Dextrin (14,67%) und dafür weniger Stärke; der Gehalt an den anderen Bestandteilen ist denen des gewöhnlichen Maises gleich.

und nach 3—5 Jahren zum Tode führt. In der Bukowina beginnt die Erkrankung mit gastrischen und intestinalen Symptomen, denen bald cerebrale Symptome, heftige Kopfschmerzen, rauschartige Betäubungen, Denkträgheit und wirklicher Irrsinn folgen. Hiermit halten die Erscheinungen an der Haut gleichen Schritt.

Als Ursache dieser Erkrankung wird von der einen Seite die einseitige und mangelhafte (proteinarme) Ernährung durch Mais, von der anderen Seite ein eigenartig giftiger Stoff, ein Alkaloid (Lombrosos Pellagroin), angesehen, welcher sich beim Verderben des Maises durch Schimmel (Penicillium-, Aspergillus- und Mucorarten) bilden soll. Wiederum von anderer Seite wird die Krankheit mit dem Fehlen von Vitaminen (S. 56) in verdorbenem Mais in Zusammenhang gebracht. Die Frage ist somit noch nicht geklärt.

Reis. Von dem Kulturreis[1]) unterscheidet man vorwiegend 4 Sorten: 1. die edelste Sorte (Oryza sativa L.) verlangt zu ihrem Gedeihen natürliches Sumpfgebiet oder künstlich überschwemmtes Land und gebraucht zu ihrer Entwicklung ungefähr ein halbes Jahr; 2. der frühreifende Reis (Oryza praecox) ist ebenfalls Sumpfreis, reift in etwa 5 Monaten, gibt aber geringere Erträge als ersterer; 3. der Bergreis (Oryza montana) wächst auf trockenen Ländereien in beträchtlicher Meereshöhe (im Himalaya bei 6500 engl. Fuß), und begnügt sich mit der gewöhnlichen Befeuchtung durch Regen; er reift in 4 Monaten, seine Halme aber sind kürzer, seine Körner kleiner und die Erträge geringer, als beim Sumpfreis; 4. der Klebreis (Oryza glutinosa) wächst naß und trocken; er unterscheidet sich von den anderen Arten durch weißrötliche Farbe der mehr länglichen und weniger durchscheinenden Körner, sowie ferner durch die Eigentümlichkeit, beim Kochen sehr klebrig zu werden. Infolgedessen eignet er sich weder zur Ausfuhr, noch zur Herstellung der gewöhnlichen orientalischen Reisspeise; man verwendet ihn an den Erzeugungssorten vornehmlich zur Bereitung von Backwerk und als Klebmittel.

Je nach dem Ursprungslande unterscheidet man ostindischen, Japan-, Javareis u. a.; der italienische Reis (mit dem Karolinenreis) gilt als der beste, weil er beim Kochen hart bleibt. Bruchreis besteht aus den von geringeren Sorten abfallenden gebrochenen Reiskörnern.

Der einfach geschälte, von Spelzen befreite Reis enthält noch den Keim, der ungefähr 2 mm lang und dem Rücken der Frucht entsprechend oberflächlich geschrumpft ist. Er springt in der Mitte kielartig vor und liegt am unteren Ende der etwas stärker gewölbten Kante. Im polierten Reis, dem Koch- oder Tafelreis, der meistens verwendet wird, fehlt der Keim bis auf höchstens einen kleinen Rest. Auch als Mehl und besonders zur Gewinnung von Stärke, ferner in den Gärungsgewerben zur Bereitung von Branntwein (Arrak), Reisbier, Reiswein (Sake oder Saki) wird der Reis verwendet.

Beschaffenheit des Korns. Das Reiskorn ist ähnlich wie das Gerstenkorn von Spelzen eingeschlossen, aber nicht mit diesen fest verwachsen.

Das Verhältnis zwischen Korn und Spelzen ist annähernd wie 79 : 21. Die Spelzen enthalten 16—18% Asche, wovon 80—90% Kieselsäure sind.

Der Mehlkern ist von der sog. Silberhaut umgeben, die neben Protein viel Fett enthält.

In den Spelzen und der Samenhaut wird ein besonderes Vitamin, das sog. Oryzanin oder Oryzan, angenommen (vgl. S. 56).

Im Reisembryo ist reichlich (5,14% der Trockensubstanz) Phytin (S. 114) abgelagert.

---

[1]) Es gibt auch wildwachsende Reissorten, z. B. der Wasserreis (Zizania aquatica und Hydropyrum esculentum), welcher in den seeartigen Ausweitungen des Mississippigebietes und auf Canada in abflußlosen Seen vorkommt und im September geerntet wird. Der getüpfelte Reis (Oryza punctata) wächst an sumpfigen Stellen der Zone, welche sich südlich der Sahara von Senegambien bis nach Abessinien hinzieht, wild. Auch im ganzen Nigertale kommt wildwachsender Reis vor. Er steht an Güte dem Kulturreis weit nach und wird nur wenig geschätzt; man genießt ihn als einfachen Brei oder zur Bereitung einiger gewürzreichen und süßen Speisen.

Das 1000-Körnergewicht schwankt zwischen 18,69—27,00 g, das spez. Gewicht des entspelzten Kornes zwischen 1,37—1,44.

Zusammensetzung. Der Reis enthält von allen Getreidearten die geringste Menge Protein und die größte Menge Stärke[1]). Die Proteine sind der Art nach dieselben, wie bei den anderen Getreidearten; nur ihr Mengenverhältnis[2]) ist verschieden.

Beriberi. Wie dem einseitigen Genuß von Mais die Pellagra, so wird dem einseitigen Genuß des geschälten Reises die Krankheit Beriberi, bei den Japanern „Kakke" genannt, zugeschrieben. Die Krankheit äußert sich in großer Mattigkeit und in einer von den unteren Gliedmaßen ausgehenden Lähmung und Gefühllosigkeit, in Atmungsbeschwerden und Ansammlung von Wasser in verschiedenen Körperteilen; nach anderen Angaben ist die Krankheit verbunden mit Schluchzen, häufiger Übelkeit, Schwindelgefühl, starkem Druck in den Nieren, einer tiefbraunen Färbung der unbedeckten Hautstellen, Entzündungen der Nieren und sonstigen Erscheinungen; man bezeichnet die Krankheit auch als eine endemische Polyneuritis. Dieselbe tritt endemisch in Japan, Australien, Indien, auf Ceylon usw. auf und kommt endemisch und epidemisch fast nur an den Meeresküsten vor. Sie befällt nicht nur Eingeborene, sondern auch Fremde außerhalb der genannten Länder. Da die Krankheit bei Hühnern nicht nach dem Genuß von geschältem Reis auftritt, so nimmt man jetzt allgemein an, daß in den Spelzen und der Haut des Reises ein besonderer Stoff, Oryzanin, vorkommt, der die Krankheit zu verhüten imstande ist (vgl. S. 56).

Sorghohirse oder ***Mohrenhirse.*** Die gemeine Mohrenhirse (Holcus Sorghum oder Sorghum vulgare Pers., auch Besen-, Guinea- oder Negerkorn und Durrha genannt) ist eine einjährige Gramineenart, welche in dem tropischen Afrika die Hauptbrotfrucht bildet, aber auch in Arabien und Ostindien, in Italien, Südtirol, Ungarn, Rumänien und Südfrankreich angebaut wird.

Außerdem werden noch die in Ostindien und Arabien einheimische Zuckermohrenhirse (Sorghum saccharatum Pers. oder Holcus Saccharatus L. oder Andropogon Sorghum Alfd.), ferner der Dari (Sorghum tataricum) und Sorghum halapense angebaut.

Die Mohrenhirse kommt meistens ohne Spelzen in den europäischen Handel; sie ist dann verkehrt eiförmig, an der Spitze abgerundet, mit den etwas seitlich stehenden Griffelresten gekrönt; bei anderen Sorten ist das Korn breitlanzettlich, bei noch anderen oval usw.; stets ist das Korn matt; der Mehlkörper ist umgekehrt wie beim Mais im äußeren Teil mehlig, im inneren glasig.

Je 1000 Korn von S. vulgare wiegen 17,09 g, von S. saccharatum 21,74 g.

Das spez. Gewicht der Körner beträgt nach v. Bibra 1,25—1,32.

Die ***Zusammensetzung***[3]) der 3 Sorghohirsen ist im wesentlichen gleich. Die Stickstoffsubstanz besteht bei allen 3 Sorten zu rund 95% aus Reinproteinen.

---

[1]) Die allgemeine Zusammensetzung des Reises (Sumpfreises) ist durchschnittlich folgende:

Reis	Wasser	Protein	Fett	Zucker	Dextrin	Stärke u. a.	Rohfaser	Asche
Unenthülst .	12,58%	7,15%	1,52%	0,75%	1,15%	71,12%	4,25%	1,48%
Enthülst . .	12,58%	8,09%	1,92%	0,91%	1,48%	72,85%	1,01%	1,16%

Der Klebreis enthielt in einer Probe 8,65% Zucker, 3,35% Dextrin, Stärke entsprechend weniger. Letztere färbt sich mit Jod braunrot und wird als ein Erythroamylen (S. 108) aufgefaßt.

[2]) Osborne zerlegte die Proteine nach 2 Proben wie folgt:

Albumin	Globulin	Prolamin (alkohollöslich)	Oryzenin	Amide
1,62—3,20%	0,47%	0,48—0,52%	1,24—1,96%	0,12—0,45%

Das Oryzenin ist nicht zu verwechseln mit obigem Oryzanin.

[3]) Für die Zusammensetzung wurde im Mittel gefunden:

Hirse	Wasser	Protein	Fett	Zucker	Dextrin	Stärke	Rohfaser	Asche
Sorghohirse (Durrha und Dari).	12,66%	9,40%	3,68%	1,75%	2,52%	65,58%	2,34%	2,07%
Rispen- und Kolbenhirse .	11,38%	11,82%	3,35%		59,99%		10,29%	3,17%

Das Korn der Sorgho wird entweder als Brot oder Kuchen verbacken, oder als Grütze genossen, während der Dari bei uns auch in der Spiritusfabrikation Verwendung findet.

Rispen-* und *Kolbenhirse. Die Hirse kommt vorzugsweise in 2 Spezies vor: die graue Rispenhirse (Panicum miliaceum L.) und die Kolbenhirse (Panicum italicum). Das Vaterland der Hirse ist Indien. Sie wird aber auch jetzt in Deutschland, in der Schweiz, Frankreich und Italien usw. vielfach angebaut.

Die Rispenhirse hat eine Spielart „Klebhirse" (P. m. var. Bretschneideri Kcke.), welche wie der Klebreis stark klebende Eigenschaften besitzt, und wie dieser in Japan und China als Klebmittel und zu Gebäcken benutzt wird.

Die Frucht dieser Hirsen ist eng von den pergamentartigen Spelzen umschlossen und bildet eine Art Scheinfrucht, auch Korn genannt; in diesem Zustande ist die Rispenhirse eiförmig, vom Rücken her zusammengedrückt, spitzlich, stark glänzend weiß oder rot; die entspelzte eigentliche Frucht ist breit oval, abgerundet, glatt und weiß.

Das spez. Gewicht des Kornes der Rispenhirse ist 1,23—1,25.

1000 Korn wiegen 4,83 g oder auf 1 kg gehen 205 000 Korn.

Auch die chemische Zusammensetzung[1]) der ungeschälten Körner der Kolben- und Rispenhirse ist im wesentlichen gleich.

Die Stickstoffsubstanz besteht zu etwa 95% aus Reinproteinen. Der Gehalt an Albumin wird zu 0,15—0,87% angegeben.

Die Hirse wird meistens in geschältem Zustande mit Milch zu Brei gekocht, oder als gröberes Backwerk genossen; eine Herstellung von Mehl oder Brot aus derselben dürfte selten sein.

Buchweizen. Der Buchweizen gehört zwar nicht zu den Zerealien oder Halmfrüchten, sondern zu den Polygonaceen. Weil aber aus ihm vielerorts Mehl, welches hier und da als ein beliebtes Nahrungsmittel gilt, gewonnen wird, so kann er zu den Getreidearten im weitesten Sinne gerechnet werden. Er wird vorzugsweise in 2 Arten angebaut, nämlich: der gemeine Buchweizen (Polygonum fagopyrum, Fagopyrum esculentum), auch Heidekorn, Heidegrütze usw. genannt, und der tatarische oder sibirische Buchweizen (Polygonum tataricum), auch türkisches Heidekorn genannt. Letzteren findet man als Kulturpflanze bei uns wenig, dagegen kommt die Frucht häufig in eingeführtem russischem Buchweizen vor, in welchem er durch die ausgeschweiftgezähnten Kanten von dem ersten Buchweizen unterschieden werden kann.

1000 Körner von P. fagopyrum wiegen 23,53 g, von P. tataricum 19,23 g.

Die ***Zusammensetzung***[2]) des Buchweizens anlangend, so wird das vorwiegende Protein wegen seines hohen Schwefelgehaltes nicht zum Legumin, sondern Glutencasein (S. 23) gerechnet. Der Gehalt an Albumin wird zu 0,34—0,44%, der an in Wasser löslichen Proteinen zu 4,08% angegeben. Der Buchweizen enthält keine oder nur sehr geringe Mengen in Alkohol löslicher Proteine.

II. Die Hülsenfrüchte.

Die Hülsenfrüchte (Leguminosen) unterscheiden sich von den Getreidearten (und auch anderen pflanzlichen Nahrungsmitteln:

a) durch einen hohen Proteingehalt. Bohnen, Erbsen, Linsen, Wicken enthalten durchweg zweimal, Lupinen, Sojabohnen rund dreimal mehr Protein als die Getreidearten. Auch

---

[1]) Vgl. Anm. 3 auf vorhergehender Seite.

[2]) Sie ist im Mittel folgende:

Buchweizen	Wasser	Protein	Fett	Zucker	Dextrin	Stärke	Rohfaser	Asche
P. fagopyrum . .	13,27%	11,41%	2,68%	2,07%	3,,45%	53,30%	11,44%	2,38%
P. tataricum . .	12,42%	9,76%	2,61%		52,19%		19,73%	3,29%

die Art der Proteine ist verschieden. Kleberproteine sind in Hülsenfrüchten nicht vorhanden, um so mehr aber Globuline, die je nach der Pflanze verschieden benannt werden (S. 21), aber in der Konstitution mehr oder weniger gleich sind, weil sie durch Hydrolyse dieselben Spaltungserzeugnisse in annähernd gleichem Verhältnis liefern (vgl. Legumin S. 10). Die Legumine liefern gegenüber anderen Proteinen bei der Hydrolyse reichliche Mengen Diaminosäuren, besonders reichlich Arginin; sie machen die Hälfte und mehr des Gesamtproteins aus. Ob in den Hülsenfrüchten auch Albumin vorhanden ist, ist zweifelhaft. Dagegen befindet sich in ihnen verhältnismäßig viel Nuclein (S. 47)[1]; die Nichtproteine betragen 6—15% des Gesamtstickstoffs.

b) durch höheren Fettgehalt sind nur die Lupinen (3,0—7,5%), Ombanui und Sojabohnen (15,0—23,0%) ausgezeichnet; die anderen Hülsenfrüchte enthalten aber verhältnismäßig viel Lecithin[1]), das aus ihnen sogar technisch dargestellt wird.

c) Die Kohlenhydrate sind auch hier vorwiegend durch Stärke vertreten; nur ist letztere in geringerer Menge als in den Getreidearten vorhanden; in den reifen Sojabohnen fehlt sie vielfach ganz. Die Stärke der Leguminosen läßt sich durch Diastase nicht so leicht und vollständig verzuckern wie die der Getreidearten. Pentosane sind 3—5% vorhanden; unter den Hemicellulosen kommen auch Galaktane[1]) vor.

d) Die Hülsenfrüchte sind reicher an Asche und in dieser reicher an Kali und Kalk, dagegen ärmer an Phosphorsäure als die Getreidearten (vgl. Tab. III, Nr. 62—82).

e) Die Hülsenfrüchte gelten allgemein als schwer verdaulich; das bezieht sich aber vorwiegend nur auf die Stickstoffsubstanz (vgl. Tabelle I am Schluß). Trotzdem bildet das eine oder andere Glied dieser Gruppe in allen Ländern und Weltteilen ein wichtiges und geschätztes Nahrungsmittel. Wegen ihrer kurzen Wachstumszeit (3—4 Monate) und weil sie hohe Temperaturen gut vertragen, können sie in niederen wie höheren Breitegraden angebaut werden.

f) Im anatomischen Bau sind die Hülsenfrüchte von den Getreidearten auch verschieden. Die Samen sitzen in einfächerigen, zweiklappigen Hülsen und sind nackt. Das Nährgewebe besteht aus zwei fleischigen, dicken, meist stärkereichen Keimblättern (Kotyledonen) des Embryos. Wie bei den Getreidearten die Aleuronschicht den Mehlkern, so umschließt auch hier den Stärkekörper eine proteinreiche Schicht, aber diese ist mit den Stärkezellen so fest verwachsen, daß sie beim Schälen mit ihnen verbunden bleibt und mit ins Mehl übergeht. Aus dem Grunde sind die Hülsenfruchtmehle so reich an Protein wie der natürliche Samen. Die Samenhaut (Schale) dagegen, die in trockenem Zustande spröde ist, läßt sich leicht vom Samen abtrennen.

1. Bohnen. Mit dem Namen „Bohnen" werden zwei ganz verschiedene Hülsenfruchtarten bezeichnet: Vicia Faba L. (Sau-, Futter-, Feld-, Puff-, Pferde-, Esels- oder endlich Ackerbohne genannt), welche zu den Wicken gehört, und die eigentliche Gartenbohne: Phaseolus (auch Schminkbohne, Vitsbohne, Speck-, Stangen- oder Buschbohne usw. genannt). Beide Spezies haben viele Spielarten.

---

[1]) E. Schulze und Mitarbeiter ermittelten für die Trockensubstanz von Bohnen, Erbsen und Lupinen folgende einzelnen Bestandteile:

Hülsenfrucht	Gesamtprotein %	Legumin %	Nuclein %	Lecithin %	Cholesterin %	Fett %	Lösl. organ. Säuren %	Saccharose, Galaktan %	Stärke %	Pentosane, unbestimmte Stoffe %	Rohfaser %	Asche %
Bohnen	22,81	10,8	1,91	0,81	0,04	1,26	0,88	4,23	42,66	15,33	7,15	2,92
Erbsen	21,50	8,6	1,91	0,81	0,06	1,87	0,73	6,22	40,49	17,29	6,03	3,46
Lupinen (gelbe)	36,79	—	0,67	1,58	0,13	4,61	1,59	19,36	—	12,13	18,21	3,64

Die Lupinen enthielten 1,08% Alkaloide.

a) Puff- oder *Feldbohne.* Von diesen kennt man bei uns vorzugsweise 2 Unterarten: die Sau-, Pferde-, oder kleine Ackerbohne (Vicia Faba minor Lob.) und die Puff- oder Gartenbohne (Vicia Faba major Lob.). Die erste finden wir meistens in den Feldern, die letztere in den Gärten. Die kleine Pferdebohne dient zwar vorwiegend als Futtermittel, jedoch wird sie auch hier und da in gekochtem Zustande, mit Fett (Speck) zubereitet, oder auch zu Suppen als Nahrungsmittel verwendet.

Die Puff- oder große Gartenbohne wird selten in reifem Zustande genossen; dagegen bildet sie in unreifem Zustande in vielen Gegenden ein sehr beliebtes Gemüse (vgl. diese).

Das Verhältnis der Schale zu den Keimblättern in den reifen Ackerbohnen ist wie 10—12 : 90—88.

Über die allgemeine Zusammensetzung dieser und anderer Hülsenfruchtsamen vgl. Tab. II, Nr. 593—603.

Die Stickstoffsubstanz schwankt zwischen 21,00—34,88% der Trockensubstanz, der Gehalt an Nichtproteinen zwischen 1,7—3,0%. Für Pferdebohnen gibt H. Ritthausen 10%, für Saubohnen 18,7% Legumin an.

Die Bohnen bedürfen wie alle Hülsenfrüchte als Stickstoffsammler keiner besonderen Stickstoffdüngung, sind aber nicht undankbar dagegen. Rudolfi konnte durch eine solche den Gehalt an Stickstoffsubstanz von 28,78% (ungedüngt) auf 36,10% in der Trockensubstanz erhöhen. Marek fand in kleinen Samen mehr Stickstoffsubstanz als in großen; Gwallig erhielt aber im Mittel von 8 Proben das umgekehrte Verhältnis, nämlich in der Trockensubstanz großer Samen (0,997 g) 33,69%, in der kleiner Samen (0,472 g) 30,27% Stickstoffsubstanz.

Das Fett (1,0—3,5%) ergab 77,50% C, 11,81% H und 10,69% O. Über den Lecithingehalt und einige besondere chemische Verbindungen vgl. vorstehend S. 355, Anm. 1, über Cholin S. 57, Vicin und Convicin S. 60.

b) Schmink- oder *Vitsbohne.* Hiervon werden im In- wie Auslande eine große Anzahl Arten angebaut. 1. Phaseolus multiflorus Willd. (arabische oder türkische Bohne oder Feuerbohne); 2. Ph. vulgaris L. (gemeine Bohne oder Schmink-, Vitsbohne, Stangenbohne), 3. Ph. gonospermus Schübl. (Eckbohne, Salatbohne), 4. Ph. oblongus Schübl. (Dattelbohne), 5. Ph. sphaericus (Eierbohne). Jede dieser Arten hat wieder viele Spielarten. Hiervon werden sowohl die reifen Samen als die unreifen Schoten als Salat- oder Schnittbohnen zur menschlichen Ernährung verwendet.

Die reifen Samen der Phaseolusarten, die zu 4—12 in einer Schote sitzen und in der Färbung ungemein wechseln, haben durchweg einen geringeren Rohfasergehalt als die Ackerbohnen, aber sonst die gleiche Zusammensetzung wie letztere.

H. Ritthausen fand in weißen Gartenbohnen 11,0%, in gelbschaligen 3,6% Legumin (bzw. Phaseolin)[1].

Ausländische Phaseolusarten. Hiervon sind bis jetzt bekannt geworden: 1. Phaseolus rabiatus L. (japanische Speisebohne); 2. Ph. Mungo L. (Mungo- oder kleine, grüne Bohne); die Hülse birgt 10—15 kleine, kugelig-ellipsoide, grasgrüne Samen mit deutlichem kurzlänglichem Nabel; 3. Ph. inamoenus L. (unschöne Bohne); flache, scheibenförmige weiße Samen mit zuweilen eingesenktem Nabel; 4. Ph. lunatus L. (Mondbohne); platte, beilförmige Samen, die zu 2—5 in einer Hülse sitzen und in Größe und Farbe stark schwanken.

Die Mondbohne von Java enthält ein blausäurelieferndes Glykosid und lieferte nach Untersuchungen im Kaiserl. Gesundheitsamte 0,12—0,24% Blausäure. Die anscheinend

[1]) P. Collier zerlegte die Stickstoffsubstanz und Kohlenhydrate für die lufttrockenen Samen der Gartenbohne wie folgt:

Stickstoffverbindungen				Kohlenhydrate		
Gesamt-	Legumin	Albumin	Sonstige	Zucker	Dextrin	Stärke
24,28%	20,47%	0,71%	3,10%	3,65%	9,40%	48,15%

hiervon abstammenden indischen Rundbohnen ergaben nach Arragon 0,0037—0,0048%, die roten Rangoonbohnen nach Voerman 0,019—0,029%, andere Varietäten (Lima, Kap, Birma) 0,008—0,019% Blausäure (Cyanwasserstoffsäure).

Wenn diese Bohnen dennoch ohne nachteilige Folgen verzehrt werden, so liegt das daran, daß sie beim Behandeln mit Wasser oder beim Kochen die Blausäure zum größten Teile leicht verlieren.

Im übrigen ist die Zusammensetzung[1]) dieser Samen dieselbe wie die der einheimischen Arten.

Erbsen. Von den vielen Arten kommen bei uns als Nahrungsmittel nur die gemeine Saaterbse (Pisum sativum L.) und ihre zahlreichen Spielarten in Betracht.

Das Verhältnis der Schalen zu den Keimblättern ist rund wie 6,0 : 94,0.

Der Proteingehalt schwankt von 18,4—28,4%, der an Legumin[2]) nach Ritthausen von 5,40% (gelbe Gartenerbsen) bis 9,45% (gelbe Felderbsen), der an Nichtprotein von 1,5—2,5%.

P. Wagner konnte trotz des Vermögens der Erbsen, atmosphärischen Stickstoff zu binden, durch Stickstoffdüngung den Gehalt der Trockensubstanz an Protein von 23,12% (ungedüngt) auf 27,68% (gedüngt) steigern.

Zwischen großen und kleinen Erbsensamen zeigten sich dieselben Unterschiede wie bei Feldbohnen; große Samen (0,389 g) enthielten 26,69%, kleine (0,185 g) 24,71%, während Marek das umgekehrte Verhältnis fand.

Manche reifen Erbsensorten werden beim Aufbewahren runzelig, was man darauf zurückgeführt hat, daß infolge einer Art Nachreifung Zucker in Stärke umgewandelt und dadurch eine Schrumpfung bewirkt werden soll. Bei einer vergleichenden Untersuchung von runzeligen und glatten Erbsen stellte sich aber heraus[3]), daß erstere sogar weniger Stärke, dagegen mehr in Alkohol und Wasser lösliche Stoffe (Zucker, Dextrin und andere kolloide Stoffe) enthielten als glatte Erbsen. Das Schrumpfen scheint hiernach einfach darauf zu beruhen, daß während der Aufbewahrung kolloide Stoffe aus dem Sol- in den Gelzustand übergehen.

Das Fett der Erbsen (rund 2,0% mit 76,71% C, 11,96% H und 11,33% O) enthält 7,37% Unverseifbares. Über den Gehalt an Lecithin und sonstigen Stoffen vgl. S. 355, Anm. 1.

Die Erbsen finden als solche und im geschälten Zustande zur Bereitung von Suppen,

---

[1]) So enthielten im Mittel mehrerer Analysen in der Trockensubstanz:

Bestandteile	Phaseolus vulgaris (27)	Ph. radiatus (3)	Ph. Mungo (4)	Ph. inamoenus (1)	Ph. lunatus (5)
Protein	26,66%	22,39%	25,79%	25,95%	22,26%
Rohfaser	4,37%	7,53%	5,29%	4,65%	4,50%

[2]) H. Ritthausen konnte, wie bei Feldbohnen, so auch bei Erbsen, aus der von Legumin befreiten Flüssigkeit eine bedeutende Menge eines Proteins abscheiden, das für Albumin gehalten werden konnte, das aber weder die Elementarzusammensetzung (52,94% C, 7,13% H, 17,14% N, 1,04% S) noch die Eigenschaften des Albumins teilte.

[3]) So ergaben im Mittel:

Erbsen	Wasser	In der Trockensubstanz									
				In Alkohol löslich		In Wasser löslich					
		Protein	Fett	Zucker (Saccharose)	Sonstige Stoffe	Dextrin	Protein	Asche	Stärke	Rohfaser	Asche
	%	%	%	%	%	%	%	%	%	%	%
Runzelige . .	9,65	29,00	1,74	5,39	7,15	7,84	4,09	2,19	35,77	8,86	3,66
Glatte . . .	10,81	24,68	1,18	3,24	5,22	5,51	5,07	2,46	49,16	6,67	3,12

ferner als Mehl zur Herstellung von Dauerwaren (S. 302) Verwendung. Auch in unreifem Zustande werden sie gern genossen (vgl. unter „Gemüse“ S. 449).

Linsen. Die Linsen (Saat-, gemeine oder gute Linse, Ervum Lens L.) werden in Deutschland wenig angebaut, aber wegen ihrer dünneren Schale vielfach den Bohnen und Erbsen vorgezogen.

H. Ritthausen gibt den Gehalt an Legumin zu 5,4% an.

Weiter können noch als Nahrungsmittel in Betracht kommen:

Linsenwicke, Wicklinse, polnische Linse, einblütige Erve (Ervum monanthos L.);
Ervenlinse, französische Erve, knotenfrüchtige Erve;
Kichererbse (Cicer Arietinum L.)[1];
Platterbse, eßbare Platterbse, deutsche Kicher (Lathyrus sativus L.);
Futterwicke (Vicia sativa L.), wird auch von Menschen gegessen. A. Scala gibt in der Trockensubstanz derselben 6,0—6,8% Albumin, 6,8—12,0% Legumin, 3,4—5,5% Pentosane an.

Für die Tropenländer sind weiter zu berücksichtigen:

Erbsenbohne, Taubenerbsenbohne, Straucherbse (Cajanus indicus Spreng., Cytisus Cajan L.). Die Samen, meist bläulich oder gefleckt, sind etwas größer als unsere Erbsen, fast kugelig, an zwei Seiten etwas abgeflacht.
Helmbohne, Lablabbohne (Dolichos Lablab L.). Die weite längliche Hülse birgt 2—6 Samen, die in Größe und Farbe sehr schwanken;
Vignabohne (Vigna catjang Endl. oder Dolichos catjang L.). Die Hülse birgt 10—12 länglich-ellipsoidische Samen von sehr verschiedener Farbe;
Fetischbohne (Canavalia ensiformis D. C. oder Dolichos gladiatus Willd.). Die Hülse enthält 10—15 rotbraune oder weiße, sehr große, eiförmige Samen;
Erderbse, Angolaerbse (Voandzeia subterranea Thon.). Die Hülse reift wie die der Erdnuß in der Erde, ist zweiklappig und hat 1, selten 2 kugelige Samen von verschiedener Farbe. Die Samen enthalten 92% Keimblätter und 8% Schalen. Sie liefern ein weißes Mehl.

Alle diese Hülsenfrüchte sind in der Zusammensetzung[2]) nur wenig verschieden; wenn der Gehalt an Protein bzw. Rohfaser etwas niedriger ist, so ist der an stickstofffreien Extraktstoffen (Stärke) entsprechend höher und umgekehrt. Im allgemeinen sind sie um so wertvoller für die menschliche Ernährung, je weniger Rohfaser bei tunlichst hohem Proteingehalt sie enthalten.

In anderen Ländern werden die Hülsenfrüchte in ähnlicher Weise zubereitet und genossen wie bei uns.

Sojabohnen. Die Sojabohne kommt in außerordentlich mannigfaltigen Arten und Abarten vor; die Varietäten sind durch die verschiedensten Formen und Farben bedingt;

[1]) Aus den Kichererbsen wird in den Ursprungsländern durch eine eigenartige Röstung bei 105—115° die „Leblebiji“ hergestellt, die nach Zlataroff und Stoikoff im Orient als Naschwerk sehr beliebt ist und im Mittel enthält: 6,14% Wasser, 24,77% Protein, 6,09% Fett, 57,99% Kohlenhydrate, 2,21% Rohfaser und 2,73% Asche; ferner 1,68% Lecithinphosphorsäure, wovon 0,64% in Äther und 1,04% in Alkohol löslich sind.

[2]) So enthalten im Mittel mehrerer Analysen in der Trockensubstanz:

Bestandteil	Linsen %	Linsenwicken %	Ervenlinse %	Kichererbsen %	Platterbsen %	Futterwicken %	Erbsenbohnen %	Helmbohnen %	Vignabohne %	Fetischbohne %	Erderbse %
Protein	29,59	24,70	19,47	24,86	28,44	28,83	23,09	24,50	26,57	26,30	21,87
Rohfaser	4,47	9,29	4,63	3,39	7,47	6,92	5,39	5,13	3,80	9,29	6,91

man unterscheidet zwei Rassengruppen: die Soja platycarpa Hrz. (die flachfruchtige Sojabohne) und die Soja tumida Hrz. (die gedunsenfruchtige Sojabohne); diese beiden Gruppen haben wieder zahlreiche Untervarietäten.

100 Körner von Soja hispida tumida var. pallida Hrz. wiegen 8,2—17,5 g; ein Hektoliter 67,4—75,0 kg; das spez. Gewicht beträgt 1,17—1,25.

Die Sojabohne ist wegen des gleichzeitigen hohen Gehaltes der Samen an Protein (28 bis 43%) und Fett (15—23%) eine sehr wichtige Kulturpflanze[1]).

Von dem Gesamtprotein sind 85—90% in Form von Reinproteinen und 10—15% in Form von nichtproteinartigen Verbindungen vorhanden[2]).

Nach J. Stingl und Morawski enthält die Sojabohne nur wenig Stärke und Dextrin; was als Dextrin bezeichnet wird, ist ein Gemenge von verschiedenen Zuckerarten, von denen im ganzen etwa 12% vorhanden sind; die Zuckerarten sind leicht vergärbar. Der Pentosangehalt beträgt 2,86—3,67%.

Auch enthält die Sojabohne nach Stingl und Morawski ein wirksames diastatisches Ferment, woran sie jede bis jetzt bekannte Rohfrucht übertreffen soll. Dieser Eigenschaft dürfte die Sojabohne ihre Verwendbarkeit zur Bereitung von Speisen, welche auf Gärungsvorgängen beruht, zu verdanken haben.

Die Sojabohne wird wegen ihrer schweren Verdaulichkeit nicht direkt genossen, sondern zur Bereitung von verschiedenen Erzeugnissen verwendet. Über die Bereitung von Soja oder Shoja, sowie von „Miso“ vgl. S. 300 u. f., von Natto bzw. Tofu S. 234.

Die Sojabohnen dienen auch zur Fettgewinnung[3]); das entfettete Mehl kann ebenfalls noch als menschliches Nahrungsmittel verwendet werden.

Ombanui, eine in Deutsch-Südwestafrika angebaute Leguminose (Bauhinia esculenta Burch.). Die Samen sind noch fettreicher als die Sojabohnen; sie ergaben in der Trockensubstanz nach Adlung 39,08% Protein und 42,32% Fett; letzteres (mit 94,4 Jodzahl nach v. Hübl) gehört zu den nicht trocknenden Ölen.

Lupinen. Die Lupine, deren ursprüngliche Heimat die Küsten des Mittelmeeres zu sein scheint, wird vorwiegend in Deutschland, Frankreich, Italien und Spanien in 3 Varietäten, nämlich der gelben Lupine (Lupinus luteus), der blauen Lupine (Lupinus angustifolius) und der weißen Lupine (Lupinus albus) angebaut, wozu sich in der letzten Zeit auch die schwarze Lupine gesellt.

Je 1000 Samen gelbe Lupinen wiegen 101,6 g, blaue Lupinen 139,6 g; das Hektolitergewicht beträgt von ersteren 84 kg, von letzteren 75 kg.

Blaue Lupinen ergaben 74% Mehlkern und 26% Schalen.

Die Lupinen sind im Durchschnitt noch reicher an Protein (28—52%) als Sojabohnen

---

[1]) Bei gleichem Samenertrage (2000 kg für 1 ha) würden Sojabohnen rund 686 kg Protein und 366 kg Fett, Bohnen und Erbsen dagegen nur 454 bzw. 498 kg Protein und 40 bzw. 34 kg Fett für 1 ha liefern.

Verschiedene Anbauversuche, zu welchen sich am besten Soja pallida, S. atrosperma und S. castanea (zur II. Gruppe gehörig) eignen würden, haben indes bis jetzt in hiesigem Klima noch zu keinem Ergebnis geführt.

[2]) E. Meißl und Böcker führen für die einzelnen Bestandteile folgende abgerundete Zahlen an:

Lösliches Casein	Albumin	Unlösliches Casein	Fett	Cholesterin, Lecithin, Harz, Wachs	Dextrin	Stärke
30%	0,5%	7%	18%	2%	10%	5%

Die Stärkekörner sind noch kleiner als die des Reises.

[3]) Für das Fett gibt A. Nikitin folgende Konstanten an:

Freie Säuren (Ölsäure)	Reichert-Meißl-Zahl	Köttstorfer-Zahl	Jod-Zahl	Hehner-Zahl
2,1%	1,84	212	114	91,7%

und enthalten auch mehr Fett (2,0—7,5%) als andere Hülsenfrüchte außer Sojabohnen und Ombanui.

Die Proteine der Lupinen bestehen fast ausschließlich aus Conglutin (vgl. S. 21). E. Schulze fand in der Trockensubstanz von geschälten Lupinen 40,32% in Wasser unlösliches, 3,25% in Wasser lösliches Conglutin und 1,50% Albumin. Die Lupinen enthalten aber mehr nichtproteinartige Stickstoffverbindungen als die vorstehenden Hülsenfruchtsamen. In Prozenten des Gesamtstickstoffs sind 10—20% in Form von Nichtproteinstoffen vorhanden. Letztere bestehen zum Teil aus Alkaloiden; die Menge der letzteren schwankt von 0,4—1,8% in der Trockensubstanz. E. Flechsig, Täuber und Hiller geben die Menge an Alkaloiden für die Trockensubstanz der gelben Lupinen zu 0,66% an, wovon 0,35% fest und 0,31% flüssig waren; blaue und weiße Lupinen enthielten 0,26 bzw. 0,36% Alkaloide, wovon nur 0,04 bzw. 0,02% flüssig waren. Über die Konstitution der Alkaloide vgl. S. 57.

Das Fett (durchschnittlich 5,0%mit 75, 94% C, 11,59% H und 12,47% O) enthält 6,83% unverseifbare Bestandteile.

Über den Gehalt an Lecithin und noch einige andere Bestandteile vgl. S. 355, Anm. 1.

Für die einzelnen Kohlenhydrate in der Trockensubstanz werden angegeben: 2,01 und 2,72% Saccharose, 15,96 und 18,38% Gummi + Pektinstoffe, 24,22% Stärke bei blauen und 8,49% Stärke bei gelben Lupinen. Die von Merlis zu 11,34% in der blauen Lupine nachgewiesene Lupeose (β-Galaktan) ist ein Disaccharid, welches durch Kochen mit verdünnter Schwefelsäure in d-Fructose und Galaktose gespalten wird.

Die Lupinen dienen nur in sehr beschränktem Maße als menschliches Nahrungsmittel; in getreidearmen Jahren pflegt man das Mehl derselben wohl behufs Brotbereitung dem Roggenmehl zuzusetzen; neuerdings finden die Lupinen auch zur Darstellung von Kaffee-Ersatz Verwendung.

Man hat dem Gehalt des Lupinensamens bzw. des Strohes und Heues an Alkaloiden (Lupinin) vielfach die Entstehung der gefürchteten „Lupinose" (einer Art Gelbsucht, die alljährlich halbe Schafherden dahinrafft) zugeschrieben; nachdem man aber vielseitig nachgewiesen hat, daß gesundes und krankes Futter denselben Alkaloidgehalt haben, kann diese Ansicht nicht länger aufrechterhalten werden. Wahrscheinlich wird die Krankheit durch einen enzymatischen Körper „Ichtrogen" verursacht, der sich nach J. Kühn und G. Liebscher durch glycerinhaltiges Wasser ausziehen und durch Dämpfen bei 1 Atmosphäre unschädlich machen läßt.

Zur Entbitterung der Lupinen hat man verschiedene Verfahren in Vorschlag gebracht, z. B. Darren oder Rösten, Ausziehen mit schwefelsäurehaltigem Wasser und Auswaschen bis zum Verschwinden der saueren Reaktion, längere Behandlung mit heißem Wasser, ferner Einquellen mit Wasser, einstündiges Dämpfen im Wasserbade und Auswaschen usw. Bei letzterem Verfahren gehen nach O. Kellner die Alkaloide fast ganz (93—95% derselben) in Lösung, von der Gesamttrockensubstanz 15—20%, von der eigentlichen Proteinsubstanz dagegen nur 3,0—4,5%. Dieser Verlust wird nach Kellner einigermaßen dadurch wieder ausgeglichen, daß die entbitterten Lupinenkörner höher verdaulich sind als die nicht entbitterten.

Verunreinigungen und Verfälschungen der Getreidearten und Hülsenfrüchte.

1. Als Verunreinigungen sind anzusehen:

a) Fremdkörper wie Sand, Ton, Erde, Steinchen, Eisenteilchen, Stron-, Ährenhülsenteilchen, Mäusekot, Käferteile.

b) Unkrautsamen; von diesen gelten als gesundheitsschädlich: Kornrade (Agrostemma Githago L.), Taumellolch (Lolium temulentum L.), Adonisröschen (Adonis àestivalis L.), Wachtelweizen (Melampyrum arvense L.), Klappertopfarten (Alectorolophus L.), Ackerwinde (Convolvulus arvensis L.), Hederich (Raphanus raphanistrum L.) u. a.

Die Klappertopfarten, Kornrade, ferner Ackerhahnenfuß (Ranunculus arvensis L.), Ackertrespe (Bromus secalinus L.), Platterbse (Lathyrus spec.) und Wicken (Vicia spec.) sollen auch die Farbe des Mehles nachteilig beeinflussen, wieder andere, wie Ackersenf (Sinapis arvensis L.), Feldfennichkraut (Thlaspi arvense L.), Feldrittersporn (Delphinium consolida L.), Feldspörgel (Spergula arvensis L.) u. a. dem Mehle einen unangenehmen Geruch und Geschmack erteilen.

Die Verunreinigungen unter a und b pflegen mit „Besatz" bezeichnet zu werden.

Im Gehalt an Nährstoffen gleichen diese Unkrautsamen vielfach den Getreidearten, Hülsenfrüchten oder Ölsaaten[1]), aber sie enthalten vielfach eigenartige Stoffe, welche ihnen die genannten nachteiligen Eigenschaften erteilen.

Im Taumellolch nimmt Fr. Hofmeister eine Base „Taumulin" an, welche der Pyridinreihe angehören und ein starkes Nervengift sein soll.

In der Kornrade wird die schädliche Wirkung einem Saponin bzw. Sapotoxin zugeschrieben, die Mengen davon werden zu 4,1—6,6% angegeben. Die Ansichten über die Giftigkeit der Kornrade sind sehr verschieden. Nach Kornauth soll der Mensch ein Brot mit 40% Kornrade ohne Schaden vertragen können, nach K. B. Lehmann bewirken schon 4—5 g Kornrade Reizerscheinungen im Rachen und Magen beim Menschen. Auch Kobert hält das Sapotoxin, das im Embryo seinen Sitz habe, für ein gefährliches Gift.

In der Kornrade werden außerdem noch 2 Farbstoffe, „Sklererythrin" und „Sklerojodin", angenommen, welche mit den im Mutterkorn vorkommenden Farbstoffen große Ähnlichkeit haben sollen.

In den Rhinanthusarten wird ein Glykosid, „Rhinanthin", in den Knöterichsamen ein gelb färbendes, „Quercitin", und im Queckensamen ein linksdrehendes Gummi, „Triticin", angenommen.

c) Pilze. Als parasitäre Pilze kommen bei Getreidearten vor: Brandpilze, Rostpilze, Schwärzepilze, Getreidemehltau und Mutterkorn; bei Hülsenfrüchten: Colletotrichum Lindemuthianum Sacc. (bei Bohnen), Ascachyta Pisi (bei Erbsen).

Als Saprophyten: Schimmel- und Sproßpilze verschiedener Arten, Bacterium coli, Bact. putidum, Bacillus mesentericus, Bac. herbicola aureus, Bact. fluorescens liquefaciens u. a.

Von den parasitären Pilzen hat das Mutterkorn starkgiftige Wirkungen. Nach K. B. Lehmann wirken schon 0,2 g sicher giftig[2]). Als Alkaloide führt Wenzel das „Ecbolin" und „Ergotin", Tanret das „Ergotinin" ($C_{35}H_{40}N_4O_6$) auf. Ergotin und Ecbolin, die zu 0,2 bis 0,4% im Mutterkorn vorkommen sollen, scheinen ein und derselbe Körper zu sein. Nach Kobert ist das Ergotinin wirkungslos, dagegen die von ihm isolierte Base „Cornutin" sehr giftig, indem es außer heftiger Magendarmreizung die sog. „Kribbelkrankheit", Muskelkrämpfe und Abortus verursacht; die zu 2—4% vorkommende „Ergotinsäure" (oder Sclerotinsäure) bewirkt Lähmungen, während die von Kobert isolierte „Sphacelinsäure" (ein saures Harz) die Ursache

[1]) So ergaben in der Trockensubstanz:

Bestandteil	Kornrade %	Taumellolch %	Hederich %	Feldfennichkraut %	Feldspörgel %	Knöterich %	Ackermelde (Gänsefuß) %	Wegerich %	Quecke %
Protein	16,44	8,64	25,42	24,11	15,19	27,54	17,42	18,65	10,53
Fett	6,09	—	27,49	27,60	11,14	2,19	7,42	9,68	2,47
Rohfaser	7,08	—	10,91	14,72	8,37	30,67	23,13	26,60	8,49

[2]) Wiggers gibt für die Zusammensetzung des Mutterkornes folgende Zahlen (auf Trockensubstanz berechnet):

Protein %	Ergotin %	Osmazoim %	Fettes Öl %	Fettige Substanz und Cerin %	Zucker %	Gummi %	Sonstige organ. Stoffe %	Kaliumphosphat %	Calciumphosphat %	Kieselsäure %
1,46	1,25	7,76	35,00	1,79	1,55	2,33	44,01	4,42	0,29	0,14

der typhösen Form der Mutterkornvergiftung, des Gangräns, ist. Die eigenartigen durch Mutterkorn verursachten Krankheiten werden auch Ergotismus gangraenosus oder Erg. convulsivus genannt.

Kraft, Barger und Dale fanden in 10 g Rückstand vom Petrolätherauszug 2,0 g Ergosterin, 4,0 g Alkaloide (darunter Ergotinin), 0,35 g Secalinsäure, 0,97 g sonstige Säuren, 1,7 g Mutterkornöl u. a. Im wässerigen Auszuge konnten Betain und Cholin nachgewiesen werden. Diese Untersucher halten die reinen Alkaloide (Ergotinin und Hydroergotinin) für die Träger der Nebenwirkungen (Krampf und Gangräne), während der Träger für die Uteruskonzentrationswirkung noch nicht gefunden sein soll.

Auch den Brandpilzen (Stein- oder Stinkbrand) schreibt man schädliche Wirkungen zu, sei es dadurch, daß die Sporen direkt schädlich wirken, sei es dadurch, daß sie beim Keimen schädliche Stoffe (Ptomaine) bilden.

d) Insekten, z. B. der schwarze Kornwurm (Calandra granaria L.) im deutschen Getreide, der indische Kornwurm oder Reiskäfer (Calandra Oryzae L.) im amerikanischen Getreide, das Weizenälchen (Tylenchus Tritici Roffr.) in den sog. „Radenkörnern" oder „Gichtkörnern", der häufig massenhaft auftretende Bohnen-, Erbsen- und Linsenkäfer (Bruchus rufimanus Sch., Bruchus Pisi L. und Bruchus lentis L.) usw.

e) Bruchkörner, d. h. zerschlagene, angefressene oder unreife bzw. notreife Körner.

2. Als Verfälschungen müssen angesehen werden:

a) Die Untermischung geringwertiger Sorten unter bessere (besonders bei Weizen und Gerste).

b) Das Ölen[1]) bei Weizen und Reis zur Erhöhung des Hektolitergewichtes (bzw. einer glänzenden Farbe beim Reis), sowie das Anfeuchten oder Netzen des Getreides zur Erhöhung des absoluten Gewichtes.

c) Das Schwefeln sowie das Polieren mit Talkerde, z. B. bei Reis, Hafer, Gerste (bzw. Graupen).

d) Das Färben und Polieren, z. B. bei Reis und geschälten Erbsen.

3. Als verdorben müssen bezeichnet werden:

Ausgewachsene und wieder getrocknete, muffige und verschimmelte oder havarierte Früchte und Samen.

Für die Untersuchung der Getreidearten und Hülsenfrüchte kommen vorwiegend in Betracht die Bestimmung von: Wasser (jetzt meist direkte Bestimmung S. 6), Verunreinigung (Besatz), Volumengewicht, „1000 Korn"-Gewicht, Keimfähigkeit, Glasigkeit und Mehligkeit, Spelzen- und Schalengehalt.

Eine volle chemische Untersuchung ist selten notwendig; nur bei Weizen hat die Bestimmung des Klebers eine größere Bedeutung. Wichtiger als die chemische Untersuchung ist die Feststellung der vorhandenen Unkräuter sowie der Pilze und Insekten. Dazu gesellt sich in besonderen Fällen der Nachweis des Ölens, Schwefelns, Polierens und Färbens.

III. Ölgebende Samen.

An die Hülsenfrüchte anschließend mögen auch einige Öl- und sonstige Samen bzw. Früchte Erwähnung finden, die entweder direkt als solche genossen oder auch zur Mehlbereitung verwendet werden.

Mohnsamen (Papaver somniferum L.). Der Mohn wird in vielen Varietäten angebaut; außer den zwei Hauptgruppen, nämlich „Schließ-" oder „Dreschmohn" mit geschlossenen Köpfen und dem „Schüttelmohn" mit offenen Köpfen, unterscheidet man in beiden Gruppen je nach der Farbe und Größe des Samens verschiedene (weiße, rote, braune und blaue) Varietäten.

---

[1]) Das Ölen wird in der Weise ausgeführt, daß man einen Spaten in ein fettes Öl (bei Weizen) oder Vaseline (bei Reis) eintaucht und damit die Getreidehaufen wiederholt umschaufelt.

Der Mohn dient bekanntlich auch zur Gewinnung des Opiums, des eingedickten Milchsaftes, welcher beim Anritzen der Mohnköpfe, kurz vor der Blüte derselben, ausfließt (vgl. S. 338).

Erdnuß. Die Erdnuß (Arachis hypogaea L.), auch Erdmandel, Erdeiche oder Mandudibohne genannt, ist eine einjährige, krautartige, zu den Leguminosen gehörende Pflanze, von der nur die unteren Blüten am Stengel furchtbar sind. Nach Abblühen verlängert sich der Blütenstand bedeutend und senkt den sich ausbildenden Fruchtknoten so, daß er 5—6 cm in den Boden eindringt und erst hier die Frucht zur Reife gelangt (daher der Name Erdnuß).

Die Samen, deren Geschmack an den der weißen Bohnen, im gerösteten Zustande an den der Mandeln erinnert, werden in den südlichen Ländern als Volksnahrungsmittel verwendet und auch bei uns im gerösteten Zustande genossen; in Spanien vermischt man die nicht gerösteten Preßkuchen auch mit Kakaomasse zur Erzielung einer gewöhnlichen Schokolade. Reichlicher Genuß von Erdnüssen soll Kopfweh verursachen. Über Erdnußöl vgl. S. 337.

Cocossamen. Die Cocospalme (Cocos nucifera L.) hat kindskopfgroße, eiförmige (einsamige) Steinfrüchte, welche aus einer 4—6 mm dicken Faserhülle, einer Steinschale und dem mit Flüssigkeit (sog. Cocosmilch) gefüllten Samenkern bestehen. Die Faserhülle (mittlere Fruchthaut) liefert die in der Textilindustrie benutzte Cocosfaser, auch Coir genannt, während die unter dieser liegende harte Steinschale (innere Fruchthaut) zur Herstellung von Drechsler- und Schnitzwaren benutzt wird. Der von der Steinschale eingeschlossene Samenkern dagegen dient zur Gewinnung des beliebten Cocosnußfettes bzw. Cocosnußbutter, während die eingeschlossene Milch direkt genossen wird. Über Cocosnußfett vgl. S. 333.

v. Ollech fand in einer lufttrocknen Cocosfrucht von 1133 g Gesamtgewicht 30,45% Cocosfaser, 19,59% Steinschale, im Samenkern 37,78% festes Albumen nebst Samenhaut und Keimling und 12,18% flüssiges Albumen (Cocosmilch)[1].

Bucheckern. Die Früchte der gemeinen Buche oder Rotbuche (Fagus sylvatica L.) werden sowohl als solche genossen, oder vereinzelt zur Gewinnung von Öl, welches in seinen besseren Sorten als feines Speiseöl gilt, verwendet (S. 339).

Die spitzdreikantigen Früchte sitzen zu zwei in einer kapselartigen, mit zahlreichen Weichstacheln besetzten Hülle — Scheinfruchthülle —, welche bei der Reife in 4 Klappen aufspringt. Die Buche trägt nur alle 4—5 Jahre Früchte.

Die Früchte enthalten rund 67% Samenkern und 33% Schale.

Haselnuß oder ***Lambertsnuß.*** Die Haselnuß ist der mit einer braunen Schale umgebene Samen von Corylus avellana L. oder Corylus tubulosa Wildt, welcher in verschiedenen Spielarten auf der ganzen nördlichen Halbkugel, besonders in Europa, vorkommt. Die Dicknuß oder türkische Nuß (Corylus colurna L.) findet sich in der Türkei, in Kleinasien und am Himalaya. Der eßbare Kern schwankt zwischen 35—48% der Frucht.

Die Haselnuß wird vereinzelt auch zur Ölgewinnung benutzt; das Öl ist hellgelb, geruchlos, von angenehmem, mildem Geschmack und gleicht dem Mandelöl (S. 364).

Walnuß. Die Walnuß ist die Steinfrucht des Walnuß- oder welschen Nußbaumes (Juglans regia L.). Die fleischige Fruchtschicht ist mit einer dünnen grünen Oberschicht überzogen und springt bei der Reife auf; unter derselben liegt die zweiklappige, einsamige, braune Steinschale, in welcher sich der ölreiche Samen (Kern) befindet. Die Walnußkerne machen 22—43% der Frucht aus. Auch letztere werden nach 2—3 monatigem Lagern vereinzelt gepreßt und zur Ölgewinnung benutzt (S. 339); zu lange gelagerte und warm gepreßte Kerne liefern jedoch ein scharfes, schlecht schmeckendes Öl; auch wird das Nußöl sehr leicht ranzig.

Hikory- und ***Pekannuß.*** Auch diese zu den Juglandeen gehörenden Bäume, Carya alba Nutt. bzw. C. sulcata Nutt., liefern wohlschmeckende Samenkerne. Sie machen 30—37,8% bzw. 47—50% der Frucht aus.

---

[1]) Eine Untersuchung der Cocosmilch ergab folgende Zusammensetzung:

Wasser	Protein	Fett	Kohlenhydrate	Asche
93,37%	0,50%	0,014%	5,30%	0,82%

Mandeln. Unter Mandeln versteht man die trockene, mit filzig behaarter Fruchtschale (Perikarp) umgebene Steinfrucht des Mandelbaumes (Amygdalus communis L. oder Prunus Amygdalus Stokes), wovon eine süßfrüchtige (var. dulcis) und eine bitterfrüchtige (var. amara) Art angebaut wird. Diese beiden Arten unterscheiden sich morphologisch nur wenig voneinander, haben aber wieder je nach Form und Größe der Blätter, Farbe der Blüte, oder je nach einer dickeren oder dünneren, härteren oder zarteren, leicht zerbrechlicheren (Krachmandeln) inneren Steinschale viele Unterarten.

Der äußere Teil der Fruchtschale (das Exokarp) ist in unreifem Zustande grün und hartfleischig, in reifem Zustande trocknet er zu einer lederartigen, außen graufilzigen Haut ein, welche am Rande der Frucht aufreißt und sich von der Steinschale (Endokarp), zu welcher sich die inneren Partien der Fruchtschale entwickeln, loslösen läßt. Für gewöhnlich findet sich in der Frucht nur ein, selten zwei Samen. Letztere betragen 35—60% der Frucht.

Von den süßen Mandeln gelten die spanischen (Valencia- und Alikantemandeln) als die besten, die aus Südfrankreich, Italien (Apulien und Sizilien) in den Handel gebrachten Mandeln sind kleiner und dicker. Die bitteren Mandeln stammen hauptsächlich aus Nordafrika, Südfrankreich und Sizilien.

Zur Gewinnung des Mandelöles werden meistens süße und bittere Mandeln gemischt, indem dieselben vorher von Staub befreit, im Mörser usw. zerkleinert und dann in Zwillichsäcken gepreßt werden; sollen die Preßrückstände zur Darstellung von Bittermandelwasser oder -öl benutzt werden, so verwendet man nur bittere Mandeln und preßt diese vorher kalt; sollen die Rückstände (Mandelmehl oder Mandelkleie) ferner als Cosmeticum dienen, so werden die Mandeln vorher geschält.

Paranuß. Die Paranuß liefert der Para- oder Juvianußbaum (Bertholletia excelsa H.). Die Frucht ist eine große, kugelrunde, lederartig holzige, innen fleischige Kapsel, die sich mit einem kleinen Deckel öffnet und 16—20 Samen von mandelartigem Geschmack enthält. Die Samen werden unter den Namen: Paranüsse, Juvianüsse, Steinnüsse, brasilianische Kastanien, Maranhonkastanien, Amazonenmandeln nach Europa eingeführt und als Dessertnüsse gegessen. Die verdorbenen, mulstrigen Nüsse werden in England und Deutschland gepreßt und das gewöhnliche Öl wie Baumöl zu technischen Zwecken verwendet. Das in Südamerika aus frischen Nüssen gewonnene Öl dient auch als Speiseöl.

Über die Zusammensetzung dieser Ölsamen vgl. Tab. II, Nr. 603—612.

Sonstige seltene Samen, Früchte und Pflanzenteile.

Unter den sonstigen Samen, Früchten usw., welche nur eine spärliche oder mehr örtliche Verwendung für die menschliche Ernährung finden, ist zu nennen:

Samen von ***Quinoa*** oder ***Reismelde*** (Chenopodium Quinoa). Die Reismelde wird auf den Hochebenen (bis zu 4000 m über dem Meeresspiegel) von Peru, Ecuador, Neu-Granada, Bolivia und Chile neben Kartoffeln und Reis als wichtigste Kulturpflanze angebaut. Der Samen, von der Größe des Spörgelsamens, ersetzt in Südamerika zur Herstellung von Suppen, Brei usw. vielfach den ostindischen Reis. In den Erzeugungsländern wird aus den Samen ein geistiges Getränk „Chica de Quinoa" bereitet. Die spinatartigen Blätter dienen sowohl als Gemüse wie auch als Grünfutter für Wiederkäuer und Schweine.

Kastanien oder ***Maronen.*** Die Schalenfrucht der kultivierten oder eßbaren Kastanie (Castanea vesca L.) wird sowohl roh, als auch in geröstetem und gekochtem Zustande (in Kohl, Gefüllsel, Mehlspeisen usw.) genossen. In Südfrankreich, Spanien und Portugal bilden dieselben ein wirkliches Volksnahrungsmittel; die bei uns wachsenden Kastanien sind durchweg kleiner. Dieselben werden vereinzelt auch auf Mehl verarbeitet, oder bei der Herstellung von billigen Schokoladen sowie als Kaffeesurrogat verwendet. Das Verhältnis der Schalen und Samenhülle zu dem Kern beträgt 14,5—18,0 : 85,5—82,0.

Johannisbrot. Als Johannisbrot (Bockshorn, Karoben) bezeichnet man die süße, fleischige Schotenfrucht des zur Familie der Papilionaceen gehörenden Baumes (Ceratonia siliqua), welcher in den Küstenländern und auf vielen Inseln des Mittelmeeres angepflanzt wird. Die Früchte werden in unreifem Zustande vorsichtig von den Bäumen — ein Baum liefert mitunter 40—50 kg trockene Früchte — abgeschlagen, an der Sonne getrocknet und nachreifen gelassen, wobei sie gleichzeitig eine Gärung durchmachen und einen Gehalt an Buttersäure (bis zu 1,5%) annehmen. Der Wert des Johannisbrotes hängt wesentlich von dem Gehalt an Zucker ab; derselbe schwankt je nach der Gegend, Witterung und Gewinnungsweise in weiten Grenzen (8,2—29,4% Saccharose und 26,0—10,3% Glykose); die zuckerreichsten Sorten kommen aus dem Küstengebirge von Algarve, aus der Levante, Kleinasien und von Cypern. An Stärke wurden 26,4—51,1% gefunden. Wegen des hohen Zuckergehaltes wird das Johannisbrot auch zur Fabrikation von Feinsprit verwendet (z. B. in Portugal und auf den Azoren), oder zur Bereitung eines Sirups. In den Erzeugungsländern gibt das Johannisbrot eine beliebte Volksspeise ab; ferner dient es zur Bereitung von Tabaksaucen, während die Samen im gerösteten Zustande als Kaffee-Ersatzmittel (sog. Karobbekaffee) benutzt werden (vgl. unter Kaffee-Ersatzmitteln S. 548).

Die Johannisbrotfrucht enthält 10—12% Kerne und 88—90% Fruchtfleisch.

Zuckerschotenbaum. Der Zuckerschotenbaum (Gleditschia glabra), ein Leguminosenbaum, wächst im Kaukasus und in Nordamerika; von den Früchten desselben werden die Körner für menschliche Ernährungszwecke benutzt; das Verhältnis derselben zu den Schoten ist wie 3 : 2.

Banane. Hierher kann auch die Frucht von Musa paradisiaca gerechnet werden, weil der innere Teil der vor der Reife gepflückten Frucht durch Trocknen und Pulvern das „Bananenmehl" liefert (vgl. S. 376). Bei der Reife geht die Stärke in Zucker über. Die auch unter Obstfrüchte Frucht enthält etwa 40% Schalen und 60% Fleisch.

Dschugara, ein in Mittelasien angebautes Körnergewächs, dessen Mehl denselben Zwecken dient, wie bei uns das Getreidemehl; der Ertrag dieser Frucht wird als ein hoher bezeichnet; neben Samen soll man auch viel Stroh ernten, welches letztere von Tieren gern gefressen wird.

Wassernuß. Die Fruchtkerne der Wassernuß (Trapa natans L.), deren Kultur in Vergessenheit geraten ist, wird in einigen Ländern (Serbien, Rußland) sowohl in grünem als reifem Zustande, teils roh, teils gekocht oder gebraten als menschliches Nahrungsmittel verwendet.

Chufannuß, Wurzelstock von Cyperus esculentus L., der fettreich ist, wird als sog. „Erdmandel" gegessen oder zu einem Kaffee-Ersatzmittel verwendet.

Über die Zusammensetzung dieser Samen vgl. Tab. II, Nr. 613—620.

B. Mehle.

Begriff. Unter „Mehl" im engeren Sinne versteht man die durch den Müllereibetrieb hergestellten feinpulverigen Mahlerzeugnisse der Getreidesamen. Im weiteren Sinne und im Sinne des Nahrungsmittelgesetzes rechnet man aber zu den Mehlen alle von Schalen, Hülsen und Gewebsresten tunlichst befreiten Mahlerzeugnisse von solchen Samen, die zur Ernährung des Menschen dienen.

Bei den Getreidearten bestehen die hochfeinen Mehle fast nur aus dem Nährgewebe; bei den Leguminosen aus den Keimlappen, weil bei ihnen ein besonderes Nährgewebe fehlt.

Aus dem Grunde ist die Verarbeitung der beiden Rohstoffe nicht nur verschieden, sondern die Zusammensetzung der Mehle im Vergleich zum Samen verhält sich ebenfalls verschieden.

Das Getreidekorn besteht im wesentlichen aus 4 Schichten bzw. Bestandteilen: a) der äußeren Haut, b) der Kleberschicht, c) dem Mehlkern, d) dem Keim. Während erstere 3 Bestandteile schichtweise übereinanderliegen, befindet sich der Keim seitlich in einer Mulde des Mehlkernes.

Gewinnung. Um diese Teile voneinander trennen zu können und ein gutes Mehl zu erhalten, bedarf das Korn einer stufenweisen Behandlung.

1. Trennung durch das Mahlverfahren. a) Trocknung und Lagerung. Unter normalen Witterungsverhältnissen enthält das geerntete Getreidekorn rund 15% Wasser, das bei der Lagerung um 1% abzunehmen pflegt, während in ganz trockenen Jahren der Wassergehalt von vornherein 12—14% betragen kann. Unter feuchten Witterungsverhältnissen enthält das Erntekorn mitunter 18—20% Wasser, und in solchem Getreidekorn fängt nicht nur der Keim an, sich zu entwickeln (auszuwachsen), sondern infolge vorhandener Oxydasen tritt auch eine Veratmung (Kohlensäurebildung aus Stärke u. a.) ein. Ein solches Getreide muß daher besonders nachgetrocknet werden, was jetzt meistens durch künstliche Wärme geschieht. Die künstliche Trocknung soll aber langsam bei 40—50° geschehen, weil durch ein zu rasches Austrocknen die Beschaffenheit des Mehles leidet. Bei einem Wassergehalt von 14% pflegt keine Um- und Zersetzung im Getreidekorn durch Enzyme oder Pilze mehr stattzufinden. Aus dem Grunde muß Getreide, um es vor Feuchtigkeitsaufnahme zu schützen, in trockenen Räumen aufbewahrt werden. Für die Aufbewahrung großer Mengen bedient man sich der Kornspeicher oder Silos.

b) Reinigung. Man unterscheidet eine Vor- und Hauptreinigung. Erstere erstreckt sich auf die Entfernung aller Fremdkörper (Spreu, Halmteile, Sackbänder, Unkrautsamen, Steine, Sand, Staub usw.). Hierzu dienen besondere Einrichtungen, z. B. Schrollensiebe behufs Entfernung von Stroh, Spagat usw., Tarar (Aspirator) behufs Wegblasens von gebrochenen, tauben Körnern, Staub, Trieurs behufs Absiebens vom Ausreuter (Unkrautsamen), Magnetapparat behufs Beseitigung von Eisenteilen.

Der Vorreinigung folgt die Hauptreinigung, welche sich auf das Korn selbst erstreckt und die vollständige Entfernung des Staubes, der Samenschale bzw. -haut, der Haare (des Bartes), des Keimes und der rohfaserreichen Spitze bezweckt. Die abgelösten Schalenstücke und der Staub werden durch einen Luftstrom in angehängte Säcke abgeblasen; der alsdann folgende Spitzengang entfernt auf der Koppenmühle das Bärtchen (den Schopf) und den Keim; andererseits werden auch eine Schäl- und Bürstenmaschine hierfür angewendet. Wiederum in anderen Fällen wird die Reinigung des Korns auf nassem Wege durch Getreidewaschanlagen bewirkt, worin dem zulaufenden Getreide ein Wasserstrom entgegenfließt. Durch Schleudermaschinen (Zentrifugen) wird mit dem Wasser die Oberhaut entfernt und schließlich das Korn in Trockenkolonnen, worin ihm ein warmer Luftstrom entgegengeführt wird, vollends wieder ausgetrocknet.

c) Mahlung. Das so gereinigte Korn unterliegt alsdann der eigentlichen Mahlung und Trennung. Dieser Trennung kommt zugute, daß die äußere Haut, die Kleberschicht und der Keim zähe und elastisch, der Mehlkern dagegen hart und spröde zu sein pflegt.

Der Mehlkern zerfällt daher durch Reiben und Mahlen eher in Pulver als die sonstigen Teile, und kann durch Sieben und Beuteln von dem zurückbleibenden Teil der Kleberschicht, der äußeren Haut und dem Keim abgetrennt werden. Letztere Teile gehen in die Kleie über.

α) Flach- oder Mehlmüllerei. Das Mahlen des Getreides wird vorwiegend nach zwei Systemen, der Flach- und Hochmüllerei, vorgenommen. Bei dem einen, dem Flachmahlverfahren sind die Mahlsteine oder Walzen nahe zusammengerückt und wird das gereinigte Korn durch eine Mahlung zerquetscht, worauf die erhaltene Masse durch verschiedene Siebzylinder und Separationstrommeln in Mehl, Dunst, Grieß und Kleie zerlegt wird. Nach diesem Verfahren wird daher im wesentlichen nur eine Mehlsorte gewonnen. Das Verfahren ist durchweg nur beim Vermahlen von Roggen in Gebrauch.

β) Hoch- oder Grießmüllerei. Bei dem anderen System, dem Hochmahlverfahren, stehen die Mahlsteine oder Walzen weiter voneinander ab; das Korn durchläuft nach und nach Mahlvorrichtungen mit näher gestellten Steinen bzw. Walzen, indem eine stufenweise Zerkleinerung des Kornes angestrebt wird.

Das geputzte und geschälte Korn wird zunächst durch Annäherung der Mahlsteine in

Schrot, Grieß, Dunst und Mehl zerlegt, welche durch Sortierzylinder getrennt werden. Das erhaltene Mehl besitzt noch viele Schalenteilchen, eine dunkele Farbe und heißt „Bollmehl". Der Grieß und Dunst, welche noch mit Kleieteilchen vermengt sind, werden in Putzmaschinen einem Luftstrome ausgesetzt, wodurch die leichtere Kleie entfernt wird und die schweren Grieße und Dunste zurückbleiben.

Diese letzteren liefern bei weiterer Zerkleinerung das feinste Mehl, auch „Auszugsmehl" genannt.

Das bei der ersten Zerkleinerung verbliebene Schrot wird weiter vermahlen und in die Teile Mehl, Dunst, Grieß und feines Schrot zerlegt, die wie vorhin behandelt werden und so zum dritten und vierten Male in 8 verschiedenen Stufen.

Zum Zerkleinern bedient man sich der Steinmühlen, deren Muster die alte deutsche Mühle ist, oder der Walzenmühlen, welche für Flach- wie Hochmüllerei geeignet, aber vorwiegend bei letzterer und für harten Weizen verwendet werden und bei welchen nur eine oder gleichzeitig beide Walzen Antrieb erhalten, oder drittens der Desintegratoren oder Dismembratoren, welche im wesentlichen aus zwei, sich in entgegengesetzter Richtung mit großer Geschwindigkeit drehenden, eisernen Scheiben bestehen, von denen eine jede an ihrer der Mahlbahn zugerichteten Fläche mit zahlreichen Bolzen oder Hervorragungen so besetzt ist, daß letztere, bei der Umdrehung der Scheiben, alle zwischen den Bolzen befindlichen Körper mit heftigen Schlägen treffen und sie dadurch zertrümmern. Am meisten in Gebrauch sind die Walzenmühlen.

Bei der Flachmüllerei erhält man mehr Ausbeute an Mehl, bei der Hochmüllerei dagegen feineres Mehl, und besonders von Weizen eine große Anzahl Sorten von verschiedener Feinheit[1]).

Über die Beziehungen zwischen der Feinheit der Mahlerzeugnisse und dem Gehalt derselben an Nährstoffen vgl. auch weiter unten bei den einzelnen Mehlen.

2. Die Entschälung (oder Dekortikation) des Getreides. Über die Bedeutung des Mahlverfahrens ist viel gestritten worden. Weil die nährstoffreiche dunkele Kleberschicht den weißen Mehlkern umgibt, so pflegt im allgemeinen ein Mehl um so ärmer an Proteinen zu sein, je weißer und feiner es ist. Umgekehrt gehen, wenn man auch die ganze Kleberschicht dem Mehl erhalten will, leicht holzige Teile der äußeren Schale mit in das Mehl über, welche die Verdaulichkeit des Mehles beeinträchtigen; denn ein grobes Mehl bzw. ein Brot aus grobem Mehl ist nach S. 138 um so weniger verdaulich, je mehr Rohfaser es enthält[2]).

---

[1]) Nach Buchwald und Ploetz ergaben Roggen und Weizen z. B. nach dem Hochmüllereiverfahren folgende Mahlerzeugnisse:

Mahlgut	Gesamtreinigungsabfall %	Vermahlung					Kleie		Gesamtverlust (Schwund) %
		Mehl Nr. 0 %	Mehl Nr. 1 %	Nachmehl %	Gangmehl %	Blaumehl %	feine %	grobe %	
Roggen . .	9,26%	0—30%	31—60%	60—65%	0,83%	0,17%	23,36%		2,01%
		Auszugmehl	Semmelmehl						
Weizen . .	5,37%	0—30%	31—70%	70—75%	—	0,12%	15,17%	3,37%	0,82%

Bei Weizen wird das Auszugmehl als Grießauflösmehl oder Kaiserauszug bezeichnet und in verschiedene Marken Nr. 000, Nr. 00, Nr. 0, Nr. 1 usw. zerlegt. Das Semmelmehl führt auch die Bezeichnung Dunstmehl und Schrotmehl.

[2]) M. Rubner hat durch vergleichende Verdauungsversuche berechnet, daß aus Weizen trotz geringer prozentualer Ausnutzung bei einer Ausmahlung bis 95% 157 kg ausnutzbare Nährstoffe von 1 ha mehr gewonnen werden als bei einer Ausmahlung von nur 80%. Er hält aber letztere für zweckmäßiger, weil die groben Teile des Kornes vom Tiere höher ausgenutzt werden als vom Menschen.

Trotzdem hat man vielfach vorgeschlagen, wenn auch nicht das ganze Getreidekorn, so doch das nur von der äußeren Schale (Frucht- und Samenhaut) befreite, das entschälte Korn zur Brotbereitung zu verwenden.

Hierfür sind mehrere Verfahren in Vorschlag gebracht, welche als Dekortikationsverfahren bezeichnet sind. Weiß empfiehlt behufs Entfernung der äußeren Schale eine Befeuchtung des Getreides mit verdünnter Natronlauge, Girond-Dargon schlägt Kalkmilch, Lemoine konz. Schwefelsäure vor; Henkel und Sak, Glas, Nolden haben besondere Schälmaschinen hergestellt; aber alle diese Vorschläge scheinen bis jetzt wegen vieler ihnen anhaftenden Unvollkommenheiten keine weite Verbreitung gefunden zu haben.

Erst in den letzten Jahren haben verschiedene Firmen, zunächst Stefan Steinmetz in Leipzig-Gohlis u. a., Verfahren eingeführt, welche diese Aufgabe zu lösen imstande sind. Sie beruhen auf einer Reibung der Körner untereinander; das Verfahren von Uhlhorn besteht in folgendem:

„Der zu schälende Roggen wird zunächst durch die bekannten Maschinen, Sandzylinder, Aspirator und Trieur von verunreinigenden Beimischungen befreit, alsdann gleichmäßig mit etwa 3% Wasser durchfeuchtet, um die Holzfaserhülle zu erweichen; darauf durchläuft der Roggen den ersten Schälgang, welcher die Schale fast vollständig ablöst. Nach Verlassen des ersten Schälganges wird der Roggen über einen Aspirator geführt, welcher die abgeschälte feuchte Schale ausbläst, durchläuft darauf einen zweiten Schälgang und einen zweiten Aspirator, um schließlich noch längere Zeit einem kräftigen Luftstrom ausgesetzt zu werden. Das so gereinigte und entschälte Korn wird gemahlen."

Das von Beck und Angermüller abgeänderte Schälverfahren liefert das sog. „Lollusbrot" (von der Lollusgesellschaft).

Die bei der Dekortikation sich ergebenden Abfälle betragen nach einigen Angaben zwischen 4—5%, während rund 95% verwertbare Mehlbestandteile gewonnen werden, eine Menge, welche von der „Bread reform League" in London bei der Entschälung des Weizenkornes erhalten zu werden pflegt.

3. Sonstige Verfahren. Andere Verfahren suchen eine noch vollständigere Verwertung des Getreidekornes zur Brotbereitung zu erzielen, indem sie die vorherige Herstellung von Mehl ganz umgehen.

Nach dem Patent Gelinck wird das Getreide- (Roggen-) Korn erst gereinigt, mit Wasser gewaschen, bis dieses klar abläuft, dann eingeweicht, und das weiche Korn in einer Maschine (Walzen-) so zerquetscht und zerrieben, daß die Masse durch ein 2 mm-Sieb (bzw. Scheibe) geht; der erhaltene Teig wird nochmals in derselben Weise durch Schnecken verarbeitet, dann aber ein Sieb (bzw. Scheibe) von 1,5 mm Maschenweite angewendet, wodurch die Kleie größtenteils entfernt wird. Der zuletzt erhaltene Brotteig wird einfach mit Sauerteig verbacken.

Diesem Verfahren ist das von Simon ähnlich, nach welchem das sog. Simonsbrot — in Süddeutschland auch Sanitätsbrot genannt — gewonnen wird. Es enthält häufig noch Stücke von zerquetschtem Korn oder pflegt auch einen Zusatz von 10% gemälzten Weizenkörnern zu erhalten.

Nach dem Verfahren von O. Schiller in Plauen i. V. wird der durch Aspirator, Magnet, Trieur und Bürstenmaschine gereinigte Roggen auf 500 kg mit 15 l Wasser angefeuchtet und etwa 6 Stunden sich selbst überlassen.

Der eingeweichte Roggen geht durch einen Walzenstuhl, von dort auf einen Vorsichter von 11 Fäden auf 1 cm, der die Schalen von Mehl und Grieß trennt. Letztere beiden Anteile werden mittels einer Zentrifugalsichtemaschine mit einem Sichteblatt von 43 Fäden auf 1 cm in Mehl und Grieß getrennt, der Grieß entweder auf einem Feinriffelstuhl oder Mahlgang noch weiter gemahlen.

Die Schalen werden weiter auf 18 kg mit 40 l Wasser vermischt, 1 Stunde sich selbst überlassen und dann in einer Zentrifuge ausgeschleudert. Das gewonnene nasse Schleudermehl wird mit gewissen Anteilen des ersten Mehles und Sauerteig durchgemischt und zur Brotbereitung verwendet.

Dem Verfahren der Mehlbereitung durch einfache Entschälung steht entgegen, daß es nie gelingen wird, mit der Schale gleichzeitig Bart und Keim sowie allen Schmutz, welche die Haltbarkeit des Mehles beeinträchtigen, zu entfernen; außerdem ist das aus bloß entschältem Korn gewonnene Brot wie nicht minder das Gelinck sche und Simons-Schillersche Brot schwer ausnutzbar bzw. liefert viel Kot (vgl. S. 139 und Tabelle I am Schluß).

Aus dem Grunde ist man weiter bestrebt gewesen, durch eine bessere Zerkleinerung und Aufschließung der Kleiebestandteile ein verdaulicheres Vollkornbrot zu erzielen. E. Klopfer sucht die größere Zerkleinerung der Kleie auf trockenem Wege zu erreichen, indem er das gereinigte, möglichst trockene Korn in einem System hintereinandergeschalteter Schleudermühlen zertrümmert, von denen jede nachfolgende den Überschlag der vorderen aufnimmt. Das Gebäck hieraus wird „Kernmarkbrot" oder Karabrot genannt.

H. Finkler versetzt die beim gewöhnlichen Mahlverfahren abfallende Kleie, um sie spröder, brüchiger zu machen und den Kleberzelleninhalt freizulegen, mit einer 1 proz. Chlornatriumlösung in kalkhaltigem Wasser (im Verhältnis wie 1 : 5), mischt und mahlt sie auf Raffineuren oder Walzen. Die Masse wird in demselben Verhältnis dem abgesichteten Mehl wieder zugesetzt, wie sie gewonnen worden ist. Man kann sie aber auch auf den Walzen trocknen und nachmahlen. Das getrocknete Kleiemehl heißt Finalmehl oder Finklanmehl.

Th. Schlueter dagegen knetet die wie üblich erhaltene Kleie mit Wasser zu einem Teig, erhitzt diesen in einem Autoklaven erst einige Zeit auf 60°, dann längere Zeit auf 110°, trocknet die Masse in Trockenöfen oder auf heißen Walzen, mahlt und vermischt mit vorher abgesichtetem Mehl. Die Mischung heißt Schluetermehl.

Aber weder durch das Finklersche noch durch das Schlueter sche Verfahren wird eine größere Verdaulichkeit des Brotes erzielt[1]).

Vermahlen sonstiger Samen. Auch beim Mais müssen behufs Gewinnung eines feineren, weißen Mehles die äußere Hülle, der Keim und das schwarze Häutchen entfernt werden. Newton läßt für den Zweck das Korn in Wasser quellen, vermahlt es dann durch Mühlsteine und siebt das Mehl von den genannten, weniger zerkleinerten Massen ab. Cavayé benutzt zur Trennung der fettreichen Keime vom Mehlkern das geringere spez. Gewicht der ersteren; er richtete hierfür besondere Maschinen ein.

Etwas verschieden von vorstehenden beiden Verfahren ist das von Sheppard für Mais behufs Verarbeitung des Kornes angewendete Verfahren. Die Maiskörner werden oberflächlich zerkleinert, dann angefeuchtet und in einem sich drehenden Dämpfer unter Druck bei 105—110° gedämpft; hierdurch lösen sich Schale und Keim vom Korn ab, während ein Teil der Stärke verkleistert wird. Das Erzeugnis wird rasch zwischen Mühlsteinen von schmaler Mahlfläche und hoher Umdrehungsgeschwindigkeit durchgeführt, wodurch Schale und Keim abgestoßen, der Mehlkern dagegen in Form von Nudeln erhalten wird.

Die Hülsenfrucht- (und auch Hafer-) Mehle werden durchweg in der Weise gewonnen, daß man die Körner entweder mit Wasser durchfeuchtet oder dämpft, entschält, dann darrt und erst nach dem Darren vermahlt. Nur so läßt sich der meist zähe Mehlkern in ein feines Mehl überführen.

Verschiedenartige Mahlerzeugnisse. Die durch den Mahlvorgang zerkleinerten Getreidekörner werden je nach dem Grade der Feinheit mit verschiedenen Namen belegt; so versteht man unter der Bezeichnung:

---

[1]) So wurden verdaut:

	Trockensubstanz	Protein
Roggenfinalbrot nach Finkler	86,7—82,2%	62,6—71,9%
Schlueter sches Roggenbrot nach H. Strunk .	88,4%	55,7%

Ein weiterer Vorschlag von Souvent, die Kleie dadurch besser für die menschliche Ernährung auszunutzen, daß man daraus einen wässerigen Auszug anfertigt und diesen zum Einteigen des Mehles verwendet, scheitert wohl an der zu geringen Ausbeute im Verhältnis zu den Kosten.

Schrot: ungeschälte oder geschälte, aber zu größeren kantigen Bruchstücken zerteilte Körner (Weizen-, Roggen-, Buchweizenschrot);

Grütze meist nur enthülste, gebrochene Körner (Gersten-, Hafer-, Hirse-, Buchweizengrütze);

Graupen: geschälte, polierte, rundliche Teilkörner (Roll-, Perlgerste, wobei Mehl und Kleie abfallen);

Grieße: gröbere oder feinere rundliche oder kantige Bruchstücke von verschiedener Feinheit, die aus harten, hornartigen Rohstoffen abgesiebt werden;

Dunste: Zwischenerzeugnisse beim Mahlverfahren, welche noch nicht den Feinheitsgrad der Mehle besitzen, sondern feine Grieße vorstellen;

Mehle: aus den Rohstoffen hergestellte, feine bis feinstpulverige Erzeugnisse, die von Gewebsresten ganz oder doch größtenteils frei sind;

Feines, glattes oder geschliffenes Mehl: ein feinstkörniges Mehl (Nr. I), welches sich zwischen den Fingern **flaumig, schlüpfrig** und außerordentlich **weich** anfühlt; es dient vorwiegend für den Küchengebrauch;

Griffiges (einfach- und doppeltgriffiges) **Mehl**: ein grobkörnigeres bzw. gröberes Mehl, welches sich zwischen den Fingern **rauh, körnig** und **feingrießig** anfühlt; es wird von den Bäckereien vorgezogen, weil es leichter Wasser aufnimmt.

Bei **Weizen-** und **Roggenmehl** unterscheidet man weiter noch verschiedene Sorten Mehl, die mit verschiedenen Nummern belegt werden.

Zu den **Abfällen**, die vorwiegend als Futtermittel dienen, rechnet man: **Bollmehl** bzw. **Pollmehl** (sog. weißes und schwarzes), ein gewebereiches Mehl, **Kehrmehl** (**Fußmehl**) ist das in den Mühlen am Fußboden gesammelte Mehl; **Kleie** sind die abfallenden Gewebsreste (Hülsen, Schalenteile) mit noch anhaftenden Mehlbestandteilen; **Grandkleie** ist feinpulveriger und mehlreicher als **Schalenkleie**; **Keimkleie** enthält neben Schalen den Keim; **Flugkleie** besteht fast nur aus der äußeren Oberhautschicht und dem Bart; sie kann kaum mehr zur Fütterung verwendet werden.

„**Paniermehl**" ist nach **G. Benz** als ein ausschließlich aus Weizenmehl durch Einteigen, Backen, Rösten (Trocknen) und Mahlen herzustellendes Erzeugnis aufzufassen. Farbstoffzusätze, die den Anforderungen des Gesetzes vom 5. Juli 1887 entsprechen, sind, insofern sie nicht in Verbindung mit einer entsprechenden Bezeichnung des Fabrikates eine Wesensverbesserung des gewöhnlichen Paniermehles vortäuschen sollen, zulässig. Die gefärbten Grießmehle (Mais-, Reis-, Hirse- usw. Grieß) sind als solche zu kennzeichnen.

Unter „**Streu- oder Staubmehle**" versteht man die in der Bäckerei zum Bestreuen des Teiges (bzw. der Brotlaibe) beim Umwenden oder Einbringen in den Backofen verwendeten Mehle; es sind großenteils geringwertige Weizen-, Mais- oder Kartoffelmehle bzw. **Kleien**, unter Umständen verwendet man auch gepulvertes **Holz** oder gepulverte Schalen bzw. Spelzen von Hafer, Reis, Gerste usw., oder die Abfälle von der Bearbeitung des sog. **vegetabilischen Elfenbeines**, das sog. **Korossusmehl**, oder **Futterkalk** (entleimtes Knochenmehl „Ostal" genannt), oder **Kieselgur**.

1. Weizenmehl. Das Weizenkorn erfährt von allen Getreidekörnern durch den Mahlvorgang die weitgehendste Zerlegung in einzelne Mahlerzeugnisse, welche sowohl nach ihrem äußeren Aussehen wie nach der chemischen Zusammensetzung wesentlich verschieden sind. In Deutschland unterscheidet man meistens Kaiserauszugmehl Nr. 000 als feinste Sorte, Auszugmehle, helle (Nr. 000), dunkele (Nr. 00), Bäckerauszug Nr. 1 und 2, Mundmehl Nr. 3, Semmelmehl Nr. 4 und Nachgang. In Österreich-Ungarn dagegen hat man von Kaiserauszug 00 anfangend mit den weiteren Nr. 0 bis Nr. 9 (Futtermehl) 12 verschiedene Weizenmehltypen eingeführt.

Weiche Weizen werden meistens in der Flachmüllerei verarbeitet, und besitzen die Flachmühlenmehle wegen des „Naßmahlens" (vgl. S. 366) durchweg einen höheren Wassergehalt, nämlich 12—14%, als die Mehle der Hochmüllerei, welche vorwiegend harte Weizen verarbeitet und Mehle mit 9—12% Wasser liefert.

Aus dem Weizen werden auch Graupen und Grieße (S. 342) hergestellt und in den Handel gebracht.

Im ganzen werden aus Weizen 75% helles Mehl, 8% Nachmehl und 17% Kleie bzw. Abfall gewonnen (S. 367, Anm. 1). Die Nährstoffe des Korns gehen aber in verschiedenem Verhältnis in das Mehl über, nämlich Protein zu 77%, Stärke zu 90%, Pentosane zu 33% und Rohfaser nur zu 10%, während die Differenz von 100 jedesmal auf Kleie entfällt. Über die einzelnen chemischen Bestandteile des Weizenmehles vgl. unter Weizen S. 343 u. f.

Zusammensetzung. Die Zusammensetzung der Weizenmehle ist naturgemäß in erster Linie abhängig von dem vermahlenen Weizen, dann aber auch von der Art der Vermahlung und dem Grad der Feinheit. Je feiner und weißer ein Mehl ist, um so höher ist sein Gehalt an Stärke, um so niedriger dagegen der Gehalt an Protein, Fett, Zucker, Pentosanen, Rohfaser, Asche und um so niedriger auch die katalytische Kraft, d. h. das Vermögen, infolge seines Gehaltes an Katalasen aus Wasserstoffsuperoxyd Sauerstoff zu entbinden[1]). (Vgl. auch Tab. II, Nr. 621—623.)

Auch die verdauliche (durch Pepsin-Salzsäure lösliche) Stickstoffsubstanz nimmt unter gleichen Verhältnissen mit der Feinheit der Mehle zu, wie ebenso die durch Diastase hydrolysierbaren Kohlenhydrate. Dagegen enthalten die feinen Mehle mehr Nichtprotein-(Amid-) Stickstoff als die gröberen, d. h. dunkleren Mehle und Kleie, nämlich rund 33% gegen 25% in Prozenten des Gesamtstickstoffs.

Auch die Bestandteile der Asche zeigen nach Dempwolf ein beachtenswertes Verhalten. Kali- und Kalkgehalt ist in den feineren Mehlen am höchsten, er verhält sich fast wie die Stärke; Magnesia und Phosphorsäure sind in den feineren Mehlen am niedrigsten und gehen fast mit der Stickstoffsubstanz parallel. Kali und Kalk nehmen mit dem geringeren Grad der Feinheit und der weißen Farbe des Mehles ziemlich beständig ab. Magnesia und Phosphorsäure dagegen zu (vgl. Tabelle III, Nr. 92—94).

Der unten angegebene Gehalt an Asche, Fett, Pentosanen usw. kann sogar bei unbekannten Mehlen mit zur Beurteilung ihres Feinheitsgrades dienen.

Backfähigkeit. Beim Weizenmehl spielt die Backfähigkeit, nämlich ein lockeres und tunlichst weißes Brot zu liefern, eine besondere Rolle. Hierfür kommen vorwiegend in Betracht:

a) Menge und Beschaffenheit (Dehnbarkeit) des Klebers (vgl. S. 22 und 343).

G. Fleurent will auch gefunden haben, daß neben einer gewissen Menge Kleber

---

[1]) Im Mittel mehrerer Sorten Mahlerzeugnisse des Weizens wurde u. a. für die Trockensubstanz (von 8 Sorten) gefunden:

Bestandteile	Weizenkorn %	Mehle Nr. 00 %	Nr. 0 %	Nr. 1 %	Nr. 2 %	Nr. 3 %	Nr. 4 %	Nr. 5 %	Nr. 6 %	Kleie %	Keim %
Stärke (+Zucker)	72,00	83,61	83,01	81,22	79,33	77,33	72,50	64,16	55,59	34,00	20,75
Protein	14,75	11,86	12,20	12,33	12,70	13,06	14,78	15,33	16,50	17,55	40,75
Fett	2,05	0,85	0,95	1,25	1,38	1,59	2,36	3,52	4,01	4,45	12,00
Pentosane . . .	7,95	2,59	3,03	3,59	3,89	4,04	4,50	6,22	9,07	24,50	11,55
Rohfaser . . .	2,50	0,20	0,25	0,30	0,50	0,75	1,00	1,15	2,45	12,50	2,50
Asche	2,09	0,43	0,58	0,57	0,81	0,92	1,69	2,59	3,93	7,15	5,50
Katalyt. Kraft	—	64	26	92	140	159	164	190	243	—	—

Die Zahlen für katalytische Kraft bedeuten Kubikzentimeter Sauerstoff aus 50 g Mehl in 200 ccm Wasser unter Zusatz von 25 ccm 12 proz. Wasserstoffsuperoxyd.

Der Gehalt an Zucker stieg nach Untersuchungen von M. P. Neumann von 2,14 im feinsten Mehl bis zu 8,0—9,9% in dem Nachmehl und den Kleien. Der Keim ergab 20,75% Zucker, während eine Angabe für Stärke fehlt.

das Verhältnis von Glutenin (alkoholunlöslicher Teil) zum Gliadin (alkohollöslicher Teil) maßgebend ist und wie 25 : 75 für gut backfähiges Mehl betragen soll. Diese Ansicht hat sich jedoch nicht allgemein bestätigt, und ist nach vielen Beobachtungen die Backfähigkeit des Weizenmehles nicht allein von der Menge und Beschaffenheit des Klebers abhängig.

b) Die wasserbindende Kraft (Teigprobe). Ein Weizenmehl ist im allgemeinen um so besser für Backzwecke, je mehr Wasser es zur Bildung eines zusammenhängenden, steifen, nicht mehr an den Fingern klebenden Teiges zu binden vermag.

c) Verkleisterungsprobe, d. h. die Beschaffenheit des Kleisters, der aus dem Brei einer bestimmten Menge Mehl und Wasser durch Erwärmen auf 60—70° gebildet wird und zwischen stark gelatinös und leicht flüssig schwanken kann.

d) Diastatische Probe, d. h. die Eigenschaft des Weizenmehles durch Verrühren mit Wasser und Erwärmen des Breies auf 60—70° Maltose zu bilden. Schwere grobe Mehle besitzen etwa $^1/_3$, feine Auszugsmehle $^1/_7$ der diastatischen Kraft normaler Darrmalze.

Andere Eigenschaften der Weizenmehle, wie z. B. der Gehalt an wasserlöslichen Stickstoffverbindungen, an Säuren und Maltose, an katalytischer Kraft (vgl. Anm. 1, S. 371), haben bis jetzt noch weniger Anhaltspunkte zur Beurteilung der Backfähigkeit der Weizenmehle geliefert. Auch Backversuche im kleinen, sei es mit dem abgeschiedenen Kleber, sei es mit dem Mehle selbst, haben sich als trügerisch erwiesen; nur der zunftgerechte Backversuch liefert noch immer den sichersten Anhalt für die Beurteilung der Backfähigkeit eines Weizenmehles.

2. Roggenmehl. Aus Roggen läßt sich nie ein so feines, weißes Mehl herstellen, wie aus Weizen; selbst das feinste Roggenmehl gleicht noch immer den mittleren Sorten Weizenmehl. Auch gewinnt man aus Roggen eine geringere Ausbeute an Mehl, nämlich nur etwa 65% im ganzen, während auf Nachmehle etwa 10% und auf Kleie rund 25% des Kornes entfallen. Man unterscheidet bei Roggenmehl im Handel vorwiegend 2 Sorten, nämlich Vordermehle (0) und Vollmehle (0/I).

Im allgemeinen verteilen sich die Nährstoffe des Roggens auf Mehl und Kleie wie beim Weizen; von der Stickstoffsubstanz des Roggenkornes gehen etwa 60%, von der Stärke 88%, von den Pentosanen 70%, von der Rohfaser 15% in das Mehl über.

Auch bei den Mahlerzeugnissen des Roggens nimmt mit dem geringeren Feinheitsgrad und dem geringeren weißen Aussehen des Mehles der Gehalt an Stickstoffsubstanz, Fett, Rohfaser und Asche zu, der Gehalt an Stärke wie der Grad der Verdaulichkeit dagegen ab[1]) und umgekehrt. (Über die einzelnen chemischen Bestandteile vgl. unter. Roggen S. 345.)

Durch einfaches Schälen des Roggenkornes kann der Gehalt an Rohfaser um mehr

[1]) So wurde im Mittel mehrerer Analysen von S. Weinwurm und M. P. Neumann gefunden:

Mahlerzeugnis, Roggen	Ausmahlungsgrad %	In der Trockensubstanz							In Proz. des Gesamt-Stickstoffs	
		Stickstoffsubstanz %	Fett %	Zucker und Dextrin %	Stärke %	Pentosane %	Rohfaser %	Asche %	Verdaulich %	Amide %
Roggenkorn	0	11,88	1,91	6,75	67,14	8,45	1,82	2,05	79,7	28,2
Feinstes Mehl . . .	5	6,21	0,45	4,65	84,56	3,55	0,10	0,48	94,5	33,0
Weißmehl (2. Sorte) .	53	10,09	1,27	7,15	74,95	5,25	0,42	0,87	95,2	33,3
Schwarzmehl (3. Sorte)	7	14,55	2,47	8,08	64,93	7,02	1,17	1,78	91,3	24,8
Nachmehle	5	16,50	2,71	9,55	59,84	8,15	1,25	2,00	—	—
Kleie	25	17,55	3,67	11,50	34,10	22,55	5,75	4,88	82,2	26,1
Keim	5	44,74	11,95	22,62	3,89	7,32	3,94	5,54	—	—

als die Hälfte vermindert werden, aber hierdurch nimmt auch der Proteingehalt im geschälten Korn etwas ab, weil ein Teil der Kleberschicht mit abgeschält wird und mit in den Schälabfall übergeht. Letzterer enthält daher unter Umständen prozentual noch mehr Stickstoffsubstanz (gegen 20%) als die beim Mahlen abfallende Kleie.

Zu dem Schwarzbrot, sog. Pumpernickel, wird nur die allergröbste Kleie abgesiebt. Aus dem Grunde ist dieses Brot ebenso wie das Gelinck sche Brot sehr schwer verdaulich. (Vgl. Tab. I am Schluß.)

Die Asche des Roggenmehles ist wie beim Weizen reicher an Kali und ärmer an Magnesia; dahingegen zeigen Kalk und Phosphorsäure nicht das beim Weizen beobachtete Verhältnis (vgl. Tab. III, Nr. 95 u. 96).

3. Gerstenmehl. (Grießmehl.) Die Gerste wird nur selten auf Mehl verarbeitet; das im Handel vorkommende Gerstenmehl (richtiger Gerstenfuttermehl oder Graupenschlamm genannt) ist ein Nebenerzeugnis bei der Gerstegrieß- oder Gerstegraupenfabrikation (Rollgerste). Neben diesen findet man im Handel auch ein sehr feines gemahlenes Gerstenmehl ein sog. Gerstenschleimmehl. Die im Spitzgang beim Schälen oder Koppen losgetrennten Spitzen und Hülsen enthalten Mehlteilchen des Mehlkernes, die durch einen Mahlgang von der Kleie losgelöst und durch Sieben abgetrennt werden. Für die deutsche Küche wird das Gerstenmehl fast ausschließlich als feiner Grieß oder grobkörnige Graupen (Rollgerste) zur Bereitung von Suppen verwendet. In anderen Ländern wird die Gerste auch bloß einfach entschält und als geschälte Gerste in den Handel gebracht.

Nur sehr selten dient das Gerstenmehl in Deutschland (mehr jedoch in Schweden und Norwegen) zur Brotbereitung; es liefert nämlich, für sich allein verbacken, einen leicht fließenden Teig und ein dichtes Brot. Auch dem Weizen- und Roggenmehl, zu deren Verfälschung es verwendet wird, erteilt es, in größeren Mengen zugesetzt, diese Eigenschaften. Kleine Mengen (3%) Gerstenmehl aber werden einem zähen Roggenteig gern zugesetzt, um ihn kürzer zu halten.

Das Verhältnis zwischen Mehl und Kleie im Gerstenkorn ist ungefähr dasselbe wie beim Weizen und Roggen, nämlich Mehl 69,0—73,0%, Kleie 17,0—19,0%.

Nach Cl. Richardson liefert das rohe Gerstenkorn im Mittel 84,78% geschältes Korn und 15,22% Schalenteile.

Über die ***Zusammensetzung*** des Gerstenmehles vgl. Tabelle II, Nr. 630—632 und über Einflüsse hierauf S. 348.

Die Bestandteile der Asche von Gerstenmehl und -kleie verhalten sich ähnlich wie beim Weizen. (Vgl. Tab. III, Nr. 97 u. 98.)

4. Hafermehl. (Hafergrütze.) Das Hafermehl hat ebensowenig wie das Gerstenmehl eine Bedeutung für die Brotbereitung; nur in einigen Gegenden, im Spessart, Schwarzwald, schottischen Hochland, wird es im Gemisch mit anderen Mehlen zur Brotbereitung verwendet. Der Hafer findet vielfach als geschältes Korn, als Grütze oder Grützemehl für die Bereitung von Suppen Verwendung; ferner werden daraus beliebte Kindermehle hergestellt.

Besonders beliebt sind in letzter Zeit die Haferflocken oder gewalzten Haferkerne oder Quäker-Oats, die aus geschälten, mit Maschinen zerquetschten Haferkörnern gewonnen werden. Hafermaltose ist ein mit Diastase oder sonstwie durch Dämpfen teilweise aufgeschlossenes Hafermehl (vgl. S. 377 u. 381).

Der Hafer liefert beim Mahlen 66—76% Mehl und 24—34% Spelzen.

Nach anderen (164) Bestimmungen liefert das rohe Haferkorn 70,1% geschältes Korn und 29,9% Schalenteile mit Schwankungen von 55,4—75,8% für ersteres und 24,2—44,6% für letztere.

Das Hafermehl zeichnet sich bei einem höheren Rohfasergehalt vor allen anderen Mehlen durch einen hohen Gehalt an Stickstoffsubstanz und Fett aus.

Über sonstige besondere Bestandteile des Hafermehles vgl. unter Haferkörner S. 350 und Tab. II, Nr. 633—635 sowie Tab. III, Nr. 99 u. 100.

5. Maismehl. Über die Verarbeitung des Maiskornes zu Mehl vgl. S. 369, über die zu Stärke und die hierbei gewonnenen Nebenerzeugnisse vgl. S. 383.

Auch beim Maiskorn verteilen sich die Nährstoffe auf die einzelnen Teile des Kornes ähnlich wie bei den anderen Getreidekörnern; hier ist der Keim besonders reich an Fett, und werden aus dem Grunde die Maiskeimabfälle durch Pressen vielfach auf Fett (Maisöl, S. 339) verarbeitet[1]).

Die Mahlerzeugnisse des Maises werden unterschieden als geschrotener Mais, Zea genannt, Polentagrieß, Polentamehl, Kukuruzschrot oder Maismehl (letzteres mit den amerikanischen Marken „Best", „Topeka", „Dekatur") usw.

Besonders umfangreich wird der Mais auf Stärke, Glykose usw. verarbeitet. Die hierbei abfallenden Rückstände sind Gluten-Feed, Gluten-Meal, Maiskeimkuchen u. a.

Für die Brotbereitung nach deutschem Geschmack ist das Maismehl nur unter Mitverwendung von Roggen- und Weizenmehl geeignet[2]).

Über die chemischen Bestandteile des Maises und die durch Genuß von Maisnahrung auftretenden Krankheiten vgl. S. 371 u. f.; über die Zusammensetzung von Maismehl und -grieß Tab. II, Nr. 636 u. 637.

6. Reismehl bzw. Kochreis. Für die Herstellung von Kochreis und Reismehl besteht in den Reiserzeugungsländern eine eigentliche Reismühlenindustrie nicht. Die Enthülsung und Polierung der Frucht, die Verarbeitung derselben zu verschiedenartigen Getränken wird vorwiegend von den Reisbauern selbst ausgeführt[3]). Nur in einigen Ländern wird der für die Ausfuhr bestimmte Reis in besonderen Mühlen der ersten Enthülsung unterzogen. Meistens wird aber die Reisfrucht roh oder nur im enthülsten Zustande ausgeführt, weil das polierte Korn auf der Seereise seinen süßen Geschmack einbüßt.

Infolgedessen hat sich eine eigentliche Reismühlenindustrie bis jetzt nur in den Nichtproduktionsländern entwickelt. Sie nahm ihren Anfang in England und wird zur Zeit für Deutschland vorwiegend in Bremen betrieben; sie besteht darin, daß in den Mühlen zunächst die Hülsen entfernt werden und dann durch geeignete Schälmaschinen das unter der äußeren Hülse befindliche Häutchen, die sog. Silberhaut, abgeschält und so das Reiskorn ganz glatt geschliffen wird; das so behandelte Korn bildet den polierten Reis des Handels, aus welchem vereinzelt auch ein sehr feines, weißes Reismehl hergestellt wird.

Die abfallenden Bruchkörner (Bruchreis) werden zu sog. Grieß verarbeitet und entweder als Ersatz der Gerste zur Bierfabrikation oder noch mehr zur Reisstärkefabrikation verwendet.

Die beim Polieren gewonnenen Abfälle dienen als Reisfuttermehle der verschiedensten Art zur Fütterung des Viehes, während die äußeren Reishülsen, deren Asche (12—15%) zu

---

[1]) Bei der Verarbeitung des Maiskornes auf Mehl entfallen etwa auf:

Keime	Schalen	Mehlkern
10—14%	5—11%	72—82%

In der Trockensubstanz derselben fanden Plagge und Lebbin folgenden prozentualen Gehalt:

Protein	Fett	Asche	Protein	Fett	Asche	Protein	Fett	Asche
14,77%	25,81%	7,71%	8,79%	5,37%	1,71%	7,62%	0,73%	0,29%

[2]) In Serbien wird Maismehl mit Wasser zu einem Teig angerührt und letzterer nach Bedecken mit Krautblättern entweder in heißer Asche oder nach Einsetzen in große, flache irdene Schüsseln im Backofen gebacken; durch Backen im Bratofen erhält man aus dem Maismehl mit und ohne Zusatz von Butter „Maiskuchen" oder sog. „Städtisches Maisbrot", durch Zusatz von Eiern und Käse oder auch von Schichten von in Milch gekochtem Spinat die sog. Projaca, ein süßes Maisbrot.

[3]) In den Erzeugungsländern wird der Reis meistens nur enthülst, mit Wasser gewaschen, dann in kochendem Wasser zum Quellen gebracht und vielfach so genossen. In anderen Fällen setzt man Fett, Fleisch, Fisch, andere Pflanzensamen (Hülsenfrüchte), Gemüse und Gewürze aller Art zu.

90% aus Kieselsäure besteht, gar keinen Futterwert[1]) besitzen, aber im gemahlenen Zustande vielfach zur Verfälschung der besseren Polierabfallmehle wie auch der Getreidekleien, Ölkuchen usw. verwendet werden.

Da das Fett vorwiegend in den äußeren Schichten des Reiskornes unter der Hülse wie bei den anderen Getreidearten abgelagert ist, so enthalten die Reisfuttermehle erheblich mehr Fett (bis zu 16% und mehr) als das Reiskorn, ferner um so mehr Rohfaser, je mehr äußere Hülsenteilchen denselben beigemengt sind.

Über die chemischen Bestandteile und die Zusammensetzung des Kochreises und des Reismehles vgl. S. 351 u. f., Tab. II, Nr. 638 u. 639 und Tab. III, Nr. 102 u. 103.

Über die durch einseitigen Reisgenuß verursachte Beriberikrankheit vgl. S. 352.

7. Hirsemehl. Das Korn der Rispenhirse (Panicum miliaceum L.) wird bei uns ähnlich wie der Reis fast nur in geschältem und poliertem Zustande, als Hirsegrieß oder Hirsegrütze, verwendet, während der Dari (Sorghum tataricum) fast ausschließlich in den Branntweinbrennereien, aber auch als Mehl Verwendung findet. (Vgl. Tab. II, Nr. 640—643.)

8. Buchweizenmehl. Das Buchweizenkorn wird entweder nur von der äußeren starken Schale befreit und als geschältes Korn bzw. als Grieß in den Handel gebracht, oder es wird wie die eigentlichen Getreidekörner gemahlen und zu mehr oder weniger feinem Mehl verarbeitet. Letzteres, von grauer Farbe, wird vorwiegend zur Bereitung von Suppen, Würsten, Pfannekuchen usw. verwendet.

Unter „Grützenmehl" versteht man vielfach ein mit Reismehl oder einem anderen Getreidemehl gemischtes Buchweizenmehl.

Über die Bestandteile und Zusammensetzung vgl. S. 354, Tab. II, Nr. 644—646 und Tab. III, Nr. 104 u. 105.

9. Hülsenfruchtmehle (Leguminosenmehle). Die Hülsenfrüchte werden durchweg als solche verwendet und durch Kochen, Durchrühren und Abseihen in der Küche zu schalenfreien Speisen zubereitet. Seit längerer Zeit werden daraus aber auch feinere Mehle fabrikmäßig hergestellt. Da sich die Samen im natürlichen trockenen Zustande nicht leicht zu feinem Pulver vermahlen lassen, so werden dieselben, wie schon S. 369 gesagt ist, vorher in Wasser eingeweicht, gedarrt und die groben Schalen durch Siebvorrichtungen entfernt. Dadurch wird der Gehalt an Rohfaser verringert und infolge der teilweisen Aufschließung unzweifelhaft die Ausnutzungsfähigkeit im Magen erhöht. Die Erbsen kommen auch in einfach entschältem Zustande in den Handel. Die Sojabohnen und ebenso die Erdnüsse werden meistens vorher entfettet und als entfettete bzw. teilweise entfettete Mehle angewendet.

Die schalenfreien Hülsenfruchtmehle werden wesentlich leichter und höher verdaut, als die natürlichen Samen (Tab. I, Pflanzl. Nahrungsm. Nr. 10 u. 11); über die Zusammensetzung vgl. Tab. II, Nr. 647—653.

10. Sonstige Mehle. Außer den vorstehenden Mehlen sind vereinzelt oder doch nur örtlich einige Mehle in Gebrauch, nämlich:

a) Das Haselnußmehl von Corylus avellana, wird, um den Fettgehalt des Brotes zu erhöhen, als Zusatz für die Brotbereitung empfohlen, ist oder wird aber wegen des hohen Fettgehaltes leicht ranzig und erteilt nach Plagge und Lebbin bei 10% Zusatz dem Brot leicht einen widerlichen Geschmack; für die Zwiebackbereitung ist es eher geeignet; ein Zusatz von 10—15% beeinträchtigt nicht den Wohlgeschmack, wohl aber anscheinend die Haltbarkeit.

b) Kastanienmehl aus der Frucht von Castanea vesca durch Dämpfen (Kochen) besonders zubereitet, dient vorwiegend, wie die reife Frucht selbst, im Süden Europas als Volksnahrungsmittel, kommt aber auch bei uns im Handel vor. Darin werden 10,96% Zucker

[1]) Die kieselsäurereichen Reisschalen sind sogar schädlich, weil sie durch ihren Reiz auf die Darmwandung eine schnelle Entleerung des Darminhaltes und infolgedessen eine geringere Ausnutzung des Futters bedingen.

+ Dextrin und 34,17% Stärke sowie 68,11% Reinprotein in Prozenten des Gesamtstickstoffs angegeben.

c) Bananenmehl wird aus der unreifen, stärkereichen Frucht von Musa paradisiaca (S. 365) gewonnen. Hierin befinden sich 3—4% Zucker neben 75—80% Stärke; beim Reifen der Frucht kehrt sich das Verhältnis um.

Über die Zusammensetzung dieser drei Mehle vgl. Tab. II, Nr. 654—656.

d) Staubmehle. Hierunter versteht man die in der Bäckerei zum Bestreuen des Teiges beim Umwenden oder Einbringen desselben in den Backofen verwendeten Mehle; es sind großenteils geringwertige Weizen-, Mais- oder Kartoffelmehle; unter Umständen verwendet man auch gepulvertes Holz oder die Abfälle von der Bearbeitung des sog. „vegetabilischen Elfenbeins", das sog. Korossusmehl (S. 370)[1].

Die Schalen- (Kleie-) Abfälle von Weizen, Mais oder Kartoffeln haben keinen wesentlich höheren Nährwert als das völlig wertlose Holzpulver und Korossusmehl; sie sollen offenbar auch nur die unmittelbare Berührung des Teiges mit der Unterlage verhindern.

Verunreinigungen und Verfälschungen der Mehle.

Alle die S. 360 u. ff. angegebenen Verunreinigungen der Mehlrohstoffe können entweder als solche (Ton, Sand, Staub, Pilze bzw. Pilzsporen) oder in einem durch das Mahlen bewirkten zerkleinerten Zustande (wie Unkrautsamen, Käferteilchen u. a.) in das Mehl übergehen. Außerdem kommen bei den Mehlen noch besondere Zusätze und Behandlungen vor, die als Verfälschungen zu bezeichnen sind, nämlich:

1. Beimischung von geringwertigeren Mehlen zu besseren Mehlen, ohne daß aus der Bezeichnung die Mischung hervorgeht. Das Herstellen und Verkaufen einer Mischung von Buchweizenmehl mit Reis- oder Weizenmehl unter der Bezeichnung „Grützenmehl", oder einer Mischung von Weizenmehl mit 5—10% Pferdebohnenmehl unter der Bezeichnung „Kastormehl" kann als zulässig angesehen werden.

2. Zusatz von Alaun, Kupfer- oder Zinksulfat zur Erhöhung der Backfähigkeit.

3. Zusatz von Mineralstoffen (Gips, Schwerspat, Kreide, Magnesit, Talkerde [Magnesiumsilicat] u. a.).

Vom Polieren der Graupen dürfen keine wägbaren Mengen des Poliermittels (Talkerde u. a.) an den Graupen haftenbleiben.

4. Bleichen der Mehle mittels ozonisierter Luft oder schwefliger Säure oder Chlor oder Kaliumpersulfat u. a.

5. Auffärbung mit künstlichen Farbstoffen wie Anilinblau u. a.

Als fehlerhaft und verdorben sind Mehle aus ausgewachsenem Getreide, verschimmelte und mit Milben und Mikroorganismen durchsetzte Mehle, verbrannte oder verschmierte Mehle, die durch zu heiße Mahlung entstanden sind, bleihaltige Mehle, herrührend von verbleiten Mahlsteinen, anzusehen.

Untersuchung der Mehle. Die chemische Untersuchung der Mehle auf die üblichen Bestandteile wird wie bei allen lufttrockenen, feingepulverten Stoffen ausgeführt; sie hat weniger

[1] Die Zusammensetzung dieser Mehle erhellt u. a. aus folgenden Zahlen:

	Bezeichnung des Mehles	Anzahl der Analysen	In der natürlichen Substanz					
			Wasser	Stickstoff-substanz	Fett	Stickstoff-freie Extraktstoffe	Rohfaser	Asche
			%	%	%	%	%	%
Staubmehle	Weizenmehl (Kleie)	1	10,20	14,81	4,50	61,79	4,80	3,90
	Maismehl (Kleie) .	1	10,40	9,92	4,10	66,43	6,95	2,20
	Kartoffelmehl . .	2	12,49	3,61	0,30	75,17	6,87	1,60
	Holzmehl	2	9,24	1,17	0,68	48,83	38,78	1,30
	Korossusmehl . .	1	10,40	4,02	0,15	79,18	5,05	1,20

den Zweck, die Art des Mehles, als seine Beschaffenheit (den Feinheitsgrad u. a., S. 371) festzustellen. Nur die Proteinbestimmung kann zur Unterscheidung von Getreide- und Hülsenfruchtmehlen, die des Fettes mit zur Unterscheidung von Hafer- und Maismehl von anderen Getreidemehlen und die Bestimmung des Klebers zur Feststellung von Weizenmehl und seiner Beschaffenheit dienen.

Der Nachweis der Art der Mehle muß durch die mikroskopische Untersuchung geführt werden, wobei außer der Stärke auch die Formelemente (Spelzen-, Schalenteile, Haare u. a.) zu berücksichtigen sind.

Der Nachweis der Verunreinigungen und Verfälschungen ist je nach der Art bald auf chemischem, bald auf mikroskopischem Wege zu führen.

Besonders zubereitete Mehle, Mehlextrakte.

Die natürlichen Mehle erfahren vielfach eine weitere Verarbeitung (Aufschließung oder Mischung), um sie entweder für besondere Zwecke nutzbar zu machen oder die Arbeit in der Küche zu erleichtern. Zu Erzeugnissen dieser Art gehören Kindermehle, Suppenmehle, Backmehl, Puddingpulver, Paniermehl und Stärkemehle.

Kindermehle. Unter „Kindermehle" versteht man im allgemeinen Gemische von eingedickter (kondensierter) Milch mit aufgeschlossenen, d. h. verzuckerten bzw. dextrinierten Mehlen. Die Zubereitung der Mehle wird in sehr verschiedener Weise zu erreichen gesucht.

Justus v. Liebig gab z. B. seinerzeit folgende Vorschrift zur Darstellung eines Kindermehles:

16 g Weizenmehl werden mit 160 g Kuhmilch gekocht; wenn ein gleichmäßiger Brei entstanden ist, läßt man auf 35° erkalten, fügt 16 g fein zerstoßenes Gerstenmalz hinzu, welches mit 16 g eines 18% Natriumcarbonat enthaltenden warmen Wassers angerührt ist. Das Gefäß wird alsdann 15 bis 20 Minuten in warmes Wasser gestellt, einige Zeit kochen gelassen, die Masse schließlich durch ein Sieb geschlagen und eingetrocknet.

Andererseits werden die Mehle mit verdünnten, nicht sehr flüchtigen Säuren durchfeuchtet und einer Temperatur von 100—125° ausgesetzt, wodurch die Stärke in Dextrin übergeführt wird. Die Säure pflegt nach dem Rösten durch Zusatz einer hinreichenden Menge von Natriumcarbonat oder Calciumcarbonat wieder abgestumpft zu werden.

Da die Aufschließung der Mehle mit Malz das Auftreten von mehr oder weniger freier Säure (Milchsäure) bedingt und die Abstumpfung dieser wie der in letzterem Falle angewendeten Säure umständlich und schwierig ist, so pflegt man die Mehle auch wohl in der Weise aufzuschließen, zu dextrinieren, daß man die Körner (Weizen-, Hafer- und Leguminosenkörner) mit Wasser durchfeuchtet, unter 2 Atmosphären Druck im Wasserdampf kocht, mehr oder weniger stark darrt, von Schalen befreit, vermahlt und siebt[1]). Das Hafermehl wird dann noch vielfach mit Wasser (eventuell unter Zusatz von Phosphaten, Rohr- oder Milchzucker) zu einem Teig verarbeitet, der Teig in dünne Scheiben geknetet und diese abermals bei etwa 200° in mit überhitztem Wasserdampf geheizten Backöfen geröstet bzw. gebacken. Die gebackenen Scheiben werden zu feinstem Mehl gemahlen, gebeutelt und letzteres entweder als solches oder mit Zusatz von eingedickter Milch zu Kindermehlen verwendet. In anderen Fällen dickt man die Milch erst ein, rührt mit Mehl zu einem Teig an, verbackt zu Zwieback und verarbeitet diesen weiter.

Vielfach wird indes gar keine Milch mitverwendet[2]) oder der Mehlbestandteil erfährt

---

[1]) Nestles Kindermehl wird aus bei 50° im Vakuum eingedickter Milch und der feingemahlenen Kruste eines bei 115° gerösteten Weizenbrotes unter Zusatz von Zucker hergestellt.

Das Mufflersche Kindermehl besteht angeblich aus Milch, Eiern, Milchzucker, Aleuronat und bestem dextrinierten Weizenmehl.

[2]) Dextrinierte Mehle ohne Zusatz von Milch sind mit Ausnahme des Hafermehles arm an Fett.

gar keine Aufschließung, die Kohlenhydrate bestehen fast ganz aus roher Stärke (unlöslichen Kohlenhydraten).

Wenngleich die Kindermehle durch Verbesserung der Frischhaltungsverfahren der Milch wesentlich an Bedeutung abgenommen und durchweg nur mehr als Zusatzmittel bzw. Nebennahrung zu Mutter- und Kuhmilch Bedeutung haben, so sind sie im Handel doch noch vielfach anzutreffen und verdienen wegen ihrer Verwendung gerade in stärkstem Wachstum des Menschen um so mehr eine Beachtung, als das Kind in den ersten Lebensmonaten rohe Mehle nicht oder nur schwach verdauen kann.

Ein gutes Kindermehl soll neben 12—14% Protein, 5% Fett und 50% löslichen Kohlenhydraten nur etwa 20% unlösliche Kohlenhydrate und 0,5% Rohfaser enthalten. Auch der Gehalt an Kalk und Phosphorsäure (je etwa 0,5%) ist von Bedeutung. Wenn man mit diesen wünschenswerten Gehalten die Zusammensetzung der in Tab. II, Nr. 657—700 mitgeteilten Kindermehle des Handels vergleicht, so entspricht nur ein kleiner Teil dieser Forderung. Auch soll der größte Teil der dort aufgeführten Kindermehle, von denen viele wohl schon wieder aus dem Handel verschwunden sein werden, nicht als volle Kindernahrung, sondern nur als Zusatzmittel zu Milch für Kinder Verwendung finden.

Suppenmehle. Unter Suppenmehlen versteht man eine Reihe bald mit, bald ohne fremde Zusätze zubereiteter Mehle, die zur Bereitung von Suppen dienen sollen. Die mit fremden Zusätzen, wie Fleisch, Fleischextrakt und tierischem Fett versetzten und gepreßten Mehle, die meistens Suppentafeln genannt werden, sind bereits S. 302 besprochen.

Es gibt aber noch eine Reihe solcher Erzeugnisse, die keine fremden Zusätze erhalten, oder Gemische von Mehlen unter sich (Hülsenfrucht- mit Getreidemehlen) oder mit Suppenkräutern, also rein pflanzlichen Ursprungs sind. Diese Erzeugnisse zeichnen sich, wenn sie nicht vorwiegend aus Hafer-, Mais- oder Sojabohnenmehl bestehen, gegenüber den fettreichen Suppentafeln, S. 303, allgemein durch niedrigen Fettgehalt (1—2%) aus und enthalten um so mehr Protein, je mehr Hülsenfruchtmehl verwendet worden ist. Durchweg sind die Mehle auch noch auf eine besondere Weise hergestellt, wodurch eine wenn auch nur geringe Dextrinierung und Verzuckerung der Stärke bewirkt und damit die Menge der in Wasser löslichen Stoffe erhöht wird.

Die Kraft- oder Eiweißsuppenmehle werden meistens aus Getreidemehl unter Zusatz von Klebermehl (Aleuronat aus Weizen), oder Roboratmehl (Reisprotein) oder Glutenmehl (Maisprotein), die bei der Stärkefabrikation abfallen, hergestellt.

Tapioka-Julienne oder Julienne sind Mischungen von Tapioka oder anderen Stärkemehlen mit verschiedenen Suppenkräutern.

Grünkernmehl oder Grünkernextrakt wird aus unreifem Spelzweizen gewonnen.

Zu den Suppenmehlen kann auch die Nährhefe gerechnet werden (vgl. hierüber S. 307).

Viel mannigfaltiger sind noch die Erzeugnisse aus Hülsenfrüchten für die Bereitung von Suppen. Im ganzen Zustande findet man z. B. im Handel Grünerbsen vermischt mit Suppenkräutern, Graupen und Reis.

Die sog. „Leguminosen" (z. B. von Hartenstein & Co. in Chemnitz, C. H. Knorr in Heilbronn) werden durch Vermengen von feinstem Leguminosenmehl mit Getreidemehl hergestellt, und zwar in 3 Sorten. die sich durch einen steigenden Gehalt an Getreidemehl unterscheiden.

Die unter dem Namen „Kraftsuppenmehl", „Suppentafeln," sog. „Kraft und Stoff' vertriebenen Handelswaren sind nach ihrer Zusammensetzung nichts weiter als einfache Leguminosenmehle mit Salz und Gewürzen.

Auch dürfte hierher die „Revalescière" (von Du Barry) zu rechnen sein; ferner werden unter dem Namen „Revalenta arabica", „Ervalenta" (von Ervum) aus den Leguminosen Waren hergestellt, welche mehr oder weniger die Zusammensetzung der obigen Mehle besitzen.

Die Leguminosenmehlerzeugnisse von Jul. Maggi & Co. werden in mehreren Sorten durch Vermischen von Leguminosenmehlen mit kleberreichen Getreidesorten hergestellt und unter den Bezeichnungen Leguminose-Maggi A, B, C, AA usw. in den Handel gebracht; man unterscheidet fettarme und fettreiche Sorten; das Fett der letzteren rührt aus Sojabohnenmehl her.

Die unter der Bezeichnung „Leguminose", „Biskuit-Leguminose", „Malto-Legumin", „Malto-Leguminose" von verschiedenen Fabriken angefertigten Nährmittel haben dieselbe Zusammensetzung und scheinen in derselben Weise, nämlich durch mehr oder weniger starkes Dämpfen, gewonnen zu werden. Leguminosenmalzmehl ist ohne Zweifel ein Gemisch von Hülsenfruchtmehl mit Malzmehl; Hygiama ein Gemisch von aufgeschlossenem Leguminosenmehl und Kakao.

Eine lösliche Leguminose usw. ergab im Mittel 11,04%, das Leguminosenmalzmehl 31,60%, Hygiama 47,91% in Wasser lösliche Kohlenhydrate. Über ähnliche Erzeugnisse dieser Art vgl. vorstehend unter Kindermehlen.

A. Stift fand in verschiedenen Hülsenfruchtmehlen und Erzeugnissen daraus in Prozenten des Gesamtstickstoffs 11,8—17,5%, A. Stutzer in derselben Weise 11,4—22,3% Nichtproteine.

Da die Leguminosensamen nach einigen Bestimmungen nur 6—10%, Getreidekörner nur 3—8% des Gesamtstickstoffs in Form von Nichtproteinstickstoff enthalten, so scheinen durch die Art der Zubereitung der Leguminosen (durch Anfeuchten, Kochen und Darren) die Proteine zum Teil gespalten und in nichtproteinartige Stickstoffverbindungen übergeführt zu werden.

Über den Einfluß der Zubereitung der Hülsenfruchtmehle auf die Ausnutzung derselben vgl. S. 139 u. Tab. I, S. 808; über die Zusammensetzung Tab. II, Nr. 705—731.

Für die *Untersuchung* der Kindermehle kommt außer der Bestimmung von Protein, Fett, Rohfaser, Asche (Kalk und Phosphorsäure) auch vorwiegend die Bestimmung der in Wasser löslichen Kohlenhydrate in Betracht.

Backmehl. Unter Backmehl versteht man ein mit Lockerungsmitteln versetztes Mehl, das ohne Zusatz von Hefe direkt eingeteigt und gebacken werden kann. Die Lockerungsmittel sind meistens mineralischer Art, z. B. Natriumbicarbonat und primäres Calciumphosphat (J. v. Liebig), Natriumbicarbonat und Kaliumbitartrat oder statt dessen auch Weinsäure oder Citronensäure, mit und ohne Zusatz von Kaliumbitartrat, d. h. der saure Anteil stets in solcher Menge, daß er mit der Menge des Natriumbicarbonats unter Entbindung der Kohlensäure ein neutrales Salz bildet. Mitunter besteht das Lockerungsmittel auch aus Hefe und Natriumbicarbonat; in letzterem Falle bewirkt die durch Hefe erzeugte Säure (Milchsäure usw.) eine Zersetzung des Natriumbicarbonats; weiter kommen in Betracht Natriumbicarbonat und Alkalibisulfate oder letztere mit Calcium- oder Magnesiumcarbonat; auch Schleimsäure wird als saurer Anteil angegeben.

Sollten aber gleichzeitig Alaun, Kupfer- oder Zinksulfate zugesetzt sein, um die Backfähigkeit eines schlechten Mehles zu erhöhen, so ist das als Verfälschung anzusehen. Oxalsäure darf wegen ihrer Giftigkeit selbstverständlich nicht verwendet werden (vgl. auch unter Brot S. 393).

Ebenso ist der Zusatz fremder Mehle oder Stärkemehle gleichzeitig mit dem mineralischen Backpulver nach § 10 des NMG. zu beanstanden, wenn unter der Bezeichnung ein reines Mehl von bestimmter Art zu erwarten ist oder verstanden wird.

Puddingmehl und ***Cremepulver.*** Puddingpulver sind Gemische von Mehl oder Stärkemehl mit Gewürzen (Vanille, Gewürznelken, Zimt usw.), zuweilen unter Mitverwendung von etwas Mandelmehl und Eierpulver.

Die Cremepulver dagegen sind Gemische von Maisstärke usw. mit Streuzucker, trockenem Leimpulver und entsprechendem Pflanzenaroma (z. B. Himbeer, Citronen usw.), gefärbt mit roten bzw. gelben Anilinfarbstoffen[1]).

[1]) Beythien, Hempel und Hennicke untersuchten z. B. derartige Erzeugnisse mit folgenden Ergebnissen: Ein Cremepulver und Dr. Cratos Vanillepuddingpulver waren

Paniermehl. Unter Paniermehl versteht man, wie G. Benz begründet hat, ein ausschließlich aus Weizenmehl durch Einteigen, Backen, Rösten (Trocknen) und Mahlen hergestelltes Erzeugnis (gemahlene Zwiebacke oder Biskuits). Zum Wesen von Paniermehl gehört jedenfalls die Herstellung aus Backwerk. In den Haushaltungen selbst verwendet man dazu meistens die zerriebenen Brotreste. Es liegt die Versuchung nahe, daß auch das Paniermehl des Handels aus allerlei aufgekauften Brotresten hergestellt wird, und das ist ein unzulässiger Mißbrauch, denn wenn man im eigenen Hause die Art, Reinheit und saubere Aufbewahrung der Brotreste überwachen kann, so ist dieses bei Brotresten aus fremden Häusern, Anstaltsküchen und Wirtshäusern nicht möglich und liegt hier die Gefahr nahe, daß nicht nur unsaubere (angebissene, mit Mäusekot und Fliegenschmutz verunreinigte) und verschimmelte, sondern auch mit schädlichen[1]) Stoffen und Mikroben aller Art behaftete Brotreste zur Mitverwendung gelangen. Das ist ebenso verwerflich wie der Zusatz von Schellack und Knopflack (Vaubel und Diller) sowie die künstliche Färbung (mit gelben oder roten Anilinfarbstoffen)[2]).

Die Paniermehle enthalten hiernach naturgemäß mehr lösliche Kohlenhydrate (Zucker und Dextrin) als die Rohmehle; dabei ist die Stärke deformiert. Hieran läßt sich das Backen überhaupt erkennen und beurteilen. Schwach gebackene Erzeugnisse, z. B. die sog. Biskuits, zeigen wenig oder fast gar keine deformierten Stärkekörner; sie lassen sich aber auch ohne Zusatz von Zucker kaum fein mahlen.

Dextrinmehle. Es sind meistens dextrinierte Stärkemehle; die Dextrinierung geschieht entweder durch Darren der nur mit Wasser angefeuchteten Stärke bei 212 bis 275° oder durch Darren der mit schwach angesäuertem Wasser versetzten Stärke bei 100—125°. Erstere Dextrinmehle sind meistens braun, letztere hellgelb bis weiß gefärbt. Derartige Mehle enthalten je nach der Herstellungsweise 5,64—18,09% Wasser, 1,42—8,77% Zucker, 49,78—72,45% Dextrin und 14,51—30,80% unaufgeschlossene Stärke. Es werden aber auch Getreidemehle dextriniert; sie unterscheiden sich von ersteren durch einen höheren Gehalt an Stickstoffsubstanz (Protein), während erstere hieran arm sind (vgl. „Stärkemehle"). So ergab eine Probe dextriniertes Getreidemehl bei einem Gehalt von 6,46% Wasser 10,36% Stickstoffsubstanz, 57,96% lösliche und 23,84% unlösliche Kohlenhydrate.

---

ein mit Vanillin aromatisiertes und mit Teerfarbstoff gelbgefärbtes Maismehl bzw. -stärke; Nutrina-Cocosnuß: mit Teerfarbe gelbgefärbte Reisstärke; Nutrina-Vanillezucker: mit Vanillin aromatisierter Rübenzucker; Hermanns Rote-Grütze-Pulver: mit Teerfarbe rotgefärbtes Gemisch von Mais und Kartoffelmehl mit etwas Weinsäure; Hermanns Cremepulver: künstlich rotgefärbtes Gemisch von Maismehl mit Vanillinzucker; Hermanns Gelee-Extrakt: rotgefärbte Gelatine in einem Pulver, in einem zweiten Weinsäure, zu beiden ein Fläschchen mit künstlichen Fruchtestern. Eine ähnliche Zusammensetzung fand A. Bömer für Gelee-Extrakte, die zur schnellen Bereitung von z. B. Himbeer- usw. Geleepudding dienen sollten und nur aus trockener Gelatine, Weinsäure bzw. Citronensäure und künstlichen Fruchtestern bestanden.

[1]) In Münster i. W. erkrankte z. B. eine ganze Familie nach Genuß von Paniermehl, bei dem aus Versehen ein zur Vertilgung der Mäuse mit Arsen vermischtes Brotpulver mit verwendet worden war.

[2]) Einige Paniermehle des Handels ergaben nach E. Dinslage folgende Zusammensetzung:

Art des Mehles	Anzahl der Proben	Wasser %	Protein %	Fett %	Zucker (Maltose) %	Dextrin %	Sonstige Kohlenhydrate %	Rohfaser %	Mineralstoffe %
1. Weizenmehl	8	9,49	15,63	0,58	6,44	5,68	58,89	0,95	2,34
2. Desgl. u. Kartoffelstärke	3	9,77	9,55	0,69	8,01	6,45	63,87	0,64	1,02
3. Maisgrieß	1	9,22	10,22	2,14	1,13	0,78	74,79	0,92	0,80

Die Proben enthielten 0,05—1,19% Kochsalz und Spuren bis 0,09% Sand.

Mehlextrakte. Die Mehlextrakte werden durch Ausziehen verzuckerter Mehle und Eindampfen der Auszüge im Vakuum hergestellt. Die Verzuckerung wird entweder durch die in den Getreidemehlen fast stets vorhandene Diastase oder durch Zusatz von Malzmehl oder Malzaufguß bewirkt. Der aus Gerstenmehl selbst hergestellte Extrakt in fester Form, der Malzextrakt, darf nicht mit dem flüssigen Malzextraktbier, worin ein Teil der Maltose vergoren ist, verwechselt werden[1]).

Auch Leguminosenmehle lassen sich verzuckern; die eingedunsteten Extrakte unterscheiden sich auch hier durch einen höheren Gehalt an Stickstoffsubstanz (13,5%), Asche und Phosphorsäure von den Getreidemehlextrakten.

Die diastasierten Mehle werden aber auch als solche in den Handel gebracht und haben dann die Zusammensetzung der natürlichen Mehle, nur mit dem Unterschiede, daß die Stärke zum größten Teil in Zucker und Dextrin übergeführt ist. So ergab Hafermaltose 10,51% Wasser, 12,16% Stickstoffsubstanz, 5,84% Fett, 28,38% Zucker, 12,85% Dextrin, 27,13% unlösliche Kohlenhydrate (Stärke usw.), 1,47% Rohfaser und 1,66% Asche.

Über die Zusammensetzung vorstehender Erzeugnisse vgl. Tab. II, Nr. 701—704 und 732—740.

Stärkemehl.

Begriff. Unter „Stärkemehl" versteht man die nicht nur von Spelzen bzw. Schalen bzw. Fasern bzw. s nstigen Zellelementen, sondern auch die von Stickstoffsubstanz, Fett und mineralischen Bestandteilen der Rohstoffe tunlichst befreiten, nur aus fast reiner Stärke bestehenden Erzeugnisse, die sowohl zur menschlichen Ernährung als zu technischen Zwecken verwendet werden. Sie werden sowohl aus Samen, wie aus Wurzelgewächsen, Stämmen und sonstigen Pflanzenteilen gewonnen. In Deutschland kommt vorwiegend die aus Kartoffeln, Weizen, Mais und Reis gewonnene Stärke in Betracht. Vereinzelt kommen auch Stärken aus einheimischen Roßkastanien, Roggen und Gerste vor. Hierzu gesellen sich für die menschliche Ernährung Tapioka und Sago.

Gewinnung. Die Fabrikationsverfahren haben alle das gemeinsam, daß man die Rohstoffe vorher zerreibt oder zerquetscht und aus dem milchigen Brei die kleinen Stärkekörnchen durch feine Haarsiebe von den anhaftenden Schalen und Zellen des Rohstoffes abseiht und die sog. Stärkemilch durch häufiges Absetzenlassen in Bottichen (Dekantieren) oder durch Schlämmen mit Wasser auf einer schiefen Ebene (in langen Rinnen) oder in der Zentrifuge reinigt. Die gereinigte feuchte Stärkemasse wird dann in Trockenkammern getrocknet.

1. Kartoffelstärke. Ihre Gewinnungsweise ist im Wesen sehr einfach und kurz folgende: Die gewaschenen Kartoffeln werden durch besondere Reiben in einen Brei verwandelt, der durch Breimühlen noch weiter zerkleinert wird. Hierdurch erhält man ein Gemenge von nicht zerrissenen, stärkeführenden Zellen (sehr kleine Kartoffelstückchen), Fasern und Gewebe der zerrissenen Zellen, freien Stärkekörnern und Fruchtwasser. Die ersten gröberen Bestandteile von unzerrissenen Zellen werden durch Waschen des Reibsels auf Sieben entfernt, die Rohstärkemilch durch weitere feinere Siebvorrichtungen von den mitgeführten Faserteilchen befreit (feingesiebt oder raffiniert) und schließlich die reine Stärke von dem Fruchtwasser durch Absitzenlassen (entweder nach dem einfachen Absatzverfahren oder dem Fluten- bzw. Rinnenverfahren) getrennt. Das Absitzenlassen muß tunlichst schnell bewirkt werden, damit das Fruchtwasser nicht nachteilig auf das Aussehen und die Beschaffenheit der Stärke wirkt. Die so gewonnene Rohstärke wird noch mehrmals mittels einer Schnecke und eines Rührquirls in Wasser aufgerührt, gereinigt und entweder als feuchte oder trockene Kartoffelstärke oder Kartoffelmehl in den Handel gebracht.

---

[1]) Die Mehlextrakte sind fast ganz in Wasser löslich, und pflegen die von den Getreidemehlen zu enthalten:

Wasser	Stickstoffsubstanz	Glykose	Dextrin	Unlösl. Stoffe	Asche	Phosphorsäure
2,0—17,0%	1,2—7,0%	25,0—58,1%	22,4—60,0%	0,2—0,6%	0,3—2,1%	0,2—0,8%

Die feuchte Kartoffelstärke, die etwa 48,0% Wasser, 51,0% Stärke enthält, muß tunlichst rasch verwendet werden und wird daher meistens an die Stärkezucker- und Stärkesirupfabriken, in geringerer Menge auch an die Dextrin- und Kartoffelsagofabriken abgegeben. Das Trocknen der Stärke, d. h. die Verminderung des Wassergehaltes auf 12—18%, geschieht durch das Vortrocknen entweder an der Luft oder durch Absaugen bzw. Abpressen oder durch Abschleudern bzw. Zentrifugieren eines Teiles des Wassers und durch das Nachtrocknen mittels Maschinenarbeit, wobei zu beachten ist, daß die Temperatur in den Räumen 37,5° nicht übersteigt. Wird die trockene Kartoffelstärke, die noch mit mehr oder weniger großen Stücken durchsetzt ist, in den Stärkemühlen noch besonders gemahlen, so daß sie ein weißes, glänzendes, zwischen den Fingern knirschendes Pulver darstellt, so wird das Erzeugnis Kartoffelmehl genannt. Die trockene Kartoffelstärke und das trockene Kartoffelmehl des Handels unterscheiden sich daher nur durch den Feinheitsgrad.

Aus dem beim Reinigen der Rohstärke erhaltenen Stärkeschlamm (und sonstigen Abfällen, z. B. der Pülpe nach sauerer Gärung), wird ebenfalls noch Stärke von geringerer Güte gewonnen. Man kann annehmen, daß im ganzen je nach der Art der Verarbeitung 80—90% Primastärke (bzw. Mehl) und 20—10% Nacherzeugnisse gewonnen werden.

Bei der Gewinnung der Kartoffelstärke verbleiben als Rückstände der Kartoffelalbuminschlamm und die Kartoffelpülpe oder die weniger wasserhaltige Kartoffelfaser.

Die Kartoffelstärke wird in der verschiedensten Weise (zur Bereitung von Mehlspeisen, von Gemüse, Brot und Konditorwaren, von Nudeln und Makkaroni unter Vermengung mit Weizenkleber, von Wurst und Schokolade usw.) zur menschlichen Ernährung verwendet; auch wird daraus ein sog. Kartoffelsago (vgl. S. 385) hergestellt; eine ebenso umfangreiche Verwendung findet sie in der Technik.

2. Weizenstärke. Die Gewinnung der Weizenstärke bietet wegen des das Stärkemehl durchsetzenden Klebers, der in Wasser nicht löslich ist, größere Schwierigkeiten als die der Kartoffelstärke und wird vorwiegend nach zwei Verfahren bewirkt, nämlich 1. nach dem sog. Halleschen oder Gärungsverfahren und 2. nach dem Verfahren ohne Gärung bzw. Säuerung. Nach dem ersten Verfahren, welches sich nur für kleberarmen Weizen eignet, wird der Weizen unter zeitweiser Erneuerung des Wassers eingequollen, bis sich die Körner zwischen den Fingern leicht zerdrücken lassen, darauf zerquetscht, in Bottichen mit Wasser zu einem dünnen Brei angerührt und unter Zusatz von früher erhaltenem Sauerwasser der Gärung überlassen, die je nach der Lufttemperatur im Sommer 10—12 Tage, im Winter bis 20 Tage dauert, anfänglich eine alkoholische Gärung ist und später in eine sauere (Essig-, Milch- und Buttersäuregärung) übergeht, aber nie in Fäulnis übergehen darf. Die Säure löst den Kleber und wird darauf die freigelegte Stärke in ähnlicher Weise wie aus dem Kartoffelbrei gewonnen. Dieses Verfahren wird aber, weil dabei einerseits der Kleber verlorengeht oder nur als Schweinefutter verwendet werden kann, andererseits die übelriechenden Abwässer lästig werden, jetzt nur mehr selten angewendet, sondern hat allgemein dem Verfahren ohne Gärung Platz gemacht. Hierbei wird entweder der ganze Weizen wie bei dem Gärungsverfahren eingeweicht, zerquetscht und dann die zerquetschte Masse gleich unter Zufluß von viel Wasser verarbeitet (elsässisches Verfahren), oder man verwendet nach dem Martinsschen Verfahren Weizenmehl, welches mit Wasser in einer Knetmaschine zu einem zähen Teig verarbeitet und eine halbe oder ganze Stunde als Teig der Ruhe überlassen wird, um den Kleber genügend zum Quellen zu bringen; die Teigstücke gehen dann in die Auswaschapparate, in welchen der Kleber von der Stärke getrennt wird. Der Vorteil des Verfahrens ohne Gärung beruht vorwiegend mit in der Gewinnung des ganzen säurefreien Klebers, der sich als trockenes Pulver (Aleuronat oder Roborat usw.) für die menschliche Ernährung wieder gewinnen läßt.

Fesca gewinnt auch Weizenstärke durch direkte Behandlung des Mehles ohne Teigbereitung, J. Keil hat vorgeschlagen, das Mehl mit alkalisch gemachtem Wasser zu durchrühren und die Stärke aus der zähflüssigen Masse durch Zentrifugen auszuschleudern.

Die Weizenstärke erscheint im Handel in verschieden großen Tafeln, in runden oder prismatischen Stengelchen (Zettelstärke), oder als Krystall- bzw. Strahlenstärke oder in

Brocken oder als Mehl. Man unterscheidet: feinste, mittelfeine, ordinäre Weizenstärke, feinste Patentstärke, Tüllanglaisstärke u. a. Für die menschliche Ernährung findet sie dieselbe Anwendung wie die Kartoffelstärke.

3. Maisstärke. Früher wurde die Maisstärke wohl durch Gärung des eingequollenen Kornes usw. wie beim Weizen gewonnen. Jetzt wird in zweierlei Weise verfahren; nach dem einen Verfahren wird das Maiskorn vor der Verarbeitung auf Stärke der Länge nach von der breiten Seite nach der spitzen, der keimführenden Seite gespalten und dadurch der Keim mechanisch abgetrennt, der weiter auf Maisöl verarbeitet wird, während die keimfreien Hälften des Maiskornes wie bei dem zweiten Verfahren weiter verarbeitet werden. Nach letzterem wird das Maiskorn von Anfang an vor Entfernung des Keimes durchschnittlich 60 Stunden mit etwa 60° warmem Wasser, welches $^1/_4$ bis $^1/_3$% schweflige Säure (SO_2) enthält, eingeweicht und gequetscht, wobei Keim und Schale nicht mit zerkleinert werden. Der Brei, auch Maische genannt, gelangt in Separatoren, wo ihm fertige Stärkemilch zugesetzt wird, um die mechanische Abscheidung von Schalen und Keim zu erleichtern; erstere als die spezifisch leichtesten Bestandteile schwimmen oben, dann folgt der Keim; beide werden abgeschöpft, getrocknet und zur Fütterung verwendet, nachdem aus dem Keim meistens noch Öl (S. 339) gewonnen und der Rückstand als Maisölkuchen vertrieben wird. Der Mehlkern bzw. dessen Teile werden durch französische Mühlsteine naß gemahlen, weiter zerkleinert und durch Sieben von Fasern usw. gereinigt. Die rohe Stärkemilch erhält dann, um die Proteine, das sog. Gluten zu entfernen, nach dem Säureverfahren einen weiteren Zusatz entweder von ganz verdünnter wässeriger Lösung von schwefliger Säure, oder, wenn von Anfang an keine schweflige Säure verwendet ist, nach dem Alkaliverfahren einen Zusatz von sehr verdünnter Natronlauge (etwa $^1/_{10}$% Natron enthaltend). Die Stärkemilch wird dann in Rinnen (Fluten) sofort mit Wasser gewaschen, wodurch das gelöste Gluten fortgeführt wird, während sich die reine Stärke in den Rinnen absetzt und in üblicher Weise weiter behandelt wird.

Das abfließende Gluten wird nach dem Säureverfahren durch Filterpressen, nach dem Alkaliverfahren durch Fällen mit Säuren aus dem abfließenden Wasser entfernt, getrocknet und mit oder ohne Zusatz von Schalen zur Fütterung verwendet. Man unterscheidet hiernach zur Zeit als Abfälle bei der Maisstärkefabrikation die Maiskleie (Chop Feed), mehr oder weniger reine Schalen, das Glutenmeal, vorwiegend das Gluten neben wenigen Schalen enthaltend, und das Glutenfeed mit einem größeren Gehalt an Schalen, ferner die Maisölkuchen oder Maiskeimkuchen als Rückstände von der Verarbeitung der Keime auf Öl.

Die Maisstärke (Maizena der Amerikaner oder Mondamin aus den vom Keim befreiten Maiskörnern, daher die Bezeichnung entfettete Stärke hierfür) wird in der verschiedensten Weise direkt und indirekt für die menschliche Ernährung verwendet; indirekt nämlich insofern, als aus derselben eine Reihe Erzeugnisse, wie Glykose (durch Behandeln mit verdünnter Salzsäure bei 60—80°), Maltose (durch Behandeln mit Malz), Sirup (durch Behandeln mit schwefliger Säure und Abstumpfen derselben mit Soda), Dextrine usw., die zur Bereitung von Nahrungs- und Genußmitteln aller Art Verwendung finden, hergestellt werden. Auch dient die Maisstärke als Ersatzstoff für Arrowroot. Der für technische Zwecke aus ihr dargestellte Kleister besitzt aber nicht den Glanz des letzteren.

4. Reisstärke. Im Reiskorn ist das Stärkemehl mit dem Protein innig verkittet, so daß es zur Freilegung der Stärke besonderer chemischer Mittel bedarf; als solches wird allgemein eine 0,3—0,5 proz. Natronlauge (bzw. eine entsprechend starke Sodalösung) angewendet, in welcher das entschälte und polierte Reiskorn (meistens Bruchreis von der Tafelreisfabrikation S. 374) in hölzernen Bottichen etwa 18 Stunden unter dreimaligem Umrühren eingequollen wird; dann wird die Flüssigkeit abgezogen und durch neue Lauge ersetzt, mit welcher der Reis noch etwa 12 Stunden in Berührung bleibt.

Nach einem anderen (Stoltenhoffs) Verfahren behandelt man die Reiskörner auch im Vakuum — damit die Lauge völlig ins Innere eindringt — mit fließender Natronlauge, wodurch eine schnellere Auslaugung des Proteins, nämlich in 6—8 Stunden erreicht wird. Die in beiden Fällen abgezogene Natronlauge wird, um das für Ernährungszwecke verwendungsfähige Protein wieder zu gewinnen, mit Säure gefällt. Dasselbe kommt unter dem Namen „Energin" in den Handel (vgl. S. 306).

Das eingeweichte Reiskorn wird dagegen unter Zusatz dünner Natronlauge gemahlen und aus dem Mahlgut durch Benutzung von Sieben, Zentrifugen, Absatzbecken und Filterpressen usw. die Stärke gewonnen.

Durch die Natronlauge wird nicht alles Protein gelöst, sondern der letzte Teil muß durch Zentrifugieren oder Pressen entfernt werden. Die hierdurch erhaltene proteinreiche unreine Stärke wird als Preßfutter (oder auch Reisschlempe genannt) besonders für die Fütterung der Schweine verwendet. Die Abwässer sind auch hier sehr lästig und werden am erfolgreichsten durch Berieselung gereinigt.

Die Reisstärke ist wegen des großen Steifungsvermögens ihres Kleisters besonders zur Appretur der Gewebe geeignet.

Von sonstigen einheimischen Rohstoffen werden zur Stärkefabrikation noch Roßkastanien, deren Stärke indes Gerbstoff anhaftet und hiervon behufs Verwendung für die Küche durch Behandeln mit Soda befreit werden muß, vereinzelt ferner Roggen und Gerste verwendet, deren Verarbeitung nach den allgemein üblichen Verfahren geschieht.

Mehr Bedeutung für den deutschen Lebensmittelmarkt haben verschiedene Stärkesorten aus überseeischen Rohstoffen, nämlich:

5. Arrowroot. Tapioka. Die Arrowrootstärke wird aus verschiedenen knolligen Wurzelstöcken tropischer und subtropischer Pflanzen gewonnen. Sie bildet ein sehr feines Mehl, gibt einen geruchlosen Kleister und ist leicht löslich. Wegen dieser Eigenschaften wird sie mit Vorliebe sowohl für medizinische Zwecke, als auch zu Speisen und Backwerken sowie als Kindernahrungsmittel verwendet.

Unter Tapioka versteht man die im feuchten Zustande auf heißen Platten getrocknete Arrowrootstärke. Diese wird hierdurch körnig, teilweise verkleistert und in Wasser löslich. Meistens wird sie aus westindischem Arrowroot gewonnen.

Man unterscheidet:

a) Westindisches Arrowroot, welches am weitesten verbreitet ist. Dasselbe wird aus den Wurzelstöcken der dort heimischen, zu den Cannaceen gehörigen Marantaarten (Maranta arundinacea L., Maranta indica Tuss. und Maranta nobilis)[1]) gewonnen und gewöhnlich unter dem Namen Marantastärke in den Handel gebracht. Auch wird in Westindien zur Stärkegewinnung Sechium edule — eine kürbisartige Frucht —, die sehr viel Stärke in ihren Früchten führt, angebaut.

b) Ostindisches Arrowroot aus den Wurzelstöcken dreier ostindischen Zingiberaceen (Curcuma rubescens Roxb., Curcuma angustifolia Roxb. und Curcuma leukorrhiza Roxb.). Auch verwendet man dort zur Arrowrootgewinnung die rübenartigen Knollen von Dolichos bulbosus L., einer zu den Papilionaceen gehörenden Pflanze.

c) Brasilianisches Arrowroot oder Cassavastärke[2]) (oder Manihot) aus den Wurzeln des zu den Euphorbiaceen gehörenden Strauches Manihot utilissima. Neben dieser wird auch dort Marantastärke aus Maranta arundinacea gewonnen. Ein sehr feines Arrowroot

---

[1]) Die Wurzeln der Maranta haben nach Macdonald folgende Zusammensetzung:

Wasser	Stickstoff-substanz	Fett	Stärke	Zucker, Gummi usw.	Rohfaser	Asche
62,96%	1,56%	0,26%	27,07%	4,10%	2,82%	1,23%

[2]) Die Cassavawurzel, deren Brei in Jamaika zur Heilung von Abscessen benutzt wird, hat nach E. Leuscher im Mittel von 6 Analysen folgende Zusammensetzung:

Wasser	Stickstoff-substanz	Fett	Stärke	Zucker, Gummi usw.	Rohfaser	Asche
70,25%	1,12%	0,41%	21,44%	5,13%	1,11%	0,59%

liefern die unterirdischen Teile von Sisyrinchium galaxioides, einer südamerikanischen Iridee, ferner unter dem Namen „Chataigne de la Guiana" die Früchte von Pachira oder Carolinea aquatica.

d) Arrowroot der englischen Kolonie Britisch-Guyana, auch unter dem Namen Bananen- oder Pisangstärke aus der Bananenfrucht (Musa paradisiaca).

e) Nordamerikanisches Arrowroot, aus den bereits erwähnten Marantapflanzen gewonnen.

f) Arrowroot der Südseeinseln. Auf letzteren verwendet man zur Stärkegewinnung Arum macrorhizon L. und Arum esculentum L., ferner aber die Jamwurzel (Dioscorea alata), deren Stärke unter dem Namen Ignamen- oder Dioscoreenstärke in den Handel kommt.

g) Afrikanisches Arrowroot, vorwiegend aus Canna indica, und endlich

h) Australisches Arrowroot aus Canna edulis.

Die Gewinnung der Stärke aus den genannten Pflanzen ist der aus Kartoffeln in Europa ganz ähnlich. Man zerreißt die Wurzelstöcke und Pflanzenteile durch eine rasch rotierende Sägeblätterreibe zu einem Brei, wäscht die Stärke durch Wasser aus, trennt die Stärkemilch von den Pflanzenteilen durch feine Siebe, reinigt sie durch wiederholtes Waschen mit Wasser und Absetzenlassen in Gruben oder Gefäßen, bringt sie alsdann auf ein Filter und trocknet sie an der Luft. Diese Behandlungen müssen so schnell wie möglich ausgeführt werden, weil sonst die Farbe und Beschaffenheit des Erzeugnisses leiden.

Die Tapioka erfährt behufs Bereitung von Suppen und Mehlspeisen allerlei Zusätze; so besteht „Tapioca Crey" aus Tapioka und gepulverten gelben Möhren, „Tapioca Julienne" (vgl. S. 378) aus Tapioka und Suppenkräutern, während der „Tapioca au Cacao" entfettetes Kakaopulver beigemischt ist.

6. Palmenstärke. Sago. Die Palmenstärke wird in Ost- und Westindien, Brasilien und Australien usw. aus dem Stammarke mehrerer Palmen (Sagus Königii, S. laevis Rumphii, S. farinifera L., der Palmyrapalme Borassus flabelliformis L., der Zuckerpalme Arenga saccharifera usw.), wenn sie eine gewisse Höhe erreicht haben, gewonnen.

Die Bäume, von denen 7—8 Stück so viel Stärke liefern sollen, wie 1 ha Weizenfeld, werden in Stücke geschnitten, gespalten und aus dem Mark nach dem Zerstoßen die Stärke ähnlich wie bei der Kartoffelstärkefabrikation ausgeschlämmt und gereinigt. Die getrocknete Stärke wird wieder mit etwas Wasser angerührt und hieraus (wie aus Cassava- und Marantastärke Tapioka) der Sago gewonnen, indem man den Teig durch ein Metallsieb reibt, welches unmittelbar über erhitzten, mit einem pflanzlichen Fett bestrichenen kupfernen und eisernen Pfannen angebracht ist. Beim Erhitzen schwillt ein Teil des Stärkemehls an, wird in Kleister verwandelt, wodurch die übrigen Stärkekörnchen zusammenkleben, während das Wasser entweicht.

Der Sago besteht daher teils aus unveränderten, teils verkleisterten Stärkekörnchen. Die braune Farbe des Sagos rührt von gebranntem Zucker oder Bolerde, die rote Farbe von einem Farbstoff der Palme her. Guter Sago muß staubfrei und hart sein, nicht dumpfig (Seegeruch) riechen und in Wasser quellen, ohne zu zerfließen. Der inländische oder Kartoffelsago als Ersatz des echten Sagos wird in ähnlicher Weise wie dieser aus Kartoffelstärke hergestellt[1]).

---

[1]) E. Heß führt noch weiter folgende tropische Stärkearten auf: Carpot aus dem Mark der Palme Cariota urens L., die auch zur Sagobereitung dient; Fruit desséché de l'arbre à pain von Tahiti von Artocarpus incisa Forst.; Fécule d'Apé Tahiti aus den Wurzelknollen von Alocasia macrorhiza Schott. (die Wurzelknollen müssen vorher eingeweicht und gekocht werden, um einen giftigen Stoff zu entfernen); Mapé Tahiti aus den Samen der Leguminose Inocarpus edulis Forst.; Stärke aus den Knollen von Conophallus (zu der in Japan einheimischen Familie der Araceae gehörig).

Balland fügt diesen exotischen Stärkesorten noch folgende hinzu: Apé aus dem Wurzelstock von Arum macrorhizum, Taro von Arum esculentum, Tavolo aus den Knollen von Tacca

Durch besondere Zusätze erhält man aus den Stärkenmehlen noch folgende Nebenerzeugnisse:

Glanzstärke, eine Weizenstärke mit 17% Stearin oder Borax,
Feuersicherheitsstärke, eine Weizenstärke mit Ammonsulfat oder anderen Salzen,
Lazula, eine gebläute Weizenstärke,
Silberglanzstärke, eine Reisstärke mit 10—15% Borax,
Cremestärke, eine mit Anilinfarbe oder Goldocker gefärbte Reisstärke,
Doppelstärke, eine Reis- und Kartoffelstärke mit 6—7% Borax und 2,0—2,5% Stearin.

Eigenschaften. Das spezifische Gewicht der wasserfreien Stärke in Wasser schwankt zwischen 1,620—1,648, in Toluol zwischen 1,499—1,513.

Die Reaktion ist verschieden. Weizen- und Kartoffelstärke pflegen häufig sauer zu reagieren, und zwar meistens infolge eines Gehaltes an Milchsäure (aus Zersetzungsvorgängen bzw. aus von vornherein sauren Pflanzensäften wie bei der Kartoffel herrührend). Reisstärke reagiert wegen der bei der Fabrikation verwendeten Natronlauge oder Soda mehr oder weniger stark alkalisch, Maisstärke je nach Verwendung von schwefliger Säure oder Natronlauge behufs Reinigung derselben bald sauer, bald alkalisch. Säure wie Alkali lassen sich aus der Stärke durch Waschen nur äußerst schwer entfernen.

Der Gehalt an Stickstoffsubstanz, Fett, Faser und Asche ist bei guter Stärke nur sehr gering (vgl. Tabelle II, Nr. 741—746).

Auch darf eine gute Stärke nur unwesentliche Mengen sonstiger Verunreinigungen (Kohlenstaub, Ruß, Staub, Holzteilchen, Fäden von Säcken, Reste von Pflanzenteilen u. a.), die als „Stippen" bezeichnet werden, enthalten.

Der „Glanz" oder das „Lüster", d. h. die weiße Farbe einer Stärke ist um so besser, je mehr große Stärkekörner als spiegelnde Flächen sie enthält.

Als weitere Eigenschaft ist eine gute Klebfähigkeit von Belang, d. h. die Eigenschaft durch Kochen mit einer bestimmten Menge Wasser einen steifen, klebfähigen Brei zu liefern.

Als ***Verfälschungen*** sind für Stärkemehle folgende zu beachten:

a) Die Untermischung geringwertiger Sorten unter höherwertige, z. B. der Kartoffelstärke unter Getreidestärke.

b) Unterschiebung von Kartoffelsago an Stelle von echtem Palmsago.

c) Bleichen der Stärke oder Abtönung mit blauen Farbstoffen, um gelb aussehender Stärke ein weißeres Aussehen zu erteilen.

d) Beimengung von Mineralstoffen als Beschwerungsmittel (wie Gips, Schwerspat, Kreide, Ton usw.).

Teigwaren.

Begriff. Unter dem Namen „Teigwaren" faßt man eine Reihe von Erzeugnissen wie Nudeln, Makkaroni, Gräupchen und Suppeneinlagen zusammen, welche aus einem Teige von kleberreichem Weizenmehl oder Grieß ohne einen Gärungs- oder Backprozeß lediglich durch Trocknen hergestellt werden.

Gewinnung. Die sehr einfache Fabrikation besteht im Wesen darin, daß man aus Weizenmehl oder Grieß (Hartweizen) durch Anrühren und Kneten mit Wasser einen Teig herstellt, diesen dünn auswalzt, in Streifen schneidet oder durch besondere Maschinen mit

---

pinnatifida (Madagaskar), Talipot (Raw palmirah root flour auf Ceylon) aus den 10—15 Jahre alten Palmenstämmen Corypha umbraculifera, Neté aus dem Fruchtbrei einer baumartigen Leguminose Parkia biglobosa. Diese Stärkesorten bzw. stärkereichen Mehle enthielten: 9,9—14,8% Wasser, 0,79—4,76% Protein, 0,10—0,55% Fett, 75,51—85,84% Stärke (und andere Kohlenhydrate), 0—2,0% Rohfaser und 0,40—4,70% Asche. Eine gleiche Zusammensetzung hatten Bananenmehl, das Brotbaummehl (aus der Frucht des Brotbaumes Artocarpus incisa, auf Tahiti) sowie eine Reihe Nährmittel aus Manihot.

durchlöcherter Bodenplatte in Fadenform oder eine andere Form preßt und schließlich bei erhöhter Temperatur trocknet. Durch Zusatz von Eiern erhält man die Eierteigwaren.

Nach der Form unterscheidet man hauptsächlich Bandnudeln (Gemüsenudeln), Fadennudeln (Suppennudeln), Röhrennudeln (Makkaroni), Schnittnudeln (Hausmachernudeln), Perlgräupchen, Suppeneinlagen (Sternchen, Kreuze, Ringe, Hörnchen, Fleckerln, Buchstaben- und Tierformen).

Wichtiger ist die Unterscheidung nach der Art des Ausgangsmaterials in Wasserteigwaren und Eierteigwaren, von denen die ersteren lediglich aus einem Teige von Mehl und Wasser, die letzteren aus einem Gemische von Mehl und Eiern hergestellt werden. Vielfach erhalten beide Gruppen auch einen Zusatz von Kochsalz, selten einen solchen von Milch oder Kleber oder anderen Stickstoffsubstanzen.

Die als Eierteigwaren, z. B. Eiernudeln, bezeichneten Erzeugnisse müssen auch wirklich eine faßbare Menge Eisubstanz enthalten, welche so groß ist, daß sie den Geschmack und Nährwert der Ware bedingt und ihre Wesensart beeinflußt. In den Haushaltungen selbst pflegt man auf 1 kg Mehl 6—10 Eier zu nehmen. Bei Zusatz solcher Mengen Eier erfährt auch die chemische Zusammensetzung der Teigwaren eine vorteilhafte Veränderung.

Zusammensetzung (vgl. Tabelle II, Nr. 747—749). A. Juckenack, der zuerst auf den Unterschied zwischen Wasser- und Eiernudeln aufmerksam machte, fand z. B. in 10 Weizengrießproben, daß durch Zusatz von 2 Eiern zu 1 Pfd. Mehl der Gehalt an Fett von 1,61% auf 3,28%, der an Lecithinphosphorsäure von 0,0435 (0,0372—0,0533%) auf 0,1008% erhöht wurde.[1]) Gleichzeitig wird auch die Stickstoffsubstanz erhöht[2]). Die Jod- und Refraktometerzahl nimmt gegenüber dem natürlichen Weizenmehlfett durch den Eierzusatz ab.

Wird nach W. Plücker statt mit Wasser mit Milch eingeteigt, so wird der Gehalt an Lecithinphosphorsäure nicht verändert, dagegen der Gehalt an Gesamtfett und seine Reichert-Meißlsche Zahl naturgemäß erhöht, z. B. Fett von 1,29 auf 3,04%, R.-M.-Zahl von 3,8 auf 18,5. Letztere geht durch Zusatz von 2 Eiern wieder auf 12,2 herunter, während das Gesamtfett von 3,04% auf 4,19% steigt.

Veränderungen. Die Eierteigwaren zeigen die eigentümliche Erscheinung, daß die Lecithinphosphorsäure beim Aufbewahren (Lagern) durch eine bis jetzt noch nicht aufgeklärte Ursache zurückgeht. Hierauf machte zuerst H. Jaeckle aufmerksam[3]). Dieser Befund ist dann nach der Beobachtung Jaeckles durch eine ganze Reihe von Untersuchungen (71 Fälle) bestätigt worden. Der Verlust an Lecithinphosphorsäure in diesen Untersuchungen

---

[1]) Bei der ersten Untersuchung fand A. Juckenack in Weizenmehlen durchschnittlich 0,0225 % Lecithinphosphorsäure.

[2]) So erhielten u. a. H. Lührig und W. Ludwig folgende Ergebnisse:

H. Lührig							W. Ludwig					
Zusatz v. Eiern für 1 Pfd Mehl	Wasser	In der Trockensubstanz					Zusatz v. Eiern für 1 Pfd. Mehl	Wasser	In der Trockensubstanz			
		Stickstoffsubstanz	Fett (Ätherauszug)	Phosphorsäure		Asche			Stickstoffsubstanz	Fett	Phosphorsäure	
				Gesamt-	Lecithin-						Gesamt-	Lecithin-
	%	%	%	%	%	%		%	%	%	%	%
0	13,91	14,93	0,94	0,2472	0,0200	0,52	0	13,41	12,63	1,13	0,3790	0,0248
2	14,59	15,66	2,54	0,2998	0,0602	0,69	1	13,12	13,69	2,40	0,4167	0,0454
4	14,88	17,48	3,55	0,3315	0,0944	0,81	2	13,08	14,39	3,43	0,4509	0,0784
							4	10,96	17,44	5,67	0,5433	0,1504

[3]) Vgl. Anm. 1 auf S. 388.

schwankte zwischen 0% (in 5 Fällen) bis 50%. Der Gesamtfettgehalt der Nudeln erlitt hierbei keine Veränderung, die Jodzahl bald eine Zunahme (Jaeckle)[1]), bald eine Abnahme z. B. von 87,3 auf 76,1 (nach A. Beythien). Die Abnahme ließe sich ungezwungen durch Sauerstoffaufnahme seitens der ungesättigten Fettsäuren erklären. Bestimmte Beziehungen zwischen den Verlusten und z. B. dem Feinheitsgrad oder dem Eigehalt der Nudeln konnten nicht festgestellt werden. Da aber nicht in allen Fällen Verluste auftraten und die Verluste unabhängig von der Zeit der Aufbewahrung verliefen, so müssen hierfür besondere Ursachen wirksam sein. Vielleicht hat Else Nockmann recht, wenn sie aus ihren Untersuchungen schließt, daß nicht das Altern der Nudeln an sich, noch auch der Einfluß der Wärme allein es sind, welche den Rückgang der Lecithinphosphorsäure in Teig- und Eierteigwaren bedingen, sondern erst unter der gleichzeitigen Einwirkung von Wärme und Feuchtigkeit die Veränderungen der Lecithinphosphorsäure in die Erscheinung treten.

Verfälschungen. Als solche sind anzusehen:

1. Zusatz von Reis-, Mais- oder Kartoffelmehl.
2. Verwendung von Eierersatzmitteln (Proteinen)[2]) oder gar keinen Eiern und trotzdem Bezeichnung als Eiernudeln.
3. Gelbfärbung zur Vortäuschung eines Eierzusatzes oder eines höheren Eigehaltes, als vorhanden ist.

Untersuchung. Für die Untersuchung und Beurteilung ist besonders wichtig die Bestimmung der Lecithinphosphorsäure (alkohollöslichen)[3]), des Fettes und auch des Proteins; hierbei kann auch die Prüfung auf Lutein und Cholesterin gute Dienste leisten.

Brot.

Begriff. Unter Brot versteht man ein aus Mehl, Wasser und Salz oft unter Zusatz von Fett, Milch, Magermilch und Gewürzen, mit Anwendung von Auflockerungsmitteln, wie Hefe, Sauerteig, Backpulver hergestelltes Gebäck.

Zwar lassen sich aus allen Mehlen Gebäcke herstellen, aber vorwiegend liefern nur Weizen- und Roggenmehl lockeres und schmackhaftes Brot. Deshalb werden auch diese Mehle fast ausschließlich zur Bereitung von eigentlichem Brot verwendet. Je nach den verwendeten

[1]) A. Jaeckle (S. 387) fand z. B. folgende Werte:

Bestandteile	Wassernudeln I		Eiernudeln II (2 Eier auf 1 Pfd. Mehl)		Eiernudeln III (3 Eier auf 1 Pfd. Mehl)		Eiernudeln IV (6 Eier auf 1 Pfd. Mehl)	
	15. Febr. 1903 %	20. Jan. 1904 %	2. Mai 1903 %	22. Okt. 1903 %	12. Febr. 1903 %	30. Aug. 1904 %	15. Febr. 1903 %	30. Okt. 1904 %
In der Trockensubstanz: Ätherauszug	0,6467	0,4334	3,337	3,553	4,111	4,160	6,611	6,817
In der Trockensubstanz: Alkohollösliche Phosphorsäure	0,0220	0,0097	0,0907	0,0345	0,1226	0,0540	0,2053	0,1250
Jodzahl des Petrolätherauszuges	110,9	120,9	86,2	90,5	82,4	86,8	77,0	80,2
Verlust an Lecithinphosphorsäure	56%		62%		56%		39%	

[2]) Die gleichzeitige Beimengung von Proteinen neben dem gemeinüblichen Eierzusatz dürfte nicht als Verfälschung anzusehen sein, weil dadurch eine bessere Lockerung der Nudeln bewirkt werden kann.

[3]) 100 g Trockensubstanz Weizenmehl oder -grieß enthalten 25—30 mg Lecithinphosphorsäure; durch Zusatz von 2 Eiern auf 1 Pfd. Mehl wird der Gehalt verdoppelt, durch Zusatz von 4 Eiern verdreifacht usw. Auch der Gehalt an Fett, Cholesterin, Protein und Asche erfährt eine Zunahme, wenn auch in geringerem Verhältnis als die Lecithinphosphorsäure.

Mehlsorten oder ihren Mischungen, der Art der Einteigung und Lockerungsmittel unterscheidet man eine große Anzahl Brotsorten; man kann hauptsächlich vier Gruppen unterscheiden:

1. Ganzbrot oder Vollkornbrot, Schrotbrot, die aus ganzem Korn unter Entfernung nur der äußeren Haut hergestellt sind (Graham-Brot bei Weizen, Lollus-, Gelinck-, Simons-, Kernmark-, Schlueter-, Finalbrot u. a. aus Roggen) (vgl. S. 368 u. f.).

2. Schwarzbrot, bei dem nur die gröbsten Schalenkleien (etwa 15—20%) entfernt sind (hierher gehören Pumpernickel, Soldatenbrot, schwedisches Knäckebrot, ein aus grobem Roggenschrot durch schwache Gärung mit Hefe hergestellter Roggenzwieback, u. a.

3. Graubrote, Mittelbrote, aus Mehl, bei dem ein größerer Anteil Kleie (25—30%) entfernt ist; oder auch Mischungen aus mittelfeinem Roggen- und Weizenmehl.

4. Feinbrot aus den feinsten Mehlen vielfach unter Einteigung mit Milch (Semmel, Wecken, Schrippen, Milchbrot)[1]), vorwiegend aus Weizenmehl (vgl. S. 370 u. f.).

Werden auch noch Gewürze (Mohnsamen, Kümmel) angewendet, so heißen die Gebäcke Mohn-, Kümmelsemmel (bzw. -brot)[2]).

Aber nicht nur Gemische von Roggen- und Weizenmehl, sondern auch solche von diesen beiden Mehlen mit verschiedenen anderen Mehlen, z. B. mit Gerste-, Reis-, Mais-, Dari- und Kartoffelmehl werden verwendet.

Das Kriegsbrot (1914/18) bestand aus einem wechselnden Gemisch von Roggen-, Gersten- und Kartoffelmehl; das Caprivibrot im Notstandsjahr 1892 aus 60 Teilen Roggen-, 30 Teilen Weizen- und 10 Teilen Maismehl.

Das Paderbornerbrot wurde s. Z. in der Kruppschen Fabrik aus 270 kg Roggenmehl, 100 kg Weizenmehl Nr. 2, 2 kg Buchweizenmehl, 1 l Öl, 6 kg Salz und 6 kg Sauerteig zubereitet.

Hierzu gesellen sich noch verschiedene Brote, die besonderen Zwecken dienen sollen, z. B. Brote (bzw. Zwiebacke) für Diabetiker, die viel Protein, aber nur tunlichst wenig Kohlenhydrate (Stärke usw.) enthalten, wie Kleber- oder Aleuronat-, Roborat-, Gluten- usw. Brot, das unter Zusatz von Kleber-, Aleuronat- bzw. Roboratmehl, Lactonbrot, das aus Mandeln (auch Sojabohnenmehl) hergestellt wird, ferner die Hungersnotsbrote, die unter Mitverwendung der verschiedensten minderwertigen Stoffe, außer Hafer-, Hirse-, Gersten-, Kartoffelmehl als den noch wertvollsten Stoffen noch Kleie, Preßrückstände von Sonnenblumensamen, Zuckerrübenrückstände, Unkrautsamen aller Art, wie Sauerampfer, Kornrade, Gänserich, Wicken, Rübsen enthalten; ferner sogar gemahlenes Stroh, Kiefern-, Föhrenrinde, Buchenholz, Eicheln, Spelzen usw.; ja bei den Negern Afrikas wird sogar gerösteter, etwas fettiger Lehm genossen, der nur als Magenfüllmittel gelten kann (vgl. unter „Eßbare Erden“ S. 711).

Zwiebacke sind die nochmals gerösteten Scheiben eines laibförmigen Weizenbrotes, das, durch Hefegärung hergestellt, besonders locker ist und einen Zusatz von Zucker oder Milch erhalten hat. Es werden aber auch aus gesäuertem Mehl durch einfaches Backen des Wasserteiges Zwiebacke hergestellt, so der Armee- und Schiffszwieback, der aus einem Teig von etwa 1 Teil Wasser und 6 Teilen Mehl gewonnen wird. Der Fleischzwieback enthält gleichzeitig einen Zusatz von Fleisch.

Biskuits (von biscotta, zweimal gebacken) sind Zwiebacke, die einen Zusatz von Eiern, Butter und Zucker erhalten haben; sie heißen auch Cakes und gehören zu den Feinbackwaren (vgl. folgenden Abschnitt S. 404).

Herstellung des Brotes. Bei der Herstellung des Brotes sind vorwiegend drei Vorgänge zu unterscheiden, das Einteigen, Lockern des Teiges und das Backen.

---

[1]) Unter Milchbrot versteht man nicht immer ein unter Zusatz von Milch eingeteigtes Brot, sondern überhaupt ein sehr weißes Brot, das aus den feinsten weißen Weizenmehlen hergestellt ist.

[2]) In den Tiroler Alpenländern verwendet man nach J. Nevinny wie zur Bereitung des Schabzieger Käses so auch zum Würzen des Brotes den „Schabziegerklee“ oder Brotklee, Frauenklee (Trigonella coerulea Scr.).

Für den richtigen Verlauf dieser Behandlungen, d. h. für die Erzielung eines guten, zusagenden Gebäckes ist aber in erster Linie die Beschaffenheit des anzuwendenden Mehles von Belang, und mögen die Einflüsse hierauf zunächst kurz erwähnt werden, nämlich:

a) Die Sorte des Mehles. Inwieweit der Klebergehalt und sonstige Umstände von Einfluß auf die Backfähigkeit des Mehles sind, ist schon S. 371 auseinandergesetzt. Hier sind unter Sorte Mehle aus Landsorten- oder Fremdsorten-Getreide zu verstehen. Im allgemeinen sind Mehle aus Landsorten-Getreide, die sich dem Boden, der Düngung, dem Klima usw. der betreffenden Gegend angepaßt haben, besser backfähig als Mehle aus Fremdsorten, bei denen solche Anpassung noch nicht erfolgt ist.

b) Mehllagerung. Abgelagerte Mehle bzw. Mehle aus abgelagertem Getreide verbacken sich erfahrungsgemäß besser als frische Mehle bzw. Mehle aus frischem Getreide. Dieses gilt besonders für Weizenmehl, Roggenmehl bedarf keiner so langen Lagerungsdauer (etwa 1—2 Monate). Auch im Mehl vollziehen sich infolge seines Enzymgehaltes gerade wie im Korn noch verschiedene Umsetzungen, welche die Backfähigkeit begünstigen. Dabei darf aber der Wassergehalt eine gewisse Grenze (etwa 14%) nicht übersteigen. In Mehlen mit mehr als 14% Wasser können sich leicht nachteilige Umsetzungen vollziehen, während Mehle mit 12—13% Wasser sich ohne Gefährdung der Backfähigkeit längere Zeit haltbar erweisen. Die Lagerung des Mehles muß daher in tunlichst trockenen und reinen (geruchlosen) Räumen und so stattfinden, daß ein gewisser Luftzutritt nicht ausgeschlossen ist.

c) Künstliche Erhöhung der Backfähigkeit. Hierfür sind verschiedene Hilfsmittel vorgeschlagen, aber von durchweg zweifelhaftem Erfolge. Die Enzymanreicherung durch Zusatz von Malz wirkt nur bei wenigen Mehlen günstig. Die Bleichung mit Stickstoffoxyden, erzeugt durch den elektrischen Lichtbogen, ist zwar wirksam, aber nur bei feinsten Auszugmehlen, die dieser Behandlung am wenigsten bedürfen; dunklere Mehle lassen sich hiermit nicht bleichen. Die Ozonbleiche versagt beim Mehle stets und die mit schwefliger Säure verbietet sich schon aus hygienischen Gründen. Einen etwas größeren Anspruch auf Anwendbarkeit hat das Verfahren von Thomas Humphries, wonach dem Mehlstaub durch einen besonderen Zerstäuber feinster Staub einer Flüssigkeit zugeführt werden kann, die verschiedene, die Backfähigkeit erhöhende gelöste Stoffe enthält. Letztere müssen selbstverständlich unschädlich sein und dürfen dem Mehle keine bessere Beschaffenheit erteilen, als es nach seinem Wesen beanspruchen kann.

d) Vermischen der Getreide und Mehle. Dieses, vorwiegend bei Weizen altübliche Verfahren ist das natürlichste, das sicherste und einwandfreieste Mittel zur Aufbesserung der Backfähigkeit. So vermischt man kleberreiche Mehle mit kleberärmeren, kleberweiche (d. h. solche, die nachlassende Teige ohne rechten Halt liefern und großes Ausdehnungsvermögen bei ungleicher Porenbildung besitzen) mit kleberharten Mehlen (d. h. solchen, die eine zu große Widerstandsfähigkeit gegen die Gärungseinflüsse, langsamen Aufschluß des Klebers und geringes Volumen zeigen). Die dunkleren kleberreichen Mehle (z. B. aus Auslands-, Sommerweizen) werden auf diese Weise durch die weißen kleberarmen Mehle (z. B. Squarehead-, Winterweizen u. a.) aufgehellt, während die Gebäcke aus letzteren Mehlen durch die Mischung mit kleberreichen an Lockerheit gewinnen. Die Kunst des Müllereibetriebes besteht vorwiegend in der richtigen Mischung der Getreidesorten von verschiedenen Eigenschaften.

1. Teigbereitung. Die Teigbereitung besteht in der innigen Vermengung des Mehles mit Wasser. Die Mengen von letzterem sind zur Erreichung einer richtigen und normalen Teigfestigkeit je nach der Beschaffenheit der Mehle verschieden. Gut abgelagertes Mehl nimmt z. B. verhältnismäßig mehr Wasser auf und zeigt eine größere Quellfähigkeit als frisch gemahlenes Mehl. In der Praxis wird umgekehrt zu einer bestimmten Menge Wasser so viel Mehl verrührt, bis ein Teig von gewünschter Festigkeit erzielt ist. Hat man z. B. zu 1 l Wasser 1,674 kg Weizenmehl verwendet und daraus 2,674 kg Teig erhalten, so ist die Teigausbeute von 100 g Mehl $= \frac{2{,}674 \times 100}{1{,}674} = 159{,}7\,\%$ (oder rund 160 %) Teig. Gute

Roggenmehle sollen eine Teigausbeute von 155—160%, gute Weizenmehle eine solche von 165—170% erreichen.

Das Wasser muß rein und einwandfrei sein wie gutes Trinkwasser. Hartes (kalkreiches) Wasser eignet sich zur Teigbereitung besser als weiches Wasser. Bei Anwendung von letzterem setzt man gern etwas Kalkwasser zu. Zur Erhöhung des Kalkgehaltes in den Gebäcken wird neuerdings auch Zusatz von Chlorcalcium (3,0 g auf 1 kg Mehl) empfohlen. Kochsalz (20—30 g auf je 1 l verwendete Teigflüssigkeit) wirkt günstig auf die Festigkeit und Widerstandsfähigkeit des Teiges.

Die Temperatur anlangend, so soll das einzuteigende Mehl etwa 25°, die Teigflüssigkeit (Wasser oder Milch) höchstens 35° warm sein.

Da das Mehl häufig Klümpchen und gröbere Verunreinigungen (Sackbänder, Fasern u. a.) enthält, welche der Bildung eines gleichmäßig beschaffenen Teiges hinderlich sind, so empfiehlt es sich, jedes Mehl vor der Einteigung zu sieben.

Im kleinen bedient man sich hierzu der Handsiebe, wie auch die Bereitung des Teiges durch Kneten mit den Händen vorgenommen wird, im großen wendet man dagegen Mehl-Misch- und Siebmaschinen sowie Knetmaschinen der verschiedensten Art an (z. B. solche von Werner & Pfleiderer, Bertram oder Biennara).

2. Die Teiglockerung. Zur Lockerung des Teiges bedient man sich verschiedener Verfahren, nämlich der Teiggärung, Sauerteiggärung, Hefengärung und sonstiger Mittel (Eiweiß, Fett, Kohlensäure, Ammonsalze u. a.).

a) Teiggärung. In einem nur aus Mehl und Wasser hergestellten Teig tritt alsbald eine Art Gärung (Spontangärung) ein, die von Bakterien, nicht von Hefen, hervorgerufen wird. Die Bakterien rühren aus dem Mehl, dem Wasser oder der Luft her und stehen den Koli- bzw. wilden Milchsäure-Bakterien nahe. Nach Wolffin ist hierbei vorwiegend Bacillus levans, ein kurzes Stäbchen mit runden Enden, tätig, während nach Holliger die Hauptwirkung von Bacterium coli commune, welches dem Bac. levans sehr nahe steht, herrühren soll. Auch dem Bac. panificans Laurent wird eine Rolle zugeschrieben. Bei dieser freiwilligen Teiggärung bilden sich Essigsäure und Milchsäure, als Gase Kohlensäure (23—66%) und Wasserstoff (74—28%). Nach diesem Verfahren wird das sog. ungesäuerte Brot (das Wasserbrot in Posen, das Fastenbrot in Galizien und die „Mazzen“ der Juden) hergestellt.

b) Sauerteiggärung. Dieses Verfahren hat sich im Laufe der Zeit aus ersterem entwickelt und ist am längsten in Gebrauch. Bei genügend langer Aufbewahrung des von selbst säuernden Teiges gesellen sich zu den Bakterien noch Hefen, die eine reine Kohlensäuregaserzeugung (eine wirkliche Gärung) hervorrufen. Wenn man solchen Teig mit frischem Mehl und Wasser anrührt, so entsteht alsbald neben der saueren Gärung eine alkoholische und eine stärkere Lockerung des Teiges als bei der Teiggärung allein. Von dieser Eigenschaft macht man bei der Brotbereitung Gebrauch, indem man gegorenen Mehlteig von einem Gebäck bis zum anderen aufbewahrt und den aufbewahrten Mehlteig, den Sauerteig, zur Bereitung neuer Brotmengen verwendet. Hierbei verfährt man stufenweise, indem man alten Sauerteig nach und nach mit steigenden Mengen frischen Mehles mischt, eine Zeitlang einwirken läßt und weitere Mengen Mehl und Wasser zumischt usw. z. B. nach M. P. Neumann:

Anstellsauer		Anfrischsauer 4 Std. bei 25°	Grundsauer 6 Std. bei 28°	Vollsauer 4 Std bei 30°	Teig
300 g +	Wasser	300 g	+ 6 l	+ 15 l	+ 15 l
	Mehl	400 g	12 kg	25 kg	26 kg

Der so erhaltene Endteig braucht nur kurze Zeit zu sitzen, um die nötige „Gare“ zu erreichen. In anderen Fällen vermischt man das Anstellsauer nach der ersten Auffrischung mit dem ganzen ausersehenen Mehl und läßt den Teig längere Zeit (über Nacht) sitzen.

Im Sauerteig wirken neben Bakterien auch Hefen. Die gasbildenden Bakterien treten nach Holliger im Sauerteig zurück, in überwiegender Mehrzahl sind reine Milchsäurebildner vorhanden, z.B. Bacterium lactis acidi und verwandte Arten, dann als besonders wirksam langstäbchenförmige Milchsäurebakterien, die dem Bac. acidificans longissimus Lafar und Bac. Dellbrücki und Bac. lactis acidi Leichn. nahestehen. Flüchtige Säure (Essigsäure) wird wahrscheinlich von dem von Henneberg im Sauerteig aufgefundenen Bac. panis fermentati erzeugt.

An Hefen im Sauerteig unterscheidet man 4 verschiedene Formen. Kossowicz fand in Sauerteigen von verschiedenen Wiener Bäckereien eine Torula-Art und 33 verschiedene Saccharomyces-Arten, davon eine mit angenehmem Fruchtäthergeruch. M. P. Neumann und O. Kruschewski konnten dagegen aus Berliner Sauerteigen regelmäßig nur zwei Arten reinzüchten, nämlich eine fast runde, kleinzellige Hefe mit sparrigem Sproßverbande und eine großzellige, ovale Hefe mit baumartig verzweigtem Sproßverbande; beide vergären Saccharose und Glykose, aber keine Lactose, die eine auch Raffinose, die andere auch Maltose.

Jedenfalls ist die Sauerteiggärung vorwiegend eine Hefengärung, wenn über die Arten der Hefen auch noch keine Klarheit herrscht.

Die Brote aus Roggenmehl (Graubrot, Schwarzbrot, Soldatenbrot u. a.) werden vorwiegend mit Hilfe von Sauerteig hergestellt, die aus Weizenmehl oder aus Gemischen von Roggen- und Weizenmehl mit Hilfe von Hefe.

Die dunklere Färbung der mit Sauerteig hergestellten Brote soll daher rühren, daß die gebildeten Säuren den Kleber des Mehles lösen, wodurch letzterer die Eigenschaft, sich rasch dunkel zu färben, annimmt.

c) Hefenteiggärung. Durch Zusatz von Hefe zum Teig erhält man eine echte, reine Hefengärung. Früher verwendete man dazu die obergärige Bierhefe — die untergärige ist dazu nicht geeignet, weil sie wegen der anhängenden Hopfenharze dem Brot einen bitteren Geschmack, weiter auch eine dunkele Farbe erteilt —. Jetzt wird allgemein eine Bäckereihefe, auch Preßhefe oder Lufthefe genannt, fabrikmäßig für sich gesondert hergestellt. Vielfach findet Hefe, Rasse XII der Berliner Station, Anwendung. Neben der durch die Hefe bewirkten alkoholischen Gärung findet nur eine geringe Milchsäuregärung durch Bakterien statt, die dem Bac. acidificans longissimus Lafar nahestehen. Die Säurebildung tritt im Hefenteig zurück, während sie bei der Sauerteiggärung dem Brot den säuerlichen Geschmack erteilt.

Man rechnet bei guter normaler Preßhefe, die auch einen reinen Geruch und Geschmack besitzen muß, zur vollen Lockerung 30—35 g Hefe auf 1 l Teig bzw. Flüssigkeit und als günstige Temperatur 30—35°. Dabei vermischt man die in Wasser verteilte und durch ein Sieb geschlagene Hefe erst mit einem Teil des anzuwendenden Mehles ($^1/_2$ oder $^1/_3$), läßt in diesem Vorteig die Hefe bei 25—30° sich erst kräftig entwickeln und mischt erst dann die ganze Menge Hefe zu. Den fertigen Teig überläßt man dann meistens eine Stunde sich selbst.

Man kann aber auch mit geringeren Mengen Hefe auskommen, wenn man die Gärzeit ausdehnt, oder wenn man erst eine Teiggärung eintreten läßt und dazu die Hefe mischt.

Alle Weizenmehle, auch das aus Vollkorn (Weizenschrot), ebenso Gemische von Weizen und Roggenmehl werden jetzt durch die Hefenteiggärung auf Brot verarbeitet und hat dadurch die Brotbereitung an Sicherheit und gleichmäßiger Beschaffenheit gegenüber der Sauerteiggärung gewonnen.

d) Sonstige Lockerungsmittel. Außer Sauerteig und Hefe kommen noch viele andere Lockerungsmittel in Betracht, von denen als landläufige Mittel zu nennen sind:

α) Ammoniumcarbonat (Hirschhornsalz, Riechsalz), welches wegen seiner leichten Flüchtigkeit beim Erwärmen des Teiges (schon bei 60°) in seine Bestandteile (Kohlensäure und Ammoniak) zerfällt und durch diese lockernd wirkt. Die Anwendung ist aber eine beschränkte, weil das Ammoniak nur schwer vollkommen verflüchtigt wird.

β) Rum, Arrak usw. Sie wirken durch Verflüchtigung des darin enthaltenen Alkohols als Lockerungsmittel.

γ) Geschlagenes Eiweiß. Der aus Eiweiß geschlagene Schaum schließt viel Luft ein; wird solcher Schnee in den Mehlteig gemischt und letzterer erhitzt, so bewirkt die eingeschlossene Luft des Eiweißes durch Ausdehnung eine Lockerung des Gebäckes.

δ) Fett. Auch Fett wird zur Lockerung benutzt. Bei der Herstellung des Blätterteiges (Butterteig, spanischer Teig) wird Mehl zunächst innig mit Fett zu Krümeln vermischt, dann mit Wasser zu einem Teig angerührt und wiederholt durchgeknetet. Beim Backen dieses durch Fett zusammengehaltenen Teiges setzt das Fett dem Entweichen der Wasserdämpfe Widerstand entgegen, infolgedessen der Teig gelockert wird.

ε) Pottasche. Zur Lockerung von Lebkuchen und derartigen Gebäcken verwendet man Pottasche. Diese Art Backwerk besteht aus Honig oder Sirup und Mehl; der Mehlteig geht wegen zu hohen Zuckergehaltes durch Hefe nicht in Gärung über. Wird aber der Teig längere Zeit (Wochen und Monate lang) aufbewahrt, so tritt allmählich unter dem Einfluß der aus der Luft hineingelangenden Pilze eine Säuerung ein. Die gebildeten Säuren treiben die in der beigemengten Pottasche vorhandene Kohlensäure aus, welche auf diese Weise den Mehlteig lockert.

ζ) Kohlensäure. Man wendet entweder mit Kohlensäure gesättigtes Wasser zum Einteigen an oder preßt diese unter 7—10 Atm. Druck in den zu verarbeitenden Teig. Das so gewonnene Brot heißt „aëreted bread".

η) Diese einfachen Lockerungsmittel sind aber neuerdings durch Salze und Salzmischungen ersetzt, aus denen das lockernde Gas (Kohlensäure und auch Ammoniak) während der Einteigung allmählich entbunden wird. Hierher gehören u. a.:

Natriumbicarbonat und Salzsäure in äquivalenten Verhältnissen (Just. Liebig fordert auf 100 kg Mehl 1 kg Natriumbicarbonat); Natriumbicarbonat und Ammoniumchlorid nach Puscher ($NaHCO_3 + NH_4Cl = NaCl + NH_4HCO_3$, welches letztere beim Erwärmen in $NH_3 + CO_2 + H_2O$ zerfällt); wie Ammoniumchlorid können auch andere Ammoniumsalze, z. B. Ammoniumtartrat, Mono- und Diammoniumphosphat verwendet werden:

$$\text{z. B. } 2\,NaHCO_3 + (NH_4)_2HPO_4 = Na_2HPO_4 + 2\,CO_2 + 2\,NH_3 + 2\,H_2O\,,$$

Natriumbicarbonat und saures phosphorsaures Calcium nach v. Liebig - Horsford

$$2\,NaHCO_3 + CaH_4(PO_4)_2 = CaHPO_4 + Na_2HPO_4 + CO_2 + H_2O\,,$$

Natriumbicarbonat (30 Teile) und Weinstein (70 Teile) mit und ohne Zusatz von Mehl bzw. Stärke; dieses ist das gangbarste Backpulver; auch Oetkers Backpulver besteht aus solchem Gemisch ($NaHCO_3 + KC_4H_5O_6 = NaKC_4H_4O_6 + CO_2 + H_2O$). Statt des Weinsteins wird auch wohl eine äquivalente Menge Weinsäure oder Citronensäure angewendet.

Andere Backpulver bestehen aus Natriumbicarbonat und Alkalibisulfat, Calcium- oder Magnesiumcarbonat und Alkalibisulfat oder Monoalkaliphosphat (NaH_2PO_4) usw.

Statt Natriumbicarbonat ist auch Natriumpercarbonat vorgeschlagen, bei dessen Zersetzung mit Salzsäure auch Sauerstoff frei wird ($Na_2C_2O_6 + 2\,HCl = 2\,NaCl + 2\,CO_2 + O + H_2O$).

In den im Reichsgesundheitsamt entworfenen Grundsätzen für die Erteilung und Versagung der Genehmigung von Ersatzlebensmitteln ist bezüglich der Backpulver folgendes beschlossen worden:

Backpulver sollen in der für 0,5 kg Mehl bestimmten Menge Backpulver wenigstens 2,35 g und nicht mehr als 2,85 g wirksames Kohlendioxyd enthalten; natriumbicarbonathaltige Backpulver sollen so viel kohlensäureaustreibende Stoffe enthalten, daß bei der Umsetzung rechnerisch nicht mehr als 0,8 g Natriumbicarbonat im Überschuß verbleiben.

Unzulässige Zusätze. Zur Aufbesserung der Eigenschaften des Klebers oder eines schadhaft gewordenen Mehles werden dem Backpulver auch wohl Alaun, Kupfer- oder Zinksulfat zugesetzt. Diese Zusätze sind ebenso wie die Verwendung der giftigen Oxalsäure unzulässig.

e) Backhilfsmittel. Unter Backhilfsmitteln im weiteren Sinne sind alle Hilfsstoffe zu verstehen, welche zur Verbesserung der Beschaffenheit und zur Erhöhung des Nährwertes des Brotes dienen, im engeren Sinne aber versteht man darunter nach M. P. Neumann solche Hilfsmittel, welche günstig auf die Teigbeschaffenheit oder fördernd auf die Gärung wirken.

α) Die Teigbeschaffenheit hängt in erster Linie von der zuzusetzenden Menge Wasser ab, die sich ganz nach der Beschaffenheit des Mehles richtet und sehr verschieden sein kann. Verwendet man zu wenig Wasser, so findet keine genügende Verkleisterung beim Backvorgang statt, die Krume wird leicht krümelig und altbacken; wendet man dagegen zuviel Wasser an, so wird die Krume zu feucht oder klitschig, indem sich unter Umständen Wasserstreifen bilden. Erfahrungsgemäß kann man die zur richtigen Teigbeschaffenheit nötige Wassermenge dadurch besser ausfindig machen bzw. regeln, daß man etwa $^1/_{10}$ oder auch $^1/_6$ des Gesamtmehles vorher mit heißem Wasser anbrüht, verkleistert und mit dieser Flüssigkeit das übrige Mehl einteigt. Die Regelung der Wasserzufuhr wird dadurch erleichtert und beim Backen eine gleichmäßige und möglichst vollständige Verkleisterung der Stärke bewirkt.

Statt des betreffenden zu verkleisternden Mehles kann man auch ebenso zweckmäßig gekochte Kartoffeln (10—12% des Mehles) oder Kartoffel- bzw. Patentwalzmehl, Tätosin, (2—3% des Mehles) verwenden[1]). Zu gleichem Zweck dient auch das Reisbackmehl, Risofarin, Panifarin, das in derselben Weise wie Kartoffelwalzmehl gewonnen wird und von dem ebenfalls 2—3% des Mehles verwendet werden. Auch die verkleisterte Reisstärke gibt das aufgenommene Wasser schwer ab, unterstützt daher die gleichmäßige Verkleisterung beim Backvorgang.

Sollen umgekehrt sehr zähe Mehlteige kürzer gehalten werden, so pflegt man Roggenteigen wohl 3—5% Gersten- bzw. Maismehl, Weizenteigen 4—5% Bohnen- oder Roggenmehl zuzusetzen.

β) Als gärungbefördernde Hilfsmittel werden 1,5—2,0% des Mehles oder 1,0 bis 15% des Teiges Weizenwalzmehl, Solafarin oder Gerstenwalzmehl (Malzena, Maltin genannt) zugesetzt, wodurch auch die die Mehlbestandteile (Protein und Stärke) abbauenden Enzyme im Mehl vermehrt werden. Statt der Malzmehle selbst werden auch Auszüge daraus, Diamalt genannt, für den Zweck empfohlen. „Reform-Bäckermalz" ist nach A. Beythien ein Gemisch von Maltose mit Gerstenmehl. Auch Salze, Mono- und Dikaliumphosphat können die Gärung unterstützen, während ihre Wirkung auf die Teigbeschaffenheit noch zweifelhaft ist.

γ) Die Gare des Teiges. Der mit Lockerungsmitteln vermischte Teig bleibt erst eine kurze Zeit sitzen, damit er trockener und elastisch wird. Dann werden Teile des Teiges noch besonders gut durchgearbeitet oder „aufgewirkt", was vielfach mit der Hand, im Großbetriebe aber mit Hilfe von Wirk- und Preß- bzw. Teilmaschinen geschieht. Von dem sorgfältig durchkneteten „aufgewirkten" Teilstück werden entweder bestimmte Mengen Teig abgewogen (große Brote), oder bei kleinen Gebäcken nach dem Augenmaß mit der Hand oder durch Teilmaschinen Teile von gleicher Größe gebildet und in beiden Fällen in die richtige Form gebracht. Die Formen bleiben dann bis zur Reife auf „Gare" bei 30—35° gestellt, was bei großen Gebäcken etwa 1 Stunde, bei kleinen 25—30 Minuten dauert. Je schneller die Gare (Reife) vor sich geht, um so vollkommener wird das Gebäck. Die reifen Teigformen werden, damit sie eine glatte und glänzende Kruste beim Backen erhalten, mit Wasser (auch Zucker- oder Eiweißlösung), und damit sie bei (rechteckigen Stücken) an den Seiten nicht zusammenkleben oder auf der Unterlage festbacken, mit Öl bestrichen bzw. mit Streumehl (S. 370 u. 376) bestreut und so in den Backofen gebracht.

3. Das Backen des Teiges. Das Backen bezweckt einerseits ein Aufschließen (Verkleistern) der Stärkekörnchen, andererseits eine Austreibung des Wassers und der Gase, wo-

---

[1]) Das Kartoffelwalzmehl wird in der Weise erhalten, daß man gut gereinigte Kartoffeln mit überhitztem Wasser abkocht, die breiige Masse zwischen heißen eisernen Walzen zu papierdünnen Schichten ausprеßt und die Flocken zu Mehl von beliebigem Feinheitsgrad vermahlt.

durch eine größere Lockerung entsteht, ferner eine Vernichtung (Tötung) der Hefenfermente, die sonst eine weitere Zersetzung der Mehlbestandteile verursachen würden.

Die zum Backen verwendeten Öfen werden bald durch Innenfeuerung, bald durch Außenfeuerung (Muffelöfen), bald durch Generatorgasfeuerung, bald durch Heißluft, Heißwasser oder Dampfheizung auf die erforderliche Temperatur gebracht. Am besten bewährt sich z. Z. die Wasserdampfheizung.

Von wesentlichem Belang ist es, daß beim Einführen der Teigstücke der Backofen von vornherein behufs schnellerer und besserer Verteilung der Wärme genügend Feuchtigkeit enthält. Hat man hierfür nicht schon vor dem Einschieben des Gebäckes Sorge getragen, so erreicht man das in großen Betrieben durch den Wrasenapparat[1]), mittels dessen man während des Backens Wasser in den Ofen einlassen und zur Verdampfung bringen kann. In trockener Hitze wird die Kruste rauh, rißig und unansehnlich.

Das Backen soll ferner nicht zu rasch bei einer zu hohen Temperatur, aber auch nicht zu langsam bei einer zu niedrigen Temperatur erfolgen. In ersterem Falle werden das Wasser und die Gase zu schnell ausgetrieben, das Brot platzt und erhält eine brenzliche Kruste; im letzteren Falle entweicht zu viel Wasser und Gas aus dem Innern des Brotes, man erhält ein sehr dichtes Brot.

Die Hitze des Backofens soll bei großen Broten (besonders festem Roggenbrot) 250—270°, bei kleinen Broten (Weißbroten) 200° nicht übersteigen. Große Brote von 4 kg brauchen etwa 60—80 Minuten, solche von 1,5 kg 50 Minuten, kleineres Gebäck verhältnismäßig kürzere Zeit zum Garwerden.

Die fertig gebackenen Brote werden gleich nach ihrer Herausnahme aus dem Ofen nochmals mit Wasser bestrichen, um den Glanz der Kruste zu erhalten und ein Springen und Blättern derselben zu vermeiden.

Die Herstellung der Zwiebacke ist schon S. 389 angegeben[2]).

Brotausbeute. Die gewonnene Brotmenge ist je nach der Art des Brotes verschieden. Da Mehl 10—20% Wasser, Brot dagegen 30—50% Wasser enthält, so werden 100 Teile Mehl um 22—35 Gewichtsteile vermehrt, und man erhält im allgemeinen aus 100 Teilen Mehl etwa 120—140 Teile Brot[3]). Die Brote verlieren um so mehr Wasser, bzw. man erhält aus 100 kg

---

[1]) Wrasen = Wasserdampf.

[2]) Der Armeezwieback wird z. B. wie folgt hergestellt: Der vorbereitete Teig, der bei 30° 20 Minuten lang der Gärung überlassen worden ist, wird auf der Teigpresse gepreßt und auf der Teigwalzmaschine bis auf eine Dicke von 6—10 mm ausgewalkt. Diese Teigbänder werden dann auf der Zwiebackformmaschine bei einer Walzenstellung von 3—4 mm in Flecken mit 18 Kuchen bzw. mit 72 Zeltchen geformt. Zwei Kuchen oder acht Flecken kommen auf Bleche (Unterteile der Preßbrotformen) und werden etwa 30 Minuten lang der Nachgärung überlassen. Sodann werden sie im Dampfschrank 5—10 Minuten lang einem Dampfdruck von 0,2 Atm. ausgesetzt. Hierauf gelangt der Zwieback sofort zum Ausbacken bei einer Temperatur von über 200° während 25 bis 30 Minuten.

Zu dem deutschen Armee-Fleischzwieback wurden verwendet: 80,830 kg Weizenmehl, 88,580 kg gehacktes, fett- und sehnenfreies Fleisch, 5,540 kg Speckfett, 1,120 kg Salz, 0,120 kg Kümmel, 2,210 kg Hefe und 8,880 kg Wasser, welches Gemisch etwa 120 kg Zwieback lieferte. Dieser Fleischzwieback sollte als eine volle Nahrungsration im Felde (als sog. eiserner Bestand) dienen. Es kommen aber derartige Mehl-Fleischgebäcke (Fleischbiskuits usw.) auch frei im Handel vor. Auch hat man versucht, das Fleisch teils durch teilweise entfettetes Erdnußmehl, durch Aleuronat, Roborat, Albumin, Energin oder auch durch Milch zu ersetzen.

[3]) M. P. Neumann berechnet die Brotausbeute wie folgt: Ist M die angewendete Mehlmenge, Tg das Gewicht des Teiges (S. 390), E die Teigeinlage, Bg das Gewicht des erbackenen Brotes, so ist BA (die Brotausbeute) $= \frac{Bg \times Tg \times 100}{E \times M}$.

Teig unter sonst gleichen Verhältnissen um so weniger Brot in absoluter Gewichtsmenge — nicht Trockensubstanz — je kleiner die Brote sind und umgekehrt[1]).

Hierbei sind jedoch die durch Gärung bewirkten Substanzverluste (Stärke) ebenfalls zu berücksichtigen, welche 1,5—4,0%, durchschnittlich etwa 2,0% betragen; aus 88—90% Mehltrockensubstanz werden daher nur 86—88% Brottrockensubstanz erhalten werden[2]).

Mit reinem Wasser angerührte und gebackene Teige oder Zwiebacke besitzen einen mehr oder weniger dem Mehl gleichen Wassergehalt; man erhält daher auch eine mehr oder weniger dem Mehl gleiche Gewichtsmenge Zwieback.

Verhältnis zwischen Krume und Kruste. Das Verhältnis zwischen Krume und Kruste d. h. zwischen dem weicheren Inneren und dem härteren Äußeren ist gewissen Schwankungen unterworfen. Sie betragen:

	Mengen im Brot Schwank.	Mittel	Wassergehalt Schwank.	Mittel
Krume	87,5—64,5%	76,5%	37,0—50,0%	44,0%
Kruste	12,5—35,5%	23,5%	15,0—25,6%	19,5%

Beim ganzen Brot schwankt der Wassergehalt zwischen etwa 35,0—45,0%, und beträgt im Mittel etwa 38,0%.

Naturgemäß ist die Kruste (Rinde) um so stärker und härter, je höher die Backtemperatur ist und je länger das Backen (die Erhitzung) dauert. Auch enthalten kleine Brote im Verhältnis zur Krume mehr Kruste als große Brote.

Die Rinde, die beim Weizenbrot durchweg eine lichtbraune, beim Roggenbrot eine kastanienbraune Farbe besitzt, ist, wie obige Zahlen zeigen, erheblich wasserärmer als die Krume des Brotes. Dieses ist nicht anders zu erwarten, da die äußere Schicht des Teiges stärker als das Innere erhitzt wird.

Große Brote haben in der Krume nahezu denselben Wassergehalt wie der Teig, nämlich 45%, bei kleineren Broten geht er auf 38—43% herunter. Die braune Farbe der Rinde (Kruste) rührt teils von einer Veränderung des Klebers, teils von der Umwandlung der Stärke in Dextrin und einer Caramelisierung des letzteren her.

Chemische Zusammensetzung. Die Bestandteile des Mehles erfahren durch das Backen eine teilweise Veränderung.

1. Proteine. Das in Wasser lösliche Pflanzenalbumin wird in den geronnenen unlöslichen Zustand übergeführt, die Kleberproteine erleiden eine derartige Umänderung, daß sich der Kleber aus dem Brot nicht mehr wie aus dem Mehl auswaschen bzw. von der

---

[1]) So fand Balland:

	Runde Brote 1	2	3	4	5		Lange Brote 1	2	3	4	5
Durchmesser	0,28 m	0,24 m	0,22 m	0,17 m	0,12 m	Länge	0,62 m	0,60 m	0,50 m	0,32 m	0,22 m
Teig angewendet. .	2,00 kg	1,50 kg	1,00 kg	0,50 kg	0,25 kg		2,00 kg	1,50 kg	1,00 kg	0,50 kg	0,25 kg
Brot erhalten	1,70 „	1,26 „	0,80 „	0,36 „	0,19 „		1,62 „	1,19 „	0,75 „	0,37 „	0,75 „
Desgl. i. Proz. des Teiges	85%	84%	80%	78%	76%		81%	79%	75%	73%	70%

[2]) v. Liebig berechnete, daß man bei einer Annahme von nur 1% Substanzverlust im Brot im Deutschen Reich mit damals 40 Millionen Einwohnern, die täglich etwa 20 Millionen Pfund Brot essen, unter Ausschluß von Hefe 2000 Zentner Brot ersparen könnte, die imstande wären noch täglich 400 000 Menschen mit Brot zu versorgen. Deshalb redete v. Liebig der Verwendung des obigen mineralischen Backpulvers, das jeden Substanzverlust ausschließt, sehr warm das Wort.

Graham hat berechnet, daß beim Brotbacken allein in London jährlich 300 000 Gallonen (1 362 900 l) Alkohol in die Luft entsendet werden. Man hat vielfache Versuche angestellt, in großen Bäckereien diesen Alkohol zu gewinnen, aber bis jetzt ohne Erfolg.

Stärke trennen läßt. Das Glutencasein und Glutenfibrin scheinen mit den gequollenen Stärkekörnchen ein inniges Gemenge zu bilden. Das Gliadin (Pflanzenleim) jedoch läßt sich noch aus dem Brot wie aus dem Mehl durch Alkohol ausziehen[1]).

Die frühere Behauptung, daß die Kruste in der Trockensubstanz stets weniger Stickstoffsubstanz enthalte als die Krume, daß also in ersterer ein Stickstoffverlust auftrete (v. Bibra), bedarf noch der Bestätigung, und kann wohl nur bei sehr scharf gebackenen Broten zutreffen.

2. Fett. Vom Fett ist nur in der Kruste von scharf erhitzten Broten Spaltung zu erwarten. In der Krume bleibt es unverändert.

3. Kohlenhydrate. Anders aber ist es mit den Kohlenhydraten, vorwiegend der Stärke. Ein Teil derselben wird durch den Einfluß des Sauerteiges bzw. der bei der Gärung nebenher auftretenden Säuren in Zucker und dieser in Säuren, Alkohol und Kohlensäure verwandelt.

a) Zucker und Dextrin. Der Zucker (Glykose, Maltose und Invertzucker) erfährt durch den Backvorgang eher eine Ab- als eine Zunahme, weil der durch die Gärung entstehende Zucker in dem Maße wieder abnimmt, als sich aus ihm Säure und Alkohol bilden. Dagegen erfährt das Dextrin durchweg eine Zunahme, und zwar infolge der stärkeren Röstung in der Kruste mehr als in der Krume. Durch sehr starkes Erhitzen, so daß die Kruste dunkel wird, nimmt unter Umständen der Dextringehalt beim Roggenbrot wieder ab, beim Weizenbrot dagegen zu[2]). Die nicht dextrinierte Stärke wird gesprengt und verkleistert.

b) Säuren. Der Säuregehalt des Brotes schwankt zwischen ziemlich weiten Grenzen (zwischen 0,1—0,75%). K. B. Lehmann fand als Säuren im Brot stets Essigsäure, Milchsäure und eine geringe Menge einer höheren Fettsäure; zuweilen auch Ameisensäure und Aldehyd, dagegen keine Buttersäure. Von den ersten drei Säuren waren durchschnittlich $^1/_{10}$ Essigsäure, $^8/_{10}$ Milchsäure und $^1/_{10}$ höhere (in Wasser unlösliche) Fettsäure. M. P. Neumann fand dagegen in gut geführten Sauerteigen das umgekehrte Verhältnis, nämlich 61—74% Milchsäure und 39—26% Essigsäure[3]). Ein geringer Teil der Säuren des Brotes besteht aus sauren Phosphaten.

c) Alkohol. Der Alkoholgehalt des frischen Brotes wird zu 0,05—0,45% angegeben. Ein Teil desselben verflüchtigt sich wie die Kohlensäure beim Backen, ein anderer Teil beim

---

[1]) H. Kalning und A. Schleimer fanden, daß von dem Protein in Prozenten desselben löslich waren:

Löslich in	Roggen (0—60 mit Sauerteig) Mehl	Brot (Kruste u. Krume)	Weizen (Auszug 0—30 mit Hefe) Mehl	Brot (Kruste u. Krume)
Wasser	25,7%	6,9—4,8%	30,0%	10,8—23,3%
Alkohol	54,9%	3,8—3,5%	50,3%	20,0—40,5%

[2]) So fanden H. Kalning und A. Schleimer in der Trockensubstanz:

	Roggen-mehl	Brot (10—65 mit Sauerteig) Krume	Kruste hell	Kruste dunkel	Weizen-mehl	Brot (30—70 mit Reinhefe) Krume	Kruste hell	Kruste dunkel
Dextrin	11,23%	25,89%	20,84%	13,93%	5,20%	4,63%	10,39%	17,12%
Wasserlösliche Stoffe	18,72%	31,27%	25,00%	23,24%	10,00%	9,74%	16,42%	24,90%

[3]) K. B. Lehmann ist der Ansicht, daß, wenn 100 g Brotkrume

erfordern	1—2	2—4	4—7	7—10	10—15	15—20 ccm Normal-Alkal
ein Brot zu nennen ist:	nicht sauer	schwach säuerlich	schwach sauer	kräftig sauer	stark sauer	sehr stark sauer

Die Schrotbrote, Schwarz- und Graubrote erreichen stets mehr oder weniger die höchsten Säuregrade; die Weißbrote und Semmel gehen selten über den Säuregrad von 4—7 ccm Normal-Alkali für 100 g Brotkrume hinaus.

Aufbewahren, so daß Brot nach einwöchiger Aufbewahrung statt 0,40% nur mehr 0,12—0,13% Alkohol enthielt. Die Kohlensäure in den Poren wird beim Aufbewahren rasch durch Luft ersetzt.

Die Zellfaser und Mineralstoffe des Mehles erleiden beim Brotbacken keine Veränderung. Etwa 30—40% der Phosphorsäure bleiben auch nach dem Backen löslich.

Der Gehalt des Brotes an sonstigen Bestandteilen richtet sich nach dem der verwendeten Mehle und sonstiger Hilfsmittel. Durch Zusatz von Hefe wird die Zusammensetzung kaum beeinflußt, durch den von Kochsalz oder Chlorcalcium (S. 391) oder Lockerungsmitteln kann der Gehalt an Mineralstoffen ein wenig erhöht werden. Auch die Mitverwendung geringer Mengen sonstiger Getreidemehle neben Roggen- und Weizenmehlen verändert die Zusammensetzung der Roggen- und Weizenmehlbrote nicht wesentlich. Durch Mitverwendung größerer Mengen von z. B. Kartoffelmehl — wie zu dem Kriegsbrot 1914/18 — oder Reismehl würde der Proteingehalt etwas vermindert, von z. B. Mais- und Hafermehl der Fettgehalt etwas erhöht werden. Dagegen hat die Mitverwendung von Hülsenfruchtmehlen oder Proteinen (Aleuronat, Roborin, Gluten) oder Magermilch schon bei geringeren verwendeten Mengen eine deutlich nachweisbare Erhöhung des Proteins zur Folge und bewirkt die Einteigung mit Vollmilch auch eine Erhöhung des Fettgehaltes des Brotes.

Großen Einfluß hat die Art der Rohstoffe auf den Wassergehalt des Brotes. Brote aus Weizen- und feinen Mehlen sind ärmer an Wasser als Brote aus Roggen- und gröberen Mehlen. Besonders die Schwarz- und Vollkornbrote pflegen viel Wasser zu enthalten — es sind bis 60% und mehr angegeben —. Auch die Brote aus Gemischen von Weizen- bezw. Roggenmehl mit Dari-, Gerste-, Mais-, Reis- und Kartoffelmehl sind reicher an Wasser als die aus reinem Weizen- oder Roggenmehl.

Über die Verdaulichkeit der Brotsorten vgl. S. 138 und Tab. I, über Zusammensetzung Tab. II, Nr. 750—791.

Von den regelrechten Brotsorten sind die Hungersnotsbrote sehr verschieden[1]). Je nach den verwendeten Rohstoffen (vgl. S. 389) bilden sie mehr ein Füllmittel (Ballast) für den Magen als ein Nahrungsmittel.

Die physikalischen Eigenschaften des Brotes. Im allgemeinen pflegt man ein Brot für um so besser zu halten, je leichter (für gleiche Raumteile), je lockerer es ist und je größer (bis zu einer gewissen Grenze) die Hohlräume in demselben sind. Diese allgemein verbreitete Ansicht hat ohne Zweifel ihren Grund darin, daß ein lockeres, leichtes Brot, z. B. Weißbrot, Semmel, den Verdauungssäften leichter zugänglich ist und weniger Beschwerde bei der Verdauung bereitet als ein dichtes, porenfreies Brot (z. B. Schwarzbrot oder ein nicht völlig ausgebackenes und hierdurch oder durch sonstige Ursachen mit Wasserstreifen versehenes Brot). Diese im täglichen Leben geltende Anschauung wird auch durch die S. 138 bis 139 und Tabelle I mitgeteilten wissenschaftlichen Versuche bestätigt.

K. B. Lehmann hat die physikalischen Eigenschaften der verschiedenen Brotsorten zuerst aufgeklärt. Er fand u. a.:

a) Spezifisches Gewicht bei 15 verschiedenen Brotsorten:

Porenhaltiges Brot	Porenfreies frisches Brot	Porenfreie Trockensubstanz
0,24 (Semmel) bis 1,0 (Pumpernickel)	1,37—1,42[2])	1,93—2,17

[1]) Die Zusammensetzung solcher Brote schwankte nach mehreren Untersuchungen zwischen folgenden Grenzen:

Wasser	Stickstoff-Substanz	Fett	Stickstofffreie Extraktstoffe	Rohfaser	Asche
13,30—53,40%	4,35—18,88%	0,85—5,88%	30,00—70,00%	0,95—28,85%	1,30—64,00%

[2]) In verschiedenen Broten wurden auch Zahlen von 1,29—1,31 für das spez. Gewicht des porenfreien Brotes gefunden; das beruhte dann darauf, daß das Brot nicht mehr frisch war; denn altbackenes Brot, wenn es einzutrocknen beginnt, verliert seine plastischen Eigenschaften eher als seinen Wassergehalt.

Nur das frische, porenhaltige Brot zeigt nennenswerte Unterschiede im spez. Gewicht; das der wasserhaltigen (42—46% Wasser) porenfreien Brotsubstanz beträgt durchschnittlich 1,40, das der porenfreien Trockensubstanz 2,05.

b) Das Porenvolumen. Bezeichnet S das spez. Gewicht des porenhaltigen, S_1 das des porenfreien Brotes, so ist das Porenvolumen d. h. die in einem Volumen Brot enthaltene Luftmenge in Prozenten des Brotvolumens $P_0 = \frac{(S_1 - S)\,100}{S_1}$; oder wenn $S_1 = 1,31$, $S = 0,375$, so ist $P_0 = \frac{(1,31 - 0,375)\,100}{1,31} = 70,7\%$.

Das Porenvolumen schwankte nach K. B. Lehmann auf diese Weise in 15 Brotsorten von 28,5% (Westfälischer Pumpernickel) bis 82,8% (Würzburger Semmel). Die Schrot- und Roggenbrote haben durchweg ein geringeres Porenvolumen als die Mehl- und Weizenbrote; so ergaben:

Brotsorte	Porenvolumen	Brotsorte	Porenvolumen
Roggenschrotbrot	28,5—49,2%	Weizenschrotbrot	64,3%
Roggenmehlbrot	55,7—70,7%	Weizenmehlbrot	73—83%

c) Das Trockenvolumen. Hierunter versteht K. B. Lehmann das Volumen der Trockensubstanz von 100 ccm frischem Brot; es verhält sich durchweg umgekehrt wie das Porenvolumen und betrug z. B. 7,1% bei Würzburger Semmel und 29,5% bei Westfälischem Pumpernickel; es wird also die Mehlmasse durch die Brotbereitung auf das 14fache bei den Semmeln und das 3,5fache Volumen beim Schwarzbrot gebracht.

d) Die Porengröße entspricht im allgemeinen dem Gesamt-Porenvolumen; die kleinporigen Brote haben das kleinste, die großporigen Brote das größte Porenvolumen.

Mit diesen Eigenschaften hängen auch die Durchlässigkeit des Brotes für Luft und Wasser sowie das Wasseraufsaugungsvermögen desselben zusammen. Die Durchlässigkeit für Luft und Wasser sowie das Wasseraufsaugungsvermögen sind um so größer, je größer die Poren nach Zahl und Umfang sind. Hieraus kann geschlossen werden, daß die Poren eines Brotes keine voneinander unabhängigen Hohlräume bilden, sondern wenigstens teilweise untereinander zusammenhängen.

Veränderungen des Brotes beim Aufbewahren. ***a) Verlust an Wasser.*** Das Brot, welches durchweg 35—45% Wasser enthält, verliert beim Aufbewahren in gewöhnlicher Lufttemperatur nach und nach das Wasser bis auf 12 bis 14%, bei welchem Gehalt es sich jahrelang halten kann; Weizen- und kleine Brote verlieren das Wasser schneller als Roggen- und große Brote[1]).

b) Verhalten von Alkohol und Säure. Daß der Alkohol beim Aufbewahren zum großen Teil verdunstet und die eingeschlossene Kohlensäure durch gewöhnliche Luft ersetzt wird, ist schon S. 397 u. f. gesagt worden. Der Säuregehalt dagegen nimmt eher zu als ab, besonders bei Brot, das mit Milch eingeteigt ist.

c) Altbackenwerden des Brotes. Unter Altbackenwerden des Brotes verstehen wir die Erscheinung, daß die Rinde des Brotes ihre Brüchigkeit einbüßt, zäher und etwas nachgiebiger wird, die Krume dagegen ihre Widerstandsfähigkeit verliert, ohne sich jedoch zwischen den Fingern leicht zerbröckeln zu lassen. Dieser Zustand tritt unter Temperaturerniedrigung nach bzw. innerhalb 24 Stunden nach dem Backen ein. Scheinbar wird das Brot hierbei trockener, in Wirklichkeit aber ist der Wasserverlust nur ein geringer; auch kann man altbackenes Brot, wenn der Wassergehalt durch längeres Aufbewahren nicht unter 30% ge-

[1]) So fand M. P. Neumann die Wasserverluste in Prozenten des Brotes wie folgt:

	Weizenbrot		Roggenbrot	
	Semmel	Schrippen	2 kg	1 kg schwer
In den ersten 24 Stunden . .	1,89%	2,10%	1,18%	1,25%
„ „ zweiten 24 „ . .	2,40%	3,62%	1,01%	1,00%
Nach 27 Tagen	—	—	17,49%	20,12%

sunken ist, durch Erwärmen auf 70—80° wieder frischbacken machen, obschon es hierbei noch wieder etwas Wasser verliert. Man muß daher annehmen, daß das Altbacken- oder Hartwerden auf einer Änderung des Molekularzustandes der Brotmasse beruht, und die wahrscheinlichste, von verschiedenen Seiten ausgesprochene Erklärung ist die, daß zwischen den kolloiden Stoffen des Brotes (Kleber oder Stärke) und Wasser im frischen Zustande eine Verbindung besteht, die beim Aufbewahren unter teilweisem Wasserverlust gelockert wird, daß kolloide Stoffe, z. B. verkleisterte bzw. gelöste Stärke, aus dem Sol- in den Gelzustand übergehen, indem sich Stärke zurückbildet, die Verbindung bzw. der kolloidale (Sol-)Zustand beim Erhitzen wiederhergestellt wird. Lorenz, J. R. Katz u. a. nehmen an, daß aus dem Kleber des Mehles beim Backen ein Gerüst von gehärteter Substanz entsteht, in welchem die verkleisterte Stärke eingebettet liegt, ohne eine Differenzierung der Stoffe erkennen zu lassen. Beim Aufbewahren des Brotes sollen die verkleisterten Stärketeilchen das Wasser an das Kleber-(Protein-) Gerüst abgeben und unter Änderung der Struktur als solche deutlich hervortreten, durch Erwärmen auf 60—70° soll ohne Zusatz von Wasser der ursprüngliche Zustand wiederhergestellt werden.

Auffallend ist es, daß sich das Brot bei Temperaturen zwischen 50—90° länger frisch hält als bei 25—0°; bei 0—3° geht das Altbackenwerden schnell vor sich, während das Brot bei ganz niedrigen Temperaturen wieder länger frisch bleibt. Durch das Altbackenwerden wird sowohl die Wasseraufnahmefähigkeit als auch das Quellungsvermögen des Brotes vermindert.

Brotfehler bzw. Brotkrankheiten. Es gibt eine große Reihe von Brotfehlern, die teils in der mangelhaften Beschaffenheit des Mehles und der Hefe, teils in der Verarbeitung und Behandlung ihren Grund haben. Hierzu gehören:

a) Glitschige Beschaffenheit der Krume, Wasserstreifen, Löcherbildung und Abbacken der Kruste von der Krume. Bei einem guten Brot soll die Krume durch gleichmäßig große, weder zu große noch zu kleine Poren durchsetzt, die Kruste dagegen kräftig gebräunt, elastisch und fest sein sowie sich lückenlos um die Krume legen.

Ist indes zur Teigbildung zu viel Wasser verwendet, so daß es beim Backen nicht vollständig gebunden wird, so nimmt die Krume eine glitschige oder pappige Beschaffenheit an, und kann das verdampfende Wasser infolge einer vorzeitig gebildeten undurchlässigen Kruste nicht genügend entweichen, so bilden sich besonders an der Unterseite Wasserstreifen, Hiermit sind dann häufig ein Abbacken der Kruste von der Krume sowie die Bildung faustgroßer Hohlräume im Innern der Gebäcke verbunden. Zu weiche Teige, unreife Gärung, übermäßige Ofenhitze (ohne genügenden Wrasen) können die Ursache dieser Brotfehler sein.

b) Verschimmeln des Brotes. Das Brot ist ein besonders guter Nährboden für Schimmelpilze, wodurch es verschiedene Farben annehmen kann; Mucor mucedo bzw. Botrytis grisea erzeugen eine weißliche, Aspergillus glaucus bzw. Penicillium glaucum eine bläulichgrüne, Oidium aurantiacum (bzw. das Thamnidium von Mucor mucedo) eine gelbrötliche Färbung und Rhizopus nigricans schwarze Flecken. Die Schimmelpilze zersetzen (veratmen) in erster Linie die Kohlenhydrate unter Bildung von Kohlensäure; die Bildung von Alkohol konnte nur bei Aspergillus nidulans nachgewiesen werden. Die Proteine werden nur zu in Wasser löslichen Verbindungen umgewandelt; Peptone, Ammoniak und salpetrige Säure werden nicht gebildet; Aspergillus nidulans macht auch hier wieder eine Ausnahme, insofern er etwas Salpetersäure erzeugt. Ob eine Säurezunahme oder -abnahme stattfindet, ist bis jetzt nicht erwiesen. Dadurch, daß die Kohlenhydrate stark veratmet, aber die Proteine nicht zersetzt werden, nehmen letztere relativ zu, so daß ein stark verschimmeltes Gramineenbrot einen höheren prozentualen Gehalt an Protein annehmen kann, als wenn es aus Leguminosen hergestellt ist[1]).

---

[1]) A. Hebebrand fand z. B. in der Trockensubstanz des ursprünglichen Brotes 11,94%, des stark verschimmelten Brotes dagegen 17,13% Protein.

Die gewöhnlich auftretenden Schimmelpilze (Pen. glaucum, Asp. niger und Muc. stolonifer) erzeugen keine giftigen Stoffwechselstoffe und können durch ihre Sporen vom Darm aus kaum giftige Wirkungen hervorrufen. Auch haben Zippel sowie Welte durch Verfüttern von durch Pen. glaucum stark verschimmeltem Brot an Hunde, Katzen, Kaninchen, Ziegen, Pferde und Katzen keinerlei Gesundheitsstörungen wahrnehmen können. Indes ist verschimmeltes Brot schon wegen der widerlichen Geruchs- und Geschmacksveränderungen für den Menschen nicht genießbar.

c) Rotfleckig- bzw. Blutigwerden des Brotes. Im Sommer bis Herbst treten auf dem Brot mitunter rote Flecken („blutendes Brot" oder „blutende Hostie") auf, verursacht durch den Micrococcus prodigiosus Cohn, genannt Bacterium prodigiosum, der einen roten Farbstoff ausscheidet und auch auf gekochtem Hühnereiweiß, gekochten Mohrrüben, auf Fleisch, Milch und anderen Speisen vorkommt. Die runden bis ovalen Zellen des Micrococcus, von 0,5—1,0 μ Länge, selbst sind häufig ganz farblos. Der Farbstoff ist in Wasser unlöslich, aber leicht löslich in Alkohol, Xylol und in Fetten. Neben Farbstoff scheidet der Micrococcus ein peptonisierendes Enzym aus, das die Gelatine verflüssigt; auf einigen stickstoffreichen Stoffen bildet er Trimethylamin. Das davon befallene Brot zeigt äußerlich gar keine Veränderungen, sondern man bemerkt erst beim Aufschneiden rote Streifen in der Krume, die den Rissen und Spalten folgen. Das durch Micr. prodigiosus rot gefärbte Brot gilt ebenso wie das verschimmelte nicht als gesundheitsschädlich, erscheint aber schon wegen seines abnormen Aussehens als nicht genießbar und verkäuflich. Der Micrococcus pflanzt sich in den Bäckereien, in denen er sich einmal eingenistet hat, fort und kann nur durch die peinlichste Reinigung aller Gefäße, der Gerätschaften, des Fußbodens wie der Wände beseitigt werden.

d) Fadenziehendwerden des Brotes. Das Fadenziehendwerden des Brotes äußert sich darin, daß seine Krume klebrig sowie meistens etwas verfärbt ist und sich zu langen Fäden ausziehen läßt, wenn man einen Finger in das Brot drückt und dann wieder herauszieht. Dabei nimmt das fadenziehende Brot einen äußerst unangenehmen, muffig-säuerlichen Geruch sowie widerlichen Geschmack an; der Geruch haftet oft wochenlang sogar den Räumen an, worin solches Brot aufbewahrt wurde, und Bäckereien besonders von Weizenbrot, das am empfindlichsten für die Krankheitserreger ist, müssen, wenn sich die Krankheit einmal eingestellt hat und wenn mit Sauerteig gearbeitet wird, nicht selten für lange Zeit den Betrieb einstellen. Auch diese Krankheit tritt vorwiegend im Sommer auf und kann, wie schon II. Bd. 1904, S. 869 ausgeführt ist, durch verschiedene Bakterien erzeugt werden, die aber das eine gemeinsam haben, daß sie hitzebeständige Sporen erzeugen. Sie leiten sich allgemein von dem Kartoffelbacillus (Bac. mesentericus vulgatus Flügge) ab, hängen äußerlich dem Korne an und gelangen vorwiegend durch die äußere Schale (Kleie) ins Mehl.

Der Bacillus bildet schlanke Stäbchen von 1,6–5,0 μ Länge und 0,5 μ Dicke, die oft zu Fäden vereinigt sind. Er gedeiht am besten bei 20—28°, jedoch hört sein Wachstum bei 6—8° noch nicht auf. Die Backtemperatur reicht meistens nicht aus, die Sporen zu töten; erst durch ein 6stündiges Erhitzen im strömenden Wasserdampf von 100° oder eine $^3/_4$stündige Einwirkung mit gespanntem Wasserdampf im Dampftopf bei 113—118° werden sie getötet. Gegen Säuren ist der Bacillus ziemlich empfindlich. Die Bakterien bewirken nach hiesigen Versuchen eine namhafte Veränderung der Brotsubstanz. Die Proteine werden über Albumosen und Peptone bis zu Ammoniak abgebaut; die Stärke bzw. unlöslichen Kohlenhydrate werden in Zuckerarten, Dextrine und zum Teil auch in Säuren (Milchsäure) übergeführt, gleichzeitig aber veratmet. Die Bildung des Schleimes beruht auf einer schleimigen Verquellung der äußeren Schichten der Membran der Bakterien, auf der Bildung schleimiger Zoogloeen, nicht auf der Zersetzung der Proteine und Kohlenhydrate (eventuell unter Bildung von sog. Dextran bzw. Galaktan). Zur Ausrottung dieser Krankheit sind dieselben Mittel wie vorstehend bei c) zu ergreifen; auch Anwendung von Milchsäure bzw. saurer Milch oder Essigsäure werden als Mittel zur Verhinderung des Wachstums empfohlen.

e) Die sogenannte ***Kreidekrankheit des Brotes,*** bei der das Brot weiße Flecken zeigt, wird nach P. Lindner durch einen Pilz hervorgerufen, der Hutsporen in Ascis erzeugt und morphologisch durch die Bildung von Schnallen am Mycel gekennzeichnet ist; er vergärt verschiedene Zuckerarten und steht den Gattungen Endomyces und Wallia nahe. Lindner nennt den Pilz Endomyces fibuliger n. sp.

Verunreinigungen und Verfälschungen des Brotes. Die meisten bei dem Mehl, S. 376, und den Rohstoffen, S. 360, vorkommenden Verunreinigungen und Verfälschungen können auch mit in das Brot übergehen bzw. auf dieses übertragen werden. Nur die etwaigen tierischen Parasiten (Milben, Käfer, ihre Larven und Puppen) dürften durch den Backvorgang wohl vollständig, die parasitären Pilze und Saprophyten bzw. deren Sporen wohl nur zum Teil abgetötet werden (vgl. vorstehend S. 401). Außerdem sind noch zu beachten:

a) Die S. 393 und 394 erwähnten Backpulver und Backhilfsmittel. Wenn diese richtig bezeichnet werden, ihrem Zweck entsprechen, keine schädlichen Stoffe enthalten und dem Mehlteig nur in solcher Menge zugesetzt werden, daß dadurch die Wesensbeschaffenheit des Brotes nicht verändert wird, so läßt sich gegen die Anwendung nichts erinnern. Sind diese Bedingungen nicht erfüllt, so ist die Verwendung als Verfälschung anzusehen (vgl. auch S. 393).

b) Verwendung von Mineralöl an Stelle von fetten Ölen zum Bestreichen von Brot.

c) Verwendung von fremden Fetten an Stelle von Butter bei Gebäcken, die nach ihrer Bezeichnung als Buttergebäcke angesehen werden müssen.

d) Verwendung von Seife (Natronseife) oder Zwiebacksüß (Mischungen von Fett, Zucker mit etwas Alkalicarbonat) bei der Herstellung von Zwieback.

e) Weißmachen und Färben von Nährteigen (Speiseteigen) mittels schwefliger Säure bzw. Anilinfarbstoffen.

f) Verwendung von Brot- und Teigresten.

g) Verwendung fremdartiger Streumehle. Zur Verhütung des Anbackens sollen nur Weizen- bzw. Roggenkleie verwendet werden.

Untersuchung des Brotes. Für die nähere chemische und mikroskopische Untersuchung des Brotes trennt man entweder die Kruste von der Krume, stellt ihre Gewichtsmengen fest und untersucht jeden Teil für sich, oder man zerschneidet einen ganzen Laib Brot in dünne Scheiben, trocknet diese erst bei 40—50°, mahlt die lufttrockene Masse und untersucht das Pulver von Kruste und Krume in üblicher Weise zusammen. Für die Fettbestimmung muß die Brotmasse nach Polenske erst mit Salzsäure — ähnlich wie bei Käse — aufgeschlossen und die Masse mit Chloroform ausgezogen werden. Die Art des verwendeten Mehles läßt sich nur mikroskopisch an den Formelementen erkennen, da die Stärke durchweg ganz verquollen ist. Von physikalischen Untersuchungsverfahren kommt am häufigsten die Bestimmung des Gesamt- und Porenvolumens in Betracht.

Feinbackwaren, Zuckerwaren (Konditorwaren, Kanditen).

Begriff. Unter Feinbackwaren, Zuckerwaren (allgemein Konditorwaren) versteht man solche Erzeugnisse, die angenehm süß bzw. süßaromatisch schmecken, bald fast nur aus Zucker bestehen, bald neben diesem auch größere Mengen Fett und Stärke sowie Früchte und Fruchtsäfte enthalten und teils mit, teils ohne Backvorgang hergestellt werden.

Unter diese allgemeine Erklärung fallen die verschiedensten Erzeugnisse, für welche zum Teil noch engere Begriffsbestimmungen gelten; sie sollen bei diesen selbst nachfolgend angegeben werden.

Herstellung. Zur Herstellung der Feinback- und Zuckerwaren wird eine große Anzahl Stoffe verwendet, nämlich:

1. Grundstoffe:

a) Mehle: Weizen-, Roggen-, Grieß-, geröstetes Erbsen-, Kartoffel- und Semmelmehl.

b) Zuckerarten: Honig[1]), Zuckerhonig (sog. Kunsthonig), Rübenzucker in allen Handelssorten, brauner Backsirup, Kolonialsirup, Stärkezucker, Capillärsirup, Melassesirup, Bonbons- usw. Abfälle.

c) Früchte: Mandeln, Pistazien[2]), Haselnüsse, getrocknete Birnen und Zwetschen, Datteln, Feigen, Rosinen, Korinthen, Citronen, Cocosnuß.

d) Frucht- und Pflanzensäfte: z. B. auch von Eibischwurzel, Rettichsaft, Malz aufguß u. a.

2. Zutaten:

a) Die Beschaffenheit verbessernde: Eier, Eigelb, Eiweiß (als Schnee), Butter, Margarine, Kunstspeisefette, Kakaobutter, Schmalz, Milch, Gelees und Marmeladen, Kochsalz.

b) Den Geschmack und Geruch beeinflussende: α) Anis, Sternanis, Muskatnuß, Muskatblüte, Citronat[3]), Orangeat[4]), Zimt, Nelken, Cardamomen, Piment, Fenchel, Pomeranzenschalen, Ingwer, Rum, Arrak, Maraschino, Kakaomasse, Zimtarten, Pfefferminzöl, Rosenöl, Citronensaft, Fruchtaroma, Kirschwasser, Vanille und Vanillin, Marzipan, Zuckercouleur, Pfeffer, Oblaten (als Unterlage für feine Lebkuchen), Samen (Semen cinae von Artemisia cina Berg), Perubalsam, Honigkuchengewürz, englisches Gewürz.

β) Alkoholische Auszüge (Tinkturen) aus vorstehenden und anderen aromatischen Pflanzenteilen.

γ) Ätherische Öle von Gewürzen und Orangenblüten-, Orangenschalen-, Citronenöl u. a.

δ) Künstliche Fruchtester.

3. Hilfsmittel:

a) Treibmittel: Die Carbonate von Kalium (Pottasche), Natrium (Soda) und Ammonium (Hirschhornsalz).

b) Versteifungsmittel: Tragant, Gelatine.

c) Färbemittel. Eigelbfarbe, rote, gelbe, orange, giftfreie künstliche Farbstoffe[5]).

d) Glasuren, bestehend aus säurefreier Gelatine, Gummiarabicum, Dextrin, Eiweiß, Schokoladelack (Gummi, Benzoe und 96% Spiritus), Couverture unter Zusatz von Alaun, Zucker, Kakaopulver oder Essigsäure.

Schon aus dieser großen Mannigfaltigkeit der verwendeten Stoffe geht hervor, wie mannigfaltig die Feinback- und Zuckerwaren zusammengesetzt sein können. Auch ist es kaum möglich, für sie eine wissenschaftliche Einteilung zu geben. Strohmer und Stift haben für sie eine erste Einteilung gegeben, die auch von dem Codex alimentarius austriacus aufgenommen ist. Man kann hiernach zunächst zwei Hauptgruppen unterscheiden, von denen die erste außer Zucker auch noch andere Stoffe in wesentlicher Menge enthält und teils mit, teils ohne einen

[1]) Im Großbetrieb wird meist der billigere Chile-, Havanna- und Mexikohonig verwendet; für feinere Sachen aber doch der aromareichere deutsche Honig.

[2]) Mandelähnliche Früchte von Pistazia vera L. (eine Therebinthacee).

[3]) Die in Zucker eingemachten Schalen des Cedratbaumes Citrus medica Bajoura.

[4]) In Zucker eingemachte Orangenschalen.

[5]) Als erlaubte Farbstoffe gelten für:

Rot:	Cochenille, Carmin, Krapprot, Saft von roten Rüben und Kirschen.
Grün:	Saft von Spinat und Mischungen von erlaubten gelben Farbstoffen mit blauen (Indigo).
Blau:	Indigolösung, Lackmus, Saftblau.
Gelb:	Safran, Saflor, Kurkuma, Ringelblumen, Gelbbeeren (Avignon, persische).
Weiß:	Stärkemehl und Weizenmehl (feinstes).
Schwarz:	Chinesische Tusche usw.
Violett:	Mischungen von unschädlichen blauen und roten Farben.
Braun:	Gebrannter Zucker, Lakritzensaft.

Alle anderen Farbstoffe sind nicht erlaubt (vgl. auch unter Gebrauchsgegenstände S. 784).

Die unschädlichen Konditorfarbstoffe werden jetzt vielfach in Teigform fabrikmäßig hergestellt.

Backvorgang gewonnen wird und eine zweite Gruppe, die vorwiegend nur aus Zucker besteht.

I. Gruppe. Dieselbe umfaßt solche Zuckerwaren, welche neben Zuckerarten noch andere Nahrungs- und Nährstoffe, die für die Eigenart des betreffenden Erzeugnisses mitbestimmend sind, in größerer Menge enthalten.

A. Zuckerwaren, die mittels des Backverfahrens hergestellt werden.

a) Zucker- und fettreiche Zuckerbackwaren.

Mehl und Butter oder sonstige Fette oder fettreiche Samenmehle (z. B. Mandeln, Nüsse u. a.) werden mit und ohne Zusatz von Eiern zu einem Teig angerührt, der Teig wird dann, ohne gegoren zu haben, mit Zucker vermengt und in gewöhnlicher Weise gebacken. So werden im allgemeinen die Cakes, Waffeln, Biskuits, Spekulatius oder Linzerteig u. a. gewonnen; letztere sind nur etwas mürber gebacken.

Für die Blätterteigwaren, die vorwiegend im Kleinbetrieb hergestellt werden, werden Butter und mit Wasser angerührtes Mehl lagenweise übereinandergeschichtet. Dann wird der Teig gezogen und ausgerollt, wozu eine besondere Fertigkeit gehört, und mit oder ohne aufgestreuten Zucker, Sirup, Fruchtgelee usw. in gewöhnlicher Weise gebacken.

Im einzelnen ist noch zu bemerken:

1. Blätterteigwaren nur aus Mehl und Butter bestehend; der Zucker dient hauptsächlich nur zum Bestreuen oder zur Bereitung von Füllmitteln (Pasteten, Schaumrollen usw.).

2. Hefe- (Germ-) Teigwaren: sie bestehen aus Mehl, Butter, Eiern, Milch und mehr oder weniger Zucker; als Lockerungsmittel dient Hefe oder Backpulver. Der Zucker wird hierbei entweder untergemischt, aufgestreut, oder mit Fruchtwasser als Füllung benutzt.

3. Weiche Backwaren: Hauptbestandteile sind: Mehl, Butter, Eier, Zucker, Milch, mit verschiedenen eßbaren Samen, Früchten oder Fruchtmassen und Gewürzen (wie Rouladen, Fruchtschnitten usw.).

4. Teebackwaren: Hauptbestandteile: Mehl, Zucker, Eier, Butter und Gewürze, in manchen Fällen auch genießbare Samen, wie Mandeln, Haselnüsse usw. Hierzu gehören Waffeln, Cakes, Biskuits, Spekulatius u. a.

5. Mandeln- und Nuß-Backwaren (hart). Diese enthalten als Hauptbestandteile genießbare Samen (Mandeln, Haselnüsse usw.), Zucker, Eiweiß, Mehl und Gewürze (Marzipanwaren, Mandelbrot, Makronen, Haselnußbiskuit usw.).

Unter „Marzipan" versteht man eine aus 2 Teilen feuchter geriebener Mandeln und 1 Teil Zucker bestehende Masse, der zuweilen etwas Invertzucker zugesetzt wird.

Makronen bestehen aus geriebenen Mandeln, Zucker und Eiweiß.

6. Patience-Backwaren sind Gemische von Mehl, Eiweiß, Zucker mit oder ohne Gewürze.

7. Windbackwaren (Baisers) bestehen aus Eiweiß und Zucker.

8. Schaum- und Rahmbackwaren. Sie werden aus Mehl, Zucker, Eiern mit oder ohne Zusatz von Gewürzen hergestellt und dienen zum Einhüllen von Creme oder von aus Eiweiß und Zucker oder aus Rahm und Zucker hergestelltem Schaum.

9. Kuchen und Torten. Diese enthalten die mannigfaltigsten Bestandteile u. a. Mehl, Zucker, Eier, genießbare Samen (Mandeln, Nüsse usw.), Butter, Gewürze, Früchte, Fruchtmassen, alkoholische Flüssigkeiten usw. Sie erhalten häufig einen Überzug (Glasur), bestehend aus parfümiertem bzw. gefärbtem Zucker (mit und ohne Eiweiß) oder aus Schokolade und etwas Zucker.

10. Früchtebrote: Hauptbestandteile: Zuckerreiche Früchte (Birnen, Datteln, Feigen, Korinthen) mit Samen.

b) Zuckerreiche Feinbackwaren.

Bei ihrer Herstellung wird im allgemeinen folgendermaßen verfahren: Jede Zuckerart wird für sich gelöst und zur Sirupdicke eingekocht und daraus mit Mehl ein Grundteig bereitet. Die Teige bleiben längere Zeit stehen, meist ohne Hefezusatz, da eine alkoholische Gärung den Zucker größtenteils verbrauchen würde. Je nach der Art des gewünschten Gebäckes werden dann verschiedene Teile der einzelnen Grundteige zusammengemengt, und mit den nötigen Zutaten versehen, gebacken und verziert. Zur Verzierung dient vielfach ein Überzug von Zucker oder von gefärbten Zuckerwaren oder auch von Mandeln.

Hierzu gehören die Honigkuchen, Lebkuchen, Frühstückskuchen, Aachener Printen, Pfeffernüsse u. a. Bei den meisten Erzeugnissen dieser Art, besonders bei den Honigkuchen, wird die Mitverwendung von Honig als selbstverständlich vorausgesetzt. Die Aachener Printen enthalten als Zucker auch Maltose.

B. Ohne Backvorgang hergestellte Zuckerwaren:

1. Gefrorenes (Eise) und zwar: Creme-, Frucht-, Sahne- und halbgefrorene Eise[1]).

2. Cremes und Sulzen. Die Cremes bestehen aus Zucker, Eiweiß und Fruchtsäften mit oder ohne Rahmzusatz, die Sulzen aus Zucker, Fruchtsäften und Gelatine.

II. Gruppe. Bei dieser bildet der Zucker den Hauptbestandteil, andere Beimengungen dagegen, welche die Bezeichnung bedingen, nur Nebenbestandteile.

Diese Erzeugnisse sind daher die Kanditen im engeren Sinne des Wortes; sie werden jetzt meistens durch Fabrikbetrieb hergestellt. Hierzu gehören:

1. Caramelbonbons (oder auch kurz Caramellen genannt). Sie bestehen fast ausschließlich aus geschmolzenem und parfümiertem Zucker, dem zumeist etwas Stärkezucker zugesetzt wird; sie bilden feste glasartige Massen, die im Munde nur langsam zerfließen.

---

[1]) Die zur Herstellung des Speiseeises nötige Eismaschine besteht aus einem Kessel von Zinn oder verzinntem Kupfer, der in einem starken Holzkübel drehbar ist. Die Drehung erfolgt gleichmäßig, entweder mit der Hand oder auf mechanischem Wege. Hierdurch soll erreicht werden, daß die Masse nicht zu einem harten Klumpen erstarrt und daß ein gleichmäßiges starres Erzeugnis erzielt wird. Der Raum zwischen Kessel und Holzkübel dient zur Aufnahme der Kältemischung (zerkleinertes Roheis + Viehsalz). Nach den verwendeten Rohstoffen sind folgende Gruppen zu unterscheiden:

a) Cremeeise. Ihr Hauptvertreter ist das Vanilleeis. Mehrere ganze Eier und Eigelbe werden mit Zucker schaumig gerührt, dazu kommt Milch oder Sahne und eine aufgeschnittene Vanilleschote. Die Masse wir unter ständigem Umrühren, um Anbrennen zu verhindern, auf dem Feuer nicht ganz zum Kochen erhitzt, durch ein Haarsieb in die Gefrierbüchse gegossen und gefrieren gelassen. In dieser Creme können natürlich alle möglichen anderen Zutaten vorhanden sein, so daß Eise von ganz verschiedenem Geschmack entstehen. Besonders bekannt ist das Schokoladeneis.

b) Fruchteise. Sie werden durch Gefrierenlassen einer Masse aus frischem oder eingemachtem Fruchtmark, in Wasser gelöstem Zucker, unter Zusatz von Citronensäure hergestellt. Die Masse muß einen Rohrzuckergehalt von 17—18% = 9,6—10,2° Bé. haben. Manchmal, aber nicht häufig, wird bei ihrer Herstellung das Wasser durch Milch oder Sahne ersetzt. Am bekanntesten sind Ananaseis, Erdbeer-, Himbeer- und Pfirsicheis.

c) Sahneneise. Hierunter werden die aus Schlagsahne, d. h. aus mit Zucker geschlagener Sahne bereiteten Eise verstanden. Wegen der schaumigen Beschaffenheit der Sahne kann man sie nicht gefroren formen wie die anderen, sondern die Massen werden gleich in Formen in die Kältemischung eingesetzt. Das bekannteste Sahneneis ist das Fürst-Pückler-Eis. Es besteht aus drei übereinandergelegten Schichten, a) von Schlagsahne mit Schokolade und Vanillegeschmack, b) von weißer Sahne mit Maraschinogeschmack, c) von rosa gefärbter Erdbeerschlagsahne. Andere, einfachere Sorten erhalten einen Zusatz von Nüssen, Maronen und ähnlichen Früchten nebst Gewürzen.

d) Halbgefrorene Eise. Sie werden hergestellt, indem man unter Creme- oder Fruchteise vor dem Gefrieren Schlagsahne untermischt.

Behufs Herstellung derselben wird Zucker in wenig Wasser gelöst[1]) und in offenen Kesseln oder auch in Vakuumapparaten bei einer 113° nicht übersteigenden Temperatur gekocht, die erhaltene geschmolzene Zuckermasse auf meist mit Kühl- und Anwärmevorrichtungen versehenen Metall- oder Marmorplatten ausgegossen und in der Weise weiter verarbeitet, daß die gleichmäßig verteilte Masse entweder mit Walzen- oder Rollmessern oder in Schneidemaschinen (Boltjen- oder Berlingotform) in gleichartige Stücke zerschnitten oder zwischen gravierten Stahlwalzen oder Pressen in verschieden geformte Stücke zerlegt wird; auch wird die gekochte Zuckermasse in Formen (Figuren, Pfeifen, Tiergestalten usw.) gegossen; man spricht daher von gerollten, gepreßten, geschnittenen, gehackten und gegossenen Caramellen.

Um das Ankleben und Trübwerden der fertigen Bonbons, welches auf eine nachträgliche Krystallisation der geschmolzenen Zuckermasse zurückzuführen ist, zu vermeiden, wird dem Zucker beim Verkochen bis zu 10% seines Gewichtes Stärkezuckersirup zugesetzt.

Durchweg wird die Zuckerlösung oder die ausgegossene Masse mit ätherischen Ölen, Tinkturen, Fruchtäthern, Frucht- oder Pflanzenextrakten parfümiert oder aromatisiert und mit künstlichen Farbstoffen gefärbt; andere erhalten einen Zusatz von Citronensäure, Weinsäure oder Essigsäure.

Die fertigen Caramellen werden häufig, um das Aroma zu erhalten, entweder mit einem Gemisch von feinstem Zucker- und Stärkemehl überstreut (gepudert) oder kandiert, d. h. mit einer Zuckerlösung — aus welcher der Zucker auf den Bonbons auskrystallisiert — oder mit Gelatinelösung überzogen.

Zu den Caramellen sind zu rechnen: der sog. Gerstenzucker (eine einfach geschmolzene und gefärbte Zuckermasse, meist in Stangen), die gewöhnlichen Bonbons, Eibischzucker, Malzzucker usw. (geschmolzene, feste Zuckermassen von verschiedener Gestalt, mit Zusätzen von ätherischen Ölen, Tinkturen oder Pflanzenextrakten und verschiedenen Farbstoffen), die Rocksdrops (Zuckermassen mit Fruchtäthern parfümiert, mit oder ohne Zusatz von Fruchtsäften, gefärbt und ungefärbt, in Stangen- oder Fruchtformen).

Die gefüllten Caramellen enthalten im Innern entweder Fruchtmarmelade oder Liköre (Likörbohnen). H. Witte fand in alkoholhaltigen Konfitüren (je 10 Stück 42—59 g) 0,69—5,10 g, A. Röhrig 1,05—10,8 Gewichtsprozente Alkohol, während A. Forster für eine Likörbohne (Pralinés) 0,007—0,29% Alkohol berechnete.

Bei den Honigcaramellen (Honigbonbons) soll der Rohrzucker in der Masse zum Teil durch Bienenhonig ersetzt sein.

2. Fondantbonbons. Bei diesen wird der Rohrzucker unter evtl. Zusatz von Traubenzucker und Milch ebenfalls in wenig Wasser gelöst, aber die Lösung nicht auf 113°, sondern nur auf 90° erwärmt und die erhaltene Masse, welche beim Abkühlen erstarrt, in verschiedenartiger Weise weiter verarbeitet. Das Färben und Parfümieren wird in derselben Weise und mit denselben Stoffen vorgenommen, wie bei den Caramellen; die Fondantbonbons haben nur eine weichere Konsistenz als die Caramellen, so daß sie im Munde rasch zerfließen. Für die Herstellung der geformten Fondants benutzt man mit Stärkepuder ausgekleidete Gipsformen oder auch Formen aus Gummiplatten.

3. Konservebonbons. Dieselben werden aus Zucker ohne Kochen und ohne Erhitzen auf höhere Temperatur in der Weise hergestellt, daß man Zuckerpulver mit Wasser oder besser Zuckerlösung zu einem Brei verrührt, diesen mit ätherischen Ölen oder Fruchtsäften parfümiert, darauf — gefärbt oder ungefärbt — in Papier- oder Blechformen gießt und dann erstarren läßt. Die Konservebonbons sind von harter Beschaffenheit und nicht durchscheinend.

4. Morsellen. Es sind dies Konservebonbons, deren Masse vor dem Gießen mit fein zerkleinerten Samen wie Haselnüssen, Mandeln usw. vermengt wird.

---

[1]) Sauer gewordene Zuckerlösungen werden vorher durch Schlämmkreide oder doppeltkohlensaures Natrium neutralisiert.

5. Plätzchen. Dieselben werden aus halberstarrtem, gefärbtem oder ungefärbtem Zucker, in welchen aromatisierter (d. h. mit ätherischen Ölen, Fruchtessenzen, Rum, Kognak, Ratafia, Punschextrakt versetzter) Staubzucker eingeführt wird, und durch Aufgießen oder Auftropfen der so erhaltenen Masse auf dünne Bleche — evtl. mit eingestanzten Formen — hergestellt.

Über den etwaigen Alkoholgehalt vgl. vorstehend unter Nr. 1.

6. Pastillen. Dieselben werden aus gefärbtem oder ungefärbtem, aromatisiertem, geschmolzenem oder ungeschmolzenem Zucker unter Zusatz von Stärkemehl mit Hilfe von Prägepressen hergestellt und nach dem Trocknen mit Gummi oder Dextrin glasiert. Die hierher gehörigen englischen Pfefferminzpastillen enthielten nach einer Probe:

0,93% Wasser, 95,80% Saccharose, 3,21% Stärke und Traganth, 0,06% Asche.

7. Pralinés (Pralinen). Darunter versteht man verschiedenartig hergestellte Bonbons (Kerne), die einen Überzug von entweder aromatisiertem, gefärbtem bzw. ungefärbtem Zucker oder einen solchen von Schokolade erhalten.

8. Dragees. Dieselben bestehen aus einem inneren Teil, nämlich entweder einer Frucht, bzw. einem Samen (Mandeln, Koriander usw.) oder einer Bonbonmasse, und aus einer Umhüllungsmasse, die aus Zucker, Tragant und Stärkemehl zubereitet und meist nur äußerlich gefärbt wird; diejenigen Dragees, welche im Innern Früchte und Samen enthalten, heißen Kesseldragees, die mit Bonbonmassen im Innern Siebdragees.

9. Lakritzenbonbons. Sie werden aus arabischem Gummi (50—55%), Saccharose oder Glykosesirup (40—45%) und 5% Lakritzen, d. h. Süßholzsaft hergestellt, welches Gemisch zur Vortäuschung eines höheren Gehaltes an Süßholzsaft mit Kienruß gefärbt wird.

III. Gruppe. Hierzu gehören die mit Zucker überzogenen, sog. kandierten frischen Früchte oder andere frische Pflanzenteile, bei denen der Zucker als Frischhaltungsmittel dient.

Der Zucker überzieht die Früchte entweder nur in dünner, glasiger, gleichförmiger Schicht (glasierte Früchte) oder in einer mehr oder weniger starken Krystallkruste (kandierte Früchte im eigentlichen Sinne).

Das allgemein bekannte Citronat wird von den Früchten von Citrus medica macrocarpa cedra hergestellt. Die in Salzwasser aufbewahrten halbierten Früchte werden zur Entfernung des Salzes mehrfach mit Wasser behandelt, an der Sonne gebleicht, zunächst in eine Lösung von Zucker und dann in Lösungen von Zucker und Stärkesirup mit ansteigendem Gehalt — auf 120 Teile Zucker etwa 40 Teile Stärkesirup — gelegt. Zuletzt bleiben die Früchte 4 Wochen in konzentrierter Zuckerlösung liegen und werden dann mittels einer solchen glasiert. Es kommt nach F. Härtel aber auch im Handel Citronat vor, das ohne Mitverwendung von Stärkesirup hergestellt wird[1]).

Die Zusammensetzung der vom Zuckerüberzug befreiten Masse muß der der verwendeten natürlichen Frucht usw. entsprechen (vgl. unter Obst- und Beerenfrüchte).

Im Anschluß hieran mögen einige ausländische, nämlich orientalische und amerikanische Kanditen erwähnt sein.

[1]) F. Härtel fand im Mittel mehrerer Proben für die Zusammensetzung der ohne und mit Stärkesirup hergestellten Citronate folgende Zusammensetzung:

Citronat	Wasser %	Unlösl. Stoffe %	Lösl. Extrakt %	Invertzucker %	Saccharose %	Stärkezucker %	Säure %	Mineralstoffe %	Spez. Drehung des Extraktes vor der Inversion	nach der Inversion
Herstellung mit Zucker	19,73	4,98	75,29	42,80	28,77	—	0,180	0,96	+13,4°	—21,6°
Desgl. + Stärkesirup	21,44	3,98	74,59	35,69		22,00	0,091	1,05	+60,0°	+16,6°

Unter türkischem Honig (bzw. Türkenbrot) versteht man eine weiße, harte, an der Oberfläche zerfließende Masse, welche aus teilweise invertiertem Rohrzucker, Mandeln, Nüssen und eßbaren Früchten hergestellt wird. Das sog. Sultanbrot (Ruschuk, Sutschuk) enthält als Kern Mandeln und weiter ebenfalls zum Teil invertierten, mit Himbeer- und Orangenauszug versetzten Rohrzucker; die feinere Sorte ist in eine Gelatinehülle eingehüllt. Die Erzeugnisse enthalten 30,0—67,5% Invertzucker und 40,0—23,0% Saccharose. In amerikanischen Kanditen wurden 8,7—24,1% Invertzucker und 77,1—33,3% Saccharose gefunden.

Auf Java wird nach Prinsen - Geerligs eine Zuckerware „Brem" in der Weise hergestellt, daß man Raggi (ein Ferment aus Reisstroh) drei Tage auf gekochten Klebreis einwirken läßt, bis nahezu alle Stärke verzuckert ist, darauf die abfiltrierte Zuckerlösung an der Sonne zum Sirup eintrocknet, letzteren in kegelförmige Dütchen von Bananenblättern bringt und darin erstarren läßt[1]).

Über die Zusammensetzung verschiedener Feinback- und Zuckerwaren vgl. Tab. II, Nr. 792—850.

Verunreinigungen und Verfälschungen der Konditorwaren. Als Verunreinigungen und Verfälschungen können bei denjenigen Konditorwaren, bei denen Mehl und Stärkemehl angewendet werden, alle bei Mehl bzw. Brot S. 376 u. 402 aufgeführten Verunreinigungen usw. in Betracht kommen. Die dort schon als selten bezeichneten mineralischen Beschwerungsmittel wie Schwerspat, Gips, Kreide, Infusorienerde, Pfeifenerde, Ton, Sand dürften auch hier nur vereinzelt vorkommen. Erwähnt werden sie als Mittel zum Bestreuen an Stelle von Zucker- und Stärkemehl.

Ernste Beachtung verdienen jedoch:

1. Anwendung von verdorbenen Rohstoffen oder in Zersetzung übergegangene und verdorbene Konditorwaren selbst; so sind die mit Milch, Rahm, Eiweiß und Fruchtsäften hergestellten Erzeugnisse, ferner auch solche mit flüssigem Inhalt sehr leicht dem Verderben ausgesetzt.

2. Anwendung von Farbstoffen, von Gelatine, Tragant u. a. zur Vortäuschung eines höheren Gehaltes z. B. bei Gefrorenem.

3. Anwendung von Ersatzstoffen ohne Deklaration, wo man Naturstoffe erwartet, z. B. Anwendung von Margarine, Kunstspeisefetten, Cocosfett usw. an Stelle von Butter oder Rahm überall da, wo man nach der Bezeichnung oder alter Gewohnheit reine Buttergebäcke bzw. solche mit Rahm oder Milch erwartet.

Anwendung von Pfirsich-, Aprikosen- und anderen Kernen an Stelle von Mandelkernen.

Teilweiser Ersatz des Honigs in den als Honig-, Lebkuchen bezeichneten Zuckerwaren durch Stärkesirup sowie die Anwendung von unreinem Stärkesirup überhaupt; in dieser Hinsicht kommt vorwiegend der Gehalt der Krystallsirupe (besonders der amerikanischen) an schwefliger Säure in Betracht. (Bei den Zuckerwaren im engeren Sinne, die ohne Backen hergestellt werden, ist die Anwendung von Stärkesirup ohne Deklaration gestattet.)

Ferner teilweiser Ersatz des Zuckers durch künstliche Süßstoffe (Saccharin, Dulcin, Glucin).

4. Verwendung von Zinnchlorür bei der Herstellung von Pfefferkuchen (besonders in Belgien und Nordfrankreich), um schlechtes Mehl aufzubessern und Melasse an Stelle von Honig verwenden zu können.

5. Verwendung unreiner mineralischer Lockerungsmittel; so ist das verwendete kohlensaure Ammon (Hirschhornsalz) zuweilen als bleihaltig befunden.

6. Verwendung von gesundheitsschädlichen Stoffen, z. B. blausäurehaltigem Bittermandelöl oder von Nitrobenzol an Stelle von reinem Bittermandelöl; Anwendung von Saponin.

---

[1]) Die weiße Masse von süßem, schwach säuerlichem Geschmack enthält:
18,75% Wasser, 69,03% Glykose, 10,63% Dextrin, 0,39% sonstige Stoffe und 1,2% Asche.

7. Verwendung von gesundheitsschädlichen Farbstoffen sowohl zum Färben der Zuckermasse, besonders bei den Schaumbackwaren, als zur Verzierung der Zuckerwaren sowie für die Umhüllungen. Auch Makulatur und abfärbendes Papier sind für direkte Umhüllungen verboten.

8. Anwendung von Frischhaltungsmitteln, die als fremdartige und unnötige Stoffe ohne Deklaration nicht zugelassen werden können.

Untersuchung der Feinback- und Zuckerwaren. Hierfür lassen sich wegen der großen Mannigfaltigkeit der Erzeugnisse keine allgemein giltigen Vorschriften geben. Die Untersuchung muß fast jedem Erzeugnis besonders angepaßt werden.

Ob das vorhandene Fett der Milch, Butter oder dem Rahm entstammt oder ob sonstige Fette verwendet sind, läßt sich unschwer an den Konstanten (Reichert-Meißlsche, Jodzahl) und den qualitativen Reaktionen, Fett aus Eigelb durch die Lecithinphosphorsäure nachweisen.

Die Zuckerarten und Stärkesirup können an ihrem Reduktionsvermögen und der Polarisation vor und nach der Inversion, an dem Verhalten gegen Alkohol, die Proteine an ihrem Verhalten gegen Wasser und Säure, an ihrer Gerinnungstemperatur, an der Fällbarkeit durch wässerige und alkoholische Pikrinsäurelösung sowie durch Quecksilberchlorid unterschieden und erkannt werden.

Die Art der Mehle oder Stärkemehle und der Samen muß mikroskopisch festgestellt werden.

Der Nachweis von künstlichen Süßstoffen, Saponin u. a. erfolgt in üblicher Weise.

Süßstoffe.

Unter die Gruppe der Süßstoffe im weiteren Sinne fallen verschiedene Nahrungs- und Genußmittel, die durch einen besonders süßen Geschmack ausgezeichnet, bald fest, bald flüssig, bald tierischen (Honig), bald pflanzlichen Ursprungs sind. Es sind dieses fast ausschließlich die wahren Zuckerarten. Glycyrrhizin schmeckt auch süß, gehört aber nicht zu den Zuckerarten. Als solche kommen in den Nahrungsmitteln vor: Rohr- oder Rübenzucker (Saccharose), Traubenzucker (Glykose), Fruchtzucker (Invertzucker, Gemisch von Glykose und Fructose; auch wird letztere wohl allein Fruchtzucker genannt), Milchzucker (Lactose), Malzzucker (Maltose), Sirupe; auch die zugehörigen Anhydride dieser Zuckerarten, die Dextrine, sowie ihre entsprechenden Alkohole (Mannit, Dulcit usw.) können hierzu gerechnet werden.

Unter der einfachen Bezeichnung „Zucker" versteht man im praktischen Leben die Saccharose, die in zahlreichen Pflanzen vorkommt, aber in dem Rohr- oder Rübenzucker die weiteste Verbreitung im Handel gefunden hat. Hierzu gesellen sich vereinzelt noch Ahorn-, Palmen- und Hirsezucker.

Rohr- und Rübenzucker.

Der aus dem Zuckerrohr und der Zuckerrübe gewonnene Zucker des Handels ist chemisch kaum verschieden; beide Zuckerarten bestehen bis auf sehr geringe Mengen Wasser und Asche nur aus Saccharose. Der Zucker aus Zuckerrohr ist im allgemeinen etwas aromatischer als der Rübenzucker. Für den deutschen Markt kommt z. Z. fast nur der Rübenzucker als Handelsware in Betracht. Er findet als Rohzucker, Verbrauchs-(Konsum-) Zucker, als Invertzucker, flüssige Raffinade und Zuckersirup Verwendung.

Bedeutung. Die Bedeutung des Zuckers für die Ernährung erhellt aus folgenden Zahlen (1910/11):

Gesamte Welt-erzeugung	Davon		Von Rübenzucker in Deutschland			Deutscher Verzehr für den Kopf	
	Rohr-zucker[1])	Rüben-zucker	Gesamt-erzeugung	Ausfuhr	Verzehr	Rohzucker	Raffinade
16920800 t	8433000 t	8487800 t	2589869 t	1116535 t	1241776 t	21,15 kg	19,00 kg

Der Verbrauch an Zucker war von 1890—1910 auf das Doppelte gestiegen ist aber in anderen Ländern, besonders in England, noch wesentlich höher; er steigt und fällt mit der Wohlhabenheit der Bevölkerung.

Der Zucker ist ein schnell verdauliches Nahrungs- und Genußmittel und hat eine besondere Wirkung auf die Leistungsfähigkeit der Muskeln, sowie auf die Herztätigkeit. Er wird daher besonders bei Gebirgssteigungen und auf Märschen als Erfrischungs- und Stärkungsmittel, welches Hunger- und Durstgefühl zurückhält oder vermindert, hochgeschätzt. Nach Schücking soll ähnlich wie die Verbindung des Globulins mit Natrium, das Globulinnatrium, auch das Zuckernatrium (Natriumsaccharat) Kohlensäure aus dem Blut wegnehmen, unter Bildung von Natriumcarbonat Zucker als Spannkraft lieferndes Mittel an dasselbe abgeben und so die Herztätigkeit, selbst die nahezu erschöpfte, aufs neue anzuregen vermögen. Die Zuckerlösung muß nur dem Blut isotonisch sein, d. h. denselben osmotischen Druck ausüben wie das Blutserum, und eine solche Flüssigkeit erzielte Schücking durch eine Lösung von 3% Fruchtzucker, 0,3% Natriumsaccharat und 0,6% Kochsalz.

Auch bei Tieren hat sich der Zucker in Form von Melasse sehr bewährt. Er bewirkt (bei Melasse bis zu einer Menge von 1—2 kg für den Tag und Kopf Großvieh) nicht nur eine größere Futteraufnahme, besonders von Rauhfutter, sondern auch eine gedeihliche Wirkung, indem bei Milchkühen die Milchabsonderung, bei Masttieren aller Art der Ansatz von Fleisch und Fett, bei Arbeitstieren (Pferden) die Arbeitsleistung gefördert wird.

Rohstoffe. Der in Deutschland und in Ländern mit gemäßigtem Klima erzeugte Rohrzucker entstammt ausschließlich der Zuckerrübe, deren Anbau, Zusammensetzung usw. weiter unten unter „Wurzelgewächse“ (S. 441) besprochen wird.

In der tropischen und subtropischen Zone mit einer mittleren Jahrestemperatur von 24—25° dient fast ausschließlich das zur Familie der Rispengräser gehörende Zuckerrohr (Sorghum officinarum L.) zur Gewinnung des Zuckers, und rührt von diesem der Name „Rohrzucker“ her. Der Anbau des Zuckerrohrs in Ostindien und China ist schon uralt, hat sich lange auf diese Länder beschränkt, ist aber jetzt über das ganze Tropengebiet verbreitet, da es sich den verschiedenen klimatischen und Bodenverhältnissen anzupassen vermag[2]).

Der Gehalt an Saccharose ist bei Zuckerrüben und Zuckerrohr nahezu gleich, der Gehalt an Glykose dagegen in letzterem erheblich höher als in ersteren. Fructose fehlt in gesundem Zuckerrohr ganz, auch Raffinose scheint nicht darin vorzukommen. Dagegen bildet Stärkemehl einen regelmäßigen Bestandteil desselben und findet sich ziemlich reichlich in den unreifen Teilen. Von anderen Bestandteilen der Zuckerrübe sind im Zuckerrohr auch Asparagin, Glutamin, Lecithin, Bernsteinsäure und Äpfelsäure nachgewiesen. Der Zuckerrohr-

---

[1]) Als Kolonialzucker bezeichnet. Die Rohrzuckererzeugung betrug 1900 nur 31% der Rübenzuckererzeugung, hat sich dann aber anscheinend fortgesetzt gehoben.

[2]) Das Zuckerrohr liebt einen lockeren, durchlüfteten, mäßig feuchten Boden, aber ein feuchtes warmes Klima, weshalb der Anbau auf Inseln, an Meeresküsten und Flußläufen am lohnendsten ist. Die Vermehrung desselben geschieht ausnahmslos durch Stecklinge — es läßt sich aber auch durch Samen fortpflanzen —; der Wurzelstock ist sehr ausdauernd und treibt bis 20 und mehr Jahre hindurch immer neue Halme (Stengel), die, durch Internodien gegliedert, eine Höhe von 2—6 m, ja bis 9 m bei einem Durchmesser von 3—7 cm erreichen; das Durchschnittsgewicht eines Rohrstengels beträgt 3 kg. Ein Steckling treibt bis zu 25 und mehr Stengel. Einer besonderen Düngung bedarf das Zuckerrohr meistens nicht, aber einer ebenso guten Pflege wie die Zuckerrübe; auch ist es manchen Krankheiten ausgesetzt, die aber noch wenig untersucht sind. Die Wachstumsdauer

saft enthält weniger Nichtzuckerstoffe als der Zuckerrübensaft, läßt sich daher leichter auf Zucker verarbeiten. Der Reinheitsquotient[1]) der Zuckerrohrsäfte beträgt 85—90%, der der Zuckerrübensäfte 80—85%.

Gewinnung des Zuckers aus Zuckerrohr. Die Verarbeitung des Zuckerrohrs auf Zucker geschieht meistens noch nach den von alters her gebräuchlichen Verfahren. Das Rohr wird entweder unzerkleinert oder zerschnitten ein- oder mehrmal unter Mitanwendung von heißem Wasser zwischen Walzen, den sog. Mühlen ausgepreßt. Der Saft wird mit Kalk versetzt, erhitzt, durch Filterpressen von dem gebildeten Schlamm befreit und weiter wie Rübensaft auf Zucker verarbeitet. Durch dreifache Pressung unter Heißwasserimbibition erhält man bis gegen 90% des in dem Rohre enthaltenen Zuckers, durch einmalige Pressung nur 60—70%.

Man hat in den letzten Jahren auch angefangen, das Zuckerrohr nach dem bei den Zuckerrüben gebräuchlichen Diffusionsverfahren zu verarbeiten, und dabei, wenn gleichzeitig kalkhaltiges Wasser — zur Neutralisation — angewendet wird, nicht nur eine größere Ausbeute[2]) an Zucker — von 13,13% z. B. 12,69% — sondern einen sehr reinen Saft erhaiten, bei dem eine weitere Reinigung nicht nötig ist.

Man scheint aber von dem alten Verfahren in den Ländern, wo es an Heizstoffen fehlt, nicht gern abzugehen, weil sich der Preßrückstand (die Bagasse) besser zur Heizung eignet als der Rückstand vom Diffusionsverfahren.

Die Rohrmelasse enthält weniger Saccharose und mehr direkt reduzierenden Zucker (Invertzucker)[3]) als die Rübenmelasse; sie dient teils zur Herstellung des Rums, teils zum menschlichen Genuß, selten zur Viehfütterung, und wo sich solche Verwendungen nicht finden, wird sie auch als Heizmaterial oder auch zur Düngung verwendet.

Gewinnung des Zuckers aus der Zuckerrübe. Die Verarbeitung der Zuckerrübe wie des Zuckerrohrs auf Zucker zerfällt in vorwiegend 3 Abschnitte: I. Gewinnung des Rohzuckers; II. Reinigung des Rohzuckers; III. Verarbeitung der Abfälle, der Melasse usw.

I. Gewinnung des Rohzuckers. Diese gliedert sich wieder in 5 Stufen, nämlich: 1. Vorbereitung der Rüben; 2. Gewinnung des Saftes; 3. Reinigung des Saftes; 4. Eindampfung des Saftes und 5. Verarbeitung der Füllmasse.

1. Die Vorbereitung der Rübe. Diese besteht einerseits in der Reinigung der Rüben durch die Rübenschwemme, Trommel- bzw. Quirlwäsche, womit noch ein Steinfänger ver-

---

beträgt je nach der Lage 9—20 Monate; in Java wird nur einmal geschnitten, in den meisten anderen Ländern 4—5 mal, in Cuba, Jamaika und Guadeloupe sogar 6—7 mal.

Infolge hiervon, sowie der angebauten Art, des Bodens, der Düngung, Witterung usw. schwankt der Ertrag zwischen weiten Grenzen, und beträgt in Doppelzentnern (100 kg) für 1 ha und Jahr: Zuckerrohr 420—900 dz, Zucker 71—140 dz.

Die chemische Zusammensetzung des Zuckerrohrs ist folgende:

Wasser	Stickstoffsubstanz	Fett, Wachs	Saccharose	Glykose	Zellstoff (Mark)	Asche
76,0—69,0%	1,2—2,0%	0,5—1,0%	15,0—17,0%	0,3—1,8%	9,0—12,0%	0,4—0,9%

[1]) Unter Reinheitsquotient versteht man die Zahl, welche angibt, wieviel Prozente Zucker in 100 Gewichtsteilen Safttrockensubstanz enthalten sind. Ein Reinheitsquotient von 85% bedeutet also, daß von 100 Teilen Safttrockensubstanz 85 Teile Zucker sind.

[2]) Der Zuckerverlust in der Bagasse beim Preß-(Mühlen-)Verfahren betrug 2,39%, bei der Diffusion nur 0,44%.

[3]) Nach Prinsen-Geerligs enthält Rohrmelasse im Mittel von 17 Analysen:

Wasser	Saccharose	Invertzucker	Organischer Nichtzucker	Asche	Kali	Kalk	Phosphorsäure
25,38%	33,38%	23,00%	12,85%	5,39%	2,41%	0,90%	0,14%

bunden zu sein pflegt, andererseits in der Zerkleinerung der Rüben zu Schnitzeln mittels der Schnitzelmaschine. Ein Verreiben der Rüben zu Brei findet kaum mehr statt.

2. Die Gewinnung des Saftes. Für die Gewinnung des Saftes aus der Zuckerrübe sind 5 Verfahren in Anwendung gebracht worden, nämlich das Auspressen des Rübenbreies, das Ausschleudern (Zentrifugieren) desselben, das Auslaugen desselben mit Wasser (Maceration), das Auslaugen der Schnitzel in geschlossenen Zellen mit Wasser nach dem Diffusionsverfahren, das Auslaugen mit 95—89° heißem Brühwasser nach Steffen.

Letztere beiden Verfahren haben die drei ersten jetzt wohl vollständig verdrängt; denn schon 1890/91 arbeiteten von 401 Zuckerfabriken 398 nach dem Diffusionsverfahren.

Das Diffusionsverfahren. Wenn zwei Flüssigkeiten von verschiedenem Gehalt an gelösten Stoffen durch eine tierische oder pflanzliche Membran voneinander getrennt werden, so findet ein Austausch ihrer Bestandteile statt. Man nennt diese Erscheinung Membrandiffusion oder Osmose und unterscheidet die beiden Bewegungen als Endosmose und Exosmose. Die Membran sättigt sich nicht nur mit Wasser, sondern auch mit den in demselben gelösten Stoffen; sind letztere auf beiden Seiten verschieden, so sucht sie sich mit denselben auf beiden Seiten zu sättigen und können die verschiedenen Stoffe ihre Anziehungskräfte entfalten; es findet zunächst eine Mischung innerhalb der Membran statt; infolgedessen gelangen die Bestandteile der Flüssigkeit auf der einen Seite der Membran in den Anziehungsbereich der Bestandteile auf der anderen Seite derselben und gehen in diese über und umgekehrt. Das dauert so lange, bis Gleichgewichtszustand eingetreten ist. Je größer das Aufsaugungsvermögen der Membran für eine Flüssigkeit ist, und ferner je größer die Verschiedenheit in dem Gehalt an gelösten Stoffen in den beiden durch die Membran getrennten Flüssigkeiten ist, desto rascher geht die Diffusion vor sich; auch eine höhere Temperatur, wenn sie die Membran nicht schädigt, unterstützt wie die Molekularbewegung überhaupt, so auch die Diffusion.

Im allgemeinen sind aber nur krystallisierende Körper (wie Salze, Zucker) diffusionsfähig, und werden solche Stoffe „Krystalloide“ genannt, während Proteine, Gummi, Pektinstoffe usw. nicht diffusionsfähig sind.

Auch besitzen nicht alle Krystalloide gleiches Diffussionsvermögen: von Kochsalz- und Zuckerlösungen mit dem gleichen Gehalt diffundiert in gleichen Zeiträumen durch die gleiche Membran vom Zucker nur halb soviel wie vom Kochsalz.

Auf der Membrandiffusion beruht auch die Gewinnung des Zuckers aus der Rübe nach dem Diffusionsverfahren.

Die geschnitzelten Rüben gelangen in die sog. Diffuseure (eiserne Zylinder von 2,0 bis 2,5 m Höhe und 1 m Durchmesser), die reihenweise zu durchweg 9—10 Stück zu einer sog. Batterie vereinigt sind. Wenn die Diffuseure mit Schnitzeln gefüllt sind, läßt man in den ersten Zylinder warmes Wasser eintreten; wenn es genügend lange mit den Schnitzeln in Berührung gewesen ist, wird es durch frisches warmes Wasser verdrängt und in den 2., von da in den 3. Diffuseur usw. gepreßt; damit das Wasser auf diesem Wege sich nicht abkühlt, sind zwischen den einzelnen Diffuseuren Calorisatoren angebracht, welche den Saft auf der Temperatur von 50—70° halten. Oder man bringt in den 1. Diffuseur 20° warmes Wasser und steigert die Temperatur beim Übertritt in den folgenden Diffuseur um je 10° bis zu etwa 80°. Wenn das zuckerhaltige Wasser bzw. der Saft den 9. oder 10. Diffuseur durchlaufen hat, hat es einen Gehalt von 8—10% Zucker (also annähernd so hoch wie der Rübensaft) angenommen und wird dann weiter verarbeitet; die Schnitzel im 1. Diffuseur, durch den 9—10 mal frisches warmes Wasser hindurchgegangen ist, sind alsdann vollständig ausgezogen, fast zuckerfrei. Man entleert sie unten durch eine Öffnung und ersetzt sie durch frische Schnitzel. Das frische, warme Wasser tritt unterdes in den 2. Diffuseur, um hier die letzten Reste Zucker aus den Schnitzeln zu lösen, während der abgepreßte Saft vom letzten Diffuseur in den 1. Diffuseur mit frischen Schnitzeln geleitet wird, um sich tunlichst mit Zucker anzureichern. So geht die Auslaugung unausgesetzt fort.

Die Ausbeute an Rohzucker schwankt je nach dem Zuckergehalt der Rüben im allgemeinen zwischen 12—14 kg aus 100 kg Rüben.

100 kg Rüben liefern etwa 120 kg Diffusionssaft und 80—90 kg frische Diffusionsschnitzel oder 45 kg Preßschnitzel oder 5 kg Trockenschnitzel[1]).

Gewinnung des Rübensaftes nach dem Steffenschen Brühverfahren. In den letzten Jahren ist das Diffusionsverfahren vielfach durch das Steffensche Brühverfahren ersetzt. Nach demselben werden die wie vorstehend gewonnenen Rübenschnitzel in einem Brühtrog durch eine Schnecke mit 95—98° heißem Rohsafte — bei Beginn des Betriebes mit ebenso heißem Wasser — rasch verrührt; man rechnet auf 100 kg Schnitzel 500—600 l Brühsaft und für das Gemisch von Schnitzeln und Saft 85°. Die genügend gebrühten Schnitzel werden durch eine schrägstehende Schnecke in eine Schnitzelpresse mit feingelochtem Blech gehoben, worin sie durch Pressung in Saft und Schnitzel zerlegt werden. Der Saft läuft in den Brühtrog zurück, aus dem der Überschuß beständig überfließen kann, während die gepreßten Schnitzel der Trocknerei zugeführt werden. Damit der Saft im Brühtrog nicht gehaltreicher wird als der in der Zuckerrübe — man wählt 15 bis 17° Bé. —, wird er von Zeit zu Zeit mit Absüßwasser verdünnt.

Man gewinnt auf diese Weise aus den Rüben etwa 70—80% Saft und 30% Schnitzel. Letztere, die Zuckerschnitzel genannt werden, sind erheblich zuckerreicher als die Diffusionsschnitzel[2]), und infolgedessen ist die Ausbeute an Zucker aus Rüben nach diesem Verfahren entsprechend niedriger. Aber es hat auch wesentliche Vorteile vor dem Diffusionsverfahren. Bei der plötzlichen Erwärmung der Zuckerschnitzel auf 85° gerinnt das Eiweiß, die Schnitzel werden lederartig zähe und es erleidet die Marksubstanz keine Aufquellung; es werden reinere Säfte gewonnen, die nicht nur die Gesamtarbeit vereinfachen, sondern auch Zucker von angenehmerem Geschmack liefern. Naturgemäß haben die Zuckerschnitzel einen dem Zuckergehalt entsprechenden höheren Futterwert als die Diffusionsschnitzel.

3. Reinigung des Saftes. Der auf vorstehende Weise erhaltene Zuckersaft, der noch geringe Mengen Kolloide (Proteine, Gummi, Pektin usw.) einschließt, bedarf noch verschiedener Behandlungen, bevor er reinen Zucker liefert, nämlich:

a) Die Scheidung; der Saft wird mit viel Kalk (bis 3% der Rüben) langsam erwärmt, wobei unter Bildung von Calciumsaccharat ein großer Teil der neben Zucker vorhandenen fremden Stoffe (Stickstoffverbindungen, organische Säuren, Farbstoffe, Mineralstoffe) niedergeschlagen bzw. zersetzt wird und ein Teil des Kalkes gelöst bleibt.

b) Die Saturation. Der überschüssige Kalk bzw. Zuckerkalk wird durch Einleiten von Kohlensäure (aus selbstgebranntem reinem Kalkstein) bis zur Sättigung ausgefällt bzw. zersetzt, wobei der ausfallende Niederschlag von Calciumcarbonat noch weitere Verunreinigungen des Saftes mit niederreißt. Statt der Kohlensäure wird auch ein Gemisch von dieser und schwefliger Säure oder von letzterer allein zur Saturation angewendet, nämlich besonders dann, wenn die weitere Reinigung des Saftes (Entfärbung) durch mechanische Filtration erfolgen soll. Die Reaktion des saturierten Saftes bleibt wegen vorhandener Alkalien und Ammoniaks meistens alkalisch.

c) Die Entschlammung (Pressung). Der ausgeschiedene Kalkschlamm (Scheideschlamm) wird meistens durch Filterpressen abgepreßt und kann wegen seines gleichzeitigen

---

[1]) Die Diffusionsschnitzel, die nur mehr 0,2—0,4% Zucker enthalten dürfen — ein Gehalt von 0,5% und mehr Zucker deutet schon auf Unregelmäßigkeiten im Betriebe hin — werden entweder frisch, oder nach dem Pressen, oder nach dem Einsäuern, oder nach dem Trocknen verfüttert; in anderen Fällen tränkt man auch die getrockneten Schnitzel mit der abfallenden Melasse und verwendet dieses Gemisch zur Fütterung.

[2]) So ergaben vergleichende Untersuchungen bei gleichem (10%) Wassergehalt:

	Diffusionsschnitzel	Zuckerschnitzel
Zucker	5,4—7,3%	30,9—35,3%

geringen Gehaltes an Stickstoff (0,1—0,5%) und Phosphorsäure (1,2%) zur Düngung verwendet werden.

d) Die Filtration. Der abgepreßte Saft, der Dünn- oder Grünsaft, wird in den älteren Fabriken mittels Filtration durch Knochenkohle weiter gereinigt, besonders entfärbt; die Knochenkohle befindet sich in 4—5 m hohen, 0,5—1,0 m weiten eisernen Zylindern — 3 bis 6 Stück eine Batterie bildend — und wird nach dem Gebrauch entweder durch Waschen mit Wasser bzw. Sodalösung oder durch Glühen bei Luftabschluß oder wie meistens nach vorherigem Behandeln mit Salzsäure durch Gären gereinigt (wieder belebt, regeneriert), um weiter benutzt werden zu können.

Statt der Filtration durch die teure Knochenkohle wird jetzt fast allgemein, sowohl für den Dünn- als Dicksaft die mechanische Filtration angewendet, zu der unter vorheriger Saturierung mit schwefliger Säure anstatt Kohlensäure und nach Erhitzen bis zum Kochen entweder sehr gutes, dichtes und gleichmäßiges Gewebe und Filterpressen mit 1—2 m Drucksteigerung oder auch einfach Kies usw. in den früheren Kohlefiltern angewendet werden.

4. Einkochen des Dünnsaftes zu Dicksaft. Dasselbe wird in Vakuumapparaten vorgenommen; infolge der Luftleere siedet der Saft schon bei 60—80° und erleidet bei dieser niedrigen Temperatur keine Zersetzung; der abziehende Wasserdampf wird in den Heizapparat geleitet und dessen Wärme wieder ausgenutzt.

Wenn der eingekochte Saft einen Trockensubstanzgehalt von 50 Saccharometergraden erreicht hat, wird er behufs weiterer Entfärbung wie der ursprüngliche Dünnsaft nochmals filtriert und dann in den Vakuumapparaten bis zu der sog. Füllmasse eingedampft; dieselbe stellt je nach der Arbeitsweise entweder einen Krystallbrei — daher die Bezeichnung auf Korn verkochen — oder eine übersättigte Zuckerlösung von 90—94% Trockensubstanzgehalt dar.

5. Verarbeitung der Füllmasse. Die Füllmasse wird nach Erreichung des genügenden Gehaltes aus dem Vakuumkessel in die warme Füllstube abgelassen, in eisernen Kästen aufgefangen und hierin der Krystallisation überlassen; nach 12—24 Stunden ist die Masse fest geworden; sie wird dann mit etwas dünnerem Sirup vermischt — das Maischen genannt — und darauf zentrifugiert, um die Saccharosekrystalle von dem Sirup zu trennen. Die vom Sirup befreite Masse heißt I. Produkt, sie ist aber noch kein reiner Zucker, sondern ein Rohzucker, der fast stets noch schwach gelblich gefärbt ist. Der abgeschleuderte Sirup wird im Vakuumapparat weiter (bis zur Fadenprobe) verkocht — Blankkochen genannt — und in einem 30—40° warmen Raum der Krystallisation überlassen; diese nimmt etwa zwei Wochen in Anspruch; der Krystallbrei wird dann mit vorhandenem Sirup wieder gemaischt und geschleudert, um so das II. Produkt zu erhalten, welches natürlich noch mehr Nichtzuckerstoffe enthält als das I. Produkt.

Der vom II. Produkt abgeschleuderte Sirup wird vielfach noch einmal verkocht und auf III. Produkt verarbeitet. Der hiervon entfallende Sirup bzw. der Sirup, der nicht mehr verkocht wird, heißt Melasse[1]).

[1]) Es werden auf diese Weise rund etwa erhalten:

	I. Produkt	II. Produkt	III. Produkt	Melasse	Scheide-schlamm	Trocken-schnitzel
Aus je 100 kg Zuckerrüben . .	11,5 kg	1,5 kg	0,5 kg	3,0 kg	10 kg	5 kg
Füllmasse	69 „	10 „	8 „	22 „	—	—
Saccharose in der Trockensubst.	98,0%	94,5%	94,4%	61,5%	—	5,5%
Rendement	91,5%	77,9%	77,5%	—	—	—

Unter „Rendement“ oder Raffinationswert (Ausbeute) versteht man die Zahl, welche angibt, wieviel an krystallisiertem Zucker bei dem Raffinationsvorgang aus einem Rohzucker zu gewinnen bzw. „auszubringen“ ist.

Hierbei nimmt man an, daß durch 1 Gewichtsteil der in einem Rohzucker enthaltenen löslichen Salze (also ausschließlich Sand usw.) 5 Gewichtsteile Saccharose am Krystallisieren verhindert und der Melasse zugeführt werden.

II. Reinigung des Rohzuckers und Herstellung des Verbrauchszuckers. Dem Rohzucker aus Zuckerrüben haftet zum Unterschiede von dem aus Zuckerrohr meistens noch Sirup bzw. Nichtzucker an, der ihm einen unangenehmen Geschmack verleiht und daher beseitigt werden muß. Dieses geschieht entweder durch das sog. Decken oder die Kochkläre und wird bald in den Rohzuckerfabriken selbst, bald in besonderen Raffinerien vorgenommen.

Unter „Decken" versteht man Waschen des Rohzuckers in den Zentrifugen unmittelbar nach dem Abschleudern des Sirups. Es kann entweder durch Waschung mit Wasser (Wasserdecken) oder durch Wasserdampf (Dampfdecken), oder durch ein Gemisch von Wasserdampf und Luft (Dampfnebeldecken) oder durch eine gesättigte reine Zuckerlösung (Deckkläre, Deckklärsel) geschehen. Letztere löst wie das Wasser nur die Sirupreste, nicht den Zucker, und verwandelt den Rohzucker in eine „weiße Ware". Die Deckkläre muß sehr rein sein, was früher durch Blut, Knochenkohle, jetzt nur mehr durch mechanische Filtration[1]) erreicht wird. Die Reinigung mit Deckklären ist erreicht, wenn die ablaufende Zuckerlösung dieselbe Zusammensetzung hat, wie die aufgegossene.

Unter „Kochkläre" versteht man eine Zuckerlösung, die auf Verbrauchszucker verkocht werden soll. Sie wird durch Auflösen (Einschmelzen) von Rohzucker in besonderen Zuckerraffinerien hergestellt und wie die Deckkläre durch sorgfältige Filtration gereinigt, nur mit dem Unterschied, daß sie nicht wie die Deckkläre nachher abgekühlt wird. Etwa vorhandener Invertzucker muß durch Zusatz von Kalkmilch unschädlich gemacht und der überschüssige Kalk wieder entfernt werden.

Je nachdem man zur Kochkläre reineren oder unreineren Rohzucker anwendet, das Eindampfen im Vakuum und die Krystallisation bei niederer oder höherer Temperatur vornimmt, erhält man verschiedene Sorten Verbrauchszucker, die dem Geschmack der Verbraucher angepaßt zu werden pflegen.

Die Ausbeute an Raffinerieerzeugnissen beträgt im Durchschnitt 88—92 kg weißen Verbrauchszucker und 5—8 kg Melasse aus 100 kg Rohzucker von 95—97% (Polarisation).

Es werden nach Stohmann-Schander folgende Sorten Verbrauchszucker unterschieden:

I. Harte Zucker. Diese Gruppe, die auch als Raffinade, Melis, Pilé bezeichnet wird, wird durchweg aus reinem Kochzucker gewonnen. Man rechnet hierzu folgende Sorten:

1. Brot- oder Hutzucker, weiße Blöcke von kegelförmiger Gestalt, die entweder direkt aus der Füllmasse oder durch Pressung aus feuchtem Zuckermehl (Preßbrote) hergestellt werden.

2. Plattenzucker, aus verschiedenartigen, meist prismatischen oder zylindrisch geformten kleinen Platten bestehend, die aus der Füllmasse erzeugt werden.

3. Würfelzucker, weiße krystallinische Stücke von flacher oder würfelförmiger Gestalt (auch Cubes) genannt, erhalten durch Zerschneiden von Zuckerstangen oder den Platten Nr. 2. Aus feuchter Zuckermasse gepreßte und getrocknete Stangen oder Platten liefern die Preßwürfel.

4. Pilé besteht aus etwa erbsengroßen, unregelmäßig zerbrochenen Stücken (Knoppern, Crushed), die durch Zerschlagen von Ausschußbroten erhalten werden und denen das beim Zerbrechen entstehende Mehl beigemischt ist. Das Pilékorn ist viel feiner als das des Krystallzuckers, aber stärker als das in den folgenden Sorten; es wird daher auch grobes Meliskorn genannt.

II. Krystallzucker (Sandzucker, Granulated, Kastorzucker). Er wird aus weniger reinen Zuckerlösungen hergestellt und die Krystalle werden durch Decken mit Wasser, das durch Ultramarin gebläut ist, gereinigt. Dieser Verbrauchszucker besteht aus losen, deutlich

---

[1]) Die meistens angewendete Soxhletsche Filtermasse besteht aus Holzschleifmehl, gemischt mit Kieselgur, Bimsstein oder Kokspulver.

ausgebildeten Zuckerkrystallen; Krystallzucker von mittlerer Körnung, besonders in England beliebt, heißt Granulated, ein solcher von besonders gleichmäßiger, feiner Körnung Kastorzucker.

III. Kandis. Kandis ist ein raffinierter Zucker, der durch langsame Krystallisation aus sehr reinen Lösungen in großen, zusammengewachsenen und mehr oder weniger durchscheinenden Krystallen gewonnen wird. Man unterscheidet weißen, gelben und braunen Kandis. Letztere beiden Sorten werden, da Rübenzucker nur weißen Kandis liefert, durch geringeren oder größeren Zusatz von Caramel (Zuckercouleur) zum Klärsel erhalten.

IV. Farin und gemahlener Zucker. Unter Farin versteht man den aus dem bei der Raffination des Rohzuckers abfallenden Grünsirup durch Verkochen auf Korn gewonnenen Zucker; da der Grünsirup viel reiner ist als der von der Rohzuckerfüllmasse, so ist er als zweites Produkt bzw. als zweitklassiger Verbrauchszucker von recht guter Beschaffenheit und wird als gelber Farin besonders in den Bäckereien und Konditoreien beliebt. In gemahlenem Zustande heißt dieses Erzeugnis auch weißer Farin. Im übrigen dürfte der gemahlene Zucker meistens aus den Abfällen bei der Herstellung aller unter 1 und 2 genannten Sorten bestehen.

In flüssiger Form kommt der Zucker als Kandissirup, Abfallerzeugnis (Mutterlauge) in den Kandisfabriken, als Speisesirup aus Melasse der Rohzuckerfabriken, in den Handel. Letzterer wird häufig mit Stärkesirup versetzt.

Es wird aus dem festen Rübenzucker aber auch auf künstlichem Wege flüssiger Zucker hergestellt, und man unterscheidet den Invertzucker (Invertsirup), bei dem die Saccharose fast vollständig, und die flüssige Raffinade, bei welcher sie bis etwa zur Hälfte invertiert ist.

Durch Eindicken des ganzen Rübensaftes erhält man ebenfalls einen Speisesirup, das sog. Rübenkraut, welches unter Obstkraut (S. 481) besprochen werden soll.

Über die Zusammensetzung der verschiedenen Erzeugnisse aus dem Rübenzucker und anderer Zuckerarten vgl. Tab. II, Nr. 851—860.

Die verschiedenen Sorten Rübenzucker zeigen nur verhältnismäßig geringe Schwankungen in der Zusammensetzung[1]), verhalten sich aber bezüglich des süßen Geschmacks nicht unwesentlich verschieden, ein Beweis, daß nur geringe fremde Beimengungen die Beschaffenheit des Rübenzuckers beeinflussen. Der Zucker aus Zuckerrohr dagegen hat trotz geringerer Reinheit einen reineren, süßeren Geschmack.

III. Reinigung und Verwertung der Abfälle. Die bei Gewinnung sowohl von Rohzucker als raffiniertem Zucker abfallende Melasse[2]) enthält noch viel Saccharose, deren Krystallisation durch die vielen vorhandenen Salze verhindert wird.

Die neben der Saccharose in der Melasse verbleibenden organischen Stoffe sind: Asparaginsäure, Glutaminsäure, Betain (etwa 2%), Dextrin, Abkömmlinge der Saccharose, Arabinsäure, Huminsubstanzen, veränderte Proteine usw.

a) Ältere Verwendung der Melasse. In früheren Jahren, als der aus Melasse gewonnene Zucker nicht versteuert zu werden brauchte, waren für die Gewinnung von Zucker aus Melasse folgende Verfahren in Gebrauch:

---

[1]) Die Zusammensetzung des Gebrauchszuckers aus Rüben schwankte z. B. wie folgt:

Gehalt:	Wasser	Saccharose	Organischer Nichtzucker	Sulfatasche	Carbonatasche
Mittlerer	0,06%	99,73%	0,15%	0,05%	0,04%
Schwankungen . .	0,02—0,50%	98,05—99,90%	0,02—0,35%	0,01—1,39%	0,01—1,35%

[2]) Die beiden Melassen haben nahezu gleiche chemische Zusammensetzung:

Melasse von	Wasser	Stickstoffsubstanz (N×6,25)	Saccharose	Organischer Nichtzucker	Salze
Rohzucker . . .	19,3%	10,4%	49,7%	8,9%	11,7%
Raffineriezucker .	21,5%	12,1%	50,8%	9,3%	7,3%

1. Osmoseverfahren. Der in Pergamentsäcken oder -schläuchen befindlichen Melasse bewegt sich ein Wasserstrom entgegen; durch die Membran diffundieren die löslichen Salze schneller als der Zucker; aus der rückständigen reineren Zuckerlösung läßt sich durch Krystallisation weiter Zucker gewinnen,

2. Kalksaccharatverfahren. Hierfür gibt es dreierlei Ausführungsarten.

α) Elutionsverfahren. Vermischen der Melasse mit frisch gebranntem, trockenem Kalkpulver bei 30—35°, Auswaschen (eluere) der Masse mit Alkohol zur Entfernung der Nichtzuckerstoffe, Zerlegen des Zuckerkalkes ($C_{12}H_{22}O_{11} \cdot 3\,CaO$) mittels Wasserdampfes sowie Kohlensäure und Verarbeiten des Filtrats vom Calciumcarbonat auf Zucker.

β) Das Substitutionsverfahren. Die Melasse wird auf einen Zuckergehalt von 7% gebracht und in der Kälte mit Kalk versetzt, wodurch sich lösliches Monocalciumsaccharat bildet; durch Erwärmen der Lösung auf 100° scheidet sich Tricalciumsaccharat aus, welches durch Filterpressen von der Lauge getrennt und wie vorstehend behandelt wird.

Man erhält aber auf diese Weise nur $^1/_3$ des vorhandenen Zuckers als Tricalciumsaccharat.

γ) Das Ausscheidungsverfahren. Die Melasse wird zu dem Zweck auf 7% Zuckergehalt verdünnt, in Kühlmaischern bei 15° mit staubfeinem Ätzkalk in kleinen Gaben solange versetzt, bis aller Zucker ausgefällt (ausgeschieden) ist usw.

3. Das Strontianverfahren. Es beruht auf der Bildung von Monostrontiumsaccharat. Die Melasse wird mit so viel heiß gesättigter Strontiumoxydlösung versetzt, daß auf 1 Teil des durch Polarisation bestimmten Zuckers der Melasse mindestens 1 Teil Strontiumoxyd entfällt; die Mischung, deren Temperatur etwa 70° beträgt, wird auf einem Berieselungskühler durch kaltes Wasser abgekühlt, dann in Behältern der Krystallisation überlassen. Nach etwa 3—6 Stunden verwandelt sich der Inhalt in eine anscheinend feste Masse von krystallisiertem Monostrontiumsaccharat ($C_{12}H_{22}O_{11} \cdot SrO + 5\,H_2O$), welche durch Nutschen (Absaugefilter) oder Filterpressen abgetrennt und durch Kohlensäure zerlegt wird.

Zu demselben Zweck, der Gewinnung des Zuckers aus der Melasse, sind an Stelle von Strontian auch Baryt und Bleioxyd, die auch schwer lösliche Saccharate bilden, vorgeschlagen, haben aber wegen ihrer giftigen Eigenschaften nicht geringe Bedenken.

Die Endlaugen (Restmelasse) der verschiedenen Melasseentzuckerungsverfahren enthalten neben organischen Stoffen mit Stickstoff hauptsächlich Kalisalze. Sie können daher zweckmäßig zur Düngung verwendet werden; oder man entfernt aus denselben den Kalk mit Kohlensäure, verdampft den Rückstand, verascht und stellt durch weitere Reinigung aus der Asche ziemlich reines Kaliumcarbonat (Pottasche) her.

b) Neuere Verwendung der Melasse. Seitdem auch der aus Melasse gewonnene Zucker versteuert werden muß, also die umständliche Verarbeitung nicht mehr lohnt, sucht man sie auf verschiedene andere Weise zu verwerten, z. B. zur Alkoholgewinnung durch Vergärung und zur Gewinnung von Cyankalium aus der Schlempe, zur Gewinnung von Futter- und Nährhefe (Protein) unter Mitverwendung von Ammoniumsulfat, zur Gewinnung von Fett mit Hilfe der Fetthefe. Die umfangreichste Verwendung findet sie aber zur Fütterung, und zwar als solche, noch mehr aber nach Vermischung mit Trockenfuttermitteln; als solche werden angewendet: Trockentreber, Trockenschlempe, Trockenschnitzel, Malzkeime, Kleie und Blut (Blutmelasse); es werden aber auch wertlose Abfälle als Melasseträger angewendet, z. B. Erdnußkleie, Getreidespelzenmehle und Torfpulver; diese sind aber nicht empfehlenswert, weil sie die Verdaulichkeit des übrigen Futters beeinträchtigen.

Die Melasse selbst und die guten Mischfutter erhöhen die Freßlust und wirken gedeihlich auf die Mast wie Milchergiebigkeit. Von der Melasse kann man bis zu 1 kg, von den Mischfuttermitteln bis zu 2 kg für den Tag und Kopf Großvieh verfüttern.

Verfälschungen und Verunreinigungen des Zuckers. Verfälschungen z. B. mit Mehl, Stärkemehl, Gips, Schwerspat, Ton, kommen wohl kaum mehr vor. Dagegen finden sich Verunreinigungen öfter, nämlich:

1. Mikroorganismen (Schimmel, Hefen und Bakterien verschiedener Art).

2. Ultramarin als Mittel zur Auffärbung gelb gefärbter Zuckersorten.

3. Bleichmittel wie Natriumhydrosulfit ($Na_2H_2S_2O_5$), Zinknatriumhydrosulfit (Eradit), schweflige Säure u. a.

4. Schwermetalle, gegebenenfalls von der Gewinnung des Zuckers aus Melasse herrührend, nämlich Blei, Barium und Strontium.

Reiner Zucker muß sich klar und ohne Trübung in Wasser lösen, geruchlos und ohne Beigeschmack sein; 1 Teil Zucker muß sich in $^1/_2$ Teil Wasser zu einem klaren, nicht merklich gefärbten Sirup lösen.

Der Gehalt an Saccharose wird durch Polarisation bestimmt.

Seltene Pflanzenzuckerarten.

Wie im Zuckerrohr und in den Rüben kommt auch in vielen anderen Pflanzen die Saccharose in größeren Mengen vor und wird daraus auch als Handelsware gewonnen. Hierzu gehören:

1. Ahornzucker. Der Ahornzucker kommt für den Markt in Europa kaum in Betracht, hat aber eine gewisse Bedeutung für Nordamerika. Er wird dort durch einfaches Eindicken des Frühlingssaftes vom Zuckerahorn (Acer saccharinum Michaux oder Acer saccharophorum C. Koch) gewonnen. Die Bäume liefern vom 20. Jahre an 40 Jahre lang und mehr im lichten Stande durchschnittlich jährlich 1 kg, unter günstigen Verhältnissen auch wohl bis 3 kg Zucker. Man bohrt, ähnlich wie im Inlande bei den Birken, 50—75 cm über dem Boden in den Stamm der Bäume 2,5 cm tiefe Zapflöcher von 1,5 cm Durchmesser und befestigt darin Zinnrohre, an welche man gut verdeckte Zinneimer anhängt. Der Saft wird täglich zweimal — während der Nacht fließt kein Saft aus — gesammelt und sofort eingedampft. Er enthält 2,0—3,5% Saccharose. Kennzeichnend für den Ahornzucker ist der nicht unbedeutende Gehalt an Äpfelsäure, der bei reinem Ahornzucker zwischen 0,98—1,67% liegt. Auch wird der Ahornsaft als Ahornsirup in den Handel gebracht, dessen Gehalt an Äpfelsäure zwischen 0,84—1,28% beträgt. Zucker wie Sirup sind weniger wegen ihres Gehaltes an Saccharose (wegen ihrer Süßigkeit), als wegen eines eigenartigen angenehmen, an Honig erinnernden Aromas geschätzt, dessen Natur bis jetzt noch nicht ermittelt ist. Wegen dieser Eigenschaften werden beide auch häufig verfälscht, und zwar mit Rohrzuckersirup und Stärkesirup, die mit einer Abkochung von Hickoryrinde parfümiert werden und durch weiteres Eindunsten bis zur Krystallisation den künstlichen Ahornzucker liefern.

2. Hirsezucker. Die reife Zuckerhirse (Sorghum saccharatum Pers.) enthält ebenso wie das Zuckerrohr viel krystallisierbaren Zucker (11—13%), aber auch viel direkt reduzierenden Zucker (0,75—2,5%) neben Stärke (7,15%). Die Säfte ergaben 11,3—12,9% Saccharose und 2,4 bis 3,5% nicht krystallisierenden Zucker, weshalb sich der Saft kaum auf Saccharose verarbeiten läßt, sondern höchstens einen Sirup liefern kann.

3. Maiszucker. Die runzeligen Körner des Zuckermaises enthalten im milchreifen Zustande etwa 8,0% Zucker neben 8,3% Protein, weshalb sie auch gern wie grüne Erbsen zur Herstellung von Gemüse verwendet werden. Der Saft soll aber auch 15—16% gut krystallisierte Zuckermasse liefern.

4. Palmenzucker. Der Saft mehrerer Palmen (z. B. Arenga saccharifera Labill., Borassus flabelliformis L., Caryota urens L., Cocos nucifera L. u. a.) enthalten ebenfalls viel Saccharose, die daraus durch Anzapfen der Stämme oder Früchte gewonnen werden kann. Manche Palmen liefern nach Vollendung des Hauptwachstums 3—6 Monate lang täglich 3 l Saft mit 500 g Zucker, weshalb er durch Vergärenlassen schon seit uralter Zeit zur Herstellung von alkoholischen Getränken (Palmenwein, Toddy, vgl. unter Arrak S. 692 und Rum S. 691) benutzt wird. Den Zucker gewinnt man daraus in einfacher Weise durch Eindampfen und Auskrystallisierenlassen.

Diese 4 Zuckerarten sind aber viel unreiner als der Rohr- und Rübenzucker (vgl. Tab. II, Nr. 852—857).

Invertzuckersirup, flüssige Raffinade, Goldensirup.

Unter Invertzucker ist das durch Inversion von reiner Saccharose entstehende Gemisch von Glykose und Fructose zu verstehen, unter Invertzuckersirup dagegen das technisch hergestellte Inversionserzeugnis, welches neben Glykose und Fruktose noch wechselnde Mengen unzersetzte Saccharose enthält. Das etwa zur Hälfte invertierte Erzeugnis heißt auch „flüssige Raffinade".

Der im Handel vorkommende Goldensirup ist ebenfalls invertierte Saccharose, hat aber meistens einen Zusatz von Stärkesirup erhalten.

Zur Inversion werden verdünnte Säuren oder auch saure Salze verwendet. P. Wendeler invertiert die Zuckerlösungen (375 g Zucker auf 500 ccm Wasser) durch mehrstündiges Kochen mit Weinsäure und verhindert das Auskrystallisieren der Glykose durch Erhitzen der invertierten Lösungen auf hohe Temperaturen.

Im Kleinbetriebe wendet man außer Weinsäure auch Citronensäure zur Inversion an. Dagegen werden im Großbetriebe 80 proz. Rüben- oder Rohrzuckerlösungen mit 0,01—0,02 proz. Salzsäure oder 0,03—0,05 proz. Schwefelsäure bei 80—95° erhitzt, aber meistens nicht bis zur vollen Inversion der Saccharose, weil voll invertierte Lösungen nicht so lange flüssig bleiben, wie solche, die noch Saccharose enthalten.

Der Invertzuckersirup wird sehr vielseitig in der Herstellung von Nahrungs- und Genußmitteln verwendet, so z. B. bei der von Wein, Zuckerwaren und besonders auch zum Verfälschen des Honigs; Mischungen von Invertzuckersirup mit etwas echtem Honig oder Aromastoffen bilden den sog. Kunsthonig. An den zum Zuckern des Weines verwendeten Invertzuckersirup werden besonders hohe Anforderungen gestellt.

Speisesirup.

Die Speisesir pe bestehen aus den reineren Melassen, entweder von der Kandisfabrikation aus Rüben oder von der Zuckerrohrzucker-Fabrikation (Kolonialzuckermelasse). Sie sind durchweg reich an Invertzucker sowie Salzen und enthalten auch mehr oder weniger Raffinose.

Die Speisesirupe und Bäckersirupe sind häufig Mischungen von Melasse mit Stärkezucker bzw. -sirup. Letzterer kann, wie bei Zuckerwaren durch Polivasion vor und nach der Inversion bzw. durch Gärung nachgewiesen und bestimmt werden.

Bienenhonig.

Begriff[1]. Honig ist der süße Stoff, den die Bienen erzeugen, indem sie Nektariensäfte oder auch andere in lebenden Pflanzenteilen sich vorfindende Säfte aufnehmen, in ihrem Körper verändern, sodann in den Waben (Wachszellen) aufspeichern und dort reifen lassen.

Frisch ausgelassener Honig ist klar und dickflüssig, trübt sich aber allmählich und erstarrt je nach seiner Zusammensetzung durch Auskrystallisieren von Glykose früher oder später zu einer mehr oder weniger krystallinischen Masse.

Für die Farbe und den Geruch des Honigs sind beinahe ausschließlich die Blüten maßgebend, von welchen die Bienen den Honig sammeln; außerdem ist die Art der Gewinnung von Einfluß auf die Farbe und Beschaffenheit des Honigs.

Es sind zu unterscheiden

1. nach der Art der Gewinnung:

   a) Scheibenhonig oder Wabenhonig, Honig, der sich noch in den von Bienen gebauten, unbebrüteten Waben befindet;

[1] Nach dem im Kaiserl. Gesundheitsamt festgesetzten Entwurf über Honig. Berlin, Julius Springer, 1912.

b) **Tropfhonig, Laufhonig, Senkhonig, Leckhonig**, aus den Waben von selbst, ohne Anwendung mechanischer Hilfsmittel ausgeflossener Honig;
c) **Schleuderhonig**, aus den Waben mittels Schleudermaschine gewonnener Honig;
d) **Preßhonig**, aus den Waben durch Pressen auf kaltem Wege gewonnener Honig;
e) **Seimhonig** oder **Schmelzhonig**, aus den Waben durch Erwärmen und nachfolgendes Pressen gewonnener Honig;

Stampfhonig (Rohhonig oder Rauhhonig, auch Werkhonig) ist mit den Waben eingestampfter Honig;

2. nach der pflanzlichen Herkunft:
a) Honig von Blüten: Linden-, Akazien-, Esparsette-, Heidehonig usw., auch Blütenhonig schlechthin;
b) Honig von anderen Pflanzenteilen: Honigtauhonig, Coniferenhonig;
3. nach dem Orte der Gewinnung:
deutscher Honig, Havannahonig, Chilehonig usw.

Entstehung des Honigs. Die zur Bereitung des Honigs von den Bienen eingesammelten Nektariensäfte der verschiedenen Pflanzen enthalten bei einem Gehalt von 59 bis 93% Wasser recht verschiedene Mengen Zucker; Wilson fand im Nektar von 8 verschiedenen Blüten für je eine Blüte zwischen 0,099—8,33 mg direkt reduzierenden Zucker (Glykose) und 0,01—5,9 mg Saccharose, v. Planta 0,4—9,9 mg Glykose und ebenfalls bis 5,9 mg Saccharose. Bald waltet der direkt reduzierende Zucker, bald die Saccharose vor[1]). Stickstoffverbindungen scheinen im Nektar nicht oder nur in untergeordneter Menge vorzukommen. Zur Erzeugung von 1 kg Honig müssen die Bienen 100 000—2 000 000 Blüten besuchen.

Beim Sammeln des Nektars bedeckt sich der behaarte Körper mit dem Blütenstaub, dem Pollen der Pflanzen, und letzterer wird auch zum Teil mit dem Honig in den Zellen der Waben abgegeben. Dagegen wird der Pollen, den die Bienen aus Blüten, die keinen Nektar absondern, in Gruben der Hinterbeine (den Höschen) sammeln, in den Waben für die Brut (Brutwaben) abgegeben. Dieser Pollen gelangt dagegen für gewöhnlich nicht in den Honig, wohl aber der von windblütigen Pflanzen, der also auch in den Nektar der Blüten gelangt.

Der Pollen unterscheidet sich in der Zusammensetzung wesentlich vom Nektar. Als Zucker scheint nur Saccharose vorhanden zu sein, und zwar in geringerer Menge — Hasel- und Kiefernpollen enthielten in der Trockensubstanz nur 14,70 bzw. 11,24% Saccharose. Dagegen ist der Pollen reich an Fett (11—12% nach Kreßling, während v. Planta 4,20—10,63% Wachs angibt) und an Stickstoffsubstanz[2]) (17—32% in der Trockensubstanz).

Außer vom Nektar bilden die Bienen den Honig auch von süßen Pflanzensäften, besonders von dem klebrigen, süß schmeckenden Überzug auf Blättern der Bäume und Sträucher, dem sog. Honigtau, der in heißen und trockenen Sommern entweder direkt aus Spaltöffnungen der Blätter austritt oder von Blattläusen abgeschieden wird, die den süßen Saft aufsaugen, aber nur einen Teil desselben verdauen. Dieser Honigtau ist zum Unterschiede von den Nektariensäften reicher an Stickstoffsubstanz und besonders reich an Saccharose

[1]) v. Planta fand z. B. folgende Gehalte:

	Wasser	In der Trockensubstanz Glykose	Saccharose	Asche
Blüte von Profea mellifera . . .	82,34%	96,60%	—	—
„ „ Bigonia radicans . . .	84,70%	97,00%	2,84%	2,92%
„ „ Hoya carnosa	59,23%	12,22%	87,44%	0,27%

[2]) Als Stickstoffverbindungen wurden von v. Planta nachgewiesen: Globulin, Pepton, Nuclein, Albumin (1,61%), Hypoxanthin (z. B. 0,05—0,15% im Hasel- und 0,04—0,06% im Kiefernpollen), Xanthin (0,015%), Guanin (0,021%), Lecithin (0,895%) und Vernin (z. B. 1 g in 1300 g Haselpollen).

und Dextrin, infolgedessen sind die daraus erzeugten Honige (Honigtauhonig von Blättern und Coniferenhonig von Ausscheidungen auf Coniferen)[1]) reicher an Saccharose und Dextrin als die Nektarienhonige und rechtsdrehend.

Die von den Bienen durch den Rüssel aufgesaugten Rohstoffe erfahren bei der Umwandlung in Honig im Munde und Honigmagen noch mancherlei Veränderungen, von denen die Entfernung des Wassers und die Überführung der Saccharose in Invertzucker die wichtigsten sind. Da der Nektariensaft zwischen 59—93%, der Honig aber nur 17 bis 25% Wasser enthält, so muß zunächst eine erhebliche Menge Wasser entfernt werden. Dieses wird von den Bienen wesentlich durch Erzeugung eines Luftstromes im Stock mittels Flügelschlages künstlich erreicht. Die Umwandlung der Saccharose wird nicht durch Säuren, sondern durch die Invertase bewirkt, die wahrscheinlich ebenso wie die Diastase mit den Drüsensekreten dem Nektar zugefügt wird. Die Inversion wird im Bienenkörper eingeleitet, aber in den Waben fortgesetzt, da die unreifen ungedeckelten Waben mehr Saccharose enthalten als die reif geernteten Honige.

Der Futterbrei der 3 Larvenarten, Königin, Drohne, Arbeiterbiene, hat eine andere Zusammensetzung als der Honig; er enthält 69,4—72,8% Wasser und in der Trockensubstanz 27,9—55,9% Protein und 3,7—13,6% Fett neben 44,9—9,6% Glykose.

Gewinnung. Die Art der Gewinnung der Honigsorten ist schon unter Begriffserklärung genügend angedeutet. Hier sei noch erwähnt, daß der Schleuderhonig vorwiegend aus beweglichen Kunstwaben (Mobilbau) gewonnen wird, während die unbeweglichen Waben (Stabilbau) und auch zerbrochene dünnwandige Waben zur Gewinnung von Tropfhonig (Leck-, Lauf- oder Jungfernhonig), von Preß- und Seimhonig dienen.

Zur Gewinnung des Schleuderhonigs werden die Waben erst mit Hilfe geeigneter Messer entdeckelt oder, wenn der Honig, wie z. B. Heide- und Tannenhonig, zu zähe und schleimig ist, durch die Honiglösmaschine mittels kleiner Stifte geöffnet. Für die Schleuderung gibt es eine große Maschine. Da der Schleuderhonig gewöhnlich noch kleine Wachsstückchen einschließt, so wird er durch ein engmaschiges Sieb geseiht. Die Reinigung wird auch wohl in der Weise vorgenommen, daß man den Honig, um ihn dünnflüssiger zu machen, kurze Zeit erwärmt — Honige mit Krystallen auf 60 bis 70°, Heidehonige auf 45 bis 50° —, dann filtriert oder ausschleudert.

Beschaffenheit und Zusammensetzung. Die nach ihrer pflanzlichen Herkunft unterschiedenen Honige weisen in der äußeren Beschaffenheit wie chemischen Zusammensetzung einige Unterschiede auf, die in dem Entwurf zu Festsetzungen für Honig wie folgt angegeben werden:

a) Blütenhonig. Der gewöhnliche Honig des Handels ist der von den Bienen aus Nektariensäften erzeugte Blütenhonig. Dieser bildet in frischem Zustande eine dickflüssige, durchscheinende Masse, die allmählich mehr oder minder fest und krystallinisch wird. Die Farbe wechselt zwischen weiß, hell- bis dunkelgelb, grünlichgelb und braun, je nach Herkunft und Gewinnung des Honigs. Geruch und Geschmack sind eigenartig, süß, aromatisch.

Lösungen von Blütenhonig drehen das polarisierte Licht im allgemeinen nach links.

Blütenhonig besteht im wesentlichen aus einer konzentrierten wässerigen Lösung von Invertzucker, häufig mit einem Überschuß an Fructose; er enthält außerdem Saccharose, ferner mehr oder weniger dextrinartige und gummiähnliche Stoffe, geringe Mengen Eiweißstoffe, Fermente, Wachs, Farbstoffe, Riechstoffe, organische Säuren (Äpfelsäure, sowie Spuren von

---

[1]) Der Honigtau von verschiedenen Blättern ergab folgende Zusammensetzung:

Wasser	Stickstoff-Substanz	Zucker vor der Inversion (Glykose)	Zucker nach reduzierend (Saccharose)	Dextrin	Asche
15,92—24,88%	0,75—3,17%	16,70—43,80%	29,14—48,86%	8,59—39,40%	2,86—3,02%

Ameisensäure), Mineralstoffe, unter denen die Phosphate überwiegen, endlich pflanzliche Gewebselemente (vor allem Pollenkörner).

Die Zusammensetzung von Blütenhonig ist im allgemeinen folgende:

Wasser %	Stickstoffsubstanz %	Invertzucker %	Saccharose %	Zuckerfreier Trockenrückstand [1]) %	Organ. Säuren [2]) %	Asche %
20 (Mittel)	0,3 und mehr	70—80	0 bis 5 und mehr	5 und mehr	0,1—0,2	0,1—0,35

Für ausländische Blütenhonige fanden Lendrich und Nottbohm, ebenso Fiehe und Stegmüller ähnliche Grenzwerte.

b) Honigtau- und *Coniferenhonig.* Der von den Bienen aus Honigtau (süßen, klebrigen, meist von Blattläusen herrührenden Abscheidungen auf Pflanzenteilen) erzeugte Honig und der sog. Coniferenhonig, der von Abscheidungen auf Coniferen stammt, weichen in ihren äußeren Eigenschaften und in der Zusammensetzung wesentlich von Blütenhonig ab. Sie sind von dunkler Farbe, gewürzhaftem, harzigem oder auch melasseartigem Geruch und Geschmack und erstarren wegen ihres hohen Dextringehaltes schwierig. Ihre Lösung dreht das polarisierte Licht nach rechts. Der Gehalt an Saccharose und Dextrinen (von niedrigerem Molekulargewicht als die Dextrine des Stärkezuckers und Stärkesirups) sowie die Aschenmenge sind weit größer als bei Blütenhonigen. Der Gehalt an Invertzucker ist dementsprechend niedriger und beträgt im allgemeinen nur 60—70%. An Rohrzucker wurden in der Regel 5—10% und an Asche 0,4—0,6% beobachtet.

c) Zuckerfütterungshonig. Derselbe besitzt eine weiße bis hellgelbe Farbe, kein Aroma — höchstens Wabenaroma — und einen faden, sirupartigen Geschmack. Der Gehalt an Saccharose ist wesentlich erhöht — v. Lippmann fand in einem in der Nähe von Zuckerfabriken gesammelten Honig bis 16,38% Saccharose.

d) Eucalyptushonig, ein von einer schwarzen stachellosen Biene aus Eucalyptusblüten in Höhlungen von Bäumen erzeugter Honig, der aber weder Eucalyptol noch flüchtiges Öl oder Harz von Eucalyptus enthält und daher auch keine therapeutische Bedeutung besitzt. Der etwa in Verkehr gebrachte Eucalyptushonig ist ein künstliches Gemisch von Honig mit Eucalyptol.

e) Tagmahonig ist ein in Äthiopien von einer Art Mosquitos in Höhlen von Bäumen ohne Wachs erzeugter Honig, der sehr viel (27,9%) Dextrin enthält.

f) Giftiger Honig. Schon in Xenophons Anabasis ist die Rede von einem giftigen Honig, der von den Blumen von Rhododendron maximum bzw. ponticum oder Azalea pontica, welche einen giftigen Stoff, das Glykosid Andromedotoxin — auch in den Blättern und dem Holz von Andromeda japonica — enthalten, stammen soll. Da dieses Glykosid auch in Andromeda polifolia, Azalea indica, Calmia angustifolia, C. latifolia vorkommt, so werden diese Pflanzen ebenfalls giftigen Honig liefern, wie Barton in der Tat für New-Jersey nachgewiesen hat. Die europäischen Alpenrosen sind dagegen frei von Andromedotoxin und liefern keinen giftigen Honig. Übrigens besuchen die Bienen viele giftige Pflanzen, z. B. Bilsenkraut (Hyoscyamus niger L.), Schierling (Conium maculatum), Oleander (Nerium oleander L.) und andere giftige Pflanzen, ohne daß der davon gesammelte Honig giftig ist. Die Pflanzen müssen daher in den Blütenteilen kein oder nur wenig Gift enthalten, oder sie werden von der Biene unter vielen anderen Pflanzen nur spärlich besucht, so daß der giftige Stoff wirkungslos ist.

Man spricht auch von einem Rosenhonig, worunter ein Gemisch von Honig mit einem Rosenblätterauszug — erhalten durch Ausziehen von Rosenblättern mit verdünntem Spiritus — verstanden wird. Borax-, Salicyl-, Tanninhonig sind Mischungen von Rosenhonig mit Borax bzw. Salicylsäure bzw. Tannin.

---

[1]) Einschließlich Stickstoffsubstanz und organischen Säuren.

[2]) Oder 0,1—3,5 ccm Normallauge für 100 g Honig.

Die vereinzelt vorgeschlagene Vergärung von Niglösungen mit Hilfe von obergäriger Bierhefe zur Darstellung von sog. Met oder die Vergärung unter Mitverwendung von frischem Weinmost zur Darstellung von Honigwein dürfte wegen des hohen Preises von Honig kaum ausführbar sein.

Zu den einzelnen Bestandteilen des Honigs (vgl. Tab. II, Nr. 861—864) ist noch folgendes zu bemerken:

1. Wasser. Der Wassergehalt der Honige schwankt zwischen 15—25%; noch niedrigere Gehalte als 15% finden sich mitunter in Preßhonigen; höhere Gehalte als 22% deuten auf unreifen (unbedeckelten) Honig oder auf Wasserzusatz bei der Gewinnung hin. In der Regel liegt der Wassergehalt normaler Honige zwischen 17—20% und ist bei Blütenhonigen etwas höher als bei Honigtau- und Coniferenhonigen; erstere ergaben z. B. im Mittel von etwa 1000 Analysen 18,46%, letztere im Mittel von 20 Sorten 16,65% Wasser. Honige mit mehr als 22% Wasser sind wenig haltbar und gehen leicht in Gärung über.

2. Stickstoffsubstanz. Die Menge der Stickstoffsubstanz, die nach E. Moreau aus Serin und Globulin besteht, aber auch stickstoffhaltige Stoffe des Pollens (S. 420) und der Drüsensekrete der Bienen einschließt, wird in älteren Honiganalysen von Spuren bis zu 2,67% angegeben, ist aber in neueren Analysen von Lund, Witte und anderen wesentlich niedriger, nämlich zu 0,25—0,70%, gefunden worden.

3. Invertzucker. Im Invertzucker, dessen Menge in Blütenhonigen zwischen 68,0 bis 81,0% schwanken kann, in der Regel aber zwischen 72—76% liegt, waltet die Fructose im Durchschnitt etwas vor. So ergaben deutsche Honige:

Glykose	Schwankungen	22,23—44,71%	Mittel 36,20%
Fructose	„	46,89—33,92%	„ 37,11%

Browne fand in amerikanischen Honigen im Mittel 34,02% Glykose, 40,50% Fructose, also verhältnismäßig noch mehr Fructose; mitunter ist aber auch mehr Glykose als Fructose vorhanden. Browne fand z. B. in einem Ackerminzehonig sogar 40,90% Glykose und nur 23,35% Fructose.

4. Saccharose. In deutschen Blütenhonigen wurden von 0—8,22% Saccharose, in einem spanischen Rosmarinhonig 15,40%, in einem spanischen Orangenblütenhonig 12,12% Saccharose gefunden; das sind aber ausnahmsweise hohe Gehalte. Der Gehalt der Blütenhonige an Saccharose beträgt im Mittel aller Länder[1]) 1,71% Saccharose.

In Honigtau- und Coniferenhonig sind Gehalte von 0,72—18,40% (letzterer Gehalt für einen von Honigtau von Laubbäumen herrührenden Honig), im Mittel von 37 Proben aus verschiedenen Ländern 9,75% Saccharose gefunden. Bei Zuckerfütterungshonigen geht der Gehalt hierüber noch hinaus (S. 422).

5. Nichtzucker bzw. ***Dextrin.*** Auch bei Blütenhonigen ist der Gehalt an Nichtzucker bzw. Dextrin (d. h. protein-, säure- und aschenfreier Nichtzucker) großen Schwankungen unterworfen. In früheren Untersuchungen von vorwiegend deutschen Honigen ergaben sich Gehalte von 0,99—9,70%; Reese fand für holsteinschen Honig 1,39% (Rapshonig) bis 7,32% (Lindenblütenhonig), Lendrich und Nottbohm 0,92% (Hawaihonig) bis 8,68% (Chilehonig), im Mittel[2]) können 4,73% Nichtzuckerstoffe (Dextrin) im Honig angenommen werden. Die

[1]) Für die einzelnen Länder wurden folgende Mittelgehalte gefunden:

	Vorwiegend Deutsche (173)	Holsteinsche Reese (80)	Fiehe (111)	Ausländische Lendrich u. Buttenberg 1910/12 (59)	Ausländische Lendrich u. Buttenberg 1913 (60)	Amerikanische (92)
Saccharose	2,69%	0,84%	2,42%	1,48%	0,92%	1,90%

[2]) Es wurden gefunden:

	Vorwiegend Deutscher Honig (173)	Holsteinscher Reese (80)	Fiehe (111)	Ausländischer Honig Lendrich u. Buttenberg (59)	Ausländischer Honig Lendrich u. Buttenberg (60)
Nichtzucker (Dextrin)	3,89%	4,23%	5,84%	5,04%	4,73%

Leguminosen- und Cruciferenhonige sind verhältnismäßig arm an Nichtzucker. Bei den Honigtau- und Coniferenhonigen geht der Gehalt an Dextrinen bis 16,62% und höher hinauf und beträgt im Mittel von 25 Proben 11,96%. Die spez. Drehung ($[\alpha]_D$) der Dextrine von Coniferenhonig schwankt nach Hilger und Wolff zwischen +119,9° und +157,0°; sie reduzieren Fehlingsche Lösung nicht, werden aber durch Barytwasser und Methylalkohol oder durch Bleiessig und Methylalkohol nicht wie die Stärkedextrine gefällt; durch Inversion liefern sie wie diese Glykose und behalten infolgedessen durch Inversion die Rechtsdrehung bei. E. Beckmann hält diese Honigdextrine für Disaccharide.

6. Säuren. Die frühere Annahme, daß die Bienen beim Zudeckeln der Waben den Honig mit Ameisensäure bespritzen, um ihn haltbar zu machen, ist durch neuere Untersuchungen von Farnsteiner, Fincke, Heiduschka u. a. dahin berichtigt, daß der Honig in vielen Fällen überhaupt keine Ameisensäure oder nur eine an der Grenze der Nachweisbarkeit liegende, durchweg 0,003% nicht übersteigende Menge einer flüchtigen reduzierbaren Säure, vermutlich Ameisensäure, enthält. Dagegen sind mit Bestimmtheit von Auerbach und Plüddemann Äpfelsäure (0,0013—0,0030%) und Milchsäure (0,0128—0,0252%), in Mengen, die etwa den vierten Teil der sauer reagierenden Stoffe des Honigs ausmachen, nachgewiesen worden.

Der Säuregrad des Honigs wird meistens durch den Verbrauch der zur Neutralisation erforderlichen Kubikzentimeter Normallauge ausgedrückt; die Schwankungen hierfür betragen z. B. nach Reese für 100 g schleswig-holsteinschen Blütenhonig 0,95 ccm (Rapshonig) bis 3,9 ccm (Lindenhonig), bei Auslandshonigen 0,6—1,6 ccm (Hawai- und australische Honige) bis 5,9 ccm (oder Säuregrade) bei sonstigen Auslandshonigen.

7. Asche. Blütenhonige pflegen 0,1—0,35%, Coniferen- und Honigtauhonige 0,4—0,9% (mitunter über 1,0%) Asche zu enthalten. In trockenen Sommern, wo der Honig selten frei von Honigtau ist, ist die Aschenmenge der Blütenhonige durchweg höher. Letztere enthalten aber nicht selten unter 0,1% Asche; so wurden in deutschen Leguminosen-, Klee- und Rapshonigen nach verschiedenen Untersuchungen 0,05—0,09%, in spanischen Rosmarin- und Thymianhonigen 0,028—0,030% Asche gefunden. Hawaihonige enthielten nach Lendrich und Nottbohm 0,35—0,42%. Honige aus Italien, Kalifornien und anderen Ländern enthielten 0,02 bis 0,25% Kochsalz. Der Phosphorsäuregehalt beträgt 4,0—35,5% in Prozenten der Asche, die Alkalitätszahl (ccm Normalsäure auf 1 g Asche) 10—15.

8. Enzyme bzw. ***Fermente.*** Als solche sind im Honig nachgewiesen: Invertase und Diastase, ferner auch Katalasen, Oxydasen, Peroxydasen und proteolytische Fermente; sie dürften größtenteils den Drüsensekreten der Bienen entstammen.

9. Aroma und ***Farbstoff.*** Beide sind in ihrem Wesen noch unbekannt; sie richten sich wesentlich nach den von den Bienen besuchten Pflanzen. Heidehonig z. B., der das stärkste Aroma besitzt, ist rötlich, Lindenblütenhonig, ebenfalls mit einem feinen Aroma, wasserhell bis grünlich gelb gefärbt.

10. Stoffliche Beimengungen. Zu den stofflichen Beimengungen des Honigs gehören Pollenkörner, die aber auch von Pflanzen, die nicht von den Bienen besucht, sondern verweht worden sind, herrühren können, Stärkekörner, die, wenn sie in kleinen Mengen ohne Kennzeichnung einer bestimmten Form vorhanden sind, den von den Bienen besuchten Pflanzen entstammen können, Bruchteile von Bienenorganen und Bienenbrut, Algen und Rußteilchen, welche beide auf Anwesenheit von Honigtau deuten, ferner Calciumoxalatkrystalle, Haare, Schuppen von Schmetterlingen und Motten, Pflanzenfasern und Pflanzenhaare, Teilchen von Ultramarin, herrührend von gefüttertem Zucker, und andere Stoffe.

11. Honigersatzstoffe. Hierzu sind zu rechnen:

a) Sog. Kunsthonig und Türkischer Honig; beide bestehen der Hauptmenge nach aus gefärbtem Invertzucker bzw. Invertzuckersirup (vgl. vorstehend S. 419) und etwas Honig (Heidehonig) oder auch Honigaroma; vielfach wird auch Stärkesirup zugesetzt. Dem türkischen Honig soll eine Abkochung der Wurzeln von Saponaria officinalis beigemischt sein.

b) Dattelhonig. Der Dattelhonig wird im Innern von Algerien am Djedi-Flusse aus einer Dattelart — Gharz genannt — gewonnen; die Dattelart ist bei der Reife so sehr mit Saft angefüllt, daß das Übermaß desselben, um einer Gärung vorzubeugen, entfernt werden muß. Zu dem Zweck häuft man die Datteln auf Hürden, welche aus Palmblättern angefertigt sind, und setzt sie so dem Sonnenlicht aus; der Saft fließt durch den eigenen Druck der Masse aus, wird in Behältern gesammelt und bildet den sog. Dattelhonig. Er ist ein Sirup, welcher vollständig in Wasser löslich ist; aus der Lösung fällt Alkohol Pektinstoffe. Die wässerige Lösung im Verhältnis von 1 : 2 dreht nach Karl Gaab 20° nach links und rötet schwach Lackmuspapier. Zwei Proben enthielten 29,72 bzw. 39,34% Glykose und 22,13% bzw. 32,46% Fructose.

Der Dattelhonig soll nach einigen Angaben einen unangenehmen Geruch und Geschmack besitzen, welcher an den von Melassesirup erinnern soll; der Geschmack nach Datteln soll erst nach dem Verschlucken hervortreten. Nach anderen Angaben gleicht der Dattelhonig in Geruch und Geschmack dem Bienenhonig.

Im Innern von Algerien gilt der Dattelhonig als Universalheilmittel, besonders gegen Brustkrankheiten.

Über die Zusammensetzung von a) und b) vgl. Tab. II, Nr. 865 u. 866.

c) Manna. Darunter versteht man den süßen Saft, der entweder durch Einschnitte in manche Bäume ausfließt, oder durch Insektenstiche auf den Blättern sich ansammelt. Der aus dem verwundeten Stamm von Fraxinus Ornus L. (Mannaesche) ausfließende Saft enthält 60—80% Mannit; die Sinaimanna besteht aus der durch eine Schildlaus (Coccus manniparus Ehrbg.) auf dem Tarfastrauch (Tamarix gallica) bewirkten Ausschwitzung und enthält Zucker und Dextrin.

Die Manna, welche zuweilen die Blätter von Eucalyptus dumosa in Australia felix bedeckt und von den Einwohnern „Serup" genannt wird, ferner die Manna von Myoporum platicarpium, ebenfalls in Südwestaustralien weit verbreitet, sind reich an Zucker und können ebenfalls als Honigersatzstoffe angesehen werden[1]).

Vorkommende Abweichungen, Veränderungen, Verfälschungen und Nachmachungen.

1. Manche Sorten von Auslandshonig sind sehr unrein, haben eine schmutziggelbe bis braune Farbe und einen schwachen, wenig angenehmen Geruch und Geschmack.

2. Honig, der aus ungedeckelten[2]) Waben gewonnen wurde (sog. unreifer Honig), ist dünnflüssig, besitzt einen abnorm hohen Wassergehalt (auch hohen Saccharosegehalt) und verdirbt leicht, indem er in Gärung übergeht und sauer wird.

3. Durch ungeeignete Behandlung und Lagerung kann auch sonst normaler (reifer) Honig in Gärung übergehen und sauer werden. Auch bei geeigneter Lagerung kann in den Sommermonaten eine leichte Gärung — das sog. Treiben des Honigs — eintreten.

4. Mit Mäuseurin verunreinigter Honig ist durch Mäusegeruch, verschimmelter Honig durch Schimmelgeschmack gekennzeichnet.

5. Auch durch die Art der Gewinnung mittels Erwärmens oder Pressens kann Honig von veränderter Beschaffenheit erhalten werden. Durch zu hohe Erwärmung gehen die fermentativen Eigenschaften sowie aromatische Bestandteile verloren, und es entstehen unter Umständen

---

[1]) Anderson und Maiden fanden für die Manna von Eucalyptus folgende Zusammensetzung:

Wasser	Zucker	Gummi	Stärke	Inulin	Cellulose usw.	Asche
15,00%	49,06%	5,77%	4,29%	13,80%	12,04%	1,04%

[2]) Mitunter kommen ganze Waben in den Handel, die außer Honig Bienenbrot oder gar abgestorbene Brut enthalten.

Zersetzungsprodukte des Zuckers. Durch Auspressen stark verunreinigten Honigs (Stampfhonig mit Brut und Bienen) gelangen fremdartige Bestandteile in den Honig.

6. **Verfälscht** wird Honig durch Zusätze von **Wasser, Melasse, Rohr- oder Rübenzucker, Invertzucker, Stärkesirup und Stärkezucker, Farbstoffen und Aromastoffen.**

7. **Nachgemacht** wird Honig aus den genannten Zuckerarten, oft unter Zusatz von Farb- und Aromastoffen und Säuren, ferner durch Fütterung der Bienen mit Zucker oder zuckerhaltigen Zubereitungen. Nachgemachter oder verfälschter Honig weist vielfach sog. Bonbongeschmack auf.

Untersuchung des Honigs. Für die Untersuchung des Honigs sind besonders wichtig: die Bestimmung des Wassers, des Invertzuckers, der Saccharose, der Säure und Asche, die Feststellung des Verhaltens gegen polarisiertes Licht vor und nach der Inversion, die qualitative Prüfung auf Invertzucker nach Fiehe und Ley, auf Stärkezucker, Stärkesirup und Dextrine durch Vergärung, nach König und Karsch sowie nach E. Beckmann, endlich die mikroskopische Untersuchung.

Milchzucker (Lactose).

Der **Milchzucker** (Lactose) wird dadurch aus den süßen durch Labwirkung erhaltenen Molken gewonnen, daß man diese aufkocht, filtriert, eindampft und die eingedampfte Flüssigkeit der Krystallisation überläßt. Hierbei wird zunächst der gelbgefärbte Rohmilchzucker (Schottenzucker) gewonnen, der nach Zusatz von Aluminiumsulfat und Kreide zu den Lösungen durch mehrmaliges Umkrystallisieren gereinigt wird. Man hängt dünne Holzstäbchen in die Krystallisationsgefäße, um welche sich der Milchzucker entweder als eine zylindrische, 4 bis 6 cm dicke bis 40 cm lange Krystallmasse oder in einzelnen, krystallinischen bis 2 cm dicken Tafeln und Krusten ansetzt. Die einzelnen Krystalle bestehen aus harten, durchscheinenden, weißen vierseitigen Prismen von wenig süßem Geschmack, die beim Zerkleinern ein weißes, in der 6—7fachen Menge Wasser lösliches Pulver liefern. Bei der Fabrikation fallen ab: 1. das Molkenprotein (Molkenzieger), welches als solches oder als Proteose für die menschliche Ernährung, mit Vorliebe aber auch als Schweinefutter verwendet wird; 2. ein Filterpreßrückstand und 3. die Milchzuckermelasse; letztere beiden Abfälle werden nur zur Düngung verwendet[1]). Über die **Zusammensetzung** vgl. Tab. II, Nr. 867 u. 868.

Der Milchzucker dient vorwiegend als Zusatz zu Kuhmilch für die Kinderernährung. Außer durch mangelhafte Reinigung kann der Wert desselben durch Zusatz von Rohr- oder Rübenzucker, Invertzucker, Stärkemehl, Gips usw. herabgesetzt werden.

Maltose.

Die **Maltose** des Handels wird im großen so hergestellt wie im kleinen (S. 102), nämlich durch Hydrolyse der Stärke mittels Diastase. Je nach der Einwirkung bei verschiedenen Temperaturen (60—70°) und je nach verschieden langer Einwirkung (60—72 Stunden) erhält man dextrin- bzw. maltosereichere bzw. -ärmere Lösungen. Nach einem Verfahren (Société anonyme générale de Maltose) setzt man dem zur Herstellung des für die Einwirkung auf stärkehaltiges Material zu verwendenden Malzaufgusses benutzten Wasser etwas **Säure** zu (7—29 g 25 proz. Salzsäure auf 1 hl Maische). Die betreffenden Rohstoffe werden im naßen oder verkleisterten Zustande zuerst mit 5—10% (in Prozenten der Stärke) eines Aufgusses von 1 Teil Malz in 2—3 Teilen Wasser bis 80° erwärmt, dann mit $1^1/_2$ Atmosphären Überdruck 30 Minuten gekocht, auf 48° abgekühlt, mit 5—20% Malzaufguß, etwas Säure versetzt

---

[1]) Bis 1906 wurde der in Deutschland verwendete Milchzucker fast ausschließlich aus Nordamerika eingeführt. Seit Einführung des Zolles für Milchzucker 1906 (40 Mark für 100 kg) hat die Fabrikation des Milchzuckers in Deutschland selbst sehr zugenommen; der jährliche Verbrauch beträgt in Deutschland etwa 700 000 kg.

und filtriert. Das klare Filtrat bleibt 12—15 Stunden bei 48° stehen und wird entweder in offenen Kesseln oder im Vakuum bei niedriger Temperatur abgedampft. In letzterem Falle erhält man mehr oder weniger glanzhelle Maltose- bzw. Dextrinlösungen.

Herzfeld verkleistert Kartoffelstärke (1 kg zu 10 l), behandelt den Kleister 1 Stunde lang mit einem filtrierten Auszuge von 200 g Darrmalz in 1 l Wasser bei 57—60°, filtriert, verdampft zum dünnen Sirup und erhält durch wiederholtes Behandeln mit Alkohol, welcher das Dextrin fällt und die Maltose löst, Sirupe, aus welchen die krystallisierende Maltose durch Absaugen und Umkrystallisieren rein gewonnen werden kann. So weit treibt man aber die Reinigung bei der für den Handel bestimmten Maltose nicht. Sie enthält stets noch mehr oder weniger Dextrine; die dextrinreichen Sorten heißen auch „Sirop cristal".

Bei der Hydrolyse durch Diastase setzt man, um die Bildung der schädigenden Milchsäure hintanzuhalten, vorteilhaft Fluorwasserstoffsäure (100 mg HFl auf 1 l Flüssigkeit) oder Fluorammonium zu.

Über die Zusammensetzung vgl. Tab. II, Nr. 872—874.

Die Maltose findet für sich allein oder als Zusatz- (Versüßungs-) und Genußmittel zu anderen Nahrungsmitteln (Zuckerwaren, Obstsirupen, Bier) Verwendung. In Japan wird aus Reis oder Hirse unter Zusatz von Malzmehl (gekeimter Gerste) oder Koji ein ähnliches Präparat „Midzu-Ame" und „Ame" hergestellt.

Stärkezucker (Glykose) und Stärkezuckersirup.

Die Glykose (Traubenzucker, Krümelzucker) läßt sich auf dreierlei Art (auch im großen) gewinnen, nämlich aus Rohr- oder Rübenzucker bzw. Invertzucker, aus Weintrauben (Most) und aus Stärkezucker. Über die Gewinnung aus Rohr- oder Rübenzucker (Saccharose) vgl. S. 95. Zur Darstellung aus Weintrauben oder Rosinen versetzt man den Saft (Most) erst mit Witherit oder Kreide, um die vorhandene Säure zu neutralisieren, läßt die unlöslichen Salze absitzen, versetzt mit Rinderblut und dampft bis auf 26° Bé. ein. Die eingedampfte Flüssigkeit läßt man einige Zeit zum Klären und Absitzen stehen, dampft die geklärte Flüssigkeit bis auf 34° Bé. ein und läßt den Traubenzucker auskrystallisieren. Der auf diese Weise hergestellte natürliche Traubenzucker (Glykose) ist aber für eine allgemeine Anwendung zu teuer.

Für die technische Verwendung dient allgemein die aus Kartoffel- oder Maisstärke hergestellte Glykose oder der Stärkezucker.

Die Stärke geht bekanntlich durch Behandeln mit mineralischen Säuren in Glykose über; im Großbetriebe wird hierzu fast ausschließlich Schwefelsäure verwendet, welcher man etwas Salpetersäure zusetzt, um den Vorgang zu beschleunigen.

a) Gewinnung von Stärkezucker. Im allgemeinen rechnet man auf 100 kg Stärke 200—250 kg Wasser und 3—4 kg Schwefelsäure. Die verdünnte Säure wird in mit Bleiplatten ausgefütterten Holzbottichen entweder durch direkten Dampf oder durch Heizschlangen zum Sieden erhitzt, darauf die Stärke als Stärkemilch allmählich zufließen gelassen und das Kochen noch 5 Stunden fortgesetzt. Den Verlauf der Zuckerbildung prüft man erst mit Jodlösung und später mit Alkohol; wenn auf Zusatz von 2 Vol. absoluten Alkohols zu 1 Vol. der abgekühlten Flüssigkeit sich kein Dextrin mehr ausscheidet, wird das Kochen noch $^1/_2$ Stunde fortgesetzt. Das Kochgefäß ist, weil die sich entwickelnden Dämpfe einen widerlichen Geruch besitzen, mit einem Deckel und Dunstabzugsrohr versehen, durch welches die Dämpfe, nachdem sie durch ein mit Wasser gefülltes Kühlgefäß geleitet sind, entweder in den Schornstein oder unter die Dampfkesselfeuerung geleitet werden.

Nach beendetem Kochen wird mit bemessenen Mengen Kalkmilch oder Kreide oder Witherit neutralisiert, 24 Stunden behufs Klärens der Ruhe überlassen, die Zuckerlösung von 15° Bé (21—27% Trockensubstanz) zuerst durch einfaches Abfließen, zuletzt entweder durch Filter oder Filterpressen vom Niederschlage getrennt, behufs Entfärbung über Knochenkohle filtriert und dann zunächst in offenen, mit Dampfheizung versehenen Pfannen auf etwa 32° Bé (58° Brix oder % Trockensubstanz) eingedampft. Statt der Abdampfpfannen bedient man sich auch der Überrieselungsapparate, bei denen die Zuckerlösung über Eisenröhren rieselt, durch welche Dampf geleitet wird. Die so erhaltene Zuckerlösung wird nochmals über Knochenkohle filtriert und dann in Vakuumapparaten auf 40 bis 45° Bé (75—86° Brix) bei 60—70° verdampft.

Dieser Stärkezucker enthält noch viel Dextrin; um daraus reine Glykose zu erzielen, kann man sich der Raffinierungsverfahren von Fr. Soxhlet bedienen. Man kann aber auch von vornherein nach dem Verfahren von Fr. Soxhlet dadurch reinere Zuckerlösungen gewinnen, daß man mit einer schwachen Säure unter Überdruck arbeitet, nämlich auf 1 Teil wasserfreier Stärke mit 4,5 bzw. 9,0 Teilen 0,5 proz. Schwefelsäure anwendet und bei 1 Atm. Überdruck $4^1/_2$ Stunden lang erhitzt. Hierdurch erzielt man eine Zuckerlösung von 90 bzw. 95—96% Reinheitsquotienten, welche nach dem Eindampfen bis zum spez. Gewicht von 1,37—1,42 (bei 90°) bzw. bis zum sog. Korn krystallinisch erstarrt und aus welcher sich reiner fester Stärkezucker wie Rohrzucker aus der Füllmasse gewinnen läßt.

b) Gewinnung von Stärkezuckersirup. Während die Stärkezuckerfabrikation dahin strebt, ein tunlichst glykosereiches Erzeugnis zu gewinnen, wird die Darstellung von Stärkezuckersirup (Kapillärsirup) so geleitet, daß, um ein Krystallisieren bzw. Festwerden zu vermeiden, neben der Glykose größere Mengen Dextrin in der Masse verbleiben. Zu dem Zwecke verwendet man einerseits weniger Säure zur Verzuckerung (auf 100 kg Stärke 300 l Wasser mit 2—3 kg Schwefelsäure), andererseits kocht man ohne Überdruck nur so lange, bis mit Jod keine Blaufärbung mehr eintritt. Je konzentrierter der Sirup in den Handel gebracht werden soll, um so mehr Dextrin muß er enthalten. Im übrigen verläuft die weitere Darstellung wie beim Stärkezucker. Das Eindampfen der neutralisierten Flüssigkeit wird unter jedesmaliger vorheriger Filtration über Knochenkohle ebenfalls in 2 Stufen vorgenommen. Das zweite Verdampfen im Vakuum wird so lange fortgesetzt, bis der Sirup, heiß geprüft, 40—42° Bé (74—78° Brix) zeigt. Der auf 44° Bé eingedickte Sirup heißt „Syrop capillair“ oder „Syrop impondérable“; erstere Bezeichnung rührt davon her, daß sich der Sirup zu langen Fäden ausziehen läßt, letztere davon, daß in dem abgekühlten Sirup ein Aräometer nicht mehr untersinkt.

Dieser Sirup ist vollkommen klar und farblos und trübt sich selbst bei längerem Aufbewahren nicht; die leichteren Sirupe dagegen sind hell bis blaßgelb oder dunkelbraun gefärbt.

Über die Zusammensetzung dieser Erzeugnisse vgl. Tab. II, Nr. 869—871.

Die von verschiedenen Seiten (Neßler und Barth, Schmitt) ausgesprochene Behauptung, daß die unvergärbaren Bestandteile des Stärkezuckers bzw. Stärkezuckersirups nicht nur einen bitteren, widerwärtigen Geschmack besitzen, sondern auch Schweißbildung, Brustbeklemmungen und Kopfschmerzen verursachen sollen, hat sich nicht bestätigt; dagegen hat man aus den unvergärbaren Stoffen des Stärkesirups durch wiederholtes Ausziehen mit Alkohol und Fällen mit Äther ein eigenartiges Dextrin gewinnen können, welches zum Unterschiede von eigentlichem Dextrin Fehlingsche und Knappsche Lösung reduziert, durch Säuren in Glykose übergeht und stark rechtsdrehende Eigenschaften besitzt. Schmitt und Cobenzl nennen das Dextrin „Gallisin“, Scheibler und Mittermaier halten es für eine Art „Isomaltose“ und sind, wie auch M. Hönig, der Ansicht, daß es ein Reversionserzeugnis der Glykose ist, in welche es durch Säuren wieder leicht übergeht. J. Gatterbauer, welcher letzterer Ansicht zustimmt, nennt den Körper „Glykosin“ und hält es für ein Disaccharid ($C_{12}H_{22}O_{11}$). Das Reduktionsvermögen beträgt, als Maltose berechnet, 66,70%, das spezifische Drehungsvermögen +100°. Durch Preßhefe wird es langsam vergoren, nicht aber oder nur unvollständig durch Bierhefe oder reingezüchtete Weinhefe. Diese Eigenschaften ermöglichen es, den Zusatz von Stärkezuckersirup zu Nahrungs- und Genußmitteln nachzuweisen.

Die Verwendung des Stärkezuckers für die Weinbereitung (zum Gallisieren und Petiotisieren) ist zur Zeit fast vollständig durch den Rohrzucker bzw. Invertzuckersirup verdrängt worden. Dagegen findet er viel Verwendung in der Bierbrauerei, in den Konditoreien zur Herstellung von Zuckerwaren und in den Haushaltungen als sog. Kochzucker.

Der Stärkezuckersirup dient vorwiegend zum Einsieden der Früchte, zur Herstellung (bzw. Verfälschung) verschiedener Fruchtsirupe, ferner als Ersatzmittel für Honig und Kolonialzuckermelasse in den Konditoreien.

Verunreinigungen. Als Verunreinigungen kommen in Betracht schweflige Säure (herrührend vom Klären und Bleichen), freie Schwefelsäure, Arsen (von unreiner Schwefelsäure), Trübungen von Gips, Eisen oder Kalkphosphat. Zusatz von künstlichen Süßstoffen zur Erhöhung der Süße ist nach dem Süßstoffgesetz verboten und eine Verfälschung.

Für die *Untersuchung* sind am wichtigsten die Bestimmung des Wassers, des direkt reduzierenden Zuckers, der durch untergärige Bierhefe vergärbaren Stoffe und die Prüfung auf schweflige Säure.

Zuckercouleur. Färbecaramel.

Die Zuckercouleur wird meistens aus Stärkezucker, nur selten aus Rübenzucker unter Zusatz von organischen Säuren oder etwas Natriumcarbonat hergestellt. Am besten eignet sich zur Erhöhung der Färbekraft ein Zusatz von weinsaurem Ammon. Man erhitzt zu dem Zweck den Zucker in eisernen Kesseln mit Rührwerk auf 170—200° und höher. Erhitzt oder brennt man den Zucker nur schwach, so steht sie, wie man zu sagen pflegt, in hochprozentigem Spiritus (z. B. 80 proz.), färbt aber dann schwächer; brennt man den Zucker kräftiger, so färbt sie besser, bleibt dann aber nur in 75 proz. Spiritus blank und klar. Man unterscheidet daher:

1. Spirituosen- oder Rumcouleur (zum Färben der Spirituosen), welche in 80 proz. Alkohol vollständig löslich sein oder, wie man sagt, „stehen" muß.
2. Biercouleur (zum Färben von Bier, Wein, Essig usw.), welche noch etwas Dextrin aufweisen darf, aber auch in 75 proz. Alkohol löslich sein muß.

Beide Sorten können durch Lösen in 80 proz. Alkohol unterschieden werden; darin ist erstere Couleur ganz löslich, letztere nicht. Ist eine Zuckercouleur in 75 proz. Alkohol nicht löslich oder gar zum Teil in Wasser unlöslich, so ist sie zu verwerfen.

Künstliche Süßstoffe.

Außer den wahren Kohlenhydraten (den Mono-, Di- und Trisacchariden, S. 93—105) besitzen noch verschiedene andere organischen Stoffe einen süßen Geschmack, z. B. das den Kohlenhydraten nahestehende Glycerin $CH_2(OH) \cdot CH(OH) \cdot CH_2(OH)$, das Glykokoll $CH_2(NH_2) \cdot COOH$ (Amidoessigsäure), Orthoaminobenzoesäure $C_6H_4(NH_2) \cdot COOH$, Orthonitrobenzoesäure $C_6H_4(NO_2) \cdot COOH$, der äthylierte Phenylharnstoff $CO\langle{NH_2 \atop N \cdot C_6H_4 \cdot C_2H_5}$, Dimethylharnstoff $CO\langle{NH(CH_3) \atop NH(CH_3)}$, Nitropyruvinureid, Amidocampher u. a. Von diesen süß schmeckenden organischen Stoffen haben bis jetzt folgende drei eine praktische Bedeutung erlangt, nämlich:

1. Saccharin. $C_6H_4\langle{SO_2 \atop CO}\rangle NH$.

Das Saccharin[1]) kommt auch unter der Bezeichnung „Zuckerin" (Radebeul-Dresden), „Zykorin" (Staßfurt), „Süßstoff - Höchst" oder auch unter der Bezeichnung „Sucramin",

[1]) Der Name „Saccharin" wurde bereits früher einer chemischen Verbindung beigelegt, die durch Kochen von Invertzucker mit Kalkmilch erhalten wird und die Zusammensetzung $C_6H_{10}O_5$ besitzt. Mit dem aus dem Invertzucker erhaltenen Körper, der, nebenbei gesagt, unangenehm bitter schmeckt, hat aber das hier zu erwähnende Saccharin nichts weiter gemein, als den Namen.

„Sucre sucraminé" oder „Sucre de Lyon" in den Handel; letztere Fabrikate sind nach A. Bertschinger und J. Bellier nichts anderes als das Ammoniumsalz des Saccharins an Stelle von Saccharin-Natrium mit höherer Süßkraft als letzteres. Das Saccharin-Natrium heißt auch „leichtlösliches Saccharin" oder „Sykorin", „leichtlösliche Sykose" oder „Krystallose". „Extrait de Cannes" ist eine Lösung von Saccharin-Natrium in Glycerin; K. Urban fand darin 30,1% Saccharin-Natrium, 62,2% Glycerin und 7,7% Wasser. „Sucre double sucraminé" ist ein Gemisch von 96% Rohrzucker und 1,6% Sulfaminobenzoesäure (etwa 2% Ammoniumsalz).

Unter Saccharin „550" versteht man nach E. Downard ein Saccharin mit der 550fachen Süßkraft des Rohrzuckers; 1 g desselben soll sich in 10 ccm Aceton bei 16° vollständig lösen; das Saccharin „350" hinterläßt dagegen, in derselben Weise behandelt, einen erheblichen Rückstand.

Gewinnung. Als Ausgangskörper dient das Toluol $C_6H_5 \cdot CH_3$.

a) Durch Lösen desselben in rauchender Schwefelsäure entsteht daraus die Toluolsulfosäure $C_6H_4\langle{}^{CH_3}_{SO_3H}$;

b) durch Behandeln der letzteren mit Natriumcarbonat das toluolsulfosaure Natrium $C_6H_4\langle{}^{CH_3}_{SO_3Na}$;

c) hieraus entsteht durch Behandeln mit Phosphortrichlorid und Chlor das Ortho-, Meta- und Paratoluolsulfochlorid $C_6H_4\langle{}^{CH_3}_{SO_2Cl}$. Von den drei Chloriden bleibt das erstere beim Erkalten flüssig, das Meta- und Paratoluolsulfochlorid scheiden sich krystallinisch aus. Nachdem diese abgeschieden sind, wird

d) über das flüssige Orthotoluolsulfochlorid Ammoniakgas geleitet, wodurch das Orthotoluolsulfamid $C_6H_4\langle{}^{CH_3}_{SO_2 \cdot NH_2}$ entsteht; hieraus wird

e) durch Oxydation mit Kaliumpermanganat das orthosulfaminbenzoesaure Kalium $C_6H_4\langle{}^{COOK}_{SO_2 \cdot NH_2}$ gewonnen, welches durch Zersetzung mit Salzsäure

f) das Orthosulfaminbenzoesäureanhydrid oder Orthobenzoesäuresulfimid oder das Saccharin $C_6H_4\langle{}^{CO}_{SO_2}\rangle NH$ liefert.

Das solcherweise hergestellte Saccharin ist aber nicht rein, sondern schließt noch das Anhydrid des Parabenzoesäuresulfimids und auch Orthosulfobenzoesäure ein. Um das Erzeugnis hiervon zu reinigen, hat man verschiedene Wege eingeschlagen, entweder fraktionierte Lösung mit geringen Mengen Alkali, wodurch nur o-Säure gelöst wird, oder fraktionierte Fällung der gelösten Säuren, wodurch zuerst die p-Säure gefällt wird. Xylol löst ferner das Saccharin leicht, die p-Verbindung dagegen schwer.

Die Salze erhält man durch Neutralisieren des Saccharins mit den Basen, Eindunsten und Krystallisierenlassen der Lösungen, so das Natriumsalz ($C_6H_4\langle{}^{CO}_{SO_2}\rangle NNa + 2\,H_2O$) als sog. „lösliches Saccharin" von sehr süßem Geschmack.

Eigenschaften. Das gewöhnliche Saccharin des Handels ist ein gelbweißes Pulver, von dem 1 g in 70 l Wasser letzterem noch einen süßen Geschmack verleiht; da von Raffinadenzucker der süße Geschmack erst hervortritt, wenn 1 l Wasser mindestens 4 g Zucker enthält, so ist das gewöhnliche Saccharin 280—300 mal süßer als Zucker.

Reines Saccharin hat die 550fache Süßkraft des Zuckers.

Es krystallisiert aus heißem Wasser in rhombenförmigen Blättchen, aus Alkohol in dicken Prismen. 1 Teil Saccharin erfordert 400 Teile kaltes Wasser von 15° und 28 Teile kochendes Wasser zur Lösung — das Natriumsalz ist leicht löslich in Wasser —. Das Saccharin ist löslich in Chloroform, leicht löslich in Alkohol und Äther sowie in Ammoniak, Kali- und Natronlauge, dagegen unlöslich in Benzol.

Das Saccharin schmilzt bei 223—224°, völlig reines bei 227—228° (nach anderen Angaben bei 233°) und sublimiert im Vakuum (0,5 mm Quecksilbersäule) bei 200° ohne Zersetzung. Es reagiert gegen Lackmus sauer.

Eine Lösung von 0,2 g in 10 ccm konzentrierter Schwefelsäure soll vollkommen klar erscheinen und darf sich, 10 Minuten lang auf dem Wasserbade erwärmt, nicht bräunen — tritt Bräunung ein, so ist Zucker- oder Mehlzusatz zu vermuten.

Das Saccharin muß sich in Kali- oder Natronlauge klar lösen, die Lösung darf sich beim Erwärmen nicht bräunen (Bräunung deutet auf Verfälschung mit Stärkezucker), Fehlingsche Lösung darf nicht reduziert werden; anderenfalls sind reduzierende Zucker vorhanden.

Durch Erhitzen mit Ätznatron auf 250° wird das Saccharin in Salicylsäure $C_6H_4\langle^{OH}_{COOH}$ übergeführt, durch Schmelzen mit einem Gemisch von Soda und Salpeter zu Schwefelsäure oxydiert, durch welche beiden Säuren das Saccharin als solches nachgewiesen wird; 1 Teil $BaSO_4$ = 0,783 Teilen Saccharin.

Physiologische Wirkungen. Das Saccharin wirkt stark antiseptisch und gärungshemmend und hemmt nach vielen Versuchen auch die Verdauung. Manche Tiere haben eine große Abneigung gegen Saccharin, bei anderen hat es infolge diarrhöischer Erscheinungen sogar tödlich gewirkt. Auch beim Menschen hat man nach Genuß von Saccharin diarrhöische Entleerungen beobachtet. Diese Erscheinungen treten aber nach vielen Versuchen nur beim Genuß von freiem (sauren) Saccharin, nicht beim Genuß von dem Salz, dem Saccharinnatrium, auf. Weder das freie Saccharin noch das Saccharinnatrium nehmen an dem Stoffwechsel teil, sondern werden als solche, vorwiegend im Harn, wieder ausgeschieden. Beide können daher, abgesehen davon, daß wegen der großen Süßigkeit nur sehr geringe Mengen aufgenommen werden können, nicht als Nährstoff wie der Zucker angesehen werden. Sie bilden vielmehr wie die anderen künstlichen Süßstoffe nur Heilmittel, in gewissen Fällen, in denen sie, wie bei Erkrankungen des Verdauungskanales, bei Diabetes und Fettleibigkeit, wo Zucker in der Nahrung nicht zulässig ist, als Versüßungsmittel angezeigt erscheinen.

Für die ***Untersuchung*** des Saccharins auf Reinheit ist besonders Rücksicht zu nehmen auf die Anwesenheit von Parasulfaminbenzoesäure, auf Natriumgehalt — auch in Form von Natriumbicarbonat — und wirkliche Zuckerarten (Saccharose und Lactose).

2. Dulcin.

Vom Harnstoff haben Berlinerblau, Franchimont u. a. verschiedene Süßstoffe abgeleitet, nämlich:

a) Das Dulcin oder Sucrol (das Paraphenetolcarbamid), das entweder vom Harnstoff $CO\langle^{NH_2}_{NH \cdot C_6H_4 \cdot O \cdot C_2H_5}$ oder vom Phenetol $C_6H_4\langle^{O \cdot C_2H_5}_{NH} \; NH_2\rangle CO$ abgeleitet werden kann.

b) Den asymmetrischen Dimethylharnstoff $CO\langle^{N(CH_3)_2}_{NH_2}$.

c) Das Nitropyruvinureid $CO\langle^{N \;\; : CH_2(NO_2)}_{NH \cdot CO}$

Hiervon aber kommt bis jetzt nur das Dulcin oder Sucrol als Süßstoff im Handel vor.

Man erhält dasselbe entweder nach Berlinerblau aus dem p-Phenetidin $C_6H_4\langle^{O \cdot C_2H_5}_{NH_2}$ durch Behandeln mit Carbonylchlorid ($COCl_2$) und weiter mit Ammoniak oder nach Thoms durch Erhitzen des Diphenetolcarbamids $CO\langle^{NH \cdot C_6H_4 \cdot O \cdot C_2H_5}_{NH \cdot C_6H_4 \cdot O \cdot C_2H_5}$ mit der äquimolekularen Menge Harnstoff.

Das Dulcin krystallisiert in farblosen, glänzenden Nadeln, die bei 173—174° schmelzen und im Vakuum bei 17° sublimieren; es ist in 800 Teilen kaltem Wasser (15°), 50 Teilen siedendem Wasser, 25 Teilen Alkohol löslich, ferner ziemlich leicht löslich in Essigäther, Chloroform, schwerer löslich in Äther und unlöslich in Petroläther; in kalter konzentrierter Schwefelsäure löst es sich ohne Schwärzung auf. Das Dulcin besitzt einen rein süßen Geschmack, der 200 mal stärker ist als der des Zuckers und nicht den eigenartigen, dem Saccharin anhaftenden Nachgeschmack besitzt; in mäßigen Mengen (1—2 g) ist es im Tierkörper ohne nachteilige Wirkungen[1]).

3. Glucin.

Das Glucin ist das Natriumsalz der Di- oder Trisulfosäure des Triazins, welche (aus dem Diamidoazobenzol oder Chrysoidin [$C_6H_5 \cdot N : N \cdot C_6H_3(NH_2)_2$] und Benzaldehyd $C_6H_5 \cdot CHO$) in der Weise gewonnen wird, daß man die methylalkoholische Lösung derselben mit konzentrierter Salzsäure kocht und die Flüssigkeit in kaltes Wasser gießt. Hierbei scheidet sich eine harzige Masse ab, während das Chlorhydrat des Triazins in Lösung bleibt; erstere wird abfiltriert und in dem Filtrat nach Entfärben mit Tierkohle die Base ($C_{19}H_{16}N_4$) oder

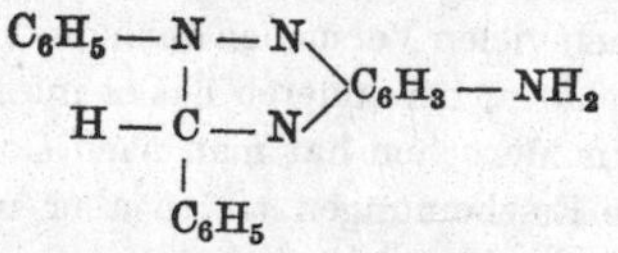

```
C6H5 — N — N
        |      \
        |       >C6H3 — NH2
   H — C — N  /
        |
       C6H5
```

mit Ammoniak gefällt; sie kann weiter durch Überführen in das schwer lösliche Sulfat gereinigt werden. Löst man das Triazin in rauchender Schwefelsäure, so erhält man ein Gemenge von Sulfosäuren der Base (wahrscheinlich Di- und Trisulfosäuren), deren Alkalisalze außerordentlich süß schmecken[2]). Die Süßkraft soll 300 mal größer als die des Rohrzuckers sein.

Das gereinigte Glucin bildet ein gelbliches Pulver, welches in Alkohol, Aceton, Benzol leicht, in Äther und Chloroform sehr schwer, und in Ligroin unlöslich ist. Die Lösungen bräunen sich an der Luft. Der Schmelzpunkt des Glucins liegt bei 223°; es zersetzt sich beim Erhitzen über 250° selbst im Vakuum leicht. Diese Eigenschaften und der Umstand, daß seine Unschädlichkeit noch nicht erwiesen ist, lassen wohl den Schluß zu, daß das Glucin neben den beiden vorstehenden Süßstoffen wohl kaum jemals eine Bedeutung annehmen wird. Besondere Eigenschaften für seinen Nachweis sind bis jetzt nicht bekannt.

Wurzelgewächse.

Die Wurzelgewächse sind durch einen hohen Wassergehalt (70—90%) ausgezeichnet.

Neben Eiweiß und sonstigen Proteinen (Globulin) enthalten sie Amide aller Art in nicht unerheblicher Menge, nämlich bis zu 50% des Gesamtstickstoffs. Einige der-

[1]) G. Treupel dagegen hat gefunden, daß wirksame Anilin- und p-Amidophenolabkömmlinge im Körper p-Amidophenol. bzw. Acetylaminophenol bilden, zwei fieberheilende (antipyretische) Verbindungen, die als Blutgifte wirken, indem sie unter anderem eine starke Methämoglobinbildung verursachen. Dulcin spaltet aber nach Treupel unter Umständen (bald mehr, bald weniger) im Körper ebenfalls Aminophenol bzw. Acetylaminophenol ab, und erklärt sich hieraus, daß dasselbe unter Umständen giftig wirken kann.

[2]) Der süße Geschmack wird durch die Amino- wie auch Sulfogruppe bedingt; denn wenn die Aminogruppe durch Jod ersetzt wird, so bleibt der süße Geschmack; ebenso zeigte es sich, daß bei Anwesenheit von nur einer Sulfogruppe der Geschmack bereits entwickelt ist. So wurden aus sulfonierten Chrysoidinen drei isomere Triazinmonosulfosäuren dargestellt, welche alle drei den süßen Geschmack zeigen; besonders ist dieser den leicht löslichen Alkalisalzen eigen.

selben (die Rüben) sind auch mitunter reich an Salpetersäure und enthalten Ammoniak (vgl. S. 61).

Die Wurzelgewächse werden vorwiegend von uns wegen ihres hohen Gehaltes an Kohlenhydraten geschätzt. Dieselben sind in einigen (Kartoffeln, Bataten) fast ausschließlich durch Stärke, in den Rüben (Zucker-, Mangoldrübe und Möhren) durch Zucker (Saccharose) vertreten; in den Topinamburknollen, Schwarzwurzeln, Zichorienwurzeln findet sich an Stelle von Stärke Inulin und Lävulin (vgl. S. 110 und 111). Gummi und Dextrin fehlen, wie in keiner Pflanze oder deren Teilen, so auch hier nicht.

Die Wurzelgewächse enthalten durchweg in der Trockensubstanz mehr Asche als die Getreidearten und in dieser bedeutend mehr Kali.

1. Kartoffel. Die Kartoffeln sind die knollenförmigen Anschwellungen[1]) am Ende der unterirdischen Triebe (Stolonen) der Pflanze Solanum tuberosum L. Die Pflanze, wahrscheinlich von der wilden Kartoffel abstammend[2]), kam erst Ende des 16. Jahrhunderts aus ihrer Heimat, den mittel- und südamerikanischen Höhenzügen (namentlich von Peru und Chile), nach Europa und erst im Anfange des 17. Jahrhunderts nach Deutschland[3]). Seitdem ist die Kartoffel eine Volksnahrungspflanze im eigentlichen Sinne des Wortes geworden. Denn sie liefert nicht nur hohe Erträge[4]), sondern bildet auch in der verschiedensten Zubereitung ein vorzügliches Nahrungsmittel und einen sehr wichtigen Rohstoff zur Gewinnung von Stärke, Glykose, Sirup und Alkohol.

Die von der eßbaren, kultivierten Kartoffel angebauten Spielarten zählen nach Hunderten. Man kann dieselben sowohl aus Samen, wie aus den Knollen ziehen. Letzteres ist das übliche Verfahren. Die aus Uruguay stammende sog. Sumpfkartoffel (Solanum commersoni) pflanzt sich auch durch die Wurzeln fort.

Die Kartoffel gedeiht auf jedem Boden, jedoch zeichnen sich im allgemeinen die auf leichtem (lehmigem Sand-) Boden mit durchlassendem Untergrund bzw. auf humosem tiefgründigen Lehmboden gewachsenen Kartoffeln durch Wohlgeschmack usw. vor den auf schwerem, nassem Boden gewachsenen aus.

Dieselbe reift noch bis zum 70.° n. Br., jedoch sagt ihr vornehmlich warmes, trockenes Klima zu; die Frühkartoffel reift in 70—90, die Spätkartoffel in 180 Tagen.

Zusammensetzung. Die Zusammensetzung der Kartoffel schwankt vorwiegend im Wasser- und Stärkegehalt; die anderen Bestandteile sind keinen wesentlichen Schwankungen unterworfen.

---

[1]) Die Vertiefungen, die sog. „Augen" der Knolle sind Achselknospen, welche im kommenden Jahr austreiben und die Vermehrung bewirken.

[2]) In Paraguay wächst — in den dortigen Wintermonaten März bis August — an Hecken und auf Äckern eine Knollenpflanze wild, welche „wilde Kartoffel" genannt wird und nach Fr. Nobbes Ansicht wahrscheinlich mit Solanum tuberosum gleich oder doch nahe verwandt ist. Die steinharten Knollen haben eine der eßbaren Kartoffel fast gleiche Zusammensetzung (vgl. Bd. I, 1903, S. 718), sind aber wegen der schleimig-glasigen Beschaffenheit ungenießbar.

Auch die hier und da angebaute Cetewayokartoffel (Solanum tuberosum Cetewayo), die beim Kochen eine violette und in Berührung mit Essig eine rote Farbe annimmt, hat eine mit der gewöhnlichen Kartoffel fast gleiche chemische Zusammensetzung (Bd. I, 1903, S. 719).

[3]) Trotz vielfacher Anstrengungen und Maßregeln gelang es Friedrich Wilhelm I. und Friedrich II. kaum, die Kartoffel zu einer allgemeinen und viel verbreiteten Kulturpflanze zu erheben. Erst die Hungersnot von 1745 und die Teuerungen von 1771 und 1772 beseitigten die vielfachen Vorurteile. Die Pflanze, welche man früher nur mit Widerstreben und zwangsweise angebaut hatte, wurde allmählich eine der wichtigsten landwirtschaftlichen Nutzpflanzen, ohne die kein Ackergut mehr bestellt wurde.

[4]) Die Erträge schwanken in der Regel zwischen 12 000—30 000 kg für 1 ha, können aber unter günstigen Verhältnissen auf 40 000 kg für 1 ha steigen.

Wasser. In der Regel 72—75%, der Gehalt geht aber in regenreichen Jahren und auf feuchten Böden bis 80% hinauf und erreicht auf Moorböden unter Umständen 84%. Wenn auf das Mark etwa 73—74% Wasser entfallen, kommen auf die Rindenschicht 78—80%.

Stickstoffsubstanz. Die zwischen 1,2—3,2% schwankende Stickstoffsubstanz der natürlichen Kartoffeln besteht durchweg aus 50—60% Proteinen (Albumin, dem Globulin „Tuberin" und Spuren von Pepton) und 50—40% Nichtproteinen (Amiden). Unter letzteren sind nachgewiesen: Asparagin (bis 0,32%), Glutaminsäure, Leucin, Tyrosin, Xanthin (0,0034 bis 0,0037%) Hypoxanthin, Arginin (4 g in 100 kg Knollen) neben kleinen Mengen Histidin und Lysin und endlich das stickstoffhaltige Glykosid Solanin, dem vielfach giftige Eigenschaften zugeschrieben worden sind.

Der Solaningehalt schwankt nach neueren Bestimmungen zwischen 20—350 mg (in älteren Analysen sogar bis 680 mg) in 1 kg Kartoffeln, ist in Speisekartoffeln durchweg höher als in Wirtschaftskartoffeln, in rauhschaligen höher als in dünnschaligen Kartoffeln und nimmt von der Rindenschicht nach dem Innern hin ab (Morgenstern)[1]). Der Gehalt erfährt weder beim Lagern noch beim Faulen eine Vermehrung, angeblich aber beim Keimen; für Keime von 1 cm Länge werden 0,5% Solanin angegeben. Weil Massenerkrankungen nach Genuß von verdächtigen Kartoffeln mehrfach im Frühjahr beobachtet sind, hat man sie mit dem beim Keimen erhöhten Solaningehalt in Verbindung gebracht. Diese Annahme ist aber nach Wintgen wie Dieudonné nicht als erwiesen anzusehen. Ebenso konnte die Behauptung von Weil und Schnell, daß das Solanin durch Bakterien, besonders durch Bact. solaniferum colorabile entstehe, von Wintgen nicht bestätigt werden.

Das Solanin ($C_{52}H_{93}NO_{18}$) zerfällt durch verdünnte Säuren in Zucker und Solanidin ($C_{40}H_{61}NO_2$) und findet sich, wahrscheinlich an Säuren gebunden, im Preßsaft (vgl. S. 60).

Fett. Das Fett der Kartoffeln (0,1—0,3% mit 76,17% C, 11,85% H und 11,98% O) enthält 10,9% unverseifbare Bestandteile.

Stickstofffreie Extraktstoffe bzw. ***Kohlenhydrate.*** Von diesen bestehen 68—80% (15,0—24,5% in den natürlichen Kartoffeln) aus Stärke; die Kartoffeln enthalten neben dieser immer geringe Mengen Zucker (0,07—1,05%), Gummi und Dextrin (0,20—1,60%); an Pentosanen sind 0,75—1,00% gefunden; als Säuren werden Oxalsäure, Bernsteinsäure, Citronensäure und Pektinsäuren (Arabinsäure) angegeben[2]).

Mark. Der Markgehalt beträgt 3—4%, Rohfaser 0,5—1,5%.

Mineralstoffe. Die Mineralstoffe (Asche), 0,5—1,5%, bestehen zu fast ²/₃ aus Kali.

Vgl. hierüber Tabelle III Nr. 112, über Zusammensetzung Tabelle II Nr. 875 und über Verdaulichkeit S. 139 und Tabelle I.

Einflüsse auf den Ertrag, die Beschaffenheit und die Zusammensetzung. Auf den Ertrag, die Beschaffenheit und Zusammensetzung der Kartoffeln machen sich viele Einflüsse geltend, nämlich:

a) ***Die Spielart.*** Durch vergleichende Anbauversuche mit den besseren Kartoffelsorten in demselben Jahre (1903) und auf demselben Boden sind Unterschiede im Ertrage von 238 bis 434 dz für 1 ha, im Stärkegehalt von 13,9—24,9% beobachtet. Dabei waren die Kartoffeln, die große Erträge liefern, die sog. Massen- oder Industriekartoffeln ärmer an Stärke als die

---

[1]) Nach F. Morgenstern sollen Kartoffeln von Sandböden ferner reicher an Solanin sein als die von Humusböden. Düngung mit Stickstoff soll den Gehalt erhöhen, Düngung mit Kali ihn erniedrigen, Phosphorsäuredüngung dagegen ohne Einfluß sein.

[2]) Die im Mittel gefundenen stickstofffreien Extraktstoffe von rund 21% würden hiernach etwa bestehen aus:

Für die natürliche Substanz					Für die Trockensubstanz				
Zucker	Dextrin, Gummi	Stärke	Sonstige stickstofffreie Extraktstoffe	Pentosane	Zucker	Dextrin, Gummi	Stärke	Sonstige stickstofffreie Extraktstoffe	Pentosane
0,33%	0,64%	17,27%	1,84%	0,92%	1,35%	2,61%	70,04%	7,51%	3,75%

sog. Speisekartoffeln mit geringeren Erträgen. Aus dem Grunde müssen die passendsten Spielarten den Boden- und Klimaverhältnissen angepaßt, und weil sie leicht entarten, häufig durch neue bessere Arten ersetzt werden.

b) ***Größe*** und ***Schale*** der ***Knollen.*** Nach Ermittelungen von Wollny und Pott sind rauhschalige Kartoffeln stärkereicher als glattschalige und große bzw. mittelgroße Knollen ebenfalls stärkereicher als kleine Knollen, während die Stickstoffsubstanz sich nach Gilbert umgekehrt verhält[1]).

Dementsprechend pflegt mit zunehmendem Gehalt an Trockensubstanz der Gehalt an Stärke zu-, der an Protein verhältnismäßig abzunehmen[2]).

c) ***Boden*** und ***Düngung.*** Daß ein humoser, tiefgründiger Lehm- und Sandboden für den Anbau der Kartoffeln am geeignetsten ist, ist schon gesagt worden.

Die Bodenfeuchtigkeit ist in der Weise von Einfluß auf den Kartoffelertrag, daß, wenn die Kartoffel auch einen trocken gelegenen Boden liebt, eine mittlere Bodenfeuchtigkeit (50—80% der wasserhaltenden Kraft) ihr Wachstum am meisten begünstigt.

Über die Wirkung des Düngers (des mineralischen) liegen eine ganze Anzahl von Versuchen vor. Wenn man aus denselben das Gesamtergebnis zieht, so läßt sich zunächst behaupten, daß Kalisalze, besonders Chlorkalium, sich durchweg bei der Kartoffel nicht bewährt haben, obschon man nach dem hohen Kaligehalt derselben das Gegenteil erwarten sollte. Die Kalisalze sind meistens nicht imstande, die Menge zu erhöhen, vermindern aber die Beschaffenheit und den Stärkegehalt. Man sollte daher schon tunlichst die Vorfrucht von Kartoffeln, oder den Boden schon im Herbst vor dem Anbau mit Kalisalzen düngen, und zwar mit 40—80, im Mittel etwa mit 60 kg Kali für 1 ha. Anders ist es mit stickstoff- und phosphorsäurehaltigen Düngemitteln, und zwar bei ihrer gleichzeitigen Anwendung. Reine Phosphatdüngung ist bei genügend Phosphorsäure enthaltendem Boden ohne Einfluß auf Menge und Beschaffenheit der Kartoffelernte. Am stärksten wirkt auf den Ertrag eine reichliche Stickstoffdüngung, aber eine zu hohe und einseitige Gabe beeinträchtigt die Güte der Kartoffeln. Man rechnet an Phosphorsäure 30—70 kg, im Mittel 50 kg, an Stickstoff 20—45 kg, im Mittel 30 kg für 1 ha. Beide werden mit Vorliebe in Form von Peruguano oder Ammoniaksuperphosphat gegeben, können aber auch in Form von Salpeter und Thomasmehl gegeben werden, wobei letzteres einige Zeit vorher, möglichst schon im Herbst untergepflügt werden soll.

Eine Düngung mit Stallmist, besonders mit frischem, wird nicht gern angewendet, weil derselbe ebenso wie Jauche wegen des vorhandenen freien bzw. kohlensauren Ammoniaks die Schorfbildung der Kartoffel begünstigt. Die Stallmistdüngung wird am zweckmäßigsten im Herbst vor dem Anbau vorgenommen.

Auch gewissen (eisenoxydulhaltigen) Mergeln wird eine Begünstigung der Schorfbildung zugeschrieben.

d) ***Klima*** und ***Witterung.*** Aus Versuchen von H. Grouven mit einer gleichen Kartoffelsorte in demselben Jahr, aber auf verschiedenen Bodenarten und in verschiedener Meereshöhe, hat sich ergeben, daß der Stärkegehalt im allgemeinen um so höher war,

---

[1]) Es wurden z. B. gefunden:

Knollen	Stärke Rauhschalige	Stärke Glattschalige	Trockensubstanz	Stickstoffsubstanz in letzterer
Große	22,64%	18,55%	24,56%	4,03%
Kleine	21,14%	18,05%	23,18%	4,41%

[2]) So ergaben sich im Mittel einer größeren Anzahl von Kartoffelproben für die Trockensubstanz:

	Bei Trockensubstanz-Gehalt .	21,00%	26,00%	32,00%
In der Trockensubstanz	Stickstoffsubstanz	9,29%	7,96%	7,81%
	Stärke bzw. Kohlenhydrate .	83,19%	83,24%	85,30%

je geringer die Höhe über dem Meer war, während durch andere Versuche nachgewiesen ist, daß der Ertrag wie der prozentuale Gehalt an Stärke ganz mit der während der Wachstumszeit herrschenden Wärme parallel ging[1]).

e) ***Saat*** und ***Pflege.*** Die Erträge und der Gehalt pflegen um so höher zu sein, je größer die Saatkartoffeln sind; gewöhnlich verwendet man 70—80 g schwere Mittelkartoffeln, die man zweckmäßig anwelken lassen kann. Günstig ist auch das Fernhalten bzw. die Beseitigung von Unkraut durch Anhäufeln bzw. Anpflügen und Hacken.

In manchen Gegenden ist es Gebrauch, die Kartoffel zu entlauben; daß dieses auf Ertrag und Güte derselben von größtem Nachteil sein muß, liegt auf der Hand, da wir durch Entlauben den Pflanzen diejenigen Organe (Blätter) rauben, in welchen die Bildung neuer organischer Substanz, besonders der Stärke, vor sich geht. So sank nach Versuchen von Nobbe und Siegert durch einmaliges Entlauben (am 6. August) das Gewicht eines Stockes von 629 g auf 481 g, der prozentuale Gehalt an Stärke von 22,71% auf 20,03%.

Die durchwachsenen Kartoffeln, die sich bei ungewöhnlicher (feuchtwarmer) Witterung unter Umständen in demselben Jahre aus den gereiften Mutterknollen bereits im Boden bilden, haben nahezu dieselbe Zusammensetzung wie die regelrechten Knollen der ersten Generation, z. B. 27,9% Trockensubstanz und 20,3% Stärke gegen 29,4 bzw. 21,6% bei letzter n; daraus folgt, daß die zweite Generation nicht auf Kosten der ersten gebildet wird.

f) ***Lagerung*** und ***Aufbewahrung.*** Die Umsetzungen in den Kartoffelknollen hören bei der Reife nach Abtrennung von den unterirdischen Trieben nicht auf, sondern nehmen beim Aufbewahren mit Hilfe von Enzymen mehr oder weniger stark ihren Fortgang. Es bildet sich aus der Stärke fortgesetzt etwas Zucker, der seinerseits veratmet wird. Bei warmer und feuchter Aufbewahrung können die auf diese Weise eintretenden Verluste 25% und mehr erreichen — Fr. Nobbe fand bei solcher Aufbewahrung in einem Falle bis 46,6% Verlust an Stärke —. Bei trockener, kühler und luftiger Aufbewahrung bewegen sich die Stärkeverluste vom Herbst bis zum folgenden Sommer dagegen nur zwischen einigen (2—5) Prozenten. In warmer feuchter Luft können die Kartoffeln auch der Fäulnis anheimfallen. Auffallend ist das Verhalten derselben um den Gefrierpunkt herum. Verweilen die Kartoffeln längere Zeit bei $\pm 0°$ oder gehen sie langsam etwas unter 0°, etwa bis — 2° herunter, so findet wahrscheinlich infolge Anhäufung von einem diastatischen Ferment eine erhöhte Zuckerbildung statt; weil der Zucker nicht so schnell veratmet werden kann, werden die Knollen süß. Sinkt die Temperatur schnell unter 0°, etwa auf —2°, so erfrieren die Kartoffeln, werden aber nicht süß, weil zur Zuckerbildung keine Zeit war. Die süß gewordenen Kartoffeln verlieren den süßen Geschmack und werden wieder genußfähig, wenn man sie einige Zeit bei 20—30° aufbewahrt; ein Teil des Zuckers wird veratmet, ein anderer Teil (bis etwa $^2/_3$) wieder in Stärke zurückverwandelt.

Krankheiten. Der Wert der Kartoffeln als Nahrungsmittel wird durch viele Krankheiten vermindert, von denen folgende zur Zeit als die hauptsächlichsten anzusehen sind:

a) Krebs, mißfarbene blumenkohlartige Geschwülste, verursacht durch den Pilz Chrysophlyctis endobiotica Schille.

b) Schorf, Grind, fehlerhafte Ausbildung der Kartoffelschale, sei es durch mechanische Risse sei es verursacht durch Bakterien und Oosporaarten.

---

[1]) So wurde durch vergleichende Anbauversuche in verschiedenen Jahren gefunden:

	Im Mittel von 24 Sorten 1865	1867	1866		Gelbfleischige Speisekartoffeln 1903	1904	1905	1906
Wärmesumme . .	1734° R	1530° R	979° R		—	—	—	—
Stärkegehalt . . .	19,0%	18,5%	17,4%		16,1%	17,1%	15,1%	15,4%
Ertrag an Stärke für 1 Stock . .	188 g	137 g	85 g	für 1 ha	39,1 dz	49,7 dz	40,3 dz	36,2 dz

c) Fäulnis; man unterscheidet Naßfäule, die durch Bakterien (Bact. phytophthorum App., Bac. atrosepticus von Hall u. a.), und Trockenfäule, die durch Pilze (z. B. Phytophthora-Fäule durch Phytophthora infestans, Fusariumfäule, Rhizoctoniafäule durch Vertreter dieser Pilze) verursacht werden; weniger Bedeutung scheint der Fäulniserreger Stysanus stemonitis zu haben.

d) Ringkrankheit, verursacht einerseits durch Bact. spedonicum Sp. u. K., wodurch ein weißer Ring, andererseits durch Pilze (Fusarien, Verticillium alboatrum B. u. R u. a.), wodurch ein brauner bzw. sonst verfärbter Ring gebildet wird. Die Ursache der Schwarzfleckigkeit ist noch nicht bekannt.

Durch Drahtwürmer, Erdraupen, Engerlinge können auch Löcher und Fraßgänge in den Knollen erzeugt werden.

Der gefürchtete Coloradokäfer (Doryphora decemlineata) lebt nur in dem oberirdischen Kraut der Kartoffel, kann aber die ganze Kartoffelernte vernichten.

Untersuchung. Zur Untersuchung werden die Kartoffeln entweder zu einem Brei verrieben, wovon aliquote Teile zu entnehmen sind, oder sie werden in Scheiben oder Schnitzel zerschnitten, vorgetrocknet, gemahlen, und das Pulver wird weiter untersucht. Für technische Zwecke begnügt man sich mit der Bestimmung des spez. Gewichtes mit Hilfe der hydrostatischen Wage (d. h. Ermittelung des Gewichtes größerer Mengen Kartoffeln vor und nach dem Eintauchen in Wasser) und Berücksichtigung des dem spez. Gewicht entsprechenden Gehaltes an Trockensubstanz und Stärke nach der Tabelle von Märcker, Behrend und Morgen.

2. Topinambur. Der Topinambur (Helianthus tuberosus L., Erdbirne, Erdapfel oder Erdartischocke genannt), ein zu den Kompositen gehörendes Wurzelgewächs, ist wie die Kartoffel aus Amerika (1617) zu uns herübergekommen. Er wird nur durch Knollen vermehrt, weil die Kürze unseres Sommers niemals zur Reife seiner Fruchtkerne hinreicht. Als perennierende Pflanze kann der Topinambur mehrere Jahre hindurch (meistens 3 Jahre) angebaut werden. Derselbe liebt einen tiefgründigen und warm gelegenen Boden, gedeiht dann aber auf jedem leichten Boden. Der Ertrag an Knollen kommt in besserem Boden dem der Kartoffel sehr nahe.

In Italien unterscheidet man zwischen Topinambur- und Helianthiknollen; letztere sind ebenso wie die Knollen von Helianthus macrophyllus etwas reicher an Trocken- und Stickstoffsubstanz, sonst aber in der Zusammensetzung dem gewöhnlichen Topinambur gleich (Tabelle II Nr. 876 und 877).

Die Stickstoffsubstanz besteht aus rund 60% Protein und 40% Nichtprotein.

Über die Art und Menge der vorhandenen Kohlenhydrate sind die Ansichten noch geteilt. Als sicher vorhanden ist in den reifen Knollen das Inulin n $C_6H_{10}O_5$(S. 110, etwa 1—2%) und in den unreifen Knollen das dem Inulin ähnliche Inuloid nachgewiesen; es ist nur leichter in Wasser löslich als Inulin. Neben letzterem kommt in den im Winter geernteten Knollen ein gummiartiger, amorpher, nicht den Zuckern zuzurechnender Körper vor, der Lävulin, Synanthrose, richtiger Synanthran (S 111)[1]) genannt wird.

Inulin, Lävulin und Fructose der Topinamburknollen stehen nach Tollens und Dieck in demselben Verhältnis zueinander wie Stärke, Dextrin und Glykose. Im Herbst herausgenommene Knollen enthalten nach Behrend nur Spuren bis 0,66%, im Frühjahr gewonnene 0,35—1,35% direkt reduzierende Kohlenhydrate.

Ch. Tanret unterscheidet zwischen folgenden Kohlenhydraten im Topinambur: Inulin $C_{36}H_{62}O_{31}$, Pseudoinulin $C_{96}H_{162}O_{81}$, Inulein $C_{60}H_{104}O_{52}$, Helianthenin $C_{72}H_{126}O_{63}$ und Synanthrin $C_{48}H_{82}O_{41}$; das Lävulin hält er für ein Gemisch von Saccharose und Synanthrin oder richtiger Synanthran.

Die Kohlenhydrate sollen sich durch einen zunehmenden Gehalt an Glykose unterscheiden.

---

[1]) Im Saft der roten Topinambur fanden Tollens und Dieck 12,64%, im Saft der weißen Topinambur 7,53% Lävulan bzw. Fructosan.

An Pentosanen wurden 0,77—1,39% gefunden. Über die Zusammensetzung der Asche vgl. Tabelle III Nr. 113.

Die Knollen, von süßlichem Geschmack, taugen nicht zu Gemüse, sind aber als Zutat zu Fleischbrühsuppen vortrefflich. Vorzugsweise allerdings werden die Topinambur als Futtermittel für Vieh verwendet, und zwar sowohl die Knollen wie das Kraut.

Wegen der großen Menge gärungsfähiger Kohlenhydrate hat man auch mehrfach den Versuch gemacht, die Topinamburknollen zur Spiritusfabrikation zu verwenden; die Ausbeute ist größer, wenn der Saft vorher mit verdünnter Schwefelsäure behandelt wird.

3. Batate. Die Batate oder Igname (Dioscorea batatas Sec., Ipomaea batatas oder Convolvulus batatas) dient in der heißen Zone vielfach als Ersatz der Kartoffel[1]). Außer dieser Art werden noch mehrere andere angebaut, wie Dioscorea alata, D. edulis (Sweet potatoe), D. japonica bulbifera, D. sativa usw.

Die Zusammensetzung der Dioscorea batatas Dec. gleicht der der Kartoffeln (Tabelle II Nr. 878). Bei anderen Arten schwankt der Gehalt an Stärke zwischen 3,5—24,5%, der an Zucker zwischen 0,33—8,42%. Der letztere erteilt den Bataten meistens einen süßen, an den von gefrorenen Kartoffeln erinnernden Geschmack, der nicht zusagt und der Einführung als Kulturpflanze bei uns entgegensteht.

Wegen des hohen Stärkemehlgehaltes wird die Batate auch ähnlich wie die Kartoffel auf Stärke verarbeitet. Letztere kommt gewöhnlich unter dem Namen „Brasilianisches Arrowroot" aus British-Guyana in den Handel (vgl. S. 384).

4. Japanknollen. Ebenfalls als Ersatz der Kartoffeln, und zwar wie diese in mannigfacher Art zubereitet, dienen die Knollen der in Japan einheimischen Gemüsepflanze Stachys Sieboldi Miqu.[2]), welche zur Familie der Labiaten gehört und in Frankreich[3]) „Crosues du Japon" heißt. Die Knollen, welche im Geschmack an den der Artischocken, Spargel oder Scorzoneren erinnern, sind korkzieherartig gewunden, nach beiden Enden zugespitzt, 6—7 cm lang und 2 cm dick; man will von einer Pflanze bis zu 330 Stück Knollen geerntet haben.

Die Japanknollen sind reich an Amiden. Nach v. Planta besteht die Stickstoffsubstanz in Prozenten des Gesamtstickstoffs aus 40,0% Proteinen, 54,2% Amiden und 5,8% Nuclein[4]).

Unter den Amidverbindungen konnte v. Planta Glutamin und Tyrosin sowie eine organische Base nachweisen, welche in ihren Eigenschaften dem Betain gleicht und welche E. Schulze Stachydrin nennt (vgl. S. 57).

---

[1]) Als im Jahre 1844 und in den nächstfolgenden Jahren in Deutschland die Kartoffelkrankheit (Fäule) den Anbau der Kartoffel in Frage stellte, glaubte man auch bei uns in der Batate einen Ersatz zu finden und stellte seit der Zeit viele Anbauversuche mit derselben an. Die auf die Batate gesetzten Hoffnungen sind aber bis jetzt nicht in Erfüllung gegangen; man findet sie in Deutschland nur noch spärlich.

[2]) Nach Th. F. Hanausek ist Stachys Sieboldi Miqu. und nicht St. tuberifera Naud. der richtige Name für diese Pflanze.

[3]) Auch in Deutschland sind Anbauversuche mit derselben gemacht. Die Japanknollen gedeihen angeblich in jedem Boden; die Pflanzzeit ist Ende April. Man pflanzt die Knollen in Reihen mit 30 cm Zwischenraum und in den Reihen 45 cm voneinander entfernt, indem man in 10 cm tiefe Löcher 1 großes und 2 kleinere Knöllchen legt. Mit dem Absterben des Krautes (Anfang November) werden sie gebrauchsfähig; die geernteten Knollen werden den Winter über unter Sand im Keller aufbewahrt, sollen aber auch im freien Lande, mit Laub bedeckt, nicht erfrieren.

[4]) Strohmer und Stift geben noch größerere Mengen Nichtproteine an, nämlich in Prozenten des Gesamtstickstoffs:

Protein	Aminosäure-amide	Aminosäuren	Ammoniak	Nuclein	Unbekannt
19,01%	42,96%	16,26%	7,84%	8,13%	5,80%

In den stickstofffreien Extraktstoffen ist Stärke nicht vorhanden, dagegen nach E. Schulze und v. Planta ein Tetrasaccharid, die Stachyose (vgl. S. 105). Strohmer und Stift geben die Menge der Stachyose zu 63,50% in der Trockensubstanz an.

5. Kerbelrübe. Von der Kerbelrübe (auch Kälberkropf, Knollenknobel, Rimperlimping genannt) kommen 2 Spielarten, die gemeine oder deutsche (Chaerophyllum bulbosum L.) und die sibirische Kerbelrübe (Ch. Prescotii D. C.) vor, deren Wurzeln in einigen Gegenden, ähnlich wie Kartoffeln, im geschmorten Zustande besonders zu Kohl und Spinat gegessen werden. Die sibirische Kerbelrübe ist die ertragreichere und kann wie Schwarzwurzeln und Pastinak benutzt werden, während die gemeine Kerbelrübe die Mitte zwischen Kastanien und Kartoffeln hält. Dieselbe gedeiht am besten in sandigem Lehm, kann aber an jedem schattigen Ort gebaut werden, wo sonst kein Gemüse gedeiht; sie kann erst Ende Oktober gegessen werden, weil sie bis dahin einen unangenehmen Geschmack besitzt.

Von der Stickstoffsubstanz der gemeinen Kerbelrübe sind rund 70% Reinprotein und 30% Amide. Ihr Stärkegehalt betrug 19,81% oder 57,07% in der Trockensubstanz. (Vgl. Tab. II Nr. 880.)

6. Zucker-, Eierkartoffel und sonstige seltenere ***Wurzelgewächse.*** Unter den weniger verbreiteten Wurzelgewächsen seien genannt: die Zuckerkartoffel (Colocasia antiquorum), die Eierkartoffel (Solanum melongena), Bambusschößlinge (Bambusa puerula), Conophallus Konjak und Distel (Arctium lappa), die vorwiegend in Japan unter dem Namen Sato-imo, Nasumi, Takenoko, Konyaku bzw. Gobo als Nahrungsmittel dienen.

Die Zuckerkartoffel verdankt ihren Namen nicht etwa einem süßen Geschmack; ihr Zuckergehalt ist nicht höher als der anderer Wurzelgewächse. Sie wird in Japan feldmäßig angebaut und wie Bambusschößlinge behandelt.

Aus der Wurzel von Conophallus Konjak bereitet man in Japan eine gelatinöse, zähe Speise, indem man die geschälten, zerschnittenen, getrockneten und gepulverten Knollen mit heißem Wasser zu einem Teig anrührt, darauf mit Kalkmilch (oder mit dem in Wasser löslichen Teil von Holzasche) versetzt und erwärmt; hierdurch wird der Teig zu einer zähen Masse, aus welcher man die Lauge zum Teil auspreßt. Über die Zusammensetzung dieser Wurzelgewächse vgl. Tab. II Nr. 881—885.

Über einige sonstige seltenere Wurzelgewächse vgl. Bd. I, 1903, S. 733—739, ferner über die zur Stärkemehlherstellung verwendeten Wurzeln diesen Band S. 384 und 385 Anm. 1.

7. Zichorie. Die Zichorie (Cichorium Intibus L.) wird bei uns vorzugsweise nur angebaut, um durch Trocknen und Rösten aus der Wurzel ein Kaffeesurrogat (S. 545) zu gewinnen. Die jungen Blätter der Zichorie dienen auch (vorwiegend in Frankreich) zur Bereitung von Salat.

Die Zichorienwurzel ist durch einen hohen Gehalt an Inulin ausgezeichnet; sie enthält davon nach F. Hueppe in der Trockensubstanz 56,4—65,2%, ferner 4,6—8,5% Glykose, 4,7—6,5% Pentosane und 5,2—6,6% Stickstoffsubstanz. (Vgl. Tab. II Nr. 886.)

J. Wolff fand in der Zichorienwurzel, auf Fructose berechnet, 41,7% direkt gärungsfähiges und 24,3% invertierbares, nicht direkt gärungsfähiges Inulin.

Außer dieser Spezies wird noch Cichorium Endivia L. (Endivie) angebaut, deren Blätter als beliebtes Salatgemüse dienen. Über die Zusammensetzung derselben siehe unter „Gemüse" (S. 453).

8. Runkelrübe. Die Runkelrübe (Beta vulgaris L.) kommt in vielen Varietäten vor. Man kann mit Langethal unterscheiden:

1. Beta vulgaris rapacea mit
   a) Beta alba oder rubra, gewöhnliche Futterrunkel, und
   b) Beta altissima, Zuckerrübe;
2. Beta vulgaris cicla, Runkelrübe mit veredeltem Blatt (Mangold).

Jede dieser Arten hat wieder zahlreiche Spielarten.

a) Futterrunkel oder Mangold oder Dickwurz. Wie schon der Name anzeigt, dient die gemeine Runkelrübe vorwiegend als Viehfutter. Da jedoch auch einige Spielarten als menschliche Nahrungsmittel verwendet werden, so mag auch sie hier Erwähnung finden, besonders um den Unterschied mit der aus ihr gezüchteten Zuckerrübe zu zeigen[1]).

Die Runkelrübe zeigt je nach Spielart, Boden, Düngung und Witterung große Schwankungen in der Zusammensetzung.

Für den Gehalt an Wasser sind Schwankungen von 75,4—94,3% angegeben.

Durch starke Düngung, besonders mit Stickstoff, lassen sich sehr große Rübenkörper und hohe Erträge erzielen; indes sind solche Rüben arm an Trockensubstanz und Kohlenhydraten, dagegen reich an Stickstoffsubstanz und Rohfaser.

Große Rübenkörper sind hiernach holziger und infolge des hohen Gehaltes an Stickstoffsubstanz leichter dem Verderben ausgesetzt als kleinere bzw. mittelgroße Rüben.

Die Stickstoffsubstanz (mit Schwankungen von 0,8—3,5%) besteht zu rund 48% aus Protein und 52% Nichtprotein. Unter den nichtproteinartigen Verbindungen sind zu nennen: Betain, Glutamin, Asparagin, Ammoniak und Salpetersäure[2]).

Der Gehalt an Betain betrug in Prozenten der Rübe 0,0226—0,1359%; in Prozenten des Gesamtstickstoffs 1,35—6,71%; im Mittel von 4 Rüben ergaben sich 0,109% Betain ($C_5H_{11}NO_2$) mit 0,0132% Stickstoff (in der frischen Substanz). Vgl. auch unter Zuckerrübe S. 441.

Auch die gewöhnliche Runkelrübe enthält schon viel Zucker (Saccharose), nämlich 2,75—10,75% je nach dem Gehalt an Trockensubstanz. (Vgl. Tab. II Nr. 887.)

Für die wasser-, protein- und aschefreie Substanz des Markes und des Saftes der Futterrübe fanden H. Schultze und E. Schulze folgende Elementarzusammensetzung:

Mark ($C_{24}H_{38}O_{19}$)	45,55% C	6,12% H	48,33% O
Saft ($C_{24}H_{42}O_{40}$)	43,99 „	6,47 „	49,54 „

Beim Aufbewahren der Rüben in Mieten findet eine fortwährende Veratmung des Zuckers statt, indem ein Teil der Saccharose in Invertzucker übergeht. Nach W. Jekelius sank in der Zeit vom 10. November bis 25. April der Gehalt an Saccharose von 6,38 auf 3,48%, der an Invertzucker stieg von 0,43—2,53%, so daß der an Gesamtzucker von 6,09 auf 5,41% herunterging; der Gehalt an Trockensubstanz fiel von 10,40 auf 9,72%.

Verf. fand, daß bei vorschriftsmäßigem Aufbewahren der Rüben von Herbst ab unter Erhöhung des prozentualen Wassergehaltes von der Trockensubstanz 7—9% verloren gingen; an dem Verlust war vorwiegend nur der Zucker, zum Teil auch die Cellulose beteiligt. Wasserärmere und zuckerreichere Rüben verloren (d. h. veratmeten) im Winter weniger, mit Beginn der wärmeren Jahreszeit aber bedeutend mehr Zucker als wasserreichere und zuckerärmere Rüben.

---

[1]) Die Runkelrübe gedeiht bis zum 71. Grad n. Br., in Deutschland bis zu 1400 m Meereshöhe und reift in 150—180 Tagen. Sie verlangt im allgemeinen ein warmes, weder zu feuchtes noch zu nasses Klima.

Der Ertrag übersteigt unter günstigen Verhältnissen bei weitem den der Kartoffeln; er beträgt für 1 ha:

Futterrüben 30 000—60 000 kg, Zuckerrüben 23 500—40 000 kg.

[2]) Nach verschiedenen Angaben verteilen sich die Stickstoffverbindungen wie folgt:

In Prozenten	Gesamt-Stickstoffsubstanz %	Reinprotein %	Amide %	Salpetersäure %	Ammoniak %
der frischen Substanz	0,60— 1,95	0,36— 1,55	0,07—0,30	0,007—0,28	0,007—0,031
der Trockensubstanz.	5,01—16,19	3,12—13,38	0,60—2,50	0,06 —2,25	0,05 —0,25
des Gesamtstickstoffs (rund) .	—	48	36	12	4

In einigen Fällen (z. B. Rüben von Rieselfeldern) sind bis zu 13,89% Salpetersäure in der Trockensubstanz gefunden.

b) Zuckerrübe. Die Zuckerrübe ist eine durch besondere Kultur aus der Runkelrübe hervorgegangene zuckerreiche Varietät. Die Kultur derselben ist nachgerade wie die der Getreidepflanzen und Kartoffeln eine Lebensfrage geworden[1]).

Die Zuckerrübe stellt an Boden, Pflege, Klima und Witterung größere Anforderungen als die gemeine Runkelrübe und gedeiht im allgemeinen mit lohnendem Ertrage nur bis zum 53.—54. ° n. Br. Durchschnittlich kann man unter günstigen Verhältnissen mit einem Ertrage von 280—350 dz Rüben oder 35—50 dz Zucker für 1 ha rechnen. Die Fortschritte im Zuckerrübenbau beruhen vorwiegend auf der Züchtung zuckerreicher Sorten, was unter anderem dadurch erreicht wird, daß man, weil die Zuckerrübe eine zweijährige Pflanze ist, die zuckerreichsten Rüben zur Samenzucht auswählt.

Zusammensetzung. Wegen ihrer großen Bedeutung hat die Zuckerrübe eine sehr eingehende Untersuchung erfahren und sind darin sehr viele seltene chemische Verbindungen nachgewiesen[2]).

a) Wasser. Der Wassergehalt kann zwischen 75—85% schwanken und liegt bei mittelguten Rüben in der Regel zwischen 78—80%. Er steht im umgekehrten Verhältnis zum Zuckergehalt, d. h. je höher ersterer, desto niedriger letzterer und umgekehrt. Die Zuckerbildung beginnt schon frühzeitig im jugendlichen Blatt; von Anfang oder Mitte Juli an bleibt die Summe von Wasser + Zucker annähernd gleich, von da an wird das Wasser mehr und mehr durch Zucker ersetzt, woraus folgt, daß der in der Wurzel angesammelte Zucker auch dieser erhalten bleibt. Gegen Mitte September erreicht die Zuckerbildung die Höchstmenge, hält aber auch dann noch in schwächerem Grade an, wenn das Blatt unversehrt und die Witterung günstig ist.

b) Stickstoffsubstanz. Diese besteht aus 50—60% Reinprotein und 50—40% Nichtproteinen.

Unter letzteren findet sich stets das von C. Scheibler nachgewiesene „Betain" ($C_5H_{11}NO_2$), welches in den Zuckerrüben in Mengen von 0,1—0,25%, in den Füllmassen von 0,234—1,100%, in den Melassen von 1,732—2,785% vorkommt. Junge Rüben sind reicher (0,25%) an Betain als reife Rüben; der Betaingehalt nimmt mit dem vorschreitenden Wachstum in dem Maße ab, als der an Zucker zunimmt. Auch Betainlecithin soll in den Zuckerrüben vorkommen. E. Schulze wies im Zuckerrübensaft „Asparagin" und Glutamin (0,7—0,9 g in 1 l Saft), H. Bodenbender und M. Pauly wiesen „Glutaminsäure" nach. Außer diesen Bestandteilen gelang es von Lippmann, noch folgende Stickstoffverbindungen nachzuweisen: von den Xanthinkörpern neben Xanthin das Guanin, Hypoxanthin und Adenin, ferner noch Carnin, Arginin, Guanidin, Allantoin, Vernin und möglicherweise auch Vicin. Jesser gibt für den Preßsaft 0,006—0,008% Ammoniak, Corenwinder für die Zuckerrüben 0,164% Salpetersäure an.

---

[1]) Schon 1747 entdeckte Marggraf den Zucker des Zuckerrohres auch in der Rübe, und schon 1796 wurde von C. Achard die erste Zuckerfabrik in Cunern (Schlesien) errichtet, allein die Zuckerfabrikation aus Zuckerrüben nahm erst in den 1840er Jahren infolge Verbesserung der Maschinen und Erhöhung des Zuckergehaltes der Rüben einen größeren Aufschwung. Von 1840 an hat die Rübenzuckerfabrikation eine stetige Verbesserung erfahren, so daß jetzt die prozentuale Ausbeute an Zucker auf 13—16% geschätzt werden kann, während sie 1835—1840 nur 5—7% der Zuckerrübe betrug.

[2]) Die einzelnen Bestandteile der Zuckerrübe anlangend, so sind im Durchschnitt rund enthalten:

In 100 Teilen Rübe			In 100 Teilen Saft			
Mark		Saft	Wasser	Zucker	Nichtzuckerstoffe	
Trockensubstanz	Gebundenes Wasser				Organische	Unorganische
4,7%	5,0%	90,3%	82,0%	15,5%	1,8%	0,7%

c) Fett. Das nur zu 0,1—0,2% in der Zuckerrübe vorkommende Fett soll neben den üblichen Bestandteilen der Fette noch die optisch-aktive Rübenharzsäure ($C_{22}H_{36}O_2 + H_2O$) enthalten. Die Samenkörner der Rüben enthalten 15,3—17,0% Fett.

d) Stickstofffreie Extraktstoffe bzw. *Kohlenhydrate.* Der Gehalt an Zucker (Saccharose) in der Zuckerrübe nimmt, wie schon gesagt, mit fallendem Wassergehalt zu und umgekehrt, er schwankt zwischen 13—19% und beträgt jetzt in der Regel 15—16%. Daneben findet sich im Durchschnitt etwa 0,02% Raffinose und nach Herzfeld etwa 0,13% Invertzucker im Rübenbrei bzw. 0,18% im Rübensaft.

An Säuren sind gefunden: Oxalsäure (0,045—0,065%), sie nimmt mit steigendem Zuckergehalt ab, mit zunehmendem Kalkgehalt zu; Glykolsäure, Glyoxylsäure, Malonsäure, Bernsteinsäure, Äpfelsäure, Weinsäure, Citronensäure und andere in untergeordneter Menge.

Von aromatischen Verbindungen sind Brenzcatechin und Vanillin nachgewiesen, von Gummiarten Metaraban (Intercellularsubstanz des Markes), das mit Wasser aufquillt und auf Zusatz von Alkalien in Arabinsäure übergeht.

Der Pentosangehalt wird zu 1,2—2,4% (oder zu 6,0—11,9% in der Trockensubstanz) angegeben. (Vgl. auch Tab. II Nr. 885.)

Die Mineralstoffe haben nach Tabelle III Nr. 117—119 mit der Verbesserung der Zuckerrübe, d. h. dem höheren Zuckergehalt in Prozenten der Trockensubstanz abgenommen, ebenso der Kaligehalt in Prozenten der Asche, während der Prozentgehalt der Asche an Kalk, Magnesia und Natron — letzterer wahrscheinlich infolge der stärkeren Düngung mit Chilisalpeter — gestiegen ist.

Einflüsse auf die Beschaffenheit und Zusammensetzung. Die hauptsächlichsten Einflüsse auf Beschaffenheit und Zusammensetzung der Zuckerrübe sind wie bei den Kartoffeln:

a) Spielart. Die einzelnen Spielarten weisen Unterschiede bis zu 3% Zucker in der Rübe auf. Jedoch kann auch hier wie bei anderen Wurzelgewächsen von einer einzigen besten Sorte nicht die Rede sein; es muß vielmehr die geeignetste Zuckerrübe für die jeweiligen Klima- und Bodenverhältnisse jedesmal gezüchtet werden, was dadurch geschieht, daß man in den betreffenden Anbaugegenden selbst die zuckerreichste und die in Form und Größe am meisten zusagende Rübe zur Samenzucht auswählt.

b) Größe und Form der Rübe. Auch bei der Zuckerrübe gilt wie bei der Runkelrübe die allgemeine Tatsache, daß kleine Rübenkörper von derselben Spielart einen um mehrere Prozent höheren Gehalt an Zucker besitzen als große Rübenkörper. Letztere sind häufig stockig oder holzig, besitzen außerdem einen niedrigen Reinheitsquotienten (S. 411 Anm. 1) und eine geringe Haltbarkeit, so daß sie von den Rübenbauern mit Recht zu vermeiden gesucht werden.

Von einer guten Zuckerrübe verlangt man:

α) Einen möglichst hohen Zuckergehalt bei mittelgutem, d. h. nicht zu geringem Ernteertrag. Das mittlere Gewicht einer Zuckerrübe soll $^1/_2$—$^3/_4$ kg nicht übersteigen, der Ertrag zwischen 280—350 dz für 1 ha liegen.

β) Eine regelmäßige, kegel- und birnförmige Gestalt mit möglichst wenig Seitenwurzeln und geringen Vertiefungen; denn letztere erschweren die Reinigung von Erde und Sand oder bedingen Verluste.

γ) Ein dichtes und weißes Fleisch.

δ) Einen möglichst kleinen, nur wenig aus der Erde hervorragenden Kopf. Der oberirdische grüne Teil der Zuckerrübe ist nämlich viel ärmer an Zucker als der unterirdische Teil, muß daher vor der Verarbeitung abgeschnitten werden, womit Verluste verbunden sind.

Der Zucker verteilt sich in der Rübe in der Weise, daß im oberen bauchigen Teil unter dem grünen Kopf der Gehalt am höchsten ist und nach der Spitze zu abnimmt; das Periderm ist zuckerfrei, die darunter befindliche Schicht zuckerärmer als der nach der Mitte hin liegende Teil.

c) Boden, Klima und *Witterung.* Die Zuckerrübe liebt einen tiefgründigen, warm gelegenen Boden von mittlerer wasserhaltender Kraft und nach der ersten Entwicklungszeit ein sonniges warmes Wetter mit abwechselnden Niederschlägen.

Bei kühler und regnerischer Witterung ist die Bildung des Zuckers naturgemäß eine geringe und nimmt die Menge von Zucker in 100 Gewichtsteilen Safttrockensubstanz ab, d. h. der Reinheitsquotient und damit die Ausbeute wird ebenfalls geringer.

Die Unterschiede, welche im Zuckergehalt der Rübe je nach Boden, Klima und Witterung auftreten, können bis zu 4% Zucker und mehr betragen.

d) Düngung und *Pflege.* Die Zuckerrübe stellt an die Bodenbearbeitung und Pflege die größten Anforderungen und verlangt eine starke Düngung.

Frische Stallmistdüngung, Jauche- oder Latrinendüngung sind nicht zu empfehlen; man soll die Zuckerrübe in zweite Geile bringen oder doch nur verrotteten Stallmist anwenden. Einseitige Düngung mit künstlichen Düngemitteln ist ebenfalls wirkungslos oder bei Stickstoffdüngung sogar schädlich Man wendet auch hier zweckmäßig Stickstoff und Phosphorsäure in leichtlöslicher Form, meistens im Verhältnis von 1 : 1 oder gar 2 : 1 an. Von Kalidüngung gilt dasselbe, was bei Kartoffeln gesagt ist; man gibt sie am besten im Herbst oder zur Vorfrucht.

Man düngt für 1 ha mit 20—75 kg (im Mittel 50 kg) Stickstoff (sei es in Form von Ammoniaksalz oder Chilisalpeter), mit 40—90 kg (im Mittel mit 60 kg) löslicher Phosphorsäure bzw. neuerdings mit 100—120 kg Thomasmehl-Phosphorsäure und mit 50—120 kg (im Mittel 80 kg) Kali.

Auch eine Kalkdüngung bzw. Mergelung (je nach dem Gehalt des Mergels 2000 bis 4000 kg für 1 ha) ist von günstigstem Einfluß auf Güte wie Ertrag der Zuckerrüben.

e) Lagerung und *Aufbewahrung.* Wenn schon bei allen Wurzelgewächsen mit unlöslichen Reservestoffen nach der Ernte durch Enzyme die Zellentätigkeit und chemischen Umsetzungen, ohne welche sie bald der fauligen Zersetzung anheimfallen würden, in stärkerem oder geringerem Umfange fortgesetzt werden, so gilt dieses besonders für die Zuckerrübe mit ihrem hohen Gehalt an leicht veratembarem Zucker. Die geernteten Rüben müssen daher, bis zu ihrer Verarbeitung gegen Witterungseinflüsse geschützt, so aufbewahrt werden, daß die Zersetzung auf das geringste Maß beschränkt wird. Frost wie Temperaturerhöhung beim Aufbewahren sind gleichmäßig zu vermeiden, was wie bei den Kartoffeln am besten in den sog. Mieten, d. h. in etwa 30 cm tiefen Erdgruben in dachförmigen Haufen unter Bedecken mit einer etwa $^1/_3$—1 m dicken Erdschicht erreicht wird. Trotzdem sind kleine Verluste an Zucker (0,2—2,0%), der veratmet wird, nicht zu vermeiden, und gilt jetzt die allgemeine Regel, die Zuckerrüben nach der Ernte so schnell wie möglich zu verarbeiten.

Krankheiten. Bei der ausgehobenen Zuckerrübe kommen als Krankheiten vorwiegend in Betracht:

a) die Schorfkrankheiten, von denen der Pustelschorf durch Bacterium scabiegenum v. Faber, der Gürtelschorf durch Oospora-Arten verursacht wird;

b) die Trockenfäule, meistens verursacht durch Phoma betae Frank;

c) die Schwanzfäule, verursacht durch Rhizoctonia violacea oder noch unbekannte Bakterien;

d) Wundkrankheiten, erzeugt durch Engerlinge, Erdraupen, Drahtwürmer.

Letztere beeinträchtigen nicht selten das ganze Wachstum der Rüben überhaupt. Die Blätter werden geschädigt durch Rost (Uromyces betae Tulasne), Rußtau (Peronospora Schachtii Fuckel und Helminthosporium rhyzoctonon), Blattfleckenkrankheit (Cercospora beticola Sacc.), Blattbräune (Sponidesmium Fuckel). Von tierischen Feinden ist der gefährlichste die Rübennematode (Heterodora Schachtii Schmidt), die am erfolgreichsten durch Fangpflanzen (Brassicaarten, Zuckermais) bekämpft wird.

Untersuchung. Die Untersuchung der Zuckerrübe für die technische Verarbeitung beschränkt sich meistens auf die Bestimmung des Zuckers, die früher im Preßsaft, jetzt allgemein im alkoholischen Auszuge des fein geschliffenen Rübenbreis durch Polarisation vorgenommen wird.

9. Möhren. Die Möhre (Daucus carota L.) wird in vielen Spielarten angebaut, die bald eine weiße, bald eine gelbe oder rötliche Wurzel (gelbe Rübe) besitzen und als Feld- oder Riesenmöhre bezeichnet werden. Hier ist unter Möhre die große Varietät zu verstehen, die teils als menschliches Nahrungsmittel, teils als Viehfutter (besonders für Pferde) verwendet wird.

Für den Anbau kommen dieselben Umstände wie bei Kartoffeln und Zuckerrüben in Betracht. Die Möhre widersteht nur Trockenheit und Kälte mehr als diese; sie gedeiht noch bis zum 71. ° n. Br. und bis zu 1600 m Meereshöhe. Sie besitzt einen ausgeprägt süßen Geschmack. Der Gehalt an Saccharose beträgt in der natürlichen Möhre rund 2%, der an Glykose rund 4%, mit Schwankungen in der Trockensubstanz für Saccharose von 10,0—34,6%, für Glykose von 13,3—45,3%. Die Trockensubstanz selbst schwankt von 9,5—19,5%. Kleine Möhren pflegen wie bei allen Wurzelgewächsen mehr Trockensubstanz und Zucker zu enthalten als große Möhren. Der Pentosangehalt ist in 2 Proben frischer Möhren zu 0,99 und 1,23% gefunden.

Über den eigenartigen Farbstoff der Möhren „Carotin“ vgl. S. 116; über die allgemeine Zusammensetzung Tab. II Nr. 889.

Die Möhren fallen beim Aufbewahren durch den Pilz Sclerotinia Libertiana Fuckel der Fäule, oder auch der Bakteriennaßfäule anheim, welche letztere der der Kartoffeln gleich ist.

10. Kohlrübe. Die Kohlrübe, Stoppelrübe, Wrucke, weiße Rübe, Unterkohlrabi oder auch Turnips usw. genannt, wird von den beiden Abarten des Kohls Brassica Napus esculenta Dc. und Brassica rapa rapifera Mezger in vielfachen Spielarten mit bald länglicher oder rundlicher, bald weißer oder gelblicher Wurzel angebaut. Sie liebt mehr Feuchtigkeit und verträgt die Kälte besser als die Runkelrübe, weshalb sie vorwiegend in Gegenden mit feuchtem, kühlem Klima angebaut wird; in Gegenden mit warmem Klima wird sie leicht holzig.

Die weißen oder Kohlrüben[1]) haben einen wässerigen Geschmack.

Der Wassergehalt von Brassica Napus schwankt von 82,2—95,8, der von Brassica Rapa von 85,4—95,4%. Er ist in Gegenden mit vielem Regen und niedriger Sommertemperatur höher als in Gegenden mit mildem Klima.

Auch diese Rüben enthalten mehr Glykose als Saccharose[2]).

Die Stickstoffsubstanz enthält in Prozenten des Gesamtstickstoffs 35—55% Nichtproteine. E. Schulze fand an Salpetersäure in der weißen Rübe 0,047—0,051% der natürlichen Substanz oder 0,58—0,65% der Trockensubstanz.

Auf Kohlrüben und Kohlrabi (S. 446) erzeugt der Schleimpilz Plasmodiophora brassicae Wor. nicht selten Geschwülste von erheblicher Größe. Die Zellen der Geschwülste enthalten die Plasmodien oder Sporen des Parasiten.

Eine besondere Art dieser Rüben kommt unter dem Namen „Teltower“ Rübe vor, die als feines Gemüse sehr geschätzt ist. Sie ist infolge besonderer Kultur durch einen höheren Gehalt an Trockensubstanz und Stickstoffsubstanz vor den vorstehenden Rübensorten ausgezeichnet (vgl. Tabelle II, Nr. 890—892 und 895).

---

[1]) Die ganzen Steckrübenpflanzen liefern je nach der Größe 49,44—89,30% Knollen und 40,37—11,50% Blätter und Stengel. Die marktfähigen Rüben geben durch Schälen eßbaren Anteil 72,64% (kleine Rüben) bis 81,93% (große Rüben) und 27,04—17,86% Schalen (M. v. Schleinitz).

[2]) So fand Werenskiold in der Trockensubstanz 1894er Ernte:

Brassica Napus esculenta		Brassica rapa rapifera	
Saccharose	Glykose	Saccharose	Glykose
9,09—13,09%	42,08—60,72%	5,94—17,38%	28,89—53,05%

Die Gemüse.

Die Gemüsearten enthalten sämtlich viel Wasser. Sie sind aber durchweg durch einen hohen Gehalt an Stickstoffsubstanz ausgezeichnet, d. h. das Verhältnis dieser zu den stickstofffreien Nährstoffen ist ein engeres als bei anderen pflanzlichen Nahrungsmitteln. Sie verlangen durchweg einen tiefgründigen, humosen, stickstoffreichen Boden, wie er nur durch intensive Gartenkultur erreicht werden kann. Ihre Pflege erfordert außerdem viel Aufmerksamkeit und Arbeit, wodurch die hohen Preise derselben im Verhältnis zu ihrem Nährstoffgehalt bedingt sind. Die meisten Gemüse dienen mehr als Reiz- und Genußmittel, denn als Nahrungsmittel.

Viele derselben sind nämlich durch besondere, gewürzhaft riechende und schmeckende Stoffe ausgezeichnet. In den Spargeln finden wir das Asparagin, im Knoblauch das Knoblauchöl, Schwefelallyl, $(C_3H_5)_2S$, in den Rettichen, Radieschen, Zwiebeln, Meerrettich das Senföl, $C_3H_5 \cdot NCS$ und $C_4H_9 \cdot NCS$, in Gartensauerampfer und Rhabarbersprößlingen saures oxalsaures Calcium und Äpfelsäure, im Lattich und Kopfsalat citronensaures Kalium usw. Diese und andere Gewürzstoffe erhöhen den Geschmack der Nahrung und bringen Wechsel in dieselbe. Der Nährstoffgehalt der Gemüse kommt für die Ernährung weniger in Betracht, da diese Stoffe in Zellen fest eingeschlossen und schwer verdaulich sind (vgl. S. 139 und Tabelle I). Von der Stickstoffsubstanz bleibt nach M. Rubner durchweg $1/3$ unverdaut. Bei der Beurteilung des Nährwertes der Gemüse ist weiter zu berücksichtigen, daß selbst die marktfähigen Gemüse noch viele für den menschlichen Genuß nicht geeignete Abfälle liefern.

Die Gemüse sind durchweg sehr reich an Wasser (80—90%); es schwankt auch sehr je nach der Erntezeit des betreffenden Gemüses; Blumenkohl und Kürbis erreichen mit 9—10% Trockensubstanz eben den Gehalt der Magermilch, Spargel, Tomate und Gurke mit 2,7—6% Trockensubstanz etwa $1/4$ oder die Hälfte von der der Vollmilch.

Die Stickstoffsubstanz besteht zu $1/5$—$2/3$ aus Nichtproteinen (Aminosäuren, Aminosäureamiden und anderen Stickstoffverbindungen). C. Böhmer fand z. B. in der Trockensubstanz der Gemüse 1,91—5,57% Gesamtstickstoff und in Prozenten des letzteren Stickstoff in Form von:

Protein	Aminosäure	Aminosäure-Amiden	Ammoniak
35,3—82,2%	11,1—1,0%	50,0—0,6%	0,2—0,5%

Lecithin- ((Phosphatide-) Phosphor wurde von H. Wageler zu 0,147—0,367% in der Trockensubstanz gefunden. Durch Trocknen der Gemüse nimmt er erheblich ab.

Die Kohlenhydrate sind auch hier zum größeren oder geringeren Teil durch Zucker vertreten; Glykose wurde in den natürlichen Gemüsen zu 0,1—5,78%, in anderen Saccharose zu 0,83—1,63% gefunden.

Der Pentosangehalt schwankte in den natürlichen Gemüsen von 0,19% (Gurke) bis zu 3,11% (Meerrettig), in der Regel zwischen 0,5—1,5% in den natürlichen Gemüsen.

M. Rubner fand durch Zusammenschmelzen mit Kalihydrat in der Trockensubstanz an Mercaptan ($CH_3 \cdot HS$):

	Mercaptan (Gesamt-)	Methyl-Mercaptan
1. Tierische Nahrungsmittel . .	0,157—0,855%	0,050—0,279%
2. Gemüsearten	0,230—0,895%	0,074—0,286%

Aber nicht bloß beim Zusammenschmelzen mit Kali oder bei der trockenen Destillation, sondern auch beim Kochen, ja schon beim Trocknen unter 100° spalten viele Gemüse neben Schwefelwasserstoff Mercaptan ab und verursachen dadurch den schlechten Geruch beim Kochen, so z. B. Wirsingkohl, Blumenkohl, Teltower Rübchen, Rosenkohl, Blaukraut; dagegen liefern Rüben und andere Nahrungsmittel, wie Eier, Schwefelwasserstoff beim Kochen, aber kein Mercaptan.

1. Wurzelgewächse (Knollen und knollige Wurzelstöcke). Einige der hier aufgeführten Gemüse sind nur besondere Varietäten der im vorigen Abschnitt aufgeführten Wurzelgewächse; so gehört die Einmachrotrübe (Beta vulgaris conditiva) zu der gewöhnlichen Runkelrübe, die kleine Gartenspeisemöhre zu der großen Möhre (Daucus carota L.), die Teltower Rübe (Brassica rapa teltoviensis) zu der weißen Rübe (Brassica rapa L.).

Diese Gemüse hätten daher im vorigen Kapitel abgehandelt werden können. Da aber die ersteren Wurzelgewächse mehr im großen auf dem Felde angebaut werden und auch als Viehfutter dienen, diese dagegen als Gartengewächse nur im kleinen und ausschließlich als menschliches Nahrungsmittel gezogen werden, so mögen sie hier Platz finden.

Zu der Gruppe der Wurzelgemüse können nach W. Dahlen und Marie v. Schleinitz folgende Gemüsearten gerechnet werden:

Gemüseart	Erntezeit	Bestandteile der ganzen Pflanze		Gewicht einer Knolle	Eßbarer Anteil der Knolle in Prozenten
		Blätter u. Stengel u. a.	Knollen		
		%	%	g	
1. Rote Rübe (Beta vulgaris conditiva)	Aug.—Okt.	25,41	74,59	116—460	78,94
2. Kleine Gartenmöhre (Daucus carota L.)	Juni—Aug.	40,00	60,00	7,8— 15,5	80,35
3. Teltower Rübchen (Brassica rapa teltoviensis)	November	—	—	10,0— 15,0	—
4. Oberkohlrabi (Brassica oleracea caulorapa)	August	46,90	53,10	87,0—159,0	68,75
5. Rettich (Raphanus sativus tristis bzw. angustanus)	Oktober	—	—	96,0—108,0	—
6. Radieschen (Raphanus sativus D. C.)	Mai—Okt.	—	—	1,6— 2,9	—
7. Schwarzwurzel (Scorzonera hispanica glastifolia)	Dezember	—	—	16,0— 25,0	—
8. Sellerie (Apium graveolens L.)	Oktober	67,76	32,24	144,0—277,5	62,61
9. Meerrettich (Cochlearia armoracia vulgaris n.)	Dezember	—	—	204,0	—
10. Pastinak (Pastinaca sativa L.)	Oktober	—	—	500,0—1500,0	—

Hierzu können auch die zwiebelartigen Knollen von Cyperus edulis Dinter gerechnet werden, die unter dem Namen „Ointjes" im Steppengebiet des Herero- und Namalandes weit verbreitet sind und im gerösteten Zustande gegessen werden. Sie bestehen nach Adlung zum größten Teile aus Stärke (94,5% in der Trockensubstanz) und nur 0,73% Protein.

Von Sellerie und Kohlrabi werden außer den Knollen auch Blätter und Stengel als gewürzhafter Zusatz zu Speisen oder auch als Gemüse benutzt.

Wie in der Art der Pflanzen sind die genannten Gemüse auch in der Zusammensetzung (Tabelle II Nr. 893—904) und im Geschmack sehr verschieden.

Die Stickstoffsubstanz der Möhren besteht aus 82,2% Reinprotein, 8,4% Amiden und 9,4% sonstigen Stickstoffverbindungen, die der Kohlrabi aus nur 44,2% Reinprotein, 8,6% Amiden und 47,2% sonstigen Stickstoffverbindungen (Böhmer). Die Sellerieknollen enthalten nach Bamberger und Landsiedl rund 0,5% Asparagin und Tyrosin, aber kein Leucin. Sie verfallen öfter der Bakteriennaßfäule.

Als Kohlenhydrate enthalten die Sellerieknollen neben Mannit reichlich Stärke, die

Schwarzwurzel Inulin, Möhren, Schwarzwurzel und Pastinak auch verhältnismäßig viel Zucker, Meerrettich viel Pentosane[1]).

Die kleine Gartenmöhre ist in der ersten Entwicklungszeit (Juli) am reichsten an Stickstoffsubstanz (12,37%) und Zucker (16,43% in der Trockensubstanz), dann nehmen beide bis Ende August auf 7,00 bzw. 9,94% der Trockensubstanz ab und in verholzten Möhren ist der Gehalt nur mehr 4,15 bzw. 2,38%, während die Rohfaser von 8,69% in der Trockensubstanz der jungen Möhre auf 24,54% in der verholzten Möhre gestiegen ist.

Der scharfe Geschmack der Rettiche, Radieschen und des Meerrettichs rührt vorwiegend von Senföl (Allyl- und Butylsenföl $C_3H_5 \cdot NCS$ bzw. $C_4H_9 \cdot NCS$) her. (Über die Mineralstoffe vgl. Tabelle III Nr. 122—130.)

2. Zwiebeln. Von den Zwiebeln werden sehr verschiedenartige Sorten angebaut; von einigen werden nur die Blätter, von anderen nur die Knollen, von anderen wieder beide benutzt. Durchweg dienen sie nur zur Würzung von Speisen.

Nachstehende Sorten sind bis jetzt untersucht:

Zwiebelart	Erntezeit	Durchschnittl. Gewicht einer Knolle
1. Perlzwiebel (Allium cepa lutea n.)	Mitte Juli	6,2 g
2. Blaßrote Zwiebel (Allium cepa rosea n.)[2])	Ende November	45,1 „
3. Lauch, Porree (Allium porrum latum n.)[3])	Mitte Oktober	13,6 „
4. Knoblauch (Allium sativum vulgare)	Anfang Dezember	19,7 „
5. Schnittlauch (Allium Schoenoprasum vulgare)	desgl.	—

Außer den in Tabelle II Nr. 906—912 aufgeführten Bestandteilen sind in den Zwiebelgewächsen Zucker Spur (Knoblauch) bis 5,78% (Perlzwiebel), organisch gebundener Schwefel 0,032% (blaßrote Zwiebel) bis 0,165% (Knoblauch) und Phosphorsäure 0,081% (Lauch, Blätter) bis 0,452% (Knoblauch) gefunden. Anscheinend kommt in ihnen auch Senföl, zweifellos aber kommen darin Alkylsulfide vor, so das Allylsulfid (Allyldi-, Allyltri- und Allyltetrasulfid), Propylallyldisulfid und Vinylsulfid im Knoblauchöl (Alliumarten). Der Sitz der Lauchöle befindet sich in der Epidermis, den Leitbündelscheiden, aber nicht in den Milchsaftschläuchen. Das Knoblauchöl scheint in den Pflanzen durch enzymatische Vorgänge frei zu werden.

W. D. Kooper konnte in dem frischen, schwach sauren Preßsaft von Allium cepa bedeutende Mengen Rhodanwasserstoff nach Colosantis Reaktion nachweisen.

---

[1]) W. Dahlen bestimmte den Gehalt an Zucker, organisch gebundenem Schwefel und Phosphorsäure, C. Wittmann den Gehalt an Pentosanen mit folgenden Ergebnissen:

Bestandteile	Kleine Möhre %	Rote Rübe %	Teltower Rübchen %	Kohlrabi %	Rettich %	Radieschen %	Schwarzwurzel %	Sellerieknollen %	Sellerieblätter —	Meerrettich %	Pastinak %
Zucker	0,50	1,58	1,24	0,38	1,53	0,88	2,19	0,77	1,26	Spur	2,88
Pentosane	—	1,13	—	1,37	0,88	0,57	—	1,60	—	3,03	—
Organ. gebundener Schwefel	0,008	0,015	0,079	0,060	0,072	0,017	0,041	0,210	0,360	0,078	—
Phosphorsäure	0,090	0,131	0,190	0,127	0,132	0,073	0,120	0,740	0,870	0,199	—

[2]) M. v. Schleinitz erhielt für eine Pflanze von durchschnittlich 55,1 g Gewicht 61,20% eßbare Zwiebel, 3,39% Zwiebelabfall, 29,60% eßbare Blätter und 3,33% Blätterabfall.

[3]) Eine Pflanze wog durchschnittlich 45 g mit 15,09% Wurzeln, 30,18% Zwiebeln und 54,73% Blättern.

An Zwiebeln tritt bei der Aufbewahrung zuweilen Fäulnis auf. Bakterien rufen eine Naßfäule hervor, die der der Kartoffeln (S. 437) entspricht. Von höheren Pilzen schadet Botrytis cinerea, der zunächst kleine mißfarbene, einsinkende Stellen erzeugt, später aber die ganze Zwiebel durchwuchert. Unter den äußeren zusammentrocknenden Blättern entstehen Gruppen kleiner schwarzer Sklerotien.

3. *Früchte, Samen und Samenschalen.*

a) ***Kürbisartige Pflanzen*** (Cucurbitaceae). Hierzu gehören Cucurbita (Kürbis) und Cucumis (Gurke), zu welcher letzteren auch die Melone als besondere Spezies zu rechnen ist. Von jeder Art werden sehr viele Spielarten angebaut.

Die Kürbispflanzen gehören den wärmeren Gegenden an. Die Kürbisse verwenden wir als reife Frucht, die Gurke als unreife.

Wir schätzen die Kürbisfrüchte als Gemüse wegen der darin enthaltenen Säure, die mitunter durch Zucker eine angenehme Abstumpfung erfährt.

Kürbisart	Erntezeit	Durchschnittl. Gewicht einer Frucht
1. Kürbis (Cucurbita Pepo L.)	Anfang Oktober	2000—3000 g
2. Gurke (Cucumis sativus L.)[1]	Ende Juli-August	85— 400 „
3. Melone (Cucumis melo L.)	Oktober	578 g

Diese Erzeugnisse gehören zu den wasserreichsten unter den Gemüsen (Kürbisfruchtfleisch 90,8%, Gurke 95,4%, Melone 91,5% Wasser). (Vgl. Tab. II Nr. 913—917.)

Von dem Kürbis, der ein beträchtliches Gewicht bis 20 kg erreichen kann, verwendet man das Fruchtfleisch (6,2—15,7% der Frucht) zum Verzehr, den Samen (58,1—80,8% der Frucht) wegen seines hohen Fettgehaltes zur Gewinnung von Öl[2]).

Aus geschälten Kürbiskernen können 20—30% Öl gewonnen werden, welches zu den trocknenden Ölen gehört, frisch bereitet aber auch als Speiseöl Verwendung findet.

Der hohe Gehalt des Kürbisfruchtfleisches an Zucker — es wurden im Fruchtfleisch einiger Kürbisse 5,90% Zucker gefunden — hat Veranlassung gegeben, dasselbe zur alkoholischen Gärung zu empfehlen, indem der Saft desselben mit Bierunterhefe angestellt wird. Man kann in der Tat daraus entsprechende Mengen Alkohol gewinnen.

Von den Gurken[3]) enthalten nach B. Heinze die kleinen keinen oder weniger Zucker als die großen, die 0,31—0,98% Glykose und 0,03—0,14% Saccharose aufweisen.

[1]) Eine im Betschuanaland angebaute Gurkenart „Daschamma" besitzt denselben Bau und dieselbe Zusammensetzung wie die hiesigen Gurken. Sie ergab nach Adlung 84,07% Wasser, 3,88% Fruchtfleisch (trocken), 5,09% Samen und 6,96% Schalen. Das Fruchtfleisch enthielt 96,14% Wasser, 0,16% Protein; der Samen dagegen 9,53% Wasser, 13,06% Protein und 17,00% Fett.

[2]) C. Ulbricht zerlegte die Kürbisfrucht in folgende Teile:

In Prozenten der Frucht	Fruchtschalen	Fruchtfleisch	Samengehäuse	Ganze Samen	Samenschalen	Sameninneres	In 100 Tln. Saft des Fruchtfleisches: Glykose	Saccharose	Gesamtzucker
Teile	16,3%	10,6%	9,2%	72,8%	67,5%	75,1%	3,70%	2,20%	5,90%
Gehalt in Prozenten der einzelnen Teile:									
Wasser	85,00%	91,85%	91,80%	—	32,30%	25,50%	—	—	—
Protein	2,08%	0,80%	1,40%	—	11,40%	26,90%	—	—	—
Fett	0,60%	0,10%	0,20%	—	1,10%	38,90%	—	—	—
Rohfaser	3,70%	0,95%	0,85%	—	43,00%	1,33%	—	—	—

Im Kürbisfruchtfleisch wurden von Zaitscheck 0,26%, im Kürbissamen 2,62% Pentosane gefunden.

[3]) Kleine Gurken werden als solche verwendet, große dagegen geschält. Sie liefern hierbei nach M. v. Schleinitz rund 20% Schalen; die geschälten Gurken ergaben nur 2,34% Trockensubstanz.

Da für das Einmachen der Gurken, wie wir weiter unten sehen werden, der Zuckergehalt von wesentlicher Bedeutung ist, so eignen sich hierzu, wie auch die Erfahrung bestätigt hat, die großen Gurken besser als die kleinen. Kleine Gurken (80—90 g schwer) sind dagegen reicher an Stickstoffsubstanz (24,15% in der Trockensubstanz gegen 16,38 bzw. 14,45%) als mittelgroße (170—190 g) und große (856—896 g schwer). Die Samengurken waren nach 2 Proben den großen Gurken nahezu gleich zusammengesetzt.

Kremla fand in 100 g Melonensaft 9,95 g Extrakt mit 4,14 g Invertzucker und 0,173 g Säure (= Äpfelsäure).

b) Liebesapfel (Lycopersicum esculentum vulgare oder Solanum Lycopersicum Tournefort). Der Liebesapfel (Tomate oder Pomodoro), der auch zu den Obstfrüchten gerechnet werden kann, ist wahrscheinlich von Peru nach Europa gekommen und wird vorwiegend in Italien und Sizilien angebaut. Die Früchte dienen zur Darstellung einer sehr beliebten Sauce für Fleisch, werden aber auch eingemacht und kommen in Form von Mus (Dauerwaren, Saucen) nach nördlichen Gegenden.

Der Liebesapfel liebt eine sonnige warme Lage und wird bei uns zweckmäßig an einem gegen Süden gelegenen Spalier gezogen.

Die im Oktober geernteten Früchte wiegen etwa 55 g. Die Frucht besteht aus etwa 3,7% Haut, 10,9% Samen und 85,4% Fruchtfleisch; sie liefert 90,4—96,2% Saft[1]).

Als besondere Bestandteile der Tomaten sind zu nennen: Glutaminsäure, die darin von Monti zu 0,13% gefunden ist; Phosphatide (Lecithin), wofür er 0,247% Phosphor in der Trockensubstanz angibt; Purinbasen waren nicht nachweisbar.

Von den Zuckerarten (etwa 2%) soll Fructose vorwalten; nach anderer Ansicht soll letztere nur die einzige Zuckerart sein. Die Säure (rund 0,55%) besteht nach Stüber nur aus Citronensäure; andere nehmen auch Äpfelsäure und etwas Oxalsäure, aber keine Weinsäure an.

Der Farbstoff, das Lycopin, ist nach Willstätter und Escher dem Carotin $C_{40}H_{56}$ (S. 116) isomer; Molekulargewicht 536; das Lycopin unterscheidet sich vom Carotin durch die Form und Farbe der Krystalle, Farbe der Lösungen und durch das Verhalten gegen Halogene; auch unterliegt es durch Sauerstoff eher der Oxydation (Autoxydation) als Carotin.

Bei der Reife gehen in der Tomate gleiche Veränderungen vor sich wie in den Obstfrüchten (vgl. diese S. 471).

c) Rosenpappel, Gombo (Hibiscus esculentus L., Malvaceae). Die grünen Früchte dieser Pflanze finden in ähnlicher Weise wie der Liebesapfel in den wärmeren Ländern als Zusatz zu Brühen oder auch als Gemüse — in Serbien Bamnje genannt — Verwendung, während die reifen Samen als Kaffee-Ersatz dienen. (Vgl. Tab. II Nr. 919.)

d) Wickenartige Samen und ***Hülsen*** (Viciaceae). Von den wickenartigen Gewächsen, den Bohnen (Phaseolus, Faba) und den Erbsen (Pisum) dienen uns teils die unreifen Samen teils die ganzen unreifen Hülsen zu Gemüse.

1. Von den Erbsen (Pisum sativum) mit zahlreichen Spielarten verwenden wir meistens nur die unreifen Samen der Hülsen; jedoch gibt es auch Varietäten (z. B. Zuckererbse), von denen die ganze unreife Schote oder, richtiger gesagt, die Hülse, genossen wird.

[1]) Die Zusammensetzung von ganzer Frucht, Mus und Saft erhellt aus folgenden Zahlen:

Tomate	Wasser %	Protein %	Amide %	Fett %	Glykose %	Fructose %	Citronen-Säure %	Sonstige N-freie Extrakt-Stoffe %	Rohfaser %	Asche %	Kochsalz %
Ganze Frucht	94,32	0,49	0,37	0,19	1,09	1,09	0,46	0,61	0,84	0,54	0,05
Mus	84,21	2,19		—	—	—	0,77	7,68	1,12	3,03	1,49
Saft	95,00	0,69		—	0,74	1,38	0,56	1,02	—	0,61	0,07

W. Dahlen fand für den Mitte Juli geernteten Samen ein durchschnittliches Gewicht von 0,50 g. Der Küchenabfall (Schalen) beträgt rund 60%.

2. Von den Bohnen benutzen wir

a) die Vicia Faba und deren Varietäten (z. B. vulgaris picea Al.), Puff- oder Saubohne, als unreifen Samen zu Gemüse, während

b) Phaseolus vulgaris, die Schmink- oder Vitsbohne, in ihren zahlreichen Spielarten mit den unreifen Hülsen als Gemüse dient, und zwar bald im ganzen Zustande als Salatbohnen oder, nachdem sie vorher in feine Streifen zerschnitten sind, als Schnittbohnen.

Das Gewicht der unreifen Samen der Puffbohne, die rund $^1/_3$ eßbaren Samen und $^2/_3$ Schoten (Küchenabfall) liefert, ist im Zustande der Verwendung durchschnittlich 2,5 g. Die unreifen Hülsen der Schminkbohnen usw. haben bei einer Länge von 10—14 cm ein Gewicht von 4—5 g. Sie liefern nur 2,0—5,0% Küchenabfall.

Diese Gemüse sind (Tabelle II Nr. 920—923) wie die reifen Hülsenfruchtsamen reich an Stickstoffsubstanz; sie beträgt bis 30% und mehr in der Trockensubstanz. Jedoch sind sie auch reicher an Amiden als reife Samen. Von 100 Stickstoffsubstanz sind 75—80% Reinproteine und 25—20% Amide.

In der Trockensubstanz der unreifen Erbsen wurden von Dogeler 0,147%, in der von Schnittbohnen 0,250% Phosphor in Form von Phosphatiden (Lecithin) gefunden.

Die Zuckererbsen enthalten im jugendlichen Entwicklungsalter bis zu 30% Zucker (Saccharose), mit fortschreitender Entwicklung nimmt der Gehalt ab[1]).

4. Der Spargel. Der Spargel (Asparagus officinalis L.) wächst an den Meeresküsten in lockerem, sandigem, aber feuchtem, salzhaltigem Boden wild. Auch im kultivierten Zustande sagt ihm ein solcher Boden am meisten zu, er bedarf jedoch einer starken Düngung; behufs Anbaues pflegt man den Boden auf etwa 1 m zu rajolen und, um ihn recht locker zu erhalten, mit Stallmist usw. zu durchsetzen.

Man hat 2 Spielarten in Kultur, nämlich den weißen Spargel mit weißen Sprossen und den grünen Spargel mit lichtgrünen Sprossen.

Der Spargel bildet ein sehr geschätztes Gemüse, und werden auf dessen Kultur viel Arbeit und Kosten verwendet.

Ein Sproß wiegt 15—60 g; er soll so schwer sein (17 g), daß nicht mehr als 30 Sprossen auf $^1/_2$ kg gehen. Der Spargel wird geschält, und liefert der marktfertige Spargel durchschnittlich $^1/_3$ Schalen und $^2/_3$ eßbaren Teil.

Der eigentliche Nährstoffgehalt ist wegen des hohen Wassergehaltes (93—95%) nur gering. (Vgl. Tab. II, Nr. 924 u. 925.)

Die Stickstoffsubstanz (rund 2,0%) besteht zu nur 44% aus Protein und zu 56% aus Amiden, unter denen neben etwas Tyrosin besonders Asparagin vertreten ist. Sein Gehalt wird zu 0,152 und 0,192% oder zu 6,0—10,0% der Gesamtstickstoffsubstanz angegeben; in Wirklichkeit dürfte der Gehalt aber noch höher sein.

Der Gehalt an Zucker beträgt 0,3—0,5%, im unteren Teil der Sprosse nach Thumbach 1—2%, in den Köpfchen ist gar kein Zucker. Beim Aufbewahren bildet sich nach B. Tollens im Spargelsaft unter dem Einfluß von Kleinwesen oder Enzymen Mannit.

Der Pentosangehalt beträgt in den natürlichen Spargeln 0,45—0,60%, oder 9,0—10,0% in der Trockensubstanz.

Beim Aufbewahren in kaltem Wasser, wie das vielfach üblich ist, nehmen die Spargel noch Wasser auf (in 4—5 Tagen 7,5—12,6 g für 100 g Spargel), verlieren dagegen merkliche

---

[1]) So fanden Frerichs und Rodenberg für mehrere Proben Zuckererbsen im Mittel:

		Klein	Mittelgroß	Groß
Wasser im frischen Zustande		85,24%	82,25%	79,68%
In der Trockensubstanz	Protein	29,76%	32,22%	28,61%
	Zucker	22,21%	15,16%	12,71%

Mengen Extraktivstoffe. Beim Aufbewahren in kühlen Räumen verlieren die Spargel in 6 Tagen von 3,5 bis zu 23,1% Wasser, über Eis nur 1,4—9,7%. Dabei färben sie sich nach 1 bzw. 3 Tagen rot (Windisch und Schmidt).

Am vorteilhaftesten werden die Spargel für einige Tage in bedeckten Schalen über feuchtem Sand in kühlen Räumen (13°) aufbewahrt (R. Schulz).

Die Spargelsamen[1]) sind reich an Fett (10—15%) und werden als Kaffee-Ersatzstoff verwendet.

Der Genuß des Spargels vermehrt die Absonderung des Harns, welchem er einen eigentümlichen Geruch verleiht.

5. Artischocke. Der fleischige Blütenboden (sog. Käse) und der verdeckte untere Teil der Hüllschuppen von Cynara Scolymus L. in verschiedenen Spielarten werden in der mannigfaltigsten Zubereitung als Gemüse genossen.

Die Stickstoffsubstanz (rund 2%) besteht in Prozenten des Gesamtstickstoffs bei dem Blütenboden aus 49,64%, bei dem unteren Teil der Hüllschuppen aus 43,16% Nichtproteinverbindungen. Der Gehalt an Glykose wird zu 0,21—0,70%, der an Saccharose zu 0,83—1,64% angegeben; B. O. White findet von letzterer 12,05% und ferner 1,92% Inulin in der Trockensubstanz. (Vgl. Tab. II, Nr. 926 u. 927.)

L. Barthe berichtet von einer Vergiftung durch gekochte Artischocken, die durch einen Bacillus in Gemeinschaft mit Colibakterien blau gefärbt waren.

6. Rhabarber. Die Blattrippen (Stiele) von dem zu den Polygonaceen gehörigen, dem Ampfer nahestehenden Rhabarber, Rheum officinale Baill. oder sonstigen Rhabarberarten dienen vielfach als Gemüse oder zur Kompott- und Marmeladebereitung. Das Rhabarberblatt liefert 47,0—50,0% Blattfläche[2]) und 53,0—50,0% Stiele (Stengel); 100 g Stengel geben beim Schälen rund 78% eßbaren Teil und 22% Abfall.

Die Stickstoffsubstanz besteht nach M. v. Schleinitz aus 48,47% Reinprotein und 51,53% Amiden.

H. Vageler fand in der Trockensubstanz der Rhabarberstiele 0,336%, in der der Blätter 0,293% Phosphor in Form von Phosphatiden.

Von der Trockensubstanz 5,48% waren 3,08% oder in Prozenten derselben 56,21% in Wasser löslich; an Säure (Oxalsäure) wurden in der frischen Substanz 0,78% oder in der Trockensubstanz 14,23% gefunden.

Die Stengel und Blattstiele der Rhabarberpflanze enthalten indes, wie N. Castoro nachgewiesen hat, auch Äpfelsäure. Über die Zusammensetzung der Rhabarberteile vgl. Tab. II, Nr. 928—936.

7. Die Kohlarten (Spinat und Rübenstengel). Die Kohlblattgemüse sind sämtlich aus der Spezies Brassica oleracea hervorgegangen. Es gibt wohl kaum Pflanzen, welche durch Kultur so vielen Änderungen unterworfen sind wie die Kohlarten. Man hat für den Gemüsebau eine Unzahl von Spielarten.

Als hochentwickelte Blattpflanzen verlangen die Kohlarten mehr als andere Gemüse einen tiefgründigen, humus- und stickstoffreichen Boden in feuchter, warmer Lage. Ihre

---

[1]) Verf. hat neben den Sprossen auch das Kraut und die Beeren vom Spargel näher untersucht, um das Düngebedürfnis der Spargel zu ermitteln; hiernach werden dem Boden für 1 ha jährlich entzogen durch eine Mittelernte:

65,9 kg Stickstoff 16,7 kg Phosphorsäure 79,5 kg Kali.

Bei einer Mittelernte kann man auf 1 ha 4000 kg Sprossen, 600 kg Spargelbeeren und 9000 kg Spargelkraut rechnen; diese Mengen sind bei einer Niedrigsternte um etwa $^1/_3$ niedriger, bei einer sehr hohen Ernte um $^1/_3$ höher.

[2]) Die Blattspreite wird auch als spinatähnliches Gemüse empfohlen.

Kultur erfordert besonders viel Pflege und Aufmerksamkeit, zumal sie von allen Garten- und Gemüsepflanzen am meisten dem Insektenfraß ausgesetzt sind.

Man pflegt vorwiegend folgende Kohlarten anzubauen:

Kohlart	Erntezeit	Gewicht eines Kopfes g	Von dem marktfähigen Kopf in Prozenten	
			Abfall %	Eßbares %
1. Blumenkohl (Brassica oleracea var. botrytis L.)	August	300—630	38,0	62,0
2. Butterkohl (Brassica oleracea var. luteola L.)[1]	Dezember	285	—	—
3. Winterkohl (Grünkohl, krauser Grünkohl) (Brassica oleracea var. percrispa Al.)[1]	—	—	59,8	39,6
4. Rosenkohl (Brassica oleracea var. gemmifera Al.)	—	—	11,2	88,8
5. Savoyerkohl (Herzkohl, Wirsing) (Brassica oleracea var. bullata Dc.)[1]	Mai u. Nov.	600—2200	36,9—19,0	63,1—81,0
6. Rotkohl (Brassica oleracea var. rubra Al.)[1]	Juli u. Okt.	750—3000	31,9—10,2	68,1—89,8
7. Zuckerhut (Brassica oleracea var. conica Al.)[1]	Juni	—	—	—
8. Weißkraut (Kabbes) (Brassica oleracea capitata alba Al.)[1]	Juni u. Nov.	700—2500	25,0—21,0	75,0—79,0
Hieran mögen angereiht werden:				
9. Blattrippen (Stengel) der Steckrüben (Brassica napus rapifera M.)	Oktober	—	—	—
10. Spinat (Spinacia oleracea L.)[2]	desgl.	—	26,9	73,1
11. Mangold (Beta vulgaris var. Cicla)[2]	desgl.	—	49,9	50,1

Die Kohlarten sind zwar verhältnismäßig reich an Stickstoffverbindungen, aber hiervon bestehen nur etwa 40—50% aus Reinprotein und nur etwa $^2/_3$ davon werden verdaut. Sie gelten durchweg als schwer verdaulich.

Außer den allgemeinen Bestandteilen (Tabelle II Nr. 931—943) enthalten einige Kohlarten noch einige besondere Verbindungen[3], nämlich:

Der Blumenkohl außer Glykose und Fructose nach Bussolt auch Mannit, der in ihm vorgebildet vorkommen soll.

Auch aus 15 kg Savoyer Kohl konnte Bussolt 15—16 g Mannit und 3,1 g Glykose in Krystallen erhalten.

Der Grün- oder Winterkohl enthält auch Alloxurbasen; K. Yoshimura konnte in 50 kg frischem Kohl etwas Histidin, 0,7 g Arginin, 0,2 g Lysin, 0,3 g Cholin und 0,1 g Betain (?) nachweisen. Der Winterkohl wird durchweg erst nach eingetretenem Frost als

[1]) Außerdem ergaben:

	Butterkohl	Winterkohl	Savoyerkohl	Rotkohl	Zuckerhut	Weißkohl
Zarte Blatteile	57,54%	62,40%	64,20%	55,70%	51,30%	69,70%
Stiele und Rippen	42,46%	37,60%	35,80%	44,30%	48,70%	30,30%

[2]) Bei Spinat und Mangold werden auch die Blattstiele mit der Blattfläche verzehrt, meistens aber nur die Blätter.

[3]) Siehe Anm. *, nebenstehende Seite.

Gemüse benutzt. Durch das Gefrieren bildet sich nämlich Zucker; Pagel fand in 100 ccm Saft von nicht gefrorenem Grünkohl 1,41 g, von gefrorenem 4,17 g Glykose.

Der Spinat wird vielfach als eisenreiches Gemüse angesehen und empfohlen. v. Czadek will durch Düngung mit Ferrihydroxyd den Gehalt von 0,03% Eisen (bei ungedüngtem Spinat) auf 0,23% Eisen (bei gedüngtem) erhöht haben. In der Regel enthält aber der Spinat nicht mehr Eisen als andere Gemüse, nämlich nach Haensels Untersuchungen in der Trockensubstanz 0,036%, während Winterkohl in der letzteren 0,056%, Kopfsalat 0,054% Eisen ergaben. Serger gibt in der Trockensubstanz von Spinat rund 0,10% Eisen an, das größtenteils an Chlorophyll gebunden ist und mit verdünntem Alkohol ausgezogen werden kann.

Kohlsorten aller Art werden häufig durch Bakterien beschädigt. Teils handelt es sich um Naßfäule, die der Kartoffelnaßfäule ähnlich erscheint und entweder nur eng umgrenzte Flecke erzeugt oder tiefgreifende Zerstörungen hervorruft, teils tritt die durch Pseudomonas campestris Pam. hervorgerufene Gefäßbakteriose ein, bei der die Blattrippen der Blätter, auch die Gefäßbündel der Kohlrabi sich schwarz färben, die Blätter vergilben und zusammentrocknen.

Auch Botrytis cinerea ruft zuweilen eine, aber meist auf die äußeren Blätter beschränkte Fäulnis hervor.

8. Salatkräuter. Von den verschiedenen Salatkräutern gibt es viele Spielarten. Wir unterscheiden:

1. Endiviensalat (Cichorium Endivia var. crispa L., var. pallida, krause und glatte Varietät); W. Dahlen fand das Gewicht der Ende August und Mitte Oktober geernteten Köpfe zu 70—80 g.
2. Kopfsalat oder Gartenlattich (Lactuca sativa vericeps n.) in vielen Varietäten: frühe, späte, braune, grüne, gelbe usw. Die Köpfe wiegen 100—400 g. W. Dahlen fand in denselben 67,76% zarte Blatteile und 32,24% Blattrippen; M. v. Schleinitz 53,9% Eßbares und 46,1% Abfall.
3. Feldsalat oder Rapunzel (Valerianella Locusta olitoria L.).
4. Der sog. römische Salat.

M. v. Schleinitz fand in der Stickstoffsubstanz des Kopfsalats 76,96% Reindrotein und 23,04% Amide; G. Vageler in der Trockensubstanz desselben 0,367% Phosphor in Form von Phosphatiden.

Den erfrischenden Geschmack verdanken die Salatkräuter den darin vorhandenen organischen Säuren (als saure Salze); im Saft des Lattich- oder Kopfsalats ist citronensaures Kalium nachgewiesen. Dumond will in Latticharten ein dem Hyoscyamin ähnliches mydriatisches, die Pupillen erweiterndes Alkaloid gefunden haben.

9. Salatunkräuter. Außer diesen kultivierten Salatkräutern werden auch hier und da einige wildwachsende Unkräuter als Salatpflanzen benutzt.

---

*) W. Dahlen bzw. C. Böhmer geben u. a. noch folgende besondere Bestandteile an:

Gemüseart	In der natürlichen Substanz					In der Trockensubstanz					In Prozenten des Gesamt-Stickstoffs			
							Stickstoff in Form von							
	Wasser %	Zucker %	Pentosane %	Phosphorsäure %	Organisch gebundener Schwefel %	Gesamt-Stickstoff %	Reinprotein %	Aminosäuren %	Säureamiden %	Ammoniak %	Reinprotein %	Aminosäuren %	Säureamide %	Ammoniak %
Blumenkohl	90,89	1,62	1,05	0,150	0,089	5,11	2,60	0,566	0,104	0,017	50,9	11,1	2,0	0,3
Zuckerhut .	92,60	1,39	1,21	0,111	0,029	4,89	2,51	0,178	0,158	0,015	51,2	3,7	3,3	0,3
Spinat. . .	89,24	0,12	0,96	—	—	4,56	3,51	0,068	0,068	0,021	76,9	3,7	1,5	0,4
Kopfsalat .	94,33	0,10	—	0,093	0,012	4,85	2,97	0,155	0,154	0,024	61,2	3,2	3,1	0,5

Etwa $^1/_4$ der Pentosane des Blumenkohls sind Methylpentosane.

Hierzu gehören:

1. Die Blätter vom Löwenzahn (Leontodon taraxacum), die am Rhein und in Frankreich zu einem wohlschmeckenden Salat zubereitet werden.
2. Nesselblätter und Stengel (Urtica dioica).
3. Blätter vom Wegebreit (Plantago major).
4. Gemüseportulak (Portulaca oleracea).
5. Weißer Gänsefuß (Chenopodium album).

Im Kriege hat man auch noch verschiedene sonstige Unkräuter, z. B. die Blätter von Aegopodium Podagraria L., Bellis perennis L. u. a. zur Bereitung von Gemüse verwendet. Über die Zusammensetzung der Salate und Salatunkräuter vgl. Tab. II, Nr. 944—952; über die Zusammensetzung der Asche der Gemüsearten und Salate Tab. III, Nr. 122—155.

Gemüsedauerwaren.

Da die meisten Gemüse nur während einer verhältnismäßig kurzen Zeit des Jahres (im Sommer) frisch zu haben sind, so ist man von jeher bemüht gewesen, dieselben behufs Aufbewahrung durch zweckmäßige Verfahren haltbar zu machen.

Manche Gemüsearten, wie Grünkohl, Rosenkohl, Schwarzwurzel überwintern als solche im freien Felde, andere, wie Weißkohl, Rotkohl, Möhren usw. halten sich für den Winter hinreichend frisch, wenn sie einfach in Erde eingeschlagen und vor Frost geschützt werden. Außer durch Unterbringen in Kellern wird dieses z. B. für Kartoffeln und Rüben auch durch Aufbewahren in Mieten erreicht. Man stapelt dieselben durchweg in flachen Vertiefungen (Gruben) auf und bedeckt sie mit einer etwa 10 cm dicken Stroh- und ebenso dicken Erdschicht. Dabei muß für eine schwache Durchlüftung gesorgt werden; man lagert Kartoffeln oder Rüben entweder auf ein auf dem Boden aufgestelltes Lattengestell (Fußdurchlüftung) oder bringt oben in den Mieten ein Dunstrohr oder einen Strohwisch an (Firstdurchlüftung).

Bei anderen Gemüsen ist die Haltbarmachung umständlicher.

Die Verfahren für die Herstellung von Gemüsedauerwaren beruhen im wesentlichen auf denselben Grundsätzen, wie die für Fleisch und Fleischwaren (vgl. S. 268). Wichtig für das Gelingen aller Verfahren ist in erster Linie die vorherige Entfernung jeglicher anhängenden oder beigemengten Schmutzteile (Staub, Erde, Sand, Steine), was meistens durch einfaches Waschen geschieht, ebenso die Beseitigung aller schlechten oder durch Insektenfraß beschädigten sowie nicht eßbaren Anteile durch Verlesen, Putzen (z. B. bei Möhren), Schälen (bei Spargel), Enthülsen (z. B. bei Erbsen durch die „Lächte“-Maschine) usw. Dem Reinigen folgt dann bei den meisten Gemüsen noch die Zerkleinerung, wozu durchweg besonders eingerichtete Schneidemaschinen verwendet werden. Für die weitere Behandlung kann man vorwiegend vier Verfahren unterscheiden:

1. Trocknen der Gemüse. Für einige Gemüse, z. B. Zwiebeln, Knoblauch, Schalotten u. a. genügt ein einfaches Austrocknen an der Luft, bei den meisten aber muß künstliche Wärme angewendet werden.

Vor dem Trocknen aber werden die gereinigten und zerkleinerten Gemüse, um durch Aufquellen der Zellenmembran das Trocknen zu erleichtern sowie den Geschmack und die Bekömmlichkeit zu erhöhen, abgebrüht oder besser gedämpft; das Dämpfen geschieht entweder in Kochtöpfen mit durchlöchertem Einsatz oder in großen Kesseln, in welche man durchlochte Drahtkörbe mit den Gemüsen einhängt. Es dauert etwa 5—8 Minuten. Hierbei werden einzelne Gemüse mitunter auch gefärbt oder gebleicht wie bei Büchsengemüse (S. 455). Das Trocknen wird im kleinen in Herden und Backöfen, im großen aber durch besondere Trockenapparate vorgenommen, z. B. durch die Wanderdarre, welche von einem Hause zum andern gebracht werden kann, bei der die Luft an Heizrippenkörpern erwärmt und über die auf Horden verteilten Gemüse im Darraum geleitet wird. Bei dem Kanaltrockenverfahren werden die Gemüse auf Horden in einen langen (etwa 10 m) Kanal geschoben, in welchem eine Temperatur von 80—90° unterhalten und durch ein Gebläse ein starker Luftstrom erzeugt wird. Auch Vakuumtrockenapparate werden mit Vorteil angewendet. Erforderlich ist es, daß die mit Wasserdampf angereicherte Luft tunlichst schnell abgeführt wird. Das Trocknen wird so lange fortgesetzt, bis der Wassergehalt im allgemeinen auf 14% heruntergegangen ist. Nach dem Erkalten werden die trockenen Gemüse entweder lose in Säcke bzw. Papierbehälter gefüllt oder für eine längere Aufbewahrung zu Blöcken gepreßt in Blechgefäßen eingelötet.

Für den Gebrauch werden die Dörrgemüse 3—6 Stunden in Wasser aufgeweicht und dann wie üblich unter Salzzugabe gekocht.

Die Zusammensetzung der Dörrgemüse (Tabelle II, Nr. 953—969) muß — auf Trockensubstanz berechnet — der der natürlichen Gemüse entsprechen; nur ist infolge des vorherigen Abbrühens oder Dämpfens (vgl. unten S. 454) der Gehalt an löslichen Stoffen, an koagulierbarem Eiweiß und Mineralstoffen naturgemäß etwas geringer als bei den natürlichen Gemüsen.

2. Luftabschluß nach Apperts, Wecks und anderen Verfahren. Für das Gelingen dieses Verfahrens ist die peinlichste Reinlichkeit sowohl bei den zu verarbeitenden Rohgemüsen als auch bei der Ausführung des Verfahrens von besonderem Belang. Die vorbereiteten Gemüse werden mit Wasser oder Salzwasser gekocht oder gedämpft (blanchiert) und hierbei häufig je nach der Gemüseart gebleicht oder gefärbt. Zum Bleichen benutzt man als Zusatz zum Blanchierwasser entweder Natriumsulfit und Citronensäure (z. B. bei Spargel, Blumenkohl, Teltower Rübchen), oder Alaunlösung (z. B. bei Sellerie und Kohlrabi), oder man legt z. B. Schwarzwurzel einige Zeit in Essigsäure bzw. Citronensäure bzw. Milch. Die Grünfärbung wird in der Regel durch Zusatz von Kupfersulfat (40—50 g auf 200 l Wasser und 100 kg Gemüse), oder Kochen in kupfernen Kesseln unter Zusatz von etwas Essigsäure oder Citronensäure erzielt; auch Nickelsulfat oder Chlorophyllack — hergestellt aus Spinat, Nesseln u. a. — werden hierfür angegeben[1]). Durch das Verkochen der Gemüse gehen nicht unerhebliche Mengen Nährstoffe in das Kochwasser über, aber durch Dämpfen erheblich weniger als durch Kochen[2]). Indes ist diese Behandlung notwendig, um nicht zusagende Geruch- und Geschmackstoffe zu entfernen.

Die gekochten und abgekühlten Gemüse werden dann in Gläser (Wecksche) oder Blechdosen — eine Normalblechdose $^1/_1$ faßt 900 ccm — gefüllt und behufs Abtötung noch vorhandener Bakterien sterilisiert und zwar erstere je nach der Gemüseart 20—100 Minuten und mehr bei 75—100° im Wasserbad, letztere je nach der Größe der Büchsen 7—20 Minuten und mehr, d. h. solange, bis der ganze Doseninhalt die gewünschte Temperatur erreicht hat, bei 115—117° im Autoklaven. Ersteres Verfahren ist vorwiegend in Haushaltungen (vgl. S. 272), letzteres bei Fabrikbetrieben in Gebrauch. Die Blechdosen wurden früher zugelötet, jetzt aber werden sie meistens dadurch geschlossen, daß man Deckel und Dosenkörper nach dem Ein- und Zweihebelsystem durch Falze verbindet und die Falze vielfach noch durch Drahteinlage oder Gummiring dichtet.

Die geschlossenen Dosen werden nach Beseitigung von etwa anhängendem Fett durch Benzin u. a. weiter noch verniert, d. h. mit einem Kopalleinölfirnis bestrichen, an der Luft getrocknet und bei 110—130° im Lackierofen erhitzt.

---

[1]) Blasneck will die künstliche Grünfärbung dadurch umgehen, daß er die verkochten (blanchierten) Gemüse mit verdünnter Ätzkalklösung behandelt.

[2]) Beim Dämpfen unter Druck werden am wenigsten Stoffe gelöst. So fand die Kgl. Gärtnereilehranstalt Dahlem u. a. folgende Verluste an Stickstoffsubstanz bei Blumenkohl in Prozenten der Gesamtstickstoffsubstanz:

Durch Kochen (5 Min.)	Dämpfen (5 Min.)	Dämpfen unter Druck (3 Min.)
9,0%	4,7%	0,5%

„Gestovte Gemüse“ sind solche eingelegten Gemüse bzw. Gemüse-Fleisch-Mischungen, die nur einer Erwärmung bedürfen, um genußfertig zu werden

Die Zusammensetzung der Büchsengemüse (vgl. Tabelle II, Nr. 970—978) richtet sich ganz nach dem Entwicklungszustande, in welchem das Gemüse geerntet worden ist, und können daher die in der Tabelle II aufgeführten Zahlen nur als allgemeiner Anhalt für deren Zusammensetzung gelten.

Dabei ist weiter zu berücksichtigen, daß ein Teil der Gemüsenährstoffe in die Einbettungsflüssigkeit[1]) übergeht, die nicht verwertet wird.

3. Einsäuern mit und ohne Salzzusatz. Das Einsäuern mit und ohne Salzzusatz pflegt vorwiegend bei Weißkohl, Schnittbohnen, Gurken, roten Rüben, Perlzwiebeln u. a. angewendet zu werden. Die Gemüse werden zerschnitten[2]) und mit oder ohne Zusatz von Kochsalz und Gewürzen (Dill- Kümmel, Fenchel, Wacholderbeeren u. a.) in ein Faß eingestampft. Die eingestampfte Masse wird mit einem Tuch und einem durchlöcherten Brett bedeckt, das durch Steine oder eine Presse festgehalten wird. Das Salz entzieht den Stoffen einen Teil des Wassers, indem sich wie beim Einpökeln des Fleisches (S. 275) eine Salzlauge bildet. Der Zusatz von Salz ist jedoch nicht so hoch, daß dadurch jegliche Gärung verhindert wird; es findet in der Regel eine Milchsäuregärung statt, wobei die entstandene Milchsäure fäulnishemmend wirkt.

a) Sauerkraut [2]). Bei der Sauerkrautgärung sind nach E. Conrad Hefen und ein dem Bacterium coli ähnliches Bacterium brassicae acidae tätig, die in Symbiose wirken. Das Bacterium erzeugt die Säure (Milchsäure), die Hefe die aromatischen Stoffe (wahrscheinlich Ester aus dem gebildeten Alkohol und der Säure); denn ein durch das Bacterium allein gesäuertes Kraut besaß einen unangenehmen, stinkenden Geruch. W. Henneberg hält ein Langstäbchen (Bacillus brassicae fermentatae), Gruber Milchsäurebakterien in Kokkenform für die wirksamen Erreger der Sauerkrautgärung. Wehmer gewann aus Sauerkraut ein unbewegliches Stäbchen (Bacterium brassicae), spricht aber auch den Hefen, besonders bei der Vor-(Schaum-)Gärung eine bedeutende Rolle zu. Er konnte in der Krautbrühe 1% Alkohol nachweisen. Die gebildete Säure ist vorwiegend inaktive Äthylidenmilchsäure (S. 121) neben wenig Essig- und Buttersäure. An Gasen werden Kohlensäure, Wasserstoff und Methan erzeugt.

Die Zusammensetzung des Sauerkrautes entspricht bis auf die aus der Glykose gebildete Milchsäure der des Weißkohls.

Krause fand 0,90—1,87%, E. Feser 1,22—1,78%, im Mittel 1,45% Milchsäure. Von E. Feser wurden im Sauerkraut auch 0,80—1,16% Mannit, von A. Stift 0,85 und 0,96% Pentosane nachgewiesen.

b) Sauere Gurken. In ähnlicher Weise wie bei Sauerkraut verläuft nach R. Aderhold die Säuerung beim Einlegen von Gurken.

Die gesunden, gut gereinigten Gurken werden mit verschiedenen als Gewürz dienenden Zusätzen (Dill, Sauerkirschblätter, Estragon, Lorbeerblätter, Meerrettich usw.) in geeignete Gefäße zusammengeschichtet und dann entweder mit reinem Brunnenwasser oder mit Salzwasser (unter Umständen auch 0,05 proz. Weinsäurelösung) übergossen.

---

[1]) So fanden wir in 100 ccm der Einbettungsflüssigkeit gelöst:

Flüssigkeit von Büchsengemüse:	Organische Stoffe	Mit Stickstoff	Mineralstoffe
Erbsen	2,657 g	0,257 g	0,306 g
Schnittbohnen	1,645 „	0,068 „	0,192 „
Salatbohnen	2,395 „	0,114 „	0,323 „

[2]) Bei der Bereitung von Komstkraut werden die Krautköpfe erst einige Male in Salzwasser aufgekocht und nach dem Abtropfen des Wassers entweder ganz oder in Stücke zerschnitten eingestampft.

Wenn die Gurken bald gegessen werden sollen, läßt man sie in offenen Gefäßen, aber untergetaucht stehen; die für einen späteren Gebrauch einzusäuernden Gurken legt man in Fässer ein, die man nach Beendigung der Gärung und nach Auffüllung mit Salzwasser (auch Essig) zuschlägt.

Man kann drei Abschnitte der Säuerung unterscheiden, nämlich die Jungsäuerung, äußerlich gekennzeichnet durch die Schaumbildung, die Reifesäuerung, d. h. die Zeit, wo der höchste Säuregrad erreicht wird, und die Überreife, d. h. den Abschnitt, wo die Säure wieder abzunehmen beginnt.

Auch hier ist wie beim Sauerkraut die Gärung eine Milchsäuregärung, indem sich optisch inaktive Äthylidenmilchsäure neben etwas Essigsäure und Bernsteinsäure bildet. Als beständige und hervorragende Milchsäureerreger erkannte Aderhold zunächst Bacterium Güntheri var. inactiva bzw. Bacterium lactis acidi, B. coli und Oidium lactis, von denen das erstere auch höhere Säuregrade als 0,5% hervorbringen kann. Neben den Milchsäureerregern kommen noch drei Gruppen von Kleinwesen vor, nämlich 1. Hyphenpilze (wie Penicillium glaucum, Aspergillus glaucus in der Kahmdecke u. a.), 2. Sproßpilze (wie 2 Torula-Arten und eine Mycoderma-Art), 3. Bakterien, am häufigsten fluorescierende Bakterien, öfters in den Jung- und Reifesäuerungen Bacillus mesentericus vulgaris, Bacillus subtilis Cohn u. a. Henneberg hält den nach ihm benannten Bacillus cucumeris fermentati Henn. für den eigentlichen Milchsäureerreger in den einzusäuernden Gurken. Die neben den Milchsäureerregern noch vorhandenen Kleinwesen sind nach Aderhold für den Vorgang, der als ein Fäulnisvorgang aufzufassen ist, aber durch die Milchsäurebildung ein eigenartiges Gepräge erhält, entweder gleichgültig oder gar schädlich.

Die Milchsäurebakterien greifen in erster Linie die Glykose an und verbrauchen diese neben vielleicht noch anderen Bestandteilen der Gurken zur Milchsäurebildung; die Saccharose nimmt zwar auch ab, hat aber anscheinend für die Milchsäurebildung keine Bedeutung. Aus dem Grunde sind glykosereiche Gurken für die Einsäuerung am geeignetsten (vgl. S. 449).

Das Kochsalz verzögert in einer Menge von 2—4% die Säuerung nicht wesentlich, wohl aber in einer Menge von 6—8%; geringe Mengen Kochsalz sichern den Verlauf der Gärung und erhöhen die Haltbarkeit des Erzeugnisses.

Der Säurevorgang unter Öl verläuft ebenso schnell wie ohne Öl; jedoch wird bei Luftabschluß etwas mehr Säure gebildet als bei Luftzutritt, und sind unter Luftabschluß eingemachte Gurken haltbarer als die offen vergorenen und aufbewahrten Früchte, weil durch den Luftabschluß weniger Säure zerstört wird.

Die eingesäuerten Gurken enthalten bei etwas erhöhtem Wassergehalt (95,0—96,5%), 0,19—0,39% (Mittel 0,26%) Säure = Milchsäure.

Für ein gutes Gelingen der Gurkensäuerung ist es von Belang, daß beizeiten genügend Zucker in die Flüssigkeit gelangt, — was durch Warmstellen und auch unter Umständen durch Zusatz von etwas Weinstein und Stärkezucker unterstützt werden kann —, daß ferner kräftige Milchsäureerreger vorhanden sind, wozu in erster Linie Bacterium Güntheri zu rechnen ist. Letzteres ist nicht im Sauerteig, wohl aber in saurer Milch enthalten, weshalb Zusatz von Sauerteig wertlos ist, während vielleicht Zusatz von etwas saurer Milch zur eben angesetzten Gurkensäuerung einen guten Erfolg haben kann.

Über die Zusammensetzung von a) und b) vgl. Tab. II, Nr. 979 und 980.

*c) **Eingesäuerte Bohnen.*** Die grünen Hülsen der Bohnen (Phaseolus) werden von den an der Bauch- und Rückennaht entlanglaufenden Fäden (Sklerenchymfaserbündeln) befreit, in kleine Stücke zerschnitten und entweder roh oder nach vorherigem Abbrühen in kochendem Wasser unter Zugabe von Kochsalz (2—5%) wie bei Sauerkraut in Gefäße gedrückt. Nach Aderhold bewirkt vorwiegend eine dem Micrococcus pyogenes ähnliche Kokkenart und ein dem Bact. Güntheri ähnliches Langstäbchen die Säuerung; R. Weiß, der in eingesäuerten Bohnen 30 verschiedene Bakterien fand, hält nur den Bac. robustus für den Hauptbildner der Milchsäure. Wahrscheinlich wirken auch Hefen mit. Unter gleichzeitiger Gasbildung (Wehmer) entsteht neben Milchsäure, Buttersäure und vielleicht auch Essigsäure.

d) Eingesäuerte rote Rüben. Gereinigte, süße, rote Rüben werden in Scheiben zerschnitten, mit dem gleichen oder doppelten Gewicht Wasser übergossen und ungefähr 7—8 Tage bei 18—22° der Gärung überlassen. Nur die entstehende rote, schleimige Flüssigkeit wird zu einer Suppe (Barszcz, Barschtsch genannt) verwendet, die Rübenstücke finden keine Verwendung. Nach Panek sind dabei vorwiegend drei Stäbchenbakterien wirksam, von denen eines eine Abart von Bact. Güntheri sein soll. In 1 l Flüssigkeit wurden gefunden: 35,06—44,78% Trockenrückstand, 3,37—4,32% Milchsäure, 1,70—2,10 g Gesamtstickstoff und 2,40—3,93 g Asche.

e) In ähnlicher Weise wie Gurken werden auch Tomaten, Erbsen, Äpfel und Perlzwiebeln (letztere für die Bereitung von Mixed Pickles) eingesäuert. Auch hier handelt es sich vorwiegend um eine Milchsäuregärung, bei Äpfeln vielleicht auch um eine Essigsäuregärung.

4. Anwendung von frischhaltenden Mitteln. Zum Einmachen von Gurken, roten Rüben usw. wird auch Essig, vorwiegend Weinessig, mit und ohne Zusatz von Gewürzen benutzt. Die Gurken pflegt man vorher in dem Essig auf 80—90° zu erhitzen oder zu kochen und nach dem Kochen den durch Verdunstung von Essigsäure und durch Wasseraufnahme verdünnten Essig abzugießen und durch frischen zu ersetzen. Rote Rüben werden vorher gekocht, geschnitten, dann einfach mit Essig übergossen. Nach diesem Verfahren werden in England die bekannten „Mixed Pickles“ hergestellt.

Die „Mixed Pickles“ bestehen aus kleinen Gurken, jungen Zwiebeln, jungen Maiskolben, Möhrenschnitten, unreifen Vitsbohnenschoten usw.; dem Essig pflegt man noch scharfes Gewürz, Spanischen Pfeffer, Ingwer, Meerfenchel usw. zuzusetzen.

Fehlerhafte Beschaffenheit der Gemüsedauerwaren. Die fehlerhafte Beschaffenheit kann verschiedene Ursachen haben, nämlich:

1. Anwendung von befallenen kranken, schlechten oder zu alten Rohstoffen.
2. Mangelhafte oder unrichtige Herstellung (ungenügendes Trocknen, Anwendung eines unreinen oder zu langsamen Luftstromes bei Dörrgemüse, ungenügende Sterilisation oder undichter Verschluß bei Büchsen- und Glasgefäßgemüsen, unrichtige Einsäuerung oder Anwendung von Frischhaltungsmitteln beim Einlegen in Essig).
3. Vorkommen von Schwermetallen (Blei, Zink, Zinn) von der Verlötung oder Wandung der Gefäße.
4. Verfärben durch Sulfide der Schwermetalle, z. B. von Stannosulfid.
5. Auffärben der grünen Gemüse mit Kupfersulfat (oder Nickelsulfat). Von verschiedenen Staaten sind 35—55 mg Kupfer in Form von Kupfersulfat auf 1 kg Gemüse zugelassen, von der Schweiz und Italien 100 mg, von Frankreich sogar unbegrenzte Mengen.
6. Bleichen mit schwefliger Säure bei solchen Gemüsen, bei denen eine blasse oder weiße Farbe beliebt ist.

Verderben der Gemüse. Das Verderben der Gemüse kann bei allen Gemüsedauerwaren vorkommen; durch Büchsengemüse sind sogar häufig Vergiftungen hervorgerufen.

1. Dörrgemüse kann bei einer Feuchtigkeit über 14% leicht verschimmeln oder bei noch höherer Feuchtigkeit auch der Fäulnis anheimfallen.
2. Bombage tritt bei Büchsengemüse genau so auf wie bei Fleisch in Büchsen (S. 273); als Gase sind Kohlensäure, Stickstoff und Wasserstoff beobachtet. Als Ursache der Zersetzung sind viele und recht verschiedenartige Bakterien erkannt worden. Jedoch treten in demselben Gemüse aus verschiedenen Gegenden anscheinend gleichartige Bakterien auf (von Wahl). Das hierbei — auch bei eingesäuerten Gemüsen — auftretende Weichwerden wird durch Bakterien hervorgerufen, welche die Mittellamellen der Zellen aufzulösen vermögen.

In Büchsengemüse, das giftig gewirkt hatte, wurde von Rolly Bact. coli und Bact. paratyphi B gefunden.

Flechten und Algen.

1. Das isländische Moos (Cetraria islandica) ist diejenige Flechte, welche vorwiegend zur menschlichen Nahrung dient; es ist eine Schildflechte, deren Thallus beim Kochen in eine gallertartige Masse umgewandelt wird; sie ist nicht allein auf den Norden beschränkt, sondern kommt auch in deutschen Gebirgen stellenweise in solchen Mengen vor, daß sie mit Vorteil gesammelt werden kann.

Man verwendet das isländische Moos in Form von Tee, Gelee oder vermischt es mit Schokolade, Salep und Zucker zu Moos-Schokolade usw. Auch wird es in der Medizin angewendet. Es besitzt einen bitteren Geschmack.

2. Das irische oder ***Carragheen-Moos*** (Chondrus crispus) ist eine Alge; es teilt mit dem isländischen Moos die Eigenschaft, in kochendem Wasser zu einer Gallerte aufgelöst zu werden; dasselbe wird ebenso wie die folgenden Meeresalgen in Irland und England von der armen Bevölkerung gegessen, findet auch mitunter als schleimiges und einhüllendes Mittel in der Arznei Verwendung.

3. Das Renntiermoos (Cladonia rangiferina) hat eine dem ersteren ähnliche Zusammensetzung. Das isländische wie Renntiermoos enthielten nach E. Salkowski 54,6 bis 61,8% Lichenin, d. h. durch verdünnte Säuren — nicht durch Diastase oder Pankreas — in Zucker überführbare Stoffe, die bis auf einen kleinen Rest vergärbar sind. Die Hydrolysate enthalten eine Flechtensäure — 10,92% als Cetrarsäure $C_{30}H_{30}O_{12}$ berechnet, — welche die Gärung beeinträchtigt.

4. Meeresalgen. In England werden unter dem Namen Meerlattich verschiedene Algen (so Ulva lactuca und Porphyra) genossen; ebenso sind in Japan verschiedene Meeresalgen in Gebrauch, so z. B. Porphyra vulgaris, Enteromorpha compressa, Cystoreira species, Capea elongata, Laminaria japonica usw. Aus Gelidium cornuum, Euchema spinosum Ag. und Gracilaria lichenoides wird durch heißes Wasser der auch bei uns bekannte Agar-Agar (Ceylonmoos, Jaffa- oder Taffeamoos) bzw. das Isingglas (vorwiegend aus Gelidium cornuum) gewonnen, Massen, welche der Knochengelatine ähnlich sich in Wasser zu einer Gallerte auflösen und daher als pflanzliche Hausenblase bezeichnet werden können. Das Nori der Japaner, welches dünne papierähnliche Platten bildet, wird aus Porphyra laciniata erhalten. Agar-Agar wie Nori dienen vorwiegend zur Darstellung von Puddings.

Daß die eßbaren Vogelnester (der Salangaschwalbe) nicht aus Meeresalgen aufgebaut werden, ist schon S. 241 auseinandergesetzt.

Hieran anschließend mag auch noch erwähnt sein:

5. Das indianische Brot (Puntsaon oder Tuckahon genannt); es ist eine schwammartige Wurzelanschwellung, welche an größeren Bäumen durch die Tätigkeit eines Pilzmycels gebildet wird und in China unter dem Namen „Fühling" bekannt ist. In botanischen Katalogen wird die Masse als Lycoperdon solidum, Sclerotium cocos oder giganteum aufgeführt; dieselbe soll von den Indianern verspeist werden.

Isländisches wie irisches Moos sind beide arm an Stickstoffsubstanz (2,0—5,0%), aber reich an Kohlenhydraten; letztere sind beim isländischen Moos vorwiegend durch die Moosstärke, Lichenin (S. 110), vertreten, an welcher wir 55,65% von 76,12% gesamten Kohlenhydraten fanden. Das irische Moos (Carragheenmoos) enthält meistens keine Stärke, dagegen den sog. Carragheenschleim, der aus Glykosan, Galaktan und Fructosan besteht; das Moos liefert mit Salpetersäure 22% Schleimsäure.

Das isländische Moos ist ferner durch zwei eigenartige Flechtensäuren — nach W. Zopf sind in Flechten im ganzen 140 verschiedene Säuren nachgewiesen — ausgezeichnet, nämlich die Protolichesterinsäure ($C_{10}H_{34}O_4$) und die Fumarprotocetrarsäure (Protocetrarsäure Hesse oder Cetrarsäure Zopf $C_{62}H_{50}O_{35}$). Die sonst in Cetraria-Flechtenarten vorkommende Usninsäure ($C_{18}H_{16}O_7$) ist im isländischen Moos weniger vertreten als in anderen Flechtenarten, z. B. Platysma.

Bei den Meeresalgen sind einige Arten reich an Stickstoffsubstanz; so enthält die Trockensubstanz von Porphyra-Arten 20,7—39,2%, von Gelidium-Arten 18,0—20,0%, von Undaria, Ecclonia, Enteromorpha, Cystoreira und Alaria 12,0—15,0%, von anderen Arten nur 6,0—10,0% Stickstoffsubstanz; von derselben sind 50—70% in Wasser löslich.

Agar-Agar enthält 4,7%, Isingglas 14,1% Stickstoffsubstanz in der Trockensubstanz.

Stärke kommt in den Meeresalgen nicht vor; nur eine Gelidium-Art (Gelidium blanchead) gab mit Jodjodkalium eine Braunfärbung ähnlich wie Klebreis (S. 352).

Die Kohlenhydrate bestehen vorwiegend aus Hemicellulose, nämlich den Hexosanen (Glykosan, Fructosan, Galaktan) und Pentosanen[1]). Hiervon ist Fructosan in fast allen, Glykosan und Galaktan nur in einzelnen Meeresalgen in größerer Menge gefunden. Pentosane und Methylpentosane kommen ebenfalls in allen Algen vor (in Laminaria als Methylpentosan wahrscheinlich Fucosan, in Enteromorpha compressa sicher Rhamnosan).

Der Gehalt an Rohfaser ist sehr verschieden (Tabelle II, Nr. 981—996), nicht minder der Gehalt an Asche, Chlornatrium und Calciumcarbonat. Algen, die auf dem Meereswasser schwimmen, pflegen viel Chlornatrium zu enthalten; andere dagegen, die sich verkalkt haben, oder mit Muscheln und Schnecken überzogen sind, enthalten viel Calciumcarbonat. (Vgl. Tab. III, Nr. 156—166).

Pilze und Schwämme.

Die Pilze und Schwämme sind verhältnismäßig reich an Stickstoffsubstanz. Aus dem Grunde hat man ihnen anfänglich, nachdem man dieses erkannt hatte, eine besonders hohe Bedeutung für die menschliche Ernährung zugeschrieben, ja sie sogar als Fleischersatz angesehen. Man hegt vielfach die Ansicht, daß die Pilze und Schwämme, welche überall verbreitet und jedermann unentgeltlich zugänglich sind, eine nicht geringe volkswirtschaftliche Bedeutung besitzen, d. h. gerade eine billige Nahrung für die unbemittelten Volksklassen abgeben können.

Diese Ansicht hat aber dadurch einen Stoß erfahren, daß sich nach Verdauungsversuchen herausgestellt hat, daß die Pilze und Schwämme (vgl. S. 139 und Tab. I) schwer verdaulich sind, daher für die menschliche Ernährung nicht die Bedeutung besitzen, welche ihnen nach dem Gehalt an Rohnährstoffen zuerkannt worden ist. Dazu kommt, daß viele Pilze und Schwämme giftig sind. Immerhin besitzen dieselben meistens besondere Reiz- und Geschmackstoffe und spielen dieserhalb in der menschlichen Nahrung — das war besonders während der letzten Kriegsjahre der Fall — eine gewisse Rolle; ja einige derselben, wie Champignon und Trüffel, gelten sogar für die Zubereitung von Speisen und Saucen entweder als solche oder in Form von Extrakten

[1]) So ergaben in der Trockensubstanz:

Bestandteil	Porphyra-Arten %	Gelidium-Arten %	Laminaria- %	Cystophyllum-Arten %	Enteromorpha compressa %	Ecclonia bicyclis %	Undaria pinnatifida %
Galaktan	12,63	12,37	—	—	—	—	7,13
Pentosane	3,78	3,45	7,79	11,69	8,59	6,03	7,04
Methylpentosane	0,24	1,01	1,03	1,60	19,26	1,30	0,29
Asche	8,97	11,04	31,28	24,81	15,64	21,17	38,64
Chlornatrium	0,73	1,79	17,49	4,94	2,97	11,77	24,00

als besondere Feinkost. Die Pilze und Schwämme können für Zwecke der menschlichen Ernährung den Gemüsen gleich erachtet werden.

Man kann die Pilze und Schwämme mit Röll nach ihren äußeren Merkmalen wie folgt einteilen:

I. Blätterschwämme.

Diese besitzen auf der Unterseite dünne Blättchen (Lamellen), zwischen denen die Sporen reifen. Hierzu gehört die große Familie der Agaricus-Arten.

a) Genießbare, unschädliche Arten.

1. Feld-Champignon (Agaricus campestris, Psalliota campestris L.), der wichtigste unter den Hutpilzen. Der Hut ist erst kugelig, dann glockenförmig, zuletzt ausgebreitet, wie zerfließend; die Farbe: weiß, ins Gelbliche oder Bräunliche spielend, etwas seideglänzend, nicht schmierig; besonders kennzeichnend ist es, daß die an der Unterseite des Hutes befindlichen zarten, fächerartig angeordneten Blättchen erst weiß, sehr bald blaßrosa, später rotbraun bis schwärzlich werden; Fleisch: weiß, zuweilen rötlichbraun, von angenehmem, anis- und nußartigem Geschmack; Sporen: schwarzbraun; Standort: in Wäldern (besonders Laubwäldern), auf Triften, Grasplätzen, Pferdeweiden, unter Obstbäumen; Zeit: Juni bis Oktober.

Von dem Feldchampignon etwas verschieden, aber stets mit blaß rosenroten oder fleischfarbigen Blättchen, sind folgende Unterarten, ebenfalls gute Speiseschwämme: Acker- oder Schafchampignon (Agaricus arvensis Schäff.), Wiesenchampignon (Agaricus pratensis), Waldchampignon (Agaricus sylvaticus), Kreidechampignon (Agaricus cretaceus Schäff.), sämtlich mit hohlem Stiel.

2. Der große Parasol-, Schirm- oder Lerchenschwamm (Agaricus procerus oder Lepiota procerus Scop.), hand- bis fußhoch, oft 30 cm hoch und 30 cm breit. Hut: erst geschlossen, eiförmig oder walzig, dann glockenförmig, erscheint zuletzt schirmförmig und flach, hellgraubraun, mit vielen, großen, dunkelbraunen Hautlappen, in der Mitte mit dunkelbraunem Buckel (kennzeichnend); Stiel: oben mit einem großen, braunen, verschiebbaren Ring (ebenfalls kennzeichnend).

3. Der große Stock-, Heckenschwamm oder ***Buchenpilz*** oder ***Halimasch*** (Agaricus melleus Vahl), mittelgroß, meist büschelig zusammenwachsend. Hut: fleischig, flachgebuckelt, honigfarben, mit vielen kleinen, dunkleren, angedrückten Haarbüschelchen.

4. Der Stockschwamm oder ***Schüblling*** (Agaricus mutabilis, Psalliota mut. Schäff.), nicht büschelig zusammenwachsend, auf faulenden Baumstämmen. Hut: lederartig bis zimtbraun, in der Mitte oft heller, ein wenig fettig anzufühlen; Fleisch: dünn, riecht obstartig.

5. Der Mehlschwamm oder ***Musseron*** (Agaricus prunulus, Clitopilus prun. Scop.), an Gestalt dem Eierschwamm ähnlich, weißfarbig. Hut: unregelmäßig, buchtig, am Rand nach unten gebogen, etwas fettig anzufühlen; Blättchen: teilweise am Stiel herablaufend, durch die ausfallenden Sporen oft fleischfarben angehaucht; Stiel: nach unten verdünnt, meist schief, oft etwas weichfilzig; Fleisch: weiß, längsfaserig, deutlich nach frischem Mehl riechend. Durch diese Eigenschaften unterscheidet sich der Mehlschwamm von ungenießbaren weißen Pilzen.

Mit „Musseron" bezeichnet man auch: den Pomona-Maischwamm (Agaricus Pomona), den stark riechenden Maischwamm (Agaricus graveolens, Tricholoma grav. Pers.), ferner den Ritterling (Tricholoma equestre Fr.).

6. Der Eierschwamm, Pfifferling, Gelbling, Gelbmännchen usw. (Agaricus cantharellus oder Cantharellus cibarius Fries), überall dottergelb gefärbt und fettig anzufühlen. Hut: unregelmäßig buchtig, zuletzt trichterförmig, am Rande abwärts gebogen.

7. Der Reizker, Herbstling oder ***Wacholderschwamm*** (Agaricus deliciosus oder Lactarius deliciosus L.), mittelgroß. Hut: mattorangefarbig, später in der Mitte vertieft, meist mit konzentrischen, durchweg hochorangefarbigen Ringen; Blättchen: schön blaßorange, meist etwas heller als der Hut; Stiel: orangefarbig, kurz, nach unten nicht verdickt, im Alter hohl;

Fleisch: derb, beim Zerschneiden oder Zerbrechen gibt der Pilz eine schön orangefarbige Milch, welche später grünspanfarbig wird — Unterschied von allen Pilzen —.

8. Der Nelkenschwindling, Krösling (Marasmius Oreades Bolt.). Hut: lederbraun; Blättchen: schmutzig-gelbweiß; Stiel: dünn und überall zottig. Er wird wie der etwas kleinere Küchenschwindling (Marasmius scorodorius Fr.) mit bräunlichem, papierdünnem, durchscheinendem Hut als Gewürz und zu Saucen verwendet; aber meist in getrocknetem Zustande, weil er in frischem Zustande Blausäure aushauchen soll.

b) Ungenießbare und giftige Arten.

1. Fliegenpilz (Agaricus muscarius L., Amanita muscaria Fries.). Hut: erst stark gewölbt, dann flach, pomeranzenfarben bis feuerrot, mit rein weißen Warzen besetzt; Blättchen und Stiel: weiß, an letzterem unten eine mit der Knolle verwachsene Wulst.

2. Knollenblattschwamm, Gift-Champignon (Agaricus phalloides L., Amanita phall. Fries.); gleicht in der Jugend dem Champignon Nr. 1; Hut: anfangs gewölbt, später ausgebreitet, fleischig, weiß, mit unregelmäßigen Schuppen oder Warzen; Stiel: kahl, weiß, bis zur knolligen Basis hohl; Sporen: stets weiß; ohne angenehmen Geruch.

3. Falscher Eierschwamm (Cantharellus Agar. Wulf., aurantiacus Fr.); dem echten Eierschwamm Nr. 6 ähnlich; Hut: fast flach, sammetartig, filzig; Fleisch: blaß orange; Stiel: am Grunde schwarz und hohl werdend.

4. Giftreizker (Lactarius Schaeff. oder Agaricus torminosus Fr.); dem Reizker Nr. 7 ähnlich; Hut: ockergelb oder rötlichbraun, vertieft, mit Ringen, aber gegen den Rand filzig und stark gewimpert, mit stets an der Luft weißbleibendem, brennend scharfem Milchsaft.

Es gibt auch eßbare Pilze mit weißem Milchsaft, wie der Pfefferschwamm (Lactarius piperatus Scop.) oder der Breitling (Lactarius volemus Fr.); indes werden zweckmäßig alle Pilze mit weißer Farbe vom Gebrauch ausgeschlossen.

II. Löcherpilze.

Sie tragen auf der Unterseite des Hutes zahlreiche Röhrchen. Hierzu gehören die vielen Boletusarten.

a) Genießbare, unschädliche Arten.

1. Der Steinpilz, Edel- oder *Herrenpilz* (Boletus edulis Bull.). Hut: groß, dick, oft etwas unregelmäßig, leder- bis rotbraun; Röhrchen: weiß, später gelblich, im Alter gelbgrün; Stiel: nach unten stark verdickt, seltener walzenförmig, voll, blaßbraun, niemals rot, oben mit feinem, weißem Adernetz (kennzeichnend); Fleisch: weiß, nur unter der Oberhaut etwas gebräunt, derb, von unveränderlicher Farbe, von süßlichem, nußartigem Geruch und Geschmack.

Mit dem Steinpilz haben Ähnlichkeit: der schwammige und bitter schmeckende Gallenpilz (Boletus feleus Bull.) mit weißen Röhrchen und weißem Fleisch, welches beim Zerbrechen rot anläuft.

2. Der Kapuzinerpilz, rauher Röhrenpilz (Boletus scaber Fr.). Hut: grauorange, lehmfarbig, rot oder braunrot; Röhrchen: weiß, später weißgrau; Stiel: lang, nach unten dicker werdend, weiß, durch dunkle, zuweilen rötliche Erhabenheiten und Fasern runzelig-rauh.

3. Der Ringpilz oder *Butterpilz* (Boletus luteus L.). Hut: schmutzigbraun bis braungelb, schleimig-schmierig, mit leicht abziehbarer Haut; Röhrchen: sehr fein, schön blaßgelb; Stiel: blaßgelb, mit weißem, später bräunlichem Halsring.

Ferner sind von Boletus eßbar und den vorstehenden Arten ähnlich: der Schmerling oder Körnchenröhrling (B. granulatus L.), der Kuhpilz (B. bovinus L.), der Sandpilz (B. variegatus Sw., B. Bellini) und die Ziegenlippe (B. subtomentosus L.), welche letztere an angefressenen Stellen oder unter der abgerissenen Oberhaut schön rot erscheint und einen rot angelaufenen Stiel hat.

4. Der Semmelpilz (Polyporus confluens F.). Hut: aus unregelmäßig zusammengeflossenen, dicken Lappen gebildet, semmelgelb bis rotbraun, zerbrechlich; Röhrchen: fein, weiß, am Stiel herablaufend; Stiel: sehr kurz, dick, in den Hut übergehend, weiß.

5. Das eßbare Schafeuter (Polyporus ovinus Schäff.) ist dem Semmelpilz ähnlich. Hut: rissig und an der Oberhaut stückweise abziehbar; meist wachsen wie beim Semmelpilz mehrere Hüte ineinander.

6. Der Leberpilz, Rindszunge (Fistulina hepatica Fr.); er ist fleischrot, kaum gestielt, wächst an Laubbäumen, ist selten.

b) Ungenießbare bzw. giftige Arten.

1. Hexenpilz (Boletus luridus Schaeff.). Im nassen Zustande schmierig, olivenbraun oder umbrafarben; Röhrchen: gelb, später grünlich, an den Mündungen orangerot; Stiel: mennigrot oder gelb, rotgenetzt; Fleisch: weiß, oder grünlich werdend. Der Pilz soll nach dem Abbrühen genießbar sein.

2. Satanspilz (Boletus Satanas Lenz). Gelbbraun oder weißlich ledergelb; gleicht in allem dem Hexenpilz, nur ist der Stiel rot-netzaderig, die Röhren sind weiß und an der Mündung niemals rot. Ausgeprägt giftig.

III. Stachelpilze.

Sie tragen auf der Unterseite des Hutes zahlreiche weiße Stacheln. Von diesen ist:

Der mittelgroße Stoppelschwamm, Süßling (Hydnum repandum L.), am häufigsten. Hut: flach, gebuchtet, gelbweiß bis hellorange; Stacheln: fleischfarben, zerbrechlich; Fleisch: gelblich-weiß, pfefferartig schmeckend.

Der von Juni bis Oktober in Nadelwäldern wachsende Habicht- oder Hirsch- oder Stachelschwamm (Hydnum imbricatum L.) mit rehfarbenen Stacheln und mit von dreieckigen Schuppen besetztem Hut ist nicht sehr häufig.

Der stinkende Stachelschwamm (Hydnum squamosum Schaeff.) unterscheidet sich von diesem durch seinen widerlichen Geruch.

IV. Hirschschwämme.

Sie sind geweihartig verzweigt.

1. Der rote Hirschschwamm, roter Hahnenkamm, Bärentatze usw. (Clavaria Botrytis Pers.), mittelgroß, mit vielen gelbroten, zerbrechlichen Ästen, deren Spitzen meist rot sind.

2. Der gelbe Hirschschwamm, gelber Hahnenkamm, Ziegenbart, Blumenkohlschwamm usw. (Clavaria flava Pers.), mittelgroß, vielästig, gelb bis blaßrosa, mit stumpfen, oft rötlichen Astspitzen, im Alter blaßgelb. Stiel: weniger dick als bei dem vorigen, weiß bis gelbweiß, zäh; Geschmack: oft etwas bitter.

Beide Hirschschwämme gelten im alten, weichen Zustande als schädlich. Auch gelten die zähen Arten der Hirschschwämme mit bräunlicher, bläulicher und rußgrauer Farbe als ungenießbar.

V. Morcheln.

Der Hut ist gefeldert, gerippt oder gelappt.

1. Die Speisemorchel (Morchella esculenta Pers.), mittelgroß. Hut: rundlich-eiförmig, gelbgrau bis dunkelbraun, durch Rippen in netzförmige, vertiefte Felder geteilt; Stiel: unregelmäßig längsstreifig oder flachgrubig, hohl, weiß bis schmutzig fleischrötlich.

Außer dieser Morchel werden noch gegessen: Die Spitzmorchel (Morchella conica Pers.) mit spitzerem, kegelförmigerem Hut und mehr länglichen Feldern, die Käppchenmorchel (Morchella Mitra Lenz) und die Glockenmorchel (Morchella patula Pers.).

2. Die Speiselorchel, Frühlorchel, Steinlorchel, Laurchen (Helvella esculenta Pers.), der Speisemorchel in Größe und Gestalt ähnlich, meist dunkelbraun. Hut: unregelmäßig grubig gewunden, faltig runzelig, aber nicht gefeldert wie bei den Morcheln; Stiel: weiß bis blaßviolett, mit vergänglicher weißer Wolle bekleidet, jung voll, später hohl.

Die Speiselorchel gilt im frischen Zustande als giftig; sie soll daher vorher gekocht, ausgepreßt, abgespült und ohne die Brühe genossen, oder mindestens einen Monat vorher getrocknet werden.

Die der Speiselorchel ähnliche Bischofsmütze (Helvella infula Schaeff.) und Herbstlorchel (Helvella crispa Fr.) sind ebenfalls eßbar.

Als ständig und stark giftig gilt die Helvella suspecta Krombh.

VI. Staubschwämme.

Sie sind meist ungestielt und kugelförmig. Von diesen sind der Hasenstäubling, Staubschwamm (Lycoperdon caelatum Schaeff.), der bis kopfgroße Riesenstäubling (Lycoperdon Bovista L.), der gestielte und mit Körnchen oder Warzen besetzte Flaschenstäubling (Lycoperdon gemmatum Batsch), der hühnereigroße Eierbovist (Bovista nigrescens Pers.) genießbar, solange das Fleisch noch weiß ist; sobald dieses grünlich zu werden beginnt, sind sie nicht mehr genießbar. Das Fleisch wird weiter braun und zerfällt schließlich in Staub, welcher an der Spitze austritt.

Die schädlichen, einer Kartoffel ähnlichen Kartoffelboviste oder Härtlinge (Scleroderma vulgare Fr., Scleroderma auranticum Bull. und Scleroderma Bovista Fr.) werden mitunter in Scheiben geschnitten und zur Untermischung unter Trüffelscheiben verwendet, unterscheiden sich aber von denselben durch ihren weißen Rand und durch ihr blauschwarzes, nicht marmoriertes Fleisch.

VII. Trüffeln.

Sie sind knollenförmig und wachsen unter der Erde. Die Trüffeln nehmen nach den Champignons für die menschliche Ernährung unter den Pilzen den ersten Platz ein.

Man unterscheidet je nach der Farbe des Fleisches weiße und schwarze Trüffeln. Unter den weißen Trüffeln besitzen die italienische Trüffel (Tuber magnatum Pico, oder Tuber album Balb. oder Tartufo bianco) und die schlesische oder deutsche weiße Trüffel (Tuber album Bull. oder Chaeromyces maeandriformis Vitt.) einen geringen Wert; nur die weiße afrikanische Trüffel (Tuber niveum Desf. oder Terfezia Leonis Tul.) kommt der französischen Trüffel an Wert gleich. Unter den schwarzen Trüffeln ist die beste und teuerste:

1. Die französische Trüffel (Tuber melanospermum Vitt., Truffe violette); sie ist walnuß- bis apfelgroß, schwarz mit vieleckigen Warzen und durch die rötlichen Spitzen der letzteren rötlich angehaucht. Fleisch: braunrot bis violettschwarz, mit schwarzen und weiß glänzenden Adern, deren Ränder gerötet sind; Geruch und Geschmack: sehr aromatisch.

2. Die Wintertrüffel (Tuber brumale Vitt., Truffe d'hiver; die unreifen heißen Truffes caiettes, die reifen Truffes nègres), kugelförmig, ganz schwarz, mit großen, rauhen Warzen. Fleisch: grauschwarz, von vielen dunklen und wenigen weißen Adern durchzogen; Geruch: stark, aber nicht so aromatisch wie bei der französischen Trüffel.

3. Die Sommertrüffel, deutsche schwarze Trüffel (Tuber aestivum Vitt., Tuber bohemicum Corda, Tuber nigrum All. oder Truffes de mai, Truffes blanches), rundlich, unten faltig, schwarzbraun, mit großen vieleckigen, zugespitzten, feinstreifigen Warzen. Fleisch: weißlich, mit weißlichen und bräunlichen, gewundenen Adern.

Die Sommertrüffel ist unter den schwarzen Trüffeln die geringwertigste.

Die Trüffel des Kaukasus, die Tubulane, sind nach Chatin weniger mit den europäischen Trüffeln als mit den Tecfas in Algerien und den Kamés in Arabien verwandt; sie reifen infolge der Winter- und Frühjahrsregen schon im Frühjahr. Die Tubulane sind unregelmäßig rund oder birnförmig, von Nußgröße; das ziemlich gleichmäßige, dunkelgefärbte Fleisch enthält nach 2 Monaten nach der Ernte nur freie Sporen, kein Sporangium mehr. Eine Probe Tubulane ergab in der Trockensubstanz: 23,75% Stickstoffsubstanz und in Prozenten der Asche: 17,00% Phosphorsäure, 14,00% Kali, 7,40% Kalk und 3,60% Magnesia.

Die Trüffeln werden entweder frisch in locker geflochtenen Körben oder in Schweineschmalz eingelegt oder getrocknet oder gekocht und dann entweder in Olivenöl eingemacht oder in luftdicht verschlossenen Büchsen in den Handel gebracht.

Die *Verfälschung* der Trüffeln mit Scheiben des Kartoffelbovist und die Erkennung derselben ist schon vorstehend erwähnt. Außerdem kommen die Trüffeln häufig in einem durch Insektenlarven beschädigten oder durch Stoß oder Verwundung verletzten Zustande in den Handel; solche Trüffeln faulen leicht und nehmen einen käsigen Geruch an. Man soll daher alle fleckigen Trüffeln vom Kauf ausschließen. Den beschädigten Trüffeln wird nicht selten durch Bestreichen mit einer entsprechend gefärbten Erde ein besseres Aussehen verliehen; auch sollen sie mitunter durch Eindrücken von Steinchen oder Bleistückchen künstlich beschwert werden.

Zusammensetzung. Die Zusammensetzung der Pilze und Schwämme (im natürlichen Zustande Tab. II, Nr. 997—1014, im getrockneten Zustande Tab. II, Nr. 1015—1020) weicht, weil sie sich nur von fertiggebildeter organischer Substanz ernähren, in manchen Bestandteilen von denen der phanerogamen Pflanzen ab und zeigt auch bei einem und demselben Pilz je nach dem Standort und der Entwicklungsstufe naturgemäß große Schwankungen. E. Winterstein und C. Reuter zerlegten die Trockensubstanz des lufttrockenen Steinpilzes (mit 10% Wasser) durch verschiedene Lösungsmittel wie folgt:

4% Ätherauszug (3,2% Fett, 0,5% Cholesterin);
12% Alkoholauszug (3% Trehalose, 1,94% Gesamtlecithin, 7,1% sonstige Stoffe wie Zucker und Stickstoffverbindungen);
28% Wasserauszug (5% Glykogen bzw. Viscosin, d. h. Verbindungen von Glykogen mit einem Purinkörper, 23% sonstige Stoffe wie bei Alkoholauszug);
46% Rückstand (28% Protein, 10% amorphes Kohlenhydrat und 6% Chitin).

Stickstoffsubstanz. Die Stickstoffverbindungen[1]) der Pilze verteilen sich nach verschiedenen Untersuchungen in Prozenten des Gesamtstickstoffs wie folgt:

Protein-Stickstoff	Aminosäure-Stickstoff	Säureamid-Stickstoff	Ammoniak-Stickstoff
62,88—80,7%	6,10—13,8%	11,70—17,57%	0,18—2,34%.

Beim Steinpilz (Boletus edulis) waren nach K. Yoshimura in Prozenten des Gesamtstickstoffs (5,67%) vorhanden in Form von:

Protein	Basen[2])	Aminosäuren	Ammoniak
64,75%	14,79%	18,12%	2,34%

Unter den Nichtproteinverbindungen, die als vorgebildet im Steinpilz durch Alkohol oder Wasser gelöst werden, konnten E. Winterstein, C. Reuter und R. Korolew nachweisen: Ammoniak, Isoamylamin, Trimethylamin (flüchtige Basen), von der Purinreihe Guanin, Adenin, Hypoxanthin, ferner Histidin, Trimethylhistidin, Cholin, Diaminobutan (Putrescin) und Tetramethylendiamin, als Aminosäuren Alanin, Valin, Phenylalanin. Das

[1]) C. Th. Mörner gibt für die einzelnen Stickstoffverbindungen von 17 verschiedenen Pilzen folgende Zahlen an:

Gehalt	Stickstoff						In Prozenten des Gesamt-Stickstoffs		
	Gesamt- %	Protein- %	Extraktiv- %	durch Pankreas verdaulich %	durch Magensaft verdaulich %	Unverdaulicher Protein-Stickstoff %	Verdaulicher Protein-Stickstoff %	Unverdaulicher Stickstoff %	Extraktiv-Stickstoff %
Mittel . . .	3,89	2,80	1,09	0,16	1,51	1,13	41,0	39,0	26,0
Schwankungen	1,18-8,19	0,97-5,79	0,21-2,49	0,08-0,35	0,42-3,29	0,40-2,70	27,8-54,5	16,0-46,6	16,1-36,9

Von den Stickstoffverbindungen der Pilze sind daher 16—37% in Form von Nichtprotein vorhanden und von dem Reinprotein 16—47%, im Mittel 33% unverdaulich (vgl. auch S. 460).

[2]) Basen, d. h. fällbar durch Phosphorwolframsäure.

unlösliche Protein lieferte bei der Hydrolyse durch rauchende Salzsäure Glykosamin und mehr oder weniger Aminosäuren, die nach S. 9 bei der Hydrolyse der Proteine überhaupt entstehen.

Durch Autolyse (Selbstverdauung), die wahrscheinlich durch ein Enzym, nicht durch Bakterien verursacht wird, wurden beim Steinpilz 80—90% der Trockensubstanz[1]) in Lösung gebracht. Hierbei und bei der Autolyse des Champignons konnten neben den bekannten Aminosäuren nachgewiesen werden: Ammoniak, Imidazolyläthylamin, Paraoxyphenyläthylamin, Isoamylamin, Guanin, Adenin, Xanthin, Hypoxanthin, Arginin, Trimethylhistidin, Lysin, Putrescin, Cadaverin, Cholin u. a.

Fett. Der Fettgehalt (Ätherauszug) der Trockensubstanz der Pilze schwankt zwischen 0,8—7,0%, der der Trockensubstanz des Steinpilzes (5,15%) bestand nach Fr. Strohmer aus 56% freien Fettsäuren und 44% Neutralfett.

Der Lecithingehalt der Trockensubstanz schwankt nach A. Lietz zwischen 0,080 bis 1,64% — beim Steinpilz wurden rund 2,0% gefunden.

Kohlenhydrate. Als besondere Kohlenhydrate finden sich: Mannit (vgl. S. 93) und Trehalose (vgl. S. 103), welche letztere auch als Glykose angesehen worden ist.

Der Mannit bildet sich nach Bourquelot beim Nachreifen oder Trocknen aus der Trehalose, während letztere aus einem den Dextrinen ähnlichen Kohlenhydrat der Gewebe als Grundsubstanz ihre Entstehung nimmt. Je nach der Entwicklung und der Art des Trocknens findet sich neben Mannit bald mehr bald weniger Trehalose, nämlich in der Trockensubstanz 0,5—10,0% Trehalose und dementsprechend 9,6—1,0% Mannit.

Als chlorophyllfreie Pflanzen können die Pilze und Schwämme keine Stärke enthalten, dagegen soll nach Hackenberger Inulin darin vorhanden sein.

Auch konnte Fr. Strohmer von den sonstigen Kohlenhydraten erhebliche Mengen, nämlich 24,64% der Trockensubstanz des Steinpilzes, durch Diastase in Zucker überführen. Pentosane wurden nur in untergeordneten Mengen, nämlich nur 1,0—2,0% in der Trockensubstanz, gefunden.

Mineralstoffe. Die Asche der Pilze ist besonders reich an Kali und Phosphorsäure (Tabelle III, Nr. 167—173). Einige Pilze sollen auch Tonerde[2]) enthalten.

Giftstoffe. Das Gift des Fliegenschwammes besteht neben Cholin aus dem dem Betain isomeren „Muscarin“ $CH(OH)_2 \cdot CH_2N(CH_3)_3 \cdot OH$, dessen giftige Wirkung der der Fäulnisgifte (S. 46) gleichkommt[3]).

Nach R. Böhm und E. Külz enthält die Speiselorchel (Helvella esculenta) im frischen Zustande die giftige „Helvellasäure“ ($C_{12}H_{20}O_7$). Neben der Helvellasäure fanden sie auch Cholin (vgl. S. 57).

R. Böhm hat in Boletus luridus eine schwache, aber nicht giftige Säure, die „Luridussäure“, und in einem anderen Hutpilz, Amanita pantherina, eine dieser ähnliche Säure, die Pantherinussäure, nachgewiesen.

C. Reutter weist darauf hin, daß bei der Selbstzersetzung (Autolyse) der Pilze physiologisch stark wirksame Pilztoxine, wie Agmatin, Paraoxyphenyläthylamin, Imidazolyläthylamin erzeugt werden, von denen letzteres noch in einer Verdünnung von 1 : 100 000 eine starke Wirkung auf die Darmmuskulatur ausübe. Es ist hiernach nicht ausgeschlossen, daß manche beobachtete Vergiftungen auf nachträgliche Zersetzungen der ursprünglich giftfreien Pilze durch den Abbau der Proteine zurückgeführt werden müssen.

---

[1]) Unzersetzt bzw. unlöslich blieb nur ein stickstoffarmer, kohlenhydratreicher Rest.

[2]) Pizzi gibt in der Asche der schwarzen Trüffel 5,77%, der weißen Trüffel 7,17%, in der der Morchel 3,17% Tonerde an.

[3]) Das Gift des Fliegenschwammes soll unzersetzt in den Harn übergehen (vgl. unter „alkaloidhaltige Genußmittel“ S. 531).

Erzeugnisse aus Pilzen. Aus Trüffeln wird eine Trüffelsauce hergestellt (Tabelle II, Nr. 450); auch begegnet man im Handel eingedickten Wasserauszügen, Würzen aus Pilzen [1]), andererseits werden solche Würzen im Haushalte selbst hergestellt, indem man die mit Salz bestreuten Pilze einige Tage stehen läßt und die sich bildende Flüssigkeit mit Gewürzen kocht [1]).

Verfälschungen. Sie bestehen in der Unterschiebung einerseits von ungenießbaren oder giftigen Pilzen unter genießbare, andererseits von wertlosen oder beschädigten unter gesuchtere bzw. gesunde Pilze (vgl. unter Trüffel S. 464).

Die Feststellung dieser Verfälschungen erfordert durchweg eine eingehende Sachkenntnis. Um daher den Marktinspektoren die Kontrolle zu erleichtern, soll es, wie K. Giesenhagen zuerst gefordert hat, in den Polizeiverordnungen nicht heißen: „Der Verkauf von giftigen oder diesen ähnlichen Schwämmen ist verboten", sondern es sollten, weil der Nachweis der Giftigkeit immerhin schwierig und zweifelhaft ist, ausschließlich nur die allgemein und bestimmt als unschädlich erkannten Arten für den öffentlichen Verkehr zugelassen werden.

Obst- und Beerenfrüchte.

Die Obst- und Beerenfrüchte spielen wegen ihres Gehaltes an Nährstoffen, besonders Zucker, als Nahrungsmittel und wegen ihres Gehaltes an aromatischen Stoffen und Säuren neben Zucker als Genußmittel in der Nahrung des Menschen eine nicht geringe Rolle. Aus dem Grunde wird ihrer Beschaffung für die Volksernährung mit Recht eine immer größere Aufmerksamkeit zugewendet.

Die Obst- und Beerenfrüchte entstammen Bäumen, Sträuchern, Halbsträuchern sowie Stauden und bilden durchweg das Erzeugnis einer tausendjährigen Kultur, indem sie aus wildwachsenden Arten mit für den Menschen ungenießbaren oder kleinen, wenig wohlschmeckenden Früchten gezüchtet oder zum Teil auch durch Zufall entstanden sind. Infolgedessen gibt es hiervon unzählige Arten und Spielarten, die sich nur durch Veredelung oder Ableger weiter verbreiten lassen. Sie lieben im allgemeinen einen trockenen tiefgründigen, kalkhaltigen Boden in sonniger Lage, sind dankbar für Düngung [2]) und bedürfen einer nachhaltigen Pflege gegen Krankheiten — in letzter Zeit besonders gegen die Blutlaus bei den Apfelbäumen —. Im allgemeinen sind sie um so zuckerreicher und wohlschmeckender, je wärmer und milder das Klima ist.

Einteilung. Man unterscheidet:

1. Schalenobst, dessen äußere dicke Schale ungenießbar ist und dessen Samen allein genossen werden; hierzu gehören Walnuß, Haselnuß, Kastanie und auch Mandel (Steinobst). Diese sind bereits S. 363 und 364 besprochen.

2. Kernobst, dessen Frucht eine mit einem 5teiligen, in der Reife vertrocknenden Kelch gekrönte Scheinfrucht bildet, in deren Innerem die Samen (Kerne) in 5 mit einer pergamentartigen Hülle ausgekleideten Fächern liegen; hierzu gehören:

Apfel (Frucht von Pirus malus L.); Birne (Pirus communis L.); Quitte (Cydonia vulgaris L.); Mispel (Mespilus germanica L.); Quitte und Mispel sind erst nach längerem Lagern bzw.

---

[1]) Eine aus Champignon hergestellte Würze des Handels und eine im Haushalt hergestellte Würze ergaben folgenden Gehalt in 100 g bzw. ccm:

	Wasser	Stickstoffsubstanz	Fett	Kohlenhydrate	Asche	Kali	Phosphorsäure
Handelswürze	53,01%	21,43%	0,60%	34,19%	8,77%	5,14%	2,02%
Haushaltungswürze .	88,50 g	4,06 g	—	1,09 g	6,35 g	—	0,46 g

[2]) Auf die Zusammensetzung des Fruchtfleisches scheint die Düngung nach bisherigen Untersuchungen keinen Einfluß zu haben.

nach Frost genieß- bzw. verwendbar; die Quitte (portugiesisch „Marmelo") dient, wie die folgenden Früchte, zur Herstellung von Marmelade.

Auch können hierher gerechnet werden die Hagebutten (Scheinfrucht von Rosa canina und R. villosa L., R. pomifera u. a.) und die Früchte der Eberesche (süße, Sorbus sp.) und des Speierlings (Sorbus domestica L.); die Früchte der süßen Eberesche sind roh genießbar und werden wie Preißelbeeren verwendet; die Früchte des Speierlings und der Hundsrose (Hagebutten) werden durch Frost weich und sind erst nach dem Teigigwerden genießbar; erstere werden wegen ihres Gerbstoffgehaltes gern mit Obst zu Most gekeltert, letztere auch zur Herstellung von Marmelade und Gelee verwendet.

3. Steinobst, dessen Schließfrucht im Innern einen mehr oder weniger harten, die Samen umschließenden Kern (Stein) besitzt, der von einer fleischigen (auch faserigen) Hülle umgeben ist. Hierzu gehören:

Kirschen, süße und sauere Sorten (Knorpel- und Vogelkirsche) (Prunus cerasus L.) und Weichselkirsche (Prunus avinus L.); Pflaumen (Prunus sp.) mit zahlreichen Abkömmlingen wie Zwetsche (Prunus domestica L.), Reineclauden (Prunus italica Borkh.); Aprikosen (Prunus armeniaca L.), Mirabellen (Prunus divaricata Ledeb.), ferner Pfirsiche (Persica vulgaris Mill.); Schlehe (Prunus spinosa L.), welche letztere erst durch Frost genießbar wird und im zerstampften Zustande viel dem Apfelmost zugesetzt wird.

4. Beerenobst oder ***Beerenfrüchte,*** bei denen die eigentliche Beere, d. h. das ganze, aus dem Fruchtblattgewebe (Carpidium) entstandene Fruchtgewebe (Pericarpium), fleischig, breiig und saftig ist; hierzu gehören alle echten Beerenfrüchte wie Wein-, Johannis-, Stachel-, Preißelbeeren u. a., ferner die ihrer äußeren Form nach einer Beere ähnlichen, aber ihrem Bau und ihrer Entwicklung nach davon verschiedenen, zusammengesetzten Früchte wie Himbeere, Maulbeere und Brombeere, sowie weiter die Scheinfrüchte Erdbeere und Feige.

Diese Gruppe umfaßt also:

Weinbeeren (Weintrauben, Vitis vinifera L.) mit zahlreichen Spielarten; Stachelbeeren (Ribes grossularia L., grüne und rote Sorten); Johannisbeeren (Ribes rubrum L. und Ribes nigrum, rote, schwarze, auch weiße Sorten); Preißelbeeren (Kronsbeere, Vaccinium vitis Idaea L.); Moosbeeren (Vaccinium oxycoccum L.); Heidelbeeren (Vaccinium Myrtillus L.); Himbeeren (Rubus Idaeus L.); Brombeeren (Rubus fruticosus L.); Maulbeeren (Morus sp.); Erdbeeren (Fragaria sp.); Feigen (Ficus Carica L.).

Hieran mögen weiter angeschlossen werden: Berberitze, Sauerdorn (Berberis vulgaris L.); Holunderbeeren (Sambucus nigra L.); Wacholderbeeren (Juniperus communis L.); Apfelsinen (Orangen, Citrus Aurantium Risso); Citronen (Citrus Medica L.); Ananas (Ananassa sativa Lindl.); Bananen (reife Frucht von Musa sapientium L., vgl. auch S. 365); Datteln (Phoenix dactylifera L.), deren Früchte durchweg nur im getrockneten Zustande zu uns kommen.

Die ebenfalls hierher zu rechnende Tomate oder der Liebesapfel ist schon oben unter Gemüse, S. 449, besprochen.

Die einzelnen Teile der Früchte. Bei den Obst- wie Beerenfrüchten unterscheidet man außer den Stielen drei Teile; die Schalen (Fruchthaut), Fruchtfleisch und Kerne. Im allgemeinen kommt für den direkten Verzehr und die Herstellung von Marmeladen nur das Fruchtfleisch in Betracht; bei den Beerenfrüchten werden aber die Kerne auch für diese Zwecke meistens mitverwendet. Für die Herstellung der Fruchtsäfte oder Gärerzeugnisse (Wein, Branntwein) gelangt dagegen durchweg die ganze Frucht zur Verwendung.

Das Gewicht der einzelnen Früchte und das Verhältnis der drei Teile zueinander schwankt in ziemlich weiten Grenzen[1]).

---

[1]) Siehe Anm. *, nebenstehende Seite.

Die Menge des Fruchtfleisches ergibt sich nach Abzug des Stieles, der Kerne und Schalen vom Gewicht der Frucht (bzw. in Prozenten nach Abzug von 100), die Menge der in Wasser löslichen Stoffe nach Abzug des in Wasser Unlöslichen (Tabelle II, Nr. 1021—1053) von der Trockensubstanz (100 — Wasser).

Auch die Zusammensetzung der einzelnen Teile[1]) der Früchte ist sehr verschieden.

Der Zucker findet sich fast ausschließlich im Fruchtfleisch, die Schalen sind reicher an Fett (Wachs), Pentosanen und Rohfaser, während sich die Kerne (Samen, besonders der Keim) durch hohen Protein- und Fettgehalt auszeichnen. Die Schalen enthalten auch noch Aromastoffe, unter Umständen Galaktane (Apfelsinen), die Kerne durchweg Amygdalin (z. B. Apfelkerne 0,67% in der Trockensubstanz).

Zusammensetzung. Die Kern-, Stein-, und Beerenobstfrüchte haben, so verschiedenartig sie auch im Ansehen und Geschmack sind, was die Art der chemischen Bestandteile anbelangt, eine ähnliche Zusammensetzung und Beschaffenheit (vgl. Tabelle II, Nr. 1021 bis 1053).

a) Die ***Stickstoffsubstanz*** des Fruchtfleisches (2,5—8,0% der Trockensubstanz) tritt gegen den Gehalt an Zucker vollständig zurück; sie besteht vorwiegend aus Albumin, welches den Schaum beim Kochen des Obstes bildet; aber auch Amide sind darin vertreten (vgl. unter Fruchtsäfte).

Im Saft unreifer Birnen wurden von Huber 0,45 bzw. 0,52% Asparagin gefunden, im Saft reifer Birnen fehlte es; Amygdalin ist in den Kernen fast aller Früchte (0,007 bis 0,297 g in 100 g trockenen Samen der Steinfrüchte) enthalten.

---

*) Für das Gewicht der einzelnen Früchte und den Gehalt der frischen Früchte an Kernen bzw. Steinen, Schalen und Fruchtfleisch werden rund angegeben:

Fruchtteile	Aepfel %	Birnen %	Zwetschen (Pflaumen) %	Reineclaude %	Mirabellen %	Pfirsiche %	Aprikosen %	Kirschen %	Stachelbeeren %	Johannisbeeren %	Apfelsinen %	Bananen %
Kerne	0,1 bis 0,4	0,4	3,1 bis 4,2	4,1	5,0	4,6 bis 6,8	4,6	3,2 bis 5,5	2,5	4,5	1,2	—
Schalen (Haut) . . .	2,5	3,5	0,8	0,8	0,5	1,0	1,0	0,5	1,0	1,0	27,8	32,0
Fruchtfleisch	97,0	96,0	95,0	94,0	94,0	93,0	94,0	95,0	96,0	95,0	71,0	68,0
In Wasser lösliche Stoffe des Fruchtfleisches	13,5	14,0	13,5	14,0	13,0	13,5	11,0	15,0	9,0	10,5	13,5	22,0
Gewicht einer Frucht in g	50—250		12,0—25,0		7,0 bis 20,0	50,0 bis 75,0	15,0 bis 30,0	3,0 bis 4,5	2,5 bis 3,5	0,2 bis 0,6	90 bis 200	70 bis 300

[1]) Als Belag hierfür möge nur die Zusammensetzung der 3 Teile der Äpfel mitgeteilt werden:

Teile des Apfels	In der natürlichen Substanz: Wasser %	Protein %	Fett %	Stickstofffreie Extraktstoffe %	Rohfaser %	Asche %	In der Trockensubstanz: Protein %	Fett %	Rohfaser %	Asche %
Fruchtfleisch . .	83,85	0,44	0,22	13,76	1,32	0,41	2,72	1,36	8,17	2,53
Schalen . . .	70,77	1,04	1,99	20,56	5,15	0,49	3,55	6,81	17,62	1,68
Kerne	45,30	20,51	13,74	13,48	4,90	2,07	37,50	25,15	8,96	3,79

Ähnliche Unterschiede im Gehalt zeigen die drei Teile bei allen Obst- und Beerenfrüchten.

b) Von noch geringerem Belang ist der ***Fettgehalt*** im Fruchtfleisch (0,5—1,5% der Trockensubstanz). Das Fett (Wachs) ist, wie schon gesagt, reichlicher in den Schalen (5—7%) und in noch bedeutenderer Menge in den Kernen (20—30% der Trockensubstanz) enthalten.

c) ***Kohlenhydrate.*** Der vorwiegende Bestandteil der Obst- und Beerenfrüchte, der Zucker, ist durch Invertzucker (Glykose und Fructose) und Saccharose vertreten. Der Gehalt an Saccharose ist verschieden hoch und nicht vom Säuregehalt abhängig (vgl. folgende Seite). Im Invertzucker herrscht bei dem Kernobst die Fructose stark, bei Beerenobst schwächer vor, bei Steinobst überwiegt die Glykose, in den Weinbeeren ist das Verhältnis fast gleich[1]).

Zu dem Zucker gesellen sich in den Obst- und Beerenfrüchten als besondere Gruppe die Pektine (S. 113), deren Menge — allerdings nach unsicherem Bestimmungsverfahren — erhebliche Unterschiede aufweist[1]).

Die Pentosane fehlen auch hier nicht; sie steigen und fallen im allgemeinen mit dem Gehalt an Rohfaser (Cellulose) und sind anscheinend in den Früchten wildwachsender Sorten, in größerer Menge als in den kultivierten Sorten vorhanden.

Die Zellmembran (Cellulose des Fruchtfleisches) ist nach M. Rubner bei einer Aufnahme von 88 g Zellmembran und 35 g Cellulose im Tage bis zu 90% verdaulich.

d) ***Säuren.*** Allgemein pflegt angenommen zu werden, daß die Säure bei Kern- und Steinfrüchten vorwiegend aus Äpfelsäure, bei Beerenfrüchten aus Äpfelsäure und Citronensäure, bei Weinbeeren (nicht ganz reifen) aus Äpfelsäure und Weinsäure, dagegen bei Citronen nur aus Citronensäure besteht. Albahari bzw. B. Kaiser geben an, daß auch bei Kernobst ebenso wie bei Beerenfrüchten die Säure zur Hälfte bis Zweidrittel durch Citronensäure vertreten ist, daß schwarze Johannis-, Brombeeren und Ananas nur Citronensäure enthalten; Gerbsäure fehlt in keiner Frucht[1]).

An sonstigen organischen Säuren sind nachgewiesen: Salicylsäure in verschiedenen Obst- und Beerenfrüchten von Spuren bis 0,57 mg in 1 kg, Benzoesäure in Preißelbeeren (0,04—0,10%) und in Tomaten, Spuren Ameisensäure in Himbeeren, Blausäure im Samen der Kern- und Steinfrüchte (S. 480 Anm. 2); Blätter und junge Zweige sollen ein Blausäure abspalten des Glykosid enthalten. Die genannten Säuren sind zum größten Teil in freiem Zustande, zum kleinen Teil auch gebunden als Ester vorhanden (z. B. Salicylsäure als Methylester).

e) ***Ester.*** Das Aroma der Obst- und Beerenfrüchte wird vorwiegend durch Ester der niederen Fettsäuren, durch Äthylester, Amylacetat, Äthylbutyrat (Ananas), Isovaleriansäure-Isoamylester (Banane) hervorgerufen. Der Citronensaft enthält Äthylcitronensäure $C_6H_7O_7 \cdot (C_2H_5)$ als Estersäure. Die Ester sind als Erzeugnis der Pflanzenzelle, nicht einer Bakterientätigkeit anzusehen.

f) Die ***Mineralstoffe*** der Obst- und Beerenfrüchte, besonders die des Fruchtfleisches, bestehen zur Hälfte bis Zweidrittel aus Kali. In den Kernen tritt der Kaligehalt zurück und macht einem höheren Gehalt an Phosphorsäure und Kalk Platz; beachtens-

[1]) Für den Gehalt des natürlichen Fruchtfleisches an Glykose und Fructose, sowie an Pektinstoffen, Pentosanen und Gerbstoff sind folgende Werte angegeben:

Bestandteil	Äpfel %	Birnen %	Kirschen (süße) %	Zwetschen %	Pflaumen %	Reine-claude %	Pfirsiche %	Aprikosen %	Johannis-beeren %	Stachel-beeren %	Erdbeeren %	Himbeeren %	Heidel-beeren %	Wein-beeren %
Glykose .	3,80	2,40	6,74	4,96	5,25	4,96	5,11	4,05	2,36	2,21	2,79	2,49	2,30	7,34
Fructose .	8,10	7,91	5,02	3,97	4,11	3,67	4,40	2,89	3,10	2,69	3,29	2,81	3,27	7,44
Pektine . .	3,18	3,79	1,70	4,19	3,67	(11,27)	(11,01)	(6,93)	1,47	1,13	—	1,45	0,49	1,05
Pentosane	1,12	1,05	0,61	0,73	0,54	0,77	0,76	0,62	0,41	0,51	0,91	2,68	1,07	0,45
Gerbsäure	0,068	0,027	0,098	0,068	0,127	0,171	0,100	0,078	0,268	0,089	0,412	0,261	0,215	—

wert ist auch der hohe Gehalt an Eisenoxyd bei vielen Früchten und der geringe aber fast regelmäßige Gehalt an Borsäure[1]).

Die Stein- und Beerenfrüchte enthalten außer den sonstigen üblichen Bestandteilen auch Mangan (0,21—0,69% Manganoxydul in Prozenten der Asche). (Über die Zusammensetzung der Asche der Obst- und Beerenfrüchte vgl. Tab. III, Nr. 174—205.)

Einflüsse auf Beschaffenheit und Zusammensetzung. Der Gehalt der gleichen Früchte an Zucker und Säure ist großen Schwankungen unterworfen[2]); ebenso ist ihr Geschmack und Geruch je nach der Sorte, der Lage und Witterung sehr verschieden. Von wesentlichem Einfluß auf Beschaffenheit und Zusammensetzung ist:

a) Die *Reife* der Obst- und Beerenfrüchte, wozu unter Umständen noch die Nachreife und der Frost hinzutreten muß.

α) Vorgänge bei der Reifung. Die hauptsächlichsten Veränderungen bei der Reifung bestehen in der Bildung bzw. Zunahme der Glykose und Fructose sowie Abnahme des Säuregehaltes bzw. Erweiterung des Verhältnisses zwischen Zucker- und Säuregehalt.

Nachdem man gefunden hatte, daß die Obst- und Beerenfrüchte durchweg und zum Teil recht erhebliche Mengen Saccharose enthalten, glaubte man, daß sich die Glykose und Fructose infolge Inversion der Saccharose durch die vorhandene freie Säure bilden. Diese Annahme erscheint aber nicht wahrscheinlich, wenigstens nicht als die einzige Möglichkeit der Bildung von Glykose und Fructose, weil Früchte mit sehr hohem Gehalt an Säure (wie Aprikosen, Citronen) verhältnismäßig mehr Saccharose enthalten als Früchte mit niedrigem Säuregehalt. Auch steigt mitunter bei einer und derselben Frucht, z. B. Äpfeln, der Säuregehalt mit dem Saccharosegehalt an, während man unter vorstehender Annahme bei hohem Gehalt an Säure infolge einer kräftigeren Inversion eine geringere Menge Saccharose erwarten sollte. Aus dem Grunde ist man auch geneigt, die Inversion der Saccharose als von einem Enzym, ähnlich wie sonst in der Pflanzenwelt, abhängig anzusehen.

Mit der Bildung von Glykose und Fructose aus Saccharose durch Inversion ist die Entstehung der Saccharose noch nicht erklärt. Da in den Obst- und Beerenfrüchten selbst keine Assimilation statthat, so müssen die Zuckerarten und auch die Saccharose entweder als solche einwandern oder aus sonstigen Bestandteilen als Grundstoffen gebildet werden.

Bei den Weintrauben, bei denen die Reifungsvorgänge am eingehendsten verfolgt sind, hat man wohl, weil bei deren Reifung die freie Säure immer mehr abnimmt, angenommen,

---

[1]) So fand E. Hatter in Früchten aus Steiermark:

Borsäure in Prozenten der	Herbst-Reinette	Eis-apfel	Taffet-apfel	Wilder Apfel	Birnen: Salzburger	Birnen: Herbst-Butter-	Mispel	Feigen aus Smyrna
	%	%	%	%	%	%	%	%
Trockensubstanz .	0,0120	0,0050	0,0028	0,0047	0,0114	0,0060	0,0075	0,0022
Asche	0,58	0,24	0,13	0,17	0,53	0,33	0,29	0,06

Edm. O. v. Lipmann konnte auch in Orangen und Apfelsinen, sowohl in den Schalen wie Säften, regelmäßig Borsäure nachweisen. A. Hebebrand fand in je 1 l Stachelbeersaft 10 mg, Apfelsinensaft 4 mg und Citronensaft 6 mg Borsäure. Ähnliche Gehalte geben Allen und Tankard an.

[2]) So wurden für das Fruchtfleisch der hauptsächlichsten Obst- und Beerenfrüchte in verschiedenen Lagen und Jahren gefunden:

Bestandteil	Äpfel %	Birnen %	Kirschen, süße %	Zwetschen %	Johannisbeeren %	Stachelbeeren %	Himbeeren %	Erdbeeren %
Trockensubstanz	11,8—21,0	12,5—26,5	12,0—20,0	15,5—22,0	12,8—23,3	11,7—17,3	11,6—30,5	10,5—20,5
Zucker	7,5—13,5	7,3—13,0	7,0—13,0	5,6—10,6	2,9—8,7	3,3—9,5	2,3—7,6	3,8—7,1
Säure	0,26—1,01	0,10—0,63	0,29—0,84	0,43—1,26	1,61—3,37	1,53—2,27	1,07—2,28	0,84—2,21

daß die zunehmenden Zuckerarten aus der Säure ihre Entstehung nehmen. Diese Annahme ist aber durch verschiedene Untersuchungen besonders, von C. Neubauer, widerlegt worden, welcher nachwies, daß mit der ständigen Abnahme der Säure eine Einwanderung von Kali einhergeht, welches die Säure bindet. Nur die Äpfelsäure bleibt als solche anfänglich bestehen. Da die unreifen Weinbeeren keine Stärke enthalten — nur die Stiele und Stämme enthalten solche und sind nach Reife der Beeren frei davon — so muß man bei der Weinbeere annehmen, daß der Zucker entweder ein direktes Lebenserzeugnis der Beerenzelle ist oder aus den grünen Beerenteilen zuwandert.

In der ersten Zeit der Entwicklung unterscheidet sich die Zusammensetzung der Beeren nur wenig von der der Blätter und Triebe. Dann nehmen sie stark an Volumen und Gewicht zu, und mit dem Färben und Weichwerden treten vorwiegend die Änderungen in der chemischen Zusammensetzung ein. Die reichlich vorhandene Gerbsäure nimmt mehr und mehr ab, so daß zur Zeit des Färbens nichts mehr davon vorhanden ist. Bei der Bildung des Zuckers waltet zunächst die Glykose vor, später nimmt die Fructose erheblicher als diese zu, so daß in der reifen Beere beide in nahezu gleichem Verhältnis vorhanden sind.

Bei dem Kernobst (Äpfel, Birnen usw.) liegen die Verhältnisse etwas anders, aber ähnlich wie bei den Weintrauben. Die Äpfel enthalten z. B. Stärke, und da diese bis zur Reife beständig ab-, der Zucker aber zunimmt, so kann hier ein Teil des Zuckers aus der Stärke durch Inversion derselben gebildet sein. Im reifenden und lagernden Obst nimmt die Stärke stetig ab und verschwindet schließlich ganz. Hier dauert eine Vermehrung der einzelnen Bestandteile durch beständigen Zuwachs aus den wachsenden Organen solange an, als die Früchte überhaupt im Zusammenhang mit der Mutterpflanze stehen.

Andere Früchte, wie Quitte, Mispel, Hagebutten, Kornelkirsche, Schlehe werden erst durch Frost (nach der Reife) weich und genießbar, bzw. verwendbar. Der Frost bewirkt bei einigen dieser Früchte eine Vermehrung des Zuckers (vgl. Kohl, S. 453), bei anderen eine Verminderung der Säure.

Die Bananen liefern den sichersten Beweis für die Zuckerbildung aus Stärke; die unreife Frucht enthält im lufttrockenen Zustande neben 71—75% Stärke nur etwa 2% Invertzucker, bei der Reife der Frucht kehrt sich das Verhältnis um, indem die Stärke unter dem Einfluß vorhandener Enzyme (Amylase und Sucrase) zunächst in Saccharose und diese weiter in Glykose und Fructose übergeführt wird, so daß von der Stärke nur mehr einige Prozent übrigbleiben.

β) Nachreifen der Obst- und Beerenfrüchte. Bekanntlich nehmen die Obst- und Beerenfrüchte beim Liegen, dem sog. Nachreifen, einen süßeren Geschmack an, und liegt die Annahme nahe, daß die größere Süßigkeit auf einer Zuckerbildung beim Nachreifen beruhe. In der Tat glauben O. Pfeifer und F. Tschaplowitz eine solche Vermehrung des Zuckers in nachreifendem Obst, und zwar auf Kosten d. h. unter Abnahme anderer Stoffe, nämlich des Dextrins, der Säure, Pektinstoffe und Cellulose nachgewiesen zu haben. E. Mach und K. Portele konnten aber eine solche Neubildung von Zucker nicht nachweisen. Nach ihren Untersuchungen nehmen Äpfel beim Aufbewahren bis gegen 10%, Birnen sogar bis 26% an Gewicht ab, ohne daß der prozentuale Trockensubstanzgehalt sich wesentlich ändert. Dabei geht der Gehalt an Säure und in Wasser unlöslichem Rückstand bis auf die Hälfte herunter; die Saccharose und Stärke zeigen infolge Inversion bzw. Hydrolyse eine beständige Abnahme und verschwinden schließlich ganz. Jedoch findet keine Zunahme an Gesamtzucker (eher eine Abnahme) statt; die Glykose erfährt anfänglich eine Ab-, die Fructose eine entsprechende Zunahme. Später scheint sich der umgekehrte Vorgang zu vollziehen. Nicht in der Zunahme des Zuckers also, sondern in der stärkeren Abnahme der Säure, gegenüber einer geringeren Verminderung des Gesamtzuckers, und in der Umwandlung der Glykose in die süßere Fructose bestehen die hauptsächlichsten Veränderungen bei der Nachreife des Kernobstes und bilden die Ursache, daß gelagertes, nachgereiftes Obst süßer schmeckt als frisches.

γ) Schwitzenlassen. Ähnlich den Vorgängen beim Nachreifen des Obstes sind die beim sog. Schwitzenlassen der Äpfel; dasselbe wird besonders gern bei nicht ganz reif gewordenen — aber auch bei baumreifen — zur Weinbereitung bestimmten Äpfeln angewendet, indem man dieselben auf einer dünnen Strohunterlage in lange, zugespitzte Haufen schichtet und sowohl im Freien wie in Kammern 3—4 Wochen liegen bzw. schwitzen läßt. Hierdurch gehen, wie R. Otto nachgewiesen hat, dieselben Veränderungen vor sich wie beim Nachreifen unter gewöhnlichen Verhältnissen, nur verhältnismäßig schneller; die Stärke geht in 3—4 Wochen von z. B. 4% auf Null herunter, der Säuregehalt nimmt ab, dagegen der Gehalt an Zucker und Trockensubstanz zu, so daß das Verfahren für die Obstweinbereitung entschieden Vorteile gewährt.

δ) Schimmel und Edelfäule. Beim Nachreifen der Weintrauben, die zum Unterschiede von den sonstigen Obst- und Beerenfrüchten keine Stärke enthalten, sind noch besondere Verhältnisse, das Verschimmeln und die Edelfäule, zu berücksichtigen. Unter letzterer versteht man den Zustand der Überreife der Trauben, worin dieselben noch am Stock sehr dünnschalig und weich werden.

Nach Entfernung der reifen Trauben vom Stock findet, wie E. Mach und K. Portele gefunden haben, zunächst eine Verdunstung von Wasser statt; die absolute Menge Zucker hält sich für ein bestimmtes Beerengewicht lange Zeit unverändert, nur bei der tiefgreifenden Zersetzung, bei beginnendem Schimmeln und Welken verschwindet allmählich ein Teil des vorhandenen Zuckers. Ebenso wie der Zucker bleibt auch die Gesamtweinsäure unverändert, während die Äpfelsäure allmählich abnimmt; bei geschimmelten Beeren ist die Äpfelsäure bis zur Hälfte verschwunden.

Die gewöhnliche Schimmelung und die Edelfäule müssen aber wohl auseinander gehalten werden. Die Edelfäule wird nach H. Müller-Thurgau durch einen besonderen braunen Schimmelpilz, Botrytis cinerea, hervorgerufen, welcher auf absterbenden und toten Teilen des Weinstockes wächst, das Absterben und Faulen der Stiele bewirkt, an abgefallenen Blättern, jungen Trieben und auch auf Beeren zu schwarzen Sclerotien auswächst, welche bestimmt sind, den Pilz zu überwintern. Derselbe dringt am leichtesten in durch Tiere oder auf künstliche Weise verletzte Trauben ein; er vermag aber auch in unverletzte Trauben einzudringen. Er breitet sein Mycelium sowohl an der Oberfläche, auf der Haut, wie im Innern der Beere aus, und wohin das Mycelium gelangt, bräunen sich die Zellen und sterben ab. Alle Umstände, welche die Reife begünstigen, ermöglichen eine frühe Tätigkeit des Pilzes; auch ist dieselbe von der Rebsorte — am geeignetsten ist der Riesling —, von dem Bau der Trauben, der geringeren Zahl der Kerne in den Beeren, der Witterung, der Pflege der Weinstöcke, Bodenbeschaffenheit und Düngung abhängig. Nur die reifen, edelsten Beeren werden von dem Pilz befallen.

Diese Veredelung besteht weiter in einer durch die erleichterte Wasserverdunstung bedingten größeren Konzentrierung des Mostes und in einer Verringerung des Gehaltes an Säure gegenüber dem an Zucker, weil der Pilz die Säure (am meisten Gerbsäure, dann freie Weinsäure und Äpfelsäure) in verhältnismäßig stärkerem Grade verzehrt als den Zucker und die Glykose wiederum schneller als die Fructose. Unter Umständen bei zeitweisem Sonnenschein und Lufttrockenheit geht die Wasserverdunstung so weit, daß die Beeren einschrumpfen, in einen rosinenartigen Zustand übergehen bzw. zu edelfaulen Rosinen werden, welche sonst nur unter der Mitwirkung einer südlichen Wärme entstehen[1]).

---

[1]) Bouquet- und Farbstoffe werden aber auch von Botrytis cinerea zerstört bzw. zersetzt, sowie nicht minder die Stickstoffverbindungen, von welchen letzteren die Entwicklung der Hefe und der Verlauf der Gärung bedingt ist.

Letztere ungünstige Wirkung läßt sich nach Müller-Thurgau dadurch einigermaßen aufheben, daß man die zerstampften Trauben vor dem Keltern angären läßt oder eine gewisse Menge

b) Sonstige Einflüsse. Von wesentlichem Einfluß ist auch ferner:

α) Die Sonnenwärme. Mit der Höhe der Sonnenwärme steigt der Gehalt an Zucker, während der an Säuren abnimmt und etwa vorhandene Stärke (z. B. bei Äpfeln) mehr oder weniger ganz verschwindet. Sogar die vom Boden oder festen Wänden zurückstrahlende Sonnenwärme übt einen günstigen Einfluß aus.

β) Die Größe der Frucht. Bei Äpfeln (Ananas-Reinette) von demselben Baum nahm nach P. Kulisch bei gleichbleibendem Gehalt an Invertzucker der Gehalt an Saccharose und Säure mit der Größe der Frucht zu. Im allgemeinen werden indes kleine Äpfel für säurereicher gehalten als große Äpfel.

γ) Die Baumform. Die auf Quitten veredelten Bäume bzw. Sträucher liefern ebenso wie Spaliere und Pyramiden (Zwergobst) bessere Früchte als die auf Wildlingen veredelten Sorten bzw. als die Hochstämme.

Krankheiten des Obstes. Zu den Krankheiten des Obstes gehören: 1. Der Fusicladiumschorf (graubraune Flecken, auf denen die Conidienträger vom Pilz Venturia herausbrechen, vorwiegend auf Äpfeln und Birnen); 2. Moniliaschimmel (halbkugelige weiße oder graue Polster, Conidienläger verschiedener Sclerotiumarten), auf Kern- und Steinobst; 3. Fäulnis durch verschiedene Pilze; 4. Becherrost (gelbliche, rostrote Flecken von Aecidium grossulariae) auf Stachel- und Johannisbeeren; 5. amerikanischer Stachelbeermehltau (durch Sphaerotheca morsurae erzeugte graue bis dunkelbraune Häute, die sich von den Früchten abziehen lassen und gesundheitsschädlich sein sollen); 6. Mehltau bei Weinbeeren (echter Mehltau durch Oidium Tuckeri, und falscher Mehltau durch Peronospora viticola De By.); 7. Fraßgänge im Innern der Früchte durch die Maden verschiedener Fliegen und Mücken, und äußere Fraßbeschädigungen durch die Raupen verschiedener Schmetterlinge.

Die solcherweise beschädigten Früchte gelten als verdorben.

Unreifes, zum Kochen bestimmtes Obst sollte als solches deklariert werden.

Verfälschungen. Als Verfälschungen sind anzusehen: Die Untermischung von Strohfeigen unter echte Feigen, von Vogel- oder Moosbeeren unter Preißelbeeren, von fremden Pflanzenkernen unter Mandeln, das Bestauben von z. B. Feigen mit Mehl, die künstliche Färbung der Früchte.

Das Bleichen der Früchte, sei es mit gasförmiger schwefliger Säure oder mit Bisulfitlösung, die Frischhaltung mit Formaldehyd, Salicylsäure und sonstigen Frischhaltungsmitteln ist wie bei Fleisch (S. 256) zu beurteilen.

Obstdauerwaren.

Die frischen Obst- und Beerenfrüchte lassen sich nur verhältnismäßig kurze Zeit, ohne zu verderben, aufbewahren. Man sucht sie daher wie Fleisch, Gemüse u. a. entweder durch

---

edelreifer, aber nicht faulen Beeren zugibt oder vor dem ersten Abstich die Hefe mehrmals aufschlägt bzw. aufrührt.

Die Frage der Vor- und Nachteile der Edelfäule hängt wesentlich von den Witterungsverhältnissen der einzelnen Jahre ab; in guten Weinjahren mit anhaltend schöner Herbstwitterung kann die Edelfäule, die richtiger als ein Verwesungs- oder Gärungsvorgang bezeichnet wird, nur günstig wirken; je länger man in solchen Jahren die Lese hinausschieben kann, desto edler wird der Wein. In Jahren mit später Blütezeit und nicht sehr günstigem Sommer sind die Trauben im Herbst zuckerarm und säurereich; alsdann bewirkt die Edelfäule wohl eine stärkere Abnahme der Säure als des Zuckers, aber es geht auch ein Teil des spärlich vorhandenen wertvollen Zuckers und mit diesem ein Teil der Bouquetstoffe verloren. In diesem Falle soll daher die Lese nicht zu weit hinausgeschoben werden. In Jahren mit ungünstiger, d. h. feuchter und regnerischer Spätherbstwitterung kann die Edelfäule sogar ganz verhängnisvoll werden, indem der Zucker aus den verletzten Beeren durch den Regen mehr oder weniger ausgewaschen wird.

Trocknen, luftdichte Aufbewahrung zu erhalten oder dadurch zu verwenden, daß man daraus Marmeladen (Jams), Fruchtsäfte, Fruchtsirupe, Gelees, Limonaden u. a. herstellt. Hierzu dürfen indes nur fehlerfreie und tunlichst gereinigte Früchte verwendet werden.

1. Getrocknete Früchte.

Die Trocknung der Früchte behufs Aufbewahrung ist wohl das älteste Verfahren der Haltbarmachung.

Zur Ausführung des Trocknens genügt im Süden die natürliche Sonnenwärme, bei uns muß künstliche Wärme angewendet werden.

Hierbei ist ein zu scharfes Trocknen zu vermeiden; aus dem Grunde hat das Trocknen im heißen Luftstrome verschiedene Vorzüge vor dem Trocknen mit strahlender Wärme, weil durch letztere leicht ein Überhitzen des Obstes stattfinden kann. Damit das Dörrobst eine gewisse Weichheit behält, bringt man das frische Obst (Äpfel, Birnen) gleich anfangs in den heißesten Teil der Darre, ohne zu ventilieren; hierdurch wird dasselbe, weil die Luft mit Dampf gesättigt ist, vollständig erweicht. Darauf wird in einem Luftstrome bei 60—65° rasch ausgetrocknet und, damit das Obst seinen Glanz behält, in einem kalten Luftstrome rasch abgekühlt.

Die Wärme wie der Luftstrom werden in derselben Weise wie beim Trocknen der Gemüse (S. 454) erzeugt.

Die feinen Obstfrüchte werden von Stielen, Kerngehäusen, dem eingetrockneten Kelch, sowie von der Schale befreit. Die Entschälung und Entkernung usw. werden im großen durch Maschinen bewerkstelligt.

Bei den Äpfeln läßt man die Früchte nach Ausbohren des Kerngehäuses ganz und nennt derartige Dörräpfel „Bohräpfel", oder man schneidet sie in Scheiben und nennt diese „Ringäpfel", „Äpfelschnitte" oder „Äpfelspalten".

Die ganz gelassenen Birnen werden „Klötzchen" genannt, sind sie in halbe oder Viertelbirnen geteilt, so läßt man die Stiele gern an ihnen sitzen. „Feigenbirnen" heißen solche Dörrbirnen, die nach einigem Verweilen auf der Darre in halbtrockenem Zustande flach gepreßt sind.

Um den Dörrzwetschen eine schwarze glänzende Haut zu verleihen, pflegt man sie im fertig gedörrten Zustande nochmals zu erwärmen und nennt das Verfahren „Etuvieren"; man erwärmt die gedörrten Zwetschen zum zweiten Male mit Wasserdampf oder heißer trockener Luft, erreicht auf diese Weise ein schönes, glänzendes Aussehen und verhindert durch dieses Verfahren gleichzeitig das auf den Ansatz eines krystallinischen Glykoseüberzuges zurückzuführende „Weißwerden" der gedörrten Zwetschen bei längerer Lagerung. Die großen, halb getrockneten Zwetschen werden häufig entkernt und die Hohlräume mit ebenfalls entkernten kleinen Zwetschen ausgefüllt.

„Prünellen" sind geschälte[1]), entkernte und dabei plattgedrükte, auf Darren oder an der Sonne getrocknete Zwetschen; „Pistolen" sind die beste Sorte derselben; die in Frankreich erzeugten Prünellen sind getrocknete Perdigron - Katharinenpflaumen.

Die Aprikosen und Pfirsiche werden entkernt und halbiert; sie werden auf Hürden gelegt und in Kalifornien an der Sonne getrocknet.

Vom Beerenobst ist das Trocknen vorwiegend üblich bei Heidelbeeren und Weinbeeren, von welchen letzteren man drei Sorten unterscheidet, nämlich 1. die kleinen Rosinen, Korinthen, aus den kernlosen Früchten einer auf den Jonischen Inseln gebauten Spielart der Rebe, Vitis vinifera var. apyrena Risso herrührend; 2. Große Rosinen, rundliche, plattgedrückte, lichtgelbe bis bräunliche Früchte, von denen noch wieder zwei Sorten unterschieden werden, die Sultaninen, Smyrna-, oder Sultaninrosinen[2]), bis 1 cm messende,

---

[1]) Um die Entschälung zu erleichtern, werden die Zwetschen vorher heiß blanchiert (S. 455).

[2]) Die Trauben für die Smyrnarosinen werden nach der Ernte kurze Zeit in eine Flüssigkeit gelegt, welche in 100 kg Wasser 5—6 kg Pottasche unter Einrühren von etwas Olivenöl enthält,

lichtgelbe, meist auch kernlose Beeren von Tschesme, Vurla, Karaburun u. a., und die spanischen Rosinen oder Malagatrauben, meist bestielte, plattgedrückte Früchte; 3. Cibeben (Rosinen mit Kern)[1]), plattgedrückt, von länglicher Form, von brauner bis schwarzer Farbe, dickschalig, durch ausgetretenen Saft häufig zusammenklebend (Pickcibeben), durch Stiele und unreife Beeren häufig verunreinigt.

Manche Obstsorten werden vor oder beim Trocknen, um die weiße Farbe zu erhalten oder die Haltbarkeit zu erhöhen, auch mit schwefliger Säure behandelt, indem man entweder unter den mit Obst belegten Horden Schwefel abbrennt oder die Früchte in eine 2 proz. Lösung von doppeltschwefligsaurem Kalk oder 133 g neutralem Natriumsulfit in 100 l Blanchierwasser eintaucht.

Über die Zusammensetzung der getrockneten Früchte vgl. Tabelle II, Nr. 1054 bis 1064.

Eine wesentliche Veränderung der Obst- und Beerenfrüchte beim Trocknen, besonders eine Inversion der Saccharose oder Hydrolyse der Stärke, scheint nicht stattzufinden, da beide in den getrockneten Früchten noch in wechselnden Mengen vorhanden sind.

Verunreinigungen und Verfälschungen. Das getrocknete Obst wird recht häufig von Schimmel befallen; aber nicht jeder weiße Anflug deutet auf Schimmel; dieser kann auch aus auskrystallisiertem Zucker bestehen, abgesehen davon, daß das getrocknete Obst unter Umständen auch mit etwas Zucker überstreut wird.

Bei unzweckmäßiger Aufbewahrung sammelt sich auf getrocknetem Obst Staub mit Kleinwesen aller Art an und bleibt hier wegen der klebrigen Beschaffenheit fest haften (auch manche Insekten, besonders Fliegen, werden von demselben angelockt), weshalb man das Obst mindestens ebenso sorgfältig vor Zutritt von schädlichen Keimen und Insekten geschützt aufbewahren soll, wie andere Nahrungsmittel.

Als fehlerhafte Beschaffenheit ist außer der Verwendung von unreifem oder mangelhaft beschaffenem Obst zu nennen: das unrichtige Trocknen oder Darren bei Dörrobst, das bald nicht genügend, bald zu stark (bis zum brenzlichen Geschmack) vorgenommen werden kann; als Verfälschung das Bleichen mit freier schwefliger Säure[2]).

Das Bestreuen mit Zinkoxyd, das früher bei Ringäpfeln vielfach vorgenommen wurde, wird in letzter Zeit nicht mehr geübt. Um die Bräunung, d. h. Oxydation an der Luft beim Lagern zu verhindern oder hintanzuhalten, verwendete man früher eine 2—3 proz. Kochsalz- oder eine Citronensäurelösung; diese werden aber jetzt durchweg durch Natriumsulfit (auch „Neutralin" genannt) ersetzt.

Die Backpflaumen werden zur Erzielung eines schönen Glanzes auch wohl mit verdünntem Glycerin benetzt.

2. Kandierte und eingelegte Früchte.

Verschiedene Früchte werden auch dadurch haltbar gemacht, daß sie mit Zuckerlösung durchtränkt oder überzogen (kandiert) werden (vgl. S. 407).

Ein anderes Frischhaltungsverfahren besteht darin, daß man die gekochten (blanchierten) Früchte ohne und mit Zucker (bzw. Capillärsirup) in luftdicht schließende Gefäße einlegt oder darin direkt nach dem Appertschen Verfahren auf 100° und mehr erhitzt und dann

---

während bei den spanischen Rosinen eine Flüssigkeit von Kochsalz und Baumöl verwendet wird. Beide Arten Trauben werden an der Sonne getrocknet.

[1]) Die zunächst am Stock getrockneten Rosinen werden nach dem Abschneiden vom Stock, um die Pilze usw. abzutöten, kurze Zeit in heißes Wasser getaucht und aufs neue an der Sonne getrocknet.

[2]) Selbst eine vor dem Kochen stattfindende Behandlung des Obstes mit der zehnfachen Menge siedenden Wassers, wodurch der Genußwert des Obstes naturgemäß beeinträchtigt werden muß, konnte nicht alle schweflige Säure beseitigen.

zulötet. Die Früchte nehmen aber auf diese Weise leicht einen nicht zusagenden süßen Geschmack an. Aus dem Grunde wird das Wecksche Verfahren jetzt allgemein vorgezogen vgl. hierüber S. 272 u. 455).

Beeren- bzw. Steinobst wird für letzteren Zweck meistens entkernt bzw. entsteint und geschält. Die ungeschälten Früchte behalten aber besser ihr Aroma.

Das Bleichen und Färben — letzteres z. B. bei Reineclauden und Stachelbeeren mit Kupfervitriol, bei Erdbeeren u. a. mit Teerfarbstoffen — geschieht in derselben Weise wie bei Gemüse (S. 455). Bei säurearmen Früchten setzt man auch gern etwas Citronen- oder Weinsäure zu, wogegen sich ebensowenig wie gegen das Auffärben mit unschädlichen Teerfarbstoffen etwas erinnern läßt. Das Einlegen in Essig und Alkohol wird nur selten mehr ausgeübt.

Die chemische Zusammensetzung der kandierten oder eingelegten Früchte ist mehr oder weniger der der natürlichen Früchte gleich; nur tritt ein geringer Teil des Saftes (Zucker, Säure und Aromastoffe) in die Zuckerumhüllung bzw. Einmachflüssigkeit über.

3. Muse, Latwergen, Marmeladen, Jams, Konfitüren und Pasten.

Diese Erzeugnisse werden im allgemeinen in ähnlicher Weise hergestellt, sind aber je nach dem Zustande der verwendeten Früchte, dem Zusatz von Zucker und dem Grad des Eindampfens begrifflich scharf auseinanderzuhalten.

***Begriff* und *Herstellung*.** Unter *„Muse“*, deren vorwiegendster Vertreter das Pflaumenmus ist, versteht man durchweg das ohne Zucker bis zur dickbreiigen Beschaffenheit eingekochte Fruchtfleisch. Unter Umständen werden auch Gewürze zugesetzt. Durch vollständiges Eindampfen im Vakuum erhält man das Pflaumenbrot bzw. Pflaumenmehl.

Das aus zerquetschten und durchgeschlagenen Tomaten bereitete Tomatenmus erhält vielfach einen Zusatz von Kochsalz.

Wacholdermus wird nach dem deutschen Arzneibuch in der Weise erhalten, daß man 1 Teil zerquetschte Wacholderbeeren mit 4 Teilen 70° warmen Wassers 12 Stunden einweicht und auspreßt. Vielfach verwendet man hierzu auch die von ätherischem Wacholderöl befreiten Destillationsrückstände.

Latwerge ist ein Erzeugnis aus Birnenmost und Äpfeln; die Masse wird unter Zusatz von Gewürzen wie bei Mus solange eingekocht, bis sie klumpt.

Marmeladen, Jams (auch Konfitüren genannt) werden durch Einkochen oder kaltes Vermischen der Früchte mit Zucker (und Kapillärsirup) hergestellt, und zwar wendet man bei

„Marmeladen“ zerkleinertes (passiertes) Fruchtfleisch an; bei

Jams (Konfitüren), breiig-stückige Zubereitungen, meistens auch ganze Früchte, z. B. Erdbeeren u. a.

Zu den Marmeladen können auch die Kompottfrüchte (Preißelbeeren, Heidelbeeren), die aus mehr oder weniger ganzen Früchten in ähnlicher Weise wie Marmelade zubereitet werden und wie diese zu beurteilen sind[1]), gerechnet werden.

Für die Herstellung der Marmeladen werden die Früchte durch besondere Entstielungs- und Durchlaßmaschinen von Stielen, Schalen, Kernen usw. (von dem Pips) befreit, der Fruchtbrei und Saft in kupfernen Pfannen mit Doppelboden für 4 Atmosphären Druck sowie mit Rührwerk zur gewünschten Bindigkeit gebracht und darauf mit der nötigen Menge Rohrzucker — im allgemeinen auf 60 Teile Fruchtfleisch 56 Teile Rohrzucker oder 2 Teile Fruchtfleisch und 1 Teil Rohrzucker —

[1]) Bei den ganzen Kompottfrüchten ist der Zusatz von Weinsäure oder Citronensäure ohne Kennzeichnung zulässig; eingesottene Preißelbeeren sind hiervon ausgenommen.

vermischt[1]). Um das Auskrystallisieren des Rohrzuckers zu verhüten, erhält der fertige Jam einen Zusatz von etwa 10% seines Gewichts an Kapillärsirup.

Für Apfelsinenmarmelade lautet z. B. die Vorschrift: „620 g Apfelsinen geschält, 800 g Rohrzucker und 250 g Kapillärsirup."

Nach der sog. kalten Zubereitungsweise vermischt man den ersten natürlichen Fruchtbrei ohne Vorkochen sofort mit Zucker, erwärmt, um den letzteren zu lösen, zunächst bei 30—40°, und dann, um eine vollständige Sterilisation zu erzielen, noch kürzere oder längere Zeit bei 100°. Letzteres Verfahren läßt sich nur bei reifen, ersteres auch bei unreifen Früchten, die durch den Versand nicht leiden, anwenden.

Bei Apfelsinen und Citronen werden auch die Schalen in der Weise mitverwendet, daß man die Schalen auf Zucker abreibt und den Saft derselben abpreßt.

Unter ***Pasten*** versteht man diejenigen Erzeugnisse aus Fruchtmark und Zucker, die so weit eingekocht sind, daß die Masse nach dem Erkalten erstarrt. Die Obstpasten sind eingedickte Marmeladen und verhalten sich zu diesen wie die Fruchtgelees zu den Fruchtsirupen (S. 483 und 484). Wenn die Marmeladen in Stückchenform so weit eingedickt werden, daß die äußeren Schichten der Stückchen beim Erkalten nicht mehr zusammenkleben, so können sie auch als Konfekt (Bonbons, Naschwerk) ausgegeben werden, ohne es zu sein. Denn im Inneren zeigen diese Stückchen noch die dickbreiige Beschaffenheit der Marmeladenfrüchte.

Die Muse unterscheiden sich daher von den anderen Erzeugnissen dieser Art durch das Fehlen oder durch einen nur geringen Gehalt an Saccharose (30—40% Gesamtzucker gegen 40 bis 65% bei den Marmeladen), die Pasten durch einen geringeren Gehalt an Wasser (12—19% gegen 20—40% bei den Marmeladen) und verhältnismäßig höheren Gehalt an Saccharose; ferner von den ähnlichen Fruchtgelees (bzw. -sulzen) durch den Gehalt an wasserunlöslichen Stoffen (Fruchtmark). Die Jams (oder Konfitüren) enthalten zum Unterschiede von den Marmeladen häufig noch die Kerne von Beerenfrüchten. Unter der Bezeichnung „Tutti Frutti" oder „Dreifrucht" oder sonstigen Phantasienamen kommen auch Fruchtfleischgemische von verschiedenen Früchten vor.

Über die Zusammensetzung vgl. Tabelle II, Nr. 1065—1095. Selbstverständlich sind die Gehalte je nach dem Zusatz von Zucker, dem Grad des Eindampfens und der Art des verwendeten Fruchtfleisches erheblichen Schwankungen unterworfen.

Als ***Verfälschungen*** kommen für Marmeladen vorwiegend die Untermischung minderwertiger Füllmittel (z. B. von Tomaten, Rüben, von Moosbeeren zu Preißelbeeren), die Verwendung der Trester von der Fruchtsaftbereitung oder Abkochungen hiervon, der Zusatz von Stärkesirup, von Verdickungsmitteln (Gelatine, Agar-Agar), die künstliche Auffärbung usw. in Betracht. Letztere Zusätze und die Auffärbung müssen mindestens deklariert werden.

4. Fruchtsäfte, Fruchtkraut, Fruchtsirupe, Fruchtgelees oder -sulzen.

Wie zu den vorstehenden Obstdauerwaren das Fruchtfleisch, so werden zu letzten Erzeugnissen die Fruchtsäfte verarbeitet, und je nachdem man diese als solche (einfache Fruchtsäfte) verwendet oder bis zur dickbreiigen Beschaffenheit eindunstet, erhält man Fruchtkraut, oder wenn man Zucker zu den Säften mischt, Fruchtsirupe, und wenn man letztere bis zum Festwerden eindampft, Fruchtgelees (Fruchtsulzen).

---

[1]) Das Fruchtfleisch (bzw. Fruchtmark) wird aber auch nur für sich allein aufgekocht und dann gleich in sterilisierte Gefäße (meistens Steinkrüge) gefüllt und in diesen, luftdicht verschlossen, aufbewahrt, um daraus später behufs Verteilung der Arbeit Marmeladen herzustellen. Diese Erzeugnisse heißen Fruchtpülpen. Sie werden häufig auch durch Zusatz von Ameisensäure oder Benzoesäure oder Salicylsäure haltbar gemacht und eignen sich auch schon deshalb weniger für die Marmeladenherstellung, weil sie an Wohlgeschmack und Gelierfähigkeit Einbuße erleiden.

a) Fruchtsäfte.

Begriff. „Fruchtsaft ist das durch Pressen aus frischen oder vergorenen Früchten erhaltene Erzeugnis. Ein aus gedörrten Früchten durch Auslaugen gewonnener Auszug (Extrakt) ist nicht als Fruchtsaft anzusehen.“

Dagegen wird man den aus frischen Früchten freiwillig ausfließenden oder den durch Absaugen (Abnutschen) erhaltenen Saft auch als Fruchtsaft ansehen dürfen.

In anderen Fällen werden die Früchte behufs Lockerung des Gewebes und behufs Steigerung der Saftausbeute vorher gekocht bzw. gedämpft oder wie bei Himbeeren (auch zuweilen bei Heidelbeeren) gegebenenfalls unter Zusatz von etwas Zucker und Hefe der Gärung überlassen.

Der gebildete Alkohol löst auch das Aroma in erhöhtem Maße.

Gewinnung. Die natürlichen oder vergorenen Früchte kommen direkt unter die Pressen (Spindel- oder hydraulische Pressen), die in üblicher Weise gehandhabt werden. Für die Entsaftung von Citronen und Apfelsinen, deren Säfte allein fast ausschließlich als solche im Handel vorkommen, werden besondere Maschinen verwendet, von denen die eine die Früchte in zwei Teile zerlegt, die andere die Entsaftung besorgt.

Um die in den Preßtüchern verbleibenden Säfte zu gewinnen, werden die Preßrückstände gemahlen, mit Wasser angerührt und nochmals gepreßt. Man erhält auf diese Weise die Nachpresse, die aber dem Muttersaft nicht zugesetzt werden darf.

Die ersten Säfte bedürfen aber noch der Klärung, die man durch Stehenlassen in bedeckten Bottichen zu erreichen sucht. Hierbei werden, wo kein Pasteurisieren stattfindet, zur Haltbarmachung vielfach Frischhaltungsmittel wie Ameisensäure, Benzoesäure, Salicylsäure, Flußsäure und Alkohol zugesetzt.

Die geklärten Säfte werden abgezogen und weiter verarbeitet; nur die Zitronen- und Apfelsinensäfte kommen durchweg als solche zur Verwendung.

In gut verschlossenen Gefäßen halten sich genügend keimfreie Säfte lange Zeit unverändert, in offenen Gefäßen dagegen gehen sie bald in Schimmelung oder alkoholische und saure Gärung über. Hierbei wird die Säure — besonders bei Citronensaft — zum Teil mit dem Alkohol verestert und gebunden. Die Gerbsäure nimmt beim Lagern der Säfte verhältnismäßig schnell ab.

Säfte aus trockenen oder gelagerten Früchten sind gehaltreicher als Säfte aus beregneten[1]) oder frischen Früchten.

Zusammensetzung. Die Zusammensetzung der Fruchtsäfte (vgl. Tabelle II, Nr. 1096—1122) entspricht vollständig der der entsprechenden Früchte, der Gehalt, besonders an Zucker und Säure, kann je nach Jahr und Ort des Wachstums um das Doppelte schwanken (vgl. S. 471, Anm. 2).

Stickstoffsubstanz. Die Stickstoffsubstanz ($N \times 6{,}25$), die zu 0,2—0,8 g in 100 ccm Saft enthalten zu sein pflegt, besteht aus koagulierbarem Eiweiß, sonstigen Proteinen, Amiden und Ammoniak[2]). Die Salpetersäure übersteigt meistens nicht 1 mg (N_2O_5) in 1 l Saft.

Kohlenhydrate. Von den Zuckerarten gilt dasselbe, was S. 470 gesagt ist. Infolge des überwiegenden Gehaltes an Invertzucker, besonders wenn die Fructose vorwaltet, drehen alle Fruchtsäfte die Ebene des polarisierten Lichtes nach links, und diese Linksdrehung nimmt bei vorhandener Saccharose nach der Inversion noch zu.

Mit Stärkezucker oder -sirup versetzte Obstsäfte zeigen dagegen je nach der Höhe des Zusatzes eine größere oder geringere Rechtsdrehung und behalten diese auch nach der Inversion mehr oder weniger bei.

---

[1]) Säfte aus beregneten, nassen Himbeeren können z. B. ohne Wässerung bis zu 10% Wasser mehr aufnehmen als Säfte aus trockenen Himbeeren.

[2]) Siehe Anm. *, folgende Seite.

Bei der Gärung nimmt der Gehalt an Invertzucker entsprechend dem Grad der Gärung bzw. der Menge des gebildeten Alkohols ab und verschwindet bei voller Vergärung neben der vorhandenen Saccharose fast ganz, indem aus rund zwei Gewichtsteilen Invertzucker ein Gewichtsteil Alkohol entsteht. Im vergorenen Himbeersaft können sich unter Abnahme des Zuckers auf diese Weise einige Zehntel bis 5 g Alkohol (in 100 ccm) bilden. Gleichzeitig entstehen Essigsäure (bis 0,34 g), Milchsäure (bis 0,15 g in 100 ccm) und auch Glycerin (bis 0,2 g in 100 ccm Saft)[1]). Stickstoffsubstanz, Gerbsäure und Pektinstoffe nehmen durch die Gärung etwas ab, der teilweise und totale Extraktrest [teilweiser Extraktrest = Extrakt — (Zucker + freie Säure), totaler Extraktrest = Extrakt — (Zucker + freie + gebundene Citronensäure + Asche)] bleiben aber mehr oder weniger gleich.

Die Pektinstoffe (fällbar durch Alkohol unter Abzug der Stickstoffsubstanz und Asche) schwanken von 0,090 g (Sauerkirschen) bis 0,657 g (schwarze Johannisbeeren) in 100 ccm Saft.

Säuren. Über Art und Menge der in den Fruchtsäften vorkommenden Säuren vgl. S. 470. Man pflegt ihre Menge bald als Anzahl der verbrauchten Kubikzentimeter Normalalkali, bald als Äpfelsäure, bald als Citronensäure auszudrücken. Alle drei Ausdrucksweisen geben nur relative Verhältniswerte, und berechnet sich die Menge Citronensäure aus den verbrauchten Kubikzentimetern Normallauge nur etwas niedriger als die Menge Äpfelsäure; denn 1 ccm Normallauge ist = 0,067 g Äpfelsäure und = 0,064 g Citronensäure. Der Wärmewert der letzteren ist bedeutend niedriger als der der Kohlenhydrate (nämlich 1 g Citronensäure = 2397 Cal.), während der bisher noch nicht bestimmte Wärmewert der Äpfelsäure zwischen dem der Citronensäure und Bernsteinsäure (1 g = 3019 Cal.) liegen dürfte.

Mineralstoffe. Über die Mineralstoffe, die zu 50—80% aus den Früchten in die Säfte übergehen und in letzteren zur Hälfte und mehr aus Kali bestehen, vgl. Tabelle III, Nr. 224 bis 230 und S. 470. Der Gehalt an Schwefelsäure beträgt in Prozenten der Asche durchweg 2—4%; wenn in Säften von getrockneten (Ring-)Äpfeln 8—10% gefunden werden, so können diese größeren Mengen, wie A. Juckenack und Mitarbeiter angeben, wohl nur von einer Schwefelung der Äpfel beim Trocknen herrühren.

Die Menge und Alkalitätszahl der Asche gibt ebenfalls wertvolle Anhaltspunkte für die Beurteilung der Reinheit der Fruchtsäfte. Nicht mit Wasser oder Nachpresse versetzte Fruchtsäfte enthalten in der Regel in 100 ccm Saft zwischen 0,3—0,5 g Asche, und erfordert

---

*) K. Windisch und A. Böhm fanden u. a. z. B. in 100 ccm Äpfel-, Kirschen- und Stachelbeersaft Stickstoff in Form von:

Saft von	Gesamt-Stickstoff mg	Koagulierbares Eiweiß mg	Reinprotein mg	Fällbar durch Alkohol mg	Amide mg	Ammoniak mg	In Prozenten des Gesamt-Stickstoffs: Koagulierbar %	Reinprotein %	Fällbar durch Alkohol %	Amide %	Ammoniak %
Äpfeln . . .	38,0	2,8	—	—	4,9	5,6	7,36	—	—	12,89	14,60
Kirschen . .	65,2	1,2	11,2	12,6	14,0	10,5	1,84	17,18	19,32	21,47	16,10
Stachelbeeren	57,4	7,0	6,8	16,8	12,3	9,0	12,19	11,84	29,27	21,43	15,68

Ähnliche Verhältniszahlen in der Verteilung der Stickstoffverbindungen ergaben sich auch bei anderen Fruchtsäften.

[1]) Der Kirschsaft nimmt beim Gären etwas Blausäure auf, und zwar durchweg aus zerquetschten Steinen mehr als aus unzerquetschten; K. Windisch fand z. B. in 1 l vergorener Maische bei 16,8—88,4 g Alkohol:

	Ohne Steine	Unverletzte Steine	Zerquetschte Steine
Blausäure	0,7—7,4 mg	6,6—24,1 mg	6,0—29,7 mg

letztere 5—7 ccm Normalsäure zur Neutralisation, oder die Alkalitätszahl, d. h. der Verbrauch von Kubikzentimetern Normalsäure für 1 g Asche beträgt etwa 10 ccm.

Citronen- und Apfelsinensaft.

Von den Fruchtsäften kommen für die Bereitung von Limonaden durchweg nur der Citronen- und Apfelsinensaft in natürlichem Zustande im Handel vor. Ihre Gehalte sind erheblichen Schwankungen unterworfen; in selbst gepreßten Säften betrugen die Hauptbestandteile (Gramm in 100 ccm Saft):

Saft von	Gesamt-extrakt	Citronen-säure	Gesamtzucker = Invertzucker	Stickstoff	Mineral-stoffe	Alkalität der Mineralstoffe ccm N-Säure
Citronen .	5,5—11,0 g	4,0—8,0 g	0,9— 2,5 g	0,027—0,067 g	0,305—0,565 g	3,9—6,2 ccm
Apfelsinen	10,0—16,0 „	0,8—2,0 „	7,5—10,0 „[1]	0,060—0,109 „	0,380—0,558 „	4,4—7,2 „

Vielfach sind diese Säfte schwach angegoren und enthalten dann unter entsprechender Abnahme des Invertzuckers etwa 0,1—1,0 g Alkohol in 100 ccm. Häufiger aber noch wird ihnen behufs Haltbarmachung künstlich Alkohol (etwa 10 Vol.-Proz.) zugesetzt. Infolge der leichten Selbstgärung enthalten die Säfte auch geringe Mengen Glycerin und Essigsäure (bis 0,341 g). Essigstichige Citronensäfte ergeben 0,92—1,28 g Essigsäure in 100 ccm.

Gerade der Citronensaft ist den größten Verfälschungen ausgesetzt durch Zusatz von Wasser, Nachpresse, Weinsäure, Farbstoff und Frischhaltungsmitteln; aus Fruchtestern und -essenzen sowie Citronensäure wird auch künstlicher Citronensaft hergestellt.

Die Verfälschungen können am ersten aus dem Extraktrest und der Alkalität der Mineralstoffe ermessen werden[2]). Der totale Extraktrest soll nicht unter 0,8 g, die Alkalität der Mineralstoffe nicht unter 3,9 ccm für 100 g Saft heruntergehen.

b) Frucht- (Obst-) Kraut.

Begriff. Unter Obstkraut versteht man Erzeugnisse, welche in der Regel aus dem Safte von frischen Äpfeln oder Birnen, besonders von Süßäpfeln (Fallobst) bisweilen unter Mitverwendung von Birnen, durch Einkochen bis zur dickbreiigen Beschaffenheit hergestellt werden.

Nach Vereinbarungen der Fruchtsaftfabrikanten mit dem Verein deutscher Nahrungsmittelchemiker soll indes zum fertigen Äpfelkraut ein Zusatz von Rüben- oder Rohrzucker bis zu 20% ohne Deklaration zugelassen werden, wenn sich dieser Zusatz als erforderlich erweist, d. h. wenn der Säuregehalt des eingedickten Saftes zu hoch ist.

Das in gleicher Weise aus Zuckerrüben oder Möhren gewonnene Erzeugnis heißt Rüben- bzw. Möhrenkraut, während das sog. Malzkraut (auch Maltose genannt) durch Verzuckerung des Maismehles bzw. der Maisstärke u. a. mittels Diastase und durch nachheriges Eindicken der Lösung hergestellt wird.

---

[1]) Hiervon kann $^1/_3$ bis $^1/_2$ aus Saccharose bestehen.

[2]) Als Anhaltspunkte mögen nachfolgende Werte mitgeteilt werden, die sich im Mittel aus den Untersuchungen vieler reinen Säfte ergeben haben, nämlich in 100 ccm Saft:

Saft von	Spezifisches Gewicht	Gesamtextrakt		Invertzucker (Zucker im ganzen)	Extraktrest		Flücht. Säure = Essigsäure	Citronensäure		Glycerin	Stickstoff	Mineralstoffe	Phosphorsäure	Alkalität der Mineralstoffe
		direkt g	durch Addition g	g	teilweiser g	totaler g	g	gebundene g	freie g	g	g	g	g	ccm N-Säure
Citronen . . .	1,0363	8,61	8,73	0,89	1,57	0,97	0,087	0,157	6,18	0,140	0,055	0,408	0,029	5,3
Apfelsinen . .	1,0465	11,25	11,65	8,48	2,10	1,04	—	0,57	0,67	—	0,081	0,488	0,034	6,3

Gewinnung. Die Obstsäfte werden wie üblich gewonnen und in flachen Siedekesseln über direkter Feuerung bis zur dickbreiigen Konsistenz eingekocht.

Zuckerrüben und Möhren werden ebenfalls gekocht und ausgepreßt, der Saft wird nach Zusatz von gemahlener Braunkohle durch Filterpressen filtriert und im Vakuum eingedampft, bis die Masse beim Abträufeln von einem darin eingetauchten Löffel tropfenartig erstarrt.

Das Malzkraut wird in der Weise gewonnen, daß man Stärke in billigen stärkereichen Rohstoffen, wie Mais, Reis, Kartoffeln usw. durch Zusatz von Malzmehl (auf 100 Teile Stärke 25—30 Teile Malzmehl) verzuckert und die erhaltene Lösung eindunstet. Je nach der Einwirkung verschiedener Temperaturen (60—70°) und je nach der Dauer der Einwirkung erhält man dextrinarme und maltosereiche Lösungen oder umgekehrt (vgl. S. 426).

Zusammensetzung. Die Obstkraute zeichnen sich vor dem Rübenkraut und den Melassen besonders durch einen höheren Gehalt an Invertzucker und Säure (Äpfelsäure) und durch einen niedrigeren Gehalt an Stickstoff, Asche und Phosphorsäure aus (vgl. Tab. II, Nr. 1123—1130); Möhrenkraut und Malzkraut haben zwar auch einen verhältnismäßig hohen Gehalt an direkt reduzierendem Zucker, aber dieser besteht aus Glykose bzw. Maltose und nicht wie bei ersteren Krautsorten aus Invertzucker. Bei den Melassen treten diese Unterschiede noch mehr hervor; sie sind besonders noch reicher an Asche und Kali — nicht Phosphorsäure — und enthalten als Kennzeichen auch eine größere Menge Basenstickstoff[1]).

Der Pentosangehalt der Trockensubstanz betrug bei Obstkraut 3,50—4,87%, bei Rübenkraut 7,02—9,09%, bei Melasse 0,31—1,94%.

Infolge der verschiedenen und in verschiedenen Verhältnissen vorhandenen Zuckerarten zeigen die genannten Erzeugnisse auch ein verschiedenes optisches Drehungsvermögen, z. B. nach neuen Untersuchungen in 10proz. Lösungen und im 200 mm-Rohr nach Laurent:

Obstkraut	Rübenkraut	Melasse		Möhrenkraut	Malzkraut
		gewöhnl.	Strontian-		
—5,19°	+3,74°	+6,55°	+11,75°	+1,93°	+3,50°

Durch Inversion wird bei den saccharosehaltigen Krautsorten die Linksdrehung entweder noch erhöht wie bei Obstkraut oder die Rechtsdrehung in Linksdrehung übergeführt wie bei den Erzeugnissen aus Rüben und Möhren, während die Rechtsdrehung bei Malzkraut bestehen bleibt. Bei Zusatz von Stärkesirup zu Obstkraut tritt je nach der Höhe des Zusatzes von vornherein eine größere oder geringere Rechtsdrehung ein, die auch nach der Inversion bestehen bleibt.

Durch Berechnung des spezifischen Drehungsvermögens von Gesamtinvertzucker treten die Unterschiede noch deutlicher hervor.

Durch alle genannten Unterschiede lassen sich nicht nur die einzelnen Krautsorten von-

[1]) So fanden Sutthoff und Großfeld für 5 Melassen:

Gesamt-Stickstoff %	Stickstoff in Form von					
	Protein %	Xanthin %	Arginin %	Cholin %	Betain %	Aminosäuren %
1,717—2,691	0,170—0,207	0,024—0,047	0,011—0,029	0,104—0,118	0,537—0,567	0,881—1,665

Für die Trockensubstanz der hierher gehörigen Erzeugnisse ergaben sich folgende Werte an Gesamt- und Basenstickstoff.

Stickstoff	Gewöhnliche Melasse	Strontian-melasse	Rübenkraut	Je 1/2 Strontian-melasse und Rübenkraut	Äpfelkraut (selbst hergestellt)	Birnenkraut (selbst hergestellt)
Gesamt- .	1,996%	0,470%	0,546%	0,546%	0,285%	0,106%
Basen- .	0,912%	0,211%	0,129%	0,186%	0,107%	0,023%

einander unterscheiden, sondern auch Verfälschungen von Obstkraut mit den anderen Erzeugnissen und mit Stärkesirup nachweisen[1]).

c) Fruchtsirupe.

Begriff. Fruchtsirupe sind dickflüssige Mischungen von aufgekochten unvergorenen oder vergorenen Fruchtsäften mit Rohr- oder Rübenzucker.

Über die Menge des für Fruchtsirup zu verwendenden Rohrzuckers liegen bindende Abmachungen oder Vorschriften für die Handelsware nicht vor, doch wird in den meisten Fällen das vom Deutschen Arzneibuche für Himbeersirup vorgeschriebene Verhältnis — 7 Teile Saft und 13 Teile Zucker — innegehalten werden, weil geringere Zuckermengen nicht genügend konservieren, größere aber krystallinische Ausscheidungen im Gefolge haben.

Auch Erzeugnisse, die durch Auslaugen der frischen Früchte mit trockenem Zucker hergestellt werden, werden als Fruchtsirupe angesehen.

Die Mitverwendung von Stärkesirup muß deklariert werden. Durch die Deklaration „mit Stärkesirup" soll ein Gehalt an diesem bis zu 10% gedeckt werden. Zusätze von Wasser und Nachpresse sind als Verfälschungen anzusehen.

Dagegen ist ein geringer Zusatz von Weinsäure zu sonst reinen Fruchtsirupen zulässig.

Herstellung. Die Fruchtsäfte werden in säurebeständigen, mit Dampf geheizten Kesseln verkocht, d. h. einige Male zum Aufwallen gebracht und durch Abschöpfen oder Filtrieren von ausgeschiedenem Eiweiß befreit. Das verdampfte Wasser wird wieder ersetzt. Bei Anwendung von vergorenen Säften werden die aromatischen alkoholischen Dämpfe auch durch Abkühlen wieder in den Kessel zurückgeleitet. Auch wird die Kochung wohl im Vakuum bei Temperaturen bis 65° vorgenommen, wodurch weniger Aromastoffe sich verflüchtigen.

Noch vollkommener wird das Aroma durch das kalte Mischen vor Verflüchtigung geschützt. Nach diesem Verfahren wird der Fruchtsaft mit der nötigen Menge Zucker in einem Gefäß mit Filtriervorrichtung zusammengebracht, welche letztere der sich bildende Sirup langsam durchlaufen muß.

Bei diesem Verfahren glaubt man besonders durch den Zusatz von Stärkesirup das Auskrystallisieren des Zuckers (Saccharose oder Glykose) beim Aufbewahren verhindern zu müssen. Die Ausscheidung von Zucker beim Aufbewahren tritt aber auch nicht ein, wenn die Säfte nur kurze Zeit mit dem Zucker verkocht und vor allem bei nicht zu niedrigen Temperaturen (unter 5°) aufbewahrt werden.

Zusammensetzung. Die Fruchtsirupe (Tab. II, Nr. 1131—1135) enthalten 60—70% Gesamtzucker, wovon etwa $^1/_4$—$^1/_3$ als Invertzucker aus den Früchten stammt. Infolge des Zuckerzusatzes sind alle anderen Bestandteile der Fruchtsäfte (Stickstoff-Substanz, Säure, Mineralstoffe und Alkalität der Asche) vermindert.

Infolge des Zusatzes von Rohr- oder Rübenzucker drehen die Lösungen reiner Fruchtsirupe (1:10) im 200 mm-Rohr die Ebene des polarisierten Lichtes meistens nach rechts, nach der Inversion aber nach links. Durch Zusatz von Stärkesirup, der ein mittleres spezifisches Drehungsvermögen von +134° besitzt, wird die Linksdrehung des invertierten Extraktes entweder wesentlich vermindert, oder geht bei erheblichem Zusatz in Rechtsdrehung über.

---

[1]) So pflegt die Trockensubstanz von Obst- und Rübenkraut zu enthalten:

	Obstkraut		Rübenkraut	
Stickstoff	nicht über	0,35%	nicht unter	0,50%
Säure = Äpfelsäure	nicht unter	1,75%	nicht über	2,30%
Phosphorsäure	nicht über	0,30%	nicht unter	0,25%
Drehung der Lösung 1 : 10 im 200 mm-Rohr	wenigstens	—5,0°	wenigstens	+2,5°
Spezifische Drehung des gesamten invertierten Zuckers	nicht unter	—36°	nicht über	—20°

Aus diesem Verhalten kann man nach Juckenacks Vorschlage den Gehalt verdächtiger Fruchtsirupe an Stärkesirup berechnen.

Den Zusatz von Wasser und Nachpresse erkennt man an dem verminderten Gehalt an Mineralstoffen und ihrer Alkalität.

Der Mineralstoffgehalt normaler Himbeersirupe beträgt z. B. im allgemeinen 0,18—0,20%, die entsprechende Alkalität 1,8—2,0 ccm, bei gefälschten Proben gehen diese Werte auf 0,14% Asche und 1,7 ccm Alkalität und weniger herunter.

Zusätze von Farb- und Aromastoffen, selbst zu sonst reinen natürlichen Fruchtsäften, sind als Fälschungen anzusehen, weil dadurch entweder ein höherer Gehalt oder eine größere Frische vorgetäuscht werden soll.

d) Fruchtgelees oder -sulzen.

Begriff. Fruchtgelees bzw. -sulzen sind eingedickte Fruchtsirupe, d. h. stichfeste Mischungen von Fruchtsäften und Rohr- oder Rübenzucker.

Herstellung. Man verwendet zur Herstellung der Gelees oder Sulzen vorwiegend Früchte, die wie Äpfel, Birnen, Quitten, Zwetschen, besonders auch unreife Äpfel, reich an gelierenden Stoffen (Pektan S. 113) sind; sie werden wie bei der allgemeinen Fruchtsaftbereitung mit Wasser gekocht, abgeseiht, gepreßt und nach Zusatz von Zucker so weit eingekocht, bis die Masse nach dem Erkalten stichfest und schneidbar ist. Bei den feineren Geleesorten, die auch durchsichtig sein sollen, verwendet man durchweg nur den freiwillig ablaufenden Saft und nicht auch den Preßsaft.

Die Gelierfähigkeit beruht auf der durch das Enzym Pektase und die Säure bewirkten Umsetzung des Pektans in Pektinsäure in der Wärme (S. 113). Durch zu langes und übermäßiges Erhitzen wird die Gelierfähigkeit unter Bildung von Metapektinsäure aufgehoben.

Über die Zusammensetzung der Fruchtgelees bzw. -sulzen vgl. Tab. II, Nr. 1136—1145. Sie sind naturgemäß ärmer an Wasser und verhältnismäßig reicher an sonstigen Bestandteilen, besonders reicher an Invertzucker als die Fruchtsirupe.

Im übrigen sind sie bezüglich der Reinheit wie diese zu beurteilen.

Limonaden und alkoholfreie Getränke.

Begriffe. Limonaden und alkoholfreie Getränke sind nach ihrer Gewinnung und ihren Bestandteilen gleichartige Erzeugnisse; dem Zwecke nach sollen beide durststillende und diätetisch wirkende Mittel sein, ohne dem Körper Alkohol zuzuführen. Aus diesen Gründen kann die Untersuchung und Beurteilung von beiderlei Erzeugnissen hier zusammen behandelt werden.

1. „Limonaden" sind mit Wasser verdünnte Fruchtsirupe oder Mischungen von unvergorenen oder vergorenen Fruchtsäften mit Wasser und Zucker. Die vergorenen Fruchtsäfte dürfen aber nur 0,5 Vol.-% oder 0,42 g Alkohol in 100 ccm enthalten. Wird statt des gewöhnlichen Wassers kohlensäurehaltiges Wasser angewendet oder wird Kohlensäure in die Lösung eingepreßt, so erhält man die Brauselimonaden. „Feste Brauselimonaden" sind trockene Mischungen von parfümiertem (mit Fruchtestern versetztem) Zucker, organischen Säuren (Weinsäure oder Citronensäure) und doppeltkohlensaurem Natrium. Sie können bei genügender Trockenheit in einer einzigen Patrone zusammen aufbewahrt werden oder sie bestehen aus zwei, meist verschieden gefärbten Tabletten, von denen die eine ein Gemenge von parfümiertem Zucker und einer organischen Säure (Weinsäure oder Citronensäure) ist, während die andere Zucker und doppeltkohlensaures Natrium enthält.

2. Unter „alkoholfreien Getränken" im engeren Sinne versteht man alkoholfreie Weine oder alkoholfreie Biere.

„Alkoholfreie Weine" werden entweder durch Pasteurisieren von Trauben- oder

Obstmost oder durch Entgeisten der hieraus gewonnenen Weine unter nachherigem Zusatz von Zucker und gegebenenfalls unter Imprägnieren mit Kohlensäure hergestellt[1]).

„Alkoholfreie Biere" sind im allgemeinen nur aus Wasser, Malz und Hopfen unter Imprägnation mit Kohensäure hergestellte Erzeugnisse; oder aus Malz, Hopfen und Wasser von nur etwa 1,5% Stammwürze hergestellte Gärerzeugnisse, bei denen der Alkoholgehalt 0,5 Vol.-% in 100 ccm nicht übersteigt. Vereinzelt mögen sie auch durch Entgeisten von Bier oder aus pasteurisiertem Bier gewonnen werden[1]).

Herstellung. Zur Herstellung von Getränken können Traubensäfte, ebenso gewisse Äpfel- und Birnensäfte, direkt ohne Zuckerzusatz verwendet werden, die der meisten Beerenfrüchte bedürfen indes wegen des hohen Säuregehaltes eines größeren oder geringeren Zuckerzusatzes und einer Verdünnung mit Wasser. Letztere pflegt erst beim Gebrauch vorgenommen zu werden.

Die von der Presse ablaufenden Rohsäfte werden sofort bei 65—70° sterilisiert, indem sie nach Vorwärmung 15—30 Minuten durch ein von außen zu heizendes Schlangenrohr laufen und nötigenfalls nach Zusatz von Gelatine in ein sorgfältig gereinigtes Faß fließen, worin sie durch ein Wattefilter oder hydraulischen Gärspund vor Luftzutritt geschützt und bis zur vollen Klärung aufbewahrt werden. Die geklärten oder nötigenfalls noch unter Anwendung von Druck oder Vakuum filtrierten Säfte werden in Flaschen umgefüllt und hierin nochmals bei 60—70° pasteurisiert. Sollen sie gleichzeitig mit Kohlensäure gesättigt werden, so füllt man sie in Druckflaschen und verfährt wie bei der Herstellung billiger Schaumweine.

Kohlensäure unter Druck wirkt ebenfalls frischhaltend, und vergorene, d. h. alkoholhaltige Säfte lassen sich leichter sterilisieren als frische alkoholfreie Säfte.

Um den vergorenen Säften den Alkohol zu entziehen, wendet man Vakuumdestillierapparate an, unterwirft das Destillat einer fraktionierten Destillation und fügt den Vorlauf, der das Fruchtaroma enthält, dem alkoholfreien Rückstand wieder zu.

Weil aber die Fruchtsäfte wegen ihres Gehaltes an Pektinstoffen die Limonaden leicht trübe und mißfarbig machen, außerdem in reinem Zustande verhältnismäßig teuer sind, so werden für diese Bereitung statt der Fruchtsäfte jetzt meist Limonadenessenzen angewendet.

Die Limonadenessenzen bilden im allgemeinen (bzw. sollen bilden) alkoholische Auszüge aus der betreffenden Pflanze oder Frucht bzw. ihren Teilen, welche entweder direkt verwendet oder vorher einer Destillation unterworfen werden.

Bei den Citronen, Apfelsinen und Äpfeln sitzt das Aroma vorwiegend in den Schalen, bei Himbeeren und ähnlichen Früchten in den Trestern. Man zieht entweder wiederholt neue Mengen der aromareichen Teile mit derselben Menge Alkohol aus, um diesen anzureichern, oder man unterwirft die ersten Alkoholauszüge bzw. die mit Alkohol vermischten Fruchtteile der Destillation und vermischt das Destillat behufs Anreicherung des Aromas mit weiteren Alkoholauszügen aus den betreffenden Früchten bzw. ihren Teilen. Das Aroma aus Erdbeeren, Ananas und Bananen läßt sich nur aus unvergorenen Früchten durch einfache Behandlung mit Alkohol gewinnen und ist an sich wenig haltbar.

Aus dem Grunde werden auch vielfach künstliche Fruchtester oder -essenzen[2]) an-

---

[1]) Die aus Malz, Hopfen und Wasser unter Imprägnieren mit Kohlensäure hergestellten Getränke sollten nur als „alkoholfreie Bierwürzen" und die durch Sterilisieren von Traubenmost unter evtl. Imprägnieren mit Kohlensäure hergestellten Getränke sollten nur als „alkoholfreier Trauben- (oder Wein-) Most" bezeichnet werden dürfen; denn nur die ursprünglich vergorenen und dann entgeisteten Getränke können die Bezeichnung „alkoholfreie Biere" bzw. „alkoholfreie Weine" beanspruchen.

[2]) Als Verstärkungsmittel für Citronen- und Pomeranzenessenz dienen: Citronen- und Pomeranzenöl, Citral, Citronellal, Vanillin usw. Damit derartige Zusätze die Löslichkeit der Essenz in Wasser nicht beeinträchtigen, und um die sog. „wasserlöslichen Essenzen" zu erhalten,

gewendet, die man einfach mit Zucker, einer entsprechenden Menge Säure, Wasser (und etwas Alkohol) mischt, um Limonaden zu erhalten.

Die Schaumhaltigkeit wird durch Zusatz von Saponin (S. 115) erreicht.

Zusammensetzung. Die Zusammensetzung der Limonaden bzw. Brauselimonaden entspricht der der verdünnten Fruchtsirupe oder der mit Wasser (oder kohlensäurehaltigem Wasser) unter Zusatz von Zucker verdünnten Fruchtsäfte, d. h. der prozentuale Gehalt an Fruchtbestandteilen ist geringer, aber das Verhältnis der letzteren zueinander muß nach Abzug des zugesetzten Zuckers in den Limonaden dasselbe sein wie bei den natürlichen Fruchtsäften der bezeichneten Art (vgl. Tab. II, Nr. 1146—1153).

Die Fruchtsäfte werden meistens so verdünnt, daß der Säuregehalt höchstens 0,5—0,6 g in 100 ccm Limonade beträgt. Citronensaft muß daher um rund das 10fache verdünnt werden. Rössle und v. Morgenstern fanden z. B. in 100 ccm natürlichem Citronensaft 6,44 g Zitronensäure, 9,93 g Extrakt und 0,365 g Mineralstoffe; in 100 ccm trinkfertigem Citronensaft — nach Zusatz von Zucker und Einpressen von Kohlensäure — 0,43 g Citronensäure, 7,8 g Zucker und 0,031 g Mineralstoffe. Ähnliche Gehalte kann man auch für sonstige Fruchtsaftlimonaden annehmen.

Für feste Brauselimonaden mit Geschmack von 5 verschiedenen Früchten fanden wir folgende prozentuale Zusammensetzung:

Wasser	Saccharose	Citronensäure	Ätherisches Öl usw. (aus d. Differenz)	Doppeltkohlensaures Natrium
2,84—4,15%	66,10—69,35%	15,03—16,79%	0,74—1,55%	10,70—12,85%

Die festen Brauselimonaden sind daher trockene Gemische von Citronensäure, doppeltkohlensaurem Natrium mit Rohrzucker, der mit den entsprechenden Fruchtestern durchtränkt ist.

Alkoholfreie Getränke müssen, wenn sie aus wirklich vergorenen Säften oder Malzlösungen gewonnen sind, mehr oder weniger Glycerin und Milchsäure enthalten; auch pflegt bei ihnen auf 1 Teil Säure eine erhöhte Menge Gesamtester (z. B. bei vergorenem Weinmost 1 : 35 bis 50,0 gegenüber 1 : 5,0 bis 15,7 bei unvergorenem Most) zu entfallen; indes können Ester den Getränken auch leicht zugesetzt werden. Alkoholfreie Getränke, deren Bezeichnung an ein Malzgetränk (Malzol u. a.) irgendwie erinnert, müssen auch wirklich Maltose, Erzeugnisse aus Weinbeeren auch Weinsäure bzw. Weinstein enthalten.

Die Kunsterzeugnisse, deren es eine große Anzahl in den verschiedensten Mischungen gibt, enthalten meistens Saponin und sind künstlich gefärbt; sie lassen sich an dem Nachweis von Saponin und daran erkennen, daß sie mit Wolle bisweilen völlig entfärbt werden können. Auch der Umstand, wenn der vorhandene Zucker fast nur aus Saccharose besteht, spricht für ein Kunsterzeugnis. Erzeugnisse, die nur aus Mischungen von Zucker, organischen Säuren, Farb- und Aromastoffen bestehen, oder neben diesen auch etwas Fruchtsaft enthalten, müssen ausdrücklich als „künstliche Brauselimonaden" oder als Brauselimonaden mit Himbeer-, Erdbeer- usw. Geschmack bezeichnet werden.

Auch bei alkoholfreien Getränken sind Zusätze von organischen Säuren, Farb- und Aromastoffen sowie von Dörrobstauszügen ohne Kennzeichnung (Deklaration) unzulässig.

---

werden die verwendeten Öle vorher von Terpen oder die fertige Essenz von den schwer löslichen Anteilen dadurch befreit, daß sie mit Wasser fraktioniert gefällt werden.

Für andere Limonadenessenzen verwendet man als Verstärkungsmittel die künstlichen Fruchtäther des Handels, welche z. B. bestehen: der Ananasäther, hauptsächlich aus Buttersäuremethylester, der Kirschenäther aus Essigsäure- und Benzoesäuremethylester, der Erdbeeräther aus Essigsäureäthylester, Essigsäureamylester und Buttersäureäthylester. So läßt sich durch Mischen der verschiedenen Ester in entsprechendem Verhältnis das Aroma der verschiedenen Früchte künstlich herstellen.

Gewürze.

Unter „Gewürze" im weiteren Sinne verstehen wir alle diejenigen Stoffe, welche den Geschmacks-, Geruchs- und Gesichtssinn bei Zubereitung unserer Speisen in stärkerem Grade zu erregen imstande sind. Insofern gehören Kochsalz, Zucker, Säuren und Bitterstoffe, ferner alle bei der Zubereitung der Speisen, durch Braten, Backen usw. aus Proteinen, Fetten und Kohlenhydraten sich bildenden, aromatischen (empyreumatischen) Stoffe, wie ebenso die zur Verschönerung des Aussehens verwendeten unschädlichen bzw. erlaubten Farbmittel usw. zu den Gewürzen.

Unter „Gewürze" im engeren Sinne dagegen werden nur einige besondere Pflanzenteile, Wurzeln, Rinden, Blätter, Blütenteile, Früchte, Samen, und Schalen, verstanden, welche einerseits den Speisen einen angenehmen und zusagenden Geruch und Geschmack verleihen, andererseits die Absonderung der Verdauungssäfte befördern.

Bei den meisten Gewürzen sind es flüchtige ätherische Öle, bei einigen, wie beim Pfeffer und Senf, scharf schmeckende Stoffe (das Piperin bzw. Senföl usw.), welche diese Wirkungen hervorrufen. Wie gering diese Mengen auch an sich sind, so haben sie doch eine große Bedeutung in unserer Nahrung. Denn eine schlecht und fade riechende und schmeckende Nahrung sagt nicht zu und verleidet oft die Aufnahme überhaupt. Die in den Gewürzen gleichzeitig vorhandenen Nährstoffe spielen hierbei schon deshalb keine Rolle, weil die angewendeten Mengen Gewürze an sich nur sehr gering sind.

Die „Gewürze" im engeren Sinne werden zweckmäßig nach den Pflanzenteilen, von denen sie stammen, eingeteilt; als solche werden verwendet:

A. Samen: Senf, Muskatnuß mit der Macis, der sog. Muskatblüte, dem Samenmantel der Muskatnuß.

B. Früchte: a) Sammelfrüchte: Sternanis (Badian);
b) Kapselfrüchte: Vanille, Cardamomen;
c) Beeren: Pfeffer, langer Pfeffer, Nelkenpfeffer, spanischer und Cayennepfeffer, Mutternelken;
d) Spaltfrüchte der Doldenblütler: Anis, Fenchel, Coriander, Kümmel.

C. Blüten und Blütenteile: Gewürznelken, Safran, Kapern.

D. Blätter und Kräuter: Lorbeerblätter, Majoran, Bohnenkraut, Dill, Petersilie, Estragon u. a.

E. Rinden: Zimt.

F. Wurzeln: Ingwer, Zittwer, Gilbwurz, Galgant, Süßholz, Kalmus.

Die Gewürze sind wegen ihres durchweg hohen Preises den mannigfachsten Verfälschungen ausgesetzt; für den Nachweis derselben kommt vorwiegend die mikroskopische Untersuchung in Betracht. Für die chemische Untersuchung sind besonders wichtig die Bestimmung der Asche, des ätherischen Öles, des Fettes (Petrolätherauszug), vielfach auch der Stärke und Rohfaser. Das ätherische Öl wird in der Weise bestimmt, daß man das Gewürz selbst oder den Ätherauszug mit Wasserdampf destilliert, das Destillat mit Kochsalz sättigt, mit Pentan oder Rhigolen — mit Äther verflüchtigt sich auch ätherisches Öl — auszieht und den Auszug bei niedriger Temperatur verdunstet. Man kann auch den Äther- bzw. Petrolätherauszug nach Verdunsten bei niedriger Temperatur erst wägen, den Rückstand mit Wasserdampf destillieren, wiederum trocknen und wägen und das ätherische Öl aus der Differenz zwischen der ersten und zweiten Wägung berechnen.

A. Gewürze von Samen.

Als Samengewürze werden bei uns 2 Sorten verwendet, der Senf und die Muskatnuß mit dem zugehörigen Samenmantel, der Macis oder der sog. Muskatblüte. Hiervon findet der Senf die umfangreichste Verwendung.

1. Senf, Senfmehl.

Begriff. „Unter Senf (Tafelsenf, Mostrich) versteht man das aus dem unentfetteten oder entfetteten Senfmehl durch Vermischen mit Wasser, Essig, Wein, Kochsalz, Zucker und verschiedenen aromatischen Stoffen hergestellte Gewürz" (Schweiz. Lebensmittelbuch.)

Unter Senfmehl versteht man das durch feines Vermahlen der natürlichen oder entfetteten — meistens der gepreßten, entfetteten — Samen von Brassica nigra L., Br. juncea Hook. und Sinapis alba L.[1]) hergestellte Mehl. Das Mehl aus den schwarzen und russischen Senfsamen — welcher letztere stets entfettet zu werden pflegt — ist von grünlichgelber Farbe, die durch Kalilauge citronengelb wird; das Mehl aus dem weißen oder gelben Senf, welches dem aus dem schwarzen Senf zur Erhöhung des scharfen Geschmackes zugesetzt zu werden pflegt, ist gleichmäßig gelb.

Dem schwarzen Senf sind aber auch häufig die Samen von Ackersenf Sinapis arvensis L.), Raps (Br. Napus L.) und Rübsen (Br. Rapa L.) beigemengt.

In Ostindien wird für den Zweck auch Sinapis ramosa Boxb. und S. rugosa Boxb. angebaut.

Herstellung. Die Senfsamen werden gereinigt, fein gemahlen und gesiebt oder vielfach nach dem Mahlen erst durch hydraulische Pressen entfettet und gesiebt. Das Senfmehl — meistens ein Gemisch von schwarzem und weißem Senf — dient aber nur in den seltensten Fällen unter Zusatz von etwas Weinessig für sich allein zur Bereitung des Haushaltungssenfes; letzterer erfährt vielmehr allerlei Zusätze; so hat z. B. der bekannte Düsseldorfer Senf noch einen geringen Zusatz von Zimt, Nelken, Zucker und etwas Rheinwein; einige Sorten haben auch eine Beimischung von Sardellen und Kapern. Wieder andere Sorten (Frankfurt a. O.) erhalten einen Zusatz von Zucker, Gewürznelken und Piment (Englisches Gewürz), oder von Weizenmehl, Kochsalz, Cayennepfeffer (Englischer Senf), oder von Zimt, Gewürznelken, Muskatnuß, Zwiebeln, Knoblauch, Thymian, Majoran, Ingwer, Estragon usw. (Französischer Senf). Die Gewürze und sonstigen Zusatzstoffe werden erst 12 Stunden in Essig aufgeweicht und mit dem Senfmehl unter Zugabe von mehr Essig verrührt. Die Maische bleibt so lange sitzen, bis sie die gewünschte Schärfe erreicht hat, wird dann in den Mostrichmühlen äußerst fein gemahlen und nach dem Abkühlen durch Abfüllmaschinen in die bestimmten Gefäße gefüllt. Beim Feinmahlen steigt die Temperatur auf 50—60°, unter Umständen auf 70°, wodurch eine gewisse Pasteurisierung bewirkt wird.

Zusammensetzung. Infolge der wechselnden Entfettung und der verschiedenen Zusätze, besonders von Mehl, wovon 15—40% zu indischem Senfmehl zugesetzt werden, haben die Handelssenfmehle eine mehr oder minder von den natürlichen Samen abweichende Zusammensetzung[2]).

---

[1]) Der weiße Senfsamen unterscheidet sich außer durch die Farbe auch durch die Größe und das Gewicht von dem schwarzen Senfsamen und seinen Verwandten. So beträgt bei:

	Brassica nigra L.	Br. juncea Hook	Br. Napus L.	Br. Rapa L.	Sinapis arvensis L.	Sin. alba L.	
Größe, Durchmesser .	1,0 —1,5	51,7—1,65	1,5—2,4	1,3—1,8	1,48—1,54	2,0—2,5	mm
Gewicht für 1 Korn .	0,63—0,96	2,8—3,5	2,4	1,3—2,5	1,8—2,2	5,0—6,0	mg

[2]) So ergaben an den allgemeinen chemischen Bestandteilen (vgl. auch Tabelle II, Nr. 1154—1157):

Erzeugnis	Wasser %	Stickstoff-Substanz %	Ätherisches Öl %	Fettes Öl %	Pentosane %	Rohfaser %	Asche %
Senfsamen. .	4,8—10,7	20,5—39,5	0,06—0,90	20,0—38,5	5,5—6,0	7,0—16,5	4,0—5,5
Senfmehl . .	3,5— 7,0	25,6—43,5	0,10—1,85	5,5—38,5	2,5—3,0	1,2— 6,0	1,9—6,0
Tafelsenf . .	74,0—81,5	6,0— 6,6	0,18—0,25	2,5— 8,5	1,0—1,5	Essigsäure 2,0— 3,7	2,3—5,3

Der aus den Senfmehlen durch Vermengen mit Wasser, Weinessig usw. bereitete Tafel- oder Speisesenf (Mostrich, Moutardo, Mustard) enthält selbstverständlich mehr Wasser und infolgedessen weniger von den übrigen Bestandteilen, ebenfalls in wechselnden Mengen[1]).

Der Senf verdankt seinen scharfen Geschmack und Geruch dem Senföl ($C_3H_5 \cdot NCS$); der Gehalt an diesem schwankt von 0,3—1,0%. Das Senföl kommt im Senfsamen nicht natürlich vor, sondern bildet sich erst beim Verreiben desselben mit warmem Wasser aus dem vorhandenen myronsauren Kalium oder Sinigrin ($C_{10}H_{18}KNS_2O_{10} + H_2O$), indem letzteres durch das Ferment Myrosin in Senföl, Zucker und saures schwefelsaures Kalium gespalten wird nach der Gleichung:

$$C_{10}H_{18}KNS_2O_{10} = C_3H_5 \cdot NCS + C_6H_{12}O_6 + KHSO_4 .$$

Das myronsaure Kalium (Sinigrin) bildet, gereinigt, nach Gadamer linksdrehende, glänzende Nadeln, welche erst nach 20stündigem Erhitzen im Vakuum ein Molekül Wasser verlieren. G. Jürgensen behauptet, daß Brassica nigra und Br. juncea Allylsenföl liefern, alle anderen Brassicaarten aber Krotonyl- oder Angelylsenföl oder ein Gemisch beider.

In dem weißen Senfsamen soll nach H. Will statt des myronsauren Kaliums im schwarzen Senf eine ähnliche Verbindung, das Sinalbin ($C_{30}H_{44}N_2S_2O_{16}$) vorkommen, das wie jenes durch Myrosin gespalten wird und in Zucker ($C_6H_{12}O_6$), saures schwefelsaures Sinapin ($C_{16}H_{24}NO_5 \cdot HSO_4 + 2\ H_2O$) und Schwefelcyan-Akrinyl bzw. Sinalbinsenföl ($C_7H_7O \cdot NCS$) zerfällt. Das Sinapin ist nach Gadamer ein Ester des Cholins und der Sinapinsäure ($C_{11}H_{12}O_5$). H. Salkowski hat versucht, dasselbe künstlich darzustellen.

Nach R. Ulbricht, Schuster und Mecke liefern alle Brassicaarten (Raps und Rübsen) mehr oder weniger Senföl, nämlich 0,032 bis 0,452% — letztere höchste Menge für indischen Raps —; die zugehörigen Ölkuchen liefern erheblich mehr, nämlich 0,23—0,79% Senföl, welche Zunahme durch Erwärmen der zerkleinerten Saat auf 70° vor dem Pressen bewirkt wird.

Über die Zusammensetzung der Asche der Senfsamen vgl. Tabelle III, Nr. 231.

Verfälschungen des Senfs. Die dem Senfmehl und Senf für den Hausgebrauch zugesetzten Stoffe wie Gewürze, ferner Zucker, Wein, Essig, welche den Geschmack desselben verbessern sollen, können nicht als Verfälschungen aufgefaßt werden. Auch der übliche Zusatz von Mehl (Weizen- und Maismehl), der die physikalischen Eigenschaften des Senfteiges verbessern soll, kann bis zu einer gewissen Grenze als zulässig gelten.

Als Verfälschungen müssen jedoch der Zusatz von ähnlichen Ölsamen (wie Raps- und Rübsensamen), Ackersenfsamen, Leinsamen usw. bzw. deren entfetteten Rückständen, sowie die Mitverwendung der indischen Gelbsaat (Brassica indica, Napus oleifera annua) und der Guzzeratsaat (falscher Senfsamen, Brassica iberifolia) angesehen werden, wie ebenso der Zusatz von Curcumapulver oder von Bolus, um die matte Farbe wieder aufzubessern; nicht minder ist natürlich ein etwaiger Zusatz von Kreide oder Ziegelmehl als Verfälschung anzusehen.

In zersetztem, verdorbenem Senf fand A. Kossowicz zwei Spaltpilze, nämlich 1. Bacillus sinapivorax, der Glykose vergärt und Gelatine verflüssigt, und 2. Bacillus sinapivagus, der keine Zuckerarten vergärt, aber den Senf verfärbt und den Geruch wie Geschmack verschlechtert; ferner in einer anderen Probe eine Essigbakterie, die auch in dem verwendeten Essig vorkam.

Für die Beurteilung der Reinheit und Beschaffenheit des Senfmehles oder Senfs können außer der mikroskopischen Untersuchung noch die Bestimmung von Stärke, Fett und Senföl wichtig sein. Zur Bestimmung des Senföles wird das Senfmehl bzw. der Senf einige Stunden mit Wasser behandelt, dann destilliert, und das Destillat entweder in Kaliumpermanganatlösung aufgefangen oder mit Silbernitrat versetzt. In ersterem Falle bestimmt man nach Zusatz von Bariumchlorid das gebildete Bariumsulfat oder in letzterem Falle das gebildete Schwefelsilber und berechnet aus den gewonnenen und gewogenen Niederschlägen das gebildete Senföl.

---

[1]) Vgl. Anm. 2 auf vorhergehender Seite.

2. Muskatnuß.

Begriff. Unter „Muskatnuß" versteht man den von der harten Samenschale und dem Samenmantel (Arillus) befreiten Samenkern (das Endosperm) des echten, auf den Molukken einheimischen Muskatnußbaumes (Myristica fragrans Houtt.).

Kennzeichen. Die Kerne sind in der Regel gekalkt und deshalb weiß gefärbt; im ungekalkten Zustande sehen sie braun aus und haben eine netzaderig-runzliche Oberfläche; sie sind von stumpf-eiförmiger Gestalt; der Nabel an dem einen Ende ist durch eine vertiefte Rinne (Raphe) mit dem anderen vertieften Ende (der Chalaza) verbunden. Die Nüsse sind je 2,5—7,7 g schwer, durchschnittlich 25 mm lang und zeigen im Innern auf dem Querschnitt ein marmoriertes Aussehen, das durch die in verschiedenen dunkelbraunen Falten (Ruminationsgewebe) sich verzweigende Samenhaut bedingt wird.

Neben dieser Muskatnuß kommt auch eine billigere im Handel vor, nämlich von Myristica argentea Warburg, in Neuguinea wachsend, auch Papua-, Makassarnuß genannt; sie ist weicher, länger (25—40 mm lang), 7,0—7,7 g je 1 Stück schwer und weniger aromatisch. — Die Bombaymuskatnuß vom wilden Muskatnußbaum[1]) (Myr. malabarica Sam.) ist noch länger (bis 50 mm lang) hat eine zylindrische Form und feinere, zahlreichere Streifungen. Von ihr wird nur der Samenmantel in den Handel gebracht (siehe unter Macis S. 491).

Gewinnung. Der Muskatnußbaum ist diöcisch; er trägt während des ganzen Jahres Blüten und reife Früchte; letztere werden aber meistens nur dreimal im Jahre geerntet. Die Vollreife, erkennbar an dem Aufspringen der fleischigen Fruchtschale und dem Sichtbarwerden des leuchtend roten Samenmantels (Macis) muß genau innegehalten werden. Die abfallenden Nüsse müssen rechtzeitig gesammelt werden, weil sie durch Liegen auf dem Boden, besonders während der Nacht, den Insekten zum Opfer fallen.

Die gesammelten Früchte werden erst behutsam abgeschält, vom Samenmantel befreit, mehrere Wochen über Feuer getrocknet, bis die Kerne in der Schale rappeln, dann mit hölzernen Knütteln zerschlagen, die schadhaften Kerne ausgelesen, die guten dagegen mit Kalkmilch behandelt, um einerseits die Keimkraft zu vernichten, andererseits die Nüsse vor Insektenfraß zu schützen. Die Samenkerne werden um so höher bewertet, je schwerer sie sind.

Zusammensetzung. In der chemischen Zusammensetzung sind die echte und Papua-Muskatnuß nicht wesentlich verschieden, indem nach mehreren Analysen der Gehalt der echten und Papuanuß an ätherischem Öl 3,6 bzw. 4,7%, an Fett (Ätherauszug) 34,4 bzw. 35,5%, an Stärke 23,7 bzw. 29,3%, an Rohfaser 5,6 bzw. 2,1%, an Asche 3,0 bzw. 2,7%, an Alkoholextrakt 12,0 bzw. 16,8% betrug. (Vgl. auch Tab. II, Nr. 1158 und 1159.)

Die Muskatnüsse liefern auch die sog. „Muskatbutter" (Muskatnußfett), welche in der Medizin und Parfümerie Verwendung findet. Die Muskatnüsse werden zur Gewinnung des Fettes gedörrt, gepulvert und dann entweder zwischen erwärmten Platten gepreßt, oder sie werden erst der Einwirkung heißer Wasserdämpfe ausgesetzt und hierauf gepreßt.

Meistens benutzt man zur Gewinnung von Muskatbutter die angestochenen Nüsse („Rompen"), oder geschrumpfte Nüsse sowie Bruch, und bewirkt die Entfettung mit chemischen Lösungsmitteln.

Das stark aromatische Muskatnußfett hat die Konsistenz des Talges, ist weißlich bis gelbrötlich gefärbt und besteht aus ätherischem Öl, einem flüssigen und festen, aus dem Glycerid der Myristinsäure bestehenden, 40—50% betragenden Fett und ferner aus einem butterartigen, weißen, unverseifbaren, noch nicht näher untersuchten Anteil. Es schmilzt bei 38—51°, hat eine Verseifungszahl von 154—161 und eine Jodzahl von 31—52.

---

[1]) Außer der Bombay-Muskatnuß gibt es nach J. Möller noch folgende minderwertige Sorten: Myristica fatua Houtt. (M. tomentosa Thbg.), ebenfalls von den Molukken; Myr. officinalis Mart., aus Brasilien, ohne jeglichen Genußwert; Myr. sebifera Sw. oder Vicola sebifera Lublet) von Guyana, das Vicolafett liefernd; Torreya californica oder T. Myristica Hook, californische Muskatnuß, mit ausgeprägtem Terpentingeruch.

Verfälschungen. 1. Die Unterschiebung von sog. wilden, nichtaromatischen Samen anderer Myristicaceen unter echte Muskatnüsse dürfte wohl nicht vorkommen.

2. Dagegen werden mitunter insektenstichige Nüsse bzw. deren Öffnungen mit einem Teig aus Mehl, Muskatnußpulver und Öl oder mit Kalk ausgebessert und in den Handel gebracht.

3. Auch künstliche Muskatnüsse — aus kleinen Muskatnußstücken, Mehl und Ton, oder aus Ton allein; Chevalier und Baudrimont erwähnen sogar solche aus Holz — sind schon im Handel beobachtet worden.

Gepulverte Muskatnüsse sollten im Handel nicht gestattet sein oder doch nicht gekauft werden, da sie überhaupt nur aus minderwertiger, verdorbener Ware hergestellt werden können.

4. Der Gehalt an Gesamtasche soll nach den Vereinbarungen deutscher Nahrungsmittelchemiker in der lufttrockenen Substanz höchstens 3,5%, der an Sand (in Salzsäure unlöslichem) nur 0,5% betragen.

Der Cod. alim. austr. verlangt mindestens 2% ätherisches Öl und 34% Fett; in den Vereinigten Staaten fordert man nur 25% nichtflüchtigen Ätherextrakt.

3. *Macis.*

Begriff. Macis (sog. Macisblüte bzw. sog. Muskatblüte) ist der getrocknete Samenmantel (Arillus) der echten oder Banda-Muskatnuß (Myristica fragrans Houtt.).

Die Papua-Macis, Makassar-Macis (oder die Macisschalen)[1]) von Myristica argentea Warb. ist bedeutend minderwertiger als erstere, kommt ihr aber noch nahe.

Dagegen hat der Samenmantel der „wilden" oder Bombay-Macis von Myristica malabarica Lam. wegen des fehlenden Aromas als Gewürz keine Bedeutung.

Gewinnung. Der Samenmantel wird nach der Entfernung der Schale behutsam von den Kernen gelöst und an der Sonne getrocknet, wodurch er bernsteinfarbig bis orangegelb, fettglänzend, brüchig und schwach durchscheinend wird.

Kennzeichen. Die echte Macis des Handels ist flach zusammengepreßt, gut erhaltene Stücke lassen am Grunde eine kreisrunde Öffnung deutlich erkennen. Aus ursprünglich becherförmigem Grunde spaltet sich der Samenmantel in zahlreiche Lappen („Lacinien"), welche die Nuß umklammern und nach der Spitze zusammenstrebend, diese als ein dichtes Flechtwerk bedecken. An der trockenen Ware sind die Lacinien entweder wie vordem an der Spitze verschlungen geblieben, oder sie haben sich bei der Loslösung der frischen Arillen bei der Ernte entwirrt und liegen frei; Zahl, Größe und Form der Lacinien können sehr ungleich sein. Die Länge des Samenmantels beträgt 3,5—4,0 cm. Die Farbe wechselt vom hellen und rötlichen Gelb bis zum dunklen Braun; je hellgelber die Macis bzw. deren Pulver ist, desto höher wird sie geschätzt, je dunkler die Macis oder das Pulver ist und je mehr die Farbe zum Rot neigt, desto wohlfeiler ist die Ware. Von der Banda-Macis unterscheidet man durchweg 4—5 Sorten; eine gute Ware soll fleischig und fett, lebhaft in der Farbe, ohne Flecken und ungebrochen sein; alte Ware ist heller, trocken und dünn.

Der Samenmantel von Myristica argentea, die Papua- und Makassar-Macis, besitzt nur 4 Lacinien, von denen die vorderen unweit der Insertionsfläche des Mantels, die hinteren etwas höher aus dem becherförmigen Grunde entspringen und welche sich oben wieder in mehrere feine Streifen auflösen, die über die Spitze der Nuß zu einem konischen Deckel verschlungen sind. Zwischen sich lassen die Lacinien größere Felder frei. Die Länge des unverletzten Arillus erreicht 5 cm, seine Farbe ist gelbbraun, rotbraun oder graubraun; die Stücke erscheinen außen meist schmutzig, matt, bestaubt, innen heller und glatt. Die Papua-Macis ist um etwa $^2/_3$ billiger als die Banda-Macis.

Der Samenmantel von Myristica malabarica, der wilden Macis, ist länger (1—6 cm) und

---

[1]) Unter Macisschalen hat man sich wohl irrigerweise die Samenschale der langen Muskatnüsse vorgestellt; es soll mit dieser Bezeichnung aber auch der Samenmantel (Arillus) gemeint sein, weshalb die Bezeichnung zweckmäßig vermieden werden soll.

die Zahl der brüchigen Lacinien ist bedeutend größer als bei der echten Macis. Außerdem ist die Farbe dunkler, sie wechselt zwischen braun und rot. Der Preis der wilden, völlig geruchlosen Macis ist sogar etwas höher, als der der Papua-Macis, was darin seinen Grund hat, daß sie sich besser zur Verfälschung des Pulvers der echten Macis eignet als die Papua-Macis.

Zusammensetzung. Wie im äußeren Aussehen, so sind die 3 Macissorten auch durch die chemische Zusammensetzung[1]) verschieden, nämlich:

1. Durch den Gehalt an ätherischem Öl, Fett, Harz u. a. Die echte Banda-Macis unterscheidet sich von den beiden anderen durch eine größere Menge und ein wohlriechenderes ätherisches Öl, sowie durch einen höheren Stärkegehalt (d. h. durch Diastase in Zucker überführbare Stoffe); die Papua-Macis hat einen bedeutend höheren Fettgehalt (Petrolätherauszug), die wilde Bombay-Macis einen bedeutend höheren Gehalt an ätherlöslichem Harz.

F. W. Semmler konnte in dem hochsiedenden Anteil des Macisöles das Myristicol ($C_{10}H_{16}O_2$) Wrights, das bei 300° nicht übergehende Harz ($C_{40}H_{56}O_5$) Schachts und ein Stearopten (Benzolderivat) von der Formel $C_{12}H_{14}O_3$ nachweisen, welchem letzteren Semmler den Namen „Myristin" beilegt.

Zucker, wovon Ludwig und Haupt 1,65—4,28% angeben, scheint nach anderen Untersuchungen in der Macis nur in unwesentlichen Mengen vorhanden zu sein.

2. Durch den Farbstoff. Bei der echten und Papua-Macis findet sich die färbende Substanz nach Pfeiffer im Zellsafte des ganzen Grundgewebes gelöst und wird erst nachträglich, beim Absterben des Organs, vom ätherischen Öl aufgenommen, indem er von schön Dunkelrot in Rotgelb oder Gelbbraun übergeht. Infolge dessen färbt sich das ätherische Öl der echten Macis mit Ammoniak rötlich, mit Barytwasser rötlichbraun usw.

Bei der wilden Macis dagegen lassen sich weder direkt noch mit Hilfe vorstehender Reagenzien innerhalb des Grundgewebes Spuren eines ehemals im Zellsaft vorhandenen Farbstoffes entdecken; unter dem Mikroskop erscheint das Parenchym bis auf einige, den Ölzellen unmittelbar benachbarte, gelblich oder gelbbraun gefärbte Zellen völlig farblos. Die Färbung des Arillus wird ausschließlich durch den Inhalt der Sekretbehälter bedingt, und dieser ist in den einzelnen Teilen des Arillus sehr verschieden gefärbt, so daß in einem und demselben Arillus helle und dunkle, gelbe und rote Lacinien vorkommen; durchweg sind die Arillusstreifen auf der Innenseite gelb, auf der Außenseite rot gefärbt, welche rote Färbung der Einwirkung des Lichtes bei der Nachreife zuzuschreiben ist. Da die Rotfärbung des Sekretes als Begleiterscheinung bei dessen zunehmender Verharzung auftritt, ist anzunehmen, daß auch sie durch Sauerstoffaufnahme verursacht wird und die Art der Übergangsfarben von dem Grade der Oxydation abhängig ist. Hilger und Held haben durch Ausziehen des Alkoholextraktes der wilden Macis mit Benzol einen in Alkohol, Äther, Eisessig löslichen gelben Farbstoff dargestellt, dessen alkalische Lösung unter Einwirkung des Luftsauerstoffs allmählich eine orangerote Farbe, die auch durch Kaliumpermanganat erhalten wird, annimmt. Sie fanden für den gelben Farbstoff die Molekularformel $C_{29}H_{42}O_5$, für den roten die Formel $C_{29}H_{38}O_7$ und denken sich die Entstehung des letzteren unter Sausertoffaufnahme wie folgt:

$$C_{29}H_{42}O_5 + 2\,O_2 = C_{29}H_{38}O_7 + 2\,H_2O.$$

[1]) Für einen mittleren Gehalt von 10,5% Wasser (Schwankungen 5,0—23,0%) wurden folgende Gehalte (vgl. auch Tabelle II, Nr. 1160—1162) gefunden:

Macis	Ätherisches Öl %	Petrolätherauszug = Fett %	Ätherlösliches Harz %	Alkohollösliches Harz %	Zucker %	Durch Diastase in Zucker überführbare Stoffe %	Rohfaser %	Asche %	Sand %
Banda- (echte) .	4,0—12,0	22,5—34,9	1,2—5,1	3,8—4,0	ca. 2,0	22,7—34,4	ca. 4,5	1,8—2,5	0—0,3
Papua-	4,0—6,0	53,0—55,5	0,4—1,8	1,7—2,1	—	(8,8)	„ 4,6	ca. 2,0	0—0,3
Bombay- (wilde) .	0,3—1,3	29,0—34,5	27,5—37,5	2,5—3,5	—	(14,5)	„ 8,2	„ 2,0	0—0,2

Man muß daher annehmen, daß der Farbstoff der wilden Macis, der sich in ähnlicher Weise wie Curcumafarbstoff verhält, zum Teil in derselben fertig gebildet vorhanden ist, zum Teil aber sich erst beim Ausziehen — mit Alkohol usw. — durch nachträgliche Oxydation bilden kann.

Wenn man etwa 5 g Macis mit der 10fachen Menge Alkohol in der Wärme auszieht und filtriert, zeigt das Filter und Filtrat folgende Reaktionen.

Macis	Filter beim Betupfen mit Kalilauge	1 ccm Filtrat wird mit 3 ccm Wasser und 1 ccm einer 1 proz. Kaliumchromatlösung	Basisches Bleiacetat erzeugt Niederschlag	1 ccm Filtrat, 3 ccm Wasser und einige Tropfen Ammoniak färben	Papierstreifen, mit dem Filtrat getränkt, werden nach Eintauchen in gesättigtes Barytwasser und Trocknen
Banda- (echte)	fast farblos	hellgelb	fleischfarbenen	rosa	braungelb
Bombay- (unechte)	dunkelrot[1])	ockerfarben bzw. sattbraun	hellgelben	tieforange bis gelbrot	ziegelrot

Tschirch und Schklowsky geben an, daß sie im Petrolätherauszug eine krystalline Säure mit Schmelzp. 70°, die Macilensäure $CH_3 \cdot (CH_2)_{10} \cdot CH_2 \cdot COOH$, und eine gesättigte Oxyfettsäure, die Macilolsäure $C_{20}H_{40}O_3$, aber kein Glycerin gefunden haben.

Verfälschungen der Macis. Die Verfälschungen der Macis bestehen zunächst in der Beimengung oder Unterschiebung der wertloseren und unechten Sorten zu der echten. In gepulverten Handelssorten sind gefunden: Muskatnußpulver, gemahlener Zwieback, Stärkemehl von Getreide und Hülsenfrüchten, Arrowroot, Tikmehl, Maismehl, Kartoffeldextrin, gestoßener Zucker, gelbgefärbte Olivenkerne, Holz- und Rindenteile, Curcuma und das tieforange Pulver der „wilden" Macis.

Der Macis soll höchstens 3% Asche und 1% Sand enthalten.

B. Gewürze von Früchten.

Hierzu gehören 4. Sternanis als Sammelfrucht, 5. Vanille und 6. Cardamomen als Kapselfrüchte, 7. Pfeffer, 8. Langer Pfeffer, 9. Nelkenpfeffer, 10. Spanischer und Cayennepfeffer und 11. Mutternelken als Beerenfrüchte, sowie 12. Kümmel, 13. Anis, 14. Coriander, 15. Fenchel als Spaltfrüchte.

4. Sternanis (Badian).

Begriff. Sternanis, Badian, ist der einachsige Fruchtstand des im südlichen China einheimischen Baumes Illicium anisatum L. oder Illicium verum Hook. f. (echter oder chinesischer Sternanis).

Kennzeichen. Die Früchte bestehen aus je 8 rosettenförmig um ein 8 mm langes Mittelsäulchen gelagerten Fruchtblättern (Karpellen), welche 0,6—1,0 cm breit, 3—4 mm dick, seitlich etwas zusammengedrückt, an der Bauchnaht etwas aufgesprungen sind und einem Nachen bzw. einem chinesischen Sonnenschirm ähnlich sehen. Diese Fruchtblätter, die meistens nicht alle entwickelt sind, verlaufen in eine nur wenig geschnäbelte, glatte, schief aufsteigende Spitze; sie sind außen grau- oder rotbraun, unten grobrunzelig, oben längsnervig; die Innenseite ist gelblichbraun, glatt und bildet eine Höhlung, welche den 8 mm langen, 5 mm breiten, glänzenden, rotbraunen (einem Apfelkern ähnlichen) Samen umschließt; jedes kahnförmige Teilfrüchtchen ist 15—20 mm lang und gegen 6 mm hoch. Geruch und Geschmack sind feurig gewürzhaft nach Anis (S. 507).

[1]) Wenn die gelbe Farbe des Filters von Curcuma herrührt, so wird sie beim Betupfen mit Kalilauge braun.

Dem echten chinesischen Sternanis sind die giftigen Früchte des japanischen Sternanisbaumes (Illicium religiosum Sieb. et inct.) sehr ähnlich; sie kommen auch unter dem Namen „Shikimi" oder „Shikimi-no-ki" in den Handel; sie sind etwas kleiner als die des echten Sternanis; die Fruchtblätter bilden jedoch ebenfalls einen 6—8strahligen Stern und besitzen einen gewöhnlich nach aufwärts gebogenen Schnabel. Die 10 mm lange Bauchnaht ist S-förmig oder zweimal S-förmig gebogen und tiefer eingebuchtet als beim echten Sternanis. Die Innenseite des 5 mm breiten Karpells ist rein hellgelb, der Samen rundlich und durchweg auch hellgelb.

Der giftige Anis kann an seinem unangenehm scharfen, nicht anisartigen Geschmack und an dem wanzenartigen Geruch des flüssigen Öles erkannt werden.

Der giftige Bestandteil, das Shikimin, haftet nach Eykmann dem ätherischen Öl und Fett nicht an, ist schwer löslich in Wasser, aber löslich in 75 proz. Alkohol, der 1% Essigsäure enthält. Es verursacht heftige Muskelzuckungen und tetanische Krämpfe.

Zusammensetzung. Außer durch den Gehalt an Shikimin unterscheidet sich der giftige Sternanis von dem echten durch die sehr geringe Menge an ätherischem Öl (0,66% gegen 4,79%) und seinen eigenartig schlechten Geruch und seinen geringen Fettgehalt (2,35% gegen 6,76%)[1]). Der Gehalt an sonstigen Bestandteilen ist bei beiden fast gleich. (Tabelle II, Nr. 1163 und 1164.)

Für den Samen des echten Sternanis werden 31,2%, für den des giftigen Sternanis 30,5% Fett angegeben.

Das ätherische Öl des echten chinesischen Sternanis enthält neben Anethol geringe Mengen eines Terpens $C_{10}H_{16}$, etwas Safrol $C_{10}H_{10}O_2$, Spuren von Anissäure $C_8H_8O_3$ und von Phenolhydrochinon $C_6H_4(O \cdot C_2H_5)OH$.

Der echte Sternanis wird nicht oder nur selten als Gewürz, sondern zur Likörfabrikation, in der Parfümerie und Medizin — im Deutschen Reich und in anderen Ländern ist er offizinell — verwendet.

Das fette Öl des giftigen Sternanis dient in Japan als Leucht- und Schmieröl, nie als Speiseöl.

5. Vanille.

Begriff. Vanille ist die nicht völlig ausgereifte, geschlossene, aber ausgewachsene, nach einem Fermentationsprozeß getrocknete, einfächerige und schotenförmige Kapselfrucht von Vanilla planifolia Andrews.

Kennzeichen. Die Frucht ist 18—30 cm lang, 0,6—1,0 cm breit, meist etwas flachgedrückt, gekrümmt, an der Basis und Spitze verschmälert, längsfurchig, schwarzbraun und schwach glänzend, fleischig und biegsam, stark aromatisch duftend. Gute Vanille bedeckt sich außen nach und nach mit Krystallen von Vanillin, das in der frisch geernteten Frucht nicht oder nur in geringer Menge vorkommen, sondern sich erst durch den Fermentationsprozeß bilden soll. Beim längeren Lagern werden die langen, weißglänzenden Nadeln des Vanillins allmählich gelblich bis gelbbräunlich. Beim Durchschneiden der Vanille findet man in dem fleischigen Perikarp die sehr kleinen (0,2 mm großen), rundlich eiförmigen, gelbbraunen bis schwarzen, glänzenden Samen, die in einer öl- oder balsamähnlichen Flüssigkeit eingebettet sind.

---

[1]) Die von ätherischem Öl befreiten Fette haben nach J. Bulir nahezu gleiche Konstanten, nämlich:

Sternanis	Spez. Gewicht	Verseifungszahl	Jodzahl	Hehnersche Zahl	Reichert-Meißl-Zahl
Echter	0,9264	193,8	93,1	95,2	1,4
Giftiger	0,9295	193,4	90,6	95,0	1,5

Das Fett des echten Sternanis enthält nach Bulir nur weniger Ölsäure und mehr Linolsäure als das vom giftigen Sternanis.

Sorten. Man unterscheidet nach Ed. Spaeth zur Zeit vorwiegend 4 Sorten Vanille im Handel, nämlich:

1. die mexikanische Vanille, die aber meistens in Amerika verbraucht wird und nicht nach Europa kommt;

2. die Bourbon-Vanille von der Insel Réunion, aber auch von Madagaskar, den Comoren und Seychellen stammend; sie gilt als die zweitbeste Sorte und kommt vorwiegend auf den europäischen Markt;

3. die deutsch-ostafrikanische Vanille, die in den früheren deutschen Schutzgebieten Kamerun, Togo und Neuguinea angebaut und der Bourbon-Vanille gleich bewertet wird;

4. die Tahiti-Vanille, als die geringste Sorte, die kein oder nur wenig Vanillin und neben diesem Piperonal enthält; dieser Vanille fehlt das feine Aroma, sie hat einen heliotropartigen Geruch. Auch die Vanille von Mauritius, Java und den Fijiinseln, die Pomponavanille (V. pompona Schiede), Guayra-Vanille (V. guayrensis Splitg.), V. palmarum Lindl. u. a. gelten wegen ihres Gehaltes an Piperonal als minderwertig bzw. unbrauchbar für Speisezwecke. Sie werden auch „Vanillons" oder „Vanilloes" genannt und unterscheiden sich schon durch Länge und Breite von der echten Vanille. So ist die Kapselfrucht der Pompona, oder La Guayra-Vanille 14—15 cm lang und bis 2,5 cm breit, während die Palmen-Vanille nur 5 cm lang, 1,5 cm breit und zylinderförmig ist. Sie sind stark längsgefurcht, fettglänzend und oft mit Samen bedeckt.

In Mexiko unterscheidet man noch unter dem Namen Cimarrona oder La silvestre-Vanille die Früchte von wildwachsenden Sträuchern von Vanilla, die naturgemäß bedeutend geringwertiger sind.

Die in Westindien einheimische Vanilla aromatica Sw. gleicht äußerlich der echten Vanille, besitzt aber kein Aroma und heißt daher auch V. inodora.

Gewinnung. Der in Mexiko einheimische Vanillestrauch lebt, mit Luftwurzeln klimmend, schmarotzend auf Bäumen, unter welchen man vorwiegend den Kakaobaum wählt, um einen doppelten Nutzen zu ziehen; man bindet die Sprossen des Vanillestrauches an die Kakaobäume, in deren Rinde sie sich alsbald einwurzeln.

Die Früchte reifen erst im 2. Jahre; bevor sie reif sind, nämlich wenn sie eben anfangen sich zu bräunen (April bis Juni), werden sie gesammelt und sorgfältig getrocknet, indem man sie auf Tüchern oder Strohmatten der direkten Sonnenwirkung aussetzt, d. h. zunächst durchwärmt, dann in Wolltücher einschlägt und nun vollends in der Sonne, oder bei Regenwetter über einem nicht rauchenden Feuer, austrocknet. Sie werden dann mit Bast zu je 50 Stück in Bündel (Mazos) gebunden und in Blechkistchen verpackt.

In früheren Zeiten wurde die Vanillefrucht nach der Ernte häufig mit Öl eingerieben bzw. bestrichen, um ein Aufspringen der Kapsel zu verhindern. Letzteres ist aber bei richtiger Wahl der Erntezeit nicht zu befürchten, und das Ölen scheint zur Zeit überhaupt nicht mehr ausgeübt zu werden.

Das vorstehende, trockene Verfahren (auch das mexikanische Verfahren genannt) der Vanillebereitung wird durch das Heißwasserverfahren ersetzt; nach diesem Verfahren taucht man die Früchte, in Körben oder an Fäden aufgereiht, ein oder mehrere Male einen Augenblick (15—20 Sekunden) in kochend heißes, oder 85—90° heißes Wasser, um dieselben zum Absterben zu bringen, darauf schichtet man sie behufs eines Schwitzvorganges in Haufen und trocknet sie, in Wolle eingeschlagen, an der Sonne.

Nach einem dritten Verfahren bringt man die Früchte dadurch, daß man sie in mit Wolle ausgeschlagene Blechkästen gibt und diese in einen mit heißem Wasser angefüllten Bottich stellt, zum Welken, breitet sie, mit wollenen Tüchern bedeckt, einige Zeit lang an der Luft aus oder setzt sie der Sonne aus und bewirkt das völlige Austrocknen dadurch, daß man die Früchte, auf Hürden ausgebreitet, in einem Schrank aus galvanisiertem Eisenblech einschließt, in welchem sich zwei flache, horizontale Kästen zur Aufnahme von Chlorcalcium befinden. Diese und andere Bereitungsverfahren haben aber bis jetzt keine wesentliche Verbreitung gefunden.

Zusammensetzung. Der Gehalt an Stickstoffsubstanz (3,7—5,9%) und Asche (2,9—4,7%) ist keinen wesentlichen Schwankungen unterworfen, der Gehalt an anderen Bestandteilen[1]) schwankt zwar mehr, indes ist noch nicht erwiesen, ob die Unterschiede bei den einzelnen Sorten regelmäßig auftreten.

Der wichtigste aromatische Bestandteil der Vanille ist das Vanillin, welches auch den krystallinischen Überzug der Kapseln bildet, jedoch mit dem ätherischen Öl, dessen Menge etwa 0,5—1,0% beträgt, nicht zu verwechseln ist.

Das in vielen Pflanzen, Siambenzoe, auch Kork, vorkommende Vanillin ist, wie zuerst Tiemann und Haarmann nachgewiesen haben, als Methylprotocatechualdehyd $C_6H_3\begin{cases}O \cdot CH_3\\OH\\CHO\end{cases}$ aufzufassen, jedoch ist noch nicht ermittelt, in welcher Form es in der Vanille vorkommt und woraus es seinen Ursprung nimmt. Es scheint sich vorwiegend während der Erntebehandlung zu bilden.

Tiemann und Haarmann, ferner W. Busse fanden in einigen Vanillesorten folgende Gehalte an Vanillin:

Mexikanische Vanille beste Sorte	Burbon-Vanille beste	Burbon-Vanille geringere	Java-Vanille beste	Java-Vanille geringere	Deutsch-Ostafrika	Tahiti-Vanille	Wilde Vanille
1,78%	2,34%	1,16%	2,75%	1,56%	2,16%	1,55—2,02%	0,1—0,2%

Das Vanillin bedingt aber nicht allein das natürliche Aroma der Vanillefrucht; es scheinen noch andere aromatische Stoffe in der Vanille den Wert derselben mitzubedingen; jedoch ist es noch nicht ausgemacht, welcher Art diese sind, da sie nur in verschwindend kleiner Menge darin vorkommen. Jedenfalls kann das aromatische Harz als solcher Stoff nicht angesehen werden; ebensowenig das Piperonal $C_6H_3\begin{cases}O\\O\end{cases}CH_2 \atop CHO$ (Methylenprotocatechualdehyd), weil es, wie schon gesagt, den an der Vanille nicht beliebten Heliotropgeruch besitzt. Das Piperonal bildet sich vielleicht infolge veränderter Kulturbedingungen[2]) an Stelle eines Teiles des Vanillins[3]).

W. Busse fand in 3 Sorten Vanille (Vanillon aus Brasilien, Guayana- und Tahiti-Vanille) 0,016%, 0,026% und 0,073% Piperonal (bzw. unreine Piperonylsäure), allerdings nur geringe Mengen, die aber immerhin hoch genug sind, diese Erzeugnisse für Genußzwecke unbrauchbar zu machen.

Das Vanillin wird jetzt künstlich dargestellt, und zwar zunächst nach Tiemann und Haarmann durch Oxydation von Coniferylalkohol, der seinerseits aus dem im Kambialsaft der Coniferen vorkommenden Coniferin $C_{16}H_{22}O_8 \cdot 2\,H_2O$ gewonnen wird; letzteres zerfällt durch die Einwirkung von Emulsin unter Aufnahme von $1\,H_2O$ in Glykose und Coniferylalkohol $C_{10}H_{12}O_3$, der durch Oxydation mit Chromsäuregemisch Vanillin liefert:

$$\underset{\text{Coniferylalkohol}}{C_6H_3\begin{cases}O \cdot CH_3\\OH\\C_3H_4OH\end{cases}} + 6\,O = \underset{\text{Vanillin.}}{C_6H_3\begin{cases}O \cdot CH_3\\OH\\CHO\end{cases}} + 2\,CO_2 + 2\,H_2O$$

[1]) So wurden folgende Schwankungen im Gehalt verschiedener Vanillesorten festgestellt:

Wasser	Ätherauszug	Petroläther-auszug (Fett)	Alkoholauszug (Harz)	Zucker (reduz. Stoffe)	Rohfaser
13,7—30,0%	8,2—36,6%	8,0—21,2%	8,0—14,0%	7,0—18,5%	8,2—20,2

[2]) Unter solchen veränderten Bedingungen (besonders von Bodenverhältnissen) kann auch in der echten Vanille, V. planifolia Andr., so z. B. von Tahiti, etwas Piperonal vorkommen.

[3]) Vanillin und Piperonal kommen zusammen noch in anderen Pflanzen vor, z. B. in Spiraea ulmaria, Nigritella suaveolens usw.

Ferner bildet sich das Vanillin aus Guajacol (Brenzcatechinmonomethyläther), Chloroform und Kalilauge nach der Gleichung:

$$C_6H_4\langle{}^{O \cdot CH_3}_{OH} + CHCl_3 + 3\,KOH = C_6H_3{-}\begin{matrix} O \cdot H_3 \\ OH \\ CHO \end{matrix} + 3\,KCl + 2\,H_2O$$

Guajacol Vanillin.

Auch entsteht das Vanillin durch Oxydation von Eugenol $(C_6H_3OH) \cdot (OCH_3) \cdot (C_3H_5)$ mit alkalischer Chamäleonlösung.

Neben dem Vanillin findet sich in der Vanille

Benzoesäure $C_6H_5 \cdot COOH$ und Vanillinsäure $C_6H_3{-}\begin{matrix} O\,CH_3 \\ OH \\ COOH \end{matrix}$

Die Mexiko-Vanille enthält nach Tiemann und Haarmann keine Benzoesäure, sondern nur Vanillinsäure oder ein Gemisch von dieser mit ihrem Aldehyd, dem Vanillin. Außerdem kommen in der Vanille nach v. Leutner ein in Alkohol lösliches, 8—14% betragendes Harz, Stärke, Dextrin, Gerbsäure, Oxalsäure, Weinsäure, Citronensäure, Äpfelsäure und Schleim vor.

Über die Mineralstoffe vgl. Tab. III, Nr. 232.

Physiologische Wirkung. Das Vanillin geht nach C. Preuße nur in sehr geringer Menge nach Genuß in den Harn über; es wird im Organismus zu Vanillinsäure oxydiert, die zum geringen Teil als solche, zum größten Teil als Äthersäure ausgeschieden wird. Vanillin in Gaben von 2 g für den Tag an Kaninchen gegeben, bewirkten, nach Verabreichung von 13 bzw. 20 g im ganzen, den Tod. Indes kann der Vanille als solcher eine giftige Wirkung nicht zugeschrieben werden. Wenn solche nach Genuß von Vanillespeisen, besonders von Vanilleeis, beobachtet ist, so muß die Ursache in den schadhaften Veränderungen der Hauptbestandteile solcher Speisen (Eier, Rahm, Milch) liegen.

Ebenso unhaltbar sind die Annahmen einer Cardolvergiftung[1]) bei der Vanille. Die krankhaften Erscheinungen (Kopfschmerzen, Betäubung, Schwindel, Hautaffektionen, die sog. „Vanille-Krätze" usw.), die bei den Vanillearbeitern auftreten, müssen auf den starken Geruch und den Staub zurückgeführt werden.

Verfälschungen der Vanille. Die Verfälschungen der Vanille haben, wie der Verbrauch derselben überhaupt, in der letzten Zeit wesentlich nachgelassen, seitdem nach Tiemann und Haarmann künstliches Vanillin hergestellt wird, welches die natürliche Vanille zum Teil ersetzen, aber nicht als Ersatz der Vanille angesehen werden kann.

Sonst bestehen die Verfälschungen wesentlich darin, daß man der echten Vanille die minderwertigen und erwähnten unechten Sorten unterschiebt oder letztere bzw. die ihres Aromas beraubten Vanillekapseln mit Benzoetinktur tränkt, mit feinem Glaspulver bestaubt oder mit Perubalsam bestreicht und mit Benzoekrystallen bestreut; auch das Bestreuen mit künstlichem Vanillin und Zucker sind als Verfälschungen anzusehen.

Das Vanillin wird qualitativ durch die carminrote Farbe mit Thymol, Salzsäure und Kaliumperchlorat, oder durch 0,4—0,5 proz. Orcin- oder Phloroglucinlösung erkannt, quantitativ dadurch, daß man es entweder aus der ätherischen Lösung mit Natriumbisulfit, oder aus der wässerigen Lösung als Hydrazin mit Nitrobenzhydrazid ausfällt.

Das Piperonal weist man neben dem Vanillin dadurch nach, daß man das Gemisch mit Natronlauge, womit das Vanillin eine salzartige Verbindung liefert, behandelt und das Ungelöste destilliert. Das Piperonal geht mit heliotropartigem Geruch über.

---

[1]) Cardol stammt aus dem ätzenden Saft der Fruchtschale von Anacardium occidentale und soll unter Umständen in dem zum Ölen der Vanille verwendeten Öl der Samenkerne als Verunreinigung vorkommen, vgl. Schroff: Archiv d. Pharm. 1864, **168**, 287.

6. Cardamomen.

Begriff. Unter Cardamomen versteht man die Früchte von entweder den kleinen bzw. Malabar-Cardamomen (Elettaria Cardamomum White et Maton aus dem westlichen Südindien) oder den langen bzw. Ceylon-Cardamomen (Elettaria Cardamomum major Smith, auf Ceylon angebaut).

Hierneben beschreiben W. Busse eine Cardamomenart von Kamerun, C. Hartwich und J. Swanland eine solche von Colombo. Während die Ceylon-Cardamomen eine Spielart der Malabar-Cardamomen sind, ist die Abstammung der beiden letzten Sorten, die ein diesen ähnliches Aroma besitzen, unbekannt. Die Unterschiede im äußeren Bau der Früchte wie Samen sind folgende:

Früchte	1. Kleine Malabar-Cardamomen	2. Lange Ceylon-Cardamomen	3. Kamerun-Cardamomen	4. Colombo-Cardamomen
Form und Farbe	Stumpf dreikantig oder eirund bis länglich; strohgelb oder hellbraun.	Ziemlich scharf dreikantig, länglich, bräunlich grau gefärbt,	Flaschenförmig, rundlich oval, langhalsig, hell bis rotbraun	Gestreckt eiförmig, dreikantig; fast weiß, glänzend und glatt
Größe	1,5—2,0 cm lang	2,5—4,0 cm	5—6 cm lang, 1—12,0 cm dick	1,3—2,0 cm lang, 1,0 cm dick
Größe der Samen	2—3 mm	3—5 mm	4—5 mm lang, 1,5—2,0 mm dick	Fast gleich mit Nr. 1,

Die langen (Ceylon-) Cardamomen gelten für weniger wertvoll als die kleinen (Malabar-) Cardamomen. Dieses gilt aber besonders von Kamerun- und Colombo-Cardamomen, so daß deren Unterschiebung unter die beiden ersten Sorten als Verfälschung anzusehen ist.

Die sonstigen runden Cardamomensorten, z. B. die Siam-Cardamomen (Amomum Cardamomum L.), die wilden oder Bastard-Cardamomen (Amomum xanthioides Wall.), die bengalischen Cardamomen (Amomum subulatum Rxb.) und die javanischen Cardamomen (Amomum maximum Rxb.) kommen wegen ihres kampferartigen Geschmacks als Ersatzmittel gar nicht in Betracht. Sie würden sich schon durch den Geschmack zu erkennen geben.

Gewinnung. Die Fruchtstände werden im Oktober bis Dezember gesammelt, erst an der Sonne getrocknet, bis sich die Früchte abstreifen lassen, darauf über schwachem Feuer vollständig ausgetrocknet. Mitunter werden die Früchte auch mit schwefliger Säure gebleicht. Sie enthalten 60—70% Samen und 40—25% Schalen.

Zusammensetzung. Die kleinen und langen Cardamomen sind in der Zusammensetzung nicht wesentlich verschieden. Dagegen ist der Unterschied zwischen Samen und Schalen naturgemäß erheblicher[1]). Auch die Alkalitätszahlen der Asche (Verbrauch an Kubikzentimetern N.-Säure für 1 g Asche) ist nach R. Thamm sehr verschieden, nämlich 5,4—7,4 ccm N.-Säure bei Samen und 12,3—19,4 ccm bei Schalen, welche Schwankungen vielleicht durch das Bleichen der Früchte bedingt sind.

Das Cardamomenöl enthält ein bei 170—178° siedendes Terpen und ein bei 179—182° siedendes Terpinen ($C_{10}H_{16}$), ferner einen sauerstoffhaltigen, bei 205—206° siedenden, vielleicht mit Terpineol gleichen Körper $C_{10}H_{18}O$.

Die Kamerun-Cardamomen enthalten 1,6% ätherisches Öl, dessen spez. Drehungswinkel $[\alpha]_D$ nach Hänsel —23,5° beträgt; die Refraktion bei 25° ist 62,5, Brechungsindex 1,4675, spez. Gewicht 0,9071, Jodzahl 152,1.

---

[1]) Es enthalten nämlich (vgl. auch Tab. II, Nr. 1166 u. 1167):

Fruchtteile	Ätherisches Öl	Fett	Stärke	Rohfaser	Asche
Samen	3,0—4,0%	1,0—2,0%	22,0—40,0%	11,0—17,0%	2,5—10,5%
Schale	0,1—0,7%	2,0—3,0%	18,0—21,0%	28,0—31,0%	12,0—15,0%

Zur Darstellung pharmazeutischer Präparate (wie Spiritus aromaticus, Tinctura Rhei vinosa usw.) sollen nur die Samen verwendet werden; es hält aber schwer, die Samen vollständig von den Schalen zu trennen, und der im Handel vorkommende Semen Cardomomi minoris enthält noch immer erhebliche Schalenfragmente beigemengt.

Verfälschungen der Cardamomen. Dieselben kommen zunächst in der Weise vor, daß den besseren Sorten die schlechteren oder gebleichten Früchte untergeschoben werden.

In den gepulverten Cardamomen, wozu nur der Samen benutzt werden sollte, finden sich auch die gepulverten wertlosen Schalen, ferner Mehl der Getreide und Hülsenfrüchte. Auch ist ausgezogenes Ingwerpulver darin gefunden worden.

Nach den Vereinbarungen sollen als Höchstmengen enthalten:

	Ganze Frucht	Kerne		Ganze Frucht	Kerne
Asche	14%	10,0%	In Salzsäure Unlösliches . .	4%	4%

7. Pfeffer.

Begriff und Gewinnung. Man unterscheidet im Handel zwischen schwarzem und weißem Pfeffer; beide sind die Beerenfrucht derselben Pflanze (Piper nigrum L.), eines Kletterstrauches, der in Hinterindien einheimisch ist, aber auch auf Borneo, Sumatra und Java, den Philippinen, Ceylon, in Siam und dem tropischen Amerika angebaut wird.

Der schwarze Pfeffer ist die unreife (bzw. vor der völligen Reife gesammelte), noch grüne, an der Sonne oder über Feuer rasch getrocknete, durch Schrumpfung gerunzelte Frucht.

Der weiße Pfeffer ist nach früherem Gebrauch die reife, nach einem 2—3tägigen Fermentationsvorgang von der äußeren Fruchtschale befreite und getrocknete Frucht.

Neuerdings wird aber Weißpfeffer aus dem schwarzen Pfeffer dadurch hergestellt, daß man letzteren entweder in Meer- oder Kalkwasser (auch in Salzsäure?) aufweicht und die Schalen mit den Händen abreibt oder auch durch besondere Schälmaschinen von der Schale befreit.

Das Pfefferpulver wird in der Weise gewonnen, daß man den schwarzen wie weißen Pfeffer ähnlich wie Getreidesamen erst zu Grobschrot bzw. Kernschrot und dieses weiter zu Mehl verarbeitet. Aus dem Kernschrot des schwarzen Pfeffers wird hierbei auch Weißpfefferpulver hergestellt.

Beschaffenheit. Der ganze schwarze Pfeffer hat eine grauschwarze bis braunschwarze Farbe und eine je nach der Reife mehr oder weniger runzelige Oberfläche; die Runzeln entstehen durch das Eintrocknen des Fruchtfleisches. Die stark runzligen (weniger reifen) und grauschwarz aussehenden Früchte sind leichter im Gewicht, lassen sich leichter zerreiben und enthalten mehr Schalen als die weniger stark gerunzelten (reiferen), dunkelbraun gefärbten Früchte.

Die Oberfläche des weißen Pfeffers ist dagegen infolge des Reifezustandes und der Zubereitung glatt, grau- bis gelbweiß und durch die vorhandenen Gefäßbündel schwach gestreift. Die Güte der Pfeffersorten ist je nach dem Gewinnungsort sehr verschieden; im allgemeinen gelten die schwersten Sorten für die besten.

Nach T. F. Hanausek ist Malabar- und Mangalore-Pfeffer der beste; Penang-, Lienburg-, Lampong- und Saigon-Pfeffer enthalten viel taube Körner und Schalen, sind daher leichter und minderwertiger. Die verschiedenen Cayennepfeffer gelten als die geringwertigsten Sorten.

Die weißen Pfeffer kommen meistens von Java, Sumatra, Singapore und Lampong. Der Penangpfeffer ist häufig gekalkt oder getont und enthält bis 20% schwarzen Pfeffer beigemengt.

Der weiße Pfeffer ist naturgemäß schwerer als der schwarze; Härtel und Will fanden das

Gewicht von 100 Körnern von schwarzem Pfeffer zu 2,05 g (Acheen-Pf.) bis 4,85 g (Tellichery-Pf.), von weißem Pfeffer zu 4,64—5,27 g; Hartwich suchte Körner von je 5 mm Durchmesser aus und fand das 100-Korngewicht gleich großen schwarzen Pfeffers zu durchschnittlich 3,9049 g (2,870—4,705 g), das der weißen Pfeffersorten zu durchschnittlich 4,6838 g (3,340—5,323 g); das Gewicht von 100 Stück tauben Körnern schwankt zwischen 1,00—1,66 g.

Zusammensetzung. Ebenso wie die äußere Beschaffenheit ist auch die chemische Zusammensetzung der Pfeffersorten großen Schwankungen[1]) unterworfen. Der schwarze Pfeffer unterscheidet sich hiernach von dem weißen Pfeffer besonders durch den geringeren Gehalt an Glykosewert (Stärke), sowie durch den höheren Gehalt an Rohfaser, Pentosanen und Asche. Bei den tauben Körnern und den Pfefferschalen treten diese Unterschiede noch deutlicher hervor. Bei den anderen Bestandteilen machen sich, auch für den Alkoholauszug, keine so großen Unterschiede geltend.

W. Busse hat zur Prüfung auf Reinheit die Bestimmung der nur in den Schalen, nicht im Fruchtinnern, vorkommenden Pigmentkörper oder der Bleizahl — erhalten durch Ausziehen mit Natronlauge, Abstumpfen der Lösung mit Essigsäure bis zur schwach alkalischen Reaktion und Fällen mit Bleilösung — vorgeschlagen und z. B. für je 1 g Substanz gefunden:

	Schwarzer Pfeffer	Weißer Pfeffer	Pfeffer-Bruch, -Staub und Schalen
Bleizahl . . .	0,043—0,075	0,006—0,027	0,100—0,157

Der Harzgehalt beträgt bei schwarzem Pfeffer 0,3—2,1% (Mittel rund 1,0%), bei weißem Pfeffer 0,2—1,0% (Mittel etwa 0,33%) und wird durch Ausziehen des Rückstandes vom Alkoholauszuge mit Natronlauge und Fällen des Filtrats mit Salzsäure bestimmt.

Von der Gesamtstickstoffsubstanz beider Pfeffersorten sind 80—85% in Form von Reinprotein und 15—20% in Form sonstiger Stickstoffverbindungen (Piperin usw.) vorhanden.

Den scharfen Geschmack verdankt der Pfeffer einmal dem ätherischen Öle, welches nach Dumas die Formel $C_{10}H_{16}$ besitzen soll, und dem Piperin ($C_{17}H_{19}NO_3$), einer schwachen organischen Base, welcher die Konstitutionsformel $CH_2\left\langle\begin{matrix}CH_2 - CH_2\\CH_2 - CH_2\end{matrix}\right\rangle N \cdot CO \cdot CH:CH:CH:CH - C_6H_3\left\langle\begin{matrix}O\\O\end{matrix}\right\rangle CH_2$ beigelegt wird, und welches durch Kochen mit Kalihydrat in piperinsaures Kalium (3,4-Methylendioxycinnamenylacrylsaures Kalium, $KOOC \cdot CH:CH \cdot CH:CH - C_6H_3\left\langle\begin{matrix}O\\O\end{matrix}\right\rangle CH_2$) und Piperidin (Pentamethylenimid) $C_5H_{11}N = CH_2\left\langle\begin{matrix}CH_2 \cdot CH_2\\CH_2 \cdot CH_2\end{matrix}\right\rangle NH$ zerfällt.

Der Gehalt des Pfeffers an Piperin ist Anm. 1 angegeben, der an Piperidin schwankt von 0,4—0,8% beim schwarzen und von 0,2—0,4% beim weißen Pfeffer.

Das Piperin ist in Wasser nur wenig löslich; von kaltem Weingeist erfordert es 30 Teile, von kochendem nur sein gleiches Gewicht, von Äther 60—100 Teile zur Lösung. Man findet daher das Piperin, wenigstens größtenteils, in dem als „Fett" bezeichneten Ätherauszug, aus dessen Stickstoffgehalt es berechnet werden kann

W. Johnstone glaubt in dem Pfeffer ein flüchtiges Alkaloid nachgewiesen zu haben, dessen Platinsalz mit der Formel des Piperidins übereinstimmt; er hält das Vorkommen des letzteren

---

[1]) So wurde nach einer Anzahl von Untersuchungen (vgl. auch Tab. II, Nr. 1168—1171) gefunden:

Pfeffer	Wasser %	Stickstoff-substanz %	Äther-auszug %	Äthe-risches Öl %	Piperin %	Stärke (Glykosewert) %	Pentosane %	Rohfaser %	Asche %
Schwarzer	8,0—15,7	6,6—15,8	6,0—10,5	1,2—3,6	4,6— 9,7	30,0—47,8	4,0— 6,5	8,7—17,5	3,0— 7,4
Weißer	9,5—17,3	5,6—14,4	5,0— 9,0	1,0—2,4	4,8—10,0	50,0—62,0	1,2— 1,8	3,5— 7,8	1,5— 6,0
Tauber	12,0—13,0	—	—	1,6—2,1	4,3— 6,7	4,4— 5,6	—	30,4—32,6	7,4— 8,6
Schalen	9,0—11,5	13,0—14,5	3,0— 4,4	0,8—1,0	wenig— 4,7	11,5—23,6	8,5—11,3	24,0—28,0	6,8—51,4

im Pfeffer für erwiesen. Der schwarze Pfeffer enthält nach Johnstone 0,39—0,77%, im Mittel von 9 Proben 0,56% dieser flüchtigen Base, weißer Pfeffer 0,21—0,42%, langer Pfeffer 0,34%, Pfefferabfälle enthalten 0,74%, wonach also das Alkaloid (Piperidin) vorwiegend in der Hülse enthalten zu sein scheint.

Die Mineralstoffe zeigen den auffallenden Unterschied, daß die Asche des weißen Pfeffers in Prozenten derselben bedeutend weniger Kali, aber erheblich mehr Kalk und Phosphorsäure als die des schwarzen Pfeffers enthält (vgl. Tab. III, Nr. 233 u. 234); es kann dieser Unterschied wohl nur durch das verschiedene Ursprungsland bedingt sein.

Die Alkalitätszahl (Verbrauch von Kubikzentimetern N.-Säure für 1 g Asche) beträgt beim schwarzen Pfeffer 9,0—12,4, beim weißen 5,3—15,4 ccm.

Verunreinigungen und Verfälschungen. Zu den natürlichen Verunreinigungen und Abweichungen können gerechnet werden:

1. Die Beimengung von tauben Körnern, Schalen, Spindeln, Stielen, die bei einzelnen Sorten bis zu 20% betragen.

2. Die durch mangelhaftes Mischen der Mahlerzeugnisse bedingten Unterschiede; so ergaben nach H. Trillich:

Mahlung	Singapore-Pfeffer			Lampong-Pfeffer		
	Wasser	Reinasche	Sand	Wasser	Reinasche	Sand
Nr. 1	13,89%	3,34%	0,37%	12,72%	5,26%	5,66%
Nr. 11—12	12,70%	7,41%	0,10%	11,83%	6,90%	0,44%

Als Verfälschungen indes sind anzusehen:

1. Das Überziehen von schwarzem Pfeffer mit Ton, kohlensaurem Kalk, Schwerspat oder einem Pulver, bestehend aus Gummi, Stärke, Gips, Bleiweiß u. a., um weißen Pfeffer vorzutäuschen.

Schwarzem Pfeffer sucht man durch Überziehen mit Ruß ein besseres Aussehen zu geben. Auch Kunstpfeffer aus Mehlteig, gefärbt mit Frankfurter Schwarz, Umbra oder Ruß, ferner aus Weizenmehl, Oliventrestern, etwas Paprikapulver und Pfefferabfall ist im Handel festgestellt worden.

2. Die Unterschiebung fremder Früchte aus der Familie der Piperaceen u. a.

A. Mennechet beobachtete im schwarzen Pfeffer die Früchte von Myrsine africana L. und Embelia ribes Burm., Fleury die Samen von Wicken, Bussard und Andouard desgleichen die Samen einer Leguminose Ervum ervilia L.

A. Barillé untersuchte einen neuen Pfeffer, der ein rotbraunes Pulver bildete, einen starken (aber angenehmen) Geruch und einen scharfen, aromatisch brennenden Geschmack besaß[1]).

C. Hartwich stellte im schwarzen Pfeffer von Aleppy und Tellichery eine völlig ähnliche Piperaceenfrucht — am meisten ähnlich den Früchten von Piper arborescens — fest, ferner eine Verunreinigung mit dem Samen von wahrscheinlich einer Abart von Phaseolus radiatus L.

Als Pfefferersatzstoffe werden auch untergemischt: die Früchte des Cubeben- oder Stielpfeffers, die Seidelbastbeeren, Kellerhalsfrüchte, deutscher Pfeffer, Bergpfeffer von Daphne Mezereum, von Nelkenpfeffer usw., Langem Pfeffer (Piper longum), Paradieskörnern (Amamum Melegeta Roscoe).

3. Vermischen von gemahlenem Pfeffer

a) mit Pfefferschalen, -spindeln und -stielen (von sog. Pfefferstaub), d. h. von Abfällen, die bei der Herstellung des Weißpfeffers aus schwarzem Pfeffer gewonnen werden;

[1]) Der neue Pfeffer enthielt:

Wasser	N-Substanz	Ätherisches Öl	Piperin	Glykose	Saccharose	Stärke	Rohfaser	Asche	Alkoholischer Extrakt
14,60%	12,20%	4,47%	3,65%	5,20%	1,66%	38,00%	10,0%	4,55%	19,25%

b) mit den verschiedenartigsten fremden Mehlen und gewerblichen Abfällen, z. B. mit Getreidemehlen, Leguminosenmehlen, Kartoffelmehl, den verschiedenen Ölkuchenmehlen bzw. Preßrückständen der Ölfabrikation, besonders Oliventrestern bzw. -kernen, Palmkernen; auch Mandel-, Birnenmehl, Nußschalen, Kakaoschalen, Holz u. a. werden als Zusätze genannt.

A. Rau fand z. B. in gemahlenem Pfeffer Hirsekleie, Wacholderbeeren, Mais und Mohnkuchen; V. Parlini Weinbeerkerne; F. Netolitzky die gemahlenen Blätter von Sumach (Cotinus Coggrygria Scop. und Rhus Coriaria L.) neben Blättern und Stengeln von Gräsern, Eiche, Malve, Rosmarin.

Die Pfeffermatta pflegt vorwiegend aus Hirsekleie (bzw. Getreidemehlen) und Birnenkernmehl hergestellt zu werden.

„Pepperette" oder „Poivrette", war ein Gemisch aus Mandelschalen, Olivenkernen, Pfefferbruch und etwas echtem Pfeffer u. a.

Untersuchung des Pfeffers. Über Reinheit und Art der Verunreinigungen des Pfeffers kann in erster Linie nur die mikroskopische Untersuchung Auskunft geben. Von chemischen Untersuchungen sind besonders wichtig: die Bestimmung der Asche (ihres Gehaltes an Sand, d. h. von in Säure Unlöslichem und ihrer Alkalität), der Rohfaser, Pentosane und vor allem des Gehaltes an Stärke oder Glykosewert (entweder nach dem Ewersschen polarimetrischen oder nach dem hydrolytischen Verfahren durch Diastase und verdünnte Salzsäure bestimmt). Unter Umständen kann auch die Bestimmung des Piperins[1]) und der Bleizahl (S. 500) gute Dienste leisten. Von Arragon wird auch die Bestimmung der Jodzahl des feinst gepulverten Pfeffers als solchen — gerade so bestimmt wie bei den Fetten — für wichtig gehalten. Reine Pfefferpulver (schwarze wie weiße) haben eine Jodzahl von 16,0—18,0. Als Grenzwerte für die anderen Bestandteile können, auf Trockensubstanz berechnet, angesehen werden:

Pfeffer	Gesamtasche höchstens	In 10proz. Salzsäure unlöslich höchstens	Nichtflüchtiger Ätherauszug mindestens	N-Gehalt dieses Auszuges mindest.	Piperin mindestens	Glykosewert mindestens	Rohfaser höchstens	Bleizahl höchstens
Schwarzer .	8,0%	2,3%	6,9%	3,25%	5,6%	34,0%	20,0%	0,08%
Weißer . .	4,6%	1,2%	6,9%	3,50%	5,8%	52,0%	8,0%	0,03%

Der Wassergehalt soll 15% nicht übersteigen.

8. Langer Pfeffer.

Unter „Langer Pfeffer" versteht man die getrockneten, walzenförmigen, kätzchen- oder kolbenartigen Fruchtstände von Piper longum L., Piper officinarum C. oder Chavica officinarum Mig. (von Java und dem südöstlichen Asien stammend) oder die Fruchtstände von Chavica Boxburgii Miq. (von Bengalen stammend). Letztere Sorte ist weniger geschätzt als erstere; sie ist kürzer, hat nur 2—3 cm lange, plumpe und dunkele Fruchtstände, während die Fruchtstände von Piper officinarum (Java) matt aschgrau bis graubraun gefärbt, 4—6 cm lang sind, einen Durchmesser von 6—8 mm und an der Basis ein 2 cm langes dünnes Stielchen besitzen.

Der Lange Pfeffer hat denselben Geruch wie der schwarze Pfeffer und auch eine ähnliche Zusammensetzung (Tab. II, Nr. 1172). Er wird aber kaum für sich als Gewürz verwendet, sondern findet vorwiegend als Zusatz zu schwarzem Pfefferpulver Verwendung. Da derselbe auch im anatomischen Bau dem schwarzen und weißen Pfeffer ähnlich ist, so ist sein Nachweis in Pfefferpulver meistens nicht leicht.

Wesentlich verschieden ist der Lange Pfeffer nach Möller dadurch von letzterem, daß die Ölharzzellen im Perisperm fehlen, daß das Endokarp weder aus Becherzellen wie im Pfeffer, noch aus isodiametrischen Steinzellen, wie in Cubeben, sondern aus großen, gestreckten, huf-

---

[1]) Das Piperin findet sich größtenteils im Ätherauszug und kann darin aus dem Stickstoffgehalt berechnet werden: $N \times 20{,}354 =$ Piperin. Aus dem Auszuge mit Petroläther oder absol. Alkohol wird das Piperin durch Natriumcarbonatlösung nicht gefällt.

eisenförmigen, wenig verdickten Zellen besteht. Die Stärkekörnchen sind etwas größer (meistens 4 μ) als die des schwarzen Pfeffers. Konzentrierte Schwefelsäure färbt den Langen Pfeffer dunkelcarminrot (wie bei Cubeben), während schwarzer Pfeffer braunrot wird.

9. Nelkenpfeffer (Piment, Neugewürz).

Begriff. Der Nelkenpfeffer (Piment oder Neugewürz oder Englisch-Gewürz, Jamaikapfeffer) ist die nicht völlig reife, an der Sonne getrocknete Beere des kleinen Baumes Pimenta officinalis Berg (Eugenia Pimenta D. C., Myrtus Pimenta L., Myrtaceae), der in Mexiko, auf den Antillen und besonders auf Jamaika angebaut wird.

Als Ersatzfrüchte kommen im Handel vor 1. der Tabasko oder Mexiko-Piment (von Myrtus Tabasco Schlechtd.), eine großfrüchtige Varietät (8—10 mm lang), 2. der kleine Kronpiment (Poivre de Thebet) von Pimenta acris und anderen Amomumarten, der ebenfalls aus dem tropischen Amerika stammt; dieser Piment hat längliche eiförmige Früchte mit einem 5teiligen Kelch; 3. der brasilianische Piment von Calyptranthus aromatica St. Hil.; diese Frucht besitzt einen freien abgestutzten zylindrischen Unterkelch und blattartigen Samenmantel.

Gewinnung und ***Kennzeichen.*** Die Früchte, eirunde bis kugelige Beeren, pflegen vor der völligen Reife gepflückt und in der Sonne getrocknet zu werden. Die Beeren sind rot- bis schwarzbraun gefärbt, außen körnig rauh, haben einen Durchmesser von 5—6 mm, an der Basis nur einen schwachen Ansatz des Stieles, am Scheitel dagegen den vertrockneten Kelch, an welchem noch 4 Teile zu unterscheiden sind; das Fruchtgehäuse, 0,5—0,7 mm dick, umschließt durchweg zwei Fächer mit je einem dunkelbraunen Samen von 3—5 mm Durchmesser. Der Nelkenpfeffer riecht und schmeckt ähnlich wie Gewürznelken.

Zusammensetzung. Die Zusammensetzung des Nelkenpfeffers ist nicht geringen Schwankungen unterworfen[1]).

Als eigenartige Bestandteile enthält der Nelkenpfeffer besonders das Nelkenpfefferöl und eine größere Menge Gerbsäure.

Das Nelkenpfefferöl besteht aus einem Kohlenwasserstoff ($C_{10}H_{16}$) und der Nelkensäure oder dem Eugenol, $C_{10}H_{12}O_2$, Allyl-4, 3-guajacol $C_6H_3(OH)(O \cdot CH_3)(CH_2 \cdot CH : CH_2)$, welches auch in den Gewürznelken vorkommt. Das Eugenol entsteht aus Coniferylalkohol durch Natriumamalgam und wird durch Kaliumpermanganat zu Vanillin und Vanillinsäure oxydiert.

Die polyedrischen Parenchymzellen des Keimes sind entweder vollständig mit kleinkörniger Stärke erfüllt oder durch Farbstoffzellen ersetzt, welche ein rotbraunes oder violettes, wesentlich aus Gerbstoff bestehendes Piment enthalten; letzteres färbt sich wenigstens mit Eisensalzen tiefblau, wie alle Teile der Fruchtwand.

Verfälschungen. Als Verfälschungen für die ganzen Beeren sind zu beachten: die Unterschiebung der geringwertigen Ersatzfrüchte unter die echten, die Entziehung des ätherischen Öles und die Auffärbung mit Eisenoxyd oder Bolus.

---

[1]) Die Bestandteile schwankten z. B. nach mehreren Untersuchungen zwischen folgenden Grenzen:

Wasser %	Stickstoff-substanz %	Ätherisches Öl %	Ätherauszug (Fett) %	Alkoholauszug %	Gerbsäure %	Stärke %	In Zucker überführbare Stoffe %	Pentosane %	Rohfaser %	Gesamtasche %
5,5—12,7	4,03—6,37	2,1—5,2	4,4—8,2	7,4—14,3	8,1—13,9	1,8—3,8	16,6—20,6	10,28	13,5—29,0	3,5—4,8

Balland gibt für Nelkenpfeffer aus französischen Kolonien wesentlich höhere Mengen Stickstoffsubstanz an, nämlich 10,5—12,77%; die von ihm angegebene Fettmenge (8,45—13,45%) schließt vielleicht ätherisches Öl mit ein.

Für Pimentpulver kommen als Zusätze in Betracht: Nelkenstiele, Sandelholz, Walnußschalen, gefärbte Olivenkerne, Malzausputz, Kakaoschalen, Cichorienmehl, Birnenmehl, Steinnußabfälle u. a.

Auch hat man aus Ton und Nelkenöl einen Kunstnelkenpfeffer hergestellt.

Als Piment-Matta ist nach T. F. Hanausek vorwiegend ein Gemisch von Hirsekleie und Birnenmehl in Gebrauch; eine zweite Probe bestand aus Steinzellen und Bastfasern, eine dritte Probe aus brandiger Gerste, eine vierte aus Getreidemehl usw.

Eine Vorschrift für die Darstellung von sog. „reingemahlenem" Piment lautet nach E. Späth: 750 g Jamaika-Piment und 250 g extrahierte Wacholderbeeren.

Für die chemische Untersuchung sind zu beachten: Die Bestimmung des ätherischen Öles, des Eugenols (wie bei Gewürznelken), der Gerbsäure und Asche. Extrahierter Nelkenpfeffer pflegt unter 1% ätherisches Öl zu enthalten; bei marktfähigem Piment soll der Gehalt hieran nicht unter 2% betragen.

Die Asche soll in Piment 6% und der in Salzsäure unlösliche Anteil (Sand usw.) 0,5% nicht übersteigen. Die Alkalitätszahl für 1 g Asche beträgt nach Sprinkmeyer und Fürstenberg 13,1—14,2 ccm, nach Thamm 13,4—17,1 ccm N.-Säure.

10. Spanischer (Paprika-) und Cayenne-Pfeffer, Beißbeere.

a) Spanischer Pfeffer.

Begriff. Spanischer Pfeffer ist die reife, saftlose getrocknete Beere von Capsicum annuum L., C. longum (Solaneae), die in Spanien, Italien, Südfrankreich und besonders im südlichen Ungarn angebaut wird.

Gewinnung und ***Kennzeichen.*** Man säet die Samen von völlig ausgereiften Früchten in Töpfe oder Mistbeete und setzt die etwa fingerlangen Pflänzchen Mitte bis Ende Mai ins freie Land aus.

Die frisch verwendete Frucht[1]) pflegt von sehr verschiedener Form, Farbe und Größe zu sein. Die Handelsware ist meist kegelförmig, 6—12 cm lang, glänzend braunrot, vom bleibenden Kelch und vom Fruchtstiel gestützt, im unteren Teile 2—3fächerig und hier zahlreiche helle, rundlich-scheibenförmige Samen führend, im oberen Teile einfächerig. Die Beere ist geruchlos, aber von sehr scharfem, brennendem Geschmack. Der wirksame Bestandteil, das Capsaicin, hat seinen Sitz in den Drüsenflecken der Scheidewand-Epidermis; die Fruchtwand ist davon frei. Das rote Pulver der ganzen Frucht des spanischen Pfeffers bildet den Paprika. Letzterer gilt nach W. W. Szigetti um so wertvoller, je röter und milder er ist; die größere Schärfe soll nicht seinen Wert bedingen.

Die feinste Sorte (Paprikaspezialität, süßer, d. h. nicht scharfer Paprika[2]), édes-paprica) bilden die rötesten, von Stengeln und Placenten befreiten Beeren mit den Samen zusammen, welche letztere sehr oft mit heißem Wasser behandelt werden.

Die nächstfeine Sorte ist der Rosenpaprika (rozsa-paprica), bei dem die Stengel, nicht aber die Placenten entfernt sind, auch die Samen nicht gewaschen werden. Bei den besten Rosenpaprikasorten sollen aber auch die Samen entfernt werden.

Die Mittelsorte (Königs-, Király-paprica) wird wie die vorige, aber von einer minderwertigeren Beere, zuweilen auch unter Mitverwendung der Stengel gewonnen.

---

[1]) Die frischen grünen oder noch in vollem Saft befindlichen Paprikas pflegen in Serbien auch als Gemüse oder Salat gegessen zu werden. Sie enthalten nach A. Zega 85,3—91,5% Wasser, 1,02—2,25% Rohprotein, 0,34—1,71% Rohfett, 2,84—3,95% Zucker, 1,02—1,85% Rohfaser, 0,57 bis 1,5% Asche.

[2]) Als Stammpflanze kommt für den milden süßen Paprika nach Holmes nur Capsicum annuum var. grossum, für den scharfen ungarischen Paprika C. annuum Szegedinense in Betracht. Die Früchte von Capsicum tetragonum Mill. sollen so arm an Capsaicin sein, daß sie auch im reifen Zustande sogar roh oder eingemacht genossen werden können.

Die schlechteste Sorte (Mercantil Ia und IIa) besteht aus den Abfällen der drei ersten Sorten und ist von gelblichgrauer Farbe sowie scharfem Geschmack.

Eine lufttrockene Frucht wiegt 4,5—7 g und zerfällt durchschnittlich in Prozenten:

Grünteile (Stiele)	Fruchtschale (Pericarp)	Samenlager (Placenten)	Samen
5,5%	58,0%	4,5%	32,0%

Die Zahlen sind indes nicht geringen Schwankungen unterworfen. So schwankte nach Sigmond und Vuk der Samengehalt bei Paprika aus verschiedenen Ländern zwischen 28,8 bis 63,0%.

b) Cayennepfeffer.

***Begriff* und *Kennzeichen*.** Unter Cayenne- (Guinea-) Pfeffer versteht man die kleinfrüchtigen Capsicumarten (Capsicum frutescens L., C. fastigiatum), die in Afrika, Südamerika und Ostindien angebaut werden und deren Früchte nur etwa 2 cm lang, 4—5 mm dick, schmal eiförmig oder länglich zylindrisch sind; der Kelch ist röhrig, sehr undeutlich 5zähnig. Die Samen sind 3—4 mm lang, 2 mm breit, 0,4—0,5 mm dick, dabei etwas wulstig. Die Farbe schwankt zwischen goldgelb bis orangerot. Die orangegelben Sorten heißen Gold-Pepper, oder, grün (unreif) in Essig eingemacht, Chilly (z. B. von Madras).

Bau und Anordnung der Gewebe ist die gleiche wie bei der großfruchtigen Art, nur die Außenepidermis der Frucht zeigt einige Abweichungen. Der gepulverte Paprika des Handels stammt meistens von den kleinfrüchtigen, nicht von den großfrüchtigen Capsicumarten.

***Zusammensetzung*.** Wie im Bau so zeigen in der chemischen Zusammensetzung die Früchte des spanischen und Cayennepfeffers keine wesentlichen Unterschiede (Tabelle II, Nr. 1174 und 1175), wenigstens keine größeren als zwischen den einzelnen Sorten der großfrüchtigen und kleinfrüchtigen Art[1]).

Für die einzelnen Teile der Frucht sind die Unterschiede im prozentualen Fettgehalt am größten, nämlich nach Sigmond und Vuk in der Trockensubstanz

	Grünteile	Pericarp	Placenten	Samen
Fett.	2,79%	17,06%	16,30%	34,14%

Das Fett ist also wie bei anderen Früchten vorwiegend im Samen abgelagert; samenhaltiger Paprika enthält im lufttrockenen Zustande 15—30%, entsamter dagegen nur 9 bis 10% Fett. Das Fett der gesamten Paprikafrucht hat eine Jodzahl von 114—128.

Für die übrigen Bestandteile sind die Unterschiede im Gehalt weniger groß[2]).

[1]) So erhielt A. Beythien für den Rosenpaprika (32 Proben) bei Preisen von 1,60—8,00 M. für 1 kg, folgende Schwankungen:

Wasser	Stickstoff-substanz	Alkohol-löslicher Stickstoff	Äther-auszug	Alkohol-auszug	Rohfaser	Asche
7,8—13,5%	13,7—16,3%	0,36—0,47%	12,5—19,7%	26,6—35,7%	21,1—26,8%	5,4—7,8%

Der Gehalt an ätherischem Öl schwankte bei ungarischen Paprikasorten zwischen 0,17 bis 1,25%. Mit der Dauer der Aufbewahrung nimmt nach A. Beythien der Gehalt an Äther- und Alkoholauszug etwas ab.

[2]) So fanden Sigmond und Vuk im Mittel mehrerer Proben ungarischer und spanischer Paprikas:

Teile der Frucht	Wasser (Verlust bei 100°) %	Protein (N × 6,25) %	Nichtflüchtiger Ätherauszug %	Flüchtiger Ätherauszug %	Jodzahl des Ätherauszuges nach Hanusch	In Zucker überführbare Stoffe (Stärke) %	Rohfaser %	Gesamtasche %	Alkalität (ccm $^1/_{10}$ N.-Salzsäure für 1 g Asche) Gesamt- ccm	Alkalität wasserlösliche ccm	Sand (in 10 proz. Salzsäure unlöslich) %
Ganze Früchte . .	8,48	15,59	9,85	1,02	134,2	18,48	15,34	6,15	7,02	4,92	0,08
Schalen	9,08	14,69	4,85	0,88	131,1	21,58	17,25	6,60	7,69	5,97	0,08
Samen + Placenten	5,77	15,86	19,86	1,71	132,7	16,90	20,24	4,16	3,59	3,44	0,07

Der wichtigste Bestandteil der Beißbeere ist, wenn er auch nur in sehr geringen Mengen darin vorkommt, das bittere Capsaicin, wovon im spanischen Pfeffer Micko 0,03%, Mörbitz 0,02%, im Cayennepfeffer Micko 0,55%, Mörbitz 0,05—0,07% und Nelson 0,14% fanden[1]). Letzterer ist daher reicher an Capsaicin als ersterer.

Flückiger hat seinerzeit dem Capsaicin die empirische Formel $C_9H_{14}O_2$ zugelegt; K. Micko hat aber in demselben Stickstoff nachgewiesen, gibt ihm die empirische Formel $C_{18}H_{28}NO_2$ und zeigt weiter, daß es eine Hydroxyl- und eine Methoxylgruppe enthält, so daß ihm etwa folgende Konstitutionsformel $(C_{17}H_{24}NO)\langle^{CH_3}_{OH}$ zukommen dürfte.

Das Capsaicin schmilzt bei 63,0—63,5°, ist schwer löslich in Wasser und Petroläther, dagegen leicht löslich in Äther, Alkohol, Chloroform und Benzol. Mit Schwefelsäure, Salpetersäure, Eisenchlorid gibt es keine kennzeichnende Reaktion, mit Jodjodkalium in alkalischer Lösung einen gelben Niederschlag; versetzt man eine alkoholische Capsaicinlösung mit überschüssigem Platinchlorid, so entsteht selbst auf Zusatz von Salzsäure kein Niederschlag; läßt man aber die Lösung freiwillig verdunsten, so bildet sich eine kleine Menge eines Platindoppelsalzes und tritt nach mehreren Stunden gleichzeitig ein deutlicher Vanillingeruch auf, eine bis jetzt einzig kennzeichnende Reaktion des Capsaicins.

Das reine Capsaicin ist zwar an sich ohne Geruch, aber der einzige wirksame Bestandteil des Paprikas. Ein Tropfen einer alkoholisch-wässerigen Lösung, welche 0,01 g Capsaicin in 1 l enthält, erzeugt auf der Zunge ein starkes, anhaltendes Brennen.

J. Mörbitz nennt die scharfe Substanz Capsaicitin und gibt die empirische Formel $C_{35}H_{54}N_3O_4$; sie (allerdings aus Cayennepfeffer dargestellt) äußerte ihre scharfe Wirkung noch in einer Verdünnung von 1 : 11 000 000.

Außer dem Capsaicin kommen in dem Paprika noch andere flüchtige Stickstoffverbindungen, z. B. ein flüchtiges, dem Coniin ähnliches Alkaloid, vor, auch das Vorkommen von giftigen Alkaloiden hält Micko nicht für ausgeschlossen.

Die Asche der ganzen Paprikafrucht schwankt in der Regel zwischen 5—7% im lufttrockenen Zustande, kann aber auch nach R. Windisch bis 8,5% und nach G. Gregor infolge natürlicher Aufnahme bis 10% hinaufgehen, ohne daß eine Verfälschung anzunehmen ist.

Über die prozentuale Zusammensetzung der Asche vgl. Tabelle III, Nr. 236.

Der Paprika dient als Gewürz vorwiegend zur Darstellung der Mixed Pikles, des englischen Senfs, des ungarischen Gulyas (Fleischspeisen mit Paprika), der mexikanischen Torillas (eines Gebäckes aus feinem Maismehl und Paprika) usw.

Auch werden dem Spanischen Pfeffer schon von Galenus heilende Wirkungen zugeschrieben; in Ungarn wird er allgemein als Hausmittel gegen Wechselfieber verwendet, sonst meistens äußerlich bei Anthrax, Zahnschmerzen, Lähmung der Zunge und Schlingorgane usw.

Verfälschungen. Die Verfälschungen bestehen vorwiegend 1. in dem Ausziehen mit Alkohol und Wiederauffärben [mit Teerfarbstoffen (z. B. Sulfazobenzol-β-Naphthol), Curcuma, Ocker, Mennige, Chromrot]; 2. Zusatz eines solchen Paprikas zu natürlichem Paprika; 3. Vermischen mit etwa 1—2% Öl, wodurch der Paprika einen besseren Glanz bekommt, so daß er sich um 25 bis 50% teurer verkaufen läßt; 4. Zusätze aller Art wie Sandelholz, Holzpulver (Sägemehl), Tomatenschalen, Kleien, Brot, Maisgrieß, Ziegelsteinmehl, Schwerspat usw. zu Paprikapulver. Auch wird aus Cayennepfeffer und Mehl ein Teig bereitet, welcher gebacken, gemahlen und als Cayennepfeffer („Papperpot") in den Handel gebracht wird.

Untersuchung. Eine Untersuchung ist in der Regel nur für die Paprika- (bzw. Cayennepfeffer-) Pulver erforderlich. Die maßgebende mikroskopische Untersuchung kann durch die Bestimmung der Asche, des Ätherauszuges, der Stärke, Rohfaser unterstützt werden.

---

[1]) Peckolt will in der Trockensubstanz brasilianischer Capsicumarten 0,399—5,328% Capsaicin gefunden haben, jedoch bedürfen diese Werte wohl der Nachprüfung.

Der Gehalt an Asche soll in der Regel 6,5%, der an Sand 1,0%, an Stärke 1,0—2,0%, der an Rohfaser 28,0% nicht überschreiten. Der Gehalt an Ätherauszug soll, wenn die Samen mit verwendet sind, mindestens 12% betragen. Ein Ölen der Früchte läßt sich, weil dazu nur 1—2% Öl angewendet werden, weder durch die Bestimmung des Fettgehaltes noch der Jodzahl des Fettes mit Sicherheit nachweisen.

Dagegen kann man die Jodzahl des feinen Paprikapulvers als solchen — ähnlich wie bei Pfeffer — nach Heuser und Haßler auch hier mit verwerten. Die direkte Jodzahl bei reinem Paprikapulver lag bei 31,8—34,8 und soll mindestens 25 betragen.

Das Capsaicin kann man nach Nestler qualitativ in der Weise nachweisen, daß man 5 g Paprikapulver mit 15 ccm 96 proz. Alkohol auszieht, die alkoholische Lösung nach Verdünnen durch Schütteln mit Benzin von Farbstoff befreit und die alkoholische Lösung eindampft. Der Abdampfrückstand hat bei Gegenwart von Capsaicin einen scharfen Geschmack, während das ausgezogene Pulver geschmacklos erscheint.

11. Mutternelken.

Mutternelken oder Anthophylli sind die nicht völlig ausgereiften Früchte des Gewürznelkenbaumes Jambosa Caryophyllus Spreng., Ndz. (vgl. S. 507). Von den in den beiden Fruchtfächern der Gewürznelken enthaltenen Samen pflegt nach J. Möller nur einer sich zu entwickeln, so daß die Frucht eine einfächerige und meistens einsamige Beere — den vergrößerten bauchigen Unterkelch von 20—30 mm Länge und 6—10 mm Dicke — darstellt. Der untere, nicht vergrößerte Teil bildet den Stiel der Frucht; ihr Scheitel ist von den gegeneinander gekrümmten Kelchzipfeln gekrönt, zwischen denen der quadratische Wall und die Griffelsäule noch gut erkennbar sind. Die Fruchtschale ist schwarz und fleischig, der Samen fast zylindrisch, im Querschnitt kreis- bis eirund, an der Oberfläche glänzend schwarzbraun, längsrunzelig oder längsstreifig; er besteht aus zwei dicken, hartfleischigen, im Innern zimtbraunen Keimblättern, von denen das größere um das kleinere gerollt ist.

Über die Zusammensetzung vgl. Tabelle II, Nr. 1176.

Die Mutternelken riechen und schmecken wie die Gewürznelken, d. h. die getrockneten Blütenknospen des Gewürznelkenbaumes. Sie enthalten nach R. Reich 2,2—9,2% ätherisches Öl mit 1,9—7,9% Eugenol (vgl. S. 503). Sie kommen als Gewürz vorwiegend für die Likörbereitung in Betracht, oder dienen, wenn sie billig sind, zur Untermischung unter andere Gewürze.

Die Mutternelken sind mikroskopisch an den knorrigen Steinzellen und den eigenartigen Stärkekörnchen zu erkennen, die den von einigen Arrowrootarten (Musa, Dioscorea, Sago) ähnlich sind.

12. Anis.

***Begriff* und *Kennzeichen*.** Der Anis ist die trockene Spaltfrucht von Pimpinella anisum L., Familie der Umbelliferen.

Die Anispflanze ist in Kleinasien und Ägypten einheimisch, wird aber jetzt in zahlreichen, durch Farbe und Größe verschiedenen Spielarten vielerorts, so in Deutschland, Rußland, Italien, Spanien, Frankreich und Südamerika im großen angebaut.

Als beste Sorten gelten der italienische und französische Anis. Der italienische Anis besteht aus längeren (bis 6 mm), helleren grüngrauen und besonders süßen Früchten; kurze, dunkel- oder graubraun gefärbte Früchte deuten auf deutsche oder russische Saat.

Die Früchte, deren Teilfrüchte fast immer vereinigt sind, sind verkehrt birnförmig, von den Seiten ein wenig zusammengedrückt, oben mit dem Stempelpolster und den vertrockneten Griffeln, unten oft mit einem Stück des Fruchtstieles versehen; sie sind 3,0—5,5 mm lang, die rundlichen eiförmigen (deutsche und russische) Sorten nicht über 3 mm lang; die grünlichgrauen oder braungrauen Früchte sind mit nach oben gerichteten kleinen ein- oder zweizelligen, warzig cuticularisierten Haaren bedeckt und mit 10—12 schmalen, meist wellig gebogenen Rippen versehen. Im Querschnitt ist die Frucht rundlich bis breit, fünfkantig. Hier treten die unter den Rippen liegenden kleinen Ölstriemen der Fruchtwand hervor, zwischen zwei Rippen 4—6 solcher Sekretgänge.

Jedes Teilfrüchtchen der Spaltfrüchte besitzt fünf Rippen, in welchen die Leitbündel verlaufen; die zwischen ihnen liegenden Furchen heißen Tälchen.

In letzteren erkennt man häufig schon mit freiem Auge die braunen Ölgänge oder Striemen.

Zusammensetzung. Von den Bestandteilen des Anis, deren Gehalt einigen Schwankungen[1]) unterliegt, ist der wichtigste das ätherische Öl. Es enthält etwa 90% festes Anethol $C_{10}H_{12}O$ und etwa 10% eines Gemisches von einem flüssigen Anethol $C_{10}H_{12}O$ mit einem festen, dem Terpentinöl isomeren Terpen $C_{10}H_{16}$.

Das feste Anethol kann aus dem erstarrten Anisöl durch wiederholtes starkes Auspressen zwischen Fließpapier oder durch Umkrystallisieren des Preßrückstandes aus warmem Weingeist erhalten werden.

Bei der Rektifikation geht das Anisöl zwischen 230—234° über; es bildet weiße, glänzende, anisartig riechende Krystalle, welche bei +21 bis 22° schmelzen und bei 25° ein spez. Gewicht von 0,985 haben. Man kann das feste Anethol als Methyläther des p-Allylphenols oder als p-Propenylanisol (Anisolphenolmethyläther), also als $C_6H_4(O \cdot CH_3)(CH : CH \cdot CH_3)$ auffassen.

Das fette Öl des Anis hat nach Dèmjanow und Cyplenkow 178,9 Verseifungszahl, 105,3 Jodzahl und 4,5 Reichert-Meißlsche Zahl.

Verfälschungen und ***Untersuchung.*** Die Verfälschungen des Anis bestehen vorwiegend in der Beimengung von extrahierten, d. h. des ätherischen Öles beraubten[2]) Früchten unter natürliche, in der Beimengung von Erde (Aniserde) und Schierlingsfrüchten (Conium maculatum).

Die Entziehung des ätherischen Öles kann an dem erniedrigten Gehalt hieran — unter 1,0%, reiner Anis soll mindestens 2% ätherisches Öl enthalten —, ferner daran erkannt werden, daß das Endosperm dunkel, sowie die Ölräume leer sind. Der Gehalt an Asche soll für lufttrockenen Anis 10%, an dem in 10proz. Salzsäure unlöslichen Teil 2,5% nicht überschreiten. Schierlingsfrüchte, die oval, kahl, frei von Ölstriemen, nur 2,75 mm lang und 1,55 mm dick sind, geben sich beim Befeuchten der Probe mit Kalilauge und bei schwachem Erwärmen an dem Coniin- (Mäuseharn-) Geruch zu erkennen. Zum sicheren Nachweis dient die Bestimmung des Coniins.

13. Fenchel.

Begriff und ***Kennzeichen.*** Der Fenchel ist die reife, trockene, meist in ihre Teilfrüchtchen zerfallene Spaltfrucht von Foeniculum vulgare Miller (Foeniculum officinale ND., F. capillaceum Gilib. und Anethum Foeniculi L.), Familie der Umbelliferen.

Der Fenchel wächst in Südeuropa wild, aber nur der kultivierte Fenchel hat Wert als Gewürz. Die deutsche Pharmakopöe beschreibt ihn wie folgt: „Die Frucht ist 7—9 mm

[1]) Die Gehaltsschwankungen betrugen z. B.:

Wasser	Stickstoff-substanz	Ätherisches Öl	Fett	Zucker	Pentosane	Rohfaser	Asche
11,0—13,0%	16,0—18,0%	2,0—4,0%	8,0—11,0%	3,5—5,5%	4,0—5,0%	12,0—25,0%	6,0—10,5%

[2]) Die Entziehung des ätherischen Öles wird entweder durch Destillation mit Wasser im Wasserdampfstrome, im luftverdünnten Raume oder dadurch bewirkt, daß der Anis, wie überhaupt die Gewürze, in Leinwandsäckchen gegeben und in teilweise mit Spiritus gefüllte Gefäße gehängt wird. Beim Erwärmen der letzeren durchstreicht der Alkohol die Gewürze und löst einen Teil des ätherischen Öles. Die erschöpften Gewürze werden wiederum getrocknet und weiter mitverwendet.

lang, 3—4 mm breit, länglich stielrund, glatt, kahl, bräunlichgrün oder grünlichgelb, stets mit etwas dunkleren Tälchen. Unter ihren 10 kräftigen Rippen treten die dicht aneinanderliegenden Randrippen etwas stärker hervor als die übrigen. Zwischen je 2 Rippen verläuft ein dunkler, breiter, das Tälchen ausfüllender Sekretgang. Auf der flachen Fugenseite jeder Teilfrucht findet sich in der Mitte ein hellerer Streifen und seitlich davon je ein dunkler Sekretgang."

Fenchel riecht würzig und schmeckt süßlich, schwach brennend.

Man unterscheidet im Handel je nach dem Ursprungsland zwischen deutschem (meist 6—10 mm lange und 3—4 mm breite Früchte), italienischem, mazedonischem (levantinischem, 6—8 mm lang und 3 mm dick), galizischem und mährischem Fenchel, welche letztere durchweg nur halb so groß sind, als ersterer, nämlich nur 4—5 mm lang und 1,5 mm dick. Das Litergewicht von deutschem Fenchel beträgt nach Juckenack und Sendtner etwa 300 g, das vom mazedonischen 375 g, das vom galizischen 450 g. Ein aus Südfrankreich stammender, römischer oder kretischer Fenchel von Foeniculum dulce Dec. ist 12 mm lang, zylindrisch oder gekrümmt. Die Früchte von wildwachsenden Fenchelpflanzen (aus Südfrankreich und Marokko) sind kleiner (3,5—4,0 mm) als die von kultivierten Pflanzen.

„Kammfenchel" ist der von Stielen befreite Fenchel, „Strohfenchel" die gewöhnliche Sorte.

Zusammensetzung. Die Zusammensetzung des Fenchels ist der von Anis ähnlich; er ist nur etwas reicher an ätherischem Öl und ärmer an Rohfaser[1]).

Das Fenchelöl besteht aus einem Terpen $C_{10}H_{16}$ und Anethol $C_{10}H_{12}O$ (S. 508).

Verfälschungen und ***Untersuchung.*** Geringe Beimengungen von anderen Samen, Fruchtstielen und Steinchen können als zufällige Verunreinigungen gelten, größere Mengen sind als Verfälschungen anzusehen, ebenso die Beimengung von erschöpftem (S. 508) und womöglich wieder aufgefärbtem[2]) Fenchel oder von Früchten des Dill, die 3—5 mm lang und 2—3 mm breit sind.

Für die Asche gelten dieselben Vorschriften wie bei Anis (S. 508); die Menge des ätherischen Öles soll mindestens 3% betragen. Die Entziehung des ätherischen Öles erkennt man außer an dem verminderten Gehalt auch an dem schwarzen Aussehen der Tälchen und an der verminderten Keimfähigkeit, die bei natürlichem, unverdorbenem Fenchel durchweg 70—80% beträgt.

Juckenack und Sendtner verlangen folgende, nach ihrem Verfahren gefundene Werte in der Trockensubstanz: Reinasche 8,0%, wässerigen Extrakt 23,5%, alkoholischen Extrakt 12,0%. Wenn diese Werte je nach dem sonstigen Verhalten des Fenchels unterschritten werden, so läßt sich eine Extraktion vermuten, die um so stärker ist, je mehr die Werte unterschritten sind.

14. Coriander.

Begriff und ***Kennzeichen.*** Der Coriander ist die reife getrocknete Spaltfrucht der einjährigen Doldenpflanze Coriandrum sativum L., welche im ganzen gemäßigten Asien und in anderen warmen Ländern angebaut wird, deren Anbau und Bedeutung gegen die der anderen Spaltfrüchte zurücksteht.

Die Früchte stellen ziemlich regelmäßige, hellbraune bis strohgelbe Kügelchen von 4—5 mm Durchmesser dar, welche von 5 kleinen Kelchzähnchen und von einem geraden, kegelförmigen Stempelpolster sowie 2 Griffeln gekrönt sind. Durch Druck zerfallen sie in die zwei konvex-konkaven, ausgehöhlten Teilfrüchtchen.

---

[1]) Die einzelnen Bestandteile schwanken in folgenden Grenzen:

Wasser %	Stickstoffsubstanz %	Ätherisches Öl %	Fettes Öl %	Zucker %	Pentosane %	Rohfaser %	Asche %	Wasserauszug %	Alkoholauszug %
10,0—16,0	16,0—17,0	3,0—6,0	9,0—12,0	4,0—5,0	4,5—5,5	13,0—15,0	7,0—8,5	21,0—27,0	10,5—16,5

[2]) Als Farbstoffe werden Ocker, Chromgelb und Schüttgelb (ein aus Gelbbeeren oder Quercitronrinde durch Niederschlagen mit Alaun und Kreide oder Barytsalzen erhaltener Niederschlag) genannt.

Zusammensetzung. Die Zusammensetzung des Corianders weicht nur im Gehalt an ätherischem Öl (etwa nur 1%) und an Rohfaser (26—31%) von der der anderen Spaltfruchtgewächse ab. (Vgl. Tabelle II, Nr. 1177—1181.)

Das Corianderöl hat die Zusammensetzung $C_{10}H_{18}O$ und ist nur bei 150° unzersetzt flüchtig. Durch Destillation bei 165—170° liefert es ein Kondensationserzeugnis $C_{20}H_{34}O$ — entstanden aus 2 Mol. $C_{10}H_{18}O$ unter Abspaltung eines Mol. H_2O — und ein bei 190—196° siedendes Öl $(C_{10}H_{18}O)$. Natrium löst sich in Corianderöl unter Bildung von $Na \cdot C_{10}H_{18}O$, welches auf Zusatz von Salzsäure das Kondensationserzeugnis $C_{20}H_{34}O$ abscheidet.

Der Coriander von eigentümlichem, gewürzhaftem Geschmack, findet als Gewürz bei der Bereitung von Brot, Wurst und verschiedenen Fleischspeisen Verwendung. Frische und unreife (kleine, schwärzliche) Früchte riechen stark nach Wanzen, welcher Geruch häufig beim Genuß von mit Coriandersamen bestreutem Brot auftritt.

Die Menge an Asche soll beim Coriander höchstens 7%, die an in Salzsäure unlöslichen Bestandteilen der Asche höchstens 2% betragen.

15. Kümmel.

Man unterscheidet im Handel zweierlei Kümmel, nämlich den gewöhnlichen Kümmel oder „Kimm" genannt und den römischen Kümmel, Mutterkümmel oder Kreuzkümmel, die von verschiedenen Pflanzen stammen.

A. Gewöhnlicher Gewürzkümmel.

Begriff und ***Kennzeichen.*** Unter Kümmel als üblichem Gewürz versteht man die reifen getrockneten Spaltfrüchte von Carum Carvi L., Familie der Umbelliferen, einer Pflanze, die vielfach wild wächst und in verschiedenen Ländern kultiviert wird. Je nach der Herkunft unterscheidet man zwischen holländischem, nordischem, russischem und Hallenser mährischem Kümmel[1]). Je dunkler die Ware ist, desto geringer wird sie im allgemeinen geschätzt.

Der Kümmel, der in seiner Form dem Fenchel ähnlich, aber kleiner und schlanker ist, zerfällt bei der Reife in seine Teilfrüchte, und hat man es in der Handelsware meistens nur mit letzteren zu tun.

Die Teilfrüchtchen sind 4—5 mm lang, 1,5 mm breit, sichelförmig gebogen, von vorn gesehen im Umriß länglich, im Querschnitt, weil die Fugenseite kaum breiter ist, fast regelmäßig fünfseitig; an der konvexen Rückseite sind sie mit 5 strohgelben oder hellbraunen, schmalen, stumpfen Rippen und 4 breiteren, dunkelbraunen, je eine Ölstrieme enthaltenden Tälchen versehen, vollständig kahl und glatt. Die hellfarbigen Rippen heben sich scharf von den beinahe schwarzen Tälchen ab. Der Geruch ist angenehm aromatisch. Der Geschmack beißend gewürzhaft (Codex alim. austr.).

Zusammensetzung. Die Zusammensetzung des Kümmels bietet keine wesentlichen Verschiedenheiten von der der übrigen Spaltfrüchte. Nur der Rohfasergehalt scheint in weiteren Grenzen zu schwanken[2]).

Das ätherische Öl des Kümmels besteht aus einem leicht flüchtigen, schon bei 176° siedenden Bestandteil, dem Carven $C_{10}H_{16}$, welches mit Salzsäure die krystallisierbare Ver-

---

[1]) Nach dem Codex alim. austr.; Ed. Spaeth führt auch eine Thüringer (Halle) Sorte auf, die am meisten geschätzt werde.

[2]) Die Schwankungen wurden nach allerdings meist älteren Analysen wie folgt gefunden:

Wasser %	Stickstoff-substanz %	Ätherisches Öl %	Fettes Öl %	Zucker %	Pentosane %	Rohfaser %	Asche %
11,0—16,0	19,0—20,5	3,0—6,0	10,0—20,0	2,0—4,0	6,0—7,0	17,0—22,5	5,0—6,5

Hier wurden in einer Probe Kümmel nur 7,64% Rohfaser gefunden.

bindung $C_{10}H_{16} \cdot HCl$ eingeht, und dem höher siedenden, sauerstoffhaltigen Bestandteil Carvol ($C_{10}H_{14}O$).

Verunreinigungen und ***Verfälschungen.*** Als natürliche Verunreinigungen können wie bei den anderen Spaltfrüchten geringe Mengen Erde, Sand, Staub sowie andere kümmelähnliche Früchte wild wachsender Umbelliferen vorkommen.

Als Verfälschungen aber sind anzusehen die Untermischung von gefärbtem bzw. von entweder ganz oder teilweise extrahiertem und womöglich noch wieder aufgefärbtem extrahierten Kümmel unter natürlichen. Auch die Beimengung der Früchte von Aegopodium Podagraria, die das „Schweizerische Lebensmittelbuch" erwähnt, muß als Verfälschung angesehen werden.

Der erschöpfte Kümmel kann an denselben Merkmalen, wie der erschöpfte Fenchel erkannt werden; die mit der Lupe auszulesenden erschöpften Früchte sind geschmacklos.

Bei der Beurteilung der Entziehung des ätherischen Öles aus den Gewürzen ist indes zu berücksichtigen, daß der Gehalt hieran auch auf natürliche Weise, durch warmes und zugiges Lagern, etwas abnehmen kann.

Für reinen guten Kümmel werden 3% ätherisches Öl, nur 8% Asche und höchstens 2,0% in 10 proz. Salzsäure Unlösliches verlangt.

B. Römischer Kümmel.

Begriff und ***Kennzeichen.*** Römischer Kümmel, Mutterkümmel (auch Roß-, Linsen-, Pfeffer-, Hafer-, Kreuz-, Mohren-, Welscher, Langer Kümmel genannt) ist die getrocknete Spaltfrucht von Cuminum Cyminum L. (Familie der Umbelliferen), die in den Mittelländern angebaut wird.

„Die Frucht von 5—6 mm Länge ist meistens zusammenhängend. Die Teilfrüchtchen besitzen eine gewölbte Rückenfläche, sind braun mit grünlichgelben Rippen, und zwar mit 5 fadenförmigen Haupt- und 4 breiteren flachen Nebenrippen, die wie erstere mit spröden, meist schon abgebrochenen Börstchen besetzt und daher rauh sind. Der nierenförmige Querschnitt zeigt einen großen querelliptischen oder gerundet-dreiseitigen Ölgang in jeder Nebenrippe und zwei Ölgänge an der Berührungsfläche. Da das Fruchtgehäuse sich leicht vom Samen ablöst, so sind in der Handelsware freigelegte Samen mehr oder weniger häufig zu finden.

Der Geruch ist eigenartig, nicht angenehm, an Campher erinnernd, der Geschmack gewürzhaft." (Codex alim. austr.)

Zusammensetzung (vgl. Tabelle II, Nr. 1178).

Das ätherische Öl dieses Kümmels, das rund 2% ausmacht, besteht aus dem campherartig riechenden Cymol $C_{10}H_{14}$ und dem nach Kümmel riechenden Cuminol (Cuminaldehyd) $C_6H_4 \cdot C_3H_7 \cdot CHO$.

Für die Beurteilung des römischen Kümmels werden bis jetzt im Codex alim. austr. 2—3% ätherisches Öl verlangt, und die Höchstgrenze für Asche wird auf 7% einschließlich 2% Sand festgesetzt.

Zu bemerken ist weiter, daß der Mutterkümmel wie ebenso die anderen Spaltfrüchte sehr leicht von Würmern befallen wird und derartige Ware häufig vom Verkehr ausgeschlossen werden muß.

C. Gewürze von Blüten und Blütenteilen.

Von dieser Art Gewürzen sind bei uns in Gebrauch 16. Gewürznelken, 17. Safran, 18. Kapern und 19. Zimtblüte.

16. Gewürznelken.

Begriff. Die Gewürznelken (Gewürznagerl, Nelken oder Nägelchen) sind die vollständig entwickelten, aber noch nicht völlig aufgeblühten, getrockneten Blütenknospen des auf den Gewürzinseln einheimischen, in verschiedenen heißen Ländern angebauten Gewürznelkenbaumes Eugenia aromatica Baillon (Eug. caryophyllata Thunb., Jambosa Caryophyllus Spreng. Ndz. oder Caryophyllus aromaticus L.), Familie der Myrtaceen.

Gewinnung. Der Gewürznelkenbaum blüht zweimal im Jahre (Juni und Dezember). Die Blüten bilden eine dreifach dreigabelige Trugdolde und besitzen einen dunkelroten, beim Trocknen dunkelbraun werdenden sog. Unterkelch (Hypanthium) und weiße Blumenblätter, welche beim Trocknen gelb werden. Die Trugdolden werden vor dem Aufblühen abgepflückt, auf Matten ausgebreitet und an der Sonne getrocknet.

Kennzeichen. Die 12—17 mm langen[1]) Gewürznelken sind von hell- bis tiefbrauner Farbe und besitzen einen 3—4 mm dicken, stielartigen, schwach vierkantigen, sehr feinrunzeligen, nach oben zu wenig verdickten unterständigen Fruchtknoten, in dessen oberem Teile die beiden kleinen Fruchtknotenfächer liegen. Die 4 am oberen Ende des Fruchtknotens stehenden, dicken, dreieckigen Kelchblätter sind stark abspreizend; die 4 kreisrunden, sich dachziegelig deckenden gelbbraunen Blumenblätter schließen sich zu einer Kugel von 4—5 mm Durchmesser zusammen und umfassen die zahlreichen, am Außenrand eines niedrigen Walles eingefügten, eingebogenen Staubblätter und den schlanken Griffel. Gewürznelken riechen stark eigenartig und schmecken brennend würzig. Beim Drücken des Fruchtknotens tritt reichlich ätherisches Öl aus. Gewürznelken müssen in Wasser aufrecht schwimmen oder untersinken[2]) (Deutsches Arzneibuch).

Amboina- oder Molukken-Nelken gelten als die beste Sorte.

Die Zanzibar- oder afrikanischen Nelken sind vorwiegend in Deutschland in Gebrauch; ferner auch die Penang- und bengalischen Nelken. Die Cayenne-, Bourbon- u. a. Nelken sind kleiner und werden als minderwertiger angesehen.

Zusammensetzung. Die Gewürznelken sind von allen Gewürzen am reichsten an ätherischem Öl; der Gehalt hieran ist aber wie auch der anderer Bestandteile erheblichen Schwankungen unterworfen[3]).

Das ätherische Öl, dessen Gehalt im allgemeinen bei den besseren Gewürznelkensorten 15,0—18,0% beträgt, besteht nach R. Reich aus 80—86% Eugenol oder Nelkensäure $C_{10}H_{12}O_2$ (vgl. S. 503) und einem Kohlenwasserstoff als Rest. Bonastre will in den Nelken auch noch 3,0% in Äther lösliches Caryophyllin $C_{10}H_{16}O$, Jorisson und Hairs wollen darin auch Vanillin nachgewiesen haben.

Eigenartig und bemerkenswert ist auch der hohe Gehalt an Gerbsäure (durchweg 16—19%), die in den Parenchymzellen enthalten ist und die Eigenschaften der Eichengerbsäure besitzt.

Stärke fehlt in den Gewürznelken, jedoch wird von Winton, Ogden u. a. die Menge der durch Diastase verzuckerbaren Stoffe zu 1,9—3,1% angegeben.

Die Asche reiner Gewürznelken (5,0—6,0%) enthält nur 0,1—0,8% Sand und besitzt eine Alkalitätszahl von 14,0—15,0 ccm N.-Säure für 1 g Asche.

---

[1]) Kleinere Sorten sind nur 4—10 mm lang.

[2]) Infolge des höheren spez. Gewichtes (1,044—1,070) des Nelkenöles, welches vorwiegend im Fruchtknoten abgelagert ist.

[3]) Es wurden z. B. folgende Schwankungen gefunden:

Wasser %	Stickstoffsubstanz %	Ätherisches Öl %	Fettes Öl %	Gerbsäure %	Pentosane %	Rohfaser %	Asche %	Alkoholauszug %
5,0—10,0	5,0—7,0	10,0—22,0	6,0—15,0	11,7—22,5	6,2—7,2	6,0—10,0	5,2—6,5	15,0—27,0

Im Mittel mehrerer Analysen ergaben Amboina-, Zanzibar- und Penanggewürznelken nahezu gleiche Zusammensetzung (Tab. II; Nr. 1182). Dagegen zeigten Gewürznelken aus französischen Kolonien nach Balland noch größere Abweichung von vorstehenden Zahlen, z. B. für Wasser 18,9—26,6%, ätherisches Öl 9,0—15,3% u. a.

Verfälschungen. Die Verfälschungen der Gewürznelken sind sehr vielseitig; sie bestehen vorwiegend in der Entziehung des ätherischen Öles und in der Beimengung von extrahierten Nelken, Nelkenstielen, Piment, Pimentstielen, Mutternelken und sonstigen beim Pfeffer und Piment genannten Verfälschungsmitteln (Mehlen aller Art), Kakaoschalen, Curcuma usw. Auch künstliche Gewürznelken aus Mehl, Holz, Gummi und Nelkenöl sind beobachtet.

Untersuchung. Die Entziehung des ätherischen Öles erkennt man an dem erniedrigten Gehalt hieran, der mindestens 10% betragen soll. Das Eugenol bestimmt man durch Behandeln des ätherischen Öles mit Alkalilauge, indem man den freigebliebenen Kohlenwasserstoff entweder abdestilliert oder mit Pentan entfernt, das rückständige nelkensaure Alkali mit Schwefelsäure zersetzt und die freie Nelkensäure wiederum für sich entweder abdestilliert oder mit Pentan auszieht. Die Gerbsäure wird nach dem Indigoverfahren bestimmt, kann auch qualitativ daran erkannt werden, daß das Nelkenpulver, wenn es auf Eisenchloridlösung verstäubt wird, gleichmäßig tiefblau gefärbt wird.

Die Asche soll 8%, der in 10proz. Salzsäure unlösliche Teil 1%, der Gehalt an Nelkenstielen 10% nicht übersteigen.

17. Safran.

Begriff. Safran (Crocus) sind die getrockneten Narben von Crocus sativus L., einer zu den Iridaceen gehörenden, im Herbst blühenden Pflanze, die in Kleinasien, Persien, der Krim wild wächst, vorwiegend in Spanien und Frankreich, in mäßigem Umfange auch in Österreich angebaut wird.

Gewinnung. Die Anbauweise ist folgende: Die „Kiele" (Külle = Zwiebel) werden im August und September in Abständen von 8 cm in den Boden eingesetzt, nachdem der Boden vorher $^1/_2$ m tief umgegraben war. Hier bleiben sie 3 Jahre, nach welchen der Acker 15—16 Jahre Ruhe haben muß. Im Juni und Juli werden sie herausgenommen, einen Monat am Dachfenster getrocknet, inzwischen der Boden kräftig gedüngt und die Pflanzen wieder eingesetzt. Im Oktober erscheinen die Blüten („Wutzel"), welche mehrere Wochen Tag für Tag einzeln gepflückt werden. Im ersten Jahre wird nur wenig geerntet, der Hauptertrag wird im zweiten und dritten Jahre erzielt, nämlich etwa 10—30 kg von 1 ha; auf 100 g Safran kommen 45 520 bis 64 310 trockene Narben.

Kennzeichen. Die Narben sind dunkelorangerot bis purpurrot, im getrockneten Zustande etwa 2 cm, im aufgeweichten etwa 3,0—3,5 cm lang. Beim Aufweichen in Wasser erweitert sich die Narbe trichterförmig, zeigt feine Kerbungen und ist an der Innenwand aufgeschlitzt. Die drei Narben einer Blüte sind vielfach noch durch einen Rest des heller gefärbten Griffels zusammengehalten. Der Safran riecht sehr stark, schmeckt gewürzhaft bitter, etwas scharf und verleiht beim Kauen dem Speichel eine orangegelbe Färbung; er fühlt sich, zwischen den Fingern gerieben, fettig an.

Sorten. Man unterscheidet: 1. französischen Safran als beste Sorte, von dem der Safran d'Orange durch künstliche Wärme, der Safran comtat an der Sonne getrocknet ist; der Safran comtat hat eine besonders lebhafte Farbe; 2. spanischen Safran, der dem französischen ähnlich ist, aber weniger geschätzt wird als dieser; er wird auch häufiger verfälscht. Gegenüber diesen beiden Sorten hat der österreichische und türkische Safran nur mehr eine untergeordnete Bedeutung.

Der sog. orientalische Safran stammt von einer ganz anderen Pflanze (Crocus vernus L.), die auch bei uns als Frühlingssafran in Gärten gezogen wird. Die Narben dieser Pflanze sind wertlos; sie haben weder Geruch noch Geschmack oder nur sehr schwach nach Safran und besitzen nur ein sehr geringes Färbevermögen.

Nach der Aufbereitung unterscheidet man zwischen elegiertem Safran, der frei von Griffeln ist, und naturellem Safran, bei dem die Narben noch größtenteils an zugehörigen Griffeln haften.

Zusammensetzung. Der Safran ist von anderen Gewürzen durch verschiedene Stoffe[1]) unterschieden, denen er auch seine besonderen Eigenschaften verdankt, nämlich:

a) Ätherisches Öl, das nur 0,4—1,3% ausmacht, ihm aber seinen eigenartigen Geruch und Geschmack verleiht.

b) Pikrocrocin, ein Bitterstoff, der bei langem Ausziehen mit Äther mit in diesen übergeht, auch in Wasser und Alkohol löslich ist und beim Behandeln mit Säuren oder auch mit Alkalien in Zucker (Crocose) und ätherisches Öl (Safranöl) zerfällt. Durch das Pikrocrocin soll der bittere Geschmack des Safrans bedingt werden.

c) Safranfarbstoff (Crocin oder Polychroit genannt), der sich in Wasser, verdünntem Alkohol leicht — in absolutem Alkohol wenig —, in Äther nur spurenweise löst[2]), ist ein Glykosid, das bei der Behandlung mit verdünnter Salzsäure in Zucker (Crocose) und Crocetin zerfällt.

$$\underset{\text{Crocin oder Polychroit}}{C_{58}H_{86}O_{31}} + 4\,H_2O = \underset{\text{Crocetin}}{C_{34}H_{46}O_{11}} + 4\,\underset{\text{Crocose}}{C_6H_{12}O_6}$$

Das Crocetin ist ein hochrotes Pulver, nur spurenweise in Wasser, leicht in Alkohol und Äther, ebenso in Alkalien löslich — aus letzterer Lösung wird es durch Säuren wieder gefällt; 100 Teile Crocin liefern nach R. Kayser 28 Teile Crocetin.

Die Reaktion verläuft aber nicht so genau quantitativ, daß sie zur Bestimmung des Farbstoffgehaltes und damit der Reinheit des Safrans dienen kann.

d) Reduzierender Stoff. Pfyl und Scheitz fanden im Safran einen eigenartigen, in Chloroform löslichen Stoff[3]), der nach weiterer Inversion Fehlingsche Lösung reduzierte. Da die Menge des reduzierten Kupfers, die „Kupferzahl", im geraden Verhältnis zum vorhandenen reinen Safran steht und die Safrangriffel wie alle zur Verfälschung dienenden Stoffe keinen Chloroformauszug liefern, der Fehlingsche Lösung nach Inversion reduziert, so kann man aus der gefundenen Kupferzahl die Menge an reinem Safran berechnen.

e) Kohlenhydrate. J. Nockmann erschöpfte 6 garantiert reine Safranproben mit Wasser und bestimmte in der wässerigen Lösung den direkt reduzierenden Zucker (Invertzucker), den durch 10 Minuten langes Erhitzen (Zollvorschrift für Saccharose) und den durch 4stündiges Erhitzen mit Salzsäure aus Dextrin und Stärke gebildeten Zucker und fand in der Trockensubstanz:

Gesamt-Wasserauszug	Invertzucker	Saccharose (kleine Inversion)	Dextrin (u. Stärke) (große Inversion)
70,13—76,01%	22,56—24,33%	0,47—0,90%	14,05—15,31%

[1]) Nach mehreren Analysen schwankte die chemische Zusammensetzung des Safrans zwischen folgenden Grenzen:

Wasser %	Stickstoff-substanz %	Ätherisches Öl %	Äther-auszug %	Petroläther-auszug %	Alkohol-auszug %	Invert-zucker %	Pento-sane %	Rohfaser %	Asche %
8,9—17,2	6,8—13,6	0,4—1,3	3,5—14,4	1,1—10,7	46,8—52,4	19,8—21,3	4,0—5,0	3,6—5,9	4,3—8,4

Der Wassergehalt betrug im Mittel 12,33%, der Aschengehalt 5,69%.

[2]) Das Crocin kann in der Weise gewonnen werden, daß der mit Äther erschöpfte Safran mit Wasser ausgezogen und der Auszug mit gereinigter Tierkohle geschüttelt wird, wodurch sämtlicher Farbstoff absorbiert wird. Die Tierkohle wird nach dem Waschen mit Wasser getrocknet und dann mit 90 proz. Alkohol ausgekocht. Das alkoholische Filtrat hinterläßt nach der Entfernung des Alkohols eine gelblichbraune Masse bzw. ein gelbes Pulver, welches mit konzentrierter Schwefelsäure erst tiefblau, dann rot bis braun wird und durch Säuren (wie auch Alkalien) in Crocose und Crocetin zerfällt.

[3]) Zur Gewinnung dieses Stoffes zieht man den Safran erst mit Petroläther, darauf mit Chloroform aus, verdunstet letztere Lösung, zieht den Rückstand mit Aceton aus, verdünnt diese Lösung mit Wasser, kocht das Aceton weg, invertiert mit 5 ccm N.-Salzsäure, und erhitzt die wässerige Lösung mit Fehlingscher Lösung.

Der reine Safran enthält hiernach keine nennenswerte Menge Saccharose, dagegen größere Mengen Invertzucker und dextrinartige Stoffe.

Verfälschungen. a) Extrahierter und meist wieder aufgefärbter Safran. Zum Auffärben dienen: Teerfarbstoffe (besonders Dinitrokresol als Safranersatz, Rocellin oder Echtrot), Saflor, Sandelholz, Campecheholz, Fernambukholz u. a.

b) Beschwerter Safran. Es kommen in Betracht: Wasser, Glycerin, Zuckersirup, Honig, fette Öle, Stärkemehl, ferner Bariumsulfat, Calciumsulfat, Salpeter, Borax, Calciumcarbonat u. a.

c) Teile der Safranblüte: Griffel, an der hellen Farbe leicht zu erkennen. Sie sind bei „naturellem" Safran in kleinen Mengen (bis 10%) zuzulassen, wenn sie sich noch an den Narben befinden. Diese Griffel bilden unter dem Namen „Feminell" einen besonderen Handelsartikel; unter demselben Namen kommen auch die gerollten und die gefärbten Blüten der Calendula im Handel vor; in Streifen zerschnittenes, gerolltes und gefärbtes Perigon; Staubblätter.

d) Teile fremder Pflanzen: Angeblich Narben anderer Crocusarten. Sie sind kürzer, am vorderen Ende gekerbt oder geteilt. Blüten von Carthamus tinctorius L. (Saflor), Kappsafran, Blüten von Lyperia crocea Eckl., Blüten von Tritonia aurea Pappe, von Arnica montana, Scolymus Hispanicus. Randblüten der Calendula officinalis L. (vgl. bei c), gerollt und gefärbt; zerschnittene Blätter des Granatbaumes; Zwiebelschalen, zerschnitten, gerollt und gefärbt; Klatschmohn; Maisgriffel; ganze oder zerschnittene, gerollte und gefärbte Blätter von Gräsern; feine Pflanzenwurzeln.

e) Andere Fälschungen: Gefärbte Gelatinefäden, strukturlos; Fasern von getrocknetem Fleisch, quergestreift.

In gepulvertem Safran kommen weiter besonders häufig vor: Curcuma, Saflor, Sandelholz, ferner Mehle und Stärkemehle, Zucker, Paprikapulver usw.

Untersuchung. Qualitativ kann die Reinheit daran erkannt werden, daß 0,1—0,2 g des Safranpulvers auf kleinem Filter sich durch 400—500 ccm Wasser bis zur vollständigen Farblosigkeit auswaschen lassen, oder daß kleine Mengen Safranpulver, wenn sie auf einige Tropfen in einer Porzellanschale befindlicher konz. Schwefelsäure aufgestreut werden, die bekannte Blaufärbung geben, während bei vorhandenen fremden Farbstoffen die Fasern im ersten Falle noch gefärbt bleiben oder die Blaufärbung im zweiten Falle beeinträchtigt ist und rasch umschlägt (vgl. auch unter d) S. 514). Die meisten der genannten Beimengungen lassen sich nur mikroskopisch nachweisen, andere wieder durch eine quantitative chemische Untersuchung.

So wird sich die Beschwerung mit Öl durch die Erhöhung des Petrolätherauszuges (über 10%), die mit Fleischfaser und Gelatine durch eine Erhöhung des Stickstoffgehaltes (über 2% Stickstoff), die mit Zucker und Honig durch eine Erhöhung des Zuckergehaltes (S. 514), die mit Stärkesirup durch Erhöhung des Dextringehaltes (S. 514), die mit Kiefernborke, Sandelholz usw. durch eine Erhöhung des Rohfasergehaltes (über 6%) zu erkennen geben, während die natürlichen Gehalte an Farbstoff usw. vermindert sind.

Die Beschwerung mit Mineralstoffen ergibt sich durch eine einfache Bestimmung der Asche, welche für echten Safran höchstens 8% betragen soll. Schwerspat und Ton bleiben beim Behandeln der Asche mit Salzsäure ungelöst. Der unlösliche Rückstand soll 1% nicht überschreiten.

18. Kapern.

Begriff. Kapern, Kappern oder Kaperl sind die noch geschlossenen, abgewelkten, (in Essig oder Salzwasser) eingemachten Blütenknospen des Kapernstrauches, Capparis spinosa L. (Familie der Capparideen), der im Mittelmeergebiet wild vorkommt, aber auch kultiviert wird. Die abgepflückten Knospen werden erst einige Stunden welken gelassen, dann in Essig oder Salzwasser oder in salzhaltigem Essig in Fässern von 5—60 kg eingelegt.

Kennzeichen. „Die Kapern sind etwas flach gedrückt, breitschiefeiförmig oder gerundet-vierseitig, häufig kurz zugespitzt, im größten Querschnitt gerundet-rhombisch, bis

1 cm lang und bis 0,7 cm breit, mit einem 1—2 mm langen Stielreste versehen. Jedes Korn (Knospe) besteht aus vier ungleichen Kelchblättern, vier ungleichen Blumenblättern, zahlreichen freien Staubgefäßen und einem langgestielten Fruchtknoten. Die zwei äußersten Kelchblätter sind breit eiförmig, stark gewölbt, dicklich, zähe, grün, lichtgrau punktiert, die zwei inneren Kelchblätter kleiner, weniger gewölbt und dünn. Die beiden äußeren Blumenblätter sind breiteirund oder rundlich, am Grunde mit einem stumpfen, nach einwärts vorspringenden Zahne versehen, bräunlich, zart; die zwei inneren Blumenblätter sind kleiner, fast verkehrt eiförmig. Der grüne keulenförmige Fruchtknoten sitzt auf einem langen, in der Knospe in einer Schlangenwindung zusammengelegten Stiele und endigt in einer festsitzenden Narbe."

„Der Größe nach teilt man die Kapern im allgemeinen in ‚minores' und ‚majores' ein; die kleinste und geschätzteste Sorte heißt Nonpareilles, die größere Surfines, die größte Capucines und Capot. Die größten italienischen Kapern sind die Capperoni. Nach der Art des Einmachens in Essig und Salz oder in Salz allein unterscheidet man Essig- und Salzkapern" (Codex alim. austr.).

Zusammensetzung. Die Kapern enthalten als eigenartigen Bestandteil[1]) den in den Drüsenzellen vorkommenden gelben Farbstoff, Rutin[2]) ($C_{25}H_{28}O_{15} + 2^1/_2 H_2O$), der zu den Glykosiden gerechnet wird; er zerfällt nach P. Foerster durch verdünnte Säuren in 47,84% eines gelben, nicht näher untersuchten Körpers und in 57,72% Zucker, der wahrscheinlich „Isodulcit", l-Rhamnose (S. 91) ist.

Ersatzstoffe und ***Verfälschungen.*** Als solche sind anzusehen:

1. Blütenknospen des Besenpfriemens (Spartium scoparium L.), auch deutsche, Ginster- oder Geißkapern genannt.
2. Blütenknospen der Kapuzinerkresse (Tropaeolum majus L.).
3. Knospen der Dotterblume (Caltha palustris L.).
4. Unreife Früchte der Wolfsmilch (Euphorbia lathyris L.).

Alte verdorbene Kapern sind weich und nicht selten bräunlichschwarz gefärbt.

Auffällig grün gefärbte Kapern können mit Kupfersulfat gefärbt sein.

19. Zimtblüten.

Begriff. Zimt- oder Cassiablüten (Flores cassiae) sind die nach dem Verblühen gesammelten und getrockneten Blüten oder, besser gesagt, unreifen Scheinfrüchte eines Zimtbaumes, wahrscheinlich Cinnamomum Cassia (Nees) Bl. (Familie Lauraceae-Cinnamomeae).

Kennzeichen. „Keulen- oder kreiselförmige, holzige, schwarz- oder graubraune, grobrunzelige Körper von 6—12 mm Länge und am Scheitel von 3—4 mm Breite. Meistens ist an den Blüten noch das kurze Stielchen vorhanden. Jedes Stück besteht aus einer Blütenachse (Unterkelch), die oben mit sechs seicht ausgerandeten, einwärts gewölbten Lappen einen linsenförmigen, hellbraunen, mitunter glänzenden, von dem Griffelüberrest kurz genabelten

---

[1]) Die üblichen Bestandteile der eingelegten Kapern schwankten nach einigen Analysen wie folgt:

Wasser	In der Trockensubstanz					
	Stickstoffsubstanz	Ätherauszug (Fett)	Pentosane	Rohfaser	Asche in Essig eingelegt	Asche in Salz eingelegt
86,5—88,5%	21,5—30,0%	4,0—4,5%	4,01%	9,0—12,0%	9,0—10,0%	24,0—25,0%

Vgl. auch Tabelle II Nr. 1185 und 1186 und Tabelle III Nr. 242 und 243.

[2]) Das „Rutin" kommt auch in der Gartenraute (Ruta graveolens) vor; es kann daraus durch Auskochen mit Essigsäure, Eindampfen der Lösung und Krystallisation gewonnen werden. Das auskrystallisierte Rutin wird in Alkohol gelöst, die Lösung mit Bleizucker und etwas Essigsäure gefällt, filtriert, durch Schwefelwasserstoff entbleit und eingedampft. Man wäscht die Krystalle mit Äther ab und krystallisiert häufig aus Wasser um.

einfächerigen Fruchtknoten derart einschließt, daß nur eine kleine kreisförmige Fläche des letzteren unbedeckt bleibt" (Codex alim. austr.).

Zusammensetzung. Über die Zusammensetzung vgl. Tabelle II Nr. 1187. Der Gehalt an ätherischem Öl beträgt 1,0—3,0%.

Die Zimtblüten haben nur einen schwachen Zimtgeruch — einige riechen nach Campher — und werden nur selten dem Zimtpulver zugesetzt, weil sie teurer im Preise sind als Zimtrinde; sie dienen meistens für sich zu Destillationszwecken.

D. Gewürze von Blättern und Kräutern.

Von den vielen Blatt- und Krautgewürzen sind 1. Lauch (Allium porrum L.) schon S. 447, 2. Schnittlauch (Allium Schoenoprasum vulgare L.) S. 447, 3. Sellerieblätter (Apium graveolens L.) S. 446 besprochen worden. Für den Handel kommen vorwiegend nur Lorbeerblätter und Majoran in Betracht.

20. Lorbeerblätter.

Begriff. Die als Gewürz verwendeten Lorbeerblätter sind die getrockneten Blätter des immergrünen Lorbeerbaumes, Laurus nobilis L., Familie der Lauraceen, der in den verschiedensten Spielarten vorwiegend um das Mittelmeer herum angebaut wird. Die in Deutschland verwendeten Lorbeerblätter kommen hauptsächlich aus Italien.

Kennzeichen. Die Blätter sind kurz gestielt, länglich-lanzettförmig, 8—10 cm lang, 3—5 cm breit, spitz oder zugespitzt, ganzrandig, am Rande schwach gewellt und etwas umgebogen, lederig, kahl, oberseits glänzend, unterseits matt und heller gefärbt.

Zusammensetzung. (Vgl. Tabelle II Nr. 1194.) Über das ätherische Öl (1,0 bis 3,0%) liegen bis jetzt keine näheren Untersuchungen vor. Das ätherische Öl der Früchte des Lorbeerbaumes soll aus 3 Terpenen, dem Pinen $C_{10}H_{16}$, dem Cineol oder Eucalyptol $C_{10}H_{18}O$ und dem Terpen $C_{15}H_{29}$ bestehen. Die Blätter enthalten auch reichlich Gerbstoff.

Gute Lorbeerblätter sollen grün und möglichst stielfrei, der Geruch stark gewürzhaft, der Geschmack gewürzhaft bitter sein.

Die Kirschlorbeerblätter, die zur Darstellung des Kirschlorbeerwassers dienen, stammen von dem zu den Amygdaleen gehörenden Kirschlorbeerbaum (Prunus laurocerasus L.); sie sind den Blättern des echten Lorbeerbaumes zwar ähnlich, unterscheiden sich aber dadurch von diesen, daß sie geruchlos und dicklicher sind, einen gesägten, stets umgeschlagenen Rand und an jeder Seite der Mittelrippe an der Blattunterfläche 1—4 Drüsen haben.

21. Majoran.

Begriff. Unter Majoran (Mairan oder Magran) versteht man das getrocknete blühende Kraut (Blumenähren und Blätter des Stengels) der Pflanze Majorana hortensis Much. oder Origanum Majorana L., Familie der Labiaten, die im Orient und südlichen Europa einheimisch ist, bei uns als einjähriges Gewächs angebaut und, wenn als zweijähriges Gewächs angebaut, strauchartig wird.

Man unterscheidet deutschen und französischen Majoran im Handel. Der deutsche Majoran besteht aus zerschnittenen, sämtlichen oberirdischen Teilen der Pflanze, also aus Blättern und Stengelteilen; er besitzt meistens eine graugrüne Farbe. Der französische Majoran enthält meistens nur die abgestreiften Blätter (abgerebelte Ware genannt) und besitzt infolgedessen eine grünere Farbe. Als ganze Pflanze oder in Pulverform kommt der Majoran seltener vor. Im angenehmen gewürzhaften Geruch und Geschmack sind deutscher und französischer Majoran mehr oder weniger gleich.

Kennzeichen. „Der dünnbehaarte, rundlich-vierkantige, bis 50 cm hohe Stengel ist oben rispigästig, die Zweige sind dicht und grau behaart, die Blätter gestielt, elliptisch, eirund, eiförmig oder spatelförmig, in den Stiel verschmälert, gegen 2—3 cm lang, stumpf oder abgerundet, ganzrandig, graugrün, kurzgraufilzig, einnervig, mit bogenläufigen, undeutlich schlingenbildenden Sekundärnerven. Blüten in kurzwalzlichen bis fast kugeligen Ähren, die durch die eirundlichen, fast filzigen und gewimperten Deckblätter dicht vierreihig dachig erscheinen. Kelch ein verkehrt eiförmiges, undeutlich ausgeschweiftes, am Grunde eingerolltes Blättchen, einlippig; die kleine, weiße Lippenblume mit ausgerandeter Ober- und dreispaltiger, fast gleichzipfeliger Unterlippe. Die Teilfrüchtchen sind bis 1 mm lang, eiförmig, länglich, glatt, braun.“ (Codex alim. austr.)

Zusammensetzung. (Vgl. Tabelle II Nr. 1195.) Der Gehalt an ätherischem Öl beträgt 1,0—2,0% und soll mindestens 1% erreichen.

Die Handelsware, besonders der abgerebelte (französische) Majoran, enthält durchweg viel Sand[1]).

Deshalb werden im Deutschen Reiche für beide verschiedene Aschen- und Sandgehalte zugelassen, nämlich:

Majoran	Gesamtasche	In Salzsäure unlöslich (Sand)
Geschnittener oder gepulverter	12%	2,5%
Blätter- (oder abgerebelter)	16 „	3,5%

Der Alkoholauszug schwankte beim deutschen Majoran zwischen 13,0—23,0% (Mittel 17,0%), beim französischen zwischen 13,8—26,0% (Mittel 19,1%).

Die folgenden Blattgewürze bzw. Gewürzgemüse bilden nur in beschränktem Umfange eine Handelsware, sie werden meistens nur in kleinen Mengen für den eigenen Gebrauch angebaut. Hierzu gehören:

22. Bohnen- oder ***Pfefferkraut,*** Saturei, Wurstkraut, das getrocknete, blühende Kraut von Satureia hortensis L., Fam. der Labiaten; der Stengel ist bis 20 cm lang, mit kurzen, abwärts stehenden Haaren besetzt, die Blätter, bis 3 cm lang, sind lanzettförmig oder länglich lineal. Das Pfefferkrautöl soll aus 20% Cymol, 30% Carvacrol und 50% Terpen $C_{10}H_{16}$ bestehen. Der Gehalt an Asche soll bis 12%, der an Sand bis 1% betragen.

23. Thymian, welscher Quendel oder „Kuttelkraut“ sind die getrockneten blätter- und blütentragenden Astspitzen von Thymus vulgaris L. Die jungen Astspitzen sind kurz und dicht behaart. Das 0,5—1,0% betragende Öl enthält Thymiancampher ($C_{10}H_{14}O$) und setzt in der Kälte Thymol in Krystallen ab. Der Gehalt an Asche soll 8%, der an Sand 2% nicht überschreiten. In der Trockensubstanz fanden Hanuš und Bien 14,74% Pentosane.

24. Salbeiblätter von dem halbstrauchigen Gewächs Salvia officinalis L. werden frisch und getrocknet verwendet. Gelbgrünliches ätherisches Öl 1,5—2,5%; Pentosane in der Trockensubstanz 9,59%; Asche höchstens 10%, mit höchstens 1% Sand.

25. Dill, Dillkraut, Gurkenkräutl sind die jungen Pflanzen von Anethum graveolens L. Von ihm werden sowohl die zerschnittenen Blättchen zu Sauerkraut und anderen saueren Speisen, als auch die unreifen, platten Samen zum Einmachen der Essiggurken gebraucht. Hier und da wird der Samen, ähnlich wie Kümmel, auf Brot gestreut. Die jungen Pflanzen werden auch getrocknet oder in Essig eingelegt aufbewahrt.

26. Petersilie, Petersilienkraut sind die jungen Blätter von Petroselinum sativum Hoffm. Das Petersilienkraut hat dreifach gegliederte Blätter mit keilförmig verschmälerten, dreilappigen, oben glänzenden Blättchen. Es werden von ihr verschiedene Sorten angebaut; die krausblätterige Sorte dient zur Verzierung von Speiseschüsseln; die gewöhnliche Sorte meistens als

---

[1]) Rupp, Späth und R. Windisch fanden u. a.:

Majoran	Deutscher Schwank. %	Mittel %	Französischer Schwank. %	Mittel %	Selbstabgerebelt. Schwank. %	Mittel %	Marktware (Ung.) Schwank. %	Mittel %	Handelsware Schwank. %	Mittel %
Gesamtasche	6,5—22,8	12,0	6,8—31,2	16,3	7,4—18,1	11,4	10,0—11,8	10,5	9,7—25,0	16,1
Sand . . .	0,7— 9,7	3,4	1,0—18,3	5,3	0,5— 8,3	2,8	1,1— 1,9	1,3	1,5—14,8	5,3

Suppenkraut; die Wurzel wird seltener verwendet; eine Varietät hat jedoch möhrenartige, rundliche Wurzeln, die ein beliebtes Gemüse abgeben.

In dem Dillöl wie im Petersilienöl ist von v. Gerichten ein Kohlenwasserstoff (Terpen oder Campher $C_{10}H_{16}$) nachgewiesen. Blanchett und Sell fanden für die Elementarzusammensetzung des Petersilienöles: 69,5% C, 7,8% H und 22,7% O.

27. Beifuß, Estragon, Dragon (Artemisia dracunculus sativus) dient als Küchenkraut zu Suppen, Salat und Saucen; auch vom gemeinen Beifuß (Artemisia vulgaris L.) werden Kraut und Blüten zu diesem Zweck verwendet. Das Beifuß- oder Estragonöl enthält neben Anethol ($C_{10}H_{12}O$, Aniscampher) geringe Mengen von leicht flüchtigen Kohlenwasserstoffen.

28. Becherblume oder ***Bimbernell*** (Poterium sanguisorba glaucescens), ein sehr beliebtes Blattkraut; es wächst an gebirgigen Orten wild.

29. Gartensauerampfer oder ***Gemüseampfer*** (Rumex patientia L.). Die unteren flachen Blätter sind eilanzettlich, zugespitzt, am Grunde abgerundet oder wenig verschmälert, die übrigen Blätter lanzettlich; alle haben rinnenförmige Blattstiele. Die Pflanze ist in Südeuropa heimisch.

Der Gartensauerampfer verdankt seinen säuerlichen Geschmack einem Gehalt an sauerem oxalsaurem Kalium ($C_2HKO_4 + aq$).

Über die Zusammensetzung von Nr. 22, 25, 26, 27, 28 und 29 vgl. Tabelle II, Nr. 1188—1193.

E. Gewürze von Rinden.

Von Rinden verwenden wir nur eine Art als Gewürz, aber als eines der verbreitetsten, nämlich:

30. Zimt.

Begriff. 1. Unter Zimt versteht man die von dem Periderm (Kork und primärer Rinde) mehr oder weniger befreite, ihres ätherischen Öles nicht beraubte getrocknete Astrinde verschiedener, zu der Familie der Laurineen gehörenden Cinnamomumarten, so von C. ceylanicum Breyne, C. Cassia Blume und Cinnamomum Burmanni Blume var. chinense.

2. Zimt oder das Pulver desselben muß ausschließlich aus den von ihrem ätherischen Öl nicht befreiten Rinden einer der drei genannten Cinnamomumarten bestehen und muß den kennzeichnenden Zimtgeruch und Zimtgeschmack deutlich erkennen lassen.

Sorten und ***Kennzeichen.*** Man unterscheidet im Handel vorwiegend 3 Sorten Zimt:

1. Ceylonzimt (edler Zimt, Kanehl) von Cinnamomum ceylanicum Breyne. Dieser besteht aus der dünnen, 0,5 bis höchstens 1 mm starken, von beiden Seiten her eingerollten, von der Ober- (Außen- und Mittel-) Rinde befreiten Innenrinde der jungen Zweige (Schößlinge, Stockausschläge)[1]; die Rinden werden zu mehreren (7—10) ineinandergesteckt und kommen in 0,5—1,0 m langen und ungefähr 1 cm dicken Rollen in den Handel[2]. Je enger die Röhren

[1]) Der Ceylonzimt wird an der südwestlichen Küste Ceylons in Gärten, ähnlich wie bei uns die Korbweide, gezogen. Man verwendet nur die jugendlichen Sprößlinge, weshalb man die Stammbildung durch Zurückschneiden unterdrückt. Die etwa zweijährigen, bis 2 m langen und 15 mm dicken Stockausschläge werden zweimal im Jahre geschnitten, entlaubt und dann in etwa 30 cm langen Stücken entschält, indem die Rinde ringsum durchschnitten und dann der Länge nach aufgeschlitzt wird. Man schabt alsdann die Oberhaut mit Korkschicht weg, steckt sie auf einen Stock und läßt im Schatten trocknen. Hierbei rollt die Rinde ein und bräunt sich. Dieselbe ist nach dem Trocknen kaum über 0,5 mm dick, außen glatt, gelblichbraun, längsstreifig, innen etwas dunkeler, matt und mitunter warzig. Der Bruch ist kurzfaserig.

[2]) Man unterscheidet 3 Sorten Ceylonzimt, nämlich: C.-Z. 00 mit 7 Röhren und meist doppelt gewunden, kaum 0,5 mm dick; C.-Z. 0 mit 10 fest aneinanderliegenden starken, faserigen Röhren von 0,5 mm Querschnitt und darüber; C.-Z. 1 mit 10 nicht fest aneinanderliegenden, häufig mit Astlöchern versehenen Röhren von 1 cm Querschnitt.

aneinander schließen und je kurzfaseriger der Bruch ist, um so wertvoller gilt der Zimt. Die Rinde ist außen schön hellbraun, innen rotbraun und leicht brüchig. Sie wird wegen ihres äußerst aromatischen Geruches, sehr gewürzhaften, süßen — nicht herben — Geschmackes am höchsten geschätzt, aber nur selten als Gewürz verwendet. Sie ist zur Herstellung von Zimttinkturen und Zimtöl für Apotheken vorgeschrieben.

2. Chinesischer Zimt (Zimt-Cassia, gemeiner Zimt, Cassia vera, in den Preislisten der Gewürzhändler auch Cassia lignea genannt) von Cinnamomum Cassia Blume. Man unterscheidet in England und Amerika davon 3 Sorten, nämlich Saigon- (beste Sorte), Batavia- und China-Cassia. Der chinesische Zimt besteht aus dickeren, meist einseitig gerollten Röhren von 2—3 cm Durchmesser, während die Rinde 2—3 mm dick ist. Die Rinde ist vielfach nur nachlässig geschält und läßt stellenweise noch primäre Rinde und Kork erkennen. Bei gut geschälter Ware ist die Rinde außen hellbraun, sonst rotbraun und meist längsgestreift, innen dunkler. Im Innern der Warenbündel finden sich oft Bruchstücke und Abfall. Geruch und Geschmack gewürzhaft wie bei Nr. 1, indes tritt ein herber Geschmack schon hervor.

3. Malabarzimt, Holzzimt (auch Holzcassia, Cassia lignea, in den Gewürzlisten auch Cassia vera genannt) von Cinnamomum Burmanni Blume, C. Tamala Nees et Eberm., ferner von den in Südostafrika angebauten Sorten C. obtusifolium, C. pauciflorum u. a. Dieser Zimt ist noch weniger sorgfältig abgeschabt als der chinesische Zimt; infolgedessen hat er ein gelb- bis lederbraunes, auch graubraunes Aussehen; der Geruch ist nur schwach gewürzhaft und der Geschmack herbe.

Der Malabarzimt wird vorwiegend zur Herstellung von Zimtpulver verwendet.

Außer diesen gangbaren Sorten Zimt begegnet man im Handel noch einigen Zimtsorten, die mehr oder weniger von diesen abweichen, nämlich:

a) Seychellenzimt — von den Seychellen stammend —, der als Zweig- und Stammrinde vertrieben wird, meistens noch alle drei Gewebsschichten — Kork, Mittelrinde und Innenrinde — enthält und daher für gewöhnlich sehr dick (6—7 mm) ist.

b) Nelkenzimt, Nelkencassia besteht aus der Rinde eines kleinen brasilianischen Baumes Dicypellium caryophyllatum Nees, Familie der Lauraceen.

c) Der sog. weiße Zimt stammt von Canella alba Mussay, Familie der Canellaceen, die auf den Bahamainseln (Westindien) vorkommt.

d) Falsche Zimtrinde. K. Micko hat auch eine Zimtrinde beschrieben, die einen ähnlichen anatomischen Bau, auch eine ähnliche Stärke wie die echte Zimtrinde, aber kein Aroma besitzt.

Zusammensetzung. Von den Bestandteilen des Zimts (vgl. Tabelle II Nr. 1196 bis 1201) hat die Stickstoffsubstanz, die auch nur 3,5—5,0% des lufttrockenen Zimts ausmacht, keine Bedeutung für die Bewertung; auch der Gehalt an Rohfaser, der bei den einzelnen Sorten zwischen 19,5—49,0% schwankt, kommt hierfür nicht in Betracht, sondern einzig das ätherische Öl, das im wesentlichen aus Zimtaldehyd ($C_9H_8O = C_6H_5 \cdot CH : CH \cdot CHO$) sowie einem Kohlenwasserstoff besteht, und in Mengen von 1,0—3,8% für die einzelnen lufttrockenen Zimtsorten angegeben wird. Aber nicht die Menge des ätherischen Öles ist für die Güte entscheidend, sondern die Art seines Geruchs und Geschmacks. Denn der beste Zimt, der Ceylonzimt, enthält durchweg weniger ätherisches Öl und mehr Rohfaser als der chinesische und Holzzimt[1]).

Invertzucker (d. h. direkt reduzierender Zucker) kommt im Zimt nur in Mengen

---

[1]) So wurden für die lufttrockenen Zimte gefunden:

Bestandteil	Ceylonzimt %	Chinesischer Zimt %	Holzcassia %	Seychellenzimt %
Ätherisches Öl	1,2 — 1,9	1,2 —2,8	1,8 — 4,8	0,5—1,5
Invertzucker	1,47— 1,52	1,24—6,22	0,58— 1,83	—
Stärke (in Zucker überführbar) .	10,7 —26,0	27,1	21,6 —23,7	6,9
Rohfaser	34,7	21,8	22,3	48,0

von 0,5—2,0% (in 2 Proben chinesischem Zimt sind von v. Czadek 4,19 und 6,22% gefunden) vor, während Saccharose von Ed. Spaeth gar nicht, von v. Czadek nur zu 0,09—0,53% nachgewiesen werden konnte.

Über den Stärkegehalt liegen bis jetzt sichere Angaben nicht vor; die Menge der in Zucker überführbaren Stoffe schwankt zwischen 10,7—27,0%. Die Stärkekörnchen des chinesischen Zimts besitzen einen Durchmesser von 0,01—0,02 mm; die des Ceylonzimts sind meistens noch kleiner.

Der Zimt enthält auch verhältnismäßig viel Calciumoxalat, nämlich gewöhnlicher Zimt nach Hendrik 2,50—3,81%, wilder Ceylonzimt bis 6,62%, Cassiarinde 0,05—1,34%.

Der reine (sandfreie) Ceylonzimt enthält durchweg etwas mehr Asche (5,30% in der Trockensubstanz) und mehr Alkalität für 1 g Asche (17,7 ccm N.-Säure) als chinesischer Zimt (nämlich 2,53% bzw. 15,2 ccm).

Verfälschungen. Die gangbarsten Verfälschungen des Zimts bestehen

a) In der Unterschiebung geringwertiger Zimtsorten unter die besseren;

b) in der Entziehung des ätherischen Öles durch Wasserdämpfe oder durch Einhängen der Rinden in Alkohol;

c) in der Vermischung des Zimtpulvers mit Zimtabfällen, Zimtbruch (Astteilen) von der Zubereitung des Zimts, mit sog. Chips[1]);

d) Untermischung von allerlei Stoffen, wie bei Pfeffer, Gewürznelken usw. (z. B. Zimtmatta aus Hirseschalen, Schalen von Haselnuß, Walnuß, Mandeln, Kakao, Sandelholz, Zigarrenkistenholz, Baumrinden, Mehle und geröstetes Brot, Zucker, ausgezogener Galgant, Ölkuchen, Eisenocker u. a.).

Untersuchung. Neben der wichtigen Bestimmung des ätherischen Öles, das mindestens 1% betragen soll, kann auch die von Zimtaldehyd dadurch ausgeführt werden, daß man ihn entweder in der ätherischen Lösung des flüchtigen Öles an Natriumbisulfit bindet (vgl. Vanille S. 497) oder in der wässerigen Emulsion nach dem Vorschlage von Hanuš durch Semioxamacid ($NH_2 \cdot CO \cdot CO \cdot NHNH_2$) fällt. Aus letzterem gewogenen Niederschlag kann durch Multiplikation mit 0,608 die Menge von Aldehyd berechnet werden, während im ersten Falle die Verbindung mit verd. Schwefelsäure zerlegt und der Zimtaldehyd durch Äther gelöst wird usw.

Zur Bestimmung der Reinheit, die auch hier in erster Linie durch mikroskopische Untersuchung ermittelt werden muß, kann auch je nach der Art der Verfälschung die Bestimmung der Rohfaser, der Stärke und der Saccharose zweckmäßig mit herangezogen werden.

Beim Zimt und Zimtpulver soll der Gehalt an Asche 5%, der an Sand 2%, beim Zimtbruch der Gehalt an Asche 7% und der an Sand 3,5% nicht überschreiten.

F. Gewürze von Wurzeln.

Zu den Gewürzen von Wurzeln rechnet man Ingwer, Galgant, Zittwer, Süßholz und in anderen Ländern auch Kalmus.

---

[1]) Unter Chips verstand man früher ausschließlich die vorwiegend aus Zimtholz und anderen Holzarten bestehenden Abfälle, die zur Streckung des reinen Zimts dienten (und jetzt auch noch dienen).

In letzter Zeit werden unter Chips aber auch die durch Schneiden und Schälen bei der Aufbereitung des Ceylonzimts gewonnenen Abfälle verstanden, die fast keine Holzfragmente enthalten, sondern fast lediglich aus Rindenteilen bestehen. Diese Abfälle sind, wenn sie die Eigenschaften der Zimtrinde besitzen, dieser mehr oder weniger gleich zu erachten.

Die Beurteilung der Chips hängt daher ganz von der Art der Gewinnung ab; er ist um so minderwertiger, je mehr Holzteilchen er enthält.

31. Ingwer.

Begriff. Ingwer oder Ingber ist der ungeschälte, einfach gewaschene und getrocknete (bedeckter) oder der geschälte (von den äußeren Gewebsschichten befreite) und getrocknete Wurzelstock (Rhizom) der im heißen Asien und Amerika angebauten Ingwerpflanze (Zingiber officinale Roscoe, Familie der Zingiberaceen)[1].

Gewinnung. Die einzig wertvollen Wurzelstöcke der Ingwerstaude sind reif, sobald die oberirdischen Teile vollständig verwelkt sind; das ist im Januar und Februar der Fall; die nach Art der Kartoffelernte aus der Erde gehobenen Rhizomstücke werden gewaschen und entweder ganz als solche (wie der afrikanische Ingwer), unter Umständen nach vorherigem Abbrühen in Kalkwasser und Abwaschen mit Wasser an der Sonne getrocknet, oder wie der Jamaika-, Bengal-, Cochiningwer durch Schütteln der trockenen Rhizome in Körben oder durch Reiben zwischen Ziegelsteinen vorher von der Korkschicht und Rinde befreit. Man unterscheidet daher im Handel ungeschälten oder bedeckten Ingwer mit einer gelblichbraunen, gerunzelten Korkschicht und geschälten Ingwer von gelblichem, längsstreifigem und besserem Aussehen, aber von geringerer Güte, weil gerade die Rinde am reichsten an ätherischem Öl und Harz ist. Der geschälte Ingwer wird ferner noch häufig mit schwefliger Säure oder Chlorkalk gebleicht, oder mit Gips und Kreide eingerieben bzw. überstrichen; letzteres Verfahren pflegt auch zuweilen bei verdorbenem Ingwer zu geschehen, es ist daher von höchst fraglichem Wert. Mitunter wird der Ingwer auch mit einer Zuckerschicht überzogen (kandierter Ingwer).

Sorten* und *Kennzeichen. Den Erzeugungsländern entsprechend unterscheidet man nach J. Buchwald folgende Sorten:

a) Jamaika-Ingwer; er zeigt deutlich die den Hirschgeweihen ähnliche Verzweigung und kommt geschält und gebleicht, wie ungeschält in den Handel. Er hat einen sehr feinen Geruch und Geschmack und gilt als die beste Sorte, kommt aber fast ausschließlich in England und Nordamerika auf den Markt.

b) Cochin-Ingwer. Er gilt von den in Deutschland vertriebenen Sorten als die beste und wird zweimal höher bezahlt als die folgenden Sorten: man unterscheidet A-, B-, C- und D-Cochin-Ingwer; Sorte A besteht aus ausgesuchten Stücken, D aus Abfall (meist ungeschält), während B und C die gangbarste Mittelware bilden. Der Cochin-Ingwer gleicht dem Jamaika-Ingwer und wird in allen Zubereitungen in den Handel gebracht.

c) Bengal-Ingwer. Er wird in Deutschland am meisten verwendet; die geschälte Ware ist nicht vollkommen von runzeligem Kork befreit, von dem noch Reste an den schmalen Seiten der Rhizome hängen, während der ungeschälte Bengal-Ingwer („Bengal naturell") weniger verzweigt und mit dickem, braunem Kork und mit Rinde versehen ist; infolgedessen ist er auch vielfach mit Erde und Sand verunreinigt. Die Bruchfläche ist dunkler, gelblichgrau, rauh und sehr kurzfaserig.

d) Japan-Ingwer. Er besteht aus kurzen und breiten Rhizomstücken von grauweißer Farbe, ist meistens gekalkt und wird vorwiegend zur Herstellung des Ingwerpulvers verwendet.

e) Afrikanischer Ingwer. Der aus Westafrika (Sierra Leone) eingeführte Ingwer ist teils mit reichlichen Korkmengen versehen (bedeckt), teils von Korkteilen befreit, sieht braun bis rotbraun aus, sowie quergeringelt nach den deutlich vorhandenen Internodien. Der Bruch ist kurzfaserig und rauh. Der afrikanische Ingwer soll als weniger wertvoll vorwiegend zur Gewinnung des Ingweröles und des gemahlenen Ingwers verwendet werden.

f) Chinesischer Ingwer. Er hat sehr dicke succulente Rhizomstücke, die sich schwer trocknen lassen und im trockenen Zustande ein schlechtes Aussehen haben. Daher kommen sie nicht als solche, sondern in Zuckersirup eingemacht, als Conditum Zingiberis in den Handel.

---

[1]) Der Ingwer war schon in den frühesten Zeiten ein beliebtes Gewürz; die Inder nannten ihn „Scingavera", die Griechen ζιγγιβέρι.

Der Größe nach unterscheiden sich die 4 wichtigsten Sorten wie folgt:

	Jamaika-Ingwer	Cochin-Ingwer	Bengal-Ingwer	Afrikanischer Ingwer
Länge	9 cm	7 cm	7 cm	5—6 cm
Querschnitt	1,5 × 1 „	1,3 × 1 „	2 × 0,75 „	1,5 × 1 „

Zusammensetzung. Außer an ätherischem Öl, dessen Gehalt zwischen 1,0 bis 4,0% schwankt, sind die Ingwersorten besonders reich an Stärke (49,0—64,0%)[1].

Das ätherische Öl scheint im wesentlichen aus dem Terpen $C_{15}H_{24}$ zu bestehen. Die einzelnen Sorten ergaben in der Trockensubstanz:

	Cochiningwer (13)	Bengalingwer (18)	Japaningwer (10)	Afrikaingwer (9)	Handelsingwer (74)
Ätherisches Öl . .	1,56%	1,83%	1,58%	2,91%	2,15%

Man sieht aus diesen Untersuchungen, daß auch beim Ingwer, ebenso wie beim Zimt, die bessere Beschaffenheit nicht einzig vom ätherischen Öl abhängt, da der Afrika-Ingwer, der als minderwertiger gilt, durchweg am meisten flüchtiges ätherisches Öl und auch am meisten Alkohol-, Petroläther- und Methylalkoholextrakt enthält.

Durch Lagern nimmt der Gehalt an ätherischem Öl ab, indem er z. B. im Mittel von 8 Proben nach 6monatigem Lagern von 1,46 auf 0,68% herabging.

Das Waschen des Ingwers bedingt eine Abnahme des Wasserauszuges z. B. von 12,7 auf 10,4% und der Asche von 4,8 auf 3,8% der Trockensubstanz.

Durch das Kalken steigt naturgemäß der Gehalt an Kalk z. B. von 0,35 auf 3,53% und mehr.

Verfälschungen und ***Untersuchung.*** Außer der Verwendung von minderwertigen Ingwer- und extrahierten Sorten kommen bei dem Ingwerpulver als Verfälschungsmittel alle die Stoffe in Betracht, welche wie Mehle, Rückstände der Ölsamen, Mandelkleie, Cayennepfefferschalen und andere, auch bei den anderen Gewürzen wiederholt genannt sind. Als Beschwerungsmittel wird Ton angegeben.

Von der chemischen Untersuchung ist neben der Bestimmung des ätherischen Öles (mindestens 1,3%) die der Stärke (etwa 45%), der Rohfaser (höchstens 8%) und der Asche am wichtigsten. Letztere soll für die lufttrockene Substanz 8%[2]) und der in 10 proz. Salzsäure unlösliche Teil 3% nicht übersteigen. Die Art des Überzuges (Gips oder Kalk bzw. Calciumcarbonat) erkennt man daran, daß man die Wurzelstücke in kaltem Wasser aufweicht, die äußere Schicht mit Hilfe eines weichen Pinsels abwäscht und die milchige Flüssigkeit auf Kalk, Schwefelsäure und Kohlensäure untersucht.

Anhang. Als Mangoingwer bezeichnet man die Rhizome von Curcuma Amada Roxb., die in Bengalen einheimisch ist und dort wie Ingwer benutzt wird. Auch die Rhizome der Gilbwurz oder Gelbwurz oder Turmerik (Curcuma longa Roxb.) dienen als Ersatzmittel des Ingwers. Die Gilbwurz ist ebenfalls im südöstlichen Asien einheimisch und wird hier wie in China, auf Java, Réunion usw. in größerem Maßstabe angebaut. Die Pflanze entwickelt kurze, kegelförmige Haupt-

[1]) Der Gehalt an den allgemeinen Bestandteilen schwankte nach mehreren Analysen durchweg zwischen folgenden Grenzen:

Wasser	Stickstoff-substanz	Ätherisches Öl	Fett (nicht flüchtig)	Stärke	Rohfaser	Asche	Alkoholauszug (nach Ätherauszug)	Wasserauszug
%	%	%	%	%	%	%	%	%
8,0—16,0	5,0—8,8	0,8—4,0	1,9—8,0	49,0—64,0	2,5—8,9	3,1—6,5	1,1—4,5	9,0—17,5

Der Petrolätherauszug schwankt von 2,0—5,8, der Methylalkoholauszug von 3,8—9,6%. Hanuš und Bien fanden in der Trockensubstanz des Bengalingwers 7,64% Pentosane.

Die Stärkekörner sind länglich oval, haben eine Länge von 32,4—41,4 μ, eine Breite von 15,0—28,8 μ und verkleistern erst bei 85° vollständig.

[2]) Das deutsche Arzneibuch läßt höchstens 7% Asche zu.

wurzelstöcke (früher als Curcuma rotunda im Handel) und gestreckte Seitenknollen (Curcuma longa), welche meist Gegenstand des Handels sind.

Die Gilbwurz findet wegen ihres schönen, gelben Farbstoffes (Curcumagelb oder Curcumin, $C_{14}H_{14}O_4$) fast ausschließlich in der Technik Verwendung, wird aber in England unter dem Namen „Curry-powder“ (Gemenge von Curcuma, Pfeffer, Ingwer, Koriander, Cardamomen usw.) an Stelle des Ingwers als Gewürz benutzt, welchem sie in Geruch und Geschmack ähnlich ist. Auch dient die Gilbwurz, wie bereits angegeben ist, vielfach zur Verfälschung anderer Gewürze.

Über die Zusammensetzung der Gilbwurz vgl. Tabelle II, Nr. 1203.

Auch die Wurzeln von Aristolochia canadensis werden als Ersatzmittel des Ingwers angegeben.

32. Galgant.

Begriff. Der Galgant besteht aus den einfach getrockneten Wurzelstöcken des Galgant (Galangi oder Alpini officinarum Nance, Familie der Zingiberaceen), einer dem Ingwer ähnlichen Pflanze, die vorwiegend in Siam angepflanzt (daher auch Siam-Ingwer genannt) wird.

Kennzeichen. Die Rhizome bestehen nach dem deutschen Arzneibuch aus 5—6 cm langen, selten längeren, 1—2 cm dicken, rotbraunen, manchmal verzweigten Stücken, die meist noch Reste der festen, glatten, helleren Stengel und der schwammigen Wurzel tragen. Die Stücke sind stellenweise etwas angeschwollen und mit gewellten, ringförmig um die verlaufenden, kahlen oder gefranzten gelblichweißen Narben oder Resten der Scheideblätter dicht besetzt. Der Bruch ist faserig. Der hellrotbraune Querschnitt läßt eine nur von wenigen Leitbündeln durchzogene dicke Rinde erkennen, die einen verhältnismäßig kleinen Zentralzylinder mit zahlreichen, dichtgedrängten Leitbündeln umschließt.

Galgant riecht (ähnlich wie Ingwer und Cardamomen) würzig und schmeckt brennend würzig.

Der große Galgant von der japanischen Pflanze Alpinia Galanga Sw. ist, außer durch seine Größe, durch die orangenbraune Außenfläche und die gelblichweiße Farbe von dem Siam-Galgant unterschieden.

Zusammensetzung. Der Galgant enthält weniger Stickstoffsubstanz, ätherisches Öl und Stärke, aber mehr Rohfaser als der Ingwer (vgl. Tabelle II Nr. 1204).

Er wird als Gewürz direkt wenig verwendet, sondern dient nach Entziehung des ätherischen Öles vielfach zur Verfälschung von anderen Gewürzen.

33. Zitwer.

Begriff. Der Zitwer besteht (nach dem deutschen Arzneibuch, V. Ausg.) aus den getrockneten Querscheiben oder Längsvierteln der knolligen Teile des Wurzelstockes von Curcuma zedoaria Roscoe, einer zu der Familie der Zingiberaceen gehörenden Pflanze, die in Südasien und Madagaskar angebaut wird.

Kennzeichen. Der Wurzelstock ist hart und hat einen Querdurchmesser von 2,5 bis 4 cm. Auf der grauen, runzelig-korkigen Außenseite lassen sich zahlreiche Wurzelnarben erkennen. Die Schnittfläche zeigt eine etwa 2—5 mm dicke Rinde und einen umfangreichen, bei dem in Scheiben von 5—8 mm Dicke geschnittenen Wurzelstocke meist eingesunkenen Zentralzylinder. Der Bruch ist glatt, fast hornartig.

Zitwerwurzel riecht schwach nach Campher, schmeckt campherartig und zugleich bitter.

Zusammensetzung. Die Zusammensetzung der Zitwerwurzel nähert sich der von Ingwer (vgl. Tabelle II Nr. 1205). Der Zitwer hat ebenso wie der Galgant als Gewürz nur eine geringe Bedeutung.

34. Kalmus.

Begriff. Unter Kalmusgewürz versteht man nach dem Cod. alim. austr. den frischen oder getrockneten Wurzelstock[1]) von Acorus calamus L., einer an Gewässern bei uns wildwachsenden Pflanze.

Kennzeichen. Der frische Wurzelstock wird in etwa 10 cm lange Stücke oder in Querscheiben zerschnitten und nach Art der Citrusschalen in Zucker eingesotten; er ist ein bekanntes volkstümliches Magenmittel. Der getrocknete Kalmus kommt im Handel sowohl geschält als ungeschält vor.

Der ungeschälte, getrocknete Kalmus bildet verschieden lange, 1,0—1,5 cm dicke, etwas flachgedrückte, fast zylindrische oder der Länge nach gespaltene, leichte Stücke, die oberseits abwechselnd dreieckige, gegen den Rand verbreiterte, braune bis schwärzliche Blattnarben und längsrunzelige, rötlich oder olivengrünbräunliche Stengelglieder, an den Seiten einzelne größere Schaftnarben und unterseits kleine, kreisförmige, vertiefte Wurzelnarben zeigen. Letztere sind in einfachen und doppelten, von der Mitte abwechselnd nach rechts und links verlaufenden Bogenreihen angeordnet. An dem geschälten Kalmus, der eine blaßrötliche Farbe hat, sind nur die Wurzelnarben bemerkbar. Querschnitt elliptisch oder kreisrund, blaßrötlich oder rötlich-weiß. Rinde breit, etwa ein Viertel des Durchmessers, schwammig porös, wie der zerstreute Gefäßbündel führende Kern; zwischen Rinde und Kern eine feine Linie (Endodermis oder Kernscheide).

Der Geruch ist angenehm aromatisch, Geschmack gewürzhaft bitter.

Über die Zusammensetzung vgl. Tabelle II Nr. 1206 und 1207.

Das Kalmuspulver soll nach dem deutschen Arzneibuche nur 6%, nach dem Cod. alim. austr. nur 7% Asche enthalten.

35. Süßholz.

Begriff. Zu den Wurzelgewürzen pflegt auch das Süßholz, die getrockneten, ungeschälten oder geschälten Wurzeln und Ausläufer von Glycyrrhiza glabra L. (Familie der Papilionaceen) gerechnet zu werden. Unter Radix liquiritiae glabra versteht man Spanisches, unter Radix liquiritiae mundata Russisches (meistens geschältes) Süßholz.

Gewinnung. Das Süßholz wird in Spanien, Italien, Südfrankreich und besonders in Rußland, kleine Mengen werden auch in Deutschland, Mähren und England angebaut. Zum Anbau dient tiefgepflügter, gut gedüngter Boden, in welchen die Ausläufer einer geernteten Pflanze eingegraben werden. Die daraus erwachsenen Wurzel- und Ausläufersysteme werden im 3. Jahre ausgegraben; die jungen Ausläufer dienen zu neuen Anpflanzungen, während die älteren Ausläufer (unterirdische Achsen) und die Wurzeln in Stücke zerschnitten und zum Teil von der äußeren Rinde befreit werden. Die Süßholzkultur wurde im 15. Jahrhundert in Deutschland (Bamberg) eingeführt.

Kennzeichen. „Die Wurzel ist meist unverzweigt, bis über 1 m lang, bis 4 cm dick, spindelförmig, am oberen Ende oft keulig verdickt. Die Ausläufer sind den Wurzeln ähnlich, jedoch walzenförmig. Beide sind hellgelb, mit feinen, von der Oberfläche sich ablösenden Fasern versehen, zähe, auf dem Bruche langfaserig und grobsplittrig. Der Querschnitt zeigt eine hellgelbe, bis 4 mm dicke Rinde und ein gelbes Holz. Das Holz ist geradstrahlig, vielfach längs den deutlich sichtbaren Markstrahlen gespalten. Die Ausläufer besitzen ein kantiges Mark, das den Wurzeln fehlt. Süßholz riecht schwach, eigenartig und schmeckt süß." (Deutsches Arzneibuch.)

Die beste Sorte kommt aus Tortosa in Katalonien — es sind fast gleichmäßig zylindrische, unterirdische, gut ausgewachsene Achsen —; andere spanische Sorten sind unansehnlicher

---

[1]) Nach dem Deutschen Arzneibuch ist Kalmus der im Herbst gesammelte, geschälte, meist der Länge nach gespaltene, getrocknete Wurzelstock von Acorus calamus L.

und weniger gut gewachsen. Das kleinasiatische Süßholz, welches sich in der Güte dem spanischen nähert, wird von wildwachsenden Pflanzen gesammelt.

Auch das russische Süßholz, welches meist geschält in den Handel kommt, stammt zum Teil von wildwachsenden Pflanzen (z. B. an den Ufern des Ural); größtenteils aber wird es angebaut; es schmeckt gegenüber dem spanischen Süßholz etwas bitterlich.

Zusammensetzung. Der wichtigste, seine Eigenschaft bedingende Bestandteil des Süßholzes ist der sog. Süßholzzucker, das Glycyrrhizin, eine Ammoniakverbindung der Glycyrrhizinsäure $C_{44}H_{63}NO_{18} \cdot NH_4$, welche etwa 8% des Süßholzes ausmacht. Die Glycyrrhizinsäure zerfällt bei der Hydrolyse mit verdünnter Schwefelsäure in Glycyrrhetin $C_{32}H_{47}NO_4$ und in Parazuckersäure $C_6H_{10}O_8$, ist also ein Glykosid. P. Rasenack hält aber die Verbindung $C_{44}H_{63}NO_{18}$ für das saure Ammoniaksalz der Glycyrrhizinsäure. Letztere ist nach ihm und Tsirch frei von Stickstoff und hat die Formel $C_{44}H_{60}O_{18}$[1]).

Das Süßholz enthält ferner einen gelben Farbstoff und verhältnismäßig viel Asparagin (nämlich 1—2%, nach anderen Angaben sogar 4%). Über die sonstigen Bestandteile vgl. Tabelle II Nr. 1208 und 1209.

Eine naheliegende *Verfälschung* besteht darin, daß bereits entsüßtes Süßholz als natürliches verkauft oder dem natürlichen untergemischt wird. Diese Verfälschung läßt sich durch eine quantitative Bestimmung des Zuckers feststellen.

Die alkaloidhaltigen Genußmittel.

Die alkaloidhaltigen Genußmittel sind von vorstehend besprochenen Genußmitteln, den Gewürzen, in ihrer Zusammensetzung und Wirkung wesentlich verschieden. Während bei den Gewürzen vorwiegend ätherische Öle oder einige scharf schmeckende und riechende Stoffe den wirksamen Bestandteil bilden, übernimmt hier neben geringen oder doch zurücktretenden Mengen ätherischer Öle oder sonstiger Geschmacksstoffe ein Alkaloid diese Rolle. Erstere, die ätherischen Öle der Gewürze, wirken direkt erregend auf die Geruchs- sowie Geschmacksnerven und unterstützen dadurch die Verdauungstätigkeit; die alkaloidhaltigen Genußmittel wirken dagegen hauptsächlich indirekt, d. h. erst nach dem Übergang ins Blut, indem das Alkaloid erst das Zentralnervensystem erregt und von diesem aus auf weiten Umwegen andere Nerven beeinflußt.

Die Art der Überführung in den Körper ist verschieden. Einige dieser Genußmittel werden direkt verzehrt (z. B. Kakao und Schokolade, Colanuß, Nugat), andere werden gekaut (Kautabak, Cocablätter, Betel, Kath) bzw. vorgekaut und von anderen verzehrt (z. B. Kawa-Kawa, Fliegenschwamm), von anderen bereitet man einen wässerigen Auszug (z. B. Kaffee, Tee, Mate u. a.), wieder andere werden geraucht (z. B. Rauchtabak, Auszug aus indischem Hanf, Rauchopium) oder endlich geschnupft (z. B. Schnupftabak, Paricá oder Niopo).

Auch die Wirkung der einzelnen hierher gehörigen Genußmittel ist verschieden; in mäßigen Mengen wirken sie nervenanregend, lassen Hunger-, Durst- und Müdigkeitsgefühl vergessen, erhöhen den Blutkreislauf und bewirken eine erhöhte körperliche und geistige Tätigkeit, auch ohne Nahrungszufuhr; in übermäßigen Mengen dagegen rufen sie das Gegenteil hervor, wirken berauschend, erschlaffend, bis zur Bewußtlosigkeit einschläfernd, ja tödlich. Trotz der mit dem übermäßigen Genuß verbundenen nachteiligen Folgen sind indes diese

[1]) P. Rasenack fand in den Pflanzenteilen des in Paraguay wachsenden Eupatorium Rebaudianum einen dem Glycyrrhizin ähnlichen Süßstoff, aber von der empirischen Formel $C_{42}H_{73}O_{21}$. Auch dieser Süßstoff ist ein Glykosid, welches bei der Hydrolyse mit verd. Schwefelsäure in einen geschmacklosen, schwer löslichen Körper und Glykose zerfällt.

Genußmittel jetzt über die ganze Welt verbreitet; es gibt wohl kein Land, kein Volk, welches nicht seine eigenartigen alkaloidhaltigen Genußmittel hätte[1]).

1. Von den alkaloidhaltigen Genußmitteln, die Purinbasen als wesentlich wirksame Bestandteile enthalten, haben sich

a) Kaffee und Tee wohl über die ganze Erde verbreitet; das eine oder andere dieser beiden Genußmittel findet man in den Palästen der Reichen wie den Hütten der Unbemittelten. Der Kaffee erreicht seine volle Eigenart als Genußmittel erst durch das Rösten. Eine ähnliche weite Verbreitung hat auch der Kakao bzw. die Schokolade gefunden; beide sind wegen ihres Fett-, letztere auch wegen ihres Zuckergehaltes gleichzeitig Nahrungsmittel.

Coffein (oder Tein) und Theobromin besitzen eine harntreibende Wirkung, aber ohne daß eine Harnstoffvermehrung damit verbunden zu sein braucht. Wenn sie ohne Nahrungsaufnahme zu neuen Arbeitsleistungen anregen und befähigen, so muß man annehmen, daß sie infolge der Nervenerregung eine Neubildung von Spaltungsstoffen in den Geweben veranlassen, die auch ohne Sauerstoffzehrung verbrennen und Arbeit leisten.

Das Coffein geht bei mäßigem Genuß unzersetzt in den Harn über.

Mäßige Mengen sind Auszüge von 6—10 g Tee und 15—20 g Kaffee. Auszüge von 20—40 g Tee rufen nach K. B. Lehmann Muskelspannung und Muskelzuckungen, Muskelunruhe und Tremor, Schwindel, Hitzegefühl und Präkordialangst hervor, während die Herztätigkeit weder in ihrer Zahl noch Stärke, noch in ihrer Regelmäßigkeit beeinflußt wird.

Bei den gewohnheitsgemäßen Teetrinkern können mitunter akute und chronische Krankheiten auftreten, die sich in Blutandrang zum Kopf, Hirnreizung, leichter Erregbarkeit und in einer Störung der Herz- und Gefäßfunktionen äußern.

M. Kohn berichtet, daß bei einem Mann, welcher einen Aufguß aus 80 g Kaffee genossen hatte, nach 2 Stunden Schwindel, Kopfschmerz sowie Zittern auftrat, welches sich von den Füßen über den übrigen Körper verbreitete. Dazu gesellte sich in den nächsten Stunden Röte im Gesicht, Herzklopfen, Angstgefühl und Brechreiz. Erst nach einigen Tagen wichen die Spuren der Vergiftung[2]).

b) Andere Genußmittel dieser Gruppe finden nur eine örtlich beschränkte Verwendung, so der Paraguay-Tee oder Mate in Südamerika (Paraguay, Uruguay, Brasilien bis zum Amazonas usw.), sowie die verwandte Art Cassine, ebenfalls aus Ilex-Arten im Südosten der Vereinigten Staaten (von Virginien bis zum Rio grande del Norte) stammend, mit nur 0,27 bis 0,33% Coffein. Aus ihnen wird wie beim Tee ein wässeriger Aufguß bereitet.

c) Das Guaraná, aus den Samen von Paulinia Cupana Kunth, beschränkt seine Verwendung auf das südliche Gebiet von Amazonas. Die aus den Früchten herausgenommenen Samen werden am Feuer geröstet, zerstoßen und zu einem Teig verarbeitet, der in verschiedene Formen gebracht und getrocknet wird. Aus der harten Masse wird mit kaltem Wasser ein Getränk bereitet; das Guarana soll 6,5% Coffein und 5% Gerbsäure (Catechugerbsäure), ferner auch das Glykosid Catechin enthalten.

d) Eine auch über ihr Erzeugungsland hinausgehende Verbreitung hat die coffeinhaltige (1,5—3,0%) Colanuß von Cola vera Schum., einem in Senegambien bis zum Loango und Kongogebiet angebauten, zu den Sterculiaceen gehörenden Baum, gefunden. Die aus den aufspringenden reifen Colafrüchten herausgenommene Nuß wird frisch (am besten) und getrocknet gekaut, oder auch gemahlen in Milch und Honig genossen. Sie vertreibt Hunger und Durst und wird von den Negern so geschätzt[3]), daß sie sogar als Münze dient und die Überreichung einiger Colanüsse als Zeichen der Hochachtung gilt[4]). Der Geschmack der Colanüsse ist anfänglich bitter,

---

[1]) Vgl. hierüber C. Hartwich, Die menschlichen Genußmittel. Leipzig 1911.

[2]) Außer dem Coffein werden auch dem Furanalkohol und Kaffeeöl, die sich beim Rösten des Kaffees bilden, physiologische bzw. giftige Wirkungen zugeschrieben (vgl. S. 539).

[3]) In Afrika schreibt man ihr eine erhebliche Wirkung in sexueller Hinsicht zu.

[4]) Eine weiße Nuß gilt als Zeichen der Freundschaft, eine rote bedeutet das Gegenteil.

wird aber später unter dem Einfluß des Ptyalins im Speichel, welches aus der Gerbsäure Zucker abspaltet, süßlich.

2. Alkaloidhaltige Genußmittel, die vorwiegend geraucht werden. Hierzu gehören Tabak, Opium und indischer Hanf. Von ihnen hat der

a) Tabak als Genußmittel sich über die ganze Erde verbreitet. Er wird als Rauch-, Kau- und Schnupftabak verwendet. Beim Kauen oder Schnupfen üben vorwiegend nur das Nicotin und einige eigenartige Geschmacks- und Geruchsstoffe eine Wirkung aus, beim Rauchen dagegen sind außer einem Teil des Nicotins — ein Teil verflüchtigt sich oder verbrennt — Kohlenoxyd, Blausäure, Pyridinbasen, Ammoniak und ein brenzliches Öl mit wirksam[1]). Während mäßiges Rauchen für den daran Gewöhnten anregend wirkt, Hunger und Müdigkeit vergessen läßt, das Gefühl des Wohlbehagens hervorruft, hat übermäßiges Rauchen, zumal für den Anfänger, Übelkeit, Schwindel, kalten Schweiß, Ohrensausen, Kopfschmerz, Atemnot u. a. zur Folge.

b) Opium. Das Opium, der eingetrocknete Milchsaft der unreifen Kapseln des Schlafmohns (Papaver somniferum L.), war bis jetzt fast ausschließlich in mohammedanischen Ländern, in Kleinasien, Indien, Persien, ferner in China in Gebrauch, hat neuerdings aber auch seinen Weg nach Europa (Frankreich und England) gefunden. Es ist durch eine große Anzahl von Alkaloiden (besonders Morphin 3,0—7,5% und Narkotin 3,0—4,5%), Meconsäure, Meconin ausgezeichnet und enthält Proteine, Pektinstoffe, Harz, Kautschuk, Wachs usw. Für Zwecke des Essens wird es auch mit Honig und Gewürzen (Muskatnuß, Macis, Cardamomen) vermischt. In kleinen Mengen (einigen Gramm) genossen, wirkt es anregend[2]), in größeren einschläfernd und mit der Zeit verderblich.

Für Zwecke des Rauchens wird das Opium noch besonders zubereitet. Man durchknetet es mit Wasser, röstet die zurückbleibenden Kuchen, zieht die hierbei sich bildenden abgeschöpften Fladen mit Wasser aus, dampft die Flüssigkeit unter anhaltendem Peitschen bis zur dünnbreiigen Masse ein, überläßt diese der Schimmelung (durch Mucor- und Aspergillusarten) und verwendet sie (Tschandu der Chinesen) zum Rauchen. Durch diese Behandlung werden Harz, Kautschuk, Wachs, verschiedene Alkaloide, das Narkotin u. a. entfernt; nur das Morphin wird nicht angegriffen. Darum aber ist das Rauchopium nicht minder bedenklich; es bilden sich wie beim Tabak durch das Rauchen eben andere schädliche Stoffe. Es wird auch hier hervorgehoben, daß ein mäßiger Gebrauch eine günstige, die körperliche und geistige Tätigkeit anregende Wirkung äußert, zumal wenn daneben reichliche und gute Nahrungszufuhr einhergeht; aber wenn letztere wegen fehlender Mittel nicht möglich ist, oder die anfängliche geschlechtliche Erregung nachläßt, so sucht man den Mangel durch immer größere Mengen Opium zu ersetzen, es tritt immer mehr Trägheit, Unfähigkeit zu anstrengender Arbeit, Schlaffheit und Verdummung ein. So erklärt man es, daß das chinesische Volk, früher eines der regsamsten

---

[1]) In Amerika wie auch in Deutschland sind neben Tabak eine Reihe alkaloidfreie Blätter und Rinden — Ericaceen und Arten von Rheus — in Gebrauch; im Deutschen Reich gehören Rosen-, Kirschen- und Weichselblätter zu den erlaubten Tabakersatzstoffen; bei allen diesen Ersatzstoffen können nur die außer Nicotin sich bildenden Raucherzeugnisse eine tabakähnliche Wirkung äußern.

[2]) Das Opium setzt den Menschen, wie Artmann erzählt, in den Stand, Mühen und Anstrengungen zu ertragen, unter denen er sonst erliegen würde. „So verrichten die indischen Halcarras, die Sänfte- und Botengänge leisten, mit nichts anderem, als einem kleinen Stück Opium und einem Beutel Reis versehen, fast unglaubliche Reisen. Die tatarischen Kuriere durchziehen, mit wenigen Datteln, einem Laib Brot und Opium versehen, die pfadlose Wüste, und aus demselben Grunde führen die Reisenden in Kleinasien regelmäßig Opium mit sich in Gestalt kleiner Kuchen mit der Aufschrift: „Mash Allah" (Gottesgabe). Selbst die Pferde werden im Orient durch den Einfluß des Opiums bei Kräften erhalten. Der Kutcheereiter teilt seinen Opiumvorrat mit dem ermüdeten Roß, welches, obwohl der Erschöpfung nahe, dadurch eine unglaubliche Anregung erhält."

Völker, jetzt, nachdem es dem Opiumrauchen, dem größten Völkergift, verfallen ist, sich in einem Zustande der Stumpfheit und Starrheit befindet.

c) Hanf (Haschisch). Von dem aus dem Hanf (Cannabis sativa L.) hervorgegangenen indischen Hanf werden alle Teile sowohl zum Essen als Rauchen verwendet. So bilden die zerstoßenen Samen mit Butter und Gewürzen eine Art Latwerge, auch wird aus den Blättern mit Wasser oder Milch ein Getränk hergestellt. Am meisten dienen diese und das aus den Drüsenhaaren austretende Harz zum Rauchen aus Wasserpfeifen, indem man aus dem Staube der Blätter und Blütenteile mit Wasser und dem Harz Kugeln (Haschisch) formt, die für sich, oder mit Tabak vermischt, geraucht werden. Er ist nur bei den mohammedanischen Völkern und Negern in Gebrauch, die mit diesen in Verkehr stehen. Der wirksame Bestandteil des Hanfs soll nach Fränkel Cannabinol ($C_{21}H_{30}O_2$), ein phenolartiger Körper, sein.

Der indische Hanf ruft nicht wie das Opium neue und Wahnvorstellungen hervor, sondern vergrößert oder verfeinert nur vorhandene Vorstellungen. Aber seine Wirkungen sind nicht minder groß als die des Opiums.

Der Perser und Inder versetzt sich durch den Haschisch in eine tolle, wollüstige Heiterkeit. Den Fakiren gelingt es, durch Genuß des Haschisch den Stoffumsatz im Körper derart herunterzusetzen, daß sie mehrere Wochen ohne alle Nahrung in einem todähnlichen Zustande leben.

3. Genußmittel mit verschiedenartigen Alkaloiden und von örtlich beschränktem Gebrauch. Hierzu gehören u. a.

a) Betel oder Sirih bzw. Betelbissen. Der Betelbissen wird hergestellt aus dem (tunlichst frischen) Betelblatt (Piper Betle L.), der Areka- oder Betelnuß von der Palme Areca Catechu L. und Kalk; hierzu kommen unter Umständen noch Tabakblätter und die Auszüge von Gambirblättern (Ourouparia Gambir [Huvet.] Baill.) und Catechublättern (Acacia Catechu Wildenow.). Die Blätter werden mit Kalk bestrichen oder bestreut und in diese ein Stückchen der Arecanuß (und die anderen Stoffe) eingewickelt. Die Bissen werden etwa eine Viertelstunde ausgesaugt, wobei sich der Speichel blutrot färbt. Das Betelkauen ist vorwiegend bei den südasiatischen Völkern und auch in Ostafrika in Gebrauch. Die wirksamen Bestandteile sollen sein bei der Arekanuß der Gerbstoff (14—15%) und die Alkaloide, vorwiegend das Arecolin ($C_8H_{13}NO_2$, Methylester der Tetrahydromethylnicotinsäure), beim Betelblatt ein ätherisches Öl und harzartige Stoffe (über die allgemeine Zusammensetzung vgl. Tab. II, Nr. 1275). Die Angaben über die Art der Wirkungen lauten verschieden; nach einigen wirkt das Betelkauen erfrischend und hält den Schlaf fern, nach anderen wirkt es betäubend und einschläfernd; wiederum nach anderen Angaben soll es die Hautausdunstung herabsetzen und die üblen Folgen der Opiumschwelgerei beseitigen, ähnlich wie der Kaffee jene der alkoholischen Getränke, jedenfalls finden sich die Betelröllchen bei südasiatischen Völkern in jedem Hause und werden den ganzen Tag von jung und alt, Weibern und Männern gekaut.

b) Cocablätter. Wie bei den südasiatischen Völkern das Betelkauen, so ist bei den Bewohnern von Venezuela, Columbien, Ecuador, Brasilien, Bolivien, Argentinien, Chile und Peru das Kauen[1]) von Cocablättern (von Erythroxylon Coca Lamarck) allgemein in Gebrauch; jeder Einwohner führt trockene Cocablätter mit sich, dazu gepulverten gebrannten Kalk in einem besonderen Behälter oder etwas Quinoaasche, die mit Wasser zu einem Stäbchen geformt ist. Die Cocablätter werden auch einer vorherigen Fermentation unterworfen. Die wirksamen Bestandteile (über die allgemeine Zusammensetzung vgl. Tab. II Nr. 1274) sind in erster Linie die Alkaloide, besonders das Cocain, $C_{17}H_{21}NO_4$, Methyl-Benzoyl-Ecgonin, welches bei 98° schmilzt und beim Kochen mit Säuren oder Basen

```
      / CH2 · CH2 \/ O · CO · C6H5
CH  — CH2 · CH  /\ C · CO2 · CH3
      \                |
        CH2 ————————— N(CH3)
```

[1]) Auch wird aus den Blättern mit Wasser ein Aufguß hergestellt, der getrunken wird; oder die Blätter werden gepulvert und geschnupft.

in Methylalkohol, Benzoesäure und l-Ecgonin $C_9H_{15}NO_3$ zerfällt; seine Menge in den Cocablättern wird zu 0,02—0,20% angegeben; das salzsaure Salz bewirkt eine Gefühllosigkeit der Schleimhäute. W. Hesse nimmt in den Cocablättern noch ein anderes Alkaloid, das Cocamin ($C_{38}H_{46}N_2O + H_2O$) an, welches beim Erhitzen mit Salzsäure in l-Ecgonin und Cocasäure ($C_{18}H_{16}O_4$) zerfallen soll, ferner 2 Glykoside Cocacitrin ($C_{28}H_{32}O_{17} + 2\,H_2O$) und Cocaflavin ($C_{34}H_{38}O_{19} + 2\,H_2O$), welche durch Hydrolyse wie folgt zerfallen:

$$\underset{\text{Cocacitrin}}{C_{28}H_{32}O_{17}} + 2\,H_2O = 2\,\underset{\substack{\text{Cocaose}\\\text{(d-Talose?)}}}{C_6H_{12}O_6} + \underset{\text{Cocacetin}}{C_{16}H_{12}O_7}$$

$$\underset{\text{Cocaflavin}}{C_{34}H_{38}O_{19}} + 2\,H_2O = \underset{\text{Glykose}}{C_6H_{12}O_6} + \underset{\text{Galaktose}}{C_6H_{12}O_6} + \underset{\text{Cocaflavetin.}}{C_{22}H_{18}O_9}$$

Ob auch die beiden Glykoside bei der eigenartigen Wirkung der Cocablätter eine Rolle mitspielen, scheint noch nicht geprüft zu sein; jedenfalls soll der Genuß der Coca Nahrung und Schlaf entbehren und selbst die größten Strapazen ertragen helfen. Die Eingeborenen preisen die Coca als ein Geschenk des Sonnengottes, welches den Hunger stillt, den Erschöpften stärkt und den Unglücklichen seinen Kummer vergessen läßt. W. Merck gibt an, daß Cocagenuß das Atmen erleichtert, die Magentätigkeit anregt, die Eßlust erhöht und Verdauungsstörungen hebt.

c) Paricá, Niopo. Von den Indianern des nördlichen Südamerikas wird ein Schnupfpulver verwendet, das durch Zerkleinern der natürlichen oder gegorenen Samen einer Leguminose (Piptadenia peregrina Benth.) gewonnen wird. Es wird mittels eines Rohres in die Nase eingesogen oder von einem anderen hineingeblasen. Martius bezeichnet als Folgen der Behandlung: Plötzliche Exaltation, unsinniges Reden, Schreien, Singen, wildes Springen und Tanzen. Der wirkende Stoff ist vielleicht, wie Greshoff vermutet, ein Saponin.

d) Peyotl. Er wird von den Indianern in Arizona und Neu-Mexiko aus den oberen Schichten einer mit einem dichtwolligen Haarkissen versehenen Kaktusart (Anhalonium Lewinii Hennings) gewonnen. Die frischen oder getrockneten Stücke der Pflanze werden von dem Haarschopf befreit, im Munde eingeweicht, mit den Händen zu einer Kugel gerollt und dann geschluckt. Auch wird daraus ein Getränk bereitet. Der Genuß bewirkt einen 2—3tägigen Rausch (Schlaf), der mitunter durch Singen und Schreien unterbrochen wird, um dann wieder fortgesetzt zu werden. Als vorwiegender wirksamer Bestandteil wird das Mezcalin ($C_{11}H_{17}NO_2$) neben Anhalonidin ($C_{12}H_{15}NO_3$) und anderen Alkaloiden angesehen.

e) Kath (Gat, Chaad u. a.) bezeichnet die Pflanze Catha edulis Forskal (Fam. der Celastraceae), deren Blätter, am besten frisch, in Arabien und Ostafrika einfach gekaut werden. Auch wird ein wässeriger Auszug aus den Blättern getrunken. Ein mäßiger Genuß verscheucht den Schlaf, macht zu außergewöhnlichen Anstrengungen fähig und erzeugt angenehme Vorstellungen und Träume; übermäßige Mengen bewirken Herzkrankheiten und führen wie bei übermäßigem Alkoholgenuß zur Zerrüttung von Nerven und Kräften. Beitter hält ein von ihm in den Blättern gefundenes Alkaloid für den Träger der Wirkung.

f) Kawa-Kawa. Darunter versteht man den aus der Wurzel einer Pfefferart (Piper methysticum Forster) bereiteten Trank, der von den Bewohnern der polynesischen Inseln (den Markesas, den Tonga- und Fidschi-Inseln, Samoa, Tahiti, Neu-Guinea u. a.) zubereitet und genossen wird. Die Wurzel wird von sauberen Knaben und Mädchen bis zur faserigen Masse zerkaut, die Bissen mit dem Speichel in ein Gefäß ausgespien, worin die Masse einige Zeit aufbewahrt, dann mit Wasser verdünnt, umgerührt und durch Filtration oder durch Herausfischen von Fasern befreit und dann von Männern — aber auch Frauen — getrunken wird. In mäßigen Mengen (von etwa zwei Bissen) äußert der Trank eine besänftigende Wirkung (Sorglosigkeit, Behaglichkeit), in größeren Mengen bewirkt er Erschlaffung, Trunkenheit, verbunden mit Schlaf, der 2—8 Stunden anhält.

Die Wurzel enthält zwei krystallinische Stoffe Methysticin ($C_{15}H_{14}O_5$, auch Kawahin genannt, 0,27%) und Yangonin ($C_{15}H_{14}O_4$, 0,18%); die Wirkung soll aber an 2 Harzen und 2 Glykosiden (0,69%) haften, welche letztere durch den Speichel gespalten werden sollen.

g) Fliegenschwamm. Der Fliegenschwamm (Amanita muscaria (L.) Pers. S. 462 und 466) wird in Sibirien (bei den Ostjaken, Samojeden und Tungusen) von Frauen vorgekaut, zu Würstchen geformt, die von Männern als solche geschluckt werden. Alsbald nach dem Genuß — mäßiger Mengen — tritt ein trunkener Zustand ein, verbunden mit der Lust zu singen und zu tanzen, dann folgt ein tiefer Schlaf, in welchem der Trunkene die Zukunft soll sehen können. Größere Mengen rufen dagegen Herzklopfen und Brechreiz hervor, die mit Wahnsinn und dem Tod enden können. Neben dem Muscarin (Oxycholin), welches nicht die Ursache des Rausches ist, soll ein besonderes Amanitatoxin die Krämpfe erregende giftige Wirkung besitzen. Bemerkenswert ist es, daß auch der Harn von Fliegenschwammessern, der besonders aufgefangen wird und getrunken zu werden pflegt, berauschend wirkt. Es scheint also das Gift unzersetzt in den Harn überzugehen.

Von den vorstehenden alkaloidhaltigen Genußmitteln mögen nur diejenigen noch eingehender besprochen werden, die eine allgemeine Bedeutung für den Welthandel haben.

Kaffee.

Begriff.[1] „Kaffee (Kaffeebohnen) sind die von der Fruchtschale vollständig und der Samenschale (Silberhaut) größtenteils befreiten, rohen oder gerösteten, ganzen oder zerkleinerten Samen von Pflanzen der Gattung Coffea. Bohnenkaffee ist gleichbedeutend mit Kaffee[2].“

Als Kaffeesorten werden unterschieden:

1. nach der geographischen Herkunft:
   a) südamerikanischer (brasilianischer [Santos-, Rio-, Bahia-], Venezuela-, Columbia-) Kaffee;
   b) mittelamerikanischer (Guatemala-, Costarica-, Mexiko-, Nicaragua-, Salvador-) Kaffee;
   c) westindischer (Cuba-, Jamaika-, Domingo-, Portoriko-) Kaffee;
   d) indischer (Java-, Sumatra- [Padang-], Celebes- [Menado-], Ceylon-, Mysore-, Coorg-, Neilgherry-)Kaffee;
   e) arabischer (Mokka-) Kaffee; dieser gilt als beste Sorte;
   f) afrikanischer (abessinischer, Usambara-, Nyassa-, Cazengo-) Kaffee; u. a.
2. nach der pflanzlichen Abstammung: Kaffee von Coffea arabica, Kaffee von Coffea liberica (Liberiakaffee, Tiefpflanze, hat größeren Samen als arabischer Kaffee);
3. nach der Stufe der Zubereitung: roher, gerösteter, gemahlener Kaffee.

Perlkaffee ist Kaffee aus einsamig entwickelten Kaffeefrüchten.

Bruchkaffee (Kaffeebruch) sind zerbrochene Kaffeebohnen.

Kaffeemischungen und gleichsinnig bezeichnete Erzeugnisse sind Gemische verschiedener Kaffeesorten.“

Außer den beiden Arten Coffea arabica und C. liberica kommen noch einige andere Arten bzw. Spielarten vor, wie Coffea stenophylla, C. Ibo, C. mauritiana (bourbonica), C. Humboldtiana, C. Bonnieri, C. Gallienii, C. Mogeneti u. a.; sie haben aber für den Handel keine Bedeutung. Der Bourbonkaffee (C. bourbonica) hat verkehrt eiländliche, nach unten (Keimanlage) zugespitzte, tränenförmige Samen und liefert einen Auszug von herbem, scharfem Geschmack. Die letztgenannten Kaffeesorten sind angeblich frei von Coffein.

Gewinnung. Die durch Schütteln (Arabien) oder Pflücken (Westindien) im Mai bis August oder Dezember geernteten Kaffeebeeren werden auf dreierlei Art geschält, nämlich entweder nach dem trockenen oder nassen oder Wäscheverfahren.

---

[1]) Nach dem im Kaiserl. Gesundheitsamt bearbeiteten „Entwurf zu Festsetzungen über Kaffee“. Berlin bei Julius Springer. 1915.

[2]) Im üblichen Sprachgebrauch versteht man unter Kaffee das daraus bereitete Getränk.

Nach dem vorwiegend in Arabien und Ostindien üblichen trockenen Verfahren werden die etwas getrockneten Früchte durch Quetschen zwischen Walzen von Frucht- und Samenhüllen [1]) befreit, darauf die Samen getrocknet und weiter durch Schleudern oder Schwingen von den noch anhaftenden Schalen, der Pergamentschale oder dem Endokarp befreit.

Das nasse Verfahren besteht darin, daß man die Kaffeefrüchte entweder einen Tag gären läßt, dann trocknet und durch Zerquetschen sowie Schwingen von den Frucht- und Schalenresten befreit, oder daß man, wie in Westindien, das frische Fruchtfleisch so schnell wie möglich entfernt, die noch mit der Pergamentschale versehenen Samen der Gärung unterwirft, wäscht, trocknet, darauf in Schälmaschinen die Pergamentschale beseitigt.

Die Gärung ist nach O. Loew, wie beim Kakao (S. 564), eine Alkohol- und Essigsäuregärung, sie dauert nur 15—20 Stunden bei 35—41° und soll nur das die Testa des Samens einhüllende Schleimgewebe beseitigen.

Das Waschen des Kaffees beginnt in Brasilien damit, daß man die Früchte in große Wasserbehälter wirft, wodurch die grünen und tauben, obenauf schwimmenden Früchte von den vollen, untersinkenden getrennt werden. Letztere gelangen sodann in den „Despolpador", durch den die Fruchtschalen auf mechanischem Wege losgetrennt werden. Nach abermaligem Waschen werden die Samen etweder durch natürliche Sonnen- oder künstliche Wärme getrocknet und mit dem „Deskador" enthülst. Dem Enthülsen folgt dann häufig noch ein Scheuern in eisernen Zylindern (Brunidor); das Sortieren geschieht durch Sieben.

Bei den amerikanischen Kaffeesorten unterscheidet man naturelle oder Trillado- und gewaschene oder Deszerezado-Kaffees. Der gewaschene Brasilkaffee (Kaffee levàdo) ist meist erbsengrün gefärbt, gleichmäßig, nahezu frei von schlecht aussehenden (braungefleckten) Bohnen, von mildem, süßlichem Geschmack; der nicht gewaschene Kaffee (Kaffee do terreiro) ist dagegen von scharfem Geschmack, verschieden grünlich gefärbt, oft schuppig und gesprenkelt.

Den Perlkaffee trennt man dadurch von den anderen Samen, daß man die enthülsten Samen auf ein rauhes, schief gespanntes, sich bewegendes Tuch bringt und von oben aufschüttet; die flachen Samen bleiben liegen, die runden rollen abwärts.

Außer vorstehender Zubereitung erfährt der Kaffee in den Erzeugungsländern vielfach ein sog. „Schönen" und „Appretieren". Das Schönen besteht in der Aufbesserung der Farbe z. B. durch Bestreuen mit Ocker (ockern) zur Erteilung einer gelben Farbe (wie bei Menadokaffee), oder durch Bestreuen mit Lindenkohle und etwas Indigo für grüne Schattierungen. Unter Appretieren versteht man das Anrösten oder Aufquellen in Wasserdampf, um größere Bohnen zu erzielen.

Triage- oder Brennware besteht aus schlechten, zerbrochenen, oft mit Schalen gemischten Bohnen und auch aus den Kaffeeresten von den Schiffs- und Lagerräumen.

Havarierter oder marinierter Kaffee ist durch Eindringen von Seewasser verdorben.

Kennzeichen. Die rohen Kaffeebohnen des Handels sind grünlich, gelblich, weißlich, bräunlich oder bläulich gefärbt. Sie haben gewöhnlich plankonvexe Gestalt; nur der sog. Perlkaffee hat eine walzenförmig-runde Form. Die Länge der Kaffeebohnen schwankt gewöhnlich zwischen 7—20 mm, die Dicke zwischen 5—6 mm. Liberiakaffee zeichnet sich durch besondere Größe der Bohnen aus.

Auf der flachen Seite der Kaffeebohnen findet sich eine mit den Resten der glänzenden Samenhaut (Silberhaut) ausgekleidete, meist als „Naht" oder „Schnitt" bezeichnete Raphenfurche (Längsfurche), die, wie man beim Zerschneiden in der Querrichtung leicht erkennen kann, nach innen zu eine tief gewundene Spalte ist. Reste der Samenhaut haften auch oft auf der Außenseite ungebrannter Bohnen. An einem Ende der gewölbten Seite der Bohne findet sich der aus den beiden herzförmigen Keimblättern und dem Würzelchen bestehende,

---

[1]) Das bei der Kaffeezubereitung abfallende Fruchtfleisch dient zur Herstellung einer geringhaltigen alkoholischen Flüssigkeit (Kischer oder Gischer der Araber); die Fruchtschalen werden entweder direkt zur Verfälschung des Kaffees oder zur Herstellung eines Extraktes verwendet, der beim Rösten des Kaffees Verwendung findet (vgl. S. 534).

0,4 bis 0,8 mm lange Embryo. Erweicht man eine ungebrannte Kaffeebohne in heißem Wasser, so läßt sie sich an der Furche auseinanderbiegen, wobei größere Teile der Samenhaut sichtbar werden.

Auf 1 Deziliter entfallen nach Ed. Hanausek etwa:

	Mokka-,	Ceylon-,	Java-,	Jamaika-Kaffee
Bohnen, Anzahl	510	345	338	294
„ Gramm	50,0	50,8	44,5	52,2

Im allgemeinen gilt die Kaffeesorte als um so aromareicher und geschmackvoller, je geringer das Deziliter-Gewicht ist. Hiermit soll die Tatsache zusammenhängen, daß durch längeres Lagern die Beschaffenheit des Kaffees verbessert wird. Jedoch darf die Lagerung des Kaffees nicht in der Nähe stark riechender Stoffe stattfinden. Die einzelne rohe Kaffeebohne hat keinen oder einen kaum merkbaren Geruch; wenn er jedoch in größeren Mengen aufgehäuft wird, macht sich ein eigenartiger Kaffeegeruch bemerkbar.

Zubereitung. Die Kaffeesamen bzw. die Kaffeebohnen, deren Gebrauch erst gegen Ende des 17. Jahrhunderts (1680—1700) in Deutschland bekannt geworden ist, werden von uns nicht als solche verwendet, sondern vorher bei 200—250° geröstet oder gebrannt[1]). Das Rösten ist ebenso von Einfluß auf die Beschaffenheit, den Wohlgeschmack des Kaffees, wie die Natur des Samens selbst. Zunächst sollen die Bohnen, unter Entfernung aller kleinen und verkrüppelten Bohnen, Steinchen u. dgl. genau ausgelesen und darauf durch rasches Abwaschen mit kaltem Wasser von anhängendem Staub und Schmutz befreit werden. Man übergießt die Bohnen in einem Gefäß mit kaltem Wasser, rührt kräftig um und gießt das Trübe, damit sich keine wertvollen Bestandteile des Kaffees lösen, rasch ab. Die feuchten Bohnen kommen ohne weiteres in den Kaffeebrenner, um geröstet zu werden.

a) Rösten des Kaffees. Als Kaffeebrenner sind in den Haushaltungen entweder drehbare, zylindrische Eisentrommeln oder bedeckelte Eisentöpfe (pfannenartige Töpfe) mit Rührvorrichtungen in Gebrauch. Man füllt dieselben höchstens zu zwei Drittel mit Bohnen, erhitzt ziemlich rasch über freiem Feuer, indem man beständig rührt oder dreht, damit immer neue Bohnen mit der heißen Fläche des Eisengefäßes in Berührung kommen und möglichst alle Bohnen gleichmäßig lange der stärksten Hitze ausgesetzt werden. Anfangs entweichen nur Wasserdämpfe, bei weiterer Erhitzung auch riechende Erzeugnisse der trockenen Destillation. Die Dämpfe haben im Anfange eine sauere, später eine alkalische Reaktion. Wenn die Bohnen eine gleichmäßige, lichtbraune Färbung[2]) angenommen haben, soll die Röstung unterbrochen werden; hierauf ist unter stetem Drehen oder Rühren genau zu achten, weil durch Überrösten, d. h. ein Rösten bis zur dunkleren, schwarzbraunen oder gar schwarzen Färbung das Aroma wie der Geschmack sehr beeinträchtigt werden. Die fertig gerösteten Bohnen werden auf einen Tisch oder besser in eine geräumige, hölzerne Mulde entleert und hier sofort, um ein Nachrösten bzw. Nachdunkeln infolge der aufgenommenen Wärme im Innern zu vermeiden, entweder so lange durchgerührt oder so lange umgeschwenkt, bis keine Dämpfe mehr entweichen. Die abgekühlten Bohnen werden, um kein Aroma zu verlieren, in möglichst dicht schließenden Gefäßen aufbewahrt und kurz vor Bereitung eines Kaffeeaufgusses gemahlen.

Diese, wegen der Entwicklung von stark riechenden Dämpfen lästige Hausarbeit hat aber in letzterer Zeit, wie auf vielen anderen Gebieten der Lebensmittelzubereitung, einer fabrikmäßigen Röstung Platz gemacht, welche entweder von den Händlern oder eigenen Kaffeeröstereien ausgeübt wird.

---

[1]) Im Westen vom Tanganjikasee werden zwar die Samen einiger Kaffeesträucher teils gekaut, teils gekocht als Genußmittel benutzt; diese Sträucher gehören jedoch anderen Arten der Gattung Coffea an, nämlich Coffea microcarpa D. C., C. laurina Sm., C. Zanguebariae Louv. usw.

[2]) Diese wird durch Rösten bei mäßigen Temperaturen von etwa 200° erzielt; hierbei bildet sich auch das meiste Aroma.

Die fabrikmäßigen Kaffeeröstereiapparate stellen zylindrische oder kugelförmige Trommeln dar, die in der Achse gelagert sind, durch Schwungräder oder Räderübersetzung gedreht werden, und deren Feuerung mit Kohlen, Holzkohlen oder Koks, auch mit Gas oder Wassergas, vorgenommen wird. Die Füllung der Trommel erfolgt durch eine mit Deckel verschließbare, runde oder viereckige Öffnung, die Röstgase entweichen durch die hohle Achse oder durch eigene, aus gelochtem Blech gefertigte Ausblasevorrichtungen. Ebenso eingerichtete größere Apparate, bis zu 100 kg Fassung, werden von Transmissionen mittels Riemen und Riemenscheiben getrieben; sie besitzen ferner Vorrichtungen, die Trommel aus dem Feuerraume zu heben oder zu rollen, bzw. einen verschiebbaren Feuerwagen.

Vielfach hat sich dann das Bestreben breit gemacht, diese Röstapparate durch sog. Schnellröster zu ersetzen.

Während man früher bestrebt war, den Kaffee möglichst vor dem Rauche und den Abgasen des Feuerungsmaterials zu schützen, ja sogar silberne Röster anfertigte, weil diese weniger von den Feuergasen durchdrungen werden sollten, richtete man jetzt Maschinen ein, bei welchen die Feuerungsgase direkt durch den Kaffee gesogen wurden.

Zuerst tauchten gelochte Trommeln auf, und zwar sowohl einfach- wie auch doppelwandige, oder solche, wo der Röstraum als innere Hohlkugel mit der äußeren Wand durch feine Kanäle oder Ventilationsschaufeln verbunden war.

Ihnen folgte der Salomonsche Apparat, bei dem die Gase von glühendem Koks mittels eines hohen Kamins oder mittels eines Ventilators durch das Röstmaterial gesogen wurden. Dieser Einrichtung folgte eine Reihe anderer auf derselben Grundlage, wie man auch schon früher Einrichtungen angewendet hatte, bei denen frei in der Trommel Gasröstflammen brannten, durch die der Kaffee beim Rösten hindurchgeschleudert wurde.

Aber alle diese Röstvorrichtungen haben nach H. Fr. Trillich eher eine Verschlechterung als Verbesserung herbeigeführt. Sie lieferten zwar 3—5% Brenngut mehr, aber, weil die Bohnen innen nicht genügend durchgeröstet waren, 3—5% Extraktausbeute weniger als die alten Verfahren.

b) Glasieren des Kaffees. Mit der Einführung der Schnellrösterei hat aber noch ein anderer Brauch oder vielmehr Mißbrauch Platz gegriffen, nämlich das Glasieren des Kaffees. Ursprünglich wurde dem rohen Kaffee, um dem daraus bereiteten gerösteten Kaffee ein wohlgefälliges Aussehen zu erteilen, beim Einbringen in die Rösttrommel eine geringe Menge Zucker zugesetzt. Letzterer schmilzt beim Rösten, wird in braungefärbtes Caramel verwandelt und erteilt den Bohnen einen schönen Glanz, indem er gleichzeitig die Poren, die sich beim Rösten infolge des Entweichens der Röstgase bilden, verschließt, wodurch der Zutritt von Sauerstoff und eine Zersetzung des Fettes verhindert werden soll. Neuerdings wird aber das Glasieren durchweg in der Weise vorgenommen, daß man die Kaffeebohnen zunächst regelrecht röstet, darauf die Zuckerlösung zufügt und bis zur Caramelisierung weiter röstet, oder daß man auf die aus dem Röster entleerten noch heißen Bohnen eine konzentrierte Zuckerlösung spritzt; der Zucker wird durch die noch vorhandene Hitze der Bohnen zum Teil caramelisiert, wodurch die Bohnen ein schwarzglänzendes Aussehen bzw. einen schwarzglänzenden Überzug annehmen, während das gleichzeitig in der Zuckerlösung zugesetzte Wasser verdampft. Vielfach läßt man den gerösteten Kaffee auch erst etwas abkühlen und fügt erst dann die Zuckerlösung zu; auf diese Weise kann nicht alles Wasser verdunsten, sondern es tritt eine Gewichtsvermehrung ein. Statt des Zuckers verwendet man zur Erlangung einer schönen Glasur die verschiedensten Rohstoffe von zum großen Teil sehr fraglichem Wert, wie Kaffeeschalen-, Kaffeefruchtfleisch- und Kakaoschalen-Auszug[1]), Stärkezucker und -sirup,

[1]) Kaffeeschalen und Kakaoschalen werden z. B. mit 0,1 proz. Salzsäure ausgezogen, der Auszug mit Natriumcarbonat neutralisiert, eingedampft, der kochend heiße Auszug mittels einer Verstäubungsvorrichtung auf die im Röstapparat befindlichen Kaffeebohnen gespritzt in dem Zeitpunkt, wo sich die Bohnen aufblähen und mürbe werden; die Röstung wird dann noch kurze Zeit fortgesetzt. Havarierter Kaffee wird vor der Röstung mit Kalkwasser behandelt.

Dextrine, Stärke, Gummi, Tragant, Agar-Agar, Melassesirup, Eiweiß[1]), Gelatine, Harz (Schellack, Kolophonium u. a.), Firnis (Firnisieren), tierische und pflanzliche Fette, Leinöl, Kolophoniumseife und Schellack, Mineralöle, Vaselinöl, Glycerin, kondensierte Röstdämpfe vom gerösteten Kaffee, Alkalicarbonate, Soda und Zucker, sog. Coffein, d. h. eine in teilweise vergorener Glykoselösung aufgerührte Hefe [2]), Boraxlösung u. a. Schellack und Kolophonium können unter Umständen Arsen, das Lackharz, von Schildläusen auf Blättern von Euphorbiaceen erzeugt, kann giftige Stoffe enthalten.

Das Firnissen oder Glasieren mit Harz wird nach L. A. Andes entweder in der Weise vorgenommen, daß man die Harze in fester, aber gepulverter Form auf den zu röstenden Kaffee in der Rösttrommel bzw. auf dem Kühlsieb streut und sie durch die Hitze unter gleichzeitiger mechanischer Bewegung auf den Kaffee verteilt, oder dadurch, daß man die Harze in Ammoniak oder fixem Alkali, Alkalicarbonat oder -phosphat löst und die filtrierte Lösung auf den nahezu erkalteten gerösteten Kaffee aufgießt und durch Wenden verteilt.

c) Herstellung von coffeinfreiem Kaffee. Wenngleich es, wie schon oben S. 531 gesagt ist, natürliche coffeinfreie Kaffeearten [3]) gibt, so hat man neuerdings, um dem Kaffee die herzerregende Wirkung [4]) zu nehmen, auch angefangen, dem echten Kaffee das Coffein künstlich zu entziehen und den Rückstand als coffeinfreien Kaffee in den Handel zu bringen. Die Coffein-Entziehung wird auf verschiedene Weise bewirkt.

Entweder man behandelt die rohen Samen vorher auf besondere Weise z. B. mit überhitztem Wasserdampf, sauer oder basisch reagierenden Gasen oder Dämpfen (Essigsäure, schwefliger Säure), um die Zellen bzw. das Coffein aufzuschließen, und zieht dann mit den üblichen Lösungsmitteln für Coffein (Äther, Alkohol und Benzol, bzw. Mischungen derselben) aus, oder man zieht die rohen unzerkleinerten Bohnen im Vakuum aus, verdampft den Auszug, entzieht dem Rückstand das Coffein, fügt die hierbei verbleibenden coffeinfreien Extraktstoffe den evakuierten Samen wieder zu, unterbricht kurze Zeit das Vakuum und trocknet sodann die imprägnierten Samen weiter im Vakuum.

Nach C. Kippenberger löst sich das Coffein bzw. auch Coffeeintannat in großen Mengen und leicht in heißem Öl, in Glycerin oder Aceton, so daß sich auch diese Lösungsmittel zur Entfernung des Coffeins verwenden lassen.

Nach einem anderen Verfahren (D. R. P. 219 405) wird der rohe Kaffee mit Wasser durchfeuchtet, der durchfeuchtete Kaffee einem durchgeleiteten elektrischen Strom von 2—10 Volt

---

[1]) Krzizan fand in Eiweiß-Kaffeeglasur 32,4% Albumin, 20,6% Glykose, 22,1% Dextrin und 1,4% Borax.

[2]) Diese Flüssigkeit von 1,03 spez. Gewicht enthielt nach A. Stutzer in 100 g:

Feste Substanz	Glykose	Dextrin	Asche
9,18 g	1,72 g	1,47 g	0,69 g

[3]) Die amerikanischen Handelsmarken „Detannate Brand-Royal-Dutch-Coffee", „Pure-Coffee" und „Digesto-Coffee" sollen frei von Gerbsäure und Coffein sein. In Wirklichkeit enthielten sie aber nach A. L. Winton ebensoviel Gerbsäure und Coffein wie die gewöhnlichen Kaffeesorten.

[4]) K. B. Lehmann hat festgestellt, daß der coffeinfreie Kaffee (Hag) mit einem Gehalt von etwa 0,1% Coffein keine Wirkung auf Herz, Nervensystem und Muskeln erkennen läßt und Kakizawa hat nachgewiesen, daß er auch keine diuretischen Wirkungen äußert; letzterer fand die Harnmenge in 4 Stunden nach Genuß von Wasser, coffeinhaltigem und coffeinfreiem Kaffee im Mittel wie folgt:

	Genuß von Wasser	Genuß von Getränk von 50 g Kaffee coffeinhaltig	coffeinfrei
Harnmenge	305 ccm	848 ccm	298 ccm

ausgesetzt und gleichzeitig oder auch wechselweise nach Unterbrechung des Stromes mit Chloroform oder Essigäther usw. ausgezogen.

Nach einem Patent (D. R. P. 221 116) werden die rohen Kaffeebohnen in einem vor Luftzutritt geschützten Behälter erst auf 150° erhitzt, dann bei einem Druck von 2,5 Atm. am Kühler der Wasserdampfdestillation unterworfen und nach Beendigung der Destillation mitsamt der rückständigen Flüssigkeit getrocknet.

Oder man behandelt den Kaffee mit geeigneten Lösungsmitteln und entfernt letztere nebst gelösten Stoffen mit Hilfe der Zentrifuge (D. R. P. 224 152) und sonstige Vorschläge mehr.

Die bis jetzt hergestellten coffeinfreien Kaffeesorten ergaben noch 0,05—0,3% (durchweg 0,1%) Coffein; eine völlige Entfernung des Coffeins scheint nicht möglich zu sein.

Veränderungen des Kaffees beim Rösten und Zusammensetzung. Durch das Rösten, wodurch erst die Verwendung als Genußmittel ermöglicht wird, erfährt der Kaffee wesentliche Veränderungen[1]), die auch naturgemäß mit Verlusten verbunden sind. Die Veränderungen und Verluste sind je nach der Art des Röstens verschieden. Die Kaffeeart zeigt hierbei keine grundsätzlichen Unterschiede. Arabischer wie Liberiakaffee verhalten sich beim Rösten gleich; auch die natürlichen coffeinfreien Kaffeearten, die bis auf den Coffeingehalt eine ähnliche Zusammensetzung (z. B. 8,95—11,95% Stickstoffsubstanz und 3,17—3,79% Asche in der Trockensubstanz) besitzen, zeigen beim Rösten keine Abweichungen; nur die künstlich coffeinfrei gemachten Kaffeesorten weisen beim Rösten gegenüber dem natürlichen coffeinhaltigen Kaffee anscheinend einige Unterschiede auf.

Wasser. Der Wassergehalt von rohem Kaffee (9—12%) soll 13% nicht überschreiten; ein höherer Gehalt deutet auf feuchte Lagerung oder Havarie; in letzterem Falle enthält die Asche mehr Chlor (über 1% in Prozenten der Asche).

Der Kaffee verliert beim Rösten etwa 75% Wasser und enthält geröstet durchweg 2—3% Wasser (Trockenverlust); beim Aufbewahren in feuchten Räumen während mehrerer Wochen kann der Gehalt auf 5% steigen; eine noch höhere Steigerung auf 8—9% findet nur in außergewöhnlich feuchten Räumen statt.

Ein mit Zucker (oder Sirup) glasierter Kaffee pflegt infolge der eintretenden zweiten Erhitzung etwas weniger Wasser zu enthalten, wenn die Zuckerlösung über den frisch gerösteten noch sehr heißen Kaffee gespritzt ist, dagegen etwas mehr Wasser als gewöhnlich gerösteter Kaffee, wenn der geröstete Kaffee vor Aufbringung der Lösung abgekühlt wird.

Ein mit 4—5 proz. Boraxlösung besprengter gerösteter Kaffee behält nach Bertarelli selbst nach weiterem Trocknen einen hohen Wassergehalt (11,50%).

Harz-, Firnis- und Öl-Glasuren können den Kaffee vor Wasseranziehung beim Lagern schützen.

---

[1]) So wurde die Zusammensetzung von rohem und geröstetem Kaffee im Mittel mehrerer vergleichenden Versuche wie folgt gefunden:

Kaffee	Wasser	In der Trockensubstanz										
		Stickstoff-Substanz	Coffein	Ätherauszug	Petroläther-auszug (Fett)	Zucker	Dextrin	Gerbsäure	Pentosane	Rohfaser	Asche	Wasserauszug
	%	%	%	%	%	%	%	%	%	%	%	%
Roh . . .	11,25	14,15	1,33	13,21	12,00	8,53	0,95	9,42	7,15	26,88	4,25	33,25
Geröstet .	2,65	14,30	1,27	14,85	11,75	2,91	1,34	4,78	3,78	24,50	4,04	29,59

Ab- bzw. Zunahme in Prozenten der betreffenden Bestandteile:

−76,4	—	−4,5	+12,4	−2,1	−65,8	+41,0	−49,2	−47,1	−8,8	−4,9	−11,0

Selbstverständlich sind diese Werte je nach dem Kaffee und dem Rösten Schwankungen unterworfen.

Stickstoff-Substanz. Über die Proteine des Kaffees (10,0—17,0% der Trockensubstanz) ist bis jetzt wenig bekannt. Im rohen Kaffee werden 2,53%, im gerösteten 1,47% Albumin angegeben; J. Binz fand im rohen Kaffee 0,029%, im gerösteten 0,022% Salpetersäure. Die Proteine erfahren durch das Rösten im ganzen anscheinend keine Verluste. Die wichtigste Stickstoff-Verbindung des Kaffees ist das Coffein (S. 51, physiologische Wirkung S. 527), das im Kaffee wahrscheinlich an chlorogensaures Kalium gebunden als chlorogensaures Kaliumcoffein $C_{32}H_{36}O_{19}K_2(C_8H_{10}N_4O_2)_2 + 2H_2O$ vorhanden ist. Der Gehalt an Coffein wird zu 0,6—2,4% angegeben, jedoch dürften diese Schwankungen zum Teil mit an den angewendeten, verschiedenen Untersuchungsverfahren liegen; durchweg liegt der Gehalt zwischen 1,0—1,5% Coffein und zeigt in dieser Hinsicht auch Liberia-Kaffee vor dem arabischen keinen Unterschied. Die sog. coffeinfreien Kaffees pflegen noch, wie schon gesagt, 0,1% Coffein zu enthalten. Der Verlust an Coffein durch das Rösten schwankt je nach dem Grade und der Art der Röstung mit und ohne Glasuren in ziemlich weiten Grenzen und berechnet sich nach verschiedenen Versuchen zu 3,8—28,7% des vorhandenen Coffeins. In der Regel dürfte er 3,0 bis 5,0% betragen. Bei den mit Zucker glasierten Kaffees kann der Verlust infolge der zweiten Erhitzung (S. 534) höher sein als bei den auf gewöhnliche Weise gerösteten Kaffees.

Auch Blüten, Blätter und Zweige der Kaffeepflanzen enthalten Coffein[1]).

P. Palladino will neben dem Coffein eine neue Base im Kaffee gefunden haben, welche er Coffearin nennt; sie hat die empirische Formel $C_{14}H_{16}N_2O_4$ und besitzt narkotische Wirkungen.

Fett. Das Fett (Ätherauszug) der Kaffeebohnen besteht nach Rochleder aus den Glyceriden der Palmitinsäure und einer Säure $C_{12}H_{24}O_2$, nach F. Tretzel aus den Glyceriden der Öl-, Palmitin- und Stearinsäure, denen freie Ölsäure beigemengt ist. Der Gehalt an Ätherauszug schwankt im rohen Kaffee zwischen 10—13%, im gerösteten zwischen 12—15%, ist daher in letzterem um durchweg 2% höher. Da durch das Rösten ohne Zweifel etwas Fett zersetzt und verflüchtigt wird, so müssen sich beim Rösten Stoffe bilden, welche in Äther löslich sind. Wie Äther, so lösen auch Petroläther und Chloroform aus dem gebrannten Kaffee mehr Stoffe als aus dem rohen; nur der Alkohol verhält sich umgekehrt.

Ed. Spaeth, ferner A. Hilger und A. Juckenack untersuchten das Fett (Petrolätherauszug) von rohen und diesen entsprechenden gerösteten Kaffeebohnen auf seine Konstanten und fanden, daß durch das Rösten die Verseifungs-, Jod-, Reichert-Meißlsche, Säurezahl und der Refraktometergrad des Fettes etwas zu-, die Jodzahl der Fettsäuren und der unverseifbare Anteil (vorwiegend Phytosterin) etwas abnahmen, daß die Zu- bzw. Abnahme aber nur gering ist und das Fett durch das Rösten keine wesentlichen Veränderungen erleidet. Es tritt beim Rösten an die Oberfläche und bedingt die fettige Beschaffenheit des gerösteten Kaffees. Zweifellos ist das Fett auch bei der Bildung des Röstaromas mitbeteiligt. Hilger und Juckenack fanden in dem Fett des gerösteten Kaffees Dioxystearinsäure, wodurch sich die Zunahme des Molekulargewichtes erklärt. Roher Kaffee kann nach Tretzel bis 7,46% freie Säure (als Ölsäure berechnet) enthalten.

Gerbsäure. Die Kaffee-Gerbsäure $C_{21}H_{28}O_{14}$ wird nach S. 118 als ein Glykosid angesehen, welches durch Hydrolyse Kaffeesäure und Zucker liefern soll. L. Graf konnte aber durch Behandlung der in üblicher Weise gewonnenen Gerbsäure weder mit verdünnten Säuren, Kalilauge, noch mit Brom wirklichen Zucker, noch mit Phenylhydrazin und Essigsäure ein Osazon erhalten. Es entstehen durch obige Behandlung zwar Stoffe, die Fehlingsche Lösung reduzieren, sie sind aber durch Bleiessig fällbar. Graf hält nach seinen bisherigen Untersuchungen die Kaffee-Gerbsäure nicht für ein Glykosid.

[1]) So ergaben:

	Java-Kaffee			Liberia-Kaffee		
	Blätter	junge Zweige	alte Zweige	Blüten ohne Kelch	Blätter	Stiele
Coffein . .	1,15—1,25%	0,60%	0,20%	0,30%	0,90%	1,10%

Die Kaffee-Gerbsäure wird durch das Rösten erheblich und durchschnittlich um fast die Hälfte vermindert (zerstört).

Zucker. Jam. Bell will in dem Kaffee eine eigentümliche Zuckerart gefunden haben, welche dieselben Beziehungen zur Saccharose haben soll, wie Melezitose zu Mykose. Levisie, Herfeld und Stutzer konnten keinen freien Zucker im Kaffee nachweisen. L. Graf aber stellte in Übereinstimmung mit E. Ewell und E. Schulze fest, daß in den Kaffeebohnen wirklich eine freie Zuckerart, und zwar Saccharose vorhanden ist, und daß neben dieser sich weder Glykose noch eine sonstige reduzierende Zuckerart vorfindet.

Der Zucker (Saccharose), der im Rohkaffee zwischen 5,0—9,8% schwankt, wird durch das Rösten je nach dem Grade desselben mehr oder weniger ganz zerstört (caramelisiert), und der Gehalt daran beträgt im gerösteten Kaffee zwischen 0,5—3,5%, im Mittel liegt er zwischen 1,5—2,5%.

Neben Zucker enthält der rohe Kaffee eine geringe Menge Dextrin (etwa 0,8%), welche durch das Rösten auf Kosten anderer Kohlenhydrate um etwa 0,5% zuzunehmen scheint.

Sonstige Kohlenhydrate. Nach den Untersuchungen von E. Schulze und W. Maxwell enthalten die Kaffeebohnen die Anhydride verschiedener Zuckerarten, nämlich Galaktan, Mannan und Pentosane; das in Mannose überführbare Mannan ist zum Teil als Manno-Cellulose im Kaffee vorhanden. Nach wenigen Bestimmungen enthält der rohe Kaffee mehr Pentosane als der geröstete, so daß etwa 40—50% durch das Rösten zerstört zu werden scheinen.

Rohfaser. Der geröstete Kaffee weist nach vorstehenden Analysen (S. 536 Anm.) erheblich weniger Rohfaser als der rohe Kaffee auf. Ohne Zweifel wird durch das Rösten ein Teil der Zellfaser verkohlt bzw. humifiziert[1]).

Mineralstoffe. Bezüglich der Zusammensetzung der Asche der Kaffeebohnen (Tab. III, Nr. 250) ist es bemerkenswert, daß in 7 Analysen für Natron kein Gehalt angegeben ist, nach einer Analyse jedoch der Gehalt 14,76%, nach einer anderen 7,13% der Asche betragen soll.

Analysen von C. Kornauth haben indes einen geringeren Gehalt an Natron ergeben, nämlich im Mittel von 4 Sorten in Prozenten der Asche:

Kali	Natron	Phosphorsäure	Schwefelsäure	Chlor
54,43%	0,29%	12,56%	4,11%	0,45%

C. Kornauth hebt als kennzeichnend für die Kaffee-Asche hervor, daß sie nur geringe Mengen Chlor und keine Kieselsäure enthalte, während die üblichen Kaffee-Ersatzmittel beide Bestandteile in mehr oder weniger erheblicher Menge aufweisen.

Maljean fand in der Asche des Kaffees aus Neukaledonien und Rio jedoch auch deutliche Mengen Chlor und Kieselsäure, nämlich 2,59 und 3,20% Chlornatrium, sowie 2,20 und 2,00% Kieselsäure (SiO_2).

Durch das Rösten können die Mineralstoffe nur insofern eine Veränderung erleiden, als ein Teil der Schwefelsäure und Phosphorsäure reduziert und als Schwefel bzw. Phosphor oder als schweflige bzw. phosphorige Säure verflüchtigt wird.

Die Verluste beim Kaffeerösten. Durch das Rösten erfahren die Kaffeebohnen eine mehr oder weniger starke Volumvermehrung; die mit Proteinen, Fett, Zucker und Gerbsäure gefüllten Zellen werden gesprengt, Zucker und Gerbsäure werden zerstört oder zersetzt, während ein Teil des Fettes an die Oberfläche tritt und die fettige Beschaffenheit der Bohnen bedingt. 1 l roher Kaffee liefert 1,3—1,5 l gebrannten Kaffee; das Gewicht einer gleichen Anzahl Bohnen ist im gerösteten Zustande selbstverständlich vermindert.

---

[1]) Vielleicht aber hat der Verlust von 6—9% zum Teil seine Ursache auch darin, daß auf die steinharte Masse des rohen Kaffees Säure und Alkali nicht so lösend einwirken können wie auf die durch Brennen gelockerte Masse des gerösteten Kaffees.

Der Gesamtverlust beim Rösten schwankt zwischen 13—21%, und beträgt im Mittel etwa 18%; davon sind 6,0—10,8%, im Mittel etwa 9,0% organische Stoffe und 8,5% Wasser. Das Glasieren mit Zucker, Sirup, kann einen verschiedenen Einfluß ausüben; wenn es bei den heißen, frisch entleerten und gerösteten Kaffeebohnen vorgenommen wird, kann es infolge der zweiten Erhitzung einen erhöhten Stoffverlust der Bohnen — auch des Coffeins — verursachen, aber dieser höhere Verlust kann durch das aufgetragene Caramel gedeckt werden; wenn dagegen die Glasierung bei abgekühltem gerösteten Kaffee vorgenommen wird, so kann eine Verminderung des Verlustes bzw. eine Vermehrung des Röstgutes erzielt werden, die um so kleiner bzw. größer ist, je mehr Zucker, Sirup u. a. zur Glasierung angewendet wurde (vgl. auch S. 534).

Ähnlich wie Zuckerlösungen verhielten sich nach Hilger und Juckenack auch die Auszüge von Kaffee- und Kakaoschalen (Kathreiners Verfahren). Dagegen hatte die Röstung des Kaffees mit Zusatz der Flüssigkeit, die durch Kondensation der Röstdämpfe[1]) bei der Temperatur von kochendem Wasser erhalten war (Verfahren von Turcq de Rosier), nur den Erfolg, daß das Röstgut mehr Wasser (4,50%) enthielt als der in gewöhnlicher Weise geröstete Kaffee (0,91% Wasser).

Die Rösterzeugnisse. Die Rösterzeugnisse des Kaffees besitzen einen äußerst scharfen, eigenartigen Geruch. O. Bernheimer glaubte in denselben nachgewiesen zu haben:

Haupterzeugnisse				Nebenerzeugnisse			
Palmitinsäure	Coffein	Caffeol	Essigsäure Kohlensäure	Hydrochinon	Methylamin	Pyrrol	Aceton?
etwa 0,48%	0,18—0,28%	0,04—0,05	?	Unbestimmte Mengen			

Das Caffeol ist nach Bernheimer ein bei 195—197° siedendes Öl, welches in hohem Maße das Aroma des Kaffees besitzt; seine Elementarzusammensetzung entspricht der Formel $C_8H_{10}O_2$; es verbindet sich mit konz. Ätzkalilösung und wird durch schmelzendes Kali oder Kaliumbichromat und Schwefelsäure zu Salicylsäure oxydiert. Bernheimer hält das Caffeol für den Methyläther des Saligenins oder für ein Methylsaligenin, das vielleicht aus der Kaffeegerbsäure als Muttersubstanz seine Entstehung nimmt.

Das Methylamin ist vielleicht ein Zersetzungserzeugnis des Coffeins, das Hydrochinon ein solches der Chinasäure und das Pyrrol ein solches des Legumins.

M. Fargas hält nicht das Coffein für den wirksamen Bestandteil des Kaffees, sondern das Caffeol, welches in grünen Kaffeebohnen im sog. latenten Zustande vorhanden sein und sich beim Rösten entwickeln soll. Es soll die Stärke und Häufigkeit der Herzschläge vermehren.

Monari und Scoccianti konnten unter den Rösterzeugnissen des Kaffees weder Mono- noch Trimethylamin, dagegen in einer größeren Menge von Pyridinbasen deutlich Pyridin C_5H_5N nachweisen.

H. Jaeckle fand in den Röstkondensationserzeugnissen einer größeren Kafferösterei folgende Erzeugnisse:

Aceton	Coffein	Ameisensäure
Furfurol	Ammoniak	Essigsäure
(Furfuran)	Trimethylamin	(Resorcin)

Davon fanden sich Coffein, Furfurol und Essigsäure in bedeutenderen, die anderen Bestandteile nur in geringen Mengen vor. Das Caffeol Bernheimers konnte Jaeckle dagegen in den Kondensationserzeugnissen nicht feststellen, hält aber das gelegentliche Auftreten auch anderer Rösterzeugnisse, als der oben aufgeführten, für möglich.

---

[1]) M. Mansfeld fand in 100 ccm dieser Kondensationsflüssigkeit im Mittel zweier Proben:

Trockensubstanz	Coffein	Sonstige Stickstoff-Verbindungen (Ammoniak)	Ätherlösliche Stoffe (Caffeol)	Freie Säure (= Essigsäure)	Mineralstoffe
1,79 g	0,083%	4,148%	0,206 g	0,912 g	0,321 g

E. Erdmann erhielt dagegen durch Destillation von geröstetem und gemahlenem Santoskaffee mit gespanntem Dampf 0,0557% eines braunen, sehr stark nach Kaffee riechenden Kaffeeöls von 1,0844 spez. Gewicht bei 16° und mit einem Gehalt von 3,1% Stickstoff. Durch Behandeln der ätherischen Lösung des Kaffeeöles mit 10 proz. Sodalösung ging in letztere neben etwas Essigsäure eine Säure über, welche sich als Valeriansäure, und zwar als Methyläthylessigsäure $CH_3 \cdot C_2H_5 \cdot CH \cdot COOH$ erwies. Durch fraktionierte Destillation des von Säure befreiten neutralen Öles unter 9,5 mm Druck ließen sich folgende Anteile gewinnen:

Fraktion	I (68—73°)	II (73—86°)	III (86—102°)	IV (112—130°),	Rückstand
Anteil	43,0%	16,1%	9,6%	19,1%	12,2%

Die erste Fraktion bestand im wesentlichen aus Furanalkohol $C_4H_3O \cdot CH_2OH$; da die anderen Fraktionen aber auch noch Furanalkohol enthielten, so schätzt Erdmann die Menge desselben im neutralen Kaffeeöl auf mindestens 50%.

Die Fraktionen II und III erwiesen sich als hellgelbe, beim Stehen sich leicht bräunende Öle, welche mit Sublimat krystallinische Niederschläge gaben. Die Fraktion III zeigte den eigenartigen Geruch des Kaffees sehr deutlich und enthielt, durch Natronlauge von Phenolen befreit, 9,71% Stickstoff; dieses wasserhelle, bei 93° siedende Öl war in vielem kalten Wasser löslich und erteilte dem letzteren kaffeeartigen Geruch und Geschmack; mit Salzsäuregas zersetzte sich die Stickstoffverbindung in eine pyridinartig riechende Base. Fraktion IV bestand vorwiegend aus Phenolen mit kreosotartigem Geruch; diese Phenole, die auch in Fraktion II und III vorhanden waren, bedingen die antiseptischen Wirkungen der Kaffeeersterzeugnisse. Durch Erhitzen von gleichen Teilen Kaffeegerbsäure, Saccharose und Coffein — nicht aus je zweien dieser Bestandteile allein — erhält man ein deutliches Kaffee-Aroma.

Weitere Versuche Erdmanns ergaben, daß der Furanalkohol stark giftige Eigenschaften besitzt, welche auf Respirationslähmung beruhen. Die physiologischen Wirkungen des Kaffees hängen nach Erdmann außer vom Coffein auch von dem Furanalkohol und ohne Zweifel auch von der stickstoffhaltigen Substanz im Kaffeeöl ab, welche vorwiegend das Kaffeearoma bedingt.

Die in Wasser löslichen Bestandteile des Kaffees. Wir verwenden von dem gerösteten Kaffee nur den wässerigen Auszug. Im Orient werden die gerösteten Bohnen fast staubfein gemahlen, dieses Pulver mit Wasser bis zum Aufwallen erhitzt und die Flüssigkeit getrunken, nachdem sich der unlösliche Teil in dem Trinkgefäß zu Boden gesetzt hat. Bei uns pflegt der Kaffee nur grob vermahlen, das Pulver in Trichter gegeben und dieses mehrmals mit kleinen Mengen kochend heißen Wassers so lange begossen zu werden, bis die gewünschte Menge Filtrat erhalten ist. Die ersten Teile des Filtrates sind die wohlschmeckendsten, die späteren mehr bitter als angenehm schmeckend. Diese Behandlung genügt, um alle löslichen Bestandteile in das Filtrat überzuführen. Ein Kochen des gemahlenen Kaffees mit dem Wasser ist nicht nötig, ein längeres Kochen sogar schädlich, weil dadurch die wertvollen Aromastoffe verflüchtigt werden und verlorengehen.

Über die Mengen der in Wasser löslichen Stoffe liegen sehr verschiedene Angaben vor; nach früheren Untersuchungen ist diese Menge im rohen Kaffee bald größer, bald geringer als im gebrannten Kaffee angegeben; ebenso hat diese Menge mit dem stärkeren Rösten bald zu-, bald abgenommen. Wenn man bedenkt, daß durch das Rösten der größte Teil der in Wasser löslichen Stoffe (Zucker, Gerbsäure usw.) zerstört wird, so ist von vornherein anzunehmen, daß gerösteter Kaffee im allgemeinen weniger in Wasser lösliche Stoffe enthalten muß als roher Kaffee, wenn durch das Rösten auch wieder zum Teil unlösliche Bestandteile des rohen Kaffees in lösliche übergeführt werden mögen. In der Tat berechnen sich im Mittel mehrerer Untersuchungen für die Trockensubstanz rohen Kaffees 33,25%, für die des gerösteten Kaffees nur 29,50% in Wasser lösliche Stoffe. Der Einfluß der Art des Röstens erhellt am deutlichsten aus vergleichenden Versuchen von J. Mayrhofer und W. Fresenius; danach ergab sich im Mittel von 8 Einzelversuchen mit 4 verschiedenen Kaffeesorten (auf Trockensubstanz berechnet):

In Wasser lösliche Stoffe	Kaffee geröstet ohne Zuckerzusatz mit Röstverlust			Geröstet mit Zuckerzusatz	
	15%	18%	21%	7,5%	9,0%
Gesamt-	27,24%	27,19%	29,03%	29,09%	29,27%
Asche	4,47 „	4,51 „	4,53 „	4,36 „	4,33 „

Hier ist durch das stärkere Rösten gegenüber dem regelrechten mit 18% Verlust, ebenso durch das Glasieren mit Zucker die Menge der in Wasser löslichen Stoffe erhöht worden. Letztere Zunahme ist wegen der Bildung einer größeren Menge Caramel infolge des Zuckerzusatzes leicht erklärlich, und die Zunahme im ersten Falle muß darauf zurückgeführt werden, daß durch das stärkere Rösten gegenüber dem gewöhnlichen wieder mehr unlösliche organische Stoffe (Hexosane, Pentosane und Cellulose) löslich gemacht (caramelisiert) worden sind.

Für gewöhnlich schwankt die Menge der in Wasser löslichen Stoffe in geröstetem Kaffee zwischen 25—33% in der Trockensubstanz.

Bei den coffeinarmen Kaffees ist die Menge des Wasserauszuges, d. h. die Extraktausbeute, der Gehalt an Asche und Alkalität der Asche häufig etwas vermindert.

Von den Bestandteilen des gerösteten Kaffees gehen die mineralischen am vollkommensten in Lösung, nämlich 90—95% derselben, und etwa $^3/_5$ der gelösten Mineralstoffe bestehen aus Kali. Die in Lösung gehenden Stickstoffverbindungen bestehen vorwiegend aus Coffein. Im Mittel von 8 Bestimmungen ergab sich:

Gesamtmenge der in Wasser löslichen Stoffe	(Coffein)? = Stickstoff	Öl	Stickstofffreie Extraktivstoffe	Asche	Darin Kali
25,50%	1,74% = 0,50%	5,18%	14,52%	4,06%	2,40%

In einer Portion Kaffee, wozu man 15 g Kaffeebohnen auf etwa 200 ccm Wasser verwendet, genießen wir daher etwa:

3,82 g	0,26 g = 0,075 g	0,78 g	2,17 g	0,61 g	0,36 g

In Wien verwendet man zu dem sog. Piccolokaffee 30 g, in Arabien sogar 80 g gerösteten Kaffee auf 200 ccm Wasser (vgl. S. 527).

Fabrikmäßig hergestellte Kaffee-Extrakte.

Zur Erleichterung der Küchenarbeit werden nicht nur geröstete Kaffeebohnen, sondern sogar fertige Auszüge, die „Kaffee-Extrakte“, in den Handel gebracht, welche nur mit heißem Wasser verdünnt zu werden brauchen, um das gewünschte Getränk zu erhalten. Die Beschaffenheit dieser Extrakte ist sehr verschieden, je nachdem sie mehr oder weniger bzw. mit oder ohne Zuckerzusatz eingedunstet wurden.

Für die einfachen und reinen Extrakte kocht man z. B. den gemahlenen Kaffee auf Siebböden, preßt denselben nach genügendem Sieden ab, kühlt den Extrakt mit entgegenströmendem Wasser schnell ab, erhitzt nochmals und füllt dann in Flaschen. Andere Auszüge werden mit und ohne Zusatz von Zucker im Vakuum eingedampft. Über die Zusammensetzung vgl. Tab. II, Nr. 1216—1218.

Die Reinheit derartiger Erzeugnisse läßt sich danach beurteilen, daß bei reinen Kaffee-Extrakten auf 100 Teile Trockensubstanz rund 2 Teile Stickstoff, 1,5—4,0 Teile Coffein, nur wenig bis 3 Teile Zucker, 6—12 Teile Gerbsäure und 12—16 Teile Asche entfallen, von welcher letzteren etwa 6—9 Teile Kali sein sollen.

Nach einem anderen Vorschlage soll gerösteter und gemahlener Kaffee mit Wasser destilliert, die erhaltene, durch ätherisches Öl getrübte Flüssigkeit mit der durch Pressen des Destillationsrückstandes erhaltenen Flüssigkeit gemischt und dieses Gemisch weiter behufs

Haltbarmachung mit Caramel und Alkohol versetzt werden. Domergue fand für sechs solcher Extrakte:

13,70—41,01% Trockensubstanz 0,04—0,11% Coffein 0,61—4,30% Asche.

Auch hier besteht der Extrakt wohl mehr aus Caramel als Kaffee-Auszug; auch erscheint der Wert des Alkoholzusatzes sehr fraglich.

Ohne Zweifel ist die küchenmäßige Bereitung von frisch gemahlenen und nicht zu lange aufbewahrten gerösteten Kaffeebohnen die beste, um ein tunlichst angenehmes und wirksames Getränk zu erhalten. Auch scheinen die fabrikmäßig hergestellten Extrakte bis jetzt keine Bedeutung für den Handel zu besitzen.

Verunreinigungen, Verfälschungen, Nachmachungen, Untersuchung.

1. Bei rohem Kaffee: a) Verunreinigungen mit getrockneten Kaffeefrüchten („Kaffeekirschen"), Samen in der Pergamentschale, unreife, wurmstichige[1]) Samen (Bohnen), Stiele, Erde, Steinchen, fremde Samen u. a.

b) Unterschiebung geringwertiger Sorten unter beste (z. B. Liberiakaffee unter arabischen).

c) Glätten und Polieren des Kaffees mit Sägemehl und ähnlichen Stoffen zur Ausfüllung der Samenspalte („Naht").

d) Anrösten (Appretieren) und Färben mit z. B. Berlinerblau, Turnbulls Blau, Indigo, Kupfervitriol, Ultramarin, Smalte, Ocker, Eisenoxyd, Chromoxyd, Bleichromat, Mennige, gelben und blauen organischen Farbstoffen, Hämatit, gerbsaurem Eisen, Kohle, Graphit, Porzellanerde, Talk.

e) Hoher Wassergehalt infolge feuchten Lagerns oder Havarie (S. 532); dumpfer, schimmliger, fauliger Geruch infolge schlechter Erntebereitung.

2. Bei gebranntem Kaffee: a) Überröstung mit teilweiser Verkohlung.

b) Röstung mit Überzugsstoffen (S. 534) behufs Vortäuschung einer besseren Beschaffenheit oder behufs Gewichtsvermehrung. Wenn dieses nicht der Fall ist, kann die Glasierung mit Zucker und Schellack als zulässig angesehen werden. Die Verwendung von Eiweiß, Gelatine, Fett, Öl, Mineralöl, Soda, Pottasche, Borax, Tannin und anderen gerbstoffhaltigen Stoffen und das Bespritzen des Kaffees mit Wasser nach dem Rösten gehören jedoch unter allen Umständen zu den unlauteren Verfahrensarten. Die Schönung mit Mineralöl gilt als gesundheitsnachteilig.

c) Zusatz von ähnlichen gerösteten Samen (Lupinen, Mais, Sojabohnen, Erdnüsse, Platterbsen u. a.).

d) Auch künstliche geröstete Kaffeebohnen aus Mehlteig sind beobachtet worden.

e) Hoher Wassergehalt infolge Glasierens oder feuchter Lagerung (S. 536).

3. Bei gemahlenem Kaffee: a) Zusatz von gemahlenen Kaffee-Ersatzstoffen (Cichorien, Feigenkaffee, Caramel u. a.) ohne genügende Kennzeichnung.

b) Zusatz von bereits benutztem Kaffee (Kaffeesatz), Kaffeeabfall, Silberhaut.

4. Auch Kaffee-Extrakt oder Kaffee-Essenz können durch Mitverwendung von Kaffee-Ersatzstoffen verfälscht werden; erlaubt ist Zusatz von Milch und Zucker.

Untersuchung. Für die Untersuchung des rohen, gerösteten und gemahlenen Kaffees sind als gleichmäßig wichtig zu berücksichtigen: Die Sinnenprüfung (Aussehen und Geruch, bei geröstetem und gemahlenem Kaffee auch Geschmack), Bestimmung von Wasser, Coffein (mindestens 1% der Trockensubstanz), der wasserlöslichen Stoffe, des Wasserauszuges (mindestens 23% der Trockensubstanz), der Asche (höchstens 3,5—5,0% der Trockensubstanz),

---

[1]) C. Hartwich fand in ausgefressenen Javakaffeebohnen den kleinen, zu den Anthribiden gehörigen Käfer Eraecerus fasciculatus Degeer.

von Chlor in der Asche, Borax. Hierzu kommen bei rohem Kaffee noch in Betracht: die Prüfung auf künstliche Farbstoffe und Poliermittel (Sägemehl in der Naht); bei geröstetem Kaffee die Prüfung auf Überzugsstoffe.

Je nach den besonderen Umständen, namentlich bei gemahlenem Kaffee, sind noch auszuführen: die Bestimmung des Zuckers, der Gerbsäure, der in Zucker überführbaren Kohlenhydrate (20% bei geröstetem Kaffee), des Fettes (Petrolätherauszug 10,0—14,0%), der Rohfaser und der Proteine (10,0—17,0% der Trockensubstanz).

Kaffee-Ersatzstoffe.

Das Bedürfnis nach kaffeeähnlichen Getränken und die verhältnismäßig hohen Preise des echten Kaffees haben eine ganze Anzahl von Ersatzstoffen — die Denkschrift des Kaiserl. Gesundheitsamtes zählt nicht weniger als 431 Nummern bzw. Marken auf — hervorgerufen, deren Herstellung in Deutschland fast zu einem Industriezweige geworden ist. Sie geben ein beliebtes Mittel ab, um dem Körper die nötige Menge Wasser zuzuführen und sind in dieser Hinsicht den alkoholischen Getränken (Bier, Wein), welche ebenfalls diesem Zwecke dienen sollen, bei weitem vorzuziehen. Da alle diese Ersatzmittel frei sind von den wichtigsten Bestandteilen des Kaffees, Coffein und Kaffeeöl, und mit dem echten Kaffee nur den brenzlich-aromatischen Geruch und Geschmack teilen, so können sie nicht die volle Wirkung äußern, welche die eigenartigen Bestandteile des Kaffees besitzen; es folgt aber auch daraus, daß wir den sonstigen, beim Rösten entstehenden, aromatischen Stoffen in unserer Nahrung eine Bedeutung beilegen, sei es nun dadurch, daß sie durch ihren zusagenden, erfrischenden Geruch und Geschmack die Absonderung der Verdauungssäfte unterstützen, sei es dadurch, daß sie die Fäulnisvorgänge im Darm auf ein gewisses Maß einschränken. Jedenfalls besitzen die Kaffee-Ersatzstoffe eine kaffeeähnliche Wirkung und haben als Genußmittel eine gewisse Bedeutung.

A. Beitter schätzt den jährlichen Verbrauch an Bohnenkaffee und Kaffee-Ersatzstoffen im Deutschen Reich für den Kopf der Bevölkerung auf 4,79 kg, der während des Krieges wegen der gestörten Einfuhr von Bohnenkaffee fast ganz aus Ersatzstoffen bestand. Ja die Sitte, aus geröstetem Roggen und Zichorien einen Aufguß zu bereiten, war schon bekannt, als Bohnenkaffee bei uns eingeführt wurde.

Das Kaiserl. Gesundheitsamt unterscheidet in seinem Entwurf zu Festsetzungen über Kaffee-Ersatzstoffe zwischen Kaffee-Ersatzstoffen und Kaffee-Zusatzstoffen und erklärt beide wie folgt:

Begriff. „Kaffee-Ersatzstoffe sind Zubereitungen, die durch Rösten von Pflanzenteilen, auch unter Zusatz anderer Stoffe, hergestellt sind, mit heißem Wasser ein kaffeeähnliches Getränk liefern und bestimmt sind, als Ersatz des Kaffees oder als Zusatz zu ihm zu dienen."

„Kaffee-Zusatzstoffe (Kaffee-Gewürze) sind Zubereitungen, die durch Rösten von Pflanzenteilen oder Pflanzenstoffen oder Zuckerarten oder Gemischen dieser Stoffe, auch unter Zusatz anderer Stoffe, hergestellt und bestimmt sind, als Zusatz zu Kaffee oder Kaffee-Ersatzstoffen zu dienen."

Hierbei ist indes zu berücksichtigen, daß die Kaffee-Ersatzstoffe auch als Zusatzstoffe verwendet werden, während das Umgekehrte nicht der Fall ist.

Gewinnung und ***Herstellung.*** Zur Herstellung der Kaffee-Ersatzstoffe können die verschiedensten Pflanzenteile — man hat einige hundert gezählt — verwendet werden. Es sind dabei zu beachten:

a) Die Art und Zusammensetzung der Rohstoffe, die beim Rösten sowohl Röstbitterstoffe (oder Assamar) als auch empyreumatische Öle bilden. Erstere bedingen den bitter-aromatischen Geschmack und letztere das Aroma, ähnlich wie beim Bohnenkaffee.

Diese Rösterzeugnisse bilden sich aber nicht aus einem einzigen Bestandteile der Pflanzenteile, sondern durch das Zusammenwirken mehrerer. Am wichtigsten dabei sind Zucker und Stärke, ferner Stickstoff-Substanz und Fett, Schleim- und Pektinstoffe, zweifellos auch Gerbsäure und Hemicellulosen. Je nach der Art und dem Mischungsverhältnis dieser Bestandteile in den Pflanzenteilen entstehen durch das Rösten Erzeugnisse von verschiedenem Geschmack und Geruch. Am vollkommensten sind die verschiedenen Bestandteile in den reservestoffhaltigen Pflanzenteilen, den Früchten, Samen und Wurzeln, enthalten, und deshalb findet man unter diesen auch die meisten Rohstoffe für die Herstellung von Kaffee-Ersatzstoffen. Ist den Früchten, Samen oder Wurzeln u. a. der eine oder andere Bestandteil, z. B. Zucker oder Stärke oder Fett oder auch Protein, entzogen, so liefern sie keinen geeigneten Kaffee-Ersatzstoff mehr.

Mangel an einem Bestandteil in einem Rohstoff sucht man mitunter durch künstlichen Zusatz von Fett zu ergänzen, z. B. durch Zusatz von Fett zu fettarmen Wurzelgewächsen, von Zucker zu kohlenhydratarmen Rohstoffen.

b) Die Verarbeitung der Rohstoffe; die Anwendung von nur fehlerfreien Rohstoffen; zunächst die Reinigung von allen fremden Beimengungen (wie von Erde, Sand und Rübenköpfen bei Wurzelgewächsen, von Unkrautsamen aller Art bei Getreide u. a.); dann folgt die Trocknung in besonderen Trockenanlagen bei den in Stücke zerschnittenen Wurzelgewächsen und fleischigen Früchten, die Wasserweiche (oder auch die Behandlung mit Wasserdampf) bei den getrockneten Rohstoffen und bei Samen kurz vor dem Rösten, um eine bessere Aufschließung (Verkleisterung der Stärke und Lockerung der Zellen) zu erreichen. Trockene Röstung liefert nach H. Trillich leicht dunkle, bitter und scharf schmeckende, feuchte Röstung dagegen hellere, mild schmeckende Rösterzeugnisse, wenn auch mit niedriger Extraktausbeute (30—40% gegen 60—65% bei ersteren). Gerste, Roggen und andere Samen läßt man auch behufs besserer Aufschließung vorher bis zu einem gewissen Grade keimen. Die Aufschließung und Verzuckerung bei der Zichorie glaubt Grafe auch auf biologischem Wege erreichen zu können.

Das Rösten selbst muß den betreffenden Rohstoffen angepaßt werden und ist, sowohl was Apparate als auch was Feuerungsarten und Rösttemperaturen anbelangt, außerordentlich verschieden. Hierauf kann an dieser Stelle nicht näher eingegangen werden.

c) Hilfsstoffe. Um einerseits den Genußwert der Rösterzeugnisse, andererseits die Ausbeute zu erhöhen, pflegt man vor, bei oder nach dem Rösten noch zuzusetzen coffeinhaltige Pflanzenauszüge (z. B. aus Kaffee- und Kakaoschalen), Colanüsse, Speisefette und -öle, Fruchtsäuren, Alkalicarbonate, Ammoniak und Wasser.

Wie Bohnenkaffee werden auch die Kaffee-Ersatzstoffe vielfach glasiert bzw. mit Überzugsstoffen (Caramel aus Zucker, Harz-, Gummi-, Schellacklösung) versehen.

Die gerösteten und gepulverten Wurzelgewächse u. a. werden, um einer späteren Wasseranziehung aus der Luft beim Lagern und einer Verstäubung vorzubeugen, wieder künstlich mit etwas Wasser oder Melasse (z. B. bei den sog. Speckzichorien) angefeuchtet oder im Dampfkeller der sog. Fermentation unterworfen.

Abweichungen, Verunreinigungen und Verfälschungen, Untersuchung.

1. Verwendung von schädlichen bzw. mit schädlichen Unkrautsamen oder Parasiten durchsetzten oder nicht genügend gereinigten Pflanzenteilen.

2. Verwendung von verdorbenen (verschimmelten, sauren) oder mit Käfern und Milben behafteten Pflanzenteilen.

3. Vertrieb von überrösteten (verkohlten) Erzeugnissen.

4. Irreführende Bezeichnungen, die dem Wesen der Ware nicht entsprechen, wie Gesundheits-, Hämatin-, Nährsalzkaffee u. a., oder welche den bzw. die Bestandteile der Ersatz- oder Zusatzstoffe nicht richtig zum Ausdruck bringen. Bei Zichorienkaffee ist Zusatz von 25% Rübenkaffee ohne Deklaration gestattet.

5. Mitverwendung von wertlosen Pflanzenstoffen [Steinnüsse[1]), Lohe, Torf, Heidekraut, ausgelaugte Zuckerrübenschnitzel, Kaffeesatz u. a.].

6. Verwendung von verbotenen Überzugsmitteln (vgl. Kaffee, S. 542).

7. Übermäßige Wasserzuführung zur Erzielung der sog. „fetten" Ware (bei Wurzelgewächsen, vgl. vorstehend).

8. Verpackung in bleihaltigen Metallfolien; u. a. m.

Untersuchung. Außer der Sinnenprüfung bei ungemahlenen Kaffee-Ersatzstoffen ist bei gemahlenen die mikroskopische Untersuchung für die Feststellung der Art und Reinheit maßgebend.

Als chemische Bestimmungen kommen vorwiegend in Betracht:

1. Wasser (Zichorienkaffee soll höchstens 30%, Feigenkaffee höchstens 20%, gemälzter oder ungemälzter Getreidekaffee höchstens 10% Wasser enthalten; 2. Asche (Wurzelgewächse sollen nicht mehr als 8% Asche mit nicht mehr als 2,5% Sand, Feigen nicht mehr als 7% Asche, andere zuckerreiche Früchte nicht mehr als 4% Asche mit nicht mehr als je 1% Sand, d. h. in Salzsäure Unlöslichem enthalten); 3. weiter können die wasserlöslichen Stoffe, Zucker, in Zucker überführbare Kohlenhydrate, Fett, Rohfaser, Protein, Coffein bei Mitverwendung coffeinhaltiger Pflanzenstoffe Aufschluß über die Natur des Ersatzstoffes geben.

Für den Gehalt an wasserlöslichen Stoffen (Extraktivstoffen), Zucker und in Zucker überführbaren Stoffen lassen sich schwer Grenzzahlen festsetzen, weil er je nach der Vorbehandlung und dem Röstvorgang zu großen Schwankungen unterliegt.

Von den zahlreichen Kaffee-Ersatzstoffen mögen hier nur diejenigen kurz besprochen werden, die für den deutschen Markt einige Bedeutung haben.

A. Kaffee-Ersatzstoffe aus Wurzelgewächsen.

Als Wurzelgewächse werden verwendet: Zichorien, Topinambur, Rüben (Zucker-, Runkel- und auch Kohlrübe), Möhren und Löwenzahnwurzel; auch Kartoffeln sollen ein sehr geeignetes Kaffee-Rösterzeugnis liefern.

1. Zichorienkaffee.

Begriff. „Zichorienkaffee (Zichorie) ist das aus den gereinigten Wurzeln der kultivierten Zichorie (Cichorium Intybus), auch unter Zusatz von Zuckerrüben, geringen Mengen von Speisefetten und von kohlensauren Alkalien, durch Rösten, Zerkleinern und Behandeln mit Wasserdampf oder Wasser gewonnene Erzeugnis."

Über den Anbau der Zichorie vgl. S. 439. Die Zichorienwurzel gibt den wichtigsten Rohstoff für die Herstellung eines Kaffee-Ersatzstoffes; A. Beitter gibt an, daß für diesen Zweck 1919 in allen Ländern zusammen 12 800 000 dz Zichorien geerntet wurden, wovon ungefähr $^1/_6$—$^1/_7$ auf Deutschland[2]) fielen.

---

[1]) Besonders die Steinnüsse sind für sich allein oder mit anderen Rohstoffen wiederholt zur Herstellung eines Kaffee-Ersatzstoffes empfohlen. Der Kaffee-Ersatzstoff „Zipangu" bestand z. B. nach F. E. Nottbohm aus 40% Kaffee oder Cola, 15% Zichorien und 45% gerösteter Steinnuß. Nottbohm weist aber darauf hin, daß Steinnuß bzw. Steinnußabfälle für diesen Zweck schon nach ihrer chemischen Zusammensetzung nichts weniger als geeignet seien; denn diese ist folgende:

Wasser	Stickstoff-Substanz	Fett	Glykose (?)	Stärke	Sonstige N-freie Stoffe	Zellmasse	Asche Gesamt-	Asche wasserlöslich
%	%	%	%	%	%	%	%	%
10,02	4,18	1,32	1,60	0	5,63	75,65	1,60	0,85

Die Steinnüsse können daher nach ihrer Zusammensetzung durch Rösten kaum in Wasser lösliche Stoffe liefern.

[2]) Nach H. Trillich befaßten sich 1879 in Deutschland 150 Fabriken mit der Herstellung von Zichorienkaffee; sie verarbeiteten 253 489 dz gedörrte Zichorien für den inländischen Verbrauch und 154 016 dz für die Ausfuhr. Die Einfuhr von echtem Kaffee betrug in dem Jahre 1879

Herstellung. Die Zichorienwurzeln werden erst gewaschen, in Stücke zerschnitten, getrocknet und dann, oft unter Zusatz von Fett, gedarrt, wozu man teils offene, teils geschlossene Darren und rotierende Rösttrommeln verwendet. Die gebrannte Zichorie wird wieder mit Wasser bzw. Sirup vermischt oder mit Wasserdampf behandelt und in Formen gepreßt — das lockere, nicht angefeuchtete Pulver würde wieder leicht Feuchtigkeit anziehen oder verstäuben —.

Den Zichorien mischt man häufig Rüben zu; vielfach aber dient der Zichorienkaffee als Zusatz zu anderen Ersatzmitteln; oder man zieht ihn aus und bringt ihn als Extrakt in den Handel[1]).

Zusammensetzung. Die Zichorien sind wie viele Wurzeln der Kompositen durch einen hohen Gehalt an Inulin (S. 110), nämlich 55,0—68,0% der Trockensubstanz, ausgezeichnet. Von dem Gesamtprotein (5,0—7,5%) der Trockensubstanz besteht nach V. Grafe etwa $^1/_3$ aus Albumin. O. Schmiedeberg fand in den Zichorien einen eigenartigen Bitterstoff, das Intubin, den V. Grafe für ein Glykosid hält, das durch Hydrolyse in Zucker (Fructose) und einen Protocatechuabkömmling (Protocatechualdehyd ?) zerfällt. Seine Menge beträgt durchschnittlich etwa 0,1%, höchstens 0,2% der Trockensubstanz. Gerbstoffe kommen nach V. Grafe und A. Beitter in der Zichorie nicht vor. Die Angaben über den Zuckergehalt (d. h. an direkt reduzierenden Stoffen) lauten sehr verschieden; Graham, Stenhouse und Campbell gaben seinerzeit für die Trockensubstanz der rohen Zichorien 21,75—35,22%, der gerösteten 6,98—17,98% an; neuere Analysen weisen für die rohen, d. h. nichtgerösteten Zichorien nur 4,5—9,5% Zucker (Fructose) auf. Diese Unterschiede haben zweifellos in der Art der Zichorien und der Untersuchungsverfahren ihre Ursache.

Veränderungen beim Rösten. Durch das Rösten erfahren die Bestandteile der Zichorie sehr wesentliche Veränderungen[2]). Das Inulin erfährt eine wesentliche Abnahme, indem es z. T. in Fructose, z. T. in Caramel übergeführt wird. Die Gesamtmenge der in Wasser löslichen Stoffe nimmt ab. Die Abnahme an letzteren und Fructose ist um so größer, je höher und

1 009 020 dz = 807 286 dz gebranntem Kaffee, so daß sich in Deutschland der Verbrauch von echtem Kaffee zu Zichorienkaffee wie 807 216 : 253 489 oder wie 100 : 31,4 stellte; in Süddeutschland wurde dieses Verhältnis 1890 wie 100 : 23,1 gefunden, so daß der Verbrauch an Zichorienkaffee in Deutschland $^1/_4$—$^1/_3$ des Verbrauchs an echtem Kaffee ausmacht.

[1]) Der Zichorienkaffee kommt unter den verschiedensten Bezeichnungen, wie „Frank-Kaffee", „Völker-Hauswald-Kaffee", „Zatkas Spar-Kaffee", „Reusch-Kaffee", „Löwen-Kaffee", „Dom-Kaffee", „Stern-Kaffee", „Germania-Kaffee", „Indischer Sibonny", in den Handel. Die Bezeichnungen „Feinster Mokka-Kaffee", „Bester Java-Kaffee", „Feinster orientalischer Mokka-Kaffee", „Stern-Mokka" usw., welche an echten Kaffee erinnern, sind aber gesetzlich unzulässig, weil sie gegen § 10, Abs. 2 des Nahrungsmittelgesetzes vom 14. Mai 1879 verstoßen.

[2]) Die Untersuchungen von Hüppe und Kzrizan, J. Wolff, V. Grafe, E. Seel und K. Hüls lieferten z. B. folgende Ergebnisse:

Zichorien, getrocknete	Wasser %	In der Trockensubstanz: Gesamt-Extrakt %	Nh-Substanz %	Ätherauszug (Fett) %	Fructose %	Inulin %	Pentosane %	Rohfaser %	Asche %
Ungeröstete . . .	7,5–8,4	75,0–86,2	5,2–7,0	0,3–0,5	4,6– 8,5	56,4–65,2	4,7–6,5	4,6– 6,2	3,2–4,4
Geröstete	4,7–8,2	52,3–76,2	5,8–7,9	1,7–3,8	7,5–21,5	5,9–25,6	5,0–5,9	6,4–12,0	3,4–5,8
Handelsproben Wasserauszug	—	54,9–69,1	0,6–2,3	0,4–2,6	8,2–12,6	10,3–13,9	—	—	1,5–3,8

Der Caramelgehalt der gerösteten Zichorien wird von Jul. Wolff zu 9,0—18,7%, im Mittel zu 12,47% angegeben.

anhaltender die Rösttemperatur ist; sie macht sich nach K. Kornauth schon bei Temperaturen von 100—120° geltend. Die Menge der in Wasser löslichen Stoffe (Wasserextrakt) in den gerösteten Zichorien schwankt zwischen 55,0—76,0% und beträgt im Mittel etwa 65,0% der Trockensubstanz.

Der Bitterstoff „Intubin“ wird nach V. Grafe beim Rösten zerstört, dagegen bildet sich ein neues Röstbitter (Assamar), dessen Menge nach Schmiedeberg 0,15%, nach Grafe 1,5% beträgt.

Gleichzeitig bildet sich ein empyreumatisches Öl, das Cichoreol (0,08—0,1%), welches nach V. Grafe 63,5% Essigsäure, 5,43% Valeriansäure, etwa 2,5% Acrolein, 2,3% Furfurol und 23,25% Furfuralkohol, aber keine stickstoffhaltigen Stoffe enthält; daher bis auf den fehlenden Stickstoff dem Coffeol (S. 539) gleicht.

Weder das Röstbitter noch das Cichoreol, die wahrscheinlich beide vorwiegend aus dem Inulin entstehen, besitzen eine schädigende Wirkung auf Magen oder Herz.

Die Asche der gerösteten Zichorien muß mehr oder weniger dieselbe Zusammensetzung haben wie die der natürlichen Zichorien (vgl. Tab. III, Nr. 115 und 251). Besonders zu beachten ist der Sandgehalt derselben, welcher nur 2,5% betragen soll, aber in Handelsproben zu 0,5—10,1% und noch höher gefunden worden ist.

Der Zichorienkaffee dient nicht nur zum Verfälschen von geröstetem und gemahlenem Bohnenkaffee, sondern wird auch selbst nicht selten mit wertloseren Kaffee-Ersatzstoffen (besonders Rübenkaffee) vermischt. Von letzterem indes dürfen dem Zichorienkaffee zur Milderung seines scharfen Geschmackes 25% ohne Deklaration zugesetzt werden. Enrilo ist ein Gemisch von Zichorien und Getreidefrüchten.

2. Rübenkaffee. Der Rübenkaffee wird gewöhnlich aus Zuckerrüben (S. 441) oder auch aus weißen Rüben in ähnlicher Weise wie der Zichorienkaffee aus Zichorienwurzeln gewonnen und hat auch eine ähnliche Zusammensetzung (Tab. II, Nr. 1222)[1]; nur ist anstelle des Inulins hier vorwiegend Saccharose vorhanden. Da die gerösteten Rüben durchweg noch einen faden, schwachen Rübengeschmack beibehalten, so wird der Rübenkaffee selten für sich allein, sondern im Gemisch mit anderen Ersatzstoffen, vorwiegend mit Zichorienkaffee, verwendet.

Diffusionsschnitzel mit nur 0,4% Zucker dürfen nicht zur Herstellung eines Kaffee-Ersatzstoffes verwendet werden; daß dies auch für die Zuckerschnitzel (Steffen) mit noch etwa 30% Zucker gilt, ist, wenn auch nicht verfügt, doch wohl anzunehmen.

3. Löwenzahnwurzel- (und Queckenwurzel-) kaffee. Die Wurzel des als Unkraut weit verbreiteten Löwenzahns (Leontodon taraxacum L.) wird im kleinen häufig zur Herstellung eines wohlschmeckenden Kaffee-Ersatzstoffes verwendet; der fabrikmäßigen Verarbeitung im großen steht die Kleinheit der Wurzel und ihre umständliche Gewinnung entgegen. Die Wurzel enthält nach Loesener 24% Inulin; ferner werden darin Mannan und im Milchsaft die Bitterstoffe Taraxacin und Taraxacarin $C_{40}H_{40}O_5$ angegeben.

Auch die Wurzel der Quecke (Triticum repens L.) ist wiederholt zur Herstellung eines Kaffee-Ersatzstoffes vorgeschlagen. Sie liefert nach A. Beitter nur ein minderwertiges Erzeugnis mit 47,22% Rohfaser und nur 10,41% Wasserauszug.

B. Kaffee-Ersatzstoffe aus Zucker und zuckerreichen Rohstoffen.

Zu dieser Gruppe gehören gerösteter Zucker, Feigen-, Karobbe-, Datteln- und Bananenkaffee sowie Mischungen dieser unter sich oder mit Rüben-, Zichorienkaffee u. a.

[1]) A. Beitter fand in dem Wasserauszug aus Rübenkaffee mit 22,66% Wasser folgende Bestandteile:

Gesamt-Auszug	Protein	Ätherauszug	Gesamt-Invertzucker	Sonstige N-freie Stoffe	Mineralstoffe
58,87%	3,25%	4,05%	18,00%	31,43%	2,14%

Datteln (S. 425) und Bananen (S. 365 u. 472) finden aber wegen ihrer hohen Preise für diesen Zweck nur eine beschränkte Anwendung.

4. Gerösteter Zucker (Caramel). Wie zur Herstellung der Zuckercouleur (vorwiegend aus Stärkezucker, S. 427) werden auch Rohr-, Rüben-, Stärkezucker, Zuckersirup unter größerem oder geringerem Zusatz von Salzen[1]) geröstet, um damit dem Kaffeegetränk eine dunklere Farbe und einen volleren Geschmack zu verleihen. Häufig werden auch Melasse, Malzextrakt und sonstige Auszüge aus Pflanzen (Kakaoschalen) mit verwendet. Für die Herstellung bestehen eine Reihe von Fabrikgeheimnissen, welche besonders den Zweck verfolgen, neben angenehmem Aroma, hoher Färbekraft eine tunlichst lange anhaltende trockene Beschaffenheit zu erzielen.

Reine Erzeugnisse dieser Art müssen sich in Wasser leicht und ohne Rückstand lösen. Der Zuckergehalt schwankte in der Trockensubstanz einiger Proben zwischen 13,7—34,2% Zucker (Saccharose) und 4,2—13,0% Asche.

Die Bezeichnung derartiger Erzeugnisse als „Kaffee-Essenz" oder „Holländischer Kaffee-Extrakt" ist unstatthaft, weil sie die Annahme von Auszügen aus echtem Kaffee erwecken kann.

5. Feigenkaffee. Feigenkaffee ist das aus Feigen, d. h. den Scheinfrüchten des Feigenbaumes (Ficus carica L.), durch Entbasten, Zerreißen[2]), Rösten, Zerkleinern und Dämpfen (S. 544) gewonnene Erzeugnis. Beim Rösten wird unter Umständen (Karlsbader Kaffeegewürz) 1—2% Natriumbicarbonat zugesetzt. Man benutzt zur Darstellung des Feigenkaffees meistens die Sack- oder Faß-, seltener die Kranzfeigen.

Die Feigen haben eine sehr schwankende Zusammensetzung, je nachdem sie voll oder mangelhaft entwickelt sind; so schwankte nach O. v. Czadek in der Trockensubstanz der Gehalt an Extrakt (wasserlöslichen Stoffen) zwischen 53,0—89,9%, an Zucker zwischen 14,3 bis 49,5%, an Rohfaser zwischen 24,3—8,0%. Hierdurch und dann auch durch die Art der Röstung ist die sehr verschiedene Beschaffenheit der Handels-Feigenkaffees bedingt; eine Reihe Analysen zeigten für die Trockensubstanz Schwankungen im Gehalt an Wasserextrakt von 63,3—90,7%[3]), an Zucker von 24,8—60,8%, an Asche von 2,0—5,1%, während der Gehalt an Wasser zwischen 3,61—28,35% schwankte (vgl. S. 545).

Der Feigenkaffee wird als eines der geschätztesten Kaffeegewürze nicht selten durch billigere Ersatzstoffe verfälscht; so sind beobachtet geröstete Rüben, Zichorien, Lupinen, Malz, gedörrte Äpfel, Birnen, Leindotter, Sirup u. a. Wenn, wie meistens, zuckerreiche Ersatzmittel als Zusatz gewählt werden, so läßt wegen der ähnlichen chemischen Zusammensetzung die chemische Analyse zur sicheren Beweisführung der Verfälschung meistens im Stich. Sichere Auskunft gibt dann nur die mikroskopische Untersuchung.

6. Karobbekaffee. Karobbekaffee ist das aus den Hülsen des Johannisbrotbaumes (Ceratonia siliqua L.; vgl. S. 364). gewonnene Erzeugnis. Die Herstellung dürfte der des Feigenkaffees ähnlich sein.

Das Rösterzeugnis lieferte nach 2 Analysen in der Trockensubstanz 58,13% in Wasser lösliche Stoffe, wovon, wie bei den anderen zuckerreichen Rösterzeugnissen, etwa die Hälfte als Zucker anzunehmen ist. Dasselbe besitzt, wie A. Beitter angibt, keine besondere Kaffeeähnlichkeit, es haften ihm noch der süße adstringierende Geschmack sowie das Aroma der Buttersäure des Rohstoffes an.

---

[1]) Vereinzelt ist auch eine Röstung unter Zusatz von Salzsäure angewendet, welches Verfahren aber seine Bedenken hat.

[2]) Neue Maschineneinrichtungen gestatten auch ein Rosten der ganzen, nicht zerrissenen Feigen.

[3]) A. Beitter fand im Wasserauszuge:

Gesamt-Extrakt	Stickstoff-Substanz	Ätherextrakt	Zucker	Sonstige N-freie Stoffe	Mineralstoffe
72,24%	1,31%	1,25%	30,50%	37,87%	1,31%

Zu den zuckerreichen Kaffee-Ersatzstoffen können auch die aus zuckerreichen Wurzeln bzw. Gemische aus diesen mit anderen Ersatzstoffen, z. B. „Wiener Kaffeesurrogat", „Lindes Kaffee-Essenz", Gemische aus gerösteten Zichorien und Zuckerrüben, bzw. gerösteten Zichorien und Zucker u. a. gerechnet werden.

C. Kaffee-Ersatzstoffe aus Getreidefrüchten.

Die Getreidearten werden im rohen (natürlichen) und gekeimten Zustande zur Herstellung eines Kaffee-Ersatzstoffes verwendet. Beide Erzeugnisse müssen streng voneinander unterschieden werden, weil sie in ihrer Beschaffenheit wesentlich verschieden sind.

Am eingehendsten sind die Unterschiede beider Erzeugnisse bei

7. Gersten- und Gerstenmalzkaffee festgestellt.

Begriff. Dem aus natürlicher, nicht besonders vorbehandelter, aber gereinigter Gerste, auch nach Behandlung mit Wasserdampf oder Wasser, gewonnenen Rösterzeugnis kommt der Name „Gerstenkaffee" zu.

Unter Gerstenmalzkaffee oder einfach „Malzkaffee" (auch Kneippkaffee genannt) ist dagegen das aus gereinigter, gemälzter und von den Keimen befreiter Gerste durch Rösten, auch nach Behandlung mit Wasserdampf oder Wasser, gewonnene Erzeugnis zu verstehen.

Herstellung. Die Herstellung des Gerstenkaffees aus gut gereinigter und womöglich mit Wasser eingeweichter Gerste erfolgt durch die übliche einfache Röstung.

Für die Herstellung des Malzkaffees sind besondere Mälzereien eingerichtet.

Ein bestimmter Keimungsgrad ist nicht vorgeschrieben, es muß jedoch Malz im gewöhnlichen Sinne vorliegen.

Die Keimung bzw. der Mälzungsvorgang soll nach H. Trillich als genügend angesehen werden, wenn bei der Mehrzahl der Körner der Blattkeim mindestens die halbe Kornlänge, der Wurzelkeim wenigstens die ganze Kornlänge erreicht hat.

Wird das so erhaltene Malz feucht geröstet, so erzielt man einen Malzkaffee von nur 30—40% Extraktausbeute, aber von mildem Geschmack und kaffeebrauner Farbe bei Zusatz von Milch zum Extrakt. Das Korn hat einen glasig krystallinischen Bruch, der verkleisterte Inhalt bräunt sich bei verhältnismäßig niedriger Temperatur und enthält hellen Maltosekaramel.

Wird dagegen das Malz trocken geröstet, so erzielt man zwar eine Extraktausbeute von 60—65%, aber einen Extrakt von bitterem, scharfem Geschmack und grauvioletter Farbe bei Zusatz von Milch zum Extrakt. Das Korn hat einen mehligen Bruch, enthält stark dextrinierte Stärke, das Röstbitter, der Zucker ist übercaramelisiert.

Die Beschaffenheit des Malzkaffees ist daher nicht von der Dauer der Mälzung, sondern vorwiegend von der Art der Röstung, ob feucht oder trocken geröstet, abhängig. Daher rühren auch wohl die großen Schwankungen, die für den Gehalt der Malzkaffees an wasserlöslichen Stoffen in der Literatur angegeben werden[1]).

[1]) Im Mittel einiger Analysen wurde für Gersten- und Gerstenmalzkaffee folgende Zusammensetzung gefunden:

Kaffee-Ersatzmittel aus	Wasser %	In der Trockensubstanz: Stickstoff-Substanz %	Fett (Ätherauszug) %	Zucker (Maltose) %	Stärke und sonstige Stoffe %	Rohfaser %	Asche %	Von der Trockensubstanz löslich: Gesamt- (Extrakt) %	Nh-Substanz %	Asche %
Gerste	1,96	14,19	2,21	2,61	66,86	11,13	3,00	52,47	5,04	1,79
Gerstenmalz .	5,83	15,10	2,15	7,44	60,73	12,14	2,44	61,23	2,95	1,53

Wenn das Gerstenmalz auch nicht aus derselben Gerste gewonnen ist, die zur Herstellung des Rösterzeugnisses aus dem natürlichen Korn gedient hat, so ersieht man doch, daß durch den

Der Gesamtextrakt schwankte in der Trockensubstanz der untersuchten Proben zwischen 28,67—83,57%, eine bedeutende Schwankung, die zeigt, wie verschieden die Zusammensetzung des Malzkaffees, je nach Dauer der Keimung und Art der Röstung, ausfallen kann. F. Ducháček und A. Beitter fanden in der Trockensubstanz eines Malzkaffees 42,82% in Wasser lösliche Stoffe und in Prozenten derselben:

Stickstoff-substanz	Ätherauszug	Zucker	Dextrin	Sonstige N-freie Stoffe	Mineralstoffe
5,86%	5,04%	3,80%	37,72%	44,63%	2,95%

F. Doepmann ermittelte in Malzkaffee mit 60—90% gekeimten Körnern direkt reduzierenden Zucker (= Maltose) in Wasser löslich 3,24—5,42%, in Alkohol löslich (nach Kornauth) 1,44—2,08%; er macht darauf aufmerksam, daß stark geröstete, ungekeimte Gerste ebensoviel löslichen Zucker und eine ebenso hohe Extraktausbeute liefern könne wie Malzkaffee (d. h. gekeimte Gerste), daß also die chemische Untersuchung keinen sicheren Anhalt dafür liefern könne, ob geröstete ungekeimte Gerste oder geröstetes Malz vorliege. Beide werden als ganze Körner auch vielfach mit Zucker glasiert.

Der Malzkaffee hat zum Unterschiede von Gerstenkaffee einen süßen Geschmack und zeigt im Längsschnitt des ganzen Kornes in der Regel die von den fehlenden Keimen herrührenden Hohlräume; im gepulverten Zustande läßt er sich an den eigentümlich korrodierten Stärkemehlkörnern und den Resten der Würzelchen erkennen, da die Würzelchen durch Sieben niemals vollständig aus der Ware entfernt werden. Der an der Basis des Gerstenkorns liegende Keim wird nämlich beim Keimen in ein zartes Gewebe umgewandelt und auch ein Teil des Mehlkernes wird zu dem Aufbau des neuen Gewebes verwendet. Beim Rösten des Gerstenkornes wird das junge Gewebe zerstört, und es hinterbleibt dort, wo der Keim liegen sollte, eine Höhle, die nach aufwärts am Rücken der Frucht eine Fortsetzung findet, indem daselbst auch der Mehlkern eingesunken ist. „Schneidet man daher", sagt T. F. Hanausek, „ein Malzkaffeekorn auf, so findet man am Rücken eine relativ große Höhle, die in dem Gerstenkaffeekorn niemals zu finden ist."

8. Roggen- und Roggenmalzkaffee, Weizenmalzkaffee. Der Roggenkaffee ist das älteste Rösterzeugnis, welches zur Bereitung eines Haustrankes verwendet wurde, und hat besonders während der letzten Kriegszeit eine weite Verbreitung gefunden. Seine Herstelluug, auch die des Rogenmalzkaffees, erfolgt wie bei der Gerste. Die Zusammensetzung[1]) gleicht wie die der Rohstoffe ebenfalls der der Gerste (Tab. II, Nr. 1230—1233). A. Beitter fand in der Trockensubstanz eines Roggenmalzkaffees 34,89% in Wasser lösliche Stoffe und in Prozenten derselben:

Stickstoff-Substanz	Ätherauszug	Zucker	Sonstige N-freie Stoffe	Mineralstoffe
9,82%	3,23%	8,31%	74,17%	4,47%

Der Roggenkaffee, der auch „Kornkaffee" oder „Gesundheitskaffee" genannt wird,

---

Mälzvorgang Stärke in Zucker (Maltose) übergeführt wird, der beim Rösten des Malzes caramelisiert bzw. zum Teil zerstört wird und dadurch eine geringe prozentuale Erhöhung des Proteins und der Rohfaser zur Folge hat.

[1]) Die Veränderungen, welche der Roggen beim Rösten erfährt, erhellen aus folgender, von F. Hüppe ausgeführten Untersuchung von rohem und geröstetem Roggen, berechnet auf Trockensubstanz:

Roggen	Stickstoff-Substanz	Äther-auszug	Zucker	Dextrin	Stärke	Pento-sane	Rohfaser	Asche
Ursprünglicher	10,82%	1,33%	2,15%	6,44%	64,45%	10,23%	1,89%	1,85%
Gerösteter . .	10,85%	1,08%	1,10%	11,30%	52,28%	10,19%	3,77%	1,76%

Ähnliche Beziehungen ergaben sich beim Rösten von Gerstenmalz. Stärke, Zucker (bzw. Maltose), Fett und auch Pentosane nehmen beim Rösten mehr oder weniger ab, Dextrin dagegen entsprechend zu, während Stickstoff-Substanz, Rohfaser und Asche prozentual etwas zunehmen oder fast gleichbleiben.

hat einen kräftig-bitteren Geschmack, weshalb er dem Gerstenkaffee wegen seines süßlichen Geschmacks vorgezogen wird.

Bei seiner Untersuchung ist vorwiegend auch auf das Vorkommen von Unkrautsamen, besonders von Kornrade (Agrostemma Githago L.), die giftig sein soll (S. 361), Rücksicht zu nehmen.

Vereinzelt ist auch Weizenmalzkaffee in Gebrauch; eine Probe ergab 6,46% Wasser und in der Trockensubstanz 5,56% Zucker und 73,48% Gesamtextrakt.

Derselbe unterscheidet sich, ebenso wie das Rösterzeugnis von Dinkel, Spelz (S. 342), von dem Roggenkaffee durch einen milderen Geschmack.

9. Mais- und Maismalzkaffee. Der Mais wird wie sonstige Getreidekörner eingeweicht, auch schwach gemälzt, geröstet und entweder als ganzes geröstetes Korn dem gerösteten Perlkaffee untergemischt oder auch für sich gemahlen und als Saladinkaffee oder Kaffeetin in den Handel gebracht. Der Geschmack wird als angenehm und gewürzig-bitter bezeichnet. Über Zusammensetzung vgl. Tab. II, Nr. 1235.

Die Bezeichnung „Kaffeetin" kann nicht als zulässig angesehen werden, da sie die Annahme erweckt, als wenn ein aus echtem Kaffee hergestelltes Erzeugnis vorliegt.

Der sonst sehr verbreitete Reis hat bis jetzt in Deutschland keine Verwendung zur Herstellung eines Kaffee-Ersatzmittels gefunden.

D. Kaffee-Ersatzstoffe aus Leguminosensamen.

Von den Leguminosensamen dient eine ganze Anzahl zur Herstellung eines Kaffee-Ersatzstoffes. Diese scheint im allgemeinen durch einfaches Einweichen und Rösten der Samen zu erfolgen.

Meistens werden hierfür ausländische Hülsenfrüchte verwendet. Die einheimischen Sorten (Bohnen, Erbsen, Wicken u. a.) liefern anscheinend keine geeigneten Erzeugnisse.

Die Leguminosenkaffees sind, entsprechend dem Gehalt der Samen, sämtlich verhältnismäßig reich an Protein; die Rösterzeugnisse von Erdnuß, Sojabohnen, Parkia africana und Lupinen enthalten gleichzeitig viel Fett. Der Gehalt an Extrakt ist bei den gerösteten Leguminosen im allgemeinen geringer[1]) als bei den gerösteten Getreidearten (vgl. Tab. II, Nr. 1230—1242).

10. Erdnußkaffee, auch Erdmandelkaffee[2]) genannt. Die Erdnüsse (S. 363) werden im natürlichen wie im entfetteten Zustande zur Herstellung eines Kaffee-Ersatzstoffes verwendet und als „Afrikanischer Nußbohnen- oder Austriakaffee" in den Handel gebracht. Die Samen der Erdnüsse zerfallen, wie die des echten Kaffees, leicht in zwei Hälften und werden als solche auch gern dem echten gerösteten Kaffee beigemengt. Wegen des hohen Fettgehaltes nimmt das Rösterzeugnis leicht einen unangenehmen ranzigen Geschmack an.

11. Lupinenkaffee. Die Lupinen werden nach dem Entbittern (S. 360) vielfach geröstet, um sie einerseits in ganzem Zustande dem gerösteten echten Kaffee

[1]) So wurde z. B., auf Trockensubstanz berechnet, gefunden:

	Bohnen	Erbsen	Erdnuß, entschält		Lupinen	Soja-bohnen	Kongo-kaffee	Canavalia-bohnen
			fetthaltig	entfettet				
Wasserextrakt	21,62%	30,05%	24,90%	27,10%	15,0—38,0%	49,05%	22,49%	22,20%

[2]) Man bezeichnet mit Mandelkaffee aber eine Reihe anderer Ersatzstoffe, welche keine Bestandteile der Erdnuß enthalten, so z. B. ein Gemisch von Eicheln und Zichorie. Das früher aus dem Samen des Erdmandelgrases (Cyperus esculenta) bereitete, ebenfalls Mandelkaffee genannte Ersatzmittel, scheint jetzt nicht mehr im Handel vorzukommen. Das von Diehl in München dargestellte Kaffeeverbesserungsmittel ist nach H. Trillich Mandelkaffee mit 1% Natriumbicarbonat, und enthält 18,02% in Wasser lösliche Stoffe sowie 5,01% Asche in der Trockensubstanz.

(Perlkaffee) zuzusetzen, andererseits zu mahlen und zur Verbesserung des Geschmacks mit anderen Ersatzstoffen (Zichorien, Rüben, Getreide) zu vermischen. Die Gemische kommen unter den verschiedensten Phantasienamen in den Handel, z. B. „Perlkaffee“[1], „Deutscher Volkskaffee“, „Allerweltskaffee“, „Kaiserschrotkaffee“, „Kraftkaffee“, „Chemischer Fruchtkaffee“ u. a.

12. Sojabohnenkaffee. Die Sojabohnen (S. 358) gleichen in der Form den Kaffeebohnen, weshalb man auch schon versucht hat, sie im gerösteten Zustande dem echten gebrannten Bohnenkaffee zuzusetzen. Sie liefern ein wohlschmeckendes Röstgut, welches aber leicht ranzig wird. Entfettete Samen liefern kein brauchbares Rösterzeugnis.

13. Kichererbsenkaffee. Die Kichererbse (Cicer arietinum) ist schon früh zur Herstellung eines Kaffee-Ersatzstoffes in Frankreich (daher Café de France) verwendet worden.

14. Kaffeewickenkaffee (Stragelkaffee). Der geröstete Samen der Kaffeewicke (Astragalus baëticus L.) wird in Italien viel zur Verfälschung des echten Kaffees, aber auch für sich allein als Kaffee-Ersatzstoff verwendet. Eine Probe des letzteren ergab 8,09% Wasser und in der Trockensubstanz 44,63% in Wasser lösliche Stoffe und 4,58% lösliche Asche.

15. Sudankaffee. Der sog. Sudankaffee wird durch Rösten des Samens von Parkia africana R. Br., der auch zur Herstellung des Daua-Daua-Käses (S. 235) dient, gewonnen. Auch wird der geröstete Samen in zerriebenem Zustande als schokoladenartiger Kuchen genossen. Die Zusammensetzung des Samens gleicht der der Sojabohne.

16. Mogdadkaffee (Stephanienkaffee, Negerkaffee) besteht aus dem Rösterzeugnis der Samen von Cassia occidentalis L. Wegen des hohen Gehaltes an Rohfaser (von welcher in einer Probe 23,84% der Trockensubstanz gefunden wurden) ist es nicht unwahrscheinlich, daß die Probe auch eine Beimengung von der Samenschale erfahren hat, die unter dem Namen „Tidagesi“ von Holland aus in den Handel gebracht wird. Dafür spricht die Angabe, daß der Mogdadkaffee 5,23% Gerbsäure enthalten soll, die in dieser Höhe wohl nur in der Schale enthalten sein kann.

Der milde Geschmack des Rösterzeugnisses soll so kaffeeähnlich sein, daß der Mogdadkaffee selbst von Fachleuten für Bohnenkaffee gehalten wird.

17. Kongokaffee. Der Kongokaffee wird durch Rösten von einem Leguminosensamen gewonnen, welcher im Äußeren der einheimischen Perlbohne (Phaseolus) gleicht, schwarz ist und einen weißen Nabelfleck hat. Über Zusammensetzung vgl. Tab. II, Nr. 1240.

18. Puffbohnenkaffee. Wie bei uns „Vicia Faba L.“, so wird auch in Japan und anderen Ländern die Canavalia incurva als Puffbohne bezeichnet und zur Herstellung eines Kaffee-Ersatzmittels benutzt.

Eine Probe Canavaliakaffee lieferte, auf Trockensubstanz berechnet, 22,20% wasserlöslichen Extrakt.

E. Kaffee-Ersatzstoffe aus sonstigen Samen und Rohstoffen.

19. Eichelkaffee. „Eichelkaffee ist das durch Rösten der von den Fruchtschalen und dem größten Teile der Samenschale befreiten Früchte der Eiche (Quercus robur) gewonnene Erzeugnis.“

Die Eicheln, die Früchte von Quercus pedunculata und Quercus sessiliflora, mit 14—18% Schalen und 86—82% Kernen, sind durch den eigenartigen Eichelzucker „Quercit“, durch hohen Gehalt an Gerbsäure und Stärke ausgezeichnet. So wurden in der Trockensubstanz gefunden:

	Ungeschält	Geschält		Ungeschält	Geschält		
Zucker . .	8,24%	10,26%	Stärke . .	39,29	54,16%	Gerbsäure	6—9%

Die gerösteten Eicheln, die vorher eingeweicht werden, enthalten noch 5—6% Gerbsäure, die dem Eichelkaffee den bitteren adstringierenden Geschmack verleiht. Er wird deshalb

[1] Diese Bezeichnung ist, weil irreführend, unzulässig.

meistens mit milder schmeckenden Kaffee-Ersatzstoffen (auch Kakao) vermischt und vorwiegend als Heilmittel bei Dysenterie, Skrofulose u. a. genossen.

A. Beitter gibt an, daß die Früchte anderer, in Spanien, Algerien usw. vorkommenden Eichen, wie Quercus Ballota, Q. Ilex, Q. Suber, Samen liefern, die süßlich schmecken, als solche genossen werden und ein wesentlich angenehmeres Rösterzeugnis (Café des glands doux) liefern.

20. Weißdornfruchtkaffee. Die Früchte des Weißdorns (Crataegus oxyacantha L., Fam. Rosaceae), die aus einem 2—3 Steinkerne enthaltenden mehligen, süßlichen Fruchtfleisch bestehen, sind lange zur Herstellung eines Kaffee-Ersatzstoffes verwendet worden, aber während der Kriegszeit besonders wieder in Anwendung gekommen. A. Beitter fand in der gerösteten Frucht 4,65% Wasser und 23,95% Wasserauszug mit folgendem Gehalt:

Stickstoff-Substanz	Ätherauszug	Zucker	Sonstige N-freie Stoffe	Mineralstoffe
1,75%	1,86%	5,00%	13,22%	2,12%

Die Färbekraft ist nach Beitter nur gering, das Aroma nur schwach; auch ist die Sammlung der nur spärlich vorkommenden Früchte zu kostspielig, als daß sie für die Verwendung als Kaffee-Ersatzstoff im großen in Betracht kommen können. Dasselbe gilt von dem

21. Hagebuttenkaffee, der Scheinfrucht von Rosa canina L., die sowohl ganz als auch nach Entfernung des Fruchtfleisches — die Samen dienen als Tee-Ersatz — zum Rösten verwendet werden. Die geröstete ganze Frucht enthielt 7,04% Wasser und 33,64% Wasserauszug mit 3,64% Mineralstoffen.

22. Der ***Birnen- und Birnenkernkaffee.*** Der Birnenkaffee wird aus dem Fruchtknoten mit dem fleischig gewordenen Receptaculum bzw. aus den Kernen der wildwachsenden Holzbirnen (Pirus communis L.) gewonnen. Die Trockensubstanz der Kerne enthält 31,09% Stickstoff-Substanz und 29,32% Fett; der geröstete Kernkaffee ergab 6,96% Wasser und 34,69% Wasserauszug mit 3,59% Mineralstoffen.

23. Weintraubenkernkaffee. Die von der Mostbereitung zurückbleibenden Trester werden getrocknet, die ausfallenden Samen gesammelt und durch Rösten und Mahlen als Kaffee-Ersatzstoff zubereitet.

Die ungerösteten Kerne ergaben in der Trockensubstanz 8,90% Stickstoff-Substanz, 13,99% Fett und 45,08% Rohfaser.

Wie Birnen- und Weintraubenkerne können auch die Kerne anderer Obst- und Beerenfrüchte für die Herstellung eines Kaffee-Ersatzstoffes verwendet werden.

24. Spargelsamenkaffee. Der Samen des Spargels (Asparagus officinalis L.) ist schon 1858 von v. Bibra als besonders geeigneter Rohstoff für die Herstellung eines Kaffee-Ersatzstoffes empfohlen. Von A. Beitter u. a. wird aber diese Ansicht nicht geteilt; er soll einen Ölgeschmack besitzen und sonst dem Lupinenkaffee ähnlich schmecken. Der geröstete Samen enthielt in der Trockensubstanz 22,12% Stickstoff-Substanz, 11,14% Fett und nur 8,87% in Wasser lösliche Stoffe.

25. Dattelkernkaffee. Nach einigen Angaben werden auch die Dattelkerne (von Phoenix dactylifera L.) mit anhängendem Fruchtfleisch zur Herstellung eines Kaffee-Ersatzmittels (arabischer Dattelkaffee) verwendet. Über Zusammensetzung vgl. Tab. II, Nr. 1246.

26. Gombosamenkaffee. Die Samen des in Ostindien einheimischen Strauches Hibiscus esculentus L. (Malvaceae) werden von A. R. Chiapella als Rohstoff für die Herstellung eines Kaffee-Ersatzstoffes genannt, während die grünen Früchte nach A. Zega unter dem Namen „Bamnje" als geschätztes Gemüse verzehrt werden.

27. Mussaendakaffee (Café Marron). Er wird aus den tränenförmigen Samen von Mussaenda borbonica (Rubiaceae) oder nach Dyer von Gaertnera vaginata (Loganiaceae) gewonnen. Eine Probe des Rösterzeugnisses ergab 1,07% Wasser und 18,02% wasserlösliche Stoffe mit 3,98% Mineralstoffen. Die früheren Angaben von Lapeyère, daß der Mussaenda- oder Bourbonkaffee 0,35—0,50% Coffein enthalte, haben sich nach weiteren Untersuchungen nicht bestätigt. (Vgl. S. 531.)

28. Wachspalmenkaffee. In Brasilien dienen die steinharten Früchte der Wachspalme (Corypha cerifera L. oder Copernicia cerifera Mart.) zur Bereitung eines Kaffee-Ersatzstoffes, der auch nach Europa eingeführt wird. Das Röstgut besitzt zwar ein ausgeprägtes Kaffeearoma, liefert aber wegen der geringen Menge von Zucker, Stärke und anderen ähnlichen Kohlenhydraten in den ursprünglichen Früchten nur eine geringe Ausbeute, nämlich nur 14,03% Wasserauszug in der Trockensubstanz.

29. Kentuckykaffee. Dieser wird aus den Samen der in Nordamerika einheimischen Pflanzen Gymnocladus canadensis bzw. G. dioicus gewonnen. Das Rösterzeugnis ergab bei 4,67% Wasser 31,86% wasserlösliche Stoffe mit 4,67% Mineralstoffen.

30. Sakka- oder Sultankaffee. Unter „Sakka- oder Sultankaffee" versteht man die gerösteten und gemahlenen Fruchtschalen und das geröstete Fruchtfleisch des Kaffees; er muß, trotzdem er coffeinhaltig ist und eine dem Kaffee ähnliche Zusammensetzung [1]) besitzt, doch zu den Kaffee-Ersatzstoffen gerechnet werden.

Das Fruchtfleisch dient auch wegen seines Gehaltes an Glykose vereinzelt zur Herstellung eines schwach alkoholischen Getränkes.

Die Verwendung des wässerigen Auszuges aus dem Fruchtfleisch und den Fruchtschalen zum Glasieren ist selbst unter Deklaration nicht zulässig, ebenso sind sie als solche oder die Auszüge aus ihnen als Zusätze zu anderen Kaffee-Ersatzstoffen nur gestattet, wenn dadurch kein echter Kaffee vorgetäuscht werden soll.

Kaffee-Ersatzmischungen. Die vorstehenden Kaffee-Ersatzstoffe werden zur Erzielung eines besseren Aromas oder Geschmackes auch in den verschiedensten Verhältnissen gemischt und mit den hochklingendsten Phantasienamen in den Handel gebracht. Hierauf noch näher einzugehen, würde zu weit führen, hätte aber auch wenig Wert, da solche Gemische tagtäglich neu entstehen und meistens ebenso schnell wieder verschwinden. Es ist aber zu beachten, daß die Phantasienamen keinen echten Kaffee vortäuschen dürfen. Enthalten sie solchen und wird die Mischung mit dem Namen einer bestimmten Kaffeesorte belegt, z. B. Javakaffee-Mischung, so muß die Menge des Ersatzstoffes angegeben werden, wie Javakaffee-Mischung mit 70% Ersatzstoffen.

Gehalt der Kaffee-Ersatzstoffe an Mineralstoffen. Vielfach ist behauptet, daß die Asche der Kaffee-Ersatzstoffe sich von der des echten Kaffees durch einen höheren Gehalt an Kieselsäure, Chlor und Natron auszeichnet. Eine von K. Kornauth durchgeführte Untersuchung (Tab. III, Nr. 250—265) hat aber ergeben, daß ein durchgreifender Unterschied in der Zusammensetzung der Asche des echten Kaffees und seiner Ersatzstoffe nicht, wenigstens nicht für alle echten Kaffeesorten, besteht. Auch im Extraktgehalt stellen sich keine regelmäßigen Beziehungen heraus; die Ersatzstoffe liefern zwar meistens einen höheren Wasserextrakt, manche aber sind hierin dem echten Kaffee gleich, andere liefern einen geringeren Wasserextrakt als echter Kaffee. Ein durchschlagender Unterschied besteht nur darin, daß alle Ersatzstoffe kein Coffein enthalten und ein abweichendes Röstaroma aufweisen.

---

[1]) Für die Kaffeefruchtschalen und das Fruchtfleisch wurde folgende Zusammensetzung gefunden:

Kaffee	Wasser %	In der Trockensubstanz							
		Stickstoff-Substanz %	Coffein %	Fett %	Gerbsäure %	Sonstige N-freie Stoffe %	Rohfaser %	Asche %	In Wasser lösliche Stoffe %
Fruchtschalen	14,43	10,09	0,50	1,89	5,61	36,39	36,41	9,11	20,77—37,09
Fruchtfleisch	3,64	8,88	—	2,46	17,13	—	—	8,09	32,09

Tee.

Begriff. Unter der Bezeichnung „Tee“ versteht man die auf verschiedene Weise zubereiteten Blattknospen und jungen Blätter der Teepflanze (Thea sinensis) und einer ihrer Varietäten (Thea sinensis var. Assamica Sims.).

Der vorwiegend in Japan und China angebaute Tee (eine Abart des echten Tees) hat kleine und dicke Blätter, die assamische Varietät dagegen, die vorwiegend auf Java, Ceylon und in Indien angebaut wird, ist groß- und dünnblättrig.

Man unterscheidet ferner:

1. Je nach dem Alter und der äußeren Beschaffenheit des Blattes: Pecco = weißes Haar, Bai-chao = weißer Flaum (d. h. stark behaarte, also beste Sorte schwarzen Tees), Souchong = kleine Pflanze, Congu oder Congfu = gerollt, Oolong = schwarzer Drache, Haysan oder Hysan = Frühling (d. h. beste Sorte grünen Tees), Gunpowder = Schießpulvertee (aus kleinen Kügelchen bestehend) usw.

2. Je nach der Zubereitung: grünen und schwarzen, gelben, roten, Ziegel-, Bohen-, Bruch- und Lügentee.

3. Je nach Ländern: Chinesischen, Ceylon-, Java-, ostindischen (Assam-) Tee. China erzeugt grünen, schwarzen und gelben Tee, Java grünen und schwarzen, Ceylon vorwiegend nur schwarzen Tee. Jedes Land und die von ihm erzeugten Sorten haben wieder je nach dem Alter und der Form des Blattes ihre Unterabteilungen. Die hauptsächlichsten Handelssorten von schwarzem chinesischem Tee sind: Pecco, Souchong, Congo, Oolong; von grünem Tee: Imperial (länglich gerollte) und Gunpowder und Joosges (kugelig gerollte Blätter).

Dabei decken sich die Handelsbezeichnungen vielfach nicht mit den an den Gewinnungsorten üblichen Bezeichnungen.

Gewinnung. Der Teestrauch[1]), der immergrüne Blätter hat, treibt 3—4 mal im Jahre neue Blätter, die ebenso häufig gesammelt[2]) werden. Die Blattknospen mit höchstens dem ersten Blatt gelten als die feinsten, vereinzelte Blattknospen mit dem 1.—3. Blatt als die mittleren Sorten, während die geringsten Sorten aus dem 2.—4. Blatt bestehen und Knospen darin kaum mehr vorkommen.

Je nach der Behandlung der Blätter unterscheidet man

a) Grünen Tee. Er wird in der Weise gewonnen, daß die Blätter sofort nach dem

---

[1]) Der Teestrauch, der wahrscheinlich aus Assam und Cachar stammt, wird wild wachsend gegen 10 m, in Kultur genommen aber nur 1—2$^1/_2$ m hoch. Erst im dritten Jahre können die Blätter geerntet werden, etwa 240 g für den Strauch, in den folgenden Jahren mehr. Nach 7 Jahren läßt der Ertrag des Strauches nach; er wird dann durch neue Pflanzen, die meistens aus Samen gezogen werden, ersetzt. In China wächst der Tee zwischen dem 22.—38. Grad n. Br.; in Japan bis zum 29. Grad n. Br. Der Teestrauch liebt den besten, gegen Mittag gelegenen Boden, starke Düngung (mit Ölkuchen und Fischguano) und fleißige Bewässerung. Jedoch gedeiht er noch auf hügeligem, 1500 bis 2000 m hohem Gelände, wo wegen der schwierigen Bewässerung kein Reis gebaut werden kann.

Im Jahre 1664 gelangte der erste Tee nach Europa (an die Königin von England als ein höchst wertvolles Geschenk). Jetzt findet man ihn wie den Kaffee in jedem Bürgerhause, wenn auch bei uns nicht so verbreitet und beliebt wie den Kaffee.

In England fielen im Anfange dieses Jahrhunderts jährlich auf den Kopf der Bevölkerung etwa 2500—2600 g, in Deutschland nur 50—60 g Tee.

Der bei uns verwendete Tee stammt meistens aus China, ein geringerer Teil kommt auch aus Britisch-Indien, Ceylon und Java, der japanische Tee geht vorwiegend nach Nordamerika.

[2]) Die mit dem Pflücken betrauten Mädchen müssen Handschuhe anziehen, täglich baden und dürfen keine starkriechenden Speisen genießen. Eine Arbeiterin pflückt täglich etwa 7—8 kg, die $^1/_4$ fertigen Tee liefern.

Pflücken und Welken (durch Dämpfen) gerollt, in der Sonne getrocknet und dann in Pfannen über Feuer schwach geröstet werden.

b) Die Gewinnung des gelben Tees (auch Blumentee genannt) unterscheidet sich nur dadurch von der des grünen, daß die abgewelkten Blätter nicht in der Sonne, sondern im Schatten getrocknet werden.

c) Die Gewinnung des schwarzen Tees ist in den einzelnen Ländern etwas verschieden. Im allgemeinen werden die gepflückten Blätter 1—2 Tage sich selbst überlassen, wodurch sie welken und ihre Elastizität verlieren, so daß sie gerollt werden können. Die noch feuchten gerollten Blätter werden in etwa 2 Zoll dicker Schicht aufgehäuft. Je nach der Temperatur des Raumes tritt nun ein rascher oder langsamer (1—3 Stunden) verlaufender, eigentümlicher Gärungsvorgang (Fermentierung) ein, durch welchen die Umwandlung der noch rohen Teeblätter zu schwarzem Tee erfolgt; nach vollendeter Gärung wird der Tee in der Sonne oder in rauchloser Wärme getrocknet.

Nach A. Schulte im Hofe sollen bei der Teezubereitung zwei enzymatische Spaltungsvorgänge statthaben, deren erster beim Rollen, wobei das Blattgewebe größtenteils zerstört und der Saft aus den Zellen gepreßt wird, die vorhandene Gerbsäure frei macht, während der zweite mit der Entstehung des Teearomas in engstem Zusammenhange steht. Das ätherische Öl ist vorher wahrscheinlich an ein Glykosid gebunden, das durch die Fermentation gespalten wird. Auch A. W. Nanninga führt die Wirkung der Teezubereitung auf ein Ferment zurück. Dasselbe soll erst nach dem Absterben des Blattes in Wirksamkeit treten. Ein Teil der Gerbsäure wird zunächst durch das Rollen frei, durch die Fermentation teils wieder gebunden, teils (und zum erheblichen Teil) zerstört, indem sich gleichzeitig das Teearoma bildet. K. Aso hat in der Tat in den fermentierten Blättern eine Oxydase nachgewiesen. Die Fermentation soll so lange fortgesetzt werden, bis der Gehalt an freier Gerbsäure, die einen zusammenziehenden, seifigen Geschmack besitzt, verschwunden ist. Nach G. Wahgel und Cl. Bernard sind bei der Teegärung auch Bakterien und Hefen tätig.

d) In ähnlicher Weise wie schwarzer Tee wird der rote Tee gewonnen, der als zweite Hauptsorte der ersten Lese aus den vollständig entfalteten Blättern besteht und in China Chun-Za oder Wulun (roter Tee), entsprechend dem Ceylon-Pekoë-Souchong, genannt wird. Die feinste Sorte der ersten Lese heißt in China Bai-chao (weißer Flaum), etwa dem Broking Pekoë von Ceylon und dem javanischen Blanca-Pekoë entsprechend.

e) Unter Ziegeltee versteht man die in Backstein- oder Tablettenform („Tiptop Tablet Tea) gepreßten Abfälle der Teebereitung; der Staub (vorwiegend aus Blatthaaren bestehend) und sonstige Abfälle sowie die beim Scheren der Bäume gewonnenen Stücke usw. werden heißen Dämpfen ausgesetzt, dann in Formen gepreßt und an der Luft (ohne direktes Sonnenlicht und ohne künstliche Wärme) getrocknet.

f) Der Bohentee (Tee Bou, Thé Bohé) wird aus den zusammengeschrumpften Blättern, aus Stielen und fremden Zusätzen hergestellt.

g) Der „Bruchtee" wird aus den Bruchstücken der Teesorten durch Absieben und Ausklauben gröberer Teile (Stiele u. dgl.) gewonnen; wenn er in viereckige Würfel gepreßt wird, heißt er „Würfeltee".

h) Der „Lügentee" (Lietee) besteht angeblich aus dem Staub der Teekisten, aus Teebruch und den gepulverten Stielen und Zweigspitzen (den sog. „Wurzeln") der Teepflanze, die mit Hilfe eines klebenden Stoffes zusammengepreßt werden.

Die Ausbeute anlangend, so geben 15 kg grüne Blätter, an der Sonne getrocknet, 4—5 kg (26—33%) Tee; 50 kg getrocknete Blätter verlieren durch die „Feuerung" 4 kg und geben 5 kg Stiele, 6 kg Staub und etwa 35 kg guten Tee, so daß aus 100 Teilen frischer Blätter etwa 18—20 Teile guten Tees gewonnen werden.

i) Verbesserungsmittel. Grüner Tee wird mitunter mit wohlriechenden Blüten von Siparuna Tea A. D. C., Camellia Sausagna Blanco, Osmanthus fragans, Aglaia odorata Lour., Gardenia pictorum Hasske, Jasmium sambae Ait., schwarzer Tee stets mit wohlriechenden Blättern oder Blüten beduftet, ohne sie aber hiermit zu vermischen; die Parfümmittel werden in einer Schicht auf den Boden der Packkiste gelegt.

Als Geschmacks-Verbesserungsmittel werden angegeben Rosenblätter, die riechenden Samen von Sternanis, die „Tschucholi" genannten Achänen einer Komposite und die jungen Blätter von Viburnum phlebotrichum Sieboldi et Zuccarini.

Im frischen ungerösteten Zustande besitzt das Teeblatt einen bitteren, fast adstringierenden, keineswegs aromatischen Geschmack; letzterer wird daher erst durch die Zubereitung erreicht. In den Erzeugungsländern bereitet man aus den Teeblättern auch ein nahrhaftes Gemüse.

Über die physiologische Wirkung vgl. S. 527.

Kennzeichen. Die Blätter der Blattknospe sind an ihrer Außenseite von einem dichten Haarfilz bedeckt (daher der Name Pecco = Peh-hán, Milchhaar). Diese Haare, bei Pecco noch dünnwandig und lang, sind mit einem kegelförmigen Fuß der Epidermis eingefügt und biegen sich kurz über derselben im rechten Winkel nach oben, so daß sie der Blattfläche dicht anliegen. Da die Haare sich nicht mehr vermehren, so rücken sie mit zunehmendem Wachstum der Blätter auseinander, sie stehen bei Blatt 1 schon locker; das ausgewachsene Blatt 4 erscheint dem freien Auge unbehaart, und erst mit der Lupe erkennt man die vereinzelt und weit voneinander abstehenden Haare.

Das vollkommen ausgebildete Teeblatt ist länglich, länglich-verkehrtlanzett- oder verkehrteiförmig, oben spitz, am eingerollten Rande sägezahnförmig, nach unten auch gekerbt und in einen kurzen Stiel auslaufend; der auf der Blattunterseite stark hervortretende Primärnerv hat 5—7 Sekundärnerven, die fast unter einem rechten Winkel vom ersten abzweigen.

Nach der Größe der ausgewachsenen Blätter unterscheiden sich die einzelnen Sorten wie folgt:

	Länge der Blätter	Breite der Blätter
Chinesischer Tee	4,5—7,0 cm	2—3 cm
Ceylon- und indischer Tee	10—14 „	4—5 „
Assam- bzw. Sanatee	bis 23 „	bis 8 „

Zusammensetzung. Die Zusammensetzung des Tees ist in erster Linie abhängig vom Alter des Blattes. Als von einem immergrünen Strauch herrührend gleichen die Teeblätter den Nadeln der immergrünen Nadelholzarten, indem die in ihnen durch Assimilation und Einwanderung aufgehäuften Stoffe im Herbst nicht in dem Maße nach anderen Vorratsorten wandern, wie bei den Blättern der Laubholzarten, die vor Winter abgeworfen werden. Die Teeblätter bleiben daher auch im Alter verhältnismäßig reich an Stickstoff-Substanz und beweglichen Kohlenhydraten. Immerhin vermindern sich nach den Untersuchungen von O. Kellner (Bd. I, 1903, S. 1011) hauptsächlich infolge Neubildung von Stoffen von Anfang der Entwicklung an bis nach einem Jahre die Rohproteine von 30,64 auf 16,56%, Thein von 2,85 auf 0,84% in der Trockensubstanz, während der Ätherauszug nicht unerheblich von 6,48% (im Mai) auf 22,19% (im November) und 14,18% (im folgenden Mai) steigt; auch Gerbsäure und Rohfaser zeigen eine schwache Zunahme, die sonstigen stickstofffreien Extraktstoffe eine schwache Abnahme, der Gehalt an in Wasser löslichen Stoffen dagegen hält sich auf nahezu gleicher Höhe und schwankt nur unbedeutend. Einen wesentlichen Einfluß auf die Zusammensetzung hat auch die Behandlung des Teeblattes nach dem Pflücken. Schon durch einfaches Welken und Rollen nimmt die Gerbsäure erheblich ab und kann durch die Fermentation beim schwarzen Tee auf die Hälfte heruntergehen (vgl. S. 559 über Gerbsäure). Mit der Gerbsäure nimmt auch die Menge der in Wasser löslichen Stoffe regelmäßig ab.

Gleichzeitig werden auch Ursprungsland und Lage von Einfluß auf die Zusammensetzung sein. So fanden R. Tatlock und T. Thomson im Mittel für Tee aus verschiedenen Ländern:

	Gesamte in Wasser lösliche Stoffe			Gerbsäure		
Tee:	indischer	Ceylon-	chinesischer	indischer	Ceylon-	chinesischer
	46,43%	44,10%	43,09%	14,33%	12,29%	9,50%

Hiernach ist die Zusammensetzung des Tees nicht geringen Schwankungen[1]) unterworfen.

Über die einzelnen Bestandteile des Tees sei noch folgendes bemerkt:

1. Protein. Über die eigentlichen Proteine des Tees ist bis jetzt nur wenig bekannt; nach einigen Bestimmungen enthält derselbe 1,38—3,64% Albumin.

2. Thein. Die wichtigste Stickstoffverbindung des Teeblattes[2]), das Thein (= 1-, 3-, 7-Trimethylxanthin $C_5H(CH_3)_3 \cdot N_4O_2$, vgl. S. 51), schwankt von 1,09—4,67% in der lufttrockenen Substanz; es soll in Verbindung mit Gerbsäure als gerbsaures Thein in den Blättern, und zwar nach Susuki in den Epidermiszellen, vorhanden sein; dieses löst sich in heißem, aber nicht in kaltem Wasser. Daraus erklärt man, daß mit kochendem Wasser zubereiteter Teeaufguß beim Erkalten, wobei sich das gerbsaure Thein als unlöslich ausscheidet, trübe wird. Das Thein ist im frisch gepflückten Blatt fast ganz in gebundenem Zustande vorhanden und geht erst beim Welken und Fermentieren, Rösten unter Abnahme der Gerbsäure in den freien Zustand über[3]). Das fertige Teeblatt enthält in Prozenten des Theins etwa 70—80% freies und 30—20% gebundenes Thein. Geringwertige Teesorten enthalten vielfach nur wenig Thein; da sie aber häufiger auch mehr Thein enthalten als die besseren Teesorten, so kann es als Wertmesser des Tees nicht angesehen werden.

3. Theophyllin. A. Kossel hat in dem Tee-Extrakt die Base, das Theophyllin (= 1-, 3-Dimethylxanthin $C_5H_2(CH_3)_2N_4O_2$, vgl. S. 51) nachgewiesen. Auch Methylxanthin, Xanthin und Adenin werden als Purinbasen im Tee angegeben.

4. Amide. Außer diesen Basen enthält der Tee auch Amide, und zwar rund etwa 16% in Prozenten des Gesamtstickstoffs neben ebensoviel (16%) Thein und 66% Protein. Bei der

[1]) Nach etwa 160 Analysen waren die Schwankungen folgende:

Gehalt	Wasser	In der Trockensubstanz										
		Stickstoff-Substanz	Thein	Ätherisches Öl	Fett, Wachs, Chlorophyll	Dextrine, Gummi	Gerbsäure	Pentosane	Rohfaser	Asche	In Wasser löslich	
											Gesamt	Asche
	%	%	%	%	%	%	%	%	%	%	%	%
Niedrigster	4,0	20,0	1,2	0,5	4,0	0,5	5,0	—	9,5	4,5	30,0	1,7
Höchster	12,0	42,0	5,0	1,1	16,5	11,0	27,5	—	17,0	8,7	55,0 *)	5,5
Mittlerer grüner	8,5	26,3	3,1	0,7	9,0	—	17,2	6,1	11,6	5,7	42,7	3,2
Mittlerer schwarzer	—	—	—	—	—	—	12,0	—	—	5,6	35,0	3,0

*) In einzelnen Sorten sogar bis 60%.

[2]) Die Samen enthalten kein, die übrigen Teile der Pflanze nur wenig Thein.

[3]) So fanden Hartwich und du Pasquier:

	Wasser	In der Trockensubstanz			
		Gerbsäure	Thein frei	Thein gebunden	Thein im ganzen
	%	%	%	%	%
Sofort nach dem Pflücken	75,27	29,70	0,58	3,66	4,22
Nach dem Welken und Rollen	38,25	23,17	2,69	0,82	4,51
Nach $3^1/_2$stündiger Fermentation	22,19	14,96	2,57	1,68	4,25
Nach dem Rösten	9,67	12,59	3,20	1,07	4,27

Verarbeitung des Teeblattes nehmen die Amide nach Kozgi etwas zu, die Proteine ab, während das Thein gleichbleibt. O. Kellner verfolgte das Verhältnis der drei Verbindungsformen des Stickstoffs während der Entwicklung des Teeblattes (Mai—Nov.) mit folgendem Ergebnis für die Trockensubstanz:

Gesamt-Stickstoff				In Prozenten des Gesamtstickstoffs											
				Reinprotein				Thein				Amide			
5/5	15/7	15/9	15/11	5/5	15/7	15/9	15/11	15/5	15/7	15/9	15/11	15/5	15/7	15/9	15/11
%	%	%	%	%	%	%	%	%	%	%	%	%	%	%	%
4,91	3,21	2,93	2,83	70,1	71,4	77,2	81,2	16,5	22,1	20,1	13,1	13,4	6,5	2,7	5,7

Hiernach nimmt prozentual der Gehalt an Stickstoff-Substanz mit der Entwicklung des Teeblattes stetig ab, die des Reinproteins dagegen anfänglich nur auf Kosten der Amide, später auch des Theins stetig zu, während sich das Thein in der ersten Zeit der Entwicklung des Blattes bis dahin (4 Monate nach der Entwicklung), wo es meistens geerntet zu werden pflegt, auf annähernd gleicher Höhe hält.

5. Fett. Der Ätherauszug (3,6—15,2% des lufttrockenen Tees) besteht aus Fett (Glyceriden der Palmitin-, Stearin- und Ölsäure), Chlorophyll, Wachs und Harz.

6. Ätherisches Öl. In dem ätherischen Öl (etwa 1,0% bei grünem und 0,6% bei schwarzem Tee) sind nach C. Hartwich bis jetzt Methylalkohol, Methylsalicylat, Aceton und ein Alkohol $C_6H_{12}O$ ermittelt. Es ist nicht vorgebildet im frischen Tee enthalten, sondern wahrscheinlich als Glykosid an einen Zucker gebunden und wird erst bei der Fermentation in Freiheit gesetzt.

7. Gerbsäure. Die Gerbsäure ($C_{27}H_{22}O_{17}$ nach Strecker oder $C_{14}H_{10}O_9$ nach Hlasiwetz oder wasserfrei $C_{20}H_{16}O_9$ nach Nanninga) wird als Eichengerbsäure (bzw. Digallussäure) aufgefaßt; $[\alpha]_D = -177{,}30^0$. Sie spaltet nach C. Rundqvist beim Erwärmen mit Säure keinen Zucker ab, gehört daher nicht zu den Glycosidsäuren. Sie nimmt beim Welken und Fermentieren des Teeblattes schnell ab; Hartwich und Pasquier beobachteten bei einem Paviatee eine Abnahme von 29,70 auf 12,59% und bei solchem von den borromeischen Inseln von 24,55 auf 8,04% der Trockensubstanz, also in letzterem Falle sogar auf ein Drittel der ursprünglichen Menge. Hierdurch nimmt der Tee einen milderen Geschmack an.

Das von Rochleder behauptete Vorkommen der Boheasäure ($C_{14}H_{12}O_8 + H_2O$) im Tee wird von anderer Seite bestritten. Dagegen werden darin noch Oxalsäure und Quercetin angegeben.

8. Asche. Die Teeasche (Tab. III, Nr. 266) ist in der Regel durch einen hohen Mangangehalt gekennzeichnet.

Verfälschungen und Verunreinigungen des Tees. Diese sind sehr mannigfaltig und im wesentlichen folgende:

1. Die Untermischung geringwertiger Sorten unter bessere bzw. unrichtige Bezeichnung.
2. Beimengung wertloser Bestandteile der Teepflanze selbst (z. B. von Teestengeln und Teeblüten)[1]).

Anm.: Die Verwendung von wohlriechenden Pflanzen bzw. Blüten (S. 556) kann als zulässig angesehen werden, wenn sie nur zum Beduften zwischen den Tee oder auf den Boden der Versandkisten gelegt und wieder entfernt bzw. nicht untergemischt und mitverkauft werden.

3. Herstellung von Tee aus schmutzhaltigen Teeabfällen mit Klebemitteln (Gummi, Stärke, Dextrin usw.).

---

[1]) Unter Teeblumen oder -blüten verstand man bisher im Handel die fein behaarten Blattspitzen; neuerdings werden darunter aber auch die getrockneten wirklichen Blüten der Teepflanzen vor dem Öffnen, die getrockneten Blütenknospen verstanden; diese liefern auch einen Aufguß von Teegeschmack und -geruch, die aber von denen der Teeblätter abweichen.

Perrot und Goris fanden in zwei Proben Teeblüten 9,60% Wasser, 2,65% Asche und in der Trockensubstanz 2,14% Coffein.

4. Zusatz oder gar alleiniger Verkauf von bereits gebrauchten Teeblättern.

5. Unterschiebung von Tee-Ersatzblättern, z. B. von Maté- oder Paraguaytee, Kaffeebaumblättern, Faham- oder Fa-am oder bourbonischem Tee, böhmischem oder kroatischem Tee (Lithospermum officinale L.), Blättern von Weidenröschen (Epilobium angustifolium L. und E. hirsutum L.), Preißelbeerblättern (Vaccinium Arctostaphylos L.), Heidelbeerblättern (Vaccinium Myrtillus L.), Weideblättern (Salix alba L., S. pentandra L., S. amygdalina L.) u. a.

6. Vermischung von gebrauchtem Tee mit Blättern vorstehender Arten; so pflegt der Koporische Tee (Koporka-Iwantee) aus einem Gemisch von gebrauchtem Tee mit Blättern von Epilobium, Spiraea ulmaria und dem jungen Laub von Sorbus aucuparia, der Kaukasische (Batum- oder Abchasischer) Tee aus einem Gemisch von erschöpftem Tee mit Preißelbeerblättern zu bestehen. Auch Perl-, Imperial-, Hysontee sind Mischungen von etwas echtem Tee mit verschiedenen Blättern unbestimmter Abstammung.

7. Vermischung mit sonstigen indifferenten und wertlosen Blättern.

8. Beschwerung mit Gips, Ton und Schwerspat.

9. Auffärbung mit Berlinerblau und Gips, Curcuma und Gips, Indigo und Bleichromat für grünen Tee, mit Graphit, Kohle, Catechu, Kino- und Campecheholz für schwarzen Tee.

10. Vorkommen von Blei aus Bleipackungen, besonders in havariertem Tee.

Untersuchung. 1. Sinnenprüfung. Bei einem guten Tee hat der wässerige Auszug eine goldgelbe Farbe und weist einen eigenartigen Teegeruch und -geschmack auf. 2. Wasser; es soll 8—12% betragen. 3. Wässeriger Auszug; grüner Tee soll mindestens 33%, schwarzer mindestens 30% in Wasser lösliche Stoffe in der Trockensubstanz enthalten. 4. Coffein bzw. Thein: mindestens 1,25% in der Trockensubstanz. 5. Gerbsäure: bei grünem Tee mindestens 11%, schwarzem mindestens 8% in der Trockensubstanz. 6. Asche: höchstens 8,5% in der Trockensubstanz, wovon mindestens 50% in Wasser löslich sind; der Sandgehalt soll 2% nicht überschreiten.

Paraguay-Tee (Mate).

Begriff. Unter Paraguay-Tee — Mate ist das hieraus bereitete Getränk bzw. das Gefäß, woraus es getrunken wird — versteht man die gerösteten Blätter und jungen Zweige („Herva“ oder „Yerba Mate“) der in Südamerika (Paraguay, Argentinien und Brasilien) angebauten, zu den Aquifoliaceen gehörenden Paraguay-Stecheiche (Ilex paraguayensis St. Hil.).

Außer Ilex paraguayensis St. Hil. (echter Matebaum) liefern noch 15 andere Ilexarten Blätter für diesen Tee; jedoch gelten die Blätter von dem echten Matebaum, der zwischen dem 21.—24.° s. Br. gedeiht und dort häufig ganze Wälder oder Haine („Yerbales“ oder „Hervaos“ genannt) bildet, als die wertvollsten. Vom 17. Jahre an liefert jeder Baum jährlich 30—40 kg Blätter. Die Ernte beginnt zur Zeit der Fruchtreife und währt von den Wintermonaten Dezember bis März an ungefähr 6—7 Monate.

Gewinnung. Die von den Bäumen abgeschnittenen Zweige werden behufs Abwelkens schnell durch ein offenes Feuer gezogen, leicht gesengt, in Bündel gebunden und diese über einem schwachen Feuer einem weiteren Schwitzvorgang unterworfen. Nach etwa zwei Tagen entblättert man die Zweige auf ausgebreiteten Ochsenhäuten mittels hölzerner Klingen und zerstampft die Blätter mit Holzschlägern oder in besonderen Mühlen fabrikmäßig. In neuerer Zeit wendet man in Paraná und anderen Bezirken eine zweckmäßigere, der des grünen chinesischen Tees ähnliche Erntebereitung an, indem man das offene Holzfeuer durch eiserne Pfannen ersetzt, wodurch der beim Erhitzen über freiem Feuer entstehende rauchige Geschmack vermieden wird. Die so gerösteten Blätter werden ebenfalls weiter in Stampfmühlen gepulvert oder gelangen, sorgfältig von Stielen befreit, auch als ganze Blätter (Maté em folha) in den Handel. Nach T. F. Hanausek unterscheidet man in Südamerika vorwiegend folgende Matesorten:

a) Caá-cuy oder Caá-cuyo: Die eben sich entfaltenden Blattknospen von rötlicher Farbe;
b) Caá-mirien, brasilian. Herva mausa: Von Zweigen und Stielen sowie durch Sieben von der Mittelrippe befreite Blätter; ebenfalls wie a) eine sehr geschätzte Sorte;
c) Caá-guacu, Caáuna, Yerva de palos, von Paraná: Große ältere Blätter mit Zweigen und Holzstücken, bald in zerstückelter, bald in gepulverter Form als grobes und feines Pulver.

Die besten Sorten bestehen aus den Seitenteilen jüngerer Blätter und enthalten nur wenig Stielteilchen und Blattrippen.

Kennzeichen. Das Blatt der Paraguay-Stecheiche ist verkehrt eiförmig bis eiförmig länglich, durchweg etwa 8—10, selten unter 5 cm lang, keilförmig in den Blattstiel verschmälert, am Rande entfernt kerbig gesägt. Die Mittelrippe ist oberseits gar nicht oder nur wenig eingedrückt, die Oberseite ist nur wenig dunkler als die Unterseite, schwarze Punkte („Korkpunkte") auf der Unterseite fehlen entweder ganz oder sind nur selten vorhanden. Die jungen Äste und Blätter sind manchmal unterseits mehr oder weniger behaart, sonst kahl.

Der Mate-Tee hat für Europa bis jetzt wenig Bedeutung, obwohl ihm in seiner nervenanregenden Wirkung von verschiedenen Seiten der Vorzug gegeben wird. In Südamerika ist dagegen die Erzeugung wie der Verbrauch von Jahr zu Jahr gestiegen. Der jährliche Verbrauch von Mate schwankt zwischen 2,5 kg (Peru, Bolivia) bis 20 kg (Paraná) für den Kopf der Bevölkerung.

Zusammensetzung. Die Zusammensetzung gleicht der des echten Tees, nur ist der Gehalt an den wirksamen Bestandteilen etwas geringer; so schwankt der Gehalt an Thein, welches größtenteils in freiem Zustande vorhanden ist, von 0,30—1,85%, der an Gerbsäure von 4,10—9,59%, der an Wasserextrakt von 24,00—42,75%.

Der Geruch des Mate ist nach Peckolt außer durch geringe Mengen von ätherischem Öl durch Stearopten und nach Busse und Polenske wahrscheinlich auch durch Vanillin bedingt.

Ferner sind im Mate nachgewiesen von Kletzinski: neben Fett, Wachs und Harz, Stärke, Glykose und Citronensäure, von Kunz-Krause: Cholin, von Byasson: ein amorphes Glykosid; Siedler fand in den Stengeln des echten Matebaumes 0,52% Thein.

Von der Asche (5,58%) sind 4,39% in Wasser löslich; sie ist auch reich an Manganoxyden.

Die anderen Ilex-Arten scheinen erheblich ärmer an Thein und Aromastoffen zu sein; so fand H. Peckolt in Ilex cuyabensis Reiss. nur 0,05% Thein; dagegen soll darin eine neue Säure, Congonhasäure und ein Saponin enthalten sein.

Verunreinigungen und Verfälschungen. Hierüber heißt es in den Vereinbarungen deutscher Nahrungsmittelchemiker wie folgt:

„Bisweilen finden sich im Mate die pfefferkorngroßen Früchte von Ilex paraguayensis vor. Auch die Blätter anderer Ilex-Arten werden in vielen Fällen als unabsichtliche Beimengungen zu betrachten sein. Von den in der Literatur aufgeführten Verfälschungen fremder Abstammung sind in neuerer Zeit mit Sicherheit nachgewiesen worden: die Blätter von Villarezia Gongonha (DC.) Miers, einer Pflanze aus der Familie der Icacinaceen, welche in einigen Gebieten Südamerikas unter dem Namen „Gongonha" oder „Congonha", „Yapon", „Mate" oder „Yerva de palos" bekannt ist, und ferner eine Reihe von Symplocus-Arten. Auch Myrsine- und Canella-Arten können noch in Frage kommen."

Tee-Ersatzstoffe.

Während der Paraguaytee (Mate) wegen seines ähnlichen Coffein- und Gerbsäuregehaltes als wirklicher Tee-Ersatz, wenn auch von geringerer physiologischer Wirkung, angesehen werden kann, werden noch eine Reihe von Blättern als Tee-Ersatzstoffe verwendet, welche dem

Tee nur im Geruch und Geschmack ähnlich sind, denen aber wegen des ganz fehlenden oder nur in Spuren vorhandenen Coffeins die eigenartige physiologische Wirkung desselben abgeht oder die in Vermischung mit Tee ohne Deklaration als Verfälschungsmittel angesehen werden müssen. Hierzu gehören:

1. Die ***Kaffeebaumblätter.*** Diese werden in den Ländern, in denen Kaffee angebaut wird, zur Verfälschung oder als selbständiger Ersatzstoff des Tees verwendet. Das Kaffeebaumblatt ist länglich elliptisch, bis 20 cm und mehr lang und bis 6 cm breit, scharf zugespitzt, von lederiger Beschaffenheit, kahl und glänzend dunkelgrün; es wird nicht wie der Tee gerollt, sondern geröstet. Coffein ist nur in geringer Menge vorhanden; über sonstige Zusammensetzung vgl. Tab. II, Nr. 1252.

2. ***Faham-*** oder ***Faam-*** oder ***bourbonischer Tee.*** Der Fahamtee, von einer zu den Orchideen gehörenden Pflanze (Angraecum fragrans Du Petit Thonars) stammend, verdankt seine Verwendung einem Gehalt (0,20 %) an Cumarin, o-Oxyzimtsäureanhydrid $C_6H_4\left\langle\begin{matrix}O\\C_2H_2\end{matrix}\right\rangle CO$, wodurch er einen vanille-waldmeisterartigen Geruch besitzt.

3. ***Böhmischer*** oder ***kroatischer (Steinsamenblätter-) Tee.*** Unter „böhmischem“ oder „kroatischem“ Tee versteht man die Blätter des in Böhmen wachsenden, dort unter dem Namen Thea chinensis angebauten Strauches Lithospermum officinale, von dem sogar eine grüne und schwarze Teeimitation hergestellt wird.

4. ***Kaukasischer Tee.*** Unter „kaukasischer“ Tee scheinen verschiedene Ersatzstoffe verstanden zu werden. Nach früheren Angaben von Batalin wurde derselbe aus Blumen und Blättern der türkischen Melisse (Dracocephalum moldavica) durch Besprengen mit Zucker- oder Honigwasser und Rösten in einem Ofen gewonnen. Nach weiteren Angaben von J. Lorenz wird auch aus kaukasischen Preißelbeeren (Vaccinium Arctostaphylos) ein Tee-Ersatzstoff hergestellt, der unter der Bezeichnung „Blätter der kaukasischen Preißelbeere“ in den Verkehr gebracht werden darf. Er hat einen hohen Gerbstoffgehalt, der aber nach zwei Analysen zwischen 8,64—22,34% schwankt.

5. ***Kaporischer Tee, Kaporka, Iwantee.*** Der Kaporische Tee besteht der Hauptsache nach aus den Blättern von Chamaenerium angustifolium Scop. (Epilobium angustifolium L.), von Spiraea ulmaria L. und aus dem jungen Laub von Sorbus aucuparia L. Die getrockneten Blätter werden mit heißem Wasser aufgeweicht, mit Humus durchgerieben, getrocknet, sodann mit schwacher Zuckerlösung besprengt, abermals getrocknet und schließlich etwas parfümiert. Mitunter werden auch erschöpfte Teeblätter (Rogoschkischer Tee) zugesetzt.

6. Der ***Harzer Gebirgstee*** ist nach Heider ein Gemisch der Blüten von Schafgarbe, Schlehe und Lavendeln mit Huflattich- und Pfefferminzblättern, unter Zusatz von Sassafrasholz und Süßholzwurzeln; der Lebenstee von Kwiet ein Gemisch von Stiefmütterchenkraut, Holunderblüten, Sennesblättern, Koriander, Fenchel, Anis und Weinstein.

7. Der ***Perltee*** (oder Kanonenteepulver, Thé perlé, Thé poudré en canon, Thé imperial chinois), Imperialtee, Hysontee usw. besteht aus Blättern des echten Tees und einer noch unbekannten Pflanze — in China „Chinesischer Imperialtee“ genannt —; häufig enthalten die unter diesen Namen vertriebenen Tees aber gar keine echten Teeblätter. In einem Imperialtee wurden 13,50%, in einem Hysontee 16,80% Gerbsäure gefunden.

8. ***Verschiedene sonstige Blätter*** z. B. von Weidenröschen (Chamaenerium angustifolium Scop.), Sumpfspierstaude oder Wiesenkönigin (Spiraea ulmaria L.), Esche oder Vogelbeere (Sorbus aucuparia L.), Schlehe (Prunus spinosa L.), Kirsche (Prunus cerasus L.), Holunderbeere (Sambucus nigra L.), Rosen, Erdbeere, Kamelie (Camelia japonica L.), Weiden- (Salix-) Arten u. a. Letztere beiden Blattsorten werden angeblich schon in Japan[1]) und China gesammelt, einer Gärung unterworfen, geröstet, gerollt und bis zu 20% dem echten Tee beigemischt.

---

[1]) Vgl. Anm. 1, S. 563.

Hierzu gesellen sich eine große Menge Blätter und Blüten, die zum Beduften des Tees dienen[1]).

Kakao und Schokolade.

1. Begriff. Unter „Kakao“ versteht man, der Herkunft nach, die gerotteten oder ungerotteten getrockneten Samen des Kakaobaumes (Theobroma Cacao L.). Der Verarbeitung nach verstehen wir im Handel unter Kakao aber auch die Kakaomasse und den entfetteten und sonstwie behandelten Puderkakao. Für diese und andere Erzeugnisse der Kakaosamen gelten folgende Begriffserklärungen:

*a) **Kakaomasse*** ist das durch Mahlen und Formen der ausgelesenen, gerösteten und entschälten Kakaosamen (Bohnen) erhaltene Erzeugnis. Diese Masse bildet die Grundlage für alle anderen Erzeugnisse.

*b) **Entölter Kakao*** ist Kakaomasse, welcher durch Pressen in der Wärme ein Teil ihres Fettes entzogen ist, wobei bisweilen Gewürze zugesetzt werden.

Wenn die entfettete Kakaomasse mit Carbonaten von Kalium, Natrium, Magnesium und Ammonium (bzw. mit Ammoniak) oder mit Wasserdampf unter Druck behandelt wird, so nennt man das Erzeugnis löslichen Kakao.

*c) **Schokolade*** ist ein Gemisch von Kakaomasse mit Rüben- oder Rohrzucker und würzenden Stoffen, nötigenfalls, um das Formen zu erleichtern, unter Zusatz von Kakaobutter. Die Menge des zuzumischenden Zuckers schwankt zwischen weiten Grenzen, soll aber 68% nicht überschreiten.

Wenn die Kakaomasse mit Milch, Sagomehl, Hafermehl, Haselnüssen, Peptonen, Somatose, Arzneimitteln usw., mit und ohne Zusatz von Zucker, vermischt wird, nennt man die Erzeugnisse Milch-, Sago-, Hafer-, Haselnuß-, Pepton-, Somatose- bzw. Medizinalkakao oder -schokolade.

*d) **Kuvertüre*** oder ***Überzugsmasse*** ist eine Mischung von Kakaomasse, Zucker, Gewürzen mit Mandeln, Haselnüssen u. dgl.

*e) **Fondants*** sind Kakaoerzeugnisse mit hohem Gehalt an Fett.

Gewinnung. Den Rohstoff zu den vorstehenden Erzeugnissen bilden die Kakaobohnen, die Samen der gurkenähnlichen, mit einem süßlich-säuerlichen Brei gefüllten gelblichroten, 12—20 cm langen Früchte des echten Kakaobaumes (Theobroma Cacao L., Götterspeise nach Linné genannt), der zur Familie der Buettneriaceen gehört, in Zentralamerika und im Norden von Südamerika vom 23. Grad nördl. Breite bis zum 20. Grad südl. Breite einheimisch ist, aber auch in vielen anderen Tropengebieten kultiviert wird[2]). Die Kakao-

---

[1]) Einige dieser Ersatzstoffe ergaben folgende Gehalte:

Nähere Angaben	Wasser	Stickstoff-Substanz	Gerbstoff	Asche	Wasserextrakt in der Trockensubstanz
	%	%	%	%	%
Lycium sinense	3,28	34,54	1,12	8,33	27,15
Acanthopanax spinosum . .	4,75	20,25	6,84	7,15	43,94
Lonicera flexuosa	7,80	18,74	8,06	7,66	43,00
Akebia quinata	3,93	16,74	3,20	8,89	37,42
Hydrangea Thunbergii	11,03	21,29	1,41	8,43	33,33

[2]) Der Kakaobaum erreicht eine Höhe von 6—15 m. In geschützten Tälern blüht er das ganze Jahr. Der wild wachsende Baum trägt einmal im Jahr, der künstlich gezogene zweimal (Februar-Mai und August-September) reife Früchte. Die eiförmigen Samen sind ähnlich wie bei der Melone zu 25—40 Stück in der rötlichen, eßbaren Marksubstanz eingebettet.

Seine Hauptanbauländer sind: Columbien, Venezuela, Guyana, Nordbrasilien, Ecuador, Peru,

bohnen unterliegen für die Zubereitung zur menschlichen Nahrung einer mannigfachen Verarbeitung.

1. Das ***Rotten.*** Die Früchte werden vom Baume entnommen, aufgeschnitten, die herausgenommenen Samen durch Sieben von anhaftendem Fruchtmus befreit und dann entweder direkt an der Sonne getrocknet (ungerotteter oder Sonnenkakao) oder, um sie ganz von der schleimigen Masse zu befreien, fünf Tage lang in die Erde vergraben (Rotten der Bohnen), bzw. zuerst in Haufen mit dem frischen Mark gemischt unter Bedecken mit Laub der Selbstgärung überlassen und dann in die Erde vergraben. Die von der schleimigen Masse befreiten Samen oder Bohnen werden an der Sonne oder bei gelinder Feuerhitze getrocknet.

Die gerotteten Bohnen erkennt man im Handel an ihrem erdigen Überzuge. Sie haben gegenüber den ungerotteten Bohnen einen milden öligsüßen Geschmack.

Da die gerotteten Samen auch die Keimkraft verloren haben, so folgt hieraus, daß das Rotten ziemlich tiefgreifende Veränderungen in den Samen hervorruft. Welcher Art aber diese sind, ist bis jetzt nicht völlig aufgeklärt.

Es wird angenommen, daß ein in den ursprünglich weiß und gelbweiß gefärbten Samen vorhandenes stickstoffhaltiges Glykosid beim Rotten in Kakaorot und die Alkaloide (Theobromin und Coffein) gespalten wird. Nach v. Preyer sind bei der Gärung (Rotten) der Samen nicht so sehr Bakterien als vorwiegend Sproßpilze, besonders eine eigenartige Hefenart (Saccharomyces Theobromae Preyer) tätig. Neben Alkohol tritt, wie auch E. Lahmann angibt, Milchsäure auf. O. Loew und A. Schulte im Hofe nehmen eine Alkohol- und Essigsäuregärung an, die auf die Aromabildung und Braunfärbung keinen Einfluß ausüben soll. An der alkoholischen Gärung sollen Sacch. ellipsoideus und Sacch. apiculatus beteiligt sein. Fickendey führt die Braunfärbung und Entbitterung auf eine Oxydasewirkung zurück, die durch Erhitzung auf 75°, nicht aber durch solche auf 70° aufgehoben wird. Durch Schimmel- und andere Pilze können auch fehlerhafte Gärungen, z. B. Buttersäuregärung, verursacht werden. Faule und verschimmelte Früchte müssen vom Rotten ausgeschlossen werden. Die Beschaffenheit der Kakaobohnen hängt jedenfalls wesentlich mit von dem Verlauf des Rottens ab[1]).

---

ferner Bourbon, Java, Celebes, Amboina, Ceylon usw. Der Anbau nimmt immer größere Ausdehnung an; in der Umgegend von Guayaquil bestehen die Wälder meilenweit aus Kakaobäumen.

Den Bewohnern Zentralamerikas soll der Kakao schon seit undenklichen Zeiten bekannt gewesen sein; als die Spanier sich zuerst in Mexiko ansiedelten, fanden sie bei den Eingeborenen bereits ein aus den Samen dieses Baumes bereitetes Getränk in allgemeinem Gebrauch; sie nannten dasselbe „Chocolatl" (Choco = Kakao, Latl = Wasser) und die Pflanze „Cacao quahuitl", woraus unsere Namen Kakao und Schokolade entstanden sind.

Nach Europa gelangte der Kakao erst 1520. Bis Ende des vorigen Jahrhunderts war der Verbrauch im Deutschen Reiche verhältnismäßig gering, 1890 etwa 100 g für das Jahr und den Kopf der Bevölkerung, ist dann aber schnell auf 640 g (1910) gestiegen.

[1]) Die Preise für die einzelnen Sorten Kakaosamen schwanken je nach der Herkunft und Verarbeitung in ziemlich weiten Grenzen, z. B. für 100 kg zwischen 108 Mark (von Domingo, Haiti) bis 300 Mark (von Puerto-Cabello als durchweg bester Sorte). T. F. Hanausek weist darauf hin, daß der Preis der Kakaosamen im Durchschnitt zu dem Gewicht derselben im Verhältnis steht, z. B.:

	Puerto-Cabello, Ariba, Caracas I, Machala I	Caracas II, Trinidad I, Porte austriace, Kara	Caracas II, Surinam II, Ceylon, Domingo, Samana, Bahia
Gewicht von 20 Samen . .	30,0—35,5 g	25,0—30,0 g	20,0—25,0 g
Preis für 100 kg	200—300 M.	150—200 M.	114—150 M.

Das Gewicht der Samen schwankt in folgenden Grenzen:

20 Samen wiegen	auf 20 g entfallen Samen	1 Samen wiegt
20,4—36 g	11—18 Stück	1,02—1,80 g

Die Größenverhältnisse der einzelnen Samensorten sind folgende:

Länge	Breite	Dicke
von 16—26 mm	10—19 mm	3,5—10 mm

2. Reinigen, Auslesen, Sortieren. Die gerotteten Kakaobohnen, die hell und luftig lagern müssen, werden durch besondere Maschinen von Staub, Schmutz, Steinchen, kleinen Bohnen oder Bohnenstückchen u. a. sowie durch einen Magnetapparat von Eisenteilen befreit, fallen dann auf langsam sich bewegende Laufbänder, wovon sie mit der Hand ausgelesen und sortiert werden.

3. Rösten oder ***Brennen.*** Die gereinigten und sortierten Bohnen werden in ähnlicher Weise wie der Kaffee geröstet, wodurch herbschmeckende Stoffe beseitigt werden und das Aroma entwickelt wird. Die Röstung wird bald in Kugelröstern, bald in Rösttrommeln, bald über direktem Kohlenfeuer oder indirekt durch Heißluftstrom oder mittels Gas vorgenommen. Die geeignetste Temperatur ist 130—140°; ein Überrösten, erkennbar an dem scharfen Akroleingeruch, ist unter allen Umständen zu vermeiden.

4. Brechen und ***Entschälen.*** Dem Rösten folgt in besonderen Maschinen das Brechen und Entschälen, wozu sich für die Herstellung von Schokoladen auch noch das Entkeimen gesellt.

Die bei diesen Vorarbeiten auftretenden Verluste betragen durch Putzen, Sieben, Auslesen 11,0—21,0%, durch Rösten 4,0—7,0%, durch Schälen (Enthülsen) 7,0—14,0%, durch Entkeimen etwa 1,0%, so daß schließlich etwa 75—66% reine geröstete Kerne verbleiben.

5. Herstellung von Kakaomasse. Die gerösteten, gebrochenen und geschälten Kakaokerne werden aufs feinste zermahlen, wozu man früher Glockenmühlen und Melangeure benutzte, jetzt aber besondere Kakaomühlen verwendet, die nach Art der Flachmühlen eingerichtet und mit Oberläufern versehen sind. Man schaltet mehrere (bis 4) Steinpaare hintereinander, bei denen die Stellung der Mühlsteine von einem zum anderen Paare immer feiner wird. Neuerdings verbindet man zu dem Zweck Mühle und Walzwerk, um eine ständige Erwärmung des Mahlgutes auf 50—60°, wodurch das Aroma leidet, zu vermeiden.

6. Herstellung von Schokolade. Die zerriebene Kakaomasse wird in besonderen Maschinen (Walzmaschinen, Melangeuren), die geheizt werden können, bei 35—40°, d. h. einer etwas höheren Temperatur als dem Schmelzpunkt des Kakaofettes, mit Zucker (Staubzucker) gemischt, indem die Kakaomasse vorher in Bassins durch Dampfheizung flüssig gemacht und auch der Zucker vorgewärmt wird. Die größte Feinheit und Gleichmäßigkeit der Schokoladenmischung wird durch verschiedene Systeme der Zylinderwalzmaschinen erreicht. Die Walzen bestehen aus Granit, Hartporzellan oder Hartguß.

Mit dem Zucker werden auch gleichzeitig Gewürze (Gemische von Zimt, Gewürznelken, Vanille, Macis, Koriander oder Kardamomen u. a.) oder auch deren ätherische Öle (z. B. 1 g Vanillin entsprechend 40 g Vanille) zugemischt. Das Mischungsverhältnis schwankt zwischen 32—49% Kakaomasse, 67—50% Zucker und rund 1% Gewürze.

Ist die Mischung zu fettreich, um sich formen zu lassen, so kann man etwas entfettetes Kakaopulver, ist sie zu fettarm, etwas Kakaobutter zusetzen.

Die feingewalzte Schokolade wird meistens in Wärmeschränken bei 60° etwa 24 Stunden aufbewahrt, weiter nach Durcharbeiten mit dem Melangeur auf 26—32° abgekühlt, mit der Entlüftungsmaschine entlüftet, dann in die gewünschten Formen gepreßt, auf dem Rütteltisch geglättet und schnell abgekühlt.

Weiche leichtschmelzende Schokoladen (Chocolats fondants) wurden früher durch hohen Fettgehalt allein, werden aber jetzt durch besondere Maschinen (Längsreibemaschinen) hergestellt, indem dazu Schokoladen von einem solchen Fettgehalt verwendet werden, daß sie im warmen Zustande dickflüssig sind.

Pralinés (Pralinen), ursprünglich mit Zucker überzogene Mandeln, bestehen aus Zucker (Fondants), weichem Fruchtzucker, Marmeladen, Creme, Nußteig u. a., die in Schokoladenmasse (Kuvertüren) eingeschlossen sind (vgl. S. 407).

Gemische Schokoladen. Zur Herstellung billiger Schokoladen ersetzt man einen Teil des Zuckers durch Sago oder Mehl; Gerstenschokolade ist ein Gemisch von 1 Teil präpariertem

Gerstenmehl, 4,5 Teilen Staubzucker und 4,5 Teilen Kakaomasse. Andere Stoffe werden zu diätetischen oder medizinischen Zwecken vorwiegend zur Erhöhung der Verdaulichkeit zugesetzt.

Malzschokolade besteht z. B. aus 2 Teilen Malzmehl, 3,5 Teilen Staubzucker und 4,5 Teilen Kakaomasse; Fleischextraktschokolade aus 0,5 Teilen Fleischextrakt, 4,7 Teilen Zuckerpulver und 5 Teilen Kakaomasse; Peptonschokolade enthält 10% Pepton, Diabetikerschokolade Lävulose statt Saccharose; Milch- und Rahm- (Sahne-) Schokolade sind Gemische von Kakaomasse mit Zucker und Vollmilch (mindestens 3% Fett) bzw. Rahm (mindestens 10% Fett); so lautet eine Vorschrift für die Herstellung von Milchschokolade: 28 Teile Kakaomasse, 36 Teile Zucker, 24 Teile Vollmilchpulver und 12 Teile Kakaobutter.

Die Summe des Zusatzes solcher Stoffe und des Zuckers darf nicht mehr als 68% betragen, der Gehalt an Asche 2,5% nicht übersteigen. Die betreffenden Schokoladen müssen mit einer den Zusatz bezeichnenden, deutlich erkennbaren Bezeichnung versehen sein.

7. Herstellung des Kakaopulvers und des aufgeschlossenen („löslichen") Kakaos. Die Kakaomasse wird, um sie für den Genuß zusagender und in warmen Flüssigkeiten besser verteilbar zu machen, durch hydraulische Pressen heiß — bei etwa 100° — gepreßt und von einem Teil des Fettes befreit. Die Entfettung kann je nach dem angewendeten Druck verschieden hoch, bis zu 85% und mehr des vorhandenen Fettes getrieben werden. Indes besitzen Kakaopulver, die nur noch unter 20% Fett enthalten, einen strohigen, bitteren Geschmack und verlieren an Aroma; in der Regel wird die Entfettung so weit getrieben, daß in der Trockensubstanz noch 25—33% Fett verbleiben. Bei solcher Entfettung läßt sich der Preßrückstand genügend fein pulvern und behält seinen Wohlgeschmack.

Mit der Entfettung wird jetzt in der Regel eine Aufschließung mit fixen Alkalien oder Ammoniak bzw. deren Carbonaten verbunden, um dem Kakaopulver eine noch bessere Verteilbarkeit (Suspensionsfähigkeit) in Wasser zu erteilen[1]). Durch diese Behandlung werden nämlich Cellulose, Stärke und andere Bestandteile in einen Quellungszustand übergeführt, der bei Verteilung des aufgeschlossenen Kakaos in Wasser der Bildung eines Bodensatzes entgegenwirkt. Gleichzeitig wird etwaige freie Säure abgestumpft und zum Teil auch das Kakaorot, der Träger des Aromas, angegriffen, welcher Umstand also nicht günstig ist.

Der Zusatz der fixen Alkalicarbonate (holländisches Verfahren, van Houten) bzw. die Behandlung mit Ammoniak oder Ammoniumcarbonat (deutsches Verfahren) erfolgt bald vor, während oder nach dem Rösten, bald vor und nach dem Pressen.

Man besprengt im ersten Falle den schwach gerösteten, geschälten und gebrochenen Kakao (100 Teile) mit 20—30 Teilen Wasser, die 1,5—3,0 Teile Kaliumcarbonat[2]) (Pottasche), bzw. mit 15—30 Teilen Wasser, die 0,5—3,0 Teile Ammoniumcarbonat gelöst enthalten, röstet bei gelinder Feuerung zu Ende, entfettet und pulvert wie üblich.

Wird die Aufschließung nach dem Rösten und vor dem Entfetten oder nach dem Rösten und nach dem Entfetten vorgenommen, so mischt man den gerösteten bzw. den gerösteten und entfetteten Kakao mit der gleichen Menge der Aufschließungsmittel — in diesen Fällen meistens Kaliumcarbonat — und entfernt das zugesetzte Wasser entweder durch Dampfheizung oder in Wärmeschränken oder durch den Vakuumkneter.

Gemischte Kakaopulver. Das entölte Kakaopulver wird teils zur Verbilligung, teils zu diätetischen und medizinischen Zwecken mit allerlei Zusätzen (Stärkemehl [Sago], Hafer-, Eichelmehl, Milchpulver u. a.) versetzt und dann unter einer den Zusatz angebenden Bezeichnung in den Handel gebracht: z. B. als Sago-, Hafer-, Malz-, Eichelkakao (letzterer besteht nach einer

[1]) Der aufgeschlossene Kakao wird auch vielfach „löslicher" Kakao genannt, aber nicht zutreffend, weil durch die Behandlung nicht die Löslichkeit, sondern nur die Verteilbarkeit in Wasser erhöht wird.

[2]) Statt Kaliumcarbonat wird auch Natriumcarbonat oder ein Gemisch von Natriumcarbonat und Magnesiumcarbonat angewendet; von O. Wendt ist auch Kalkmilch bzw. Kalkwasser vorgeschlagen.

Angabe aus 10 Teilen Kakaomasse, 20 Teilen entfettetem Kakaopulver, 5 Teilen geröstetem Gerstenmehl, 30 Teilen Mehl von entschälten und gerösteten Eicheln [oder 10 Teilen wässerigem Auszug aus solchem Mehl], 30 Teilen Zuckerpulver und 2 Teilen reinem Kalkphosphat), Milchkakao (aus 30—15 Teilen Kakaopulver, 20—35 Teilen Staubzucker und 50 Teilen Vollmilchpulver); Hygiama ist ein Gemisch von kondensierter Milch, Zerealienmehl und Kakaopulver, Nährsalzkakao wird aus Kakaopulver und Gemüseextrakten hergestellt, und andere Mischungen mehr.

Zusammensetzung. Die Zusammensetzung der Kakaosamen ist naturgemäß nicht unerheblichen Schwankungen[1]) unterworfen, jedoch steht der Gehalt an den wichtigsten Bestandteilen (Fett und Theobromin) nicht in Beziehung zu den einzelnen Handelssorten[2]).

Durch die Verarbeitung gehen dann weitere — wenn auch nicht wesentliche — Veränderungen in der Zusammensetzung vor sich, durch das Entfernen von Beimengungen, Schmutz und Staub nehmen naturgemäß Rohfaser und Asche im Gehalt etwas ab, die übrigen Bestandteile entsprechend zu. Das Rösten und Entschälen hat auch eine Abnahme an Wasser und Rohfaser zur Folge, wodurch die anderen Bestandteile prozentual etwas zunehmen.

Das Entfetten behufs Herstellung des Kakaopulvers hat selbstverständlich eine um so größere Zunahme an den anderen Bestandteilen zur Folge, je stärker die Entfettung ausgeführt wird, während bei der Schokolade der Gehalt hieran infolge des Zusatzes von Zucker bzw. sonstiger Stoffe entsprechend vermindert wird.

Die Schalen unterscheiden sich von den Kernen durch einen wesentlich höheren Gehalt an Stärke, Pentosanen, Rohfaser und Asche, dagegen durch einen wesentlich niedrigeren Gehalt an Fett und Theobromin aus, während der Gehalt an Gesamtstickstoffsubstanz bei beiden nahezu gleich ist (vgl. Tab. II, Nr. 1267).

Im übrigen ist zu den einzelnen Bestandteilen der Kakaobohnen und der Erzeugnisse hieraus noch folgendes zu bemerken:

1. Stickstoffsubstanz. Von der Stickstoffsubstanz bestehen bei den entschälten Kernen rund 75%, bei den Schalen rund 90% aus Proteinen, der Rest aus Theobromin, Coffein und Amiden.

a) Protein. Von dem Protein der Kakaobohnen ist nur so viel bekannt, daß es schwer verdaulich ist, nur durchweg 40% mit Schwankungen von 25—63% werden davon ausgenutzt. Die Schwankungen in der Verdaulichkeit sind nach S. Goy vorwiegend durch die verschiedene Art des Röstens bedingt. Je länger und bei je höherer Temperatur dieses ausgeführt wird, um so unverdaulicher soll das Protein sein.

b) Theobromin (Dimethylxanthin S. 50) schwankt in der Trockensubstanz der schalenfreien Kakaokerne zwischen 1,25—2,66%, wovon etwa die Hälfte im freien Zustande vorhanden ist. Die andere Hälfte ist an ein Kakaoglykosid, das Kakaonin Schweitzers ($C_{60}H_{86}N_4O_{15}$) gebunden, welches nach A. Hilger beim Rotten oder Trocknen der Kakaosamen durch ein diastatisches Ferment in Kakaorot, Glykose, Theobromin und Coffein zerlegt werden soll. Der letzte Rest des gebundenen Theobromins wird nur durch Behandeln mit verdünnten Säuren frei gemacht.

---

[1]) Die Schwankungen zwischen einzelnen natürlichen rohen Kakaosamensorten waren folgende:

	In der Trockensubstanz					
Wasser	Stickstoff-Substanz (Gesamt-)	Theobromin	Fett	Stärke	Rohfaser	Reinasche
6,20—8,27%	13,7—16,5%	1,4—2,0%	48,0—55,0%	4,5—7,0%	4,8—7,0%	3,5—5,5%

[2]) Als beste Sorten gelten zur Zeit die Kakaobohnen aus Venezuela (Caracas, Puerto-Cabello, La Guayra, nach den Ausfuhrhäfen so benannt) und Ecuador (die aus Guayaquil, Arriba eingeführten gelten als beste, die aus Balao und Machala wegen des bitteren Geschmacks als minderwertig).

Das Theobromin wird teils als solches (3%), teils als Monomethylxanthin (20—30%) im Harn ausgeschieden; es bewirkt eine erhöhte Wasserabscheidung durch die Nieren, ohne einen Einfluß auf die Herztätigkeit auszuüben.

c) Coffein. Neben Theobromin enthalten die Kakaobohnen noch geringe Mengen Coffein (0,06—0,40% der Trockensubstanz), welches sich durch seine leichte Löslichkeit in Benzol von dem Theobromin trennen läßt.

d) Asparagin und Ammoniak. H. Weigmann fand in entschälten Kakaobohnen im Mittel 0,219% Asparagin (= 0,0228% N) und 0,0198% Ammoniak; Farnsteiner in Kakaopulver 0,034—0,083% Ammoniak; bei mehr als 0,1% Ammoniak in Kakaopulver ist eine Aufschließung mit Ammoniak oder Ammoniumcarbonat anzunehmen.

2. Fett. Das Kakaofett (48—55% in der Trockensubstanz der natürlichen, 50—58% in der der gereinigten und entschälten Samen) besteht aus den Glyceriden der Palmitin-, Stearin-, Öl- und Arachinsäure, das Vorkommen der von Kingzett angegebenen Lorbeersäure (Schmelzp. 75,5°) und Theobromasäure (Schmelzp. 72,2°) konnte nicht bestätigt werden. Auch Ameisen-, Essig- und Buttersäure sind nach Lewkowitsch im Kakaofett nicht vorhanden.

Das durch chemische Lösungsmittel ausgezogene Fett ist von dem hydraulisch abgepreßten schon äußerlich, ebenso durch das spezifische Gewicht und den Schmelzpunkt verschieden. Letztere beiden Werte werden erst durch achttägiges Aufbewahren im Dunkeln und durch Kühlen auf Eis konstant. Der Schmelzpunkt liegt dann nicht unter 33, und nicht über 35°. (Über die sonstigen Konstanten vgl. Tab. IV am Schluß.)

3. Kakaorot. (Kakaopigment.) Das Kakaorot $[C_{17}H_{12}(OH)_{10}]$, der vorwiegende Träger des eigenartigen Aromas und Geschmackes des Kakaos, bildet sich, wie schon unter Theobromin S. 567 gesagt, aus dem Glykosid, Kakaonin, beim Trocknen und Rotten der ursprünglich farblosen Samen durch ein Ferment oder durch eine Säure. Es steht den Gerbstoffen nahe und hat die Eigenschaften eines Harzes, ist nur teilweise in Wasser, dagegen leichter in Alkohol löslich und kann durch Essigsäure den Samen ganz entzogen werden. Die Menge des rohen Kakaorots (Kakaorot + Glykosid) wird von Tuchen zu 4,56—6,62%, von Zipperer zu 2,6—5,0% angegeben.

4. Kohlenhydrate, Säuren u. a. Der Kakao enthält 1,5—3,0% direkt reduzierende Zuckerarten.

Bedeutender ist der Gehalt an Stärke; die älteren Angaben schwanken von 0,3—17,5%; neuere und zuverlässigere Angaben dagegen zwischen 4,0—10,0%. Die Stärkekörnchen sind außerordentlich klein, kugelig und färben sich mit Jod nur langsam blau.

Boussingault gibt im Kakao 3,4—3,7% Weinsäure an, H. Weigmann fand 4,3 bis 5,8% einer Säure, welche im wesentlichen die Eigenschaften der Weinsäure teilte.

Der Gehalt an Pentosanen schwankt in den Bohnen zwischen 2,5—4,6%, in den Schalen zwischen 7,6—11,2%.

Die Menge der in Wasser löslichen organischen Stoffe betrug für gewöhnlichen Kakao 16,52%, für aufgeschlossenen (mit Kaliumcarbonat) 17,65%, desgleichen mit Ammoniumcarbonat 17,35%, war also in den letzten Fällen kaum höher als bei dem nicht aufgeschlossenen Kakao, ein Beweis, daß durch das Aufschließen in Wirklichkeit keine Stoffe löslich gemacht werden (vgl. S. 566, Anm. 1).

5. Mineralstoffe. Dagegen ist bei den mit fixen Alkalien aufgeschlossenen Kakaos die Menge hieran naturgemäß erhöht. Der Kaligehalt der unaufgeschlossenen Kakaos beträgt in der wasser- und fettfreien Substanz 2,46—3,64%, Mittel 2,64%, bei den aufgeschlossenen dagegen 4,82—6,41%, Mittel 5,37%.

Anscheinend enthält die Kakaoasche (Tab. III, Nr. 268) regelmäßig etwas Kupfer.

Verfälschungen. Die Verfälschungen des Kakaos bzw. der Schokolade bestehen vorwiegend in der Mitverwendung von Kakaoschalen bzw. -abfällen und verdorbenen Kakaosamen, in dem Zusatz von Mehlen und Stärkemehlen ohne Deklaration, Wiederauffärben mit Ocker, Ton und Farben aller Art, in dem Zusatz von fremden Fetten und sog. Fettsparern (Dextrin, Gummi, Tragant, Gelatine).

Untersuchung. Für die Untersuchung kommen folgende Bestimmungen in Betracht: Die Sinnenprüfung (Geruch und Geschmack treten am deutlichsten beim Kochen hervor), Reaktion (ohne Zusätze verarbeiteter Kakao reagiert sauer, mit Alkali aufgeschlossener dagegen alkalisch), Wasser, Asche, Fett (besonders bei Puderkakao), Stärke, Zucker (besonders bei Schokolade); wünschenswert ist in den meisten Fällen die Bestimmung von Theobromin, Rohfaser und die Prüfung auf Kakaoschalen; dazu gesellt sich unter Umständen die Feststellung von fremden Fetten, Fettsparern, von Aufschließungsmitteln für löslichen Kakao und von Färbungsmitteln.

Für die Feststellung von Kakaoschalen und fremden Mehlen oder Pflanzenstoffen muß die mikroskopische Untersuchung mit herangezogen werden.

Colanuß.

Unter Colanuß versteht man die 2—4 cm langen Keimlinge (Samen ohne Samenschale) des im mittleren und westlichen Afrika einheimischen, der Kastanie ähnlichen, bis 20 m hohen Colabaumes (Cola acuminata R. Brown oder Sterculia acuminata Pal. de Beauv., einer Buettneriacee); die Frucht des Colabaumes hat die Größe einer Citrone und enthält fünf Samen; letztere sind an der Oberfläche runzelig, rotbraun, zuweilen schwarz gefleckt; sie heißen auch echte oder weibliche Cola- oder Guru-Nüsse zum Unterschiede von den falschen oder männlichen Colanüssen (Cola mala), welche den 3—5fächerigen Beerenfrüchten der Garcinia Cola Heck. (einer Guttifere) entstammen, abgeplattet, eirund sind, aber kein Coffein enthalten. Außer in Afrika (zwischen dem 10. Grad n. Br. bis 5. Grad s. Br.) wird der Colabaum auch in Guayana und Venezuela angebaut; er trägt erst vom zehnten Jahre an reichlich Früchte (90—100 kg für den Baum).

Über die physiologischen Wirkungen vgl. S. 527, über die Zusammensetzung Tab. II, Nr. 1273. Der wirksame Bestandteil ist das Coffein, welches in einer Menge von 1,5—3,0% (lufttrockene Substanz) teils frei, teils an Gerbstoff gebunden vorhanden ist. Knox und Prescott fanden in fünf getrockneten Handelssorten:

	Gesamt-	frei	gebunden
Coffein	3,17%	1,31%	1,86%

Neben Coffein werden noch 0,053% Theobromin angegeben.

Die Stärkekörner (29,0—50,3%) sind teils einfach, teils zu zweien, teils zu dreien zusammengesetzt, bald kugelig oder eiförmig, bald eckig und schmal nierenförmig.

Die Gerbsäure (1,2—5,0%) wird als eisengrünende Gerbsäure bezeichnet. Sie zerfällt durch eine Oxydase in ein Phlobaphen (Colarot $C_{14}H_{43}(OH)_5$) und Glykose.

Die frühere Annahme eines komplexen Glykosids „Colanin", welches durch hydrolytische Spaltung erst in Alkaloid, Glykose und Gerbstoff und letztere weiter in Colarot und Glykose gespalten werden soll, ist nicht sicher erwiesen. Goris nimmt auch ein den Gerbstoffen verwandtes Glykosid „Colatin" ($C_8H_{10}O_4$) in den Colanüssen an. Auch wird in denselben ein fettspaltendes Ferment „Colalipase" angenommen.

Für die falsche Colanuß (Samen von Garcinia Cola Heck.), die frei von Coffein ist, werden 5,43% Gerbsäure, 5,14% Harz und 3,75% Glykose angegeben; sie wird von den Negern als adstringierendes Genußmittel gekaut.

Als Ersatzmittel der Colanuß werden ferner die Kamjassamen von Pentadesma butyraceum Don. (einer Guttifere in Sierra-Leone) genannt, die als coffein- und fettreich bezeichnet werden und die Kamjabutter liefern.

Tabak.

Begriff. Unter Tabak versteht man die reifen, einer für Zwecke des Rauchens, Kauens oder Schnupfens besonderen Zubereitung unterworfenen Blätter der Tabakpflanze, als welche vorwiegend drei Sorten, der rotblühende virginische Tabak (Nicotiana Tabacum L.), der Marylandtabak (N. macrophylla Spr.) und der gelbblühende Veilchen- oder Bauerntabak (N. rustica L.) in Betracht kommen.

Nach C. Hartwich werden von 41 Tabakarten 18 zum Anbau für menschliche Genußzwecke verwendet; sie sind sämtlich bis auf eine amerikanischen Ursprungs. Außer Tabak sind aber von jeher auch in Amerika die Blätter verschiedener anderer Pflanzen geraucht worden[1]).

Anbau, Wachstum und Pflege. Die Tabakpflanze gedeiht bis zum 58. Grad n. Br. und in Ländern von 7—9° C mittlerer Jahreswärme; der feinste Tabak wächst zwischen dem 35. Grad n. und 35. Grad s. Br. Der Havannatabak gilt als der wohlriechendste.

Auf die Beschaffenheit des Tabaks sind auch besonders Boden und Düngung von Einfluß.

Die Tabakpflanze liebt einen lehmigen, tiefgründigen und humusreichen Sandboden mit einigem Kalkgehalt in gutem Düngungszustande. Sie erfordert eine sehr starke Düngung, weil sie, wie keine andere landwirtschaftliche Nutzpflanze, dem Boden eine große Menge mineralischer Bestandteile entzieht. Die Tabakblätter enthalten beispielsweise in der Trockensubstanz im Mittel 22,81% Mineralstoffe und entziehen dem Boden für 1 ha 80—90 kg Kali, 100 kg Kalk, 18 kg Phosphorsäure und 60—70 kg Stickstoff. Chloride und Sulfate (von Kalium) sind indes zur Düngung tunlichst zu vermeiden, weil sie die Brennbarkeit des Tabaks ungünstig beeinflussen.

Die mittlere Sommertemperatur des gemäßigten Klimas reicht meistens nicht aus, um den Tabak auf dem Felde selbst aus Samen[2]) bis zur Ernte zur genügenden Entwicklung zu bringen. Man läßt daher den Samen in Mistbeeten oder Kutschen (Couches) vorkeimen und pflanzt die Pflänzlinge, wenn sie das 5.—6. Blatt getrieben haben, aufs Feld aus, was mit und ohne Pikieren je nach dem Klima im März, April bis Mai geschieht. Die jungen Pflänzlinge müssen womöglich mit Wasser begossen und bei großer Hitze mit Moos und Erde bedeckt werden. Zu den weiteren Pflegearbeiten gehören das Behacken und Behäufeln, das Köpfen oder Entgipfeln, welches vorgenommen wird, wenn die nicht zur Samengewinnung bestimmten Tabakstauden 8—10 Blätter angesetzt haben und Blütenkronen treiben, und darin besteht, daß man, um das Blühen zu verhindern, die Haupttriebe mit den gipfelständigen Knospen wegnimmt („gipfelt") und die Seitensprossen entfernt („ausgeizt")[3]).

Nach den Untersuchungen von J. Behrens nimmt mit der Entfernung des Gipfeltriebes und der Achselsprossen (meistens 3), die starke Verbraucher der in den Blättern ge-

---

[1]) Der Verbrauch von Tabak betrug gegen 1900 für den Kopf und das Jahr:

Holland	Vereinigte Staaten	Belgien	Schweiz	Österreich-Ungarn	Deutschland	Rußland	Frankreich	England
2,80 kg	2,75 kg	2,65 kg	2,30 kg	2,15 kg	1,80 kg	0,95 kg	0,95 kg	0,70 kg

[2]) Von dem Tabaksamen kommen auf 1 g etwa 12 500—23 000 Stück. Er enthält in der Trockensubstanz 21,91% Protein, 35,20% Rohfett, 17,27% Rohfaser und 3,75% Asche, aber kein oder nur wenig Nicotin.

[3]) Die Tabakpflanze ist vielen Gefahren durch Witterungseinflüsse und Insekten wie Schmetterlinge, Schnecken, Heuschrecken, Raupen der Flohkrauteule (Mamestra persicariae), der Wintersaateule (Agrostis segetum), Noctua Gamma usw. ausgesetzt; bei mangelhafter Bestellung und Bodenbearbeitung stellen sich auch schädliche Unkräuter ein, unter denen der Hanfwürger (Orobanche racemosa), eine Schmarotzerpflanze, das schädlichste ist.

bildeten Kohlenhydrate sind, die Blattmasse naturgemäß erheblich zu, die Zartheit der Blätter aber leidet. Ebenso ist die Stärke des Gipfelns von Einfluß, nämlich ob man auf 8, 12 oder 16 Blätter gipfelt. Je größer die Anzahl der vorhandenen Blätter ist, um so geringer ist der Nicotingehalt derselben usw.

Die jungen Blätter enthalten, ebenso wie die nicht geköpften, samentragenden Pflanzen, nur verhältnismäßig wenig Nicotin; hieraus ist zu schließen, daß die Zellen der Tabakpflanzen vorwiegend erst dann Nicotin erzeugen, wenn sie gut mit Stickstoff versorgt sind und den Stickstoff nicht mehr für andere Pflanzenteile verwenden[1]). Der Nicotingehalt wird im wesentlichen durch reichliche Stickstoffdüngung, Sonnenlicht, Wärme und Feuchtigkeit begünstigt; eine übergroße Feuchtigkeit aber wirkt nachteilig auf die Nicotinbildung.

Der Aschengehalt nimmt bei der Reife der Blätter beständig zu und scheint bei den überreifen Blättern wieder etwas abzunehmen. Dasselbe ist mit dem Gehalt an kohlensaurem Kalium der Fall.

In vielen Fällen enthalten die unteren Blätter mehr Asche und Kaliumcarbonat als die mittleren und oberen, in anderen Fällen aber verhalten sich die Blätter umgekehrt.

Ernte. Die Ernte wird dann vorgenommen, wenn — etwa 90 Tage nach der Aussaat — die Blätter statt der dunkelgrünen eine lichtgrüne bzw. gelbliche Färbung annehmen bzw. blaß gelblichgrüne Flecken zeigen oder schlaff herabhängen, klebrig und zähe erscheinen; die untersten Blätter (Bodenblätter) reifen zuerst und werden als „Erd- oder Sandgut" von geringer Güte besonders behandelt. In dem Maße, als die Reife eintritt, werden dann auch die übrigen Blätter mit der Hand von oben nach unten abgestreift. Wird der Zeitpunkt des Vorblattens etwas verzögert, so sind die alleruntersten Blätter schon stark vergilbt, vertrocknet und bilden die geringwertigste Erntesorte, die Gumpen oder Grumpen. Die etwas später reifenden Blätter über dem Sandgut bilden das Hauptgut, in welchem man noch die allerobersten als Fettgut und die mittleren als Bestgut unterscheiden kann. Sind Blätter unreif abgebrochen, so bleiben sie während des nachfolgenden Trocknens an der Luft und selbst während des Fermentierens grün oder nehmen eine ungleichmäßig grün- und braunscheckige Farbe an. Überreife Blätter werden beim Trocknen hellgelb, während das vollreife Blatt beim Trocknen und Fermentieren eine gleichmäßig braune Farbe in dunkleren oder helleren Farbentönen je nach dem Reifegrad erhält.

Der Ertrag schwankt von 8—22 dz für 1 ha; das Sandgut beträgt außerdem 1,5—3,0 dz für 1 ha.

Das Trocknen und Fermentieren der Tabakblätter. Die abgebrochenen Blätter werden auf Schnüre gefädelt, die durch den untersten Teil der Mittelrippe gezogen werden, und an luftigen Orten zum Trocknen aufgehängt. Um hierbei das Schimmeln der dickeren saftreicheren Mittelrippen (Speckrippen) zu verhüten, werden in vielen Gegenden deren dickste untere Teile in ihrer Längsrichtung aufgeschlitzt; sie trocknen dann durchaus gleichmäßig. Schon während des Trocknens gehen im Innern des reifen Tabakblattes ähnliche Veränderungen, nur in schwächerem Grade, vor sich wie bei der späteren Fermentation. Erfolgt die Trocknung zu rasch, so können diese Veränderungen nicht in genügendem Maße stattfinden, und selbst reifer Tabak bleibt in diesem Falle grün. Zum „Abhängen" und zur weiteren Fermentation ist der Tabak tauglich, wenn er noch etwa 12—15% Wasser enthält und wenn dabei die Blätter noch vollkommen elastisch sind, die Mittelrippe aber hart und dürr geworden ist. In diesem Zustande der sog. „Dachreife" wird der Tabak an die Fabriken und Rohtabakgroßhandlungen abgeliefert, in denen er zunächst eine Fermentation durchzumachen hat.

In Amerika umgeht man die Fermentation ganz; man trennt bei der Ernte die Blätter nicht vom Stengel, sondern trocknet die ganzen, kurz über dem Boden abgeschnittenen

---

[1]) Die grünen Blätter zeigen auch keinen Nicotingeruch; er tritt erst bei der Fermentation auf. Rindvieh kann beträchtliche Mengen grüner Tabaksblätter ohne Nachteil verzehren.

Pflanzen in künstlichen Trockenräumen, indem man mit einer Temperatur von 27° anfängt und diese je nach der Beschaffenheit des Blattes verschieden langsam um 2—3° bis zum Schluß auf 77° erhöht. Solcherweise behandelte Tabakblätter brauchen keiner Fermentation unterworfen zu werden; zwar unterliegen diese Blätter, wenn sie aufgeschichtet werden, noch einer leichten Gärung, aber diese wird nur in Ausnahmefällen angewendet.

Nach W. Tserbatscheff bedingt diese Behandlung im wesentlichen die bessere Beschaffenheit des amerikanischen Tabaks gegenüber dem deutschen; außerdem soll durch das Trocknen am Stengel eine um 15% höhere Ausbeute erzielt werden.

Behufs Fermentierens werden die Tabakblätter in etwa 1,5 m hohe und nahezu ebenso breite Bänke in der Weise geschichtet, daß die Spitzen der Blätter möglichst nach innen zu liegen kommen. In den Bänken tritt alsbald eine sehr lebhafte Zersetzung ein, die bereits beim Trocknen der Blätter begonnen hatte.

Nach Suchsland und J. Behrens wird diese Zersetzung (Gärung) wesentlich durch Bakterien veranlaßt und glaubt man sogar durch Anwendung von Reinkulturen von edlen Tabaken die Beschaffenheit geringwertigerer Sorten verbessern zu können. Die bakteriellen Edelfermente sollen in lebenskräftigem Zustande auch trocken auf den Tabak gebracht werden können. J. C. Koninck hat gefunden, daß bei der Fermentation holländischer Tabake vorwiegend zwei Bakterien, ein Diplococcus tabaci hollandicus und Bacillus tabaci I, II die Hauptrolle spielen, von denen ersterer zur Proteusgruppe gehört; Bacillus mycoides und Bacillus subtilis sollen fast nie fehlen. T. H. Vernhout hat aus unfermentiertem wie fermentiertem Tabak zwei thermophile Bakterien rein dargestellt und ist ebenfalls der Ansicht, daß der von ihm aufgefundene Bacillus tabaci fermentationis bei dem Fermentationsvorgange wesentlich beteiligt ist. O. Loew bezweifelt dagegen, weil die Bakterien bei der Fermentation abnehmen, die Mitwirkung von Bakterien bei derselben und glaubt dieselbe einzig auf die Tätigkeit von Oxydasen, von denen er eine α - Katalase, in Wasser unlöslich, und eine β - Katalase, in Wasser löslich, unterscheidet, zurückführen zu müssen; denn das spezifische Tabakaroma bildet sich unter Umständen, unter welchen gar keine Bakterien gedeihen können. Raciborski konnte indes im dachreifen Tabak weder Oxydasen noch Peroxydasen nachweisen.

F. Traetta Mosca fand in frischen grünen Blättern des in Italien angebauten Kentuckytabaks eine große Anzahl Enzyme, wie Oxydasen, Peroxydasen, Katalasen, Invertase, Amylase, Lipase und proteolytische Enzyme; in getrockneten, nicht fermentierten Tabakblättern ließen sich dagegen überhaupt keine Enzyme nachweisen.

Nach diesen widersprechenden Ansichten halten viele Fachmänner die Tabakfermentation für eine Wirkung von Bakterien, die von außen während derselben einwandern, während wieder andere Fachmänner, z. B. Boeckhout und de Vries sie für einen einfachen Oxydationsvorgang ansehen, der mit Hilfe des organisch gebundenen Eisens (?) als Katalysator zustande komme.

Die Frage über die Ursache der Tabakfermentation ist also noch nicht geklärt, und Fachmänner wie R. Kißling sind der Ansicht, daß eine Veredlung schlechter Tabaksorten durch Impfung auf vorstehende Weise überhaupt nicht möglich ist.

Jedenfalls tritt in den geschichteten Tabakbänken alsbald eine ganz erhebliche Selbsterhitzung ein. Ohne besondere Vorsicht kann diese Erhitzung im Innern der Tabakbänke bis über 60° gehen; durch entsprechendes Umsetzen wird sie unter dieser Grenze gehalten. Die günstigste Fermentationstemperatur liegt zwischen 30 und 40°. Von größter Wichtigkeit ist es, die Gärung in gleichmäßigem, nicht allzu schnellem Verlauf so zu leiten, daß durch dieselbe in erster Reihe nur jene Bestandteile des frischen Tabaks zerstört werden, deren Erzeugnisse der trockenen Destillation unangenehm riechen und schmecken, daß daneben aber auch ein Teil derjenigen Stoffe sich zersetzt, welche, im Übermaß vorhanden, den Tabak allzu schwer und unbekömmlich machen. In besonders günstigem Sinne kann die Fermentation auch der geringeren deutschen Tabake beeinflußt und geleitet werden, wenn man durch eine besondere Art der Impfung der Bänke in denselben solchen Fermenten die Oberhand sichert, welche man aus gärenden Havanna - Edeltabaken gezogen hat. Die Fermentation der aus überseeischen Ländern importierten Tabake geht zumeist während des Versandes in Fässern oder Ballen vor sich.

Eine große Anzahl von Vorschlägen bezweckt eine Verbesserung (Veredlung) des Tabaks ohne Fermentation, so die künstliche Löslichmachung mit Pepsin oder Trypsin oder Papain, die Behandlung der Tabakblätter mit Laugen aus Tabak- (ja sogar Rosen-, Rüben-, Sauerampfer-) Blättern unter Zusatz von allerlei Chemikalien, Bestäuben der angefeuchteten Blätter mit Magnesiumsuperoxyd, Bleichen mit Wasserstoffsuperoxyd und ähnlichen Mitteln, Behandlung mit dem elektrischen Strom, Einwirkung von Radiumemanation u. a. Aber alle diese Vorschläge haben sich bis jetzt entweder als zwecklos oder zu teuer erwiesen.

Umsetzungen beim Trocknen und Fermentieren. Zusammensetzung und Eigenschaften. Wenngleich die Ursache der Fermentation noch nicht vollständig aufgeklärt ist, so ist doch bekannt, daß hierbei mit den verschiedenen Bestandteilen der Tabakblätter namhafte Um- und Zersetzungen vor sich gehen, welche die Zusammensetzung wesentlich ändern und die Blätter erst für die verschiedenen Genußzwecke geeignet machen[1]).

1. Stickstoffverbindungen (mit 1,5—7,0 % Stickstoff in der Trockensubstanz). Diese erleiden bei der Fermentation tiefgreifende Veränderungen, von denen die Güte eines Tabaks wesentlich bedingt ist.

a) Protein, Amide, Ammoniak, Salpetersäure. Die Proteine werden schon beim Trocknen der Tabakblätter zu Amiden abgebaut. J. Behrens fand z. B. in Prozenten der Gesamtstickstoffverbindungen:

Frisches Blatt, sofort abgetötet		Getrocknetes, dachreifes Blatt	
83,5 % Reinprotein	13,0 % Amide	48,3 % Reinprotein,	45,6 % Amide.

Beim Fermentieren geht der Abbau der Proteine zu Amiden, Ammoniak und die Umwandlung des letzteren in Salpetersäure weiter, so daß man annehmen kann, daß von dem Gesamt-Stickstoff eines regelrecht fermentierten Tabaks vorhanden sind in Form von:

[1]) Eine Reihe von Analysen fertiger Tabake lieferte für die einzelnen Bestandteile folgende Werte:

Bestandteile	Gehalt Niedrigst- %	Höchst- %	Mittel %
Wasser	1,0	16,5	8,0
	in der Trockensubstanz		
Gesamt-Stickstoff	1,5	7,0	3,65
Stickstoff in Form von Protein	0,90	3,00	1,57
Stickstoff in Form von Amiden	0,50	2,50	1,20
Stickstoff in Form von Nicotin	wenig	0,78	0,32
Stickstoff in Form von Ammoniak	0,07	1,23	0,34
Stickstoff in Form von Salpetersäure	0,03	0,65	0,22
Fett (ohne Harz)	0,29	3,38	1,21
Wachs	0,21	0,41	0,28
Wasserlösliche Extraktivstoffe	35,0	54,0	45,0
Rohfaser	3,50	15,75	11,15
Pektinstoffe (?)	6,25	11,85	9,45
Gesamt-Harz	3,85	15,75	7,80

Bestandteile	Gehalt Niedrigst- %	Höchst- %	Mittel %
	in der Trockensubstanz		
Harz löslich in Petroläther	1,44	5,54	3,20
Harz löslich in Äthyläther	0,75	5,52	1,54
Harz löslich in Alkohol	1,50	3,70	2,11
Äpfelsäure	3,49	13,73	8,83
Citronensäure	0,55	8,70	3,65
Oxalsäure	0,95	3,75	2,35
Essigsäure	0,20	0,60	0,30
Gerbsäure	0,30	2,35	1,05
Asche	12,00	29,50	20,85
Kalk	2,40	7,55	5,30
Kali	1,10	6,25	3,50
Alkalität (= Kaliumcarbonat i. d. Asche)	0,05	5,55	2,05
Phosphorsäure	0,20	1,25	1,00
Chlor	0,08	3,00	0,90
Schwefelsäure	0,27	1,39	0,81

	Protein	Amiden	Nicotin	Ammoniak	Salpetersäure
In Proz. vom Gesamtstickstoff .	43%	33%	10%	8%	6%
Verbindungen im Blatt	9,81%	9,89%	1,95%	0,37%	0,85%

Im allgemeinen ist die Brennbarkeit der Tabake um so größer und ihre Beschaffenheit um so besser, je mehr die Proteine abgebaut bzw. je mehr Amide im Verhältnis zum Protein vorhanden sind. Die Menge und Art der Amide bedingen wesentlich mit die Güte des Tabaks.

Dagegen beeinträchtigt eine größere Menge Ammoniak im Verhältnis zu den Amiden die Brennbarkeit, während die Salpetersäure die letztere wieder unterstützt. Über das Vorkommen der Salpetersäure im Tabak lauten die Angaben verschieden. Nach M. Fesca soll in feinen Tabaken überhaupt keine Salpetersäure vorkommen, und es ist nicht ausgeschlossen, daß unter Umständen bei zu dichter Lagerung bzw. bei Luftabschluß in den Haufen während der Fermentation Salpetersäure reduziert wird; die meisten Analytiker führen aber in den Analysen Salpetersäure auf und halten ihr Vorkommen in den Tabaken für günstig.

b) Basen. Unter den Stickstoffverbindungen des Tabaks ist

α) das Nicotin $C_{10}H_{14}N_2$ die wichtigste. Es wird als ein Kondensationserzeugnis von Pyridin mit Methylpyrrolidin aufgefaßt[1]); es ist eine ölige, in Wasser, Alkohol und Äther leicht lösliche, stark giftige, zweiwertige Base, von betäubendem, nur in unreinem, nicht in reinem Zustande tabakähnlichem Geruch; Siedepunkt des im Wasserstoffstrom gereinigten Nicotins ist 247°; es verdunstet aber schon bei gewöhnlicher Temperatur; $[\alpha]_D^{20} = -161{,}55$, die Salze sind rechtsdrehend; spez. Gewicht bei 20° = 1,01101. Da der Ätherauszug aus Tabak nur wenig Nicotin enthält, so ist dasselbe zum größten Teil als an eine Säure (wahrscheinlich Äpfelsäure) gebunden darin anzunehmen. In der Trockensubstanz fermentierter Tabake wurden 0,68—4,80% Nicotin gefunden (bzw. angegeben). Trockene, strohige Tabake pflegen nicotinärmer als dicke, saftreiche, sog. fettige zu sein.

```
      N
    //  \
  CH     CH      N(CH3)
  |      ||     /     \
  CH     C — CH        CH2
    \\  /      |        |
      CH       CH2 —— CH2
```

β) Pictet und Kotschy haben im Tabak neben dem Nicotin ($C_{10}H_{14}N_2$) noch drei andere Basen, Nicotein ($C_{10}H_{12}N_2$), Nicotimin ($C_{10}H_{14}N_2$) und Nicotellin ($C_{10}H_8N_2$) nachgewiesen und sollen 10 kg Tabaklaugen etwa 1000 g Nicotin, 20 g Nicotein, 5 g Nicotimin und 1 g Nicotellin enthalten.

Das Nicotein $C_{10}H_{12}N_2$ ist eine farblose, wasserhelle Flüssigkeit, die bei 266—267° (unkorr.) siedet; spez. Gewicht bei 12,5° ist gleich 1,0778; $[\alpha]D = -46{,}41°$. Es ist giftiger als das Nicotin. Es gelang zwar nicht, das Nicotein durch Addition von 2 Wasserstoffatomen in Nicotin überzuführen; wahrscheinlich besitzt es aber eine ähnliche Konstitution wie das Nicotin.

Das Nicotimin $C_{10}H_{14}N_2$ ist in seiner Elementarzusammensetzung dem Nicotin gleich, siedet aber höher, nämlich bei 250—255° (unkorr.) und besitzt auch sonstige, vom Nicotin abweichende Eigenschaften.

Das Nicotellin $C_{10}H_8N_2$ ist fest und krystallisiert in weißen, prismatischen Nadeln, die bei 147—148° schmelzen; es reagiert in wässeriger Lösung gegen Lackmus neutral. Vielleicht gehört es zu den Bipyridylen.

Das Nicotin nimmt bei der Fermentation des Tabaks ebenso wie das Ammoniak etwas ab. Auf diese Abnahme deutet der Umstand, daß fermentierter, nicht aber frischer Tabak nach Nicotin riecht.

Wenngleich vorwiegend das Nicotin dem Tabak die Eigenschaft eines alkaloidhaltigen Genußmittels verleiht, bedingt es doch nicht die Güte eines Tabaks. Denn schlechte und billige

---

[1]) Das Nicotin kann künstlich u. a. nach Auzies durch Erhitzen von Halogensubstitutionsprodukten des Methylpyrrols oder Methylpyrrolidins auf Pyridin bei Gegenwart von Thionylchlorid und durch Überführen des entstehenden Nicotyrins in Nicotin dargestellt werden.

Tabake sind vielfach reicher an Nicotin als gute und teure Tabake. So fand z. B. R. Kißling folgenden Gehalt an Nicotin in der Trockensubstanz:

	Brasiltabak		Brasiltabak		Havannatabak	
	sehr gut	sehr schlecht	mittelmäßig	schlecht	sehr gut	schlecht
Nicotin	2,15%	3,32%	3,70%	2,34%	1,37%	0,75%

Das Nicotin bedingt die Schärfe, nicht aber den Wohlgeschmack des Tabaks.

Nach J. Neßler enthält syrischer Tabak nur sehr wenig oder kein Nicotin. Da nicht anzunehmen ist, daß die in Syrien wachsenden Tabakpflanzen kein Nicotin enthalten, so muß dieses durch die Art der Fermentation entfernt worden sein.

2. Fett und *Harz*. Der Ätherauszug des Tabaks schließt außer Fett (0,29—3,38%) noch Chlorophyll, Wachs und Harze (3,38—14,76% in der Trockensubstanz) ein. Das von Thorpe und Holmes behauptete Vorkommen von Paraffinen erscheint zweifelhaft. R. Kißling zerlegte das Gesamtharz (7,23%) in ein petrolätherlösliches (3,62%), ätherlösliches (1,53%) und alkohollösliches Harz (2,08%). J. v. Degrazia nimmt im Harz 3 (α-, β- und γ-) Harzsäuren, ein Tabakresinol und Tabakresen an. Von diesen Bestandteilen wird das Tabakresen als einheitlicher Körper ($C_{35}H_{64}O_2$) angesehen, der eine rotbraune, nach Honig riechende, dicke Flüssigkeit bildet.

R. Kißling hält die von ihm nachgewiesene Wachsart (0,205—0,392%) für Melissinsäure-Melissyläther.

Das Harz erleidet bei der Fermentation eine ziemlich starke Oxydation, die mit einem teilweisen Verlust — Kißling fand nach einer Probe in unfermentiertem Tabak 7,17%, in fermentiertem nur mehr 5,87% — oder mit einer Umwandlung in Stoffe verbunden ist, die bei der Verbrennung einen angenehmeren Geruch liefern, als die unveränderten Harze ihn zeigen[1]).

Ob auch das eigentliche Fett des Ätherauszuges eine Veränderung, Spaltung und Zersetzung in flüchtige Fettsäuren, die durch Ammoniak und Nicotin gebunden werden, erleidet, ist noch nicht festgestellt, indes nach anderweitigen, ähnlichen Vorgängen nicht unwahrscheinlich. Das Wachs dürfte indes wohl keiner Veränderung unterliegen. Die Gesamtmenge des Ätherauszuges betrug für die Trockensubstanz in einem dachreifen Tabak 9,41%, in dem fermentierten Tabak 8,34%, also 1,07% weniger.

Das ätherische, flüchtige Öl, welches etwa 0,03% beträgt, Schwindel und Erbrechen erregt, dürfte vorwiegend durch die Fermentation gebildet werden. Halle und Pribram fanden darin Isobutylessigsäure, Isovaleriansäure und Terephthalsäure.

3. Organische Säuren. An organischen Säuren[1]) sind im Tabak gefunden: Äpfelsäure (3,5—13,7%), Citronensäure (0,6—8,7%), Oxalsäure (1,0—3,7%), Essigsäure (0,2—0,6%), Buttersäure, Gerbsäure (0,3—2,4%), Pektinsäure bzw. Pektinstoffe (6,3—11,9%) in der Trockensubstanz. Von diesen Säuren dürfte die Essigsäure, die im Schnupftabak bis zu 3% gefunden worden ist, ohne Zweifel während der Fermentation gebildet werden; dasselbe gilt von etwa vorhandener Buttersäure. Die anderen festen orga-

[1]) Die Berücksichtigung des Harz- wie Säuregehaltes ist für die Beurteilung der Güte eines Tabaks besonders wichtig, weil ein harzreicher Tabak schlecht, ein an Äpfel- und Citronensäure reicher Tabak gut brennt. So fand R. Kißling in der Trockensubstanz:

Gehalt	Brasiltabak		Brasiltabak		Havanna	
	sehr gut %	sehr schlecht brennend %	mittelmäßig %	schlecht %	sehr gut %	schlecht brennend %
Gesamtharz	15,53	17,63	14,87	20,35	10,93	13,18
Äpfel- und Citronensäure .	10,11	8,71	7,34	6,60	10,27	5,31

nischen Säuren erfahren dagegen durch die vor sich gehenden Oxydationen eher eine Ab- als Zunahme.

4. Zucker und *Stärke.* Die Stärke macht in dem frischen Tabak nahezu die Hälfte der Trockensubstanz (40,0—45,0%) aus; sie wird durch die vorhandene Diastase, ohne Zweifel schon beim Trocknen, in Zucker (Maltose und Glykose) übergeführt und dieser, wenn nicht schon zum Teil beim Trocknen, so bei der Fermentation mehr oder weniger veratmet d. h. zu Kohlensäure und Wasser oxydiert oder auch zum geringen Teil in organische Säuren umgewandelt. Gut fermentierter Tabak soll keine oder nur mehr sehr geringe Mengen Stärke enthalten. Der Zuckergehalt in den frischen Blättern wird von Müller-Thurgau zu 0,8—1,2% angegeben. F. Traetta Mosca hält die als Tabacose angegebene Zuckerart für Fructose.

5. In Wasser lösliche Stoffe. Von der Trockensubstanz des Tabaks sind 35,0—55,0, im Mittel etwa 45,0%, also fast die Hälfte löslich. Im allgemeinen ist ein Tabak um so besser, je mehr von seinen Bestandteilen bis zu einer gewissen Grenze löslich sind. Auch kann man aus der Menge der wasserlöslichen Extraktivstoffe, wenn diese unter bzw. über die angegebene Grenze geht, schließen, ob ein Tabak mit Wasser ausgelaugt oder mit Saucen versetzt wurde.

6. Mineralstoffe. Von diesen kann von vornherein angenommen werden, daß sie durch das Trocknen und Fermentieren keine oder nur insofern eine Veränderung erleiden, als die Säuren: Salpetersäure, Schwefelsäure und Phosphorsäure reduziert werden und dadurch das Verhältnis von unorganischen Säuren zu Basen verändert d. h. verringert und die Alkalität der Asche (0,05—5,55% Kaliumcarbonat in der Trockensubstanz) erhöht wird[1]).

Die Menge und Zusammensetzung der Asche (Tab. II, Nr. 271—273), besonders die Alkalität bzw. der Gehalt an Kaliumcarbonat bedingen wesentlich mit die Güte eines Tabaks. Sei es, daß das vorhandene pflanzensaure Kalium beim Verbrennen sich aufbläht, sei es, daß sich, wie J. Neßler annimmt, unter Umständen Kalihydrat oder Kalium bilden, welche die Brennbarkeit des Tabaks unterstützen, man kann sagen, daß ein Tabak, der weniger als 2,5% Kali und mehr als 0,4% Chlor enthält, nicht mehr gut brennt. Ebenso wie Chlor beeinträchtigt auch eine große Menge sonstiger Mineralsäuren, wie Phosphorsäure, Schwefelsäure, Kieselsäure, die Brennbarkeit des Tabaks; ebenso ein hoher Gehalt an Kalk und Magnesia bei gleichzeitig niedrigem Gehalt an Kali. Die nachteilige Wirkung dieser Mineralstoffe kann durch eine größere Menge Salpetersäure gemildert werden, weshalb man schlecht brennende Tabake durch Behandeln mit 0,5 proz. Lösungen von citronensaurem, essigsaurem und salpetersaurem Kalium aufzubessern sucht.

7. Brennbarkeit und *Verglimmbarkeit.* Die Begriffe „Brennbarkeit" und „Verglimmbarkeit" decken sich nicht. Körper, die leicht mit Flamme brennen, glimmen nach dem Verlöschen der Flamme schwer fort, während umgekehrt Körper, die schwer brennen, länger fortglimmen.

Die Ursache dieser Erscheinung liegt nach M. Barth darin, daß das Glimmen fester Körper eine höhere Entzündungstemperatur erfordert, als das Verbrennen entzündlicher Dämpfe mit Flamme.

---

[1]) Weil aber J. Behrens gleichzeitig auch in Prozenten der Trockensubstanz in dem getrockneten und fermentierten Tabak eine Zunahme sowohl an Phosphor, Schwefel wie deren Säuren fand, die Alkalität der Asche aber nur durch Abnahme der unorganischen, nicht der organischen Säuren zunehmen kann, so kann diese Tatsache nur so erklärt werden, daß die Abnahme der Trockensubstanz bzw. organischen Stoffe erheblich größer gewesen ist, als der Zunahme an Schwefel und Phosphor bzw. deren Sauerstoffverbindungen entspricht, so daß doch noch die absoluten Mengen der letzteren abgenommen haben, oder daß sich während des Trocknens und Fermentierens freie nicht flüchtige organische Säuren gebildet haben, welche beim Einäschern unorganische Säuren, Salpetersäure und Chlor, auszutreiben vermögen, infolgedessen eine größere Menge kohlensaures Kalium bzw. Alkali oder Erdalkali entsteht.

Beim Brennen mit Flamme wird der zur Verbrennung gelangende Teil einer organischen Faser weniger durch Vermittlung eines glimmenden Nachbarteilchens, als durch den glühenden Kohlenstoff der Flamme auf die Entzündungstemperatur erhitzt. Dabei schreitet der Vorgang der trockenen Destillation unter Verlust von Wasser und Entstehung kohlereicher, schwerer entzündlicher Erzeugnisse der Flamme etwas voraus. Wenn die Flamme erlischt und damit die weißglühende Kohle derselben verschwindet, so genügt die niedrige Entzündungstemperatur eines nur aus organischen Stoffen bestehenden Körpers, z. B. von Papier, nicht für die Verbrennung des kohlereicheren Randes, es findet kein Fortglimmen statt. Durchtränkt man aber solche Fasern mit Salzen, so wird ein geringerer, schwer verbrennlicher Rand gebildet, die Entzündungstemperatur — ähnlich wie die Kochtemperatur des Wassers unter Zusatz von Salzen — erhöht und damit die Fortpflanzung der Verbrennung durch die glimmenden Teilchen an die weniger stark verkohlten Nachbarteilchen erleichtert; das Papier glimmt fort.

Aus dem Grunde erhöhen die Mineralstoffe im allgemeinen die Verglimmbarkeit, während die organischen Säuren ihr entgegenzuwirken scheinen[1]).

Unterschiede der einzelnen Tabaksorten. Für die Beschaffenheit des Tabaks sind Klima, Boden und Behandlungsweise von bedeutenderem Einfluß, als die chemische Zusammensetzung. Unter den Tabaken verschiedener Länder sind:

a) Die westindischen Tabake im allgemeinen die besten Sorten; als vorzüglichste und teuerste steht obenan der Havannatabak; demselben steht der Cubatabak nahe; weniger gut aber immer noch geschätzt ist der Tabak von Jamaika und Portorico.

b) Von den südamerikanischen Tabaken gilt der Brasil in Blättern und hiervon St. Felix als das feinste und beste Gewächs; der Esmaraldatabak findet meistens als Deckblatt, der Columbiatabak ebenfalls zur Zigarrenfabrikation Verwendung, während der Varinaskanaster, meistens in aus Schilfrohr geflochtenen Körben (Canastra) versandt, den ersten Platz unter den Rauchtabaken einnimmt.

c) Von den nordamerikanischen Tabaken dienen der von Maryland (in größter Menge), von Ohio und Bay vorwiegend zu Rauchtabaken, der von Virginia zu Kau- und Schnupftabaken; der Kentucky- und Missouritabak wird zu allen Tabakfabrikaten verwendet, der beste Mason County- und Maysvilletabak dient als Zigarrendeckblatt, der Floridatabak zur Zigarrenfabrikation.

d) Von den asiatischen Tabaken kommen beträchtliche Mengen von Java, Sumatra und Manila in den Handel, die besonders zur Zigarrenfabrikation beliebt sind. Chinesische und persische Tabake werden in Europa wenig, dagegen türkische bzw. syrische Tabake (von Dubec, Ghiobek, Aja Seluk) viel verwendet.

e) Unter den europäischen Tabaken liefert der ungarische und Pfälzer Tabak sowohl zu Rauch- und Schnupftabaken als auch zu Zigarren geeignete Blätter; geringer als diese Sorten gilt der Elsässer Tabak. Von dem holländischen (Amersforder) Tabak werden die mageren Blätter wie bei anderen Sorten als Zigarrendeckblatt, die fetteren Blätter zu Schnupftabaken verwendet. Die Altmärker und Uckermärker Tabake kommen meist als gesponnene Rollen (Berliner Rollentabak) und geschnittener Tabak auf den Markt. Als geringwertigste, nur für billige Zigarren- und Rauchtabake geeignete Sorten gelten der Nürnberger, Eschweger und Hanauer Tabak.

Spanien, Frankreich (mit Algier), Italien und Griechenland bauen Tabak fast nur für den eigenen Gebrauch.

---

[1]) So fand J. Tóth, indem er die organischen Säuren des Tabakes als Oxalsäure berechnete:

Organ. Säuren = Oxalsäure	3,60	4,61	4,50	5,25	6,22	7,67	8,43%
Glimmdauer	695	857	798	562	477	413	301 Sek.

Im allgemeinen war die Gesamtmenge der organischen Säuren umgekehrt proportional der Brennzahl (Glimmdauer).

Die Verarbeitung des fermentierten Tabaks. Mit der Fermentation ist die Vorbereitung zur Herstellung der einzelnen Tabakfabrikate noch nicht beendet; hierfür sind noch verschiedene besondere Maßnahmen erforderlich.

1. Rauchtabake. Für diese werden die fermentierten Blätter zunächst sortiert (d. h. von mangelhaften Blättern befreit und nach Farbe zusammengegeben), angefeuchtet (indem man auf die in Trommeln eingefüllten Blätter Wasserdampf leitet), entrippt (d. h. nur bei den feineren Sorten), unter Umständen noch sauciert und gefärbt (Curcumin) und dann entsprechend zerschnitten oder gerollt und geformt. Der zerschnittene (oder gerollte) Tabak, der infolge des Anfeuchtens noch 30% Wasser enthält, wird durch Erhitzen (Rösten) von Wasser und durch Sieben von Staub befreit. Übermäßig schwere Tabake, wie Kentucky- und Virginiatabak, werden mit Wasser schwach ausgelaugt und zur Erhöhung der Brennbarkeit mit einer Lösung von Kaliumsalzen, kohlensaurem, salpetersaurem, essigsaurem oder citronensaurem Kalium durchtränkt. Auch werden die ausgelaugten Blätter, wodurch die Saucen für die Kau- und Schnupftabake gewonnen werden, mit anderweitigen Saucen (aus Gewürzen, Zucker, Honig, Rosenwasser, Salpeter u. a. hergestellt) versetzt und einer zweiten Gärung unterworfen.

Die zum zweiten Male vergorenen oder auch ursprünglichen Blätter von verschiedener Mischung werden vorher auch gedarrt, d. h. einer kurzen aber verhältnismäßig starken Erhitzung ausgesetzt, wodurch neben Wasser auch Nicotin verflüchtigt wird. R. Kißling fand z. B. Nicotin:

Rohtabake (27 Sorten)	Rauchtabake (8 Sorten)
0,68—4,78%, Mittel 2,20%	0,44—1,32%, Mittel 0,75%.

2. Zigarren. Bei den Zigarren unterscheidet man Einlage, Umblatt und Deckblatt; man verwendet den fermentierten, abgelagerten und wie beim Rauchtabak wieder angefeuchteten Tabak, indem die flachgepreßten Rippen als Einlage, die Längsstreifen des nicht entrippten Blattes als Umblatt und die entrippte Blattfläche als Deckblatt dienen. Zu letzterem wählt man die größten, festesten Blätter durchweg von besseren Tabaken aus, während als Einlage und Umblatt eine geringere Sorte Tabak verwendet wird. Das Wickeln und Formen geschieht bald durch Hand-, bald durch Maschinenarbeit.

Bei den Havannazigarren unterscheidet man zwischen echt importierten oder Havanna-Import und Havanna-Imitation. Erstere Zigarren werden in Havanna selbst hergestellt und gleich in Kisten verpackt, infolgedessen keine wesentliche Fermentation eintritt und die Extraktivstoffe wesentlich in der Zigarre verbleiben. Wenn dagegen die Havannablätter — in Ballen (Seronen) aus Bananenblättern zu 50 kg Gewicht — verpackt und als solche auf Schiffe verladen werden, so tritt in den Ballen eine abermalige Fermentation ein, infolge deren die Extraktivstoffe zersetzt und mit einem Teil des Nicotins verflüchtigt werden. Die aus diesem Tabak im Inlande hergestellten Zigarren heißen Havanna-Imitation; sie sind nicht so stark wie die echt importierten Havannazigarren.

Zu den Zigaretten wird meistens fein geschnittener türkischer oder persischer Tabak verwendet, die Zusammensetzung ist die gleiche wie die der Zigarren.

3. Kautabak und ***Schnupftabak.*** Zu beiden Fabrikaten werden die fetten, übermäßig schweren, wegen ihrer schlechten Brennbarkeit zur Verarbeitung auf Rauchgut nicht geeigneten, vorwiegend Kentucky- und Virginiatabake — zu den Schnupftabaken auch noch sonstige Abfälle — verwendet und diese auch im allgemeinen nach denselben Verfahren behandelt. Die Blätter werden sortiert, entrippt und sauciert (gebeizt), d. h. in eine Flüssigkeit gelegt, welche zunächst viel Tabakauszug[1]) — aus obiger Behandlung der fetten, zu Rauchtabak bestimmten Blätter sowie aus Abfällen herrührend — enthält.

[1]) Einige solcher Tabakextrakte ergaben:

	Wasser	Organische Stoffe	Nicotin	Asche	Alkalität (Kohlensaures Kalium)
Rippenextrakt	32,80%	48,40%	1,86%	22,10%	7,73%
Blätterextrakt	36,20%	50,86%	8,10%	15,50%	9,88%

Die Tabakextrakte werden häufig mit Melasse gefälscht. Neben Tabakextrakt enthalten die Saucen:

Tamarindenauszug, Rosinenauszug, Zuckersirup, Salmiak, Kochsalz, etwas kohlensaures Kalium, Cumarin, Vanillin und wohlriechende Ingredienzien, wie sie durch Destillation von Nelken, Rosenholz, Cardamomen, Kalmus u. a. mit Wasserdämpfen gewonnen werden. Bei Herstellung der Kautabakbeize benutzt man außer den obengenannten Rohstoffen auch noch Pflaumenauszug, Fenchel, Wacholder, Muskatnuß und ähnliche Aromatisierungsmittel. Im Bedarfsfalle findet ein nochmaliges Durchfeuchten mit Beizflüssigkeit statt.

Die saucierten Blätter unterliegen einer kürzeren oder längeren Gärung.

Für den Kautabak werden die gegorenen Blätter zunächst getrocknet, dann wieder angefeuchtet und entweder zu Tafeln gepreßt oder zu Rollen gesponnen oder zerschnitten und gekräuselt.

Beim Schnupftabak[1]) werden die saucierten und gegorenen Blätter zu Puppen (Karotten) geformt (karottiert) und noch längere Zeit gelagert oder gepreßt oder blos erhitzt und schließlich durch besondere Maschinen fein vermahlen.

Im allgemeinen sind Rauch-, Kau- und Schnupftabak, vorwiegend wegen der zweiten durchgemachten Fermentation, nicht so nicotinreich wie Zigarren, wenigstens nicht wie frische Zigarren.

Lagern des Tabaks. Beim Lagern des fertigen Tabaks findet neben Wasserverlust noch eine stetige langsame Oxydation statt, infolge deren die organische Substanz im Verhältnis zu den Mineralstoffen abnimmt, und da mit der größeren Menge der letzteren im allgemeinen die Brennbarkeit der Tabake eine bessere wird, so erklärt sich hieraus, daß abgelagerter Tabak oder abgelagerte Zigarren besser als im frischen Zustande brennen.

Beim Lagern geht aber ferner ein Teil des Nicotins und ätherischen Öles verloren, so daß von einem gewissen Zeitpunkt des Lagerns an der Tabak oder die Zigarren nicht besser, sondern schlechter werden.

Entnicotinisieren des Tabaks. Um die schädlichen Wirkungen des Nicotins zu beseitigen, ist eine ganze Anzahl Verfahren vorgeschlagen, nicotinfreie Tabake (besonders nicotinfreie Zigarren) herzustellen. Nach einem Verfahren soll dieses durch Erwärmen des vorher einem Schwitz- und Dünstvorgang ausgesetzten Rohtabaks geschehen, nach anderen durch Besprengen des Tabaks mit schwacher Alkalilösung und durch Einwirkung eines feuchten Luftstromes bei 50°, bzw. durch Erhitzen oder Absaugen im Vakuum und Neutralisierung des Alkalis mittels Salpetersäure oder Kohlensäure, ferner durch den elektrischen Strom, durch Behandeln (d. h. Oxydieren des Nicotins) der Blätter mit alkalischem Wasserstoffsuperoxyd, Permanganatlösung, mit Borax, Alaun und Kalisalpeter und Auspressen, Bindung des Nicotins durch Gerbstofflösung aus Origanum vulgare (Gerold-Wendtsches Verfahren) u. a.

Fast ebenso zahlreich sind die Vorschläge, den Tabakrauch von Nicotin zu befreien, so z. B. durch Einlagen von Holz- oder Steinkohle in Pfeifen bzw. Zigarrenmundstücke, oder durch Einlagen von porösen Filtermassen, die mit Säuren — Äpfel- und Citronensäure — getränkt sind, durch Patronen aus Magnesiumsuperoxyd und Gerbsäure, durch Watte getränkt mit Eisenchlorid bzw. Eisenammoniumcitrat, oder gar getränkt mit Palladiumchlorür oder Hämoglobinlösung (zur Bindung von Kohlenoxyd) u. a.

Alle diese Vorschläge sind von sehr zweifelhafter Wirksamkeit; die zur Entnicotinisierung

---

[1]) Verschiedene von L. Janke und R. Kissling untersuchte Sorten Schnupftabak ergaben folgenden Gehalt:

Wasser	Wasser-Extrakt	Im Wasser-Extrakt: Organische Stoffe	Im Wasser-Extrakt: Nicotin	Asche	In Salzsäure unlöslich (Sand usw.)
29,80—59,54%	22,58—44,35%	6,32—23,33%	0,38—1,13%	18,74—33,44%	0,88—3,76%

des Tabaks wirken entweder überhaupt nicht oder beeinträchtigen die sonstigen Eigenschaften des Tabaks oder werden zu teuer.

Bestandteile des Tabakrauches. Über die Wirkung des Tabakrauches vgl. S. 528. R. Kißling führt folgende Bestandteile im Tabakrauch bei gewöhnlicher Temperatur auf:

1. Feste Bestandteile: Paraffin bzw. Pflanzenwachs, indifferentes Tabakharz, Tabakharzsäure, Brenzcatechin und andere nicht näher charakterisierte kohlenstoffreiche Stoffe.

2. Flüssige Bestandteile: Nicotin, Pyridinbasen, die niederen Säuren der aliphatischen Reihe, besonders Buttersäure und Valeriansäure, stickstofffreie Brenzöle.

3. Gasförmige Bestandteile: Kohlenoxyd, Schwefelwasserstoff, Cyanwasserstoff, Ammoniak.

Von diesen Bestandteilen sind als besonders giftig anzusehen: Nicotin, Pyridinbasen, Cyanwasserstoff (Blausäure) und Kohlenoxyd. Das Ammoniak ist nach K. B. Lehmann nur bei den Reizsymptomen an Rachen und Stimmbändern, dagegen nach Bokorny wesentlich bei der schädlichen Wirkung des Tabakrauches auf Pflanzen beteiligt.

Die von diesen Stoffen im Rauch auftretenden Mengen sind je nach der Art des Tabaks wie des Rauchens sehr verschieden.

a) Nicotin, Pyridin, Ammoniak. Das Pyridin entsteht wahrscheinlich aus dem Nicotin, während das Ammoniak sich auch aus den Proteinen und Amiden bilden kann.

Ein Teil des Nicotins verbrennt, ein anderer geht bei Zigarren in den Stummel, der sich damit anreichert, oder bei Pfeifen in die Abgußflüssigkeit über. R. Kißling konnte von dem vorhandenen Nicotin bei Zigarren 17,65—73,89% aus dem Rauch wiedergewinnen, d. h. im allgemeinen prozentual um so mehr, je weniger Nicotin die Zigarren enthielten. J. Habermann fand in 100 g Zigarren 1290—3990 mg Nicotin und davon beim Verrauchen in deren Rauch 390—1250 mg (oder 17—33%, in einem Falle 67%) wieder. J. J. Pontag erhielt aus dem Rauch von 100 g Zigaretten (Papyros) 1,16% Nicotin, 0,14% Pyridin und 0,36% Ammoniak, J. Habermann aus 100 g verrauchtem Tabak 0,006—0,72% Ammoniak. Diese basischen Rauchstoffe gehen jedoch nicht ganz in den Körper über, sondern werden zum Teil mit dem Rauch wieder ausgestoßen. Nach K. B. Lehmanns Versuchen wurden von dem Raucher aus dem Rauche von je einer Zigarre bzw. Zigarette aufgenommen:

Zigarre	1,7—2,5 mg Nicotin	0,3—0,8 mg Pyridin	5,9—8,7 mg Ammoniak
Zigarette	0,8—1,5 „ „	0,4—0,5 „ „	1,6—2,4 „ „

b) Cyan-, Schwefelcyanwasserstoff und Schwefelwasserstoff. J. Habermann fand im Rauch von 100 g verrauchten Tabaks 1,9—17,4 mg, Le Bon 3,0—8,0 mg, R. Kißling 15,0—57,0 mg, H. Thoms 29,5 mg und Vogel sogar 69,0—96,0 mg Cyanwasserstoffsäure. Im Zigarettenrauch beträgt der Blausäuregehalt durchweg 1,9 mg, im Pfeifenrauch ist er meistens gleich Null.

J. Tóth erhielt aus dem Rauch von 12 Zigaretten 0,0143 g oder 0,026% Schwefelcyan (SCN), während die Angaben über die im Rauch von 100 g Tabak enthaltenen Mengen Schwefelwasserstoff zwischen 0,007—0,03% (J. Habermann) und 0,056—0,078% (Stark) schwankten.

c) Kohlenoxyd. Als regelmäßiger Bestandteil des Tabakrauches wird auch das Kohlenoxyd angegeben, welches darin neben mehr oder weniger Kohlensäure, Stickstoff und Sauerstoff enthalten ist. J. Habermann fand für je 1 g verrauchten Tabak:

Sauerstoff 9,8—233,7 ccm, Kohlensäure 19,8—77,2 ccm, Kohlenoxyd 5,2—19,3 ccm.

Auf rund 4 Teile Kohlensäure kommt daher etwa 1 Teil Kohlenoxyd.

J. Toth erhielt im Rauch von 1 g Zigarette nur 0,1—0,3 ccm, Pontag dagegen 18,0 ccm Kohlenoxyd.

Über die Unschädlichmachung der giftigen Bestandteile des Tabakrauches vgl. vorstehend S. 579.

Tabakersatzstoffe. Als Ersatzstoffe bei geringwertigen Rauchtabaken sind nach dem Tabaksteuergesetz bis zu einer gewissen Grenze erlaubt: Kirsch-, Rosen- und Weichselkirschenblätter.

Während der Kriegszeit wurden zum Strecken des Tabaks noch gestattet: Hopfen (Mischungen von meistens 20% Hopfen mit Tabak), ferner Buchenlaub, Zichorienblätter, Linden-, Ahorn-, Platanen-, wilde Reben-, Weinreben- und Edelkastanien-, Birnen-, Äpfel-, Walnuß-, Haselnuß-, Topinambur- und Wegebreitblätter, Steinklee, Veilchenwurzelpulver, Waldmeister, Althee, Huflattich, Baldrianwurzel, Brennesseln, Krauseminze, Citronenschalen, Lavendel und Thymian. Im allgemeinen bestanden diese Kriegstabake aus 30% Tabak oder Tabakrippen und 70% eines Gemisches von diesen Ersatzblättern.

Die Blätter müssen selbstverständlich einwandfrei und dürfen z. B. nicht mit giftigen Pflanzenschutzmitteln behaftet sein. Mischungen von Tabak und Hopfen, die mehr als 20% Hopfen enthalten, sollen Kopfweh und Schwindel verursachen; ähnliche Wirkungen (Kopfweh) soll auch Waldmeister äußern.

Verfälschungen des Tabaks. 1. Tabakblätter: Belegung geringwertiger Sorten mit dem Namen besserer; Untermischung von Ersatzstoffen (vgl. vorstehend); sog. Verbesserung mit zweifelhaften Mitteln und Saucen (S. 573); Zusatz indifferenter Stoffe zur Vermehrung des Gewichtes.

2. Zigarren: Anwendung ausgelaugter Tabakbestandteile als Einlage; Auffärbung der Deckblätter mit künstlichen Farbstoffen (Havannabraun, Saftbraun, kondensierte Saucen); Anwendung von Deckblättern aus gepreßtem, mit Tabaklaugen getränktem Papier.

3. Schneide- (Pfeifen-) Tabak: Untermischung fremder Blätter — die hier leichter möglich ist als bei Zigarren —; Erteilung einer gelben oder goldgelben Färbung durch Schwefeln, Curcuma oder Safransurrogat u. a.

4. Im Schnupftabak sind angeblich als wertlose Stoffe geraspeltes Holz, Torfpulver, Kleie, gepulvertes geteertes Tauwerk, Lohe, Glaspulver, Sand usw. vorgekommen; auch Eisenvitriol, Bleichromat, Mennige u. dgl. werden teils als Beschwerungs-, teils als Farbmittel angegeben. Häufiger aber ist eine bedenkliche Verunreinigung mit Blei, herrührend aus der Verpackung in Blei- und Zinnfolie. R. Kissling fand in 9 von 16 Proben Schnupftabak Spuren bis 1,252% metallisches Blei.

Untersuchung, Für die Untersuchung des Tabaks sind besonders folgende Bestimmungen wichtig: 1. Stickstoffverbindungen (Protein, Nicotin, Amide, Ammoniak und Salpetersäure); 2. Harz; 3. organische Säuren; 4. Zucker und Stärke; 5. Mineralstoffe (besonders Kali, Kalk, Chlor und Schwefelsäure); 6. in Wasser lösliche Stoffe; 7. Prüfung auf Farbstoffe.

Die alkoholhaltigen Genußmittel.

Der eigentlich wirksame Bestandteil in den alkoholischen Genußmitteln ist der Äthylalkohol — allgemein nur Alkohol genannt —, wozu in den alkoholischen Getränken noch verschiedene Nebenerzeugnisse (sonstige Alkohole, Ester, Geruch- und Geschmackstoffe) treten, welche den Genußwert des Alkohols mehr oder weniger unterstützen. Man kann geneigt sein, den Alkohol, weil er im Körper zu Kohlendioxyd und Wasser verbrennt, also ähnlich wie Zucker und Stärke Wärme liefert, als Nahrungsstoff aufzufassen, aber er gehört, weil er direkt verbrennt und keinen Stoff im Körper ersetzt, zu den Genußmitteln (S. 1). Bei den Gewürzen und alkaloidhaltigen Genußmitteln kommt diese Frage nicht in Betracht, weil sie bzw. die darin wirksamen Stoffe gegenüber dem Alkohol in den alkoholischen Getränken in so geringen Mengen aufgenommen werden, daß sie als Energiequelle keine Bedeutung haben, weil andererseits einige Alkaloide den Körper unzersetzt verlassen oder beim Rauchen zersetzt oder verflüchtigt werden und gar nicht in den Körper eindringen. Ein weiterer Unterschied zwischen den bisher besprochenen und den alkoholischen Genußmitteln besteht darin, daß die Gewürze und alkaloidhaltigen Genußmittel den wirksamen Stoff schon fertig vorgebildet enthalten und nur einer Zubereitung (Waschen oder Trocknen Fermentieren, Rösten) bedürfen, um genußfähig zu werden, der Alkohol aber vollständig aus anderen Stoffen besonders hergestellt werden muß [1]).

Im übrigen wird der Alkohol auf der ganzen Welt getrunken, wo man ihn nur haben kann [2]), und wie er das verbreitetste Genußmittel, gleichsam der Fürst der Genußmittel ist, so bildet er auch das größte Menschengift.

Zweifellos ist auch die Gewinnung des Alkohols von verschiedenen Ländern und Völkern unabhängig voneinander ausgegangen, und verdankt wohl allgemein einer zufälligen Beobachtung (einer natürlichen Gärung) ihre Entstehung. Es möge daher der Besprechung der einzelnen alkoholischen Getränke eine allgemeine Übersicht über Rohstoffe, Ursache der Gärung und Wirkung des Alkohols voraufgehen.

Die Rohstoffe für die Alkoholgewinnung.

Der Alkohol (Äthylalkohol) wird technisch im großen allgemein aus Kohlenhydraten durch Gärung gewonnen. Von den Kohlenhydraten werden durch Hefe aber nur die Monosaccharide vergoren — und von diesen auch nur einige von bestimmter Struktur S. 89 u. 94 —, die anderen Kohlenhydrate, die Di-, Tri- und Polysaccharide müssen, ehe sie durch Hefen vergoren werden, d. h. in Alkohol und Kohlensäure zerfallen, durch Enzyme oder Säuren in Monosaccharide umgewandelt (invertiert) werden. Die Enzyme sind entweder in den Gärungserregern oder den zur Gärung verwendeten Rohstoffen vorhanden. Das Verhalten der verschiedenen Kohlenhydrate ergibt sich aus folgender Übersicht:

Monosaccharide (oder Monosen) vergärbar: Glykose (oder Traubenzucker), Mannose, Galaktose, Fructose (oder Fruchtzucker).

Erst nach der Inversion (bzw. Hydrolyse) vergärbar:

	Zuckerart bzw. Kohlenhydrat:	Entstehende Monosen:	Invertierendes Enzym:	Enzym vorhanden in:
Disaccharide, Biosen	Saccharose	Glykose und Fructose	Invertase, Sucrase	Hefe-, Schimmel- und Mucorarten
	Lactose	Glykose und Galaktose	Lactase	Kefirhefe
	Maltose	2 Glykose	Maltase, Glykase	Hefe
	Melibiose	Glykose und Galaktose	Melibiase (?)	Unterhefe
	Trehalose	2 Glykose	Trehalase, Ptyalin, Emulsin	Desgl. und Speichel
Trisaccharide, Trioson	Raffinose,	Melibiose und Fructose	Raffinase [3])	Oberhefe [3])
	Gentianose	2 Glykose und 1 Fructose	Verschiedene	Verschiedene

Über die Spaltung der Rhamninotriose, Manninotriose, ebenso über Spaltung der Tetrasaccharide (Lupeose, Stachyose) zu gärfähigen Zuckern liegen keine bestimmten Angaben vor; nur von der Manneotetrose heißt es, daß sie durch Invertase, Emulsin und andere Fermente zerlegt werde.

---

[1]) Nur in einigen Pflanzen aus der Familie der Schirmblüter (Umbelliferen) und in humusreichen Böden wird Alkohol als natürlicher Bestandteil angegeben.

[2]) Nur die Wedda auf Ceylon, einige Stämme auf Malakka und einige Indianer in Südamerika sollen sich noch ganz des Alkohols enthalten.

[3]) Das Enzym der Oberhefe verwandelt die Raffinose in vergärbare Fructose und Melibiose; letztere wird dagegen durch ein Enzym der Unterhefe in ganz vergärbare Glykose und Galaktose gespalten.

	Zuckerart bzw. Kohlenhydrat:	Entstehende Monosen:	Invertierendes Enzym:	Enzym vorhanden in:
Polysaccharide, Saccharokolloide	Stärke	Glykose	Diastase, Amylase, Ptyalin, Pancreatin	Samen, Wurzeln, Schimmel- und Mucorarten, Speichel, Pancreas usw.
	Dextrin	Glykose	Dextrinase	Schizo-Sacchar. octosporus und Pombe

Lichenin (Moosstärke), Inulin und andere ähnliche Polysaccharide werden durch Enzyme nicht oder nur wenig angegriffen; sie liefern zwar auch gärfähige Zucker, aber nur nach Hydrolyse mit Säuren.

Weil diese Kohlenhydrate in tierischen Erzeugnissen und vielen Pflanzen weit verbreitet sind, so gibt es zur Gewinnung alkoholischer Getränke eine ebenso große Menge Rohstoffe; die hauptsächlichsten, die alkoholische Getränke liefern, sind folgende:

A. Tierische Rohstoffe: Milch: Kefir, Kumis (S. 201 u. 202); Honig: Meth (S. 419). Honigwein ergab z. B. unter künstlichem Zusatz von Weinsäure:

7,15 g Alkohol 4,21 g Extrakt 0,41 g Weinsäure 1,60 g Glykose 0,54 g Glycerin

B. Rohstoffe aus dem Pflanzenreiche: a) Gymnospermen: Wacholderbeeren (frische mit 7% Zucker): Wacholderbeerbranntwein, Genever, Gin mit 42,5—64,0 Vol.-% Alkohol; oder mit anderen Rohstoffen, zum Aromatisieren verarbeitet, liefern sie den Steinhäger, Doornkaat u. a.

In Serbien wird zur Darstellung der „Wodnjika“ ein Gemisch von Wacholderbeeren, Senf und Meerrettig mit Wasser an einem warmen Orte der Gärung und Säuerung überlassen, wodurch ein stark nach Wacholder riechendes und stark sauer schmeckendes Getränk erhalten wird. Für feinere Sorten setzt man geröstete Birnen oder auch Mostbirnen, Äpfel und Quitten, für andere Sorten auch Citronen und Orangen zu. Diese Erzeugnisse enthalten nach Zega in 100 ccm:

	Alkohol	Extrakt	Essigsäure	Zucker, Dextrin usw
Wodnjika	0,83 g	0,98 g	0,399 g	0,05 g
Desgl. + gedörrte Birnen . . .	0,48 g	3,38 g	0,038 g	2,83 g
Desgl. + Citronen	1,70 g	2,27 g	0,440 g	1,22 g

b) Monocotyledonen, α) Zuckerreiche: 1. der Saft verschiedener Palmen in den Tropen: Palmenwein; so ergab der vergorene Saft der Dattelpalme nach Balland:

4,38 % Alkohol, 0,54 % Äpfelsäure, 5,60 % Mannit, 0,20 % Zucker und 3,30 % Dextrin.

Durch Destillation des Palmenweines bzw. der Gärungserzeugnisse von Palmensaft und Reis erhält man den Arrak (vgl. S. 692).

Der aus der Becarypalme gewonnene und vergorene Saft, auch Lakmi, Lakby und Leghby genannt, enthält nach Martelly Wein- und Äpfelsäure, in einer Probe 0,446%, ferner 3,29% direkt reduzierenden und 3,31% nicht direkt reduzierenden Zucker, 0,015% Proteine, 0,353% Asche. Eine nahezu gleiche Zusammensetzung hatte der Leghby von Tabunipalmen.[1]

2. Saft von verschiedenen Agavearten (Liliaceen) im tropischen Südamerika: Pulque fuerte nach Boussingault mit z. B.

5,87% Alkohol, 0,55% Äpfelsäure, 0,14% Bernsteinsäure, 0,21% Glycerin;

in anderen Proben wurden 8,1—8,7% Alkohol gefunden; durch Destillation erhält man, entsprechend dem Arrak, den Branntwein Mescal (Muxical, Inquila.).

3. Zuckerrohr: Entweder entschält und zerschneidet man das Zuckerrohr (S. 410) in Stücke, preßt den Saft aus und läßt nur teilweise vergären, um den süßen gegorenen

[1]) Auch aus den Früchten einiger Palmen werden alkoholische Getränke gewonnen.

Toakka (Madagaskar) bzw. Balabak (Süd-Mindanao) bzw. Basi (Nord-Luzon) u. a. zu erhalten, oder man vergärt die Melasse von der Rohrzuckergewinnung und stellt daraus den Rum (vgl. S. 691) her.

4. Ananas (Tab. II, Nr. 1116): Wein in Brasilien, Nanaja genannt.

5. Bananen (S. 365): Branntwein in Venezuela, sonst selten für Alkoholgewinnung.

β) Stärkemehlhaltige Rohstoffe. Diese dienen in umfangreichster Weise zur Alkoholgewinnung:

1. Gerste, Weizen (früher auch Hafer): Bier, aus Gerste (Malz), auch Wein (vgl. S. 612 und 681).

Kwaß in Rußland; er ist ein durch alkoholische und saure Gärung aus Malz, Mehl oder Brot oder aus einem Gemisch von diesen unter Zusatz von etwas Hopfen vorwiegend in Rußland zubereitetes, noch in Nachgärung befindliches Getränk, zu dem gewürzige Zusätze wie Pfefferminze, Citronensaft usw. zugesetzt werden können. Der Gehalt schwankt wie folgt:

Alkohol	Extrakt	Essigsäure	Milchsäure	Asche
0,5—1,2%	2,4—6,1%	0,015—0,045%	0,21—0,40%	0,08—0,12%

Man unterscheidet nach A. Stange 3 Sorten Flaschenkwaß:

	1. Sorte zu 10 Kop.	2. Sorte zu 5 Kop.	3. Sorte zu 3 Kop.
Alkohol	0,9—1,2%	0,7—0,9%	0,5—0,6%
Extrakt	4,8—6,1%	3,7—3,8%	2,4—2,5%

2. Roggen: Kornbranntwein (alter Klarer), Doornkaat, Whisky (vgl. S. 688).

3. Mais: Chicha (südamerikanisches Bier), behufs Verzuckerung der Stärke nach dem Darren entweder gekaut (Ptyalin-Wirkung) oder, wie Gerste, gemälzt. Zur Bereitung der Chicha werden auch noch andere Rohstoffe verwendet, während Mais auch neben Gerste mit zur Bierbereitung in Europa dient.

Das mazedonische Bier „Bosa“ ist ein durch alkoholische und saure Gärung aus Mais- oder Hirsemehl mit und ohne Zusatz von etwas Weizenmehl oder Weizenkleie unter Zuhilfenahme von Wasser und Hefe hergestelltes, noch in Nachgärung befindliches, trübes, gewöhnlich noch mit Zucker oder Honig versüßtes Getränk, dessen Zubereitung nur 20—24 Stunden in Anspruch nimmt; es ist vorwiegend auf der Balkaninsel, in Kleinasien und Rußland gebräuchlich. Es enthält reichlichen Bodensatz von Hefen, Milchsäurebakterien u. a.; die Flüssigkeit ergab nach einigen Analysen:

0,40—0,70 Vol.-% Alkohol, 5,55—18,83% Extrakt (Gesamt-), 1,93—10,29% löslichen Extrakt, wenig bis 7,82% Maltose, 0,04—0,51% Stickstoffsubstanz, 0,52—0,84% Gesamtsäure (Milchsäure), 0,017—0,053% flüchtige Säure (Essigsäure), 0,096—0,194% freie Kohlensäure, 0,153—0,315% Asche im löslichen Anteil, 0,021—0,067% Phosphorsäure.

4. Reis: Sake (Reiswein) in Japan; zur Verzuckerung der Stärke in geschältem Reis und Gerste dient das S. 300 beschriebene Koji; durch Vermischen desselben mit neuen Teilen gedämpften Reises und durch 14 tägige Gärung entsteht erst Moto und hieraus weiter auf langwierigem Wege das fertige Getränk, welches durch einen gerbstoffreichen Saft geklärt wird.

Der jährliche Verbrauch von Sake beträgt etwa 20—25 l auf den Kopf der japanischen Bevölkerung. Die Sake enthält in 100 ccm nach 6 Analysen:

12,52 g Alkohol, 3,16 g Extrakt, 0,31 g Säure = Milchsäure, 0,043 g flüchtige Säure = Essigsäure, 0,57 g Glykose, 0,20 g Dextrin, 0,80 g Glycerin und 0,067 g Mineralstoffe.

Takahashi und Abé fanden in 1 l Sake an Amiden: 0,02 g Alanin, 0,06 g Leucin, 0,01 g Prolin, 0,6 g Tyrosin, 0,1 g Tryptophan, 0,025 g Lysin, ferner 0,3 g Bernsteinsäure; Glykokoll, Phenylalanin, Leucinimid, Glutaminsäure und Arginin konnten nicht nachgewiesen werden.

Andere Erzeugnisse dieser Art mit weniger Alkohol (5,60—8,26 g) heißen Shirosake, weißer Kofuwein und Sakurada - Bier; sie stehen im Gehalt an Alkohol in der Mitte zwischen deutschem Bier und Wein.

Die in Japan aus Reis[1]) und Koji mit Hilfe von Pilzenzymen hergestellten Getränke Yecibu, Asahi oder Kirin haben eine den deutschen Lagerbieren ähnliche Zusammensetzung, nämlich:

3,64—4,60% Alkohol, 5,06—5,85% Extrakt, 0,77—1,73% Maltose, 0,45—0,53% Protein, 0,077—0,161% Säure, 0,181—0,240% Asche, 0,051—0,072% Phosphorsäure.

Der „Mirin" Japans, ein süßes Getränk nach Art unserer Süßweine, wird aus gekochtem Klebreis gewonnen, indem man denselben mit Hilfe des obigen Kojis verzuckert und die entstehende Glykose durch Zusatz von Alkohol vor Vergärung schützt; er enthält in 100 ccm:

10,0—12,5 g Alkohol, 30,1—32,9 g Zucker, 1,9—4,9 g Dextrin, etwa 0,12 g Asche.

In China und anderen Ländern mit Reisbau werden auf ähnliche Weise aus dem Reis alkoholische Getränke gewonnen, z. B. in China ein Branntwein „Chanchin" mit 52 Vol.-% Alkohol. Daß der Reis in Gemeinschaft mit Palmensaft zur Herstellung des Arraks dient, ist schon erwähnt. In anderen Ländern wird Reis auch mit zur Herstellung von Bier (Reisbier) verwendet.

5. Hirse: Pombe bzw. Merissa (Negerbier), vorwiegend in Afrika verbreitet, wird aus Sorgho- oder Mohrhirse oder Durrha hergestellt, indem man die Hirse ähnlich wie Gerste keimen und die Maische eine Selbstgärung durchmachen läßt. Die gegorene Flüssigkeit pflegt einen starken Bodensatz zu enthalten.

In Rumänien stellt man aus der Hirse durch alkoholische und saure Gärung die milchig-trübe, im Sommer gern getrunkene Braga her. In beiden Gärerzeugnissen wurde u. a. in 100 ccm gefunden:

Pombe	2,37% Alkohol,	4,02 g Extrakt,	0,28 g Stickstoffsubstanz	0,50 g Milchsäure,	0,18 g Asche
Braga	1,33% „	7,01% „	0,98% „	0,36% „	0,29% „

Die Durrha wird in Deutschland auch mit zur Herstellung von Spiritus bzw. Branntwein verwendet.

c) Dicotyledonen. α) Stärkereiche Rohstoffe:

1. Kartoffeln: Spiritus, Branntwein, Verzuckerung durch Malz.
2. Maniok: Chicha (vorstehend 584), Spiritus für technische Zwecke, Branntwein in Tahiti Couac, in Guyana Cachiry genannt), Verzuckerung durch Kauen.
3. Bataten: Wie bei Maniok, aber seltener.

β) Zuckerreiche Rohstoffe (Saft von):

1. Weintrauben: Weine, Cognak, Tresterbranntwein, Hefenbranntwein (vgl. weiter unten).
2. Obst- und Beerenfrüchte aller Art: Weine und Branntweine (vgl. weiter unten).
3. Orangen: Wein.
4. Feigen: desgl.
5. Blütensaft von Bassia oleracea: desgl.

Die Getränke aus den letzten 3 Säften hatten nach je einer Analyse folgenden Gehalt für 100 ccm:

Orangenwein	4,85 g Alkohol,	3,81 g Extrakt,	1,26 g Citronensäure,	2,43 g Glykose,	0,35 g Glycerin
Feigenwein	3,81 g „	6,57 g „	0,84 g Äpfelsäure,	3,31 g „	—
Bassiawein	3,82 g „	1,70 g „	0,62 g Weinsäure,	—	—

6. Birkenwein aus dem durch Anbohren ähnlich wie der Palmensaft gewonnenen Saft der Birke; der Saft wird aber vielfach unvergoren getrunken; er enthält 0,5—2,0% Zucker.
7. Rhabarberwein aus dem Saft der Rhabarberstengel (vgl. S. 681).

---

[1]) Das schon in vorchristlicher Zeit in Japan aus Reis und Malz hergestellte Erzeugnis „Midzuame" hat nach O. v. Czadek folgende Zusammensetzung:

Wasser	Protein	Maltose	Dextrin	Asche	Fett und Unlösliches	Wärmewert für 1 g	In der Trockensubstanz Maltose	In der Trockensubstanz Dextrin
13,92%	0,26%	53,03%	31,85%	0,15%	0,79%	3210 cal.	62,61%	37,00%

Die Erreger der alkoholischen Gärung. Die Hefe.

Die Eigenschaft, Monosen in Alkohol und Kohlensäure zu zerlegen bzw. alkoholische Gärung hervorzurufen, kommt fast ausschließlich den Saccharomyceten oder Hefen zu; nur einige Schimmelpilze (z. B. bei der Herstellung von „Sake", S. 584) und Monilia candida Bon., die auf faulenden Früchten lebt, besitzen ebenfalls die Eigenschaft, aus Kohlenhydraten Alkohol zu bilden.

Bau und Fortpflanzung der Hefe. Die Hefe als einfache Pflanze besteht nur aus einer Zelle, deren Haut aus Pilzcellulose[1]) besteht. Das Innere der Zelle ist mit einem gekörnten Eiweiß, dem Protoplasma, erfüllt. Bei kleinen jungen Zellen füllt das gekörnte Eiweiß das ganze Innere aus; beim Wachsen verteilt sich das Eiweiß mehr nach der Zellmembran hin, indem sich gegen Ende im Innern ein mit wässerigem Inhalt erfüllter Saftraum, die sog. Vakuole bildet, die durchsichtig ist und sich scharf von dem gekörnten Eiweiß abhebt. In der Mitte der Zelle, umgeben von sporogenem Plasma, liegt der Zellkern, der nur durch künstliche Färbung sichtbar wird. Bei der Zellteilung teilt sich auch der Zellkern in zwei gleiche Massen, die nach den beiden Polen wandern.

Die Fortpflanzung vollzieht sich durch Sprossung in der Weise, daß sich an einer Stelle der Zellmembran eine Ausstülpung bildet, die unter Vergrößerung der Vakuole erfüllt wird. Die Ausstülpung vergrößert sich schnell, wird abgestoßen und wächst als selbständige Tochterzelle weiter. Alle Hefen pflanzen sich in dieser Weise fort; nur die in dem amerikanischen Negerbier vorkommende Pombehefe teilt die Eigenschaft der Bakterien und Schimmelpilze, sich durch Spaltung fortzupflanzen.

Die einzelnen Zellen, die in der Länge zwischen 4,0—11,0 μ und mehr, in der Breite zwischen 2,0—6,0 μ schwanken, vereinigen sich gern zu Sproßverbänden, die mehr oder weniger fest zusammenhängen.

Die Hefen bilden behufs Fortpflanzung auch Sporen, feste runde Gebilde, welche gegen Trockenheit und Hitze große Widerstandsfähigkeit besitzen, daher bei den in der Natur lebenden Hefen die einzige Fortpflanzungsmöglichkeit bilden, indem sie sich noch entwickeln, wenn die vegetative Zelle schon längst abgestorben ist.

Die günstigste Temperatur für die Entwicklung liegt bei den einzelnen Arten zwischen 35—45°, bei 60—70° werden sie abgetötet; dagegen vermögen Kältegrade bis —100° sie nicht abzutöten.

Einteilung. Man teilt die Hefen je nach der Fortpflanzung in echte sporenbildende Saccharomyceten, in die sporenlosen und in die Spalthefen ein; vom gärungstechnischen Standpunkte in Kulturhefen (Bäckerei-, Brennerei-, Brauerei- und Weinhefe) und wilde Hefen (Kahmhefen, Torula- und Exiguushefen), die sich in den Gärungsgewerben als Schädlinge der Kulturhefen erwiesen haben und meistens zu den nicht gärenden Hefen gehören. Die Kulturhefen werden wieder in obergärige (Bäckerei- und Brennereihefen und für besondere Biersorten) und untergärige (in allen Bieren nach bayrischer Art) eingeteilt. Die letzten Hefen besitzen klebrige Beschaffenheit, weshalb sie leicht Klumpen bilden und schnell zu Boden sinken.

Weitere Unterschiede zeigen die einzelnen Hefen in der Form und Größe der Zellen und Sproßverbände, in der Form, Größe und Anzahl der Vakuolen, in dem Verhalten gegen verschiedene Temperaturen und Nährlösungen (verschiedene Zuckerarten und Würzegelatine, welche bald schneller, bald langsamer verflüssigt wird) u. a.

Ernährung. Die Hefe bedarf als chlorophyllfreie Pflanze zum Wachstum der Zufuhr fertig gebildeter Nahrung, nämlich von Stickstoffverbindungen, Kohlenhydraten und Mineral-

---

[1]) Die Pilzcellulose unterscheidet sich von der gewöhnlichen Cellulose höherer Pflanzen dadurch, daß sie nicht wie letztere in Kupferoxydammoniak löslich ist und sich auch nicht mit Chlorzinkjod blau färbt.

stoffen. Sie findet diese Nährstoffe meistens in den gärenden Flüssigkeiten; wenn der eine oder andere Nährstoff in unzureichender Menge vorhanden ist, muß er besonders zugeführt werden.

Die Hefe kann ihren Bedarf an Stickstoff als dem einflußreichsten Nährstoff aus den verschiedensten Stickstoffverbindungen decken. Proteine (Eiweiß) in der Nährlösung werden vor der Aufnahme durch das in der Hefe vorhandene proteolytische Enzym (Peptase) erst zu Pepton und Amiden abgebaut. Für starkes Wachstum der Hefe sind daher bereits abgebaute Proteine, die Proteosen, Peptone, Amide und unter letzteren besonders das Asparagin günstiger als unlösliche Proteine; auch aus Ammoniaksalzen und Harnstoff vermag die Hefe Eiweiß (Protoplasma) aufzubauen (Protein- bzw. Eiweißhefe), nicht aber aus Nitraten — nur Saccharomyces acetaethylicus soll auch Nitrate aufnehmen und verwerten können —.

Eine Erhöhung der Stickstoffmenge in der Nahrung über ein gewisses Maß hinaus bewirkt keine Vermehrung, sondern eher eine Verminderung der Hefenausbeute.

Als Kohlenstoffquelle sind die löslichen und diffusionsfähigen Monosen und Polyosen geeignet; jedoch verhalten sich die einzelnen Hefenarten gegen diese verschieden (vgl. S. 582).

Mineralstoffe verlangt die Hefe dieselben wie die höheren Pflanzen, besonders aber Phosphorsäure, die über 50% der Asche ausmacht.

M. Rubner unterscheidet in seiner „Ernährungsphysiologie der Hefenzelle 1913" drei verschiedene biologische Zustände der Hefenzelle, nämlich: Vermehrungs- (Sproß-) Fähigkeit, Stickstoffansatz ohne Wachstum und Gärfähigkeit. Wachstums- und Gärfähigkeit stehen nach M. Rubner in keinem direkten Zusammenhang; erstere kann verloren sein, während letztere noch anhält. Er nimmt in der Hefe kleinste Lebenseinheiten an, welche die Eigenschaft besitzen, sich bis zu einem bestimmten Grade zu vergrößern. Höchsternten werden nur erzielt, wenn die Nährstoffe in solcher Menge vorhanden sind, daß alle neu entstehenden Hefenzellen voll ernährt werden können. Das günstigste Wachstum ist vorhanden bei einem Verhältnis von Stickstoffsubstanz zum Zucker wie 55,5 : 44,5. Das Verhältnis von Hefenmasse zur Nährstoffmenge bezeichnet Rubner als Nährstoffspannung. Bei einer Nährstoffspannung von 1 : 2,72 trat Ablagerung von Stickstoff in der Zelle ein; bei einem Verhältnis von 1 : 21,7 konnte eine Vermehrung der Zellen noch nicht beobachtet werden. Die nicht wachsende Hefe kann andere Stickstoffsubstanz (Proteine) verwenden als die wachsende. Durchweg verwendet die Hefe von den in den Maischen gelösten Stickstoffverbindungen 30% und 1% des vorhandenen Zuckers zum Aufbau ihrer Zellsubstanz.

Wachstumsstörungen. Hefengifte. Autolyse. In gärenden Flüssigkeiten wird die Vermehrung der Hefe bei einem Gehalt von 2—3 Vol.-% Alkohol schon träge und hört bei 6 Vol.-% Alkohol ganz auf, während die Gärung noch fortgeht. Ganz geringe Mengen Alkohol sollen das Wachstum der Hefe fördern; auch die gebildete und entweichende Kohlensäure soll dadurch förderlich wirken, daß sie die Hefe in der Flüssigkeit in Bewegung hält und mit Luft (Sauerstoff) in Berührung bringt. Denn durch die Lüftung wird in den Preßhefefabriken die Sproßtätigkeit erheblich gesteigert. Große in der Flüssigkeit selbst gelöste Mengen Kohlensäure wirken aber auch hemmend auf die Vermehrung und Gärtätigkeit der Hefe.

Ähnlich wie Alkohol wirken auch verschiedene Stoffe, die als typische Hefengifte bezeichnet werden, z. B. Buttersäure, Sublimat, Brom, Jod, arsenige Säure, Chromsäure, Salicylsäure, Ameisensäure, Flußsäure u. a. Diese wirken in ganz geringen Mengen anreizend auf die Gärtätigkeit der Hefe, in größerer Menge dagegen giftig, d. h. vernichtend auf Wachstum und Gärtätigkeit. Durch die Zusätze der genannten Stoffe sollen unliebsame Nebengärungen (Säurebildung) vermieden werden. Durch allmähliche Steigerung des Giftes kann man die Hefe auch an größere Mengen des Giftes gewöhnen. Von dieser Eigenschaft der Hefe macht man z. B. in dem Effrontschen Flußsäureverfahren Gebrauch; Flußsäurelösung von gewissem Gehalt schadet der Hefe nicht, unterdrückt aber Spaltpilze, welche unliebsame, saure Nebengärungen verursachen.

Ruhende oder bei ungenügender Stickstoffzufuhr im Hungerzustande befindliche Hefe unterliegt besonders bei Aufbewahrung unter Wasser und bei höheren Temperaturen außerordentlich schnell der Zersetzung (Selbstverdauung, Autolyse)[1]. Diese wird durch die vorhandene Endotryptase verursacht, die auch während des Wachstums am Stoffwechsel der Hefe teilnimmt, Hefenprotein abbaut und die Abbauerzeugnisse zur Ausscheidung bringt. Infolgedessen geht der Proteingehalt der Hefe auch während der Gärtätigkeit etwas zurück.

Bei der Selbstverdauung entstehen alle die Abbauerzeugnisse (Amide, Diamine u. a.), welche bei der Hydrolyse und tierischen Verdauung (S. 9) auftreten, und eine Verbindung von der Formel $C_8H_6N_4O_4$. Der Proteinabbau kann sehr weit getrieben werden, ohne daß die Hefe ihre Gärkraft (Zymasewirkung) verliert; Preßsaft, der der Selbstverdauung überlassen wird, enthält nach 10—14 Tagen keine gerinnenden Eiweißkörper mehr. Der Stickstoff ist zu 30% als Basen, zu 70% als Aminosäuren vorhanden. Albumosen entstehen nur vorübergehend und in geringen Mengen, Peptone überhaupt nicht. Es scheint, als wenn bei der Selbstverdauung Stoffe (Gifte) entstehen, welche einem vollständigen Zerfall, besonders bei kalter Lagerung, entgegenwirken, so daß eine Art „Selbstvergiftung" statthat. Die Kohlenhydrate werden am ersten verbraucht und bedingen ein schnelles Absterben. Außer den Amiden und sonstigen Stickstoffverbindungen werden als Abbauerzeugnisse Formaldehyd, Amylalkohol, Oxalsäure, Essigsäure u. a. angegeben.

Von der Selbstverdauung der Hefe macht man Gebrauch bei der Verwendung verbrauchter Hefe — vorwiegend Bierhefe — zur Ernährung frischer Hefe, indem man sie als solche oder ihren Extrakt der zu vergärenden Maische zusetzt, oder bei der Herstellung von Hefenextrakten für menschliche Ernährungszwecke (S. 300).

Zusammensetzung. Die Zusammensetzung der Hefe ist je nach der Ernährung und dem Entwicklungszustande derselben sehr verschieden[2] (vgl. unter Nährhefe S. 307 und Tab. II, Nr. 522, 523 und 717).

1. Wasser. Der Wassergehalt der gepreßten Hefe schwankt zwischen 70—80% und beträgt im Mittel etwa 75,0%.

2. Stickstoffsubstanz. Magerhefe enthält etwa 30%, Eiweißhefe (Nähr- oder Mineralhefe) bis 75,0%, Hefe im Mittel 45,0% Stickstoffsubstanz in der Trockensubstanz. In Prozenten der Stickstoffsubstanz werden angegeben rund 36,0% Albumin, 9,0% Glutencasein, 2,0% Pepton, 25,0% Nuclein. Die Nucleine, die durch Pepsin und Trypsin nicht oder schwer gelöst (verdaut) werden, liefern bei der Hydrolyse reichliche Mengen Xanthinbasen (S. 49) und durch verd. Alkali die Hefennucleinsäure $C_{17}H_{26}N_6P_2O_{14}$ (? vgl. S. 48), die durch weitere Behandlung in Kohlenhydrate (Xylose?) und Plasminsäure mit 27% Phosphor zerfällt. Die Xanthinbasen und Amide finden sich auch neben den Proteinen in der wachsenden Hefenzelle und besonders reichlich in den Hefenextrakten (vgl. S. 300).

Noch nicht näher untersuchte Proteinkörper werden von einer Anzahl Hefen abgeschieden, und bilden ein schleimiges Gerüst um die Zellen. Dieselben werden zum Teil auch an das Bier abgegeben und sind imstande, größere Mengen Kohlensäure festzuhalten. Diese

[1] Unter „Selbstgärung" versteht man die durch frische Hefe allein ohne Anwesenheit von Zucker auftretende Gärung, bei der das in ihr selbst vorhandene Glykogen durch ein Enzym in Glykose umgewandelt wird und zur Vergärung gelangt. Gewisse Salze (Natriumsulfat und Monokaliumphosphat) können die Selbstgärung fördern.

[2] Die nach älteren Analysen gefundene Elementarzusammensetzung der aschenfreien Trockensubstanz der Ober- und Unterhefe hat hiernach nur einen bedingten Wert; die Analysen ergaben:

	Kohlenstoff	Wasserstoff	Stickstoff
Oberhefe (Mittel von 5 Analysen)	48,64%	6,76%	11,46%
Unterhefe „ „ 3 „	44,99%	6,72%	8,73%

Schleimkörper sind nach Reichard für die Erzeugung eines feinblasigen Schaumes im Biere unerläßlich.

3. Fett. Der Fettgehalt normaler Hefe schwankt zwischen 3—7%, im Mittel etwa 5% der Trockensubstanz. Bei starker Lüftung und besonders bei gleichzeitig reichlicher Zufuhr von Stickstoff und Kohlenhydraten (Lufthefe) kann sich viel Fett (bis 50% der Trockensubstanz) anhäufen, ebenso in abgepreßter Hefe bei Luftzutritt, in alten Hefen oder auch unter eingetretenen abnormen Verhältnissen durch Mangel an Nahrung[1]).

Außer den üblichen Fettsäuren (Palmitin-, Stearin- und Ölsäure) ist im Hefenfett von Neville Arachinsäure (Schmelzp. 77°), von Hinsberg und Roos eine gesättigte Säure $C_{15}H_{30}O_2$ gefunden worden.

Das Cholesterin schmilzt bei 145—148°. Der Lecithingehalt soll etwa 2% der Trockensubstanz betragen.

Der Geruch des ätherischen Öles erinnert an den der Hyazinthen.

4. Glykogen. Der Gehalt an Glykogen, welches dem Leberglykogen sich gleich verhält, schwankt zwischen 8,0—36,0% in der Trockensubstanz. In den ersten Gärungsstufen tritt in der Hefe kein Glykogen auf, sondern erst gegen Ende der Gärung; beim Aufbewahren per Hefe verschwindet es wieder; auch bei Verringerung der Zuckerzufuhr nimmt es ab. Im übrigen kann es sich nach mehreren Angaben aus den verschiedensten organischen Hefennährstoffen (stickstoffhaltigen und stickstofffreien), Kohlenhydraten und Säuren bilden; nach Cremer findet auch im Hefenpreßsaft, der mit Glykogen versetzt ist, eine Synthese von Glykogen statt. Anscheinend nimmt das Glykogen für die Hefenzelle die Stelle der transitorischen Stärke in den höheren Pflanzen ein.

5. Hefengummi. Das Hefengummi ($nC_6H_{10}O_5$), welches der Hefe durch Wasser oder Kalilauge entzogen werden kann, ist von schleimiger Beschaffenheit und macht nach Hessenland und E. Salkowski 6—7% der Trockensubstanz aus. Nach den bei der Hydrolyse auftretenden Zuckerarten besteht es aus Glykosan, Mannan (und wahrscheinlich auch Galaktan).

Das Hefengummi entsteht besonders in älteren Hefenzuchten. Es bildet sich dann eine Art gelatinöses Netzwerk, innerhalb dessen die Zellen liegen und welches entweder durch Verschleimung der äußeren Membranschichten oder durch Gummiausscheidung gebildet wird.

6. Pentosane enthält nach Hessenland der Trockenrückstand der Hefe 2—3%.

Außer diesen Kohlenhydraten enthält die Hefe in geringen Mengen auch Glykose, Invertzucker, Glycerin, Bernsteinsäure und Alkohol.

7. Cellulose (Pilzcellulose). Für den Gehalt hieran werden Mengen von einigen wenigen bis 18% in der Trockensubstanz angegeben (vgl. auch Tab. II, Nr. 522).

8. Mineralstoffe. Die Aschenanalysen der Hefe weisen, von ganz außergewöhnlichen Befunden abgesehen, große Schwankungen auf (vgl. Tab. III, Nr. 277).

Der Schwefelgehalt wird zu 0,39—0,69% angegeben.

9. Enzyme. Die Hefen enthalten eine große Anzahl von Enzymen oder Zymogenen[2]), die für ihre physiologische Wirkung von größter Bedeutung sind und vielfach ein differentialdiagnostisches Merkmal zwischen den einzelnen Hefenarten abgeben (S. 582).

Sie diffundieren teils durch die Zellmembran, teils können sie nicht aus der Zelle heraustreten und sind für die Assimilation und Desassimilation innerhalb der Zelle bestimmt. Solche Enzyme werden „Endoenzyme" genannt.

Jedes Enzym beschränkt seine Tätigkeit (hydrolytische Spaltung) nur auf einen oder einige wenige Angriffsstoffe. Neben der spaltenden besitzen die Hefenenzyme vielfach

---

[1]) Lohnend wird die Verarbeitung auf Fett erst von einem Gehalt von 20% an aufwärts (Bokorny).

[2]) Über die Entstehung der Enzyme ist man noch im unklaren; man nimmt an, daß von den Zellkernen zunächst sog. Zymogene abgespalten werden, aus welchen als Muttersubstanz durch eine Art proteolytischer Spaltung das eigentliche Enzym entsteht.

auch eine synthetische Wirkung (eine Reversionswirkung). So kann durch die Hefenglykase aus Glykose Maltose bzw. Isomaltose, aus Mandelsäurenitrilglykosid und Glykose Amygdalin, durch Kefirhefenlaktase aus Hexosen Isolactose gebildet werden.

Diejenigen Enzyme, welche aus der Zelle austreten, außerhalb derselben die Nährstoffe abbauen und für die Aufnahme in die Zelle sowie für die Spaltung in ihr zugänglich machen, nennt man auch wohl Verdauungs- oder Ernährungsenzyme; hierzu gehören die Diastasen, Peptasen und Lipasen. Dagegen werden die Enzyme, welche für die Ergänzung der zum Leben nötigen Kraft und Wärme sorgen, Kraftenzyme genannt (die Oxydasen, Katalasen und Zymase); Oxydase und Zymase sind, weil sie die Hefe auch gegen andere Lebewesen und Fremdkörper verteidigen (schützen), gleichzeitig Kampfenzyme.

Die bisher in Hefen nachgewiesenen Enzyme lassen sich in folgende Gruppen teilen:

1. Hydrolysierende Enzyme
   a) Zuckerspaltende: Invertase, Glykase (Maltase), Lactase, Melibiase, Raffinase, Trehalase, Diastase (Amylase), Dextrinase (dextrinvergärendes Enzym), glykogenspaltendes Enzym;
   b) Proteolytische: Peptase, Endotryptase und Ereptase;
   c) Lipasen, fettspaltende;
   d) Gerinnungsenzyme: Lab.
2. Oxydierende Enzyme: Oxydase, Katalase (?).
3. Reduzierende Enzyme.
4. Gärungsenzyme: Zymase.

Über die zuckerspaltenden Enzyme vgl. S. 34 u. 582. Da einige Hefen, z. B. Schizo-Saccharomyces octosporus und Sch.-Sacch. Pombe auch Dextrin vergären, so muß in ihnen auch eine die Dextrine hydrolysierende Dextrinase angenommen werden. Das das Glykogen in Glykose umwandelnde Enzym wird für gleichwertig mit Diastase und für ein Endoenzym gehalten, welches zweifellos bei der Selbstgärung der Hefe eine Rolle spielt. Hefenpreßsaft vergärt Glykogen, während Hefe selbst dieses nicht tut.

Von den proteolytischen Enzymen ist die Peptase diffusionsfähig und kann die Proteine auch außerhalb der Hefenzelle abbauen, während die Tryptase als Endoenzym den Abbau des Hefenproteins innerhalb der Zelle bewirkt (vgl. unter Selbstverdauung, S. 588). Die Hefenereptase baut nach Dernby wie das Darmerepsin die Polypeptide ab. Die proteolytischen Enzyme sind schon in der frischen Hefe vorhanden; sie nehmen bei kalter Lagerung langsam, bei warmer Lagerung schnell zu, während die Zymase abnimmt. Flockenhefe ist peptasearm, Staubhefe peptasereich. Läßt man Flockenhefe bei wärmerer Temperatur lagern, so wird sie zu Staubhefe und bei starker Peptaseanreicherung weich.

Über die Lipasen vgl. S. 35.

Das Gerinnungsenzym (Lab) kommt in den verschiedensten Hefen vor, bleibt im Preßsaft monatelang wirksam, ist nicht dialysierbar.

Peroxydase kommt nach Bach in der Hefe nicht vor.

Die reduzierenden Enzyme der Hefe äußern sich in der Weise, daß sie aus Nitriten Stickstoff, aus Schwefel und Thiosulfat Schwefelwasserstoff entwickeln und Jod zu Jodwasserstoff reduzieren. Zymatischer Natur ist dagegen nach Hahn die Reduktion von Methylenblau. Das Reduktionsvermögen des Preßsaftes geht schon nach wenigen Tagen, bei 55—60° schon nach einer Stunde verloren. Da die Reduktionswirkung parallel mit der Gärwirkung sinkt, so ist dieselbe vielleicht an die Zymase gebunden.

Zymase. Das bemerkenswerteste Enzym der Hefe ist die Zymase, welche unabhängig von der Hefenzelle den Zerfall des Zuckers in Alkohol und Kohlensäure verursacht. Die Zymase wurde zuerst im Hefenpreßsaft nachgewiesen, den E. Buchner 1897 durch Zerreiben von Preßhefe mit Kieselgur und Quarzsand sowie durch Auspressen des Hefebreies mittels hydraulischer Pressen bei 400—500 Atm. erhielt. Der bei nochmaligem Filtrieren durch gewöhnliches Filtrierpapier erhaltene Preßsaft stellt eine klare, nur leicht opalisierende Flüssigkeit von angenehmem Hefengeruch dar; sie hat ein spez. Gewicht von 1,032—1,057, hinterläßt einen Trockenrückstand von 8,5—14,4% mit 1,3—2,0% Glührückstand, der Stickstoffgehalt beträgt 0,82—1,72%. Den höchsten Zymasegehalt erhält man aus Hefe in voller Sproßtätigkeit.

Der Preßsaft vergärt d-Glykose, d-Fructose, Maltose, Saccharose schnell, nach einigen Angaben auch Glykogen[1]) und Dextrin ziemlich schnell, Raffinose langsamer, Stärke sehr träge, am schwächsten Galaktose, gar nicht Lactose, l-Arabinose und Mannit. Fructose und Glykose werden im Gegensatz zur lebenden Hefe gleich schnell vergoren.

Die Zymase diffundiert nicht und stellt ihre Wirksamkeit im Preßsaft schon bei 40 bis 50° ein. Sie wirkt bedeutend langsamer als andere Enzyme. Durch Alkohol und Äther kann sie in Gemeinschaft mit andern Stoffen aus dem Preßsaft gefällt werden. Man kann diese Fällung mehrfach wiederholen, ohne die Gärkraft des Enzyms zu schädigen. Bei niedriger Temperatur läßt sich der Preßsaft ohne Schädigung der Gärkraft zur Trockne verdampfen; ebenso kann der Trockenrückstand unbeschadet 8 Stunden auf 85° erwärmt werden. Derselbe hat nach den bisherigen Versuchen auch nach einjährigem Aufbewahren von seiner Gärkraft nichts eingebüßt. Bei 28—30° setzt die Gärung am schnellsten ein, dagegen werden die höchsten Vergärungszahlen bei 12—14° erhalten. In sehr starken Zuckerlösungen (30 bis 40%) erzeugt die Zymase die größten Mengen Kohlensäure, dagegen verläuft die Gärung am schnellsten in 10—15proz. Lösungen.

Antiseptica wirken auf die Zymase verhältnismäßig wenig schädigend. Zur Frischhaltung ohne bedeutende Schädigung der Gärkraft sind geeignet Toluol, Chloroform, Zucker, Glycerin.

Die Vergärung der Zuckerarten durch die Zymase erfolgt in der Weise, daß annähernd gleiche Mengen Alkohol und Kohlensäure gebildet werden. Glycerin und Bernsteinsäure, die ständigen Nebenerzeugnisse der Hefengärung, entstehen anscheinend bei der Zymasegärung nicht, und haben daher vermutlich mit der Gärung an sich nichts zu tun.

Eine Reindarstellung der Zymase aus dem Preßsaft ist bisher weder durch Ausfrieren noch durch Fällung mit Alkohol-Äther oder Aceton gelungen.

Harden und Young nehmen in der Zymase zwei Enzyme an, die eigentliche Zymase und ein Koenzym; die Gärung kommt nur durch das Zusammenwirken beider Enzyme zustande; jedes einzelne Enzym wirkt nicht. Das Koenzym ist nichteiweißhaltiger Natur, ist diffusibel und kochbeständig, anscheinend ein leicht verseifbarer Phosphorsäureester.

Die rasche Abnahme der Wirksamkeit des Preßsaftes aus Hefe hat man früher auf die verdauende Wirkung der vorhandenen Endotryptase zurückgeführt; wahrscheinlich aber beruht sie auf der Verseifung des Koenzyms durch Lipasen.

Wesen der Gärung. Die Frage, in welcher Weise die Hefe die Entstehung des Alkohols aus Zucker bewirke und wie die Spaltung des Zuckers in Alkohol und Kohlensäure verlaufe, beschäftigt die wissenschaftliche Welt schon seit 1696/97, ohne daß bis jetzt über beide Fragen eine volle Klarheit erzielt ist. Im Jahre 1696 behauptete nämlich Becker, daß die alkoholische Gärung süßer Säfte sich nur auf die Zuckerarten beschränke und durch ein Ferment zustande komme, während Stahl (1697) sie als „innere Bewegung" (Eigenbewegung) auffaßte, welche von der Hefe ausgehe und von dieser auf die umgebenden Stoffe übertragen würde, wodurch Alkohol gebildet würde.

Lavoisier erkannte Ende des 18. Jahrhunderts, daß der Zucker quantitativ in Alkohol und Kohlensäure zerfalle, wozu, wie Gay-Lussac um dieselbe Zeit erklärte, der Zutritt von Sauerstoff erforderlich sei, der aber entbehrt werden könne, wenn die Zersetzung einmal eingeleitet sei.

Gleichzeitig mit diesen Chemikern lehrte Berzelius, daß der Hefe wie jedem anderen Ferment eine besondere „katalytische" Kraft innewohne, durch welche sie ohne che-

---

[1]) Daß Glykogen nicht durch Hefe, wohl aber durch Preßsaft vergoren wird, hat seinen Grund darin, daß es nicht durch die Zellmembran diffundieren kann.

mische Affinität auszuüben oder eine Änderung zu erleiden, die Zersetzung des Zuckers herbeiführen könne. Die Hefe, mit der in geringen Mengen große Zuckermengen vergoren werden könnten, wirke in ähnlicher Weise katalytisch, wie der Platinschwamm gegen ein Gemisch von Wasserstoff und Sauerstoff.

Diese Anschauungen nahmen aber eine andere Wendung, als um fast dieselbe Zeit (1837) drei Botaniker, Kützing, Caignard-Latour und Schwann, durch mikroskopische Untersuchung erkannten, daß der bei der Gärung stets auftretende Bodensatz, die Hefe, ein einzelliges Lebewesen sei und die Gärung auf die Lebenstätigkeit dieses Wesens zurückgeführt werden müsse. Schwann erkannte auch, daß in gekochter Flüssigkeit ohne Luftzutritt — also unter Abhaltung der Lebenskeime — keine Gärung eintrete.

Von da an bewegt sich der Streit zwischen den Fragen, ob die Spaltung des Zuckers auf einer ausschließlichen Zellentätigkeit oder einer Ferment- bzw. Enzymwirkung oder auf beiden Vorgängen beruhe. Gegen die „vitalistische" Auffassung wandte sich in erster Linie J. v. Liebig (1839—1840) und erklärte (ähnlich wie Stahl) die Hefe für einen in Zersetzung befindlichen Eiweißkörper, der die Bewegung seiner Moleküle auf die des Zuckers übertrage und denselben dadurch ebenfalls zur Zersetzung anrege. Verwesung, Fäulnis und Gärung sind nach v. Liebig nur als Oxydationsvorgänge aufzufassen und nur graduell voneinander verschieden. So spricht er von einer „Verwesung des Alkohols" und bezeichnet die Gärung als einen eigentümlichen chemischen Prozeß, der sich zwischen dem Zucker und einem Ferment abspiele, welches letztere sich durch eine Umlagerung aus dem Hefeneiweiß bilde und den Anstoß zur Spaltung des Zuckers gebe. Wenn v. Liebig auch später die Pflanzennatur der Hefe anerkannte, so verharrte er doch bei seiner rein chemischen Auffassung des Gärungsvorganges.

Im Gegensatz hierzu erbrachte dann Pasteur neue umfangreiche Beweise für den Zusammenhang zwischen Gärung und Lebenstätigkeit der Hefe und vertrat die Ansicht, daß die Hefe dem Zucker den zu ihrem Leben nötigen Sauerstoff entziehe und dadurch den Zerfall in Alkohol und Kohlensäure bewirke. Die Gärung ist nach ihm ein „Leben ohne Luft", sie kann auch in eiweißfreien Zuckerlösungen auftreten und hört mit dem Absterben der Hefe auf. Viele Anhänger der vitalistischen Anschauung nahmen infolgedessen an, daß die Hefe den Zucker zu ihrer Ernährung aufnehme, zur Ernährung verbrauche und daß die übrigbleibenden organischen Reste zu Alkohol zusammenträten. Letztere Ansicht läßt sich aber nach Nägeli nicht aufrecht halten, da von 100 Teilen des von der Hefe aufgenommenen Zuckers nur ein kleiner Teil als neugebildete Körpermasse wieder erscheint. Nägeli faßte die Gärung als die Übertragung von Bewegungszuständen der Moleküle des lebenden Plasmas, welches hierbei unverändert bleibe, auf das Gärmaterial auf, wodurch das Gleichgewicht zwischen dessen Molekülen gestört werde und diese zerfallen. Er berechnete den Wirkungsradius einer Zelle auf 20—50 μ.

Wieder andere Forscher, wie O. Brefeld, waren der Ansicht, daß Hefenwachstum und Gärung zwei verschiedene Vorgänge seien, die nichts miteinander zu tun hätten; die Hefe kann wachsen, ohne Gärung zu verursachen, während abgestorbene (tote) Hefe in Zuckerlösungen Gärung hervorrufen kann.

Diese Ansicht erhielt dann eine wesentliche Stütze, als es in den 1890er Jahren gelang, aus der Hefe verschiedene hydrolysierende Enzyme, wie Invertase, Glykase u. a. zu gewinnen, besonders als E. Buchner 1897 die Welt damit überraschte, daß auch zellfreier Preßsaft der Hefe aus Zucker gerade so Alkohol und Kohlensäure zu bilden imstande ist wie die Hefe selbst[1]). Die gärende Wirkung konnte beim zellfreien, filtrierten Preßsaft nur von einem Enzym, das E. Buchner Zymase (S. 590) nannte, herrühren und damit schien die Streit-

[1]) Im Jahre 1858 hatte Traube die Ansicht ausgesprochen, daß die Gärung durch gewisse in der Zelle enthaltene Enzyme bewirkt werde, welche durch Äußerung bestimmter chemischer Affinitäten den Zerfall des Zuckers hervorrufen. Diese Theorie hatte viele Anhänger gefunden, ohne daß Traube dafür einen bestimmten Beweis erbringen konnte.

frage, ob die Gärung auf einer reinen Zellentätigkeit der Hefe oder auf einem chemisch-enzymatischen Vorgang beruhe, endgültig entschieden zu sein. Die lebende Hefenzelle ist als Zymaseerzeuger für den Gärvorgang unbedingt erforderlich, aber die eigentliche Zersetzung des Zuckers durch die Zymase ist von dem physiologischen Vorgange des Hefenwachstums zu trennen.

Indes hat M. Rubner in seiner Schrift „Die Ernährungsphysiologie der Hefenzelle" 1913 auch gegen die Enzymtheorie E. Buchners Stellung genommen und darzulegen gesucht, daß der Zerfall des Zuckermoleküls das Ergebnis zweier gleichzeitig nebeneinander erfolgenden Vorgänge, eines vitalen und enzymatischen Vorganges ist, welche in ihrem chemischen Verlaufe gleich seien. Unter günstigen Verhältnissen sollen 95—98% des Zuckers durch die Lebenstätigkeit der Hefe in Alkohol und Kohlensäure zerlegt werden, während nur der kleine Rest durch die enzymatische Wirkung zersetzt wird.

Die Einwände Rubners haben indes E. Buchner und S. Skraup[1]) zu neuen Versuchen angeregt, welche zu dem Ergebnis geführt haben, daß ein vitaler Anteil an der Gärung nicht angenommen zu werden braucht und daß vorläufig kein Anlaß vorliegt, die Enzymtheorie einzuschränken.

Zerlegung des Zuckers. Wenn schon die Ursache der Gärung noch nicht völlig geklärt ist, so herrscht über die Art der Spaltung des Zuckers in Alkohol und Kohlensäure noch weniger Klarheit. Man hat wohl angenommen, daß aus dem Zuckermolekül:

$$CH_2OH \cdot CHOH \cdot CHOH \cdot CHOH \cdot CHOH \cdot COH$$

durch Abspaltung von H und OH und Wiederanlagern an andere Kohlenstoffatome eine Verbindung

$$CH_3 \cdot CHOH \cdot C\genfrac{}{}{0pt}{}{OH}{OH} \cdot CH_2 \cdot CHOH \cdot COOH$$

entstehen könnte und hieraus durch neue Wanderung von H zwei Mol. Milchsäure:

$$CH_3 \cdot CHOH \cdot COOH \text{ und } CH_3 \cdot CHOH \cdot COOH$$

und hieraus ferner je zwei Moleküle Alkohol und Kohlensäure:

$$CH_3 \cdot CH_2OH + CO_2 \quad \text{und} \quad CH_3 \cdot CH_2OH + CO_2 .$$

Dieser Vorgang wird indes nicht für möglich angenommen, weil Milchsäure durch Hefe nicht in Gärung gebracht werden kann.

Da bei der Gärung Dioxyaceton $CH_2OH \cdot CO \cdot CH_2OH$ entsteht und dieses mit Hefe zu Alkohol und Kohlensäure vergärt, so hat man dieses als Mittelglied zwischen Zucker und Alkohol + Kohlensäure angesehen, während A. Bayer ein Schema für die Umwandlung gibt, welche ganz auf Hydrolyse im Sinne der Enzymtheorie beruhen würde, nämlich:

Spaltung des Zuckers durch Hydrolyse

```
CHO                CH2OH          CH3                 ⎧ CH3
|                  |              |                   ⎪ |
CHOH               CHOH           CHOH                ⎪ CH2OH
|                  |              |                   ⎪
CHOH               C<OH           C<OH                ⎪
|                  | OH           | OH                ⎪ CO2 + 2 H2O
CHOH  + 4 H2O  =   |    + 2 H2O = | >O    + 3 H2O  =  ⎨
|                  C<OH           C—OH                ⎪
CHOH               | OH           | \OH               ⎪ CO2 + 2 H2O
|                  |              |                   ⎪ CH2OH
CH2OH              CHOH           CHOH                ⎪ |
                   |              |                   ⎩ CH3
                   CH3            CH3
```

Spaltung über Dioxyaceton

```
CHO               CH2OH      CH2OH
CHOH              CHOH   →   CO      →  CH3 · CH2OH
                                              +
CHOH              CHOH       CH2OH           CO2
       + H2O  =
CHOH              CHOH       CH2OH
CHOH              CHOH   →   CO      →  CH3 · CH2OH
                                              +
CH2OH             CH2OH      CH2OH           CO2
```

Weil aber nach Slator Dioxyaceton mit Hefe langsamer vergärt als Glykose, so erscheint auch dieser Abbauweg unwahrscheinlich. Neuberg und Kerb nehmen Brenztraubensäure $CH_3 \cdot CO \cdot COOH$ als Zwischenglied an; sie liefert mit Hefe (bzw. Carboxylase) lebhaft

---

[1]) Berichte der Deutsch. chem. Gesellschaft 1914, 47, 853.

Kohlensäure, aber statt Alkohol nur Aldehyd; letzterer geht aber durch Reduktion (naszierenden Wasserstoff) leicht in Alkohol über. Daß aber solche Reduktionen bei der Hefengärung stattfinden, hat Neuberg dadurch gezeigt, daß er der Gärflüssigkeit Calciumsulfit ($CaSO_3$) zusetzt; dadurch wird der sich bildende Aldehyd als acetaldehydschwefligsaures Calcium abgefangen (Abfangverfahren), und es entsteht infolge Reduktion gleichzeitig Glycerin.

Die Art der Spaltung des Zuckers bei der Gärung ist hiernach noch in Dunkel gehüllt.

Gärungserzeugnisse. Neben Äthylalkohol und Kohlensäure als regelmäßigen und hauptsächlichsten Gärungserzeugnissen treten in den gegorenen Flüssigkeiten noch mannigfaltige Nebenerzeugnisse auf, die sich zum Teil ebenfalls bei der Gärung bilden, zum Teil aber auch aus den verwendeten Rohstoffen stammen, nämlich:

1. Höhere Alkohole: Hauptsächlich Amylalkohol, dann Isobutylalkohol, Normalbutylalkohol, normaler Propylalkohol, kleine Mengen Hexylalkohol, Heptylalkohol, Oktylalkohol und noch höhere Alkohole, ferner Glycerin.
2. Säuren: Bernsteinsäure, Milchsäure, Essigsäure, Buttersäure, Ameisensäure, Propionsäure, Baldriansäure und noch höhere Fettsäuren.
3. Ester: Die Ester der genannten Fettsäuren mit Äthylalkohol und höheren Alkoholen, hauptsächlich Essigester (Äthylacetat), Ameisensäureester u. a.
4. Aldehyde: Hauptsächlich Acetaldehyd, dessen Polymere Paraldehyd und Metaldehyd sowie Acetal, ferner Butyraldehyd, Valeraldehyd, Acrolein, Crotonaldehyd und Furfurol.
5. Amide und Basen aller Art, die bei der Hydrolyse der Proteine entstehen (vgl. S. 9).
6. Schwefelverbindungen: Schwefelwasserstoff.
7. Organische und unorganische Salze.

Über die Entstehung dieser Gärungserzeugnisse sei noch folgendes bemerkt:

1. Alkohole. a) Der Äthylalkohol entsteht am regelrechtesten in 8—10 proz. Zuckerlösungen; in solchen unter 5% verläuft die Gärung langsamer, in solchen über 35% hört sie ganz auf oder geht nur sehr mäßig vor sich. Das hängt mit den osmotischen Verhältnissen und der Dicke der Zellmembran zusammen. Theoretisch sollen aus 100 Teilen Zucker 50 Teile Alkohol und 50 Teile Kohlensäure entstehen; weil aber nach Pasteurs und anderen Untersuchungen neben Alkohol und Kohlensäure aus dem Zucker noch andere Erzeugnisse (Glycerin u. a.) gebildet werden, so pflegt das Verhältnis zwischen 48,7—51,0% Alkohol : 46,5 bis 49,1% Kohlensäure zu betragen. Bei der Gärung mit zellfreiem Hefenpreßsaft werden annähernd gleiche Verhältnisse erhalten.

b) Höhere Fettalkohole (und Methylalkohol). Die höheren Fettalkohole entstehen zum Teil bei der Vergärung von Zucker durch Bakterien, zum Teil aber nach den Untersuchungen von F. Ehrlich durch eine alkoholische Gärung der Aminosäuren, wobei Kohlendioxyd und Ammoniak, das der Hefe als Nahrung dient, abgespalten werden. Aus dem Leucin (α-Amino-Isocapronsäure) entsteht auf diese Weise der Isoamylalkohol, aus dem Isoleucin der aktive Amylalkohol:

$$\begin{matrix}CH_3\\CH_3\end{matrix}\!\!>\!CH-CH_2-CH\!<\!\!\begin{matrix}NH_2\\COOH\end{matrix} + H_2O = \begin{matrix}CH_3\\CH_3\end{matrix}\!\!>\!CH-CH_2-CH_2OH + NH_3 + CO_2\,.$$

Die höheren Fettalkohole unterdrücken die Gärung durch um so geringere Mengen, je höher ihr Molekulargewicht ist (Äthylalkohol z. B. bei einem Gehalt von 15%, Propylalkohol bei 10%, Butylalkohol bei 2,5% usw.).

Nur von Methylalkohol genügen nach Regnard noch geringere Mengen als von Butylalkohol, nämlich 2%, zur Unterdrückung der Gärung. Der Methylalkohol kommt in einigen Gärerzeugnissen (Rum u. a. bis zu 0,1%, in Tresterbranntweinen bis zu 4% des Gesamtalkohols) vor und entsteht wahrscheinlich aus dem Pektin der Rohstoffe, das als Methylester der Pektinsäure aufgefaßt und durch das Enzym „Pektase" in Pektinsäure und Methylalkohol gespalten wird.

c) Glycerin. Das Glycerin ist ein ständiges Nebenerzeugnis bei der Alkoholgärung. Pasteur fand als erster, daß bei der Alkoholgärung aus 100 Teilen Zucker regelmäßig 2,5 bis 3,6 Teile Glycerin und 0,5—0,7 Teile Bernsteinsäure entstehen. Wir wissen heute, daß das Glycerin kein eigentliches Gärungserzeugnis ist, das durch Einwirkung der Hefe auf Zucker gebildet wird, sondern ein Stoffwechselerzeugnis der Hefe, das unabhängig von der Alkoholbildung aus dem Zucker ist; man darf annehmen, daß das Glycerin, wie die höheren Alkohole und die Bernsteinsäure, durch eine Gärung von Aminosäuren gebildet wird. Die Menge des bei der Gärung entstehenden Glycerins ist abhängig von der Lebensenergie der Hefe, die wieder in engster Beziehung zu den Verhältnissen steht, unter denen die Gärung verläuft; die Umstände, die die Lebensenergie der Hefezellen steigern, wie richtige Konzentration der Zuckerlösung, reichliche Ernährung, geeignete Gärtemperatur, Fehlen schädlich wirkender Stoffe, wirken günstig auf die Glycerinbildung. Auch die Heferasse scheint einen entscheidenden Einfluß auf die Menge des bei der Gärung entstehenden Glycerins zu haben.

Bei Weinen hat die Anwendung von Reinhefen oder die Zuckerung der Weine keinen Einfluß auf die Glycerinmengen; diese sind im allgemeinen gleich mit den bei den spontan vergorenen Weinen ohne Zuckerzusatz.

Auffallend aber ist es, daß sich nach Connstein und Lüdicke durch Zusatz von alkalisch beschaffenen Salzen, besonders von 50—200% Natriumsulfit, zu 10 proz. Zuckerlösung die Ausbeute an Glycerin, auf Zucker berechnet, von einigen wenigen auf 36 Prozent steigern läßt. Dabei nimmt die Bildung von Alkohol und Kohlensäure ab, die von Aldehyd zu. Hierbei zeigen weder verschiedene Zuckerarten noch Heferassen einen wesentlichen Unterschied. Da das Glycerin nicht aus dem Zucker gebildet wird, muß angenommen werden, daß infolge der durch den Salzzusatz veränderten osmotischen Verhältnisse mehr Stoffwechselerzeugnisse der Hefe entstehen, welche eine größere Menge Glycerin liefern.

2. Säuren. a) Bernsteinsäure. Die Bernsteinsäure, von der im Wein auf 100 Teile Alkohol etwa 0,75—1,35 Teile vorkommen, entsteht nach F. Ehrlich ähnlich wie die höheren Fettalkohole aus einer Aminosäure, und zwar aus der bei dem Proteinabbau sich bildenden Glutaminsäure, die zunächst unter Wasseraufnahme in Ammoniak und Oxyglutarsäure zerlegt werden soll:

$$\begin{array}{l} CH_2\text{—}CH(NH_2)\text{—}COOH \\ | \\ CH_2\text{—}COOH \end{array} + H_2O = \begin{array}{l} CH_2\text{—}CHOH\text{—}COOH \\ | \\ CH_2\text{—}COOH \end{array} + NH_3 .$$

Die Oxyglutarsäure spaltet sich in Bernsteinsäurehalbaldehyd und Ameisensäure:

$$\begin{array}{l} CH_2\text{—}CHOH\text{—}COOH \\ | \\ CH_2\text{—}COOH \end{array} = \begin{array}{l} CH_2\text{—}CHO \\ | \\ CH_2\text{—}COOH \end{array} + HCOOH .$$

Der Halbaldehyd der Bernsteinsäure wird durch die Oxydase der Hefe zu Bernsteinsäure oxydiert:

$$\begin{array}{l} CH_2\text{—}CHO \\ | \\ CH_2\text{—}COOH \end{array} + O = \begin{array}{l} CH_2\text{—}COOH \\ | \\ CH_2\text{—}COOH \end{array}$$

b) Milchsäure. Dieselbe wird durch eine große Anzahl von Bakterien — man hat gegen 50 Arten nachgewiesen — aus Kohlenhydraten gebildet; die Monosen zerfallen glatt in 2 Mol. Milchsäure (S. 90 und 593). Bei einigen Milchsäuregärungen entwickelt sich auch Kohlensäure, z. B. bei der Zersetzung der Äpfelsäure durch Bakterien (vgl. S. 647), bei anderen gleichzeitig Essigsäure. Die wilden Milchsäurebakterien sind im Gärgewerbe sehr schädlich; da sie gegen freie Säuren sehr wenig widerstandsfähig sind, so leitet man im Hefengut (Maische) vor dem Zusatz von Hefe durch Zusatz einer Reinkultur des Milchsäurepilzes Bacillus Delbrückii Leichmann erst eine Milchsäuregärung ein und setzt dann die Hefe zu, die unter dem schwachen Säuregehalt nicht leidet. Bei der technischen Herstellung der

Gärungsmilchsäure wird die entstandene Milchsäure durch Zusatz von Kalk sofort neutralisiert.

c) Buttersäure. Sie wird aus verschiedenen Kohlenhydraten durch die Einwirkung von Buttersäurebakterien gebildet. Einige zersetzen auch milchsauren Kalk in Buttersäure. Neben Buttersäure entstehen Wasserstoff und Kohlensäure. Für Brennereien kommen vorwiegend 2 Buttersäurebakterien in Betracht; die einen bilden nur Butylalkohol, die anderen neben diesem auch noch Buttersäure.

d) Essigsäure. Die Essigsäure entsteht unter dem Einfluß von Bakterien aus dem Alkohol durch Oxydation; die Zahl der Essigsäurebakterien ist sehr groß; in den meisten Fällen ist das Vorhandensein der Essigsäure auf die wilden Milchsäurebakterien zurückzuführen. Ein Gehalt von 0,75% Essigsäure kann die alkoholische Gärung ganz unterdrücken. Dagegen sind die Essigsäurebakterien selbst gegen höhere Säure- und Alkoholmengen außerordentlich unempfindlich; die Schnellessigbakterien vertragen bei allmählicher Angewöhnung Säuregehalte bis 14,5%, d. h. können Essig von solchem Gehalt bilden.

3. Ester. Die Ester, Aroma- bzw. Bukettstoffe, rühren zum Teil aus den Rohstoffen her oder werden durch Vereinigung der Alkohole mit den Säuren unter Einfluß der Hefen und Bakterien bzw. durch Symbiose von Hefen und Bakterien während der Gärung oder beim Lagern gebildet (vgl. unter Wein S. 647 und 663).

4. Aldehyde. Die Aldehyde der Fettsäurereihe können als Zwischenstufe zwischen Kohlenhydraten bzw. Aminosäuren und Alkohol aufgefaßt werden, indem die in den Hefen vorhandenen Oxydasen (S. 590) zu ihrer Oxydation nicht ausreichten. Nur das Furfurol muß als aus den Pentosanen unter dem Einfluß der Säuren entstanden gedacht werden.

Gärung durch Reinzuchthefen. Die vielfachen Störungen, welche im Gärgewerbe durch Nebengärungen infolge von Verunreinigungen durch Pilz- und Bakterienkeime aus der Luft oder Hefe stets beobachtet wurden, hatten schon dahin geführt, die offenen Kühlschiffe in der Brennerei durch geschlossene Apparate zu ersetzen und die Hefe nach Pasteurs Vorschlage durch Weinsäurelösungen zu reinigen. Aber letzteres Reinigungsmittel beseitigte vielfach nicht die Übelstände, sondern begünstigte sogar das Wachstum der säurefesten Krankheitshefen.

Erst mit Hansens Arbeiten, die im Jahre 1879 einsetzten, begann für die Gärungsgewerbe eine neue Zeit. Hansen wies zunächst nach, daß zahlreiche Krankheitserscheinungen im Bier auf wilde Hefen (vorwiegend Kahm-, Anomalus- und Exiguushefe) zurückzuführen seien, die in der Anstellhefe neben den Kulturhefen vorhanden sind. Weiter zeigte er, daß auch die Kulturhefe keine einheitliche Art ist, sondern aus zahlreichen Varietäten besteht, deren jede z. B. dem Bier besondere Eigenschaften verleiht, und die, gemeinsam verwendet, unter Umständen sogar krankhafte Erscheinungen verursachen können. Auf diesen Untersuchungen gründete Hansen sein System der Verwendung der Reinhefen in der Brauerei, das darauf beruht, durch planmäßige Auswahl aus der Betriebshefe eine einzige geeignete Art herauszusuchen und diese in der Würze allein zur Entwicklung zu bringen.

Die Reinzüchtung der Hefe erfolgt in der Weise, daß von Aufschwemmungen der Betriebshefe in Wasser geringe Mengen in Würzegelatine verteilt und auf Deckgläser ausgestrichen werden, so daß die einzelnen Zellen völlig getrennt voneinander liegen. Diese Deckgläser werden dann auf kleine feuchte Kammern gelegt, und es wird unter stetiger mikroskopischer Kontrolle die Entwicklung der einzelnen Zelle zu einer Kolonie verfolgt. Von solchen Kolonien werden dann kleine Teilchen in Würze übertragen. Die nach diesem Grundsatz der Einzellkultur erhaltenen vollständigen Reinkulturen werden auf ihr Verhalten in Würze geprüft und die dann geeignetsten Arten oder Varietäten für die Verwendung in der Praxis bestimmt.

Hansen hat gezeigt, daß, wie schon oben gesagt, die Eigenschaften der Hefen im Betriebe nur in geringem Grade der Variation unterworfen sind und etwa zeitweilig entstehende Varietäten bei richtiger Betriebsführung schnell in die alten Eigenschaften zurückfallen.

Dagegen ist es ihm gelungen, durch Züchtungen bei einer die Sporenbildung überschreitenden Temperatur künstlich feste asporogene Varietäten zu erzeugen und auf diese Weise die Eigenschaften der Kulturhefen zweckmäßig zu ändern.

Die in der beschriebenen Weise erhaltenen Reinhefen werden der Würze bzw. Maische bzw. dem Most in großen Mengen zugesetzt. Die Zeit, während welcher sich dieselben im Betriebe rein erhalten, schwankt nach der Betriebsführung, Jahreszeit usw. sehr. Es ist daher erforderlich, von Zeit zu Zeit immer wieder neue Reinhefe einzuführen, wenn die biologische Kontrolle zeigt, daß die Anstellhefe verunreinigt ist.

Wie Hansen die Reinhefe in die Brauerei, so hat sie vorwiegend P. Lindner in die Brennerei und Wortmann in die Weinherstellung eingeführt.

Für untergärige Brauereien hat Hansen selbst die Verwendung der Reinhefen durchgeführt, und nach seinem Vorbilde erfolgt jetzt in allen größeren Brauereien der Welt die Gärung durch Reinhefe. Dadurch ist an die Stelle des Zufalls, der sonst den Brauereibetrieb beherrschte, eine große Betriebssicherheit getreten.

Für die obergärigen Brauereien hat zuerst Jörgensen im Jahre 1885 die Reinhefe verwendet.

Als Brennereihefe wird nach P. Lindner die sog. Rasse II der Berliner Station in fast allen deutschen Brennereien verwendet, während Rasse V derselben Station für die Preßhefeherstellung weite Verbreitung gefunden hat.

Wortmann hat durch umfassende Versuche nachgewiesen, daß die verschiedenen Weinhefearten in bezug auf Vergärung, Säurebildung und zum Teil auch auf Bukett- und Geschmacksstoffe durchaus verschiedene Erzeugnisse liefern. Man hat anfangs auch gehofft, daß die Hefen verschiedener Herkunft jedem beliebigen Most ein bestimmtes Merkmal verleihen könnten, daß insbesondere Geschmack und Bukett stark beeinflußt würden; indessen hat sich doch gezeigt, daß Bukett und Geschmack in viel höherem Grade von den Rebensorten, dem Boden, dem Grade der Reife der Trauben usw., als von der Hefe abhängen. Die Bukettstoffe der Hefe sind flüchtiger Natur. Man ist daher auch davon abgekommen, fremde Hefenrassen zu verwenden, sondern benutzt vorwiegend die in den betreffenden Weinen selbst gefundenen Arten.

Der Hauptvorzug der Verwendung der Reinhefe bei der Weinbereitung liegt, da dieses Gewerbe nicht gut wie die Brauerei mit gekochtem Most arbeiten kann, in der schnellen Einleitung einer guten Gärung, ehe noch die auf den Beeren stets vorhandenen wilden Hefen, besonders die Apiculatushefe, oder die ebenso gefährlichen Essigbakterien zu stärkerer Entwicklung gelangen können. Ferner vergären Reinhefenweine schneller und klären sich daher auch besser. Das Bukett der jungen Weine ist im allgemeinen reiner.

Die physiologische Wirkung des Alkohols.

Der Alkohol wird vom Körper schnell aufgenommen und verbrennt sofort zu Kohlensäure und Wasser; er liefert wie Fett und Kohlenhydrate Wärme und kann jene ersetzen; 1 g Alkohol liefert rund 7 Calorien, welche von dem Körper für seine Zwecke zu Arbeitsleistungen ausgenutzt werden. Insofern kann man den Alkohol theoretisch als wirklichen Nährstoff bezeichnen. Weil er aber nicht wie Fett und Kohlenhydrate zu einem Bestandteil des Körpers wird, sondern direkt verbrennt, so muß er zu den Genußmitteln gerechnet werden (S. 1).

Von dem eingenommenen Alkohol werden nur etwa 2—3% des eingeführten Alkohols durch Lunge, Haut und Harn (zur Hälfte etwa auf gasförmigem Wege, zur Hälfte durch den Harn) ausgeschieden. Die ausgeschiedene Menge ist größer bei Aufnahme größerer Alkoholmengen auf einmal, bei gleichzeitiger Flüssigkeitszufuhr, bei leerem Magen und bei Muskelarbeit, geringer bei Alkoholgewöhnung. Was man im Atem des Trinkers wahrnimmt, ist aber nach Binz meistens nicht der Äthylalkohol, sondern es sind schwer oxydierbare

Ester und höhere Fettalkohole. Der eingenommene Alkohol übt eine vielseitige physiologische Wirkung aus.

1. Wirkung auf die Verdauung und den Proteinumsatz. Der Alkohol beseitigt durch seine direkte Einwirkung auf die Magenschleimhaut vorübergehend das Gefühl des Hungers. Da er schnell aufgesogen wird, so können geringe Mengen die Verdauung nicht beeinträchtigen. Von einigen Seiten wird sogar angegeben, daß kurze Zeit nach der Alkoholaufnahme der Säuregehalt des Magens wesentlich erhöht wird und die Verdauung schneller und besser vonstatten geht (vgl. S. 142). Mäßige Mengen Alkohol, einige Zeit vor dem Essen genossen, würden hiernach günstig auf die Verdauung wirken. Größere Mengen Alkohol dagegen müssen, besonders bei Einnahme während des Essens, die Absonderung der Magenschleimhaut und die lösende Wirkung des Pepsins beeinträchtigen.

Den Proteinumsatz anlangend, so haben Versuche von R. O. Neumann und K. Rosemann ergeben, daß, wenn in einer an Protein, Fett und Kohlenhydraten ausreichenden Nahrung das Fett zum Teil durch eine äquivalente Menge Alkohol ersetzt wird, in den ersten 4—5 Tagen der Proteinumsatz etwas erhöht ist, daß dann aber diese Wirkung wieder verschwindet und Stickstoffgleichgewicht eintritt. Bis zu einer gewissen Grenze kann also der Alkohol Fett und Kohlenhydrate in der Nahrung ersetzen oder wie diese Protein in der Nahrung ersparen.

2. Einfluß auf den Blutkreislauf. Allgemein wird angenommen, daß der Alkohol die Herztätigkeit steigert, den Blutdruck erhöht und die Pulsfrequenz vermehrt. Diese Wirkung wird vorwiegend daraus geschlossen, daß nach Genuß von Alkohol eine Rötung der Haut, ein Wärmegefühl auftritt, welches sich zunächst im Gesicht bemerkbar macht, dann aber über den übrigen Körper sich verbreitet. Die Blutgefäße der Haut erweitern sich, es strömt mehr Blut in die Haut und wird mehr Wärme abgegeben, während bei niedriger Außentemperatur die Hautgefäße ohne unseren Willen sich verengern, um den Blutzufluß zur Haut und die Wärmeabgabe vom Körper zu verringern. Die Erweiterung der Blutgefäße beruht auf einer Lähmung derselben. Aus diesen Gründen ist der Genuß von Alkohol zur Beseitigung des Frostgefühls nicht zweckmäßig, weil dadurch die Wärmeabgabe vom Körper erhöht und die natürliche Wärmeregelung des Körpers gestört wird. Der erhöhte Blutstrom zur Haut infolge von Alkoholgenuß müßte, wie man annehmen sollte, auch eine Steigerung der Herztätigkeit zur Folge haben. Das ist aber nach angestellten neueren Messungen bei gewöhnlichem Gebrauch von Alkohol nicht der Fall, weil ausgleichend die Gefäße der Körpermuskeln und das große Blutstromgebiet im Bauch vom Zentralnervensystem aus verengert werden. Große Gaben von Alkohol üben aber auf alle Blutgefäße und schließlich auch auf das Herz eine lähmende Wirkung aus. Es kann dann die Innentemperatur des Körpers sogar erniedrigt werden.

3. Einfluß auf Atmung, körperliche und geistige Leistung. Durch Aufnahme von Alkohol wird die Atmung vertieft und die Menge des eingeatmeten Sauerstoffs und der ausgeatmeten Kohlensäure entsprechend den aufgenommenen — aber mäßigen — Mengen in der gleichen Zeiteinheit erhöht. Ein eingetretenes Ermüdungsgefühl wird unterdrückt und der ermüdete Körper befähigt, aufs neue körperliche Arbeit zu leisten. Das hält aber nur so lange an, als der zugeführte Alkohol durch seine Verbrennung Energie liefert. Nach Verbrauch desselben ist, wenn dem Körper nicht mit dem Alkohol auch gleichzeitig wirkliche Nahrung zugeführt wird, die Ermattung um so größer, je mehr Alkohol ohne Nahrung zur Aufpeitschung der ermüdeten Muskeln zugeführt wurde.

Auch für geistige (psychische) Leistungen wird dem Alkohol eine günstige Wirkung zugeschrieben. Er soll in Gefahren den Mut heben, die Beredsamkeit erhöhen, dichterische und künstlerische Beschäftigung anspornen und unterstützen. Diese Wirkungen sind aber Selbsttäuschungen; die äußerlich günstigen Erscheinungen sind nämlich nach C. Hartwich die Folgen von vorhergehenden ungünstigen Wirkungen, nämlich von Lähmung gewisser Gehirnteile. Der Kämpfer wird nach Alkoholgenuß mutiger, weil er weniger auf die begleitenden Gefahren Rücksicht nimmt; der Redner spricht freier und begeisterter, weil er sich durch störende Nebenrücksichten nicht beeinflussen läßt, der Denker spricht freier sein Urteil aus und der Künstler schafft leichter an einem Entwurf, weil sie infolge Trübung des Gehirns unangenehme Vorstellungen vergessen und durch Alkoholgenuß sich mancher Nebenumstände nicht bewußt werden, die ihnen im nüchternen Zustande nicht entgangen sein würden. So sind also die angeblich gesteigerten psychischen Leistungen nach Alkoholgenuß in Wirklichkeit Minderleistungen.

Man kann hiernach sagen, daß der Genuß von Alkohol während der körperlichen wie geistigen Arbeit unzweckmäßig ist, da er niemals eine Erhöhung der Leistungsfähigkeit herbeiführt. Dagegen kann er in mäßigen Gaben als ein willkommenes Genußmittel nach der Arbeit angesehen werden, weil er die Müdigkeit und unangenehme Erinnerungen vergessen läßt und das Gefühl des Wohlbehagens (Euphorie) hervorruft.

4. Einfluß großer Alkoholmengen. In großen Mengen und regelmäßig in großen Mengen genossen, ist der Alkohol das schlimmste Menschengift. Man muß bei dem übermäßigen Genuß zwischen akuter und chronischer Alkoholvergiftung unterscheiden.

Bei der akuten Alkoholvergiftung, dem einmaligen oder zeitweisen unterbrochenen Genuß unterscheidet man 2 Stufen, nämlich entweder Rausch, wobei das Gesicht gerötet, die Reizbarkeit erhöht, Phantasie und Empfindung erregt ist, und Trunkenheit, wobei das Gesicht bleich, die Bewegung unsicher bzw. unmöglich, die Zunge lallend wird, die Besinnung schließlich bis zur Bewußtlosigkeit schwindet, die Körperwärme sinkt, die Haut sich blau färbt und tiefer Schlaf sich einstellt. Vielfach sind diese Zustände von Wutanfällen, Erbrechen und Schluchzen begleitet. Unter Umständen kann sogar vollständige Herzlähmung und der Tod eintreten.

Während ein vereinzelter Rausch ohne Schädigung überwunden wird, haben regelmäßig und öfter wiederkehrende Trunkenheit, bzw. regelmäßiger Genuß von großen Mengen Alkohol dauernde Schädigungen im Gefolge, welche zur vollständigen Zerrüttung des Körpers wie Geistes führen.

Sowohl die Tätigkeit der Muskeln, des Herzens wie des Gehirns wird durch den übergroßen Reiz geschwächt, das Bewußtsein getrübt. Durch den übergroßen Reiz auf die Magen- und Darmschleimhaut erschlaffen die die Verdauungssäfte absondernden Organe, es treten katarrhalische Zustände (Magenkatarrh, Erbrechen am Morgen) ein, welche den ganzen Verdauungsvorgang und die Ernährung untergraben. Den brummenden Magen sucht man durch Zufuhr neuer Alkoholmengen anstatt durch Zufuhr von Nahrung zu beruhigen und beschleunigt dadurch das Übel. Die durch den Alkohol vorübergehend gesteigerte Umsetzung wird aus dem Kraftvorrat des Körpers genommen; in allen Organen (Nieren, Leber, Herz, Gehirn, Rückenmark) tritt eine verhängnisvolle Fettablagerung und ein Schrumpfen der Organe ein, die Sinnesorgane leiden, im Gehirn selbst und in seinen Häuten gehen tiefe Veränderungen vor, die geistigen Fähigkeiten nehmen ab, allgemeiner Stumpfsinn, eine Verblödung sind die Folge. Dazu kommen Verfolgungswahn, Wahnvorstellungen, Sinnestäuschungen, Sehen von Ratten und Mäusen (Delirium tremens). Die Trunksucht vermehrt die Krankheitsursachen und die Sterblichkeit; der Gewohnheitstrinker gräbt sich sein eigenes Grab. Ein großer Teil der Selbstmorde und ein noch größerer Teil der Geistesstörungen ist auf den übermäßigen Alkoholgenuß zurückzuführen.

Diese nachteiligen Folgen des Alkoholgenusses sind um so schlimmer und treten um so schneller auf, je geringer die gleichzeitige Nahrungszufuhr und je alkoholreicher das Getränk ist. Deshalb wirkt der Branntwein am gefährlichsten, darnach der Wein, am langsamsten das Bier mit viel weniger Alkohol- und mehr Extraktgehalt.

5. Schädlichkeit von sonstigen Bestandteilen alkoholischer Getränke. Nach S. 594 kann man annehmen, daß, wie für Hefe so auch für Menschen und Tiere, die höheren Fettalkohole stärker schädlich wirken als der Äthylalkohol. Versuche von Straßmann, Zuntz u. a. haben in der Tat ergeben, daß Branntweine mit 1,5—3,0% Fuselöl (Amylalkohol) bei Tieren schwerer berauschend wirken und eine stärkere Fettleber erzeugen als reine Branntweine.

Branntweine mit den üblichen geringeren Mengen an Fuselöl haben sich jedoch nicht schädlicher erwiesen als fuselölfreie Branntweine.

Beim Menschen bewirkt der eigentümliche Geruch und Geschmack des Fuselöles allerdings leicht eine unangenehme Erregung der Sinnesorgane; wenn man aber das Fuselöl, wie N. Zuntz angibt, mit geschmacklosen, sich erst im Magen lösenden Gelatinekapseln in den Magen einführt, so wird dasselbe in größeren Mengen ohne Störung vertragen. Hieraus schließt Fr. Straßmann: Für die stärkere zerstörende Wirkung eines Spiritus von 0,3 bis 0,5% Fuselöl (auf 100% Alkohol berechnet) gegenüber einem völlig fuselölfreien hat bisher weder die klinische Erfahrung, noch der Tierversuch Beweise erbracht; die Versuche lassen im Gegenteil mit Wahrscheinlichkeit annehmen, daß eine solche stärkere Wirkung nicht besteht, daß es also der Äthylalkohol selbst ist, welcher, im Übermaß genossen, für alle Schädigungen des Körpers (d. h. den chronischen Alkoholismus) verantwortlich gemacht werden muß.

Versuche über die Schädlichkeit von Aldehyd im Alkohol haben bis jetzt noch zu keinem endgültigen Ergebnis geführt, auch ist die Behauptung Albertonis, daß Aldehyd den Körper unverändert verlasse, noch nicht sicher erwiesen, da auch im regelrechten Harn ohne Aldehydbeigabe reduzierende, die Aldehydreaktion gebende Substanzen vorkommen.

Die neben den Alkoholen in den alkoholischen Getränken noch sonst vorhandenen Extraktstoffe sind für die Ernährung wohl nur von gutem Einfluß.

Nur für das in alkoholischen Getränken stets vorhandene Glycerin muß dieses in Zweifel gezogen werden.

J. Munk, L. Levin und N. Tschirwinsky fanden nämlich, daß das Glycerin als Nährstoff keine Bedeutung für den Körper hat, da es nicht wie Fett, Fettsäuren oder Zucker proteinersparend wirkt; nach Tschirwinsky gingen bei einem 24 kg schweren Hunde von 100—200 g verabreichtem Glycerin für den Tag 55—124,9 g, also über die Hälfte, als solches in den Harn über; diese Beobachtung läßt es zweifelhaft erscheinen, daß das Glycerin auch Fett im Körper zu ersparen imstande ist. 300 g Glycerin für den Tag wirkten bei einem 28 kg schweren Hunde giftig.

Mag das chemisch reine Glycerin in Wirklichkeit auch nicht giftig sein, so enthält doch das käufliche Glycerin des Handels allerlei verunreinigende — z. B. Silbersalze reduzierende — Stoffe, welche nicht als unverdächtig für die Gesundheit bezeichnet werden können. Aus dem Grunde sollte wie beim Wein, so auch beim Bier der Zusatz von Glycerin verboten sein.

Verbrauch an Alkohol und Kampf gegen ihn. Über den Verbrauch an Alkohol in den einzelnen Ländern macht C. Hartwich folgende Angaben für den Kopf der Bevölkerung im Jahre 1890:

Land	Wein Liter	Bier Liter	Branntwein Liter	Gesamtalkohol Liter
Italien	95,2	0,9	0,8	11,48
Frankreich	94,4	22,6	4,25	14,59
Schweiz	60,7	40,0	2,75	8,76
Österreich-Ungarn	22,1	32,0	5,42	6,19
Deutschland	5,7	109,7	4,34	6,90
Rußland	3,3	4,6	3,0	2,44
Belgien	3,2	182,0	4,3	10,00
England	1,7	131,8	2,42	6,67
Dänemark	1,2	102,9	7,00	7,74
Norwegen	0,9	37,5	1,60	2,39
Schweden	0,5	27,2	4,20	3,24

Die größte Menge Alkohol für den Kopf der Bevölkerung entfällt daher auf die weinbauenden Länder Italien und Frankreich, die geringste Menge auf Rußland, Schweden und Norwegen. Der geringe Verbrauch in Rußland hat wohl seinen Grund in der Armut weiter Kreise des Volkes, denen der sonst heiß begehrte Wodka nicht zugänglich ist, in Schweden und

Norwegen dagegen muß er vielleicht auf die dort seit langer Zeit bestehende Abstinenzbewegung zurückgeführt werden.

In dem Kampf gegen den Alkohol bzw. die Trunksucht unterscheidet man zwischen Abstinenz (volle Enthaltsamkeit von alkoholischen Getränken) und Temperenz (Mäßigkeit im Genuß derselben). Letztere dürfte nach den vorstehenden Ausführungen am richtigsten sein. Weil aber für willensschwache Menschen die volle Enthaltsamkeit von einem Genußmittel — z. B. auch von Tabak — leichter durchzuführen ist, als ein mäßiger Gebrauch, so haben die Abstinenzler wohl die meisten Erfolge für sich. Ihre Bestrebungen richten sich besonders gegen den Genuß von Branntwein. Man sucht einerseits durch Verordnungen und Gesetze die Herstellung oder die Ausschankgelegenheit oder durch hohe Besteuerung die Verbreitung einzuschränken oder die Trunkenheit als ein öffentliches Ärgernis direkt zu bestrafen, andererseits durch Schankstuben für Kaffee, Tee, Milch, alkoholfreie Fruchtsäfte (Limonaden) Gelegenheit zu schaffen, wo jedermann zu billigem Preise den Durst stillen und Erfrischung finden kann. Ein alkoholarmes, aber sonst gutes Bier dürfte am ersten geeignet sein, den Branntweinverbrauch einzudämmen, vor allem aber auch die Vorsorge für eine ausreichende, zusagende und bekömmliche Nahrung, die auch ohne Reizmittel den Bedarf des Körpers zu decken geeignet ist.

Bier.

Begriff. Bier ist ein durch Gärung aus Gerstenmalz — oder zum geringen Teil für bestimmte Sorten aus Weizenmalz —, Hopfen, Hefe und Wasser hergestelltes, meist noch in schwacher Nachgärung befindliches Getränk, welches neben unvergorenen, aber meist zum Teil noch vergärbaren Extraktstoffen als wesentliche Bestandteile Alkohol und Kohlensäure enthält[1]).

Biersorten. Man unterscheidet eine große Anzahl Biersorten, nämlich:

1. Je nach Art des verwendeten, bei niedrigen oder höheren Temperaturen gedarrten Malzes ***helle*** und ***dunkle*** Biere. Tiefdunkle Färbungen werden durch gebranntes Malz (Farbmalz) oder durch Farbebier oder (bei obergärigen Bieren im norddeutschen Brausteuergebiet) durch gebrannten Zucker (Zuckercouleur) erzielt.

2. Je nach der Art der Gärung ***obergärige*** Biere, bei denen die Gärung bei höheren Temperaturen in kürzerer Zeit verläuft und die Hefe oben abgeschieden wird, und ***untergärige*** Biere, bei denen die Gärung bei niedrigeren Temperaturen und längerer Gärdauer vorgenommen wird und die Hefe sich unten absetzt.

Zu den obergärigen Bieren gehören eine Reihe einheimischer und ausländischer Biere, die auch durch die sonstige Bereitungsweise von den untergärigen Bieren sich unterscheiden und hier daher besonders aufgeführt werden mögen, wenn sie meistens auch nur eine örtliche Bedeutung haben:

---

[1]) Das Bier ist ein uraltes Getränk; man schreibt die Erfindung dem Osiris zu. Von den Ägyptern, die ein mit Gewürzen versetztes Bier und eines von weinartiger Beschaffenheit kannten, ist dasselbe wahrscheinlich auf andere alte Völker übergegangen. Die Thrazier und die Päonier bereiteten ein Getränk aus Gerste; die Armenier verwendeten nach Xenophon ganze Gerstenkörner und tranken den Gerstenwein aus Mischkrügen mittels knotenloser Getreidehalme, um die Decke nicht zu zerstören. Plinius erwähnt, daß in Spanien ein Gerstenwein unter dem Namen „celia" oder „ceria" und bei den alten Galliern unter dem Namen „cerevisia" ein übliches Getränk gewesen sei; am meisten in Ehren stand nach Tacitus ein aus Gerste bereitetes Getränk bei den alten Deutschen. Der Sage nach wird die Erfindung der Bierbrauerei dem Gambrinus, dem Sohne des deutschen Königs Marsus, zugeschrieben, welcher 1730 v. Chr. Geb. gelebt haben soll.

a) Obergärige Biere.

α) **Deutsche obergärige Biere.** 1. Berliner Weißbier. Es wird aus Gerstenmalz und Weizenmalz (1 : 2 oder 1 : 3) hergestellt; die Würze wird nicht gekocht, enthält daher noch die wirksamen Enzyme: Peptase, Tryptase, Maltase und Oxydase. Als Stellhefe dient eine eigenartige Mischung von Hefe und Milchsäurebakterien. Der Säuregehalt beträgt 0,2% und mehr. Das Bier wird nur in Flaschen, in denen es einer Nachgärung unterliegt, in den Verkehr gebracht.

2. Grätzer Bier. Als Rohstoff dient Weizenmalz, das einer starken Räucherung durch Eichenholz unterworfen wird (daher der Rauchgeschmack). Zur Entfernung der Eiweiß- und Harzausscheidungen verwendet man vorwiegend Hausenblase. Durch Nachgären auf Flaschen wird es völlig klar.

3. Hannoverscher Broyhan, ein dunkles obergäriges Bier, das vorwiegend in Hannover aus Gersten- und Weizenmalz unter geringer Hopfung durch schwache Gärung gewonnen wird.

4. Leipziger (Haller) Gose. Während man früher zur Herstellung der Gose Luftmalz aus Gerste und Weizen unter Zusatz von Kochsalz (daher der salzige Geschmack) und gewissen Gewürzkräutern verwendete, verwendet man jetzt auch regelrecht abgedarrtes Gerstenmalz, bringt die warme Würze durch Einsaat von Milchsäure-Reinkulturen zur gewünschten Säuerung und vergärt dann mit reiner Hefe. Beim Nachreifen der Gose in mit Patentverschluß versehenen Flaschen bildet sich oben im engen Hals ein Verschluß bzw. Pfropfen von Hefe, infolgedessen diese Gose Stöpselgose genannt wird, im Gegensatz zu offener Gose, die in Boxbeutelflaschen verabreicht wird. Sie enthält nach A. Röhrig bei 1,95—3,30% Alkohol und 2,81—4,65% Extrakt zwischen 0,172 bis 0,82% Milchsäure.

5. Rheinisches Bitterbier und westfälisches Altbier. Diese Biere werden nach Art der untergärigen Biere aus schwachen Stammwürzen (9%) durch eine Bottich und Faßgärung (unter starkem Hopfenzusatz bzw. von gebrühtem Hopfen zum Lagerfaß bei den Bitterbieren) gewonnen. Sie enthalten 3,64—5,50% Extrakt, 3,40—4,80 Volumprozent Alkohol und 0,165 bis 0,515% Milchsäure.

6. Yoghurtbier. Es wird durch Säuerung von Würze (aus Gersten- und Weizenmalz) mit Reinkulturen von Bac. bulgaricus (S. 203) und durch Vergärung der gesäuerten Würze mittels einer hoch vergärenden obergärigen Hefe hergestellt, indem man es auf Flaschen abzieht und einige Tage reifen läßt. Es ist meistens trübe.

Zu den deutschen obergärigen Bieren gehören auch das Lichtenhainer Bier, Münchener Weißbier, Kehlheimer, Werdersche Bier u. a., ferner die Malz-, Süß-, Caramelbiere und viele sog. Einfachbiere.

β) **Ausländische obergärige Biere.** 1. Belgische Biere, Lambic, Mars, Faro, Petermann- und Löwenbier (Weißbier), von denen die drei ersten von dunkler Farbe, säuerlichem, bitterem Geschmack und von wenigem Geruch sind, die zwei letzten eine helle Farbe besitzen und dem Berliner Weißbier gleichen. Sie werden aus Gerstenluftmalz unter Zusatz von 40—50% ungemälztem Weizen, etwas Hafer und Buchweizen gewonnen, indem bei den drei ersten Bieren die Würze zum Teil lange mit Hopfen gekocht und der Selbstgärung überlassen wird, welche durch Hefenorganismen und Bakterien, die sich in den Gärgefäßen angesiedelt haben, hervorgerufen wird. Infolgedessen reift das Bier erst in $1^1/_2$ bis 2 Jahren. Lambic wird aus gehaltreichen, Mars aus geringhaltigeren Würzen hergestellt, Faro ist eine Mischung von beiden. Zu Petermann- und Löwenbier werden dieselben Rohstoffe verwendet; die Würze wird aber wie bei anderen Bieren mit Stellhefe angesetzt, weshalb sie bei höherer Temperatur schon in wenigen Tagen vergären und genußreif werden.

2. Englische Biere. Hiervon unterscheidet man Porter und Stout als dunkle Biere und Ale als helles Bier, je nachdem das Malz stärker oder schwächer gedarrt bzw. Farbmalz angewendet wurde. Neben Gerstenmalz werden aber noch Reis, Mais, Rohr- bzw. Rüben- und Stärkezucker zur Würzebereitung verwendet. Die Biere pflegen stark gehopft zu werden. Dunkle Biere mit 14—16% Stammwürze heißen Porter, die mit 20—21% und mehr Stammwürze, die ausgeführt

werden, heißen Stout. Auch beim Ale, das aus 14—25 proz. Stammwürze gewonnen wird, unterscheidet man zwei Sorten, das Mild Ale, das nur wenig gehopft wird, und das stark gehopfte Pale Ale, zu dessen Herstellung 5 kg Hopfen auf 100 kg Malz verwendet werden. Die viel gerühmten Eigenschaften des Pale Ale von Burton on Trent werden dem gipsreichen Brauwasser zugeschrieben.

Der deutsche Porter wird mit ober- oder untergäriger Hefe aus 17—18 proz. Würze erhalten. Man versetzt denselben auf dem Lagerfaß mit Resten von englischem Porter oder impft mit Kulturen von Brettanomyceshefe (einer Torulaart), die dem englischen Porter den eigentümlichen Geruch verleiht.

b) Untergärige Biere.

Die obergärigen Biere werden mehr und mehr durch die untergärigen Biere verdrängt. Zugunsten der letzteren hat man vielfach ihre größere Haltbarkeit angeführt; das ist insofern zutreffend, als die Gärung des untergärigen Bieres bei niedrigen Temperaturen einen größeren Schutz gegen die Infektion mit Bakterien gewährt als die wärmere Gärung des obergärigen Bieres, und eine gleichmäßigere Beschaffenheit des Bieres erzielt werden kann. Im übrigen werden die untergärigen Biere nach Ortstypen unterschieden, deren Unterschiede vorwiegend durch die verschiedene Beschaffenheit der zu ihrer Herstellung verwendeten Malze bedingt werden. In dieser Hinsicht unterscheidet man bei den untergärigen Bieren:

α) **Münchener** oder **bayrisches Bier,** meistens dunkles Bier. Die Gersten werden auf weitgehende „Auflösung“ und starke Entwicklung des Blattkeims bei der Grünmalzherstellung bearbeitet. Aus dem Grunde wird die Gerste stärker geweicht und die Keimung auf der Tenne wärmer geführt. Die dunkle Farbe und das Aroma des Münchener Malzes wird auf der Darre dadurch erzielt, daß das langgewachsene Grünmalz mit höherem Wassergehalt (25—30%) von der oberen Horde auf die untere Horde, also in höhere Temperatur verbracht wird. Diastase und Peptase sind alsdann noch wirksam und bauen Stärke und Eiweiß ab. Durch die Einwirkung der dabei entstehenden Aminosäuren auf die Zuckerarten entstehen schon bei verhältnismäßig niedrigen Temperaturen die braungefärbten, aromatischen Stoffe, die für dunkle Malze kennzeichnend sind. Beim Abdarren geht man auf 100° und darüber. Die noch fehlende dunkle Farbe des Malzes wird durch Farbmalz ergänzt. Die Exportbiere sind meistens stärker eingebraut und auch stärker vergoren als die Ortsbiere. Der Geschmack ist süß-vollmundig und malzig, schwach hopfig.

Von den hellen untergärigen Bieren kennt man in Deutschland vorwiegend zwei Typen, nämlich das Pilsener bzw. böhmische und das Dortmunder Bier.

β) **Böhmisches** und **Pilsener Bier.** Bei der Herstellung von Pilsener Malz wird die Gerste knapper geweicht und auf der Tenne kälter und in dünnerer Schicht geführt. Das Malz soll nicht zu lang wachsen und nicht zu gut gelöst sein. Beim Darren wird das Wasser möglichst vollständig (bis auf 7—8%) bereits auf der oberen Horde bei starkem Luftzug entfernt. Auf möglichst hohe Abdarrtemperatur wird großer Wert gelegt. Es ist die Kunst des Mälzers, trotz hoher Abdarrtemperatur ein lichtes Malz zu erzielen. Das Pilsener Bier wird mit mehr Hopfen (2 kg auf 100 kg Malz) gekocht; aus dem Hopfenbitter — nicht aus dem Hopfenöl — bildet sich das eigenartige Hopfenaroma des Pilsener Bieres.

γ) **Dortmunder Bier.** Die Behandlung des Malzes auf der Tenne ist der des Münchener Malzes mehr oder weniger gleich, nur der Darrvorgang ist verschieden, indem das Malz auf der Darre während 2 × 24 Stunden getrocknet und schließlich bei verhältnismäßig niedrigen Temperaturen abgedarrt wird. Auf diese Weise pflegt das Dortmunder Bier von noch lichterer Farbe als das Pilsener Bier zu sein. Infolge der geringeren Hopfengabe tritt der Hopfengeschmack zurück; dagegen wird es mit stärkerer Stammwürze eingebraut und ist höher vergoren als das Pilsener Bier.

3. Je nach der ***Stärke*** der ***Stammwürze*** unterscheidet man Dünnbiere oder Abzugbiere mit niedriger Stammwürze und solche mit mehr Stammwürze (10—20%). Erstere pflegen nach kürzerer Lagerung (als Winter- oder Hefenbiere), letztere nach längerer Lagerung (als Lager- oder Sommerbiere) in den Handel gebracht zu werden.

Dieser Unterschied verschwindet aber immer mehr, da die meisten Brauereien jetzt, im Gegensatz zu früher, das ganze Jahr über brauen.

4. Je nach dem ***Vergärungsgrad*** und der Stärke der Stammwürze weinige, d. h. hochvergorene, alkoholreiche, und vollmundige extraktreiche, weniger vergorene Biere. Doppelbier nennt man ein im Vergleich zu dem ortsüblichen Bier stärker eingebrautes Bier (Spezialbier).

5. Besondere Biere. Zu den besonderen Bieren gehören:

a) Malzbier. Unter Malzbier versteht man im allgemeinen dunkle Biere von süßem, von Hopfenbitter freiem Geschmack (daher auch der Name Süßbier). Sie werden durch Obergärung gewonnen und sind meistens nur schwach vergoren. Der Stammwürzegehalt schwankt zwischen 10—25%. Das Malzbier soll vorwiegend diätetischen Zwecken dienen; die diätetische Wirkung hängt wesentlich von der Menge des verwendeten Malzes ab. Vielfach wird bei diesen Bieren auch Zucker verwendet. Den Namen „Malzbier" dürfen sie nach dem norddeutschen Brausteuergesetz nur führen, wenn mindestens 15 kg Malz auf 1 hl Bier verwendet wurden.

b) Danziger Jopenbier. Die auf übliche Weise gewonnene Würze wird unter Zusatz von 1 kg Hopfen auf 100 kg Malz auf 40° Balling eingedampft und durch Verdunstenlassen auf 50—55° Balling gebracht. Darauf wird die Würze in Bottichen der Selbstgärung überlassen, die infolge der geringen Wirkung der Lufthefen und der hohen Konzentration der Würze meistens spät (häufig erst nach Wochen) einsetzt, dann aber häufig so plötzlich und stürmisch verläuft, daß die Biere zum Überschäumen kommen. Bei der Gärung wirken auch Kahmhefen und Schimmelpilze mit, welche die Oberfläche der dicken Würze schon vor der Vergärung überziehen. Vor dem Versand wird das Jopenbier durch Beutel filtriert; es pflegt nur 0,2—0,5% Alkohol zu enthalten, ist von jahrelanger Haltbarkeit und wird vor dem Genuß mit Wasser verdünnt.

c) Farbbiere sind tiefdunkele Lösungen aus stark gedarrtem Malz, die unvergoren bis 58,0% Extrakt enthalten, oder schwach vergoren neben 2,3—3,0 Gewichtsprozenten Alkohol 8,0—11,0% und mehr Extrakt aufweisen.

d) Ammenbiere sind Malzbiere (a) oder enthalten häufig besondere nährende Zusätze wie Carobesaft.

e) Braunschweiger Mumme. Sie wurde früher in ähnlicher Weise wie Jopenbier gewonnen; jetzt besteht sie nur aus einem unvergorenen, sehr gehaltreichen, haltbar gemachten Malzauszug von 50—65% Extraktgehalt. Man unterscheidet einfache oder Stadtmumme und doppelte oder Schiffsmumme.

f) Kondensiertes Bier (Condensed Beer) soll angeblich durch Eindampfen des Bieres im Vakuum bei 40—50° auf $^3/_5$—$^1/_6$ seines Volumens erhalten werden, pflegt aber meistens ein einfaches Gemisch von Malzextrakt (ungehopfter Bierwürze) mit Alkohol zu sein.

g) Alkoholfreies Bier. Unter „alkoholfreiem Bier" kann man dem Wortlaut nach nur solches Bier verstehen, welchem nach der Fertigstellung der Alkohol entzogen ist. Sie müssen daher im Extraktgehalt normalem Biere gleichen. Weil aber die Entziehung des Alkohols umständlich und auch mit Verlusten an Kohlensäure und Aromastoffen verbunden ist, so sollen sie aus Malz, Hopfen und Wasser unter Imprägnieren mit Kohlensäure (auch unter Pasteurisieren) hergestellt werden und im Gehalt dem Stammwürzengehalt normalen Bieres entsprechen. Aber in den meisten Fällen wird das Malz noch durch Zucker ersetzt; der Gehalt an Malz soll aber bei allen Erzeugnissen, deren Bezeichnung, wie „Malzgetränk", „Malzol" u. a., darauf hindeuten, daß sie Malz enthalten, die Hälfte des Extraktes ausmachen. Zusätze von Stärkesirup, Farb- und Aromastoffen mit Ausnahme des Hopfenöles, gelten als unzulässig.

h) Ausländische bierähnliche Getränke. Über „Bosa" (Balkaninseln) vgl. S. 584, Braga (Rumänien) S. 585, Chicha (Südamerika) S. 584, Japanbiere (Sakurada, Yesibu, Asahi, Kirin) S. 584 u. f., Kwaß (Rußland) S. 584, Pombe (Afrika) S. 585.

Herstellung der Biere. Die Herstellung der verschiedenen Biere zerfällt im wesentlichen in drei Abschnitte, nämlich 1. die Malzbereitung, welche das Weichen und

Keimen der Gerste sowie das Darren des Grünmalzes umfaßt; 2. das eigentliche Brauen, welches in der Gewinnung der Würze und dem Kochen der Würze mit Hopfen besteht und 3. die Gärung, welche nach Abkühlung der gekochten Würze auf die Gärtemperatur vorgenommen wird und in Haupt- und Nachgärung zerfällt.

Von großem Belang für die Beschaffenheit des Bieres sind aber auch die verwendeten Rohstoffe, deren Besprechung daher voraufgehen möge.

Die Rohstoffe für die Bierbereitung.

1. Gerste. Die allgemeinen Eigenschaften der Gerste für Brauereizwecke, ihre Abhängigkeit von der Beschaffenheit des Kornes (Gewicht, Mehligkeitsgrad, Mürbheitsgrad, Sperrigkeitsgrad, Spelzengehalt), von der chemischen Zusammensetzung (Gehalt an Protein, Stärke, Abhängigkeit der Extraktausbeute vom Proteingehalt), sowie Einflüsse auf die Zusammensetzung sind bereits unter „Gerste" S. 346—349 auseinandergesetzt. Hier ist noch folgendes nachzutragen:

a) ***Wassergehalt.*** Der Wassergehalt der Gersten schwankt zwischen 11,0—18,0%, er soll bei guter Gerste 12,0% nicht übersteigen.

b) ***Farbe, Geruch*** und ***Reinheit*** der Gerste. Die Farbe soll gelblichweiß, die der Spitzen hellgelb, nicht braun sein. Eine Gerste von gelblichbrauner oder grauer Farbe mit braunen Spitzen gilt als minderwertig; sie ist entweder feucht eingebracht oder feucht aufbewahrt. Der Geruch soll strohartig, auf keinen Fall dumpf oder schimmelig sein. Unkrautsamen, halbe und verletzte Körner sollen nicht vorhanden sein.

c) ***Keimfähigkeit*** und ***Keimungsenergie.*** Von 100 Korn guter Braugerste sollen mindestens 95% keimfähig sein und hiervon bei Zimmertemperatur nach 48 Stunden mindestens 80% und nach 72 Stunden alle keimfähigen Körner gekeimt haben; eine Gerste mit nur 90% Keimfähigkeit gilt schon als schlecht. Die normale Keimfähigkeit tritt meistens erst nach mehrwöchiger Lagerung mit der sog. Lagerreife auf, welche Erscheinung mit der Wasserabgabe in Zusammenhang steht; aus dem Grunde soll wasserreiche Gerste luftig lagern, häufig umgeschaufelt oder künstlich getrocknet werden.

Verfälschungen der Gerste. Diese bestehen vorwiegend darin, daß man einer mißfarbigen Gerste (sei sie von Natur aus mißfarbig, oder durch Beregnen, feuchte Lagerung oder Havarie mißfarbig geworden) durch Schwefeln die gewünschte hellgelbe Farbe erteilt und den besseren Sorten minderwertige Sorten unterschiebt.

Über die sonstigen alkoholliefernden Rohstoffe z. B. Weizen vgl. S. 342, Hafer S. 350, Mais S. 350, Reis S. 352, Maltose S. 426, Stärkezucker und -sirup S. 427.

2. Hopfen. Der Hopfen, wie er für Brauereizwecke dient, besteht aus den weiblichen unbefruchteten[1]) Blütendolden (botanisch Kätzchen oder Zäpfchen) der Urticacee Humulus Lupulus L.

Früher benutzte man, wie auch jetzt noch in einzelnen Ländern (Steiermark), nur wildwachsenden Hopfen; im 9. Jahrhundert wurde der Hopfen jedoch in Deutschland schon künstlich angebaut. Die Fortpflanzung geschieht durch Rhizome (Fechser), die in 1—2 m Entfernung 15—20 cm tief in die Erde gelegt werden. Durch die Kultur sind aus dem wilden Hopfen verschiedene Abarten entstanden, die bald nach den Ranken, bald nach der Farbe der Dolden, bald nach der Reifezeit unterschieden werden. Nach der Farbe der Dolden unterscheidet man z. B. grünen und roten Hopfen mit vielen Unterabteilungen.

Der Hopfen liebt einen warmen und feuchten, aber nicht nassen, tiefgründigen, kräftigen Boden (am besten kalkhaltigen Lehmboden) mit trockenem, durchlassendem Unter-

---

[1]) Um die Samenbildung zu vermeiden, werden die männlichen Pflanzen tunlichst aus den Hopfengärten ferngehalten. An einer und derselben Pflanze kommen männliche und weibliche Blüten sehr selten vor.

grunde. Eine sonnige Lage, ein sanfter Abhang nach Süden, geschützt gegen Nord- und Ostwinde, sagen dem Hopfen am meisten zu.

Der Hopfenbau erfordert viel Pflege und Aufmerksamkeit. Er bringt erst im dritten Jahre Erträge.

Die sichersten und nachhaltigsten Erträge werden durch Dünger erzielt, welcher die 3 Nährstoffe Stickstoff, Phosphorsäure und Kali gleichzeitig und in nahezu gleichem Verhältnis enthält. Auch wirken Dünger mit organischen, fäulnisfähigen Stoffen, wie Fäkalguano, verdorbene Ölkuchen, ähnlich wie Stallmist und besser als rein mineralische Dünger, wie Kali-Ammoniak-Superphosphat oder Salpetergemische. Jede reichliche und einseitige Stickstoffdüngung ist zu vermeiden, weil sie wohl eine üppigere Entwicklung der Blätter (des Krautes) bewirkt, aber den Blütenansatz und die Doldenentwicklung beeinträchtigt.

Die Ernte des Hopfens erfolgt vor der natürlichen Reife, bei der sog. technischen Reife (Ende August und Anfang September). Die gelblich erscheinende Dolde ist an der Spitze noch geschlossen, das Lupulin von schön hellgelber Farbe. Frisch gepflückter Hopfen enthält 60—75% Wasser; dieser Gehalt wird durch natürliches oder künstliches Trocknen auf Hopfendarren tunlichst rasch auf 12—15% gebracht. In trockenen Kühlräumen hält sich der Hopfen jahrelang, ohne daß er wesentlich an Wert verliert.

Als beste Hopfen gelten die aus Böhmen (Saaz, Auscha, Dauba), Bayern (Spalt, Altdorf, Hersbruck, Holleden, Kinding) und aus Baden (Schwetzingen); auch die aus Elsaß und Württemberg stammenden Hopfen werden gerühmt.

a) Morphologische Bestandteile der Hopfendolde An den die Hopfendolden bildenden Hopfenzapfen sind botanisch zu unterscheiden: Hopfenmehl (Lupulin), Deckblätter, Rippen, Perigone und Samen.

Der Gehalt an diesen Bestandteilen stellt sich nach den Untersuchungen von C. G. Zetterlund, M. Levy u. a. wie folgt:

Gehalt	Gewicht von 100 Dolden	Prozentischer Gehalt					
		Reinheit	Hopfenmehl (Lupulin)	Deckblätter	Rippen	Perigone	Samen
	g	%	%	%	%	%	%
Mittlerer	15,168	97,75	12,32	72,92	11,28	3,26	0,76
Schwankungen . .	10,1—19,4	94,7—98,6	8,9—16,6	63,3—76,9	7,3—16,2	2,0—4,6	0—4,4

Ähnliche Werte werden von Th. Remy u. a. angegeben (Bd. I, 1903, S. 1060 bis 1062).

Der wirksamste morphologische Bestandteil des Hopfens ist das Lupulin; hierbei darf man jedoch nicht, worauf der Name hindeutet, an eine bestimmte chemische Verbindung denken; es ist vielmehr das Aussonderungserzeugnis der Drüsenorgane oder diese selbst oder vielleicht beides; man ist darüber noch nicht einig. Das Lupulin bildet die kleinen, goldgelben klebrigen Kügelchen (Drüsen von 0,16 mm Durchmesser) in dem Hopfenmehl, die sich unter und auf dem Grunde der dachziegelförmig übereinanderliegenden Bracteen der Dolden befinden.

Das Hopfenmehl soll von hellgelber Farbe, die Drüsen sollen unter dem Mikroskop citronengelb, vollglänzend sein. Die Dolden sind bei gutem Hopfen hellgrün bis grüngelb (nicht rot oder braunfleckig), ferner fettig, klebrig (nicht trocken) anzufühlen; die Deckblätter, weich und dünn, greifen gut schließend übereinander; der Geruch soll tadellos fein sein.

b) Allgemeine chemische Zusammensetzung des Hopfens und seiner morphologischen Bestandteile. Der Hopfen enthält außer den allgemeinen Pflanzenbestandteilen, wie Proteinen, Fett (Wachs), stickstofffreien Extraktstoffen, Rohfaser und Mineralstoffen, noch besondere, eigenartige Bestandteile, wie das Hopfenöl, die Hopfenbittersäuren, Hopfenharze und Hopfengerbstoff, welche gerade den Wert des Hopfens für die Brauerei bedingen, deren Konstitution aber noch wenig bekannt ist. Von diesen Bestandteilen werden das Gesamtharz durch Alkohol, das Weichharz durch Petroläther, der Gerbstoff durch Wasser gelöst[1]).

Nach unten mitgeteilten Analysen ist das ätherische Öl und Hopfenharz vorwiegend in dem Hopfenmehl, die Gerbsäure in den Blättern der Dolde abgelagert; indes sind die eigenartigen Bestandteile in allen Organen der Dolde vertreten.

Aus dem Grunde sind neue Bestrebungen darauf gerichtet, durch Kreuzungen und Veredlungen der Hopfenpflanze an Hopfenmehl und Aroma reichere Hopfen zu erzielen.

Nach M. Barths Untersuchung scheinen die besseren Hopfensorten mehr Kali, dagegen weniger Kalk und Magnesia zu enthalten als die schlechteren Hopfensorten.

Eine bestimmte Beziehung zwischen der Beschaffenheit des Hopfens und der botanisch-chemischen Zusammensetzung ist aber bis jetzt nicht gefunden; von verschiedenen Seiten wird sogar das „Aroma" einzig und allein als entscheidend angesehen.

Als Zeichen eines guten Hopfens wird allerdings angenommen, daß der Gehalt an Alkoholextrakt, wie Harz, tunlichst hoch ist — ersterer soll 18—45%, letzteres 14—20% betragen —, indes liegen die Grenzen so weit auseinander, daß sich auch hiernach schwerlich die Beschaffenheit wird beurteilen lassen.

c) Besondere Bestandteile des Hopfens. Was die einzelnen besonderen Bestandteile des Hopfens anbelangt, so ist zunächst

α) für die stickstoffhaltigen Verbindungen (10,5—18,0%) zu erwähnen, daß der Hopfen eine größere Menge Asparagin enthält; es findet sich, wie in alten, so auch in den jungen Hopfenpflanzen in reichlicher Menge; aber auch die Hopfendolden sind reich daran. H. Bungener fand, daß ungefähr 30% der löslichen Stickstoffverbindungen dem Asparagin angehören.

Außerdem sind im Hopfen nachgewiesen Cholin (1,5%), Histidin, Adenin, Betain, Asparaginsäure (Chapman). Das von Griesmayer und Williamson behauptete Vorkommen von dem Alkaloid „Hopein" oder „Lupulin" neben Trimethylamin konnte bis jetzt nicht bestätigt werden.

β) Hopfenöl (0,2—0,9%). Das Hopfenöl, worüber sehr verschiedene Angaben vorliegen, besteht nach neueren Untersuchungen von Fr. Rabak aus 30—50% Terpen $C_{10}H_{16}$, wahrscheinlich Myrcen (Schmp. 165—170°, Dichte 0,8093), aus 15—20% Sesquiterpen, Humulen ($C_{15}H_{24}$, Schmp. 263—266°), aus 20—40% Estern (Myrcenolestern der Fettsäuren $C_7H_{14}O_2$ bis $C_{11}H_{22}O_2$); an freien Säuren wurden vorwiegend Valeriansäure neben Spuren von Ameisen-, Butter- und Heptansäure gefunden, an freien Alkoholen wahrscheinlich Myrcenol; dazu in den Vorläufen Spuren von Furfurol. Die Dichte des Öles be-

[1]) Der Gehalt der ganzen Hopfendolde und des Lupulins an den einzelnen chemischen Bestandteilen stellt sich nach 11—139 Bestimmungen wie folgt:

Gehalt	Wasser	Stickstoff-Substanz		Ätherisches Öl	Ätherauszug	Petrolätherauszug (Weichharz)	Alkoholauszug		Harze			Wasserauszug		Rohfaser	Asche
		Gesamt-	wasserlöslich				Gesamt-	Harz (Gesamt-)	α-Harz	β-Harz	γ-Harz	Gesamt-	Gerbstoff		
Ganze Dolden	%	%	%	%	%	%	%	%	%	%	%	%	%	%	%
Niedrigster . .	6,00	10,53	2,24	0,13	11,17	6,81	13,75	10,62	4,00	8,00	4,00	18,32	1,87	10,10	5,83
Höchster . . .	17,13	17,82	5,77	0,88	22,92	20,46	49,10	25,77	7,00	13,00	6,00	32,29	9,36	18,27	10,95
Mittlerer . . .	10,40	14,63	4,46	0,33	15,89	14,43	29,54	19,24	4,80	9,50	4,50	24,57	4,40	15,56	8,00
Lupulin . . .	—	8,00	4,69	2,80	63,93	44,86	—	—	11,55	43,31	—	30,80	1,05	—	—

Die Früchte der Hopfendolden sind reich an Protein (32,3%) und Fett (26,9%). Die Hochblätter mit etwas Lupulin ergaben 11,7% Ätherauszug und 3,0% Gerbstoff; Spindel und Stiele sind arm an wirksamen Bestandteilen.

trägt 0,8210—0,8747, die Säurezahl 0,86—3,25, die Verseifungszahl 21,0—61,5. Das Öl verharzt leicht an der Luft und liefert anscheinend das γ-Hopfenharz. Das Hopfenöl besitzt keine antiseptischen Eigenschaften und geht beim Kochen der Würze zum größten Teil verloren; jedoch genügen die geringen, im Bier verbleibenden Mengen, um das eigenartige Hopfenaroma hervorzurufen; soll dieses besonders stark hervortreten, so gibt man (z. B. bei der englischen Porterbereitung) etwas Hopfen in das gärende Bier oder in das Versandfaß.

γ) Harze. Man nimmt im Hopfen drei Harze, zwei Weichharze α und β und ein hartes Harz γ an, die durch folgende Eigenschaften unterschieden sind:

α-Harz (4,0—7,0%) (weich) ist durch Blei fällbar, läßt sich in Petroläther lösen und seine Ätherlösung gibt mit Kupferlösung eine stark grüne Färbung;

β-Harz (8,0—13,0%) (weich) ist durch Blei nicht fällbar, aber teilt die übrigen Eigenschaften von α;

γ-Harz (4,0—6,0%) (hart) zeigt keine dieser drei Eigenschaften.

Im allgemeinen macht das β-Harz ungefähr die Hälfte des Gesamtharzes aus, während α- und γ-Harz rund je ein Viertel des Gesamtharzes betragen. Das β-Harz ist wegen seines angenehmen bitteren Geschmacks der wichtigste Bestandteil des Harzes; das α-Harz schmeckt unangenehm bitter, das γ-Harz ist geruch- und geschmacklos. Das α-Harz liefert durch Oxydation die α-Hopfenbittersäure, das β-Harz die β-Bittersäure; das γ-Harz dagegen soll mit dem Hopfenöl in naher Beziehung stehen.

Alle drei Harze zeigen das Verhalten von schwachen Säuren; sie sind in wässeriger Auflösung sehr veränderlich; die Löslichkeit in Wasser (0,042—0,058%) nimmt mit der wiederholten Behandlung mit Wasser ab; die wässerige Lösung des α- und β-Harzes schmeckt sehr stark und unangenehm bitter; die des γ-Harzes nur schwach und angenehm bitter. Die beiden weichen Harze α und β wirken im höchsten Grade hemmend auf die Entwickelung der Milchsäurebakterien — 2 bis 3 mg Bitterstoff in 100 ccm Malzauszug unterdrücken die Milchsäuregärung vollständig — verhindern also die schädliche Spaltpilzgärung; auf die Essigsäurebakterien, Schimmel (Penicillium) und Hefe sind alle drei Harze ohne Einwirkung.

Sie scheiden sich bei der Gärung größtenteils in den Kräusen ab. Das Weichharz nimmt während der Reife des Hopfens beständig zu. Beim Aufbewahren des Hopfens dagegen nehmen die Weichharze ab, das Hartharz zu. Das künstliche Trocknen des Hopfens bei 63° hat keinen wesentlichen Einfluß auf den Gehalt und das Verhältnis von Weichharzen zu Hartharz (Tartar und Pilkington).

δ) Hopfenbittersäuren. Wie aus den Hopfenweichharzen α und β durch Oxydation die α- und β-Hopfenbittersäure entstehen, so gehen letztere durch Verharzen beim Liegen an der Luft wieder in die Harze über. Sie lassen sich im krystallinischen Zustande aus dem Hopfenmehl (Lupulin) gewinnen.

Die α-Bittersäure oder Humulon (Lintner) von der empirischen Formel $C_{20}H_{30}O_5$ schmilzt bei 56°, liefert durch alkoholische Natronlauge neben Harz und Valeriansäure zu etwa 30% eine krystallisierende, nicht verharzende Säure von der Formel $C_{15}H_{24}O_4$, Humulinsäure (Schnell), Schmelzp. 92,5°.

Die β-Bittersäure oder Lupulinsäure (Lintner), zuerst von Bungener dargestellt, von der Formel $C_{25}H_{36}O_4$, krystallisiert in glasglänzenden Prismen mit Schmelzp. 92—93°, ist in allen organischen Lösungsmitteln löslich, nur schwer in Petroläther und 90 proz. Methylalkohol. Sie liefert bei der Oxydation mit Kaliumpermanganat viel Valeriansäure, welche auch dem schlecht gelagerten Hopfen den ranzigen Geruch erteilen dürfte. Sie spaltet mit Jod in alkalischer Lösung Jodoform ab, enthält also eine Methoxylgruppe (Barth).

Die β-Hopfenbittersäure wirkt nach H. Dreser schon in Gaben von 0,5 mg bei Fröschen, in solchen von 20—25 mg bei Kaninchen giftig; der aus ihr durch Oxydation entstehende Körper, welcher im Bier enthalten ist, besitzt dagegen keine giftige Wirkung. Auch vom Magen aus soll sie wie Curare nicht giftig wirken. Die α-Bittersäure verhält sich ähnlich, nur schwächer (Farkas).

ε) Die **Gerbsäure des Hopfens** (2,0—9,5%), welcher **Etti** die Formel $C_{25}H_{24}O_{16}$ gibt, ist leicht in Wasser, verdünntem Alkohol und Essigäther löslich; die wässerige Lösung fällt Eiweiß. Die Fällung ist aber merklich löslich in kaltem Wasser. Sie färbt sich mit Eisenchlorid dunkelgrün, steht also der Moringerbsäure am nächsten; beim Kochen mit verdünnten Säuren spaltet sie sich in Glykose und ein amorphes, zimtbraun gefärbtes **Hopfenrot** ($C_{19}H_{14}O_8$), welches durch schmelzendes Kali in Phloroglucin und Protocatechusäure übergeführt wird. Beim Lagern des Hopfens geht der Gerbstoff sehr leicht in das rotbraune **Phlobaphen** über, welches mit Eiweiß eine in Wasser unlösliche Verbindung liefert. Die Bedeutung des Hopfengerbstoffs, der beim Lagern abnimmt, dürfte weniger in der Fällung von Eiweiß, als in der Beeinflussung des Geschmackes des Bieres beruhen.

Das beim Würzekochen mit den Proteinkörpern sich bildende **Tannopepton**, welches als solches ins Bier übergeht, soll die Ursache der **Glutintrübung** beim Abkühlen des Bieres sein.

ζ) **Sonstige Säuren des Hopfens.** Außer Harzen, Gerbstoff und löslichen Stickstoffverbindungen sind nach J. **Behrens** auch noch sonstige freie Säuren und sauere Salze für die Beschaffenheit des Hopfens von Belang; **Behrens** fand z. B. in 100 ccm des wässerigen Hopfenauszuges (1 Teil Hopfen, 2 Teile Wasser):

Kieselsäure	Phosphorsäure	Schwefelsäure	Citronensäure	Äpfelsäure	Kali	Kalk
0,018 g	0,043 g	0,014 g	0,249 g	0,050 g	0,091 g	0,011 g

Die Säuren, besonders die Citronensäure, vermögen den Eintritt der stärksten Gärung zu verzögern, sind aber ohne Einfluß auf den Vergärungsgrad.

η) **Farbstoffe.** Außer Chlorophyll enthält der Hopfen orange und rotbraune Farbstoffe, die in Wasser löslich sind und eine Verfärbung der Würze herbeiführen können.

Von eigenartigem Einfluß sind die Säuren auf die **Färbung** des Hopfens, insofern die gefürchtete **Rot-** oder vielmehr **Braunfärbung** nur bei ungenügendem Säuregehalt auftritt, daher durch Schimmelpilze, welche die organischen Säuren verzehren, hervorgerufen werden kann.

Die **Wirkungen des Hopfens bei der Bierbereitung** bestehen unter kurzer Wiederholung des Gesagten darin, daß

1. die Gerbsäure des Hopfens einerseits Eiweißstoffe, wenn auch nur in geringem Grade, aus der Würze ausfällt und dadurch frischhaltend auf das Bier wirkt, andererseits den Geschmack des Bieres günstig beeinflußt;
2. das Hopfenharz die Spaltpilz- (Milchsäure-) Gärung hintanhält;
3. das Hopfenöl dem Bier einen angenehmen, feinen Hopfengeruch, das Harz bzw. das Hopfenbitter demselben einen angenehmen, bitteren Geschmack erteilen.

Schädlinge des Hopfens. Zu den **pflanzlichen** Schädlingen des wachsenden Hopfens gehören der **Meltau** und **Rußtau** (Capnodium salicinum), als **tierische** Schädlinge sind zu nennen: Die rote **Spinnmilbe** (Tetranychus telarius), die **Hopfenblattlaus** (Aphis humuli), die **Hopfenwanze** (Calocoris vandalicus), **Hopfenerdfloh** u. a. Die **Hopfenmüdigkeit** hat eine ähnliche Ursache wie die Rübenmüdigkeit.

Für den **lagernden Hopfen** kommen als Schädlinge vorwiegend Bakterien und Pilze in Betracht; sie bewirken die **Selbsterwärmung** des Hopfens, gehören aber nicht immer derselben Art an. Ein zu den fluorescierenden Bakterien gehörender Bacillus lupuliperda soll den Geruch nach **Trimethylamin** hervorrufen. Auch konnte **Behrens** unter den Kleinwesen eine besondere **Hefenart** feststellen.

Schwefeln des Hopfens. Der Hopfen wird im natürlichen Zustande leicht schimmelig und leidet dadurch in seinem Aroma. Um ihn längere Zeit aufbewahren zu können, wird der getrocknete Hopfen durch hydraulische Pressen möglichst fest gepreßt und in Ballen oder in luftdichten Zinkkästen auf Eis aufbewahrt. Aber auch so hält sich der Hopfen nicht länger als 1 Jahr unverändert. Um denselben noch haltbarer zu machen, wird er gleichzeitig **geschwefelt**, d. h. man setzt ihn den Dämpfen der schwefligen Säure aus, wodurch der eingeschlossene Sauerstoff absorbiert, die Mikroorganismen vernichtet, Wasser entzogen und das Wasseraufnahmevermögen vermindert wird.

Der geschwefelte Hopfen enthält angeblich stets mehr Gerbsäure als der ungeschwefelte getrocknete Hopfen.

Die Doldenblätter werden durch das Schwefeln etwas gebleicht, im übrigen wird aber die Farbe verbessert. Nach J. Behrens beruht die günstige Wirkung des Schwefelns des Hopfens weniger auf der Vernichtung der Kleinwesen selbst, als darauf, daß der Hopfen untauglich oder weniger günstig für das Wachstum der hopfenverderbenden Kleinwesen wird.

Von der schwefligen Säure des Hopfens geht nach verschiedenen Untersuchungen nur ein kleiner Teil in das Bier über.

Hopfenextrakte. Um den Hopfen in hopfenreichen Jahren für spätere Zeiten noch verwerten zu können, hat man auch vorgeschlagen, die Blätter mit Wasser auszuziehen, den Auszug einzudampfen, mit dem Lupulin zu vermischen und das Ganze in luftdicht schließenden Büchsen aufzubewahren.

Nach anderen Verfahren soll man auch das Lupulin mit Alkohol oder Äther oder einem Gemisch derselben ausziehen, diesen Auszug für sich eindampfen und dann mit dem aus den Blättern erhaltenen und eingedampften Auszug vermischen[1]).

Diese Verfahren scheinen aber keine nennenswerte Verwendung gefunden zu haben.

Ersatzmittel des Hopfens. Als Ersatzmittel des Hopfens sind, wenn auch kaum in Anwendung gekommen, so doch vielfach genannt: Wermuth, Quassia, Bitterklee, Herbstzeitlose, Kockelskörner, Enzian usw.

Daß die Anwendung dieser Ersatzmittel mitunter mit Rücksicht auf die zu geringe Menge gewachsenen Hopfens notwendig sein soll, ist unrichtig, weil in guten Jahren sogar mehr Hopfen wächst, als verbraucht wird.

3. *Hefe* (vgl. S. 586).

4. *Das Wasser*. Die Beschaffenheit des Wassers spielt in der Brauerei eine fast ebenso große Rolle wie die anderen Rohstoffe, wenngleich dieselbe früher vielfach überschätzt worden ist. Im allgemeinen sind an ein Brauereiwasser dieselben Anforderungen zu stellen, wie an ein gutes Trinkwasser (vgl. S. 718). Es muß hell und klar sowie geruchlos sein, darf kein Ammoniak und keine salpetrige Säure, nicht zu viel Salpetersäure, Chloride, organische Stoffe und Mikrophytenkeime enthalten, und zwar aus denselben Gründen wie beim Trinkwasser, d. h. nicht weil diese Bestandteile an sich schädlich sind, sondern weil sie, wenn sie in erhöhter Menge vorhanden sind, eine Verunreinigung des Wassers anzeigen. Solche verunreinigten Wässer lassen, wenn sie auch an sich nicht viel Mikrophytenkeime enthalten, leicht solche sich entwickeln und wenn diese auch wieder beim Kochen der Würze zum größten Teil abgetötet werden, so können solche Wässer doch vorher bei der Malzbereitung (Einweichen und Keimung) nachteilig gewirkt haben und nach der Würzekochung in der Weise noch nachteilig wirken, daß das Wasser, wenn es zum Waschen der Hefe, der Gärbottiche benutzt wird, in das Gärgut gelangt und die Gärung fehlerhaft beeinflußt.

a) Hierbei ist nicht die Anzahl der Mikrophytenkeime, sondern die Art derselben insofern ausschlaggebend, als unter Umständen unter den vielen Keimen keine sind, welche für Würze oder Bier schädlich wirken, während unter wenigen Keimen einige sich befinden können, welche Würze und Bier angreifen bzw. in denselben zur Entwicklung gelangen.

Um letzteres festzustellen, beobachtet man das Verhalten des Wassers nach dem biologischen Verfahren gegen sterilisierte Bierwürze für sich allein und nach Zusatz von Reinhefe oder gegen sterilisiertes Bier. Von guten Wässern wird Würze oder Bier nicht angegriffen bzw. die gleichzeitig zugesetzte Reinhefe, die sich zu Boden setzt, bleibt rein.

[1]) Eine Probe eines amerikanischen Hopfenextraktes dieser Art ergab u. a.:

Wasser	Petroläther-Extrakt	Weichharz	Hartharz (Äther-Extrakt)	Wachs	Gerbstoff	Asche
8,40%	57,54%	53,24%	32,84%	4,30%	Spur	1,25%

b) Der Gehalt eines Brauereiwassers an mineralischen Bestandteilen — mit Ausnahme von Salpetersäure und Eisenoxyd — kann in ziemlich weiten Grenzen schwanken, ohne daß dadurch die Güte des Bieres wesentlich beeinflußt wird.

So sind die Wässer der Münchener und Pilsener Brauereien nach den Untersuchungen von Kradisch und Stolba sehr verschieden; sie fanden für 1 l:

Brauerei-wasser in	Abdampf-rückstand mg	Kalk mg	Magnesia mg	Schwefel-säure mg	Chlor mg	Salpeter-säure mg	Organ. Stoffe mg
München	330,0—1120,0	176,0—384,5	41,1—208,5	wenig—106,1	wenig—132,4	wenig	4,0—24,0
Pilsen .	121,0— 173,0	18,4— 30,0	13,0— 23,0	27,0 —40,0	10,0— 15,0	wenig	wenig

Die Münchener Brauereiwässer sind durchweg sehr hart, die Pilsener sehr weich und beide liefern ein gleich ausgezeichnetes Bier.

In der Mälzerei liebt man im allgemeinen ein weiches, im Sudhause und den Kellereibetrieben mäßig hartes Wasser, in allen Fällen reines und tunlichst eisenfreies.

Im übrigen aber ist über den Einfluß einzelner mineralischen Bestandteile des Wassers auf die verschiedenen Brauereivorgänge noch folgendes zu bemerken:

c) Der Gehalt an Bicarbonaten von Kalk und Magnesia soll für das Einweichen der Gerste insofern günstig sein, als er die Lösung von Proteinen und Phosphorsäure vermindert, dagegen insofern nachteilig, als er den Weichvorgang verlangsamt. Nach Ullik hängt indes die Menge der gelösten organischen Stoffe beim Einweichen weniger von der Beschaffenheit des Wassers als von der Dauer der Einweichung ab. Zum Maischen sind Carbonate dann nicht erwünscht, wenn die sauren Bestandteile des Malzes erhalten bleiben sollen. Auf den Gärvorgang können die Bicarbonate, welche die vorübergehende Härte eines Wassers bedingen, keinen Einfluß ausüben, weil sie beim Kochen der Würze als unlösliche Monocarbonate ausgefällt werden und mit in die Treber übergehen. Hierbei kann indes aus der Würze Phosphorsäure mit ausgefällt werden, aber nicht in dem Maße, daß die Hefe an diesem wichtigen Nährstoff Mangel leiden könnte. Werden die Carbonate der fertigen Würze zugesetzt, so können sie günstig auf besseren Bruch und schnellere Klärung wirken.

d) Ein mäßiger Gehalt (200—300 mg für 1 l) an Calciumsulfat (Gips) gilt als vorteilhaft; es verhindert in der Mälzerei eine zu weitgehende Auslaugung wertvoller Bestandteile des Kornes, begünstigt beim Maischen die Extraktausbeute und beim Würzekochen die Bruchbildung, indem es zu einer grobflockigen Abscheidung der später nachteilig wirkenden, bekoagulierbaren Eiweißstoffe beiträgt; infolgedessen eignet sich ein gipshaltiges Wasser besonders zur Herstellung lichter, hochvergorener, schnell klärender und härtlich schmeckender Biere. Die Hauptwirkung des Gipses beim Maischen soll aber nach Windisch darin bestehen, daß er sich mit alkalisch machenden Phosphaten zu sauren Phosphaten umsetzt und dadurch die Acidität erhöht, also der Entsäuerung durch die Carbonate entgegenwirkt. Aus dem Grunde sucht man mitunter gipsarme Wässer durch Zusatz von gemahlenem Gipsstein für die Brauerei aufzubessern.

Ein zu großer Gipsgehalt (über 500 mg für 1 l) wirkt jedoch schädlich sowohl für den Weichvorgang, als auch für die Extraktausbeute und für die Gärung, da er die Gärkraft der Hefe schwächt. Ferner kann er zur Bildung von nachteiligem, saurem Kaliumsulfat Veranlassung geben. Auch größere Mengen von Magnesiumsulfat (Bittersalz) sind nachteilig, da sie ihre abführende Wirkung auf das Bier übertragen können.

e) Alkalien, sei es in Form von Carbonaten oder Chloriden werden in einem Wasser nicht gern gesehen, weil sie durchweg auf eine Verunreinigung des Wassers durch in Verwesung begriffene organische Stoffe hindeuten. Mehr als 1000 mg Kochsalz in 1 l Wasser beeinträchtigen die Keimung, hemmen die Gärung, erschweren die Klärung und behindern den Gang der Bierbereitung. Natriumcarbonat wirkt schon in geringen Mengen schädigend auf die Diastase bzw. Verzuckerung und liefert Würzen von schlechtem Bruch und unangenehm rauhem Hopfengeschmack.

Dagegen sind geringere Mengen (bis zu 700 mg in 1 l) Kochsalz, wenn sie aus natürlichen Bodenschichten herrühren, günstig; sie sind sogar für die Herstellung dunkler, voll- und süßschmeckender Biere beliebt, da sie die Rundung und Süße im Geschmack heben.

f) Eisenverbindungen in größeren, 4 oder 5 mg in 1 l Wasser übersteigenden Mengen werden für die Brauerei als störend angesehen, weil sie mit dem Gerbstoff des Hopfens Verbindungen eingehen, die Mißfärbungen der Würzen wie des Bieres hervorrufen; auch wirken sie nach Schneider ungünstig auf die Malzbereitung.

Das Eisen läßt sich durch Lüftung und Filtration nach einem der neueren Verfahren leicht aus dem Wasser entfernen. Auch empfiehlt es sich, ein nicht klares und bakterienreiches Wasser nach denselben Grundsätzen mittels Sandfiltration zu reinigen, wie das beim Trinkwasser jetzt gang und gäbe ist (über die verschiedenen Verfahren vgl. weiter unten unter Trinkwasser).

Der Brauereivorgang.

Es kann nicht Aufgabe nachstehender Ausführungen sein, eine eingehende Beschreibung des Brauereivorganges, besonders nicht des technischen Teiles desselben zu geben. Die Ausführungen sollen nur eine kurze allgemeine Übersicht über den Gang des Brauens bieten und dabei vorwiegend nur die chemischen Vorgänge berücksichtigen.

1. Die Malzbereitung.

Der Zweck der Malzbereitung ist die Erzeugung von Enzymen, besonders der Diastase, welche die Verzuckerung der Stärke bewirken soll (vgl. S. 108). Alle Getreidesamen liefern beim Keimen Diastase; für die Bierbrauerei verwendet man aber außer wenig Weizen fast nur Gerste. Das durch Keimung des Getreidekornes erhaltene Erzeugnis heißt „Malz". Die Malzbereitung umfaßt folgende Vorgänge: Das Putzen und Sortieren der Gerste, das Einweichen, das Keimenlassen, das Darren der gekeimten Gerste und das Putzen des Malzes.

a) Putzen und Sortieren der Gerste. Die eingelieferte Gerste wird durch den Entgranner von den Grannen, durch den Aspirateur, der mit Saugluft arbeitet, von Staub und leichten Beimengungen, durch die Trieure von Bruch und Unkrautsamen befreit und dann durch die Sortiermaschinen mit Sieben von bestimmten Maschenweiten in verschiedene Sorten Brau- und Futtergerste geteilt. Die „schmale" Gerste der Sortierung III des Siebes findet meistens als Futtermittel Verwendung. Nur Gersten gleicher Größe lassen sich gleichmäßig weichen. Bei schlechten Gersten können durch das Putzen und Sortieren der Gerste bis 10% Verluste eintreten.

b) Einweichen. Die geputzte und sortierte Gerste fällt in den Quellstock (Quellbottich) und wird durch gründliches Waschen und Lüften (Luftwasserweiche) einerseits von noch anhängendem Schmutz[1] (Bakterien u. a.) befreit, andererseits mit dem nötigen Wasser für die Keimung angereichert. Beide Zwecke werden durch Anwendung von 30° warmem Wasser unter Zusatz von Kalk bzw. Kalkwasser und Lüften (Durchmischen) gefördert. Das Einweichen dauert durchschnittlich 70 (40—85) Stunden, die aufgenommene Wassermenge beträgt 40 bis 55%. Bei der richtigen Quellreife läßt sich das Korn über den Nagel biegen. Von den Bestandteilen der Gerste gehen durchschnittlich 1,0—1,5% (organische und unorganische zu nahezu gleichen Teilen) in das Weichwasser über; von dem Eiweiß sollen 3—6% (in Prozenten desselben), von den Mineralstoffen desgleichen $^1/_8$, vom Kali $^1/_3$ gelöst werden. Der Übertritt der wasserlöslichen Stoffe des Gerstenkornes in das Weichwasser beruht auf osmotischen Vorgängen, und weil kleine Körner eine verhältnismäßig größere Oberfläche haben als große Körner, so sollen erstere nur so lange eingeweicht werden, als eben notwendig ist. Das Einweichwasser ergab nach einigen Untersuchungen außer Zucker, Dextrin, die auch zum Teil veratmet werden, für 1 l: 12,0—15,4 mg Stickstoff (organischer + Ammoniak), 89,0—439,0 mg Kali und 9,0—74,0 mg Phosphorsäure.

---

[1]) Die leichten aufschwimmenden Körner dienen zur Fütterung.

c) Keimen der Gerste. Die quellreife Gerste wird entweder nach dem alten Verfahren auf der Tenne, oder nach einem neuen mechanisch-pneumatischen Verfahren (z. B. dem von Saladini, Galland) der Keimung unterworfen. Nach dem ersten Verfahren schichtet man die quellreife Gerste zunächst als „Naßhaufen" in Beeten von 30—50 cm Höhe auf und wendet sie zur gleichmäßigen Verteilung der Feuchtigkeit mittels einer hölzernen Schaufel etwa 3 mal nach je 10—12 Stunden um. Sobald die Gerste „spitzt" und der Haufen mit dem Hervorbrechen der Würzelchen sich zu erwärmen beginnt, wird die keimende Gerste dünner (10—13 cm hoch) aufgeschüttet und so oft gewendet, als die Temperaturerhöhung dieses erfordert. Hierbei sucht man jetzt allgemein die Temperatur auf 20° zu halten und nennt das die kalte Haufenführung oder das Arbeiten auf „kalten Schweiß"; hierdurch wird ein ruhiges, gleichmäßiges und nicht zu hitziges Wachstum erzielt, welches in 7—10 Tagen beendet zu sein pflegt. Bei der warmen Haufenführung (Arbeiten auf „warmen Schweiß"), welche bei einer Temperatur von 26—28° verläuft, findet zwar ein rascheres Keimen, aber auch ein größerer Substanzverlust statt und können sich zu diastase- und peptasereiche Malze bilden, wobei zu viel Zucker gebildet wird und die Proteine zu weit abgebaut werden. Das häufige Wenden der keimenden Gerste hat den Zweck, sowohl die Temperatur und Feuchtigkeit zu regeln, als auch dem sauerstoffbegierigen Keim genügend Luft zuzuführen.

Bei dem mechanisch-pneumatischen Verfahren sucht man diese Bedingung durch Anwendung eines mit Feuchtigkeit gesättigten Luftstromes von beständiger Temperatur, welcher durch das in Kästen (Kastenmälzerei) oder Trommeln (Trommelmälzerei) befindliche Keimgut hindurchgeführt wird, zu erzielen. Wenn das Keimgut der Reife nach mehrere Kästen durchläuft und im letzten geschlossen gehalten wird, so daß die gebildete Kohlensäure nicht entweichen kann, so hat man das Kohlensäuremälzungsverfahren (Kropff), wodurch Wachstum und Atmung, also der Schwand vermindert wird.

Die Keimung gilt im allgemeinen als vollendet, d. h. die größte Menge der Diastase (Amylase) pflegt vorhanden zu sein, wenn der Wurzelkeim die gleiche Länge des Kornes, der Blattkeim $^2/_3$—$^3/_4$ der Kornlänge erreicht hat. Malz, bei welchem der Wurzelkeim $1^1/_2$ bis 2 mal so lang ist wie das Korn, nennt man „lang gewachsen".

Durch die Keimung gehen namhafte Veränderungen im Gerstenkorn vor sich, welche durch Enzyme verursacht werden und die „Auflösung" d. h. die Zerreiblichkeit des Korninnern zwischen den Fingern zur Folge haben. Die Reservestoffe des Korns werden in lösliche Form übergeführt und dem Keimling zugeleitet.

Das entstehende Enzym „Cystase" löst zunächst die Cellulosehäute der stärkeführenden Endospermzellen und legt die Stärkekörner für die Einwirkung des wichtigsten Enzyms, der Diastase bzw. Amylase, frei. Zwar enthält das ruhende Getreidekorn ein diastatisches Enzym von kräftig verzuckernder Wirkung; dieses aber vermag die Stärke im Endosperm nicht aufzulösen. Die wirksamere Diastase, welche neben der verzuckernden auch eine stärkelösende Wirkung auszuüben vermag, entsteht erst bei der Keimung, und zwar nach den Untersuchungen von Brown und Morris im Aufsaugeepithel infolge einer sezernierenden Tätigkeit desselben, weshalb dieselben sie zur Unterscheidung von anderen Arten Diastase Sekretionsdiastase nennen.

Die Muttersubstanz der Diastase stammt aus dem Endosperm. Unter den natürlichen Keimungsbedingungen wandern die Stickstoffverbindungen aus dem Endosperm in das Aufsaugegewebe, wo sie durch die Drüsenzellen dieser Schicht zum Teil in Diastase umgewandelt werden[1]); letztere wandert dann wieder in das Endosperm zurück, um sich dort anzusammeln.

---

[1]) Im allgemeinen bildet sich um so reichlicher Diastase, je stickstoffreicher die Gerste ist; das ist aber nach C. J. Lintner nicht immer der Fall, und es kann auch aus einer stickstoffarmen Gerste genügend Diastase gebildet werden. Die Menge der gebildeten Diastase steht nur im Verhältnis zu dem löslichen Eiweiß.

Wenn die Gesamtmenge des ganzen Kornes an Amylase (bzw. diastatischer Wirkung) gleich 100 gesetzt wird, so enthalten Amylase:

Untere Endospermschicht	Obere Endospermschicht	Würzelchen	Blattkeim	Schildchen
69,9%	25,2%	0,6%	0,4%	3,9%

Unter dem Einfluß der Sekretionsdiastase (Amylase) wird die Stärke zunächst in Maltose umgewandelt, diese von dem Aufsaugeepithel aufgenommen und weiter in den Zellen des Keimlings in Saccharose umgewandelt. Nicht die Maltose, sondern die Saccharose dient dem Keimling als Nährstoff. Nach Grüss wird die Maltose aus dem Endosperm von der Aleuronschicht aufgenommen, hier in Saccharose umgesetzt und dem Embryo zugeleitet. Ein Teil des Zuckers wird veratmet.

Eine tiefergehende Umsetzung erfahren unter dem Einfluß der Peptase auch die Proteine bei der Keimung; dieselben werden, ohne daß der Gesamtstickstoff abnimmt, in Amide übergeführt, als welche beobachtet sind: vorwiegend Asparagin im Wurzelkeim, ferner Leucin und Tyrosin; dann sind nachgewiesen Xanthin und Adenin.

Man kann annehmen, daß beim Keimen etwa 25% des Gesamtstickstoffs der Gerste in Amide und etwa 10—20% in lösliche Proteine (Eiweiß usw.) übergehen.

Je länger man die Gerste keimen läßt, desto mehr Amidverbindungen bilden sich, so daß es der Mälzer in der Hand hat, durch längeres oder kürzeres Keimenlassen aus einer stickstoffreichen Gerste eine stickstoffarme Würze und umgekehrt zu gewinnen (J. Hanamann).

Die Bildung der löslichen Stickstoffverbindungen erreicht aber eine Grenze; läßt man die Keimung zu weit gehen, so nehmen die löslichen Proteine wieder ab, und würde damit die Erfahrung der Praxis im Einklang stehen, daß die Diastasemenge bei zu weit vorgeschrittener Keimung zurückgeht.

Das Fett wird bei der Keimung durch die gebildete Lipase zum Teil in Glycerin und freie Fettsäuren gespalten und veratmet (20—30% bei der Gerste nach Stein und John und 30% beim Mais nach Delbrück); hierbei und bei der Veratmung des Zuckers zu Kohlensäure bilden sich als Zwischenerzeugnisse (oder durch saure Gärungen) eine Reihe organischer Säuren, z. B. Ameisensäure, Essigsäure, Propionsäure, Citronensäure, Äpfelsäure, Bernsteinsäure, Oxalsäure und Milchsäure, welche letztere niemals fehlt. Unter dem Einfluß dieser Säuren können auch saure Phosphate sich bilden.

Aus organischen Phosphorverbindungen werden durch die „Phytase" Inosit und mineralphosphorsaure Salze abgespalten.

Das Gerstenkorn nimmt bei der Keimung fortgesetzt an Gewicht ab, z. B. 100 Korn von 4,825 g auf 3,430 g Trockensubstanz. Der Gesamtverlust an organischer Substanz, vorwiegend Stärke, beträgt in der Regel 4—10%, kann aber auch bis 12,0% hinaufgehen.

Für die Keimung anderer Getreidearten, wie des Weizens, behufs Bereitung von Malz gelten im allgemeinen dieselben Grundsätze wie bei der Gerste. Der Weizen wird nur weniger eingeweicht und nur kürzer keimen gelassen.

d) Das Darren des Malzes. Das keimreife fertige Grünmalz wird nach dem Schwelkboden oder direkt auf die Schwelkhorde der Darre befördert, um ihm durch Ausbreiten in eine dünne Schicht an einem trockenen und luftigen Ort rasch Wasser zu entziehen und so den Keimvorgang zum Stillstand zu bringen. Eine weitere Wasserentziehung aus dem Grün-(Schwelk-)Malz wird durch künstliche Wärme erreicht, wobei das Malz in 10—20 cm hoher Schicht auf Horden ausgebreitet und einer allmählich steigenden Temperatur auf 2—3 verschiedenen Horden ausgesetzt wird. Man unterscheidet:

1. Rauchdarren (Holzfeuerung), auf denen das Malz direkt mit den Rauchgasen in Berührung kommt. Diese sind aber nur für gewisse Biere mit Rauchgeschmack (wie Grätzer Bier) gebräuchlich.

2. Luftdarren, bei welchen durch eine Heizvorrichtung — bald durch liegende, bald durch stehende Heizröhren — erwärmte Luft in Lufterwärmungskammern (sog. Sau) erzeugt wird, welche

durch das Malz streicht und dasselbe austrocknet und darrt. Die Erwärmung der Luft erfolgt nach dem Gegenstromgrundsatz.

3. Dreihordensystem (Brüne), bei dem das Malz auf jeder Horde bei jeder gewünschten Temperatur fertig gedarrt werden kann, ohne daß die Temperaturen der anderen Horden hierauf Einfluß haben.

Die Temperatursteigerung soll langsam und so erfolgen, daß die Hauptmenge des Wassers bis zur Erreichung einer Temperatur von 42—44° verdunstet ist; wird die Temperatur zu rasch gesteigert, so werden die diastatischen Enzyme zerstört und das sog. „Glasmalz" gebildet. Im übrigen richtet sich die Höhe der Temperatur nach der Art des zu erzielenden Malzes bzw. Bieres; sie ist geringer für die Gewinnung lichter oder heller, größer für die Gewinnung dunkler Biere. So beträgt die Abdarrtemperatur:

Gemessen:	Für bayerisches	Wiener	böhmisches Malz
In der Luft	80—100°	75— 88°	56—75°
Im Malz	94—112°	88—100°	66—88°

Dementsprechend dauert das Darren bei den einzelnen Malzen 16—48 Stunden, und hierbei geht die Feuchtigkeit von 45—50% auf 2—4%, bei hellen Malzen auf 6—8% herunter. Infolge dieses geringeren Wassergehaltes ist das Darrmalz selbstverständlich haltbarer als das Grünmalz. Vereinzelt wird das Malz auch bei einer hohen Außentemperatur, wie im Sommer, durch natürliche Wärme ausgetrocknet und man erhält so das Luftmalz mit 11 bis 16% Wasser; aber dieser Wassergehalt ist für eine längere Aufbewahrung des Malzes ebenfalls noch zu hoch.

Außer dem gewöhnlichen Darrmalz stellt man auch noch Farbmalz her, welches dazu dient, dem Biere eine tiefbraune und dunkle Farbe zu verleihen; durch das gewöhnliche Darren werden allerdings schon Rösterzeugnisse gebildet, welche der Bierwürze nachher eine gelbe bis braune Farbe verleihen; aber die hierdurch erreichte Farbentiefe genügt in vielen Fällen (so besonders in Bayern) dem Geschmack der Biertrinker nicht, und man verwendet zur Erzielung der gewünschten Farbentiefe das Farbmalz[1]). Dasselbe wird entweder aus noch nicht fertig gedarrtem Malz, wenn die Keime eben abfallen, oder aus fertigem Darrmalz dadurch hergestellt, daß man letzteres in pyramidale Haufen schichtet und diese dreimal mit Wasser[2]) (auf 1 kg Malz 1—1,5 l Wasser) übergießt, wobei der Haufen jedesmal sofort umgestochen wird. Das so angefeuchtete Malz wird dann in Rösttrommeln bei 170 bis 200° — die Darren gestatten keine so hohe Erhitzung — mit der Vorsicht erhitzt, daß keine Verkohlung des Kornes eintritt.

Patentmalz, Krystallmalz oder Caramelmalz erhält man nach Haumüllers Verfahren in der Weise, daß man das Darrmalz wie sonst mit Wasser anfeuchtet, bis es 50% davon aufgenommen hat, dann dasselbe in einem geschlossenen Gefäß durch Dämpfen allmählich bis auf 60° bringt und dabei etwa 3 Stunden stehen läßt. Hierdurch tritt eine fast vollständige Verzuckerung ein und läßt sich das so behandelte Malz bei niedrigen Temperaturen caramelisieren. Ein bemerkenswerter Bestandteil dieses Farbmalzes ist nach Brand das Maltol ($C_6H_6O_3$), welches ohne Zweifel durch Wasseraustritt aus der Glykose gebildet wird[3]).

Durch das Darren gehen namhafte Veränderungen im Malz vor sich.

---

[1]) Dort, wo außer Gerste auch sonstige ähnliche Rohstoffe für die Bierbereitung erlaubt sind, verwendet man auch die aus Stärkezucker hergestellte Zuckercouleur.

[2]) Der Wasserzusatz ist notwendig, um die Caramelisierung des Kornes zu befördern.

[3]) Das Maltol gibt mit Eisenchlorid eine Violettfärbung ähnlich wie die Salicylsäure. Letztere gibt aber, mit Millons Reagens erwärmt, eine intensive Rotfärbung, das Maltol dagegen nicht. Die Melanoidine sollen im Darrmalz in der Weise entstehen, daß an eine Aminogruppe die Aldehydgruppen von 2 Glykosemolekülen nach dem Schema $\left\{\begin{matrix}\text{Glykoserest R—CH}\\\text{Glykoserest R—CH}\end{matrix}\right\rangle N\cdot CH_3$ angelagert werden.

a) Außer der Verminderung der Feuchtigkeit bezweckt das Darren die Verbesserung des Geschmackes, indem an Stelle des rohen bohnenartigen Geschmacks des Grünmalzes das Malzaroma erzeugt wird, von dem je nach der Art des Darrens das Aroma des Bieres abhängt. Insofern ist das Darren einer der wichtigsten Vorgänge beim Bierbrauen.

Dabei nimmt die Amylase bzw. die diastatische Kraft und die Extraktausbeute naturgemäß um so mehr ab und die Verzuckerungsdauer um so mehr zu, je höher die Darrtemperatur ist [1]).

Farbmalz enthält gar keine Diastase mehr.

Wenn man daher mit dem Gerstenmalz tunlichst viel Stärke in anderen Rohstoffen umwandeln will, so wird man, soweit es geht, zweckmäßig von Grünmalz oder mäßig gedarrtem Malz Gebrauch machen; Grünmalz ist aber für die Bierbrauerei nicht geeignet; es bleibt in dem selbst stark gedarrten Malz so viel Amylase, als zur Verzuckerung der vorhandenen Stärke notwendig ist.

b) Die Stickstoffsubstanz im ganzen nimmt beim Darren infolge Entfernung der Keime naturgemäß ab; dasselbe gilt vom Albumin (wasserlöslichen Protein) und Ammoniak; dagegen erfahren Peptone und Aminosäuren durch das Darren eine geringe Zunahme.

Nach L. Adler enthalten Malze polypeptid- und aminosäurebildende Sekretions- und Endoenzyme, die aber selbst bei der günstigsten Temperatur nur 70% der Malzproteine abbauen. H. T. Brown fand, daß von 100 Teilen der in kochendem Wasser löslichen Stickstoffsubstanz des Malzes 51% durch Phosphorwolframsäure gefällt wurden und von den 49% gelöstbleibenden Stickstoffverbindungen 1,34% Ammoniak, 3,44% Säureamide, 9,15% Aminosäuren und 35,07% unbekannter Art waren. Unter den Basen erkannte er Betain und Tyrosin, Leucin und Allantoin.

Die Kohlenhydrate verhalten sich verschieden je nach der Art des Darrens. Wird das Malz auf der oberen Horde bei niedriger Temperatur unter starker Lüftung schnell getrocknet, so bildet sich nach Fr. Schönfeld, weil die Diastase nicht weiter einwirken kann, keine größere Menge direkt reduzierenden Zuckers (Invertzuckers), aber ein Teil desselben wird in Saccharose revertiert; bei langsamer Trocknung wird der Invertzucker infolge Einwirkung der Diastase vermehrt, während der Gehalt an Saccharose gleich bleibt. Wie bei der Gerste (S. 349), so nimmt auch beim Malz die Extraktausbeute mit steigendem Gehalt an Protein ab. Das Verhältnis von Maltose : Dextrin in der Extraktausbeute hängt von der Höhe der Darrtemperatur ab; die Maltose nimmt mit steigender Temperatur ab, das Dextrin zu. So fand E. Prior im gebildeten Extrakt, auf Trockensubstanz berechnet:

Darrtemperatur	56°	70°	80°	94°
Maltose	72,84%	72,88%	69,66%	63,86%
Dextrin	12,00%	14,58%	19,11%	25,40%

Die Zusammensetzung bzw. die Beschaffenheit des Malzes hängt daher wesent-

---

[1]) So fand Kjeldahl, wenn die diastatische Kraft des Grünmalzes = 100 gesetzt wird, für die Darrmalze bei 50° = 88,2, bei 60° = 78,3, bei 70° = 52,9 und bei 75° = 45,2 diastatische Kraft.

In derselben Weise fand Bleisch bei dreistündigem Darren:

Darrtemperatur	60°	70°	80°	87°	
Wasser	4,8%	3,7%	2,5%	1,7%	
Fermentvermögen	—	33,3	32,2	13,9	
Verzuckerungsdauer	10	20	30	40	Minuten
Extraktausbeute	77,5%	76,9%	76,5%	76,1%	

lich von der Höhe der Darrtemperatur ab[1]), und es ist leicht erklärlich, daß die Unterschiede zwischen den verschiedenen untergärigen Biersorten (S. 601 u. ff.) wesentlich durch die verschiedene Herstellung des Malzes mitbedingt sind.

Putzen des Malzes. Das Darrmalz muß vor seiner Verwendung in der Brauerei erst entkeimt, d. h. von den Wurzelkeimen befreit werden, was durch Putzen desselben in besonderen Maschinen zu geschehen pflegt; darauf bleibt es noch 6—8 Wochen auf trockenen Böden bei mäßigem Luftzutritt in sog. Silos lagern, ehe es verwendet wird.

Durch das Putzen, d. h. die Entfernung der Wurzelkeime erleidet das Darrmalz einen weiteren Verlust, und man nimmt im allgemeinen auf 100 Gerste an:

Grünmalz	Luftmalz	Darrmalz frisch und geputzt	Darrmalz gelagert	Malzkeime und Schmutz	1 hl Darrmalz wiegt
130—140 kg	90 kg	78 kg	80—84 kg	3,0—5,0 kg	48—55 kg

100 kg Weizen liefern 171 kg Grünmalz und 85 kg Trockenmalz; das Hektolitergewicht beträgt 62—65 kg.

Durch das Lagern des geputzten Malzes nimmt dasselbe wieder Wasser auf[2]), jedoch soll der Gehalt 6,0% nicht übersteigen.

An ein gutes Braumalz werden nach C. J. Lintner und Fr. Schönfeld folgende Bedingungen gestellt:

1. Das Korn soll vollbauchig sein und in Wasser schwimmen.
2. Die Farbe des Malzes (d. h. des gewöhnlichen Darrmalzes) soll nicht wesentlich von der der Gerste abweichen.
3. Der Mehlkörper soll vollständig mürbe, locker, sowie tunlichst weiß sein und sich leicht zerreiben lassen. Nur bei den stark gedarrten — Münchener — Malzen sind die Körner ein wenig gebräunt und die Mehlkörper gelblichweiß.
4. Das Korn soll süß schmecken und einen angenehmen Malzgeruch besitzen, der bei den stark gedarrten Malzen kräftiger hervortritt als bei den schwach gedarrten — böhmischen — Malzen.
5. Glasigkeit des Kornes oder glasige Randbildung deuten auf schlechte Kornbeschaffenheit oder mangelhafte Tennenbehandlung. Solche Malze haben dann ein höheres Hektolitergewicht als gute, mürbe Malze, und man rechnet für gute, stark gedarrte Malze ein Hektolitergewicht von 48—53 kg, für gute, licht gedarrte Malze ein solches von 54—55 kg.

Um das Malz haltbarer zu machen, soll dasselbe mitunter mit Salicylsäurelösung besprengt werden; ob dieses wirklich der Fall ist, lasse ich dahingestellt. Jedenfalls ist eine Schimmelbildung im Malz von großem Nachteil. Durch die Schimmelpilze werden wie bei Brot, S. 400, vorwiegend die wichtigsten Kohlenhydrate (Maltose und sonstige Zuckerarten) veratmet, so daß eine maltoseärmere Würze erhalten wird.

---

[1]) Dennoch mögen hier folgende mittlere Zusammensetzungen des Gerstenmalzes nach einer größeren Anzahl von Analysen mitgeteilt werden, nämlich:

Gerstenmalz	Wasser	In der Trockensubstanz							In der Extrakt-Trockensubstanz						
		Gesamt-Stickstoff-Substanz	Lösliche Stickstoff-Substanz	Fett	Stickstoff-freie Extrakt-Stoffe	Rohfaser	Asche	Extrakt-ausbeute	Stickstoff-Substanz	Maltose	Saccharose	Dextrin	Asche	Maltose: Nichtmaltose	Milchsäure
	%	%	%	%	%	%	%	%	%	%	%	%	%	1:	%
Luftmalz . .	47,25	12,21	4,14	2,02	76,75	6,95	3,07	69,08	5,59	67,54	4,02	12,13	1,72	0,49	—
Darrmalz . .	6,55	11,66	3,61	1,65	77,04	6,71	2,94	76,34	5,17	65,12	5,16	16,98	1,65	0,53	0,51

[2]) Die Wasseraufnahme geht in den oberen Schichten der Malzhaufen naturgemäß in schnellerem und höherem Maße vor sich als in den tieferen Schichten, erreicht aber nach 1—2 Monaten eine beständige Höhe (Fries).

2. Das Brauen.

Das Brauen zerfällt in drei Hauptvorgänge, nämlich den der Gewinnung der Würze, den des Kochens der Würze mit Hopfen und den des Kühlens der gekochten Würze.

a) Die Gewinnung der Würze. Diese zerfällt in das Maischen und das Abläutern. Das tunlichst nochmals von Staub mittels Putz- oder Poliermaschinen gereinigte Malz wird auf Schrotmühlen zerkleinert (gebrochen), das Malzschrot mit Wasser vermischt und auf höhere Temperaturen (bis zu 75°) erwärmt. Das Gemisch von Malzschrot mit Wasser heißt Maische und der ganze Vorgang das Maischen. Durch das Maischen wird die Stärke in Maltose, Isomaltose und Dextrin übergeführt und diese mit den an sich löslichen Bestandteilen des Malzes vom Wasser aufgenommen. Das Abläutern besteht in der Trennung der löslichen Bestandteile der Maische von den unlöslichen, den Trebern; die die löslichen Bestandteile enthaltende Flüssigkeit heißt Würze.

α) Das Maischen. Hierfür sind zwei Hauptverfahren in Gebrauch, nämlich das Dekoktions- und das Infusionsverfahren.

1. Das Dekoktionsverfahren, welches vorwiegend in Deutschland und Österreich zur Erzeugung untergäriger Biere angewendet zu werden pflegt, besteht darin, daß wiederholt ein Anteil der Maische gekocht, dieser jedesmal dem nicht gekochten Rest wieder zugefügt und dieses so lange fortgesetzt wird, bis die Abmaischtemperatur von 75° erreicht ist. Hierbei unterscheidet man Dickmaische und Lautermaische; bei ersterer sucht man tunlichst viel feste Bestandteile des Malzes mit in die Maischpfanne zu bringen, während die Lautermaische mehr aus dem dünnflüssigen Anteil der Maische besteht.

Bei dem Dickmaischverfahren rechnet man auf 1 hl Malz (Schüttung) 220 l Wasser (Guß); hiervon dienen 120 l von gewöhnlicher Temperatur zur Vermischung mit dem Malzschrot und werden zum Einteigen verwendet, während 100 l in der Pfanne zum Kochen gebracht werden. Diese werden dann langsam d. h. allmählich unter beständigem Gange des Rührwerkes so zu der eingeteigten Masse gegeben, daß die Temperatur von 35° erst in 20 bis 30 Min. erreicht wird. Das Maischen wird dann weiter so ausgeführt, daß entweder 3 mal (Dreimaischverfahren) oder 2 mal (Zweimaischverfahren) oder nur 1 mal (Einmaischverfahren) ein Anteil der ganzen Maische zum Kochen gebracht und dann wieder zum Rest der Maische zurückgegeben wird, bis diese die gewünschte Temperatur von 70—75° erreicht hat. Oder man maischt von vornherein bei höherer Temperatur (50 oder 62°) ein, um die Verzuckerung abzukürzen (Kurzmaischverfahren), oder man teilt das Malz beim Schroten in Grieß und Hülsen mit Mehl und vermaischt entweder nur den Grieß (Grießmaischverfahren) oder auch jeden Teil für sich und gibt später die Maischen zusammen, um reinere Maischen zu erhalten.

2. Das Infusionsverfahren (Aufverfahren). Es ist vorwiegend in England und Frankreich in Gebrauch, und wird eine aufwärts- und abwärtsmaischende Infusion unterschieden. Bei ersterer wird das Malzschrot entweder mit einem Teil des kalten oder lauwarmen Wassers angerührt (eingeteigt) und durch Zusatz von heißem Wasser auf die Temperatur von 65—70° gebracht, oder man vermischt das Malzschrot gleich mit der ganzen Menge Wasser und erwärmt dieses durch indirekten Dampf auf die obige Temperatur. Bei der abwärtsmaischenden Infusion schüttet man das Malzschrot in das etwa 75° heiße Wasser; wenn man 100 kg Malz auf 300 l Wasser anwendet, nimmt hierdurch das Gemisch die Temperatur von 67—70° an. In beiden Fällen bleibt die Maische bei dieser Temperatur einige Stunden stehen.

Die chemischen Vorgänge beim Maischen bestehen vorwiegend in der Überführung der unlöslichen Stärke in lösliche Form, in dem Abbau der Stärke in vergärbaren Zucker (Maltose) und in unvergärbare Isomaltose und Dextrine (vgl. S. 108).

Das Stärkekorn wird nach Duclaux wegen seiner verschiedenen Dichtigkeit von der Diastase unregelmäßig, an verschiedenen Stellen und in verschiedener Richtung angegriffen; die am wenigsten Widerstand leistenden Schichten werden zuerst, die dichtesten zuletzt in

Dextrin und weiter in Maltose umgewandelt, und die hierbei auftretenden Dextrine unterscheiden sich wie die Stärkeschichten durch ihre geringere und größere Widerstandsfähigkeit gegen Agenzien.

Wenn alle Stärke aufgeschlossen ist und Jod nicht mehr auf die Maische wirkt, so finden sich in derselben neben Maltose noch Dextrine, welche letztere von den am schwierigsten angreifbaren Stärketeilchen herrühren. Indes werden auch diese Dextrine zum Teil allmählich in Maltose umgewandelt, wenn die Einwirkung der Amylase nur lange genug andauert.

Eine vollständige Überführung der Stärke in Maltose ist auf diese Weise nicht erreichbar und auch in der Bierbrauerei nicht erwünscht; denn das Dextrin oder die Dextrine sind wesentliche Bestandteile der Würze und des fertigen Bieres.

Selbst unter den günstigsten Bedingungen werden höchstens 80%, im gewöhnlichen Braubetriebe durchweg nur 65—75% der Stärke in Maltose übergeführt, aus dem Rest von 25—35% der Stärke werden Dextrine gebildet. Das Verhältnis von entstehender Maltose zu Dextrinen ist abhängig:

1. Von der Diastase- bzw. Amylasemenge; der Abbau der Stärke verläuft naturgemäß um so schneller und es bildet sich hierbei um so mehr Maltose, je größer die vorhandene Amylasemenge ist; dieses gilt jedoch für die gebildete Maltose nur so weit, bis 40% der Stärke umgewandelt sind; von da an üben selbst große Mengen Amylase keinen wesentlichen Einfluß auf die Maltosebildung mehr aus.

Die einwirkende Menge der Amylase aber oder die Fermentivkraft hängt im Brauereibetriebe nach den obigen Ausführungen von der Art des Malzes ab; von der wirksamen Amylase des Grünmalzes enthält das lichte, bei niedrigen Temperaturen abgedarrte Malz am meisten, das mittelfarbige Malz weniger und das bei höheren Temperaturen abgedarrte (bayerische) Malz am wenigsten Diastase bzw. Amylase. Dementsprechend gestaltet sich das Verhältnis von Maltose : Dextrin in den unter sonst gleichen Bedingungen aus diesen 3 Malztypen hergestellten Würzen wie folgt:

Würze aus gedarrtem Malz bei	niedrigen	mittleren	höheren Temperaturen
Für Bier	helles	mittelfarbiges	dunkeles
Maltose : Dextrin	3,2 : 1	2,8 : 1	2 : 1

Dementsprechend werden bei gleichem Stammwürzegehalt und gleichem Vergärungsgrad helle Biere mehr Alkohol und weniger Dextrine, dunkle Biere dagegen weniger Alkohol und mehr Dextrine enthalten.

Läßt man die Amylase (Diastase) bei niederen Temperaturen (etwa 4 Stunden bei 30°) auf Stärke bzw. Stärkekleister einwirken, so findet nach J. Effront beim Verzuckerungsvorgang ein Verbrauch an Amylase nicht statt; verläuft aber der Vorgang 1 Stunde bei 60—68°, so läßt das diastatische Vermögen nach, weil durch diese Temperatur ein Teil der Amylase zerstört bzw. unwirksam wird.

2. Von der Einwirkungstemperatur. Das Temperaturoptimum, d. h. die Temperatur, bei welcher die Amylase in der kürzesten Zeit am meisten Maltose erzeugt, liegt gewöhnlich bei 55—63°; das gilt aber nur für leicht angreifbare Stärke, d. h. in Form eines Kleisters oder einer Stärkelösung. Für eine Maische, in welcher Stärke als solche d. h. unverkleistert neben Amylase vorhanden ist, muß die Temperatur schließlich auf die Verkleisterungstemperatur (70°) gebracht werden, um eine vollständige Aufschließung auch der kleinsten, widerstandsfähigeren Stärkekörnchen zu bewirken. Zwar wird die Malzstärke schon unter der Verkleisterungstemperatur von der Amylase angegriffen, aber zur vollständigen Aufschließung ist die Temperatur von mindestens 70° erforderlich, und nach den ersten Versuchen wird um so mehr Dextrin und um so weniger Maltose gebildet, je höher unter sonst gleichen Verhältnissen die Temperatur über dem Optimum liegt. Das hat seinen Grund darin, daß, wie

schon gesagt, die auf 68—70° erwärmte Amylase andere Eigenschaften annimmt, die verzuckernde Kraft nachläßt, die verflüssigende aber nicht angegriffen wird. Bei 80—84° wird die Wirkung der Amylase überhaupt aufgehoben.

3. Von der Dauer der Einwirkung. Dieselbe kann unter Umständen die Menge der Diastase und die Höhe der Temperatur ersetzen, insofern sich durch wenig Diastase und lange Einwirkung oder mit niedriger Temperatur und langer Einwirkung dasselbe erreichen läßt, wie durch viel Diastase bzw. bei höherer Temperatur und kurzer Einwirkung.

Die Gesamtmenge aller Bestandteile, welche beim Maischen in die Würze übergehen, bezeichnet man als den Extrakt des Malzes, und die Extraktausbeute aus einem guten Malz kann nach den Bestimmungen im Laboratorium auf 75%, auf Trockensubstanz berechnet, oder auf 70,5% bei dem durchweg vorhandenen Wassergehalt von 6% angenommen werden; im praktischen Betriebe im großen stellt sich aber die Extraktausbeute etwa 3% niedriger, nämlich zu 67—68%. Unter Umständen kann aber auch in der Praxis eine volle theoretische Ausbeute erzielt werden. Eine geringe Ausbeute kann verschiedene Ursachen haben.

Eine Folge von fehlerhaftem Maischen ist z. B. die Kleistertrübung des Bieres, welche die Klarheit und den Glanz desselben beeinträchtigt und durch die Anwesenheit von Amylodextrinen oder löslicher Stärke bedingt ist, die in der heißen Würze gelöst sind, sich aber beim Abkühlen im Gär- oder Lagerkeller ausscheiden.

β) Das Abläutern. Die Trennung der Würze von den festen (unlöslichen) Bestandteilen, den Trebern, geschieht mittels einfachen Abseihens durch einen Siebboden, der sich entweder unter dem Boden des Maischbottichs selbst oder in einem sog. Läuterbottich befindet, der neben dem Maischbottich steht und in welchen die heiße Maische abgelassen wird. Vielfach wird jetzt auch mit Maischefiltern (Filterpressen) gearbeitet. Vor dem Abseihen bleibt die Maische etwa eine Stunde stehen, damit sich die Treber gut absetzen. Wenn die erste Würze, Vorderwürze (mit durchschnittlich 20° Ballg.), abgelassen ist, werden die Treber 2—3 mal schnell nacheinander mit 75° heißem Wasser ausgewaschen — man nennt es das Anschwänzen oder Decken der Treber — und diese Nachgüsse (Nachgußwürze) von zuletzt 2—3 Saccharometergraden entweder zu der Vorderwürze in der Pfanne gegeben oder auch für sich auf Dünnbier, sog. Scheps, verarbeitet. Ein letzter Nachguß von kaltem oder warmem Wasser liefert das sog. Glattwasser, welches zuweilen mit anderen Abfällen auf Spiritus verarbeitet wird.

Die rückständigen Treber dagegen werden entweder direkt in feuchtem Zustande oder nach dem künstlichen Trocknen als trockene Biertreber mit Vorteil zur Fütterung verwendet.

b) Das Kochen der Würze mit Hopfen. Die Vorderwürze geht in die Kochpfanne und wird, sobald der Boden derselben mit Würze bedeckt ist, schwach erwärmt, damit sich die Würze während der Dauer des Abläuterns nicht auf die Temperatur der Milchsäurebildung abkühlen kann. Wenn Vorwürze und Nachgüsse in der Pfanne vereinigt sind, dann beginnt das Kochen, und zwar unter Zusatz von Hopfen, indem entweder die ganze Menge desselben gleich beim Beginn des Erwärmens zugesetzt wird oder erst die Hälfte und die andere Hälfte, wenn die Würze anfängt, sich zu brechen. In anderen Fällen, wenn das Bier ein starkes Hopfenaroma erhalten soll, nimmt man den Zusatz 3 mal vor und fügt das letzte Drittel erst kurz vor dem Beendigen des Kochens hinzu. Die Menge des zuzusetzenden Hopfens richtet sich nach der Beschaffenheit desselben und des zu erzielenden Bieres; sie muß um so größer sein, je geringwertiger der Hopfen, je gehaltreicher die Würze ist und je länger das Bier haltbar sein soll; infolgedessen schwankt die Hopfengabe zwischen 0,15—0,85 kg für 1 hl Würze; oder auf 100 kg Malz 0,75—2,00 kg Hopfen.

Die Dauer des Kochens beträgt bei Würzen nach dem Dekoktionsverfahren durchschnittlich 1,5—2 Stunden, bei Infusionswürzen, die meistens stark verdünnt sind, etwas länger. Da durch das Kochen ein Nachdunkeln der Würze verursacht wird, so dürfen helle

Biere nicht zu lange gekocht werden; überhaupt soll man nur so lange kochen, bis der „Bruch" erreicht ist.

Der „Bruch" ist erreicht, wenn die Eiweißkörper sich in dichten Flöckchen abgeschieden haben und sich in einem Schaugläschen rasch zu Boden setzen, während die Würze klar und glänzend erscheint. Durch das Kochen werden auch die Enzyme zerstört.

Vom Hopfen gehen etwa 20—30% in die Würze über, und sind die Wirkungen des Hopfens auf die Würze, die Vergärung und das Bier bereits S. 609 angegeben. Ebenso ist die Zusammensetzung des Hopfens schon S. 607 mitgeteilt.

Der ausgekochte Hopfen mit den ausgeschiedenen Eiweißkörpern wird durch die Hopfenseiher (Siebvorrichtungen von entweder Weiden, Holz, Kupfer oder Eisen) abfiltriert (ausgeschlagen), der rückständige Hopfen, der noch Würze einschließt, mit heißem Wasser ausgewaschen bzw. gepreßt, und dann die Würze auf die Kühle befördert.

Die Hopfentreber mit großen Mengen Eiweiß (Trub) werden als Düngemittel oder bisweilen, wenn der bittere Geschmack es zuläßt, zur Fütterung verwendet.

c) Das Kühlen der Würze. Die Würze muß für die Herstellung der untergärigen Biere auf 5—6°, für die der obergärigen Biere auf 12—20° abgekühlt werden, und zwar tunlichst rasch, damit die Spaltpilze keine Gelegenheit finden, sich zu entwickeln. Das Kühlen wurde früher ausschließlich und jetzt auch noch häufig auf Kühlschiffen in etwa 8 Stunden bewirkt. Weil diese aber im Sommer nicht anwendbar sind und eine Verunreinigung der Würze durch Spaltpilze aus der Luft ermöglichen, so werden dieselben jetzt durchweg durch besondere Kühlapparate ersetzt, von denen man wesentlich 2 Gruppen, die geschlossenen und offenen, unterscheiden kann. Bei den geschlossenen Kühlapparaten (Schlangen-, Kasten- und Gegenstromkühlern) fließt die Würze in geschlossene Röhren, welche von dem Kühlwasser umgeben sind; bei den offenen Kühlern (Berieselungskühlern) dagegen fließt die Würze über wagerecht angeordnete Rohre, während das Kühlwasser sich im Innern der Rohre bewegt.

Da die Anreicherung der Würze mit Luftsauerstoff für die spätere Gärung von Bedeutung ist, und diese auf den Kühlschiffen durch Durchrühren mittels Krücken oder durch Windflügel unterstützt wird, so ist auch bei Anwendung der Kühlapparate auf geeignete Zuführung tunlichst reiner Luft Sorge zu tragen.

Die beim Kühlen der Würze sich bildenden, aus Eiweißkörpern und Hopfenteilchen bestehenden Trübungen werden durch Filtrierbeutel (Trubsäcke) oder durch Filterpressen vor dem Anstellen mit Hefe entfernt.

Die mit Hopfen gekochte Würze wird die „Hopfenkesselwürze", die abgekühlte, zur Vergärung reife Würze die „Anstellwürze" genannt. Diese haben je nach dem zu erzielenden Bier einen verschiedenen Gehalt; man rechnet Ballingsche Saccharometergrade durchschnittlich bei:

Leichten (Abzug-) Bieren	Schank- (Winter-) Bieren	Lager- (Sommer-) Bieren	Bock-, Salvator-, Doppelbieren	Tafel-Bieren
9—10%	12—13%	13,0—14,5%	15—20%	25%

Die Hauptmenge dieser Extraktbestandteile bildet die Maltose; 100 Teile Würzeextrakt enthalten 50—60 Teile Maltose, 7—9 Teile sonstige direkt reduzierende Zucker (Glykose, Fruktose, Isomaltose), 2—4 Teile Saccharose und 15—25 Teile Dextrin; der Rest besteht aus Gummi, Röststoffen (Karamel usw.), löslichen Hopfenbestandteilen (Bitterstoffe, Gerbstoff usw.), Stickstoffverbindungen (Pepton, Amide, Cholin usw.) und Mineralstoffen[1]).

Aus den unten[1]) aufgeführten Zahlen läßt sich der Einfluß des Hopfens auf die Fällung der Stickstoffverbindungen und die Vermehrung der dextrinartigen und sonstigen Stoffe erkennen. Daß die Anstellwürze einen höheren Gehalt an Extrakt usw. aufweist als die Hopfen-

[1]) Siehe Anm. *, S. 622.

kesselwürze, hängt mit der beim Abkühlen (besonders auf Kühlschiffen) verbundenen Wasserverdunstung zusammen.

In der ungekochten, ungehopften Würze besteht nach J. Hanamann fast die Hälfte der gesamten Stickstoffbestandteile aus Proteinen und Peptonen, in der gekochten und gehopften Würze machen diese durchweg kaum mehr ein Drittel aus.

H. Bungener und L. Fries fanden z. B. folgende Verteilung der stickstoffhaltigen Stoffe in der Würze im Mittel von 6 Sorten:

Stickstoff im Malz	Stickstoff in der Würze	Von dem Stickstoff in der Würze			Von dem Stickstoff des Malzes in der Würze	Von dem Stickstoff der Würze		
		Protein-Stickstoff	Pepton-Stickstoff	Amid-Stickstoff		Protein-Stickstoff	Pepton-Stickstoff	Amid-Stickstoff
1,58%	0,560%	0,161%	0,072%	0,327%	35,6%	28,7%	12,8%	58,5%

Von den Mineralstoffen des Malzes gehen mehr als $^1/_3$ in den Extrakt über; von der Phosphorsäure finden sich ebenfalls $^1/_3$, von dem Kali dagegen $^4/_5$ im Extrakt, von Kalk und Magnesia dagegen nur wenig.

Von den Aschenbestandteilen des Hopfens werden auch vorwiegend das Kali und die Phosphorsäure in die Würze übergeführt; 2—3% des Aschengehaltes der letzteren stammen aus dem Hopfen.

3. Die Gärung.

Das Wesen der Gärung d. h. der Wirkung der Hefe und die dabei auftretenden chemischen Vorgänge sind bereits S. 591 beschrieben. Es erübrigt, hier nur die Praxis derselben im Brauereigewerbe kurz auseinanderzusetzen. Die Bierwürze bildet nach ihrer Zusammensetzung einen vortrefflichen Nährboden für die Hefepilze und gerät schon ähnlich wie der Traubensaft und die Fruchtsäfte durch die zufällig aus der Luft in dieselben gelangenden Hefenkeime von selbst in Gärung. Von dieser sog. Selbstgärung macht man aber nur bei den belgischen Bieren (Lambic, Faro usw.) Gebrauch. In Deutschland und anderen Ländern wird die Gärung in der auf die notwendige Temperatur abgekühlten Würze durch künstlichen Zusatz („Anstellen", „Stellen") von Hefe (dem sog. „Zeug") hervorgerufen und unterscheidet man, wie schon gesagt, vorwiegend zwei Arten von Gärung, nämlich die Untergärung, welche bei einer Temperatur von 5—7° verläuft und wobei sich die Hefe, die Unterhefe, auf dem Boden des Gärbottichs absetzt, und die Obergärung, die bei einer Temperatur von 12,5 bis 20° verläuft und wobei sich die Hefe an der Oberfläche der Würze als Schaum abscheidet.

Die untergärige Hefe bildet ferner bei der Gärung nur kleine Sproßverbände mit höchstens 4 Zellen, die obergärige Hefe dagegen solche bis zu 20 Zellen in einem Verbande; erstere vergärt Melitriose vollständig, letztere nur teilweise. Die untergärige Hefe zeigt beim Verrühren mit Wasser auf dem Objektträger starke Flocken, die obergärige Hefe dagegen nur eine mäßige oder gar keine flockige Beschaffenheit; letztere verliert im Ruhezustande ihren Zymasegehalt viel leichter als erstere und andere Unterschiede mehr.

---

*) Um einen Anhalt für die chemische Zusammensetzung einer Würze zu Lagerbier zu geben, mögen folgende Mittelzahlen mitgeteilt werden:

Würze	Spez. Gewicht	Extrakt	In der Würze						In Proz. der Würze-Trockensubstanz					
			Stickstoff-Substanz	Maltose + sonst. Zucker	Dextrin usw.	Milchsäure	Asche	Phosphorsäure	Stickstoff-Substanz	Maltose + sonst. Zucker	Dextrin usw	Milchsäure	Asche	Phosphorsäure
		%	%	%	%	%	%	%	%	%	%	%	%	%
Ungehopfte .	—	16,93	1,09	11,67	3,98	—	0,310	0,148	6,42	68,90	23,51	—	1,83	0,87
Hopfenkesselwürze . .	1,0556	14,28	0,557	8,57	4,72	0,115	0,311	0,087	3,92	60,06	33,05	0,82	2,24	0,61
Anstellwürze	1,0605	14,94	0,629	9,44	4,46	0,095	0,318	0,087	4,22	62,48	29,85	0,63	2,12	0,59

Da es verschiedene Arten von Kulturhefen gibt, die bald eine geringere, bald eine höhere Vergärung bewirken bzw. die mehr oder weniger rasch klären, so arbeitet man heute, um ein Bier von bestimmtem Merkmal zu erzielen, meistens nur mit einer einzigen Art Hefe, die nach dem S. 596 kurz beschriebenen Verfahren von C. Chr. Hansen reingezüchtet wird. Man arbeitet auf diese Weise nicht mehr wie früher aufs Geratewohl, sondern nach bewußten zweckmäßigen Grundsätzen und schützt auf diese Weise auch das Bier vor Krankheiten.

Eine gute Hefe soll frei von Bakterien und frisch sein, eine helle Farbe, reinen und angenehmen Geruch besitzen und sich in Wasser recht dicht absetzen oder, wie man sagt, dick (kurz) erscheinen.

a) Die Untergärung. Sie zerfällt in eine Haupt- und Nachgärung.

α) Hauptgärung. Die in Bottiche von 20—35 hl Inhalt abgefüllte Würze wird auf 5° abgekühlt und auf je 1 hl mit 0,4—0,6 l dickbreiiger Hefe versetzt, wobei man das Trocken- und Naßgeben unterscheidet. Nach ersterem Verfahren gibt man die erforderliche Menge Hefe in ein 16—18 l fassendes Gefäß (Zeugschäffel), vermischt dieselbe mittels des Zeugbesens mit etwas Würze, gießt das Gemisch in ein gleichgroßes Gefäß wieder zurück und fährt damit so lange fort, bis die schaumig gewordene Masse beide Gefäße füllt. Hierdurch wird eine gleichmäßige Verteilung und auch gleichzeitige Lüftung der Hefe bewirkt.

Beim „Naßgeben“ läßt man ein oder mehrere Hektoliter Würze bei einer Temperatur von 12,5—20° mit Hefe stehen, bis sich Anzeichen einer kräftigen Gärung zeigen; darauf wird die Hefe mit der Hauptmenge der Würze vermischt. Füllt man auf gärende Würze frische, so spricht man von „Drauflassen“. Die mit der Gärung verbundene Temperatursteigerung sucht man durch Eisschwimmer oder Kühltaschen zu vermeiden.

Die Hauptgärung dauert 6 bis 10 Tage — bei besonders kalter Gärung auch 14 Tage — und wird als beendet angesehen, wenn innerhalb 24 Stunden die Saccharometeranzeige um 0,1—0,5% abnimmt. Alsdann ist die Maltose bis auf 1,0—2,0% in Alkohol und Kohlensäure übergeführt und sind bei einer regelrechten Würze ungefähr 40—50% des Extraktes vergoren.

Das durch die Hauptgärung erhaltene Erzeugnis heißt Jungbier oder grünes Bier.

Zur Beurteilung des Verlaufes der Hauptgärung ermittelt man im praktischen Betriebe den Vergärungsgrad, d. h. die Zahl, welche angibt, wie viele von 100 Gewichtsteilen Extrakt vergoren sind, und durch die Formel

$$V \text{ (Vergärungsgrad)} = \frac{E - e}{E} \, 100$$

gefunden wird, worin bedeutet:

E = Extraktgehalt der ursprünglichen (Stamm-) Würze, ausgedrückt in Saccharometergraden nach Balling,

e = Saccharometergrade im Jungbier.

Meistens wird die Saccharometeranzeige im Jungbier direkt, d. h. bei Gegenwart von Alkohol genommen; da letzterer das spez. Gewicht erniedrigt, so fallen die Saccharometergrade in dem alkoholhaltigen Jungbier zu niedrig und damit der Vergärungsgrad zu hoch aus; deshalb heißt der so ermittelte Vergärungsgrad der scheinbare Vergärungsgrad.

Den „wirklichen Vergärungsgrad“ erhält man, wenn man aus dem Jungbier (in einem abgewogenen Teile) desselben, den Alkohol entfernt, durch Wasser ersetzt (d. h. mit Wasser auf das ursprüngliche Gewicht auffüllt) und von dieser Flüssigkeit die Saccharometeranzeige (e) ermittelt. Wenn der wirkliche Vergärungsgrad beträgt:

weniger als	50	50—60	über 60
so gilt er als	niedriger	als mittlerer	als hoher Vergärungsgrad.

Für vollmundige (Münchner) Biere wird ein niedriger (bis 45), für norddeutsche und lichte Biere ein mittlerer und selbst hoher Vergärungsgrad beliebt.

Der Brauer beurteilt den Verlauf der Hauptgärung meistens nach äußeren Erscheinungen, und zwar die ersten Anzeichen der Gärung nach der zarten, weißen Schaumdecke, die 12—20 Stunden nach dem Anstellen auftritt, und durch die entweichende Kohlensäure auf der Oberfläche der Würze hervorgerufen wird; es heißt: das „Bier macht weiß", „ist angekommen".

Dann folgt als zweiter Zeitabschnitt der Gärung, nach 2—3 Tagen der der niederen Krausen, wobei der sich bildende Schaum ein zackiges gekräuseltes Aussehen annimmt und sich am Rande des Bottichs ein erhabener Schaumkranz bildet („das Bier bricht auf", „schiebt herein"). Wenn die Schaummassen immer höher werden und den Bottichrand überragen, so ist der dritte Abschnitt der Hauptgärung, der der „hohen Krausen" eingetreten und wenn die „Krausen" immer mehr „zurückgehen", so nähert sich die Hauptgärung ihrem Ende. An Stelle der Krausen bleibt alsdann eine schmutzigbraune, aus Proteinen, Hopfenharz, Hefenzellen usw. bestehende Decke zurück, die wegen ihres bitteren Geschmacks entfernt werden muß. Das Bier erscheint im Schaugläschen glänzend; die noch vorhandenen Hefenteilchen setzen sich rasch und fest ab.

Die im Gärbottich abgesetzte Hefe besteht aus drei Schichten; aus einer obersten und untersten unreinen dunkel gefärbten Schicht und aus einer mittleren hellen Schicht, der eigentlichen Samenhefe, Kernhefe (dem Zeug); nur sie dient zum weiteren Anstellen.

β) Nachgärung. Das durch die Hauptgärung erzielte Bier ist noch nicht genußfähig. Die Genußreife wird erst durch die Nachgärung erreicht. Zu dem Zweck wird das Jungbier auf Lagerfässer abgefüllt (Schlauchen) und nun, je nachdem man Schank- oder Lagerbier herstellen will, etwas verschieden behandelt. Enthält das Bier noch viel Hefe (Grünschlauchen), sind die Lagerfässer nur 10—20 hl groß, die Temperatur der Keller 2,5—5,0°, so verläuft die Nachgärung verhältnismäßig rasch; sie ist nach einigen Wochen, nicht selten schon nach 14 Tagen beendet. Die Nachgärung gibt sich auch hier durch Schaumbildung zu erkennen; der Schaum tritt aus dem Spundloch heraus, das Bier „käppelt", wodurch es im Faß einen Verlust erleidet, der durch klares Bier oder reines Wasser ersetzt wird („Nachstechen"); dieses wird 2—3 mal vorgenommen. Es beginnt dann die stille Nachgärung, wobei die Spundöffnung entweder lose — oder fest, um tunlichst viel Kohlensäure im Bier zu erhalten — mit dem Spunde bzw. manometrisch wirkendem Spunde verschlossen wird.

Bei der Bereitung von Lagerbier wird das Jungbier „lauter" d. h. mit weniger Hefeteilchen auf die Lagerfässer abgezogen (geschlaucht); diese sind außerdem größer, haben 20—40 hl Inhalt, und es werden mehrere Sude auf eine größere Anzahl Lagerfässer verteilt, so daß die Füllung mitunter 3—4 Monate in Anspruch nimmt; außerdem wird, um die Nachgärung möglichst hinauszuziehen[1]), die Temperatur der Lagerkeller niedriger, auf 0—3,75° gehalten. Im übrigen ist der Verlauf der Nachgärung wie bei den Schankbieren; indes wird meist nur einmal gekäppelt und dann gespundet. Sollte sich hierbei die Hefe nicht genügend absetzen, so bedient man sich in beiden Fällen zum Klären — auch Spänen, Aufkräusen genannt — der Haselnuß- oder Buchenholzspäne, welche vorher mit verdünnter Sodalösung gewaschen und in das Lagerfaß gegeben werden, oder der Hausenblase in Weinsäurelösung. Der in den Lagerfässern verbleibende, aus Hefe bestehende und mit Bier durchtränkte Bodensatz, das Geläger, wird entweder zur Gewinnung von Spiritus verwendet oder von der Hefe abfiltriert und das Filtrat noch als Bier verwendet.

Hat das Bier die gewünschte Reife erlangt, so wird es auf die Versandfässer abgezogen, was Vorsicht und Geschick erfordert. Um hierbei einen Verlust an Kohlensäure zu vermeiden, bedient man sich jetzt meistens der Luftdruck-Abfüllapparate, und um dem Biere einen tunlichst hohen Grad von Klarheit und Glanz zu verleihen, der Filtrierapparate.

[1]) Um die Nachgärung zu unterhalten, wird je nach Erfordernis bald halbvergorene Würze (Aufkräuser) oder Hefe (Hefenspundung) zugesetzt.

Dieses althergebrachte Verfahren ist durch ein neues von **Nathan** ergänzt worden, welches die Herstellung von **untergärigem** Bier in 8—10 Tagen ermöglichen soll. Die unter Zuführung von Kohlensäure abgekühlte Würze wird im Vakuum von 6—12 cm der Gärung mit Reinhefe unterworfen, die Gärungskohlensäure abgesaugt, gereinigt, verdichtet und nach vollendeter Gärung behufs Entfernung des Junggeschmacks zum Durchleiten durch das junge Bier benutzt. Schließlich wird letzteres bei Gefriertemperatur mit Kohlensäure gesättigt.

Bei der Gärung, Lagerung und Abfüllung des Bieres entstehen ständige **Verluste**, die man **Bierschwand** nennt und die je nach der Arbeitsweise zwischen 5—12% betragen können. Über die **Unterschiede zwischen verschiedenen untergärigen Biersorten** vgl. S. 603.

b) Obergärung. Auch hier unterscheidet man eine **Haupt- und Nachgärung**.

α) Hauptgärung; bei dieser unterscheidet man die **Bottichgärung** (Standgur) und die **Faßgärung** (Spundgur).

Infolge der höheren Anstelltemperatur (10—15°) und der starken Vermehrung der Hefe genügen auf 1 hl Würze 0,2—0,4 l breiige Hefe, die wie bei der Untergärung zugesetzt wird. Auch hier verdienen die **Reinhefen** den Vorzug, indes wird hiervon bis jetzt nur wenig Gebrauch gemacht.

Die Stellhefe ist meistens ein Gemisch von **Hefe mit eigenartigen Milchsäurebakterien** (z. B. für Berliner Weißbier im Verhältnis von 4 : 1 bis 6 : 1), und werden hier die Milchsäurebakterien gerade beliebt, um einen gewissen Gehalt an Milchsäure zu erzielen; der Gehalt an letzterer beträgt z. B. für Berliner Flaschenweißbier 0,25—0,35%. Es bildet sich im allgemeinen um so mehr Milchsäure, je höher die Temperatur bei der Hauptgärung ist; geringe Mengen Alkohol (bis zu 5 Volumprozent) fördern das Wachstum der Milchsäurebakterien.

Die **Bottichgärung** beginnt mit dem Wachsen der Hefe, wodurch schmutzige Harz- und sonstige Schwebestoffe als Kräusen (Hopfentrieb) aus dem Bier aufsteigen und sich in der Decke sammeln. Dann fallen die Kräusen zurück und die Hefe tritt an die Oberfläche (Hefentrieb), zuerst als locker-blasiger Schaum, dann als feste Schicht, gleichsam als Decke auf dem Biere ruhend.

Zeigt die Hefendecke vielfache Rillenbildung in mannigfach verschiedenen Formen, so ist die Hauptgärung, durchweg nach 2—5 Tagen, beendet und das Bier geklärt.

Die Hefendecke wird entweder erst kurz vor dem Schlauchen auf einmal, oder auch während des Auftriebes mehrere Male abgeschöpft und nur der zuletzt aufsteigende Teil der Hefe als Decke auf dem Biere belassen.

Bei der **Faßgärung** stellt man die Würze zunächst auf einem Stellbottich mit Hefe an und verteilt sie dann in Fässer; hierin verläuft die Hauptgärung im allgemeinen wie bei der Bottichgur. Nur wird hier mit der aus dem Spundloch austretenden Hefe auch Bier ausgestoßen, welches mit dem ersten Bier wieder öfters nachgefüllt werden muß, infolgedessen sich das Bier bei der Faßgur nicht so schnell klärt wie bei der Bottichgur.

β) Die Nachgärung. Diese wird beim obergärigen Bier verschieden gehandhabt. In einigen Fällen (am Niederrhein, in Westfalen) wird das obergärige Bier fast wie untergäriges behandelt; nach einer Bottichgärung bei 10—12,5° wird es bei 5—6° gelagert, gespänt, nach mehrwöchiger bzw. -monatiger Lagerung gespundet und durch Filter abgezogen. Ähnlich wird mit einigen nicht säuerlichen Weißbieren, welche bei hohen Temperaturen die Hauptgärung durchmachen, verfahren, das filtrierte Bier aber unter geringem Kräusezusatz auf Flaschen abgezogen. In anderen Fällen wird das Bier nach der Hauptgärung unmittelbar auf Fässer oder Flaschen gezogen und einer Nachgärung unter Druck unterworfen, wodurch es in 2—3 Tagen genußreif wird.

Bei dem Berliner Weißbier wird das Bier nach der Bottichgärung mit 20—30% Kräusen versetzt und nach Zusatz von Wasser (bis zu 30%) zur Flaschengärung angestellt.

Stark gehopfte Weizenmalzbiere, die wie das Grätzer Bier schwer klar werden, erhalten beim Abfüllen einen Zusatz von Kräusen und Klärmitteln (Hausenblase) und werden mit diesen auf Stückfässer abgezogen, in denen sie einige Tage unter Spund liegen bleiben, bis sie auf Flaschen oder Versandfässer abgezogen werden. Oder endlich man zieht das Bier vom Bottich oder Faß auf kleinere Gebinde und überläßt es in diesen bei offenem Spunde der Nachgärung, indem der Hefenausstoß durch Nachstehen unterstützt wird.

Um die Nachgärung auf den Versandfässern oder Flaschen genügend lange zu unterhalten, setzt man dem Bier nach der Hauptgärung vielfach etwas Rohrzucker zu.

Über verschiedene obergärige und besondere Biere vgl. S. 602 und 604.

Klärung und Haltbarmachung des Bieres. 1. Zur Klärung des Bieres auf dem Faß werden, wie schon gesagt, verwendet: ausgekochte Weißbuchenspäne, Haselnußholz oder Hausenblase, Isingglas, Gelatine.

Die Holzspäne, die nur selten mehr angewendet werden, wirken nur mechanisch dadurch klärend, daß sie die Schwebestoffe (Hefe) auf sich verdichten. Von den letzten Klärmitteln ist in Deutschland nur Hausenblase erlaubt, deren Lösung — durch Weinsäure — mit der Gerbsäure einen Niederschlag erzeugt, der die Schwebestoffe mit niederreißt.

Auch die Kohlensäure des Bieres dient als Klärmittel; man erzeugt sie, indem man dem auf Lagerfässer gezogenen Bier „Kräuse" (in lebhafter Gärung befindliche Würze) oder Kochsalz (wie in England bis 0,66 g für 1 l) zusetzt. Letzteres fördert die Entwicklung der Kohlensäure, welche die Schwebeteilchen mit sich an die Oberfläche führt, wo sie abgeschöpft werden können.

2. Jetzt verwendet man, um ein Bier recht blank zu machen, beim Abziehen von den Lagerfässern besondere Filtrierapparate, durch welche das Bier unter Druck filtriert wird. Die Filtriermasse besteht aus reinweißen, entfetteten Baumwollabfällen und etwas Asbestfasern oder auch Holzcellulose; diese hält neben sonstigen Schwebestoffen alle Hefenteilchen zurück. Dieselbe muß aber nach einigem Gebrauch im Wasserdampf und mit schwefligsaurem Calcium sorgfältigst gereinigt werden; denn schließlich läßt das beste Filter mit der Zeit Pilzkeime durchtreten, und dann kann ein solches Filter mehr schaden als nützen. Auch gehen bei der Filtration durchweg 5—6% der vorhandenen Kohlensäure verloren, infolge Entfernung von kolloiden Stoffen leidet leicht die Schaumhaltigkeit und stellt sich ferner häufig Metalltrübung im filtrierten Bier ein.

3. Ein weiteres Mittel zur Haltbarmachung des Bieres bildet das Pasteurisieren, wobei das Bier in verkorkten Flaschen oder in besonderen, den Milchsterilisierapparaten ähnlichen Apparaten, d. h. Metallfässern, so auf 60—65° erwärmt wird, daß keine Kohlensäure entweichen kann. Da die zum Verschluß benutzten Korkpfropfen mitunter Unreinlichkeiten enthalten können, so soll man dieselben vor dem Verschluß der Flaschen für sich mit Wasser auskochen und besonders mit Wasserdampf sterilisieren.

Gegen das Pasteurisieren läßt sich nichts einwenden, jedoch ist zu berücksichtigen, daß eine Schädigung der Kohlensäurebindung im Bier dabei unvermeidlich und das künstliche Wiedereinpressen von Kohlensäure ein sehr fraglicher Ausgleich ist. Infolgedessen wird dadurch der Geschmack des Bieres mehr oder weniger beeinträchtigt, und es ist mehr als wahrscheinlich, daß neben den Kleinwesen auch die von denselben stammenden Enzyme, welche für die physiologische Wirkung des Bieres nicht ohne Bedeutung sind, abgetötet oder abgeschwächt werden.

Zusammensetzung und Eigenschaften des Bieres.

Über die Zusammensetzung verschiedener Biere vgl. Tab. II, Nr. 1277—1301. Über die einzelnen Bestandteile sei noch folgendes bemerkt:

1. Alkohole. Die einwertigen Alkohole bestehen fast ausschließlich aus Äthylalkohol, wie in den sonstigen alkoholischen Gärungserzeugnissen. Seine Menge schwankt bei den untergärigen (Lager-) Bieren durchweg zwischen 2,5—4,5 Gewichtsprozent, bei leichteren Schank- und den obergärigen Bieren zwischen 1,7—3,0 Gewichtsprozent. Bei einigen besonderen Bieren wie Märzen-, Doppelbier, Porter, Ale kann er bis 6 Gewichtsprozent hinaufgehen.

Neben Äthylalkohol bilden sich auch höhere einwertige Alkohole (Fuselöl, Amyl-, Isobutyl-, Propylalkohol; vgl. S. 594). T. Takahashi und T. Yamamoto haben bei der Vergärung von Koji-Extrakt (mit einem natürlichen Gehalt von 0,176% Aminosäuren) durch verschiedene Hefen (obergärige und untergärige Hefe) Fuselöl nachweisen können. Auch K. Kurow stellte fest, daß bei der Gärung von Zucker durch Sakehefe bei Gegenwart von Leucin Fuselöl entstand[1]).

Das Glycerin pflegt in den Bieren in Mengen von 0,2—0,3 Gewichtsprozent oder in einem Verhältnis von 3,0—5,5 auf 100 Teile Äthylalkohol vorzukommen. Es scheint nach einigen Untersuchungen, als wenn das Glycerin mit steigender Temperatur und mit zunehmender Säure, ebenso mit fortschreitender Gärung und Lagerung abnimmt.

2. Aldehyde. Ebenso wie in Branntweinen ist auch in Bier ein spurweises Vorkommen von Acetaldehyd anzunehmen, wenngleich es noch nicht direkt nachgewiesen ist.

Der Furanaldehyd $C_3H_4(CHO)O$, das Furfurol, das sich beim Maische- und Würzekochen bildet, verschwindet zwar bei der Gärung, tritt aber bei der Destillation des Bieres unter Einfluß seiner Säuren auf die vorhandenen Pentosen wieder auf.

3. Die Säuren. Unter diesen nimmt die Kohlensäure den ersten Platz ein, weil von ihrer Menge die Schaumbildung im Bier abhängt, während die beliebte Schaumhaltigkeit, d. h. die Eigenschaft, daß sich der Schaum längere Zeit im Glase hält, durch Proteosen und gummiartige Stoffe sowie Hopfenharze, d. h. Stoffe, welche als Kolloide im Bier vorhanden sind, bedingt wird. Untergärige Biere enthalten 0,35—0,4 g Kohlensäure in 100 g Bier, stark schäumende obergärige Biere bis 0,6 g.

Wesentlich ist auch die Milchsäure, deren Menge in den untergärigen Bieren nur gering ist (0,10—0,18%), in obergärigen Bieren aber in der Regel 0,25—0,35%, ja bis 0,5% und mehr erreicht.

Neben der Milchsäure tritt regelmäßig Essigsäure auf; ihre Menge beträgt durchweg $^1/_{10}$—$^1/_{12}$ der Gesamtsäure (0,1—0,2%), kann aber bei obergärigen Bieren auf $^1/_3$—$^1/_5$ der Gesamtsäure hinaufgehen.

Die Menge der regelmäßig bei der Gärung sich bildenden Bernsteinsäure wird zu 0,0015—0,0125% oder zu 0,8—0,9 Bernsteinsäure auf 100 Alkohol angegeben. Sie bildet sich nach S. 595 aus der Glutaminsäure während der Gärung, wobei auch geringe Mengen Ameisensäure auftreten können.

Ein großer Teil der Säuren entfällt auch auf saure Phosphate, besonders saures Kaliumphosphat (KH_2PO_4), wofür E. Prior folgendes Verhältnis zu den anderen Säuren des Bieres fand:

Bier	Gesamt-Säure Gefunden	Gesamt-Säure Berechnet	Sauere Phosphate	Nicht flüchtige Säuren	Flüchtige Säuren
Untergäriges	24,8	24,8	13,6	6,5	4,7
Obergäriges (Weißbier) . .	22,7	22,8	5,5	11,9	5,4

Hiernach ist das untergärige Bier reicher an sauren Phosphaten und ärmer an nicht flüchtigen organischen Säuren als das obergärige Bier, während sie sich bezüglich der flüchtigen organischen Säuren nahezu gleich verhalten.

Fr. Emslander bestimmte den Säuregehalt des Bieres durch die Ermittlung der Wasserstoffionen-Konzentration und schließt aus seinen Untersuchungen, daß bei einem Bier, welches nach dem Erhitzen unter Druck (2 Atm.) keine wesentliche Änderung der Wasserstoffionen-Konzentration zeigt, alles Eiweiß abgebaut, peptisiert, ist, indem alles sekundäre Phosphat in primäres Phosphat umgewandelt wurde. Ein solches Bier ist auch sehr haltbar.

[1]) W. M. Hamlet will in einem Bier aus Sidney 0,1—0,5% Amylalkohol gefunden haben, was aber sehr unwahrscheinlich ist.

Zu den genannten Säuren gesellen sich noch in geringen Mengen sauer reagierende Eiweißstoffe, Hopfenbittersäuren und sonstige Säuren des Hopfens (Gerbsäure, Äpfelsäure).

4. Extrakt und Kohlenhydrate. Die Biere enthalten an Extrakt[1]):

Leichte (Schank-) und obergärige Biere	Untergärige Lagerbiere	Starke Biere (Bock-, Salvator, Porter, Ale u. a.)
3,0—4,0%	4,5—7,0%	7,0—10,0%

Der nicht vergorene Zucker des Bieres wurde früher (von Lintner u. a.) für Isomaltose, die von E. Fischer durch Reversion von Glykose gewonnene, nicht vergärbare Zuckerart, gehalten; H. Ost wies aber nach, daß beide Zuckerarten nach ihrem Drehungswinkel und Reduktionsvermögen nicht gleich sind, daß der Zucker des Bieres ein Gemisch von Maltose mit leicht löslichen Dextrinen und Nichtzucker ist. Der Gehalt an Zucker (Maltose) schwankt in der Regel zwischen 0,5—1,5%.

Die Pentosen pflegen im Biere mit 0,15—0,40% oder zu 4—7% des Extraktes vertreten zu sein.

Rund die Hälfte des Extraktes pflegt aus Dextrinen, den Anhydriden der Hexosen, zu bestehen.

Hierzu gesellen sich noch gummiartige Stoffe (Hefengummi?), Pectinstoffe, Hopfenharz in nicht zu bestimmenden Mengen.

5. Stickstoffverbindungen. Da die Proteine der Maische durch Kochen und Zusatz von Hopfen zum großen Teil ausgefällt werden, so kommen im Bier vorwiegend ihre Spaltungserzeugnisse, Proteosen oder Albumosen, Peptone und verschiedene Amide vor. Zu den bis jetzt im Bier nachgewiesenen Stickstoffverbindungen gehören Hypoxanthin, Guanin, Vernin und Cholin[2]).

Asparagin konnte im Bier nicht nachgewiesen werden, obschon solches im Malz wie Hopfen gefunden ist[3]). Das Vorkommen von Lecithin im Bier ist noch zweifelhaft.

A. Bern konnte im Bier als Enzyme Invertase, Melibiase und Amygdalase, aber keine sonstigen Enzyme nachweisen.

Der Stickstoffgehalt des Bieres schwankt zwischen 0,07—0,20%, oder wenn man diese Zahlen wie üblich mit 6,25 multipliziert, so schwankt die Stickstoffsubstanz des Bieres zwischen 0,44—1,25%; selten geht sie über 1,0% hinaus.

6. Mineralstoffe. Die gesamten Mineralstoffe (die Asche) betragen rund $^1/_{60}$ der berechneten Stammwürze; hiervon sind $^1/_3$ Kali und $^1/_3$ Phosphorsäure, während $^1/_3$ auf die übrigen Mineralstoffe (Kalk, Magnesia, Schwefelsäure, Chlor, Kieselsäure) entfällt.

Die englischen Biere dagegen sind reich an Chlor und Natron (Tab. III, Nr. 280—282).

---

[1]) Von dem Extrakt entfallen auf:

Zucker (Maltose u. a.)	Dextrine (Achroo- und Maltodextrin)	Sonstige Stoffe (N-haltige Stoffe, Mineralstoffe usw.)
20—30%	55—50%	25—20%

[2]) O. Miskowski zerlegte die Stickstoffverbindungen in 100 g Trockensubstanz des Pilsener Bieres wie folgt:

Gesamt-Stickstoff	Vom Gesamt-Stickstoff waren								
	fällbar mit Kupferhydroxyd (nach Stutzer)	koagulierbar durch MgO	Amidstickstoff	Aminosäurestickstoff nach Stanek	Xanthinstickstoff	Cholinstickstoff	Betainstickstoff	Histidinstickstoff	Ammoniakstickstoff
mg	mg	mg	mg	mg	mg	mg	mg	mg	mg
833	303	122	41	97	35	24	5	3	27

[3]) Möglicherweise ist das Asparagin als sehr geeigneter Nährstoff von der Hefe verbraucht worden.

7. Eigenschaften eines guten Bieres. **Ein gutes Bier soll neben einem angemessenen Gehalt an Alkohol ein natürliches „Aroma" und bei vollkommener Klarheit, feurigem Glanze und hinreichendem Schäumen eine gute Schaumhaltigkeit und eine genügende „Vollmundigkeit" sowie einen erfrischenden, weinartigen, süßlich-bitteren Geschmack besitzen.**

Der erfrischende Geschmack und die Schaumbildung wird vorwiegend durch die Kohlensäure bedingt, die Schaumhaltigkeit (die Schaumdecke) dagegen durch schleimige Proteine der Hefe, durch Hopfenbitter, Pektine und Anhydride der Hexosen und Pentosen, die als Kolloide im Bier vorhanden sind.

Unter „Vollmundigkeit" versteht man die Eigenschaft des Bieres, wonach es nicht wässerig oder leer schmeckt, sondern beim Trinken auf der Zunge ein Gefühl hinterläßt, welches sich in der Annahme eines gewissen Extraktgehaltes im Bier äußert. Die Menge der Extraktstoffe bedingt aber nicht die Vollmundigkeit; denn von zwei Bieren mit gleichem Extraktgehalt kann das eine leer, das andere vollmundig sein.

Ohne Zweifel spielen die Stoffe, welche die Schaumhaltigkeit des Bieres bedingen, auch für die Vollmundigkeit eine Rolle. Da ferner stark gehopfte helle Biere bei gleichem Extraktgehalt nicht so vollmundig schmecken wie weniger stark gehopfte dunkle Biere, so scheinen die Karamelstoffe aus stark gedarrtem Malz ebenso wie süßschmeckende Stoffe die Vollmundigkeit des Bieres zu erhöhen, bittere oder sauere Stoffe sie herabzusetzen. Auch wird dieselbe ohne Zweifel mit durch die verwendete Hefenart bedingt, da bei Anwesenheit von wilden Hefen im Lagerfaß die Vollmundigkeit beeinträchtigt wird.

Auf die Beschaffenheit eines Schankbieres ist aber nicht allein die Art der Bereitung, sondern auch die der Behandlung im Ausschank von größtem Einfluß. Warm aufbewahrtes Bier wird bald trübe und sauer. Am zweckmäßigsten wird das Bier gleich direkt vom Faß tunlichst schnell verzapft. Ist dies nicht angängig, so empfehlen sich am besten kühle Lagerung, Abhaltung des Luftzutritts — Anwendung flüssiger Kohlensäure zu den Druckpumpen — und äußerste Reinlichkeit in den Rohrleitungen. Vielfach werden Messinghähne in den Rohrleitungen verworfen; nach hiesigen Versuchen vermag sog. bayerisches, d. h. durch Untergärung bereitetes Bier mit nur 0,15—0,20% Säure (vorwiegend Milchsäure) kein Kupfer oder Messing aufzulösen; obergärige Biere wirken lösend auf Messing; jedoch sind unter gewöhnlichen Verhältnissen die gelösten Mengen Kupfer und Zink nur gering und von keiner gesundheitlichen Bedeutung, weil die lösende Wirkung der Säuren durch die gleichzeitig vorhandenen Extraktstoffe abgeschwächt wird.

Immerhin soll man Bier nicht längere Zeit in den Messinghähnen stehen lassen oder nach längerem Verweilen darin das Erstablaufende weglaufen lassen, d. h. nicht verwenden, zumal das einige Zeit mit der Luft in Berührung gestandene Bier allerlei schädliche Pilzkeime aus der Luft aufnehmen kann.

Da Sonnen- und auch Tageslicht sehr nachteilig auf Geschmack und Geruch des Bieres wirken, so empfiehlt es sich, zum Aufbewahren des Bieres in Flaschen die dunkelbraunroten oder noch besser die rauchbraunen Flaschen statt weißer anzuwenden.

Ja auch die Art der Gefäße, aus denen das Bier getrunken wird, scheint von Einfluß auf den Geschmack zu sein. Zunächst sind alle bleihaltigen Gefäße bzw. solche mit Bleideckel zu vermeiden, weil leicht geringe Mengen Blei in das Bier übergehen können. Als am empfehlenswertesten bezeichnet W. Schultze salzglasierte Steinkrüge oder gedeckelte Zinnkrüge oder gar inwendig vergoldete Silberkrüge[1]).

---

[1]) Offenbar spielt bei der Beurteilung des Geschmackes die Individualität, die Gewohnheit, wie die zeitliche Disposition eine Rolle mit. Denn die Geschmacksempfindung wird nicht allein durch den Geschmacks- und Geruchssinn, sondern auch durch den Gesichtssinn mitbedingt, und viele Menschen ziehen deshalb ein Bier aus hellem Glase vor, weil sich in demselben die Farbe und der Glanz des Bieres am deutlichsten beurteilen lassen.

8. Die harntreibende Wirkung des Bieres. Die harntreibende Wirkung des Bieres wird von Physiologen vielfach nur dem Alkohol und in geringer Menge auch der Kohlensäure zugeschrieben; sie soll nicht anders sein als beim Wein. Weil aber Bier auf Wein durchweg ganz anders harntreibend wirkt als Wein für sich allein, und die einzelnen Biersorten bei annähernd gleichem Alkohol- und Kohlensäuregehalt sich verschieden verhalten, so ist anzunehmen, daß auch die Hopfenbestandteile im Bier auf das Urogenitalsystem einwirken. Jedenfalls soll der sog. „Biertripper" durch Hopfenbestandteile bewirkt werden, da die Einnahme einer Hopfenabkochung regelmäßig einen Reizzustand des Urogenitalsystems hervorruft. Diese Wirkung kann durch Genuß von Muskatnuß verhindert werden, von welchem Volksmittel erfahrene Biertrinker beim Genuß jungen Bieres Gebrauch zu machen pflegen.

Bierfehler und Bierkrankheiten.

Die Bierfehler und Bierkrankheiten beziehen sich vorwiegend auf Geschmacksabweichungen und Trübungen. Fehlerhafter Geschmack bedingt auch häufig fehlerhaften Geruch. Als Geschmacksfehler sind u. a. zu nennen:

1. Bitterer und Hefengeschmack. Bitterer Geschmack kann bedingt sein durch zu große Menge oder schlechte Beschaffenheit des Hopfens, desgleichen des Farbmalzes, durch zu langes Verweilen auf dem Kühlschiff, mangelhafte Vergärung im Bottich und träge Nachgärung auf dem Fasse; auch manche Hefen haben die Eigenschaft, Biere bitter zu machen.

Andere Hefen erteilen, besonders bei beschleunigter Gärung, d. h. Gärung bei verhältnismäßig hohen Temperaturen und starker Bewegung des Bieres, aber auch bei träger Gärung, namentlich bei schleppender Nachgärung, dem Bier einen Hefengeschmack.

2. Leerer und schaler Geschmack. Sowohl zu kurz gewachsene und wenig gelöste, im Sudhaus falsch behandelte Malze, als auch überwachsene Malze aus proteinarmer Gerste, ferner schwach eingebraute Biere bedingen diesen Fehler. Fehlerhafte Hefenrassen, besonders wilde Hefen, und zu scharfe Filtration, wodurch die Kolloide entfernt werden, beeinträchtigen die Vollmundigkeit des Bieres.

Der schale Geschmack wird durch Mangel des Bieres an Kohlensäure hervorgerufen.

3. Pechgeschmack. Schlechtes Pech, fehlerhaftes Pichen, Nichtlüften oder Nichtwässern der frisch gepichten Fässer bedingen den Pechgeschmack.

4. Sonstige Geschmacksfehler. Saurer Geschmack rührt von übermäßigem Gehalt an Essigsäure und Milchsäure her, Keller- und Haus- (muffiger) Geschmack von unreiner Kellerluft und unreinen oder undichten Lager- und Versandfässern, Parfümgeschmack von eigenartigen Hefen oder Hopfenöl, das durch zu kurzes Kochen der Würze nicht genügend entfernt wurde, Brotgeschmack vom Pasteurisieren; platter Geschmack kann durch Schwefelwasserstoff, der sich durch die Zersetzung von schwefelhaltigen Stickstoffverbindungen oder Sulfaten bildet, adstringierender (tintenartiger) Geschmack durch gerbsaures Eisen, das beim Berühren von Eisenteilen mit dem gerbsäurehaltigen Biere entsteht, bedingt sein.

Von größerem Belang sind die im Bier auftretenden Trübungen. Als solche sind zu unterscheiden:

5. Die ***Kleistertrübung.*** Sie wird durch fehlerhafte Malzbereitung, ungenügende Umwandlung der Stärke beim Maischen oder durch Anschwänzen mit Wasser von zu hoher Temperatur (über 80°) verursacht. Die Trübung besteht aus Stärke oder deren ersten Umwandlungsstoffen Amylo- und Erythrodextrinen.

6. Eiweiß- und Glutintrübung. Beide Arten Trübung werden durch Ausscheidung von Proteinen bedingt. Die Eiweißtrübung besteht jedoch in großflockigen Ausscheidungen, während eine Ausscheidung in Form eines sehr feinen Schleiers, ohne daß die einzelnen trübenden Bestandteile unterschieden werden können, Glutintrübung genannt wird. Außer Proteinen kann die Trübung auch sonstige kolloide Stoffe (Gummi usw.) einschließen. Glutintrübes Bier wird beim Erwärmen und beim Zusatz von Natronlauge wieder klar; eine besondere Art der Glutintrübung ist die Kältetrübung.

7. Hopfenharztrübung. Sie tritt meistens in schwach vergorenen und bitter schmeckenden Bieren auf und soll dadurch bedingt sein, daß die Hefe nicht genügend lange eingewirkt hat, um ihre Hopfenharz ausscheidende Wirkung entfalten zu können.

8. Metalleiweißtrübung. Die Trübung, welche sich zeigt, wenn Bier längere Zeit mit Metall, besonders mit Zinn in Berührung gewesen ist, nennt man Metalleiweißtrübung. Es handelt sich dabei anscheinend, bei Anwendung von Zinn- oder verzinnten Rohren, um Bildung einer Zinn-Eiweiß-Verbindung, die beim Erwärmen nicht verschwindet.

9. Bakterien- und Hefentrübung. Bei unrichtiger Handhabung und bei Unsauberkeit des Betriebes können sich im Biere eine Reihe von Bakterien entwickeln, die nicht nur Trübungen im Biere, sondern auch fehlerhaften Geschmack verursachen; als solche kommen in Betracht:

Bacterium termo, wenn die Würze zu lange auf dem Kühlschiff oder in abgekühltem Zustande zu lange ohne Hefe steht;

Milchsäurebakterien, Saccharobacillus Pastorianus und Sarcinabakterien (Pediococcus cerevisiae und Ped. acidi lactici) vorwiegend in zu schwach gehopften Bieren;

Buttersäurebakterien, bei sehr langem Stehen der Maische bei 30—40°;

Essigsäurebakterien, bei reichlichem Luftzutritt; die essigsauren oder stichigen Biere können hierbei auch blank sein;

Pediococcus viscosus und Bacillus viscosus, welche das Bier schleimig und fadenziehend (lang) machen (vgl. S. 401).

Am häufigsten ist die Hefentrübung des Bieres. Die Trübung kann durch normale Bierhefe verursacht werden, nämlich dann, wenn die stets im Bier noch vorhandene Hefe infolge unvollkommener Vergärung noch genügend Stoffe zur Neubildung findet oder das Bier zu wenig Kohlensäure enthält; hoher Kohlensäuregehalt (etwa 0,4%) verhindert die Neubildung der Hefe.

Die Hefentrübung kann infolge Infektion auch von wilden Hefen herrühren; sie entwickeln sich in Form eines Schleiers durch das ganze Bier hindurch, setzen sich viel langsamer und unvollkommener zu Boden als normale Hefen und lassen das Bier nicht wieder ganz blank werden. Die wilden Hefen haben oft auch eine Geschmacksverschlechterung des Bieres zur Folge.

Ersatzstoffe für Malz und Hopfen und Verfälschungen des Bieres.

Die Anwendung von Ersatzstoffen für Malz und Hopfen, sowie Zusätze zum Bier müssen im Deutschen Reiche je nach dem hergestellten Biere (ob untergärig oder obergärig) und je nach den einzelnen Landesgesetzen verschieden beurteilt werden. Es mögen hier nur die Stoffe aufgeführt werden, die hierfür in Betracht kommen, nämlich:

1. Als Ersatzstoffe für Malz: Reis, Mais, Hirse und andere stärkehaltige Früchte; ferner Zucker (Rübenzucker, Stärkezucker, Maltose) und die entsprechenden Sirupe, die in Norddeutschland für obergärige Biere erlaubt, für untergärige verboten sind.

Als unerlaubte Ersatzstoffe für Malz gelten Süßholz und Süßholzextrakt und selbstverständlich die künstlichen Süßstoffe (Saccharin, Dulcin u. a.).

2. Als Ersatzstoffe für Hopfen andere Bitterstoffe, Gerbsäure und Hopfenextrakt, welcher letztere in einigen Ländern erlaubt ist.

3. Als Färbungsmittel Zuckercouleur, Farbbier und Teerfarbstoffe, welche letztere selbstverständlich verboten sind.

4. Als unerlaubte Bierverbesserungsmittel Zusätze von Alkohol, Glycerin, künstlichen Schaummitteln (Saponin), von Kohlensäure (durch künstliches Einpressen), Neutralisationsmitteln oder Säuren.

5. Zusatz von Frischhaltungsmitteln aller Art.

6. Die Verwendung von Tröpfelbier und Bierresten aller Art, sowie die Wiederauffrischung eines fehlerhaften Bieres.

7. Das Feilhalten und Verkaufen der Biere unter einer falschen, eine bessere Qualitätsbeschaffenheit vortäuschenden Benennung.

Die vorzunehmenden Bestimmungen im Bier.

Die vorzunehmenden Bestimmungen im Biere richten sich in erster Linie nach der Fragestellung. Im allgemeinen gelten:

1. Als wesentliche Bestimmungen:
   a) Sinnenprüfung;
   b) Spezifisches Gewicht und Extraktgehalt;
   c) Alkohol;
   d) Berechnung der Stammwürze und des Vergärungsgrades;
   e) Rohmaltose (bzw. vergärbare Stoffe) und Dextrin;
   f) Stickstoff ($\times$ 6,25 = Stickstoffsubstanz);
   g) Mineralstoffe;
   h) Phosphorsäure;
   i) Gesamtsäure und flüchtige Säure;
   k) Kohlensäure;
   l) Salicylsäure.

2. Im Einzelfalle notwendige Untersuchungen:
   a) Künstliche Süßstoffe (eventuell Süßholz, Saccharose);
   b) Glycerin;
   c) Wasserstoffionen-Konzentration;
   d) Chlor, Schwefelsäure, Kalk;
   e) Schweflige Säure und ihre Salze;
   f) Borsäure und ihre Salze;
   g) Flußsäure und ihre Salze;
   h) Benzoesäure;
   i) Formaldehyd;
   k) Neutralisationsmittel;
   l) Teerfarbstoffe;
   m) Hopfenersatzstoffe (Bitterstoffe).

Wein.

Begriff. „Wein ist das durch alkoholische Gärung aus dem Saft der frischen Weintraube hergestellte Getränk."

Bei der Herstellung sind indes für das ganze Deutsche Reich Verfahren und Zusätze gestattet, welche anscheinend diese Begriffsbestimmung einschränken, aber als Verfälschung und Nachahmung nicht anzusehen sind. Diese erlaubten Verfahren und Zusätze werden bei der Bereitung des Weines näher besprochen werden.

Je nach der Herkunft, Art und Verarbeitung der Weintraube unterscheidet man einerseits sehr viele verschiedene Weinsorten, andererseits stellt man auch durch besondere Zusätze oder aus anderen Rohstoffen als Weintraube, z. B. aus dem Saft von Obst- und Beerenfrüchten durch alkoholische Gärung Getränke her, welche nach dem Weingesetz vom 7. April 1909 unter richtiger Kennzeichnung der Behandlung oder des Ursprungs die Bezeichnung Wein führen dürfen.

Man kann daher die hier zu besprechenden Getränke nach diesen Gesichtspunkten wie folgt einteilen[1]):

I. Herbe (trockene) Weine. Gewöhnliche Trink- bzw. Tischweine. Bei diesen unterscheidet man der Farbe nach: Weiß-, Rot- und Schillerweine (Schilcher), sowie Klarettwein (Weißherbst). Die Weißweine sind gelbliche bis grünlich-gelbliche Flüssigkeiten von angenehmem, spezifischem Geruch und säuerlichem Geschmack; Rotweine desgleichen rote Flüssigkeiten von angenehmem, spezifischem Geruch und säuerlich-herbem Geschmack, während Schillerweine eine hellrote Flüssigkeit bilden, deren Ge-

[1]) Von anderer Seite werden die Weine auch in 1. trockene Weine, d. h. solche, die einen prickelnden (pikant), angenehmen Geschmack, ausgeprägte Blume und Bukett haben, ohne süß zu sein; 2. Likörweine, d. h. auch nach der Gärung und dem Lagern süß bleibende, alkoholreiche Weine; 3. markige Weine, d. h. solche, welche weder pikant noch hervorstechend süß schmecken, eingeteilt. Wieder andere unterscheiden die Weine je nach ihrer allgemeinen Güte, in feinste (beste), feine (gute), halbfeine, geringe und ordinäre Weine.

Ich wähle hier die erste, der praktischen Verwendung entsprechende Einteilung, weil sie auch für die Untersuchung und Beurteilung, die für die fünf Gruppen verschieden lauten, maßgebend ist.

ruch und Geschmack ihrer Herstellung gemäß bald dem Weißwein, bald dem Rotwein sich nähern.

Der Klarettwein oder Weißherbst wird aus blauen und roten Trauben ohne vorheriges Mahlen oder nach nur schwachem Mahlen durch sehr schnelles Pressen gewonnen. Diese Weine sind farblos oder nur schwach rötlich gefärbt und werden meistens (besonders die aus Burgundertrauben) zur Schaumweinbereitung verwendet.

Von diesen Gruppen gibt es wieder eine große Anzahl Sorten, die je nach der Lage, wo die Weintrauben gewachsen sind, unterschieden werden. Die Hauptlagen haben dabei wieder verschiedene Nebenlagen bzw. Unterabteilungen, z. B. Rüdesheim (Berg, Hinterhaus, Rottland), Schloß Johannisberg (Cabinett, Schloß, Klaus). Auch nach den angebauten Traubensorten werden Unterschiede gemacht. Auf diese Weise kommt eine ungeheure Anzahl verschiedener Weinsorten in den Handel, die sich kaum aufzählen lassen[1]).

II. Süßweine, Dessert- oder Likörweine, auch Südweine genannt, weil die meisten aus dem Süden in Deutschland eingeführten Weine dieser Gruppe angehören. Es sind Weine, die bei hohem Gehalt an Alkohol oder Extrakt oder an beiden einen ausgeprägt süßen bzw. gewürzreichen Geschmack besitzen. Sie werden vorwiegend nach Ländern und besonderen Lagen in diesen Ländern bzw. nach besonderen Weintypen unterschieden.

III. Schaumweine (Champagner), d. h. aus dem Wein hergestellte Getränke, die bei einem größeren oder geringeren Gehalt an Alkohol und Extrakt mit Kohlensäure übersättigt sind. Sie tragen (bzw. müssen tragen) das Land der Flaschenfüllung und werden unter besonderen Marken (Namen bzw. Firmen der Hersteller) in den Verkehr gebracht.

IV. Weinhaltige Getränke oder gewürzte (bzw. aromatisierte) Weine, die aus Wein unter Mitverwendung von besonderen Stoffen (Gewürzen, z. B. Wermut, bitteren Kräutern, Ingwer, Pepsin u. a.) hergestellt werden.

V. Weinähnliche Getränke. Sie werden aus frischen Fruchtsäften (Obst- und Beerenfrüchten), frischen Pflanzensäften (z. B. Rhabarber) und Malzauszügen durch alkoholische Gärung in ähnlicher Weise wie Wein aus dem frischen Saft der Weintraube gewonnen.

VI. Nachgemachte oder Kunstweine. Zu ihrer Herstellung dienen andere als die vorgenannten Rohstoffe, z. B. die aus Weintrestern, Weinhefe, Trockenbeeren, durch künstliche Mischung von Weinbestandteilen hergestellten Erzeugnisse; sie dürfen nicht, auch nicht unter richtiger Bezeichnung in den Verkehr gebracht, sondern nur als Haustrunk verwendet werden.

Für die Herstellung der 4 ersten Weinsorten dient die Weintraube als Grundrohstoff, nur die Verarbeitung des Saftes der Weintraube ist für die Dessert- und Schaumweine etwas anders als bei gewöhnlichen herben Weinen.

Die Erzeugung an Wein war im Durchschnitt der 10 Jahre 1898—1907, ausgedrückt in 1000 hl, in den hauptsächlichsten weinbautreibenden Ländern folgende:

Italien	Frankreich	Spanien	Portugal	Österreich-Ungarn	Deutschland	Rußland	Griechenland	Schweiz
52 600	48 790	21 000	4500	3650	3100	2600	1225	900

Der Erzeugung entsprechend pflegt auch der Verzehr an Wein zu sein (vgl. S. 600).

Der Wein ist von allen gegorenen Getränken das älteste. Die Bekanntschaft der Menschen mit dem Traubenwein reicht weit hinter jene Zeit zurück, aus welcher wir feststehende geschichtliche Überlieferungen besitzen; es ist daher nicht möglich, über die eigentliche Heimat des Weines sichere Angaben zu machen.

Die Beschaffenheit des Weines hängt wesentlich mit von der verwendeten Weintraube ab, und wenngleich die Bildung des Zuckers als wesentlichsten Bestandteiles im Vergleich zu anderen Beerenfrüchten schon S. 471 besprochen ist, so möge hier über den Anbau der Weinrebe noch kurz einiges mitgeteilt werden.

---

[1]) Nähere Angaben finden sich in der Schrift von F. Goldschmidt, Deutschlands Weinbauorte und Weinbergslagen, Mainz 1910, Verlag der Deutschen Weinzeitung, worauf verwiesen sei.

Anbau der Weinrebe. Die Weinrebe (Vitis vinifera L.) oder der Weinstock ist ein Rankenkletterer; er wird entweder durch Ableger — auch Absenker oder Fechser genannt —, d. h. Einlegung eines mit dem Mutterstock in Verbindung bleibenden Zweiges in den Boden in der Weise, daß die Spitze des Zweiges in die Luft ragt, fortgepflanzt oder durch Stecklinge — auch Schnittlinge, Steckholz, Blindholz genannt —, die aus abgetrennten Zweigstücken gewonnen und im Boden oder Wasser usw. zum Treiben, d. h. zur Blatt- und Wurzelbildung gebracht werden. Die Fortpflanzung aus Samen ist nur insofern von Belang, als es gilt, aus Samen von wilden, gegen Weinrebenkrankheiten (Phylloxera) widerstandsfähigen Reben Unterlagen für die Veredlung zu gewinnen. Die Veredlung geschieht durch Pfropfen oder Reisern usw. in der bei Obstfrüchten üblichen Weise. Die Entwicklung eines neuen Weinstockes bis zur Tragfähigkeit nimmt in der Regel 3 Jahre in Anspruch, und derselbe erfordert in dieser Zeit wie auch später eine fortgesetzte vielseitige Pflege.

Man kennt heute infolge Züchtung und Pflege gegen 2000 verschiedene, auf 200—300 bestimmte Arten zurückführbare Rebsorten, deren Einteilung und Beschreibung eine eigene Wissenschaft, die „Ampelographie“, bildet. Auf Ertrag und Beschaffenheit der Weintraube ist in erster Linie mit von Einfluß:

a) Die Traubensorte. Wie bei Zuckerrüben (S. 442), so muß auch bei der Weintraube die geeignetste Sorte den Boden- und klimatischen Verhältnissen angepaßt werden.

Nach einem vergleichenden Anbauversuch mit 80 Rebsorten betrugen z. B. in 8- bzw. 10jährigem Durchschnitt die Schwankungen bei den einzelnen Sorten:

Klosterneuburg (8 Jahre)			St. Michele (10 Jahre)		
Ertrag für 1 ha	Zucker	Säure	Ertrag für 1 ha	Zucker	Säure
12—81 hl	16,1—22,1%	0,53—1,35%	14—127 hl	15,2—20,0%	0,53—1,12%

Diese Unterschiede sind für die einzelnen Jahre selbstverständlich noch weit größer. Hierzu gesellen sich noch die Unterschiede der einzelnen Rebsorten in der Widerstandsfähigkeit gegen Krankheiten (vgl. S. 636).

Als besonders gute Traubensorten gelten für Weißwein Riesling, Traminer, Sylvaner, für Rotwein Blauer Muskateller, Moskato rosa, Müllerrebe.

b) Klima. Mehr noch als Traubensorte und alle anderen Umstände üben klimatische Verhältnisse einen Einfluß auf die Beschaffenheit der Trauben und des daraus erzeugten Weines aus.

Um trinkbaren Wein zu liefern, muß nach Alex. v. Humboldt die mittlere Jahreswärme nicht bloß 9,5° R übersteigen, sondern auch einer Wintermilde von mehr als 0,5° eine mittlere Sommertemperatur von wenigstens 18° R folgen.

Strenge Winter sind dem Weinstocke nicht in dem Maße nachteilig wie kurze und kalte Sommer. In England gedeiht deshalb auch kein Wein mehr. Die Weinrebe ist eine Pflanze der gemäßigten Zone. Die Trauben und damit der Wein sind durchweg um so besser in der Beschaffenheit, je allmählicher durch lange Monate hindurch sich die Reife vollzieht. In wärmeren Gegenden erhält man daher aus spätreifenden Sorten bessere Erzeugnisse, als aus den frühreifenden besten Sorten des Nordens. Die Trauben aus dem tieferen Süden liefern durchweg dunkler gefärbte, säureärmere und alkoholreichere bzw. zuckerreiche duftige Weine — Dessertweine —, welche der Norden nicht zu erzeugen vermag, während die Weine des letzteren sich häufig durch zarte Blume und angenehme frische Säure auszeichnen.

Von großem Einfluß ist auch die Regenverteilung auf die Beschaffenheit der Trauben bzw. des Weines. Dem durchweg trockenen, herbstlichen Kontinentalklima Ungarns sind die vorzüglichen Erzeugnisse aus den am Stocke eingeschrumpften Trauben, dem nebelig feuchten und gleichzeitig warmen Spätherbstklima am Rhein die hochgeschätzten, blumenreichen, dabei nicht übermäßig starken Ausbruchweine zu verdanken, während solche Erzeugnisse in dem sonst klimatisch bevorzugten Südtirol nicht erzielt werden können, weil die meistens regnerische Witterung im September und Oktober bei noch verhältnismäßig großer Wärme die Traubenfäule begünstigt und ein Spätlesen unmöglich macht. Auch das Auftreten der Rebkrankheiten (Oïdium, Peronospora u. a.) ist wesentlich vom Klima mitbedingt; diese Pilzkrankheiten sind in den nördlichsten Weinbaugebieten sowie in dem warmen aber trockenen Gebiet von Süditalien selten, richten dagegen in Südtirol, Istrien und Norditalien mit warmem und feuchtem Klima oft viel Schaden an.

Von der Verschiedenheit der klimatischen Verhältnisse hängt auch wesentlich die Verschiedenheit der Weine in den einzelnen Jahrgängen ab.

Nach Erhebungen von Sartorius verteilen sich die verschiedenen Jahrgänge in den letzten 100 Jahren wie folgt:

Schlecht	Mittelfein	Gut	Vorzüglich
37%	21%	31%	11%

Also nicht ganz die Hälfte der Jahrgänge sind gute Weinjahre gewesen.

c) Lage. Wie beim Obst und allen hochveredelten Früchten ist auch bei der Weinrebe die Beschaffenheit der Traube wesentlich von der Lage der Anpflanzung bedingt. In dem nördlichen Weinbaugebiete sind die geschützten und wasserreichen Täler der Flüsse am besten für den Weinbau, weil sich hier Wärme und Feuchtigkeit am günstigsten gegenseitig unterstützen. Da die Sonnenstrahlen um die Mittagszeit auf eine Fläche, die eine Neigung von 25—35° gegen Süden besitzt, am senkrechtesten auffallen und diese daher am stärksten erwärmen, so verhalten sich die südlichen Abhänge der Flußtäler in nördlichen Weinbaugebieten am günstigsten für den Weinbau. Nach den Südlagen folgen als am günstigsten der Reihe nach Südwest-, Südost-, West- und endlich Ostlagen und zwar um so mehr, je steiler sie sind. Die Lage der Weinberge ist von derartigem Einflusse auf die Beschaffenheit des Weines, daß letzterer nach den betreffenden Bergen oder Bergabhängen, sowie nach den Ortschaften, wo er gewachsen ist, seinen Namen erhält.

d) Boden, Bodenbearbeitung und Düngung. Der Weinbau kann auf den verschiedensten Bodenarten mit Erfolg betrieben werden. Im Rheingau wachsen die edelsten Weine teils auf kalkhaltigem, schwerem Letten, der aus krystallinischem Tonschiefer gebildet ist, teils auf leichterem, mergeligem oder kalkiglehmigem, tertiären Bildungen entstammendem Boden. Der Boden am Johannisberg besteht aus kalkarmem Taunusschiefer, der von Hochheim aus Sand, Letten und Mergelschichten, der von Geisenheim und Rüdesheim aus Löß (eisenschüssigen Schieferkonglomeraten und Meeressand); an der Mosel findet sich Tonschiefer, an der Ahr und dem Unterrhein neben diesem Basalt, Grauwacke und Trachyt, in Rheinhessen und an der Bergstraße Löß, tertiäre, kalkige Lehmböden. Der Frankenwein wächst auf einem aus Muschelkalk, Keuper und Buntsandstein gebildeten Boden, der Pfälzer Wein auf lehmig-sandigem, zuweilen mit Kalk und Glimmer untermischtem, aus Löß und Buntsandstein entstandenem Boden. In Burgund herrscht als Weinbergsboden oolithischer Jura, in der Champagne Kreidekalkstein mit nur einer schwachen Erdschicht, in Beaujolais Granitboden, in Languedoc Alluvialboden vor.

Ähnliche Verschiedenheiten in den Weinbergsböden herrschen in Österreich und anderen Weinbaugebieten. Wesentlich günstig aber scheint überall ein gewisser Gehalt der Böden an Kalk, Kali und auch an Phosphorsäure zu sein.

Die Bodenbearbeitung erfordert, wie für alle Nutzpflanzen, so auch hier eine besondere Sorgfalt, einerseits um den Boden (durch tiefes Rigolen) zu lockern, wodurch ein erhöhter Luft- und Wasserzutritt, der weiter eine bessere Verwitterung hervorruft, bewirkt wird, andererseits um die störenden Unkräuter zu vertilgen.

Was die Wichtigkeit der Düngung anbelangt, so ist zu berücksichtigen, daß die Weinrebe dem Boden in einem Jahre annähernd so viel an den wichtigsten Pflanzennährstoffen entzieht, wie Kartoffeln und Rüben, und dementsprechend auch stark gedüngt werden muß, wobei allerdings in Betracht kommt, daß ein Teil der Wachstumserzeugnisse, wie Holz, Blätter, Gipfeltriebe, im Weingarten verbleiben[1]), und daß die Düngung sich hier wie bei allen Pflanzen

[1]) C. Neubauer rechnet in diesen Abfällen etwa 80 kg Stickstoff für 1 ha, während auf die Trauben für 1 ha rund 20 kg Stickstoff, 2,5 kg Phosphorsäure und rund 40 kg Kali für 1 ha entfallen.

nach jenem Nährstoff richtet, welcher in geringster Menge zur Verfügung steht. Als voller und zweckmäßigster Dünger gilt auch bei der Weinrebe der Stallmist, vorwiegend Rindviehmist — Pferde- und Schweinemist sind weniger beliebt —, von dem man bei einer Neuanlage für 1 ha reichliche Mengen, etwa 800 dz — oder 10 bis 16 kg für den Stock — gibt, später alle 2—3 Jahre nur 300—400 dz. Der Stallmist wird entweder im Herbst nach der Lese oder im zeitigen Frühjahr ausgestreut und eingehackt oder eingegraben. Ein Teil desselben kann auch durch künstliche Düngemittel (Stickstoff, Phosphorsäure und Kali) ersetzt werden. Die Düngung mit Kalisalzen hat sich vielfach als vorteilhaft erwiesen.

Eine gute und zweckmäßige Düngung erhöht nach vielen Versuchen nicht allein den Ertrag, sondern auch den prozentualen Gehalt an Zucker. Im allgemeinen gilt ein Ertrag an Weintrauben für 1 ha:

unter 25 hl	von 35—50 hl	50—75 hl	75—100 hl und mehr
als gering	mittelmäßig	groß	sehr groß.

Krankheiten der Weinrebe. Die Weinrebe ist vielfachen Krankheiten ausgesetzt, unter denen folgende die wichtigsten sind, nämlich:

1. Pflanzliche Schädlinge. a) Schwarzer Brenner (schwarze Flecken auf den Beeren, verursacht durch den Pilz Gloeosporium ampelophagum Sacc.); b) Schwarzfäule oder Black-Rot (braune Flecken auf Blättern und Trauben mit schwarzen Wärzchen, verursacht durch mehrere Pilze); c) Weißfäule oder White Rot (die Beeren werden weiß bis braun durch den Pilz Coniothyrium Diplodiella Sacc.); d) echter Meltau oder Äscherig (mehlige, weiße Flecken auf Blättern und Beeren durch Oidium Tuckeri Berk.; Gegenmittel: Bestäuben mit Schwefelpulver); e) falscher Meltau (Schimmelanflug auf der Blattunterseite, die Blattoberseite vergilbt durch Plasmopora oder Peronospora viticola; Gegenmittel: Kupferkalkbrühe); f) roter Brenner (stark rot gefärbte Stellen auf Blättern, verursacht durch Pseudopeziza trocheiphila; Gegenmittel wie bei e); g) Traubenfäule (verursacht durch Botrytis cinerea, unreife Trauben fallen beim Auftreten des Pilzes ab und faulen, bei reifen Trauben stellt sich durch ihn die wertvolle Edelfäule [S. 473] ein).

2. Tierische Schädlinge. a) Filzkrankheit (Gallen an den Weinblättern durch Phytoptus vitis); b) Springwurm, Sauerwurm (die Raupe des Springwurmwicklers, Tortrix Pilleriana, zerstört die Blätter, die des Traubenwicklers, Conchylis uvana und C. reliquana, die Blütenknospen und jungen Triebe); c) Rebenstecher, Rhynchites Betuleti (die Käfer nagen die eben treibenden Augen und die jungen krautigen Schoße aus); d) Reblaus, Phylloxera vastatrix; dieser seit den 1860er Jahren auftretende, gefürchtete Parasit tritt in zwei Formen auf, von denen die eine stets an den Wurzeln, die andere meist an den Blättern, zuweilen aber auch an den Wurzeln auftritt. Im Vorsommer finden sich an den Wurzeln stets ungeflügelte Tiere, welche sich ohne Befruchtung durch Eier fortpflanzen. Die aus den Eiern sich entwickelnden Läuse pflanzen sich in derselben Weise fort, so daß jährlich 8 Generationen folgen. Im Sommer erscheinen geflügelte Läuse, welche die Krankheit weiter verschleppen. Die ungeflügelten Läuse bohren die Wurzeln an, an denen sich dadurch Gallen bilden; die Wurzeln faulen dann ab und das ganze Wurzelsystem wird so allmählich vernichtet. Die blattbewohnende Laus erzeugt Gallen an den Blättern, in denen eine Laus mit ihren Eiern lebt. Im Herbst ziehen sich die Läuse von den Blättern an die Wurzeln zurück. Die blattbewohnende Generation kommt in Amerika und Frankreich häufig, in Deutschland nicht vor.

Man tötet die Reblaus vorwiegend durch Desinfektion des Bodens mit Petroleum oder Schwefelkohlenstoff.

I. Herbe (trockene) Weine. Gewöhnliche Trink- bzw. Tischweine.

Die Herstellung der herben (trockenen) Weine umfaßt folgende 7 Abschnitte: 1. die Ernte der Trauben, die Weinlese, 2. Bereitung der Traubenmaische, 3. das Abbeeren oder Entrappen, 4. Gewinnung des Mostes, 5. Vergärung des Mostes, 6. das Reifen des Weines, 7. die Zuckerung des Weines, 8. die erlaubte kellermäßige Behandlung des Weines, 9. sonstige Behandlungen des Weines.

1. Weinlese. Die Zeitbestimmung für die Vornahme der „Weinlese" gibt in den weinbautreibenden Gegenden oft Anlaß zu lebhaften Erörterungen; während die einen die Lese möglichst früh vornehmen möchten, sind die anderen der Meinung, daß man mit derselben so spät wie nur eben angänglich beginnen soll (S. 473). So lange die Trauben am Stocke nicht faulen und nicht zu viel von Wespen und Vogelfraß zu leiden haben, sollte die Lese tunlichst hinausgeschoben werden. Sobald aber starke Spätherbstfröste eintreten, kann mit der Weinlese nicht mehr gewartet werden, da sonst alle nicht völlig reifen Trauben erfrieren und der aus denselben bereitete Wein einen Frostgeschmack annimmt.

Im allgemeinen kann vom Zeitpunkt des Weichwerdens und Färbens der Trauben an schon Most aus denselben gewonnen werden; aber von diesem Zeitpunkt an bis zur vollen Reife können noch 1—3 Monate vergehen.

Als Kennzeichen, daß die Trauben reif sind, können nach Neßler folgende gelten:

1. Die Beeren sind weich, die Haut ist dünn und durchscheinend. 2. Die Stiele sind braun. 3. Sowohl die Beeren als die Trauben selbst lassen sich leicht loslösen. 4. Der Saft der Beeren ist dick, süß und klebend. 5. Die Samen sind frei von schleimiger Masse.

In anderen Fällen wird auch die sog. Überreife der Trauben, wie sie z. B. bei den Cibeben oder edelfaulen Trauben auftritt, als besonderer Vorteil angesehen. Die Bildung der Cibeben beruht auf einem Wasserverlust durch Verdunstung, welcher ein Einschrumpfen der Beeren zur Folge hat; sie tritt vorwiegend in südlichen Gegenden (Spanien, Griechenland u. a.) auf, wo die Trauben schon ihre Vollreife erreicht haben, wenn die Temperatur der Luft noch eine sehr hohe ist. In nördlichen Gegenden findet eine solche vollständige Cibebenbildung nur selten, nämlich nur dort und dann statt, wo bzw. wann ein mehr kontinentales Klima mit warmem, trockenem Herbst herrscht, z. B. in Ungarn, wo aus den Cibeben der Traubensorte Mosler der berühmte Tokayer Ausbruch gewonnen wird.

Die Edelfäule (S. 473) wird dagegen nur in Gegenden mit feuchten, nebeligen Herbsten, aber auch nur bei hochreifen Trauben beobachtet; herrscht gleichzeitig trockene Witterung, so tritt auch bei den edelfaul gewordenen Trauben ein Einschrumpfen ein und liefern solche Trauben gerade die hochwertigsten Rhein- und Bordeauxweine. Derartige eingetrocknete Trauben werden selbstverständlich besonders gelesen (gesammelt), auch sucht man durch Auslesen der verschiedenartig gefärbten Trauben, der naßfaulen, kranken und unreif eingetrockneten, der an verschiedenen Stellen des Stockes wie der Lage gewachsenen Trauben eine Trennung der besseren von den minderwertigen Trauben zu erzielen. Vielfach überläßt man die geernteten Trauben einer Nachreife und einer künstlichen Trocknung, wodurch für die Süßweinbereitung ein konzentrierter Most bzw. Wein gewonnen wird, z. B. der rheinische Strohwein, so genannt, weil die Trauben auf Stroh ausgebreitet der Trocknung überlassen werden.

In verschiedenen Fällen, besonders für Gewinnung von sog. Qualitätsweinen, ist es von Wichtigkeit, schon in den Weinbergen eine Sonderung der Trauben je nach Art, Reife und Gesundheitszustand vorzunehmen.

Sammelgefäße von Metall, besonders von Zink, sind zu vermeiden.

Die Witterung ist ebenfalls bei der Lese von wesentlichem Belang. Die Lese soll tunlichst bei trockener Witterung vorgenommen werden, weil nach einem Regen oder bei starker Taubildung 3—6% Wasser an den Trauben hängen bleiben und eine Vermehrung des Wassers im Most bedingen können.

Die Temperatur, die in der Lesezeit in den Weinbergen noch zwischen 1—2° (am Morgen) und 20—25° (am Mittage) schwanken kann, ist insofern von großer Bedeutung, als sich die Temperatur der Trauben dem Moste mitteilt und ein Most von niederer Temperatur nur langsam, der von hoher Temperatur sehr stürmisch gärt und letzterer eine besonders sorgfältige Behandlung erheischt.

Die einzelnen Teile der Weintraube. Für die weitere Behandlung der Weintrauben ist es von Belang, die Zusammensetzung und Beschaffenheit der einzelnen Teile derselben kennenzulernen. Die Weintraube besteht aus den „Kämmen" oder „Rappen"[1] (Spindel, Seitenäste und Beerenstiele), den Beeren (bald kugelig, bald länglich) weiter aus der Beerenhaut (Beerenhülse), dem saftreichen Beerenfleisch, dem mittleren zarten Zellgewebe (Butzen) und den Samenkernen, von denen in jeder Beere zwei vorhanden zu sein pflegen[2].

Der Gehalt der einzelnen Traubensorten an den genannten Rebteilen ist sehr verschieden und schwankt in Prozenten der Trauben z. B. für:

Kämme	Hülsen	Fruchtfleisch	Kerne in 100 Beeren
2,6—6,4%	4,5—24,1%	70,0—88,0%	160—290 Stück.

a) Die Kämme gehören eigentlich noch zu den grünen Bestandteilen der Rebe und beeinträchtigen in unreifem, fleischigem, noch nicht verholztem Zustande, wenn sie vor der Gärung nicht entfernt werden, den Geschmack des Weines, indem sie demselben nicht nur Gerbsäure, sondern auch unangenehme Geschmackstoffe (grüner Geschmack oder Kammgeschmack genannt) mitteilen.

Weinstein und Äpfelsäure sind in grünen Kämmen reichlich, in reifen oder verholzten nicht mehr oder nur in unbedeutender Menge vorhanden.

b) Die Hülsen (Haut oder Schalen) der Trauben, welche aus mehreren Zellreihen bestehen, sind zunächst mit einem wachsartigen Körper überzogen, welcher den eigenartigen Duft bedingt und nach E. Blümml aus den Glycerinestern der Stearin-, Palmitin-, Laurin-, Myristin-, Pelargon- und Oenanthylsäure besteht; sie sind (in den dem Gefäßbündelnetz naheliegenden Zellen) reich an Gerbsäure und enthalten in den äußersten Zellenreihen neben Weinstein und oxalsaurem Calcium Farbstoff, der in der Beschaffenheit bei allen gefärbten (rot, grau oder schwarz gefärbten) Trauben gleich zu sein scheint, dessen verschiedene Stärke (Farbenton) einerseits nur von der Anzahl der mit Farbstoff durchdrungenen Zellreihen und von der Menge des abgelagerten Farbstoffes, andererseits von dem Verhältnis zwischen der Menge Farbstoff und Säure abhängt.

Wie von den Bestandteilen der Kämme, so geht auch von denen der Hülsen beim Keltern der größte Teil mit in den Most über.

c) Die Kerne (Samen) der Trauben sind vorwiegend reich an Gerbstoff und Fett: Letzteres besteht nach Fitz aus den Glycerinverbindungen der Stearin-, Palmitin- und Erukasäure, welche letztere ungefähr die Hälfte der Säuren bilden soll. Das Fett enthält aber auch große Mengen Oxyfettsäuren, ist grün gefärbt und wird als Brenn- wie Speiseöl verwendet.

Die Gerbsäure geht beim Vergären anscheinend fast ganz in den Wein über, weil die Kerne aus vergorener Maische nach Versuchen in St. Michele fast gar keine Gerbsäure mehr enthielten. Die Rebkerne enthalten ferner nach dortigen Versuchen in der verholzten Schicht etwas Vanillin (S. 496), nämlich schätzungsweise etwa 0,015%.

Girard und Lindet[1]) fanden in den Traubenkernen wie -kämmen einen harzartigen Körper, Phlobaphen, welcher das Tannin begleitet, wahrscheinlich ein Reservestoff ist, und für den sie die empirische Formel $C_{34}H_{30}O_{17}$ angeben.

d) Das Beerenfleisch (Fruchtfleisch) entspricht bis auf das Zellengewebe (2—4%) in seiner Zusammensetzung dem Most (vgl. diesen).

---

[1]) Die allgemeine Zusammensetzung der einzelnen Teile der Weintrauben ist folgende:

	Wasser	Stickstoff	Fett	Gerbstoff	Pentosane	Rohfaser	Asche
Kämme . . .	55,0—78,0	0,21—0,62	1,27—3,17	1,27—3,17	1,65	4,72	1,3—5,5
Beerenhaut . .	62,0—80,0	0,15—0,49	0,10	0,4 —4,0	1,33	3,5	0,5—1,0
Samenkerne .	31,8—51,4	0,78—2,03	10,0—19,0	1,80—8,05	3,87—4,54	—	1,3—2,0

Über die Zusammensetzung der Asche dieser Teile vgl. Tab. III, Nr. 284—287.

[2]) Die Korinthen haben keine Kerne.

2. Die Bereitung der Maische. Bei Weißweinen werden die Weintrauben meistens mit den Kämmen, Hülsen und Kernen zerquetscht und der Saft ablaufen gelassen. Das Zerquetschen bewirkte man früher durch hölzerne Stößel, jetzt meistens durch die Traubenmühlen. Vielfach wird das Zerquetschen schon in den Weinbergen vorgenommen und die Maische in Fässern unter Dach gebracht. Es ist hierbei zu beachten, daß die Trauben alsbald nach der Lese, bevor noch eine Gärung eingetreten ist, nicht zu stark abgepreßt werden, daß dabei ferner die Trester nicht zu viel und zu lange mit Luft in Berührung kommen. Die Nichtbeachtung des ersten Umstandes bedingt einen zu hohen Gerbstoffgehalt im Wein, der erhöhte Luftzutritt dagegen eine Oxydation von Farbstoffen usw. in den Hülsen, welche eine unschöne bräunliche Färbung sowie einen Trestergeschmack des Weines zur Folge hat.

3. Abbeeren oder Entrappen. Bei den besseren Weißweinen und besonders bei Rotweinen werden vor dem Zerquetschen der Beeren die Kämme von letzteren entfernt, weil sie dem Rotwein leicht einen rauhen, unreinen (sog. grünen) Geschmack erteilen und zwar um so mehr, je weniger reif bei den einzelnen Sorten die Trauben gelesen werden, je üppiger bei den einzelnen Sorten die Kämme entwickelt sind und je größer demnach ihr Gewicht im Verhältnis zu dem der Beeren ist. In den französischen Rotweingegenden (Burgund, Medoc) beläßt man in Jahren, in welchen die Trauben eine hohe Reife erzielt haben, wenigstens einen Teil der Kämme in der gärenden Maische, während sie in ungünstigen Jahren entfernt werden.

Auch schimmelige und faule Trauben sind für die Rotweinbereitung zu entfernen, weil sie die Farbe des Rotweines beeinträchtigen.

Zum Abrebbeln der Trauben, d. h. Trennen der Beeren von den Kämmen, bedient man sich vielfach einfacher Drahtsiebe mit 15—20 mm weiten Maschen, auf welche die Trauben geschüttet und so lange mit den Händen oder Holzkrücken behandelt werden, bis die Beeren durchgefallen sind. Auch die Rebbelmaschinen enthalten ähnliche Drahtsiebe für die Trennung von Beeren und Kämmen.

4. Gewinnung des Mostes. Zur Gewinnung des Mostes aus der Maische bei Weißwein bedient man sich in südlichen Ländern vielfach des einfachen Austretens in schräg gestellten Bottichen mit Ausfluß mittels der Füße; jetzt geschieht das fast allgemein durch Ausschleudern (Zentrifugieren wie bei der Zuckergewinnung) oder noch mehr durch Pressen oder Keltern. Bei den Pressen unterscheidet man den Preßkorb, der die Maische aufnimmt, die Preßplatte (oder Preßboden), welche auf der auszupressenden Maische ruht und aus Holz, Stein oder gußeisernen Platten besteht, und ferner aus der eigentlichen Preßvorrichtung, welche sehr verschiedenartig eingerichtet ist. Man unterscheidet Hebel- oder Baumpresse, Doppelhebelpresse, Galgenpresse, einfache und doppelte Spindelpresse, Spindelpresse mit Zahnradübertragung (neue rheinische Presse), Kniehebelpresse, die sich jetzt vielfach einführende Duchschersche Differentialhebelpresse und hydraulische Pressen, deren Herstellung aber im allgemeinen noch zu teuer ist. Statt der üblichen Gefäße aus Holz können auch solche aus Eisen angewendet werden, wenn es frei von Rost ist und blank gehalten wird.

Das Pressen soll im Anfange weniger rasch und so vorgenommen werden, daß der Most genügend Zeit zum Ablaufen hat. Unter Scheitern der Maische versteht man das Herrichten derselben zu wiederholtem Pressen, was dann vorgenommen wird, wenn die nur einmal gepreßte Maische durch Übergießen des Preßrückstandes (der Trester) mit Zuckerwasser nicht zur Herstellung eines Tresterbranntweines oder eines Nachweines benutzt werden soll. In Österreich nimmt man das Scheitern in der Weise vor, daß man den zum ersten Male gepreßten Maischstock (Tresterballen) aus der Presse vollständig herausnimmt, mit den Händen lockert und zum zweiten Male preßt; durch 2—3 maliges Wiederholen dieser Behandlung, ja bis zum zehnten Male, lassen sich noch immer neue Mostmengen, allerdings von stetig geringerer Menge und Beschaffenheit gewinnen. Am Rhein besteht das Scheitern, oder richtiger Schneiden genannt, darin, daß man den Preßrückstand behufs Gewinnung neuer Mengen Most mit den Trebermessern zerschneidet und die zerschnittene Masse weiter preßt. Dieses

Verfahren ist aber weniger empfehlenswert, weil dadurch auch Kämme und Kerne zerschnitten werden, deren Inhalt die Beschaffenheit des Mostes sehr beeinträchtigt.

Unter Abschöpfwein versteht man den aus einem freiwillig abgeflossenen Most gewonnenen Wein; er ist der wertvollste; darauf folgt der Vorlauf, der nur durch schwaches Pressen gewonnen ist, weiter die Nachdruckerzeugnisse, die um so geringwertiger sind, je stärker und öfter gepreßt wurde.

Aus 106—112 kg Trauben gewinnt man durchschnittlich 1 hl Maische und aus 100 Teilen Maische 75 Teile Most und 25 Teile Treber mit Schwankungen von 60—80% Most und 40 bis 20% Trebern.

Bei der Mostbereitung ist auch die Temperatur der Trauben (S. 637) zu beachten; dunkle Trauben können durch die Sonnenwärme auch im Herbste bis zum Nachmittage eine Temperatur bis zu 35, ja 40° annehmen. Aus solchen heißen Trauben gehen naturgemäß mehr Bestandteile, besonders mehr Weinstein, in den Most; die Hauptgärung, deren günstigste Temperatur zwischen 15—25° liegt, setzt zu stürmisch ein, infolgedessen die Hefen bald absterben, ein Teil des Zuckers unvergoren bleibt und leicht stichige oder unharmonische Weine erzielt werden.

Der gekelterte Most enthält zuweilen noch Schwebestoffe, welche die spätere Klärung beeinträchtigen können; um ihn hiervon zu befreien (zu entschleimen), wird er auf ein stark geschwefeltes Faß abgezogen und einige Zeit der Ruhe überlassen. Um alsbald eine kräftige Gärung zu erreichen, wird er auch gelüftet, was dadurch erreicht wird, daß man ihn mittels des Reißrohres in dünnen Strahlen auf ein neues Faß abzieht.

Für die Haltbarmachung oder um ihn für die Vergärung mit Reinhefen vorzubereiten, wird der Most auch pasteurisiert, d. h. auf 70—90° erhitzt[1]). Hierdurch werden aber nicht nur schädliche Kleinwesen abgetötet, sondern auch nützliche, z. B. auch diejenigen Kleinwesen, welche die Bukettbildung verursachen und den Säure- (Äpfelsäure-) Rückgang bewirken.

Für den Versand wird der Most auf ein Viertel des ursprünglichen Volumens eingedampft; solche konzentrierte Moste (aus Italien und Sizilien) enthalten z. B. in 100 g 60,7—70,3 g Invertzucker und 0,17 g (in einer entsäuerten Probe) bis 1,38 g Säure (= Weinsäure).

Vertjus (Grünsaft). Unter diesem Namen kommt von Frankreich aus ein durch Eindampfen konzentrierter Most in den Handel, welcher zur Herstellung von Bratenwürze dient.

Federweißer. Ein beliebtes Weingetränk bildet auch der sog. „Federweißer" (Brausewein, Sauser), jenes Erzeugnis, welches zwischen Most und Wein steht. Der Federweißer ist ein in voller Gärung befindliches Getränk und wird im Herbst an manchen Orten viel getrunken. Zum Zwecke des Versandes wird derselbe stark geschwefelt.

Zusammensetzung des Mostes. Unter „Traubenmost" oder „Weinmost" (Weinmaische) versteht man den aus zerquetschten oder gestampften frischen Trauben gewonnenen Saft, dessen Zuckergehalt nur zum Teil — auf weniger als ein Drittel — vergoren ist.

Ist der Zucker zu einem Drittel des ursprünglichen Gehaltes vergoren, so fällt das Erzeugnis unter den Begriff „Wein".

Wesentlich für einen normalen Weinmost ist die Herstellung aus vollkommen ausgereiften fehlerfreien Trauben. Nicht ausgereifte oder unter dem Einfluß von Pilzen, Insekten oder besonders ungünstigen Witterungsverhältnissen entwickelte Trauben liefern einen anormalen Most. Wenn derselbe im Geruch und Geschmack oder in der äußeren Beschaffenheit von normalem Most mit einem eigentümlichen, aromatischen Geruch und säuerlich-süßem Geschmack so weit abweicht, daß er nicht mehr genossen werden kann, so gilt er als verdorben.

[1]) Pasteurisierter Most kommt auch als „alkoholfreier Traubensaft" oder als „alkoholfreier Most" in den Handel.

Die wesentlichsten Bestandteile des Traubenmostes sind Glykose und Fructose, die annähernd in gleichem Verhältnis vorkommen, von denen die Glykose wegen ihrer leichteren Diffusionsfähigkeit im allgemeinen schneller vergärt als die Fructose; ferner die Säuren, als welche im Most von guten und gut ausgereiften Trauben vorwiegend Weinsäure neben wenig Äpfelsäure vorkommt; in schlechten Jahrgängen, in denen die Moste mehr oder weniger den Säften aus unreifen Trauben gleichen, treten im Most größere Mengen Äpfelsäure, Gerbsäure — auch bei Weißweinen —, weiter auch Citronensäure (0,015—0,045 g in 100 ccm Most), Oxalsäure, Glykolsäure und Bernsteinsäure auf. (Vgl. weiter unten, Wein S. 661.)

Der Gehalt des Mostes an Zucker und Säure ist je nach der Weinrebe, Lage, Bodenart, Düngung, dem Jahrgang und der Witterung sehr verschieden. So ergaben sich nach der amtlichen Weinstatistik im Deutschen Reiche folgende Schwankungen in denselben Weinbaugebieten:

	Grade Öchsle	Zucker[1]	Säure (in 100 ccm)
Gutes Weinjahr 1911 . . .	40—209	5—49%	0,39—1,61 g
Schlechtes „ 1912 . . .	21—106	3—22%	0,71—2,80 g

Selbst in derselben Lage, z. B. Bernkastel (Haargarten) ergaben sich in den Jahren 1907—1911 Unterschiede im Gehalt von 18,9—20,9 g Zucker und 1,05—1,25 g Säure, während in demselben Jahre (1908) und derselben Gemarkung (Geisenheim), aber in verschiedenen Lagen mit verschiedenem Boden, Unterschiede von 20,0—23,2 g Zucker und 1,00—1,35 g Säure in 100 ccm Most auftraten. Die Güte des Mostes erhellt am besten aus dem Verhältnis von Säure: Zucker; er ist um so besser, je weiter dieses Verhältnis ist und umgekehrt. So ergab eine Anzahl Rheingau- und Moselmoste in 5 verschiedenen Weinjahren im Mittel auf 1 Gewichtsteil Säure folgende Gewichtsteile Trockenextrakt (vorwiegend Zucker), nämlich:

Moste	1907 Mittelmäßig	1908 Mittelmäßig	1909 Gering	1910 Schlecht	1911 Gut
Rheingau-	15,8	18,2	17,8	12,1	30,2
Mosel-	13,5	15,7	13,2	14,2	20,4

Rote Trauben liefern in verschiedenen Witterungsjahren Moste mit geringeren Gehaltsschwankungen als weiße Trauben. So schwankte bei den Mosten des Ahrgebietes in den obigen Jahren 1907—1911 der Gehalt an Extrakt-Trockensubstanz nur zwischen 16,55—23,98 g, der an Säure nur zwischen 0,66—1,40 g in 100 ccm Most.

Der Gehalt an Äpfelsäure kann in den Mosten verschiedener Lage und Weine recht beträchtlich sein; so wurden in 100 ccm fränkischer und anderer Moste auf 0,91—1,25% Gesamtsäure (Weinsäure) 0,54—0,89 g Äpfelsäure gefunden[2]).

[1]) Man pflegt den Zuckergehalt aus den Graden Öchsle in der Weise zu berechnen, daß man diese durch 4 dividiert und von der Zahl 3 abzieht.

[2]) Inwieweit die sonstigen Bestandteile des Mostes in den einzelnen Jahren noch schwanken können, mögen folgende Untersuchungen über Forster Most (Rheinpfalz, Gemisch von Österr.-Riesling-Trauben) zeigen:

Jahrgang	Allgemeine Beschaffenheit	Spezifisches Gewicht	Bereits gebildeter Alkohol	Extrakt	Gesamt-Zucker	Glykose	Fructose	Gesamt-Säure = Weinsäure	Weinsäure Gesamte	Weinsäure Halbgebundene	Äpfelsäure	Mineralstoffe	Alkalität der Asche (in ccm N-Kali)	Nichtzucker Gesamt (g in 100 ccm)	Nichtzucker Säurefrei (g in 100 ccm)	Polarisation (Grade im 200 mm Rohr)
			g in 100 ccm Most													
1893	Gut	1,1152	0,22	29,94	26,86	12,92	13,94	0,54	0,43	0,43	0,30	0,430	4,6	3,08	2,54	—13,08
1894	Mittelmäßig	1,0874	0,07	21,88	19,20	9,45	9,75	1,16	0,37	0,37	0,87	0,404	4,3	3,68	2,52	—8,69
1895	Gut	1,0981	0,13	25,58	23,10	11,40	11,70	0,58	—	—	—	0,436	4,2	2,48	1,90	—20,79
1896	Schlecht	1,0775	0	20,38	17,98	9,09	8,89	1,07	—	—	—	0,284	2,9	2,40	1,33	—8,15

Der Stickstoffgehalt schwankte in 100 ccm Most nach 17 Bestimmungen zwischen 0,084—0,1484 g; davon waren nach K. Windisch 0,0128—0,0180 g Amid-, 0,0147—0,0217 g Ammoniakstickstoff.

An Pentosanen wurden 0,183—0,480 g, an Asche 0,170—0,488 g in 100 ccm Most gefunden. Über die Zusammensetzung der Asche vgl. Tab. III, Nr. 287.

5. Vergärung des Mostes. Überläßt man Most oder Rotweinmaische bei geeigneter Temperatur sich selbst, so geht der Most bzw. die Maische nach kurzer Zeit in alkoholische Gärung über. Jene Organismen, welche die Vergärung des Mostes verursachen, haften in sehr großen Mengen an allen Teilen der reifen Trauben und gelangen auf diese Weise in die Maische und den Most.

Es sind vorwiegend die Weinhefen (Saccharomyces vini bzw. S. ellipsoideus; daneben kommen vor: S. apiculatus, Schleimhefen, Kahmhefen (Mycoderma vini), Essig-, Milchsäure- und Schleimbakterien sowie Schimmelpilze. Es kommt darauf an, die Gärung so zu leiten, daß die echten Weinhefen zur vollen Wirkung gelangen und die anderen Kleinwesen nicht aufkommen lassen.

Die Weingärung zerfällt wie die des Bieres in eine Haupt- und Nachgärung, die bei Weiß- und Rotwein verschieden verläuft.

a) Bei ***Weißwein.*** Der tunlichst gleich nach der Lese gekelterte weiße Most [1]) wird auf Temperaturen von 10—20°, am besten durchweg auf 15°, erwärmt [2]) und in ein reines [3]), nicht geschwefeltes Faß von Eichenholz gegeben, welches etwa zu $^1/_{10}$—$^1/_8$ leer belassen und dessen Spundloch mit einem Sandsäckchen oder einem Gärspunde geschlossen wird. Die Gärspunde sind verschieden, aber alle so eingerichtet, daß die sich entwickelnde Kohlensäure aus dem Faß wohl entweichen, aber keine Luft zutreten kann. Bei großer Wärme kann die erste Hauptgärung schon nach 5—8 Tagen beendet sein, bei niederer Gärtemperatur 2—3 Wochen dauern; die Fässer werden dann meistenteils spundvoll aufgefüllt und fester verspundet, aber auch so, daß noch Kohlensäure entweichen kann. Der Wein fängt an sich zu klären und wird zum ersten Male (Dezember bis Januar) vom Weingeläger abgezogen — Weine mit Schwefelwasserstoff-Geruch von stark geschwefelten Trauben müssen behufs Zuführung von viel Luft öfters abgezogen werden —; das Weingeläger wird entweder abgepreßt oder in ein frisch geschwefeltes Faß gebracht und absetzen gelassen, um so noch Trubwein und dicke Hefe zu erhalten. Bei der zweiten Gärung, der Nachgärung, wird, wenn die Temperatur des Kellers eine genügend hohe und genügend Hefe vorhanden ist, unter Bildung eines zweiten Weingelägers fast aller Zucker vergoren, der Wein tritt in den eigentlichen Weinzustand und kann im März und April behufs weiterer Nachgärung und Schulung aus dem Gär- in den Lagerkeller übergeführt werden.

Ist die Temperatur des Gärkellers eine zu niedrige, so kann sich die Nachgärung bis in den Sommer und noch länger hinausziehen und muß unter Umständen frische Hefe zugesetzt werden.

Während der Hauptgärung empfiehlt sich ebenso wie beim frischen Most eine Lüftung des Mostes, welche durch Umrühren desselben oder durch Ablassen und Wiederzusetzen des Mostes durch die Spundöffnung oder durch die Mostpeitsche erreicht werden kann.

Das Lüften ist besonders bei zucker- und proteinreichen Mosten zu empfehlen und auch dann, wenn die Bedingungen zur Einleitung einer stürmischen Gärung ungünstig

---

[1]) In Tirol läßt man auch Weißweine auf Trestern vergären, aber dadurch werden nur rauhe, bitter schmeckende Weine erhalten.

[2]) Entweder läßt man den ganzen Most durch eine aus Zinn bestehende Heizschlange eines Pasteurisierapparates fließen, oder man erhitzt einen Teil des Mostes auf 60—70° und vermischt diesen mit dem übrigen Most, so daß die richtige Temperatur erzielt wird.

[3]) Die Reinigung frischer oder alter, lange nicht gebrauchter Fässer mit schwefelsäure- und sodahaltigem Wasser ist von wesentlicher Bedeutung.

sind, z. B. bei einer zu niedrigen Temperatur im Gärraum. Durch das Lüften darf aber der Most nicht abgekühlt werden.

Für die Anwendung von Reinzuchthefe (vgl. S. 597) sollte der Most vorher entweder durch direkte Einleitung von Wasserdampf oder indirekt durch Schlangenrohre, durch welche siedendes Wasser geleitet wird, bei etwa 60° sterilisiert (pasteurisiert) werden; auch durch vorheriges Waschen der Trauben mit Wasser, welches schweflige Säure enthält, könnte eine Entfernung der an der Traubenoberfläche haftenden Hefen bewirkt werden; indes ist diese Behandlung vielfach zu lästig und begnügt man sich meistens damit, daß man die frische, in voller Vermehrung begriffene Reinhefe sofort nach dem Maischen oder Keltern dem Moste (auf 1 hl Most etwa 3/4 l Hefenmasse) zusetzt. Die Reinhefe wird nach Wortmann in der Weise hergestellt, daß man in einer 3/4 l fassenden Flasche 400 ccm Traubenmost sterilisiert, unter Abhaltung von Luft erkalten läßt, mit der betreffenden Heferasse impft und bei 20° vergären läßt; die überstehende Flüssigkeit wird abgegossen und der Bodensatz (Trub) als Anstellhefe benutzt[1]).

Hat man keine Reinhefe zur Verfügung, so empfiehlt es sich, vor der eigentlichen Weinlese einen Teil ganz gesunder Trauben in sehr reinlicher Weise zu keltern und den aus ihnen gewonnenen Most, sobald er sich in voller Gärung befindet, dem Hauptmost aus der Weinlese zuzusetzen.

Die vollkommene Vergärung erkennt der Winzer am Geschmack; den sichersten Aufschluß gibt eine Bestimmung des Zuckergehaltes.

b)* Bei *Rotwein. Für die Hauptgärung des Rotweinmostes ist eine hohe Temperatur (15—18°) noch wichtiger als bei der des Weißweinmostes, weil die Hauptgärung bei Rotwein an sich länger dauert als bei Weißwein. Bei hoher Gärtemperatur (15—18°) verläuft die Hauptgärung in 8—10 Tagen, bei niedrigeren Temperaturen nimmt sie 2—3 Wochen in Anspruch, und dann entwickeln sich neben der Hefe häufig andere Organismen, welche die Güte des Weines beeinträchtigen und besonders den Essigstich bewirken.

Man unterscheidet bei der Gärung der Rotweinmaische eine geschlossene und eine offene Gärung. Bei der geschlossenen Gärung wird die Maische in eine verschließbare Gärkufe oder in ein Faß zu etwa 4/5 des Rauminhaltes gefüllt und das Gärgefäß mit einem Gärspunde wie bei Weißweinmost verschlossen. Durch die während der Gärung entweichende Kohlensäure werden die Trester gehoben und bilden an der Oberfläche einen sog. Hut, welcher nach beendeter Gärung, wenn der Wein nicht früher abgezogen wird, nach und nach zu Boden sinkt. Die geschlossene Gärung verläuft indes infolge mangelhaften Luftzutrittes zum Most verhältnismäßig langsam und hat ferner den Übelstand, daß keine richtige Auslaugung des Farbstoffes der Hülsen aus dem trockenen Hut statthat, oder der Jungwein zu lange mit den Trestern in Berührung bleiben muß, wodurch die Reinheit und Feinheit des Geschmackes leiden. Aus dem Grunde wird die geschlossene Gärung auch in der Weise durchgeführt, daß

---

[1]) Für die weitere Anwendung der Reinhefe werden Gebrauchsanweisungen beigefügt, worauf verwiesen werden kann.

Die Verwendung der Weinhefe zum Vergären des Mostes ist unter folgenden gesetzlichen Bestimmungen erlaubt:

a) Die Verwendung von frischer, gesunder, flüssiger Weinhefe (Drusen) oder von Reinhefe, um die Gärung einzuleiten oder zu fördern; die Reinhefe darf nur in Traubenmost gezüchtet sein. Der Zusatz der flüssigen Weinhefe darf nicht mehr als 20 Raumteile auf 1000 Raumteile der zu vergärenden Flüssigkeit betragen; doch darf diese Hefenmenge zuvor in einem Teil des Mostes oder Weines vermehrt werden. Dabei darf der Wein mit einer kleinen Menge Zucker versetzt und von Alkohol befreit werden.

b) Die Verwendung von frischer, gesunder, flüssiger Weinhefe (Drusen), um Mängel von Farbe oder Geschmack des Weines zu beseitigen. Der Zusatz darf nicht mehr als 150 Raumteile auf 1000 Raumteile Wein betragen. Ein Zusatz von Zucker ist hierbei nicht zulässig.

in dem Gärständer oben in $^1/_4$ oder $^1/_3$ Höhe ein mit kleinen Löchern versehener Doppelboden angebracht wird, welcher die aufsteigende Kohlensäure durchtreten läßt, die Treber aber zurückhält; es wird so viel Maische eingefüllt, daß der Siebboden vollständig von Flüssigkeit bedeckt ist, dann das Gefäß durch ein Türchen geschlossen, in dessen Spundöffnung ein Gärspund mit Wasserverschluß angebracht wird. Da hier die Treber stets in der Flüssigkeit untertauchen, kann eine vollständige Auslaugung stattfinden, und da der obere leere Raum des Gärständers mit Kohlensäure angefüllt ist, so ist eine Essigsäurebildung nicht zu befürchten.

Indes verläuft auch bei dieser Einrichtung infolge mangelhaften Luftzutrittes die Hauptgärung nur langsam und wird aus dem Grunde bei Rotweinmaische vielfach die offene Gärung angewendet, indem zu derselben oben völlig offene Gefäße angewendet werden. Auch hierbei bildet sich ein trockener Hut, der wegen der beständig zutretenden Luft leicht eine zu starke Essigsäurebildung zur Folge haben kann. Um dieses zu vermeiden, muß der Hut wiederholt und so lange eingestoßen werden, bis die Hauptgärung beendet ist. Man kann aber auch bei der offenen Gärung einen Siebboden, der die Treber untergetaucht hält, wie bei der geschlossenen Gärung anwenden oder die offene Gärung mit der geschlossenen verbinden, indem man nach Ablauf der ersten stürmischen Gärung das Gefäß mit einem Deckel verschließt. Im übrigen wird die Hauptgärung bei Rotweinmaische in den einzelnen Ländern sehr verschieden gehandhabt.

Die Nachgärung des Rotweines verläuft, da die Vergärung des Zuckers während der Hauptgärung infolge der Berührung mit den lufthaltigen Trestern durchweg vollständiger ist als bei Weißweinmost, verhältnismäßig schnell. Ist die Hauptgärung (Dezember bis Januar) beendet, so wird der Wein von den Trestern abgezogen und in einem Fasse der Nachgärung unterworfen. Will derselbe nach dieser zweiten Gärung noch immer nicht zur Ruhe kommen, so wird er in einem Pasteurisierapparat auf 20—25° erwärmt, und bei dieser Temperatur ist die Nachgärung bald vollendet.

Für die Anwendung von Reinhefe gilt dasselbe, was bei der Gärung der weißen Moste gesagt ist.

Es gilt sowohl für Weißwein wie Rotwein als fehlerhaft, die vergorenen Moste zu lange auf der Hefe zu belassen. Solche Weine werden leicht zähe, schlagen um oder bekommen andere Krankheiten.

c) Schillerweine oder ***Schilcher.*** Diese schwach oder halbrot gefärbten Weine werden erhalten entweder durch Vergärenlassen des Rotweinmostes nur während ganz kurzer Zeit, oder durch Vermischen und Vergären von weißen und blauen Trauben oder durch Aufschütten weißen Mostes auf die nach Abzug des Rotweines zurückbleibenden, halb ausgelaugten Trester — von schwach gefärbten Trauben; farbstoffreiche Trauben können nach Abzug des Rotweines durch Aufschütten von weißem Most ein zweites, ja drittes Mal noch ziemlich gefärbte Erzeugnisse liefern.

Wenn die Hauptgärung auf den Trestern bei Rot- und Schillerweinen beendet ist, wird der Wein abgezogen oder auch abgepreßt. Letzteres ist aber im allgemeinen nicht zu empfehlen, und wenn es geschieht, dann soll es, um einen durch Luftzutritt bedingten Hülsengeschmack des Weines zu vermeiden, tunlichst rasch geschehen.

d) Weißherbst oder ***Klarettwein.*** Diese Weine werden in ähnlicher Weise erhalten (S. 633).

Veränderungen bei der Gärung. Über die bei der Gärung auftretenden Erzeugnisse vgl. S. 594 und weiter unten. Im gärenden Moste vollziehen sich noch einige sonstige Veränderungen, welche darin bestehen, daß der sich bildende Alkohol einerseits schwer lösliche Bestandteile, wie saures weinsteinsaures Kalium (Weinstein), weinsteinsaures Calcium, Gummi- und Pectinstoffe sowie gelöste Proteine ausfällt — letztere, die bei der Gärung überhaupt sehr abnehmen, um so vollkommener, je mehr Gelegenheit dem Moste geboten ist, größere Mengen Gerbsäure aus den Hülsen, Beeren oder Kernen auszuziehen —, andererseits lösliche Bestandteile aus den Trestern (Kernen, Hülsen und Kämmen) löst. Besonders ist es bei der Gärung der Rotweinmaische der blaue Farbstoff, welcher aus den Hülsen der roten oder blauen Trauben durch den Alkohol ausgezogen und durch die vorhandene Säure in Rot verwandelt wird; ferner auch ohne Zweifel Bukettstoffe, welche aus dem Mark der Beeren gelöst werden. Wichtig ist auch die Lösung des Gerbstoffes für Rotweine, die wie die des Farbstoffes um so rascher und vollständiger erfolgt, je höher die Temperatur bei der Gärung steigt, und je mehr die Trester mit dem gärenden Wein in Berührung kommen; auch das Chlorophyll und seine Abkömmlinge können aus den Kämmen und Hülsen gelöst werden, sie beeinträchtigen aber die Farbe und den Geschmack des Weines.

Mitunter vollziehen sich auch Reduktionsvorgänge im gärenden Most; so bildet sich fast immer Schwefelwasserstoff, wenn die Trauben zur Zerstörung des Oidiums geschwefelt wurden; aber auch aus Sulfaten kann unter dem Einfluß von Bakterien Schwefelwasserstoff gebildet werden. B. Haas stellte fest, daß bei einer sehr stürmischen Gärung Schwefelsäure auch zu schwefliger Säure reduziert wurde.

Abfälle. Die Abfälle bei der Gärung der Moste sind das Weingeläger oder Weinlager (beim Weißwein), der Rohweinstein und die Trester.

1. Das Weinlager besteht vorwiegend aus Hefe und Weinstein neben einigen anderen Bestandteilen. Aus 1 hl Most setzen sich zwischen 300—500 g Weinstein ab. Letzterer bildet häufig in den Fässern, worin wiederholt Most vergoren wurde oder Jungwein gelagert hat, ganz dicke Krusten, welche als Rohweinstein zwischen 38—94% (durchweg 70—75%) saures weinsaures Kalium enthalten; mitunter schließt der Rohweinstein auch größere Mengen weinsaures Calcium ein; J. C. Sticht fand z. B. in spanischem Rohweinstein bis 52,0% weinsaures Calcium.

Für die Weinhefe fand J. Neßler bei 21% Trockensubstanz:

0,76% Stickstoff, 0,29% Phosphorsäure und 3,20% Kali.

Das Weingeläger wird häufig, wenn es frisch und gesund ist, mit Zuckerwasser übergossen und nochmals der Gärung unterworfen; man erhält auf diese Weise den Hefenwein, der einen geringwertigen Haustrunk abgibt.

Empfehlenswerter ist die Verwendung des Weinlagers, nachdem es durch Filtrieren oder Pressen von dem größten Teile des eingeschlossenen Weines befreit ist, zur Herstellung von Hefenbranntwein, indem man dasselbe nach Zusatz von Wasser entweder direkt über freiem Feuer abbrennt oder besser mit Hilfe von Wasserdampf abdestilliert. Man erhält auf diese Weise einen Branntwein, der reichhaltig an Önanthäther, dem sog. Drusenöl, Weinöl oder Kognaköl (Capryl- und Caprinsäureester) und sonstigen schlechten Geschmacksstoffen ist; diese Beimengungen lassen sich nur durch längeres Lagern und durch Rektifikation des Hefenbranntweines verringern.

2. Die Trester. Bei den Trestern muß man zunächst die weißen, süß gepreßten Trester von den vergorenen Trestern unterscheiden. Die ersteren enthalten keine größeren Mengen Weinstein, keinen Alkohol und keine nennenswerte Menge Hefe; sie lassen sich frisch und eingesäuert sehr gut zur Fütterung verwenden.

Die vergorenen Trester können im natürlichen Zustande wegen des vorhandenen Alkohols nicht direkt zur Fütterung verwendet werden; auch wirkt der in denselben vorhandene Weinstein — bei Rotweintrestern 3—5%, bei Weißweintrestern bis zu 2% Weinstein — durch Hervorrufung von Wehen (Verkalben) bei Kühen und von Durchfall höchst ungünstig. Aus dem Grunde empfiehlt sich schon behufs Gewinnung des Tresterbranntweines ein vorheriges Abbrennen oder ein Übergießen mit Zuckerwasser zur Herstellung von Tresterweinen (als Haustrunk vgl. weiter unten S. 682).

6. Das Reifen des Weines. Mit der Vollendung der Haupt- und Nachgärung ist der Wein noch lange nicht zum Genusse fertig. Er bedarf — und dieses gilt für Weiß- wie Rotwein — dann noch der sog. Schulung oder Reifung. Die Schulung besteht darin, daß der vergorene Wein so oft und so lange auf frische Fässer abgezogen wird, bis er sich vollständig geklärt hat und sich weder bei längerer Einwirkung größerer Wärme, noch bei Berührung mit Luft wieder trübt. Meistens lassen sich im

Kellerbetrieb Gärung und Schulung des Weines nicht scharf voneinander trennen. Wenn die Gärung entweder durch Mangel an Hefennährstoffen (besonders an Stickstoffverbindungen), oder durch zu niedrige Temperaturen, oder durch einen hohen Gehalt an Essigsäure oder Alkohol, oder endlich durch zu starkes und häufiges Schwefeln der Fässer und andere Umstände nur unvollkommen verlaufen ist, so kann bei der weiteren Schulung des Weines, wenn der eine oder andere der beeinträchtigenden Umstände gehoben ist, wieder ein Nachgärung unter Entwicklung von Kohlensäure auftreten, die jahrelang anhalten kann.

Unter gewöhnlichen Verhältnissen wird der vergorene Wein im ersten Jahre 3—4 mal, in den späteren Jahren 1—2 mal im Jahr (März oder April und November bis Januar) auf 3—12 hl große Fässer abgezogen, und er wird dann in 2—3 Jahren, manchmal auch erst in 4—5 Jahren vollständig reif, ohne daß künstliche Mittel (schweflige Säure, Hausenblaseschönung usw.) angewendet zu werden brauchen.

Im allgemeinen muß ein Wein um so öfter **abgezogen** werden, je reicher an **Stickstoffverbindungen** er ist, wie z. B. der Traminer. Man soll auch hier mit dem Abziehen nicht zu lange warten. Zum Abziehen der Weine bedient man sich, je nach der Menge des abzuziehenden Weines, bald der **Heber**, bald der **Schaffel** oder **Stützen**, bald der **Weinpumpen**.

Die **Schulung** des Weines verfolgt folgende zwei Hauptzwecke: 1. **die vollständige Beendigung der Gärung und die Abscheidung der Hefe oder sonstiger sich bildender Schwebestoffe**; 2. **die Bildung von Bukettstoffen usw. infolge Einwirkung des Luftsauerstoffes.**

a) **Klärung.** Um den ersten Zweck, die **Klärung**, tunlichst rasch zu erreichen, bedient man sich verschiedener Hilfsmittel, wie des **Schwefelns** der Fässer, **Schönens**, **Filtrierens** des Weines usw., welche Verfahren im nächsten Abschnitt noch näher besprochen werden sollen.

Ein **natürliches Hilfsmittel** zur rascheren Klärung besteht darin, daß man den Wein auf kleinere, nur 2—3 hl große Fässer zieht, ein Verfahren, welches besonders für feine Rotweine, die sich schneller klären, durchweg in Gebrauch ist.

Von größtem Belang für die Reifung des Weines ist die **Zuführung von Luftsauerstoff**; diese erfolgt einerseits durch das öftere Abziehen des Weines vom Lager, indem man durch wiederholtes Übergießen oder Zerstäuben mittels Brausen oder geeigneter Pipen usw. eine tunlichst große Oberfläche des Weines mit dem Sauerstoff der Luft in Berührung bringt und an Stelle der absorbiert gewesenen Kohlensäure Luft einführt, andererseits durch die Poren der Faßwandung, welche einen **endosmotischen** Austausch der absorbierten **Kohlensäure** gegen **Luft** gestatten; dieser endosmotische Austausch wird durch die gleichzeitige Verdunstung von Alkohol und Wasser, durch Schwankungen der Temperatur und des Luftdruckes unterstützt.

Über die Art und Weise der Wirkung des Sauerstoffes herrschen bis jetzt kaum mehr als Vermutungen. Tatsächlich nehmen die **Stickstoffverbindungen** und die **Extraktstoffe** beim Lagern des Weines ab, was auf ein durch Oxydation bewirktes Unlöslichwerden zurückgeführt wird; daß auch die **Gerbsäure** oxydiert, etwa **humifiziert** und auf diese Weise eine Abscheidung von Farbstoff und Extraktbestandteilen bewirkt wird, ist nicht wahrscheinlich, weil der Gerbstoff von Sauerstoff und z. B. Wasserstoffsuperoxyd kaum merklich verändert wird.

Dagegen erfährt der **Farbstoff** beim Lagern des Weines eine namhafte Abnahme, die auf eine Oxydation desselben durch den Sauerstoff zurückgeführt werden muß; zwar kann der Farbstoff auch durch andere Schwebestoffe infolge von Flächenattraktion mit niedergerissen werden, indes kann hierauf die Abnahme der Farbe des Rohweins allein nicht zurückgeführt werden.

Eine bedeutende und **rasche** Farbstoffabnahme muß auf die Wirkung von **Spaltpilzen** zurückgeführt werden. Gleichzeitige Einwirkung von Licht befördert die Farbstoffausscheidung.

b) Bukettbildung. Von wesentlichem Einfluß ist der Sauerstoff auf die Bildung der Geschmack- und Geruchstoffe des Weines. Bis zur Lagerung des Weines hat man zwischen zwei Bukettstoffen zu unterscheiden, nämlich zwischen denen, die aus der Traube, fertig gebildet, herrühren und vielleicht als ätherische Öle aufgefaßt werden können, und zwischen denen, welche wie Önanthäther (weinöl-caprinsaurer und caprylsaurer Äthylester) bei der Gärung gebildet werden. Erstere Bukettstoffe werden durch den Sauerstoff allmählich zerstört — vielleicht verharzt, ähnlich wie die ätherischen Öle —; dafür spricht der Umstand, daß gewisse Weinsorten, wie Muskateller, Riesling, Gewürztraminer usw. ihre zarte, hochgeschätzte Traubenblume verhältnismäßig rasch verlieren, und zwar um so rascher, je mehr dem Sauerstoff Zutritt gestattet wird. Solche Weine werden daher vielfach am meisten geschätzt, wenn sie noch nicht vollständig flaschenreif sind, oder verdienen doch nach solchen Verfahren behandelt zu werden, nach denen es gelingt, die reifende Wirkung des Sauerstoffs zum Teil (behufs Klärung) in anderer Weise, z. B. durch Pasteurisieren oder Gerbstoffzusatz usw., zu ersetzen.

Die bei der Gärung (durch Hefe in Symbiose mit Bakterien), wahrscheinlich als sekundäre Erzeugnisse, entstehenden Geschmack- und Geruchstoffe, welche allen Weinen eigentümlich sind und gleichsam den Wein als solchen kennzeichnen, werden beim Lagern durch den Sauerstoff anscheinend nicht verändert. Hierzu dürften außer dem Önanthester der Essigester, Äthylidendiäthylester u. a. gehören.

Dagegen bildet sich unter der Einwirkung des Sauerstoffs beim Lagern des Weines eine neue Art von Bukettstoffen, die sog. Blume bzw. das Bukett, indem entweder die der Traube eigentümlichen Geschmackstoffe durch den Sauerstoff — zum Unterschiede von der fertig gebildeten und verschwindenden Traubenblume — so verändert werden, daß erst beim Lagern im Faß — mitunter sogar erst beim Lagern in der Flasche — die der Traubensorte eigentümliche Blume entsteht, oder indem sich erst unter dem Einfluß des Sauerstoffs aus diesen Stoffen beim Lagern nach und nach neue Verbindungen mit anderen Bestandteilen des Weines bilden. Hierbei entsteht dann meistens wieder Kohlensäure, welche dem Wein den „kellerfrischen“ Geschmack verleiht.

c) Essigsäurebildung. Eine weitere Wirkung des Lagerns der Weine ist die Zunahme an Essigsäure, die bei Rotweinen durchweg etwas größer ist als bei Weißweinen. Schon Moste aus gesunden Trauben enthalten Spuren, aus faulen Trauben größere Mengen flüchtiger Säuren. Ihre Menge wird durch die Gärung erhöht; auch bei der Vergärung steriler Moste mit Reinhefe werden flüchtige Säuren gebildet, ihre Menge bleibt aber gering. Bei der Lagerung der Weine erhöht sich der Gehalt an flüchtigen Säuren erheblicher, hält sich aber bei ordnungsmäßiger Kellerbehandlung in bescheidenen Grenzen. Größere Mengen flüchtiger Säuren werden bei hoher Temperatur, unsauberer Kellerbehandlung, ungenügendem Abschluß der Luft u. dgl. mehr erzeugt. Meist treten dabei die Essigsäurebakterien bei Gegenwart von Luft in Tätigkeit, wodurch der Alkohol zu Essigsäure oxydiert wird. Durch andere Bakterien können auch in Abwesenheit von Luft aus Zucker oder nichtflüchtigen Säuren oder anderen organischen Extraktbestandteilen flüchtige Säuren gebildet werden. Wenn der Gehalt über 1 für 1000 steigt, so gibt sich dieses schon im Geschmack, den man das Alteln oder den Firn des Weines nennt, zu erkennen. Erst wenn der Essigsäuregehalt so hoch wird, daß er sich deutlich als solcher im Geschmack zu erkennen gibt, spricht man von „Essigstich“. Ein Teil der Essigsäure verbindet sich mit dem Alkohol zu Essigsäureäthylester, welcher in geringen Mengen den Firngeruch des Weines, in größerer Menge den kratzenden, unangenehmen Geschmack stichiger Weine erhöht.

d) Säurerückgang. Für den Ausbau des Weines ist von größter Wichtigkeit der während der Lagerung (Reifung) eintretende Säurerückgang, der zuerst von Alfr. Kochs 1900 festgestellt, dann von Kunz, Möslinger u. a. bestätigt wurde. Er beruht auf dem Übergang der Äpfelsäure in Milchsäure nach der Gleichung:

$$HOOC \cdot CH_2 \cdot CH(OH) \cdot COOH = CH_3 \cdot CH(OH) \cdot COOH + CO_2 .$$

Die Spaltung kommt zweifellos durch einen biologischen Vorgang zustande. Zwar kann nach Kunze, Wortmann, Koch u. a. schon Hefe die organischen Säuren (Weinsäure, Äpfelsäure, Bernstein- und Citronensäure) aufnehmen und verbrauchen, aber W. Seifert hat nachgewiesen, daß der Säurerückgang durch eine im Hefetrub sich vorfindende Bakterie (Micrococcus malolacticus) verursacht wird. Die stärkste Spaltung der Äpfelsäure pflegt in der Regel nach vollendeter Hauptgärung vor dem ersten Abstich des noch auf dem Hefetrub befindlichen Weines stattzufinden. Aus 1 Teil Äpfelsäure müßten etwa 0,67 Teile Milchsäure entstehen, in Wirklichkeit entstehen aber infolge anderweitiger Zersetzung beider Säuren nach C. von der Heide und Baragiola nur 0,50—0,56 Teile Milchsäure.

Eine sachgemäße Zuckerung, ein Alkoholgehalt von 7—9 g in 100 ccm Wein, sowie auch eine schwache Schwefelung behindern den Säurerückgang nicht. Im allgemeinen kann bei ziemlich säurereichen Mosten mit einem Säureabbau von 30—40% und mehr gerechnet werden. Daß der saure Charakter der Weine dadurch in einem viel höheren Grade sich verliert, daß die Weine milder werden, hat darin seinen Grund, daß die stark saure Äpfelsäure stärker dissoziiert ist und mehr Wasserstoffionen für die Lösung liefert als die weniger saure Milchsäure.

Mit der Abnahme an Äpfelsäure und Zunahme an Milchsäure geht eine stete Abnahme an Weinsäure einher, die in Form von schwerlöslichem saurem weinsauren Kalium (auch weinsaurem Calcium und Magnesium) ausgeschieden wird. In welchem Verhältnis dieses geschehen kann, möge nach einer Untersuchung von Halenke und Krug bei einem Pfälzer Wein der 1909er Ernte gezeigt werden. Der Most besaß 42,8 Öchslegrade und 1,76 Gesamtsäure in 100 ccm. Diese sowie Wein- und Milchsäure betrugen in 100 ccm Wein:

	Gesamtsäure	Weinsäure	Milchsäure
3. November 1909	1,31 g	0,44 g	0,19 g
15. „ 1909	1,21 „	0,38 „	0,28 „
6. Dezember 1909	1,11 „	0,35 „	0,38 „
11. April 1910	1,02 „	0,30 „	0,44 „

Mit der Milchsäure nehmen auch die flüchtigen Säuren und die Bernsteinsäure beim Reifen etwas zu.

Selbstverständlich verlaufen diese Vorgänge bei jedem Wein, in jedem Jahre je nach der Gärführung und Behandlung verschieden. So kann es vorkommen, daß der Säurerückgang, wenn die Hauptgärung vielleicht bei niedriger Temperatur vor sich gegangen ist oder eine zu starke Schwefelung des Jungweines stattgefunden hat, viel später, wenn wieder günstige Bedingungen für die biologischen Vorgänge eingetreten sind, sich einstellt. Bei Moselweinen verläuft der Säurerückgang vielfach erst zur Zeit des zweiten Abstiches, bei Rotwein dagegen meistens schneller als bei Weißwein.

e) Luft- und Firngeschmack. Wenn der Wein zu lange und bei zu hoher Temperatur lagert, so findet eine zu tiefe Oxydationswirkung statt, es tritt der sog. Oxydations- oder Luftgeschmack ein, worauf der Brotgeschmack der Tokaierweine und der Spaniolgeschmack der südlichen Dessertweine zurückzuführen ist. Künstlich kann dieser Oxydationsgeschmack durch Elektrisieren der Weine oder durch Zusatz von Wasserstoffsuperoxyd hervorgerufen werden.

Das Lagern des Weines in Fässern über die Zeit der höchsten Ausbildung des Buketts ist stets mit Nachteilen für den Wert eines Weines verbunden. Wein, welcher den höchsten Grad seiner Entwicklung erreicht hat, wird daher zweckmäßig in Flaschen abgezogen oder in paraffinierte Fässer umgefüllt und aufbewahrt, um so der Einwirkung der Luft entzogen zu sein.

Bei sehr alten Weinen hat man beobachtet, daß der Alkoholgehalt sehr zurückgegangen ist (mit dem Füllwein wird weniger Alkohol zugeführt, als durch den Schwund verlorengeht); dagegen nimmt die Menge der nicht- bzw. schwerflüchtigen Stoffe[1]), wie der Mineralbestand-

[1]) Extrakt und Zucker können beim Lagern infolge Nachgärung eine Abnahme erfahren.

teile, des Glycerins sowie der Gehalt an flüchtigen Säuren[1]) bedeutend zu, während das typische Bukett verschwindet und der Wein den nichts weniger als angenehmen Firngeschmack annimmt.

f) Weinsteinabscheidung und Schwund. Im allgemeinen ist mit der Lagerung auch eine Weinsteinabscheidung verbunden, und zwar infolge des Schwundes und der hierdurch bedingten Nachfüllung mit jüngerem, weinsteinhaltigem Wein.

Durch die Poren des Faßholzes findet nämlich beim Lagern des Weines eine ununterbrochene Verdunstung von Flüssigkeit statt. Dieser Schwund ist um so größer, je höher die Temperatur des Kellers und je kleiner das Faß ist. Die Größe des Schwundes schwankt jährlich zwischen etwa 1,5—4,0% vom Weine und kann in kleinen Fässern bis 20% betragen. Die Schwundung muß durch Nachfüllen ausgeglichen werden, indem sich sonst leicht der Kahmpilz bildet und Essigstich einstellt.

Zum Nachfüllen verwendet man naturgemäß am besten dieselbe Sorte Wein; diese kann man für den Zweck in einigen Flaschen aufheben. Aber der Vorrat würde nur für kurze Zeit ausreichen. Man muß dann eine ähnliche Sorte Wein zum Nachfüllen verwenden; auch hilft man sich wohl in der Weise, daß man die Fässer durch Einwerfen reiner Quarzsteine wieder auffüllt. Ein wiederholtes Auffüllen mit Wasser und Alkohol empfiehlt sich nicht, weil dadurch die Natur des Weines vollständig verändert wird.

g) Verschnitt von Weinen. Der Verschnitt von Weinen verschiedener Herkunft und Jahre ist gestattet, jedoch darf Dessertwein (Süd-, Süßwein) nicht zum Verschneiden von weißen Weinen anderer Art verwendet werden.

Verschnitte bzw. Gemische von Weißwein und Rotwein dürfen nur unter einer die Mischung kennzeichnenden Bezeichnung feilgehalten und verkauft werden.

7. Die Zuckerung des Mostes und Weines. Bei unreifen Trauben, die zu viel Säure oder zu wenig Zucker enthalten oder beide Mängel aufweisen, ist der Zusatz von Zucker erforderlich, um trink- und haltbaren Wein daraus herstellen zu können. Auch ist die Zuckerung unter folgenden Bedingungen erlaubt:

Nur inländische Moste oder Weine dürfen gezuckert werden, ebenso inländische volle Rotwein-Traubenmaischen. Zum Zuckern darf nur technisch reiner, nicht färbender Rüben-, Rohr-, Invert- oder Stärkezucker verwendet werden. Die Zuckerung ist nur gestattet, um einem natürlichen Mangel an Zucker bzw. Alkohol oder einem Übermaß an Säure abzuhelfen, und zwar nur so weit, als es der Beschaffenheit des aus Trauben gleicher Art und Herkunft in guten Jahrgängen ohne Zusatz gewonnenen Erzeugnisses entspricht; der Zusatz von Zuckerwasser darf jedoch in keinem Fall mehr als $^1/_5$ der Gesamtflüssigkeit betragen. Die Zuckerung darf nur in der Zeit vom Beginn der Weinlese bis zum 31. Dezember des Jahres vorgenommen werden; sie darf in der Zeit vom 1. Oktober bis 31. Dezember des Jahres bei ungezuckerten Weinen früherer Jahre nachgeholt werden. Die Zuckerung darf nur innerhalb der am Weinbau beteiligten Gebiete des Deutschen Reiches vorgenommen werden. Die Absicht, Traubenmaischen, -moste oder weine zu zuckern, ist der zuständigen Behörde anzuzeigen. Für die Herstellung von Wein zur Schaumweinbereitung in den Schaumweinfabriken gilt die zeitliche und örtliche Beschränkung des Zuckerzusatzes nicht.

Entsprechend diesen Vorschriften sind für die Ausführung der Zuckerung folgende Umstände zu berücksichtigen:

a) Reinheit des Zuckers und Wassers. Zum Zuckern der gewöhnlichen Weine benutzt man in Deutschland allgemein den Rübenzucker[2]), und zwar am besten die reinste

[1]) Die große Menge flüchtiger Säure (Essigsäure) rührt nach Bersch nicht von einer Anhäufung der mit dem Füllweine immer neu zugeführten Essigsäure her, sondern erklärt sich dadurch, daß sich die höher zusammengesetzten Fettsäuren, welche in dem Önanthäther enthalten sind, fortwährend in immer sauerstoffreichere Säuren und endlich in Essigsäure verwandeln, so daß die große Menge der flüchtigen Säure im Wein als ein Oxydationserzeugnis des Önanthäthers anzusehen ist.

[2]) Nur für die Schaumweinbereitung verwendet man auch wohl Rohrzuckerkandis.

Sorte desselben, den weißen Kandiszucker, als nächste Sorten auch den weißen Hut- und Kornzucker. Die Verwendung von technisch reinem Invertzucker (S. 419), der 20% und mehr Wasser enthält, empfiehlt sich aus wirtschaftlichen Gründen nicht und die von technisch reinem Stärkezucker deshalb nicht, weil er meistens noch unvergärbare Dextrine enthält.

Das Wasser zum Lösen des Zuckers muß rein sein und den an Trinkwasser zu stellenden Anforderungen entsprechen (vgl. unter Trinkwasser, S. 718).

b) Trockenzuckerung und Zuckerung mit Zuckerlösung.

α) Die Trockenzuckerung, d. h. der Zusatz von Zucker ohne gleichzeitige Verwendung von Wasser, wird dann ausgeführt, wenn ein Traubenmost einen Mangel an Zucker, aber kein Übermaß an Säure besitzt. Dem Mangel an Zucker darf aber nur insoweit abgeholfen werden, als es der Beschaffenheit des aus Trauben gleicher Art und Herkunft in guten Jahrgängen ohne Zusatz gewonnenen Erzeugnisses entspricht. Wenn ein Most bei mäßigem Gehalt an Säure von 9‰ in einem schlechten Jahre nur 65° Öchsle, in guten Jahren aber 80° Öchsle[1]) besitzt, so darf der Winzer die fehlenden 15° durch Trockenzuckerung ergänzen. Da zur Erhöhung des Mostgewichtes um 1° Öchsle fast genau $^1/_4$ kg Zucker auf 100 l Most erforderlich ist, findet man die zuzusetzende Zuckermenge durch Multiplikation der fehlenden Grade Öchsle mit 0,25, also $15 \times 0{,}25 = 3{,}75$ kg für 100 l Most. Oder man dividiert die fehlenden Grade Öchsle durch 4. Will man z. B. einen Most von 65° Öchsle auf 80° bringen, so hat man $\frac{80-65}{4} = \frac{15}{4} = 3{,}75$ kg Zucker auf 100 l Most oder 37,5 kg auf 1000 l oder 45,0 kg Zucker auf 1 Stück Most zuzusetzen, und dieser Most liefert dann einen Wein von 8,0 g Alkohol in 100 ccm. Selbstverständlich muß das Mostgewicht vor Beginn der Gärung ermittelt werden.

Bei Rotweinen, bei denen die Maische vergoren wird, erhält man den klaren Most, indem man Teile der Maische durch ein Seihtuch filtriert und dabei berücksichtigt, daß 100 l Rotweinmaische bei deutschen Rotweintrauben etwa 80 l Most entsprechen. Hat man daher z. B. 900 l Rotweinmaische, so entsprechen diese etwa 720 l Most; wiegen diese etwa 76° Öchsle und will man diese auf 95° erhöhen, so hat man auf 100 l Most $\frac{19}{4} = 4{,}75$ kg Zucker, also auf 720 l $4{,}75 \times 7{,}2 = 34{,}2$ kg Zucker zuzusetzen. Den Zucker streut man entweder in die Maische oder löst ihn wie bei Weißweinmosten durch Einhängen des Zuckerkorbes in die Maische bzw. den Most oder in Anteilen des Mostes auf, fügt diese wieder zu und mischt.

Die Zuckerung bei Rotweinen ist im allgemeinen nicht so häufig erforderlich wie bei Weißweinen, weil die Rotweintrauben meistens frühreifend sind und seltener ein Übermaß an Säure aufweisen als Weißweintrauben.

β) Zuckerung mit Zuckerwasser. Diese wird und darf dann vorgenommen werden, wenn der Most gegenüber guten Jahren neben einer zu geringen Menge Zucker zuviel freie Säure enthält. Bei Mosten, deren Säuregehalt 10,0—13,0‰ beträgt und deren Mostgewicht 65° Öchsle erreicht, rechnet man mit Rücksicht auf die natürliche Säureabnahme mit einer Vermehrung von 10%, und bei Säuregehalten über 13,0‰ im allgemeinen mit einer solchen von 20%. Die Berechnung der zuzusetzenden Zuckermenge ist in diesem Falle folgende:

---

[1]) Ein Most von 78° Öchsle bedeutet einen Most, dessen Litergewicht 1078 g ist, also 78 g mehr als das von 1 l Wasser. Um aus den Öchslegraden annähernd den Zuckergehalt des Mostes zu berechnen, teilt man die Grade durch 4 und zieht von der so erhaltenen Zahl in geringen Jahren 3, in guten Jahren 2 (für die Nichtzuckerstoffe) ab. Ein Mostgewicht von 80° Öchsle würde also im Hektoliter in guten Jahren $\frac{80}{4} - 2 = 18$ kg, in schlechten Jahren dagegen $\frac{80}{4} - 3 = 17$ kg Zucker bedeuten.

Der Alkoholgehalt, den ein Most von bestimmten Öchslegraden liefert, berechnet sich annähernd dadurch, daß man die Öchslegrade durch 10 dividiert. Ein Most von 87° Öchsle wird daher einen Wein von annähernd 8,7 g Alkohol in 100 ccm Wein liefern.

Angenommen, ein Most enthält 12,0‰ Säure und 65° Öchsle; er soll auf 80° Öchsle, als den Gehalt guter Jahre, gebracht werden. Durch die Verdünnung um 10% geht das Mostgewicht von 65° auf 58,5° zurück; es fehlen also an den normalen Graden 80,0—58,5 = 21,5°; letztere Zahl muß man, da durch 0,222 kg Zucker für 100 l das Gewicht des Mostes bei 10 proz. Verdünnung um 1° Öchsle erhöht wird, mit 0,222 multiplizieren, um die zuzusetzende Menge Zucker zu finden; also sind 21,5 × 0,222 = 4,77 kg Zucker für 100 l zuzusetzen. Da 1 kg Zucker 0,6 l Rauminhalt hat, also 4,77 kg 2,86 l Raum einnehmen, so sind die 4,77 kg Zucker in 10 − 2,86 = 7,14 l Wasser zu lösen, und diese Lösung ist mit 90 l des Mostes zu vermischen. Im ganzen dürfen nicht mehr als 20% der gesamten Flüssigkeit an Zuckerlösung zugesetzt werden, auch dann nicht, wenn dadurch keine genügende Herabsetzung des Säuregehaltes erreicht wird. In diesem Falle kann erlaubterweise die Entsäuerung mit kohlensaurem Kalk oder der Verschnitt mit säureärmerem Wein zu Hilfe genommen werden.

c) Zeitpunkt der Zuckerung. Man unterscheidet zwischen „Herbstzuckerung" und „Umgärung".

α) Die „Herbstzuckerung", bis zum 31. Dezember desselben Jahres, kann wiederum auf zweierlei Weise, nämlich mit dem ursprünglichen Most und mit schwach angegorenem Most, vorgenommen werden. Über die Berechnung der zuzusetzenden Mengen Zucker zu dem natürlichen ungegorenen Most vgl. vorstehend unter b α und b β.

Ist der Traubenmost vor der Zuckerung bereits in alkoholische, aber noch nicht stürmische Gärung übergegangen, aber einer Zuckerung bedürftig, so muß man zur Berechnung der zuzusetzenden Zuckermenge in dem gärenden Most erst den Alkoholgehalt und dann nach Entfernung der Kohlensäure das spez. Gewicht bzw. die Grade Öchsle bestimmen. Angenommen, daß in dem angegorenen Most 1,5 g Alkohol in 100 ccm gefunden sind und der von Alkohol und Kohlensäure befreite Most 50° Öchsle gezeigt hat, so betrug, da 1 g Alkohol in 100 ccm angegorenem Most 10° Öchsle im unveränderten Most entspricht, das ursprüngliche Mostgewicht 50 + 15 = 65° Öchsle. Soll dieses Gewicht auf 80° des ursprünglichen Mostes gebracht werden, so verfährt man zur Berechnung der zuzusetzenden Zuckermenge in derselben Weise, wie unter b α und b β angegeben ist.

β) Umgärung der Weine. Unter Umgärung der Weine versteht man die Zuckerung des bereits vergorenen Naturweines und Vergärung unter Neubildung von Hefe. Die Umgärung darf nur bei ungezuckerten und solchen Weinen vorgenommen werden, welche im Mangel an Alkohol und im Übermaß an Säure oder in letzterem allein von dem reifen Naturwein gleicher Art und Herkunft von guten Jahren so abweichen, daß sie als unbrauchbar anzusehen sind. Die Zuckerung darf nicht erfolgen, um etwa Fehler oder Krankheiten des Weines zu beseitigen.

Um den Alkoholgehalt um 1 g in 100 ccm Wein zu erhöhen, muß man zu 100 l Naturwein rund 2,2 kg Zucker zusetzen, also wenn der Alkohol von 5 g auf 8 g gehoben werden soll, so ist der Zusatz von 2,2 × 3 = 6,6 kg Zucker für 100 l Wein erforderlich.

Enthält ein Wein 6,0 g Alkohol in 100 ccm und 9‰ Säure, und zwar 4‰ Milchsäure und 5‰ sonstige Säure (Weinsäure), so daß mit einem weiteren Säurerückgang nicht zu rechnen ist, so darf man, um den Säuregehalt zu vermindern, zu 80 l Wein 20 l Zuckerwasser zusetzen; durch diese Verdünnung geht der Säuregehalt auf 7,2‰ herunter und der Alkohol von 6,0 g auf 4,8 g in 100 ccm Wein; enthält der Wein gleicher Herkunft in guten Jahren 8,0 g Alkohol, so sind 8,0—4,8 = 3,2 g zu ergänzen, wozu 3,2 × 2,2 = 7,0 kg Zucker für 100 l Wein erforderlich sind. Letztere nehmen 7,0 × 0,6 = 4,2 l Raum ein, also sind 7,0 kg Zucker in 20,0 − 4,2 = 15,8 l Wasser zu lösen und dem Wein zuzusetzen.

Die Umgärung wird zweckmäßig mit Reinhefe vorgenommen.

Durch die Trockenzuckerung nimmt der Extraktgehalt, besonders der an Glycerin, um etwa 0,1—0,2 g in 100 ccm Wein zu; P. Kulisch fand z. B. in ungezuckerten Weinen 0,44—0,50 g, in demselben, aber gezuckerten Wein 0,62—0,65 g Glycerin in 100 ccm; nach der Zuckerung mit Zuckerwasser nimmt nach Untersuchungen von Omeis, Halenke und Krug der Glyceringehalt trotz der Verdünnung mit Wasser etwas zu, während der Gesamtextrakt gleichbleibt oder nur sehr unwesentlich abnimmt; der Aschengehalt kann je nach dem Gehalt des zum Lösen des Zuckers verwendeten Wassers um ein Geringes zu- oder abnehmen. Jedenfalls erfährt der Gehalt des Weines an Extraktstoffen durch die Verdünnung nicht entfernt im Verhältnis dieser Verdünnung eine Verminderung.

d) Rückverbesserung. Unter Rückverbesserung versteht man das Verschneiden ungesetzlich hergestellter Weine mit Weinen von entgegengesetzten Eigenschaften, z. B. das Verschneiden eines durch Überzuckerung an Alkohol zu reich gewordenen Weines mit einem alkoholärmeren, oder das Verschneiden eines durch Zuckerwasser überstreckten, zu säurearm gewordenen Weines mit einem säurereichen Wein, oder das Verschneiden überschwefelter Weine mit Weinen, die an schwefliger Säure arm sind, oder das Verschneiden übergipster Rotweine mit gipsarmen Weinen. Da die zu verbessernden Weine ungesetzlich hergestellt sind, ist eine solche Rückverbesserung durch Verschneiden mit anderen Weinen nicht gestattet.

8. Erlaubte kellermäßige Behandlung des Weines. Außer dem Zusatz von Hefe (S. 643, Anm.) und der Zuckerung unter gewissen Bedingungen (vorstehend) sind bei der kellermäßigen Behandlung des Weines erlaubt:

a) Entsäuerung mittels reinen gefällten kohlensauren Kalkes. Diese Entsäuerung kommt vorwiegend dann in Betracht, wenn der Säuregehalt der Weine durch Zuckerung mit Zuckerwasser (bis zu $^1/_5$ der Weinmenge) und durch den natürlichen Säurerückgang nicht so weit herabgesetzt werden kann, als dieses für einen brauchbaren Wein erwünscht ist. Es muß gefällter (sog. präcipitierter) kohlensaurer Kalk angewendet werden, der außerdem vor dem Zusatz mit reinem frischen Wasser gewaschen werden muß, um etwaige Geruch- und Geschmackstoffe, die er beim Aufbewahren aufgenommen haben kann, zu entfernen.

Die Entsäuerung kann beim Traubenmost und Wein geschehen. Im allgemeinen empfiehlt sich der Zusatz von kohlensaurem Kalk zu bereits fertigem Wein, d. h. Jungwein, der schon einige Monate gelagert und den größten Teil des Weinsteins bereits abgesetzt hat. Denn die Entsäuerung, d. h. Entfernung von Weinsäure, soll nur so weit gehen, daß noch 1‰ Weinsäure im Wein erhalten bleibt, und das läßt sich erst bei dem schon einige Zeit gelagerten Wein durch eine Bestimmung der Weinsäure richtig ermessen.

Um den Säuregehalt von 1 Teil in 1000 Teilen Wein oder Most (1‰) zu entfernen, sind nach P. Kulisch auf 100 l Wein 66 g reines Calciumcarbonat erforderlich, für 2‰ 132 g, für 3‰ 198 g usf. Zu beachten hierbei ist jedoch, daß das Calciumcarbonat frei von Magnesiumcarbonat ist und weiter im aufgeschlämmten, d. h. mit Wasser angerührten Zustande sowie höchstens in einer Menge von 132 g auf 100 l Wein zugesetzt werden soll. Denn stark saure Weine enthalten durchweg auch viel freie Äpfelsäure, die mit dem Calciumcarbonat leicht lösliches Calciummalat bildet, welches sich nur zum geringen Teil ausscheidet, größtenteils im Wein gelöst bleibt, den Kalkgehalt desselben also wesentlich erhöht, wodurch der Geschmack und die Güte beeinträchtigt werden. Dazu kommt, daß die Säure die Natur eines Weines mitbedingt und nicht alle Weine auf gleich hohen Säuregehalt gebracht werden dürfen, wenn sie ihre Eigenart nicht vollständig einbüßen sollen.

Zur Beseitigung der Essigsäure in stichigen Weinen ist die Kalkentsäuerung ebenfalls nicht geeignet. Außer der Verminderung an Weinsäure und dementsprechend an Extrakt sowie außer einer geringfügigen Erhöhung des Kalkes werden, wie die untenstehenden Analysen zeigen[1]), durch die Entsäuerung mit kohlensaurem Kalk keine Veränderungen

[1]) P. Kulisch fand für gezuckerten und unentsäuerten sowie entsäuerten Wein im Mittel von 4 Proben folgenden Gehalt für 100 ccm:

Wein, gezuckert:	Alkohol	Extrakt	Zucker	Gesamtsäure	Weinsäure	Milchsäure	Essigsäure	Mineralstoffe	Kalk
Nicht entsäuert . .	7,21 g	2,35 g	0,06 g	0,93 g	0,36 g	0,29 g	0,06 g	0,183 g	0,013 g
Entsäuert mit 133 g $CaCO_3$ für 100 l .	7,14 „	2,14 „	0,06 „	0,69 „	0,14 „	0,29 „	0,06 „	0,188 „	0,019 „

in der Zusammensetzung des Weines hervorgerufen. Übereinstimmend wird besonders von mehreren Versuchsanstellern hervorgehoben, daß durch das Verfahren bei richtiger Ausführung der Geschmack des Weines keinerlei Einbuße erleidet.

Dagegen sind die Ansichten über die Zweckmäßigkeit der Mostentsäuerung durch kohlensauren Kalk noch geteilt.

b) Das Schwefeln (Einschwefeln, Einbrennen, Einschlaggeben). Das seit Jahrhunderten eingebürgerte Verfahren hat den Zweck, den Wein einerseits vor der Schädigung durch Kleinwesen (Schimmelpilze, Bakterien) zu schützen, andererseits bereits eingetretene Krankheiten und Fehler (Rahnwerden, Zähewerden, Böcksern, Kahm, Essigstich u. a.) zu beseitigen.

Das Schwefeln des Weines besteht in einer Desinfektion des leeren, mit Wein zu füllenden Fasses (bzw. Behälters) mit schwefliger Säure und geschieht meistens in der Weise, daß man Papier- oder besser Asbeststreifen, die mit reinem (besonders arsenfreiem) Schwefel[1]) — durch Eintauchen in geschmolzenen Schwefel erhalten — so überzogen sind, daß beim Brennen kein flüssiger Schwefel abtropft, in die Fässer dringt und sich anzündet oder daß man die schweflige Säure aus Stahlbomben, die mit flüssiger schwefliger Säure gefüllt sind, gasförmig in die Fässer bzw. Behälter leitet. Die Fässer müssen vorher gehörig gereinigt werden[2]). Ob die schweflige Säure auch in den Wein selbst geleitet werden darf, erscheint zweifelhaft. Gewürzhaltige Schwefel („Gewürzschwefel", „Kräuterschwefel", „Schwefel mit Gewürzkräutern", „Süßbrand" u. a.) dürfen nach dem Weingesetz vom 7. April 1909 jedenfalls nicht verwendet werden; ebensowenig schwefligsaure Salze. Auch darf in Wasser gelöste schweflige Säure nicht dem Wein zugesetzt, sondern nur zum Ausspülen der Fässer und Gefäße usw. verwendet werden.

„Auf alle Fälle dürfen durch das Schwefeln auch nur „kleine Mengen schwefliger Säure und Schwefelsäure in die Flüssigkeit gelangen."

Für ein schwaches Einschwefeln rechnet man auf ein 1 hl-Faß etwa 1,4 g Schwefel oder $^1/_2$ Asbestschwefelschnitte[3]), für mittelstarke Schwefelung 2,5—3,0 g, für eine starke 5,0 bis 5,5 g Schwefel.

Aus 1,4 g Schwefel können beim Verbrennen 2,8 g schweflige Säure oder im 1 hl-Faß auf 1 l des einzufüllenden Weines 28 mg entstehen. So viel schweflige Säure gelangt aber nicht in den Wein, weil ein Teil des verbrennenden Schwefels — abgesehen von etwaigem Abtropfen — als solcher sich verflüchtigt, ein anderer sofort in Schwefelsäure übergeht. Nach Versuchen von Omeis kann man annehmen, daß beim Verbrennen von 1 g Schwefel auf 1 hl Faßraum einem Liter Wein etwa 10—14 mg schweflige Säure zugeführt werden, die bei der Lagerung des Weines eine weitere Abnahme erfahren. Denn ein Teil der aufgenommenen schwefligen Säure wird auch beim Lagern zu Schwefelsäure oxydiert, ein anderer Teil verbindet sich mit dem Acetaldehyd zu acetaldehydschwefliger Säure $CH_3 \cdot CH\langle^{OH}_{SO_3H}$ oder, wenn Zucker vorhanden ist, mit diesem, z. B. mit Glykose, zu glykoseschwefliger Säure $C_5H_{11}O_5 \cdot CH\langle^{OH}_{SO_3H}$, so daß bei längerem Lagern nur ein kleiner Teil der schwefligen Säure als solche im freien Zustande bestehen bleibt.

Nach W. Fresenius und L. Grünhut bewirkt das Schwefeln des Weines auch eine Erniedrigung der Aschenalkalität und zugleich eine Erhöhung des Mineralstoffgehaltes; der Alkalitätsfaktor (ausgedrückt in Kubikzentimeter Normalalkali), nämlich

[1]) Der Schwefelüberzug soll gelb sein, weil grau- oder orangegefärbte Schnitte meistens Verunreinigungen (Arsen) enthalten.

[2]) Besonders solche Fässer, die beim Aufbewahren im leeren Zustande zur Fernhaltung des Schimmels öfters geschwefelt sind.

[3]) Eine Asbestschwefelschnitte wiegt 3,3 g und enthält 2,8 g Schwefel.

$\frac{\text{Gesamtalkalität der Asche} \times 0{,}1}{\text{Mineralstoffgehalt}}$, der bei regelrecht hergestellten Weinen zwischen 0,8 und 1,0 liegt, geht durch das Schwefeln unter 0,8 herunter. Vermutlich bildet sich auch Äthylschwefelsäure $(C_2H_5)HSO_4$ und Glycerinmonoschwefelsäure $C_3H_5(OH)_2HSO_4$.

Der Gehalt an Schwefelsäure kann nach einem Versuch der Versuchsstation St. Michele von 0,103 g auf 0,523 g = 1,135 g Kaliumsulfat für 1 l hinaufgehen.

Die schweflige Säure und ihre Verbindungen sind im Körper physiologisch nicht unwirksam, sondern giftig[1]). Kerp und Mitarbeiter haben aber nachgewiesen, daß Mengen von schwefliger Säure, wie sie in Weinen vorzukommen pflegen (vgl. S. 664), weder bei Tieren noch Menschen schädliche Wirkungen äußern, sondern unbedenklich sind[2]).

Immerhin ist es nicht ausgeschlossen, daß ein Wein, der durch zu häufiges oder zu starkes Schwefeln in seiner natürlichen Entwicklung gestört, d. h. frühzeitig reif gemacht wird, weniger bekömmlich ist als ein langsam und natürlich ausgereifter Wein.

Moste können durch starkes Schwefeln „stumm", d. h. infolge Abtötung der Hefe völlig gärungsunfähig gemacht werden. Nach Kulisch erfährt im geschwefelten Most auch der natürliche Säurerückgang eine Beeinträchtigung. Nur bei Mosten aus faulen, sauerfaulen, wurmigen oder pilzkranken Trauben wird eine mäßige Schwefelung für angebracht gehalten, um die Fäulniserreger zu vernichten.

c) Die Verwendung von reiner gasförmiger oder verdichteter Kohlensäure oder der bei der Gärung von Wein entstandenen Kohlensäure, sofern hierbei nur kleine Mengen des Gases in den Wein gelangen. Junger Wein enthält stets reichlich Kohlensäure, und diese verleiht dem Wein, wie schon oben gesagt, den frischen Geschmack, während kohlensäurefreie Weine fade und matt schmecken (vgl. auch unter Bier S. 627 u. 630). Durch das häufige Abstechen, Schönen und Filtrieren verliert der Wein aber häufig ganz oder größtenteils seine Kohlensäure. Um diese wieder zu ersetzen, pflegt man den Wein vielfach künstlich durch Einleiten von Kohlensäure mit dieser wieder anzureichern.

Am besten eignet sich dazu die in Stahlbomben verdichtete Kohlensäure, die aus einer der Erde entströmenden Kohlensäurequelle oder durch Zersetzen von Carbonaten durch Säuren oder Hitze oder durch Verbrennen von Kohle gewonnen werden kann. Die verdichtete Kohlensäure, die häufig Beimengungen enthält, muß besonders gereinigt werden, was bei der aus der Mostgärung entstehenden Kohlensäure nicht notwendig ist, obschon auch sie nicht frei von Beimengungen (z. B. Bukettstoffen) ist.

d) Das Klären und Schönen. Da die Weintrinker von einem gesunden Weine verlangen, daß er in erster Linie ganz klar ist, so wird das Klären und Schönen der Weine in vielen Fällen zur Notwendigkeit.

Die Stoffe, welche das Nichtklarsein eines gesunden Weines bewirken, sind gewöhnlich unlöslich gewordene Stickstoffverbindungen, Farbstoffe, mitunter auch Weinsteinausscheidungen, Hefezellen und bei nicht gesunden Weinen auch Spaltpilze usw.

Als Schönungsmittel sind in Gebrauch und erlaubt:

α) Solche, deren Wirkung auf mechanischen und chemischen Vorgängen beruht.

Hierzu gehören: Hausenblase, Leim und Gelatine, Eiweiß, Milch, Blut und aus diesen hergestellte Präparate. Ihre Wirkung beruht darauf, daß sie mit dem Gerbstoff der Weine unlösliche Verbindungen eingehen, die sich niederschlagen und etwaige andere Schwebestoffe im Wein (wie Hefe und Bakterien) einhüllen und mit niederreißen.

[1]) So fanden Kerp und Mitarbeiter, daß bei Kaninchen, wenn von Salzlösungen, die 3% schweflige Säure enthielten, z. B. von acetaldehydschwefligsaurem Natrium 11 ccm, von glykoseschwefligsaurem Natrium 4 ccm in die Blutbahn eingeführt wurden, der typische Sulfittod (Blutveränderung, Betäubung, Krämpfe usw.) herbeigeführt wurde.

[2]) Selbst bei Einnahme von 4 g Natriumsulfit durch einen Menschen waren nur 1% unverändert in den Harn übergegangen, der übrige Teil zu Natrium- und anderen Sulfaten oxydiert.

Enthalten die Weine, wie die deutschen Weißweine, nicht genügend Gerbstoff, so wird denselben vorher solcher — entweder reines Tannin aus Galläpfeln oder ein Auszug aus den gerbstoffreichen Traubenkernen — z. B. auf jedes Gramm Hausenblase oder Gelatine 0,7—1,5 g Tannin [1]), zugesetzt. Nach J. Nessler hängt das Gelingen des Schönens auch wesentlich davon ab, daß der Wein eine genügende Menge Weinstein enthält, und muß solcher unter Umständen ebenfalls zugesetzt werden. Von den genannten Schönungsmitteln ist noch folgendes zu bemerken:

1. Hausenblase, die innere Haut der Schwimmblase des Hausens (Acipenser Huso) und verwandter bzw. anderer Fische (Stör, Wels), wird in einer Menge von 1,5—2,0 g für 1 hl angewendet; J. Nessler empfiehlt, 10 g zerschnittene Hausenblase 24 Stunden in Wasser einzuweichen und diese dann mit einer Lösung von 10 g Weinsäure in 850 ccm Wasser und 150 ccm reinem Weingeist in Lösung zu bringen. Die so erhaltene Schöne genügt für durchschnittlich 5 hl Wein.

2. Leim oder Gelatine. Hiervon verwendet man eine dickflüssige Lösung von 2—4 g, nach anderen Angaben sogar 5—15 g für 1 hl Wein; bei gerbstoffarmen Weißweinen soll man nach J. Nessler die doppelte Menge Tannin zusetzen. Über Herstellung und Reinheit vgl. S. 313. Die Krystallschöne, weiße Gelatine mit 30% Alaun, darf wegen des letzteren nicht verwendet werden.

3. Eiweiß. Als solches wird meistens das Weiße von Eiern angewendet, und rechnet man auf 1 hl Wein das Weiße von 2—4 Eiern, welches zu dem Zweck mit einem Besen zu Schaum zerschlagen und vorher mit etwas Wein vermischt wird. Zuweilen setzt man dem Eiweiß — ebenso wie der Gelatine — etwas Kochsalz zu, welches im Wein verbleibt. Das Eiereiweiß wird gern zum Klären der Rotweine benutzt.

4. Milch. Diese wirkt durch ihren Gehalt an Casein und Albumin klärend auf den Wein; man kann frische Vollmilch oder auch abgerahmte Milch verwenden, solange diese süß ist; man rechnet auf 1 hl Wein 0,5—1,5 l süße Magermilch. Hierbei ist zu berücksichtigen, daß einige Bestandteile der Milch in den Wein übergehen, nämlich etwa 0,025—0,075 g Milchzucker und 0,0035—0,011 g Mineralstoffe auf 100 ccm Wein und ferner noch geringe Mengen Stickstoffverbindungen der Milch. Außerdem wirkt die Milch stark entfärbend sowohl auf Weiß- als Rotweine. Auch Caseinnatrium wird zur Klärung des Weines empfohlen [2]).

β) Solche Schönungsmittel, deren Wirkung nur auf mechanischen Vorgängen beruht.

1. Als ein mechanisches Schönungsmittel hat man früher wohl trocken zusammengerolltes Papier oder auch Asbestpulver angewendet; allgemeiner in Gebrauch dagegen sind die Klärerden, besonders die spanischen Klärerden Tierra del vino, Yeso gries oder auch Kaolin. Es sind Verwitterungserzeugnisse vom Feldspat. Ihre klärende Wirkung beruht auf einer Flächenattraktion durch die Kolloide, Aluminiumsilicat und Kieselsäurehydrat. Auch sie entziehen Rotwein einen Teil des Farbstoffes, jedoch weniger als Gelatine und die anderen ähnlichen Schönungsmittel.

Als sehr wesentlich wird die Wirkung der Klärerden auf die Fällung der Albuminate im Wein und Most bezeichnet. Man rechnet auf 1 hl Wein etwa 0,5—1,0 kg Klärerde, und

---

[1]) Das Tannin muß technisch rein sein und darf in einer Menge von 100 g auf 1000 l Wein nur in Verbindung mit Hausen-, Stör-, Welsblase und mit Gelatine angewendet werden.

[2]) Früher wurde auch Blut bzw. Serum von frisch gepeitschtem Blut, bzw. Blut, Leim und kohlensaurer Kalk — letztere Mischung zum Klären von Rotwein und Champagner — angewendet. Das Weingesetz vom 7. April 1909 führt aber, wohl wegen der häufigen infektiösen Verunreinigungen, das Blut nicht mehr unter den erlaubten Schönungsmitteln auf.

Selbstverständlich sind auch andere vorgeschlagene Schönungsmittel, wie Eiweiß, Alaun und Zucker oder Eiweiß und Citronensäure oder Eiweiß, Gerbsäure und Veilchenwurzel oder Zinksulfat und Ferrocyankalium, nicht gestattet.

sollen die spanischen Klärerden im allgemeinen vor dem Kaolin den Vorzug verdienen. Sie werden vorwiegend bei süßen, zuckerreichen oder zähen, schleimigen Weinen angewendet, bei welchen die Schönungsmittel Hausenblase, Gelatine usw. wegen des voluminösen Niederschlages von geringem spez. Gewicht nicht anwendbar sind.

Wenn die Klärerden lösliche Salze enthalten, so gehen diese in den Wein über, und wenn sie auch, was vorkommt, kohlensauren Kalk enthalten, so wirken auch sie entsäuernd auf den Wein. Es ist daher wichtig, sich vor der Anwendung von der Reinheit der Klärerden zu überzeugen.

2. Mechanisch wirkende Filterdichtungsstoffe. Die Filter werden aus Leinen, Zellstoff oder Asbest hergestellt und bald als Sackfilter, bald als Flächenfilter verwendet, die aus technisch reiner Cellulose oder Asbest auf feinen Drahtnetzen erzeugt werden. Am zweckmäßigsten sind geschlossene Filter, bei denen der Luftzutritt zum Wein so viel als möglich abgehalten wird und tunlichst wenig Kohlensäure sowie Bukettstoffe entweichen können. Die Filter müssen, um sie dauernd wirksam zu erhalten, öfters durch fließendes Wasser gereinigt oder durch siedendes Wasser bzw. durch Wasserdampf sterilisiert werden.

e) Verwendung ausgewaschener Holzkohle und gereinigter Knochenkohle. Holzkohlenpulver von bester Beschaffenheit wird mit verdünnter Salzsäure behandelt, mit Wasser sorgfältig gewaschen und getrocknet, Knochenkohle dagegen wird mit heißer Salzsäure ausgekocht und mehrmals mit heißem Wasser ausgewaschen, bis die Säure vollständig entfernt ist.

Die Knochenkohle dient wegen ihres Entfärbungsvermögens dazu, um hochfarbige Weißweine sowie rötlich gefärbte Klarettweine mehr oder weniger zu entfärben.

f) Behandeln der Korkstopfen und Ausspülen der Gefäße mit Alkohol. Das Behandeln der Korkstopfen[1]) und das Ausspülen der Aufbewahrungsgefäße mit aus Wein gewonnenem Alkohol oder reinem, mindestens 90 Raumprozent Alkohol enthaltendem Sprit ist gestattet; jedoch muß der Alkohol nach der Anwendung wieder tunlichst entfernt werden. Bei dem Versand in Fässern nach tropischen Gegenden darf solcher Alkohol bis zu 1 Raumteil auf 100 Raumteile Wein zur Haltbarmachung zugesetzt werden.

9. Sonstige Behandlungen des Weines. Zu den sonstigen Behandlungen des Weines, die im deutschen Weingesetz nicht ausdrücklich erwähnt sind, gehören:

a) Das Gipsen und der Zusatz von sonstigen Salzen. Der Zusatz von Gips zu vergorenem Wein wird kaum mehr gehandhabt und würde auch nur die Umwandlung des im Wein enthaltenen Weinsteins in saures schwefelsaures Kalium zur Folge haben. Dagegen wird der Gips in den Mittelmeerländern Südfrankreich, Süditalien, Algier usw. — in Deutschland ist das Gipsen nicht üblich — der Traubenmaische, besonders der von Rotweinen zugesetzt, und zwar 1—5 kg auf 1 hl Maische, vorwiegend um eine reinere Gärung, lebhaftere, feurige Farbe, schnellere Klärung und eine größere Haltbarkeit des Rotweines bzw. Weines zu erzielen. Aus letzterem Grunde mag das Gipsen hier im Anschluß an die Schönungsmittel besprochen werden, weil es einen ähnlichen Zweck verfolgt.

Die Wirkung des Gipses auf den gärenden Most besteht zunächst in einer Umwandlung des Weinsteins nach der Gleichung:

$$\begin{array}{l} CH(OH)\cdot COOH \\ | \\ CH(OH)\cdot COOK \end{array} + CaSO_4 = \begin{array}{l} CH(OH)\cdot COO \\ | \\ CH(OH)\cdot COO \end{array}\!\!\!>\!Ca + KHSO_4\,.$$

Auf diese Weise kann je nach dem Zusatz von Gips und je nach dem Verlauf, wenn auch nicht der ganze, so doch ein großer Teil des Weinsteines zu saurem schwefelsauren Kalium

[1]) Die Korkstopfen müssen von bester Beschaffenheit und neu, d. h. noch nicht benutzt worden sein. Einen luftdichten Verschluß erreicht man am zweckmäßigsten dadurch, daß man den Flaschenhals nach dem Verkorken in eine geschmolzene Mischung von 3 Teilen Paraffin und 1 Teil Wachs taucht.

umgewandelt und, weil bei der Gärung ohne Zusatz von Gips infolge des sich bildenden Alkohols $^2/_3$—$^3/_4$ des Weinsteins der Maische ausgeschieden werden, bei der Gipsung aber das gebildete saure schwefelsaure Kalium in Lösung bleibt, der Gesamt-Säuregehalt der Weine mehr oder weniger erhöht werden. Auch ist die Bildung von freier Schwefelsäure nicht ausgeschlossen.

Statt des Gipses hat man für den gleichen Zweck auch Calciumtartrat oder Calciumcarbonat + Weinsäure oder saures Calciumphosphat $Ca_2H_2(PO_4)_2$ vorgeschlagen. Letzteres wirkt aber in ähnlicher Weise wie Gips auf den Weinstein; es bildet weinsaures Calcium und saures Kaliumphosphat KH_2PO_4, welches in Lösung bleibt.

Die vorwiegend durch das Monokaliumsulfat bedingte saure Beschaffenheit gegipster Weine wirkt aber schädlich auf die Verdauung, Herztätigkeit und auf die Beschaffenheit des Blutes. Auf letzteres wirkt es ähnlich wie freie Schwefelsäure, nämlich alkalientziehend. Aus den Gründen sind im Deutschen Reiche alle roten Weine, mit Ausnahme der Dessertweine, desgleichen Traubenmaische und Traubenmost zu rotem Wein, deren Gehalt an Schwefelsäure in 1 l Flüssigkeit mehr beträgt, als 2 g neutralen, schwefelsauren Kaliums entspricht, vom Verkehr ausgeschlossen.

b) Das Pasteurisieren. Das von Pasteur eingeführte Verfahren besteht darin, daß man den Wein kurze Zeit auf 55 bis 60° — selten höher, weil dann der Wein leicht einen Kochgeschmack annimmt — erwärmt; hierdurch werden alle gelösten Stickstoffverbindungen, welche sonst nur allmählich durch die Einwirkung des Sauerstoffs der Luft als unlöslich aus dem Weine zur Abscheidung gelangen, und besonders auch das Albumin, das sonst erst bei 70° gerinnt, augenblicklich ausgefällt, die Krankheitskeime (Fermentorganismen) des Weines abgetötet und auch noch sonstige Veränderungen im Weine hervorgerufen, welche noch nicht genau bekannt sind, die aber den Wein um 1—2 Jahre älter und reifer erscheinen lassen, als ohne Pasteurisieren. Das Verfahren macht daher die Weine nicht nur haltbarer, sondern auch früher genußreif; es bildet einen Ersatz des Schönens und Filtrierens.

Das Pasteurisieren kann sowohl mit dem in Flaschen gefüllten wie mit dem in Fässern befindlichen Wein vorgenommen werden. Das Pasteurisieren in Flaschen kann nur bei an sich reifen und vollkommen geschulten Weinen vorgenommen werden und wird einfach in der Weise ausgeführt, daß man die bis zum Kork gefüllten Flaschen entsprechend lange Zeit mit Wasser von 55—60° in Berührung läßt.

Für die Pasteurisierung von Faßweinen hat man zweierlei Arten von Apparaten, nämlich intermittierend und kontinuierlich wirkende Apparate. Bei den ersten Apparaten wird der Wein in dem Faß (bzw. Gefäß) von außen bis zu dem entsprechenden Grade erwärmt und hierauf entweder langsam in dem Gefäß, in welchem er erwärmt wurde, oder rascher mit Hilfe einer Kühlschlange abgekühlt. Weil nach diesem Verfahren der Wein aber kaum gleichmäßig erwärmt werden kann, bedient man sich jetzt meistens der kontinuierlich wirkenden Apparate, welche sehr zahlreich sind, aber alle darin übereinstimmen, daß der Wein zunächst durch ein in heißem Wasser befindliches Schlangenrohr mit solcher Geschwindigkeit durchgeleitet wird, daß er beim Austritt gerade die gewünschte Temperatur zeigt, worauf er, ohne vorher mit Luft in Berührung zu kommen, in geeigneter Weise abgekühlt wird.

c) Das Elektrisieren. Wenngleich das Elektrisieren bis jetzt noch keine praktische Bedeutung für die Kellerbehandlung angenommen hat, so mag doch erwähnt sein, daß dasselbe, d. h. das Durchleiten eines elektrischen Stromes, infolge der elektrolytischen Spaltung von Salzen und Säuren, die Reife der Weine beschleunigen kann. Es wirkt ähnlich wie starker Luftzutritt zu den Weinen, welcher denselben, besonders den Dessertweinen, einen Luft- oder Brotgeschmack verleiht. Sehr starke elektrische Ströme machen den Wein zwar sehr haltbar und verhindern die Kuhnenbildung, aber erhöhen auch den Gehalt des Weines an Säuren, besonders an flüchtigen Säuren, und zerstören das Bukett. Aus dem Grunde kann höchstens von schwachen elektrischen Strömen ein unter Umständen günstiger Erfolg erwartet werden.

In ähnlicher Weise wie der elektrische Strom wirkt der Zusatz von Wasserstoffsuperoxyd auf Weine. Kleinere Mengen können die Reifung des Weines befördern und wirken unter Umständen günstig bei Rotweinen, größere Mengen verleihen aber den Weinen einen so widerwärtigen Wasserstoffsuperoxydgeschmack, daß diese kaum trinkbar erscheinen. Für künstliche Dessertweine (Zibebenweine) soll Wasserstoffsuperoxyd angewendet werden, um den gewünschten Spaniolgeschmack hervorzurufen.

Zusammensetzung des Weines. Die Zusammensetzung des Weines richtet sich in erster Linie nach der Zusammensetzung des Mostes und muß demnach wie diese je nach Traubensorte, Boden, Lage und Jahrgang sehr verschieden sein; einen nicht minder großen Einfluß auf seine Zusammensetzung und Beschaffenheit üben die Art der Herstellung und Pflege aus. Über die Veränderungen[1]), welche die einzelnen Bestandteile vom Most bis zur Reife erleiden, gibt nebenstehende Tabelle S. 659 einen Überblick.

Zu den einzelnen Bestandteilen ist noch folgendes zu bemerken:

1. Wasser. Theoretisch sollte die absolute Menge Wasser des Mostes nur insofern bei der Weinherstellung abnehmen, als ein Teil bei der Gärung und Lagerung verdunstet. In Wirklichkeit findet aber infolge von Oxydationen, Spülung der Gefäße und besonders bei der Zuckerung mit Zuckerwasser eine Vermehrung des Wassers statt; außerdem wird für gleiches Raummaß ein Raumteil des Wassers durch ein Raumteil Alkohol ersetzt, so daß in 100 ccm Wein 82—93 g Wasser statt 70—82 g in 100 ccm Most vorhanden sind.

2. Alkohole. Die im Wein vorhandenen Alkohole bilden sich ausschließlich bei der Gärung des Mostes; es sind ein-, zwei- und dreiwertige Alkohole.

a) Einwertige Alkohole. Unter diesen kommt fast nur der Äthylalkohol in Betracht. Über seine Bildung neben sonstigen Gärungserzeugnissen vgl. S. 594.

Man kann annehmen, daß aus dem Zuckergehalt des Mostes bzw. der Maische ziemlich genau 46% Alkohol im Wein entstehen.

Außer dem Äthylalkohol sind im Wein nachgewiesen: Propylalkohol, Isobutylalkohol, Amylalkohol (Gärungs-), Hexylalkohol, Heptylalkohol, welche wohl als Fuselöl zusammengefaßt werden. K. Windisch fand in 14 deutschen Weinen 0,013—0,055 Vol.-% Fuselöl.

In fehlerhaften Weinen ist auch Butylalkohol gefunden. Die höheren Alkohole bilden sich nicht aus dem Zucker, sondern nach F. Ehrlich (vgl. S. 594) aus den bei der Spaltung des Hefenproteins entstehenden Aminosäuren.

Nach A. Wolff entsteht bei der Traubenweingärung auch etwas Methylalkohol; er gibt an, in 100 Teilen absolutem Alkohol von ohne Kämme vergorenen Weinen 0,033 Vol.-%, von den mit Trestern vergorenen Weinen 0,17—0,44 Vol.-% Methylalkohol gefunden zu haben.

b) Als 2wertiger Alkohol im Wein wird Isobutylenglykol (0,05 g in 100 ccm Wein) angegeben.

c) Das Glycerin [$CH_2(OH) \cdot CHOH \cdot CH_2(OH)$] ist als dreiwertiger Alkohol neben dem Äthylalkohol das wichtigste Erzeugnis bei der Gärung des Traubensaftes. Da es als ein Stoffwechselerzeugnis der Hefe aufgefaßt wird, so ist seine Menge im Wein um so größer, je günstiger die Wachstumsbedingungen der Hefe (reichliche Nährstoffmengen, Stickstoffverbindungen und Mineralstoffe, günstige Temperatur, ungehinderter Zutritt von Sauerstoff) sind; alles, was das Wachstum der Hefe hindert (wie reichliche Mengen Säuren, schweflige Säure u. a.), beeinträchtigt auch die Glycerinbildung. In der ersten Zeit der lebhaften Gärung pflegen die größten Mengen Glycerin gebildet zu werden. Auch die Hefenrasse ist von Einfluß auf die Glycerinbildung. Die Glycerinmengen gehen daher nicht den Äthylalkohol-

---

[1]) K. Windisch findet für diese Veränderungen im Mittel von 10 Sorten Most und den entsprechenden Weinen folgende Werte:

In 100 ccm	Alkohol	Zucker	Zuckerfreier Extrakt	Säure (Gesamt)	Flüchtige Säure	Milchsäure	Weinsäure	Glycerin	Mineralstoffe	Stickstoff
Most .	0,13 g	16,04 g	3,63 g	1,12 g	0,020 g	0,049 g	0,463 g	—	0,304 g	0,093 g
Wein .	7,58 „	0,14 „	2,84 „	0,86 „	0,063 „	0,172 „	0,269 „	0,77 g	0,225 „	0,051 „

Bestandteile		Im Most in 100 ccm g	Veränderungen der Bestandteile bei der Gärung	beim Lagern	In trockenen Weinen in 100 ccm g
1. Wasser		70—82	Durchweg etwas Zunahme durch die Behandlung und Oxydation		82,0—93,0
2. Alkohole	einwertige: Äthylalkohol	0	Neubildung	Teilweise Verflüchtigung	5,0—15,0
	einwertige: Fuselöl[1])	0	„		0,013—0,055
	2-wertig, Isobutylenglykol	0	„	—	0,05
	3-wertig, Glycerin	0	„	Zunahme	0,4—1,2
	6-wertig, Mannit	0	(In fehlerhaften Weinen)		0,20—0,71
3. Kohlenhydrate	Glykose	3,5—14,5	werden fast vollständig vergoren	weitere Abnahme	Spur—0,20
	Fructose	3,7—15,0			—
	Pektinstoffe u. a.	0,3—1,0	Ausfällung	Ausfällung	0—wenig
	Pentosen (Arabinose)	0,18—0,48	nicht vergoren	nicht verändert	0,03—0,11
4. Stickstoff-Substanz	Gesamt (N×6,25)	0,50—1.25	Abnahme	Abnahme	0,10—0,65
	Ammoniak	0,015—0,025	Ab- und Zunahme durch Hefe	Ab- und Zunahme (?)	Spur—0,015
5. Säuren, freie, organische	Weinsäure	0—0,4	Abnahme	Abnahme	0—0,15
	Äpfelsäure	0,2—1,0	—	Abnahme (durchweg starke)	wenig—0,5
	Milchsäure	0	Zunahme	Zunahme (durchweg starke)	0,21—0,51
	Bernsteinsäure	Spur	„	—	0,05—0,13
	Citronensäure	?	Zunahme aus Hefe	—	0,01—0,06
	Salicylsäure	Spur		—	Spur
	Gerbsäure	0	Zunahme aus Hülsen u. a.	—	Weißwein 0,02—0,04; Rotwein 0,15—0,25
	Essigsäure (flüchtige Säuren)	0	Zunahme (schwache)	Zunahme	0,02—0,09
6. Salze der organischen Säuren	Weinstein	0,4—0,8	Abnahme	weitere Abnahme	0,12—0,30
	Äpfelsaures Kali	selten	—	—	0—wenig
	Weinsaurer und äpfelsaurer Kalk	wenig	Abnahme	weitere Abnahme	0—Spuren
7. Farbstoffe	Chlorophyll usw. u. blau. Farbstoff	wenig	Aufnahme aus Kämmen u. Hülsen	Abnahme	Abnahme (allmähliche)
8. Bukett- u. Aromastoffe	Bukett (ätherische Öle)	Spur	keine	Mitunter Veränderung, endlich Abnahme	Spur
	Neutrale und saure Ester	0	Neubildung	Neubildung	wenig
	Aldehyde und Aldehydsäuren	0	—	„	wenig
9. Mineralstoffe		0,3—0,5	Abnahme (besonders an Kalk und Kali)	Abnahme	0,1—0,3
10. Schweflige Säure	Gesamte	0	Aus der Kellerbehandlung		0,025—0,200
	Freie	0			0,001—0,075

mengen im Wein parallel. In gewöhnlichen deutschen Weinen kann die Menge an Glycerin von 3—16 Teilen auf 100 Teile Äthylalkohol schwanken. Nach der deutschen Weinstatistik schwankte der Gehalt indes bei 3597 Proben von im ganzen 4423 untersuchten Proben, also

[1]) Gemisch mehrerer einwertiger Alkohole vgl. Nr. 2 S. 658.

bei rund 80%, nur zwischen 7,0—11,0 Teilen Glycerin auf 100 Teile Äthylalkohol. Bei Edelweinen pflegen die Glycerinmengen durchweg größer zu sein; so fanden Halenke und Krug in 11 Pfälzer Edelweinen 12,0—20,5 Teile Glycerin auf 100 Teile Alkohol.

d) Bei fehlerhafter Weingärung bzw. bei der Weinkrankheit, das „Zickendwerden" genannt, kann im Wein auch ein sechswertiger Alkohol, der Mannit, auftreten. Müller-Thurgau fand z. B. in milchsäurestichigen Äpfel- und Birnenweinen neben 0,405 bis 0,560 g Milchsäure 0,20—0,71 g Mannit in 100 ccm Wein und führt die Entstehung auf Bakterien (Bacterium mannitopoeum) zurück.

e) Aldehyde. Von den den Alkoholen nahestehenden Aldehyden hat W. Kerp den Acetaldehyd ($CH_3 \cdot CHO$) als regelmäßigen Bestandteil der Weine nachgewiesen. Bei dem Vorkommen von Methylalkohol ist auch das von Formaldehyd nicht ausgeschlossen. Furfurol wird ebenfalls als Bestandteil des Weines angegeben.

3. Kohlenhydrate bzw. stickstofffreie ***Extraktstoffe.*** Die hierzu gehörigen Bestandteile stammen sämtlich aus dem Most und sind nur zum Teil durch die Bereitung des Weines verändert worden. Die wichtigsten Vertreter dieser Gruppe sind:

a) Die Zuckerarten (Hexosen), und zwar Glykose und Fructose, von denen im Most besonders von überreifen und faulen Trauben im allgemeinen die Fructose etwas vorwaltet. Da außerdem die Glykose wegen ihrer leichteren Diffusionsfähigkeit leichter vergärt, so pflegen die nur zum Teil vergorenen Süßweine durchweg mehr Fructose als Glykose zu enthalten. Die gewöhnlichen Tischweine dagegen enthalten überhaupt nur mehr unbedeutende Mengen (0,05—0,20 g in 100 ccm) vergärbaren Zucker. Die ursprünglichen Gehalte der Moste an Zucker schwanken je nach Lage und Jahrgang in sehr weiten Grenzen (S. 641), und müssen dementsprechend auch die Gehalte der Weine an Alkohol und Extrakt verschieden ausfallen, wobei der Unterschied naturgemäß am meisten beim Alkoholgehalt hervortritt (vgl. Tab. II Nr. 1302—1386 und 1398—1417).

b) Pentosen bzw. Pentosane. Most (S. 642) wie Weinextrakt liefern bei der Destillation mit Salzsäure (1,06 spez. Gewicht) nach dem Verfahren von B. Tollens geringe Mengen Furfurol. J. Weiwers hat nachgewiesen, daß der nicht vergärbare reduzierende Zucker aus l-Arabinose besteht, die in Mengen von 0,03—0,11 g (Mittel etwa 0,05 g) in 100 ccm Most vorkommt und im Wein nach der Gärung verbleibt.

c) Gummi, Pflanzenschleim, Pektinstoffe, Inosit, Quercitrin (Glykosid) u. a., sämtlich aus dem Most herrührend. Der größte Teil dieser Stoffe wird durch die Gärung ausgeschieden.

4. Fett und ***Wachs.*** Fett (Öl) aus Traubenkernen, Wachs (von Beeren, Beerenhäuten) dürften wohl kaum in den Wein übergehen[1]).

5. Stickstoffhaltige Stoffe. Die stickstoffhaltigen Stoffe stammen teils aus dem Traubensaft, teils aus der Hefe. In 100 ccm Traubensaft (6 Sorten) fanden K. Windisch und Ph. Schmidt z. B. folgende Mengen:

Gesamt-Stickstoff	Desgl. in Form von Amiden	Ammoniak
0,0854—0,1482 g	0,0128—0,0180 g	0,0147—0,0217 g

Als Niedrigstmenge wird 0,018 g Gesamt-Stickstoff angegeben. Von letzterem sind 1—4% als Albumin vorhanden, welches beim Erhitzen des Mostes gerinnt. Neben Amiden und Ammoniak konnte K. Windisch im Most auch Proteosen und Peptone als Abbauerzeugnisse der Proteine nachweisen. Von den Stickstoffverbindungen des Mostes kann ein Teil durch Gerbsäure, ein anderer durch den sich bildenden Alkohol bei der Gärung gefällt werden, der größte Teil wird zweifellos von der wachsenden Hefe aufgezehrt, besonders

[1]) Nach P. Kulisch schließt das in üblicher Weise im Wein bestimmte Glycerin stets geringe (0,005—0,104%) Mengen Fett (bestehend aus den Glyceriden der Myristin- und Ölsäure) ein; es soll weniger aus dem Most als solchem, als aus der Hefe bzw. von dem durch die Lebenstätigkeit der Hefe gebildeten Fett herrühren.

das Ammoniak, so daß der Wein kaum Ammoniak enthält. Die im Wein sich vorfindenden Stickstoffverbindungen stammen von der absterbenden Hefe, durch Abbau ihrer Proteine, her. Dieses ist daraus zu schließen, daß die Schichten Wein, die zunächst über der Hefe lagern, mehr Stickstoff enthalten als die oberen Schichten. So fand P. Kulisch z. B. in 100 ccm Wein:

	Im oberen Faßteil	In der Mitte	15 cm über der Hefe	Unmittelbar über der Hefe
Gutedelwein 1906 . . .	0,054 g	0,058 g	0,069 g	0,095 g
„ 1907 . . .	0,032 „	0,031 „	0,042 „	0,122 „

C. von der Heide untersuchte 720 Weine des deutschen Weinbaugebietes (1908—1911) auf Stickstoff und fand, daß von den Proben in 100 ccm enthielten:

Gesamt-Stickstoff	0—0,019 g	0,020—0,059 g	0,060—0,099 g	0,100—0,170 g
In Proz. der Gesamtproben rund	1%	72%	22%	5%

Der Ammoniakgehalt der Weine (122 Proben von 1910) schwankte in 100 ccm von Spur bis 0,025 g und mehr, bei 61% der Proben zwischen 0,005—0,015 g; in 245 Proben stellte sich dieser Gehalt wesentlich niedriger, nämlich zwischen 0,002—0,0099 g, bei 67% der Proben zwischen 0,003—0,005 g in 100 ccm Wein.

Als besondere Stickstoffverbindungen in sehr geringer Menge werden angegeben Sarkin, Xanthin, Cholin; das vorhandene Lecithin stammt vermutlich aus den Traubenkernen.

6. Säuren. Der Wein enthält eine große Menge Säuren, die teils aus dem Traubensaft stammen, teils sich bei der Herstellung des Weines bilden. Die erste Stelle nimmt ein:

a) Die Weinsäure [HOOC · CH(OH) · CH(OH) · COOH], die als d-Weinsäure größtenteils im gebundenen Zustande, aber auch im freien Zustande im Wein vorkommen kann. Die vollreifen Trauben enthalten in der Regel keine freie Weinsäure mehr, weil sie bei der Reife durch zuwanderndes Kali, aber auch durch Kalk und Magnesia gebunden wird. Unreife Trauben enthalten bis 0,4 g freie Weinsäure, reife 0,4—0,8 g saures weinsaures Kalium (Weinstein) in 100 ccm Saft (Most). Bei der Edelfäule wird durch den Pilz Botrytis cinerea auch Weinstein verzehrt.

Der gesamte Säuregehalt des Mostes wie der Weine wird als „Weinsäure" ausgedrückt, obschon neben dieser noch sehr viele andere Säuren vorkommen und sie selbst fast nur als Weinstein vorhanden ist. Über die Schwankungen des Gesamtsäuregehaltes der Moste vgl. S. 641, über die der Weine unter „Säurerückgang" S. 647.

b) Die Äpfelsäure findet sich als l-Äpfelsäure [HOOC · CH(OH) · CH_2 · COOH] reichlich in unreifen Trauben (bis 2,5 g in 100 ccm Saft), geht aber beim Reifen auf 0,2—0,4 g herunter, die beim Säurerückgang des Weines durchweg in „Milchsäure" übergehen. Die im Most und Wein vorhandene Äpfelsäure befindet sich meistens im freien Zustande.

c) Citronensäure [HOOC · CH_2 · C(OH) · COOH · CH_2 · COOH]. Auch Citronensäure ist in letzter Zeit unter den Säuren des Weines nachgewiesen, so von J. Mayrhofer in 8 hessischen Weinen von 1912; Blarez, Denigès und Gayon geben für je 100 ccm an:

Französische Moste vor	Französische Moste nach der Gärung	Französische Weine	Hochheimer	Rüdesheimer
0,07 g	0,065 g	0,045 g	0,015 g	0,018 g

R. Kunz fand in Traubenmosten keine Citronensäure, in Naturweinen nur bis 0,008 g in 100 ccm und vermutet, daß sie aus der Hefe, die reichlich Citronensäure enthalte, herrühre.

d) Bernsteinsäure (HOOC · CH_2 · CH_2 · COOH). Sie findet sich in den Traubensäften nicht regelmäßig und nur in Spuren in unreifen Trauben; die Hauptmenge bildet sich erst bei der Gärung, und zwar nach F. Ehrlich aus der durch Spaltung des Hefeproteins entstehenden Glutaminsäure (S. 595). R. Kunz fand in 47 österreichischen und ungarischen Weinen 0,050—0,129 g, im Mittel 0,089 g Bernsteinsäure, von der Heide in 6 deutschen Weinen 0,070—0,090 g, im Mittel 0,083 g Bernsteinsäure in 100 ccm Wein. Nach R. Kunz entstehen auf 100 Teile Alkohol im Wein 0,74—1,35 Teile Bernsteinsäure.

e) Glykolsäure, Oxyessigsäure [$CH_2(OH) \cdot COOH$] und Glyoxalsäure oder Glyoxylsäure ($OHC \cdot COOH$) mögen als Bestandteile unreifer Trauben nur erwähnt sein.

f) Gerbsäure. Die Gerbsäure kommt nicht im Fruchtfleisch der Trauben, also nicht in deren Saft, sondern in den Traubenhülsen (0,4—4,0%), den Kernen (1,8—8,0%) und Kämmen (1,3—3,2%) vor. Sie gelangt daher beim Gärvorgang, und zwar beim Gären des Saftes auf den Trestern, wie beim Rotwein, in den Wein (S. 643). Weißweine enthalten nur 0,02—0,04% Gerbsäure, bei einem Gehalt von 0,05—0,08% erscheinen sie schon herb, milde Rotweine dagegen enthalten 0,10—0,15%, schwere volle Rotweine 0,20—0,25% Gerbsäure. Ein Teil der Gerbsäure kann durch vorhandene Proteine gebunden werden.

g) Flüchtige Säuren, Essigsäure. Die flüchtigen Säuren entstehen während und nach der Gärung als Gärerzeugnis der Hefe, die Essigsäure durch die Tätigkeit der Essigbakterien (S. 647). Nach der Weinbaustatistik wurden u. a. gefunden in 100 ccm Wein der Ernte 1910:

Moselweine (1234)		Rheingau (153)		Ahrrotweine (136)		Naheweine (33)	
Schwank.	Mittel	Höchst	Mittel	Höchst	Mittel	Höchst	Mittel
0,020—0,120 g	0,044 g	0,060 g	0,039 g	0,090 g	0,072 g	0,050 g	0,026 g

Die Menge der flüchtigen Säure, auf Essigsäure berechnet, erreicht hiernach selten 0,100 g in 100 ccm, kann aber bei fehlerhaften Mosten, durch ungünstige Gärung und unrichtige Kellerbehandlung wesentlich höher werden, so daß die Weine den Essigstich annehmen. Bei Dessertweinen steigt der Gehalt wohl bis 0,300 g in 100 ccm hinauf, ohne daß er sich durch den Geschmack bemerkbar macht.

h) Sonstige Fettsäuren. Neben Essigsäure sind im Wein auch in sehr geringen Mengen nachgewiesen:

Ameisensäure, Buttersäure, Caprin-, Capryl-, Capron- und Pelargonsäure, in kranken Weinen auch Propion- und Baldriansäure.

Ein kleiner Teil dieser Säuren ist ebenso wie die Essigsäure mit Alkoholen zu Säureestern verbunden.

i) Salicylsäure. Wie in verschiedenen Fruchtsäften (S. 470), so kommen auch im Traubensaft unter Umständen äußerst geringe Mengen Salicylsäure vor. J. Mayrhofer fand z. B. in Naturmosten und Naturweinen von 1904, 1905 und 1907 0,02—0,07 mg, in Tresterweinen von 1907 0,03—0,15 mg Salicylsäure in 100 ccm.

k) Milchsäure. Über die Bildung beim Säurerückgang in Wein vgl. S. 647. Alle Umstände, welche den Säurerückgang, die Abnahme an Äpfelsäure, unterstützen, erhöhen gleichzeitig den Gehalt an Milchsäure. Nach der deutschen Weinstatistik wurden in deutschen Weinen (1904/10) 0,21—0,71 g (in der Regel 0,37—0,51 g, im Mittel aller Proben 0,411 g) Milchsäure in 100 ccm Wein gefunden.

7. Farbstoffe. Für die Weinfarbe kommen zwei Farbstoffe in Betracht, das Chlorophyll und das Önocyanin bzw. Önin (der Rotweinfarbstoff); das Chlorophyll kommt nicht nur in den gelbgrünen, sondern auch in den blauen und roten Beeren vor, noch mehr in den Beerenhülsen und Kämmen. Aus dem Chlorophyll (S. 26) wird das Magnesium durch Säuren leicht gelöst und treten verschiedene Spaltungserzeugnisse auf, die neben den das Chlorophyll stets begleitenden Carotinoiden, z. B. Carotin ($C_{40}H_{56}$) und Xanthophyll ($C_{40}H_{56}O_2$) die gelbe Farbe der Weißweine bedingen.

Der rote Weinbeerfarbstoff, das Önin, ist in Form feinster Körnchen in den äußeren Zellreihen der Beerenhäute abgelagert; bei der Färbertraube findet er sich auch im Saft. Er läßt sich nach R. Willstätter und A. E. Everest leicht krystallisiert erhalten und ist ein Glykosid, das durch hydrolytische Spaltung in Zucker und Anthocyanidin, das Önidin, zerfällt, welchem die Formel $C_{17}H_{14}O_7$ zukommt. Dieses besitzt phenolische und basische Eigenschaften, weshalb es sich leicht mit Säuren zu Oxoniumsalzen verbindet. Das Önin färbt sich mit Säuren rot, mit Alkali blau. Amylalkohol nimmt aus saurer Lösung keinen Farbstoff auf, sondern erst, wenn die Lösung gekocht wird; hierdurch wird das Glykosid gespalten und das zuckerfreie Anthocyanidin- (Önidin-) Salz geht mit rotvioletter Farbe in Lösung. Beim Erwärmen mit Jodwasserstoffsäure spaltet das Önidin 2 Methylgruppen ab und geht in Delphinidin über, es ist also ein Dimethyläther des letzteren.

Die Lösung des Rotweinfarbstoffes aus den Beerenhäuten wird durch den bei der Gärung der Maische gebildeten Alkohol unter Mitwirkung der Säuren, auch der Gerbsäure, bewirkt.

8. Bukettstoffe. Von großem Belang für die Wesensbeschaffenheit des Weines sind die Bukettstoffe; sie stammen teils aus dem Traubensaft, teils werden sie bei der Gärung und Lagerung gebildet. Den einzelnen Trauben haften besondere Bukettstoffe an, man spricht von Riesling-, Traminer-, Muskateller- usw. Bukett. Die Natur dieser Bukettstoffe ist noch unbekannt; es dürften vorwiegend ätherische Öle sein (u. a. auch Vanillin, das in den Traubenkernen vorkommt). Diese Bukettstoffe können durch die Gärung verfeinert werden, besonders wenn man Reinhefen anwendet, die ein gutes Bukett liefern.

Bei der Gärung und Lagerung bilden sich (S. 647) fortgesetzt neue Bukettstoffe. Aus den Alkoholen und Säuren entstehen mit und ohne Vermittlung von Kleinwesen Ester aller Art, besonders aus den Alkoholen und den flüchtigen Fettsäuren der Essigester, der flüchtige Önanthäther, Äthylidendiäthyläther (Acetal) und anscheinend auch ein flüchtiger Ester der Bernsteinsäure; daneben werden nichtflüchtige Ester der Wein- und Äpfelsäure, nämlich Äthylweinsäure und Glycerinweinsäure angenommen.

9. Mineralstoffe. Die Mineralstoffe nehmen bei der Gärung und Reifung des Weines infolge Ausscheidung von vorwiegend weinsaurem Kali und Kalk ab und gehen im allgemeinen für je 100 ccm von 0,3—0,5 g im Most auf 0,1—0,3 im Wein herunter. Über die prozentuale Zusammensetzung vgl. Tab. II Nr. 289.

a) Der Kaliumgehalt (0,2—2,5 g K_2O für 1 l Wein) steigt und fällt im allgemeinen mit dem Weinsäure- (bzw. Weinstein-) Gehalt.

b) Natrium- (0,001—0,062 g Na_2O) und Chlor- (0,01—0,09 g Cl in 1 l) Gehalt kann durch Boden (Salzboden an Meeresküsten) oder durch Düngung und Spülwasser bzw. Zuckerungswasser eine Steigerung erfahren. Derselbe wird aber selbst unter letzteren Umständen 0,15 g Chlornatrium für 1 l Wein kaum übersteigen.

c) Der Calciumgehalt (0,03—0,30 g CaO für 1 l) erfährt durch die Entsäuerung mit Calciumcarbonat eine geringe Zunahme; wenn der Weinsäuregehalt dabei nicht berücksichtigt wird, kann der Gehalt wesentlich erhöht werden. Magnesium-Verbindungen dürften dem Wein wohl kaum zugesetzt werden (natürlicher Gehalt 0,03—0,35 g für 1 l).

d) Der Eisengehalt wird zu 0,004—0,025 g Fe_2O_3 für 1 l angegeben und ist wesentlich von der Verwendung eiserner Gefäße oder Gerätschaften abhängig.

e) Aluminium-Verbindungen fehlen im Wein entweder ganz oder sind nur bis zu 0,01 g Al_2O_3 für 1 l gefunden. Durch Anwendung ungeeigneter Klärerden oder durch den verbotenen Zusatz von Alaun kann der Gehalt erhöht werden.

f) Die Angaben über den Mangangehalt der Weine sind unsicher und schwanken in den Grenzen von 0,0005—0,01 g für 1 l; der Gehalt kann durch Entfärben der Rotweine mit Kaliumpermanganat zu Weißwein wesentlich erhöht werden.

g) Zink kann durch Aufbewahren von Wein in Zinkgefäßen oder Anwendung von zinksalzehaltigen Klärmitteln in den Wein gelangen.

h) Blei und Arsen sind im Wein nach Anwendung von blei- und arsenhaltigen Schutzmitteln z. B. von Bleiarseniat oder für Arsen auch nach Anwendung von arsenhaltigem Schwefel festgestellt worden.

i) Borsäure kann als natürlicher Bestandteil in Mengen von 0,008—0,050 g BO_3H_3 in 1 l und ebenso Fluor als natürlicher Bestandteil spurenweise im Wein vorkommen.

k) Nitrate. Auch naturreine Moste und Weine enthalten geringe Mengen Nitrate, die bei der Gärung teilweise in Nitrit umgewandelt werden können. J. Tillmans fand in naturreinen deutschen Weinen bis 0,01875 g Salpetersäure in 1 l Wein. Der Gehalt kann auch

z. T. von dem zum Spülen der Gefäße oder zum Lösen des Zuckers verwendeten Wasser herrühren.

10. Schweflige Säure. Über die Bildung und das Verhalten der schwefligen Säure vgl. S. 653. Nach der Weinstatistik im Deutschen Reiche ergaben:

	Gesamte schweflige Säure in Prozenten von 437 Proben			Freie schweflige Säure (von 217 untersuchten Proben)		
Proz. der Weine	75%	22%	3%	60%	33%	1,4%
Ges. schweflige Säure für 1 l	bis zu 100 mg	100—200 mg	über 200 mg	1—10 mg	11—50 mg	51—75 mg

Nur Spuren freier schwefliger Säure enthielten 5,5% der Weine und über 75 mg für 1 l keiner. In ganz vereinzelten Fällen — bei Elsaß-Lothringer Weinen nach Kulisch — stieg der Gehalt an gesamter schwefliger Säure auf 300 bzw. 400 mg für 1 l. In Edelweinen pflegt er höher zu sein als in gewöhnlichen Trinkweinen.

Weinfehler und Weinkrankheiten.

Die vielen Krankheiten des Weines werden fast ausschließlich durch die Lebenstätigkeit von Pilzen hervorgerufen. Letztere sind teils schon auf der Traube vorhanden, teils gelangen sie erst bei der Herstellung des Weines in denselben. Sie entwickeln sich in ihm im allgemeinen nur, wenn die Zusammensetzung des Mostes und Weines oder die Gärung eine nicht regelrechte ist. Die auf der Tätigkeit von Kleinwesen beruhenden Krankheiten können in der Regel durch Abziehen des Weines auf frisch geschwefelte Fässer (S. 653) oder durch Pasteurisieren des Weines behoben werden.

Zu den häufigeren Weinfehlern und Krankheiten gehören:

1. Das Schwarzwerden, verursacht durch gebildetes gerbsaures Eisenoxyd oder nach Baragiola auch durch Bildung von Ferriphosphat.

2. Das Trübwerden oder Umschlagen, verursacht entweder durch Ausscheidung von gerbsaurem Protein oder durch Bakterien oder durch eine abermalige Vermehrung von Hefe bei nicht völlig durchgegorenem Wein.

Wenn neben der Trübung auch Braunfärbung eintritt, so nennt man das ein Laugigwerden der Weine.

3. Das Kahmigwerden. Diese Krankheit wird durch die Vertreter der Gruppe der Kahmpilze, Mycoderma, erzeugt, Sproßpilze, welche nicht zu den Saccharomyceten gehören und nur eine geringe und schleppende Gärung hervorrufen. Dieselben entwickeln sich nur bei Luftzutritt und können daher nur in nicht spundvollen Fässern auftreten. In Weinen mit mehr als 10% Alkohol können die Kahmpilze sich nicht entwickeln.

4. Der Essigstich. Der Essigstich wird durch die Vergärung des Alkohols zu Essigsäure durch die Essigsäurebakterien (auch Kahmpilze) erzeugt. Bei einem Gehalt von 0,6—0,7‰ Essigsäure schmeckt der Wein schwach nach Essig, bei 1,5—2,5‰ kratzend scharf. Zuweilen geht die Oxydation auch nur bis zum Acetaldehyd und es entstehen dann Weine von der Art des sog. Äschgrüßlers im Elsaß. Wenn essigstichiger Wein zu lange in warmen Kellern auf der Hefe liegen bleibt, so entstehen durch das Faulen toter Hefenzellen Ammoniak und Amine, welche mit der Essigsäure Acetamid bilden, das dem Weine dann Mausgeruch erteilt.

5. Der Milchsäurestich oder das Zickendwerden. In säurearmen Weinen, besonders in Obstmosten, entwickeln sich, zumal in etwas warmen Kellern, Milchsäure- und Buttersäurebakterien, welche den Zucker zu Milchsäure vergären. Durch Gerbstoff, größere Mengen Äpfel- oder Weinsäure wird ihre Entwicklung gehemmt.

6. Die Mannitgärung. Mannit findet sich in großen Mengen lediglich in unvollständig vergorenen oder sonstwie erkrankten Weinen. Derselbe entsteht durch fehlerhafte Gärung, welche in säurearmen Weinen bei hoher Temperatur eintritt. Der Mannit wird durch Bakterien erzeugt, die nur die Fructose zu Mannit vergären, wobei gleichzeitig große Mengen Essig-, Milch-, Bernstein- und Kohlensäure entstehen.

7. Das Rahn-, Rohn-, Braun- und Fuchsigwerden, auch Brechen, Umschlagen der Weine genannt. Weißweine werden braun und ölig, Rotweine trüb und braun. Die sehr verschiedenen Krankheitserscheinungen werden wahrscheinlich durch Oxydasen verursacht.

8. Beim Weich-, Ölig-, Lang- oder Schleimigwerden sind nach den vielfachen Untersuchungen meist Bakterien, z. B. Bacillus viscosus vini (vgl. auch S. 401 u. 631), nach Meißner vermutlich auch Sproßpilze (anscheinend Torulaarten) beteiligt. Die Schleimbildung erfolgt entweder schon vor der Gärung, was zuweilen bei Hefenweinen vorkommt, oder tritt erst bei der Nachgärung ein. Beim Schütteln der schleimigen Weine entweicht meist eine große Menge Kohlensäure. Durch kräftiges Schütteln oder Peitschen mit Reisigbesen, wodurch der Schleim zerrissen und dem Weine Luft zugeführt wird, ferner durch Umgären lassen sich solche Weine zuweilen heilen.

9. Das Bitterwerden. Besonders Rotweine, und zwar die besseren Sorten, werden auf dem Fasse oder der Flasche zuweilen bitter, während gleichzeitig eigenartiger Geruch, weniger starke Färbung und matter, schaler Geschmack auftreten. Auch scheiden sich krystallinische Massen und Farbstoff aus. Die Ursache dieser Krankheit ist nach Wortmann eine Zersetzung der Gerb- und Farbstoffe durch Schimmelpilze, wie sie entweder schon in faulen Trauben oder auch in Lagerkellern durch Ansiedlung der Pilze in Fässern und auf Flaschenkorken erfolgen kann. Dagegen ist die Beteiligung von Bakterien bei dieser Krankheit, wie dies früher stets behauptet wurde, bisher in keinem Falle erwiesen.

Pasteurisieren ist ein gutes Vorbeugungsmittel gegen das Bitterwerden. Bittere Weine lassen sich durch Umgären mit frischer Maische und nachfolgende Eiweißschönung heilen.

10. Fehlerhafter Geschmack. Verschiedene Ursachen, zum Teil rein chemischer Natur, veranlassen fehlerhafte Geschmacksveränderungen des Weines.

Der Schimmelgeschmack entsteht, wenn Wein in nachlässig behandelte Fässer gebracht wird. Eine Beseitigung desselben ist zuweilen durch Schütteln mit Olivenöl möglich.

Der Erdgeschmack wird teils durch die spezifische wilde Hefe des Weines, Saccharomyces apiculatus (dieselbe ist kein Saccharomycet, sondern ein sporenloser Sproßpilz), verursacht. Sacch. apiculatus tritt bei der Weingärung stets auf, wird auch von stärkster Reinhefe nicht unterdrückt, wirkt, wenn in größerer Zahl vorhanden, verzögernd auf die Gärung und beeinflußt Geschmack und Bukett nachteilig.

Auch der spezifische Erdgeruchpilz, Cladothrix odorifera, erzeugt im Wein vor der Gärung zuweilen Erdgeschmack.

Der Böcksergeschmack wird durch Schwefelwasserstoff erzeugt, der während der Gärung durch Reduktion aus Schwefel entsteht. Dieser gelangt entweder durch unvorsichtiges Schwefeln oder von zu spät bestäubten Beeren in den Most. In alten Weinen, die in eingebrannten Fässern liegen, kann Schwefelwasserstoff durch Berührung mit Eisen erzeugt werden.

Lüften oder Ableiten in ein geschwefeltes Faß können solchen Wein heilen ($2\,H_2S + SO_2 = 2\,H_2O + 3\,S$).

Rauchgeschmack soll durch Bakterien verursacht werden. Auch Torulahefen können nach Wortmann den Geschmack des Weines nachteilig beeinflussen.

Schwefelsäurefirne nennt man einen harten, eigenartig sauren Geschmack, der nach Kulisch durch zu hohen Schwefelsäuregehalt des Weines bedingt wird.

Abweichungen, Verfälschungen, Nachahmungen.

Die Bestimmungen im deutschen Weingesetz vom 7. April 1909 sind so vielseitig und scharf, daß es nicht möglich ist, hier alle Vergehen gegen dieses Gesetz in kurzer Übersicht aufzuführen. Nur die hauptsächlichsten, für den gewerbsmäßigen Verkehr wichtigen Verstöße gegen dieses Gesetz mögen hier hervorgehoben werden.

1. Unrichtige Bezeichnung. Geographische Bezeichnungen dürfen nur zur Kennzeichnung der Herkunft verwendet werden und müssen wahrheitsgemäß sein. Die Namen einzelner Gemarkungen oder Weinbergslagen, die mehr als „einer" Gemarkung angehören, für gleichartige und gleichwertige Erzeugnisse benachbarter oder nahe gelegener Gemarkungen oder Lagen sind gestattet.

Gezuckerte Weine, selbst im Verschnitt mit Naturweinen dürfen nicht die Bezeichnung „rein“, „naturrein“ oder eine Bezeichnung führen, welche wie „Original“, „echt“, „garantiert“, „unverfälscht“, „Naturperle“, „Schloßabzug“ u. a. Naturwein oder besonders sorgfältig zubereiteten Wein vortäuschen können; auch der Name eines bestimmten Weinbergbesitzers für diese darf nicht gebraucht werden; dagegen ist der Name der verwendeten Traubensorte gestattet.

2. *Ungesetzlicher Verschnitt.* Der Verschnitt von *Naturerzeugnissen* verschiedener Herkunft und Farbe (rot mit weiß), verschiedener Jahre, deutschen oder ausländischen Ursprungs unter- oder miteinander, auch mit gezuckertem, vergorenem Wein ist gestattet. Die zum Verschnitt dienenden Weine müssen den gesetzlichen Anforderungen entsprechen. Das Verschneiden von *Weißwein* (-most) mit *Dessertwein* dagegen ist verboten. Ein Verschnitt aus verschiedenen Erzeugnissen darf nur dann nach *einem* Anteil, auch der Gemarkung und Lage, allein benannt werden, wenn der Anteil in der Gesamtheit überwiegt, die Art bestimmt und nicht gezuckert ist. Der Wein darf auch nicht als Wachstum eines bestimmten Weinbergbesitzers bezeichnet werden. Wenn Gemische von Rot- und Weißwein als Rotwein in den Verkehr gebracht werden, so muß die Mischung gekennzeichnet werden.

3. *Zusatz von Alkohol* oder von Wasser und Alkohol (Mouillage). Vgl. S. 656.

4. *Überzuckerung* (S. 650), *Überstreckung* (S. 650), *Umgärung* (S. 651) und *Rückverbesserung* (S. 652). Über die gesetzlichen Bestimmungen hierüber vgl. die angegebenen Stellen.

5. Verwendung von *überstrecktem Wein* als Weingrundlage und *Aufbesserung* mit *Chemikalien und künstlichen Moststoffen* (Glycerin, Weinsäure, Citronensäure, Alkohol, Bukettstoffen, Pottasche und anderen Mineralsalzen, getrockneten Weinbeeren (Rosinen, Cibeben), Korinthen, Sultaninen, Tamarindenmus u. a.).

6. *Künstliche Färbung*, besonders um Rotwein nachzumachen — nur bei Dessertweinen ist der Zusatz kleiner Mengen gebrannten Zuckers (Zuckercouleur) erlaubt —.

7. *Vermischen von Traubenwein mit weinähnlichen* oder gar *nachgemachten* Weinen ist selbstverständlich als Verfälschung anzusehen. Die Nachmachung von Weinen ist überhaupt verboten.

8. *Überschwefelte Weine* (vgl. S. 653) sind vom Verkehr ausgeschlossen. Im *Deutschen Reich* bestehen bisher keine amtlichen Grenzzahlen für den zulässigen Gehalt der Weine an schwefliger Säure; in den Ausführungsbestimmungen vom 9. Juli 1909 zu dem Weingesetz vom 7. April 1909 heißt es nur, durch das Schwefeln dürfen *nur kleine Mengen* von schwefliger Säure in den Wein gelangen, woraus zu schließen ist, daß die Menge der schwefligen Säure im Wein keineswegs unbeschränkt sein soll[1]).

Bezüglich der *schwefligen Säure* sind folgende Mengen für 1 l Wein zugelassen:

Spanien		Frankreich	Italien Verbrauchswein (SO_2)		Rumänien (SO_2)	Schweiz	
Schwefligsaures Salz	Freie schweflige Säure	Gesamte schweflige Säure	Gesamt-	Frei	Gesamt-	Gesamt-	Frei
200 mg	20 mg	350 mg	200 mg	20 mg	350 mg	200 mg	20 mg

Für die Rotweine werden vielfach noch größere Mengen zugelassen.

9. *Fehlerhafte und kranke Weine* sind nicht verkehrsfähig. Durch Krankheiten *verdorbene* Weine sind ohne weiteres zu beanstanden. Ob sie wieder genußfähig gemacht werden dürfen, ist zweifelhaft und hängt von Umständen ab; keinesfalls genügt es, ihnen nur den Schein einer besseren und normalen Beschaffenheit zu geben.

10. *Verbotene Zusätze.* Für die Trockenweine sind im Deutschen Weingesetz keine verbotenen Zusätze, sondern nur die erlaubten Behandlungen angegeben. Zur Herstellung von *weinähnlichen Getränken*, ferner von *weinhaltigen Getränken*, deren Bezeichnung die Verwendung

[1]) Die frühere deutsche Weinkommission hatte 1911 einen Gehalt von 50 mg freier und 200 mg gesamter schwefliger Säure für 1 l für zulässig erklärt; 1912 wurde die letztere Menge für Weine mit einem Alkoholgehalt über 10 g in 100 ccm Wein auf 350 mg erhöht. Indessen sind diese Vorschläge von der Bundesregierung bis jetzt nicht angenommen.

von Wein andeutet, von Schaumwein oder von Kognak, damit aber auch für Trockenweine dürfen die folgenden Stoffe nicht verwendet werden: Lösliche Aluminiumsalze (Alaun u. dgl.), Ameisensäure, Bariumverbindungen, Benzoesäure, Borsäure, Eisencyanverbindungen (Blutlaugensalze), Farbstoffe mit Ausnahme von kleinen Mengen gebranntem Zucker (Zuckercouleur), Fluorverbindungen, Formaldehyd und solche Stoffe, die bei ihrer Verwendung Formaldehyd abgeben, Glycerin, Kermesbeeren, Magnesiumverbindungen, Oxalsäure, Salicylsäure, unreiner (freien Amylalkohol enthaltender) Sprit, unreiner Stärkezucker, Stärkesirup, Strontiumverbindungen, Wismutverbindungen, Zimtsäure, Zinksalze, Salze und Verbindungen der vorbezeichneten Säuren sowie der schwefligen Säure (Sulfite, Metasulfite u. dgl.).

Untersuchung und Beurteilung des Weines.

Die Untersuchung und Beurteilung des Weines gehören zu den schwierigsten Aufgaben des Nahrungsmittelchemikers; sie erfordern eingehende Sachkenntnis und Erfahrung. Die neu zu erwartenden Vorschriften für die Beurteilung des Weines sehen folgende Bestimmungen vor:

a) Regelmäßig auszuführende Bestimmungen:

Spezifisches Gewicht.	Phosphorsäure (Phosphatrest).	Weinsäure.
Alkohol.	Titrierbare Säuren (Gesamtsäure).	Glycerin.
Extrakt.	Flüchtige Säuren.	Zucker.
Asche.	Titrierbare nichtflücht. Säuren.	Polarisation.
Gesamtalkalität der Asche, Alkalität des in Wasser löslichen Anteils.	Milchsäure (bei trockenen Weinen).	Fremde Farbstoffe bei Rotwein.
		Schwefelsäure bei Rotwein.

b) In besonderen Fällen auszuführende Bestimmungen:

Wasserstoffionen (Säuregrad).	Chlor.	Formaldehyd.
Fremde rechtsdrehende Stoffe, unreiner Stärkezucker, Dextrin.	Salpetersäure.	Borsäure.
Fremde Farbstoffe bei Weißwein.	Stickstoff.	Fluor.
Schwefelsäure bei Weißwein.	Bernsteinsäure.	Kupfer.
Schweflige Säure.	Äpfelsäure.	Arsen.
Salicylsäure.	Citronensäure.	Zink.
Saccharin.	Ameisensäure.	Eisen und Aluminium.
Gerbstoff und Farbstoff.	Benzoesäure.	Calcium und Magnesium.
	Zimtsäure.	Kalium und Natrium.

II. Dessert-, Süß-, Süd- bzw. Likörweine.

Begriff. Dessertweine (Süß-, Südweine) sind Weine, die durch einen hohen Extrakt- und Zuckergehalt und in der Regel auch durch einen hohen Alkoholgehalt von den gewöhnlichen Weinen unterschieden sind und durchweg einen eigenartigen, aromatischen angenehmen Geruch wie Geschmack besitzen.

In der Kommission zur Beratung des letzten Weingesetzes wurde folgende Begriffserklärung gegeben: „Unter Dessertwein (Süd-, Süßwein) versteht der Verkehr gemeinhin Wein, der zur Erzielung eines durch die Gärung des Saftes frischer Trauben allein nicht erreichbaren hohen Gehaltes an Alkohol oder an Alkohol und Zucker besonderen Verfahren (Eindicken des Mostes u. dgl.), in der Regel unter Verwendung gewisser Zusätze (Alkohol, Trockenbeeren u. a.) unterworfen worden ist und sich durch den solchen Getränken eigentümlichen Geschmack auszeichnet. In diesem Sinne sind die Ausdrücke Dessertwein (Süd-, Süßwein) auch in § 2 des Gesetzes gebraucht. Als Südwein ist demgemäß, wie noch besonders bemerkt sein möge, nicht ohne weiteres jeder Wein anzunehmen, der aus südlichen Ländern stammt; es müssen vielmehr bei solchem Wein die angegebenen Merkmale zutreffen, wenn er unter diesen Begriff fallen soll.

Einteilung und ***Herstellung.*** Der Verein deutscher Nahrungsmittelchemiker hat auf Vorschlag folgende Begriffserklärung und Einteilung gewählt:

Dessertweine (Südweine, Süßweine) sind solche Weine, die nach einem der nachstehend beschriebenen Verfahren so hergestellt sind, daß ihr Gehalt an Alkohol und Zucker höher ist, als der durch Gärung des unveränderten Saftes frischer, gewöhnlicher Trauben allgemein zu erzielende. Die Herstellungsverfahren zerfallen in zwei Gruppen:

I. Vergärung von Traubensaft von besonders hoher Konzentration oder Anreicherung gewöhnlichen Weines durch konzentrierten Traubensaft (konzentrierte Süßweine).

II. Zusatz von Alkohol zu hinreichend weit in der Vergärung vorgeschrittenem Most (gespritete Dessertweine, auch Likörweine genannt).

Im einzelnen sind folgende Verfahren im Gebrauch:

I. Konzentrierte Süßweine.

1. Vergärung des Mostes ausgelesener Trockenbeeren (z. B. Tokayer Essenz, süße rheinische Ausleseweine) oder getrockneter Beeren (z. B. Strohweine).

a) Die Tokayer Essenz wird aus dickflüssigem Most gewonnen, der aus den zu Cibeben vertrockneten Trauben freiwillig — die Beeren werden in Bottichen nur fest eingetreten — ausfließt. Infolge des hohen Zuckerreichtums (30—38%) vergärt der Most nur schwierig und enthalten die so gewonnenen Essenzen selbst nach vielen Jahren oft nur 3—4% Alkohol. Essenzen werden auch aus gewöhnlichem Most unter Zusatz einer bedeutenden Menge von Trockenbeeren bereitet. Die berühmten Tokayer Essenzen werden weit höher als die Tokayer Ausbruchweine geschätzt. Der echte Tokayer wächst nur in der Hegyalia, d. h. an der Gebirgslehne zwischen Tokay und Satorallya-Ujhaly; der Mittelpunkt ist Erdöbeny; in Tokay selbst wächst kein Tokayer.

Echte konzentrierte Tokayer Essenzen enthalten in der Regel zwischen 23,0—35,0 g Extrakt und zwischen 6,0—4,0 g Alkohol; es gibt aber auch herbgezehrte Tokayer im Handel mit nur 3,5—4,5 g Extrakt und 14,0—11,5 g Alkohol in 100 ccm, die also den trockenen Weinen nahekommen.

b) Die rheinischen Ausbruchweine (Ausleseweine) werden in ähnlicher Weise gewonnen. Herrscht während des Spätherbstes am Rhein vorwiegend sonniges Wetter, so verschrumpft ein großer Teil der Traubenbeeren als solcher oder nach durchgemachter Edelfäule zu sog. Halbcibeben, welche nicht so wasserarm sind, wie die von südlichen Ländern in den Handel gebrachten Rosinen, aber viel wasserärmer als die auf gewöhnliche Weise gereiften Trauben. Bei der Lese werden die Halbcibeben einzeln aus der Traube genommen (ausgelesen). Die Weine gebrauchen zur vollkommenen Vergärung, welche langsam in kühlen Kellern erfolgt, meist viele Jahre und zeichnen sich durch ein starkes Bukett (edelfauler Trauben) aus. Die edelfaulen Trauben sind ärmer an Säure (Äpfelsäure), aber reicher an Fructose, als die entsprechenden nicht edelfaulen Trauben, weil der Pilz Botrytis cinerea (vgl. S. 473) die Säure und Glykose verhältnismäßig mehr verzehrt als die Fructose. Auch wird das Bukett durch den Pilz verändert, indem das Rieslingbukett mit Muskatgeruch in das Sherrybukett mit honigähnlichem Geruche übergeht.

Wenn die Witterung zur Gewinnung der Halbcibeben nicht günstig ist, so nimmt man die Trauben möglichst reif, aber nicht überreif vom Stock und überläßt sie an luftigen Orten (früher auf Stroh) dem Austrocknen, bis sie genügend eingeschrumpft erscheinen, und erhält aus ihnen die sog. Strohweine. Für den Verkauf und eigentlichen Weinhandel werden diese Weine indes immer seltener, da sie ihrer Herstellung nach nur zu sehr hohen Preisen abgegeben werden können (im Elsaß trifft man noch hie und da die Bereitung von Strohweinen an).

2. Vergärung des Mostes gleichzeitig gelesener gewöhnlicher Trauben und Trockenbeeren (z. B. süße Szamorodner).

Bei dem süßen Szamorodner (Hegyalia) werden die gebildeten Trockenbeeren nicht wie bei Nr. 1 besonders ausgelesen, sondern gleichzeitig mit den gewöhnlichen reifen Trauben gekeltert.

3. Ausziehen von Trockenbeeren (z. B. Tokayer Ausbruch) oder getrockneter Beeren (z. B. vino dulce in Malaga) durch Most und Vergären des Auszuges.

4. Ausziehen von Trockenbeeren oder getrockneten Beeren durch Wein.

5. Vergärung von eingekochtem Most.

6. Verbindung zweier oder mehrerer der unter 1 bis 5 genannten Verfahren miteinander.

7. Verschnitt zweier oder mehrerer der nach dem Verfahren 1 bis 6 bereiteten Erzeugnisse miteinander.

Über die Herstellung der unter Nr. 3 erwähnten konzentrierten Süßweine ist noch folgendes zu bemerken:

a) Ausbruchweine. Süßweine dieser Art werden hergestellt, indem man die zerquetschten Trockenbeeren mit Most oder jungem Weine aus nicht eingetrockneten Trauben derselben Abstammung wie die Trockenbeeren auszieht bzw. aufweicht und auspreßt. Man erhält auf diese Weise gehaltreiche Moste, welche man in Erdkellern oft mehrere Jahre bei ziemlich niederer Temperatur vergären läßt (Tokay). Je nachdem man auf 1 Faß Wein (etwa 130 l) 1, 2 bis 5 Butten Cibeben (1 Butte = 12—14 kg Trauben) rechnet, spricht man von 1-, 2-, 3- bis 5-buttigem Ausbruch (oder Tokayer) und erhält entweder alkoholreiche, aber extraktärmere, oder alkoholärmere, aber extraktreiche Weine; denn in jenen Mosten, welche mittels großer Mengen von Trockenbeeren bereitet werden, hemmt der hohe Zuckergehalt die Entwicklung des Gärungsfermentes derart, daß die Gärung schon aufhört, wenn der Wein noch nicht viel über 8—10 Gewichtsprozente Alkohol enthält[1]).

Zu dieser Klasse von Süßweinen gehören außer dem Tokayer Ausbruch auch die echten Ruster und Meneser Ausbruchweine[2]).

b) Malaga-Süßwein. Der „echte Malagawein" stammt aus Malaga, der südlichsten Provinz Spaniens. Die vorherrschende Traubensorte ist der Pedro-Jimenez. Die ohne Zusatz vergorenen Moste aus reifen Trauben liefern herbe Malagaweine; bleibt ein kleiner Teil des Zuckers unvergoren, so erhält man trockene, milde, bei mehr unvergorenem Zucker die süßen Malagas. Für die Herstellung der ganz süßen Sorten „Vino maestro", „Vino tinto" läßt man die Trauben durch Knicken der Stiele am Stock überreif werden oder trocknet sie an der Erde. Die Trauben werden zerdrückt, die teigartige Masse wird mit etwa $^1/_3$ Wasser verarbeitet und dann gepreßt. Vino maestro wird in der Weise dargestellt, daß man 15% Alkohol zu dem kaum in Gärung übergegangenen Most setzt und letztere dadurch unterbricht.

Der dunkelbraune Malaga wird durch Zusatz von Arrope und Color zu ursprünglichem, trockenem oder süßem Malaga hergestellt.

Die Arrope wird bereitet, indem man Most über freiem Feuer in flachen Pfannen bis auf $^1/_3$ des ursprünglichen Volumens eindampft. Der dunklere Color ist Arrope, welche bis zur Sirupdicke eingedampft wurde. Durch das Einkochen wird die Beschaffenheit des Mostes in hohem Grade

---

[1]) Auf die Trester des abgezogenen Ausbruchmostes wird, um sie vollkommen auszunutzen, gewöhnlicher Most oder Wein gegeben und so noch ein gewürzreicher und etwas süßer Wein, „Forditas" genannt, gewonnen. Auch aus dem beim Abziehen des 1—$1^1/_2$jährigen Ausbruches erhaltenen dicken Geläger gewinnt man durch Aufgießen von gewöhnlichem Wein noch einen aromatischen Wein, den man „Maslócs" nennt.

[2]) Unter „Imitierte Ausbruchweine" sind nach Bersch solche Süßweine zu verstehen, welche aus Wein und Cibeben bereitet werden, bei denen aber die Cibeben fremder, meistens griechischer Herkunft sind, d. h. von ganz anderen Traubensorten stammen als der Wein, mit welchem sie zusammen auf Süßweine verarbeitet werden.

Bisweilen werden diesen Weinen noch gewisse Mengen von Zucker (Rohrzucker oder Invertzucker) und Alkohol zugefügt, um den süßen Geschmack bzw. die Stärke des zu erzielenden Süßweines zu verändern.

Zu dieser Klasse von Weinen gehören auch die „imitierten Ruster, Meneser usw. Ausbruchweine".

verändert: die Eiweißkörper werden in unlösliche Form gebracht — sie gerinnen —, aus dem Zucker entsteht das dunkel gefärbte Caramel und das bitter schmeckende Assamar.

Je nach dem Verhältnis zwischen Wein, Arrope und Color hat der Malaga einen mehr oder minder süßen Geschmack, sowie eine hellere oder dunklere Färbung. Zu uns kommen meist die dunklen, mit Color versetzten Weine.

Nach Reitlechner werden zur Darstellung von Arrope, welche in Spanien einen Handelsgegenstand bildet, schon seit Jahren nebst dem Traubenmoste auch Preßsaft und wässerige Auszüge von Feigen, Johannisbrot und anderen billigen zuckerreichen Südfrüchten verwendet, denen nicht selten Rohrzuckermelasse zugesetzt wird. Diese Arrope ist ein Hauptbestandteil der billigen Medizinal-, Malaga - Süßweine.

II. Gespritete Dessertweine (Likörweine).

8. Zusatz von Alkohol zu dem hinreichend weit vergorenen Most gewöhnlicher Trauben (z. B. Portwein).

9. Zusatz von Alkohol zu dem hinreichend weit vergorenen Most von Trockenbeeren oder getrockneten Beeren (z. B. Gold-Malaga).

10. Zusatz von Alkohol zu dem hinreichend weit vergorenen Auszug von Trockenbeeren oder getrockneten Beeren mit gewöhnlichem Most oder mit gewöhnlichem Wein.

11. Zusatz von Alkohol zu hinreichend weit vergorenem eingekochtem Most (z. B. Marsala, Madeira, Sherry, Tarragona).

12. Verbindung zweier oder mehrerer der unter 8 bis 11 genannten Verfahren miteinander.

13. Verschnitt zweier oder mehrerer der nach den Verfahren 8 bis 12 bereiteten Erzeugnisse miteinander (z. B. manche Sherrys nach Verfahren 8 und 11).

14. Verschnitt von Erzeugnissen, die nach den Verfahren 8 bis 13 hergestellt sind mit solchen, die nach den Verfahren 1 bis 7 hergestellt sind (z. B. Malaga).

„Trockenbeeren" im Sinne dieser Begriffsbestimmungen sind die innerhalb des Weinbaugebietes, in dem der Dessertwein bereitet wird, am lebenden Weinstock ohne absichtliche Knickung der Stiele eingetrockneten Beeren.

„Getrocknete Beeren" im Sinne dieser Begriffsbestimmungen sind die innerhalb des Weinbaugebietes, in dem der Dessertwein bereitet wird, aus Trauben der letzten Ernte nach absichtlicher Knikkung der Stiele oder nach erfolgter Aberntung gewonnenen eingetrockneten Beeren des Weinstocks von verhältnismäßig geringem Eintrocknungsgrade.

Zu den gespriteten Dessertweinen gehören die weit verbreiteten Weine Sherry, Portwein, Madeira, Marsala, Samos u. a.

a) Sherry (Xeres). Der Sherry (Xeres) verdankt seinen Namen der spanischen Stadt Xeres des la Frontera in der Provinz Cadiz, er stammt aber aus einer großen Anzahl von Erzeugungsorten zwischen dem Guadalquivir und dem Guadelette. Die vorwiegend angebauten Traubensorten sind: L'Albillo, Montuo Castigliano, Pedro Jimenez, Muskateller u. a., lauter weiße Traubensorten. Die Trauben bleiben entweder einige Tage an der Luft liegen oder werden zur Herstellung der süßen Sorten an der Sonne getrocknet, mit Gips bestreut und gekeltert. Seine volle Güte erlangt der Sherry erst nach jahrelangem Lagern. Je nach der Höhe des Spritzusatzes oder der Beigabe von eingeengtem Moste unterscheidet man verschiedene Sorten, wie Sherry pale, Sherry ser, Sherry doré und brun.

Die Aufbewahrung und Lagerung der Weine geschieht in oberirdischen Räumen, den Bodegas, woselbst die Weine verschiedenen Alters, jedoch von einer bestimmten Lage oder einem bestimmten Typus eine sog. Solera bilden, bestehend aus einer Reihe größerer Fässer, deren jedes das Erzeugnis eines anderen Jahrganges enthält. Die älteren Jahrgänge werden stets mit den nächstjüngeren aufgefüllt und der älteste Jahrgang wird zum Verkauf gebracht.

b) Portwein (Port, O'Porto, Port à Port). Die Heimat des Portweins ist das Tal des Douro. Die ausgelesenen, einen sehr dunklen Most liefernden Trauben werden mit Füßen zertreten — nicht gepreßt — und alsdann (mit den Kämmen) einer stürmischen Gärung überlassen. Ist der größte Teil des Zuckers vergoren, so wird die Flüssigkeit flüchtig durchgearbeitet und nach kurzer Zeit abgezogen.

In guten Jahren enthält der so erhaltene Jungwein genug Zucker und ist zu seiner Fertigstellung nur ein entsprechender Spritzusatz (Weinalkohol) nötig. Er wird dann in die Portweinmagazine übergeführt, wo er außer Sprit noch allerlei aromatische Zusätze erfährt. In geringen Jahrgängen jedoch, wenn es sich überhaupt um Erhöhung des Zucker- bzw. Extraktgehaltes handelt, setzt man dem Weine Jeropiga (eingekochten Most) zu. Anstatt eingekochten Mostes wird auch zuweilen nur Zucker zugegeben. Wie Arrope, so bildet auch Jeropiga einen Handelsgegenstand; ungefärbt heißt sie vinho mudo, mit Sprit und Farbextrakt versetzt Tinto.

Die Färbung des Portweines ist selten eine natürliche; gewöhnlich verdankt derselbe seine Farbe einem Zusatze von getrockneten Holunderbeeren, welche, in Säcke gefüllt, mit den Füßen in dem bereits mehrere Monate gelagerten Wein zerquetscht werden. Für 1 Piepe (= 435 l) rechnet man 24—30 kg Holunderbeeren.

Beim Lagern, namentlich in höherem Alter, scheidet der Portwein in den Flaschen den größten Teil seines Farbstoffes in starken Krusten ab und erscheint dann rotbraun oder sogar gelbbraun.

c) Madeira. Derselbe stammt von den kanarischen Inseln, von Boden vulkanischen Ursprungs, der auf tertiärem Kalk lagert. Die Hauptrebensorte ist Malvasia und für „Dry Madeira" die „Vidogna". Die Herstellung und Vergärung erfolgt wie beim Portwein, nur versetzt man den frischen Most gleich mit einer gewissen Menge Weingeist. Nach dem ersten Abzug erhält der Wein nochmals einen Zusatz von Weingeist aus Wein oder Zuckerrohr und wird mit gespritetem Most (Jeropiga) oder eingekochtem Most (oder auch Zucker) aufgesüßt. Durch Lagern in warmen Räumen bei 50° in der Sonne, besonders aber durch langen Seetransport wird die Güte des Weines noch bedeutend erhöht. Im Handel kommt häufig jene Sorte vor, welche man als „Dry Madeira", d. h. trockenen Madeira, bezeichnet. Er zeichnet sich durch geringere Süße und einen herberen Geschmack vor dem likörartigen Madeira aus.

Diesen Weinen kann auch der Muskatwein aus Algier zugerechnet werden.

d) Marsala. Unter den italienisch-sicilischen Süßweinen (Malvasia, Muskat, Zucco, Lacrimae Christi u. a.) ist der Marsala die gangbarste Sorte, die echt nur in der Provinz Trapani erzeugt wird, aber viele Nachahmungen gefunden hat.

Die aus Trauben von verschiedenen Lagen gewonnenen Weine werden zur Erzielung eines gleichmäßigen Erzeugnisses verschnitten; auch bekommt der Traubenmost in der Regel einen Zusatz von eingekochtem Most und weiter einen solchen von mehr oder weniger Sprit.

Dem Marsala Siciliens sehr ähnlich ist der bernsteingelbe Bernaccia von Sardinien.

e) Samos. Der weit verbreitete Samoswein von der Insel Samos erhält vor völlig beendigter Gärung einen Zusatz von 12—14% Sprit und wird meistens ohne weitere Lagerung in den Handel gebracht. Viele Samosweine sind aber nur einfach gespritete Moste.

Unter sonstigen griechischen Süßweinen gehört auch der Achaier (Kalavrita, Santo Claret) mit nur 4—6 g Extrakt und 12,7—17,5 g Alkohol zu den gespriteten Likörweinen, während andere griechische Süßweine, z. B. die Malvasier Weine (Moskato) sich mehr der ersten Gruppe anschließen.

Zusammensetzung. Die Zusammensetzung der konzentrierten Dessertweine wie der gespriteten Likörweine ist naturgemäß je nach dem verwendeten Most, der Leitung der Gärung bzw. der zugesetzten Alkoholmenge, selbst bei denselben Sorten großen Schwankungen[1])

[1]) Die Schwankungen an Extrakt und Alkohol in 100 ccm Wein — die als echt bezeichneten, in der letzteren Zeit u. a. von W. Fresenius und L. Grünhut (Sherry), von A. Sartori, J. Szilagyi, L. Kramsky (Tokayer), G. Graff, Petri (Samos), Haas und Weigert (Malaga), Kickton

unterworfen. Die gespriteten Likörweine sind naturgemäß durchweg reicher an Alkohol und ärmer an Extrakt als die konzentrierten Dessertweine. Beide Gruppen erleiden indes durch die Gärung und Reifung die gleichen Veränderungen wie die Trockenweine (vgl. S. 658).

a) Als **hinreichend vergoren** im Sinne dieser Bestimmungen gelten Dessertweine mit weniger als 60 g Alkohol in 1 l (z. B. Tokayer-Essenz) nur dann, wenn sie ihren **gesamten** Alkoholgehalt, solche mit mehr Alkohol nur dann, wenn sie **wenigstens** 60 g Alkohol in 1 l der eigenen Gärung verdanken.

b) Der **zuckerfreie Extraktrest** [Gesamtextrakt — (Zucker + 1)] schwankt im allgemeinen zwischen 2,0—4,0 g und soll bei den konzentrierten Süßweinen mindestens 2,9 g für 100 ccm Wein betragen; er steigt mit dem ursprünglichen Extraktgehalt des Mostes[1]).

c) Bei den durch unvollendete **Gärung** erhaltenen Süßweinen waltet die **Fructose** gegenüber der **Glykose** vor; sind beide in nahezu gleichem Verhältnis, also wie 1 : 1, vorhanden so war entweder die Gärung bereits beendet, ehe ihnen der darin enthaltene Zucker (aus Trokkenbeeren) einverleibt wurde oder sie sind durch Zusatz von trockenem Wein und Alkohol zu gewöhnlichem oder konzentriertem Most bzw. Traubensaft usw. hergestellt.

d) Durch Gärung gewonnene Dessertweine sollen mindestens 0,36 g **Glycerin** (reines) in 100 ccm enthalten; kommen auf 100 Gewichtsteile Alkohol weniger als 6 Gewichtsteile Glycerin, so sind die Weine mit Alkohol versetzt worden.

e) Entsprechend dem verwendeten gehaltreicheren Most (bzw. Maische) pflegen die Dessertweine auch mehr **Stickstoffsubstanz** und **Mineralstoffe** ($^1/_{10}$ des Extraktes) zu enthalten als Trockenweine.

f) Der **Phosphatrest** soll bei konzentrierten Dessertweinen mindestens 0,09 g in 100 ccm betragen. Ein wesentlich verminderter Gehalt an Stickstoff, Mineralstoffen und Phosphorsäure gegenüber dem Gesamtextrakt würde auf Verwendung von Rohrzucker hindeuten. Über den Gehalt an **Schwefelsäure** infolge Gipsens vgl. S. 656.

g) Dessertweine können 0,200 g **Essigsäure** in 100 ccm enthalten, ohne daß sie **essigstichig** erscheinen.

Abweichungen, Nachahmungen, Verfälschungen.

Dessertweine **ausländischen Ursprungs** müssen für den Verkehr im Deutschen Reiche zugelassen werden, wenn sie den für den Verkehr innerhalb des Ursprungslandes geltenden gesetzlichen Bestimmungen entsprechen. Im übrigen fallen sie unter das Weingesetz vom 7. April 1909. Hiernach ist folgendes zu beachten:

---

und **Murdfield** (Madeira und Portwein) u. a. untersuchten Sorten sind mit einem * bezeichnet — sind folgende:

Bezeichnung	Extrakt g	Alkohol g
Rheinischer Ausbruchwein*	7,39—32,50	11,34— 5,37
Tokayer* Essenz	23,77—50,48	7,22— 3,27
Tokayer* Ausbruch	5,31—23,04	13,88— 9,51
Dgl. herbgezehrt	3,11— 4,44	13,89—11,55)
Ruster Ausbruch*	25,20—29,36	10,20— 9,82
Maneser „	23,42	9,02
Malaga*	18,24—27,70	14,34— 9,85
Malvasier (Muskat)	7,00—36,70	15,00— 6,10
Sherry*	1,88— 8,13	19,01—11,98
Portwein*	6,54—14,01	17,82—12,50
Madeira*	3,73—15,55	17,66—10,89
Marsala*	5,22—10,72	15,88—13,56
Samos*	11,90—26,07	15,20—10,89
Achaier (Kalavrita)	4,20— 6,20	17,50—12,70

Über den Gehalt an sonstigen Bestandteilen vgl. Tab. II, Nr. 1387—1397.

[1]) Den ursprünglichen Extraktgehalt des Mostes berechnet man in der Weise, daß man nach der Formel $d + 0{,}001\ A$ das ursprüngliche spezifische Gewicht ermittelt und den zugehörigen Extraktgehalt der Rohrzuckertafel entnimmt. Hierin bedeutet d das spezifische Gewicht des Weines bei 15°, bezogen auf Wasser von 4°, und A den Alkoholgehalt in Gramm in 1 l Wein. Bei Wein, der einen Alkoholzusatz erfahren hat, trifft eine derartige Berechnung nicht zu.

1. Betreffs der Bezeichnungen, welche die Art und den Ursprung des Weines deutlich ohne Irreführung erkennen lassen, ebenso bezüglich des Verschnittes gelten für sie ähnliche Vorschriften wie für Trockenweine.

2. Dessertweine, bei deren Herstellung Rosinen oder Korinthen[1]) und Zucker, oder die S. 667 aufgeführten verbotenen Stoffe verwendet werden, sind nicht verkehrsfähig.

3. Den Dessertweinen ähnliche Getränke, die aus Fruchtsäften, Pflanzensäften oder Malzauszügen hergestellt und nicht mit solchen Wortverbindungen (deutschen Namen) bezeichnet sind, welche die Stoffe kennzeichnen, aus denen sie hergestellt sind, sind als verfälscht anzusehen.

4. Desgleichen Dessertweine, die als Medizinalweine[2]) bezeichnet oder sonst mit einem Namen belegt sind, der auf besonders heilende oder stärkende Eigenschaften hindeutet.

Untersuchung. Von den für Trockenwein S. 667 aufgeführten Bestimmungen sind bei den Dessertweinen besonders wichtig die Bestimmungen von: Alkohol, Extrakt, Extraktrest, Gesamtzucker und von letzterem Glykose, Fructose und Saccharose, ferner Glycerin, Stickstoff, Mineralstoffe, Phosphorsäure sowie Polarisation.

III. Schaumwein, Sekt, Champagner.

Begriff. Unter „Schaumweine" (Sekt, Champagner) versteht man versüßte und mit Likör aromatisierte Weine, welche unter starkem Druck mit Kohlensäure gesättigt sind und letztere bei Aufhebung des Druckes nicht mehr in ihrer Gesamtheit gelöst enthalten können, sondern in Form von Gasbläschen unter Schaumbildung entweichen lassen.

Schaumwein ist also nicht Wein im Sinne des § 1 des Weingesetzes (S. 632), sondern ein aus Wein hergestelltes Getränk.

Herstellung. Zur Herstellung der Schaumweine verwendet man die besten, besonders von allen kranken Trauben befreiten Traubensorten und in der Regel die Klarettweine (S. 633). Die Moste werden so vollständig vergoren, daß höchstens nur ganz geringe Mengen Zucker in denselben zurückbleiben. Hat sich der Jungwein, nötigenfalls unter Benutzung von Hausenblase oder Tannin, geklärt, so wird er abgezogen und durch entsprechenden Verschnitt (coupage) Wein von bestimmtem Typus zusammengestellt.

Diese Mischung (Cuvée), welche den Grundstoff für den Schaumwein bildet, wird nach wiederholtem Abziehen, Klären usw. (meist gegen Frühjahr) mit einer bestimmten Menge Zucker (etwa 1—2%) versetzt, um die nötige Kohlensäure zu erzeugen. Für feinere Schaumweine nimmt man vorzugsweise aus Kolonialzucker hergestellten Kandis; für geringere Schaumweine genügt auch feinst raffinierter, nicht gebläuter Rübenzucker, der evtl. noch einmal gereinigt werden kann. Die Menge des zuzusetzenden Zuckers richtet sich nach dem zu erzielenden Drucke und nach der Zusammensetzung des Weines bzw. dessen Absorptionsfähigkeit für Kohlensäure, welche vorher berechnet wird. Die französischen Fabrikanten unterscheiden hauptsächlich 3 Arten von Mousseux: crémant (bei einem Kohlensäuredruck von etwa 4 Atm.), mousseux (4—$4^1/_2$ Atm.) und grand mousseux ($4^1/_2$ bis 5 Atm.). Das Übersättigen mit Kohlensäure wird entweder durch natürliche Hefengärung unter hermetischem Verschluß oder durch künstliches Einpressen von Kohlensäure erreicht.

1. Kohlensäureerzeugung durch Hefe. Sie wird teils in der Flasche (französisches Verfahren), teils auf dem Faß vorgenommen.

---

[1]) Rosinen (in manchen Gegenden auch Cibeben genannt) bzw. Korinthen im Sinne dieser Bestimmung sind die nach absichtlicher Knickung der Stiele oder nach erfolgter Aberntung eingetrockneten Beeren des Weinstocks von höherem Eintrocknungsgrade. Auch eingetrocknete Beeren von geringem Eintrocknungsgrade sind ihnen zuzurechnen, sobald sie außerhalb des Weinbaugebietes gewonnen wurden, in dem der Dessertwein bereitet wird, oder sobald sie älter sind als die Trauben der letzten Ernte.

[2]) Medizinalsüßweine oder auch einfache Medizinalweine sollen der ersten Gruppe der Dessertweine angehören, also reine vergorene Weine mit hohem Extraktgehalt sein.

a) Flaschengärung. Für gewöhnlich enthält der Jungwein noch so viel Hefe, daß dieselbe den zugesetzten Zucker von selbst zu vergären imstande ist; sehr zweckmäßig erscheint aber hier der Zusatz von etwas Reinzuchthefe; auch setzt man, um das Zusammenballen der Hefe in der Flasche zu erleichtern, gern etwas Tannin oder Gelatine und Alaun zu.

Das Abfüllen des mit Zucker dosierten Weines in Flaschen muß in der Weise vorgenommen werden, daß in diesen ein leerer Raum von 12—15 ccm (Kammer) bleibt.

Nach sorgfältigem Verkorken werden die Flaschen in den Gärkeller — horizontal lagernd — gebracht und der zweiten Gärung überlassen. Ist die Gärung vollendet und beginnt der Wein in der Flasche sich zu klären, so bringt man die Flaschen in eine schiefe Lage, mit dem Hals nach unten; nach wiederholtem (täglichem) Schütteln und Drehen jeder einzelnen Flasche während dreier Monate sammelt sich die Hefe (das Depot) im Halse der Flasche unterhalb des Korkes an; der Inhalt der Flasche stellt alsdann eine vollkommen durchsichtige glänzende Flüssigkeit dar. In dieser Stufe der Entwicklung heißt der Schaumwein Brutchampagner (vin brut).

Das Klären von der Hefe wird auch wohl dadurch unterstützt, daß die Flaschen, während sie sich in einem Apparat um ihre Achse drehen, durch kleine eiserne Hämmerchen längs der ganzen Wandung beklopft oder wie man sagt „elektrisiert“ werden.

Die folgenden Handhabungen müssen von eingeübten Arbeitern ausgeführt werden: der erste Arbeiter, „der Entkorker“ (Degorgeur), befreit die Flasche unter Zerschneiden des Spagats oder Entfernung des eisernen Bügels von dem Korke, wobei das ganze im Flaschenhalse befindliche Hefendepot mit etwas Wein herausgeschleudert wird; nachdem derselbe Arbeiter den Wein wieder auf das ursprüngliche Volumen aufgefüllt hat, verschließt er die Flasche vorläufig wieder und übergibt den Wein einem zweiten Arbeiter zur Dosierung.

Nach anderen Angaben bringt man den Hals der Flaschen 6 cm tief in eine Kältemischung, bis sich ein Eiszapfen, der das Hefendepot einschließt, im Halse gebildet hat; nach Entkorken der Flasche wird dann das in Eis eingeschlossene Depot durch den Druck der Kohlensäure herausgeschleudert.

Die Dosierung besteht in dem Zusatze einer gewissen Menge sog. Likörs, wodurch dem Schaumweine die entsprechende Süße sowie Stärke erteilt wird und auch der Geschmack nach Wunsch beeinflußt werden kann.

Der Likör besteht in der Hauptsache in einer Auflösung von Kandiszucker in Wein und Kognak, neben verschiedenen sonstigen Zusätzen, besonders von gewissen Dessertweinen, wie altem Xeres, Madeira, Portwein usw. Der Rohrzucker des Likörs geht bei längerem Lagern in Invertzucker über, und es besteht wohl kein Zweifel, daß ein Teil des Wohlgeschmacks genügend lange abgelagerter Schaumweine auf diese Umwandlung zurückzuführen ist.

Den Schluß der Handhabungen bildet das endgültige Verkorken und Verbinden mit Schnur und Draht, sowie das Adjustieren der Flaschen, welches darin besteht, daß man den Hals derselben bis unter die leere Kammer mit Staniol (oder feinem Flaschenlack) umgibt.

b) Faßgärung. Die zweite Gärung des Champagners in Flaschen ist verhältnismäßig sehr kostspielig, weshalb man nach verschiedenen Vorschlägen versucht hat, dieselbe in größeren Gefäßen vorzunehmen. Die zur Schaumweinbereitung bestimmte Mischung wird mit Zucker versetzt und in großen emaillierten Gefäßen, sog. „Gärfässer“, die luftdicht verschlossen werden können, der Gärung (sog. Glanzgärung) unterworfen, wobei eine kaum nennenswerte Hefenabscheidung stattfindet. Der in voller Gärung befindliche Wein wird durch eigene Apparate, ohne daß ein Verlust an Kohlensäure stattfindet, in die bereit gehaltenen Flaschen, in welche man vorher die Likörmenge gebracht hat, gefüllt und verkorkt.

2. Sättigung mit besonders erzeugter Kohlensäure. Um die Schaumweinbereitung noch mehr zu verbilligen, pflegt man in den wie üblich vergorenen und mit Likör versetzten Jungwein auch künstlich Kohlensäure einzupressen.

a) Nach dem älteren Verfahren wird die eigens dargestellte Kohlensäure (auch Gärungskohlensäure S. 654) mittels einer kräftigen Druckpumpe aus einer Glasglocke in ein Gefäß getrieben, in welchem sich der Wein befindet. Um die Aufnahmefähigkeit für Kohlensäure zu erhöhen, wird der Wein auch wohl auf —5 bis —6° abgekühlt, was aber den Übelstand hat, daß sich leicht Weinstein ausscheidet und Eiskrystalle bilden, wodurch die Beschaffenheit des Weines geändert und ungleichmäßig werden kann.

b) Nach neueren Verfahren bedient man sich der flüssigen Kohlensäure, die einfach in ein Gefäß geleitet wird, in welchem der dosierte Wein enthalten ist, und welches mit einem flüssige Kohlensäure enthaltenden Behälter verbunden wird. Durch einen Druckregler wird die Spannung des Kohlensäuregases entsprechend vermindert, und dasselbe tritt je nach Wunsch mit 4,5 oder 6 Atm. Spannung in den Wein über.

Wenn für diesen Zweck vorzügliche Weine sowie reine, feine Liköre genommen werden, so lassen sich auch nach diesem Verfahren gute Schaumweine gewinnen, indes werden sie in bezug auf das Festhalten der Kohlensäure, sowie auf ein dauerndes und längeres Perlen nach dem Einschenken doch den nach dem alten französischen Verfahren bereiteten Schaumweinen nachstehen.

Zusammensetzung. Man unterscheidet je nach dem Zuckergehalt süßen und trockenen Schaumwein (dry Champagner, Extra dry, brut oder sec Champagner, Extra sec u. a.); die süßen Champagner unterscheiden sich von den trockenen, wie schon die Bezeichnung besagt, nur durch den höheren Zuckergehalt, nämlich in 100 ccm:

Schaumweine	Extrakt	Zucker	Alkohol	Kohlensäure	Mineralstoffe
Süße	7,1 —20,5 g	5,6—18,5 g	8,3—10,8 g	0,41—1,51 g	0,11—0,23 g
Trockene	1,61— 3,77 „	0,1— 2,0 „	8,7—11,8 „	0,63—1,02 „	0,10—0,25 „

Die übrigen Bestandteile der Schaumweine weichen nur insofern von denen der Trocken- bzw. stillen gewöhnlichen Trinkweine ab, als sie durch den Zusatz des Likörs eine gewisse Verdünnung und Verschiebung erfahren. In der Regel sind Schaumweine ärmer besonders an Mineralstoffen als die gewöhnlichen Trinkweine, weil der meistens verwendete Klarettwein an sich arm an Mineralstoffen ist, letztere auch durch die zweite Gärung, sei es infolge Aufnahme durch die Hefe, sei es infolge Abscheidung von Weinstein eine Abnahme erfahren. (Vgl. auch Tab. II, Nr. 1418 und 1419.)

Abweichungen und ***Verfälschungen.*** Die gesetzlichen Anforderungen sind in den §§ 15, 16 und 17 des Weingesetzes vom 7. April 1909 festgelegt; darnach dürfen gesetzwidrig hergestellte Weine, gesetzwidrig gezuckerte oder überstreckte Weine oder Weißweine, die mit Dessertweinen verschnitten sind, zur Herstellung von Schaumwein nicht verwendet werden.

Der § 17 des Weingesetzes ordnet die Kenntlichmachung des Landes der Flaschenfüllung, die Kennzeichnung des etwa stattgehabten Zusatzes fertiger Kohlensäure und die Kenntlichmachung der schaumweinähnlichen Getränke, d. h. besonders der Obstschaumweine an. Hierzu sind ausführliche, ins einzelne gehende Ausführungsbestimmungen ergangen (vgl. das Weingesetz).

Untersuchung. Die Untersuchung der Schaumweine erfolgt wie die der stillen Weine bzw. der Dessertweine. Nur kommt besonders die Bestimmung der Kohlensäure hinzu, die gewichtsanalytisch oder durch Druckmesser geschehen kann. Für die Bestimmung der sonstigen Bestandteile muß die Kohlensäure vorher entfernt werden.

IV. Weinhaltige Getränke.

(Gewürzte, aromatisierte Weine.)

Begriff. Unter „weinhaltigen Getränken“ versteht man solche Erzeugnisse, die unter Verwendung von fertigen Naturweinen bzw. verkehrsfähigen Weinen (im Sinne des § 13 des Weingesetzes vom 7. April 1909) hergestellt sind.

Herstellung. Man zieht Pflanzen, Kräuter, Gewürze und Drogen entweder mit dem Wein aus, indem man Säckchen mit den Pflanzenstoffen in den Wein oder gärenden Most so lange eintauchen läßt, bis die gewünschte Würzung erfolgt ist, oder man fertigt einen weinigen bzw. alkoholischen Auszug aus den Pflanzenstoffen, gegebenenfalls unter Mitverwendung von Zucker an und setzt diesen dem verkehrsfähigen Weine zu. Es dürfen keine Pflanzenstoffe verwendet werden, deren Verkauf nur den Apotheken vorbehalten ist.

Man erhält auf diese Weise die gewürzten bzw. aromatisierten Weine, wozu unter anderen gehören:

1. Der ***Wermutwein*** (auch einfach Wermut, Vermouth, Vino Vermouth genannt). Unter Wermutwein versteht man einen mit Wermut und anderen, den Apotheken zum Verkauf nicht vorbehaltenen Kräutern[1]) gewürzten, verkehrsfähigen Wein, welchem Alkohol und Zucker, gegebenenfalls auch Zuckerlösung (etwa 1 Zucker : 1 Wasser) zugesetzt werden dürfen. Die Menge dieser Zusätze soll aber, wie von fachmännischer Seite geltend gemacht wird, 30% nicht überschreiten, so daß der Wermut mindestens 70% Wein enthält[2]).

Zusammensetzung. Die Zusammensetzung der Wermutweine ist je nach der Mitverwendung von Alkohol, Zucker (bzw. Süßwein) sehr verschieden[3]). Das Vorhandensein von Saccharose oder gleichen Mengen Glykose und Fructose lassen die Mitverwendung von Rohr- bzw. Rübenzucker bzw. von Süßwein erkennen. Eine geringe Menge Extraktrest gleichzeitig neben verhältnismäßig geringen Mengen Säuren und Glycerin zeigen an, daß nur wenig vergorener Wein verwendet wurde. Ist gleichzeitig mehr als 8,0 g Alkohol in 100 ccm vorhanden, so kann auf Alkoholzusatz geschlossen werden, ebenso wenn mehr als 10 g Alkohol in 100 ccm enthalten sind. (Vgl. auch Tab. II, Nr. 1420.)

Auszüge von Korinthen und Rosinen, vergoren oder unvergoren, sind nicht zulässig, ebenso nicht die alleinige oder Mitverwendung von Obst- oder Beerenwein. Erzeugnisse aus letzteren müssen ausdrücklich als solche bezeichnet sein, z. B. „Wermutobstwein" usw.

2. ***Bitterwein.*** Für Bitterwein gilt dasselbe, was vom Wermutwein gesagt ist. Seine Herstellung unterscheidet sich nur dadurch von der des Wermutweines, daß andere ausgeprägter bittere Kräuter und Drogen, deren Verkauf nicht den Apotheken vorbehalten ist, verwendet werden.

3. ***Amarena.*** Der Süßwein „Amarena" wird auf Sizilien in der Weise gewonnen, daß man den Most auf Pfirsich-, Kirsch-, Weichsel- und Mandelblättern vergären läßt. (Zusammensetzung vgl. Tab. II, Nr. 1421.)

4. ***Rhabarberwein.*** Ebenso gehört Rhabarberwein hierher, wenn Rhabarberwurzeln unter Mitverwendung von Gewürzen (Cardamomen u. a.) mit Wein (Xeres) ausgezogen werden.

---

[1]) Als solche Kräuter neben Wermutkraut werden angegeben: Tausendgüldenkraut, Quassia, Bitterorangenschalen, Chinarinde, Enzian, Angelikawurzel, Kalmuswurzel. Br. Haas gibt an, daß außer Wermut 29 solcher aromatischer Pflanzen verwendet werden. Nach ihm werden in Italien verschiedene Kräuter und Drogen mit dem Wermutkraut vermischt, zerkleinert und mit 20 Teilen Weißwein oder Alkohol oder mit einem Gemisch beider 15—20 Tage in geschlossenen Fässern unter öfterem Umrühren stehengelassen. Nach dem Abziehen werden die Kräuter nochmals mit Wein und Alkohol einige Tage behandelt und dann destilliert. Auszug und Destillat werden je nach Bedürfnis gemischt, zur Haltbarmachung pasteurisiert und, um spätere Weinsteinabscheidung zu verhüten, auf 0° abgekühlt und mit spanischer Erde als bestem Schönungsmittel geschönt. Vollkommene Klarheit erreicht man nur durch Filtration. Br. Haas hält Zusatz von Rohrzucker für erlaubt, Verwendung von Zuckerwasser dagegen für eine Verfälschung.

[2]) Nach dem italienischen Weingesetz vom 11. Juli 1904 bzw. nach dessen Ausführungsbestimmungen vom 4. August 1905 wird Wermutwein nicht als weinhaltiges Getränk, sondern als Wein aufgefaßt, dem als solchem keine Zusätze von Wasser, Alkohol und Zucker gemacht werden dürfen.

In anderen Ländern (Schweiz, Österreich-Ungarn) gelten andere Vorschriften.

[3]) A. Behre und K. Frerichs geben für 16 untersuchte Wermutweinsorten verschiedenen Ursprungs folgende Schwankungen für 100 ccm an:

Alkohol	Extrakt	Invertzucker	Saccharose	Gesamtsäure = Weinsäure	Glycerin	Mineralstoffe	Extraktrest
2,8—13,4 g	2,1—17,0 g	0,1—14,8 g	0—7,6 g	0,28—0,64 g	0,24—0,78 g	0,08—0,26 g	0,91—3,45 g

Dagegen muß der aus Rhabarbersaft unter Mitverwendung von Zucker durch Gärung hergestellte Wein zu den weinähnlichen Getränken gerechnet werden (vgl. folgenden Abschnitt S. 681).

5. Chinawein, erhalten durch Ausziehen von Chinarinde mit Wein (Süßwein).

6. Maiwein oder Maitrank, erhalten durch Ausziehen von Waldmeister unter Zusatz von Zucker mit Wein, d. h. Trauben-, nicht Obstwein.

7. Ingwerwein (vorwiegend in England gebräuchlich), durch Ausziehen von Ingwer (bzw. Gewürzen) unter Zusatz von Zucker erhalten.

8. Pepsinwein besteht aus Wein mit Zusatz von Pepsin und etwas Salzsäure. Statt Pepsin wird auch wohl Papain verwendet, welches aber nicht so günstig auf die Verdauung wirkt wie Pepsin. Der vorhandene Alkohol, wie auch etwa vorhandener Zucker vermindern die Verdauungskraft.

9. Weinpunsch (-essenz bzw. -extrakt). Unter Punsch im allgemeinen versteht man eine Mischung von Rum, Arrak, Citronensaft, Zucker und aromatischen Stoffen. Führen sie die Bezeichnung in Verbindung mit dem Wort „Wein" (z. B. Weinpunsch) oder einem bekannten Weinbauort bzw. einer bekannten Traubensorte (z. B. Bordeaux-Punsch, Burgunder-Punsch), so fallen sie wie die vorstehenden Getränke unter die Ausführungsbestimmungen zu §§ 10 und 16 des Weingesetzes, d. h. der verwendete Wein muß ebenso wie bei Weinbowlen (Aufgüssen von Wein evtl. mit etwas Kognak, Rum, Arrak, ferner mit Selterwasser oder Schaumwein auf Früchte und aromatische Stoffe, wie Ananas, oder Pfirsiche oder Erdbeeren oder Waldmeister), Schorle-Morle (Mischung von Wein und Selterwasser), Kalte Ente (Mischung von Rot- und Schaumwein) u. a. dem § 13 des Weingesetzes entsprechen, d. h. es muß zu ihrer Bereitung verkehrsfähiger Wein verwendet sein.

V. Weinähnliche Getränke.

Begriff. Zu den weinähnlichen Getränken gehören nach § 10 des Weingesetzes vom 7. April 1909 die durch alkoholische Gärung aus frischen Fruchtsäften (Obst- und Beerenfrüchten, auch Heidelbeeren), frischen Pflanzensäften (z. B. Rhabarber) und Malzauszügen (Malzweine) hergestellten Getränke. Die Herstellung dieser Getränke fällt daher nicht unter § 9 des Weingesetzes (nachgemachte Weine). Die wichtigsten unter den weinähnlichen Getränken im Deutschen Reiche sind folgende:

1. Obst- und Beerenweine. ***a) Herstellung von Obstweinen.*** Die Obst- und Beerenweine (Fruchtweine) werden aus den Säften der Obst- und Beerenfrüchte in ähnlicher Weise wie der Wein aus dem Safte der Weintrauben gewonnen. Die gesunden, vollreifen Früchte — von Äpfeln und Birnen verwendet man meistens die säurereichen Sorten — werden gewaschen, zerkleinert, zerquetscht[1]) bzw. gemahlen, und die so erhaltene Maische (Troß) wird sofort oder nach einigem Stehen mehrere Male auf einer Kelter abgepreßt. In manchen Gegenden wird der gemahlenen Masse (Maische) mehr oder weniger Wasser zugesetzt, um die Ausbeute zu erhöhen, oder die abgepreßten Trester werden, wie in Württemberg und der Schweiz, mit Wasser übergossen, durch Senkböden unter Wasser gehalten und einige Tage der Gärung überlassen; dieser sog. „Ansteller" oder „Glör" wird dann mit dem ersten Obstsaft vermischt. Das Zerquetschen des Obstes geschieht im kleinen häufig noch mittels hölzerner, kegelförmiger Stössel, in größeren Betrieben durch die Frankfurter Obstmühlen mit Steinwalzen. Eiserne Quetschmühlen sind tunlichst zu vermeiden, weil sie leicht Eisen an den sauren Obstsaft abgeben und das Eisen später den Obstwein schwarz färbt. Von den drei gebräuchlichen Pressen, der gewöhnlichen Baum- oder Hebelpresse, der Duchscherschen Differential-(Schraubenspindel-) Presse und der hydraulischen Presse liefert letztere wegen der stärkeren Wirkung die größte Ausbeute. Auch bedarf es zur vollständigen Gewinnung des Saftes keines so großen Wasserzusatzes wie bei den anderen Pressen. Indes läßt sich jeglicher Wasser-

[1]) Bei dem Steinobst sind vor dem Zerquetschen die Steine zu entfernen.

zusatz nicht umgehen; denn die erste Pressung liefert selbst mittels der kräftigst wirkenden hydraulischen Pressen nur $^2/_3$ und bei überreifem, mürbem Obst kaum $^1/_3$ der Gesamtmenge Saft. Durch Zusatz und Einweichen des Preßrückstandes in Wasser und weiteres Pressen findet erst eine völlige Ausziehung aller wertvollen Bestandteile des Trosses statt und enthalten die letzten Preßsäfte das meiste Bukett und Aroma (aus den Schalen)[1].

Dieses gilt besonders für saftreiche Obstfrüchte; Behrend wie Hotter erhielten durch Vermischen des schon einmal gepreßten Obstes mit Wasser (20 l auf 100 kg Obst) noch Säfte von gleichem Extraktgehalt wie bei der ersten Pressung.

Bei einem saft- und zuckerarmen Obst darf nicht so viel Wasser zu den bereits gepreßten Trebern gesetzt werden, als bei saft- und zuckerreichem Obst, und wenn bei letzterem die zugesetzte Wassermenge 15—20% des verwendeten Obstes übersteigt, macht sich der Zusatz schon recht empfindlich durch einen geringeren Alkoholgehalt im Obstwein bemerkbar; nach Hotters Versuchen entspricht einem Wasserszusatz von je 10% Wasser ein Mindergehalt von rund 0,6 Vol.-% Alkohol im Wein.

Das Waschen des Obstes bedingt nach P. Behrend keine Erhöhung oder Erniedrigung der Ausbeute, ist aber vom Standpunkte der Reinlichkeit zu empfehlen.

Die Menge der Saftausbeute kann je nach den Sorten und Jahrgängen zwischen 60—75 kg aus 100 kg Obst schwanken.

Der Birnenmost wird gewöhnlich für zuckerreicher gehalten als der Äpfelmost, weil die Birnen süßer zu schmecken pflegen als die Äpfel. Der süßere Geschmack der Birnen wird aber nicht durch einen höheren Zuckergehalt — letzterer beträgt ebenfalls nur 7—11% im Saft —, sondern durch einen geringeren Gehalt an Säure bedingt, infolgedessen der süße Geschmack des Zuckers mehr hervortritt. Sehr süß schmeckende, d. h. säurearme Birnen sind aus letzterem Grunde zur Obstweinbereitung wenig oder gar nicht geeignet; wegen des geringeren Säuregehaltes des Birnenmostes wird derselbe durchweg mit Äpfelmost versetzt bzw. der Birnenwein mit Äpfelwein verschnitten.

Der Birnenmost unterscheidet sich nach E. Hotter auch dadurch vom Äpfelmost, daß er durchweg mehr Nichtzuckerstoffe enthält, als letzterer, nämlich:

Äpfelmost (289) 1,2—6,0 g, Mittel 2,6 g, Birnenmost (30) 2,5—6,7 g, Mittel 4,3 g in 100 ccm

In der Regel reicht der Zuckergehalt des Äpfel- und Birnenmostes aus, um trinkbare Weine daraus zu gewinnen. Ein Most mit 10 g Zucker in 100 ccm kann einen Wein mit annähernd 5 g Alkohol liefern, und ein solcher läßt sich ohne Schwierigkeit einige Jahre aufbewahren. Solche Obstweine können schon als große Handelsweine oder Handelsmoste behandelt werden. Obstweine mit nur 3,5—4,0 g Alkohol aus zuckerärmeren Mosten gelten dagegen als Haustrunk oder kleine Handelsweine.

b) Verarbeitung der Beerenfrüchte. Die Beerenfrüchte dagegen enthalten, mit Ausnahme der süßen Brombeeren, sämtlich zu wenig Zucker und zu viel Säure. Man muß die Moste derselben mehr oder weniger stark nicht nur mit Zucker versetzen, sondern auch entsprechend mit Wasser verdünnen. Auch richtet sich die Höhe des Zuckerzusatzes nach der Art des aus den Beerenfrüchten zu bereitenden Weines, ob ein Haustrunk, Tischwein, starker Wein oder Likörwein daraus bereitet werden soll.

Säfte mit ausgesprochenem Säureüberschuß, wie z. B. fast alle Beerensäfte, werden in der Regel mit Zuckerwasser so verdünnt, daß der Säuregehalt 8—12 g für 1 l beträgt. Die

[1]) Von verschiedenen Seiten ist in Vorschlag gebracht, den Obstbrei in ähnlicher Weise wie die Zuckerrüben (Schnitzel) nach dem Diffusionsverfahren von Saftbestandteilen zu befreien (vgl. S. 412), indem man die zerkleinerte Obstmasse in 3 oder 5 Gefäßen der Reihe nach drei- bzw. fünfmal mit Wasser behandelt. P. Behrend und P. Kulisch haben aber mit diesem Verfahren keine günstigen Erfolge erzielt; kaltes Wasser laugt nur die obersten Zellschichten aus, heißes Wasser läßt sich nicht anwenden, weil dadurch die Weine einen Kochgeschmack annehmen würden; auch würde die Anwendung von warmem Wasser die Essigbildung begünstigen.

zuzusetzende Zuckermenge richtet sich nach dem zu erzielenden Getränk, ob man herbe oder süße Getränke erzielen will, bei Beerentischwein 130—160 g, bei Beerenlikörwein entsprechend mehr zu 1 l Saft[1]). Aus Heidelbeeren werden meistens nur herbe Getränke hergestellt. Die rückständigen Trester werden häufig noch mit Wasser angerührt, nach einigem Stehen abermals gepreßt, und der Preßsaft wird mit oder ohne Zusatz von Zucker mitverwendet.

Statt des Zuckers vor der Gärung wird dem Most auch wohl Alkohol während der Gärung zugesetzt, um einen alkoholreichen und haltbareren Wein zu erhalten.

c) Die Gärung. Die ausgepreßten — oder mit Wasser ausgelaugten — Fruchtsäfte werden, wie der Traubenmost, der Selbstgärung überlassen. Zur Beschleunigung der Gärung, die schon 24 Stunden nach dem Ansetzen eintreten soll, setzt man auch beste und ganz frische Hefe (Reinhefe)[2]) zu — Bierhefe ist hierzu unbrauchbar —. Ferner kann die Gärung durch Zusatz von Asparagin oder Ammonsalzen und von etwas Korinthen- oder Cibebensaft gefördert werden.

Der günstigste Wärmegrad für die Gärung ist 15—20°. Bei höheren Graden verläuft die Gärung zwar rascher, aber es ist auch die Gefahr einer Bildung von Essigsäure, Milchsäure und Schleim usw. eine größere. Die im Sommer reifenden Früchte sollen morgens und abends gesammelt werden, damit sich dieselben nicht zu stark erhitzen und der Preßsaft keine zu hohe Temperatur annimmt.

Bei der Gärung der Obstfrüchte sind eine Reihe Hefenformen tätig. E. Kaiser konnte durch Reinkulturen im ganzen 11 Gärungspilze nachweisen, von denen einige ein gutes, andere dagegen ein schlechtes Gärungserzeugnis lieferten. Ein Zusatz von Saccharomyces apiculatus verlieh dem Obstwein besonders ein parfümartiges Bukett.

Viele Versuche lassen übereinstimmend die günstige Wirkung reingezüchteter Weinhefen auf den Obstmost erkennen. Die günstige Wirkung zeigt sich schon, wenn man keine Reinkulturen, sondern ausgeprägte Betriebsweinhefen anwendet.

Die Vergärung mit reinen Weinhefen bewirkt im allgemeinen eine etwas erhöhte Alkohol- und Glycerinbildung, während dementsprechend der Extraktgehalt geringer wird; vor allen Dingen aber wird durch die reinen Weinhefen den Obstweinen ein dem Weintypus entsprechendes Bukett erteilt bzw. das Obstweinbukett erhöht.

Wenn die Hauptgärung, welche zweckmäßig in Steingutgefäßen vorgenommen wird, nachläßt und der größte Teil der Hefe sich abgesetzt hat, wird der Fruchtwein auf geschwefelte Fässer abgelassen, damit dort noch durch eine Nachgärung eine reichliche Bildung von Kohlensäure statthat, welche den Wein frischschmeckend und haltbarer macht. Tritt eine solche Nachgärung nicht ein, so setzt man, wenn der Wein nicht schleimig ist, Zucker (1—1,5 kg für 1 hl) zu.

Die stärkeren oder Likörfruchtweine kann man auch auf der Hefe stehenlassen, bis sie ganz klar geworden sind; dann sind sie ebenfalls in ein schwach mit Schwefel eingebranntes Faß abzufüllen und erst in Flaschen zu füllen, wenn sie sich nicht wieder trüben und nicht wieder zu gären beginnen. Aber auch gewöhnliche Tischweine sollen nach Behrend tunlichst bis zum Juli des folgenden Jahres auf der Hefe belassen werden, weil dadurch eine stärkere Fortgärung, eine erhöhte Alkoholbildung und Extraktabnahme statthat. Birnenmoste, besonders solche aus abgelagerten Birnen, vergären langsamer als Äpfelmoste.

d) Kellermäßige Behandlung und Vorgänge beim Reifen und Lagern. Der Obstwein pflegt bei guter Beschaffenheit des verwendeten Obstes und bei richtiger Behandlung des Mostes von selbst klar zu werden und klar zu bleiben. Wird derselbe aber unklar, so schönt

---

[1]) Auch gibt es eine Reihe Kunstmostessenzen, welche an Stelle des Zuckers den Obstmosten zugesetzt werden sollen. Diese Essenzen enthalten nach Bd. I, 1903, S. 1395 Glykose oder Invertzucker oder Auszüge aus Tamarindenfrüchten neben Äpfelsäure, Weinsäure, Äpfeläther (Valeriansäureäthylester) u. dgl. m. Ihre Anwendung ist nicht zu empfehlen bzw. ist verboten.

[2]) Kirsch- und Heidelbeersaft vergären ohne Zusatz von Hefe nur langsam.

man ihn am besten mit abgerahmter süßer Milch (1 l Milch für 1 hl Wein) oder mit $^1/_4$ l Hausenblasenschöne für 1 hl oder mit 5—10% guter, frischer Weinhefe (vgl. auch S. 654 u. f.).

Wie beim Traubenwein so geht auch beim Obst- und Beerenwein nach der Hauptgärung wie beim Lagern fortgesetzt der Gehalt an Säure zurück; vgl. S. 647.

H. Becker beobachtete bei Äpfelwein unter Abnahme der Äpfelsäure und Zunahme der Milchsäure einen Säurerückgang von 0,13—0,56 g in 100 ccm, in Beerenweinen konnte er keinen oder nur einen sehr geringen Säurerückgang beobachten. Dagegen fand H. Becker auch in ihnen, wahrscheinlich als Umwandlungserzeugnis des Zuckers bei der Gärung, Milchsäure, nämlich in 100 ccm Wein:

	Äpfelwein	Heidelbeerwein	Stachelbeerwein	Johannisbeerwein
Milchsäure	0,31—0,63 g	0,24 g	0,06 g	nicht über 0,09 g

Bei hoher Gärtemperatur ist die Säureabnahme im Anfange während der Hauptgärung am stärksten, hält aber in demselben Sinne noch bis zur Reife an, wenngleich sich später die Unterschiede verwischen. Jedenfalls hat man es wie beim Traubenwein auch beim Obstwein in der Hand, durch Anwendung hoher Gärtemperaturen stark saure Moste auf natürliche Weise zu entsäuren. Auch ein hoher Alkoholgehalt, erhalten durch Zusatz von Zucker, begünstigt die Säureabnahme.

e) Herstellung von Obst- und Beerenschaumweinen. Die Herstellung von Obstschaumweinen kann wie die der Traubenschaumweine (vgl. S. 673) erfolgen, d. h. entweder nach dem französischen Verfahren durch gärungsmäßige Erzeugung der Kohlensäure in den Flaschen oder durch Sättigung mit künstlich hergestellter Kohlensäure unter Druck. Ersteres Verfahren stellt sich nach P. Kulisch für die Bereitung des Schaumweines aus Obst teuer, weshalb die künstliche Einpressung von Kohlensäure meistens vorgezogen wird.

Auch bei der Herstellung des Obstschaumweines spielt die Beschaffenheit des zu verwendenden Grundweines eine große Rolle. Der Most, dessen Wein für die Schaumweinbereitung dienen soll, soll nach P. Kulisch aus gut ausgereiften, aber vorwiegend sauren Früchten stammen, weil ein gewisser Säuregehalt für die Schaumweine beliebt ist und vorhanden sein muß. Da der Schaumwein, um haltbar zu sein, auch einen gewissen Alkoholgehalt — nicht unter 7 g, aber auch nicht über 8 g in 100 ccm — enthalten muß, so muß der Most in den bei weitem meisten Fällen einen Zusatz von Zucker erfahren. Auch hier ist reinster Kandiszucker zu verwenden, der in der berechneten Menge am besten in einem sauberen, flachen Weidenkorb in den Most eingehängt wird.

Zur Vergärung empfiehlt sich hier besonders die Anwendung von reinen Weinhefen; der erste Abstich erfolgt im Dezember bis Januar, der zweite 6 Wochen später, und zwar in vorher geschwefelte Fässer, indem man gleichzeitig gut Luft zuführt; weitere Abstiche werden dann nach je 6, oder auch je nach der Beschaffenheit des Weines nach je 2—3 Monaten vorgenommen; durchweg ist der Wein erst nach 1—$1^1/_2$ Jahren für die Schaumweinbereitung fertig. Der Wein muß vor allen Dingen klar sein; die Klärung kann sowohl durch Schönung (mit 5—8 g Gelatine oder bei gerbsäurearmen Weinen mit 4 g Hausenblase auf 100 l) als auch durch Filtration unterstützt werden. Zeigt der Wein nicht den nötigen Säuregehalt, nämlich 0,5 g bei geringem Zuckerzusatz und 0,6 g in 100 ccm Wein bei sehr starkem Zuckerzusatz, so setzt man zweckmäßig Citronensäure zu — Weinsäure ist wegen der Weinsteinbildung nicht so zweckmäßig —, und zwar zur Erhöhung um 0,1 g auf 100 l Wein 100 g Citronensäure.

Als Likör, der vollständig klar sein muß, empfiehlt sich eine Lösung von reinstem Kandiszucker in Wein und Kognak (auf 50 l Wein etwa 6 l Kognak und 50—65 kg Kandiszucker).

Zusammensetzung. Die Obst- und Beerenweine enthalten im allgemeinen dieselben Bestandteile[1]) wie der Traubenwein, nämlich:

---

[1]) W. J. Baragiola und Mitarbeiter zerlegten in 12 schweizerischen Äpfelweinen, deren

Äthylalkohol, kleine Mengen höherer Alkohole, Glycerin, Aldehyde, Ester, Glykose und Fructose, Äpfelsäure, Citronensäure (in Beerenweinen), Bernsteinsäure, Salze dieser Säuren, Milchsäure, Essigsäure, Gerbsäure, unter Umständen Spuren von Benzoesäure (z. B. im Saft der Preißelbeeren), Spuren von Ameisensäure (im Saft von Himbeeren), Spuren von Salicylsäure (0,9 bis etwa 2 mg in 1 l Saft mehrerer Früchte), ferner Gummi, Pektinstoffe, Farbstoffe, stickstoffhaltige und mineralische Stoffe (wie im Traubenwein).

Der Gehalt an Extrakt und Alkohol pflegt indes größeren Schwankungen zu unterliegen (vgl. Tab. II, Nr. 1422—1427).

Äpfel- und namentlich säurearme Birnenweine enthalten häufig mehr flüchtige Säuren als gesunde Weißweine. Es gibt Obstweine, die 1,5 g flüchtige Säuren und noch mehr im Liter enthalten, ohne bei der Kostprobe stichig zu schmecken; der hohe Extrakt- und besonders Mineralstoffgehalt lassen die flüchtigen Säuren weniger in die Erscheinung treten. Obstweine mit höherem Gehalt an flüchtigen Säuren (1,5 g und mehr im Liter), die bei der Kostprobe deutlich stichig schmecken, sind als verdorben zu beanstanden.

Die Verfälschungen der Obst- und Beerweine bestehen vorwiegend in der unrichtigen Bezeichnung und Überstreckung; hierzu kommen unter Umständen noch verbotene Zusätze. (Vgl. S. 667.)

Die Untersuchung der Obst- und Beerenweine erfolgt wie bei den Traubenweinen.

2. Holunder- und Rhabarberweine. Zu den weinähnlichen Getränken müssen auch Holunderbeer- und Rhabarberwein gerechnet werden.

Der Holunderbeerwein wird nach A. Petri in der Weise gewonnen, daß man die Beeren entstielt, preßt und den Preßsaft einkocht, um den bitteren Geschmack zu beseitigen. Darauf setzt man auf 1 l Saft 3 l Wasser und 1,5 kg Zucker zu und läßt nach Zusatz von frischer Bäckerhefe (300 g auf 100 l Mischung) vergären. Das Gärerzeugnis wird nach dem Abstich wie Trauben- bzw. Obstwein weiterbehandelt.

Die Bereitung des Rhabarberweines ist, wie H. Kreis berichtet, ähnlich; man setzt zu 1 Teil Rhabarbersaft 5 Teile Wasser und 1 Teil Zucker und läßt dieses Gemisch vergären.

(Über die Zusammensetzung dieser beiden Weine vgl. Tab. II, Nr. 1428 u. 1429.)

(Über Rhabarberwein als weinhaltiges Getränk vgl. vorstehend S. 676.)

3. Malz- und Maltonweine. Unter „Malzwein" versteht man die aus Malzaufguß, gegebenenfalls unter Zusatz von Zucker hergestellten weinähnlichen Getränke, die den gewöhnlichen Trink- bzw. Tischweinen im Gehalt an Extrakt und Alkohol gleichen; unter „Maltonwein" dagegen solche, welche wegen ihres höheren Gehaltes an Extrakt und Alkohol den Süß- bzw. Dessertweinen gleichkommen sollen.

Alkoholgehalt zwischen 4,09—6,51 g in 100 ccm schwankte, den Extrakt und die gesamten organischen Säuren in 100 ccm wie folgt:

Bestandteile des Extraktes:	
Gesamtextrakt	1,93—3,03 g
Darin:	
Invertzucker	0,01—0,79 „
Saccharose	0 —0,03 „
Organische Säuren	0,65—1,06 „
Stickstoff-Substanz	0 —0,01 „
Glycerin	0,30—0,44 „
Methoxylhaltige Stoffe	0,08—0,50 „

Organische Säuren:	
Gesamte organische Säuren	0,72 —1,06 g
Davon:	
Milchsäure	0,42 —0,69 „
Essigsäure	0,04 —0,15 „
Gerbsäure	0,07 —0,10 „
Bernsteinsäure	0,05 —0,10 „
Aldehydschweflige Säure	0,0006—0,0022 „
Äpfelsäure (aus der Differenz)	0,007 —0,047 „

Ammoniak ließ sich nur in 2 Proben (0,0008 und 0,0009 g in 100 ccm) nachweisen; Citronensäure war in keiner Probe vorhanden. Methoxylhaltige Stoffe bedeuten die Differenz der Glycerinbestimmungen nach dem Jodid- und Kalk- (amtlichen) Verfahren.

Zu ihrer Herstellung wird geschrotenes Malz mehrmals mit heißem Wasser so ausgezogen, daß eine tunlichst hohe Zuckerbildung erzielt wird. Die Würze wird durch Zusatz von Milchsäurebakterien zunächst einer Milchsäuregärung unterworfen, letztere nach einiger Zeit durch Erhitzen unterbrochen, darauf die Flüssigkeit durch eine im Vakuum stark eingedickte Würze auf den gewünschten Gehalt gebracht und vergoren. Den Rohr- oder Rübenzucker[1]) pflegt man während der Gärung zuzusetzen.

Um den dem herzustellenden Wein eigenartigen Geruch und Geschmack (Bukettstoffe) zu erzielen, werden Reinzuchthefen der entsprechenden Weinsorten angewendet. P. Kulisch ist aber der Ansicht, daß die reingezüchteten Weinhefen keinen nennenswerten Einfluß auf die Bildung der Weinbukettstoffe ausüben, daß durch Anwendung von Bier- und Preßhefe ein gleicher Erfolg zu erreichen sei; die Hauptsache sei, die Gärung so zu leiten, daß genügend, aber auch nicht zu viel Milchsäure, deren Entstehung in den Malzauszügen nach der Herstellung alsbald einsetze, gebildet, andererseits die Bildung größerer Mengen flüchtiger Säuren (Essigsäure, Buttersäure und höherer Fettsäuren), wobei meistens der Mäuselgeschmack auftrete, vermieden werde.

Über die Zusammensetzung gewöhnlicher Malzweine und einiger Malton-Süßweine vgl. Tab. II, Nr. 1430—1433.

Die Malzweine enthalten vielfach nur wenig Alkohol, Extrakt (besonders zuckerfreien Extrakt), Gesamtsäure, Glycerin und Mineralstoffe, dagegen viel Essigsäure, wodurch der stichige Mäuselgeschmack bedingt ist. Auch schmecken sie häufig fade, süßlich und pappig. Ferner sind sie infolge des Maltose- und Dextringehaltes im 200 mm-Rohr vor wie nach der Inversion stark rechtsdrehend, wodurch sie sich am ersten von Traubenweinen unterscheiden. Auf Alkoholzusatz scheiden sich die Dextrine als flockiger Niederschlag aus.

Künstlich zugesetzte Wein- oder Citronensäure hat P. Kulisch in den von ihm untersuchten Malzweinen des Handels nicht nachweisen können.

Die Verfälschungen bestehen in der gesetzwidrigen Anwendung von Zucker und Wasser (vgl. Anmerkung) und in einer unrichtigen Bezeichnung. Die von Maltonwein aus Malz kennzeichnet nach einem Gerichtserkenntnis genügend den Stoff, aus dem er hergestellt ist.

Die Untersuchung der Malzweine erfolgt wie die der Traubenweine.

Über sonstige weinähnliche Getränke vgl. z. B. Honigwein S. 582, Palmenwein S. 582, Orangenwein S. 585, Reiswein (Sake) S. 584.

VI. Nachgemachte oder Kunstweine.

Zu den Weinen, die nach § 11 des Weingesetzes nicht in den Verkehr gebracht, sondern nur als Haustrunk im eigenen Haushalt verwendet oder ohne besonderes Entgelt nur an die im eigenen Betriebe beschäftigten Personen zum eigenen Verbrauch abgegeben werden dürfen, gehören im Sinne des § 9 als nachgemachte Weine:

1. Tresterwein (auch petiotisierter Wein). Er wird dadurch erhalten, daß man auf Weißweintrester — Rotweintrester sind hierfür weniger geeignet — Zuckerwasser (auf 100 l Wasser etwa 10—15 kg Zucker) gießt und die Mischung vergären läßt. Das kann unter Umständen wiederholt werden. Mitunter werden auch sonstige Abfälle der Weinbereitung (Geläger, Hefe) oder Trockenbeeren (Rosinen, Korinthen) mit verwendet; die Landesbehörde

[1]) P. Kulisch (Zeitschr. f. Untersuchung d. Nahrungs- u. Genußmittel 1913, **26**, 705) glaubt nach seinen Untersuchungen annehmen zu können, daß früher auf 100 l gewöhnlichen Malzwein etwa 6—8 kg Malz und 8—15 kg Zucker verwendet wurden. Nach der Bundesratsverordnung vom 14. Mai 1914 darf aber bei der Herstellung der gewöhnlichen Malzweine überhaupt kein Zucker mehr verwendet werden und bei solchen Getränken, die den Dessertweinen ähnlich sind, nicht mehr als das 1,8fache des Malzes. Wasser darf nur in dem Verhältnis von 2 Gewichtsteilen auf 1 Gewichtsteil Malz verwendet werden.

kann die Verwendung von Citronensäure und einen Zusatz von Obstwein bzw. -maische gestatten, Zusatz von Weinsäure dagegen ist verboten.

Die Tresterweine enthalten, wenn sie keine fremden Zusätze erfahren haben, durchweg weniger Extrakt, Gesamtsäure und sonstige Extraktbestandteile, dagegen mehr Gerbsäure als Weißweine, vgl. Tab. II, Nr. 1434.

2. Hefenwein, dadurch erhalten, daß man Weinhefe (Weintrub) in derselben Weise wie Nr. 1 mit Zuckerwasser von entsprechendem Gehalt nochmals einer Gärung unterwirft.

Solcher Hefenwein ist nicht zu verwechseln mit Trubwein, den man dadurch erhält, daß man Weintrub gleich nach dem Abstich durch Sackfilter laufen läßt oder durch geeignete Pressen unter schwachem Druck auspreßt. Solcher Wein ist unter Umständen verkehrsfähig, wenn er aus ganz frischem Hefentrub gewonnen wird.

Nach W. J. Baragiola ist der Alkoholgehalt im Trubwein gegenüber dem abgelassenen Wein etwas vermindert, alle anderen Bestandteile — besonders Extrakt, Stickstoff-Substanz und Phosphorsäure — sind wesentlich erhöht.

Die Hefenweine sind ebenso wie der Trubwein — vgl. Tab. II, Nr. 1435 u. 1436 — vorwiegend durch einen hohen Stickstoff- und Phosphorsäuregehalt und dem ersteren entsprechend durch hohen Glyceringehalt vor den gewöhnlichen Weinen ausgezeichnet. Sie werden aber jetzt nur mehr wenig hergestellt.

3. Trockenbeerenwein (Rosinenwein). Trockenbeeren (Rosinen, Zibeben, Korinthen) werden entweder trocken zerrieben und mit Wasser ausgelaugt, oder sie werden mit Wasser aufgequollen, mit der Traubenmühle gemahlen und der wässerige Auszug der Gärung sowie der weiteren Behandlung wie bei Traubenwein unterworfen.

Die Rosinenweine haben, wenn die Herstellung sachgemäß ausgeführt wird, eine mit den Traubenweinen gleiche Zusammensetzung (vgl. Tab. II, Nr. 1437); sie können am ersten am Geschmack durch eine sachkundige Kostprobe erkannt werden.

4. Sonstige Kunstweine. Früher wurden, vorwiegend im östlichen Deutschland, aus Wasser, Sprit, Zucker, Weinsäure oder Citronensäure, Essenzen (z. B. Muskatlünelessenz u. a.), Coriander, Holunder- und Fliederblüten unter etwaiger Mitverwendung kleiner Mengen Süßwein oder Obstwein und unter Färbung mit Teerfarbstoffen, Zuckercouleur oder Heidelbeerfarbstoff Getränke hergestellt, die unter den verschiedensten Phantasienamen, wie Gewürzwein, Gewürztrank, Gewürzlikör, Gelbwein, Feuerwehrwein, Muskatfasson, Portwein-, Sherry-, Madeira-Fasson u. a. in den Handel gebracht wurden. Die Herstellung solcher Getränke für den Verkehr ist jetzt wie die von Nr. 1, 2 und 3 verboten. (Über Zusammensetzung vgl. Tab. II, Nr. 1438.)

Branntweine und Liköre.

Begriff. Die Branntweine sind alkoholische Getränke, die durch Destillation vergorener alkoholhaltiger Flüssigkeiten gewonnen werden. Die Liköre sind Branntweine, die neben dem Alkohol noch verschiedene andere Stoffe (vorwiegend Zucker) enthalten, welche ihnen einen besonderen eigenartigen Geruch und bald süßen, bald bitteren Geschmack verleihen.

Über die einzelnen Sorten Branntweine vgl. unter den folgenden Abschnitten.

Über die physiologische Wirkung der Branntweine vgl. S. 597, über die Höhe des Verbrauchs S. 600.

Herstellung. Zur Herstellung der Branntweine, Bitteren und Liköre werden sehr verschiedene Rohstoffe verwendet, nämlich:

1. Stärkemehlreiche Rohstoffe, wie Kartoffeln, Weizen, Roggen, Gerste, Mais, Reis, Hafer, Dari, seltener andere stärkemehlhaltige Rohstoffe, wie Roßkastanien, Buchweizen.

2. Zuckerreiche Rohstoffe, wie Zuckerrübe, süße Früchte (Kirschen und Zwetschen, Mirabellen, Heidelbeeren), ferner die bei der Rübenzuckerfabrikation und bei der aus Zuckerrohr gewonnene Melasse.

3. Alkoholische Rohstoffe, wie Trauben- und Obstwein. Aus dem Traubenwein gewinnt man auf diese Weise den Kognak; aus dem in den Weintrestern und im Weingeläger verbleibenden Alkohol wird durch einfache Destillation der Tresterbranntwein und Drusenbranntwein u. a. hergestellt.

4. Mischungen von Branntweinen bzw. Alkohol und Wasser mit Zucker, Fruchtsäften, Pflanzenauszügen aller Art, ätherischen Ölen usw. für die Herstellung der Bitteren und Liköre.

I. Branntweine aus stärkereichen Rohstoffen.

Die Herstellung der Branntweine aus stärkehaltigen Rohstoffen zerfällt in: 1. die Aufschließung der Rohstoffe; 2. Bereitung der Maische; 3. Vergärung der Maische; 4. Destillation und Rektifikation; 5. Raffination und Entfuselung.

1. Aufschließung der Rohstoffe. Die stärkemehlhaltigen Stoffe müssen, um eine tunlichst hohe Verzuckerung und Alkoholausbeute zu erzielen, vorerst aufgeschlossen, oder die Stärke muß freigelegt bzw. verkleistert werden. Das geschieht bei den Kartoffeln nach sorgfältigem Reinigen jetzt allgemein durch Dämpfen unter gespanntem Wasserdampf in dem Dampfapparat von Henze (Henzedämpfer), bei den Getreidearten auf verschiedene Weise. Diese, Roggen und Mais, können als ganzes Korn oder als Grobschrot ebenfalls im Henzedämpfer wie Kartoffeln behandelt werden; bei Anwendung von Feinschrot muß in dem Dämpfer ein Rührwerk angebracht werden. Die ganzen Körner (wenigstens Roggen) werden dabei vorher zweckmäßig eingeweicht und erfahren einen geringen Zusatz von Schwefelsäure (auf 100 kg Mais etwa $^1/_3$ l Schwefelsäure von 66° Bé), um einer Buttersäuregärung vorzubeugen.

Für die Herstellung von Trinkbranntweinen (Kornbranntwein aus Roggen) wendet man indes das Hochdruckverfahren nicht gern an, weil es den Geschmack und Geruch des daraus erzeugten Branntweines ungünstig beeinflußt. In den Kornbranntweinbrennereien wird daher der Roggen (vielfach im Gemisch mit anderen Getreidearten) erst fein geschrotet und im Vormaischbottich mit kaltem Wasser eingeteigt, dem man auf 100 kg Schrot 100 bis 150 ccm Schwefelsäure von 66° Bé zugesetzt hat. Am folgenden Tage wird die Maische allmählich erwärmt und die Stärke durch anteilweisen Zusatz von Malz verzuckert.

In warmen Ländern bewirkt man die Verzuckerung der Stärke (Mais) auch mit Schwefelsäure allein. Aus sonstigen Rohstoffen (isländischem Moos, Topinamburknollen, sogar Holz) läßt sich durch Behandeln mit Säuren (Schwefelsäure, Salzsäure, schweflige Säure bei Holz nach Classen) gärungsfähiger Zucker für die Brennereien gewinnen.

2. Das Maischen. Zur Verzuckerung der Stärke wird allgemein Gerstenmalz und jetzt durchweg Grünmalz verwendet, das durch eine kurze Keimdauer von 8—10 Tagen gewonnen zu werden pflegt. Bei der Bereitung der Kartoffelmaische verrührt man einen Teil des Malzes mit dem aus dem Dämpfer abgelassenen gekühlten Fruchtwasser und läßt dazu allmählich den heißen Kartoffelbrei so unter Kühlung der Mischung zutreten, daß die Temperatur 50—55° nicht übersteigt. Auf diese Weise erhält man die größte Maltoseausbeute (vgl. S. 619). Die Hauptmasse des Malzes wird während des Maischvorganges in 3—4 Anteilen zugesetzt. Gegen Schluß des Mischens von Dämpfgut mit Malz steigert man die Temperatur auf 60—62,5°, um alle Stärke zu verflüssigen. Bei Getreide geht man am Schluß bis 65° oder noch etwas höher hinauf.

Früher, solange von dem bemaischten Bottichraum eine bestimmte Steuer erhoben wurde, arbeiteten die Brennereien auf tunlichst gehaltreiche Maischen (Dickmaischen) hin, nach Aufhebung dieses Steuergesetzes stellt man meistens wieder Dünnmaischen her, welche eine größere Ausbeute ermöglichen. Aus dem Grunde haben auch die Entschaler (Seiher)zur Entfernung von Schalen, Hülsen (Trebern) u. a. nicht mehr die frühere Bedeutung, weil sie in erster Linie dazu dienten, den Maischraum zu verkleinern.

Dagegen wird die zur Gewinnung von Hefe bestimmte Getreidemaische, die auch einen Zusatz von Malzkeimen erfährt, nach der Verzuckerung von Trebern befreit (geläutert, wie bei Bier, S. 620) und die Würze vergoren.

3. Die Gärung. Für die Gärung muß die Maische je nach ihrem Gehalt zunächst auf 14—20° abgekühlt werden und auch während der Gärung eine Abkühlung erfahren, weil durch die Gärung eine starke Erwärmung — z. B. bei einer Maische von 20° Balling um 18° — hervorgerufen wird und eine Temperatur von 27—28° in der gärenden Maische nicht überschritten werden soll. Die Gärung zerfällt in eine Vorgärung, Hauptgärung und Nachgärung. In der Vorgärung handelt es sich darum, eine Vermehrung der Hefe, in der Nachgärung darum, eine tunlichst hohe Vergärung des Dextrins zu erzielen. Im ganzen rechnet man mit einer Gärdauer von 72—96 Stunden.

Über die Wirkung der Hefe vgl. S. 593 u. ff. In den Sprit- und Preßhefefabriken läßt man, um Nebengärungen zu vermeiden, der Hefengärung eine Milchsäuregärung voraufgehen. Letztere läßt sich nach dem Verfahren von Effront durch Anwendung von Flußsäure (bzw. Ammonium- oder Aluminiumfluorid) ersetzen.

4. Destillation, Rektifikation und Dephlegmation. Für die Gewinnung des Alkohols aus der Maische wendet man in kleinen Brennereien für periodischen Betrieb einfache Blasenapparate an, in welchen der zuerst abdestillierte, geringhaltige Alkohol („Rauhbrand") nach Ausfüllung der rückständigen Schlempe einer wiederholten Destillation unterworfen wird, um Branntwein von gewünschtem Gehalt, den „Feinbrand", zu erhalten.

Statt dieser einfachen Blasenapparate, deren Anwendung umständlich und zeitraubend ist, sind jetzt von allen größeren Brennereien die kontinuierlich wirkenden Kolonnenapparate eingeführt, die in einer Behandlung ununterbrochen einen Spiritus von gewünschter Gradstärke und Reinheit liefern. Die Kolonnenapparate bestehen aus einem System von übereinanderliegenden Kammern (Böden, Schalen), von denen jede wie eine Destillierblase wirkt. Die (durch Alkoholdämpfe) vorgewärmte Maische wird in die oberste Kammer eingefüllt; sie füllt dieselbe bis zu einer bestimmten Höhe, fließt durch einen Überfall auf die darunterliegende Schale und so fort, bis sie in der untersten Kammer zum Sieden gebracht wird, aus der sie als alkoholfreie Maische, als „Schlempe", den Apparat verläßt. Die Erwärmung von Schlempe in der untersten Kammer wird durch direkten oder Retourdampf bewirkt. Die sich entwickelnden Dämpfe steigen durch sog. Prellkapseln von Kammer zu Kammer in die Höhe, bringen den Inhalt der einzelnen Kammern zum Sieden, reichern sich fortgesetzt mit Alkohol an und gehen als alkoholreiche Dämpfe aus der obersten Kammer in die Verstärkungs- (Rektifikations-) Kolonne über. Letztere ist wie die Maischekolonne eingerichtet. Wenn sie auf der Maischekolonne aufsitzt, so spricht man von einem einteiligen, wenn sie neben diese gestellt ist, so spricht man von einem zweiteiligen Destillierapparat. Die Rektifikationskolonne ist weiter mit dem Dephlegmator verbunden, in welchem die Alkoholdämpfe dazu dienen, die zu destillierende Maische vorzuerwärmen. Hierdurch werden die hochsiedenden Anteile der Alkoholdämpfe verdichtet, und das Kondensat, das Phlegma oder auch „Lutter"[1]) genannt, wird behufs nochmaliger Aufkochung in den oberen Teil der Rektifikationskolonne zurückgeführt. Die in den Brennereien abfallende Schlempe wird entweder frisch verfüttert oder getrocknet und als Trockenfutter mit Vorteil zur Fütterung verwendet (vgl. unter Milch S. 187).

5. Raffination und Entfuselung. Der auf vorstehende Weise erhaltene Spiritus ist noch kein reiner Äthylalkohol, sondern enthält noch mehr oder weniger Verunreinigungen

[1]) Vielfach bezeichnet man das Kondensat im Rektifikator als „Lutter", das im Dephlegmator als „Phlegma".

(Aldehyde, Ester, Fuselöl), von denen er in besonderen Fabriken durch die Raffinationsapparate, die dem Wesen nach wie die Rektifizierkolonnen eingerichtet sind, befreit wird. Zur Entfernung des noch vorhandenen Fuselöles wendet man auch noch sonstige Verfahren an.

a) Raffination. Der Rohspiritus wird zur Abscheidung von schwerlöslichen Bestandteilen (Fuselöl) mit etwa 50% Wasser verdünnt, filtriert und dann der fraktionierten Destillation unterworfen. Man sammelt das Destillat in meistens drei Stufen; das erste Destillat, der „Vorlauf", enthält vorwiegend den Acetaldehyd und sonstige leichtflüchtige Anteile, das zuletzt Übergehende, der „Nachlauf" bzw. der „Sekundasprit", vorwiegend die höheren Fettalkohole (Fuselöl u. a.), während der mittlere Anteil der Destillation den reinsten Alkohol, den sog. „Weinsprit" oder „Feinsprit", liefert. Der Nachlauf pflegt mit Rohsprit vermischt und nochmals destilliert zu werden. Der größte Teil der höher siedenden Alkohole bleibt jedoch mit dem Wasser (und Furfurol) als Destillationsrückstand in dem Raffinationsapparat[1]).

Bei den Kornbranntweinen geht man mit der Raffination meistens nicht so weit wie bei den Kartoffelbranntweinen, weil bei ihnen ein gewisser Gehalt an Fuselöl, der auch eigenartige Bukettstoffe einschließt, beliebt zu sein scheint.

b) Sonstige Entfuselungsverfahren.

α) Als ältestes Hilfsmittel zur Entfuselung hat die Holzkohle, und zwar von weichem harzfreiem Holz (z. B. Lindenholz), gedient. Die Holzkohle absorbiert nämlich riechende sowie färbende Stoffe und soll nach Glasenapp dadurch entfuselnd wirken, daß die Fuselöle durch den in der Kohle verdichteten Sauerstoff oxydiert werden und die entstehenden Säuren mit dem Alkohol Ester bilden. Gegen die oxydierende Wirkung der Kohle wird indes geltend gemacht, daß dann auch aus dem Äthylalkohol eine erhöhte Menge Aldehyd entstehen müsse, was nicht der Fall ist. Die Frage bedarf daher noch der Aufklärung.

Der zu reinigende Spiritus wird auf 50—60° Tralles verdünnt, durch die Holzkohle filtriert und dann womöglich rektifiziert. Vielfach läßt man auch den Spiritus von obiger Konzentration

---

[1]) K. Windisch untersuchte die bei der Raffination des Korn- und Kartoffelbranntweins erhaltenen Korn- und Kartoffelfuselöle mit folgendem Ergebnis:

a) Kornfuselöl für 1 kg in Gramm:

Spez. Gewicht 15,5°	Wasser	Äthylalkohol	Normal-Propylalkohol	Isobutylalkohol	Amylalkohol	Hexylalkohol	Freie Fettsäuren	Fettsäureester	Terpen	Terpenhydrat	Furfurol, Basen und Heptylalkohol
0,8331	101,5	40,2	31,7	135,3	685,3	1,14	1,37	2,62	0,28	0,41	0,18
Hieraus ergibt sich für 1 kg von Wasser und Äthylalkohol freien Kornfuselöles in Gramm:											
—	—	—	36,9	157,6	798,5	1,33	1,60	3,05	0,33	0,48	0,21

b) Kartoffelfuselöl für 1 kg in Gramm:

Spez. Gew. 15,5°	Wasser	Äthylalkohol	Normal-Propylalkohol	Isobutylalkohol	Amylalkohol	Freie Fettsäuren	Fettsäureester	Furfurol und Basen
0,8326	116,1	27,6	58,7	208,5	588,8	0,09	0,17	0,04
Hieraus ergibt sich für 1 kg von Wasser und Äthylalkohol freien Kartoffelfuselöles in Gramm:								
—	—	—	68,5	243,5	687,6	0,11	0,20	0,05

In 100 Gewichtsteilen der freien Säuren und der Estersäuren sind enthalten:

	Caprinsäure	Pelargonsäure	Caprylsäure	Capronsäure	Buttersäure	Essigsäure
Kornfuselöl { Freie Säuren	44,1	12,9	26,7	13,2	0,4	2,7%
Kornfuselöl { Estersäuren	40,7	14,2	34,8	9,6	0,4	0,3%
Kartoffelfuselöl (Freie Säuren + Estersäuren)	36	12	32	14	0,5	3,5%

Hiernach sind grundsätzliche Unterschiede in den Nebenerzeugnissen der Gärung beider Rohstoffe nicht vorhanden.

gleich bei der Destillation ein Holzkohlefilter durchlaufen oder leitet die Dämpfe über Kalk und Kohle oder durchmischt die Kohle mit nußgroßen Stücken eines Glüherzeugnisses aus Manganoxyden, Kalk (bzw. Alkalicarbonaten). Die benutzte Holzkohle kann nach dem Abdämpfen des Spiritus durch Glühen in Öfen unter Luftabschluß oder mit überhitztem Wasserdampf wieder regeneriert werden, wobei man mitunter vorher Braunstein und Schwefelsäure zumischt.

β) Chemische Reinigungsmittel. Zur Entfernung der Säuren aus dem Spiritus werden Ätznatron, Soda oder Kalkmilch angewendet.

Als Oxydationsmittel für die Nebenerzeugnisse wie Aldehyd werden genannt: Salpetersäure, Silbernitrat, Chlorkalk, Kaliumbichromat und Schwefelsäure, Kaliumpermanganat, Hyperoxyde, Blei-, Barium-, Strontium- und Wasserstoffsuperoxyd usw.

Auf einer oxydierenden Wirkung beruht auch wohl die Reinigung durch Elektrizität, indem man durch einen elektrischen Strom ozonisierte Luft bereitet und diese durch den Spiritus preßt.

Deininger behandelt den zu reinigenden Spiritus in Dampfform mit einer Glycerin enthaltenden Lösung von Bleisuperoxyd und Kalilauge, wodurch die den Äthylalkohol begleitenden höheren Alkohole Amyl-, Butyl- und Propylalkohol in die entsprechenden Fettsäuren umgewandelt und als solche zurückgehalten werden sollen.

Bang und Ruffin empfehlen zur Reinigung des Rohspiritus gereinigten Petroläther; schüttelt man verdünnten 50 proz. Spiritus mit diesem, so soll er nur Fuselöl und Aldehyd, nicht aber Äthylalkohol aufnehmen.

γ) J. Traube schlägt Salzlösungen vor, z. B. von Pottasche, Ammoniumsulfat, Natriumphosphat usw., von verschiedener Konzentration, die, mit Sprit gemischt, übereinander geschichtet werden. Eine untere Schicht enthält z. B. in 1 cm etwa 50% Sprit und mehr als 30% Salz, eine obere Schicht aber in 1 cm mehr als 50% Sprit und nur etwa 5% Salz. Die Verunreinigungen gehen alsdann vorwiegend in die obere Schicht, „Fuselschicht", über und können mit dieser abgezogen werden. Je nach dem Grade der Verunreinigung des Rohspiritus wird die abgezogene Schicht durch eine neue fuselfreie Schicht von richtigem Mischungsverhältnis ein oder mehrere Male erneuert und so zuletzt ein reiner, fuselfreier Spiritus erhalten.

Indes haben alle diese Vorschläge gegenüber der Raffination durch fraktionierte Destillation nur eine geringe Bedeutung.

Wenngleich nach den Versuchen von Zuntz und Straßmann (S. 600) anzunehmen ist, daß das Fuselöl nicht der einzige schädliche Bestandteil und auch nicht so schädlich für die Gesundheit ist, wie früher angenommen wurde, so ist doch für die Trinkbranntweine ein von allen Verunreinigungen tunlichst freier Spiritus vorzuziehen.

6. Die aus stärkemehlhaltigen Rohstoffen hergestellten Trinkbranntweine.

Die gewöhnlichen Trinkbranntweine enthalten zwischen 25—45% Alkohol und durchweg nur einen sehr geringen Abdampfrückstand. Man pflegt dieselben durch Verdünnen der Spiritussorten mit Wasser herzustellen.

Das Wasser muß für diesen Zweck völlig geruch- und geschmacklos, klar, recht rein und weich sein; am liebsten verwendet man durch Stehenlassen oder durch Filtration gereinigtes Regenwasser (in Frankreich „petites-eaux" genannt). Zur richtigen Verdünnung des Spiritus hat man besondere Hilfstabellen; man kann sie auch leicht berechnen.

Angenommen, 684 l Spiritus von 86% sollen auf 35% verdünnt werden, so muß man sie nach der Gleichung:

$$684 \times \frac{86}{35} = 2457$$

auf 2457 l verdünnen.

Zu der Gruppe der aus stärkemehlhaltigen Rohstoffen hergestellten Trinkbranntweine gehören vorwiegend der Kartoffel-, Mais-, Kornbranntwein und Whisky.

a) Kartoffelbranntwein. Der aus Kartoffeln (auch Mais, Dari) gewonnene Sprit dient wohl am meisten zur Herstellung von Trinkbranntweinen bzw. zu deren Verschnitten.

Seine Beschaffenheit hängt wesentlich von der Rektifikation des Sprits ab. In verschiedenen Feinspriten konnten keine Verunreinigungen mehr nachgewiesen werden; in anderen Fällen ergaben sich aber nachweisbare Mengen[1]) und waren diese weniger von der Art des Rohstoffes als von der Art der Verarbeitung abhängig.

E. Sell ermittelte in früheren Branntweinen des Handels (265 Sorten) Spuren bis 0,582 Vol.-%, im Mittel 0,113 Vol.-% Fuselöl. So hohe Gehalte kommen aber jetzt bei den wesentlich vervollkommneten Rektifizierapparaten nicht mehr vor.

H. Mastbaum fand für „raffinierte Weinsprite" bei 92,86—93,95 Vol.-% Alkohol, 4,0—67,2 mg Extrakt, 2,4—14,4 mg Säuren, 4,1—19,9 mg Aldehyde, Spur bis 0,4 mg Furfurol, 102,1—118,5 mg Ester, 12,4—28,7 mg höhere Alkohole in 100 ccm Weinsprit.

In Süddeutschland bezeichnet man die Branntweine aus mehligen Stoffen, auch aus Kartoffeln und Mais, als „Fruchtbranntweine".

b) Kornbranntwein. Kornbranntwein ist ein ausschließlich aus Roggen, Weizen, Buchweizen, Hafer oder Gerste gewonnener, aber nicht im Würzeverfahren, d. h. nicht nach dem Hefelüftungsverfahren hergestellter Trinkbranntwein. Der süddeutsche Dinkel (Spelzweizen), im entspelzten Zustand Kernen genannt, ist dem nackten Weizen gleichzuachten.

Für Branntweine, welche die Bezeichnung „Kornbranntwein" führen, darf also Mais und der bei der Herstellung der „Lufthefe" gewonnene Sprit[2]) nicht verwendet werden.

Zu den Kornbranntweinen werden gerechnet: Nordhäuser, Münsterländer, Westfälischer Korn, Breslauer, Steinhäger, Doornkaat u. a. Bei letzteren beiden Sorten und dem Genever werden Wacholderbeeren entweder mit vermaischt oder der Sprit wird über Wacholderbeeren abdestilliert.

Vielfach werden die sog. Kornbranntweine, so angeblich auch der sog. „Nordhäuser", aus Kartoffelfeinsprit und sog. Nordhäuser- (oder Korn-) Essenz hergestellt.

Die Kornbranntweine sind im allgemeinen wie an Fuselöl so auch an Estern und sonstigen Beimengungen reicher[3]) als die Kartoffelbranntweine und werden infolgedessen wegen des volleren und schärferen Geschmackes den letzteren vorgezogen.

Der im Nordosten Deutschlands viel getrunkene Gilka gilt ebenfalls als Kornbranntwein, welchem etwas Kümmelöl zugesetzt ist.

c) Whisky. Der weitverbreitete, zuerst in Schottland hergestellte Whisky wird in der Weise gewonnen, daß man Gerste über einem Torf- oder Koksfeuer darrt und das Rauchmalz entweder für sich oder unter Mitverwendung von Roggen oder Mais, wie üblich, maischt und die Maische vergären läßt. Die Destillation erfolgt über Herdfeuer in einer einfachen Destillierblase mit langem Hals und Rührvorrichtung. Das Destillat, welches den Namen „low vines" führt, wird nochmals in einer flachen Blase ohne Rührer destilliert; das zuerst Übergehende wird „four shots" genannt, dann folgt der „clean spirit" oder eigentliche Whisky, und das zuletzt Destillierte heißt „faints". Die erste und dritte Fraktion werden der in der Verarbeitung folgenden Flüssigkeitsmenge wieder zugegeben. Der bei der ersten Destillation in der Blase verbliebene Rückstand, genannt „pot ale", enthält nach Allens Untersuchungen

---

[1]) Für 21 verschiedene Spritsorten geben Girard und Cuniasse (Bd. I, 1903, S. 1511) folgende Zusammensetzung (mg in 100 ccm Sprit) an:

Spez. Gewicht	Alkohol Vol.-%	Extrakt	Säuren	Aldehyde	Furfurol	Ester	Höhere Alkohole
0,7953—0,8539	83,6—99,8	0—16,0	2,4—9,6	0—13,1	0—Spur	1,6—21,1	0—8,0

[2]) Der Sprit von der Lufthefeherstellung ist besonders reich an Acetaldehyd.

[3]) In 100 ccm der Branntweine wurden z. B. gefunden:

Branntwein	Acetaldehyd mg	Ester mg	Freie Säuren mg	Fuselöl Vol.-%	Furfurol mg
Kartoffel-	0—wenig	1,6—21,1	2,4—59,0	0,12—0,42	0—0,5
Korn-	3,0—35,2	47,6—112,7	3,3—72,6	0,34—0,86	0—6,2

etwa 3% feste Stoffe, welche aus 1% Säure (meist Milchsäure), 0,7% Peptonen, 0,6% Kohlenhydraten und 0,6% Mineralstoffen bestehen. Junger Whisky hat einen unangenehmen Beigeschmack und bedarf zur Entfernung desselben einer mehrjährigen Reife. Beim Lagern des Whiskys nehmen nach Schidrowitz die nichtflüchtigen Säuren sowie die Gesamtester zu, Furfurol ab. Der in Sherryfässern gelagerte Whisky soll auch einen größeren Gehalt an höheren Alkoholen annehmen als der in gewöhnlichen Fässern gelagerte Whisky.

Mehrere Jahre alter Whisky enthält in der Regel zwischen 40—50 Vol.-% Alkohole und ergab auf 100 ccm abs. Alkohol: 28,2—41,0 mg flüchtige Säure, 9,6—12,1 mg Aldehyd, 87,9 bis 124,5 mg Ester, 175,5—877,1 mg höhere Alkohole, 2,7—3,5 mg Furfurol oder 303 bis 1009,9 mg Gesamt-Nebenbestandteile. Der Abdampfrückstand von 9,0—34,0 mg in jungem Whisky kann infolge Aufnahme aus den Faßwandungen auf 120,0—234,0 mg zunehmen. Der Alkoholgehalt nimmt dagegen mit der Dauer der Lagerung nicht unwesentlich — um 3,0 bis 9,0 Vol.-% — ab.

II. Branntweine aus zuckerreichen Rohstoffen.

Die aus zuckerreichen Rohstoffen gewonnenen Branntweine gehören zu den gesuchtesten und werden wie die der folgenden Gruppe meistens zu den sog. „Edelbranntweinen" gerechnet. Nur der aus Zuckerrüben und Melasse gewonnene Alkohol dient durchweg nur technischen Zwecken. Die Verarbeitung dieser Rohstoffe ist insofern einfacher, als sie keiner besonderen Aufschließung bedürfen und auch die Rektifikation des Spiritus keine so weitgehende ist wie bei dem aus stärkereichen Rohstoffen gewonnenen Spiritus.

a) Alkohol aus Zuckerrüben. Der Saft der Zuckerrüben wird entweder durch Auspressen oder durch Maceration bzw. Diffusion gewonnen. Im ersten Falle werden die Rüben zu einem feinen Brei zerkleinert, in letzteren Fällen geschnitzelt. Ein Dämpfen der Rüben oder Schnitzel findet meistens nicht statt. Notwendig aber ist der Zusatz von Schwefelsäure zu dem Preßsaft oder dem ausziehenden Wasser in solcher Menge, daß der Säuregehalt 0,16—0,18% beträgt. Als Konzentration des Saftes wählt man 10—12° Balling, als Hefe Bier- oder Preßhefe.

b) Alkohol aus Melasse. Die Melasse mit etwa 50% gärfähigem Zucker wird mit der dreifachen Menge Wasser verdünnt und die Lösung durch Einleiten von Wasserdampf beschleunigt. Wegen der alkoholischen Beschaffenheit muß die Melasselösung einen größeren Zusatz von Schwefelsäure erhalten als die von Rübensaft, aber auch nur so viel, daß der Säureüberschuß 0,1% Schwefelsäure (H_2SO_4) beträgt. Man setzt den Melasselösungen zur Beschleunigung der Gärung auch wohl Ammonsalze und Phosphate als Nährstoffe für die Hefe zu. Die bei der Melassegärung verbleibende Schlempe, die sich nicht zur Fütterung eignet, wird entweder auf Pottasche oder Cyankalium verarbeitet oder zur Düngung verwendet.

Auch die Sulfitablauge aus Zellstoffabriken, die 1—2% gärfähigen Zucker enthält, dient, nachdem sie fast neutralisiert ist, zur Gewinnung von Alkohol, indes ist dieser sehr unrein; er enthält viel Methylalkohol und wird als Trinkbranntwein nicht verwendet.

c) Fruchtbranntweine. Verschiedene Obst- und Beerenfrüchte werden wie zur Herstellung von Wein so auch zu der von Branntwein benutzt. Die Art der Verarbeitung ist bei allen Sorten im wesentlichen gleich. Man zerkleinert dieselben zu einer dicken breiigen Masse und läßt nach Zusatz von warmem Wasser in dieser die Gärung entweder direkt verlaufen, oder man preßt aus dem Brei den Saft aus und läßt diesen vergären. Den Preßrückstand übergießt man mit Wasser, läßt gären und preßt nochmals aus. Auch läßt man den ursprünglichen Brei wohl erst angären und preßt ihn dann. Der Brei bzw. Saft wird meistens in zugedeckten Tonnen, Fässern oder Bottichen der Selbstgärung überlassen; die Destillation erfolgt, weil es sich meistens um Hausindustrien handelt, in einfachen Apparaten, welche dem Gärgut angepaßt sind, teils über freiem Feuer, teils mit überhitztem Wasserdampf. Der ersten Destillation folgt behufs Anreicherung von Alkohol und auch zur Beseitigung von Verunreinigungen eine zweite Destillation. Die frischen Destillate besitzen meistens einen unangenehmen Geruch und Geschmack; sie nehmen, ähnlich wie der Whisky, erst durch jahrelanges Lagern ihre eigenartige zusagende Beschaffenheit an.

Zu den Fruchtbranntweinen gehören:

α) Äpfel- und Birnenbranntwein. Derselbe wird bis zu 45—55 Vol.-% Alkohol hergestellt, hat aber nur wenig Bedeutung für den Handel, sondern dient meistens zur Obstessigherstellung.

β) Kirschbranntwein (Kirschwasser, Kirschgeist). Dieser vorwiegend im Schwarzwald aus der schwarzen Vogelkirsche (sog. wilden Kirsche) gewonnene Branntwein enthält im zweiten Destillat bis 60 Vol.-% Alkohol und wird durch Verdünnung mit Wasser auf 45—50 Vol.-% (Trinkstärke) gebracht. Infolge des Gehaltes der Kerne an Amygdalin enthält der Branntwein meistens geringe Mengen Blausäure (freie und gebundene). Das Zerstoßen der Kerne hat nach K. Windisch keinen Einfluß auf den Blausäuregehalt. Da der Branntwein auch mehr oder weniger freie Essigsäure enthält und zum Destillieren kupferne Kühlschlangen verwendet werden, so finden sich in dem Branntwein auch regelmäßig nachweisbare Mengen Kupfer. Der Kirschbranntwein ist wie alle Fruchtbranntweine verhältnismäßig reich an verschiedenen Estern[1]).

γ) Zwetschenbranntwein, Sliwowitz (Slibowitz). Derselbe wird in ähnlicher Weise wie der Kirschbranntwein hergestellt. Auch dieser enthält, weil die Maische lange steht und die Gärung nur langsam verläuft, verhältnismäßig viel Säure (Essigsäure). In den südslawischen Ländern wird z. B. der Sliwowitz nach G. Tietze in der Weise bereitet, daß die Zwetschen weder zerstampft, noch mit Wasser übergossen, sondern gleich nach der Ernte als solche in Fässer geschüttet, die Fässer nach einigen Tagen fest zugespundet werden und die Zwetschen so 1—2 Monate sich selbst überlassen bleiben; infolge der eintretenden Selbstgärung nimmt die Zwetschenmaische einen stark sauren Geruch an und enthält etwa 5% Alkohol; durch Zerrühren der Zwetschen würde ohne Zweifel eine größere Ausbeute erzielt.

Die Zusammensetzung von Kirschen- und Zwetschenbranntwein ist bis auf den schwankenden Alkoholgehalt bezüglich der seltenen Bestandteile im wesentlichen gleich[1]). Sie sollen ebenso wie ihre Verschnitte 45 Raumteile Alkohol enthalten.

Auch die aus Mirabellen und Pfirsichen gewonnenen Fruchtbranntweine gleichen dem Kirschen- bzw. Zwetschenbranntwein.

---

[1]) K. Windisch bestimmte z. B. die seltenen Bestandteile im Kirschen- und Zwetschenbranntwein mit folgenden Ergebnissen für 100 ccm:

Bestandteile	Kirschen-Branntwein	Zwetschen-Branntwein
	Vol.-%	Vol.-%
Äthylalkohol . . .	26,3—66,9	22,3—63,6
	mg	mg
Glycerin und Isobutylenglykol . .	1,7	3,0—5,0
Acetaldehyd	4,6	8,0—9,2
Ameisensäure . . .	1,3	1,4
Essigsäure	62,6	63,2—138,7
Buttersäure	2,9	3,9—4,1
Höhere Fettsäuren .	3,8	2,1—4,5
Acetal.	1,6	1,7—2,8
Ameisensäureäthylester	2,1	2,8—3,0
Essigsäureäthylester	75,3	79,4—92,3
Buttersäureäthylester	4,5	3,7—4,5

Bestandteile	Kirschen-Branntwein mg	Zwetschen-Branntwein mg
Ester höherer Fettsäuren	9,3	12,3—14,2
Blausäure, freie . .	wenig—7,2	0—1,3
„ gebundene	0,6—7,5	0—3,3
Propylalkohol, norm.	3,8	16,0—18,0
Isobutylalkohol . .	6,2	25,0—41,0
Amylalkohol	25,8	121,0—194,0
Benzaldehyd . . .	1,3	2,8—3,3
Benzoesäure	0,06	1,7
Benzoesäureäthylester	—	6,6—10,2
Furfurol	0,3—5,0	Spur—2,3
Ammoniak u. Basen	0,4	0,6—1,3
Äpfel- bzw. essigsaures Kupfer . .	5,1	0,7—3,3

Der Alkohol als Grundlage für die Herstellung des Likörs Maraschino (Marasquino) wird ebenfalls aus einer Steinfrucht, nämlich der nur im Süden gedeihenden Marascaschlehe (Prunus mahaleb), gewonnen.

d) Beerenfruchtbranntweine. Auch aus Himbeeren, Heidelbeeren, Vogelbeeren, Holunderbeeren, Wacholderbeeren u. a. werden in derselben Weise wie aus den Obstfrüchten vereinzelt Branntweine hergestellt. P. Behrend erhielt z. B. aus Wacholderbeeren (vgl. S. 583) folgende Ausbeute:

128 kg Beeren gaben 205 l = 220,5 kg Saft (mit 17,65% Extrakt, 12,85% Zucker und 0,22% Säure = Äpfelsäure); der Saft wurde bei 14—20° R der Gärung und zweimal der Destillation unterworfen; er lieferte 18,75 l Branntwein mit 64 Vol.-% und 20 l Nachlauf mit 10 Vol.-% Alkohol.

e) Enzianbranntwein. Die Wurzelstöcke des gelben Enzians (Gentiana lutea L.) wurden früher, jetzt nur selten, entweder frisch oder vorgetrocknet, zerstampft, mit etwas Wasser vermischt und der Selbstgärung überlassen. Wegen des geringen Gehaltes an Zucker (Gentianose S. 105) sind zur Gewinnung von 1 l Branntwein etwa 100 kg Wurzeln erforderlich; auch muß der durch zweimalige Destillation gewonnene Branntwein (von 40—42 Vol.-%) 3 bis 4 Jahre lagern, um seine beste Beschaffenheit zu erreichen. Infolge dieser teuren Herstellung dienen die Enzianwurzeln mehr als zur Vergärung zur Ausziehung mit Alkohol und zur Bereitung von bitteren Likören. Solche Auszüge sind keine echten Enziane.

f) Rum. Rum ist der in Westindien (Jamaika, Demerara, Cuba usw.) aus dem Saft und den Abfällen bei der Rohrzuckergewinnung aus Zuckerrohr durch Gärung und Destillation gewonnene Branntwein, der im Originalzustande meistens 74 — 77 Vol.-% Alkohol sowie kleine Mengen Zucker enthält und in der Regel mit Zuckerfarbe braun gefärbt ist; der Cubarum pflegt farblos (hell) zu sein und nur Spuren von Extrakt zu enthalten.

Zur Herstellung des Rums verwendet man dreierlei Arten Rohstoffe, nämlich: 1. den beim Kochen des ausgepreßten Zuckerrohrsaftes entstehenden Schaum (scum, skimminy), 2. die Zuckerrohrmelasse und 3. den Dunder, d. h. den Destillationsrückstand der Maische von früheren Rumherstellungen. Alle drei Abfälle werden vermischt und mit dem Waschwasser von der Rohrzuckergewinnung so verdünnt, daß die Maische 18—22% Zucker enthält. Der Schaum und die Waschwässer bleiben vor dem Zusatz der Melasse zur Säuerung einige Tage in Bottichen stehen und erhalten behufs Beschleunigung der Säuerung mitunter einen Zusatz von etwas ausgepreßtem Zuckerrohr. Die Gärung der sauren Maische dauert 14—21 Tage und wird ausschließlich durch Spalthefen (Schizosaccharomyceten) bewirkt, als Hauptgärer gilt anscheinend eine Oberhefe, welche Fruchtaroma erzeugt. Die Destillation erfolgt in einfachen Destillierblasen, wobei das zuerst Übergehende, das im Übermaß Essigester enthält, gesondert verwendet wird. Man erzeugt zwei- bzw. dreierlei Sorten Rum, nämlich den einfachen oder „Negerrum", der aus Schaum- und Zuckerabfällen ohne Dunder bzw. Melasse hergestellt wird, und Rum für die Ausfuhr, der sich durch hohen Gehalt an Estern und Aromastoffen auszeichnet. Diese werden um so höher und besser, je länger der Rum lagert. Auch sucht man das Aroma durch Zusatz von Ananassaft zu erhöhen. Auf dem Festlande Südamerikas bereitet man den Rum aus verdünnteren Maischen und läßt nur einige Tage gären. In einigen Gegenden ist es nicht üblich, bei der Bereitung der Maische „Dunder" mitzuverwenden, oder man setzt zur Erzielung einer reineren Gärung oder zur Beschleunigung derselben etwas Schwefelsäure bzw. Ammoniumsulfat zu. Derartig hergestellte Rume sind ärmer an Estern und weniger geschätzt als die nach erstem Verfahren hergestellten Jamaikarume.

Unter Bayrum versteht man das Erzeugnis der doppelten Destillation von feinem Rum über Beeren und Blättern von Pimenta acris (Lauracee); er soll als Kopfwaschmittel gegen das Ausfallen der Haare und für nervösen Kopfschmerz, als Stärkungsmittel für Touristen usw. dienen.

A. Herzfeld hat auch versucht, aus der Rübenmelasse Rum herzustellen, indem er dazu die bei der Herstellung des ausländischen Rums tätigen Hefenarten und Bakterien bzw. Fermente verwendete.

In der Zusammensetzung[1]) zeichnet sich der Rum durch seinen besonders hohen Gehalt an Estern (vorwiegend Äthylester der Ameisensäure, Essigsäure und Buttersäure, die auch zum Teil in freiem Zustande vorhanden sind) aus. Das Vorkommen freier Ameisensäure im Rum ist vielfach bezweifelt worden. Verschiedentlich aber ist nachgewiesen, daß der echte Rum sowohl freie Ameisensäure als deren Äthylester enthält. H. Fincke fand z. B. nach zuverlässigem Verfahren in 100 ccm Rum 3,28—5,03 mg freie und fast ebensoviel (3,34—4,45 mg) Esterameisensäure, während Kunst- oder Fassonrume 2,65—26,01 mg freie und nur Spuren bis 4,84 mg Esterameisensäure ergaben, also an ersterer erheblich mehr.

Ebenso wie an Estern ist der Rum auch an höheren Fettalkoholen (Fuselöl)[2]) reich.

g) Arrak. Unter Arrak (gegorener Saft) versteht man den in Ostindien, auf Java (Batavia), an der Küste von Malabar, in Ceylon und Siam aus Reis und Zuckerrohrmelasse oder aus dem Saft der Blütenkolben der Cocospalme durch Gärung und Destillation hergestellten Branntwein, der im Originalzustand 55,0 — 60,0 Vol.-% Alkohol enthält und farblos ist.

Es werden hiernach zur Herstellung des Arraks verschiedene Rohstoffe verwendet. Auf Ceylon verwendet man den Saft der Cocospalme, deren Blütenkolben man während 3 aufeinanderfolgenden Tagen preßt und während der folgenden 4 Tage am Grunde des Blütenkolbens mit leichten Rundschnitten versieht; der nach 8 Tagen ausfließende zuckerreiche Saft (Toddy) wird gesammelt und der Gärung überlassen. Die vergorene Flüssigkeit liefert den Palmenwein (S. 583) oder bei der ersten Destillation einen Lutterbranntwein (Polikawara) mit 25—28 Vol.-% und bei der nochmaligen Destillation (Rektifikation) einen Branntwein (Talwakara) mit 70—76 Vol.-% Alkohol. Ein derartig hergestellter Arrak kann auch zu der folgenden Gruppe der Branntweine gerechnet werden.

Auf Java (Batavia) und auf anderen tropischen Inseln verwendet man Reis und Zuckerrohrmelasse mit und ohne Palmensaft.

Von wesentlicher Bedeutung bei dieser Art der Herstellung von Arrak ist die Bereitung des sog. „Raggi", d. h. der die Reisstärke verzuckernden und vergärenden Masse. Man benutzt dazu nach Prinsen-Geerligs Reismehl, Zuckerrohr, einige Gewürze (Galangarhizom, Knoblauchschnitzel u. a.), zerstampft diese, formt daraus Kugeln und legt diese zwischen Reisstroh. Oder man knetet auch einfach aus sterilisiertem Reismehl und sterilisierter Zuckerlösung Kugeln und legt diese zwischen Reisstroh. Die Kugeln nehmen aus dem Reisstroh außer verschiedenen Bakterien vorwiegend 2 Hefearten (Monilia javanica und Saccharomyces Vordermanni), sowie 2 diastasehaltige Pilze (Clamydomucor Oryzae und Rhizopus) auf, welche die Verzuckerung und Vergärung der Reisstärke bewirken. Der Reis, vorwiegend Klebreis (ferner auch Mais oder Tapioka), wird gekocht und nach dem Abkühlen schichtenweise in einem Kübel mit durchlöchertem Boden, durch welchen die verzuckerte Stärke abfließen kann, mit Raggipulver bestreut. Nach 2 Tagen ist die Hefe so weit entwickelt, daß sie kräftig Zucker vergären kann. Die Masse wird dann in ein Faß gegeben, das mit einer Melasselösung

---

[1]) Vgl. unter Kognak Anm. *), S. 696.

[2]) Die höheren Alkohole des Rums haben wie die des Kognaks und Arraks die Eigentümlichkeit, daß sie sich nicht immer durch die Chloroformprobe erkennen lassen, weil in den Getränken gleichzeitig eine Substanz vorhanden ist, welche der Ausdehnung des Chloroforms entgegenwirkt und nach W. Fresenius eine „negative Steighöhe" verursacht. Diese Substanz hinterbleibt, wie K. Windisch angibt, nach dem Verdunsten des Chloroforms als unverseifbarer, terpenartiger Körper, welchem der eigenartige Geruch des Rums bzw. des Arraks anhaftet. Es darf nach den Beobachtungen, welche bezüglich der ätherischen Öle auf die Steighöhe des Chloroforms gemacht worden sind, angenommen werden, daß dieser Körper die Ursache der „negativen Steighöhe" ist.

von 15° Bé beschickt worden ist. Nach 2—3 Tagen wird die stark gärende Masse mit mehr Melasselösung vermischt und unterliegt einer stürmischen Hauptgärung, welche 4 Tage dauert. Alsdann werden Reishülsen und sonstige Schwimmkörper abgeschöpft, und die braune Flüssigkeit wird in 10 l fassende irdene Krüge gefüllt, worin sie 8 Tage der Nachgärung unterliegt. Die noch nicht völlig vergorene Flüssigkeit wird entweder aus einer einfachen Blase mit Kühlung oder aus einem Kolonnenapparat mit kontinuierlichem Betriebe abdestilliert. Diese Destillate liefern den bei uns gangbaren Jamaikaarrak.

An den Küsten Javas werden aber auch minderwertigere Arrake hergestellt, bei denen weniger Sorgfalt auf die Züchtung der Raggihefe (Angewöhnung an die Stärke) verwendet wird. Diese Arrake pflegen besonders reich an Essigsäure zu sein.

Nach anderen Angaben wird neben der Zuckerrohrmelasse auch Palmensaft (Toddy) zur Herstellung des Arraks mitverwendet, z. B. auf 35 Teile Reis 62 Teile Melasse und 3 Teile Toddy, woraus 23,5 Teile Arrak gewonnen werden sollen.

Manche, wohl meist am Erzeugungsorte selbst verwendeten Arrake erhalten noch Zusätze, welche die betäubende Kraft dieses Getränkes noch erhöhen; so z. B. der Tarsaharrak den Saft von Cannabis sativa und denjenigen einer Spezies Datura.

Arrak wird nicht künstlich gefärbt, nimmt aber beim Lagern in Fässern eine gelbliche Färbung an. Um ihn farblos zu machen — in Deutschland ist es üblich, Arrak wasserhell in den Handel zu bringen—, filtriert man ihn durch Knochenkohle.

Beim Lagern gewinnt der Arrak bedeutend an Güte; da aber in dem heißen Tropenklima der Schwund ein zu großer sein würde, so wird derselbe für die Lagerung bald nach seiner Darstellung nach Ländern der gemäßigten Zone ausgeführt.

Arrak wird weniger direkt genossen, als vielmehr zu Punschessenz (Schwedischer Punsch) verarbeitet. Letzterer enthält gewöhnlich 23—30 Vol.-% Alkohol und 20—33% Zucker.

Über die Zusammensetzung des Arraks vgl. Anmerkung S. 696.

III. Branntweine aus alkoholhaltigen Rohstoffen.

Aus alkoholhaltigen Rohstoffen werden die feinsten Branntweine gewonnen; an der Spitze steht der weltbekannte Kognak, ein Edelbranntwein im eigentlichen Sinne des Wortes. Er wird aus Traubenwein hergestellt, aber auch andere Weine, Obst- und Beerenweine, werden unter Umständen zur Gewinnung eines kognakähnlichen Branntweins benutzt. Außerdem gehört in diese Gruppe der Trester- und Hefenbranntwein.

1. Kognak. ***Begriff.*** Kognak ist ein aus reinem Weindestillat hergestellter Branntwein, der den Vorschriften des Weingesetzes vom 7. April 1909 genügen, also u. a. mindestens 38 Vol.-% Alkohol enthalten muß. Er ist von hellbrauner Farbe und enthält meist etwas Zucker.

Der Name stammt von der kleinen Stadt „Cognac" im französischen Departement Charente her, dem Hauptort der Erzeugung dieses Branntweines; von dort stammen auch die feinsten Sorten „Fine Champagne"; als zweite Sorte „Eaux de vie" oder „Petit Champagne" gelten die Branntweine aus den Kantonen Châteauneuf, Blanzac, Angoulême, Jousac, Pons usw.; als dritte Sorte „Fin bois" (Feinholz wegen des langen Lagerns in Fässern) die von Barbezieux, Prouillac, Matha usw. Außerdem unterscheidet man noch weitere Sorten, die um so geringwertiger gelten, je weiter die Weinlagen von Cognac entfernt sind.

Herstellung. Der Kognak kann zwar durch Destillation eines jeden verkehrsfähigen Weines hergestellt werden, indes ist in Frankreich sowohl der Anbau als auch die Verarbeitung der Weintrauben auf Wein von vornherein auf die Herstellung von Kognak aus dem Wein eingerichtet.

Die zur Kognakbereitung dienenden Weine werden fast ausschließlich aus der weißen Traubensorte „Folle blanche" oder „Pic-poul-blanc", von hoher Ertragsfähigkeit, aber keinem ausgeprägten Sortengeschmack, gewonnen. Die Trauben werden mit den Füßen zerstampft;

der austretende Saft bildet die Grundlage für den besten Kognak; der weiter durch Pressen gewonnene Saft liefert geringwertigere Branntweine.

Der Most wird bei ziemlich hoher Temperatur der Gärung überlassen, um allen Zucker zu vergären. Der Wein kann schon nach wenigen Wochen abgebrannt werden; besser aber ist es, ihn einige Zeit zu lagern und erst nach erfolgtem Abziehen abzubrennen.

Die in der Kognakbrennerei benutzten Destillationsvorrichtungen sind in den meisten Fällen von der einfachsten Art — es sind gewöhnliche kupferne Branntweinblasen die aus einem Kessel, einem Helm, einem Kühlrohr und einem Kühlfaß bestehen.

Bei vielen Destillationseinrichtungen trifft man außerdem noch ein als Vorwärmer dienendes Gefäß, welches im Innern mit einer Kühlschlange versehen ist, höher als der Kessel und neben oder über dem Kühlgefäß steht.

Die Blasen haben einen Inhalt, der zwischen 100—500 l schwankt, und werden durch direkte Feuerung geheizt. Hat man z. B. eine etwas größere Einrichtung, so beschickt man den Kessel und den Vorwärmer mit je 300 l Wein; von der übergehenden Flüssigkeit werden die ersten 120 l aufgefangen und bilden den ersten Lutter (premier brouillis)[1]. Dann läßt man das in der Blase zurückgebliebene Phlegma ab und läßt den im Vorwärmer befindlichen Wein in den Kessel laufen. Den Vorwärmer selbst beschickt man mit frischem Wein. Das Ergebnis der zweiten vorzunehmenden Destillation bildet den zweiten Lutter mit etwa 50% Alkohol (deuxième brouillis oder „Eau de vie"). Eine neue, unter gleichen Verhältnissen vorgenommene Destillation liefert den dritten Lutter (troisième brouillis). Dann füllt man den Vorwärmer mit dem Destillat, treibt von neuem ab und erhält einen vierten Lutter (quatrième brouillis). Hierauf leert man den Kessel aus und läßt den Inhalt des Vorwärmers, also den Lutter, hineinlaufen, während man den Vorwärmer alsbald von neuem mit Wein anfüllt. Man erhitzt den Kessel, fängt die ersten 3 l, welche übergehen, für sich auf und setzt dann die Destillation so lange fort, bis das Alkoholometer ein Destillat von 60—68% Alkohol anzeigt. Das später Übergehende kann man, zur Gewinnung des noch darin befindlichen Weingeistes, für sich aufsammeln und neuen Mengen Wein zusetzen.

Neuerdings hat man auch Rektifikationsapparate mit Dephlegmatoren eingeführt, erzielt damit auch Destillate von 85°, aber von einer geringeren Beschaffenheit. In den den echten Kognak erzeugenden Landstrichen hält man daher im allgemeinen noch an den alten Destillationseinrichtungen fest.

Die Destillation der feinen „Crûs" geschieht nur selten in mit Rektifikationsvorrichtungen versehenen Apparaten. Man erzielt auch mit den alten Vorrichtungen Destillate mit 65—70 Vol.-% Alkohol; dieser Kognak wird für den Gebrauch mit Wasser bis auf 38 Vol.-% verdünnt.

Zur Gewinnung von 1 hl Kognak gehören je nach dem Alkoholgehalt des Weines 5—8 hl Wein.

Das durch den Abtrieb des Weines erhaltene Destillat ist noch keineswegs ein Erzeugnis, welches als fertiger Kognak angesehen werden kann. Der Händler probt die einzelnen Brände und teilt sie ein; es finden ferner Verschnitte statt, um eine gleichmäßige Ware zu erzielen. Die Ware läßt man alsdann lagern, damit sie altert. Während die in Flaschen lagernden Branntweine sich mit der Zeit wenig ändern, höchstens an Bukett zunehmen, erleiden die im Faß lagernden Branntweine sehr bedeutende, meist auf chemischen Vorgängen beruhende Veränderungen.

Von großem Einfluß ist die Beschaffenheit der Faßmasse (Eichenholz). Als die besten Hölzer zur Lagerung von Spirituosen sind zu bezeichnen die von Danzig, Stettin und Angoulème (Limousin), indem erfahrungsgemäß bei denselben am wenigsten herbe Bitterstoffe, dagegen bedeutende Mengen des aromabildenden Quercins und des farbbildenden Quercitins gelöst werden.

---

[1] Das erste Destillat (tête), Vorlauf, ist reich an Acetaldehyd und Essigester, wird für sich aufgefangen, weil es wegen seines übergroßen Gehaltes an Aromastoffen dem Kognak einen schlechten Geschmack erteilen würde.

Während des **Lagerns** nimmt der Kognak aus den Wänden des Fasses letztere und andere Extraktivstoffe auf, wodurch er auch die an ihm so geschätzte gelbe Farbe annimmt; aber auch der Branntwein selbst erleidet Veränderungen, indem durch die Poren des Holzes Luft eindringt, welche infolge ihrer oxydierenden Eigenschaften eine Anzahl Stoffe bildet (z. B. aus Aldehyd Essigsäure und diese wiederum mit Alkohol Ester), welche die Güte und den Wert der Ware bedeutend erhöhen.

Während des Lagerns im Faß verdunstet ein Teil des Branntweines, der Inhalt „**schwindet**"; bei den Lagerungsverhältnissen, wie sie sich in der Charente finden, beträgt die Verminderung des Alkoholgehaltes für das Jahr etwa $^1/_2$ Vol.-%. In sehr altem Kognak soll oft nur mehr ein Gehalt von 20% Alkohol vorkommen.

Die **Verdunstungsgröße** des **Wassers** richtet sich wesentlich nach der umgebenden Luft; je trockener die Luft und je höher die Temperatur der Lagerräume ist, um so mehr Wasser verdunstet; in feuchten Räumen ist die Wasserverdunstung nur eine geringe, während die des Alkohols gleichbleibt. Um Kognak von gleicher Güte zu erhalten, muß man daher die Fässer mit einem gleichwertigen Kognak auffüllen.

Unzweifelhaft verdankte in früheren Zeiten der Kognak seine **gelbe** Farbe ausschließlich den Extraktivstoffen der Fässer, in denen er lagerte. Nach und nach jedoch hat sich der Gebrauch eingebürgert, dem Kognak, selbst dem feinsten, die so beliebte **Farbe** durch **künstliche Zusätze** (z. B. Eichenholzextrakt, Caramel) zu verleihen; oder man sucht das „**Altern**" durch Einpressen von „**Sauerstoff**" unter Druck zu beschleunigen; auch hat man wie bei Wein zu dem Zweck das **Elektrisieren** des Kognaks versucht. **Raoul Pictet** will das Altern durch **Gefrierenlassen** bei —200° in besonderen Kältemaschinen erreichen, und man macht auch in Frankreich aus solchen Behandlungsweisen gar kein Hehl. Ferner berichtet J. de **Brevans**, daß man dem **jungen** Kognak, abgesehen davon, daß man seinen Alkoholgehalt durch Zusatz von destilliertem Wasser herabmindert, **verschiedene Zusätze** macht, die gewöhnlich aus Tee, Zucker und Rum bestehen. Man will hierdurch einen Ersatz für das Bukett liefern, das der Kognak erst bei längerem Lagern annimmt. Gewöhnlich beträgt die Menge des **Zuckerzusatzes** 1%; der Extraktgehalt des so versüßten Kognaks macht aber auch wohl 2% und mehr aus. Der Zusatz von Zucker hat offenbar den Zweck, den scharfen Geschmack junger Kognake zu mildern. Er soll aber 2% nicht übersteigen, und die Menge des zuckerfreien Extraktes soll höchstens 1,5% betragen.

Zusammensetzung. Der echte Kognak wird wegen seiner besonderen nervenerregenden Wirkung allen Branntweinen vorgezogen. Man sollte daher auch eine von diesen abweichende chemische Zusammensetzung erwarten. Das trifft aber nicht zu. Er enthält nach den bisherigen Untersuchungen mehr oder weniger neben dem Äthylalkohol alle die Nebenbestandteile[1]), welche auch in den gewöhnlichen wie sog. Edelbranntweinen vorkommen. **Ordonneau** glaubte, daß sich der Kognak durch einen hohen Gehalt an **normalem Butylalkohol**[2]) vor anderen Branntweinen auszeichne und dieser bzw. der Butylester die eigenartige Beschaffenheit desselben bedinge. **Claudons** und **Morins** konnten indes in anderen Kognaksorten keinen normalen Butylalkohol nachweisen; an sonstigen höheren Fettalkoholen wurde von ihnen und anderen Untersuchern für 100 ccm Kognak gefunden: normaler Propylalkohol (33,5 mg), Isobutylalkohol (6,2 mg), Amylalkohol (137,0 mg), normaler Hexyl- und Heptylalkohol (Spur—1,5 mg), Isobutylenglykol (2,2 mg).

Der Verkehr mit Kognak ist durch § 18 des Weingesetzes geregelt; über die Erläuterungen hierzu vgl. des Verf. Nahrungsmittelchemie 1918, III. Bd., 3. Teil, S. 377. Bei einem als „**Mosel-**

---

[1]) Vgl. Anm. *) auf S. 696.

[2]) **Ordonneau** erhielt aus 1 hl Kognak durch fraktionierte Destillation 250 g **Kognaköl**, welches folgende prozentische Zusammensetzung hatte:

Wasser	Äthylalkohol	Normaler Propylalkohol	Isobutylalkohol	Normaler Butylalkohol	Amylalkohol	Essenzen usw.
18,5%	10,5%	8,3%	3,2%	34,5%	24,1%	0,9%

kognak“ bezeichneten Kognak muß sämtlicher Alkohol aus Moselwein herrühren; die Bezeichnung „Medizinalkognak“ ist gestattet, wenn der Kognak den Bestimmungen des § 18 des W. G. vom 9. April 1909 entspricht.

2. Trester- und Hefenbranntwein. Der Tresterbranntwein (oder auch Franzbranntwein genannt) wird dadurch gewonnen, daß man die Weintrester, welche noch etwas unvergorenen Zucker enthalten, entweder für sich oder nach Zusatz von Zucker und Wasser weiter gären läßt und der Destillation unterwirft. Die Weintrester müssen von guter Beschaffenheit, nicht stichig und nicht faulig sein; selbst die Traubensorte übt auf die Beschaffenheit des Tresterbranntweines ihren Einfluß aus. Man gewinnt aus 100 kg nicht eingetretener Trester ungefähr 4—5 l, aus 100 kg fest eingetretener Trester 7—9 l Branntwein. Das Abbrennen geschieht vielfach in einfachen Apparaten mit direkter Feuerung, jedoch wird unter Anwendung von Wasserdampf zum Abtreiben des Alkohols ein feineres Erzeugnis erhalten. Behufs Entfernung der vielen Nebenerzeugnisse im rohen Tresterbranntwein, welche den Geruch und Geschmack beeinträchtigen, muß derselbe 1—2 Jahre lagern.

Über die Zusammensetzung vgl. untere Anm. Guter Tresterbranntwein soll einen ölig-süßlichen Geschmack besitzen; ein mit Zusatz von gewöhnlichem Spiritus erzeugter Tresterbranntwein zeigt diesen süßlichen Geschmack viel weniger. Vielfach wird für den Tresterbranntwein eine wasserhelle Farbe verlangt; für solche Fälle darf derselbe nicht in eichenen Fässern aufbewahrt werden, weil er hierin wie alle Spirituosen gelb oder bräunlich wird; auch mit Fett (Talg) oder Wasserglas innen überzogene Fässer eignen sich nicht, weil letzteres sich in dem Branntwein löst, ersteres demselben einen talgigen Geruch und Geschmack erteilt. Am besten eignen sich, um die wasserhelle Farbe beim Tresterbranntwein zu erhalten, Glasballons oder Zementgefäße.

---

*) Nach verschiedenen Analysen ergab der Kognak im Vergleich zu Rum, Arrak und Tresterbranntwein z. B. folgende Gehalte an Bestandteilen:

Bestandteile		Rum	Arrak	Kognak	Tresterbranntwein
Äthylalkohol . . . . Vol.-%		44,0—93,3	56,0—60,0	40,0—81,8	24,4—52,5
		mg	mg	mg	mg
Extrakt, in 100 ccm		30,0—1740,0	wenig—78,8	50,0—3902,0	10,6—1952,0
Zucker, in 100 ccm		0—646,0	0—12,6	0—1562,0	—
Acetaldehyd		0,2—26,2	—	2,8—48,1	10,0—170,9
Freie Säuren	Ameisensäure . . .	Spur—12,0	10,6	0—4,0	2,4—139,2
	Essigsäure	4,0—147,0	61,0—167,0	51,7	
	Buttersäure . . .	Spur—11,0	5,0	3,5	
	Caprinsäure . . .	Spur—12,0	6,4	5,3	
Äthylester der	Ameisensäure . . .	wenig—22,0	wenig—7,8	0—6,0	12,3—272,8
	Essigsäure	5,0—1847,0	67,0—276,0	75,9	
	Buttersäure	Spur—56,0	4,8	6,1	
	Caprinsäure	Spur—27,0	9,4	14,0	
Acetal (Äthylidendiäthylester) . . .		—	—	3,5	
Furfurol		0,7—13,4	—	Spur—7,8	0,2—2,8
Höhere Alkohole		26,0—298,8	28,0—223,0	58,1—427,0	16,6—158,4
Glycerin		—	—	4,4	—
Basen		0,3—3,3	—	0,4	—
Mineralstoffe		Spur—14,0	Spur—13,6	0—3,0	—
Auf 100 Teile absoluten Äthylalkohol kommen Beimengungen (ausschließlich Extrakt)		393,0—2731,0	—	226,9—653,6	238,5—825,1

Der Weinhefenbranntwein wird in derselben Weise wie der Tresterbranntwein gewonnen und gilt von ihm dasselbe, was von diesem gesagt ist.

Der Hefenbranntwein ist rauher und geringwertiger als der Tresterbranntwein. Den kratzenden, von zu viel Säure herrührenden Geschmack beseitigt man vielfach dadurch, daß man den Lutter mit Soda versetzt und nochmals destilliert.

IV. Bittere und Liköre.

Begriff. Bittere und Liköre sind im allgemeinen gefärbte Mischungen von Branntweinen bzw. Alkohol (Feinsprit) und Wasser mit Zucker, Fruchtsäften, mit Auszügen aus Pflanzengewürzen, mit aromatischen Destillaten bzw. Stoffen aller Art, deren Alkohol- und Zuckergehalt eine bestimmte Grenze erreichen bzw. nicht unterschreiten soll.

Hierzu kommen für einige Getränke dieser Art noch besondere Vorschriften.

Herstellung. Der zu den Mischungen verwendete Sprit muß ebenso wie das verwendete Wasser klar, geruch- und geschmacklos, die Zuckerlösung ebenfalls klar sein. Nicht vollkommen klare Zuckerlösungen kocht man mit Eiweißlösungen auf und filtriert durch Säcke.

Je nach dem Zuckergehalt unterscheidet man Doppel- oder Tafelliköre; erstere enthalten etwa 500 g, letztere 700—1000 g Zucker in 1 l. Man löst z. B. 1 kg zu $^1/_2$ l flüssiger Zuckermasse oder zu 1 l Flüssigkeit und setzt 1 l Sprit von 76% hinzu. Man erhält auf diese Weise Getränke von 40—45 Vol.-% Alkohol.

Für die Gewinnung der Aromastoffe werden die Pflanzenteile entweder mit dem Sprit oder mit Wasser ausgezogen oder sie werden in einer Destillierblase mit dem Sprit destilliert oder man läßt den zu rektifizierenden Sprit durch die Pflanzen und Kräuter filtrieren.

Die Mischung dieser Bestandteile geschieht meistens in der Weise, daß man in das Mischgefäß zunächst die alkoholische Lösung der Aromastoffe und dazu den Sprit unter beständigem Rühren hinzusetzt. Nach völliger Durchdringung beider Flüssigkeiten wird die klare Zuckerlösung sowie die erforderliche Menge Wasser zugemischt und zuletzt die fertige Mischung gefärbt. Letztere bleibt dann mehrere Tage ruhig stehen, nötigenfalls wird nachgewürzt, in einem mit Destillationsaufsatz versehenen Gefäß auf dem Wasserbade erwärmt und auf diesem wieder erkalten gelassen. Sollten sich hierbei Trübungen bilden, so setzt man Eiweißlösung oder Hausenblase zu und filtriert. Der so hergestellte Likör erreicht aber erst durch noch längere Lagerung in vor Tageslicht geschützten, auf 15—20° erwärmten Räumen seine volle gleichmäßige und eigenartige Beschaffenheit.

Verschiedene Sorten. Es gibt eine große Anzahl Branntweine vorstehender Art; fast täglich erscheinen neue Sorten und verschwinden wieder aus dem Verkehr. Nur einige wenige Vertreter haben sich in alter Beschaffenheit erhalten. Man unterscheidet:

1. Bittere. Bittere sind Mischungen der vorstehenden Art mit ausgeprägtem bitterem Geschmack und meistens mit nur geringem Zuckergehalt. Sie sollen 27 Raumprozent Alkohol und 10 Gewichtsteile Zucker in 100 Raumteilen enthalten. Über einige der angewendeten Bitterstoffe vgl. S. 676 Anm. 1 und S. 699 Nr. 3.

2. Liköre. Es sind Mischungen vorstehender Art mit einem durch aromatische Stoffe und höheren Zuckergehalt bedingten, ausgeprägten aromatischen und süßen Geschmack, bei denen der Alkoholgehalt neben dem des Zuckers zurücktritt.

Nach den Ausführungsbestimmungen zu § 107, Abs. 1 des Branntweinsteuergesetzes vom 15. Juni 1909 müssen alle alkoholischen Getränke, die als Liköre bezeichnet werden, in 100 Raumteilen mindestens 10 Gewichtsteile Zucker, als Invertzucker berechnet, enthalten.

a) Fruchtsaftliköre (Himbeer-, Kirsch-, Johannisbeer-, Erdbeer-, Preißelbeeren- usw. Liköre) sind Zubereitungen aus den Säften der Früchte, nach denen sie benannt sind, Alkohol, Zucker und Wasser.

Sie sollen in 100 Raumteilen mindestens 20 Raumteile Alkohol enthalten.

b) Cherry - Brandy ist eine gewürzte Zubereitung aus Kirschwasser oder Kirschwasserverschnitt und Kirschsirup.

Sein Alkoholgehalt soll in 100 Raumteilen mindestens 27 Raumteile betragen.

c) Eierkognak ist eine gewürzte Zubereitung aus Kognak, frischem Eigelb und Zucker. Eierlikör, auch Eicreme genannt, kann an Stelle von Kognak auch Alkohol anderer Art enthalten.

Für einen als „Eierkognak“ bezeichneten Likör muß der verwendete Kognak den Anforderungen entsprechen, die an echten Kognak gestellt werden, für einen als „Eierlikör“ oder „Eiercreme“ bezeichneten darf aber anderer Alkohol als der aus Kognak verwendet werden.

Dagegen ist die Anwendung von Farbstoffen, Verdickungsmitteln aller Art wie Rahm, Eiweiß, Gelatine, Tragant, Stärkesirup, von Ersatzstoffen für Eigelb oder Zucker und chemisch haltbar gemachtem Eigelb nicht gestattet. Der Eigehalt guten Eierkognaks oder Eierlikörs soll im allgemeinen nicht weniger als 240 g im Liter betragen[1]).

d) Die übrigen Liköre sind mehr oder weniger Phantasieerzeugnisse, die zum Teil nach erprobten, feststehenden Vorschriften hergestellt werden. Sie werden im allgemeinen aus Alkohol, Wasser, Zucker oder Stärkesirup, aromatischen Stoffen verschiedenster Art sowie natürlichen und künstlichen Farbstoffen hergestellt.

Über die Zusammensetzung verschiedener Liköre vgl. Tab. II, Nr. 1457—1473.

3. Punsch-, Glühwein-, Grogessenzen und -extrakte. Hierher gehören alkoholhaltige Flüssigkeiten, die dazu bestimmt sind, mit heißem Wasser vermischt die als Punsch, Glühwein, Grog bezeichneten heißen Getränke zu liefern (vgl. auch unter „weinhaltigen“ Getränken S. 677).

Nachmachungen, Verunreinigungen und Verfälschungen der Branntweine.

In den Branntweinen kommen nach den vorstehenden Ausführungen neben dem hauptsächlichsten Bestandteil, dem Äthylalkohol, eine große Anzahl Stoffe vor, die teils von der natürlichen Herstellung, teils von künstlichen Zusätzen herrühren können. Zur Beurteilung, inwieweit die Anwesenheit dieser Stoffe als Nachahmung, Verunreinigung und Verfälschung aufzufassen ist, möge kurz folgendes bemerkt sein:

Als hauptsächlichste Verfälschungen kommen in Betracht:

1. Vergären von Zucker oder zuckerhaltigen Stoffen mit den wertvolleren Rohstoffen der gesuchteren Branntweine (der sog. Edelbranntweine).
2. Vermischen der wertvolleren Branntweine mit minderwertigen bzw. mit reinem Alkohol und Wasser. Herstellung von Verschnitten.

[1]) A. Juckenack, Kapeller und Theopold, G. Heuser und E. Feder untersuchten 14 Proben echter Eierkognaks mit folgendem Ergebnis für 100 ccm des Getränkes:

Gehalt	Alkohol g	Trockensubstanz g	Stickstoff-Substanz g	Rohfett g	Saccharose g	Asche g	Phosphorsäure		Eidotter g	Polarisation in Lösung 1 : 10	
							Gesamt- g	Lecithin- g		vor	nach der Inversion
Niedrigster	11,14	27,71	2,42	4,43	14,25	0,34	0,144	0,085	16,05	+0,83	—0,80
Höchster	18,56	45,60	4,79	10,40	31,30	0,67	0,370	0,245	25,61	+4,10	—1,30
Mittlerer	13,41	34,89	3,81	7,43	20,61	0,43	0,274	0,177	22,80	+2,41	—1,10

Die Proben waren z. T. selbst hergestellt, z. T. als zuverlässige Eierkognakproben aus dem Handel bezogen. Der sog. „Holländische Advokaat“ ist ein Eierkognak von gleicher Zusammensetzung.

Ein Kornbranntwein, der an sich 30 Raumteile aus Getreide (S. 688), nicht im Würzeverfahren gewonnenen Alkohol enthalten soll, darf nach Vereinbarungen zwischen Nahrungsmittelchemikern und Brennereibesitzern nur dann als Kornbranntweinverschnitt in den Handel gebracht werden, wenn er mindestens 25 Hundertteile Kornbranntwein neben Branntweinen anderer Art enthält.

Bei Branntweinen mit der Bezeichnung Arrak-, Kognak-, Rum-, Kirschwasser-, Zwetschenbranntweinverschnitt soll $^1/_{10}$ des Alkoholgehaltes dem Gehalt an den echten Originalbranntweinen entstammen.

3. Übermäßiges Strecken der gewöhnlichen Branntweine mit Wasser ohne oder mit gleichzeitigem Zusatz von Extrakten und Schärfen.

Diese Verfälschung ist vorwiegend bei den gewöhnlichen Trinkbranntweinen in Gebrauch, um einen höheren Alkoholgehalt vorzutäuschen. Als Schärfen kommen in Betracht: 1. Mineralsäuren, 2. Oxalsäure, 3. gebrannter Kalk, 4. Äthyläther, 5. Salpetersäureäthylester, 6. Essigsäureäthylester, 7. Fuselöl und fuselölhaltige Zubereitungen, 8. Campher, 9. folgende Pflanzenstoffe und deren Auszüge: Pfeffer, spanischer und Cayennepfeffer (Paprika), Paradieskörner, Bertramwurzel, Ingwer, Senfsamen, Meerrettich, Meerzwiebeln, Seidelbast- und Sabadillsamen u. a.

Die Verwendung der letzten unter Nr. 9 genannten Stoffe zu bitteren Likören (Bitteren, S. 697) ist gestattet, wenn sie nur zur Hervorrufung des bitteren Geschmackes und nicht zur Vortäuschung eines höheren Alkoholgehaltes dienen sollen.

4. Herstellung von Kunsterzeugnissen aus Alkohol, Wasser, Extrakten und Essenzen, die als echte Erzeugnisse in den Handel kommen sollen.

Diese Verfälschung ist vorwiegend bei den Edelbranntweinen in Gebrauch, für deren Herstellung eine Reihe künstlicher Essenzen im Handel vertrieben werden. Es sind meistens Gemische von niederen Fettsäuren und niederen Fettalkoholen zum geringen Teil in freiem Zustande, zum größeren Teil in Form von Estern. Dazu kommen dann für die Essenzen der einzelnen Branntweine noch besondere Stoffe, z. B. für die Kornbranntweinessenz (Kornkraft, Nordhäuser Kornwürze) Auszüge aus den vorstehend genannten bitteren Pflanzenstoffen, Nelkenöl, Weinbeeröl, Pfefferminzöl, Pomeranzenöl, Wacholderbeeröl, Zimtöl, auch Glycerin und Tannin u. a.; für Kognakessenz werden noch angegeben: Tee-, Pflaumen-, Nußschalen-, Eisenholzextrakt, Perubalsam, Zimtsäure, Benzoesäure, Vanillin, Citronenöl u. a.; für Rumessenz: Salpetersäureäthylester, Baldriansäureamylester, Kaffee-, Gewürznelken-, Eichenrinden-, Johannisbrotextrakt, Citronenessenz, Bittermandelöl u. a.; für die Herstellung einer Arrakessenz lauten z. B. 2 Vorschriften wie folgt:

Johannisbrot wird mit Wasser abgekocht, die Abkochung abgeseiht, mit Teeaufguß und Spiritus vermischt und das Ganze zur Erzielung eines besseren Geschmacks längere Zeit lagern gelassen.

Eine andere Vorschrift lautet:

Man destilliert ein Gemenge von Schwefelsäure, Braunstein, Holzessig, Kartoffelfuselöl und Weinstein und versetzt das Destillat mit Teetinktur, Vanilletinktur, Neroliöl und Weingeist.

Unter Zuhilfenahme dieser Essenzen werden jetzt wohl mehr Kunsterzeugnisse als echte Originalbranntweine in den Verkehr gebracht.

5. Verwendung von vergälltem (denaturiertem) Branntwein zur Herstellung von Trinkbranntweinen („renaturiertem Branntwein").

Das allgemeine Vergällungsmittel besteht zur Zeit aus 4 Raumteilen Holzgeist und 1 Raumteil Pyridinbasen, welchem Gemisch 50 g Lavendelöl oder 50 g Rosmarinöl auf jedes volle Liter zugefügt werden dürfen. Auf 100 l Alkohol verwendet man 2 l rohen Holzgeist und $^1/_2$ l Pyridinbasen.

6. Zusatz von Äthyläther und Methylalkohol zu Trinkbranntweinen und von künstlichen Süßstoffen zu Likören.

Hierbei ist zu berücksichtigen, daß sich geringe Mengen Methylalkohol — in Tresterbranntweinen will man bis 4% des Gesamtalkohols festgestellt haben — anscheinend aus dem Pektin (S. 113) bei der Vergärung der Rohstoffe bilden können.

Größere Mengen von Methylalkohol, Fuselöl und Aldehyd werden als gesundheitsschädlich angesehen. Über die natürlich vorkommenden Mengen von Fuselöl und Aldehyd in den einzelnen Branntweinen vgl. die vorstehenden Analysen S. 688, 696 und Tab. II, Nr. 1439—1456.

Auch die Schwermetalle, Kupfer, Zink, die besonders häufig in den Fruchtbranntweinen, aus den Destillationsvorrichtungen herrührend, vorkommen, werden zu den gesundheitsschädlichen Bestandteilen gerechnet. Jedoch sind die bis jetzt ermittelten Mengen bis zu 27.4 mg Kupfer und bis zu 6,4 mg Zink in 1 l Branntwein wohl nicht als gesundheitsschädlich anzusehen. Dagegen werden Kupfer und Zink, wenn sie als unechtes Blattgold (71,5% Kupfer und 28,5% Zink) im Goldwasser vorkommen, als schädlich angesehen.

Bei den bitteren Likören kommen auch bedenkliche Bitterstoffe wie Aloe, Gummi Gutti, Lärchenschwamm, Sennesblätter u. a. in Betracht.

Untersuchung der Branntweine. Für die Untersuchung der Branntweine kommen für gewöhnlich folgende Bestimmungen in Betracht: 1. Spez. Gewicht, 2. Alkohol (Äthylalkohol), 3. Fuselöl (höhere Fettalkohole), 4. Methylalkohol (bzw. Vergällungsmittel), 5. Aldehyde (Acetaldehyd und Furfurol), 6. freie flüchtige und nicht flüchtige Säuren, 7. Ester, 8. Extrakt, 9. Glycerin, 10. Mineralstoffe.

Hierzu gesellen sich in besonderen Fällen die Bestimmungen: 1. Zucker (bzw. Verdickungsmittel bei Likören), 2. Blausäure, 3. Benzaldehyd, 4. Bitterstoffe, 5. Farbstoffe, 6. künstliche Süßstoffe, 7. Nachweis von Eiern in Eierkognak bzw. -likör, 8. Nachweis typischer Riechstoffe durch fraktionierte Destillation (bei Edelbranntweinen nach Micko), 9. Nachweis von Kupfer und Zink.

Essig und Essigessenz.

Die essigsäurehaltigen, im Haushalte gebräuchlichen Flüssigkeiten werden teils durch Gärung (eigentlicher Essig), teils durch trockene Destillation von Holz (aus Essigessenz) bzw. durch Zersetzung von essigsauren Salzen gewonnen. Vielfach wird der Essig, der meistens zum Würzen der Speisen dient, zu den Gewürzen gerechnet. Weil er aber als Gärungserzeugnis aus alkoholhaltigen Flüssigkeiten hergestellt wird, so möge er hier im Anschluß an die alkoholischen Getränke seinen Platz finden.

Begriff.[1]) *1. „Essig* (Gärungsessig) ist das durch die sogenannte Essiggärung aus alkoholhaltigen Flüssigkeiten gewonnene Erzeugnis mit einem Gehalt von mindestens 3,5 g Essigsäure in 100 ccm."

2. „Essigessenz ist gereinigte wässerige, auch mit Aromastoffen versetzte Essigsäure mit einem Gehalt von etwa 60—80 g Essigsäure in 100 g."

3. „Essenzessig ist verdünnte Essigessenz mit einem Gehalt von mindestens 3,5 g und höchstens 15 g Essigsäure in 100 ccm."

4. „Kunstessig ist mit künstlichen Aromastoffen versetzter oder mit gereinigter Essigsäure (auch Essenzessig oder Essigessenz) vermischter Essig mit einem Gehalt von mindestens 3,5 g und höchstens 15 g Essigsäure in 100 ccm."

5. „Kräuteressig (z. B. Estragonessig), Fruchtessig (z. B. Himbeeressig), Gewürzessig und ähnlich bezeichnete Essigsorten sind durch Ausziehen von aromatischen Pflanzenteilen mit Essig (d. i. Gärungsessig) hergestellte Erzeugnisse."

6. Nach den verwendeten ***Rohstoffen*** des Essigs oder der Essigmaische unterscheidet man: Branntweinessig (Spritessig, Essigsprit), Weinessig (Traubenessig), Obstweinessig, Bieressig, Malzessig, Stärkezuckeressig, Honigessig, Molkenessig und andere.

7. Nach dem ***Gehalte*** an Essigsäure spricht man von: Speise- oder Tafelessig mit mindestens 3,5 g Essigsäure, Einmacheessig mit mindestens 5 g Essigsäure,

---

[1]) Nach den „Entwürfen zu Festsetzungen über Lebensmittel" vom deutschen Gesundheitsamte, Heft 3 (Berlin bei Julius Springer 1912).

Doppelessig mit mindestens 7 g Essigsäure und Essigsprit sowie dreifacher Essig mit mindestens 10,5 g Essigsäure in 100 ccm."

Herstellung. Die Essigsäure, der hauptsächliche Würzebestandteil des Essigs, kann nach S. 69 wie Ameisensäure auf verschiedene Weise künstlich dargestellt werden. Die einfachste Herstellungsweise ist die durch Oxydation des Äthylalkohols, sei es durch Braunstein oder Kaliumbichromat und Schwefelsäure, sei es durch Platinmohr als Kontaktsubstanz u. a.; in ersterem Falle wird der in Braunstein bzw. Kaliumbichromat gebundene, in letzterem Falle der freie Sauerstoff der Luft zur Oxydation verwendet; letztere verläuft über den Acetaldehyd in zwei Stufen, nämlich:

$$\underset{\text{Alkohol}}{2\,CH_3\cdot CH_2OH} + \underset{\text{Sauerstoff}}{O_2} = \underset{\text{Aldehyd}}{2\,CH_3\cdot CHO} + \underset{\text{Wasser}}{2\,H_2O} \quad \text{und} \quad \underset{\text{Aldehyd}}{2\,CH_3\cdot CHO} + \underset{\text{Sauerstoff}}{O_2} = \underset{\text{Essigsäure.}}{2\,CH_3\cdot COOH}$$

Von diesem Verfahren wird in der Technik kein Gebrauch gemacht; hier erreicht man die Oxydation durch die Essiggärung, bei der die Essigbakterien die Übertragung des Sauerstoffs auf den Alkohol bewirken.

Außerdem gewinnt man die Essigsäure im großen durch die Destillation von Holz.

1. Gewinnung von Gärungsessig. Für die Gewinnung des Essigs durch Gärung unterscheidet man zwei Verfahren, nämlich das Schnellessigverfahren von Schützenbach, vorwiegend bei Spritessigen und das von Pasteur verbesserte Orleansverfahren, vorwiegend bei Weinessig angewendet. In beiden Fällen handelt es sich um denselben Gärungsvorgang, nur die Bakterienarten sind verschieden.

Es herrscht hier dieselbe Streitfrage, wie bei der Ursache der alkoholischen Gärung durch Hefe. Sie hat aber auch hier eine Förderung dadurch erfahren, daß Buchner und Meisenheimer, ferner Gaunt aus Essigbakterien, in gleicher Weise wie Zymase aus Hefe, ein säurebildendes Enzym, die Alkoholoxydase, gewinnen konnten, welches in derselben Weise wie die Bakterien selbst wirkt. Insofern haben Liebig und Pasteur beide recht. Es fragt sich nur, ob die Oxydation des Alkohols durch das Enzym innerhalb des Bakterienleibes vor sich geht, oder ob das Enzym von den Bakterien ausgeschieden wird und die Oxydation außerhalb des Zelleibes bewirkt.

Wenn alkoholische Flüssigkeiten an der Luft stehen, bedecken sie sich meist nach einiger Zeit mit einer Bakterienhaut und der Alkohol wird allmählich zu Essigsäure oxydiert. Kützing hat zuerst (1837) die Vermutung ausgesprochen, daß die diese Häute bildenden kleinen Zellen, die er als Algen auffaßte, durch ihre Lebenstätigkeit Alkohol in Essigsäure überführten, eine Anschauung, deren Richtigkeit Pasteur später bewies, während Liebig auch die Essigbakterienhaut (Essigmutter) für einen Eiweißkörper hielt, der nach Art des Platinschwammes katalytisch wirke.

Die Untersuchungen von Hansen u. a. haben ergeben, daß die Essigsäuregärung von einer ganzen Reihe von Bakterien durchgeführt wird. Lafar hat auch eine Kahmhefe, eine Mycodermaart, aufgefunden, die eine kräftige Essiggärung bewirkt.

Die Essigbakterien wachsen auf Flüssigkeiten in Form einer Haut, die sich bei den einzelnen Arten durch Dicke und Konsistenz wesentlich unterscheidet. Dieselbe besteht aus den schleimigen Hüllen, in welche die Bakterien eingebettet sind. Bei einigen Arten färbt sich die Hüllmasse mit Jod-Jodkalium blau. Die chemische Natur dieser Hüllmassen ist noch nicht bekannt; aus Cellulose bestehen sie nicht. Nur bei einer Art, Bact. xylinum Brown, der Weinbakterie, besteht die Hüllmasse aus Cellulose.

Die sog. Schnellessigbakterien (Bacterium Schützenbach, B. curvum, B. orleanense) wachsen ohne Bildung von Häuten. Es sind wohl an ihre besondere Lebensweise akklimatisierte Rassen.

Hansens Untersuchungen haben gezeigt, daß die Essigbakterien in hohem Maße zum Pleomorphismus neigen und unter dem Einflusse höherer Temperaturen die allerverschiedensten Gestalten annehmen.

Die Essigbakterien oxydieren nicht nur Äthylalkohol zu Essigsäure, sondern auch andere ein- und mehrwertige Alkohole sowie Kohlenhydrate zu den entsprechenden Säuren, z. B. Propylalkohol zu Propionsäure, Glykose zu Glykonsäure. Nach W. Zopf erzeugen die Essigbakterien auch stets Oxalsäure. Die einzelnen Arten verhalten sich in dieser Beziehung verschieden. Dem Bact. xylinum kommt nach Bertrand und Hoyer auch die Fähigkeit zu, Sorbit zu Sorbose und Mannit zu Fructose, Glycerin zu Dioxyaceton zu oxydieren. Die Essigsäure wird von manchen Arten, z. B. Bact. xylinum und Bact. ascendens, zum Teil zu Kohlensäure und Wasser weiter verbrannt.

Die Einteilung der jetzt schon in großer Zahl bekannten Essigbakterien geschieht zur Zeit nach ihrem natürlichen Vorkommen, nach ihrem Wachstum, der Art der Stickstoffnahrung, dem Oxydationsvermögen gegen verschiedene Alkohole und Kohlenhydrate, dem Grad der erzeugten Säuerung, ferner nach dem Verhalten bei der Oxydation des Äthylalkohols zu Essigsäure (Oxydationstemperatur, Säure- und Alkoholkonzentration, welche noch Gärung gestatten, Art des erzeugten Essigs, Oxydation der Essigsäure zu Kohlensäure und Wasser).

Die Schnellessigbakterien zeichnen sich durch ihr geringes Nährstoffbedürfnis aus; sie können ihren Stickstoffbedarf aus Ammonsalzen decken und vergären alkoholreiche Maischen zu hochprozentigem Essig.

Bacterium acetigenum gedeiht bei Gegenwart von Ammonsalzen und Alkohol (bzw. Essigsäure) als Nährstoffquelle; Bact. ascendens, Bact. acetosum und Bact. xylinum verlangen dazu noch die Gegenwart von Glykose.

Die meisten Essigbakterien ziehen aber Amide und Peptone als Stickstoffquelle zur Ernährung vor. Unerläßlich für alle sind Kalium-, Magnesium- und Phosphorverbindungen.

Bact. industrium und Bact. oxydans bewirken auch allein in Würze eine kräftige Säuerung. Bact. ascendens ist die einzige Art, welche Glykose nicht oxydiert, dagegen bei den höchsten bisher beobachteten Alkoholkonzentrationen (12%) noch gärt und die größte Menge Essigsäure (9%) erzeugt, während z. B. für Bact. oxydans die betreffenden Grenzzahlen bei 4,7 bzw. 2,8% liegen. Bact. industrium liefert stets einen aldehydreichen Essig, während Aldehydbildung bei den anderen Arten nur unter gewissen Umständen eintritt.

Eine Oxydation der Essigsäure zu Kohlensäure und Wasser pflegt nur einzutreten, wenn kein Alkohol in der Flüssigkeit mehr vorhanden ist.

Die Optimaltemperaturen für Wachstum und Gärung sind verschieden. Dieselben betragen für Bact. industrium 23° bzw. 21°, bei Bact. ascendens 31° bzw. 27°.

Die Essigbakterien treten in Bier und Wein zuweilen als Schädlinge auf (S. 627, 631 bzw. 647 und 662), indem sie den sog. Essigstich erzeugen. Einige Arten können auch durch Schleimbildung diese Getränke „lang" machen.

Zu einer Einführung von Reinkulturen in die Essigindustrie ist es bisher nicht gekommen, obgleich dieses in Anbetracht der großen Verluste an Alkohol, welche durch Nebengärungen jetzt stets eintreten, sehr erwünscht wäre.

a) Schnell-Essig-Herstellung. Die alkoholhaltigen Flüssigkeiten Spiritus[1]), Branntweine, Malzalkohol u. a. werden durchweg nach dem Verfahren der Schnell-Essigfabrikation (Schützenbach) verarbeitet.

Die Grundlage für die Ausführung dieses Verfahrens ist der sog. Essigbildner. Es ist das ein Faß (bzw. viereckiger Kasten) aus Eichenholz (auch Pitchpine) von 2,0—2,5 m Höhe und 1,0 bis

[1]) Der für die Essigbereitung verwendete Spiritus — meist Kartoffelsprit — muß jetzt nach den gesetzlichen Vorschriften denaturiert werden, nämlich es sollen vermischt werden:

a) 100 Teile absoluter Alkohol mit 300 Teilen Wasser und 100 Teilen Essig von 6% Essigsäure; oder

b) 400 Teile absoluter Alkohol mit 100 Teilen Wasser und 100 Teilen Essig von 8% Essigsäure; oder

c) Branntwein mit 200 Teilen Essig von 3% oder 30 Teilen Essig von 6% Essigsäurehydrat, oder mit 70 Teilen Wasser und 100 Teilen Bier oder an Stelle der letzteren mit 100 Teilen reinem Naturwein.

1,2 m Durchmesser, nach unten etwas verjüngt zulaufend, in welchem 30 cm über dem unteren Boden ein siebartig durchlöcherter Zwischenboden oder ein Lattenrost angebracht ist; der Zwischenraum zwischen Faßboden und Siebboden dient zur Aufnahme der abtropfenden Flüssigkeit. Ein ähnlicher Siebboden befindet sich behufs Verteilung der aufzufüllenden Flüssigkeit etwa 10 cm unter dem oberen Rande des Fasses. Der Zwischenraum zwischen beiden Siebböden ist mit Buchenspänen angefüllt, die für den Zweck besonders zugeschnitten und fest eingestampft werden. Statt der Buchenspäne werden auch sonstige poröse Füllstoffe (gut geglühte Holzkohle) angewendet. Zur Einsäuerung des Bildners gibt man auf die obere Siebplatte so häufig hochprozentigen Ablaufessig anderer in Vollbetrieb befindlicher Essigbildner, bis die Ablaufflüssigkeit den Säureprozentgehalt des Aufgußessigs erreicht hat. Fügt man dann eine neue Menge Maische (alkoholische Flüssigkeit) zu, so erhält man eine erhöhte Menge Säure, und indem man das des öfteren wiederholt, kann man den Bildner nach und nach auf erhöhte Oxydationsleistung einstellen, so daß man schließlich Essige mit 12—15% Essigsäure erhält.

Zu dem Zweck stellt man meistens mehrere, bis 4 Bildner (*A*, *B*, *C*, *D*) auf, die auf Lieferung steigender Mengen Essigsäure eingearbeitet sind. Man läßt den Essig von Bildner *A* mit 5—6% Säure nach weiterem Zusatz von Alkohol auf Bildner *B* laufen, von dem ein Essig mit z. B. 7—8% Säure abläuft; dieser Essig wird nach abermaligem Alkoholzusatz auf Bildner *C* gefüllt, der eine Erhöhung des Säuregehaltes auf 10% bewirkt usw. In der Regel arbeitet man mit dem Zweibildnersystem (*A*—*B*-Bildner) und erzielt Essige mit 10—12% Säure. Je höher der Gehalt an letzterer wird, desto langsamer verläuft infolge Hemmung des Wachstums der Essigbakterien die Oxydation des Alkohols. Auch die Ausbeute ist dann eine geringere, so daß der Herstellung eines hochprozentigen Essigs eine Grenze gesetzt ist. Dabei muß für die zweckmäßigste Temperatur in den Bildnern, eine geeignete Ernährung der Essigbakterien und für hinreichenden Luftwechsel Sorge getragen werden.

Der Handbetrieb ist jetzt durch automatische Aufguß- bzw. Verteilungsvorrichtungen ersetzt worden. Hierauf und auf sonstige Verbesserungen kann hier nur verwiesen werden.

Dem Auftreten bzw. der Verbreitung der Essigfliege beugt man am besten durch Abhaltung des Sonnenlichtes, womöglich auch des Tageslichtes vor.

Dem Essig haftet um so mehr Alkohol an, je stärker d. h. essigsäurereicher er ist. Aus dem Fuselöl der verwendeten alkoholischen Flüssigkeit bildet sich nach Heinzelmann Birnäther, welcher dem Essig häufig einen aromatischen Geruch erteilt.

Bier-, Malz- und Getreideessig. Diese auch nach dem Schnellessigverfahren hergestellten Essige haben in Deutschland wenig Verbreitung; denn hier wird höchstens ein verdorbenes Bier zur Essigbereitung verwendet und solches Erzeugnis führt dann mit Recht den Namen Bieressig. In anderen Ländern mit hoher Spiritussteuer, wie in England, verwendet man dagegen vielfach Malz oder Malz und anderes Getreide zur Essigherstellung. Die Malzwürze wird wie bei der Branntweinmaische mit tunlichst hohem Maltosegehalt hergestellt, nur nicht gehopft, durch Oberhefe schnell vergoren und wenn die Gärung vollendet, die Würze „reif" ist, d. h. etwa 9—10% Alkohol enthält, diese zur Essiggärung verwendet. Die vergorenen Maischen aus diesen Rohstoffen verschleimen wegen des hohen Extraktgehaltes leicht die Füllstoffe des Essigbildners, und die Essige müssen behufs Klärung noch länger lagern, oder filtriert und tunlichst pasteurisiert werden. Der reine Malz- oder Getreideessig hat einen unangenehmen, faden Beigeschmack und besitzt kein Aroma.

In England, Frankreich und anderen Ländern wird auch vergorener Rübensaft zur Essigbereitung verwendet.

b) Weinessigherstellung. Der Weinessig wird meistens noch nach dem alten (langsamen) Orleansverfahren hergestellt. Man benutzt dazu Fässer aus Eichenholz von 200 bis 400 l Inhalt; sie haben in den beiden senkrechten Faßböden des liegenden Fasses etwas über der Mitte für den Luftumlauf und die Durchsicht je ein 2—3 cm großes Loch, welche Löcher ebenso wie das Spundloch mit Gaze überzogen sind, um Luftstaub abzuhalten.

Man bringt in ein neues, noch nicht benutztes Faß zunächst 100 l sehr guten klaren Weinessig und nach etwa 8 Tagen, bis wann der Essig in das Holz eingedrungen ist, 2 l Wein, fügt nach 8 Tagen 3—4 l, nach weiteren 8 Tagen 4—5 l Wein und so mehr oder weniger hinzu, bis das Faß zur Hälfte gefüllt ist. Da der an der Oberfläche sich bildende Essig wegen seines größeren spez. Gewichtes nach unten sinkt, so findet in der Flüssigkeit eine fortwährende Zirkulation und eine beständige neue Essigbildung statt. Nach etwa 4 Wochen nach Beginn kann schon fertiger Essig durch einen Ablaufhahn oder durch ein Schwanenhalsrohr abgezogen werden. Man gibt aufs neue Wein zu und so können die Fässer 6—8 Jahre im Betriebe bleiben, ohne daß es notwendig ist, sie zu leeren und zu reinigen. Bei Verwendung von Rotwein wird der fertige Essig durch Knochenkohle gereinigt.

Dieses alteingebürgerte Orleansverfahren ist mehrfach abgeändert, so von Hengstenberg in der Weise, daß er mehrere Säuerungsfässer kommunizierend miteinander verbindet und das System von Fässern von der Weinessigmaische kontinuierlich durchfließen läßt. Boerhave arbeitet mit 2 Standfässern, die mit Weinreben und Weinkämmen oder auch Holzspänen gefüllt sind, und führt die Maische von einem Faß in das andere über. Michaelis verwendet einen Dreh- oder Rollbildner, der durch einen Lattenrost in einen größeren Raum, der die Füllstoffe, und in einen kleineren Raum geteilt ist, der die Maische enthält. Der Bildner wird mehrmals am Tage auf einem Schaukellager hin- und hergerollt.

In ähnlicher Weise wie Traubenwein werden auch Obstwein (Cideressig) und sonstige Fruchtweine auf Essig verarbeitet; jedoch verwendet man dazu durchweg nur stark saure, stichige Obstweine.

Auch Molken- (S. 236) und Honigessig dürften aus ruhenden Maischen nach dem Orleansverfahren gewonnen werden.

Honigessig wird in der Weise gewonnen, daß man etwa 3 kg Honig in 48 l Wasser löst, 6 l Branntwein von 50% Tr., ferner 300 g Weinstein zusetzt, das Gemisch mit Weißbierhefe vergärt und dann unter Zusatz von etwas fertigem Essig der Essiggärung unterwirft.

c) Kräuteressige. Die Kräuteressige erhält man, wie schon gesagt, dadurch, daß man fertigen Essig auf die betreffenden Kräuter gießt und damit einige Tage digeriert; so z. B. den Estragonessig durch Behandeln von 260 g Estragonkraut, 50 g Basilicumkraut, 50 g Lorbeerblättern, 30 g Schalotten mit 2 l Essig; den Senfessig durch Übergießen von 125—160 g gepulvertem schwarzen Senfmehl mit 1 l starkem Essig (S. 488); Gewürz- oder Räucheressig durch mehrtägige Digestion von 4 l heißem Essig mit 6 g Rosmarinöl, 6 g Salbeiöl, 6 g Pfefferminzöl, 3 g Nelkenöl, 3 g Pomeranzenöl, 6 g Citronenöl oder mit anderen wohlriechenden Ölen.

2. Essiggewinnung durch Holzdestillation. Bei der trockenen Destillation des Holzes unter Luftabschluß in Retorten bilden sich namhafte Mengen Essigsäure neben verschiedenen andern Stoffen in geringerer Menge, wie z. B.:

Ameisensäure, Propion-, Butter-, Valerian-, Capron-, Croton-, Isocroton-, Angelika- und Brenzschleimsäure; ferner Methylalkohol, Äthylalkohol, Acetaldehyd, Furfurol, Methylfurfurol, Aceton, Methyläthylketon, Essigsäuremethylester, Brenzcatechin, Ammoniak, Methylamin, Di-, Trimethylamin usw.

Von den dem Holzteer[1]) angehörenden Destillationserzeugnissen (wie Toluol, Xylol, Kumol, Cymol, Reten, Chrysen, Paraffin, Kreosot u. a.) gehen nur eine geringe Menge in den Holzgeist über. Man sieht aber, daß der Essigsäure im Holzessig eine große Menge Verunreinigungen beigemengt sind, von denen sie behufs irgendwelcher Verwendung befreit werden muß. Dieses geschieht dadurch, daß man den Holzessig entweder direkt oder besser nach

[1]) Je nach der Art und Trockenheit des Holzes sowie nach der Art der Destillationsöfen erhält man folgende Mengen Destillationserzeugnisse:

Holzessig (rohe Säure, flüchtiger Anteil)	Darin reine Essigsäure	Teer	Holzkohle
30,8—53,3%	2,7—10,2%	5,2—14,3%	21,0—31,0%

Neutralisation mit Kalk oder Natriumcarbonat der Destillation unterwirft, wobei derselbe als Vorlauf vorwiegend **Methylalkohol** ergibt.

Der Rückstand wird, wenn der Holzessig von vornherein neutralisiert war, direkt oder nach jetzt vorzunehmender Neutralisation[1]) mit Kalk zur Trockne verdampft, dieser Rückstand scharf erhitzt, um teerige Nebenbestandteile zu entfernen, darauf mit einer äquivalenten Menge Salzsäure zersetzt und die frei gewordene Essigsäure abdestilliert. Man erhält auf diese Weise eine Essigsäure von 1,058—1,061 spez. Gewicht mit annähernd 50% reiner Essigsäure; da aber selten ein so starkes Erzeugnis gewünscht wird, so setzt man dem trockenen Rückstande von essigsaurem Calcium nach Zusatz der erforderlichen Menge Salzsäure gleichzeitig etwas Wasser (auf 100 Teile essigsaures Calcium 90—95 Teile Salzsäure von 1,160 spez. Gewicht und 25 Teile Wasser) zu und erhält so eine Essigsäure von 1,050 spez. Gewicht mit 39% reiner Essigsäure. Dieser haften aber stets noch einige Bestandteile des rohen Holzessigs, welche ihr einen brenzlichen Geruch erteilen, an, weshalb sie einer nochmaligen Destillation mit 2—3 % Kaliumbichromat unterworfen wird. Wendet man zur Neutralisation des rohen Holzessigs Natriumcarbonat an, verdampft mit diesem und erhitzt den Rückstand, so erhält man durch Destillation dieses Rückstandes mit Schwefelsäure von vornherein eine reinere und gehaltreichere Essigsäure, nämlich solche von 60—80%[1]).

Diese Essigsäure, die sog. **Essigessenz**, wird entsprechend mit Wasser verdünnt, um daraus Haushaltungsessig zu bereiten. Nach neuerer Verordnung darf aber die Essigessenz, die nicht selten absichtliche oder unabsichtliche Vergiftungen hervorgerufen hat, nicht ohne weiteres in den Verkehr gebracht werden, sondern unterliegt denselben Bestimmungen wie andere Gifte. Auch haftet der aus dem Holzessig dargestellten Essigessenz, selbst nach Verdünnen mit Wasser, durchweg der Beigeschmack des Holzessigs an; aus dem Grunde empfiehlt sie sich auch mehr als Frischhaltungs-, denn als Gewürzmittel.

Zusammensetzung. Der Gehalt der Essigerzeugnisse an **Essigsäure** ist je nach dem verwendeten Rohstoff verschieden, nämlich:

	Spritessige	Weinessige	Obstessige	Malzessige	Holzessig (Essenz)
Essigsäure	6,6—12,0%	3,0—8,5%	3,5—5,0%	2,9—4,8%	60,0—80,0%

Zur Bereitung von **Speisen** bzw. zur Verwendung als **Zusatzmittel** dagegen werden folgende Mindestgehalte in 100 ccm Essig verlangt:

	Speise- und Tafelessig	Einmachessig	Doppelessig	Essigsprit (3facher Essig)
Essigsäure	3,5 g	5,0 g	7,0 g	10,5 g

Die technisch gewonnenen Erzeugnisse pflegen daher für die einzelnen Verwendungszwecke auf diese Gehalte verdünnt zu werden.

Außer der Essigsäure enthalten die Essige aber noch verschiedene Säuren und Stoffe, die ihre eigenartige Beschaffenheit mitbedingen.

Grundsätzlich unterscheiden sich die **Gärungsessige** von dem Holzessenzessig durch ihren Gehalt an **Aromastoffen** (meistens Fruchtestern, z. B. von Essigsäureamylester) und **Enzymen**, welche ihnen den Vorzug vor dem letzteren einräumen. **Pastureaux** will in **1 l Gärungsessig** auch 3,256 g **Acetylmethylcarbinol** $CH_3 \cdot CO \cdot CH_3 \cdot CH \cdot OH$ gefunden haben.

Noch eigenartiger für **Gärungsessige**, besonders für **Weinessig**, ist die Feststellung von K. **Farnsteiner**, daß sie nach völliger Vergärung **flüchtige, neutrale** Stoffe enthalten,

---

[1]) Zur Gewinnung von **Eisessig (wasserfreier Essigsäure)** zersetzt man auch wohl das essigsaure Calcium durch Natriumsulfat nach der Gleichung:

$$(CH_3 \cdot COO)_2Ca + Na_2SO_4 = CaSO_4 + 2\,CH_3 \cdot COONa\,,$$

verdampft die Lösung des essigsauren Natriums bis zum spez. Gewicht 1,35, läßt das Salz auskrystallisieren, bringt die Krystalle zum Schmelzen, erhitzt, um noch vorhandene Verunreinigungen zu entfernen, einige Zeit auf 260° und zersetzt das rückständige essigsaure Natrium durch Destillation mit überschüssiger Schwefelsäure.

welche Fehlingsche Lösung schon in der Kälte reduzieren und daher, wenn die Reduktion des Essigs direkt mit Fehlingscher Lösung bestimmt wird, Zucker vortäuschen können. Der Körper ist kein Acetaldehyd, hat vielmehr nach seinem Verhalten gegen Fehlingsche Lösung und schweflige Säure — von welcher er nur langsam gebunden wird — große Ähnlichkeit mit Acetol oder Acetonalkohol ($CH_3 \cdot CO \cdot CH_2OH$), liefert indes mit Phenylhydrazin ein Osazon, das erst bei 243° schmilzt, während der Schmelzpunkt des Osazons aus Acetol bei 145° liegt.

Dagegen ist der Holzessig aus Essigessenz verhältnismäßig reicher an Methylalkohol und Ameisensäure. H. Fincke fand in einer Anzahl Proben Essigessenz 33—986 mg Ameisensäure für 100 ccm oder auf 1000 Teile Gesamtsäure 0,39—12,04 Teile Ameisensäure, während letztere Menge 0,51 auf 1000 Teile Gesamtsäure in Weinessigen nicht überstieg und für andere Essige noch geringer oder gleich Null war.

Im einzelnen ist zu den Essigsorten noch folgendes zu bemerken:

1. Sprit- bzw. Branntweinessig. Derselbe hat einen rein sauren Geschmack und hinterläßt nur wenig, meistens 0,1—0,3 g nicht überschreitenden Abdampf- und Glührückstand — letzterer ist von neutraler oder schwach alkalischer Reaktion.

Für gewöhnlich ist in demselben, wie in allen Gärungsessigen, noch etwas unoxydierter Alkohol, dagegen bei normal arbeitenden Essigbildnern nur wenig Aldehyd, obschon die Oxydation des Alkohols zu Essigsäure über den Acetaldehyd geht.

2. Weinessig. Der Weinessig ist zunächst durch einen höheren Gehalt an Extrakt (0,5—1,5%) und Asche (selten unter 0,25%) von den Spritessigen unterschieden. Die Asche reagiert alkalisch und enthält mehr oder weniger Kali und Phosphorsäure (0,010—0,029 g in 100 ccm)[1]). Weitere kennzeichnende Bestandteile des Weinessigs außer den Weinbukettstoffen sind Glycerin (0,15—0,65 g in 100 ccm), Weinstein, Weinsäure (H. Mastbaum gibt in portugiesischen Weinessigen 0,028—0,123 g Gesamtweinsäure in 100 ccm an) und wohl regelmäßig auch Milchsäure (Froehner fand davon 0,215—0,247 g in 100 ccm·Weinessig). Hierbei ist indes zu berücksichtigen, daß die natürlichen Bestandteile bei der Essigsäuregärung naturgemäß eine Verringerung erfahren. So sind in Prozenten der im Wein vorhandenen Mengen von Glycerin 0—35%, von Phosphorsäure bis 43,5% Verluste festgestellt worden. Der Verlust ist um so größer, je länger die Vergärung dauert (Röhrig)[2]). Der Weinessig besitzt eine verhältnismäßig hohe Reduktionszahl des Destillats. Unter Umständen enthält der Weinessig auch noch Zucker und Inosit.

3. Obst- bzw. Fruchtessig. Der Obst- bzw. Fruchtessig verhält sich bezüglich des Gehaltes an Extrakt, Asche, Glycerin, Milchsäure u. a. wie der Weinessig; nur unterscheiden sich diese Art Essige von Wein- und sonstigen Essigen durch ihren Gehalt an Äpfelsäure (bzw. Citronensäure).

4. Bier-, Malz- und Stärkezuckeressig enthalten durchweg so viel Dextrin, daß es durch Vermischen mit gleichviel starkem Spiritus ausgeschieden werden kann. Echte Bier- und Malzessige pflegen in 100 Teilen Extrakt (Trockensubstanz) mindestens 0,7% Phosphorsäure zu enthalten.

5. Essigessenz und Essenzessige sind ebenso wie die Branntweinessige durch einen sehr niedrigen Extrakt- wie Mineralstoffgehalt ausgezeichnet und geben sich meistens durch die Anwesenheit von empyreumatischen Stoffen (Phenol, Kresol usw.), durch größere Mengen Ameisensäure (mehr als 0,25 g für 100 g Essigsäure) sowie durch die Abwesenheit von flüchtigen, reduzierenden Stoffen im Destillat des vorher neutralisierten Essigs um so mehr zu erkennen, je mehr diese Eigenschaften zusammen auftreten.

---

[1]) Wenn H. Mansfeld in einem Weinessig 0,065% Phosphorsäure fand, so kann ein so hoher Gehalt an Phosphorsäure nur von einem Phosphatzusatz herrühren.

[2]) Glycerin wie Weinstein pflegen bei der Essigbereitung unter, wenn auch seltenen Umständen ganz zu verschwinden. Das Fehlen von Glycerin und Weinstein ist daher noch nicht immer ein Zeichen, daß kein Obst- oder Weinessig vorliegt.

Verunreinigungen, Verfälschungen und Nachmachungen.

1. Als Veränderungen des Essigs kommen vorwiegend in Betracht das Auftreten von Essigälchen (Anguillula aceti Müll.), die Entstehung von gallertartigen Trübungen und Wucherungen durch gewisse Bakterien, das Kahmigwerden sowie namentlich bei extraktreicheren Essigsorten das Schalwerden oder Umschlagen, das sich durch einen fremdartigen Geruch, einen schwächer sauren Geschmack und faden Nachgeschmack zu erkennen gibt.

2. Essig ist bisweilen mit geringen Mengen von Schwermetallen (Blei, Eisen, Kupfer, Zink und Zinn) verunreinigt, die meist aus den bei der Herstellung und beim Abfüllen verwendeten Metallgeräten stammen. Auch die zu Leitungen für Essig verwendeten Kautschukschläuche vermögen, wenn sie Verbindungen des Bleis oder Zinks enthalten, solche an den Essig abzugeben.

Blei darf in Essig überhaupt nicht nachweisbar sein; die anderen Schwermetalle dürfen nur in Spuren vorkommen.

3. Zur Vortäuschung eines höheren Essigsäuregehalts wird Essig mitunter durch Zusatz von Mineralsäuren (Schwefelsäure, Salzsäure) oder scharf schmeckenden Pflanzenstoffen (Pfeffer, spanischer Pfeffer) verfälscht.

4. Essig wird zuweilen außer mit gebranntem Zucker auch mit Teerfarbstoffen künstlich gefärbt.

5. Um das Verderben des Essigs zu verhindern oder um seine konservierende Kraft zu erhöhen, werden ihm bisweilen Frischhaltungsmittel, z. B. Salicylsäure, Benzoesäure, Borsäure, schweflige Säure, auch Kochsalz, zugegeben.

Für Essige zu Genußzwecken sind als Zusätze folgende Stoffe ausdrücklich verboten:

„Ameisensäure, Benzoesäure, Borsäure, Eisencyanverbindungen, Flußsäure, Formaldehyd und solche Stoffe, die bei ihrer Verwendung Formaldehyd abgeben, Methylalkohol, Salicylsäure, schweflige Säure (abgesehen von sachgemäßem Schwefeln der Fässer), Salze und Verbindungen der vorgenannten Säuren."

Auch sonstige Stoffe, die gesundheitsschädlich sind, dürfen nicht zugesetzt werden.

Die etwa der Natur der Erzeugnisse nach von diesen Stoffen in kleinen Mengen vorkommenden, z. B. kleinen Mengen von Ameisensäure in Essigessenz, werden von dieser Verordnung nicht getroffen.

6. Essig, der unzulässigerweise unter Verwendung vollständig vergällten Branntweins hergestellt ist, kann Pyridin enthalten.

Die genannten Abweichungen, Veränderungen und Verfälschungen von Essig kommen zum Teil auch bei Kunstessig, Essenzessig und Essigessenz vor.

7. Essigessenz, Essenzessig und Kunstessig werden mitunter mit ungenügend gereinigter Essigsäure hergestellt und enthalten dann mehr als die zulässige Menge Ameisensäure sowie zuweilen kleine Mengen von schwefliger Säure, Methylalkohol, Aceton und Phenolen.

8. Gärungsessig wird mitunter ohne Kennzeichnung mit Essenzessig oder Essigessenz verschnitten.

9. Bei Essigsorten, die nach bestimmten Rohstoffen bezeichnet sind, kann eine Nachmachung aus anderen Essigsorten oder aus Essigsäure in Betracht kommen.

Erforderliche Prüfungen und Bestimmungen.

a) „Sofern es sich nicht um die Beantwortung bestimmter Einzelfragen handelt, sind im allgemeinen solche Essigsorten, die schlechthin als Essig oder in einer nur auf den Essigsäuregehalt hindeutenden Weise (z. B. Tafelessig, Doppelessig) bezeichnet sind,

1. auf Verdorbenheit, 2. den Gehalt an Essigsäure, 3. auf freie Mineralsäuren, 4. scharf schmekkende Stoffe, 5. Schwermetalle, 6. Frischhaltungsmittel, insbesondere Salicylsäure und Benzoesäure, sowie 7. auf Pyridin zu prüfen.

b) Bei solchen Essigsorten, die eine auf die Rohstoffe hindeutende Bezeichnung tragen (z. B. Weinessig), ist außerdem zu prüfen, ob sie ihrer Bezeichnung entsprechen. Hierfür dienen insbesondere folgende Untersuchungen, deren Auswahl in jedem einzelnen Falle dem Ermessen des Chemikers anheimgestellt werden muß:

1. Bestimmung des Trockenrückstandes, 2. Bestimmung und Untersuchung der Asche, 3. Bestimmung der Weinsäure, 4. des Glycerins, 5. Prüfung auf Proteine und Dextrine (bei Bier- bzw. Malzessig).

Zur Unterscheidung zwischen Gärungsessig und Essenzessig dient besonders die Prüfung auf Ameisensäure und deren Bestimmung[1]).

c) Essigessenz, Essenzessig und Kunstessig sind im allgemeinen auf:

1. Verdorbenheit, 2. den Gehalt an Essigsäure, 3. freie Mineralsäuren, 4. Schwermetalle, 5. Frischhaltungsmittel und 6. ungenügende Reinigung

zu prüfen; zu letzterem Zwecke dienen besonders die Bestimmung der Ameisensäure und die Prüfungen auf Methylalkohol, Aceton und Phenole. Kunstessig ist auch auf Pyridin zu prüfen.“

[1]) Auch die Bestimmung der Fehlingsche Lösung reduzierenden Stoffe kann unter Umständen die Beweisführung unterstützen.

Kochsalz.

Das Kochsalz gehört, wie bereits S. 146 auseinandergesetzt ist, zu den **notwendigen Genußmitteln**. Eine wichtige Rolle desselben besteht auch in der Beförderung der Absonderung der Verdauungssäfte.

Außerdem dient es zur **Frischhaltung von Nahrungsmitteln** aller Art (vgl. S. 273).

Die **Menge des täglich** von einem erwachsenen Menschen bei gemischter Kost aufgenommenen Kochsalzes kann auf 12—20 g, im Mittel etwa auf 17 g oder für den Kopf und das Jahr auf 5—7 kg veranschlagt werden.

Das Kochsalz ist in der Erdrinde sehr weit verbreitet. Mit Ausnahme der jüngsten Formationen (Alluvium und Diluvium) und der älteren und primitiven Gesteine finden wir Kochsalzablagerungen in allen dazwischenliegenden Formationen, so in der Molasse des Tertiärgebirges als der jüngsten Lagerstätte (Wieliczka), durch die Kreide (Cordova in Spanien), den Jura (in Algier), die Triasgruppe, besonders den Keuper und Muschelkalk (die meisten Steinsalzlager Deutschlands, in den österreichischen und bayerischen Alpen usw.) bis in den Zechstein (Staßfurt) und die Kohlenformation.

Aus diesen Kochsalzlagern wird dasselbe entweder direkt als **Steinsalz** gefördert oder man treibt einen Schacht (Bohrloch) in die salzhaltige Schicht und gewinnt durch Pumpwerke ein stark salzhaltiges Wasser (Sole), welches auf Kochsalz verarbeitet wird. Nur in seltenen Fällen findet man in der Weise, daß süßes Tagewasser nach dem Salzlager gelangt, dort Salz aufnimmt und nach irgendeiner Seite unter dem Druck der abwärtsstrebenden Wassersäule wieder aufsteigt, eine zu Tage ausgehende Quelle oder **Sole** genannt, welche so reichhaltig ist, daß sie mit Vorteil auf Kochsalz verarbeitet werden kann.

Das **Steinsalz** ist fast ganz reines Natriumchlorid (NaCl). Es sind darin nur Spuren bis 0,09% Kaliumchlorid, Spuren bis 0,28% Calciumchlorid und Spuren bis 0,15% Magnesiumchlorid vorhanden. Zwei Sorten wiesen auch 0,20% bzw. 1,86% Calciumsulfat auf.

Das **Steinsalz** wird aber wegen seiner **Härte** nicht als Speisesalz benutzt; es dient in der Industrie zur Sodafabrikation oder als sog. Leckstein für das Vieh.

Die **Küchen- und Tafelsalze** werden fast ausschließlich aus dem **Meer- und Solwasser** hergestellt.

Das **Meerwasser** sowohl wie diese **Solwässer** enthalten neben dem Chlornatrium stets noch andere Salze (20—30% der Gesamtsalze)[1]) und sind außerdem zu geringhaltig, als daß sie direkt zur Darstellung des Kochsalzes dienen könnten. Man sucht sie daher einerseits durch Verdampfung des Wassers zu konzentrieren, andererseits von den begleitenden Salzen zu reinigen.

Dieses geschieht dadurch, daß man sie entweder, wie z. B. das Meerwasser, in besonderen flachen, gegen die Fluten geschützten Behältern sammelt und dort von Mitte Mai bis Mitte Juli der freiwilligen Verdunstung anheim gibt, oder dadurch, daß man in den „Salinen" Solwasser an Gradierwerken langsam heruntertröpfeln oder aus flachen Behältern langsam von einem Behälter in den anderen fließen läßt.

---

[1]) Verschiedene Analysen von Meer- und Solwasser ergaben u. a. für 1 l:

	Fester Rückstand	Natriumchlorid	Calciumsulfat	Magnesiumsulfat
Meerwasser.	6,69— 38,42 g	5,15— 29,54 g	0,28—5,59 g	0,35—2,46 g
Solwasser	33,44—264,27 „	27,41—254,65 „	2,66—5,68 „	wenig—2,45 „

Die durch Wasserverdunstung bei gewöhnlicher Temperatur gehaltreicher gewordene Salzlösung wird zuletzt in Abdampfgefäßen über Feuer eingedunstet. Hierbei scheidet sich ein Teil, vorwiegend die schwefelsauren und kohlensauren Salze, eher aus, als das löslichere Chlornatrium; ein anderer Teil bleibt beim weiteren Eindampfen in Lösung, während das Chlornatrium auskrystallisiert. Diese in Lösung bleibenden Salze, wie Chlorcalcium, Chlormagnesium, Chlorstrontium, Chlorlithium, Chlor-, Brom- und Jodkalium, die eben löslicher als Chlornatrium sind, bilden die Bestandteile der Mutterlauge, die entweder für Badezwecke oder zur Gewinnung der selteneren Elemente (Brom, Jod, Lithium usw.) benutzt wird[1]).

Im Mittel mehrerer Analysen ergaben die verschiedenen Salze folgende Zusammensetzung:

Salz	Wasser hygroskopisches[2])	Wasser gebundenes	Natriumchlorid	Magnesiumchlorid	Natriumsulfat	Calciumsulfat	Magnesiumsulfat	In Wasser unlöslich
Salinensalz	2,28%	1,16%	94,73%	0,37%	0,51%	0,44%	0,26%	0,25%
Meerwassersalz . . .	2,75%	2,38%	90,65%	0,60%	—	1,40%	0,82%	0,40%
Stein- oder Tafelsalz.	0,55%	0,31%	97,68%	0,16%	—	1,01%	0,14%	0,15%

Die Kochsalze verschiedenen Ursprungs zeigen nach diesen Untersuchungen nur geringe Unterschiede, werden aber trotzdem verschieden eingeschätzt. Denn allgemein ist die Ansicht verbreitet, daß das grobkörnige Kochsalz (Salinen- und Meeressalz) eine stärkere salzende Wirkung besitzt, also mehr salzt als das feinkörnige Stein- bzw. Tafelsalz. Wenn der Gehalt an Natriumchlorid und die feinpulverige Beschaffenheit allein die Ursache des salzigen Geschmacks wären, so müßte das Gegenteil erwartet und das Stein- bzw. Tafelsalz als das stärker wirkende bevorzugt werden. Das ist aber nicht der Fall. Es müssen daher noch andere Umstände die Eigenschaften der verschiedenen Kochsalze beeinflussen.

Salinen- wie Meereswassersalz haben, wie ersichtlich, einen höheren Wassergehalt und wegen ihres krystallinischen Zustandes eine rauhere Oberfläche, bieten daher, wenn sie auf die Zunge gebracht werden, ihr mehr Fläche, mehr Angriffspunkte dar, so daß sie sich schneller lösen und auch einer größeren Dissoziation unterliegen. Andererseits werden aber auch die dem Natriumchlorid beigemengten, wenn auch kleinen Mengen sonstiger Salze, die bei Salinen- und Meerwassersalz etwas höher sind als beim Stein- bzw. Tafelsalz, wahrscheinlich einen Einfluß ausüben. Das Calciumsulfat besitzt allerdings nur einen faden und erdigen, das Natriumsulfat einen kühlen, schwach bitter salzigen Geschmack. Dagegen sind die Magnesiumsalze durch einen scharfen, stark bitteren Geschmack ausgezeichnet und vielleicht in der vorhandenen geringen Menge imstande, dem Kochsalz die sog. Schärfe zu verleihen. Das Magnesiumchlorid besitzt außerdem in hohem Grade die Eigenschaft, Wasser aus seiner Umgebung aufzunehmen; es wird daher die Lösung des Kochsalzes bzw. dessen Wirkung, beim Einsalzen von z. B. Fleisch Wasser aus diesem aufzunehmen, unterstützen. Ob die Magnesiumsalze eine stärkere haltbar machende Wirkung als Natriumchlorid besitzen, ist nicht bekannt. Tatsächlich ziehen aber die Fischer Meereswassersalz, besonders das portugiesische von St. Ubes, zum Einsalzen von Fischen vor, und dieses ist vor dem Salinensalz durch einen noch etwas höheren Gehalt an Magnesiumsalzen ausgezeichnet. P. Buttenberg berechnet im Mittel von 4 Proben portugiesischen Meeressalzes sogar 1,63% Magnesiumsulfat und 1,31% Magnesiumchlorid.

---

[1]) Beim Verdunsten des Wassers an der Luft in Gradierwerken bildet sich der Dornstein, und beim weiteren Verdampfen der Sole in Abdampfgefäßen scheidet sich zunächst der Pfannenstein ab. Beide, der Dorn- wie Pfannenstein, bestehen je nach dem ursprünglichen Gehalt des Wassers aus Calcium- und Magnesiumcarbonat oder vorwiegend aus Calciumsulfat neben Eisenoxyd, Tonerde usw. Der Pfannenstein schließt auch schon eine größere oder geringere Menge Chlornatrium ein.

[2]) Äußerlich anhaftendes bzw. eingeschlossenes Wasser.

Die im Handel vorkommenden Viehsalze sind mehr oder weniger reine Kochsalze, welche man durch Zusatz von organischen Stoffen (wie Heu, Wermutkraut) oder durch Zusatz von Eisenoxyd usw. denaturiert, damit sie nicht der Besteuerung unterliegen.

Letztere Denaturierungsmittel können mitunter schädliche Verunreinigungen enthalten, z. B. giftige Metalloxyde oder Brandsporen usw.

In dem eigentlichen Kochsalz jedoch dürften kaum schädliche Verunreinigungen vorkommen.

Anhang zu Kochsalz. Eßbare Erden.

Im Anschluß an das Kochsalz mag erwähnt sein, daß man in der Literatur vielfache Angaben über eßbare Erden findet. Dieselben haben zwar mit dem Kochsalz nichts gemein, gehören aber dem Mineralreich an und finden daher hier die passendste Erwähnung. Nach den unten[1]) mitgeteilten Analysen bestanden drei solcher Erden vorwiegend aus fettem Ton, als Verwitterungserzeugnis von Silicaten und Kalkstein. Auch Infusorienerde (Kieselgur) und Glimmer werden in einigen Ländern von Menschen verzehrt. Wo wie in Südpersien die erdige Masse als Zusatz zu Brot aus Calcium- und Magnesiumcarbonat besteht, kann sie als Brotlockerungsmittel zweckmäßig sein. In Zeiten der Not wird dem Mehl bzw. Brot auch wohl sonstige Erde zugesetzt, welche nur als Magenfüllmittel dienen kann, da ihr jeglicher Nährstoff für den Menschen abgeht. In anderen Fällen (besonders in den Tropen) sollen die eßbaren Erden als Heilmittel dienen (z. B. bei Frauenkrankheiten, gegen Brechdurchfall, bei Magen- und Darmbeschwerden), oder gar als Schönheitsmittel, indem sie eine bleiche Gesichtsfarbe und schlanke Taille verleihen sollen. Im 17. Jahrhundert waren die Damen der Aristokratie in Spanien so leidenschaftlich dem Erdessen ergeben, daß mit kirchlichen und weltlichen Strafen dagegen eingeschritten werden mußte (W. Meigen).

---

[1]) So berichtet Berbeck über eine eßbare Erde, die auf Java von den Einwohnern gegessen wird, und nach M. Hebberlings Untersuchungen ein fetter Ton ist. W. Meigen untersuchte eine eßbare Erde (Terra rossa) von Deutsch-Neu-Guinea, die er als ein Gemenge von Kaolin und Laterit und als ein Verwitterungserzeugnis von Kalkstein ansieht. Die Zusammensetzung dieser beiden Erden war folgende:

Eßbare Erde	Wasser (Glühverlust) %	Kieselsäure %	Eisenoxyd %	Tonerde %	Kalk %	Magnesia %	Mangan-oxydul %	Kali %	Natron %	Ammoniak %
1. Ton von Java	14,80	39,77	9,81	25,94	3,03	1,35	0,59	0,57	3,86	0,506
2. Terra rossa von Neu-Guinea	19,04	32,83	13,94	34,03	0,38	0,23	—	—	—	0,014

Eine andere sog. eßbare Erde aus Japan besitzt nach G. Love folgende prozentuale Zusammensetzung:

Wasser %	Kali %	Natron %	Kalk %	Magnesia %	Manganoxyd %	Eisenoxyd %	Tonerde %	Phosphorsäure	Schwefelsäure %	Kieselsäure %
11,02	0,23	0,75	3,89	1,99	0,07	1,11	13,61	Spur	0,19	67,91

In Lappland wird dem Brot eine eßbare Erde zugesetzt, welche sich nach C. Schmidts Untersuchungen als kalireicher Glimmer erwies. Zu demselben Zweck dient in Südpersien eine weißgraue Masse („G'hel i. G'iveh" genannt), welche aus 66,96% Magnesium- und 23,63% Calciumcarbonat besteht.

Zubereitung der Nahrungsmittel und Zusammensetzung zubereiteter Speisen.

Nur der ungesittete Mensch genießt wie das Tier seine Nahrung, wie sie ihm von der Natur geboten wird. Der gesittete Mensch dagegen pflegt dieselbe durchweg vor dem Genuß besonders zuzubereiten, und zwar ist die Art der Zubereitung im allgemeinen um so vollkommener, auf einer je höheren Bildungsstufe der Mensch steht. Insofern kann man die Kochkunst, wenn man von einer ausgearteten Feinschmeckerei und Schlemmerei absieht, als ein Kennzeichen der Bildungsstufe eines Volkes ansehen.

Die Zubereitung der Nahrungsmittel hat den allgemeinen Zweck, die Nahrung zusagender zu machen und dem Magen die Verdauungstätigkeit zu erleichtern. Dieses sucht man bald durch Erteilung eines angenehmen Geruches, durch Würzen, S. 487, bald durch Verleihung eines schönen Aussehens, durch künstliche Färbung (z. B. bei Butter, S. 318, Zuckerbackwaren, S. 403), bald durch Lockerung (z. B. bei Brot, S. 391), bald durch Kochen und Braten zu erreichen.

Selbst wenn erhebliche Verluste mit der Zubereitung verbunden sind, pflegen wir sie nicht zu unterlassen, sobald durch sie aus den Rohstoffen uns zusagendere Nahrungs- und Genußmittel hergestellt werden können (z. B. bei der Herstellung von Brot aus Mehl, von Bier aus Gerste, Wein aus Trauben, Obst- und Beerenfrüchten, u. a. m.).

Durch das Kochen und Braten der Nahrungsmittel sollen im wesentlichen dreierlei Zwecke erreicht werden; entweder sollen dieselben dadurch von nicht zusagenden Stoffen befreit oder weich, breiartig (zum Teil löslich) oder auch vollständig ausgekocht, d. h. an ihren in Wasser löslichen Stoffen erschöpft werden. Die ganze Behandlung geht also darauf hinaus, einerseits die Schmackhaftigkeit zu erhöhen, andererseits die Tätigkeit des Kauens und die des Magens zu erleichtern.

Durch verschiedene Versuche ist zwar nachgewiesen, daß gekochtes oder gebratenes oder geräuchertes Fleisch, ebenso auch gekochte Milch nicht so schnell und nicht so hoch verdaut werden wie rohes Fleisch, rohe Milch usw., daß sogar ganz gar gekochtes Fleisch nicht so schnell verdaut wird wie halb gar gekochtes; wenn wir dennoch die gekochten und gebratenen Nahrungsmittel vorziehen, so kann man daraus ermessen, welchen hohen Wert wir auf einen zusagenden Geschmack, Geruch und physikalischen Zustand unserer Speisen legen.

Das Kochen geschieht auf zweierlei Weise: entweder man erhitzt die Nahrungsmittel direkt mit dem Wasser auf freiem Feuer bis zur Siedehitze oder erwärmt die Gefäße, welche dieselben enthalten, indirekt mittels umspülenden Wasserdampfes nur auf 70—90°. Dem Kochen steht das Dünsten oder Dämpfen nahe; bei dieser Zubereitung werden die Rohnahrungsmittel nur mit wenig Wasser versetzt und das Kochen bzw. Erhitzen bei Luftabschluß vorgenommen; das Dünsten oder Dämpfen ist ein Kochen in wenig Wasser bzw. Flüssigkeit bei Luftabschluß. Unter Braten versteht man ein Erhitzen ohne Wasserzusatz, aber mit Fettzusatz in trockener Wärme bei 120—130°, unter Rösten ein Erhitzen auf noch höhere Grade, nämlich auf 160—190°.

1. Kochen und Dünsten des Fleisches. Das Fleisch enthält zwischen 4—8% in Wasser lösliche Stoffe, nämlich: Eiweiß, Fleischbasen (Kreatin, Kreatinin, Sarkin usw.), organische Säuren, Glykogen, Inosit und Salze. Wird das Fleisch mit dem Wasser gekocht, so tritt eine Änderung in der Löslichkeit dieser Stoffe ein; das Eiweiß wird durch kochendes Wasser unlöslich und verbleibt daher entweder in dem Fleischgewebe oder gibt den auf der Fleischbrühe schwimmenden Schaum ab. Dafür wird ein Teil des Bindegewebes durch kochendes Wasser in Leim übergeführt, gelöst und geht auch ein Teil des schmelzenden Fettes mit in die Fleischbrühe über. Man verfährt auf zweierlei Weise:

Entweder wird das Fleisch von vornherein mit dem kalten Wasser bis zum Kochen erwärmt und einige Zeit im Kochen erhalten, oder das Fleisch wird in bereits kochendes Wasser eingetragen. Der Erfolg ist hierbei verschieden. Im ersteren Falle dringt das kalte Wasser durch das Fleischstück und bringt den flüssigen Fleischsaft, auch das Eiweiß, in Lösung, das sich beim Kochen zum Teil in Form von Schaum auf der Fleischbrühe ansammelt. Im zweiten Falle, wo man Fleisch direkt in kochendes Wasser einträgt, wird nur wenig Eiweiß ausgezogen; es gerinnt dasselbe und schützt durch eine undurchlässige Haut die inneren Teile des Stückes vor dem Auslaugen. Im ersteren Falle gehen daher fast alle Bestandteile des Fleischsaftes in Lösung, im zweiten nur ein geringerer Teil; das Fleischstück bleibt im Innern mehr oder weniger saftig. Will man daher eine starke, kräftige Fleischbrühe (Bouillon, Suppe), so wird man nach dem ersten Verfahren kochen, soll aber der Fleischrückstand tunlichst saftig bleiben, so nach dem zweiten Verfahren.

A. Vogel hat nämlich gefunden, daß das nach ersterem Verfahren durch allmähliches Erwärmen mit kaltem Wasser erhaltene Fleisch stickstoffärmer, die Fleischbrühe dagegen stickstoffreicher ist, während sich beide Kocherzeugnisse nach dem zweiten Verfahren umgekehrt verhalten.

v. Wolffhügel und Hueppe beobachteten die Temperatur, welche ein 3—6 kg schweres Stück Fleisch bei längerem Kochen im Innern annimmt; sie fanden diese stets erheblich niedriger als die Außentemperatur; so nahm ein 4,5 kg schweres Stück Fleisch bei vierstündigem Kochen im Innern nur eine Temperatur von 88° an; auch beim Braten stieg die Temperatur im Innern je nach der Größe des Stückes nur auf 70—95°.

Selbst bei einer Erwärmung von Büchsenfleisch in Kochsalzbädern auf 102—109° stieg die Temperatur im Innern je nach der Größe der Büchsen nur auf 72—98°. Hieraus erklärt sich, daß die größeren Büchsen von amerikanischem Fleisch durchweg mehr verdorbene Stellen aufweisen als die kleineren Büchsen. Diese Tatsache muß ohne Zweifel auf die Entstehung einer unlöslichen Eiweißschicht zurückgeführt werden, welche dem Eindringen des siedenden Wassers wie auch der Wärmeleitung hinderlich ist.

Von den 4—8% in Wasser löslichen Stoffen (S. 247) geht beim üblichen Kochen des Fleisches nur ein Teil — in der Regel etwa die Hälfte — in die Fleischbrühe über. Letztere pflegt je nach der angewendeten Menge Wasser im Verhältnis zum Fleisch zwischen 2,5—5,0% Trockenrückstand zu enthalten, wovon etwa je $^1/_4$ aus Stickstoffverbindungen (Fleischbasen neben etwas Protein und Leim) und Fett und die anderen $^2/_4$ aus stickstofffreien Extraktstoffen und Mineralstoffen (vorwiegend Kaliumphosphat) bestehen.

A. Schwenkenbecher, dessen Inaug.-Diss. (Marburg 1900) vorwiegend die Analysen (Tab. II, Nr. 1477—1589) entnommen sind, gibt für 4 Proben Fleischbrühe 0,35—0,8% Stickstoffsubstanz, 0,3—0,9% Fett und den Calorienwert zu 40—120 für 1000 g an.

Meistens werden neben dem Fleisch auch die Knochen mit ausgekocht, aber sie geben an das Wasser nach S. 267 nicht mehr Stoffe (Leim und Fett) ab als Fleisch. Wenn die Fleischbrühen trotz des geringen Stoffgehaltes dennoch kräftig schmecken und eine belebende Wirkung auf das Nervensystem äußern, so ist das den Fleischbasen und Kalisalzen zuzuschreiben.

Fleisch- wie Knochenbrühe werden auch vielfach unter Zusatz der verschiedensten Mehle zur Bereitung von Mehlsuppen verwendet, deren Zusammensetzung aus Tab. II, Nr. 1477—1495 zu ersehen ist.

Die Kochbrühe von Fischen wird wegen des nicht zusagenden Geschmackes meistens nicht zu Suppen verwendet, obschon auch hier beachtenswerte Mengen Nährstoffe in das

Kochwasser übergehen; so fanden wir in 1 l Kochwasser von 1 kg Schellfisch 0,907 g Stickstoff und 9,075 g Salze.

Der beim Kochen verbleibende Fleischrückstand erfährt naturgemäß durch die Abgabe von Eiweiß, Bindegewebe, Fett, etwa 50% der Fleischbasen und 20% der Salze eine Einbuße an Nährstoffen. Den Hauptverlust erleidet das Wasser; denn aus 100 Teilen angewendeten frischen Fleisches der Warmblüter erhält man nur 57—72 Teile gekochtes Fleisch, und der Wassergehalt des natürlichen Fleisches geht von 70—80% auf 50—60% durch das Kochen herunter. Bei dem Fischfleisch geht der Wassergehalt weniger stark herunter; er schwankt in gekochtem Fischfleisch von 70—80%.

H. S. Grindley bestimmte die Verluste in Prozenten des natürlichen Fleisches mit folgendem Ergebnis:

Kochen von	Gesamtverlust	Wasser	Stickstoff-Substanz	Fett	Salze
fettärmerem Fleisch	35,17%	32,15%	1,84%	0,64%	0,51%
fettreichem Fleisch	21,38%	18,74%	0,88%	1,52%	0,24%

Bei fettreichem Fleisch sind daher die Verluste geringer als bei fettarmem Fleisch. (Vgl. auch S. 271.)

Beim Dünsten oder Dämpfen ist die Gewichtsabnahme im allgemeinen geringer als beim Kochen; sie schwankt durchweg zwischen 20—30%; indes können auch hier je nach dem Fleisch oder dem Grade des Dünstens Gewichtsabnahmen wie beim Kochen auftreten; so wurden nach Schwenkenbecher aus je 100 g rohen Fleisches erhalten:

	Rindfleisch		Kalbfleisch	
	aus der Keule	vom Rücken	vom Bein	von der Brust
Nach Dämpfen (Garzeit)	30 Min.	40 Min.	20 Min.	30 Min.
Gedämpftes Fleisch.	55 g	62 g	90 g	75 g

Infolge des Wasserverlustes nimmt der Gehalt des gekochten Fleisches an Stickstoffsubstanz und Fett usw. prozentual zu, aber der volle Nährwert des natürlichen Fleisches wird erst erreicht, wenn der gekochte Fleischrückstand zusammen mit der Fleischbrühe (Suppe) verzehrt wird.

Außer einer Verbesserung des Geschmackes bewirkt das Kochen eine Lockerung der Fleischfasern in ihrem Gefüge; sie lassen sich in diesem Zustande leichter zerkauen und das ist ein Grund mit, daß gekochtes Fleisch dem rohen vorgezogen zu werden pflegt.

Über die Zusammensetzung von gekochtem Fleisch vgl. Tab. II, Nr. 1496—1506.

2. Braten des Fleisches. Ein vollkommeneres Zubereitungsverfahren des Fleisches ist das Braten oder Rösten; denn hierbei verbleibt der überaus wertvolle Fleischsaft, wenn auch nicht ganz, so doch größtenteils, im Fleisch, ohne daß die durch die Wärme und den sich entwickelnden Wasser- und Fettdampf hervorgerufene Lockerung des Fleischgefüges, der Fleischfasern, eine Beeinträchtigung erleidet. Beim Braten und Rösten des Fleisches bildet sich eine harte Kruste, und man nimmt an, daß hierbei unter einem geringen Verlust an Kohlenstoff und Stickstoff eine kleine Menge Essigsäure entsteht, welche eine lösende Wirkung auf die Fleischbestandteile äußert. Auch das Fett erleidet eine teilweise Zersetzung, indem es sich in Fettsäuren und Glycerin spaltet und in geringer Menge verflüchtigt. Die sich bildenden Rösterzeugnisse (empyreumatischen Stoffe) bewirken ferner einen angenehmen Geruch und Geschmack.

Die Gewichtsabnahme des rohen Fleisches beim Braten richtet sich zunächst nach der Stärke des Bratens; so werden nach Alfr. Schwenkenbecher aus 100 g rohen mageren Fleisches durch verschieden starkes Braten erhalten:

	Rindfleisch	Kalbfleisch	Hammelfleisch	Schweinefleisch	Hühnerfleisch
Leicht gebraten	82 g	78 g	85 g	78 g	76 g
Durchgebraten	62 g	61 g	70 g	57 g	—

100 g rohes, mageres Fleisch liefern 62—85 g mäßig gebratenes Fleisch; bei starkem Braten kann die Rückstandsmenge auf 52 g heruntergehen. Die Gewichtsabnahme ist, wie gesagt, vorwiegend durch Verlust von Wasser bedingt; leicht gebratenes Fleisch pflegt noch 65—72%, stark (gar) gebratenes Fleisch 55—65% Wasser zu enthalten; das Fischfleisch erfährt ebenso wie durch Kochen, so auch durch Braten durchweg keinen so hohen Wasserverlust wie das Fleisch der Warmblüter.

Die Verluste des Fleisches beim Braten richten sich aber auch nach der Art des Fleisches; mageres Fleisch verliert beim Braten in der Pfanne nur sehr wenig oder gar kein Fett, nimmt sogar, wenn es mit Fett gebraten wird, Fett auf.

Beim Rösten dagegen, wobei das Fleisch auf einem Rost in der Bratpfanne auf 200° und höher erhitzt wird, tritt ein erheblicher Verlust an Fett ein. So gingen nach Grindley und Mojonnier (vgl. auch S. 271 Anm. 1) von natürlichem eßbarem Fleisch in Prozenten folgende Mengen in das Bratenfett über:

Braten von	Gesamtverlust	Wasser	Stickstoff-Substanz	Fett	Salze
Rindsrippen . . .	23,49%	14,68%	0,16%	8,52%	0,13%
Schweineschinken .	31,82%	20,53%	0,41%	10,78%	0,12%

Beim Braten des Fleisches in Fett waren nach H. Grindley 0,09—0,60% Stickstoff-Substanz in das Bratenfett übergegangen.

A. Schwenkenbecher fand in verschiedenen Bratensaucen folgenden Gehalt:

Stickstoff-Substanz 0,7—5,0%, Fett 2,4—16,9%, Stickstofffr. Extraktstoffe 2,2—10,2%.

Über die Zusammensetzung von gebratenem und geröstetem Fleisch vgl. Tab. II, Nr. 1509—1530 und über die von besonders zubereiteten Fleischspeisen Nr. 1531—1539.

3. *Kochen, Backen und Rösten der pflanzlichen Nahrungsmittel.* Die pflanzlichen Nährstoffe sind in Zellen mit mehr oder weniger dicken Zellhäuten und Zellwänden eingeschlossen; in diesem Zustande sind sie den Verdauungssäften nur wenig zugänglich. Werden aber die pflanzlichen Nahrungsmittel gekocht oder erhitzt, so dehnt sich der Inhalt der Zellen aus, infolgedessen die Zellwände platzen und zerreißen. Der Inhalt der Zellen wird frei, die wohlriechenden und wohlschmeckenden Stoffe gelangen zur Geltung, herbe und bitter schmeckende erfahren eine teilweise Abstumpfung oder verflüchtigen sich, andere werden durch den Wasserzusatz gelöst oder erleiden eine teilweise Umwandlung. So nimmt ein wesentlicher Bestandteil der pflanzlichen Nahrungsmittel, die Stärke, Wasser auf und geht in den kleisterartigen Zustand über, in den sie erst übergeführt werden muß, ehe sie in den löslichen und aufnahmefähigen Zustand des Dextrins und des Zuckers umgewandelt werden kann.

Die Zubereitung der Kartoffeln durch Kochen, Dämpfen oder Rösten, die Verarbeitung der Getreidemehle zu Mehlsuppen, Nudeln, Knödeln, Omelettes, Brot, Zwieback unter Mitverwendung von Wasser oder Milch, Fleischbrühe u. a. verfolgt in erster Linie den Zweck, die Stärkekörnchen zu verkleistern, d. h. zum Platzen zu bringen und der vollständigen Verzuckerung entgegenzuführen.

Denselben Zweck verfolgen wir bei der Zubereitung der Hülsenfrüchte, die vielfach im natürlichen ganzen Zustande gekocht und nach dem Weichwerden durch Siebe gepreßt werden, um sie von den äußeren Schalen zu befreien und dadurch den mehligen Anteil leichter verdaulich zu machen (S. 139). Hierbei ist indes zu berücksichtigen, daß die Kochung der Hülsenfrüchte mit hartem Wasser das Weichwerden der Samen erschwert oder ganz verhindert. Die gekochten Samen lassen sich nur schwer durch ein Sieb treiben; auch der Brei ist härter, weniger bindig und enthält mehr oder weniger große grießartige Körnchen. Diese Tatsache wird darauf zurückgeführt, daß der Kalk des Wassers mit dem Legumin dieser Samen eine unlösliche Verbindung bildet, welche dem Erweichen der Samen entgegenwirkt.

P. F. Richter hat nachgewiesen, daß die in hartem Wasser gekochten Erbsen auch schlechter ausgenutzt werden als die in weichem Wasser gekochten; es wurden als unausgenutzt im Kot abgeschieden in Prozenten der verzehrten Bestandteile:

Erbsen gekocht mit:	Trockensubstanz	Stickstoff-Substanz	Fett	Asche
weichem Wasser	7,14%	10,16%	12,44%	18,91%
hartem „	8,92%	16,60%	41,08%	48,22%

Wenn die Härte eines Wassers von Magnesiumchlorid mitbedingt wird, so nehmen die Speisen auch leicht einen bitteren, kratzenden Geschmack an und haben Verdauungsstörungen und dünnbreiige Kotentleerungen zur Folge.

Die Gemüse und Obstfrüchte werden meistens zur Befreiung von Schmutz erst mit Wasser eingeweicht und dann mit neuem Wasser gekocht, welches nach dem Kochen ebenso wie letzteres weggegossen wird. Hierdurch gehen meistens beachtenswerte Mengen Nährstoffe verloren[1]).

Auch macht es wie bei Fleisch (S. 713) einen Unterschied, ob die Gemüse bzw. das Obst mit kaltem Wasser angesetzt und allmählich zum Kochen erhitzt oder direkt in das bereits kochende Wasser eingetragen werden. Nach den unten (Anm. 1) aufgeführten Analysen von H. Grouven wird aus den Gemüsen durch langsames Erhitzen bis zum Sieden etwas mehr Stickstoffsubstanz (Eiweiß) gelöst, als wenn dieselben gleich von Anfang an mit kochendem Wasser angesetzt werden. Hiernach werden durch das Kochen von unreifen Bohnen

[1]) Wir fanden z. B. für je 1 l Wasch- und Abkochwasser von Kartoffeln:

Kartoffel-Waschwasser			Kartoffel-Abkochwasser		
Organische Stoffe	Mit Stickstoff	Unorganische Stoffe	Organische Stoffe	Mit Stickstoff	Unorganische Stoffe
0,724 g	0,041 g	0,571 g	14,235 g	0,622 g	18,547 g

Bei Gemüsen sind die Verluste, die durch Weggießen des Abkochwassers entstehen, durchweg noch größer. So gibt H. Grouven an:

	100 g ungekocht enthielten:			Davon gingen in das Kochwasser über:			
	Stickstoff-Substanz	Stickstoff-freie Extraktstoffe	Asche	Art des Erhitzens:	Stickstoff-Substanz	Stickstoff-freie Extraktstoffe	Asche
Grüne Bohnen	2,04 g	5,99 g	0,63 g	a) Langsam zum Kochen gebracht	0,79 g	2,17 g	0,38 g
				b) Sofort in kochendes Wasser gebracht	0,54 „	2,23 „	0,25 „
Grüne Erbsen	6,06 g	13,08 g	1,12 g	a) Langsam zum Kochen gebracht	2,31 g	3,77 g	0,47 g
				b) Sofort in kochendes Wasser gebracht	2,09 „	4,05 „	0,62 „
Von 1000 g frischen Spinats gingen ins Kochwasser über					1,68 g	3,52 g	3,38 g

Für Spinat fanden wir fast genau dieselben Zahlen wie H. Grouven; von 1 kg grünen frischen Gemüses gingen nämlich nach hiesigen Untersuchungen in das Abkochwasser über:

Gemüse:	Feste Stoffe im ganzen	Stickstoff-Substanz	Stickstofffreie Extraktstoffe	Mineralstoffe im ganzen	Kali	Phosphorsäure
1. Spinat	8,578 g	1,684 g	3,519 g	3,375 g	2,326 g	0,322 g
2. Rübenstengel . .	15,252 „	3,312 „	5,609 „	6,331 „	4,196 „	0,34 „

Nach dem mittleren Gehalt dieser beiden Gemüse sind demnach 9—18% der Nährstoffe in das Abkochwasser übergegangen.

und Erbsen nahezu 30—40% der vorhandenen Stickstoffverbindungen sowie Kohlenhydrate gelöst, ein Ergebnis, welches nur dadurch erklärt werden kann, daß die unreifen Bohnen und Erbsen verhältnismäßig viel lösliche Stickstoff- (Amino-)Verbindungen und Kohlenhydrate (Zucker, Dextrin) enthalten (vgl. S. 450).

Aus diesen Untersuchungen folgt, daß man bei Aufstellung genauer Kostsätze überall für die Speisen, von denen das Abkochwasser nicht mitverwendet wird, nicht den vollen Gehalt des verwendeten rohen, ungekochten Anteiles in Ansatz bringen darf, sondern entsprechend weniger; man wird bei Gemüsen durchweg 20—25% Verlust in Prozenten der vorhandenen Nährstoffe rechnen können.

Über Zusammensetzung von gekochten, gebackenen und gerösteten pflanzlichen Nahrungsmitteln bzw. Speisen vgl. Tab. II, Nr. 1540—1589.

Trink- und Gebrauchswasser.

Bedeutung. Das Wasser hat nicht nur als Trinkwasser, sondern auch für sonstige häusliche Gebrauchszwecke eine besonders hohe Bedeutung. Der erwachsene Mensch scheidet täglich 1—2 l Wasser im Harn, $^2/_3$ l durch die Haut und $^1/_3$ l als Wasserdampf durch die Lungen, also im ganzen Stoffwechsel 2—3 l Wasser aus, die wieder ergänzt werden müssen. Das Wasser ist der Träger der sonstigen Nährstoffe im Körper und vermittelt deren Umsetzung. Bei weitem größer aber sind noch die Mengen Wasser, die der Mensch zum Waschen, Baden, Spülen und Reinigen von Eß- und Trinkgeschirr, Wohnung und Kleidung notwendig hat. Man schätzt die gesamte Gebrauchsmenge, wo der Vorrat ausreicht, auf durchschnittlich 100 l für den Tag und Kopf der Bevölkerung, mit Schwankungen von 50—150 l und mehr, und wenn an das Gebrauchswasser auch nicht so strenge Anforderungen gestellt werden, wie an das Trinkwasser (z. B. nicht im Geschmack und der Temperatur), so ist doch einleuchtend, daß ein Wasser, welches wir zum Waschen und Reinigen von Eß- und Trinkgeschirr, zum Baden benutzen, ebenfalls rein und frei von schädlichen Bestandteilen sein muß. Trink- und häusliches Gebrauchswasser müssen auf gleiche Stufe gestellt werden.

Anforderungen. Das Wasser für menschliche Gebrauchszwecke soll klar, farblos, geruchlos, tunlichst gleichmäßig kühl, wohlschmeckend und erfrischend sein und keinerlei Bestandteile enthalten, welche diese Eigenschaften beeinträchtigen oder gar gesundheitsnachteilig wirken können. Außerdem soll es in genügender Menge vorhanden und tunlichst billig sein.

Diesen Anforderungen entsprechen aber die zeitigen häuslichen Gebrauchswässer leider nicht immer und überall; denn die für Einzel- wie Sammelversorgungen dienenden Wasservorräte der Natur, das Regen-, Grund-, Quell-, Fluß- oder Seewasser weisen nicht nur je nach ihrem örtlichen Vorkommen große Verschiedenheiten auf, sondern werden auch häufig auf verschiedene Weise verunreinigt, so daß sich obige Anforderungen nicht stets aufrecht erhalten lassen, sondern Zugeständnisse erfordern.

Wasserversorgungsvorräte.

Die Wasservorräte auf der Erde bilden sich in ständigem Kreislauf aus den atmosphärischen Niederschlägen (Regen, Schnee) und durch Wiederverdampfen des Wassers von der Erdoberfläche (aus Boden, Flüssen, Seen und Meeren). Das an und in der Erde sich ansammelnde Meteorwasser dient in verschiedener Form zur Wasserversorgung des Menschen.

1. Regen- oder Meteorwasser. In Gegenden, wo das Meteorwasser infolge undurchlässiger Bodenschichten nicht versickern kann, oder wo das versickerte Wasser zu tief eindringt oder salzig wird, wo ferner kein Fluß- und Seewasser zur Verfügung steht, da pflegt das Meteorwasser gesammelt und für die menschlichen Gebrauchszwecke — auch als Trinkwasser — verwendet zu werden. Zum Aufsammeln dienen entweder Behälter oder Brunnen bzw. Teiche (Zisternen), die mit Lehm (Zement, Beton) ausgekleidet sind. Diese werden zur Erzielung einer gleichmäßigen Temperatur oder behufs Abhaltung von Luftstaub zweckmäßig mit Deckel bzw. Dach versehen oder befinden sich unter Bäumen. Verunreinigende Zuflüsse aus Wohnungen oder industriellen Betrieben müssen unter allen Umständen ferngehalten werden.

Nach der Entstehung des Meteorwassers durch Verdichtung des von der Erdoberfläche aufsteigenden Wasserdampfes sollte man es für völlig rein und frei von nachteiligen

Bestandteilen halten. Diese Annahme ist aber nicht richtig. Zunächst nimmt der Wasserdampf bei der Verdichtung die überall vorhandenen gasförmigen Bestandteile der Luft (Stickstoff, Sauerstoff, Kohlensäure, Ammoniak, Salpetersäure und Schwefelsäure) auf; die eingeschlossene Gasmenge schwankt zwischen 15—35 ccm für 1 l Regenwasser und verteilt sich im Mittel neben dem Gehalt an Ammoniak, Salpetersäure und Schwefelsäure in 1 l Regenwasser etwa wie folgt:

Stickstoff	Sauerstoff	Kohlensäure	Ammoniak	Salpetersäure	Schwefelsäure
16,0 ccm	6,0 ccm	4,5 ccm	0,05—15,5 mg	0—5,0 mg	0—2,0 mg

Neben dem Stickstoff finden sich auch im Wasser in dem Verhältnis, wie sie in der Luft vorhanden sind, geringe Mengen Argon und Spuren von Helium.

Schnee, Hagel, Tau oder Reif sind ärmer an Ammoniak und Salpetersäure, Nebel dagegen reicher an Ammoniak als Regenwasser, letzteres gilt besonders für die Nebel im Sommer und in den Städten gegenüber denen im Winter und auf dem Lande.

Als regelmäßige Bestandteile des Regenwassers werden in sehr geringen Mengen auch Wasserstoffsuperoxyd — nicht salpetrige Säure, wie Ilosvay de N. Ilosva behauptet hat — und Alkohol (A. Müntz) angegeben.

Wichtiger aber ist es, daß das Meteorwasser auch alle die zahlreichen Bestandteile einschließt, welche im Luftstaub (vgl. unter Luft S. 761) vorkommen; darunter sind die wichtigsten die Bakterien, deren Anzahl je nach dem Staubgehalt der Luft zwischen 300—21 000 für 1 ccm Regenwasser gefunden wurde und welche die Ursache sind, daß ein in geschlossenen Behältern aufbewahrtes Regenwasser, wie schon Hippokrates angibt, einer Fäulnis anheimfällt und einen fauligen Geruch annimmt.

Selbstverständlich können im Regenwasser auch pathogene Bakterien vorkommen, indes bleiben sie darin nicht lange lebensfähig.

Der Gehalt des Regenwassers an festen Stoffen schwankt regelmäßig zwischen einigen wenigen bis etwa 100 mg für 1 l, kann aber in verkehrsreichen Gegenden noch erheblich höher werden und auch nicht unerhebliche Mengen Mineralstoffe einschließen[1]).

Die Schwefelsäure stammt meistens aus dem Steinkohlenrauch und der in ihm enthaltenen schwefligen Säure und sammelt sich im Schnee rasch an.

R. Sendtner fand in 1 kg frisch gefallenem Schnee 7 mg, nach 16 Tagen 62,2 mg, und nach 24 Tagen 91,8 mg Schwefelsäure im freien Zustande.

Das Chlor dürfte in Form von Chlornatrium meistens derselben Quelle entstammen. Robierre fand in Nantes 7,3—26,1 mg, Dalton in Manchester bis 133 mg, die englische Flußkommission in Landsend sogar bis 950 mg Chlornatrium in 1 l Regenwasser — letztere Menge wahrscheinlich aus dem Meerwasser herrührend —. In Industriegegenden kann freie Salzsäure im Regenwasser auftreten.

Der Staub kann durch den Wind und Regen sehr weit getragen werden. Tissandier fand im Schnee von Paris kosmischen Staub; Ehrenberg in dem in der Schweiz mehrfach beobachteten roten Schnee und roten Regen Passatstaub; der sog. Schwefelregen enthält Blütenstaub.

Hiernach dürfte es sich in vielen Fällen empfehlen, das Regenwasser vor der Benutzung als Trinkwasser in ähnlicher Weise wie Fluß- und Seewasser zu filtrieren oder zu

[1]) Wir fanden z. B. im Regenwasser zweier industriearmer Städte (Münster i. W. und Dülmen) und zweier industriereicher Städte (Bochum und Gelsenkirchen) im Mittel mehrerer Analysen folgende Gehalte für 1 l Regenwasser:

Städte	Schwebestoffe im ganzen mg	Schwebestoffe unorganisch mg	Gelöste Stoffe im ganzen mg	Gelöste Stoffe unorganisch mg	Kalk mg	Schwefelsäure mg	Chlor mg	Salpetersäure mg	Ammoniak mg
Industriearm . .	50,6	46,3	87,1	61,1	5,5	25,0	5,0	5,0	2,5
Industriereich . .	205,6	142,2	266,9	191,2	36,6	85,6	10,3	6,4	3,2

kochen[1]). Auch soll es aus den Zisternen nicht durch Eimer, denen äußerlich meistens mehr oder weniger Schmutz anhaftet, sondern durch Pumpen vom Boden aus so gehoben werden, daß eine fortgesetzte Bewegung und Erneuerung des Wassers in den Zisternen unterhalten wird.

2. *Oberflächenwässer, Fluß-, See- und Stauseewasser.* Von dem gefallenen Regen wird im Durchschnitt $^1/_3$ wieder alsbald verdunstet, $^1/_3$ gelangt zum Abfluß in die Flüsse und Seen und $^1/_3$ dringt in den Boden, Grund- und Quellwasser bildend. Aus dem abfließenden Wasser bilden sich die Bäche, Flüsse, Seen und Stauseen (Talsperren). Sie werden unter der Bezeichnung „Oberflächenwasser" zusammengefaßt und haben wie denselben Ursprung auch sonst viele gemeinsame Eigenschaften. Das vom Gelände, von Äckern, Wiesen und Wegen abfließende, zum Teil durch Boden- und Gesteinsschichten durchfiltrierte Wasser führt naturgemäß eine Menge gelöster und ungelöster Stoffe (Schwebestoffe) mit sich, deren Natur sich nach der Art und Beschaffenheit der Bodenoberfläche und Bodenschichten richtet, aber auch von der Schnelligkeit abhängt, womit das Regenwasser zu den Flüssen abfließt. So ergibt Lippewasser, das vorwiegend in kalkreichem Gelände seinen Ursprung nimmt, 430—480 mg Abdampfrückstand mit 130—150 mg Kalk, Lennewasser dagegen, welches dem Devonschiefer entstammt, nur 50—90 mg Abdampfrückstand mit 7,0—16,0 mg Kalk für 1 l.

Bei Hochwasser pflegen infolge der stärkeren Geschwindigkeit des abspülenden Wassers die Schwebestoffe höher, die gelösten Stoffe dagegen niedriger zu sein als bei Niedrigwasser, während zwischen letzteren beiden Wasserständen sich die Mengen ungleichmäßig verteilen[2]). Kleine Flüsse und auch Seen sind meistens ärmer an Schwebestoffen als große Flüsse.

Unter den Schwebestoffen sind die wichtigsten die organischen Stoffe und die Bakterien sowie sonstige Lebewesen, weil sich unter ihnen auch häufig pathogene Keime befinden.

Die schwebende, lebende Fauna und Flora eines Wassers nennt man Plankton; sie wird durch das Planktonnetz von kleiner bestimmter Maschenweite gesammelt. Zum Unterschiede von dem fließenden Plankton (Potamoplankton) werden die an dem Ufer und Boden wachsenden und von dort fortgespülten Lebewesen Benthos genannt. Der gesamte, durch das Planktonnetz abgesiebte, aus Lebewesen und unbelebten Stoffen bestehende Rückstand heißt „Seston" (Kolkwitz).

Die unbelebten (toten) Stoffe des Planktons (das Pseudoplankton) bestehen aus Pflanzenteilchen aller Art (Haare, Fäserchen, Epidermis usw.) und Mineraltrümmer (Sandkörnchen, Ton, Kalksteinflitterchen, Kohlenteilchen, Eisenoxyd usw.). Das lebende Plankton kann je nach der Art des Wassers (Fluß- und See- bzw. Stauseewasser) aus nur wenigen oder tausenden tierischen wie pflanzlichen Kleinwesen bestehen und ändert sich auch naturgemäß sehr je nach der Jahreszeit; es ist in der wärmeren Jahreszeit vielzähliger und viel-

[1]) In den meisten Fällen, wo nur Regenwasser zur Wasserversorgung übrigbleibt, pflegt man es, auch schon wegen seines nicht zusagenden Geschmackes, zur Bereitung von Kaffee- und Teeaufgüssen und nur diese zur Stillung des Durstes zu verwenden.

[2]) So ergab nach Ohlmüller der Rheinstrom oberhalb Mainz für 1 l:

Rhein	Schwebestoffe mg	Gelöste Stoffe mg	Permanganatverbrauch mg	Kalk mg	Magnesia mg	Schwefelsäure mg	Chlor mg	Bakterien für 1 ccm an der Oberfläche	Bakterien für 1 ccm am Grunde
Niedrigwasser 3./XI. 1900	29,1	231,9	10,8	85,3	12,1	39,2	13,1	22 567	26 923
Mittelwasser 2./X. 1900	32,6	191,0	5,0	78,3	14,2	22,7	10,6	16 843	13 526
Hochwasser 2./III. 1901	197,3	210,5	20,0	51,0	14,1	20,8	8,9	48 639	42 615

gestaltiger als in der kälteren Jahreszeit und erfährt durch verschiedene verunreinigende Zuflüsse eigenartige Veränderungen. Bei Zuführung von Abwässern mit großen Mengen organischer stickstoffhaltiger Stoffe treten besondere eigenartige Lebewesen auf, z. B. die Abwasserpilze (z. B. Beggiatoa, Leptomitus und Sphaerotilus) und zwischen diesen ein Heer kleiner Tiere (z. B. Wasserasseln, Cyclopen, Daphnien, Anguillula u. a.).

Die Bach- und Flußwässer bedürfen wegen der zugeleiteten größeren oder geringeren Verunreinigungen für Wasserversorgungen stets einer besonderen Reinigung durch Filtration und einer unterirdischen Aufspeicherung des filtrierten Wassers behufs Ausgleichung der stark schwankenden Temperatur.

Das ***Seewasser*** (Binnenseewasser) kann als ein natürlich aufgestautes bzw. als ein zur Ruhe gekommenes Flußwasser angesehen werden. Infolgedessen setzen sich die Schwebestoffe (auch Bakterien) verhältnismäßig schnell zu Boden. Das Wasser wird, meistens schon einige Meter vom Ufer, klar und durchsichtig. Das Bodenseewasser ergab z. B. 700 m vom Ufer in 40 m Tiefe in drei verschiedenen Jahren nur 2—38 Keime in 1 ccm und nur 0,07 bis 1,98 ccm Plankton in 1 cbm Wasser. Bei Zuleitung nicht zu großer Mengen, d. h. bei genügender Verdünnung kann Binnenseewasser Schmutzwässer in ausreichendem Maße reinigen. Auch bezüglich der Temperatur verhält sich Binnenseewasser günstiger als Flußwasser, so daß es unter besonders günstigen Verhältnissen direkt ohne Filtration für Wasserversorgungen verwendet werden kann.

Das ***Stausee- (Talsperren-) Wasser*** kann bei hinreichender Tiefe der Sperre und bei möglichster Reinheit des Bodens derselben dem natürlichen Binnenseewasser gleich erachtet werden. Auch bei ihm findet eine Reinigung durch Absetzen statt, wenn auch nicht in dem Maße wie bei letzterem. Infolge des häufig vorhandenen Eisens (und Mangans) erscheinen die Sperrwässer nicht bläulich, sondern meistens grünlich gefärbt. Die Temperatur schwankt in der Regel zwischen 3—15°, ist im Winter niedriger, im Sommer höher als die von Grundwasser. Die Stauwässer sind durchweg mit Sauerstoff gesättigt — in der Tiefe weniger —, an der Oberfläche infolge Algenwachstums häufig übersättigt; der Gehalt an freier Kohlensäure ist im allgemeinen gering — Thiesing beobachtete bis 30 mg in 1 l —. Im übrigen richtet sich die Zusammensetzung nach der der Zuflüsse. Der Schlamm am Boden besteht aus Laub bzw. Nadeln und Eisen- sowie Manganverbindungen. Fische bzw. deren Kot beeinträchtigen die Beschaffenheit des Sperrenwassers nicht; sie sollen nur nicht künstlich gefüttert werden. Zur Beseitigung bzw. Fernhaltung eines schlechten Geruches und Geschmackes, die durch angehäufte Pflanzenreste auf dem Boden der Sperren oder auch durch Kleinwesen verursacht werden können, ist der Zusatz von Kupfersulfat vorgeschlagen; dieses soll in einer Menge von 1 mg auf 1 l Wasser nicht schädlich für den Menschen werden. Wenn verunreinigende Zuflüsse von dem Talsperrenwasser ferngehalten werden, so kann auch es, jedenfalls nach Filtration, zu Wasserversorgungen verwendet werden. Zu dem Zweck wird auch eine Berieselung auf unterhalb gelegenen Wiesen empfohlen.

3. Grundwasser. „Unter Grundwasser versteht man das im Boden auf einer undurchlässigen oder wenig durchlässigen Schicht ruhende oder auf ihr sich langsam weiter bewegende, alle capillaren und nicht capillaren Hohlräume ausfüllende und sich in einem gewissen Ruhe- und Gleichgewichtszustande befindende Wasser" (A. Gärtner).

Zur Ansammlung größerer Mengen Grundwasser gehören also eine ausgedehnte, wasserundurchlässige Schicht in mehr oder weniger horizontaler Lage oder von sackartiger, muldenförmiger Ausbildung und darüber eine genügend hohe feinkörnige bzw. feinpulverige, wasserhaltige Bodenschicht von gewisser Filtrationsfähigkeit. Derartige unterirdische Wasseransammlungen finden sich vorwiegend in den jüngsten Erdbildungen, dem Alluvium und Diluvium; sie können aber auch in älterem Gestein auftreten, wenn die undurchlässige Schicht nur weit genug ausgedehnt und nicht zu stark geneigt ist. Selbstverständlich bedingt die Art der Bildung wie der Aufstauung im Boden, daß das Grundwasser noch mehr als das

Flußwasser von der Beschaffenheit der Bodenschichten beeinflußt wird; denn weil das Regenwasser stets Kohlensäure und auch Spuren von Salpetersäure, welche die Lösung von Bestandteilen aus dem Boden unterstützen, enthält, so wird es beim Durchsickern durch den Boden um so mehr Stoffe aus demselben lösen, je reicher der Boden an löslichen Stoffen und je länger die Strecke ist, welche es durchfließt.

Durchweg aber durchläuft das Regen- oder Oberflächenwasser nicht unwesentliche Schichten, ehe es das Grundwasserbecken erreicht; denn nur selten dringt es senkrecht ein, meistens strömt es von den Seiten zu. Aus dem Grunde paßt das Grundwasser seine Beschaffenheit vollständig und mehr der Beschaffenheit des zu durchsickernden Bodens an, d. h. es nimmt mehr Bestandteile aus dem Boden auf, als Fluß- und Seewasser. Dieser Umstand aber hat wieder den Vorzug, daß das Grundwasser meistens hell und klar ist und, wenn die zu durchsickernden Bodenschichten genügend rein und dicht sind, schon in 4—5 m Tiefe keine oder kaum noch Bakterien enthält, obschon die Bakterien durch die Pflanzenwurzeln 1—2 m und noch tiefer in den Boden eingeführt werden können. Bilden dagegen die zu durchsickernden Schichten ein lockeres Geröll von Sand, Kies, oder fließt das Regen- oder Oberflächenwasser fast ungehindert durch Risse und Spalten, wie sie besonders in schieferigen Gesteinen häufig sind, so kann es zwar arm an Mineralstoffen aber, wie schon gesagt, reich an Bakterien sein, weil keine eigentliche Filtration stattgefunden hat. Beide Verhältnisse mögen aus folgenden Analysen erhellen:

Die Stadt Münster i. W. versorgt sich aus zwei Grundwasserbecken, von denen das eine von etwa 5—10 m Tiefe im Mergel unter vorwiegend Ackerland und Wiesen, das andere von 20—25 m Tiefe in fast reinem Kies bzw. Sand liegt. Das Sauerland in Westfalen versorgt sich dagegen vorwiegend mit Grund- bzw. Quellwasser, welches zum größten Teil aus dem durchklüfteten, rissigen Grauwackenschiefer seine Entstehung nimmt. Die Zusammensetzung dieser Grundwässer ist im Mittel mehrerer Proben für 1 l folgende:

Grundwasser aus	Abdampfrückstand mg	Zur Oxydation erforderlicher Sauerstoff mg	Kalk mg	Magnesia mg	Chlor mg	Schwefelsäure mg	Salpetersäure mg	Ammoniak mg	Salpetrige Säure mg	Keime von Mikrophyten in 1 ccm
Mergelschichten } Münster i. W.	392,1	1,8	131,2	15,3	36,6	51,3	38,4	0	0	22
Sand und Kies } Münster i. W.	157,5	2,0	53,7	5,4	10,7	22,9	23,9	0	0	105
Grauwackenschiefer, Sauerland	64,5	2,7	11,5	7,3	7,1	4,6	4,1	0	0	2000—20000

Die Verschiedenheit der chemischen Zusammensetzung dieser drei Grundwässer, besonders der hohe Gehalt des ersten Wassers an Mineralstoffen, und darunter an Kalk, gegenüber den beiden anderen Wässern erklärt sich aus der Verschiedenheit in der Zusammensetzung der wasserführenden Schichten (des Mergel-, Sand- und Schieferbodens), der verschiedene Gehalt an Mikrophytenkeimen dagegen aus der verschiedenen Filtrationskraft der Bodenschichten (des mehr dichten Mergel- und Sandbodens gegenüber dem durch Risse und Spalten zerklüfteten Schieferboden).

In anderen Fällen kann das Grundwasser, wenn es Bodenschichten durchsickert, die organische Reste wie Torf usw. enthalten, reich sein an organischen Stoffen, oder reich sein an Sulfaten, wenn die Bodenschichten viel Calciumsulfat (oder Magnesiumsulfat) enthalten, oder reich an Chloriden sein, wenn die Bodenschichten wie Kreide und Kalksteine viel Chloride enthalten.

In der norddeutschen Tiefebene begegnet man häufig Grundwässern, welche frei oder fast frei von Sauerstoff sind und Eisenoxydul (als humussaures oder doppeltkohlensaures Eisenoxydul) enthalten; solche Wässer sind dann beim Fördern anfänglich hell und klar, werden aber beim Stehen an der Luft gelblich trübe und setzen einen gelben Bodensatz ab.

Wenngleich diese Art Trübung nicht gesundheitsschädlich ist, so läßt sie doch ein Wasser als wenig genußfähig erscheinen. Es enthält infolge der Reduktion von Nitraten oder Sulfaten auch in der Regel Ammoniak und Schwefelwasserstoff.

Neben dem Eisen kommt auch häufig Mangan vor, und man findet bei solchen Wässern in den Rohrleitungen nicht selten schlammartige Ausscheidungen von Mangansuperoxyd bzw. Manganoxyden, die aus Manganosalzen gebildet werden können.

Mitunter findet bei solchen Grundwässern ein plötzliches Ansteigen an Eisen- und Manganverbindungen (Sulfaten) statt (z. B. Breslau 1906, auch Münster i. W. 1918/19), nämlich dann, wenn durch überstarke Förderung von Wasser der Grundwasserstand infolge zu geringen Wasservorrats sehr stark gesenkt wird. Man kann annehmen, daß beide Sulfate aus den Sulfiden (FeS und MnS), die sich vorher durch Reduktionsvorgänge im Grundwasser gebildet hatten, infolge des eröffneten Luftzutritts durch Oxydation zurückgebildet worden sind. Da sich in den Bodenschichten des Grundwasserbeckens aber meistens Schwefelkies (der leicht oxydierbare Markasit) neben Braunstein findet, so kann man sich den Vorgang der Bildung des Manganosulfats nach H. Lührig auch wie folgt vorstellen:

$$2\,FeS_2 + 14\,O + 2\,H_2O = 2\,FeSO_4 + 2\,H_2SO_4$$

$$\text{und}\quad 2\,FeSO_4 + 2\,H_2SO_4 + MnO_2 = MnSO_4 + Fe_2(SO_4)_3 + 2\,H_2O\,.$$

Aber nicht nur das Grundwasser im Alluvium und Diluvium, sondern die Grund- und Quellwässer aus fast allen geologischen Formationen schließen geringe Mengen Eisen (meistens nicht über 7,0 mg) und Mangan (0,1—2,0 mg, in Breslau bis 20 mg, für 1 l) ein und begünstigen die Entwickelung der zu den Fadenbakterien gehörenden Eisen- bzw. Manganbakterien (Chlamydothrix oder Leptothrix ochracea, Gallionella ferruginea, Crenothrix polyspora, Clonothrix fusca und Siderocapsa), die schon des öfteren eine Verstopfung der Wasserleitungsrohre bewirkt haben.

Mitunter tritt in dem Grundwasser auch freie Kohlensäure und Salpetersäure auf, nämlich dann, wenn die Bodenschichten arm an Basen, besonders arm an Kalk sind.

Woher die freie Salpetersäure, die wir verschiedentlich im Grundwasser des nordwestlichen Deutschlands aus sandkiesigen Bodenschichten gefunden haben, rührt, ist noch nicht aufgeklärt. Vielleicht rührt sie von untergegangenen Tieren oder Tierresten her, von denen alle anderen Bestandteile oxydiert und verflüchtigt worden sind; aber dann müßten solche Wässer auch erhöhte Mengen Chloride und Sulfate oder deren Säurebestandteil enthalten, was nicht der Fall ist. Wahrscheinlicher erscheint die Abstammung aus dem Regenwasser, welches sich in dem Sandkiesbecken auf undurchlässigen Schichten angesammelt hat, hier während des Sommers reichlich verdunstet worden ist und sich so unter gleichzeitiger Oxydation des auch stets im Regenwasser vorhandenen Ammoniaks allmählich mit Salpetersäure angereichert hat. Auf diese Weise erklärt sich auch, daß solche Wässer kaum nennenswerte Mengen anderer Stoffe (mineralischer wie organischer) enthalten.

Diese Art Grundwässer wirken natürlich stark lösend auf Metall-(Blei-)Röhren und -Gefäße. Im übrigen ist das Grundwasser durchweg klar und durchsichtig und hat neben der Reinheit von Bakterien in genügender Tiefe den weiteren Vorzug vor dem Oberflächenwasser, daß es eine niedrige und gleichmäßige Temperatur besitzt. Denn es nimmt beim Durchsickern und beim längeren Verweilen im Boden die Temperatur des Bodens an und diese schwankt von 4—5 m Tiefe an jährlich nur mehr um 4°; in größerer Tiefe beträgt die Temperatur des Bodens wie des darin enthaltenen Wassers etwa 8—11° und weniger.

Ragt aber das Grundwasser bis in die obersten Bodenschichten über 4—5 m hinaus, dann hören die genannten Vorzüge auf; es nimmt eine höhere und wechselnde Temperatur an, zeigt höheren Gehalt an Bakterien, wird bei starken Regenfällen leicht trübe und kann auch leicht durch Infektionskeime verunreinigt werden.

Wegen der großen Vorzüge des Grundwassers vor dem Oberflächenwasser wird letzteres häufig in Grundwasser umgewandelt, indem man das Flußwasser entweder durch seitliche oder durch senkrechte Filtration von oben, oder nach Benutzung zur Berieselung von Wiesen in den Untergrund bzw. in den Grundwasserstrom überführt.

4. Quellwasser. Quellwasser ist das in besonderen unterirdischen Kanälen, Spalten, Rissen und Klüften sich bewegende, aus einer oder mehreren Ausflußöffnungen austretende Sickerwasser.

Wenn Grundwasser einen seitlichen beständigen Abfluß hat, so kann es zu Quellwasser werden, während Quellwasser, wenn es bei seinem Austreten in feinkörniges Erdreich versickert bzw. durch dieses filtriert, sich dort auf einer wasserundurchlässigen Schicht ansammelt und zur Ruhe gelangt, zu Grundwasser wird. Quell- und Grundwasser lassen sich nicht immer scharf voneinander trennen; beide bilden sich aus dem Regen- bzw. Oberflächenwasser, indem diese beim Durchsickern durch den Boden auf wasserundurchlässige Schichten stoßen; es sind beides Bodenwässer; Quellwasser befindet sich aber in stetiger, größerer oder geringerer Bewegung, während mit dem Begriff Grundwasser mehr der Zustand der Ruhe bzw. der bleibenden Aufstauung des Bodenwassers verstanden wird, der nur durch künstliches Heben des Wassers verändert wird. Grundwasser hat meistens eine vollkommene, Quellwasser durchweg keine oder nur eine geringe Filtration durch feinere Bodenschichten erfahren. Ersteres findet sich vorwiegend im Alluvium und Diluvium, also in Ebenen und Tälern, letzteres dagegen vorwiegend in Gebirgen.

A. Gärtner unterscheidet:

a) Hoch- oder Felsenquellen, welche sich dadurch bilden, daß das in Spalten, Klüften und Rissen des Gebirges versickerte Regenwasser auf eine horizontal geneigte wasserundurchlässige Schicht stößt und seitlich austritt, und zwar absteigend, wenn die letztere in der ganzen Ausdehnung eine gleichmäßige Neigung besitzt, oder aufsteigend, wenn auf der geneigten Ebene eine wasserundurchlässige Querwand eingeschoben ist, welche das Wasser wieder aufzusteigen und über deren Rand auszutreten zwingt.

b) Tiefquellen, welche am Fuße der Berge, im Tale selbst und dann meistens in seinem tiefsten Einschnitt, in weiten Flußniederungen oder in den Einschnitten des Plateaus hervortreten, wovon man wieder Schutt-, Grundwasser-, Überlauf- und Barrierenquellen unterscheiden kann. Diese Quellen durchlaufen meistens weitere Gebirgsstrecken, auch Schutt- und Bodenschichten; sie passen daher ihre Beschaffenheit mehr als die Hochquellen der Beschaffenheit des Bodens an und es finden sich häufig Übergänge zu Grundwasser.

c) Sekundäre Quellen, welche sich durch Verschwinden und Wiedererscheinen von Wasser in Gestalt einer Quelle bilden, das schon an einem anderen, höher gelegenen Ort als Quelle, Bach, Teich oder See vorhanden war.

d) Stollenquellen, die durch Eintreiben von Stollen, vorgetriebene, tunnelartige Bauten in Gebirge oder in Bergwerken, aufgeschlossen werden und bald den Hoch-, bald den Tiefquellen zugerechnet werden können.

Von welcher Bedeutung die Gebirgs- bzw. Bodenart auf die chemische Zusammensetzung eines Quellwassers ist, erhellt aus den unten angegebenen, von der Versuchsstation Marburg im Mittel vieler Proben für 1 l erhaltenen Zahlen[1]).

[1]) Es enthielt 1 l Quellwasser:

Gebirgs- bzw. Gesteinsart	Abdampfrückstand mg	Permanganatverbrauch mg	Kalk mg	Magnesia mg	Schwefelsäure mg	Chlor mg	Salpetersäure mg
Buntsandstein, unterer . . .	72,0	3,4	11,5	4,2	14,4	3,1	Spur
Buntsandstein, oberer (Gips)	2421,0	5,6	842,0	101,2	1144,7	28,4	„
Zechstein, oberer, Plattendolomit	372,5	1,1	118,0	43,6	56,1	5,1	„
Muschelkalk, unterer . . .	352,0	1,1	112,0	41,7	28,1	6,8	7,6
Untere Steinkohle, flözleerer Sandstein	225,0	1,5	76,0	24,5	20,0	8,6	Spur

Das tributäre (d. h. wasserliefernde) Gebiet einer Quelle deckt sich bei einem kompakten, undurchlässigen Gestein (Eruptivgestein) meistens mit dem orographischen Gebiet, d. h. die Wasserscheiden fallen zusammen mit den höchsten Höhenlinien des umgebenden Gebirges; in diesem Falle sind auch nur wenige Risse und Spalten, sowie nur wenig verwittertes Gestein vorhanden; das Regenwasser läuft durchweg an den Abhängen in das Tal hinunter. Bei stark zerklüftetem Eruptivgestein wie ebenso bei geschichteten Gesteinen deckt sich dagegen das Quellgebiet durchaus nicht immer mit dem orographischen Bezirk, weil die oberirdischen Wasserscheiden nicht immer mit den unterirdischen (den wasserundurchlässigen Schichten im Gestein) zusammenfallen.

Fließt das Regenwasser ohne großen Widerstand (ohne wesentliche Filtrierschicht) und rasch in Spalten und Rissen ab, so zeigt ein solches Quellwasser auch eine dem Regenwasser ähnliche schwankende Temperatur; hat der zu durchsickernde Weg in den Bodenschichten eine gewisse Länge, so besitzt das Quellwasser durchweg auch unveränderliche oder nur wenig wechselnde Temperatur, weil das Gestein ein verhältnismäßig guter Wärmeleiter ist. Man darf daher aus der unveränderlichen Temperatur einer Quelle noch nicht schließen, daß sie keine Zuflüsse von schlecht oder mangelhaft filtriertem Oberflächenwasser hat.

Manche Quellwässer werden zu gewissen Zeiten trübe; dieses pflegt meistens nach Regen- oder Schneefällen, und zwar entweder verhältnismäßig kurz oder auch lange nach denselben, aufzutreten. Tritt die Trübung jedesmal bald nach dem jedesmaligen Regen auf, so kann dieselbe in nahe liegenden, schlecht filtrierenden Schichten ihre Ursache haben; wird die Trübung aber erst längere Zeit nach dem Regen beobachtet, so kann angenommen werden, daß dieselbe aus entfernt liegenden Schichten stammt und hierin eine teilweise Filtration stattgefunden hat. Durchweg besteht die Trübung aus Ton bzw. Staubsand, Calciumcarbonat usw.; nicht selten wird aber auch gleichzeitig eine Vermehrung der Bakterien in den trüben, zu anderen Zeiten fast bakterienfreien Quellen beobachtet[1]).

Wenn man bis jetzt das Quellwasser durchweg als das beste und reinste Wasser für menschliche Genußzwecke angesehen hat, so ist das nicht immer richtig; es können neben den im Regenwasser selbst, in den Bodenschichten, in den Spalten und Klüften vorhandenen harmlosen Bakterien unter Umständen auch infektiöse Bakterien in das Quellwasser gelangen, und nach A. Gärtner sprechen verschiedene Fälle dafür, daß Thyphusepidemien durch Quellwässer von vorstehender Beschaffenheit hervorgerufen sind. Aus dem Grunde kann ein Quellwasser einer vorherigen Reinigung für den häuslichen Gebrauch ebenso bedürftig sein wie ein Fluß- oder Oberflächenwasser.

Verunreinigungen und Selbstreinigung des Wassers.

Die vorstehenden Wasserversorgungsvorräte erfahren außer durch Aufnahme von Stoffen aus dem natürlichen Boden und von den Wegen recht häufig noch durch außergewöhnliche Zuleitungen von Schmutzwässern der verschiedensten Art eine Verunreinigung, welche nicht selten ein Wasser für Wasserversorgungen unbrauchbar macht.

I. Art der Verunreinigungen. Am schwerwiegendsten hiervon ist:

1. Verunreinigung der Gewässer durch Kleinwesen, und die Verbreitung ansteckender Krankheiten durch das Wasser. Diese Verunreinigung kommt vorwiegend nur für die Oberflächenwässer in Betracht, kann aber auch bei Grund- und

---

[1]) So wurden nach den Mitteilungen von A. Gärtner für 1 ccm Wasser Keime von Mikrophyten gefunden:

Quelle:	Basaltischer Vogelsberg (Frankfurt)	Kalkmergel bei Soest	Lias bei Meurthe u. Moselle	Alluvium des Donitschkammthales	Stubenquelle bei Kranichfeld (Trias)	Konglomeratschicht de Wellenkalkes bei Jena
In trockenen Zeiten .	3—4	20—275	115—180	72	fast 0	0—90
Nach Regen	45—60	1500—2800	1115—8000	1960—2380	470	bis 18 000

Ähnliche Beobachtungen sind vielerorts gemacht worden.

Quellenwässern auftreten, nämlich dann, wenn der Boden, durch welchen das Tagewasser fließt, Spalten oder Öffnungen enthält oder aus grobem Kies bzw. losem Gerölle besteht. Ist dagegen der Boden, durch welchen das Wasser in die unteren Schichten filtriert, von regelrechtem Gefüge und dicht, so enthält ein Grundwasser, wenn es sämtlich durch solche Schichten filtriert ist, in 4—5 m Tiefe nur wenige oder kaum noch Kleinwesen.

In Oberflächenwasser und nicht genügend filtriertem Grund- bzw. Quellwasser sind aber zahlreiche Kleinwesen aller Art sehr weit verbreitet und nicht selten die Ursache ansteckender Krankheiten.

a) Verbreitung von Infektionskrankheiten durch Bakterien. Allgemein wird jetzt angenommen, daß Cholera und Typhus durch Genuß von infiziertem Wasser entstehen und verbreitet werden. Im Boden halten sich Typhus- und Cholerabakterien verschieden lange, bei niedrigen Temperaturen und in sterilisiertem Boden länger als bei hohen Temperaturen und in rohem Boden. Dagegen bleiben sie in Wasser anscheinend bei höheren Temperaturen länger als bei niederen lebensfähig; bei Temperaturen bis 12° beträgt die Lebensdauer nach verschiedenen Angaben 7—18 Tage; in anderen Fällen waren sie schon nach 24 Stunden verschwunden. Gegen Sonnenlicht sind sie sehr empfindlich; nach Emmerich werden sie auch von Flagellaten, Amöben und sonstigen Infusorien rasch aufgezehrt.

Ebenso wie für Typhus und Cholera sind für Milzbrand, Paratyphus, Ruhr, Weilsche Krankheit (Icterus febrilis infectiosus), Magen-Darmkatarrhe u. a. verschiedene Fälle mitgeteilt, in denen das Wasser als Ursache des Entstehens dieser Krankheiten angesehen worden ist. Indes sind die Schlußfolgerungen für letztere Krankheiten bis jetzt mit einer gewissen Vorsicht aufzunehmen. Auch für Cholera und Typhus, wofür eine Anzahl schlagender Vorkommnisse über ihren Zusammenhang mit dem Trinkwasser mitgeteilt werden, bleiben noch manche Fragen, z. B. woher die erste Infektion in einer sonst immunen Gegend stammt, über das rapide Umsichgreifen der Krankheiten, trotzdem die Krankheitserreger in gewöhnlichem Wasser nur in beschränktem Maße sich vermehren und halten, über die zeitliche und örtliche Begrenzung der Epidemien u. a., einer endgültigen Aufklärung vorbehalten.

Vielfach wird auch die typische Darmbakterie, das Bacterium coli, in einem Wasser als ein besonderes Kennzeichen der Verunreinigung eines Wassers angesehen. Weil aber das Bact. coli nicht allein im menschlichen, sondern auch Warmblüterdarm vorkommt — im Kaltblüterdarm ist es seltener — und auch sonst in der Nähe menschlicher Wohnungen sehr weit verbreitet ist, da es ferner im Wasser sich nicht vermehrt, sondern allmählich zugrunde geht, so kann ein vereinzeltes Vorkommen in einem Oberflächenwasser noch nicht als eine Verunreinigung durch Fäkalien angesehen werden, sondern nur beim Vorkommen einer größeren Anzahl würde eine solche Schlußfolgerung gerechtfertigt sein.

b) Verbreitung von Invasionskrankheiten durch das Wasser. Zu den durch tierische Kleinwesen verbreiteten Krankheiten gehört vorwiegend die Wurmkrankheit oder Ankylostomiasis, die in den Tropen häufig, bei uns vorwiegend bei Bergarbeitern auftritt und sowohl durch Trink- wie Gebrauchswasser verbreitet werden kann[1]).

Auch sonstige Wurmkrankheiten können durch das Wasser übertragen und verbreitet werden, z. B. die Eier des großen Bandwurmes (Bothriocephalus latus), der Leberfäule (Distomum hepaticum) und sonstiger Distomumarten (D. haematobium, D. Ringeri), des Spulwurmes (Ascaris lumbricoides), der Filaria sanguinis, Filaria medinensis usw.

---

[1]) Die Ankylostomen kommen nur in Wasser vor, dessen Wärme andauernd über 20° liegt. Der Wurm nährt sich von der Darmschleimhaut des Menschen und dem daraus entnommenen Blut; er wird im Darm geschlechtsreif. Die Eier werden mit dem Kot entfernt und entwickeln sich in ihm bei genügender Feuchtigkeit und Wärme (20°) zu Larven, die durch Wasser verschleppt und weiter übertragen werden. Sie können nach Loos auch durch die Poren der gesunden Haut hindurchgehen und auf diese Weise (durch Waschwasser) in den Darm gelangen.

c) Vielfach wird auch der in Gebirgen häufig auftretende Kropf und Kretinismus mit dem Wassergenuß in Zusammenhang gebracht; besonders soll ein hoher Kalk- und Magnesiagehalt des Wassers neben wenig Chloriden die Ursache dieser Erscheinung sein. Sichere Beweise aber sind hierfür bis jetzt nicht erbracht; auch die Radioaktivität des Wassers spielt hierbei, wie behauptet, keine Rolle.

2. Verunreinigungen durch Abwässer. Die große Anzahl der Abwässer (Schmutzwässer) läßt sich nach ihrer Zusammensetzung und verunreinigenden Wirkung in folgende Gruppen einteilen:

a) Abwässer mit hohem Gehalt an stickstoffhaltigen organischen Stoffen. Hierzu gehören in erster Linie die häuslichen Abwässer mit menschlichen und tierischen Abgängen, ferner die aus Schlachthäusern, Brauereien, Brennereien, Molkereien, Margarinefabriken, Hefe-, Stärke-, Zuckerfabriken, Gerbereien, Lederfabriken, Lederfärbereien, Leimsiedereien, Flachsrotten u. a. Diese Abwässer sind als häufige Träger pathogener Bakterien am gefährlichsten, können aber auch wegen ihrer fauligen oder fäulnisfähigen Beschaffenheit schädlich wirken.

Bei den stickstoffhaltigen und kohlenhydratreichen Abwässern stellen sich die eigenartigen Abwasserpilze, die Fadenbakterien, ein, wie Beggiatoa, welche den im Schlamm entstehenden Schwefelwasserstoff zu Schwefel oxydiert und letzteren in sich aufspeichert, ferner an stark fließenden Stellen Sphaerotilus natans und Leptomitus lacteus, welche sich als lange, grauweiße Zotten und Strähne flottierend an Steinen, Zweigen, Halmen, freiliegenden Wurzeln usw. im Flußwasser festsetzen.

b) Andere Abwässer, wie die aus Wollwäschereien, Spinnereien, Webereien, Bleichereien, Färbereien, Zeugdruckereien, Appreturanstalten, Papierfabriken sind zwar meistens frei von fauligen und fäulnisfähigen Stoffen, enthalten aber auch viel organische Stoffe und können die Klarheit, die Färbung, den Geruch und Geschmack des Wassers nachteilig beeinflussen, abgesehen davon, daß auch sie unter Umständen wie die ersteren Abwässer und häuslichen Abgänge pathogene Keime mit sich führen können.

c) Die Abwässer aus Gasanstalten, Teer- und Ammoniakdestillationen, Holzessigfabriken, Farbenfabriken, Braunkohlenschwelereien, Sulfitzellstoffabriken u. a. mit hohem Gehalt an organischen Stoffen gehen zwar nicht wie die unter a) in Fäulnis über, schließen aber direkt giftige Stoffe (wie Phenole, Schwefelverbindungen und schweflige Säure, Arsenverbindungen, Pikrinsäure u. a.) ein.

d) Eine vierte Gruppe von Abwässern ist zwar nur durch unorganische Bestandteile gekennzeichnet, kann aber ebenfalls sowohl auf oberirdisch fließendes Wasser als auch nach Eindringen in den Boden auf das Grundwasser verunreinigend wirken. Die Abwässer von Schutthalden, aus Schwefelkiesgruben, von Kieswäschereien, Kiesabbränden, aus Zinkblendegruben, Zinkblendepochwerken, Drahtziehereien, Silberfabriken, Messinggießereien, Knopf- und Nickelfabriken, Verzinkereien u. a. enthalten sämtlich Salze der Schwermetalle, vielfach auch freie Säuren (Schwefelsäure oder Salzsäure). Bei den Abwässern der Schutthalden der Soda- und Pottaschefabriken nach Leblancs Verfahren kommen freier Kalk, Calcium- und Natriumsulfid, bei den aus Chlorkalkfabriken freies Chlor bzw. unterchlorigsaures Calcium, bei den aus Galvanisierungsanstalten und bei der Verarbeitung der Melasseschlempe auf Cyankalium letzteres und freier Cyanwasserstoff in Betracht, während sich die Abwässer aus Steinkohlengruben, von Salinen, Salzsiedereien und Kalisalzfabriken durch einen hohen Gehalt an Chloriden von Natrium, Calcium und Magnesium auszeichnen. Einige Steinkohlengrubenwässer enthalten auch Barium- und Strontiumchlorid, andere wieder Ferrosulfat und freie Schwefelsäure.

3. Verunreinigung durch Schwermetalle, bleilösende Wirkung des Wassers. Außer durch künstliche Zuleitung von industriellen Abwässern oder Abfällen, die Schwermetalle enthalten, können letztere auch noch auf sonstige Weise in das Wasser gelangen. So sind in Brunnenwässern, die aus zinkcarbonathaltigen Erdschichten gespeist werden, 7—8 mg

Zink in Form von Zinkbicarbonat festgestellt worden. Zinkblendehaltige Gebirgsschichten liefern in den Quellwässern noch höhere Gehalte an Zink, nämlich nach Hillenbrand in Missouri 120—132 mg für 1 l in Form von Zinksulfat. Verf. fand in einem Quellwasser aus Zinkblendegruben bis 322,0 mg Zinkoxyd für 1 l in Form von Sulfat. Solche hohe Gehalte geben sich schon durch einen herben Geschmack zu erkennen; dagegen soll ein Wasser, welches bis 20 mg Zink in 1 l enthält, dauernd genossen werden können, ohne daß nachteilige Wirkungen auftreten.

Zinn ist bis jetzt noch nicht im Wasser gefunden; auch treten Kupfer und Blei in dem freien, natürlichen Wasser wohl nicht auf; dagegen können letztere beiden Metalle aus Rohrleitungen und Gefäßen in das Wasser übergehen, wenn dieses gleichzeitig Sauerstoff und freie aggressive Kohlensäure enthält. Unter „aggressiver Kohlensäure" ist nach J. Tillmans derjenige Teil derselben zu verstehen, der über die Menge hinaus, die zur Löslichhaltung des Calciumbicarbonats erforderlich bzw. ihm „zugehörig" ist, im Wasser vorkommt.

Das im Wasser vorhandene Calciumbicarbonat bedarf nämlich, um gelöst zu bleiben, eines bestimmten, der vorhandenen Menge entsprechenden Überschusses an freier Kohlensäure, und erst die Menge der letzteren, welche über diesen Überschuß[1]) hinaus im Wasser vorkommt, wirkt bei gleichzeitig vorhandenem Sauerstoff lösend auf Calciummonocarbonat, Blei, Kupfer und andere Schwermetalle. Daher kommt es, daß bei einem gleichen Gehalt an freier Kohlensäure ein weiches (carbonatarmes) Wasser stärker bleilösend wirkt, als ein hartes Wasser.[2]) Regenwasser mit verhältnismäßig hohem Gehalt an „aggressiver" Kohlensäure bei nur wenig gelöstem Calciumbicarbonat wirkt stark bleilösend; ein reichlicher Gehalt von Chloriden und Nitraten, ebenso Legierungen bzw. Vermengungen oder Berührungen von Blei mit anderen Metallen (Zinn, Kupfer) unterstützen — letztere infolge elektrolytischer Wirkungen — die bleilösende Wirkung eines aggressive Kohlensäure enthaltenden Wassers. Hartes Wasser vermindert aber noch dadurch die bleilösende Wirkung, daß es die innere Wandung mit einer Schicht von Carbonaten (unter Umständen auch Silicaten, Ton) überzieht, welche die Bleiwandung vor dem Angriff des Wassers schützt.

Die schützende Wirkung pflegt nach verschiedenen Erfahrungen schon bei Härtegraden (Carbonathärte) aufzutreten, wenn das Wasser auf Rosolsäure nicht sauer reagiert. Schwefelsäurehärte gewährt keinen Schutz. Nur dem schützenden Einfluß der Carbonate ist es zuzuschreiben, daß eine Bleivergiftung durch Trinkwasser weniger häufig auftritt, obschon die verwendeten Leitungswässer recht häufig eine bleilösende Eigenschaft besitzen.

Mengen von 0,3—0,5 mg Blei in 1 l Wasser werden auch bei dauerndem Genuß nicht als schädlich angesehen. Größere Mengen (über 1,0 mg hinaus) wirken akkumulativ, und zwar um so schneller, je höher der Gehalt ist[3]).

[1]) H. Klut hat z. B. gefunden, daß das Berliner Leitungswasser mit 10,3 deutschen Härtegraden und 0,9 mg freier Kohlensäure im Anfange aus den dort üblichen Bleirohren 5,9 mg, im nächsten Monat 3,8 mg, im dritten Monat 0,9 mg und nach 18 Monaten nur mehr 0,35—0,30 mg Blei für 1 l löste, welcher letzterer Gehalt dann weiter verblieb.

[2]) Die zugehörige, d. h. die Kohlensäure, die notwendig ist, um Calciumbicarbonat in Lösung zu halten, steigt mit der Menge desselben rasch an; so erfordern:

Carbonathärte	5 mg	10 mg	15 mg	20 mg	190 mg
Zugehörige Kohlensäure . .	1,79 „	11 „	44 „	107 „	190 „

Durch geringe Beimengungen von Magnesiumbicarbonat werden diese Werte nicht verändert, durch größere dagegen etwas vermindert, als wenn die gleiche Härte nur durch Calciumbicarbonat bedingt wäre. Stark carbonatharte Wässer erfordern daher so viel freie Kohlensäure, um die Carbonate in Lösung zu halten, daß sie kaum noch aggressive Kohlensäure enthalten werden. 36,0 mg Calciumcarbonat in 1 l Wasser können auch ohne freie Kohlensäure gelöst bleiben.

[3]) Bleivergiftungen (chronische) äußern sich in Verstopfungen, Bleikolik, Bleigicht, Lähmungen, Sehstörungen, Taubheit, Delirien u. a. Vorzeitig erkannt können die Bleivergiftungen

II. Die Selbstreinigung von den Verunreinigungen. Die den Oberflächenwässern und den Böden zugeleiteten Verunreinigungen erfahren eine natürliche Zersetzung, die in beiden Fällen zu ähnlichen Endergebnissen führt, aber nur bei den Oberflächenwässern als „Selbstreinigung“ (Selbstreinigung der Flüsse) bezeichnet wird.

1. Selbstreinigung der Flüsse. Unter „Selbstreinigung der Flüsse“ ist die bleibende Unschädlichmachung der zugeführten verunreinigenden Stoffe, sei es durch mechanische oder chemische Vorgänge, sei es durch Umwandlung toter organischer Stoffe in unschädliche Lebewesen oder in sich verflüchtigende Gase, zu verstehen.

Die Selbstreinigung beginnt zunächst mit einer Verdünnung, die um so stärker wirkt, je höher die zugeführten Stoffe verdünnt werden, und die unter Umständen bis zur Unschädlichmachung führen kann; ferner mit einer Zerkleinerung und Zerreibung der Stoffe, wodurch die weitere Zerlegung unterstützt wird.

Wenn aber von den verschiedensten Seiten in der Niederschlagung von Schwebe- und Sinkstoffen, besonders von Bakterien, das eigentliche Wesen der Selbstreinigung der Flüsse angesehen wird, so ist dieses nicht richtig; denn der niedergeschlagene Schlamm kann, wenn er stickstoffhaltige organische Stoffe einschließt, in Fäulnis übergehen und fortgesetzt schädlich wirken, oder er kann bei Hochfluten auf Ländereien gespült werden und dort wieder Schaden anrichten. Wenn ein fauliges, d. h. schwefelwasserstoffhaltiges Abwasser mit einem solchen, welches Schwermetalle (z. B. Ferrosulfat) enthält, zusammenfließt, so kann sich Schwefelmetall (z. B. Ferrosulfid) bilden, welches sich als unschädlich vorübergehend im Fluß absetzen kann; aber eine Selbstreinigung ist dieses nicht, weil das Schwefelmetall bei Hochfluten wieder aufgerührt wird und dann im Flußwasser selbst oder auf Ländereien wieder schädlich wirken kann. Auch in der Hochflut kann, was vielfach übersehen wird, nur dann ein Selbstreinigungsvorgang erblickt werden, wenn der Schlamm bis ins Meer fortgeführt wird, wo er auf Jahrtausende gelagert bleibt. Lagert sich der Schlamm aber nach kurzem Fließen des Wassers wieder ab, so ist das nur eine vorübergehende örtliche Selbstreinigung, und wenn fortgesetzt neue übermäßige Schlammassen in den Fluß gelangen, die nicht in demselben Maße in das Meer abfließen wie sie zugeführt werden, so ist mit der Zeit eine vollständige Verschlammung des Flusses zu erwarten, in derselben Weise wie bei Landseen, die keinen oder keinen genügenden Abfluß haben.

Dagegen können freie Säuren, z. B. Schwefelsäure, Salz- und Salpetersäure, durch die im Flußwasser vorhandenen Carbonate gebunden, freier Kalk durch vorhandene Kohlensäure in Calciumbicarbonat übergeführt und dauernd unschädlich gemacht werden; das sind also wirkliche Selbstreinigungsvorgänge, wie ebenso die Verflüchtigung von freier Kohlensäure, von freiem Ammoniak und sonstigen Gasen aus dem Wasser in das Luftmeer.

Über den wirklichen Selbstreinigungsvorgang von organischen Stoffen, die, wie schon lange angenommen wurde, durch Mikroorganismen zersetzt werden, haben wir erst in den letzten Jahren durch die dankenswerten Untersuchungen von Kolkwitz und Marsson eine volle Aufklärung erfahren. Hiernach kann man bei der Selbstreinigung von organischen Stoffen durch Mikroorganismen drei Zonen unterscheiden, nämlich:

---

werden an dem Auftreten von Hämatoporphyrin im Harn, an der Tüpfelung der Blutzellen bei bestimmten Färbungen, anscheinend auch an der Körnelung der Blutkörperchen und unter Umständen an dem schwarzen Saum (Bleisulfid) des meist geschrumpften Zahnfleisches. Als allgemein anwendbares Vorbeugungsmittel ist zu empfehlen, daß man das Wasser, welches über Nacht oder sonst längere Zeit in den Rohren gestanden hat, ausfließen läßt und nicht zum Trinken und Kochen verwendet; denn nach Auerbach können auch Bleivergiftungen durch ausgeschiedenes Blei dadurch zustande kommen, daß dieses durch die Magensäure gelöst und im Magen selbst oder im oberen Teil des Darmes resorbiert wird.

1. Die Zone der Polysaprobien. Sie zeichnet sich durch einen Reichtum an Schizomyceten aus, sowohl was Individuenzahl, Spezies als auch Gattung anbelangt; die Anzahl der Bakterienkeime für 1 ccm kann eine Million übersteigen. Auch farblose Flagellaten-, Tubificiden- und Chironomuslarven sind in dieser Zone häufig. Von den Organismen können einzelne, wie Sphaerotilus, der neben der Bewegung des Wassers Belüftung notwendig hat, wohl in die zweite, aber niemals in die dritte Zone übergehen. In der ersten Zone werden die hochmolekularen, zersetzungsfähigen organischen Stoffe wie Proteine, Fette und Kohlenhydrate abgebaut; infolgedessen treten Reduktionserzeugnisse (Schwefelwasserstoff), Mangel an Sauerstoff, Zunahme an Kohlensäure und häufig Schwefeleisen im Schlamm auf. Fische halten sich in dieser Zone nicht auf. Größere Flüsse, welche auf längere Strecken polysaproben Charakter tragen, sind bei uns selten; die stark verschmutzt aussehende Wupper ist nicht polysaprob; dagegen zeigt z. B. die stark mit Abwässern aller Art belastete Emscher an einigen Stellen polysaproben Charakter.

2. Die Zone der Mesosaprobien. Diese Zone zerfällt in zwei Teile, in einen α-Teil, der sich noch an die erste Zone anschließt, viele Schizophyceen, farblose Flagellaten, und bei stark bewegtem Wasser auch Fadenbakterien und -pilze enthält; es treten aber auch schon chlorophyllführende Pflanzen und Oxydationserscheinungen auf. Die Proteine sind bis zu Aminosäuren und Ammoniak abgebaut; Beispiele dieser Art sind verschmutzte Gräben und Teiche, besonders von Rieselfeldern, worin schon Fische fortkommen können. In dem β-Teil dieser Zone schreitet die Mineralisierung in erhöhtem Maße weiter, es tritt Salpetersäure auf (z. B. in dem Drainwasser von Rieselfeldern). Die Zahl der Bakterienkeime beträgt meistens unter 100 000 für 1 ccm. Dieser Teil kann der der Bacillariaceen (Diatomeen) genannt werden; neben Kieselalgen finden sich viele Arten von Chlorophyceen, unter der Mikrofauna Flagellaten, Ciliaten, Rotatorien, Mollusken und Crustaceen[1]).

3. Die Zone der Oligosaprobien. In dieser fehlen die Polysaprobien vollständig; die Bakterienkeime betragen durchweg unter 1000 für 1 ccm. Peridinales (einzellige Thallophyten) kommen, wenn überhaupt vorhanden, zu typischer Entwicklung; Chlorales beginnen aufzutreten. Der Gehalt an organischem Stickstoff pflegt 1 mg für 1 l nicht zu übersteigen. Der Verbrauch an Kaliumpermanganat und die Sauerstoffzehrung sind nur gering. Es stellen sich auch die gegen Abwässer empfindlichen Fische ein. Der in diesen Wässern sich absetzende Schlamm kann noch β-mesosaproben Charakter haben.

Die Wasseralgen können nach Löw und Bokorny auch aus freien organischen Säuren (Essigsäure usw.) Stärke bilden und aus Harnstoff, Glykokoll, Leucin, Tyrosin usw. direkt Protein aufbauen; Große-Bohle und Verf. fanden, daß auch höhere Wasserpflanzen in Lösungen, die Asparagin oder Albumosen und dabei Dextrin enthielten, üppig gediehen. Der biologische Vorgang bei der Selbstreinigung der Flüsse ist daher ein sehr vielseitiger. Die toten organischen Stoffe durchlaufen die verschiedensten niedrigen Lebewesen bis hinauf zu wieder genießbaren Fischen.

Die Selbstreinigung der Flüsse wirkt aber nur bei genügender Verdünnung des Abwassers sowie bei genügender Stromgeschwindigkeit ausreichend und sicher. Eine 15fache Verdünnung bei 0,6 m Stromgeschwindigkeit, selbst bei Niedrigwasser, ist nach der früheren v. Pettenkoferschen Forderung zweifellos für häusliche Abgänge nicht ausreichend, auch wenn sie von Schwebestoffen befreit sein sollten, was stets gefordert werden muß.

Außer der Beschaffenheit und Menge der Verunreinigungen spielen aber bei der Selbstreinigung die natürliche Zusammensetzung des Flußwassers, seine Temperatur, die Beschaffen-

[1]) In verunreinigten Brunnen werden, wenn die häuslichen Abwässer durch Bodenfiltration nicht genügend gereinigt sind, hauptsächlich Mesosaprobien auftreten, seltener auch Polysaprobien, da ja die Verunreinigung der Brunnen in der Gegenwart wohl nur in Ausnahmefällen so weit gehen wird, daß diese polysaproben Zustand annehmen.

heit des Flußbettes wie der Flußufer, freier Lauf oder Unterbrechung desselben durch Schleusen usw. eine wesentliche Rolle, so daß Städte und Gewerbe nur in seltenen Fällen von der selbstreinigenden Kraft der Flüsse allein Gebrauch machen können.

Als Zeichen der Reinheit eines Flußwassers sind nach A. Gärtner anzusehen: der Flohkrebs (Gammarus pulex, 1 cm lang), die Larven der Kriebelmücke (Simulia ornata), die Larven der Köcherfliege (Hydropsyche atomaria) und die Napfschnecke (Ancylus fluviatilis); von den Pflanzen: der Tannenwedel (Hippuris vulgaris), der Frühlingswasserstern (Callitriche vernalis), das Bachquellkraut (Montia rivularis), sowie Scirpus lacustris, die gelben und weißen Seerosen.

2. Reinigung der Schmutzwässer durch den Boden. Von den menschlichen Auswürfen, den häuslichen Spülwässern, wie ebenso von den tierischen und industriellen Abgängen, dringt fortgesetzt ein nicht unerheblicher Teil in den Boden. Denn selbst gut zementierte Abort- und Düngergruben werden mit der Zeit, besonders wenn die Wandungen zeitweise dem Frost ausgesetzt sind, undicht und geben einen Teil des Inhaltes an das umliegende Erdreich ab. Nur bei dem neuerdings in größeren Ortschaften durchweg eingeführten Schwemmsystem ist eine Verunreinigung des Bodens ziemlich ausgeschlossen.

Der Boden hat zwar die günstige Eigenschaft, diese Fäulnis- und verunreinigenden Stoffe festzuhalten und mit Hilfe der vorhandenen Bakterien und des nachtretenden Luftsauerstoffs zu Wasser, Kohlensäure, Schwefelsäure und Salpetersäure zu oxydieren bzw. zu binden. Allein das Oxydations- und Absorptionsvermögen des Bodens für diese Fäulnisstoffe ist kein unbegrenztes; er wird je nach seiner physikalischen Beschaffenheit mehr oder weniger rasch mit denselben gesättigt und kann sie bei dem fortwährenden Nachtreten dieser Stoffe nicht mehr bewältigen, da keine Pflanzendecke vorhanden ist, die oxydierten bzw. mineralisierten Fäulnisstoffe aufzunehmen. Diese oder die Fäulnis- bzw. Umsetzungsstoffe gelangen durch das Regensickerwasser oder durch hochsteigendes Grundwasser in immer tiefere Schichten, worin die Schöpfstellen für das Brunnenwasser liegen.

Die große Menge der sich bildenden Kohlensäure löst den Kalk als Calciumbicarbonat; der Schwefel der organischen Substanzen wird zum Teil zu Schwefelsäure oxydiert, welche Veranlassung zur Bildung von schwefelsauren Salzen (vorwiegend von Calciumsulfat, auch Magnesium- und Alkalisulfat) gibt; ein anderer Teil desselben verbleibt im Zustande von Schwefelwasserstoff als erstes Fäulniserzeugnis.

Die stickstoffhaltigen Bestandteile der Fäulnismasse werden in Ammoniak umgesetzt; dieses verwandelt sich unter günstigen Verhältnissen durch Oxydation ganz in Salpetersäure, unter Umständen behält es wegen ungenügenden Sauerstoffzutrittes zum Teil seinen Zustand als Ammoniak bei oder erfährt nur eine Oxydation bis zu salpetriger Säure. Die Nitrate können unter dem Einfluß von Bakterien zu Nitriten (salpetriger Säure) bzw. freiem Stickstoff desoxydiert werden, wobei der freigewordene Sauerstoff auf die vorhandenen Kohlenhydrate usw. übertragen wird. Diese zerfallen unter dem Einfluß des Sauerstoffs entweder in Kohlensäure und Wasser oder werden nur in organische Säuren (Humussäuren usw.) umgewandelt.

Derartig verunreinigte Brunnenwässer zeigen alsdann durchweg einen sehr hohen Gehalt an Trockenrückstand im ganzen, an Calcium-, Magnesiumcarbonat und Calcium- oder Magnesium- usw. Sulfat, sowie an Alkalisalzen — auch das Kali ist in solchen verunreinigten Wässern vermehrt —, sie haben einen hohen Gehalt an Salpetersäure und durchweg auch an organischen Stoffen, enthalten häufig Ammoniak oder noch unzersetzte Stickstoffverbindungen, salpetrige Säure, häufig Schwefelwasserstoff, und da alle tierischen Abfallstoffe reich an Chlornatrium sind, so weisen solche Brunnenwässer auch einen hohen Gehalt an Chlor auf, das in seinen verschiedenen Salzen vom Boden nicht absorbiert wird. Mitunter ist die Oxydationskraft des Bodens so groß, daß die organischen Stoffe fast vollständig oxydiert werden und sich keine erhöhten Mengen davon im Wasser nachweisen lassen, während die anderen gebildeten Bestandteile, Carbonate, Sulfate, Nitrate und Chloride eine starke Vermehrung im Brunnen- bzw. Grundwasser zeigen. Auch zeigen derartig verunreinigte Brunnenwässer infolge der guten Oxydations- und Filtrationskraft des Bodens häufig nur verhältnismäßig wenig Keime von Mikrophyten[1]).

Zwar hängt die Zusammensetzung der reinen Grund- oder Quellwässer vorwiegend von der Art der Bodenschichten ab, in und aus welchen das Wasser seinen Ursprung nimmt; sie sind danach bald ärmer, bald reicher an Mineralstoffen, aber eines kennzeichnet sie alle, nämlich der geringe Gehalt an organischen Stoffen[2]), Chlor[3]) und Salpetersäure, das Fehlen von Ammoniak und salpetriger Säure, also gerade der Bestandteile, die sich bei der Fäulnis von menschlichen oder tierischen Auswürfen und Abfallstoffen bilden.

Wenn aber ein Brunnenwasser gleichzeitig einen verhältnismäßig hohen Gehalt an organischen, durch Chamaeleon oxydierbaren Stoffen, an Chloriden, Nitraten und ferner auch an Sulfaten und Kaliumpermanganat gegenüber anderen Brunnenwässern aus denselben Bodenschichten aufweist, so ist mit Bestimmtheit auf eine Verunreinigung genannter Art zu schließen; für Ammoniak (und salpetrige Säure) oder gar für Schwefelwasserstoff[4]) läßt schon der qualitative Nachweis diesen Schluß zu.

Von diesen Bestandteilen erleiden die Chloride von Natrium, Calcium und Magnesium weder im Boden noch im Wasser eine Absorption oder Umsetzung, sondern gehen als solche in das Wasser — auch in das Grundwasser — über. Die freien Säuren werden durch Basen und Carbonate des Bodens und Wassers — vorwiegend von Calciumcarbonat, Eisen- und Aluminiumhydroxyd — so lange gebunden, als noch Vorrat vorhanden ist; ist dieser erschöpft, so treten sie als freie Säuren im Wasser auf. Die Salze der Schwermetalle (und auch Kaliumsalze) werden im Boden und auch im Wasser selbst mit anderen Salzen — vorwiegend Carbonaten und Silicaten — umgesetzt, vom Boden festgehalten oder im Wasser unlöslich ausgeschieden, während die in erhöhter Menge gebildeten leicht löslichen Salze des Bodens in das Grundwasser übergehen.

Die sonstigen Reinigungsverfahren für Schmutzwasser, besonders für die an organischen Stoffen reichen Schmutzwässer, die Bodenberieselung, die intermittierende Bodenfiltration, das biologische Verfahren, die mechanische und chemisch-mechanische Reinigung haben für die Wasserversorgung nur ein indirektes Interesse, insofern sie einer zu starken Verschmutzung der zu den Versorgungen dienenden Wässer vorbeugen sollen. Dagegen sind noch eine Reihe künstlicher Reinigungsverfahren in Gebrauch, welche die Beschaffenheit der zu Trink- und häuslichen Gebrauchszwecken verwendeten Wasservorräte verbessern sollen und können.

---

[1]) Die vorstehenden Beziehungen konnten wir in mehreren Städten Westfalens feststellen; unter anderen ergab sich in Salzbergen für 1 l Brunnenwasser aus durchweg Sandschichten:

Verunreinigung	Abdampfrückstand mg	Organische Stoffe mg	Kalk mg	Magnesia mg	Kali mg	Natron mg	Chlor mg	Salpetersäure mg	Schwefelsäure mg	Kieselsäure und Silicate mg
Keine	163,9	51,1	17,0	4,3	8,6	19,4	24,2	27,5	22,0	7,3
Schwache . . .	464,7	122,1	84,8	15,8	15,4	37,5	56,2	80,0	55,9	10,9
Starke	967,2	109,8	204,2	24,0	47,8	105,7	148,7	163,3	133,9	12,5

Ähnliche Verhältnisse haben wir in mehreren, lange bewohnten, nicht kanalisierten Städten Westfalens nachweisen können. In Brunnenwässern der Altstadt Münsters fanden wir bis 488,5 mg Salpetersäure in 1 l.

[2]) Mit Ausnahme derjenigen Wässer, die aus bituminösen Schiefern oder moorigen Bodenschichten usw. herstammen.

[3]) Vorausgesetzt, daß die Quellen nicht kochsalzhaltige Schichten berühren.

[4]) Mit Ausnahme der eisenoxydulhaltigen Wässer, in denen sich häufig Ammoniak und Schwefelwasserstoff als natürliche Bestandteile finden.

Künstliche Reinigungsverfahren für Trink- und Gebrauchswasser.

Zur Verbesserung des zur Wasserversorgung bestimmten Wassers sind sowohl im großen als im kleinen (in den Haushaltungen selbst) eine Reihe von Verfahren in Gebrauch, welche der Beschaffenheit des betreffenden Wassers angepaßt werden müssen und hier nur kurz besprochen werden können.

1. Reinigung in Aufstau- bzw. ***Absatzbehältern.*** Diese Art Reinigung wird mitunter im großen vorgenommen, wenn das für Leitungen zu verwendende Wasser Schwebestoffe enthält, welche wie die mineralischer Art spezifisch schwerer als Wasser sind; ist der Unterschied im spez. Gewicht, wie z. B. zwischen organischen Stoffen und Wasser nur gering, so sucht man die Niederschlagung der Schwebestoffe durch Zusatz von Chemikalien (Ätzkalk, Kaliumpermanganat, Aluminium oder Eisensulfat) zu befördern. Bei Anwendung von Ätzkalk findet gleichzeitig ein Weichmachen des Wassers statt [$CaH_2(CO_3)_2 + CaO = 2\,CaCO_3 + H_2O$]. Meistens verwendet man Aluminiumsulfat, wobei nach der Gleichung $Al_2(SO_4)_3 + 3\,CaH_2(CO_3)_2 = 2\,Al(OH)_3 + 3\,CaSO_4 + 6\,CO_2$ ein Teil der Härte in permanente Härte umgewandelt wird. Zur Niederschlagung der Schwebestoffe empfehlen sich 2—4 Stück Klärbecken in Form von Rechtecken, deren Längsseiten 3—6 mal so lang sind als die Breitseiten; die Seitenwände werden zweckmäßig ausgemauert oder ausgepflastert und mit schrägen bzw. steilen Böschungen angelegt, um eine seitliche Schlammablagerung zu vermeiden. Eine Bedachung wird meistens nicht vorgenommen, um die bactericide Wirkung des Sonnenlichtes nicht abzuschließen, wiewohl auf diese Weise, besonders bei flachen Becken, eine stärkere Erwärmung bzw. eine schwankende Temperatur sowie eine Verunreinigung durch Luftstaub verursacht werden kann. Findet eine unterbrochene Entnahme des Wassers statt, so müssen die Klärbecken so eingerichtet werden, daß sie den Höchstbedarf an Wasser von mehreren Tagen zu fassen vermögen, und werden dann zweckmäßig 4 Klärbecken mit dem 2—3fachen Inhalt des täglichen Höchstwasserverbrauches angelegt, um eine genügende Vorklärung einschließlich Reinigung von Bodenschlamm zu erzielen. Soll dagegen ununterbrochen Wasser entnommen werden, so müssen die Becken so groß angelegt werden, daß die Durchflußgeschwindigkeit in den Becken höchstens 1—2 mm in der Sekunde beträgt. Die Entnahme des Wassers aus den Klärbecken muß durch entsprechende Einrichtungen (oben Zufluß, unten Abfluß) so geschehen, daß der Bodenschlamm nicht mit aufgerührt wird.

Bei zweckmäßiger Ausführung der Aufstauung nehmen mit den Schwebestoffen auch die Bakterien und der Kaliumpermanganatverbrauch ab; bei zu langer Aufstauung kann indes an Bakterien, besonders auch an Algen, eine Vermehrung statthaben.

2. Reinigung durch Filtration im großen. Die Reinigung durch Filtration ist am meisten gebräuchlich. Zur Herstellung der Filter dient meistens Sand. Inwieweit die natürlichen Bodenschichten neben den Flüssen (natürliche seitliche Filtration) hierzu verwendet werden können, ist schon S. 723 gesagt worden. Durchweg aber werden die Sandfilter künstlich aufgebaut, und man unterscheidet eine langsame und schnelle Sandfiltration.

a) Langsamsandfiltration. Dieser geht vielfach eine Vorreinigung, sei es in den vorstehenden Staubecken oder durch Vorfiltration, voraus, um das Plankton und sonstige Schwebestoffe zu entfernen; in Remscheid z. B. läßt man das zu filtrierende Wasser erst durch Filtertücher laufen, die sich auf einer Kiesunterlage befinden. In Magdeburg und anderswo bedient man sich der Puech - Chabal - Filter, die aus mehreren übereinanderliegenden Stufen mit grober Filtermasse bestehen, bei denen das Wasser von einer Stufe in die andere fällt; die erste Stufe enthält taubeneigroße, die zweite Stufe haselnußgroße und die dritte bohnengroße Steinchen. Bei dem jedesmaligen kaskadenartigen Überfall von einer Stufe in die andere erfährt das Wasser eine ausgiebige Lüftung und Belichtung.

In anderen Fällen hat man eine Doppelanlage von Feinfiltern (Bremen) und leitet das von einem Feinfilter abfließende, nicht genügend gereinigte Wasser auf ein zweites Feinfilter.

Die Feinfilter werden zweckmäßig mit schrägen Wandungen angelegt und pflegen meistens in der Weise aufgebaut zu werden, daß zu unterst grobe, darauf kleinere Bruchsteine liegen, auf welchen zunächst grobkörniger Kies, weiter feinkörniger Kies und zuletzt Sand aufgeschichtet werden. Die Sandschicht schwankt von 0,6—1,0 m, die des Kieses mit Steinen von 0,3—0,6 m Höhe; die Höhe der Schichten und die Korngröße des Sandes, Kieses und der Steine betragen z. B. bei den Bremener Sandfiltern von oben nach unten:

	Sand	Kies				Steine
		Hirsekornstärke	Erbsenstärke	Bohnenstärke	Nußstärke	
Höhe der Schicht in m	1,00	0,06	0,06	0,08	0,15	0,25
Korngröße in mm .	0,5—1,0	3,0—5,0	10,0—20,0	20,0—30,0	30,0—60,0	60—150

Durchweg pflegt der Kies der unteren Lage 3—4 mal so grob zu sein wie der darauf liegende, und muß dafür gesorgt werden, daß an keiner Stelle sich Lagen von größerer Kornverschiedenheit unmittelbar berühren oder Lücken bzw. Hohlräume sich bilden. Die Höhe der zu filtrierenden Wasserschicht schwankt je nach dem Sande und dem Wasser zwischen 0,6—1,0 m, die Größe der Filterfläche zwischen 607—7650 qm, im Durchschnitt zwischen 2000—3000 qm; in der Leistung sind große und kleine Filter für gleiche Flächen gleich; die großen Filter, von denen jedes selbständig für sich kontrollierbar sein muß, sind nur in der Unterhaltung (Erneuerung) unangenehmer und kostspieliger. Beim Inbetriebsetzen der Filter füllt man dieselben, um die Luft auszutreiben, durch Reinwasser von unten nach oben, später stets von oben, indem man das Wasser auf einer Pflasterschicht so einfließen läßt, daß die Sandoberfläche nicht zerstört wird; für die Ableitung der in den Filtern während des Betriebes sich ansammelnden Luft, welche die Schleimdecke zerstören kann, befinden sich Entlüftungsröhrchen in den seitlichen Wänden. Die Filter pflegen überwölbt oder offen angelegt zu werden. Die überwölbten Filter erleichtern den Rieselbetrieb bei Frostwetter und erzielen eine gleichmäßigere Temperatur, erschweren aber die Reinigung der Filter.

Aus den Filtern tritt das Wasser in einen Entleerungskanal, in welchem es mittels eines Schwimmers auf gleicher Höhe gehalten, d. h. hoch und niedrig eingestellt werden kann, wodurch eine gleiche Filtrationsgeschwindigkeit in den Filtern ermöglicht wird.

Aus den Filter-Entleerungskanälen tritt das Wasser in den Reinwasserbehälter, der zweckmäßig in doppelter Anordnung angelegt wird, um bei etwaiger Ausschaltung des einen Behälters den Betrieb aufrechterhalten zu können. Auch muß der Reinwasserbehälter so angelegt werden, daß das Wasser in ihm nicht stillsteht, sondern durch die Entnahme von Wasser in beständiger Bewegung ist.

Die Filter liefern erst dann ein keimarmes und gebrauchsfähiges Filtrat, wenn sich auf denselben eine genügend starke Schleimschicht — aus Ton, Eisen- und Aluminiumhydroxyd, Kieselsäurehydrat, aufgeschlämmten Carbonaten, lebloser organischer Substanz, Algen und Bakterien — gebildet hat. Die Dauer der Bildung beträgt in einigen Fällen und bei offenen Filtern nicht ganz einen Tag, in anderen Fällen und bei geschlossenen Filtern $1^1/_2$ bis 2 Tage. Die Filtrationsgeschwindigkeit schwankt von 50—260 mm und beträgt im Mittel etwa 90 mm in der Stunde; sie soll im allgemeinen 100 mm nicht übersteigen.

Die Filtration muß so verlaufen, daß die Keimzahl in 1 ccm des Filtrats 100 nicht übersteigt, bei Züchtung während zweier Tage auf Nährgelatine bei 20—22° und bei Zählung mit der Lupe.

Die Laufzeit (Gebrauchsfähigkeit) der Filter ist je nach der Beschaffenheit des Wassers und Sandes, der Jahreszeit, der Filtrationsgeschwindigkeit und dem Filtrationsüberdruck sehr verschieden; sie schwankt im allgemeinen zwischen 10—40 Tagen und beträgt durchschnittlich etwa 25 Tage.

Die Wirkung der Filter erstreckt sich vorwiegend oder fast nur auf Zurückhaltung der Schwebestoffe und Bakterien des Rohwassers; eine chemische Wirkung bzw. eine Oxydation der gelösten organischen Stoffe findet nur in beschränktem Maße statt. Die Zurückhaltung der Schwebestoffe und Bakterien ist um so vollkommener, je wirksamer, d. h. dichter die Schlick- oder Schleimschicht ist; bei einer gewissen Stärke aber läßt sie kein Wasser mehr durch; es wachsen auch mit der Zeit Bakterien in die Filter hinein und gehen mit ins Filtrat, so daß die Filter zu Anfang und Ende der Laufzeit am meisten der Gefahr ausgesetzt sind, auch pathogene Bakterien aus dem Rohwasser durchzulassen. Aus dem Grunde müssen die Filter, wenn die Schlickschicht eine gewisse Höhe — durchweg von 2 cm — erreicht hat, gereinigt oder erneuert werden. Es wird die Schlickschicht mit den darunter- liegenden Sandschichten etwa 15 cm tief abgehoben, das rückständige Filter durchlüftet und wieder mit frischem oder gewaschenem Sand bis zur ursprünglichen Höhe aufgefüllt.

Statt des lockeren Sandes hat man auch eine Zeitlang nach dem Vorschlage von Fischer-Peters Sandsteinplatten, welche künstlich aus reingewaschenem Flußsand und Natronkalksilicat als Bindemittel hergestellt wurden, bzw. inwendig hohle Filtersteine benutzt; beide aber scheinen sich bis jetzt nicht eingeführt zu haben.

b) Schnellfiltration. Statt der langsam wirkenden Sandfilter sind, vorwiegend in Amerika, auch Filtrations- bzw. Reinigungsmaschinen in Gebrauch, welche eine schnelle Reinigung größerer Wassermengen ermöglichen.

Die schnellere Filtration wird durch eine niedrigere Sandschicht und durch einen höheren Druck erreicht. Bei dem ältesten Schnellfilter von S. Hyatt (Multifold Filter) war die Sandschicht nur etwa 15 cm hoch; diesem folgte eine Reihe anderer Schnellfilter, bei denen die Filterschicht höher (80 cm) war oder statt aus Sand aus Sand und Koks u. a. bestand, die aber im übrigen nach demselben Grundsatz arbeiten. Bei dem zur Zeit am weitesten verbreiteten Jewellfilter wird ein gleichmäßiger, scharfer Sand angewendet. Um trotz der fehlenden Schlickschicht bei den Langsamfiltern eine vollständige Abscheidung der Schwebestoffe (und auch der Bakterien) zu erreichen, wird dem Wasser Aluminiumsulfat (etwa 17 g bei tontrübem und 50 g bei klarem Wasser für 1 cbm) zugesetzt. Die sich ausscheidenden Flöckchen von Tonerdehydrat reißen die Schwebestoffe und auch Bakterien mit nieder, verstopfen aber, weil mit großer Schnelligkeit (100—120 m in 24 Stunden gegen 2,4 m bei den Langsamfiltern) filtriert wird, alsbald die Filter, die trotz eines Filterdruckes von 3 m gegen Ende der Arbeitszeit nicht genügend Wasser mehr durchlassen. Die Filter müssen daher alle 12—24 Stunden gereinigt werden, was von unten her durch einen Gegenstrom mit Reinwasser unter kräftigem Druck in denselben Filterbottichen während 10—12 Minuten bewerkstelligt wird. Die Ausspülung des Sandes wird durch ein Rührwerk mit Rechenvorrichtung unterstützt.

Auch mit den Schnellfiltern läßt sich ein von Schwebestoffen fast freies Wasser herstellen und eine bakteriologische Reinigung, d. h. Befreiung von Bakterienkeimen bis zu 98% herbeiführen.

Zu den Schnellfiltern gehört auch der Andersensche Revolving-Purifier (Drehreiniger); bei demselben wird das Wasser in einer Trommel mit metallischem Eisen in innige Berührung gebracht und das Eisen durch Lüftung oder Stehenlassen in Behältern und mittels Filtration durch eine Sandschicht von etwa 46 cm Höhe entfernt.

In Deutschland ist als Schnellfilter vorwiegend das von Kröhnke in Gebrauch, welches in der Hauptsache aus einer auf Lagern ruhenden wagerechten Trommel besteht, in welcher sich die Filtermasse (Sand) in zwei oder auch mehreren Abteilungen befindet; in diese tritt das Wasser von der Seite ein und aus. Ist das Filter verstopft oder unrein, so wird die Trommel um ihre Achse gedreht, wodurch der Sand in Bewegung gerät und leicht durch Einführung von Wasser gereinigt werden kann. Bei einem Druckunterschied von 0,2—2,0 m Wassersäule liefert 1 qm Sandfläche 5 cbm filtriertes Wasser in der Stunde.

Auch kann zu den Filtrationsmaschinen das Gersonfilter gerechnet werden, welches aus vier etwa 9 m hohen Zylindern von 1,9 m Durchmesser besteht und bei welchem eisenimprägnierter Bimsstein, Kies, Sand und sonstige geeignete Stoffe als Filtermasse dienen. Das Wasser fließt von unten nach oben durch die Filter und wird einer zweimaligen, einer Vor- und Nachfiltration unterworfen.

c) Regenfilter. Das Regenfilter von Miquel & Mouchet in Paris (Le filtre non submergé) ist in derselben Weise wie das Filter bei der langsamen Sandfiltration eingerichtet, unterscheidet sich aber von diesem dadurch, daß es nicht mit Wasser überstaut, sondern regenartig berieselt wird. Das Wasser läuft einige Zentimeter oberhalb der Sandfläche aus gelochten Rohren derart zu, daß auf jedes Quadratmeter Filterfläche 10—12 Ausflußöffnungen kommen.

3. *Reinigung durch Filtration im kleinen.* Dort, wo keine zentralen Wasserleitungen vorhanden sind, oder wo man die Filtration im großen unterstützen will, werden vielfach noch Hausfilter für die Filtration im kleinen angewendet. Als solche sind eine große Anzahl in Vorschlag gebracht und auch in Anwendung. Unter denselben kann man unterscheiden:

a) Kohlenfilter; die Kohle (Holz- und Tierkohle) wird bald in nuß- oder erbsengroßen Stücken, durch welche das Wasser von oben nach unten oder aufsteigend filtriert, bald als Filterblock in zusammengepreßter Form angewendet.

b) Eisenschwammfilter von Bischoff; dasselbe besteht aus erbsengroßen Stücken von Eisenoxyd und Koks, durch welche das Wasser filtriert wird wie durch Kohle, und unter welchen sich häufig noch eine Sandschicht befindet.

c) Spencers Magnetic-Carbide- und das *Polaritefilter.* Beide gleichen dem vorstehenden Filter; angeblich soll das verwendete Eisenoxyd entweder ganz oder zum Teil magnetisches Eisenoxyd sein; letzteres wird in beiden Fällen im Gemisch oder Wechsel mit Kies und Sand angewendet.

d) Kieselgurfilter von Nordmeyer-Berkefeld; sie bestehen aus gebrannter Infusorienerde und gleichen sonst vollständig den Porzellanfiltern.

e) Porzellanfilter; sie bilden Zylindergefäße, welche durch Brennen von Porzellanerde, feinster Kaolinmasse oder von Kunststeinen — grober und feiner Sand gemischt mit Kalk- und Magnesiasilicat — hergestellt werden, und durch welche das Wasser unter größerem oder geringerem Druck von außen nach innen filtriert. Die ältesten Filter dieser Art sind die von Pasteur-Chamberland, denen in der verschiedensten Form und Anordnung folgten und gleichen die Porzellanfilter der Sanitäts-Porzellan-Manufaktur W. Haldenwanger-Charlottenburg, von Puckal, von J. Stavemann-Berlin, die Tonrohrfilter von Möller-Hesse, H. Olschewsky-Berlin, die Steinfilter von Wilh. Schuler in Isny, die Asbestporzellan-Filter aus fein gemahlenem, geformtem und gebranntem Asbest u. a.

f) Asbestfilter. Der beste, wollartige Asbest wird zerzupft, mit Wasser zu einem Brei vermahlen, aus welchem in der verschiedensten Weise Filterplatten geformt werden.

g) Papier- und *Cellulosefilter.* An Stelle des Asbestes wird auch Cellulose, d. h. Papier oder Baumwolle als Filtermasse angewendet.

Die Wirkung aller dieser Kleinfilter hängt naturgemäß ab:

1. Von der Dichtigkeit und gleichmäßigen Beschaffenheit der Filtermasse selbst; je dichter und gleichartiger die Filtermasse ist, um so eher ist eine vollkommene Zurückhaltung der Keime und Schwebestoffe zu erwarten; von einer gewissen Öffnungsweite (Porosität) an hört aber die Wirkung überhaupt auf.
2. Von der Stärke und Art des Druckes, unter dem das Wasser filtriert. Je höher der Druck ist, um so leichter können Keime und Verunreinigungen durch das Filter treten; der Druck soll tunlichst 1—2 Atm. nicht übersteigen und ferner nicht stoß- oder ruckweise wechseln, weil dadurch das Durchwachsen der Filter befördert wird.

3. **Von der Menge und Art der im Wasser vorhandenen Schwebe- wie gelösten Stoffe.** Je größer die Menge und je feinflockiger die Verunreinigungen sind, um so eher hört die Keimdichtigkeit der Filter auf.
4. Von der **Temperatur** des zu filtrierenden Wassers; je höher diese ist, um so schneller lassen die Filter Keime durchtreten.

Die **Ergiebigkeit** der Filter steht durchweg im umgekehrten Verhältnis zur Keimdichtigkeit derselben, d. h. je besser und länger sie Keime zurückhalten, um so weniger Filtrat pflegen sie zu liefern.

Weiter aber ist wohl zu beachten, daß **alle Filter und Filterstoffe**, so hoch auch die Anpreisungen klingen mögen, **höchstens eine Beseitigung der Schwebestoffe einschließlich der Bakterienkeime, aber keine chemische Veränderung bzw. Oxydation von gelösten organischen und unorganischen Stoffen bewirken, daß ferner keines dieser Filter für längere Zeit ein keimfreies Filtrat liefert,** sondern tunlichst **jeden Tag**, mindestens aber **2—3mal in der Woche gereinigt** werden muß, so daß man zweckmäßig 2 oder 3 Filter vorrätig hält, von denen das eine benutzt wird, während das andere bzw. die anderen gereinigt werden.

Man kann praktisch nur die Forderung stellen, daß **die Filter wenigstens für den Anfang ein keimfreies, klares und helles Filtrat liefern und diese Eigenschaft eine gewisse Zeit beibehalten.**

Unter Erwägung dieser Verhältnisse haben sich die Filter aus **Kohle, Koks, Eisenschwamm** und ähnlichen grobkörnigen Stoffen am wenigsten bewährt; sie geben für den Anfang vielleicht wohl ein klares und helles, aber kein keimfreies Filtrat und werden bei kurz andauernder Benutzung, wenn sich Schwebestoffe in ihnen angesammelt haben, zu einem Herde von Zersetzungen, so daß das filtrierte Wasser von schlechterer Beschaffenheit als das Rohwasser sein kann.

Die **Kieselgur-, Porzellan-, Stein- und Asbestfilter** verhalten sich nach dieser Richtung bei zweckentsprechender Herstellung und richtiger Anwendung mehr oder weniger gleich; sie können wenigstens für den Anfang und eine gewisse Zeit nicht nur ein helles und klares, sondern auch ein keimfreies Filtrat liefern; die **Kieselgurfilter** scheinen bei gleicher Wirkung am ergiebigsten zu sein und haben diese wie die **Porzellan- und Steinfilter** vor den **Asbestfiltern** den Vorzug, daß sie sich leichter und sicherer — entweder durch gegenströmendes Wasser, Auskochen oder Ausglühen — reinigen lassen als die Asbestfilter.

4. Enteisenung des Wassers. Die **Enteisenung** des Wassers richtet sich nach der Art der Bindung des Eisens, ob es als Carbonat, Sulfat oder Humat vorhanden ist. Das für gewöhnlich im Wasser vorhandene **Ferrocarbonat** entfernt man durch einfache Lüftung und Filtration. Vielfach ist angenommen, daß hierdurch das Eisen als basisches Ferricarbonat ausgeschieden wird; wahrscheinlich aber verläuft der Vorgang bis zur Bildung von Ferrihydroxyd in zwei Stufen, nämlich:

$$6\,FeCO_3 + 3\,H_2O + 3\,O = 2\,Fe(OH)_3 + 2\,Fe_2(CO_3)_3 \quad \text{und}$$
$$2\,Fe_2(CO_3)_3 + 6\,H_2O = 4\,Fe(OH)_3 + 6\,CO_2\,.$$

Hierbei entsteht, wie **Schmidt** und **Bunte** nachweisen, zuerst **kolloidales**, in Wasser lösliches Ferrihydroxyd, **Hydrosol**, welches erst durch Berührung mit festen Gegenständen (dem Rieseler oder Sand) in unlösliches **Hydrogel** übergeht. Die freie Kohlensäure verhindert die Ausflockung nicht, verlangsamt sie aber; aus dem Grund wird die Ausscheidung des Eisens durch die Entfernung der Kohlensäure (der freigewordenen wie der sonst im Wasser enthaltenen) gefördert, wie ebenso durch vorhandene Elektrolyte. **Proskauer** nimmt auch eine **Kontaktwirkung** an, indem das im Rieseler oder in den Filtern bereits niedergeschlagene, mit Sauerstoff angereicherte Eisenoxyd die Abscheidung des Ferrihydroxyds bzw. die Überführung des Hydrosols in Hydrogel unterstützen soll. Hierfür spricht die zuerst von **Dunbar** erkannte

Tatsache, daß eingearbeitete Rieseler oder Filter erst dann ein eisenfreies Filtrat liefern, wenn sich die Koks- oder Sandteilchen mit Eisenoxyd überzogen haben.

Für das im Wasser vorhandene Ferrosulfat nimmt man dieselbe Umsetzung wie für das Carbonat an. Auch es kann durch genügende Lüftung und Filtration aus dem Wasser entfernt werden, jedoch muß letzteres zur Bindung der freien Schwefelsäure eine genügende Menge Carbonate entweder von Alkalien oder Erdalkalien enthalten; wenn nicht, würde man marmorhaltige Filter anwenden müssen.

Schwieriger ist die Entfernung von humussaurem Eisenoxydul aus dem Wasser. Ein Teil der Humussäure fällt zwar meistens auch beim Lüften mit dem Ferrihydroxyd aus, ein Teil läßt sich aber vielfach auf diese Weise nicht beseitigen. Für solche Fälle wird eine Ozonisierung des Wassers (S. 744) empfohlen, wodurch Eisen, Humussäure und Bakterien entfernt werden können. In anderen Fällen hat man durch Zusatz von Eisenchlorid oder Alaun und Fällen mit Kalkmilch gute Erfolge erzielt.

Für die Lüftung und Filtration des eisenhaltigen Wassers sind verschiedene Verfahren in Gebrauch, nämlich:

a) Das offene Enteisenungsverfahren. Dieses älteste Verfahren wird entweder nach dem Vorschlage von Oesten oder Piefke ausgeführt.

Oesten läßt das eisenhaltige Wasser aus Brausen, gelochten Rohren oder Wellblechen in feinen Strahlen regenartig 2—3 m hoch durch die Luft auf Wasser fallen, wobei die Tropfen sich zerschlagen, hinreichend Sauerstoff aufnehmen und dafür Kohlensäure abgeben. Die 1—2 m hohe Wasserschicht filtriert dann durch ein Kiesfilter.

Piefke u. a. änderten dies Verfahren dahin ab, daß sie zwischen dem Regenfall und dem Filter eine etwa 3 m hohe Rieselschicht aus Koks oder Kies und Koks einschalteten. Dieses Verfahren ist wirksamer als ersteres und ist unter mancherlei Änderungen am weitesten verbreitet. Nach Wellmanns Vorschlage verwendet man als Rieselmasse hartgebrannte Ziegelsteine, in anderen Fällen kreuzweise übereinander gelegte Brettchen, Helm hat Rasen- und Brauneisenstein, Linde und Hesse haben mit Zinnoxyd durchtränkte Holzstäbchen vorgeschlagen, welche als Kontaktmasse wirken sollen. Auch Mammutpumpen, welche das Wasser durch Preßluft aus den Brunnen heben, sind vorgeschlagen.

Rieseler wie Filter müssen von Zeit zu Zeit gereinigt werden.

Man berechnet auf 1 qm Filterfläche ungefähr 25 cbm Wasser, bei diesem Verhältnis kann ein Eisengehalt von 20 mg und mehr für 1 l auf 0,1 mg herabgedrückt werden.

Durch die Lüftung und Rieselung verschwinden aus dem Wasser die freie Kohlensäure, etwa vorhandener Schwefelwasserstoff und Ammoniak; auch die organischen Stoffe und die Carbonathärte nehmen unter Umständen etwas ab, dagegen erfährt bei eisensulfathaltigem Wasser die Sulfathärte eine entsprechende Zunahme.

b) Das geschlossene Enteisenungsverfahren. Die offene Enteisenung erfordert, wenn die Wasserschöpfstelle nicht wesentlich höher als die Verbrauchsstelle liegt, ein doppeltes Heben des Wassers; auch wird gegen sie eingewendet, daß durch sie leicht pathogene Keime aus der Luft in das Wasser gelangen können, ein Einwurf, dem A. Gärtner indes keine Bedeutung beimißt. Immerhin sind aus diesen Gründen von verschiedenen Seiten (Deseniß und Jacobi sowie von Breda) Verfahren zu einer geschlossenen Enteisenung vorgeschlagen, die auf demselben Grundsatz beruhen. Nach Bredas Verfahren wird in einem geschlossenen Belüftungsraum Luft unter Druck in das Wasser eingepreßt und die Mischung aufsteigend durch ein in einem eisernen Turm befindliches geschlossenes Filter hindurchgedrückt; bei dem ersten Verfahren dagegen geht ein reichlich bemessener Luftstrom zugleich mit dem Wasser durch das Filter; bei ihm fällt also ein besonderer Belüftungsraum weg. Das Filter soll aus einer nicht bekanntgegebenen Kontaktsubstanz (Permutit? Lavakies?) bestehen.

In der Filtermasse wird das Eisenhydrosol in Hydrogel umgewandelt und ausgeschieden; behufs Zurückhaltung der letzten Flocken Eisenhydroxyds fällt das oben aus dem Filter austretende Wasser auf ein darunter befindliches Kiessandfilter. Letzteres wie auch das Kontaktfilter werden von Zeit zu Zeit wie beim Jewellfilter durch einen Gegenstrom (Rückspülung) mit Reinwasser gereinigt.

Durch das Einpressen von Luft in das Wasser wird ein Teil der freien und entbundenen Kohlensäure ausgetrieben und kann durch einen Entlüfter mit der überschüssigen Luft oben aus dem eisernen Turm abgelassen werden, aber naturgemäß bleibt ein größerer oder geringerer Teil freier Kohlensäure mit dem zugeführten Luftsauerstoff in dem Wasser gelöst und beide können lösend auf das Eisen der Rohrleitungen wirken, so daß das Wasser wieder eisenhaltig wird und auch Blei angreift.

c) Enteisenung für Einzelwasserversorgungen. Für Enteisenungsanlagen im Kleinbetrieb wendet man grundsätzlich dieselben Verfahren, wie im Großbetriebe an. So hebt Dunbar das Brunnenwasser in ein hochstehendes Faß und läßt es sprühregenartig austreten; aus dem Faß fällt es, ebenfalls in feinen Strahlen in ein zweites Faß mit Kiessandfilter und von diesem in einen dritten Behälter, dem es für den Gebrauch entnommen wird. Auch hat Dunbar für die Enteisenung ein Tauch- und Preßfilter eingerichtet, welches direkt in den Kesselbrunnen eingehängt werden kann.

H. Klut hat eine Doppelpumpe mit vorgelegtem Kiesfilter vorgeschlagen; beide Pumpen sind verkuppelt und beim Bewegen gleichzeitig tätig; die eine Pumpe hebt das Grundwasser in das Kiesfilter, die zweite fördert das enteisente Wasser zutage. Darapski-Hamburg verwendet eine Pumpe, durch welche das zu hebende Wasser mit viel Luft gemischt und sofort durch das Sandfilter gedrückt wird.

Bei geringen vorhandenen Mengen Eisen können auch die S. 736 erwähnten Hausfilter, besonders von Kohle und Eisenschwamm, unter Berücksichtigung der Benutzungsregel (S. 737), mit Erfolg benutzt werden.

5. Entmanganung des Wassers. Das Mangan, das als Bicarbonat $Mn(HCO_3)_2$ und als Sulfat $MnSO_4$, also auch in zweiwertiger Form wie das Eisen, im Wasser vorkommt, kann auch wie dieses durch Lüften und Rieseln über Koksrieseler aus dem Wasser entfernt werden, aber die Ausscheidung des Mangans erfolgt nicht so schnell wie beim Eisen und verläuft hier auch in anderer Weise. Nach der Gleichung:

$$Mn(HCO_3)_2 + 2\,H_2O \rightleftarrows Mn(OH)_2 + 2\,HCO_3 \text{ (bzw. } H_2O + CO_2)$$

wird das im Wasser vorhandene Bicarbonat beim Berieseln in Manganohydroxyd und Kohlensäure gespalten, und ersteres scheidet sich aus, wenn die Kohlensäure fortgenommen wird bzw. entweichen kann. Das Manganohydroxyd bildet aber nicht wie Ferrohydroxyd durch Luftsauerstoff ein dreiwertiges Hydroxyd, sondern geht in alkalischer Lösung gleich in die vierwertige Form, entweder Mangansuperoxyd (MnO_2) oder manganige Säure $MnO(OH)_2$ oder Manganitetrahydrat $Mn(OH)_4$ über. Da aber die natürlichen Wässer sauer oder neutral reagieren, so mußte ein anderer Weg für die Abscheidung des abgespaltenen Manganohydroxyds gesucht werden. Dieser wurde durch die Anwendung von Braunstein- oder Permutitfiltern gefunden.

a) Reinigung durch Braunsteinfilter. H. Lührig hat zuerst beobachtet, daß das stark manganhaltige Leitungswasser Breslaus mittels Filtration durch braunsteinhaltigen Sand ohne vorherige Lüftung entmangant werden konnte, und Pappel ließ sich ein Verfahren patentieren, nach welchem das manganhaltige Wasser durch ein aus natürlichem Braunstein in nußgroßen Stücken gebildetes Filter filtriert wird, welches behufs Wegnahme der freiwerdenden Kohlensäure oder Schwefelsäure mit Marmorstücken durchsetzt ist. J. Tillmans und O. Heublein geben für diesen Vorgang eine bemerkenswerte Erklärung. Sie fassen das Mangansuperoxyd $O{=}Mn{=}O$ als das Anhydrid der manganigen Säure $O{=}Mn{<}^{OH}_{OH}$ oder $^{HO}_{HO}{>}Mn{<}^{OH}_{OH}$ auf; wenn Braunstein mit einem Manganosalz in Berührung kommt, so tritt der aufspaltbare Sauerstoff des Braunsteins in Wirksamkeit; er spaltet das Manganosalz und bildet z. B. mit Manganosulfat nach der Gleichung:

$$O:Mn:O + MnO \cdot SO_3 = O:Mn\langle{}^{O}_{O}\rangle Mn + SO_3$$

ein Manganometamanganit (Mn_2O_3). J. Tillmans glaubt, daß es sich hierbei um eine molekulare Durchdringung zweier Stoffe, um eine sog. feste Lösung zwischen Braunstein und Manganhydrat handelt. Diese Annahme ist aber nicht wahrscheinlich, weil alsdann ein Braunsteinfilter mit der Dauer der Benutzung immer mehr an Wirksamkeit abnehmen müßte, während gerade das Gegenteil der Fall ist. L. Grünhut u. a. nehmen daher an, daß das gebildete Manganmetamanganit in einer zweiten Reaktionsstufe durch vorhandenen Luftsauerstoff zu Manganperhydroxyd oxydiert und damit die Wirksamkeit des Filters erhöht wird. Wo diese Oxydation infolge sehr hohen Gehaltes des Wassers an Manganosalzen zu langsam vor sich geht, da kann man die Wirksamkeit erhöhen (regenerieren), indem man die braunsteinhaltigen Filter mit 2—3 proz. Kaliumpermanganatlösung auswäscht, oder nach Tillmans mit verdünnter Alkalilösung durchspült und dann Luft durchleitet.

b) Permutitverfahren. Unter „Permutit" versteht man Alkalialuminatsilicate, die durch Zusammenschmelzen von Kaolin oder von Tonerde und Quarzmehl mit Alkalicarbonaten und Ausziehen der Schmelze mit Wasser erhalten werden, und die den natürlichen Zeolithen gleichen; sie sind krystallinisch blättrig oder körnig und wegen ihrer Lockerheit sehr durchlässig. Dem Natriumpermutit schreibt man folgende Formel zu: $Na_4Al_3(AlO) \cdot (SiO_3)_7 + 9{,}5\ H_2O$. Hierin kann das Natrium (bzw. Kalium) durch andere Basen (Calcium, Eisen oder Mangan) vertreten werden. Berieselt man den Permutit mit einem löslichen Salz dieser Basen, z. B. mit Chlorcalcium oder Calciumbicarbonat, so tritt Calcium an die Stelle von Natrium, das ausgewaschen wird; berieselt man darauf den Calciumpermutit mit Natriumchlorid, so tritt wieder Natrium an die Stelle des Calciums; der ursprüngliche Natriumpermutit wird „regeneriert".

Man hoffte anfänglich auch durch Anwendung von Calciumpermutit als Filtermasse ein Wasser entmanganen zu können. In der Tat trat nach Versuchen von H. Noll sowie von H. Lührig eine Umsetzung mit den Manganosalzen des Wassers ein und ließ sich aus dem Manganpermutit durch Behandeln mit Calciumchlorid wieder Calciumpermutit regenerieren. Aber die Ergebnisse waren ungünstig; entweder wurde ein alkalisches Filtrat erhalten oder die Filter wurden infolge Bildung von Manganperhydroxyd undurchlässig. Aus dem Grunde verwendet man jetzt fertigen Manganpermutit, erteilt ihm durch Behandeln mit Permanganatlösung einen Überzug von höheren Manganoxyden und erhält auf diese Weise eine Kontaktmasse von großer Oberfläche; wenn die Masse in der Wirksamkeit nachläßt, behandelt man — nach Auflockerung des Filters durch Rückspülung mit Wasser — aufs neue mit Kaliumpermanganatlösung.

Eisen und Mangan können nicht durch dasselbe Filter entfernt werden; der Entmanganung muß eine Enteisenung durch Rieselung voraufgehen.

6. *Entsäuerung des Wassers.* Die freie bzw. aggressive Kohlensäure (S. 728) greift Zement und bei gleichzeitiger Anwesenheit von Sauerstoff auch Metalle (Eisen, Blei u. a.) an. Ein Teil dieser Kohlensäure kann bei harten (hydrocarbonatreichen) Wässern durch feine regenartige Verteilung entfernt werden, zumal, wenn es nach der Regnung einem verminderten Druck (Vakuumrieselung H. Wehners) ausgesetzt wird.

Bei weichem (hydrocarbonatarmem) Wasser wendet man zweckmäßig eine Rieselung durch Kalkstein- oder Marmorgrus (von Grießfeinheit bis Walnußgröße) an ($CaCO_3 + CO_2 + H_2O \rightleftarrows Ca(HCO_3)_2$). In anderen Fällen empfiehlt sich die Anwendung von Soda ($Na_2CO_3 + CO_2 + H_2O \rightleftarrows 2\ NaHCO_3$) oder Natronlauge ($NaOH + CO_2 \rightleftarrows NaHCO_3$), deren Menge nach dem Gehalt an freier Säure berechnet, aber etwas niedriger bemessen werden muß, als der freien Kohlensäure entspricht. Auch freie Schwefelsäure, durch Oxydation von Schwefelkies oder durch Umsetzung von Sulfaten der Schwermetalle mit Alkalien und Erdalkalien entstanden (S. 727), und freie Salpetersäure (S. 723) sind unter Umständen hierbei zu berücksichtigen; bei vorhandener freier Humussäure muß zur Abstumpfung Soda oder noch besser Natronlauge angewendet werden. Heyer hat eine Vorrichtung angegeben, mittels derer beliebige Mengen verdünnter Lauge dem Wasser dauernd beigemengt werden können.

Die bleilösende Wirkung eines Wassers kann vorausgesetzt werden, wenn es — von freier Salpetersäure oder Humussäure abgesehen — unter 10°, wenigstens unter 7° Härte und über 1 mg Sauerstoff in 1 l enthält, dabei weiter durch Rosolsäurezusatz gelb gefärbt wird.

Rohre aus doppeltraffiniertem Weichblei (mit 99,9% Blei) widerstehen der Einwirkung mehr als Blei, welches mit anderen Metallen verunreinigt ist. Man hat als Schutzmittel gegen Bleivergiftungen auch asphaltierte, verzinnte und verzinkte Eisenrohre empfohlen; die Überzüge können einen gewissen Schutz gewähren, wenn sie genügend dick und ununterbrochen hergestellt werden, was aber meistens nicht oder nur schwierig gelingt. Dasselbe gilt von den Zinnrohren mit Bleimantel; wenn die Zinnseele, die mindestens 1 mm dick sein soll, an irgendeiner Stelle zerreißt, oder an den Lötstellen unterbrochen wird, so wird die lösende Wirkung des Wassers infolge der entstehenden elektrischen Ströme zwischen den beiden Metallen nur erhöht. Am widerstandsfähigsten würden Rohre aus rotem Kupfer sein, aber sie sind für Hausleitung im allgemeinen zu teuer.

Deshalb wird es für gemeinsame Wasserversorgungen bis jetzt am richtigsten sein, die bleilösende Eigenschaft des Wassers in angegebener Weise zu beseitigen.

7. Die Enthärtung des Wassers. Die Enthärtung des Wassers kommt fast nur für Kesselspeisewasser in Betracht und wird für Trinkwasserversorgungen höchstens dann ausgeübt, wenn gleichzeitig eine Klärung des Wassers dadurch erreicht werden soll. Im übrigen hat die Härte eines Wassers auch für den häuslichen Gebrauch zum Kochen (Kesselsteinabsatz, Weichkochen von Hülsenfrüchten, S. 715) und zum Waschen[1]) eine Bedeutung. Man unterscheidet: Gesamthärte, die sich auf natürliches ungekochtes Wasser bezieht, vorübergehende oder temporäre oder Carbonathärte, die durch Calcium- und Magnesiumbicarbonat gebildet wird und durch Kochen beseitigt wird, und bleibende oder permanente oder Mineralsäurehärte, die nach dem Kochen des Wassers verbleibt und die Sulfate, Chloride und Nitrate von Calcium und Magnesium umfaßt[2]).

Für die Wasserenthärtung sind außer dem vorherigen Kochen zur Beseitigung der Carbonathärte vorwiegend 3 Verfahren in Gebrauch, nämlich: a) Das erste und älteste, welches wohl auch heute noch am meisten angewendet wird, ist das Kalksodaverfahren. Es besteht darin, daß man Kalk und Soda dem Wasser zusetzt. Dabei gehen folgende Umsetzungen vor sich:

$$Ca(HCO_3)_2 + Ca(OH)_2 = 2\,CaCO_3 + 2\,H_2O\,,$$
$$Mg(HCO_3)_2 + Ca(OH)_2 = CaCO_3 + MgCO_3 + 2\,H_2O\,.$$
$$MgCO_3 + Ca(OH)_2 = CaCO_3 + Mg(OH)_2\,.$$
$$CaSO_4 + Na_2CO_3 = CaCO_3 + Na_2SO_4\,.$$

Die Carbonathärte wird also durch Kalk, die bleibende Härte durch Soda ausgeschieden. Alle Kalksalze des Wassers werden in Form des Carbonats ausgeschieden, alle Magnesiasalze fallen als unlösliches Hydroxyd aus.

Man kann nach Zschimmer die gesamte Umsetzung für die Berechnung des erforderlichen Zusatzes von Kalk und Soda durch folgende Gleichung ausdrücken:

$$\overbrace{CaCO_3 + MgCO_3 + x\,CO_2 + CaSO_4 + MgCl_2}^{\text{Rohwasser}} + \overbrace{CaO(1+x) + 2\,Na_2CO_3 + CaO + \text{Wasser}}^{\text{Zusätze}}$$
$$= \underbrace{(1+x)CaCO_3 + 2\,Mg(OH)_2 + CaCO_3}_{\text{fallen als Schlamm aus}} + \underbrace{Na_2CO_3 + 2\,NaCl + \text{Wasser}}_{\text{bleiben gelöst}}\,.$$

[1]) Zehn deutsche Härtegrade machen 1,25 g Kernseife für 1 l Wasser unwirksam.

[2]) Deutsche Härtegrade bedeuten je 10 mg CaO + MgO × 1,4 für 1 l Wasser; franzö-

Vom Calciumcarbonat bleiben indes 36 mg auch ohne vorhandene freie Kohlensäure in Lösung.

Statt Kalkhydrat kann man auch Natronhydrat anwenden. Es bildet sich dabei aus den Bicarbonaten Soda, die ihrerseits zum Fällen der bleibenden Härte dient.

$$Ca(HCO_3)_2 + 2\,NaOH = CaCO_3 + Na_2CO_3 + 2\,H_2O\,,$$
$$Mg(HCO_3)_2 + 4\,NaOH = Mg(OH)_2 + 2\,Na_2CO_3 + 2\,H_2O\,.$$

Das verwendete Ätznatron wird meistens hergestellt durch Vermischen von Sodalösung mit Kalk und Absitzenlassen des ausgeschiedenen Calciumcarbonats.

b) Das zweite in der Praxis verwendete Verfahren ist das Reisertsche Barytverfahren. Es scheidet die Carbonathärte in derselben Weise aus wie das Kalksodaverfahren, die bleibende Härte, d. h. die Calcium- und Magnesiumsulfathärte, dagegen entweder durch Zusatz von Bariumchlorid oder von Bariumcarbonat; in letzterem Falle muß nur dafür gesorgt werden, daß das Bariumcarbonat eine Zeitlang im Wasser in der Schwebe bleibt; dann tritt folgende Umsetzung mit den Sulfaten ein:

$$CaSO_4 + BaCO_3 = CaCO_3 + BaSO_4\,.$$

Die Gipshärte wird also in Form des unlöslichen Bariumsulfats ausgeschieden.

c) Das jüngste der in der Praxis verwendeten Verfahren ist das Permutitverfahren. Nach S. 740 wird beim Filtrieren des calcium- und magnesiumhaltigen Wassers durch Natriumpermutit das Natrium gegen diese Basen ausgetauscht; hat nach einiger Zeit der Permutit so viel Calcium und Magnesium aufgenommen, daß die Wirkung der Enthärtung nachläßt, so wäscht man das Material mit Kochsalzlösung, wobei der umgekehrte Austausch vor sich geht, der Permutit also in der ursprünglichen Form als Natriumpermutit wieder regeneriert wird. Während die beiden ersten Verfahren die Enthärtung bis etwa 3—4° bringen, gestattet das Permutitverfahren eine Enthärtung bis auf glatt 0. Da ferner hierbei kein Schlamm zu entfernen ist, Schwankungen im Härtegrad die Enthärtung nicht stören, und keine Erwärmung des Wassers stattzufinden braucht, so hat das Verfahren vor den beiden ersten einige Vorzüge. Es liefert aber in dem Filtrat statt der Härte eine entsprechende Menge Natriumbicarbonat, welches beim Erhitzen im Dampfkessel in freie Kohlensäure und Natriumcarbonat bzw. zum Teil auch Natriumhydroxyd zerlegt wird, welche Stoffe schädlich auf die Dampfkessel wirken können.

8. Die Entkeimung bzw. Sterilisation des Wassers. Neben der Filtration verwendet man bei Wasserversorgungen noch verschiedene Verfahren, die eine vollständige oder noch vollkommenere Entfernung der Keime aus dem Wasser zum Ziele haben, als sie durch Filtration erreicht zu werden pflegt. Bei den meisten dieser Verfahren aber muß das Wasser vorher filtriert bzw. von Schwebestoffen befreit sein.

a) Entkeimung durch Kochen. Die meisten Krankheitserreger sterben schon bei 70—80° ab; durch ein halbstündiges Kochen können aber auch sporenhaltige Keime abgetötet werden. Dieses Verfahren läßt sich im kleinen überall und in einfachster Weise ausführen. Man hat hierfür aber, um es auch in größerem Umfange anwenden zu können, besondere Apparate eingerichtet. Dieselben haben das eine, nämlich den von W. v. Siemens empfohlenen Grundsatz des Gegenstromes gemeinsam, d. h. das kalte Wasser dient zum Abkühlen des gekochten und damit zugleich das heiße Wasser zum Vorwärmen des ersteren. Weiter aber kann man zwei verschiedene Anordnungen unterscheiden, nämlich Apparate zur Sterilisation durch zeitweises Kochen bei 100° und durch Erhitzen bis 120°. Letztere Temperatur kann natürlich nur in geschlossenen Apparaten unter Druck erreicht werden.

Rietschel und Henneberg haben einen solchen fahrbaren Trinkwasserbereiter durch Sterilisation eingerichtet. Das Wasser wird durch Filtriervorrichtungen von erdigen

---

sische Härtegrade in gleicher Weise je 10 mg $CaCO_3$ für 1 l; ein deutscher Härtegrad = 1,79 französische = 1,25 englische Härtegrade.

und dergleichen Beimengungen befreit, bei 110° (0,5 Atm. Überdruck) sterilisiert, das sterilisierte Wasser wieder mit Luft gemischt und dadurch vom Kochgeschmack befreit, daß es durch Kohle filtriert wird; das gewonnene Wasser ist höchstens 5° wärmer als das Rohwasser; außerdem lassen sich alle Teile des Apparates vor der Trinkwasserbereitung vollkommen sterilisieren. Durch diese und andere Apparate ist die Technik der Wassersterilisation durch Kochen sehr vollkommen ausgebildet, aber das Verfahren ist wegen der damit verbundenen Kosten doch nur in gewissen und engeren Grenzen ausführbar.

Im Anschluß hieran mag erwähnt sein, daß man Meerwasser oder sonstige ungenießbare Wässer auch durch Destillation für Trinkzwecke nutzbar zu machen pflegt, wobei ebenfalls der Grundsatz der Gegenströmung in Anwendung kommt. Die Verfahren haben vorwiegend nur für die Seeschiffe Bedeutung, es haftet aber dem destillierten Wasser der schlechte Geschmack (fader Kochgeschmack) und hohe Temperatur in noch höherem Grade als dem gekochten Wasser an.

b) Reinigung bzw. Sterilisation des Wassers auf chemischem Wege. Auch für diese Art Reinigung sind eine Reihe Verfahren, d. h. eine Reihe chemischer Verbindungen vorgeschlagen, die man in drei Gruppen einteilen kann:

α) Solche chemische Verbindungen, welche vorwiegend nur mechanisch auf die unreinen Bestandteile und durch Bakterienfällung wirken. Hierzu gehören:

Eisenchlorid, Alaun, } mit und ohne Anwendung von
Eisensulfat, Kreide, } Kalk oder Natriumbicarbonat,
Kalk für sich allein, ferner Kochsalz.

Die Wirkung dieser Zusatzmittel besteht darin, daß sie in dem Wasser einen Niederschlag erzeugen, der wegen des höheren spez. Gewichtes schnell zu Boden sinkt und die Schwebestoffe einschließlich eines Teiles der Bakterien mit niederreißt.

Wenn der Zusatz von Kalk allein eine Wirkung äußern soll, so muß das Wasser eine genügende Menge Bicarbonate (von Calcium, Magnesium bzw. Alkalien) enthalten, womit derselbe unlösliches, die Fällung unterstützendes Monocalciumcarbonat bilden kann. Hierdurch wird auch das Wasser gleichzeitig kalk- bzw. magnesiaärmer und das Verfahren deshalb auch vereinzelt benutzt, um hartes Trinkwasser weich zu machen.

Der Zusatz von Kochsalz, welcher vielfach bei verunreinigten Brunnen angewendet wird, hat ebenfalls nur die Wirkung, ein klares, von Schwebestoffen freies Wasser zu erhalten. Denn ein trübes Wasser klärt sich um so schneller, je mehr Salze es gelöst enthält.

Alle diese Mittel können jedoch keine völlige Keimfreiheit bzw. Beseitigung von Bakterienkeimen bewirken, weil die Bakterien, auch die wichtigsten Krankheitserreger (z. B. von Typhus und Cholera), eine so große Beweglichkeit besitzen, daß sie, auch wenn sie durch den Niederschlag vollständig aus dem Wasser ausgefällt sein sollten, aus dem Niederschlage in das Wasser zurückgelangen können. Außerdem werden auch, wie Schüder fand, selbst bei Erzeugung eines reichlichen und festen Niederschlages in einem Wasser, nicht alle Bakterien mit niedergerissen.

β) Solche chemische Verbindungen, die eine Oxydation und gleichzeitige Desinfektion bewirken sollen. Als solche Mittel sind vorgeschlagen Kalium- und Calciumpermanganat, Wasserstoffsuperoxyd, Natriumsuperoxyd. Diese Mittel wirken zwar oxydierend und das Wachstum der Bakterien verhindernd, aber sie äußern diese Wirkung nur langsam und bei Anwendung von kleinen Mengen nur unvollkommen; wendet man aber sicher wirkende Mengen an, so wird das Wasser hierdurch an sich ungenießbar.

Es bleiben daher nur verhältnismäßig wenige brauchbare chemische Reinigungsmittel übrig, nämlich:

γ) Solche, welche eine direkte Vernichtung der Keime oder eine Verhinderung des Wachstums auch in kleinen Mengen bewirken, wie z. B. die organischen Säuren (Citronen-, Wein- und Essigsäure), Kupferchlorür, Calcium- und Natriumsulfit, Chlor bzw. Chlorkalk, Chlortetroxyd und Brom.

Von den organischen Säuren scheint die Essigsäure am wirksamsten zu sein, weil sie schon bei 0,2—0,3% Gehalt stark bakterienvernichtend wirkt. Kupferchlorür empfiehlt sich schon wegen der notwendig werdenden Entkupferung bzw. Filtration nicht.

Am wirksamsten hat sich zur Abtötung der Bakterien Chlor in Form von Chlorkalk oder unterchlorigsaurem Natrium erwiesen, welches für erstere Form in Mengen von 1,06—30 mg, für letztere Form in Mengen von 5—40 mg für 1 l angewendet werden soll; A. Gärtner hält für filtriertes Wasser im allgemeinen eine Menge von 1 mg wirksamem Chlor (oder 3 mg Chlorkalk) für 1 l und eine zweistündige Einwirkung für ausreichend, um fast alle Keime zu vernichten. Besonders empfindlich gegen Chlor bzw. unterchlorige Säure (HClO) sind bekanntlich die Algen. Man schreibt die Wirkung aber weniger dem Chlor als dem bei der Zersetzung der unterchlorigen Säure nascierenden Sauerstoff zu.

Ein Übelstand bei der Chlorsterilisation ist der Umstand, daß das Chlor bzw. die unterchlorige Säure dem Wasser selbst in einer Verdünnung von 1 : 1—2 Mill. Teilen einen ausgeprägten Chlorgeruch und -geschmack erteilt. Diesen bzw. das freie Chlor sucht man durch Zusatz von Natrium- oder Calciumsulfit oder Natriumthiosulfat zu beseitigen. Auch hat man für den Zweck Wasserstoffsuperoxyd vorgeschlagen, welches die keimtötende Wirkung der unterchlorigen Säure noch unterstützen würde.

An Stelle von Chlor hat man zur Keimtötung auch Brom, Chlordioxyd bzw. Chlortetroxyd vorgeschlagen; sie scheinen aber bis jetzt noch keine praktische Anwendung gefunden zu haben.

c) Reinigung (Sterilisierung) des Wassers durch Ozon. Dieses Verfahren gleicht dem Wesen nach dem der Sterilisation durch chemische Mittel, wie Chlor, Brom usw. Schon früher hat man den elektrischen Strom zur Reinigung von Wasser vorgeschlagen, aber in der Weise angewendet, daß man die Elektroden direkt in das Wasser brachte und hier entweder, wenn diese von den Anionen angegriffen wurden, einen Niederschlag, oder wenn diese wie Platin und Kohle nicht angreifbar waren, unterchlorigsaure Salze erzeugte; in ersterem Falle sollte der Niederschlag mechanisch die Schmutzstoffe mit niederreißen, in letzterem Falle die unterchlorige Säure desinfizierend wirken. Beide Arten der Anwendung der Elektrizität zur Reinigung des Wassers haben sich aber nicht bewährt. Dagegen wird in letzter Zeit das außerhalb des Wassers durch Elektrizität erzeugte Ozon als sehr wirksames Reinigungs- bzw. Desinfektionsmittel bezeichnet.

Die Grundlage aller Ozonapparate bildet die von W. v. Siemens im Jahre 1857 erfundene Ozonröhre, in welcher der Entladungsraum durch zwei konzentrisch ineinander geschobene Glasröhren mit äußerem und innerem Stanniolbelag oder einen Aluminiumzylinder und einen ihn umschließenden Glaszylinder als Pole gebildet wird, zwischen welchen ein getrockneter Luftstrom hindurchgetrieben wird, durch den stille Entladungen eines hochgespannten Wechselstromes von etwa 10 000 Volt hindurchgehen. Hierbei entsteht unter Entwicklung eines matten blauen Lichtes aus dem Sauerstoff (O_2) der Luft Ozon (O_3), welches sich von 2 mg, die für gewöhnlich in 100 cbm Luft enthalten zu sein pflegen, auf 5 g in 1 cbm erhöhen läßt. Meistens wendet man Luft mit 2 g Ozon in 1 cbm an.

Von wesentlichem Belang für das Gelingen der Sterilisation des Wassers durch Ozon ist einerseits die Entfernung aller Schwebestoffe, nötigenfalls durch vorherige Filtration, andererseits die innige Vermischung des Wassers mit der ozonreichen Luft. Für letzteren Zweck sind zwei Verfahren in Gebrauch. Nach dem einen Verfahren führt man den ozonreichen Luftstrom von unten dem in skrubberähnlichen eisernen Türmen von oben eintretenden regenartig verteilten Wasser entgegen; nach dem anderen Verfahren treten Wasser und ozonisierte Luft gleichzeitig von unten in die Türme und werden durch Düsen von vornherein stark durcheinander gewirbelt. Die Türme sind 5—10 m hoch und 1,0—1,5 m weit. Im ersten Falle sind sie mehrere Meter hoch mit faustgroßen Steinen gefüllt, über welche das filtrierte, mittels Brausen und Siebverteiler in feinem Regenfall auf die Oberfläche der Steinschicht aufschlagende Wasser in guter Verteilung nach unten durchrieselt.

Nach dem anderen Verfahren sind die Türme in Abständen mit fein durchlochten Celluloidplatten (oder ähnlichen Vorrichtungen) durchsetzt, durch welche eine weitere Durchmischung von Wasser und Luft bewirkt werden soll.

Das ozonisierte Wasser fließt aus den Türmen in den Reinwasserbehälter, die Restluft mit noch geringen Mengen Ozon wird mit frischer Luft vermischt und in den Kreislauf zurückgeführt.

Das Ozon zerfällt im Wasser alsbald in gewöhnlichen und nascierenden Sauerstoff, der wie bei der Sterilisation durch unterchlorigsaure Salze bakterienvernichtend wirkt. Nach vielen Versuchen werden bei richtiger Ozonisierung 99—100% der Bakterien (Cholera-, Typhus-, Coli- und andere Bakterien) abgetötet. Nach Proskauer und Schüder konnten bis 600 000 Keime (gewöhnliche oder pathogene) entweder ganz vernichtet oder bis auf die zulässige Menge (der gewöhnlichen Wasserbakterien) herabgemindert werden.

Erlwein gibt an, daß der Oxydationsgrad des Wassers nach der Ozonisierung um 11—25%, im Mittel um 18% abgenommen habe. Schüder und Proskauer fanden eine Verminderung der Oxydierbarkeit von 0,05—0,92 mg, in einem Falle sogar von 2,24 mg Sauerstoffverbrauch für 1 l, während H. J. van t' Hoff eine Abnahme der organischen Stoffe um 17—76%, in einem Falle sogar von 89% feststellte. Infolge der Oxydation der organischen Stoffe durch das Ozon enthält das ozonisierte Wasser nach Th. Weyl mehr Kohlensäure als das Rohwasser und ist ferner stets frei von salpetriger Säure. Der Luftgehalt des durch den Turm gegangenen Wassers nimmt um etwa 10—12%, der Sauerstoffgehalt um 36—39% zu.

Aus dem Grunde läßt sich das Ozonverfahren auch, wie schon erwähnt, zur Enteisenung von Grundwasser sowie zur Entfärbung von durch Humussäureverbindungen gelb gefärbten Wässern verwenden.

Die Firma Siemens & Halske hat s. Z. ein Sterilisierfilter eingerichtet, welches die Vorreinigung durch ein Filter umgeht, und die Reinigung wie Sterilisation im Filter selbst ermöglicht.

Auch hat man Ozonapparate für den Hausbetrieb hergestellt, die aber wegen ihrer ungenügenden Leistung bis jetzt noch keine praktische Anwendung gefunden zu haben scheinen.

d) Reinigung (Sterilisierung) des Wassers durch ultraviolette Strahlen. Die ultravioletten Strahlen erzeugt man dadurch, daß man in einem luftleeren Rohr die Elektroden eines elektrischen Stromes in Quecksilber eintauchen läßt und das Rohr so neigt, daß ein Quecksilberfaden vom positiven zum negativen Pol hinüberfließt und eine Verbindung zwischen beiden Polen vermittelt. Infolge Hindurchgehens des Stromes entsteht Quecksilberdampf, der allein genügt, den Strom zu leiten. Der Dampf erglänzt in blauem Licht, welches auch viele violette Strahlen enthält. Letztere besitzen stark bactericide Wirkungen. Da nur Quarz — nicht Glas — für die violetten Strahlen durchlassend, diaphan ist, so wendet man unter Benutzung eines Gleichstromes von 110—220 Volt bei 5—3 Amp. Quarzlampen an, womit man das Wasser (auch Milch u. a.) bestrahlt. Die Bestrahlung geschieht auf zweierlei Weise. Entweder man bestrahlt durch den Überwasserbrenner (von W. C. Heräus-Hanau) die Wasserfläche, indem man das Wasser zickzackartig unter dem Brenner vorbeiführt, oder man umgibt den Brenner mit einem doppelten Quarzmantel und taucht ihn unter die Oberfläche des Wassers (Unterwasserbrenner, nach der Westinghouse-Cooper-Hewitt-Gesellschaft).

Die bakterientötende Wirkung der ultravioletten Strahlen ist wie die des Ozons eine recht hohe; sie erstreckt sich bis über 30 cm in das Wasser und ist naturgemäß um so schneller und sicherer, je geringer die Dicke der Schicht ist. Ein erstes Erfordernis der Wirkung aber ist die völlige Klarheit des Wassers. Selbst geringe Trübungen und Färbungen beeinträchtigen die Wirkung.

Eine praktische Anwendung scheint das Verfahren noch nicht gefunden zu haben.

Untersuchung und Beurteilung des Trinkwassers.

Für die Untersuchung und Beurteilung des Trink- und Gebrauchswassers kommen eine Reihe von Umständen in Betracht, die sich bei der Vielseitigkeit seiner Beschaffung sämtlich auch nicht annähernd aufführen lassen. Nur einige Hauptgesichtspunkte, welche zu berücksichtigen sind, mögen hier kurz angegeben werden.

1. Ortsbesichtigung. Diese erstreckt sich bei Oberflächenwasser (Regen-, Fluß-, See- und Talsperrenwasser) vorwiegend auf die Feststellung, ob und welche besonderen verunreinigenden Zuflüsse in dem Regensammelgebiet vorhanden sind, wie die Art der Entnahme und der Reinigung (Filtration usw.) des Wassers ist und wie seine Zusammensetzung zeitweise schwankt. Bei Versorgungen mit Grundwasser durch Brunnenanlagen ist zu berücksichtigen: die Tiefe des Brunnens, Art des Bodens, Wandung, Lage und Bedeckung des Brunnens, seine Umgebung (ob Aborte, Jauchegruben und andere schmutzigen Abgänge in der Nähe vorhanden sind). Die Anlage des Brunnens muß so sein, daß kein Oberflächen- oder dicht unter der Oberfläche befindliches Wasser in den Brunnen gelangen kann.

Die Quellen sollen so gefaßt werden, daß weder von oben noch von den Seiten anderes Wasser zutreten kann.

2. Physikalische Untersuchung. Die physikalische Untersuchung erstreckt sich auf Ermittelung von: Geruch, Geschmack, Klarheit und Durchsichtigkeit, Farbe und Temperatur — eine solche von 7 bis 11° ist am zweckmäßigsten —; unter Umständen tritt hierzu die Ermittelung der elektrischen Leitfähigkeit und Radioaktivität.

3. Chemische Untersuchung. Die chemische Untersuchung bietet noch immer die wesentlichsten Anhaltspunkte für die Beurteilung der Beschaffenheit eines Trinkwassers. Dabei ist zu beachten, daß die einzelnen chemischen Bestandteile eines brauchbaren Trinkwassers zwischen weiten Grenzen schwanken können. So ergaben die Leitungswässer einiger hundert deutschen Städte folgende Schwankungen für 1 l:

Abdampfrückstand mg	Kaliumpermanganatverbrauch mg	Kalk (CaO) mg	Magnesia (MgO) mg	Schwefelsäure (SO_3) mg	Salpetersäure (N_2O_5) mg	Chlor mg	Deutsche Härtegrade (Gesamt-)
30—876	0,4—25,0	4—199	1—40	Spur—256	0—42	2—104	0,5—26,0

Dabei sind die Städte, die ausschließlich stark verunreinigtes Flußwasser zur Versorgung verwenden, nicht mit berücksichtigt; unter Berücksichtigung dieser treten noch viel größere Unterschiede auf. So ergab das Leitungswasser, das stark durch Abwässer aus den Kalisalzbergwerken verunreinigt wird, in Magdeburg bis 1040 mg Abdampfrückstand mit 413 mg Chlor, in Halle a. d. S. 1489 mg Abdampfrückstand mit 523 mg Schwefelsäure, in Bernburg sogar 2035 mg Abdampfrückstand mit 849 mg Chlor und 223 mg Schwefelsäure.

Über die Unterschiede in der Zusammensetzung des Leitungswassers einer und derselben Stadt je nach der Beschaffenheit des Bodens des tributären Gebietes vgl. S. 722 (Leitungswasser der Stadt Münster i. W.). Noch deutlicher zeigt sich das bei dem Leitungswasser der Stadt Pforzheim; das von ihr verwendete Quellenwasser enthält nur 39 mg Abdampfrückstand, 11 mg Kalk, 7 mg Chlor und Spuren von Schwefelsäure und Salpetersäure, das verwendete Grundwasser dagegen ergibt 360 mg Abdampfrückstand, 91 mg Kalk, 19 mg Chlor, 31 mg Schwefelsäure und 24 mg Salpetersäure.

Welche Unterschiede ein Flußwasser in der Zusammensetzung, bei Niedrig-, Mittel- und Hochwasser aufweisen kann, ist schon S. 720 für den Rhein gezeigt worden.

Unter Berücksichtigung dieser Verhältnisse sei zu den einzelnen Bestandteilen des Wassers noch folgendes bemerkt:

a) Abdampfrückstand. Der Abdampfrückstand soll tunlichst 500 mg in 1 l nicht überschreiten — ein über 300 mg in 1 l liegender Gehalt ist schon ungünstig für ein Kesselspeisewasser —; er soll sich beim Glühen — infolge Gehaltes an organischen Stoffen — nicht stark bräunen oder gar schwarz färben.

b) Kaliumpermanganatverbrauch. Derselbe darf 12 mg für 1 l nicht überschreiten; für Moorwässer müssen unter Umständen größere Mengen zugestanden werden.

c) Gesamthärte (deutsche) soll tunlichst 7—12 Grad betragen.

d) Freie aggressive Kohlensäure, die in Mengen von einigen mg bis 40 mg in 1 l vorkommt, kann in jeglicher Menge und um so schädlicher wirken, je weicher das Wasser ist (S. 728).

e) Eisen und Mangan sollen je 0,1 mg in 1 l nicht übersteigen (S. 738).

f) Der Natrongehalt eines Wassers richtet sich nach dem Chlorgehalt (S. 731), und kann bis zu 1—2 g NaCl für 1 l zugestanden werden, wenn das Chlornatrium aus natürlichen Bodenschichten oder aus rein mineralischen Abgängen stammt.

Das Kali pflegt nur in einigen Milligramm (Spuren bis höchstens 10 mg) in 1 l vorzukommen; größere Mengen deuten auf außergewöhnliche Verunreinigungen (S. 732) hin.

g) Chlor pflegt in guten Trinkwässern meistens nicht über 35 mg in 1 l vorhanden zu sein. Größere Mengen deuten auf Verunreinigungen durch menschliche und tierische Abgänge, wenn gleichzeitig der Gehalt an Salpetersäure, Schwefelsäure, Kali und der Kaliumpermanganatverbrauch erhöht ist und noch mehr, wenn gleichzeitig Ammoniak und salpetrige Säure vorhanden sind.

Wenn auch vorhandene größere Mengen dieser Stoffe nicht direkt gesundheitsschädlich sein mögen, so können ihnen doch gelegentlich bei versagender oder nicht genügender Oxydation durch den Boden leicht unzersetzte schädliche Fäulnisstoffe beigemengt sein.

h) Salpetersäure (N_2O_5) kann in natürlichen Wässern bis zu 30 mg in 1 l als zulässig angesehen werden; größere Mengen zeigen außergewöhnliche Verunreinigungen an (vgl. unter g) und S. 731).

i) Ammoniak und salpetrige Säure kommen in einem guten Wasser nicht vor oder höchstens spurenweise in Grundwässern mit einem Gehalt an Eisenoxydulverbindungen.

k) Von Schwefelsäure kommen in natürlichen Wässern als Gipshärte selten mehr als 80 mg in 1 l vor; größere Mengen sind wie Chlor g) zu beurteilen.

l) Phosphorsäure und Schwefelwasserstoff dürfen in einem Wasser nicht vorkommen.

m) Über den zulässigen Gehalt an Blei und an Zink vgl. S. 728.

n) Reines und gutes Wasser darf auch keine nennenswerte Sauerstoffzehrung zeigen, d. h. der Sauerstoffgehalt in dem frisch entnommenen Wasser darf beim Stehen desselben in einem verschlossenen Gefäß nach einiger Zeit keine Abnahme aufweisen.

4. Bakteriologische Untersuchung des Wassers. Diese beschränkt sich in der Regel auf die Ermittelung der Keimzahl nach dem Plattenkulturverfahren. Die Keimzahl kann wie der Gehalt an einzelnen chemischen Bestandteilen für ein brauchbares Trinkwasser zwischen ziemlich weiten Grenzen (0 bis mehreren Tausend) schwanken. Grundwasser aus 4—5 m Tiefe eines gut filtrierenden Bodens (aus Rohrbrunnen) enthält in der Regel keine und nur dann Bakterien, wenn die Wasserförderungseinrichtung fehlerhaft ist. Wasser aus offenen Kessel- oder Schachtbrunnen, Quell- und Oberflächenwasser zeigen naturgemäß sehr schwankende und hohe Keimzahlen. Oberflächenwasser darf überhaupt ohne Filtration nicht verwendet werden, und die Keimzahl des Filtrats soll 100 in 1 ccm (S. 734) nicht überschreiten. Aber für sonstige Wasserversorgungen kann eine Grenze nicht festgelegt werden.

Auch das Vorkommen von Colibakterien gewährt nach S. 726 nur einen beschränkten Anhalt für die Beurteilung des Wassers. Zum Nachweise des Bacterium Coli und seiner Anzahl bedient man sich des Eijkmanschen Gärverfahrens (mit Peptonglykoselösung) bzw. des Colititers von Petruschky und Pusch, d. h. man ermittelt die kleinste Menge Wasser, in welcher sich nach geeigneter Bebrütung, also nach Anreicherung, noch typische Colibakterien nachweisen lassen. „Colititer 10“ heißt also, daß sich in 10 ccm, „Colititer 100“, daß sich erst in 100 ccm Wasser Colibakterien nachweisen lassen.

Zum Nachweise von pathogenen Bakterien (Cholera, Typhus, Paratyphus, Milzbrand u. a.) sind verschiedene besondere Verfahren erforderlich, die nur dem Bakteriologen von Fach zufallen.

Gelegentliche einmalige Bestimmungen der Keimzahl eines Wassers haben wenig oder keinen Wert. Nur rechtzeitig wiederholte und regelmäßige Untersuchungen bieten wertvolle Anhaltspunkte für die Beurteilung. Die richtige Beurteilung der Keimzahl ist vielfach nur bei gleichzeitiger Kenntnis der chemischen Zusammensetzung des Wassers und der örtlichen Verhältnisse der Wasserquelle möglich. Aber nicht immer steht die Keimzahl in geradem Verhältnis zur Art und dem Grade der Verunreinigung eines Wassers.

5. Biologische Untersuchung des Wassers. Die in den Gewässern vorkommenden pflanzlichen und tierischen Kleinwesen zählen nach Tausenden, von denen verschiedene schon S. 726 u. 730 aufgeführt sind. Diese kommen aber für Trinkwasser, welches entweder aus klarem Grund- und Quellwasser oder durch Filtration von Oberflächenwasser gewonnen wird, nicht in Betracht. Zwar sollte das Trinkwasser von jeglichem Plankton (S. 720) frei sein, ist es aber kaum jemals; es finden sich fast in jedem Grund-, Quell- und filtrierten Oberflächenwasser außer Bakterien noch viele sonstigen Kleinwesen (pflanzliche wie tierische), von denen einige als typisch für die Reinheit eines Wassers angesehen werden können. Man findet sie, indem man das Wasser entweder aus den Wasserleitungs- oder Pumpenrohren durch ein Plankton- (Seiden-) Netz von $^1/_{20}$ mm Maschenweite fließen läßt. In dem aus einer gut angelegten Wasserleitung abgezapften Wasser findet man selten tierische Organismen; um so häufiger aber in Brunnenwässern. A. Thienemann gibt nach Vejdovsky (Nahrungsmittelchemie des Verf., III. Bd., 3. Teil 1918, S. 556) folgende Übersicht:

1. Phreatobionten (von τὸ φρέαρ, φρέατος, Ziehbrunnen), typische Brunnentiere, die sämtlich durch Blindheit gekennzeichnet sind und sich mit der Zeit aus verwandten Arten der Oberflächenwässer gebildet haben; sie sind hygienisch unbedenklich, sie können sogar, wenn sie in größerer Anzahl auftreten, als ein Kennzeichen der biologischen Reinheit eines Wassers angesehen werden. Hierzu gehören z. B.: der Brunnenkrebs, Brunnenflohkrebs (Niphargus puteanus Koch), der dem Flohkrebs der Bäche (Gammarus pulex) ähnlich ist; die sog. Höhlenassel (Asellus cavaticus Schiödte), welche der gemeinen Wasserassel (Asellus aquaticus L.) verwandt ist; verschiedene Muschelkrebse, Ruderfüßler (Cyclops), Würmer, z. B. der Brunnendrahtwurm (Haptotaxis gordioides, G. L. Hartm.) u. a.

2. Phreatophile, brunnenliebende Tiere, die in den Oberflächenwässern weit verbreitet sind, auch in nicht verunreinigten Brunnen massenweise vorkommen können und zu hygienischen Bedenken auch noch keinen Anlaß geben. Sie haben im Gegensatz zu der ersten Gruppe Brunnentiere noch Lichtsinnesorgane, aber die Pigmente sind häufig schwächer ausgebildet oder fehlen ganz. Hierzu gehören die Wurmarten Euporobothria dorpatensis M. Braun, Gyratrix hermaphroditus Ehrbg. und Stenostomum unicolor O. Schm., ferner eine Reihe Cyclopsarten.

3. Phreatoxene, zufällige Glieder der Brunnenfauna, Gäste aus Oberflächengewässern, deren Artenzahl sehr groß, deren Individuenzahl unter normalen Verhältnissen nur gering ist. Wird aber die Individuenzahl groß, z. B. in unbedeckten Brunnen, so ist anzunehmen, daß die Anlage des Brunnens Fehler besitzt. Hierzu gehören von den Protozoen z. B. Amoeba proteus L. u. a., von den Würmern Stenostomum leucops Ant. Dug. u. a., von den Crustaceen Canthocamptus minutus Ces. u. a.

4. Tierische Kleinwesen in verunreinigten Wässern. Die in mit fauligen bzw. fäulnisfähigen Stoffen verunreinigten Wässern auftretenden Saprobionten (S. 730) dürften in Brunnenwässern nicht vorkommen, weil die Verunreinigung derselben wohl kaum so weit gehen wird, daß diese polysaproben Zustand annehmen. Dagegen wird man in verunreinigten Brunnen hauptsächlich Mesosaprobien (S. 730) antreffen. Vejdovsky konnte in verunreinigten Prager Brunnen eine Reihe Vertreter der Rhizopoden, Heliozoen, Flagellaten und Infusorien nachweisen. Bezüglich der Einzelheiten sei auf die genannte Quelle verwiesen.

Pathogene tierische Organismen sind im Trinkwasser unserer Breiten bis jetzt nicht nachgewiesen.

Mineralwasser. Tafelwasser.

Begriff. Unter Mineralwasser im Sinne der Balneologie sowie im Sinne von Handel und Verkehr versteht man solche Wässer, deren Gehalt an gelösten festen Stoffen mehr als 1 g in 1 kg Wasser beträgt, oder die sich durch ihren Gehalt an gelöstem Kohlendioxyd oder an gewissen, seltener vorkommenden Stoffen von den gewöhnlichen Wässern unterscheiden, und endlich auch solche Wässer, deren Temperatur dauernd höher liegt als 20°[1]).

Die Mineralwässer dienen teils als Heilmittel, teils als Erfrischungsmittel. Nur die letztere Art, auch Tafelwasser genannt, soll hier besprochen werden.

Nach den Vereinbarungen deutscher Nahrungsmittelchemiker werden die Tafelwässer in natürliche, veränderte bzw. halbnatürliche und künstliche Tafelwässer eingeteilt.

1. *Natürliche Tafelwässer.* „Als rein natürliches Mineralwasser (Heil- oder Tafelwasser) darf nur solches Mineralwasser bezeichnet werden, welches keiner willkürlichen Veränderung unterzogen wurde. Das abgefüllte Wasser darf also in seiner Zusammensetzung gegenüber dem Wasser der Quelle nur insofern Abweichungen zeigen, als dies durch die Natur ihrer Bestandteile bedingt ist."

„Die Benutzung von reiner Kohlensäure beim Abfüllen soll dann nicht beanstandet werden, wenn diese lediglich zur Verdrängung der Luft aus den Füllgefäßen dient."

„Wird abgefülltes rein natürliches Mineralwasser als Wasser einer bestimmten benannten Quelle in den Handel gebracht, so muß es in seiner Zusammensetzung derjenigen der benannten Quelle entsprechen; es sind ihm aber auch die Schwankungen zugute zu halten, welche die natürliche Quelle aufweist."

Zu den Tafelwässern dieser Art sind nur wenige zu rechnen; nämlich Biliner, Gießhübler, Fachingen, Niederselters, Oberbrunnen in Salzbrunn und Staufenbrunnen in Göppingen. Sie gehören zu den sog. Säuerlingen bzw. alkalischen (Natron-) Säuerlingen, die A. Goldberg wie folgt einteilt:

a) Einfache Säuerlinge mit wenig festen Bestandteilen und viel freier Kohlensäure (z. B. Apollinaris, Birresborn, Marienquelle in Marienbad usw.). Der Gehalt an freier Kohlensäure schwankt von 498—1539 ccm in 1 l Wasser[2]).

b) Alkalische Säuerlinge oder auch Natronsäuerlinge mit vorwiegendem Gehalt an doppeltkohlensaurem Natrium (z. B. Assmannshausen a. Rh., Bilin in Böhmen, Neuenahr im Ahr-

---

[1]) Als „Grenzwerte", d. h. als geringste Mengen, die ein Wasser enthalten soll, um es als Mineralwasser bezeichnen zu dürfen, sind nach L. Grünhuts Vorschlägen folgende anzusehen:

Stoff	Menge	Stoff	Menge
Gesamtmenge der gelösten festen Stoffe	1 g in 1 kg Wasser	meta-Arsenige Säure ($HAsO_2$)	1 g in 1 kg Wasser
Freies Kohlendioxyd .	0,25 g „ 1 „ „	Titrierbarer Gesamtschwefel (S), entspr. Thiosulfation (S_2O_3'') + Hydrosulfidion + Schwefelwasserstoff .	1 „ „ 1 „ „
Lithiumion ($Li^{\cdot}$) . .	1 mg „ 1 „ „	meta-Borsäure (HBO_2)	5 „ „ 1 „ „
Strontiumion ($Sr^{\cdot\cdot}$) .	10 „ „ 1 „ „	Engere Alkalität . . .	4 Millival in 1 kg
Bariumion ($Ba^{\cdot\cdot}$) . .	5 „ „ 1 „ „	Radiumemanation . .	3,5 Macheeinh. in 1 l
Ferro- oder Ferriion ($Fe^{\cdot\cdot}$ bzw. $Fe^{\cdot\cdot\cdot}$) .	10 „ „ 1 „ „	Temperatur	+ 20° C.
Bromion (Br') . . .	5 „ „ 1 „ „		
Jodion (J')	1 „ „ 1 „ „		
Fluorion (F')	2 „ „ 1 „ „		
Hydroarsenation ($HAsO_4''$)	1,3 „ „ 1 „ „		

Nur wenn einer dieser Werte überschritten ist, kann das betreffende Wasser als Mineralwasser angesehen werden.

Die von der Balneologie seither als „einfache kalte Quellen" oder „Akratopegen" bezeichneten Wässer sind im Sinne dieser Begriffsbestimmungen keine Mineralwässer.

[2]) Im Sinne der Begriffserklärungen des „Deutschen Bäderbuches" soll ein „Säuerling" mindestens 1 g Kohlendioxyd in 1 kg enthalten.

tal usw.). Der Gehalt an doppeltkohlensaurem Natrium schwankt von 0,7792—3,5786 g in 1 l Wasser.

c) Alkalisch-muriatische Quellen oder Kochsalznatron-Säuerlinge, die neben freier Kohlensäure und Natriumbicarbonat auch noch Chlornatrium als wesentlichen Bestandteil enthalten (z. B. Ems, Niederselters, Weilbach [Lithionquelle], Kochel [Oberbayern], Offenbach a. Rh., Kaiser Friedrich-Quelle usw.). Der Gehalt an Kochsalz schwankt von 0,0400 bis 2,2346 g, der an Lithiumbicarbonat von 0,0040—0,0278 g in 1 l Wasser.

d) Alkalisch-salinische und alkalisch-sulfatische Quellen, die neben den vorgenannten Bestandteilen noch mehr oder weniger Natriumsulfat enthalten (z. B. Karlsbad, Marienbad, Bertrich, Sulz, Tarasp usw.). Der Gehalt an Natriumsulfat schwankt von 0,0184—3,5060 g in 1 l.

Über die Zusammensetzung der natürlichen Tafelwässer vgl. Tab. II, Nr. 1589 bis 1608.

2. Veränderte oder sog. ***halbnatürliche Tafelwässer.*** Unter „halbnatürlichen Tafelwässern" sind solche Mineralwässer zu verstehen, die behufs Hebung des Wohlgeschmackes entweder einen Zusatz von Kohlensäure oder eine Entfernung von geschmack- oder wertvermindernden Stoffen (Eisen, Mangan, Schwebestoffen) bzw. durch beide Behandlungen eine Veränderung erfahren haben.

Die Behandlungsweise muß aber ausdrücklich gekennzeichnet werden; es muß also z. B. heißen: „Natürliches Mineralwasser mit Kohlensäure versetzt" oder „Natürliches Mineralwasser enteisent und mit Kohlensäure versetzt". Diese Deklaration muß unbedingt in allen das Wasser betreffenden ausführlicheren Veröffentlichungen und auf der Etikette eines jeden Gefäßes enthalten sein und darf nur in kürzeren Veröffentlichungen fehlen, in denen ausschließlich der Name des Brunnens genannt wird, jedoch ohne Beifügung der Worte „Natürliches Mineralwasser" und ohne Heilanzeigen. Stammt die Kohlensäure aus der Quelle selbst, so kann dies besonders hervorgehoben werden.

Jeder andere Zusatz als Kohlensäure oder jeder andere Entzug als Eisen (und Mangan) ist bei dieser Gruppe Tafelwässer nicht gestattet. Durch Zusatz von z. B. Kochsalz oder Soda [1]) werden sie zu künstlichen Mineralwässern (vgl. diese).

Der Kohlensäurezusatz und der Eisenentzug muß in hygienisch einwandfreier Weise geschehen. Ersterer erfolgt wie nachstehend bei den künstlichen Mineralwässern.

Die Enteisenung wird noch meistens mittels der sog. Bassinarbeit vorgenommen. Das Wasser bleibt in 10—30 cbm fassenden Behältern, die behufs Abhaltung von Verunreinigungen durch Keime, vor Verkehr durch Arbeiter und vor Luftstaub tunlichst geschützt werden müssen, mehrere Tage stehen, bis sich das gebildete Ferrihydroxyd (und Mangansuperoxydhydrat) abgesetzt hat und das Wasser völlig klar geworden ist.

Statt dieser Einrichtung wendet man jetzt auch geschlossene Enteisenungsanlagen an, die eine infektiöse Verunreinigung durch Menschen mehr als die erste Einrichtung ausschließen. Die Enteisenungsanlagen gleichen den beim gewöhnlichen Trinkwasser angewendeten Anlagen (S. 737). Dem in einem verschlossenen Zylinder herabrieselnden Mineralwasser wird ein durch Watte filtrierter Preßluftstrom entgegengeführt und das gebildete Ferrihydroxyd durch ein geschlossenes Kiesfilter abfiltriert. Das klare Filtrat wird dann noch ver-

---

[1]) Einen solchen Zusatz erhielt früher — jetzt nicht mehr — Apollinariswasser. Die anderen in der Tab. II, Nr. 1589—1608 aufgeführten Tafelwässer, Crefelder Sprudel, Drachenquelle, Geilnauer Quelle, Selters bei Weilbach, Viktoria-Sprudel u. a. dürften eine ähnliche Behandlung erfahren haben. Unter Harzer Sauerbrunnen versteht man Tafelwässer aus verschiedenen Quellen, von denen nur vereinzelte als schwache Säuerlinge anzusehen sind; die meisten Tafelwässer dieser Art werden durch Zusatz von Kochsalz und Soda zu reinem Quellwasser sowie durch Sättigen mit Kohlensäure hergestellt; sie gehören daher zu den künstlichen Mineral-(Tafel-)Wässern.

einzelt durch Ozon entkeimt (vgl. S. 744). Durch die Enteisenung geht auch mehr oder weniger die freie Kohlensäure verloren, die selbstverständlich wieder ergänzt werden muß. Hierzu dient vielfach die freigewordene Kohlensäure selbst.

3. Künstliche Tafelwässer. Erzeugnisse, die aus destilliertem Wasser, aus Trinkwasser, aus Gemischen von süßem Wasser und Mineralwasser sowie aus verändertem Mineralwasser unter Zufügung von Kohlensäure hergestellt werden, sind unbeschadet der im Absatz 2 erwähnten Ausnahmen künstliche Mineralwässer.

„Jeder Zusatz von Salz oder Salzlösungen und jeder andere Eingriff als Kohlensäurezusatz und Enteisenung, beispielsweise auch jede sonstige Entziehung von Bestandteilen und jede Verdünnung mit Süßwasser sowie jede künstliche Aktivierung mit radioaktiven Stoffen macht also ein natürliches Mineralwasser zu einem künstlichen, und es muß ein jedes derartige Erzeugnis ausdrücklich und für den Konsumenten deutlich erkennbar auf den Etiketten und allen sonstigen Ankündigungen als künstliches Mineralwasser bezeichnet werden."

Herstellung. Die künstlichen Mineralwässer werden in sehr verschiedener Weise hergestellt. Im allgemeinen rechnet man auf 100 l destilliertes (oder ganz reines Brunnen-) Wasser z. B. 150—350 g Natriumcarbonat und 20—50 g Kochsalz, indem man dazu wechselnde Mengen von bald 20 g Chlorcalcium oder 10 g Chlormagnesium oder 50—100 g Natriumsulfat bzw. Magnesiumsulfat je nach dem Verwendungszweck zusetzt. Die Kohlensäure wird entweder direkt aus Magnesiumcarbonat durch Schwefelsäure (oder Salzsäure) erzeugt oder jetzt allgemein als fertige, flüssige Kohlensäure bezogen.

Indem man statt der Salze Zucker, Wein- oder Citronensäure dem Wasser zusetzt und dieses mit Kohlensäure sättigt, erhält man die Limonade gazeuse. Über Brauselimonade vgl. S. 484.

Das gemeinsame Gefäß für die Bereitung der künstlichen Mineralwässer ist das mit Manometer usw. versehene Mischungsgefäß, in welchem die Sättigung der Salzlösung mit Kohlensäure unter Druck und Rühren vor sich geht. Für Flaschen rechnet man 3—4, für Siphons 4—5, für Gefäße 5—6 Atmosphären Druck. Ist bei der Flaschenfüllung der Druck auf 3 Atmosphären gesunken, so muß wieder Kohlensäure nachgedrückt werden, jedoch ohne zu rühren. Bei den früheren Pumpenapparaten, bei denen die Entwicklungsgefäße für Kohlensäure aus Ton oder Blei gefertigt waren, wurde die durch Waschapparate gereinigte Kohlensäure zunächst in Gasometern gesammelt und von diesen durch Druckpumpen in das Mischungsgefäß gepreßt; dabei unterschied man kontinuierliche Pumpenapparate, bei denen die Arbeit, d. h. Einfüllen der Salzlösung und Einpressen der Kohlensäure ohne Unterbrechung fortgesetzt werden konnte, und intermittierende bzw. diskontinuierliche Apparate, bei denen man das fertiggestellte Erzeugnis erst vollständig aus dem Gefäß abfüllte, bevor man dieses wieder mit einer neuen Menge Salzlösung füllte und das Einpressen der Kohlensäure von neuem begann. Den Pumpenapparaten folgten die sog. „Selbstentwickler", bei denen die Kohlensäure aus dem Entwicklungsgefäß durch ihren eigenen Druck, nicht durch Pumpen in das Wasser bzw. in die hergestellte Lösung eingepreßt wurde. Auch hierfür sind wie für die Pumpenapparate verschiedene Einrichtungen in Anwendung gebracht. Statt dieser Apparate wendet man jetzt aber fast allgemein flüssige Kohlensäure in Bomben an, welche vorwiegend aus der Kohlensäure, die der Erde entströmt, teilweise aber auch aus Carbonaten (Magnesit und Kalkstein), oder durch Verbrennen von Koks, oder aus der Gärungskohlensäure gewonnen wird. Bei ihrer Anwendung zur Darstellung von künstlichem Mineralwasser braucht zwischen Bombe und Mischungsgefäß nur ein Reduzierventil, verbunden mit einem Expansionsgefäß, welches mit Manometer und Sicherheitsventil versehen ist, angebracht zu werden. Hierdurch ist die Darstellung künstlicher kohlensäurehaltiger Wässer wesentlich vereinfacht.

Auch ist bei Anwendung flüssiger Kohlensäure die Möglichkeit einer schädlichen Verunreinigung des herzustellenden Mineralwassers geringer als bei Anwendung von selbsterzeugter gasförmiger Kohlensäure, indes enthält auch die flüssige Kohlensäure mitunter Verunreinigungen

(z. B. je nach der Gewinnungsweise außer beigemengter Luft Schwefelwasserstoff, schweflige Säure, Kohlenoxyd und andere Stoffe). L. Grünhut fand in 3 Proben flüssiger Kohlensäure 0,33—6,92% Glycerin, 0—0,92% sonstige organische Stoffe, 0,40—0,84% Eisenoxydul und 0,03—0,27% sonstige Mineralstoffe.

Wesentlich ist es auch, daß weder die mit Wasser gefüllten Gefäße noch die einzupressende Kohlensäure Luft einschließen.

Füllung. Von größtem Belang für die Gewinnung guter fehlerfreier Tafelwässer ist neben der reinlichen Herstellung der Wässer die Reinigung bzw. Sterilisation der Flaschen und Verschlüsse. Denn eine Anreicherung mit Bakterien findet vorwiegend beim Abfüllen und Verschließen der Versandgefäße statt. Behufs besserer Beurteilung der äußeren Beschaffenheit des Wassers hat man an Stelle der undurchsichtigen Krüge Glasflaschen und statt der schwierig zu sterilisierenden und öffnenden Korke Kautschukverschlüsse eingeführt. Die sog. Patentverschlüsse bestehen aus Porzellankegeln, über die ein Kautschukring gezogen ist und die durch einen federnden Bügel in den Flaschenhals gedrückt werden. Bei dem Rileyverschluß ist der Flaschenhals als Schraubenmuttergewinde gegossen, in das ein als Schraube ausgebildeter und mit Kautschukdichtungsring versehener Hartgummistopfen eingedreht wird. Die Kautschukverschlüsse lassen sich leicht öffnen und ohne wesentlichen Kohlensäureverlust wieder schließen; sie haben aber den Nachteil, daß sie, wenigstens für den Anfang, dem Inhalt leicht einen fremdartigen Geschmack verleihen.

Die Kronen-, Star- und Goldyverschlüsse bestehen aus Metallkappen — beim Starverschluß Aluminiumkappe —, in die eine dünne Korkscheibe eingelegt wird, und die mittels einer Maschine aufgepreßt, aber verschieden befestigt werden: beim Kronen- und Starverschluß durch einen gebogenen krausen Rand, der in eine Rinne des Flaschenhalses eingreift, beim Goldyverschluß durch einen angedrückten Metallstreifen, der beim Öffnen der Flaschen abgewickelt wird.

Physiologische Wirkung der Mineralwässer. Die Mineralwässer wirken sowohl durch ihre Salze wie durch die Kohlensäure einerseits erfrischend, andererseits vorteilhaft auf die Verdauung. Daß Salze den Stoffwechsel beeinflussen, ist schon S. 144 und weiter S. 146 über die Bedeutung des Kochsalzes für den Stoffwechsel auseinandergesetzt. Über den Einfluß der Mineralwässer auf die Verdauung vgl. S. 141.

W. Jaworski hat nachgewiesen, daß auch Kohlensäure, ähnlich wie alle Gase, eine vermehrte Magensaftabsonderung bewirkt, indem sie den Säuregrad und die peptonisierende Wirkung erhöht und gleichzeitig ein gewisses subjektives Wohlbehagen hervorruft, sowie den Appetit anregt.

Für die alkalischen Säuerlinge, d. h. die Natriumbicarbonat enthaltenden Mineralwässer treten als weitere günstige Wirkungen hinzu, daß dieses im Falle zu starker Absonderung von Magensäuren letztere neutralisiert und weiter bei Schleimhautkatarrhen der Atmungs- und Verdauungsorgane den vermehrten abgesonderten Schleim dünnflüssig macht und löst, ohne dabei, wie das Natriumcarbonat, ätzend zu wirken.

Andere Salze, besonders die Sulfate des Natriums und Magnesiums, wirken dagegen bis zu einer gewissen Grenze günstig auf die Darmentleerung.

Verunreinigungen und Verfälschungen. a) Die Verunreinigungen können sehr verschiedenartig sein; eine hohe Keimzahl kann zunächst von der fehlerhaften Behandlung des natürlichen Mineralwassers, welches beim Austritt aus dem Boden keimfrei zu sein pflegt, herrühren (vgl. unter Nr. 2, S. 750). Besonders künstliches Tafelwasser ist häufig reich an Bakterienkeimen.

A. Zimmermann fand in künstlichen Mineralwässern Dorpats zwischen 8000 bis 39 500 Keime in 1 ccm, dazu in einigen Proben noch erhebliche Mengen organischer Stoffe, in anderen Proben salpetrige Säure und Ammoniak. Morgenroth stellte bis 100 000 Keime in 1 ccm künstlicher Mineralwässer fest; destilliertes Wasser, das beim Verlassen der Blase keimfrei war, enthielt beim Verlassen des Kohlenfilters 50 000 Keime in 1 ccm.

Auch durch die verwendeten Gegenstände (z. B. Salz und aus dessen Umhüllung Papier, Lack, ferner Korke usw.) können an sich manche Bakterienkeime in das künstliche Mineralwasser gelangen, besonders auch dann, wenn die eingeleitete Kohlensäure Luft einschließt (vgl. auch vorstehend).

Die Bakterienkeime nehmen zwar nicht, wie G. Leone behauptet hat, in dem mit Kohlensäure gesättigen Wasser ab, aber sie sind zweifellos in den meisten Fällen harmloser Art; trotzdem muß gefordert werden, daß auch die verwendeten Rohstoffe von vornherein tunlichst bakterienfrei sind. Ebenso schwerwiegend ist die Verwendung eines durch sonstige außergewöhnliche Bestandteile (Nitrate, Sulfate, Chloride u. a.) verunreinigten Wassers.

Durch Anwendung von Zink-, Kupfer- und Bleigefäßen bzw. Rohrleitungen können Zink, Kupfer und auch Blei in das Wasser gelangen. Beim Aufbewahren des künstlichen Soda- oder Selterswassers in den sog. Siphons geht unter Umständen Blei in dasselbe über.

Unter Umständen nehmen ursprünglich geruchlose Mineralwässer beim Lagern auch einen fauligen (Schwefelwasserstoff-) Geruch und Geschmack an, die nur durch eine nachträgliche Zersetzung durch Bakterien hervorgerufen sein können, daher stets ein Zeichen fehlerhafter Füllung bzw. Aufbewahrung sind.

b) Die Verfälschungen bestehen in den unrichtigen, den unter Nr. 1, 2 und 3 angegebenen Vereinbarungen nicht entsprechenden Bezeichnungen und in der Unterschiebung der künstlichen unter halbnatürliche oder beider unter natürliche Tafelwässer

Die *Untersuchung* wird wie die des Trinkwassers ausgeführt; die Bestimmung der Kohlensäure dagegen wie bei Schaumwein.

Bei der Bedeutung, welche der Verkehr mit Tafelwässern angenommen hat — die Menge der hergestellten Flaschen wird 1913 auf 190 Millionen angegeben — hat der Bundesrat unter dem 9. Nov. 1911 einen „Normalentwurf einer Polizeiverordnung, betr. die Herstellung kohlensaurer Getränke und den Verkehr mit solchen Getränken" aufgestellt und hierzu auch eine Anweisung für die Prüfung der hierzu dienenden Apparate gegeben. Für Preußen sind hierzu zur Herstellung kohlensaurer Getränke noch besondere Ministerialverordnungen vom 30. März 1914 und 13. Aug. 1914, desgl. eine Verordnung, betr. den Genuß eiskalter Mineralwässer vom 22. Juli 1914 erlassen worden. Bezüglich des Inhaltes dieser Erlasse muß auf die Zeitschrift Gesetze, Verordnungen sowie Gerichtsentscheidungen betr. Nahrungs- u. Genußmittel 1912, 4, 446 usw. verwiesen werden.

Luft.

Bedeutung. Die Luft hat eine doppelte Bedeutung für den Menschen, nämlich einerseits als notwendiges Hilfsmittel für die Umsetzungen im Körper, andererseits als Trägerin der Witterungsverhältnisse für sein allgemeines Befinden.

Früher nahm man an, daß die Größe der Umsetzungen im Körper sich nach der Menge des eingeatmeten Luftsauerstoffs richte, daß der Sauerstoff also die Ursache des Stoffzerfalles sei; es hat sich aber herausgestellt, daß die Menge des eingeatmeten Sauerstoffs sich nach der Menge der aufgenommenen Nahrung, vorwiegend des Proteins, richtet, daß er also die Folge des Stoffzerfalles ist.

Der erwachsene Mensch atmet mit jedem Atemzuge etwa $^1/_2$ l, also in der Minute mit durchschnittlich 16 Atemzügen 8 l, in der Stunde 480 l, im Tage rund 11,50 cbm Luft ein, also annähernd ein 4000 mal größeres Volumen, als das der festen und flüssigen Nahrung (etwa 3 l) ausmacht. Wenn wir die Luft dennoch nicht so zu würdigen pflegen wie die sichtbare Nahrung, so liegt das wie beim Trinkwasser vorwiegend daran, daß die Luft uns unbegrenzt und ohne Kosten zur Verfügung steht; erst wenn sie uns zu fehlen beginnt oder durch allerlei Gase und Stoffe für uns ungenießbar geworden ist, lernen wir ihren Wert schätzen.

Die uns in einer Höhe von 80—90 km umgebende unsichtbare atmosphärische Luft ist im wesentlichen ein mechanisches Gemenge von Sauerstoff, Stickstoff, neben geringen Mengen von Argon, Kohlensäure und wechselnden Mengen Wasserdampf; dazu gesellen sich noch in sehr geringen Mengen die seltenen Gase Helium, Neon, Krypton und Xenon u. a., außerdem kommen durchweg Spuren von Ozon, Wasserstoff, Wasserstoffsuperoxyd, Ammoniak, salpetriger Säure und Salpetersäure sowie mehr oder weniger Staubteilchen aller Art in der Luft vor.

Die Mengenverhältnisse, in welchen die Hauptbestandteile der Luft in der Einatmungs- und Ausatmungsluft des Menschen durchweg vorkommen, sind, auf trockene Luft bezogen, im Durchschnitt folgende:

	Einatmungsluft		Ausatmungsluft
Sauerstoff	23,10 Gew.-%	20,94 Vol.-%	16,50 Vol.-%
Stickstoff	75,95 „	78,40 „	78,40 „
Argon	0,90 „	0,63 „	0,63 „
Kohlensäure	0,05 „	0,03 „	4,47 „
Wasserdampf für feuchte Luft	0,84 Gew.-%	0,47 Vol.-%	7,00 Vol.-%

Die wesentliche Abnahme der Ausatmungsluft an Sauerstoff und die wesentliche Zunahme an Kohlensäure und Wasserdampf gegenüber der Einatmungsluft zeigen die Bedeutung der chemischen Bestandteile der Luft für die Umsetzungsvorgänge im Körper.

Aber auch die physikalischen Eigenschaften der Luft, ihre Temperatur, ihr Druck und ihr Feuchtigkeitsgrad, wodurch die Witterung und das Klima bedingt sind, spielen hierbei eine Rolle und beeinflussen sowohl den Stoffwechsel als auch das allgemeine Befinden des Menschen. Aus dem Grunde erscheint es gerechtfertigt, anreihend an die Nahrungs- und Genußmittel, auch die Eigenschaften und Bestandteile der Luft sowie ihre Verunreinigungen einer kurzen Besprechung zu unterziehen.

Die physikalischen Eigenschaften der Luft.

Von der Temperatur, dem Druck und der Feuchtigkeit der Luft sind der Wind, die Bewölkung (Sonnenscheindauer, Sonnenintensität) und Niederschläge (Regen und Schnee) abhängig; sie bedingen zusammen die Witterung sowie das Klima und werden die sechs meteorologischen Elemente der Luft genannt.

Unter Witterung versteht man die Gesamtheit dieser Elemente für irgendeinen Ort oder Zeitpunkt, unter Klima die durchschnittlichen Werte dieser Elemente für einen Ort oder Landstrich auf Grund langjähriger Beobachtungen.

1. Die Temperatur. Die Wärme[1]) der Luft rührt nur von der Sonne[2]) her. An der Grenze der Atmosphäre beträgt die Sonnenwärme in jeder Minute für 1 qcm 3,068 Grammcalorien; diese Wärme würde ausreichen, um in einem Jahre eine Eisschicht von 50 m um die Erdrinde herum zum Schmelzen zu bringen. Aber nur 64—75% dieser Wärmemenge gelangen an die Erdoberfläche. Die am wenigsten brechbaren Strahlen, die Wärmestrahlen, werden vorwiegend von Wasserdampf, auch von Staub, absorbiert; die brechbarsten Sonnenstrahlen, die blauen (und violetten), werden diffus zerstreut, woraus sich die blaue Himmelsfarbe erklärt (Rayleigh).

Die unteren Luftschichten werden daher kaum direkt von der Sonne erwärmt; indem aber die leuchtenden Sonnenstrahlen von den Gegenständen an der Erdoberfläche in dunkle Wärmestrahlen übergeführt werden und zurückstrahlen, erfahren auch die unteren Luftschichten auf indirektem Wege eine Erwärmung durch die Sonne.

Die Temperatur eines Ortes bzw. einer Gegend ist abhängig:

a) Von der geographischen Breite und dem Verhältnis von Festland zu Wasser; die mittlere Jahrestemperatur läßt sich annähernd für jeden Ort berechnen; die Abweichung davon heißt thermische Anomalie.

b) Von den Meeresströmungen; die im Golf von Mexiko sich ansammelnden warmen Wassermassen (der Golfstrom) bewirken in allen Ländern, die er bei seinem Vordringen nach Norden berührt, eine höhere Jahreswärme, als in den von ihm nicht berührten Ländern herrscht[3]).

c) Von der Dauer der Besonnung. Der Nordpol erhält am 21. Juni (Sonnensolstitium) 20% mehr Wärme als ein Ort am Äquator an seinem heißesten Tage.

d) Von Wasserdampf und Wolken. Beide vermindern die Be- und Abstrahlung. Wenn die spezifische Wärme des Wassers = 1 gesetzt wird, so ist die des Bodens = 0,2, d. h. zur Erwärmung von 1 kg Boden ist nur $^1/_5$ der Wärme erforderlich als zur Erwärmung von 1 kg Wasser; auf gleiches Volumen (wie an der Erdoberfläche) bezogen, ist die spez. Wärme des Bodens = 0,6.

Umgekehrt wird Wasser durch Fortführung einer gleichen Menge Wärme weniger abgekühlt als Boden.

Hieraus erklärt sich die Gleichmäßigkeit des Seeklimas gegenüber dem Festlandsklima[4]).

---

[1]) Unter Wärme versteht man die Ursache der Zustände eines Körpers, die wir bei Berührung desselben durch gewisse Hautnerven empfinden und bald als kalt, bald als warm, bald als heiß bezeichnen. Den Wärmezustand nennt man auch Temperatur.

[2]) Die Erdwärme übt nur auf das Klima, nicht auf das Wetter eines Ortes, einen Einfluß aus. In etwa 30 m Tiefe unter der Erdoberfläche ist die Temperatur jahrein, jahraus beständig und beträgt rund 11°; von da nimmt sie mit je 33 m Tiefe um je 1° zu.

[3]) Helgoland hat eine mittlere Jahrestemperatur von 8,3°, Königsberg dagegen in nahezu derselben geographischen Breite von nur 6,6°.

[4]) Im Seeklima sind die Tage und der Sommer weniger warm, die Nächte und der Winter weniger kalt als im Festlandsklima.

Ähnlich ausgleichend auf die Temperaturextreme wirkt der Wald mit seiner starken Wasserverdunstung.

e) Von der Höhenlage. Vom Äquator bis zu etwa 60° nördl. Breite sinkt im Gebirge auf je 100 m Erhöhung die Temperatur um je 0,57° (Hann), in freier Luft dagegen um je 0,99°. Beim Emporsteigen kommt die Luft unter geringeren Druck und dehnt sich aus, die Expansivkraft leistet eine gewisse Arbeit, die als Energieverlust oder Wärmeverbrauch mit Abkühlung verbunden ist. Wenn umgekehrt Luft herabsinkt, unter höheren Druck kommt, so nimmt ihr Ausdehnungsbestreben zu, ihr Energievorrat wird vermehrt, es tritt Erwärmung ein. Man nennt dieses Verhalten die dynamische Abkühlung[1]) und Erwärmung.

f) Von der Farbe des Bodens. Hellfarbige und glatte Flächen strahlen ebenso wie helle Kleider einen erheblichen Teil der auffallenden Strahlen zurück, während dunkle und rauhe Flächen bzw. Kleider mehr Strahlen absorbieren.

In Deutschland schwankt die Temperatur während des Jahres zwischen —23 bis +35° und beträgt als Jahresmittel etwa 8—11°. Früher wurde die Temperatur der Luft in Reaumurgraden, jetzt wird sie allgemein in Celsiusgraden angegeben. Zu genauen Bestimmungen bedient man sich der Schleuder- oder Aspirationsthermometer.

2. Luftdruck. Auf 1 qcm Erdoberfläche lastet bei 0° und 760 mm Quecksilbersäule ein Druck von $76 \times 13{,}59 = 1033{,}3$ g $= 1{,}0333$ kg; das macht für den erwachsenen Menschen mit 1,609 qm Körperoberfläche 16 500 kg. Wir fühlen den Druck nicht, weil im Innern des Körpers durch die Lungen derselbe Gegendruck ausgeübt wird. Der Luftdruck ist abhängig von der Höhe und Temperatur der Luftschicht. Die Luftschicht, deren Druck dem eines Millimeters Quecksilbersäule gleich ist, hat bei 760 mm Luftdruck und 0° eine Höhe von 10,51 m, d. h. mit einer Erhöhung über den Meeresspiegel um je 10,51 m sinkt der Luftdruck bzw. die Quecksilbersäule um 1 mm. Da sich das Quecksilber für je 1° um 0,00018 mm ausdehnt, so muß, um den Druck auf 0° und 760 mm, d. h. Meereshöhe, zurückzuführen, von dem beobachteten Quecksilberstand $t \times 0{,}00018$ für Temperatur abgezogen, dagegen die Größe, welche durch die Höhe über dem Meeresspiegel ($= mh$) bedingt ist, also $\frac{mh \times 1}{10{,}51}$ zugezählt werden.

Isobaren sind Verbindungslinien zwischen Orten mit gleichem Luftdruck.

Barometrischer Gradient ist der Unterschied des Luftdruckes zweier Orte, deren Verbindungslinie zu den Isobaren senkrecht steht und deren Abstand 111 km (einen Äquatorgrad) beträgt. In der Meteorologie versteht man unter Gradient den Abstand der Orte, deren Barometerstand um je 5 mm verschieden ist.

Die gewöhnlichen Schwankungen im Luftdruck an einem und demselben Ort sind ohne Einfluß auf den Menschen. Bei einem zu niedrigen Luftdruck von 3000—4000 m Höhe tritt dagegen, vorwiegend infolge Sauerstoffmangels, die Bergkrankheit, und bei einem zu hohen Luftdruck (2—3 Atm.), z. B. bei Brückenarbeiten unter Wasser, treten die sog. Caissonerkrankungen auf. Indes kann der Mensch durch allmähliche Erniedrigung bzw. Erhöhung des Luftdruckes sich dauernd bzw. für mehrere Stunden bis zu einer bestimmten Grenze einem verminderten oder erhöhten Luftdruck ohne Nachteil anpassen.

3. Wind. Unter „Wind" verstehen wir die horizontale Bewegung der Luft. Die auf- und absteigenden Bewegungen pflegen wir, wenigstens am Boden ebener Gegenden, nicht zu empfinden. Die horizontale Bewegung ist erst bei einer Geschwindigkeit von 1 m in 1 Sekunde fühlbar.

---

[1]) Wenn die mittlere Temperatur an einem Ort der Erde +10,4° beträgt, so ist die mittlere Temperatur in der Luft:

Höhe	1000 m	2000 m	4000 m
Temperatur	+5,4°	+0,5°	—10,3°

Der „Wind“ (die Luftbewegung) wird durch die Verschiedenheit des Luftdruckes in benachbarten Landstrichen und durch das in der elastischen Luft vorhandene Bestreben nach Ausgleich dieser Unterschiede hervorgerufen. Die Druckunterschiede sind wiederum durch die Temperaturunterschiede in den Luftschichten bedingt. Insofern stehen Temperatur, Druck der Luft und Wind in ursächlichem Zusammenhange.

Bei niedrigem Barometerstande haben wir einen aufsteigenden warmen Luftstrom, Wolkenbildung, trübes Wetter und Regen, weil die aufsteigende Luft viel Wasserdampf mit sich führt, der in den oberen kälteren Luftschichten verdichtet und verflüssigt wird; bei hohem Barometerstande haben wir meistens heiteres Wetter, weil der niedersinkende kalte Luftstrom wenig Wasserdampf mit sich führt und in den unteren Luftschichten mit höherer Temperatur noch mehr Wasser aufnehmen könnte, als er mitbringt, daher keine Wolkenbildung verursacht.

Infolge der ungleichen Erwärmung und Abkühlung von Wasser- und Landflächen (vgl. Nr. 1, S. 755) entstehen an den Küsten Seewind bei Tage und Landwind bei Nacht; auch die Monsuns oder Moussons im nördlichen, chinesischen und indischen Meere finden in diesem Umstande ihre Erklärung.

Der Wind weht aus den Gegenden höheren Druckes nach denen niederen Druckes, oder in ein Barometerminimum stürzen die Winde hinein, aus einem Barometermaximum wehen sie heraus.

Als Windrichtung benennt man die, aus welcher der Wind weht; N bedeutet Nordwind, S = Südwind, W = Westwind, E (vom englischen East) = Ostwind; die Vierbogengrade werden wieder in je drei Teile zerlegt, z. B. zwischen Westen (W) und Norden (N) in WNW, NW, NNW usw. Infolge der Umdrehung der Erde, mit der auch die Luft sich von Westen nach Osten bewegt, erfahren aber die Winde eine Ablenkung, sie wehen nicht in geradliniger Richtung, sondern werden auf der nördlichen Halbkugel nach rechts, auf der südlichen nach links abgelenkt. Aus dem Grunde wird auf der nördlichen Halbkugel das Barometerminimum von Winden umkreist, welche der Bewegung des Zeigers einer Uhr entgegengesetzt sind, während die Winde aus einem Barometermaximum in einer Richtung herauswehen, welche der Bewegung des Zeigers einer Uhr parallel sind. Stellt man sich mit dem Rücken gegen den Wind, so liegt der höchste Luftdruck zur Rechten (etwas nach hinten); der niedrigste Luftdruck zur Linken (etwas nach vorn).

Aus diesem Bays-Ballotschen Winddrehungsgesetz erklärt sich die Verteilung der Winde an der Erdoberfläche.

Die Windstärke wird ausgedrückt in Metergeschwindigkeit für 1 Sekunde (m/Sek.) und gemessen mit dem Robinsonschen Schalenkreuz oder dem Anemometrograph.

4. Feuchtigkeit. Die Luft enthält stets Wasserdampf und kann je nach der Temperatur wechselnde Mengen Wasserdampf aufnehmen. Der Wasserdampf übt wie die Luft auf die Barometerquecksilbersäule einen Druck aus, welcher, in Millimetern (mm) ausgedrückt, auch Tension des Wasserdampfes genannt wird. Der Dampfdruck (mm Quecksilber) oder die Spannkraft ist dem Gewicht des in der Luft enthaltenen Wasserdampfes proportional und nahezu gleich der Zahl, welche angibt, wieviel Gramm Wasserdampf in 1 cbm Luft enthalten sind. Man bezeichnet diese Wassermenge oder diesen Dampfdruck auch als absolute Feuchtigkeit. Unter spezifischer Feuchtigkeit versteht man Gramm Wasserdampf in 1 kg Luft. Die von der Luft aufnehmbaren Wasserdampfmengen steigen mit zunehmender Temperatur erheblich an. Die Luft ist aber selten — höchstens bei starkem Nebel — mit Wasserdampf gesättigt. Das Verhältnis zwischen der Wasserdampfmenge, welche die Luft wirklich enthält, und der Dampfmenge, welche sie bei vollständiger Sättigung enthalten könnte, wird relative Feuchtigkeit genannt. Es wird in Prozenten ausgedrückt[1]). Sättigungsdefizit ist die Menge Wasserdampf, die an der vollen Sättigung

[1]) Enthält eine Luft bei 10° z. B. 5,53 g Wasserdampf, so beträgt, da Luft bei 10° bis zur

fehlt; es ist bei derselben relativen Feuchtigkeit, aber bei verschiedenen Temperaturen nicht gleich, sondern steigt mit letzterer erheblich an[1]).

Befindet sich ungesättigte Luft über flüssigem Wasser, so nimmt sie so lange Wasserdampf auf, bis sie bei der betreffenden Temperatur mit Wasserdampf gesättigt ist. Wird ungesättigte Luft abgekühlt, so nähert sie sich der Temperatur, bei welcher sie vollständig gesättigt ist, und diese Temperatur heißt dann der Taupunkt.

Findet die Abkühlung in den unteren Luftschichten statt, so bildet sich der Nebel; steigt die Luft mit dem Wasserdampf in die Höhe, so verdichtet er sich infolge der stetig zunehmenden Abkühlung zu Wolken, die entweder als Regen niederfallen oder bei weiterem Aufstieg in die Hagel- bzw. Schneeregion (3860 bzw. 7117 m Höhe) übergehen. Nebel[2]), Wolken, Regen sind um so eher zu erwarten, je höher die relative Feuchtigkeit ist oder je näher der Taupunkt der Lufttemperatur liegt.

Die Luftfeuchtigkeit ist hiernach von wesentlichstem Einfluß auf den Wettercharakter. Aber auch auf den Stoffwechsel des Menschen ist die Luftfeuchtigkeit von Einfluß, und zwar die absolute Feuchtigkeit auf die Lungenatmung, die relative Feuchtigkeit auf die Wasserverdunstung durch die Haut.

Die Ausatmungsluft von 37° ist mit Wasserdampf gesättigt und enthält in 1 cbm 44,0 g Wasserdampf. Vollständig gesättigte Luft von 20° enthält 17,2 g Wasserdampf; atmen wir letztere Luft ein, so kann die Lunge nur 44,0 — 17,2 = 26,8 g Wasser in der Ausatmungsluft abgeben; atmen wir dagegen Luft von 25° mit 50% relativer Feuchtigkeit $= \frac{22,9 \times 50}{100} = 11,5$ g Wasserdampf ein, so kann sie 44,0 — 11,5 = 32,5 g Wasserdampf abgeben. Daher ist erstere gesättigte Luft trotz der niedrigeren Temperatur für uns drückender als die um 5° höhere Luft, aber mit wesentlich niederem Wassergehalt.

Auf die Wasserverdunstung von der Haut ist dagegen vorwiegend die relative Feuchtigkeit der Luft von Einfluß. Denn die Wasserverdunstung durch die Haut folgt zunächst den Gesetzen, welchen die Verdunstung von Wasser in freien Gefäßen unterworfen ist. Je trockener die umgebende Luft und je stärker die Bewegung, mit welcher sie an der Körperoberfläche vorüberfliegt, desto größer ist die Wasserverdunstung von der Haut. Umgekehrt kann von der Haut in einer feuchten Luft nur wenig Wasser verdunsten, weshalb unter solchen Verhältnissen starke Schweißbildung auftritt[3]).

Sättigung 9,2 g Wasserdampf aufnehmen kann, die relative Feuchtigkeit, auf 100 berechnet, $\frac{5,53 \times 100}{9,2} = 60\%$.

[1]) Zur Erläuterung dieses Verhaltens des Wasserdampfes in der Luft je nach der Temperatur mögen folgende Zahlen dienen:

Temperatur Grad C	Höchstmögliche Werte bei den verschiedenen Temperaturen			Sättigungsdefizit für 1 cbm Luft bei relativer Feuchtigkeit			
	Tension in mm Quecksilber	Absolute Feuchtigkeit g in 1 cbm	Spezifische Feuchtigkeit g in 1 kg Luft	40% g	60% g	80% g	100% g
0	4,6	4,9	3,75	2,94	1,96	0,98	0
5	6,5	6,8	5,34	4,06	2,56	1,14	0
10	9,2	9,4	7,51	5,50	3,65	1,83	0
15	12,7	12,8	10,43	7,52	5,04	2,49	0
20	17,4	17,2	14,33	10,45	6,96	3,48	0
30	31,6	30,1	25,28	18,93	12,61	6,31	0

[2]) Der Tau bildet sich vorwiegend durch Verdichtung des aus der Erde oder von den Pflanzen verdunsteten Wassers durch Abkühlung an der kälteren Luft.

[3]) Hierbei macht sich aber nach M. Rubner die Wärme der umgebenden Luft in der

Am zusagendsten ist, bei Temperaturen von 17—20° in Wohnräumen, 10—16° in Arbeitsräumen und 12—15° in Schlafzimmern, eine relative Feuchtigkeit der Luft von 40—70%; der Taupunkt der Luft soll 10° nicht überschreiten; ein Taupunkt von 15° ist unerträglich für den Menschen.

Noch weiter auf diese Verhältnisse und auf die Beziehungen zwischen Feuchtigkeitsgehalt der Luft bzw. den 6 meteorologischen Elementen und Wettervorhersage hier einzugehen, entspricht nicht den Zwecken dieses Buches.

Die gasförmigen Bestandteile der Luft.

Von den gasförmigen Bestandteilen der Luft (S. 754) ist für das organische Leben der wichtigste:

1. Sauerstoff. Von demselben gebraucht der erwachsene Mensch bei mittlerer Kost und Arbeit täglich etwa 750 g oder 520 l (mit Schwankungen von 700—1000 g), die vorwiegend vom Hämoglobin des Blutes gebunden werden; letzteres enthält 22—25% seines Volumens an Sauerstoff. Unter den gewöhnlichen Bedingungen des Lebens atmen wir nicht immer nur so viel Luft ein, wie zur Deckung des Sauerstoffbedarfs nötig ist, sondern mehr; es findet eine Art Luxusatmung statt. Gegenüber der Ruhe im Liegen steigern Sitzen, Stehen, Lesen den Sauerstoffverbrauch um 20—30%, Fahren, Gehen usw. um 60—90%.

Die gewöhnlichen Schwankungen des Sauerstoffgehaltes der Luft betragen nur 20,85—20,99 Vol.-%; aber der Mensch kann weit größere Schwankungen ohne Gefährdung des Lebens oder der Gesundheit ertragen; erst bei einer Verminderung des Sauerstoffgehaltes der Luft auf 11—12 Vol.-% treten gefahrdrohende Erscheinungen auf, der Tod erst bei etwa 7,2 Vol.-%. In einer Höhe von 9—10 km hört infolge der starken Verdünnung der Luft und der geringen Sauerstoffmenge die Lebensfähigkeit des Menschen auf.

2. Kohlensäure. An Stelle des eingeatmeten Sauerstoffs wird eine entsprechende Menge Kohlensäure ausgeatmet, von dem erwachsenen Menschen täglich etwa 900 g = 455 l (mit Schwankungen von 800—1150 g je nach Art und Menge der Nahrung wie der Arbeitsleistung). Der Mensch atmet im Jahr durchschnittlich ungefähr so viel Sauerstoff ein und Kohlenstoff in Form von Kohlensäure aus, als 3 a Wald erzeugen bzw. aus der Luft nehmen.

Der Gehalt der Luft an Kohlensäure schwankt zwischen 0,0225—0,0486, Mittel 0,030 Vol.-%; Williams gibt in Sheffield Schwankungen von 0,00216—0,0622 Vol.-% an; im Mittel betrug in der Vorstadt von Sheffield der Gehalt 0,0327 Vol.-%, im Mittelpunkte derselben 0,0390 Vol.-%, also lag der Wert in letzterem Falle, wie kaum anders erwartet werden kann, etwas höher.

Die sonstigen Angaben über den schwankenden Gehalt der Kohlensäure, z. B. daß die vom Meere wehende Luft kohlensäureärmer sein soll als die vom Festland kommende Luft

---

Weise geltend, daß mit zunehmender Lufttemperatur unter Abnahme der Wärmestrahlung und -leitung von der Haut (und unter sinkender Kohlensäureausscheidung) die Wasserdampfabgabe von der Haut steigt, dagegen bei abnehmender Temperatur unter Zunahme des Wärmeverlustes durch Strahlung und Leitung eine Verminderung der Wasserverdunstung statthat.

Der Niedrigstwert der Wasserdampfausscheidung liegt jedoch nicht bei der niedrigsten Temperatur, sondern bei gleichbleibender relativer Feuchtigkeit der Luft zwischen 11 bis 20°, anscheinend bei 15°; läßt man von diesem Punkt aus die Temperatur bis auf 0° sinken, so vermehrt sich die Wasserdampfabgabe um 41%, und steigert sich die Temperatur bis 35°, so nimmt die Wasserdampfabgabe um 79% zu.

Daß auch bei niederen Temperaturen unter 15° die Wasserdampfabgabe von der Haut gegenüber der Temperatur von 15° gesteigert ist, hat in der lebhafteren Atmung bei niederen Temperaturen seinen Grund; je größer die Raummenge der eingeatmeten Luft, um so mehr Wasser wird von der Haut verdunstet und umgekehrt.

oder daß die Nachtluft weniger Kohlensäure enthalten soll als die Tagesluft, lauten nicht eindeutig.

Dagegen ist die Luft an Nebeltagen etwas kohlensäurereicher und in größeren Höhen etwas kohlensäureärmer als an nebelfreien Tagen bzw. in niederen Höhen.

Die Luft in geschlossenen, ausgedehnten Waldungen enthält nach Ebermayer mehr Kohlensäure als die auf freiem Felde.

Bei der großen Menge Kohlensäure, die täglich durch Verbrennungen bzw. durch den Atmungsvorgang der Tiere entsteht und die von den Pflanzen aufgenommen wird, um dafür Sauerstoff an die Luft auszuatmen, sollte man annehmen, daß die Schwankungen der Luft im Gehalt an Kohlensäure und Sauerstoff weit beträchtlicher seien, als hier gefunden worden sind, daß z. B. die Luft im Winter beim Ruhen des Pflanzenwachstums oder in pflanzenarmen Gegenden weit reicher an Kohlensäure und ärmer an Sauerstoff sein müßte als im Sommer bzw. pflanzenreichen Gegenden.

Dieses ist aber nicht der Fall; denn die Gasmengen, um welche es sich handelt, wie groß sie auch an sich sein mögen, sind im Verhältnis zu der Gesamtmasse der Luft noch immer sehr gering, und man hat berechnet, daß bei dem großen Sauerstoffvorrat im Luftmeer, auch ohne beständige Neubildung durch die Pflanzen, die Menge desselben unter den gegenwärtigen Bevölkerungsverhältnissen erst in Tausenden von Jahren von 21 auf 20% sinken würde. Die Schwankungen im Gehalt der Luft an Kohlensäure, Sauerstoff und Wasser sind mehr von der Windströmung und plötzlichen Abkühlung der Luft als von vorstehendem Vorgang abhängig. Nach Th. Schlösing bildet das Meer einen Regler für den Kohlensäuregehalt der Luft, indem es bald Kohlensäure an die Luft abgibt, bald solche aus derselben aufnimmt.

Weil die durch die Lebens- und die Verbrennungsvorgänge gebildete Kohlensäure durchweg eine höhere Temperatur als die Luft besitzt, so verbreitet sie sich schnell nach allen Richtungen in der Luft, während Kohlensäure, welche eine niedrigere Temperatur als die Luft besitzt, z. B. in Gärkellern, infolge ihres höheren spez. Gewichtes sich nur schwer mit der über ihr lagernden Luft mischt. In geschlossenen Räumen verhält sich natürlich die Sache, wie wir gleich sehen werden, anders.

Neben Kohlensäure gibt es noch Spuren sonstiger Kohlenstoffverbindungen (Formaldehyd, Kohlenwasserstoffe) in der Luft; berechnet man den an Wasserstoff gebundenen Kohlenstoff auf Sumpfgas (CH_4), so beträgt die Menge des solcherweise gebundenen Kohlenstoffs nach Müntz und Aubin zwischen 10—30 Volumenteile für 1 000 000 Vol. Luft. Wolpert fand im Freien 0,015% verbrennliche, gasförmige Kohlenstoffverbindungen.

A. Gautier fand in der Luft ebenfalls stets mehr oder weniger brennbare Gase, und zwar Kohlenwasserstoffe (Methan, Benzol? usw.) und freien Wasserstoff, welcher letzterer von Gärungs- und Fäulnisvorgängen an der Erdoberfläche sowie von vulkanischen Ausbrüchen herrühren soll; 100 l Pariser Luft enthielten zu verschiedenen Zeiten 12,1—22,6 ccm Methan, 1,7 ccm kohlenstoffreicheres Gas (Benzol), 0,2 ccm Äthylen usw.; Waldluft ergab in 100 l 11,3 ccm, Bergluft 2,19 ccm Methan; letztere sowie auch Meeresluft weiter etwa $^2/_{1000}$ ihres Volumens an freiem Wasserstoff.

Luft mit 30 Vol.-% Kohlensäure ist für den Menschen tödlich; in freier Luft mit 10% Kohlensäure kann der Mensch noch atmen und arbeiten, wenn gleichzeitig die gewöhnliche Menge Sauerstoff vorhanden ist; in Wohnungen dagegen wird eine Luft, welche 0,5—0,7 Vol.-% Kohlensäure enthält, schon unerträglich für den Menschen; hier soll der Gehalt 0,1 Vol.-% oder 1 vom 1000 nicht übersteigen.

3. Wasserdampf (vgl. vorstehend S. 757).

4. Ozon. Ein ganz geringer Teil des Sauerstoffs der Luft ist in Form von Ozon (2,3 bis 9,4 mg in 100 cbm Luft) vorhanden. In diesem Zustande besitzt der Sauerstoff besondere oxydierende Eigenschaften, und wenn auch das Ozon für den Lebensvorgang entbehrlich zu sein scheint, da die Luft unserer Wohnräume kein Ozon enthält, so ist es doch nicht ohne hygienische Bedeutung, indem es organische Stoffe aller Art und auch Bakterien (vgl. S. 744) zu zerstören und hierdurch die Luft von Stoffen zu reinigen imstande ist, welche unter Umständen für den Menschen gesundheitsschädlich werden können. Das Ozon bildet sich aus dem Sauerstoff der Luft vorwiegend durch elektrische Entladungen; der Gehalt der Luft an Ozon ist dementsprechend großen Schwankungen unterworfen; er ist am größten zur Zeit von Gewittern[1]). Die Luft in den Städten, im Walde und überhaupt in den unteren Schichten ist wegen der vorhandenen größeren Menge von Staub und verbrennlicher Gase ärmer an Ozon als auf freiem Felde bzw. in höheren Luftschichten.

5. Wasserstoffsuperoxyd. Dasselbe entsteht in der Luft wie Ozon oder durch Umsetzung des Wassers mit letzterem nach der Gleichung $H_2O + O_3 = H_2O_2 + O_2$. Ilosvay de N. Ilosva behauptet zwar, daß in der atmosphärischen Luft und deren Niederschlägen weder Ozon noch Wasserstoffsuperoxyd vorkomme, daß vielmehr alle Reaktionen, aus welchen man auf die Anwesenheit dieser beiden Körper in der Luft geschlossen habe, von der in der Luft vorhandenen salpetrigen Säure herrühren. Em. Schöne hat diese Behauptung aber widerlegt.

6. Salpetersäure. Die Salpetersäure (und vielleicht auch salpetrige Säure) in der Luft wird, wenn man von den geringen Mengen derselben in den Rauchgasen absieht, ganz wie Ozon und Wasserstoffsuperoxyd durch elektrische Entladungen gebildet. Die Menge in den Niederschlägen (Regen) schwankt von 0,6—16,2 mg in 1 l.

7. Ammoniak. Das Ammoniak der Luft verdankt unter gewöhnlichen Verhältnissen ausschließlich den Zersetzungs- und Fäulnisvorgängen an der Erdoberfläche bzw. der Verdunstung von Meerwasser seine Entstehung; seine Menge wird in 1 Million Gewichtsteilen Luft zu 0,169—3,690 Gewichtsteilen angegeben. Regenwasser bzw. Niederschläge enthalten Spuren bis 15,7 mg in 1 l.

Die festen und verunreinigenden Bestandteile der Luft.

1. Gewöhnlicher Luftstaub. Zu den regelmäßigen Bestandteilen der Luft gehört der Staub, der unter regelrechten Verhältnissen aus organischen Stoffen (Sporen, Bakterien, Cysten, Protisten, Infusorien, ferner Haaren, Wolle, Fasern, Pollenkörnern, Samen von Gefäßpflanzen usw.) und unorganischen Stoffen (Ruß, Asche, Kochsalz, Ton, Calciumcarbonat usw.) besteht. Die Menge des Luftstaubes schwankt unter gewöhnlichen Verhältnissen von Spuren bis 150 mg in 1 cbm, die der Mikrophytenkeime von 0 bis mehreren Hunderttausend; unter letzteren überwiegen die Schimmelpilze. Daß sich die Gärung und Fäulnis verursachenden Pilzsporen durch die Luft fortpflanzen, ist eine ganz bekannte Tatsache; denn wir können Flüssigkeiten und Stoffe vor Gärung und Fäulnis schützen, wenn wir die zutretende Luft durch Absperrung mit Baumwolle filtrieren.

Assmann fand in der Luft über der Stadt Magdeburg in 31 m Höhe 3—4 mg Staub in 1 cbm und berechnet daraus für eine 50 m hohe Luftschicht der etwa zwei 2 qkm großen Stadt 300 kg Staub. Bei dem geringen spez. Gewicht der kleinen Stäubchen bedeutet diese Gewichtsmenge eine Unzahl von Staubteilchen; so fand J. Aitken für 1 cbm Luft:

	Auf dem Lande		In der Stadt Edinburg		Sitzungssaal am Boden	
	bei klarer	dicker Luft	bei klarer	dicker Luft	vor der Sitzung	nach der Sitzung
Staubteilchen	500	5000	5000	45 000	175 000	400 000

Hiernach ist der Staubgehalt der Luft in den Städten größer als auf dem Lande, und weil die Staubteilchen die Bildung von sichtbarem Wasserdampf (Nebel, Wolken), welcher sich um die Staubteilchen gleichsam als Kerne herum niederschlägt, zur Folge haben, so ist erklärlich, daß in großen Städten bzw. in staubreichen Gegenden die Nebel häufiger sind als auf dem staubärmeren Lande.

---

[1]) Trotz der häufigeren elektrischen Entladungen ist die Luft im Sommer ozonärmer als im Winter, weil die Luft im Sommer mehr Staub enthält als im Winter.

Der Luftstaub pflegt aus 25—44% organischen und 75—56% unorganischen Stoffen zu bestehen.

Regen vermindert den Staubgehalt der Luft.

Miquel fand ihn in Paris bei trockenem Wetter bedeutend höher als nach gefallenem Regen, nämlich im ersteren Falle 23 mg, nach Regen nur 6,0 mg in 1 cbm Luft. Im Freien auf dem Lande ergab sich 3,0—4,5 mg, bei Regen nur 0,25 mg Staub in 1 cbm Luft.

Der Gehalt an Bakterien schwankt nach der Jahreszeit und der Höhe der Luft. W. Miquel hat in Montsouris während des Sommers und Herbstes bis zu 1000 Bakterienkeime in 1 cbm Luft gefunden, während sie im Winter auf 4—5 Stück herabsanken. Nach Freudenreich ist die Luft in unzugänglichen Gletschergebieten von 2000—3000 m Höhe frei von Bakterien, in etwas mehr zugänglichen Gegenden ergaben sich in 1000 l Luft nur 1 oder 2 Bakterien. Die Seeluft ist nach Fischer in einer Entfernung von 120 Seemeilen vom Lande keimfrei[1]). Der Wald soll eine filtrierende Wirkung auf den Bakteriengehalt der Luft ausüben. Im Sommer und Frühjahr erfahren die Bakterien der Luft eine Zunahme, im Winter eine Abnahme. Bei Kälte wie bei Regen nehmen die Spaltpilze ab, die Schimmelpilze zu. Bei trockener Luft gehen viele Bakterien zugrunde. Hefepilze sollen besonders im August bis Oktober in der Luft vorkommen.

2. Außergewöhnliche Verunreinigung der Luft durch Staub. Zu den unter gewöhnlichen Verhältnissen in der atmosphärischen Luft vorkommenden Staubbestandteilen kommen unter Umständen, sei es durch heftige Windbewegungen, sei es durch Fabrikbetriebe, noch außergewöhnliche Staubmengen, die in erstem Falle meistens vorübergehender, in letztem regelmäßig wiederkehrender Art sind.

a) Verbreitung von Staub durch Wind. Wie weit der Staub unter Umständen durch Wind verbreitet werden kann, beweisen folgende Beobachtungen:

Das mitunter in Diarbekir (rechts vom Tigris) fallende Himmelsbrot besteht aus einer Flechte (Lecanora esculenta), die im Kaukasus (Tataren, Kirgisen) stellenweise 15—20 cm den Boden bedeckt und nur durch Sturm dahin gelangt sein kann. Der Staubregen an den Gestaden Portugals und Nordwestafrikas besteht aus Algen und Infusorien, die nur in den Steppen von Südamerika gefunden werden. Am 7. März 1898 fiel im Harz, Odenwald, Kärnten und Engadin ein gelblichrötlicher Schnee, der anscheinend von Vulkanen Islands herrührte und nur durch einen Nordweststurm dorthin getragen worden sein konnte. Der rote bzw. rötlichbraune Schnee, der häufig in den Alpen beobachtet wird, verdankt entweder der von weit her dorthin verwehten Alge (Sphaerella nivalis) in Gemeinschaft mit Pollenkörnern, Diatomeen (Naviculaarten und Diatoma vulgare) oder, wie L. Mutchler nachgewiesen hat, einem rötlichen Ton seinen Ursprung, der in der Wüste Sahara vorkommt und durch den Schirokko von dort bis zu den Alpen getragen wird.

Wenn somit spezifisch schwere mineralische Bestandteile eine weite Verbreitung durch den Wind erfahren können, so ist dieses für die winzigen und leichten Mikrophytenkeime, auch für pathogene Keime, erst recht der Fall. Zwar werden durch Verdunstungen von Flüssigkeiten oder von der unberührten Oberfläche einer Flüssigkeit, ebensowenig wie von feuchtem Boden oder von feuchten Kleidungsstoffen, selbst nicht bei Luftgeschwindigkeiten bis zu 60 m in der Sekunde, irgendwelche Keime abgelöst und fortgetragen; anders aber ist es, wenn die Flüssigkeit durch mechanische Bewegungen verspritzt oder eintrocknet. Feinste, keimhaltige Tröpfchen (Prodigiosusaufschwemmung) können schon durch eine Luftgeschwindigkeit von etwa 0,1 mm in der Sekunde fortgetragen werden, und für die Forttragung feinster trockener Stäubchen von Pilzkeimen genügten folgende Luftgeschwindigkeiten in der Sekunde:

Bierhefe	Rosahefe	Prodigiosusteilchen
1,8 mm	1,3 mm	0,1 mm

[1]) Dieses erscheint aber nach den Versuchen von C. Flügge (Zeitschr. f. Hygiene 1897, *25*, 179) unwahrscheinlich.

Dabei erhielten sich die Bakterienstäubchen in ruhiger Zimmerluft länger als 4 Stunden in der Schwebe.

b) Verunreinigung durch Schornsteinruß und -rauch sowie Straßenstaub. Der Ruß besteht aus fein verteilter, unverbrannt gebliebener Kohle und Aschenteilchen, der Rauch dagegen vorwiegend aus unverbrannten Kohlenwasserstoffen, wozu sich regelmäßig noch größere oder geringere Mengen schwefliger Säure bzw. Schwefelsäure gesellen. Die Rauchplage macht sich besonders in den großen Städten und in Industriegegenden geltend. M. Rubner fand in der Außenluft Berlins 1,4 mg, Orsi nach dem abgeänderten Rubnerschen Verfahren 0,01—0,31 mg, Friese desgl. für Dresden 0,10—2,7 mg Ruß in 1 cbm Luft.

Gewöhnliche Steinkohlen liefern nach Hurdelbrinck in der Regel 1—2%, schlechte bis 4%, dagegen Anthracit und Koks nur 0,05—0,20% Ruß.

Ebenso verschieden sind die Bestandteile des Rauches je nach der Beschaffenheit der Kohlen. Zur Beseitigung oder Einschränkung der Rauchplage sind viele Vorschläge gemacht, aber diese haben bis jetzt nur einen beschränkten Erfolg gehabt.

Einer besonderen Beachtung bedarf auch der durch den starken Fahrverkehr aller Art hervorgerufene Straßenstaub[1]). Er wird auch wesentlich durch die Art des Pflasters mit bedingt. Am günstigsten verhält sich Zement-Asphaltpflaster; es liefert am wenigsten Staub, läßt sich gut reinigen und ist geräuschlos. Ihm folgt Kopfsteinpflaster von harten Steinen (z. B. Granit), am ungünstigsten ist Makadam (fest gewalzte faustgroße Steine). Zur Verringerung der Staubmengen in den Städten hat man die verschiedensten Mittel vorgeschlagen. Das Besprengen mit Wasser hilft nur vorübergehend; Steinkohlenteer wirkt für längere Zeit, hat aber einen üblen Geruch; dagegen scheint „Apokonin" eine bessere Aufnahme gefunden zu haben. Zur Herstellung des Apokonins werden schwere Steinkohlenteeröle und Mineralöle angeblich mit höher siedenden schweren Kohlenwasserstoffen gemischt und mit Oxydationsmitteln behandelt. Indes ist auch dieses Mittel nicht von langer Dauer und dürfte zu teuer werden. Am wirksamsten ist ein geeignetes Pflaster und häufige Reinigung.

c) Verunreinigung durch Fabrikstaub. In vielen Fabrikbetrieben, besonders in Mühlen, Sägewerken, Schleifereien u. a. wird noch besonderer Staub entwickelt. So fanden Arens u. a. in 1 cbm Luft:

Schulzimmer mg	Bildhauerei mg	Kunstwollfabrik mg	Sägewerk mg	Mahlmühle mg	Eisengießerei mg	Filzschuhfabrik mg	Zementfabrik mg
8,0	8,7	7,0—20,0	15,0—17,0	4,4—47,0	1,5—71,7	175,0	130—244

Arens berechnet, daß ein Arbeiter bei dem höchsten Staubgehalt von 244 mg in 1 cbm in einem Jahre 336 g Staub einatmen würde. In der Tat sind in den Lungen von verstorbenen Fabrikarbeitern, die jahrelang Fabrikstaub eingeatmet haben, Ansammlungen von dem betreffenden Staub in den Lungen festgestellt worden. Bekannt ist die schiefergraue Färbung der Lungen (Anthracosis pulmonum) durch fortgesetztes Einatmen von Kohlenstaub,

[1]) Der Unterschied im Staubgehalt der Luft zwischen Stadt und Land macht sich auch sogar für industriereiche und industriearme Städte geltend.

Wir fanden z. B. in zwei industriereichen und zwei industriearmen Gegenden bzw. Städten während der Zeit März, Mai-Juni, Juni-Juli, November-Dezember durch Untersuchung des Regenwassers folgende mittlere Mengen Staub, d. h. Schwebestoffe für 1 qkm in kg:

Schwebestoffe (Staube)	Industriereiche Gegenden		Industriearme Gegenden	
	Dortmund kg	Gelsenkirchen kg	Dülmen kg	Münster i. W. kg
Organische	84,5—131,0	28,0— 98,0	21,0— 36,5	5,5—22,0
Unorganische	104,5—227,0	53,0—343,0	20,0—124,0	1,0—29,3

das Absterben des Gewebes, sog. Schleiferschwindsucht (Siderosis pulmonum) durch Eisenstaub verursacht.

Bleistaub verursacht Bleisaum (PbS) am Zahnfleisch, Appetitlosigkeit, Leibschmerzen, Darmschmerzen (Bleikolik) mit Verstopfung, Gliederschmerzen.

Arsenstaub: Druck im Schädel, Geschwürchen im Munde.

Phosphorstaub: Zahnschmerzen, Lockerheit der Zähne (Kiefernekrose).

Quecksilber[1]): Durst, Speichelfluß, Lockerung der Zähne, Zittern, Furcht, Tremor mercurialis.

Steinstaub: Lungenverletzungen (Chalicosis pulmonum).

Tabakstaub und Baumwollestaub: Katarrhe.

Mehlstaub: Explosionen.

Tierischer Staub: Hadernkrankheit, milzbrandähnlich.

Im Anschluß hieran mag erwähnt sein, daß der Heuschnupfen (Heuasthma, Heufieber, Bostockscher Katarrh) regelmäßig zur Heuernte auftritt und auf den Pollen (Blütenstaub) gewisser Gräser zurückgeführt wird, der innerhalb der Atmungsorgane aufquillt und dadurch einen Reiz bewirkt. Anscheinend werden nur Stadtbewohner hiervon befallen.

Gegen die schädlichen Wirkungen der Fabrikstaube sind jetzt die größtmöglichen Schutzmaßregeln getroffen, auf die einzugehen hier zu weit führen würde.

3. Verunreinigung der Luft durch industrielle Gase. Zu der großen Anzahl von Gasen, welche nicht nur die Fabrik- sondern auch die Freiluft verunreinigen, gehört in größtem Umfange:

Schweflige Säure und Schwefelsäure; sie treten, wie schon gesagt, in jedem Schornsteinrauch, besonders von Kokereien[2]), auf und dann noch in erheblicher Menge neben Metalloxyden und Sulfaten von Blei, Zink u. a. in den Röstereien der Metallsulfide (Schwefelkies, Bleiglanz, Zinkblende). Ferner gehören hierzu:

Salzsäure bzw. Chlor aus Soda- bzw. Chlorkalkfabriken, bei der Herstellung von Natriumsulfat für die Sodabereitung, bei der Verhüttung von Nickel- und Kobalterzen usw.

Fluorwasserstoffsäure aus Fabriken für Darstellung dieser Säure oder aus Düngerfabriken (Aufschließen fluorhaltiger Phosphate), Glasfabriken, Tonwarenfabriken usw.

Stickstoffoxyde bei der Darstellung von Oxalsäure aus organischen Stoffen durch Oxydation mit Salpetersäure, bei der Darstellung von flüssigem Leim mit Salpetersäure, von arsensaurem Kali aus arseniger Säure und Salpeter, beim Auflösen von Quecksilber in Salpetersäure, beim Bleichen des Talges, beim Beizen von Metallen usw.

Ammoniak bei der Darstellung von Soda (nach dem Ammoniakverfahren) und in anderen Betrieben, in denen entweder Ammoniak hergestellt oder verwendet wird.

---

[1]) Hilger und v. Raumer fanden in Spiegelbeleganstalten 0,34—0,98 mg Quecksilberdampf und 22,5—24,0 mg staubförmiges Quecksilber in 1 cbm Luft.

[2]) An schwefliger Säure wurde z. B. für 1 cbm Luft gefunden:

Von Rubner in Berlin	Nach hiesigen Untersuchungen					
	Münster i. W. (industriearm)	Gelsenkirchen (industriereich)		Umgebung von Kokereien in Entfernung von		
		Land	Stadt	25 m	150 m	200—300 m
mg	mg	mg	mg	mg	mg	mg
1,0—1,5	0,42—0,52	0,64—2,48	0,82—5,47	28,6	19,8	6,46—6,67

Der Gehalt an Schwefelsäure (wohl einschließlich schwefliger Säure) wird von Kister für 1 cbm Luft wie folgt angegeben:

Berlin	Königsberg	Manchester	London
0,25—1,87 mg	0,013—0,625 mg	0,60—3,40 mg	1,90—14,10 mg

Schwefelwasserstoff bei der Verarbeitung von Sodarückständen, bei der Leuchtgasfabrikation, in Teerschwelereien und Koksbereitungsanstalten.

Teer- und Asphaltdämpfe bei der Herstellung und Verwendung dieser Rohstoffe.

Auch **Jod, Brom, Phosphorwasserstoff, Arsenwasserstoff, Cyan** und **Blausäure, Schwefelkohlenstoff, Benzol, Anilin** u. a. kommen in der Luft chemischer Fabriken vor.

Hierzu gesellt sich aus Öfen und Leuchtgas (vgl. S. 768) noch häufig **Kohlenoxyd**, ferner **Methan (schlagende Wetter)** in Steinkohlengrubenluft.

K. B. Lehmann hat für die **Schädlichkeit** dieser Gase folgende **Grenzwerte** — teils in Volumpromille, teils in mg für 1 l angegeben — gefunden:

Schädliche Gase	Rasch tötende Konzentration	Konzentrationen, die in ½—1 Stunde lebensgefährliche Erkrankungen oder hilflose Lähmung bedingen	Konzentrationen, die noch ½—1 Stunde ohne schwere Störungen zu ertragen sind	Konzentrationen, die bei mehrstündiger Einwirkung nur minimale Symptome bedingen
	1	2	3	4
Salzsäuregas	—	1,5—2‰	0,05 bis höchstens 0,1‰	0,01‰
Schweflige Säure	—	0,4—0,5‰	0,05‰	0,02—0,03‰
Salpetrige Säure, Salpetersäure	—	0,4—0,6 mg	0,2—0,3 mg	0,1—0,2 mg in 1 l
Blausäure	ca. 0,3‰	0,12—0,15‰	0,05—0,06‰	0,02—0,04‰
Kohlensäure	30%	ca. 60—80‰	40—60‰	20—30‰
Ammoniak	—	2,5—4,5‰	0,3‰	0,1‰
Chlor und Brom	ca. 1‰	0,04—0,06‰	0,004‰	0,001‰
Jod	—	—	0,003‰	0,0005—0,001‰
Phosphorwasserstoff	—	0,4—0,6‰	0,1—0,2‰	[1]
Arsenwasserstoff	—	0,04‰	0,02‰	0,01—0,02‰
Schwefelwasserstoff	1—2‰	0,5—0,7‰	0,2—0,3‰	0,1—0,15‰
Benzol	—	25—35 mg	10—15 mg	5—10 mg in 1 l
Schwefelkohlenstoff	—	10—12 mg	2—3 mg	1—1,2 mg in 1 l
Kohlenoxyd	4‰	2—3‰	0,5—1,0‰	0,2‰
Anilin und Toluidin	—	—	0,4—0,6 mg [2]	0,1—0,25 mg in 1 l

Bei dauerndem Aufenthalt können ohne Zweifel noch geringere als die vorstehenden Mengen schädlich wirken; auch verhalten sich die Menschen individuell sehr verschieden empfindlich gegen derartige Gase.

Von den **Riechstoffen** brauchen nur sehr geringe Mengen in der Luft vorhanden zu sein, um empfunden zu werden. So betrugen nach J. Passy die **kleinsten noch wahrnehmbaren Mengen** für 1 l Luft in Millionstel Gramm:

Campher	Äther	Citral	Heliotropin	Cumarin	Vanillin	Bisam natürlicher	Bisam künstlicher
5	1	0,5—0,1	0,05—0,01	0,05—0,01	0,005—0,0005	0,00001	bis 0,0000005

---

[1] Schon der Aufenthalt bei 0,025‰ einige Tage nacheinander täglich für etwa 6 Stunden genügte, um Tiere zu töten.

[2] Gehalte über 0,8 mg für 1 l töten Katzen meist, wenn die Versuchsdauer über 5 Stunden beträgt, Toluidin ist etwas weniger giftig.

Von den primären aliphatischen Alkoholen wurden noch folgende kleinsten Mengen in Millionstel Gramm für 1 l Luft wahrgenommen:

Methyl-	Äthyl-	Propyl-	Butyl-	Isobutyl-	Links akt. Amyl-	Isoamyl-
			Alkohol			
1000	250	10—5	1	1	0,6	0,1

Hiernach würde die Riechkraft eines Stoffes mit dem Molekulargewicht stetig zunehmen.

Die Empfindlichkeit des Geruchsinnes eines Menschen für diese und andere Stoffe ist naturgemäß je nach der Individualität verschieden und schwankt auch bei denselben Personen von einem Tage zum anderen.

Für schweflige Säure sind die Pflanzen empfindlicher als die Menschen; bei Pflanzen wirken dauernde Einwirkungen von 0,0001—0,0002 Vol.-% oder 1 Vol. schwefliger Säure in 500 000—1 000 000 Vol. Luft schädigend auf Pflanzen, während die Schädlichkeit für Menschen erst bei 0,02—0,03‰ beginnt.

4. Verunreinigung der Luft durch Abortgruben und städtische Kanäle. Wie durch chemische Industrien, so können auch durch Abortgruben und städtische Kanäle größere Mengen schädlicher Gase, nämlich Kohlensäure, Ammoniak, Schwefelwasserstoff, Mercaptan und Kohlenwasserstoffe, in die Luft gelangen. So berechnete Fr. Erismann, daß eine Abortgrube von 18 cbm Inhalt folgende Gasmengen in 24 Stunden an die Luft abgab:

Kohlensäure	Ammoniak	Schwefelwasserstoff	Kohlenwasserstoff (CH_4)
5,67 cbm	2,67 cbm	0,02 cbm	10,43 cbm

Dabei wurden von der Abortmasse von 18 cbm täglich 13,85 kg Sauerstoff absorbiert.

Fr. Erismann hat ferner untersucht, wie sich die Fäulnis in den Abortgruben bei Zusatz von verschiedenen Desinfektionsmitteln verhält.

Die stärkste Wirkung übt Sublimat aus; bei diesem wird die Sauerstoffaufnahme am meisten herabgesetzt; es wird durch dasselbe, ebenso wie durch Schwefelsäure und Eisenvitriol, das organische Leben zerstört und damit der Hauptgrund zur Sauerstoffaufnahme beseitigt; die vor der Desinfizierung auftretenden Gase verschwinden entweder ganz oder zum großen Teil.

Carbolsäure und Kalk haben für Kohlensäure, Schwefelwasserstoff und Kohlenwasserstoff eine ähnliche Wirkung, nur entwickelt Kalkmilch naturgemäß eine große Menge Ammoniak.

Gartenerde und Kohle zeigen ein von vorstehenden Desinfektionsmitteln ganz verschiedenes Verhalten. Ihre Wirkung als Desinfektionsmittel scheint auf eine erhöhte Sauerstoffzufuhr unter Absorption von Ammoniak, Schwefelwasserstoff und Kohlenwasserstoff und damit auf eine vermehrte Oxydation unter Bildung von mehr Kohlensäure zurückgeführt werden zu müssen.

Eine stark desinfizierende Wirkung besitzt auch die Torfstreu, die sofort jeden üblen Geruch beseitigt.

5. Verunreinigung der Luft durch Bodenluft und Gärkeller. v. Pettenkofer hat darauf hingewiesen, daß die Bodenluft um so unreiner und um so reicher an Kohlensäure (ärmer an Sauerstoff) ist, je mehr der Boden mit organischen Stoffen durchdrungen und verunreinigt ist.

Auch ist der Gehalt an Kohlensäure in der wärmeren Jahreszeit höher als in der kälteren. So fand v. Pettenkofer im Alpenkalkgeröllboden von München 1871 und 1872 in 4 m Tiefe für 1000 Vol. Luft:

	Januar—März	April—Mai	Juni—September
Kohlensäure	3,91—5,74 Vol.-‰	5,54—12,76 Vol.-‰	12,74—21,04 Vol.-‰

Ähnliche Beziehungen fand H. Fleck für die Bodenluft in Dresden.

Nach v. Pettenkofer wird die durch Oxydation der organischen Stoffe sich bildende Kohlensäure mehr von der Bodenluft als vom Grundwasser aufgenommen und fortgeführt.

Die Bodenluft steht nämlich in fortwährender Wechselbeziehung zur atmosphärischen Luft und der unserer Wohnungen. Ist die Temperatur der Luft und der Wohnungen, wie es meistens der Fall ist, höher als die der Bodenluft, so haben wir einen aufsteigenden Luftstrom, infolgedessen an einer Stelle die Bodenluft in die Höhe steigt, um an anderen und kälteren Stellen durch neue Luft ersetzt zu werden, so daß ein fortwährender Austausch zwischen atmosphärischer und Bodenluft stattfindet. Auch jeder Windstoß bewirkt eine Bewegung der Bodenluft.

Eine besondere Anreicherung an Kohlensäure in Wohnräumen kann durch die Gärkeller eintreten.

J. Förster fand z. B. in einem Hause, in dessen Kellerräumen Most zum Gären aufgestellt war, in der Kellerluft an dem Boden 43,02, an der Decke 16,12 Vol.-‰ Kohlensäure; in anderen Fällen 30,49—3,06‰ und in den darüber befindlichen Zimmern 1,08 bis 1,88 Vol.-‰ Kohlensäure.

Die Zimmer waren nicht bewohnt, und wenn dennoch die Kohlensäure in denselben um das 4—5fache größer war als für gewöhnlich in der reinen Luft, so konnte dieser Mehrgehalt nur von der im Keller entwickelten und aufgestiegenen Kohlensäure herrühren.

Bickel und Herrligkofer fanden in Gärkellern in Kopfhöhe 5,0—147,3‰, über den Gärbottichen 58,9—799,4‰ Kohlensäure; durchschnittlich betrug der Gehalt 15—20‰.

6. Verunreinigung der Luft durch künstliche Beleuchtung in den Wohnräumen. Durch die Beleuchtungsstoffe werden der Luft in unseren Wohnungen in erster Linie Kohlensäure und Erzeugnisse der unvollkommenen Verbrennung, Kohlenwasserstoffe, Kohlenoxyd, von welchem letzteren im Leuchtgas selbst bis zu 20% gefunden sind, zugefügt. Nach Eulenberg sind die Vergiftungen mit Leuchtgas vorwiegend dem Gehalt desselben an Kohlenoxyd zuzuschreiben. Häufig auch kommt es vor, daß ein Leuchtgas „Schwefelwasserstoff- oder Schwefelkohlenstoffverbindungen" enthält, die Veranlassung zur Bildung von „schwefliger Säure" geben.

Im „Petroleum" des Handels sind mitunter kleine Mengen (bis zu 2,2%) Schwefelsäure gefunden, die bei der Reinigung des rohen Petroleums verwendet, aber nicht immer wieder vollständig entfernt wird. Ein damit verunreinigtes Petroleum brennt trübe und entwickelt beim Brennen schädliche Dämpfe, welche Augenentzündungen und katarrhähnliche Erscheinungen hervorrufen.

Fast regelmäßig tritt beim Verbrennen der Beleuchtungsstoffe salpetrige Säure bzw. Untersalpetersäure auf; so werden beim Verbrennen von 1 g Stearinkerze bis zu 0,3 mg salpetrige Säure gebildet; 1 l Leuchtgas liefert beim Verbrennen nach A. v. Bibra 0,068—0,245 mg salpetrige Säure; Geelmuyden fand in 100 l Luft eines Raumes bei Beleuchtung mit verschiedenen Leuchtgasflammen 0,22—0,40 mg salpetrige Säure; 1 l Verbrennungsgase bestand aus 0,74 l Wasserdampf, 0,26 l Kohlensäure mit 1,04 mg schwefliger Säure.

Das hauptsächlichste luftverunreinigende Gas ist indes die Kohlensäure neben Wasserdampf. In der Erzeugung dieser beiden Stoffe, ferner auch in der von Wärme verhalten sich nicht nur die einzelnen Beleuchtungsrohstoffe, sondern auch die einzelnen Brenner bzw. Lampen sehr verschieden.

So wurde von F. Fischer und M. Rubner gefunden:

Beleuchtungsart	Für die stündliche Erzeugung von 100 Normalkerzen[1]) sind erforderlich		Dabei werden entwickelt		
	Menge	Preis derselben in Pfg.	Wasser kg	Kohlensäure cbm bei 0°	Wärme W.E.
Elektrisches Bogenlicht . .	0,09—0,25 PS	6—12	0	Spuren	57—158
„ Glühlicht . . .	0,46—0,85 PS	15—30	0	0	200—536
Leuchtgas: Siemens' Regenerativbrenner	0,35—0,56 cbm	6,3—10,1	—	—	etwa 1500
„ Argand „	0,8 cbm (bis 2)	14,4 (bis 36)	0,86	0,46	4213
„ Zweiloch „	2 cbm (bis 8)	36,0 (bis 144)	2,14	1,14	12150
„ Glühlicht Auer .	0,2 kg	3,3	0,64	0,35	2000
Erdöl, größter Rundbrenner	0,20 „	4	0,22	0,32	2073
„ kleiner Flachbrenner	0,60 „	12,0	0,80	0,95	6220
Solaröl, Lampe von Schuster und Baer . .	0,28 „	6,2	0,37	0,44	3360
„ kleiner Flachbrenner	0,60 „	13,2	0,80	0,95	7200
Rüböl, Carcellampe	0,43 „	41,3	0,52	0,61	4200
„ Studierlampe . . .	0,70 „	67,2	0,85	1,00	6800
Paraffin	0,77 „	139	0,99	1,22	9200
Wachs	0,77 „	308	0,88	1,18	7960
Stearin	0,92 „	166	1,04	1,30	8940
Talg	1,00 „	160	1,05	1,45	9700

Nach diesen Untersuchungen sind Talg-, Stearin-, Wachs- und Paraffinkerzen nicht nur die teuersten Leuchtstoffe, sondern liefern auch am meisten Wasser, Wärme und Kohlensäure.

Von den flüssigen Leuchtstoffen erweist sich das Petroleum als der beste.

Am günstigsten verhält sich das elektrische Licht; es liefert am wenigsten Wärme und keine Kohlensäure oder sonstige schädliche Gase und ist dabei an den meisten Orten nicht wesentlich teurer als Leuchtgasbeleuchtung. Bei letzterer hängt die Bildung von Kohlensäure und Wärme für gleiche Lichtstärke wesentlich von der Art des verwendeten Brenners ab; am günstigsten verhält sich das Auer-Glühlicht.

Neben den genannten Gasen verbreiten aber die meisten künstlichen Lichtquellen — mit Ausnahme natürlich der elektrischen — mehr oder weniger Rußteilchen, und die Menge dieser gibt auch, wie M. Rubner nachweist, einen Maßstab für das Vorkommen und die Menge der unvollständigen Verbrennungserzeugnisse.

7. Verunreinigung der Luft durch Öfen und Heizanlagen. Die Öfen und Heizungen in den Wohnräumen bilden ebenfalls Quellen für Verunreinigung der Zimmerluft, durch Verbreitung entweder von Staub oder schlechten Gasen (Kohlenoxyd und Erzeugnissen der unvollkommenen Verbrennung). Letztere bilden sich aber nur, wenn auf irgendeine Weise der Luftzug in den Abzugsröhren oder im Schornstein unvoll-

[1]) Unter Normalkerze versteht man die Lichtmenge, welche von einer Paraffinkerze erzeugt wird, welche bei einem Durchmesser von 20 mm, einer Flammenhöhe von 50 mm stündlich 7,7 g Paraffin verbrennt; die Kerzenmasse soll möglichst reines Paraffin sein und einen nicht unter 55° liegenden Erstarrungspunkt besitzen. Für die Angaben von Lichtmengen wird auch noch die von einer Carcellampe ausstrahlende Lichtmenge benutzt, welche in einer Stunde 42 g Rüböl verbraucht. Eine Carcellampe entspricht 9,8 Kerzen. Ferner ist für den Zweck jetzt auch die Hefner-Amylacetatlampe in Gebrauch; sie ist = 0,817 Normalkerzen.

kommen oder ganz gestört ist. Die von einigen französischen Chemikern aufgestellte Behauptung, daß durch gußeiserne Öfen stets geringe Mengen Kohlenoxydgas diffundieren, hat sich nach Untersuchungen von Alex. Müller, A. Vogel und G. Wolffhügel nicht bestätigt; es gelang diesen nicht, in der Außenluft des Ofenmantels irgendwie nachweisbare Mengen von Kohlenoxyd aufzufinden. Das Kohlenoxyd bildet sich entweder durch unvollkommene Verbrennung infolge mangelnden Luftzutritts oder durch Reduktion von gebildeter Kohlensäure durch stark glühende Kohle.

Sehr gefährlich können nach R. Knorr die Gasheizapparate werden, bei denen die Verbrennungsgase nicht genügend abziehen können. Er fand nach zweimaliger Heizung in Badezimmern mit Gasheizung eine wesentliche Sauerstoffabnahme und Kohlensäurezunahme, nämlich im Vergleich zu Grubenluft in den Oberharzer Erzgruben:

	Grubenluft	Badezimmerluft
Kohlensäurezunahme	2,29%	2,70%
Sauerstoffverminderung . . .	2,37%	3,90%

Recht häufig tritt bei den Gasheizapparaten Kohlenoxyd und schweflige Säure in der Zimmerluft auf.

Diese Art Verunreinigungen können bei den Zentralheizungen in den Räumen nicht auftreten. Bei der Luftheizung können aber mit der zugeführten heißen Luft leicht Verunreinigungen, welche in der zu erwärmenden Luft enthalten sind, zugeführt werden, und bei den Heißwasser- oder Wasserdampfheizungen tritt leicht ein Versengen des Staubes an den Heizkörpern ein, wodurch ebenfalls schlechte Gerüche den Wohnungsräumen zugeführt werden. Ein weiterer Übelstand der Zentralheizungen ist die starke Austrocknung der Wohnungsluft, wenn nicht durch Aufstellen von Wasserschalen für eine gleichzeitige Zuführung von Wasserdampf Sorge getragen wird.

8. Verunreinigung der Wohnungs- bzw. Einatmungsluft durch giftige Tapeten oder Papier oder Kleider. Hierher sind zunächst arsenhaltige Tapeten und Kleider zu rechnen, welche unter Verwendung von entweder arsenhaltigem „Schweinfurter Grün“ oder arsenhaltigen Anilinfarben usw. hergestellt sind. Die Zimmer- oder Einatmungsluft kann bei Anwendung derartiger Stoffe nicht nur durch Abreiben der Farbe arsenhaltig werden, sondern auch nach den Untersuchungen von H. Fleck unter Umständen einen Gehalt an „Arsenwasserstoff“ annehmen, welcher sich durch Einwirkung von Wasser und dem Kleister, womit z. B. die Tapeten angeklebt werden, unter Reduktion der arsenigen Säure bilden soll.

O. Emmerling konnte zwar, wenn er organische Stoffe mit arseniger Säure mischte und hierauf Pilze (Proteus-, Schimmelarten) wachsen ließ, das Auftreten von Arsenwasserstoff niemals beobachten, obschon die Schimmelarten (Penicillium- und Aspergillusarten) auf dem Nährmittel (Brotbrei mit 0,2% arseniger Säure) üppig wuchsen. B. Gosio hat aber gefunden, daß außer Mucor mucedo, Aspergillus glaucus sowie Asp. virens besonders Penicillium brevicaule auf arsenhaltigen Stoffen, sogar auf festen Arsenverbindungen, gut gedeiht und hierbei ein giftiges Gas entwickelt, welches sich indes als mit Arsenwasserstoff nicht gleich erwiesen hat. Die Frage der Bildung des letzteren aus feuchten, Arsen und organische Stoffe enthaltenden Stoffen bedarf daher noch der weiteren Aufklärung.

9. Verunreinigung der Zimmerluft durch die Ausatmungsluft des Menschen. Die Menge der vom erwachsenen Menschen durchschnittlich abgegebenen Menge Kohlensäure[1]) schwankt je nach Körpergewicht und Arbeitsleistung zwischen 13,0—36,0 l in der Stunde.

[1]) Über die Wasserverdunstung vgl. S. 148.

Nach **Schardingers** Untersuchungen beträgt die stündliche Kohlensäureabgabe:

	Knabe	Mädchen	Jüngling	Jungfrau	Mann	Frau
Alter	$9^3/_4$	10	16	17	28	35 Jahre
Körpergewicht	22,0 kg	23,0 kg	55,75 kg	55,75 kg	82,0 kg	65,5 kg
Kohlensäure	10,3 l	9,7 l	17,4 l	12,9 l	18,6 l	17,4 l

Aus dem Grunde kann sich in den Wohn- und Schlaf- usw. Räumen mitunter eine große Menge Kohlensäure (bis zu 10‰) ansammeln, wenn diese Räume nicht oder nur mangelhaft gelüftet werden. Eine derartige Kohlensäuremenge ist an sich bei genügendem Sauerstoffgehalt nicht schädlich; aber wenn die Kohlensäure von Menschen herrührt, so ist eine Zimmerluft, die 5,0—7,0‰ Kohlensäure enthält, nach v. Pettenkofer schon im höchsten Grade drückend, ekelerregend und für einen längeren Aufenthalt völlig untauglich. Nach v. Pettenkofer darf eine Zimmerluft nicht mehr als 0,6—1,0 Vol.-‰ Kohlensäure enthalten. Man hat aus diesem Umstande geschlossen, daß die Ausatmungsluft des Menschen noch andere schädliche Stoffe als Kohlensäure enthalte.

Seegen und Nowack wollen gefunden haben, daß der Mensch organische, durch Kali nicht absorbierbare Stoffe ausatmet, die nach der Wiedereinatmung giftige Wirkungen ausüben sollen.

Brown-Séquard und d'Arsonval, ebenso S. Merkel behaupten sogar, daß die Lungen des Menschen — auch des Hundes und Kaninchens — ununterbrochen ein ungemein heftiges Alkaloidgift, nicht Ammoniak, erzeugen und in der Ausatmungsluft abgeben, und daß dieses die Ursache der Schädlichkeit der menschlichen Ausatmungsluft in geschlossenen Räumen sei.

Wolfg. Weichardt traf im Preßsaft von ermüdetem Muskel ein Proteinabbauerzeugnis von Toxincharakter, das Kenotoxin, an, welches mit der Ausatmungsluft ausgestoßen würde und sich in dieser wie in der durch Menschen verunreinigten Zimmerluft nachweisen lasse. Eine große Reihe Untersuchungen anderer Forscher haben aber diese Ergebnisse bis jetzt nicht bestätigt. Was die Luft in Räumen, worin sich viele Menschen aufhalten, außer Kohlensäure unerträglich macht, sind erhöhte Temperatur, erhöhter Wassergehalt, Ausdünstungen von der Haut und den Kleidern, Darmgase bei fehlerhafter Verdauung usw.

Für eine gute Wohnungs- bzw. Aufenthaltsraumluft ist ferner von Belang, daß der Raum genügend groß ist bzw. daß bei Aufenthalt von mehr Menschen auf je einen Menschen genügend Luftraum entfällt; man drückt den benötigten Luftraum in Kubikmeter Luft aus und nennt diese Zahl Luftkubus; derselbe soll betragen für:

Kinder in Schulen	Erwachsene in			Gefangene in Einzelzellen	Krankenhäuser
	Wohnräumen	Schlafräumen	Arbeitsräumen		
4—7 cbm je nach dem Alter	20 cbm	10 cbm	15 cbm	28 cbm	30—60 cbm je nach der Krankheit

Hierbei soll eine 1,5—3malige Lufterneuerung für die Stunde in den Räumen stattfinden, d. h. die Lüftung derselben muß so eingerichtet werden, daß den Aufenthaltsräumen von erwachsenen Menschen unter gewöhnlichen Verhältnissen durchschnittlich rund 30 cbm frische Luft zugeführt werden; für Krankenhäuser rechnet man eine stündliche Luftzuführung von 100 cbm und mehr für den Kopf, für Fabrikräume je nach den schädliche Gase und Staub erzeugenden Betrieben 50—100 cbm und mehr.

Wo diese Lufterneuerung nicht durch die natürlichen Luftzuführungswege erreicht werden kann, da muß sie durch künstliche Lüftungsmittel unterstützt werden.

Der Luftwechsel darf aber nicht so schnell vor sich gehen, daß man ihn als sog. Zugluft fühlt; denn alsdann können durch zu rasche Wasserverdunstung und Wärmeabgabe von der Haut leicht Gesundheitsschädigungen eintreten. Da eine mehr als dreimalige Erneuerung der Luft für die Stunde in einem geschlossenen Raum als „Zug“ empfunden werden kann, so folgt daraus von selbst, daß der geringste Luftkubus für einen Erwachsenen mindestens 10 cbm sein muß.

Untersuchung der Luft. Die Untersuchung der Luft erstreckt sich regelmäßig auf die Ermittlung der sog. 6 meteorologischen Elemente (Temperatur, Luftdruck, Wind, Feuchtigkeit, Wolken, Regen u. a.), welche die Grundlage für die Wettervorhersage bilden.

Von chemischen Bestandteilen sind öfters zu bestimmen Kohlensäure (am zuverlässigsten nach v. Pettenkofers Verfahren, die Schnellverfahren z. B. von Wolpert u. a. sind ungenau), Kohlenoxyd (mit Blutlösung oder Palladiumchlorür), schweflige Säure und Schwefelsäure sowie schlagende Wetter (Methan in Steinkohlengruben). Dazu gesellt sich häufig die Bestimmung von Staub, Ruß, Rauch und von Kleinwesen; der Gehalt der Luft hieran und an sonstigen abnormen Bestandteilen kann relativ auch durch Untersuchung von Regenwasser und Schnee ermessen werden (S. 719).

Gebrauchsgegenstände.

Als Gebrauchsgegenstände, auf welche sich das Nahrungsmittelgesetz vom 14. Mai 1879 bezieht, werden in § 1 dieses Gesetzes die folgenden namhaft gemacht: Spielwaren, Tapeten, Farben, Eß-, Trink- und Kochgeschirr sowie Petroleum. Dazu treten nach § 5 Ziff. 4 und nach § 12 Ziff. 2 noch die Bekleidungsgegenstände bzw. neben den Farben alle künstlich gefärbten Gegenstände.

Im weiteren Sinne gehören zu den Gebrauchsgegenständen alle Gegenstände, welche der Mensch zu seiner Lebensführung regelmäßig gebraucht. Das sind aber überaus viele Sachen. Hier mögen daher nur solche Gebrauchsgegenstände besprochen werden, deren Verkehr durch Ergänzungsgesetze zu dem Nahrungsmittelgesetz vom 14. Mai 1879 besonders geregelt ist.

A. Eß-, Trink- und Kochgeschirr.

Zu den Eß-, Trink- und Kochgeschirren gehören nicht allein die Gefäße, in denen gekocht und aus bzw. mit denen gegessen und getrunken wird, sondern auch diejenigen Werkzeuge und Einrichtungen, mit welchen die zum Essen oder Trinken bestimmten Gegenstände bei deren Zubereitung, Aufbewahrung oder Zuführung zum Zwecke des Verzehrens in Berührung gebracht werden.

Insofern gehören zu den Eß-, Trink- und Kochgeschirren, die aus Metallen, emailliertem Metall, aus Ton, Steingut, Porzellan sowie aus Kautschuk angefertigt werden, noch folgende Gegenstände:

Flüssigkeitsmaße, Druckvorrichtungen zum Ausschank für Bier, Siphons für kohlensäurehaltige Getränke, Metallteile für Kindersaugflaschen, Geschirre und Gefäße zur Verfertigung von Getränken und Fruchtsäften, Konservenbüchsen, Schrote zur Reinigung von Flaschen, Metallfolien zur Verpackung von Schnupf- und Kautabak sowie Käse.

Hierzu gehören ferner metallene Spielwaren, Metall- (Brokat-) Farben für verschiedene Gebrauchsgegenstände; Gummischläuche, Mundstücke für Saugflaschen, Saugringe, Warzenhütchen, Trinkbecher, Spielwaren.

I. Eß-, Trink- und Kochgeschirre aus Metallen.

Als Metalle werden zu Eß-, Trink- und Kochgeschirren verwendet und dürfen verwendet werden: Eisen (emailliert oder verzinnt), Zinn, Nickel, Aluminium, Kupfer, Silber und Gold sowie Legierungen dieser Metalle.

Zink und Blei sind wegen ihrer leichten Löslichkeit und schädlichen Wirkung allgemein ausgeschlossen; nur für Wasserleitungen sind Rohre von Blei gestattet. Auch in Legierungen darf es verwendet werden, jedoch sind für die zulässigen Mengen ganz feste Grenzen gezogen, nämlich:

a) Es dürfen 100 Gewichtsteile einer Legierung nicht mehr als 10 Gewichtsteile Blei enthalten:

1. Eß-, Trink- und Kochgeschirr sowie Flüssigkeitsmaße, sei es ganz oder teilweise;
2. die zur Herstellung von Getränken und Fruchtsäften dienenden Geschirre und Gefäße in denjenigen Teilen, welche bei dem bestimmungsgemäßen

oder vorauszusehenden Gebrauch mit dem Inhalt in unmittelbare Berührung kommen;

3. Innenlötungen aller vorgenannten Gefäße;
4. alle Trinkgefäßbeschläge, wie z. B. Bierkrugdeckel, bei denen sowohl der Deckel als der Anguß (Scharnier, Krücke, Gewinde) aus einer Legierung von nicht mehr als 10% Bleigehalt hergestellt sein muß;
5. Konservenbüchsen auf der Innenseite.

An Bleischrot zum Reinigen von Flaschen, an Faßhähne und Herdwasserschiffe sind sinngemäß dieselben Anforderungen zu stellen.

b) Es dürfen in 100 Gewichtsteilen einer Legierung nicht mehr als 1 Gewichtsteil Blei enthalten:

1. Legierungen, welche zur Herstellung von Druckvorrichtungen zum Ausschank von Bier sowie von Siphons für kohlensäurehaltige Getränke bestimmt sind;
2. Metallteile für Kindersaugflaschen;
3. Metallfolien zur Packung von z. B. Schnupf- und Kautabak, Käse usw.;
4. Innenverzinnungen der unter a, 1 und 2 genannten Geräte;
5. Backtröge; auch diese müssen sinngemäß dem § 1 Abs. 1 und 2 des Gesetzes vom 25. Juni 1887, d. h. den vorstehenden Anforderungen unter a und b, genügen;
6. dasselbe gilt nach einem Runderlaß des Kgl. Preuß. Ministeriums vom 14. Januar 1895 von Zinnlöffeln, ferner von Metallkapseln zum Verschließen von Gefäßen.

c) Es dürfen gar kein Blei[1]) enthalten:

1. Kautschuk, der zur Herstellung von Trinkbechern und Spielwaren — ausgenommen massive Bälle — dient;
2. Kautschukschläuche, welche zu Leitungen für Bier, Wein, Essig verwendet werden;
3. Mühlsteine, d. h. nach einem Runderlaß der Preuß. Ministerien für Medizinalangelegenheiten und für Handel und Gewerbe vom 31. Juli 1897 darf zur Befestigung der Hauen in Mühlsteinen in Mühlen, die Getreide zum Genuß für Menschen oder Tiere verarbeiten, kein Blei verwendet werden.

d) Weder Blei noch Zink[1]) darf enthalten:

Kautschuk, welcher zur Herstellung von Mundstücken für Saugflaschen, Saugringen und Warzenhütchen verwendet wird.

Sinngemäß dürfte diese Anforderung auch an Kautschukkappen bzw. Kautschukringe zu stellen sein, welche zum Dichten von Konservenbüchsen verwendet werden, weil sie leicht Zink und Blei an den Inhalt der Büchsen abgeben können.

1. Eisen. Gefäße aus Eisen ohne Schutzschicht werden nur für Wasserleitungen, als Wasserbehälter und Dämpf- bzw. Kochgefäße für Vieh verwendet; diese geben nicht selten an Wasser und an sonstigen, das Eisen berührenden Inhalt Eisen ab, welches aber gesundheitlich nicht schädlich ist. Für menschliche Ernährungszwecke werden die eisernen Gefäße allgemein entweder verzinnt (Weißblech) oder emailliert oder mit einer sonstigen Schutzschicht versehen. Für die Untersuchung und Beurteilung der Eisengeschirre kommt daher nur die Schutzschicht in Betracht.

Das verwendete Zinn darf nur 1% Blei enthalten und das Email bei halbstündigem Kochen mit 4proz. Essigsäure kein Blei abgeben.

Die Verzinnung, Herstellung des Weißbleches. Zur Herstellung einer haltbaren Verzinnung muß das Schwarzblech, meistens Flußeisen, zunächst von jeder Spur Eisenoxyd gereinigt werden. Dieses geschieht zunächst durch Behandeln in einem Bade von ver-

---

[1]) In den Kautschukgegenständen sind Blei und Zink natürlich als Oxyde vorhanden.

dünnter Schwefelsäure (1 : 20) oder Salzsäure und Scheuern mit Sand. Die hart und brüchig gewordenen Bleche werden, um sie wieder geschmeidig zu machen, 12 Stunden auf Kirschrotglut erhitzt und nach dem Erkalten mehrere Male zwischen hoch polierten Walzen hindurchgetrieben. Die letzten Mengen Oxyd werden durch die Kleien- (Säure-) Beize und durch verdünnte Schwefelsäure sowie durch Scheuern mit Werg entfernt; darauf kommen die blanken Bleche so lange in den Vortopf (Fettopf) mit geschmolzenem Talg oder Palmfett, bis die letzte Spur Feuchtigkeit entfernt ist, und von hier der Reihe nach in mehrere Zinntöpfe, bis der Zinnüberzug genügend stark und gleichmäßig geworden ist. Zu letzterem Zweck werden die Bleche in einen Fettopf gebracht, worin sie bis zum Schmelzen des Zinns erhitzt und von überschüssigem Zinn befreit werden. Schließlich läßt man sie in einem Kalttopf mit geschmolzenem Talg allmählich erkalten.

Die Vernierung der Dosenbleche. Man pflegt die Dauerwarendosen auch zu vernieren, d. h. äußerlich mit einem Lack zu überziehen, der für gewöhnlich ein Kopal-Leinölfirnis ist. Die Weißbleche werden entfettet, mit dem durch Benzin oder Terpentinöl oder durch ein anderes geeignetes Mittel verdünnten Lack, sei es mittels der Hand, sei es mittels Maschinen, bestrichen und dann bei einer über 100° liegenden Temperatur erhitzt. Von der Höhe und Dauer der Erhitzung neben der Art wie Dicke des aufgetragenen Lackes hängt wesentlich die Farbe der Vernierung ab. Nach H. Serger soll der Dosenlack folgende Eigenschaften haben:

1. Der Lack muß nach dem Bestreichen, Trocknen, Aufbrennen auf Weißblech während 1 Stunde bei 130° festhaften, muß eine durchlässig blanke Schicht bilden und darf weder mechanisch leicht zu entfernen sein, noch beim Biegen des Bleches leicht abblättern.

2. Beim zweistündigen Erhitzen des vernierten Bleches sollen an Wasser und an eine Lösung, die 4% Weinsäure und 20% Zucker enthält, keine durch Geruch und Geschmack wahrnehmbaren Stoffe abgegeben werden; auch soll die Lösung nicht wesentlich gefärbt sein. Die Vernierung muß nach dieser Behandlung intakt sein.

3. Der Lack darf keine Schwermetalle und keine gesundheitsschädlichen Farben enthalten.

Das letztere gilt auch von der äußeren Lackierung und Bedruckung der Dauerwarendosen.

Anmerkung. Die vernierten Weißblechdosen werden jetzt auf dem Wege des Steindruckverfahrens noch vielfach bunt verziert. Die hierbei angewendeten Farben müssen nicht allein arsenfrei sein, d. h. dem § 5 des Farbengesetzes vom 5. Juli 1887, sondern auch dem § 4 dieses Gesetzes entsprechen.

Emaillierung von Eisenblech- und Eisengußwaren. Das Email ist eine Glasmasse, die durch Vermischen und Schmelzen von Feldspat, Quarz, Flußspat, Borax unter Mitverwendung von Pottasche, Soda, Ton, Kreide oder Kalkstein u. a. hergestellt wird. Die Glasmasse wird auf der Naßmühle vermahlen, die gemahlene Mischung durch Wasser oder durch feinen Tonbrei (oder auch durch eine Lösung von Leim, Gummi) auf die nötige Dickflüssigkeit gebracht und dann mittels eines Pinsels auf die Eisengefäße gestrichen, die vorher wie für die Verzinnung durch Säurebeize gereinigt wurden. Die aufgestrichene Masse wird getrocknet und eingebrannt. Über diesem bläulichgrauen Grundemail wird noch eine weißtrübe undurchsichtige Deckschicht angelegt. Die Glasmasse erhält für den Zweck einen Zusatz von Zinkoxyd, Zinnoxyd (auch Arsentrioxyd) oder Knochenasche. Die erkaltete Glasmasse wird nach dem Zerkleinern, Reinigen und Kochen auf der Naßmühle feinst gemahlen, mit Tonaufschlämmung zu einer dickflüssigen Masse vermischt, auf das Grundemail aufgetragen, getrocknet und eingebrannt.

2. Zinn. Das Zinn kommt — in wechselnder Vermischung (Legierung) mit Blei —

a) frei für sich, im dickausgewalzten Zustande (zu Gefäßen, Deckeln usw.) oder im dünn ausgewalzten Zustande (zu Folie, z. B. Zinnfolie, Stanniol für die Einwicklung von Nahrungs- und Genußmitteln);

b) als Lot zur Verbindung zweier Metallteile behufs wasser- und luftdichten Abschlusses;

c) als dünner Belag bzw. Überzug auf andere Metalle als Verzinnung, z. B. von Eisen (Weißblech), zur Verwendung.

Über den zulässigen Bleigehalt dieser Zinnformen vgl. S. 772.

Das Zinnmetall ist als solches in dem Gesetz vom 25. Juni 1897 nicht erwähnt; da seine Anwendung aber in Legierungen mit dem schädlichen Blei in Verhältnissen von Zinn zu Blei wie 90 : 10 und 99 : 1 erlaubt ist, so muß das Metall Zinn zur Anfertigung von Gebrauchsgegenständen jeglicher Art von selbst erlaubt sein. Das Zinn ist auch ein gegen Lösungsmittel sehr widerstandsfähiges Metall und wird deshalb allgemein für unbedenklich gehalten. In Wirklichkeit aber zeigt das Zinn der Dauerwarenbehälter im Innern für den Inhalt aller Art eine deutliche Löslichkeit. F. Wirthle konnte in 19 Proben Büchsenfleisch 0,0020—0,0325%, in der Brühe 0,0011—0,014% Zinn nachweisen; in 17 Proben Büchsenerbsen wurden Spuren bis 50 mg Zinn gefunden. K. B. Lehmann fand in 1 l pflanzlicher Dauerwaren in verzinnten Eisenbüchsen 100—150 mg, in solchen von tierischen Dauerwaren in der Regel 50—100 mg Zinn, ausnahmsweise auch größere Mengen[1]).

Die Frage betr., ob das in den Dauerwaren aufgelöste Zinn auch gesundheitsschädlich wirken könne, teilt Th. Günther einen Fall mit, wonach der Genuß von Delikateßheringen in Weinbrühe, die in den Heringsschnitten 103,0 mg, in der Brühe 31,6 mg Zinn für je 100 g ergaben, bei ihm selbst Metallgeschmack, heftige Leibschmerzen, Beklemmung in der Brust und hartnäckige Verstopfung hervorgerufen hatten, und Günther schreibt diese Wirkung dem Zinngehalt zu. In dem Bericht über die Lebensmittelkontrolle in Preußen für das Jahr 1908 wird ebenfalls ein Fall mitgeteilt, in welchem nach Genuß von zinnhaltigen Dauerwaren neben anderen Krankheitssymptomen Durchfall aufgetreten sein soll. K. B. Lehmann konnte indes nach jahrelanger Fütterung von Zinnmengen, wie sie in Dauerwaren auftreten, bei Tieren keine Gesundheitsstörungen beobachten, und H. Strunk hat im Gegensatz zu einer durch die Chemische Untersuchungsanstalt der Stadt Leipzig mitgeteilten Beobachtung festgestellt, daß Kaffeeaufguß auf verzinntes Eisenblech (Weißblech), dessen Verzinnung sogar 10% Blei enthielt, nicht lösend einwirkte; wohl aber sei es bei Rostbildung auf dem Eisenblech möglich, daß Zinnteilchen sich mechanisch mit abtrennten; diese gäben aber zu Bedenken keine Veranlassung.

Verunreinigung. Das Handelszinn enthält neben 98—99% Zinn in der Regel als Verunreinigungen Blei, Kupfer, Wismut, Eisen, Antimon u. a.

3. Nickel. In den letzten 20 Jahren hat auch Nickel vielfach zur Herstellung von Eß-, Koch- und Trinkgeschirren gedient. Das Gesetz vom 25. Juni 1887 enthält hierfür keine besonderen Bestimmungen. Da aber Reinnickel gegen Säuren wie Alkalien ziemlich widerstandsfähig ist, so konnte von vornherein gegen seine Verwendung nichts eingewendet werden. Zwar werden bei der Zubereitung und Aufbewahrung von Speisen und Getränken geringe Mengen Nickel gelöst, aber diese sind als unbedenklich anzusehen.

---

[1]) Wir erhielten 1913 in Büchsenspargeln, die nach allen Regeln der Technik hergestellt waren, folgende Ergebnisse:

Gegenstand	Inhalt der Büchsen g	Im Büchseninhalt			
		Trocken-substanz %	Asche %	Säure = ccm 1/10 N.-Lauge für 100 ccm	Zinn in je 1 kg mg
Spargel	528—1424	4,16—5,62	0,294—0,788	—	10—170
		In 100 ccm			
Brühe	198—651	2,23—3,76	0,260—0,760	4,0—9,0	13—105

Eine bestimmte Beziehung zwischen Säuregehalt und aufgelöstem Zinn ließ sich nicht mit Regelmäßigkeit erkennen; nur bei der Brühe fiel der höchste Zinngehalt auch mit dem höchsten Säuregehalt zusammen.

E. Ludwig hat z. B. sämtliche Speisen in seinem Haushalte in Nickelgefäßen gekocht und folgende gelöste Nickelmengen gefunden für 100 g der untersuchten Speisen: Fleisch- und Mehlspeisen, Gemüse, Milch, Tee 0—2,6 mg; Sauerkraut, Essigkraut, Pflaumenmus 3,5 bis 12,9 mg, bei sauren Speisen also naturgemäß etwas mehr. K. Farnsteiner und Mitarbeiter fanden ebenfalls, daß beim Kochen von Weißkohl und Fleisch, ebenso bei einstündigem Kochen einer 5 proz. Kochsalzlösung im Reinnickeltopf keine wägbaren Spuren Nickel gelöst wurden, dagegen gingen bei einstündigem Kochen eines Gemisches einer 5 proz. Kochsalzlösung und einer 4 proz. Essigsäure 0,057 g Nickel für 1 l in Lösung. G. Benz gibt allerdings größere Mengen an, nämlich beim Kochen einer 4 proz. Essigsäure im Nickeltopf 0,349 g gelöstes Nickel für 1 l, und beim Kochen von Meerrettich hatte letzterer 0,187% Nickel aufgenommen. Diese sehr hohen gelösten Mengen Nickel müssen jedoch wohl durch die Beschaffenheit des Nickeltopfes oder durch sonstige Ursachen bedingt gewesen sein. Denn K. B. Lehmann fand durch Kochen der verschiedensten Speisen in Nickelgeschirren für je 1 kg der Speisen nur 3,5—64,0 mg gelöstes Nickel; Sauerkraut und Pflaumenmus hatten nicht mehr gelöst als andere Nahrungsmittel. K. B. Lehmann berechnete weiter, daß ein Mensch, wenn die Speisen sämtlich in Nickelgeschirren gekocht würden, täglich etwa 117 mg Nickel als Höchstmenge zu sich nehmen würde. Diese Menge würde aber nicht schädlich wirken.

Lehmann fütterte nämlich an Hunde und Katzen 100—200 Tage Nickelsalze (Nickelchlorür, -acetat und -sulfat) und fand, daß 6—10 mg Nickel für 1 Körperkilo in dieser Zeit keine Störungen im Befinden oder Sektionsbefunde hervorgerufen hatten, die auf Nickel hätten bezogen werden können. In natürlicher Rindsleber fand Lehmann 0,2 mg, im Ochsenfleisch 0,8—1,6 mg und im Spinat 0,66 mg Nickel.

Zu gleichen Ergebnissen sind W. S. und S. K. Dzerzgowsky und Schumoch-Sieben gelangt. Die in Nickelgeschirren gekochten Speisen nahmen je nach dem Säuregrade 0,02—0,32% Nickel auf. Bei Verfütterung von täglich 50—100 mg Nickelsalzen (organischer Säuren) an 12 Hunde während 7 Monaten konnten sie keinerlei schädliche Wirkungen feststellen; weder in den Organen noch Säften noch im Harn konnte Nickel nachgewiesen werden, ebensowenig wie Reizwirkung im Darm nach Genuß von Nickelmengen, wie sie bei Zubereitung der Speisen in den Darmkanal gelangen können. Als jedoch 10,6—21,6 mg Nickelsalz für 1 Körperkilo subcutan injiziert wurden, traten Erbrechen und Durchfall ein.

Verunreinigung. Handelsnickel pflegt 0,5—1,0% Verunreinigungen (Co, Fe, Mn, Sn, As, Si und C) zu enthalten.

4. Aluminium. Auch das Aluminium hat sich für Koch-, Trinkgeschirr und für sonstige Gebrauchsgegenstände als geeignet erwiesen, weil von ihm nach den Untersuchungen von Plagge und Lebbin sowie von Fr. v. Fillinger durch gewöhnliche Getränke und Flüssigkeiten, durch neutrale Salze, selbst durch saure Milch wie auch Wein nur Spuren gelöst werden und geringe Mengen gelöster Aluminiumsalze nicht schädlich sind. C. Bleisch, J. Wild, Ch. Chapmann sowie F. Schönfeld und G. Himmelfarb haben weiter nachgewiesen, daß das Aluminium auch gegen gärende Würze, gärendes Weißbier, gegen Bier überhaupt und gegen Hefe widerstandsfähig ist. Auch Aluminiumpapier wird nach Riche beim Einwickeln von festen Nahrungsmitteln (wie Schokolade) nicht angegriffen, dagegen bilden sich beim Aufbewahren oder Kochen von Aluminium in oder mit Wasser nach C. Formenti, E. Heyn und O. Bauer braune Ablagerungen bzw. Ausblühungen oder Auflagerungen, die nach den Untersuchungen letzterer Verfasser aus 65,2—82,9 Aluminiumhydroxyd, 5,6% Kalk und 0,16 bis 0,24% Kieselsäure bestanden, also nicht schädlich sind. Durch einen geringeren Grad der Kaltstreckung wird diese Art des Angriffes durch Leitungswasser sehr vermindert werden können. H. Strunck hat gefunden, daß solche Ausscheidungen und Flecken sich auch auf geschwärztem Aluminiumgeschirr in feuchter Luft (hier Kellerluft) bilden. Der schwarze Überzug wird wie folgt hervorgerufen: 1. Vorbeizung mit 80 proz. Schwefelsäure, 2. Behandeln mit einer Mischung von 1 l Spiritus, 100 g Ammoniumchlorid, 200 g Salzsäure und 50 g Manganoxydul, 3. Schwärzung mit einer Beize aus Spiritus, einer Anilinfarbe und Schellack. Die

Schwärzungsschicht enthielt in diesem Falle 1,7% wasserlösliche Stoffe, in denen deutlich Chlor und Salzsäure nachgewiesen werden konnten. Letztere waren die Ursache der Erscheinungen. Denn als zur Entfernung der angewendeten Säuren besondere Sorgfalt verwendet wurde, traten keine Ausblühungen und Abblätterungen mehr auf.

Essigsaure und alkalische Flüssigkeiten greifen Aluminium naturgemäß stark an. Zum Aufbewahren von Essig und alkalisch beschaffenen Mineralwässern sind daher Aluminiumgefäße nicht geeignet. Für andere Getränke und Nahrungsmittel bzw. Speisen aller Art lassen sie sich indes recht wohl verwenden und haben den Vorzug, daß sie sehr leicht sind.

Verunreinigung. Das Handelsaluminium enthält durchweg 98,0—99,5% Aluminium und als ständige Verunreinigungen Silicium, Eisen sowie etwas Kupfer. Dazu kommen unter Umständen noch geringe Mengen Natrium[1]), Kohlenstoff, Stickstoff, Blei, Antimon, Phosphor und Schwefel.

5. Kupfer. Das Kupfer ist seit alters her ein geschätztes Metall für Anfertigung von Küchengerätschaften gewesen, obschon es von sauren Speisen und von Wasser bei Zutritt von Luft ebenso stark angegriffen wird wie die genannten anderen Metalle.

Bei Prüfung der Frage, ob die beim Gebrauch der kupfernen Geschirre für die Zubereitung von Speisen und Getränken gelösten Kupfersalze schädlich wirken können, ist zunächst zu berücksichtigen, daß das Kupfer in pflanzlichen wie tierischen Nahrungsmitteln sehr weit verbreitet ist. In diesen aber ist das Kupfer im allgemeinen in unlöslicher Form vorhanden und läßt sich mit dem Kupfer, welches bei der Zubereitung von Speisen und Getränken als lösliches Salz abgetrennt und dem Körper zugeführt wird, nicht vergleichen.

K. B. Lehmann hat für eine Reihe von Speisen und Getränken teils nach eigenen, teils nach anderen Untersuchungen die Mengen Kupfer angegeben, die beim Gebrauch von kupfernen Gerätschaften gelöst worden sind bzw. gelöst werden können, und u. a. gefunden:

	In 1 l
1. Leitungswasser[2])	0,6—10,0 mg
2. Salzwasser	16 „
3. Künstliches Mineralwasser	0,5—1,5 „
4. Bier	0,9—1,7 „
5. Wein	2,3—39,0 „
6. Branntwein[3])	1,0—12,1 „
7. Essig[4]), 4,36 proz., nach 24stündigem Stehen bei 15—18°	26—100 „
	In 1 kg
8. Sauerkraut[5]) nach $2^1/_4$stündigem Kochen und 24stündigem Stehen in kupferner Messingpfanne	2,9 mg
9. Eingemachte Früchte und Fruchtsäfte	1,0—27,0 „
10. Schmelzende Butter[6]), selten mehr als	50 „
11. Käse (Parmesan-)	72—96 „

[1]) Besonders schädlich für die Verwendung des Aluminiums zu Schiffsblechen, Kochgefäßen, Feldflaschen u. dgl. ist ein höherer Natriumgehalt im Aluminium selbst; der Natriumgehalt schwankt in der Regel zwischen 0,1—0,4%, kann aber auch angeblich bis 4% hinaufgehen.

[2]) Roux will in 1 l Leitungswasser in Rochefort sogar 159 mg Kupfer gefunden haben.

[3]) In anderen Fällen sind 62 mg, 89 mg und 400 mg Cu gefunden worden.

[4]) Aus Messing wurde weniger Kupfer gelöst; die Menge gelösten Kupfers nahm bei längerem Stehen und beim Kochen zu; bei gleichzeitiger Anwesenheit von Zucker nahm die Löslichkeit ab.

[5]) Daletzki hat beim Kochen von Sauerkraut in einem Kupfergefäß 430 mg Kupfer für 1 kg Sauerkraut gefunden.

[6]) Kupfer- und Messinggefäße verhielten sich mehr oder weniger gleich.

	In 1 kg
12. Bouillon[1]) durch Kochen und 24stündiges Stehenlassen in Messinggefäßen .	18,3—39,4 mg
13. Kalbsragout[2]) in Messinggefäßen gekocht, nach 24stündigem Stehen	6,3 „
14. Desgl. nach 48stündigem Stehen	10,9 „

K. B. Lehmann hat dann weiter berechnet, daß durch die Nahrungsmittel als solche, wenn man ihren höchsten Kupfergehalt zugrunde legt, dem Menschen etwa 53,0 mg — meistens nicht über 10 bis 20 mg — zugeführt werden, und daß, wenn man dazu die höchsten Mengen Kupfer, welche durch nachlässige Zubereitung aller Speisen in Kupfergeschirren gelöst werden können, hinzurechnet, die zugeführte tägliche Menge 304 mg Kupfer betragen würde. Solche Kupfermengen würden sich aber unbedingt durch den Geschmack verraten. Denn es lassen sich höchstens 200 mg Kupfer in Form von Salzen in den Speisen unterbringen, ohne daß sie sofort oder bald nachher gemerkt werden.

Mengen von 120 mg Kupfer = 0,5 g Kupfersulfat sind nach K. B. Lehmann oft ganz wirkungslos, höchstens erzeugen sie einmal Erbrechen, mitunter werden wohl 100—200 mg wochenlang und 30 mg und mehr Kupfer monatelang wirkungslos ertragen. Mengen von 250—500 mg Kupfer = 1—2 g Kupfersalz haben keine anderen Störungen als Erbrechen und evtl. etwas Durchfall zur Folge gehabt. Eine chronische Kupfervergiftung ist nach K. B. Lehmann beim Menschen niemals beobachtet worden.

Im Gegensatz hierzu behauptet J. Brandl, daß eine längere Aufnahme von Kupferverbindungen durch den Mund in nicht Brechen erregenden Gaben eine subchronische, wahrscheinlich auch eine chronische Vergiftung herbeiführen könne. Organveränderungen der Leber und Niere sowie eine große Anämie sämtlicher Organe, die von Filehne beschrieben seien, träten zwar nur bei großen Mengen von eingenommenen löslichen Kupfersalzen, aber nicht bei den in Nahrungs- und Genußmitteln aufgenommenen Mengen auf, weil diese sich schon durch den unangenehmen Geschmack verraten würden. Aber es könnte durch die Leber ab und zu Kupfer aufgespeichert werden, das für gewöhnlich durch die Galle ausgeschieden würde.

Auch Baum und Seeliger sind auf Grund dreijähriger Versuche bei 28 Tieren der Ansicht, daß durch längere Zeit hindurch fortgesetzte Verabreichung kleiner, nicht akut wirkender Kupfermengen eine wirkliche chronische Kupfervergiftung in wissenschaftlichem Sinne erzeugt werden kann. Die Ausscheidung des Kupfers durch Galle, Pankreassaft und Darmsäfte kann nach beendigter Kupfereinfuhr bis 5 Monate andauern, kann aber auch schon nach 4—5 Wochen beendet sein. Am schädlichsten wirkt Kupferoleat, dann folgt das Acetat, das Sulfat und zuletzt das Cuprohämol. Letzteres entfaltet nach Baum und Seeliger selbst bei Einverleibung sehr großer Mengen kaum einen nachweisbaren gesundheitsschädlichen Einfluß.

C. A. Neufeld bemerkt über die Verwendung von Kupfer zur Herstellung von Eß-, Trink- und Kochgeschirren sehr richtig folgendes:

„Besondere Erwähnung verdienen davon die Kupfergeschirre. Deren Verwendung ist ganz unbedenklich, wenn sie immer sofort nach dem Gebrauch gut gereinigt und trocken aufbewahrt werden. Gefährlich ist es aber, in solchen Geschirren Speisen, namentlich solche mit sauerer Reaktion, stehenzulassen, da hierbei leicht gesundheitsschädliche Kupfermengen in jene übergehen können. Es ist daher rätlich, Kupfergefäße zu verwenden, die auf der Innenseite gut verzinnt sind; allerdings darf die Verzinnung nicht schadhaft sein, weil bei gleichzeitiger Berührung von Kupfer und Zinn die Auflösung des ersteren durch saure Flüssigkeiten beschleunigt wird.“

Verunreinigung. Das Handelskupfer (Kupferraffinat) enthält 0,7—1,0% Verunreinigungen (As, Sb, Sn, Pb, Bi, Ni, Co, Fe, S), von denen Wismut die schädlichste ist, weil schon 0,05—0,10% Wismut das Kupfer kalt- und rotbrüchig machen. Auch enthält das Handelskupfer noch 0,05 bis 0,20% Sauerstoff (meist als Kupferoxydul).

[1]) Aus Ochsenfleisch unter Zusatz von Kochsalz.

[2]) Aus Kalbfleisch unter Zusatz von etwas Mehl, Essig und Zwiebeln.

6. *Metallegierungen.* Außer den vorstehenden Metallen werden auch noch verschiedene Metallegierungen zu Eß-, Koch- und Trinkgeschirren verwendet, nämlich:

a) Kupfer-Zinklegierung. Eine Legierung von Kupfer mit Zusatz von höchstens 18% Zink bildet den Rotguß (Tombak), mit Zusätzen von 18—50% Zink den Gelbguß (Messing); das Muntzmetall, das gegen Seewasser widerstandsfähig ist, besteht aus 60% Kupfer und 40% Zink. Dünnausgeschlagenes Messing bildet das unechte Blattgold.

Die erlaubten Brokat- oder Bronzefarben sind Legierungen aus Kupfer und Zink (auch Zinn) in verschiedenem Mischungsverhältnis, die durch Schwefelsäure gebeizt werden.

b) Kupfer-Zinnlegierungen geben die Bronzen (z. B. Geschützbronzen mit 9—10%, Glockenmetall mit 20—25% und Spiegelbronze mit 32% Zinn).

c) Kupfer-Zink-Zinnlegierung bildet das Talmigold, Similigold oder Mannheimergold.

Manillagold (Chrysochalk) ist eine Legierung von Kupfer, Zink und Blei.

d) Kupfer-Zink-Nickellegierung liefert die Alfenide, Neusilber, Argentan oder Packfong, Weißkupfer genannt. Durch Versilberung entsteht hieraus das Christofflemetall oder Chinasilber.

e) Kupfer-Zinn-Antimonlegierung wird in verschiedenem Verhältnis angewendet, so zu dem Britanniametall 0—3% Kupfer, 90—92% Zinn und 8—9% Antimon. Andere Mischungen enthalten auch Blei.

Wenn sie kein Blei enthalten, so findet darauf der § 1, Abs. 2 des Gesetzes vom 25. Juni 1887, wonach das zum Dichten von Gefäßen dienende Lot nicht mehr als 10 Gewichtsteile Blei in 100 Gewichtsteilen Legierung enthalten darf, keine Anwendung.

f) Kupfer-Aluminiumlegierung liefert die Stahlbronze, die in dem Mischungsverhältnis von 10% Aluminium und 90% Kupfer zu Tischgerätschaften, Dessertmessern u. a. Verwendung findet.

7. *Silber* und *Gold.* Silber und Gold finden als Kupferlegierung (10% Kupfer und 90% Silber oder Gold) wegen ihres hohen Preises — besonders das Gold — zur Herstellung von Eß-, Koch- und Trinkgeschirren nur selten Verwendung. Gebräuchlicher sind versilberte oder vergoldete Gerätschaften. Die Versilberung bzw. Vergoldung wird jetzt meistens auf galvanischem Wege vorgenommen, indem der zu versilbernde oder vergoldende Gegenstand als Kathode in ein Bad von Silber- bzw. Goldcyankaliumlösung getaucht wird, in welcher als Anode ein Silber- bzw. Goldblech sich befindet.

Gefäße und Gerätschaften aus Silber und Gold sind hygienisch am einwandfreisten, weil sie für alle Speisen und Getränke als unangreifbar bezeichnet werden können.

II. Eß-, Koch- und Trinkgeschirre aus glasiertem Ton, Steingut, Porzellan.

Steingut, Porzellan werden bekanntlich in der Weise gewonnen, daß man Ton[1] (Kaolin), das Verwitterungserzeugnis von Feldspat, Gneis, Porphyr, mit leichter schmelzbaren Mineralstoffen (Feldspat, Kalk) mischt, aus den Mischungen Gefäße formt und diese brennt. Die Gefäße werden dann mit einer Glasur überzogen, die aus einem Gemisch von Feldspat, Quarz, Gips oder Kalkspat, Kaolin, Borax, Borsäure, Pottasche, Porzellanscherben und Metalloxyden (regelmäßig Bleioxyd, Zinnoxyd, auch färbenden Metallen, wie Kupfer, Kobalt, Nickel, Chrom, Antimon u. a.) in wechselndem Verhältnis hergestellt wird, indem man die Mischung fein mahlt und mit Wasser anmengt. In diesen Glasurschlamm werden die gebrannten Tongefäße eingetaucht und nochmals gebrannt. Das Wasser wird von dem porösen gebrannten Ton aufgesaugt, während das Glasurgemenge in Form einer Glasschicht auf der Oberfläche zurückbleibt.

Wesentlich bei der Herstellung der Bleiglasuren ist es, daß sie gut gebrannt werden; denn schlecht gebrannte Glasuren geben an Flüssigkeiten und Speisen leicht Blei ab.

---

[1]) Der Ton muß unter Umständen durch Schlämmen von Mineraltrümmern befreit werden.

Nach § 1, Ziffer 3 des Gesetzes vom 25. Juni 1887 dürfen im Deutschen Reiche Eß-, Trink- und Kochgeschirre wie Flüssigkeitsmaße „nicht mit Email oder Glasur versehen sein, welche bei halbstündigem Kochen mit einem in 100 Gewichtsteilen 4 Gewichtsteile Essigsäure enthaltenden Essig an den letzteren Blei abgeben".

Wie wenig indes die glasierten Tongefäße den gesetzlichen Anforderungen entsprechen, zeigt eine Untersuchung K. B. Lehmanns; er fand in 30 glasierten Tongeschirren folgende, durch 4 proz. Essig aus der Glasur lösliche Bleimengen:

	10 Stück	7 Stück	6 Stück	2 Stück	5 Stück
Blei	0 mg	1—5 mg	5—10 mg	29 u. 42 mg	180—300 mg

Die größten Mengen Blei lösen sich bei der ersten Behandlung mit 4 proz. Essig; bei späterer Behandlung läßt die Menge nach. Außer Blei fanden sich auch Zinn und Antimon in einigen Lösungen. Auch konnte K. B. Lehmann in einem Falle durch den Gebrauch eines schlecht glasierten irdenen Geschirres eine akute Vergiftung feststellen.

III. Gebrauchsgegenstände aus Kautschuk.

Der Kautschuk kommt in der verschiedensten Verarbeitung und Form, z. B. als Trinkbecher, Schlauch, Umhüllungs- und Verschlußmittel, mit menschlichen Nahrungs- und Genußmitteln in Berührung oder dient zur Herstellung von Bekleidungsstücken, von Spielwaren und sonstigen Gebrauchsgegenständen, an welche je nach dem Verwendungszweck verschiedene gesetzliche Anforderungen gestellt werden.

Der Kautschuk wird aus dem Milchsaft mehrerer zu den Familien der Euphorbiaceen, Asklepiadeen und Apocynaceen gehörenden Pflanzen gewonnen; die Grundsubstanz ist ein Kohlenwasserstoff n $(C_{10}H_{16})$, ein Dimethylcyclooctadien, von Harries „Isopren" genannt. Der Milchsaft, der 30—50% Kautschuk enthält, wird entweder durch direktes Eintrocknen unter gleichzeitiger Räucherung (Parakautschuk), oder durch Ruhenlassen des Saftes, wobei sich der Kautschuk wie Rahm auf der Milch abscheidet, oder durch Gerinnenlassen unter Zugabe von Salzen, Säuren in verunreinigter Beschaffenheit abgeschieden. Die Verunreinigungen (wasserlösliche Stoffe, Albumin neben mechanisch beigemengten organischen und unorganischen Stoffen) werden dem Kautschuk durch eine weitere Verarbeitung entzogen. Der Rohkautschuk ist in der Wärme klebrig, in der Kälte spröde. Um diese Eigenschaften auszugleichen, wird er zunächst in heißem Wasser erweicht, zwischen Walzen zerrissen und längere Zeit mit Wasser gewaschen, darauf vulkanisiert, d. h. mit Schwefel verknetet, der mit dem Kautschuk leicht eine additionelle Verbindung eingeht, wodurch er die Klebrigkeit in der Wärme und die Sprödigkeit in der Kälte verliert. Man unterscheidet zwischen Heiß- und Kaltvulkanisation.

Bei der Heißvulkanisation unterscheidet man wiederum zwei Verfahren; entweder man vermengt den Kautschuk zwischen Walzen nur kurze Zeit mit wenig Schwefel bei 120—130° bzw. bei 170—180° und bekommt auf diese Weise das Weichgummi, das nur 1—10% Schwefel in chemischer Bindung enthält, oder man behandelt längere Zeit mit viel überschüssigem Schwefel bei niederer (120—135°) oder höherer (150—160°) Temperatur und erhält so das Hartgummi (Ebonit) mit 25—34% Schwefel.

Bei der Kaltvulkanisation wird der zu vulkanisierende Kautschuk in der Kälte durch eine dünne Lösung von Schwefelchlorür (S_2Cl_2) hindurchgeführt oder damit gebürstet oder auch den Dämpfen von S_2Cl_2 ausgesetzt. Hierbei tritt Schwefel und Chlor mit dem Kautschuk in Verbindung und wird das sog. Patentgummi erhalten.

Neben dem Schwefel werden beim Vulkanisieren auch Schwefelantimon, Schwefelblei, unterschwefligsaures Blei, Schwefelwismut, Schwefelzink und unterschwefligsaures Zink verwendet; sie können den Schwefel nur ersetzen, wenn sie freien Schwefel enthalten. Denn dieser ist die Grundbedingung für das Vulkanisieren.

Sonst dienen sie nur als Füllmittel oder um den Kautschuk zu färben (wie z. B. beim Zusatz von Schwefelantimon oder Goldschwefel). Als Füllmittel werden nämlich die verschiedenartigsten, unorganischen Stoffe (wie außer den Sulfiden auch die Oxyde der genannten Metalle, Eisenoxyd, Zinnober, Kreide, Gips, Schwerspat, Talkerde, Kaolin, Ton usw.) und organischen Stoffe (wie Kautschukharze, sonstige Harze, Mineralöle, Asphalt, Stärke, Dextrin, Gummi usw., besonders auch die Faktise angewendet. Von letzteren unterscheidet man weißen und braunen Faktis.

Weißer Faktis ist eine krümelige, elastische, weißlichgelbe Kautschukersatzmasse, die durch Behandeln fetter Öle (Rüböl, Cottonöl, Ricinusöl) mit Schwefelchlorür erhalten wird, während der braune Faktis durch Verkochen der Öle mit Schwefel (bzw. durch Oxydieren und Verkochen mit Schwefel) sowie durch nachfolgendes Behandeln mit einer kleinen Menge Schwefelchlorür gewonnen zu werden pflegt. Sogenanntes Radiergummi besteht vielfach nur aus Faktisen mit mineralischen Füllmitteln.

Guttapercha ist ein dem Kautschuk ähnlicher Stoff, der aus dem geronnenen Milchsaft von Pflanzen aus der Familie der Sapotaceen gewonnen und in ähnlicher Weise wie Kautschuk verarbeitet wird. Sie unterscheidet sich nur dadurch von Kautschuk, daß sie sich leichter oxydiert und viel träger mit Schwefel verbindet als Kautschuk. Die Guttapercha, ebenfalls aus isomeren Kohlenwasserstoffen $n(C_{10}H_{16})$ bestehend, wird bei mäßiger Wärme (unter 70°) weich und plastisch, ist weniger elastisch, besitzt aber eine größere Isolationsfähigkeit als Kautschuk. Sie löst sich in Chloroform und wird bei vielen Sorten durch Äther gefällt, was beim Kautschuk meistens nicht der Fall ist.

Balata wird aus dem Saft des ebenfalls zu den Sapotaceen gehörigen großen Baumes Mimusops Balata oder Sapota Mülleri gewonnen. Die wertvolle Substanz der Balata unterscheidet sich von der Guttapercha nur durch einen höheren Harzgehalt. Die Balata dient vorwiegend zur Herstellung von Treibriemen, als Zusatz zu Kautschukwaren, um diesen eine größere mechanische Widerstandsfähigkeit zu erteilen.

Die künstliche Darstellung des Kautschuks beruht auf einer Polymerisation des Isoprens, $CH_2 : C(CH_3) \cdot CH : CH_2$, welches bei der trockenen Destillation des Terpentinöles entsteht, im großen aber auf zwei anderen Wegen hergestellt wird. Die Elberfelder Farbwerke gehen von Aceton aus; es verbindet sich mit Natrium zu Natriumaceton, welches Acetylen anlagert; aus diesem Additionserzeugnis wird durch Essigsäure das 3. Methylbutinol, aus diesem durch Anlagerung von 1 Mol. Wasserstoff das 3. Methylbutenol und hieraus durch Abspaltung von 1 Mol. H_2O das Isopren hergestellt.

Die Badische Anilin- und Sodafabrik verwandelt die im Rohpetroleum vorhandenen Pentankohlenwasserstoffe in 6 isomere Chlorderivate, die sich sämtlich in ein und dasselbe Dichlorpentan überführen lassen, woraus nach Abspaltung von 2 HCl das Isopren gebildet wird.

Der künstliche Kautschuk erreicht aber bis jetzt noch nicht die kolloidchemische Beschaffenheit des Naturkautschuks.

Über die gesetzlichen Bestimmungen für Kautschukwaren, die beim Verzehr oder Aufbewahren von Nahrungsmitteln Verwendung finden, vgl. S. 773; über die für Kautschukwaren, welche zu Spielwaren, Möbelstoffen, Teppichen oder Bekleidungsgegenständen dienen, vgl. unter „Farben" S. 792.

B. Kinderspielwaren.

Die Kinderspielwaren werden aus verschiedenen Grundstoffen, nämlich Metall, Porzellan, Glas, Holz, Gewebe, Papier, Wachs und Mineralstoffen (Malfarben und Farbstifte), hergestellt.

I. Metallene Kinderspielwaren.

Die metallenen Kinderspielwaren bestehen durchweg aus Legierungen von Blei und Zinn bzw. Blei und Antimon (bzw. Zink usw.) und lassen sich nach H. Stockmeyer in 3 Gruppen teilen, nämlich:

α) in solche, die bestimmungsgemäß in den Mund genommen werden, wie Trillerpfeifchen, Schreihähne u. dgl. aus Blei-Zinnlegierungen, sowie Kindertrompeten aus Zink;

β) in Puppengeschirre, die zur Herstellung von Kochspielereien dienen und aus Blei-Zinnlegierungen sowie aus verzinntem Kupfer- und Eisenblech angefertigt werden;

γ) in Bleisoldaten und Zinnkompositionsfiguren, die dem bestimmungsgemäßen Gebrauch zufolge nicht in den Mund genommen werden, sondern nur zufällig und vorübergehend mit dem Munde in Berührung kommen.

Da die Legierungen meistens einen hohen Gehalt (bis 80%) Blei enthalten, so fragt es sich, ob bei den metallenen Spielwaren, die wie Trillerpfeifen (Kochspielereien) häufig in den Mund genommen werden, durch den Speichel Blei in bedenklichen Mengen gelöst wird. H. Stockmeyer konnte solche Lösung nicht feststellen; er hält Blei-Zinnlegierungen mit 40% Blei und Blei-Antimonlegierungen mit 80% Blei für unbedenklich, wenn sie entweder vernickelt oder mit einem Mundstück versehen werden, das nicht mehr als 10% Blei enthält. Die Verzinnung soll aber nur 1% Blei enthalten. A. Beythien konnte bei Trillerpfeifen mit 70—80% Blei durch Kauen ebenfalls keine Lösung von Blei, wohl aber eine mechanische Lostrennung von 1—2 mg Blei feststellen. Mezger und Fuchs beobachteten dagegen durch mehrtägige Einwirkung von Speichel auf Tellerchen mit 83,9% Blei eine Lösung von 0,9 bis 2,8 mg Blei, während C. Fraenkel fand, daß aus Puppengeschirr mit 35—40% Blei, wenn darin Fruchtmuse, Milch, Wein und 4 proz. Essigsäure aufbewahrt werden, 0,3—1,7 mg Blei in Lösung gingen. C. Fraenkel und auch A. Gärtner halten indes bleireiche Kinderspielwaren gesundheitlich nicht für bedenklich und werden diese bis jetzt geduldet, weil Spielwaren in § 1 des Gesetzes vom 25. Juni 1887 nicht namentlich aufgeführt sind.

Richtiger aber dürften die gesetzlichen Bestimmungen in Österreich und der Schweiz sein, daß Metallegierungen, auch für Spielwaren, höchstens 10% Blei enthalten dürfen.

Die Blechspielwaren werden auch vielfach nach Überziehen mit einer Firnisschicht auf dem Wege des Steindruckverfahrens mehrfarbig verziert. Die hierzu verwendeten Farben müssen nicht allein arsenfrei sein, d. h. dem § 5 des Farbengesetzes vom 5. Juli 1887, sondern sinngemäß auch dem § 4 dieses Gesetzes entsprechen (vgl. weiter unten S. 789).

II. Spielwaren aus Kautschuk.

Über die Anfertigung vgl. vorstehend S. 780. Zu Spielwaren — mit Ausnahme der massiven Bälle — darf bleihaltiger Kautschuk nicht verwendet werden (S. 773).

Zum Färben von Spielwaren aus Gummi dürfen unlösliche Zinkverbindungen nur so weit genommen werden, als sie

als Färbemittel der Gummimasse, als Öl- oder Lackfarbe oder mit Lack- oder Firnisüberzug

zur Anwendung kommen.

Schwefelantimon und Schwefelcadmium sind nur dann zulässig, wenn sie als Färbemittel der Oberfläche verwendet werden (vgl. unter Farben S. 789).

III. Spielwaren aus Wachsguß.

Wachsguß ist eine durch Zusammenschmelzen erhaltene Mischung von Wachs mit Walrat oder Paraffin, oder mit beiden zusammen.

Bleiweiß ist als Bestandteil zulässig, sofern der Gehalt an Blei nicht einen Gewichtsteil in 100 Gewichtsteilen der Masse übersteigt.

IV. Sonstige Spielwaren.

1. Über emaillierte Spielsachen vgl. S. 774, 2. über glasierte S. 779, 3. über Bilderbogen und Bilderbücher unter „Farben" S. 789, 4. über Tuschfarben S. 790.

C. Farben, Farbzubereitungen und gefärbte Gegenstände.

Für die hier in Betracht kommenden Farben und Farbzubereitungen gelten besondere Bestimmungen, welche in dem „Gesetz, betreffend die Verwendung gesundheitsschädlicher Farben bei der Herstellung von Nahrungsmitteln, Genußmitteln und Gebrauchsgegenständen vom 5. Juli 1887“ enthalten sind.

Nach Ansicht des Gesetzgebers unterliegt nicht die Herstellung der Farben der Überwachung durch das Nahrungsmittelgesetz, sondern nur die Anwendung der Farben bei solchen Gegenständen, die wegen ihrer Berührung mit dem menschlichen Organismus einen gesundheitsgefährlichen Einfluß haben können.

Es ist jedoch darauf aufmerksam zu machen, daß außer den in diesem Gesetz genannten auch noch andere Farben als gesundheitsschädlich in Betracht kommen können (§ 12 des Gesetzes vom 14. Mai 1879).

Die Bestimmungen betreffend Farben und Farbzubereitungen im Gesetz vom 5. Juli 1887 für die Nahrungs- und Genußmittel sowie für die einzelnen Gebrauchsgegenstände lauten aber verschieden, weshalb es sich empfiehlt, diese der Reihe nach getrennt für sich zu behandeln.

I. Farben für Nahrungs- und Genußmittel.

Gesetzliche Anforderungen (§ 1 des Gesetzes vom 5. Juli 1887). Der § 1 des Gesetzes vom 5. Juli 1887 lautet: „Gesundheitsschädliche Farben dürfen zur Herstellung von Nahrungs- und Genußmitteln, welche zum Verkauf bestimmt sind, nicht verwendet werden. Gesundheitsschädliche Farben im Sinne dieser Bestimmung sind diejenigen Farbstoffe und Farbzubereitungen, welche

Antimon, Arsen, Barium, Blei, Cadmium, Chrom, Kupfer, Quecksilber, Uran, Zink, Zinn, Gummigutti, Korallin und Pikrinsäure

enthalten[1]).“

Das Gesetz umfaßt hiernach verbotene unorganische und organische Farbstoffe.

a) Unorganische Farbstoffe (Mineralfarben).

Von den unorganischen Farbstoffen (Mineralfarben) mögen nur die hier aufgeführt werden, die zum Färben von Nahrungs- und Genußmitteln als erlaubt anzusehen sind (vgl. auch S. 403, Anm. 5), nämlich für Farbe:

---

[1]) Bei Anwendung von sonstigen Farbstoffen für Nahrungs- und Genußmittel handelt es sich nicht nur um die Gesundheitsschädlichkeit der Farben, sondern auch um die Vortäuschung einer besseren Beschaffenheit im Sinne des § 10 des Nahrungsmittelgesetzes vom 14. Mai 1879. So ist durch das Gesetz, betreffend die Schlachtvieh- und Fleischbeschau, vom 3. Juni 1900 die Färbung von Fleisch verboten (vgl. S. 256), desgleichen von Wurst (vgl. S. 279), desgleichen von Schweineschmalz, Kunstspeisefett und Palmin (Cocosbutter) (vgl. S. 329 u. 333), desgleichen von Wein behufs Nachmachens von Rotwein (vgl. S. 666); dasselbe gilt zweifellos auch von Milch.

In allen sonstigen Fällen, in welchen das Färben der Nahrungs- und Genußmittel eine bessere Beschaffenheit vortäuschen soll, muß dasselbe nach § 10 des Gesetzes vom 14. Mai 1879, z. B. bei Mehl (S. 376), bei Nudeln bzw. Makkaroni (S. 388), Honig (S. 426), Gemüsedauerwaren (S. 458), Obstdauerwaren (S. 476), Fruchtsäften (S. 484), Gewürzen (S. 489) beurteilt werden.

In diesen Fällen kann die künstliche Färbung höchstens unter deutlicher Deklaration gestattet werden. In anderen Fällen wird die künstliche Färbung mit — selbstverständlich — unschädlichen Farbstoffen stillschweigend geduldet, z. B. die Gelbfärbung bei Käse, Butter, Butterschmalz; nach der Bekanntmachung des Bundesrates vom 18. Februar 1902 bzw. 4. Juli 1908 ist die Gelbfärbung der Margarine ausdrücklich gestattet, sofern diese Verwendung nicht anderen Vorschriften zuwiderläuft. Auch die Färbung des Zuckers mit Ultramarin, die von Essig (S. 175) und Branntweinen (S. 378, 381 und 390) mit Caramel ist gestattet.

Weiß: Kreide ($CaCO_3$), Gips ($CaSO_4 + 2 H_2O$), Ton [Pfeifenerde $H_2Al_2(SiO_4)_2 + H_2O$], Satinweiß [$Al_2(SO_4)_3 + 18 H_2O$ und CaO = Aluminiumhydroxyd + Gips].

Schwarz: Rebenschwarz (Kohle aus Fruchtschalen, Korkabfällen usw.), Beinschwarz (Elfenbeinschwarz oder Pariserschwarz = Calciumphosphat + 20% Kohle), Rußschwarz (Lampenruß), Graphit.

Blau: Berliner-, Pariser-, Turnbulls-, Mineralblau ($Fe_4'''[Fe''C_6N_6]_3$), Thénardsblau ($CoO \cdot AlO_3$), Smalte (Kobaltsilicat, aber vielfach arsenhaltig und dann verboten), Ultramarin ($Na_6Al_4Si_6S_4O_2$), Manganviolett (Manganphosphat), Kobaltviolett (Kobaltphosphat).

Grün: Grüner Ultramarin (Aluminiumsilicate + Polysulfide, vorausgesetzt, daß letztere nicht verboten sind), Grünerde (Eisenoxydulsilicat mit Tonerde).

Gelb: Kobaltgelb [$Co(NO_2)_3 \cdot 3 KNO_2$] und Strontiangelb ($SrCrO_4$); diese beiden gelben Farbstoffe fallen zwar dem Wortlaute nach nicht unter den § 1 des Gesetzes vom 5. Juli 1887, ob sie aber völlig unschädlich sind, muß dahingestellt bleiben. Nicht verboten und auch nicht schädlich ist Ocker (Ton + Fe_2O_3).

Rot: Englischrot, Indischrot, Polierrot, Colcothar, Totenkopf, Caput mortuum usw. (Fe_2O_3).

Braun: Kasselerbraun, Van-Dyck-Braun (geschlämmte und gepulverte Braunkohle), Umbra, Samtbraun (Gemisch von Eisenhydroxyd und Manganoxyden).

b) Organische Farbstoffe.

Als organische Farbstoffe sind in dem Gesetz vom 5. Juli 1887 zum Färben von Nahrungs- und Genußmitteln nur Gummigutti, Korallin (Synonyma: Aurin, Panonin) und Pikrinsäure (Synonyma: Welters Bitter, Pikrylbraun) verboten. Es gibt aber unter den Teerfarbstoffen noch verschiedene schädliche bzw. giftige Farbstoffe, die ebenfalls nach § 12, Ziffer 1 des NMG. vom 14. Mai 1879 verboten sind.

Zu diesen gesundheitsschädlichen Teerfarbstoffen gehören folgende:

Dinitrokresol (Synonyma: Safransurrogat, Goldgelb, Viktoriagelb, Viktoriaorange, Anilinorange).

Martiusgelb = Dinitro-α-Naphthol (Synonyma: Naphtholgelb, Naphthalingelb, Manchestergelb, Safrangelb, Jaune d'or).

Aurantia = Natrium- oder Ammoniumsalz von Hexanitrodiphenylamin (Synonyma: Kaisergelb).

Orange II = Sulfanilsäure-azo-β-Naphthol (Synonyma: Orange Nr. 2, β-Naphtholorange, Tropaeolin 000 Nr. 2, Mandarin-Goldorange, Mandarin-G. extra, Chrysamin, Chrysaurein, Chrysaurin).

Metanilgelb = Natriumsalz des m-Amidobenzol-monosulfosäure-azo-diphenylamins (Synonyma: Orange M. N., Tropaeolin G.).

Methylenblau.

Phenylenbraun = Salzsaures m-Phenylendiamin-dis-azo-bi-m-phenylendiamin (Synonyma: Bismarckbraun, Anilinbraun, Canella, Englischbraun, Goldbraun, Lederbraun, Manchesterbraun, Vesuvin, Zimtbraun).

Safranin = ms-Phenyl- oder Tolyl-diamidotolazoniumchlorid (Synonyma: Anilinrosa).

Goldorange = Salzsaures Anilin-azo-m-toluylendiamin (Synonyma: Chrysoidin).

Eine große Zahl der anderen Teerfarbstoffe ist auf ihre etwaige Giftigkeit überhaupt noch nicht geprüft worden und kann ebenfalls gesundheitsschädlich sein.

Zur Zeit können folgende Farbstoffe als unschädlich angesehen werden:

Fuchsin = Rosanilinchlorhydrat (Synonyma: Rubin, Magenta, Rosein, Brillantfuchsin).

Säurefuchsin = Saures Natrium- oder Calciumsalz der Rosanilindisulfosäure (Synonyma: Fuchsin S, Rubin S).

Roccellin = Sulfoxyazonaphthalin oder Natriumsalz des α-Naphthylamin-sulfosäure-azo-β-Naphthols (Synonyma: Roscellin, Echtrot, Rouge I, Brillantrot, Rubidin, Rauvacienne, Cerasin, Orcellin Nr. 4, Cardinalred).

Bordeaux- und Ponceaurot, d. h. Produkte der Verbindung von β-Naphthol-disulfosäuren mit Diazoverbindungen des Xylols und anderer höheren Homologen des Benzols.

Eosin = Tetrabrom-Fluorescein.

Spritlösliches Eosin = Kaliumsalz des Tetrabromfluoresceinäthylesters (Synonyma: Primerose S, Rose 7 B à l'alcool).

Erythrosin = Tetrajodfluorescein-Natrium.

Phloxin P = Tetrabromdichlorfluorescein.

Amarant = Natriumsalz der Naphthionsäure-azo-2-Naphthol- 3, 6-disulfosäure (Synonyma: Naphtholrot, Azorubin usw.).

Ponceau 3 R = Natriumsalz der φ-Cumidin-azo-2-Naphthol-3, 6-disulfosäure (Synonyma: Cumidinscharlach).

Alizarinblau = Dioxyanthrachinon-chinolin, $C_{17}H_9NO_4$.

Anilinblau = Triphenylrosanilin (Synonyma: Spritblau, Gentianablau, Opalblau, Lichtblau).

Wasserblau = Sulfosäuren des vorstehenden (Synonyma: Chinablau).

Indigoline = Indigodisulfosaures Natrium.

Induline = Sulfosäuren des Azodiphenylblaus (Synonyma: Echtblau R, 3 R, B, 6 B, Nigrosin wasserlöslich, Solidblau).

Säuregelb R = Amido-azobenzol-sulfosaures Natrium (Synonyma: Echtgelb R, G, S, Neugelb L).

Tropaeolin 000 Nr. 1 = Sulfoazobenzol-α-Naphthol oder Natriumsalz des Sulfanilsäure-azo-α-Naphthols. (Synonyma: Orange I, Naphtholorange, Orange R).

Naphtholgelb S = Natriumsalz der Dinitro-αNaphthol-Sulfosäure (Synonyma: Citronin A, Schwefelgelb S, Säuregelb S).

Orange L = Natriumsalz der Xylidin-azo-Naphthol-Sulfosäure (Synonyma: Brillantorange R, Scharlach R und GR, Orange N, Xylidinorange, Xylidinscharlach).

Hellgrün SF gelblich = Natriumsalz der Diäthyl-dibenzyldiamidotriphenylcarbinol-trisulfosäure (Synonyma: Lichtgrün SF gelblich, Säuregrün).

Malachitgrün = Tetramethyl-diamidotriphenylcarbinol-chlorhydrat.

Methylviolett B und 2 B = Chlorhydrate des Hexa- und Penta-Methyl-Pararosanilin (Synonyma: Methylviolett V_3, Pariser Violett).

II. Farben für Gefäße, Umhüllungen oder Schutzbedeckungen zur Aufbewahrung und Verpackung von Nahrungs- und Genußmitteln.

1. Gesetzliche Anforderungen. Der § 2 des Gesetzes vom 5. Juli 1887 lautet:

„Zur Aufbewahrung oder Verpackung von Nahrungs- und Genußmitteln, welche zum Verkauf bestimmt sind, dürfen Gefäße, Umhüllungen oder Schutzbedeckungen, zu deren Herstellung Farben der in § 1 Abs. 2 (vgl. unter I, S. 783) bezeichneten Art verwendet sind, nicht benutzt werden.

Auf die Verwendung von:

Schwefelsaurem Barium (Schwefelspat, Blanc fixe), Barytfarblacken, welche von kohlensaurem Barium frei sind, Chromoxyd, Kupfer, Zinn, Zink und deren Legierungen als Metallfarben, Zinnober, Zinnoxyd[1]), Schwefelzinn als Musivgold sowie auf alle in Glasmassen, Glasuren und Emails

[1]) Als Zinnoxyd im Sinne des Gesetzes sind außer Stannioxyd (SnO_2) auch die Hydrate desselben (Stannihydroxyd sowohl wie Stannohydroxyd) zu verstehen, wie sie u. a. durch Vermischen von Zinnlösungen mit Alkalien entstehen. Derartige Hydrate kommen in Verbindung mit organischen Farbstoffen, auf mineralische Beisätze gefällt, als Farblacke zur Verwendung.

eingebrannten Farben und auf den äußeren Anstrich von Gefäßen aus wasserdichten Stoffen

findet diese Bestimmung nicht Anwendung."

2. Begriffserklärungen. Über die Begriffe von Emails vgl. S. 774, von Glasuren S. 779.

a) Unter „Firnissen und Lacken" sind im allgemeinen Flüssigkeiten zu verstehen, welche, wenn sie auf glatte Oberflächen dünn aufgestrichen werden, rasch erhärten und einen elastischen, widerstandsfähigen Überzug bilden. Die sog. „flüchtigen" Lacke (Spiritus-, Amylacetat-, Terpentinöllacke) sind Auflösungen von Harzen in den genannten Lösungsmitteln[1]), die nach dem Verdunsten das Harz als äußerst feine Oberflächenschicht zurücklassen. Fette Lacke, Öllacke, Lackfirnisse enthalten außer dem Harz (vorwiegend Kopal) trocknendes Öl und flüchtiges Lösungsmittel.

Unter Firnis versteht man ein trocknendes Öl für sich allein, welches, wenn es in dünner Schicht auf Gegenstände ausgestrichen und der Luft ausgesetzt wird, unter Sauerstoffaufnahme erhärtet und auf den Gegenständen eine dünne schützende Haut bildet. Als wichtigster Firnis gilt der Leinölfirnis. Um die Sauerstoffaufnahme bzw. die erhärtende Eigenschaft zu beschleunigen, setzt man dem Leinöl Trockenmittel (Sikkative) zu, welche die Sauerstoffaufnahme katalytisch unterstützen. Die Sikkative sind fast ausschließlich Blei- und Manganverbindungen. Früher wurden durchweg nur Bleiglätte oder Braunstein oder borsaures Manganoxydul angewendet, womit das Leinöl erhitzt wurde; das so gekochte Leinöl hieß Firnis. Jetzt werden als Sikkative meistens leinölsaure oder harzsaure Salze von Blei, Mangan bzw. von beiden, harzsaurer Kalk (Kalkharz oder Calciumresinat), essigsaures oder oxalsaures Mangan u. a. angewendet. Die leinölsauren und harzsauren Salze werden durch Fällen der alkalischen Lösungen von Leinölsäuren oder Harz mit Lösungen von Blei- oder Mangansalzen erhalten; die Lösungen dieser Fällungen in Leinöl oder Terpentinöl kommen als „flüssige oder lösliche Sikkative" in den Handel.

b) Unter Lackfarben[2]) versteht man im allgemeinen alle künstlich bereiteten Farben, welche aus einem pflanzlichen oder tierischen Pigment in Verbindung mit Mineralstoffen bestehen. Die Öllackfarben oder Emailfarben — nicht zu verwechseln mit den Emailfarben der Keramik — sind Gemische von Lackölen mit unorganischen Pigmenten, wie Zinkoxyd, Bleioxyd, Eisenoxyd usw. Die Lackfarben mit organischen Pigmentfarben sind in Wasser unlösliche Substanzen bzw. in Wasser unlösliche Verbindungen, welche man dadurch erhält, daß man die meist löslichen Farbstoffe, wenn sie basischer Natur sind, mit einer Säure oder saurem Salz, und wenn sie saurer Natur sind, mit einer Base bzw. basischem Salz fällt. Typische Fällungsmittel (Lackbildner) für basische Farbstoffe sind: Gerbsäure für Fuchsinfarbstoffe, Wasserglas, Casein und Albumin, Harzsäure u. a.; für saure Farbstoffe: das Chlorbarium für Sulfonsäuren, Bariumhydroxyd für Hydroxylfarbstoffe, Bleiacetat und Bleinitrat für Resorcinfarbstoffe, Zinksulfat für Eosine, Alaun und Soda bzw. Borax für natürliche Farbstoffe des Pflanzen- oder Tierreiches. Um den durch Lackbildner und Farbstoffe gebildeten Farblacken die volle Intensität und größte Leuchtkraft, Deckkraft, Pulverisierbarkeit, Undurchsichtigkeit usw. zu verleihen, müssen die Farblacke, wenigstens die mit Teerfarbstoffen, direkt auf eine oder gleichzeitig mit einer geeigneten Substanz, Substrat oder Basis genannt, niedergeschlagen werden. Solche Substrate sind: Lithopone[3]),

---

[1]) Man stellt die Harzfirnisse auch in der Weise her, daß man Harze (Fichtenharz, Kopal, Kolophonium) mit Natronlauge kocht, die Harzseifenlösung mit Schwefelsäure fällt, den Niederschlag durch Abschöpfen oder Filtrieren sammelt, mit Wasser auswäscht, in Wasser verteilt und hierzu so viel Ammoniak setzt, bis sich alles gelöst hat.

[2]) Leimfarben sind Lackfarben, die mit Leimwasser aufgetragen sind.

[3]) Lithopone werden erhalten durch Fällen von Zinksulfatlösungen mit Bariumsulfid und Glühen des trockenen Niederschlages unter Luftabschluß.

Bariumsulfat (entweder natürlicher Schwerspat oder gefälltes Blanc fixe), Ton, China Clay, Gips, Kieselgur, Mennige, Zinkoxyd, Bleisulfat, Tonerdehydrat, Kreide, Lampenruß, Grüne Erde, Zinnober und andere Mineralfarben.

c) Als Umhüllungen und zu Bedeckungen von Nahrungsmitteln kommen auch Zinnfolie, S. 774, Pergament- und Zigarettenpapier in Betracht.

Das Pergamentpapier (vgl. unter Papier S. 798) enthält mitunter freie Schwefelsäure, Zucker, Glycerin und Borsäure, welche letztere das Pergamentpapier vor Schimmelbildung schützen soll.

Das Zigarettenpapier bzw. Papiere für Umhüllung von Löffeln, Messern, Gabeln greifen mitunter durch ihren Gehalt an Chlor und freier Salzsäure bzw. durch freie Schwefelsäure bzw. Schwefel, die als Antichlormittel in das Papier gelangen, das Metall an („Metallschädlichkeit") oder erzeugen in feuchter Luft „Rost".

III. Farben für kosmetische Mittel.

1. Gesetzliche Anforderungen. Nach § 3 des Gesetzes vom 5. Juli 1887 dürfen zur Herstellung von kosmetischen Mitteln (Mitteln zur Reinigung, Pflege oder Färbung der Haut, des Haares oder der Mundhöhle) die in § 1 Abs. 2 bezeichneten Stoffe (S. 783) nicht verwendet werden.

Zulässig sind jedoch:

Schwefelsaures Barium (Schwerspat, Blanc fixe), Schwefelcadmium, Chromoxyd, Zinnober, Zinkoxyd, Zinnoxyd, Schwefelzink, Kupfer, Zinn, Zink und deren Legierungen in Form von Puder.

Zu den in § 2 als zulässig erklärten Stoffen wird bei den kosmetischen Mitteln auch noch Schwefelcadmium gerechnet. Mit den im ersten Absatz genannten Stoffen ist aber die Menge der schädlichen und damit nach § 12 Abs. 2 des NMG. von selbst verbotenen Stoffe noch nicht erschöpft; nach Beythien und Atenstädt sind den schädlichen Stoffen noch zuzurechnen: Silber, Molybdän, Kobalt; auch Wismut und seine Salze, die ebenfalls verwendet werden, dürften nicht als indifferent anzusehen sein.

Von schädlichen organischen Stoffen kommen nach R. Sendtner Paraphenylendiamin, das ebenso wie das verwendete Diaminophenol Ekzembildungen veranlaßt, in Betracht.

2. Begriffserklärungen. Zu den zur Reinigung, Pflege oder Färbung der Haut, des Haares oder der Mundhöhle dienenden kosmetischen Mitteln zählen die Haar- und Lippenpomaden, Schminken, Puder, Schönheitswässer, Haaröle, Haarfärbemittel, Zahnwässer, Zahnpulver, Zahnseifen und Toiletteseifen.

1. Haarpomade: Grundmasse: Feste Fette (Schmalz, Wollfett, Talg, Walrat, Wachs u. a.); Zusätze: Ätherische Öle (Mandelöl, Lavendelöl, Neroliöl, Rosenöl u. a.), Veilchenwurzelauszug, Storaxbalsam u. a.
2. Lippenpomade: Wie Nr. 1, als feste Fette auch Kakaofett und Muskatbutter; das Ganze durch Alkannawurzel rot gefärbt.
3. Schminken: Grundmasse: Feinste Getreidemehle, Kreidepulver, Talkerde, Zinkoxyd, Wismutsalze u. a.; Zusätze: für Weiß Ultramarin, für Rot Carmin, für Blond Berlinerblau u. a.
4. Puder: Grundmasse wie bei Nr. 3.
5. Schönheitswässer: Grundmasse: Glycerin, Borax, Kaliumcarbonat, Kaliseife, Natriumthiosulfat; Zusätze: verschiedene ätherische Öle wie unter Nr. 1.

Als Mittel gegen Sommersprossen können weißes Quecksilberpräcipitat und Bleiessig zugesetzt werden, die aber beide bedenklich sind; gebrannte Magnesia und Wasserstoffsuperoxyd gelten als unschädlich.

Warzenvertilgungsmittel: Chromsäurelösung, Terpentin und Grünspan, Quecksilbersalbe, konzentrierte Salpetersäure.

Enthaarungsmittel: Polysulfide der Alkalien und Erdalkalien; sie greifen wohl die Haut, aber nicht die Haare an.

6. Haaröle: Gereinigte flüssige Öle (Olivenöl) mit verschiedenen ätherischen Ölen.
7. Haarfärbemittel[1]): Schwarz: Silbernitrat, dazu Alkalisulfide und Pyrogallussäure; Braun: Kupfersulfat, dazu gelbes Blutlaugensalz; auch Pyrogallussäure allein; Hellblond: Wasserstoffsuperoxyd und dazu Ammoniak u. a.
8. Zahnwässer: Meistens alkoholische Auszüge aus bitteren Pflanzenteilen, z. B. Myrrhentinktur aus Ratanhiawurzeln, Gewürznelken und Myrrhe (Milchsaft von Balsamodendron Myrrha); Veilchenmundwasser aus Veilchenwurzeltinktur, Rosensprit und Bittermandelöl; Odol = alkoholische Lösung von Salol (salicylsaurem Phenyl), Menthol (aus Pfefferminzöl), Saccharin, Salicylsäure und Pfefferminzöl; Pergenolmischung von Natriumperborat und Natriumditartrat; Perhydrolmundwasser = 3 proz. Wasserstoffsuperoxyd; auch verdünnte Lösung von Kaliumpermanganat dient als Mundwasser u. a.
9. Zahnpulver: Grundmasse: Präcipitiertes Calcium- und Magnesiumcarbonat, Veilchenwurzel, Milchzucker, Stärkemehl, Myrrhe, feinstes Bimssteinpulver u. a.; Zusätze: Pfefferminzöl, Citronenöl, Nelkenöl, Orangenblütenöl u. a.
10. Zahnseifen (Zahnpasten): Zahnseifen bzw. Zahnpasten sind Mischungen von durchweg denselben Grundstoffen wie unter Nr. 9 mit Seifen (Toiletten- oder Kaliumchlorat- oder Medizinalseife, vgl. S. 795).
11. Toilettenseifen: Da bei den Toilettenseifen auch noch andere Bestandteile außer den Farbstoffen für die Beurteilung zu berücksichtigen sind, so sollen diese S. 794 für sich behandelt werden.

Es sind in einzelnen gerichtlichen Fällen Zweifel darüber entstanden, was in dem § 3 Abs. 1 unter „Stoffe" zu verstehen ist; man hat z. B. entschieden, daß ein Wundpulver mit 3% Bleipflaster nicht gegen § 3 des Gesetzes vom 5. Juli 1887 verstoße, weil das Bleipflaster kein Blei und keine Bleiglätte enthalte. Aber das Reichsgericht hat bereits am 27. Februar 1899 die Entscheidung gefällt, daß unter dem Worte „Stoffe" nicht nur Farben, sondern die Stoffe „in der Totalität ihres Wesens und ihrer Eigenschaften, soweit solche für die Herstellung kosmetischer Mittel überhaupt in Betracht kommen", zu verstehen seien.

Aus dem Grunde hat auch die „Verordnung des Schweizerischen Bundesrates, betreffend den Verkehr mit Lebensmitteln und Gebrauchsgegenständen vom 29. Januar 1909" der Vorschrift für kosmetische Mittel eine viel klarere Fassung gegeben, indem sie lautet:

„Kosmetische Mittel zur Reinigung der Mundhöhle, zur Pflege oder Färbung der Haut und des Haares dürfen keine Arsen-, Blei- oder Quecksilberverbindungen",

„Haarfärbemittel dürfen außerdem keine gesundheitsschädlichen Stoffe (Paraphenylendiamin usw.) enthalten."

Das Gesetz bezieht sich auch auf totes und nicht allein auf lebendes Haar. Denn abgesehen davon, daß im Gesetz nur schlechtweg von Haar und nicht von lebendem Haar die Rede ist, kann die Färbung von totem Haar mit giftigen Färbemitteln, wenn es als Perücke oder Flechten zum Ersatz oder zur Ergänzung des lebenden Haares dienen soll, in der verschiedensten Weise geradeso gut Hautbeschädigungen hervorrufen wie die Färbung von lebendem Haar mit schädlichen Färbemitteln.

---

[1]) Haarwaschwässer sind meistens: Weingeistige Lösungen mit Zusätzen: Bayrum, oder Tresterbranntwein, Glycerin, Seife, Kaliumcarbonat, Ammoniak, Extrakte der verschiedensten Blüten (Rosen, Rosmarin, Orangen u. a.), Tinkturen (Canthariden, Quillaya), ätherische Öle (Arnika-, Rosenöl), Perubalsam-, Vanille-, Safranauszug u. a.

IV. Farben für Spielwaren (einschl. der Bilderbogen, Bilderbücher und Tuschfarben für Kinder), Blumentopfgitter und künstliche Christbäume.

1. Gesetzliche Anforderungen. Für die Beurteilung und Untersuchung der Spielwaren kommt neben § 12 des Nahrungsmittelgesetzes, welcher die Herstellung und den Verkauf gesundheitsschädlicher Spielwaren verbietet, der § 4 des Farbengesetzes vom 5. Juli 1887 in Betracht, welcher folgenden Wortlaut hat:

„Zur Herstellung von zum Verkauf bestimmten Spielwaren (einschließlich der Bilderbogen, Bilderbücher und Tuschfarben für Kinder), Blumentopfgittern und künstlichen Christbäumen dürfen die im § 1 Abs. 2 (S. 783) bezeichneten Farben nicht verwendet werden."

„Auf die im § 2 Abs. 2 bezeichneten Stoffe sowie auf Schwefelantimon und Schwefelcadmium als Färbemittel der Gummimasse;

Bleioxyd in Firnis

Bleiweiß als Bestandteil des sog. Wachsgusses, jedoch nur, sofern dasselbe nicht einen Gewichtsteil in 100 Gewichtsteilen der Masse übersteigt;

chromsaures Blei (für sich oder in Verbindung mit schwefelsaurem Blei) als Öl- oder Lackfarbe, oder mit Lack- oder Firnisüberzug;

die in Wasser unlöslichen Zinkverbindungen, bei Gummispielwaren jedoch nur, soweit sie als Färbemittel der Gummimasse, als Öl- oder Lackfarben oder mit Lack- oder Firnisüberzug verwendet werden;

alle in Glasuren oder Emails eingebrannten Farben findet diese Bestimmung nicht Anwendung."

„Soweit zur Herstellung von Spielwaren die in den §§ 7 und 8 bezeichneten Gegenstände verwendet werden, finden auf letztere lediglich die Vorschriften der §§ 7 und 8 Anwendung."

Demnach sind wie für Gefäße, Umhüllungen und Schutzbedeckungen nach § 2 des Gesetzes vom 5. Juli 1887 nicht verboten:

Zinnoxyd, Schwefelzinn als Musivgold, Zinnober, Kupfer, Zinn, Zink und deren Legierungen als Metallfarben, Chromoxyd, Bariumsulfat, Barytlackfarben, welche von Bariumcarbonat frei sind, alle in Glasmassen, Glasuren oder Emails eingebrannten Farben.

Weiter sind von dem Verbote ausgenommen solche Färbungen, welche im Wege des Buch- und Steindrucks auf den Spielwaren angebracht sind, und die an Spielwaren befindlichen Tapeten, Möbelstoffe, Teppiche, Stoffe zu Vorhängen, Bekleidungsgegenstände, Masken, Kerzen, künstliche Blätter, Blumen und Früchte. Diese Gegenstände müssen lediglich arsenfrei sein unter gewissen, in den folgenden Abschnitten angeführten Bedingungen (vgl. auch Schlußbemerkung S. 794).

2. Begriffserklärungen. Über Glasuren vgl. S. 779, Email S. 774, über Firnisse, Lacke, Öl- oder Lackfarben S. 786, über Wachsguß S. 782, über Kautschuk S. 780.

Hierher sind auch noch zwei andere Kinderspielwaren zu rechnen, obschon sie in dem § 4 nicht erwähnt sind, nämlich:

a) Abziehbilder, die auf dem Wege des Steindruckverfahrens hergestellt werden.

Die mit Druckfirnis angeriebenen Farben werden, wie Th. Sudendorf mitteilt, im Drei- bzw. Mehrfarbendruck auf gummiertes Papier aufgetragen, und die ganze Bildfläche wird nachträglich zur Erhöhung der Härte und der Lebhaftigkeit der Farben mit Bleiweißfirnis gedeckt. Die so gedeckten Bilder werden manchmal obendrein noch eingestäubt oder eingerieben, wozu früher auch Bleiweiß verwendet wurde; seit vielen Jahren gelangt aber hierfür fast ausschließlich Talkum zur Anwendung. Obwohl es der Industrie längst gelungen ist, die oben erwähnte früher als unentbehrlich hingestellte Bleiweißdeckschicht durch eine solche aus Zinkoxyd oder Lithopon zu ersetzen, werden immer noch Abziehblätter mit Bleiweißdeckschicht angetroffen.

b) **Buntbedruckte** bzw. **bemalte Weißblechwaren** (**Dauerwarendosen** und **Kinderspielwaren**).

Die Fabrikation dieser Gegenstände erfolgt nach Th. Sudendorf in der Weise, daß zunächst Blechplatten mit einer Firnisschicht bedruckt und nach dem Trocknen derselben entweder einfarbig oder mehrfarbig gemustert werden. Während der einfarbige Druck mit Hilfe von Druckpressen aufgetragen wird, erfolgen bunte Verzierungen durchweg auf dem Wege des Steindruckverfahrens. Die nachträglich noch mit einer Lackschrift versehenen Platten werden in besonderen Kammern bei etwa 140° getrocknet, gestanzt, evtl. gepreßt und dann gefalzt; man stanzt auch sehr häufig die Blechplatten so aus, daß kleine zahnartige Vorsprünge stehenbleiben, die beim Zusammensetzen der einzelnen Teile in entsprechende Schlitze eingeschoben und umgebogen werden, wodurch das Zusammenhalten erreicht wird. Bei anderen Blechspielwaren werden buntbedruckte Papierbogen aufgepreßt. Diesen beiden Kategorien steht die weit größere Zahl von Blechspielwaren gegenüber, die zunächst zusammengelötet oder gefalzt und dann mit der Hand bemalt und lackiert werden.

Bei allen drei Arten von Spielwaren werden auch Lack- oder Firnisfarben benutzt, deren Verwendung bei Zugrundelegung des § 4 des Farbengesetzes unstatthaft ist.

Als bunte Farben gelangen bei der Herstellung von Abziehbildern vornehmlich Krapprot, Berlinerblau, ferner Chromgelb und Mischungen von den beiden letztgenannten als grüne Farben zur Anwendung. Während Chromgelb (chromsaures Blei) in der benutzten Zubereitung mit Druckfirnis gemäß § 4 Abs. 5 fraglos gestattet ist, muß die Deckschicht aus Bleiweißfirnis, nach denselben Bestimmungen beurteilt, als unzulässig angesehen werden, da Bleiweiß nur als einprozentiger Zusatz zu Wachsgüssen, die bei der Herstellung von Puppenköpfen oder -gliedern eine Rolle spielen, vom Gesetzgeber zugelassen wird (S. 782).

Auch Beck und Stegmüller sowie andere Fachgenossen stehen entgegen einzelnen Gerichtsentscheidungen auf dem Standpunkte, daß zum Wesen des Steindrucks der Umstand gehört, daß Bild und Unterlage untrennbar miteinander verbunden sind, daß daher Abziehbilder, bei denen der farbige Aufdruck sich für ihre bestimmungsgemäße Anwendung besonders leicht ablösen muß, soweit sie als Spielware in Betracht kommen, unbedingt den Bestimnungen des § 4 des Farbengesetzes unterliegen.

V. Farben für Buch- und Steindruck.

Der § 5 des Gesetzes vom 5. Juli 1887 lautet:

„Zur Herstellung von Buch- und Steindruck auf den in den §§ 2, 3 und 4 bezeichneten Gegenständen dürfen nur solche Farben nicht verwendet werden, welche Arsen enthalten."

Der Steindruck wird jetzt in größerem Umfange als früher angewendet und ist schon vorstehend gesagt, daß hierzu außer Arsen andere giftige Metalle bzw. Metallfarben verwendet werden, auf welche ebenfalls Rücksicht genommen werden muß, besonders auf Bleiweiß. Der § 5 genügt daher den heutigen veränderten Fabrikationsverhältnissen nicht mehr.

VI. Tuschfarben.

1. Gesetzliche Anforderungen. Der § 6 des Gesetzes vom 5. Juli 1887 lautet:

„Tuschfarben jeder Art dürfen als frei von gesundheitsschädlichen Stoffen bzw. giftfrei nicht verkauft werden, wenn sie den Vorschriften im § 4 Abs. 1 und 2 nicht entsprechen."

Tuschfarben für Kinder müssen stets giftfrei sein.

2. Begriffserklärungen. Unter „Tuschfarben", Tuschen oder Aquarellfarben versteht man Farben, die aus einem Teig von Farbstoffen, Zusätzen und Klebemitteln (wie Gummi arabicum, Tragant, Agar-Agar, Dextrin, Zucker, Honig, Leim, Hausenblase, Eiweiß, Leim u. a.) zubereitet, zu runden oder rechteckigen Stückchen geformt und getrocknet werden. Sie brauchen für die Verwendung nur mit Wasser angerührt und mit einem

Pinsel aufgestrichen zu werden; nach dem Verdunsten des Wassers bleibt der Farbstoff durch das darin gelöst gewesene Bindemittel an dem Untergrunde haften. Die verwendeten Farbstoffe dürfen nicht in Wasser löslich sein. Meistens werden angewendet: Bleiweiß, Zinkweiß, Lithopone, Ton (als Leimfarbe), Kreide, gelber Ocker, Terra di Siena, Kasselergelb (Gemisch von $PbCl_2 + 7\,PbO$), Zinkgelb (Doppelsalz von Zinkchromat und Kaliumchromat), Cadmiumgelb (CdS), Englischrot bzw. Caput mortuum bzw. roter Ocker (Fe_2O_3), Eisenmennige, Zinnober, Ultramaringrün, Chromoxydgrün, Kobaltgrün bzw. Zinkgrün (Kobaltzinkat), Zinnobergrün (Mischung von Pariserblau und Chromgelb), Ultramarin, Smalte (Kobaltverbindungen), Bergblau [$Cu(OH)_2 + 2\,CuCO_3$], Ultramarinviolett, Umbra, Braunstein, Florentinerbraun u. a.; dazu als organische Farbstoffe: Indischgelb oder Gummigutti, Krapplack, Carminlack, Krappviolett, Beinschwarz, Ruß und Rebenschwarz.

Kalkgrün, welches meistens zum Anstrich der Wände dient, ist eine mit Brillantgrün oder Malachitgrün (Teerfarbstoffen) geschönte Grünerde (Eisensilicat, Ton usw.), welche durch ihren Gehalt an Kieselsäure den sonst kalk- und lichtunechten Farbstoff vorübergehend schützt.

Bei gewöhnlichen Anstrichen bedient man sich des Leimwassers und besonders häufig der durch Alkali aufgeschlossenen Stärke. Die Aquarellmalerei bedient sich der Lasurfarben, welche wie Gummigutti u. a. zu durchsichtigen Massen austrocknen und daher die Grundfarbe oder eine andere bereits aufgetragene Färbung durchschimmern lassen. Die Ölmalerei, Gouachemalerei und die Pastellmalerei wenden Deckfarben an, welche, wie z. B. das in Öl verteilte Bleiweiß oder die in Wasser verteilte chinesische Tusche (feine Kohle), die bereits vorhandene Färbung einer Fläche vollständig verdecken, d. h. zum völligen Verschwinden bringen. Jetzt hat man Deckfarben in Bleistiftform.

Die Caseinmalerei bedient sich als Bindemittel des aus Casein (Milch) und Ätzkalk erhaltenen hart werdenden Caseinkalkes. Die Freskenmalerei verwendet als Malmittel Wasser, Kalk- oder Barytwasser, worin die kalk- und lichtechten Farbstoffe verteilt und auf nassen Verputz aufgetragen werden. Der entstehende kohlensaure Kalk fixiert die Farbstoffe. Bei der Mineralmalerei bestehen Untergrund und Malgrund aus weißem Zement, weißem Marmor, Quarzsand und kohlensaurem Barium, die vorher mit Kieselfluorwasserstoffsäure aufgelöst werden; dann werden die Farben, mit Tonerde- und Kieselsäurehydrat, Bariumcarbonat, Flußspat, Zinkoxyd und Wasser gemischt, aufgetragen und mit einem tunlichst warmen Gemisch von Kaliwasserglas und überschüssigem Ammoniak fixiert. Bei der Stereochromie wird der mit Sandstein abgeriebene Kalkputz erst mit Phosphorsäure und Kaliwasserglas behandelt, und auf die so erhaltene Fläche werden wie bei der Freskenmalerei die alkalibeständigen Farbstoffe aufgetragen. Die bemalte Fläche wird mit Fixierungswasserglas bespritzt und nach einigen Tagen zur Entfernung der ausgeschiedenen Kalisalze mit Alkohol abgewaschen.

Diese Erläuterungen können als Anhaltspunkte für die Art der Untersuchung dienen, wenn es sich um die Frage handelt, ob die angewendeten Farben den gesetzlichen Anforderungen entsprechen.

Die Bestimmungen des § 4 treffen nur Tuschfarben, die als Spielwaren für Kinder dienen sollen. Dagegen müssen nach § 6 solche Tuschfarben, die zu künstlerischen oder Unterrichtszwecken u. dgl. bestimmt sind, nur jenen Anforderungen genügen, wenn sie ausdrücklich als „frei von gesundheitsschädlichen Stoffen“ oder als „giftfrei“ verkauft werden.

Da wiederholt Tuschfarben für Kinder wegen eines Gehaltes an Zinnober (Quecksilbersulfid) beanstandet worden sein sollen, so sei darauf hingewiesen, daß nach § 4 Abs. 2 die Bestimmung des § 4 Abs. 1 auf die in § 2 Abs. 2 bezeichneten Stoffe keine Anwendung findet; unter den letzteren findet sich auch Zinnober angeführt. Demnach ist die Verwendung von Zinnober zur Herstellung von Tuschfarben für Kinder zulässig.

Farbkreiden (Zeichenkreiden, dermatographische Kreiden) dürfen wegen ihrer leichten Abreibbarkeit bei Berührung mit den Fingern keine Blei- und Arsenfarben enthalten.

Für die sog. Pastellstifte (Blau- und Rotstifte usw.), bei denen Bleifarben mit Pastellkreide gemischt in einer Wachsmasse eingebettet zu Stiften geformt und diese wie bei den Bleistiften von einem Holzmantel umgeben sind, besteht beim bestimmungsgemäßen Gebrauch die Gefahr einer Gesundheitsschädigung nicht.

VII. Farben für Tapeten, Möbelstoffe, Teppiche, Stoffe zu Vorhängen oder Bekleidungsgegenständen, Masken, Kerzen, künstliche Blätter, Blumen, Früchte, ferner für Schreibmaterialien, Lampen- und Lichtschirme, sowie Lichtmanschetten.

1. Gesetzliche Anforderungen. Nach § 7 und 8 des Gesetzes vom 5. Juli 1887 gelten für alle oben genannten Gegenstände dieselben gesetzlichen Bestimmungen, nämlich:

Zur Herstellung von den genannten zum Verkauf bestimmten Gegenständen dürfen Farben, welche Arsen enthalten, nicht verwendet werden.

„Auf die Verwendung arsenhaltiger Beizen oder Fixierungsmittel zum Zweck des Färbens oder Bedruckens von Gespinsten oder Geweben findet diese Bestimmung nicht Anwendung. Doch dürfen derartige bearbeitete Gespinste oder Gewebe zur Herstellung der bezeichneten Gegenstände nicht verwendet werden, wenn sie das Arsen in wasserlöslicher Form oder in solcher Menge enthalten, daß sich in 100 qcm des fertigen Gegenstandes mehr als 2 mg Arsen vorfinden. Der Reichskanzler ist ermächtigt, nähere Vorschriften über das bei der Feststellung des Arsengehalts anzuwendende Verfahren zu erlassen."

Außerdem kommt für Bekleidungsgegenstände der § 12 Abs. 2 des NMG. vom 14. Mai 1879 in Betracht, der lautet:

„Mit Gefängnis ... wird bestraft,

2. Wer vorsätzlich Bekleidungsgegenstände usw. derart herstellt, daß der bestimmungsgemäße oder vorauszusehende Gebrauch dieser Gegenstände die menschliche Gesundheit zu beschädigen geeignet ist, ingleichen wer wissentlich solche Gegenstände verkauft, feilhält oder sonst in Verkehr bringt. Der Versuch ist strafbar."

Hiernach sind für die Herstellung von Bekleidungsgegenständen außer Arsen auch alle anderen Stoffe (Farben usw.) verboten, welche die Gesundheit des Menschen zu schädigen geeignet sind.

2. Begriffserklärungen. a) Zu den Bekleidungsgegenständen gehören alle auch im weiteren Sinne zur Bekleidung dienlichen Gegenstände (Schlipse, Gürtel, Strumpfbänder, Hutleder usw.).

b) Auf die Färbung von Pelzwaren finden nach § 11 die Vorschriften des Gesetzes vom 5. Juli 1887, betreffend die Verwendung gesundheitsschädlicher Farben, nicht Anwendung.

c) Nach Abs. 2 in § 7 sind arsenhaltige Beizen oder Fixiermittel erlaubt, wenn sie das Arsen nicht in wasserlöslicher oder in solcher Menge enthalten, daß sich in 100 qcm des fertigen Gegenstandes nicht mehr als 2 mg Arsen vorfinden.

Unter „Beizen" versteht man Salze und Stoffe, welche vor der Färbung auf die Fasern einwirken und erst nach ihrer Einwirkung auf die Fasern die eigentliche Färbung bewirken. Der Farbstoff geht mit den Salzen bzw. dem Stoffe eine Verbindung ein, es entsteht ein Farblack (S. 786), der in Wasser unlöslich ist und an der Faser festhaftet.

Fixiermittel sind Lösungen von Stoffen, die wie Fixierungswasserglas (Stereochromie S. 791) oder Firnisse [Auflösungen von Harzen (Sandarak, Mastix, Kopal usw.) in Weingeist oder Terpentinöl usw.] auf bereits gefärbte Gegenstände aufgebracht werden, um die Farbstoffe bzw. Färbung dauerhaft zu machen.

d) Vorstehende gesetzliche Bestimmungen berücksichtigen den Arsengehalt der Gegenstände. Es können aber auch noch andere schädliche Stoffe in Betracht kommen. So werden Kerzen mitunter durch Zinnober oder bleihaltige Farbstoffe aufgefärbt, infolgedessen beim Verbrennen der Kerzen schädliche, metallische Dämpfe (Quecksilber und Blei) und schweflige Säure (bei Zinnober) auftreten können.

Diese bei Kerzen schädlichen Farbmittel werden aber weder durch § 7 des Gesetzes vom 5. Juli 1887 noch auch durch § 12 NMG. vom 14. Mai 1879 getroffen, weil Kerzen in § 12 Abs. 2 nicht namentlich mit aufgeführt sind.

e) Der § 8 des Gesetzes vom 5. Juli 1887 bezieht sich nur auf Schreibmaterialien, Lampen- und Lichtschirme sowie Lichtmanschetten. Für sonstige Gegenstände aus Papier, z. B. für Gefäße, Umhüllungen und Schutzbedeckungen zur Aufbewahrung oder Verpackung von Nahrungs- und Genußmitteln, sind aber nach § 2 (vgl. unter II, S. 785), ferner für Spielwaren aus Papier nach § 4 des Gesetzes vom 5. Juli 1887 (vgl. IV, S. 789) außer Arsen auch sonstige Stoffe verboten.

Es fehlen aber unter den in § 8 aufgeführten Papieren die Buntpapiere, die nach A. Neufeld nicht selten bedeutende Mengen Arsen[1]) enthalten; sie werden nicht nur zur Herstellung von Tüten oder zum Bekleben von Kästchen für Back- und Zuckerwaren (§ 2) oder zur Herstellung von Spielwaren (§ 4), sondern auch in der Buchbinderei zum Bekleben von Schachteln und Kästchen, die nicht zur Aufbewahrung von Nahrungs- und Genußmitteln usw. dienen, verwendet und können in letzteren, vom Gesetz nicht getroffenen Fällen ebenso schädlich wirken wie bei den in §§ 2 und 4 angegebenen Verwendungszwecken.

VIII. Farben für Oblaten.

In § 8 des Gesetzes sind die Vorschriften für Oblaten im 2. Absatz denen für Schreibmaterialien usw. angegliedert, obschon kaum ein Zusammenhang zwischen diesen Gebrauchsgegenständen besteht. Die Vorschrift für Oblaten lautet:

„Die Herstellung von Oblaten unterliegt den Bestimmungen im § 1, jedoch sofern sie nicht zum Genuß bestimmt sind, mit der Maßgabe, daß die Verwendung von schwefelsaurem Barium (Schwerspat, Blanc fixe), Chromoxyd und Zinnober gestattet ist.“ D. h. also:

Oblaten, die zum Genuß bestimmt sind, dürfen mit den gesundheitsschädlichen unter I, S. 783 u. f. angeführten Farben nicht gefärbt sein.

Bei Oblaten, die nicht zum Genuß dienen sollen, ist die Verwendung von schwefelsaurem Barium (Schwerspat, Blanc fixe), Chromoxyd und Zinnober gestattet.

Die Oblaten werden durch einfaches Einteigen von Weizenmehl und Backen des ungesäuerten Teiges zu Scheiben hergestellt; letztere dienen, weil sie bei geringer Anfeuchtung weich werden, entweder statt des Siegellacks zur Besiegelung der Briefe (Siegeloblaten) oder werden als Unterlage für feine Backwaren bzw. zum Einfüllen unangenehm schmeckender Medikamente (Speiseoblaten) gebraucht. Die Verwendung künstlicher Süßstoffe zur Herstellung von Speiseoblaten ist durch das Süßstoffgesetz vom 7. Juli 1912 verboten.

IX. Farben für Anstrich von Fußböden, Decken, Wänden, Türen, Fenstern der Wohn- und Geschäftsräume, von Roll-, Zug- oder Klappläden oder Vorhängen, von Möbeln und sonstigen Gebrauchsgegenständen.

Der § 9 des Gesetzes vom 5. Juli 1887 lautet: „Arsenhaltige Wasser- oder Leimfarben dürfen zur Herstellung des Anstrichs von Fußböden usw. (folgen die obigen Gebrauchsgegenstände) nicht verwendet werden.“

Unter Wasserfarben versteht man solche Farben, die nur mit Wasser, unter Leimfarben solche, welche nur mit einem mit Leim (auch Gummi, Honig usw.) versetzten Wasser angerührt zu werden brauchen, um einen deckenden Anstrich zu liefern (vgl. S. 791).

[1]) A. Neufeld fand z. B. in 3 Sorten Buntpapier:

Arsenige Säure	Violettes	Rosarotes	Hellila
In 100 qcm	9,83 mg	6,70 mg	1,22 mg
In Gewichtsprozenten	1,77%	1,14%	0,18%

X. Einschränkung der Bestimmungen des Farbengesetzes vom 5. Juli 1887.

Der § 10 des Gesetzes vom 5. Juli 1887 gibt folgende Einschränkung der Bestimmungen:

„Auf die Verwendung von Farben, welche die im § 1, Abs. 2 bezeichneten Stoffe nicht als konstituierende Bestandteile, sondern nur als Verunreinigungen, und zwar höchstens in einer Menge enthalten, welche sich bei den in der Technik gebräuchlichen Darstellungsverfahren nicht vermeiden läßt, finden die Bestimmungen der §§ 2—9 nicht Anwendung.“

Hiernach dürfen Nahrungs- und Genußmittel als solche die in § 1 (S. 783 u. f.) genannten Stoffe (Farbstoffe oder Farbzubereitungen) auch als technische Verunreinigungen nicht enthalten; dagegen sind für die in den §§ 2—9 aufgeführten Gegenstände Farbstoffe und Farbzubereitungen mit Verunreinigungen von diesen Stoffen in solcher Menge gestattet, welche als technische Verunreinigung bezeichnet zu werden pflegt.

Was als zulässige technische Verunreinigung im Sinne des § 10 zu verstehen ist, ist bis jetzt gesetzlich oder amtlich nicht festgesetzt, sondern dem Urteile des Sachverständigen überlassen.

Nur bezüglich des Arsens ist ein Grenzwert aufgestellt[1]).

Um dem Sachverständigen einen ungefähren Anhalt für sonstige Stoffe zu geben, sei angeführt, daß in dem Entwurf der bayrischen Vereinbarungen Kayser und Prior vorschlugen:

„Für 100 g der bei 100° getrockneten Farbe sollen für Antimon, Arsen, Blei, Kupfer, Chrom zusammen oder von jedem 0,2 g, für Barium, Kobalt, Nickel, Uran, Zinn, Zink zusammen oder von jedem 1,0 g als zulässige Verunreinigung gelten.“

D. Seife.

Vorstehend S. 788 ist die Seife als kosmetisches Mittel in betreff der zulässigen Färbung besprochen worden. Die Seife findet aber als Reinigungsmittel nicht nur für die Haut, sondern auch für die verschiedensten Gegenstände im Haushalte eine so weitgehende Verwendung und erfüllt diese Zwecke je nach ihrer Beschaffenheit und Zusammensetzung in so verschiedenem Grade, daß es gerechtfertigt ist, hier die Anforderungen an die Seife außer in hygienischer auch in chemisch-technischer Hinsicht zu besprechen.

1. Die verschiedenen Seifensorten des Handels und Wirkung der Seife. Seifen im weiteren Sinne heißen alle Salze der höheren Fettsäuren; im engeren Sinne versteht man darunter nur Natrium- und Kaliumsalze, die zu Reinigungszwecken dienen. Die Natriumsalze bilden die harten oder Kernseifen, die Kaliumsalze die weichen, grünen oder Schmierseifen.

Zur Darstellung dieser Seifen werden die verschiedenartigsten tierischen wie pflanzlichen Fette verwendet.

Die Kernseifen[2]) werden durch längeres Erhitzen der Fette mit starker Natronlauge und nachheriges Aussalzen durch Zusatz von Kochsalz erhalten. Hierdurch trennt sich die Masse in die Unterlauge (sog. Seifenleim), welche das gesamte Glycerin, Kochsalz und die überschüssige Natronlauge enthält, und in die oben aufschwimmende Kernseife, welche eigentümliche Krystallbildungen — Kern oder Fluß genannt — zeigt. Werden die Kernseifen nochmals mit Wasser oder schwacher Natronlauge gekocht, so erhält man die sog. geschliffenen Seifen. Leim- oder gefüllte Seifen sind solche Seifen, welche durch kalte Verseifung von Fetten — z. B. Cocosfett

[1]) Das Schweiz. Lebensmittelbuch 1909, 2. Aufl., S. 300, betrachtet eine Substanz als arsenfrei, wenn 1 qdcm oder 1 g derselben weniger als 0,2 mg Arsen enthält.

[2]) Der Verband deutscher Seifenfabrikanten gibt für Kernseife folgende Begriffserklärung: „Unter ‚reinen Kernseifen‘ versteht man alle nur aus festen und flüssigen Fetten sowie Fettsäuren auch unter Zusatz von Harz durch Siedeprozesse hergestellten, aus ihren Lösungen durch Salze oder Salzlösungen (auch Unterlauge oder Leimniederschlag) abgeschiedenen, technisch reinen Seifen mit einem Mindestgehalt von 60% Fettsäurehydraten einschließlich Harzsäure.“

und Palmkernöl — hergestellt werden, sich nicht aussalzen lassen und das gesamte Glycerin neben viel Wasser einschließen. Halbkern- oder Eschweger Seifen sind Gemische von Kern- und Leimseifen.

Die Schmierseifen[1]) oder sog. grüne Seifen werden, ähnlich den Kernseifen, durch längeres Erhitzen der Fette mit Kalilauge erhalten; da sie aber nicht ausgesalzen werden können, so enthalten sie noch das ganze Glycerin, ferner überschüssiges Kali und viel Wasser.

Statt der Neutralfette und Ätzalkalien verwendet man jetzt auch vielfach freie Fettsäuren und Alkalicarbonate (sog. kohlensaure Verseifung) zur Darstellung von Seifen; diese sollen aber den aus Neutralfetten hergestellten Seifen an Güte nachstehen.

Durch Verseifen eines Gemisches von Fett (Talg und Schweinefett) mit 20—40% Kolophonium oder Fichtenharz vermittels Natronlauge, erhält man die gelben Seifen, Harzseifen, auch Wachskernseifen genannt. Angeblich enthält auch die Sunlightseife einen gewissen Prozentsatz hiervon.

Unechte Transparentseifen werden als minderwertige Seifen dadurch gewonnen, daß man die Leimseifen statt mit Kochsalz mit Zuckerlösung und Salzlösungen fällt; echte Transparentseifen durch Auflösen der fein geschabten Seifen in Alkohol (95%) und Erstarrenlassen in Formen; setzt man gleichzeitig Glycerin zu, so erhält man die Glycerinseifen. Kieselseife ist eine gewöhnliche Talg- oder Ölseife unter Zusatz von Kieselgur oder Wasserglas; Bimsteinseife desgleichen unter Zusatz von gepulvertem Bimstein; Knochenseife desgleichen ein Gemenge von Harz- oder Cocosnußölseife mit Knochengallerte. Marseiller Seife wird aus Olivenöl hergestellt. Medizinische oder Medizinalseifen sind Mischungen von Kernseifen mit Arzneistoffen (z. B. behufs Desinfizierens carbolsaure Seife durch Zusatz von Carbolsäure zu Kernseife; oder Teer, Schwefel, Sublimat, Jodoform usw.). Die eigentliche medizinische Seife (Sapo medicatus) wird durch Verseifen von Schweinefett und Olivenöl in der Weise gewonnen, daß man zu der verseiften Masse Spiritus, Wasser und nötigenfalls so lange Natronlauge zusetzt, bis ein durchsichtiger, in Wasser löslicher Seifenleim gebildet ist. Dann setzt man Kochsalz und etwas Natriumcarbonat zu, hebt die abgeschiedene Masse nach einigen Tagen ab, wäscht sie mit etwas Wasser, preßt, zerkleinert und trocknet an einem warmen Ort; man erhält so ein Seifenpulver, das in Wasser und Weingeist völlig löslich ist.

Im übrigen bestehen die trockenen Waschpulver des Handels aus Soda und zerkleinerter Kernseife.

Die Verbindungen der Fettsäuren mit Blei-, Zinkoxyd, Kalk und Tonerde, die Blei- bzw. Zinkpflaster finden für medizinische Zwecke, die Tonerdeseifen in der Papierfabrikation, die Kalkseifen in der Stearinfabrikation Verwendung.

Die Toilettenseifen werden durch Vermischen mit wohlriechenden Stoffen und ätherischen Ölen hergestellt, und zwar auf dreierlei Weise:

1. durch Umschmelzen der Kernseifen unter gleichzeitiger Parfümierung;

2. durch die sog. kalte Parfümierung fertiger, hierfür besonders hergestellter geruchloser Seife;

3. durch direkte oder warme Verseifung unter Zusatz der zur Parfümierung und evtl. Färbung bestimmten Stoffe. Zur Parfümierung dient eine ganze Anzahl ätherischer Öle, die z. T. schon unter Pomaden S. 787 aufgeführt sind; für die billigen Sorten wird meistens Nitrobenzol verwendet.

Zum Färben werden besonders benutzt: Smalte, Ultramarin, Zinnober, Umbra und Teerfarbstoffe. Das marmorierte Aussehen der Seife erreicht man dadurch, daß man verschiedene Erdfarben mit Wasser anrührt und nicht gleichmäßig mit der Seife vermischt.

Die reinigende Wirkung der Seife wurde früher dadurch erklärt, daß die fettsauren Alkalisalze beim Lösen in Wasser in saures, fettsaures Alkalisalz, welches in Wasser unlös-

[1]) „Reine Schmierseifen" sollen nach den Forderungen der deutschen Seifenfabrikanten mindestens 36% Fettsäurehydrate einschließlich Harzsäure enthalten und technisch rein sein.

lich ist, und in basisch fettsaures Alkalisalz, welches in Wasser gelöst bleibt, hydrolytisch gespalten werden. Letzteres soll Schmutz und Fett, die an Fasern haften, lösen bzw. von den Fasern trennen, und die abgetrennten Stoffteilchen sollen von dem sauren fettsauren Alkalisalz aufgenommen und in Emulsion gehalten werden. W. Spring erklärt jedoch die reinigende Wirkung der Seife durch ihre außergewöhnlich große Oberflächenspannung (Schaumbildung). Fette und Schmutzteilchen aller Art (auch fettfreie) werden von organischen Fasern durch Adsorption festgehalten. Durch Behandeln derselben mit Seife wird die Oberflächenspannung der Fasern erniedrigt, die Seife reichert sich an der Oberfläche an, verdrängt die adhärierenden fein zerteilten Stoffe und verhindert dieselben, sich an den zu waschenden Gegenständen festzusetzen. Filtriert man eine Aufschwemmung von völlig fettfreiem Kienruß in Wasser durch ein Papierfilter, so werden die Rußteilchen vom Papier festgehalten, das Wasser läuft klar ab. Mischt man den Ruß aber mit 1 proz. Seifenlösung, so geht er glatt durch das Filter und schwärzt es nicht einmal.

Zur Erhöhung der reinigenden Kraft sollen Zusätze wie Sand, Kieselgur, Wasserglas, Soda, Borax, Eiweiß, Terpentinöl, Mineralöl, Petroleum usw. dienen.

Als Beschwerungsmittel und wertvermindernde Zusätze sind anzusehen: Kreide, Schwerspat, Talk, Ton, Gips, Kochsalz, Glaubersalz, Dextrin, Zucker, Leim, Kartoffelmehl u. a.

Toiletten- (Kern-) Seifen sollen gut getrocknet, von tunlichst neutraler Beschaffenheit sein und kein freies Alkali enthalten; sie sollen die Haut gut reinigen, aber sie unter Erteilung eines angenehmen Geruches weich und geschmeidig erhalten. Der Schaum feiner Seifen ist feinblasig, der schlechten Seifen häufig großblasig.

Harzgehalt vermindert die Güte einer Seife; er soll selbst bei den als Harzseifen bezeichneten Seifen 20% nicht überschreiten.

E. Papier.

Das Papier als Gebrauchsgegenstand in hygienischer Hinsicht ist für Gefäße, Umhüllungen und Schutzbedeckungen behufs Aufbewahrung oder Verpackung von Nahrungsmitteln unter II, S. 785, für Spielwaren unter IV, S. 789, für Tapeten, Masken, künstliche Blätter, Blumen, Früchte, sowie für Schreibmaterialien, Lampen- und Lichtschirme, Lichtmanschetten unter VII, S. 792, besprochen worden. Es werden aber an das Papier und seine Beschaffenheit noch verschiedene technische Anforderungen gestellt, deren Beurteilung durch die Herstellung der verschiedenen Papiersorten bedingt ist; es möge daher die Herstellung der verschiedenen Papiersorten hier ebenfalls kurz angegeben werden.

Herstellung von Papier und Papiersorten. Papier ist ein aus einem Filz von Fasern angefertigtes, auf künstlichem Wege in Schichten verteiltes blätterartiges Gebilde. Es wird dadurch erhalten, daß man Faserstoffe aller Art in Wasser verteilt, gleichmäßig in Schichten ausbreitet und das Wasser, sei es durch Ablaufenlassen oder Trocknen oder Pressen, so entfernt, daß eine gleichmäßige Lage der filzartig angeordneten Fäserchen zurückbleibt. Sind die Lagen dünn, so daß sie sich mit Leichtigkeit falten lassen, so heißt das Erzeugnis Papier, sind sie dagegen dick und fest, so daß sie sich nicht mehr leicht falten lassen, so nennt man es Pappe.

a) Rohstoffe. Als Rohstoffe für die Papierfabrikation kommen vorwiegend in Betracht:

α) Hadern oder **Lumpen.** Diese werden erst nach ihrer Herkunft, Feinheit und Farbe gesondert; die leinenen (Flachs-) Hadern liefern das feinste Papier und bedürfen keiner besonderen Aufschließung, sondern brauchen nur gekocht und gewaschen zu werden; die baumwollenen Lumpen geben für sich allein ein lockeres, rauhes Papier und lassen sich nur mit leinenen Lumpen verwenden. Die seidenen und ungewalkten wollenen Lumpen sind nur zu Packpapier geeignet; diese dienen noch vorwiegend zur Darstellung gekrempelter Seide bzw. Kunstwolle. Sehr geeignet dagegen sind Hanfabgänge.

β) Als Hadernersatzstoffe werden angewendet Stroharten, Esparto (Stipa tenacissima L. oder Macrochloa tenacissima Kunth.), Jute (Corchorus capsularis und andere Arten), Adansonia (Bast des Affenbrotbaumes, Adansonia digitata), Manilahanf (Troglodytarum textoria) und vor allem Holz aller Art. Die ersten 4 Ersatzstoffe und auch teilweise noch Holz werden behufs Entfernung des Bastes bzw. der Pektinstoffe, der Lignine und anderer, die Cellulose begleitenden Stoffe vorher mit Natronlauge oder bei Stroh und Jute auch mit Kalkwasser gekocht oder gedämpft.

Die Aufschließung des Holzes bewirkt man dagegen jetzt allgemein durch Dämpfen mit saurem schwefligsauren Kalk nach dem Mitscherlichschen oder Ritter-Kellerschen Verfahren (Sulfitcellulose). Das Holz wird auch durch einfaches Schleifen und Waschen mit Wasser auf sog. Holzstoff bzw. Holzschliff verarbeitet, aus dem die geringwertigsten Papiersorten hergestellt werden. Gegen die Sulfitcellulose aus Holz, die noch mehr oder weniger gebleicht wird, treten die anderen Rohstoffe für die Papierfabrikation jetzt in den Hintergrund.

Aus dem Mineralreich dient auch Asbest zur Herstellung von Papier- und pappeähnlichen Erzeugnissen.

b) Umwandlung der rohen Fasern in Papierzeug. Die vorbehandelten bzw. aufgeschlossenen Faserstoffe werden zunächst durch besondere Vorrichtungen (Stampfer, deutsches Geschirr oder Stampfgeschirr, Holländer Stoffmühle) zu Halbzeug zerkleinert, gleichzeitig gebleicht (mit Chlorkalk, unterchlorigsaurem Natron, elektrolytisch gewonnenem Chlor, Chlorwasser usw.), gehörig gewaschen unter Mitanwendung von unterschwefligsaurem Natrium oder schwefligsaurem Natrium oder Zinnsalz als Antichlor und durch weitere Zerkleinerung auf Ganzzeug verarbeitet. Um dem Papier entweder eine größere Festigkeit oder eine weißere Farbe zu erteilen, werden dem Ganzzeug einerseits Füllstoffe (Kaolin, Gips, Schwerspat, Schlämmkreide, Kalkphosphat, Magnesiaweiß, Asbest), andererseits blaue Farbstoffe (Indigo, Berliner- und Pariserblau, Ultramarin u. a.) zugesetzt. Weiter wird, um den Fasern einen besseren Zusammenhang durch Verfilzung zu erteilen, eine Leimung vorgenommen, d. h. es wird ein klebender Stoff zugesetzt. Letzterer wird entweder schon dem Ganzzeug im Holländer zugesetzt (Leimen im Stoff) oder das Ganzzeug wird erst zu Papier verarbeitet und dann erst mit Leim getränkt (Bogenleimung). Zu der ersten Leimung verwendet man Harzseifen — für die feinsten Papiere Wachsseifen —, d. h. man setzt alkalische Lösungen von Harz oder Wachs zu und zersetzt diese mit Tonerdesalzen. Auch Viscose (ein Cellulosexanthogenat, erhalten durch Behandeln von Zellstoff mit Alkalien und Schwefelkohlenstoff) wird zum Leimen verwendet. Bei der Bogen- (Oberflächen-) Leimung bedient man sich dagegen des tierischen Leimes.

Man unterscheidet Hand- oder Büttenpapier und Maschinenpapier. Ersteres wird in kleineren bestimmten Formen hergestellt, indem man das Ganzzeug aus dem Holländer in einen Zeugkasten (Bütte, Schöpfbütte) überführt und aus diesem mittels Schöpfer von bestimmter Form und Höhe eine für einen Bogen ausreichende Menge Faserbrei entnimmt; man läßt das Wasser aus dem fein durchlöcherten Sieb ablaufen, preßt, trocknet und taucht das Papier dann in die Leimlösung (tierischer Leim).

Zur Anfertigung des Maschinenpapiers wird das Ganzzeug auf ein Drahtgewebe ohne Ende übergeführt und hier von Knoten, Sand, Wasser befreit, gepreßt, getrocknet, in die gewünschten Größen geschnitten, geleimt usw. Durch hydraulische Pressen werden die Bögen noch geglättet (satiniert). Gerippte Papiere werden durch ungleichmäßiges Drahtgewebe, bei dem die der Länge nach laufenden Drähte durch starke Querdrähte verbunden sind, gewonnen. Für das Velinpapier wird ein aus sehr feinem Draht gewebter Siebboden angewendet.

Die Wasserzeichen werden dadurch erhalten, daß man diese mit Draht auf das Gewebe der Form näht, oder dadurch, daß man vor die Preßwalze eine gemusterte Walze legt. Das Papier wird an den betreffenden Stellen dünner.

Unter Übergehung der vielen weißen Papiersorten (Schreib-, Zeichen-, Druck-, Löschpapiere u. a.) mögen hier nur solche erwähnt werden, die eine weitere Behandlung erfahren und für das Nahrungsmittelgewerbe eine besondere Bedeutung besitzen:

1. Blaupapier, erhalten durch Auftragen von mit Indigo gefärbtem Stärkekleister. 2. Kopier-, Paus- und Kalkierpapier, durch Tränken mit transparentmachenden Stoffen wie trock-

nenden Ölen oder Firnissen. 3. Kreidepapier, Glacépapier zu Adreß- und Visitenkarten, Kupfer- und Steinabdrucken; Pergamentschnitzel, Hausenblase und arabisches Gummi werden mit Wasser gekocht, in die Abkochung feinstes Bleiweiß (auch Zinkweiß u. a.) eingetragen, und das Papier wird mit diesem Brei bestrichen. 4. Pergamentpapier; davon gibt es zwei Sorten, von denen die eine aus der vorstehenden Sorte dadurch gewonnen wird, daß man diese nach dem Überziehen und Schleifen mit klarem Leinölfirnis tränkt; die zweite Sorte, das vegetabilische Pergament, wird dadurch erhalten, daß man ungeleimtes Papier eine gewisse Zeit in Schwefelsäure taucht. 5. Wachspapier, erhalten durch Tränken von dünnem Schreibpapier mit weißem Wachs, Stearin oder Paraffin unter etwaiger Färbung mit Grünspan oder Zinnober. 6. Papier zu Wäschegegenständen, erhalten aus Leinenstoff und Baumwolle durch besondere Verarbeitung. 7. Wasserdichtes Papier, in der verschiedensten Weise erhalten, durch Eintauchen von Papier in eine konzentrierte Lösung von Zinkchlorid, Calcium-, Magnesium- oder Aluminiumchlorid und nachherige Behandlung mit Salpetersäure, oder man taucht das Papier in Schwefelsäure, der etwas Zink und Dextrin zugesetzt ist, usw. 8. Gefärbte Papiere und Buntpapiere. Gefärbte Papiere sind diejenigen Papiere, welche in der ganzen Masse gefärbt, also durch und durch von Farbstoff durchtränkt sind. Sie werden entweder durch Anwendung farbiger Lumpen oder durch Zusatz von Farbstoffen zum Ganzzeug erhalten. Als Farbstoffe kommen in Betracht: Indigocarmin, Blauholzextrakt, Rotholzextrakt, Saflorcarmin, Carmin, Orlean, von mineralischen Farben: Ocker, Umbra, Ultramarin, Berlinerblau, Bleichromat u. a.

Über die Bestimmungen des Farbengesetzes vom 5. Juli 1887 vgl. S. 785, 789 und 792.

Buntpapiere sind nur auf der Oberfläche, entweder auf einer oder beiden Seiten gefärbt. Die Färbung wird entweder durch Körperfarben oder Saftfarben bewirkt. Körperfarben (Deckfarben oder Erdfarben) sind solche Farbstoffe, welche in Form eines höchst feinen Pulvers mit den Bindemitteln (d. h. wässerigen Auflösungen von Klebemitteln) vermischt werden; hierzu gehören auch Lacke und Lackfarben (S. 786). Saftfarben heißen diejenigen Farben, welche in aufgelöstem Zustande den Bindemitteln zugefügt werden. Über gesetzliche Bestimmungen für Buntpapiere vgl. S. 793.

Unter den Buntpapieren spielt das in der Buchbinderei vielverwendete Marmorpapier eine große Rolle.

9. Zu den Buntpapieren können auch die Tapeten gerechnet werden, zu denen je nach der herzustellenden Qualität beste und schlechteste Faserstoffe genommen werden, die aber stets stark geleimt und gut geglättet sein müssen. Die Farben werden bald durch Hand-, bald durch Maschinendruck aufgetragen.

Über die gesetzliche Bestimmung für Tapeten vgl. S. 792.

Für die technische Untersuchung und Beurteilung kommen besondere Verfahren (Bestimmung der Reißlänge, Bruchdehnung, Quadratmetergewicht u. a.) und sonstige Gesichtspunkte in Betracht, auf die hier nicht eingegangen werden kann. Unter Umständen liefert schon der Aschengehalt einigen Anhalt für die Beurteilung. Urkunden-, Standesamtspapier soll höchstens 2%, gutes Aktenpapier höchstens 5%, gewöhnliches Aktenpapier höchstens 15% Asche enthalten.

F. Gespinste und Gewebe.

Über die gesetzlichen Anforderungen an Gespinste und Gewebe in gesundheitlicher Hinsicht vgl. S. 792. Außerdem aber werden an die Bekleidungsgegenstände noch verschiedene technische Anforderungen gestellt, die nicht selten Veranlassung zu Untersuchungen geben und hier ebenfalls kurz besprochen werden mögen.

1. Begriffserklärungen. Unter „Gespinste“ versteht man die auf mechanischem Wege durch Zusammendrehen faseriger Rohstoffe erzeugten, fadenförmigen Gebilde, während „Zwirne“ durch die Vereinigung mehrerer Garnfäden durch Zusammendrehen zu einem Faden gebildet werden.

„Gewebe" sind die flächenförmigen Gebilde aus mindestens zwei sich kreuzenden Fäden in beliebiger Ausdehnung nach Länge und Breite; die in der Längsrichtung verlaufenden Fäden heißen Kette, die durch oder um diese quer verlaufenden Schuß (Einschuß, Einschlag, Eintrag). Man unterscheidet:

a) Glatte (schlichte, taffetartige) Gewebe, bei denen die halbe Anzahl aller Kettenfäden über, die halbe Anzahl unter dem Schusse liegen, so daß nach jedem Schußgange die Kettenfäden regelmäßig im Flottliegen abwechseln (Loden, Tuch).

b) Gazeartige oder Drehergewebe, bei denen der eine Teil Kettenfäden über, der andere Teil unter dem Schusse liegt, in der Weise, daß nach jedem Schußgange jeder Kettenfaden seine Stellung zu rechts oder zu links ändert. Es entstehen lockere Gewebe mit Maschenöffnungen (Beuteltuch, Müllereigaze, Barège).

c) Köper- oder geköperte (diagonale, gekieperte, croisierte) Gewebe haben eine andere Zahl von Kettenfäden über als unter dem Schuß, wobei die Unregelmäßigkeit innerhalb der zur Kombination genommenen Kettenfäden gesetzmäßig abwechselt. Eine besondere Art der Köper sind die Atlasbindungen, bei denen der Schußfaden nur an sehr zerstreut liegenden Knotenpunkten flott (offen) ist.

d) Gemusterte (fassonierte, dessinierte oder figurierte) Gewebe (Damaststoffe) erhalten durch besondere Kreuzungen der Ketten- und Schußfäden eine Zeichnung (Dessin), wobei die Fäden gefärbt oder ungefärbt angewendet werden können (bunte Gewebe).

e) Gefütterte Gewebe entstehen durch das Zusammenweben von zwei Lagen in der Kette oder in dem Schusse, wobei die Unterseite häufig rauh ist (Strucks, baumwollene Hosenstoffe).

f) Doppelgewebe werden aus mehreren Ketten- und mehreren Schußlagen in der Weise erhalten, daß die Oberseite von der Unterseite in Kette und Schuß wie im Aussehen verschieden ist (Paletot-, Pelz- und Piquetstoffe, Winterröcke). Trikotstoffe haben abwechselnd Oberschuß oder Oberkette, auch auf der Unterseite flottierend bzw. Unterschuß oder Unterkette auf der Unteseite.

g) Samtgewebe wird durch besondere (rauhe) Schußfäden, Polschuß (Schußsamt) oder durch besondere Polkette (Kettensamt) auf dem Grundgewebe erhalten. Wenn die Fäserchen lang sind, so entsteht der Plüsch (Hutplüsch).

2. Rohstoffe. Zu den Gespinsten und Geweben können die verschiedensten faserigen Stoffe, Pflanzenfasern, Pflanzen- und Tierhaare, Seide, Schleimfäden, Glasfäden usw. verwendet werden.

a) Pflanzliche Spinnfasern. Von diesen werden zu Kleidungsstoffen vorwiegend Baumwolle und Flachs verwendet:

α) Die Baumwolle (Koton, Cotton), die Samenwolle der Gossypium-Arten (Malvaceen), unter deren Sorten die nordamerikanische als die beste gilt. Nach dem Mischen (Gattieren) der Baumwollsorten unterliegt sie vor dem Verspinnen dem Reinigen und Auflockern (Entfernen des Staubes und fremder Körper), dem Kratzen (Krempeln, Streichen, Kardieren), dem Kämmen und Strecken durch besondere Maschinen; die gesponnenen Garne und Zwirne werden gebleicht und gefärbt. Durch Behandeln der Baumwolle nach Mercer mit Natronlauge erhält man die mercerisierte Baumwolle; sie wird kürzer, aber fester und seidenglänzend.

β) Flachs (Lein). Der Flachs, nach oder neben Baumwolle die bedeutendste Gespinstfaser, ist die Bastfaser der Leinpflanze (Linum usitatissimum L.). Die nicht völlig ausgereifte Pflanze wird zur Entfernung der unreifen Samenkapseln erst geriffelt oder gereffelt und dann behufs Lösung der Faser mit den Gefäßbündelteilen der Einwirkung von Luft und Wasser ausgesetzt (Röste oder Rotte). Man legt die Stengel aufs freie Feld (Tauröste) oder mehrere Tage in Wasser (Wasserröste) Man erreicht die Röste jetzt auch durch heißes Wasser bzw. Wasserdampf. Der gerottete Flachs wird getrocknet und durch Brechen (Braken, Klopfen), Schwingen und Hecheln usw. zu verspinnbarer Faser umgearbeitet.

Kunstflachs wird aus alten, abgenutzten Tauen, Seilen u. a. durch Auffasern, Kratzen usw. gewonnen.

Ähnlich wie der Flachs werden verarbeitet und zu Gespinsten verwendet: Hanf (Cannabis sativa L.), Jute (Bengalhanf, Kalkuttahanf, Dschut, Corchorius olitorius L. u. C. capsularis L.), Neuseeländer Flachs bzw. Hanf (Phormium tenax Forst.) und Ramiéfaser, Chinagras (Kaluihanf, Kaukhura, Boehmeria nivea L.), welches letztere auch durch Behandeln mit chemischen Hilfsmitteln aufgeschlossen wird.

Diese und viele andere Fasern dienen aber vorwiegend zur Anfertigung gröberer Gespinste (Seilerwaren, Packleinen, Segeltuch, Möbeldamasten u. a.)

Während des Krieges hat man auch versucht, die einheimische Nessel (Urtica dioica L.) auf Gespinstfaser zu verarbeiten. Die Versuche sind aber wieder aufgegeben.

Unter Stapelfaser, die während des Krieges ebenfalls viel zu Gespinsten verwendet wurde, versteht man versponnenen Holzzellstoff.

b) Tierische Spinnfasern. Als Spinnfasern aus dem Tierreich werden Haare und Seide verwendet. Die tierischen Haare sind kegel- oder zylinderförmige Horngebilde von ähnlichem Bau; der Schaft und der obere Teil der Wurzel haben eine gleiche Struktur. Man unterscheidet 1. Stichelhaare, markführend, entweder Spürhaare (Wimper-, Lippenhaare) oder als Haarkleid z. B. beim Pferd; 2. Grannenhaare, länger als Stichelhaare, meist schlicht und markführend; 3. Flaum- oder Wollhaare, gekräuselt, meistens markfrei, wie bei den Schafen. Letztere dienen vorwiegend zur Anfertigung von Gespinsten und Geweben.

α) Schafwolle. Man unterscheidet einschurige und zweischurige Wolle (letztere nur bei langwolligen Schafen); die einschurige feine und seidenschurige Wolle, Lammwolle genannt, wird vorgezogen. Die Wolle wird erst auf dem Tier mit Wasser von Schmutz befreit (Rückenwäsche), dann nach der Schur behufs Entfernung des Schweißes[1]) (Fettes) mit 50—75° warmem soda- oder pottaschehaltigem Wasser (unter Zusatz von Harn und Seifenrinde) behandelt (Fabrikwäsche). Die gewaschene Wolle wird unter Umständen mit waschechten Farbstoffen gefärbt, im übrigen unterliegt sie vor dem Verspinnen dem Trocknen (auf Trockenböden oder mit Hilfe von Ventilatoren), dem Entkletten, dem Wolfen (Auflockern unter gleichzeitiger Entfernung von noch vorhandenem Schmutz), dem Fetten (Ölen, Einschmalzen), um der Wolle wieder Geschmeidigkeit und Glätte zu verleihen, und schließlich dem wichtigen Krempeln (Kardätschen, Kardieren) zur Erlangung der flockigen Gleichartigkeit für das Vor- und Feinspinnen.

Kunstwolle ist das aus wollehaltigen Lumpen oder Haaren dadurch erhaltene Erzeugnis, daß man die Lumpen behufs Entfernung der pflanzlichen Gewebeanteile mit Salzsäure oder Schwefelsäure oder gasförmiger Salzsäure oder Chloraluminium oder Chlorzink so weit und so lange erhitzt, bis die pflanzlichen Anteile verkohlt (carbonisiert) sind und sich von den unzersetzten Wolleanteilen trennen lassen. Kunstwolle von langhaarigen Stoffen wird Shoddy, von kurzhaarigen Stoffen Mungo genannt.

β) Seide. Die echte Seide ist das Erzeugnis der Raupe des Maulbeerspinners, welche beim Verpuppen aus zwei Drüsen die Fibroinmasse, aus zwei anderen Drüsen das Sericin (Seidenschleimmasse) absondert, hieraus Fäden bildet und diese zu einem 3—6 cm langen Gehäuse, dem Kokon, umarbeitet und sich hierin einspinnt. Die Kokons werden in lauwarmem Wasser aufgeweicht, mit Reisern gepeitscht und die aus mehreren (3—8) Kokons entstehenden Fäden zu einem Rohseidenfaden vereinigt. Die abgehaspelte Rohseide wird durch Kochen mit Seifenwasser bzw. mit diesem und Soda von dem leimartigen Überzuge (Sericin) befreit (Degummieren, Entschälen, Entbasten genannt), gefärbt oder vorher noch mit schwefliger Säure gebleicht.

Sowohl die Rohseide[1]) als auch die degummierte Seide wird beim Färben mit den verschiedensten Stoffen erheblich bis zu 100% und mehr künstlich im Gewichte

---

[1]) Die Rohwolle hat folgende Zusammensetzung:

Wasser	Wollfett	Wollschweiß (Seifen)	Sonstiges Fett	Wollfaser	Schmutz
17,5%	11,0%	21,5%	4,0%	34,0%	12,0%

Die Wollfaser besitzt folgende Elementarzusammensetzung:

49,71% C, 7,33% H, 15,79% N, 3,58% S und 23,59% O.

vermehrt, d. h. beschwert. Als Beschwerungsmittel kommen nach dem jetzt viel angewendeten Zinn-Phosphat-Silicatverfahren in Betracht: Zinn, Phosphorsäure, Kieselsäure, Tonerde, Blei, Antimon, Eisenoxyd, Chromoxyd, Wolframsäure, Ferricyanwasserstoffsäure, Gerbstoffe, Glykose, Dextrin, Gummi, Stärke, Glycerin, Öle u. a.

Unter Florettseide versteht man die aus den Flockseiden an den Reisern und von der äußeren Hülle der Kokons sowie den Abfällen (dem Strusi) erhaltene Seide.

Stumba- oder Boretteseide ist der Abfall beim Kämmen der Florettseide.

Seidenshoddy wird in ähnlicher Weise wie Shoddywolle aus abgenutzten Resten gewonnen.

γ) Kunstseide. Außer den seidenartigen Erzeugnissen von Tieren, z. B. der Spinnenseide (von Nephila madagascarensis) und der Muschelseide, Byssus (von Lana penna) sowie den durch Mercerisieren der Baumwolle (S. 799) und durch Appreturmittel erhaltenen Seidennachahmungen kommen jetzt als Ersatzstoffe der echten Seiden die Kunstseiden in Betracht, die nach verschiedenen Verfahren erhalten werden, nämlich aus:

Nitrocellulose (Kollodium, Chardonnet- bzw. Lehnerseide);
Cellulose-Kupferoxydammoniaklösung (Langhans, Pauly, Despaissis);
Glanzstoff, aus vorstehender Lösung durch Pressen unter Druck in die Spinnapparate und durch Koagulieren der austretenden Fäden in Schwefelsäure oder Natronlauge erhalten (Bronnert, Fremery, Urban);
Viscose (Cellulosethiocarbonat) (Steam);
Celluloseacetat (v. Donnersmark, Lederer);
Tierischen Stoffen (Leim und Casein), Vanduraseide.

Ohne auf die Fabrikation der Kunstseiden hier näher eingehen zu können, sei nur erwähnt, daß sie trotz des dickeren Fadens eine geringere Festigkeit besitzen als Naturseide und daher bis jetzt nur als Schuß, nicht als Kette verwendet werden können. Die Färbungen der Kunstseiden besitzen aber einen besonders schönen Glanz, weshalb sie sehr beliebt sind.

3. Das Bleichen, Färben und Appretieren. Die Gespinste und Gewebe müssen vor dem Färben oder Bedrucken nicht nur erst von Schmutz usw. befreit, d. h. mit Soda oder Seife gewaschen, sondern auch noch gebleicht werden. Dieses geschieht entweder durch die Rasenbleiche (nur noch bei Leinen) oder mit Chlorkalklösung (bei Leinen und Baumwolle) oder mit schwefliger Säure oder Wasserstoffsuperoxyd (bei Wolle und Seide).

Die anzuwendenden Farben müssen in Wasser löslich sein und werden entweder direkt oder durch Beizen (vgl. S. 792) fixiert; Farben wie Beizmittel werden, um eine scharfe Konturierung zu erzielen, mit Kleister (aus Weizenstärke, hellen Dextrinen, Tragant, arabischem Gummi oder Albumin) verdickt. Die Farben werden entweder durch Hand- oder Maschinendruck aufgetragen.

Um den Farben mehr Glanz und Glätte zu erteilen, werden die bedruckten Zeuge noch appretiert, d. h. mit einer aus Weizenstärke oder Kartoffelstärke oder Dextrin bestehenden dünnflüssigen Appreturmasse (Kleister) überzogen („aufgeklotzt"). Hierbei werden die Gewebe häufig, um die schlechte Beschaffenheit zu verdecken, mit Beschwerungsmitteln (Gips, Kreide, Schwerspat, Ton u. a., die dem Kleister zugesetzt werden) beschwert. Der Appreturmasse werden auch, um den Farbenton oder Glanz oder die Weichheit (eine gewisse Feuchtigkeit der Stoffe) zu erhöhen bzw. zu erhalten, Ultramarin, Benzidinfarbstoffe (für Weiß), bzw. Seife, Fett, Wachs oder Paraffin bzw. Glycerin und Chlormagnesium zugesetzt.

4. Zweck und Eigenschaften der Kleiderstoffe. Die Kleidung soll die Wärmeabgabe vom Körper durch Strahlung, Leitung und Wasserverdunstung nicht voll-

[1]) Die Seide hat im wasserfreien Zustande folgende Zusammensetzung:

Fibroin $C_{15}H_{23}N_5O_6$	Sericin $C_{15}H_{25}N_5O_8$	Albumin	Fett
53,0%	20,0%	25,0%	2,0%

Die Seidenfaser besitzt folgende Elementarzusammensetzung:

51,2% C, 6,2% H, 19,0% N, 23,6% O.

ständig behindern, sondern so regeln, daß der Körper je nach der Außentemperatur und Windbewegung so viel Wärme verliert, wie der nackte Körper bei 33°. Die Kleiderluft soll durchschnittlich 3—5° höher sein, als die umgebende Luft. Aus dem Grunde umgeben wir den Körper im Sommer und in warmen Gegenden mit weniger Kleidung (etwa 3 kg) als im Winter und in kälteren Gegenden (etwa 6—7 kg).

Aber auch die Art der Gewebsfaser, des Gewebes und seiner Färbung sind hierbei von Einfluß.

Bezüglich der Wärmestrahlung verhalten sich die einzelnen Gewebsfasern annähernd gleich, aber bezüglich der Wärmeleitung zeigen sie große Unterschiede; sie beträgt für je 1 g im Vergleich zu Luft und Wasser:

Luft		Wasser		Baumwolle		Schafwolle		Seide
1	:	28	:	37	:	12	:	11

Glatte Gewebe leiten die Wärme naturgemäß besser als Trikot- und Flanellgewebe.

Auf die Wärmeabsorption und -abgabe ist wesentlich die Färbung von Einfluß; so absorbieren von den leuchtenden Sonnenstrahlen im Verhältnis Wärme:

Kleider	weiße	hellgelbe	dunkelgelbe	hellgrüne	dunkelgrüne	blaue	schwarze
Wärmeabsorption . .	100	102	140	155	169	198	208

Auch gegen die Wasseraufnahme und -verdunstung zeigen die Gespinstfasern Verschiedenheiten.

Es saugt sich mit Wasser voll:

Leinen	Baumwolle	Schafwolle	Seide
Sofort	nach 5—12 Stunden,	nach einigen Tagen	—

Von dem mit Wasser gesättigten Zeug verdunsten in der ersten halben Stunde:

55%	70%	27%	92%

Die Porenfüllung von den mit Wasser benetzten Kleidungsstoffen in Form von Trikotgeweben beträgt:

56,7%	27,2%	26,6%	39,8%

Bei den mit Wasser benetzten Kleidern verdunstet Wolle am langsamsten und ist bei ihr die Porenfüllung am geringsten, so daß noch am meisten Platz für den Luftwechsel bleibt. Daher rührt das Kältegefühl auf der Haut bei durchnäßten Leinenhemden gegenüber Wollhemden; erstere legen sich fest an die Haut an und bewirken durch schnelle Wasserverdunstung Wärmeabgabe vom Körper ein Kältegefühl; die Wolle dagegen bleibt gekräuselt und verliert das Wasser langsamer, so daß die Abkühlung der Haut weniger fühlbar wird. Diese Unterschiede treten auch bei einem und demselben Faserstoff je nach der Gewebeart hervor; so zeigt Baumwolle nach Sättigung mit Wasser folgende Porenfüllung:

als glattes Gewebe 100%, als Trikot 27,2%, als Flanell 18,6%,

d. h. glattes Gewebe enthält im wassergesättigten Zustande gar keine Luft mehr eingeschlossen, wird daher die Körperwärme viel schneller ableiten als das noch mit Luft erfüllte Trikot- und Flanellgewebe. Hiernach regeln lockere Gewebe die Wärmeabgabe vom Körper günstiger als glatte und fest anschließende Kleider.

Wollene Kleider würden für das gemäßigte Klima im allgemeinen am günstigsten sein; Nachteile derselben sind: Zu langsame Aufnahme von Schweiß, wodurch leicht Schweißüberflutungen am Körper eintreten können, Reizung der Haut und erschwerte Reinigung.

Leinene Kleider bilden den vollen Gegensatz zu Wolle; sie eignen sich in erster Linie zu Bettwäsche und für solche Personen, die keine große körperliche Tätigkeit ausüben bzw. nicht dem Durchnässen ausgesetzt sind, oder für Arbeiter in warmen und heißen Räumen, wo es darauf ankommt, daß der Schweiß schnell aufgesaugt und verdunstet wird.

Baumwolle hält die Mitte zwischen Wolle und Leinen und läßt sich dazu in der verschiedensten Art verarbeiten.

Seide und Seide mit Leinen lassen die Wärme rasch abfließen und sich leicht sauber halten; sie eignen sich daher besonders für das warme und trockene Klima.

G. Erdöl. Petroleum.

Entstehung. Über die Entstehung des Erdöles, aus dem das Petroleum hergestellt wird, sind die verschiedensten Ansichten ausgesprochen, ohne daß bis jetzt eine Einigkeit erzielt ist. In der ersten Zeit nahm man an, daß es sich aus Kohlenstoffmetallen, aus Acetylenen bzw. Äthylenen gebildet habe. Alsbald aber leitete man sie aus untergegangenen Fischen durch Zersetzung unter hohem Druck und hoher Temperatur her (Ochsenius); C. Engler konnte durch trockene Destillation von Tran und sonstigen Fetten unter Luftabschluß bei hohem Druck die Kohlenwasserstoffe des Erdöles künstlich darstellen. Krämer und Spilker wollen den Ursprungsstoff im Erdwachs erblicken, das sich regelmäßig in den Mooren findet und sich aus dem Wachs der Diatomeen (Bacillarien), die zum Teil viel Öl enthalten, bilden soll.

Die meisten Fachgenossen neigen aber der Ansicht von Ochsenius und Engler zu, daß das Erdöl aus Fisch- oder sonstigen Fetten durch Zersetzung unter hohem Druck und hoher Temperatur entstanden ist. Einige Fachgenossen (Künkler und Schwedheim) nehmen indes an, daß die Umsetzung durch die Zwischenbildung von Kalkseifen vermittelt werde, während andere (Sabatier und Senderens, Ipatiew u. a.) bei der Umsetzung besondere Kontaktsubstanzen (wie Tonerde, Torerde, Ton usw.) als mitwirkend ansehen, unter deren Einfluß sich aus den Fetten bzw. Fettsäureestern Ketone bilden sollen, die sich weiter in Kohlenwasserstoffe umsetzen können. C. Engler und E. Severin haben aber gezeigt, daß zur Erklärung der Entstehung des Erdöles und seiner verschiedenen Sorten eine Zwischenstufe von Kalkseifen oder die Mitwirkung von Katalysatoren zur Bildung von Ketonen nicht angenommen zu werden braucht.

Verschiedenheit der Erdöle. Die in den einzelnen Ländern erbohrten Erdöle sind von verschiedener chemischer Zusammensetzung. Das amerikanische, d. h. pennsylvanische Erdöl, das sich in Devonschichten findet, besteht vorwiegend aus den Kohlenwasserstoffen der Methan- oder Paraffinreihe (C_nH_{2n+2}), während die Kohlenwasserstoffe des im Sandstein des Muschelkalkes vorkommenden russischen Erdöles (Baku) und anderer vorwiegend zu den Naphthenen (alicyclischen Polymethylenen C_nH_{2n} oder hydrierten Benzolen) gehören. Isocarbocyclische (aromatische) Kohlenwasserstoffe (wie Benzol) kommen in den Erdölen nur in geringer Menge vor. Im Ohioöl konnten Kohlenwasserstoffe der Reihen C_nH_{2n+2}, C_nH_{2n}, C_nH_{2n-2} und C_nH_{2n-4} nachgewiesen werden. In einigen Sorten (besonders im Ohioöl) finden sich auch schwefelhaltige Verbindungen.

Im californischen Erdöl finden sich etwa 15% Stickstoffverbindungen (etwa 2% Stickstoff), außerdem Benzol, Toluol, Xylol, Naphthalin usw.

Hiernach muß die Bildung des Erdöles aus organischen (Fisch-) Bestandteilen wohl verschieden verlaufen sein. Für den Gehalt verschiedener Erdöle an hoch- und niedrigsiedenden Kohlenwasserstoffen gibt H. Ost folgende durch fraktionierte Destillation erhaltenen Werte an:

Rohöl von	Spezifisches Gewicht	Benzin, Siedepunkt bis 150° %	Brennöl, Siedepunkt 150—300° %	Destillationsrückstand, Siedepunkt über 300° %
Pennsylvanien . .	0,79—0,82	10—20	55—75	10—20
Lima.	0,80—0,85	10—20	30—40	35—50
Baku.	0,85—0,90	5	25—30	60—65
Galizien	0,82—0,88	5—20	35—50	30—35

Die unter 150° siedenden Kohlenwasserstoffe des pennsylvanischen Petroleums sind noch weiter wie folgt zerlegt:

	Cymogen	Rhigolen	Petroläther, Naphtha (Pentan u. Hexan)	Benzin (Hexan, Heptan, Octan)	Ligroin (Heptan, Octan)	Putzöl (Ersatz von Terpentinöl)	Brennöl (Leuchtpetroleum)	Schmieröl, Vulkanöl
Siedepunkt	von 0° an	18,3°	50—60°	60—80°	90—120°	130—150°	150—300°	über 300°
Menge . .	20%						61%	19%

Hierzu etwa 2% feste Kohlenwasserstoffe (Vaseline und Paraffine).

Erdöle mit hohem Paraffingehalt (3—8%) sind naphthenarm und enthalten viel Benzin, Leuchtöl sowie dünnflüssiges Schmieröl; paraffinarme Erdöle (unter 1% Paraffin) pflegen naphthenreich zu sein, nur wenig niedrigsiedende Anteile (Benzin und Leuchtöl), dagegen viel hochsiedendes, schwer erstarrendes Schmieröl zu enthalten. Jedoch gibt es von dieser Regel auch Ausnahmen.

Petroleum (Leuchtöl). ***Begriff.*** Unter der einfachen Bezeichnung „Petroleum" (Leuchtpetroleum) versteht man allgemein nur den bei 150—300° siedenden Anteil des Rohpetroleums (Erdöles). Man unterscheidet gewöhnliches Petroleum und Sicherheitsöl (besonders gereinigtes Leuchtöl). Zur Gewinnung des Leuchtpetroleums wird das rohe Erdöl der fraktionierten Destillation unterworfen, das bei 150—300° übergehende rohe Destillat wird mit konz. Schwefelsäure so oft geschüttelt (raffiniert), bis es fast farblos und schwach riechend geworden ist, dann von der Schwefelsäure getrennt und entweder mit Wasser oder dünner Natronlauge oder Kalkwasser ausgewaschen, bis jede Spur von Säure entfernt ist. Zuweilen wird nochmals destilliert. Bei dem schwefelhaltigen Limaöl (Rohöl von West-Ohio und Indiana) leitet man die Dämpfe des rohen Öles erst über Kupferoxyd und fraktioniert bzw. raffiniert es dann ebenso wie die sonstigen rohen Erdöle. Solaröl ist das aus dem Braunkohlenteer gewonnene, bis 260° siedende Öl.

Für die Unterschiede der einzelnen Petroleumsorten geben C. Engler und H. Ubbelohde folgende Werte an:

Ursprung des Petroleums	Spezifisches Gewicht bei 15°	Flammpunkt im Abelschen Prober Grad	Siedebeginn Grad	Destillationsmengen, Vol.-Proz. zwischen den Siedegraden: bis 150°	150 bis 200°	200 bis 250°	250 bis 300°	über 300°	Spez. Zähigkeit, wenn Wasser von 20° = 1	Verwendete Brenner oder Zylinder[1]	Mittl. Lichtstärke in 8 Brennstunden[2])	Abnahme der Lichtstärke in 8 Brennstunden	Verbrauch an Petroleum für 1 Hefnerkerze und 1 Stunde g	Verkohlte Dochtschicht nach 8 Brennstd. mg
1. Amerikan. Water white .	0,7903	39	153	—	32,1	36,3	22,5	9,0	1,69	K	13,6	26,9	3,6	18
										R	9,1		4,2	28
2. Desgl. Standard white. .	0,8001	27	126	10,9	25,4	17,7	22,9	23,0	1,89	K	11,4	33,8	3,65	60
										R	10,0		3,8	80
3. Russisches „Meteve" . .	0,8003	34,5	145	1,2	40,0	32,0	18,5	8,0	1,46	K	11,4	24,7	3,55	24
										R	14,1		3,1	33
4. Desgl. „Nobel".	0,8240	33,5	144	2,0	32,0	35,5	22,3	8,0	1,69	K	10,1	28,3	3,85	11
										R	13,0		3,05	13
5. Galizisches . .	0,8091	31,0	133,5	3,0	26,7	31,9	26,0	12,0	1,80	K	9,8	31,0	3,7	35
										R	12,2		3,07	33
6. Deutsches . .	0,8098	32,0	134,0	2,6	26,2	32,5	27,0	11,5	1,82	K	9,95	24,8	3,9	27
										R	14,1		3,0	29

[1]) K = Kosmosbrenner 14''' von Wild und Wessel und Kosmoszylinder, R = Reformbrenner 14''' der Deutsch-russischen Naphthaimportgesellschaft in Berlin und Reformzylinder.

[2]) In die Reformbassins von 10 cm Durchmesser werden 400 g eingefüllt. Der Abstand zwischen der Oberfläche des Petroleums und dem Brennerrande betrug zu Beginn des Versuches 11,5 cm.

Über den Wert des Petroleums als Lichtquelle im Vergleich zu anderen Lichtquellen vgl. S. 768.

Für die Beurteilung des Petroleums sind besonders folgende Prüfungen wichtig:

1. Ein gutes Petroleum muß wasserfrei, klar und farblos[1]) sein (d. h. blaßgelb mit schwacher blauer Fluorescenz) und einen schwachen nicht penetranten Geruch besitzen.

2. Das spezifische Gewicht, welches nur zur Identifizierung dient, liegt bei amerikanischem Petroleum meist zwischen 0,79 und 0,81, bei europäischem zwischen 0,81 und 0,82.

3. Der Entflammungspunkt darf nach der gesetzlichen Vorschrift nicht unter 21,5° C liegen, sollte aber bei guten Sorten aus Gründen der Feuersicherheit wesentlich höher sein.

In der Schweiz ist der Entflammungspunkt mit 23° C — für Sicherheitsöle mit 38° —, in Frankreich (Apparat Luchaire) mit 35° C, in England mit 73° F (= 22,8° C), in Spanien und Portugal mit 110° F festgelegt.

4. Die fraktionierte Destillation bietet den besten Anhalt für die Güte des Petroleums. Der Gehalt an unter 150° oder 140° siedenden Bestandteilen sollte nicht über 5—10%, der Gehalt an hochsiedenden (über 300°) nicht über 10% betragen, da die letzteren den Docht verkohlen.

5. Gutes Petroleum darf mit konz. Schwefelsäure diese nur schwach gelblich, nicht braun färben, und keine nachweisbaren Mengen von freien Säuren enthalten; der Aschengehalt soll 2 mg in 1 l nicht übersteigen, der Schwefelgehalt höchstens 0,02% betragen.

H. Zündwaren. Zündhölzer.

Nachdem durch das Reichsgesetz vom 10. Mai 1903 betreffend Phosphorzündwaren die Anwendung des gelben (giftigen) Phosphors für alle Zündwaren verboten ist, geben die Zünd- oder Streichhölzer als weitverbreiteter Gebrauchsgegenstand nicht selten Veranlassung zur Untersuchung auf gelben Phosphor.

Der nicht giftige Phosphor kommt als amorpher bzw. dunkelroter und als hellroter Phosphor zur Verwendung. Der dunkelrote Phosphor wird durch Erhitzen des gelben Phosphors auf höhere Temperaturen unter Luftabschluß, der hellrote nach Schenk durch Kochen einer Lösung von gelbem Phosphor in Phosphortribromid erhalten.

Man wendet diese ungiftigen Modifikationen des Phosphors entweder in den Zündköpfchen an, die sich an jeder Reibfläche entzünden, oder der Phosphor befindet sich an der Reibfläche und dient zur Entzündung des phosphorfreien Zündkopfes; letztere Zündhölzer bilden die eigentlichen sog. „Sicherheitszündhölzchen". Man hat auch Zündhölzer ohne jeglichen Phosphorgehalt, aber sie haben sich bis jetzt noch keinen Eingang verschafft.

Zur Herstellung werden sowohl für die Zündhölzer als auch für die Reibfläche die verschiedenartigsten Stoffe verwendet; F. Schroeder gibt darüber folgende Übersicht:

1. Zündende Stoffe: Roter und hellroter Phosphor[2]), Schwefelphosphorverbindungen, Thiophosphite, Hypothiophosphite, Zinkpolyhypothiophosphit (Sulfophosphit), Phosphorsuboxyd, fester Phosphorwasserstoff, Grauspießglanzerz, Goldschwefel, Schwefelkies, Goldschwefel (Antimonpentasulfid), Bariumthiosulfat, Bleithiosulfat, Kupferthiosulfat, Cuprinatriumthiosulfat, Cuprobariumpentathionat, Sulfo-Cuprobariumpentathionat, Kaliumhypophosphit, Persulfocyansäure, Kaliumxanthogenat, Nitrocellulose, pikrinsaure Salze, Natrium, Diazoverbindungen, chromammoniumsulfocyansaure Salze.

2. Sauerstoffabgebende Stoffe: Kalium-, Natrium-, Calciumchlorat, bromsaure Salze, Braunstein, Kaliumpermanganat, Kalium-, Barium-, Strontium-, Bleinitrat, Bleisuperoxyd, Mennige,

[1]) Sicherheitsöle sind mitunter rot gefärbt.

[2]) Zuweilen noch verunreinigt mit weißem Phosphor.

Kaliumchromat, Kaliumbichromat, Barium-, Zink-, Bleichromat, Chromsäureanhydrid, Calciumplumbat.

3. Die Verbrennung übertragende Stoffe (Schwefel jetzt nur mehr selten): Wachs, Stearinsäure, stearinsaure Salze, Paraffin, Fichtenharz, Kolophonium, Campher, Schwefelkies, Blutlaugensalz, Bleicyanid, Kupferrhodanid, Bleirhodanid, Gasreinigungsmasse, Kohle, Naphthalin, Phenanthren, Lycopodium, Roggenmehl, Weizenstärke.

4. Füll- und Reibstoffe: Magnesia, Kreide, Glaspulver, Bimsstein, Sand, Infusorienerde, Quarzmehl, Zinkweiß, gebrannter Gips, Zinkstaub, Kalomel.

5. Bindemittel: Leim, Gelatine, Arab. Gummi, Kolophonium, Tragant, Senegal-Gummi, Dextrin, Eiweiß, Terpentin, Terpentinöl.

6. Farbstoffe und Lacke: Zinnober, Eisenoxyd, Ocker, Smalte, Schwefelblei, Kohle, Umbra, Ultramarin, Kienruß, Terra de Siena, Kermesminerale, Zinkgrün, Chromgrün, Berlinerblau, Turnbullsblau, Teerfarbstoffe, Harzfirnis, Leinölfirnis, Gebleichter Schellack, Sandarak, Kanadabalsam.

7. Das Nachglimmen verhindernde Stoffe: Phosphorsäure, Ammoniumphosphat, Ammoniumsulfat, Alaun, Bittersalz, Natriumwolframat, Natriumsilicat, Ammoniumborat, Ammoniumchlorid, Zinksulfat, Borsäure.

8. Parfümierende Stoffe: Benzoe, Lavendelöl, Cascarillrinde, Weihrauch (Olibanum).

9. Die Zündholzstäbchen: Die runden pflegen aus Fichten-, Tannen- oder Kiefernholz, die kantigen aus Espenholz (Äspe), Pappel-, Linden- oder Birkenholz angefertigt zu werden.

Die Herstellung der Zündhölzer geschieht in der Weise, daß der eine untere Teil der eventuell mit Lösungen der Stoffe der Gruppe 6, 7 und 8 getrockneten Hölzer (9) nach dem Trocknen in aus den Stoffen der Gruppe Nr. 3 gebildete Flüssigkeiten und dann in die dickflüssige Zündmasse getaucht wird, die durch Mischen der Stoffe von Gruppe 1 — bei den Sicherheitsstreichhölzern fällt Gruppe 1 (Phosphor) aus — von Gruppe 2, 5 und 6 und durch Anrühren mit Wasser erhalten wird; unter Umständen mögen der Zündmasse auch Stoffe der Gruppe 8 zugefügt werden. Darauf werden die Hölzer getrocknet.

Die Reibfläche besteht bei den gewöhnlichen Zündhölzern aus Stoffen der Gruppe 2, 4 und 5, bei den Sicherheitsstreichhölzern treten hierzu roter Phosphor und Stoffe der Gruppe 1.

Die sog. schwedischen Zündhölzer enthalten z. B. in der Regel in der Zündmasse: Kaliumchlorat oder -dichromat, Bleinitrat, Schwefel, Schwefelkies und Schwefelantimon, sowie zur Milderung der Explosion Ocker, Umbra, Glas oder Sand; in der Reibfläche hingegen amorphen Phosphor, Schwefelantimon oder Schwefelkies und oft Glaspulver.

In den ohne Reibfläche entflammbaren Sicherheitszündhölzern finden sich neben den genannten Stoffen u. a. Schwefelphosphor, Rhodan- und Cyanmetalle, Kohle, Pikrate, Naphthalin, Phenanthren, Schellack, Harz; ferner als Sauerstoff abgebende Mittel Kaliumpermanganat und Nitrocellulose und zur Milderung der Explosion Metalldoppelverbindungen von Pariserblau und Turnbullsblau.

Die Untersuchung erstreckt sich in der Regel nur auf die Prüfung auf weißen Phosphor nach der amtlichen Vorschrift.

Tabelle I.

Ausnutzungskoeffizienten der Nahrungsmittel.

1. Tierische Nahrungsmittel[1]).

(Vgl. S. 137.)

Nr.	Nähere Angaben	Ausgenutzt in Prozenten der verzehrten Mengen				
		Trocken-substanz %	Stickstoff-substanz %	Fett %	Kohlen-hydrate %	Mineral-stoffe %
1	Milch { bei Kindern (7)	95,5	95,0	96,0	98,5	69,5
	Milch { „ Erwachsenen (7)	94,0	93,5	94,5	99,0	64,0
	1024 g Milch + 302 g Hafermehl bei Kindern (1)	—	95,3	98,4	93,7	60,9
	2,2 l Milch + 200 g Käse bei Erwachsenen[2])	93,0	96,2	92,7	—	62,5
2	Käse[3])	93,0	93,5	95,5	97,0	71,0
3	Eier, hart gesotten (1)	94,8	97,1	95,0	—	81,6
4	Fleisch { Rindfleisch (4)	95,6	95,7	93,5	97,0	81,8
	Fleisch { Fischfleisch (3)	95,1	95,9	91,0	97,0	77,5
5	Schlachtabgänge (2)	90,0	88,5	90,5	—	70,0
6	Butter (1) { als Teile einer gleichmäßigen Nahrung[3])	—	89,7	95,5	97,0	—
7	Margarine (1) { als Teile einer gleichmäßigen Nahrung[3])	—	87,9	94,2	97,0	—

Für die Ausnutzung (Verdaulichkeit) einzelner tierischen Nährstoffe wurden folgende Ergebnisse erhalten:

a) Von Fetten wurden in Prozenten der verzehrten Bestandteile ausgenutzt:

Butter (6) . . . . . . 96,6% Schmalz (1) . . . 96,4%[4]) Kunstspeisefett (1) . . 96,3%[4])
Margarine (5) . . . . . 95,2% Speck (1). . . . . 92,2%[5]) Palmin 96,4%

b) Proteine von Nährmitteln, die vorwiegend aus Milch und Blut hergestellt waren und 80 bis 90% Protein enthielten, zeigten in meistens gemischter Nahrung im Vergleich zu Fleisch oder durch künstliche Verdauung (Pepsin-Salzsäure) folgende Ausnutzung in Prozenten der verzehrten Proteinmengen:

---

[1]) Über die Literaturangaben zu diesen Versuchen vgl. des Verf.s Chemie der menschl. Nahrungsmittel 1904, 4. Aufl., S. 211—250. Soweit neue Versuche hinzugekommen sind, wird hier die Literatur noch besonders angegeben. Die hinter den Nahrungsmitteln eingeklammerten Zahlen bedeuten die Anzahl der Versuche.

[2]) Bei einer Gabe von 2,2 l Milch und 517 g Käse wurden nur 88,7% Trockensubstanz, 95,1% Stickstoffsubstanz und 88,5% Fett ausgenutzt.

[3]) Nach H. Snyder, Exper. Station Record, Washington 1902, **14**, 274; Zeitschr. f. Untersuchung d. Nahrungs- u. Genußmittel 1903, **6**, 794; desgl. P. Lebbin, Zeitschr. f. Untersuchung d. Nahrungs- u. Genußmittel 1912, **24**, 335.

[4]) Ausnutzungskoeffizient für verseifbaren Anteil der Fette.

[5]) Die geringe Ausnutzung rührt wohl daher, daß das Fett des Speckes noch in Zellen mit Membran eingeschlossen ist.

Nährmittel	Nahrung mit Zusatz von Nährmittel	Nahrung mit Zusatz von Fleisch bzw. Käse	Nährmittel	Nahrung mit Zusatz von Nährmittel	Nahrung mit Zusatz von Fleisch bzw. Käse
Plasmon (Milch-Casein)	89,2 %	89,2%	Fersan (aus Blut)	97,3%	94,4%
Nutrose (Natriumsalz d. Caseins)	85,5 „	86,2 „	Euprotan (desgl.)[3]	86,9 „	91,8 „
Tropon } aus Fleischabfällen	86,23 „	—	Somatose	(65,3 „)[4]	86,0 „
Soson } aus Fleischabfällen	85,0 „	88,2 „	Pepton	90,8 „	90,2 „
Riba aus Fischfleisch[1].	90,1 „	92,7 „	Aleuronat u. Roborat (aus Weizen)	92,8—98,7%	96,6 „
Protoplasmin	98,8 „ [2]	—			
Hämose	97,1 „ [2]	—	Energin (Reis)	97,8%	—

2. Pfanzliche Nahrungsmittel.
(Vgl. S. 138.)

Nr.	Nähere Angaben		Trockensubstanz %	Stickstoffsubstanz %	Fett %	Kohlenhydrate %	Mineralstoffe %
			Ausgenutzt in Prozenten der verzehrten Mengen				
1	Weizenbrot bzw. Weizenmehl	feines (10)	95,1	80,8	(75,1)	98,5	60,6
		mittelfeines (1)	93,3	75,4	(37,1)	97,4	69,8
		grobes oder Ganzbrot (3)	89,8	73,2	(53,5)	92,5	55,0
2	Spätzel und Makkaroni (3)		95,0	83,7	93,6	98,3	77,6
3	Roggenbrot bzw. Roggenmehl	feines (7)	93,0	80,0	(95,2)	96,5	59,3
		mittelfeines (Soldatenbrot) (6) . . .	88,5	68,0	(95,3)	93,2	57,4
		grobes (dekortic., Pumpernickel)[5] (22)	86,0	65,2	(90,7)	89,3	38,3
		ganzes Korn (9)	83,5	58,7	—	88,0	54,3
	Roggenbrot	hartes[6] (1)	84,4	70,6	—	91,1	39,3
		weiches[6] (1)	84,1	65,6	—	90,4	42,7
4	Reis (2)		95,9	79,6	92,9	99,1	85,0
5	Maismehl (3)		93,5	78,2	61,2	96,6	67,9
6	Haferflocken[7]		92,5	86,4	92,0	(ca. 100,0)	—
7	Hafermehl (Brot und Brei) (4)		84,1	74,7	—	—	—
8	Gerste, geschält und gekocht (1)		84,9	(43,3)[8]	—	—	—
9	Buchweizenmehl (1)		90,0	68,8	—	—	—
10	Erbsen und Bohnen	mit Schale (1)	81,7	69,8	30,0	84,5	71,7
		als Mehl (4)	90,8	84,5	38,8	96,0	63,2
11	Heeres-Leguminosenmehle[7]	Bohnenmehl (1)	88,3	79,5	—	90,1	—
		Erbsenmehl (1)	91,4	85,7	—	93,1	—
		Linsenmehl (1)	85,8	78,4	—	87,7	—

[1]) Eine Proteose, vgl. C. v. Noorden, Berliner klin. Wochenschr. 1910, **17**, 1919.
[2]) Durch Pepsin-Salzsäure verdaulich.
[3]) Kornauth u. v. Czadek, Zeitschr. f. d. landw. Versuchswesen in Österreich 1904, **7**, 898. A. Jolles gibt die Verdaulichkeit des Euprotans durch Pepsin-Salzsäure zu 98,5—99,3% an.
[4]) Die geringe Ausnutzung wahrscheinlich infolge eingetretener Diarrhöe.
[5]) Nach Schlüterschem bzw. Gelinckschem Verfahren, vgl. über ersteres H. Strunk, Veröffentlichungen a. d. Gebiete d. Militär-Sanitätswesens 1908, Heft 38, II. Tl., 35.
[6]) Vgl. v. Hellens, Skandin. Archiv f. Physiol. 1913, **30**, 253.
[7]) Vgl. G. W. Chlopin, Zeitschr. f. Untersuchung d. Nahrungs- u. Genußmittel 1901, **4**, 481 und M. Wintgen, Veröffentlichungen a. d. Gebiete d. Militär-Sanitätswesens 1905, **29**, 37.
[8]) Von dem Protein der geschälten Hirse wurden ähnliche geringe Mengen, nämlich 46,4%, ausgenutzt gefunden.

Nr.	Nähere Angaben	Ausgenutzt in Prozenten der verzehrten Mengen					
		Trockensubstanz %	Stickstoffsubstanz %	Fett %	Kohlenhydrate %	Mineralstoffe %	Cellulose %
12	Erbsen, gekocht[1]) mit destilliertem Wasser (1)	92,9	89,8	87,6	—	81,1	—
13	Erbsen, gekocht[1]) mit hartem Wasser (1)	91,1	83,2	58,9	—	51,7	—
14	Kartoffeln (4)	96,3	82,0	(97,4)	99,0	88,1	76,5
15	Möhren (1)	79,3	61,0	(93,6)	81,8	—	66,2
16	Wirsing (1)	85,1	81,5	(93,9)	84,6	—	80,7
17	Kohl (1)[2])	—	—	—	82,0	—	77,0
18	Kohl und Sellerie	73,7	—	—	—	—	55,8
19	Runkelrüben (1)[2])	—	—	—	72,0—97,0	—	84,0
20	Champignon (4)	80,9	74,3[3])	—	—	—	—
21	Boletusarten (3)[3])	37,3	57,2[3])	—	18,8	—	—
22	Kakao (4)	72,4	42,3	96,1	68,7	61,5	—

3. Gemischte Nahrung[4]).

	a) Gemischte Pflanzenkost (8)	92,7	72,9	75,1	95,0	—	75,9
	b) Desgl. mit mittelmäßigen Mengen Fleisch und Milch	93,1	85,1	89,8	95,4	83,6	64,2
	c) Desgl. mit reichlichen Mengen Fleisch und Milch	94,7	90,3	95,0	98,4	67,8	71,4
	Fleisch, Milch, Kartoffeln, Fett, Zucker, Kaffee mit Weizenbrot	95,3	87,8	—	95,9	83,7	—
	Fleisch, Milch, Kartoffeln, Fett, Zucker, Kaffee mit Roggenbrot	90,5	76,5	—	91,4	77,1	—

[1]) Vgl. P. F. Richter, Archiv f. Hygiene 1903, **46**, 264.

[2]) Vgl. Bryant u. Milner, Amer. Journ. Physiol. 1904, **19**, 81.

[3]) Vgl. v. Hellens, Malys Jahresber. f. Tierchemie f. d. Jahr 1913, 703. — Der Ausnutzungskoeffizient beim Champignon erscheint etwas hoch, der von Boletusarten auffallend niedrig. Da die Pilze rund 25% Nichtproteine enthalten, die als ganz verdaulich anzusehen sind, und da von dem Reinprotein nach verschiedenen Versuchen durch künstlichen Magensaft noch 40—50% verdaut werden, so kann man die ausnutzbare gesamte Menge Stickstoffsubstanz auf rund 67% veranschlagen.

Da die Pilze in der Trockensubstanz ferner rund 6,3% Mannit und 7,0% Zucker (Trehalose), die als ganz verdaulich anzusehen sind, enthalten, während von den sonstigen Kohlenhydraten (rund 20%) nach F. Strohmer durch Diastase noch 25%, also rund 5% gelöst werden, so kann man die Ausnutzbarkeit der Gesamtkohlenhydrate in Prozenten derselben auf mindestens 55%, oder weil die Verdauungssäfte bedeutend mehr leisten als Diastaselösung, ebenfalls auf rund $^2/_3$ oder 67% veranschlagen.

[4]) Unter Mitberücksichtigung der Versuche von R. Inaba, Malys Jahresber. f. Tierchemie f. d. Jahr 1911, S. 540; N. Yukawa, Archiv f. Verdauungskrankh. 1909, **15**, 471; Caspari u. Glaeßner, Zeitschr. f. physikal. u. diätet. Therapie 1903, **7**, 475; J. König, Zeitschr. f. Untersuchung d. Nahrungs- u. Genußmittel 1904, **7** 529.

Tabelle II.

Zusammensetzung der menschlichen Nahrungs- und Genußmittel.

Milch und Milcherzeugnisse (vgl. S. 178—197).

Nr.	Nähere Angaben	Spez. Gewicht	Rohnährstoffe: Wasser %	Rohnährstoffe: Stickstoff-Substanz %	Rohnährstoffe: Fett %	Rohnährstoffe: Milchzucker %	Rohnährstoffe: Asche %	Ausnutzbare Nährstoffe[1]: Stickstoff-Substanz %	Ausnutzbare Nährstoffe[1]: Fett %	Ausnutzbare Nährstoffe[1]: Milchzucker %	Calorien[1] in 1 kg Milch: rohe Cal.	Calorien[1] in 1 kg Milch: reine Cal.	Ausnutzbare Preiswerteinheiten in 1 kg Milch	Reincalorien für 1 kg Trockensubstanz Cal.	Durchschnittliche tägliche Milchmenge kg
	Frauenmilch:														
1	Colostrum, Mittel . . .	1,0325	87,65	2,85	3,36	5,86	0,28	2,71	3,22	5,77	678	655	339	5304	—
2	Normale Frauenmilch: Niedrigst[2])	(1,0200)	84,70	0,87	1,00	3,68	0,11	0,83	0,96	3,62	534	514	183	4153	0,65
	Normale Frauenmilch: Höchst[2])	1,0344	90,45	4,14	6,11	9,09	0,45	3,93	5,87	8,95	821	792	296	6398	3,18
	Normale Frauenmilch: Mittel . .	1,0312	87,62	1,56	3,75	6,82	0,25	1,38	3,60	6,73	693	668	250	5396	1,0—1,75
3	desgl. aus der Drüse: 1. Anteil	—	90,26	1,28	2,24	6,05	0,27	1,22	2,15	5,96	509	494	200	5072	(37,7 g)
	desgl. aus der Drüse: 2. „	—	88,99	0,95	3,66	6,14	0,26	0,90	3,51	6,04	630	609	203	5531	(31,1 g)
	desgl. aus der Drüse: 3. „	—	87,09	1,18	5,62	5,86	0,25	1,12	5,39	5,77	811	784	265	6073	(37,8 g)
4	desgl. Nahrung: ärmliche .	—	88,95	1,86	2,99	6,00	0,20	1,77	2,87	5,91	604	585	258	5294	—
	desgl. Nahrung: reichliche	—	87,06	2,14	4,65	5,94	0,21	2,03	4,46	5,85	768	742	310	5734	—
	Kuhmilch:														
5	Colostrum, Mittel . . .	1,0658	76,15	16,85	2,85	3,10	1,05	15,75	2,69	3,07	1165	1098	1345	4604	kg 3—6
6	Normale Kuhmilch: Niedrigst[3]) . . .	1,0270	86,00	2,14	2,30	3,23	0,50	2,01	2,15	3,20	573	548	308	4384	3,5
	Normale Kuhmilch: Höchst[3])	1,0350	89,50	5,06	5,00	5,68	1,45	4,73	4,73	5,62	764	730	411	5840	16,5
	Normale Kuhmilch: Mittel: Niederungsvieh . .	1,0315	87,97	3,29	3,25	4,78	0,71	3,08	3,07	4,73	645	616	355	5121	8—12
	Normale Kuhmilch: Mittel: Höhenvieh .	1,0317	87,08	3,42	3,95	4,84	0,72	3,20	3,73	4,79	718	686	378	5309	6—10
7	desgl. Lactationsstufe: erste (½—2 Mon.)	—	88,73	2,50	3,19	4,65	0,77	2,34	3,01	4,60	598	572	293	5075	12,1
	desgl. Lactationsstufe: letzte (6—9½ Mon.)	—	88,43	2,78	3,35	4,63	0,75	2,60	3,17	4,58	625	598	317	5168	7,5

[1]) Die **ausnutzbaren Nährstoffe** sind durch Multiplikation der Rohnährstoffe mit den in Tabelle I aufgeführten Ausnutzbarkeitskoeffizienten unter Zurückführung auf 1 kg berechnet. Es sind nur **Wahrscheinlichkeitswerte**, zumal für die meisten Nahrungsmittel die Ausnutzbarkeit nach verwandten ähnlichen Sorten mehr oder weniger willkürlich angenommen werden muß. Über die Zulässigkeit dieser Berechnung und die Bedeutung der „ausnutzbaren" Nährstoffe vgl. S. 136.

Die **Calorien** („**rohe**" für Rohnährstoffe und „**reine**" für ausnutzbare Nährstoffe) sind durch Multiplikation des Proteins mit 4,6, des Fettes mit 9,3, der Kohlenhydrate mit 4,0 berechnet worden (vgl. S. 152).

Der **Nährstoffgehalt** hängt wesentlich vom **Wassergehalt** ab, der je nach der Aufbewahrung oder Trocknung für die untersuchten Proben vielfach zufällig ist. Einen richtigen Anhalt für die Beurteilung der Gehaltsunterschiede verschiedener Nahrungsmittel bieten daher nur die auf **Trockensubstanz** berechneten Werte. Da aber die Umrechnung sämtlicher Gehaltszahlen auf Trockensubstanz den Umfang der Tabelle zu sehr erweitert haben würde, so habe ich diese auf **Reincalorien** (d. h. Calorien der ausnutzbaren Nährstoffe) in 1 kg Trockensubstanz beschränkt. Wenn daher ein Nahrungsmittel nur im Wassergehalt und nicht in dem Gehalt und Verhältnis an einzelnen Nährstoffen (Protein, Fett und Kohlenhydraten) sehr schwankt, so kann man sich auf Bestimmung der Trockensubstanz beschränken und durch Multiplikation derselben mit dem Wert in der Tabelle jedesmal den Gehalt des Nahrungsmittels an „Reincalorien" berechnen.

[2]) Die Niedrigst- und Höchst-Calorien sowie -Preiswerteinheiten sind in der Weise berechnet, daß für den Niedrigst- und Höchst-Gehalt an Trockensubstanz dieselbe relative Zusammensetzung wie für den mittleren Trockensubstanz-Gehalt zugrunde gelegt wurde.

[3]) Schwankungen bei einigen 1000 Kühen derselben (Algäuer) Rasse. Unter Berücksichtigung anderer Rassen können die Schwankungen noch größer sein.

Nr.	Nähere Angaben		Spez. Gewicht	Rohnährstoffe: Wasser %	Rohnährstoffe: Stickstoffsubstanz %	Rohnährstoffe: Fett %	Rohnährstoffe: Milchzucker %	Rohnährstoffe: Asche %	Ausnutzbare Nährstoffe[1]: Stickstoffsubstanz %	Ausnutzbare Nährstoffe[1]: Fett %	Ausnutzbare Nährstoffe[1]: Milchzucker %	Calorien[1] in 1 kg Milch: rohe Cal.	Calorien[1] in 1 kg Milch: reine Cal.	Ausnutzbare Preiswerteinheiten in 1 kg Milch	Reincalorien für 1 kg Trockensubstanz Cal.	Milchmenge kg
8	Normale Kuhmilch zu verschiedenen Melkzeiten	Morgenmilch	—	87,70	3,61	3,38	4,64	0,67	3,38	3,19	4,59	666	636	380	5171	4,25
		Abendmilch	—	87,29	3,64	3,58	4,81	0,69	3,40	3,38	4,76	693	661	387	5200	4,79
9		Morgenmilch	—	88,28	3,24	3,05	4,69	0,74	3,03	2,88	4,64	620	593	346	5044	3,88
		Mittagmilch	—	87,43	3,26	3,81	4,75	0,75	3,05	3,60	4,70	694	661	363	5258	3,04
		Abendmilch	—	87,60	3,20	3,59	4,87	0,74	2,99	3,39	4,82	676	646	355	5210	2,33
																Fettfreie Trockensubstanz %
10	desgl. gebrochenes Melken	erster Anteil	—	89,02	3,36	1,93	4,96	0,73	3,14	1,82	4,91	532	510	337	4645	9,05
		mittlerer „	—	87,85	3,27	3,18	4,99	0,71	3,06	3,01	4,94	646	618	354	5086	8,97
		letzter „	—	86,15	3,19	5,05	4,90	0,71	2,98	4,77	4,85	812	775	382	5689	8,80
																Milchmenge kg
11	desgl. Fütterung	proteinarm (0,891 kg) . .	—	88,64	2,95	3,05	4,62	0,74	2,76	2,88	4,57	604	577	324	5079	8,92
		proteinreich (1,63 kg) . .	—	87,78	3,32	3,34	4,81	0,75	3,10	3,16	4,76	656	627	359	5114	10,08
	Ziegenmilch:															
12	Colostrum		1,0556	75,85	8,18	11,65	3,31	1,01	7,65	11,05	3,28	1596	1511	866	6257	0,5—1,2
13	Normale Ziegenmilch	Niedrigst[2]	1,0280	82,02	3,32	2,29	2,80	0,35	3,10	2,16	2,77	551	525	298	4055	0,3
		Höchst[2] .	1,0360	90,16	6,50	7,55	5,72	1,36	6,08	7,13	5,66	992	947	537	7313	3,0
		Mittel . .	1,0318	87,05	3,56	3,93	4,65	0,81	3,33	3,71	4,60	715	682	387	5268	1,5
14	desgl. Lactationsstufe	1. Hälfte (1.—6. Mon.) .	1,0326	86,47	3,79	4,26	4,71	0,77	3,54	4,03	4,66	759	724	410	5351	1,62
		2. Hälfte (7.—10. Mon.) .	1,0333	84,57	4,89	5,41	4,24	0,89	4,57	5,11	4,19	898	853	510	5528	0,80
15	desgl. zu verschied. Melkzeiten	Morgenmilch	—	87,25	3,54	3,96	4,34	0,91	3,31	3,74	4,29	705	672	382	5263	0,969
		Mittagmilch	—	86,48	3,89	4,72	4,17	0,74	3,64	4,46	4,12	785	747	422	5525	0,522
		Abendmilch	—	86,55	3,76	4,42	4,53	0,74	3,52	4,18	4,48	765	730	411	5427	0,668
	desgl. Fütterung:															
16	Grundfutter +	Kohlenhydrate	—	88,88	2,75	3,15	4,36	0,86	2,57	2,96	4,31	594	566	308	5090	1,128
		Protein . . .	—	88,49	2,99	3,40	4,26	0,86	2,79	3,21	4,21	624	595	330	5196	1,419
17	Heu + Stroh	allein.	—	90,04	2,63	2,20	4,41	0,72	2,46	2,08	4,36	502	481	282	4829	1,748
		+ Öl	—	89,36	2,44	2,78	4,66	0,76	2,28	2,63	4,61	557	534	281	5019	1,936
	Schafmilch:															
18	Colostrum		1,0615	68,34	17,46	10,89	2,26	1,05	16,32	10,29	2,24	1906	1797	1556	5676	—
19	Normale Schafmilch (Milchschaf)	Niedrigst .	1,0334	77,85	4,42	3,75	3,26	0,75	4,13	3,54	3,23	868	825	490	4802	0,5
		Höchst . .	1,0420	85,21	9,02	9,50	6,62	1,20	8,43	8,98	6,56	1290	1236	735	7194	1,5
		Mittel . .	1,0383	82,82	5,44	6,12	4,73	0,89	5,09	5,78	4,68	1009	959	570	5582	1,0
20	Nichtmilchschaf (deutsches)	Mittel	1,0393	85,44	5,13	3,74	4,73	0,96	4,79	3,53	4,68	773	736	501	5055	0,5
21	Larzacschaf,	Mittel .	—	80,25	5,99	7,75	5,05	0,96	5,60	7,32	5,00	1198	1138	644	5762	0,65

[1]) Vgl. Anmerkung 1, S. 810. [2]) Vgl. Anmerkung 2, S. 810.

Nr.	Nähere Angaben	Spez. Gewicht	Rohnährstoffe: Wasser %	Stickstoff-substanz %	Fett %	Milch-zucker %	Asche %	Ausnutzbare Nährstoffe: Stickstoff-substanz %	Fett %	Kohlen-hydrate %	Calorien in 1 kg Milch: rohe Cal.	reine Cal.	Ausnutzbare Nährwerteinheiten in 1 kg Milch	Reincalorien in 1 kg Trockensubst. Cal.	Tägliche Milchmenge kg
	Büffelkuhmilch:														
22	Colostrum	—	68,95	14,85	12,90	2,30	0,80	13,88	12,19	2,28	1975	1863	1377	6000	—
23	Normale Büffelmilch (23)	1,0376	82,04	5,55	6,93	4,61	0,87	5,19	6,55	4,56	1084	1030	592	5735	4,5
24	Zebumilch (1)	—	86,13	3,03	4,80	5,34	0,70	2,83	4,55	5,28	799	764	370	5508	4,8
25	Kamelmilch (8)	—	87,37	3,44	4,13	4,34	0,72	3,22	3,90	4,29	716	682	378	5400	—
26	Lamamilch (4)	—	86,55	3,90	3,15	5,60	0,80	3,65	2,98	5,54	696	667	407	4959	—
27	Renntiermilch (7)	—	65,40	10,04	19,05	4,05	1,46	9,39	18,00	4,00	2395	2266	1151	6549	—
28	Eselmilch (33)	1,0333	89,90	1,85	1,25	6,58	0,42	1,74	1,18	6,51	475	450	228	4455	—
29	Stutenmilch (83)	1,0350	89,96	2,11	0,88	6,67	0,38	1,97	0,83	6,60	446	432	240	4303	—
30	Maultiermilch (3)	—	89,23	2,63	2,25	4,37	0,65	2,46	2,13	4,32	505	486	283	4512	—
31	Kaninchen (1)	—	69,50	15,54	10,45	1,95	2,56	14,53	9,88	1,93	1765	1664	1379	5456	—
32	Elefant (2)	—	68,14	3,45	20,58	7,18	0,65	3,23	19,45	7,11	2360	2242	719	7036	—
33	Hund (65)	—	77,94	8,76	8,92	3,38	1,00	8,19	8,43	3,35	1368	1295	857	5870	—
34	Schwein (13)	—	82,56	6,66	5,61	4,13	1,04	6,23	5,30	4,08	993	943	645	5407	—
35	Meerschwein (1)	—	41,11	11,19	45,80	1,33	0,57	10,46	43,28	1,31	4827	4466	1695	7583	—
36	Blauwalmilch (1)	—	60,43	12,46	20,00	5,03	1,48	11,65	18,90	4,98	2634	2493	1360	6300	—
37	Walfischmilch (1)	—	69,80	9,43	19,40	(0,38)	0,99	8,82	18,33	(0,37)	2253	2125	1076	7036	—
38	Grindwal (1)	—	48,67	—	43,76	—	0,46	—	—	—	—	—	—	—	—
39	Nilpferd (1)	—	90,43	—	4,51	—	—	—	—	—	—	—	—	—	—

Nr.	Nähere Angaben	Rohnährstoffe: Wasser %	Stickstoff-substanz %	Fett %	Milch-zucker %	Saccha-rose %	Asche %	Ausnutzbare Nährstoffe: Stickstoff-substanz %	Fett %	Kohlen-hydrate %	Calorien in 1 kg Subst.: rohe Cal.	reine Cal.	Ausnutzbare Nährwerteinheiten in 1 kg	Reincalorien in 1 kg Trockensubst. Cal.
	Eingedickte (kondensierte) Milch (vgl. S. 199).													
40	Vollmilch (Kuh-) ohne Rohrzucker	69,95	8,00	9,27	10,88	—	1,71	7,48	8,76	10,77	1665	1590	881	5291
41	Vollmilch (Kuh-) mit Rohrzucker	23,19	10,11	10,34	14,84	38,70	2,22	9,45	9,77	53,00	3568	3463	1382	4508
42	Ziegenmilch mit Rohrzucker	20,98	17,00	16,95	15,72	26,75	2,60	15,89	16,02	42,04	4057	3902	2012	4938
43	Magermilch (Kuh-) ohne Rohrzucker	67,60	12,34	1,36	15,74	—	2,96	11,54	1,28	15,58	1324	1273	1105	3929
44	Magermilch (Kuh-) mit Rohrzucker	26,81	10,56	1,25	13,93	45,20	2,25	9,87	1,18	58,54	2967	2905	1399	3969
	Trockenmilch, Milchpulver (vgl. S. 200).													
45	Vollmilchpulver	5,28	25,15	26,84	36,97	—	5,76	23,52	25,36	36,60	5132	4904	2755	5177
46	Halbfettmilchpulver	5,73	31,90	14,17	41,36	—	6,64	29,83	13,39	40,95	4440	4256	3064	4591
47	Magermilchpulver	6,71	33,48	1,64	50,03	—	7,65	31,30	1,55	49,53	3694	3565	3030	3821
48	Rahmpulver	3,57	18,01	43,52	30,89	—	4,01	16,84	41,13	30,58	6111	5823	2476	6038
49	Molkenpulver	1,90	13,46	1,29	74,99	—	8,70	12,59	1,22	74,24	3729	3662	1774	3733

Nr.	Nähere Angaben	Rohnährstoffe: Wasser %	Rohnährstoffe: Stickstoff-substanz %	Rohnährstoffe: Fett %	Rohnährstoffe: Milch-zucker %	Rohnährstoffe: Saccha-rose %	Rohnährstoffe: Asche %	Ausnutzbare Nährstoffe: Stickstoff-substanz %	Ausnutzbare Nährstoffe: Fett %	Ausnutzbare Nährstoffe: Kohlen-hydrate %	Calorien in 1 kg Subst.: rohe Cal.	Calorien in 1 kg Subst.: reine Cal.	Ausnutzbare Nährwerteinheiten in 1 kg	Reincalorien in 1 kg Trockensubst. Cal.	
	Verschieden zubereitete Milchsorten (vgl. S. 200).														
50	Backhaus' Kindermilch	89,17	1,92	3,16	5,03	—	0,52	1,79	2,99	4,98	583	560	253	5171	
51	Gärtners Fettmilch	89,05	1,55	3,65	5,41	—	0,34	1,45	3,45	5,35	627	602	239	5498	
52	Vollmers Muttermilch	90,38	1,64	2,84	4,67	—	0,47	1,53	2,68	4,62	526	504	222	5238	
53	Biederts Rahmgemenge	89,91	1,12	3,06	5,64	—	0,27	1,05	2,89	5,58	562	540	198	5352	
54	Biederts Rahmdauerware	40,84	6,35	18,89	32,60		1,32	5,94	17,85	32,27	3353	3224	1155	5449	
55	Löfflunds Rahmdauerware	23,10	5,88	20,42	48,59		2,01	5,50	19,30	48,10	4113	3972	1307	5165	
56	Löfflunds peptonisierte Kindermilch	21,51	9,31	11,55	54,46		3,17	8,71	10,91	53,92	3671	3572	1454	4551	
	Gärungserzeugnisse aus Milch (vgl. S. 201).					Milchsäure									Alkohol %
57	Yoghurt	88,31	3,34	2,76	3,85	0,82	0,78	3,12	2,61	4,62	607	581	348	4970	0,14
58	Kumys aus Stutenmilch	91,29	2,27	1,46	1,98	0,87	0,41	2,12	1,38	2,82	475	459	243	5270	1,72
59	Kumys aus Kuh-Vollmilch	88,90	3,06	3,15	2,32	0,65	0,68	2,86	2,98	2,97	639	603	330	5432	1,24
60	Kumys aus Kuh-Magermilch (verd.)	91,50	2,45	1,19	2,36	0,62	0,47	2,29	1,12	2,95	441	426	249	5012	1,41
61	Kumys aus Molken	91,07	1,01	0,15	4,34	1,26	0,79	0,94	0,14	5,54	381	374	147	4188	1,38
62	Kefir aus Kuhmilch	88,86	3,13	3,06	2,73	0,87	0,66	2,93	2,89	3,56	621	594	335	5332	0,69
63	Skyr, eingedickt	81,07	11,09	3,28	2,69		1,74	10,37	3,08	2,66	923	870	918	4596	—
64	Lactomaltose	87,30	3,49	3,33	4,20[1]	0,82	0,85	3,26	3,15	4,98	671	642	374	5055	Spur
	Milchähnliche Erzeugnisse, nachgemachte Milch (vgl. S. 206).				Saccharose	Sonstige Kohlenhydrate									
65	Mandelmilch	87,03	3,32	8,10	—	1,06	0,49	2,66	7,61	1,00	948	870	240	6708	
66	Paranußmilch	85,10	2,88	10,71	—	0,79	0,52	2,30	10,06	0,76	1159	1072	278	7195	
67	Lahmanns veget. Milch	29,21	8,68	23,79	33,84	3,19	1,29	6,94	21,36	36,29	4093	3756	998	5306	
68	Kalfroom	15,29	4,56	45,47	31,94	2,50	2,50	3,66	42,74	33,75	5817	5493	1302	6484	
69	Mielline	8,90	0,75	33,90	51,40	4,30	3,00	0,60	31,83	54,58	5415	5171	1200	5676	
70	Kunstmilch	93,98	0,32	3,28	2,37	—	0,32	0,26	3,08	2,32	414	391	92	6495	
	Erzeugnisse der Aufrahmung und Verbutterung (vgl. S. 206).					Milchsäure									Spez. Gew.
71	Magermilch nach Zentrifugen-Verfahren	90,59	3,65	0,15	4,76	0,10	0,75	3,51	0,14	4,81	376	362	332	3847	1,0345
72	Magermilch nach Satten-Verfahren	90,15	3,55	0,80	4,61	0,14	0,75	3,32	0,76	4,70	428	411	328	4172	1,0340
73	Magermilch nach Swartz-Verfahren	90,10	3,61	0,70	4,72	0,12	0,75	3,37	0,66	4,79	424	408	331	4121	1,0342
74	Buttermilch	90,94	3,71	0,65	3,65	0,35	0,70	3,47	0,61	3,96	391	375	325	4139	1,0310
75	Rahm oder Sahne Kaffee-	81,90	3,50	10,00	4,00	—	0,60	3,27	9,45	3,96	1251	1188	501	6564	—
76	Rahm oder Sahne Doppel-	73,00	3,00	20,00	3,50	—	0,50	2,81	18,90	3,46	2138	2025	637	7500	—
77	Rahm oder Sahne Schlag-	68,95	2,65	25,00	3,00	—	0,40	2,48	23,62	2,97	2567	2430	700	7826	—
78	Butter aus süßem, ungesalz. Rahm	14,75	0,70	83,65	0,75	—	0,15	0,65	79,88	0,74	7842	7489	1657	8785	—
79	Butter aus gesäuertem, gesalzen Rahm	11,88	0,50	84,75	0,55	0,12	2,20	0,47	80,94	0,54	7927	7571	1667	8592	—

[1]) Mit 2,11% Glykose + Maltose.

Käse (vgl. S. 212—232)

Nr.	Nähere Angaben	Rohnährstoffe						Ausnutzbare Nährstoffe			Calorien in 1 kg Käse		Ausnutzbare Preiswerteinheiten in 1 kg	Reincalorien in 1 kg Trockensubst.
		Wasser %	Stickstoffsubstanz %	Fett %	Milchzucker u. a. %	Asche %	Kochsalz %	Stickstoffsubstanz %	Fett %	Kohlenhydrate %	rohe Cal.	reine Cal.		Cal.
	Käse aus Kuhmilch (vgl. S. 224).													
	Rahmkäse:													
80	Reiner Rahm- Mascarpone (lombardischer)	44,63	7,88	46,90	—	0,59	—	7,37	44,32	—	4724	4463	1476	8060
81	Reiner Rahm- Kajmak (Serbien)	31,55	6,25	55,79	2,01	4,50	—	5,84	52,73	1,95	5556	5251	1541	7671
82	Reiner Rahm- Englischer	30,66	2,84	62,99	2,03	1,15	—	2,65	59,53	1,97	6070	5737	1422	8282
83	Vorwiegend Rahm- Gervais u. Neufchateller	46,12	13,50	37,60	1,70	1,10	—	12,62	35,53	1,65	4618	3951	1737	7333
84	Vorwiegend Rahm- Manur (Serbien)	22,77	17,08	52,04	3,60	4,51	3,33	15,97	49,18	3,50	5769	5448	2296	7054
85	Vollmilch und Rahm Brie	49,79	18,97	26,87	0,88	4,54	1,80	17,74	25,39	0,85	3407	3211	1935	6395
86	Vollmilch und Rahm Stilton	30,73	26,84	37,87	1,71	2,85	1,15	25,09	35,79	1,66	4825	4549	2740	6567
87	Vollmilch und Rahm Stracchino	38,01	23,39	34,04	—	4,70	—	21,77	32,17	—	4241	3993	2385	6440
	Fettkäse:													
88	Camembert	52,68	18,76	22,77	1,69	4,10	2,63	17,54	21,53	1,64	3038	2875	1850	6076
89	Cheddar	32,06	27,26	34,55	2,36	3,77	1,21	25,49	32,65	2,29	4561	4301	2715	6339
90	Chester	32,96	27,68	28,46	5,89	5,01	1,75	25,88	26,89	5,71	4156	3920	2665	5843
91	Edamer	37,53	25,68	28,14	3,54	5,11	2,57	24,01	26,59	3,43	3940	3715	2487	5935
92	Emmentaler	33,60	27,42	32,29	2,46	4,23	2,30	25,64	30,51	2,39	4363	4112	2685	6193
93	Gloucester	34,39	28,49	28,30	3,86	4,55	1,36	26,64	26,74	2,74	4097	3862	2703	5886
94	Gorgonzola	37,54	25,98	30,57	1,65	4,26	2,34	24,29	28,89	1,60	4104	3868	2537	6193
95	Gouda	35,98	27,42	28,65	3,75	4,20	2,60	25,64	27,07	3,63	4076	3842	2629	6003
96	Kaukasischer (nach Schweizer Art)	31,67	25,13	36,69	1,74	4,77	—	23,50	34,67	1,69	4638	4373	2590	6399
97	Münster	53.11	17,50	22,99	2,70	3,70	1,30	16,36	21,73	2,62	3051	2881	1770	6144
98	Portugiesischer	34,53	27,28	28,42	4,01	5,76	2,76	25,51	26,86	3,89	4058	3827	2617	5830
99	Russischer (nach Schweizer u. Holländer Art)	33,64	28,46	31,22	1,19	5,49	—	26,57	29,50	1,15	4258	4012	2727	6046
100	Schwedischer	32,54	26,05	32,50	5,06	3,85	—	24,36	30,71	4,91	4423	4173	2612	6186
101	Tilsiter	39,27	26,15	27,31	1,52	5,75	3,51	24,45	25,81	1,47	3804	3584	2487	5901
	Halbfettkäse:													
102	Battelmattkäse	47,71	22,99	24,08	2,35	2,87	—	21,49	22,76	2,28	3391	3196	2197	6113
103	Camembert	57,48	22,04	11,63	4,35	4,50	—	20,61	10,99	4,22	2269	2139	1911	5030
104	Edamer	43,66	32,50	15,09	3,10	5,65	2,84	30,39	14,16	3,01	3022	2845	2744	5049
105	Gouda	43,65	32,45	15,25	3,15	5,50	—	30,34	14,42	3,06	3038	2859	2746	5070
106	Greierzer Käse	36,41	30,14	28,72	0,74	3,99	1,23	28,18	27,14	0,72	4087	3849	2804	6062
107	Limburger	52,02	26,69	11,52	4,14	5,63	3,79	24,96	10,89	4,02	2465	2322	2255	4835
108	Lodisan	22,04	43,68	21,56	6,89	5,83	1,65	40,84	20,37	6,68	4290	4040	3741	5180
109	Parmesan	27,55	36,14	27,45	4,31	4,55	1,41	33,79	25,94	4,18	4388	4134	3264	5706
110	Romadur	56,12	22,37	12,24	3,56	5,71	3,88	20,92	11,57	3,45	2300	2176	1940	4959
111	Serbischer	41,59	32,54	17,45	3,78	4,64	—	30,43	16,49	3,67	3271	3080	2802	5273
112	Tilsiter	46,35	28,29	16,62	2,70	6,04	3,10	26,45	15,71	2,62	2955	2782	2456	5185

Nr.	Nähere Angaben	Rohnährstoffe: Wasser %	Rohnährstoffe: Stickstoffsubstanz %	Rohnährstoffe: Fett %	Rohnährstoffe: Milchzucker %	Rohnährstoffe: Asche %	Rohnährstoffe: Kochsalz %	Ausnutzbare Nährstoffe: Stickstoffsubstanz %	Ausnutzbare Nährstoffe: Fett %	Ausnutzbare Nährstoffe: Kohlenhydrate %	Calorien in 1 kg Käse: rohe Cal.	Calorien in 1 kg Käse: reine Cal.	Ausnutzbare Preiswerteinheiten in 1 kg	Reincalorien in 1 kg Trockensubst. Cal.
	Einviertelfettkäse:													
113	Dänischer Export- . . .	45,99	30,01	13,41	5,10	3,63	1,86	28,06	12,67	4,95	2832	2667	2498	4940
114	Engadiner (Ober-) . . .	43,99	44,62	7,74	—	3,64	—	41,72	7,31	—	2772	2599	3484	4641
115	Kräuterkäse	56,14	28,36	7,60	4,35	3,55	—	26,52	7,18	4,21	2185	2056	2307	4688
116	Kümmel- (schwedischer)	43,83	31,45	12,11	9,32	3,29	—	29,41	11,44	9,04	2946	2778	2672	4946
117	Limburger	58,25	27,91	6,38	4,11	3,35	—	26,10	6,03	3,99	2042	1921	2249	4601
118	Vorarlberger Sauerkäse .	49,89	33,69	6,84	5,14	4,46	—	31,50	6,44	4,99	2391	2298	2809	4586
	Magermilch-(Sauermilch-)Käse (vgl. S. 229).													
119	Harzer	56,75	34,37	1,37	3,26	4,25	—	32,14	1,29	3,16	1839	1725	2529	3989
120	Holländer (Spanien) . .	26,90	45,48	7,63	11,92	8,08	4,93	42,52	7,21	11,56	3278	3089	3661	4226
121	Kräuterkäse	48,38	36,25	3,19	6,68	5,50	—	33,89	3,02	6,48	2231	2109	2837	4086
122	Mainzer (Handkäse) . .	53,74	37,33	5,55	—	3,38	—	34,90	5,24	—	2233	2093	2897	4524
123	Serbischer	48,42	35,43	4,63	5,39	6,13	—	33,13	4,37	5,23	2276	2139	2790	4155
124	Kochkäse des Handels .	68,20	22,30	2,50	3,91	3,09	2,35	20,85	2,36	3,79	1415	1350	1753	4245
	Quarg, Quargeln, Topfen (aus saurer abgerahmter Milch); **Caseinpulver** (vgl. S. 231).													
125	Quarg, frisch	76,50	17,15	1,15	3,95	1,25	—	16,04	1,09	3,83	1054	992	1343	4221
126	Topfen getrockn. schwach (München)	60,27	24,84	7,33	3,54	4,02	—	23,23	6,93	3,43	1966	1850	2031	4619
127	Topfen getrockn. stärker (Olmütz)	48,51	39,53	5,53	0,09	6,34	—	36,96	5,23	0,08	2336	2190	3062	4253
128	Topfen getrockn. sehr stark (Krutt, Kirgisen) . . .	9,37	74,21	1,38	1,37	13,65	10,67	69,39	1,30	1,33	3597	3366	5591	3714
129	Desgl. aus nicht vollständ. entrahmter Milch (Ungarn)	70,78	18,98	5,97	3,60	0,77	—	17,75	5,64	3,49	1572	1481	1568	5068
130	Caseinpulver, (reine) gewonnen durch Säure .	6,68	92,67	0,04	0,53	0,08	—	86,65	0,04	0,51	4288	4010	6938	4297
131	Caseinpulver, (reine) gewonnen durch Lab. .	3,84	88,92	0,21	—	7,07	—	83,14	0,20	—	4110	3843	6655	3996
	Molkenkäse (Mysost) und Zieger (vgl. S. 231).													
132	Molkenkäse Sahnen-Molkenkäse .	12,74	10,21	30,82	41,71	4,52	—	9,55	29,14	40,47	5017	4758	1751	5443
133	Molkenkäse Magermilch-[1]	22,74	11,47	0,73	56,34	8,72	—	10,72	0,69	54,65	2849	2743	1418	3550
134	Desgl. aus Molken von Vollmilch	25,14	6,79	11,01	51,49	5,57	—	6,35	10,40	49,94	3396	3257	1215	4351
135	Zieger, Glarner	46,02	37,06	6,60	—	10,10	—	34,65	6,24	—	2318	2175	2897	4002
136	„ Vorarlberger . .	63,78	25,98	4,58	3,07	2,50	—	24,29	4,32	2,98	1743	1638	2059	4522
	Käse aus sonstigen Milcharten (vgl. S. 232).													
	Käse aus													
137	Büffelmilch	48,56	18,86	28,39	1,20	2,99	0,50	17,56	26,83	1,16	3556	3350	1954	6512
138	Ziegenmilch	21,80	28,86	36,17	4,12	9,05	6,26	26,98	34,18	4,00	4856	4580	2882	5856

[1] Darin 3,85% Säure = Milchsäure.

Nr.	Nähere Angaben	Rohnährstoffe: Wasser %	Stickstoffsubstanz %	Fett %	Milchzucker %	Asche %	Kochsalz %	Ausnutzbare Nährstoffe: Stickstoffsubstanz %	Fett %	Kohlenhydrate %	Calorien in 1 kg Subst.: reine Cal.	rohe Cal.	Ausnutzbare Preiswerteinheiten in 1 kg	Reincalorien in 1 kg Trockensubst. Cal.
	Schafmilch:													
139	Roquefort	33,44	24,11	33,18	3,39	5,88	4,18	22,54	31,36	3,29	4330	4085	2463	6137
140	Ungarischer Schafkäse	41,19	24,87	27,99	1,45	4,50	2,09	23,25	26,45	1,41	3805	3586	2404	6098
141	Bulgarischer Schafkäse: Weißkäse	40,34	21,77	31,28	1,36	5,25	4,05	20,35	29,56	1,32	3965	3738	2232	6266
142	Bulgarischer Schafkäse: Kaschkaval	29,76	31,92	30,17	1,38	6,77	3,13	29,84	28,51	1,34	4229	3978	2912	5663
143	Portugiesischer Schafkäse	27,72	31,53	28,77	5,76	6,22	2,99	29,48	27,19	5,45	4351	4103	2957	5673
144	Rikotta (Rahmquarg)	43,27	11,73	33,31	10,85	0,84	—	10,97	31,48	10,52	4071	3853	1612	6793
145	Renntiermilch-Käse	28,26	23,14	43,57	2,61	2,42	—	21,64	41,17	2,53	5221	4925	2580	6865
146	Stutenmilch-Käse	20,93	36,43	36,31	0,63	5,70	—	34,06	34,31	0,61	5078	4782	3417	6824
147	Ziegen-Molkenkäse	20,90	7,60	19,70	45,74	6,06	—	7,11	18,62	44,47	4011	3836	1346	4849
	Margarine-(Kunstfett-)Käse (vgl. S. 233).													
148	Margarinekäse: fett	40,85	26,14	24,00	4,51	4,96	2,44	24,44	22,56	4,38	3615	3398	2480	5744
149	Margarinekäse: halbfett	38,61	44,77	8,91	1,85	5,86	1,51	41,86	8,37	1,79	2962	2776	3534	4522
	Pflanzenkäse (vgl. S. 234).						Rohfaser							
	Aus Sojabohnen:													
150	Natto, Hamananatto	44,73	22,31	3,44	20,15	2,50	6,87	19,63	3,03	18,74	2152	1933	836	3497
151	Tofu, frisch	85,33	6,80	4,30	1,85	0,71	1,01	5,98	3,78	1,72	787	695	272	4737
152	„ getrocknet (Kori-Tofu)	17,88	46,93	26,08	6,01	1,65	1,45	41,30	22,95	5,59	4825	4258	1744	5185
	Aus Parkia africana:													
153	Daua-Daua	17,45	36,81	35,40	4,23	2,73	3,38	32,50	31,15	3,93	5155	4549	1637	5511
	Käseabfälle: Molken (vgl. S. 235).						Milchsäure							
154	Kuhmilch: Käsemilch	93,36	0,73	0,38	4,93	0,60	0,12	0,68	0,36	4,88	266	260	110	3915
155	Kuhmilch: Molken	93,79	0,60	0,07	5,10	0,44		0,56	0,07	5,05	238	235	97	3776
156	Kuhmilch: Quargserum	93,52	1,07	0,15	4,48	0,78		1,00	0,14	4,43	242	236	127	3642
157	Von Ziegenmilch	93,81	0,62	0,11	4,88	0,58	—	0,58	0,10	4,83	234	229	97	3700
	Eier (vgl. S. 237—241).				Kohlenhydrate									
158	Haushuhn	73,67	12,57	12,02	0,67	1,07	—	12,19	11,42	0,66	1723	1650	1210	6228
159	Ente	70,81	12,77	15,04	0,30	1,08	—	12,39	14,29	0,29	1998	1910	1280	6545
160	Gans	69,50	13,80	14,40	1,30	1,00	—	13,39	13,68	1,27	2026	1957	1357	6416
161	Truthahn	73,70	13,40	11,20	0,80	0,90	—	13,00	10,64	0,78	1690	1623	1261	6171
162	Perlhuhn	72,80	13,50	12,00	0,80	0,90	—	13,09	11,40	0,78	1769	1697	1234	6239
163	Regenpfeifer	74,40	10,70	11,70	2,40	1,00	—	10,38	11,11	2,35	1676	1605	1076	6269
164	Kiebitz	74,43	10,75	11,66	2,19	0,98	—	10,43	11,08	2,15	1667	1597	1078	6245
	Die Teile des Hühnereies im natürlichen Zustande.													
165	Hühnerei: Gesamtinhalt	73,67	12,57	12,02	0,67	1,07	—	12,19	11,42	0,66	1723	1650	1210	6266
166	Hühnerei: Eiklar	85,61	12,77	0,25	0,70	0,67	—	12,38	0,24	0,69	638	619	1002	4301
167	Hühnerei: Eigelb	50,93	16,05	31,71	0,29	1,02	—	15,57	30,12	0,28	3699	3528	1851	7189
	Dauerwaren des Handels aus Eiern.													
168	Hühner-Eiweiß	11,65	73,20	0,30	8,65	6,20	—	71,00	0,28	8,48	3741	3631	5770	4109
169	Hühner-Eigelb	5,88	33,32	51,54	5,73	3,53	—	32,32	48,96	5,61	6555	6264	3621	6655
	Eßbare Vogelnester (vgl. S. 241).													
170	Von Collocalia fuciphaga	16,50	55,74	0,36	20,36	7,04	—	52,95	0,33	19,14	3411	3232	4434	3871

1. Fleisch von landwirtschaftlichen Schlachttieren (vgl. S. 242—260.)

Nr.	Nähere Angaben	Rohnährstoffe[1]) Wasser %	Stickstoff-substanz %	Fett %	Kohlen-hydrate %	Asche %	Ausnutzbare Nährstoffe[2]) Stickstoff-substanz %	Fett %	Kohlen-hydrate %	Calorien in 1 kg Fleisch rohe Cal.	reine Cal.	Ausnutzbare Preiswerteinheiten in 1 kg	Reincalorien in 1 kg Trockensubst. Cal.	Abfälle %
	Rindfleisch:													
171	nach Fettgehalt: fett . . .	55,31	18,92	24,53	0,29	0,95	18,11	22,94	0,28	3164	2978	1910	6664	—
172	nach Fettgehalt: mittelfett .	70,96	19,86	7,75	0,43	1,00	19,01	7,25	0,42	1652	1565	1666	5389	—
173	nach Fettgehalt: mager . .	74,23	20,56	3,50	0,56	1,15	19,68	3,27	0,54	1294	1231	1640	4777	—
174	desgl. nach Klassen (fettes Tier): I. Klasse	66,00	19,50	13,05	0,45	1,00	18,66	12,20	0,43	2129	2010	1741	5909	wenig—8,5
175	desgl. nach Klassen (fettes Tier): II. „	61,00	18,00	19,65	0,35	0,90	17,23	18,37	0,34	2669	2515	1749	6449	12,6—18,5
176	desgl. nach Klassen (fettes Tier): III. „	55,70	16,50	26,70	0,30	0,80	15,79	24,96	0,29	3254	3059	1965	6901	19,8—28,4
177	desgl. nach Klassen (fettes Tier): IV. „	62,10	18,50	18,10	0,40	0,90	17,70	16,92	0,39	2550	2403	1758	6340	30,0—45,0
	Kalbfleisch:													
178	nach Fettgehalt: fett . . .	68,65	19,50	10,50	0,35	1,00	18,66	9,82	0,34	1887	1785	1692	5693	—
179	nach Fettgehalt: mager . .	73,72	21,66	3,05	0,45	1,12	20,72	2,85	0,43	1298	1235	1719	4699	—
180	desgl. nach Klassen: I. Klasse	71,00	19,85	7,70	0,40	1,05	18,99	7,20	0,39	1646	1559	1667	5376	10,5
181	desgl. nach Klassen: II. „	70,00	19,80	8,80	0,40	1,00	18,95	8,23	0,39	1745	1653	1685	5510	18,5
182	desgl. nach Klassen: III. „	69,00	19,30	10,35	0,35	1,00	18,47	9,68	0,34	1864	1763	1675	5687	26,5
183	desgl. nach Klassen: IV. „	73,60	19,60	5,35	0,35	1,10	18,76	5,00	0,34	1413	1341	1604	5079	50,0
	Schaffleisch:													
184	nach Fettgehalt: fett . . .	53,45	17,00	28,40	0,25	0,90	16,27	26,55	0,24	3433	3227	1835	6932	—
185	nach Fettgehalt: mager . .	72,12	19,85	6,43	0,40	1,20	19,00	6,01	0,39	1527	1448	1644	5193	—
186	desgl. nach Klassen (fettes Tier): I. Klasse	54,85	17,20	26,80	0,25	0,90	16,46	25,06	0,24	3294	3087	1820	6837	12,0
187	desgl. nach Klassen (fettes Tier): II. „	51,00	14,40	33,50	0,20	0,90	13,78	31,32	0,19	3786	3564	1731	7273	19,0
188	desgl. nach Klassen (fettes Tier): III. „	58,50	16,40	24,00	0,20	0,90	15,69	22,44	0,19	2994	2816	1676	6771	26,0
189	**Ziegenfleisch** . .	73,35	20,65	4,30	0,45	1,25	19,78	4,02	0,43	1368	1301	1667	4882	—
	Schweinefleisch:													
190	nach Fettgehalt: fett . . .	48,95	15,10	34,95	0,25	0,75	14,43	32,72	0,24	3955	3717	1813	7281	—
191	nach Fettgehalt: mager . .	72,30	20,10	6,30	0,40	0,90	19,23	5,89	0,39	1526	1448	1660	5227	—
192	desgl. nach Klassen (fettes Tier): I. Klasse	57,40	17,50	23,85	0,30	0,95	16,75	22,29	0,29	3035	2855	1789	6702	11,0[3])
193	desgl. nach Klassen (fettes Tier): II. „	51,50	15,00	32,40	0,30	0,80	14,35	30,29	0,29	3715	3489	1757	7194	16,0
194	desgl. nach Klassen (fettes Tier): III. „	52,50	16,00	30,50	0,30	0,70	15,31	28,52	0,29	3585	3368	1798	7091	32,0
195	desgl. nach Klassen (fettes Tier): IV. „	45,30	12,60	41,20	0,20	0,70	12,06	38,89	0,19	4454	4183	1744	7647	55,0
196	**Pferdefleisch** . . .	74,15	21,50	2,50	0,85	1,06	20,57	2,34	0,82	1256	1197	1701	4631	—
197	**Hundefleisch**: fett .	68,64	19,81	10,15	0,57	1,06	18,96	9,49	0,55	1890	1777	1712	5666	—
198	**Hundefleisch**: mager	72,31	21,50	4,47	0,65	1,07	20,57	4,18	0,63	1431	1360	1730	4911	—

2. Fleisch von Wild und Geflügel (vgl. S. 260).

Nr.	Nähere Angaben	Wasser %	Stickstoff-substanz %	Fett %	Kohlen-hydrate %	Asche %	Stickstoff-substanz %	Fett %	Kohlen-hydrate %	rohe Cal.	reine Cal.	Preiswerteinheiten	Reincalorien Cal.	Abfälle %
199	Wildschweinkeule . . .	74,50	21,57	2,36	0,40	1,17	20,84	2,12	0,39	1228	1171	1713	4592	—
200	Hirschkeule	73,90	20,67	3,85	0,55	1,03	19,78	3,60	0,54	1331	1266	1660	4851	—
201	Hase	74,16	23,04	1,13	0,49	1,18	22,05	1,06	0,47	1185	1132	1792	4381	—

[1]) Der Gehalt an Nährstoffen bezieht sich auf den eßbaren Teil, also nach Entfernung der Abfälle (Knochen, Sehnen usw.).

[2]) Bei den Fleischsorten ist die Ausnutzbarkeit des Proteins zu 95,7%, die des Fettes zu 93,5% und die der Kohlenhydrate zu 97% angenommen.

[3]) Für Schinken allein als erste Fleischsorte beträgt der Abfall 40—45%.

Nr.	Nähere Angaben	Rohnährstoffe: Wasser %	Rohnährstoffe: Stickstoff-substanz %	Rohnährstoffe: Fett %	Rohnährstoffe: Kohlen-hydrate %	Rohnährstoffe: Asche %	Ausnutzbare Nährstoffe: Stickstoff-substanz %	Ausnutzbare Nährstoffe: Fett %	Ausnutzbare Nährstoffe: Kohlen-hydrate %	Calorien in 1 kg Fleisch: rohe Cal.	Calorien in 1 kg Fleisch: reine Cal.	Ausnutzbare Preiswerteinheiten in 1 kg	Reincalorien in 1 kg Trockensubst. Cal.
202	Kaninchen, fett	63,35	20,83	14,30	0,40	1,12	19,93	13,37	0,39	2304	2176	1866	5988
203	Kaninchen, mager	75,39	21,39	1,25	0,71	1,26	20,47	1,17	0,69	1129	1078	1664	4383
204	Reh	75,76	20,77	1,92	0,42	1,13	19,88	1,79	0,41	1151	1097	1630	4525
205	Huhn, fett	70,06	19,29	9,34	0,40	0,91	18,46	8,73	0,39	1772	1677	1655	5600
206	Huhn, mager	76,22	20,42	1,42	0,57	1,37	19,54	1,33	0,55	1094	1044	1595	4392
207	Desgl. Fleisch, helles	74,08	22,77	1,57	0,35	1,23	21,79	1,47	0,34	1207	1153	1776	4448
208	Desgl. Fleisch, dunkles	74,28	21,28	2,92	0,27	1,25	20,36	2,73	0,26	1262	1203	1688	4677
209	Truthahn (mittelfett)	66,26	23,70	8,50	0,45	1,09	22,68	7,95	0,44	1929	1800	1978	5335
210	Fasan, Brust	73,47	23,89	0,98	0,50	1,16	22,86	0,91	0,48	1210	1156	1852	4357
211	Fasan, Schenkel	75,05	20,65	2,81	0,40	1,09	19,76	2,63	0,48	1231	1173	1634	4741
212	Ente, zahme, Brust	73,26	22,51	2,75	0,45	1,03	21,53	2,57	0,44	1309	1247	1778	4663
213	Ente, zahme, Schenkel	72,80	19,65	6,37	0,35	0,83	18,79	5,96	0,34	1510	1432	1626	5265
214	Ente (wilde)	72,54	22,65	3,11	0,50	1,20	21,68	2,91	0,48	1351	1287	1797	4687
215	Gans (fett)	37,87	15,91	45,59	0,15	0,48	15,23	42,63	0,14	4978	4671	2072	7518
216	Feldhuhn	72,42	24,26	1,43	0,50	1,39	23,22	1,34	0,48	1269	1212	1889	4395
217	Taube	75,21	22,14	1,00	0,50	1,15	21,19	0,93	0,48	1131	1080	4719	4356
218	Krammetsvogel	74,04	22,19	1,77	0,50	1,50	21,23	1,65	0,48	1202	1148	1736	4422

3. Schlachtabgänge von landwirtschaftlichen Schlachttieren (vgl. S. 262—268).

Nr.	Nähere Angaben	Rohnährstoffe: Wasser %	Rohnährstoffe: Stickstoff-substanz %	Rohnährstoffe: Fett %	Rohnährstoffe: Kohlen-hydrate %	Rohnährstoffe: Asche %	Ausnutzbare Nährstoffe: Stickstoff-substanz %	Ausnutzbare Nährstoffe: Fett %	Ausnutzbare Nährstoffe: Kohlen-hydrate %	Calorien in 1 kg Fleisch: rohe Cal.	Calorien in 1 kg Fleisch: reine Cal.	Ausnutzbare Preiswerteinheiten in 1 kg	Reincalorien in 1 kg Trockensubst. Cal.
219	Blut	80,82	18,12	0,18	0,03	0,85	17,67	0,17	0,03	852	829	1417	4322
220	Zunge (Hammel, Kalb und Rind)	65,62	15,69	17,64	0,05	1,00	15,30	16,76	0,04	2334	2264	1560	6585
221	Lunge	79,89	15,21	2,47	0,56	1,87	13,54	2,30	0,54	942	868	1135	4316
222	Herz	71,07	17,55	10,12	0,31	0,95	15,62	9,41	0,30	1750	1606	1441	5551
223	Niere	75,55	18,43	4,45	0,38	1,19	16,40	4,14	0,36	1277	1154	1399	4719
224	Milz	75,47	17,77	4,19	1,01	1,56	15,82	3,90	0,98	1248	1130	1353	4606
225	Leber	71,55	19,92	3,65	3,33	1,55	17,73	3,39	3,25	1389	1261	1449	4432
226	Kalbshirn	80,96	9,02	8,64	—	1,38	8,79	8,21	—	1218	1178	868	6187
227	Kalbsmilch (Bröschen)	70,00	28,00	0,40	—	1,60	26,79	0,38	—	1325	1267	2141	4223
228	Euter, milchreich	39,45	10,15	27,93	21,39	1,08	9,03	25,97	20,98	3921	3661	1519	6056
229	Euter, milcharm	74,36	10,68	13,42	1,58	0,96	9,51	12,48	1,53	1803	1658	1022	6466
230	Schweineschwarte	51,75	35,32	3,75	—	9,18	31,43	3,49	—	1973	1770	2584	3668
231	Knochen	25,00	15,50	17,00	—	42,50	—	—	—	—	—	—	—
232	Knorpeln (Kalbsfüße + anhaftendes Fett)	63,84	23,00	11,32	—	0,84	20,47	10,51	—	2101	1921	1844	5312
233	Knochenmark	4,66	3,17	89,91	—	2,26	2,82	84,15	—	8507	7956	1909	8555
234	Fettgewebe	11,88	2,27	85,43	—	0,42	2,02	79,45	—	8049	7482	1751	8491

4. Innere Teile von Wild und Geflügel (vgl. S. 268).

Nr.	Nähere Angaben	Rohnährstoffe: Wasser %	Rohnährstoffe: Stickstoff-substanz %	Rohnährstoffe: Fett %	Rohnährstoffe: Kohlen-hydrate %	Rohnährstoffe: Asche %	Ausnutzbare Nährstoffe: Stickstoff-substanz %	Ausnutzbare Nährstoffe: Fett %	Ausnutzbare Nährstoffe: Kohlen-hydrate %	Calorien in 1 kg Fleisch: rohe Cal.	Calorien in 1 kg Fleisch: reine Cal.	Ausnutzbare Preiswerteinheiten in 1 kg	Reincalorien in 1 kg Trockensubst. Cal.
235	Hase, Lunge	78,56	18,17	2,18	—	1,16	16,17	2,07	—	1038	936	1335	4366
236	Hase, Herz	77,57	18,82	1,62	0,86	1,13	16,75	1,54	0,83	1051	954	1379	4253
237	Hase, Niere	75,17	20,11	1,82	1,53	1,36	17,90	1,73	1,47	1157	1043	1481	4201
238	Hase, Leber	73,81	21,84	1,58	1,09	1,68	19,44	1,50	0,98	1175	1073	1595	4097
239	Kaninchen, Leber	68,73	22,04	2,21	5,32	1,70	19,62	2,10	5,17	1432	1305	1663	4144

Nr.	Nähere Angaben	Rohnährstoffe: Wasser %	Rohnährstoffe: Stickstoff-substanz %	Rohnährstoffe: Fett %	Rohnährstoffe: Kohlen-hydrate %	Rohnährstoffe: Asche %	Ausnutzbare Nährstoffe: Stickstoff-substanz %	Ausnutzbare Nährstoffe: Fett %	Ausnutzbare Nährstoffe: Kohlen-hydrate %	Calorien in 1 kg Fleisch: rohe Cal.	Calorien in 1 kg Fleisch: reine Cal.	Ausnutzbare Preiswerteinheiten in 1 kg	Reincalorien in 1 kg Trockensubst. Cal.
240	Gesamte innere Teile von einem fetten Huhn	59,70	17,63	19,30	2,26	1,16	15,69	18,33	2,19	2676	2514	1644	6238
241	Gesamte innere Teile mageren Huhn	74,52	18,79	2,41	3,00	1,28	16,72	2,29	2,91	1208	1098	1412	4309
242	Fette Gans Lunge, Leber, Herz	70,63	15,13	6,62	6,37	1,25	13,47	6,29	6,17	1567	1451	1261	4923
243	Fette Gans Magen	71,43	20,84	5,33	1,44	0,95	18,55	5,06	1,40	1512	1381	1599	4834

5. Fleisch-Dauerwaren (vgl. S. 268—276).

Nr.	Nähere Angaben	Wasser %	Stickstoff-substanz %	Fett %	Kohlen-hydrate %	Asche %	Ausn. Stickstoff-substanz %	Ausn. Fett %	Ausn. Kohlen-hydrate %	rohe Cal.	reine Cal.	Preiswerteinheiten	Reincalorien Cal.
244	Fleischpulver (trocken) .	8,38	75,15	6,05	1,67	8,75	71,96	5,66	1,62	4086	3902	5886	4259
245	Biltong, Fl.v. Springbock	19,41	65,87	5,14	5,99	6,59	63,04	4,80	5,81	3748	3579	5197	4441
246	Charque oder Tassajo fett . . .	40,20	48,40	3,10	—	8,30	46,32	2,90	—	2515	2400	3764	4013
247	Charque oder Tassajo mager . .	36,10	46,00	2,70	—	15,20	44,02	2,52	—	2367	2259	3580	3535
248	Rauchfleisch vom Ochsen .	47,68	27,10	15,35	—	10,59	25,93	14,35	—	2674	2527	2361	4829
249	Rauchfleisch vom Pferd . .	49,15	31,84	6,49	—	12,53	30,47	6,07	—	2074	1963	2558	3863
250	Zunge vom Ochsen, geräuchert und gesalzen	35,74	24,31	31,61	—	8,51	23,26	29,55	—	4058	3818	2448	5941
251	Schinken gesalzen . . .	62,58	22,32	8,68	—	6,42	21,36	8,11	—	1834	1737	1871	4508
252	Schinken desgl. und geräuchert . .	28,11	24,74	36,45	—	10,54	23,67	34,08	—	4528	4258	2575	5927
253	Speck gesalzen . . .	9,15	9,72	75,75	—	5,38	9,30	70,82	—	7492	7014	2160	7720
254	Speck desgl. u. geräuchert	10,21	8,95	72,82	—	8,02	5,86	68,08	—	7184	6726	2047	7491
255	Gänsebrust (pommersche)	41,35	21,45	31,49	1,15	4,56	20,53	29,44	1,11	3961	3726	2231	6353
256	Huhn in Gelee	77,28	16,75	3,37	0,34	2,26	16,03	3,15	0,33	1098	1044	1345	4595
	Büchsenfleisch:												
257	Amerik. Corned-beef fettreich . . .	51,68	25,89	17,94	1,00	3,49	24,77	16,78	0,97	2889	2739	2327	5668
258	Amerik. Corned-beef fettarm mit Zusatz v. Salzen	55,00	21,68	4,68	2,32	16,32	20,75	4,38	2,25	1525	1452	1770	3227
259	Deutsches Büchsenfleisch Gedünstetes Rindfleisch (Haschee) .	63,06	19,93	13,19	1,43	2,41	19,05	12,33	1,34	2201	2079	1744	5628
260	Deutsches Büchsenfleisch Bouillonfleisch. . .	65,85	18,71	10,07	3,54	1,83	17,91	9,42	3,43	1939	1838	1655	5379
261	Deutsches Büchsenfleisch Rindsbraten. . . .	52,52	34,56	4,09	3,64	5,17	33,07	3,82	3,53	2126	2016	2755	4246
262	Deutsches Büchsenfleisch Rindsgulasch . .	65,61	19,19	11,43	1,92	1,85	18,36	10,69	1,86	2022	1918	1701	5577
263	Deutsches Büchsenfleisch Zunge in Büchsen .	64,86	15,35	15,14	2,01	2,64	14,69	14,16	1,95	2194	2070	1479	5891

6. Würste (vgl. S. 277—279).

Nr.	Nähere Angaben	Wasser %	Stickstoff-substanz %	Fett %	Kohlen-hydrate %	Asche %	Ausn. Stickstoff-substanz %	Ausn. Fett %	Ausn. Kohlen-hydrate %	rohe Cal.	reine Cal.	Preiswerteinheiten	Reincalorien Cal.
264	Rindfleisch-Schlackwurst	48,24	20,34	26,99	—	4,43	19,46	25,23	—	3446	3242	2061	6232
265	Weiche Mett- od. Schlack- oder Knackwurst . .	35,41	19,00	40,80	0,03	4,76	18,28	38,14	0,02	4670	4389	2225	6795
266	Cervelat- oder Plockwurst	24,18	23,93	45.93	—	5 96	22,90	42,94	—	5372	5045	2691	6522
267	Salami- oder Hartwurst .	17,01	27,84	48,43	—	6,72	26,64	45,28	—	5785	5436	3037	6549
268	Schinkenwurst	46,87	12,87	34,43	2,52	3,31	12,32	32,19	2,44	3894	3658	1629	6885
269	Sülzenwurst	41,50	23,10	22,80	—	12,60	22,11	21,32	—	3173	3000	2195	5128
270	Frankfurter Würstchen .	42,80	12,51	39,11	2,49	3,09	11,97	36,57	2,47	4312	4048	1713	7077
271	Wiener Würstchen . . .	68,69	14,05	13,67	0,31	3,28	13,45	12,78	0,30	1933	1819	1335	5809
272	Fischwurst	66,70	20,95	9,41	—	2,94	20,05	8,80	—	1839	1741	1880	5378

Nr.	Nähere Angaben	Rohnährstoffe					Ausnutzbare Nährstoffe			Calorien in 1 kg Subst.		Ausnutzbare Preiswerteinheiten in 1 kg	Reincalorien in 1 kg Trockensubst.	Abfall
		Wasser	Stickstoff-substanz	Fett	Kohlen-hydrate	Asche	Stickstoff-substanz	Fett	Kohlen-hydrate	rohe	reine			
		%	%	%	%	%	%	%	%	Cal.	Cal.		Cal.	%
273	Blut-wurst { bessere Sorte . .	49,93	11,81	11,48	25,09	1,69	11,20	10,73	23,81	2614	2465	1349	4923	—
274	Blut-wurst { geringere „ . .	63,61	9,93	8,87	15,83	1,76	8,49	8,29	15,04	1915	1809	1075	4944	—
275	Braunschweig. Blutwurst	39,29	14,21	44,46	0,18	1,86	13,60	41,57	0,17	4796	4498	1921	7409	—
276	Leber-wurst { beste Sorte . .	42,30	16,03	35,92	2,56	3,19	15,27	32,99	2,43	4180	3868	1906	6703	—
277	Leber-wurst { mittlere „ . .	47,80	12,89	25,10	12,00	2,21	11,47	22,84	11,40	3407	3108	1488	5954	—
278	Leber-wurst { geringe „ . .	51,66	10,15	14,60	21,61	1,98	9,03	13,29	20,53	2689	2472	1193	5116	—
279	Trüffelwurst	42,29	13,06	41,27	0,97	2,41	11,62	37,56	0,92	4478	4064	1580	7042	—
280	Erbswurst	7,07	16,36	34,00	32,39	9,48	13,82	31,77	30,77	5210	4805	2045	5170	—
281	Kartoffelwurst	60,48	14,99	3,97	15,28	5,28	13,19	3,61	13,52	1670	1483	1263	3762	—
	7. Pasteten (vgl. S. 279).													
282	Rindfleisch-Pastete . . .	32,81	17,17	44,63	3,36	2,03	16,43	41,51	3,26	4975	4767	2181	7095	—
283	Schinken- „ . . .	25,57	16,88	50,88	—	6,78	16,15	47,57	—	5528	5167	2243	6945	—
284	Zungen- „ . . .	41,52	18,46	32,85	0,46	6,71	17,67	30,71	0,46	3923	3686	2032	6303	—
285	Gänseleber- „ . . .	37,47	14,35	43,50	1,90	2,75	13,75	40,67	1,84	4781	4488	1912	7177	—
286	Salm- „ . . .	37,64	18,48	36,51	0,70	6,67	17,68	34,14	0,68	4273	4016	2005	6430	—
287	Hummer- „ . . .	51,33	14,81	24,86	4,04	4,90	14,17	23,24	3,92	3155	2970	1638	6102	—
288	Anchovis- „ . . .	36,83	12,33	1,59	5,16	44,09	11,80	1,49	5,01	921	882	1024	1396	—
	8. Fleisch von Fischen (vgl. S. 280—284).													
	Fettreiche Fische:													
289	Lachs oder Salm (Rhein-)	64,00	21,14	13,53	—	1,22	20,29	12,31	—	2231	2078	1869	5772	35,5
290	Elblachs.	67,15	23,02	8,82	—	1,20	22,10	8,02	—	1879	1762	1928	5364	31,0
291	Seelachs	76,78	15,44	5,78	—	1,07	14,82	5,26	—	1248	1171	1291	5043	—
292	Flußaal	58,21	12,24	27,48	—	0,87	11,75	25,01	—	3132	2866	1440	6858	24,0
293	Meeraal	72,90	17,96	7,82	—	1,00	17,20	7,12	—	1553	1453	1518	5362	30,0
294	Hering	75,09	15,44	7,63	—	1,64	14,82	6,94	—	1420	1327	1324	5327	53,5
295	Strömling	74,44	19,36	4,92	—	1,47	18,58	4,48	—	1346	1271	1576	4972	—
296	Weißfisch	72,80	16,81	8,13	—	3,25	16,15	7,40	—	1529	1431	1440	5261	—
297	Makrele (Scomber) . . .	70,80	18,93	8,85	—	1,38	18,17	8,05	—	1694	1584	1615	5424	44,0
298	Knurrhahn	74,22	17,50	6,30	0,78	1,20	16,80	5,73	0,76	1422	1336	1496	5182	—
299	Heilbutte (Hypoglossus).	75,24	18,53	5,16	—	1,06	17,89	4,69	—	1322	1260	1526	5088	28,0
300	Alse	70,44	18,76	9,45	—	1,35	18,00	8,60	—	1742	1588	1612	5372	50,0
301	Gemeiner Maifisch . . .	63,90	21,88	12,85	—	1,26	21,00	11,69	—	2200	2053	1914	5687	—
302	Karpfen	73,47	16,67	8,73	—	1,22	16,00	7,94	—	1578	1474	1440	5556	55,0
303	Felchen	77,73	18,02	3,20	—	1,05	17,30	2,91	—	1126	1066	1442	4786	—
304	Brasse	78,70	16,18	4,09	—	1,02	15,53	3,72	—	1125	1060	1317	4976	—
	Fettarme Fische:													
305	Hecht	79,63	18,42	0,53	—	0,96	17,68	0,48	—	907	858	1424	4212	45,0
306	Gemeiner Schellfisch . .	81,50	16,93	0,26	—	1,31	16,24	0,24	—	803	769	1304	4157	48,5
307	Kabliau oder Dorsch . .	82,42	15,97	0,31	—	1,29	15,33	0,28	—	763	731	1229	4158	54,0
308	Flußbarsch	79,48	18,93	0,70	—	1,29	18,17	0,64	—	936	895	1476	4361	63,0

Nr.	Nähere Angaben	Rohnährstoffe					Ausnutzbare Nährstoffe			Calorien in 1 kg Subst.		Ausnutzbare Preiswerteinheiten in 1 kg	Reincalorien in 1 kg Trockensubst.	Abfall
		Wasser	Stickstoff-substanz	Fett	Kohlen-hydrate	Asche	Stickstoff-substanz	Fett	Kohlen-hydrate	rohe	reine			
		%	%	%	%	%	%	%	%	Cal.	Cal.		Cal.	%
309	Scholle oder Kliesche	80,83	16,49	1,54	—	1,00	15,83	1,40	—	902	858	1294	4475	52,7
310	Seezunge	82,67	14,60	0,53	—	1,42	14,01	0,48	—	721	689	1130	3975	—
311	Rochen	77,67	19,51	0,90	—	1,11	18,73	0,82	—	981	938	1515	4201	—
312	Gründling	78,95	16,66	1,86	—	2,39	16,00	1,69	—	939	893	1314	4242	—
313	Flunder	84,00	14,03	0,69	—	1,28	13,47	0,63	—	709	678	1090	4238	57,0
314	Saibling oder Forelle	77,51	19,18	2,10	—	1,21	18,41	1,90	—	1077	1019	1511	4531	49,0
315	Lachsforelle	80,50	17,52	0,74	—	0,80	16,81	0,67	—	875	824	1358	4225	—
316	Stör	78,90	18,08	0,90	—	1,42	17,36	0,82	—	915	815	1405	3862	15,0
317	Stint	81,50	15,72	1,00	—	0,76	15,09	0,91	—	816	779	1225	4211	—
318	Plötze	80,50	16,89	1,08	—	1,23	16,21	0,98	—	875	833	1316	4221	55,0
319	Gemeiner Merlan	80,70	16,15	0,46	—	1,44	15,50	0,42	—	786	752	1248	3896	—
320	Schwarzer Merlan	80,10	17,84	0,36	—	0,97	17,12	0,33	—	854	817	1376	4105	—
321	Meeräsche	79,30	18,32	1,22	—	1,09	17,58	1,11	—	957	912	1449	4406	—
322	Schleie	80,00	17,47	0,39	—	1,66	16,76	0,35	—	840	803	1348	4015	62,0
323	Steinbutte	77,60	18,10	2,28	—	0,74	17,36	2,07	—	1045	992	1431	4428	—
324	Zander	79,59	18,53	0,30	0,64	0,94	17,78	0,27	0,62	905	869	1434	4257	—

9. Innere Teile von Fischen und Fischbrut (vgl. S. 284).

Nr.	Nähere Angaben	Wasser	Stickstoff-substanz	Fett	Kohlen-hydrate	Asche	Stickstoff-substanz	Fett	Kohlen-hydrate	rohe	reine	Preiswerteinheiten	Reincalorien	Kochsalz
	Kaviar (gesalzener Rogen):													
325	Russischer gepreßter	37,20	37,13	15,76	2,06	7,85	35,27	14,66	1,99	3256	3065	3134	4881	6,37
326	Russischer sonstiger	45,11	28,27	13,65	5,45	7,52	26,86	12,69	5,29	2788	2627	2456	4786	6,06
327	Elbkaviar	49,83	24,45	13,48	3,55	8,69	23,21	12,54	3,44	2519	2371	2142	4726	6,63
328	Dorschkaviar	62,84	16,34	2,86	2,98	14,98	15,52	2,66	2,89	1136	1077	1324	2898	14,03
329	Italienischer Kaviar	41,63	28,18	16,43	0,84	11,92	26,77	15,28	0,81	2858	2685	2428	4598	9,53
	Rogen, ungesalzen:													
330	Kabliau-Rogen	72,15	23,42	1,58	1,08	1,81	22,25	1,47	1,05	1267	1202	1471	4316	—
331	Hering- „	69,22	26,31	3,19	—	1,38	24,99	2,97	—	1507	1426	2059	4633	—
332	Karpfen- „	66,15	27,68	2,48	4,29	1,40	26,29	2,32	4,16	1675	1591	2191	4700	—
333	Hecht- „	63,53	28,12	1,40	4,89	2,06	26,71	1,30	4,74	1619	1539	2210	4239	—
334	Saibling- „	63,85	27,81	3,71	3,00	1,63	26,42	3,45	2,91	1744	1652	2211	4569	—
	Sperma:													
335	Herings-Sperma	75,62	19,06	3,64	—	1,67	18,11	3,38	—	1215	1147	1516	4704	—
336	Karpfen- „	78,47	16,02	3,17	—	2,34	15,22	2,95	—	1032	974	1277	4524	—
	Leber:													
337	Hecht-Leber	79,34	6,66	4,75	7,61	1,64	6,33	4,42	7,38	1053	998	669	4831	—
338	Forelleh- „	78,64	16,05	3,00	0,42	1,89	15,25	2,79	0,41	1034	977	1282	4568	—
339	Karpfen- „	68,06	14,37	2,93	13,49	1,15	13,65	2,72	13,08	1473	1404	1277	4395	—
	Aalbrut:													
340	Jung	78,92	2,26	4,08	13,09	1,65	2,15	3,79	12,70	1007	969	375	4597	—
341	Etwas älter	77,82	2,60	3,32	13,86	2,40	2,47	3,07	13,44	981	937	393	4229	—

Nr.	Nähere Angaben	Rohnährstoffe: Wasser %	Stickstoff-substanz %	Fett %	Kohlen-hydrate %	Asche %	Ausnutzbare Nährstoffe: Stickstoff-substanz %	Fett %	Kohlen-hydrate %	Calorien in 1 kg Subst.: rohe Cal.	reine Cal.	Ausnutzbare Preiswerteinheiten in 1 kg	Reincalorien in 1 kg Trockensubst. Cal.	Abfall %
	10. Fischdauerwaren (vgl. S. 288—291).													
	a) Getrocknete bzw. gesalzene und getrocknete Fische (vgl. S. 288).													
342	Schellfisch bzw. Kabliau als Stockfisch[1]	14,67	81,89	2,66	—	5,69	78,61	2,42	—	4014	3841	6337	4501	20,0
343	Schellfisch bzw. Kabliau als Klippfisch[1] (Laberdan)	33,90	43,13	1,46	—	20,77	41,40	1,32	—	2120	2024	3338	3062	20,0
344	Schellfisch bzw. Kabliau als Salzfisch[1]	58,02	24,35	1,08	—	17,03	23,37	0,98	—	1221	1166	1889	2776	20,0
	b) Geräucherte bzw. gesalzene und geräucherte Fische (vgl. S. 289).													
345	Schellfisch, gesalzen und geräuchert[1]	71,42	22,66	0,51	—	4,58	21,75	0,46	—	1090	1043	1749	3649	30,0
346	Lachs oder Salm (Rhein-)	55,17	23,25	10,63	0,22	10,73	22,32	9,67	0,21	2067	1980	2061	4416	5,0
347	Seelachs	59,78	20,58	9,70	1,59	8,35	19,75	8,83	1,53	1912	1791	1797	4453	14,8
348	Bückling, ger. Hering	67,45	20,65	9,60	—	2,82	19,82	8,74	—	1843	1725	1760	5299	37,0
349	Sprotten (Kieler)	59,81	21,84	16,60	0,77	0,98	20,96	15,11	0,75	2579	2399	1979	5969	42,0
350	Makrele (Scomber)	44,45	19,17	22,43	0,13	13,82	18,40	20,41	0,12	2973	2749	1881	4948	35,4
351	Flußaal	50,26	18,66	27,74	0,98	2,36	17,91	25,24	0,95	3477	3208	1938	6429	47,0
352	Neunauge	51,21	20,18	25,59	1,61	1,41	19,37	23,18	1,56	3219	3062	2013	6276	—
353	Austernfisch (Forellenstör)	74,86	17,56	0,61	—	5,24	16,85	0,56	—	864	817	1359	3249	22,2
354	Flunder	71,66	23,13	1,29	—	3,37	22,26	1,17	—	1184	1132	1804	3994	52,0
355	Rochen	69,07	25,71	0,34	—	4,02	24,68	0,31	—	1214	1164	1918	3633	25,0
356	Stör	63,70	31,20	1,76	—	1,86	29,95	1,60	—	1599	1526	2428	4204	12,7
357	Heilbutte	49,29	20,72	15,00	—	14,99	19,89	16,35	—	2348	2184	1864	4307	—
	c) Gesalzene bzw. marinierte und gebratene Fische (in Büchsen) (vgl. S. 290—291).													
358	Hering, gesalzen	48,21	20,15	16,70	1,29	13,65	19,34	15,20	1,25	2532	2293	1851	4427	31,7
359	Desgl., mariniert	60,89	18,91	14,59	0,75	4,86	18,15	13,28	0,71	2257	2098	1725	5364	23,6
360	Desgl. (Bismarck-)	56,41	23,31	15,41	1,41	3,39	22,37	14,02	1,36	2562	2387	2084	5476	45,8
361	Desgl. (Matjes-)	62,61	19,50	9,20	—	8,70	18,72	8,37	—	1753	1633	1664	4367	19,2
362	Desgl., Rollmops	62,26	19,77	14,83	0,96	2,19	18,98	13,49	0,93	2337	2165	1788	5734	2,4
363	Desgl., Brat-, in Essig	63,55	21,80	11,09	0,65	2,91	20,92	10,09	0,63	2060	1920	1872	5267	38,2
364	Desgl. in Bouillon	66,07	19,39	11,33	—	2,47	18,56	10,31	—	1936	1812	1691	5340	—
365	Desgl. in Tomatensauce (Imperial-)	59,15	17,31	17,28	2,11	4,15	16,62	15,72	2,05	2488	2308	1665	5650	27,1
366	Neunaugen (gebraten, in Essig)	50,91	21,83	24,25	0,60	2,41	20,95	22,07	0,58	3283	3041	2123	6194	24,9
367	Sardellen	46,84	26,47	3,34	0,71	23,34	25,41	3,04	0,69	1557	1479	2101	2782	18,0
368	Sardinen (sauer)	58,31	21,50	8,75	1,77	9,67	20,64	7,96	1,71	1874	1758	1828	4212	18,2
369	Anchovis (sauer)	62,51	22,78	6,91	0,85	6,95	21,86	6,29	0,83	1724	1624	1883	4332	28,0
370	Heilbutt (gesalzen)	38,26	22,31	22,86	1,71	14,86	21,42	20,76	1,66	3216	2982	2145	4829	—
371	Robbenfleisch (gesalzen)	65,05	22,87	0,98	1,98	9,12	21,73	0,91	1,92	1222	1161	1776	3322	—

[1]) Stockfisch (getrockneter Schellfisch), Klippfisch oder Laberdan (gesalzener und getrockneter Schellfisch) und Salzfisch (halbfertiger Klippfisch) werden für den Genuß erst gewässert und nehmen dadurch folgende Zusammensetzung an:

Nr.	Nähere Angaben	Wasser %	Stickstoff-substanz %	Fett %	Kohlen-hydrate %	Asche %	Ausn. Stickstoff-substanz %	Fett %	Kohlen-hydrate %	rohe Cal.	reine Cal.	Preiswerteinheiten	Reincalorien Cal.	Abfall %
342	Stockfisch	78,45	19,36	0,49	1,20	0,50	18,49	0,45	1,16	984	940	1500	4362	—
343	Klippfisch	71,68	26,98	0,57	0,06	0,71	25,90	0,52	0,06	1297	1242	2083	4385	—
344	Salzfisch	77,62	18,66	0,58	0,61	2,53	17,91	0,53	0,59	937	897	1449	4008	—

Nr.	Nähere Angaben	Rohnährstoffe: Wasser %	Rohnährstoffe: Stickstoff-substanz %	Rohnährstoffe: Fett %	Rohnährstoffe: Kohlen-hydrate %	Rohnährstoffe: Asche %	Ausnutzbare Nährstoffe: Stickstoff-substanz %	Ausnutzbare Nährstoffe: Fett %	Ausnutzbare Nährstoffe: Kohlen-hydrate %	Calorien in 1 kg Subst.: rohe Cal.	Calorien in 1 kg Subst.: reine Cal.	Ausnutzbare Preiswerteinheiten in 1 kg	Reincalorien in 1 kg Trockensubst. Cal.	Abfall %
	d) In Gelee und Öl eingelegte Fische (vgl. S. 291).													
372	Aal in Gelee	63,34	18,03	17,23	0,50	0,90	17,31	15,68	0,48	2452	2274	1703	6203	47,9
373	Hering in Gelee	63,37	18,69	15,60	0,70	1,64	17,94	14,19	0,68	2338	2172	1726	5929	44,0
374	Sardinen in Öl	54,24	23,91	14,35	1,32	6,18	22,95	13,06	1,28	2487	2321	2110	5072	21,5
375	Thunfisch in Öl	48,12	27,15	17,26	0,31	7,16	26,06	15,71	0,30	2866	2672	2404	5150	—
376	Sardellenbutter[1]	46,46	16,53	18,29	—	18,78	15,87	16,64	—	2461	2277	1602	4253	—
	11. Fleisch von wirbellosen Tieren (vgl. S. 291—295).													
	a) Im frischen Zustande.													
377	Austern: Fleisch	80,52	9,04	2,04	6,44	1,96	8,67	1,86	6,16	863	818	854	4199	—
378	Austern: Flüssigkeit	95,76	1,42	0,03	0,70	2,09	1,42	0,03	0,70	96	96	121	2264	—
379	Austern: Fleisch + Flüssigkeit	87,36	5,95	1,15	3,57	2,03	5,71	1,05	3,46	523	499	512	3948	—
380	Miesmuschel, roh	86,74	8,66	1,31	2,16	1,43	8,31	1,19	2,09	607	577	709	4329	—
381	(Mytilus), Fleisch, gekocht	77,30	16,80	2,36	1,45	2,09	16,13	2,15	1,41	1050	998	1348	4396	—
382	Herzmuschel (Cardium)	92,00	4,16	0,29	2,32	1,23	3,99	0,26	2,25	311	288	347	3600	—
383	Kammuschel (Pecten), Fleisch u. Flüssigkeit	80,32	14,75	0,17	3,38	1,38	14,16	0,15	3,28	829	797	1169	4049	—
384	Klaffmuschel (Mya), Herzteil	83,46	10,33	1,21	3,02	1,98	9,92	1,10	2,93	708	676	845	4087	—
385	Mesodesma	86,51	9,88	1,20	1,70	0,71	9,49	1,09	1,65	634	604	797	4477	—
386	Teichmuschel (Anodonta)	81,11	10,20	1,50	5,40	1,80	9,79	1,36	5,24	825	786	863	4160	—
387	Tintenfisch (Loligo Sepia L.)	73,68	18,84	2,00	4,38	1,10	18,08	1,82	4,25	1228	1171	1525	4449	—
388	Seepolyp (Octopus)	76,90	12,50	2,80	6,40	1,40	12,00	2,55	0,97	875	828	1021	3584	—
389	Seeigel (Echinus)	82,90	9,60	1,00	4,80	1,70	9,12	0,91	4,66	727	691	794	4041	—
390	Schnirkelschnecke (Helix L.) (gekochtes Fleisch)	76,17	15,62	0,95	—	(7,26)	14,84	0,86	—	(807)	(773)	(1204)	(3286)	—
391	Weinbergsschnecke (Helix pomatia)	80,50	16,34	1,38	0,45	1,33	15,52	1,26	0,44	898	849	1271	4354	—
392	Burgunderschnecke	79,30	16,10	1,08	1,97	1,55	15,29	0,98	1,90	921	870	1262	4203	—
393	Sumpfschnecke (Paludina)	74,93	18,25	0,34	3,66	2,82	17,34	0,31	3,55	1018	968	1429	3861	—
394	Hummer (Homarus)	81,84	14,49	1,84	0,12	1,71	13,77	1,67	0,12	842	794	1136	4372	—
395	Flußkrebs (Astacus)	81,22	16,00	0,46	1,01	1,31	15,20	0,42	0,98	819	778	1234	4143	—
396	Krabbe (Carcinus)	78,81	15,83	1,32	2,42	1,62	15,04	1,20	2,34	939	897	1251	4233	—
397	Garneele (Crangon)	79,29	14,88	0,80	2,19	2,84	14,14	0,73	2,12	847	803	1167	3877	—
398	Riesenschildkröte (Chelonia esculenta Nerr.)	79,78	18,49	0,53	—	1,20	17,56	0,48	—	900	852	1414	4213	—
	b) Dauerwaren aus Weich- und Krustentieren u. a.													
399	Seegurke, Trepang (Holothuria L.), eingelegt	21,21	46,15	0,96	6,65	25,05	43,84	0,87	6,45	2478	2356	3654	2990	—
400	Flügelschnecke (Strombus), getrocknet	14,46	75,62	3,20	1,96	4,76	71,84	2,91	1,90	3855	3651	5824	4286	—

[1] Gemisch (Art Pastete) von zerkleinerten Sardellen mit echter Butter. Die Stickstoffsubstanz ist aus der Differenz angenommen. In den Mineralstoffen waren 16,60% Kochsalz.

Nr.	Nähere Angaben	Rohnährstoffe: Wasser %	Rohnährstoffe: Stickstoff-substanz %	Rohnährstoffe: Fett %	Rohnährstoffe: Kohlen-hydrate %	Rohnährstoffe: Asche %	Ausnutzbare Nährstoffe: Stickstoff-substanz %	Ausnutzbare Nährstoffe: Fett %	Ausnutzbare Nährstoffe: Kohlen-hydrate %	Calorien in 1 kg Subst.: rohe Cal.	Calorien in 1 kg Subst.: reine Cal.	Ausnutzbare Preiswerteinheiten in 1 kg	Reincalorien in 1 kg Trockensubst. Cal.
401	Seepolyp (Octopus), getrocknet	27,34	57,63	1,24	2,70	11,09	54,75	1,14	2,62	2873	2729	4455	3756
402	Hummer, eingelegt	77,75	18,13	1,07	0,58	2,47	17,22	0,97	0,55	957	904	1402	4067
403	Flußkrebs, desgl.	72,74	13,63	0,36	0,21	13,06	12,95	0,33	0,20	669	625	1045	2293
404	Krabbe, desgl.	70,80	25,38	1,00	0,24	2,58	24,11	0,91	0,23	1271	1203	1949	4120
405	Miesmuschel-Paste	70,97	22,67	2,68	—	3,68	21,76	2,57	—	1292	1240	1792	4268
406	Garneele, getrocknet	15,66	73,25	2,58	2,06	6,45	69,58	2,35	2,00	3692	3504	5633	4154
407	Froschschenkel, eingelegt	63,64	24,17	0,91	2,92	8,46	22,96	0,82	2,83	1317	1246	1910	3427
408	Heuschrecken (Acridium Latr.), in Fett geröstet[1]	7,38	64,87	10,63	12,13	4,99	52,80	9,67	10,92	4458	3765	4527	4065
409	Krebs-pulver { aus Krebsen	5,04	37,63	22,02		35,31	—	—	—	—	—	—	—
410	Krebs-pulver { „ Schalen	5,91	25,67	41,75		25,67	—	—	—	—	—	—	—
411	Krabbenextrakt	44,79	32,44	2,06		20,71	—	—	—	—	—	—	—
412	Nordseemuschel-Extrakt	35,35	25,13	19,58		19,94	—	—	—	—	—	—	—

12. Fleischextrakt, Fleischsäfte, Bouillonwürfel, Suppen- und Speisewürze (vgl. S. 295—302).

Fleischextrakte (vgl. S. 295).

Nr.	Nähere Angaben	Wasser %	Organische Stoffe %	Gesamtstickstoff %	Proteosen %	Kreatin + Kreatinin %	Xanthinbasen %	Sonstige Fleischbasen %	Ammoniak %	Aminosäuren %	Sonstige Stickstoff-verbindungen %	Fett (Ätherauszug) %	Sonstige N-freie organische Stoffe %	Salze %	Chlor als Chlornatrium %	Phosphorsäure %
	Fleischextrakte: Feste															
413	Liebigs	19,51	60,06	9,25	9,25	5,25[2]	1,58[3]	4,15[4]	0,42	10,00	15,92[5]	0,25	12,66[6] Säure = Milchsäure	20,43	3,83	6,78
414	Neuseeländer	18,01	64,93	9,31	12,75	5,82	1,26	6,72	0,52	—	—	0,31	11,57	17,06	3,30	5,80
415	Neuer, mit d. Flagge	20,67	59,43	9,14	17,56	5,64	1,69	9,45	—	8,00	—	0,36	—	19,35	3,27	5,94
416	Prärie	21,36	62,34	9,62	13,12	—	1,81	—	0,48	—	—	0,49	—	16,30	—	3,42
417	Amour	21,61	57,28	8,15	14,68	4,25	0,75	4,20	0,22	—	—	0,55	—	22,91	8,64	4,77
418	Amerikanischer	20,62	53,67	7,25	8,68	3,02	0,69	7,21	0,44	10,43		0,65	6,72	25,91	10,37	6,27
419	Von Micko selbst hergestellter	(30,41)	50,90	7,65	5,72	6,12	1,36	—	0,32	—		—	—	18,69	11,56	5,63

[1]) Durch künstlichen Magensaft (Pepsin-Salzsäure) verdaulich.
[2]) Kreatin-N × 3,12 + Kreatinin-N × 2,7.
[3]) Xanthin-N × 2,43.
[4]) Gesamtfleischbasen = Stickstoff − (Kreatin-N + Kreatinin-N + Xanthin-N) × 3,0.
[5]) Gesamt-Stickstoff − (Proteosen- + Kreatin- + Kreatinin- + Xanthin- + Ammoniak- + Aminosäure-N) × 6,25, also Rest-Stickstoff × 6,25, ebenso wie Proteosen durch Multiplikation des Proteosen-N mit 6,25 berechnet sind.
[6]) Rest von 100 − (Wasser + Stickstoffverbindungen + Fett + Salze). Unter den sonstigen stickstofffreien Stoffen des Liebigschen Fleischextrakts werden 8,13% Säure, auf Milchsäure berechnet, 0,8% Bernsteinsäure, 0,3% Essigsäure, 0,7% Glykogen und 0,36% Inosit angegeben.

Nr.	Nähere Angaben	Wasser %	Organische Stoffe %	Gesamtstickstoff %	Proteosen %	Kreatin + Kreatinin %	Xanthinbasen %	Sonstige Fleischbasen %	Ammoniak %	Aminosäure %	Sonstige Stickstoff-verbindungen %	Fett (Ätherauszug) %	Sonstige N-freie organische Stoffe %	Salze %	Chlor als Chlornatrium %	Phosphorsäure %
	Fleischextrakte:															
420	Flüssige: Amerikanischer .	59,11	25,66	3,23	2,28	1,34	0,42	4,31	0,20	5,44		0,15	3,50	15,23	7,67	2,36
421	Flüssige: Cibils	66,24	17,70	3,04	8,96	1,37	0,33	—	0,35	—	—	0,51	—	16,06	10,52	3,30
422	Flüssige: Amour	57,46	30,55	4,61	7,44	1,44	(1,48)	—	0,17	—	—	0,36	—	11,99	3,05	2,91
	Fleischsäfte (vgl. S. 297).															
											gerinnbare				Chlor	
423	Eigene Herstellung (Micko) kalt gepreßt	86,31	11,99	1,91	0,41	—	—	—	—	0,97	7,35	0,28	0,29	1,70	0,16	0,34
424	Eigene Herstellung (Micko) warm (bei 60°) gepreßt	91,28	7,40	1,13	0,35	—	—	—	—	1,09	2,91	0,42	0,18	1,32	0,17	0,33
425	Meat bzw. Beef Juice Brand & Co.[1])	77,25	13,36	1,83	0,75	1,21	—	—	—	—	1,57	—	—	9,39	5,76	1,28
426	Meat bzw. Beef Juice John Wyeth[1])	59,56	23,94	3,02	0,39	0,95	—	—	—	—	3,33	—	—	16,49	7,84	3,26
	Bouillonwürfel (vgl. S. 298).															
															Chlornatrium	
427	Bouillonwürfel, gute . .	4,38	27,07	2,82	3,49	0,86	0,24	—	0,27	7,20	—	7,53	—	68,55	64,64	1,08
428	Desgl. Maggi	5,38	29,62	2,89	—	1,29	—	—	—	—	—	5,88	—	65,00	58,03	—
											Fleischextrakt					
429	Desgl. Fino	3,52	24,11	2,17	—	—	—	—	—	—	13,00	6,32	4,20	72,37	69,19	0,55
430	Desgl. Knorr I	5,87	31,05	3,42	—	(1,40)	—	—	—	—	6,33	6,01	3,66	63,08	60,28	0,74
431	Schmeißer	3,67	22,17	2,47	—	—	—	—	—	—	?	5,23	1,50	74,16	71,15	0,86
432	Rotti	4,88	25,91	2,75	—	—	—	—	—	—	9,50	8,45	0,33	69,21	66,01	1,06
433	Oxo	3,81	33,88	4,16	—	—	—	—	—	—	(26,97)	6,32	1,55	62,31	58,02	1,77
	Suppen- und Speisewürze (vgl. S. 299—302).															
434	Maggis Suppenwürze . .	51,78	29,31	4,48	0,68	—	—	—	0,71	(15,33)	—	—	—	18,91	16,25	0,92
435	Knorrs „Sos"	56,72	24,05	3,35	—	—	—	—	—	—	—	—	—	19,24	17,08	0,63
436	„Joos"- oder „Graf"-Würze	55,20	22,24	—	—	—	—	—	—	12,65	—	—	—	22,56	18,95	0,19
437	Cibus	77,07	7,31	0,71	0,68	—	0,15	—	0,06	—	—	0,18	—	15,62	14,39	0,28
438	Herkules-Kraftbrühe . .	58,23	20,02	1,65	0,63	—	0,07	—	—	—	—	0,21	9,74	21,72	18,20	0,74
439	Gemüse-Bouillon Nägeli	74,36	10,72	0,88	1,31	—	1,19	—	—	—	—	0,29	5,22	14,92	13,11	0,38
440	Nervin	61,85	15,13	0,79	0,75	—	0,07	—	0,05	—	—	0,2	9,90	22,02	21,14	0,19
441	Duma-Würze	53,76	27,52	4,08	—	—	—	—	—	—	—	—	—	17,72	17,66	0,47
442	Rotti- „	52,17	29,67	4,31	—	—	—	—	—	—	—	—	—	18,16	17,45	0,25
443	Masol- „	57,39	20,50	3,33	—	—	—	—	—	—	—	—	—	22,11	19,54	0,24
													Zucker			
444	Ochsena	13,85	35,39	3,16	0,37	—	—	—	0,28	10,15	—	8,94	—	50,76	45,95	0,48
445	Shoya[2]), japanische . .	70,55	12,42	1,12	0,69	—	—	—	—	3,12	—	0,49	3,80	17,03	12,47	0,34
446	„ chinesische . .	57,12	24,12	1,19	—	—	—	—	—	—	—	—	15,00	18,76	17,11	—
447	Miso[2]), japanisches . .	52,35	35,48	2,10	—	—	—	—	—	—	—	6,04	8,65	12,17	10,29	—
448	„ chinesisches . .	62,86	27,66	2,03	6,93	—	—	—	—	—	5,74[3])	1,21	8,74	9,48	6,71	—

[1]) Beide Fleischsäfte enthalten offenbar einen Zusatz von Kochsalz.

[2]) Shoya und Miso enthalten geringe Mengen Alkohol und flüchtige Säuren (vgl. S. 302).

[3]) Sonstige Stickstoffverbindungen.

Nr.	Nähere Angaben		Wasser %	Organische Stoffe %	Gesamtstickstoff %	Proteosen %	Kreatin + Kreatinin %	Xanthinbasen %	Sonstige Fleischbasen %	Ammoniak %	Aminosäuren %	Sonstige Stickstoffverbindungen %	Fett (Ätherauszug) %	Sonstige N-freie organische Stoffe %	Salze %	Chlor als Chlornatrium %	Phosphorsäure %
449	Beefsteak-Sauce		78,55	14,02	0,19	0,17	—	—	—	—	—	1,02	1,18	10,48	7,43	3,94	0,22
450	Trüffel- „		80,52	9,72	0,42	0,66	—	—	—	—	—	1,97	0,57	2,54	9,76	5,31	0,21
451	Anchovis- „		66,09	9,69	1,13	2,07	—	—	—	—	—	4,99	0,94	—	24,22	21,72	0,39
452	Harwey- „		82,65	7,79	0,18	0,15	—	—	—	—	—	0,98	0,84	5,33	9,56	6,85	0,16
	Hefenextrakte:																
453	Feste	Ovos	24,90	50,22	5,75	7,50	—	4,59	—	0,28	—	20,62	0,31	13,96	24,88	14,04	5,62
454		Siris	28,41	52,31	6,97	3,12	—	1,87	—	0,27	—	15,75	0,30	8,28	19,28	5,24	6,18
455		Sitogen	30,77	51,10	6,22	6,87	—	—	—	1,34	—	17,62	0,32	10,93	18,16	11,64	5,64
456		Bios	27,92	50,50	6,68	6,35	—	1,26	—	—	—	15,75	0,24	8,58	21,58	8,47	5,15
457		Wuk	26,39	49,65	6,39	—	—	—	—	—	—	—	—	11,44	23,96	11,58	5,45
458	Flüssige	Obron	63,84	16,72	2,43	1,87	—	0,85	—	0,11	—	1,56	0,32	1,22	19,44	12,95	2,15
459		Ovos	71,09	11,42	2,97	1,80	—	1,01	—	0,15	—	8,62	0,22	17,49	17,19	10,70	3,29
460		Sitogen	61,44	17,90	1,99	2,06	—	—	—	0,24	—	5,31	0,31	8,82	20,66	17,39	1,66
461		Pana	60,52	18,88	1,53	1,25	—	0,27	—	—	—	4,06	0,41	9,32	20,60	16,02	1,49
462		Beduin	55,81	22,69	2,67	2,06	—	1,26	—	0,13	—	3,19	0,27	6,00	21,50	15,17	2,68

13. Gemischte Suppentafeln (vgl. S. 302—304).

Nr.	Nähere Angaben	Rohnährstoffe						Ausnutzbare Nährstoffe			Calorien in 1 kg Subst.		Ausnutzbare Preiswerteinheiten in 1 kg[1]	Stickstoffsubst. i. Proz. d. fettfr. organ. Stoffe	Reincalorien in 1 kg Trockensubst.
		Wasser %	Stickstoffsubstanz %	Fett %	Kohlenhydrate %	Rohfaser %	Asche %	Stickstoffsubstanz %	Fett %	Kohlenhydrate %	rohe Cal.	reine Cal.		%	Cal.
	a) Gemische von Fleisch mit Fett, Mehl und Gemüse[1]) (vgl. S. 303).														
463	Erbsenfleischsuppe (Erbsenfleischtafel)	17,01	21,87	17,98	32,60	1,47	9,04	19,03	17,08	30,97	3972	3703	1603	39,1	4461
464	Fleischbiskuits	6,62	14,69	1,07	74,23	0,74	2,65	12,78	1,02	70,52	3744	3504	1365	16,4	3752
465	Fleischzwieback	6,55	26,89	16,05	47,05	0,47	2,99	23,39	15,25	44,70	4612	4282	2022	36,1	4582
466	Suppenpulver (German army food)	11,23	19,51	2,14	48,08	1,71	17,33	16,97	2,03	44,17	3030	2876	1341	28,5	3229
467	Rumfordsuppe	11,73	16,48	7,87	50,03	1,15	12,74	14,38	7,35	47,51	3491	3245	1340	24,4	3676
468	Soupe militaire	7,21	23,41	1,40	43,06	6,80	18,32	20,37	1,33	40,91	2929	2797	1454	31,9	3014
469	Fleischgemüse (Fleisch mit Gemüse)	37,74	12,50	7,97	31,40	2,00	8,39	10,87	7,57	29,83	2572	2377	993	35,1	3818
470	Gulyas mit Kartoffeln	57,25	17,62	5,36	15,10	0,81	3,86	15,33	5,09	14,34	1913	1752	1012	52,5	4098
471	Feldbeefsteak mit Kartoffelfrittes	50,34	16,68	21,31	5,58	1,20	4,89	14,51	20,24	5,30	2972	2762	1183	71,1	5562
472	Trockne deutsche Feldmenage (Fleisch, Erbsen, Kartoffeln)	13,22	31,25	28,59	15,74	3,80	7,40	27,19	27,16	14,95	4725	4375	2052	61,5	5041

[1]) Für die Berechnung der Preiswerteinheiten ist bei a) und b) wegen des Gehaltes an Fleisch und Fleischextrakt ein Wertverhältnis von 5 : 2 : 1, bei c) ein solches von 3 : 2 : 1 zugrunde gelegt.

Nr.	Nähere Angaben	Rohnährstoffe						Ausnutzbare Nährstoffe			Calorien in 1 kg Subst.		Ausnutzbare Preiswerteinheiten in 1 kg	Stickstoffsubst. i. Proz. d. fettfr. organ. Stoffe	Reincalorien in 1 kg Trockensubst.
		Wasser	Stickstoff-substanz	Fett	Kohlen-hydrate	Rohfaser	Asche	Stickstoff-substanz	Fett	Kohlen-hydrate	rohe	reine			
		%	%	%	%	%	%	%	%	%	Cal.	Cal.		%	Cal.
473	Fleisch, Erbsen, Möhren	15,93	32,56	27,06	13,82	1,90	8,73	28,33	25,71	13,13	4567	4219	2062	68,8	5017
474	Krebssuppe[1])	10,72	12,61	12,54	47,21	1,07	15,85	10,97	11,91	44,85	3635	3406	1235	20,7	3815
475	Ochsenschwanzsuppe[1])	11,05	14,91	10,03	44,83	1,55	17,63	12,97	9,53	42,59	3412	3187	1265	22,7	3853
	b) Gemische von Fleischextrakt mit Fett, Mehl und Gemüse (vgl. S. 303).														
476	Bohnensuppe	10,76	18,92	18,58	37,77	1,69	12,28	16,46	17,65	35,88	4099	3834	1535	32,4	4296
477	Erbsensuppe	9,11	19,61	17,89	39,68	1,45	12,26	17,06	17,00	37,70	4153	3874	1570	32,3	4262
478	Linsensuppe	10,91	19,87	17,61	38,74	1,23	11,64	17,29	16,73	36,80	4105	3823	1567	33,2	4291
479	Grießsuppe	10,67	10,81	10,99	52,68	0,92	13,93	9,40	10,44	50,05	3627	3405	1179	17,0	3812
480	Reissuppe	9,80	9,00	10,09	56,46	0,79	13,86	7,83	9,59	53,64	3611	3398	1120	13,5	3766
481	Gerstensuppe	8,31	10,56	11,23	54,43	0,76	14,71	9,19	10,67	51,71	3707	3483	1190	16,1	3798
482	Tapioka-Julienne-Suppe	10,65	4,25	10,61	59,44	1,82	13,19	3,70	10,08	56,47	3560	3366	951	5,7	3764
483	Cürry-Suppe	6,59	17,81	20,84	39,54	2,15	13,07	15,49	19,80	37,56	4339	4056	1546	30,0	4342
484	Grünkernsuppe	6,54	10,44	12,04	53,07	1,43	16,48	9,08	11,44	50,42	3723	3498	1187	16,1	3743
485	Schildkröten-(Mock-Turtl-) Suppe	4,97	18,37	17,31	40,27	3,23	15,85	15,98	16,44	38,26	4066	3794	1510	29,5	4035
486	Mock-Turtl-Suppe, andere Sorte	13,19	13,51	9,95	45,60	1,36	16,39	11,75	9,45	43,32	3371	3152	1210	22,5	3631
	c) Gemische von Fett, Mehl und Gemüse u. a.[1]) (vgl. S. 303).														
487	Bohnensuppe[1])	7,00	18,44	12,47	45,77	2,09	13,33	15,12	11,59	42,11	3829	3458	1106	27,8	3718
488	Erbsensuppe	9,24	20,31	13,24	44,00	1,05	12,16	16,65	12,31	40,28	3926	3522	1148	31,1	3881
489	Linsensuppe	9,38	21,73	9,93	42,23	2,15	14,49	17,82	9,23	38,85	3613	3192	1108	32,9	3522
490	Gersten- bzw. Grießsuppe	10,12	10,85	4,22	60,62	0,37	13,82	9,22	3,92	57,59	3316	3094	931	15,1	3442
491	Grünkernsuppe	9,22	10,19	7,47	58,92	0,82	13,38	8,66	6,92	55,97	3520	3281	954	14,4	3614
492	Hafergrütze- oder Schleimsuppe	9,22	11,45	10,29	55,91	0,88	12,25	9,73	9,57	53,11	3720	3462	1014	16,4	3814
493	Kartoffelsuppe	10,02	7,71	9,23	57,39	1,58	14,35	6,24	8,58	56,24	3509	3336	921	11,5	3707
494	Reis-Julienne	10,75	7,93	4,71	58,60	1,57	16,44	6,34	4,38	57,42	3147	2996	852	11,6	3357
495	Tapioka-Julienne	10,55	2,56	4,13	60,61	0,31	15,84	2,05	3,84	59,39	2926	2827	732	4,0	3160
496	Reissuppe	9,78	6,81	4,91	58,82	1,00	18,68	5,48	4,57	57,64	3123	2983	832	10,2	3240
497	Sagosuppe	11,38	2,22	2,85	70,93	0,16	12,46	1,78	2,65	69,51	3204	3109	801	3,0	3508
498	Hausmachersuppe	12,37	17,70	6,03	47,50	1,23	15,17	14,51	5,61	43,70	3275	2937	984	26,6	3351
499	Tomatensuppe	16,13	5,90	4,43	55,75	1,06	16,73	4,94	4,12	52,96	2913	2729	760	9,4	3254
500	Pilzsuppe[1])	10,70	10,64	8,54	54,49	0,99	14,64	8,51	7,94	51,76	3463	3200	922	16,1	3543

[1]) In den Nummern 474 und 475 sowie in den Nummern 487—500 wurde folgender Gehalt an Kochsalz und Phosphorsäure gefunden:

Nr.	474	475	487	488	489	490	491	492	493	494	495	496	497	498	499	500
	%	%	%	%	%	%	%	%	%	%	%	%	%	%	%	%
Kochsalz	13,74	15,03	10,47	9,97	12,06	12,58	11,32	11,07	11,96	14,65	14,94	17,13	11,83	12,89	15,11	12,60
Phosphorsäure	0,585	0,673	0,751	0,799	0,612	0,386	0,627	0,842	0,484	0,319	0,101	0,289	0,132	0,699	0,280	0,443

14. Protein-Nährmittel.

Nr.	Nähere Angaben	Rohnährstoffe: Wasser %	Rohnährstoffe: Stickstoff-substanz %	Rohnährstoffe: Fett %	Rohnährstoffe: Kohlen-hydrate %	Rohnährstoffe: Rohfaser %	Rohnährstoffe: Asche %	Ausnutzbare Nährstoffe: Stickstoff-substanz %	Ausnutzbare Nährstoffe: Fett %	Ausnutzbare Nährstoffe: Kohlen-hydrate %	Calorien in 1 kg Subst.: rohe Cal.	Calorien in 1 kg Subst.: reine Cal.	Ausnutzbare Preiswerteinheiten in 1 kg	Reincalorien in 1 kg Trockensubst. Cal.
	A. Protein-Nährmittel mit unlöslichen Proteinen (vgl. S. 304).													
	1. Aus tierischen Nahrungsmitteln (vgl. S. 304).													
501	Tropon (aus Fleischrückständen)	8,41	90,57	0,15	—	—	0,87	83,23	0,12	—	4180	3843	6568	4187
502	Soson (aus Fleischrückständen)	4,82	93,75	0,35	—	—	1,08	86,25	0,32	—	4313	3998	6908	4200
503	Plasmon od. Caseon (aus Milch)	11,94	70,12	0,67	9,73	—	7,54	67,41	0,61	9,51	3677	3538	5500	4018
504	Kalk-Casein (aus Milch)	7,69	57,28	1,99	11,40	—	22,18	54,98	1,89	11,17	3274	3152	4548	3414
505	Nutrium (aus Milch)	6,77	29,10	2,00	56,27	—	5,90	27,35	1,80	55,14	3775	3631	2775	3894
506	Lactarin (aus Milch)	9,92	78,16	0,40	7,77	—	3,75	73,47	0,38	7,34	3943	3708	5959	4116
507	Eulactol (aus Milch)	6,90	30,50	14,30	44,00	—	4,30	28,67	13,57	43,12	4493	4306	2996	4625
508	Euprotan (aus Blut)	3,60	94,14	0,49	—	—	1,77	89,43	0,45	—	4376	4155	7163	4310
509	Protoplasmin (aus Blut)	6,09	92,90	0,21	0,31	—	1,19	88,51	0,20	0,30	4305	4102	7088	4368
510	Hämose (aus Blut)	11,70	86,62	0,42	—	—	1,26	83,16	0,40	—	4024	3863	6661	4375
511	Hämatin-Albumin (aus Blut)	8,71	87,60	0,30	2,23	—	1,16	84,10	0,28	2,12	4147	3979	6752	4359
512	Roborin (aus Blut)	6,74	77,38	0,15	3,37	—	12,36	74,28	0,14	3,20	3710	3558	5977	3815
513	Hämogallol (aus Blut)	10,06	87,78	1,04	—	—	1,12	84,27	0,99	—	4134	3968	6761	4356
514	Hämol (aus Blut)	8,85	74,93	0,77	6,24	—	9,21	71,93	0,72	5,98	3768	3615	5829	3958
515	Hämoglobin (aus Blut)	5,17	87,37	0,53	0,85	—	6,08	83,87	0,50	0,81	4102	3937	6528	4151
516	Sanguinin (aus Blut)	9,69	89,44	0,10	—	—	0,77	85,86	0,09	—	4123	3958	6871	4382
517	Myogen (aus Blut)	12,20	83,25	0,20	—	—	1,20	80,08	0,18	—	3848	3700	6410	4214
	2. Aus pflanzlichen Nahrungsmitteln (vgl. S. 306).													
518	Aleuronat (aus Weizenkleber)	8,79	81,90	0,84	7,43	0,15	0,89	76,17	0,50	7,06	4143	3833	6174	4202
519	Roborat (aus Weizenkleber)	9,46	82,25	3,67	3,04	0,19	1,39	76,49	2,20	2,89	4246	3839	6192	4240
520	Weizen-Protein (aus Weizenkleber)	8,59	84,07	1,40	4,84	—	1,10	78,19	0,84	4,60	4191	3895	6318	4261
521	Energin aus Reis	8,05	86,85	2,87	1,11	0,15	0,97	80,77	1,72	1,05	4306	3917	6506	4260
522	Hefenprotein bzw. Nährhefe	7,50	55,50	3,15	25,36	1,45	7,04	47,73	2,13	21,82	3860	3266	4079	3531
523	Mineralhefe	7,34	49,50	5,26	25,40	—	12,50	41,08	2,11	12,70	3782	2594	3456	2799

B. Protein-Nährmittel mit vorwiegend löslichen Proteinen (vgl. S. 307).

1. Durch chemische Hilfsmittel löslich gemachte Proteine (vgl. S. 308).

Nr.	Nähere Angaben	Wasser %	Protein Gesamt- %	Protein löslich %	Fett %	Kohlenhydrate %	Asche %	Ausnutzbare Stickstoffsubstanz %	Ausnutzbares Fett %	Ausnutzbare Kohlenhydrate %	rohe Cal.	reine Cal.	Ausnutzbare Preiswerteinheiten in 1 kg	Reincalorien in 1 kg Trockensubst. Cal.
524	Nutrose (aus Casein)	10,07	82,81	78,67	0,40	3,04	3,68	80,33	0,24	2,91	3968	3834	6460	4216
525	Sanatogen (aus Casein)	8,82	80,87	73,18	0,89	3,85	5,57	78,44	0,53	3,66	3937	3806	6322	4174
526	Eucasin (aus Casein)	10,71	77,60	65,63	0,10	6,43	5,16	75,27	0,06	6,11	3834	3712	6084	4157
527	Galaktogen (aus Casein)	8,18	75,67	72,59	1,11	8,90	6,14	73,40	0,67	8,45	3940	3787	5969	4125
528	Eulactol (aus Casein)	5,93	30,41	18,18	13,63	43,70	4,31	29,50	12,58	42,83	4419	4239	3040	4506
529	Nikol (Milcheiweiß)	13,84	77,28	49,10	0,59	2,05	6,14	74,96	0,35	1,95	3692	3559	6023	4131
530	Ovolactin	8,73	36,41		28,22	19,51	7,23	34,85	26,81	19,12	5075	4861	3515	5325
531	Sog. Milchfleischextrakt	23,79	34,54		—	21,49	20,16	33,16	—	21,06	2448	2368	2863	2747
532	Sanitätseiweiß „Nikol“	12,74	78,48	55,19	0,25	2,28	6,25	76,12	0,15	2,14	3725	3591	6114	4115

Nr.	Nähere Angaben		Rohnährstoffe: Wasser %	Protein: Gesamt- %	Protein: löslich %	Fett %	Kohlenhydrate %	Asche %	Ausnutzbare Nährstoffe: Stickstoffsubstanz %	Fett %	Kohlenhydrate %	Calorien in 1 kg Subst.: rohe Cal.	reine Cal.	Ausnutzbare Preiswerteinheiten in 1 kg	Reincalorien in 1 kg Trockensubst. Cal.
533	Fersan	aus Blut	7,98	84,01	71,39	0,27	4,22	3,52	81,49	0,16	4,01	4058	3924	6562	4265
534	Sicco	aus Blut	8,49	88,32	82,12	0,32	—	2,87	85,67	0,19	—	4092	3958	6857	4325
535	Ferratin	aus Blut	8,24	68,50	64,75	0,13	8,96	14,17	66,44	0,08	8,51	3522	3304	5402	3601
536	Hämoglobin-Albuminat	aus Blut	46,70	9,50	8,61	—	41,26[1]	0,34	9,21	—	40,43	2087	2041	1141	3829
537	Hämalbumin (Dahmen)	aus Blut	10,87	81,56	70,06	0,53	5,03	2,01	79,11	0,32	4,76	4002	3859	6383	4329
538	Mutase		9,81	54,36	17,75	1,82	25,14	8,07	52,09	1,09	23,88	3675	3453	4428	3828

2. Durch überhitzten Wasserdampf mit und ohne Zusatz von chemischen Lösungsmitteln löslich gemachte Protein-Nährmittel (vgl. S. 310).

Nr.	Nährmittel (aus Fleisch hergestellt)	Anzahl der Analysen	Wasser %	Organische Substanz %	Mit Stickstoff %	Von den Stickstoffverbindungen: unlösliche und gerinnbare Proteine %	Albumosen %	Pepton u. s. %	Basen %	Ammoniak %	Fett %	Stickstofffreie Extraktstoffe %	Mineralstoffe %	Kali %	Phosphorsäure %	Chlornatrium %
539	Leube-Rosenthals Fleischlösung	3	73,44	24,47	2,86	—	10,00	4,15		—	1,51	6,56	2,10	—	0,46	—
540	Fleischsaft „Karsan“	1	52,36	34,35	4,63	3,31	6,59	—	2,10	0,22	—	—	13,29	—	2,22	6,04
541	Toril	2	27,55	46,10	6,64	0,19	12,75	33,16		0,22	—	—	26,35	—	4,50	16,03
542	Carvis, Fleischsaft Brunnengräber	3	89,89	7,65	1,25	—	3,16	—	0,32	0,04	1,51		2,46	0,29	0,37	1,52
543	Johnstones Fluid beef	8	44,27	46,69	6,19	—	18,14	18,57		—	2,04	7,94	9,04	2,94	2,04	—
544	Valentines Meat juice	2	62,07	27,41	2,75	—	2,01	12,10	3,07	—	5,76	4,97	10,52	5,11	3,76	—
545	Savory & Moores Fluid beef	1	27,01	60,89	8,77	—	5,42	2,74	—		52,73		12,10	4,20	1,49	—
546	Brand & Co.s Fluid beef	1	89,19	9,50	1,48	—	2,25	6,21		—	1,04		1,31	0,20	0,19	—
547	Kemmerichs (Liebigs) Fleischpepton a) fest	7	32,28	58,83	9,95	1,28	27,84	26,79		—	0,31	2,61	8,89	3,66	2,65	—
548	Kemmerichs (Liebigs) Fleischpepton b) flüssig		62,19	20,14	3,17	0,18	9,67	7,76		—	0,97	1,56	17,67	1,82	1,63	12,66
549	Kochs Fleischpepton (festes)	4	39,75	53,48	7,86	1,45	30,48	14,65		—	0,79	6,11	6,77	—	—	—
550	Boleros Fleischpepton	1	27,29	65,96	10,21	1,70	24,77	20,21	17,23	—	1,36	0,69	6,75	2,43	2,46	—
551	Mietose	1	9,94	85,95	14,30	0	82,00	3,95		—	—	—	4,11	—	—	—
552	Somatose	4	10,91	83,00	12,94	0	76,59	2,79	1,49		2,13		6,09	—	0,10	—
553	Bios	1	26,52	53,16	7,05	0,15	1,10	39,00		0,61	—	9,10	20,32	—	5,82	8,57

[1] Davon 33,11% Zucker und 8,13% Alkohol.

3. Durch proteolytische Enzyme löslich gemachte Nährmittel.

Nr.	Nähere Angaben	Wasser	Organische Stoffe	In den organischen Stoffen: Gesamt-Stickstoff	Unlösliche Proteine (Stickstoff × 6,25)	Proteosen (Stickstoff × 6,25)	Pepton (Stickstoff × 6,25)	Sonstige Stickstoff-verbindungen	Fett = Ätherextrakt	Asche	In den Salzen: Kali	Phosphorsäure	Chlor bzw. Chlornatrium	In Zucker überführbare Kohlenhydrate	Sonstige lösliche Kohlenhydrate
		%	%	%	%	%	%	%	%	%	%	%	%	%	%
554	Wittes Pepton[1])	6,37	87,15	14,37	—	47,93	39,80	—	—	6,48	—	—	—	—	—
555	Cornelis' „	6,46	87,59	13,56	1,07	6,98	69,52	7,18	1,21	5,95	—	2,33	—	—	—
556	Denayers „	84,20	13,56	2,19	—	8,10	4,59		0,57	2,24	0,26	0,23	—	—	—
557	Mocqueras „	34,57	53,96	6,72	—	11,04	40,44		2,48	11,47	—	2,51	—	—	—
	E. Mercks Peptone:														
558	a) Sirupform	32,42	63,75	9,01	Spur	10,75	27,94	24,67	0,39	3,83	1,78	1,46	—	—	—
559	b) Pulverform	6,91	86,76	13,26	0,63	23,00	32,49	30,03	0,61	6,33	2,42	2,42	—	—	—
560	c) Casein-(Milch-)Pepton, Weyl-Merck . .	3,87	83,44	12,59	Spur	Spur	68,44	15,00		12,69	—	—	—	—	—
	Cibils:														
561	a) Papaya-Fleischpept.	26,77	58,27	9,51	0,27	5,27	39,45	13,20	0,35	14,97	4,10	3,23	Cl 4,55	—	—
562	b) flüssige Fleischlösung	62,33	18,36	3,16	0,09	2,64	14,45	1,27	—	19,31	2,28	1,72	8,91	—	—
563	c) feste Fleischlösung .	23,75	49,22	8,45	0,43	3,52	34,76	10,94	—	26,98	7,93	6,11	5,34	—	—
564	Antweilers Pepton, pulverförmig	6,92	89,78	12,85	3,22	14,54	60,15	1,20	0,54	13,31	0,68	0,50	NaCl 9,63	—	—
565	H. Finzelberg Nachfolgers Peptonpulver, trockenes	6,44	76,54	11,81	0,53	9,19	64,23	2,45	0,14	17,02	0,54	0,31	Cl 9,14	—	—
566	Bengers peptonised, beef jelly, flüssig	89,68	9,43	1,55	—	2,41	4,75	2,27		0,89	0,39	0,50	0,16	—	—
	Maggis:														
567	a) Pepton-Krankennahrung	5,15	85,44	6,60	0,27	5,75	28,90	2,77	—	9,41	1,05	0,22	NaCl 6,55	15,42	32,33
568	b) Kranken-Bouillonextrakt	43,93	44,70	3,16	0,42	3,81	10,98	4,54	0,69	11,37	1,24	0,76	8,96	18,82	5,44
	Brauns Malto-Peptonpräparate:													Glykose	Sonst. stickstoffr. Stoffe
569	a) Malto-Fleischpepton	51,64	43,32	2,85	0,47	10,11	0,46	6,77	0,26	5,04	2,18	0,46	—	7,57	17,68
570	b) Malto-Pepton . . .	44,51	50,41	2,68	0,56	8,89	2,29	5,01	Dextrin 17,20	5,08	1,53	0,71	—	5,39	11,07
571	Nährstoff Heyden[2]) . . .	7,96	87,29	12,73	37,50	42,03		—	Fett 0,10	4,75	1,59	wenig	—	—	7,65

[1]) P. A. Levene und van Slyke zerlegten Wittes Pepton durch Hydrolyse mit folgendem Ergebnis für 100 g Substanz:

Tyrosin	Glykokoll	Alanin	Valin u. Leucin	Phenylalanin	Glutaminsäure	Asparaginsäure	Prolin	Serin	Histidin	Lysin	Arginin	Tryptophan
g	g	g	g	g	g	g	g	g	g	g	g	g
3,25	0,78	2,83	14,7	2,6	8,24	1,70	4,56	1,18	0,75	2,71	1,48	Spur

[2]) Als verdauunganregendes Mittel bezeichnet; wahrscheinlich aus verdautem Eiereiweiß unter Zusatz von etwas Pepsin hergestellt.

Speisefette und Öle (vgl. S. 315—341).

Nr.	Nähere Angaben	Rohnährstoffe: Wasser %	Stickstoffsubstanz %	Fett %	Milchzucker u. a. %	Mineralstoffe %	Kochsalz %	Verdauliche Nährstoffe: Stickstoffsubstanz %	Fett %	Kohlenhydrate %	Calorien in 1 kg Subst.: rohe Cal.	reine Cal.	Verdauliche Preiswerteinheiten in 1 kg	Reincalorien in 1 kg Trockensubst. Cal.
	Kuhbutter:													
572	Aus süßem Rahm, ungesalzen	14,10	0,65	84,55	0,55	0,15	—	0,62	81,68	0,54	7915	7646	1689	8901
573	Aus saurem Rahm, gesalzen	13,15	0,60	83,80	0,50	1,95	1,84	0,57	80,95	0,49	7841	7573	1669	8719
574	Milch-(Zentrifug.-) Butter	13,85	0,70	84,73	0,60	0,12	—	0,67	81,85	0,59	7936	7667	1697	8899
575	Vorbruchbutter	16,85	0,85	81,44	0,70	0,16	—	0,81	78,67	0,69	7641	7381	1645	8875
576	Winterbutter	13,26	0,67	84,13	0,54	1,40	1,28	0,64	81,27	0,53	7877	7609	1682	8772
577	Sommerbutter	13,21	0,51	84,62	0,41	1,25	1,14	0,48	81,64	0,40	7908	7631	1675	8792
578	Dauerbutter	10,25	0,72	85,73	0,55	2,75	2,60	0,68	82,81	0,54	8038	7754	1716	8639
579	Ziegenbutter, gesalzen	13,54	1,01	82,76	0,75	1,94	—	0,96	79,95	0,73	7773	7505	1683	8669
					Nichtfett									
580	Schafbutter	12,72	—	84,68		2,60		—	81,80	—	(7875)	(7607)	(—)	(8715)
581	Büffelbutter	14,39	—	83,88		1,73		—	81,03	—	(7801)	(7536)	(—)	(8802)
582	Schweineschmalz 1. Sorte	0,15	0,10	99,75	—	Spur	—	0,09	95,96	—	9281	8928	1927	8941
583	Schweineschmalz 2. „	1,25	0,40	98,35	—	Spur	—	0,38	94,61	—	9165	8799	1923	8910
584	Talg guter	0,70	0,15	99,08		0,07		0,14	93,14	—	9221	8668	1874	8729
585	Talg geringer	1,95	0,75	97,22		0,08		0,71	91,39	—	9076	8532	1885	8702
					Kohlenhydrate	Asche								
586	Margarine, gesalzen	12,25	0,45	84,55	0,40	2,35	2,15	0,43	80,49	0,38	7900	7521	1648	8571
587	Sana	7,05	—	90,85	2,10[1]	—	—	—	87,21	1,89	8533	8187	1763	8808
588	Kunstspeisefett	0,50	—	99,00	0,40[1]	0,10	—	—	94,05	0,38	9223	8762	1885	8836
589	Pflanzenbutter (Cocosbutter)	10,15	0,70	85,85	0,64	2,66	2,43	0,67	82,67	0,62	8042	7744	1713	8619
590	Cocosfett	0,15	—	99,80	—	—	0,05	—	96,10	—	9281	8937	1922	8950
591	Sog. vegetabil. Nußbutter	1,95	30,14	51,35	13,40	3,16	—	22,61	48,27	12,06	6698	6012	1764	6131
592	Olivenöl und sonstige Pflanzenöle	0,35	—	99,40	0,15[1]	0,10	—	—	95,92	—	9234	8921	1918	8952

Nahrungsmittel aus dem Pflanzenreich (vgl. S. 342).

Hülsenfrüchte (vgl. S. 354—362).

Nr.	Nähere Angaben	Wasser %	Stickstoffsubstanz %	Fett %	Kohlenhydrate %	Rohfaser %	Asche %	Ausnutzbare: Stickstoffsubstanz %	Fett %	Kohlenhydrate %	rohe Cal.	reine Cal.	Ausnutzbare Preiswerteinheiten in 1 kg	Reincalorien in 1 kg Trockensubst. Cal.
593	Erbsen	13,80	23,35	1,88	52,65	5,56	2,76	16,34	0,56	44,75	3355	2594	949	3009
594	Puff- oder Feldbohnen	14,00	25,68	1,68	47,29	8,25	3,10	17,98	0,50	40,19	3229	2481	951	2885
595	Schmink- oder Vitsbohnen	11,24	23,66	1,96	56,10	3,88	3,16	16,56	0,59	46,98	3514	2696	978	3037
596	Linsen	12,33	25,99	1,93	52,84	3,92	3,04	18,16	0,58	44,65	3489	2675	1003	3051
597	Wicken (Futter-)	13,28	25,90	1,77	49,80	6,02	3,23	18,13	0,53	42,30	3348	2575	978	2969
598	Lablabbohnen	11,68	21,64	1,48	57,52	4,53	3,15	15,15	0,44	48,89	3434	2693	952	3049
599	Heilbohne (Dolichos)	16,10	21,44	1,80	53,13	4,41	3,12	15,01	0,54	45,16	3289	2547	913	3036
600	Erderbse (Voandzeia)	11,45	19,37	5,39	54,83	6,12	2,84	13,55	2,62	45,61	3586	2695	915	3043
601	Sojabohne, gelbe	10,14	33,74	19,15	27,05	4,68	5,24	23,63	17,23	22,99	4415	3609	1283	4016
602	Ombanui	5,08	37,10	40,17	12,98	1,30	3,37	25,97	36,15	11,03	5961	4818	1612	5076
603	Lupinen, gelbe	14,71	37,79	4,25	25,48	14,23	3,54	26,95	2,13	21,66	3153	2304	1068	2702

[1]) Organisches Nichtfett.

Nr.	Nähere Angaben	Rohnährstoffe: Wasser %	Stickstoffsubstanz %	Fett %	Kohlenhydrate %	Rohfaser %	Asche %	Ausnutzbare Nährstoffe: Stickstoffsubstanz %	Fett %	Kohlenhydrate %	Calorien für 1 kg Subst.: rohe Cal.	reine Cal.	Ausnutzbare Preiswerteinheiten in 1 kg	Reincalorien in 1 kg Trockensubst. Cal.
	Ölsamen und einige sonstige Samen, Früchte u. a. (vgl. S. 362—364).													
604	Mohnsamen	8,15	19,53	40,79	18,72	5,58	7,23	13,68	36,71	15,82	5441	4676	1303	5091
605	Erdnuß (enthülst)	7,48	27,52	44,49	15,65	2,37	2,49	19,26	40,04	13,22	6029	5138	1510	5553
606	Cocosnuß (Samenkern)	5,81	8,88	67,00	12,44	4,06	1,81	6,22	60,30	10,51	7137	6314	1498	6703
607	Bucheckern (entschält)	9,80	22,84	31,80	27,88	3,69	3,99	15,99	28,62	23,56	5123	4349	1288	4821
608	Haselnüßkerne, lufttrocken	7,11	17,41	62,60	7,22	3,17	2,49	12,19	56,34	6,10	6912	6044	1553	6507
609	Walnuß, lufttrocken	7,18	16,74	58,47	12,99	2,97	1,65	11,72	52,62	10,98	6727	5872	1514	6326
610	Hikorynußkerne	3,95	17,75	66,30	7,50	2,30	2,20	12,43	61,67	6,38	7282	6562	1670	6832
611	Pekannußkerne	2,85	10,05	71,70	11,60	2,10	1,70	7,04	64,53	9,86	7594	6729	1600	6926
612	Mandeln, süße	6,27	21,40	53,16	13,22	3,65	2,30	14,98	47,84	11,17	6457	5585	1518	5959
613	Paranuß	5,94	15,48	67,65	3,83	3,21	3,89	10,84	60,98	3,24	7157	6297	1577	6695
614	Chufannüsse, Wurzelstock von Cyperus esculentus	23,36	5,02	24,34	34,48	9,96	2,84	3,51	21,91	29,31	3874	3371	837	4398
615	Quinoa, Reismelde	16,01	19,18	4,81	47,78	7,99	4,23	13,42	4,33	40,61	3241	2644	895	3147
616	Kastanien, eßbare, frisch	47,03	6,14	4,12	39,67	1,61	1,43	4,30	3,71	33,52	2252	1884	538	3492
617	Johannisbrot	15,36	5,65	1,12	69,04	6,35	2,48	3,95	0,34	58,68	3126	2561	712	3026
618	Zuckerschotenbaum	10,90	20,94	2,96	51,68	10,66	2,88	14,66	1,98	43,93	3306	2616	919	2936
619	Banane, Fruchtfleisch, unreif	74,95	1,35	0,25	21,76	0,80	0,89	0,95	0,10	18,49	956	793	215	3166
620	Dschugara	11,60	19,50	2,80	64,20		1,90	13,65	1,40	—	—	—	—	—
621	Wassernuß	38,45	10,78	0,69	47,34	1,20	1,54	7,55	0,21	40,24	2354	1977	633	3212
	Mehle (vgl. S. 365).													
	Getreidemehle (vgl. S. 370—375):													
622	Weizenmehl, feinstes	12,50	10,45	0,85	76,05	0,15	0,50	8,47	0,64	74,53	3601	3430	1011	3920
623	Weizenmehl, feines	12,50	11,78	1,10	74,42	0,35	0,85	9,19	0,77	72,18	3621	3379	1013	3862
624	Weizenmehl, gröberes	12,50	13,80	1,55	70,05	0,85	1,25	10,35	1,08	66,55	3581	3239	998	3702
625	Weizengrieß	13,00	10,85	1,35	73,28	0,70	0,82	8,46	0,80	70,21	3520	3272	972	3762
626	Roggenmehl, feinstes	13,00	5,50	0,40	80,58	0,10	0,42	4,29	0,28	78,16	3513	3349	916	3850
627	Roggenmehl, gewöhnliches	13,00	9,95	1,10	73,75	1,05	1,15	7,26	0,77	70,06	3510	3208	934	3687
628	Roggen, geschält, schwach	11,50	10,85	1,25	72,39	2,45	1,56	7,59	0,87	67,32	3511	3123	918	3529
629	Roggen, geschält, stark	9,50	9,75	1,15	76,70	1,50	1,40	7,31	0,80	72,86	3623	3325	964	3674
630	Gerste, geschält	10,50	10,25	2,25	73,20	1,55	2,15	7,69	1,57	69,54	3609	3281	957	3666
631	Gerste, Grieß bzw. Grießmehl	12,50	11,75	2,30	70,90	0,85	1,70	9,40	1,61	68,06	3590	3304	995	3776
632	Gerste, Schleimmehl	12,50	9,45	1,44	74,34	0,75	1,52	7,56	1,01	71,37	3342	3296	961	3763
633	Hafer, geschält	12,75	13,24	7,47	63,17	1,35	2,02	10,59	6,73	60,64	3821	3538	1058	4055
634	Hafer, Grütze	9,65	13,44	5,92	67,04	1,85	2,10	10,75	5,33	64,36	3850	3565	1073	3946
635	Hafer, Mehl (Flocken, Oats)	9,75	14,42	6,78	66,45	0,95	1,65	12,26	6,10	65,12	3952	3736	1141	4139
636	Mais-Mehl	12,99	9,62	3,14	71,70	1,41	1,14	7,49	1,92	69,26	3602	3393	956	3900
637	Mais-Grieß	11,03	8,84	1,05	78,04	0,36	0,68	6,89	0,63	75,39	3626	3391	973	3811

Nr.	Nähere Angaben	Rohnährstoffe: Wasser %	Stickstoff-substanz %	Fett %	Kohlen-hydrate %	Rohfaser %	Asche %	Ausnutzbare Nährstoffe: Stickstoff-substanz %	Fett %	Kohlen-hydrate %	Calorien für 1 kg Subst.: rohe Cal.	reine Cal.	Ausnutzbare Preiswerteinheiten für 1 kg	Reincalorien in 1 kg Trockensubst. Cal.
638	Reis, geschält, Kochreis	12,55	7,88	0,53	77,79	0,47	0,78	6,30	0,48	76,23	3523	3384	961	3369
639	Reis, Mehl, feinstes . .	12,29	7,39	0,69	78,95	0,10	0,58	5,91	0,62	77,37	3563	3424	963	3903
640	Rispenhirse, geschält .	11,79	10,51	4,26	68,16	2,48	2,80	8,44	2,98	64,75	3604	3255	960	3690
641	Sorghohirse, „ .	15,01	11,18	7,51	65,31	2,48	1,51	8,94	3,16	62,04	3536	3147	952	3702
642	Sorghohirsemehl . .	12,62	8,76	3,68	71,75	1,32	1,87	7,01	2,57	68,16	3515	3288	943	3765
643	Darimehl	13,15	7,96	3,01	69,00	4,61	2,27	6,37	2,10	65,55	3406	3110	889	3583
644	Buchweizen, geschält . .	12,68	10,18	1,90	71,73	1,65	1,86	8,14	1,33	68,14	3516	3224	952	3703
645	Buchweizen, Grieß . . .	13,97	10,58	1,49	70,12	1,03	1,91	8,47	1,04	66,61	3430	3151	941	3663
646	Buchweizen, Mehl . . .	13,84	8,25	2,14	74,58	0,70	1,11	6,62	1,50	70,85	3563	3278	937	3804
	Hülsenfrucht- und sonstige Mehle (vgl. S. 375):													
647	Bohnenmehl	10,57	23,23	2,14	58,92	1,78	3,36	19,63	0,86	55,97	3624	3249	1166	3633
648	Erbsenmehl	11,28	25,72	1,78	57,18	1,26	2,78	21,73	0,71	54,32	3638	3238	1209	3649
649	Linsenmehl	10,96	25,71	1,86	56,79	2,10	2,58	21,72	0,74	53,95	3627	3225	1206	3622
650	Sojabohnenmehl	10,28	25,69	18,82	38,10	2,75	4,36	21,71	16,95	36,21	4456	4023	1352	4484
651	Desgl., entfettet	11,64	51,61	0,51	29,12	2,10	5,02	43,61	0,20	27,66	3586	3121	1589	3532
652	Erdnußmehl, entfettet .	6,67	48,92	14,61	22,99	3,91	4,90	41,34	13,15	21,84	4529	3998	1722	4284
653	Erdnußgrütze, „ .	6,26	47,46	17,50	21,01	3,90	3,87	40,10	15,75	19,96	4651	4108	1718	4382
654	Haselnußmehl	2,76	11,72	65,57	17,77		2,18	—	—	—	—	—	—	—
655	Kastanienmehl	9,21	2,80	3,40	75,77	2,45	2,37	2,37	1,36	71,98	3476	3114	808	3430
656	Bananenmehl	13,41	3,51	0,58	78,48	1,31	2,71	2,97	0,36	74,61	3355	3154	842	3642

Besonders zubereitete Mehle.

Kindermehle (vgl. S. 377).

Nr.	Nähere Angaben	Rohnährstoffe: Wasser %	Stickstoff-substanz %	Fett %	Kohlenhydrate: lösliche %	Kohlenhydrate: unlösliche[1] %	Asche %	Ausnutzbare Nährstoffe: Stickstoff-substanz %	Fett %	Kohlenhydrate: lösliche %	Kohlenhydrate: unlösliche %	Calorien in 1 kg Subst.: rohe Cal.	reine Cal.	Ausnutzbare Preiswerteinheiten in 1 kg	Reincalorien in 1 kg Trockensubst. %
657	Aichlers Kindermehl . .	11,95	11,74	1,27	12,27	60,30	1,42	9,39	0,89	12,02	56,08	3561	3239	981	3679
658	Anglo Swiss & Co. in Cham	6,48	11,23	5,96	47,01	26,95	1,87	9,55	5,36	46,07	24,25	4039	3751	1097	4011
659	Dr. Cratos Muttermilch-ersatz	4,70	14,36	12,19	16,97	48,06	1,85	12,21	10,97	16,63	44,69	4395	4034	1199	4233
660	Disqués Albumin-Kinder-mehl	5,55	22,51	5,16	24,22	41,10	1,07	19,13	4,64	23,74	36,99	4128	3740	1333	3960
661	K. Ehrhorn-Harburg . .	6,35	17,60	8,32	45,15	18,23	3,13	14,96	7,49	44,25	16,49	4122	3814	1206	4072
662	H. Epprecht	10,51	15,19	10,47	60,80	Spur	3,01	12,91	9,42	59,58	—	4115	3853	1172	4305
663	Faust & Schuster in Göttingen	6,54	10,79	4,55	43,21	32,99	1,92	9,17	4,09	42,35	29,69	3968	3684	1077	3942
664	Dr. F. Frerichs & Co. in Leipzig	6,42	11,96	6,02	28,76	44,48	2,36	10,17	5,42	28,18	40,03	4040	3700	1096	3955

[1]) Die unlöslichen Kohlenhydrate schließen auch die Rohfaser mit ein; sie beträgt durchschnittlich 0,5%.

Nr.	Nähere Angaben	Rohnährstoffe						Ausnutzbare Nährstoffe				Calorien in 1 kg Subst.		Ausnutzbare Preiswerteinheiten in 1 kg	Reincalorien in 1 kg Trockensubst.
		Wasser	Stickstoff-substanz	Fett	Kohlenhydrate lösliche	Kohlenhydrate unlösliche[1]	Asche	Stickstoff-substanz	Fett	Kohlenhydrate lösliche	Kohlenhydrate unlösliche	rohe	reine		
		%	%	%	%	%	%	%	%	%	%	Cal.	Cal.		Cal.
665	Gerber & Co. in Thun	4,96	13,01	4,58	44,58	32,93	1,40	11,06	4,12	43,69	29,64	4125	3825	1143	4025
666	Dr. N. Gerbers Lactoleguminose	6,33	16,67	5,58	43,17	24,46	2,78	14,17	5,02	42,31	22,01	3891	3692	1169	3941
667	Gfalls Kindermehl	5,50	10,06	0,54	31,49	49,01	0,56	8,55	0,49	30,86	45,58	3733	3496	1031	3700
668	Giffey, Schill & Co. in Rohrbach	5,37	11,71	4,29	47,11	29,75	0,77	9,95	3,86	46,17	26,77	4012	3735	1105	3946
669	Grob & Anderegg	9,47	15,78	5,48	21,23	46,95	1,09	13,41	4,93	20,81	42,25	3963	3598	1132	3985
670	C. Heinroth-Berlin	5,63	9,91	5,63	65,57	10,89	1,72	8,42	5,07	64,26	9,80	4038	3821	1095	4049
671	Hempels Kindernährmittel	7,13	8,66	3,99	12,57	59,14	1,61	7,36	3,59	12,32	53,23	3638	3295	948	3548
672	Herzigs Kindermehl	1,40	9,91	4,08	43,56	33,33	1,67	8,42	3,67	42,69	29,99	3911	3625	953	3686
673	Kandlers Nährpräparat	7,71	22,46	0,15	59,17	1,64	6,89	19,09	0,14	57,98	1,52	3479	3271	1171	3437
674	Klopfers Kindermehl	6,15	17,55	2,65	58,42	2,86	2,37	14,92	2,38	57,25	11,96	3905	3677	1187	3918
675	Kufekes Kindermehl	8,37	13,24	1,69	23,71	50,17	2,23	10,59	1,18	23,23	46,66	3721	3392	1050	3702
676	Lehrs Kindermehl	6,68	14,58	6,95	10,90	59,50	0,85	12,39	6,25	10,68	53,55	4133	3723	1138	3989
677	Liebes Kindersuppe in Extraktform	23,81	4,99	Spur	69,66	—	2,68	4,70	—	68,17		3016	2945	823	3865
678	Liebigs desgl.	27,43	4,01	Spur	67,10	—	1,46	3,77	—	65,76		2868	3803	771	3862
679	Löfflunds Kindernahrung	30,59	3,64	Spur	63,99	—	1,69	3,09	—	62,71		2726	2651	721	3819
680	Löfflunds Kindermilch	22,52	10,11	9,89	54,80	—	2,68	9,50	9,39	53,70		3576	3459	1484	4464
681	Mufflers Kindermehl	5,63	14,37	5,80	27,41	44,22	2,39	12,21	5,22	26,86	39,80	4060	3714	1137	3935
682	W. Nestle in Vevey	6,01	9,94	4,53	42,75	34,70	1,75	8,45	4,08	41,89	31,23	3977	3693	1066	3929
683	Oettli, Vevey & Co. in Montreux	6,89	10,11	5,16	42,30	33,29	1,75	8,59	4,64	41,45	29,96	3968	3683	1065	3955
684	Pfeifers Kindermehl	9,55	10,62	5,23	28,51	43,10	0,89	9,03	4,71	27,94	38,79	3839	3523	1042	3895
685	Punzmanns Kindermehl	4,97	20,90	0,19	30,70	41,75	1,34	16,72	0,13	30,08	38,83	3877	3508	1193	3731
686	Rademanns Kindermehl	5,58	14,15	5,58	17,29	52,74	3,93	12,03	5,02	16,94	47,47	3971	3597	1105	3809
687	C. Rogge-Lehe	6,81	14,55	4,69	35,67	35,22	2,17	12,37	4,22	34,96	31,70	3991	3618	1122	3882
688	Dr. W. Stelzer-Berlin	6,96	10,27	4,17	51,43	24,49	2,41	8,72	3,75	50,40	22,04	3897	3648	1061	3921
689	Straetmann & Meyer in Bielefeld	6,92	11,74	8,49	36,20	34,35	1,34	9,98	7,64	35,48	30,91	4152	3826	1116	4110
690	Dr. Theinhardts lösliche Kindernahrung	4,65	16,35	5,18	52,60	16,87	3,54	13,90	4,66	51,55	15,18	4013	3742	1173	3924
691	Th. Timpe, Magdeburg	7,32	19,96	5,45	35,34	29,11	2,82	16,97	4,90	34,63	26,20	4004	3670	1215	3960
692	Wiener Kindermehl	3,18	11,38	4,36	47,01	30,00	3,82	9,67	3,22	46,07	27,00	4010	3732	1094	3854
	Kinderzwieback.														
693	Fr. Coers-Massen	10,99	10,50	1,15	18,95	56,87	0,92	8,40	0,80	69,75		3622	3250	968	3652
694	Huntley & Palmers	6,53	7,36	12,21	70,05	3,64	0,88	5,90	10,98	71,87		4422	4167	1115	4458
695	Ed. Löfflund, Milchzwieb.	5,65	12,87	6,49	31,75	40,02	2,79	11,00	5,84	67,11		4066	3733	1118	3956
696	Mellins Biskuits	11,66	9,96	6,25	35,51	33,89	1,34	8,47	5,63	66,32		3815	3566	1030	4036
697	Nährbiskuits	6,70	14,58	6,60	46,02	22,59	1,29	12,39	5,94	66,11		4009	3767	1152	4037
698	Rademann	7,11	11,31	3,58	74,18		2,85	9,04	2,86	70,47		3821	3501	1070	3769
699	H. Schmidt, Arrowroot	6,66	8,17	2,32	81,96		0,89	6,62	1,96	77,86		3870	3602	1016	3859
700	Snessl	9,02	19,62	3,21	31,69	39,00	1,78	15,69	2,59	66,15		4029	3608	1184	3975

(Über einige ausländische Kindermehle vgl. Bd. I, 1903, S. 751 u. 753).

[1]) S. Fußnote 1 vorige Seite.

Suppenmehle und Mehlextrakte (vgl. S. 378).

Nr.	Nähere Angaben	Rohnährstoffe: Wasser %	Rohnährstoffe: Stickstoff-substanz %	Rohnährstoffe: Fett %	Rohnährstoffe: Kohlen-hydrate %	Rohnährstoffe: Rohfaser %	Rohnährstoffe: Asche %	Ausnutzbare Nährstoffe: Stickstoff-substanz %	Ausnutzbare Nährstoffe: Fett %	Ausnutzbare Nährstoffe: Kohlen-hydrate %	Calorien in 1 kg Subst.: rohe Cal.	Calorien in 1 kg Subst.: reine Cal.	Ausnutzbare Preiswerteinheiten in 1 kg	Reincalorien in 1 kg Trockensubst. Cal.
701	Backmehl, Liebigs . . .	12,82	8,81	0,44	74,55	0,50	1,88	7,14	0,26	71,57	3429	3215	935	3688
702	Puddingmehl, Vanille . .	12,54	1,81	3,07	78,45	3,63	0,50	1,47	1,84	75,31	3507	3251	834	3717
703	Himbeer-Creme-Pulver .	4,43	5,56	0,55	89,28	wenig	0,18	4,50	0,33	85,71	3878	3666	939	3836
704	Citronen-Creme-Pulver .	4,43	6,00	0,42	89,00	wenig	0,15	4,86	0,25	85,44	3875	3664	1005	3834
705	Tapioka-Julienne (Knorr)	11,92	4,44	0,71	79,59	1,81	1,53	2,88	0,42	75,61	3454	3196	851	3628
706	Desgl. (Maggi)	7,33	4,21	8,10	62,10	0,88	15,03	2,62	7,29	58,29	3431	3104	814	3436
707	Julienne, feine Mischung	9,68	11,16	1,79	74,17	1,20	5,35	7,81	1,07	70,08	3600	3277	956	3536
708	Grünkernsuppe	9,53	10,41	3,28	73,10	1,80	1,68	7,29	1,97	69,63	3716	3304	954	3652
709	Grünkernextrakt	8,81	8,96	1,74	63,77	0,53	16,19	6,72	1,04	61,86	3125	2881	851	3159
710	Grünerbsen-Kräutersuppe	14,43	10,44	7,49	51,58	1,50	14,56	8,82	6,74	48,90	3240	2988	888	3492
711	Grünerbsen mit Grünzeug	9,87	25,25	1,64	58,66	1,70	2,88	21,34	0,66	55,48	3659	3262	1208	3619
712	Golderbsen mit Reis . .	11,19	17,31	1,01	68,16	0,76	1,57	14,63	0,40	64,61	3611	3301	1093	3717
713	Bohnen mit Erbsen . .	10,55	18,50	7,22	60,04	1,43	2,46	15,63	6,50	57,00	3934	3594	1169	4018
714	KlopfersKraftsuppenmehl	8,82	29,18	1,12	59,21	0,67	1,00	24,66	0,45	56,25	3817	3428	1292	3758
715	Disqués desgl.	9,03	28,51	0,66	58,81	0,53	2,46	24,09	0,26	55,87	3726	3367	1287	3701
716	Amthor & Co.s Eiweiß-suppenmehl	6,46	26,14	1,06	64,25	0,79	1,30	22,09	0,42	61,04	3871	3496	1282	3737
717	Nährhefe (vgl. Nr. 522 u. 523)	6,55	56,50	1,15	26,05	—	9,75	47,74	0,46	24,75	3729	3229	1689	3456
718	Leguminosen-mehl + Getreidemehl. Leguminose: Mischung I	10,99	25,49	1,85	57,79	0,82	3,06	21,54	0,74	54,90	3656	3256	1202	3658
719	desgl. „ II	11,65	20,38	1,89	63,06	0,98	2,04	17,22	0,76	59,91	3635	3259	1131	3689
720	desgl. „ III	11,88	17,83	1,34	66,43	0,70	1,82	15,07	0,54	63,11	3602	3268	1094	3708
721	Leguminose-Maggi: A, mager . . .	11,46	25,87	2,00	55,95	1,05	3,67	21,86	0,80	53,15	3616	3206	1203	3621
722	Leguminose-Maggi: AA, fett . .	10,65	29,60	6,54	47,02	1,60	4,09	25,01	5,88	45,01	3871	3497	1318	3689
723	Leguminose-Maggi: AAA, fett . .	12,00	28,60	14,60	38,46	1,12	5,22	24,17	13,14	36,54	4302	3796	1353	4314
724	Revalescière von de Barry	10,56	23,56	1,55	62,02		2,31	19,91	0,62	58,92	3709	3331	1199	3724
725	Kraftsuppenmehl	9,03	20,63	2,47	60,24		7,63	17,43	0,99	57,23	3589	3184	1115	3500
726	Sparsuppenm. v. H. Knorr	10,54	23,00	2,20	61,84		2,42	19,43	0,88	58,75	3736	3326	1188	3718
727	Sog. Kraft und Stoff . .	10,00	21,04	1,55	64,22		3,19	17,78	0,62	61,00	3678	3316	1156	3684
728	Leguminose (Malto-) . .	11,62	22,04	1,50	59,73	1,25	3,86	18,62	0,60	56,74	3543	3182	1138	3600
729	Leguminosen-Malzmehl v. Gebhard	12,00	19,32	1,50	63,36	1,80	2,02	16,33	0,60	60,19	3563	3215	1104	3653
730	Dr. Theinhardts Hygiama	4,27	21,88	9,61	59,23	1,49	3,52	18,49	8,65	56,27	4270	3806	1290	3976
731	Hafermaltose	10,51	12,16	5,84	68,36	1,47	1,66	9,73	5,25	66,99	3837	3615	1067	4089
					Glykose	Dextrin								
732	Gerstenmehl-Extrakt . .	2,02	7,02	0,22	32,02	56,00	1,64	6,53	0,13	86,24	3365	3762	1061	3839
733	Malzextrakt	26,32	3,34	—	48,02	21,04	1,04	3,11	—	67,68	2916	2851	770	3869
734	Malzmehl bzw. -extrakt mit Diastase	25,39	3,63	—	72,09		1,01	3,37	—	70,65	3050	2981	808	3995
735	Desgl., desgl. u. m. Pepsin	23,74	3,31	—	73,78		1,15	2,41	—	72,30	3103	3002	795	3936
736	Weizenmehl-Extrakt . .	4,06	6,53	0,20	25,06	60,06	2,10	6,07	0,12	83,51	3724	3731	1020	3889
737	Reismehl-Extrakt	17,41	1,57	0,05	58,11	22,41	0,45	1,43	—	78,91	3297	3223	832	3906
738	Leguminosenmehl-Extrakt	1,95	13,45	0,30	28,08	47,95	5,30	12,51	0,18	74,51	3688	3573	1124	3644
					Kohlenhydrate löslich	Kohlenhydrate unlösl.								
739	Getreide-Dextrinmehl . .	6,46	10,36	0,75	57,96	23,84	1,03	7,77	0,45	79,46	3819	3578	1037	3825
					Glykose	Dextrin								
740	Stärke-Dextrinmehl . . .	18,9	—	—	6,12	68,33	—	—	—	71,38	2998	2885	714	3176

Nr.	Nähere Angaben	Rohnährstoffe: Wasser %	Stickstoffsubstanz %	Fett %	Stärke %	Rohfaser %	Asche %	Ausnutzbare Nährstoffe: Stickstoffsubstanz %	Fett %	Kohlenhydrate %	Calorien in 1 kg Subst.: rohe Cal.	reine Cal.	Ausnutzbare Preiswerteinheiten in 1 kg	Reincalorien in 1 kg Trockensubst. Cal.
	Stärkemehle (vgl. S. 381).													
741	Weizenstärke	13,94	1,13	0,19	84,11	0,17	0,46	0,79	0,08	81,59	3434	3307	840	3843
742	Maisstärke (Maizena, Mondamin)	13,31	1,20	0,01	85,11	Spur	0,37	0,84	—	82,56	3460	3341	850	3854
743	Reisstärke	13,71	0,81	Spur	85,18	Spur	0,30	0,57	—	82,62	3444	3331	843	3860
744	Kartoffelstärke bzw. Kartoffelmehl	17,76	0,88	0,05	80,68	0,06	0,57	0,62	0,02	78,26	3272	3161	802	3843
745	Arrowrootstärke (Tapioka)	14,47	0,74	0,16	84,36	0,06	0,21	0,52	0,06	81,83	3823	3303	835	3862
746	Sagostärke bzw. Sagomehl	15,85	2,16	—	81,51	—	0,48	1,51	—	79,06	3360	3231	836	3839
	Teigwaren (vgl. S. 386).													
747	Makkaroni	11,82	12,88	0,69	75,55	0,42	0,64	10,94	0,37	70,61	3599	3362	1042	3813
748	Wassernudeln	13,50	12,44	0,71	72,15	0,55	0,65	10,57	0,38	69,86	3524	3292	1017	3806
749	Eiernudeln[1]	13,50	14,19	2,35	68,70	0,50	0,76	12,06	1,65	65,76	3619	3339	1052	3860
	Brot und Brotwaren (vgl. S. 388—402).				Kohlenhydrate									
750	Weizenbrot: feineres	33,66	6,81	0,54	57,80	0,31	0,88	5,52	0,38	56,64	2675	2515	740	3789
751	Weizenbrot: gröberes	37,27	8,44	0,91	50,99	1,12	1,27	6,33	0,55	49,46	2512	2321	696	3700
752	Weizenbrot: Graham-(Vollkornbrot)	41,08	8,10	0,72	47,56	1,02	1,52	5,83	0,39	43,99	2342	2062	623	3499
753	Weizenzwieback: gewöhnlicher	9,54	9,91	2,55	75,50	0,85	1,70	7,61	1,79	73,23	3699	3440	996	3803
754	Weizenzwieback: feinerer	9,28	12,53	4,44	71,97	0,58	1,20	10,15	3,33	70,54	3868	3598	1077	3966
755	Weizenzwieback: feinster (Biskuits Cakes)	7,48	8,80	9,07	73,44	0,39	0,82	7,48	7,71	71,97	4186	3940	1097	4352
756	Roggenbrot: feineres (Graubrot)	39,70	6,43	1,14	50,44	0,80	1,49	4,69	0,57	47,92	2419	2186	631	3625
757	Roggenbrot: Kommißbrot	38,88	6,04	0,40	51,56	1,55	1,57	4,11	0,20	47,95	2378	2125	606	3477
758	Roggenbrot: Vollkornbrot (Pumpernickel)	42,22	7,56	0,90	46,44	1,48	1,40	4,70	0,45	41,79	2289	1930	568	3340
759	Roggen-Zwieback	11,54	10,85	1,06	71,79	3,02	1,74	7,92	0,53	68,20	3470	3141	930	3551
760	Weizen-Roggen- (Grau-) Brot	38,46	7,47	0,30	51,78	0,58	1,41	5,82	0,15	48,68	2442	2228	664	3620
761	Desgl. zubereitet: mit Wasser	35,46	7,53	0,67	53,29	2,18	0,87	5,65	0,33	50,09	2540	2293	677	3553
762	Desgl. zubereitet: mit Magermilch	35,06	8,53	0,82	52,32	2,17	1,10	6,82	0,41	50,76	2561	2380	720	3665
763	Hafer-: Brot	47,43	7,61	1,52	40,67	0,38	2,39	5,33	0,76	36,60	2118	1780	540	3386
764	Hafer-: Zwieback (Cakes)	9,98	8,58	10,40	66,68	2,42	1,94	6,86	7,28	62,01	4029	3473	972	3858
765	Gersten-: Brot	49,77	6,41	1,13	39,36	1,32	2,01	4,49	0,56	34,52	1974	1639	491	3263
766	Gersten-: Zwieback	12,44	9,33	1,09	69,06	4,29	3,79	6,53	0,55	62,15	3293	2838	725	3241
767	Maisbrot	43,82	5,83	1,73	45,73	1,25	1,64	4,84	1,04	43,90	2258	2076	605	3693
768	Desgl., ¼ Maismehl: ¾ Roggenmehl	40,44	7,50	1,11	49,44	0,60	0,94	5,47	0,56	46,47	2425	2162	640	3630
769	Desgl., ¼ Maismehl: ¾ Weizenmehl	37,19	7,31	0,35	52,20	0,50	1,45	5,85	0,18	50,63	2457	2301	685	3663
770	Dari-Roggenbrot	38,43	7,32	2,31	47,73	1,88	2,33	5,12	1,16	42,95	2461	2061	606	3347
771	Roggenbrot: reines	44,10	5,49	0,68	48,35	0,63	0,55	3,84	0,34	45,45	2250	2026	577	3625
772	Roggenbrot: mit 20% Kartoffelwalzmehl	51,80	4,82	0,53	41,49	0,75	0,61	3,37	0,27	39,00	1931	1740	497	3505

[1]) Auf 1 kg Mehl 4 Eier.

Nr.	Nähere Angaben	Rohnährstoffe: Wasser %	Stickstoffsubstanz %	Fett %	Zucker %	Kohlenhydrate %	Rohfaser %	Asche %	Ausnutzbare Nährstoffe: Stickstoffsubstanz %	Fett %	Kohlenhydrate %	Calorien in 1 kg Subst.: rohe Cal.	reine Cal.	Ausnutzbare Preiswerteinheiten in 1 kg	Reincalorien in 1 kg Trockensubst. Cal.
773	Weizenbrot, reines	27,80	10,00	0,28	—	60,76	0,37	0,85	7,50	0,14	57,72	2916	2667	805	3694
774	Weizenbrot, mit 20% Reismehl	27,70	9,87	0,25	—	60,96	0,32	0,90	7,40	0,13	57,91	2916	2669	804	3691
775	Bananenbrot	33,30	6,76	0,16	—	57,70	0,98	1,10	5,07	0,08	54,82	2634	2433	702	3648
776	Mandelbrot für Diabetiker	20,45	23,62	43,11	—	7,82	2,95	2,05	16,53	38,80	7,04	5459	4650	1342	5845
777	Erdnußmehl-Brot	24,56	33,56	12,76	—	19,82	5,52	3,78	23,49	11,48	15,86	3524	2781	1093	3686
778	Erdnußmehl-Zwieback	3,96	35,70	25,38	—	28,57	3,37	3,02	24,99	22,81	22,86	5145	4183	1435	4355
779	Haselnuß-Roggenmehlbrot	32,10	7,51	3,15	—	55,72		1,52	5,11	1,89	44,57	2867	2194	637	3231
780	Zwieback mit Wasser	6,30	12,02	5,55	—	73,96		2,17	8,18	3,33	59,17	4028	3053	903	3258
781	Zwieback mit Magermilch	6,69	12,96	6,15	—	71,58		2,62	10,37	4,31	61,56	4055	3341	1013	3585
782	Armee-Fleisch-Zwieback mit wenig Fleisch	10,80	14,47	4,51	—	65,94	1,24	3,04	11,57	3,83	61,32	3723	3341	1037	3745
783	Armee-Fleisch-Zwieback mit viel Fleisch	5,81	23,05	8,14	—	60,17	0,64	2,19	20,98	7,33	57,76	4224	3957	1354	4148
784	Fleisch-Biskuits	6,62	14,69	1,07	—	74,23	0,74	2,65	13,37	0,86	71,26	3745	3546	1131	3797
785	Aleuronat-Brot mit wenig Kleber	39,62	17,29	0,34	—	40,51	0,64	1,60	14,70	0,17	38,89	2448	2248	833	3723
786	Aleuronat-Zwieback mit wenig Kleber	6,54	22,86	8,61	—	59,55	0,84	1,64	19,43	5,17	57,17	4234	3662	1258	3918
787	Aleuronat-Zwieback mit viel Kleber	8,53	66,19	4,99	—	17,67		2,62	59,57	2,99	16,33	4215	3672	2010	4014
788	Gluten-Biskuits	9,41	37,52	1,61	—	50,07	0,22	1,17	28,14	0,80	47,57	3878	3272	1336	3612
789	Albumin-Kraft-Brot	31,50	16,69	0,36	—	48,83	1,12	1,50	14,19	0,18	46,39	2754	2525	893	3686
790	Albumin-Kraft-Zwieback	8,68	17,63	7,85	—	64,10	0,46	1,28	14,99	6,67	60,94	4105	3748	1193	4102
791	Degeners Kraftbrot[1]	26,87	11,25	0,32	—	57,00	1,57	2,99	9,56	0,16	55,29	2828	2667	843	3647

Feinbackwaren, Zuckerwaren (Konditorwaren, vgl. S. 402—408).

Zucker- und fettreiche Feinbackwaren (vgl. S. 404).

Nr.	Nähere Angaben	Wasser %	Stickstoffsubstanz %	Fett %	Zucker %	Dextrin, Stärke u. a. %	Rohfaser %	Asche %	Ausnutzbare Stickstoffsubstanz %	Fett %	Kohlenhydrate %	rohe Cal.	reine Cal.	Ausnutzbare Preiswerteinheiten in 1 kg	Reincalorien in 1 kg Trockensubst. Cal.
792	Tee-Biskuits	11,70	8,76	4,48	51,33	22,63	0,50	0,60	7,45	4,03	71,80	3793	3590	1022	4066
793	Waffeln, englische	5,70	8,40	1,15	44,38	39,97	—	0,40	7,14	0,80	81,49	3867	3662	1045	3883
794	Waffeln, gefüllte	9,50	7,28	38,10	29,41	15,10	0,11	0,50	6,19	34,29	43,06	5659	5196	1302	5741
795	Leibniz-Cakes	6,72	7,16	10,43	19,22	54,34	0,98	1,15	6,09	9,38	70,46	4242	3971	1075	4257
796	Leibniz-Waffeln	6,95	8,53	17,99	36,45	27,86	1,07	1,15	7,25	16,19	62,28	4643	4330	1164	4653
797	Pumpernickel-Cakes	7,03	6,77	3,39	40,19	40,49	1,47	0,66	5,65	3,05	77,85	3854	3658	1009	3934
798	Runde Füllhippen	5,74	7,20	24,51	42,01	18,26	1,08	1,20	6,12	22,06	58,52	5021	4674	1210	4958
799	Flache Fürstenwaffeln	2,50	5,75	33,83	30,64	24,35	1,71	1,22	4,89	30,43	53,16	5610	5183	1287	5316
800	Champagner-Waffeln	7,01	9,26	4,63	45,33	32,90	0,31	0,56	7,85	4,17	75,67	3986	3777	1076	4061
801	Pangani- oder Wiener Mischung	10,17	5,26	17,84	32,22	32,81	0,83	0,87	4,47	17,56	62,74	4503	4181	1077	4654
802	Marienburger Mischung	6,75	10,58	13,49	31,87	35,64	0,82	0,85	8,99	12,14	65,09	4442	4146	1163	4446
803	Steinhuder „	9,80	7,56	8,68	30,38	42,04	0,78	0,76	6,43	7,81	69,71	4052	3811	1046	4225
804	Kaiser- „	5,80	7,32	12,04	27,28	45,93	0,95	0,68	6,22	10,84	70,36	4385	4109	1107	4362
805	Figaro- „	3,94	7,44	6,14	17,06	64,20	0,31	0,91	6,32	5,53	77,71	4164	3913	1077	4073
806	Blätterteigwaren	6,30	6,29	35,08	16,45	33,63	0,94	1,31	5,35	31,57	48,09	5555	5106	1273	5449

[1] Getreide-Hülsenfruchtmehl eingeteigt mit Braunschweiger Mumme.

Nr.	Nähere Angaben	Rohnährstoffe: Wasser %	Stickstoffsubstanz %	Fett %	Zucker %	Dextrin, Stärke u. a. %	Rohfaser %	Asche %	Ausnutzbare Nährstoffe: Stickstoffsubstanz %	Fett %	Kohlenhydrate %	Calorien für 1 kg Subst.: rohe Cal.	reine Cal.	Ausnutzbare Preiswerteinheiten für 1 kg	Reincalorien in 1 kg Trockensubst. Cal.
807	Speculatius, bessere	4,71	8,61	13,71	28,05	43,74	0,43	0,75	7,32	12,34	69,04	4543	4246	1157	4455
808	Speculatius, billigere	5,33	8,55	10,01	24,98	49,67	0,55	0,91	7,27	9,01	71,67	4310	4039	1115	4266
809	Stollen[1])	23,80	8,32	18,95	7,69	39,43	0,35	1,26	7,07	17,06	45,00	4030	3712	1002	4871
810	Mandelkuchen	2,10	10,78	23,70	54,60	6,76	1,10	0,96	9,16	21,33	59,93	5154	4802	1301	4905
811	Marzipan	13,75	9,33	28,50	44,35	2,30	0,87	0,90	7,93	25,65	45,64	4946	4576	1207	5305
812	Makronen	10,10	11,08	23,85	51,20	1,77	0,80	1,20	9,42	21,47	51,86	4847	4504	1231	5010

Zuckerreiche Feinbackwaren (vgl. S. 404).

Nr.	Nähere Angaben	Wasser %	Stickstoffsubstanz %	Fett %	Zucker %	Dextrin, Stärke u. a. %	Rohfaser %	Asche %	Ausn. Stickstoffsubstanz %	Ausn. Fett %	Ausn. Kohlenhydrate %	rohe Cal.	reine Cal.	Ausnutzbare Preiswerteinheiten für 1 kg	Reincalorien in 1 kg Trockensubst. Cal.
813	Schaumkuchen[2]), gefüllt	10,10	5,84	0,56	82,90	—	—	0,60	5,26	0,39	81,24	3637	3528	978	3924
814	Krinolinkuchen	10,39	6,90	0,85	38,91	41,41	0,50	1,04	5,86	0,60	77,47	3609	3425	963	3822
815	Honigkuchen	14,55	6,24	1,10	34,35	41,77	0,44	1,55	5,30	0,77	73,34	3434	3249	908	3802
816	Lebkuchen, feinste (Nürnberger)	3,87	9,04	4,25	52,14	28,26	1,38	1,06	7,68	2,98	77,95	4027	3748	1070	3899
817	Printen, Aachener, braune	5,36	5,93	0,66	41,71	44,50	0,58	1,26	5,04	0,46	83,14	3783	3600	992	3804
818	Printen, Aachener, Prinzeß-	3,66	9,23	5,72	40,93	38,00	1,22	1,24	7,85	5,15	76,21	4113	3888	1101	4037
819	Pfeffernüsse, Borgholzhauser	5,18	7,10	0,62	39,42	45,39	0,33	1,96	6,04	0,43	81,75	3777	3586	1007	3782

Zuckerreiche Feinkostwaren ohne Backvorgang (vgl. S. 405).

Nr.	Nähere Angaben	Wasser %	Stickstoffsubstanz %	Fett %	Zucker %	Dextrin, Stärke u. a. %	Säure Äpfelsäure %	Asche %	Ausn. Stickstoffsubstanz %	Ausn. Fett %	Ausn. Kohlenhydrate %	rohe Cal.	reine Cal.	Ausnutzbare Preiswerteinheiten für 1 kg	Reincalorien in 1 kg Trockensubst. Cal.
820	Creme, Milch, Eier, ohne Gelatine	79,18	6,07	4,06	5,93	4,02	—	0,74	5,46	3,86	9,63	1055	995	337	4779
821	Creme, Milch, Eier, mit „	78,38	4,83	3,53	5,99	6,55	—	0,72	4,35	3,35	12,10	1052	996	319	4607
822	Vanille-Eis, mit Eigelb und Gelatine	67,51	2,86	2,71	20,81	4,66	0,82	0,63	2,57	2,44	24,82	1402	1338	374	4118
823	Vanille-Eis, ohne Eigelb und Gelatine	77,30	1,82	1,42	15,45	3,27	0,33	0,41	1,64	1,28	18,25	965	924	257	4070
824	Schokolade-Eis, ohne Eier und Gelatine	68,65	1,52	1,82	25,48	1,44	0,72	0,37	1,37	1,64	26,34	1316	1269	337	4048
825	Schokolade-Eis, mit Eiereiweiß	75,94	1,99	1,38	13,53	6,33	0,36	0,47	1,79	1,24	19,27	1014	968	271	4023
826	Sahne-Eis	77,08	2,39	1,92	6,16	11,91	—	0,54	2,15	1,73	17,35	1011	954	276	4162
827	Himbeer-Eis, mit Eigelb und Gelatine	74,78	1,25	2,59	12,43	7,41	1,07	0,47	1,13	2,33	19,22	1092	1037	273	4112
828	Himbeer-Eis, mit Eiereiweiß	78,68	0,91	0,77	9,01	9,93	0,42	0,28	0,82	0,69	18,26	871	832	221	3902

Zuckerwaren und Kanditen (vgl. S. 405).

Nr.	Nähere Angaben	Wasser %	Stickstoffsubstanz %	Fett %	Saccharose %	Dextrin, Stärke u. a. %	Stärke usw. (in Wasser unlöslich) %	Asche %	Ausn. Stickstoffsubstanz %	Ausn. Fett %	Ausn. Kohlenhydrate %	rohe Cal.	reine Cal.	Ausnutzbare Preiswerteinheiten für 1 kg	Reincalorien in 1 kg Trockensubst. Cal.
829	Karamellen, ungefüllte	4,53	—	—	94,25	—	0,83	0,11	—	—	93,11	3803	3725	931	3901
830	Desgl., gefüllt, Punsch-	5,92	—	—	90,08	—	3,83	0,17	—	—	91,84	3765	3674	918	3905
831	Desgl., gefüllt, Himbeermarmel.-	7,89	—	—	91,06	—	0,78	0,27	—	—	89,23	3674	3569	892	3875
832	Frucht-Bonbons	2,63	0,31	0,07	96,63	—	0,24	0,12	0,24	—	94,69	3895	3798	954	3901
833	Brust- „	4,63	0,50	0,13	94,25	—	0,16	0,33	0,40	—	92,36	3812	3713	936	3893
834	Gummi- „	7,24	2,12	0,55	87,62	—	0,38	2,09	1,69	0,38	84,21	3669	3482	900	3754

[1]) Mehl, Milch, Eier, Zucker, Butter, Rosinen.
[2]) Zucker und Eiweiß.

Nr.	Nähere Angaben	Rohnährstoffe: Wasser %	Stickstoffsubstanz %	Fett %	Zucker, Saccharose %	Stärke usw. (l. Wasser unlöslich) %	Asche %	Ausnutzbare Nährstoffe: Stickstoffsubstanz %	Fett %	Kohlenhydrate %	Calorien in 1 kg Subst.: rohe Cal.	reine Cal.	Ausnutzbare Preiswerteinheiten in 1 kg	Reincalorien in 1 kg Trockensubst. Cal.
835	Bonbons, bessere	5,86	1,63	0,18	81,69	10,16	0,58	1,30	—	89,70	3766	3648	936	3875
836	Bonbons, gewöhnliche	4,66	0,68	0,21	72,86	21,03	0,56	0,54	—	91,37	3807	3680	930	3860
837	Fondant-Bonbons	6,31	—	—	92,15	1,43	0,11	—	—	91,21	3743	3648	912	3893
838	Konserve- „	2,12	—	—	97,35	0,37	0,16	—	—	95,74	3909	3830	957	3913
839	Punsch-Plätzchen	15,88[1]	—	—	83,86	0,24	0,02	—	—	82,37	3364	3295	824	3917
840	Pfefferminzpastillen	0,93	—	—	95,80	3,21	0,06	—	—	96,91	3960	3876	969	3912
841	Eis-Bonbons	8,98	—	—	86,93	3,98	0,11	—	—	88,97	3636	3559	890	3910
842	Pralinés, Dessert-Bonbons	7,47	3,60	12,36	64,00	10,75	0,61	2,88	11,12	72,93	4306	4084	1038	4414
843	Pralinés, Schokolade- „	6,41	6,56	19,95	49,60	15,12	1,00	5,25	17,95	62,96	4746	4429	1146	4775
844	Kessel-Dragées	6,09	—	—	54,50	29,35	0,62	—	—	81,88	3354	3275	819	3487
845	Sieb- „	11,91	—	—	81,55	6,33	0,21	—	—	84,92	3515	3397	849	3856
846	Kandierte Orangeschalen	15,43	—	0,23	78,86	3,87	0,36	—	0,20	78,46	3352	3156	789	3733
				Invertzucker										
847	Kandierte Citronat[2]	19,73		42,80	28,77	6,46	0,96	—	—	76,47	3121	3059	765	3811
848	Türkenbrot	5,73	1,63	—	90,45	2,01	0,18	1,30	—	88,64	3773	3605	925	3820
849	Sultanbrot, gewöhnliches	11,79	0,21	—	73,76	14,04	0,20	—	—	85,63	3522	3425	856	3883
850	Sultanbrot, feines	17,84	0,19	—	72,46	9,21	0,30	—	—	79,95	3276	3198	799	3892

Süßstoffe (vgl. S. 409—429).

Nr.	Nähere Angaben	Wasser %	Stickstoffsubstanz %	Glykose %	Saccharose %	Nichtzucker, Dextrin u. a. %	Asche %	Ausnutzbare Stickstoffsubstanz %	Fett %	Kohlenhydrate %	rohe Cal.	reine Cal.	Ausnutzbare Preiswerteinheiten in 1 kg	Reincalorien in 1 kg Trockensubst. Cal.
851	Rübenzucker, rein	0,06	—	—	99,75	0,15	0,04	—	—	97,88	3995	3915	979	3916
852	Rübenzucker, weniger rein	0,20	—	—	99,35	0,25	0,20	—	—	97,61	3984	3904	976	3912
853	Rohrzucker	1,15	0,35	1,55	96,10	0,75	0,20	0,28	—	96,41	3952	3869	972	3914
854	Ahornzucker	1,50	0,50	5,09	85,40	6,76	0,75	0,40	—	95,08	3913	3822	963	3880
855	Hirsezucker	1,71	0,50	0,41	93,05	3,65	0,68	0,40	—	95,06	3907	3821	963	3887
856	Maiszucker	2,50	0,50	3,07	88,42	4,04	1,47	0,40	—	93,60	3844	3762	948	3858
857	Palmzucker	1,86	0,75	1,71	87,97	7,21	0,50	0,60	—	94,74	3910	3817	965	3889
				Invert-Zucker										
858	Speise- (Melasse-) Sirup	22,50	9,50	10,15	40,05	14,30	3,50	7,60	—	62,78	3017	2861	856	3691
859	Invertzucker	19,23	0,07	79,00		1,60	0,10	0,06	—	78,94	3227	3160	792	3912
860	Invertzuckersirup (flüssige Raffinade, Kunsthonig)	26,26	0,15	36,54	32,62	4,31	0,12	0,12	—	71,87	2946	2880	722	3906
861	Blüten-Honig	18,46	0,35	74,51	1,71	4,73	0,24	0,28	—	79,18	3254	3180	800	3900
862	Honigtau- „	17,15	1,45	66,06	6,28	7,31	0,75	1,16	—	77,83	3253	3165	812	3832
863	Tannen- „	16,65	0,48	60,71	9,75	11,96	0,45	0,38	—	80,41	3319	3234	815	3880
864	Rohrzucker-Honig	21,44	—	62,51	14,66	1,30	0,09	—	—	76,86	3140	3074	769	3913
865	Türkischer „	7,97	—	56,78	31,02	3,92	0,31	—	—	89,76	3669	3590	898	3901
866	Datteln- „	33,61	—	61,83	—	3,10	1,46	—	—	64,31	2630	2572	643	3874
				Lactose	Milchsäure	Sonstige Stoffe								
867	Milchzucker (Lactose), reiner	0,20	0,15	99,30	Spur	0,25	0,10	0,12	—	97,55	3980	3902	976	3909
868	Milchzucker (Lactose), roher	1,61	2,02	91,66	0,42	2,19[3]	2,10	1,62	—	92,32	3863	3767	972	3828

[1]) Wasser + Alkohol.
[2]) Nur mit Zucker, ohne Mitverwendung von Stärkesirup hergestellt.
[3]) Mit 0,38% Fett.

Nr.	Nähere Angaben	Rohnährstoffe: Wasser %	Stickstoffsubstanz %	Glykose %	Saccharose %	Dextrin %	Asche %	Ausnutzbare Nährstoffe: Stickstoffsubstanz %	Fett %	Kohlenhydrate %	Calorien für 1 kg Subst.: rohe Cal.	reine Cal.	Ausnutzbare Preiswerteinheiten für 1 kg	Reincalorien in 1 kg Trockensubst. Cal.	In 1 kg marktfähigem Gemüse eßbare Trockensubst. Gramm
869	Stärkezucker	16,27	—	68,25	—	14,91	0,57	—	—	81,04	3326	3242	810	3862	—
870	Stärkezuckersirup	18,47	—	44,86	—	35,55	0,99	—	—	77,73	3216	3109	777	3819	—
871	Capillärsirup	19,72	—	32,56	—	47,48	0,24	—	—	77,02	3202	3081	770	3833	—
				Maltose	Sonstige Stoffe										
872	Maltose, dextrinarm	23,57	1,85	61,04	0,40	12,16	0,98	1,48	—	71,76	3029	2929	762	3714	—
873	Maltose, dextrinreich	26,33	1,97	28,84	1,84	40,16	0,86	1,58	—	68,16	2924	2799	729	3799	—
874	Sirop cristal	19,62	Spur	59,63	0,40	20,11	0,24	—	—	77,92	3206	3117	779	3879	—

Wurzelgewächse (vgl. S. 432—444).

Nr.	Nähere Angaben	Wasser %	Stickstoffsubstanz %	Fett %	Kohlenhydrate %	Rohfaser %	Asche %	Ausnutzbare Stickstoffsubstanz %	Fett %	Kohlenhydrate %	rohe Cal.	reine Cal.	Ausnutzbare Preiswerteinheiten für 1 kg	Reincalorien in 1 kg Trockensubst. Cal.	In 1 kg marktfähigem Gemüse eßbare Trockensubst. Gramm
875	Kartoffeln	74,92	2,00	0,15	20,86	0,98	1,09	1,64	0,14	20,65	941	914	258	3644	—
876	Topinambur (Helianthus tuberosus)	79,12	1,89	0,18	16,40	1,25	1,16	1,51	0,16	15,74	760	714	206	3419	—
877	Helianthus macrophyllus	71,77	4,18	0,54	20,83	1,22	1,46	3,34	0,43	19,99	1066	994	309	3521	—
878	Bataten	71,66	1,57	0,50	24,11	0,97	1,19	1,26	0,40	23,15	1083	1021	277	3603	—
879	Japan- (Stachys-) Knollen	78,62	2,73	0,12	16,63	0,73	1,17	2,18	0,09	15,96	803	747	227	3494	—
880	Kerbelrüben	65,34	3,89	0,32	27,83	0,94	1,68	3,11	0,25	26,75	1322	1235	366	3563	—
881	Zuckerkartoffeln	82,52	1,78	0,14	14,04	0,64	0,88	1,42	0,11	13,48	656	615	180	3518	—
882	Eierkartoffeln	93,24	1,08	0,09	3,94	1,15	0,50	0,86	0,07	3,78	216	196	65	2900	—
883	Bambusschößlinge	91,58	2,38	0,16	3,88	1,05	0,95	1,87	0,13	3,72	278	247	96	2933	—
884	Conophallus Konjak	91,76	1,03	0,08	6,47	0,30	0,36	0,82	0,06	6,21	314	292	88	3544	—
885	Distel-Knollen	73,81	3,49	0,18	19,40	2,24	0,88	2,79	0,14	18,62	953	886	272	3383	—
886	Cichorie	78,76	1,03	0,35	17,92	1,09	0,85	0,82	0,28	17,20	797	752	202	3540	—
887	Runkelrübe	88,00	1,26	0,13	8,68	0,89	1,04	1,01	0,10	8,33	417	389	116	3242	—
888	Zuckerrübe	80,25	1,33	0,10	16,17	1,16	0,99	1,06	0,08	15,36	717	671	187	3397	—
889	Möhren (große Varietät)	86,77	1,18	0,29	9,06	1,67	1,03	0,94	0,23	8,70	444	413	120	3122	—
890	Kohlrübe: Brassica napus esculenta	88,88	1,39	0,18	7,37	1,44	0,74	1,11	0,14	7,07	374	347	105	3120	—
891	Kohlrübe: Brassica rapa rapifera	90,67	1,11	0,24	6,11	1,11	0,76	0,89	0,19	5,87	318	293	89	3140	—
892	Steckrübe, eßbarer Teil	94,16	0,77	0,11	3,85	0,65	0,46	0,62	0,09	3,66	201	183	57	3133	—

Gemüse (vgl. S. 445—458).

Nr.	Nähere Angaben	Wasser %	Stickstoffsubstanz %	Fett %	Kohlenhydrate %	Rohfaser %	Asche %	Ausnutzbare Stickstoffsubstanz %	Fett %	Kohlenhydrate %	rohe Cal.	reine Cal.	Ausnutzbare Preiswerteinheiten für 1 kg	Reincalorien in 1 kg Trockensubst. Cal.	In 1 kg marktfähigem Gemüse eßbare Trockensubst. Gramm
893	Rote Einmachrübe	89,92	1,31	0,10	6,80	0,98	0,89	0,94	0,06	5,71	342	277	86	2748	65,35
894	Kleine Mohrrübe (frühe Sorte)	88,07	1,07	0,21	8,17	0,98	0,73	0,77	0,13	6,86	396	322	94	2699	50,25
895	Teltower Rübchen	81,90	3,52	0,14	11,34	1,82	1,28	2,53	0,08	9,53	629	505	173	2790	—
896	Oberkohlrabi, Knollen	89,33	2,45	0,18	5,86	1,16	1,02	1,76	0,11	4,92	364	288	104	2708	35,79
897	Oberkohlrabi, Blätter und Stengel	86,13	3,41	0,60	6,66	1,52	2,05	2,45	0,36	5,59	479	370	136	2673	36,45
898	Rettich	86,92	1,92	0,11	8,43	1,55	1,07	1,38	0,07	7,07	436	353	114	2699	—
899	Radieschen	93,34	1,23	0,15	3,79	0,75	0,74	0,89	0,09	3,18	222	176	60	2643	—
900	Schwarzwurzel	80,39	1,04	0,50	14,81	2,27	0,99	0,75	0,30	12,44	687	560	153	2856	—

Nr.	Nähere Angaben	Rohnährstoffe: Wasser %	Stickstoffsubstanz %	Fett %	Kohlenhydrate %	Rohfaser %	Asche %	Ausnutzbare Nährstoffe: Stickstoffsubstanz %	Fett %	Kohlenhydrate %	Calorien in 1 kg Subst.: rohe Cal.	reine Cal.	Ausnutzbare Preiswerteinheiten in 1 kg	Reincalorien in 1 kg Trockensubst. Cal.	In 1 kg marktfähigem Gemüse eßbare Trockensubstanz[1] Gramm
901	Sellerie, Knollen	87,31	1,41	0,33	8,83	1,21	0,91	1,01	0,20	7,42	449	362	109	2852	59,23
902	Sellerie, Blätter	81,57	4,64	0,79	9,13	1,41	2,46	3,25	0,47	7,67	652	500	183	2713	—
903	Sellerie, Stengel	89,57	0,88	0,34	6,56	1,24	1,41	0,62	0,20	5,51	335	268	78	2549	—
904	Meerrettich	76,72	2,73	0,35	15,89	2,78	1,53	1,97	0,21	13,35	794	644	196	2809	—
905	Pastinak	80,68	1,27	0,53	14,65	1,73	1,14	0,91	0,32	12,31	694	564	157	2919	—
906	Zwiebeln, Knollen: Perlzwiebel	70,18	2,68	0,10	25,69	0,82	0,53	1,93	0,06	21,58	1160	957	275	3209	—
907	Zwiebeln, Knollen: blaßrote Zwiebel	87,84	1,30	0,14	9,44	0,71	0,57	0,94	0,08	7,93	450	368	109	3026	66,90
908	Zwiebeln, Knollen: Lauch, Porree	87,62	2,83	0,29	6,53	1,49	1,24	2,04	0,17	5,49	418	329	120	2657	—
909	Zwiebeln, Knollen: Knoblauch	64,65	6,76	0,06	26,32	0,77	1,44	4,87	0,04	22,11	1369	1112	368	3146	—
910	Desgl., Blätter: blaßrote Zwiebel	90,31	1,96	0,44	4,80	1,35	1,14	1,41	0,26	4,03	323	250	88	2580	22,62
911	Desgl., Blätter: Lauch, Porree	90,82	2,10	0,44	4,55	1,27	0,82	1,51	0,26	3,82	319	246	89	2679	—
912	Desgl., Blätter: Schnittlauch	82,00	3,92	0,88	9,08	2,46	1,66	2,82	0,53	7,63	625	484	172	2690	—
913	Kürbis, Fruchtfleisch	90,32	1,10	0,13	6,50	1,22	0,73	0,79	0,08	5,46	323	262	80	2707	—
914	Gurke, Fruchtfleisch ungeschält	97,32	0,64	0,16	0,96	0,43	0,49	0,46	0,10	0,81	83	63	23	2351	26,79
915	Gurke, Fruchtfleisch geschält	97,66	0,55	0,17	0,89	0,30	0,43	0,40	0,10	0,75	77	58	22	2479	18,08
916	Dschamma (Gurke), Fruchtfleisch	96,14	0,36	0,04	2,27	0,79	0,60	0,26	0,02	1,91	111	90	27	2332	—
917	Melone, Fruchtfleisch	91,50	0,84	0,13	6,35	0,66	0,52	0,60	0,08	5,33	305	248	73	2917	—
918	Liebesapfel, Tomate	93,42	0,95	0,19	3,99	0,84	0,61	0,68	0,11	3,35	221	176	56	2674	—
919	Hibiscus esculentus, unreife Frucht	81,74	4,15	0,42	12,12	1,15	1,41	2,91	0,25	10,18	715	564	194	3088	—
920	Erbsen, unreife	77,67	6,59	0,52	12,43	1,94	0,85	4,74	0,31	10,44	849	654	253	2929	85,70
921	Buffbohnen, desgl.	81,78	5,96	0,38	8,62	2,45	0,81	4,29	0,23	7,42	654	508	206	2788	73,10
922	Schneid- (Schnitt-) Bohnen	89,06	2,62	0,19	6,30	1,15	0,68	1,89	0,11	5,29	390	309	112	2825	102,21
923	Wachsbohnen	92,61	1,77	0,16	3,85	0,99	0,61	1,27	0,10	3,23	250	197	72	2666	70,88
924	Spargel ungeschält	93,72	1,95	0,14	2,40	1,15	0,64	1,40	0,08	2,02	199	153	64	2436	56,60
925	Spargel geschält	95,34	1,64	0,11	1,74	0,63	0,54	1,18	0,07	1,46	165	118	51	2532	31,28
926	Artischocke: Blütenboden	86,49	2,54	0,09	8,31	1,27	1,30	1,83	0,05	6,98	458	368	126	2724	—
927	Artischocke: unterer Teil der Hüllschuppen	79,60	1,68	0,12	14,45	3,31	0,84	1,21	0,07	12,14	666	548	159	2686	—
928	Rhabarber, Stengel ungeschält	94,07	0,74	0,10	3,30	0,84	0,94	0,53	0,07	2,77	176	142	45	2394	59,34
929	Rhabarber, Stengel geschält	94,74	0,69	0,10	3,01	0,58	0,88	0,50	0,06	2,53	161	130	42	2471	41,18
930	Rhabarber, Blattspreite	88,54	3,99	0,71	4,35	1,04	1,37	2,87	0,43	3,65	423	318	168	2775	58,27
931	Blumenkohl	90,89	2,48	0,34	4,55	0,91	0,83	1,79	0,20	3,82	328	253	96	2777	57,77
932	Butterkohl	86,96	3,01	0,54	7,19	1,20	1,10	2,17	0,32	6,04	476	371	132	2845	—
933	Winter- (Grün-) Kohl	80,50	4,90	0,89	10,28	1,87	1,56	3,53	0,53	8,63	719	557	203	2856	75,44
934	Rosenkohl	84,63	5,29	0,46	6,66	1,45	1,51	3,81	0,28	5,59	553	425	176	2765	145,10
935	Savoyerkohl, Wirsing	89,60	2,66	0,45	5,02	1,07	1,20	1,92	0,27	4,22	365	282	105	2711	42,1—72,1
936	Rotkohl (Rotkraut)	91,61	1,67	0,17	4,78	1,05	0,72	1,20	0,10	4,02	284	225	78	2682	40,1—70,9
937	Zuckerhut	92,60	1,80	0,20	3,79	0,97	0,64	1,30	0,12	3,18	253	198	73	2676	—
938	Weißkohl (Kabbes)	92,11	1,52	0,15	4,17	1,17	0,88	1,09	0,09	3,50	251	199	69	2522	45,54
939	Steckrübenstengel	92,88	2,00	0,14	2,87	1,17	0,94	1,44	0,08	2,41	220	170	69	2388	—

[1]) Nach Untersuchungen von Marie v. Schleinitz.

Nr.	Nähere Angaben	Rohnährstoffe: Wasser %	Rohnährstoffe: Stickstoff-substanz %	Rohnährstoffe: Fett %	Rohnährstoffe: Kohlen-hydrate %	Rohnährstoffe: Rohfaser %	Rohnährstoffe: Asche %	Ausnutzbare Nährstoffe: Stickstoff-substanz %	Ausnutzbare Nährstoffe: Fett %	Ausnutzbare Nährstoffe: Kohlen-hydrate %	Calorien in 1 kg Subst.: rohe Cal.	Calorien in 1 kg Subst.: reine Cal.	Ausnutzbare Preiswerteinheiten in 1 kg	Reincalorien in 1 kg Trockensubst. Cal.	In 1 kg marktfähigem Gemüse eßbare Trockensubst. Gramm
940	Spinat, Blätter	93,34	2,28	0,27	1,74	0,50	1,87	1,64	0,16	1,46	200	149	67	2237	48,68
941	Spinat, Stiele	95,72	1,30	0,07	0,93	0,53	1,45	0,94	0,04	0,78	103	77	36	1800	11,32
942	Mangold, Blätter	91,86	2,50	0,42	2,83	0,75	1,63	1,80	0,25	2,38	267	201	83	2469	40,50
943	Mangold, Stiele	95,01	0,82	0,10	2,42	0,78	0,87	0,59	0,06	2,03	143	114	39	2280	24,90
	Salate und Salatunkräuter (vgl. S. 453—454).														
944	Kopfsalat	94,88	1,42	0,28	1,88	0,64	0,90	1,02	0,17	1,49	167	122	49	2383	—
945	Endiviensalat	94,13	1,76	0,13	2,58	0,62	0,78	1,27	0,08	2,17	196	153	61	2606	—
946	Feldsalat	93,41	2,09	0,41	2,73	0,57	0,79	1,50	0,25	2,29	243	184	73	2792	—
947	Römischer Salat	92,50	1,26	0,54	3,55	1,17	0,98	0,91	0,32	2,98	250	191	64	2546	—
948	Löwenzahn	85,54	2,81	0,69	7,45	1,52	1,99	2,02	0,41	6,26	491	381	131	2634	—
949	Nessel	82,44	5,50	0,67	7,13	1,96	2,30	3,96	0,40	5,99	600	459	187	2614	—
950	Wegebreit	81,44	2,65	0,47	10,70	2,09	2,65	1,91	0,28	8,99	594	474	152	2554	—
951	Portulak	92,61	2,24	0,40	2,48	1,03	1,24	1,61	0,24	2,08	240	181	74	2449	—
952	Gänsefuß	80,81	3,94	0,76	6,73	3,82	3,94	2,84	0,46	5,65	541	399	151	2079	—
	Gemüse-Dauerwaren (vgl. S. 454—458). a) Getrocknete Gemüse (vgl. S. 454).														
953	Kartoffel-Schnitte, -Scheiben oder -Grieß	10,15	7,43	0,35	77,04	2,06	2,97	5,79	0,21	73,80	3456	3238	916	3603	—
954	Lauch	17,19	16,07	2,83	64,49	10,68	8,76	11,57	1,70	54,17	3582	2857	923	3426	—
955	Zwiebeln	26,88	10,02	0,72	55,05	4,24	3,09	7,21	0,43	46,24	2730	2221	687	3037	—
956	Sellerie-Wurzeln	12,80	12,85	2,17	55,06	8,73	8,39	9,25	1,30	46,25	2995	2397	766	2795	—
957	Sellerie-Blätter	14,99	18,81	4,31	36,33	9,78	15,78	13,54	2,59	30,52	2719	2081	763	2448	—
958	Kohlrabi, Kohlrübe	9,67	13,25	1,58	58,14	10,11	7,25	9,54	0,95	48,84	3082	2481	784	2746	—
959	Karotten in Scheiben	14,58	9,27	1,50	61,40	7,93	5,32	6,67	0,90	51,58	3062	2453	734	2872	—
960	Grüne Schnittbohnen	14,24	18,88	1,74	48,93	10,37	5,84	13,59	1,04	41,10	2988	2366	839	2759	—
961	Spargelbohnen	14,60	18,07	0,85	52,03	8,61	5,83	13,01	0,51	43,71	2992	2395	838	2804	—
962	Wirsing	19,47	19,47	1,47	43,68	8,63	7,28	14,02	0,88	36,69	2780	2194	805	2724	—
963	Blumenkohl	21,48	29,97	3,00	30,43	8,34	6,78	21,58	1,80	25,56	2875	2183	939	2779	—
964	Winter- (Grün-) Kohl	9,76	22,53	4,29	45,55	8,48	9,39	16,22	2,57	38,26	3257	2515	921	2787	—
965	Rosenkohl	17,05	28,11	2,64	36,44	8,91	6,35	20,24	1,58	30,61	2996	2303	945	2776	—
966	Rotkohl	16,48	16,28	1,68	47,81	10,08	7,67	11,72	1,01	40,16	2818	2240	774	2682	—
967	Weißkraut	11,80	15,76	1,44	51,83	11,14	8,03	11,35	0,86	43,54	2932	2343	793	2656	—
968	Suppenkräuter (Julienne)	17,44	8,23	1,04	44,89	5,62	2,81	5,93	0,62	37,71	2271	1839	567	2227	—
969	Kohl mit Grütze (russische Armee-Dauerware)	5,40	12,82	5,53	67,58		8,67	9,23	3,32	56,77	3807	3004	911	3175	—
	b) Eingemachte Gemüse (vgl. S. 455).														
970	Spargel	94,35	1,49	0,08	2,31	0,55	1,22	1,07	0,05	1,94	168	131	53	2318	—
971	Artischocken	92,46	0,79	0,02	4,43	0,58	1,72	0,57	0,01	3,72	215	176	49	2334	—
972	Tomaten	93,59	1,29	0,23	3,71	0,52	0,66	0,93	0,14	3,12	230	181	62	2824	—
973	Kürbis	92,72	0,66	0,14	4,89	1,08	0,51	0,48	0,08	4,11	239	194	57	2665	—
974	Frucht vom eßbar. Eibisch	94,35	0,71	0,10	2,95	0,66	1,23	0,51	0,06	2,48	160	128	41	2266	—

Nr.	Nähere Angaben	Rohnährstoffe: Wasser %	Stickstoffsubstanz %	Fett %	Kohlenhydrate %	Rohfaser %	Asche %	Ausnutzbare Nährstoffe: Stickstoffsubstanz %	Fett %	Kohlenhydrate %	Calorien in 1 kg Subst.: rohe Cal.	reine Cal.	Ausnutzbare Preiswerteinheiten in 1 kg	Reincalorien in 1 kg Trockensubst. Cal.
975	Unreife Erbsen	85,39	3,61	0,21	8,40	1,18	1,21	2,60	0,13	7,06	522	414	151	2834
976	Schnittbohnen	94,47	1,05	0,07	2,61	0,59	1,21	0,76	0,04	2,19	160	126	45	2278
977	Salatbohnen	82,44	4,12	0,13	10,96	1,06	1,29	2,97	0,08	9,21	644	512	183	2916
978	Zuckermais	75,59	2,86	1,25	18,58	0,79	0,93	2,06	0,75	15,61	991	789	233	5475

c) Eingesäuerte Gemüse (vgl. S. 456).

Nr.	Nähere Angaben	Wasser %	Stickstoffsubstanz %	Fett %	Kohlenhydrate %	Milchsäure %	Asche %	Ausn. Stickstoffsubstanz %	Fett %	Kohlenhydrate %	rohe Cal.	reine Cal.	Preiswerteinheiten	Reincalorien Cal.
979	Sauerkraut	91,41	1,35	0,34	2,81	1,45	1,64	0,97	0,20	3,81	274	216	71	2433
980	Gurken	96,03	0,38	0,14	1,01	0,26	1,73	0,27	0,08	1,10	81	64	22	1612

Flechten und Meeresalgen (vgl. S. 459).

Nr.	Nähere Angaben	Wasser %	Stickstoffsubstanz %	Fett %	Kohlenhydrate %	Rohfaser %	Asche %	Ausn. Stickstoffsubstanz %	Fett %	Kohlenhydrate %	rohe Cal.	reine Cal.	Preiswerteinheiten	Reincalorien Cal.
981	Irisches Moos	20,50	5,70	0,87	55,36	1,90	15,67	4,10	0,52	51,48	2557	2296	648	2888
982	Isländisches Moos[1]) . . .	15,06	2,33	1,35	77,24	2,96	1,06	1,68	0,81	71,83	3322	2924	785	3442
983	Renntiermoos[1])	10,59	4,10	2,59	81,59		1,13	2,87	1,55	—	—	—	—	—

Meeresalgen, lufttrocken.

Nr.	Nähere Angaben	Wasser %	Stickstoffsubstanz %	Fett %	Kohlenhydrate %	Rohfaser %	Asche %	Ausn. Stickstoffsubstanz %	Fett %	Kohlenhydrate %	rohe Cal.	reine Cal.	Preiswerteinheiten	Reincalorien Cal.
984	Porphyra-Arten	8,26	32,98	0,89	46,13	3,51	8,23	23,75	0,53	42,90	3445	2858	1152	3115
985	Gelidium-Arten	11,22	15,75	0,84	49,29	13,21	9,69	11,34	0,50	45,84	2774	2402	809	2705
986	Undaria pinnatifida . . .	9,22	14,00	0,65	31,77	9,23	35,13	10,08	0,39	29,55	1985	1682	606	1853
987	Ecclonia bicyclis	11,56	13,62	0,28	41,74	14,08	18,72	9,81	0,17	38,82	2322	2020	686	2284
988	Enteromorpha compressa	13,87	12,57	0,97	51,18	7,94	13,47	9,05	0,58	47,60	2716	2374	759	2756
989	Cystoreira species . . .	16,07	10,01	0,49	39,49	17,06	16,88	7,21	0,29	36,73	2086	1828	589	2178
990	Alaria pinnatifolia . . .	17,01	10,07	0,32	38,90	2,11	32,59	7,25	0,19	36,18	2049	1798	583	2166
991	Cystophyllum fusiforme .	15,98	8,09	0,47	28,56	26,04	20,86	5,82	0,28	26,56	1558	1356	446	1614
992	Laminaria japonica . . .	11,44	7,55	0,59	44,49	9,52	26,41	5,44	0,35	41,37	2182	1937	583	2187
993	Euchema spinosum . . .	15,00	4,87	0,41	44,20	5,42	32,10	3,51	0,25	41,10	2030	1729	521	2034
994	Isingglas (Gelidium cornuum)	22,80	11,87		62,05		3,44	8,43	—	57,71	3028	2696	830	3465
995	Agar-Agar	20,35	3,74	0,65	71,37	0,45	3,44	2,69	0,39	66,37	3087	2815	752	3534
996	Indianisches Brot . . .	12,16	1,08	0,35	77,24	6,78	1,94	0,78	0,21	71,83	3172	2929	746	3351

Pilze und Schwämme (vgl. S. 460—467).

a) Im frischen Zustande.

Nr.	Nähere Angaben	Wasser %	Stickstoffsubstanz %	Fett %	Kohlenhydrate %	Rohfaser %	Asche %	Ausn. Stickstoffsubstanz %	Fett %	Kohlenhydrate %	rohe Cal.	reine Cal.	Preiswerteinheiten	Reincalorien Cal.
997	Feld-Champignon	89,70	4,88	0,20	3,57	0,83	0,82	3,27	0,12	2,39	386	257	124	2495
998	Eier-Schwamm	91,42	2,64	0,43	3,81	0,96	0,74	1,77	0,26	2,55	314	208	84	2424
999	Reizker	88,77	3,08	0,76	3,09	3,63	0,67	2,06	0,46	2,07	336	220	92	1963
1000	Nelkenschwindling . . .	83,37	6,83	0,67	6,06	1,52	1,55	4,58	0,40	4,06	619	410	186	2472
1001	Sonstige Agaricus-Arten .	88,77	3,04	0,35	5,90	1,04	0,90	2,04	0,21	3,95	408	271	105	2413
1002	Steinpilz	87,13	5,39	0,40	5,12	1,01	0,95	3,61	0,24	3,43	490	326	147	2533
1003	Butterpilz	92,63	1,48	0,27	3,95	1,22	0,45	0,99	0,16	2,65	251	166	54	2252
1004	Boletus Bellini	91,76	1,35	0,41	4,83	1,00	0,65	0,90	0,25	3,23	293	194	64	2354
1005	Sonstige Boletus-Arten .	90,32	1,66	0,23	6,48	0,71	0,60	1,11	0,14	4,34	357	238	79	2459

[1]) Von den Kohlenhydraten des Isländischen Mooses waren nach E. Salkowski 59,0—61,8%, von denen des Renntiermooses 54,6% Lichenin, d. h. in Zucker überführbare und vergärbare Stoffe.

Nr.	Nähere Angaben	Rohnährstoffe: Wasser %	Stickstoff-substanz %	Fett %	Kohlen-hydrate %	Rohfaser %	Asche %	Ausnutzbare Nährstoffe: Stickstoff-substanz %	Fett %	Kohlen-hydrate %	Calorien in 1 kg Subst.: rohe Cal.	reine Cal.	Ausnutzbare Preiswerteinheiten in 1 kg	Reincalorien in 1 kg Trockensubst. Cal.
1006	Schafeuter	91,63	0,96	0,58	4,27	1,80	0,76	0,64	0,35	2,86	269	176	56	2103
1007	Leberpilz	85,00	1,59	0,12	10,40	1,95	0,94	1,06	0,07	6,97	500	334	103	2227
1008	Stoppelschwamm	92,68	1,79	0,34	3,47	1,03	0,69	1,20	0,20	2,32	253	167	63	2281
1009	Roter Hirschschwamm	89,35	1,31	0,29	7,66	0,73	0,66	0,88	0,17	5,13	394	262	81	2460
1010	Speise-Morchel	89,95	3,28	0,43	4,50	0,84	1,01	2,19	0,26	3,02	371	246	101	2447
1011	Spitzmorchel	90,00	3,38	0,15	4,63	0,87	0,97	2,26	0,09	3,10	355	236	101	2360
1012	Speise-Lorchel	89,50	3,17	0,21	5,43	0,71	0,98	2,12	0,13	3,64	383	254	103	2419
1013	Riesenstäubling	86,97	7,23	0,39	2,50	1,88	1,03	4,84	0,21	1,67	465	309	166	2364
1014	Trüffel	77,06	7,57	0,51	6,58	6,36	1,92	5,07	0,31	4,41	658	438	246	1909
	b) Im getrockneten Zustande.													
1015	Feld-Champignon	11,66	41,69	1,71	30,75	7,16	7,03	27,93	1,03	20,60	3307	2205	1064	2496
1016	Steinpilz	12,81	36,66	2,70	34,51	6,87	6,45	24,56	1,62	23,12	3318	2206	1000	2530
1017	Speise-Morchel	19,04	28,48	1,93	37,42	5,50	7,63	19,08	1,16	25,07	2986	1988	846	2455
1018	Speise-Lorchel	16,36	25,22	1,65	43,30	5,63	7,84	16,89	0,99	29,01	3046	2029	817	2426
1019	Gelber Hirschschwamm	21,49	19,19	1,64	47,00	5,45	5,26	12,86	0,98	31,49	2915	1932	720	2461
1020	Trüffel	4,35	33,89	2,01	24,88	27,07	7,80	22,71	1,21	16,67	2741	1824	872	1907

Obst- und Beerenfrüchte, Fruchtfleich[1] (vgl. S. 467).

a) Im frischen Zustande.

Nr.	Nähere Angaben[3]	Rohnährstoffe: Wasser %	Stickstoff-substanz %	Säure (= Äpfel-säure[2]) %	Invert-zucker %	Saccha-rose %	Sonstige Kohlen-hydrate %	Rohfaser %	Asche %	In Wasser lösliche Stoffe %	Ausnutzb. Nährstoffe: Stickstoff-substanz %	Kohlen-hydrate %	Calorien in 1 kg Subst.: rohe Cal.	reine Cal.	Ausnutzbare Preiswerteinheiten für 1 kg	Reincalorien in 1 kg Trockensubst. Cal.	Stiel, Kerne, Schalen i. Proz. d. frisch. Früchte %
1021	Äpfel	83,85	0,44	0,65	8,35	1,60	3,38	1,32	0,41	3,03	0,37	13,54	580	559	146	3708	2,75
1022	Birnen	82,75	0,41	0,27	9,03	1,28	3,33	2,58	0,35	5,24	0,35	13,47	575	555	145	3217	4,30
1023	Quitte	81,90	0,57	0,93	6,68	0,64	6,85	1,86	0,57	6,42	0,48	13,79	600	574	152	3171	—
1024	Mispel	73,15	0,81	1,15	10,66	0,14	10,48	2,85	0,76	10,43	0,69	21,14	934	877	232	3266	—
1025	Hagebutten	41,80	4,09	3,34	11,83	1,64	11,14	22,91	3,25	—	3,48	26,05	1306	1202	365	2063	—
1026	Ebereschenfrucht (süße)	75,43	1,53	1,63	7,99	0,51	8,92	3,19	0,80	9,24	1,30	17,96	832	778	219	3166	—
1027	Speierling (Sorbus domestica)	69,38	0,68	0,63	12,51	1,12	11,65	3,39	0,64	13,26	0,58	24,45	1068	1005	262	3282	—
1028	Kirschen, süße (Knorpel)	81,68	0,83	0,68	10,12	0,57	5,30	0,33	0,49	2,15	0,71	15,91	705	669	180	3652	5,55
1029	Kirschen, saure (Weichsel)	84,55	0,93	1,80	8,43	0,25	3,27	0,27	0,50	2,08	0,79	13,21	593	575	156	3722	5,27
1030	Kornelkirsche	78,84	0,40	2,44	8,90	—	7,95	0,74	0,73	4,38	0,34	18,26	790	746	193	3525	32,50

[1]) Bei Kernobst bedeutet Fruchtfleisch die Frucht nach Entfernung des Stieles und Kerngehäuses, bei Steinobst die Frucht nach Entfernung der Stiele und Steine, bei Beerenobst die Frucht nach Entfernung der Stiele; bei den letzten vier tropischen Obstfrüchten Nr. 1050—1053 ist unter Fruchtfleisch die Frucht nach Entfernung der Schale und Kerne zu verstehen.

[2]) Die freie Säure ist hier des Vergleiches halber als „Äpfelsäure" aufgeführt, obschon die meisten Früchte neben dieser noch mehr oder weniger Citronensäure und die Citronen und Ananas nur Citronensäure enthalten (vgl. S. 470).

[3]) Über das durchschnittliche Gewicht einer Frucht vgl. S. 847.

Nr.	Nähere Angaben	Rohnährstoffe: Wasser %	Stickstoffsubstanz %	Säure = Äpfelsäure[1]) %	Invertzucker %	Saccharose %	Sonstige Kohlenhydrate %	Rohfaser %	Asche %	In Wasser lösliche Stoffe	Ausnutzb. Nährstoffe: Stickstoffsubstanz %	Kohlenhydrate %	Calorien 1 kg Subst.: rohe Cal.	reine Cal.	Ausnutzbare Preiswerteinheiten für 1 kg	Reincalorien in 1 kg Trockensubst. Cal.	Stiel, Kerne, Schalen in Proz. d. frischen Früchte %
1031	Zwetschen	81,75	0,74	0,80	5,98	2,53	7,16	0,56	0,48	2,33	0,63	15,56	693	651	174	3567	5,64
1032	Pflaumen	80,37	0,81	0,95	7,51	1,77	7,55	0,53	0,51	2,27	0,69	16,81	749	704	189	3586	5,81
1033	Reineclauden	81,88	0,76	1,25	6,47	3,64	5,77	0,63	0,60	2,77	0,65	16,52	720	691	185	3813	3,40
1034	Mirabellen	80,68	0,79	0,88	6,42	3,14	6,82	0,74	0,53	2,07	0,67	16,37	727	686	184	3551	5,25
1035	Aprikosen	85,21	0,94	1,27	3,13	3,63	4,35	0,80	0,67	2,65	0,80	11,78	539	508	142	3434	5,37
1036	Pfirsiche	82,70	0,78	0,81	3,51	4,25	6,42	0,95	0,58	3,00	0,66	14,18	635	598	162	3457	6,53
1037	Schlehen	73,10	0,81	1,21	7,70	—	15,15	0,76	1,27	9,55	0,69	22,36	1000	926	244	3443	—
1038	Weinbeeren[3]) (-trauben)	79,12	0,69	0,77	14,96	—	2,75	1,23	0,48	—	0,59	17,88	771	742	196	3554	2,15
1039	Johannisbeeren	83,80	1,32	2,35	5,04	0,24	2,26	4,33	0,66	6,45	1,12	9,51	456	432	129	2667	4,57
1040	Stachelbeeren	85,45	0,91	1,90	5,55	0,48	2,52	2,70	0,49	5,44	0,77	10,04	460	427	124	3003	3,52
1041	Preißelbeeren (Kronsbeeren)	83,69	0,69	1,98	8,20	0,53	2,85	1,80	0,26	4,09	0,59	13,05	574	549	148	3366	—
1042	Heidelbeeren	83,64	0,80	0,85	5,42	0,22	6,47	2,23	0,37	3,87	0,68	12,18	555	518	142	3227	—
1043	Himbeeren	83,95	1,36	1,64	4,51	0,22	2,09	5,65	0,58	8,45	1,15	8,12	401	378	116	2355	6,37
1044	Brombeeren	84,94	1,13	0,86	5,54	0,47	2,59	3,97	0,50	6,20	0,96	9,06	430	407	119	2702	5,21
1045	Maulbeeren	83,55	1,40	0,77	8,81	0,57	2,18	1,96	0,76	4,74	1,19	11,91	558	531	155	3228	—
1046	Erdbeeren	85,41	1,25	1,84	5,13	0,70	1,93	4,00	0,74	3,85	1,06	9,26	442	419	124	2872	1,55
1047	Feigen	78,93	1,35	—	15,55	—	1,96	1,50	0,71	—	1,15	17,00	763	743	205	3526	—
1048	Holunderbeeren	80,42	2,54	1,11	4,62	—	2,52	8,15	0,64	10,03	2,16	7,88	447	411	143	2099	—
1049	Wacholderbeeren[2])	78,50	0,90	2,79	7,07	—	6,67	3,43	0,64	11,50	0,76	16,53	703	661	179	3074	—
1050	Apfelsinen[3]) (Orangen)	84,26	0,82	1,35	5,88	2,54	4,22	0,45	0,48	2,22	0,70	13,40	576	547	155	3475	29,00
1051	Citronen[3]) (Limonen)	82,64	0,74	5,39	3,01	2,97	2,45	2,24	0,56	—	0,63	13,35	501	478	152	2753	35,75
1052	Ananas	83,95	0,50	0,67	3,53	7,47	2,94	0,42	0,52	—	0,43	14,09	607	583	154	3632	37,00
1053	Bananen	73,76	1,33	0,38	10,78	8,88	3,18	0,80	0,89	3,35	1,13	22,50	990	952	259	3780	32,00

b) Getrocknete Früchte (vgl. S. 475).

Nr.	Nähere Angaben	Wasser %	Stickstoffsubstanz %	Fett	Säure = Äpfelsäure	Zucker (gesamt)	Sonstige Kohlenhydrate	Rohfaser u. Kerne	Asche	Ausnutzb. Nährstoffe: Stickstoffsubst.	Fett	Kohlenhydrate	Cal. in 1 kg Obst: rohe Cal.	reine Cal.	Preiswerteinheiten für 1 kg	Reincalorien in 1 kg Trockensubst.	Stiel, Kerne, Schalen %
1054	Äpfel, mit Kernen	31,28	1,42	0,75	3,51	44,78	10,60	6,10	1,56	1,21	0,45	56,86	2491	2372	614	3457	—
1055	Birnen, desgl.	29,05	2,15	0,71	1,01	41,87	17,07	6,48	1,66	1,83	0,43	57,38	2563	2419	637	3403	—
1056	Zwetschen mit Steinen[4])	26,85	1,94	0,49	1,72	36,92	14,51	15,32	2,25	1,65	0,29	50,93	2261	2140	565	2925	—
1057	Zwetschen ohne Steine	28,07	2,27	0,58	2,03	42,68	19,15	ohne Steine 1,75	2,47	1,93	0,35	61,05	2713	2563	675	3563	—
1058	Prünellen (enthülst und geschält)	29,90	1,74	0,49	3,27	44,35	17,03	1,20	2,02	1,46	0,29	61,99	2712	2574	669	3672	—
1059	Aprikosen	31,37	3,77	0,40	2,52	40,97	12,90	mit Kernen 4,40	3,67	3,20	0,24	54,23	2466	2339	643	3408	—
1060	Feigen	26,06	3,29	1,33	1,05	51,43	7,32	7,02	2,50	2,80	0,80	58,02	2667	2524	680	3413	—
1061	Weinbeeren (Rosinen)	24,46	2,39	0,59	1,16	59,35	3,29	7,05	1,71	2,03	0,35	62,26	2717	2616	690	3463	—
1062	Korinthen (Cibeben)	25,35	1,55	1,22	1,52	61,85	4,34	2,35	1,82	1,32	0,73	66,02	2894	2766	714	3705	—
1063	Bananen (reif, geschält)	22,18	3,45	0,45	1,27	59,86	8,72	1,60	2,47	2,93	0,27	67,76	2994	2870	771	3688	—
1064	Datteln	18,51	1,89	0,60	1,26	57,16	14,99	3,76	1,83	1,61	0,36	71,74	3079	2977	773	3653	—

[1]) S. Fußnote 2 vorige Seite.
[2]) Die hohen Rohfasergehalte bei den Beerenfrüchten sind durch die noch vorhandenen Kerne bedingt.
[3]) Die Säuregehalte bei Apfelsinen und Citronen bedeuten Citronensäure.
[4]) Mit 13,15% Steinen im Mittel.

Muse, Marmeladen und Pasten (vgl. S. 477).

Nr.	Nähere Angaben	Rohnährstoffe: Wasser %	Stickstoffsubstanz %	Säure = Äpfelsäure %	Invertzucker %	Saccharose %	Sonstige Kohlenhydrate %	Rohfaser %	Asche %	In Wasser lösliche Stoffe	Ausnutzbare Nährstoffe: Stickstoffsubstanz %	Kohlenhydrate %	Calorien für 1 kg Subst.: rohe Cal.	reine Cal.	Ausnutzbare Preiswerteinheiten	Reincalorien in 1 kg eßbarer Trockensubst. Cal.
	a) Muse (ohne Zusatz von Zucker und Sirup eingekochtes Fruchtfleisch).															
1065	Pflaumen- (Zwetschen-) Mus	39,61	1,53	1,54	37,05	0	17,70	1,67	0,90	4,89	1,30	53,75	2322	2210	576	3659
1066	Preißelbeerenmus	55,13	0,51	1,42	35,45	wenig	6,01	1,45	0,23	3,76	0,43	41,70	1738	1688	430	3762
1067	Tomatenmus[1] ursprüngliche Preßmasse	85,26	2,19	0,91	2,31	—	5,07	1,18	3,08	Kochsalz 1,49	1,86	7,71	432	394	133	2669
1068	Tomatenmus[1] eingedickt	67,34	5,37	3,12	5,12	—	9,49	1,93	7,63	4,15	4,56	16,61	956	874	303	2659
1069	Tomatenmus[1] in Stücken, fest	42,06	8,25	3,61	9,07	—	20,81	3,11	13,09	6,95	7,01	31,16	1716	1569	522	2708
1070	Wacholdermus (bzw. -extrakt)	28,75	0,65	1,96	63,62		1,72	—	3,78	—	0,55	63,88	2643	2581	655	3598
	b) Marmelade bzw. Jams (mit Zusatz von Zucker eingedunstetes Fruchtfleisch).									Unlösliches						
1071	Äpfel - Marmelade	40,55	0,41	0,71	26,55	28,39	2,56	0,58	0,25	1,92	0,35	56,84	2347	2290	579	3850
1072	Birnen- „	38,48	0,28	0,19	56,48		3,08	1,27	0,22	2,52	0,24	58,34	2403	2345	591	3812
1073	Hagebutten- „	40,41	0,46	0,59	4,07	48,35	5,21	0,60	0,61	2,06	0,39	56,64	2350	2283	578	3831
1074	Quitten- „	47,06	0,30	0,71	34,33	8,34	7,36	1,51	0,39	4,00	0,25	49,13	2043	1977	499	3753
1075	Kirschen- „	28,68	0,98	0,84	35,55	25,25	7,55	0,46	0,69	2,92	0,83	67,20	2813	2726	697	3822
1076	Pflaumen- „ (Zwetschen)	30,16	0,75	1,14	39,23	24,11	3,26	0,98	0,37	1,35	0,64	66,12	2744	2674	680	3828
1077	Reineclaude- „	33,61	0,38	0,78	36,48	21,12	6,73	0,49	0,41	2,42	0,32	63,27	2622	2545	642	3833
1078	Aprikosen- „	29,18	0,58	0,94	35,32	29,58	3,50	0,47	0,43	1,23	0,49	67,67	2800	2729	691	3853
1079	Pfirsich- „	30,73	0,75	0,83	30,81	28,81	6,74	0,68	0,65	3,27	0,64	65,31	2722	2642	672	3813
1080	Johannisbeer- „	30,05	0,46	1,61	46,98	12,29	6,06	2,07	0,48	2,84	0,39	65,11	2699	2622	663	3748
1081	Stachelbeer- „	29,85	0,76	1,59	51,77	10,70	3,88	1,50	0,45	2,15	0,65	66,27	2753	2681	682	3822
1082	Maulbeer- „	24,63	1,36	0,58	17,71	51,05	3,18	0,87	0,70	1,74	1,16	70,81	2963	2886	743	3829
1083	Himbeer- „	26,51	1,05	1,26	43,12	22,38	3,00	2,25	0,43	5,36	0,89	67,12	2839	2726	698	3709
1084	Brombeeren- „	24,85	0,78	0,76	30,56	31,67	8,47	2,46	0,45	3,86	0,66	69,35	2894	2804	713	3713
1085	Erdbeeren- „	29,33	0,59	0,75	41,28	21,89	5,04	0,69	0,43	1,86	0,50	67,18	2786	2710	687	3835
1086	Apfelsinen- „ (Orangen)	26,39	0,35	0,72	41,02	24,30	6,41	0,56	0,25	1,58	0,30	70,49	2914	2833	714	3849
1087	Ananas- „	27,21	0,50	0,46	29,65	36,16	5,36	0,39	0,27	1,78	0,43	69,76	2888	2810	711	3860
	Gemischte Marmeladen:															
1088	Äpfel- und Zwetschen-	29,41	0,32	0,28	27,17	34,01	7,84	0,26	0,71	0,96	0,27	67,29	2787	2704	681	3861
1089	Kaiser-[2]	24,39	—	—	12,91	54,91	—	—	0,25	1,20	—	—	—	—	—	—
	c) Pasten (stärker eingedunstete Marmeladen bzw. Jams).															
1090	Äpfel-Paste	16,08	0,38	0,78	31,41	46,34	4,28	0,51	0,22	1,19	0,32	80,81	3330	3247	818	3869
1091	Quitten „ (Quittenkäse)	19,66	0,53	0,69	25,65	44,15	7,48	1,38	0,46	2,92	0,45	75,81	3143	3053	772	3800
1092	Aprikosen-Paste	16,78	0,42	0,89	35,00	43,99	2,15	0,43	0,34	1,02	0,36	80,21	3301	3225	813	3875
1093	Bananen- „	17,33	—	0,85	57,04	2,56	—	—	0,50	8,17	—	—	—	—	—	—
	Gemischte Pasten:															
1094	Äpfel- und Aprikosen-	14,95	—	—	29,32	52,94	—	—	0,24	1,85	—	—	—	—	—	—
1095	Fruchtpasten[3]	12,05	—	—	27,80	55,16	—	—	0,28	1,10	—	—	—	—	—	—

[1]) In der Literatur als Tomatensaft angegeben, ist aber wegen des Gehaltes an Rohfaser zweifellos aus Fruchtfleisch hergestellt und daher zu den Fruchtmusen zu rechnen.
[2]) Johannisbeeren, Stachelbeeren, Äpfel und Pflaumen.
[3]) Johannisbeeren, Stachelbeeren, Äpfel und Aprikosen.

Fruchtsäfte (vgl. S. 479).

Nr.	Nähere Angaben	Spezifisches Gewicht	Rohnährstoffe: Wasser	Rohnährstoffe: Stickstoffsubstanz (N × 6,25)	Rohnährstoffe: Säure = Äpfelsäure	Rohnährstoffe: Invertzucker	Rohnährstoffe: Saccharose	Rohnährstoffe: Sonstige Kohlenhydrate	Rohnährstoffe: Asche	Zuckerfreier Extraktrest	Ausnutzb. Nährstoffe: Stickstoffsubstanz	Ausnutzb. Nährstoffe: Kohlenhydrate	Calorien in 1 Liter Saft: rohe	Calorien in 1 Liter Saft: reine	Ausnutzbare Preiswerteinheiten in 1 Liter Saft	Reincalorien in 1 kg eßbarer Trockensubstanz	Durchschnittliches Gewicht einer Frucht
			in 100 ccm Saft														
			g	g	g	g	g	g	g	g	g	g	Cal.	Cal		Cal.	g
1096	Äpfelsaft	1,0663	82,81	0,32	0,99	9,93	3,04	2,05	0,50	3,86	0,27	15,87	669	647	167	3816	50,07
1097	Birnensaft	1,0519	86,55	0,28	0,75	7,82	1,95	2,30	0,35	3,68	0,24	12,38	526	506	131	3761	39,43
1098	Quittensaft	1,0452	88,30	0,35	2,53	6,24	0,85	1,26	0,47	4,61	0,30	10,59	452	437	115	3736	100,55
1099	Mispelsaft	1,0553	85,67	0,32	1,32	8,97	0,58	2,65	0,49	4,80	0,27	13,03	555	534	138	3796	13,77
1100	Kirschensaft, süßer	1,0670	82,44	0,47	0,64	11,10	0,26	4,61	0,48	6,20	0,40	15,91	686	655	171	3751	4,75
1101	Kirschensaft, saurer	1,0646	83,20	0,43	1,40	9,32	0,96	4,21	0,48	6,44	0,37	15,24	655	627	164	3732	3,29
1102	Zwetschensaft	1,0629	83,68	0,41	1,11	5,19	3,98	5,10	0,53	6,07	0,35	14,66	634	603	157	3695	—
1103	Pflaumensaft	1,0614	84,11	0,34	1,23	6,75	3,47	3,62	0,48	4,44	0,29	14,48	618	593	154	3732	—
1104	Mirabellensaft	1,0721	81,29	0,70	0,61	8,05	4,20	4,50	0,65	6,65	0,60	16,65	726	694	185	3709	6,31
1105	Aprikosensaft	1,0446	88,46	0,51	0,84	3,99	3,41	2,28	0,51	4,14	0,43	10,12	444	425	114	3683	30,03
1106	Pfirsichsaft	1,0412	89,35	0,42	0,98	3,43	3,45	1,90	0,47	3,77	0,29	9,65	406	389	104	3652	55,16
					Citronensäure												
1107	Johannisbeersaft	1,0450	88,35	0,34	2,11	6,90	—	1,83	0,47	4,75	0,29	9,65	415	399	109	3428	0,61
1108	Stachelbeersaft	1,0431	88,95	0,32	1,16	6,58	0,38	2,19	0,42	4,09	0,27	9,47	409	391	103	3538	4,51
1109	Preißelbeersaft	1,0448	88,39	0,26	1,92	6,84	0,36	1,91	0,32	4,41	0,22	9,91	422	411	105	3540	0,23
1110	Moosbeerensaft	1,0372	90,42	0,41	3,13	4,70	0,23	0,84	0,27	4,65	0,35	6,64	325	313	85	3267	—
1111	Heidelbeersaft	1,0333	91,38	0,23	0,95	5,14	0,19	1,85	0,26	3,29	0,19	7,44	321	306	80	3550	0,37
1112	Himbeersaft, unvergoren	1,0402	89,61	0,38	1,67	6,02	—	1,97	0,45	4,37	0,33	8,65	373	357	94	3339	2,24
1113	Himbeersaft, vergoren[1] [2]	1,0088	96,45	0,32	1,24	0,12	—	1,43	0,44	3,43	0,27	7,08	304	296	79	4639	—
1114	Erdbeersaft	1,0298	92,29	0,26	0,71	4,46	0,24	1,61	0,43	3,09	0,22	6,48	281	269	71	3489	7,91
1115	Brombeersaft	1,0380	90,09	0,34	1,52	5,77	0,21	1,65	0,42	3,93	0,29	8,23	357	343	91	3461	2,32
						Alkohol	Ges. Zucker										
1116	Ananassaft	1,0467	87,82	0,46	0,89	0,25	8,71	1,33	0,54	2,55	0,39	10,69	462	446	119	3588	—
1117	Apfelsinensaft	1,0477	87,48	0,50	1,38	1,12	8,74	0,29	0,49	2,33	0,43	11,62	496	483	129	3541	—
1118	Citronensaft (rein), ohne Alkohol	1,0398	89,69	0,34	6,83	—	1,70	0,97	0,47	1,78	0,29	6,55	286	276	75	2677	—
1119	Citronensaft (rein), mit 10 Vol.-% Alkohol[3]	1,0293	90,48	0,32	6,31	6,74	1,55	0,90	0,44	1,66	0,27	17,83	736	726	186	4616	—
1120	Citronensaft des Handels (schwach vergoren)[4] [5]	1,0348	91,68	0,28	5,88	0,47	0,89	0,87	0,40	1,84	0,24	5,92	257	248	67	2821	—
1121	Tomatensaft	1,0185	95,76	0,68	0,56	wenig	2,12	0,27	0,61	2,12	0,58	2,65	140	133	44	3137	—
					Äpfelsäure												
1122	Berberitzensaft[6]	1,0370	90,56	—	4,59	2,94	0,26	3,83	0,76	4,59	—	11,38	396	388	114	4110	—

[1] Zu dem Wasser 2,83 g Alkohol als ebenfalls flüchtiger Bestandteil.
[2] Von der Säure 0,126 g flüchtige Säure = Essigsäure und 0,121 g Milchsäure.
[3] Zu dem Wasser 6,74 g Alkohol als ebenfalls flüchtiger Bestandteil.
[4] Zu dem Wasser 0,47 g Alkohol als ebenfalls flüchtiger Bestandteil.
[5] Von der Säure 0,34 g Essigsäure (d. h. flüchtige Säure).
[6] Zu dem Wasser 2,94% Alkohol als ebenfalls flüchtiger Bestandteil.

Obstkraut, Obstsirupe, Obstgelees, bzw. -Sulzen (vgl. S. 481—484).

Nr.	Nähere Angaben	Spez. Gewicht	Rohnährstoffe: Wasser %	Stickstoffsubstanz %	Säure = Äpfelsäure %	Invertzucker %	Saccharose %	Sonstige Kohlenhydrate %	Asche %	Ausnutzb. Nährstoffe: Stickstoffsubstanz %	Kohlenhydrate %	Calorien in 1 kg Obsterzeugnis: rohe Cal.	reine Cal.	Ausnutzbare Preiswerteinheiten in 1 kg Obst	Reincalorien in 1 kg Trockensubst. Cal.
	a) Obstkraut (ohne Zusatz von Zucker eingedunsteter Obstsaft) und andere ähnliche Erzeugnisse (vgl. S. 481).														
1123	Äpfelkraut	—	28,39	0,82	1,86	47,63	4,36	15,04	1,90	0,70	66,31	2793	2685	684	3750
1124	Birnenkraut	—	28,90	0,51	0,65	45,28	5,78	17,42	1,46	0,43	66,35	2789	2674	676	3761
1125	Heidelbeerkraut	—	36,44	0,49	1,76	50,61	0	9,71	0,59	0,42	60,06	2506	2422	613	3810
1126	Möhrenkraut	—	16,36	4,68	0,44	37,64	21,05	6,27	3,56	3,98	72,59	3231	3087	845	3681
1127	Rübenkraut	—	21,16	3,13	0,84	37,87	26,46	8,42	2,12	2,66	71,45	3088	2980	794	3780
1128	Rübenmelasse (gewöhnl.)	—	22,50	10,37	alkalisch	0,19	49,86	9,94	7,14	8,81	58,00	2877	2725	844	3516
1129	Strontianmelasse[1]	—	21,70	2,31	desgl.	Spur	50,04	19,28	6,67	1,96	66,39	2879	2746	723	3507
1130	Malzkraut	—	24,50	3,25	1,23	Maltose 54,75		14,90	1,37	2,76	68,26	2936	2857	765	3784
	b) Fruchtsirupe (unter Zusatz von Zucker [13 Teilen] eingedunstete Fruchtsäfte [7 Teile]) (vgl. S. 483).														
1131	Kirschsirup	—	31,49	0,21	0,45	17,50	48,47	1,61	0,27	0,18	66,54	2731	2670	671	3751
1132	Johannisbeersirup	—	32,40	0,18	0,75	16,82	47,25	2,39	0,21	0,15	65,67	2697	2633	661	3895
1133	Himbeersirup	—	31,45	0,15	0,69	21,04	44,02	3,79	0,26	0,13	67,84	2788	2720	682	3968
1134	Erdbeersirup	—	36,18	0,14	0,32	23,55	36,72	2,87	0,22	0,12	61,96	2545	2484	623	3892
1135	Heidelbeersirup	—	31,27	0,16	0,64	13,50	51,53	2,74	0,16	0,14	66,83	2744	2680	672	3899
	c) Fruchtgelees bzw. -sulzen (stark eingedunstete Fruchtsirupe) (vgl. S. 484).														
1136	Äpfelgelee	—	23,62	0,33	1,09	38,55	32,22	3,93	0,56	0,28	73,95	3047	2971	748	3889
1137	Quittengelee	—	22,19	0,39	0,74	48,14	22,44	5,51	0,59	0,33	74,85	3091	3009	758	3854
1138	Aprikosengelee	—	21,63	0,23	0,67	47,21	25,28	4,64	0,34	0,20	75,88	3123	3044	765	3884
1139	Pfirsichgelee	—	30,02	0,17	0,41	8,75	56,59	3,84	0,21	0,14	67,89	2791	2722	683	3889
1140	Johannisbeergelee	—	20,12	0,39	2,62	33,03	39,87	3,77	0,50	0,33	76,17	3147	3062	772	3833
1141	Stachelbeergelee	—	23,16	0,19	1,61	55,16	16,38	3,29	0,21	0,16	74,01	3041	2968	745	3863
1142	Himbeergelee	—	19,48	0,25	1,76	49,03	25,66	3,35	0,47	0,21	77,23	3175	3099	779	3849
1143	Heidelbeergelee	—	20,61	0,57	2,16	46,46	22,25	7,50	0,45	0,48	75,35	3149	3036	768	3824
1144	Brombeergelee	—	33,25	0,51	1,05	28,58	31,32	4,74	0,55	0,43	63,58	2634	2563	649	3839
1145	Ananasgelee	—	19,72	0,34	0,64	20,15	51,56	6,81	0,38	0,29	77,03	3182	3095	779	3855

Limonaden und alkoholfreie Getränke (vgl. S. 484—486).

Nr.	Nähere Angaben	Spez. Gewicht	Extrakt (In 100 ccm g)	Stickstoffsubstanz	Säure	Alkohol	Ges.-Zucker	Sonstige Kohlenhydrate	Asche	Ausnutzb. Stickstoffsubstanz %	Kohlenhydrate %	rohe Cal.	reine Cal.	Preiswerteinheiten	Reincalorien Cal.
1146	Äpfelsaft	1,0453	12,69	—	0,65	0,14	9,81	1,96	0,27	—	12,25	507	490	122	3819
1147	Traubensaft, natürlicher	1,0619	20,53	—	Weinsäure 0,94	0,25	17,76	1,58	0,25	—	20,20	830	808	202	3888
1148	Traubensaft, vergoren entalkoholisiert, weniger	1,0417	11,29	—	0,64	0,30	7,61	2,88	0,16	—	11,19	466	448	112	3908
1149	Traubensaft, vergoren entalkoholisiert, mehr	1,0263	7,22	—	0,64	0,24	5,75	0,68	0,15	—	7,29	300	291	73	3914
1150	Bierwürze, ungehopft	—	16,93	1,09	Milchsäure —	—	Maltose 11,67	3,86	0,31	0,92	14,94	671	639	177	3774
1151	Bierwürze, gehopft	—	14,61	0,59	—	—	9,01	4,75	0,26	0,50	13,11	577	547	146	3744
1152	Bierwürze, entalkoholisiert	—	5,45	0,54	—	0,22	1,33	3,36	0,22	0,46	4,70	228	209	61	3686
1153	Bier, schwache Stammwürze	1,0026	1,14	0,07	0,01	0,19	1,01		0,05	0,06	1,33	57	56	15	4210

[1]) Die Strontianmelasse enthielt 1,11% Strontiumoxyd.

Gewürze (vgl. S. 487—525).

Nr.	Nähere Angaben	Wasser %	Stickstoffsubstanz %	Ätherisches Öl %	Fett (Ätherauszug) %	Zucker %	Stärke %	Pentosane %	Rohfaser %	Asche %	Myronsaures Kalium %	Rhodansinapin %	Piperin %	Piperidin %	Unlösl. (Sand), zuläss. Menge in d. Handelsware %
1154	Weißer Senfsamen	7,18	27,59	0,87	28,79	—	—	5,49	8,55	4,47	2,35	11,40	—	—	—
1155	Schwarzer „	7,57	29,11	0,93	27,28	—	—	6,17	10,15	4,98	2,81	11,25	—	—	—
1156	Senfmehl (reines)	5,63	32,55	0,66	32,21	—	—	3,25	5,85	4,40	2,17	11,12	—	—	0,5
											Chlornatrium	Säure = Essigsäure			
1157	Speisesenf	77,62	6,23	0,21	4,89	2,48	—	1,15	—	3,74	2,66	2,73	—	—	—
												Alkoholextrakt			
1158	Muskatnuß, echte, Myristica fragrans Houtt.	10,62	6,22	3,59	34,35	—	23,67	2,22	5,60	3,02	—	11,98	—	—	0,5
1159	Muskatnuß, lange, Myristica argentea Warb.	9,92	6,95	4,70	35,47	—	29,25	—	2,07	2,74	—	16,78	—	—	0,5
						Petroläther-Extrakt [Fett]					Harz, löslich in Äther	Harz, löslich in Alkohol			
1160	Macis, echte (Banda-)	10,48	6,33	7,43	23,25	21,85	24,54	4,11	4,20	2,11	2,59	3,89	—	—	1,0
1161	Macis, Papua-	9,18	6,68	5,89	54,28	52,72	8,78	—	4,57	2,10	0,88	1,92	—	—	—
1162	Macis, wilde (Bombay-)	7,04	5,05	Spur	60,06	52,64	14,51	—	8,17	1,38	30,99	3,19	—	—	—
							Dextrin und Stärke				Vanillin				
1163	Sternanis, echter, Illicium anisatum	13,23	5,34	4,79	6,76	—	—	11,97	30,89	2,65	—	—	—	—	(0,2)
1164	Sternanis, giftiger, Illicium religiosum	11,94	6,35	0,66	2,35	—	—	10,01	27,91	4,78	—	—	—	—	—
1165	Vanille	20,39	4,91	0,82	10,19	10,12	—	4,38	17,43	3,78	1,78	—	—	—	—
1166	Kardamomen, Samen	14,29	12,97	3,49	1,64	0,58	31,13	2,04	14,03	8,91	—	—	—	—	4,0
1167	Kardamomen, Schalen	9,01	7,75	0,31	2,63	0,98	19,73	2,38	16,60	13,07	—	—	—	—	4,0
						In Zucker überführbare Stoffe					Harz	Alkoholextrakt			
1168	Pfeffer, schwarzer	12,50	12,72	2,27	9,17	36,57	33,46	5,00	14,00	5,15	1,05	10,33	7,51	0,60	2,0
1169	Pfeffer, weißer	13,50	11,73	1,51	8,00	56,85	55,70	1,50	4,39	1,90	0,37	9,08	7,87	0,32	1,0
1170	Pfeffer-Schalen	11,31	14,23	0,95	3,64	15,75	7,42	9,33	35,55	11,85	—	10,19	2,55	0,70	—
1171	„ -Staub	9,36	13,53	1,04	4,37	21,34	14,71	8,75	30,08	10,16	—	6,30	0,96	—	—
1172	Langer Pfeffer	10,69	12,87	1,56	7,16	42,88	—	3,35	5,47	7,11	—	8,60	4,47	—	—
1173	Nelkenpfeffer, Piment	9,69	5,19	4,07	6,37	18,03	3,04	10,28	20,90	4,75	—	12,68	—	—	0,5
						Petroläther-Extrakt					Wasserextrakt				
1174	Span. Pfeffer, Paprika, ganze Frucht	11,21	15,47	1,12	11,49	9,38	1,50	—	19,76	5,77	21,24	31,82	—	—	1,0
1175	Cayenne-Pfeffer	8,02	13,97	1,12	19,06	—	1,13	—	21,98	5,61	—	24,49	—	—	1,0
						Zucker									
1176	Mutternelken	13,15	3,81	4,30	2,09	6,60	31,64	7,04	7,88	3,71	—	—	—	—	—
1177	Kümmel	13,15	13,84	2,23	16,50	3,12	4,53	6,64	14,07	6,20	—	10,55	—	—	2,0
1178	Römischer Kümmel	9,34	17,88	2,19	12,87	3,76	6,01	7,09	6,52	7,80	—	—	—	—	2,0
1179	Anis	12,33	17,52	2,24	9,58	4,27	5,13	4,92	14,32	8,44	—	—	—	—	2,5
1180	Koriander	11,37	11,49	0,84	19,15	1,92	10,53	10,29	28,43	4,98	—	—	—	—	2,0
1181	Fenchel	12,26	17,15	3,96	9,17	4,79	14,89	5,16	14,50	7,88	22,78	13,45	—	—	2,5
						Gerbsäure								Eugenol	
1182	Gewürznelken, Blütenknospen	7,86	6,06	18,51	7,06	18,24	2,67	6,89	8,07	5,78	—	16,30	—	16,24	1,0
1183	Gewürznelken, Stiele	9,22	5,84	5,80	3,89	18,79	2,10	—	17,00	7,64	—	6,79	—	4,85	—

Nr.	Nähere Angaben	Wasser %	Stickstoff-Substanz %	Ätherisches Öl %	Fett (Ätherauszug) %	Zucker %	Dextrin und Stärke %	Gerbsäure %	Pentosane %	Rohfaser %	Asche %	Wasserextrakt %	Alkoholextrakt %	Unlösl. (Sand), zuläss. Menge in d. Trockensubst. %
1184	Safran	12,62	10,41	0,60	5,63	20,49	12,98	—	4,79	4,48	5,67	63,63	50,40	1,0
1185	Kapern, eingemacht in Kochsalzlös.	87,76	2,66	—	0,54	—	—	—	0,49	1,24	2,99	—	—	—
1186	Kapern, eingemacht in Essig	86,95	3,79	—	0,51	—	—	—	0,52	1,45	1,23	—	—	—
1187	Zimtblüten	9,78	6,75	1,50	4,25	2,30	5,42	—	9,08	29,52	4,33	—	—	—
					Fett									
1188	Dill, Blüten, Blätter und Blattstiele	83,84	3,48	—	0,88	—	—	—	—	2,08	2,42	—	—	—
1189	Petersilie	85,05	3,66	—	0,72	0,75	—	—	—	1,45	1,68	—	—	—
1190	Beifuß	79,01	5,56	—	1,16	—	—	—	—	2,26	2,55	—	—	—
1191	Bohnen-(Pfeffer-)Kraut	71,88	4,15	—	1,65	2,45	—	—	3,36	8,60	2,11	—	—	—
1192	Becherblume (Pimpernell)	75,36	5,65	—	1,23	1,98	—	—	—	3,02	1,72	—	—	1,0
1193	Garten-Sauerampfer	92,18	2,42	—	0,48	0,37	—	—	—	0,66	0,82	—	—	—
1194	Lorbeerblätter (getrocknet)	9,73	9,45	3,09	5,34	—	—	—	12,49	29,91	4,35	19,97	24,31	—
1195	Majoran (desgl.)	7,61	14,31	1,72	5,60	—	—	—	7,68	22,06	9,69	—	18,00	2,5
						In Zucker überführbar								
1196	Zimt Ceylon-	8,87	3,71	1,43	1,73	19,64		—	19,41	34,44	4,34	—	12,85	2,0
1197	Zimt Chinesischer Rinde	10,88	3,56	1,55	1,96	27,08		—	7,79	21,82	3,35	—	5,32	2,0
1198	Zimt Chinesischer Sprossen	6,88	7,35	3,78	5,71	10,71		—	—	11,76	4,65	—	10,88	—
1199	Holz-Cassia Batavia	10,49	4,86	1,79	1,33	21,55		—	—	19,35	5,41	—	13,50	—
1200	Holz-Cassia Saigon	8,00	4,22	3,69	2,75	21,84		—	—	23,43	4,82	—	6,60	—
1201	Indischer Zimt	13,00	4,96	1,42	2,75	—		—	—	19,03	2,73	—	—	—
						Zucker	Stärke							
1202	Ingwerwurzel	11,84	7,17	1,55	3,68	54,53		—	6,73	4,16	4,56	12,40	5,79	3,0
1203	Gilbwurz	14,79	7,28	2,50	5,97	2,61	35,50	—	4,75	6,53	7,58	—	—	—
1204	Galgantwurzel	13,65	4,19	0,68	4,75	0,95	33,33	—	7,71	16,85	4,33	—	—	—
1205	Zitwer- „	16,39	10,83	1,12	2,46	1,18	49,90	—	—	4,82	4,11	—	—	—
1206	Kalmuswurzel ungeschält	11,41	5,33	2,46	5,75	6,73	34,08	—	12,44	6,48	4,40	—	—	—
1207	Kalmuswurzel geschält	12,50	5,39	2,16	3,02	6,52	45,39	—	8,98	4,26	2,90	—	—	—
						Glykose[1]	Saccharose[1]							
1208	Süßholz spanisches	8,82	12,92	—	3,71	7,44	2,13	—	9,46	17,66	4,40	—	—	—
1209	Süßholz russisches	8,68	9,25	—	3,06	6,01	10,38	—		18,80	5,38	—	—	—

Kaffee (vgl. S. 531).

Nr.	Nähere Angaben	Wasser %	Stickstoff-Substanz %	Coffein %	Fett (Ätherauszug) %	Zucker %	Dextrin %	Gerbsäure %	Pentosane %	Rohfaser %	Asche %	Wasserextrakt %	Alkoholextrakt %	Unlösl. (Sand), zuläss. Menge in d. Trockensubst. %
1210	Kaffee (Samen) roh	11,25	12,64	1,18	11,72	7,67	0,84	8,36	6,34	23,85	3,77	29,51	—	—
1211	Kaffee (Samen) geröstet	2,65	13,92	1,24	14,35	2,83	1,30	4,65	3,68	23,85	3,93	28,80	—	—
1212	Kaffeefruchtschalen	14,45	8,64	0,45	1,62	—	—	4,80	—	31,17	7,80	17,90	—	—
1213	Kaffeefruchtfleisch (trock.)	3,64	6,56	—	2,36	—	—	16,42	—	—	7,80	30,95	—	—
1214	Bourbon-Kaffee	7,84	8,75	0	—	—	—	—	—	—	2,59	—	—	—
1215	Groß-Comore-Kaffee	11,64	9,37	?	10,85	—	—	—	—	—	2,80	—	—	—
	Kaffee-Extrakt				Öl				Sonstige N-freie Stoffe					
1216	ohne Zuckerzusatz verdünnt	95,15	—	0,15	0,09	0,16	—	0,26	2,83		0,77	—	—	—
1217	ohne Zuckerzusatz eingedunstet	77,78	—	0,94	2,31	3,13	—	1,80	10,63		3,19	—	—	—
1218	Mit Zuckerzusatz	57,39	—	0,96	1,63	22,85	—	1,35	22,73		2,42	—	—	—

[1]) Unter Glykose ist der die Fehlingsche Lösung direkt reduzierende Zucker, unter Saccharose der nach der Inversion reduzierende Zucker zu verstehen.

Nr.	Nähere Angaben	Wasser %	Stickstoff-Substanz %	Coffein %	Fett (Ätherauszug) %	Zucker %	Caramel usw. %	Inulin %	Pentosane %	Rohfaser %	Asche %	Wasserauszug %
	Kaffee-Ersatzstoffe (vgl. S. 543—554).											
1219	Kriegsmischung Franck[1])	7,49	7,65	0,31	2,27	28,21	—	—	—	8,26	3,21	59,68
1220	Cola-Kaffee (Cola, Weizen, Zichorien usw.)	6,82	—	0,26	—	17,64	—	—	—	8,03	3,90	53,94
1221	Zichorien-Kaffee	12,75	6,55	—	2,48	14,46	12,74	11,75	5,15	8,13	4,79	58,35
1222	Rüben-Kaffee	15,42	8,44	—	4,48	21,86	—	—	—	8,84	4,87	60,64
1223	Löwenzahnwurzel-Kaffee	8,45	—	—	—	1,40	—	—	—	17,06	6,59	60,18
1224	Gebrannter Zucker a)	3,97	—	—	—	32,83	—	—	—	—	4,03	89,46
1225	Gebrannter Zucker b)	0,85	—	—	—	13,55	—	—	—	—	12,87	85,07
1226	Feigenkaffee	20,92	4,15	—	3,83	30,52	—	—	—	7,49	3,76	63,54
1227	Karobbe-Kaffee	6,72	8,72	—	3,51	—	—	—	—	7,65	2,59	54,22
1228	Wiener Kaffee-Surrogat	9,72	4,50	—	—	19,92	—	—	—	—	8,33	39,52
1229	Lindes Kaffee-Essenz	3,93	4,59	—	—	59,46	—	—	—	—	3,69	70,08
							Dextrin	Stärke				
1230	Gerstenkaffee[2])	5,50	13,41	—	2,09	2,47	—	—	—	8,52	2,83	49,57
1231	Gerstenmalzkaffee[2])	5,50	14,27	—	2,03	7,03	9,59	35,75	9,22	9,47	2,30	57,86
1232	Roggenkaffee[2])	5,31	12,89	—	2,86	4,46	12,70	50,15	9,08	6,15	2,97	45,95
1233	Roggenmalzkaffee[2])	5,31	11,56	—	1,46	3,00	—	—	—	7,08	1,86	33,09
1234	Weizenmalzkaffee	6,46	—	—	—	5,20	—	—	—	—	—	68,72
1235	Maismalzkaffee	4,82	—	—	5,15	9,86	—	—	—	—	1,62	66,58
1236	Erdnußsamen-Kaffee, natürlicher Samen	5,05	27,89	—	50,12	—	—	—	—	2,44	2,16	23,63
1237	Erdnußsamen-Kaffee, entfetteter „	6,43	48,31	—	11,86	—	—	—	—	5,08	4,24	25,35
							Gerbsäure					
1238	Lupinen-Kaffee, Pelkmanns Perl-Kaffee	7,14	39,51	—	5,53	18,06	—	—	—	15,17	4,47	23,29
1239	Lupinen-Kaffee, Kaiserschrot-Kaffee (Gemisch)	14,42	28,85	—	3,00	—	—	—	—	—	4,61	30,28
1240	Kongo-Kaffee	4,22	27,06	—	1,19	3,25	—	—	—	19,28	4,63	21,54
1241	Sojabohnen-Kaffee	5,27	—	—	17,05	32,93	—	—	—	4,71	4,28	46,46
1242	Mogdad-Kaffee	11,09	15,13	—	2,55	—	5,23	—	—	21,21	4,33	—
1243	Eichel-Kaffee	10,51	5,82	—	4,02	3,77	5,50	—	—	4,52	2,07	25,77
1244	Weißdornfrucht-Kaffee	4,65	4,37	—	3,50	15,00	—	—	—	35,61	3,53	23,95
1245	Weintraubenkerne, geröstet	—	8,50	—	9,03	—	—	—	—	52,42	—	3,30
1246	Dattelkern-Kaffee	6,64	5,46	—	7,91	2,15	—	—	—	27,79	1,27	11,86
1247	Wachspalmen-Kaffee	3,76	6,99	—	14,06	1,25	—	—	—	38,45	2,24	13,50
1248	Spargelsamen-Kaffee	8,87	19,75	—	12,88	—	—	—	—	8,25	5,36	8,32

Über einige sonstige, noch wenig untersuchte Kaffee-Ersatzstoffe vgl. S. 552—554.

Tee (vgl. S. 555).

Nr.	Nähere Angaben	Wasser %	Stickstoff-Substanz %	Thein %	Fett %	Ätherisches Öl %	Gerbsäure %	Inulin %	Pentosane %	Rohfaser %	Asche %	Wasserauszug %
1249	Tee, grüner	8,46	24,13	2,79	8,24	1,00	15,73	—	6,00	10,61	5,93	39,07
1250	Tee, schwarzer					0,60	10,98	—				32,02
1251	Paraguay-Tee, Mate	6,92	11,20	0,89	4,19	—	6,89	—	64,33		5,58	33,90

[1]) Bohnenkaffee, Zichorien, Zerealien und Zucker.

[2]) Die Gersten- und Roggenkaffees sowie die entsprechenden Malzkaffees sind nicht aus denselben, sondern aus verschiedenen Sorten Gerste bzw. Roggen gewonnen.

Nr.	Nähere Angaben	Wasser %	Stickstoff-Substanz %	Thein %	Fett %	Glykose %	Gerbsäure %	Pentosane %	Stickstofffreie Extraktstoffe %	Rohfaser %	Asche %	Wasserauszug %	Calorien f. 1 kg Subst. rohe Cal.	Calorien f. 1 kg Subst. reine Cal.	Verdaul. Preiswerteinheiten in 1 kg
	Tee-Ersatzstoffe (vgl. S. 561—562).														
1252	Kaffeebaumblätter, frisch	78,43	4,69	wenig	0,82	—	—	—	—	3,51	2,17	—	—	—	—
1253	Faham-Tee	8,36	5,21	—	3,91	—	—	—	—	—	6,35	—	—	—	—
1254	Böhmischer Tee	11,48	23,02	—	5,61	—	8,38	—	—	7,25	21,30	29,79	—	—	—
1255	Kaukasischer Tee	6,83	20,91	—	3,56	—	20,82	—	—	6,40	5,00	38,80	—	—	—
	Über sonstige Tee-Ersatzstoffe vgl. S. 562.														
	Kakao und Schokolade (vgl. S. 563—569).			Theobromin			Stärke								
1256	Kakaobohnen, roh, ungeschält	7,93	14,19	1,49	45,57	—	5,85	—	17,07	4,78	4,61	—	5807	4984	1214
1257	Kakaobohnen, geröstet, ungeschält	6,79	14,23	1,58	46,19	—	6,06	—	18,04	4,63	4,16	—	5914	5073	1233
1258	Kakaobohnen, geröstet, geschält	5,58	14,33	1,55	50,09	—	8,77	—	13,91	3,93	3,59	—	6325	5384	1301
1259	Kakaomase	4,25	13,96	1,58	53,14	1,47	9,00	1,64	8,95	3,97	3,62	—	6426	5603	1343
1260	Puderkakao mit 28% Fett	5,50	22,31	2,51	26,46	2,71	14,37	2,62	13,91	6,35	5,77	—	4831	3916	1070
1261	Puderkakao „ 14% „	5,50	26,62	3,00	13,23	2,81	17,16	2,86	17,35	7,57	6,90	—	4062	3062	931
1262	Puderkakao aufgeschlossen mit nicht	5,54	20,33	1,88	28,34	—	15,60	—	17,70	5,37	5,24	—	4903	4056	1084
1263	Puderkakao aufgeschlossen mit Kaliumcarbonat	4,54	19,86	1,74	28,98	—	13,61	—	17,94	5,25	7,06	—	4871	4043	1075
1264	Puderkakao aufgeschlossen mit Ammoniumcarbonat	5,73	21,72	1,69	28,08	—	14,46	—	17,37	5,68	5,28	—	4884	4009	1083
						Saccharose									
1265	Schokolade mit 68% Zucker	1,50	4,43	0,47	16,73	68,00	2,84	0,50	3,64	1,24	1,12	—	4759	4428	1089
1266	Schokolade mit 55% „	1,59	6,27	0,68	24,45	55,00	3,75	0,71	4,58	2,06	1,69	—	5127	4840	1157
1267	Kakaoschalen	9,50	14,75	0,81	4,37	9,24		10,03	28,48	17,25	6,38	—	—	—	—
	Gemischte Kakaosorten:														
1268	Somatose-Kakao	4,12	20,71	1,49	15,59	28,42	9,16	15,03		2,63	4,34	—	4507	3820	1157
1269	Malz-Kakao	5,79	16,64	0,71	16,70	6,93	29,93	16,43		3,42	3,45	—	4450	3798	1103
1270	Hafer-Kakao	8,32	18,10	0,90	17,41	—	47,17			3,09	5,01	—	4338	3707	1094
							Gerbstoff								
1271	Eichel-Kakao	5,12	13,56	—	15,63	25,73	2,99	30,66		3,00	3,41	—	4393	3826	1073
							Stärke								
1272	Nährsalz-Kakao	8,00	17,50	1,78	28,26	—	11,09	26,24		4,21	4,70	—	4926	4324	1206
	Sonstige alkaloidhaltige Genußmittel (vgl. S. 569).				Coffein							Fett	Colarot	Gerbstoff	
1273	Colanuß	12,22	9,22	0,053	2,16	2,75	43,83	—	—	7,85	3,05	1,35	1,25	3,42	—
				Alkaloid	Fett	Glykose	Dextrin	Stärke							
1274	Cocablätter, alt	8,99	21,12	0,26	5,18	2,58	2,28	9,53	—	18,41	5,14	—	—	—	—
1275	Betelblätter, alt	3,66	20,75	0,23(?)	2,51	Spur	1,81	5,50	—	19,60	19,91	—	—	—	—
1276	Arekanuß, alt	9,70	7,05	0,30(?)	12,72	1,66	1,97	5,13	—	11,18	1,57	—	—	—	—

Über die Zusammensetzung von Tabak vgl. S. 573—576.

Alkoholische Getränke.

Bier

(vgl. S. 601—632).

Nr.	Nähere Angaben	Wasser %	Kohlensäure %	Alkohol Gew.-%	Extrakt %	Stickstoff-Substanz %	Maltose oder Zucker %	Gummi + Dextrin %	Säure = Milchsäure %	Glycerin %	Asche %	Phosphorsäure %	Calorien[2] für 1 l
1277	Schank- oder Winterbier (leichteres)	91,11	0,197	3,36	5,34	0,79	1,15	3,11	0,156	0,120	0,204	0,055	447
1278	Lager- oder Sommerbier (schwereres)	90,62	0,207	3,69	5,49	0,57	1,08	3,17	0,178	0,181	0,207	0,067	475
1279	Exportbier (Münchener)	89,00	0,207	4,29	6,50	0,66	1,45	3,57	0,174	0,170	0,239	0,078	552
1280	Bock-, Doppel- oder Märzenbier)	86,80	0,221	4,64	8,34	0,73	2,77	4,09	0,181	0,176	0,276	0,095	656
1281	Wiener Märzenbier	89,44	—	4,35	6,21	0,57	5,34		0,084	—	0,223	0,068	548
1282	Kulmbacher (Sandlerbräu)	89,06	—	4,84	6,17	0,73	4,90		0,203	—	0,245	0,082	605
1283	Dortmunder Union	90,56	—	4,44	5,00	0,58	4,61		0,089	—	0,222	0,070	510
1284	Breslauer (Haasebrauerei)	88,97	—	3,79	7,24	0,59	6,29		0,103	—	0,258	0,077	551
1285	Pilsener Aktienbrauerei	91,72	—	3,65	4,63	0,38	3,96		0,106	—	0,185	0,060	440
1286	Pilsener Urquell	91,39	—	3,61	5,00	0,39	4,60		0,085	—	0,190	0,055	452
1287	Weißbier (Berlin)	93,74	—	3,07	3,19	0,25	2,43		0,356	—	0,143	0,030	342
1288	Grätzer (Posen)	95,16	—	1,96	2,88	0,21	2,48		0,086	—	0,108	0,029	252
1289	Lichtenhainer (Thüringen)	92,60	—	2,36	3,04	0,19	2,55		0,182	—	0,112	0,012	287
1290	Gose, Leipziger	93,41	—	2,62	3,97	0,32	1,18	1,61	0,385	—	0,418	0,018	330
1291	Altbier, Westfälisches	93,80	—	2,95	3,15	0,28	0,49	1,76	0,350	—	0,170	0,045	331
1292	Braunbier	94,72	—	2,62	2,66	0,14	2,40		0,050	—	0,076	0,009	291
1293	Lambik (Belgien)	91,32	—	5,02	3,66	0,43	0,56	1,68	0,880	—	—	—	507
1294	Kwaß[1]) (Rußland)	94,55	0,078	0,86	3,81	0,25	0,61	1,69	0,337	—	0,106	—	210
1295	Reisbier	89,21	—	3,66	6,93	0,46	1,45	4,20	0,230	—	0,226	0,077	531
1296	Maisbier	89,81	0,247	3,47	6,47	0,28	1,50	4,20	0,076	—	0,330	—	495
1297	Porter	86,49	0,383	5,16	7,97	0,73	2,06	3,08	0,325	0,122	0,380	0,096	674
1298	Ale	88,54	0,210	5,27	5,99	0,61	1,07	1,81	0,284	—	0,320	0,089	605
1299	Malzextraktbier	83,87	0,200	3,74	11,74	0,86	5,85	3,93	0,275	0,291	0,292	0,094	726
1300	Braunschweiger Mumme[1])	—	(0,12)	(2,96)	55,22	2,47	45,46	5,46	—	—	—	0,341	2384
1301	Seefahrtsbier[1])	54,57	—	0,29	45,14	1,83	33,50	11,06	0,261	—	0,716	0,276	1798

[1]) Schwach vergorene, obergärige Biere unter Zusatz von Zucker.

[2]) Für die Berechnung des Wärmewertes ist die Verbrennungswärme von 1 g Alkohol zu 7,183, die der nichtflüchtigen Stoffe (Extrakt — Asche) zu rund 4,000 Cal. angenommen. Letztere Zahl rechtfertigt sich nach den S. 149—151 aufgeführten Wärmewerten. Diese betragen für je 1 g Dextrin 4,112 Cal., 1 g Maltose 3,947 Cal.; für die Stickstoffsubstanz, die sich aus verschiedenen Verbindungen (Pepton, verschiedenen Amino- usw. Verbindungen) zusammensetzt, läßt sich ein bestimmter Calorienwert nicht annehmen; der für 1 g Pepton beträgt 5,298, der für die Aminoverbindungen usw. liegt jedenfalls durchweg unter 4,000 Cal. Da das Dextrin die Hauptmenge des Extraktes bildet, so dürfte ein mittlerer Verbrennungswert von 4,000 Cal. für 1 g Extrakt minus Asche gerechtfertigt sein.

Wein (vgl. S. 632).

Trockene Weine, gewöhnliche Tisch- und Trinkweine (vgl. S. 636—664).

a) Weißweine (Jahrgang 1908) [1]).

Nr.	Nähere Angaben	In 100 ccm Wein g												Calorien
		Alkohol	Extrakt	Säure				Zucker	Glycerin	Mineralstoffe		Stickstoff	Extrakt nach Abzug der 0,1 g übersteigenden Zuckermenge u. der Gesamtsäure	
				Gesamte freie	Flüchtige	Milchsäure	Weinsäure (Gesamt-)			Gesamt-	Alkalität (ccm N-Lauge)			in 1 l Cal. [2])
	Rheingau-Gebiet:													
1302	Eibinger (9)	7,36	3,06	0,71	0,05	0,20	0,20	0,13	0,62	0,215	0,75	0,10	2,28	625,2
1303	Erbacher (1)	9,54	3,06	0,80	0,04	0,15	0,14	0,56	0,50	0,267	0,73	0,05	1,80	779,9
1304	Geisenheimer (10) . . .	8,15	3,13	0,71	0,05	0,13	0,20	0,19	0,53	0,228	0,76	0,10	2,52	683,9
1305	Hattenheimer (8)	8,64	2,93	0,78	0,03	0,14	0,18	0,23	0,73	0,230	1,02	0,06	1,77	712,1
1306	Kiedricher (1)	8,98	3,38	0,94	0,03	0,11	0,11	0,34	0,70	0,306	0,80	0,05	2,20	744,2
1307	Mittelheimer (3)	7,82	2,66	0,87	0,02	0,11	0,13	0,27	0,70	0,252	1,03	0,08	1,62	643,4
1308	Oestricher (7)	7,94	2,84	0,80	0,02	0,13	0,16	0,18	0,70	0,251	0,86	0,06	1,93	658,1
1309	Rüdesheimer, Rottland (1)	7,66	2,90	0,79	0,02	0,22	—	0,09	0,60	0,311	0,67	0,03	2,11	638,1
1310	Winkeler, Gutenberg (1) .	8,12	3,12	0,84	0,03	0,20	0,23	0,20	0,60	0,244	0,90	0,05	2,18	680,9
	Nahe-Gebiet:													
1311	Kreuznach, Kahlenberg (1) .	8,53	2,64	0,85	0,02	0,14	—	0,11	0,60	0,273	1,07	0,05	1,78	693,0
1312	Kreuznach, Schloßberg (3) .	7,00	3,10	0,76	0,03	0,26	0,15	0,46	0,67	0,250	0,88	0,06	1,97	599,5
	Mosel-Gebiet:													
1313	Bernkasteler (6)	7,69	2,44	0,64	0,04	0,29	0,19	0,22	0,70	0,206	1,03	0,05	1,68	627,9
1314	Graacher (8)	8,68	2,70	0,68	0,05	0,35	0,22	0,29	0,75	0,202	0,79	0,06	2,44	708,2
1315	Kürenzer, Avelsberg (18)	6,73	2,50	1,19	0,04	0,15	0,37	0,18	0,61	0,166	0,97	0,04	2,45	539,1
1316	St. Matthias, Mattheiser (1) .	6,69	2,66	0,96	0,02	0,16	0,23	0,12	0,50	0,276	0,93	0,04	2,64	562,9
1317	St. Matthias, Tiergärtner (1) .	9,13	2,66	0,88	0,03	0,13	0,22	0,14	0,70	0,226	0,87	0,05	2,62	738,1
	Saar-Gebiet:													
1318	Ockfen, Backsteiner (10) . .	7,27	2,48	0,93	0,03	0,12	0,31	0,13	0,70	0,169	0,95	0,05	1,51	602,7
1319	Ockfen, Heppensteiner (8) . .	7,37	2,42	0,94	0,03	0,12	0,34	0,14	0,62	0,152	1,02	0,04	1,46	606,1
1320	Ockfen, Irmener (9)	7,27	2,39	1,00	0,03	0,12	0,29	0,12	0,60	0,155	1,01	0,05	1,37	598,0
	Bayern:											Säurerest [3])		
1321	Würzburger (Leisten, Stein) (4)	8,58	2,69	0,54	0,05	0,10	0,12	< 0,1	0,75	0,268	1,4	0,41	2,14	698,3
1322	Randersacker (3)	8,37	2,42	0,61	0,05	0,06	0,12	< 0,1	0,67	0,246	1,4	0,49	1,81	674,7
1323	Sulzfelder (3)	7,58	2,14	0,61	0,07	0,13	0,12	< 0,1	0,65	0,211	1,0	0,40	1,53	609,8
1324	Rödelseer (4)	8,75	2,28	0,57	0,05	0,12	0,13	< 0,1	0,70	0,231	1,4	0,45	1,71	697,9
1325	Mainberger (2)	7,57	2,18	0,55	0,06	—	0,14	< 0,1	—	0,257	1,8	0,42	1,63	608,8

[1]) Die Analysen der amtlichen Weinstatistik (Arbeiten a. d. Kaiserl. Gesundheitsamte 1910, **35**, 1) sind nach einheitlichen Verfahren (1901) ausgeführt und beziehen sich auf den Jahrgang 1908, der als ein mittelguter bezeichnet worden ist. Die Werte für Alkohol- und Säuregehalt werden daher in schlechten Weinjahren etwas niedriger, in guten Weinjahren etwas höher liegen.

[2]) Bei den trockenen Weinen setzt sich die Verbrennungswärme des Extraktes (der Extrakt – Mineralstoffe) annähernd zu je $^1/_3$ aus der des Glycerins (4,317 Cal.), aus der der organischen Säuren: Milch-, Äpfel- und Weinsäure (etwa 1,845 Cal.) und aus der der Dextrin- und glykoseähnlichen Stoffe (4,112 Cal.) zusammen, kann also zu rund 3,4 angenommen werden.

[3]) Nach Möslinger.

Nr.	Nähere Angaben	In 100 ccm Wein g: Alkohol	Extrakt	Säuren: Gesamte freie	Flüchtige	Milchsäure	Weinsäure (Gesamt-)	Zucker	Glycerin	Mineralstoffe: Gesamt-	Alkalität (ccm N-Lauge)	Säurerest[1]	Extrakt nach Abzug der 0,1 g übersteigenden Zuckermenge u. der Gesamtsäure	Calorien in 1 l Cal.
1326	Homburger (4)	7,71	2,15	0,52	0,06	0,24	0,14	< 0,1	0,60	0,265	2,1	0,38	1,63	618,3
1327	Thüngener (2)	6,28	2,23	0,75	0,05	0,16	0,15	< 0,1	0,40	0,239	0,9	0,59	1,48	518,3
1328	Hörsteiner, Rauschberg (südliche Lage) (1)	8,00	2,09	0,66	0,05	0,14	0,17	< 0,1	0,70	0,212	0,9	0,49	1,43	638,0
1329	Hörsteiner, Langenberg (geringstes Gewächs) (1)	5,83	2,22	0,90	0,04	—	0,17	< 0,1	—	0,304	1,2	0,51	1,32	483,9
	Pfalz:													
1330	Burrweiler (3)	7,30	2,44	0,54	0,05	0,18	0,17	0,10	0,63	0,253	1,8	0,39	1,86	598,6
1331	Diedesfelder (Pfarrgut), mittl. Lage	5,76	2,36	0,88	0,05	0,36	0,22	0,10	0,50	0,276	1,5	0,71	1,48	484,2
1332	Diedesfelder (Pfarrgut), bessere „	6,27	2,19	0,64	0,06	0,36	0,19	0,10	0,50	0,256	2,1	0,47	1,55	515,8
1333	Deidesheimer (4)	10,00	3,23	0,74	0,06	0,09	0,13	0,16	0,98	0,295	2,3	0,59	2,43	818,2
1334	Flemlinger (3)	6,96	2,62	0,89	0,04	0,11	0,20	0,10	0,60	0,255	2,1	0,75	1,72	579,9
1335	Gimmeldinger (4)	6,47	2,57	0,58	0,06	0,39	0,12	0,12	0,58	0,352	2,8	0,45	1,97	553,6
1336	Gleisweiler, untere Lage	5,89	2,28	0,90	0,06	0,07	0,20	0,10	0,60	0,220	1,6	0,73	1,38	492,9
1337	Gleisweiler, obere „	7,06	2,57	0,93	0,04	0,07	0,20	0,10	0,70	0,233	1,6	0,78	1,64	586,5
1338	Göcklingen, Durchschnittslage	6,59	2,43	0,79	0,06	0,12	0,22	0,10	0,60	0,230	1,5	0,63	1,64	547,9
1339	Mussbacher, leichte Sandlage	5,95	2,45	0,52	0,10	0,37	0,13	0,10	0,60	0,357	3,0	0,33	1,93	498,3
1340	Mussbacher, mittlere Sorte	6,14	2,49	0,52	0,07	0,31	0,13	0,10	0,60	0,357	3,1	0,37	1,97	509,8
1341	Mussbacher, bessere „	7,12	2,44	0,55	0,06	0,32	0,14	0,10	0,60	0,288	2,5	0,41	1,89	584,3
1342	Ranschbach, geringe Lage	5,70	2,17	0,94	0,08	0,04	0,24	0,10	0,50	0,206	2,0	0,72	1,23	475,9
1343	Ranschbach, beste „	7,26	2,33	0,76	0,03	0,06	0,23	0,10	0,70	0,179	1,6	0,61	1,57	592,4
	Württemberg (2. Abstich).													
1344	Heilbronn, Nordberg	9,05	2,10	0,49	0,05	0,20	0,18	0,20	0,50	0,206	0,6	0,34	1,51	714,1
1345	Beilstein, südliche Lage	8,00	2,19	0,80	0,04	0,06	0,22	< 0,1	0,60	0,161	0,5	0,60	1,39	643,4
1346	Eschenau, Schloßberg	8,49	1,92	0,58	0,04	0,14	0,17	< 0,1	0,60	0,196	0,7	0,44	1,34	668,1
1347	Koob, südliche Berglage	9,20	2,25	0,39	0,05	0,26	0,09	0,15	0,70	0,247	0,9	0,28	1,81	728,6
1348	Neipperg	8,00	2,07	0,58	0,06	0,13	0,26	0,11	0,60	0,205	0,7	0,35	1,48	635,6
1349	Züttlingen	8,25	2,15	0,74	0,05	0,07	0,28[2]	0,12	0,70	0,158	0,5	0,52	1,38	660,2
1350	Ingelfingen, Traubengemisch	7,53	2,15	0,64	0,05	0,15	0,20	0,10	0,50	0,219	0,6	0,46	1,51	606,2
1351	Ingelfingen, desgl., Auslese	10,52	4,19	1,09	0,06	0,16	0,16	0,29	0,60	0,268	0,6	0,93	2,91	888,6
	Baden:													
1352	Meersburg Seebezirk	8,22	2,41	0,71	0,05	0,24	0,25	0,18	—	0,240	1,6	0,50	1,62	664,0
1353	Konstanz	7,04	2,19	0,59	0,05	0,30	0,21	0,10	—	0,216	1,2	0,41	1,60	572,8
1354	Markgräfler (4)	7,00	2,11	0,61	0,04	0,23	0,18	0,12	—	0,245	1,7	0,47	1,48	566,2
1355	Kaiserstuhl (7)	5,49	2,13	0,72	0,05	0,24	0,31	0,13	—	0,236	1,7	0,66	1,28	458,4
1356	Wittnau (3)	6,54	1,87	0,63	0,04	0,39	0,26	< 0,1	—	0,176	1,6	0,45	1,23	528,8
1357	Fremersberg (3)	8,79	2,65	0,79	0,04	0,07	0,19	0,13	—	0,241	1,5	0,64	1,79	713,1

[1]) Siehe Anm. 3 auf vorhergehender Seite.

[2]) 0,15 g freie Weinsäure.

Nr.	Nähere Angaben	In 100 ccm Wein g: Alkohol	Extrakt	Säuren: Gesamte freie	Flüchtige	Milchsäure	Weinsäure (Gesamte)	Zucker	Glycerin	Mineralstoffe: Gesamte	Alkalität (ccm N-Lauge)	Säurerest	Extrakt nach Abzug der 0,1 g übersteigenden Zuckermenge u. der Gesamtsäure	Calorien in 1 l Cal.
	Hessen:													
1358	Bingen	6,86	3,54	0,68	0,05	0,46	0,12	0,13	0,70	0,395	3,3	0,56	2,83	600,3
1359	Gaubickelheim (3)	7,21	2,18	0,63	0,04	0,19	0,21	—	0,63	0,240	2,6	0,48	1,55	583,4
1360	Heßloch (2)	6,83	2,27	0,53	0,05	0,38	0,19	<0,1	0,65	0,281	2,1	0,38	1,74	558,4
1361	Nierstein (6)	10,08	3,56	0,72	0,03	0,11	0,11	0,34	0,97	0,332	3,2	0,62	2,64	843,5
1362	Oppenheim (8)	7,57	2,67	0,51	0,04	0,32	0,18	<0,1	0,66	0,313	2,9	0,47	2,07	623,7
1363	Vandersheim (2)	6,44	2,33	0,89	0,03	0,22	0,21	—	0,50	0,286	2,5	0,76	1,44	531,8
	Bergstraße und Odenwald:													
1364	Auerbach (10)	8,36	2,53	0,59	0,06	—	0,16	<0,1	0,57	0,334	1,8	0,45	1,93	675,9
1365	Bensheim (7)	8,63	2,21	0,58	0,05	—	0,17	<0,1	0,66	0,228	1,4	0,40	1,63	686,9
1366	Heppenheim (10)	7,65	2,18	0,57	0,06	—	0,18	<0,1	0,63	0,322	2,0	0,40	1,61	613,4
1367	Zwingenberg (10)	7,86	2,52	0,76	0,06	—	0,18	<0,1	0,63	0,284	1,8	0,62	1,76	640,5
1368	Richen; Stachelberg: naturrein	10,23	2,09	0,62	0,07	—	0,15	<0,1	0,80	0,266	1,7	0,43	1,47	796,4
1369	Richen; Stachelberg: mit 2,5 kg Zucker und 2 l Wasser auf 100 l Most	10,74	2,37	0,72	0,06	—	0,17	<0,1	0,70	0,256	1,9	0,55	1,65	841,8
	Elsaß:													
1370	Orschweier (2)	5,38	2,00	0,75	0,06	0,35	0,25	0,12	—	0,200	1,9	—	1,10	447,4
1371	Salzmatt (4)	6,35	2,15	0,67	0,07	0,39	0,21	0,10	—	0,212	1,9	—	1,48	521,8
1372	Egisheim	6,36	2,27	0,82	0,06	0,17	0,21	0,12	—	0,227	2,1	—	1,43	525,0
1373	Rapportsweiler (2)	6,62	2,10	0,64	0,06	0,29	0,19	0,11	—	0,229	1,9	—	1,45	538,9
1374	Mittelbergheim (5)	7,34	2,18	0,72	0,06	0,30	0,23	0,13	—	0,185	1,4	—	1,43	595,0

b) Deutsche Rotweine (Jahrgang 1908).

Nr.	Nähere Angaben	Alkohol	Extrakt	Gesamte freie	Flüchtige	Milchsäure	Weinsäure (Gesamte)	Zucker	Glycerin	Mineralstoffe Gesamte	Alkalität	Stickstoff	Extrakt nach Abzug	Cal.
1375	Ahrweiler, Rosental	8,33	2,76	0,42	0,06	0,23	0,09	0,13	0,60	0,368	1,4	0,07	2,31	679,4
1376	Walportsheim, Steinkaul	8,55	2,48	0,52	0,07	0,28	0,19	0,14	0,50	0,248	1,1	0,07	1,92	689,7
												Säurerest		
1377	Freudenberg, Bayern	6,79	2,30	0,50	0,06	0,20	0,18	<0,1	0,60	0,272	1,9	0,33	1,80	556,5
1378	Gümmeldingen, Pfalz	6,14	2,89	0,62	0,04	0,41	0,11	0,17	0,60	0,442	3,5	0,49	2,20	524,1
1379	Heilbronn, Württemberg	7,80	2,10	0,55	0,04	0,22	0,22	0,16	0,60	0,227	0,6	0,37	1,39	623,6
1380	Beilstein, „	7,86	2,75	1,04	0,04	0,12	0,24	<0,1	0,50	0,227	0,9	0,87	1,71	650,0
1381	Eschenau, „	7,66	2,48	0,58	0,05	0,28	0,18	0,18	0,60	0,262	0,9	0,43	1,82	625,5
1382	Neipperg, „	8,63	2,16	0,63	0,06	0,24	0,27	0,13	0,50	0,208	0,8	0,40	1,50	685,9
1383	Meersburg, Sengerhalde, Baden	8,15	2,41	0,46	0,05	0,14	0,20	0,15	—	0,272	2,2	0,30	1,90	657,9
1384	Reichenau, Baden	6,78	2,30	0,58	0,11	0,31	0,18	0,10	—	0,264	1,1	0,35	1,72	556,2
1385	Zell-Weierbach, Baden	8,87	3,27	0,50	0,09	0,41	0,11	0,19	—	0,450	3,5	0,35	2,68	732,7
1386	Oberingelheim, Hessen	8,00	2,68	0,41	0,06	0,20	0,19	<0,1	0,70	0,293	2,6	0,24	2,27	655,7

Süßweine

(als „echt“ bezeichnete Sorten nach neueren Analysen; vgl. S. 667—672).

Nr.		Nähere Angaben	Alkohol	Extrakt	Invertzucker	Glycerin	Gesamtsäure = Weinsäure	Flüchtige Säure = Essigsäure
			Gramm in 100 ccm Wein					
1387	Konzentrierte Süßweine	Rheinischer Auslesewein 1911[1]) (10 Anal.)	11,34–5,20	7,39–32,50	2,40–29,00	—	0,69–1,00	0,05–0,09
1388		Tokaier[2]) Essenz (17)	7,22–3,37	23,77–50,48	20,50–44,59	2,17 (1)	0,60–0,86	0,150 (1)
1389		Tokaier[2]) Ausbruch (70)	13,88–9,51	5,31–23,04	0,83–19,42	0,74–1,29	0,57–0,94	0,070–0,160
1390		Ruster Ausbruch[3]) (5)	10,20–9,82	25,20–29,36	20,06–25,58	1,42 (1)	0,42–0,76	0,186 (1)
1391		Malaga[4])	14,34–9,85	18,24–27,70	15,07–23,15	(0,23)–0,92	0,35–0,69	0,036–0,256
1392	Gespritete Likörweine	Sherry[5])	19,01–11,98	1,88–8,13	0,25–8,13	(0,21)–0,99	0,27–0,71	—
1393		Portwein[6]) roter (343) Schwank.	17,82–12,50	6,54–14,09	4,62–12,09	0,50–0,70	0,29–0,59	0,075–0,097
		Portwein[6]) roter (343) Mittel	15,79	9,74	7,79	—	0,42	—
1394		Desgl. weißer (72) Mittel	15,89	9,68	7,89	—	0,39	—
1395		Madeira[7]) (240) Schwank.	17,66–10,89	3,73–15,55	1,13–12,44	0,48–0,90	0,43–0,81	—
		Madeira[7]) (240) Mittel	14,59	6,70	4,34	—	0,57	—
1396		Marsala[8]) (8)	15,88–13,56	5,22–10,72	2,67–8,24	0,34–1,34	0,46–0,63	0,023–0,136
1397		Samos[9]) (12)	15,20–10,89	11,90–26,07	8,20–20,52	0,20–(1,42)	0,33–0,71	0,051–0,150

(Süßweine. Fortsetzung.)

Nr.		Nähere Angaben	Stickstoff-Substanz (N×6,25)	Mineralstoffe	Phosphorsäure	Zuckerfreier Extraktrest	Verhältnis von Fructose : Glykose	Polarisation (200 mm Rohr)	Calorien in 1 l Cal.
			Gramm in 100 ccm Wein						
1387	Konzentrierte Süßweine	Rheinischer Auslesewein 1911[1]) (10 Anal.)	—	0,197–0,418	—	3,66–7,27	—	—	1085–1548
1388		Tokaier[2]) Essenz (17)	0,08 (1)	0,280–0,424	0,065–0,132	3,27–5,89	—	—	1303–2117
1389		Tokaier[2]) Ausbruch (70)	0,16–(0,95)!	0,190–0,328	0,041–0,087	2,28–5,23	52/48 bis 87/13	—	1189–1534
1390		Ruster Ausbruch[3]) (5)	0,29 (1)	0,250–0,390	0,027–0,061	3,29–5,06	—	—	1670–1753
1391		Malaga[4])	0,100–0,256	0,300–0,572	0,025–0,057	2,61–5,27	—	−6,17 bis −8,43	1700–1720
1392	Gespritete Likörweine	Sherry[5])	(0,12–0,20)	0,340–0,920	0,015–0,053	1,63–3,93	—	—	1132–1423
1393		Portwein[6]) roter (343) Schwank.	(0,20–0,24)	0,180–0,328	0,015–0,030	1,46–2,59	51/40 bis 67/33	−1,68 bis −7,86	1413–1518
		Portwein[6]) roter (343) Mittel	—	—	—	1,96	57/43	—	1494
1394		Desgl. weißer (72), Mittel	—	—	—	1,79	58/42	—	1495
1395		Madeira[7]) (240) Schwank.	0,14–0,21	0,220–0,350	0,025–0,050	1,41–3,45	40/60 bis 66/34	+4,62 bis −8,25	1252–1399
		Madeira[7]) (240) Mittel	—	—	—	2,18	48/52	—	1285
1396		Marsala[8]) (8)	—	0,230–0,500	0,025–0,032	1,74–3,17	—	—	1328–1357
1397		Samos[9]) (12)	0,23 (1)	0,203–0,480	0,044–0,57	2,61–6,04	—	—	1530–1738

[1]) Jungwein des guten Weinjahres 1911; in früheren Ausleseweinen (auch Strohweine genannt) wurden 12,18—10,04 g Alkohol und 5,70—15,60 g Extrakt gefunden.

[2]) Über den Unterschied in der Herstellung von Tokaier und Szamorodner vgl. S. 668.

[3]) Der echte Ruster (und auch Maneser) Ausbruch dürften wie der Tokaier Ausbruch hergestellt werden (vgl. S. 669).

[4]) Der Niedrigstgehalt an Glycerin dürfte von einer frühzeitig unterbrochenen Gärung herrühren.

[5]) Der Sherry enthielt in 1 Liter 1,16—4,05 g Schwefelsäure (SO_3) in Form von Calcium- und Kaliumsulfat. Der Niedrigstgehalt an Glycerin dürfte von einer frühzeitig unterbrochenen Gärung herrühren.

[6]) Roter und weißer Portwein zeigen keine wesentlichen Unterschiede in der Zusammensetzung; im allgemeinen waltet bei beiden die Fructose im Invertzucker vor.

[7]) Der Madeira enthielt nach Kickton und Murdfield bis 3,57 g Saccharose in 100 ccm; der Fructosegehalt war durchweg geringer als der der Glykose.

[8]) Der Marsala enthielt in 1 Liter 0,39—1,39 g Schwefelsäure in Form von Calcium- und Kaliumsulfat.

[9]) G. Graff fand in sieben als echt bezeichneten Samosweinen nur 0,20—0,39 g Glycerin in 100 ccm, was für ein frühzeitiges Unterbrechen der Gärung (Stummachen des Mostes) spricht.

Schwankungen in der Zusammensetzung der Weine während siebe

Nr.	Jahrgang	Allgemeine Beschaffenheit	Anzahl der untersuchten Proben	Spezifisches Gewicht	Alkohol	Extrakt (nach Abzug des 0,1 g übersteigenden Zuckergehaltes) Gesamt-	nach Abzug der nichtflüchtigen Säuren	nach Abzug der freien Säuren	Mineralstoffe	Glycerin	Stickstoff
					Gramm in 100 ccm						
					1. Weißweine. a) Rheingauweine.						
1398	1905	Mittelmäßig	35	0,9936–1,0002	6,86–10,22	1,88–3,28	1,48–2,96	1,32–1,91	0,143–0,267	0,59–1,16	—
1399	1906	Mittelmäßig	1	0,9966	8,21	2,48	1,84	1,80	0,259	0,50	0,105
1400	1907	Gering	22	0,9955–1,0008	6,36–9,84	2,43–3,32	1,48–3,17	1,61–3,11	0,179–0,305	0,5–1,0	0,021–0,123
1401	1908	Mittelmäßig	40	0,9963–1,0093	6,59–9,54	2,00–3,56	1,18–3,01	1,14–2,96	0,170–0,311	0,3–0,9	0,03–0,12
1402	1909	Gering	39	0,9973–1,0045	5,89–9,75	2,31–3,77	1,72–3,14	—	0,157–0,300	—	0,04–0,11
1403	1910	Schlecht	38	0,9977–1,0045	4,45–8,33	2,64–3,41	1,74–2,54	—	0,123–0,343	0,6–1,10	0,070–0,145[1]
1404	1911	Gut bis sehr gut	109	0,9922–1,0400	7,87–11,19	2,00–4,47	1,39–3,93	—	0,130–0,349	0,7–1,1	—
					b) Moselweine.						
1405	1905	Mittelmäßig	32	0,9936–0,9997	5,56–9,49	2,02–3,29	1,26–2,35	1,23–2,31	0,129–0,238	0,39–0,75	—
1406	1906	Mittelmäßig	6	0,9920–1,0002	6,79–10,32	2,02–2,82	1,51–1,69	1,44–1,67	0,169–0,206	0,50–0,70	0,045–0,140
1407	1907	Gering	36	0,9959–1,0000	6,09–8,96	2,27–3,00	1,40–2,23	1,36–2,18	0,121–0,228	0,4–0,8	0,046–0,092
1408	1908	Mittelmäßig	64	0,9902–1,0017	4,89–9,23	1,90–2,99	1,03–2,08	1,00–2,02	0,128–0,276	0,4–0,8	0,020–0,070
1409	1909	Gering	170	0,9958–1,0044	4,53–8,98	1,92–2,95	0,47–2,19	—	0,126–0,255	0,4–0,8	0,029–0,080
1410	1910	Schlecht	180	0,9958–1,0033	4,71–8,98	1,95–3,33	1,05–2,38	—	0,118–0,290	0,4–0,9	0,022–0,080[1]
1411	1911	Gut bis sehr gut	355	0,9932–1,0004	5,51–9,63	1,69–3,07	1,03–2,27	—	0,101–0,313	0,37–0,96	0,010–0,059[1]
					2. Rotweine. Ahrweine.						
1412	1905	Mittelmäßig	4	0,9942–0,9979	6,99–9,27	2,10–2,66	1,71–2,15	1,64–2,09	0,233–0,314	0,49–0,65	—
1413	1907	Gering	5	0,9956–0,9981	7,23–9,02	2,45–2,65	1,80–2,26	1,76–2,17	0,228–0,264	0,5–0,7	0,063–0,091
1414	1908	Mittelmäßig	3	0,9952–0,9968	8,33–8,55	2,44–2,73	2,01–2,39	1,92–2,31	0,248–0,368	0,5–0,6	0,07–0,09
1415	1909	Gering	5	0,9977–0,9998	6,73–8,35	2,44–2,92	1,95–2,25	—	0,263–0,324	0,51–0,81	0,04–0,08
1416	1910	Schlecht	20	0,9959–1,0013	6,79–9,42	2,62–3,02	2,16–2,56	—	0,282–0,373	0,5–0,9	0,100[1]
1417	1911	Gut bis sehr gut	18	0,9951–0,9970	6,99–9,63	2,20–2,65	1,74–2,31	—	0,170–0,303	0,59–0,8	—

Nach dieser Zusammenstellung aus der amtlichen Weinstatistik ist in schlechten oder mittelmäßigen Jahrgängen naturgemäß der Gehalt der Weine an Alkohol niedriger, der an Säure und durchweg auch an Extrakt

[1] Als Ammoniakstickstoff wurden gefunden:

Rheingauwein Nr. 1403	Moselweine Nr. 1410	Moselweine Nr. 1411	Ahrweine Nr. 1416 (1 Probe)
0,014—0,035 g	0,003—0,017 g	0,002—0,0099 g	0,015 g in 100 ccm.

Jahren auf Grund der amtlichen Weinstatistik im Deutschen Reiche.

Freie Säure	Flüchtige Säure	Nichtflüchtige Säure	Weinsäure Gesamt-	Weinsäure Freie	Weinsäure Weinstein	Weinsäure an alkalische Erden gebundene	Milchsäure	Alkalität der Asche	Verhältnis von Alkohol zu Glycerin	Nr.
Gramm in 100 ccm								ccm N-Lauge	wie 100 :	
1. Weißweine. a) Rheingauweine.										
0,53–0,98	0,02–0.07	0,48–0,93	0,128–0,424	0–0,274	0,056–0,221	0–0,143	0,05–0,30	—	7,0–12,1	1398
0,68	0,04	0,31	0,23	0,13	0,05	0,19	0,33	0,7	6,3	1399
0,67–1,02	0,03–0,05	0,61–0,97	0,09–0,35	0–0,24	0,02–0,13	0,05–0,16	0,15–0,58	0,6 –1,4	6,1–12,5	1400
				Alkalität der Asche Gesamt-	der wasserlöslichen	der wasserunlöslichen				
0,52–0,98	0,02–0,07	0,46–0,94	0,06–0,28	0,46–1,24	0,07–0,67	0,20–0,67	0,04–0,34	0,46–1,24	3,7–10,3	1401
								Säurerest		
0,48–0,98	0,02–0,09	0,30–0,90	0,12–0,31	0,64–1,56	0,17–0,83	0,47–1,13	0,08–0,3	—	—	1402
0,65–1,14	0,03–0,06	0,61–1,10	0,17–0,36	0,80–1,84	0,23–0,67	0,53–1,17	0,06–0,27	—	7,7–13,4	1403
0,38–0,84	0,02–0,08	0,32–0,78	0,03–0,36	0,7–2,3	0,3–1,3	—	0,04–0,28	0,25–0,61	6,6–11,5	1404
b) Moselweine.										
				Weinsäure Freie	Weinstein	an alkalische Erden geb.		Alkalität der Asche		
0,70–1,17	0,02–0,07	0,65–1,14	0,176–0,495	0–0,315	0,038–0,150	0,05–0,165	0,05–0,51	—	4,8–12,7	1405
0,57–1,15	0,02–0,06	0,49–1,13	0,170–0,440	0,05–0,25	0,04 –0,10	0,06–0,12	0,04–0,33	0,7–1,3	4,7–9,6	1406
0,66–1,35	0,02–0,06	0,59–1,33	0,12–0,45	0–0,32	0,01 –0,16	0,08–0,15	0,08–0,61	0,7–1,3	5,0–10,3	1407
				Alkalität der Asche Gesamt-	der wasserlöslichen	der wasserunlöslichen				
0,60–1,38	0,02–0,07	0,55–1,33	0,14–0,45	0,70–1,30	0,17–0,57	0,37–0,93	0,06–0,44	—	5,2–11,2	1408
								Säurerest		
0,64–1,58	0,02–0,11	0,57–1,54	0,15–0,55	0,63–2,30	0,13–1,00	0,40–1,70	0,04–0,48	0,34–1,00	6,1–10,6	1409
0,60–1,37	0,02–0,12	0,59–1,26	0,19–0,43	0,73–2,90	0,13–1,60	0,53–0,93	0,05–0,51	0,39–1,18	5,9–11,4	1410
0,41–1,10	0,02–0,13	0,37–1,06	0,15–0,65	0,5–2,6	—	—	0,06–0,48	0,26–0,70	5,1–10,5	1411
2. Rotweine. Ahrweine.										
				Weinsäure Freie	Weinstein	an alkalische Erden geb.		Alkalität der Asche		
0,42–0,57	0,04–0,07	0,34–0,52	0,139–0,296	0–0,023	0,160–0,273	0–0,083	0,23–0,39	—	6,0–7,7	1412
0,40–0,75	0,03–0,08	0,31–0,71	0,16–0,25	0–0,100	0,05–0,20	0–0,11	0,27–0,34	0,7–2,3	6,0–9,1	1413
				Alkalität der Asche Gesamt-	der wasserlöslichen	der wasserunlöslichen				
0,42–0,52	0,06–0,08	0,34–0,43	0,09–0,19	1,13–1,40	0,53–0,83	0,53–0,60	0,21–0,28	—	5,8–7,2	1414
								Säurerest		
0,53–0,92	0,03–0,04	0,48–0,88	0,20–0,25	1,6–2,6	0,8–1,57	0,7–1,2	0,03–0,08	0,36–0,76	7,6–10,0	1415
0,41–0,83	0,05–0,13	0,32–0,77	0,06–0,19	1,3–3,7	0,3–2,3	0,8–1,5	0,08–0,40	0,25–0,68	7,3–10,4	1416
0,38–0,53	0,03–0,10	0,27–0,46	0,11–0,26	1,3–2,7	1,0–1,7	—	0,05–0,29	0,17–0,40	7,2–9,0	1417

— letzterer zweifellos von einer schlechteren Vergärung herrührend — höher als bei den Weinen aus guten Jahren. Im allgemeinen scheinen die Weine des Rheingaus von der Witterung mehr beeinflußt zu werden als die der Mosel und Ahr.

Nach vorstehenden und zahlreichen anderen Untersuchungen kann von einer mittleren Zusammensetzung irgendeiner bestimmten Weinsorte derselben Lage, geschweige denn einer ganzen Gemarkung, nicht die Rede sein.

Schaumweine und weinhaltige Getränke (vgl. S. 673 u. S. 675).

Nr.	1418	1419	1420	1421
	Schaumwein		Weinhaltige Getränke	
Bestandteile	Süßer	Herber (trockener)	Wermutwein[1])	Amarena[2])
Kohlensäure	0,413—1,514 g	0,635—1,021 g	Spez. Gew. 1,0252— 1,0449	1,0390
Alkohol	10,85 —8,28 „	11,87 —8,70 „	13,43 — 5,75 g	12,08 g
Extrakt	20,54 —7,10 „	3,77 —1,61 „	9,88 —16,75 „	12,86 „
Invertzucker	18,50 —5,60 „	1,95 —0,05 „	6,30 —14,16 „	8,41 „
Gesamt-Säure (= Weinsäure)	0,46 —0,85 „	0,32 —0,94 „	0,28 — 0,58 „	0,62 „
Flüchtige Säure (= Essigsäure)	0,036—0,061 „	0,042—0,060 „	—	—
Glycerin	0,22 —1,13 „	0,53 —0,91 „	0,24 — 0,67 „	—
Weinstein	0,18 —0,26 „	Weinsäure } 0,20 —0,40 „	0,07 — 0,19 „	—
Mineralstoffe	0,11 —0,23 „	0,10 —0,25 „	0,08 — 0,26 „	0,34 „
Calorien in 1 l[3])	1041—1357	744—904	1032—1332	1336

Weinähnliche Getränke.

(Vgl. S. 677—681.)

a) Obst- und Beerenweine.

Nr.	1422	1423	1424	1425		1426		1427	
Bestandteile	Äpfelwein	Birnenwein	Obst-schaum-wein	Stachelbeer-wein		Johannisbeer-wein		Heidelbeer-wein	
				herb	süß	herb	süß	herb	süß
	g	g	g	g	g	g	g	g	g
Alkohol	2,00 —7,15	2,90 —7,63	5,56	8,06	10,74	10,09	11,15	7,56	7,86
Extrakt	6,15 —1,50	7,62 —2,06	8,16	1,97	12,78	2,25	9,51	2,28	9,21
Zucker	2,97 — Spur	5,61 —0,09	4,99	0,08	9,79	0,09	7,39	0,11	7,96
Säure = Äpfelsäure	0,30 —1,34	0,27 —0,94	0,39	0,81	0,77	0,98	0,91	0,68	0,76
Flücht. Säure (= Essigs.)	0,011—0,220	0,019—0,294	0,119	0,059	0,089	0,140	0,111	0,146	0,047
Gerbsäure	0,023—0,165	0,043—0,234	—	0,033	0,031	0,032	0,028	—	0,056
Glycerin	0,25 —0,79	0,30 —0,56	0,27	0,47	0,78	0,51	0,68	0,42	0,47
Mineralstoffe	0,17 —0,54	0,21 —0,53	0,24	0,23	0,22	0,21	0,24	0,20	0,17
Phosphorsäure	0,008—0,034	0,012—0,082	0,020	0,014	0,015	0,012	0,015	0,010	0,007
Stickstoff-Substanz	0,013—0,082	0,018—0,053	—	—	—	—	—	—	—
Calorien in 1 l[3])	334—559	447—611	697	638	1192	795	1148	613	903

[1]) Der Wermutwein ergab ferner in 100 ccm: Saccharose 0—7,59%, zuckerfreien Extrakt 1,42 bis 3,44 g, Phosphorsäure in der Asche 0,004—0,020 g, Alkalität der Asche (ccm N-Lauge) 0,59—2,74.

[2]) Für Amarena wurden ferner angegeben: Gerbsäure 0,140 g, 0,051 g Phosphorsäure und 0,068 g Schwefelsäure in 100 ccm Wein.

[3]) Bei den zuckerreichen Weinen, auch bei den vorstehenden Süßweinen, ist der Verbrennungswert des Extraktes minus Asche gleich dem der Glykose + Fructose, nämlich = 3,75 Cal. für 1 g angenommen; Dextrin und Glycerin besitzen einen höheren, die Säuren einen niedrigeren Verbrennungswert, so daß das Mittel hiervon annähernd mit 3,75 Cal. übereinstimmen dürfte.

Die Schwankungen sind in der Weise berechnet, daß für den höchsten Alkoholgehalt der niedrigste Extraktgehalt und für den niedrigsten Alkoholgehalt der höchste Extraktgehalt angenommen wurde.

b) Beeren- und Malzweine.

(Vgl. S. 681—682.)

Bestandteile	Nr. 1428 Holunderbeerwein (1) g	1429 Rhabarberwein (2) g	1430 Malzweine (17 Analysen) g	1431 Malton-Tokaier (5) g	1432 Malton-Sherry (5) g	1433 Malton-Portwein (2) g
Alkohol	9,70	7,57	7,60—4,71	10,85—9,61	14,71—12,30	12,90—12,49
Extrakt: Gesamt-	3,75	1,54	1,22—4,65	24,80—31,70	11,10—12,86	15,72—17,01
Extrakt: zuckerfrei	3,27	1,41	1,13—3,15	—	—	—
Zucker	0,48	0,13	0,10—1,60	16,91—19,77	5,58—6,81	10,21—11,04
Säure: Gesamt- (= Weinsäure)	0,36	0,42	0,27—0,61	—	—	—
Säure: nichtflüchtige („)	0,32	0,38	0,26—0,50	—	—	—
Säure: flüchtige (= Essigsäure)	0,03	0,04	0,01—0,15	0,07—0,09	0,05—0,06	0,08
Milchsäure	0,20	0,32	0,23—0,37	0,67—0,80	0,59—0,66	0,78—0,84
Glycerin	0,70	0,46	0,3—0,5	0,28—0,81	0,29—0,70	0,23—0,62
Mineralstoffe	0,22	0,18	0,056—0,190	0,24—0,37	0,17—0,23	0,18—0,19
Alkalität der Asche (ccm N-Alkali)	—	—	0,3—1,5	P_2O_5 0,113—0,143	0,064—0,103	0,059—0,072
Glycerin auf 100 g Alkohol	7,2	6,0	5,0—7,6	—	—	—
Calorien in 1 l	816	590	505—592	1700—1865	1357—1468	1509—1527

Kunstweine.

(Vgl. S. 682.)

Bestandteile	Nr. 1434 Tresterweine g	1435 Hefen-Trubwein g	1436 Hefenweine g	1437 Rosinenweine g	1438 Kunst- (Fasson-) Süßweine g
Alkohol	7,19 —3,93	5,25	7,87 —4,87	12,03 — 4,25	21,31 — 7,93
Extrakt	1,30 —1,71	3,69	2,26 —4,53	1,65 —11,55	3,76 —19,34
Zucker	0,13 —0,16	—	—	0,24 — 7,40	2,42 —17,43
Gesamtsäure (= Weinsäure)	0,38 —0,65[1]	—	0,52 —1,04	0,49 — 0,96	0,30 — 0,51
Flüchtige Säure (= Essigsäure)	0,02 —0,06	—	0,058—0,273	0,07 — 0,18	(1) 0,018
Weinstein	0,151—0,350	—	0,095—0,384	—	—
Ges. Weinsäure	0,121—0,349	—	bis 0,336	0,10 — 0,29	—
Gerbsäure	0,017—0,067	—	—	—	—
Glycerin	0,32 —0,63	—	0,29 —1,39	0,57 — 1,32	0,02 — 0,19
Stickstoff-Substanz	—	1,20	0,59 —1,22	0,163— 0,313	0,05 — 0,27
Mineralstoffe	0,172—0,312	0,278	0,19 —0,39	0,17 — 0,58	0,06 — 0,34
Kali	0,093—0,181	—	(1) 0,184	0,081— 0,197	0,026— 0,077
Phosphorsäure	—	0,084	0,047—0,087	0,015— 0,092	0,004— 0,035
Schwefelsäure	—	—	0,044—0,057	0,012— 0,034	0,013— 0,050

[1]) Petri fand in 4 Tresterweinen 0,10—0,18 g Milchsäure in 100 ccm.

Branntweine. (Vgl. S. 683—696.)

Nr.	Branntweine	Alkohol Vol.-%	In 100 ccm Branntwein mg: Extrakt	Höhere Alkohole	Aldehyde	Furfurol	Freie Säuren = Essigsäure	Ester = Essigsäure-Äthylester	Blausäure	Calorien[1]) für 1 l
1439	Gewöhnl. Trinkbranntwein .	35,0	65,0	150,0	—	1,5	18,5	150,0	—	2021
1440	Whisky	49,5	188,0	195,5	5,5	1,4	45,5	185,0	—	2898
1441	Äpfel-Branntwein	56,7	63,2	182,8	18,8	1,0	88,1	243,8	—	3544
1442	Birnen- „	50,0	40,0	80,0	28,8	0,8	101,5	—	—	3062
1443	Kirsch- „	50,0	91,8	63,8	5,2	0,4	49,8	91,0	4,1	3064
1444	Zwetschen- „ (Slivowitz) .	48,6	82,5	82,1	8,6	2,2	78,6	114,6	4,6	2970
1445	Mirabellen- „	50,9	—	144,5	—	—	62,6	169,1	2,9	2929
1446	Himbeer- „	50,1	—	227,0	—	—	178,5	219,1	—	2898
1447	Heidelbeer- „	49,4	—	100,1	5,0	0,5	34,6	45,1	—	2837
1448	Vogelbeer- „	42,5	—	182,8	5,8	0,7	29,8	107,0	—	2441
1449	Wacholder- „	46,8	27,1	181,5	11,0	0,9	50,1	119,2	—	2687
1450	Enzian- „	48,3	—	23,5	5,6	0,3	9,1	29,3	—	2770
1451	Trester- „	46,7	137,6	97,8	9,2	0,5	73,0	185,3	—	2843
1452	Kognak echter	56,1	533,2	162,0	13,6	0,9	45,9	219,4	—	3499
1453	Kognak Verschnitt	49,1	1227,1	38,4	8,5	0,5	26,4	131,2	—	3037
1454	Rum echter	61,1	549,4	151,8	13,0	2,3	101,5	870,7	—	3876
1455	Rum Verschnitt	47,5	486,7	34,9	6,4	0,6	49,7	166,4	—	3908
1456	Arrak	58,8	78,8	215,0	—	—	116,2	284,6	—	3691

Bittere und Liköre. (Vgl. S. 697.)

Nr.	Bittere und Liköre	Spez. Gew.	Alkohol Vol.-%	Alkohol Gew.-%	In 100 ccm g: Extrakt	Zucker[2])	Sonstige Extraktstoffe	Mineralstoffe	Calorien[3]) in 1 l
1457	Sherry Brandy	1,0412	33,50	—	20,15	19,25	0,79	0,110	2694
1458	Absynth[4])	0,9226	55,9	—	0,32	—	0,18	—	3464
1459	Hundertkräuter[4]) Likör (Centerba) a) einfache	0,8587	83,27	—	0,23	—	—	0,011	5590
1460	Hundertkräuter[4]) Likör (Centerba) b) trinkbare . .	1,0648	39,08	—	33,40	32,14	1,20	0,055	3654
1461	Boonekamp of Maagbitter .	0,9426	50,0	42,1	2,05	—	—	0,406	3121
1462	Benedictinerbitter	1,0709	52,0	38,5	36,00	32,57	3,43	0,043	4614

[1]) Bei der Berechnung der Calorien der Branntweine ist der Gehalt an Äthylalkohol + höheren Alkoholen + Estern in Gramm für 1 l mit dem Verbrennungswert für 1 g Äthylalkohol, der Gehalt an Extrakt in Gramm mit dem Verbrennungswert des Extraktes vom Wein (vgl. S. 854 Anm. 2) multipliziert, während der Gehalt an freien Säuren, Aldehyden usw., der durchweg nur gering ist, nicht berücksichtigt wurde.

[2]) Der Zucker besteht in den meisten Fällen fast einzig aus Saccharose; für Sherry Brandy wird in verschiedenen Proben Invertzucker als Zucker angegeben. Einige Liköre wiesen auch Stärkesirup auf.

[3]) Die Verbrennungswärme von 1 g Extrakt ist bei den Proben, bei denen derselbe fast nur aus Saccharose besteht, dementsprechend zu 3,955 Cal., bei den übrigen Proben (Nr. 1458 u. 1459) wie bei Wein zu 3,39 Cal. angenommen. Die Volumenprozente Alkohole wurden auf Gewichtsprozente, d. h. Gramm in 1 Liter zurückgeführt und dann mit 7,184 (Calorienwert für 1 g Alkohol) multipliziert.

[4]) An sonstigen Bestandteilen wurden in 100 ccm einiger Liköre gefunden:

	Säure = Essigsäure	Aldehyde	Ester	Essenzen	Ätherische Öle	Fuselöl
Absynth	9,5 mg	7,2 mg	6,1 mg	243,3 mg	—	—
Centerba (einfache) .	5,2 „	—	92,4 „	—	12,8 mg	0,277 Vol.-%

Nr.	Bittere und Liköre	Spez. Gew.	Alkohol		In 100 ccm g				Calorien [2])
			Vol.-%	Gew.-%	Extrakt	Zucker [1])	Sonstige Extraktstoffe	Mineralstoffe	in 1 l
1463	Ingwer	1,0481	47,5	36,0	27,79	25,92	1,87	0,141	3978
1464	Crême de Menthe	1,0447	48,0	36,5	28,28	27,63	0,65	0,068	4033
1465	Anisette de Bordeaux . . .	1,0847	42,0	30,7	34,82	34,44	0,38	0,040	3901
1466	Curaçao	1,0300	55,0	42,5	28,60	28,50	0,10	0,040	4524
1467	Kümmel-Likör	1,0830	33,9	24,8	32,02	31,18	0,84	0,058	3277
1468	Pfefferminz-Likör	1,1429	34,5	24,0	48,25	47,31	0,90	0,068	3955
1469	Angostura	0,9540	49,7	—	5,85	4,16	1,69	—	3260
1470	Chartreuse	1,0799	43,18	—	36,11	34,35	1,76	—	4030
1471	Punsch (schwedischer) . .	1,1030	26,3	18,9	36,65	33,20	3,45 [3])	—	2995
1472	Maraschino	1,1042	31,76	—	34,70	34,68	—	0,017	3282
			Fett				Stickstoff-Substanz		
1473	Eierkognak [4])	—	7,43	13,41	34,89	20,61	3,81	0,43	2744

Essige (vgl. S. 700).

Nr.	Essige	Essigsäure	Alkohol	Extrakt	Nichtflücht. Säure (Weinsäure)	Weinstein	Zucker	Glycerin	Mineralstoffe	Phosphorsäure
		In 100 ccm g								
1474	Weinessig	5,57	0,57	1,89	0,126	0,165	0,35	0,51	0,27	0,053
					Apfelsäure					
1475	Obstessig	4,50	—	2,81	0,14	—	0,31	—	0,38	0,028
1476	Malzessig	3,85	—	2,72	—	—	—	—	0,25	0,070
1477	Sprit-(Speise-)Essig .	3,65	—	0,35	—	—	—	—	0,14	—
1478	Essigessenz-Essig . .	4,10	—	0,11	—	—	—	—	0,05	—

Zubereitete Nahrungsmittel.

1. Suppen (vgl. S. 712—717).

Nr.	Nähere Angaben		In der natürlichen Substanz						In der Trockensubstanz					Bemerkungen
			Wasser	Albumin	Extraktivstoffe		Fett	Mineralstoffe	Albumin	Extraktivstoffe		Fett	Mineralstoffe	
					N-haltige	N-freie				N-haltige	N-freie			
			%	%	%	%	%	%	%	%	%	%	%	
	a) Fleischsuppe.													
1479	Fleischbrühe, Bouillon	nur aus Fleisch, unfiltriert	96,60	0,30	0,60	0,70	1,30	0,50	10,00	20,00	23,33	43,33	1,77	Erst 5-10 Min. in kochendes Wasser getaucht dann gekocht.
1480	Fleischbrühe, Bouillon	aus 0,5 kg Rindfleisch, 189 g Kalbsknochen und 0,5 l Wasser	95,18	1,19		1,83	1,48	0,32 [5])	26,76		37,97	30,71	6,22	Mit kaltem Wasser angesetzt und gekocht.

[1]) Vgl. Anm. 2, vorhergehende Seite. [2]) Vgl. Anm. 3, vorhergehende Seite.
[3]) Mit 0,040 g Säure = Essigsäure.
[4]) Über den Gehalt des Eierkognaks an Lecithin und über die Schwankungen des Gehaltes an den einzelnen Bestandteilen vgl. S. 698.
[5]) Mit 0,152% Kali und 0,089% Phosphorsäure.

Nr.	Nähere Angaben	In der natürlichen Substanz						In der Trockensubstanz				Calorien (reine)[2] in 1 kg der natürlichen Substanzen	Bemerkungen
		Wasser %	Stickstoff-Substanz %	Fett %	Stickstoff-freie Extraktstoffe %	Rohfaser %	Asche %	Stickstoff-Substanz %	Fett %	Stickstoff-freie Extraktstoffe %	Asche %		
	b) Gemischte Suppen[1])												
1481	Brotsuppe	89,55	1,18	0,27	7,44	0,34	1,22	11,29	2,59	71,17	11,68	351	Brot und Zucker bzw. Sirup
1482	Desgl.	87,83	1,14	1,62	7,92	0,29	1,20	9,37	13,31	65,08	9,86	456	Desgl. + Butter oder sonstiges Fett
1483	Erbsensuppe . . .	86,64	3,42	1,84	6,67	0,70	0,73	25,60	13,77	49,93	5,46	515	Erbsen mit Schweinefleisch gekocht und durchgeschlagen
1484	Desgl.	78,88	5,00	1,82	12,97	0,62	0,71	23,56	8,61	60,74	6,37	774	Erbsen mit Mettwurst und etwas Fleischextrakt gekocht und durchgeschlagen
1485	Desgl.	85,57	2,75	0,97	9,76		0,95	19,06	6,72	67,63	6,59	534	240 Teile Wasser, 25,0 Erbsen, 8,0 Reis, 2,0 Kartoffeln, 4,0 Fleisch und 1,5 Schmalz
1486	Gerstenmehlsuppe	90,60	1,21	0,63	6,53	0,11	0,92	12,87	6,70	69,47	9,79	341	Gerstenmehl, Wasser, etwas Milch, Fett oder Ei
1487	Gerstenschleimsuppe	87,22	1,60	1,64	8,64	0,05	0,85	12,52	12,83	67,61	6,65	504	Desgl. mehr Milch und Fett
1488	Grießsuppe . . .	87,66	1,51	1,65	8,22	0,09	0,87	12,24	13,37	66,61	7,05	484	Desgl.
1489	Desgl. mit Parmesankäse . .	—	4,70	4,90	7,60	—	—	—	—	—	—	—	Desgl. und Permesankäse
1490	Hafermehl-(Grütze-) Suppe . .	90,90	1,15	1,73	4,96	0,17	1,09	12,64	19,01	54,50	11,98	350	Hafergrütze, Eigelb, Fett und Zucker in wechselnden Mengen
1491	Haferschleimsuppe	79,28	3,05	1,52	14,15	0,15	1,85	14,72	7,34	68,29	8,93	766	Hafermehl mit Ei
1492	Hafersuppe . . .	92,67	0,81	0,76	4,80		0,86	11,05	10,37	66,83	11,73	283	240 Teile Wasser, 12,5 Hafergrütze, 4,0 Fleisch, 0,5 Suppenwürze
1493	Kartoffelsuppe . .	90,56	1,27	1,97	5,04	0,17	0,99	13,45	20,87	53,39	10,49	373	Geschälte und gekochte Kartoffeln, Schweinefleisch oder Milch und Butter
1494	Mehlsuppe	90,65	1,18	2,24	4,50	0,25	1,18	12,62	23,96	48,13	12,62	367	Weizen- oder Roggenmehl, Fett (Butter) und mehr oder weniger Milch oder Bouillon
1495	Nudelsuppe . . .	91,60	0,75	0,63	6,13	0,18	0,71	8,93	7,50	72,98	8,45	307	Desgl.
1496	Reissuppe	92,30	1,23	0,58	4,97	0,11	0,81	15,97	7,53	64,54	10,52	279	Desgl.

[1]) Der Gehalt der Mehlsuppen an Nährstoffen ist je nach der Zubereitung, ob mehr oder weniger Milch statt Wasser oder ob mehr oder weniger Fett verwendet wurde, großen Schwankungen unterworfen, so fand A. Schwenkenbecher:

	Brotsuppe	Eiergerstensuppe	Grießsuppe	Kartoffelsuppe	Reissuppe	Sagosuppe
Protein	0,9— 1,6%	0,6—1,6%	0,7—4,7%	0,7— 1,6%	0,5—1,6%	0,2—1,6%
Fett	0,2— 4,0%	1,2—3,0%	1,1—4,9%	0,1— 3,2%	0,1—3,0%	0,5—3,0%
Stickstofffreie Extraktstoffe .	2,6—19,0%	3,8—8,6%	2,9—8,9%	7,7—10,0%	3,2—8,6%	1,2—8,6%

[2]) Die Ausnutzung des Proteins ist zu 84%, die des Fettes bei den fettarmen Mehlspeisen zu 70%, bei den fettreichen Mehlspeisen zu 90%, die der Kohlenhydrate zu 96% angenommen.

Nr.	Gekochte Fleischsorte	In der frischen Substanz: Wasser %	Stickstoff-Substanz %	Fett %	Stickstoff-freie Extraktstoffe %	Rohfaser %	Asche %	In der Trockensubstanz: Stickstoff-Substanz %	Fett %	Stickstoff-freie Extraktstoffe %	Asche %	Calorien (reine)[1] für 1 kg der natürlichen Substanz	Bemerkungen
1497	Reissuppe	92,72	0,61	0,49	5,34		0,84	8,38	6,73	73,35	11,54	269	240 Teile Wasser, 8,0 Reis, 8,9 Gerste, 4,9 Fleich und 9,5 Suppenwürze
1498	Rumforder Suppe mit Speck	82,92	2,24	2,25	10,78	0,49	1,32	13,13	13,17	63,05	7,75	651	Strafanstaltsgericht
	Gekochtes bzw. gedünstetes Fleisch (vgl. S. 713).												
1499	Rindfleisch mager	58,70	34,55	4,25	—	—	2,50	83,65	10,29	—	6,05	1995	
1500	Rindfleisch mittelfett	58,32	32,07	8,19	0,37	—	1,05	76,94	19,65	0,89	2,52	2156	
1501	Rindfleisch fett	49,32	24,10	25,65	0,18	—	0,75	47,55	50,61	0,36	1,48	3342	
1502	Kalbfleisch	65,00	28,85	4,43	0,54	—	1,18	82,73	12,66	1,54	3,37	1678	
1503	Schweinefleisch	58,85	28,50	10,55	0,10	—	(2,00)	69,26	25,61	0,27	(4,86)	2204	
1504	Desgl., Schinken	44,80	21,43	33,02	0,10	—	0,65	38,82	59,83	0,17	1,18	3875	
1505	Hühnerfleisch	59,05	34,20	3,75	—	—	3,00	83,52	9,16	—	7,32	1925	
1506	Schellfisch[2]	75,76	21,20	0,42	—	—	2,62	87,45	1,73	—	10,81	1031	
1507	Kabeljau[2]	75,20	21,80	0,50	—	—	2,50	87,90	2,02	—	10,08	1066	
1508	Bachforelle[2]	77,90	18,45	2,36	—	—	1,29	83,48	10,68	—	5,84	1074	
1509	Hecht[2]	78,78	19,55	0,55	—	—	1,12	92,12	2,59	—	5,28	965	
1510	Geräuch. Ochsenzunge	30,50	26,30	34,20	—	—	(9,00)	37,85	49,21	—	(12,95)	4255	
1511	Desgl. Mettwurst	43,43	24,19	30,95	(0,34)	—	1,09	42,98	54,71	(0,56)	1,75	3869	
	Gebratenes, geröstetes Fleisch u. a. (vgl. S. 714).												
1512	Beefsteak	55,80	30,80	10,35	1,00	—	2,05	69,67	23,41	—	6,90	2359	
1513	Rostbeef	69,25	25,50	2,75	—	—	2,50	82,93	8,94	—	8,13	1439	
1514	Lendenbraten	68,39	25,90	3,46	—	—	2,25	81,94	10,94	—	7,12	1720	
1515	Rinder-(Schmor-)Braten	57,00	30,65	7,55	—	—	4,80	71,28	17,56	—	11,16	2104	
1516	Schenkelstück gebraten ohne Fett	68,23	27,93	2,05	0,45	—	1,34	87,89	6,45	1,44	4,29	1427	
1517	Schenkelstück gebraten mit „	61,37	30,42	5,88	0,95	—	1,38	78,74	15,22	2,47	3,57	1876	
1518	Rippenstück, geröstet	42,88	19,00	37,11	0,18	—	0,83	33,16	64,96	0,43	1,45	4138	
1519	Kalbsbraten	61,97	29,38	5,15	—	—	3,50	77,26	13,54	—	9,20	1833	
1520	Kalbsschnitzel, naturell	61,00	22,30	6,00	3,20	—	(7,50)	57,18	15,38	8,21	(19,23)	1697	

[1]) Die Ausnutzung der Stickstoffsubstanz ist bei Fleischspeisen zu 97%, die des Fettes zu 95% angenommen.

[2]) C. Weigelt ermittelte auch, wieviel gekochtes Fleisch bzw. Nährstoffe man von je 1 kg Marktfisch erhält; er fand:

Fischart	Fleisch g	Trockensubstanz g	Protein g	Fett g	Mittleres Gewicht d. untersuchten Fische g	Fischart	Fleisch g	Trockensubstanz g	Protein g	Fett g	Mittleres Gewicht d. untersuchten Fische g
Junger Lachs	605,5	132,4	120,2	1,7	715	Scholle (ausgenommen)	476,9	104,1	—	—	645
Bachforelle	503,8	110,6	92,7	1,9	170	Kabeljau „	447,1	98,4	93,2	1,2	1500
Karpfen	344,5	66,2	59,2	2,8	1485	Schellfisch „	402,9	90,9	84,6	1,5	825
Schleie	342,0	67,0	60,6	2,3	320	Hering (grün)	530,3	108,9	93,6	9,8	85
Plötze	432,0	95,6	130,2	6,4	200	Bückling	597,7	131,0	109,9	14,4	85
Hecht	481,0	92,5	84,9	2,3	1170	Stockfisch	654,4	142,6	134,2	0,7	1050

Nr.	Gebratene Fleischsorte	In der natürlichen Substanz: Wasser %	Stickstoff-Substanz %	Fett %	Stickstoff-freie Extraktstoffe %	Asche %	In der Trockensubstanz: Stickstoff-Substanz %	Fett %	Stickstoff-freie Extraktstoffe %	Asche %	Calorien (reine)[1] in 1 kg der natürlichen Substanz
1521	Kalbskotelette	57,39	28,95	11,91	0,32	1,43	67,94	27,95	0,76	3,35	2344
1522	Hammelbraten	66,30	26,10	4,10	—	3,50	77,44	12,17	—	10,39	1586
1523	Hammelkotelette	65,60	19,15	11,60	0,80	2,85	55,67	33,72	2,33	8,28	1953
1524	Schweinebraten	55,67	28,53	13,50	—	2,30	64,36	30,45	—	5,19	2531
1525	Schweinekotelette . . .	58,05	21,45	16,65	2,05	1,80	51,13	39,69	4,89	4,29	2555
1526	Schweineschinken, geröstet	50,89	23,65	23,90	0,56	1,00	48,15	48,65	1,14	2,03	3159
1527	Rehbraten	64,65	28,20	2,80	2,00	2,35	79,77	7,92	5,66	6,65	1646
1528	Rehschlegel, gespickt . .	55,40	29,70	9,40	—	(5,50)	66,59	21,08	—	(12,33)	2223
1529	Hasenbraten	48,20	47,50	1,40	0,20	2,70	91,71	2,70	0,38	5,21	2359
1530	Hahnenbraten	53,75	38,10	3,95	1,05	3,15	82,38	8,54	2,27	6,81	2175
1531	Schellfisch, gebraten . .	71,00	23,10	0,50	—	5,40	79,65	1,73	—	18,62	1127
1532	Speck, gebraten	3,70	11,00	83,00	—	2,30	11,42	86,19	—	2,39	7847
1533	Spiegeleier	67,50	13,80	16,80	—	1,90	42,46	51,69	—	5,85	2131

Besonders zubereitete Fleischspeisen.

Nr.	Bezeichnung	Zubereitungsweise	Stickstoff-Substanz %	Fett %	Stickstoff-freie Extraktstoffe %	Calorien (reine)[1] in 1 kg der natürlichen Substanz
1534	Gratin de boeuf	450 g gekochtes Fleisch, 50 ccm Öl, 20 g Butter, 30 g Weckmehl, zusammen gebacken	21,0	11,7	3,6	2093
1535	Frikandellen	300 g gekochtes Fleisch, Füllsel, 2 Eier, 100 g Weckmehl, gebacken	19,50	4,20	7,8	1531
1536	Haché (Hachis)	Aus gehacktem, gekochtem oder gebratenem Fleisch, mit Weckmehl usw. und Bratensauce	10,0—10,6	6,0—8,4	8,0—9,0	1273—1548
1537	Hackbraten	Je 250 g Ochsen- und Schweinefleisch, gehackt, 100 g Weck, 3 Eier, zu Klößen geformt und gebraten . . .	13,4	4,2	6,0	1191
1538	Klops	Aus rohem Fleisch, Speck, Wecken und Eier-Eiweiß, mit Butter gebacken .	14,8—25,0	4,1—5,3	5,4—6,0	1222—1803
1539	Fleisch- (Kalbfleisch-) Klöße	250 g frisches Kalbfleisch, 20 g Weckmehl, 1 Ei und 1 Eier-Eiweiß, gekocht	18,2	5,2	3,2	1386
1540	Mehl-Knödel oder -Klöße	Aus Mehl, Butter (oder Rindermark), Eiern usw. und Gewürzen	2,7—2,8	1,2—4,5	8,0—15,2	529—1099
1541	Eierkuchen Eierhaber	5 Eier, 350 g Mehl, 250 ccm Milch und 150 g Butter	7,35	15,75	26,45	2708
1542	Omelette usw.	3 Eier, 20 g Mehl, 40 ccm Milch, 15 g Butter und 30 g gekochter Schinken	11,58	11,04	6,83	1740

[1]) Vergl. Anm. 1 auf S. 865.

Breiige Mehlspeisen (vgl. S. 715).

Nr.	Nähere Angaben	In der natürlichen Substanz: Wasser %	Stickstoff-Substanz %	Fett %	Stickstofffreie Extraktstoffe %	Rohfaser %	Asche %	In der Trockensubstanz: Stickstoff-Substanz %	Fett %	Stickstofffreie Extraktstoffe %	Asche %	Calorien (reine)[1] in 1 kg der natürlichen Substanz	Bemerkungen
1543	Bohnenbrei	75,50	4,50	2,55	14,95	0,83	1,67	18,38	10,41	61,02	6,81	970	Ganze Leguminosensamen mit Speck, Butter, Schmalz oder sonstigem Fett gekocht und durchgeschlagen
1544	Erbsenbrei	76,10	4,15	2,11	15,12	1,05	1,47	17,36	8,83	63,27	6,15	926	
1545	Linsenbrei	79,95	3,37	2,76	11,39	1,14	1,39	16,81	13,77	56,81	6,93	805	
1546	Karthäuser Klöße	73,50	2,75	4,50	17,62	0,50	1,13	10,38	16,98	66,49	4,26	1165	Semmel, Milch, Eiweiß, Butter und Zucker
1547	Kartoffelbrei	74,55	2,60	3,11	18,11	0,75	0,88	10,21	12,22	71,16	3,46	1061	Kartoffeln, Butter, Milch
1548	Mehl- (Grieß-) Brei	71,83	5,49	2,73	18,15	0,50	1,30	19,49	9,69	64,43	4,61	1148	Mehl und desgl.
1549	Dampf-Nudeln	58,97	4,93	10,57	24,13	0,25	1,15	12,02	25,76	58,81	2,80	2011	Nudeln mit Butter
1550	Wasser-Nudeln	75,10	4,80	1,70	18,00	0,15	0,25	19,28	6,83	72,29	1,00	1028	—
1551	Reisbrei (Milchreis)	74,56	4,38	2,45	16,98	0,18	1,45	17,22	9,63	66,74	5,70	1035	Kochreis und Milch
1552	Äpfelreis	77,33	1,43	2,85	16,83	0,35	1,21	6,31	12,57	74,24	5,34	943	Kochreis, Milch, Butter. Zucker und Äpfel
1553	Semmelklöße	33,70	13,80	6,40	44,50	0,20	1,40	20,82	9,65	67,12	2,11	2805	Semmel, Milch, Eier, Butter, Zucker
1554	Semmelnudeln	38,60	10,90	14,99	34,40	0,20	1,00	17,75	24,27	56,02	1,63	3018	Desgl.
1555	Auflauf	58,18	7,37	11,10	21,60	0,40	1,35	17,62	26,54	51,65	3,23	2058	Mehl, Milch, Eier, Butter, Zucker u. verschiedene Fruchtsäfte
1556	Äpfelauflauf (-strudel)	56,41	4,57	8,90	28,52	0,35	1,25	10,48	20,42	65,43	2,87	2026	Desgl. unter Zusatz von Äpfeln
1557	Grießpudding	67,30	5,55	5,20	20,25	0,25	1,45	16,97	15,90	61,94	4,43	1438	Grießmehl und desgl.
1558	Semmelpudding	46,00	7,30	7,60	37,50	0,30	1,30	13,52	14,08	69,44	2,41	2373	Semmel und desgl.

Gekochtes Gemüse und gekochtes Obst (vgl. S. 716).

Nr.	Nähere Angaben	Wasser %	Stickstoff-Substanz %	Fett %	Stickstofffreie Extraktstoffe %	Rohfaser %	Asche %	Trocken: Stickstoff-Substanz %	Fett %	Stickstofffreie Extraktstoffe %	Asche %	Calorien	Bemerkungen
1559	Kartoffeln, gekochte	75,20	2,10	0,10	21,00	0,71	0,89	8,47	0,40	84,68	3,59	799	—
1560	Kartoffelsalat	70,30	1,60	9,20	17,60	0,55	0,75	5,39	30,98	59,26	2,52	1426	Gekochte Kartoffeln mit Zwiebeln, Essig u. Öl, dazu noch Sahne oder Eigelb
1561	Bohnen-Gemüse	86,60	1,80	3,60	6,20	0,54	1,26	13,43	26,87	46,27	9,40	577	Bohnen mit Fett gekocht
1562	Salatbohnen, eingekochte	87,48	1,69	2,93	6,62	0,87	0,41	13,50	23,40	52,91	3,28	532	Salatbohnen mit Speck, Mehl u. etwas Fleischextrakt gekocht
1563	Erbsen, unreife	81,62	4,50	3,58	7,85	1,92	0,53	24,56	19,50	42,65	2,87	730	Unreife Erbsen, Butter u. etwas Fleischextrakt
1564	Erbsen, reife	78,88	5,00	1,82	12,97	0,62	0,71	23,56	8,61	60,74	3,37	774	Reife Erbsen mit Mettwurst u. etwas Fleischextrakt gekocht und durchgeschlagen
1565	Desgl. mit Sauerkraut	82,98	2,34	2,60	9,56	1,05	1,47	13,75	14,67	56,25	9,17	728	Erbsen, Sauerkraut u. Speck

[1]) In den gekochten Gemüsen ist die Ausnutzung der Stickstoffsubstanz zu 75%, die des Fettes zu 90%, die der Kohlenhydrate zu 85% angenommen.

Nr.	Nähere Angaben	In der natürlichen Substanz						In der Trockensubstanz				Calorien (reine)[1] in 1 kg der natürlichen Substanz	Bemerkungen
		Wasser %	Stickstoff-Substanz %	Fett %	Stickstofffreie Extraktstoffe %	Rohfaser %	Asche %	Stickstoff-Substanz %	Fett %	Stickstofffreie Extraktstoffe %	Asche %		
1566	Blumenkohl mit gelber Sauce .	89,17	2,59	3,95	2,66	0,78	0,85	23,91	36,47	24,59	7,85	515	Blumenkohl, Mehl und Eigelb
1567	Grünkohl (Blau- oder Winterkohl)	78,55	2,90	8,73	7,57	1,08	1,17	13,52	40,70	35,28	5,46	1093	Winterkohl mit Fett (Schmalz) oder fettreichem Schweinefleisch gekocht
1568	Kohlrabi	79,35	1,95	7,65	9,20	0,98	0,87	9,44	37,05	44,55	4,21	1024	Kohlrabi, Butter (oder sonstiges Fett) u. Mehl
1569	Kohlrüben mit Fleisch . . .	86,98	1,76	1,34	8,12	0,54	1,26	13,56	10,32	62,25	9,69	452	Kohlrüben mit etwas Fleisch u. Fett; Strafanstaltsgericht
1570	Möhren	85,00	1,10	4,60	7,70	0,69	0,91	7,33	30,67	51,33	6,07	687	Möhren gefettet
1571	Desgl. mit Schweinefleisch	85,93	1,41	1,41	9,42	0,44	1,39	10,00	10,01	67,03	9,87	489	Desgl. mit etwas Schweinefleisch zusammen gekocht; Strafanstaltsgericht
1572	Rotkohl (-kraut)	87,18	1,09	5,81	4,72	0,89	0,31	8,50	45,32	36,82	2,42	686	Rotkohl, gefettet
1573	Desgl.	89,75	1,19	2,60	5,14	0,97	0,35	11,56	25,36	50,16	3,40	436	Rotkohl, Schweineschmalz, etwas Schnittäpfel u. Fleischextrakt
1574	Rüben (weiße) .	88,55	0,73	3,45	5,75	0,91	0,61	6,37	30,13	50,22	5,33	511	Rüben, gefettet
1575	Sauerkraut . . .	86,41	1,15	3,70	6,80	0,90	1,04	8,46	27,23	50,04	7,65	583	Sauerkraut gefettet u. mit fettem Fleisch gekocht
1576	Spargel, gekocht	94,10	1,75	0,80	2,33	1,01	0,51	29,66	5,09	39,49	8,64	168	Nur in Wasser gekocht
1577	Spargel mit Sauce	86,53	1,00	6,00	4,55	0,91	1,01	7,42	44,54	33,78	7,50	738	Spargel, Spargelwasser, Butter, Eigelb u. Mehl
1578	Spinat	84,18	3,45	5,73	4,95	0,44	1,25	21,81	36,22	31,29	7,90	829	Spinat, Mehl, Butter und etwas Bouillon
1579	Weißkraut . . .	86,46	1,45	4,90	4,75	1,31	1,13	10,71	36,19	35,08	8,35	668	Weißkraut, gefettet
1580	Wirsing	81,79	2,33	7,23	6,27	1,04	1,04	12,79	39,71	34,43	7,36	965	Wirsing, gefettet
1581	Äpfelkompott .	75,90	0,35	—	23,20	—	—	1,45	—	96,26	—	896	Durchgeschlagener Äpfelbrei mit Zucker
1582	Zwetschenkompott. . . .	75,40	0,80	—	23,00	—	—	3,25	—	93,50	—	906	Zwetschen und Zucker
	Gebackene bzw. geröstete pflanzliche Speisen.												
1583	Grießschmarren .	48,29	8,00	12,49	29,27	0,30	1,65	15,47	24,16	56,62	3,19	2529	Grieß, Milch, Eier, Butter u. etwas Zucker
1584	Kartoffeln, geröstet	58,10	2,65	9,72	26,95	1,23	1,35	6,32	23,20	64,32	3,22	1981	In Scheiben oder Schnitzel geschnittene Kartoffeln und Fett
1585	Kartoffelschmarren	59,40	5,10	12,80	20,33	1,16	1,21	12,56	31,53	50,07	2,98	2099	Kartoffelbrei, Milch, Butter, Eier
1586	Pfannkuchen (Mehl-) . . .	45,30	9,00	20,10	24,10	0,35	1,15	16,45	36,75	44,06	2,10	3038	Mehl und desgl.
1587	Desgl. mit Äpfeln (Äpfelkuchen)	54,60	5,10	4,60	24,10	0,43	0,81	11,24	10,13	53,09	1,78	1525	Mehl, desgl. u. Äpfel
1588	Desgl. mit Zwetschen (Zwetschenkuchen) .	51,60	4,70	3,90	38,47	0,41	0,92	9,71	8,06	79,48	1,90	1994	Mehl, desgl. und Zwetschen

[1]) Vergl. Anm. 1, Seite 867.

Mineral-(Tafel)-Wasser. (Vgl. S. 748—753).

(In 1000 Gewichtsteilen Wasser.)

Nummer	Nr.	1589	1590	1591	1592	1593	1594	1595	1596	1597	1598
	Nähere Angaben	Apollinaris bei Heppingen	Billner Sauerbrunn	Birresborner Quelle (Eifel)	Krefelder Sprudel [1]	Drachen-Quelle bei Honnef	Fachinger Quelle	Geilnauer Quelle a. d. Lahn	Gieshübler Sauerbrunn obere Quelle	Gieshübler Sauerbrunn untere Quelle	Hubertus-Sprudel in Höningen
	Zeit der Untersuchung	?	?	1875	1896	?	1866	1857	1878	1886	1899
	Untersucher	Bischof, Mohr, Kyll	W. Ginte	R. Fresenius	R. Fresenius u. Hintz	Prüfungs-station Darmstadt	R. Fresenius	R. Fresenius	Nowack u. Kratschmer		R. u. H. Fresenius
1	Doppeltkohlensaures Natron	1,3521	3,7178	2,8517	—[1]	2,0083	3,5786	1,0602	1,1928	1,0768	2,3129
2	Doppeltkohlensaures Kali	—	—	—	—	—	—	—	0,1086	0,0860	—
3	Doppeltkohlensaures Lithion	—	0,0225	0,0033	—[1]	—	0,0072	Spur	0,0104	0,0006	0,0074
4	Doppeltkohlensaures Ammon	—	—	—	—	—	0,0019	0,0013	—	—	0,0016
5	Doppeltkohlensaurer Kalk	0,3755	0,4085	0,2729	0,0023	0,2893	0,6253	0,4905	0,3438	0,0222	0,7912
6	Doppeltkohlensaurer Baryt	—	—	0,0002 (6 u. 7)	—[1]	—	0,0003	0,0002	—	—	0,0003
7	Doppeltkohlensaurer Strontian	—	—		—[1]	—	0,0040	Spur	0,0029	—	0,0051
8	Doppeltkohlensaure Magnesia	0,5756	0,1995	1,0929	0,4527	0,9736	0,5770	0,3631	0,2134	0,1341	1,2088
9	Doppeltkohlensaures Eisenoxydul	0,0167	0,0031	0,0351	0,0113	0,0054	0,0052	0,0383	0,0036	0,0075	0,0211
10	Doppeltkohlensaures Manganoxydul	—	0,0001	0,0007	0,0001	—	0,0088	0,0046	0,0014	0,0009	0,0007
11	Chlorkalium	—	—	—	0,0954	—	0,0397	—	0,0304	0,0216	—
12	Chlornatrium	0,3765	0,3984	0,3576	6,8492	1,9516	0,6311	0,0362	—	—	1,3731
13	Bromnatrium	—	—	0,0004	0,0069	—	0,0020	—	—	—	0,0016
14	Jodnatrium	—	—	Spur	0,0003	—	Spur	—	—	—	wenig
15	Schwefelsaures Kali	—	0,2419	—	—	0,1447	0,0479	0,0176	0,0339	0,0291	0,1377
16	„ Natron	0,2126	0,6668	—	—	0,3009	—	0,0085	—	—	0,2045
17	Arsensaures Natron	—	—	—	—	—	—	—	—	—	0,0015
18	Phosphorsaure Tonerde	—	0,0007	Spur	—	—	Spur	Spur	—	—	—
19	Tonerde	—	—	—	—	—	—	—	0,0029	0,0027	—
20	Phosphorsaures Natron	—	—	0,0002	0,0003[2]	—	—	0,0004	—	—	0,0009
21	Borsaures Natron	—	—	Spur	0,0127[2]	—	0,0004	Spur	—	—	0,0010
22	Salpetersaures Natron	—	—	Spur	0,0029[2]	—	0,0009	Spur	—	—	0,0115
23	Kieselsäure	0,0137	0,0623	0,0245	0,0099	0,0202	0,0255	0,0247	0,0594	0,0450	0,0179
24	Organische Stoffe	—	—	—	—	—	—	—	0,0019	0,0018	—
	Im Ganzen	2,6760	9,1319	7,1614	7,7782	9,2835	7,3353	4,8462	4,3796	3,4794	6,9693
	Kohlensäure, freie	—	1,6408	2,3339	0,0148	1,8590	1,7802	2,7866	2,3739	1,8507	0,8707
	Stickstoffgas	—	—	wenig	—	—	wenig	0,0155	—	—	—

[1] In dem Krefelder Sprudel werden weiter in 1000 Gewichtsteilen angegeben:

Chlorlithium	Chlorammonium	Chlorbarium	Chlorstrontium	Chlorcalcium
0,0049	0,0125	0,0076	0,0061	0,2859

[2] Als Kalksalze angegeben.

Mineral-(Tafel-)Wasser. (Vgl. 748—753.)

(In 1000 Gewichtsteilen.)

Nummer	Nähere Angaben	1599 Kaiserbrunnen in Aachen	1600 Niederselters Mineral-Quelle	1601 Oberbrunnen in Salzbrunn	1602 Rhenser Sprudel bei Koblenz	1603 Roisdorfer Mineral-Quelle bei Bonn	1604 Selters bei Weilburg[1]	1605 Staufenbrunnen in Göppingen	1606 Taunus-Brunnen in Gross-Karben[2]	1607 Viktoria-Sprudel in Ober-Lahnstein	1608 Vichy
	Zeit der Untersuchung	?	1863	1881	1902	1876	1891	1902	1873	1893	?
	Untersucher	Schridde	R. Fresenius	R. Fresenius	E. Hintz u. Grünhut	Freitag	A. Ludwig	H. Fresenius	R. Fresenius	R. Fresenius	?
1	Doppeltkohlensaures Natron	0,9244	1,2366	2,1522	0,8890	0,9821	—	3,7893	—	1,4035	4,883
2	Doppeltkohlensaures Kali	—	—	—	—	—	—	—	—	—	0,352
3	Doppeltkohlensaures Lithion	0,0004	0,0050	0,0130	0,0102	—	—[1]	0,0078	—[2]	0,0191	—
4	Doppeltkohlensaures Ammon	—	0,0068	0,0007	0,0097	—	—	0,0031	—	0,0084	0,352
5	Doppeltkohlensaures Kalk	0,2197	0,4438	0,4383	0,4623	0,3086	2,1708	0,3356	1,6103	0,5084	0,434
6	Doppeltkohlensaures Baryt	—	0,0002	—	—	—	—	0,0009	wenig	—	—
7	Doppeltkohlensaures Strontian	0,0003	0,0028	0,0044	0,0003	—	—	0,0009	0,0036	0,0005	0,003
8	Doppeltkohlensaures Magnesia	0,0684	0,3081	0,4704	0,3438	0,3497	—	0,4209	0,2549	0,3886	0,303
9	Doppeltkohlensaures Eisenoxydul	0,0010	0,0042	0,0057	0,0229	0,0029	0,0018	0,0144	0,0183	0,0175	0,004
10	Doppeltkohlensaures Manganoxydul	—	0,0007	0,0008	0,0015	—	0,0394	0,0002	0,0026	0,0012	Spur
11	Chlorkalium	—	0,0176	—	—	—	0,0242	—	0,0192		—
12	Chlornatrium	2,6381	2,3346	0,1767	1,2536	1,8423	0,5326	0,5702	1,5855	1,3116	0,534
13	Bromnatrium	0,0031	0,0009	0,0008	0,0014	—	Spur	0,0014	—[2]	0,0016	Spur
14	Jodnatrium	0,0006	wenig	wenig	0,00002	—	Spur	0,00004	—[2]	0,00001	—
15	Schwefelsaures Kali	0,1542	0,0463	0,0528	0,0426	—	—	0,0536	0,0608	0,0516	—
16	„ Natron	0,2830	—	0,4594	0,7605	0,4638	—	0,2378	—	0,8157	0,291
17	Arsensaures Natron	—	—	—	0,00015	—	—	—	—	Spur	—
18	Phosphorsaure Tonerde	—	0,0004	—	—	—	—	—		—	—
19	Tonerde	—	—	—	—	—	0,0002	—	—	—	—
20	Phosphorsaures Natron	—	0,0002	—	—	—	—	0,00005	—	0,0009	0,130
21	Borsaures Natron	—	Spur	—	0,0057	—	—	—	—	0,0059	Spur
22	Salpetersaures Natron	—	0,0061	0,0060	—	—	—	0,0131	0,0007	0,0043	—
23	Kieselsäure	0,0662	0,0212	0,0031	0,0170	0,0092	0,0311	0,0074	0,0161	0,0218	0,070
24	Organische Stoffe	0,0146	—	—	—	—	0,0040	—	—	—	—
	Im Ganzen	—	6,6768	5,6922	6,9298	5,2769	5,9623	7,0170	6,0976	6,0758	7,914
	Kohlensäure, freie	—	2,2354	1,8766	3,1080	1,3183	2,3721	1,5604	2,4148	1,5151	0,908
	Stickstoffgas	—	0,0041	—	—	—	—	—	—	—	—

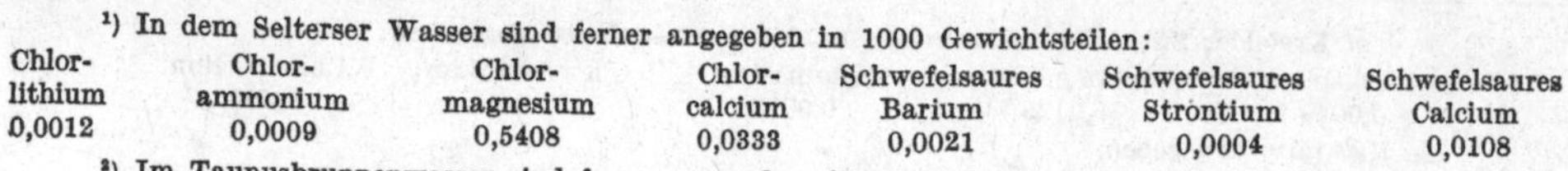

[1]) In dem Selterser Wasser sind ferner angegeben in 1000 Gewichtsteilen:

Chlorlithium	Chlorammonium	Chlormagnesium	Chlorcalcium	Schwefelsaures Barium	Schwefelsaures Strontium	Schwefelsaures Calcium
0,0012	0,0009	0,5408	0,0333	0,0021	0,0004	0,0108

[2]) Im Taunusbrunnenwasser sind ferner angegeben für 1000 Gewichtsteile:

Chlorlithium	Chlorammonium	Chlormagnesium	Brommagnesium	Jodmagnesium
0,0023	0,0052	0,0867	0,0003	0,00001

Tabelle III.

Zusammensetzung der Aschen[1]).

Milch und Milcherzeugnisse (vgl. S. 164—211).

Nr.	Nähere Angaben	Wasser	Gesamt-Asche: wasserhaltige Substanz	Gesamt-Asche: wasserfreie Substanz	Kali (K_2O)	Natron (Na_2O)	Kalk (CaO)	Magnesia (MgO)	Eisenoxyd (F_2O_3)	Phosphorsäure (P_2O_5)	Schwefelsäure (SO_3)	Chlor (Cl)	Kieselsäure (SiO_2)
		%	%	%	%	%	%	%	%	%	%	%	%
1	Frauenmilch (16) Niedrigst	—	—	—	27,66	5,69	11,09	0,87	0,11	15,68	1,15	13,52	—
	Frauenmilch (16) Höchst	—	—	—	38,08	17,42	23,12	5,01	0,33	29,13	2,64	29,25	—
	Frauenmilch (16) Mittel	87,72	0,25	2,03	29,85	9,57	19,45	3,88	0,25	22,22	1,89	17,32	—
2	Kuhmilch (16) Niedrigst	—	—	—	17,09	6,00	17,31	1,90	0,04	24,73	1,15	9,87	—
	Kuhmilch (16) Höchst	—	—	—	33,25	13,91	27,55	4,15	(0,76)	32,83	2,82	22,19	—
	Kuhmilch (16) Mittel	87,53	0,72	5,77	24,65	8,18	22,42	2,59	0,29	26,28	2,52	13,95	—
3	Kuhmilch während der Lactation[2]) Colostrum	—	0,69	—	25,35	7,31	27,88	3,87	0,36	25,13	2,14	13,18	—
	I. Zeitabschn.	—	0,65	—	28,28	6,40	26,38	3,06	0,33	24,69	2,63	13,91	—
	II. „	—	0,65	—	27,10	6,36	27,02	3,03	0,32	24,23	2,71	15,42	—
	III. „	—	0,72	—	22,07	9,17	29,00	3,51	0,35	21,10	2,39	18,48	—
4	Kuhmilch und Milcherzeugnisse: Vollmilch	87,50	0,71	5,68	23,54	11,44	22,57	2,84	0,31	27,68	—	15,01	—
5	Rahm	73,00	0,50	1,49	27,65	8,46	22,81	3,25	2,84	21,18	2,57	14,51	—
6	Magermilch	90,60	0,75	7,98	31,58	9,93	21,19	3,02	0,89	18,84	3,26	14,59	—
7	Butter (ungesalz.)	13,50	0,25	0,29	19,39	7,74	23,16	3,30	Spur	44,40	Spur	2,61	—
8	Buttermilch	90,90	0,70	7,69	24,65	11,59	19,82	3,58	Spur	30,03	Spur	13,34	—
9	Molken (Schotten)	93,50	0,50	7,69	30,77	13,75	19,25	0,36	0,55	17,05	2,73	15,15	—
10	Ziegenmilch	87,05	0,81	6,25	24,70	7,05	23,55	2,18	0,27	27,02	2,02	15,56	—
11	„ -Molken	93,81	0,58	9,36	41,95	8,28	6,53	3,49	0,58	12,90	3,23	30,12	—
12	Schafmilch	82,82	0,89	5,18	24,28	4,45	31,12	1,44	1,03	30,23	1,44	7,63	—
13	Büffelmilch	82,07	0,87	4,85	14,16	6,12	33,77	3,24	0,18	34,04	2,93	7,39	—
14	Renntiermilch	65,40	1,46	4,22	14,64	16,20	25,28	2,72	—	30,44	1,68	4,17	—
15	Kamelmilch	87,13	0,74	5,76	18,57	3,54	27,02	4,77	—	30,24	3,63	14,14	—
16	Eselmilch	89,90	0,42	4,15	24,51	4,12	31,08	2,16	Spur	28,38	—	11,17	—
17	Stutenmilch	89,96	0,38	3,77	25,14	3,38	30,09	3,04	0,37	31,86	—	7,50	—
18	Schweinemilch	83,24	1,03	6,19	6,92	7,43	38,32	1,94	0,87	34,65	1,78	10,19	—
19	Hundemilch	77,94	1,01	4,58	12,98	5,37	33,44	1,66	0,10	36,08	—	13,91	—
20	Walfischmilch	60,80	0,99	2,53	10,56	20,95	14,95	4,70	—	20,08	—	26,50	—
	Käse (vgl. S. 212—233).												
21	Parmesankäse, reif	27,55	4,55	6,28	2,73	14,65	34,72	1,21	0,22	36,11	0,94	11,43	—
22	Holsteiner Meiereikäse	—	—	—	13,26	1,40	35,43	2,38	0,80	38,37	0,17	7,44	—
23	Handkäse	—	—	—	4,85	45,74	2,55	—	0,11	13,68	—	43,94	—
24	Schweizer Käse	33,60	4,23	6,37	2,46	33,01	17,82	0,81	0,17	20,42	—	33,61	—
25	Rumänischer Schafkäse	29,75	7,54	10,73	1,71	42,82	9,24	1,07	0,03	17,20	2,71	32,31	0,73
	Hühnereier (vgl. S. 237).												
26	Ganzer Ei-Inhalt	73,67	1,07	4,06	17,37	22,87	10,91	1,14	0,39	37,62	0,32	8,98	0,31
27	Eiklar	85,61	0,67	4,65	31,41	31,57	2,78	2,79	0,57	4,41	2,12	28,82	1,06
28	Eigelb	50,93	1,02	2,07	9,29	5,87	13,04	2,13	1,65	65,46	—	1,95	0,86

[1]) Die mit A. und N. bezeichneten Aschenanalysen sind von A. Albu und C. Neuberg (Mineralstoffwechsel; Berlin, Julius Springer, 1906), die anderen entweder im hiesigen Laboratorium ausgeführt oder sie sind den Zusammenstellungen der Aschenanalysen von E. v. Wolff entnommen.

[2]) Nach A. Trunz im Mittel zweier Kühe.

Fleisch und Schlachtabgänge von Warmblütern (vgl. S. 242—260).

Nr.	Nahrungs- bzw. Genußmittel		Wasser	Gesamt-Asche wasserhaltige Substanz	Gesamt-Asche wasserfreie Substanz	Kali (K_2O)	Natron (Na_2O)	Kalk (CaO)	Magnesia (MgO)	Eisenoxyd (F_2O_3)	Phosphorsäure (P_2O_5)	Schwefelsäure (SO_3)	Chlor (Cl)	Kieselsäure (SiO_2)
			%	%	%	%	%	%	%	%	%	%	%	%
29	Fleisch der landwirtschaftl. Schlachttiere	Niedrigst	55,5	0,75	3,20	25,0	—?	0,9	1,4	0,18	36,1	0,3	0,6	0,035
		Höchst	77,0	1,60	7,50	48,9	25,6	7,5	4,8	1,23	48,1	3,8	8,4	0,169
		Mittel	73,5	1,10	4,10	37,04	10,14	2,42	3,23	0,71	41,20	0,98	4,66	0,082
30	Pferdefleisch (1)		74,15	1,00	3,87	39,40	5,64	1,80	3,88	1,00	46,74	0,30	0,89	—
31	Hühnerfleisch (2)		76,22	1,27	5,34	30,90	18,70	3,25	4,15	—	36,40	—	8,05	—
	Schlachtabgänge (vgl. S. 262—268).													
32	Blut v. landw. Schlachttieren (14)	Niedrigst	76,9	0,7	—	7,1	30,0	1,1	0,2	3,9	5,2	1,2	24,1	—
		Höchst	83,9	1,3	—	20,4	45,0	1,8	1,2	9,6	26,6	3,1	35,7	(1,18)
		Mittel	80,82	0,85	4,43	10,64	41,28	1,26	0,73	8,85	8,22	2,29	32,92	—
33	Pferdeblut (1)		—	—	—	29,48	21,15	1,08	0,60	9,52	8,38	6,31	28,63	—
34	Hühnerblut (1)		—	—	—	18,41	29,99	1,08	0,22	3,89	26,62	1,19	24,12	—
35	Hundeblut (6)		—	0,89	—	3,70	43,06	1,20	0,61	8,40	12,49	3,99	31,97	—
36	Zunge v. Ochsen (1) (A. u. N.)		68,30	1,33	4,19	42,17	4,40	2,13	1,28	0,30	45,63	1,28	0,94	—
37	Leber vom Kalb (1) (A. u. N.)		72,70	1,36	5,00	18,13	7,80	3,30	—	—	47,10	0,82	6,51	—
	Fleischextrakt (vgl. S. 295—298).													
38	Fleischbrühe		—	—	—	54,68	—	0,42	0,22	—	37,86	1,86	6,95	—
39	Fleischextrakt (Liebigs u. a.) (13)	Niedrigst	16,54	18,24	—	32,23	9,53	wenig	2,22	0,06	23,32	0,12	7,01	+ Sand —
		Höchst	28,70	24,36	—	46,53	18,53	1,07	4,64	0,77	38,08	3,83	14,16	2,97
		Mittel	17,70	21,26	25,83	42,26	12,74	0,62	3,15	0,28	30,59	2,03	9,63	0,81
	Fleisch und Abfälle von Kaltblütern (vgl. S. 280—288).													
40	Hecht		79,63	0,96	4,72	23,92	20,45	7,38	3,81	—	38,16	2,50	4.73	—
41	Lachs oder Salm (Rhein-) (A. u. N.)		64,00	1,22	3,40	24,40	13,66	8,60	9,49	—	20,32	—	21,44	—
42	Aal (A. u. N.)		60,00	1,74	4,35	0,18?	9,48	45,83?	—	—	43,18	—	0,17	—
43	Schellfisch		81,50	1,31	7,08	13,84	36,51	3,39	1,90	—	13,70	0,31	38,11	—
44	Hering, frisch		77,98	1,35	6,13	12,40	18,02	3,47	4,92	—	37,89	1,08	24,08	—
45	Anchovis, gesalzen (A. u. N.)		62,51	6,95	18,56	2,17	38,80	4,22	1,88	Spur	18,11	0,93	33,25	—
	Kaviar (vgl. S. 284).													
46	Kaviar (Elb- u. Dorsch-)[1]		57,46	11,26	26,47	1,78	38,10	1,13	2,07	0,15	9,61	9,55	41,60	—
47	Rogen	Hecht-[1]	66,53	2,87	8,58	13,39	9,62	6,26	3,33	0,04	35,59	21,67	1,78	—
48	Rogen	Kabliau-[1]	73,04	3,08	11,42	8,21	8,93	1,05	1,79	0,04	35,74	22,04	8,46	—

[1] Die Gesamtasche wie die Phosphorsäure und Schwefelsäure bei den beiden Fischrogen (ungesalzen) wie beim Kaviar (gesalzener Rogen) schließen den organisch gebundenen Schwefel und Phosphor mit ein. Ohne diese betrug der Verbrennungsrückstand:

	Rogen von Hecht,	Kabliau,	Kaviar.
Gesamtasche	2,06%	1,69%	8,01%

Fleisch von wirbellosen Tieren (vgl. S. 291—294).

Nr.	Nahrungs- bzw. Genußmittel	Wasser	Gesamt-Asche		In Prozenten der Asche								
			wasserhaltige Substanz	wasserfreie Substanz	Kali (K_2O)	Natron (Na_2O)	Kalk (CaO)	Magnesia (MgO)	Eisenoxyd (Fe_2O_3)	Phosphorsäure (P_2O_5)	Schwefelsäure (SO_3)	Chlor (Cl)	Kieselsäure (SiO_2)
		%	%	%	%	%	%	%	%	%	%	%	%
49	Austern (A. u. N.) . . .	87,36	2,03	16,06	4,28	30,28	18,18	3,25	0,38	20,50	0,72	18,67	2,16
	Muskelfleisch:												
50	Hummer (Homarus) . .	85,20	0,80	5,41	47,80	7,30	0,80	4,10	0,30	34,20	1,40	4,20	—
51	Flußkrebs (Astacus) . .	86,00	0,80	5,71	48,00	7,00	0,70	4,20	0,40	34,00	1,40	4,30	—
52	Miesmuschel (Mytilus) .	80,40	2,40	12,24	45,10	8,10	0,80	4,80	0,30	34,90	1,00	4,60	—
53	Klaffmuschel (Mya) . .	81,00	1,20	6,31	47,20	8,00	0,80	5,10	0,40	34,80	1,20	4,50	—
54	Teichmuschel (Aodonta) .	81,11	1,80	9,53	45,30	8,30	0,90	5,00	0,30	34,50	1,10	4,60	—
55	Seepolyp (Octopus) . . .	76,90	1,40	6,06	48,00	7,70	0,80	4,10	0,50	32,70	1,00	5,20	—
56	Tintenfisch (Sepia) . . .	77,20	1,30	5,70	48,70	6,30	0,70	4,00	0,50	39,10	0,90	5,00	—
57	Seeigel (Echinus)	82,90	1,70	9,94	46,20	8,20	0,70	3,60	0,30	35,00	1,40	4,60	—

Asche der Brühe von Fischdauerwaren in Büchsen (vgl. S. 288—290).

Nr.	Nahrungs- bzw. Genußmittel	Wasser	in 100 ccm	in 100 ccm	Kali	Natron	Kalk	Magnesia	Eisenoxyd	Phosphorsäure	Schwefelsäure	Chlor	Kieselsäure
	Heringe:												
58	Brat-	85,85	15,49	38,80	14,67	40,15	2,18	—	—	11,26	4,59	37,18	—
59	Marinierte	83,83	6,89	42,66	5,18	47,21	0,72	—	—	3,98	8,60	54,82	—
60	Matjes-	74,62	14,38	56,65	5,49	43,78	0,42	—	—	3,61	2,99	53,70	—
61	In Bouillon	96,95	1,11	36,41	25,36	16,98	0,54	—	—	5,74	13,28	45,66	—

Getreidearten (vgl. S. 342—353).

Nr.	Nahrungs- bzw. Genußmittel	Wasser	wasserhaltige	wasserfreie	Kali	Natron	Kalk	Magnesia	Eisenoxyd	Phosphorsäure	Schwefelsäure	Chlor	Kieselsäure
62	Weizen, Winter- (110) .	13,37	1,86	2,15	31,16	3,07	3,25	12,06	1,28	47,22	0,39	0,32	1,96
63	Weizen, Sommer- (16) .	13,37	1,94	2,24	30,51	1,74	2,82	11,96	0,51	48,94	1,32	0,47	1,46
64	Emmer mit Hülsen (1) .	13,37	3,72	4,29	15,55	0,99	2,61	6,46	1,60	20,65	2,94	0,64	46,73
65	Emmer ohne „ (1) .	13,37	1,44	1,66	35,63	3,59	0,39	12,01	1,81	42,07	—	—	1,00
66	Roggen (Winter-) (36) .	13,37	2,09	2,41	32,10	1,47	2,94	11,22	1,24	47,74	1,28	0,48	1,37
67	Gerste (Sommer-) (57) .	12,95	2,15	2,47	20,92	2,39	2,64	8,83	1,19	35,10	1,80	1,02	25,91
68	Hafer (57)	12,85	3,05	3,50	17,90	1,66	3,60	7,13	1,18	25,64	1,78	0,94	30,18
69	Mais (15)	13,32	1,45	1,67	29,78	1,10	2,17	15,52	0,76	45,61	0,78	0,91	2,09
70	Reis (nicht entschält) (2)	12,58	1,48	1,69	17,51	5,53	4,00	10,76	1,84	40,64	0,86	0,86	18,26
71	Sorghohirse, S. vulgare (1) . .	12,32	2,08	2,37	20,34	3,25	1,29	14,84	1,87	50,89	—	—	7,25
72	Sorghohirse, S. saccharatum (1)	14,58	1,71	2,00	14,93	8,35	0,74	13,16	0,40	24,78	0,81	0,97	36,76
73	Rispenhirse (ungeschält), Pan. miliaceum (1)	12,50	2,91	3,33	9,95	1,95	0,86	9,84	1,32	18,56	0,31	0,69	56,02
74	Rispenhirse (ungeschält), Pan. italicum (1)	13,05	3,03	3,48	14,28	—	1,04	9,22	0,60	28,64	0,10	0,10	45,06
75	Buchweizen, ungeschält (2)	13,27	2,38	2,74	23,07	6,12	4,42	12,42	1,74	48,67	2,11	1,30	0,23

Hülsenfrüchte (vgl. S. 354—360).

Nr.	Nahrungs- bzw. Genußmittel	Wasser	wasserhaltige	wasserfreie	Kali	Natron	Kalk	Magnesia	Eisenoxyd	Phosphorsäure	Schwefelsäure	Chlor	Kieselsäure
76	Feldbohnen (16)	14,06	3,10	3,60	41,48	1,06	4,99	7,15	0,46	38,86	3,39	1,78	0,65
77	Schmink- oder Vitsbohnen (13)	11,24	3,16	3,56	44,01	1,49	6,38	7,62	0,32	35,52	4,05	0,86	0,57
78	Erbsen (29)	13,80	2,76	3,20	41,79	0,96	4,99	7,96	0,86	36,43	3,49	1,54	0,86
79	Linsen (1)	12,33	3,04	3,46	34,76	(13,50)	6,34	2,47	(2,00)	36,30	—	(4,63)	—
80	Wicken (Futter-) (2) . .	13,28	3,10	3,57	35,95	6,35	5,07	8,07	0,67	38,53	4,22	1,19	0,16
81	Sojabohnen (1)	11,43	3,14	3,54	44,56	0,98	5,32	8,92	Spur	36,89	2,70	0,27	Spur
82	Lupinen, gelbe (10) . . .	14,71	3,80	4,46	30,52	0,74	7,11	12,77	0,73	38,61	8,73	0,77	0,25

Ölsamen und sonstige Samen bzw. Früchte (vgl. S. 362—365).

Nr.	Nahrungs- bzw. Genußmittel	Wasser	Gesamt-Asche wasserhaltige Substanz	Gesamt-Asche wasserfreie Substanz	In Prozenten der Asche: Kali (K_2O)	Natron (Na_2O)	Kalk (CaO)	Magnesia (MgO)	Eisenoxyd (Fe_2O_3)	Phosphorsäure (P_2O_5)	Schwefelsäure (SO_3)	Chlor (Cl)	Kieselsäure (SiO_2)
		%	%	%	%	%	%	%	%	%	%	%	%
83	Mohnsamen (1)	8,15	6,04	6,57	13,62	1,03	35,96	9,49	0,43	31,36	1,92	4,58	3,24
84	Erdnuß, Kern (1)	7,48	2,49	2,69	39,68	2,81	4,06	1,87	—	38,75	10,62	—	0,31
85	Cocosnuß, Kern (2)	5,81	1,82	1,93	42,05	5,72	4,82	5,72	1,80	20,70	3,79	13,97	2,36
86	Bucheckern, Kern (1)	9,80	3,65	4,04	17,15	5,21	18,39	14,15	0,98	30,52	2,45	2,44	2,70
87	Walnuß, Kern (1)	7,18	1,65	1,77	31,11	2,25	8,59	13,03	1,32	43,70	—	—	—
88	Mandeln, süße (1)	6,27	2,30	2,45	27,95	0,23	8,81	17,66	0,53	43,63	0,37	—	—
89	Kastanien, Kern (1)	47,03	1,43	2,70	56,69	7,12	3,87	7,47	0,14	18,12	3,85	0,52	1,54
90	Wassernuß, Kern (1)	38,45	1,54	2,47	38,22	1,24	6,22	12,33	0,36	39,16	1,43	0,62	0,21
91	Bananen, unreife	75,00	0,90	3,60	49,63	2,66	1,40	6,97	0,66	6,45	2,55	13,59	3,56

Mehle (vgl. S. 365—375).

Nr.	Nahrungs- bzw. Genußmittel	Wasser	wasserhaltige	wasserfreie	Kali	Natron	Kalk	Magnesia	Eisenoxyd	Phosphorsäure	Schwefelsäure	Chlor	Kieselsäure
92	Weizen: Mehl, feinstes	12,50	0,50	0,57	34,42	0,76	7,48	7,70	0,61	49,38	—	—	—
93	Weizen: „ gröberes	12,50	1,00	1,14	30,98	0,98	6,32	11,22	0,44	50,18	—	—	—
94	Weizen: Kleie	13,50	4,78	5,50	27,88	0,59	2,97	16,95	0,68	50,58	0,25	—	0,89
95	Roggen: Mehl	13,00	1,15	1,32	38,44	1,75	1,02	7,99	2,54	48,26	—	—	—
96	Roggen: Kleie	13,50	4,22	4,88	27,00	1,34	3,47	15,82	2,50	47,48	—	—	1,99
97	Gerste: Mehl	12,50	1,75	2,00	28,77	2,54	2,80	13,50	2,00	47,29	3,10	—	—
98	Gerste: Kleie	13,00	7,00	8,04	23,30	1,74	3,09	14,05	2,93	52,08	2,83	—	2,81
99	Hafer: Mehl	9,75	1,65	1,82	23,73	4,30	7,42	7,76	0,85	48,19	0,68	5,33	1,95
100	Hafer: Flocken	10,00	1,35	1,50	30,76	6,00	—	9,87	0,33	34,20	—	—	2,74
101	Maismehl	12,50	0,68	0,78	28,80	3,50	6,32	14,90	1,51	44,97	—	—	—
102	Reis: geschält	12,55	0,39	0,46	21,73	5,50	3,24	11,20	1,23	53,68	0,62	0,10	2,74
103	Reis: Futtermehl	12,55	4,81	5,50	11,47	—	2,59	17,52	(7,63)	43,64	0,22	—	16,93
104	Buchweizen: Grieß	13,97	1,51	1,75	25,43	5,87	2,30	12,89	1,80	48,10	1,68	1,91	—
105	Buchweizen: Kleie	16,50	2,89	3,46	42,33	2,11	9,74	13,25	1,53	36,01	2,86	Spur	2,07
106	Graupen (A. u. N.)	12,70	0,63	0,72	18,43	23,09	—	—	—	58,48	—	—	—

Teigwaren und Brot (vgl. S. 386—402).

Nr.	Nahrungs- bzw. Genußmittel	Wasser	wasserhaltige	wasserfreie	Kali	Natron	Kalk	Magnesia	Eisenoxyd	Phosphorsäure	Schwefelsäure	Chlor	Kieselsäure
107	Makkaroni (A. u. N.)	12,30	0,47	0,53	10,90	40,06	4,73	—	—	32,11	—	10,00	—
108	Weißbrot (A. u. N.)	35,50	1,39	2,15	7,02	19,68	—	2,20	0,95	16,84	14,54	30,38	—
109	Graubrot (A. u. N.)	40,10	1,36	2,27	8,40	22,02	1,12	0,90	0,92	20,25	13,18	25,06	—
110	Grahambrot (A. u. N.)	41,20	1,56	2,66	14,52	14,47	5,42	4,66	1,08	21,35	2,02	24,10	—
111	Pumpernickel (A. u. N.)	44,50	1,37	2,46	10,01	25,90	6,36	9,90	—	19,81	3,63	20,97	—

Wurzelgewächse (vgl. S. 432—444).

Nr.	Nahrungs- bzw. Genußmittel	Wasser	wasserhaltige	wasserfreie	Kali	Natron	Kalk	Magnesia	Eisenoxyd	Phosphorsäure	Schwefelsäure	Chlor	Kieselsäure
112	Kartoffeln (59)	74,92	1,09	4,35	60,06	2,96	2,64	4,93	1,10	16,86	6,52	3,46	2,04
113	Topinambur (2)	79,12	1,16	5,55	47,77	10,16	3,28	2,93	3,74	14,00	4,91	3,87	10,03
114	Bataten (3)	71,66	1,19	4,19	50,31	6,53	9,93	3,40	0,91	10,60	5,56	12,74	3,45
115	Cichorie (15)	78,76	0,85	4,00	38,30	15,68	7,02	4,69	2,51	12,49	7,93	8,04	0,91
116	Runkelrüben (16)	88,00	0,89	7,42	54,02	15,90	4,12	4,54	0,82	8,45	3,17	8,40	2,36
117	Zuckerrübe: vor 1871 (110)	—	—	3,86	55,11	10,00	5,36	7,53	0,93	10,99	3,81	5,18	1,80
118	Zuckerrübe: von 1871—1880 (56)	—	—	3,77	49,33	6,85	7,46	8,49	1,54	14,46	5,05	4,10	3,20
119	Zuckerrübe: von 1892—1894	—	—	2,73	34,83	20,88	12,09	9,15	—	8,42	—	9,89	—

Nr.	Nahrungs- bzw. Genußmittel	Wasser %	Gesamt-Asche wasserhaltige Substanz %	Gesamt-Asche wasserfreie Substanz %	Kali (K_2O) %	Natron (Na_2O) %	Kalk (CaO) %	Magnesia (MgO) %	Eisenoxyd (Fe_2O_3) %	Phosphorsäure (P_2O_5) %	Schwefelsäure (SO_3) %	Chlor (Cl) %	Kieselsäure (SiO_2) %
					In Prozenten der Asche								
120	Möhren (große Varietät) (11)	86,77	0,74	5,57	36,99	21,17	11,34	4,38	1,01	12,79	6,45	4,59	2,38
121	Kohlrübe (weiße) (32)	89,78	0,82	8,01	35,40	9,84	10,60	3,69	0,81	12,71	11,19	5,07	1,87
	Gemüsearten (vgl. S. 445—458).												
	Wurzel- bzw. Knollengewächse (vgl. S. 446).												
122	Wurzeln bzw. Knollen: Rote Rübe (1)	88,05	0,71	5,97	17,02	48,75	5,83	0,32	1,07	9,80	2,08	4,93	11,29
123	Kohlrabi (1)	85,89	1,15	8,17	35,31	6,53	10,97	6,84	3,02	21,90	8,84	4,94	2,48
124	Rettich (1)	86,92	2,05	15,67	21,98	3,75	8,78	3,53	1,16	41,12	7,71	4,90	8,17
125	Radieschen (1)	93,34	0,48	7,23	32,00	21,14	14,94	2,60	2,34	10,86	6,46	9,14	0,91
126	Sellerie (1)	84,09	1,76	11,04	43,19	—	13,11	5,82	1,41	12,83	5,58	15,87	3,85
127	Meerrettich (1)	76,72	1,69	7,09	30,76	3,96	8,23	2,91	1,94	7,75	30,79	0,94	12,72
128	Pastinake (1)	80,68	—	4,36	51,82	—	9,78	5,56	—	23,78	3,89	4,66	1,67
129	Blätter: Kohlrabi (1)	86,04	2,30	16,49	19,53	4,85	31,05	4,64	6,05	8,25	11,92	7,97	9,07
130	desgl. eßbar. Teil (1)	86,04	1,47	10,55	17,53	11,57	14,21	8,53	1,57	26,02	13,01	5,83	2,23
	Zwiebeln (vgl. S. 447).												
131	Knollen: blaßrote Zwiebel (1)	86,51	0,71	5,28	25,05	3,18	21,97	5,29	4,53	15,03	5,46	2,77	16,72
132	Lauch, Porree (2)	87,62	0,78	6,28	30,71	14,15	10,37	2,91	7,60	16,69	7,39	3,11	7,36
133	Blätter: blaßrote Zwiebel (1)	88,17	1,25	10,59	29,45	5,66	34,23	4,10	3,17	4,05	4,17	5,24	9,93
134	Lauch, Porree (2)	90,82	0,75	8,18	40,73	6,85	21,73	4,43	0,62	7,64	4,10	6,63	7,27
135	Schnittlauch	82,00	0,99	5,49	33,29	4,19	20,69	5,34	1,47	14,93	12,28	4,38	3,46
	Früchte u. a. (vgl. S. 448).												
136	Kürbis	90,32	0,43	4,41	19,48	21,13	7,74	3,37	2,60	32,95	2,37	0,43	7,34
137	Gurke	95,36	0,39	8,49	51,71	4,19	6,97	4,50	0,75	13,10	5,70	9,16	4,25
138	Tomate	94,83	0,51	9,81	46,62	9,55	4,08	5,86	0,79	10,66	4,95	6,17	2,80
139	Tomatensaft	95,00	0,51	10,12	57,65	4,00	1,60	3,40	0,60	6,80	2,20	11,00	0,60
140	Spargel	93,72	0,54	8,63	44,49	1,42	5,92	1,03	(3,38)	17,10	5,92	5,93	10,06
141	Artischocke	81,10	1,01	5,36	24,04	7,41	9,56	4,14	(2,51)	38,46	5,18	2,17	7,02
142	Rhabarber: Blätter	85,90	1,12	7,93	14,47	31,77	3,95	5,59	1,47	14,13	—	5,37	2,77
143	Rhabarber: Stengel	95,90	0,59	14,94	59,59	5,15	10,04	—	Spur	37,43	1,28	0,23	Spur
	Kohlarten (vgl. S. 451).												
144	Blumenkohl, Blüten	90,89	0,74	8,15	47,61	1,40	9,08	4,66	Spur	7,27	17,52	3,79	23,31
145	Savoyer- od. Herzkohl od. Wirsing: äuß. Blätter	87,09	2,15	16,65	16,11	5,97	29,45	4,18	Spur	2,78	15,43	13,08	13,00
146	Herzblätter	87,09	1,40	10,84	26,82	13,86	14,83	4,19	1,56	13,19	12,85	7,53	5,17
147	Stengel	87,09	1,72	13,36	39,42	6,60	11,52	3,96	Spur	7,42	12,17	8,77	10,14
148	Weißkohl, Kabbes: äußere Blätter	90,11	2,02	20,40	22,14	12,10	27,88	4,44	0,10	3,88	15,31	13,65	0,50
149	Herzblätter	90,11	1,07	10,83	37,82	14,42	9,36	3,52	0,15	12,30	15,46	6,97	Spur
150	Stengel	90,11	1,25	12,62	39,87	18,07	7,88	4,80	0,55	11,88	7,36	9,28	0,30
151	Winter- oder Grünkohl	80,50	1,57	8,05	37,71	2,39	17,14	3,38	(9,64)	11,99	7,28	9,09	1,42
152	Spinat	93,34	1,10	16,49	(11,56)	(35,29)	11,88	6,38	3,35	10,25	6,87	6,30	4,52
153	Endiviensalat	94,14	0,95	16,18	37,87	12,12	12,03	1,77	3,37	2,99	5,21	—	24,62
154	Kopfsalat	94,33	1,02	18,03	37,63	7,54	14,68	6,14	5,31	9,19	3,76	7,65	8,14
155	Römischer Salat	90,50	1,24	13,11	25,30	35,30	11,86	4,33	1,26	10,90	3,86	4,19	2,99

Flechten und Algen (vgl. S. 459).

Nr.	Nahrungs- bzw. Genußmittel	Wasser	Asche wasserhaltige Substanz	Asche wasserfreie Substanz	Kali (K_2O)	Natron (Na_2O)	Kalk (CaO)	Magnesia (MgO)	Eisenoxyd (Fe_2O_3)	Phosphorsäure (P_2O_5)	Schwefelsäure (SO_3)	Chlor (Cl)	Kieselsäure (SiO_2)	Kohlensäure (CO_2)	Manganoxydoxydul (Mn_3O_4)
		%	%	%	%	%	%	%	%	%	%	%	%	%	%
156	Chondrus crispus	20,50	15,67	19,71	17,32	18,73	7,16	11,35	—	(0,41)	(41,24)	3,79	—	—	—
157	Enteromorpha compressa	13,87	13,47	15,64	10,34	22,17	19,22	3,24	0,90	3,65	22,99	16,27	5,11	—	—
158	„ intestinalis	13,87	27,05	33,72	7,14	20,85	16,59	3,34	0,78	2,18	27,87	14,19	10,25	—	—
159	Fucus vesiculosus . . .	13,87	16,18	18,79	8,35	22,61	9,23	5,69	(8,42)	2,53	22,00	10,68	16,55	—	—
160	Laminaria digitata . . .	11,44	18,04	20,37	22,40	24,09	11,86	7,44	0,62	2,56	13,26	17,23	1,56	—	—
161	Laminaria saccarina . .	11,44	26,41	29,82	15,01	4,79	24,62	9,06	0,22	2,79	32,67	5,94	1,11	—	—
162	„ japonica . . .	23,95	19,89	26,15	31,77	—	—	—	—	2,96	—	—	Spur	—	—
163	Porphyra vulgaris . . .	8,26	8,23	8,97	25,72	—	—	—	—	11,30	—	—	3,27	—	—
164	Cystoreira sp.	16,07	16,88	20,10	32,55	—	—	—	—	2,20	—	—	1,91	—	—
165	Alaria pinnatifolia . . .	17,01	32,59	39,26	21,00	—	—	—	—	2,61	—	—	Spur	—	—
166	Indian. Brot (Puntsaon) .	12,61	1,94	2,22	4,68	2,19	5,17	11,38	11,81	19,78	1,58	1,16	41,77	—	—

Pilze und Schwämme (vgl. S. 460).

Nr.	Nahrungs- bzw. Genußmittel	Wasser	Asche wasserhaltige Substanz	Asche wasserfreie Substanz	Kali (K_2O)	Natron (Na_2O)	Kalk (CaO)	Magnesia (MgO)	Eisenoxyd (Fe_2O_3)	Phosphorsäure (P_2O_5)	Schwefelsäure (SO_3)	Chlor (Cl)	Kieselsäure (SiO_2)	Kohlensäure (CO_2)	Manganoxydoxydul (Mn_3O_4)
167	Champignon	89,70	0,55	5,31	50,71	1,69	0,75	0,53	1,16	15,43	24,29	4,58	1,42	—	—
168	Trüffel frühere Untersuch.	77,06	1,99	8,68	54,21	1,61	4,95	2,34	0,51	32,96	1,17	—	1,14	—	—
169	„ neuere „	77,06	1,91	8,33	37,78	1,80	9,82	1,33	5,60	33,23	6,00	1,36	0,25	—	—
170	Speise-Lorchel	89,50	0,95	9,03	50,40	2,30	0,78	1,27	1,00	39,10	1,58	0,76	2,09	—	—
171	Speise-Morchel	89,95	0,95	9,42	49,51	0,34	1,59	1,90	1,86	39,03	2,89	0,89	0,87	—	—
172	Kegelförmiger Morchel .	89,95	0,90	8,97	46,11	0,36	1,73	4,34	0,46	37,18	8,35	1,77	0,09	—	—
173	Boletus-Arten	90,32	0,82	8,46	55,58	2,53	3,47	2,31	1,06	23,29	10,69	2,02	—	—	—

Obst- und Beerenfrüchte (vgl. S. 467—474).

(Ganze Früchte.)

Nr.	Nahrungs- bzw. Genußmittel	Wasser	Asche wasserhaltige Substanz	Asche wasserfreie Substanz	Kali (K_2O)	Natron (Na_2O)	Kalk (CaO)	Magnesia (MgO)	Eisenoxyd (Fe_2O_3)	Phosphorsäure (P_2O_5)	Schwefelsäure (SO_3)	Chlor (Cl)	Kieselsäure (SiO_2)	Kohlensäure (CO_2)	Manganoxydoxydul (Mn_3O_4)
174	Äpfel	83,85	0,41	2,54	51,58	3,87	4,22	3,71	1,29	10,40	2,49	—	1,08	—	—
175	Birnen	82,75	0,35	2,03	53,78	4,20	6,44	4,76	0,98	13,46	5,02	—	1,55	—	—
176	Quitte	81,90	0,51	2,82	51,30	2,88	4,98	3,87	0,42	12,44	5,71	0,35	0,55	17,96	—
177	Mispel	73,15	0,71	2,64	47,90	4,79	8,89	4,05	0,44	10,12	4,57	0,36	1,03	17,55	—
178	Hagebutten	41,80	3,25	5,58	23,53	2,40	26,78	7,73	0,33	9,37	3,66	0,30	0,67	25,38	—
179	Ebereschenfrucht	75,43	0,78	3,17	49,05	2,47	8,78	4,37	0,46	10,94	3,52	0,69	0,79	19,26	—
180	Speierling	69,38	0,66	2,15	50,15	5,79	10,40	4,04	1,25	8,64	4,05	—	1,53	—	—
181	Kirschen süße (Knorpel-)	81,68	0,52	2,79	47,75	3,36	4,37	3,50	0,43	11,05	5,32	0,69	0,92	24,05	0,82
182	Kirschen saure (Weichsel-)	84,55	0,56	3,62	48,58	3,02	5,68	3,70	0,39	10,02	5,28	0,69	1,04	22,46	—
183	Kornelkirsche	78,84	0,73	3,45	48,66	3,22	8,81	3,30	0,42	7,04	8,81	0,59	0,59	20,09	—
184	Zwetsche	81,75	0,48	2,63	55,12	3,35	3,78	2,86	0,56	8,06	2,43	1,24	1,20	20,13	—
185	Pflaumen (Eier-)	80,37	0,45	2,29	59,69	3,10	4,08	4,44	0,42	11,01	5,80	—	0,30	—	0,39
186	Reineclaude	81,88	0,53	2,92	56,47	2,43	4,47	3,19	0,46	10,31	2,96	0,49	0,46	18,48	—
187	Mirabellen	80,68	0,53	2,74	53,80	7,17	5,44	4,83	1,36	19,40	4,18	0,52	4,53	—	—
188	Aprikosen	85,21	0,61	4,12	55,34	2,34	2,96	2,57	0,55	9,71	3,98	0,45	1,14	22,06	0,40
189	Pfirsich	82,70	0,55	3,18	53,62	4,02	2,84	3,14	0,76	13,73	3,14	0,53	0,94	18,22	—
190	Schlehe	73,10	1,22	4,53	48,54	1,27	10,29	7,41	0,27	5,93	3,33	0,56	0,37	22,83	—
191	Weinbeeren	79,12	0,48	2,29	52,99	3,68	6,91	3,29	1,19	21,27	5,00	1,82	3,57	—	0,24

Nr.	Nahrungs- bzw. Genußmittel	Wasser	Asche: wasserhaltige Substanz	Asche: wasserfreie Substanz	Kali (K_2O)	Natron (Na_2O)	Kalk (CaO)	Magnesia (MgO)	Eisenoxyd (Fe_2O_3)	Phosphorsäure (P_2O_5)	Schwefelsäure (SO_3)	Chlor (Cl)	Kieselsäure (SiO_2)	Kohlensäure (CO_2)	Manganoxydul (Mn_3O_4)
					In Prozenten der Asche										
		%	%	%	%	%	%	%	%	%	%	%	%	%	%
192	Johannisbeeren	83,80	0,66	4,07	42,02	3,93	9,95	4,59	0,76	20,15	6,43	0,83	2,53	8,89	—
193	Stachelbeeren	85,45	0,49	3,35	44,02	6,10	10,50	4,98	1,62	17,15	6,67	0,85	2,05	—	—
194	Preißelbeeren (Kronsbeeren)	88,69	0,26	1,58	40,92	3,54	9,46	6,74	1,85	15,69	8,04	0,60	1,98	10,77	0,40
195	Heidelbeeren	83,64	0,32	1,95	44,03	5,11	9,24	5,75	1,41	15,01	7,99	0,62	1,74	9,52	0,51
196	Himbeeren	83,95	0,58	3,61	38.14	3,42	10,77	7,86	0,47	19,60	4,56	0,57	0,84	9,97	—
197	Brombeeren	84,94	0,48	3,18	36,27	1,96	12,48	10,42	0,46	14,30	5,66	0,43	0,73	14,28	0,69
198	Maulbeeren	83,55	0,82	4,98	39,42	1,82	5,68	5,68	0,62	11,01	3,36	0,60	4,44	15,61	—
199	Erdbeeren	85,41	0,74	5,07	38,09	2,69	16,85	8,38	0,45	15,08	4,29	0,44	0,81	11,85	0,67
200	Feigen	78,93	0,71	3,37	55,83	2,38	10,90	5,60	2,19	12,76	3,91	2,05	4,31	—	0,21
201	Holunderbeeren	80,42	0,64	3,26	45,93	3,00	7,79	6,85	0,38	13,86	5,53	0,52	1,19	15,44	—
202	Apfelsinen	84,26	0,48	3,05	47,09	2,84	22,81	5,72	1,36	12,63	5,14	0,81	1,28	—	0,40
203	Citronen	82,62	0,56	3,26	45,23	2,73	30,24	5,15	0,77	13,62	3,08	0,48	0,75	—	0,45
204	Ananas	83,95	0,52	3,24	49,97	19,02	12,15	8,80	1,55	5,46	—	10,75	4,02	—	—
205	Bananen (reif, geschält)	73,76	0,89	3,39	52,54	2,76	1,17	5,36	0,39	6,12	3,45	11,64	2,33	—	0,58

Vergleichende Untersuchungen der einzelnen Teile der Obst- und Beerenfrüchte.

Nr.	Obst- oder Beerenfrüchte		Reinasche in % der Trockensubstanz	Kali	Natron	Kalk	Magnesia	Eisenoxyd	Phosphorsäure	Schwefelsäure	Kieselsäure	Chlor	Manganoxydul (MnO_{34})
				In Prozenten der Asche									
			%	%	%	%	%	%	%	%	%	%	%
206	Äpfel	ganze Frucht	1,44	35,68	26,09	4,08	8,75	1,40	13,59	6,09	4,32	—	—
207		Fruchtfleisch	1,75	41,85	—	8,85	5,05	—	9,70	—	—	—	—
208	Birnen	ganze Frucht	1,97	54,69	8,52	7,98	5,22	1,04	15,20	5,60	1,49	—	—
209		Fruchtfleisch	1,62	58,60	—	6,50	5,60	—	11,80	—	—	—	—
210	Zwetschen	Fruchtfleisch	2,71	71,15	1,53	6,66	3,83	0,41	9,65	5,29	0,75	0,68	—
211		Schalen	2,27	57,75	2,34	15,02	6,47	0,62	12,15	4,31	0,80	0,54	—
212		Kerne	1,26	30,09	1,72	26,18	8,84	0,42	23,67	8,24	0,25	0,66	—
213	Pflaumen	ganze Frucht	1,98	63,83	2,65	4,66	5,47	2,72	14,08	2,68	3,07	0,34	0,39
214		Fruchtfleisch	2,08	69,36	2,30	4,05	4,86	1,02	12,95	2,46	2,73	0,34	0,23
215		Kerne	1,82	23,08	4,00	11,35	12,52	5,86	29,46	4,72	6,21	0,36	2,20
216	Aprikosen	ganze Frucht	3,17	59,36	10,26	3,17	3,68	1,68	13,09	2,63	5,23	0,45	0,37
217		Fruchtfleisch	4,21	62,80	10,72	2,95	3,10	0,87	11,04	2,55	5,29	0,43	0,24
218		Kerne	2,51	17,02	4,95	6,67	11,40	11,23	37,36	3,61	4,84	1,08	1,93
219	Kirschen	ganze Frucht	2,35	54,75	4,45	5,85	5,47	1,55	15,64	5,43	5,08	1,61	—
220		Fruchtfleisch	2,25	50,10	—	7,00	5,20	—	12,85	—	—	—	—
221	Weintrauben	ganze Frucht	3,95	52,99	3,68	6,91	3,29	1,19	21,27	5,00	3,57	1,82	—
222		Schalen	4,03	44,22	1,87	21,02	5,73	1,54	17,62	3,68	3,01	0,62	—
223		Kerne	2,81	28,66	—	33,87	8,56	0,55	24 04	2,51	1,10	0,30	—

Fruchtsäfte (vgl. S. 478).

Nr.	Nahrungs- bzw. Genußmittel	Wasser %	Gesamt-Asche: wasserhaltige Substanz %	Gesamt-Asche: wasserfreie Substanz %	In Prozenten der Asche: Kali (K_2O) %	Natron (Na_2O) %	Kalk (CaO) %	Magnesia (MgO) %	Eisenoxyd (Fe_2O_3) %	Phosphorsäure (P_2O_5) %	Schwefelsäure (SO_3) %	Chlor (Cl) %	Kieselsäure (SiO_2) %	Kohlensäure (CO_2) %	(Mn_3O_4) %
224	Kirschsaft[1]	82,82	0,51	2,97	50,26	5,10	5,20	2,92	3,47	8,15	1,58	0,43	1,05	26,60	—
225	Johannisbeersaft	88,35	0,47	4,04	52,95		4,83	3,45	1,40	10,64	1,46	0,22	0,58	24,50	—
226	Erdbeersaft	92,00	0,43	5,37	42,50		12,05	4,10	0,69	8,56	1,00	0,31	0,63	27,05	—
227	Himbeersaft	89,61	0,46	4,43	48,84	1,21	8,56	5,47	0,85	6,77	2,72	1,10	0,40	27,84	—
228	Apfelsinensaft	87,48	0,53	4,23	49,61	2,29	6,95	4,26	1,42	5,66	2,69	1,12	—	29,73	—
229	Zitronensaft	89,69	0,45	4,36	46,93	2,52	8,71	4,45	2,57	5,32	2,00	0,96	0,91	28,78	—
230	Tomatensaft	87,50	0,66	5,28	57,20	3,17	1,23	2,63	1,30	6,25	1,95	8,42	0,47	21,09	—

Gewürze (vgl. S. 487—526).

Nr.	Nahrungs- bzw. Genußmittel	Wasser %	Gesamt-Asche: wasserhaltige Substanz %	Gesamt-Asche: wasserfreie Substanz %	Kali (K_2O) %	Natron (Na_2O) %	Kalk (CaO) %	Magnesia (MgO) %	Eisenoxyd (Fe_2O_3) %	Phosphorsäure (P_2O_5) %	Schwefelsäure (SO_3) %	Chlor (Cl) %	Kieselsäure (SiO_2) %	Kohlensäure (CO_2) %	(Mn_3O_4) %
231	Senfsamen (3)	7,50	4,31	4,66	16,15	5,34	19,29	10,51	0,99	39,92	4,92	0,53	2,48	—	—
232	Vanille	20,39	3,78	4,75	22,59	9,31	27,41	13,39	0,34	17,19	0,14	0,69	0,23	—	—
233	Pfeffer, schwarzer (4)	12,50	5,15	5,88	29,74	3,77	14,06	7,08	1,07	8,03	5,43	7,03	3,17	17,62	0,51
234	Pfeffer, weißer (2)	13,50	1,90	2,19	6,15	0,79	33,10	16,10	1,54	20,05	8,50	0,71	2,05	10,97	0,55
235	Langer Pfeffer (1)[2]	10,69	7,11	7,96	—	—	13,97	4,08	2,19	8,36	3,02	9,03	—	—	—
236	Paprika (4)	11,20	5,77	6,50	51,17	4,74	6,17	5,59	1,53	15,92	7,00	3,22	—	—	—
237	Fenchel (1)	12,26	7,09	8,08	31,26	2,33	19,54	14,03	2,12	16,47	9,93	3,41	0,87	—	—
238	Koriander (1)	11,37	4,76	5,37	35,16	1,28	22,10	12,21	1,18	18,55	6,54	2,51	1,03	—	—
239	Kümmel	13,15	5,33	6,13	26,31	6,54	18,04	8,27	3,57	24,29	5,39	3,10	4,98	—	—
240	Gewürznelken	7,86	5,78	6,27	62,86	0,93	0,50	1,11	Spur	28,40	1,65	Spur	1,00	—	—
241	Safran	12,62	4,27	4,88	34,46	8,60	—	—	—	13,53	8,54	1,89	—	—	—
242	Kapern, eingelegt in Kochsalzlös.	87,76	2,99	24,43	10,61	34,26	6,21	1,80	—	2,48	3,64	43,81	—	—	—
243	Kapern, eingelegt in Essig	86,95	1,23	9,42	20,48	5,34	13,48	2,82	—	11,61	22,36	10,02	—	—	—
244	Majoran[3]	7,61	9,69	10,49	20,76	0,72	22,85	6,19	7,20	9,70	5,34	1,92	24,77	—	—
245	Dill, Blüten, Blätter, Stiele	83,84	2,43	15,03	20,22	8,90	22,52	8,13	0,69	14,28	14,14	10,42	1,70	—	—
246	Dill, Samen	13,00	6,31	7,25	31,61	2,11	26,51	7,45	1,96	17,32	6,72	4,88	2,50	—	—
247	Ceylon-Zimt	8,87	4,34	4,76	20,77	5,67	57,55	4,81	0,81	4,27	3,91	0,81	0,41	—	—
248	Chinesischer Zimt	10,88	3,35	3,76	18,81	1,42	80,98	1,73	0,21	1,77	1,12	0,14	0,31	—	—
249	Holz-Zimt	9,75	4,72	5,23	30,08	5,81	36,97	8,01	1,79	5,36	0,29	0,20	1,31	—	—

Alkaloidhaltige Genußmittel (vgl. S. 526).

Kaffee und Kaffee-Ersatzstoffe (vgl. S. 531—554).

Nr.	Nahrungs- bzw. Genußmittel	Wasser %	Gesamt-Asche: wasserhaltige Substanz %	Gesamt-Asche: wasserfreie Substanz %	Kali (K_2O) %	Natron (Na_2O) %	Kalk (CaO) %	Magnesia (MgO) %	Eisenoxyd (Fe_2O_3) %	Phosphorsäure (P_2O_5) %	Schwefelsäure (SO_3) %	Chlor (Cl) %	Kieselsäure (SiO_2) %	In der Trockensubstanz: wasserlösliche Stoffe	In der Trockensubstanz: wasserlösliche Asche
250	Kaffee, echter	11,25	4,13	4,65	58,45	0,29	6,29	9,69	0,65	13,29	3,96	0,45	2,10	27,00	4,01
	Kaffee-Ersatzstoffe:														
251	Zichorie, geröstet	12,75	5,13	5,88	41,03	11,38	7,98	5,06	0,92	13,63	12,39	6,71	2,42	63,81	4,28
252	Zuckerrübe, „	8,18	6,19	6,74	59,09	8,72	—	—	—	10,50	4,16	6,26	1,68	62,89	4,47
253	Kartoffel, „	7,85	3,57	3,88	59,07	17,21	—	—	—	12,70	4,06	6,11	0,22	19,74	2,48
254	Löwenzahnwurzel „	8,46	6,59	7,20	22,56	31,90	—	—	—	10,73	3,24	4,17	4,18	65,74	3,20
255	Feigen, „	7,20	3,10	3,34	59,16	7,27	—	—	—	19,18	13,14	2,51	2,01	65,40	1,98
256	Gerste, „	6,44	1,91	2,04	29,16	2,20	—	—	—	27,46	1,56	2,04	—	34,37	1,28

[1] Die Zahlen für Eisenoxyd bedeuten bei den Fruchtsäften Eisen- (und Aluminium-) Phosphat.
[2] In dieser von Hilger und Bauer ausgeführten Analyse sind 62,06% KCl + NaCl angegeben.
[3] Einschließlich Sand.

Nr.	Nahrungs- bzw. Genußmittel	Wasser	Gesamt-Asche: wasserhaltige Substanz	Gesamt-Asche: wasserfreie Substanz	In Prozenten der Asche: Kali (K_2O)	Natron (Na_2O)	Kalk (CaO)	Magnesia (MgO)	Eisenoxyd (Fe_2O_3)	Phosphorsäure (P_2O_5)	Schwefelsäure (SO_3)	Chlor (Cl)	Kieselsäure (SiO_2)	In der Trockensubstanz: wasserlösliche Stoffe	wasserlösliche Asche
		%	%	%	%	%	%	%	%	%	%	%	%	%	%
257	Gerstenmalz, geröstet (Hüppe)	2,33	2,41	2,47	(15,13)	2,22	3,77	10,84	0,72	39,31	0,80	0,39	26,98	34,03	1,65
258	Roggen, „	0,46	1,73	1,74	34,42	1,51	3,13	11,17	0,87	46,30	1,17	0,46	1,40	25,47	1,47
259	Lupinen, weiße, „	6,00	3,49	3,72	32,28	19,21	—	—	—	29,12	7,07	2,31	1,11	22,44	1,82
260	Desgl., schwarze, „	5,76	5,09	5,40	34,14	7,00	—	—	—	36,50	6,58	1,51	0,78	25,47	3,88
261	Sojabohne, „	5,27	4,05	4,28	43,95	1,08	—	—	—	37,04	2,71	1,24	—	49,07	3,38
262	Eichel, „	7,18	1,95	2,10	52,99	2,16	—	—	—	14,27	4,38	3,18	1,26	50,66	1,60
263	Hagebutten, „	7,04	4,57	4,92	55,29	1,74	—	—	—	15,47	4,11	5,19	3,42	36,19	2,12
264	Holzbirnenkerne, „	6,96	3,59	3,86	54,77	7,99	—	—	—	15,68	5,34	0,66	1,12	37,26	2,43
265	Dattelkerne, „	3,99	1,44	1,50	34,27	5,14	—	—	—	11,28	3,27	2,19	2,16	9,34	0,10
	Tee und Tee-Ersatzstoffe (vgl. S. 555—562).													Manganoxydoxydul (Mn_3O_4)	
266	Tee	8,50	5,03	5,50	37,57	8,01	13,71	5,71	4,47	15,23	7,25	1,69	4,16	1,09	
267	Paraguay-Tee (Mate) . .	6,92	5,58	5,99	nicht bestimmt		11,46	7,18	3,24	?	1,80	3,04	27,27	5,57	(?)
	Kakao, Kakaoschalen, Colanuß (vgl. S. 563—569).													Kohlensäure	
268	Kakao	5,50	3,09	3,27	32,87	1,62	4,42	15,97	0,61	34,51	3,37	1,46	0,32	6,22	—
														Sand	
269	Kakaoschalen	9,50	6,38	7,05	35,96	1,80	12,11	12,26	3,75	10,72	4,60	2,79	9,65	6,33	—
270	Colanuß	12,22	3,05	3,47	54,96	?	?	8,54	—	14,62	8,50	—	1,07	—	—
	Tabak (vgl. S. 570—581).														
271	Tabakblätter: Niedrigst .	1,00	11,04	12,00	18,59	1,12	27,10	—	1,33	1,24	2,78	1,11	—	—	—
	Tabakblätter: Höchst . .	16,50	27,13	29,50	39,89	8,59	50,19	—	(13,11)	10,42	9,80	8,80	—	—	—
	Tabakblätter: Mittel . .	8,00	19,18	20,85	29,21	3,25	36,01	7,83	2,29	4,46	5,76	6,08	6,80	—	—
272	Tabakstengel	8,00	6,47	7,03	46,16	10,27	16,11	0,81	1,10	10,55	5,42	5,24	2,42	Kohlensäure	—
273	Griechischer Tabak . . .	9,50	17,58	19,42	13,83	7,46	26,06	5,94	1,13	2,35	4,70	4,35	7,57	21,65	—
	Bier und seine Rohstoffe (vgl. S. 601—631).														
	Gerste vgl. Nr. 67 S. 873.													—	—
274	Gerstenmalz	6,00	2,21	2,35	18,50	0,90	3,83	8,18	—	35,82	—	—	(34,05)	—	—
275	Gerstenmalzkeime . . .	11,50	6,50	7,35	30,81	1,77	2,85	2,76	1,56	26,96	4,04	6,94	22,07	—	—
276	Hopfen	10,40	7,54	8,41	31,87	2,15	16,02	5,88	1,52	15,76	5,59	2,19	14,57	—	—
277	Hefe, frisch	75,00	1,50	6,00	31,66	0,92	2,69	4,42	3,64	49,17	5,70	0,50	1,40	—	—
278	Bierwürze (Anstellwürze) .	85,00	0,32	2,13	41,07	0,33	4,38	2,23	—	31,40	—	—	20,41	—	—
279	Biergeläger	86,40	0,57	4,20	4,64	6,69	7,55	7,07	13,72	13,00	3,23	—	43,50	—	—
280	Biere[1] deutsche. . .	90,50	0,31	3,26	33,67	8,54	2,78	6,24	0,48	31,35	3,47	2,93	9,29	—	—
281	Biere[1] englische	87,50	0,45	3,60	21,17	36,75	1,70	1,10	—	15,24	5,43	8,09	9,99	—	—
282	Ale	88,54	0,29	2,53	30,44	10,18	2,22	—	—	29,46	4,95	5,18	—	—	—
283	Weißbier (Berliner) . . .	91,62	0,14	1,67	24,54	8,00	0,36	4,09	—	35,57	—	9,50	—	—	—

[1]) Bei den alkoholischen Getränken bedeutet Gesamt-Asche in Prozenten der wasserfreien Substanz Gesamt-Asche in Prozenten des Extrakts + Alkohol.

Wein (vgl. S. 632—675).

Nr.	Nahrungs- bzw. Genußmittel	Wasser	Gesamt-Asche: wasserhaltige Substanz	Gesamt-Asche: wasserfreie Substanz	In Prozenten der Asche: Kali (K_2O)	Natron (Na_2O)	Kalk (CaO)	Magnesia (MgO)	Eisenoxyd (Fe_2O_3)	Phosphorsäure (P_2O_5)	Schwefelsäure (SO_3)	Chlor (Cl)	Kieselsäure (SiO_2)	Manganoxydoxydul
		%	%	%	%	%	%	%	%	%	%	%	%	%
284	Weintraube: Kämme . . .	68,50	1,29	4,01	35,95	(7,40)	12,53	2,65	—	9,02	—	—	—	—
285	Weintraube: Hülsen . . .	73,00	0,83	3,07	47,91	3,26	15,80	3,87	1,51	19,64	5,79	0,57	2,23	0,64
286	Weintraube: Kerne	41,00	0,91	1,54	31,10	3,68	33,87	8,56	0,55	24,04	2,51	0,30	1,10	0,40
287	Weintraube: Saft (Most) .	75,00	0,375	1,50	64,93	1,34	5,73	4,07	1,49	13,18	5,07	1,10	2,84	0,52
288	Trester, frische	68,50	—	3,98	43,80	1,64	20,84	4,73	2,40	17,67	4,44	0,73	1,73	—
289	Trockene Weine: Niedrigst . .	—	—	—	25,0	—	2,00	2,00	—	7,00	3,80	1,00	—	—
	Trockene Weine: Höchst . .	—	—	—	60,0	—	22,00	15,00	—	25,00	25,00	7,00	—	—
	Trockene Weine: Mittel . . .	89,00	0,20	1,82	40,00	2,50	8,90	8,25	0,31	15,30	8,75	2,15	1,65	Kohlensäure
290	Szamorodner Weißwein	84,53	0,21	1,36	32,22	2,16	4,23	5,05	0,77	22,50	11,54	1,78	2,55	5,09
291	Tokaier Ausbruch . .	73,35	0,24	0,90	25,19	6,40	5,02	6,49	0,79	26,06	10,12	2,13	2,01	4,64
292	Schaumwein (A. u. N.)	88,00	0,18	1,56	66,80	—	—	3,04	Spur	20,33	2,17	Spur	—	—

Tabelle IV.

Fettkonstanten.

Nr.	Bezeichnung bzw. Herkunft des Fettes	Schmelzpunkt bzw. Beschaffenheit (°C)	Refraktometerzahl bei 40° (bzw. 25°)	Verseifungszahl	Reichert-Meißlsche Zahl	Jodzahl des Fettes	Jodzahl der flüssigen (bzw. gesamten) Fettsäuren	Unverseifbares %
	A. Tierische Fette.							
	I. Warmblüter (Schlachttiere, Wild und Geflügel).							
1	Auerhahnfett	—	—	202	2,1	121	—	—
2	Bärenfett	30—32	53,0	195—200	1,3—1,7	98—107	—	—
3	Büffelbutterfett	—	43,8—44,8	222—235	31—40	30—46	—	—
4	Büffelfett	48—52	47	171	—	30—48	—	—
5	Butterfett, s. die einzelnen.							
6	Dammhirschfett	52—53	—	196	1,7	26,4	—	—
7	Eieröl (Hühner-)	22—25	(68,5)	184—191	0,4—0,7	69—82	—	3,97—5,08
8	Entenfett (Haus-)	36—39	—	—	—	58,5	—	—
9	Desgl. (Wild-)	—	—	198,5	1,3	84,6	—	—
10	Frauenmilchfett	—	47,6—48,8	205—206	1,5—2,7	43—47	—	0,35—0,42
11	Fuchsfett	35—40	—	192	1,3	75—84	—	—
12	Gänsefett	25—40	50,0—51,5	184—198	0,2—2,0	58—81	—	—
13	Hammelfett (-talg)	43—55	47,5—48,7	192—198	0,1—1,2	30—46	92,7	0,15
14	Hasenfett	35—46	49	198—206	0,7—2,7	81—119	—	—
15	Hirschfett	49—53	—	195—200	1,6—1,7	20—27	—	—
16	Hühnerfett	33—40	(58,2)[1]	193—197	1,0	54—77	—	—
17	Hundefett	37—40	—	194—196	0,5—0,6	58,5	—	—
18	Kälberfett (vgl. auch Rinderfett)	—	—	194	5,1	—	—	—
19	Kamelbutterfett	38	(20)[2]	208	—	55,1	—	—
20	Kaninchenfett (Haus-)	40—42	—	203	2,8	69,6	—	—
21	Desgl. (Wild-)	35—38	—	198—200	—	97—103	—	—
22	Klauenöl (Ochsen-)	flüssig	(60)	189—199	—	65—68	—	—
23	Knochenfett	21—22	—	181—195	—	46—63	—	0,5—1,8
24	Knochenmarkfett rotes	—	—	197,4	0,55	40,0	(47,7)	0,29
25	„ gelbes	—	—	190,1	0,55	66,9	(70,2)	0,30
26	Kuhbutterfett	38—45	39,4—46,5	219—233	17—34	26—39	—	0,31—0,51
27	Kunstspeisefett je nach Zusammensetzung.							
28	Margarinefett je nach Zusammensetzung.							
29	Menschenfett	17,5	(49,6—53,0)	193—199	0,2—2,1	58—66	—	—
30	Oleomargarin	34	—	192—200	0,1—1,0	44—55	—	0,18—0,19
31	Pferdefett	15—54	51,0—69,0	183—201	0,2—2,1	54—94	124—125	—
32	Rehfett	52—54	—	199	1,0	32,1	—	—
33	Rindsfett	42—50	43,9—50,0	190—200	0,1—1,0	32—48	89—92	0,12—0,17
34	Renntierfett	48	—	194—199	—	31—36	—	—

[1]) Eingemachtes Huhn und Truthahn. [2]) Temperatur nicht angegeben.

Nr.	Bezeichnung bzw. Herkunft des Fettes	Schmelzpunkt bzw. Beschaffenheit (°C)	Refraktometerzahl bei 40° (bei 25°)	Verseifungszahl	Reichert-Meißlsche Zahl	Jodzahl des Fettes	Jodzahl der flüssigen (bzw. gesamten) Fettsäuren	Unverseifbares %
35	Schafbutterfett	sehr weich	42,5—45,6	216—246	24—32	29—39	—	—
36	Schmalzöl	—	41,0	196—191	0	67—88	94—96	—
37	Schweinefett[1]	34—51	48,5—51,9	191—200	0,3—1,1	46—77	89—116[1]	0,10—0,28
38	Desgl. (Wild-)	40—44	—	195	0,7	76,6	—	—
39	Talg siehe Rindsfett und Hammelfett.							
40	Truthahnfett	—		205,2	2,2	81,2	—	—
41	Wollschweissfett roh . . .	31—43	—	78—109	7—10	20—21	—	38,7—44,0
42	Wollschweissfett gereinigt .	—	—	82—130	12,3	11—29	—	—
43	Ziegenbutterfett	27—39	36,5—43,8	221—242	17—29	21—39	—	—
	II. Kaltblüter. (Fische und sonstige Tiere.)							
44	Adlerroche, Myobyolatus aquila	—	—	191,8	—	115,3	—	2,66
45	Auster, Ostrea edulis . .	—	—	—	—	88,5	—	—
46	Clutrina salviani	—	—	136,8	—	97,7	—	28,3
47	Delphin (Körperfett) . . (vgl. auch Meerschwein)	flüssig	—	197—222	5,6—11,2	99—129	—	—
48	Döglin-(Entenwal-) Öl . . .	„	—	122—138	2,8	67—85	—	(31,7—42,6)
49	Dornhai bzw. Hai Acanthias vulgaris Körper	tranig	—	187,3	—	128,3	—	—
50	Dornhai bzw. Hai Acanthias vulgaris Ovarien	„	—	169,7	—	130,5	—	—
51	Dorschlebertran	flüssig	71	171—206	0,2—2,1	123—181	168	0,5—7,8
52	Dorschkaviar	—	—	175,3	—	164,4	—	14,0
53	Elbkaviar[2]	—	—	191,4	—	107,6	—	4,35
54	Elblachs	—	64,5	193,1	4,3	97,9	—	—
55	Hecht	—	91	204,9	—	54,01	—	—
56	Heilbutt	—	66	185,7	3,8	83,06	—	—
57	Hering, Clupea harengus	—	—	179—194	—	131—142	—	—
58	Heringsrogen[3]	harzig	—	—	—	123,1	—	6,94
59	Heringssperma[4]	„	—	209	—	129	—	17,9
60	Hummer, Homarus vulgaris	„	—	162,5	—	97,82	—	—
61	Kabeljaurogen[5]	zähflüssig	—	176,1	—	148,4	—	12,1
62	Karpfen	—	53,9—63	183—201	0,35—3,8	76—117	96—140	—
63	Karpfenrogen[6]	—	—	186,9	—	78,9	—	11,0
64	Karpfensperma[7]	—	—	182	—	105	—	11,2
65	Kaviar (Astrachan-)[8] . .	—	—	187,1	—	133,9	—	3,91
66	Krabbe, Carcinus maenas	zäh	—	182,7	—	84,23	—	—
67	Lachs	—	—	182,8	0,55	161,4	—	4,4

[1]) Vereinzelt wurden noch erheblich höhere Jod- und Refraktometerzahlen beobachtet, besonders bei japanischem und chinesischem Schweinefett.

[2]) 12,92% Lecithin.
[3]) 43,61% Lecithin.
[4]) 20,7% Lecithin.
[5]) 35,19% Lecithin.
[6]) 59,19% Lecithin.
[7]) 20,2% Lecithin.
[8]) 10,67% Lecithin.

Die Fettkonstanten beziehen sich auf die vereinigten mit Alkohol und Äther erhaltenen Auszüge.

Nr.	Bezeichnung bzw. Herkunft des Fettes	Schmelzpunkt bzw. Beschaffenheit (°C)	Refraktometerzahl bei 40° (bzw. 25°)	Verseifungszahl	Reichert-Meißlsche Zahl	Jodzahl des Fettes	Jodzahl der flüssigen (bzw. gesamten) Fettsäuren	Unverseifbares %
68	Meerschwein, Delphinus Phocaena	flüssig	—	195—222	11,0—23,5	109—120	—	3,70
69	Menhaden, Alosa Menhad., Brevoortia tyrannus	—	71,3	188—193	1,2	139—173	—	—
70	Miesmuschel	—	86,2—90,2	—	—	—	—	—
71	Robbentran	flüssig	64,0	178—196	0,1—0,4	127—161	—	0,4—1,4
72	Saiblingsrogen[1]	—	—	181,8	—	128,3	—	6,52
73	Sandaal (Tobiasfisch), Ammodytes tobianus	weich	—	191—198	—	124—126	—	—
74	Sardellen	—	(70—79)[2]	—	—	132—142	—	—
75	Sardinen	—	—	190—196	—	156—194	—	0,52—0,86
76	Schellfisch	—	97	—	—	42,05 (?)	—	—
77	Scholle (Goldbutt), Pleuronectes platessa	weich	—	197—201	—	106—108	—	—
78	Seeskorpion, Cottus scorpius	harzig	—	200,7	—	118,4	—	—
79	Seyfischtran	flüssig	—	177—181	—	137—160	—	6,52
80	Spermacet-(Walrat-) Öl	—	(54)	117—147	2,6	81—90	—	(37,0—41,0)
81	Sprottenöl	—	(76)	194,5	2,4	122—142	—	1,36
82	Steinbutt, Rhombus maximus	weich	—	197,3	—	108,0	—	—
83	Stör, Acipenser Sturio (siehe auch Kaviar)	—	—	186,3	—	125,3	—	1,78
84	Walfischtran	flüssig	56,0	188—224	0,7—12,5	106—140	144,7	0,7—3,7
85	Weißfisch	—	76,5	201,6	—	127,4	—	—

B. Pflanzliche Fette.

Nr.	Bezeichnung bzw. Herkunft des Fettes	Schmelzpunkt bzw. Beschaffenheit (°C)	Refraktometerzahl bei 40° (bzw. 25°)	Verseifungszahl	Reichert-Meißlsche Zahl	Jodzahl des Fettes	Jodzahl der flüssigen (bzw. gesamten) Fettsäuren	Unverseifbares %
86	Acrocomia vinifera Oerst	25	—	246,2	5,0	25,2	—	—
87	Adansonia Grandidieri aus ungeschältem Samen	20—21	—	196	0,77	65—66	66—67	—
88	Adansonia Grandidieri aus geschältem Samen	39—40	—	194,3	—	36,9	(34—35)	—
89	Adjabfett	26—50	48,6—58,5	180—188	1,10—2,50	57—59	(52—53)	5,6—7,4
90	Akazien	—		181,3	—	158,8	—	2,5
91	Akoon-Öl (Calotropis-)	—	54,5	196,4	0,55	84,3	87,7	geringe Mengen
92	Allanblackia Stuhlmannii	43—45	—	188,6	—	37,5	(38,25)	
93	Alphasamenöl, s. Luzernesamenöl.							
94	Amakusaöl, Thea sasanqua Nois	—	—	193,9	1,17	—	(86,09)	—
95	Anis, Pimpinella Anisum.	—	—	178,4	—	108,6	(110,0)	0,96
96	Apfelsamenöl	—	—	202	—	135		

[1]) 41,10% Lecithin in den vereinigten, mit Alkohol und Äther erhaltenen Auszügen, auf die sich auch die Konstanten beziehen.

[2]) Französischer Import 94,5. — Die Brechungstemperatur war nicht angegeben.

Nr.	Bezeichnung bzw. Herkunft des Fettes	Schmelzpunkt bzw. Beschaffenheit (°C)	Refraktometerzahl bei 40° (bzw. 25°)	Verseifungszahl	Reichert-Meißl'sche Zahl	Jodzahl		Unverseifbares %
						des Fettes	der flüssigen (bzw. gesamten) Fettsäuren	
97	Apfelsinensamenöl . . .	—	57,3—58,0	196—197	0,6—0,9	97,3—97,4	100—101	—
98	Aprikosensamenöl . . .	—	57,5	193—215	2,6	100—109	—	—
99	Arganum sideroxylon . .	—	—	192,1	1,8	95,9	—	—
100	Atcongabaum, Balamites aegyptica	—	55,9	195,6	0,55	77,2	(82,9)	0,07
101	Balamites Tieghemi . . .	flüssig	—	—	6,0	121,0	—	—
102	Banncalag-Öl, Al. trisperma	„	—	193—200	—	150—159		
103	Bassia latifolia	—	50,4	187—190	2,27	50,4	—	0,36
104	Bassia Malabarica . . .	—	63,6	188	2,55	53,0	—	0,55
105	Bauhinia esculenta . . .	nichttrocknend	(65)	189	—	94,4	—	—
106	Baumwollsamenöl . . .	flüssig	58,1—61,0	191—199	0,5—1,0	101—117	142—152	0,7—1,6
107	Baumwollsamenstearin .	26—40	53,5—56,5	197—199	—	82—104	142—152	0,27
108	Behenöl (Ben-Öl), Moringa pterigosperma	—	—	187—194	0,49	68—73	—	—
109	Bohnenöl, Phaseol. vulg.)[1] (vgl. auch Sojabohnenöl)	—	—	179,2	—	97,9	(124,6)	5,6
110	Borneotalg, Dipterocarpus-Arten	31—42	45,7	191—193	—	29—42	—	—
111	Brunnenkresse, Nasturtium officinale R. . .	—	—	170,9	—	98,6	(102,5)	1,11
112	Buchenkernöl, Fagus silvatica	flüssig	—	191—196	—	104—120	—	—
113	Calotropis- (Akoon-) Öl. .	—	54,5	196,4	0,55	84,3	87,7	geringe Mengen
114	Canarium-Arten	9—29	47,4—51,3	183—200	0—4,4	53—78	59—67	0,5—4,9
115	Carapafette	—	50,0—54,5	196—202	2,3—3,8	57—84	—	0,4—3,8
116	Carapa grandiflora . . .	—	—	198—202	3,7—3,8	72—84	—	1,6—3,8
117	Carapa Guyanensis . . .	—	54,5	196—197	3,1—3,5	71—76	—	1,5—2,0
118	Cardamomfett	18—26	69,7—72,6	201—211	0,6—1,3	77—98	—	0,27—0,28
119	Chaulmugrasamenöl . . .	22—28	71,1	200—232	—	90—103	—	—
120	Chinatalg, s. Stillingiatalg.							
121	Chrysophyllum d'Azopé (Fam. Sapotaceen) . .	4	—	184,4	—	88,0	—	—
122	Citronensamen	—	60,0	188—196	0,55	109—108	—	—
123	Cocosfett (-butter) . . .	20—28	33,0—36,5	246—268	6,0—8,5	7—11	32—54	—
124	Cocumfett, Garcinia indica	41—42	46,0	186—192	0,1—1,5	33—35	—	—
125	Cornus sanguinea	—	(62—63)	192—193	—	100—101	(102—103)	0,2
126	Dattelfett	—	48,2	211,0	0,88	52,3	(55,3)	Spuren
127	Dikafett, Mangifera gabonensis	29—42	36,5	241—245	0,2—0,4	2,9—5,2	(14,5)	0,73—1,43
128	Dillöl, Anethum graveolens	—	—	176,0	—	119,6	(114,2)	1,14
129	Djavenuß, Mimusops djave, Sapotaceen. . .	51—52	51,3—52,0	182—189	0,7—1,2	56—57	—	2,2—3,7

[1] 25,6% Lecithin. Vgl. Anmerkung auf S. 882.

Nr.	Bezeichnung bzw. Herkunft des Fettes	Schmelzpunkt bzw. Beschaffenheit (°C)	Refraktometerzahl bei 40° (bzw. 25°)	Verseifungszahl	Reichert-Meißlsche Zahl	Jodzahl des Fettes	Jodzahl der flüssigen (bzw. gesamten) Fettsäuren	Unverseifbares %
130	Doumori-Butter, Dumoria Haeckeli	34	—	188,0	0,8	56,4	—	—
131	Echinopsöl	—	—	189—190	—	138—141	—	—
132	Enkabangtalg (Borneotalg)	28—45	43,8—46,7	190—197	—	28—31	(31,5)	0,3—1,9
133	Erdbeersamenöl	dickflüssig, später eiweißartig	82,0	184,6	13,4	72,8	(66,3)	2,42
134	Erdnußöl, Arachis hypogaea	flüssig	57,5	186—197	0—1,6	83—105	105—129	0,38—0,94
135	Eschensamen, Fraxinus excelsior L.	—	—	162,6	—	140,5	—	9,30—9,75
136	Evonymus europäus	dünnflüssig	52	230,1	35,3	—	(105,3)	5,83
137	Fenchelöl, Foeniculum officinale	—	—	181,2	—	99,0	(98,8)	3,68
138	Fichtensamenöl, Abies excelsa	—	(78,2 79,9)	183—192	—	156—191	(195,5)	0,93
139	Fulwabutter, Bassia butyracea	—	41,2—59,6	170—195	2,2—3,1	44—53	(49,6)	0,54—2,40
140	Gartenkressenöl, Lepidium sativum L.	—	—	183—186	—	133—139	(137—144)	1,23
141	Gerstenfett, Hordeum vulgare L.[1]	teils fest teils flüssig	—	182,1	0,031	114,6	—	4,7
142	Haferfett, Avena L.	26	—	180—204	—	91—98	—	1,6—7,8
143	Hanföl, Cannabis sativa L.	trocknend	—	190—195	—	140—146	—	1,08
144	Hagebuttenöl, Rosa can. L.	dünnflüssig	(67)	172,8	0,44	152,8	—	2,62
145	Haselnuß, Coryl. avell. L.	flüssig, nicht trocknend	—	187—197	1,0	83—90	91—98	0,50
146	Hederichsamen, Raphanus Raphanistrum	—	—	176,0	—	105,0	(109,1)	1,30
147	Himbeerkernöl, Rubus idaeus L.	trocknend	65	180—192	0—0,11	162—175	165,9	1,86
148	Holunderbeeröl	—	—	197—209	—	81—90	—	0,66
149	Holzöl, Elaeococcaöl	flüssig und trocknend	—	189—197	—	150—166	145	0,42—1,10
150	Illicium verum	flüssig, nicht trocknend	—	193,8	1,4	93,1	121,2	—
151	„ religiosum	desgl.	—	193,4	1,5	90,6	102,7	—
152	Inukajaöl, Cephalotaxus drupacea	trocknend	—	188,5	—	130,33	—	—
153	Inukusuöl, Machilus Thunbergii (Lauraceen)	flüssig	—	241,9	2,05	66,08	—	—
154	Japantalg, Rhus-Arten	50—56	47,0	207—238	—	4—15	—	1,1—1,6
155	Jatropha glandulifera	—	—	194,5	1,38	68,5	—	0,41
156	Johannisbeersamenöl, Ribes rubrum L.	trocknend	(78,1)	171—195	0,6—0,8	152—160	—	0,64
157	Kaffeesamenöl	3—6	(76—79)	165—177	—	79—90	—	—

[1] 3,06% Lecithin. Vgl. Anmerkung auf S. 882.

Nr.	Bezeichnung bzw. Herkunft des Fettes	Schmelzpunkt bzw. Beschaffenheit (°C)	Refraktometerzahl bei 40° (bzw. 25°)	Verseifungszahl	Reichert-Meißlsche Zahl	Jodzahl des Fettes	Jodzahl der flüssigen (bzw. gesamten) Fettsäuren	Unverseifbares %
158	Kaja-Öle, Torreya nucifera S. et Z. (Taxaceen)	trocknend	—	188—189	0,93	133—143	(149,5)	—
159	Kakaofett (-butter)	27—36	41,8—47,8	192—202	0,2—4,3	32—42	—	—
160	Kandlenußöl, Aleurites moluccana	flüssig	—	194,8	1,2	114,2	—	—
161	Kapoköl, Eriodendron und Bombax	29—32	51,3—58,7	180—205	0,2—0,7	73—96	(73—112)	—
162	Kanya-Butter, Pentaderma	42,0	45—49	192—197	0,22	42—46	(42—47)	0,6—0,9
163	Karifett	27—32	—	188—196	1,1—2,4	62—70	—	—
163a	Kastanien	—	—	193—194	6,4	81,6—82,0	—	—
164	Katio-Öl, Bassia-Art	flüssig	53,4	189,5	—	63,2	(62,5)	0,41
165	Kerbelöl, Anthriscus Cerefolium	—	—	183,1	—	110,2	(115,7)	1,45
166	Kichererbsenöl	flüssig	(73,5)	240	4,51	110	(129)	0,48
167	Kickxia elastica	trocknend	68,2—69,3	179—185	0,66	130—138	139,7	—
168	Kiefernsamenöl, Pinus silvestris L.	—	(80,1)	193,0	—	184,0	—	1,17
169	Kirschkernöl, Prunus Cerasus	—	(74,7—77,3)	192—198	—	111—123		—
170	Kobibutter, Carapia microcarpia	16	—	188,0	3,3	58,0	—	—
171	Korianderöl, Coriand. sativ.	—	—	176,8	—	108,8	(109,2)	1,14
172	Krotonöl	—	—	210—215	12,0—13,6	102—105	—	0,55
173	Kruziferenöle	flüssig	58—59	168—183	0—0,9	94—143	121—126	0,5—1,0
174	Kümmelöl, Carum Carvi	—	—	178,3	—	128,5	(124,6)	2,74
175	Kürbissamenöl, Cucurbita Pepo	—	—	192—196	1,2—1,8	121—130	—	—
176	Kurkasöl	—	—	192—203	0,55	98—110	—	—
177	Kusuöl, Cinnamomum Camphora Nees (Lauraceen)	22,8	—	283,8	0,53	4,49	(5,07)	—
178	Lärchensamenöl, Pinus Larix L.	—	(87,8)	199,0	—	152,0	—	3,13
179	Leindotteröl	—	—	188	—	135—153	—	—
180	Leinsamenöl, Linum usitatissimum L.	trocknend	72,5—74,5	186—195	0—0,9	164—205	190—210	0,64—2,30
181	Löffelkraut, Cochlearia officinalis	—	—	178,4	—	143,3	(139,2)	1,05
182	Lorbeeröl	—	—	170	—	119	—	—
183	Luzernesamenöl, Alphasamenöl	trocknend	—	172,3	0,40	—	—	4,40
184	Mabula Pansa (Owala-Samen)	—	56,6—59,2	181—203	0,6—6,5	87—101	(93—106)	0,27—3,17
185	Mafura-Öl	—	54,6	202,5	2,0	66	(68)	0,8
186	Mafura-Talg	29—38	47,3	201	1,3	43,5	(46)	1,2

Nr.	Bezeichnung bzw. Herkunft des Fettes	Schmelzpunkt bzw. Beschaffenheit (° C)	Refraktometerzahl bei 40° (bzw. 25°)	Verseifungszahl	Reichert-Meißlsche Zahl	Jodzahl des Fettes	Jodzahl der flüssigen (bzw. gesamten) Fettsäuren	Unverseifbares %
187	Maiskeimöl	flüssig	(73,1)	181,6	0,44	118,5	—	—
188	Maisöl, Zea Mais	flüssig, nicht trocknend	(66,9—70,3)	188—203	0,3—0,7	111—131	136—144	0,6—2,86
189	Makulangbutter, Polygala butyracea	—	44,2	253,0	45,6	49,4	—	—
190	Malabartalg, Vateria indica	36—38	42,0—47,5	188—192	0,2—2,2	30—45	—	—
191	Malzkeimfett[1]	hart	—	152,0	0,04	106,9	—	32,9
192	Mandelöl, Amygdalus communis	flüssig, nicht trocknend	57,5	188—195	2,6	93—102	102	—
193	Manihot Glazcovii	trocknend	70,2	189—193	0,4—0,7[2]	117—137	(132—143)	0,90
194	Mankettinußöl	trocknend	etwa 82—84	193—195	0,75—1,24	128—135	(135—141)	0,85
195	Margosa-Öl, Melia azedar.	—	52	196,9	1,1	69,6	—	—
196	Maulbeersamenöl, Morus alba	dicklich	63,6—63,9	190—191	0,10—0,35	140—143	146—160	—
197	Meerkohl, Crambe marit. L.	—	—	179,5	—	92,7	(99,2)	2,22
198	Melonenöl, Cucum. melo L.	trocknend	—	190—193	1,66	101—133	(128,0)	—
199	Mimusops elengi	—	66,5	213,9	1,56	67,0	—	0,68
200	Mkanifett, Stearodendron Stuhlmannii	38—41	—	186—192	1,2	38—42		—
201	Mohnöl, Papaver L.	trocknend	63,1—65,2	189—198	0—0,6	131—158	150	0,43—0,50
202	Möhrenöl, Dauc. carota L.	—	—	179,4	—	105,1	(102,7)	1,53
203	Moringa pterygosperma (flüssiger Anteil)	—	—	189,2	—	70,7		—
204	Mowrahfett, Bassia longifolia	25—42	50,7—54,2	188—194	1,7—2,1	50—64	(52,47)	0,3—2,3
205	Muskatbutter	40—50	—	175—200	—	35—58	(23,1)	—
206	Mutterkümmel, Cuminum Cyminum	—	—	179,3	—	91,8	(90,1)	2,06
207	Niam-Fett, Lophira alata	butterartig	—	181—195	0,8—0,9	70—73	—	—
208	Niger-Öl	—	(71,3)	—	—	128,5	—	—
209	Nußöl, siehe Walnußöl und Haselnußöl.							
210	Olivenöl	flüssig	53,0—56,4	182—202	0,3—1,5	75—94	93—104	0,5—1,4
211	Olivenkernöl	10	—	182—194	—	82—88	—	—
212	Palmfett (-butter)	27—45	36,5—47,9	196—207	0,3—1,9	34—59	94,6	wenig
213	Palmkernfett	23—28	36,7—36,9	241—255	3,4—6,8	10—18	—	0,23
214	Paprikafett	—	64—80	176—177	0,30	101—144	—	—
215	Payena oleifera		58,6	184—185	2,03	56,5	—	0,50
216	Perillaöl, Perilla ocymoid.	—	—	189,6	—	206,1	—	—
217	Persimonensamenöl	halbtrocknend	—	188,0	0,0	116,8	135,2	—
218	Petersilienöl, Petrosel. sat.	—	—	176,5	—	109,5	(108,2)	2,18
219	Pflaumenkernöl, Prunus L.	—	(65,1 66,7)	188—199	—	104—121	—	—
220	Piramnia-Fett, P. Linden.	hart	—	192,7	—	56,8	(59,2)	1,08

[1] 11,99% Lecithin. Vgl. Anmerkung auf S. 882.

[2] Sprinkmeyer und Diedrichs fanden 10,66 R. M.-Zahl.

Nr.	Bezeichnung bzw. Herkunft des Fettes	Schmelzpunkt bzw. Beschaffenheit (°C)	Refraktometerzahl bei 40° (bzw. 25°)	Verseifungszahl	Reichert-Meißl'sche Zahl	Jodzahl		Unverseifbares %
						des Fettes	der flüssigen (bzw. gesamten) Fettsäuren	
221	Pithecolobium dulce	—	56,6	205,9	1,17	62,0	—	0,34
222	Pongam-Öl, Pong. glabra	butterartig	70—78	178—183	1,1	89—94	—	7,0—9,2
223	Psoralea corylifolia	—	79,9	204,6	1,73	71,5	—	0,71
224	Quittensamenöl	—	—	181,8	0,5	113,0	—	—
225	Rapsöl, siehe Rüböl.							
226	Ravisonöl	flüssig, nicht trocknend	(71,5)	174—179	—	101—122	124,0	1,5—1,7
227	Reisöl	flüssig	—	184,4	—	107,6	(109,5)	4,78
228	Ricinodendron africanum (Euphorbiaceen)	20	—	185,0	1,5	87,6	—	—
229	Ricinodendron Heudeloti (Euphorbiaceen)	salbenartig erstarrend	—	189,9	—	123,9	—	—
230	Ricinusöl	zähflüssig	—	176—186	1,1—2,8	82—88	106—107	0,3—0,4
231	Roggenfett, Secale cer. L.	29	—	360,0 (?)	—	117,2	—	8,5
232	Roggenkeimöl	flüssig	(78,5)	174,3	0,33	127,7	—	—
233	Roßkastanie, Aesculus Hippocastanum L.	flüssig	(68,1)	175,5	1,01	99,0	—	2,5
234	Rüböl (Rapsöl)	flüssig	58,5—59,2	168—179	0—0,9	94—106	121—126	0,50—1,00
235	Saatdotter, Camelina sativa Crantz.	—	—	185,8	—	135,1	(138,5)	1,16
236	Saccaglottis Gabonensis (Humiriaceen)	—2	—	188,0	5,5	85,0	—	—
237	Safloröl	—	—	172—194	0,7—1,9	126—130	—	—
238	Sapindus triboliatus	—	58,6	191,8	1,10	65,6	—	0,37
239	Sasanquaöl, Thea sasanq. Nois	—	—	193—194	1,17	—	(86,09)	—
240	Sellerie, Apium graveolens	—	—	178,1	—	94,8	(93,4)	0,79
241	Senföl, Sinapis Tourn.	—	(74,5 76,5)[1]	173—183	—	98—123	106—127	—
242	Sesamöl	flüssig, nicht trocknend	58,2—60,6	187—195	0,1—1,2	103—115	129—140	0,9—1,3
243	Sheafett, Bassia Parkii	23—45	56—62	178—192	—	52—67	—	3,6—10,0
244	Sojabohnenöl, Soja hisp. L.	flüssig	(70,0—75,3)	190—212	—	107—137	131,0	0,22
245	Sonnenblumenöl, Helianth. annuus L.	trocknend	63,4	188—194	0,5	120—135	154,0	0,31
246	Sorghofett	39—40	—	172,1	2,1	98,9	—	—
247	Suffa acutangula	—	40,1	229,2	1,09	61,0	—	0,83
248	Surinfett, wahrscheinlich Palaquiumart	56,1	—	179,5	0,55	42,3	—	4,54
249	Sternanis, siehe Illicium verum u. I. religiosum.							
250	Stillingia-Talg (Chinatalg)	35—53	44,6—47,1	199—210	0,2—0,9	19—53	97,0	0,3—0,5
251	Stillingia-Öl	trocknend	77,4	209,4	0,99	155,0	—	—
252	Symphonia-Öl, S. laevis u. S. Louveli	—	—	189,0	1,65	67—68	—	—

[1]) Bei 15,5°.

Nr.	Bezeichnung bzw. Herkunft des Fettes	Schmelzpunkt bzw. Beschaffenheit (° C)	Refraktometerzahl bei 40° (bzw. 25°)	Verseifungszahl	Reichert-Meißlsche Zahl	Jodzahl		Unverseifbares %
						des Fettes	der flüssigen bzw. gesamten Fettsäuren	
253	Tama-Butter, Pentaderma butyracea	—	—	193,0	0,3	68,5	—	—
254	Teglamfett, Isoptera Borneensis	28—31	45,2	192,1	—	31,5	(32,7)	0,5
255	Teesamenöle, japanische	—	—	188—194	0,48—1,17	80—89	(82—91)	—
256	Thespesia populnea	—	71,5	201—204	0,55	71,5	—	0,55
257	Tomatensamenöl	dünnflüssig	63	183,6	0,22	117,8	(129,6)	2,68
258	Tonkabutter, Coumarouna excelsa	28	47	257,0	5,4	—	—	—
259	Traubenkernöl, Vitis vinifera L.	—	(68,5)	190,0	0,46	142—143	151,0	—
260	Tulucanafett, Carapa procera DC.	—	50—55	194—201	2,3—3,5	56—76	—	1,0—2,0
261	Ulmensamenöl, Ulmus L.	—	34,2	274—280	3,8	25,2	—	1,35
262	Umbelliferenöle	—	—	176—181	—	92—129	(90—125)	1,0—3,7
263	Veronica anthelmintica	—	71,0	203,0	2,0	67,5	—	0,35
264	Vogelbeeröl, Sorbus aucuparia	—	—	208,0	—	128,5	(137,5)	—
265	Walnußöl, Juglans regia L.	trocknend	64,8—68,0	186—197	—	132—152	167,0	—
266	Wassermelonenöl, Cucumis citrullus L.	—	—	189,7	—	118,0	(122,7)	—
267	Weizenkeimöl	flüssig	(77,2)	180,0	0,75	122,6	—	—
268	Weizenmehlfett	—	—	158,1	0,8	96,9	—	—
269	Winterkresse, Barbara praecox R.	—	—	180,0	—	137,3	(139,2)	0,98
270	Zirbelkiefer, Pinus Cembra L.	—	(75,3)	194,0	—	173,1	—	1,57

C. Gehärtete Fette.[1]

Nr.	Bezeichnung bzw. Herkunft des Fettes	Schmelzpunkt bzw. Beschaffenheit (° C)	Refraktometerzahl bei 40° (bzw. 25°)	Verseifungszahl	Reichert-Meißlsche Zahl	Jodzahl des Fettes	Jodzahl der flüssigen bzw. gesamten Fettsäuren	Unverseifbares %
271	Baumwollsamenöl, schmalzartig	30—40	53,8	192—196	—	69—71	115,6	—
272	Cocosfett, schmalzartig	44,5	35,9	254,1	—	1,0	—	—
273	Erdnußöl, schmalzartig	35—45	50—53	186—195	—	54—59	86,0—93,4	—
274	Erdnußöl, talgartig					42—54	82,9	—
275	Erdnußöl, vollständig hydriert	64—64,5				0	—	—
276	Kakaofett, vollst. hydriert	63,5—64	—	193,9	—	0	—	—
277	Kuhbutterfett, „ „	50,8	—	226,8	26,2	0,25	—	—
278	Lebertran, „ „	63	—	186,3	—	1,2	—	—
279	Leinöl, „ „	68	—	189,6	—	0,2	—	—
280	Mandelöl, „ „	72	—	191,8	—	0	—	—

[1] Durch den Härtungsvorgang werden die Werte für den Schmelzpunkt beträchtlich erhöht, für Jodzahl und Refraktometerzahl erheblich erniedrigt, die übrigen nur wenig verändert.

Nr.	Bezeichnung bzw. Herkunft des Fettes	Schmelzpunkt bzw. Beschaffenheit (° C)	Refraktometerzahl bei 40°) (bzw. 25°)	Verseifungszahl	Reichert-Meißlsche Zahl	Jodzahl des Fettes	Jodzahl der flüssigen (bzw. gesamten) Fettsäuren	Unverseifbares %
281	Mohnöl, vollst. hydriert	70,5	—	191,3	—	0,3	—	—
282	Olivenöl, „ „	70	—	190,9	—	0,2	—	—
283	Rindsfett (-talg), vollst. hydriert	62	—	197,7	—	0,1	—	—
284	Schweinefett, vollständig hydriert	64	—	196,8	—	1,0	—	—
285	Sesamöl, schmalzartig .	35—37	—	179—191	—	64—66	—	—
286	„ talgartig . . .	47,8	51,5	190,6	—	54,8	88,9	—
287	„ vollst. hydriert	68,5	—	190,6	—	0,7	—	—
288	Tran { Waltran schmalzartig	36—37	52,5	195—196	—	68—69	—	—
289	Tran { „ talgartig . .	45—46	49,1	192—193	—	45—47	96,0	—

Sachverzeichnis.

Aal, geräuchert, Zusammensetzung 822.
— in Gelee, Zusammensetzung 823.
Aalbrut 288.
— Zusammensetzung 821.
Aalfleisch, Asche 872.
— Zusammensetzung 820.
Absinthin 114.
Absynth, Zusammensetzung 862.
Abziehbilder 789.
Acidproteine, Entstehung 27.
Aconitsäure, Bildung aus Citronensäure 125.
Acrocomiafett, Konstanten 883.
Acrolein 62, 77.
Adamkiewiczsche Reaktion 8.
Adansoniafett, Konstanten 883.
Adenin, Eigenschaften 49, 50.
Adipocellulosen 126.
Adjabfett, Konstanten 883.
Adlerrochenfett, Konstanten 882.
Adonit 85, 91.
Afitikäse 235.
Agar-Agar 459.
— Zusammensetzung 843.
Agaricin 115.
Agavesaft, proteinlösende Eigenschaft 313.
Agmatin 466.
Ahornzucker 418.
— Zusammensetzung 839.
Ahrweine, rote, Zusammensetzung 858, 859.
Akazienfett, Konstanten 883.
Akoonöl, Konstanten 883.
Alanin 10.
— Eigenschaften 38.
— Wärmewert 150.
Alaria, Asche 876.
— Zusammensetzung 843.
Albumine, Eigenschaften 18.
— pflanzliche 19.
— tierische 18.
Albuminkindermehl, Disqués, Zusammensetzung 833.
Albuminkraftbrot, Zusammensetzung 837.
Albuminkraftzwieback, Zusammensetzung 837.
Albumosen 28.
Aldohexosen 83, 93, 94.
Ale, Asche 879.
— Zusammensetzung 853.
Aleuronat 306.
— Ausnutzungskoeffizienten 808.
— Zusammensetzung 828.
Aleuronatbrot 389. — Zusammensetzung 837.
Aleuronatzwieback, Zusammensetzung 837.
Alexine 29.
Algen, Asche 876.
— Zusammensetzung 843.
— und Flechten 459.
Alkaliproteine, Bildung 27.
Alkaloidhaltige Genußmittel 527.
Alkohol, Einfluß auf die Nahrungsausnutzung 142.
— physiologische Wirkung 595.
— Verbrauch 600.
— — Bekämpfung 601.
— Wärmewert 150.
Alkoholfreie Getränke 484.
— Zusammensetzung 848.
Alkoholgewinnung, Rohstoffe 582.
Alkoholhaltige Genußmittel 581.
Allanblackiafett, Konstanten 883.
Allantoin 48.
— Eigenschaften 52.
Alloxurbasen 49.
Allylsenföl 59.
Aloin 115.
Alphasamenöl s. Luzernesamenöl.
Alsenfleisch, Zusammensetzung 820.
Altbier 602. — Zusammensetzung 853.
Althäaschleim 113.
Aluminium, Verwendung für Eß-, Trink- und Kochgeschirr 776.
Amakusaöl, Konstanten 883.
Amandin 21.
Amarena 676.
— Zusammensetzung 860.
Ameisensäure 118.
Aminogruppe, Bestimmung 37.
Aminosäuren, Abbau 10.
— aliphatische 38.
— Auftreten bei der Proteinspaltung 36.
— Bildung 37.
— chemische Reaktionen 37.
— Eigenschaften 37.
— heterocyclische 43.
— homocyclische 42.
— Vorkommen 36.
Aminoverbindungen, Bildung durch Eiweißspaltung 11.
Ammoniak, Vorkommen in Nahrungsmitteln 61.
Amygdalin, Eigenschaften 58.
— hydrolytische Spaltung 32.
Amylase 34.
Amylin 109.
Amyloid 25, 128.
Ananas 468.
— Asche 877.
— Zusammensetzung 845.
Ananasgelee, Zusammensetzung 848.

Ananasmarmelade, Zusammensetzung 846.
Ananassaft, Zusammensetzung 847.
Anchovis, gesalzen, Asche 872.
— sauer, Zusammensetzung 822.
Anchovispastete 291.
— Zusammensetzung 820.
Anchovissauce, Zusammensetzung 826.
Angelicin 115.
Angostura, Zusammensetzung 863.
Anhalonidin 530.
Anis 507. — Zusammensetzung 849.
Anisfett, Konstanten 883.
Anisöl 508.
Anthocyane 116.
Anthocyanidine 117.
Antipepton 15, 48.
Antiprotein 15.
Antiproteose 15.
Antiweinsäure 124.
Apfel 467.
— Asche 876, 877.
— einzelne Teile 469.
— Zusammensetzung 469, 471, 844.
— — getrocknet 845.
Äpfelauflauf, Zusammensetzung 867.
Äpfelbranntwein 690.
— Zusammensetzung 862.
Äpfelgelee, Zusammensetzung 848.
Äpfelkompott, Zusammensetzung 868.
Äpfelkraut, Zusammensetzung 848.
Äpfelmarmelade, Zusammensetzung 846.
Äpfelmost 678.
Äpfelpaste, Zusammensetzung 846.
Äpfelpfannkuchen, Zusammensetzung 868.
Äpfelreis, gekocht, Zusammensetzung 867.
Äpfelsaft, Zusammensetzung 847.
Äpfelsaftlimonade, Zusammensetzung 848.
Äpfelsamenöl, Konstanten 883.
Äpfelsäure 123.
— Bestimmung 125.
— Beziehung zu Bernsteinsäure 122.
— — zu Weinsäure 122.
— Übergang in Milchsäure 647.
— Vorkommen im Wein 661.
Äpfelschnitte 475.
Apfelsine 468.
— Asche 877.
— Zusammensetzung 469, 845.
Apfelsinenmarmelade, Zusammensetzung 846.
Apfelsinensaft 481.
— Asche 878.
— Zusammensetzung 847.
Apfelsinensamenöl, Konstanten 884.
Äpfelwein, Zusammensetzung 860.
Apolinaris, Tafelwasser, Zusammensetzung 869.
Appetitsild 289.
Aprikose 468.
— Asche 876, 877.
— Zusammensetzung 469, 470, 845.
— — getrocknet 845.
Aprikosengelee, Zusammensetzung 848.
Aprikosenmarmelade 846.
Aprikosenpaste, Zusammensetzung 846.
Aprikosensaft, Zusammensetzung 847.
Aprikosensamenöl, Konstanten 884.
Araban 112.
Arabin 111.
Arabinose 83, 84, 86, **91**, 92.
Arabinsäure 112.
Arabit 84, 91.
— Wärmewert 151.
Arabonsäure 84, 86.
Arachinsäure 71.
Arachisöl 337.
Arakà 205.
Arecolin 529.
Arekanuß 529.
— Zusammensetzung 852.
Arganum sideroxylon, Fett, Konstanten 884.
Arginase 35.
Arginin 10, 11, 22.
— Eigenschaften 40.
— Umsetzungen 12.
Armee-Fleischzwieback, Zusammensetzung 837.
Arrak 692.
— Zusammensetzung 862.
Arrope 669.
Arrowroot 384.
— Zusammensetzung 836.
Arrowroot-Kinderzwieback, Zusammensetzung 834.
Artischocke 451.
— Asche 875.
— eingemacht, Zusammensetzung 842.
— Zusammensetzung 841.
Asahi 585.
Asche der Nahrungsmittel, Zusammensetzung 871.
Asparagin 11.
— Eigenschaften 39.
— Wärmewert 150.
Asparaginsäure 10, 11.
— Eigenschaften 39.
— Wärmewert 150.
Astrachankaviarfett, Konstanten 882.
Atcongabaumfett, Konstanten 884.
Ätiophyllin 26.
Ätioporphyrin, Bildung 27.
Auerhahnfett, Konstanten 881.
Auflauf, Zusammensetzung 867.
Ausbruchweine 668.
— Zusammensetzung 857.
Ausleseweine, 668.
— rheinische, Zusammensetzung 857.
Ausnutzung der Nahrungsmittel 129, 136.
— — — s. auch Verdaulichkeit.
Ausnutzungskoeffizienten 807.
Austern 291.
— Asche 873.
— Verfälschungen 294.
— Zusammensetzung 823.
Austernfett, Konstanten 882.
Austernfisch, geräuchert, Zusammensetzung 822.
Auszugsmehl 367.
Avenin 350.

Backhaus Kindermilch, Zusammensetzung 813.
Backhilfsmittel 394.
Backmehl 379.

Backmehl, Liebigs, Zusammensetzung 835.
Backpulver 393.
Backsteinkäse 228.
Backwaren 402.
— Einteilung 404.
— Herstellung 402.
— Untersuchung 409.
— Verunreinigungen und Verfälschungen 408.
— Zusammensetzung 837.
Badian 493.
Balabak 584.
Balamites Tieghemi, Fett, Konstanten 884.
Baldriansäure 120.
Bambusschößlinge 439.
— Zusammensetzung 840.
Banane 365, 468.
— geschält, Asche 877.
— unreife, Asche 874.
— Zusammensetzung 469, 845.
— — der getrockneten 845.
Bananenbrot, Zusammensetzung 837.
Bananenfruchtfleisch, Zusammensetzung 832.
Bananenmehl 376.
— Zusammensetzung 833.
Bananenpaste, Zusammensetzung 846.
Bananenstärke 385.
Banncalagöl, Konstanten 884.
Barbaloin 115.
Bärenfett, Konstanten 881.
Basi 584.
Bassiafett, Konstanten 884, 885.
Bassiawein 585.
Bassorin 112.
Batate 438.
— Asche 874.
— Zusammensetzung 840.
Battelmattkäse 229.
— Zusammensetzung 814.
Bauhinia esculenta, Fett, Konstanten 884.
Baumwolle 799.
Baumwollsamenöl 336.
— gehärtet, Konstanten 889.
— Konstanten 884.
Baumwollsamenstearin, Konstanten 884.
Becherblume 519.
— Zusammensetzung 850.
Beduin Hefenextrakt, Zusammensetzung 826.
Beef Juice, Zusammensetzung 825.
Beefsteak, Zusammensetzung 865.
Beefsteaksauce, Zusammensetzung 826.
Beerenfrüchte 467.
— Asche 876.
— Bestandteile 469.
— Reifung 471.
— Zusammensetzung 844.
Beerenschaumwein 680.
Beerenwein, Herstellung 678.
— s. auch Obstwein.
Beerenweine, Zusammensetzung 860.
Behenöl, Konstanten 884.
Behensäure 71.
Beifuß 519.
— Zusammensetzung 850.
Beißbeere 504.
Benzoesäure, Wärmewert 151.
Berberitze 468.
Berberitzensaft, Zusammensetzung 847.
Beriberikrankheit 353.
Bernsteinsäure 123.
— Bestimmung 125.
— Beziehung zu Äpfelsäure 122.
— Bildung bei der Gärung 595.
— im Fleisch 246.
— im Wein 661.
— Wärmewert 151.
Betain, Bildung 11.
— Eigenschaften und Vorkommen 57.
Betel (Betelbissen) 529.
Betelblätter, Zusammensetzung 852.
Biederts Rahmdauerware, Zusammensetzung 813.
— Rahmgemenge, Zusammensetzung 813.
Bienenhonig s. Honig.
Bienenwachs 80.
Bier, alkoholfreies 485, 604.
— — Zusammensetzung 848.
— Asche 879.
— Ammenbiere 604.
— Begriff 601.
— Behandlung im Ausschank 629.
— Bestandteile 626.
— Bierschwand 625.
— Braunschweiger Mumme 604.
— Danziger Jopenbier 604.
— Eigenschaften 629.
— Exportbier, Zusammensetzung 853.
— Farbbiere 604.
— Glutintrübung 609.
— Herstellung 604.
— kondensiertes 604.
— Malzbier 604.
— Pasteurisieren 626.
— physiologische Wirkung 630.
— Rohstoffe 605.
— Schaumhaltigkeit 629.
— Sorten 601.
— Untersuchung 632.
— Verfälschungen 631.
— Vergärungsgrad 623.
— Vollmundigkeit 629.
— Zusammensetzung verschiedener Sorten 853.
Biere, deutsche, Asche 879.
— englische, Asche 879.
Bierbereitung, Gärung 622.
— Haltbarmachung 626.
— Klärung 626.
— Kühlen der Würze 621.
— Maischen 618.
— Nachgärung 624, 625.
— Obergärung 625.
— Untergärung 623.
— Würzekochen 620.
Biercouleur 429.
Bieressig 703, 706.
Bierfehler 630.
Biergeläger, Asche 879.
Bierkrankheiten 630.
Biertrübungen 630.
Bierwürze, Abläutern 620.

Bierwürze, alkoholfreie, Zusammensetzung 848.
— Anstellwürze 621.
— Asche 879.
— Bestandteile 621.
— Gewinnung 618.
— Zusammensetzung 848.
Biliner Sauerbrunn, Zusammensetzung 869.
Bilirubin 116.
Biliverdin 116.
Biltong, Zusammensetzung 819.
Bimbernell 519.
Bios, Hefenextrakt, Zusammensetzung 826.
— Nährmittel, Zusammensetzung 829.
— peptonisiertes Pflanzenprotein 310.
Bioson 307.
Birkenwein 585.
Birne 467.
— Asche 876, 877.
— Teile 469.
— Zusammensetzung 470, 471, 844.
— — getrocknet 845.
Birnenbranntwein 690.
— Zusammensetzung 862.
Birnenkaffee 553.
Birnenkraut, Zusammensetzung 848.
Birnenmarmelade, Zusammensetzung 846.
Birnenmost 678.
Birnensaft, Zusammensetzung 847.
Birnenwein, Zusammensetzung 860.
Birresborner Tafelwasser, Zusammensetzung 869.
Biskuits 389. — Zusammensetzung 834, 836.
Bittere (Liköre) 697.
— — Zusammensetzung 862.
Bitterstoffe 114.
Biuretreaktion 8.
Blätterteigwaren 404.
— Zusammensetzung 837.
Blauwalmilch, Zusammensetzung 812.
Blumenkohl 452.
— Asche 875.
— Zusammensetzung 453, 841.
— — gekocht 868.
— — getrocknet 842.
Blut, Asche 872.
— Nachweis, biologischer 15.
— Präzipitinbildung 15.
— Verwertung 263.
— Zusammensetzung 818.
Blütenhonig 421. — Zusammensetzung 839.
Blutfarbstoff, Spektrum 26.
Blutnährmittel 306.
— Zusammensetzung 828.
Blutwurst 277.
— Zusammensetzung 820.
Bockbier, Zusammensetzung 853.
Boheasäure 559.
Bohnen, Arten 355.
— Asche 873.
— Ausnutzungskoeffizienten 808.
— eingesäuerte 457.
— Samen 355.
— Zusammensetzung 831.
— — unreife 841.
Bohnenbrei, gekocht, Zusammensetzung 867.
Bohnengemüse 450.
— gekocht, Zusammensetzung 867.
Bohnenkraut 518.
— Zusammensetzung 850.
Bohnenmehl, Ausnutzungskoeffizienten 808.
— Zusammensetzung 833.
Bohnenöl, Konstanten 884.
Bohnensuppen, Zusammensetzung 827.
Bohnensuppenmehl, Zusammensetzung 835.
Boletuspilze 462.
— Asche 876.
— Ausnutzungskoeffizienten 809.
— Zusammensetzung 843.
Bollmehl 370.
Bonbons 405. — Zusammensetzung 838, 839.
Boonekamp, Zusammensetzung 862.
Borneotalg, Konstanten 884.
Bornesit 114.
Borsäure, Vorkommen 129.
— — in Früchten 471.
— und Borax, Einfluß auf die Nahrungsausnutzung 143.
Bosa 584.
Bouillon, Gewinnung 713.
— Zusammensetzung 863.
Bouillonkapseln 298.
Bouillontafeln 298.
Bouillonwürfel 298. — Zusammensetzung 825.
Bovist 464. — Zusammensetzung 844.
Braga 585.
Branntwein, Apfelbranntwein 690.
— Arrak 692.
— Beerenfruchtbranntweine 691.
— Begriff 683.
— Birnenbranntwein 690.
— Entfuselung 686.
— Enzianbranntwein 691.
— Fruchtbranntweine 689.
— Fuselöl 686.
— Hefenbranntwein 696.
— Herstellung 683.
— — Aufschließung 684.
— — Destillation 685.
— — Gärung 685.
— — Maischen 684.
— Kartoffelbranntwein 687.
— Kirschbranntwein 690.
— Kornbranntwein 688.
— Melassebranntwein 689.
— Mirabellenbranntwein 690.
— Pfirsichbranntwein 690.
— Raffination 685.
— Rum 691.
— Sulfitablaugenbranntwein 689.
— Tresterbranntwein 696.
— Trinkbranntweine 687.
— Untersuchung 700.
— Verfälschungen 698.
— Whisky 688.
— Zuckerrübenbranntwein 689.
— Zwetschenbranntwein 690.
Branntweine, Zusammensetzung 862.
Branntweinessig 706.
Branntweinschärfen 699.

Branntweinvergällungsmittel 699.
Branntweinverschnitte 698.
Brassenfleisch, Zusammensetzung 820.
Brassicasäure 73.
Brassidinsäure 73.
Braten des Fleisches 714.
— Veränderungen dabei 714.
Bratenbrühen 300.
Braunbier, Zusammensetzung 853.
Brauselimonaden 484.
— feste 486.
Briekäse 224. — Zusammensetzung 814.
Brinsenkäse 233.
Brombeere 468.
— Asche 877.
— Zusammensetzung 845.
Brombeergelee, Zusammensetzung 848.
Brombeermarmelade, Zusammensetzung 846.
Brombeersaft, Zusammensetzung 847.
Brot, Arten 388.
— Asche 874.
— Ausbeute 395.
— Ausnutzbarkeit 139.
— Ausnutzungskoeffizienten 808.
— Begriff 388.
— Bestandteile 396.
— Eigenschaften 398.
— Fadenziehendwerden 401.
— Fehler 400.
— Herstellung 389.
— Hungersnotbrot 398.
— indianisches 459.
— — Asche 876.
— — Zusammensetzung 843.
— Kriegsbrot 389.
— Krume und Kruste 396.
— Molkenbrot 237.
— Teigbereitung 390.
— Teiglockerung 391.
— Untersuchung 402.
— Veränderungen 399.
— Verunreinigungen und Verfälschungen 402.
— Zusammensetzung 836.
Brotsuppe, Zusammensetzung 864.
Brunnenkressenfett, Konstanten 884.
Brustbonbons, Zusammensetzung 838.
Bucheckern 363.
Bucheckernkerne, Asche 874.
— Zusammensetzung 832.
Bucheckernöl 339. — Konstanten 884.
Buchenpilz 461.
Büchsenfleisch 272.
— Zusammensetzung 819.
Buchweizen 354.
— geschält, Zusammensetzung 833.
— ungeschält, Asche 873.
Buchweizengrieß, Asche 874.
— Zusammensetzung 833.
Buchweizenkleie, Asche 874.
Buchweizenmehl 375.
— Ausnutzungskoeffizienten 808.
— Zusammensetzung 833.
Bückling, Zusammensetzung 822.
Buffbohnen, Zusammensetzung 841.
Büffelbutter, Zusammensetzung 831.
Büffelbutterfett, Konstanten 881.
Büffelfett, Konstanten 881.
Büffelmilch 196.
— Asche 871.
— Colostrum, Zusammensetzung 812.
— Zusammensetzung 812.
Büffelmilchkäse 233.
— Zusammensetzung 815.
Burgunderschnecke 292.
— Fleisch, Zusammensetzung 823.
Butit 114.
Butter, Asche 871.
— Ausbeute 319.
— Ausnutzungskoeffizienten 807.
— Begriff 315.
— Beschaffenheit, Einflüsse 319.
— bittere 321.
— Gewinnung 316.
— Molkenbutter 316.
— rotfleckige 321.
— Rübengeschmack 321.
— Schafbutter 323.
— staffige 321.
— Untersuchung 322.
— vegetabilische Nußbutter, Zusammensetzung 831.
— Verfälschungen 322.
— Vorbruchbutter 316.
— Wassergehalt 320.
— Ziegenbutter 323.
— Zusammensetzung 319, 813, 831.
Butterfässer 318.
Butterfehler, Bakterien 321.
Butterfett, Bestandteile 320.
Butterkohl 452.
— Zusammensetzung 841.
Buttermilch 211.
— Asche 871.
— Zusammensetzung 813.
Butterpilz 462.
— Zusammensetzung 843.
Buttersäure 70.
— Bildung bei der Gärung 596.
— normale 119.
Butterschmalz 316.
Butterschwamm 462.
Butyropalmitoolein 68.

Cadaverin 46.
Caffeol 539.
Cakes 389.
— Zusammensetzung 836, 837.
Calotropisöl, Konstanten 884.
Camembertkäse 225.
— fett und halbfett, Zusammensetzung 814.
Canarium-Arten, Fett, Konstanten 884.
Candlenußöl, Konstanten 886.
Cannabinol 529.
Cannastärke 385.
Cantharidin 115.
Capillärsirup 428. — Zusammensetzung 840.
Caprinsäure 70.
Capronsäure 70.

Caprylsäure 70.
Capsaicin 115, 506.
Capsaicitin 506.
Caramel 101.
Carapafette, Konstanten 884.
Carboxylase 35.
Cardamomen 498.
— Zusammensetzung 849.
Cardamomenfett, Konstanten 884.
Cardamomenöl 498.
Carnaubasäure 80.
Carnaubawachs 80.
Carnaubylalkohol 80.
Carnin 49, 54.
Carnosin im Fleisch 245.
Carotin 116.
Carotinoide 116.
Carragheenschleim 111.
Carven 510.
Carvis-Fleischsaft 310.
— — Zusammensetzung 829.
Caryophyllin 512.
Casein 15, 167.
— Umsetzungen bei der Käsereifung 217.
Caseine, Eigenschaften 23.
Caseinpepton, Zusammensetzung 830.
Caseinpulver 231.
— Zusammensetzung 815.
Caseon 305.
— Zusammensetzung 828.
Cassavastärke 384.
Cassiablüten 516.
Cassiazimt 520. — Zusammensetzung 850.
Cassine 527.
Cayennepfeffer, 504, 505.
— Zusammensetzung 849.
Cellulose 125.
— Eigenschaften 127.
— Klassen 126.
— Vergärung 90, 128.
— Wärmewert 151.
— Zersetzung im Darm 134.
Cerebroside 56.
Cerotinsäure 79, 80.
Cervelatwurst, Zusammensetzung 819.
Cerylalkohol 80.
Cetylalkohol 80.
Champagner s. Schaumwein.
Champignon, Arten 461.
— Asche 876.
— Ausnutzungskoeffizienten 809.
— Zusammensetzung 843.
— — getrocknet 844.
Chanchin 585.
Charque 269. — Zusammensetzung 819.
Chartreuse, Zusammensetzung 863.
Chaulmugrasamenöl, Konstanten 884.
Chaulmugrasäure 74.
Cheddarkäse 226, 227.
— Zusammensetzung 814.
Chesterkäse 226, 227.
— Zusammensetzung 814.
Chicha 584.
Chinagerbsäure 118.
Chinatalg s. Stillingiatalg.
Chinawein 677.
Chinovagerbsäure 118.
Chinovin 114.
Chinovose 92.
Chips 521.
Chitin 31.
Chlorogensaures Kaliumcoffein 537.
Chlorophyll 26, 116.
Cholesterin in der Galle 131.
Cholesterine 77, 79.
— und Phytosterine, Nachweis 79.
Cholesterinester 68.
Cholin, Eigenschaften 57.
Chondrin 30.
Chondrogen 30.
Chondroitin 25.
Chondroitinsäure, Bildung 25.
Chondroitinschwefelsäure 30.
Chondromykoide 25, 30.
Chondroproteine 25.
Chondrus crispus, Asche 876.
Chromoproteine 25.
Chrysophyllum d'Azopé, Fett, Konstanten 884.
Chufannuß 365. — Zusammensetzung 832.
Chymosin 35.
Cibeben 476.
— Zusammensetzung 845.
Cibus, Speisewürze, Zusammensetzung 825.
Cichoreol 547.
Cichorie, Asche 874.
— Zusammensetzung 840.
Cimarrona 495.
Citronat 407.
— Zusammensetzung 839.
Citrone 468.
— Asche 877.
— Zusammensetzung 845.
Citronencremepulver, Zusammensetzung 835.
Citronensaft 481.
— Asche 878.
— Zusammensetzung 847.
Citronensamen, Fett, Konstanten 884.
Citronensäure 124.
— Bestimmung 125.
— in Apfelsinen- und Citronensaft 431.
— in Milch 169.
— in Wein 659, 661.
— Nachweis 125.
— Wärmewert 151.
Clupanodonsäure 74.
Clutrina salviani, Fett, Konstanten 882.
Cnicin 115.
Cocablätter 529.
— Zusammensetzung 852.
Cocacitrin 530.
Cocaflavin 530.
Cocain 529.
Cocamin 530.
Cochenillewachs 80.
Cocosfett 332.
— Beschaffenheit 334.
— gehärtet, Konstanten 889.
— Konstanten 884.

Cocosfett, Verarbeitung 333.
— Zusammensetzung 831.
Cocosnuß, Asche 874.
— Zusammensetzung 832.
Cocossamen 363.
Cocumfett, Konstanten 884.
Coffearin 537.
Coffein 49.
— Eigenschaften 51.
— physiologische Wirkung 527.
— Wärmewert 150.
Cola-Kaffee, Zusammensetzung 851.
Colanin 569.
Colanuß 527, 569.
— Asche 879.
— Zusammensetzung 852.
Colatin 569.
Colocynthin 114.
Color 669.
Colostrum 164.
Conalbumin 18.
Conchiolin 31.
Conglutin 21.
Conhydrin 58.
Coniferenhonig 422.
Coniferin in Zellmembranen 126.
Conophallus 439.
— Zusammensetzung 840.
Convicin, Eigenschaften 60.
Coriander 509.
— Asche 878.
— Zusammensetzung 849.
Corianderöl, Konstanten 886.
Cornedbeef, Zusammensetzung 819.
Cornus sanguinea, Fett, Konstanten 884.
Corylin 21.
Cottonöl 336.
Crefelder Tafelwasser, Zusammensetzung 869.
Creme 405.
— Zusammensetzung 838.
Creme de Menthe, Zusammensetzung 863.
Cremepulver 379.
Crocetin 514.
Crocin 514.
Cruciferenöl, Konstanten 886.
Cuorin 246.
Curaçao, Zusammensetzung 863.
Curcuma 523.
Curry-Suppe, Zusammensetzung 827.
Cutin 126, 127. — Bestimmung 128.
Cutocellulosen 126.
Cyanin 117.
Cyclohexite 113.
Cyclosen 113.
Cyprinin, Hydrolyse 17.
Cystase 613.
Cystein, Eigenschaften 42.
— Umsetzung 12.
Cystin, Bildung und Ausscheidung 10, 11.
— Eigenschaften 41.
Cystophyllum, Zusammensetzung 843.
Cystoreira, Asche 876.
— Zusammensetzung 843.
Cytosin 49.
Dambonit 114.
Dambose 114.
Damhirschfett, Konstanten 881.
Darimehl 375. — Zusammensetzung 833.
Dari-Roggenbrot, Zusammensetzung 836.
Darm, Vorgänge im Dickdarm 135.
Darmfäulnis 134.
Darmgase 134.
Darmsaft, Wirkung 133.
Dattel 468.
— getrocknet, Zusammensetzung 845.
Dattelfett, Konstanten 884.
Dattelhonig 425. — Zusammensetzung 839.
Dattelkerne, geröstete, Asche 879.
Dattelkernkaffee 553.
— Zusammensetzung 851.
Daua-Daua-Käse 235.
— Zusammensetzung 816.
Delphinfett, Konstanten 882.
Delphinin 117.
Dessertwein s. Süßwein.
Deuteroproteosen 28.
Dextran 109.
Dextrin 108, 109.
— Eigenschaften 109.
— Herstellung 109.
— Nachweis 110.
— Wärmewert 151.
Dextrinase in Hefe 590.
Dextrinmehle 380.
— Zusammensetzung 835.
Dextrose s. Glykose.
Diabetikerbrot 425. — Zusammensetzung 837.
Diabetikerschokolade 566.
Diastase 34.
Dierucin 67.
Digitalin 115.
Digitonin 114.
Digitoxin 115.
Dikafett, Konstanten 884.
Dillkraut 518.
— Asche 878.
— Zusammensetzung 850.
Dillöl, Konstanten 884.
Dinkel 342.
Dioxystearinsäure 71.
Disaccharide 99.
— Synthese 100.
Distelknollen, Zusammensetzung 840.
Djavenußfett, Konstanten 884.
Döglinöl, Konstanten 882.
Dornhaifett, Konstanten 882.
Dornhai-Ovarienfett, Konstanten 882.
Dörrgemüse 455.
Dorschfleisch, Zusammensetzung 820.
Dorschkaviarfett, Konstanten 882.
Dorschlebertran, Konstanten 882.
Doumori-Butter, Konstanten 885.
Drachen-Quelle, Tafelwasser, Zusammensetzung 869.
Draganth 519.
Dragees 407. — Zusammensetzung 839.
Drops 406.
Drüsen der Schlachttiere 266.

Dschamma 448. — Zusammensetzung 841.
Dschugara 365.
— Zusammensetzung 832.
Dulcin 431.
Dulcit 85, 94.
— Wärmewert 151.
Dunste 367, 370.

Ebereschenfrucht 468.
— Asche 876.
— Zusammensetzung 844.
Ecclonia, Zusammensetzung 843.
Echinopsöl, Konstanten 885.
Edamer Käse 226.
— — fett und halbfett, Zusammensetzung 814.
Edestine 21.
Edon 307.
Eibischfrucht, eingemacht, Zusammensetzung 842.
Eichel, geröstete, Asche 879.
Eichelkaffee 552.
— Zusammensetzung 851.
Eichelkakao 566.
— Zusammensetzung 852.
Eier, Arten 237.
— Asche 871.
— Ausnutzungskoeffizienten 807.
— Bakterien 240.
— Bestandteile 237.
— Cholesterin 239.
— Eigelb 238.
— Eiklar 238.
— Ersatzmittel 240.
— Frischhaltung 240.
— Gewichtsabnahme 240.
— Lecithingehalt 239.
— Luteine 239.
— Untersuchung 241.
— Verderben 240.
— Zusammensetzung verschiedener Arten 816.
Eierbovist 464.
Eierdauerwaren 239.
— Zusammensetzung 816.
Eierglobuline 21.
Eierhaber, Zusammensetzung 866.
Eierkartoffel 439. — Zusammensetzung 840.
Eierkognak 698. — Zusammensetzung 863.
Eierkuchen, Zusammensetzung 866.
Eiernudeln 387. — Zusammensetzung 836.
Eieröl, Konstanten 881.
Eierschwamm 461.
— falscher 462.
— Zusammensetzung 843.
Eierteigwaren 387.
— Veränderungen 387.
Eigelb, Asche 871.
— Zusammensetzung 816.
Eiklar, Asche 871.
— Zusammensetzung 816.
Eis 405. — Zusammensetzung 838.
Eis-Bonbons, Zusammensetzung 839.
Eisen, Einfluß auf den Stoffwechsel 145.
Eiweißsuppenmehl, Zusammensetzung 835.
Ekzemin 47.
Elaeococcaöl, Konstanten 885.
Elaeomargarinsäure 74.
Elaeostearinsäure 74.
Elaidinsäure 73.
Elastin 31.
Elbkaviarfett, Konstanten 882.
Elefantenmilch, Zusammensetzung 812.
Emaillierung von Eisenblech 774.
Emmentaler Käse 227.
— — Zusammensetzung 814.
Emmer 342. — Asche 873.
Emulsin 35.
Endiviensalat, Asche 875.
— Zusammensetzung 842.
Endotryptase 35.
Energie, dynamische 3.
— potentielle und kinetische 2.
Energin, Ausnutzungskoeffizienten 808.
— Zusammensetzung 828.
Enkabangtalg, Konstanten 885.
Enrilo 547.
Enteneier 237. — Zusammensetzung 816.
Entenfett, Konstanten 881.
Entenfleisch 261. — Zusammensetzung 818.
Enteromorpha, Asche 876.
— Zusammensetzung 843.
Enthaarungsmittel 788.
Enzianbranntwein 691.
— Zusammensetzung 862.
Enzyme 31.
— Einteilung 34.
— Entstehung 34.
— Nachweis 36.
— proteolytische in Pflanzen 312, 313.
— Spaltungen, hydrolytische 32.
— — oxydative 32.
— Temperatureinwirkung 36.
— Wirkungsweise 31, 32.
— Zusammensetzung 36.
Erbsen, Asche 873.
— Ausnutzungskoeffizienten 808, 809.
— eingemacht, Zusammensetzung 843.
— gekocht, Ausnutzungskoeffizienten 809.
— — Zusammensetzung 867.
— Gemüse 450.
— reife und unreife, gekocht, Zusammensetzung 867.
— Samen 357.
— Zusammensetzung 831.
— — unreife 841.
Erbsenbohnen 358.
Erbsenbrei, gekocht, Zusammensetzung 867.
Erbsenfleischsuppe, Zusammensetzung 826.
Erbsengemüse 450.
Erbsenmehl, Ausnutzungskoeffizienten 808.
— Zusammensetzung 833.
Erbsensuppen, Zusammensetzung 827, 864.
Erbsensuppenmehle, Zusammensetzung 835.
Erbswurst 278. — Zusammensetzung 820.
Erdbeere 468.
— Asche 877.
— Zusammensetzung 470, 471, 845.
Erdbeermarmelade, Zusammensetzung 846.
Erdbeersaft, Asche 878.
— Zusammensetzung 847.

Erdbeersamenöl, Konstanten 885.
Erdbeersirup, Zusammensetzung 848.
Erden, eßbare 711.
Erderbse 358.
— Zusammensetzung 831.
Erdmandelkaffee 551.
Erdnuß 363.
— Zusammensetzung 832.
Erdnußgrütze, Zusammensetzung 833.
Erdnußkaffee 551.
— Zusammensetzung 851.
Erdnußkerne, Asche 874.
Erdnußmehl, Zusammensetzung 833.
Erdnußmehlbrot, Zusammensetzung 837.
Erdnußmehlzwieback, Zusammensetzung 837.
Erdnußöl 337.
— gehärtet, Konstanten 889.
— Konstanten 885.
— Wärmewert 150.
Erdöl, Bestandteile 803.
— Entstehung 803.
Erepsin 35.
— im Darmsaft 134.
Erucasäure 73.
Ervalenta 378.
Ervenlinse 358.
Erysipelin 47.
Erythrit 90.
— Wärmewert 151.
Erythrose 83, 86.
Eschensamenfett, Konstanten 885.
Eselmilch 197.
— Asche 871.
— Zusammensetzung 812.
Essenzen, wasserlösliche 485.
Essenzessig 700, 706.
Essig, Begriff 700.
— Bieressig 703, 706.
— Branntweinessig 706.
— Estragonessig 704.
— Gärungsessig 701.
— Getreideessig 703.
— Gewürzessig 704.
— Herstellung 701.
— — durch Holzdestillation 704.
— Honigessig 704.
— Kräuteressig 700, 704.
— Kunstessig 700.
— Malzessig 703, 706.
— Molkenessig 236, 704.
— Obstweinessig 704, 706.
— Räucheressig 704.
— Schnellessigfabrikation 702.
— Spritessig 706.
— Untersuchung 707.
— Verfälschungen 707.
— Weinessig 703, 706.
— Zusammensetzung 705, 863.
Essigessenz 700, 705.
— Bestandteile 706.
Essigessenzessig, Zusammensetzung 863.
Essigsäure 118.
— Bestimmung 119.
— Bildung bei der Gärung 596.
Essigsäure, Nachweis 119.
— Vorkommen 70.
Estragon 519.
Eß-, Trink- und Kochgeschirr 772.
— — — metallische 772.
Eucalyptushonig 422.
Eucasin 308.
— Zusammensetzung 828.
Euchema, Zusammensetzung 843.
Eugenol 503.
Euglobulin 18.
Eulactol 305, 308.
— Zusammensetzung 828.
Euprotan 305.
— Ausnutzungskoeffizienten 808.
— Zusammensetzung 828.
Evonymus europaeus, Fett, Konstanten 885.
Excelsin 21.
Exportbier s. Bier.

Fachinger Quelle, Zusammensetzung 869.
Fahamtee 562.
— Zusammensetzung 852.
Farben, Bekleidungsgegenständefarben usw. 792.
— Buch- und Steindruckfarben 790.
— Fußböden-, Wändefarben usw. 793.
— für Gefäße usw. 785.
— für kosmetische Mittel 787.
— Mineralfarben 783.
— Nahrungsmittelfarben 783.
— Oblatenfarben 793.
— organische 784.
— Spielwarenfarben 789.
— Tapeten-, Teppichfarben usw. 789, 792.
— technische Verunreinigungen 794.
— Tuschfarben 790.
Färbecaramel 429.
Farbstoffe s. Farben.
— pflanzliche und tierische 116.
Farin 416.
Farinose 107.
Fasanfleisch, Zusammensetzung 818.
Fastennahrung, Einfluß auf die Ausnutzung 140.
Fäulnisbasen, Einteilung 45.
Feigen 468.
— Asche 877.
— geröstet, Asche 878.
— Zusammensetzung 845.
— — getrocknet 845.
Feigenkaffee 548.
— Zusammensetzung 851.
Feigenwein 585.
Feinbackwaren, Begriff 402.
— Verfälschungen 408.
— Zusammensetzung 837.
Felchen, Zusammensetzung 820.
Feldbeefsteak, Zusammensetzung 826.
Feldbohne 356.
— Asche 873.
Feldhuhnfleisch, Zusammensetzung 818.
Feldmenage, deutsche, trockene, Zusammensetzung 826.
Feldsalat, Zusammensetzung 842.
Feminell 515.

Fenchel 508.
— Asche 878.
— Zusammensetzung 849.
Fenchelöl, Konstanten 885.
Fermente 31.
— geformte 31.
— ungeformte 31.
Ferratin 309. — Zusammensetzung 829.
Fersan 309.
— Ausnutzungskoeffizienten 808.
— Zusammensetzung 829.
Fetischbohne 358.
Fette, Ausnutzbarkeit 138.
— Fischfette 327.
— pflanzliche, Konstanten 883.
— Schmelzpunkt 63.
— Sorten s. die einzelnen.
— Speisefette 315.
— tierische, Konstanten 881.
— Veränderungen beim Härten 340.
— Verseifung 68.
— Wärmewert 150.
Fette und Öle, Acetylzahl 81.
— — Bestimmung 80.
— — Eigenschaften 61.
— — Einteilung 65.
— — Elementarzusammensetzung 64.
— — Erstarrungspunkt 63.
— — Fettsäuren, freie 64.
— — Gewinnung 61.
— — Härtung 72.
— — Hehnersche Zahl 82.
— — Jodzahl 81.
— — Kältepunkt 63.
— — Lichtbrechung 63.
— — Löslichkeit 62.
— — Lösungstemperatur, kritische 62.
— — Nebenbestandteile 64.
— — optisches Verhalten 62, 63.
— — Oxydation durch Luft 65.
— — Polenskesche Zahl 81.
— — Ranzigwerden 65.
— — Reichert-Meißlsche Zahl 81.
— — Säuregrad 81.
— — spezifisches Gewicht 62.
— — Talgigwerden 65.
— — Tropfpunkt 63.
— — Untersuchung 80.
— — Unverseifbares 64.
— — Verseifungszahl 81.
— — Vorkommen 61.
— — Wärmewert 64.
Fettgewebe 268.
— der Schlachttiere, Zusammensetzung 818.
Fettkäse 225.
Fettmilch, Gaertners, Zusammensetzung 813.
Fettsäuren, Acetylverbindungen 75.
— Acetylzahl 75.
— Bleisalze 75.
— eutektische Gemische 71.
— gesättigte 69.
— — Abbau 72.
— — Darstellung 69.
— Isansäurereihe 74.
Fettsäuren, Linolensäurereihe 74.
— Linolsäurereihe 73.
— Lithiumsalze 75.
— Salze 75.
— ungesättigte 71.
— — Hydrierung 72.
— — hydroxylierte 74.
— — Jodzahlen 71.
— — Ölsäurereihe 72.
— — Oxydation 72.
— Wärmewert 150.
Fibrin 20.
Fibrinogen 20.
Fibroin 31.
Fichtensamenöl, Konstanten 885.
Finalmehl 369.
Finnen im Fleisch 249.
Firnisse 65.
Fische, Einlegen in Gelee und Öl 291.
— gebratene, Zusammensetzung 822.
— geräucherte, Zusammensetzung 822.
— gesalzene, Zusammensetzung 822.
— getrocknete, Zusammensetzung 822.
— Klippfisch 288.
— Krankheiten 283.
— Marinieren 289.
— marinierte, Zusammensetzung 822.
— Räuchern 290.
— Salzfisch 288.
— Stockfisch 288.
— Trocknen 288.
— Zusammensetzung 822.
Fischdauerwaren 288.
— Zusammensetzung 822.
Fischfette 281.
— Arten 327.
— Beschaffenheit 328.
— Gewinnung 328.
— Verfälschungen 328.
Fischfleisch, Ausnutzungskoeffizienten 807.
— Bestandteile 280.
— Eigenschaften 280.
— Fehler 282.
— fehlerhafte Behandlung 283.
— Struktur 280.
— Untersuchung 284.
— Zusammensetzung 820.
Fischleber, Zusammensetzung 821.
Fischöle 327.
Fischrogen, Asche 872.
— Zusammensetzung 821.
Fischsperma 287.
— Zusammensetzung 821.
Fischvergiftung 254, 282.
Fischwurst 278.
— Zusammensetzung 819.
Flachs 799.
Flechten, Asche 876.
— Zusammensetzung 843.
Flechten und Algen 459.
Fleisch, Asche 872.
— Ausnutzbarkeit 137.
— Ausnutzungskoeffizienten 807.
— Begriff 242.

Fleisch, Bestandteile 243.
— — Verteilung 247.
— Braten 714.
— — Veränderungen dabei 714.
— Bratensaucen 715.
— Büchsenfleisch, Fehler 272.
— Einfluß des Alters 243.
— Elementarzusammensetzung 245.
— Farbe des Muskelfleisches 242.
— Färbung, künstliche 255.
— Fäulnis 253.
— Fehler 247.
— Fett, Zusammensetzung 245.
— Frischhaltung, künstliche 255.
— Frischhaltungsmittel 276.
— Gärung 252.
— gebratenes, Zusammensetzung 865.
— gedünstetes, Zusammensetzung 865.
— gekochtes 714.
— — Zusammensetzung 865.
— geröstetes, Zusammensetzung 865.
— gesundheitsschädliches 247.
— Giftigkeit 248.
— Hacksalze 276.
— Haltbarmachung 269.
— Kaltblüterfleisch 280.
— Kältekonservierung 270.
— Klassen 262.
— Kochen und Dünsten 712.
— — — Veränderungen dabei 713.
— Kohlenhydrate 246.
— Krankheitserreger 251.
— Mieschersche Schläuche 250.
— Mineralstoffe 246.
— Parasiten, tierische 249.
— Pökeln 273, 274.
— Räuchern 273, 275.
— Reaktion 243.
— Reifung 243, 252.
— Rösten 715.
— Salzen 273, 274.
— Schlachtabgänge 262.
— Schlachtarten 242.
— — falsche 255.
— Schlachtgewicht 261.
— Sorten, s. die einzelnen.
— Struktur 242.
— Untersuchung, chemische 257.
— Veränderungen, postmortale 252.
— Verfälschung 257.
— Wärmewert 245.
— Zusammensetzung 261, 817, 865.
Fleischbasen 245.
Fleischbiskuits, Zusammensetzung 826, 837.
Fleischbrühe 713. — Asche 872.
Fleischdauerwaren 268.
— Untersuchung 276.
— Zusammensetzung 819.
Fleischdüngemehl 295.
Fleischextrakt, Aminosäuren 245.
— Begriff 295.
— Gewinnung 295.
— Mineralstoffe 297.
— Nährwert 297.
Fleischextrakt, Stickstofffreie Extraktstoffe 297.
— Stickstoffverbindungen 296.
— Untersuchung 297.
— Verfälschungen 297.
— Wassergehalt 296.
Fleischextrakte 296.
— Asche 872.
— feste, Zusammensetzung 824.
— flüssige, Zusammensetzung 825.
Fleischextrakt-Mehlgemische 303.
Fleischextraktschokolade 566.
Fleischfett, Elementarzusammensetzung 246.
Fleischfuttermehl 295.
Fleischgemüse, Zusammensetzung 826.
Fleischlösung Cibils, Zusammensetzung 830.
— Leube-Rosenthals 310.
— — — Zusammensetzung 829.
Fleischmilchsäure 121, 122, 246.
Fleischpeptone 310.
— Zusammensetzung 829, 830.
Fleischpulver, Zusammensetzung 819.
Fleischsaft Karsan 310.
— Kemmerichs 310.
Fleischsäfte, Begriff 297.
— Herstellung 298.
— Untersuchung 298.
— Verfälschungen 297.
— Zusammensetzung 298, 825.
Fleischsäure 48.
Fleischsuppe, Gewinnung 713.
— Zusammensetzung 863.
Fleischteigwaren 303.
Fleischvergiftung 253.
Fleischwaren, Luftabschluß 271.
— Zersetzung, Bedingungen 268.
Fleischwurst 277.
Fleischzwieback, Zusammensetzung 826.
Fliegenpilz 462.
Fliegenschwamm 531.
Flohsamenschleim 113.
Flügelschnecke 292.
— getrocknet, Zusammensetzung 823.
Fluidbeef Brand, Zusammensetzung 829.
— Johnstons 310.
— — Zusammensetzung 829.
— Savory & Moores, Zusammensetzung 829.
Flunder, Fleisch, Zusammensetzung 821.
— geräuchert, Zusammensetzung 822.
Flußbarschfleisch, Zusammensetzung 820.
Flußkrebs 293.
— Asche 873.
— eingelegt, Zusammensetzung 824.
— Fleisch, Zusammensetzung 823.
Fondant-Bonbons 563.
— — Zusammensetzung 839.
Forelle, Fleisch, Zusammensetzung 821.
— gekocht, Zusammensetzung 865.
Forellenleber, Zusammensetzung 821.
Frauenmilch, Absonderung 178.
— Asche 871.
— Colostrum, Zusammensetzung 810.
— Eigenschaften 178.
— Zusammensetzung 178, 810.
— — Einflüsse darauf 179.

Frauenmilchfett, Konstanten 881.
Frikandellen, Zusammensetzung 866.
Froschschenkel 294.
— eingelegt, Zusammensetzung 824.
Früchte, Asche 876.
— eingelegte 476.
— getrocknete 475.
— kandierte 476.
— Zusammensetzung 844.
Fruchtäther 486.
Fruchtbonbons, Zusammensetzung 838.
Fruchtgelee 478, 484.
— Zusammensetzung 848.
Fruchtkraut 478.
Fruchtmuse 477. — Zusammensetzung 846.
Fruchtpasten 478.
— gemischte, Zusammensetzung 846.
— Zusammensetzung 846.
Fruchtsäfte 478, 479.
— Asche 878.
— Begriff 479.
— Bestandteile 479.
— Gewinnung 479.
— Zusammensetzung 847.
Fruchtsirupe 478, 483.
— Zusammensetzung 848.
Fruchtsulzen s. Fruchtgelee.
Fruchtwein s. Obstwein.
Fruchtzucker s. Fructose.
Fructose, Darstellung und Eigenschaften 98.
— Nachweis 98.
— Strukturformel 84.
Fuchsfett, Konstanten 881.
Fucoxanthin 116.
Fucus vesiculosus, Asche 876.
Fukose 92.
Füllhippen, Zusammensetzung 837.
Fulwabutter, Konstanten 885.
Fumarprotocetrarsäure 459.
Fumarsäure 122.
Furfurol, Nachweis 92.
Fuselöl 686.

Gadinin 46.
Gadoleinsäure 73.
Galaktane in Zellmembranen 127.
Galaktogen 308.
— Zusammensetzung 828.
Galaktonwein 204.
Galaktosamin 25.
Galaktose 97.
— Wärmewert 151.
Galgantwurzel 524.
— Zusammensetzung 850.
Galle, Wirkung 131.
Gallenfarbstoffe 116.
— Nachweis 131.
Gallensteine 131.
Gallisin 109.
Gammelost 231.
Gans, innere Teile 261. — Zusammensetzung 819.
Gänsebrust, Zusammensetzung 819.
Gänseeier 237. — Zusammensetzung 816.
Gänsefett 327. — Konstanten 881.
Gänsefleisch 261. — Zusammensetzung 818.
Gänsefuß, Zusammensetzung 842.
Gänseleberpastete 279.
— Zusammensetzung 820.
Gänseschmalz 327.
Garneelen 293.
— Zusammensetzung 823.
— — getrocknet 824.
Gartenkressenöl, Konstanten 885.
Gärtners Fettmilch, Zusammensetzung 813.
Gärung, alkoholische 586, 591.
— — Erzeugnisse 594.
Gärungsessig s. Essig.
Gebrauchsgegenstände 772.
Geflügel, innere Teile 268.
— — — Zusammensetzung 818.
Geflügelfleisch 260.
Gefrorenes 405. — Zusammensetzung 838.
Gehirn der Schlachttiere 266.
Gehirnblasenwurm im Fleisch 251.
Geilnauer Quelle, Zusammensetzung 869.
Gelatine, Begriff 313.
— Herstellung 313.
— Zusammensetzung 314.
Gelbwurz 523.
Gelee s. Fruchtgelee.
Gelidiumarten 459. — Zusammensetzung 843.
Gemüse 445.
— Ausnutzungskoeffizienten 809.
— Dörrgemüse 455.
— Einkochen 455.
— Einmachen 458.
— Einsäuern 456.
— gekochte, Zusammensetzung 867.
— getrocknete, Zusammensetzung 842.
— Kochen, Verluste 716.
— Trocknung 454.
— Zubereitung 716.
— Zusammensetzung 840, 842, 867.
Gemüse-Bouillon, Zusammensetzung 825.
Gemüsedauerwaren 454.
— Fehler 458.
— Verderben 458.
— Zusammensetzung 842.
Gentianose 105.
Genußmittel, alkaloidhaltige 526.
— alkoholhaltige 581.
— Begriff 1.
Gerbsäuren 97, 117.
— Bestimmung 118.
— in Eichelkaffee 552.
— in Gewürznelken 512.
— in Kaffee 537.
— in Tee 559.
— in Wein 662.
— Nachweis 117.
Gerbstoffe 117.
Gerste 346.
— Ausnutzungskoeffizienten 808.
— Braugerste 605.
— geröstet, Asche 878.
— geschält, Zusammensetzung 832.
— Malzbereitung 612.
— Sommergerste, Asche 873.

Gerste, Zusammensetzung, Einflüsse 347, 348.
— — der geschälten 832.
Gerstenbrot, Zusammensetzung 836.
Gerstenfett, Konstanten 885.
Gerstengraupen 373.
Gerstengrieß, Zusammensetzung 832.
Gerstenkaffee 549.
— Zusammensetzung 851.
Gerstenkleie, Asche 874.
Gerstenmalz, Asche 879.
— geröstet, Asche 879.
Gerstenmalzkaffee 549.
— Zusammensetzung 851.
Gerstenmalzkeime, Asche 879.
Gerstenmehl 373.
— Asche 874.
Gerstenmehlextrakt, Zusammensetzung 835.
Gerstenmehlsuppe, Zusammensetzung 864.
Gerstenschleimmehl, Zusammensetzung 832.
Gerstensuppen, Zusammensetzung 827.
Gerstenzucker 101.
Gerstenzwieback, Zusammensetzung 836.
Gerüstproteine 30.
Gervaiskäse 224.
— Zusammensetzung 814.
Gespinste und Gewebe, Appretieren 801.
— — Begriffe 798.
— — Bleichen und Färben 801.
— — Rohstoffe 799.
Getreidearten 342.
— Verfälschungen 360.
— Verunreinigungen 360.
Getreidemehle 365. — Zusammensetzung 832.
Gewebe, Kleiderstoffe, Zweck und Eigenschaften 801.
— Sorten 799.
— s. auch Gespinste.
Gewürze 487.
— Asche 878.
— Einteilung 487.
— Zusammensetzung 849.
Gewürznelken 511.
— Asche 878.
— Zusammensetzung 849.
Gieshübler Sauerbrunn, Zusammensetzung 869.
Giftreizker 462.
Gilbwurz, Zusammensetzung 850.
Gioddu 204.
Glanzstärke 386.
Glasuren, Bleiabgabe 780.
— von Töpferwaren 779.
Gliadin 22.
Globin 15, 26.
— Pferdeglobin, Hydrolyse 17.
Globinokyrin 29.
Globuline, Eigenschaften 19.
— pflanzliche 21.
— tierische 20.
Gloucesterkäse 226, 227.
— Zusammensetzung 814.
Glucin 432.
Glühweinextrakte 698.
Glutamin, Bildung 11.
— Eigenschaften 40.
Glutaminsäure, Bildung 10, 11.
— Eigenschaften 40.
— Wärmewert 150.
Glutenbiskuits, Zusammensetzung 837.
Glutencasein 22.
Glutenfibrin 22.
Glutenin 21, 22, 23.
Glutenmeal 383.
Glutin 30.
Glutokyrin 29.
Glyceride, Bezeichnung 67.
— gemischte 68.
— Konstitution 66.
Glycerin 76.
— Acetine 77.
— Benzoate 77.
— Bildung bei der Gärung 594.
— Herstellung 85.
— Nachweis und Bestimmung 77.
— Nitrat 76.
— Oxydation 77.
— Wärmewert 150.
Glycerose 83.
— Bildung aus Glycerin 77.
Glycin s. Glykokoll.
Glycinin 21.
Glycylglycin, Bildung 13.
Glycyrrhizin 59, 526.
Glykase 34.
Glykocholsäure in der Galle 131.
Glykogen 110.
— Bildung aus Aminosäuren 12.
— in Austern 293.
— im Fleisch 246.
— in Hefe 589.
Glykokoll 10, 38.
— Wärmewert 150.
Glykolsäure 121, 662.
Glykolylaldehyd 83.
Glykonsäure 84, 86.
Glykoproteine 25.
— pflanzliche 25.
Glykosamin 18, 25.
— Bildung 42.
Glykose 83, 86.
— Bestimmung 97.
— Darstellung 95.
— Eigenschaften 95.
— im Fleisch 246.
— Nachweis 97.
— optische Eigenschaften 96.
— Vorkommen 95.
— Wärmewert 151.
Glykoside, Spaltung 96.
— stickstoffhaltige 58.
— Synthese 86.
Glykosoxim 86.
Gold, Verwendung für Eß-, Trink- und Kochgeschirr 779.
Goldbuttfett, Konstanten 883.
Golderbsensuppe, Zusammensetzung 835.
Gombosamenkaffee 553.
Gorgonzolakäse 225, 226.
— Zusammensetzung 814.

Gose, Leipziger 602. — Zusammensetzung 853.
Gossypose s. Raffinose.
Goudakäse 226.
— fett und halbfett, Zusammensetzung 814.
Grahambrot, Asche 874.
— Zusammensetzung 836.
Granakäse 229.
Gratin de boeuf, Zusammensetzung 866.
Graubrot, Asche 874.
— Zusammensetzung 836.
Graupen 370, 373. — Asche 874.
Greyerzer Käse 229.
— — Zusammensetzung 814.
Grieben 326.
Grieße 366, 370.
Grießmehle 373. — Zusammensetzung 832.
Grießschmarren, Zusammensetzung 868.
Grießsuppen, Zusammensetzung 827, 864.
Grindwalmilch, Zusammensetzung 812.
Grogessenzen 698.
Gründlingfleisch, Zusammensetzung 821.
Grünerbsensuppen, Zusammensetzung 835.
Grünkern 343.
Grünkernextrakt, Zusammensetzung 835.
Grünkernsuppen, Zusammensetzung 827.
Grünkernsuppenmehl, Zusammensetzung 835.
Grünkohl 452.
— Asche 875.
— Zusammensetzung 841.
— — gekocht 868.
— — getrocknet 842.
Grütze 370.
Grützenmehl 375.
Guanidin 11, 12. — Eigenschaften 54.
Guanin, Eigenschaften 49, 50.
— in Heringslake 290.
— Wärmewert 150.
Guarana 527.
Gulyas mit Kartoffeln, Zusammensetzung 826.
Gummi 111.
— arabicum 112.
Gummibonbons, Zusammensetzung 838.
Gurke 448.
— Asche 875.
— Zusammensetzung 841.
Gurken, eingesäuert, Zusammensetzung 843.

Haarfarben 788.
Haaröle 788.
Haarpomade 787.
Haché, Zusammensetzung 819, 866.
Hackbraten, Zusammensetzung 866.
Hadromal in Zellmembranen 126.
Hafer 350.
— Asche 873.
— geschält, Zusammensetzung 832.
Haferbrot, Zusammensetzung 836.
Haferfett, Konstanten 885.
Haferflocken 373.
— Asche 874.
— Ausnutzungskoeffizienten 808.
— Zusammensetzung 832.
Hafergrütze 373.
— Zusammensetzung 832.
Hafergrützesuppe, Zusammensetzung 827.
Haferkakao 563, 566.
— Zusammensetzung 852.
Hafermaltose 373, 381.
— Zusammensetzung 835.
Hafermehl 373.
— Asche 874.
— Ausnutzungskoeffizienten 808.
— Zusammensetzung 832.
Hafermehlsuppe, Zusammensetzung 864.
Haferzwieback, Zusammensetzung 836.
Hagebutten 468.
— Asche 876.
— geröstete, Asche 879.
— Zusammensetzung 844.
Hagebuttenkaffee 553.
Hagebuttenmarmelade, Zusammensetzung 846.
Hagebuttenöl, Konstanten 885.
Hahnenbraten, Zusammensetzung 866.
Haifett, Konstanten 882.
Halbfettkäse 228.
Halbfettmilchpulver, Zusammensetzung 812.
Halimasch 461.
Hämalbumin 309.
— Zusammensetzung 829.
Hamananatto 234. — Zusammensetzung 816.
Hämatin, Konstitution 26.
Hämatinalbumin 305.
— Zusammensetzung 828.
Hämatogen 306.
— sicc. 309.
Hämatoporphyrin 26.
Hämin, Bildung 26.
Hammelbraten und -kotelette, Zusammensetzung 866.
Hammelfett, Konstanten 881.
Hammelfleisch 259.
Hammeltalg 323.
Hämochromogen 26.
Hämogallol 306.
— Zusammensetzung 828.
Hämoglobin 306.
— Eigenschaften 25, 26.
— Zusammensetzung 828.
Hämoglobinalbuminat 309.
— Zusammensetzung 829.
Hämol 306.
— Zusammensetzung 828.
Hämolysine 78.
Hämoporphyrin, Bildung 26.
Hämopyrrol 26.
Hämose 305.
— Ausnutzungskoeffizienten 808.
— Zusammensetzung 828.
Handkäse 230.
— Asche 871.
Hanf 529.
Hanföl, Konstanten 885.
Harnsäure 49.
— Eigenschaften 51.
— Nachweis 52.
— Wärmewert 150.
Harnstoff, Bildung 12.
— Eigenschaften 53.

Harnstoff in Milch 167.
— Wärmewert 150.
Hartkäse 226.
Harweysauce, Zusammensetzung 826.
Haschisch 529.
Hase, innere Teile 261. — Zusammensetzung 818.
Haselnuß 363.
— Fett, Konstanten 885.
— Kerne, Zusammensetzung 832.
Haselnußbrot, Zusammensetzung 837.
Haselnußmehl 375.
— Zusammensetzung 833.
Hasenbraten, Zusammensetzung 866.
Hasenfett, Konstanten 881.
Hasenfleisch, Zusammensetzung 817.
Hausmachersuppe, Zusammensetzung 827.
Hautpflegemittel 787.
Hecht, gekocht, Zusammensetzung 865.
Hechtfett, Konstanten 882.
Hechtfleisch, Asche 872.
— Zusammensetzung 820.
Hechtleber, Zusammensetzung 821.
Hechtrogen, Asche 872.
— Zusammensetzung 821.
Hederichsamenfett, Konstanten 885.
Hefe 586.
— Arten 586.
— Asche 879.
— Bestandteile 588.
— Fortpflanzung 586.
— Kulturhefen 596.
— Mineralhefe, Zusammensetzung 828.
— Nährhefe 307.
— Nährstoffe 587.
— obergärige und untergärige 622.
— Reinzuchthefen 596.
— — Gewinnung 643.
— Selbstgärung 588.
— Vermehrung 587.
— Zuckerspaltung 593.
Hefenautolyse 587.
Hefenbranntwein 696.
Hefenenzyme 589.
Hefenereptase 590.
Hefenextrakte 300.
— Zusammensetzung 826.
Hefenfett 589.
Hefengifte 587.
Hefengummi 589.
Hefennucleinsäure 48.
Hefenprotein 307.
— Zusammensetzung 828.
Hefentrubwein, Zusammensetzung 861.
Hefenwein, Zusammensetzung 861.
Heidelbeeren 468.
— Asche 877.
— Zusammensetzung 470, 845.
Heidelbeerbranntwein, Zusammensetzung 862.
Heidelbeergelee, Zusammensetzung 848.
Heidelbeerkraut, Zusammensetzung 848.
Heidelbeersaft, Zusammensetzung 847.
Heidelbeersirup, Zusammensetzung 848.
Heidelbeerwein, Zusammensetzung 860.
Heilbohne, Zusammensetzung 831.
Heilbutt, geräuchert, Zusammensetzung 822.
— gesalzen, Zusammensetzung 822.
Heilbuttfett, Konstanten 882.
Heilbuttfleisch, Zusammensetzung 820.
Helenin 115.
Helianthenin 437.
Helianthusknollen 437. — Zusammensetzung 840.
Helmbohne 358.
Helvellasäure 466.
Hemicellulosen 127.
Hemipepton 15.
Hemiprotein 15.
Hemiproteose 15.
Heptosen 83.
Hering 289.
— frisch, Asche 872.
— Zusammensetzung 820.
— — gesalzen und mariniert, 822.
— — in Gelee 823.
— — zubereitet, verschiedene Arten 822.
Heringsbrühen 289. — Asche 873.
Heringsfett, Konstanten 882.
Heringslake 290.
Heringsrogen, Zusammensetzung 821.
Heringsrogenfett, Konstanten 882.
Heringssperma, Zusammensetzung 821.
Heringsspermafett, Konstanten 882.
Herz der Schlachttiere, Verwertung 264.
— — Zusammensetzung 818.
Herzkohl, Asche 875.
Herzmuschel 292.
— Zusammensetzung 823.
Heteroproteosen 28.
Heuschrecken, geröstet, Zusammensetzung 824.
Hexenpilz 463.
Hexite 84, 93.
Hexonbasen 40.
Hexosen, Eigenschaften 94.
— Einteilung 93.
— Konstitution 83.
— Reduktion und Oxydation 84.
Hibiscusfrucht 449. — Zusammensetzung 841.
Hikorynuß 363.
— Kerne, Zusammensetzung 832.
Himbeere 468.
— Asche 877.
— Zusammensetzung 470, 471, 845.
Himbeerbranntwein, Zusammensetzung 862.
Himbeercremepulver, Zusammensetzung 835.
Himbeerreis, Zusammensetzung 838.
Himbeergelee, Zusammensetzung 848.
Himbeerkernöl, Konstanten 885.
Himbeermarmelade, Zusammensetzung 846.
Himbeersaft, Asche 878.
— Zusammensetzung 847.
Himbeersirup, Zusammensetzung 848.
Hirschfett, Konstanten 881.
Hirschkeule, Zusammensetzung 817.
Hirschschwamm 463.
— Zusammensetzung, frisch und getrocknet 844.
Hirse 353.
— Asche 873.
— geschält, Zusammensetzung 833.
Hirsemehl 375.

Hirsezucker 418. — Zusammensetzung 839.
Histidin 10, 11.
— Eigenschaften 44.
Histone 17.
Histonpeptone 29.
Holländer Käse 229, 238.
— Zusammensetzung 815.
Holunderbeere 468.
— Asche 877.
— Zusammensetzung 845.
Holunderbeeröl, Konstanten 885.
Holunderbeerwein 681.
— Zusammensetzung 861.
Holzbirnenkerne, geröstete, Asche 879.
Holzöl, Konstanten 885.
Homogentisinsäure 11, 43.
Honig, Begriff 419.
— Bestandteile 423.
— Coniferenhonig 422.
— Dattelhonig 425.
— Entstehung 420.
— Eucalyptushonig 422.
— Gewinnung 421.
— giftiger 422.
— Honigtauhonig 422.
— Kunsthonig 424.
— Tagmahonig 422.
— türkischer, Zusammensetzung 839.
— Verfälschungen 425.
— Zusammensetzung 421, 839.
Honigersatzstoffe 424.
Honigessig 704.
Honigkuchen 405.
— Zusammensetzung 838.
Honigtauhonig 422.
— Zusammensetzung 839.
Hopfen 605.
— Asche 879.
— Bestandteile 606.
— Säuren 609.
— Schwefeln 609.
— Wirkungen bei der Bierbereitung 609.
Hopfenbitter 115.
Hopfenbittersäuren 608.
Hopfenersatzstoffe 610, 631.
Hopfenextrakte 610.
Hopfenfarbstoffe 609.
Hopfengerbsäure 609.
Hopfenharze 608.
Hopfenöl 607.
Hopfenrot 609.
Hopfenschädlinge 609.
Hordenin 348.
Hubertus-Sprudel, Zusammensetzung 869.
Huhn in Gelee, Zusammensetzung 819.
— innere Teile 261. — Zusammensetzung 819.
Hühnerblut, Asche 872.
Hühnerei 237.
— Asche 871.
— Zusammensetzung 816.
— — der einzelnen Teile 816.
Hühnereieröl, Konstanten 881.
Hühnerfett, Konstanten 881.
Hühnerfleisch 261. — Asche 872.
Hühnerfleisch, Zusammensetzung 818.
— — gekocht 865.
Hülsenfrüchte 354.
— Ausnutzbarkeit 139.
— Verfälschungen 360.
— Verunreinigungen 360.
— Zusammensetzung 831.
Hülsenfruchtmehle 375.
— Zusammensetzung 833.
Hülsenwurm im Fleisch 250.
Hummer 293.
— Asche 873.
Hummerdauerwaren 295.
Hummerfett, Konstanten 882.
Hummerfleisch, eingelegt, Zusammensetzung 824.
— Zusammensetzung 823.
Hummerpastete, Zusammensetzung 820.
Humulon 608.
Hundeblut, Asche 872.
Hundefett, Konstanten 881.
Hundefleisch 260.
— Zusammensetzung 817.
Hundemilch 198.
— Asche 871.
— Zusammensetzung 812.
Hydnocarpussäure 75.
Hydracrylsäure 121.
Hydrocellulose 127.
Hygiama 567. — Zusammensetzung 835.
Hypogäasäure 73.
Hypoxanthin, Eigenschaften 49, 50.
— in Heringslake 290.

Ichthulin 24.
— in Kaviar 286.
Idanin 117.
Igname 438.
Illicium religiosum und verum 494.
Illiciumfett, Konstanten 885.
Indol 11, 44.
— Eigenschaften 44.
Ingwer 522. — Zusammensetzung 850.
Ingwerwein 677.
Inosinsäure 48.
— im Fleisch 245.
Inosit 114.
— im Fleisch 246.
— Wärmewert 151.
Inositphosphorsäure 114.
Inukajaöl, Konstanten 885.
Inukusuöl, Konstanten 885.
Inulase 34.
Inulein 437.
Inulin 110.
— in Topinambur 437.
— Wärmewert 151.
Invertase 34.
Invertzucker 98, 416.
— Zusammensetzung 839.
Invertzuckersirup 419.
— Zusammensetzung 839.
Irisin 111.
Isansäure 74.
Isinglas 459.

Isingglas 459. — Zusammensetzung 843.
Isobuttersäure 71, **119**, 120.
Isocetinsäure 71.
Isocholesterin 78, 79.
Isoleucin, Vorkommen 39.
Isolinolensäure 74.
Isomaltose 103, 108, 628.
Isoölsäure 73.
Isoricinolsäure 74.
Isovaleriansäure 71.
Iwantee 562.

Jams 477.
— Zusammensetzung 846.
Japanknollen 438.
— Zusammensetzung 840.
Japansäure 74.
Japantalg, Konstanten 885.
Jatropha glandulifera, Fett, Konstanten 885.
Jecoleinsäure 73.
Jecorinsäure 74.
Johannisbeeren 468.
— Asche 877.
— Teile 469.
— Zusammensetzung 470, 471, 845.
Johannisbeergelee, Zusammensetzung 848.
Johannisbeermarmelade, Zusammensetzung 846.
Johannisbeersaft, Asche 878.
— Zusammensetzung 847.
Johannisbeersamenöl, Konstanten 885.
Johannisbeersirup, Zusammensetzung 848.
Johannisbeerwein, Zusammensetzung 860.
Johannisbrot 364.
— Zusammensetzung 832.
Julienne 378. — Zusammensetzung 835.

Kabbes s. Weißkohl.
Kabliau, Fleisch, Zusammensetzung 820.
— gekocht, Zusammensetzung 865.
— getrocknet, Zusammensetzung 822.
Kabliaurogen, Asche 872.
— Zusammensetzung 821.
Kabliaurogenfett, Konstanten 882.
Kaffee 527, **531**.
— Asche 878.
— Bestandteile 536.
— coffeinfreier 535.
— Gewinnung 531.
— Glasieren 534.
— roh und geröstet, Zusammensetzung 850.
— Rösten 533, 536, 538.
— Rösterzeugnisse 539.
— Sorten 531.
— Verunreinigungen und Verfälschungen 542.
— wasserlösliche Bestandteile 540.
— Wirkung 527.
— Zubereitung 533.
— Zusammensetzung 850.
Kaffeebaumblättertee 562.
Kaffeeblätter, Zusammensetzung 852.
Kaffee-Ersatzmischungen 554.
Kaffee-Ersatzstoffe 543.
— Zusammensetzung 851.
Kaffee-Essenz Lindes, Zusammensetzung 851.
Kaffee-Extrakt 541.
— Zusammensetzung 850.
Kaffeefett 537.
Kaffeefruchtfleisch 554. — Zusammensetzung 850.
Kaffeefruchtschalen, Zusammensetzung 850.
Kaffeegerbsäure 118, 537.
Kaffeegewürze 543.
Kaffeemischungen, Zusammensetzung 851.
Kaffeeöl 540.
Kaffeesamenöl, Konstanten 885.
Kaffeesurrogat, Wiener, Zusammensetzung 851.
Kaffeetin 551.
Kaffeewickenkaffee 552.
Kaffeezusatzstoffe 543.
Kaiserbrunnen, Aachen, Zusammensetzung 870.
Kajaöle, Konstanten 886.
Kajmak 224.
— Zusammensetzung 814.
Kakao 563.
— Asche 879.
— aufgeschlossener 566.
— — Zusammensetzung 852.
— Ausnutzbarkeit 139.
— Ausnutzungskoeffizienten 809.
— Bestandteile 567.
— Gewinnung 563.
— löslicher 566.
— Rösten 565.
— Rotten 564.
— Untersuchung 569.
— Verfälschungen 568.
— Zusammensetzung 852.
Kakaobohnen, Zusammensetzung 852.
Kakaofett (Kakaobutter) 568.
— gehärtet, Konstanten 889.
— Konstanten 886.
Kakaomasse 563.
— Herstellung 565.
— Zusammensetzung 852.
Kakaonin 567.
Kakaopuder, Zusammensetzung 852.
Kakaopulver, gemischte 566.
— Herstellung 566.
Kakaorot 568.
Kakaoschalen, Asche 879.
— Zusammensetzung 852.
Kalbfleisch 259.
— Zusammensetzung 817.
— — gebraten 865.
— — gekocht 865.
Kalbsbraten, Zusammensetzung 865.
Kalbsfett, Konstanten 881.
Kalbsfüße, Zusammensetzung 818.
Kalbshirn, Zusammensetzung 818.
Kalbskotelette, Zusammensetzung 866.
Kalbsleber, Asche 872.
Kalbsmilch, Zusammensetzung 818.
Kalbsschnitzel, Zusammensetzung 865.
Kalfroom 206.
— Zusammensetzung 813.
Kalk und Magnesia, Einfluß auf den Stoffwechsel 144.
Kalkcasein 305.
— Zusammensetzung 828.

Kalmuswurzel 525.
— Zusammensetzung 850.
Kalte Ente 677.
Kamelbutterfett, Konstanten 881.
Kamelmilch 196.
— Asche 871.
— Zusammensetzung 812.
Kammuschel 290.
— Zusammensetzung 823.
Kandis 416.
Kanditen 402.
— Zusammensetzung 838.
Kaninchenfett, Konstanten 881.
Kaninchenfleisch 261. — Zusammensetzung 818.
Kaninchenleber, Zusammensetzung 818.
Kaninchenmilch, Zusammensetzung 812.
Kanyabutter, Konstanten 886.
Kapaloin 115.
Kapern 515.
— Asche 878.
— Zusammensetzung 850.
Kapoköl, Konstanten 886.
Kaporka 562.
Kapuzinerpilz 462.
Karabrot 369.
Karamel als Kaffee-Ersatz 548.
Karamellen, Zusammensetzung 838.
Karifett, Konstanten 886.
Karobbekaffee 548.
— Zusammensetzung 851.
Karobenfrüchte s. Johannisbrot.
Karotten, getrocknet, Zusammensetzung 842.
Karpfenfett, Konstanten 882.
Karpfenfleisch, Zusammensetzung 820.
Karpfenleber, Zusammensetzung 821.
Karpfenrogen, Zusammensetzung 821.
Karpfenrogenfett, Konstanten 882.
Karpfensperma, Zusammensetzung 821.
Karpfenspermafett, Konstanten 882.
Karsan, Fleischsaft, Zusammensetzung 829.
Kartoffeln 433.
— Asche 874.
— Aufbewahrung 436.
— Ausnutzbarkeit 139.
— Ausnutzungskoeffizienten 809.
— Bestandteile 434.
— Ertrag 434.
— geröstet, Asche 878.
— — Zusammensetzung 868.
— Kochen, Verluste 716.
— Zusammensetzung 840.
— — gekocht 867.
Kartoffelbovist 464.
Kartoffelbranntwein 687.
Kartoffelbrei, gekocht, Zusammensetzung 867.
Kartoffelfuselöl, Bestandteile 686.
Kartoffelkrankheiten 436.
Kartoffelsalat, Zusammensetzung 867.
Kartoffelschmarren, Zusammensetzung 868.
Kartoffelschnitte, Zusammensetzung 842.
Kartoffelstärke 381.
Kartoffelstärkemehl, Zusammensetzung 836.
Kartoffelsuppe, Zusammensetzung 827, 864.
Kartoffelwalzmehl 394.
Kartoffelwurst, Zusammensetzung 820.
Kaschkaval 233. — Zusammensetzung 816.
Käse, Arten 212.
— Asche 871.
— Ausnutzbarkeit 137.
— Ausnutzungskoeffizienten 807.
— Begriffe 212.
— Einviertelfettkäse, Zusammensetzung 815.
— Engadiner, Zusammensetzung 815.
— Exportkäse, dänischer 230.
— — — Zusammensetzung 815.
— Fehler 221.
— Fettkäse 225.
— — Zusammensetzung 814.
— Glarner Schabzieger 230.
— Halbfettkäse 228.
— — Zusammensetzung 814.
— Handkäse 230.
— Hartkäse 226.
— Harzer 230.
— — Zusammensetzung 815.
— Herstellung 213.
— Holsteiner, Asche 871.
— Kaukasischer, Zusammensetzung 814.
— Kunstfettkäse s. Margarinekäse.
— Magerkäse 229.
— — Zusammensetzung 815.
— Molkenkäse, Zusammensetzung 816.
— Münster Käse 226.
— — — Zusammensetzung 814.
— Nieheimer 230.
— portugiesischer, Zusammensetzung 814.
— Ragniter 227.
— Rahmkäse 224.
— — Zusammensetzung 814.
— Reifung 214.
— — Ursachen 219.
— russischer, Zusammensetzung 814.
— Sauermilchkäse 230.
— Schabzieger 230.
— Schafkäse 232.
— — Zusammensetzung 816.
— schwedischer, Zusammensetzung 814.
— Schweizer, Asche 871.
— serbischer, halbfett, Zusammensetzung 814.
— — mager, Zusammensetzung 815.
— Stippkäse 204.
— Überfettkäse 224.
— Untersuchung 224.
— Verfälschungen 222.
— Vorarlberger, Zusammensetzung 815.
— Weichkäse 225.
— Zieger 231.
— — Zusammensetzung 815.
— Zusammensetzung verschiedener Sorten 814.
Käsemilch, Zusammensetzung 816.
Kastanien 364. — Zusammensetzung 832.
Kastanienfett, Konstanten 886.
Kastanienkern, Asche 874.
Kastanienmehl 375.
— Zusammensetzung 833.
Kath 530.
Katioöl, Konstanten 886.
Kautabak 578.

Kautschuk, Vulkanisation 780.
Kautschukwaren 780.
Kaviar, Asche 872.
— Begriff 284.
— Bestandteile 285.
— Gewinnung 285.
— Sorten 285.
— Untersuchung 287.
— verdorbener 287.
— Verfälschungen 287.
— Zusammensetzung 285, 821.
Kaviarfett, Konstanten 882.
Kawa-Kawa 530.
Kefir 201. — Zusammensetzung 813.
Kehrmehl 370.
Kentuckykaffee 554.
Keratin 31.
Kerbelöl, Konstanten 886.
Kerbelrübe 439.
— Zusammensetzung 840.
Kernmarkbrot 369.
Ketohexosen 83.
— Eigenschaften 94.
Kichererbse 358.
Kichererbsenkaffee 552.
Kichererbsenöl, Konstanten 886.
Kickxia elastica, Fett, Konstanten 886.
Kiebitzeier 237. — Zusammensetzung 816.
Kiefernsamenöl, Konstanten 886.
Kindermehle 377.
— Zusammensetzung 833.
Kindermilch 201.
— Backhaus, Zusammensetzung 813.
— Löfflunds, Zusammensetzung 834.
— peptonisierte, Löfflunds, Zusammensetzung 813.
Kindernährmittel, Hempels, Zusammensetzung 834.
Kindernahrung, Löfflunds, Zusammensetzung 834.
Kinderspielwaren s. Spielwaren.
Kindersuppe Liebes, Zusammensetzung 834.
Kinderzwieback, Zusammensetzung 834.
Kirin 585.
Kirschen 468.
— Asche 876, 877.
— Teile 469.
— Zusammensetzung 470, 471, 844.
Kirschenbranntwein 690.
— Zusammensetzung 862.
Kirschenkernöl, Konstanten 886.
Kirschenmarmelade, Zusammensetzung 846.
Kirschensaft, Asche 878.
— Zusammensetzung 847.
Kirschgummi 112.
Kirschlorbeerblätter 517.
Kirschsirup, Zusammensetzung 848.
Kirschwasser 690.
Klaffmuschel 292.
— Asche 873.
— Zusammensetzung 823.
Klauenöl 329.
— Konstanten 881.
Kleberproteine 22.
Kleiderstoffe, Zweck und Eigenschaften 801.
Kleien 370.
Klippfisch 288. — Zusammensetzung 822.
Klops, Zusammensetzung 866.
Klöße, Fleisch-, Zusammensetzung 866.
— Karthäuser, Zusammensetzung 867.
— Semmel-, Zusammensetzung 867.
Knackwurst, Zusammensetzung 819.
Kneippkaffee 549.
Knoblauch 447.
— Zusammensetzung 841.
Knochen, Zusammensetzung 818.
— und Knorpel 267.
Knochenextrakt 313.
Knochenfett 329.
— Konstanten 881.
Knochenmark, Zusammensetzung 818.
Knochenmarkfett, Konstanten 881.
Knochenöl 329.
Knödel, Zusammensetzung 866.
Knollenblätterschwamm 462.
Knorpel 267.
Knurrhahnfleisch, Zusammensetzung 820.
Kobibutter, Konstanten 886.
Kochen des Fleisches 712.
— — — Veränderungen bei demselben 713.
— der pflanzlichen Nahrungsmittel, Veränderungen und Verluste 715.
Kochkäse 231.
— Zusammensetzung 815.
Kochsalz 709.
— Einfluß auf den Stoffwechsel 146.
— Gewinnung 709.
— Küchen- und Tafelsalz 709.
— Steinsalz 709.
— Viehsalz 711.
Kofuwein 584.
Kognak, Begriff 693.
— Herstellung 693.
— Zusammensetzung 695, 862.
Kognakessenz 699.
Kognaköl 695.
Kohl 451.
— Asche 875.
— Ausnutzungskoeffizienten 809.
— Zusammensetzung 841.
— — mit Grütze, getrocknet 842.
Kohlenhydrate 82.
— Konstitution 82.
Kohlrabi 446.
— Blätter, Asche 875.
— gekocht, Zusammensetzung 868.
— getrocknet, Zusammensetzung 842.
— Knollen, Asche 875.
— Zusammensetzung 840.
Kohlrübe 444.
— Asche 875.
— Zusammensetzung 840.
Kohlrüben, gekocht, mit Fleisch, Zusammensetzung 868.
Kolbenhirse 354.
Kollagen 30.
Kommißbrot, Zusammensetzung 836.
Kompott, Zusammensetzung 868.
Konditorwaren 402. — Zusammensetzung 837.

Konfitüren 477.
Kongokaffee 552.
— Zusammensetzung 851.
Kopfsalat, Zusammensetzung 453, 842.
Koprosterin 78.
Korinthen 475, 673.
— Zusammensetzung 845.
Kori-Tofu 234.
Kornbranntwein 688.
Kornelkirsche, Asche 876.
— Zusammensetzung 844.
Kornfuselöl, Bestandteile 686.
Kornkaffee 550.
Korossusmehl 370, 376.
Kosmetische Mittel 787.
Kost, gemischte 154.
— Nährstoffbedarf 153.
— Proteingehalt 156.
Kostsätze, Ermittelung 163, 717.
— Nährstoffmengen für verschiedene Verhältnisse 161.
Kot, Menge und Zusammensetzung 135.
Krabben 293.
— eingelegt, Zusammensetzung 824.
— Verfälschungen 294.
— Zusammensetzung 823.
Krabbendauerwaren 295.
Krabbenextrakt 293, 294.
— Zusammensetzung 824.
Krabbenfett, Konstanten 882.
Kraft und Stoff, Suppenmehl, Zusammensetzung 835.
Kraftalbumin 199.
Kraftbrot, Degeners, Zusammensetzung 837.
Kraftbrühe, Zusammensetzung 825.
Kraftsuppenmehle 378.
— Zusammensetzung 835.
Krammetsvogelfleisch, Zusammensetzung 818.
Kranken-Bouillonextrakt Maggi, Zusammensetzung 830.
Kraut s. Obstkraut.
Kräuterkäse 230.
— Zusammensetzung 815.
Kreatin, Bildung 12.
— Eigenschaften 54.
— im Fleisch 245.
— Wärmewert 150.
— und Kreatinin in Milch 167.
Kreatinin, Eigenschaften 54.
Krebse 293.
Krebspulver, Zusammensetzung 824.
Krebssuppe, Zusammensetzung 827.
Kresol, Bildung bei Fäulnis 45.
Kressenöl, Konstanten 885.
Kronolin 199.
Kronsbeeren, Asche 877.
— Zusammensetzung 845.
Krotonöl, Konstanten 886.
Krustentiere 293.
Krutt, Zusammensetzung 815.
Kruziferenöl, Konstanten 886.
Kuchen, Zusammensetzung 838.
— und Torten 404.
Kuhbutter s. Butter.
Kuhbutterfett, gehärtet, Konstanten 889.
— Konstanten 881.
Kuheuter 266.
— Zusammensetzung 818.
Kuhmilch, Arzneistoffe, Aufnahme aus dem Futter 190.
— Asche 871.
— Colostrum, Asche 871.
— — Zusammensetzung 810.
— Eigenschaften 181.
— Einfluß der Bewegung 188.
— — der Brunst 189.
— — der Fütterung 184.
— — der Jahreszeit 182.
— — der Kastration 189.
— — der Lactation 181.
— — der Melkart 184.
— — der Melkzeit 183.
— — der Rasse 181.
— — der Temperatur und Witterung 188.
— Erzeugnisse 198.
— — Zusammensetzung 813.
— gebrochenes Melken 183.
— Gefrieren 189.
— Gifte, Aufnahme aus dem Futter 189.
— Höhenviehmilch, Zusammensetzung 810.
— Kochen 190.
— kondensierte, Zusammensetzung 812.
— Niederungsviehmilch, Zusammensetzung 810.
— Pasteurisieren 190.
— Verkehrsvorschriften 190.
— Zusammensetzung 181, 810.
— — Einflüsse darauf 181.
— — bei gebrochenem Melken 811.
— — bei verschiedener Fütterung 811.
— — bei verschiedenen Lactationsstufen 810.
— — bei verschiedenen Melkzeiten 811.
Kukuruzöl 339.
Kümmel, Asche 878.
— Gewürzkümmel 510.
— römischer 511.
— — Zusammensetzung 849.
— Zusammensetzung 849.
Kümmelkäse, Zusammensetzung 815.
Kümmelöl, Konstanten 886.
Kumys 202.
— Zusammensetzung 813.
Kunsthonig 419.
— Zusammensetzung 839.
Kunstmilch 206, 813.
Kunstseide 801.
— Herstellung 128.
Kunstspeisefett 332.
— Ausnutzungskoeffizienten 807.
— Zusammensetzung 831.
Kunstsüßwein, Zusammensetzung 861.
Kunstweine, Zusammensetzung 861.
Kupfer, Giftigkeit 778.
— Verwendung für Eß-, Trink- und Kochgeschirr 777.
Kürbis 448.
— Asche 875.
— eingemacht, Zusammensetzung 842.
— Zusammensetzung 448, 841.

Kürbiskernöl 339.
Kürbissamenöl, Konstanten 886.
Kurkasöl, Konstanten 886.
Kusuöl, Konstanten 886.
Kuvertüre 563.
Kwaß 584.
— Zusammensetzung 853.
Kynurensäure 44.
— Bildung 12.
Kyrine 15, 29.
Kyroprotsäure 12.

Lab 35.
— Gewinnung 213.
Labferment im Magensafte 130.
Lablabbohnen, Zusammensetzung 831.
Lachs, geräuchert, Zusammensetzung 822.
Lachsfett, Konstanten 882.
Lachsfleisch, Asche 872.
— Zusammensetzung 820.
Lachsforellenfleisch, Zusammensetzung 821.
Lactalbumin 18.
Lactarin 305.
— Zusammensetzung 828.
Lactase 34.
Lactoglobuline 21.
Lactoleguminose Gerbers, Zusammensetzung 834.
Lactomaltose 205.
— Zusammensetzung 813.
Lactose 169.
— Bestimmung 102.
— Eigenschaften 99, 100, 102.
— Konstitution 99.
— Nachweis 102.
— Vergärung 99.
— Vorkommen 102.
— Wärmewert 151.
Lactosin 105.
Lagerbier s. Bier.
Lahmanns vegetabilische Milch 206.
— Zusammensetzung 813.
Lakby 583.
Lakkase 35.
Lakmi 583.
Lamamilch 196.
— Zusammensetzung 812.
Lambik 602.
— Zusammensetzung 853.
Laminaria, Asche 876.
— Zusammensetzung 843.
Langer Pfeffer, Asche 878.
Lanolinalkohol 80.
Lanopalminsäure 80.
Lärchensamenöl, Konstanten 886.
Latwerge 477.
Lauch (Porree) 447.
— — Asche 875.
— — Zusammensetzung 841.
— — — getrocknet 842.
Laurinsäure 70.
Lävulin 111.
Lävulinsäure, Bildung 94.
Lazula 386.
Leben raib 204.
Leber der Schlachttiere 265.
— — — Zusammensetzung 818.
— Kalbsleber, Asche 872.
Leberegel 251.
Leberkäse 278.
Leberpilz 463.
— Zusammensetzung 844.
Lebertran 327.
— Anwendung 328.
— gehärtet, Konstanten 889.
Leberwurst 277. — Zusammensetzung 820.
Lebkuchen 405. — Zusammensetzung 838.
Leblebiji 358.
Lecithin 24.
— Begriff 314.
— Eigenschaften 55.
— Gewinnung 314.
— in Eifett und Eigelb 238, 239.
— in Fischrogen 286.
— in Fischsperma 288.
— im Fleisch 246.
— in der Galle 131.
— in Hülsenfrüchten 355.
— in Milch 169.
— Zusammensetzung 315.
Lecithinphosphorsäure in Teigwaren 387.
Lederkäse 230.
Legumelin 19.
Legumin 21.
Leguminosen 378.
— s. auch Hülsenfrüchte.
Leguminosen-Malzmehl, Zusammensetzung 835.
Leguminosenmehle, Ausnutzungskoeffizienten 808.
Leguminosenmehlextrakt, Zusammensetzung 835.
Leguminosensuppenmehle, Zusammensetzung 835.
Leibniz-Cakes, Zusammensetzung 837.
Leim 15, 30.
— Hydrolyse 30.
— Reaktionen 30.
Leindotteröl, Konstanten 886.
Leinöl 339.
— gehärtet, Konstanten 889.
— Konstanten 886.
— Wärmewert 150.
Leinsamenschleim 112.
Leiokome s. Dextrine.
Lendenbraten, Zusammensetzung 865.
Lerchenschwamm 461.
Leucin 10, 11.
— Eigenschaften 39.
— Wärmewert 150.
Leukosin 19.
Lichenin 110.
Liebermannsche Reaktion 8.
Liebesapfel s. Tomate.
Liebigs Fleischextrakt 295.
— Zusammensetzung 824.
Lignin 126, 127. — Bestimmung 128.
Lignocellulosen 126.
Lignocerinsäure 71.
Liköre, Begriff 697.
— Herstellung 697.
— Sorten 697.
— Zusammensetzung 862.

Likörfruchtwein 679.
Likörwein s. Süßwein.
Limburgerkäse 228.
— Zusammensetzung 814, 815.
Limonaden 484.
— Zusammensetzung 848.
Limonadenessenzen 485.
Limusinsäure 74.
Linolensäure 74.
Linolsäure 73.
Linsen 358.
— Asche 873.
— Zusammensetzung 831.
Linsenbrei, gekocht, Zusammensetzung 867.
Linsenmehl, Ausnutzungskoeffizienten 808.
— Zusammensetzung 833.
Linsensuppen, Zusammensetzung 827.
Linsenwicke 358.
Lipase 35.
— im Pankreassaft 133.
Lipochrome 116.
Lipoide 55.
Lodisankäse 229.
— Zusammensetzung 814.
Löffelkrautfett, Konstanten 886.
Löfflunds peptonisierte Kindermilch 201.
— — — Zusammensetzung 813.
— Rahmdauerware, Zusammensetzung 813.
Lorbeerblätter 517.
— Zusammensetzung 850.
Lorbeeröl, Konstanten 886.
Lorchel 463.
— Asche 876.
— Zusammensetzung 844.
— — getrocknet 844.
Löwenzahn 454.
Löwenzahnsalat, Zusammensetzung 842.
Löwenzahnwurzel, geröstet, Asche 878.
Löwenzahnwurzelkaffee 547.
— Zusammensetzung 851.
Luft, Ammoniakgehalt 761.
— Bedeutung 754.
— Bestandteile 754.
— Bewegung 756.
— Fabrikstaub 763.
— Feuchtigkeit 757.
— Gradient, barometrischer 756.
— Isobaren 756.
— Kenotoxin 770.
— Kohlensäuregehalt 759.
— Luftdruck 756.
— Ozongehalt 760.
— physikalische Eigenschaften 755.
— Rauch 763.
— Rußgehalt 763.
— Salpetersäuregehalt 761.
— Sauerstoffgehalt 759.
— Staub 761.
— Temperatur 755.
— Untersuchung 771.
— Verunreinigungen, Abortgrubenluft 766.
— — Ausatmungsluft von Menschen 769.
— — Bodenluft 766.
— — durch giftige Tapeten, Kleider 769.
Luft, Verunreinigungen durch Heizanlagen 768.
— — durch künstliche Beleuchtung 767.
— — — Industriegase 764.
— — — Kanalluft 766.
— Wasserstoffsuperoxydgehalt 761.
Lunge der Schlachttiere 264.
— — — Zusammensetzung 818.
Lungenwurm 251.
Lupanin, Eigenschaften 57.
Lupeol 78.
Lupeose 105.
Lupinen 359.
— gelbe, Asche 873.
— geröstete, Asche 879.
— Zusammensetzung 831.
Lupinenalkaloide 57.
Lupinenentbitterung 360.
Lupinenkaffee 551.
— Zusammensetzung 851.
Lupinidin 58.
Lupinin, Eigenschaften 58.
Lupulin 606.
Lupulinsäure 608.
Luridussäure 466.
Luteine 116, 239.
Luzernesamenöl, Konstanten 886.
Lycin s. Betain.
Lycopin 116.
Lysin 10, 11.
— Bildung 41.
Lysursäure, Bildung 41.
Lyxose 91.

Mabula Pansa, Fett, Konstanten 886.
Macis 491.
— Zusammensetzung 849.
Madeirawein 671.
— Zusammensetzung 857.
Mafuraöl, Konstanten 886.
Mafuratalg, Konstanten 886.
Magensaft, Absonderung 130.
— Fermente 130.
— Wirkung 130.
Magermilch 206.
— Asche 871.
— kondensierte, Zusammensetzung 812.
— Zusammensetzung 813.
Magermilchkäse 229.
Magermilchpulver 200. — Zusammensetzung 812.
Maggi Bouillonwürfel, Zusammensetzung 825.
Mahlerzeugnisse 370.
Mahlzeiten, Nahrungsmittelverteilung 162.
Maifischfleisch, Zusammensetzung 820.
Mainzerkäse 230.
— Zusammensetzung 815.
Mais 350.
— Asche 873.
Maisbier, Zusammensetzung 853.
Maisbrote, Zusammensetzung 836.
Maisgrieß, Zusammensetzung 832.
Maiskaffee 551.
Maiskeimöl, Konstanten 887.
Maiskleie 383.
Maismalzkaffee 551.

Maismalzkaffee 551. — Zusammensetzung 851.
Maismehl 374.
— Asche 874.
— Ausnutzungskoeffizienten 808.
— Zusammensetzung 832.
Maisöl 339.
— Konstanten 887.
Maisölkuchen 383.
Maisstärke 383.
— Zusammensetzung 836.
Maiszucker 418.
— Zusammensetzung 839.
Maitrank 677.
Maiwein 677.
Maizena s. Maisstärke.
Majoran 517.
— Asche 878.
— Zusammensetzung 850.
Makkaroni 386. — Asche 874.
— Ausnutzungskoeffizienten 808.
— Zusammensetzung 836.
Makrele, Zusammensetzung 820.
— — geräuchert 822.
Makronen 404. — Zusammensetzung 838.
Makulangbutter, Konstanten 887.
Malabartalg, Konstanten 887.
Malagawein 669. — Zusammensetzung 857.
Malonsäure 122
Maltase 34.
Maltol 615.
Maltoleguminose 379. — Zusammensetzung 835.
Maltonwein 681.
— Zusammensetzung 861.
Maltopeptone, Zusammensetzung 830.
Maltose, Bildung 102, 108.
— Darstellung 103.
— Eigenschaften 99, 100, 103.
— im Bier 628.
— im Fleisch 246.
— im Malz 614.
— Konstitution 99.
— Vergärung 99.
— Wärmewert 151.
— Zusammensetzung 840.
Malz, Anforderungen 617.
— Bereitung 612.
— Darren 614.
— Entkeimung 617.
— Farbmalzbereitung 615.
— Zusammensetzung 614.
Malzersatzstoffe 631.
Malzessig 703, 706.
— Zusammensetzung 863.
Malzextrakt 381.
— Zusammensetzung 835.
Malzextraktbier 604. — Zusammensetzung 853.
Malzkaffee 549.
— Zusammensetzung 851.
Malzkakao 566.
— Zusammensetzung 852.
Malzkeimfett, Konstanten 887.
Malzkraut 481. — Zusammensetzung 848.
Malzmehl mit Diastase, Zusammensetzung 835.
Malzschokolade 566.
Malzwein 681.
— Zusammensetzung 861.
Malzzucker 426.
— s. auch Maltose.
Mandel 364.
— süße, Asche 874.
— Zusammensetzung 832.
Mandelbrot, Zusammensetzung 837.
Mandelkaffee 551.
Mandelkuchen, Zusammensetzung 838.
Mandelmilch 206.
— Zusammensetzung 813.
Mandelöl 364.
— gehärtet, Konstanten 889.
— Konstanten 887.
Mangold 452. — Zusammensetzung 842.
Manihot glascovii, Fett, Konstanten 887.
Manihotstärke 384.
Mankettinußöl, Konstanten 887.
Manna 425.
Mannane in Zellmembranen 127.
Manneotetrose 105.
Mannit 85, 93.
— Wärmewert 151.
Mannose 95.
Manurkäse, Zusammensetzung 814.
Marantastärke 384.
Maraschino, Zusammensetzung 863.
Margarine, Ausnutzungskoeffizienten 807.
— Begriff 329.
— Fehler 330.
— Herstellung 330.
— Untersuchung 331.
— Verfälschungen 331.
— Zusammensetzung 330, 831.
Margarinekäse 233.
— Zusammensetzung 816.
Margosaöl, Konstanten 887.
Marmeladen 477.
— gemischte, Zusammensetzung 846.
— Zusammensetzung 846.
Maronen 364.
Marsalawein 671.
— Zusammensetzung 857.
Märzenbier, Zusammensetzung 853.
Marzipan 404.
— Zusammensetzung 838.
Mascarponekäse 224.
— Zusammensetzung 814.
Mate 527, 560.
— Asche 879.
— Zusammensetzung 851.
Maulbeeren 468.
— Asche 877.
— Zusammensetzung 845.
Maulbeermarmelade, Zusammensetzung 846.
Maulbeersamenöl, Konstanten 887.
Maultiermilch 197.
— Zusammensetzung 812.
Mazun 203.
Meat Juice 310. — Zusammensetzung 825, 829.
Meeräschenfleisch, Zusammensetzung 821.
Meeresalgen 459. — Zusammensetzung 843.
Meerkohlfett, Konstanten 887.

Meerrettich 446.
— Asche 875.
— Zusammensetzung 841.
Meerschweinfett, Konstanten 883.
Meerschweinmilch, Zusammensetzung 812.
Mehlbrei, gekocht, Zusammensetzung 867.
Mehle, Ausnutzbarkeit 138.
— Begriff 365.
— Gewinnung 366.
— Untersuchung 376.
— Verunreinigungen und Verfälschungen 376.
— Zusammensetzung 832.
Mehlextrakte 381.
— Zusammensetzung 835.
Mehlschwamm 461.
Mehlsuppen, Zusammensetzung 864.
Melanine 116.
Melasse 414.
— Bestandteile 482.
— Strontianmelasse, Zusammensetzung 848.
Melassebranntwein 689.
Melezitose 103, 104.
— Wärmewert 151.
Melibiose 103.
Melissinsäure 80.
Melitose s. Raffinose.
Melone 448.
— Zusammensetzung 841.
Melonenöl, Konstanten 887.
Menhadenfett, Konstanten 883.
Menschenfett, Konstanten 881.
Menyanthin 115.
Mercaptan, Bildung bei Fäulnis 45.
Merissa 585.
Merlanfleisch, Zusammensetzung 821.
Mesodesmamuschel 292.
— Zusammensetzung 823.
Mesoweinsäure 124.
Messinggeschirr 777.
Metallegierungen, Verwendung für Eß-, Trink- und Kochgeschirr 779.
Metapektinsäure 113.
Methämoglobin 26.
Methylguanidin 46.
— Vorkommen 55.
Methylpentosen 91.
Methysticin 530.
Mettwurst 277.
— Zusammensetzung 819.
— — gekocht, 865.
Mezcalin 530.
Mezzoradu 204.
Midzuame 585.
Mielline 206.
— Zusammensetzung 813.
Miesmuschel 292.
— Asche 873.
— Zusammensetzung 823.
Miesmuscheln, giftige 294.
Miesmuschelfett, Konstanten 883.
Miesmuschelpaste, Zusammensetzung 824.
Mietose 310. — Zusammensetzung 829.
Milch, Antigenkörper 169.
— Antitoxine 169.
Milch, Arten s. die einzelnen.
— Aufrahmung, freiwillige 207.
— Ausnutzbarkeit 137.
— Ausnutzungskoeffizienten 807.
— Backhaus Kindermilch, Zusammensetzung 813.
— Bakterien 171.
— Begriffe 164.
— Bestandteile 166.
— bittere 175.
— Brechungsindex 166.
— buddisierte 200.
— Buttermilch 211.
— — Zusammensetzung 813.
— Casein 167.
— Cholesterin 169.
— eingedickte 199.
— Entrahmung durch Zentrifugen 208.
— Entstehung 165.
— Enzyme 169.
— faulige 175.
— Fermente 169.
— Fettmilch, Gaertnersche 201.
— fischige 175.
— Frauenmilch s. dort.
— gärende 175.
— Gärtners Fettmilch, Zusammensetzung 813.
— Gärungserzeugnisse 201.
— — Verfälschungen 205.
— — Zusammensetzung 813.
— Gase 171.
— Gefrierpunkt 166.
— gerinnende 175.
— Gewinnung 165.
— grießige 175.
— Haltbarmachung 176.
— Handelsmilch 164.
— Hefen und Mycelpilze 174.
— homogenisierte 200.
— käsige 175.
— Kindermilch, Backhaussche 201.
— kondensierte 199.
— Krankheitsbakterien 173.
— Kuhmilch s. dort.
— Kunstmilch 206.
— — Zusammensetzung 813.
— Lactose, 99, 102, 169.
— Lahmanns vegetabilische 206.
— Lecithin 169.
— Löfflunds peptonisierte, Zusammensetzung 813.
— Magermilch 206.
— — Zusammensetzung 813.
— Mineralstoffe 170.
— Nährsalzmilch 199.
— nicht gerinnende 175.
— Opalisin 167.
— pasteurisierte 198.
— Perhydrasemilch 200.
— Pflanzenmilch 206.
— — Zusammensetzung 813.
— Plasma 164.
— Proteine 167.
— Rahmdauerware Löfflunds, Zusammensetzung 813.

Milch, Rahmgemenge, Biedertsches 201.
— — — Zusammensetzung 813.
— Reaktion 166.
— Rübengeschmack 175.
— salzige 175.
— sandige 175.
— seifige 175.
— Serum 164.
— spezifisches Gewicht 166.
— spezifische Wärme 166.
— sterilisierte 198.
— stickige 175.
— Stickstoffverbindungen 167.
— träge 175.
— Trockenmilch 200.
— Untersuchung 177.
— vegetabilische Lahmanns, Zusammensetzung 813.
— Veränderungen 171.
— Verfälschungen 177.
— Viskosität 166.
— Vitamine 169.
— Vollmers Muttermilch 201.
— — — Zusammensetzung 813.
— Wassergehalt 167.
— zubereitete, Zusammensetzung 813.
— Zusammensetzung, Einflüsse 171.
— — verschiedener Arten 810.
Milchabsonderung, Störungen 175.
Milchähnliche Erzeugnisse 206.
— — Zusammensetzung 813.
Milcharten, Zusammensetzung 167.
Milchbakterien 171.
Milcheiweiß, Nicol 308.
Milchenzyme 169.
Milchfehler 171.
— Beseitigung 176.
Milchfett, Cholesteringehalt 169.
— Eigenschaften 168.
— Fettsäuren 168.
— Lecithingehalt 169.
Milchfleischextrakt 309.
— Zusammensetzung 828.
Milchkakao 563.
Milchlin 199.
Milchnährmittel, Zusammensetzung 828.
Milchpulver 200.
— Zusammensetzung 812.
Milchsäure 121.
— Bestimmung 122.
— Bildung aus Äpfelsäure 647.
— — bei der Gärung 595.
— Entstehung 121.
— im Wein 662.
Milchsäurebakterien 172.
Milchschokolade 566.
Milchzucker 426.
— Herstellung 236.
— Zusammensetzung 839.
— s. auch Lactose.
Milchzwieback, Zusammensetzung 834.
Millonsche Reaktion 8.
Milz der Schlachttiere 265.
— — — Zusammensetzung 818.
Mimusops elengi, Fett, Konstanten 887.
Mineralhefe 307.
Mineralstoffe, Bedeutung für den Stoffwechsel 144.
— Bestimmung 129.
— der Nahrungsmittel 128.
— — — Zusammensetzung 871.
Mineralwasser, Begriff 748.
— Einteilung 749.
— physiologische Wirkung 752.
— Tafelwässer, halbnatürliche 750.
— — künstliche 751.
— — natürliche 749.
— — veränderte 750.
— Verfälschungen 753.
— Verunreinigungen 752.
— Zusammensetzung 869.
Mirabellen 468.
— Asche 876.
— Teile 469.
— Zusammensetzung 845.
Mirabellenbranntwein 690.
— Zusammensetzung 862.
Mirabellensaft, Zusammensetzung 847.
Mirin 585.
Miso, japanische und chinesische 301.
— Zusammensetzung 302, 825.
Mispel 467.
— Asche 876.
— Zusammensetzung 844.
Mispelsaft, Zusammensetzung 847.
Mkanifett, Konstanten 887.
Mock-Turtl-Suppe, Zusammensetzung 827.
Mogdadkaffee 552. — Zusammensetzung 851.
Mohnöl 338.
— gehärtet, Konstanten 890.
— Konstanten 887.
— Wärmewert 150.
Mohnsamen 362.
— Asche 874.
— Zusammensetzung 832.
Mohrenhirse 353.
Möhren 444, 446.
— Asche 875.
— Ausnutzungskoeffizienten 809.
— Zusammensetzung 840.
— — gekocht 868.
Möhrenkraut 481.
— Zusammensetzung 848.
Möhrenöl, Konstanten 887.
Mohrrübe 446. — Zusammensetzung 840.
Molischsche Reaktion 8.
Molken 235.
— Asche 871.
— Zusammensetzung 816.
Molkenbrot 237.
Molkenbutter 316.
Molkenchampagner 205.
Molkenessig 236, 276, 704.
Molkenkäse 231.
— Zusammensetzung 815, 816.
Molkenprotein 23.
Molkenpulver, Zusammensetzung 812.
Molkenpunsch 205.

Mondamin s. Maisstärke.
Mondbohne 356.
Monosaccharide 93.
Moos, Carragheenmoos 459.
— irisches, Zusammensetzung 843.
— isländisches 459.
— — Zusammensetzung 843.
— Renntiermoos 459.
Moosbeersaft, Zusammensetzung 847.
Morcheln 463.
— Asche 876.
— Zusammensetzung 844.
— — getrocknet 844.
Moringa pterygosperma, Fett, Konstanten 887.
Moselweine, Zusammensetzung 854, 858, 859.
Most s. Weinmost.
Mövenei 237.
Mowrahfett, Konstanten 887.
Mucedin 22.
Mucine 25.
Mucinoide 25.
Mucocellulosen 126.
Müllerei 366.
Mumme, Braunschweiger 604.
— — Zusammensetzung 853.
Mundwässer 788.
Murexid-Reaktion 52.
Muscarin 46, 466.
Muscheln 292.
Muschelextrakt, Zusammensetzung 824.
Muschelfleisch, Asche 873.
— Zusammensetzung 823.
Muschelvergiftung 256.
Muse 477. — Zusammensetzung 846.
Muskatbutter 490.
— Konstanten 887.
Muskatnuß 490.
— Zusammensetzung 849.
Muskelfasern, quergestreifte und glatte 247.
Muskelplasma 244.
Muskelstroma 21, 244.
Mussaendakaffee 553.
Musseron 461.
Mutase 310.
— Zusammensetzung 829.
Mutterkümmel 511.
Mutterkümmelfett, Konstanten 887.
Muttermilch, Vollmers 201.
— — Zusammensetzung 813.
Muttermilchersatz Cratos, Zusammensetzung 833.
Mutternelken 507.
— Zusammensetzung 849.
Mydatoxin 46.
Mydin 46.
Mykoide 25.
Mykosamin 25.
Mykose, Eigenschaften 100, 103.
Myoalbumin 19.
Myofibrin 21.
Myogen 20, 306.
— im Muskelfleisch 244.
— Zusammensetzung 828.
Myogenfibrin 245.
Myosin 20, 21.
Myosin, Bildung von Acidmyosin 27.
— im Muskelfleisch 244.
Myricylalkohol 80.
Myristicol 492.
Myristin 492.
Myristinsäure 70.
Myristopalmitoolein 68.
Myronsäure 59.
Myrosin 35.
Myrtillidin 117.
Mysost 231. — Zusammensetzung 815.
Mytilotoxin 46, 254.

Nägelchen 511.
Nährbiskuits, Zusammensetzung 834.
Nährgeldwert, Begriff 5.
Nährhefe 307. — Zusammensetzung 828, 835.
Nährmittel, diätetische 304.
— Zusammensetzung 828.
Nährpräparat Kandlers, Zusammensetzung 834.
Nährsalzkakao 567.
— Zusammensetzung 852.
Nährstoff, Begriff 1.
— Heyden, Zusammensetzung 830.
Nährstoffe, Bedarf 161.
— Mengen in Kostsätzen 161.
— Wertsfaktoren 4.
— Wertsverhältnis 4.
Nährstoffverhältnis, Begriff 1.
Nahrung, Bedarf, Ausdruck 155.
— — Einfluß des Alters 159.
— — — der Arbeit 159.
— — — der Temperatur 159.
— — an tierischer und pflanzlicher 157.
— Begriff 1.
— gemischte, Ausnutzungskoeffizienten 809.
— Kostsätze 161.
— Krankennahrung 162.
— pflanzliche und tierische 154.
— Proteinmenge 156.
Nahrungsmittel, Bedarf des Menschen 153.
— — — — an tierischen und pflanzlichen 157.
— Begriff 1.
— pflanzliche, Kochen, Veränderungen und Verluste 715.
— Verteilung auf Mahlzeiten 162.
Nahrungsmittelzubereitung 712.
Nährwert, Begriff 2.
Nanaja 584.
Nataloin 115.
Natto 234. — Zusammensetzung 816.
Negerkaffee 552.
Nelken s. Gewürznelken.
Nelkenpfeffer 503.
— Zusammensetzung 849.
Nelkenpfefferöl 503.
Nelkensäure 503.
Nelkenschwindling 462.
— Zusammensetzung 843.
Nervin Suppenwürze, Zusammensetzung 825.
Nesselblätter 454.
Nesselsalat, Zusammensetzung 842.
Neufchâteller Käse 224, 225.
— — Zusammensetzung 814.

Neunauge, gebraten, Zusammensetzung 822.
— geräuchert, Zusammensetzung 822.
Neurin 46.
Neutral-Lard 323.
Niamfett, Konstanten 887.
Nickel, Verwendung für Eß-, Trink- und Kochgeschirr 775.
Nicotein 574.
Nicotellin 574.
Nicotimin 574.
Nicotin 574.
Niederselters, Tafelwasser, Zusammensetzung 870.
Niere der Schlachttiere 264.
— — — Zusammensetzung 818.
Nigeröl, Konstanten 887.
Nikol, Zusammensetzung 828.
Nilpferdmilch, Zusammensetzung 812.
Niopo 530.
Nucit 114.
Nuclease 35.
Nucleinbasen 47, 49.
Nucleine 23, 24.
— Eigenschaften 47.
Nucleinsäuren 47, 48.
Nucleoalbumine 23.
Nucleoproteine 24.
Nucleotinsäure 24.
Nudeln 386.
— Zusammensetzung 836.
— — gekocht 867.
Nudelsuppe, Zusammensetzung 864.
Nußbutter, vegetabilische, Zusammensetzung 831.
Nußöl s. Haselnußöl und Walnußöl.
Nutrium 305.
— Zusammensetzung 828.
Nutrose 308.
— Ausnutzungskoeffizienten 808.
— Zusammensetzung 828.

Oberbrunnen, Salzbrunner, Zusammensetzung 870.
Obron Hefenextrakt, Zusammensetzung 826.
Obst 467.
— Arten 467.
— Asche 876.
— Bestandteile 469.
— Krankheiten 474.
— Reifung 471.
— Verfälschungen 474.
— Zusammensetzung, Einflüsse 471.
Obstdauerwaren 474.
Obstessig, Zusammensetzung 863.
Obstfrüchte, Zubereitung 716.
— Zusammensetzung 844.
Obstkraut 481.
— Zusammensetzung 848.
Obstmost 678.
— Kunstmostessenzen 679.
Obstmuse 477. — Zusammensetzung 846.
Obstpasten 477.
— Zusammensetzung 846.
Obstschaumwein, Herstellung 680.
— Verfälschungen 681.
— Zusammensetzung 681, 860.
Obstwein, Gärung 679.
— Herstellung 677.
— Kellerbehandlung 679.
— Lagerung 679.
— Reifung 679.
— Säurerückgang 680.
— Zusammensetzung 860.
Obstweinessig 704, 706.
Ochsena, Zusammensetzung 825.
Ochsenschwanzsuppe, Zusammensetzung 327.
Ochsenzunge, Asche 872.
— gekocht, Zusammensetzung 865.
— geräuchert, Zusammensetzung 819.
Oenidin 117.
Oenin 117.
Ojràn 205.
Öle, gehärtete 340.
— Pflanzenöle 334.
— — Konstanten 883.
— Sorten s. die einzelnen.
— Speiseöle 315.
— trocknende 65.
Oleodipalmitin 68.
Oleodistearin 68.
Oleomargarin 326.
— Konstanten 881.
Olivenkernöl, Konstanten 887.
Olivenöl 335.
— gehärtet, Konstanten 890.
— Konstanten 887.
— Wärmewert 150.
— Zusammensetzung 831.
Ölsamen 362.
Ölsäure 73.
Ombanui 359.
— Zusammensetzung 831.
Omelette, Zusammensetzung 866.
Opium 528.
Orangen 468. — Zusammensetzung 845.
Orangenmarmelade, Zusammensetzung 846.
Orangenschalen, kandiert, Zusammensetzung 839.
Orangenwein 585.
Organische Säuren 118.
Ornithin, Bildung 12.
— Eigenschaften 41.
Orthocellulose 127.
Orypan 56.
Oryzanin 56.
Ossosan 313.
Ovoalbumin 18.
Ovolactin 309. — Zusammensetzung 828.
Ovomucin 18.
Ovomucoid 18.
Ovos Hefenextrakte, Zusammensetzung 826.
Ovovitellin 24.
Oxalsäure 120.
— Bildung 120.
— Wärmewert 151.
Oxamid 12.
Oxaminsäure 12.
Oxycapronsäure 12.
Oxycellulose 127.
Oxyglutarsäure 12.
Oxyhämoglobin, Bildung 26.

Oxyprolin 10.
— Vorkommen 44.
Oxyprotein 12.
Oxyprotsulfonsäure 12.

Palmenstärke 385.
Palmenwein 692.
Palmenzucker 418.
— Zusammensetzung 839.
Palmfett, Konstanten 887.
Palmin 332.
— Ausnutzungskoeffizient 807.
Palmitinsäure 70.
Palmitodistearin 68.
Palmitostearoolein 68.
Palmkernfett 333.
— Beschaffenheit 334.
— Konstanten 887.
Pana Hefenextrakt, Zusammensetzung 826.
Pangani, Zusammensetzung 837.
Paniermehl 370, 380.
Panifarin 394.
Pankreasdiastase 133.
Pankreaspepton 311.
Pankreassaft, Wirkung 132.
Pankreatin 35, 133.
— Darstellung 311.
Pantherinussäure 466.
Papain 312.
Papaya-Fleischpepton, Zusammensetzung 830.
Papayotin 35, 312.
Papier, Herstellung 796.
— Rohstoffe 796.
— Sorten 797.
— Untersuchung 798.
Paprika 504, 505.
— Asche 878.
— Zusammensetzung 849.
Paprikafett, Konstanten 887.
Paracasein 23.
Paraglobulin 20.
Paraguaytee s. Mate.
Paramilchsäure 121.
Paranucleine 23, 47.
Paranucleoproteide 23.
Paranuß 364. — Zusammensetzung 832.
Paranußmilch 206.
— Zusammensetzung 813.
Parasolpilz 461.
Paricá 530.
Parmesankäse 229.
— Asche 871.
— Zusammensetzung 814.
Pasten 477.
— s. Fruchtpasten.
Pasteten 279.
— Zusammensetzung 820.
Pastinak 446.
— Asche 875.
— Zusammensetzung 841.
Payena oleifera, Fett, Konstanten 887.
Pectocellulosen 126.
Pekannuß 363.
Pekannußkern, Zusammensetzung 832.
Pektan 113.
Pektine 113.
Pektinstoffe in Cellulosen 126.
Pektiose, Bildung 113.
Pelargonin 117.
Pellagroin 352.
Pentite 84.
Pentosane 91.
— in Zellmembranen 127.
Pentosen 83, 84, 90.
— Furfurolbildung 92.
— im Fleisch 246.
— Reduktion und Oxydation 84.
— Wärmewert 151.
Pepperette 502.
Pepsin 35.
— Darstellung 311.
— im Magensaft 130.
Pepsinpepton 311.
Pepsinwein 677.
Peptide 13, 29.
Pepton, Wittes, Zusammensetzung 830.
Peptone 29, 311.
— Ausnutzungskoeffizienten 808.
— Bestimmung 29.
— Wärmewert 150.
— Zusammensetzung 830.
Peptonised beef jelly Bengers, Zusammensetzung 830.
Peptonkakao 563.
Peptonkrankennahrung Maggi, Zusammensetzung 830.
Peptonpulver, Zusammensetzung 830.
Peptonschokolade 566.
Peptotoxine 29.
Perhydrasemilch 200.
Perillaöl, Konstanten 887.
Perlhuhneier, Zusammensetzung 816.
Perltee 562.
Peroxyprotsäure 12.
Persimonensamenöl, Konstanten 887.
Petersilie 518.
— Zusammensetzung 850.
Petersilienöl 519.
— Konstanten 887.
Petroleum 804.
Peyotl 530.
Pfannkuchen, Zusammensetzung 868.
Pfeffer, langer 502.
— — Asche 878.
— — Zusammensetzung 849.
— schwarzer und weißer 499.
— — — — Asche 878.
— — — — Bestandteile 500.
— — — — Zusammensetzung 849.
— spanischer 504.
— — Zusammensetzung 849.
Pfefferersatzstoffe 501.
Pfefferkraut 518.
Pfeffermatta 502.
Pfefferminzpastillen Zusammensetzung 839.
Pfeffernüsse 305. — Zusammensetzung 838.
Pfefferschalen, Zusammensetzung 500, 849.
Pfeffersorten 499.

Pfefferstaub, Zusammensetzung 849.
Pferdeblut, Asche 872.
Pferdefett, Konstanten 881.
Pferdefleisch 260.
— Asche 872.
— Zusammensetzung 817.
Pferdeglobin, Hydrolyse 17.
Pferdemilch 197. — Zusammensetzung 812.
Pfifferling 461. — Zusammensetzung 843.
Pfirsich 468.
— Asche 876.
— Teile 469.
— Zusammensetzung 470, 845.
Pfirsichbranntwein 690.
Pfirsichgelee, Zusammensetzung 848.
Pfirsichmarmelade, Zusammensetzung 846.
Pfirsichsaft, Zusammensetzung 847.
Pflanzenbutter 332.
— Zusammensetzung 831.
Pflanzencaseine 21.
Pflanzenkäse 234.
— Zusammensetzung 816.
Pflanzenmilch 206. — Zusammensetzung 813.
Pflanzenöle 334.
— Gewinnung 334.
— Konstanten 883.
— Reinigung 335.
— Zusammensetzung 831.
Pflanzenpepsinpeptone 312.
Pflanzenschleime 112.
Pflanzliche Nahrungsmittel, Backen, Kochen und Rösten 715.
Pflaumen 468.
— Asche 876, 877.
— Teile 469.
— Zusammensetzung 470, 845.
Pflaumenkernöl, Konstanten 887.
Pflaumenmarmelade, Zusammensetzung 846.
Pflaumenmus 477. — Zusammensetzung 846.
Pflaumensaft, Zusammensetzung 847.
Phäophytin, Abscheidung 26.
Phaseolin 21.
Phaseomannit 114.
Phasol 78.
Phellonsäure in Cellulose 126.
Phenol, Bildung bei Fäulnis 45.
Phenylalanin 10, 11. — Eigenschaften 42.
Phlobaphen 609.
Phloroglucin in Anthocyanen 117.
Phosphatide, Eigenschaften 55.
Phosphorfleischsäure 48.
Phosphorglobuline 23.
Phosphorproteine 23.
Phosphorsäure, Einfluß auf den Stoffwechsel 144.
Phylline 26.
Phyllostearylalkohol 80.
Phyllostearylsäure 80.
Physetölsäure 73.
Phytin 114.
Phytinsäure 114.
Phytol 26.
Phytomelan 127.
Phytosterine 78.
Phytosterinester 68.
Phytovitelline 21.
Pikrocrocin 514.
Pikrotin 115.
Pikrotoxin 115.
Pilze 460.
— Asche 876.
— Ausnutzungskoeffizienten 809.
— Bestandteile 465.
— Blätterschwämme 461.
— genießbare Arten 461.
— Giftstoffe 466.
— Hirschschwämme 463.
— Morcheln 463.
— Röhrenpilze 462.
— Stachelpilze 463.
— Staubschwämme 464.
— Trüffeln 464.
— Verfälschungen 467.
— Zusammensetzung 843.
Pilzerzeugnisse 467.
Pilzgifte 466.
Pilzsuppe, Zusammensetzung 827.
Pilztoxine 466.
Pimbernell s. Becherblume.
Piment 503.
— Zusammensetzung 849.
Pimentmatta 504.
Piperidin 500.
Piperin 500.
Piperonal 496.
Piramniafett, Konstanten 887.
Pithecolobium dulce, Fett, Konstanten 888.
Pivalinsäure 120.
Plantose 307.
Plasmase 35.
Plasmon 305.
— Ausnutzungskoeffizienten 808.
— Zusammensetzung 828.
Platterbse 358.
Plätzchen, Zusammensetzung 839.
Pleuricin 47.
Plockwurst 277. — Zusammensetzung 819.
Plötzenfleisch, Zusammensetzung 821.
Polychroit 514.
Polypeptide, Umsetzungen 13.
Polysaccharide 105.
— Anhydride 106.
— Hydrolyse 106.
— Synthese 87.
Pombe 585.
Pongamöl, Konstanten 888.
Porphyraarten, Asche 876.
— Zusammensetzung 843.
Porree s. Lauch.
Porter 602. — Zusammensetzung 853.
Portulak, Zusammensetzung 842.
Portwein 671.
— Zusammensetzung 857.
Porzellangeschirr 779.
Pralinen 407, 565.
— Zusammensetzung 839.
Preiswert und Preiswerteinheiten, Begriff 4.
Preißelbeeren 468.
— Asche 877.

Preißelbeeren, Zusammensetzung 845.
Preißelbeermus, Zusammensetzung 846.
Preißelbeersaft, Zusammensetzung 847.
Preßtalg s. Talg.
Printen 405. — Zusammensetzung 838.
Projaca 374.
Prolamine 22.
Prolin 10, 12.
— Eigenschaften 44.
Propionsäure 119.
Protagon 56.
Protamine 17.
Protein, Menge in der Nahrung 156.
Proteine, Ausnutzbarkeit 138.
— Aussalzen 27.
— Begriff 7.
— Bestimmung 16.
— denaturierte 27.
— Eigenschaften, allgemeine 7.
— Einteilung 17.
— Elementarzusammensetzung 8.
— Fällungsmittel 8.
— Färbungsreaktionen 8.
— geronnene 27.
— giftige 29.
— Kerne 15.
— Konstitution 12.
— Molekulargewicht 8.
— Spaltungserzeugnisse 9.
— Umsetzungen durch Wasserdampf und Oxydation 12.
— — in Tier- und Pflanzenorganen 11.
— Umsetzungserzeugnisse 9.
— Verbrennungswärme 9.
— Wärmewert 149.
— zusammengesetzte 23.
Proteinabbauerzeugnisse, Verwertbarkeit zur Ernährung 14.
Proteinnährmittel 304.
— Zusammensetzung 828.
Proteosen 28.
— Bestimmung 28.
— primäre und sekundäre 28.
Protolichesterinsäure 459.
Protone 29.
Protoplasmin 305.
— Ausnutzungskoeffizienten 808.
— Zusammensetzung 828.
Protoproteosen 28.
Prünellen 475.
— getrocknet, Zusammensetzung 845.
Pseudoinulin 437.
Pseudonucleine 23, 47.
Psoralea corylifolia, Fett, Konstanten 888.
Ptomaine 45.
Ptomatropin 254.
Ptyalin 129.
Pudding, Grieß- und Semmel-, Zusammensetzung 867.
Puddingmehl 379.
— Zusammensetzung 835.
Puddingpulver 379.
Puder 787.
Puderkakao s. Kakaopuder.
Puffbohnen 356. — Zusammensetzung 831.
Puffbohnenkaffee 552.
Pulque fuerte 583.
Pultkäse 231.
Pumpernickel 389.
— Asche 874.
— Zusammensetzung 836.
Pumpernickelcakes, Zusammensetzung 837.
Punsch 677.
— schwedischer, Zusammensetzung 863.
Punschextrakte 698.
Punschplätzchen, Zusammensetzung 839.
Purinbasen 49.
Putrescin 46.
Pyrimidinbasen 47.
Pyrimidine 24.
Pyroxylin 128.
Pyrrolidin 11.

Quäker-Oats 373.
Quarg 231. — Zusammensetzung 815.
Quargserum 236. — Zusammensetzung 816.
Quassiin 115.
Queckenwurzelkaffee 547.
Quendel 518.
Quercinit 114.
Quercit 114.
— Wärmewert 151.
Quillajasäure 116.
Quinoa 364.
Quitte 467.
— Asche 876.
— Zusammensetzung 844.
Quittengelee, Zusammensetzung 848.
Quittenmarmelade 846.
Quittenpaste, Zusammensetzung 846.
Quittensaft, Zusammensetzung 847.
Quittensamenöl, Konstanten 888.
Quittenschleim 113.

Radieschen 446.
— Asche 875.
— Zusammensetzung 840.
Raffinade 415.
— flüssige 416. — Zusammensetzung 839.
Raffinose 103, 104.
— Bestimmung 104.
— Eigenschaften 104.
— Nachweis 104.
— Wärmewert 151.
Rahm 210.
— Asche 871.
— nicht verbutternder 175.
— Säuerung 316.
— Verbutterung 317.
— Zusammensetzung 813.
Rahmdauerware, Biederts, Zusammensetzung 813.
— Löfflunds, Zusammensetzung 813.
Rahmgemenge, Biederts 201.
— — Zusammensetzung 813.
Rahmkäse 224.
Rahmpulver, Zusammensetzung 812.
Rahmsauer 210.
Rahmschokolade 566.

Rangoonbohne 357.
Rapinsäure 37.
Rapsöl, Konstanten 888.
Rationen s. Kostsätze.
Rauchfleisch, Zusammensetzung 819.
Räudemilben 251
Ravisonöl, Konstanten 888.
Rechtsweinsäure 124.
Regenpfeifereier, Zusammensetzung 816.
Rehbraten und -schlegel, Zusammensetzung 866.
Rehfett, Konstanten 881.
Rehfleisch, Zusammensetzung 818.
Reichlsche Reaktion 8.
Reineclaude 468.
— Asche 876.
— Teile 469.
— Zusammensetzung 470, 845.
Reineclaudenmarmelade, Zusammensetzung 846.
Reinprotein, Bestimmung 16.
Reis 352.
— Ausnutzungskoeffizienten 808.
— geschält, Asche 874.
— — Zusammensetzung 833.
— ungeschält, Asche 873.
Reisbier 584. — Zusammensetzung 853.
Reisbrei, Zusammensetzung 867.
Reisfuttermehl, Asche 874.
Reis-Julienne-Suppe, Zusammensetzung 827.
Reismehl 374.
— Zusammensetzung 833.
Reismehlextrakt, Zusammensetzung 835.
Reismelde 364. — Zusammensetzung 832.
Reisöl, Konstanten 888.
Reisstärke 383.
— Zusammensetzung 836.
Reissuppen, Zusammensetzung 827, 864, 865.
Reiswein 584.
Reizker 461. — Zusammensetzung 843.
Renntierfett, Konstanten 881.
Renntiermilch 196.
— Asche 871.
— Zusammensetzung 812.
Renntiermilchkäse 233.
— Zusammensetzung 816.
Renntiermoos, Zusammensetzung 843.
Reservecellulose 127.
Reticulin 31.
Rettich 446.
— Asche 875.
— Zusammensetzung 840.
Revalenta arabica 378.
Revalescière 378. — Zusammensetzung 835.
Rhabarber 451.
— Asche 875.
— Zusammensetzung 841.
Rhabarberwein 676, 681.
— Zusammensetzung 861.
Rhamninase 35.
Rhamninotriose 104.
Rhamnose 91.
Rheingauweine, Zusammensetzung 854, 858, 859.
Rhenser Sprudel, Zusammensetzung 870.
Rhodeose 92.
Riba, Ausnutzungskoeffizienten 808.
Ribose 91.
Ricin 19.
Ricinelaidinsäure 74.
Ricinodendronfett, Konstanten 888.
Ricinolsäure 74.
Ricinsäure 74.
Ricinusöl, Konstanten 888.
Ricottakäse 233. — Zusammensetzung 816.
Rindfleisch 259.
— Ausnutzungskoeffizienten 807.
— Zusammensetzung 817.
— — gebraten 865.
— — gekocht 865.
Rindfleischpastete, Zusammensetzung 820.
Rindstalg (Rindsfett) 323.
— gehärtet, Konstanten 890.
— Konstanten 881.
— Zusammensetzung 831.
— s. auch Talg.
Ringäpfel 475.
Ringpilz 462.
Risofarin 394.
Rispenhirse 354.
— ungeschält, Asche 873.
Robbenfleisch, gesalzen, Zusammensetzung 822.
Robbentran, Konstanten 883.
Roborat 306.
— Ausnutzungskoeffizienten 808.
— Zusammensetzung 828.
Roboratbrot 389.
Roborin 306. — Zusammensetzung 828.
Rochen, geräuchert, Zusammensetzung 822.
Rochenfleisch, Zusammensetzung 821.
Rogen, Asche 872.
— s. auch Kaviar.
Roggen 345.
— Asche 873.
— geröstet, Asche 879.
— geschält, Zusammensetzung 832.
Roggenbrot 389, 392.
— Ausnutzungskoeffizienten 808.
— Zusammensetzung 836.
Roggenfett, Konstanten 888.
Roggenkaffee 550. — Zusammensetzung 851.
Roggen-Kartoffelbrot, Zusammensetzung 836.
Roggenkeimöl, Konstanten 888.
Roggenkleie, Asche 874.
Roggenmalzkaffee 550.
— Zusammensetzung 851.
Roggenmehl 372.
— Asche 874.
— Ausnutzungskoeffizienten 808.
— Zusammensetzung 832.
Roggenzwieback, Zusammensetzung 836.
Rohfaser 125.
— Bestimmung 128.
Rohrzucker, Zusammensetzung 839.
— s. Rübenzucker und Saccharose.
Rohrzuckerhonig, Zusammensetzung 839.
Roisdorfer Mineralquelle, Zusammensetzung 870.
Rollgerste 373.
Rollmops, Zusammensetzung 822.
Romadurkäse 228, 229.
— Zusammensetzung 814.

Roquefortkäse 232.
— Zusammensetzung 816.
Rosenkohl 452.
— Zusammensetzung 841.
— — getrocknet 842.
Rosenpappel 449.
Rosinen 475, 673.
— Zusammensetzung 845.
Rosinenwein 683.
— Zusammensetzung 861.
Rostbeaf, Zusammensetzung 865.
Rösten des Fleisches 715.
Roßkastanienfett, Konstanten 888.
Rote Rübe, Asche 875.
— — Zusammensetzung 840.
Rotkohl 452.
— Zusammensetzung 841.
— — gekocht 868.
— — getrocknet 842.
Rotweine, Ahrweine, Zusammensetzung 858,859.
— deutsche, Zusammensetzung 856.
Rüben, Asche 874.
— Kohlrübe 444.
— rote 446.
— — Asche 875.
— — eingesäuerte 458.
— Runkel- und Zuckerrübe 439.
— Teltower 444, 446.
— weiße, gekocht, Zusammensetzung 868.
— Zusammensetzung 840.
Rübenkaffee 547.
— Zusammensetzung 851.
Rübenkraut 481.
— Zusammensetzung 848.
Rübenmelasse 416. — Zusammensetzung 848.
Rübenstengel 451.
Rübenzucker 409.
— Brotzucker 415.
— Farin 416.
— Gewinnung 411.
— Hutzucker 415.
— Kandis 416.
— Krystallzucker 415.
— Melasseverarbeitung 416.
— Pilé 415.
— Plattenzucker 415.
— Raffinade 416.
— Reinheitsquotient 411.
— Verfälschungen und Verunreinigungen 417.
— Würfelzucker 415.
— Zusammensetzung 839.
Rüböl 338.
— Konstanten 888.
— Wärmewert 150.
Rum 691.
— Zusammensetzung 862.
Rumcouleur 429.
Rumfordsuppe 303.
— Zusammensetzung 826, 865.
Runkelrübe 439.
— Asche 874.
— Ausnutzungskoeffizienten 809.
— Zusammensetzung 840.
Rutin 516.
Saatdotterfett, Konstanten 888.
Saccaglottis gabonensis, Fett, Konstanten 888.
Saccharate 87, 101.
Saccharin 96, 429.
Saccharobiosen 99.
Saccharo-Colloide 105.
Saccharose, Bestimmung 101.
— Eigenschaften 100.
— Konstitution 99.
— Nachweis 101.
— optische Eigenschaften 101.
— Oxydation 102.
— Spaltung 99.
— Vorkommen 101.
— Wärmewert 151.
Saccharotetrosen 105.
Saccharotriosen 103.
Safloröl, Konstanten 888.
Safran 513.
— Asche 878.
— Zusammensetzung 850.
Sago 385.
Sagokakao 566.
Sagomehl, Zusammensetzung 836.
Sagosuppe, Zusammensetzung 827.
Sahne s. Rahm.
Sahneeis 405. — Zusammensetzung 838.
Saiblingsrogen, Zusammensetzung 821.
Saiblingsrogenfett, Konstanten 883.
Sake 584.
Sakkakaffee 554.
Sakuradabier 584.
Saladinkaffee 551.
Salamiwurst, Zusammensetzung 819.
Salat, Arten 453.
— Asche 875.
— Kopfsalat, Asche 875.
— römischer, Asche 875.
— — Zusammensetzung 842.
Salatbohnen, eingekocht, Zusammensetzung 867.
— eingemacht, Zusammensetzung 843.
Salatpflanzen 453.
— Zusammensetzung 842.
Salatunkräuter 453.
— Zusammensetzung 842.
Salbeiblätter 518.
Salepschleim 113.
Salicylsäure, Vorkommen 470, 662.
— Wärmewert 151.
Salm, Asche 872.
— Fleisch, Zusammensetzung 820.
— geräuchert, Zusammensetzung 822.
Salmin, Hydrolyse 17.
Salmonucleinsäure 48.
Salmpastete, Zusammensetzung 320.
Salpetersäure, Vorkommen in Nahrungsmitteln 61.
Salzbrunner Oberbrunnen, Zusammensetzung 870.
Salzfisch 289. — Zusammensetzung 822.
Salzsäure, freie, im Magensaft 130.
Samoswein 671.
— Zusammensetzung 857.
Sana 331. — Zusammensetzung 831.
Sanatogen 308.
— Zusammensetzung 828.

Sandaalfett, Konstanten 883.
Sanguinin 306.
— Zusammensetzung 828.
Sanguinol 310.
Sanitätsbrot 368.
Sanitätseiweiß Nicol 309.
— — Zusammensetzung 828.
Santonin 115.
Sapindus triboliatus, Fett, Konstanten 888.
Saponine 115.
Sapotoxine 115.
Sardellen 289.
— Zusammensetzung 822.
Sardellenbutter 291.
— Zusammensetzung 823.
Sardellenfett, Konstanten 883.
Sardinen 289.
— in Öl, Zusammensetzung 823.
— Zusammensetzung 822.
Sardinenfett, Konstanten 883.
Sardinin 46.
Sarkin, Eigenschaften 50.
Sarkosin, Wärmewert 150.
Sasanquaöl, Konstanten 888.
Satanspilz 463.
Saucen 300. — Zusammensetzung 826.
Sauerampfer 519.
— Zusammensetzung 850.
Sauergurken 456.
Sauerkraut 456.
— Zusammensetzung 843.
— — gekocht 868.
Sauermilchkäse 230.
Säuren, organische 118.
Savoyerkohl, Asche 875.
— Zusammensetzung 841.
Schabzieger, Glarner 230.
Schafbutter 322. — Zusammensetzung 831.
Schafbutterfett, Konstanten 882.
Schafeuterpilz 463.
— Zusammensetzung 844.
Schaffleisch 259.
— Zusammensetzung 817.
Schafkäse, rumänischer, Asche 871.
— — Zusammensetzung 816.
Schafmilch 194.
— Asche 871.
— Colostrum, Zusammensetzung 811.
— Zusammensetzung 811.
Schafmilchkäse, Asche 871.
— Zusammensetzung 816.
Schankbier s. Bier.
Schaumkuchen, Zusammensetzung 838.
Schaumwein 673.
— Asche 880.
— Begriff 673.
— Bezeichnung 675.
— Gärung 673.
— Herstellung 673.
— Kohlensäuresättigung 674.
— Likörzusatz 674.
— Untersuchung 675.
— Verfälschungen 675.
— Zusammensetzung 675, 860.
Schellfisch gebraten, Zusammensetzung 866.
— gekocht, Zusammensetzung 865.
— geräuchert, Zusammensetzung 822.
— getrocknet, Zusammensetzung 822.
Schellfischfett, Konstanten 883.
Schellfischfleisch, Asche 872.
— Zusammensetzung 820.
Schichtkäse 214.
Schießbaumwolle 128.
Schildkrötenfleisch, Zusammensetzung 823.
Schildkrötensuppe, Zusammensetzung 827.
Schinken, gekocht, Zusammensetzung 865.
— geröstet, Zusammensetzung 866.
— Zusammensetzung 819.
Schinkenpastete, Zusammensetzung 820.
Schinkenwurst, Zusammensetzung 819.
Schirmpilz 461.
Schlachtabgänge 262.
— Ausnutzungskoeffizienten 807.
— Zusammensetzung 818.
Schlackwurst, Zusammensetzung 819.
Schlehe 468. — Asche 876.
— Zusammensetzung 845.
Schleienfleisch, Zusammensetzung 821.
Schleimsäure, Bildung 94.
Schlüterbrot 389.
Schlütermehl 369.
Schmalzöl 323. — Konstanten 882.
Schminkbohne 356.
— Asche 873.
— Zusammensetzung 831.
Schminken 787.
Schmorbraten, Zusammensetzung 865.
Schnecken 292.
Schneckenfleisch, Zusammensetzung 823.
Schneidebohnen, eingemacht, Zusammensetzung 843.
— Zusammensetzung 841.
— — getrocknet 842.
Schnirkelschnecke 292.
Schnirkelschneckenfleisch, Zusammensetzung 823.
Schnittlauch 447.
— Asche 875.
— Zusammensetzung 841.
Schnupftabak 578.
Schokolade, Begriff 563.
— Herstellung 565.
— Zusammensetzung 852.
Schokoladen, gemischte 565.
Schokoladebonbons, Zusammensetzung 839.
Schokoladeeis, Zusammensetzung 838.
Schollenfett, Konstanten 883.
Schollenfleisch, Zusammensetzung 821.
Schönheitswässer 787.
Schorle-Morle 677.
Schwämme s. Pilze.
Schwarzwurzel 446. — Zusammensetzung 840.
Schwefelwasserstoff, Bildung bei Fäulnis 45.
Schweflige Säure als Frischhaltungsmittel im Fleisch 256.
— — in Luft 764.
— — in Obstdauerwaren 476.
— — in Wein 653.
— — Schädlichkeit 654, 765.

Schweinebraten und -kotelette, Zusammensetzung 866.
Schweinefett 323.
— gehärtet, Konstanten 890.
— Konstanten 882.
— s. auch Schweineschmalz.
Schweinefleisch 260.
— Zusammensetzung 817.
— — gekocht 865.
Schweinekottelette, Zusammensetzung 866.
Schweinemilch 198.
— Asche 871.
— Zusammensetzung 812.
Schweineschmalz, Ausnutzungskoeffizient 807.
— Begriff 323.
— Bestandteile 324.
— Gewinnung 323.
— Sorten 324.
— Untersuchung 325.
— Verdorbenheit 324, 325.
— Verfälschungen 324.
— Zusammensetzung 831.
Schweineschwarte 267.
— Zusammensetzung 818.
Scillin 111.
Scillit 114.
Secalose 98.
Seegurke 292.
Seegurkenfleisch, Zusammensetzung 823.
Seeigel 292.
— Asche 873.
— Zusammensetzung 823.
Seepolyp 292.
— Asche 873.
— Zusammensetzung 823.
— — getrocknet, 824.
Seeskorpionfett, Konstanten 883.
Seezungenfleisch, Zusammensetzung 821.
Seide 800.
Seife, Sorten 794.
— Toilettenseifen 795.
— Wirkung 69.
Sekt s. Schaumwein.
Sellerie 446.
— Ausnutzungskoeffizienten 809.
— Zusammensetzung 841.
— — getrocknet 842.
Selleriefett, Konstanten 888.
Sellerieknollen 446. — Asche 875.
Selters, Tafelwasser, Zusammensetzung 870.
Seminose 95.
Semmelnudeln, gekocht, Zusammensetzung 867.
Semmelpilz 462.
Senf 488.
— Speisesenf, Zusammensetzung 849.
Senfmehl, Zusammensetzung 849.
Senföl, Konstanten 888.
Senföle 59, 60, 489
Senfsamen 488. — Asche 878.
— Zusammensetzung 849.
Septicine 45.
Sericin 31.
Serin 10.
— Eigenschaften 38.
Serumalbumin 18.
Serumglobulin 15, 20.
Sesamin 64.
Sesamöl 336.
— gehärtet, Konstanten 890.
— Konstanten 888.
— Nachweis 338.
Seyfischtran, Konstanten 883.
Sheafett, Konstanten 888.
Sherry 670.
— Zusammensetzung 857.
Sherry Brandy 698.
— — Zusammensetzung 862.
Shikimin 494.
Shikiminsäure 114.
Shirosake 584.
Shoya, Zusammensetzung 302, 825.
Sicco 309.
— Zusammensetzung 829.
Sikkative 65.
Silber, Verwendung für Eß-, Trink- und Kochgeschirr 779.
Simonsbrot 368.
Sinalbin 60, 489.
Sinalbinsenföl 60.
Sinigrin 489.
Sinistrin 111.
Sirih 529.
Siris Hefenextrakt, Zusammensetzung 826.
Sirop cristal, Zusammensetzung 840.
Sirup 416. — Zusammensetzung 839.
Sitogen, Hefenextrakte, Zusammensetzung 826.
Sitosterin 78, 79.
Skatol 11, 45.
Skatolaminoessigsäure 45.
Skatolcarbonsäure, Bildung 45.
Skatolessigsäure, Bildung 45.
Skeletine 31.
Skleroproteine 30.
Skyr 205.
— Zusammensetzung 813.
Sliwowitz 690.
— Zusammensetzung 862.
Soja, japanische und chinesische 300.
Sojabohne 358.
— Asche 873.
— geröstet, Asche 879.
— Zusammensetzung 831.
Sojabohnenkaffee 552.
— Zusammensetzung 851.
Sojabohnenkäse 234.
Sojabohnenmehl, Zusammensetzung 833.
Sojabohnenöl, Konstanten 888.
Solanein 60.
Solanidin 60.
Solanin, Eigenschaften 60.
Solifarin 394.
Somatose 310.
— Ausnutzungskoeffizienten 808.
— Zusammensetzung 829.
Somatosekakao 563.
— Zusammensetzung 852.
Sonnenblumensamenöl 338.
— Konstanten 888.

Sorbinose 99.
Sorbit, Strukturformel 84.
— Vorkommen 85, 94.
Sorbose 99.
— Wärmewert 151.
Sorghohirse 353.
— Asche 873.
Sorghohirsefett, Konstanten 888.
Sorghohirsemehl, Zusammensetzung 833.
Soson 305.
— Ausnutzungskoeffizienten 808.
— Zusammensetzung 828.
Soupe militaire, Zusammensetzung 826.
Spargel 450.
— Asche 875.
— eingemacht, Zusammensetzung 842.
— Zusammensetzung 841.
— — gekocht, 868.
Spargelbohnen, Zusammensetzung 842.
Spargelsamenkaffee 553.
— Zusammensetzung 851.
Sparsuppenmehl, Zusammensetzung 835.
Spätzel, Ausnutzungskoeffizienten 808.
Speck, Ausnutzungskoeffizient 807.
— Zusammensetzung 819.
— — gebraten 866.
Speichel, Wirkung bei der Verdauung 129.
Speierlingfrucht, Asche 876.
— Zusammensetzung 844.
Speisen, zubereitete, Zusammensetzung 863.
Speiseeis 405. — Zusammensetzung 838.
Speisefette 315.
— Zusammensetzung 831.
Speiselorchel 463. — Asche 876.
Speisemorchel 463. — Asche 876.
Speiseöle 315.
— Zusammensetzung 831.
Speisesenf s. Senf.
Speisesirup 419. — Zusammensetzung 839.
Speisewürzen 299.
— Untersuchung 302.
— Zusammensetzung 825.
Spekulatius, Zusammensetzung 838.
Spermacetöl, Konstanten 883.
Spiegeleier, Zusammensetzung 866.
Spielwaren aus Kautschuk 782.
— aus Metall 781.
— aus Wachsguß 782.
Spinat 451, 452.
— Asche 875.
— Kochverlust 716.
— Zusammensetzung 453, 842.
— — gekocht, 868.
Spinnfaserstoffe 799.
Spongin 31.
Sprotten, Kieler, Zusammensetzung 822.
Sprottenöl, Konstanten 883.
Stachelbeere 468.
— Asche 877.
— Teile 469,
— Zusammensetzung 470, 471, 845.
Stachelbeergelee, Zusammensetzung 848.
Stachelbeermarmelade, Zusammensetzung 846.
Stachelbeersaft, Zusammensetzung 847.
Stachelbeerwein, Zusammensetzung 860.
Stachydrin 11.
— Eigenschaften 57.
Stachyose 105.
Stärke, Arten, s. die einzelnen.
— Bestimmung 109.
— Eigenschaften 106.
— Entstehung 106.
— Hydrolyse 32, 107.
— Konstitution 106.
— lösliche 108.
— Nachweis 109.
— tropische Arten 385.
— Wärmewert 151.
Stärkegranulose 107.
Stärkegummi s. Dextrin.
Stärkemehl, Gewinnung 381.
Stärkemehle, Verfälschungen 386.
— Zusammensetzung 836.
Stärkesirup 419.
Stärkezucker 427. — Zusammensetzung 840.
Stärkezuckersirup 427.
— Zusammensetzung 840.
Stäubling 464. — Zusammensetzung 844.
Staubmehle 370, 376.
Staufenbrunnen, Zusammensetzung 870.
Steapsin 35.
— im Magensaft 130.
— im Pankreassaft 133.
Stearinsäure 70.
Stearodiolein 68.
Stearodipalmitin 68.
Steckrübe 444. — Zusammensetzung 840.
Steckrübenstengel, Zusammensetzung 841.
Steinbuttfett, Konstanten 883.
Steinbuttfleisch, Zusammensetzung 821.
Steingutgeschirre 779.
Steinpilz 462.
— Ausnutzungskoeffizienten 809.
— Zusammensetzung 843.
— — getrocknet, 844.
Steinsalz 709.
Sterine 77.
Sterinester 68.
Sternanis 493. — Zusammensetzung 849.
Sternanisfett, Konstanten 885.
Stickstofffreie Extraktstoffe 82.
Stickstoffhaltige Bestandteile 7.
Stickstoffverbindungen, Wärmewert 150.
Stigmasterin 78, 79.
Stillingiaöl, Konstanten 888.
Stillingiatalg, Konstanten 888.
Stiltonkäse 225. — Zusammensetzung 814.
Stintfleisch, Zusammensetzung 821.
Stippkäse 214.
Stockfisch 288. — Zusammensetzung 822.
Stockschwamm 461.
Stollen, Zusammensetzung 838.
Stoppelschwamm 463.
— Zusammensetzung 844.
Stör, geräuchert, Zusammensetzung 822.
Störfett, Konstanten 883.
Störfleisch, Zusammensetzung 821.
Stout 602.

Stracchinokäse 225.
— Zusammensetzung 814.
Stragelkaffee 552.
Streumehl 370.
Strömlingfleisch, Zusammensetzung 820.
Sturin, Hydrolyse 17.
Stutenmilch 197.
— Asche 871.
— Zusammensetzung 812.
Stutenmilchkäse, Zusammensetzung 816.
Suberin 126.
Sucrol 431.
Sudankaffee 552.
Südwein s. Süßwein.
Suffa acutangula, Fett, Konstanten 888.
Sukrase 34.
Sultanbrot, Zusammensetzung 839.
Sultaninen 475.
Sultankaffee 554.
Sülzenwurst, Zusammensetzung 819.
Sumpfschnecke 292.
Sumpfschneckenfleisch, Zusammensetzung 823.
Suppen, Fleischsuppen, Zusammensetzung 863.
— gemischte, Untersuchung 304.
— — Zusammensetzung 303, 864.
— kondensierte und gemischte 302.
Suppeneinlagen 386.
Suppenkräuter, getrocknet, Zusammensetzung 842.
Suppenmehle 378.
— Zusammensetzung 835.
Suppenpulver 302. — Zusammensetzung 826.
Suppentafeln 302, 378.
— Zusammensetzung 826.
Suppenwürzen 299.
— Verfälschungen 302.
— Zusammensetzung 825.
Surinfett, Konstanten 888.
Süßholz 525.
— Zusammensetzung 850.
Süßstoffe 409.
— künstliche 429.
Süßweine, Amarena 676.
— Arten 668.
— Ausbruchweine 668, 669.
— Begriff 667.
— gespritete 670.
— griechische 671.
— Herstellung 668.
— konzentrierte 668.
— Madeirawein 671.
— Marsalawein 671.
— Portwein 671.
— Samoswein 671.
— Sherry 670.
— Strohwein 668.
— Untersuchung 673.
— Verfälschungen 672.
— Zusammensetzung 671, 857.
Symphoniaöl, Konstanten 888.
Synanthrin 437.
Syntonin 27.
Szamorodner Weißwein 668.
— — Asche 880.
Tabacose 576.
Tabak 528, 570.
— Begriff 570.
— Bestandteile 573.
— Brennbarkeit 576.
— Entnicotinisieren 579.
— Fermentierung 571.
— Gewinnung 570.
— Kautabak 578.
— Lagerung 579.
— nicotinfreier 579.
— Rauchtabak 578.
— Schnupftabak 578.
— Sorten 577.
— Untersuchung 581.
— Verfälschungen 581.
— Verglimmbarkeit 574.
— Zigarren 578.
Tabakblätter, Asche 879.
Tabakersatzstoffe 581.
Tabakextrakte 578.
Tabakfermente 572.
Tabakharze 575.
Tabakrauch, Bestandteile 580.
Tabakstengel, Asche 879.
Taette 204.
Tafelsalz 709.
Tagmahonig 422.
Talg, Begriff 325.
— Beschaffenheit 325.
— Bestandteile 326.
— Gewinnung 325.
— Untersuchung 327.
— Verfälschungen 327.
— Zusammensetzung 831.
— s. auch Rindstalg und Hammeltalg.
Tamabutter, Konstanten 889.
Tannenhonig 422. — Zusammensetzung 839.
Tannine 118.
Tannopepton 609.
Taofu 234.
Tao-tjung 301.
Tapioka 385.
— Zusammensetzung 836.
Tapioka-Julienne 378.
— Zusammensetzung 835.
Tapioka-Julienne-Suppe, Zusammensetzung 827.
Taraxacarin 547.
Taraxacin 547.
Taririnsäure 74.
Taschenkrebs 293.
Tassajo 269. — Zusammensetzung 819.
Tätmjölk 204.
Taubenfleisch, Zusammensetzung 818.
Taunusbrunnen, Zusammensetzung 870.
Taurin, Bildung 12.
Taurocholsäure 42.
— in der Galle 131.
Tee 527, 555.
— Asche 879.
— Bestandteile 557.
— böhmischer 562.
— — Zusammensetzung 852.
— bourbonischer 562.

Tee, Gewinnung 555.
— grüner und schwarzer, Zusammensetzung 851.
— Harzer Gebirgstee 562.
— kaporischer 562.
— kaukasischer 562.
— — Zusammensetzung 852.
— Kennzeichen 557.
— kroatischer 562.
— Paraguaytee, Zusammensetzung 851.
— Sorten 555.
— Untersuchung 560.
— Verbesserungsmittel 556.
— Verunreinigungen und Verfälschungen 559.
Teebiskuits, Zusammensetzung 837.
Teeblumen 559.
Tee-Ersatzstoffe 561.
— Zusammensetzung 852.
Teesamenöl, Konstanten 889.
Teglamfett, Konstanten 889.
Teichmuschel 290.
— Asche 873.
— Zusammensetzung 823.
Teig, Bereitung 390.
Teigwaren, Begriff 386.
— Herstellung 386.
— Verfälschungen 388.
— Zusammensetzung 387, 836.
Telfairiasäure 74.
Teltower Rübe 446.
— — Zusammensetzung 840.
Teon-Fou 234.
Tetanin 46.
Tetanotoxin 46.
Tetrasaccharide 105.
Tetrosen 83.
Thein, Eigenschaften 51.
— physiologische Wirkungen 527.
Theobromin 567.
— Eigenschaften 50.
— physiologische Wirkung 527.
Theophyllin, Eigenschaften 51.
— Vorkommen 558.
Therapinsäure 74.
Thespesia populnea, Fett, Konstanten 889.
Thrombin 20, 35.
Thymian 518.
Thymin 49.
Thymusnucleinsäure 48.
Tiglinsäure 73.
Tilsiter Käse 227.
— — fett und halbfett, Zusammensetzung 814.
Tintenfisch 292.
— Asche 873.
— Zusammensetzung 823.
Toakka 584.
Tofu 234.
— Zusammensetzung 816.
Toilettenseifen 788.
Tokaier Ausbruch, Asche 880.
— — Zusammensetzung 857.
Tokaieressenz 668.
— Zusammensetzung 857.
Tomate 449.
— Asche 875.
Tomate, eingemacht, Zusammensetzung 842.
— Zusammensetzung 449, 841.
Tomatenmus 449, 477.
— Zusammensetzung 846.
Tomatensaft, Asche 875, 878.
— Zusammensetzung 847.
Tomatensamenöl, Konstanten 889.
Tomatensuppe, Zusammensetzung 827.
Tongeschirre, glasierte 779.
Tonkabutter, Konstanten 889.
Topfen s. Quarg.
Töpferwaren 779.
Topinambur 437.
— Asche 874.
— Zusammensetzung 840.
Toril 310.
— Zusammensetzung 829.
Toxine 29.
— Wirkungsweise 33.
Toxiproteosen 29.
Tragantgummi 112.
Trane 327.
— gehärtet, Konstanten 890.
Trappistenkäse 228.
Traubenkernöl, Konstanten 889.
Traubensaftlimonade, Zusammensetzung 848.
Traubensäure 123.
Traubenzucker s. Glykose.
Trehalase 34.
Trehalose 100, 103.
— Wärmewert 151.
Tresterbranntwein 696.
— Zusammensetzung 862.
Tresterwein 682.
— Zusammensetzung 861.
Tributyrin 67.
Trichinen im Fleisch 249.
Trierucin 68.
Trigonellin 57.
Trilaurin 67.
Trimyristin 67.
Trinkwasser, Einfluß auf die Ausnutzung der Nahrung 141.
— s. auch Wasser.
Triolein 68.
Triosen 83.
Trioxyglutarsäure 84.
Tripalmitin 67.
Trisaccharide 103.
Tristearin 68.
Triticin 111.
Triticonucleinsäure 48.
Trockenbeerenwein 683.
— (Rosinenwein), Zusammensetzung 861.
Trockenmilch 200.
— Zusammensetzung 812.
Tropon, Ausnutzungskoeffizienten 808.
— Finklers 304.
— Zusammensetzung 828.
Trüffel 464.
— Asche 876.
— Zusammensetzung 844.
— — getrocknet 844.
Trüffelsauce, Zusammensetzung 826.

Trüffelwurst, Zusammensetzung 820.
Truthahneier, Zusammensetzung 816.
Truthahnfett, Konstanten 882.
Truthahnfleisch, Zusammensetzung 818.
Trypsin 35, 132.
Tryptophan 10.
— Eigenschaften 43.
— in Heringslake 290.
— Notwendigkeit zur Ernährung 14.
— Umsetzung 12.
Tulucanafett, Konstanten 889.
Tunfisch in Öl, Zusammensetzung 823.
Tunken 300.
Turanose 103.
Türkenbrot 408. — Zusammensetzung 839.
Typhotoxin 46.
Tyramin 46.
Tyrosin 10, 11.
— Eigenschaften 43.
Tyrosinase 35.
Tyrosol 46.

Ulmensamenöl, Konstanten 889.
Umbelliferenöle, Konstanten 889.
Undaria, Zusammensetzung 843.
Uracil 48.
Urease 35.
Usninsäure 460.

Valentines Meat juice 310.
Valeriansäure 120.
Valin 10, 11.
— Eigenschaften 38.
Vanille 494.
— Asche 878.
— Sorten 495.
— Zusammensetzung 849.
Vanilleeis, Zusammensetzung 838.
Vanillin 496.
— Darstellung 496.
— in Zellmembranen 126.
— Wirkung, physiologische 497.
Vegetabilische Milch Lahmanns 206.
— Zusammensetzung 813.
Verdaulichkeit der Nahrung 129.
— — — Bestimmung 147.
— — — Einflüsse 140.
— — Nahrungsmittel, Bestimmung 137.
Verdauung, mikroskopische Kotuntersuchung 137.
— Stickstoff- und Calorienverlust im Kot 136.
Vernin 49.
Veronica anthelmintica, Fett, Konstanten 889.
Vichy, Tafelwasser, Zusammensetzung 870.
Vicianose 92.
Vicilin 21.
Vicin, Eigenschaften 60.
Viehsalz 709.
Vignabohne 358.
Viktoria-Sprudel, Zusammensetzung 870.
Viscose 109.
Viscosin 465.
Vitamine 56.
— in Milch 169.
Vitellin 21, 24.
Vitsbohnen 356.
— Asche 873.
— Zusammensetzung 831.
Vogelbeerbranntwein, Zusammensetzung 862.
Vogelbeeröl, Konstanten 889.
Vogeleier 237. — Zusammensetzung 816.
Vogelnester, eßbare 241.
— — Zusammensetzung 816.
Vollkornbrot 389. — Zusammensetzung 836.
Vollmers Muttermilch, Zusammensetzung 813.
Vollmilchpulver 200. — Zusammensetzung 812.

Wacholderbeere 468. — Zusammensetzung 845.
Wacholderbranntwein, Zusammensetzung 862.
Wacholdermus, Zusammensetzung 846.
Wachs, chinesisches 80.
Wachse, 61, 79, 80.
— Kohlenwasserstoffe 80.
Wachsbohnen, Zusammensetzung 841.
Wachspalmenkaffee 554.
— Zusammensetzung 851.
Waffeln 404. — Zusammensetzung 837.
Walfischmilch 197.
— Asche 871.
— Zusammensetzung 812.
Walfischtran, gehärtet, Konstanten 889.
— Konstanten 883.
Walnuß 363.
Walnußkerne, Asche 874.
— Zusammensetzung 832.
Walnußöl 339. — Konstanten 889.
Walrat 80.
Walratöl, Konstanten 883.
Wärmeabgabe des Körpers 148.
Wärmebildung aus der Nahrung 149.
Wärmewert, Begriff 2.
— Bestimmung 153.
— der Nährstoffe 149, 150, 151.
— der Nahrungsmittel 148.
Waschpulver 795.
Wasser, Anforderungen 718.
— Bedeutung 718.
— Bestimmung 6.
— Beurteilung 746.
— Biologie 748.
— bleilösende Wirkung 727, 741.
— Bleivergiftungen 728.
— — Schutzmittel 741.
— Brauwasser 610.
— Colititer 747.
— Enteisenung 737.
— Enthärtung 741.
— Entkeimung, chemische 743.
— — durch Kochen 742.
— — durch ultraviolette Strahlen 745.
— — durch Ozonisierung 744.
— Entmanganung 739.
— Entsäuerung 740.
— Flußwasser 720.
— — Selbstreinigung 729.
— Grundwasser 721.
— — Bakteriengehalt 723.
— — Bestandteile 722.
— — freie Kohlensäure 723.

Wasser, Grundwasser, freie Salpetersäure 723.
— Keimzahlbestimmung 747.
— metallösende Wirkung 727.
— Plankton 720.
— Quellwasser 724.
— Regenfilter 736.
— Regenwasser 718.
— Reinigung, durch Filtration 733.
— — Filter für Kleinbetrieb 736.
— — im Boden 731.
— — künstliche in Absatzbehältern 733.
— — Sandfiltration 733.
— — Schnellfiltration 735.
— Schmutzwasserreinigung 732.
— Seewasser 720, 721.
— Selbstreinigung 729.
— Sterilisierung s. Entkeimung.
— Talsperrenwasser 720, 721.
— Untersuchung und Beurteilung 746.
— Verunreinigungen, bakterielle 725.
— — durch Abwässer 727.
— — faulige 727.
— — giftige 727.
— — Invasionskrankheitserreger 726.
— Vorkommen in Nahrungsmitteln 6.
Wassermelonenöl, Konstanten 889.
Wassernuß 365. — Asche 874.
— Zusammensetzung 832.
Wasserversorgung mit Flußwasser 720.
— mit Quellwasser 724.
— mit Regenwasser 718.
— mit Seewasser 720, 721.
— mit Talsperrenwasser 720, 721.
Wegebreit 454. — Zusammensetzung 842.
Weichkäse 225.
Wein, Alkohole 658.
— alkoholfreier 484.
— Äpfelsäuregehalt 661.
— aromatisierter 675.
— Begriff 632.
— Behandlung, kellermäßige 652.
— Bereitung s. Weinbereitung.
— Bestandteile 658.
— Bukettbildung 647.
— Bukettstoffe 663.
— Citronensäure 661.
— Elektrisieren 657.
— Entsäuerung 652.
— Essigsäurebildung 647.
— Farbstoffe 662.
— Fehler 664.
— Firngeschmack 648.
— gegipster, Wirkung 657.
— gewürzter 675.
— Gipsen 656.
— Klären 646, 654.
— Korkstopfenbehandlung 656.
— Krankheiten 664.
— Luftgeschmack 648.
— Milchsäurebildung 647.
— Mineralstoffe 663.
— Most s. Weinmost.
— Pasteurisieren 657.
— Reifung 645.
Wein, Rückverbesserung 652.
— Säuren 661.
— Säurerückgang 647.
— Schönen 654.
— Schulung 645.
— Schwefeln 653.
— Schweflige Säure 664.
— Schwund 649.
— Sorten 632.
— Traubenernte 637.
— Untersuchung 667.
— Verfälschungen 665.
— Verschneiden 649.
— Wasserstoffsuperoxydzusatz 657.
— Weinsäuregehalt 661.
— Weinsteinabscheidung 649.
Weine, Abschöpfwein 640.
— Bitterwein 676.
— Chinawein 677.
— Federweißer 640.
— Hefenwein 683.
— Ingwerwein 677.
— kalte Ente 677.
— Klarettwein 664.
— Kunstwein 682.
— Maiwein 677.
— Maltonwein 681.
— Malzwein 681.
— Pepsinwein 677.
— Rhabarberwein 676.
— Schaumwein s. dort.
— Schillerweine 644.
— Schorle-Morle 677.
— Süßwein s. dort.
— Tresterwein 682.
— Trockenbeerenwein 683.
— trockene, Asche 880.
— — Jahrgang 1908, Zusammensetzung 854, 855, 856.
— Weißweine s. dort.
— Wermutwein 676.
Weinähnliche Getränke 677.
Weinbeere 468. — Asche 876, 877.
— Zusammensetzung 470, 845.
— — getrocknet 845.
Weinbeerkerne, Asche 877.
Weinbeerkernkaffee 553.
Weinbereitung, Abbeeren 639.
— Entrappen 639.
— Gärung 642.
— Gärungsabfälle 645.
— Holzkohlenverwendung 656.
— Knochenkohlenverwendung 656.
— Kohlensäureverwendung 654.
— Maischen 639.
— Mostherstellung 639.
— Mostveränderungen 645.
— Schilcher 644.
— Schönen 654.
— Traubenernte 637.
— Trester 645.
— Umgärung 661.
— Weingeläger 645.
— Weinstein 645.

Weinbereitung, Zuckerung 649.
Weinbergschnecke 292.
— Zusammensetzung 823.
Weinbowlen 677.
Weinerzeugung, Statistik 633.
Weinessig 703, 706.
— Zusammensetzung 863.
Weinfehler 664.
Weinhaltige Getränke, Begriff 675.
— — Herstellung 675.
Weinmost, Alkoholberechnung 650.
— Asche 880.
— Begriff 640.
— Bereitung 639.
— Bestandteile 640.
— Entschleimen 640.
— konzentrierter 640.
— Veränderungen bei der Gärung 645.
— Vergärung 642.
— Vertjus 640.
— Zuckergehaltsberechnung 650.
— Zuckerung 649.
Weinpunsch 677.
Weinrebe, Anbau 634.
— Krankheiten 636.
— Schädlinge 636.
Weinsäure, Bestimmung 125.
— Beziehung zu Apfelsäure 122.
— Salze 124.
— Wärmewert 151.
Weinsäuren 123.
Weintraube, Asche 877.
— Teile 638.
— — Zusammensetzung 638.
Weintrauben, Lese 637.
Weintraubenhülsen, Asche 880.
Weintraubenkämme, Asche 880.
Weintraubenkerne, Asche 880.
— geröstet, Zusammensetzung 851.
Weintraubenkernkaffee 553.
Weintraubensaft s. Weinmost.
— Zusammensetzung 848.
Weintrester, frische, Asche 880.
Weißbier, Berliner 602.
— — Asche 879.
— Zusammensetzung 853.
Weißblech 773.
Weißbrot, Asche 874.
Weißdornfruchtkaffee 553.
— Zusammensetzung 851.
Weißfischfett, Konstanten 883.
Weißfischfleisch, Zusammensetzung 820.
Weißkohl 452.
— Asche 875.
— Zusammensetzung 841.
— — getrocknet 842.
Weißkraut, gekocht, Zusammensetzung 868.
Weißwein, Szamorodner, Asche 880.
Weißweine, Zusammensetzung, badische 855.
— — bayrische 854.
— — Bergstraße 856.
— — Elsässer 856.
— — hessische 856.
Weißweine, Zusammensetzung, Moselweine 854, 858, 859.
— — Naheweine 854.
— — Odenwälder 856.
— — Pfälzer 855.
— — Rheingau 854, 858, 859.
— — Saarweine 854.
— — württembergische 855.
Weizen 342.
— Asche 873.
— Bewertung 343.
— Kohlenhydrate 344.
— Proteine 343.
— Zusammensetzung, Einflüsse 344.
Weizenbrot 389.
— Ausnutzungskoeffizienten 808.
— Zusammensetzung 836, 837.
Weizenfett 343. — Konstanten 889.
Weizengrieß, Zusammensetzung 832.
Weizenkeimöl, Konstanten 889.
Weizenkleber 22, 306.
Weizenkleie, Asche 874.
Weizenmalzkaffee 550.
— Zusammensetzung 851.
Weizenmehl 370.
— Asche 874.
— Ausnutzungskoeffizienten 808.
— Backfähigkeit 371.
— Fett, Konstanten 889.
— Zusammensetzung 832.
Weizenmehlextrakt, Zusammensetzung 835.
Weizenprotein, Zusammensetzung 828.
Weizen-Reisbrot, Zusammensetzung 837.
Weizen-Roggenbrot, Zusammensetzung 836.
Weizenstärke 382.
— Zusammensetzung 836.
Weizenzwieback, Zusammensetzung 836.
Wermutwein 676.
— Zusammensetzung 860.
Wertsfaktoren der Nährstoffe 4.
Wertsverhältnis der Nährstoffe 4.
Whisky 688. — Zusammensetzung 862.
Wicken 358, 449.
— Futterwicken, Asche 873.
— Zusammensetzung 831.
Wild und Geflügel, innere Teile 268.
— — — — — Zusammensetzung 818.
Wildfleisch 260.
Wildschweinfett, Konstanten 882.
Wildschweinkeule, Zusammensetzung 817.
Winterkohl 452.
— Asche 875.
Winterkressenfett, Konstanten 889.
Wirsing 452. — Asche 875.
— Ausnutzungskoeffizienten 809.
— gekocht, Zusammensetzung 868.
— getrocknet, Zusammensetzung 842.
— Zusammensetzung 841.
Wittes Pepton, Zusammensetzung 830.
Wodnjika 583.
Wolle 800.
Wollfett 80.
Wollschweißfett, Konstanten 882.
Wuk Hefenextrakt, Zusammensetzung 826.

Wurst, Begriff 277.
— Blutwurst 277.
— Erbswurst 278.
— Fehler 278.
— Fischwurst 278.
— Fleischwurst 277.
— Frankfurter, Zusammensetzung 819.
— Leberkäse 278.
— Leberwurst 277.
— Sorten 277.
— Untersuchung 279.
— Veränderungen 278.
— Verfälschungen 278.
— Weißwürste 278.
— Wiener, Zusammensetzung 819.
— Zusammensetzung 819.
Wurstvergiftung 254.
Würze s. Bierwürze.
Würzen, Speisewürzen 299.
— Zusammensetzung 825.
Wurzelgewächse 432.
— Zusammensetzung 840.

Xanthin, Eigenschaften 49,50.
— in Fleischextrakt 296.
— in Hefenextrakt 300.
— in Milch 167.
Xanthinbasen 24.
Xanthinstoffe 47, 49.
Xanthomelanin 12.
Xanthophyll 116.
Xanthoprotein 12.
Xylit 91.
Xylose 84, 91.

Yangonin 530.
Yecibu 585.
Yoghurt 203.
— Zusammensetzung 813.
Yoghurtbier 602.

Zahnpulver 788.
Zanderfleisch, Zusammensetzung 821.
Zebumilch 196.
— Zusammensetzung 812.
Zellmembran 125.
Zichorie 439.
— geröstet, Asche 878.
Zichorienkaffee 545.
— Zusammensetzung 851.
Ziegenbutter, Zusammensetzung 831.
Ziegenbutterfett, Konstanten 882.
Ziegenfleisch 260.
— Zusammensetzung 817.
Ziegenmilch, Asche 871.
— Colostrum, Zusammensetzung 811.
— Eigenschaften 191.
— Ertrag 192.
— kondensierte, Zusammensetzung 812.
— Verfälschungen 194.
— Zusammensetzung 192, 811.
Ziegenmilchkäse 233.
— Zusammensetzung 815.
Ziegenmilchmolken, Asche 871.
Ziegenmolkenkäse, Zusammensetzung 816.
Zieger 231.
— Zusammensetzung 815.
Zimt 519.
— Asche 878.
— Zusammensetzung 850.
Zimtblüten 516.
— Zusammensetzung 850.
Zinn, Giftigkeit 775.
— Lot 774.
— Verwendung für Eß-, Trink- und Kochgeschirr 774.
— Verzinnung 773.
— Zinnfolie 774.
Zirbelkieferfett, Konstanten 889.
Zitwerwurzel 524.
— Zusammensetzung 850.
Zucker, Abbau 86.
— Aldehydverbindungen 87.
— Arten 409.
— — s. auch die einzelnen Arten.
— Bildung aus Aminosäuren 12.
— Eigenschaften, allgemeine 87.
— Esterverbindungen 87.
— Gärung, alkoholische 88.
— — Buttersäuregärung 90.
— — Citronensäuregärung 90.
— — Milchsäuregärung 90.
— — schleimige 90.
— gebrannter, Zusammensetzung 851.
— Hydrazone 87.
— Mutarotation 88.
— optische Aktivität 88.
— Osazone 87.
— Saccharate 87.
— Säureester 87.
— Spaltung bei der Gärung 593.
— Synthese 85.
— Vergärbarkeit 89.
— Zusammensetzung 839.
Zuckercouleur 429.
Zuckerhutkohl 452.
— Zusammensetzung 453, 841.
Zuckerkartoffel 439.
— Zusammensetzung 840.
Zuckermais, eingemacht, Zusammensetzung 843.
Zuckerrübe 441.
— Asche 874.
— — der gerösteten 878.
— Bestandteile 441.
— Krankheiten 443.
— Zusammensetzung 840.
Zuckerrübenbranntwein 689.
Zuckersäure 84.
Zuckerschotenbaumfrüchte 365.
— Zusammensetzung 832.
Zuckerwaren 402.
— Einteilung 404.
— Herstellung 404.
— Untersuchung 409.
— Verfälschungen 408.
— Zusammensetzung 837.
Zündwaren 805.

Zunge der Schlachttiere, Verwertung 264.
— — — Zusammensetzung 818.
— in Büchsen, Zusammensetzung 819.
— Ochsenzunge, Asche 872.
Zungenpastete, Zusammensetzung 820.
Zwetsche 468.
— Asche 876, 877.
— Teile 469.
— Zusammensetzung 470, 471, 845.
— — getrocknet 845.
Zwetschenbranntwein 690.
— Zusammensetzung 862.
Zwetschenkompott, Zusammensetzung 868.
Zwetschenmarmelade, Zusammensetzung 846.
Zwetschenpfannkuchen, Zusammensetzung 868.
Zwetschensaft, Zusammensetzung 847.
Zwieback 389.
— Zusammensetzung 836, 837.
Zwiebeln 447.
— Asche 875.
— Zusammensetzung 841.
— — getrocknet 842.
Zymase 35, 590.

Druck der Spamerschen Buchdruckerei in Leipzig.

Printed in the United States
By Bookmasters